Fifth Edition

PLANT PATHOLOGY

GEORGE N. AGRIOS

식물병리학

제5판

JN442357

식물병리학

제5판

공역

고영진 김기덕 김병섭
김영철 김영호 김진원
김홍기 신현동 안경구
이귀재 이선우 이순구
이승규 이종규 전용철
차병진 차재순 천세철
한상섭

WORLD SCIENCE 월드사이언스

PLANT PATHOLOGY FIFTH EDITION

Copyright © 2005 by ELSEVIER Inc.
All Rights Reserved.
Translation Copyright © 2006 by Elsevier (Singapore) Pte., Ltd.

No part of this publication may be reproduced or transmitted in any form or by any means, electronic or mechanical, including photocopying, recording, or any information storage and retrieval system, without permission in writing from the publisher.

Translated by World Science Publishing Co.
Translated Edition ISBN: 9812596844
Printed in Korea

이 책의 한국어판 저작권은 저작권자와의 독점계약으로 월드사이언스에 있습니다.
저작권법에 의해 한국 내에서 보호를 받는 저작물이므로 무단전재와 복제를 금합니다.

식물병리학 제5판

인 쇄 • 2006년 3월 8일
발 행 • 2006년 3월 20일
역 자 • 고영진 김기덕 김병섭 김영철 김영호 김진원 김홍기 신현동 안경구
이귀재 이선우 이순구 이승규 이종규 전용철 차병진 차재순 천세철 한상섭
발행인 • 박 선 진
발행처 • 도서출판 월드사이언스
주 소 • 서울특별시 동작구 사당5동 240-15
등록일자 • 1987년 12월 14일
등록번호 • 3-136
TEL • (02) 581-5811~3
FAX • (02) 521-6418
E-mail • worldscience@hanmail.net
URL • http://www.worldscience.co.kr

정가 45,000원
ISBN 89-5881-054-8

이 도서의 국립중앙도서관 출판시도서목록(CIP)은 e-CIP 홈페이지
(http://www.nl.go.kr/cip.php)에서 이용하실 수 있습니다.
(CIP제어번호: CIP2006000453)

목차

제5장
병원체가 식물체를 공격하는 방법

제6장
병원체에 대한 식물체의 방어기작

제2부
식물병리학 각론

서문

1969년 6월 『식물병리학』 초판이 출간된 이후에 식물병리학뿐만 아니라 출판업에서도 큰 발전이 이루어졌다. 전문서적과 연보뿐만 아니라 식물병리학 및 관련된 생물학 분야 정기간행물로 출판된 새로운 정보들이 요약되었고, 이 책의 개정판이 나올 때마다 그 중 적절한 부분들을 포함하였다. 또한 영어판이나 번역판으로 식물병리학이 세계적으로 널리 사용됨에 따라 세계의 중요한 지역에 중요한 작물에 영향을 주는 또 다른 병을 기술할 필요가 생기게 되었다. 그러므로 적어도 일부의 추가적인 내용과 예시가 계속 필요하게 되어 조금씩 책의 부피가 늘어났다. 다행히도 컴퓨터의 사용으로 종이 질과 인건비 등을 포함해서 특히, 칼라사진과 그림의 재생과 제공 등 출판업에서 크나큰 진전이 이루어져왔다. 모든 그림이 완전히 천연색으로 되어있을 때 식물병과 식물병리학은 생기를 가지며, 모든 그림을 그렇게 만드는 것이 저자의 꿈이었다. 이러한 진전에 더하여서 저자와 출판자의 관심은 이 책을 출판하는데 있어서 어떠한 노력과 비용도 아끼지 않았으며, 이제 독자들은 우리가 믿기에 세계에서 대학 수준의 식물병리학을 가르치기에 가장 좋은 교과서를 가지게 되었다고 믿는다.

『식물병리학 5판』은 각 강사들에게 각 지역에서의 중요하고도 새로운 진전 내용을 제공하는 것으로 시작하여 그들이 가르칠 일반적인 개념의 총론부분(제1장-제9장) 및 각각의 식물병에 대한 각론부분(제10장-제16장)의 유형과 분량에 대한 선택권을 주고있다. 각 장은 학생들과 강의자들이 그 장의 개요로 사용할 수 있도록 상세하게 잘 정리된 목차와 함께 시작된다. 강사들은 수업에서 목차의 일부를 간단히 설명할 수 있고, 또 다른 것들은 학생들에게 과제로 부여할 수 있는 반면에 상세히 다룰 수도 있다. 그러나 학생들은 잘 정리되고 설명된, 그리고 혼자 학습이 가능하도록 되어있는 유용하고 완전한 용어설명이 있기 때문에 최소의 노력으로 이해할 수 있는 가장 최신의 자료를 가지게 되었다.

강사들은 그들이 가르치는 세계 또는 특정한 나라의 특별한 지역에서 필요한 특별한 병의 종류에 대한 더욱 다양한 선택을 할 수 있는 것이다. 감자 역병, 사과나무 검은별무늬병, 밀 녹병, 세균성무름병, 뿌리썩음병, 그리고 일반적인 다른 병을 가르치는 한편, 지역적 중요성이나 교실이나 실험실에서 유용 가능성 때문에 종종 어떤 지역에 특별한 병을 가르칠 수 있을 것이다. 이번 판은 다양한 종류의 병을 완전한 천연색 사진으로 설명함으로써 이러한 것이 가능해졌다. 이 중 일부 병은 미국 중서부, 북서부의 곡물지대에서 중요하며, 다른 것들은 과실과 채소를 재배하는 태평양, 북동부 주에서, 또 다른 병은 면화, 땅콩, 담배, 벼, 귤나무, 채소류를 재배하는 남부지역 등에서 중요하다. 극동지역에서의 벼, 중남미의 강낭콩, 아프리카의 카사바나무, 카카오나무, 수수, 북·중남미에서의 감귤나무류, 파파야나무, 코코야자나무, 커피나무 등 열대유실수와 세계의 다른 지역에서의 중요한 열대작물의 여러 병을 완전한 칼라사진으로 설명하고 기술하기 위해서도 특별한 노력이 이루어졌다. 강사들은 특별한 지역과 우리가 살고 있는 더욱 좁아지고 있는 세계에서 중요하다고 생각되는 어느 작물의 무슨 병이든지 선택하여 가르칠 수 있다.

이 판의 전체적인 배열은 전판과 유사하지만 모든 부분을 철저히 최신 내용으로 개정하였다. 새롭게 발견된 병과 병원균들을 기술하였고 병원균 분류와 명명법에서의 변화도 내용에 추가하였다. 식물병역학에서의 변화와 식물병 방제를 위한 새로운 접근법과 재료들이 거론되었다. 원핵생물(세균과 몰리큐트)에 의한 병과 특히 식물 바이러스와 바이로이드에 의해 생기는 병에 대하여는 최근에 출판된 많은 양의 새로운 정보 때문에 개정되었다. 주요 소제목에 대한 명확성과 적절한 소단원에 포함된

주제의 배열에 대한 이해를 위해 모든 경우에 내용의 부분적인 표가 각 장과 주요 소단원에 첨가되었다. 책에 첨가된 새로운 그림은 별개의 '해설'에 많은 특별한 관심을 가진 주제를 제시한 것이다. 이러한 것에서 여러 가지 주제는 여러 각도로 접근되었고 그것이 역사적인, 정치적인, 과학적인 의미가 무엇이든지 주제의 중요성을 부각시켰다. 식물병리학에서의 역사적인 발달과 이러한 발달에 뚜렷하게 기여를 한 과학자와 다른 사람들에 대해서도 특별히 기술되었다.

최근의 다른 출판에서와 같이 식물병리학에서는 분자유전학 분야와 식물병원균에 대한 식물의 방어 연구에 많은 진전이 있었다. 기초 분자유전학에서의 발견들은, 특별히 식물이 병원균에 대항하여 자신들을 방어하는 방법에 대한 발견과 저항성 식물을 생산하는 기작의 발달에 대한 발견은 많은 부분에서 다루어졌다. 제4장(병의 유전학), 제5장(병원균이 식물을 공격하는 방법), 제6장(식물이 병원균으로부터 자신을 방어하는 방법)에 포함된 내용들의 일부는 식물병리학을 처음 듣는 학생들에게 너무 많고 다소 이해하기 어려울지도 모른다. 그러나 과학으로서 식물병리학의 미래의 발달에 대한 그러한 내용의 중요성과 식물병의 방제에 대한 잠재적인 미래의 영향은 매우 지대하여서 이러한 발달에 대하여 학생들에게 아주 기초적인 수준이라면 맛보기 정도로 이러한 내용을 포함하는 것도 적절하다고 할 것이다.

필자에게 조언을 아끼지 않고, 식물병의 증상에 대한 많은 슬라이드, 이미지 사진, 그리고 이 책에 사용된 식물병리학 개념 등을 제공한 많은 동료에게 심심한 사의를 표한다. 그들의 이름은 필자에게 준 그림의 설명에 언급되었고 "사진제공에 대한 감사의 글"의 목록에 있다. 필자는 특별히 식물병방제의 서부위원회의 슬라이드의 수집에 대한 편집자로서 수많은 슬라이드를 제공하여 주고 사용하도록 허락하여 준 캐나다 알버타주 에드먼톤에 위치한 알버타농업부의 Agronomy unit의 Leuan R. Evans 박사에게 정중한 감사를 표한다. 필자는 "식물이 병원균으로부터 자신을 방어하는 방법"에 대한 제6장을 검토하여 준 Wen Yuan Song 박사에게도 감사한다. 마지막으로 많은 시간 동안 슬라이드, 유인물, 그림 등을 정리하고, 복사하고, 스캔하고, 재정리하여 준 부인 Annette에게도 정중히 감사를 표한다. 그녀는 그 일을 충실히 잘 했을 뿐만 아니라 저자가 할 수 있는 것보다도 더욱 신속하게 완성하였다.

George N. Agrios
2004년 6월

역자서문

우리가 제4판에 이어서 이번의 제5판을 또 번역하게 되었습니다. 요즘처럼 국제화시대에 굳이 번역서를 다시 내는 것은 우리가 지닌 학문적 역량이나 연구 수준이 아직도 미진하고 허술하다는 자격지심에서 나온 것은 숨길 수 없지만, 이 책이 어디까지나 식물병리학을 처음 배우는 학생들을 위한 교과서라는 점을 감안하면 우리말 번역이 결코 무의미하다고는 볼 수 없을 것입니다. 이 책의 제3판과 제4판을 번역한 경험에서 얻은 자신감에 보태어 지난번의 번역진에 새로운 소장학자들을 대폭 보강함으로써 번역자 개개인 전문영역의 불명료성을 더욱 배세하였습니다. 이 책이 언제까지나 변하지 않는 고전이 아니라 항시 변하고 발전하는 학문의 연구자와 학생들을 위한 지침서이자 교과서이기 때문에 광범위한 범주의 백과사전적인 특징을 지니지 않을 수 없습니다. 그러므로 한 사람이나 몇몇 사람의 전문적 식견으로만 이 책을 완벽하게 우리말로 번역하기에는 잠재적인 그 미흡함을 완전히 극복할 수가 없을 것입니다. 그런 이유로 전문영역 별로 번역진이 구성되었습니다.

미국에서 간행된 E.C. Stakman 교수의 식물병리학 교과서가 1950년대의 명저로서 한 시대를 이끌었으며, 1960년대에는 J.C. Walker 교수의 식물병리학 교과서가 전 세계적으로 각광을 받으며 많은 식물병리학 전공 학생들과 연구자들의 선호를 받았던 것은 식물병리학에 각인된 한 페이지의 역사였습니다. 1970년대부터는 이 책의 저자인 George N. Agrios 교수의 초판(1969년)과 그 뒤를 이어 판을 거듭하여 간행된 이 교과서가 전 세계적으로 가장 보편적인 식물병리학 교과서로서의 역할을 충실히 담당하여 왔다고 여겨집니다. 그리고 이제 Agrios 교수도 은퇴시기를 맞이하여 그 생애의 마지막 혼신의 힘을 다해 이 책을 더욱 보강하여 마무리 지은 것이 바로 이번에 우리들이 번역하게 된 제5판, 바로 이 책이라고 할 수 있습니다. 지난번에 간행된 이 책의 구판들에서는 저자의 인간적인 면면이 하나도 보이지 않고 순수한 식물병리학적 서술만이 있었던 것에 비하여, 이번 판은 Agrios 교수의 약력이나 인간적인 체취가 책의 여러 곳에서 발견됩니다. 이러한 점이 바로 그 분이 저술한 식물병리학 교과서의 완결판 혹은 결정판이라고 보지 않을 수 없는 이유입니다. 그리고 다른 무엇보다도 식물병리학의 학문적 발전 역사를 상세하게 서술하였을 뿐만 아니라 그 역사의 뒷이야기까지 언급함으로써 독자로 하여금 이 학문에 대한 과거 · 현재 · 미래를 한 시야에서 볼 수 있는 통찰력을 가질 수 있도록 하였습니다.

수학이나 물리학에서 한국 수학이나 중국 수학 혹은 미국 물리학이 따로 없듯이, 생물학이나 식물학에서도 미국 생물학이나 일본 식물학이 따로 없듯이, 마찬가지로 식물병리학에서도 각 나라별로 서로 다른 식물병리학이 있을 수 없습니다. 다만 각 나라별로 그 농업 사정이 서로 다른 점에 따라 응용과학으로서의 식물병리학이 조금씩 다른 범주를 가질 뿐입니다. 그리고 지금은 분자생물학적 접근방법과 시야가 어느 분야에서든 요구되고 그 기초적 지식 위에서 새로운 응용을 추구하는 것이 보편적이기 때문에 농업 응용의 고전적인 식물병리학만 고집할 수는 없는 추세입니다. 이러한 학문적인 발전, 해체, 전환기에서 마지막 고전적 식물병리학 교과서의 전범을 지닌 이 책을 이번에 우리들이 또 우리말로 번역하게 된 것을 무한한 영광으로 생각합니다. 아무쪼록 이 책이 식물병리학을 공부하는 하나의 교과서로서 때로는 백과사전적인 친구로서 사랑을 받을 수만 있다면 더 이상 바랄 것이 없습니다.

2006년 2월

역자 일동

사진제공에 대한 감사의 글

이번 책에 포함해야 할 사진은 고품질이어야 한다는 생각으로 책에 넣을 훌륭한 사진을 전 세계의 동료들에게 요청하였다. 모든 분들이 긍정적으로 협조하였고, 그 분들에게 심심한 감사의 말씀을 드린다. 다음에 열거하는 개인 및 단체에 특별한 감사의 말씀을 드려야 하는데, 서너 장의 사진을 요청하였음에도 새 판에 사용될 수 있는 관련 사진까지 알아서 챙겨 보내주었다. 게다가 많은 분들은 그들이 가진 사진 중에서 제가 원할 것으로 추측되는 사진까지 보내주겠다는 제안을 하였다.

특히 캐나다 Alberta농업 · 식품 · 농촌개발국의 Ieuan R. Evans 박사는 수백 장의 슬라이드를 제공하였는데, 이는 식물병 서부위원회(WCPD)에서 교육용으로 널리 사용되는 것이다. WCPD를 통하여 슬라이드를 제공한 분들을 여기에 적는다. P. K. Basu, Ariculture Canada, Ottawa, Ontario; J. G. N. Davidson, Aric. Canada, Beaverlodge, Alberta; P. Ellis, Agric. Canada, Vancouver, British Columbia; I. R. Evans, Agric. Canada, Edmonton, Alberta; G. Flores, Agric. Canada, Ottawa, Ontario; E. J. Hawn, Agric. Canada, Lethbridge, Alberta; R. J. Howard, Alberta Agriculture, Brooks, Alberta; H. C. Huang, Agriculture Canada, Lethbridge, Alberta; J. E. Hunter, NYAES, Geneva, New York; G. A. Nelson, Agriculture Canada, Lethbridge, Alberta; R. G. Platford, Manitoba Department of Agriculture, Winnipeg, Manitoba; and C. Richard, Agriculture Canada, Sainte-Foy, Quebec.

저자는 이 책에서 유용한 필요한 사진은 무엇이든지 식물병리학과 Plant Disease Clinic에 있는 것은 모두 제공해 준 플로리다대학 식물병리학과장 Dr. Gail Wisler에게 똑같은 감사를 표한다. 모든 슬라이드에는 Dr. G.W. Simone의 이름이 찍혀 있었는데, 지금은 은퇴하였지만 분명히 그가 식물병리학과 Plant Disease Clinic에 재직 중에 찍은 사진이 포함되어 있으므로 저자는 Dr. Simone에게도 사의를 표한다.

또한 저자는 필요한 어떠한 사진이든지 많은 사진을 사용할 수 있도록 허락해 준 여러 다른 기관에도 감사를 드린다. 그 기관들은 Extention Service of the University of Florida Institute of Food and Agricultural Sciences (UF/IFAS), American Phytopathological Society, 여러 미농무부(United State Department of Agriculture: USDA) 실험실이다. 저자는 USDA Forest Service, "Forest Images"와 "Bugwood Network"를 통하여 수목의 병에 대한 여러 이미지를 제공해

준 University of Georgia에도 고마운 마음을 전한다.

저자는 특별히 수 많은 슬라이드, 전자 이미지 그리고 저자가 필요한 그들의 많은 사진들을 제공해 준 동료들에게 감사를 드린다. 그들의 이름을 알파벳순으로 여기에 수록한다. Dr. Eduardo Alves, Federal University of Lavras, Brazil; Dr. Mohammad Babadoost, University of Illinois; Dr. Edward L. Barnard, Florida Division of Forestry, Forest Health Section; Dr. Benny D. Bruton, USDA, ARS, Lane, Oklahoma; Dr. David J. Chitwood, USDA, Nematology Lab, Beltsville, Maryland; Dr. Daniel R. Cooley, University of Massachusetts; Dr. Danny Coyne, CGIAR, intern. Institute Tropical Agriculture, Ibadan, Nigeria; Richard Cullen, University of Florida; Dr. L. E. Datnoff, University of Florida; Dr. Donald W. Dickson, University of Florida; Dr. Michel Dollet, CIRAD, Montpellier, France; Dr. Michael Ellis, Ohio State University; Mark Gouch, University of Florida; Dr. Edward Hellman, Texas A&M University; Dr. Ernest Hiebert, University of Florida; Dr. Donald L. Hopkins, University of Florida; Jackie Hughes, Intern. Institute of Tropical Agriculture, Ibadan, Nigeria; Dr. Bruce Jaffee, University of California; Dr. Alan L. Jones, Michigan State University; Dr. Daniel E. Legard, University of Florida; Dr. Patrick E. Lipps, Ohio State University; Dr. Don E. Mathre, Montana State University; Dr. Robert J. McGovern, University of Florida; Dr. Robert T. McMillan, Jr., University of Florida; Dr. Charles W. Mims, University of Georgia; Dr. Krishna S. Mohan, University of Idaho; Dr. Lytton John Musselman, American University of Beirut, Lebanon; Dr. Steve Nameth, Ohio State University; Dr. Joe W. Noling, University of Florida; Dr. Kenneth I. Pernezny, University of Florida; Dr. Jay W. Pscheidt, Oregon State University; Dr. H. David Thurston, Cornell University; Dr. James W. Travis and Jo Rytter, Pennsylvania State University; Dr. Tom Van Der Zwet, USDA, retired; Dr. David P. (Pete) Weingartner, University of Florida; and Dr. Tom Zitter, Cornell University.

요청한 사진들을 제공해 준 아래 알파벳순으로 기술한 동료들에게도 똑같이 고마운 마음을 전하고 싶다. Dr. Luis Felipe Arauz, Universitad de Costa Rica, San Jose; Dr. Gavin Ash, Charles Sturt University, Australia; Dr. Donald E. Aylor, Connecticut Agric. Experimental Station, New Haven; Dr. Ranajit Bandyopathyay, CGIAR, Nigeria; Dr. George Barron, University of Guelph; Dr. Gwen A. Beattie, Iowa State University; Dr. Dale Bergdahl, University of Vermont; Dr. Ian Breithaupt, AGPP, FAO; Dr. Scott Cameron, International Paper Co.; Dr. Mark Carlton, Iowa State University; Dr. Asita Chatterjee, University of Missouri; Dr. C. M. Christensen (via Dr. Frank Pfleger), University of Minnesota; Dr. William T. Crow, University of Florida; Dr. Howard Davis, Scottish Agricultural Research Institute, UK; Dr. Michael J. Davis, University of Florida; Dr. O. Dooling, USDA Forest Service; Dr. Sharon Douglas, Connecticut Agric. Experimental Station, New Haven; Dr. Robert A. Dunn, University of Florida; Dr. D. Dwinell, USDA Forest Service; Dr. D. M. Elgersma, The Netherlands; Shep Eubanks, University of Florida; Dr. Stephen Ferreira, University of Hawaii; Dr. Catherine Feuillet, University of Zurich; Dr. Robert L. Forster, University of Idaho; Dr. L. Giunchedi, University of Bologna, Italy; Dr. Tim Gottwald, USDA, Ft. Pierce, Florida; Dr. James H. Graham, University if Florida; Dr. Sarah Gurr, Oxford University, UK; Dr. Everett Hansen, Oregon State University; Dr. Mary Ann Hansen, Virginia Tech University; Dr. Thomas C. Harrington, Iowa State University; Dr. Robert Hartzler, Iowa State University; Dr. Robert Harveson, University of Nebraska; Dr. Kenneth D. Hickey, Pennsylvania State University; Dr. Richard B. Hine, University of Arizona; Dr. Molly E. Hoffer, Oregon State University; Dr. Harry Hoitink, Ohio State University; Dr. Tom Isakeit, Texas A&M University; Dr. Ramon Jaime, USDA, New Orleans; Dr. Wojciech Janisiewicz, USDA, Appalachian Fruit Res., West Virginia; Dr. P. Maria Johansson, Plant Pathology and Biocontrol Unit, Sweden; Dr. R. Johnston, USDA; Dr. Robert Johnston, Montana State University; Dr. Linda Kinkel, University of Minnesota; Dr. Jurgen Kranz, University of Giessen, Germany; Dr. Richard F. Lee, University of Florida; Dr. Mark Longstroth, Michigan State University; Dr. Rosemary Loria, Cornell University; Dr. Otis Maloy, Washington State

University; Dr. Douglas H. Marin, Banana Development Corp., San Jose, Costa Rica; Dr. Don Maynard, University of Florida; Dr. Patricia McManus, University of Wisconsin; Dr. Glenn Michael, Appalachian Fruit Res., West Virginia; Dr. Themis Michailides, University of California; Dr. Gary Munkvold, Pioneer Hybrid Int., Johnston, Fowa; Dr. Cynthia M. Ocamb, Oregon State University; Dr. Laud A. Ollennou, Cocoa Research Institute, Ghana; Dr. Tapio Palva, University of Helsinki, Finland; Dr. Frank Phleger (for C. M. Christensen), University of Minnesota; Dr. Mary Powelson, Oregon State University; Dr. David F. Ritchie, North Carolina State University; Dr. Chester Roistacher, University of California; Dr. John P. Ross, North Carolina State University; Dr. Randall Rowe, Ohio State University; Dr. Robert Stack, North Dakota State University; Dr. James R. Steadman, University of Nebraska; Dr. Brian J. Steffenson, University of Minnesota; Dr. R. J. Stipes, Virginia Tech University; Dr. Virginia Stockwell, Oregon State University; Dr. Krishna V. Subbarao, University of California; Dr. Pavel Svihra, University of Californial Dr. Beth Teviotdale, University of California; Dr. L. W. Timmer, University of Florida; Dr. Greg Tylka, Iowa State University; Dr. S. V. van Vuuren, ARC-ITSC, Nelspruit, South Africa; Dr. John A. Walsh, Horticultural Research Institute, UK; Dr. Robert K. Webster, University of California, Davis; Dr. Wickes Westcott, Clemson University; Dr. Carol Windels, University of Minnesota; Dr. X. B. Yang, Iowa State University; and Dr. Ulrich Zunke, Hamburg, Germany.

저자에 관하여

George N. Agrios 교수는 그리스의 Halkidiki 에 있는 Galarinos 에서 태어났다. 그는 1957년 그리스 Thessaloniki 의 Aristotelian대학에서 원예학학사를 받았고, 1960년 아이오와주립대학으로부터 식물병리학 박사학위를 받았다. 졸업 후에는 그리스 군대의 공병단에서 2년 간 장교로 근무하였다. 1963년 1월에 Amherst에 있는 매사츄세츠대학의 식물병리학 조교수로 채용되었다. 그의 임무는 과수류 및 채소류의 바이러스병에 대하여 강의와 연구를 50%씩 담당하는 것이었다. 그가 맡은 강의는 식물병리학개론, 일반식물병리학, 식물바이러스학, 화훼작물병학이었다. 그의 연구는 사과나무, 박과류, 고추, 옥수수의 바이러스병의 역학, 유전학, 생리학 등이었으며 25명의 대학원생을 지도하였고 수많은 논문을 발표하였다. 그는 1969년에 부교수, 1976년에 정교수로 승진하였다.

1969년에 Academic Press를 통하여 『식물병리학』제1판을 교과서로 출판하였다. 이 책은 미국, 캐나다, 대부분의 영어권 지역의 거의 모든 대학에서 교재로 사용되었다. 제1판은 나중에 제2판(1978), 제3판(1987), 제4판(1997)으로 개정되었다. 책은 스페인어, 아랍어, 중국어, 한국어, 인도차이나어 등을 포함하여 여러 주요 언어로 번역되었고, 전 세계를 통하여 식물병리학 교과서의 기본이 되었다.

그러는 동안 Agrios 박사는 미국식물병리학회(APS)와 미국식물병리학회 북동부 지부의 위원회뿐만 아니라 여러 학과, 단과대학, 대학위원회에서 활동하였다. 그는 1980년에 APS 북동부지부의 지부장으로 선출되었다. 그는 APS Press 창립에 중추적인 역할을 하였으며 초대 편집위원장(1984~1987)을 역임하였다. 그는 1988년 APS의 부회장을 역임하였다. 1990년 회장으로 선출되어 1991년 회장을 역임하였다. 1988년 Agrios 교수는 약 50명의 식물병리학 교수진을 총괄하는 플로리다대학의 식물병리학과 학과장직을 수락하였다. 교수진의 반은 플로리다의 Gainsville 에 있는 캠퍼스에 있었고, 나머지는 다양한 작물의 모든 병을 연구하는 플로리다주의 13개 농업연구센터 중 한 곳에 근무하였다. 1999년 플로리다대학 이사회는 새롭고 독특한 식물의학박사 프로그램의 설치를 인가하고, Agrios 박사를 초대과정장으로 임명하였다. Agrios 박사는 식물의학프로그램의 과정장 임무에 집중하기 위해 2002년에 식물병리학과장직을 사임하였다. 그러나 2002년 6월 건강상의 이유로 플로리다대학에서 은퇴하였다.

역자소개

고영진 (순천대학교)
김기덕 (고려대학교)
김병섭 (강릉대학교)
김영철 (전남대학교)
김영호 (서울대학교)
김진원 (서울시립대학교)
김홍기 (충남대학교)
신현동 (고려대학교)
안경구 (신젠타종묘주식회사)
이귀재 (전북대학교)
이선우 (동아대학교)
이순구 (안동대학교)
이승규 (국립산림과학원)
이종규 (강원대학교)
전용철 (제주대학교)
차병진 (충북대학교)
차재순 (충북대학교)
천세철 (건국대학교)
한상섭 (전북대학교)

1부

GENERAL ASPECTS

제 1 장

서 론

서언: 문제점

식물병리학(植物病理學; plant pathology)은 식물병을 공부하는 학문인 동시에 식물에게 병을 일으키는 부적당한 환경조건이나 기생성 미생물에 직면하였을 때 생존기회를 개선하기 위하여 도전하는 과학이다. 따라서 식물병리학은 그 자체만으로도 도전적이고, 흥미롭고, 중요하며, 공부할만한 가치가 있는 학문이다. 하지만 식물병리학은 사람과 동물에게 필요한 식량의 보호라는 실제적이며 훌륭한 목표를 가지고 있는 과학이기도 하다. 식물병의 존재는 어떤 지역에서는 식량작물의 재배와 생장을 저해한다; 또는 식량작물이 재배되거나 자라기는 하지만 식물병이 그들을 공격하여 식물체 전체 또는 일부를 파괴하고, 생산물, 즉 식량을 수확하거나 소비하기도 전에 상당한 양을 감소시킨다. 식물병리학은 목표를 추구하는 과정에 있어 곤충학 및 잡초학과 연결된다.

병, 곤충, 잡초는 모두 작물을 저해하거나 죽여서 해마다 어림잡아 세계 총 작물생산의 31~42%를 감소시키는 것으로 추산된다 (표1-1). 선진국에서는 손실이 적은 반면, 식량을 가장 필요로 하는 개발도상국에서는 손실이 더 크다. 총 손실량 평균 36.5% 중에서 병에 의한 것은 14.1%, 곤충에 의한 것은 10.2%, 그리고 잡초에 의한 것은 12.2%인 것으로 추산되었다.

식물병만으로도 14.1%의 작물손실이 있다는 것을 고려할 때, 식물병에 의한 세계 총 작물손실은 해마다 약 2,200억 달러 정도이다. 여기에 작물의 수확 후 손실 6~12%를 추가해야 하는데, 수확 후 손실은 일반적으로 연수제도와 냉장시설 같은 기반이 부족한 열대 개발도상국에서 특히 높다. 더구나 식물병에 의한 손실량에는 서리, 가뭄, 대기오염, 영양결핍, 독성 등 환경요인에 의한 손실은 포함되지 않았다.

앞에서 말한 수치는 강한 인상을 주고 있음에도 불구하고, 가난한 나라의 수많은 인구가 식물병 때문에 영양실조와 굶주림, 기근을 겪고 있거나 또는 식물병이 작물을 파괴하여 초래된 일자리와 수입의 감소 때문에 사람들이 생존을 위한 일자리를 찾아서 농장과 마을을 떠나 과밀한 도시로 가게 만드는 수많은 이야기를 다 알려주는 것은 아니다.

더욱이 식물병 방제수단의 필요성은 해마다 경작 가능한 토지면적을 제한하며, 이미 특정 미생물에 오염되어 있는 포장에서는 자랄 수 있는 작물의 종류를 제한하고, 종자처리, 토양훈증, 식물에 살포 또는 과실의 수확 후 처리 등에 해마다 수백만 kg의 농약을 사용하도록 만든다. 그러한 방제수단은 식량생산비용을 높일 뿐만 아니라 돌려짓기 등 일부 방제수단은 불가피하게 식량생산량을 제한하는가 하면, 다른 방제수단들은 유독성 화학물질들을 환경에 방출한다. 그러므로 식물병리학은 관련된 모든 요소의 균형을 맞추어 사람과 환경에 해로운 부작용을 최소화하고 최대량의 식량을 생산할 수 있도록 하는 것이 의무이자 목표이다.

표 1-1

전세계 연간 작물손실 산출량

얻을수 있는 작물 생산 (2002년 가격)	15,000억달러
실제 작물 생산 (-36.5%)	9,500억달러
작물보호 없을 경우의 생산	4,550억달러
작물보호에 의한 손실 방제	4,150억달러
전세계 작물생산에 있어서 실제 연간 손실	5,500억달러
병으로 인한 손실 (14.1%)	2,200억달러

식물과 병

나무, 풀, 꽃 등 각종 식물은 지구 생물환경의 대부분을 차지하고 있다. 식물은 직접 또는 간접적으로 사람과 모든 동물이 의존하고 있는 모든 식량을 만들어낸다. 인간과 육식동물이 먹는 고기, 젖, 알 등도 식물을 먹고 사는 동물로부터 만들어지는 것이다. 식물은 태양에너지를 저장하고 사용할 수 있는 화학에너지인 탄수화물, 단백질, 지질 등으로 바꿀 수 있는 유일한 고등생물이다. 사람을 포함한 모든 동물은 이러한 식물성 물질에 의존하여 살고 있다.

야생식물이든 작물이든, 식물은 토양이 충분한 수분과 양분을 공급해 주고, 잎이 충분한 빛을 받으며, 온도가 정상적인 범위 안에서 유지되는 한 잘 자라고 잘 생산할 수 있다. 그러나 식물도 역시 병든다. 병든 식물은 잘 자라지 못하고, 잘 생산하지 못하며, 여러 형태의 병징을 나타내고, 자신의 일부 또는 전체가 죽는 일도 빈번하다. 그러나 병든 식물이 불편함이나 고통을 느끼는지에 대해서는 알려져 있지 않다.

식물에 병을 일으키는 원인은 사람과 동물에 병을 일으키는 원인과 같거나 매우 비슷하다. 이 원인에는 바이러스, 세균, 균류, 원생동물 등의 병원성 미생물, 선충, 그리고 양분, 수분, 빛 등의 부족이나 과다 등 부적당한 환경조건, 그리고 공기나 토양 속의 독성 화학물질의 존재 등이 포함된다. 식물은 또한 곤충의 공격을 받아 피해를 입는 것은 물론, 잡초 같은 다른 식물들과의 경쟁으로 고생하기도 한다. 일반적으로 곤충이나 사람, 또는 기타 동물에 의한 식물피해는 식물병리학의 연구 분야는 아니다.

식물병리학은 식물에 병을 일으키는 생물과 환경요인을 공부하며; 이러한 요인들이 식물에 병을 일으키는 기작을 공부하며; 병을 예방하고 방제하여 피해를 줄이는 방법을 연구하는 학문이다. 의학(medicine)이 사람을 위한 것이고, 수의학(veterinary medicine)이 동물을 위한 것이듯, 식물병리학은 식물을 위한 것이다. 각 학문은 각각의 주체, 즉 식물, 사람, 동물에 생기는 병의 원인, 기작, 방제에 대하여 연구한다.

식물병리학은 식물학, 균학, 세균학, 바이러스학, 선충학, 식물형태학, 식물생리학, 유전학, 분자생물학과 유전공학, 생화학, 원예학, 농학, 조직배양, 토양학, 임학, 화학, 물리학, 기상학, 그리고 다른 여러 과학 분야의 기초지식을 융합하고 사용하는 종합과학이며 전문분야이다. 식물병리학은 이들 과학 중 어느 것의 발전으로도 도움을 받으며, 식물병리학적 문제를 해결하기 위한 시도로부터 다른 분야 과학도 많이 발전해 왔다.

과학으로서의 식물병리학은 식물병에 대한 우리의 지식을 향상시키려 노력하는 것이다. 동시에 식물병리학은 식물병을 회피하거나 방제할 수 있는 방법과 장비, 자재 등을 개발하기 위하여 노력한다. 식물병을 방제하지 않으면 식량생산이 줄어들고 값이 비싸지며, 식량의 품질은 떨어진다. 병든 식물의 생산물은 때로는 독성을 가지고 있어 소비에 적당하지 않을 수도 있다. 어떤 식물병은 모든 종류의 식물을 온통 다 휩쓸어 버리기도 하며, 우리 환경의 미관이나 풍경에 영향을 미치기도 한다. 식물병을 방제하면 더 좋은 품질의 식량을 더 많이 생산하고 심미적으로 더 좋은 환경을 만들 수 있지만, 소비자들은 식물병의 방제에 소요된 자재, 장비, 인건비 등의 비용을 지불해야만 하며, 때로는 환경오염 등 뚜렷이 드러나지 않는 대가까지 지불해야 한다.

지난 백 년 동안, 식물병과 여러 유해생물의 방제는 주로 유독성 화학물질(농약)의 광범위한 사용에 의존하여 왔다. 식물병을 방제하려면 우리가 소비하는 식물과 식물의 생산물뿐만 아니라 많은 병원미생물이 살면서 식물의 뿌리를 공격하고 있는 토양에도 그러한 유독성 화학물질을 처리해야 할 때가 많다. 이들 중 많은 화합물은 대상생물 이외의 미생물과 동물에도 독성을 나타내며, 사람에게도 해를 끼칠 수 있다고 알려져 있다. 식물병을 방제하는 데 따른 환경오염이 인류의 건강과 복지에 미치는 장단기 비용을 산정하는 것은 쉬운 일이 아니다. 현대 식물병리학의 연구 중 상당 부분은 환경친화적인 식물병 방제법을 알아내는 것을 목표로 삼고 있다. 병 저항성 식물의 고전적 육종 또는 유전공학적 육종, 병을 억제할 수 있는 경종법, RNA와 유전자발현억제 기술, 식물방어촉진 비독성물질의 적용, 그리고 어떤 면에서는 식물병원미생물에 길항적인 생물자원의 이용 등이 가장 가능성 있는 접근방법이다.

식물병리학의 도전은 식량의 품질을 높이는 동시에 우리의 환경을 보호하고 식량 손실량을 줄이는 것이다. 세계 인구는 지속적으로 늘어나는 반면에 경작가능 면적과 대부분의 다른 자연자원은 계속 줄어들며, 우리의 환경은 더 밀집되고 스트레스 받음에 따라 식물병을 효율적이고 안전하게 방제해야 할 필요성은 점점 더 과밀해지는 우리 지구에서 굶주리는 수십억 인구를 먹여 살리기 위한 가장 기본적인 요구의 하나가 되어가고 있다.

식물병의 개념

식물이 아픔이나 불편함을 느끼는지 알 수가 없고 어떤 경우에도 우리에게 말을 하거나 다른 의사소통을 하지 않기 때문에 식물이 언제 병드는지를 정확하게 꼭 집어낸다는 것은 매우 어렵다. 식물이 유전적으로 가지고 태어난 잠재력에 따라 생리적 기능들을 최대한 수행할 때 바로 그 식물은 건강한 상태 또는 정상적인 상태인 것으로 받아들여진다. 건강한 식물의 생장점(형성층) 세포는 필요에 따라서 분열하고 분화하며, 여러 종류의 분화한 세포는 토양에서 물과 양분을 흡수하고; 식물체 곳곳으로 운반하고; 광합성, 운반, 대사를 수행하거나 광합성 산물을 저장한다; 그리고 살아남고 증식하기 위하여 종자 또는 기타 번식기관을 만든다. 이러한 필수적인 기능들을 수행하는 식물세포의 능력이 병원미생물이나 부적당한 환경요인들 때문에 교란되면 세포의 기능이 정지하거나 방해받아 변화하고, 세포는 제 기능을 하지 못하거나 죽으며, 결국 식물체가 죽는다. 우선 식물체 중 괴롭힘을 당하는 바로 그 한 개 내지 여러 개의 세포가 병원체와 반응한다. 하지만 반응은 곧 더 넓은 범위까지 퍼져서 조직의 변화가 일어나며, 영향받은 부분이 눈에 띄게 된다. 이러한 가시적 변화가 병의 증상, 즉 **병징**(病徵; **symptom**)이다. 생물의 감염이나 부적당한 환경요인들에 반응하여 나타나는 식물체의 가시적 또는 비가시적 변화 중 정량화할 수 있는 것들은 식물병 발생량을 나타내는 척도가 된다. 따라서 식물병은 식물의 형태, 기능, 또는 원상보전에 악영향을 미치거나, 식물 또는 식물의 일부분에 부분적 손상이나 죽음 등을 초래하는 병원생물이나 부적당한 환경요인에 대한 식물세포의 가시적 또는 비가시적인 일련의 반응과정이라고 정의할 수 있다.

감염되는 세포와 조직의 종류에 따라 먼저 교란될 생리적 기능의 종류가 결정된다 (그림1-1). 예를 들어서, 뿌리의 감염은 뿌리를 썩혀 토양으로부터 물과 양분을 흡수하지 못하게 하며, 모든 유관속시들음병과 일부 궤양병에서 일어나는 물관의 감염은 물과 무기양분이 수관 또는 초관으로 이동하는 것을 방해하고, 점무늬병, 잎마름병, 녹병, 곰팡이병, 모자이크 등 잎의 감염은 광합성을 방해한다. 또한 바이러스, 몰리큐트, 원생동물 등에 의한 병 및 궤양병에서와 같이 엽맥, 수피 등의 체관이 감염되었을 때는 광합성 산물이 아래쪽으로 이동하는 것을 방해하며, 꽃과 열매의 감염은 생식을 방해한다. 대부분의 병에 있어서 감염된 세포들은 약해지거나 죽지만, 뿌리혹병의 경우에 감염된 세포는 정상세포보다 훨씬 더 빨리 분열하거나(이상증식) 훨씬 더 커지도록(이상비대) 자극을 받아서, 비정상적인 부정형의 과다생장(암종) 또는 비정상적 기관이 만들어진

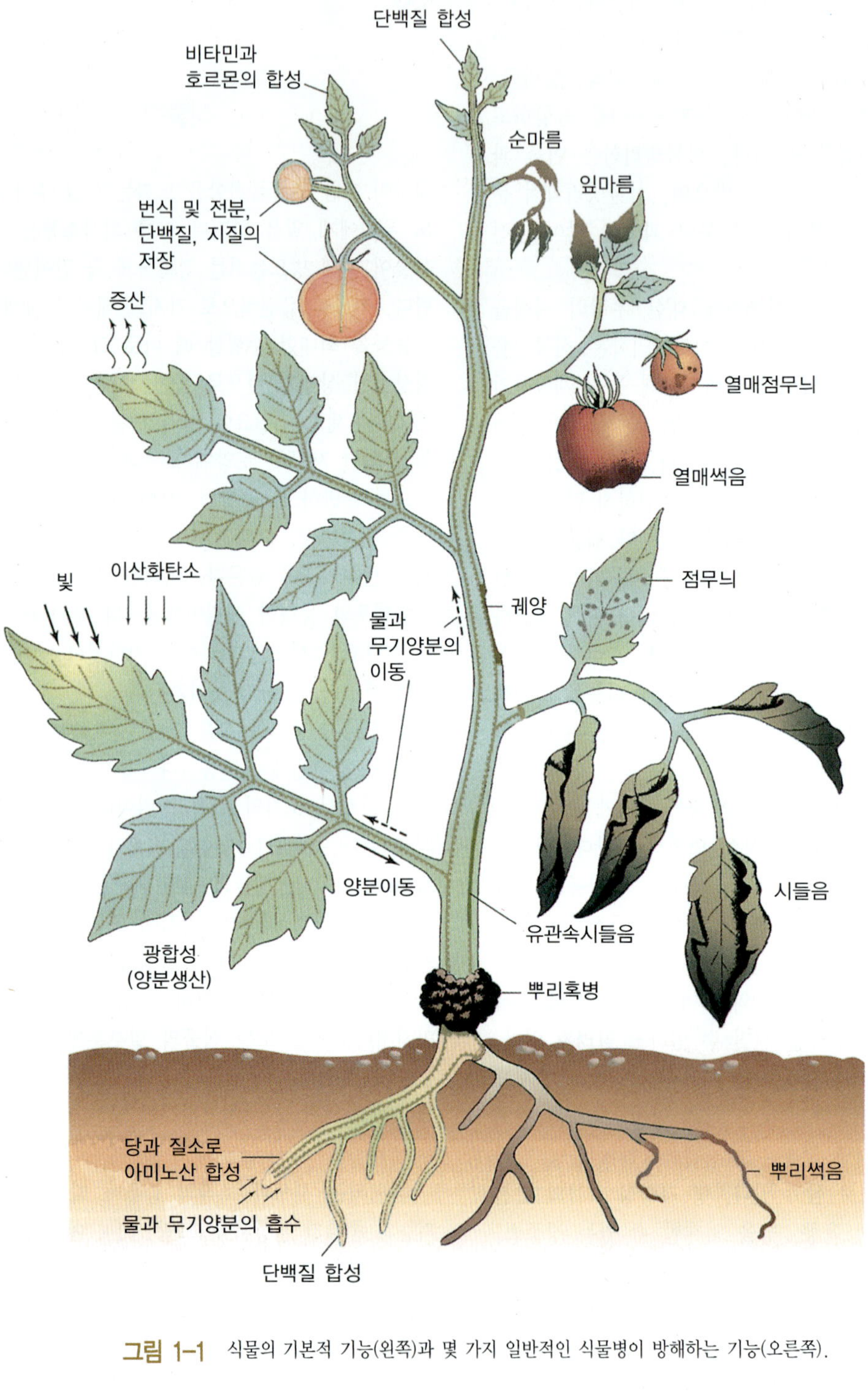

그림 1-1 식물의 기본적 기능(왼쪽)과 몇 가지 일반적인 식물병이 방해하는 기능(오른쪽).

다.

즉, 전염되어 병을 일으킬 수 있는 생물인 병원미생물은 일반적으로 병원체라고 불리며 보통 효소, 독소, 생장조절물질, 그리고 기타 물질들을 세포로 분비하거나 자기들이 사용하기 위하여 기주세포로부터 영양물질을 흡수함으로써 식물세포의 대사를 교란하여 병을 일으킨다. 또한 어떤 병원체는 식물의 물관이나 체관에서 자라고 증식하여 물의 상승 또는 당의 하강 등을 방해하여 병을 일으킨다. 환경요인들도 온도, 습도, 무기양분, 오염물질 등의 비생물적 요인들이 식물이 견딜 수 있는 특정 범위보다 더 높아지거나 낮아졌을 때 식물에 병을 일으킨다.

식물병의 종류

작물과 야생식물이 걸리는 병은 수만 종류에 이른다. 각각의 작물은 평균적으로 적어도 백 종류 이상의 식물병에 걸린다. 또한 각각의 병원체는 어디서든지 한 품종 내지 수십, 수백 종의 식물에 병을 일으킨다. 식물병은 때로는 그 병에 의하여 나타나는 병징에 따라(뿌리썩음병, 시들음병, 점무늬병, 마름병, 녹병, 깜부기병 등), 때로는 식물체가 감염되는 부위에 따라(뿌리병, 줄기병, 잎병 등), 또 때로는 병에 걸리는 식물의 종류에 따라(화곡류병, 채소병, 잔디병 등) 나누기도 한다. 그러나 식물병을 분류하는 유용한 방법의 하나는 병을 일으키는 병원체의 종류에 따라 나누는 것이다 (그림 1-2, 1-3). 이러한 분류법의 장점은 병의 원인을 알려주며, 이에 대한 지식으로 곧

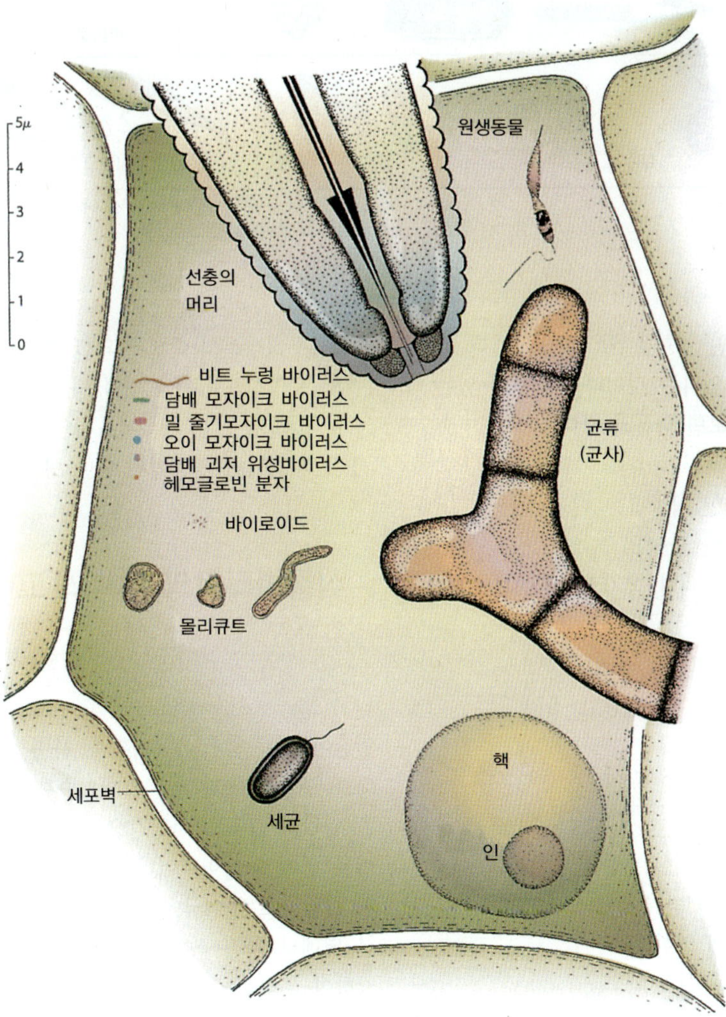

그림 1-2 특정 식물병원체와 식물세포의 모양 및 크기 비교. 실제로 세균, 몰리큐트, 원생동물은 핵을 가진 살아있는 세포 안에서는 발견되지 않는다.

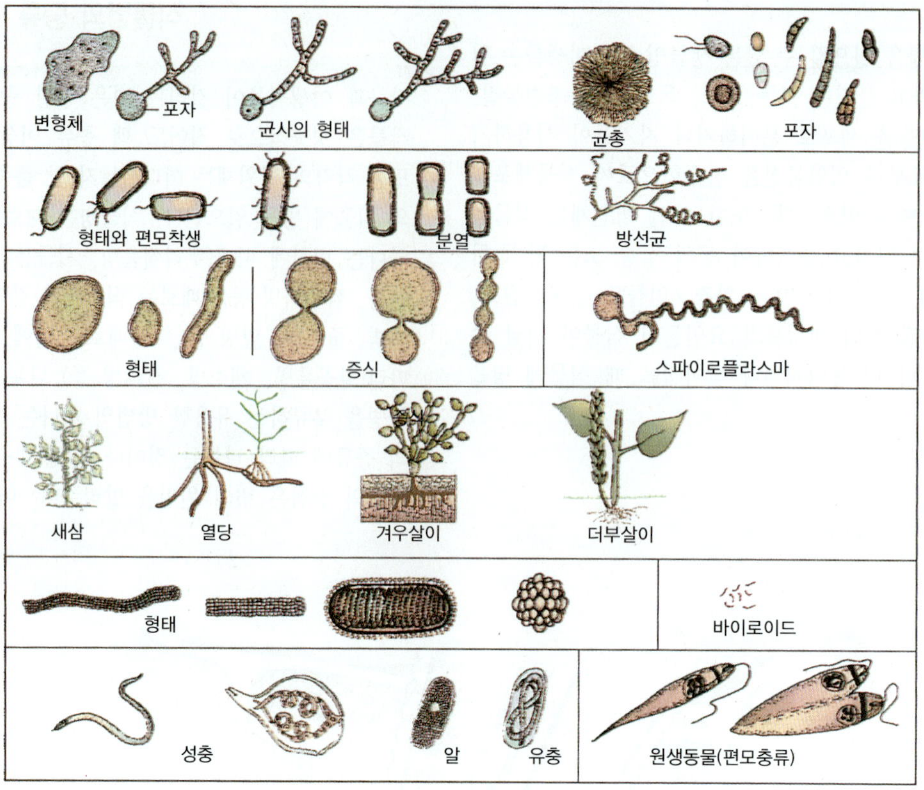

그림 1-3 몇 가지 식물병원체 그룹의 형태와 증식법.

병의 진전과 전염에 대한 일반적인 경향을 알 수 있고, 더 나아가 가능한 방제법까지도 알 수 있다는 것이다. 이 책에 있는 식물병을 이 방법에 따라 나누어 보면 다음과 같다.

I. 전염성병, 즉 생물적 원인에 의한 식물병
1. 균류에 의한 병 (그림 1-4A, 1-4B)
2. 원핵생물(세균과 몰리큐트)에 의한 병 (그림 1-4C, 1-4D)
3. 기생식물과 녹조에 의한 병 (그림 1-5A)
4. 바이러스와 바이로이드에 의한 병 (그림 1-5B)
5. 선충에 의한 병 (그림 1-5C)
6. 원생동물에 의한 병 (그림 1-5D)

II. 비전염성병, 즉 비생물적 원인에 의한 식물병 (그림 10-1)
1. 너무 낮거나 높은 온도에 의한 병
2. 너무 많거나 적은 토양수분에 의한 병
3. 너무 세거나 약한 빛에 의한 병
4. 산소 부족에 의한 병
5. 대기오염에 의한 병
6. 양분결핍에 의한 병
7. 무기성분의 독성에 의한 병
8. 토양산도(pH)에 의한 병
9. 살균제, 살충제, 제초제의 독성에 의한 병
10. 부적당한 경종법에 의한 병

식물병리학의 역사와 고대의 주요 식물병

서론

인간이 사냥이나 유목생활을 하면서 주변 어디에서든 보이는 대로 구한 고기나 잎, 열매, 종자를 먹고 살 때부터도 식물병은 인간과 그들의 사냥감으로부터 자신들의 몫을 챙겼다. 식물병은 잎에 곰팡이병이나 마름병을 일으키고 열매나 종자를 썩혀 사람들로 하여금 주린 배를 채울 수 있는 충분한 양의 건전한 열매나 특정 식량식물을 찾아 헤매게 하였다. 사람들은 정착하여 논밭을 갈기 시작하면서 좁은 면적이기는 하지만 몇 종의 식량작물을 기르게 되었고, 1년 내내 이 식물들에 생존을 의지하게 되었다. 해마다 병으로 인하여 작물의 일부분을 잃었을 것이며, 어떤 해는 다른 해보다 더 많은 양을 잃었을 것이

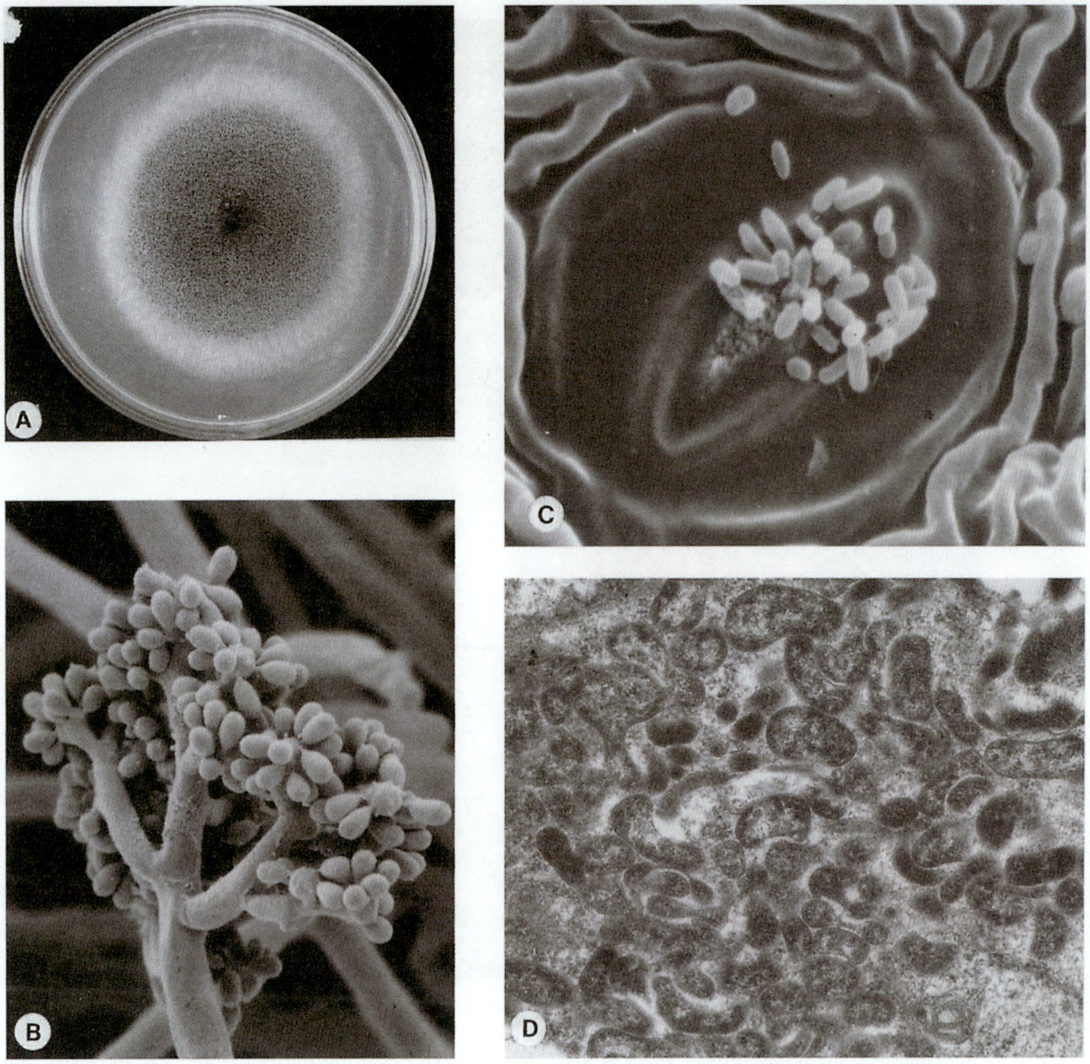

그림 1-4 식물병을 일으키는 세 가지 유형의 병원 미생물. (A) 감염된 식물조직 조각을 영양원이 담겨있는 배양접시의 한 가운데에 놓고 배양하였을 때, 거기에서 자라나오는 균. (B) 식물병원균(*Botrytis* sp.)의 균사와 포자 (600배). (C) 식물 잎의 기공에 있는 세균 (2,500배). (D) 식물의 체관에 있는 파이토플라스마 (5,000배). [사진제공: (B) M.F. Brown and H.G. Brotzman; (C) L. Mansvelt, I.M.M. Roos, and M.J. Hattingh; (D) J.W. Worley.]

고, 그러한 해에는 식량 공급이 부족하여 대부분 굶주리기도 하였을 것이다. 다습한 날이 많았던 해에는 식물병이 많이 발생하여 작물의 대부분 또는 전부가 못쓰게 되고 기근이 들어서 많은 사람과 동물이 고통을 당하고 굶어 죽었을 것이다. 그러므로 현재까지 전해지는 일부 옛 문헌들(기원전 1000년경 Homer의 저서, 기원전 750년경의 구약성서)에 식물병이 이미 기록되어 있었으며, 사람의 질병과 전쟁만큼이나 두려움을 주었다는 것은 놀라운 일이 아니다.

해설 1 신의 노여움으로서의 식물병 - Theophrastus

고대 유산의 가장 오랜 기록들이 많이 전해져 오는 동지중해 주변 국가의 기후와 토양에서는 많은 식물이 자랄 수 있었고 재배도 가능하였다. 인간의 식량 및 가축의 사료로 가장 중요한 작물은 낟알을 생산하는 밀, 보리, 호밀, 귀리 등 곡류와 강낭콩, 잠두, 매부리콩, 렌즈콩 등 두류였다. 포도나무, 멜론, 호박 등은 물론 사과나무, 귤나무, 올리브나무, 복숭아나무, 무화과나무 등의 과수도 재배되었다. 이러한 작물은 모두 해마다 가뭄, 곤충, 병 그리고 잡초에 의해 손실을 보았다. 대부분의 가정이 자신들이 필요한 작물을 길러 수확하며 다음 해에 새로운 작물이 나올 때까지 그 수확물에 의존하여 생존하였기 때문에 작물에 조금이라도 손실이 생기면 원인과는 상관없이 그들을 배고프게 하였으며 생존까지 문제되기도 하였다. 흰가루병(그림 1-6, 448-452쪽 참조), 깜부

계속

그림 1-5 식물병을 일으키는 나머지 네 가지 유형의 병원체. (A) 고추 묘에 기생하고 있는 실 모양의 기생식물인 새삼 (*Cuscuta* sp.). (B) 감염된 담배에서 분리한 담배 가락지무늬 바이러스 (200,000배). (C) 감염된 양파에서 분리한 식물 기생선충 *Ditylenchus* sp. (80배). (D) 기름야자나무 뿌리의 체관에 있는 원생동물 *Phytomonas* sp. (4,000배). [사진 제공: (A) G.W. Simone; (C) N. Greco, supplied courtesy R. Inserta; (D) W. de Souza.]

기병(blast; 그림 1-7A, 1-7B, 1-8A, 1-8B; 582-591쪽 참조), 그리고 곡류(그림 1-9A, 1-9B, 562-571쪽 참조)와 두류(그림 1-10A, 1-10B)의 녹병 발생은 구약성서(기원전 750년경)의 여러 구절에 언급되어 있다. 십중팔구 깜부기병이었을 열마름은 일부 낟알 또는 전부를 균의 포자로 대체함으로써 이삭을 파괴하였다. 십중팔구 녹병이었을 마름은 식물체를 약화시키고 낟알을 채울 양분과 수분을 다 써버려 낟알의 속이 비고 쭈그러들게 하였다 (그림 1-9B).

식물병에 대한 언급은 그리스 철학자 Democritus의 저술에서도 발견할 수 있는데, 그는 기원전 470년경 식물의 마름병을 기록하고 그것의 방제법을 서술하였다. 그러나 또 다른 그리스 철학자 Theophrastus(그림 1-11, 기원전 300년경)는 식물병의 극히 일부분과 식물을 체계적인 연구의 대상으로 삼았다. Theophrastus는 Aristotle 의 제자로서 나중에 그 학파의 계승자가 되었다. Theophrastus는 여러 저서 중 식물에 관한 것을 두 권 저술하였다. 한 권은 『식물의 본성(The Nature of Plant)』으로서 식물의 형태와 해부, 야생 및 재배하는 목본식물, 다년생 초본식물, 채소류, 두류를 포함한 곡류, 그리고 약용식물 및 그들의 즙액에 대해 서술한 장을 포함하고 있다. 『채소류 생장의 이유(Reasons of Vegetable Growth)』라는 또 다른 책에는 종자와 접목을 통해 식물을 번식시키는 법, 환경변화와 경작법, 그리고 그들이 식물에 미치는 영향, 곡류의 기원과 증식, 병과 죽음을 포함한 비자연적인 영향, 그리고 식물의 향기와 맛 등에 대한 장이 포함되어

그림 1-6 어린 밀 잎(A), 포도송이(B), 수수꽃다리 잎(C), 그리고 아잘레아 잎(D)의 흰가루병 병징. [사진제공: (A) G. Munkvold, Iowa State University, (B) E. Hellman, Texas A&M University, (C,D) S. Nameth, Ohio State University]

있다. 이러한 업적으로 인해 Theophrastus는 '식물학의 아버지'로 추앙받아 오고 있다.

식물병 지식에 대한 Theophrastus 의 기여는 매우 제한적이며 그가 살던 시대의 믿음에 영향을 받았다. 그는 언덕보다는 저지대에 식물병이 훨씬 더 흔하고 더 심하며, 녹병 등 특정 병은 두류보다 곡류에 훨씬 더 흔하고 심하다는 사실을 관찰하였다. 고대 참고자료의 상당수에는 식물병이 사람들이 저지른 잘못과 죄에 대한 신의 벌과 응징으로 간수되어 있다. 이러한 사실은 사람들이 죄를 짓지 않으면 식물병을 피할 수 있다는 사실을 내포하고 있었다. 물론, 저지대의 농민들이 언덕의 농민들보다 더 많은 죄를 지었다고 생각하는 사람은 없었다. 그러나 식물병을 설명할 수 없었던 Theophrastus 와 그의 동시대인들은 신이 날씨를 조절하여 병을 '초래하였다'고 믿었다. 그들은 식물병이 신의 노여움의 표현이며, 따라서 병을 피하거나 조절하는 것은 사람들이 절대자를 즐겁게 하는 것에 달려있다고 믿고 있었다. 기원전 4세기에 로마인들은 계속되는 녹병과 다른 병에 의한 곡류작물의 파괴 때문에 대단한 기근을 겪었으며, 그에 따라 'Robigus'라 불리는 독립된 신을 만들어

계속

그림 1-7 *Ustilago* sp.에 의한 보리(A)와 밀(B)의 겉깜부기병(blast). [사진제공: (A) P. Thomas, (B) I. Evans, WCPD.]

그림 1-8 *Tilletia* 에 의한 밀 속깜부기병 또는 비린깜부기병(blast). (A) 왼쪽의 식물은 건전; 오른쪽의 식물은 감염되어 작고 둥글며 검은 밀알이 자라 나오고 있다. (B) 건전한(밝은 색) 밀알과 속깜부기에 감염된(어두운 색) 밀알. [사진제공: (A) WCPD, (B) P. Lipps, Ohio State University.]

그림 1-9 (A) *Puccinia tritici* 에 의한 밀 줄기녹병에 심하게 감염된 밀 줄기와 잎. (B) 오른쪽에 있는 통통하고 전분과 기타 양분으로 가득 찬 건전 밀의 낟알에 비하여, 녹병에 감염된 식물체에서 수확한 왼쪽의 밀알은 홀쭉하고 양분이 거의 없다. [사진제공: (A) CIMMYT, (B) USDA, Cereal Dis. Lab., St. Paul, MN.]

그림 1-10 (A) *Uromyces appendiculatus* 에 의한 강낭콩 녹병이 근접촬영. (A) 강낭콩 잎의 앞면과 뒷면에 나타난 녹병 점무늬. (B) 녹병에 감염된 포장은 많은 잎이 녹병으로 죽어 떨어진 것을 보여준다. [사진제공: (A) R.G. Plafford, WCPD, (B) J.R. Steadman, University of Nebraska.]

계속

그림 1-11 "식물학의 아버지" Theophrastus

내었다. 로마인들은 그가 공포스러운 녹병으로부터 자신들을 지켜 주리라는 신념으로 Robigus를 즐겁게 하기 위하여 기도를 드리고 희생양을 바쳤다. 심지어 로마인들은 Robigus를 위하여 'Robigalia'라는 특별한 경축일까지 만들었으며, 이 날에는 Robigus가 즐거워하여 자신들의 작물을 파괴할 녹병을 보내지 않도록 붉은 개와 여우, 그리고 암소를 바쳤다.

병의 원인에 대한 정보 부족과 병이란 신의 노여움의 표현이라는 믿음은 식물병을 방제하려는 노력에 걸림돌이 되었다. 그럼에도 불구하고, 고대 저술가 Homer는 기원전 1000년경에 황(sulfur)의 식물병 방제효과에 대하여 언급하였으며, 기원전 470년경 Democritus는 기름을 짜고 난 올리브 찌꺼기를 식물에 흩뿌려서 마름병을 방제하라고 추천하였다. 그러나 대부분의 고대 기록은 신이 인간들에게 무서운 녹병이나 곰팡이병, 마름병 등을 내리지 않도록 신에게 감사하고 향응을 베풀며 신을 달래는 축제와 희생에 대하여 다루고 있을 뿐이었다. 식물병 방제에 대한 정보는 거의 2,000 년 동안이나 어느 곳에서도 기록을 찾을 수 없었다.

2천여 년의 숙명주의(fatalism)시대 동안에도 식물병의 원인과 방제에 대한 중요한 사실이 몇 가지 관찰되었지만, 동시대의 사람들에게는 그 의미가 받아들여지지 않았으며, 다음 세대들에게는 완전히 무시되었다. 고등식물(종자식물)인 겨우살이가 기주식물로부터 양분을 흡수하여 식물을 병들게 하는 기생체라는 사실이 제기된 것은 서기 1200년경이었다. 기주식물의 가지 중 겨우살이가 있는 부분을 잘라내면 기주식물이 나을 수 있다는 사실 또한 주목되었다. 그러나 이러한 중요한 관찰에 대하여 아무도 관심을 기울여 주지 않았다.

해설 2 겨우살이가 최초의 식물병원체로 인지되었다

겨우살이는 나뭇가지에 기생하며 살아가는 식물(715쪽 참조)이지만, 여러 이유로 인해 다양한 문화권에서 사람들의 관심을 끌어왔으며 그들의 본성과는 달리 이름을 떨쳐왔다.

겨우살이는 서기 1200년경 Albertus Magnus(그림 1-12A)에 의하여 식물병원체로 인지된 최초의 병원체이며 경종적 방제(감염된 가지의 전정)가 권장된 최초의 병원체임에도 불구하고, 병원체로서의 중요성이 지적되기보다는 훨씬 더 많이 환상화되고, 회자되고, 사용되고, 속여져 왔다. 많은 낙엽수를 감염하는 참나무겨우살이(common or leafy mistletoe; 미국에서는 *Phoradendron*, 유럽과 기타 지역에서는 *Viscum*; 그림 1-12B, 1-12C)와 특히 침엽수를 감염하는 난쟁이 겨우살이(dwarf mistletoe; *Arceuthobium*) 모두 감염된 나무에 상당한 타격을 주는 것이 확실하다. 여러 경우에 있어서, 감염된 기주식물의 잎이 떨어진 가을에 상록 겨우살이는 확실히 보이며, 감염된 나무 수관의 절반 가까이를 점유하기도 한다. 일반적으로 겨우살이는 감염부위의 수간이나 줄기를 부풀게 하여 폭풍우에 쉽게 부러지게 함으로써 기주식물에 피해를 주며, 그에 따라 나무 표면적이 줄어들고 목재로서의 품질이 떨어진다.

물론, 겨우살이는 보통 흡기(haustorium 또는 sinker)라고 불리는 '뿌리'를 나무줄기에 집어넣는 상록 기생식물이다. 이 흡기를 통하여 기주식물로부터 그들이 필요로 하는 수분과 무기양분 전체, 그리고 대부분의 유기물을 흡수한다. 그러나 참나무겨우살이는 잘 발달된 잎과 엽록체를 가지고 있어 광합성을 하며 적어도 그들이 필요로 하는 당과 기타 유기물의 일부라도 만들어낸다. 겨우살이는 암꽃과 수꽃이 따로 있으며 종자 한 알씩을 가지고 있는 조그만 열매를 만든다. 종자는 점질물로 싸여 있으며 힘에 의해 방출되어 근처 나뭇가지에 달라붙거나 새에게 먹혀 소화관을 지나고 새가 떨어뜨리는 가지에 달라붙는다.

낙엽수에 있는 진정겨우살이의 뚜렷한

그림 1-12 (A) 겨우살이를 식물 기생체로 인식한 Albertus Magnus. (B) 겨울에 참나무 가지 위에서 자라고 있는 겨우살이 개체 및 집단. (C) 주간이 참나무 주간의 밖으로 자라나온 겨우살이를 확대한 모습.

모습과 기주식물의 잎이 떨어진 겨울 동안에도 푸르게 남아있을 수 있는 능력은 그리스 시대부터 사람들의 상상력을 자극하여 여러 세기 동안 겨우살이가 관련된 전통과 신화가 많이 만들어졌다. 식물 그 자체가 신비로운 힘을 가진 것으로 여겨졌으며, 여러 나라에서 많은 민속관습에 관련되었다. 겨우살이는 생명을 주며 독으로부터 보호하고, 최음제 역할을 하고, 다산성을 주는 것으로 여겨졌다. 겨우살이의 잔가지를 집 위에 놓거나 문에 붙이거나 천정에 메달아 두면 마귀와 악령을 쫓는 것으로 믿었다. 로마인들은 한겨울에 사원과 집을 겨우살이로 장식하여 그를 받은 신들을 즐겁게 하였다. 북유럽 신화에서는 겨우살이를 사랑의 여신인 'Frigga'에게 헌정하였으나 악의 여신인 'Loki'가 그것을 화살로 사용하여 여름태양의 신인 Frigga의 아들을 죽였다고 전한다. Frigga는 겨우살이나무 아래에서 가까스로 그녀의 아들을 회생시켰으며, 기쁜 나머지 겨우살이나무 아래 있던 모든 사람에게 입맞춤을 하였다. 그러나 겨우살이가 그녀의 아들에게 악행을 저질렀다하여 겨우살이를 앞으로는 불행이나 슬픔, 죽음 등을 일으킬 힘이 없는 기생체로 살아가게 운명지웠다. 대신 그녀는 겨우살이나무 아래에 서면 누구나 어떤 해로움으로부터도 보호받을 뿐만 아니라 평화와 사랑의 징표로 입맞춤하도록 공포하였다. 그래서 스칸디나비아에서는 겨우살이를 평화의 나무로 생각한다: 겨우살이 아래에서는 적도 휴전에 동의하고, 불화 중인 배우자도 입맞춤하고 되돌릴 수 있다. 영국에서는 겨우살이로 만든 공을 리본과 장식품으로 장식하여 크리스마스 때 매달아 놓는다. 만일 젊은 여자가 이 공 아래에 서면 그녀는 다른 사람의 입맞춤을 거절할 수 없으며, 혹시 거절한다면 다음 해에는 결혼하리라는 기대를 가질 수 없었다. 겨우살이 아래에서 입맞춤한 연인들은 결혼을 약속한 것이나 마찬가지이며, 오래도록 행복하게 함께하는 것의 예언이었다. 요즘에는 유럽과 미 대륙의 여러 곳에서 크리스마스에 겨우살이 공이나 가지 아래에 서는 사람은 우정과 행운을 비는 표시로 이성에게 입맞춤 받고자 청원하고 있는 것이다. 실제로 겨우살이에 관련된 신화와 관습은 더 많이 있다. 대단찮은 기생성 고등식물이 수많은 사람의 상상력을 자극하고 자신에 대한 그 많은 이야기를 가지고 있다고 그 누가 생각하겠는가.

해설 3 자연발생의 결과로서의 식물병

세계 여러 곳에서 기근에 대한 기록이 있음에도 불구하고, 겨우살이가 기생체라는 Magnus의 제안을 제외하면 Theophrastus 이래로 약 2,000년 동안 식물과 식물병에 더할 만큼 쓸만한 지식은 거의 없었다. 특히 나쁜 것은 북부중앙유럽에 맥각중독증(ergotism)이 터진 것인데, 맥각병은 사람과 동물이 곡류에 맥각병을 일으키는 균의 일부로 오염된 곡물을 먹어서 나타나는 것이다 (501-504쪽 참조). 사람들은 지속적으로 식물병을 죄와 신의 노여움으로 연관시켰으며, 따라서 식물병의 발생과 반복적인 식량손실, 그리고 그에 따른 굶주림과 기근을 숙명적인 것으로 받아들였다. 식물병의 피해에 대한 참조문은 여러 명의 동시대 역사가가 쓴 글에 나타나 있으나, 식물병의 원인과 방제에 대해서는 추가한 지식이 거의 없었다. 전 지역의 사람들이 식물병도 사람이나 동물병과 같이 자연적으로 발생할 뿐이라고 믿었다. 병든 식물이나 병든 수확물에 보이는 것은 무엇이든 병을 일으킨 원인이라기보다는 병이 만들어 내었거나 병의 결과로 생각하였다. 1600년대 중반, 예전에는 볼 수 없었던 미생물들의 관찰을 가능케 한 복합현미경을 발명한 이후 일반인은 물론 과학자들도 병과 병들거나 썩고 있는 식물, 사람, 동물조직과 관련된 미생물의 자연발생을 더 확고하게 믿게 되었다. 즉, 병든 식물에서 관찰되는 곰팡이, 녹, 썩음 및 기타 증상들과 식물의 병든 부분의 겉 또는 속에서 발견되는 미생물들이 병의 원인이나 영향체라기 보다는 우연히 만들어진 병의 자연산물이라고 믿게 되었다.

문예부흥 초기의 생물학과 식물병리학

사람들은 부분적으로는 적어도 작물과 열매를 파괴하는 식물병 때문에 지속적으로 굶주림과 영양실조를 겪었다. 그러나 그들은 여전히 식물병이란 신의 뜻이나 행위이며, 따라서 식물병을 이해할 수도 없고 피할 수도 없는 것으로 생각하였다. 그러나 1600년대 중반에 프랑스의 농부들이 밀 녹병은 언제나 매발톱나무 덤불에서 먼 곳의 밀보다 가까운 곳의 밀에서 더 심하게 발생한다는 사실에 주목하였다 (그림 1-13). 농부들은 녹병이 매발톱나무로부터 생겨서 밀로 옮겨진다고 생각하였다. 그러므로 밀을 보호하기 위하여 프랑스 정부로 하여금 행정기관이 매발톱나무 덤불을 잘라 없애도록 하는 첫 식물병관리법안의 통과를 요구하였다.

그림 1-13 밀밭의 가장자리에서 자라면서 밀 줄기녹병의 이종기생 병환을 완성하도록 도와주는 매발톱나무 덤불. *Puccinia graminis* 는 매발톱나무에서 월동한 후에 근처의 밀을 감염할 수 있는 포자를 만들어 내고, 그에 따라 녹병균 포자들이 더 많은 밀 식물체로 퍼진다. [사진제공: USDA Cereal Dis. Lab., St. Paul, MN.]

1670년, 프랑스의 의사인 Thoullier가 북부중앙유럽의 사람들에게 심한 피해를 주며 때로는 죽음으로까지 몰아가는 Holy Fire라는 맥각중독증이 환자로부터 다른 사람에게로 옮아가는 것이 아니라 맥각에 오염된 곡류의 소비와 관련된 것 같다는 사실을 관찰하였다. 비슷한 무렵, 영국의 Robert Hooke가 렌즈 2개를 이용(복합)한 현미경을 발명하여 코르크의 얇은 절편을 관찰하고 각 단위체를 '세포(cell)'라고 불렀다. 바로 뒤, 네덜란드의 Antonius van Leeuwenhoek(그림 1-14A)가 렌즈와 현미경의 구조를 상당히 개선하였으며, 식물해부뿐만 아니라 사상균의 몸체와 조류, 원생동물, 정자세포, 혈구, 심지어는 세균까지 관찰하기 시작하였다. 물론 이 모든 미생물을 발견된 동물이나 식물 또는 배지로부터 생겨난 것으로 생각하였으며, 독립된 자가증식체로 생각하지는 않았다. 1735년, 스웨덴의 철학자이며 식물학자인 Carl von Linne(그림 1-14B)는 그의 주 업적인 『자연의 체제(Systema Naturae)』를 출간하여 식물 종의 동정과 식물의 이명법(binomial

그림 1-14 (A) Antonius van Leeuwenhoek. (B) Carl von Linne'. (C) Charles Darwin.

nomenclature)을 확립하였다. 그러나 Linne의 종은 엄격하였으며, 만들어진 이래로 변화가 없었던 것으로 되어 있다. 그보다 무려 한 세기 뒤인 1859년이 되어서야 영국의 Charles Darwin(그림 1-14C)이 『자연선택에 의한 종의 기원 (The Origin of Species by Means of Natural Selection)』이라는 책을 펴냈으며, 모든 식물, 동물 및 유기체의 종은 시간의 흐름에 따라 진화하며 생존을 위하여 환경의 변화에 적응한다는 사실을 보여 주었다. 그러나 현미경의 발명과 실용화는 현미경적 구조, 그리고 이어서 균류와 식물병과의 연관 가능성에 대해 괄목할만한 관심을 불러 일으켰다. 1729년에는 이탈리아의 식물학자 Pier Antonio Micheli가 균류의 새로운 속을 기술하고 그들의 생식구조를 그림으로 나타내었다. 그는 또한 신선한 멜론 조각을 놓아두면 이러한 구조물을 생산했던 것과 같은 종류의 균으로부터 똑같은 구조물이 만들어지고 자란다는 사실에 주목하였다. 그리하여 그는 균류는 자연발생하는 것이 아니라 그들의 포자로부터 자라나온다고 제창하였으나, 사람들의 마음속에 '자연발생설(spontaneous generation theory)'이 너무도 각인되어 있었기 때문에 아무도 Micheli 의 증거를 믿지 않았다. 이와 비슷하게, 1743년 영국의 과학자 Needham 이 작고 비정상적으로 둥근 밀 낟알에 들어있는 선충을 관찰하였으나, 그 역시 그것이 문제의 원인이라는 것을 보여주지도 못하였고 제안하지도 못하였다.

깜부기가 생긴 밀을 연구하였던 프랑스의 Tillet는 1755년 밀 낟알을 심기 전에 낟알에 깜부기 가루, 즉 깜부기 포자(그림 1-15)를 뿌림으로써 속깜부기(그림 1-8A, 1-8B)가 생긴 밀의 수를 증가시킬 수 있다는 것을 입증하였다. 그는 또한 깜부기 가루를 묻힌 낟알을 황산구리(copper sulfate)로 처리함으로써 깜부기가 생기는 밀의 수를 줄일 수 있다는 것을 기록하였다. 그러나 Tillet 역시 그의 실험을 적합하게 해석하지 못하였으며, 밀 깜부기병이 감염성인 식물병이라고 결론짓는 대신, 병을 일으키는 원인은 살아있는 포자와 그로부터 생겨난 균이라기보다는 깜부기 가루에 들어있는 독성물질이라고 믿었다. 50여 년 뒤인 1807년에 또 다른 프랑스인인 Prevost는 접종 실험과 Tillet가 했던 것처럼 종자를 황산구리로 처리하는 실험을 반복한 끝에 그와 같은 결과를 얻었다. 더구나 Prevost는 처리하거나 또는 처리하지 않은 밀 종자의 깜부기 포자를 현미경으로 관찰하였으며, 처리하지 않은 종자의 깜부기 포자는 발아하고 자라는 반면, 처리한 종자의 포자는 발아하지 못한다는 것을 알아냈다. 그래서 그는 밀에 깜부기병을 일으키는 것은 깜부기 포자였으며, 황산구리로 처리한 종자에서 밀 깜부기병의 발생 수가 줄어드는 것은 황산구리가 깜부기 포자의 발아를 저지하였기 때문이라고 옳은 결론을 내렸다. 그러나 프랑스과학원(French Academy of Science)의 과학자들과 유럽 전역의 과학자들이 여전히 미생물과 그들의 포자는 자연발생에 의해 만들어지며, 병의 원인이라기보다는 결과라고 믿었기 때문에 Pervost의 결론은 과학원에 받아들여지지 않았다. 1855년, 오이 뿌리에 생긴 혹에서 선충이 관찰되었으나, 또 다시 자연발생적으로 혹에 존재하는 것이라고 생각하였다. 이러한 믿음은 1861-1863년 Anton deBary(그림 1-16A)가 감자 역병이 균에 의해 나타난다는 것을 증명하고, Louis Pasteur(그림 1-16B)가 미생물은 이미 존재하고 있던 미생물로부터 생겨나며, 대부분의 감염성 질병은 병균에 의한 것이라는 사실을 증명한 1860년대 초반까지 과학자들에 의해 유지되었고 상세히 설명되었다. Pasteur의 연구는 '미생물병원설(germ theory of disease)'로 확립되어 과학자들의 사고방식을 변화시키고 어마어마한 진전을 초래하였다. 이러한 진전에 상당한 기동력을

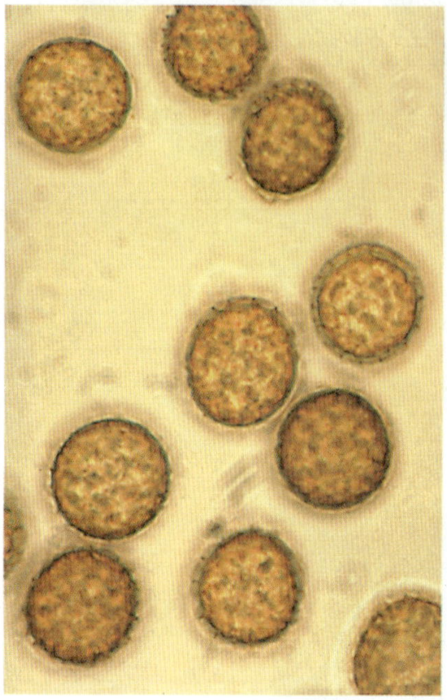

그림 1-15 밀 속깜부기병과 비린깜부기병을 일으키는 *Tilletia*의 겨울포자. [사진제공: M. Babadoost, University of Illinois.]

그림 1-16 (A) Anton deBary. (B) Louis Pasteur. (C) Robert Koch.

준 과학자는 미생물 배양용 인공영양배지(Petri dishes)를 개발한 Robert Petri와 특정 미생물이 특정 감염성 질병의 원인임을 증명하기 위해서는 반드시 특정한 필수단계(Koch's postulates)를 수행해야 하며, 특정 조건이 만족되어야 한다는 것을 확립한 Robert Koch(그림 1-16C)였다.

해설 4 감자 역병과 아일랜드 대기근: 무지와 정치의 치명적 혼합

감자는 1570년경 중남미로부터 유럽으로 도입된 이래 1800년경에는 이미 아일랜드에 잘 정착되어있는 작물이었다. (1) 감자는 새로운 식물이며 성경에 언급되어 있지 않고, (2) 땅 속에서 만들어지므로 깨끗하지 않으며, 그리고 (3) 그것의 일부가 독성이 있기 때문에 그것을 채택하는 데 강한 반대가 있었지만, 그럼에도 불구하고 감자는 채택되었으며 재배가 급속히 퍼져갔다. 감자재배를 받아들인 것은 그때까지 재배하던 밀이나 호밀 등 곡류작물보다 토지 단위면적당 먹을 수 있는 식품생산이 더 증가하는 결과를 낳았다. 또한, 지면이 지상부를 파괴하는 해충과 병으로부터 감자를 보호하고, 체납된 소작료를 징수하기 위하여 영국의 부재지주가 보낸 병사들에 의한 파괴 역시 지면이 보호하였기 때문에 감자재배가 받아들여졌다.

그 시대에는 대부분의 아일랜드 농민은 매우 가난했으며 땅이 없었고, 창문도 없는 작은 단칸방 오두막에 살았다. 농민들은 영국에 살고 있는 영국인 부재지주로부터 땅을 빌렸으며, 곡류와 다른 작물들을 심었다. 산출량은 적었으며 어떤 경우에는 퇴출되지 않기 위하여 그 대부분을 과도한 소작료로 지불해야만 했다. 아일랜드 농민들은 대개 4분의 1 에이커(750평) 정도로 작은 구역의 땅만을 가지고 있었으며, 기본적으로 그 땅에서 생산한 식량으로 겨울을 나야했다. 서늘하고 습한 아일랜드의 기후는 감자 생산에 매우 적당하였으며, 농민들은 다른 작물과 먹을 것 대신 오로지 감자만을 재배하고 먹기 시작하였다. 그래서 아일랜드 농민들은 생계와 생존을 감자에 의존하게 되었다. 적당한 창고가 없었기에 농민들은 겨울 동안 감자를 지면의 낮은 도랑에 보관하였다. 그들은 주기적으로 도랑의 일부를 열고 앞으로 몇 주 동안 필요할 거라고 생각하는 만큼 감자를 꺼내곤 했다.

감자는 몇 년 동안 아무 문제없이 잘 자랐다. 1840년대 초반, 감자는 유럽과 아일랜드의 몇 지역에서 다양한 정도로 망하기 시작했다. 1845년 아일랜드에서는 생육기 대부분이 감자 생육과 괴경형성에 꽤나 좋았다. 모든 상황이 그 해에는 어느 곳에서나 감자 생산량이 아주 좋을 것으로 보였다. 그런데 북유럽과 아일랜드의 날씨가 흐리고 습해지며 서늘해지더니 이러한 상태가 몇 주 동안 지속되었다 (그림 1-17A). 그 때까지는 매우 낙관적이던 감자에 마른 잎과 줄기가 보이기 시작하더니(그림 1-17B), 감자 식물체 전체가 마르고 죽기 시작했다. 불과 몇 주 안에 북유럽과 아일랜드의 감자밭이 마르고 썩은 식물로 어지러워졌다 (그림 1-17C). 특히 아직도 땅 속에 있는 감자들이 썩었으며 다른 것도 표면에 썩고 있는 부분(그림 1-17D)이 있다는 것을 알았을 때 농민들은 놀라고 걱정했다. 그들은 자신들이 할 수 있는 대로 감염된 밭에서 건전해 보이는 감자들을 파내어 겨우내 보관하기 위하여 도랑에 집어넣었다.

늦가을과 겨울에 도랑을 열기 시작하여 수확 때 자신들이 도랑에 넣어 둔 감자를 찾았을 때 농민들의 걱정은 공포로 변하였다. 슬프게도 그들은 감자 대신 사람이나 동물이 먹기에 완전히 부적합하게 썩고 있는 괴경더미(그림 1-17D, 1-17E)를 보았을 뿐이었다. 아일랜드 농민들이 오직 감자에만 의존하였던 것은 그것밖에는 그들이 먹을 것이 없으며, 그들의 이웃 누구도 마찬가지라는 것을 의미한다. 굶주림(그림 1-17F)은 바로 기근이 되어 많은 아일랜드인을 죽음으로 내몰았다. 영국과 아일랜드 사이의 정치적 상황에 의해 기근은 악화되었다. 영국은 역병이 감자를 파괴한 뒤 몇 달 동안 굶주린 아일랜드인에 간섭하고 식량으로 돕기를 거절하였다. 결국 이듬해(1846) 2월, 미국으로부터 옥수수를 식량으로 수입하기 시작하였고, 정부의 다양한 건설사업에서 일함으로써 대가를 받을 수 있는 굶주린 빈민들에게 공급되었다. 불행하게도, 1846년의 날씨도 또다시 서늘하고 습하여 감자 역병 발생에 좋아서 또 다시 번지고 감자 식물체와 괴경을 파괴하였다. 굶주림, 이질, 그리고 티푸스가 또 다시 농민들 사이에 번져갔고, 생존자 중 많은 수가 북미로 이주해 갔다. 150만 명의 아일랜드인이 굶어 죽었고 그 정도의 사람들이 아일랜드를 떠나 대개 미국으로 이주하였다.

물론 감자 식물체 파괴와 감자 괴경 썩음의 원인은 밝혀지지 않았고 모두에게 불가사의한 일이었다. 농민과 순박한 시골사람들은 이 병이 '작은 사람'들에 의해, 자신들이 성스러운 물을 밭에 뿌려 좇아내려 했던 악마자신에 의해, 시속 20마일에 이르는 귀신같은 속도로 교외를 여행함으로써 작물에게 해로운 전기를 방출하는 기관사들에 의해 나타나는 것으로 믿거나, 또는 그들이 저지른 어떤 불특정 죄악에 대한 징벌로써 신이 보낸 것으로 믿었다. 교육을 더 받은 의사와 목사들은 자연발생설에 대한 신념이 너무 확고하여 감염된 잎과 일부 줄기 그리고 괴경에서 자라고 있는 균을 보았을 때도 이러한 생장은 죽어가는 식물에 의해 식물의 죽음이나 부패의 원인이라기보다는 부패의 결과로서 만들어지는 것으로 생각하였다.

그러나 교육받은 사람들 중의 일부는 이 상황에 대하여 다른 생각을 가지고 있었다. 런던대학 식물학과 교수였던 J. Lindley 박사는 식물은 비오는 동안 뿌리를 통해서 수분을 과다하게 흡수하는데, 과도한 수분을 제거할 수 없기 때문에 조직이 부풀고 썩는다는 틀린 제안을 하였다. 그러나 존경받는 Miles Berkeley 박사는 썩으려 하는 감자 식물체를 뒤덮고 있는 균(난균류)이 감염된 양파에서 그가 보았던 균과 똑같지는 않아도 비슷하다는 것을 알게 되었다. 그러나 감자의 균은 북유럽의 병든 감자 식물체에서 발견했던 것과 똑같았다. Berkeley는 이 균이 감자 역병의 원인이라고 결론지었으나, 그가 신문에 쓴 편지에서 이러한 제안을 하였을 때 그것은 믿지 못할 일이며 사실이 뒷받침하지 않는 기괴한 이론으로 생각되었다. 감자 역병의 원인이 무엇인가 하는 수수께끼는 역병에 의해 감자가

계속

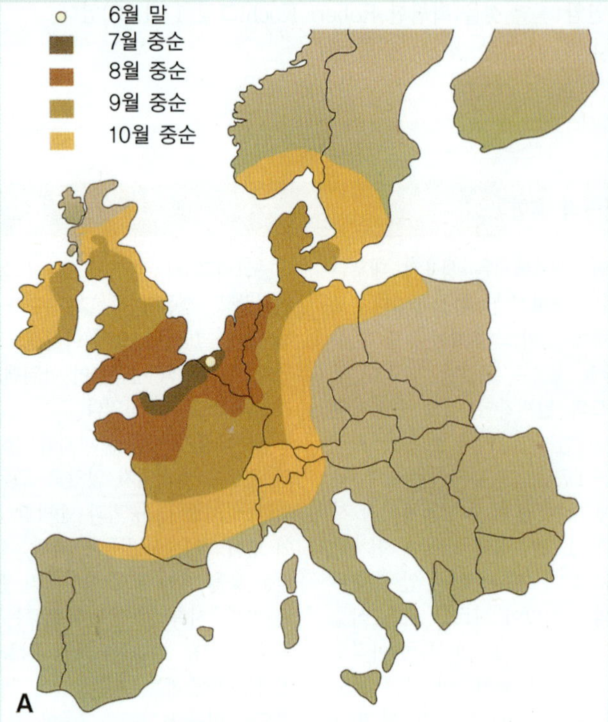

그림 1-17 감자 역병과 아일랜드 대기근. (A) 감자 역병이 벨기에 에서 처음 발견된 1845년 6월부터, 병이 이탈리아로부터 아일랜드까지, 그리고 스페인으로부터 스칸디나비아 국가들까지 번져간 1845년 10월까지의 감자 역병의 확장 경로. (B) 균(난균)의 포자낭경과 포자낭포자로 덮여있는 감자 잎의 초기 병반. (C) 역병으로 완전히 죽은 감자(오른쪽)와 그 옆의 건전하게 보이는 저항성 식물(왼쪽). (D) 역병에 걸린 감자 괴경의 외부와 내부 모습. 표피 근처에서 난균을 여전히 검출할 수 있다. (E) 역병에 걸린 감자 괴경의 본격적 침해와 썩음. (F) 아일랜드의 대기근 동안 굶주림을 면할 감자를 찾기 위하여 땅을 파고 있는 가족을 그린 시대화. [사진제공: (A) W.E. Fry, Cornell University, (B) D.P. Weingartner, University of Florida, (C,D) Cornell University, (E) USDA, (F) Illustrated London News, 1849.]

파괴되었던 1845년 이후로 16년 동안이나 해답 없이 지속되었다. 마침내 1861년, Anton deBary(그림 1-16A)가 감자 역병은 균에 의해 생긴다는 것을 증명하는 간단한 실험을 하였다. deBary는 단순히 두 집단의 건전한 감자를 심었는데, 그 중 한 집단에는 역병에 걸린 감자 식물체로부터 모은 균의 포자를 뿌렸다. 괴경이 발아하고 식물체를 만들어 낼 때, 건전한 괴경은 건전한 식물체를 만들어 내는 반면, 균 포자를 뿌린 건전한 괴경으로부터 나온 식물체는 마르고 죽었다. deBary가 실험을 몇 번을 반복하든 관계없이 균으로 처리한 괴경과 그 괴경에서 자라나온 식물체만이 감염되었다. 그리하여 지금 우리가 난균으로 알고 있는 그 균은 *Phytophthora infestans* (감염성 있는 식물 파괴자; phyto는 식물, phthora는 파괴, infestans는 감염성 있는)라고 이름 지어졌으며, 감자 역병의 원인이다. deBary는 또한 균은 다음 생육기에 어딘지도 모르는 곳으로부터 다시 나타나는 것이 아니라 포장이나 창고에 있는 일부 감염된 감자 괴경에서 겨울을 난다는 것을 보여 주었다. 봄에 균은 이 부분적으로 썩은 괴경으로부터 나오는 어린 식물을 감염하고, 그 식물 위에 새로운 포자를 만들었으며, 이 포자는 다른 재배 감자 식물체로 퍼져가서 감염하고 죽였다. 이 실험을 통해 deBary는 미생물은 죽었거나 죽어가는 동식물로부터 자연적으로 생겨난다고 주장한 **자연발생설**(自然發生說; **theory of spontaneous generation**)이 틀림을 실질적으로 입증하였으며, **미생물병원설**(微生物病原說; **germ theory of disease**)을 선도하였다. 그러나 이러한 증명의 영예는 deBary가 감자 역병균에 대한 그의 연구를 출판했던 1861-1863년과 비슷한 시대에 세균을 연구하며 이 설을 입증한 Louis Pasteur가 차지하고 있다.

그림 1-17 (계속)

식물병원으로서의 균류의 역할 확장

1600년대 중반에 프랑스의 농부들이 밀 녹병은 매발톱나무 덤불 부근에서 자라는 밀에 더 많이 나온다는 것을 발견한 이래, 1700년대 초반에 미국 코네티컷주의 농민들도 같은 사실을 발견하였다. 농민들은 매발톱나무에서 녹병균이 만들어진 후에 밀로 옮겨간다고 믿었으며, 따라서 매발톱나무를 박멸함으로써 뒤이어 나타나는 녹병으로부터 밀을 보호할 수 있도록 입법화해 줄 것을 당국에 요구하였다. 거의 같은 무렵(1667년)에 영국의 Hooke가 광학현미경을 이용하여 녹병균의 포자를 처음으로 관찰하였다. 60년 뒤인 1729년 이탈리아에서는 Micheli 가 여러 속의 균류를 새로 기술하고 생식기관을 그림으로 남겼다. 그는 또 이 생식기관을 방금 자른 멜론 조각에 묻히면 그들을 형성한 것과 같은 종류의 균을 거기에 다시 형성한다는 사실을 발견하였다. 그는 균류가 자연발생하는 것이 아니라 그들의 포자로부터 자라 나오는 것이라고 제안하였으나, 아무도 그를 믿어주지 않았다. 식물병원균류에 대한 새로운 정보는 계속하여 발전되었으나, 그 시대의 과학자들은 받아들이지 않았다.

앞에서 언급한 것과 같이 1755년 프랑스의 Tillet 는 밀 깜부기는 전염성이 있는 식물병이라는 것을 보여주었으나, 그 조차도 그것이 병을 일으키는 살아있는 미생물이라기보다는 깜부기 가루에 들어있는 독성물질 때문인 것으로 믿었다. 역시 프랑스의 Prevost 는 1807년 Tillet의 실험을 반복하고 확장하여, 밀 깜부기병은 균에 의하여 나타난다는 것을 결정적으로 입증한 것으로 보인다. 그러나 과학자들이 미생물과 포자는 병의 원인이라기보다는 결과라는 믿음에 눈이 멀어 있었기 때문에 그의 결론은 받아들여지지 않았다. 과학자들은 그로부터 적어도 50년 동안이나 이러한 믿음을 공유하고 해설하였다.

1840년대에는 북유럽, 특히 아일랜드에서 감자 역병이 크게 발생한 사건은 식물병이 인간의 고난과 생존에 미치는 영향을 극적으로 보여 주었을 뿐만 아니라 식물병의 원인과 방제에 대한 관심을 크게 불러 일으켰다. 1861년 deBary 는 노균병과 매우 비슷한 감자 역병의 병원균이 곰팡이(*Phytophthora infestans*)라는 사실을 비판의 여지없게 실험적으로 증명하는데 성공하였다.

아마도 여기서 Louis Pasteur가 미생물은 반드시 이미 존재하던 미생물로부터 생겨나고, 발효는 화학적 현상일 뿐만 아니라 생물학적 현상이라고 제안하였으며, 마침내 반박할 수 없는 증거를 제시한 것이 바로 이 무렵(1860-1863)이라는 것을 밝히는 것은 매우 의미 있는 일일 것이다. 그러나 Pasteur의 결론은 그 후 여러 해 동안 일반적으로 받아들여지지 않았다. 그럼에도 불구하고, 발효와 병이 미생물(병균)과 관련이 있다는 증거는 자연발생설이 막을 내리는 신호탄이 되었으며 미생물병원설의 기본을 제공하였다.

균류는 이미 여러 과학자의 연구 대상이었음에도 불구하고, 균류가 식물병의 원인이라는 증거는 균류에 대한 관심을 크게 불러 일으켰다. deBary 역시 깜부기병균이나 녹병균, 노균병균, 채소류의 무름병을 일으키는 균인 *Sclerotinia* 등에 대한 연구를 수행하였다. 1870년대부터 그 이후로 독일의 Kühn은 밀 깜부기병의 감염과 진전에 대하여 큰 공헌을 하였으며, 방제수단, 특히 곡류작물의 종자처리 적용과 발전을 촉진시켰다. Kühn은 또한 식물병리학에 관한 책으로는 최초인 『재배작물의 병, 그 원인과 방제 (Diseases of Cultivated Crops, Their Causes and Their Control)』를 저술하였으며, 여기서 그는 식물병이란 부적당한 환경이나 곤충, 균류, 기생식물 등의 기생생물에 의하여 나타나는 것으로 인식하고 있었다.

Pasteur 와 Koch의 시대 동안 다른 과학자들도 식물병리학과 생물학, 의학에 중요한 공헌을 하였다. 1861년 감자 역병이 균에 의한 것이라는 사실을 비평의 여지없이 확립한 이후 deBary는 깜부기병균과 녹병균 역시 그들이 각각 일으키는 병의 결과가 아니라 원인이라는 것을 계속하여 보여주었다. 더욱이 그는 어떤 녹병균은 그들의 생활환을 완성하기 위하여 두 종의 서로 다른 기주식물을 필요로 하는데(그림 1-13), 즉 예를 들면 밀에 줄기녹병을 일으키는 균은 밀과 매발톱나무를 필요로 한다는 사실을 보여주었다. DeBary는 어떤 균은 물질(효소)을 분비하여 병원체보다 먼저 식물조직에 스며들어감으로써 채소류의 무름(그림 1-18)을 일으킨다는 것도 증명하였다.

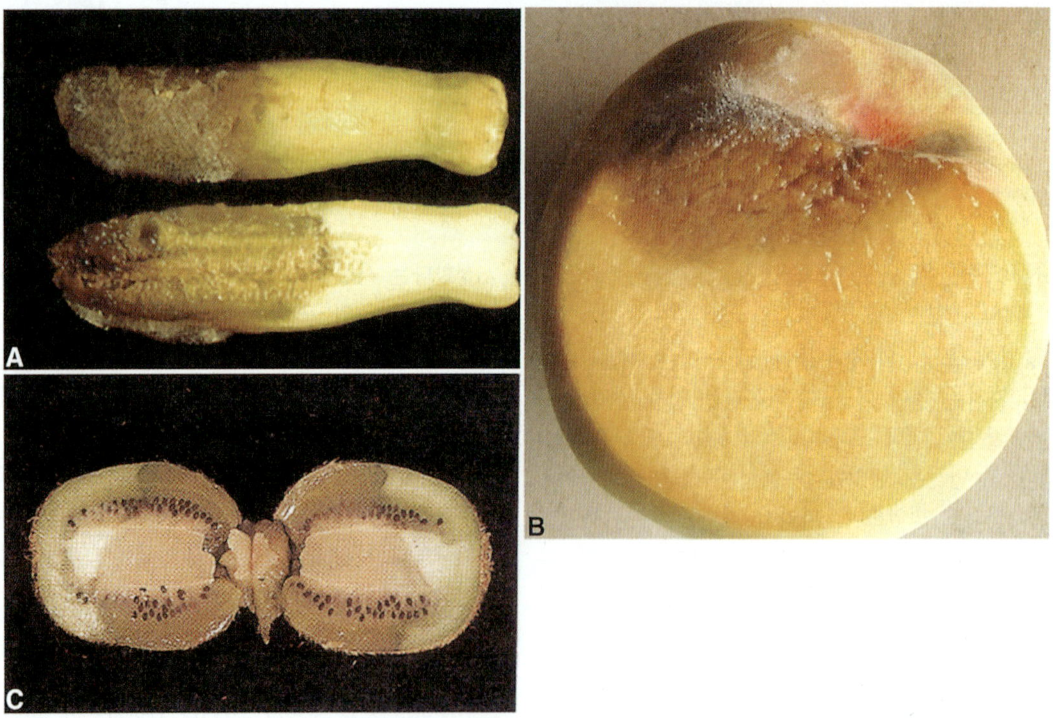

그림 1-18 *Choanephora* 에 의한 호박(A), *Rhizopus* sp.에 의한 복숭아(B), *Botrytis cinerea* 에 의한 참다래(C)의 감염과 본격적 내부썩음. 모든 경우에 있어서 열매썩음은 주로 균류에 의해 분비되는 펙틴분해효소의 결과이며, 균사보다 더 앞서가며 진행된다. 열매 표면에서 약간의 균류를 볼 수 있다. [사진제공: (C) T. Michailides, University of California.]

감염성 병의 다른 원인 발견

Leeuwenhoek 가 1674년에 발명한 현미경으로 역사상 처음으로 미생물을 관찰하였음에도 불구하고 그 후 약 200년 동안 미생물이 병의 원인이라는 개념의 확립에 있어서는 거의 진전이 없었다. 1776년에 Jenner 가 바이러스에 의해 나타나고 극도로 감염성이 높으며 보통 10~20%의 환자를 죽이는 심각한 병인 천연두에 대한 예방접종을 창안해 내었으나, 그것의 원인과 그것이 어떻게 작용하는지에 대해 추측할 수 있을 뿐이었다. 그러나 deBary는 1861년에 감자 역병이 균에 의해 나타난다는 것을 입증한 반면, Pasteur는 발효의 미생물설을 만들었다. 1864년 Pasteur는 살균법(pasteurization)을 고안하였으며, 1880년에는 조류콜레라에 대하여 처음으로 백신을 개발하였다. 그러는 동안, Koch는 1876년에 탄저병 간균 *Bacillus anthracis* 를 동정하여 동식물에 병을 일으키는 세균으로는 최초로 보고하였다. 또한 1887년에 Koch 는 질병진단에 대한 그의 원칙을 완성하여 '코흐의 원칙(Koch's postulates)'으로 알려지기 시작하였다. 이 원칙은 병이 세균이나 다른 종류의 병원체에 의하여 나타난다는 사실을 증명하는 표준절차가 되었다.

선충

식물에 기생하는 선충은 1743년에 영국의 Needham이 처음으로 보고하였다. 그는 비정상적으로 작고 둥근 밀알(밀혹; 그림 1-19B)에서 선충(그림 1-19A)을 찾아냈다; 그러나 그는 이것이 병의 원인이라는 사실을 제안하거나 보여주지 않았다. 선충으로는 두 번째로 보고된 뿌리혹선충을 관찰한 것은

그림 1-19 (A) 전형적인 선충. (B) 각각 30,000마리 정도의 선충으로 가득 차 있는 밀알의 혹. (C) M. Woronin. (D) 원생동물성 균 *Plasmodiophora brassicae* 에 의한 양배추 무사마귀병. [사진제공: (A,B) USDA Nematology Laboratory, Beltsville, Maryland, (D) C.M. Ocamp, Oregon State University.]

1855년이다. 그 이후 4년 안에, 감염된 식물조직으로부터 줄기선충, 사탕무시스트선충 등 두 가지가 더 보고되었다. 그리고 식물선충학에 많은 공헌을 한 Cobb가 20세기 초에 식물기생선충을 몇 종류 더 발견하였다.

원생동물성 끈적균류

1878년에 러시아의 Woronin(그림 1-19C)은 식물병의 하나인 배추 무사마귀병(그림 1-19D)이 원생동물성의 무사마귀병균인 것으로 보이는 균에 의해 발생한다는 것을 처음으로 밝혔다. 이것은 균같이 생긴 단세포 미생물로서 세포벽이 없으므로 유주포자와 변형체라는 아메바 같은 몸체를 만든다. 이 미생물은 하등균류로 생각되어 왔으나, 지금은 원생동물계라는 다른 계에 속하는 것으로 취급되고 있다.

세균

Koch가 세균이 동물과 사람에 병을 일으킨다는 사실을 밝힌 바로 뒤인 1878년에 Burrill이 미국 일리노이주에서 세균(그림 1-20A)이 배나무와 사과나무의 불마름병(그림 1-20B)을 일으킨다는 것을 밝혔다. Burrill의 발견에 뒤이어 특히 미국 농무성(U.S. Department of Agriculture; USDA)의 Erwin F. Smith(그림 1-20C)가 여러 식물병이 세균에 의해 발생한다는 것을 밝혔다. Smith는 1890년대 초반, 사람과 동물의 암종과 비슷한 것으로 생각하는 뿌리혹병(그림 1-20D)이 세균에 의한 것이라는 사실을 최초로 밝힌 사람이 되었다. *Agrobacterium tumefaciens* 라고 알려진 이 세균이 식물에 혹을 만드는 기작에 대한 연구는 거의 한 세기 뒤에 이루어졌는데, 세균이 언제든 식물을 감염하면 세균 DNA의 일부가 식물체로 옮겨지고 그 DNA가 마치 식물 DNA처럼 식물에 의해

그림 1-20 (A) 불마름병 세균 *Erwinia amylovora*. (B) 사과나무 불마름병. (C) Erwin F. Smith. (D) 세균 *Agrobacterium tumefaciens* 에 의한 뿌리혹병. [사진제공: (A) Oregon State University, (B) K. Mohan, (D) R.L. Foster, University of Idaho.]

발현된다(624~625쪽 참조)는 발견을 이끌어 내었다. 세균이 천연 식물유전공학자같이 작용한다는 발견은 이 세균의 발전을 초래하여, 원하는 특성을 가지고 있는 DNA 조각을 탑재하고 식물체로 옮겨주는 생물공학, 특히 식물생명공학의 기반을 형성하였다. 그러나 식물병원균류와 마찬가지로 세균이 식물병의 원인으로 받아들여지기까지는 많은 시간이 걸렸다. 예를 들면, 독일의 저명한 식물학자 Alfred Fischer는 1899년까지도 식물세포에서 세균을 보았다는 Smith와 다른 사람들의 결과를 받아들이지 않았다.

바이러스

더 많은 식물병이 세균에 의한 것이라고 밝혀지던 것과 비슷한 시대인 1886년에 네덜란드의 Adolph Mayer(그림 1-21A)가 다양한 모양의 황록색 모자이크(그림 1-21B)를 보이는 담배 잎에서 짜낸 즙액을 건전한 담배에 주입하였더니 그 담배에 비슷한 모자이크가 나타났다. 여과기로 거른 즙액이나 감염된 식물체에는 아무런 균도 존재하지 않았던 까닭에 Mayer는 담배 모자이크병이 아마도 세균에 의한 것이라고 결론지었다. 1892년에 Ivanowski는 담배 모자이크병의 병원체는 세균을 걸러낼 수 있는 여과기를 통과할 수 있다는 사실을 밝혔다. 따라서 그는 이 병이 세균이 분비한 독소 또는 그 여과기의 구멍을 빠져나올 수 있을 정도로 작은 세균에 의하여 나타나는 것으로 결론지었다. 1898년, 이 실험의 일부를 반복한 Beijerinck는 마침내 담배 모자이크병은 미생물에 의한 것이 아니라 '살아있는 감염성 액체(contagium vivum fluidum)'에 의하여 나타난다고 결론짓고 바이러스(virus)라고 불렀다.

그러나 바이러스가 어떻게 생겼는지를 아는 사람은 40년 동안 아무도 없었다. 바이러스의 진정한 성상, 크기, 모양(그림 1-21C) 등은 수십 년 뒤까지도 밝혀지지 않았다. 1935년에 Stanley는 감염된 담배의 즙액에 황산암모늄을 넣어서 감염성을 가지고 있는 단백질 결정체를 가라앉혔다. 그는 바이러스란 살아있는 세포 안에서 증식할 수 있는 자가촉매단백질이라고 하였다. 나중에 그의 결과와 결론은 맞지 않는 것으로 판가름 났음에도 불구하고, 이 발견으로 인하여 Stanley는 노벨 화학상을 받았다. 1936년, Bawden과 그의 동료들은 바이러스의 결정체는 실제로 단백질과 리보핵산(ribonucleic acid; RNA)으로 이루어져 있다는 사실을 증명하였다. 또한, Kausche와 그의 동료들은 전자현미경을 이용하여 1939년에 역사상 처음으로 바이러스를 관찰하였다. 마침내 1956년에 Gierer와 Schramm이 바이러스로부터 단백질을 제거할 수 있으며, 핵산이 유전정보를 가지고 있기 때문에 핵산만 접종하여도 감염할 수 있으며 완전한 바이러스를 재생할 수도 있다는 사실을 밝혔다. 또한 식물을 감염하는 대부분 바이러스의 핵산이 외가닥 RNA이지만, 어떤 바이러스들은 겹가닥 RNA를, 또 어떤 것들은 겹가닥 DNA를, 그리고 어떤 것들은 외가닥 DNA를 가지고 있다는 것이 연달아 알려졌다.

수천 종의 식물병의 원인을 탐색함에 따라 적어도 3종류 이상의 병원체를 발견하였으며, 다른 것들은 발견되기 위해 남아 있는 것으로 보인다.

원생동물

편모충류 원생동물은 대극과에 속하는 유액성 식물의 유관세포에서 1909년 Lafont가 처음으로 발견하였다. 이러한 원생동물은 처음에는 기주식물에 병을 일으키지는 않으면서 그 세포

그림 1-21 (A) Adolph Mayer. (B) 담배모자이크 병징을 보이는 담배 잎. (C) 담배 모자이크 바이러스 입자.

안의 유액성분을 먹고 살기만 하는 것으로 생각하였다. 그러나 Stahel 은 1931년 원생동물이 커피나무의 체관에 감염하여 체관을 비정상적으로 만들고 나무를 시들게 한다는 사실을 발견하였다. 1963년에는 Vermeulen 이 커피나무에 대한 원생동물의 병원성을 뒷받침하는 더 확실한 증거들을 제시하였으며, 1976년에는 남미와 아프리카에서 코코야자나무와 기름야자나무의 여러 병에 관련된 것으로서 또 다시 원생동물이 보고되었다. 물론 최근에는 균류로 알려져 있던 끈적균문과 무사마귀병균문이 원생동물계로 옮겨졌다.

몰리큐트(파이토플라스마)

바이러스가 발견된 지 거의 70년 동안, 식물체가 전신적으로 누렇게 되거나 붉게 되는 증상 또는 가지의 빗자루증상 등의 병징을 나타내는 수많은 식물병이 기록되었다. 이러한 병은 바이러스에 의한 것으로 알려졌으나, 식물체에서 바이러스를 발견하지는 못하였다. 그런데 1967년 일본의 Doi 와 그의 동료들이 누렁과 빗자루 증상을 보이는 식물의 체관에서 세포벽을 갖지 않는 마이코플라스마유사체(mycoplasma-like organism; MLO)를 발견하였다. 같은 해에 같은 연구진이 그 식물체를 항생제인 테트라사이클린으로 처리하면 이 마이코플라스마유사체와 그 병징들이 일시적으로 사라진다는 것을 밝혔다. 그 이래로 식물을 감염하는 마이코플라스마유사체는 파이토플라스마(phytoplasma)로 다시 분류되었으며, 그 중 나선형 몸체를 가지고 있으며 식물이 아닌 다른 환경에서도 발견되는 것들은 스파이로플라스마(spiroplasma)로 알려져 있다.

바이로이드

1971년 감자 걀쭉병에 대한 연구는 그 병이 바이로이드(추후 서술)라 불리는 작고, 외피가 없으며, 외가닥이고 둥근 분자인 감염성 RNA에 의한 것이라는 사실을 밝혔다. 바이로이드는 수십 종의 식물병을 일으키는 것으로 알려져 있다.

바이로이드는 감염성 있는 핵산 분자 중에서 가장 작은 것으로 생각되고 있다. 40종 이상의 바이로이드가 식물을 감염하는 것으로 밝혀졌지만, 사람이나 동물을 감염하는 바이로이드는 아직 발견되지 않았다.

그러나 프라이온(prion)이라 불리는, 분명히 바이로이드보다 더 작은 감염원이 존재한다 (추후 서술). 프라이온은 작은 (55,000 Da 이하) 단백질로만 되어 있음이 분명한데, 그 단백질은 기주 염색체의 유전자에 의해 암호화된다. 프라이온은 현재까지 사람에서 적어도 세 종류의 만성퇴행성 병과 양의 스크래피(scrapie)병, 소의 광우병을 일으킨다고 알려져 있다. 지금까지 식물을 감염하는 프라이온은 전혀 알려져 있지 않지만, 왜 식물을 감염하지 못하는 지에 대해서는 뚜렷한 이유가 밝혀지지 않았다.

원인미상의 심각한 식물병

균류나 선충 같이 크고 복잡한 병원체로부터 바이로이드나 프라이온 같이 아주 작고 간단한 병원체까지 밝혀졌음에도 불구하고, 여러 가지 심각한 식물병, 특히 나무의 병에 대해서는 우리가 몇 년에 걸쳐서 원인을 찾고 연구하였음에도 불구하고 아직까지 그 원인을 확실히 모르고 있다. 미국 남동부의 복숭아나무 short life병, 중앙유럽의 산림쇠락(forest decline), 그리고 미국 동북부와 서북부의 다양한 산림수종의 쇠락 등은 하나 이상의 원인에 의하여 발생하거나, 병원체와 부적당한 환경과의 조합에 따라 나타날 수도 있을 것이다. 남미와 플로리다주의 귤나무류 마름병, 수리남과 브라질의 야자나무 spear rot병, 그리고 인도 등 여러 나라의 망고나무 기형병 등은 주된 작용을 하는 생물적 원인이 있을 것으로 생각되는데, 이들의 활동은 토양이나 온도 같은 환경요인들의 영향을 많이 받는 것으로 보인다. 어떤 식물병에 대해서는 100년이 넘도록 연구를 하였는데도 아직까지 그 원인이 밝혀지지 않은 것들도 있다.

해설 5 코흐의 원칙

Robert Koch(1843-1910; 그림 1-16C)는 의사이며 세균학자였다. 그는 1876년 양과 인간을 포함한 다른 동물들의 탄저병이 세균에 의해 나타난다는 것을 처음으로 밝혔으며, 그것을 *Bacillus anthracis* 라고 명명하였다. 그는 이어서 1882년에는 결핵이, 1883년에는 콜레라가 다른 세균에 의해 발생한다는 것을 알아냈으며, 이로부터 각각의 병은 특정한 미생물에 의해 발생한다는 일반적 결론을 유도해 냈다. 이 실험은 이전에 Louis Pasteur 에 의해 제안되었던 미생물병원설을 처음으로 확인해 주는 것이었다.

Koch 의 실험 이전과 Koch 자신이 앞에서 언급한 병을 연구하고 있는 동안에는 각 병의 원인과 발생에 대한 혼돈과 불확실성이 있었다. 병들었거나 죽은 사람, 동물 또는 식물 조직으로부터 세균과 균을 분리할 때 대부분, 분리된 세균이나 균이 결과적으로 부생체였다. 즉, 이들은 병을 일으킨 미생물과 함께 존재하고 있었으나 스스로는 그들이 원인이었다고 생각되는 병을 일으키지 못하는 것이었다. 그의 실험에 기초하여 Koch는 1887년, 병든 사람, 동물 또는 식물로부터 분리한 미생물을 병의 원인인 것으로 판단하기 전에 반드시 만족시켜야 하는 네 단계 또는 판단

기준을 확립하였다. 이 네 단계의 규칙 또는 판단기준은 '코흐의 원칙(Koch's postulates)'으로 불린다.

1. 의심받는 병원체(세균 또는 다른 미생물)는 반드시 조사된 모든 병든 기주(예: 식물)에 존재해야 한다.
2. 의심받는 병원체(세균 등)는 반드시 병든 기주(식물)로부터 분리되어야 하고 순수배지에서 자라야 한다.
3. 순수배지의 의심받는 병원체를 건전하고 감수성인 기주(식물)에 접종하였을 때 기주는 특정 병을 나타내야 한다.
4. 실험적으로 접종하여 감염된 기주로부터 같은 병원체가 다시 획득되어야 한다. 즉, 획득된 병원체가 2단계의 생물체와 같은 특성을 가지고 있어야 한다.

코흐의 원칙은 언제나 쉽게 완수할 수 있는 것은 아님에도 불구하고, 균류나 세균, 기생식물, 선충, 일부 바이러스, 일부 바이로이드, 스파이로플라스마 등의 병원체에 대하여 사용할 수 있는 방법이다. 이러한 생물들은 분리하고 배양할 수 있거나 또는 순화할 수 있으며, 그것이 병을 일으키는지를 알아보기 위하여 그것을 식물체에 접종할 수 있다. 그러나 다른 병원체, 즉 바이러스, 파이토플라스마, 유관속국재성세균, 원생동물 등에서는 아직까지 병원체의 배양이나 순화가 불가능하며, 때로는 병을 일으키기 위하여 이들을 식물체에 다시 접종하는 것이 불가능하기도 하다. 그러므로 이러한 병원체들에 대해서는 코흐의 원칙을 따를 수 없으며, 그 병의 병원체로서 그들을 인정하는 것은 다소간 잠정적이다. 그러나 대부분의 경우에 그 주변 증거들이 압도적이며, 앞으로 분리와 배양, 병원체의 접종 등에 대한 기술이 개선되면 오늘날의 가정이 진실인 것으로 판명되리라 생각하고 있다. 참고로 이야기하면, 코흐의 원칙에 따른 증거가 없으며, 정보가 충분치 못한 결과, 과꽃 누른오갈병 등 파이토플라스마에 의한 모든 식물병과 포도나무 피어스병 등 유관속국재성세균에 의한 모든 식물병이 오랜 기간 동안 바이러스에 의한 것으로 여겨져 왔다.

일부 병원체에 대해서는 코흐의 원칙을 수행하기 어려움에도 불구하고, 때로는 어떤 변형과 함께 모든 경우의 병에 대하여 끊임없이 적용되어 왔고, 또 적용되고 있다. 그것은 특정 미생물이 특정 병의 원인이라는 것을 결정하고 다른 사람에게 확신을 주는 데 있어 막대한 영향을 미쳤었고, 또 계속 미치고 있다. 새로 발견되는 모든 병에 코흐의 원칙을 적용하려 시도함에 따라 잠재 부생균에 따른 일의 상당부분을 피할 수 있는가 하면, 동시에 의심과 비평이 최소로 줄어드는 반면 동정에 대한 자신감과 동정의 사용은 빠르게 대폭 증가한다.

해설 6 바이러스, 바이로이드, 프라이온

병원체들은 언제나 우리와 함께 있었음에도 불구하고 우리는 그들이 어떻게 작용하는지 상대적으로 거의 모르고 있다. 바이러스(virus)와 바이로이드(viroid) 사이에는 공통되는 특성이 많다. 그들에 대한 프라이온(prion)의 관계는 오로지 작다는 것뿐이며, 어떤 종류의 핵산(RNA 또는 DNA)에도 의존하지 않는다는 점에서 그들과 대조를 보인다. 바이러스는 모든 종류의 생물에 심각한 병을 많이 일으키며, 가장 오래 연구되어 왔고, 그들에 대해 우리가 가장 잘 알고 있다. 바이로이드는 식물에 40종 이상의 병을 일으키며, 그 중 일부는 치명적이다. 프라이온은 인간과 동물에만 영향을 미치는 것으로 보이며, 그들에게 최근 많이 대중화된 '광우병' 같은 퇴행성 뇌질환을 일으킨다.

바이러스는 현미경으로 보기도 힘들게 작은 공모양, 막대모양, 또는 실모양 개체(생물체; 그림 1-22A~1-22C)로서, 한 종류의 핵산(DNA 또는 RNA)으로만 구성되어 있다. 핵산은 하나 또는 그 이상 종류의 단백질분자로 이루어진 외피(coat)로 둘러싸여 있다. 바이러스는 인간, 동물, 식물 그리고 다른 생물체의 세포를 감염하고 그 안에서 증식하며 병을 일으킨다.

바이로이드는 1971년에 Diener(그림 1-22D)와 그의 동료들이 감자의 걀쭉병(그림 1-22E)에 대해 연구하던 중 발견하였다. 바이로이드는 식물세포 안에서 자동적으로 증식하는 가장 작은 감염원이다; 그들은 오로지 작고, 둥근 RNA분자로만 되어 있는데(그림 1-22F), 이것은 너무 작아 작은 단백질 하나조차도 암호화할 수 없으며, 따라서 단백질 외피를 가지고 있지 않다. 바이로이드는 식물세포를 감염하고, 세포의 핵 안에서 식물세포의 물질과 효소를 사용하여 복제한다. 바이로이드는 식물을 제외하고는 다른 어떤 생물에서도 검출되지 않았다.

프라이온은 1972년에 Prusiner(그림 1-22G)가 처음으로 제시하였는데, 그는 이 발견 및 후속 연구업적으로 1997년에 노벨 생리 및 의학상을 받았다. 프라이온은 처음에는 뇌신경과 뇌세포에서 생산되는 정상적인 작은 단백질 분자이다. 프라이온은 점차 병원성이 되는데, 즉 프라이온은 그들의 정상적 기능을 수행할 수 없는 대신 뇌에 좋지 않은 영향을 미치고 병을 일으킨다. 이러한 일은 프라이온이 뇌 안의 조건에 의해 형태(그림 1-22H)가 바뀔 때 일어난다. 형태의 변화는 감염의 시작을 알리는 신호이다. 프라이온은 어떤 핵산과도 관련이 없다. 비정상적 프라이온은 수가 증가하고 아밀로스 섬유와 플랙(plaque)의 출현을 야기할 뿐만 아니라, 병든 동물과 사람의 뇌에 작은 공간들을 만든다 (그림 1-21I). 아직까지 식물 및 다른 생물에서는 프라이온이 관찰된 적이 없다.

계속

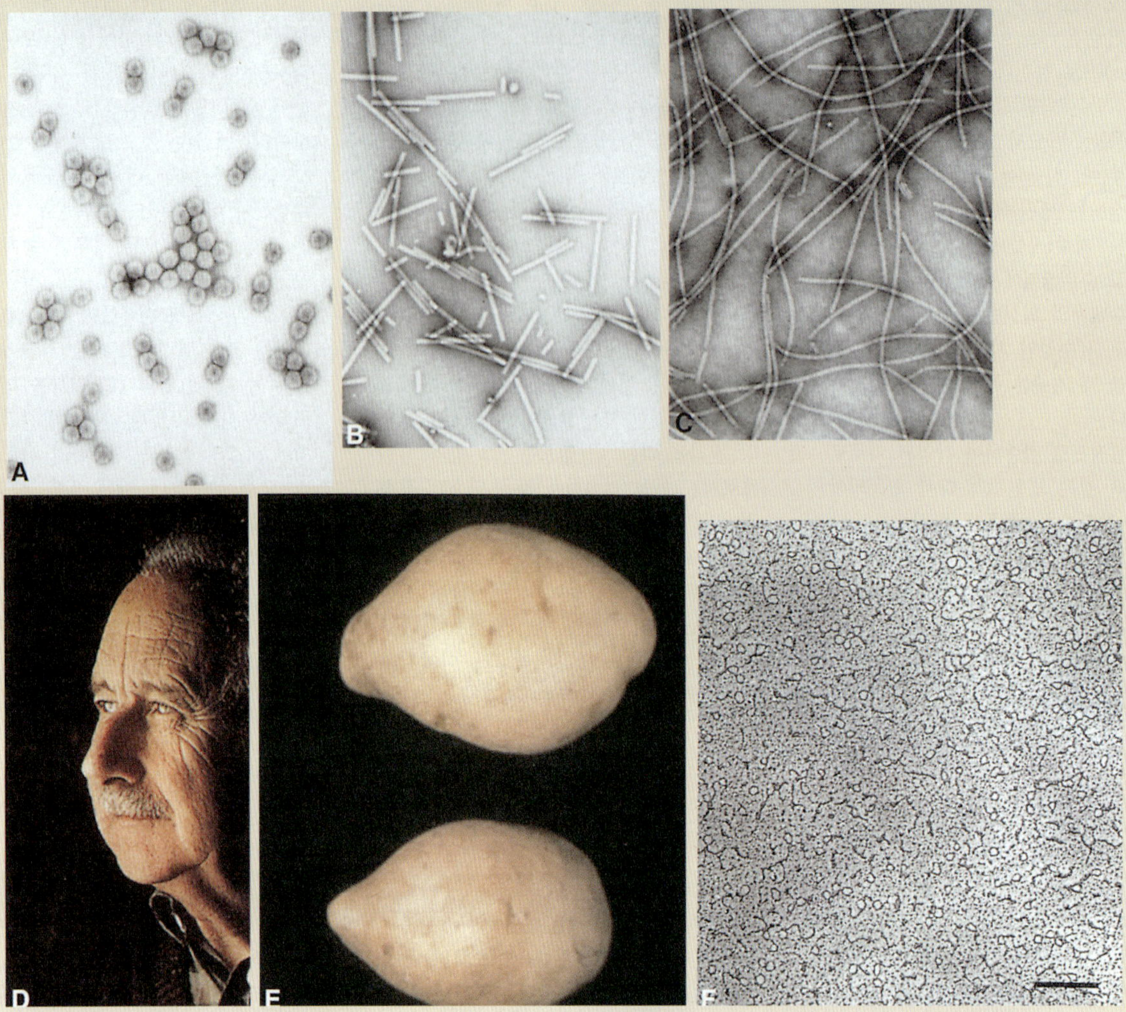

그림 1-22 (A-C) 식물 바이러스의 상대적 모양과 크기: 공모양, 막대모양, 실모양. (D) T. O. Diener. (E) 감자 걀쭉바이로이드(potato spindle tuber viroid)에 감염된 감자. (F) 코코야자나무 카당카당 바이로이드의 환형 및 선형 입자. (G) Stanley Prusiner. (H) 정상 단백질과 변형된 불활성 단백질, 즉 프라이온(prion)의 모형도. (I) 프라이온에 감염된 동물 뇌의 병변. [사진제공: (E) H.D. Thurston, Cornell University, (F) J.W. Randles, University of Adelaide, Australia, (H,I) S. Prusiner, University of California.]

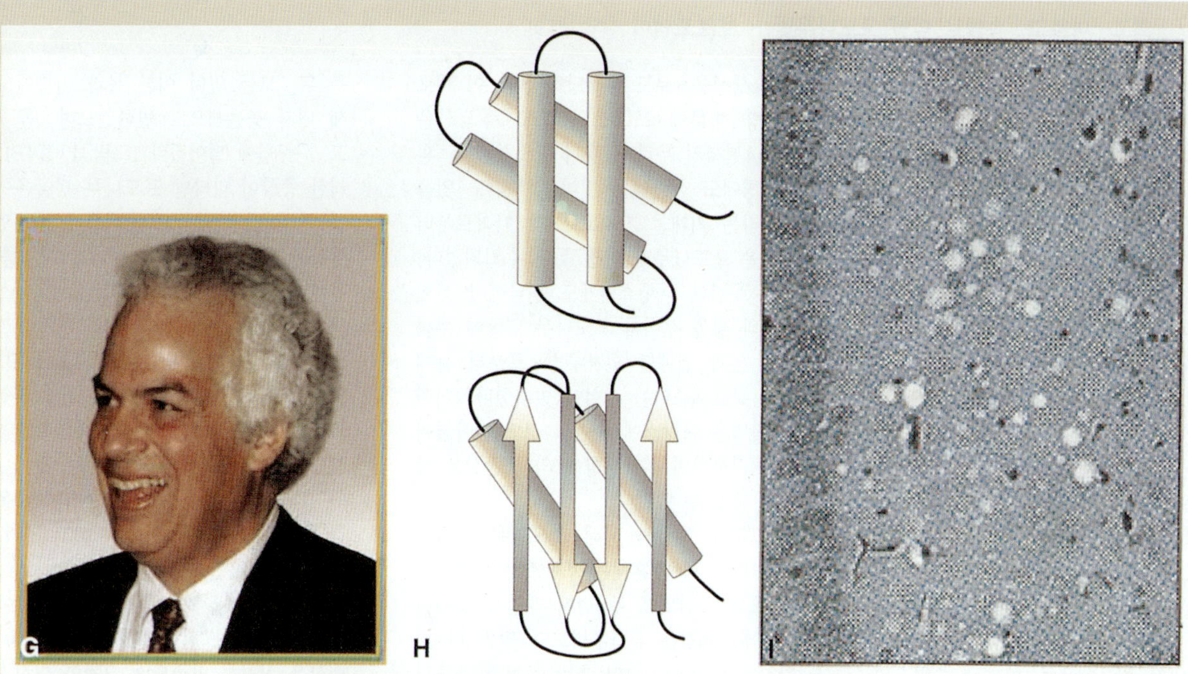

그림 1-22 (계속)

식물병에 의한 손실

식물병은 사람들이 식량과 의복, 가구, 환경, 그리고 많은 경우에 있어서 주거까지 의존하고 있는 식물과 생산물에 피해를 주기 때문에 인간에게 있어서도 중요한 것이다. 이 세상의 수백만 인구가 아직도 생존 자체를 식량생산에 의존하고 있으므로 식물병은 배고픔에 시달리거나 굶어서 죽기도 하는 삶과 행복한 삶을 결정해 주는 관건이다. 1845년에 아일랜드 인구 가운데 25만 명이 굶어죽은 사실과 오늘날 후진국에서 수백만 명이 제대로 먹지도 못하여 굶주림으로 고생하고 있다는 사실은 식물병이 어떠한 결과를 가져오는지 잘 알려주고 있다. 또한, 식량이 풍부한 나라에서는 식물병이 주로 재배자에게 경제적 손실을 일으키기 때문에 중요하다. 그러나 식물병은 또한 소비자에게는 가격상승이라는 불편을 가져다주고, 때로는 병든 식물조직을 먹은 사람이나 동물에게 직접적이고도 심한 병으로 영향을 미치기도 한다. 또한 집과 거리, 공원, 그리고 숲의 식물에 피해를 주어 아름다운 환경을 파괴하기 때문에 이들 나라에서도 식물병은 역시 중요하다. 그리고 병을 방제하는 과정에서 사람들은 수십 억 kg의 농약을 자연계에 투여하여 물과 환경을 오염시키고 있다.

식물병은 식물의 양적손실과 질적손실을 일으킨다

식물병에 의하여 나타나는 손실의 종류와 양은 식물이나 수확물, 병원체, 지역, 환경, 사용된 방제법, 또는 이들 요인의 조합에 따라 달라진다. 손실량은 경미한 것으로부터 완전손실에 이르기까지 다양하다. 식물이나 수확물은 대부분의 식물병이 그러하듯이 포상에서 나타나는 병에 의하여 또는 저장괴실, 채소, 곡물, 섬유 등의 썩음과 같이 저장 중에 나타나는 병에 의하여 그 생산량이 줄어든다. 때로는 경쟁이 줄어들어서 병들지 않은 부분이 더 자라고 더 많이 생산하여 어떤 식물이나 과실의 병에 의한 피해가 보상되기도 한다. 한편, 수확물의 품질이 떨어져서 심각한 피해를 입는 경우도 흔하다. 예를 들면, 과실이나 채소, 관상식물의 점무늬병이나 더뎅이병, 상처, 얼룩 등은 생산량에는 거의 영향을 미치지 않는 반면, 품질을 떨어뜨려 시장성을 낮추므로 이익을 남길 수 없게 하거나 전혀 쓸모가 없게 만들기도 한다. 검은별무늬병에 걸린 사과나무의 경우에는 병이 5% 정도만 발생하여도 가격하락은 50% 정도에 이르는 반면, 더뎅이병에 걸린 감자괴경의 경우에는 조그만 흠 정도로는 가격이 달라지지 않지만, 공급이 과잉된 해에는 더뎅이병의 흔적이 조금만 있어도 가격이 엄청나게 떨어진다.

해설 7 희고, 마르고, 솜털로 덮인 포도나무밭 – 보르도액이 살려낸다!

'나쁜 것은 셋이 같이 온다'는 속담은 1800년대 후반 동안에 유럽인, 특히 프랑스의 포도 및 포도주 산업에 완벽하게 적용되었다. 미국에서는 포도나무에 알려져 있었으나 유럽에서는 예전에는 볼 수 없던 상태가 1840년대에 영국에서 처음으로 나타났고 얼마 지나지 않아 프랑스에도 나타났다: 어린 포도나무 잎이 하얀 가루로 된 점으로 뒤덮이는 것이었다 (그림 1-23A). 나중에 잎의 크기가 커지고 늙음에 따라 하얀 점은 퍼져나가 잎의 대부분을 덮었다. 하얀 균 같은 것이 열매에도 생겼는데, 열매는 지저분한 잿빛이 되며 시들고, 때로는 갈라지기도 하였다. 이러한 상태는 흰가루병이라 불렸으며, *Uncinula necator* 에 의하여 발생한다는 사실이 나중에 알려졌다. 잎의 일부가 자갈색 내지 검은색으로 변하고 죽었으며, 열매는 작고 색이 흐려진 채(그림 1-23B)로 남아있었고, 포도주 생산에도 부적합하였고 생식용으로도 부적당하였다. 이 새로운 병 때문에 프랑스의 포도주 생산은 1854년까지 무려 80%나 감소하였다. 흰가루병에도 살아남는 것이 일부라도 있을 것이라는 기대를 가지고 여러 나라로부터 새로운 포도나무가 미친 듯이 수입되었다. 같은 무렵에 다행스럽게도 영국에서 석회가루와 황을 섞어서 포도나무 덩굴에 뿌려주면 잎과 열매를 흰가루병으로부터 눈에 띄게 보호해준다는 사실이 밝혀졌다. 이러한 작업은 프랑스에서 어느 정도 받아들여지기 시작하여 흰가루병에 의한 손실을 상당히 줄일 수 있었다.

그러나 예전의 외래 포도나무 수입과 그에 따른 품종 혼재는 프랑스와 유럽포도 및 포도주 산업에 두 번째 재앙을 초래하였는데, 그것은 흰가루병보다 훨씬 더 비참하였다. 1860년대 초반 프랑스 포도나무의 어린잎의 뒷면에 작은 혹이 여러 개 생겨났는데 (그림 1-24A), 그러고서 몇 주 뒤, 모든 잎이 이른 봄과 여름에 누런색 내지 붉은색으로 변하였으며, 곧 시들고 7-8월에 떨어졌다 (그림 1-24B). 이러한 증상이 나타난 포도나무 덩굴은 열매를 거의 맺지 않았으며 이듬해에 죽었다. 말라서 죽은 잎에 따라 이러한 상태를 '필록세라(phylloxera; ='마른 잎', 그리스 어원으로 phyllo=잎, xera=마르다)'라고 부르게 되었다. 필록세라는 진딧물과 관계있다는 사실이 밝혀진 것은 훗날의 일인데, 그 진딧물의 일부는 어린잎을 먹지만 대부분 포도나무의 뿌리를 가해하는 것이 확인되었다. 이 진딧물은 작은 뿌리에 혹을 만들 뿐만 아니라 빠르게 증식하고 뿌리로부터 양분을 흡즙하여 뿌리를 죽이고, 그에 따라 뿌리가 흡수를 못하게 하여 잎이 변색되고 시들며 떨어지게 한다. 필록세라 현상은 천천히 퍼졌으나 그것이 퍼진 포도나무밭은 황폐화되었다.

뿌리혹벌레(필록세라진딧물)는 아마도

그림 1-23 포도나무 잎(A)과 송이(B)의 흰가루병. 흰 균사가 녹색부분 전체를 덮으면 잎은 마르고 갈변한다. [사진제공: M.A. Ellis, Ohio State University.]

그림 1-24 포도뿌리혹벌레에 의한 포도나무의 필록세라(phylloxera). (A) 필록세라 뿌리혹벌레에 뿌리가 감염되어 잎마름이나 낙엽현상을 보이는 포도나무들. (B) 포도나무의 뿌리를 흡즙하며 식물체를 말려 죽이는 포도뿌리혹벌레(*Dactylosphaira vitifolia*). [사진제공: Queensland Dept. Natural Resources.]

미국으로부터 수입한 흰가루병 저항성 포도나무에 묻어 들어온 것으로 결론이 났다. 그러나 뿌리혹벌레는 미국 포도나무는 공격하거나 심각한 피해를 일으키지 않는 것으로 보였다. 따라서 미국 포도나무 수입의 새로운 물결이 일었다. 이 나무를 대목으로 사용하여 유럽품종을 접목하였다. 진딧물에 대한 일부 대목의 저항성은 뛰어났으며(그림 1-24B), 그래서 프랑스 및 다른 유럽의 포도나무밭은 시간이 지남에 따라 상당히 재건되었다.

그러나 그들이 필록세라의 파괴력으로부터 어떻게 벗어날 수 있는 지를 알아냈다고 느끼기 시작할 무렵, 불행하게도 세 번째 큰 재앙이 유럽의 포도나무밭을 강타하였다. 1878년에는 일부 프랑스 포도나무밭의 포도나무 잎의 뒷면에 흰 솜털 같은 점들(그림 1-25A)이 보이기 시작하였으며, 그 잎의 앞면에서 뒷면의 솜털 점무늬에 대응되는 부분이 처음에는 누렇게, 그리고 그 다음에는 흑갈색으로 변하여 죽었다. 이러한 상태는 노균병으로 알려지기 시작하였으며, *Plasmopara viticola* 라는 균이 일으킨다는 것이 입증되었다. 병반의 수와 크기가 증가함에 따라 잎의 대부분 또는 전부가 영향을 받아 죽고 덩굴로부터 떨어진다. 어린 포도송이와 같이 어린 가지도 감염되어 흰 솜털같이 자라는 것으로 뒤덮이게 된다 (그림 1-25B). 나중에는 갈색으로 변하며, 결국 쭈그러든다. 생육 후기에 감염된 열매는 건전한 열매에 비하여 연녹색 내지 붉은색 얼룩을 보이며, 결국 떨어진다.

노균병은 포도나무밭 내에서, 그리고 다른 포도나무밭으로 빠른 속도로 퍼져 갔다. 병은 포도 생산량과 품질을 떨어뜨렸으며 많은 포도나무밭에서 어린나무들을 죽였다. 노균병은 특히, 서늘하고 비가 많은 기상일 때 가장 심했고 잘 퍼져나갔다. 프랑스에 노균병이 나타난 지 5년 안에 전국으로 퍼져나갔으며, 인접한 나라들로 퍼져갔다. 이 나라들의 포도생산자들은 또다시 공포에 떨기 시작했다. 많은 과학자가 이 문제에 관심을 보였으며 해결책을 찾는 데 흥미를 보였다. 그 중 일부는 다른 물질들을 사용하였는데, 토양에 첨가하거나 덩굴에 가루를 뿌려 노균병으로부터 보호하고자 하였다. 그러나 여러 해 동안 아무 것도 듣지 않았다. 그러던 어느 날, 프랑스의 식물학 교수 Pierre Alexis Millardet(그림 1-25C)가 포도나무밭 사이를 거닐다가 지저분한 길을 따라 몇 줄의 포도나무가 잎에 푸른기가 도는 막으로 덮인 것을 보았다. 주목할 만한 것은 이 덩굴들은 모든 잎이 아직도 건전한 반면에 푸른기 도는 막이 없는 줄의 덩굴들은 잎과 어린 가지와 송이가 노균병에 심하게 감염되어 있다는 것이었다 (그림 1-25D). 포도나무밭 주인은 그에게 푸른기 도는 막은 실제로는 푸른돌(황산구리)이 잎에 더 잘 달라붙게 수산화석회와 섞은 것이라고 하였다. 포도가 독성이 있다는 인상을 주기 위해 포도나무덩굴에 혼합액을 분무하였으며, 그렇게 함으로써 지나가는 사람이 포도나무밭으로 들어와 포도를 가져가는 것을 막고자 하였다. Millardet는 즉시 그 정보를 가지고 그의 실험실로 돌아와서 황산구리와 수산화석회를 다양한 비율로 섞어 노균병에 걸린 포도나무에 처리하였다. 마침내 1885년, 그는 포도 노균병 방제에 가장 좋은 혼합비율을 찾아내었다. 이 용액(8-8-100)은 보르도액(Bordeaux mixture)으로 알려지기 시작하였으며 살균제를 이용한 식물병 방제시대를 선도하였다. 보르도액은 뛰어난 살균제와 살세균제이며, 한 세기 이상 전 세계적으로 가장 많이 사용되는 살균제임이 입증되었다.

계속

그림 1-25 포도나무 노균병. 포도나무 잎(A)과 송이(B)의 초기병징. (C) P. Millardet. (D) 보르도액으로 처리한 왼쪽의 포도나무는 노균병에 노출되었어도 아직 대부분의 잎을 매달고 있는 반면, 처리하지 않은 오른쪽의 포도나무는 노균병으로 거의 모든 잎이 떨어졌다. [사진제공: (A) J. Travis and J. Rytter, Pennsylvania State University, (B) University of Georgia, Entension, (D) G. Ash, Charles Sturt University, Australia.]

식물병은 지역의 식물상과 산업상을 제한하기도 한다

식물병은 지리적으로 넓은 범위에서 자랄 수 있는 식물의 종류를 제한하기도 한다. 그 예로서, 밤나무 줄기마름병(chestnut blight)은 미국에서 목재를 생산하기 위하여 심어놓은 미국밤나무를 전멸시켰으며, 미국느릅나무는 느릅나무 시들음병(Dutch elm disease) 때문에 조경수로 잘 사용하지 않는 나무가 되었다.

해설 8 친숙한 조경수: 가고 있으며, 가고 있으며, 가 버렸다

19세기에는 단독으로도 유럽의 포도나무 밭을 황폐화할 수 있었던 포도나무 흰가루병과 노균병 등 두 가지 식물병과 포도나무 해충인 뿌리혹벌레가 북미로부터 유럽으로 전파되었다. 황을 흰가루병에 사용할 수 있다는 사실의 재발견과 노균병에 대한 보르도액의 발견, 그리고 필록세라에 저항성인 대목의 발견은 각각의 경우에 있어서 유럽의 포도 산업을 구했다. 20세기에 유럽은 밤나무 줄기마름병과 느릅나무 시들음병이라는 두 가지 병을 북미에 전해 줌으로써 북미로부터 받은 호의를 되갚았는데, 이러한 병은 각각 수십 억 그루의 나무를 죽였으며, 그들 각각의 기주식물을 멸종의 벼랑으로 내몰았다. 불행하게도 이들 병의 유용한 방제법은 아직도 없으며, 적어도 느릅나무의 경우에는 남아있는 것 중 죽어가고 있는 것이 더 많다. 또 다른 병인 코코야자나무의 치사누렁병(lethal yellows)이 카리브해의 여러 섬과 인접국가들, 미국의 플로리다주와 텍사스주, 서아프리카 그리고 기타 지역에 전파되었다. 치사누렁병은 이 지역 대다수의 코코야자나무를 파괴하였으며, 밤나무 줄기마름병, 느릅나무 시들음병과 같이 아직도 방제가 불가능하거나 매우 까다로운 병으로서, 남아있는 나무들을 계속 죽이며 멸종으로 위협하고 있다.

밤나무 줄기마름병

오래지 않은 옛날에 미국 땅의 상당부분인 조지아주와 미시시피주의 아래쪽부터 메인주와 미시간주의 꼭대기까지, 캐나다의 온타리오주까지(그림 1-26A), 너비 수백 마일의 숲에서 가장 흔한 나무는 거대한 미국밤나무였다 (그림 1-26B). 그들은 목재와 밤을 제공하였고, 밤은 사람과 야생동물의 식량원 역할을 하며 나무는 야생동물의 은신처가 되었다. 목재와 밤 모두 지역주민들에게는 수입원을 제공하였다. 나무는 예전부터 그 곳에 있어 왔고, 또 영원히 지속될 것 같았다.

그런데 어떤 대단찮아 보이는 일이 일어났다. 1904년, 뉴욕동물원에 있는 큰 밤나무의 몇몇 가지의 잎과 몇몇 어린 밤나무가 갈색으로 변하며 죽기 시작했다. 누군가가 무슨 일이 일어났는지 생각해 내

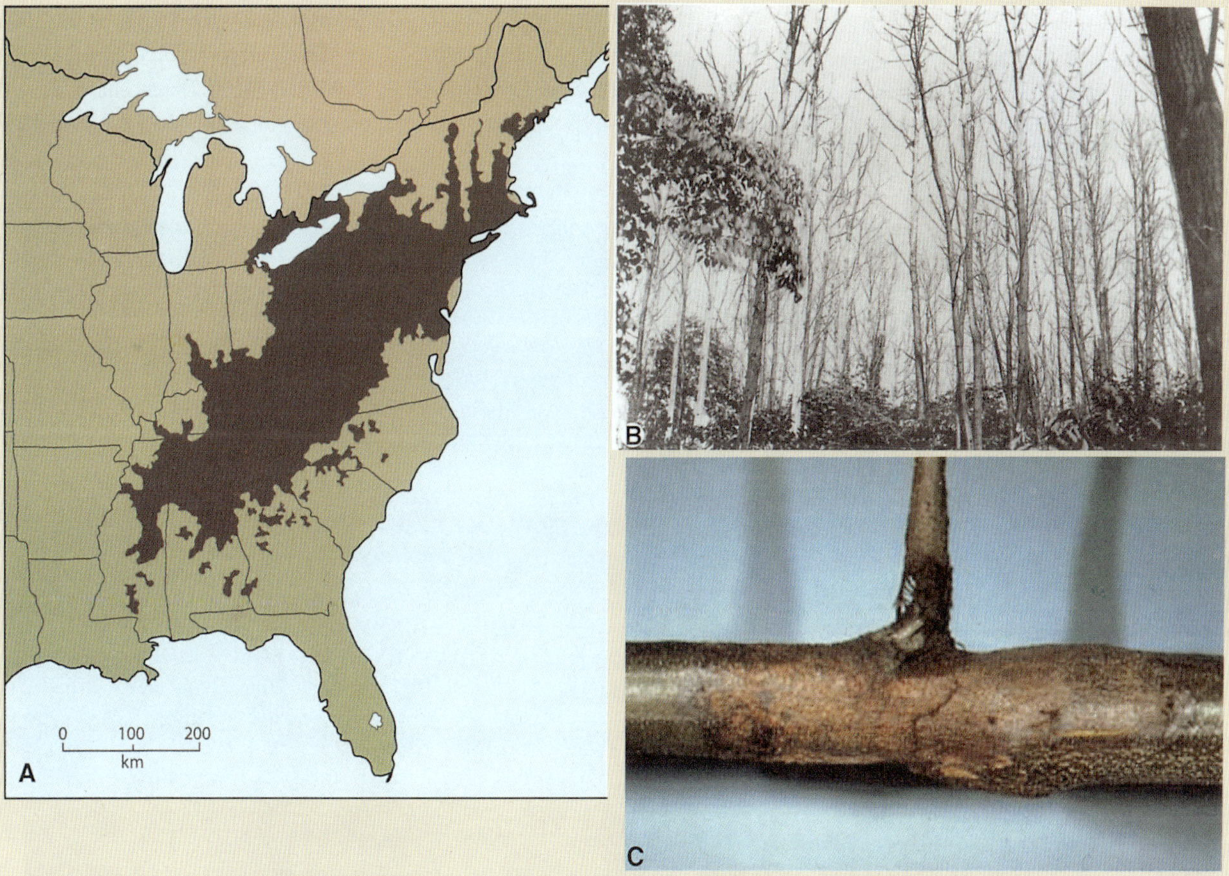

그림 1-26 밤나무 줄기마름병. (A) 줄기마름병이 대발생한 1904-1944년 이전의 미국밤나무의 자연서식 범위. (B) 밤나무 줄기마름병에 의해 황폐화된 전봇대 크기의 어린 밤나무 임분. (C) 나무 전체를 죽이는 어린 밤나무 주간의 밤나무 줄기마름 궤양. [사진제공: (B) W.L. MacDonald, West Virginia University, (C) R.L. Anderson, U.S. Forest Service.]

계속

기도 전에 더 많은 어린나무와 늙은 나무의 가지들이 죽어서 나무는 마른 모습을 나타냈다. 그곳으로부터, 밤나무 줄기마름병은 북미 동부 전역으로 빠른 속도로 퍼져가서 1920년대에는 미국밤나무 자연림 전역에서 줄기마름병을 발견할 수 있었다. 지금은 일반 과학자들, 특히 식물병리학자들은 대부분의 식물병의 원인을 동정하는데 매우 숙달되어 있으며, 밤나무 줄기마름병은 진단하기에 매우 쉽다. 밤나무 줄기마름병은 *Cryphonectria parasitica* 라는 균에 의하여 나타난다는 것은 곧 밝혀졌다. 이 균은 어린나무나 가지의 수피를 공격하여 죽여서 궤양(그림 1-26C)을 만드는데, 궤양은 줄기 주변부와 길이방향으로 확장되어 그 지점에서 줄기를 둘러싸고 궤양 윗부분의 잎들은 시들고 죽게 만든다. 불행하게도 그 균은 비바람이나 곤충, 새 등에 의하여 다른 가지나 나무로 옮겨지는 포자를 만든다. 1920년대 후반까지 약 35억 그루의 미국밤나무가 감염되었다. 감염된 나무와 가지는 궤양 밑에서 맹아를 만들어 내며, 맹아는 지름이 2~4 인치가 될 때까지 감염되지 않고 잘 자란다. 그들이 열매를 만들기 전 어떤 순간에 균은 그들 역시 공격하여 죽인다. 원래의 커다란 밤나무는 여러 해 동안 해마다 새로운 맹아를 생산하지만 항상 존재하는 균에 의해 죽어 마침내 지치고 말며, 결국에는 뿌리가 죽는다. 어떤 뿌리도 빠져나가기 힘들다는 사실이 밤나무를 현대에 들어와 균에 의한 식물병으로 인해 거의 멸종까지 다다른 첫 번째 나무로 만들었다.

느릅나무 시들음병

크고 우아한 수형을 가지고 있으며, 아름다운 꽃병 모양을 하고 있는 미국느릅나무는 자연적으로 다른 낙엽수들과 섞여서 북미 동부의 숲 전역과 록키산맥 동부의 대초원에 걸쳐 존재한다. 느릅나무는 일찍부터 북미의 주택소유자와 마을설립자들에게 선택되었으며, 길 양쪽에 줄을 지어 식재하여 많은 길을 아름답게 하였다. 그런데 1930년에 미국 오하이오주의 클리브랜드시에 있는 몇몇 느릅나무가 시들음과 누렁 증상을 보이기 시작하였으며, 이어서 일부 가지에서는 잎이 갈색으로 변하였다 (그림 1-27A). 시들고 갈색으로 변한 잎은 나중에 떨어졌으며, 가지는 낙엽지고 죽은 것처럼 보였다. 그 해 나중 또는 이듬해에는 더 많은 가지가 비슷한 증상을 보였으며, 보통 1년 또는 몇 년 안에 느릅나무 전체가 죽었다 (그림 1-27B). 동부 해안의 주들에서도 비슷한 증상을 가진 나무들이 곧 관찰되었다. 이 병은 1917년에 프랑스에서 보고되었음에도 불구하고 1921년 네덜란드에서 처음으로 공증을 받으며 보고되었기 때문에 Dutch elm disease 라고 불리기 시작했다. 느릅나무 시들음병은

그림 1-27 느릅나무 시들음병. (A) 느릅나무 시들음병에 감염된 잎과 가지에 나타난 시들음, 구부러짐, 그리고 갈변 등 초기 증상. (B) 병에 감염된 나무의 큰가지를 죽이거나 시들음 낙엽 등 본격적 증상. (C) 길 따라 서 있는 죽은 느릅나무. 모두 느릅나무 시들음병으로 죽었음. [사진제공: (A) R.J. Stipe, Virginia Tech University, (B) R.L. Anderson, U.S. Forest Service, (C) E.L. Barnard, Florida Forest Service.]

북미에서 빠르게 퍼져갔으며, 1956년에 미시시피강을 건넜고, 1973년에는 태평양연안의 주들에까지 퍼졌다. 이러한 과정에서 그 병은 마당, 공원 그리고 길가의 수많은 느릅나무를 죽였다 (그림 1-27C). 그럼에도 불구하고 아주 적은 수의 나무가 천연임분에서 아직도 병에 걸리지 않고 있다.

느릅나무 시들음병은 *Ophiostoma ulmi*에 의하여 발생한다. 이 병원균은 약해지거나 죽은 느릅나무, 때로는 느릅나무 시들음병 때문에 죽은 나무나 느릅나무 원목에 알을 낳는 두 종의 느릅나무좀에 의하여 옮겨진다. 알은 부화하여 굴을 파는 유충이 되고, 만일 나무나 원목이 병에 감염되면 균은 굴로 자라 들어가 포자를 만든다. 나무좀 성충은 균 포자를 뒤집어쓰고 빠져나와 섭식할만한 활기차고 어린 느릅나무 가지를 찾는다. 그들이 섭식하는 동안, 그리고 느릅나무에 어떤 상처든 만들자마자 균의 포자는 섭식상처에 묻는다. 포자는 발아하고 균사와 더 많은 포자를 만들며 나무의 물관에서 퍼지고 증식하므로 물관이 막히게 한다. 물과 무기물이 뿌리로부터 가지로 이동할 수 없으며, 막히지 않은 곳에 머물게 된다. 곧 이어 가지와 잎이 시들어 죽으며 결국에 나무 전체가 죽는다.

코코야자나무 치사누렁병

죽어가고 있는 야자나무의 치사누렁병 같은 증상은 19세기 케이만군도, 쿠바, 그리고 자메이카의 간단한 기록에 포함되어 있다. 1955년 미국 플로리다주의 Key West섬의 코코야자나무가 익지도 않은 코코넛을 떨어뜨리는 것이 알려졌다. 그리고는 다음으로 화서의 끝이 검어지며 열매를 맺지 않았다. 곧바로, 처음에는 아래의 늙은 잎들이, 그 다음으로는 더 젊은 잎들이 누렇게 되고 다음에는 갈색으로 되면서 죽었다. 마지막으로 모든 잎과 영양생장 눈이 죽고(그림 1-28A) 수관 전체의 잎이 떨어져서 전신주같이 커다란 야자나무 줄기만이 남는다 (그림 1-28B). 치사누렁병은 본토의 플로리다주에서 1971년에 처음으로 발견되어 1973년까지 15,000그루의 코코야자나무를 죽였으며, 1974년까지 40,000 그루, 그리고 1975년까지는 Dade County에 있는 코코야자나무의 75%가 이 병으로 죽었거나 죽어가고 있었다. 다른 카운티에서도 막대한 양의 코코야자나무를 잃었다. 예를 들면 자메이카에서는 1961년에 600만 그루가 있는 것으로 조사되었으나, 1981년에는 치사누렁병으로 90%가 죽었다. 멕시코와 탄자니아에서는 수천 ha의 야자나무가 죽었으며, 가나에서는 30년 동안 백만 그루 이상의 코코야자나무가 죽었고, 토고에서는 1964년까지 약 50%인 6만 그루 이상이 치사누렁병으로 죽었다.

치사누렁병은 세균의 일종으로서 세포벽이 없는 파이토플라스마에 의해 발생한다. 파이토플라스마는 야자나무의 체관에 살면서 증식하며, 체관의 일부를 막고 잎으로부터의 유기양분 이동을 방해하며, 또한 유독성 생물활성물질을 생성하고 야자나무의 잎과 화서, 영양생장 눈에 누렁을 일으키고 죽여서 야자나무의 치명적인 누렁 증상을 일으킨다. 파이토플라스마는 작은 매미충에 의하여 병든 나무로부터 건전한 나무로 옮겨진다. 매미충은 야자나무의 체관으로부터 즙액을 빨아들이며, 만일 나무가 파이토플라스마에 감염되었으면 파이토플라스마까지 함께 흡즙한다. 매미충이

그림 1-28 코코야자나무의 치사누렁병. (A) 다양한 병진전 단계에 있는 코코야자나무로서, 정아가 죽을 때까지 아래 잎으로부터 위로 진전된다. (B) 치사누렁병 파이토플라스마에 의해 죽은 뒤 전봇대같이 남겨진 코코야자나무의 주간. [사진제공: University of Florida.]

계속

건전한 야자나무에 도달하여 흡즙할 때 매미충이 옮긴 파이토플라스마의 일부가 체관으로 옮겨진다. 파이토플라스마는 일단 체관 세포로 들어가서 증식하면 나무의 체관 대부분으로 퍼지고, 나무가 치사누렁병징을 일으켜 죽게 만든다.

참나무 시들음병과 급사병

Ceratocystis fagacearum 에 의한 참나무 시들음병(418쪽 참조)은 수십 년 동안 참나무를 죽여 왔다. 그러나 그 병의 전파와 진전은 느릅나무의 마름병보다는 늦었다. 동시에 느릅나무에 비하여 참나무 군집은 더 크고 더 넓게 분포되어 있었다. 최근에는 미국 캘리포니아주, 오레곤주, 유럽 및 기타 지역에서 *Phytophthora* 의 다른 종이 참나무를 공격하여 죽이고 있다 (418쪽 참조). 이러한 전염병의 진전은 예상하기 어렵지만, 수천 그루의 참나무를 잃을 것은 확실하다.

버터넛나무 궤양병

버터넛나무는 북미 동부의 숲에 자생하며 목재는 가구와 조각재료로 사용하여 왔다. 1967년 미국 아이오와주의 버터넛나무의 줄기와 가지에 여러 개의 궤양이 있고, 곧 그것에 의해 죽는 것이 관찰되었다. 얼마 지나지 않아, 이 병은 동남해안지역의 숲에서 널리 발생하고 있는 것으로 드러났으며, 불완전균 *Sirococcus clavigignenti-juglandacearum* 에 의하여 발생한다는 것이 확인되었다. 줄기마름병에 의하여 죽는 밤나무와는 대조적으로 버터넛나무에서는 궤양이 어린나무건 늙은 나무건 모두 상처를 통해 감염한다. 버터넛나무는 줄기가 죽은 뒤에도 맹아를 내지 않으므로 전체를 잃게 된다. 이 병은 빠른 속도로 퍼져서 미국 산림시험장은 1990년대 중반까지 동남부 지역에서 버터넛나무의 80%가 죽었다고 추산하였다. 남아있는 생존목들은 주로 하천이나 강의 둑을 따라 있는 것이었지만, 이들 대부분도 심하게 감염되었으며 재생되지도 않았다.

사이프러스나무 궤양병

사이프러스나무(*Cupressus sempervirens*) 등은 지중해성 기후를 보이는 미국 캘리포니아주, 지중해, 페르시아 등에서 자란다. 그들은 목재가 목재해충이나 무름, 썩음 등에 저항성일 뿐만 아니라 크고 위엄있으며 기둥 같은 모양 덕에 삼천년이 넘도록 장식용으로 가치를 인정받아 왔다. 사이프러스나무는 굉장히 오래 살아, 어떤 것은 2,000년 이상 살 수도 있다. 아테네의 아크로폴리스(Acropolis)나 올림피아(Olympia), 델피(Delphi), 플로렌스(Florence) 등등 세계 문화의 중심지와 세기를 이어오는 그림의 대부분은 그들이 가지고 있는 실제 또는 그림의 사이프러스나무로부터 상당한 고전적 아름다움이 배어나온다.

사이프러스나무 궤양병이 처음으로 터져 나온 것은 1920년대 중반 캘리포니아주로 알려져 있지만, 실제로 병은 그보다도 10년 이상 전부터 그 곳에 존재했던 것이 분명하다. 그리고는 병이 미국을 가로질러 남미 내륙까지 퍼져갔는데, 거기서 바다를 건너 지중해연안 국가들과 뉴질랜드, 남아프리카로 이동한 것이 분명하다. 그래서 지금은 지구 어느 곳이든 사이프러스나무가 자라는 곳이면 대부분 이 병이 존재하는 것으로 받아들이고 있다. 사이프러스나무 궤양병 또는 마름병은 *Seiridium* 균에 속하는 3종, 특히 *S. cardinale* 에 의해 생긴다. 이 균은 포자를 만들어 잔가지와 작은 가지의 상처를 통해 감염하여 궤양을 일으키고 그 가지를 죽인다. 궤양에 생긴 균열로부터 수지가 흘러나오며, 감염된 가지와 잔가지의 잎은 처음에는 누런색 내지 붉은색으로 변하다가 가지가 죽음에 따라 적갈색으로 변한다.

잔가지와 가지, 그리고 나무 꼭대기가 죽는 것은 점점 멀리서도 눈에 띄기 시작한다. 심하게 감염된 나무는 죽는다. 지난 수십 년 동안 궤양을 일으키는 균 때문에 수직으로나 비율로나 많은 사이프러스나무가 죽었다. 남아있는 나무들 사이에서도 병은 어쩌면 가속도를 붙이며 계속 퍼지고 있다. 플로렌스를 포함한 이탈리아 중부에서는 백만 그루 정도의 사이프러스나무가 죽었는데, 어떤 작은 숲에서는 사이프러스나무 궤양병 때문에 45% 이상이 죽었다. 그리스 본토의 일부와 어떤 섬에서는 이 병에 의하여 70~98%의 사이프러스나무가 죽었다.

*Xylella*의 발발

전 세계적으로 고품질의 생식용 및 양조용 포도를 생산하는 유럽포도나무(*Vitis vinifera*) 는 미국 남동부에서는 자랄 수 없는데, 그 이유는 그곳의 토착종인 물관서식세균 *Xylella fastidosa*가 일으키는 포도나무 피어스병(Pierce's disease) 때문에 황폐화되었기 때문이다. 이 병은 1880년대에 미국 캘리포니아주에서 보고되었었지만, 적당한 매개충과 중간기주가 없었으며, 시기적으로 부적당한 기상조건 등으로 인하여 방제 필요수준 이하로 유지되었었다. 결과적으로 캘리포니아와 텍사스의 포도나무는 이 병에 걸리지 않았었으나 1990년에 텍사스에서 넓은 면적에 퍼져 있었으며 심각한 손실을 일으키고 있다는 것이 확인되었다. 1998년에는 남부 캘리포니아에서 이 병의 매개충인 매미충의 한 종과 피어스병을 일으키는 세균이 나타나 포도산업 뿐만 아니라 캘리포니아의 여러 관상용 작물을 위협하고 있다. 세균 *Xylella* 는 캘리포니아의 기후에서도 잘 사는 것으로 생각되나, 세균의 효과적인 매개충이 없었기 때문에 이 지역 농업이 보호를 받았고 안전했었다. 그 세균과 매개충 중의 하나가 그 주에 함께 옮겨진 지금, 캘리포니아 포도산업과 십중팔구 관상용 식물까지 아마도 예전 같지는 않을 것이다.

식물병은 또한 어떤 지역의 식품가공업에 가능한 농작물의 양과 종류에 영향을 미쳐 그 지역의 고용수준과 농업의 종류를 결정하기도 한다. 반면에, 식물병은 화학물질이나 기계, 식물병을 방제하는 방법 등을 개발하는 새로운 산업을 만들어내기도 한다. 이러한 산업에 쓰이는 돈은 미국 한 나라에서만도 한 해에 수십억 달러에 이른다.

식물병은 식물을 사람과 동물에게 유독하게 바꾸기도 한다

호밀 맥각병 같은 병은 식물의 수확물을 독성이 있는 병원균의 자실체로 오염시켜 사람이나 동물이 이용하지 못할 정도로 만든다 (그림 1-29).

해설 9 맥각병, 맥각중독증, 그리고 LSD: 나쁜 조합

수 세기 동안, 아니면 수천 년 동안, 북부 스페인으로부터 러시아 이르기까지, 그리고 아마도 다른 지역에서도 사람과 가축은 피부가 붉어지고 물집이 잡히는 것으로부터 타는 것 같은 감각까지, 아랫배의 몹시 고통스러운 통증, 근육경련, 불안, 떨림, 경련, 환각과 영구적 정신이상, 손가락과 팔다리의 괴저와 상실, 그리고 때때로 죽음까지 다양한 증상을 주기적으로 겪었다. 초기에 나타나는 타는 것 같은 감각에 시달린 사람들의 느낌에 따라 이 병은 '악마의 저주', '화염' 또는 '지독한 불길' 등으로 알려지게 되었다. 몇 년간 이 병이 극심하게 발병해 오던 중 1903년 남부 프랑스에서는 이 병을 앓고 있는 사람들을 돕기 위한 종교적 명령이 만들어졌다. 이 명령을 후원한 성인이 Saint Anthony였기 때문에 이 병은 'St. Anthony의 화염'으로 알려지기 시작했다. 이 병은 정도와 발생이 해마다 달랐으며, 잘 사는 사람보다는 가난한 사람들에게 더 영향을 미치는 것으로 나타났다.

이 병은 고대부터 있어 왔던 것으로 보인다. 중국에서는 일찍이 기원전 1100년에, Assyria에서는 기원전 600년에 묘사된 바 있으며, Julius Caesar가 프랑스에 출정했던 중 한 번은 그의 군대가 이 병 때문에 심하게 고생했다는 기록이 있다. 실제로 프랑스는 잘 기록된 대로 857년, 994년, 1093년 등을 포함하여 '지독한 불길'의 대발생을 몇 번이나 겪었었으며, 994년의 경우에는 2만 명 내지 5만 명의 사람이 죽은 것으로 전해진다. 아마도 1692년 미국 매사추세츠주 Salem의 Salem 마법심판은 실제로는 맥각균에 오염된 밀가루를 소비한 데 따른 '지독한 불길'의 결과였을 수도 있다. 1722에는 러시아 Peter 대제 군대의 병사 2만 명이 심하게 감염된 밀로 만든 빵을 먹고 죽었다. '지독한 불길'은 심지어는 20세기 중에도 발생하였다. 예를 들면, 러시아에서는 1926-1927년에 1만 명이 이 병의 피해를 받았으며, 1927년 영국에서는 200건 이상이 보고되었고, 프랑스의 프로방스에서는 1951년 200명 이상이 피해를 받아 그 중 32명이 정신이상이 되었고 4명이 죽었는데, 이들 모두 맥각균에 감염된 밀가루로 만든 빵을 먹었기 때문이었다.

St. Anthony의 불길은 오늘날에는 맥각중독증(ergotism)으로 일려져 있으며, 사람이나 동물이나 모두 맥각을 만드는 여러 균류 중의 하나에 감염된 재배작물이나 야생 벼과식물로부터 나온 곡물을 먹었기 때문이다. 맥각(ergot: 박차를 뜻하는 프랑스어 'argot'에서 유래)은 *Claviceps purpurea* 및 관련 균류가 식물의 종자 자리에 만드는 자실체로서(그림 1-29A~1-29D), 수확 이후에 낟알을 오염시킨다. 맥각은 또한 이 균이 곡류와 벼과식물에 일으키는 병의 이름이기도 하다. 식물병으로서의 맥각병은 자신이 감염한 낟알을 맥각으로 완전히 대체함으로써 곡류 산출량을 현저하게 감소시킨다. 그러나 작물 손실의 대부분은 맥각을 제거하지 않으면 맥각이 작물의 나머지 부분까지 사람과 동물이 먹기에 부적당하게 만들기 때문이다.

맥각은 여러 종의 효능 있는 알칼로이드와 기타 생물활성화합물을 가지고 있어 우선적으로 뇌와 순환기계에 영향을 준다. 가장 잘 알려진 맥각 알칼로이드는 lysergic acid diethylamide로서 이것이 바로 1960년대의 히피(hippie)문화에서 환각제로 널리 사용되었던 악명 높은 LSD이다(그림 1-29E). 기후와 기주(밀, 호밀, 보리 등), 그리고 맥각을 형성하는 균의 종에 따라 맥각병징(그림 1-29F, 1-29G)의 발생빈도와 정도가 달라지므로 재배포장과 수확곡물의 맥각발생량은 달라지기도 한다. 동물과 가난한 사람들이 자주 먹는 호밀이 맥각이 가장 자주 나타나는 기주인 반면에 부자들이 선호하는 밀은 맥각이 가장 덜 나오는 기주이다. 오염된 음식물을 먹은 사람과 동물의 정맥을 수축시키고 괴저를 일으키는 맥각 알칼로이드의 성질은 출산이나 심한 사고로 발생하는 과다출혈을 정지시키기 위하여 맥각을 갈아 상처에 붙이는 의사와 산파에 의해 유용하게 사용되었다.

계속

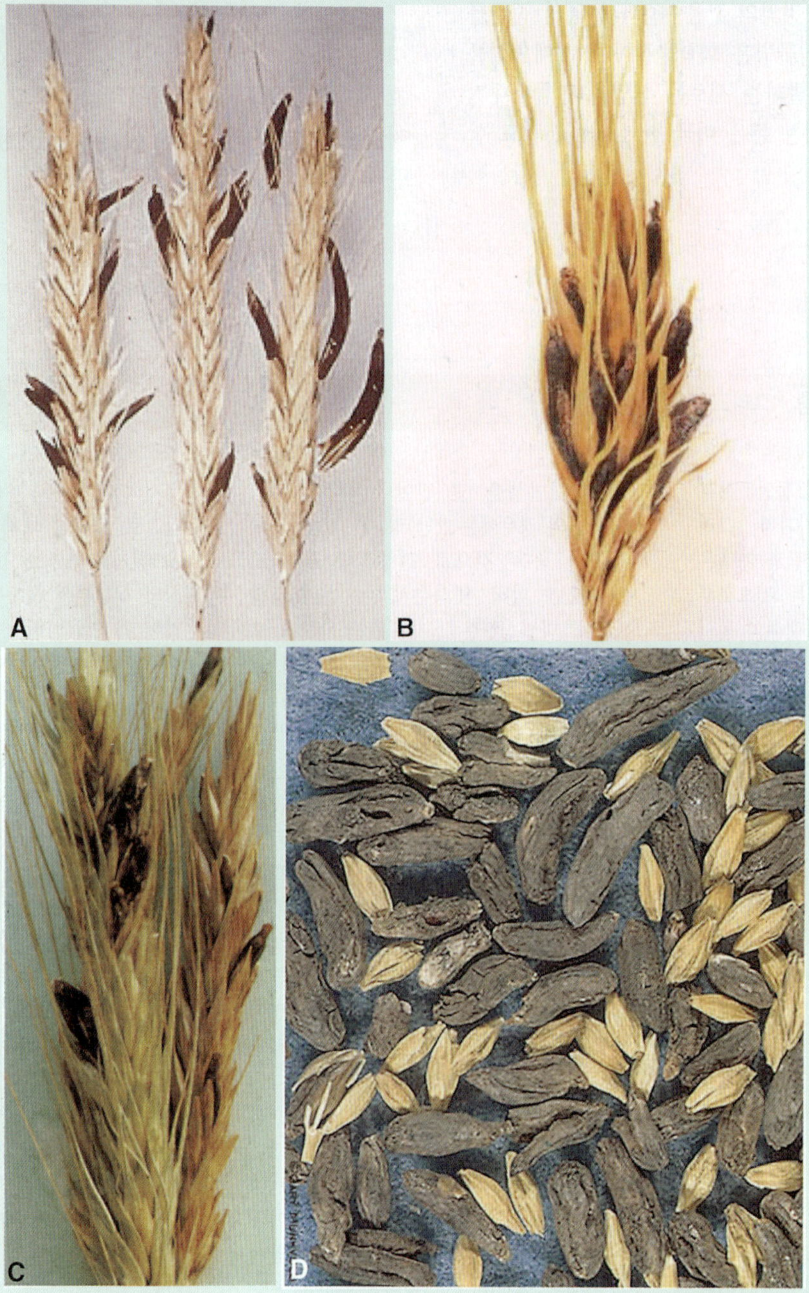

그림 1-29 화곡류의 맥각병. 호밀(A), 보리(B), 밀(C) 이삭의 낟알을 대체하여 형성된 맥각균핵. (D) 건전한 보리 낟알과 섞여있는 보리의 맥각균핵. (E) 맥각균핵에서 발견되는 LSD의 화학구조. (F) 맥각균핵이 포함된 사료를 먹어서 출혈을 보이고 있는 송아지 다리. (G) 분쇄된 맥각균핵이 섞여있는 빵을 먹은 결과로 불구가 된 사람들을 그린 그림. [사진제공: (A-C) I.R. Evans, WCPD, (D) G. Munkvold, Iowa State University, (F) Department of Veterinary Science, NDSU, (G) Breugel, 16세기, Art History Museum, Vienna.]

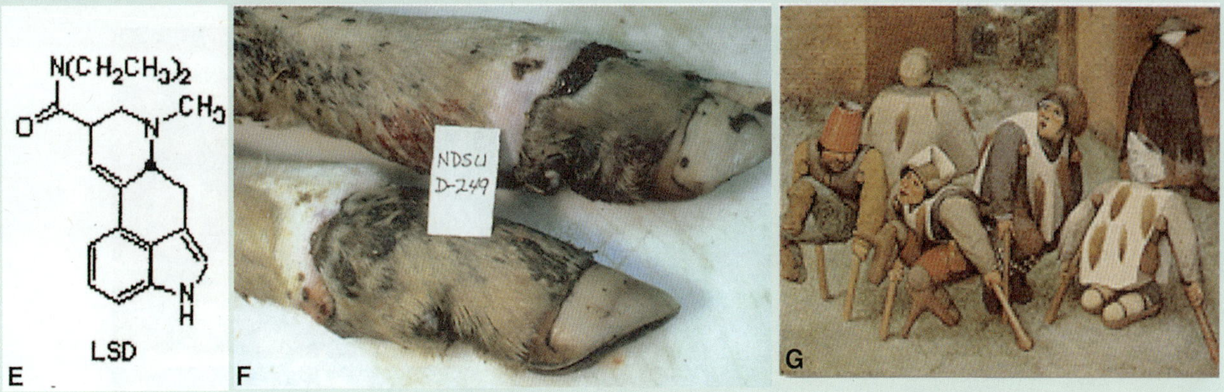

그림 1-29 (계속)

해설 10 균독소와 균독소증

많은 곡류(그림 1-30A~1-30D)와 때로는 다른 종자, 또한 빵(그림 1-30E), 건초, 퓨레(puree) 같은 식물가공품, 썩은 과일(그림 1-30F) 등은 균독소로 알려진 독성화합물을 생성하는 하나 이상의 균류에 감염되거나 오염되는 경우가 많다. 그러한 생산물을 소비하는 동물이나 사람은 내부기관, 신경계, 순환계 등에 병이 심하게 진전되기도 하며, 죽기도 한다. 또한, 많은 목초가 내생균류에 감염되어 있는데, 이들은 비록 목초에 심각한 피해를 주지는 않는 것 같아도 목초 조직 속에서 자라며(그림 1-30G) 독성물질을 생성하여, 그 식물을 먹는 야생 또는 사육동물들에게 심각한 병을 일으킨다. 선충이 매개하는 세균에 감염된 특정 목초도 동물에게 심한 독성이 있거나 또는 치명적이다. 이 세균들은 때로는 바이러스(박테리오파지)에 감염되기도 하는데, 그 바이러스가 세균을 유도하여 세균이 동물에게 매우 유독한 물질을 생성한다.

맥각중독증은 식품과 사료에 의한 균독소증이 *Clavicops purpurea* 가 생성하는 균독소에 의해 극도로 건강치 못하게 만든다는 한 예이다. 맥각중독증은 매우 직접적이고 극적인 증상을 일으키며 수세기 내지 수천 년 동안 알려져 왔다. 그러나 예기치 못한 독성물질이 들어있는 식품이나 사료 때문에 사람이나 동물이 만성 또는 급성으로 앓게 된 경우가 수없이 많이 있었다. 독성물질의 존재와 정체는 알려지지 않았었고, 그러한 안전치 못한 음식과 사료의 근원은 거의 주목받지 못했으며, 사람과 동물에 영향을 미친 병에 대해서는 설명되지 않은 채로 남아있었다. 어린 칠면조의 심각한 질병이 곰팡이가 핀 사료 때문이라는 것이 밝혀지며 사람과 동물의 건강에 있어서 균독소의 중요성에 대한 주의를 끈 것은 1960년대에 들어온 뒤였다.

균독소는 독성이 있는 대사산물로서 상대적으로 조금 방출되지만 곡류, 두류, 견과류 등에서 자라는 균류에는 일반적으로 존재한다. 이러한 농산물은 특히 습도가 높은 채로 수확하거나 상처가 생기거나 높은 상대습도에서 저장하는 경우에는 균류가 생기기 시작한다. 즉, 균독소를 생산하는 균류의 생육을 지원해준다. 그러한 균이 생긴 산물은 높은 농도의 균독소를 가지고 있는 듯하다. 여러 종의 균독소는 발암물질인 것으로 증명되었으며, 면역계를 교란하기도 하고, 그것을 먹은 동물이나 사람의 생장을 저해하기도 한나. 매우 작은 양의 균독소조차도 사람과 동물의 면역계와 대사에 유해한 영향을 초래함으로써 지속적인 건강 위협에 놓이게 한다. 곰팡이가 핀 산물에 자주 발생하는 높은 농도에서는 사람이나 동물에 가시적인 임상증상(균독소증)을 일으키는데, 신경흥분, 피부 및 피하조직의 병변, 생육장해, 신장과 간의 손상, 암과 기타 증상들이다. 균독소와 균독소증은 559~560쪽 참조에 훨씬 더 자세히 기술하였다.

괴저성 맥각중독증의 발발이 마지막으로 기록된 것은 1978년 에티오피아였음에도 불구하고 균독소증이 최초로 일반적 관심사가 된 것은 영국의 농장동물에 이른바 '칠면조 X병'이 나타났던 1960년이었다. 이 병은 아플라톡신(aflatoxin) 에 오염된 사료 때문이라는 것이 결국 밝혀졌지만, 사람과 동물의 간에 암을 일으킨다는 사실이 알려졌을 때 균독소에 대한 관심은 하늘을 찔렀다. 아플라톡신은 맹독성이며 오염된 사료를 먹은 동물의 젖에서도 검출되고, 주로 간을 공격하며, 돌연변이원, 기형유발원, 발암원이다. 지난 수십 년 동안 곰팡이가 핀 옥수수를 자주 먹는 열대국가들에서는 시골의 많은 성인에게 아플라톡신중독증이 여러 번 발생하였다. 어떤 열대지역에 살며 다양한 증상과 정도를 보이는 성인과 아이들의 혈액을 검사한 결과, 혈액 속에 아플라톡신이 존재하며 계절적 변이가 뚜렷하다는 것이 드러났다.

이미 언급한 *Aspergillus* 의 두 종이 만드는 아플라톡신 이외에도 오크라톡신(ochratoxin)같이 아플라톡신과 대등한 독성을 가진 여러 균독소가 이들 종을 포함

그림 1-30 균독소 생성 균류에 감염되어 균독소를 포함하고 있는 농산물. (A) *Aspergillus* 에 감염된 옥수수의 일부. (B) 균독소를 생성하는 균 *Gibberella* 에 심하게 오염된 옥수수 낟알. 밀 붉은곰팡이병을 일으키는 *Fusarium* spp.에 심하게 감염된 포장으로부터 얻은 밀(C)과 호밀(D) 낟알. (E) *Aspergillus, Penicillium*, 그리고 기타 균류에 오염된 빵. (F) *Penicillium* 에 감염된 오렌지. (G) 목초의 내생균으로서 균독소를 생성하는 균의 형광성 균사. [사진제공: (A) P. Lipps, Ohio State University, (B) R.W. Stack, North Dakota State University, (C,D) WCPD, (G) A. DeLucca, USDA.]

한 *Aspergillus*, *Penicillium*, 기타 균류의 여러 종에 의해 만들어진다. 오크라톡신은 곡류, 커피, 빵, 그리고 동물성 저장식품에서 나타난다. 북부 발칸의 2만 명 정도가 오크라톡신에 만성적으로 노출되어 생기는 병으로 고생하는 것으로 보인다. 곰팡이가 핀 사탕수수의 독성은 *Arthrinium* 종에 의해 생기는 균독소에 의해 나타나는 것이며, 중국의 한 시골지역에서는 곰팡이가 핀 사탕수수를 먹은 800명 이상이 영향을 받았다. *Aspergillus* 와 *Penicillium* 은 자연계에 아주 흔하며 대부분의 식품과 모든 사료에 어느 정도는 거의 항상 존재하고 있다. 아플라톡신은 가장 흔한 균독소지만, 균독소로서의 가능성이 더 높아 보이는 파툴린(patulin), 로퀘포틴C(roquefortin C), 그리고 기타 등이 *Penicillium* 종 및 계통에 의해 생성된다.

여러 종의 *Fusarium* 이 trichothecin 등 균독소로 의심받는 수많은 물질을 만들며, 그보다는 적지만 *Trichoderma*, *Trichothecium*, *Myrothecium*, *Stachybotrys* 의 종들도 독소를 생성한다. 가장 흔한 trichothecin은 vomitoxin으로도 알려진 dioxynivalenol 이다. 또 다른 형태의 균독소인 Zearalenone 은 *Fusarium* 의 약간 다른 종(*F. graminearum*)에 의하여 만들어진다. Vomitoxin 과 zearalenone 은 자주 같이 발생하는데, 특히 scabby 밀과 Gibberella 이삭썩음병에 감염된 옥수수에서 자주 같이 나타난다. 그러나 곰팡이가 핀 쌀과 목화씨, 밀가루, 보리, 엿기름, 맥주, 그리고 기타 식품에서도 발견되었다. Vomitoxin 과 zearalenone 은 사람뿐만 아니라 소, 돼지, 닭 및 기타 조류, 고양이, 개, 그리고 물고기에게도 독성을 미친다. 오염된 식품이나 사료를 오랫동안 먹은 개체는 토사, 거식증, 면역계 억제, 설사, 체중감소, 그리고 소의 경우에는 산유량 저하 등의 반응이 나타난다. Fumonisin이라 불리는 또 다른 그룹의 균독소는 주로 옥수수와 옥수수 가공품에서 *Fusarium verticillioides* (*F. moniliforme*, *F. proliferatum*)와 그 관련 종들에 의해 생성된다. Fumonisin은 다른 Fusarium 독소에 영향을 받은 모든 또는 대부분의 동물에 영향을 미치지만, 말에게도 영향을 미치며 특히 강한 독성을 보인다. 말에서는 낮은 농도의 fumonisin 도 눈이 멀고 머리를 부딪히고 압박하며, 꾸준히 맴돌며 흥분하는 훈도병(blind staggers)과 광마병(crazy horse disease)을 일으키는 뇌의 액화를 일으킨다. 돼지에서는 fumonisin이 심장과 호흡기를 공격하여 부종을 일으키고 간과 췌장에도 병변이 생긴다. 사람에서는 fumonisin이 암과 관련이 있어 왔다. 지난 10년간 미국 애리조나주부터 버지니아주까지, 그리고 남부 캘리포니아부터 북부 중서부까지, 그리고 캐나다의 일부 주에서 식품과 사료로부터 fumonisin 발생이 보고되었다.

방금 언급한 대부분의 경우에 대부분의 손상은 사람과 동물이 섭식한 식품이나 사료에 있는 균독소에 의해 야기된다. 그러나 상당한 시간을 곰팡이가 생긴 식품과 사료에 둘러싸여 보내는 사람과 동물에게는 이 균류의 포자를 직접 호흡한다는 부가적 위험이 있다. 이것이 어떻게 그들의 건강에 유해한 지는 명확치 않지만, *Stachybotrys chartarum* 의 포자에 노출된 사람과 동물, 특히 말은 입, 목, 코에 염증이 생기고, 쇼크, 피부괴저, 백혈구감소, 출혈, 신경장애, 그리고 사망까지 일으킨다. *Stachybotrys* 는 짚과 사료, 그리고 축축한 벽 표면, 에어컨 공기통로에서 자라며, '건물질병증후군(sick building symdrome)'의 가장 중요한 원인의 하나로 간주된다.

식물병은 경제적 손실을 초래하기도 한다

산출량과 질에 대한 직접적 손실 이외에도 식물병에 의한 경제적 손실은 여러 가지 형태로 일어난다. 농부들은 병에 대한 저항성이 큰 것을 고르다 보니 생산성이 떨어지거나 더 비싸든지, 아니면 다른 품종에 비하여 시장에서 이익이 덜 남는 식물 품종이나 종을 재배하게 된다. 또한, 농부들은 농약을 살포하거나 또는 다른 방법으로라도 병을 방제해야 하므로 화학물질이나 기계, 창고, 노동력 등에 많은 돈을 지출해야 한다. 운반자는 저온창고와 저온운송수단 등을 이용해야 하므로 비용이 상승한다. 식물병은 수확물을 건전하고 싱싱한 상태로 저장할 수 있는 기간을 제한하며, 따라서 재배자로 하여금 수확물이 많이 나와 값이 싼 시기에 물건을 팔 수 밖에 없도록 만든다. 또한 건전한 수확물과 병든 수확물을 분리해야 하므로 손이 더 가고 그에 따른 비용도 더 들어가게 한다.

생산능력의 저하뿐만 아니라, 식물병 방제비용 또한 병으로 인한 손실이나. 어떤 식물병은 한 방법 또는 다른 방법으로 거의 완전히 방제할 수 있어서 방제에 들어가는 비용만큼만 손실을 초래할 뿐이다. 하지만 맥류의 특정 병 등과 같이, 어떤 경우에는 방제비용이 그 수확물을 팔아서 얻는 이익과 맞먹거나 그보다 더 높을 수도 있다. 반면에 몇 가지 병에서는 아직까지 효과적인 방제법이 개발되지 않아, 단지 경종적 방법과 어느 정도 저항성인 품종을 적절하게 조합하여 작물을 기르는 것만이 가능할 뿐이다. 그러나 대부분의 식물병에 대해서는 손실을 완전히 막을 수는 없어도, 실용적이라고 할 수도 있는 방제법들이 개발되어 있다. 이러한 경우에는 일반적으로 방제작업으로 인하여 얻는 이득이 병 자체로 인한 손실과 병 때문에 발생하는 상품성의 저하로 인한 손실을 합한 것보다도 더 많다.

식물병에 의한 경제적 손실의 형태와 양은 매우 다양하다. 그럼에도 불구하고 농부는 저항성 품종과 적당한 경종적, 생물적, 화학적 방제법들을 가장 효율적으로 조합하여 사용할 수 있도록 잘 교육받으면 병이 심하게 나타나는 해에도 좋은 작물을 생산할 수 있다. 그러면 다른 농부들이 심한 수량손실을 입어 가격이 상승하므로 더 많은 경제적 이익을 올리기도 한다.

해설 11 곤충과 병원체 연관성: 다면성과 중요성

곤충 및 응애, 선충 등 관련 생물은 여러 생물성 및 비생물성 식물병의 소통, 시작 및 진전에 밀접하고도 일반적으로 포함되어 있다. 혹을 만드는 진딧물과 어떤 응애 같은 일부 곤충은 그들이 섭식하는 식물에 병 같은 상태를 만든다. 병원체가 일으키는 식물병의 진전에 관련된 곤충의 중요성은 너무 커서 과장하기 힘들 정도다. 그러나 어떤 이유 때문에 그것은 교과서와 식물병리학 교과과정에서 충분히 언급되지 않고 있다. 곤충은 주로 다음 4가지 유형의 행동으로 식물병의 진전에 관련되어 있다. (1) 곤충은 감염되어 세균이나 균 포자가 스며 나오는 식물기관이나 균 포자로 뒤덮인 식물을 방문하여 세균이나 포자를 묻히게 되고, 꽤나 수동적으로 이들을 다른 식물체로 옮겨주어 병을 일어나게 하기도 한다. (2) 식물기관(잎, 열매, 잔가지, 가지, 줄기, 뿌리)에 섭식하거나 알을 낳으면서 상처를 만드는데, 이 상처들이 병원체, 주로 균류와 세균이 식물체로 들어갈 수 있도록 해준다. (3) 식물, 특히 다년생식물을 섭식함으로써 곤충은 식물을 약하게 만들고 어떤 병원성 균류의 공격에 대해 더 약하게 만든다. (4) 곤충은 몇몇 균류, 세균, 많은 바이러스, 그리고 모든 파이토플라스마와 원생동물을 포함한 특정 병원체의 매개자로 활동한다. 곤충은 이들 병원체를 병든 식물체로부터 새로운 병을 일으키는 건전한 식물체로 운반해 준다. 이들 병원체는 전반을 전적으로 곤충에 의존하고 있다. 즉, 매개충이 없으면 병원체가 전파되지 않고 새로 병드는 식물도 없다.

세균이나 균류의 포자가 그들이 병을 일으키기도 하는 다른 식물체나 기관으로 우발적으로 옮겨지는 첫째 유형은 아마도 여러 종류의 기거나, 걷거나 또는 파리와 같이 날아다니는 곤충(그림 1-31A, 1-31B)을 포함한다. 예를 들면 벌(그림 1-31C)과 같이 어떤 곤충은 불마름병(그림 1-31D) 세균에 감염된 배꽃의 밀선을 건거나 섭식하며, 어떤 곤충은 궤양, 줄기, 잎의 점무늬, 흰가루, 노균 또는 아직 나무에 달려있든 수확 후이든 열매에 생긴 점무늬 등 감염된 부분에서 분비되는 당류를 섭식한다. 그러한 곤충은 여러 종류의 과실파리, 진딧물, 매미충, 딱정벌레, 개미, 그리고 기타 여러 가지를 포함하기도 한다.

수많은 곤충이 열매와 뿌리 등 다양한 식물기관을 섭식하여 상처를 남기며, 여러 곤충은 그러한 기관에 알을 낳을 때 상처를 남긴다. 진균성 병원체, 때로는 감자와 여러 다육질 기관의 무름병 세균 같은 세균성 병원체는 곤충이 만든 상처를 통하여 이러한 기관으로 매우 쉽게 들어갈 수 있다. 예를 들면, 오얏밤바구미(plum curculio beetle; 그림 1-31E)는 열매에 알을 낳는 동안 상처를 만든다 (그림 1-31F). 곤충방제가 제대로 되지 않아 곤충에 의해 균류가 열매에 침입할 수 있는 통로가 늘수록 이과류와 핵과류의 갈색썩음병균 같은 균류가 과수원에 더 많은 피해를 일으키게 한다.

곤충이 식물, 특히 다년생식물의 뿌리, 잎, 가지를 섭식할 때, 식물은 여러 곳에 상처를 받을 뿐만 아니라 식물병원성 균류와 세균이 상처를 통해 들어와 병을 일으키게 하고, 또한 매우 약해지며, 특히 병원체에 대응하여 그들의 방어체계를 활성화시켜 시작되고 있는 병으로부터 보호하는 능력이 약해진다. 이러한 상황은 곤충에 의해 뿌리가 피해를 받았거나 잎이 떨어진 나무에서 일반적으로 관찰된다. 그러한 나무에서는 정상적으로는 병원성이 약한 균류에 의한 궤양이나 뿌리썩음이 훨씬 더 빠르게 진전되며 심한 피해를 일으키거나 나무 전체를 죽이는 등 상처가 없다면 일어나지 않았을 일들이 일어난다.

곤충이 식물병의 진전에 영향을 미치는 네 번째 방법은 특정한 병원체와 밀접한 관계를 형성하여 나타난다. 그런 곤충/병원체의 특별한 관계에서 특정 병원체의 병든 식물로부터 건강한 식물로의 전반과 전파는 거의 전적으로 하나 또는 몇 종의 특정한 매개충의 존재와 관여에 달려있다. 예를 들면, 벼룩잎벌레(그림 1-32A)는 옥수수 세균성시들음병(그림 1-32B)을 일으키는 세균의 주된 매개충인 반면, 오이줄무늬잎벌레(그림 1-32C)는 박과작물 세균성시들음병(그림 1-32D)의 주된 매개충이다. 이와 비슷하게, 두 종의 나무좀(그림 1-32E)의 매개능력이 없다면 균에 의해 나타나는 느릅나무 시들음병(Dutch elm disease; 그림 1-32F)은 발생할 수 없을 것이다. 또한, 어떤 곤충은 귤나무 그린병균 같은 체관서식세균과, 또는 예를 들면 포도나무 피어스병을 일으키는 세균을 전반하는 멸구류와 같이 특정 물관서식세균과, 또는 소나무 시들음병을 일으키는 물관서식선충과, 또는 커피나무와 야자나무에 시들음을 일으키는 체관서식 식물병원성 원생동물과 공생관계를 형성하기도 한다.

특정 곤충과 특정 병원체의 연합은 그러나 과꽃 누른오갈병, 사과나무 과다생장병, 코코야자나무 치사누렁병 등 수많은 식물에 누렁, 과다생장, 쇠락병을 일으키는 체관서식 식물병원성 파이토플라스마와의 관계 및 많은 체관서식성 식물바이러스와의 관계에서 최고의 빈도에 도달했다. 파이토플라스마는 밀접한 관련이 있는 곤충인 매미충, 멸구, 나무이에 의해 전반된다.

그러나 식물바이러스는 다음 곤충 집단에 속하는 하나 또는 몇 종에 의해 전반된다. 진딧물(그림 1-33A)은 감자 바이러스 Y(그림 1-33B) 같은 많은 종류의 바이러스를 전반한다. 매미충과 멸구(그림 1-33C)는 (파이토플라스마, 스파이로플라스마, 물관 및 체관서식세균은 물론) 벼 grassy stunt 바이러스(그림 1-33D) 같은 많은 바이러스를 매개한다. 가루이(그림

그림 1-31 식물병의 전파를 돕는 곤충의 예. 일반 파리(A)는 양앵두나무 균핵병(B) 같은 과실병의 전파를 돕는다. 벌(C)은 사과나무와 배나무 불마름병(D) 같은 병의 전파를 돕는다. 밤바구미(E)는 열매에 알을 낳을 때 구멍을 만들어(F) 과실부패 균류가 과실에 침입할 수 있도록 해준다. [사진제공: (A,C) University of Florida, (B) J.W. Pscheidt, Oregon State University, (D) T. Van Der Zwert, (E,F) Clemson University.]

1-33E)는 토마토 누른잎말림 바이러스(그림 1-33F) 같은 제미니바이러스를 매개한다. 다른 특정 바이러스 매개충은 특정 총채벌레, 딱정벌레, 그리고 가루깍지벌레(mealybug)를 포함한다. 매개충에 의한 바이러스의 전반기작은 매우 다양하다. 모든 파이토플라스마와 대부분의 바이러스는 매개충에 의하여 흡즙되고 몸 안을 순환하며, 새로운 기주의 체관으로 주입되기 전에 어떤 기관에서 증식하고, 많은 바이러스, 특히 진딧물에 의해 전반되는 바이러스에서는 매개충의 구침 안에 또는 겉에 붙어서 그것을 통해 새로운 기주식물의 체관 또는 유조직 세포로 전해진다.

계속

그림 1-32 여러 중요한 세균 및 균류병의 특이적 매개충으로 활동하는 곤충의 예. 벼룩잎벌레(corn flea beetle; A)는 옥수수 Stewart's병(B)의 매개충이다. 오이줄무늬잎벌레(C)은 박과작물 세균성시들음병(D)의 두 매개충 중의 하나이다. 나무좀(elm bark beetle; E)은 느릅나무 시들음병(F)의 두 매개충 중의 하나이다. [사진제공: (A) G. Munkvold, (B) M. Carlton, Iowa State University, (C,D) Clemson University, (E) U.S. Forest Service, (F) Minnesota Department of Natural Resource Archives.]

그림 1-33 바이러스의 특이적 매개충으로 활동하는 곤충의 예. 진딧물류(A)는 감자 Y바이러스(B) 등 수많은 바이러스의 가장 중요한 특이적 매개충이다. 매미충류 및 멸구류(C)는 잔디 위축바이러스(D) 등 많은 바이러스와 파이토플라스마, 그리고 물관 및 체관 국재성 세균의 특이적 매개충이다. 가루이(E)는 *tomato yellow leaf curl geminivirus* (F) 등 파괴적인 많은 바이러스의 특이적 매개충이다. [사진제공: (A,B,E,F) University of Florida, (C,D) H. Hibino.]

20세기의 식물병리학

초기 발달

관찰기록기

농학자, 식물학자, 박물학자, 또는 의사 같은 기타 과학자들이 식물병의 존재를 깨닫기 시작하고 친숙해지면서, 여러 농작물 또는 원예조경작물의 수많은 병을 기술하는 논문들이 과학잡지, 일반잡지, 또는 준과학잡지에 발표되기 시작하였다. 좋은 성능을 가진 돋보기가 만들어지고, 현미경을 사용할 수 있게 됨에 따라 병든 식물조직에 관련된 여러 균류와 선충, 그리고 나중에는 세균을 기재하는 것이 가능해졌다. 1875년부터 1912년까지 Brefeld, Koch, Petri 등을 포함한 과학자들이 순수배지에서 균류와 세균을 배양할 수 있는 방법을 개발하여 식물병리학에 큰 기여를 하였다. 1887년에는 병든 식물로부터 분리한 특정 미생물이 병과 무관한 오염체가 아니라 병의 원인이라는 것을 인정하기 전에 반드시 만족시켜야 하는 '코흐의 원칙'이 식물병리학에 막대한 영향을 미쳤다. 현미경과 식물조직 염색법의 개선은 감염식물의 조직병리학적, 세포학적 연구를 가능하게 하여, 감염된 세포 및 조직과 관련된 균류, 세균, 선충 등 병원체의 위치에 대한 정보를 알 수 있게 하였다. 1940년 이후에는 전자현미경이 대부분의 바이러스를 관찰하고 기재할 수 있게 하였으며, 1970년 이후에는 몰리큐트와 바이로이드를 볼 수 있게 해 주었다.

식물병리학의 관찰기록시대 동안 병에 관련된 미생물의 생물학에 대한 수많은 관찰이 이루어지고 보고되었다. 대부분의 보고는 균류가 만들어 내는 포자의 형태와 종류에 관한 것과 병원체의 전반에 관한 것, 병원체의 월동 장소에 관한 것, 감염되는 기주식물의 종류에 관한 것 등이었다. 이러한 관찰은 비나 온도 같은 주 환경조건과 관련이 있었으며, 여러 기주식물 간에 보이는 발병의 차이 등에 대한 것도 많았다. 주로 경종적 방법이지만, 일부 화학적 방제법 등 여러 종류의 방제법이 시도되었다. 보르도액 살포법이 개발되어 포도나무 노균병을 방제할 수 있게 되었으며, 보르도액뿐만 아니라 거의 모든 작물의 여러 가지 병 방제를 위한 다른 화합물에 대한 연구에 자극을 주었다.

실험연구기

식물병의 중요성과 새로운 학문 및 직업으로서의 식물병리학의 중요성이 알려지기 시작하면서, 1800년대 후반부터 과학자들이 식물병리학자로 고용되기 시작하였으며, 미국농무성과 각 주립시험장의 여러 곳에 가세하게 되었고, 이 과학자들이 식물병리학의 모든 분야에 대하여 실험을 시작하였다. 새로운 병과 병원균이 끊임없이 밝혀지고 기재되었음에도 불구하고, 식물병리학자들은 병원체가 어떻게 식물체에 침입하는지, 어떻게 식물체 안에서 증식하고 퍼지는지, 기주식물세포가 붕괴되고 죽는 기작은 무엇인지, 병원체가 포자를 만드는 기작은 어떤 것인지, 포자의 분산과 월동 또는 월하, 발아 등은 어떻게 하는지, 매개체의 개입 여부, 병 진전에 대한 환경의 영향은 무엇인지 등에 대하여 의문을 품기 시작하였고, 답을 찾기 위하여 실험을 설계하였다. 그들은 또한 병의 진전과 손실량에 있어서 식물 종과 품종들 간에 차이가 있음에 대하여 주목하고 연구를 시작하였다. 지식이 축적됨에 따라 실험은 식물병을 방제하고 병에 의한 손실을 피하고 줄이기 위한 면으로 급속하게 진전되어 갔다.

원인규명기

식물병리학의 병원학(病原學; etiology)은 특정 식물병의 원인을 밝히기 위한 실험과 관찰을 모두 포함한다. 병의 원인규명시대가 감자 역병균과 곡류의 녹병균과 깜부기병균의 병원성을 증명하는 것으로 시작하였지만, 병원학적 연구는 균류와 세균의 순수배양법의 개발과 모든 병에 대한 코흐의 원칙을 충족해야 할 필요성에 의하여 비약적으로 발전하였다. 1890년대 후반과 20세기 초반의 약 30년 동안 수많은 보고가 모든 종의 기주식물에 대한 주로 균류성식물병의 병징, 의심되는 병원체를 분리하고 배양하기 위한 노력, 분리한 미생물의 병원성을 검정하기 위한 다음 실험 등에 대한 기록을 다룬 것들이었다. 이러한 보고의 상당수는 때로는 병에 의한 손실량과 병 방제법에 관한 실험에 대한 정보도 포함하고 있다.

바이러스, 파이토플라스마, 물관국재성 세균, 원생동물, 바이로이드 등이 발견되면서, 병의 원인규명시대가 다시 시작되었고 계속되었고 가속화되었다. 방법론은 각 병원체 종류의 크기에 맞아야 함에도 불구하고, 목표와 결과는 병원학에 대한 결정을 남겨 놓는다. 병의 원인규명시대는 전자현미경이나 특정 영양배지, 밀도구배원심분리, 전기영동, 혈청학적 기법의 발달, 중합효소연쇄반응(PCR), 그리고 DNA 프로브와 여타 핵산 시험법 및 기구의 발전 등 방법론과 기구 발전의 도움을 받고 있다.

식물병 방제법의 탐색

앞에서 이미 이야기한대로, 신에게 기도하고 희생하는 것 이외에도 대단치는 않지만, 식물병을 방제하기 위하여 권장한 실제적인 방법이 고대 그리스의 Homer (기원전 1000년), Democritus (기원전 470년), 그리고 Theophrastus (기원전 300년) 등의 기록에 남아있다. 그러나 다른 종이나 품종에 비하여 더 저항성인 종이나 품종들이 보고된 것이 1600년대 중반의 일임에도 불구하고, 글로 남겨진 기록은 없지만, 농민들이 알게 모르게 식물병을 방제하기 위하여 저항성 식물을 선발하여 왔다고 추측할 수 있다. 이는 저항성이고, 따라서 건강한 식물의 종자는 감수성으로 감염된 식물의 종자보다 크고 나아 보이기 때문만 아니라, 병이 심하게 발생하면 유일하게 살아남는 것들이 바로 저항성 식물이고, 따라서 그 식물의 종자 밖에는 수확할 수 없기 때문이기도 하다.

식물병을 방제하기 위하여 화학물질을 처음 사용한 것은 아마도 1600년대 후반의 일로, 남부 영국의 일부 농부들이 난파선에서 건져낸 밀 종자를 심은 것이 그 시초이다. 그들은 이 종자를 심으면 일반 종자를 심었을 때보다 깜부기병이 훨씬 적게 나타난다는 사실에 주목하였다. 그래서 농민이 깜부기병을 방제하기 위하여 밀 종자를 바닷물(염화나트륨용액)에 처리하게 되었다. 1700년대 중반에는 황산구리가 염화나트륨을 대신하게 되었고, 깜부기병 방제율이 크게 향상되었다. 비록 여러 나라에서 황산구리는 더 나은 살균제로 대체되었지만, 황산구리를 처리하기에 적당한 세계의 여러 지역에서 아직도 사용되고 있다.

과수와 조경수의 병은 때로는 무시할 수 없을 정도로 뚜렷하며, 원인이 알려지지 않았음에도 불구하고 여러 방제법이 제시되었으나 대부분은 효과가 없었다. 이미 언급한대로 겨우살이에 감염된 나무는 감염된 가지를 잘라내면 치료된다는 사실이 알려진 것은 1200년경이다. 1700년대 중반에는 궤양병을 방제하는 방법으로 궤양을 잘라내고, 잘라낸 부위에 접목왁스를 바를 것이 권장되었다. 반면에 일부 과학자는 나무의 궤양을 방지하기 위하여 식초를 사용한다거나, 식물의 병과 상처를 치료하기 위하여 소똥, 낡은 건물의 석회가루, 나무 재와 강모래 등을 섞은 아무짝에도 쓸모없는 혼합제를 사용하도록 권하기도 하였다. 1800년대 초반에는 과수의 균류병을 방제하기 위하여 황산석회와 황 수용액의 사용이 권장되었다.

본격적 진보

식물병의 화학적 방제

포도나무 노균병균이 미국에서 유럽으로 옮겨진 이래 1870년대 초반 포도나무에 노균병이 대규모로 발생하기 시작하였으며, 그 현상은 몇몇 연구자, 특히 프랑스의 연구자들에게 그 병을 방제할 수 있는 화학물질을 탐색하도록 자극하였다. 1885년 Millardet 는 황산구리와 석회를 섞은 푸르스름한 액체를 뿌린 포도나무는 잎을 매달고 있는 반면, 이 혼합액을 뿌리지 않은 포도나무의 잎은 병에 걸려 죽고 땅에 떨어진다는 사실을 알아내었다. 여러 조합을 시험한 뒤에 Millardet 는 같은 해에 황산구리와 석회수화제를 섞어 사용하면 포도나무 노균병을 효과적으로 방제할 수 있다는 결론을 얻었다. 이 혼합제는 곧 '보르도액(Bordeaux mixture)'이라는 이름으로 알려지기 시작했으며, 감자 역병과 여러 노균병, 그리고 그 밖에 잎에 생기는 많은 병의 방제에 대해서도 효과가 있다는 것이 밝혀졌다. 보르도액은 100년이 넘는 세월 동안 아주 다양한 식물병에 대하여 그 어떤 살균제보다도 널리 쓰였으며, 심지어는 오늘날에도 가장 널리 사용하는 살균제의 하나이다. 이 보르도액의 발견으로 식물병을 화학적으로 방제할 수 있다는 사실이 증명되었으며, 식물병의 본질과 방제에 대한 연구를 자극하고 북돋우는 계기가 되었다.

1913년, 종자처리제로 유기수은제가 소개되었으며, 이러한 처리법은 1960년대에 그들의 독성 때문에 수은을 포함한 모든 화합물이 금지될 때까지 아주 대중적으로 사용되어 왔다. 그 동안 1928년에 Alexander Fleming(그림 1-34)이 항생제 페니실린(penicillin)을 발견하였다. 이 항생제는 사람과 동물에 병을 일으키는 세균에 효과적이었지만 식물의 세균병에는 특별히 효과적이지 않았다. 그 밖에도 사람과 동물의 세균병에 대한 수요가 너무 많았고 항생제가 너무 비쌌기 때문에 적어도 그로부터 20년 동안은 세균성 식물병의 방제에 사용한다는 것은 부적당한 것으로 여겨졌다. 그러나 페니실린은 식물병 방제 연구의 새로운 시대를 열었다. 그러는 동안 1934년에 Tisdale은 처음으로 디치오카바메이트(dithiocarbamate)계 살균제(thiram)를 개발하여 그 뒤 십여 년에 이르는 기간 동안 퍼밤(ferbam)이나 지네브(zineb), 마네브(maneb) 같은 일련의 효과적이고 널리 사용되는 살균제 개발의 선구자가 되었다. 다른 여러 보호살균제도 뒤를 이어 개발되었으며, 1965년에는 최초의 침투성 살균제인 카르복신(carboxin)이 개발되었다. 그리고 곧 뒤이어 베노밀(benomyl) 같은 여러 침투성 살균제가 소개되었다.

세균성 식물병을 방제하기 위하여 항생제, 특히 스트렙토마이신(streptomycin)을 처음으로 사용한 것은 1950년의 일이다. 곧 뒤이어, 액티디온(actidione)이라는 항생제가 여러 식물병원균에 대하여 효과가 있다는 것이 알려졌다. 1967년에는

그림 1-34 Alexander Fleming.

테트라사이클린(tetracycline) 항생제가 몰리큐트에 의한 식물병을 방제하는 효과가 있다는 것이 밝혀졌고, 몇 년 뒤 테트라사이클린은 기주식물의 물관에 살고 있는 물관국재성 세균에 의한 식물병을 방제하는 효과가 있다는 것도 알려졌다.

살세균제와 살균제에 저항성인 병원균 계통의 출현

1954년에는 식물병원세균의 몇 계통(strain)이 특정 항생제에 대하여 저항성을 가지고 있다는 사실이 발견되었으며, 1963년에는 식물병원균류의 일부 계통이 특정 보호살균제에 대하여 저항성이라는 사실도 알려졌다. 그러나 침투성 살균제가 널리 사용되기 시작한 1970년대에 수많은 식물병원균류의 새로운 균주(isolate) 또는 계통(strain)이 예전에는 효과적이었던 살균제에 대하여 저항성을 보이는 것으로 나타났다. 화학물질 저항성 병원체 계통의 출현은 살균제와 살세균제를 이용한 식물병 방제의 새로운 전략개발을 촉진하였다. 이 전략은 살균제들의 혼합사용, 여러 살균제의 교호살포, 병발생 초기의 침투성 살균제 사용과 병발생 후기의 광범위 살균제 사용 등이었다.

화학합성농약에 대한 대중의 관심

화학합성농약이 독성물질이라는 것은 오랫동안 일반적인 상식이었다. 농약(pesticide)이라는 단어는 '식물에 해를 주는 것들을 죽이는 것'이라는 뜻이다. 물론 '식물에 해를 주는 것'이란 말은 세균, 균류, 곤충, 잡초, 설치류 등 식물에 해를 주는 모든 것을 다 일컫는 말이다. 이들 중 어느 것을 대상으로 하는가에 따라 살세균제(bactericide), 살균제(fungicide), 살선충제(nematicide), 살충제(insecticide), 제초제(herbicide) 등으로 부른다.

일반인들은 처음에는 농약이란 그것이 목표로 하는 종류의 병원체나 해충에만 독성이 있는 것으로 받아들였다. 과학자들과 사용자들은 동물과 사람이 우연히 또는 고의적으로 많은 양을 먹지만 않으면 아무런 해가 없는 것으로 확신하는 것 같았다. 그러므로 농약은 식물을 가해하는 병과 곤충을 방제하기 위하여 그리고 동물이나 사람을 가해하는 곤충과 병을 방제하기 위하여 오랜 세월 동안 밭작물, 과수류, 채소류, 고인 물, 그리고 심지어는 동물과 사람에게 직접 뿌리기도 하였다. 해마다 수백 종의 농약이 생산되었으며, 새로운 농약은 대부분 기존의 것보다 독성이 더 강한 것이었다. 즉, 새로운 농약은 기존의 농약보다 훨씬 더 낮은 농도에서도 훨씬 더 빨리 미생물과 식물의 적, 고등동물, 그리고 인간을 죽이거나 심하게 해칠 수 있는 것이었다. 일부 농약은 처리하여 공기 중으로 방출되어 햇빛과 수분 등에 노출되면 바로 무독성 또는 저독성 물질로 분해된다. 그러나 DDT나 염화탄화수소 등은 영구적인 분자들로 되어있어 잘 분해되지 않으며, 여러 해 또는 언제까지나 독성이 있는 채로 남아있다.

농약의 사용을 걱정하는 우려의 목소리는 1950년대부터 나오기 시작하였다. 하지만 식물, 동물, 사람의 병해충을 방제하여 얻는 이득이 너무도 뚜렷하였고 농약의 안전성에 대한 과학자들과 농약회사 관계자들의 확신이 너무도 컸기 때문에 그러한 목소리가 대중들에게까지 들린 적은 거의 없었다. 그러나 Rachel Carson(그림 1-35)이 1962년에 펴낸 『침묵의 봄(Silent Spring)』이라는 책은 독성물질에 의한 환경오염의 위험성을 생생하게 묘사하였으며, 먹이사슬의 결과로 축적되고 농축된 농약 때문에 새와 물고기가 죽어간 몇 가지 사례를 소개하였다. Carson의 책은 극심한 논쟁을 불러 일으켰을 뿐만 아니라 농약의 해로운 점에 대한 경각심도 많이 불러 일으켰다. 많은 과학자가 Carson의 주장에 대하여 처음에는 확신이 없었고 매우 회의적이었다. 그러나 그들 중 상당수가 점진적으로 농약의 안전성 문제에 대하여 연구할 것에 동의하였고, 곤충과 지렁이, 새, 물고기, 식물, 동물, 시냇물, 호수, 그리고 심지어는 농약의 저장소로서의 흙과 지하수에 대해서도 시험을 시작하였다. 많은 과학자마저 놀랄 정도로 농약, 특히 지속성 농약들이 이들의 몸에서 많이 검출되었으며, 때로는 매우 높은 농도로 존재한다는 것이 알려졌다. 그 시대(1960년대 중반)에 자동차와 공장에 의한 대기오염과 산업폐수(화학물질, 핵반응로 부산물)에 의한 땅과 물의 오염 등도 대중의 관심사가 되었

그림 1-35 Rachel Carson.

다. '환경운동'이 점점 더 굳어졌으며, 모든 종류의 환경오염에 대한 관심이 힘을 얻게 되었다.

성분 중에 수은을 포함한 농약들은 1960년대 중반에 미국 정부에 의하여 모두 금지되었으며, 곧 이어서 DDT와 염화탄화수소도 금지되었다. 실험실에서 동물에게 암을 일으키거나 미생물의 변이를 일으키는 농약의 사용을 금지하는 법도 통과되었다. 이미 존재하던 모든 농약이 새로 엄격하게 검토되었으며, 발암원이나 돌연변이 유발원이 발견된 것들은 금지되고 시장에서 철수하였다. 계속 사용이 허가된 농약들은 공시 작물의 범위, 유효량, 시기, 처리 횟수 등이 줄어들었으며, 마지막 처리와 수확기까지의 간격은 반대로 늘어났다. 1980년대 이래로 예전에 사용하였던 농약을 포함하여 약 85~90%의 농약이 미국 정부에 의하여 금지되었거나 생산자가 생산을 중지하였다. 또한, 남아있는 것도 가까운 시일 안에 금지되거나 중지될 것으로 보인다. 반면에 독성이 낮고, 특이성은 더 높은 농약에 대한 욕구는 증가하였다. 농약의 피해를 줄이기 위한 비용도 크게 증가하였다. 농약을 사용하는 사람들과 농약시용, 농약을 취급하는 사람들에게 더 엄격한 규칙이 적용되었는데, 그것은 그들의 안전을 더욱 보장해주기는 하지만 더 많은 비용을 요구하는 것이다. 현재 또는 앞으로 예상되는 농약 부족상태는 대체방제법을 개발하려는 노력을 증가시켰다. 다른 방제법은 아마도 길항미생물을 이용한 방제(생물적 방제), 낡은 경종법의 개선, 그리고 새로운 방법의 개발 등에 의해 이루어질 것이다. 특히 바람직한 것은 고전적인 육종법이나 유전공학적인 방법을 통해서 병 저항성을 작물 품종에 결합시키는 새로운 방제법과 식물의 천연방어를 활성화시키는 무독성화합물을 사용하는 것이다.

식물병의 대체 방제법

농약 잠재독성과 적당하고 효과적인 농약의 지속적 감소 등에 대한 관심은 1970년대 이래 계속 증가해 왔다. 이러한 관심 증가에 따라 낡은 방제법들이 재검토되고 개선되었으며, 새로운 경종법을 개발하였다. 적당한 경종법은 식물 부스러기와 감염된 식물조직을 제거하며, 병원균에 오염되지 않은 종자를 사용하고, 주 병원체에 면역성을 보이는 작물을 이용하여 돌려짓기하며, 휴경, 무경운 또는 저경운, 잡초방제, 적당량과 적당 성분의 비료 투여, 적당한 관개, 파종기와 파종률의 조절, 수확기의 조절, 차단식물대 등을 이용하여 병원균의 매개체가 유입되어 들어오는 것을 막는 것 등을 총망라하는 것이다. 저항성 품종의 이용, 식물병 발생과 진전에 대한 모니터링에 따른 농약 사용의 경감 등 경종법의 변형은 식물병 '종합적 방제'의 기본이 되고 있다.

어떤 토양은 그것이 가지고 있는 미생물 또는 다른 수단들 덕에 토양병원균에 의한 특정병의 발생을 억제한다는 사실이 20세기 초반에 보고되었다. Fleming이 1928년에 *Penicillium* 같은 특정 균류가 다른 균류와 세균의 생장을 저해한다는 사실을 보고한 이래, 식물병리학자들은 식물체가 병원균에 감염되기 전후에 식물체에 처리하여 병원균에 길항작용을 하고, 그에 따라 식물이 감염되지 않도록 보호해 줄 수 있는 비병원성 미생물을 찾기 시작하였다. 병원성 균류와 세균, 선충 등 다양한 병원체에 대하여 길항작용을 하는 수많은 비병원성 미생물이 발견되었는데, 대부분 균류와 세균이었으며, 이들의 일부는 병원체에 의한 감염으로부터 기주식물을 보호해 주는 것이 확인되었다. 1930년대 초반에는 약한 계통의 바이러스를 식물에 접종하면 그것과 같은 종류의 바이러스 중 강한 계통의 감염을 방지하거나 지연시킬 수 있다는 사실(cross protection; 교차보호)이 밝혀졌다. 특정 병원균의 비병원성 또는 저병원성 계통을 식물에 접종하면 그 식물병원균류와 세균을 방제할 수 있다는 사실이 알려진 것은 더 최근의 일이다.

길항미생물을 이용한 식물병의 생물적 방제는 다소 제한된 정도로 실제 사용되고 있다. 생물적 방제는 1963년에 처음으로 시도되었는데, 방금 잘라내고 남은 소나무 그루터기를 비병원성균(*Peniophora gigantea*)의 포자로 접종하여 소나무의 뿌리 및 그루터기 썩음을 일으키는 병원성 *Heterobasidion annosum* 을 효과적으로 방제하였다. 1972년에는 종자나 묘목의 뿌리를 비병원성 세균으로 접종하여 뿌리혹병 세균을 방제하였으며, 담배 모자이크 바이러스를 인위적으로 변이시켜 만들어낸 비병원성 계통을 토마토 유묘에 접종하여 병을 방제하였다. 실험적으로는 포장 식물의 잎이나 뿌리, 저장 중의 과실 등에 병을 일으키는 여러 식물병원균류와 세균, 심지어는 특정 선충에 대해서도 생물학적으로 방제할 수 있다. 그러나 이 방법들을 포장에 적용하였을 때는 대부분 효과가 없다. 교차보호에 의한 바이러스병의 방제는 귤나무의 트리스테자병 방제와 몇 가지 다른 바이러스병의 방제에 이용되고 있다. 1980년대 후반에 발견되었으며 새롭고 희망적인 방식의 바이러스병 생물적 방제는 유전공학적 기법을 이용하여 바이러스의 유전자 하나 내지 여러 개를 식물체로 집어넣고, 그 유전자를 식물체에서 발현시키는 방법을 이용하는 것이다. 이 유전자들은 바이러스에 의한 식물감염을 방지하거나 늦춘다.

또 다른 최근의 방제법은 작은 괴저병반을 일으키는 병원미생물이나 화합물을 이용하여 식물체 전체의 방어기작을 활성화함으로써 그 다음에 침입하는 병원체에 저항성을 유도하는 것인데 이것은 같은 병원체는 물론 다른 병원체 간에도 성공한 바 있는 매우 고무적이며 가능성 있는 방제법이다. 이것은 전신획득(또는 유도)저항성이라고 한다. 1990년대 초반에는 식물방어활성제(plant defense activator)라는 무독성 화합물이 합성되어, 식물에 적용하였을 때 괴저병반을 일으키지 않고서도 병원균에 대한 식물의 전신적 방어기작을 활성화시켰다. 이러한 화합물 중 가장 먼저 만들어진 Actigard는 1996년 상당한 성공과 함께 시장시험에 들어갔다.

병발생 기작에 대한 관심

균류를 포함한 미생물들이 식물병의 결과라기보다는 원인이라는 사실이 명백하게 증명된 이래, 미생물이 병을 일으키는 기작을 밝히기 위하여 많은 노력을 하였다. 1886년에 deBary는 당근과 몇 가지 채소의 균핵병(Sclerotinia rot; 그림 1-36)을 연구하던 중, 균의 균사가 침입하기 전에 기주 세포가 죽으며, 썩은 조직의 즙액은 건전한 기주 조직을 파괴할 수 있다는 사실에 주목하였다. 반면, 썩은 조직의 즙액을 끓인 다음 건전조직에 처리하면 아무 효과도 없었다. deBary는 병원균이 식물세포를 분해하고 죽이는 효소와 독소를 분비하여 그로부터 양분을 얻는 것이라고 결론지었다. 1905년에 L.R. Jones는 여러 채소의 무름병이 일어나는 기작에 세균이 분비하는 세포질분해효소가 포함되어 있다고 보고하였다. 이어 1915년에는 특정 균이 식물에 병을 일으키는 기작으로서 펙틴분해효소의 중요성이 밝혀졌다 (그림 1-37A). 그러나 식물병의 진전에 있어서 셀룰로스분해효소의 역할이 알려진 것은 1940년대에 이르러서의 일이었다.

deBary 이후에 대부분의 식물병, 특히 시들음병과 점무늬병은 병원균이 분비하는 독소에 의한 것이라는 사실을 밝히려고 시도한 사람들은 많았지만 완전히 밝힌 사람은 아무도 없었다. 1925년에 담배 들불병의 병원세균인 *Pseudomonas tabaci* 가 분비한 독소가 바로 세균에 의하여 만들어진 괴저성 점무늬를 둘러싸고 있는, 세균이 없음에도 불구하고 누렇게 변한 부분(둘레무리; halo; 그림 1-37B)을 만드는 원인이라는 제안이 있었지만 그것은 1934년에야 확인되었다. 들불병 독소는 1952년 Wooley 등에 의하여 순수분리되어 처음으로 순수분리된 독소로 기록되었다. 또한, 1947년에 Meehan과 Murphy는 귀리 가운데에서도 주로 빅토리아(Victoria) 및 그 관련 품종들만을 침입하여 마름병을 일으키는 균인 *Helminthosporium* 의 한 종이 victorin이라는 독소를 분비한다는 사실이 밝혀졌다. 이 독소는 반드시 이 균에 감수성인 귀리 품종에만 병징을 일으킬 수 있었다. 그 밖의 여러 균류 및 세균에 의한 독소가 속속 동정되었다. 독소들은 마이토콘드리아, 엽록체, 원형질막, 특정효소, 또는 공변세포 같은 특정 세포의 특정 부분을 자극하는 여러 가지 뚜렷한 기작을 보여 주었다. 또한 독소가 식물세포를 공격하거나 죽이는 기작, 또는 저항성 식물의 세포가 독소를 회피하거나 불활성화 시키는 기작을 규명하기 위한 생화학적 연구도 여러 건 수행되었다.

많은 병에서 감염된 식물체가 생장위축을 보이는 반면, 다른 병에서는 과도한 생장, 암종의 형성, 그리고 그 밖의 다른 비정상적인 생장(그림 1-37C)을 보인다는 사실을 일찍이 관찰했던 많은 연구자가 감염된 식물에서의 생장조절물질 수준 불균형을 의심하였다. E. Kurosawa는 1926년 *Gibberella* 균에 감염된 벼 모의 과도한 생장(그림 1-37D)은 균의 배양액을 살균하여 걸러낸 액을 건전 모에 처리하여도 똑같은 현상이 나타난다는 사실을 입증하였다. 1939년에는 균이 생산한 생장조절물질이 동정되어 지베렐린(gibberellin) 이라는 이름을 얻었다. 1950년대 후반에 이르기까지 여러 식물병원성 균류와 세균이 식물호르몬인 인돌아세트산(indoleacetic acid; IAA)을 만드는 것으로 알려졌다. 1960년대 중반, 완두와 기타 식물의 잎에 혹을 만드는 세균이 사이토키닌(cytokinin)을 분비한다는 것이 밝혀졌으며, 동물로부터 만들어지는 사이토키닌인 카이네틴(kinetin)을 건전한 식물에 처리하여도 똑같은 현상이 나타난다는 사실이 밝혀졌다. 1970년대 후반부터 1980년대까지 여러 식물에서 *Agrobacterium tumefaciens* 가 일으키는 뿌리혹병의 발병기작에 대한 자세한 연구가 이루어졌다.

이 연구들은 세균이 형질전환을 유도하는 자신의 플라스미드(Ti plasmid)에 있는 형질전환DNA(T-DNA)의 특정부분을 식물세포 안으로 집어넣는다는 것을 보여주었다. 이 DNA는 식물세포에 합쳐지고 식물세포에 의해 전사된다. T-DNA는 여러 개의 유전자를 가지고 있는데, 그 중의 하나가 IAA에 대한 유전자이며, 또 하나가 사이토키닌에 대한 것이다. 이 유전자들

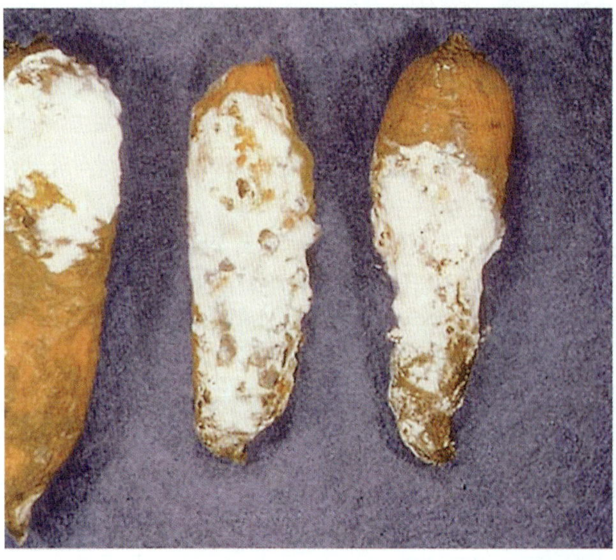

그림 1-36 당근 균핵병.

그림 1-37 병원균이 병을 일으키는데 사용하는 화학무기. (A) 잿빛곰팡이에 감염되어 병원균보다 먼저 펙틴분해효소의 활동이 보이는 사과. (B) 토마토 잎의 병반에 나타난 둘레무리는 병원세균이 생성한 독소의 존재를 보여준다. (C) 뿌리혹 병원세균이 생성한 과도한 양의 생장조절물질로 인하여 형성된 뿌리혹. (D) 병원균에 의한 생장조절물질 지베렐린의 과도한 생성에 따른 벼 묘의 과도한 생장. [사진제공: (B) R.J. McGovern, (C) University of Florida, (D) R.K. Webster, University of California.]

이 식물세포에 의하여 발현되면, 그들이 만들어내는 생장조절물질들이 세포의 무제한적 신장과 분열을 초래한다. 이 두 생장조절물질의 상대적 농도에 따라서 기관분화가 되지 않은 암종(tumor)이 생기거나, 부분적으로 기관분화가 이루어진 작은 혹(teratoma)이 생기거나 털뿌리(hairy root)가 만들어진다.

1950년대 중반부터 약 1980년에 이르기까지 감염이 기주세포의 호흡에 미치는 영향과 식물방어기작 및 저항성, 감염 등에 있어서 호흡률 변화의 역할을 규명하려는 연구가 매우 많이 이루어졌다. 이와 비슷하게, 감염을 촉진하기도 하는 식물세포 효소의 종류와 감염에 따라 축적되는 대사산물의 양과 종류, 그리고 특히, 감염에 따라 만들어지는 페놀화합물과 페놀산화효소의 양과 종류를 밝히려는 연구도 많았다. 이러한 연구들은 감염에 따라 식물세포에 일어나는 여러 생화학적 반응에 대한 정보를 많이 알려주었다. 그러나 식물이 병원체에 대항하여 자신을 방어하는 기작을 완전하게 설명하지는 못하였다.

1970년대 초반 이래로 과민성반응, 즉 저항성 식물이 병원체에 대해 보이는 국부적 방어반응과 관련된 수많은 대사변화를 밝히기 위한 연구도 매우 많이 수행되었다. 과민성반응에서는 식물병발생관련단백질(plant pathogenesis-related protein; 발병관련단백질)이라고 알려진 수많은 효소가 활성화된다. 어떤 발병관련단백질들은 많은 스트레스 반응을 유도할 수 있는 에틸렌의 합성을 유도하며, 어떤 것은 병원체 침입에 따른 식물세포벽의 변형과 강화에 관련된 단백질과 산화효소의 유도를 야기하며, 어떤 것은 파이토알렉신(phytoalexin) 같은 항미생물성 물질을 합성하며, 어떤 것은 자신이 직접 효소로서 병원체의 세포벽을 공격하여 구성물을 분해하거나 단백질분해효소로서 병원체의 특정 효소를 중화한다. 이러한 단백질들에 대한 정보는 식물체가 감염되었을 때 충분한 양의 발병관련단백질을 생성하여 병들지 않는 식물을 유전공학적으로 만들어내기 위하여 사용할 수 있는 매우 중요한 것이다.

저항성과 병원성의 유전에 대한 개념

1894년 Eriksson은 곡류 녹병균인 *Puccinia graminis* 에 형태적으로는 구분할 수 없으나, 기주작물의 종에 대한 병원성이 다른 생물학적 레이스가 여럿 존재한다는 것을 알아내었다. 예를 들면, 어떤 녹병균은 밀에는 병을 일으키지만 귀리나 호밀 같은 곡류에는 병을 일으키지 못한다.

1902년에 H.M. Ward는 괴저성 방어반응을 인식하였으며, 훗날(1915년) E.C. Stakman은 곡류의 녹병에서 그것을 연구하여 '과민성반응(hypersensitive response)'이라고 이름 지었다. Z. Klement와 그의 동료들은 1964년에 과민성반응이 식물병원세균에 대해서도 작용한다는 것을 알아냈다. 1972년에는 비슷한 괴사 또는 과민성반응이 동물에서도 확인되었으며, 아폽토시스(apoptosis=떨어져 나감)라고 명명되었다. 이 연구는 식물과 동물의 방어반응 사이에 공통되는 부분이 많이 존재한다는 사실을 보여주었다.

1905년에 Biffen은 두 품종의 밀과 그들의 자손들이 녹병균에 대하여 멘델의 유전법칙을 따른다고 하였다. 1909년에는 Orton이 목화, 수박, 동부 등의 시들음병(Fusasrium wilt)을 연구하여 병저항성(disease resistance)과 병회피(disease escape) 및 내병성(disease endurance, tolerance) 등을 구분하였다. Barrus는 1911년에 병원체의 종 안에서도 유전적 변이가 있다는 것을 밝혔다. 즉, 한 종의 병원체에 여러 레이스가 있어서 이들은 각각 기주식물의 특정 품종에만 병을 일으킬 수 있다고 하였다. 그로부터 얼마 뒤인 1914년에 Stakman과 동료들은 같은 종에 속하면서 형태적으로는 구분할 수 없는 병원균 레이스도 특정 품종을 공격하는 능력에서는 다르다는 사실을 확립하였다. 이 병원균 레이스들은 일련의 기주 판별품종 내에서 각 품종들을 감염하는 능력에 따라 구분할 수 있다 (그림 1-38). 이러한 발견은 한 지역에서는 저항성인 품종이 왜 다른 지역에서는 감수성이며, 왜 저항성이 해마다 달라지는가 그리고 왜 저항성 품종이 갑자기 감수성으로 바뀌는가 하는 물음에 대한 답을 얻는데 많은 도움을 주었다. 즉, 이러한 현상들은 병원체의 여러 가지 생리적 레이스가 관여하고 있기 때문에 나타나는 것이다. 어떤 경우이든 변화는 병원체의 다른 생리적 레이스가 존재하거나 나타났기 때문이었다.

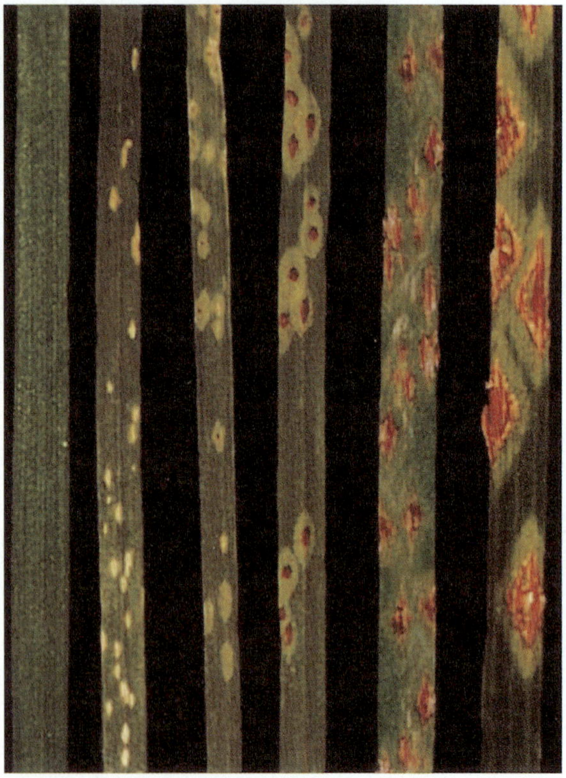

그림 1-38 밀 녹병균의 한 레이스에 대한 밀 품종들 잎의 차별적 반응. 이 시험은 새로운 녹병균 레이스의 출현을 모니터링하기 위하여 사용된다. [사진제공: USDA.]

1946년 Flor(그림 1-39A)가 아마의 녹병을 연구하여 기주에 있는 저항성 유전자 각각에 대응하여 병원체에는 비병원성을 지배하는 유전자들이 있으며, 병원체에 있는 병원성유전자 각각에 대응하여 기주식물에는 감수성 유전자가 존재한다는 사실(유전자 대 유전자 관계; gene-for-gene relationship)을 밝혀낼 때까지 병 저항성과 감수성의 유전에 대해서는 모호한 상태로 남아있었다.

1963년 Vanderplank(그림 1-39B)는 식물체에는 두 종류의 저항성이 있다고 하였는데, 하나(수직저항성)는 적은 수의 '주동유전자(major gene)'에 의하여 조절되며 매우 강하지만 레이스 특이적인 반면, 다른 하나(수평저항성)는 많은 '미동유전자(minor gene)'에 의하여 결정되는 것으로서 병원체 종의 모든 레이스에 대하여 효과적이다. 저항성에 대한 각각의 주유전자 또는 부유전자는 일련의 생화학적 반응의 하나 내지 여러 단계를 대표하는 것이며, 일반적으로 다른 여러 유전자와 연계하여 작동한다. 이 유전자들은 협력하여 식물이 병원체의 생육과 증식, 생존을 저해하거나 억제하여 병의 진전을 막거나 방해하는 특정 세포물질과 구조를 만들어 낼 수 있게 한다. 식물의 방어구조나 물질의 일부는 병원체가 접종되기 전부터 이미 존재하고 있는 것들이지만, 가장 효율적인 방어구조나 물질은 병원체의 공격에 반응하여 만들어진다.

1946년 Gaümann은 여러 기주-병원체 조합에서 식물체는 과민성을 통하여 저항성으로 남는다고 하였다. 즉, 공격받은 세포들은 병원체에 대하여 너무나 감수성이 커서 그들과 그 주위의 세포들이 바로 죽어버리기 때문에 병원체를 고립시키거나 죽게 만든다는 것이다. 1960년대 초반에는 병저항성은 때로는 파이토알렉신에 의하여 나타난다는 설이 제기되었다. 파이토알렉신이란 항미생물성 식물대사물질로서 건전한 식물체에는 존재하지 않거나 또는 검출할 수 없을 정도의 미량으로 존재하지만, 어떤 병적인 자극을 받으면 매우 높은 수준으로 축적되는 것이다.

그림 1-39 (A) H.H. Flor, (B) J.E. Vanderplank.

병원체의 병원성 유전은 앞에서 이야기한 식물체의 저항성 유전과 평행하여 거울의 상을 보는 것과 같다. 어떤 병원체의 병원성유전자, 심지어 비병원성유전자까지도 분리되었으며, 이들 유전자 중 일부의 염기배열뿐만 아니라 산물(효소, 독소, 저해물질, 생장조절물질)들이 다 알려져 있다.

식물병의 역학이 무르익다

식물집단에서의 병발생 증가와 이러한 증가가 환경요인들과 어떤 관련을 가지고 있는지에 관점을 두고 있는 역학적 관찰은 많은 식물병에서 이루어졌다. 그러나 그러한 정보를 식물병 방제와 관련지어 사용하려는 노력은 거의 없었다. Mills는 1944년에 사과나무 검은별무늬병에 대한 연구에서 각 온도에서 비가 지속되는 기간과 항상 존재하는 병원균에 의하여 사과나무 싹, 잎, 그리고 과실이 감염되는 것을 표로 만들어 비교하였다. 그와 동료들은 병이 발생할 것인지 아닌지, 따라서 병을 방제할 것인지(살균제를 뿌릴 것인지) 아닌지를 결정하는 데 이 정보를 사용할 수 있었다.

그러나 1963년 Vanderplank(그림 1-39B)는 『식물병: 병발생과 방제 (Plant Disease: Epidemics and Control)』라는 책을 통하여 역학을 식물병리학의 중요하고도 흥미로운 분야로 확립하였다. Vanderplank는 이 책에서 식물병 역학의 원리와 변이에 대하여 논하였으며, 단주기성 병원체와 다주기성 병원체의 진전과 방제에 대한 차이점을 설명하였고, 역학의 일반적인 구조와 양상에 대하여 기술하였다. 몇 년 뒤, 식물병의 모델링이 소개되어 같은 시간에 여러 장소에서, 여러 환경조건에서 수집한 기주와 병원체 그리고 그들 간의 상호작용에 대한 정보를 분석하여 병의 발생을 예측할 수 있게 되었다. 1969년에는 식물병 역학에 대한 최초의 컴퓨터 시뮬레이션 프로그램이 만들어져 균류에 의한 감자와 토마토의 겹둥근무늬병에 사용되었다. 시뮬레이션 프로그램은 병원체 생활환의 각 단계를 병원체를 자극할 수 있도록 설계된 다양한 환경조건의 기능으로 모델링하여 만들어진 것이다. 1970년대 중반 이래로 병모델링과 전염병의 컴퓨터 시뮬레이션은 새로 개발된 병 모니터링 기구들과 함께 여러 병에 대하여 개발되었으며, 병 예찰에 이용되어 왔다. 병 예찰은 종합적관리(Integrated Pest Management; IPM)에 있어 중요한 요소가 되었으며, 수량 감소 없이 농약의 사용량을 줄이는 데 많은 기여를 해왔다.

오늘날의 식물병리학과 앞으로의 방향

분자식물병리학

1980년 이후 특정 분자를 결정하고 병발생과 관련된 물질들의 유전적 관계 연구분야가 무척 강조되어 왔다. 바이러스와 세균은 크기가 매우 작기 때문에, 그리고 그들에 대한 많은 양의 기초정보가 축적되어 있기 때문에 상대적으로 훨씬 큰 균류나 선충보다 분자생물학적 연구가 훨씬 더 많이 이루어졌다. 이미 많은 바이러스에서 유전자의 전부 또는 대부분의 수, 위치, 크기, 염기배열, 기능 등이 상세하게 알려져 있다. 이 유전자 중 상당수는 바이러스로부터 잘려 나와 저항성 유전자를 가지고 기주식물로 옮겨지거나 또는 세균으로 옮겨져 그들이 지정하는 단백질을 만들어내고 분리되어 연구된다. 특정 발병관련단백질 유전자를 가진 세균이나 균류에서도 비슷한 작업이 이루어진다.

분자식물병리학은 아마도 1935년에 W. Stanley가 담배 모자이크 바이러스를 감염성이라고 믿었던 결정형 단백질로 분리함으로써 시작되었다. 이 단백질에는 적은 양의 RNA가 포함되어 있다는 사실이 2년 뒤에 밝혀졌음에도 불구하고, Gierrer와 Schramm이 담배 모자이크 바이러스가 식물세포를 감염하고 완전한 바이러스 입자를 복제하는 데 있어서 단백질이 아니라 리보핵산이 역할을 하는 것이라고 밝힌 것은 1956년의 일이다. 그 동안 1941년에는 Beadle과 Tatum이 하나의 유전자가 하나의 효소를 암호화한다는 것을 보여주었다. 이듬해인 1942년에는 Flor가 아마 녹병균의 병원성을 지배하는 것은 단일 유전자이며, 이 유전자가 아마의 저항성을 지배하는 단일 유전자에 대응한다(유전자 대 유전자 설; the gene-for-gene concept)는 것을 입증하였다. 1953년 Watson과 Crick은 DNA가 이중나선구조로 존재한다는 사실을 보였는데, 이들의 발견은 생물학의 모든 분야에 대단한 충격을 주었다. 1960년대 중반에는 같은 식물바이러스를 가지고 연구하여 특정 아미노산을 지정하고 있는 DNA 또는 RNA의 3염기쌍에 따라 전체 유전암호가 완전히 밝혀졌다. 곧 이어 1970년대와 1980년대에 담배 모자이크 바이러스와 기타 바이러스의 유전자 일부 또는 전부가 기재되었다.

1970년대 중반에 이르기까지, *A. tumefaciens*에 대한 연구 결과, 이 세균의 Ti 플라스미드의 T-DNA가 여러 개의 유전자를 가지고 있으며, 그 중 생장조절물질을 지정하는 2개의 유전자가 감염된 식물에서의 암종(혹) 형성과 관련이 있다는 것이 드러났다. 이 두 유전자는 쉽게 빼낼 수 있으며, 식물이나 다른 세균, 바이러스, 그리고 심지어는 동물의 하나 또는 그 이상의 유전자로 대체할 수 있다는 사실이 밝혀진 것은 나중의 일이다. 대체되어 들어간 유전자는 식물세포에 의하여 발현될 수 있다. 이 발견은 다른 생물의 유전자를 원하는 대로 식물에 집어넣을 수 있으며, 조직배양과 연결지어 단일 세포로부터 전체 식물을 만들어 낼 수 있게 하여 식물 유전공학의 시대로 이끌었다. 곧 이어, 바이러스를 매개체로 사용하는 방법, 다른 세포의 DNA를 식물세포에 쏘는 방법, 다른 세포의 DNA가 존재하는 배지에서 식물세포를 키우는 방법 등 몇 가지 방법으로 다른 세포의 DNA를 식물세포로 집어넣을 수 있음이 밝혀졌다. 외피단백질이나 다른 구조 또는 비구조 단백질을 지정하는 부분과 아무 것도 지정하지 않는 부분을 포함하는 여러 바이러스의 유전자가 유전공학적 방법으로 식물세포 안으로 집어넣었으며, 이 식물세포들 중 많은 수가 그 바이러스에 대하여 다소간에 저항성인 식물체로 분화되었다. 또한, 병원체의 세포벽을 부수는 효소를 지정하고 있는 특정 세균과 균류의 유전자도 유전공학적으로 식물세포로 옮겨져서, 식물에 이러한 병원체에 대하여 저항성을 제공하였다.

1984년에는 P. Albersheim과 그의 동료들이 난균인 *Phytophthora megasperma*의 세포벽에 존재하면서 기주인 콩의 방어반응을 일으키는 분자를 동정하였다. Elicitor는 식물 세포벽의 수용체분자와 반응하여 이러한 임무를 완수한다는 것이 나중에 밝혀졌다. 같은 해에 B. J. Staskawicz와 동료들에 의해서 세균인 *Pseudomonas syringae* pv. *glycinea* 로부터 최초의 비병원성유전자가 분리되었다. 이 두 가지 발견은 병원체의 병원성과 식물병 저항성에 대한 우리의 이해를 대폭 개선할 수 있는 연구가 시작될 수 있는 기폭제가 되었다. 1986년에 세균의 과민성반응 단백질(hrp) 유전자가 발견되었다. 처음에는 hrp 유전자가 세균의 병원성과 과민성반응이 일어나는 데 필요한 것으로 생각되었다. 지금은 이들이 병원성 세균의 단백질 이동과 또한 식물세포로의 세균 이동에도 영향을 미치는 것으로 알려져 있다.

병 저항성을 개선하는 분자식물병리학의 첫 번째 실용적 결과는 1986년 R. Beachy와 그 동료들이 담배를 형질전환하여 담배 모자이크 바이러스(tobacco mosaic virus; TMV)에 저항성인 담배를 얻은 것이다. 즉, 담배가 유전자를 발현하여 바이러스의 단백질을 생산할 수 있는 방법으로 담배에 바이러스의 외피단백질 유전자를 집어넣었다. 그 형질전환식물체는 형질전환체라고 부르며, 그 식물체가 획득한 저항성은 병원체유래 저항성이라고 부른다. 1989년에는 M.B. Dickman과 P.E. Kolattukudi 가 정상적인 상태에서는 상처로만 기주침입할 수 있던 균을 큐틴분해효소를 암호화하는 유전자 클론을 이용하여 형질전환하였다. 이 효소는 균으로 하여금 큐티클을 통해 기주로 직접 침입할 수 있게 하였으며, 그에 따라 어떤 식물에 균류가 직접 침입할 때 큐틴분해효소가 역할을 한다는 것을 알려주었다. 2년 뒤인 1991년에는 R. Broglie와 공동연구자들이 카이틴분해효소를 암호화하는 유전자로 형질전환한 식물체에서 세포벽에 카이틴을 가지고 있는 균류가 일으키는 병에 대한 저항성이 향상되었다는 것을 보여주었다. 그 전인 1990년에는 R. Cheim과 동료들이 파이토알렉신(phytoalexin)을 합성하는 효소인 stilbene 합성효소 유전자로 형질전환하여 병 저항성이 증가한 형질전환 담배를 만들었다.

분자식물병리학에서의 발견은 1990년대에 빨라지고 맹렬해졌다. 전신획득저항성(systemic acquired resistance; SAR)에 대한 개념은 D.F. Klessig와 동료들, 그리고 J. Ryals와 공동연구자들이 아스피린(aspirin) 유사물질인 살리실산(salicylic acid)이 SAR과 관련이 있다는 것을 밝히면서 전면으로 부상하게 되었다. 균류의 비병원성유전자로는 최초인 avr9은 P.J.G.M. De Wit가 *Cladosporium fulvum* 으로부터 분리한 반면, 최초의 식물 저항성 유전자인 Hm-1은 S.P. Briggs 와 J.D. Walton이 옥수수로부터 분리하였다. Briggs와 Walton은 Hm-1이 병원체인 *Cochliobolus carbonum* 의 기주선택적 독소를 해독할 수 있는 단백질을 만들도록 작용한다는 것도 입증하였다. 과민성반응을 통해 세균에 저항성을 보이는 토마토의 유일한 저항성 유전자는 1993년에 G.B. Martin과 동료들에 의하여 분리되었다. 그 뒤 여러 해 동안 많은 식물로부터 수십 개의 식물병 저항성 유전자들이 분리되었다. 이 유전자들은 모두 암호화하는 단백질에 루신이 많은 반복구조(leucine-rich repeat)를 가지고 있었다. B. Baker와 공동연구자들이 담배 모자이크 바이러스에 저항성을 보이도록 하는 담배의 식물병 저항성 유전자 N으로 형질전환한 토마토에서도 바이러스 저항성을 보임으로써, 적어도 일부 저항성 유전자는 그들이 원래 존재하던 식물 이외의 다른 식물 종에서도 작용할 수 있다는 것을 증명하였다. 더욱이 1998년에 V.M. Williamson 과 동료들은 단클론된 토마토의 병 저항성 유전자가 선충과 곤충에 대해서도 저항성을 부여한다는 것을 입증하였다. 이 기간 동안 T. Shiraishi 등은 1992년에 식물병원체가 기주식물의 방어반응을 적극적으로 억제하는 단백질을 생산한다는 것도 보여 주었다. 또한, 일부 병원체의 비병원성 단백질은 이 단백질이 십중팔구 세균의 hrp 단백질계를 통해서 식물세포에 들어가게 할 뿐만 아니라 식물의 핵 안으로 이동하고 작용할 수 있도록 하는 신호를 가지고 있다.

병원체에 대한 새로운 방어방법은 식물, 균류, 동물을 포함하여 많은 생물이 'RNA발현억제(RNA silencing)'를 할 수 있다는 사실 즉, 특이염기서열의 RNA를 표적으로 삼고 분해함으로써 유전자를 조절할 수 있다는 사실이 밝혀지면서 겉으로 드러나게 되었다. 식물에서는 RNA 발현억제가 바이러스 감염에 대한 방어로 작용하는 것으로 알려져 왔다. 그러나 예상대로 많은 식물 바이러스가 식물이 자신의 RNA를 발현억제시키는 것을 억제하는 단백질을 암호화하는 유전자를 가지고 있다. RNA silencing은 단일 특정 유전자 또는 관련 유전자군을 표적으로 하여 실험적으로 유도할 수 있다. RNA 발현억제 유전자는 식물의 저항성을 만드는 데 있어 곧 중요한 역할을 할 것으로 믿어진다.

분자식물병리학의 발전은 또한 매우 낮은 농도로 존재하거나 매우 비슷한 병원체들과 섞여있는 병원체까지도 찾아내고 동정할 수 있는 새로운 진단도구와 기술을 만들어 내었다. 단클론 항체, 병원균의 동위효소 또는 지방산 분석, 특정 효소에 의한 핵산절편 분석, 핵산의 교잡률 산정, 그리고 핵산의 뉴클레오타이드 서열 분석 등이 새로 고안된 방법과 도구들이다. 1980년대 중반 이후, 미생물 핵산의 특정 조각과 상보적인 DNA 프로브를 방사성 동위원소로 표지하거나 발광물질로 표지하여 식물병원체의 검출과 동정에 광범위하게 사용하고 있다. 수많은 기법이 개발되었으며 대개 그 기법은 약자로 불린다. 그들 중 일부는 하나 또는 그 이상의 병원체를 진단하기에 더 적당하다. 적어도 일부 병원체에 대해서는 다른 종을 판별하도록 선발된 임의염기서열을 이용하는 PCR이 이들 각각을 검출하고 동정하는 데 효과적일 수 있다. 다른 시험에서는 rDNA의 ITS(internal transcribed spacer) 지역의 염기서열 조각에 대한 PCR이 사용되며, 균류 DNA의 다른 유전자나 spacer에 대한 PCR이 수행된다. 산물은 제한효소로 분해되고 젤전기영동에 의해 구분되며, 임의분절다형성(random fragment length polymorphism; RFLP) 판별을 통한 검출이나 선발된 RAPD 마커(marker)의 PCR을 이용한 역 dot blot 교잡(reverse dot blot hybridization)에서의 PCR과 DNA 교잡의 복합사용 등에 의해 판별한다. 역전사 PCR(reverse transcription PCR; RT-PCR) 또는 면역 RT-PCR(immunocapture RT-PCR; IC/RT-PCR), 직접결합 PCR(direct binding PCR; DB-PCR), 그리고 PCR과 면역효소항체법(enzyme-linked immunosorbent assay; ELISA)을 결합한 방법이 특히 바이러스에 대해서 성공적으로 자주 사용된다.

앞으로 여러 배의 배당금을 안겨줄 분자식물병리학의 영역은 유전체학의 그것 즉, 식물과 병원체의 전체 유전자 염기서열을 분석하는 것이다. 실험식물인 *Arabidopsis thalliana*, 몇몇 식물 바이러스와 바이로이드, 식물병원세균 *Ralstonia solanacearum* 과 *Xylella fastidosa*, 백색부후균 *Phanerochaete chrysosporium*, 모델 선충 *Caenorhabditis elegans* 의 전체 유전자 염기서열이 이미 완전히 분석되었다.

벼 도열병을 일으키며 매우 파괴력이 높은 식물병원균 *Magnaporthe grisea*, 옥수수 깜부기병을 일으키는 *Ustilago maydis*, 옥수수의 또 다른 병원균인 *Cochliobolus heterostrophus*, 많은 과실과 채소의 잿빛곰팡이병을 일으키는 *Botrytis cinerea*, 밀의 붉은곰팡이병을 일으키는 *Fusarium graminearum*, 감자 역병과 다른 많은 작물의 병원균인 *Phytophthora infestans*의 전체 유전자 염기서열분석도 이미 상당한 진척을 보이고 있다. 일단 유전자 염기서열이 분석되면 병원체에 있는 병원성유전자와 기주식물에 있는 저항성 유전자를 자리매기고, 동정하고, 비교하고, 분리하고 다루는 것뿐만 아니라 이 유전자들을 가장 효율적일 수 있는 식물 유전자의 특정 위치에 집어넣고 다루기가 더 쉬워질 것이다.

식물병리학의 분자학적 위상은 훨씬 더 발전하고, 지금은 상상하기 힘든 방향으로 공헌할 것으로 기대된다. 분자식물병리학이 매우 크게 기여하며, 막대한 이익을 만들어 줄 것으로 기대되는 분야의 하나가 한 식물의 저항성 유전자를 찾아내고, 동정하고, 분리하고, 변형하며, 옮기고, 다른 식물에서 발현시키는 것이다. 그러한 저항성 유전자 몇 개는 이미 동정되고, 분리되어, 감수성 식물로 옮겨졌으며, 발현되었을 때 식물체를 저항성으로 만들었다. 분자식물병리학이 저항성 유전자를 변형하고 묶을 수 있다는 가능성은 관련이 없는 식물이나 다른 생물체의 저항성 유전자를 미래에 사용할 수 있으며, 심지어는 작물에 집어넣을 저항성 유전자를 인공적으로 만들 수 있도록 할 수도 있을 것이다. 그러나 분자식물병리학이 병에 저항성인 품종을 만들어 내어 병원체가 존재하여도 농약을 사용하지 않고 병을 방제할 수 있는 혁명을 이루기 전에는 그들의 실제적인 의미를 과대평가하지 말아야 한다.

응용식물병리학의 양상

해설 12 식물생명공학 – 희망과 반대

식물생명공학은 조직배양과 유전공학기법을 사용하여 새롭거나 바람직하게 개선된 특성을 가진 유전적으로 변형된 식물을 만들어내는 것이라고 정의할 수 있다. 바람직한 특성이란 다른 것들 중에서도 더 나은 산출량, 더 나은 품질, 그리고 병, 해로운 생물, 그리고 동결, 가뭄, 염농도 같은 환경조건을 포함하는 부적당한 요인들에 대한 더 큰 저항성을 일컫는다. 또한, 식물생명공학은 미생물이나 동물, 사람의 유전자가 암호화하는 유용한 단백질을 식물에서 생산하는 것을 가능케 한다. 식물생명공학은 적어도 시도되는 식물 종류에 있어서는 이러한 목표 모두가 달성 가능하다는 것을 보여 왔다. 전 세계에서 대학과 산업체의 과학자들에 의해 유전적으로 변형되었고 배포된 작물, 조경 식물, 그리고 산림 식물들의 수는 수천이며 계속 증가하고 있다. 식물생명공학이 특정 식물병원체를 배제하거나 저항하는 작물 생산에 성공적으로 사용된 경우는 많다. 일부 식물은 어떤 병원체에 대하여 저항성을 보이는 특정 유전자를 분리한 것으로 유전적 공정을 거쳐(형질전환되어) 그 병원체에 대하여 저항성이 되었다. 형질전환된 식물은 병원체의 구조 화합물을 분해하는 것 같은 다양한 방어기작을 수행하는 효소를 활성화하는 효소를 암호화하는 것에 따라 저항성이 된다. 여러 효소는 식물체 내에서 독성이 있거나 아니면 병원체의 생장과 식물체 내와 식물체 간의 전파를 저해하는 화합물을 생산한다. 다른 식물은 병원체의 외피단백질에 대한 항체(식물항체; plantibody)를 암호화하는 동물(쥐) 유전자로 형질전환되었다. 유전공학은 바이러스에 저항성인 식물을 생산하는 데 특히 효과적인데, 바이러스의 외피단백질이나 변형된 운반단백질을 암호화하는 바이러스의 유전자를 식물 유전자에 끼워 넣거나, 바이러스 핵산의 비암호화 조각, 심지어는 정보가 없는 가닥(nonsense strand)의 조각을 식물에 끼워 넣는다. 이러한 식물체의 많은 수가 포장에서 수행한 저항성 시험 결과 우수한 성적을 얻었다.

성공적인 병 저항성식물 유전공학의 실제적인 예는 멜론, 호박, 토마토, 담배, 파파야나무로서 여러 바이러스병으로부터 자신을 보호한다. 파파야나무 가락지무늬 바이러스(papaya ringspot virus)에 저항성인 유전공학 파파야의 성공은 파파야나무를 미국 하와이주와 극동지역의 작물로 살아남게 하였다 (그림 1-40). 수많은 다른 경우가 아직 진행 중이다. 예를 들면 두 종의 바이러스(순무 모자이크 바이러스와 토마토 점무늬시들음 바이러스) 염기서열을 가진 키메라 전환유전자(chimeric transgene)로 전환시킨 새로운 담배는 두 바이러스 모두에 대해 저항성을 가졌다. 이와 비슷하게, 매우 파괴적인 제미니바이러스 중 하나의 DNA replicase를 암호화하는 유전자를 자른 이형(truncated version)으로 전환한 토마토는 이 전환유전자의 근원 바이러스는 물론 다른 세 가지 종의 바이러스에 대해서도 저항성을 보였다. 다른 연구에서는 항미생물성을 보이는 두 종의 곤충 단백질을 암호화하고 있는 키메라 유전자로 전환한 감자는 역병을 일으키는 난균류에 대해 눈에 띄는 저항성을 보였으며, 그들의 괴경은 저장 중에 무름병을 일으키는 세균의 감염으로부터 보호되었다. 일반적인 식물 polygalacturonase 억제단백질(polygalacturonaseinhibiting protein; PGIP)을 암호화하는 유전자로 나무딸기를 전환한 다른 연구에서는 다른 식물에서와는 달리 나무딸기의 전환유전자가 오직 미성숙한 녹색열매에서만 발현되었음에도 불구하고 잿빛곰팡이병균 *Botrytis cinerea*에 저항성이 되었다.

분자생물학과 생물공학은 병 저항성 전환식물로 우리를 도울 뿐만 아니라 식물의 외부에 처리하였을 때 식물을 자극하고 그들의 천연방어기작을 활성화시키는 즉, 국부방어기작(과민성반응)과 전신획득저항성

그림 1-40 생물공학에 의한 병 저항성의 향상. 파파야 가락지무늬 바이러스(PRSV)에 감수성인 'Sunrise' 파파야나무가 유전적으로 비슷하지만 PRSV 저항성으로 형질전환한 'Rainbow' 파파야나무의 주변에서 자람을 비교하라. 'Sunrise'와 형질전환한 'Rainbow'는 PRSV에 자연감염되었다. 'Sunrise(왼쪽)'와 형질전환 'Rainbow(오른쪽)'를 옮겨 심고 9개월(A), 18개월(B), 그리고 23개월(C) 뒤의 모습. (D) 이식 28개월 뒤의 'Rainbow'구의 항공사진. 이 때, 'Rainbow'를 둘러싸고 있는 'Sunrise'는 바이러스에 의하여 거의 완전히 파괴된 반면, 형질전환한 'Rainbow'는 바이러스 없이 남아 건전하게 보이며 우수한 산물을 생산하였다. [사진제공: Ferreira (2002). *Plant Dis.* **86**, 101-105.]

(SAR)을 활성화시키는 무독성 화학물질의 개발과 사용을 가능하게 해왔다. 효과적인 것으로 증명되었고 상업적으로 사용되고 있는 그러한 화합물 두 종은 한 번 처리하면 몇 주 동안 일부 세균병과 일부 균류병에 대한 식물의 저항성을 증진하는 Actigard 와 식물의 과민성반응과 SAR을 일으키는 harpin 단백질을 암호화하는 불마름병세균 유전자로부터 만들어낸 Messenger 이다. 식물생장도 촉진하는 Messenger 는 딸기, 토마토, 목화 등 여러 작물의 다양한 병에 효과를 나타낸다. 병 저항성이나 다른 어떤 특성을 위해서든 식물을 전환할 때 다른 식물, 드물게는 동물이나 병원체의 유전물질을 첨가하여 그들의 핵산을 변환하는 것이 필수적이다. 어떤 경우에는 이 핵산이 활동적이거나 점점 활성화하여 식물체 안에서 병원체나 해로운 생물들, 가능성으로는 사람에까지 독성을 보이는 물질을 생산한다. 더욱이 이 핵산 중 일부는 타가수정이나 미생물에 의한 이동으로 잡초나 다른 야생식물로 들어가 이 식물들도 역시 병원체나 해로운 생물에 저항성이도록 변화시킬 수도 있다. 여러 종의 식물이 특정 곤충에 대한 독소를 만들도록; 사람의 특정 병원체에 대한 백신을 만들도록; 동물이나 사람의 생장호르몬을 만들도록; 또는 사람과 동물의 병을 치료하는 데 사용할 수 있는 약리화합물을 만들도록 전환되었다. 이러한 생산물의 일부 또는 전부가 사람들의 음식이나 동물의 먹이사슬에 섞여 들어와 알러지와 기타 건강에 해로운 영향을 미칠 것이라는 일부 사람들의 경계심은 이러한 생산물과 생물공학에 대해 매우 좋지 않은 평판을 초래하였다. 차례대로, 이러한 유형의 평판은 많은 대량구매자가 유전자변형생물(genetically modified organism; GMO)이 만든 생산물을 구매하거나 사용하는 것을 거절하도록 이끌었다. 부정적인 평판에 따라 여러 정부, 특히 유럽에서는 법안을 통과시키고 유전자변형생물의 생산물 수입

계속

에 장벽을 쌓았다.

유전공학을 통하여 일부 사람들에게 과민반응을 일으키는 새로운 단백질을 작물에 집어넣는 것에 대한 논란 이외에도, 생물공학이 예전에는 모든 사람에게 허용되었고 무료였던 유전물질을 소유하고 특허를 가지며 독점하고 있으며; 또 지속성 있는 수많은 지방품종을 몇 종의 유전공학식물로 대체하여 농민들이 해마다 큰 회사로부터 종자를 구입해야만 하고; 형질전환저항성작물에 저항성을 보이거나 극복할 수 있는 병해충이 발달할 위험성이 있으며; 잡초는 아직 감수성인 반면 제초제 저항성 작물에는 더 많은 제초제 사용을 초래한다는 위험성; 단백질에 의해 부정적 영향을 받을 비표적생물의 수를 알 수 없다는 위험성; 그런 새로운 유전자가 자연적으로 비표적 식물로 전이되고 해롭든 아니든 그들의 단백질을 그에 익숙하지 않은 미생물과 동물, 사람이 소비함에 따라 식물균형을 교란하고 그에 따라 환경의 전체 생물균형이 교란될 위험성; 약리물질이나 백신, 기타 등의 생산용으로 형질전환한 작물이 식용작물과 섞이는 사고가 발생할 위험성; 때문에 생물공학에 대한 논란은 지속되고 있다.

해설 13 식품안전성

최근 몇 년 동안 식품안전성은 예를 들면 *Salmonella*, *Listeria*, *Escherichia coli* strain O157:h17 등의 세균과 *Cyclospora*, *Cryptosporidium*, *Giardia* 등의 원생동물, 그리고 A형간염바이러스 등 사람에게 병원성인 식품유래 미생물이 다양한 경로로 우리의 식품을 접촉하고 오염시키는 수많은 사건과 발전에 위협받아 왔다. 이러한 사건은 다음과 같다. (a) 때로 심각한 양의 식품부패세균과 균독소생산균류를 가지고 있는 생산물을 포함하기도 하는 신선한 식물생산물 가공(예를 들면 과일주스, 과일이나 야채 퓨레, 양배추샐러드, 대량포장이나 비닐봉투 속의 샐러드용 과일과 야채 조각) 증가; (b) 가공산물에 사람의 병원체가 살아있도록 하는 부적당한 식품가공과정; (c) 병원성 미생물의 발전을 조장하는 긴 식품저장기간; (d) 과수원이나 채소밭에 후숙이 덜 되었거나 부실하게 처리되어 사람 병원체를 포함하고 있는 분뇨비료 시용; (e) 사람과 동물이 흘려보낸 폐수로 오염되어 앞에서 언급한 하나 이상의 사람 병원체를 가지고 있는 관개수의 사용; (f) 화장실을 사용한 수확자, 운반자, 포장자의 부적절한 위생처리로 인한 과일과 채소의 사람 병원체 오염; (g) 몸에 사람의 병원체를 가지고 있는 애완동물, 가축, 야생동물의 존재와 과실 및 채소에의 배설. 여기에 국내 및 전 세계적으로 여러 지점 사이에 식품의 선적이 끊임없이 증가하여 식품생산물의 국지적 오염의 영향이 대단히 증폭되고 확장되게 하는 사실을 추가해야 한다.

식품안전성에 대한 두려움의 주된 영향 중 하나는 경제적인 것이다. 식품안전성을 보장하는 데 필요한 모든 수단을 취하는 것은 많은 비용이 들 뿐만 아니라 목적지로 선적하는 순간에 반려될 때의 비용과 그에 대한 두려움도 있다. 이와 비슷하게, 구매자의 식품안전성기준에 미달하는 농장의 생산물은 구매자가 사지 않을 가능성도 있다. 미국 등 선진국에서는 자신들의 방앗간, 가공공장, 또는 연쇄점을 위하여 구매하는 대형식품구매자들 중 많은 수가 농장이 사용하고 있는 분뇨비료의 종류, 관수에 사용하는 수질, 일꾼과 식물 취급자의 건강과 위생 등에 필요한 모든 예방책을 갖춘 농장의 고용을 고려하여 특별하게 훈련되어 인증 받은 사람이나 자문회사에 의한 농장의 제3자 평가를 요구한다. 또한 오염된 생산물을 제공하였다는 변명할 수 없는 비난을 피하기 위하여 농민들은 적절한 추적체계를 가지도록 기대되거나 곧 기대될 것이다. 이것은 농장을 떠나는 모든 생산물의 기원과 포장날짜를 확인하는 것으로부터 시작되며, 만일 매장에서 생산물에 오염이 발견되면 근원을 찾고 적절한 수단을 강구하기 쉬워진다. 또한, 농장일꾼들 사이의 병발생은 물론 일꾼들의 훈련기간, 수질검사결과기록, 구비처리 상세내역, 만일 있다면 관수 날짜, 방법, 빈도, 그리고 기타 등등 식품안전기록을 보관하는 것이 필수적이게 될 것이다. 대량구매자는 오염된 생산물을 사는 것으로부터 자신을 보호하기 위하여, 예를 들면 자연적으로 오염된 식품 25그램 당 *Salmonella* 세포 3개만 있어도 쉽게 검출해 낼 수 있는 혈청학적 및 분자기반 진단기법으로 검정하거나 검정받은 생산물을 사야 한다.

앞에서 언급한 병원체의 식품오염유형 이외에 사람과 동물은 물론 식물에 사용하는 스트렙토마이신과 테트라사이클린 같은 항생제에 저항성을 보이는 병원성 미생물에 의한 오염; *Bacillus thuringiensis* 독소같이 곤충에 독성이 있는 화합물 유전자, 기타 사람 병원체에 대한 항생제 유전자, 또는 대개 식물이 곤충, 병, 제초제에 저항성이도록 만드는 단백질과 페놀화합물의 생산을 통하여 식물방어기작을 활성화하는 유전자, 사람 병원체에 대한 식용 또는 전달되는 인체용 백신과 식물항체(plantibody) 유전자, 어떤 사람에게는 과민반응유발원(allergenic)인 무관한 단백질 유전자, 그리고 심지어는 플라스틱을 생산하는 유전자를 가진 유전공학식물이 식품에 존재할 가능성의 추가위험도 있다. 인구의 일부, 특히 선진국에서는 이 유전자들 중 일부가 담배 같이 비식용식물로 도입되었음에도 불구하고 그러한 유전자를 가진 식물이 의도적으로 또는 예기치 않게 식품과 사료에 섞이게 되고 동물과 사람의 건강에 좋지 않은 영향을 미칠 것이라는 두려움을 가지고 있다. 많은 생산물을 대량으로 배급하는 사람이나 도매회사, 식품 가공업자들은 유전자변형(GMO) 식물이나 동물의 생산물은 간단히 구매를 거부한다. 또한, 분자기반 진단시험은 존재하지 않을 것으로 장담된 도입유전자를 검출할 수 있도록 발전되었다.

2001년 9월 뉴욕과 워싱턴에서 있었던 테러리스트들의 무시무시한 공격과, 그들이 존재하는 곳 어디서나 그에 이은 대테러리스트 선전포고 이래로 테러리스트에 의한 고의적인 식품오염에 대한 두려움이 추가되었다. 오염은 이미 언급하였거나 예를 들면 탄저병을 일으키는 세균 같은 기타, 또는 독성물질을 만드는 인체병원성 미생물에 의해 일어난다. 생산물은 생산물이 아직도 포장에 있는 동안, 운반도중, 또는 청과물상회에서도 오염될 수 있다. 마실 물이나 과수와 채소에 관개하는 물이 테러리스트들에 의해 고의적으로 병원미생물이나 독성물질로 오염되어 식품배급 체제를 통해 사람에게 전달될 두려움도 있다. 이 주제는 다음 장에서 더 논의하기로 한다.

해설 14 생물테러, 농업테러, 생물전 등. 누가, 무엇을, 그리고 왜?

생물테러는 여기서 막연히 생물체, 주로 사람을 감염하여 병을 일으키고 그에 따라 모든 사람에게 두려움과 공포심을 심어주는 병원성 미생물을 사용하고, 또 사용하려는 위협을 하는 것이라고 규정한다. 생물전은 대개 적군을 향하며 그 목적이 적군의 병사를 무능력하게 하거나 죽이는 것인 반면, 생물테러의 목표는 시민대중을 두렵게 하고 공포에 떨게 한다는 면에서 사상자 수에 관계없이 생물테러와 생물선은 다르다. 가장 생생한 생물테러의 예는 2001년 가을에 일어났으며, 뉴욕과 워싱턴의 정치권과 텔레비전 뉴스미디어의 다양한 직책의 사람들이 심하고 자주 치명적인 탄저병의 원인세균인 *Bacillus anthracis* 의 포자가 담긴 봉투를 우편으로 받은 것이다. 그 때는 탄저병 생물테러의 범죄자 또는 다른 사람이 농장이나 가게의 채소나 우유, 고기 등을 사람에게 병원성이 있는 미생물로 오염시켜 그러한 생산물을 사지 못하게 구매자들을 겁주거나 (농업테러), 곡류, 서류, 옥수수 같이 다양한 정도로 감염하고 파괴할 수 있는 특정 작물에 선발한 식물병원성 미생물을 퍼뜨려서 참담한 피해를 일으키고 그로 인해 사람들의 공포심을 더 증가시키는 등 생물테러를 다른 형태로 쉽게 확장할 것이 분명해 보였다. 생물전은 수십 년간 거론되어 왔으며, 많은 강대국이 전쟁에 간다면 적군의 병사에게 사용할 가능성 때문에 탄저병 세균 같은 병원미생물을 생산하고 저장해 왔다. 그러나 동시에 여러 국가가 예를 들면 벼, 감자, 밀, 두류 등 특정 국가의 중요한 식량작물을 감염하고 파괴하여 식량유효성에 영향을 미치고, 그에 따라 사람들의 생존, 또는 적어도 전쟁을 연장하고 싸우고자 하는 의지에 영향을 미칠 수 있는 미생물을 시험하고 저장해 왔다. 이러한 형태의 농업생물전은 벼 도열병을 일으키는 *Magnaporthe grisea*, 감자 역병을 일으키는 난균 *Phytophthora infestans*, 밀과 기타 화곡류에 녹병을 일으키는 *Puccinia graminis* 등 주요 작물의 주요 병에 대해서 맴돌아왔다.

각 지역의 작물 특성화와 그러한 작물의 병에 대한 우리의 지식이 향상됨에 따라 그러한 지역이나 나라는 농업테러나 농업활동방해에 매우 취약해진다는 사실이 점점 뚜렷해지고 있다. 바나나나무, 귤나무, 커피나무, 그리고 카카오나무 같이 상대적으로 작은 면적에서 자란다 하여도 그 나라의 주된 수출품목이며 주된 외화획득원이라면 이러한 일이 일어난다. 그런 작물을 재배하는 각 지역마다 다른 지역에는 그 작물의 병원체가 존재하여 만일 그것이 유입된다면 앞으로 몇 년간 또는 어쩌면 영원히 그 작물을 파괴할 수 있다. 그렇게 닮았고 유전적으로 균일하며 다년생작물에 사용하는 병원체는 곤충이 매개하는 세균, 파이토플라스마, 바이러스 등이다. 이러한 병원체들은 세균이나 바이러스를 옮기는 매개충 몇 마리가 십식하고 식물 중 일부를 감염하여 그 해 또는 이듬해에 증식하고 꾸준히 지역을 확장하며, 그들이 옮기는 병원체를 더 많은 식물로 퍼뜨린다.

전문직으로서의 식물병리학의 세계적 발전

앞에서 언급한 것처럼, 식물병리학은 1800년대 중, 후반 유럽의 식물학자, 박물학자, 내과의사의 연구와 식물병리학적 관찰에 그 뿌리를 두고 있다. 곧 이어 식물병리학적 활동무대는 주로 미국으로 이동하였으며, 그 곳에서 오늘날까지 높은 수준을 유지하여 왔다.

미국에서는 식물병리학자로 자수성가한 초기의 학생들은 주립농업시험장(state agricultural experiment station)과 연방정부 농무성(Department of Agriculture) 등에 식물병리학자로 고용되었으며, 또한 대학에 자리를 잡고 식물병리학을 가르쳤다. 네덜란드의 식물병리학자들은 1891년 네덜란드식물병리학회를 결성하였으며, 1895년부터 Netherlands Journal of Plant Pathology라는 학회지를 발간하였다. 1908년에는 미국의 식물병리학자들이 미국식물병리학회(American Phytopathological Society; APS)를 조직하였고, 그들 역시 연구결과를 발표하고 다른 이들의 연구에 대하여 정보를 얻을 수 있는 식물병리학회지를 발간할 것을 결정하였다. Phytopathology 라는 학회지는 식물병리학 분야의 국제학회지로서 1911년부터 발간되기 시작하였다. 일본식물병리학회는 1916년에 설립되었으며, 1918년부터 학회지를 발간하였다. 그 후 수십 년 동안 캐나다(1930년), 인도(1947년) 등 여러 나라에서 식물병리학자들이 모임을 결성하였으며, 식물병리학술지를 발간하였다. 20세기 후반에는 거의 50개국 이상에서 전문가 모임을 결성하였다. 그 중의 일부는 브라질같이 그들 국가만의 학술지를 발간하였고, 일부는 중남미식물병리학연합(Latin American Phytopathological Association) 같은 다국적 단체를 결성하였으며, 또 다른 일부는 지중해식물병리학회지(Phytopathologia Mediterranea) 같은 지역학술지를 발간하기도 하였다. 1968년에는 국제식물병리학회(International Society of Plant Pathology; ISPP)가 만들어졌으며, 같은 해 첫 번째 식물병리학 국제모임(International Congress of Plant Pathology; ICPP)을 영국의 런던에서 개최하였다. 많은 개발도상국의 식물병리학자는 일종의 관리이거나 대학교수이기는 하지만 20세기 말까지 대부분 또는 모든 국가에 한 사람 이상의 식물병리학자가 존재하게 되었다. 그럼에도 불구하고, 세계 여러 곳에서 식물병리학은 일반적으로 잘 알려져 있지 않거나 드물게 알려져 있으며, 따라서 개발도상국에 있어서 식물병에 의한 손실량은 아직까지도 매우 크다.

국제농업연구센터

1940년대 중반에는 Rockefeller 재단이 멕시코 정부와 협력하여 밀, 옥수수, 감자, 두류 등 기본 식량작물에 대한 학제 간 연구프로그램을 멕시코에 개설하였다. 이 프로그램은 작물을 개량하고 사람들에게 새로운 기술을 보급함으로써 큰 성공을 거두었으며, 따라서 이와 비슷한 Rockefeller 재단 프로그램이 콜롬비아, 칠레, 인도 등에 개설되었다. 그러나 그런 프로그램을 모든 개발도상국에 만들 수 없다는 사실은 명백하였다. 오히려 하나 또는 몇 종의 기본 작물에 대하여 집중적으로 연구하는 소수의 국제적 센터를 만드는 것이 더 낫다고 생각하였다. 그래서 지역정부들의 협력과 Rockefeller 재단과 Ford재단의 재정지원으로 1960년에는 필리핀에 국제미작연구소(International Rice Research Institute; IRRI)를 설립하였으며, 1966년에 멕시코에 국제옥수수밀연구소(International Maize and Wheat Improvement Center; CIMMYT)를 설립하였고, 1968년에는 나이지리아에 국제열대농업연구소(Internatioanl Institute of Tropical Agriculture; IITA)를, 1969년에는 콜롬비아에 국제열대농업센터(International Center of Tropical Agriculture; CIAT)를 설립하였다 (그림 1-41).

이러한 센터들의 성공은 또 다른 센터의 설립에 대한 필요성을 나타내는 것이었다. 현존하는 센터와 새로운 센터를 운영할 자금의 규모가 Ford재단과 Rockefeller 재단의 능력을 넘어섬에 따라 이들은 세계은행(World Bank)과 협동하여 국제농업연구에 관심이 있는 기부자들의 차관단(consortium)을 만들었다. 국제농업연구자문단(The Consultative Group on International Agricultural Research; CGIAR)이라고 알려진 이 차관단은 잘사는 나라들과, 개발은행들, 그리고 기타 재단 및 단체들로 이루어져 있다. CGIAR은 연구 우선순위를 결정하는 데 있어서 13명의 과학자와 경제학자로 구성된 기술자문위원회의 도움을 받는다. 이 단체에 의하여 설립된 또 다른 단체로는 1972년 인도에 설립한 국제반건조열대작물연구소(International Crops Research Institute for the Semi-Arid Tropics; ICRISAT)와 역시 1972년 페루에 설립한 국제감자연구소(Interantional Potato Center; CIP)가 있다. CGIAR이 설립한 것은 아니지만 비슷하게 운영되는 센터, 즉, 아시아채소연구개발센터(The Asian Vegetable Research and Development Center; AVRDC)는 1972년에 대만에 설립되었다. 최근에 설립된 것으로는 시리아의 Internatioanl Center for Agricultural Research in the Dry Areas (ICARDA), 골드코스트의 West Africa Rice Development Association (WARDA) 및 다음과 같은 연구소들이 있다(그림 1-41): International Food Policy Research Institute (IFPRI), International Service for National Agricultural Research (ISNAR), International Plant Genetic Resource Institute

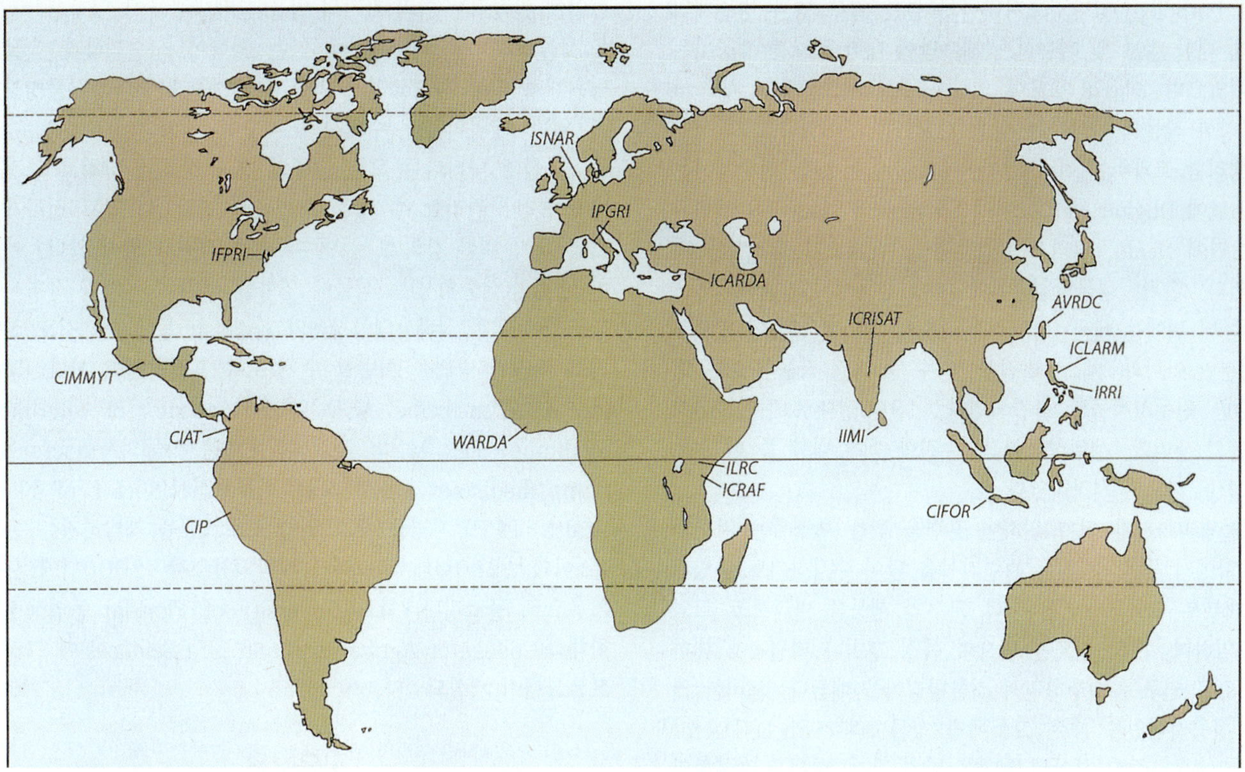

그림 1-41 국제적인 농업연구기관.

(IPGRI), International Livestock Research Institute (ILRI), International Center for Research in Agroforestry (ICRAF), International Irrigation Management Institute (IIMI), Center for International Forest Research (CIFOR), International Center for Living Aquatic Resources Management (ICLARM).

앞에서 언급한 식물을 연구하는 센터들에는 각각 몇 명씩의 식물병리학자들이 있어서 센터에서 다루는 특정 작물의 병에 관한 일을 하고 있다. 그 곳의 식물병리학자들이 이 병의 연구와 병저항성 품종의 개발 및 이 작물들의 병방제에 기여하는 바는 실로 엄청나다. 이 병리학자들은 그 나라의 다른 여러 과학자 또는 여러 개발도상국에서 작물 재배를 배우러 오는 과학자들의 교육을 도와주고, 그 센터가 제휴하고 있는 대학에서 식물병리학을 가르치며, 일반적으로 식물병에 의한 작물의 손실을 크게 줄일 수 있도록 돕는다.

열대 국가에서는 주로 1년 내내 병원체가 살아가고 증식하기에 좋은 열대 기후뿐만 아니라 주 기주 또는 중간기주, 그리고 곤충 같이 병을 옮기는 많은 수의 매개체가 지속적으로 존재하기 때문에 식물병리학에 대한 수요는 언제나 예외적으로 많다. 열대기후는 또한 병원체의 중복감염 또는 지속적 감염에 적합하여 병에 의한 황폐화가 자주 일어난다. 열대 국가의 이러한 문제는 낮은 교육수준과 효율적인 식물병 방제 프로그램을 수행할 재원의 부족 등과 뒤섞여 있다. 더욱이 많은 수확물이 포장에서부터 이미 병에 감염되어 있으며, 적당한 오염방지나 저온 저장을 하지 않아 수확물이 저장이나 운송 중에 잘 썩기 때문에 수확 후 모든 종류의 수확물에서 병으로 인하여 막대한 손실을 입는다. 그러므로 국제농업연구기관 중 상당수가 열대지방에 설립되어 있다는 것은 놀라운 일이 아니며, 이들이 그 곳에서 병으로 인한 손실을 줄이는 데 즉각적이고도 큰 공헌을 하고 있다는 것 역시 그리 놀라운 일이 아니다. 그러나 아직도 해결해야 할 것이 더 많다.

식물병리학의 교육과 훈련 경향

최초의 정식 식물병리학 교육과정은 M.A. Farlow에 의하여 1875년에 하버드대학교에서 개설되었다. 몇몇 큰 대학에는 1900년대 초반에 식물병리학과가 설립되기 시작하였는데, 과 이름은 주로 식물학 및 식물병리학과(Dept. of Botany and

Plant Pathology)였다. 초기의 과목들은 일부 병과 병원체의 진전에 대한 정보 및 가능한 방제수단에 대한 정보를 제공하는 것들이었으며, 아울러 필요에 의하여 주로 채소, 과수, 밭작물 등 다양한 작물에 나타나는 병을 기술하는 것이었다. 일반적인 식물병리학 교과서는 여러 언어권에서 만들어졌다. 미국에서는 1906년에 Duggar, 1921년에 Stevens와 Hall, 1926년과 1943년에 Heald, 그리고 1950년에 Walker가 교과서를 저술하였다. 한편, 식물병원균류에 대한 전문서적도 출판되었으며, 좀 더 뒤에는 세균, 바이러스, 선충, 그리고 그들이 일으키는 병뿐만 아니라, 채소, 밭작물, 과수 등 특정 작물의 모든 병에 대한 전문서적들도 출간되었다. 1960년대로 접어들면서 식물병의 생리학, 생화학, 역학, 유전학 등에 대한 좀 더 전문적인 책이 나오기 시작하였다.

식물병리학자가 되기 위하여 훈련을 받는 학생들은 자신들의 대학에서 들을 수 있는 관련과목을 많이 수강하기도 하였지만, 대부분 그들의 식물병리학 교수의 행동을 바라보고 그와 함께 일하며, 그의 지도를 받으며 특정 병이나 병원체에 대하여 스스로 연구를 수행하면서 식물병리학을 배웠다. 그러한 연구가 성공적이었을 때는 그들에게 식물병리학 Ph.D.(Doctor of Philosophy: 그 분야의 철학을 가진 박사) 학위를 수여하였는데, 이것은 그들이 식물병리학의 과학적 또는 실제적 연구를 수행할 능력이 있고 지식이 있으며 훈련을 받았다는 것을 의미하는 것이다. 이러한 훈련은 지금까지 계속되어 오고 있는데, 지금과 예전과의 차이는 다만 지금은 식물병리학 지식의 양이 엄청나게 증가하고 있기 때문에 학생들이 훨씬 더 세분된 전공을 배우고 공부한다는 것이다. 이러한 현상은 분자식물병리학이 식물병리학의 Ph.D. 과정으로 많은 학생을 끌어들인 1985년 이후 훨씬 더 뚜렷해졌다. 식물병리학 박사학위를 가진 사람들은 대부분 대학의 교수로서 또는 대학, 정부, 기업체 등의 연구원으로서 자리잡고 있다. 일부는 농민을 상대로 한 사설 훈련가나 자문가로서 자신의 사업을 하고 있다. 미국에서는 한 주당 한 두 명 정도가 주립대학교나 농업시험장의 식물병리학자로서 일하고 있으며, 식물병리학의 정보를 식물병리학 연구자로부터 농민들과 각 시군농업시험장으로 전해주는 역할과 작물포장을 방문하여 병을 진단하고 동정하고, 농민들이 보내오는 식물조직을 가지고 병을 진단하며, 병방제법을 만들어 알려주는 일을 한다.

석사학위(Master of Science; M.S.)를 받기 위한 과정의 공부 범위는 이보다 좁으며, 깊이 또한 이와 같이 깊지 않다. 석사학위 소지자도 박사학위 소지자와 같은 분야에서 일할 수 있으나, 박사학위 소지자보다 책임이 작으며, 일반적으로 보수도 적다. 학사학위(Bachelor of Science, B.S.)도 수여하는데, 중간단계의 일을 하거나, 대학이나 정부, 기업의 실험실에서 농업에 관련되는 여러 가지의 일을 한다.

식물병리학은 자매관계에 있는 의학이나 수의학과는 달리 병원체와 일부 환경요인에 의한 식물병을 다룬다. 식물병리학은 일반 개업의사나 수의사와 비슷한 개업의(practitioner), 즉, 식물에 나타나는 모든 종류의 병과 장해를 밝히고 그것을 방제하거나 관리할 수 있는 방법을 처방할 수 있는 전문가를 키워 내기 위한 강의 또는 연수과정을 가지고 있지 않다. 이러한 개업의(식물의사)는 식물에 영향을 미치는 곤충과 잡초, 야생동물에 의한 상해, 영양장애와 환경조건 등에 대해서도 진단하고 적당한 방법을 처방할 수 있도록 훈련받아야 한다. 의사(doctor of medicine; M.D.)나 수의사(doctor of veterinary medicine; D.V.M.)와 같은 전문적인 식물의사(doctor of plant medicine; DPM) 또는 식물보건사(doctor of plant health; DPH) 자격을 주기 위한 프로그램을 개발하자는 논의는 이미 1980년대 후반부터 시작되었으며, 2000년에 사상 처음으로 플로리다대학교(University of Florida) 농업생명과학대학(College of Agricultural and Life Sciences)에 그러한 프로그램이 개설되었다.

식물병원

미국의 대부분 주는 여러 해 동안 주정부의 식물병리과에서 식물병원(plant disease clinic)을 운영해 왔다. 농민, 군 지도소 요원, 그리고 정원을 가지고 있는 사람들은 병든 식물과 그 주변의 흙, 그리고 때로는 곤충까지 식물병원에 보냈으며, 병원은 무료로 병원체와 곤충을 동정하고 방제법을 알려주었다. 식물병원은 처음에는 비공식적으로 설립되어 농업시험장의 식물병리학자가 담당하였고, 대학원 고학년이 저학년의 도움을 받아서 대부분을 진단하였다. 초기의 식물병원은 주로 표면살균제와 해부현미경, 현미경, 배양접시와 시험관, 그리고 영양배지 등 균류와 세균을 배양하는 시설을 주로 갖추고 있었다. 나중에는 식물병원의 운영의 대부분이 그런 특정 목적을 위해 채용한 식물병리학 석사 또는 박사들에 의하여 이루어지게 되었다. 동시에 뿌리나 흙으로부터의 선충 분리와 식물선충 동정이 식물병원의 기능으로 자리잡았다. 바이러스병 동정은 여전히 기주의 병징에만 의존하였으나, 때로는 진단하기 위하여 기주범위를 조사하기도 하였다.

1970년대부터는 미국의 모든 주가 적어도 하나 이상의 식물병원을 설립하였고, 어떤 주는 여러 곳을 운영하기도 하였다. 예를 들어서, 플로리다주에는 4곳의 식물병원이 있다. 주 재정지원으로 운영되는 식물병원 이외에 사설식물병원이 있는 주들도 있으며, 몇몇 주는 주 농림국이 운영하고 있다. 오늘날에는 많은 식물병원이 높은 학위를 가진 사람들을 고용하고 있으며, 한 명 이상의 보조원을 두고 있다. 그리고 기주범위 조사, 혈청학적 검사, 봉입체 동정, 식물 즙액의 전자현미경 검경, 그리고 방사선 또는 발광 DNA 프로브의 dot-blot 검정 등을 통하여 바이러스병을 진단할 수 있는 시설도 갖추고 있다. 식물병원은 또 병과 병원체를 동정할 수 있는 데이터베이스와 전문가시스템(expert system)이 설치된 컴퓨터도 갖추고 있으며, 식물병 영상자료를 포장에서 전문 진단의사에게 직접 보낼 수 있도록 컴퓨터화한 원격진단시스템, CD 비디오디스크 역량, 그리고 의뢰인들에게 방제법을 알려줄 수 있는 전자우편도 가지고 있다. 그러나 이러한 검사와 봉사업무의 비용이 증가함에 따라 지금은 식물병원에 병진단을 의뢰하는 상인, 업자, 정원 소유자들에게 수수료를 부과하는 주가 많다.

식물병리학의 실무와 실무자

과학으로서의 식물병리학은 대개 박사학위와 같은 높은 수준의 학위를 가지고 있으며 매우 전문화된 지식을 가지고 있는 교수와 연구자에 의하여 발전되어 왔으며 또 계속 발전하고 있다. 한편, 식물병리학과나 식물학과, 생물학과, 또는 농업연구기관 등에서 석사 또는 박사과정을 공부하고 있는 대학원생들이 큰 공헌을 한 연구도 많이 있다.

반면에 식물병리학의 실무는 과학적, 전문적으로 이보다 매우 낮은 수준에서 이루어지고 있다. 의학이나 수의학 분야에서도 박사학위를 가진 과학자들이 연구를 하고 있다. 이 과학자들은 여러 대학과 연구기관에서 각 분야를 향상시키고 있다. 그러나 의학이나 수의학 분야에는 개업을 하고 있는 고도로 훈련된 수많은 의사(의학박사)와 수의사(수의학박사)가 있다. 이들은 사람과 동물을 각 개체 또는 집단 수준에서 질병을 진단하고 처방하여 준다. 이와는 대조적으로 식물병리학 분야에는 잘 훈련된 개업의사가 없다.

일반적으로 미국의 대부분의 주에는 겨우 한 두 명의 대민봉사(extension) 식물병리학자가 있다. 그들의 의무는 (a) 그 주나 또는 다른 곳의 연구자들이 개발한 정보를 시군농업시험장과 농민에게 전해주고, (b) 그것의 효과를 원하는 사람들, 즉 농민들에게 그것을 지도하는 것이다. 또한 그들은 모든 종류의 식물에서 어떤 유형의 병이라도 진단할 수 있으며, 그것의 방제법을 알려줄 수 있을 것으로 기대된다. 또한 공식적으로 식물병리학 교육이나 훈련을 많이 받지 못한 군 지도소원들을 훈련시킴으로써 그 지역에서 흔히 나타나는 병에 대해서는 그들이 진단하고 처방할 수 있도록 해준다. 농민들이나 정원소유자 또는 시군농업시험장 직원들이 병든 식물이나 식물조직을 보내어 진단과 처방을 의뢰하는 식물병원이 설치되어 있는 주가 많다. 농업적으로 방향설정이 가장 잘 되어있는 몇 주에서는 식물병리학에 대한 교육과 훈련을 받은 정도가 다양한(학사, 석사, 박사 등) 몇몇 사람은 개업식물의사로서 사설 식물병원을 운영하고 있다. 그러나 대부분의 경우에 농민들은 농약이나 종자, 비료 등을 파는 영업사원, 또는 식물병리학 교육과 훈련을 거의 또는 전혀 받지 못한 농학자, 원예학자, 곤충학자 등 다른 전공의 전문가로부터 식물병과 병방제 처방에 관한 정보를 얻고 있다.

그러므로 현재와 같은 상황에서는 대부분의 농민이 그들의 작물에 해를 주는 병에 대한 제한적이고 부정확한 정보를, 그것도 늦게야 얻는 경우가 많다. 또한, 같은 맥락에서 불완전하고 때로는 부정확한 방제정보를 얻는 경우가 많다. 결과적으로 식물병은 늦게 진단되고, 때로는 잘못 진단되기도 하며, 엉뚱한 농약이나 과도한 양의 농약을 처방하여 부정확하게 처리하는 일이 잦다. 따라서 식물병에 의한 피해량과 농약에 의한 환경오염 가능성이 필요 이상으로 크게 나타나는 수가 많다.

전문 식물병리학자 인증

의사, 수의사, 변호사, 기술자 등 전문직을 가진 사람들이 각 개인이나 단체를 상대로 일을 하고자 할 때, 그 개인이나 단체는 이 전문가들이 그들의 욕구를 충족시킬 수 있도록 특정 전문적, 윤리적 기준 이상을 갖출 수 있는 교육과 훈련을 받았을 것으로 기대한다. 동시에 전문가와 일반인들은 그런 기준에 미달하는 사람은 아무도 전문적인 일을 할 수 없을 것으로 생각한다. 전문가들은 자기의 일을 놓고 기준미비의 사람들과 경쟁하는 것을 싫어하고, 일반인들은 자신들이 해결을 의뢰한 사람이 실제로 자신들에게 올바른 것을 알려주기를 바라기 때문이다. 각 주와 시에서 이와 관련한 면허과정을 운영한다면 이러한 두 가지 기대를 모두 충족할 수 있다. 1960년대와 1970년대 이래로 많은 주에서 병해충방제 자문가, 농약처리기사 등은 반드시 면허를 취득해야 한다. 또한 미국농학회, 미국토양과학회, 미국작물과학회, 그리고 미국곤충학회 등 미국의 여러 전문학회는 전문적인 인증프로그램을 만들어 인증된 농학자, 토양과학자, 작물과학자, 곤충학자 등을 배출하였다.

1980년에 미국 전문식물병리학자등기소의 설립안이 미국식물병리학회에 제출되었으나, 1991년까지도 인증되지 않았으며, 그 이듬해에야 전문식물병리학자 인증프로그램이 만들어져 전문적, 윤리적 기준을 마련하였다. 미국식물병리학회가 지명한 6명의 식물병리학자들로 이루어진 위원회는 각 지원자의 수강과목, 경험, 추천서 등을 검토하고 기준과 비교하여 전문식물병리학자로 인증받을 자격이 있는지를 결정한다. 하지만 인증제도가 실시될 그 당시에 이미 개업을 하고 있었던 식물의

사(사설자문가)들이 많았기 때문에, 인증을 위한 기준은 그들 모두를 인증할 수 있는 것으로 만들어졌다. 즉, 식물병리학 학사이면서 5년 이상의 실무경험이 있거나, 또는 식물병리학 석사이면서 3년 이상의 실무경험이 있거나, 또는 식물병리학 박사이면서 1년 이상의 실무경험이 있어야 한다는 것이 그 기준에 포함되어 있다. 위원회는 또 학생들이 인증된 전문식물병리학자가 되기 위하여 배워야 할 교과과정도 만들어 놓았다. 뿐만 아니라 위원회는 인증된 전문식물병리학자들이 식물건강관리 분야의 새로운 정보와 기술, 상황, 규정, 그리고 요구에 뒤떨어지지 않고 어깨를 나란히 할 수 있도록 재교육과 재훈련 기준도 마련해 놓았다.

해설 15 식물의학의 일부로서의 식물병리학: 식물의학박사 프로그램

지난 20년 동안 식물 보건과 식물 보호에 대한 개념을 넓히기 위하여 엄청난 노력이 있었다. 미국식물병리학회(The American Phytopathological Society)는 그와 같이 광범위한 개념이 필요하다는 것을 깨닫고 '식물건강증진(Plant Health Progress)'이라는 전자저널을 만들어 식물건강에 관련된 모든 것에 관한 글을 출판하기 시작하였다.

그러나 식물체의 보건 전반에 관하여 다룰 수 있으며 식물체의 유지와 회복법을 알려줄 수 있는 훈련을 받은 전문가의 필요성은 점점 더 뚜렷해지고 있다. 그 전문가는 병원체(균류, 세균, 바이러스, 선충, 기생성 조류와 기생식물, 원생동물 등), 곤충, 응애, 척추동물(새, 들쥐, 사슴), 야생무척추동물(달팽이, 민달팽이), 잡초, 토양조건, 이상기후, 오염 등 어떤 원인에 의한 식물병도 진단할 수 있어야 하며, 그에 대한 관리법과 방제법을 알려줄 수 있어야 한다. 그러나 식물 보호에 대하여 이렇게 해박한 전문지식을 갖춘 사람을 만들기 위해서는 우수한 자질을 가진 생물학 또는 농업과학 분야의 졸업생을 3~4년간의 전문대학원학위 프로그램을 통하여 훈련시켜야 할 것이다. 미국 플로리다대학교 농업생명과학대학은 1999년에 그러한 프로그램을 개설하였으며 2000년 가을 학기에 첫 대학원학생을 받았다. 소위 식물의학박사(The Doctor of Plant Medicine; DPM) 프로그램은 첫 해에 14명, 둘째 해에 15명, 그리고 그 후로는 해마다 10-14명의 학생이 입학하였다.

학위는 식물보건박사(Doctor of Plant Health)보다는 식물의학박사(Doctor of Plant Medicine)로 불리는데, 왜냐하면 보건 전문직 분야의 두 박사학위인 의학 분야의 MD 및 수의학분야의 DVM과 여러 가지 면에서 대응되므로 이 이름에 따라 그 목표와 기능을 쉽게 이해할 수 있기 때문이다. 또한 MD나 DVM 같이 DPM은 전문적이고 실제적인 사람에게 주는 학위이지, Ph.D.와 같은 연구학위가 아니다. MD, DVM, DPM 중 어떤 학위도 그들 각각의 분야에서 Ph.D.로 대체될 수 없다. 그들은 연구자인 Ph.D.가 알아낸 정보를 대응되는 의뢰체(사람, 동물, 식물)에 사용하여 기작을 알아내는 대신, 그들의 병을 진단하고 관리하고 방제한다. 또한, MD 및 DVM 학생 같이, DPM 학생도 주로 응용형태의 연구를 포함하며 적절한 보고서를 쓰는 여러 과제를 수행해야 하지만 단일과제를 연구하거나 논문을 쓰지는 않는다.

DPM 프로그램은 생물학이나 농업분야의 훈련을 받은 학사학위 이상 소지자가 입학할 수 있으나 석사학위 소지자를 우대한다. 입학생은 다른 대학원 학생(Ph.D.와 M.S.학위과정)의 모든 기준을 다 충족해야 한다. DPM 학생은 적당한 학과의 대학원 과정에서 90학점을 이수해야 하는데, 대부분 실험이 있는 과목이며, 일반적으로 각 학과나 과정의 대학원생이 이수하는 것과 같은 과목이다. 이 학점 중 약 65학점은 필수과목으로서 재배학, 토양 및 작물 영양학, 잡초학, 곤충학 분야 17학점, 식물병리학 분야 18학점, 선충학 분야 5학점, 응애학 2학점, 식물에 피해를 주는 야생동물 2학점, 식물병해충잡초방제 5학점, 그리고 농업경영, 마케팅, 그리고 농업법 등의 과목을 포함한다. 선택학점은 학생이 자신의 선택에 따라 농작물학, 원예작물학, 조경작물학, 잔디학, 임학, 도시임학, 대학교육을 위한 교육학 과정 등을 들으며 자신의 분야를 특화하는데 사용할 수 있다.

90학점 이외에도 DPM 학생은 30학점의 현장학습(internship)이나 토양분석실험실, 식물병클리닉, 선충검정실험실, 곤충동정실험실, 그리고 잡초동정실험실 등에서 적절한 기간 동안 각 실험실 당 2-3학점 실습과목(practicum)을 이수해야 한다. 학생은 현장학습을 선택하여 시험장의 잡초학자, 원예학자, 식물병리학자, 곤충학자의 옆에 붙어서 일할 수도 있으며, 농업시험장, 농약 및 비료회사, 종자회사 등에서 현장학습을 할 수도 있고, 경력이 있는 작물상담가(crop consultant)와 같이 일할 수도 있다. 현장학습 장소는 지역으로부터 국외까지 다양하다. 이 기간 안에 반드시 마쳐야 할 필요는 없지만, 3~4년 안에 모든 교과과정을 마칠 것으로 기대한다. 시간제 학생은 상당히 더 걸릴 것이다.

프로그램을 마치면 DPM 졸업생은 박사학위를 받으며, 식물에 해를 주는 것이면 산 것이든 죽은 것이든 어느 것이나 동정할 수 있고, 이들의 관리나 방제를 위하여 신속하고 정확한 처방을 할 수 있도록 완벽하게 교육받고 훈련된 식물의사가 된다. 그들의 교육과 훈련, 전문성, 그리고 박사학위는 그들에게 사설 작물상담가, 대규모 농장이나 농기업, 주 또는 연방 시험장(지도소, IPM조정자, 농약정보조정자 등), 주 또는 연방 관리소[예를 들면 동식물건강검역소(Animal and Plant Health Inspection Service; APHIS), 식물보호검역소(Plant Protection and Quarantine Service; PPQ), 항만 및 공항 검역소 등], 농약 및 비료 회사, 종자회사, 델몬트(Del Monte)나 캠벨(Campbell) 같은 대규모 식품회사 등에서 일하거나, 2-4년제 대학과 대학교에서 생물학 과정을 강의하거나, 중-대 규모의 지자체에서 일하는 등 미국 내와 국제적으로 좋은 대우를 받는 다양한 직업에 적합한 자격을 준다.

작물과 사회에 대한 식물병리학의 기여

과거 및 현재의 식물병에 의한 손실의 예

식물병은 모든 식물 종의 생존, 적당한 생장 및 생산성에 영향을 미쳐왔으며, 그에 따라 사람의 건강과 안전한 삶에 기본적으로 요구되는 하나 또는 그 이상의 선행조건에 영향을 미쳐왔다. 이러한 일은 인간들이 그들의 생존을 야생 동식물에 의지하던 것을 포기하고 더 정적이고 길들여졌으며, 농사를 짓기 시작한 6,000년 전부터 계속 이어져 왔다. 병에 의한 식량과 사료작물의 파괴는 과거에는 흔한 일이었다. 여러 경우에 있어서 영양실조, 기아, 이주를 비롯하여 사람과 동물을 죽음으로 몰고가기까지 하였으며, 이 가운데 몇 가지는 역사에도 잘 남아있다. 발전이 덜 되었으며 식량을 자급자족해야하는 국가나 가정 등 농경사회에서는 이와 비슷한 일이 해마다 나타나는 것을 관찰할 수 있다. 좀 더 발선된 사회에서는 병에 의한 식량이나 사료의 손실은 주로 경제적 손실과 가격 상승을 초래한다. 그러나 어느 정도가 되었건 식물병으로 인한 식량이나 사료의 손실은 곧 세계 경제에서도 필요한 양보다 적어짐을 의미한다는 사실을 명심해야 한다. 소비 가능한 식품의 양과 배급이 만성적으로 부적절하다는 것을 고려할 때, 돈이 많은 사람이나 국가는 그러한 식품이 있는 곳이면 어디서든 구할 수 있는 반면, 세계 어느 곳인가에 있는 가난한 사람들은 이러한 손실로 인해 더욱 힘들어질 것이고 배고픔을 겪게 될 것이다.

과거에 심각한 병을 일으켰던 식물병의 예는 표 1-2과 1-3에서 보여주고 있다.

식물병과 세계 작물생산

지구상의 인구집계는 불행하게도 1900년도 이전의 것은 믿을 만한 것이 없다. 그러나 서기 1년에는 약 3억, 1000년에는 약 3.1억, 1500년에는 4억, 1900년에는 13억이 살았던 것으로 추산하고 있다. 20세기 동안 인구는 폭발하듯이 극적으로 증가하였다. 인구증가율을 낮추려는 최근의 노력에도 불구하고, 해마다 지구상에 새롭게 불어나는 인구와 그에 따른 지구상의 식량과 에너지, 기타 자원에 대한 요구는 가히 놀랄 만한 것이다. 따라서 1993년의 세계 인구는 약 56억이었고 그 당시 인구증가율은 1.7%이었으므로 2000년에는 62억, 2010년에는 71억, 2025년에는 85억에 이를 것으로 추정된다. 지금 세계 인구는 매 11년마다 10억씩 늘어나고 있다 (그림 1-42 참조).

역설적으로 인구의 50~80%가 농업에 종사하고 있는 개발도상국은 오히려 농업생산율이 가장 낮으며, 국민은 표준 이하의 식생활을 하고 있고, 인구증가율은 최고치(2.64%)를 보이고 있다. 식량생산에 이용 가능한 땅과 인구, 교육과 기술수준의 분포, 그리고 일반적인 세계경제의 분포 때문에 오늘날에도 무려 20억 정도의 사람들이 굶주림 또는 영양실조에 허덕이고 있다. 이 사람들과 앞으로 몇 년 안에 늘어날 수억의 사람들을 먹여 살리기 위하여 현재 세계의 식량공급을 늘릴 수 있는, 다음과 같은 가능한 모든 방법이 추진되고 있다. (1) 경작지 확대, (2) 경작법 개선, (3) 시비 증가, (4) 작물품종 개량, (5) 관개개선, (6) 작물보호방법 개선.

표 1-2

식물병에 의한 심각한 피해사례

병	지역	비고
균류		
1. 화곡류 녹병	전세계	잦고 극심한 대규모 발생; 매년 큰 피해
2. 화곡류 깜부기병	전세계	다소 약하지만 모든 화곡류에 지속적 피해
3. 밀과 호밀의 맥각병	전세계	드물게 발생, 사람과 동물에 독성
4. 감자 역병	습하고 서늘한 기후	해마다 대발생 - 아일랜드 대기근 (1845-1846)
5. 벼 깨씨무늬병	아시아	대발생 - 벵갈 대기근 (1943)
6. 옥수수 깨씨무늬병	미국	역사적 관심거리, 1970에 대발생하여 손실액 10억달러
7. 포도나무 흰가루병	전세계	유럽에 대발생 (1840-1850년대)
8. 포도나무 노균병	미국, 유럽	유럽에 대발생 (1870-1880년대)
9. 담배 노균병	미국, 유럽	유럽에 대발생 (1950-1960년대); 미국에 대발생 (1979)
10. 밤나무 줄기마름병	미국	미국밤나무 거의 전멸 (1904-1940)
11. 느릅나무 시들음병	미국, 유럽	미국느릅나무 거의 전멸 (1918-현재)
12. 소나무 줄기녹병	전세계	여러 지역에서 심한 손실
13. 겨우살이	전세계	여러 지역에서 심한 손실
14. 커피나무 녹병	아시아, 남미	동남아 커피나무 거의 전멸 (1870-1880년대); 1970년부터 남미 및 중미에도 발생
15. 바나나나무 점무늬병 (Sigatoka병)	전세계	매년 큰 피해
16. 고무나무 잎마름병	남미	고무나무 조림지 파괴
17. 밀 붉은곰팡이병	북미	습한 해에는 심한 피해
바이러스		
18. 사탕수수 모자이크병	전세계	사탕수수와 옥수수에 큰 피해
19. 사탕무 누렁병	전세계	매년 큰 피해
20. 귤나무 트리스테자병(급성쇠락)	아프리카, 미대륙	귤나무 수백만 그루 죽음
21. 카카오나무 swollen shoot병	아프리카	지속적인 큰 피해
22. 자두나무 pox병 또는 sharka	유럽, 북미	자두나무, 복숭아나무에 대규모로 심하게 발생
23. 보리 누른오갈병	전세계	전세계적으로 곡류에 중요
24. 토마토 누른잎말림병	지중해, 카리브해	미국에서 토마토와 강낭콩 등에 매우 심한 피해
25. 토마토 점무늬시들음바이러스병	전세계	토마토, 담배, 땅콩, 관상식물 등
세균		
26. 귤나무 궤양병	아시아, 아프리카, 브라질, 미국	미국 플로리다주에서 1910년대 및 1980-1990년대에 수백만 그루를 뽑아내었음
27. 핵과류 불마름병	북미, 유럽	매년 수많은 나무 죽음
28. 채소 무름병	전세계	다즙성 채소에서 엄청난 피해
파이토플라스마		
29. 복숭아나무 누렁병	미국 동부, 러시아	역사적으로 복숭아나무 1,000만 그루 죽음
30. 배나무 쇠락병	북미 태평양연안, 유럽	배나무 수백만 그루 죽음
선충		
31. 뿌리혹선충병	전세계	채소 및 대부분 식물에 지속적 피해
32. 사탕무시스트선충	북유럽, 미국 서부	사탕무에 해마다 지속적으로 심한 피해
33. 콩시스트선충	아시아, 북미, 남미	콩에 지속적으로 심한 피해

병 · 해충 · 잡초에 의한 작물 손실

이 방법 가운데 앞의 다섯 가지를 통하여 우리가 필요로 하는 더 많은 양의 식량이 생산될 것이라는 데 대해서는 의심의 여지가 없다. 하지만 해충과 병으로부터 식물을 보호한다는 것은 단지 가능한 모든 수단을 적절하게 이용하여 식량증산의 가능성을 얻은 다음에 그 손실량을 줄이겠다는 것이다. 물론 작물 보호는 과거에도 중요하였으며 지금도 중요하다. 예를 들면, 미국 한 나라에서만도 해마다 91억 달러 어치가 병으로 없어지며, 77억 달러 어치가 해충으로, 그리고 62억 달러 어치가

표 1-3

앞으로 큰 피해를 일으킬 가능성이 있는 병

병	비고
균류	
1. 감자와 토마토의 역병	새로운 교배형의 균이 전 세계로 확산 중
2. 옥수수와 수수의 노균병	동남아시아로부터 번지고 있음
3. 밀 비린깜부기병(Karnal bunt)	파키스탄, 인도, 네팔 등에서 매우 심한 피해, 1980년대에 멕시코로, 1990년대에 미국으로 유입
4. 콩 녹병	동남아시아와 러시아로부터 확산 중; 하와이와 푸에르토리코, 남미에 이미 침입
5. 코코아나무 Monilia 꼬투리 썩음	남미에서 매우 파괴적, 다른 지역으로 확산 중
6. 국화 흰녹병	유럽과 아시아에서 중요, 최근에는 캘리포니아에도 발생
7. 사탕수수 녹병	미대륙을 비롯한 여러 곳에서 심각함
8. 귤나무 검은점무늬병	중미 및 남미에서 심함
9. 오렌지 더뎅이병	호주에서 심함
바이러스	
10. African cassava 모자이크병	아프리카에서 심각함, 아시아와 미대륙도 위협
11. 옥수수 줄무늬병	아프리카 전역에 걸쳐 옥수수, 사탕수수, 밀 등에 번지는 중
12. 벼 hoja blanca(white tip)병	아직까지는 미대륙에서만 심각함
13. 바나나나무 bunch top병	아시아, 호주, 이집트, 태평양 섬들에서 심각함
14. 벼 tungro병	동남아시아에서 심각함
15. 강낭콩 golden mosaic병	카리브해안, 중미, 플로리다
16. 토마토 누른잎 말림병	동지중해, 카리브해, 미대륙
17. 자두나무 pox병	유럽에서 파괴적이며, 미국으로 확산 중
세균	
18. 벼 흰잎마름병	일본과 인도에서 심각함, 확산 중
19. 바나나나무 세균성시들음병	미대륙에서 심각함; 다른 지역으로 확산 중
20. 포도나무 피어스병	미국 동남부에서 치명적; 캘리포니아로 확산 중
21. 귤나무 얼룩백화병	브라질에서 파괴적; 확산 중
22. 귤나무 그린병	아시아에서 심험; 확신 중
파이토플라스마	
23. 코코야자나무 치사누렁병	중미에서 심각; 미국으로 확산 중
바이로이드	
24. 코코야자나무 카당카당병	지금까지 필리핀에서 1,500만 그루 이상이 죽음
선충	
25. 뿌리굴신충류	여러 지역의 바나나나무와 플로리다의 귤나무에 심각
26. 야자나무 시들음병	중미와 카리브해안에서 심함
27. 소나무 시들음병	북미에서 널리 퍼지고 있으며 점점 심각해짐

잡초로 인하여 없어지는 것으로 계산되었다. 시비량이 많으며, 산출량이 많고 유전적으로 균일한 품종을 재배하고, 관개량도 많으며, 다른 여러 방법을 사용하고 있는 집약적 농업에서는 작물보호의 중요성이 점점 더 커지고 있다. 병과 해충에 의한 작물의 손실량은 국가와 세계의 식량공급과 경제에 영향을 미칠 뿐만 아니라, 직접 소비하기 위해서든 팔기 위해서든 농사를 짓는 개개인의 농부에게는 더 큰 영향을 미친다. 작물의 생산비는 일정액으로 남아있기 때문에 병이나 해충에 의한 감수는 실제 얻을 수 있는 수입을 직접적으로 낮추는 것이다.

병해충과 잡초에 의한 각 작물의 손실량은 작물에 따라 다르다 (예: 과실은 23.4%, 곡류는 34.5%, 사탕수수는 55.0%). 작물 손실은 기후형태(온난, 다습, 강우, 건조 등), 특정 연도, 농약의 유효성, 훈련된 사람의 유효성, 재배자의 교육정도 등에 따라 달라진다. 또한, 병·해충·잡초 각각의 중요성은 작물에 따라 다르다. 일반적으로 제 때에 찾아내고 동정하여 방제하는 것이 더 어려운 병의 경우에는 작물의 14% 정도 손실을 준다; 반일 점검하시 않고 내버려 둔다면 해충은 막대한 손실을 초래할 것이나, 제때에 검출되고 동정되어 효과적인 살충제로 방제될 수 있기 때문에 손실은 작물의 10% 정도이다; 세계 대부분 지역에서 경제적 이유로 제초제를 구할 수 없어 아직도 부실하게 방제되고 있는 잡초는 작물의 12% 정도의 손실을 초래한다. 병·해충·잡초에 의한 전체적 손실

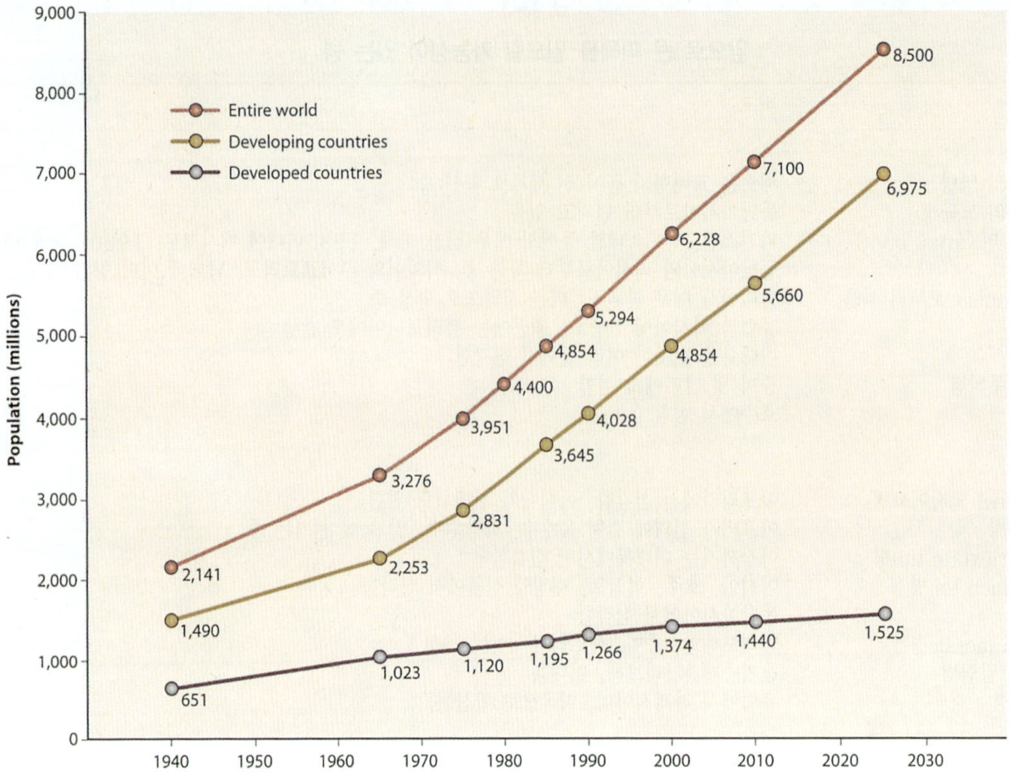

그림 1-42 1940년부터 1990년까지의 실제 인구변화와 2025년까지의 변화예상 추이. 인구증가율은 1975-1990년에 대하여 계산하였으며, 이 그래프에서는 2025년까지는 증가율이 변하지 않는 것으로 생각하였다.

은 36% 또는 세계 잠재생산량의 삼분의 일 정도이다. 이 피해율에 수확한 뒤의 병해충에 의한 저장중의 피해율 6~12%를 더하면, 결국 전체(수확 전 및 수확 후) 식량손실량은 미국에서는 모든 식량작물의 40% 정도, 세계적으로 45%에 이른다. 물론 병해충과 잡초를 방제하기 위하여 모든 수단을 동원함에도 불구하고 이 정도 손실이 발생한다. 이것은 정말 필요한 식량의 엄청난 양을 잃는 것이다. 그리고 이 손실량은 선진국에서보다는 후진국에서 더 크다는 사실 또한 분명한 것이다. 또 한 가지 중요한 사실은 특히 아시아의 개발도상국에서는 해충이 병에 비해 훨씬 더 많은 손실을 일으킨다는 것인데, 이는 선진국은 개발도상국에 비해 해충을 훨씬 더 쉽게 방제하고 있는 반면, 병에 의한 피해는 선진국에서나 개발도상국에서나 비슷하다는 것이다.

발전수준이 다양한 나라들에서의 병·해충·잡초에 의한 작물의 손실을 살펴보면 특히 더 놀라운 사실을 알 수 있다. 전 국민의 8.8%만이 농업에 종사하고 있는 선진국(유럽, 북미, 호주, 뉴질랜드, 일본, 이스라엘, 남아프리카 등)의 산출된 손실량과 손실률은 전 국민의 약 56.8%가 농사를 짓고 있는 후진국(선진국 이외의 나라들)에서의 손실량과 손실률보다 훨씬 더 낮다. 선진국보다는 훨씬 더 많은 인구를 가지고 있는 개발도상국이 상대적으로 적은 양의 식량과 섬유작물을 만들어 내며, 병과 그 이외의 요인들에 의해 더 많은 피해를 입고 있다는 것을 감안하면 이러한 현상은 특히 더 안타깝다. 대부분의 선진국이 자리 잡고 있는 온대지방에서 자라는 작물의 종류와 개발도상국들이 자리 잡고 있는 열대지방에서 자라는 작물의 종류를 고려할 때, 전체 손실률은 표 1-4에 나타나 있듯이 대륙에 따라 매우 다르게 나타난다. 더 안타까운 것은 Oerke 등이 최근(1994)에 산출한 내용인데, 더 나은 방제자재와 방법을 더 널리 사용하는데도 불구하고 병·해충·잡초에 의한 작물 생산감소율은 실제로 모든 대륙에서 증가하고 있다는 것이다 (표 1-4).

전 세계적으로 모든 농작물에 대한 전체 연간 생산량은 약 1조 5,000억 달러(미국달러, 2002) 정도인 것으로 추산하고 있다. 해마다 이 가운데 5,500억 달러 정도는 병과 해충, 잡초에게 빼앗긴다. 또한, 해마다 4,550억 달러 정도가 더 손실될 수 있으나, 적당하고 다양한 작물보호방법을 사용하여 손실을 막고 있는 것이다. 세계적으로 해마다 농약(살균제, 살충제, 제초제)에만 사용하는 돈이 대략 380억 달러 정도인데, 주로 서유럽과 북미에서 사용되고 있다.

표 1-4

대륙 또는 지역별로 병 · 해충 · 잡초에 의한 전체 생산의 손실률(1967년 산출)과 8대 작물의 손실률(1994년 산출)[a]

대륙 또는 지역	병 · 해충 · 잡초에 의한 생산 손실 (%) 1967년 산출[b]	1994년 산출[c]
유럽	25	28.2
오세아니아	28	36.2
북미 및 중미	29	31.2
러시아와 중국	30	40.9
남미	33	41.3
아프리카	42	48.9
아시아	43	47.1

[a] 출처: Oerke et al. (1994), 작물은 벼, 밀, 보리, 옥수수, 감자, 콩, 목화, 커피임.

[b] 출처: H. H. Cramer (1967).

[c] 병 · 해충 · 잡초에 의한 전세계 평균 손실률은 42.1%임.

농약과 식물병

경작지에서 그 사용이 계속 늘어나고 있는 제초제는 재배작물에 직접 피해를 줄 수도 있지만, 몇 가지 토양병원체와 병원체에 길항적인 토양미생물에 영향을 끼치기도 한다. 비료나 살충제, 살균세 같은 다른 화학물질들 역시 토양에서 살고 번성하는 미생물의 종류를 바꿔 놓으며, 이 때문에 때로는 유용한 포식자와 병원체에 대한 길항미생물 또는 그들의 매개체들의 수가 줄기도 한다. 특정 병원체에 특이적인 살균제와 살충제 등의 사용은 때로는 이 특이적 살균제에 영향을 받지 않는 다른 병원체에 의한 병의 정도와 밀도를 증가하는 결과를 초래하기도 한다. 이러한 현상은 전부는 아니라도 대부분의 병원체를 방제할 수 있는 베노밀과 같이 비교적 작용범위가 넓은 침투성 살균제를 사용하였을 때도 나타날 수 있다. 이러한 살균제를 정기적으로 널리 사용하는 곳에서는 *Pythium* 같이 이들에 영향 받지 않는 몇 가지 균류는 일반적인 살균제를 처리하였을 때보다도 더 중요한 병원체로 자리 잡기 시작한다.

식물병과 그 밖의 것들을 방제하기 위한 살균제 등의 사용은 1950년대 중반 이래로 몇 년 동안 연평균 신장률 14%로 꾸준하게 증가하여 왔다 (그림 1-43A). 1999년까지 전세계적으로 해마다 살균제, 살충제, 세초세를 합하여 유효약량으로 거의 26억kg을 작물에 처리하였으며, 연 비용은 거의 360억 달러이다 (그림 1-43B, 1-43C). 미국 한 나라에서만도 1999년 한 해에 거의 5.5억kg, 값으로 따질 때 약 112억 달러 어치의 농약을 사용하였다 (그림 1-43B~1-43E). 1998년과 1999년에 미국과 전 세계에서 사용한 제초제, 살충제, 살균제와 기타 농약의 유효약량의 상대적 비교는 그림 1-43B부터 1-43E까지에 나타나 있다. 1995년까지 모든 농약의 약 35%가 미국과 캐나다에서 소비된 것이고, 45%가 유럽에서, 그리고 나머지 20%를 나머지 지역에서 소비하였다. 지난 몇 년 동안 미국과 유럽에서 농약의 사용은 줄어들기 시작하였으나, 많은 나라가 발전되어 농약을 살 수 있는 형편이 됨에 따라 개발도상국의 농약사용량은 꾸준하고 빠르게 증가하여 왔다.

농약을 연구하고 생산하고 판매하는 커다란 산업은 미국과 몇몇 다른 나라에서 발달되었다. 또한 수십 만 명이 필요에 따라 작물에 농약을 처리하고 있다. 작물에 처리하는 농약의 양과 처리횟수는 지역에 따라 매우 다르다. 이것은 그 지역 농업의 규모, 지역의 기후, 그리고 자라는 작물의 종류에 달려있다. 환경보전국(The Environmental Protection Agency; EPA)은 미국을 10개의 농업지역으로 나누고(그림 1-44A), 사설농약처리자(즉, 농부 개인)와 상업적 농약처리단체의 수를 산출한 결과, 1번 지역인 New England 주들의 일만 개로부터 4번 지역인 미국 동남부의 30만개까지 다양하였다 (그림 1-44B).

농약의 사용이 대부분의 경우에 작물의 생산량을 늘릴 것이라는 데는 이론의 여지가 없다. 물론 농약의 생산과 보급, 그리고 처리에 들어가는 비용은 식물병과 해충 및 잡초에 의하여 발생하는 또 다른 형태의 경제적 손실이다 (표 1-4). 게다가 그러한 엄청난 양의 독성물질을 우리의 작물에 해마다 몇 번씩 살포함에 따라 우리의 환경과 식품은 손상을 받을 수 밖에 없다. 또한 농약의 노출로부터 농민의 보호와 농민과 소비자의 농약중독에 대한 논란도 있다.

방제하려는 병해충이나 잡초 이외의 유기체에 대한 농약의 직접, 간접, 그리고 축적효과에 대한 일반인들의 우려로 인하여 환경보호에 대한 강조는 점점 증가하고 있다. 결과적으로 여러 농약이 금지되거나 사용이 제한되었으며, 효과가 덜하거나 특이성이 더 높은 농약, 또는 비용이 더 들거나 효율이 떨어지는 다른 방제법들이 이들의 기능을 대체하고 있다. 한편, 생물적 또는 경종적 방법으로 병을 방제하기 위한 노력은 아직도 진행 중인 반면, 농약의 사용과 검사, 면허 등에 대한 제한은 점점 늘어나고 있다. 농약생산업자들은 각 농약의 효능과 독성, 잔류성 등에 관해 더 자세한 자료를 제출해야 하며, 각 작물에 대한 각 농약의 처리는 면허를 받아야만 한다. 더욱이 어떤 나라에서는 농약 처리자는 반드시 시험을 통과하여 작물에 대한 농약처리 면허를 취득해야 하기도 한다. 미국의 어떤 주에서는 특정 농약을 사거나 사용할 때는 농민이 반드시 주 농약조절전문가의 허락을 받고, 그 구입과 사용을 확실하게 해야 한다 (처방농업; prescription agriculture).

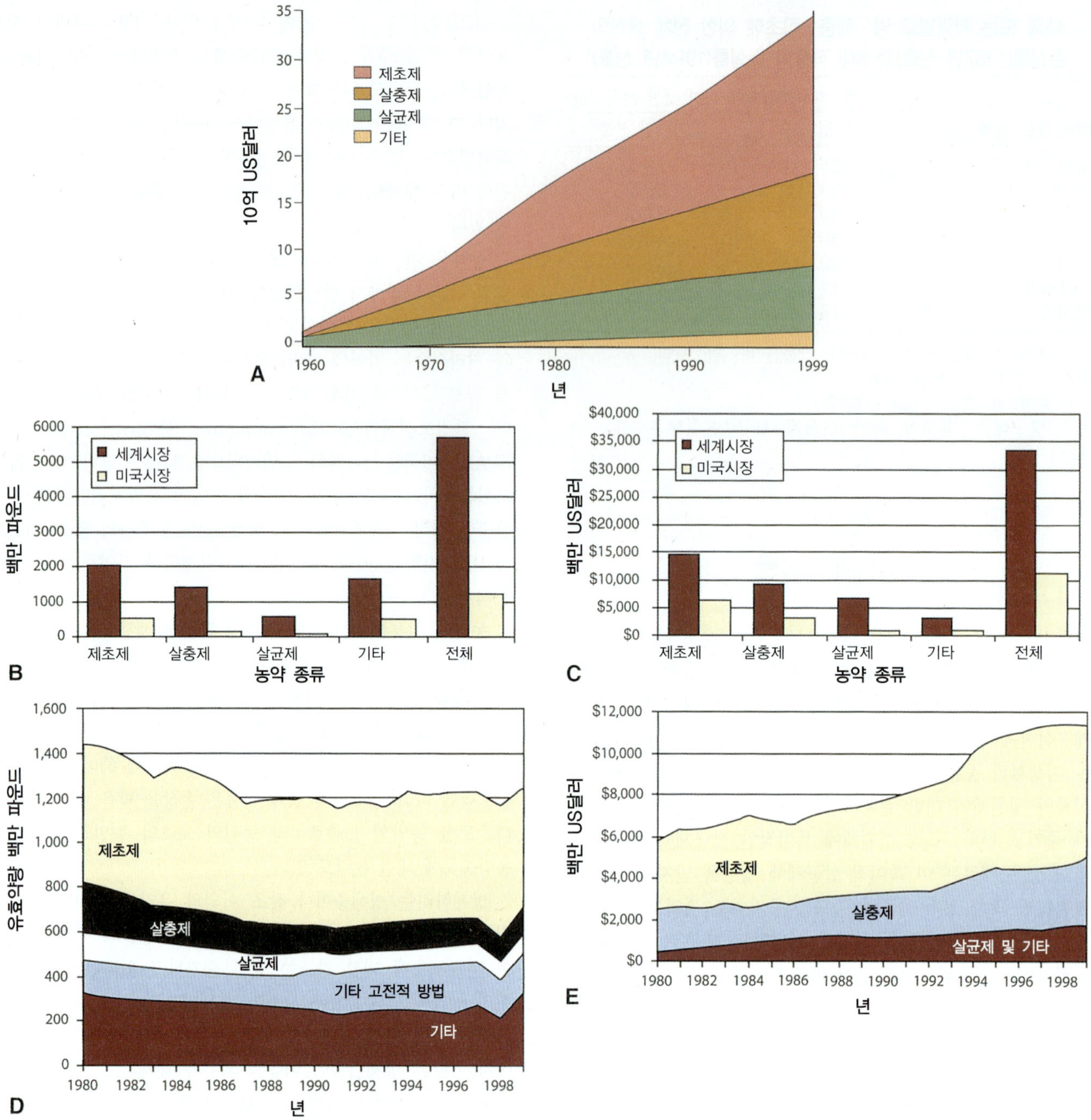

그림 1-43 (A) 1999년까지 10억 달러 단위로 산출한 전세계 연간 농약판매액. 소비자 가격과 농약의 종류에 따라 연간 전세계와 미국에서 사용되는 농약량(유효약량으로 백만 파운드 단위)(B)과 비용(백만 달러)(C) (1999년 기준). (D) 1980년부터 1999년까지 미국에서 다양한 유형의 농약(유효약량으로 백만 파운드 단위)의 연간 사용량. (E) 1980년부터 1999년까지 미국의 연간 농약비 지출액(백만 달러 단위). 출처: U.S. Environmental Protection Agency.

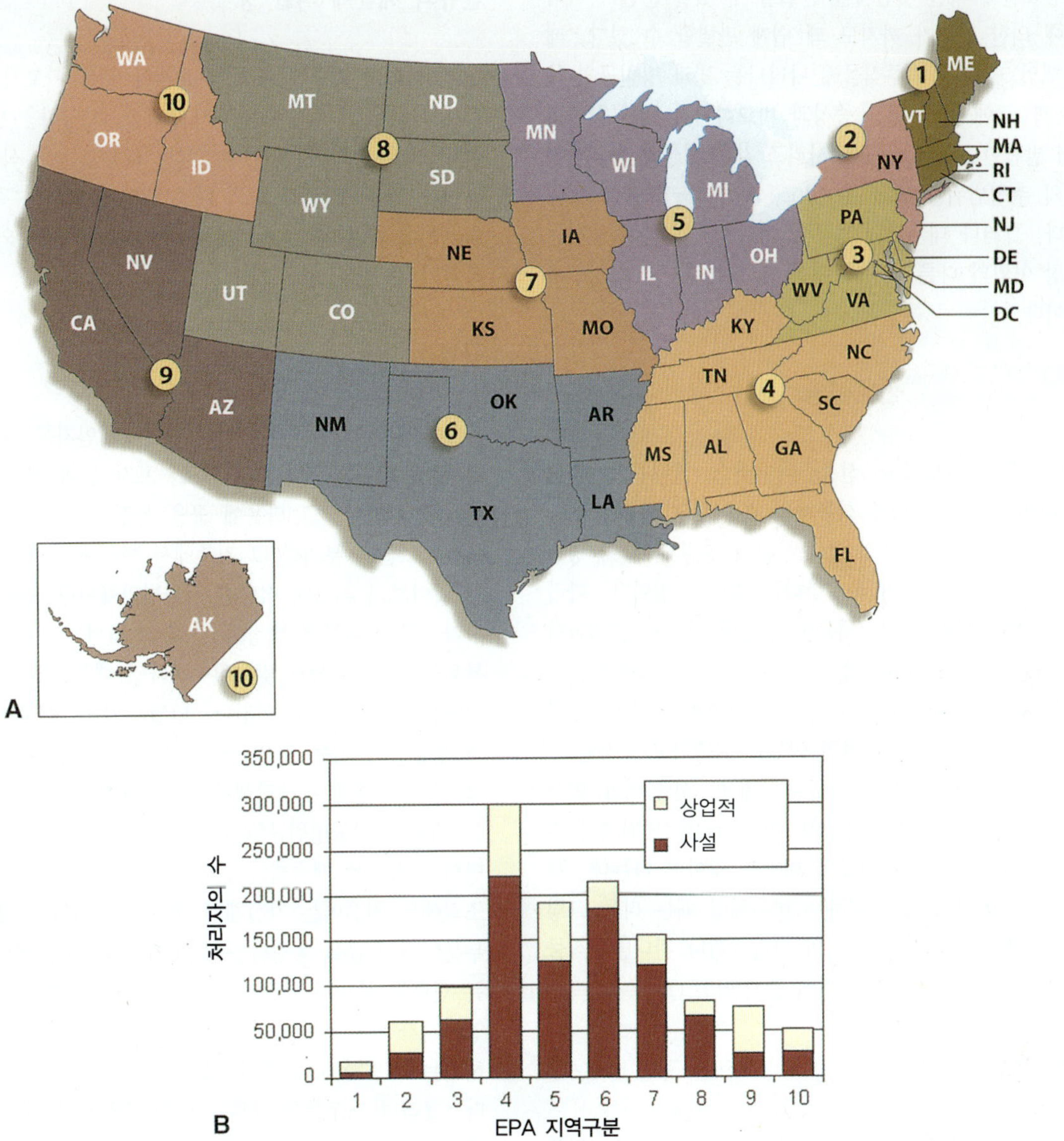

그림 1-44 (A) 농업의 규모와 형태 및 기후에 따른 주의 모듬화. (B) 각 지역의 사설 및 상업적 농약처리자의 수. [출처: U.S. Environmental Protection Agency.]

더 안전한 농약을 더 적게 사용하는 것이 바람직하다는 것은 누구나가 다 인정하지만 이것은 특히 과수나 채소에서 병이나 해충에 의한 어떠한 흠집도 없이 품질이 좋은 것을 원하는 소비자들의 몇 십 년에 걸친 욕구 증가와 상충하고 있다. 소비자들이 실제로는 가치가 없는 농산물의 미관에 점점 무관심해진다면 볼품은 없어도 확실하게 안전한 농산물의 낭비와 농약의 사용을 상당히 줄일 수 있지만, 아직까지는 소비자들의 태도가 언제 그렇게 바뀔지 모른다.

식물병 진단의 기본 절차

병원체 또는 환경

식물병을 진단하기 위해서는 우선 그 병이 병원체에 의한 것인지 아니면 환경요인에 의한 것인지를 판단하는 것이 필수적이다. 어떤 경우에는 병의 전형적인 병징이나 병원체의 표징이 존재할 때, 숙달된 사람이라면 이 병이 병원체에 의한 것인지 아니면 환경요인에 의한 것인지를 판별할 수 있을 뿐만 아니라 어떠한 것에 의한 것인가 까지도 꽤 쉽게 판별할 수 있다. 때로는 '기주색인' - 특정 기주식물에 나타나는 병과 병원균의 목록을 적은 책 - 에 나와 있는 증상과 비교하거나, 미국식물병리학회에서 발간한 compendium 시리즈 같은 책들과 비교하면 병의 원인의 추정범위를 좁힐 수 있고, 동정에도 도움을 얻는 경우가 많다. 그러나 대부분의 경우에 정확한 진단을 위해서는 명백한 병징 이외의 다른 병징에 대한 세밀한 검사와 특징조사가 필수적이다.

전염성병

병원체(균류, 세균, 기생식물, 선충, 바이러스, 몰리큐트, 원생동물)에 의하여 일어나는 병은 식물체의 겉(일부의 균류, 세균, 기생식물, 선충) 또는 식물체의 안(대부분의 병원체)에 이 병원체가 소수 또는 대단히 많이 존재한다는 것이 특징이다. 따라서 식물체의 겉에 이러한 병원체들이 왕성한 상태로 존재한다는 것은 이들이 병의 원인일 가능성이 많다는 것을 뜻한다. 어떤 경우에는 숙련된 사람이 육안 또는 돋보기로 관찰(몇몇 균류, 모든 기생식물, 몇몇 선충)하면 이들을 검출하고 동정할 수 있지만, 대개는 현미경으로 관찰(균류, 세균, 선충)해야 한다(그림 1-3 참조). 만일 병든 식물의 겉에 이러한 병원체가 존재하지 않는다면 반드시 더 이상의 병징을 찾아야 하는데, 특히 병든 식물의 조직 안에 존재하는 병원체일 때는 더욱 그렇다. 그러한 병원체는 감염된 조직의 가장자리나 관다발, 식물체의 기부, 또는 뿌리의 겉 또는 속에 존재한다.

기생식물에 의한 병

새삼(dodder), 겨우살이(mistletoe), 마녀풀(witchweed), 더부살이(broomrape) 같은 기생식물이 피해 받은 식물에서 자라고 있다는 사실 자체가 병의 진단에 충분한 증거이다.

선충에 의한 병

만일 특정 종류의 증상을 보이는 식물의 겉과 안, 또는 근권에 식물기생선충이 존재한다면, 바로 그 선충이 병을 일으킨 병원체이거나 또는 적어도 병의 발생에 관계가 있을 가능성이 많다는 것을 알려준다. 식물기생선충은 이들이 가지고 있는 구침으로 다른 선충들과 구별할 수 있다. 만일 선충이 그러한 병을 일으키는 것으로 알려진 종이나 속에 속하는 것으로 동정되면 병의 진단은 어느 정도 확신을 가질 수 있다.

균류와 세균에 의한 병

병든 식물의 감염된 조직에 균류의 균사와 포자, 또는 세균이 존재하면 두 가지의 가능성을 생각할 수 있다. (1) 균이나 세균이 실제로 병의 원인일 수 있다. (2) 그들은 식물조직이 다른 균이나 세균 또는 그 밖의 다른 원인에 의하여 죽은 다음에 단지 그 조직 위에 살고 있는 여러 부생성 균류와 세균 가운데 하나일 수 있다.

균류

관찰한 균이 병원체인지 아니면 부생체인지를 결정하려면 먼저 그 균의 균사와 자실체의 구조, 포자 등의 모양을 현미경으로 관찰해야 한다. 그 다음에 균을 동정하고, 그 균이 병원체로, 특히 그 균을 분리한 그 기주에서 병원체로 보고되었는지 아닌지 알아보기 위하여 적당한 식물병리학이나 균학책을 검토해야 한다. 만일 식물의 병징이 바로 그 균에 의한 병으로 책에 기록되어 있는 증상과 맞아떨어진다면 대부분의 경우에 그 병의 진단은 끝난 것으로 여긴다. 만일 조사한 식물에 나타난 증상의 병을 일으키는 것으로서 그러한 균이 알려져 있지 않다면, 그 균은 부생체로 생각해야 하며, 또한 지금까지 보고되지 않은 새로운 식물병원균일 가능성도 있으므로 병의 원인임을 증명하는 작업을 계속해야 한다. 여러 경우에 있어서, 병든 식물조직에는 처음에는 자실체나 포자가 존재하지 않는 경우가 대부분이어서 균을 동정하는 것이 불가능하다. 어떤 균에 대해서는 선택적 분리나 동정, 또는 포자형성 촉진을 위한 특별한 영양배지가 개발되어 있다. 다른 균류는 포자형성을 촉진하기 위해서는 특정 온도와 환기, 또는 빛 조건 아래에서 배양해야 한다. 그러나 대부분의 균류는 만일 조직을 유리나 플라스틱으로 된 습윤상에 보관하면 병든 조직에 자실체와 포자들을 만든다. 이 습윤상에는 젖은 종이수건이 있어서 용기 안의 공기를 습한 상태로 유지하여 준다.

세균과 몰리큐트

세균병의 진단과 원인세균의 동정은 주로 병의 증상, 감염된 부위에서의 세균의 지속적이고도 높은 밀도 유지, 그리고 다른 병원체가 존재하지 않는다는 사실 등에 기인하고 있다. 그러나 세균은 작으며(0.8 × 1㎛), 비록 현미경으로 볼 수 있다고 하여도 이들은 매우 작은 막대 모양으로서 동정에 이용할 수 있는 형태적 특징은 가지고 있지 않다. 그러므로 그 세균이 2차 부생균, 즉 다른 원인에 의하여 죽은 조직에서 살아가는 세균일 가능성을 배제하기 위하여 세심한 주의를 기울여야 한다.

세균의 속을 비롯하여 몇 가지 종까지도 동정하기 위하여 흔한 부생균을 배제한 상태에서 거의 모든 식물병원세균을 선택적으로 배양할 수 있는 선택배지가 개발되어 있다. 찾아낸 세균이 병원체임을 증명하는 가장 쉬우면서도 가장 확실한 방법은 세균을 순수분리 배양한 다음, 세균의 단균총을 이용하여 감수성 기주식물에 재접종하여 병의 증상을 재현하고, 그것을 이미 알려져 있는 세균에 의한 증상과 비교하는 것이다. 지난 25년간, 식물병원세균을 검출하고 동정하기 위하여 응집, 침강, 형광항체염색, 효소결합항체법 등의 면역진단기법들이 개발되어 왔다. 이러한 기법들은 매우 민감하고 특이적이며 빠르고 손쉬운 방법이다. 그리고 식물병원세균의 혈청학적 진단 검정법을 위한 표준화되고 믿을 만한 항혈청이 곧 사용 가능해질 것이다.

1980년 이래로 세균이 가지고 있거나 세균이 영양분으로 사용하는 물질의 지방산자동분석(automated analysis of fatty acid profile) 등 새로운 기술들이 사용되어 왔다. 이 밖에도 특정 제한효소에 의한 DNA 조각의 수 비교, 또는 동정하려는 세균의 DNA가 우리가 이미 알고 있는 세균의 DNA와 교잡하는 비율(%) 등을 조사하는 방법도 있다. 유관속국재성 세균을 동정하는 데에는 현재 몇몇 분자생물학적 기술을 사용하고 있다.

몰리큐트에 의한 병은 식물의 위축, 잎의 누렁 또는 붉어짐, 줄기와 뿌리의 무성, 비정상적인 꽃, 그리고 결국에는 식물의 쇠락과 죽음으로 나타난다. 몰리큐트는 작고 생김새가 일정치 않으며 세포벽을 가지고 있지 않은 세균으로서 기주의 어린 체관에 산다. 이들은 일반적으로 전자현미경으로만 볼 수 있으며, 스파이로플라스마속(genus *Spiroplasma*)을 제외하고는 인공배지에서는 자라지 않는다. 그러므로 이들에 의한 병을 진단할 때는 병징과 접목전염성, 특정 매개충에 의한 전염성, 전자현미경, 테트라사이클린 항생제에 내한 감수성, 페니실린에 대한 저항성, 그리고 그리 높지 않은 온도(32-35.8℃)에 대한 감수성 등을 알아보며, 몇몇 경우에는 혈청학적 기법도 이용하고 있다.

바이러스와 바이로이드에 의한 병

많은 바이러스와 바이로이드들이 그들의 기주에 뚜렷한 병징을 일으키며, 따라서 이 병징에 의하여 그 병과 바이러스 또는 바이로이드를 빨리 동정할 수 있다. 그러나 이것이 불가능한 경우도 많은데, 이러한 경우에는 주로 다음 같은 방법을 통하여 병을 진단하고 바이러스를 동정할 수 있다. (1) 특정 기주식물에 대한 즙액전염 또는 접목전염, 그리고 어떤 경우에는 곤충, 선충, 균류, 응애 등의 매개체에 의한 전염성 검정. (2) 특이적 항혈청이 개발되어 있는 바이러스의 경우에는 주로 효소결합항체법(enzyme-linked immunosorbent assay; ELISA), 한천확산법(gel diffusion test), 미세침강법(microprecipitin test), 형광항체염색법 등의 혈청학적 진단법의 이용. (3) 잎즙액 속의 바이러스, 또는 순화한 바이러스 입자의 음성염색법에 의한 전자현미경 기법, 또는 면역특이적 전자현미경기법(혈청학적 진단법과 전자현미경기법의 결합). (4) 감염된 세포에서의 특이적 결정형 또는 부정형 봉입체의 현미경관찰. (5) 주로 바이러스의 핵산과 바이로이드의 진단 및 검출에 유용한 전기영동법. (6) 상품화되어 있으며, 특정 바이러스의 DNA나 RNA, 또는 바이로이드 RNA에 상보적인 방사성 DNA를 막(membrane filter)에 붙어있는 식물체 즙액의 DNA 또는 RNA와 교잡시키는 방법(immunoblot) 등이다.

하나 이상의 병원체에 의한 병

식물체가 같거나 다른 종의 둘 또는 그 이상의 병원체에 공격을 받아서 하나 또는 여러 모양의 병징을 나타내는 경우가 매우 많다. 따라서 다른 병원체 또는 병원체들의 존재를 확인하는 것은 매우 중요한 일이다. 일단 이것이 확실해지면 병의 진단과 병원체의 동정은 각각의 병원체에 대하여 이미 설명한 것과 같은 방법으로 하면 된다.

비전염성병

만일 아무런 병원체도 찾을 수 없으며, 감염된 식물체로부터 배양할 수도 전염시킬 수도 없다면, 그 병은 환경요인에 의한 것으로 생각해야 한다. 식물에 병을 일으키는 환경요인의 수는 거의 끝이 없지만, 그들 대부분은 식물체의 정상적인 생리적 반응을 교란한다. 이러한 교란은 흙이나 공기 중에 독성물질이 과다하여 생기는 것일 수도 있고, 물, 산소, 무기양분 등 필수 원소가 부족한 결과일 수도 있으며, 식물의 삶을 지탱하여 주는 온도, 습도, 산소, 이산화탄소, 빛 등의 과다 때문일 수도 있다. 이 영향 가운데 일부는 상태가 정상적임(예를 들면 낮은 온도)에도 불구하고 다만 그 시기가 맞지 않았기 때문에 생겼을 수도 있고, 자연적으로 나타나는 비정상적 상태(홍수나 가뭄), 또는 사람의 행동이나 그들이 이용하는 기계에 의한 것(대기오염물질, 답압, 제초제)일 수도 있다.

병을 일으킨 특정 환경요인은, 예를 들면 홍수나 계절에 어긋난 서리 등 환경의 변화를 관찰하여 결정할 수 있다. 몇 가지 환경요인은 식물체에 특정한 증상을 일으켜 병의 원인을 쉽게 결정할 수 있게 하지만 대부분은 비특이적 증상을 일으켜, 환경조건에 대한 내력의 고찰 없이는 원인을 진단하기 어렵다.

제 2 장

기생성과 병의 진전

식물을 침해하는 병원체는 인간과 동물에 병을 일으키는 미생물과 같은 그룹에 속한다. 그리고 식물은 다른 식물에 의해 침해받기도 한다. 그러나 기주식물과 매개충에 모두 병을 일으키는 일부의 곤충전염성 식물병원체를 제외하면, 어떠한 식물병원체도 인간이나 동물에 병을 일으킨다고 알려진 것은 없다.

전염성병(傳染性病; infectious disease)은 병원체가 식물을 감염함으로써 나타난다. 이와 같은 병에서 병원체는 병든 식물에서 급속히 생장하고 증식할 수 있으며, 병든 식물에서 건전한 식물로 전염될 수 있고, 그 결과 계속해서 새로운 식물을 감염시킬 수 있기 때문에 크고 작은 전염병을 일으킨다.

기생성과 병원성

다른 생물체의 내외에서 생활하며 영양분을 탈취하는 생물체를 **기생체**(寄生體; parasite)라고 하며, 기생체가 기주로부터 양분을 탈취하는 현상을 **기생성**(寄生性; parasitism)이라고 한다. 식물기생체는 기주식물과 밀접한 관계를 유지하며 기주식물을 희생시킴으로써 증식하거나 생장하는 생물체를 말한다. 기생체가 기주식물로부터 양분과 수분을 빼앗으면 식물의 생장은 정상상태를 벗어나고 분화 및 번식에 악영향을 받게 된다. 많은 경우에 기생성은 병원성과 밀접한 관계에 있다. 바꿔 말해서, 병을 일으키는 병원체의 능력과 기생체가 기주식물을 침입하고 정착하는 능력은 결국 기주식물에서 병적현상으로 나타난다.

기생성의 예외적인 경우로는, 뿌리혹세균(根瘤菌; root nodule bacteria)에 의한 콩과식물의 감염과 **균근균**(菌根菌; **mycorrhizal fungi**)에 의한 많은 고등식물의 흡수근 감염을 들 수 있다. 이때 식물과 미생물은 상호 이익이 되는데, 이러한 현상을 **공생**(共生; **symbiosis**) 이라고 한다.

그러나 대부분의 식물병에서 식물이 받는 피해는 단순히 기생체에 의해 기주식물의 양분이 탈취되는 것 이상이다. 이 부가적인 피해는 기생체에 의해 분비되거나 기생체의 자극에 대한 반응으로 기주식물에서 생성되는 물질에 기인한다. 이러한 물질에 의해 자극받은 식물조직은 호흡의 증가, 세포의 분해 및 붕괴, 시들음, 기관 탈락, 세포의 이상증식 및 이상비대, 엽록소 같은 특별한 세포기관의 퇴화 등을 나타내기도 한다. 그러나 이러한 식물의 이상증상 자체는 기생체에 직접적으로 유리하게 작용하는 것으로는 생각되지 않는다. 따라서 식물체의 피해정도가 기생체의 양분탈취와 항상 비례하는 것으로 여겨지지는 않는다. **병원성**(病原性; **pathogenicity**)이란 기주식물의 몇 가지 필수적인 기능을 방해함으로써 병을 일으키는 기생체의 능력이라고 정의될 수 있다. 다시 말해, 기생성이 병원성에 중요한 역할을 하는 것은 틀림없지만 항상 결정적인 역할을 하는 것은 아니다.

수많은 생물체 중에서 극히 일부만 식물에 기생할 수 있다. 즉, 균류(菌類; fungi), 세균(細菌; bacteria), 몰리큐트(mollicutes), 기생식물(寄生植物; parasitic higher plants), 선충(線蟲; nematodes), 원생동물(原生動物; protozoas), 바이러스(viruses), 그리고 바이로이드(viroids)가 식물병원체로 작용한다. 이들은 기주식물을 침입하고, 기주식물 안에서 양분을 탈취하고 증식하며, 기주식물이 살아가는 환경에 적응할 수 있으므로 성공적인 기생체가 될 수 있다. 이들 기생체 중에서 바이러스, 바이로이드, 몰리큐트, 일부의 국재성 세균, 선충, 원생동물, 그리고 일부의 균류(노균병균, 흰가루병균, 녹병균)는 **활물영양체**(活物營養體; **biotroph**)인데, 살아있는 기주에서만 생장하고 번식할 수 있으므로 **절대기생체**(絕對寄生體; **obligate parasite**)라고 한다. 다른 기생체(대부분의 균류 및 세균)는 살아있는 기주와 죽은 기주에서 뿐만 아니라 각종 영양배지에서도 살아갈 수 있는데, 이들을 **비절대기생체**(非絕對寄生體; **nonobligate parasite**)라고 한다. 비절대기생체 중 일부는 대부분의 시간 또는 대부분의 생활사 동안 기생체로 살아가지만, 죽은 유기물에서도 부생적으로 살아갈 수 있다. 이와 같은 기생체는 **반활물영양체**(半活物營養體; **semibiotroph**)라고 할 수 있으며, 흔히 **임의부생체**(任意腐生體; **facultative saprophyte**)라고 한다. 다른 종류는 대부분의 시간을 죽은 유기물에서 살아가므로 **사물영양체**(死物營養體; **necrotroph**)라고 할 수 있지만, 어떤 조건에서는 살아있는 식물을 침해하여 기생성이 되므로, 이들을 **임의기생체**(任意寄生體; **facultative parasite**)라고 부른다. 일반적으로 어떤 병원체의 기생성 정도와 기주에서의 발병 정도 사이에는 상관관계가 없다. 왜냐하면 기생성이 약한 병원체에 의한 병이 도리어 절대기생체에 의한 병보다 식물에 훨씬 더 큰 피해를 주는 경우도 많기 때문이다. 더구나 끈적균류(粘菌類; slime molds)나 그을음병균 같은 병원균은 식물에 기생하지 않고 단순히 식물체 표면을 뒤덮음으로써 병을 일으키기도 한다.

일반적으로 절대기생체와 비절대기생체는 기주식물을 침해하는 방식과 기주식물로부터 양분을 탈취하는 방식에서 차이가 있다. 대부분의 비절대기생체는 효소를 분비함으로써 식물의 세포구성분을 와해시키며, 때로는 병원균이 분비하는 독소도 가세함으로써 결과적으로 기주세포가 죽고 분해된다. 그 다음에 이들 병원체는 세포물질을 영양원으로 이용하여 생장한다. 많은 균류와 대부분의 세균은 이와 같은 방식으로 작용하며, 살아있는 식물체 내에 있는 죽은 물질을 이용하여 살아간다. 이와 같은 영양섭취방식은 **부생체**(腐生體; **saprophyte**)의 경우와 다를 바 없다. 반면에 모든 절대기생체(그리고 일부의 비절대기생체)는 기주세포를 미리 죽이지 않고 살아있는 기주세포에 침입하거나 밀착하여 양분을 얻는다. 이러한 병원체와 기주세포의 관계는 밀접한 상태인데, 기주식물에서 정상적으로 이용되어야 할 양분이 기생체의 균체 내로 계속 흡수되거나 전환된다. 그러나 이와 같은 양분탈취로 인하여 기주의 생장이 위축되고 병징이 나타나지만, 기주를 죽이는 일은 거의 없다. 절대기생체의 경우에는 기주세포가 죽으면 기생체도 더 이상 생장하지 못하고 결국은 죽는다.

작물이 병원체에 기생 당하는 것은 흔한 일이다. 예를 들어, 북미에서는 8,000종 이상의 균류가 거의 100,000가지의 병을 일으킬 뿐만 아니라, 적어도 200종 이상의 세균, 약 75종류의 몰리큐트, 1,000종류 이상의 바이러스와 40종류 이상의 바이로이드, 그리고 500종 이상의 선충이 작물을 침해하는 것으로 알려져 있다. 식물에 기생성인 고등식물로는 약 2,500종이 알려져 있지만, 불과 몇 종만 작물에 심각한 피해를 준다. 예를 들어 토마토 한 가지 작물의 경우를 보면, 40종 이상의 균류, 7종의 세균, 16종류의 바이러스, 몇 종류의 몰리큐트, 그리고 몇 종의 선충에 의해 침해받는다. 이러한 병해의 수는 옥수수가 100가지, 밀이 80가지, 그리고 사과나무와 감자가 각각 약 80~100가지의 병해에 감염되는 것에 비하면 평균치에 불과하다. 그러나 다행히도 일정한 지역에는 일부의 병이 존재하고 또 해에 따라서는 단지 소수의 병만이 심하게 발생한다.

병원체의 기주범위

병원체는 그들이 침해할 수 있는 식물의 종류에 따라, 같은 식물일지라도 식물의 기관과 조직에 따라, 같은 조직이나 기관일지라도 성숙정도에 따라 달라질 수 있다. 어떤 병원체는 한 종 또는 한 속의 식물에만 제한적으로 병을 일으키는 반면, 어떤 병원체는 여러 과를 포함하는 넓은 기주범위를 갖는다. 같은 식물에 병을 일으키더라도, 병원체의 종류에 따라 뿌리나 줄기 또는 잎에서만 병을 일으키기도 하며, 또는 주로 다육성의 과실이나 채소에서만 병을 일으키기도 한다. 예를 들어, 유관속 병원체는 특별히 물관이나 체관만을 침해하여 시들음병을 일으키지만, 다른 병원체는 식물의 다른 부위를 침해하여 다른 병을 일으키기도 한다. 식물의 성숙정도와 관련지어 보면, 어떤 병원체는 유묘나 식물체의 연약한 부위만 침해하기도 하며, 어떤 병원체는 성숙한 조직만 침해하기도 한다.

대부분의 절대기생체는 침해하는 기주식물의 종류가 매우 한정되어 있다. 그 이유는 아마도 절대기생체가 기주와 수평적으로 진화했으며, 기주식물에서만 특별히 분비되는 물질을 필요로 하고, 그 물질을 기주식물에서만 얻을 수 있었기 때문인 것으로 생각된다. 그러나 바이러스나 선충 같은 절대기생체는 대개 여러 종류의 기주식물을 침해한다. 비절대기생체는 일반적으로 여러 종류의 식물과 성숙정도가 다른 여러 부위를 침해하는데, 이들 기생체의 기생성은 여러 종류의 식물에 흔히 존재하는 물질이나 반응에 영향을 주는 침입에 필요한 비특이적 독소나 효소를 분비하는 능력에 지배되기 때문이다. 그러나 일부의 비절대기생체는 단지 한 종 또는 수 종의 식물에만 병을 일으키기도 한다. 어떤 경우이건, 어떤 한 가지 병원체에 감수성으로 알려진 식물의 수는 자연계에서의 실제 수보다 적다. 왜냐하면 수천 종의 식물 중 극히 일부의 종에서만 각 병원체에 대한 감수성이 연구되었기 때문이다. 더구나 어떤 병원체가 유전적 변이를 일으킴으로써 이전에 면역성이었던 식물체를 침해할 수도 있다. 그러나 각 식물체는 알려진 식물병원체의 극히 일부에 의해서만 발병된다는 사실을 간과할 수는 없다.

식물체에서 병의 발생

식물체는 대부분 병원체에 침입을 받았거나 또는 드물지만 비생물적 요인에 의해 영향을 받았을 때, 이른바 '감염상태'가 된다. 따라서 전자의 경우에 식물병이 발생하기 위해서는 최소한 두 가지 요소(식물과 병원체)가 접촉상태로 되어 상호작용을 해야 한다. 접촉상태에서 또는 그 이후일지라도 너무 춥거나, 너무 덥거나, 너무 건조하거나, 또는 다른 악조건이 주어지면 병원체는 식물을 침해할 수 없거나 식물이 침해에 저항할 수 있으므로 기주-기생체가 접촉상태일지라도 병은 발생하지 않는다. 이때 제3의 요소인 소위 '환경조건들'이 병발생에 적당하면 병은 발생한다. 그러나 이러한 3가지 요소는 각각 크게 변할 수 있으며, 한 가지 요소라도 변하면 식물 개체 또는 식물 집단의 병발생 정도에 영향을 미친다. 예를 들어, 식물의 입장에서는 종이나 품종이 나타내는 저항성에 따라, 성숙정도에 따른 저항성에 따라, 그리고 대면적에 식재된 작물은 유전적 균일성에 따라 특정 병원체에 대한 병발생 정도가 달라진다. 이와 비슷하게 병원균의 입장에서는 레이스의 종류에 따라, 병원체의 밀도 및 휴면 여부에 따라, 침입을 위한 수막이나 매개체의 존재여부에 따라 영향을 받는다. 마지막으로 환경조건은 기주식물의 생장과 저항성에 영향을 줄 뿐만 아니라 병원체의 생장과 증식 속도 및 병원성 정도, 그리고 바람, 물, 매개체 등에 의한 병원체의 전반에도 영향을 준다.

발병에 관여하는 3가지 요소의 상호관계는 흔히 삼각형으로 표시될 수 있으며, 이를 '병삼각형(disease triangle)'이라고 한다 (그림 2-1). 이 삼각형의 각 변은 이들 3가지 요소 중의 하나를 나타낸다. 각 변의 길이는 발병을 조장하는 특징들의 합과 비례한다. 예를 들어, 식물이 저항성이고, 식물의 성숙정도가 발병에 부적당하고, 재식거리가 멀면 기주쪽의 변이 짧아져서 발병량은 적거나 없다. 반면에 식물이 감수성이고, 식물의 생육정도가 발병에 알맞고, 재식거리가 가까우면 기주 쪽의 변은 길어지고 발병가능성은 커진다. 마찬가지로 병원균 쪽에서도 병원성이 강할수록, 병원체가 많을수록, 병원체의 활성이 높을수록 병원체 쪽의 길이는 길어지고 발병량은 많아진다. 또한 환경조건(온도, 습도, 바람 등)이 병원체에 알맞게 작용하거나 기주의 저항성을 감소시킬수록 환경 쪽의 변은 길어져서 발병가능성은 더 증가한다. 이러한 3가지 요소가 정량화되면, 삼각형의 면적은 해당 식물체 또는 식물집단의 발병량을 나타낸다. 이들 3가지 요소 중 어느 하나라도 0(zero)의 값을 가지면

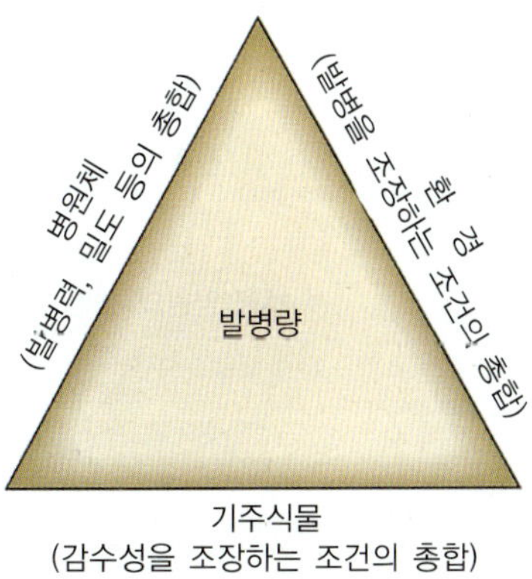

그림 2-1 병삼각형.

병은 발생할 수 없다. 병삼각형은 세 가지 구성요소(기주식물, 병원체, 환경)를 변이 아닌 꼭지점에 두는 삼각형으로 묘사되기도 한다.

병진전 단계: 병환

모든 감염성 병에서 일련의 다소 독특한 일이 연속적으로 일어나고, 이것은 병의 진전과 병원체의 번성으로 나타난다. 이러한 일련의 과정을 **병환**(病環; disease cycle)이라고 한다. 병환은 때때로 병원체의 생활환과 아주 밀접하게 상응하는 관계에 있지만, 병원체 자체가 아니라 병원체의 작용으로 일어나는 병의 발생, 진전, 그리고 연속이라는 일련의 과정을 의미한다. 다시 말해, 병환이란 병원체의 변화뿐만 아니라 기주식물의 변화와 병징의 변화까지도 모두 포함하며, 작물 생육기간 내 그리고 다음 연도의 작물 생육기간까지도 포함하는 개념이다. 병환에서의 주요 단계로는 접종, 침입, 감염, 정착(침투), 병원체의 생장 및 증식, 병원체의 전반, 그리고 기주가 없는 상태에서 병원체의 생존(월동 또는 월하)으로 이루어진다 (그림 2-2). 많은 식물병에서 하나의 병환을 완성하는 동안 여러 차례의 반복적인 감염이 일어나기도 한다.

접종

병원체가 식물체와 접촉되는 것을 **접종**(接種; inoculation)이라고 하며, 식물체에 도달하거나 식물체와 접촉한 상태의 병원체를 **전염원**(傳染源; inoculum)이라고 한다. 감염을 시작할 수 있는 병원체의 어떤 부분도 전염원이라고 할 수 있다. 균류에서는 포자(그림 2-3A~2-3C), 균핵(즉, 균사체의 단단한 덩어리), 또는 균사체의 일부가 전염원이 될 수 있다. 세균(그림 2-3D), 몰리큐트, 원생동물, 바이러스, 바이로이드 등에서는 항상 개체가 전염원이 된다. 선충에서는 성충, 유충, 알 등이 전염원이 될 수 있다. 기생식물에서는 식물체의 일부나 종자가 전염원이 된다. 전염원은 포자나 균핵처럼 하나의 개체일 수도 있으며, 한 방울의 물에 전반되는 세균처럼 수백만 개체의 집단일 수도 있다. 어느 병원체이든 이러한 전염원의 한 단위를 **번식체**(繁殖體; propagule)라고 한다.

전염원의 종류

월동하거나 월하하면서 휴면상태로 생존하여 봄이나 가을에 첫 감염을 일으키는 전염원을 **1차전염원**(一次傳染源; primary inoculum)이라고 하며, 이들에 의한 감염을 **1차감염**(一次感染; primary infection)이라고 한다. 1차감염으로부터 형성되는 전염원을 **2차전염원**(二次傳染源; secondary inoculum)이라고 하며, 이들에 의한 감염을 **2차감염**(二次感染; secondary infection)이라고 한다. 일반적으로 1차전염원이 많을수록 그리고 작물에 근접할수록, 병세는 심해지고 작물의 손실도 많아진다.

전염원의 근원

관목이나 수목 같은 다년생식물에 발생하는 일부 균류병과 세균병의 전염원은 식물의 가지, 줄기 또는 뿌리에서 형성된다. 전염원은 작물 재배포장의 토양이나 식물의 잔재에 존재하는

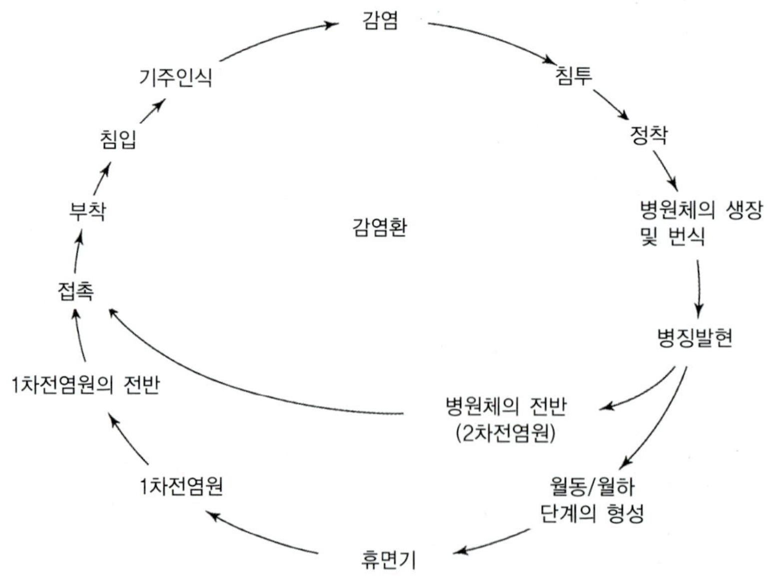

그림 2-2 병환과 감염환의 진전 단계.

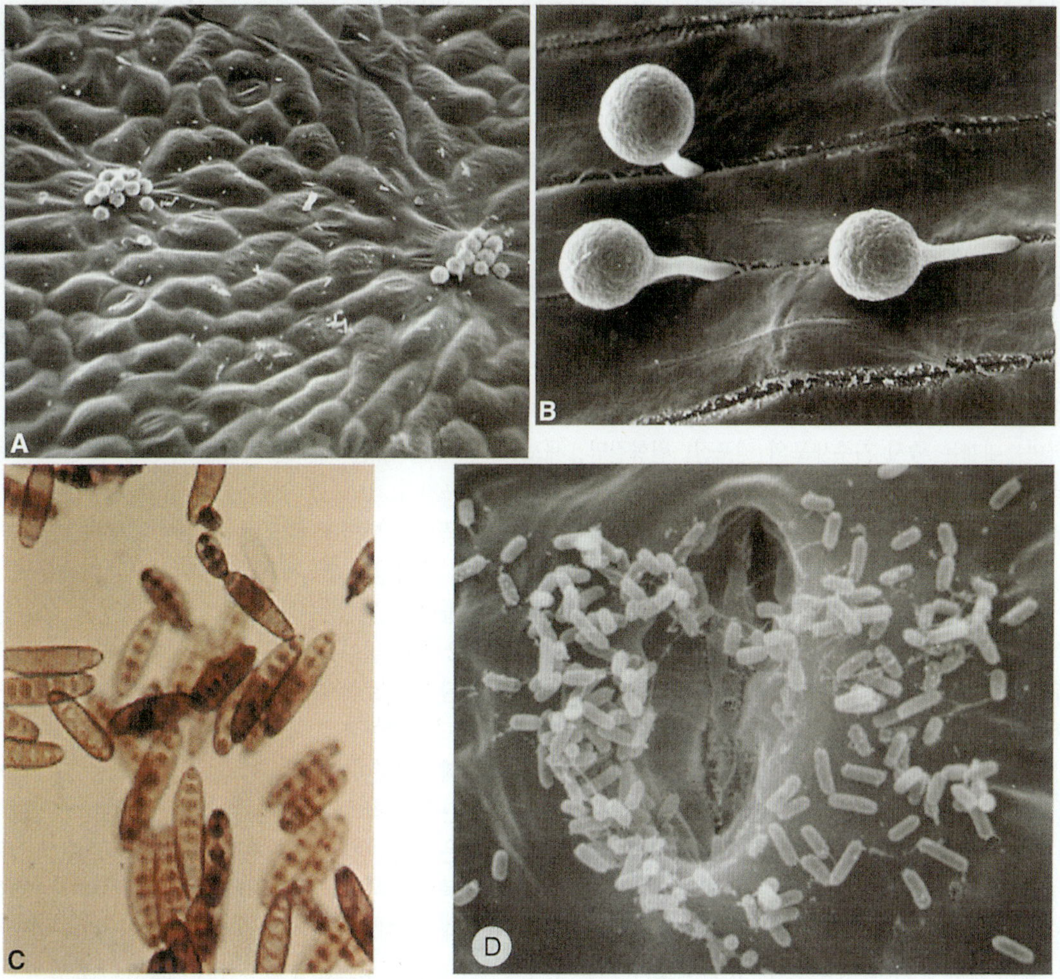

그림 2-3 전염원의 유형과 병원체가 기주식물에 침입하는 방법 (A) 기공 위에 모여 있는 두 그룹의 포도나무 노균병균 유주포자. (B) 발아하여 뿌리를 관통하고 있는 콩 뿌리썩음병균 *Phytophthora sojae* 의 피낭유주포자. (C) 옥수수 점무늬병균의 분생포자. (D) 핵과류에 세균성점무늬병과 궤양병을 일으키는 *Pseudomonas syringae* 가 양앵두나무 기공의 내부와 그 주변에 보인다. [사진제공 (A) D.J. Royle, (B) C.W. Mims and K. Enkerli, University of Georgia, (D) E.L. Mansvelt, Stellenbosch, South Africa.]

경우가 많고; 종자, 이식묘, 괴경을 비롯한 각종 번식기관 등에 수반되어 포장으로 유입되거나, 다른 포장에서 유입되는 경우도 있다. 외부에서 유래한 전염원은 인접한 식물체나 포장에서 유입되기도 하지만 수 km 이상 멀리 떨어진 포장에서 유입되기도 한다. 여러 식물병, 특히 일년생작물의 경우에는 전염원이 다년생 잡초나 중간기주에서 생존한 후 매년 재배작물로 전반된다. 균류, 세균, 기생식물, 그리고 선충은 병든 식물의 표면에 전염원을 형성하거나 또는 감염조직이 파괴될 때 식물 표면에 전염원을 노출시킨다. 바이러스, 바이로이드, 몰리큐트, 국재성 세균 그리고 원생동물은 식물체 내에 전염원을 형성하며 자연상태에서 식물 표면에 노출되는 일이 없으므로 스스로 한 식물체로부터 다른 식물체로 전반될 수 없다. 그러므로 거의 모두 매개체에 의해 식물로부터 다른 식물로 전반된다.

전염원의 전반

대부분의 병원체에서 전염원은 바람, 물, 곤충 등에 의해 수동적으로 기주식물로 전반된다. 공기전반성 전염원은 흔히 중력보다는 빗물에 씻겨 공기 중으로 이탈되고 식물의 표면에 도달한다. 형성된 전염원의 대부분은 엉뚱한 장소에 떨어지고, 극히 일부만이 감수성 기주식물의 표면에 도달한다. 그러나 토양에서 유주포자나 선충은 기주식물의 뿌리에서 분비되는 당 및 아미노산 같은 물질에 유도되어 기주식물로 모여든다. 충매전염성 병원체는 매우 높은 효율로 기주식물에 전반된다.

침입전 현상

병원체의 기주 부착

몰리큐트, 난배양성 세균, 원생동물 및 대부분의 바이러스와 같은 병원체는 그들의 매개체에 의해 기주식물의 세포 내에 직접 도달하며, 대개는 즉시 기주세포의 세포질, 원형질막, 세포벽에 둘러싸인다. 그러나 거의 모든 균류, 세균, 기생성 고등식물은 먼저 기주의 외피와 접촉한다. 그들은 기주에 침입하고 정착하기 전에 먼저 기주식물의 표면에 부착되어야 한다 (그림 2-3~2-6). 포자나 세균 및 종자가 기주에 부착되는 것은 점착성에 의해 이루어지는데, 점질성 물질의 점성에 필요한 성분과 환경요인은 매우 다양하다. 이때 점질성 물질이 무독성 화합물에 파괴되면 포자는 잎을 감염하지 못한다.

병원체의 번식체는 표면이나 끝에 불용성의 다당류, 당단백질, 지질 및 섬유질이 혼합되어 구성된 점질성 물질을 가지고 있고, 이러한 물질은 습할 때 점질성을 획득하여 병원체가 식물에 부착되는 것을 돕는다. 일부 균류에서는 포자가 습한 공기나 이슬에 노출되면 포자의 끝에 있던 점액이 분출됨으로써 소수성의 식물 표면에 즉시 부착될 수 있으며 포자가 물에 씻겨나가는 것도 막아준다. 그러나 감염에 물을 필요로 하지 않는 흰가루병균 포자의 부착은 큐틴분해효소의 방출을 동반하는데, 이 효소는 식물과 포자의 접촉부위를 친수성화하여 포자가 식물 표면에 달라붙게 만든다. 다른 균류에서는 번식체의 부착을 위하여 특정부위에서 새로운 당단백질 합성(on-the-spot synthesis)이 요구되는데, 이 당단백질의 수치는 포자 접촉 후 30분이 지나서야 최고치에 다다른다. 유관속시들음 증상을 일으키는 균류의 경우에는 포자가 물에 접촉한 직후가 아니라 호흡을 하고 새로운 단백질을 합성하기 시작한 이후에 점착성을 갖는다.

어떻게 포자가 식물 표면에 정확히 부착되느냐 하는 것은 아직까지 밝혀지지 않았지만, 그것은 렉틴이나 이온성 상호작용 또는 식물 표피와의 소수성 접촉 등을 통한 포자와 식물 표피와의 매우 특이적인 상호작용과 관련되어 있거나, 이러한 화학적 신호가 아닌 물리적 요인에 의한 포자의 자극과 관련되어 있는 것으로 보인다. 여러 병원체의 번식체를 둘러싸고 있는 세포외기질은 큐틴분해효소를 비롯한 여러 효소를 함유하고 있는데, 이들 또한 포자의 부착에 중요한 역할을 담당할 것으로 예상된다. 어떤 경우이든 부착이 발아관의 신장과 감염구조의 형성을 위한 신호전달에 필수적인 것처럼 보인다. 현재 균류 세포벽 내에 있는 많은 단백질이 그들의 구조적 역할 외에도, 기주 표면인식은 물론이고 균류의 부착에도 중요한 역할을 한다는 사실이 명백해졌다.

포자 발아 및 기주표면 인식

무엇이 포자 발아를 도발하는지 분명하지는 않지만, 기주 표면과의 접촉에 의한 자극, 물과의 접촉, 기주 표면으로부터 저분자 이온물질의 흡착 및 영양물질 등이 어떠한 역할을 할 것이다. 포자는 이러한 자극을 수용하기 전이나 주변에 너무 많은 포자가 있을 경우에는 발아를 억제하는 기작을 갖는다. 또한 포자는 발아에 필요한 자극을 인지하는 즉시 발아관의 형성과 신장에 필요한 세포막과 세포벽의 신속한 합성을 위한 지질, 폴리올 및 탄수화물 등의 저장양분을 동원한다 (그림 2-4, 2-5). 발아관은 균류의 균사와는 다른 별개의 특수하게 분화된 구조로서 대개 부착기로 분화되기 전에 아주 짧게 자란다. 또한 발아관은 기주 표면을 인식하는 구조와 부위를 갖고 있는데, 이것이 그 고유한 외부적 자극을 수용하지 않는다면 발아관은 부착기로 분화되지 않을 것이며, 영양원이 고갈되면 성장은 멈추게 된다. 기주표면의 경도, 소수성, 표면의 구조 및 식물체로부터의 신호와 같은 적당한 물리적, 화학적 신호가 있을 때 비로소 발아관의 신장과 분화가 일어난다.

병원성 균류의 식물 표면신호인식 (그림 2-6)은 cAMP(cyclic adenosine monophosphate)와 MAPK (mitogen-activated protein kinase)에 의한 신호전달경로의 결과로서 여러 균류에서 감염 관련 현상의 조절에 연관되어있다. 부착기 형성을 위한 신호를 전달하는 균류는 소수성 식물 표면과 같은 기주식물로부터의 자극에 대한 반응으로서 세포외 자극을 수용하여 세포막을 통해 이를 전달하고, 그 첫 단계로서 이 자극은 세포내 신호물질을 축적하여 일련의 단계적인 인산화반응을 유도한다. 일부 균류에서 외부 신호의 수용체는 포자의 세포막 내에 있는 단백질이다. cAMP 신호전달은 protein kinase A(=PKA)의 cAMP-의존성 활성(cAMP-dependent activity)과 그에 대상이 되는 단백질의 인산화에 의해 다음 단계로 진행된다. 발아관 발달에 있어서 PKA의 주요 기능은 탄수화물과 지질을 부착기 부위로 동원하는 데 있으며, 이것이 부착기 형성의 중추라 할 수 있다. 균류에서 cAMP 신호는 부착기 발달의 초기단계에서 요구되는데, 그때 분생포자가 분화되고 부착기와 발아관이 출현하는 동안 세포 내에서 cAMP의 집적이 일어난다. 이후에 발아관이 신장할 때는 cAMP의 농도가 낮아진다. 이때 더 많은 cAMP가 가해지면 발아관은 더 이

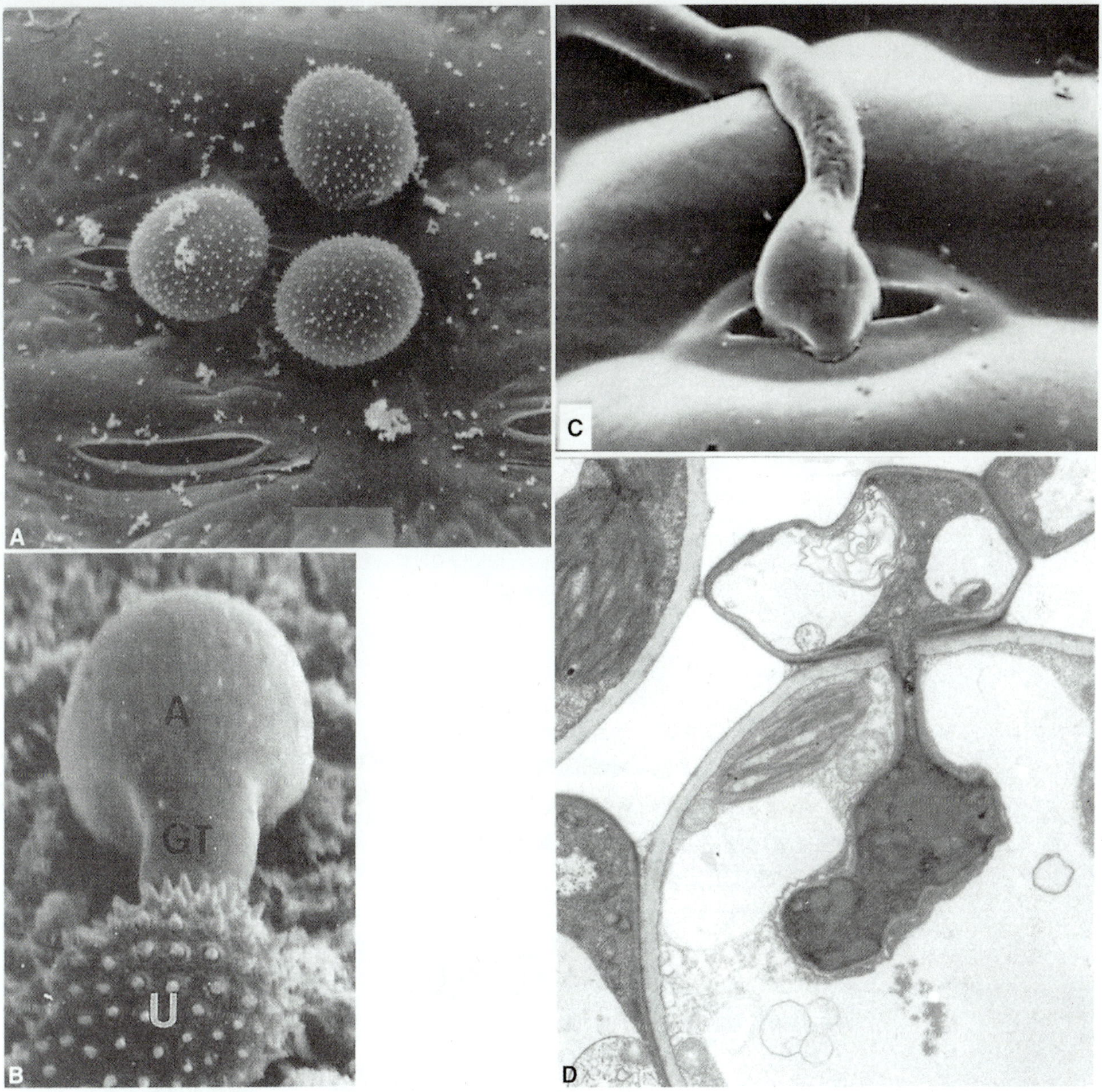

그림 2-4 균류의 발아와 침입 방법. (A) 열린 기공 옆의 녹병균 여름포자. (B) 발아하여 돔과 같은 부착기를 형성한 녹병균 여름포자(U). (C) 여름포자의 발아, 발아관 신장, 그리고 기공을 통한 부착기 침입. (D) 기주세포 내에 존재하는 녹병균의 흡기. (E) 직접 발아하여 균사로 발달하는 사과나무 검은썩음병균 포자. (F) 다세포로 이루어진 2개의 *Alternaria* sp. 분생포자. (G) 세포외 분비물질에 싸인 발아관을 가지고 발아 중인 *Alternaria* 분생포자.

(다음 페이지에 계속)

상 신장되지 않는다.

감염을 일으키기 위한 신호전달 경로 역시 MAPK(mitogen-activated protein kinase)와 그 상위의 조절 kinase에 의해 이루어진다. 이들은 모두 관련 유전자의 발현을 이끌어내기 위해 세포 밖으로부터의 입력신호를 세포 내의 핵으로 전달하는 기능을 갖는다. MAP kinase의 일종인 K1과 P1은 식물 표면의 자극에 반응하여 부착기 형성을 조절하지만, 침입을 위한 생장과 기주식물 내에서의 생존에도 필요하다.

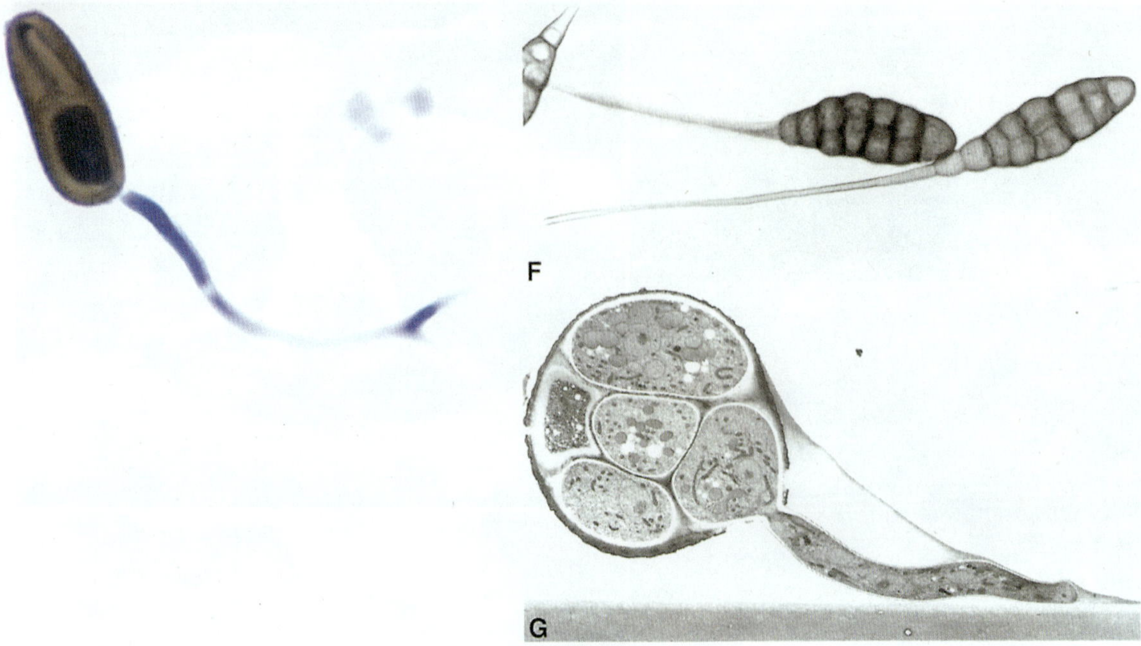

그림 2-4 (계속)

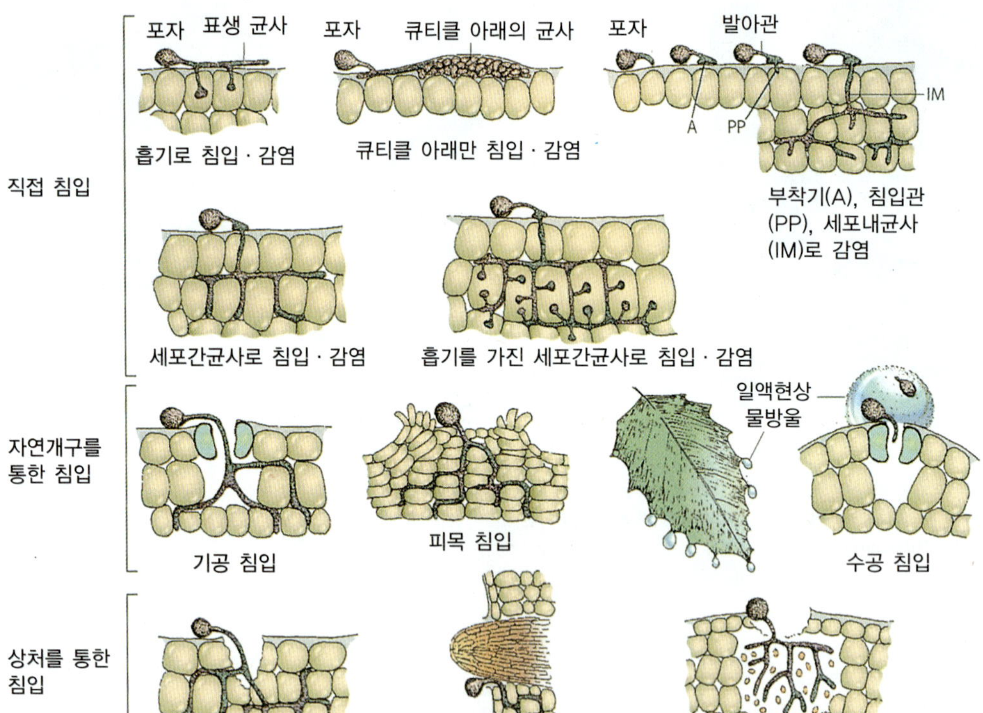

그림 2-5 균류가 식물을 침입 · 감염하는 방법.

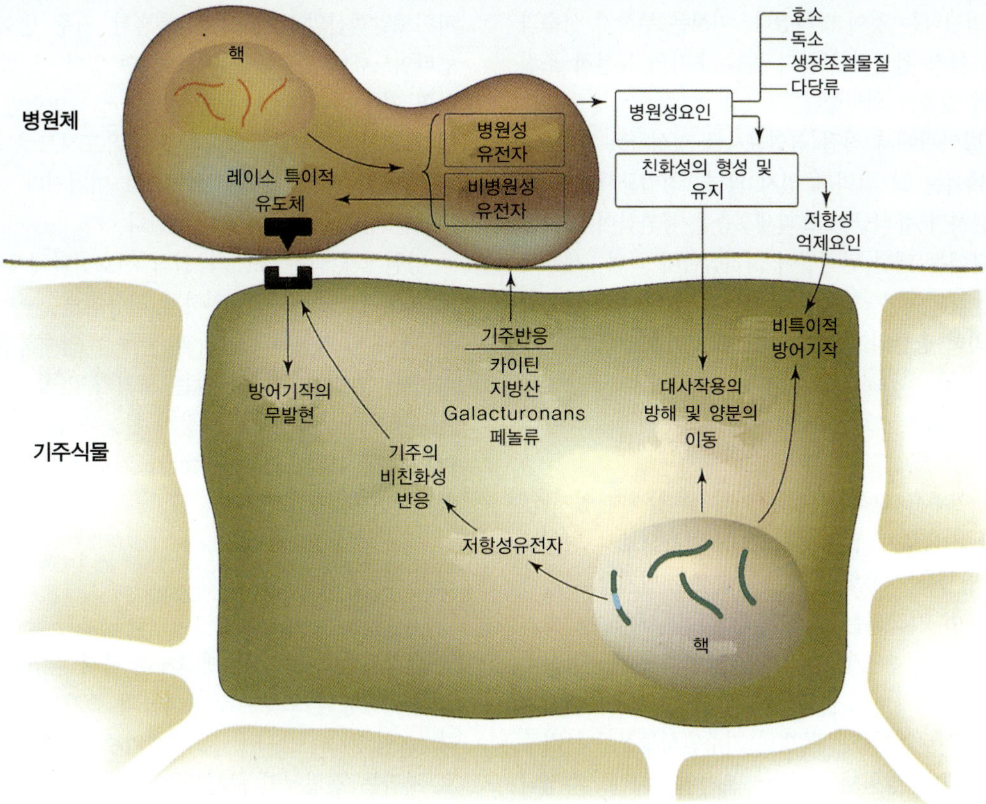

그림 2-6 병원체와 기주식물의 친화성 반응에서 감염의 성립.

번식체가 기주 표면에 부착된 후, 포자나 종자가 발아할 때 발아관의 전체 또는 끝에서 기주 표피에 부착할 수 있는 점착성 물질이 생성된다. 점착성 발아관에 존재하는 분해효소의 작용으로 흔히 기주의 표피와 세포벽이 변화되는 것을 볼 수 있다.

부착기의 형성과 성숙

부착기는 형성되는 즉시 잎 표면에 단단히 달라붙는다 (그림 2-4, 2-9). 이어서 표피를 뚫기 위해 세포외효소를 분비하거나 물리적 힘을 만들어 내기도 하며 그 둘 모두를 이용하기도 한다. 부착기는 균 스스로의 물리적 침입력과 자신이 분비하는 효소의 화학적 활성을 견디기에 충분하도록 강하게 접착되어야 한다. 균류의 부착기는 지질, 다당류, 단백질을 포함한다. 균류는 멜라닌으로 착색된 부착기의 바닥에서 가는 침입균사를 만들고 이 균사로 식물 표면에 구멍을 내기 위해 물리적 힘을 이용한다.

부착기내 팽압의 크기는 일반 자동차 타이어 압력의 40배 이상임이 밝혀졌다. 부착기의 팽압은 글리세롤의 엄청난 축적에 의해 높아진 삼투압으로 인해 세포 내로 물을 빨아들여 발생하며, 이때 가느다란 침입관(appressorial penetration peg)을 기주의 표피로 밀어내 관통시키는 압력이 발생된다. 부착기 형성과 부착기 내 글리세롤의 생합성을 위해 포자내 저장양분을 동원하는 것은 cAMP 신호전달 경로에 의해 조절되지만, 부착기 형성을 위한 지질과 글리코겐 저장물의 초기 이동은 K1 MAP에 의해 조절된다는 것이 밝혀졌다. 이것은 부착기 성숙과 그 특이적인 생화학적 활성이 부착기 발달 초기의 유전적 조절과 깊이 관련되어 있음을 의미한다.

부착기 또는 발아관에서 직접 침입균사를 형성하는 것에 대해 유전적 수준에서는 잘 알려져 있지 않다. 침입균사를 형성하기 위해서는 균사가 큐티클과 표피세포층을 통과하여 자라야 하므로 균사 선단에는 액틴 단백질이 자리잡아야 하며, 세포벽은 신속히 생합성되어야 한다. 침입균사의 형성은 MAP kinase 경로에 의해 조절되어짐이 밝혀졌다.

기주-병원체의 인식

어떻게 병원체가 기주를 인식하는지는 아직 잘 알려져 있지 않다. 병원체와 기주 세포가 접촉하면, 초기 반응으로서 병원체의 생장과 병의 발생을 허용할 것인지 방해할 것인지를 결정하는 즉각적인 반응이 시작되는 것으로 추정된다. 이러한 '초기 반응'의 본질은 어느 기주-기생체간의 상호반응에서도 확실히 구명되지는 않았지만, 아마도 많은 생화학 물질, 구조, 대사과정 중의 하나일 것이다. 이들은 특별한 기주인식물질이나 기주인식구조 또는 특별한 병원체 elicitor 분자일 것으로 추정되며, 이들 중 하나가 특별한 기작을 유발하거나 상대편 생물에 의해 특별한 반응물질의 형성을 유발하는 것으로 생각된다 (그림 2-6).

병원체를 활성화하는 신호전달물질로 작용하는 기주 쪽의 물질은 여러 가지가 있다. 즉, 기주식물의 큐틴분해효소 생성을 활성화하는 지방산; 균류나 세균으로 하여금 펙틴분해효소를 분비하도록 자극하는 펙틴의 galacturonan 분자; 일부 병원체 번식체의 활성 및 발아를 촉진하는 페놀성 화합물(예; strigol); 식물의 상처로부터 유래되어 병원체의 감염과 관련된 유전자를 활성화시키는 페놀물질 및 당류 등을 예로 들 수 있다. 기주식물은 표면의 굴곡이나 경도, 칼슘 등의 이온 방출 같은 표면의 특성에 의해 병원체들이 인식할 수 있는 고유한 신호를 보내기도 한다.

기주식물에 의해 인지되고 이어서 기주 방어기작을 가동시키는 elicitor 로 작용하는 병원체 쪽의 물질은 아직 잘 알려져 있지 않다. 병원체가 기주에 침입하기 전이나 침입과정에서 생성하는 elicitor 분자는 병원체의 세포벽에 존재하는 물질(예; β-1,3 glucans, 카이틴, 키토산 등)로 기주의 효소(예; β-1,3 glucanase 그리고/또는 카이틴분해효소) 작용으로 생성될 수도 있고, 또는 병원체가 기주의 신호전달체계에 반응하여 기주를 침입할 때 병원체에 의해 합성되거나 분비되는 물질일 수도 있다. 후자의 elicitor로는 과민성반응을 유도하는 세균의 harpin 단백질류를 비롯하여 일종의 hydroxylipid 류, 그리고 파이토알렉신의 생성 같은 특별한 기주 방어반응을 유도하는 펩타이드류나 탄수화물류를 들 수 있다. 또한 elicitor 가 존재하면 기주에 과민성반응을 유도하거나 방어반응에 관여하는 식물 유전자의 전사를 시작하도록 유도하므로 elicitor는 병원체의 비병원성을 결정하는 요인으로 여겨진다. 이러한 경우에 병원체는 병원성을 나타내지 못한다.

병원체가 받는 초기의 인식 신호전달체계에서 이것이 병원체의 생장과 발달에 유리하게 작용하면, 병이 발생하며; 신호전달체계가 병원체의 생장과 활동을 억제하면, 병은 발생하지 않는다. 반면에 기주가 받는 초기의 인식 elicitor가 방어반응을 시작하면, 병원체의 생장과 활동은 감소되거나 중지되어 병이 발생하지 않으며; elicitor가 기주의 방어반응을 억제하거나 회피하면 병은 발생한다.

포자 및 종자의 발아

영양 상태에 있는 모든 병원체는 즉시 감염을 시작할 수 있다. 그러나 균류의 포자나 기생식물의 종자는 우선 발아해야만 한다 (그림 2-4, 2-5). 포자는 기주식물을 감염시키고 그 내부로 자라는 전형적인 균사체(그림 2-4E, 2-4G)를 만들어 발아하거나 특별하게 분화된 감염구조인 흡기(그림 2-4B~2-4D)를 형성하는 짧은 발아관을 만들기도 한다. 발아를 위해서는 적당한 온도조건뿐만 아니라 비, 이슬, 식물체 표면에 형성된 수막, 또는 높은 상대습도가 유지되는 수분조건이 충족되어야 한다. 이러한 다습상태는 병원체가 침입하는 과정 동안 계속 유지되어야 하며, 그렇지 않으면 말라죽는다. 대부분의 포자는 성숙하여 방출된 이후에 즉시 발아할 수 있으나, 휴면포자는 일정기간의 휴면기를 거쳐야 발아할 수 있다. 포자가 발아하면 균사의 시발점이라고 할 수 있는 발아관이 형성되고, 결국에는 기주식물을 침입할 수 있다. 일부 균류의 포자는 발아하여 다른 형태의 포자를 형성하는데, 예를 들어 포자낭은 유주포자를 형성하고 겨울포자는 담자포자를 형성한다.

식물체 표면에서 분비되는 영양물질에 의해 포자 발아가 촉진되는 경우가 있는데, 영양물질(당류 및 아미노산류)의 양이 많을수록 포자의 발아율 및 발아속도가 증가한다. 어떤 병원체의 포자는 그 병원체에 감수성인 식물의 분비물에 의해 자극을 받아야만 발아하는 경우도 있다. 어떤 경우에는 식물체가 주위의 수분에 용출하는 물질, 포자밀도가 대단히 높을 경우에는 포자 자체가 함유하는 물질, 또는 식물체 표면 근처에 존재하는 부생성 미생물에 의해 포자 발아가 다소 또는 심하게 억제되기도 한다.

토양 속의 균류는 기아상태를 유발하거나 독성물질을 분비하는 각종 길항미생물과 공존하고 있다. 어떤 토양 조건에서는 많은 토양전염성 균류의 포자가 발아할 수 없거나[이러한 현상을 **정균작용**(靜菌作用; fungistasis)이라고 함], 발아관이 급속히 용해되는데, 이러한 현상이 유발되는 토양을 **발병억제토양**(發病抑制土壤; suppressive soil)이라고 한다. 그러나 정균작용은 근처에서 자라는 기주식물의 뿌리 분비물에 의해 대부분 상쇄되고, 포자는 발아하여 침입할 수 있게 된다.

포자가 발아한 이후, 발아관이 계속 자라거나 운동성의 2차 포자(유주포자)가 이동하여 식물체 표면에 도달해야 성공적으로 침입할 수 있다 (그림 2-3A, 2-3B).

발아관의 수, 길이, 생장속도 등이나 유주포자의 수와 운동성은 온도와 습도를 비롯한 여러 물리적 요인뿐만 아니라 기주식물체가 분비하는 물질의 양이나 주변의 부생성 미생물상에도 영향을 받는다. 발아관이 침입부위로 생장하는 것은 여러 요인에 의해 조절되는 것으로 생각된다. 즉, 상처, 기공, 피목 등의 자연개구에 존재하는 높은 습도나 화학적 자극; 기공에 성공적으로 도달할 수 있도록 기주표면의 구조적 특징에 대한 접촉반응; 뿌리 표면을 따라 존재하는 당류 및 아미노산류의 높은 농도에 대한 발아관의 영양학적 반응이 영향을 미친다. 운동성 포자(유주포자)의 운동방향도 다음과 같은 요인에 의해 조절된다. 즉, 기공, 상처, 뿌리의 신장대 등에서 분비되는 화학적 자극, 열린 기공의 구조와 관련된 물리적 자극, 그리고 상처와 뿌리 분비물에 존재하는 영양적 농도구배에 의해 조절된다.

기생식물의 종자는 발아하여 유근을 형성하는데, 유근은 직접 기주식물을 침입하거나 또는 어린 식물체로 발달한 후 **흡기**(吸器; haustorium)라는 특수한 흡수기관을 형성하여 기주식물을 침입한다. 위에서 언급한 포자 발아나 발아관의 생장방향에 영향을 미치는 모든 요인이 종자에도 적용될 수 있다. 흡기는 많은 균류에서도 형성된다.

선충 알의 부화

선충의 알도 활동을 개시하고 부화하기 위해서는 적당한 온도와 습도조건이 필요하다. 대부분의 선충 알에는 산란 전이나 산란 직후에 1령유충이 들어있다. 이 유충은 즉시 한번 탈피하여 2령유충이 되어 다양한 기간 동안 알 속에서 휴면상태로 존재한다. 따라서 알이 부화하면 2령유충이 나오는데, 이들은 기주식물을 찾아서 침입하거나 탈피를 거듭하여 성충이 된다.

일단 선충이 식물체의 뿌리에 가까이 오면, 뿌리의 생장과 관련된 화학적 요인, 특히 이산화탄소 및 몇 가지 아미노산에 의해 뿌리 쪽으로 유인된다. 이들 화학물질은 토양 내에서 확산되어 뿌리로부터 수 cm 떨어진 곳에 있는 선충을 잘 유인하는 효과를 나타낸다. 선충은 기주식물의 뿌리에 더 잘 유인되는 것으로 알려진 경우도 있지만, 일반적으로 기주식물과 비기주식물의 뿌리에 모두 유인된다.

침입

병원체는 식물체의 표면을 직접 관통하거나, 자연개구를 통하거나, 또는 상처를 통해서 침입한다 (그림 2-3~2-5). 어떤 균류는 한 가지 방법으로만 침입하지만, 어떤 균류는 여러 방법으로 침입한다. 세균은 대부분 상처를 통해서 때로는 자연개구를 통해서 침입하지만 손상되지 않은 세포벽을 통해서는 직접 침입하지는 못한다 (그림 2-5). 바이러스, 바이로이드, 몰리큐트, 국재성 세균, 원생동물은 매개충에 의해 만들어진 상처를 통해서 침입한다. 일부의 바이러스와 바이로이드는 각종 기구나 다른 수단에 의해 만들어진 상처를 통해서도 침입한다. 기생식물은 직접 기주를 침입한다. 선충은 기주를 직접 침입하지만, 때로는 자연개구를 통해 침입하기도 한다 (그림 2-10).

침입이 항상 감염으로 이어지지는 않는다. 미생물이 감수성이 아닌 식물의 세포를 실제로는 침입하지만 병은 일으키지 못하는 경우도 많은데, 이들 미생물은 침입 과정 이후에 더 진전하지 못하고 병을 일으키지 못한 채 죽는다.

식물체의 표면을 통한 직접 침입

식물체의 표면을 통한 직접 침입은 균류와 선충에서 가장 보편적인 방법이며, 기생식물에서는 유일한 방법이다. 다른 병원체는 식물을 직접 침입할 수 없다.

균류 가운데 반활물영양체 즉, 비절대기생균은 포자나 균사로부터 직접 형성된 가는 균사를 통해 침입(그림 2-3B, 2-5, 2-8)하는 반면에 절대기생균은 부착기에 형성된 침입관을 통해 기주식물에 직접 침입한다 (그림 2-4B~2-4D, 2-9). 가는 균사나 부착기는 식물 표면과 접촉된 발아관이나 균사에 형성된다. 가는 균사는 식물 표면 쪽으로 자라면서 기계적 힘과 세포벽 분해효소를 이용하여 큐티클과 세포벽을 뚫는다. 그러나 대부분의 균류는 발아관의 끝에 부착기를 형성하는데, 부착기는 기주식물의 표면과 접촉하기 용이하도록 편평한 바닥을 가진 구형 내지 원주형이다 (그림 2-4, 2-9A, 2-9B). 그 후 **침입관**(侵入管; penetration peg)이 부착기의 아래쪽에서 기주식물 쪽으로 자라 나와 큐티클과 세포벽을 뚫는다. 침입관은 점차 자라면서 가느다란 균사로 되는데, 가는 균사는 정상적인 균사에 비해 직경이 훨씬 작지만 일단 기주세포 내에서는 정상적인 균사로 회복된다. 대부분의 균류에 의한 병에서 균은 큐티클과 세포벽을 뚫고 침입하지만, 사과나무 검은별무늬병균 (그림 2-11A) 같은 경우에는 단지 큐티클만 통과해서 큐티클과 세포벽 사이에 머문다.

기생식물도 유근과 기주식물체가 접촉하는 부위에 부착기와 침입관을 형성하며, 침입과정도 균류의 경우와 비슷하다. 선충은 구침을 앞뒤로 반복적으로 움직이면서 식물체를 찔러 세포벽에 작은 구멍을 만들고 식물체 내로 직접 침입한다. 어떤 종류는 단지 구침만 식물체에 박고, 어떤 종류는 몸 전체가 식물체 내로 들어가기도 한다 (그림 2-12).

상처를 통한 침입

모든 세균, 대부분의 균류, 일부의 바이러스, 그리고 모든 바이로이드는 다양한 상처를 통해서 식물체 내로 침입할 수 있다 (그림 2-5). 몇몇 바이러스와 모든 몰리큐트, 유관속국재성 세균, 그리고 원생동물은 매개충이 만든 상처를 통해서 식물체 내로 침입한다. 세균이나 균류의 침입경로가 되는 상처는 갓 형성되거나 오래 전에 형성된 것일 수도 있으며, 또는 파열된 조직이거나 죽은 조직일 수도 있다. 이들 병원체는 이와 같은 조직에서 일시적으로 살다가 이내 건전조직으로 들어간다. 조직의 손상이나 괴사는 다음과 같은 조건에 의해 형성된다. 예를 들어 강풍이나 우박 같은 환경적 요인; 곤충이나 큰 동물에 의한 섭식; 가지치기, 이식, 수확 등의 농작업; 엽흔 같은 자연적 상처; 그리고 다른 병원체에 의한 상처나 병반을 들 수 있다. 상처를 통해 침입한 세균이나 균류는 상처에 생긴 즙액이나 상처에 존재하는 물(빗물, 이슬 등)에서 발아하고 증식한다. 그 후 병원체는 인접한 세포로 직접 또는 흡기를 형성하여 침입하거나 효소나 독소를 분비함으로써 인접 세포를 죽이고 붕괴시킨다.

바이러스, 몰리큐트, 국재성 세균, 그리고 원생동물이 상처를 통해 침입하는 것은 매개충이 접종할 때 새로 만들어진 상처에 이들 병원체가 정확히 옮겨지느냐에 달려있다. 이들 4가지 병원체는 모두 특정한 곤충에 의해 매개된다. 일부의 바이러스는 선충, 응애, 그리고 균류에 의해 전염되기도 한다. 일부의 바이러스와 바이로이드는 사람의 손이나 농기구에 의한 상처를 통해 전염되기도 한다. 대부분 이러한 병원체는 특정한 한 종 또는 몇 종의 매개체에 의해 전반되며, 이들 특정한 매개체에 의해 해당 식물에 옮겨졌을 경우에만 성공적으로 접종될 수 있다.

자연개구를 통한 침입

많은 종류의 균류와 세균은 **기공**(氣孔; stoma)을 통해 침입하고, 일부는 수공, 밀선, 피목을 통해 침입한다 (그림 2-3~2-5, 2-7). 대부분의 기공은 잎의 뒷면에 많이 분포하는데, 크기는 약 10~20×5~8㎛이며, 주간에는 열리고 야간에는 닫힌다. 기공 위의 수막에 존재하는 세균은 쉽게 기공으로 헤엄쳐 들어갈 수 있으며 (그림 2-3D), 기공하포에서 증식하여 감염을 시작한다. 균류의 포자는 식물 표면에서 발아하고, 발아관이 기공 안으로 자라 들어간다 (그림 2-3A, 2-4B, 2-5). 그러나 발아관이 부착기를 형성하여 기공에 딱 달라붙은 다음, 가는 균사가 기공 속으로 자라 들어가는 경우가 더 많다 (그림 2-4, 2-5). 기공하포에서 균사는 굵어지고, 여러 개의 균사를 형성하여 기주식물의 세포 속으로 직접 침투하거나 흡기를 형성한다 (그림 2-5). 닫힌 기공을 통해 침입하는 균류도 있지만 대부분의 경우에는 열린 기공으로 침입하며, 흰가루병균처

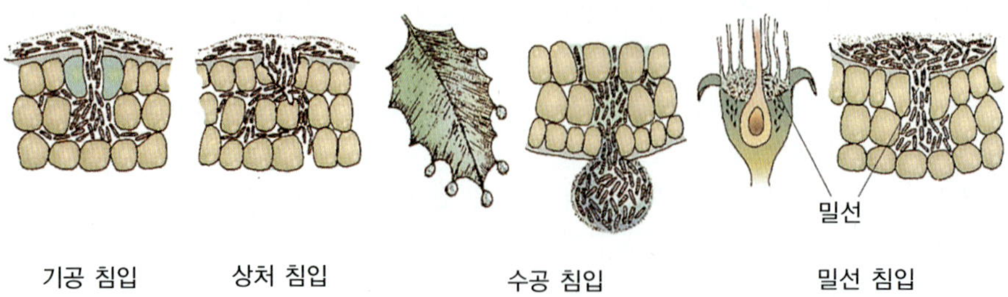

그림 2-7 세균이 식물을 침입·감염하는 방법.

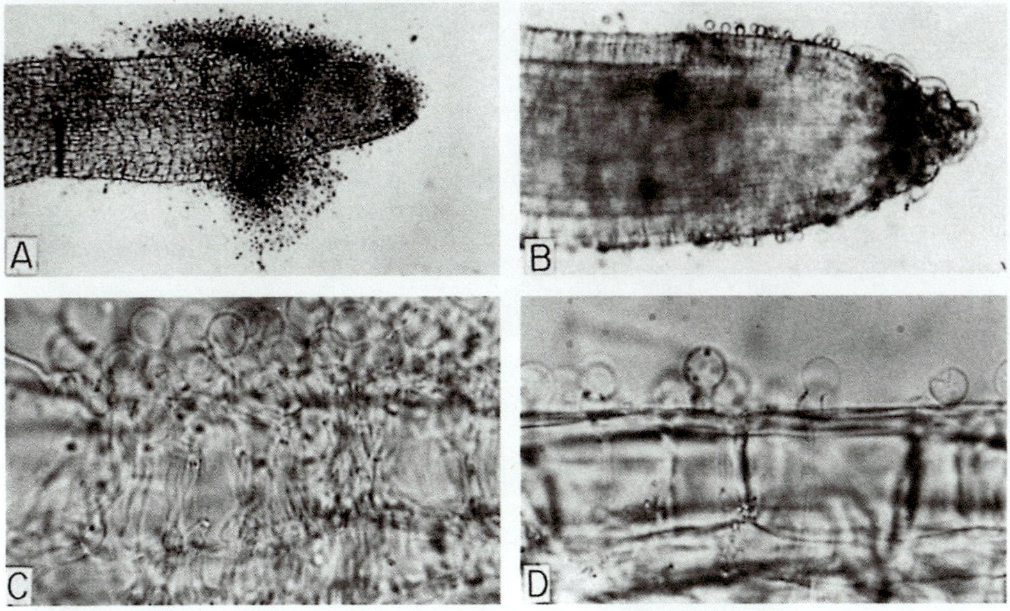

그림 2-8 Blueberry 뿌리에 *Phytophthora cinnamomi* 의 유주포자가 유인되는 모습(A, B) 및 감염하는 모습(C,D). 접종 1시간 후 뿌리에 유인된 유주포자 및 24시간 후 뿌리에 감염·정착한 유주포자는 감수성 계통인 highbush blueberry(A,C)가 저항성 계통인 rabbiteye blueberry(B,D)보다 훨씬 더 많다. [사진제공: R.D. Milholland.]

럼 열린 기공으로 침입하지 않고 지나쳐 자라는 경우도 있다.

수공(水孔; **hydathode**)은 잎의 끝이나 가장자리에 존재하며 항상 열려있는 구멍이다. 수공은 엽맥과 연결되어 있으며 각종 양분을 함유한 액체방울을 분비한다 (그림 2-5). 일부의 세균은 잎을 침입할 때 이 구멍을 이용하지만, 수공을 통해 침입하는 균류는 거의 없다. 일부의 세균은 수공과 비슷한 밀선을 통해 꽃을 침입하기도 한다 (그림 2-7).

피목(皮目; **lenticel**)은 과실, 줄기, 괴경 등에 존재하며, 세포가 느슨하게 연결되어 공기가 통할 수 있는 자연개구이다. 식물생장기 동안 피목은 열려 있지만, 실제 피목을 통해 침입하여 세포간극으로 뚫고 들어갈 수 있는 균류나 세균은 극히 일부에 지나지 않는다 (그림 2-5). 피목을 통해 침입하는 병원체는 상처를 통해서도 침입할 수 있으므로 사실상 피목을 통한 침입이란 비효율적이며 2차적인 경로에 불과하다.

감염

감염(感染; **infection**)이란 병원체가 기주의 감수성 세포나 조직과 접촉하여 양분을 탈취하는 일련의 과정이다. 감염에 이어 병원체는 생장과 증식을 거듭하면서 식물체에 침투하여 정착한다. 감염된 조직의 내부나 외부에서 병원체의 생장·증식(정착)은 실질적으로 병의 진전에 있어서 동시에 발생하는 두 가지 단계이다 (그림 2-2).

성공적인 감염은 기주식물에서 변색, 기형, 괴저 등의 병징발현으로 나타난다. 어떤 경우는 병징이 곧바로 나타나지 않고 **잠재**(潛在; **latency**)상태로 있다가, 후기에 환경조건이 양호해지거나 기주식물의 성숙기에 나타난다.

감염된 식물에서 가시적이거나 탐지 가능한 모든 변화는 병징을 형성한다. 병징은 초기부터 식물체가 고사할 때까지 계속 변할 수도 있으며, 발병 초기의 병징이 식물생육기 내내 그대로 유지되기도 한다. 병징은 초본식물의 국재성 바이러스병처럼 접종 후 2~4일 만에 나타날 수도 있으며, 수목의 일부 바이러스병이나 몰리큐트병 또는 기타의 수목병처럼 접종 후 수년 만에 나타날 수도 있다. 그러나 대부분의 식물병에서 접종 후 수일 내지 수주일 이내에 병징이 나타난다.

접종부터 병징발현까지의 기간을 **잠복기**(潛伏期; **incu-**

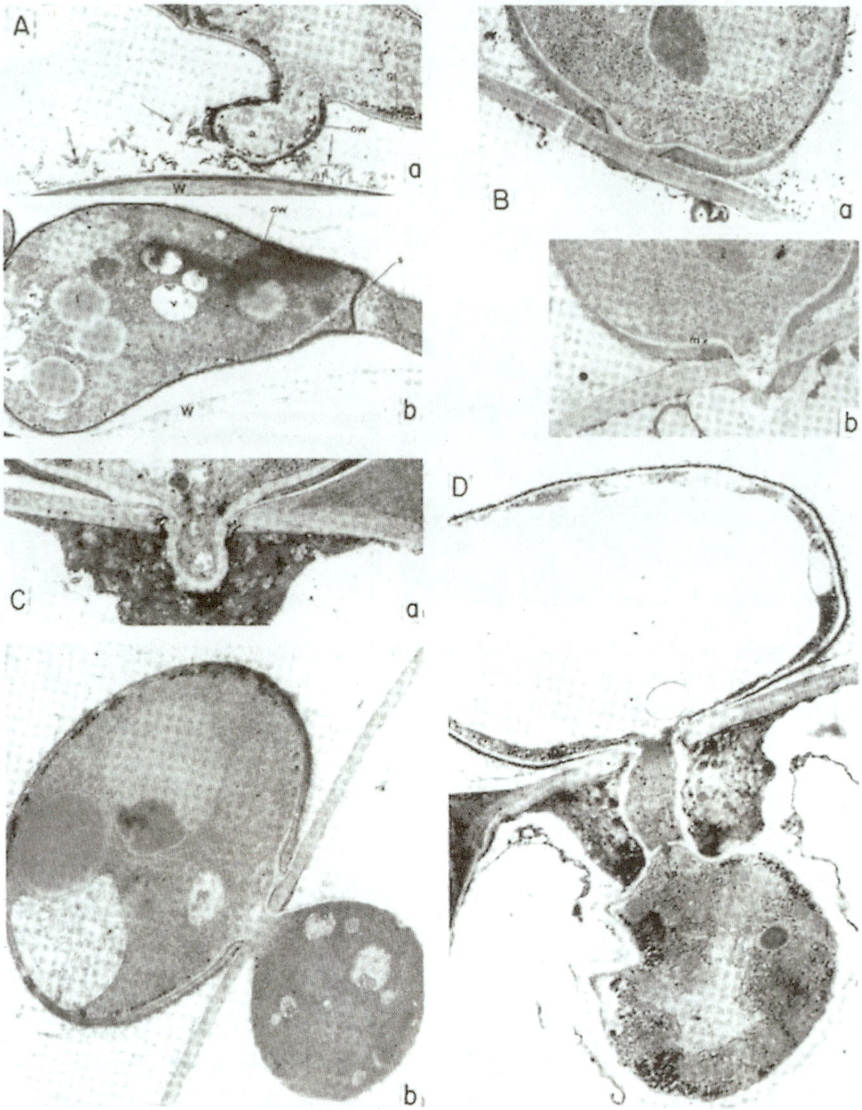

그림 2-9 *Colletotrichum graminicola*가 잎의 표피세포를 직접 침입하는 모습을 촬영한 전자현미경 사진. (A) (a) 분생포자에서 형성된 부착기. 잎 표면에 떨어져 나온 왁스 조각(화살표). (b) 발아관에서 격벽으로 분리된 성숙한 부착기. (B) (a) 부착기가 세포벽과 접촉하는 지점에 형성된 침입관. (b) 식물세포벽을 관통한 침입관 안의 lomasome 유사 구조체와 감염된 세포에 형성된 방어돌기. (C) 침입균사의 발달. (a) 돌기를 뚫고 들어가는 침입관. (b) 부착기(위쪽)와 침입 후에 부풀어진 침입균사(아래쪽). (D) 침입과 감염의 종료 후, 하나의 큰 액포로 채워져 있는 부착기(위쪽)와 격벽에 의해 분리된 침입균사(아래쪽). [사진제공: D.J. Politis and H. Wheeler.]

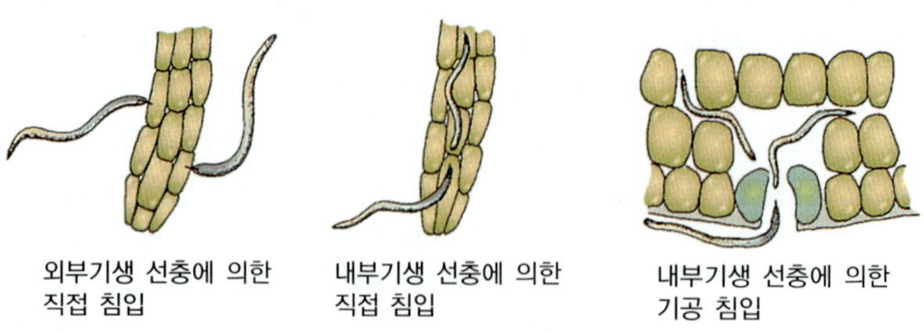

그림 2-10 선충이 식물을 침입·감염하는 방법.

bation period)라고 한다. 각종 식물병의 잠복기는 기주-기생체간의 특별한 상호관계, 기주의 성숙정도, 감염식물체가 처한 환경에서의 온도 등에 따라 달라진다.

감염과정 동안에 일부의 병원체는 기주 세포를 죽이지 않고 살아있는 세포로부터 양분을 취하며; 어떤 병원체는 세포를 죽이고 양분을 취하며; 어떤 병원체는 세포를 죽이고 주변의 조직까지 붕괴시키는 경우도 있다. 감염과정 동안에 병원체는 기주에 여러 가지의 생리활성물질(효소, 독소, 생장조절물질 등)을 분비함으로써 기주세포를 구조적으로 붕괴시키고 생리적 대사과정에 영향을 미친다. 이에 대한 반응으로 기주는 다양한 방어기작을 나타내게 되므로 병원체로부터 자신을 얼마만큼 보호하게 될 것인가가 결정된다.

앞에서 언급한 바와 같이 병원체가 기주와 접촉상태에 있는 것만으로는 성공적인 감염이 이루어지지 않으며, 다른 여러 가지 조건이 만족되어야 한다. 우선, 기주식물의 품종이 감수성 단계에서 특정 병원균에 감수성이어야 한다. 먼저 병원체는 휴면기 없이 즉시 감염할 수 있는 병원성 단계거나 선충에서는 감염단계의 유충이거나 성충이어야 한다. 마지막으로, 식물체를 둘러싸고 있는 온도와 습도조건도 병원체의 생장과 증식에 알맞아야 한다. 이러한 제반조건이 최적상태일 때, 병원체는 기주식물의 방어벽을 뚫고 병을 일으킬 수 있다.

침입

병원체는 여러 방법으로 기주식물을 침입하며 침입정도도 다양하다 (그림 2-4, 2-5, 2-9, 2-12). 사과나무 검은별무늬병이나 장미 검은무늬병을 일으키는 균류는 큐티클과 표피 사이에서만 균사를 형성하며 (그림 2-11A), 흰가루병균은 식물의 표면에만 균사를 형성하고 (그림 2-11B) 표피세포에 흡기를 형성한다. 대부분의 균류는 식물기관(잎, 줄기, 뿌리 등)의 모든 조직을 침해하며, 세포를 관통하며 자라는 **세포내균사**(細胞內菌絲; **intracellular mycelium**) (그림 2-11C, 2-11D)를 형성하거나 세포간극에서 자라는 **세포간균사**(細胞間菌絲; **intercellular mycelium**)를 형성한다. 유관속에 침입하여 시들음병을 일으키는 균류는 식물의 물관을 침해한다 (그림 2-11E).

세균은 세포간극을 침해하지만, 기주세포벽이 붕괴되었을 경우는 세포 내에서도 생장한다. 시들음병을 일으키는 세균은 유관속 침해 균류와 마찬가지로 물관을 침해한다 (그림 2-11E). 대부분의 선충은 세포간극을 침해하지만, 역시 세포 안을 침해하는 경우도 있다 (그림 2-12). 많은 종류의 선충은 세포나 조직을 전혀 침해하지 않고, 구침을 이용하여 표피세포에서 양분을 흡수한다.

바이러스, 바이로이드, 몰리큐트, 국재성 세균, 그리고 원생동물은 한 세포에서 다른 세포로 이동함으로써 기주조직을 침해한다. 바이러스와 바이로이드는 살아있는 모든 식물세포를 침해하지만, 몰리큐트와 원생동물은 체관을 침해하고 때로 주변의 체관유세포를 침해하며, 대부분의 국재성 세균은 물관을 침해하고 일부는 체관을 침해한다.

균류, 세균, 선충, 바이러스, 그리고 기생식물은 하나 또는 몇 개의 세포, 또는 식물체의 일부분만 침해하는 경우가 있는데, 이를 **국부감염**(局部感染; **local infection**)이라고 한다. 이러한 경우에 감염부위는 식물체의 전생육기 동안 한 부분에만 한정되거나 극히 일부로만 확대된다. 때로는 감염부위가 다소 빠르게 확대되면서 꽃, 과실, 잎 등의 한 기관으로 확대되는 경우도 있으며, 가지 전체로 확대되거나 심지어 식물체 전체로 확대되기도 한다.

국재성 세균, 몰리큐트, 그리고 원생동물에 의한 모든 감염과 바이러스와 바이로이드에 의한 자연감염의 경우에는 모두 최초의 감염부위로부터 식물체 전체의 감수성 세포와 조직으로 퍼져나가는데, 이를 **전신감염**(全身感染; **systemic infection**)이라고 한다. 유관속시들음병을 일으키는 균류와 세균은 물관의 내부로 침입하지만 보통 감염된 식물의 뿌리, 줄기 또는 상위 부분의 일부 물관에만 존재하다가 병의 최종단계에서만 식물의 물관 대부분을 침입한다. 노균병, 깜부기병, 녹병을 일으키는 균류에서 노화된 균사는 퇴화하여 없어지고 어린 균사만 생장이 활발한 식물조직에서 살아 있으나, 이들도 기주를 전신적으로 침해한다고 할 수 있다.

병원체의 생장과 증식: 정착

균류와 기생식물은 일반적으로 하나의 접종부위로부터 식물체의 여러 조직으로 자라면서 침입하고 감염시킨다. 발병부위의 크기에 관계없이, 이들 병원체의 대부분은 감염기주 내에서 계속 생장하고 사방으로 퍼져나가 더 이상 감염부위가 없거나 기주식물이 죽을 때까지 감염을 반복한다. 일부의 균류 감염에서 어린 균사는 새로운 건전조직을 계속 침범하고 감염조직의 노화된 균사는 죽어서 소멸되므로 한 감염식물체에서 균사체 집단이 활발하게 활동하는 곳은 여러 곳이 될 수 있다. 또한 시들음병을 일으키는 균류는 물관 내에서 포자를 형성하고 방출하므로 포자가 수액의 흐름을 통하여 운반되어 점점 더 많은 물관에서 새로운 감염을 일으킨다.

세균, 몰리큐트, 바이러스, 바이로이드, 선충, 원생동물 등의 병원체는 크기와 모양이 거의 변하지 않는다. 이들 병원체는 감염조직 내에서 급속히 번식하고 수적으로 증가함으로써 새로운 조직을 침해한다. 증식된 병원체는 원형질연락사(바이

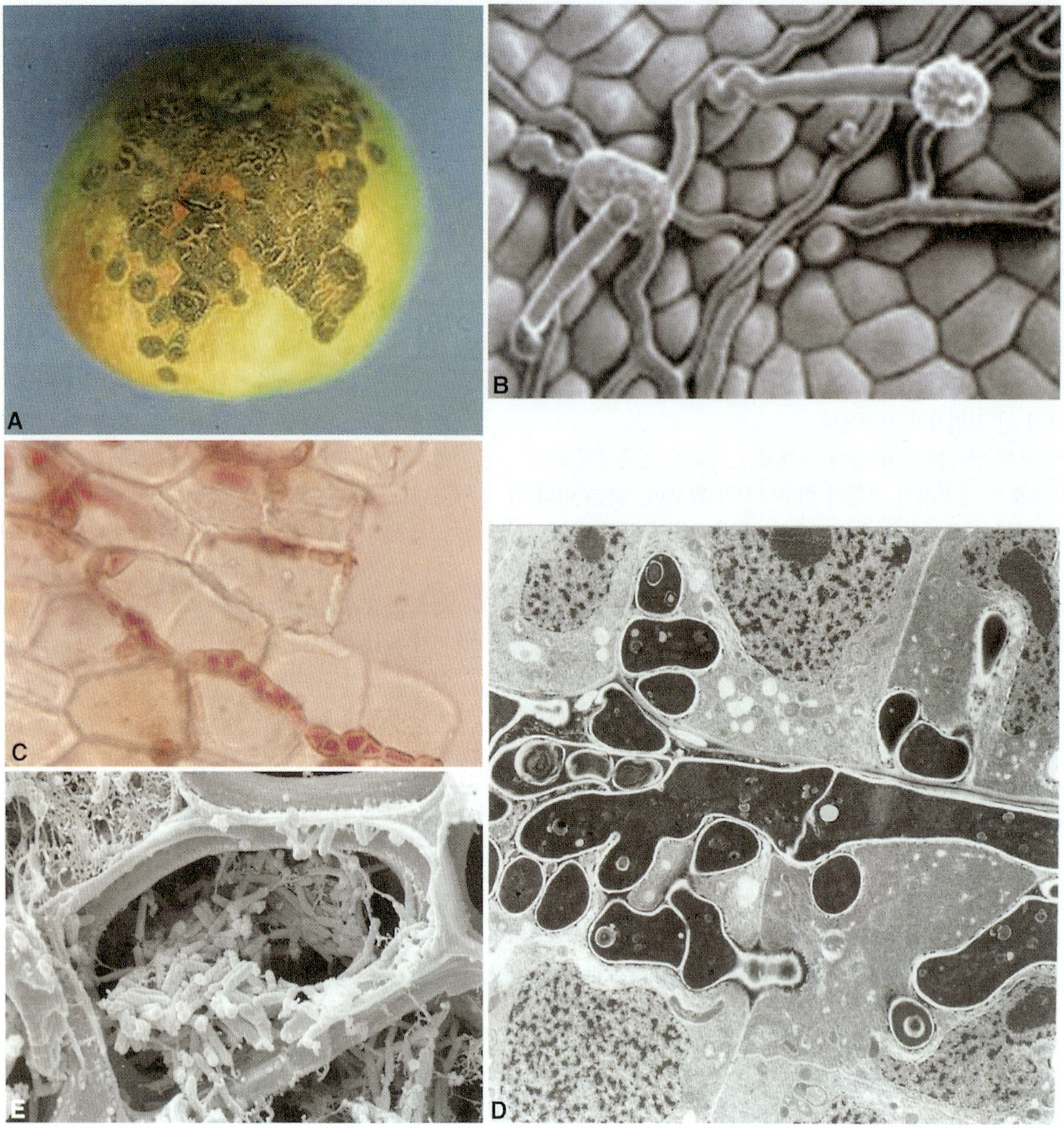

그림 2-11 감염된 식물체 내 병원체의 침입 유형 (A) 잎과 과일의 큐티클과 표피세포 사이에서만 자라는 사과나무 더뎅이병균. (B) 균사가 기주의 표면에서만 자라고 표피세포 안으로 흡기를 내는 흰가루병균. (C) 많은 병원균은 균사(붉게 염색된 부분)가 세포와 세포 사이에서만 자란다. (D) 감염된 잎 속의 깜부기병균 *Ustilago* 의 균사. (E) 세균성물관병에서 세균은 물관에서 자라 물관을 막는다. [사진제공: (A) University of Oregon, (B) G. Celio, APS, (D) Mims *et al.* (1992). *Intern. J. Plant Sci.* **153**, 289-300, (E) E. Alves, Federal University of Lavras, Brazil.]

러스 및 바이로이드), 체관(바이러스, 바이로이드, 몰리큐트, 일부의 국재성 세균, 원생동물), 또는 물관(일부의 세균)을 통해 수동적으로 새로운 세포나 조직으로 전반된다. 반면에 원생동물과 선충(그림 2-12) 그리고 일부의 세균은 스스로 다른 세포로 이동할 수 있다.

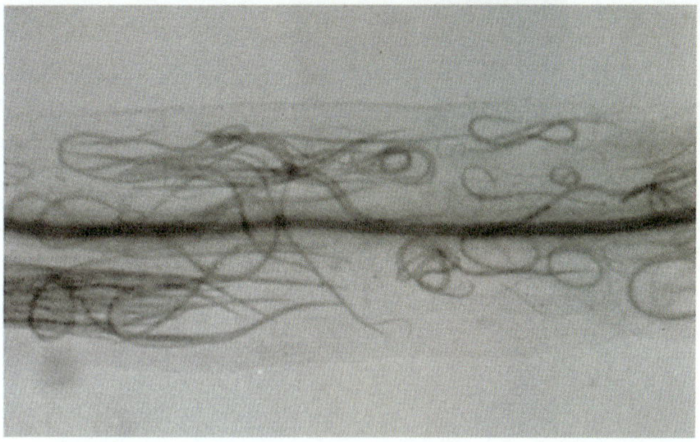

그림 2-12 식물기생선충 *Ditylenchus dipsaci* 에 감염된 알팔파 줄기. [사진제공: J. Santo.]

식물병원체는 다양한 방법으로 증식한다 (제1장 그림 1-3 참조). 균류는 체세포분열포자(mitospore; 작은 가지의 눈이나 감자 괴경과 같은 유사분열체) 또는 감수분열포자(meiospore; 식물의 종자와 같은 감수분열체)에 의해 증식한다. 기생식물은 다른 고등식물과 마찬가지로 종자로 번식한다. 세균, 몰리큐트는 이분법으로 증식하는데, 하나의 성숙한 개체가 2개의 동일한 개체로 나누어진다. 바이러스와 바이로이드는 마치 복사기 위에 놓인 내용이 복사기에 의해 복사되는 것처럼 세포 내에서 복제된다. 선충은 알로 번식한다.

식물병원균류의 대부분은 감염시킨 식물체 내에서만 균사를 형성한다. 극히 일부의 균류는 기주식물의 표면에서 균사를 형성하는데, 흰가루병균은 기주식물체 내에는 균사를 형성하지 않고 표면에만 형성한다 (그림 2-13A~2-13C). 대부분의 균류와 난균류는 기주의 감염부위 표면 또는 표면 바로 밑에 포자를 형성하고, 이들 포자는 외부로 방출된다. 그러나 뿌리혹을 일으키는 식물병원성 무사마귀병균과 시들음병을 일으키는

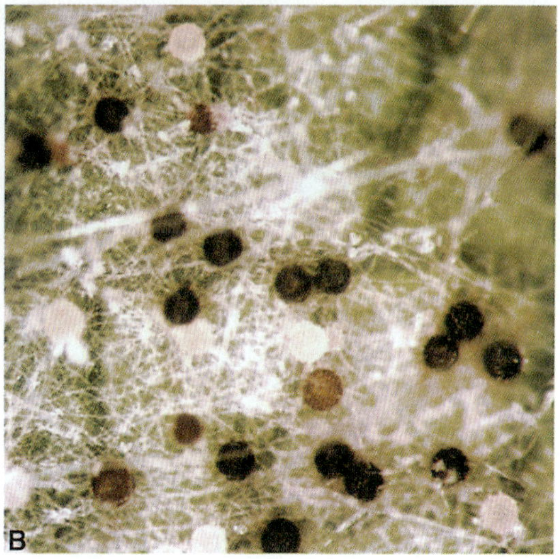

그림 2-13 균류와 세균의 증식 수단. (A-E) 균사[(A, B) 잎 위의 흰 물체], (C) 분생포자의 사슬, (B, D) 잎 표면의 자낭구(각각 자낭포자가 들어 있는 4개의 자낭을 포함), (E) 꽃썩음병균에 의해 죽은 사과나무. (F) 세균성시들음병에 감염된 물관 내의 많은 세균. [사진제공: (A,B) D. Legard, University of Florida, (C) D. Mathre, Montana State University, (D) M. Hoffman, Oregon State University, (E) A. Jones, Michigan State University, (F) B. Bruton, USDA, Lane, Oklahoma.]

(다음 페이지에 계속)

그림 2-13 (계속)

균류는 기주조직 내에 포자를 형성하며, 이들 포자는 기주식물이 죽어서 분해된 후에 밖으로 방출된다. 기생식물은 공기 중에 있는 가지에 종자를 형성하고, 일부의 선충은 기주식물의 표면이나 주변에 알을 낳는다. 세균은 기주세포의 간극이나 세포 내에서 증식하는데 (그림 2-13F) 대부분 체관이나 물관 같은 기주식물의 내부에서 증식하고 상처, 균열, 기공 등을 통해서 기주의 표면에 노출된다. 바이러스, 바이로이드, 몰리큐트, 원생동물, 그리고 국재성 세균은 세포 내에서만 증식하고 기주식물의 표면에는 노출되거나 존재하지 않는다.

증식속도는 병원체의 종류에 따라 매우 다양하지만, 어떤 병원체이든 하나 또는 몇 개의 병원체가 기주의 생육기 동안 엄청난 수로 증식될 수 있다. 대부분의 균류는 계속적으로 포자를 형성할 수 있으나 (그림 2-14) 어떤 균류는 다음 해의 작물에서 포자를 형성한다. 어떤 경우이든 1 cm^2의 감염조직에 수천 내지 수십만 개의 포자가 형성된다. 작은 포자경에서도 많은 포자가 형성되므로 병든 식물 1개체에서 형성되는 포

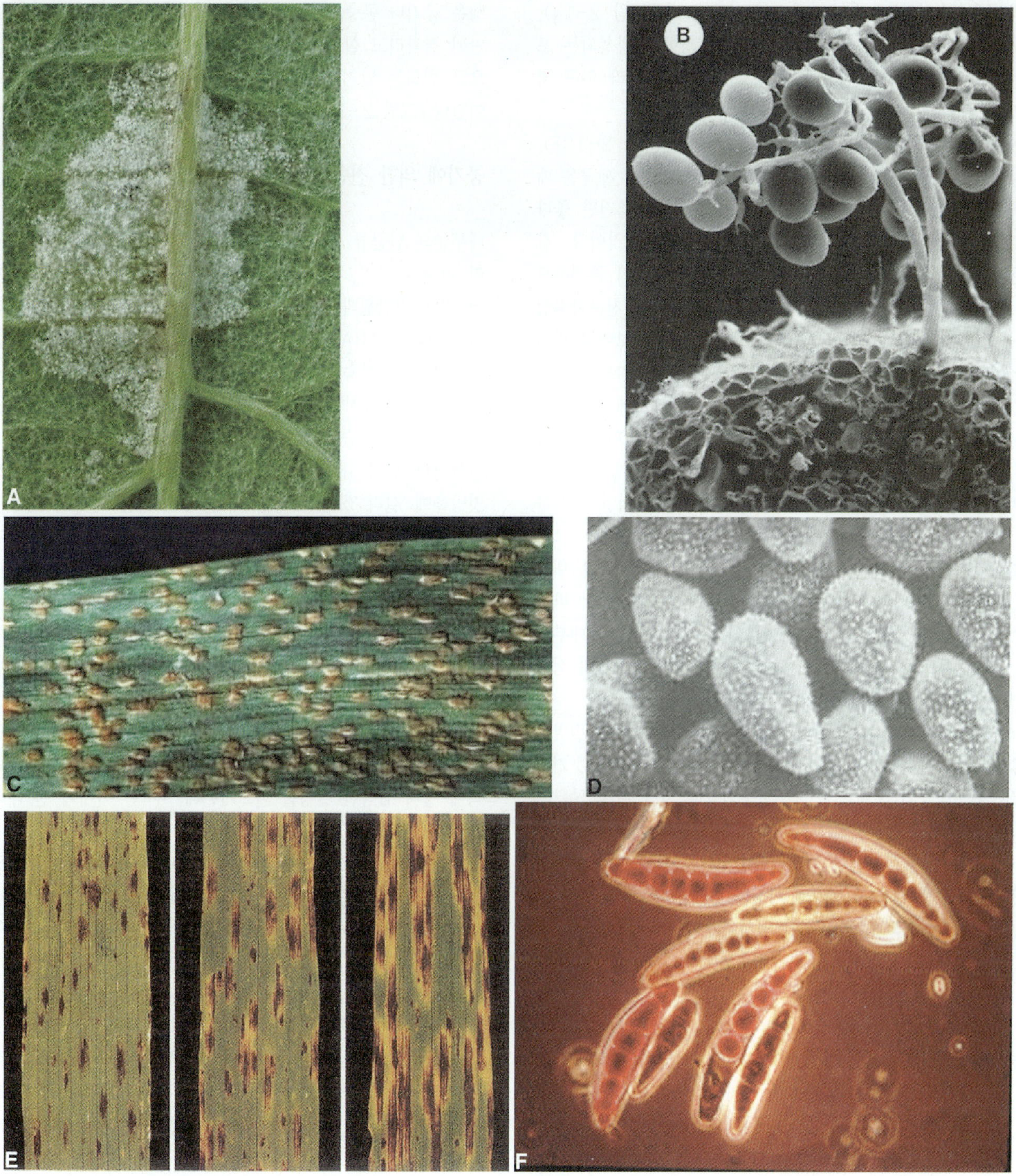

그림 2-14 난균 및 진균의 침입과 증식. 감염된 포도나무 잎 뒷면에 형성된 포도나무 노균병균 *Plasmopara viticola* (A)와 감염된 양상추 뿌리에 형성된 *Plasmopara lactucae-radicis* 의 포자낭경과 포자낭(B). (C) 밀 녹병 병반(여름포자퇴)이 많이 형성된 밀 잎. (D) 콩 녹병균의 여름포자. (E) 병징이 있는 3가지 보리품종의 잎, 감염 정도(수와 크기)는 병원균에 대한 각 품종의 저항성에 반비례한다. (F) 보리 점무늬병균, *Cochliobolus* 의 포자. [사진제공: (A) J. Rytter and J.W. Travis, Pennsylvania State University, (B) M.E. Stanghellini, University of California, Riverside, (E) B. Steffenson, University of Minnesota.]

자의 수는 수십억 내지 수조에 이르기도 한다 (그림 2-14). 따라서 심하게 감염된 식물체가 자라는 포장에서 형성되는 포자는 천문학적인 수에 이르며, 해당 포장뿐만 아니라 인근 지역까지 감염시킬 수 있는 충분한 양이 된다.

세균은 감염조직 내에서 급속하게 증식한다 (그림 2-13F). 배양배지 같은 영양조건과 환경조건이 최적상태에서 세균은 매 20~30분 만에 2배씩 증식하는데, 아마도 온도 조건만 좋다면 감수성 식물에서도 이렇게 빠른 속도로 증식할 것이다. 감염된 식물의 즙액 한 방울에는 수백만개체의 세균이 존재하므로 감염식물 한 개체에 존재하는 세균의 수는 가히 천문학적임에 틀림없다. 국재성 세균과 몰리큐트는 일반 세균보다 느리게 증식하며, 식물의 유관속에 전신적으로 감염하였더라도 일부의 물관이나 체관에만 존재하므로 병든 식물 한 개체에 존재하는 총 개체수는 매우 적을 것이다. 원생동물의 경우도 마찬가지로 생각된다.

바이러스와 바이로이드는 살아있는 기주세포에서만 증식하며, 접종 후 수 시간 만에 복제된 바이러스 입자들을 처음으로 검출할 수 있다. 그러나 그 직후부터 한 세포 당 10만 내지 1,000만 개의 입자에 이를 때까지 감염된 세포 내에서 바이러스가 축적된다. 바이러스와 바이로이드는 기주식물의 대부분 또는 모든 세포에서 감염하고 증식할 수 있으므로 하나의 식물체에는 천문학적인 수의 바이러스 입자가 존재한다.

선충 암컷은 약 300~500개의 알을 낳고, 이 중 절반인 암컷은 또 다시 한 마리 당 300~500개의 알을 낳는다. 기상조건, 기주식물의 존재여부, 각 선충의 생활사를 완성하는 기간 등에 따라 1년에 2~12회 또는 그 이상의 세대를 반복한다. 암컷의 반이 살아남아 번식한다면, 한 세대를 거치는 동안 토양 내의 선충 밀도는 100배 이상씩 증가한다. 따라서 한 생육기와 그 이듬해의 선충 밀도는 엄청나게 증가한다.

병원체의 전반

선충, 난균류, 유주포자 형성균류와 세균 등 극히 일부의 병원체만이 자력으로 짧은 거리를 이동하여 한 기주에서 매우 인접한 다른 기주로 옮겨갈 수 있다. 균류의 균사는 인접한 조직으로 자랄 수 있으며, 때로는 토양을 통하여 근처의 뿌리에 도달할 수 있다. 그러나 이러한 전반 수단은 매우 제한적이며, 특히 유주포자와 세균의 경우는 지극히 제한적이다.

일부의 균류 포자는 분출작용의 힘으로 포자경이나 포자과로부터 떨어져 나와 수 cm까지 외부로 튀어나갈 수 있다. 일부 기생식물의 종자는 탄력적으로 방출되어 수 m의 거리까지 날려갈 수 있다.

그리 중요하지 않은 식물병을 포함하여 대부분 식물병의 발생은 공기나 곤충 같은 매개체에 의해 병원체가 수동적으로 전반된 결과라고 할 수 있다 (그림 2-13~2-15). 또한 상대적으로 빈도는 낮지만 물, 동물, 사람 등도 병원체의 전반에 관여한다 (그림 2-15).

공기에 의한 전반

대부분의 난균류 포자와 균류 포자는 기류에 의해 전반되어 멀리 퍼져 나가며, 대부분의 기생식물 종자도 어느 정도는 기류에 의해 전반된다. 포자경 위에 형성된 포자가 기류에 실리든지 (그림 2-13A~2-13E, 2-14, 2-16) 물리적으로 방출되든지간에, 성숙하여 떨어진 다음 기류와 그 속도에 따라 공기 중으로 이동하게 된다. 공기의 흐름에 따라 이동하는 동안, 일부의 포자는 습한 표면과 접촉하여 붙고; 공기의 흐름이 정지하거나 비가 내릴 때, 나머지 포자들은 아래로 내려오거나 빗방울에 실려 씻겨 내려온다. 물론 이러한 포자의 대부분은 아무 곳에나 떨어지고, 극히 일부만이 감수성 식물에 떨어진다. 또한 대부분의 균류 포자는 매우 연약하여 대기 중에서 오랜 기간 동안 이동하면서 생존하기 어렵기 때문에 실제로 비산거리는 수백 내지 수천 미터에 불과하다. 그러나 맥류 녹병균 같은 균류의 포자는 내구성이 매우 크므로 감염된 포장의 수천 미터 상공에서도 흔히 발견된다. 이들 균류의 포자는 수 km 또는 수백 km까지 전반되며, 적당한 기상조건에서는 대규모로 발병을 일으키기도 한다. 일부의 균류는 급속히 퍼져나가 대면적에 걸쳐 심각한 발병을 일으키는데, 수 년 이내에 전 대륙으로 퍼져 나가기도 한다. 예를 들어, 아메리카대륙의 사탕수수 깜부기병 (그림 2-18)과 남미의 보리 줄녹병 (그림 2-15)처럼 공기로 전반되는 병원균들이 그러했다.

다른 병원체의 공기전반은 빈도가 낮으며 특별한 조건에서만 이루어지거나 간접적으로 이루어지기도 한다. 예를 들면, 사과나무와 배나무에 불마름병을 일으키는 세균은 가느다란 줄 모양의 세균 누출물을 형성하는데, 여기에는 세균이 들어있으며 말라서 부서지면 바람에 의해 전반될 수 있다. 토양에 존재하는 세균과 선충은 식물의 부스러기나 먼지 속의 토양 입자에 수반되어 바람에 날리기도 한다. 세균, 균류의 포자, 그리고 선충은 튀기는 빗방울에 실려 바람을 타고 전반될 수도 있다. 바람은 바이러스, 세균, 몰리큐트, 원생동물, 균류의 포자 등을 몸에 지닌 곤충의 이동에도 영향을 미친다. 또한 바람은 식물체를 서로 마찰시킴으로써 세균, 균류, 일부의 바이러스 및 바이로이드, 그리고 일부의 선충에도 접촉전염되는 요인으로 작용한다.

그림 2-15 균류와 세균이 전반되는 방법.

물에 의한 전반

다음과 같은 3가지 방법의 병원체 전반에서는 물이 중요한 역할을 한다. (1) 토양에 존재하는 세균, 선충, 그리고 균류의 포자 및 균사 조각은 토양 표면이나 토양 내에서 이동하는 빗물이나 관개수에 의해서 전반된다. (2) 모든 세균과 대부분의 균류 포자는 끈적끈적한 액체 상태로 존재하므로 (그림 2-16A, 2-16B, 2-16D) 빗물이나 관개수에 의해서 씻겨 내려가거나 여러 방향으로 튀겨서 전반된다. (3) 빗방울이나 두상관수에 의한 물방울은 공기 중에 있는 균류 포자와 세균을 씻어 내리므로 일부는 감수성 식물체에 도달하게 된다. 병원체의 원거리 이동에는 물이 공기보다 덜 중요하지만, 병원체는 이미 젖어있는 기주 표면에 도달하여 곧바로 움직이거나 발아할 수 있으므로 병원체의 단거리 이동에는 물이 훨씬 더 효과적인 수단이 된다.

곤충, 응애, 선충 및 다른 매개체에 의한 전반

곤충, 특히 진딧물류, 매미충류, 그리고 가루이류는 바이러스의 가장 중요한 매개체이다. 한편 매미충류는 몰리큐트, 국재성 세균, 그리고 원생동물의 주요 매개체이기도 하다. 이들 병원체는 각각 단 1종 또는 몇 종의 매개충이 흡즙하면서 식물체를 옮겨 다닐 때 전반된다. 곤충의 종류에 따라 특정한 균류나 세균을 전염시키는데, 느릅나무 시들음병이나 오이 세균성시들음병, 소나무 시들음병을 예로 들 수 있다. 병원체가 1종 또는 몇 종의 특별한 매개체에 의해 체내 또는 체외로 전반되는 모든 식물병에서 병원체의 전반은 상당 부분 또는 전적으로 해당 매개체에 의존한다. 그러나 세균성무름병, 탄저병, 맥각병 같은 많은 식물병에서는 곤충이 단지 세균이나 끈적끈적한 균류 포자를 우연히 몸에 붙여서 전반시킨다. 이러한 곤충은 병원체를 표면에 묻혀서 식물체 표면에 떨어뜨리거나 흡즙할 때 만든 상처부위에 떨어뜨리기도 한다. 이러한 식물병에서는 매개충이

A
B
C
D
E
F

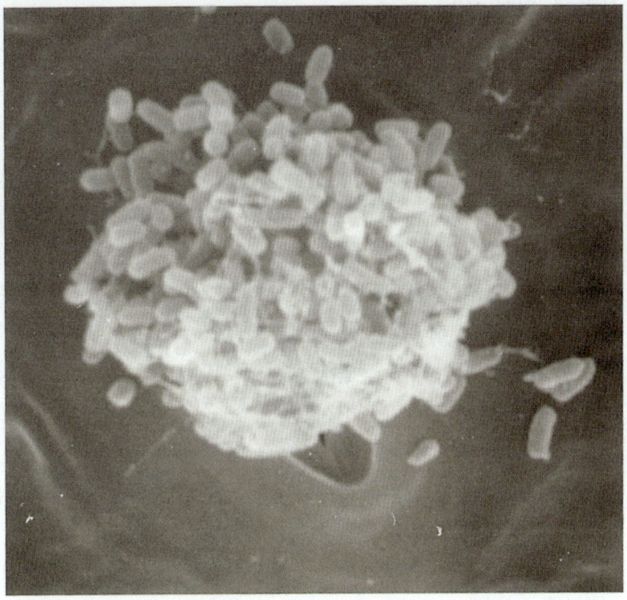

그림 2-17 병든 양앵두나무 잎의 기공에서 분출되는 세균 *Pseudomonas syringae* (2,500배). [사진제공: E.L. Mansvelt, Stellenbosch, South Africa.]

발병을 조장하는 것은 틀림없으나, 매개충이 존재해야만 병이 발생하는 것은 아니다. 곤충의 종류, 곤충-병원체간 상호관계, 전반적인 기상(특히 바람)조건 등에 따라 곤충은 병원체의 원거리 또는 단거리 전반에 관여하게 된다.

몇몇 종의 응애와 선충도 체내를 통해 일부의 바이러스를 전반시킨다. 게다가 응애와 선충은 병든 식물 표면을 이동할때 균류의 포자나 세균을 체외에 묻혀 전반시킬 수도 있다.

식물체 사이를 이동하는 거의 모든 동물은 균류의 포자, 세균, 기생식물의 종자, 선충은 물론 일부의 바이러스와 바이로이드까지도 전반시킬 수 있다. 이들 병원체의 대부분은 동물의 발이나 몸에 붙어서 전반되고, 때로는 입 주변에 붙어서 전반되기도 한다.

또한, 어떤 균류의 유주포자는 한 식물체에서 다른 식물체로 이동할 때 바이러스를 전반하기도 하며, 어떤 기생식물은 두 식물체를 침해하면서 바이러스를 전염시키는 다리 역할을 하기도 한다.

그림 2-18 *Ustilago scitaminea* 에 의한 사탕수수 깜부기병의 급속한 확산. 1974년 Guyana에서 처음 발견된 이후 카리브 도서 및 중미 지역을 거쳐 1981년에는 미국에서 발생. [출처: Comstock, Ferreira, and Tew (1983), *Plant Dis.* **67**, 452-457.]

그림 2-16 진균 포자의 형성, 월동 및 전반. (A) 분생포자를 내재하고 감염 식물의 줄기에 형성된 병자각. (B) 빗물이 유입된 후 병자각으로부터 스며 나오는 분생포자. (C) 역병균 *Phytophthora infestans* 같은 병원균이 많이 잠복하고 있는 버려진 감자더미, 월동 후 병원균이 감자 포장으로 유입된다. (D) 젖은 수피 내의 병자각으로부터 형성된 사과나무 겹무늬썩음병균 *Botryosphaeria obtusa* 분생포자의 포자뿔. (E) 궤양을 일으키는 *Nectria* 의 포자. (F) *Monilinia* sp.의 분생포자 사슬. [사진제공: (A,B,E) R. Cullen, University of Florida, (C) Plant Pathology Department, University of Wisconsin, (D) J. Rytter and J.W. Travis, Pennsylvania State University, (F) Mims *et al.* (1999). *Mycologia* **91**, 499-509.]

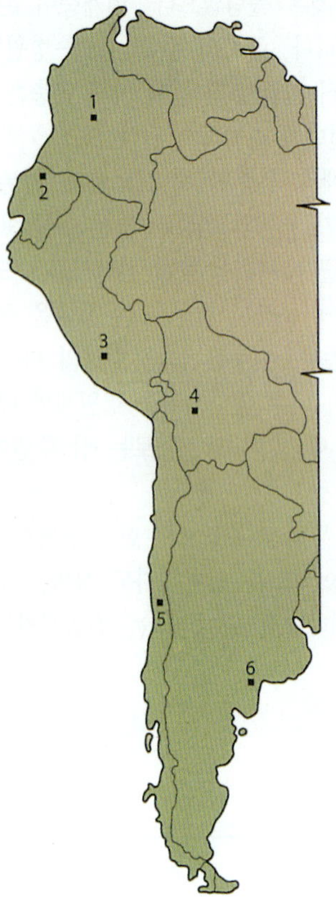

그림 2-19 *Puccinia striiformis* f. sp. *hordei* 에 의한 보리 줄녹병의 확산. 일련번호에 표시된 발생국가 및 발생년도: 1, 콜롬비아 1975; 2, 에콰도르 1976; 3, 페루 1977; 4, 볼리비아 1978; 5, 칠레 1980; 6, 아르헨티나 1982. [출처: Dubin and Stubbs (1986), *Plant Dis.* **70**, 141-144.]

화분 및 종묘에 의한 전반

일부 바이러스는 이들 바이러스에 감염된 식물의 화분(꽃가루)에 의해 매개된다. 바이러스 매개 화분이 건전한 식물과 수분될 때 바이러스는 후에 바이러스에 감염된 식물로 자랄 종자뿐만 아니라 바이러스 매개 화분으로 수분된 식물까지 감염시키기도 한다. 많은 병원체는 종자, 이식묘, 접수, 묘목의 내외에 존재하며, 이들을 다른 포장으로 운반하거나 여러 지역으로 판매 운송될 때 전반된다. 이들 병원체는 종묘를 통해 유입되어 바로 생육 초기부터 병원체가 존재하면서 증식하고, 이어서 각종 수단에 의해 전반되므로 종묘에 의한 병원체의 전반은 실질적으로 매우 중요한 문제이다. 또한 과거에는 그 병원체가 존재하지 않았던 새로운 지역에 병원체를 전파하는 결과를 초래하므로 중요한 문제이기도 하다.

사람에 의한 전반

사람은 모든 종류의 병원체를 다양한 방법으로 단거리 또는 원거리로 전반시킨다. 포장에서 사람이 병든 담배를 만진 손으로 건전한 담배를 만지면 담배 모자이크 바이러스를 전반시킨다. 전정가위 등의 농기구는 병든 식물(예; 불마름병에 감염된 배나무)을 다룰 때 오염됨으로써 건전한 식물로 병원체를 전반시킬 수도 있다. 이미 말한 바와 같이 사람의 발이나 농기구에 묻은 오염 토양을 통해서, 오염된 상자를 통해서, 또는 병든 종묘를 사용함으로써 병원체를 전반시킬 수도 있다. 그 뿐만 아니라 새로운 품종을 수입할 때 검역과정에서 검출되지 않아 그대로 병원체가 유입되는 경우도 있으며, 식품이나 기타 물건을 수입할 때 유해한 식물병원체가 수반되기도 한다. 사람에 의한 식물병원체의 전반으로 유명한 예는 느릅나무 시들음병과 잣나무 털녹병을 일으키는 균류 그리고 귤나무 궤양병을 일으키는 세균이 미국에 유입된 경우나 포도나무의 흰가루병균과 노균병균이 유럽에 유입된 경우 그리고 수수의 맥각병이 전 세계로 급속히 퍼진 경우 등을 들 수 있다 (그림 2-20).

병원체의 월동 및 월하

다년생식물을 침해하는 병원체들은 저온의 겨울이나 고온건조한 여름 동안 기주식물체의 왕성한 생장이나 휴면에 관계없이 식물체 내에서 생존할 수 있다. 그러나 일년생식물은 생장기가 지나면 죽으며, 다년생 낙엽수의 잎이나 과실 그리고 일부 다년생식물의 줄기도 죽는다. 이렇게 되면, 이들 식물의 병원체는 추운 날씨 속에서 수개월 동안 기주식물 없이 살게 된다. 반면에 고온건조한 기후에서는 여름 동안 일년생식물은 죽으며, 병원체는 기주식물 없이 이 기간 동안 생존해야 한다. 이와 같이 일년생식물의 병원체나 다년생식물의 재생부위를 침해하는 병원체는 기주식물이 다시 자랄 때까지 살아남을 수 있는 생존기작을 갖도록 진화되어 왔다 (그림 2-21).

균류는 작물의 재배기간 사이에 생존을 위한 매우 다양한 기작을 갖는다. 다년생식물에서 균류는 각종 궤양병에서 보듯이 병든 조직에서 균사로 월동하기도 하며, 병든 조직이나 비늘눈에서 포자로 월동하기도 한다. 낙엽수의 잎이나 과실을 침해하는 균류는 병든 낙엽이나 병든 과실에서 또는 비늘눈에서 균사나 포자로 월동하는 것이 일반적이다. 일년생식물을 침해하는 균류는 병든 식물의 잔재에서 균사로, 병든 식물의 잔재나 토양에서 휴면포자나 균핵으로, 또는 종자나 다른 번식기관의 안팎에서 균사나 포자 또는 균핵으로 월동하거나 월하한다. 식물병원성 난균류(*Pythium*)와 균류(*Fusarium*, *Rhizoctonia*)의 일부는 **토양서식균**(土壤棲息菌; **soil inhabitant**)으로서 기

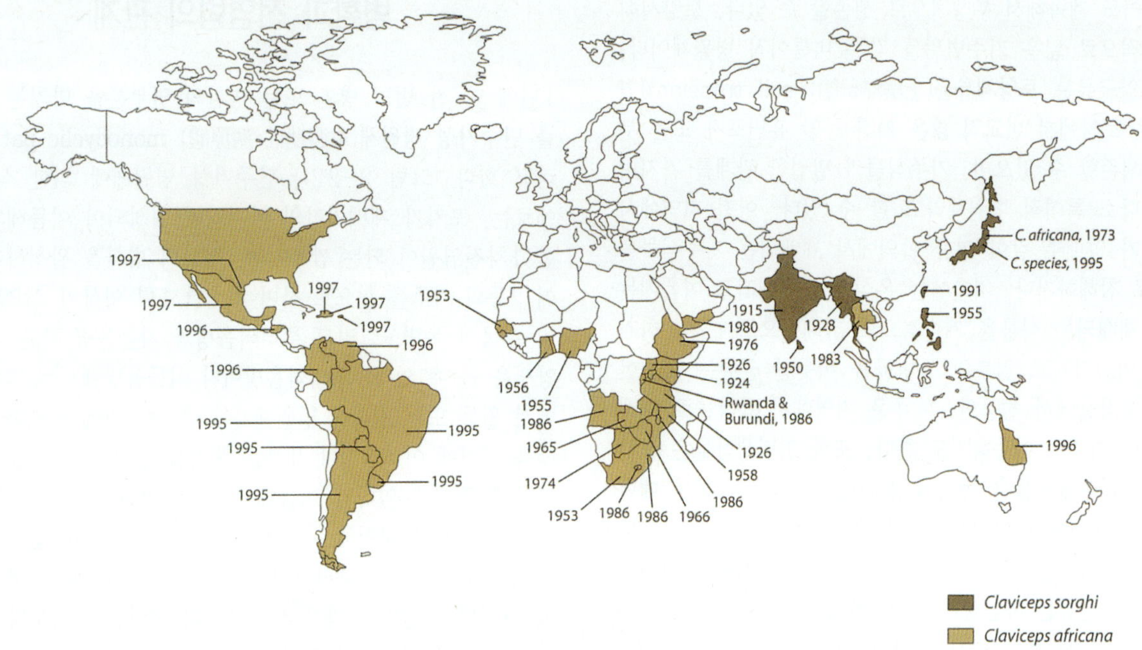

그림 2-20 *Claviceps africana* 에 의해 최초로 발생된 수수 맥각병이 세계로 전파된 역사. [사진제공: R. Bandyopadhyay *et al.* (1998). *Plant Dis.* **82**, 356-367.]

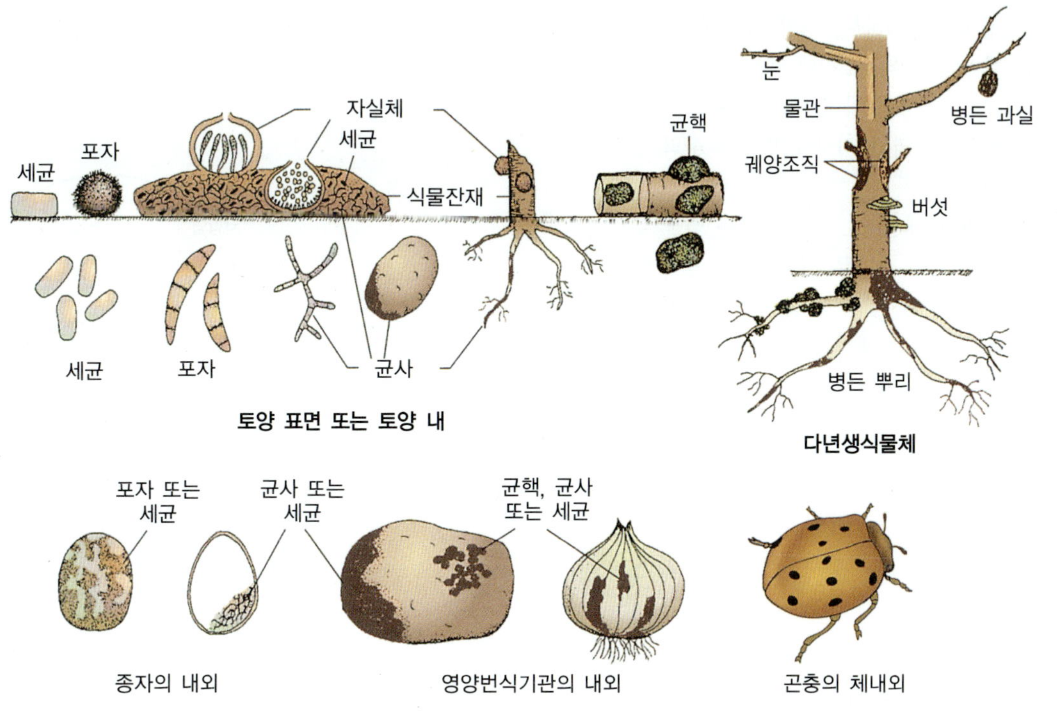

그림 2-21 재배기간 사이에 균류와 세균이 생존하는 양식 및 장소.

주식물 없이도 계속해서 부생적으로 생존할 수 있다. 토양서식균은 일반적으로 넓은 기주범위를 갖는 비특이적 병원체이다. 기타의 토양균류는 **토양체류균**(土壤滯留菌; soil transient)인데; 이들은 토양에서 비교적 짧은 기간 동안 휴면포자 또는 부생체로서 생존할 수 있으며, 기주식물과 밀접한 관계를 가지며 생활하는 다소 특이적 병원체라고 할 수 있다. 어떤 지역에서는 병원체가 양배추 같이 연중 야외에서 재배되는 기주식물을 계속적으로 침해하거나, 겨울에는 온실에서 재배되고 여름에는 야외에서 재배되는 식물을 계속적으로 침해함으로써 생존하기도 한다. 마찬가지로 일부의 녹병균을 비롯한 균류는 따뜻한 지역의 겨울작물에서 월동한 후 추운 지역에서 봄작물로 재배되는 동일한 기주로 이동하기도 한다. 또한 일년생작물은 물론 다년생작물과 야생식물을 동시에 침입할 수 있는 균류는 매년 새로운 재배기간에 다년생식물에서 일년생작물로 이동하기도 한다. 일부의 녹병균에서는 일년생식물과 다년생식물을 기주교대하므로 병원균류는 다년생기주에서 월동한다.

세균도 근본적으로는 균류와 마찬가지로 병든 식물, 종자, 번식기관, 병든 식물의 잔재, 그리고 때로는 토양에서 월동하거나 월하한다. 세균은 밀도가 낮거나 토양에서 독립적으로 존재할 때에는 생존율이 낮지만, 단단하고 점질성인 다당류에 둘러싸여 있을 때에는 생존율이 높다. 세균 중에는 매개충의 몸 안에서 월동하는 경우도 있다.

바이러스, 바이로이드, 몰리큐트, 국재성 세균, 그리고 원생동물은 다년생식물의 지상부나 지하부에서 월동 또는 월하하면서 지상부가 죽는 다년생식물의 지하부, 영양번식기관, 그리고 일부 기주의 종자 등 살아있는 식물조직에서만 생존할 수 있다. 몇 종류의 바이러스는 매개충의 몸 안에서 생존하며, 일부의 바이러스와 바이로이드는 오염된 기구나 병든 식물의 잔재에서 생존하기도 한다.

선충은 일반적으로 토양 내에서 알 상태로 또는 식물 뿌리나 식물 잔재에서 알 또는 성충 상태로 월동하거나 월하한다. 일부의 선충은 수개월 또는 수년 동안 종자 또는 구근에서 유충 또는 성충상태로 휴면하면서 존재하기도 한다. 한편, 기생식물은 토양 내에서 종자로 생존하거나 기주식물체 상에서 영양체로 생존한다.

병환과 전염병의 관계

1년에 단 한 번의 병환 또는 병환의 일부분을 마치는 병원체를 **단주기성 병원체**(單週期性 病原體; monocyclic pathogen)라고 한다 (그림 2-22). 단주기성 병원체에 의한 식물병의 예로는, 포자가 재배기간의 마지막에 형성되어 이듬해의 유일한 1차전염원이 되는 깜부기병, 하나의 병환을 완성하기 위하여 2종의 기주를 필요로 하며 최소한 1년 이상이 소요되는 여러 수목의 녹병, 그리고 뿌리썩음병과 시들음병 같은 각종 토양병을 들 수 있다. 뿌리썩음병이나 시들음병에서는 병든 조직에서 월동 또는 월하한 병원체가 작물 생육기에 침해하고 작물 생육 말기에 이르러서야 새로운 포자를 형성한다. 이들 포자는 토양에 존재해 있다가 이듬해에 1차전염원으로 작용한다. 따라서 단주기성 병원체는 2차전염원도 없고 2차침입도 없으므로 전 기간 동안 1차전염원이 유일한 전염원이다. 생육 말기에 형성된 전염원의 양은 생육초기의 전염원의 양보다 많으므로 단주기성 병해에서 전염원의 양은 해를 거듭할수록 꾸준히 증가한다.

그러나 대부분의 병해에서 식물의 한 재배기간 동안 병원체는 여러 세대를 거치는데, 이러한 병원체를 **다주기성 병원체**(多週期性 病原體; polycyclic pathogen)라고 한다 (그림 2-22). 다주기성 병원체는 1년에 2~30번의 병환을 완성하고 병환이 거듭될수록 전염원의 양은 몇 배씩 증가한다. 다주기성 병원체

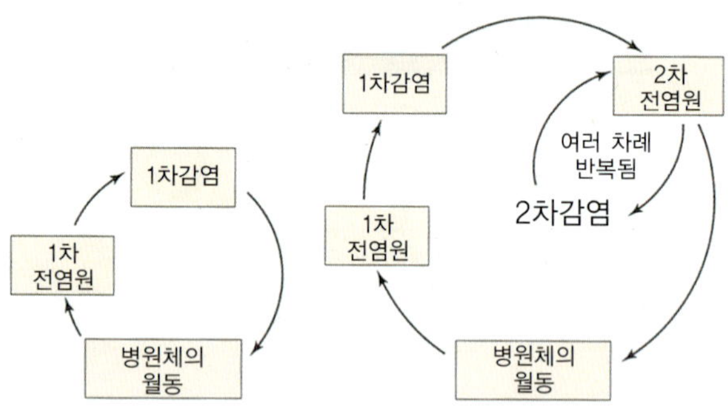

그림 2-22 단주기성(왼쪽) 및 다주기성(오른쪽) 식물병의 모식도. 단주기성 식물병에서는 당년에 2차전염원 및 2차감염이 없다.

는 주로 공기전염되거나 충매전염되어 많은 작물에서 폭발적인 전염병을 일으키는데, 그 예로 노균병, 감자 역병, 흰가루병, 각종 점무늬병과 잎마름병, 맥류의 녹병, 충매전염되는 여러 바이러스병 등이 대표적이다. 다주기성 병원균류에서 1차전염원은 유성포자이거나 유성세대를 갖지 않는 경우는 균핵이나 위균핵 같은 내구성 구조체이거나 또는 병든 조직 상의 균사이다. 일반적으로 이와 같은 1차전염원의 양은 적지만, 일단 1차감염이 이루어진 이후에는 각 감염부위에서 2차전염원의 역할을 하는 무성포자가 다량으로 형성되어 2차감염을 반복적으로 일으키고 점점 더 많은 무성포자의 형성 및 새로운 감염이 이루어진다.

수목에 발생하는 시들음병, 파이토플라스마성 쇠락, 바이러스병에서는 병원체가 1년에 병환을 완성하지 못하는 경우가 있다. 즉 병원체는 최소한 이듬해까지, 어떤 것은 더 오랫 동안 새로이 감염을 일으킬 수 있는 전염원을 만들지 않기도 한다. 이러한 병은 기본적으로 단기주성이지만, 만일 병환을 완성하는데 1년 이상 걸리면 다년주기성 병원체(多年週期性 病原體; polyetic pathogen)라고 한다. 그러나 생활환을 완성하고 새로이 감염하는데 수년이 걸리는 병원체에는 수목의 각종 병균이나 겨우살이가 있다. 이들 병원균과 그들이 일으키는 병은 분명히 다년성이다. 다년주기성 병원체는 1년 동안 주어진 지역에서 새로운 감염을 많이 일으키지는 못하고 전염원의 양도 크게 증가하지는 못하지만, 다년생 기주에서 생존하므로 매년 초에도 전년도 말과 거의 같은 양의 전염원을 유지할 수 있는 장점이 있다. 따라서 매년 전염원의 양이 꾸준히 증가하고 수년 동안 이러한 증가가 유지된다는 점을 고려하면 심한 전염병을 일으킬 수도 있다. 이와 같은 병의 대표적인 예로 느릅나무 시들음병, 배나무 쇠락병, 귤나무 트리스테자병 등을 들 수 있다.

어느 특정한 병을 일으키는 병원체가 단주기성인기, 다주기성인가, 또는 다년주기성인가에 따라 주어진 기간 동안 해당 병해가 얼마나 발생할 것인가에 영향을 주므로 역학적으로는 대단히 중요한 문제이다. 여러 병해에서 전염원 또는 병의 증가율(r)이 계산되었다. 옥수수 깨씨무늬병, 감자 역병, 맥류의 녹병, 담배 모자이크병 등 잎을 침해하는 다주기성 병해에서는 r값이 0.1~0.5/일이었고; 침엽수의 겨우살이, 느릅나무 시들음병, 밤나무 줄기마름병, 복숭아나무 모자이크병 등 다년주기성 병해에서는 r값이 0.02~2.3/년으로 다양하였다. 다시 말해, 잎을 침해하는 다주기성 병해에서는 매일 10~50%씩, 그리고 위에서 열거한 수목의 다년주기성 병해에서는 매년 2~230%씩 전염원의 양 또는 병해의 발생량(감염식물의 수, 감염조직의 양 등)이 증가한다는 것을 의미한다.

참고문헌

Daly, J. M. (1984). The role of recognition in plant disease. *Annu. Rev. Phytopathol.* **22**, 273–307.

Dixon, R. A., Harrison, M. J., and Lamb, C. J. (1994). Early events in the activation of plant defense responses. *Annu. Rev. Phytopathol.* **32**, 479–501.

Ellingboe, A. H. (1968). Inoculum production and infection by foliage pathogens. *Annu. Rev. Phytopathol.* **6**, 317–330.

Emmett, R. W., and Parbery, D. G. (1975). Appressoria. *Annu. Rev. Phytopathol.* **13**, 147–167.

Hancock, J. G., and Huisman, O. C. (1981). Nutrient movement in host-pathogen systems. *Annu. Rev. Phytopathol.* **19**, 309–331.

Horsfall, J. G., and Cowling, E. B., eds. (1977–1980). "Plant Disease," Vols. 1–5. Academic Press, New York.

Kosuge, T., and Nester, E. W., eds. (1984). "Plant-Microbe Interactions: Molecular and Genetic Perspectives," Vol. 1. Macmillan, New York.

Kwon, Y. H., and Epstein, L. (1993). A 90 KD glycoprotein associated with adhesion of *Nectria haematococca* macroconidia to substrata. *Mol. Plant-Microbe Interact.* **6**, 481–487.

Leong, S. A., Allen, C., and Triplett, E. W., eds. (2002). "Biology of Plant-Microbe Interactions," Vol. 3. APS Press, St. Paul, MN.

Littlefield, L. J., and Heath, M. C. (1979)."Ultrastructure of Rust Fungi." Academic Press, New York.

Meredith, D. S. (1973). Significance of spore release and dispersal mechanisms in plant disease epidemiology. *Annu. Rev. Phytopathol.* **11**, 313–342.

Nielsen, K. A., *et al.* (2000). First touch: An immediate response to surface recognition in conidia of *Blumeria graminis*. *Physiol. Mol. Plant Pathol.* **56**, 63–70.

Perfect, S. E., and Green, J. R. (2001). Infection structures of biotrophic and hemibiotrophic fungal plant pathogens. *Mol. Plant Pathol.* **2**, 101–108.

Petrini, O., and Ouellette, G. B. (1994). "Host Wall Alterations by Parasitic Fungi." APS Press, St. Paul, MN.

Price-Jones, E., Carver, T., and Gurr, S. J. (1999). The roles of cellulase enzymes and mechanical force in host penetration by *Erysiphe graminis* f.sp. *hordei*. *Physiol. Mol. Plant Pathol.* **55**, 175–182.

Romantschuk, M. (1992). Attachment of plant pathogenic bacteria to plant surfaces. *Annu. Rev. Phytopathol.* **30**, 225–243.

Royle, D. J., and Thomas, G. G. (1973). Factors affecting zoospore responses towards stomata in hop downy mildew (*Pseudoperonospora humuli*) including some comparisons with grapevine downy mildew (*Plasmopara viticola*). *Physiol. Plant Pathol.* **3**, 405–417.

Schäfer, W. (1994). Molecular mechanisms of fungal pathogenicity to plants. *Annu. Rev. Phytopathol.* **32**, 461–477.

Schulze-Lefert, P., and Panstruga, R. (2003). Establishment of biotrophy by parasitic fungi and reprogramming of host cells for disease resistance. *Annu. Rev. Phytopathol.* **41**, 641–667.

Schuster, M. L., and Coyne, D. P. (1974). Survival mechanisms of phytopathogenic bacteria. *Annu. Rev. Phytopathol.* **12**, 199–221.

Singh, U. S., Singh, R. P., and Kohmoto, K. (1995). "Pathogenesis and Host Specificity in Plant Diseases: Histochemical, Biochemical, Genetic and Molecular Bases." Pergamon/Elsevier, Tarrytown, NY.

Stanley, M. S., *et al.* (2002). Inhibition of fungal spore adhesion by zosteric acid as the basis for a novel, nontoxic crop protection technology. *Phytopathology* **92**, 378–383.

Sugui, J. A., Leite, B., and Nicholson, R. L. (1998). Partial characterization of the extracellular matrix released onto hydrophobic surfaces by conidia and conidia germlings of *Colletotrichum graminicola*. *Physio. Mol. Plant Pathol.* 52, 411–425.

Takano, Y., *et al.* (2001). Proper regulation of cyclic AMP-dependent protein kinase is required for growth, conidiation, and appressorium function in the anthracnose fungus *Colletotrichum lagenarium*. *Mol. Plant-Microbe Inter.* **14**, 1149–1157.

Tucker, S. L., and Talbot, N. J. (2001). Surface attachment and prepenetration stage development by plant pathogenic fungi. *Annu. Rev. Phytopathol.* **39**, 385–417.

Tyler, B. M. (2002). Molecular basis of recognition between *Phytophthora* pathogens and their hosts. *Annu. Rev. Phytopathol.* **40**, 137–167.

Vanderplank, J. E. (1975). "Principles of Plant Infections." Academic Press, New York.

Whitehead, N. A., and Salmond, G. P. C. (2000). Quorum sensing and the role of diffusible signaling in plant-microbe interactions. *In* "Plant-Microbe Interactions" (G. Stacey and N. T. Keen, eds.), pp. 43–92. APS Press, St. Paul, MN.

Wynn, W. K. (1981). Tropic and taxic responses of pathogens to plants. *Annu. Phytopathol.* **19**, 237–255.

제 3 장

식물의 생리적 기능에 미치는 병원체의 영향

서론

병원체가 양분을 얻기 위하여 식물을 감염하는 동안에 병원체의 종류나 감염시키는 식물의 기관 또는 조직에 따라 식물의 생리적 기능이 다르게 저해되므로 다양한 병징을 형성한다. 예를 들면 식물의 꽃을 감염하여 죽이는 병원체는 식물의 종자 형성 및 증식 능력을 저해하고, 식물 뿌리의 일부나 전부를 감염시키는 병원체는 식물의 수분 및 양분 흡수능을 감소시켜 시들어 죽게 만든다. 이와 유사하게 잎을 감염시켜 죽이거나 엽록소를 파괴하는 병원체는 식물의 광합성과 생장을 억제하고 수량을 감소시키는 등의 영향을 끼친다. 대부분의 경우에는 병징과 그것에 영향을 받은 식물의 생리적 기능 사이의 관계는 분명하고 이해하기 쉽다. 그러나 이 둘 사이의 관계가 보다 복잡하여 설명이 쉽지 않은 경우도 있다.

광합성에 미치는 병원체의 영향

광합성(光合成; photosynthesis)은 녹색식물의 기본 기능이다. 즉, 광합성은 녹색식물이 광에너지를 화학에너지로 전환시킬 수 있게 해 주며, 녹색식물은 광합성을 통해서 광에너지로부터 전환된 화학에너지를 모든 세포활동에 이용할 수 있다. 살아있는 세포에서 광합성을 제외한 모든 활동이 광합성에 의해 제공되는 에너지를 소비하기 때문에, 광합성은 식물이나 동물세포에서 사용되는 모든 에너지의 근원이다. 광합성은 식물체가 공기로부터 얻은 이산화탄소와 토양으로부터 얻은 물을 녹색부위의 엽록체에 함께 모아 광 존재 하에서 다음과 같이 반응하여 산소를 방출함과 동시에 포도당을 생성한다.

$$6CO_2 + 6H_2O \xrightarrow[\text{엽록소}]{\text{광(빛)}} C6_6H_{12}O_6 + 6O_2$$

식물의 생활사에서 광합성이 차지하는 지위를 고려할 때, 어떠한 방식으로든 병원체가 광합성을 방해하면 식물체는 반드시 병이 든다. 병원체가 광합성을 방해한다는 사실은 많은 감염된 식물체에서 병원체가 일으키는 황화현상, 녹색식물 부위에 일으키는 괴저병반과 많은 감염된 식물에서 나타나는 열매의 생장과 수량 감소를 보면 확실히 알 수 있다.

잎의 조직을 파괴하는 점무늬병, 마름병 및 다른 종류의 병, 예를 들어 곡류의 녹병, 진균성점무늬병(그림 3-1A~3-1C), 세균성점무늬병(그림 3-1D), 바이러스 모자이크병(그림 3-1E) 그리고 황화, 오갈병(그림 3-1F) 등의 병에서는 식물체의 광합성 면적이 줄어들기 때문에 광합성이 감소된다. 그러나 다른 병일지라도 식물병원체는, 특히 병의 후기단계에서, 엽록체를 침해하고 퇴화시킴으로써 광합성을 감소시킨다. 많은 균류병과 세균병에서 잎의 전체 엽록소 함량은 감소되지만, 나머지 엽록소의 광합성 활동은 영향을 받지 않는 것처럼 보인다. 일부 균류병과 세균병에서는 병원체가 생성하는 tentoxin과 tabtoxin 같은 독소가 직·간접적으로 광합성에 관련 있는 일부 효소를 저해하기 때문에 광합성은 감소된다. 많은 유관속 병원체에 의해 감염된 식물체에서는 기공이 부분적으로 닫히고, 엽록소가 감소하며, 결국 식물체가 시들기 전일지라도 광합성은 정지한다. 대부분의 바이러스병, 몰리큐트병과 선충병은 다양한 황화현상을 일으킨다. 이러한 병에서, 감염된 식물체의 광합성은 크게 감소한다. 병이 진전된 단계에서 광합성률은 정상적인 광합성률의 1/4에 지나지 않는다.

기주식물체에서 물과 양분의 이동에 미치는 병원체의 영향

모든 살아있는 식물세포는 생리적 기능을 수행하고 살아가기 위해서 많은 양의 물과 적절한 양의 유기 및 무기양분을 필요로 한다. 식물체는 근계를 통해서 토양으로부터 물과 무기양분을 흡수한다. 이 물질은 일반적으로 줄기의 물관을 통해 위쪽으로 이동하여 엽병과 엽맥의 유관속으로 이동하고, 이곳에서 잎 세포로 들어간다. 무기양분과 물의 일부는 여러 가지 식물체 성분의 합성을 위해 잎이나 다른 세포에 의해 이용되지만, 대부분의 물은 잎 세포로부터 세포 사이로 증발하고, 세포 사이로부터 기공을 통해 대기 속으로 확산된다. 반면에 식물체의 거의 모든 유기물질은 광합성의 결과로 잎 세포에서 생성되어 아래쪽으로 이동하고, 체관부 조직을 통하여 대부분의 부위로 이동함으로써 모든 살아있는 식물세포로 분배된다. 병원체가 무기양분과 물이 위쪽으로 이동하는 것이나 유기물질이 아래쪽으로 이동하는 것을 방해할 때, 식물체의 일부에서 이 물질이 결핍되어 병든 상태가 된다. 따라서 병환부는 자신의 기능을 수행할 수 없고 식물체의 나머지 부위로 자신의 생성물을 줄 수 없게 되어 전체 식물체가 병들게 된다. 예를 들면, 잎으로 물의 이동이 저해된다면, 잎은 적절히 기능을 할 수 없고, 광합성은 감소하거나 정지하며, 양분이 뿌리로 거의 또는 전혀 이동할 수 없게 되기 때문에 양분이 고갈된 뿌리는 병들어 죽게 된다.

물과 무기양분의 상부이동 저해

많은 식물병원체는 식물체를 통한 물과 무기양분의 이동을 한 가지 이상의 방법으로 방해한다. 일부 병원체는 뿌리의 정상적인 상태나 기능에 영향을 미쳐 뿌리가 물을 덜 흡수하도록 만든다. 다른 병원체는 물관에서 생장하거나 다른 수단에 의해 줄기를 통한 물의 이동을 저해한다. 그리고 일부 병에서 병원체는 잎과 기공에 영향을 줌으로써 과도한 증산을 일으켜 식물체의 수분균형을 방해한다.

그림 3-1 병원균이 식물의 광합성 면적을 줄여 광합성을 감소시키는 방법. (A) *Rhynchosporium* sp.에 의해 생긴 보리 잎의 점무늬. (B) 노균병균 *Pseudoperonospora cubensis*에 의해 감염되어 심하게 파괴된 호박잎. (C) 줄기녹병균 *Puccinia graminis* f. sp. *tritici*에 감염된 밀의 줄기와 잎에 생긴 많은 작은 병반들. (D) *Pseudomonas lacrymans*에 의해 발생되는 오이 잎의 세균성모무늬병. (E) cowpea chlorotic mottle virus에 감염된 동부의 황화된 부분의 엽록소 감소. (F) rice tungro virus에 감염되어 위축과 황화가 일어난 벼의 엽록소 감소. [사진제공: (A) Plant Pathology Department, University of Florida, (B) T.A. Zitter, Cornell University, (C) I. Evans, W.C.P.D., (D) R.J. Howard, W.C.P.D., (F) H. Hibino.]

뿌리의 물 흡수에 미치는 영향

모잘록병균(그림 3-2A), 뿌리썩음병균(그림 3-2B~3-2D), 대부분의 선충, 일부 바이러스 등 많은 병원체는 병징이 식물체의 지상부에 나타나기 전에 뿌리를 광범위하게 파괴시킨다. 몇몇 세균과 선충은 뿌리의 정상적인 수분과 양분 흡수를 저해하는 암종(gall)과 혹(knot)을 만든다 (그림 3-2E, 3-2F). 뿌리 손상은 기능을 발휘할 수 있는 뿌리의 양에 직접적으로 영향을 미치고 그와 비례하여 뿌리에 흡수되는 물의 양을 감소시킨다. 일부 유관속기생체는 다른 영향과 함께 뿌리털 형성을 저해시켜 물의 흡수를 감소시키는 것처럼 보인다. 또한 이들을 포함한 몇몇 병원체는 뿌리세포의 투과성을 변화시킴으로써, 뿌리에 의한 물의 정상적인 흡수를 훨씬 더 방해한다.

물관을 통한 물의 이동에 미치는 영향

모잘록병, 줄기썩음병(그림 3-3A), 궤양병(그림 3-3B)을 일으키는 균류나 세균성 병원체는 감염부위에 있는 물관에 도달하고, 감염된 식물체가 어린 경우에는 물관의 파괴와 붕괴를 일으킨다. 오래된 식물, 특히 오래된 나무의 궤양(그림 3-3B)은 수분의 이동을 감소시키지만 일반적으로 궤양이 커져 식물의 줄기를 충분히 둘러쌀 때까지 식물을 죽이지는 않는다. 그러나 유관속시들음병(그림 3-3C~3-3F)의 경우에는 수분이동을 적게 저해하는 것부터 완전히 차단하는 것까지 다양하다. 또한 침해받은 물관은 병원체 자체(그림 3-4A~3-4D)와 병원체에 의해 분비되는 물질(그림 3-5D, 3-5E) 또는 병원체에 반응하여 기주에 의해 분비되는 물질(그림 3-5C)로 가득차고 폐색된다 (그림 3-4A, 3-4C, 3-5C~3-5E). 붕괴되든지 폐색되든지간에 침해받은 물관은 정상적인 기능을 멈추고 물관을 통한 물의 이동을 거의 또는 전혀 허용하지 않는다. 뿌리혹세균(*Agrobacterium tumefaciens*), 무사마귀병균(*Plasmodiophora brassicae*), 뿌리혹선충(*Meloidogyne* sp.) 같은 병원체는 줄기나 뿌리 또는 모두에 혹을 형성한다 (그림 3-2E, 3-2F). 물관의 근처나 주위에서 커지고 증식하는 세포들은 물관에 압력을 가하여, 물관을 분쇄하고 뒤틀리게 하여 효율적으로 물을 이동시킬 수 없게 만든다.

그러나 물을 이동시키는 물관부의 가장 전형적이고 완전한 기능장애는 *Ceratocystis*, *Fusarium*, *Verticillium* 등의 균류와 *Pseudomonas*, *Erwinia* 등의 세균에 의해 발생하는 유관속시들음병에서 관찰된다 (그림 3-3, 3-5). 이러한 병원균은 뿌리와 줄기의 물관을 침해하고, 주로 물관을 통해서 물이 위쪽으로 이동하는 것을 방해함으로써 병을 일으킨다. 이 병원체에 의해 감염된 많은 식물체에서 줄기 물관을 통해 이동하는 물의 양은 건전한 식물체의 줄기를 통해서 이동하는 물의 단지 2~4% 정도까지 감소된다. 일반적으로 감염된 줄기를 통한 이동률은 병원체와 감염 결과로 생긴 물질에 의해 막히는 물관의 수에 반비례한다. 시들음병에서 유관속 기능장애에는 분명히 한 가지 이상의 요인이 관여한다. 병원체가 이 병을 일으키는 유일한 원인일지라도 이 병의 증상을 일으키는 요인들 중 일부는 직접적으로 병원체에서 유래하지만, 다른 요인은 병원체에 반응하는 기주에서 유래한다. 병원체는 균사체, 포자, 또는 세균 세포(그림 3-4A~3-4C, 3-5B)로 물관부에 물리적으로 존재하고 물관에 거대 분자(다당류)를 생성함으로써 물의 흐름을 감소시킨다 (그림 3-5D, 3-5E). 대부분의 기주-병원체간 조합에서 균류(그림 3-3A)에 의한 물관의 붕괴는 균류(그림 3-3C, 3-3D)나 세균(그림 3-3E, 3-3F, 3-5A~3-5F)이 물관을 침해할 때처럼 식물을 약하게 하여 죽게 만든다. 난배양성 세균인 *Xylella fastidiosa* 와 기주의 조합에서는 세균의 생장과 증식, 물관 내에서의 전파가 느리고, 시들음이나 신속한 사멸 대신에 잎 가장자리의 마름증상(그림 3-4D)과 여러 다른 병징이 생기지만 식물이 쉽게 죽는 경우는 드물다. 감염에 따른 물관의 크기 감소 또는 붕괴, 물관 내의 전충체의 발달 (그림 3-5C, 3-5E), 병원성 효소에 의한 세포벽 분해 (그림 3-5D, 3-5E)의 결과로 물관에 분비되는 거대 분자들과 병원체에 의한 잎 증산 변화에 따른 물관의 수분장력 감소 등도 감염된 식물체 내에서 물의 흐름을 감소시킨다.

증산에 미치는 영향

병원체가 잎을 감염시키는 식물병에서 일반적으로 증산(蒸散; transpiration)은 증가한다. 이것은 잎을 보호하는 큐티클 부위의 파괴, 잎 세포의 투과성 증가, 기공의 기능장애에 따른 결과이다. 많은 돌기(pustule)를 형성하고 표피를 파괴하는 녹병(그림 3-6A, 3-6B), 감염부위 내의 큐티클과 표피 및 물관부를 포함한 모든 조직이 파괴되는 점무늬병(그림 3-6E), 표피세포 대부분이 침해받는 흰가루병(그림 3-6C), 큐티클과 표피 사이로 균이 자라는 사과나무 검은별무늬병(그림 3-6D) 같은 이 모든 예에서 상당한 범위의 큐티클과 표피의 파괴는 침해받은 부위로부터 제어하기 힘들 정도의 수분 손실을 초래한다. 만약 물의 흡수와 이동이 물의 과도한 손실을 보충할 수 없다면 팽압이 손실되고 잎은 시든다. 지나치게 증산되는 잎에서 물을 빨아들이는 힘은 비정상적으로 증가하고 전충체와 검물질이 생성되어 아래쪽 물관이 붕괴되거나 기능장애를 일으킨다.

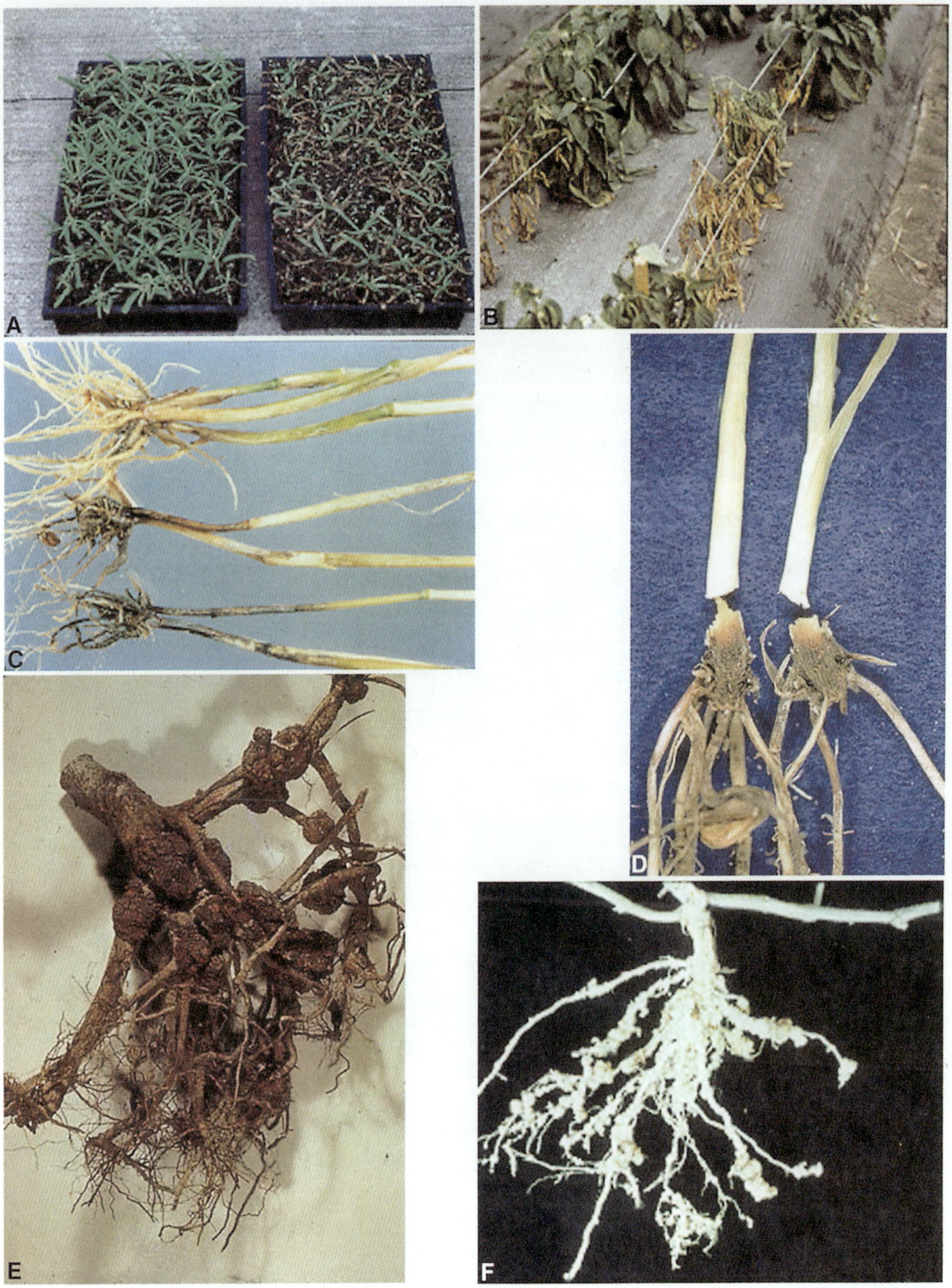

그림 3-2 식물에서 수분흡수가 감소되는 예. (A) 모잘록병균 *Pythium* sp.에 의한 유묘의 뿌리 손상. (B) *Phytophthora* sp.에 의해 죽은 고추의 뿌리와 줄기. (C) 마름병균 *Gaeumannomyces tritici* 에 의한 밀 뿌리의 단계별 손상. (D) *Fusarium*에 감염된 옥수수의 근관부와 뿌리. (E) *Agrobacterium tumefaciens* 에 의해 양앵두나무 뿌리에 생긴 혹. (F) 선충 *Meloidogyne* sp. 에 의해 노지멜론의 뿌리에 생긴 혹. [사진제공: (A) Plant Pathology Department, University of Florida, (B) K. Pernezny, University of Florida, (C) W. McFadden, W.C.P.D., (D) Plant Pathology Department, Iowa State University, (E) Oregon State University, (F) B.D. Bruton, USDA, Lane, Oklahoma.]

그림 3-3 수분과 무기양분의 상부이동이 감소되는 예. (A) *Phomopsis* sp.에 의해 감염된 노지멜론의 줄기. (B) *Ceratocystis fagacearum* 에 의해 생긴 아몬드나무의 궤양. (C) *Fusarium* 에 의한 토마토의 유관속시들음. (D) *Fusarium* 감염에 의해 변색된 토마토 줄기의 유관속조직. (E) 유관속세균 *Ralstonia solanacearum* 에 의해 감염되어 시든 토마토. (F) *Ralstonia solanacearum* 에 의해 변색된 토마토 유관속조직. [사진제공: (A) B.D. Bruton, USDA, Lane, Oklahoma, (B) B. Teviotdale, Kearney Agricultural Center, Parlier, California, (C,E,F) Department of Plant Pathology, University Florida, (D) L. McDonald, W.C.P.D.]

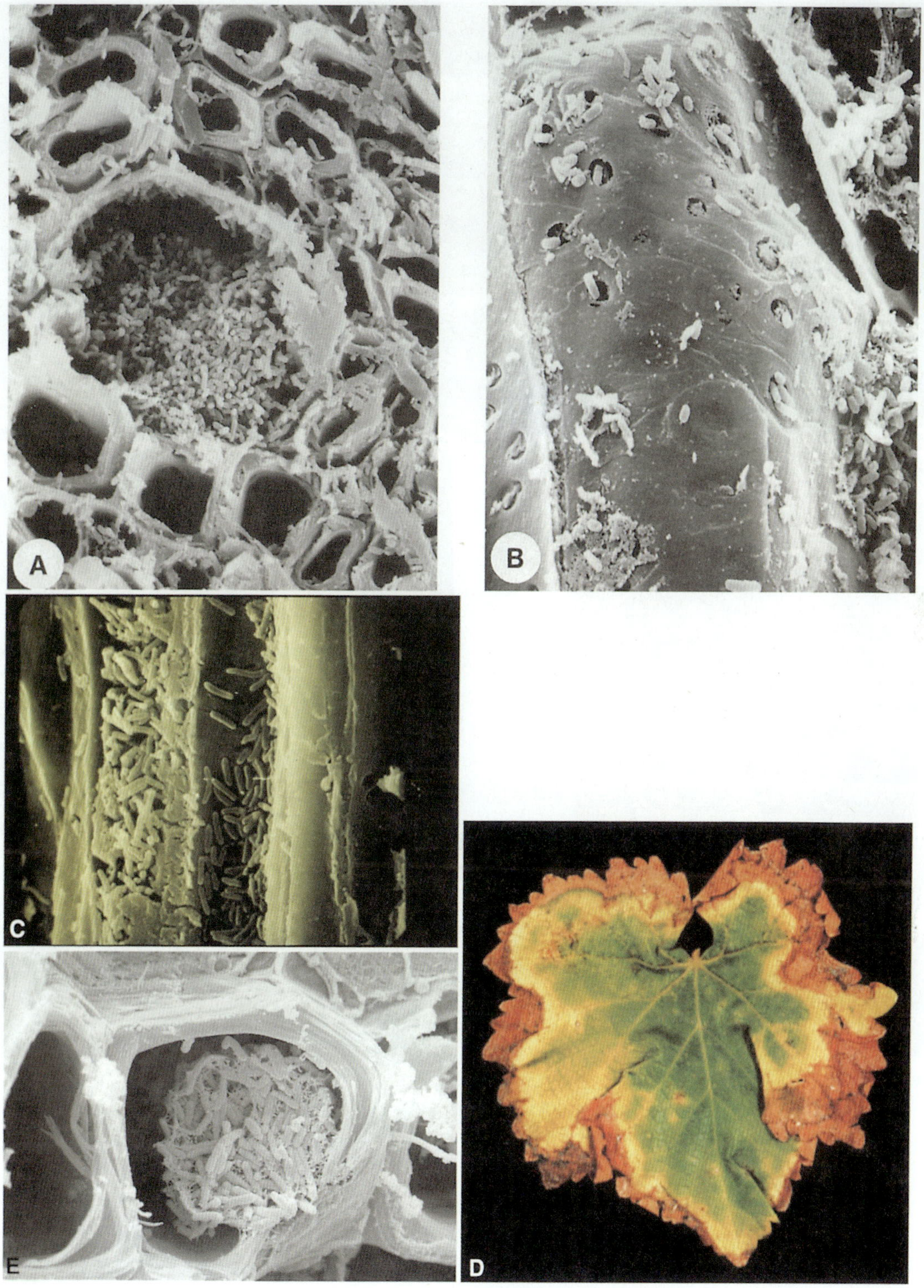

그림 3-4 (A) 새싹의 물관을 막고 있는 *Pseudomonas* 세균, (B) 물관에서 다른 물관으로 그리고 막공을 통해서 인접한 유세포로 이동하는 세균, (C) 포도나무의 물관에 서식하는 세균 *Xyella fastidiosa*, (D) 포도나무에 피어스병을 일으키는 *X. fastidiosa* 에 의한 포도나무 잎의 잎가마름 증상, (E) 감염된 포도나무 잎의 물관 횡단면에 있는 *X. fastidiosa*. [사진제공: (A,B) E.L. Mansvelt, I.M.M. Roots, and M.J. Hattingh (1,500배), (C) D. Cooke, provided by E. Hellman, Texas A&M University, (D) E. Hellman, Federal University of Lavras, Brazil, (E) E. Alves, Federal University of Lavras, Brazil.]

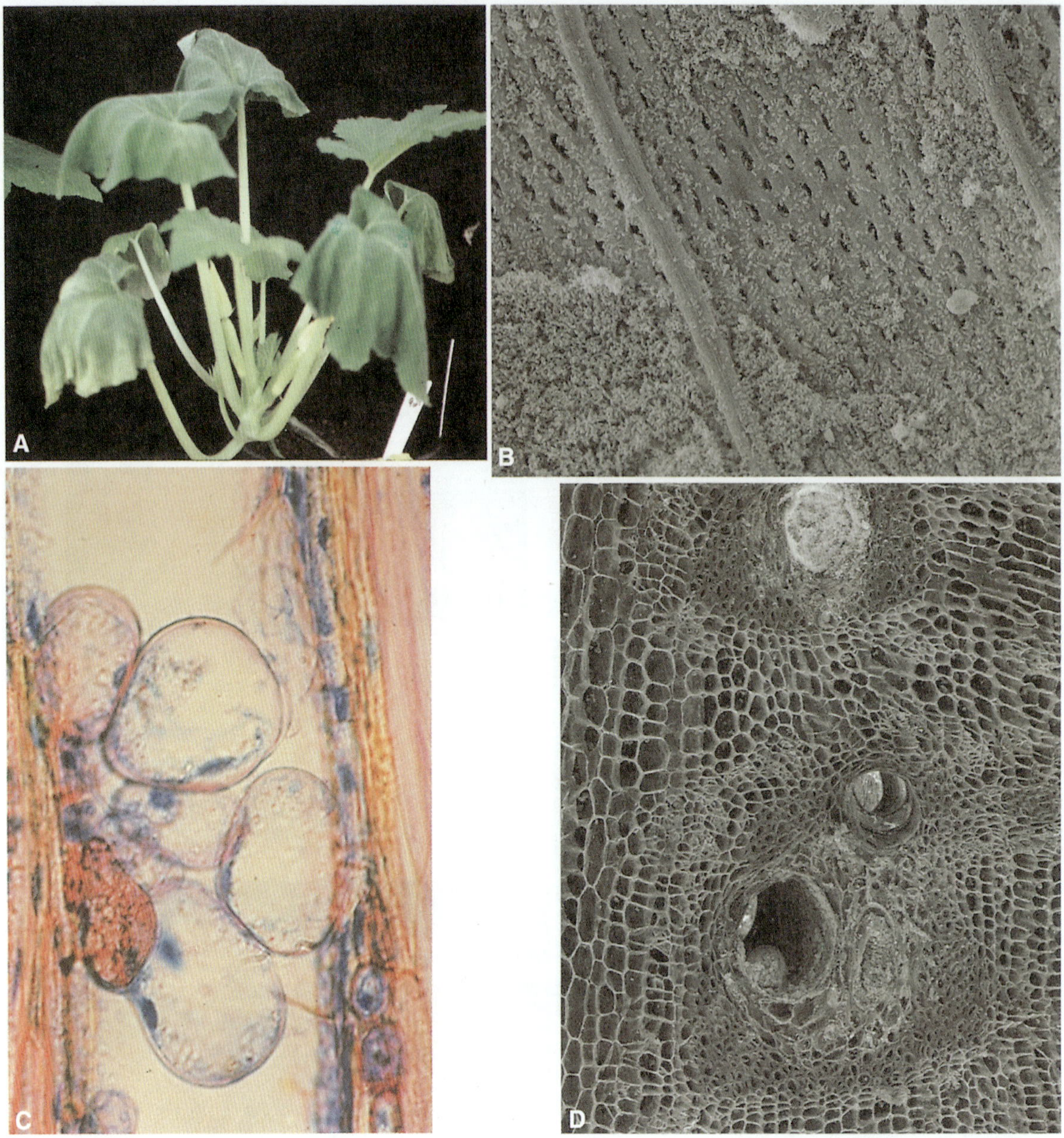

그림 3-5 (A) *Erwinia tracheiphila* 에 의한 유관속시들음 초기증상을 보이는 어린 호박, (B) 물관의 벽 안쪽에 모여 있는 *E. tracheiphila*, (C) 물관 내의 전충세포, (D) 호박 물관세포의 일부 또는 전부를 막고 있는 전충세포와 점질성 다당류, (E) 점질성 다당류에 의해 완전히 막힌 물관들, (F) 포장에서 *E. tracheiphila*에 의해 죽은 노지멜론. [사진제공: (A,B,D,E,F) B.D. Bruton, USDA, Lane, Oklahoma, (C) D.M. Elgersma]

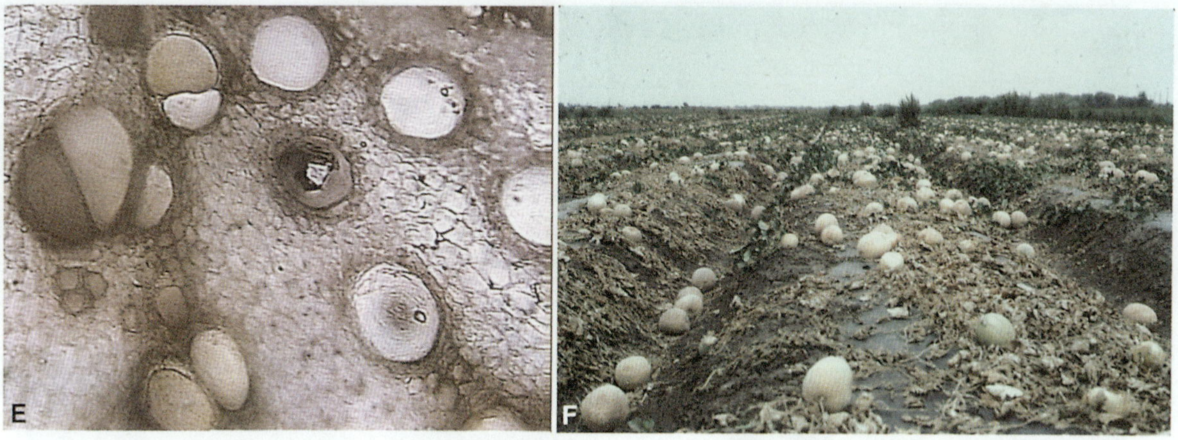
E F

그림 3-5 (계속)

체관을 통한 유기양분의 이동 저해

광합성을 통해 잎 세포에서 합성되는 유기양분은 원형질연락사를 통해 인접한 체관으로 이동한다. 유기양분은 체관으로부터 체관 아래로 이동하고 (그림 3-7) 궁극적으로는 다시 원형질연락사를 통해 광합성을 하지 않는 세포의 원형질체로 이동하여 이용되거나 저장기관으로 이동하여 저장된다. 따라서 두 경우 모두에서 유기양분은 '순환(circulation)'을 마친다. 식물병원체는 잎 세포로부터 체관부로 유기양분이 이동하는 것을 방해하거나, 체관을 통한 유기양분의 이동을 방해하거나, 또는 체관에서 유기양분을 이용할 세포로의 이동을 방해한다.

녹병균과 흰가루병균 같은 균류 절대기생체는 병원체에 의해 침해받는 부위에 광합성산물뿐만 아니라 무기양분의 축적을 일으킨다. 이 병에서, 감염부위의 특징은 광합성의 감소와 호흡의 증가이다. 그러나 전분이나 다른 화합물의 합성뿐만 아니라 건물중도 감염부위에서는 일시적으로 증가하는데, 이 사실은 잎의 감염되지 않은 부위나 건전한 잎으로부터 감염부위를 향해 유기양분이 이동함을 의미한다.

목본식물의 줄기에 궤양을 일으키는 병원체(그림 3-8A~3-8C)는 상당한 기간 동안 수피를 공격하며 수피에 남아 있다. 그 동안 병원체는 주변의 체관부를 공격하여 파괴하기 때문에 아래쪽으로의 양분 수송은 저해 받는다. 파이토플라스마에 의한 병뿐만 아니라 체관에서만 자라는 세균에 의한 병에서도 세균은 체관 내에 존재하고 증식하기 때문에 양분의 하부수송은 저해된다 (그림 3-8D). 대목에 저항성 접수를 접목하여 증식시킨 식물에서의 바이러스 감염(예를 들면 토마토 가락지무늬 바이러스에 의한 사과나무 및 핵과류 대목의 감염; 그림 3-8E)은 과민성인 접수와 대목과의 접촉 부위에 괴사면(necrotic plate)이 형성되어 죽는다. 이와는 달리 pear decline phytoplasma에 감염된 동양배나무의 대목에 접목된 접수의 감염이나 감귤 트리스테자 바이러스에 감염된 광귤나무 대목에서 증식시킨 귤나무 품종의 경우는 모두 저항성 접수와 접촉된 대목의 세포들이 일부 괴사를 일으키게 된다. 이러한 조합으로 이루어진 경우에는 대목이 병원체에 과민반응을 일으켜 죽는다.

일부 바이러스병, 특히 잎오갈병과 일부 누렁병(yellows)의 첫 번째 병징 중 하나인 잎의 전분축적은 주로 감염된 식물체의 체관 퇴화(괴저)의 결과이다 (그림 3-8F). 그러나 적어도 일부 바이러스병에서 나타나는 전분이동 방해는 바이러스가 전분을 더 작은 이동 가능한 분자로 분해하는 효소를 저해함으로써 유도되었을 가능성이 있다. 이것은 체관의 괴사가 전혀 없는 일부 모자이크병에서 광합성이 유리한 시기인 오후에는 감염되어 변색된 잎 부위가 건전하고 더 푸른 부위보다 전분을 덜 함유하지만, 전분의 가수분해와 이동에 유리한 어두워진 이

그림 3-6 병원균이 감염식물의 증산작용을 증가시키는 방법. (A) 밀 붉은녹병균 *Puccinia recondita* 는 밀 잎에 많은 병반(여름포자퇴)을 형성하고 수많은 표피조직을 파괴함으로써 제어할 수 없을 정도의 증산작용이 일어난다. (B) 감염된 잎의 표피를 파괴하고 나오는 여름포자. (C) 거의 모든 표피세포에 침입하여 흡기를 형성하는 흰가루병균 *Uncinula necator* 의 균사와 감염된 포도송이. (D) 큐티클과 표피 사이에서 자라면서 큐티클의 여러 부위를 파괴하여 증산작용을 일으키는 사과나무 더뎅이병균 *Venturia inaequalis*. (E) *Septoria* sp.에 의해 많은 병반이 생겨 과도한 증산작용이 일어난 토마토 잎. [출처: (A,E) W.C.P.D., (B) E.A. Richardson and C.W. Mims, University of Georgia, (C) J. Travis and J. Rytter, Plant Pathology Department, Pennsylvania State University, (D) K. Mohan, University of Idaho.]

후에는 감염되어 변색된 잎 부위가 건전한 부위보다 더 많은 전분을 함유한다는 관찰에 의해 제안되었다. 이것은 바이러스에 감염된 부위가 건전한 부위보다 전분을 덜 합성할 뿐만 아니라, 비록 체관부의 손실이 전혀 없다 할지라도, 전분이 바이러스에 감염된 부위로부터 쉽게 분해되지 않고 쉽게 이동되지 않는다는 사실을 시사한다.

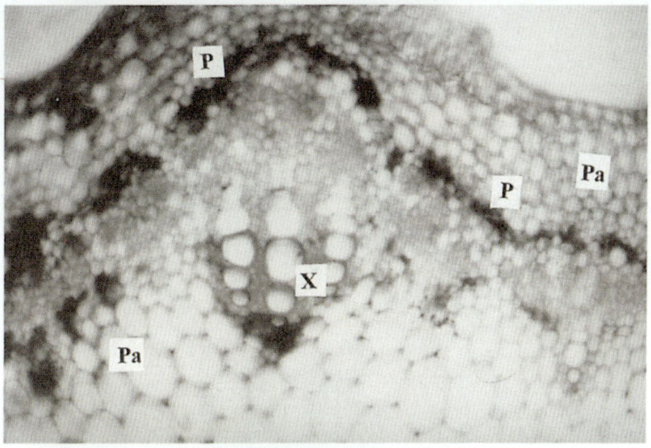

그림 3-7 동부 줄기 또는 엽병의 체관부 괴사(P)는 *tobacco ringspot virus* 와 같은 바이러스에 의해 생기는 일반적인 증상이다. 결국 뿌리에는 양분이 결핍되고 식물체는 쇠약해진다. 100배. Pa=물관유세포, X=물관.

기주식물의 호흡에 미치는 병원체의 영향

호흡(呼吸; respiration)은 효소에 의해 조절되는 산화를 통해 에너지가 풍부한 탄수화물과 지방산을 세포가 다양한 기능을 수행하는 과정에 이용할 수 있는 형태의 에너지로 방출시키는 과정이다. 식물세포는 기본적으로 2단계로 호흡작용을 실행한다. 그 첫 번째 단계는 포도당을 피루브산(pyruvate)으로 분해하는 단계로 기본적인 세포질에서 발견되는 효소에 의해 산소의 존재에 관계없이 실행된다. 경로에 상관없이 포도당으로부터 피루브산의 생성은 **해당작용**(解糖作用; **glycolysis**)으로 알

그림 3-8 병원체가 유기양분의 하부이동을 방해하는 병의 예. (A) *Nectria* 에 침해받아 죽은 나뭇가지의 초기 궤양병징 (B) *Nectria* 에 의해 체관과 물관이 심하게 파괴되어 생긴 2개의 궤양병반. (C) *Cronartium ribicolav*에 의해 수피와 체관이 죽은 잣나무의 털녹병. (D) 체관부를 막아 광합성산물의 하부이동을 방해하는 파이토플라스마. (E) 동양배나무 대목에 접목된 서양배나무의 접목부에서 체관부의 괴사가 일어나는 모습. (F) *Potato leaf roll virus* 에 의해 유관속에 괴사가 일어나는 감자괴경. [사진제공: (A) USDA Forest Service, (B) A. Jones, Plant Pathology Department, Michigan State University, (C) Oregon State University, (F) Cornell University.]

(다음 페이지에 계속)

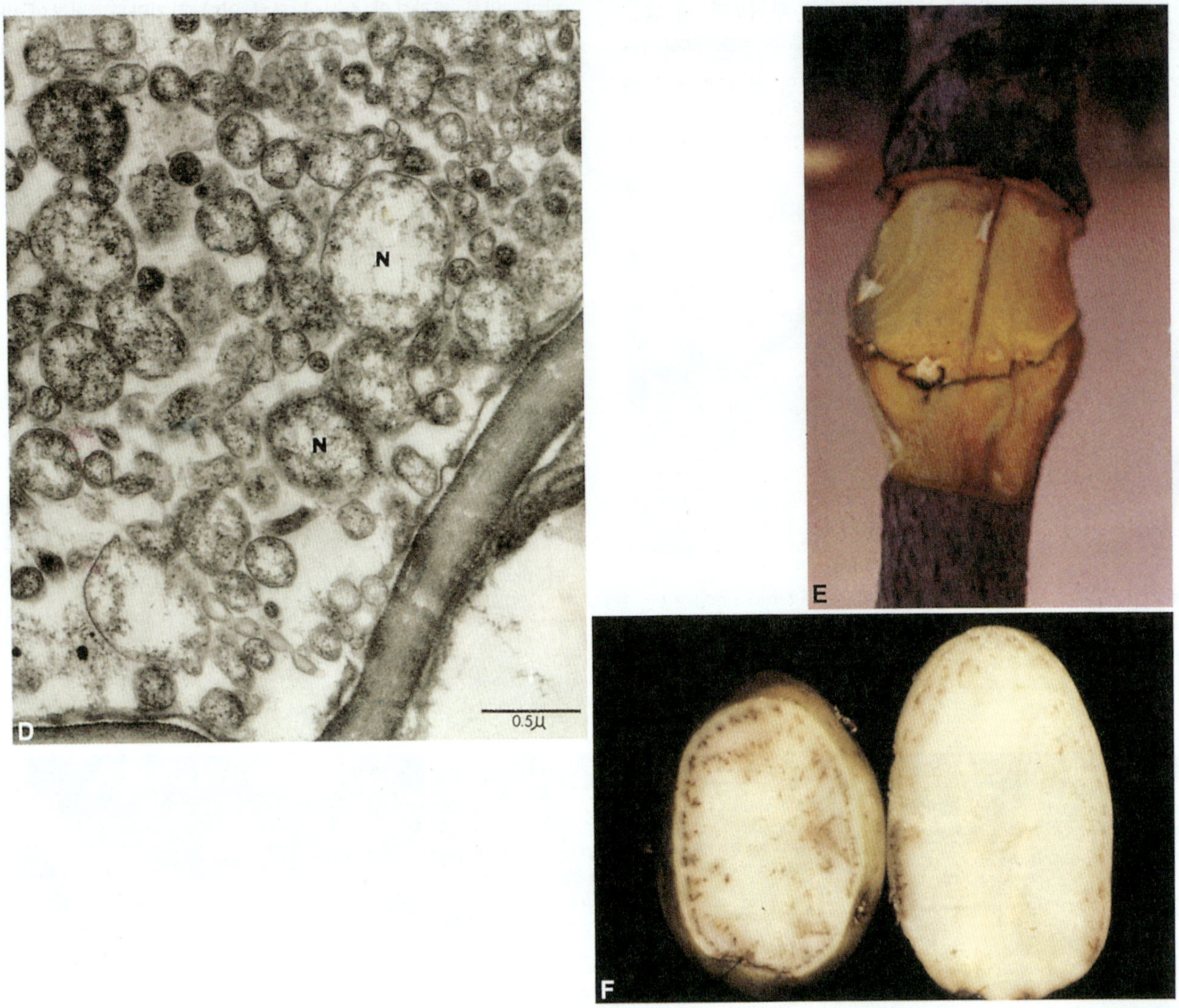

그림 3-8 (계속)

려진 **해당과정**(解糖過程; glycolytic pathway), 또는 더 작은 범위에서 **5탄당경로**(五炭糖經路; pentose pathway)를 수반한다. 그러나 두 번째 단계에서는 피루브산을 분해하여 이산화탄소와 물을 생성한다. 두 번째 단계는 **크렙스회로**(Krebs cycle)로 알려진 일련의 반응을 수반하는데, 크렙스회로는 소위 terminal oxidation을 수반하며 오직 산소가 있을 때에만 마이토콘드리아 안에서 실행된다. 정상적인(호기성) 상태, 즉 산소가 있을 때에 두 단계가 모두 실행되고, 다음과 같이 포도당 한 분자는 최종산물로 이산화탄소 6분자와 물 6분자를 생산하며,

$$C_6H_{12}O_6 + 6O_2 \rightarrow 6CO_2 + 6H_2O$$

동시에 에너지(678,000 calories)를 방출한다. 이 에너지의 일부는 소실되지만, 거의 절반은 20~30개의 재사용할 수 있는 adenosine triphosphate(ATP)의 높은 에너지 결합으로 전

환된다. 호흡작용의 첫 번째 단계에서 포도당 1몰당 2분자의 ATP가 생성되고 두 번째 단계에서 나머지 ATP가 생성된다. 그러나 혐기성 상태, 즉 산소가 없을 때 피루브산은 산화될 수 없지만, 대신에 **발효**(醱酵; **fermentation**)하여 젖산 또는 알코올을 생산한다. 산소가 있을 때보다 산소가 없을 때에는 에너지 생성의 주요한 과정이 중단되기 때문에 세포는 필요한 에너지를 확보하기 위해 해당작용에서 훨씬 많은 양의 포도당을 이용한다.

ATP의 에너지-저장결합은 당의 산화작용에서 방출된 에너지를 소모하여 adenosine diphosphate(ADP)에 인산기(PO_4)를 부착함으로써 형성된다. ADP에 인산을 첨가하여 포도당의 산화결합(coupling)으로 ATP를 생성하는 것을 **산화적 인산화 반응**(酸化的 燐酸化反應; **oxidative phosphorylation**)이라 한다. 에너지를 요구하는 어떤 세포의 활동은 ATP를 ADP와 무기인산으로 분해함으로써 ATP에 저장된 에너지를 이용한다. 세포에 ADP와 인산염이 있으면 번갈아 호흡률을 자극한다. 반면에 ATP가 어떤 이유로 세포에 의해 충분히 이용될 수 없다면 ATP는 거의 또는 전혀 재생되지 않고 호흡작용은 떨어진다. 그러므로 세포에서 ADP의 양은 이용에너지율에 의해 결정되고, 이 비율은 식물조직에서 호흡률을 결정한다.

호흡을 통해서 생성된 에너지는 화합물의 축적과 유통, 단백질 합성, 효소의 활성, 세포의 생장과 분열, 방어반응 등 모든 세포기능을 위하여 식물체에 의해 이용된다. 호흡작용의 복잡성, 호흡에 관련된 많은 효소, 각 세포에서의 호흡의 발생, 세포의 기능과 존재에 대한 장기적인 영향 등은 왜 식물체가 병원체에 감염되었을 때 영향을 받는 첫 번째 기능 중의 하나가 식물 조직의 호흡인지를 이해하기 쉽게 해 준다.

병든 식물체의 호흡

식물체가 병원체에 감염되었을 때 호흡률은 일반적으로 증가한다. 이것은 피해받은 조직이 건전한 조직보다 저장된 탄수화물을 더 빨리 소모함을 뜻한다. 호흡속도의 증가는 감염 직후 육안으로 확실하게 관찰이 가능한 병징이 나타날 때에 나타나고, 병원체의 증식이나 포자형성을 하는 동안에 계속 증가한다. 그 후 호흡은 건전 식물의 정상수준보다도 더 낮은 수준으로 떨어진다. 저항성 품종에서는 세포들이 방어기작을 빨리 생성하거나 발휘하기 위해 많은 양의 에너지를 필요로 하고 소모하기 때문에 저항성 품종의 감염에서 호흡은 더 빠르게 증가한다. 그러나 저항성 품종에서도 호흡은 최고점에 도달한 직후에는 급속하게 감소한다. 특정 병원체에 대해 빠른 방어기작이 없는 감수성 품종에서 호흡은 접종 후 서서히 증가하지만 계속 증가하며 훨씬 긴 기간 동안 높은 수준으로 유지된다.

병든 식물체의 대사작용에서 몇 가지 변화에 따라 감염 후 호흡이 증가한다. 따라서 호흡 경로상에서 몇 가지 효소의 활성이나 농도가 증가되는 것처럼 보인다. 식물체에서 방어기작과 관련이 있는 페놀화합물의 축적과 산화 또한 호흡이 증가하는 동안 더 커진다. 병든 식물에서 호흡이 증가하면 페놀화합물의 주요한 원천인 5탄당경로의 활성이 증가한다. 병든 식물에서 에너지가 급격하게 필요할 때, 정상적인 호기성호흡만으로는 충분한 에너지를 공급할 수 없기 때문에 때때로 건전한 식물에서 관찰된 것보다 더 많은 발효가 일어난다.

병든 식물에서 호흡증가는 적어도 부분적으로는 산화적 인산화반응의 해리(uncoupling)에 의해 분명히 발생한다. 그 경우에 현존하는 ATP의 사용과 호흡을 촉진시키는 ADP의 축적에도 불구하고 정상적인 호흡을 통해서는 아무런 이용 가능한 에너지(ATP)가 생성되지 않는다. 생명유지를 위해 세포가 요구하는 에너지는 5탄당경로와 발효 같은 덜 효율적인 방법을 통하여 생성된다.

병든 식물의 호흡증가는 또한 대사작용 증가의 결과로 설명할 수 있다. 많은 식물병의 경우 생장이 처음에는 촉진되고, 원형질유동이 증가하면 그에 따른 대사물질이 합성되고 전위되며 병환부에 축적된다. 이러한 활동에 요구되는 에너지는 호흡을 통해 생성된 ATP에서 유래한다. ATP가 더 많이 이용될수록, ADP도 더 생성되고 호흡도 더 촉진시킨다. 식물은 감염으로 인해 건전한 식물보다도 더 비효율적으로 ATP 에너지를 이용할 것이다. 에너지 일부의 낭비 때문에 호흡증가가 유도되고, 결과적으로 식물세포의 가속화된 과정을 수행하기 위하여 더 많은 양의 에너지를 필요로 한다.

해당과정을 경유한 포도당의 산화가 단연 식물세포가 에너지를 얻는 가장 일반적인 방법임에도 불구하고, 에너지의 일부는 5탄당경로를 거쳐 생성된다. 5탄당경로는 식물이 스트레스 상태에서 의존하는 에너지 생산의 대체경로인 듯하다. 그래서 5탄당경로는 식물이 늙고 분화됨에 따라 해당과정을 대체하고, 호르몬, 독소, 상처 등을 식물에 처리하거나 양분이 고갈됨에 따라 증가하는 경향을 보인다. 일반적으로 병원체에 의한 감염은 또한 건전한 식물에서 일어나는 수준 이상으로 5탄당경로를 활성화하는 경향이 있다. 5탄당경로는 직접적으로 ATP생산과 연결되어 있지 않기 때문에 이 경로를 통한 호흡증가는 해당과정만큼 많은 이용 가능한 에너지를 생산하지 못한다. 그러므로 5탄당경로는 병든 식물의 기능을 위한 비효율적인 에너지의 원천이다. 반면에 5탄당경로는 페놀화합물의 주된 원천이며, 페놀화합물은 감염에 대한 식물 방어기작에서 중요한 역할을 한다.

세포막 투과성에 미치는 병원체의 영향

세포막(細胞膜; cell membrane)은 많은 종류의 단백질분자가 박혀있는 두 겹의 지질분자로 구성되어 있는데, 단백질분자의 일부는 보통 지질 2중층(그림 5-2)의 한면 또는 양면에 돌출되어 있다. 투과성 장벽으로서의 막의 기능은 세포가 필요한 물질만을 세포 속으로 통과시키고 세포가 필요한 물질은 세포 밖으로 배출되는 것을 저지한다. 지질 2중층은 대부분의 생물적 분자를 통과시키지 않는다. 이온(전하를 띤 전자 또는 전해질), 당류, 아미노산 같은 작은 수용성 분자는 단백질로 만들어진 특별한 막의 통로(membrane channel)를 통해 흐르거나 능동수송된다. 식물세포에서는 세포벽 때문에 단지 작은 분자들만이 세포막에 도달한다. 그러나 동물세포와 인위적으로 만든 식물 원형질체에서는 큰 분자나 입자도 세포막에 도달하고 세포막의 조각이 흡수될 물질을 둘러싸서 흡수될 물질 주위에 소포(vesicle)를 형성하여 물질을 세포 속으로 보내는 **세포내섭취**(細胞內攝取; **endocytosis**)에 의해 세포 속으로 들어간다. 화학적 또는 물리적 요인에 의한 세포막의 붕괴나 저해는 막의 투과성을 변경시켜서 다음에 일어나는 유용한 물질의 손실을 통제할 수 없게 만드는 바람직하지 못한 물질의 유입이나 어떤 물질의 지나친 양의 유입을 저지하지 못하게 한다.

세포막 투과성의 변화는 흔히 병원체에 의한 감염, 대부분의 기주특이적 독소(host-specific toxin)와 몇 가지 기주비특이적 독소(host nonspecific toxin), 어떤 병원체의 효소, 대기오염물질 같은 일부 유독한 화학물질에 대하여 최초로 탐지 가능한 세포의 반응이다. 세포막 투과성의 변화 중 가장 일반적으로 관찰되는 영향은 세포로부터 **전해질**(電解質; **electrolyte**), 즉 작은 수용성 이온과 분자의 손실이다. 전해질의 손실은 기주가 감수성이고 병징이 광범위하게 전개될 때보다 기주-병원체간의 상호작용이 비친화적일 때에 훨씬 더 빠르고 높은 비율로 발생한다 (그림 3-9). 그러나 세포막이 병원체 독소와 효소의 최초 목표물이고 수반되는 원형질의 손실이 세포막 투과성 변화의 최초의 영향 때문인지 또는 병원체 생성물이 실제로 세포에서 다른 기관이나 반응에 영향을 주는지는 확실하지 않다. 이 경우에는 세포투과성 변화와 전해질의 손실은 초기 반응의 2차적인 영향이다. 병원체가 정말 세포막 투과성에 직접적으로 영향을 미친다면, 병원체는 세포막을 통해 수소이온을 들여오고 칼륨이온을 내보내는 H^+/K^+ pumping에 관여하는 ATPase 같은 어떤 세포막에 결합된 효소를 자극하거나, 세포막을 구성하는 유체막(fluid film)의 유지와 복구에 필요한 과정을 방해하거나, 또는 병원체에 의해 생성된 효소에 의해 세포막의 지질 또는 단백질 구성요소를 분해함으로써 투과성에 영향을 미칠 것이다.

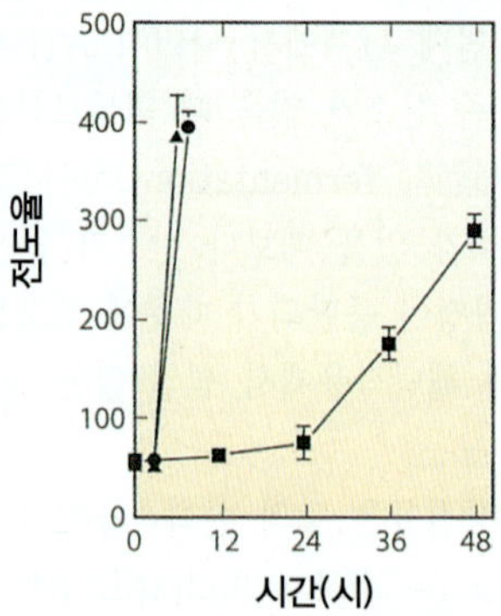

그림 3-9 세균 *Xanthomonas campestris* pv. *vesicatoria* 의 3 가지 레이스로 접종한 고추 잎에서 방출된 전해질을 측정하는 전도율 수준. (■) 이 세균의 병원성 레이스를 잎에 접종하였을 때는 나중에 느린 속도로 전해질이 방출된다. (●,▲) 비병원성유전자를 가진 2 가지 세균 레이스를 잎에 접종하였을 때 이에 대응되는 저항성 유전자(R)를 가진 식물체에서 과민성반응을 유기시켜 훨씬 일찍 더 빠른 속도로 세포막이 붕괴되고 전해질이 유출된다. [출처: Minsavage *et al*. (1990), *Mol. Plant-Microbe Interact*. **3**, 41-47.]

전사와 번역에 미치는 병원체의 영향

단백질을 생성하기 위한 세포 DNA의 전령RNA(messenger RNA)로의 전사와 전령RNA의 번역은 정상 세포에서 일어나는 모든 생물학적 작용 가운데 가장 기본적이고, 일반적이며, 정교하게 조절되는 작용이다 (그림 3-10). 관련된 일부 지놈 및 전사와 번역의 수준과 시기는 각 세포의 발달단계와 필요조건에 따라 다르다. 그럼에도 불구하고 병원체나 환경요인에 의해 이 과정 중 어느 하나라도 방해를 받으면 유전자의 발현에 영향을 미침으로써 침해받은 세포의 구조나 기능에 급격하고 부적합한 변화를 일으킬 것이다.

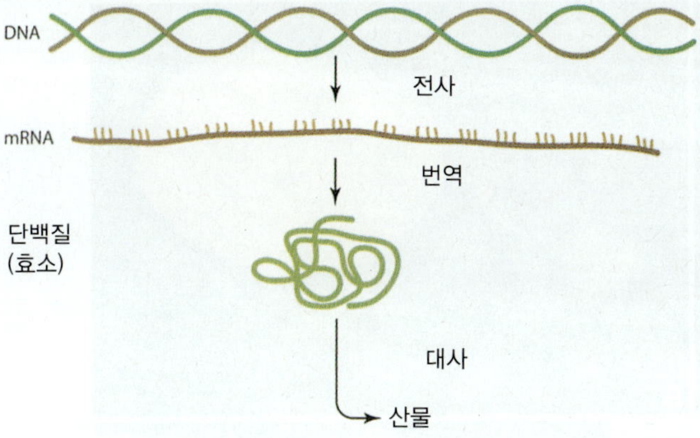

그림 3-10 전사와 번역 과정.

핵산의 전사에 미치는 영향

여러 가지 병원체, 특히 바이러스와 녹병균, 흰가루병균 같은 균류 절대기생체는 감염된 세포에서 전사 과정에 영향을 미친다. 일부의 경우 병원체는 세포 DNA와 관련된 염색질의 조성, 구조 또는 기능을 방해함으로써 전사에 영향을 미친다. 일부 병, 특히 바이러스에 의해 생기는 병에서 병원체는 자신의 효소 또는 기주세포의 RNA 중합효소를 변화시킴으로써 병원체 자신의 RNA를 만드는데 이를 위해 기주세포의 뉴클레오타이드와 기관을 이용한다. 몇 가지 병에서, 아마도 건전한 식물에서는 생성이 알려지지 않은 새로운 ribonuclease 가 감염된 식물체에서 생성됨으로써 RNA분해효소인 ribonuclease 의 활성이 증가된다. 마지막으로 일부 감염된 식물체, 특히 저항성 식물체가 건전한 식물체보다, 또 감염초기에 더 많은 양의 RNA를 함유하고 있는 것 같다. 따라서 일반적으로 세포에서 RNA량과 전시의 증가는 식물세포의 방어기작에 관련된 물질의 합성증가를 나타낸다.

핵산의 번역에 미치는 영향

감염된 식물조직은 여러 가지 효소, 특히 에너지생성(호흡)에 관련된 효소나 감염에 대한 (방어)반응을 일으키는 다양한 페놀화합물의 생성이나 산화에 관련된 효소의 활성을 증가시키곤 한다. 이 일부의 효소(단백질)가 감염시기의 세포에 존재할지라도, 몇 가지는 새로이(*de novo*) 만들어지므로 당연히 전사량과 RNA중합효소의 활성이 증가한다. 감염된 조직에서 단백질합성의 증가는 병원체에 대하여 저항성인 기주에서 주로 관찰되었고 감염의 초기단계, 즉, 접종 후 처음 2~20시간 동안 가장 높은 수준에 도달했다. 만약 저항성 조직에 단백질합성 저해제를 감염 전이나 감염 중에 처리한다면 병원체에 대한 저항성은 감소한다. 이 사실은 병원체에 의해 공격받은 식물체에서 대부분의 단백질합성의 증가가 식물체의 방어기작에 관련된 효소와 다른 단백질의 생산증가를 나타낸다는 사실을 의미한다.

식물 생장에 미치는 병원체의 영향

식물의 광합성 부위를 파괴하여 광합성 양을 현저히 줄이는 병원체가 식물의 생장과 생산량을 감소시킨다는 것은 쉽게 이해되고 예상할 수 있는 일이다. 이와 유사하게 식물의 뿌리를 파괴하거나, 물관부 또는 체관부를 막는 병원체도 식물 내의 물과 무기물, 유기물의 이동을 심각하게 저해하여 식물의 크기나 생산량을 줄어들게 하기도 하고, 때로는 죽음에 이르도록 만든다. 많은 식물병에서 이러한 변화가 왜 생기는지에 대해 명확히 밝혀지지는 않았지만 감염된 조직이나 전체 식물체의 크기에서 비정상적인 비대나 왜소가 나타나기도 한다. 여기에 식물의 세포분열과 증식에 영향을 미치는 생장 조절물질이 관여한다는 것은 명백하다. 그러나 이와 관련된 특이적인 화합물이나 기작 또는 이를 제어하는 유전자에 대해서는 거의 알려진 바가 없다.

기주식물의 기관과 조직에서 두드러질 정도의 비정상적 생장을 일으키는 가장 일반적인 병으로는 무사마귀병균강의 *Plasmodiophora brassicae* 에 의한 십자화과식물의 무사마귀병, 균류인 *Physoderma alfalfae* 에 의한 알팔파 혹병, *Spongospora subterranea* 에 의한 감자 가루더뎅이병, *Taphrina* sp.에 의한 복숭아나무 잎오갈병(그림 3-11A)과 자두나무 주머니열매병(그림 3-11B), *Dibotryon morbosum* 에 의한 양앵두나무 검은혹궤양병(제11장 그림 11-67A), *Sphaeropsis* sp.에 의한 핵과류의 Sphaeropsis혹병; *Ustilago maydis*에 의한 옥수수 깜부기병(제5장 그림 5-16C, 제11장 그림 11-144A~11-144C), *Tilletia controversa* 에 의한 밀 위축깜부기병(제11장 그림 11-148), *Exobasidium azaleae* 에 의한 아잘레아의 떡병(그림 3-16A), *Cronartium* sp.에 의한 소나무 녹병(제5장 그림

A
B
C
D
E
F

5-16D, 제11장 그림 11-143) 등이 있다. 또한 세균성 병원균 중 많은 기주에 뿌리혹병(그림 3-11E)을 일으키는 *Agrobacterium tumefaciens*, 사과나무의 털뿌리병을 일으키는 *A. rhizogenes*, 올리브나무와 서양협죽도에 혹병을 일으키는 *Pseudomonas sarastanoi*, 몇몇 기주에 잎혹병을 일으키는 *Rhodococcus* sp. (제5장 그림 5-17D)와 같은 일부의 균도 비정상적인 생장을 일으키기도 한다. 식물 생장에 있어서 매우 특징적인 효과는 체관부에 서식하는 파이토플라스마에 의해 야기된다. 파이토플라스마에 감염된 식물은 빗자루병이라고 알려진 연노랑의 짧고 밀생한 가지를 형성시킨다. 어떤 파이토플라스마는 기주의 위축을 일으키고, 만약 잎에서 발병되면 엽상화로 알려진 초록색의 꽃받침을 만든다. 작물에서 형성되는 가장 일반적인 뿌리혹은 선충인 *Meloidogyne* sp.에 의해서도 형성된다 (그림 3-11F).

식물 생장에서 가장 빈번하고도 이례적인 일은 바이러스와 바이로이드에 의해 일어난다. 많은 바이러스는 감염식물의 위축(그림 3-11D)이나 왜화를 일으키는 반면, 어떤 것은 잎말림이나 오갈병 또는 비정상과 등을 일으킨다. 어떤 바이러스는 같은 잎에서조차 일부분은 정상보다 얇게 나머지 부분은 비정상적으로 두껍게 되며 (그림 3-11C) 일부 바이러스는 감염된 식물의 뿌리와 줄기 또는 잎에 혹을 형성시키거나 구멍을 내기도 한다 (제14장 그림 14-42E). 여러 바이러스들이 그들 각각의 기주에 이러한 영향을 어떻게 초래하는지는 아직 알려지지 않았다.

식물의 증식에 미치는 병원체의 영향

병원체는 연약해진 식물의 여러 기관과 조직을 침입하여 이들을 죽임으로써 식물체를 약화시키기도 한다. 그 결과 식물은 위축되고 꽃을 덜 피우며 과실과 종자가 덜 맺히게 된다. 이러한 종자를 심게 되면 활력이 떨어져 개체수가 줄어들고 연약한 식물로 자라게 된다. 많은 병원체가 식물 증식에 관련된 이러한 간접적인 효과와 더불어 꽃, 과실, 종자를 직접 침입하여 죽이거나 종자생산을 감소시키기 때문에 곧바로 나쁜 영향을 주어 직·간접적으로 기주식물의 개체증식을 저해하게 된다. 병원균이 기주식물의 증식에 영향을 미치는 가장 일반적인 방법 중 하나는 기주의 꽃을 감염시켜서 죽이는 것인데, *Monilinia* sp.가 일으키는 핵과류의 잿빛무늬병(그림 3-12A, 3-12B), *Pseudomonas syringae* 에 의한 핵과류 수목의 세균성궤양병과 검물질 생성, *Erwinia amylovora* 에 의한 배나무와 사과나무의 불마름병 등이 그 예이다. 일부 병에서는 탄저병균 *Colletotrichum acutatum*에 감염된 경우와 같이 낙화 직후 균이 열리자마자 바로 미숙한 상태로 떨어지는 것을 볼 수 있다. 이와 유사하게 plum pox virus에 감염된 자두가 조기낙과하기도 한다. 특히 곡류에서 일부 식물병은 종자를 만드는 배를 죽게 하고 종자의 내용물을 자신의 번식체나 포자로 바꾸어 기주식물의 증식을 직접적으로 저해한다. 이러한 병으로는 *Claviceps purpurea* 에 의한 곡류의 맥각병(그림 3-12C), 옥수수 깜부기병(그림 3-12D), *Tilletia* sp.와 *Ustilago* sp.에 의해 발생되는 여러 가지 곡류의 속깜부기병(그림 3-12E)과 겉깜부기병이 있다. 그 밖에도 바이러스나 파이토플라스마 또는 체관에서 증식하는 세균에 의한 일부 식물병은 꽃이 발생하지 않게 하거나 발생하더라도 수정되지 않게 하기 때문에 과실이 종자의 발생이 매우 적거나 아예 일어나지 않는나.

그림 3-11 식물 생육에 미치는 병원균의 영향. *Taphrina deformans* 에 의해 생긴 복숭아나무 잎오갈병(A)과 자두나무 열매의 이상비대(B). (C) *Common bean mosaic virus* 에 의해 기형화된 강낭콩 잎과 (D) 건전한 옥수수와 *maize streak virus* 에 의해 위축증상을 보이는 옥수수. (E) 뿌리혹병세균 *Agrobacterium tumefaciens* 에 의해 사철나무의 뿌리와 줄기에 생긴 혹. (F) 뿌리혹선충 *Meloidogyne* sp.에 의해 식물뿌리에 생긴 혹. [사진제공: (A,B) Oregon State University, (C) R. Provvidenti, Cornell University, (D) D. Coyne, Intrn. Inst. Trop. Agric., (E) R. Forster, Univ. of Idaho and (F) W. Crow, University of Florida.]

그림 3-12 병원균이 식물의 생식에 영향을 주는 방법. 잿빛무늬병균 *Monilinia* 에 의해 죽은 살구나무 꽃(A)의 근접사진과 나무(B)의 모습. (C) *Claviceps purpurea* 에 의해 보리 이삭에 생긴 맥각균의 균핵(크고 검은 것)과 건전한 보리 낟알(등황색)이 혼재한 사진. (D) 일부의 낟알이 *Ustilago maydis* 의 포자로 채워진 혹으로 대체된 옥수수 이삭. (E) 건전한 밀 낟알과 비린깜부기(속깜부기)병균 *Tilletia* sp.의 포자로 가득 찬 검고 깨진 밀 낟알. [사진제공: (A,B) I. MacSwain, Oregon State University, (C) G. Munkvold, Iowa State University, (D) T. Zitter, Cornell University, (E) J. Riesselman, USDA, Montana State University.]

Allen, R. J. (1942). Changes in the metabolism of wheat leaves induced by infection with powdery mildew. *Am. J. Bot.* **29**, 425–435.

Arseniuk, E., Foremska, E., Óral, T. G., *et al.* (1999). Fusarium head blight reactions and accumulation of deoxynivalenol (DON) and some of its derivatives in kernels of wheat, triticale and rye. *J. Phytopathol.* **147**, 577–590.

Bassanezi, R. B., Amorim, L., Filho, A. B., *et al.* (2001). Accounting for photosynthetic efficiency of bean leaves with rust, angular leaf spot and anthracnose to assess crop damage. *Plant Pathol.* **50**, 443–452.

Beckman, C. H. (1987). "The Nature of Wilt in Plants." APS Press, St. Paul, MN.

Bowden, R. L., and Rouse, D. I. (1991). Effects of *Verticillium dahliae* on gas exchange of potato. *Phytopathology* **81**, 293–301.

Clover, *et al.* (1999). The effects of beet yellows virus on the growth and physiology of sugar beet (*Beta vulgaris*). *Plant Pathol.* **48**, 129–145.

Culver, J. N., Lindbeck, A. G. C., and Dawson, W. O. (1991). Virus-host interactions: Induction of chlorotic and necrotic responses in plants by tobamoviruses. *Annu. Rev. Phytopathol.* **29**, 193–217.

Eckardt, N. A. (2001). A calcium-regulated gatekeeper in phloem sieve tubes. *Plant Cell* **13**, 989–992.

Ellis, M. A., Ferree, D. C., and Spring, D. E. (1981). Photosynthesis, transpiration, and carbohydrate content of apple leaves infected by *Podosphaera leucotricha*. *Phytopathology* **71**, 392–395.

Goodman, R. N., Kiraly, Z., and Wood, K. R. (1986). "The Biochemistry and Physiology of Plant Disease." Univ. of Missouri Press, Columbia.

Hancock, J. G., and Huisman, O. C. (1981). Nutrient movement in host-pathogen systems. *Annu. Rev. Phytopathol.* **19**, 309–331.

Horsfall, J. G., and Cowling, E. B. (1978). "Plant Disease," Vol. 3. Academic Press, New York.

Livne, A., and Daly, J. M. (1966). Translocation in healthy and rust-infested beans. *Phytopathology* **56**, 170–175.

Manners, J. M., and Scott, K. H. (1983). Translational activity of polysomes of barley leaves during infection by *Erysiphe graminis* f. sp. *hordei*. *Phytopathology* **73**, 1386–1392.

Matteoni, J. A., and Sinclair, W. A. (1983). Stomatal closure in plants infected with mycoplasmalike organisms. *Phytopathology* **73**, 398–402.

McGrath, M. T., and Pennypacker, S. P. (1990). Alteration of physiological processes in wheat flag leaves caused by stem rust and leaf rust. *Phytopathology* **80**, 677–686.

Nelson, P. E., and Dickey, R. S. (1970). Histopathology of plants infected with vascular bacterial pathogens. *Annu. Rev. Phytopathol.* 8, 259–280.

Pennypacker, B. W., *et al.* (1990). Analysis of photosynthesis in resistant and susceptible alfalfa clones infected with *Verticillium alboatrum*. *Phytopathology* **80**, 1300–1306.

Samborski, D. J., Rohringer, R., and Kim, W. K. (1978). Transcription and translation in diseased plants. In "Plant Disease" (J. G. Horsfall and E. B. Cowling, eds.), Vol. 3, pp. 375–90. Academic Press, New York.

Shtienberg, D. (1992). Effects of foliar diseases on gas exchange processes: A comparative study. *Phytopathology* **82**, 760–765.

제 4 장

식물병의 유전

서론

모든 생물체는 그 생물체가 무엇이 될 수 있으며 무엇을 할 수 있는가를 결정하는 유전정보를 DNA(deoxyribose nucleic acid)에 내장하고 있다. 물론 RNA 바이러스의 경우에는 모든 유전정보가 RNA(ribose nucleic acid) 내에 들어있다. 모든 생물체에서 대부분의 DNA는 염색체에 존재한다. 세균과 몰리큐트처럼 막으로 둘러싸여진 핵을 갖지 않는 원핵생물에는 단 하나의 염색체가 세포질에 존재하는 반면에 바이러스를 제외한 모든 다른 생물체인 진핵생물의 경우에는 여러 개의 염색체가 핵 속에 존재한다. 그러나 많은 원핵생물과 일부 하등 진핵생물은 **플라스미드**(plasmid)라 불리는 작은 환형의 DNA를 세포질에 갖고 있다. 플라스미드 DNA 역시 유전정보를 가지고 있지만, 염색체 DNA로부터 독립적으로 증식하고 이동한다. 또한 모든 진핵생물의 세포는 마이토콘드리아 내에도 DNA를 가지고 있다. 식물세포는 핵과 마이토콘드리아 DNA 외에 엽록체 내에도 DNA를 가지고 있다 (그림 4-1).

DNA에서 유전정보는 선상으로 나열된 4개의 염기(A=아데닌, C=시토신, G=구아닌, T=티민)서열 내에 들어있다. 서로 붙어있는 3개의 염기(triplet)가 특정 아미노산을 지정한다. **유전자**(遺傳子; **gene**) 는 일반적으로 100~500개 또는 그 이상의 코돈(triplet)으로 구성되어 하나의 단백질을 암호화하거나 어떤 경우에는 하나의 RNA를 암호화하는 한 분절의 DNA분자이다 (그림 4-2). 진핵생물에는 흔히 유전자의 암호화부위에 **인트론**(**intron**) 이라 불리는 비암호화 DNA가 끼어있다 (그림 4-3). 유전자가 발현될 때에는 DNA의 한 가닥이 주형으로 작용하여 RNA가닥으로 전사된다. 일부 유전자는 운반RNA(tRNA)나 리보솜RNA(rRNA) 등의 RNA만을 만든다. 그러나 대부분의 유전자는 최종적으로 단백질을 만드는데, 먼저 전령RNA(mRNA)로 전사된다. 전사된 mRNA에 리보솜이 부착하여 tRNA의 도움으로 mRNA의 염기배열을 특정한 아미노산 배열로 번역하고, 이들 아미노산이 중합되고 특이한 형태로 포개져서 특정 단백질을 형성한다. 각각의 유전자는 서로 다른 단백질을 만드는 정보를 갖고 있다. 일부 단백질은 세포막 구조의 일부분이지만 대부분의 단백질은 효소로 작용한다. 이들 단백질이 세포와 생물체의 특성을 나타내는 모양, 크기, 색깔 등을 결정하며, 세포에 의해 어떤 화학물질이 생성되는가를 결정하고, 세포와 생물체의 모든 활동을 조절한다.

세포 내의 모든 유전자가 동시에 발현되지는 않는다. 왜냐하면 세포의 종류와 시간에 따라 세포는 그 기능과 요구가 다르기 때문이다. 어떤 유전자가 발현되어야 하고, 언제 발현되고 중지되어야 하며, 얼마나 오랫동안 발현되어야 하는가는 **프로모터**(**promoter**), **증폭자**(增幅者; **enhancer**), **프로모터억제유전자**(**silencer**), 또는 **종결자**(終結者; **terminator**) 라는 DNA에 의해서 조절된다. 이들은 각각 유전자가 발현되고 중지되는 것을 알리는 신호로 작용하거나, 또는 그 자체가 유전자 발현의 유도자(inducer), 프로모터, 증폭자, 억제자(repressor), 또는 종결자로 작용하여 RNA와 단백질 생산의 신호로서 작용한다. 많은 기주-병원체 관계에서 한 생물체에서의 유전자 발현은 다른 생물체에서 생성된 물질에 의해 유도된다. 예를 들어, 세포벽을 분해하는 효소를 만드는 병원체의 유전자의 발현은 그 효소의 기질로 작용하는 기주 세포벽 거대분자의 단량체(monomer) 또는 과량체(oligomer)에 의해 유도된다. 또한 파이토알렉신의 생성 같은 기주식물의 방어작용에 관련된 유전자도 병원체에 의해 생성되는 유도물질인 elicitor 에 의해 발현이 활성화된다.

유전자와 병

토마토, 사과나무, 밀 등의 식물이 병원체에 의해 병들 때, 일반적으로 각 기주식물에는 서로 다른 종류의 병원체가 병을 일으킨다. 병원체는 흔히 특정 기주식물에 대해 특이적이다. 따라서 토마토 시들음병을 일으키는 *Fusarium oxysporum* f. sp. *lycopersici* 는 토마토에만 병을 일으키고, 사과나무, 밀

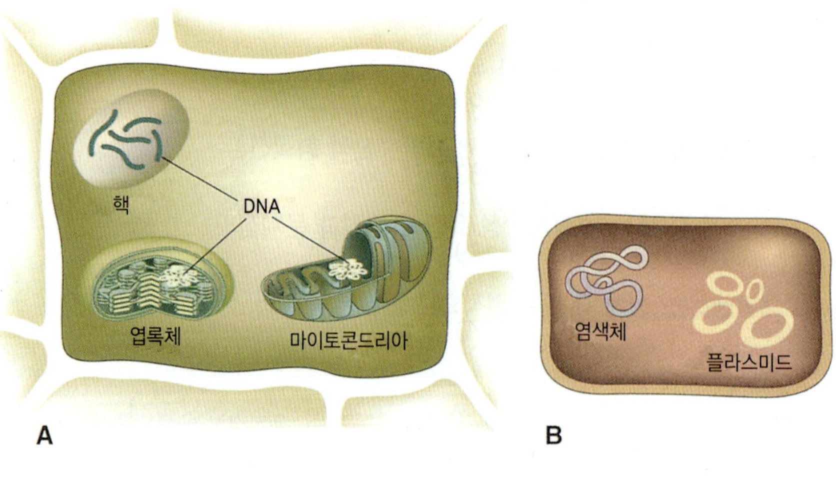

그림 4-1 진핵(식물)세포(A)와 원핵(세균)세포(B)에서 유전물질의 위치와 배열.

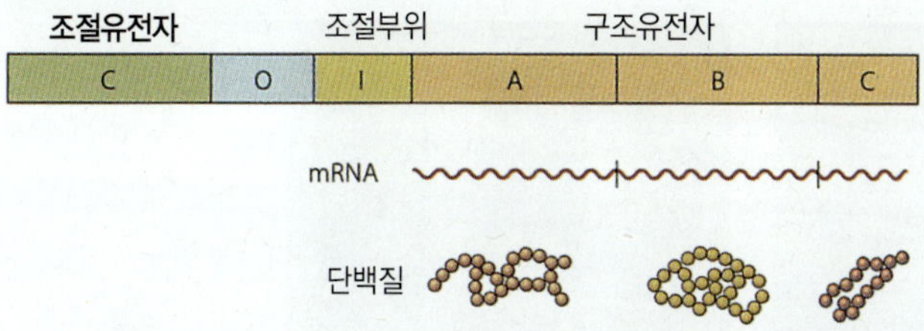

그림 4-2 원핵생물에 있어서 유전자의 구조, 조절 및 발현.

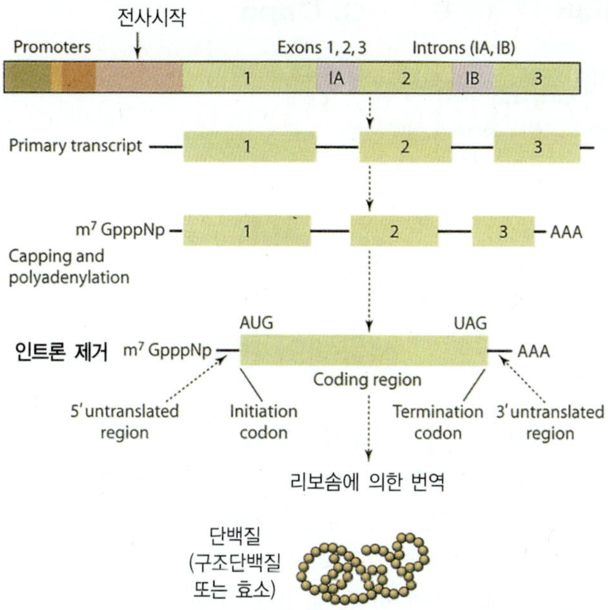

그림 4-3 진핵생물에 있어서 유전자의 구조, 조절 및 발현.

및 그 밖의 다른 식물에는 아무 영향을 미치지 않는다. 이와 비슷하게 사과나무에 검은별무늬병을 일으키는 *Venturia inaequalis*는 오직 사과나무만 침해하고, 밀 줄기녹병균 *Puccinia graminis* f. sp. *tritici* 는 오직 밀만 침해한다. 병원체가 기주식물에 병을 일으킬 수 있는 것은 병원체에는 특정 기주에 대한 병원성, 특이성 및 병원력을 위한 하나 또는 그 이상의 유전자가 존재하기 때문이다.

병원체의 병원력 유전자는 일반적으로 그 병원체의 기주인 하나 또는 소수의 관련된 식물에 대해서만 특이적이다. 또한 특정 병원체에 대해 감수성이 되도록 하는 식물의 유전자도 그 병원체에 대한 기주식물이나 몇 가지 밀접하게 관련된 식물에만 존재한다. 모든 식물은 대부분의 병원체에 대해 저항성을 제공하는 기존 또는 유도 방어기작을 가지고 있다. 특정 식물에서 생장 및 발병을 가능하게 하는 미생물의 병원력 유전자의 특이성이 한 종류의 식물에 대해 병원력이 있는 병원체가 다른 종류의 식물에는 병을 일으키지 못하는 이유와 한 병원체에는 감수성을 나타내는 식물이 다른 기주식물을 침해하는 모든 다른 병원체에 대해서 감수성을 나타내지 않는 이유를 설명하고 있다. 이것이 비기주저항성(nonhost resistance)으로 알려져 있다 (그림 4-4, 4-5).

물론 일부 병원체는 수백 종에 이를 만큼 많은 종류의 기주식물을 침해할 수 있다. 이러한 병원체들은 사물영양체의 성향이고, 그들이 많은 다양한 병원력 유전자를 가지고 있거나, 또는 그보다는 오히려 그들의 병원력 유전자가 일반적으로 잘 분화된 병원체의 병원력 유전자보다 훨씬 낮은 기주특이성을 가지고 있기 때문에 많은 기주를 침해할 수 있다. 그러나 각 종의 식물은 상당히 제한된 수의 병원체에 대해 감수성을 나타내는데, 일반적으로 대부분의 식물은 100종 이하의 병원체에 감수성이다.

식물이 이렇게 많은 병원체에 대해 감수성임에도 불구하고, 옥수수, 밀, 콩과 같은 식물의 많은 개체가 넓은 지역에서 해마다 살아남는다. 이러한 식물들은 대부분의 다른 식물들이 죽고 (그림 4-5) 흔히 그들의 병원체들이 생존한 식물들에 넓게 퍼져있음에도 불구하고 병에 걸리지 않거나 미미한 병징만을 나타내면서 살아남는다. 왜 모든 식물이 그들의 병원체에 의해 침해받지 않으며, 왜 병원체의 침해를 받은 식물이 일반적으로 죽지 않는가? 그 대답은 상당히 복잡하다. 그러나 근본적으로 진화나 체계적인 육종을 통해 식물은 심각한 병과 침입으로부터 그들을 보호하는 하나 이상의 많은 저항성 유전자를 갖고 있기 때문이다. 병원체에 대한 새로운 저항성 유전자가 생겼거나 또는 외부로부터 식물에 도입되었을 때, 이 식물은 이미 존

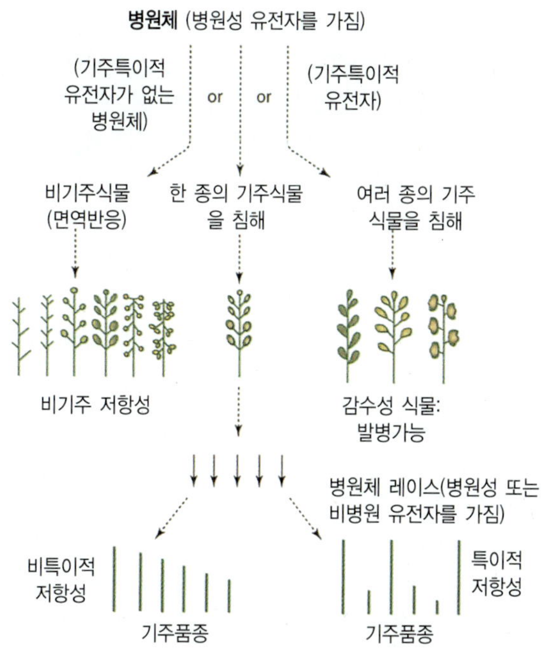

그림 4-4 병원체와 기주 및 비기주식물과의 일반적 상호작용.

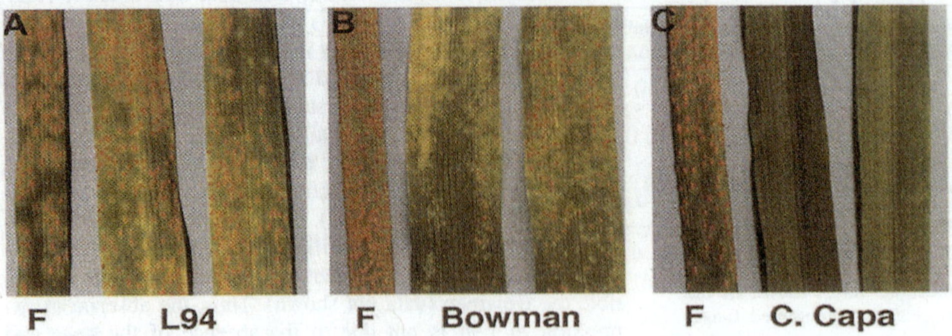

그림 4-5 밀 잎녹병균 *Puccinia triticina*의 접종 10일 후에 세 품종의 보리 유묘의 두 잎에 나타난 감염형. 밀 품종 F를 감수성 대조 품종으로 사용하였다. C. Capa 품종만이 비기주처럼 행동했다. 다른 품종들의 감염은 아마도 그러나 명백하게 밀에 국한하지 않은 병원균에 의해 품종들의 차이가 메워졌을 것이다. [사진제공: Feillet *et al.* (2003). *Mol. Plant-Microbe Interact.* **16**, 626-633.]

재하고 있는 모든 또는 대부분의 병원체에 대해 저항성을 갖게 된다. 이 병원체는 일반적으로 하나 이상의 병원력 유전자를 가지고 있으나, 식물의 새로운 저항성 유전자를 극복할 수 있는 새로운 유전자가 없다면 식물을 침입할 수 없고, 식물은 저항성으로 남게 된다. 그러므로 병원체에 대한 새로운 저항성 유전자는 그것이 한 개 일지라도 식물을 전에 침입했던 병원체의 모든 또는 대부분의 레이스로부터 최소한 몇 개월 또는 여러 해 동안 보호할 수 있다.

그러나 병원체에 대한 새로운 저항성 유전자가 작물에 도입되어 포장에서 재배되면 이 새로운 저항성 유전자를 가진 작물을 침해할 수 있는 새로운 병원력 유전자를 갖는 새로운 병원체 집단(레이스)이 나타난다는 사실을 많은 기주-병원체 조합을 연구한 연구자들이 경험하였다. 어떻게 이 새로운 병원체 집단은 새로운 병원력 유전자를 획득하게 되었을까? 대부분의 경우에는 이 새로운 유전자가 매우 낮은 수준으로 이미 이전부터 존재해 있었거나, 돌연변이에 의해 오직 소수의 병원체에서 생겼다. 새로운 유전자는 돌연변이에 의해 무작위로 그리고 갑자기 생길 수 있거나 또는 생물체에서 계속적으로 일어나는 유전적 변이를 통한 병원체 유전물질의 재배치에 의해 생길 수 있다. 이러한 병원체는 이미 존재했더라도 전체 병원체 집단의 매우 작은 부분을 차지했었고 새로운 저항성 유전자를 갖는 식물이 널리 재배되기 전까지는 검출되지 않았다. 그러나 새로운 저항성 유전자를 가진 식물이 도입된 후, 새로운 저항성 유전자는 그들을 침해할 수 있는 새로운 병원력 유전자를 가진 병원체 이외의 집단들은 배제하였다. 이렇게 되면 새로운 병원력 유전자를 갖는 소수의 병원체는 증식하여 병원체 집단을 모두 점거한다.

생물체의 변이

생물학에서 가장 동적이며 중요한 면 중의 하나는 같은 종 내 개체의 특징이 고정되어 있는 것이 아니라 개체에 따라 각각 다양하다는 것이다. 사실 유성생식에 의해 생긴 모든 개체가 한 가족의 아이들처럼 그들 사이에 서로 많은 유사성을 가지면서 같은 종에 속한다 할지라도 많은 특징에 있어 서로 다르고 그들의 부모와도 다르다. 이러한 현상은 종자로부터 커 나온 작물, 난균류와 난포자, 자낭포자, 담자포자와 같은 유성생식 포자로부터 생성된 균류, 종자로부터 자란 기생식물, 알에서 태어난 선충에서도 나타난다. 세균도 유전정보를 전이하는 기작을 가지고 있다. 무성생식에 의해 증식한 자손들 사이의 변이는 그 빈도나 정도가 크게 감소하지만, 그 자손 중 일부 개체들은 서로 다른 특징을 보여 준다. 미생물의 무성생식에 의해 형성되는 개체수가 천문학적으로 많기 때문에 일부 미생물에 생기는 전체 변이의 양은 유성생식을 하는 미생물에서 발견되는 전체 변이만큼 크거나 훨씬 더 클 것이다. 분생포자, 유주포자, 균핵 또는 여름포자 등의 주로 무성생식으로 증식하는 균류와 세균, 바이러스, 몰리큐트가 그러한 예이다.

변이기작

기주식물과 대부분의 균류, 기생식물, 선충 같은 일반적으로 유성생식으로 증식하는 병원체의 자손에서 일어나는 변이는 주로 접합체의 감수분열 동안 유전자의 분리와 재조합을 통해 생긴다. 세균이나 심지어는 바이러스도 유성생식의 결과와 같은 변이를 보여준다. 많은 균류에서는 이수성(heteroploidy)과 일부 준유성생식과정(parasexual process)이 변이를 유도한다. 한편, 모든 식물과 균류, 세균, 바이러스, 몰리큐트의 모든 병원체는 유성생식 과정 없이도 돌연변이를 통해 변이체를 만든다.

변이의 일반적 기작

두 가지의 변이기작, 즉 돌연변이와 재조합이 식물과 병원체에서 일어난다.

돌연변이

돌연변이(突然變異; **mutation**)는 다음 세대로 유전되는 유전물질의 급작스런 변화를 의미하는데, 이러한 돌연변이는 DNA 염기의 교체, 염기의 첨가 및 삭제 등을 통해 일어난다. 또한 돌연변이는 특정 부분의 DNA가 증폭하여 여러 개가 되거나, 이동 가능한 DNA 조각(transposable element)이 유전자의 암호화 또는 조절부위에 삽입되거나, DNA 조각의 역위 등을 통해 일어난다. 돌연변이는 평균 수백만 유전자 당 한번 일어난다. 균류의 지놈은 약 10,000개의 유전자로 구성되어 있으므로 수백 개의 세포 중 한 세포가 한 개의 돌연변이를 가지게 된다. 즉 한 개체의 균류와 한 콜로니의 세균에는 여러 돌연변이체가 존재한다. 특정효소를 암호화하고 있는 유전자에 돌연변이가 일어나면 알로자임(allozyme)이라고 불리는 변형된 형태의 효소를 암호화하는 대립유전자가 생기게 된다. 자연 상태에서 돌연변이는 유성 또는 무성생식만을 하거나 유성 및 무성생식을 모두 하는 생물체에서 자연적으로 생긴다. 단세포 생물인 세균, 균류의 반수체 균사, 바이러스에서는 돌연변이가 발생한 즉시 발현된다. 그러나 대부분의 돌연변이는 열성이기 때문에 2배체나 2핵 생물에서는 돌연변이 유전자들이 서로 합쳐질 때까지(homozygous condition) 발현되지 않는다.

병원력에 대한 돌연변이는 유전되는 다른 특성에 발생하는 돌연변이 빈도보다 높지는 않지만, 병원체에 의해 생산되는 자손의 수가 많기 때문에 매년 부모와는 병원력이 다른 많은 돌연변이체가 생겨난다. 이외에도 각 작물에서 유전적으로 균일한 몇 품종이 넓은 면적에 여러 해 동안 재배되고 한 품종에서 다른 품종으로 바뀌기 쉽지 않다는 점을 고려하면, 이전에 저항성이었던 품종을 침해하는 병원력이 더 강한 새로운 돌연변이체가 가져 올 위협은 현실이 된다. 더욱이 돌연변이체에 새로운 병원력 요인이 생기면 이 요인은 유성 또는 준유성생식 과정을 통해 부모 계통(strain)과는 매우 다른 성질의 병원력을 갖는 재조합체가 만들어진다.

식물이나 병원체는 핵 외에도 dsRNA나 플라스미드 형태로, 또는 다른 세포소기관이 유전물질(DNA)을 갖고 있기 때문에 핵 이외의 DNA에서 일어나는 돌연변이도 핵 DNA에서만큼이나 흔하고, 그 DNA에 의해 조절되는 어떤 특성이건 영향을 받는다. 핵 밖의 DNA에 의해 조절되는 형질의 유전(**세포질 유전; cytoplasmic inheritance**)은 멘델의 법칙을 따르지 않기 때문에 그 곳에서 일어나는 돌연변이는 발견하거나 규명하기가 매우 어렵다. 식물병원체는 이러한 핵 이외의 DNA에서의 돌연변이를 통해 전에는 가능하지 않았던 많은 생리과정을 수행할 수 있는 능력을 획득하거나, 가능했던 생리과정을 수행할 수 있는 능력을 잃는다. 세포질 유전은 세포질이 없는 바이러스나 바이로이드를 제외한 모든 생물에서 일어난다. 병원체에 있어서 세포질 유전물질의 변이를 통해 얻어지는 3가지 방식의 적응도는 첫째, 독소에 대해 견딜 수 있는 능력, 둘째, 생장을 위해 새로운 물질을 이용할 수 있는 능력, 셋째, 기주식물에 대한 병원력의 변이이다. 식물에서 특정 병원체의 침입에 대한 저항성 또는 감수성을 포함한 여러 식물형질이 세포질에 있는 유전물질을 통해서도 유전된다.

재조합

재조합은 주로 식물, 균류, 선충의 유성생식 동안 일어나는데, 약간 다른 유전물질을 갖는 두 반수체(1N)핵이 **접합체**(接合體; **zygote**)라 불리는 2배체(2N)핵을 형성할 때마다 일어난다. 그 접합체는 곧 감수분열을 통하여 배우자, 포자 또는 균사형태의 새로운 반수체 세포를 형성한다. 이러한 유전인자(다른 유전자들 또는 동일한 유전자의 대립유전자)의 **재조합**(再組合; **recombination**)은 접합체가 감수분열을 할 때 유전적 교차 현상의 결과로 발생하는데, 한쪽 염색체의 염색사 부분이 다른 쪽 염색체의 염색사 부분과 교환된 결과이다. 이러한 방식으로 부모의 두 핵 유전자 사이의 재조합은 접합체에서 일어나며, 감수분열 결과 생긴 반수체 핵 또는 배우자는 그 접합체를 형성한 배우자와 다르며 같은 배우자끼리도 서로 다르게 된다. 일정기간 동안 한 개체에 동위효소(isozyme)라 부르는 약간 다른 형태의 효소를 암호화하는 여러 개의 대립유전자가 축적될 수 있다. 이러한 효소는 다른 유전자들에 의해 조절되고, 약간 다른 온도, pH 등의 조건에서 기능을 갖게 된다. 재조합은 개체의 생장과정에서 일어나는 체세포 분열 동안에도 일어날 수 있으며, 균류에 있어서는 많은 양의 유전물질 교환이 이를 통해 이루어진다고 생각된다. 균류에서는 흔히 반수체의 핵이나 배우자가 체세포분열을 통해 반수체의 균사나 포자를 형성하는데, 이는 상대적으로 균일한 개체들의 집단을 다음 유성생식 때까지 무성적으로 만드는 결과를 낳는다.

식물병원체 사이의 유전자확산 및 유전형확산

유전자확산(gene flow)은 어떤 유전자 또는 대립유전자가 한 집단으로부터 지리적으로 분리된 다른 집단으로 옮겨가는 과정이다. 식물병리학에서 유전자확산은 병원체 집단 사이에 병원력 돌연변이 유전자의 이동을 다루기 때문에 매우 중요하다. 병원체에서 높은 유전자확산은 그들의 유전물질을 생성하는 집단의 크기 및 지리적 면적을 증가시킨다. 따라서 높은 수준의 유전자확산을 가진 병원체 집단은 일반적으로 낮은 유전자확산을 가진 집단보다 더 큰 유전적 다양성을 가진다. 유전자 재조합이 일어나지 않는, 무성생식으로만 증식하는 병원체에서는 전체의 유전형이 한 집단으로부터 다른 집단으로 전이될 수 있다. 이것을 유전형확산(genotype flow)이라 한다. 녹병균이나 흰가루병균과 같은 아주 멀리 퍼질 수 있는 단단한 포자나 번식체를 형성하는 병원체 중 일부는 전 대륙을 포함한 매우 광범위한 지역에 걸쳐 그들의 유전형이 분포한다. 그러나 토양균류나 선충은 매우 느리게 이동하고, 매우 작은 지역에 분포하며, 유전자확산이 제한적이다. 그러나 모든 종류의 병원체에서 유전자확산은 인간의 농업, 여행 및 상업 활동에 의해 매우 중요한 영향을 받는다. 일반적으로 높은 수준의 유전자 또는 유전형확산을 가진 병원체는 낮은 수준의 유전자확산을 가진 병원체보다 농업에 훨씬 더 큰 위협을 가져온다. 또한 무성포자와 번식체는 이미 잘 적응하였고 선발된 유전자들을 가졌기 때문에 유전자확산을 통하여 그들이 적응한 넓은 지역에서 유성생식포자보다 매우 크게 위협한다.

한 집단에서 중요한 대립유전자의 빈도는 다른 집단으로부터 들어오는 유전자확산에 의해 영향을 받는다. 그 크기는 외부의 개체가 그 집단으로 가져오는 대립유전자의 수와 그 집단의 크기와 비교해서 외부로부터 그 집단으로 들어오는 개체 수에 의존한다. 일반적으로 큰 집단에 인접한 작은 집단에서 대립유전자의 빈도는 다른 모든 조건보다도 유전자확산에 의해 강하게 영향을 받는다. 멀리 떨어진 집단 사이의 유전자확산은 중간 집단이 디딤돌 역할을 하지 않으면 매우 드물게 일어난다. 유전자확산의 효과는 집단들 사이의 유전적 차이를 감소시키고, 따라서 지리적으로 다른 지역에 있는 집단이 병원체의 다른 종으로 진화하는 것을 막거나 지연시킨다.

집단유전학, 유전적 부동, 선발

집단의 크기는 돌연변이체의 생존 빈도에 영향을 미치므로 그 집단에서 유전자의 다양성에 영향을 미친다. 한 지역에서 대부분의 생물체 집단은 각 변이체가 다음 세대에 자손을 가져 새로운 세대로 유전적 특성이 전이되는 동안 임의효과가 일어날 만큼 크지 않다. 이것을 임의 유전적 부동(任意遺傳的浮動; random genetic drift)이라고 한다. 일반적으로 돌연변이율이 낮기 때문에(약 100만 분의 1) 큰 집단이 작은 집단에 비해 보다 많은 돌연변이체를 가질 것이다. 즉 백만 개체의 집단은 하나의 돌연변이체를 가지지만 10억 개체의 집단은 천 개의 돌연변이체를 가질 것이다. 큰 집단에서 1,000개의 돌연변이체에 비해 작은 집단에서 1개의 돌연변이체가 더 쉽게 소실될 것은 확실하다. 즉, 작은 집단에서 유전적 부동은 시간이 지남에 따라 대립유전자의 소실로 귀결된다. 식물병리학에서 큰 집단으로 존재하는 병원체는 작은 집단으로 존재하는 병원체보다 진화에 대한 보다 큰 잠재력을 가진다. 큰 집단은 보다 우수한 적응도(fitness)를 가진 새로운 돌연변이체가 나타나서 증식하고, 그 돌연변이가 유전적 부동을 통해 소실되기 전에 새로운 기주로 전파될 수 있는 확률이 증가할 것이다. 또한 포장에서 정기적으로 병원체의 집단을 크게 감소시키는 화학적 방제 같은 재배적 조치를 한 집단에서는 1년 내내 큰 집단을 유지하는 집단에서보다 다양성 및 적응속도가 감소한다.

선발은 집단에서 특정 환경에 가장 적응도가 우수한 변이체의 빈도가 증가하고, 적응도가 낮은 변이체의 빈도가 감소하는 과정이다. 모든 변이체가 다음 세대에 자손을 갖기에 충분한 크기의 집단에서 선발의 결과로 나타나는 평형상태에서의 변이체의 빈도는 그 변이체의 적응도를 예측할 수 있게 해준다. 선발은 한 집단에서 다양성을 감소시키는 결과를 가져오지만 집단들 사이의 다양성을 증가시키는 원인이 될 수도 있다. 선발은 병원체 자체 또는 기주식물, 매개체, 환경과의 관련여부와 상관없이 병원체 생활사의 거의 모든 요인에 의해 영향을 받는다.

생활사: 생식-교배양식-타가수정

식물병원체의 생활사는 매우 다양하며, 일부 난균류와 균류의 생활사가 가장 복잡하다. 기본적으로 무성생식하는 세균과 무성포자를 만드는 균류에서는 생활사가 매우 단순한 반면, 대부분의 균류와 난균류에서는 엄격한 반수체, 반수체-이핵체, 반수체-배수체, 배수체, 무성생식의 생활사가 존재할 수 있다. 생활사의 종류와 그에 따른 교배양식는 유전적 다양성과 특정 병원체 진화의 기회와 한계에 영향을 미친다. 간단한 예로 반수체 상태로 매발톱나무를 감염시키고 배수체 상태로 밀을 감염시키는 밀 줄기녹병균, *Puccinia graminis* f. sp. *tritici* 의 경우에 증식은 유성, 무성 또는 둘 다 가능하다. 교배양식는 단지 유성생식의 한 부분으로만 중요하고, 자가수정으로부터 타가수정까지 다양할 수 있다. 무성생식하는 병원체 집단에서 유전형의 다양성은 유전자 다양성보다 중요한 반면에 유성생식하는 병원체 집단은 보다 큰 유전자 다양성을 보여준다. 따라서 재조합이 일어나는 병원체는 재조합이 거의 일어나지 않는 병원체보다 큰 위협을 가져온다. 이 결과는 육종가들이 저항성 육종을 위해 유전자를 모으는 속도로 병원체 집단에서 새로운 병원력 유전자들의 재조합이 일어날 수 있기 때문에 식물에서 저항성 유전자들의 피라미드화는 육종가가 기대하는 만큼 효과적인 전략이 아닐 수 있다. 또한 타가수정을 통해 보다 많은 새로운 유전형이 만들어지는 병원체는 자가수정하는 병원체보다 더 크게 위협한다.

병원체 적응도

적응도(fitness)는 병원체이 생존과 생식능력이다. 병원체 또는 기생체의 적응도는 그들의 생식률, 증식률, 감염효율, 발병정도를 측정하여 정량화할 수 있다. 적응도는 농업에서 병원균계(pathosystem)의 안정과 진화의 원동력으로 작용하는 것 같다. 자유롭게 교배하는 병원체 집단에서 과잉의 병원력 유전자는 병원체에 짐이나 장애물로 작용하기 때문에 장래에 과잉유전자를 제거하는 방향으로 선발이 일어난다. 병원력에 대한 과잉유전자의 존재는 병원체의 적응도에 불리하게 작용하기 때문에 비병원력이 병원력으로 바뀌는 돌연변이는 저항성 유전자(R gene)를 무너뜨리는 경우에만 일어난다. 즉 병원체의 생존에 절대적으로 필요한 경우에만 일어난다. 따라서 병원체의 비병원력 유전자와 이에 상응하는 기주식물의 저항성 유전자 사이의 특이적 상호작용에서 병원력으로 변하는 돌연변이는 저항성 유전자가 존재하는 상황에서 생존을 위하여 돌연변이가 적응도를 증가시키기 때문에 일어날 것이다. 그러나 만약에 비병원력이 병원력유전자로 바뀌는 돌연변이가 적응도에 불리하게 작용한다면(fitness penalty), 그 병원체는 그 저항성 유전자를 가지지 않은 기주식물에서는 적응도가 감소하는 손해를 볼 것이다. 적응도를 구성하는 특성들과 병원력을 암호화하는 많은 유전자들은 동시에 비병원력 또는 기주가 인식하는 유전자이다. 따라서 만약에 비병원력 기능의 상실이 k로 나타내는 적응도에 대한 비용(대가)와 연관되어 있다면 그 유전자의 감소된 적응도는 비병원력에 상응하는 저항성유전자를 가진 기주의 품종(1-k)과 갖지 않는 품종 모두에 나타난다. 이것이 사실이라면 적응도의 손실이 클수록(k 값이 클수록) 그 품종의 저항성의 지속성도 클 것이다. 일부 실험결과가 이 가설을 지지하지만, 다른 결과들은 아직 확실하지 않다.

병원체 변이의 특수기작

변이를 일으키는 어떤 기작은 오직 특정 생물체에서만 작동하거나, 또는 위에서 설명한 일반 변이기작과 다른 방법으로 변이를 일으킨다. 이러한 특수변이기작은 균류에서는 이핵현상, 이수성 및 준유성생식이 포함되고, 세균에는 접합, 형질전환, 형질도입, 그리고 바이러스의 유전적 재조합이 여기에 포함된다.

균류에서 유성생식과 유사한 과정

이핵현상

이핵현상(異核現象; heterokaryosis)은 수정이나 균사융합의 결과로 균류 균사의 세포니 또는 균사의 일부분이 유전적으로 서로 다른 2개 이상의 핵을 가지고 있는 상태이다. 예를 들면, 담자균류에서 2핵상태는 반수체의 균사나 포자와는 큰 차이를 나타낸다. 밀의 줄기녹병을 일으키는 *Puccinia graminis tritici* 의 경우에 반수체의 담자포자는 매발톱나무를 침해하지만 밀은 침해하지 못하며, 그 반수체 균사는 오직 매발톱나무에서만 자랄 수 있다. 그러나 2핵의 녹포자와 여름포자는 밀은 침해할 수 있으나 매발톱나무는 침해할 수 없고, 2핵 균사는 매발톱나무에서는 물론 밀에서도 자랄 수 있다. 이핵현상은 다른 많은 균류에서도 일어나는데, 자연 상태에서 식물병 발생에 있어서 그 중요성은 아직 밝혀져 있지 않다.

준유성생식

준유성생식(準有性生植; **parasexualism**)은 균류의 이핵세포(異核細胞; heterokaryon) 내에서 일어날 수 있는 유전적 재조합 과정이다. 이는 두 핵이 가끔 합해져서 2배체 핵(2n)을 형성하여 일어난다. 이 균류가 증식하는 동안에 체세포 분열과정에서 교차가 일어나며, 이배체 핵이 점진적으로 그리고 빠르게 각각의 염색체를 잃어서 반수체로 돌아갈 때 생기는 유전적 재조합체이다. 균류가 균사융합이나 수정으로 이핵세포를 형성할 수 있는 균사의 주위에서 주로 같이 생장한다고 생각할 때 준유성생식의 빈도와 이를 통한 유전적 변이는 유성생식을 통한 유전적 변이를 능가할 수 있다.

체세포 비친화성

많은 균류에서 같은 균총 내의 영양생장균사 또는 같은 종의 두 균총 사이에 균사끼리 접촉하여 접합하는 것을 균사융합(hyphal anastomosis)이라고 한다. 그러나 만약 접촉한 균사가 같은 종이지만 서로 다른 계통이 아니면 접합이 일어나지 않는데, 이 현상을 체세포 비친화성(vegetative incompatibility 또는 somatic or heterokaryon incompatibility)이라 한다. *Rhizoctonia solani*의 완전세대인 *Thanatephorus cucumeris* 와 같은 일부 균류에서만 다른 종으로 보이는 관계가 먼 계통들 사이에 융합 불화합성이 나타나는데, 이것이 일어나면 영양균사접합과 유성생식 융합도 방해되어 유전물질의 교환이 일어나지 않는다. 따라서 *T. cucumeris* 같은 광범위한 종에서는 아직 인식되지 않고 있지만, 다른 융합불화합성 그룹은 아마 다른 생물학적 종을 구성한다고 제안되었다.

다른 융합후불화합성(postfusion incompatibility)에 속하는 두 균사가 만나면 균사융합이 일어나지만, 그 후 두 융합된 균사 구획에 있는 원형질체와 일부 주변의 원형질체가 파괴되고, 균사가 빈약하고 검은색의 균사체를 가진 경계지역이 생긴다. 이러한 융합후불화합성은 동일한 체세포불화합성(v-c) 유전자의 2개 대립유전자 사이의 상호작용 결과이며, 대립유전자불화합성(allelic incompatibility)이라고 부른다. 체세포불화합성은 균사융합을 통해 다른 세포로부터 들어올 수 있는 해로운 핵, 마이토콘드리아, 플라스미드, 바이러스 등으로부터 균사를 보호하는 방어기작으로 생각된다.

이수성

이수성(異數性; **heteroploidy**)은 특정 생물체에 정상적인 핵당 염색체수 즉 1n 또는 2n이 아닌 다른 개수의 염색체를 갖는 세포나 조직 또는 생물체를 일컫는다. 이수체(heteroploid)는 반수체, 이배체, 삼배체, 사배체들 이거나 또는 정상적인 염색체 수보다 1, 2, 3 또는 그 이상의 여분의 염색체를 가지고 있거나, 또는 정상보다 1, 2, 3, 또는 그 이상의 염색체를 잃은 이수체(aneuploid)이다. 이수성은 흔히 세포분화와 관계가 많으며, 많은 진핵생물의 발생에 있어서는 일반적인 현상이다. 몇몇 연구보고에 의하면, 같은 균류의 포자들 중에도 핵당 염색체의 수가 2개에서 12개까지로 다르고, 또한 2배체(diploid)이거나 다배체(polyploid)인 다양한 포자가 존재한다고 하였다. 유전자의 발현은 유전자량에 따라 상대적으로 증가하거나 감소하기도 하고 때로 영향을 받지 않기도 하는데, 이수체 세포를 가진 병원체나 이수성 병원체는 이 병원체가 보여주는 변이의 정도를 증가시킨다. 이수체는 균류에서 흔히 발견되며, 이러한 현상이 생장 속도, 포자 크기, 포자형성 속도, 균사색, 효소활성 및 병원성에 영향을 미친다고 알려져 있다. 예를 들면, 정상적으로는 반수체인 목화 시들음병균 *Verticillium alboatrum* 이 2배체가 되면 병원성이 강한 반수체로부터 유래되었다 하더라도 목화에 병을 일으킬 수 있는 능력을 잃게 된다. 그러나 이수성이 자연 상태에서 병원성 변이에 얼마만큼의 역할을 하는가에 대해서는 아직 잘 알려져 있지 않다.

세균에서 유성생식과 유사한 과정 및 수평적 유전자 이동

새로운 생물형(biotype)의 세균은 최소한 3가지의 유성생식과 유사한 과정을 통해 다양한 빈도로 생긴다고 알려져 있다 (그림 4-6). 이러한 과정은 몰리큐트에서도 똑같이 일어날 것이다. (1) **접합**(接合; **conjugation**)은 친화성을 갖는 두 세균이 서로 접촉해 접합필리(conjugation pilus)를 통하여 한쪽 세균의 염색체의 일부나 플라스미드가 다른 한쪽으로 옮겨지는 것을 말한다. (2) **형질전환**(形質轉換; **transformation**)은 세균 세포가 다른 세포의 붕괴로 유리되었거나 또는 분비된 유전물질들을 흡수해 자신의 유전물질에 포함시키는 것을 말한다. (3) **형질도입**(形質導入; **transduction**)은 박테리오파지(bacteriophage)가 기생했던 세균의 유전물질을 다른 세균을 침해할 때 다음 세균에 전달하는 것을 말한다. 이러한 방식에 의한 유전물질의 이동은 동일한 종 또는 속의 세균에 항상 국한(**수직적 유전, vertical inheritance**)되지는 않는다. 예를 들면, 그람음성세균은 종의 범위를 넘어서 쉽게 유전물질을 전이한다. *Agrobacterium* 은 분류상의 계의 범주를 넘어서 식물에 유전자를 전달하며 이러한 현상은 **수평적유전자이동**(水平的遺傳子移動; **horizontal gene transfer**)이라고 부른다.

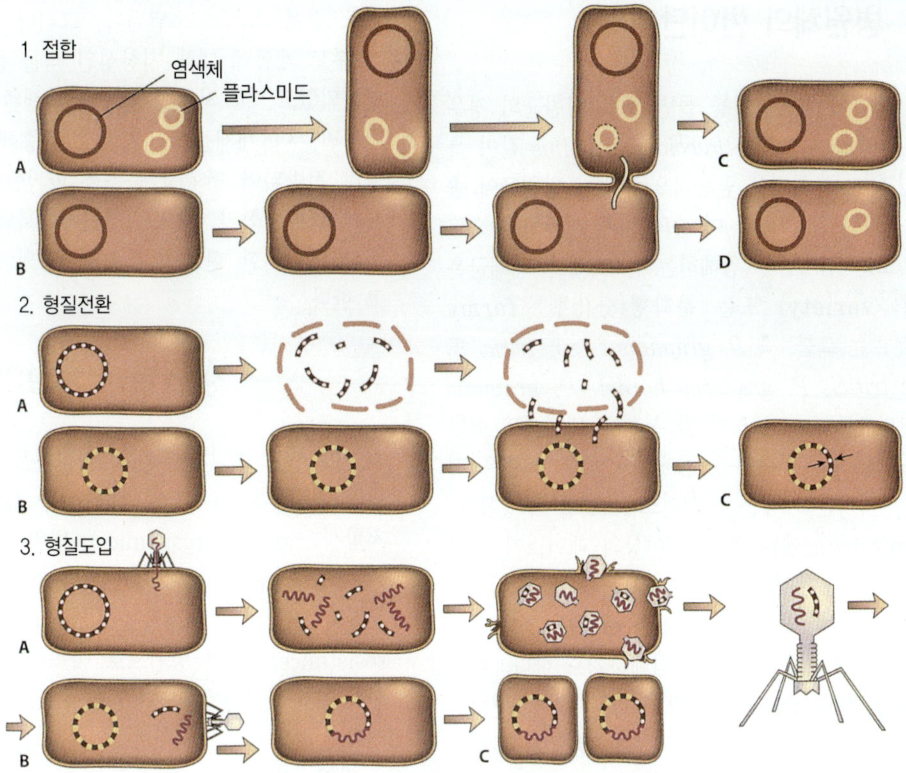

그림 4-6 유성생식 유사과정을 통한 세균의 변이 기작.

바이러스의 유전적 재조합

동일한 바이러스의 다른 두 계통을 같은 식물체에 접종했을 때, 처음에 접종했던 바이러스와는 다른 형질(병원성, 병징 등)을 나타내는 새로운 계통이 발견된다. 이러한 새로운 계통은 교잡이 아니라 돌연변이에 의한 것임을 배제할 수는 없지만, 일반적으로 재조합체라고 여겨진다. 2개 이상의 핵산을 함유한 바이러스의 경우에는 새로운 계통이 식물체나 매개체 내에서 이 바이러스들의 계통간의 핵산성분들의 재조합을 통해서도 일어난다.

배양 중 병원체의 병원력 상실

병원체를 상당히 오랜 기간 동안 배양배지에서 보관하였을 때나 여러 번 서로 다른 기주를 거쳤을 때, 그 병원미생물의 기주에 대한 병원력이 흔히 감소한다. 만일 병원체를 너무 오랫동안 배지에서 배양하면 병원체는 병원력을 완전히 상실하기도 한다. 이렇게 부분적이거나 완전히 병원력을 상실하는 것을 **병원성약화**(病原性弱化; attenuation)라고 하는데, 이러한 현상은 균류, 세균, 바이러스에서 일어난다. 이렇게 배지에서 또는 다른 기주에서 병원력을 상실했던 병원체들은 다시 적당한 환경조건에서 자신의 기주식물에 재접종되면 부분적으로 또는 완전히 병원력을 회복할 수도 있다. 그러나 가끔 병원력의 회복이 불가능하기도 하다. 이러한 배양배지 상에서나 다른 기주에서의 병원체의 병원력 상실은 병원력이 약한 또는 병원력이 없는 개체군이 배양배지 상에서나 다른 기주식물에서 생장하고 증식할 수 있을 때 그들이 병원력이 있는 집단보다 훨씬 더 빠르게 생장 및 증식할 수 있기 때문이다. 배양배지 상에서나 다른 기주식물에서 여러 번 배양됨에 따라 병원력이 감소한 개체군이 크게 늘어나 전체 병원체 집단의 대부분 또는 전부를 차지하게 되고, 따라서 그 병원체는 병원력이 약한 집단이나 완전히 병원력이 없는 집단으로 바뀌게 된다. 이렇게 완전히 비병원력이 된 집단은 다시 적당한 환경조건에서 자신들의 기주식물에 재접종되어도 계속해서 비병원력으로 남게 되고, 이 때 병원력의 회복은 불가능하게 된다. 한편, 병원력 상실 과정에서 일부 병원력이 있는 개체들이 살아남아 있는 병원체 집단을 다시 기주에 재접종하였을 때, 그들은 병원력 정도에 따라 기주식물을 감염하고 증식하게 된다. 이러한 병원력이 있는 개체군은 기주에 접종될 때마다 그 수가 증가하는 반면, 비병원력 개체들은 상대적으로 그 수가 줄어들거나 재접종이 계속됨에 따라 완전히 제거된다.

병원체의 변이단계

지구상에서 특정 생물체 집단, 예를 들면 균류 병원균의 경우에는 곡류에 줄기녹병을 일으키는 *Puccinia graminis* 같이 특정한 형태적 특징과 다른 특징을 공통적으로 갖는 병원균이 **종**(種; **species**)을 구성한다. 그러나 이 종의 어떤 개체들은 오로지 밀이나 보리 또는 귀리만을 침해하는데, 이러한 개체군은 각각 **품종**(品種; **variety**) 또는 **분화형**(分化型; ***forma specialis***)이라 부르는 그룹, 즉 *P. graminis* f. sp. *tritici* 또는 *P. graminis tritici*, *P. graminis hordei*, *P. graminis avenae*를 구성한다 (표 4-1). 또한 각 분화형 내에서도 어떤 개체군은 기주식물의 특정 품종만을 침해하고 다른 품종은 침해하지 못하는데, 이러한 개체군은 **레이스**(**race**)를 구성한다. *Puccinia graminis tritici*에는 200개 이상의 레이스가 있다 (레이스 1, 레이스 15, 레이스 59 등). 가끔 특정 레이스의 다음 세대 개체가 전에는 침해할 수 없었던 품종을 갑자기 침해하여 병을 일으키거나 새로운 품종을 침해하기도 한다. 이러한 개체를 **변이주**(變異株; **variant**)라고 한다. 이러한 변이주에 의해 무성적으로 형성된 똑같은 개체군은 **생물형**(生物型; **biotype**)을 구성한다. 각 레이스는 하나 또는 여러 생물형으로 구성되어 있다 (레이스 15A, 15B 등).

병원균의 새로운 생물형의 출현이 그 병원균의 기주범위에 변화를 가져왔을 때는 매우 큰 변화를 가져 올 수 있다. 만일 변이주가 널리 재배되고 있는 식물 품종을 침해할 수 있는 능력을 잃은 균주라면, 이 병원균은 그 존재가 우리에게 알려지기도 전에 스스로 소멸된다. 그러나 다른 한편으로는 변이주가 부모 계통에 대해 저항성인 식물 품종을 침해할 수 있도록 변화되었고, 그 저항성 품종에서 생존할 수 있는 유일한 계통이라면, 이 개체는 그 저항성 품종에서 경쟁 없이 증식하여 널리 전반되어 저항성 품종을 파괴한다. 이러한 현상이 식물체에서의 변화가 아니고 병원체에서의 변화로 일어남에도 불구하고 이러한 현상을 품종저항성의 "파괴(broken down)"라고 한다.

식물병 저항성의 종류

식물이 어떤 병원체에 대해 저항성을 나타내는 원인은 식물이 이들 병원체의 기주범위 밖의 식물 집단에 속해 있거나(비기주저항성; nonhost resistance), 병원체의 비병원력 유전자에 대한 저항성 유전자를 갖고 있거나(진정, 품종특이적, 유전자 대 유전자 저항성; true, cultivar-specific or gene-for-gene resistance), 여러 방법으로 이들 병원체에 의한 감염을 회피한다거나 견뎌내기(외견상저항성; apparent resistance) 때문이다.

감자, 옥수수, 오렌지 등의 각 식물은 오직 몇 종류의 식물병원체에 대해서만 기주이다. 다시 말하면 각 식물은 대부분의 식물병원체에 대해 비기주이다. 비기주는 다른 식물의 병원체에 대해서는 병발생에 가장 좋은 환경에서도 완전한 저항성을 나타낸다 (비기주저항성; nonhost resistance). 그러나 대부분의 병원체에 비기주인 그 식물은 자신의 병원체에 대해서는 정

표 4-1

식물과 병원체의 변이단계와 그들을 구별하는 특성

구별 특성	균류	세균	바이러스	선충	식물
형태와 생화학	속	속	속(이전에는 그룹)	속	속
	↓	↓	↓	↓	↓
형태와 생화학	종	종	바이러스 이름(종)	종	종
	↓	↓	↓	↓	↓
기주	변종 또는 변이형	변종 또는 변이형	type[a]	레이스 또는	변종 또는 품종
	↓	↓	↓		
판별품종 또는 증상	레이스	레이스	계통	생물형 또는 병원형	↓
	↓	↓	↓		
지역 집단	균주	균주	분리주	또는 계통	
	↓	↓	↓	↓	↓
클론집단	단 포자 유래 생물형	단 콜로니 유래 계통	단일 국부병징 분리주	한 개체의 선충	클론

[a]: 가끔 type 대신에 계통이 사용됨

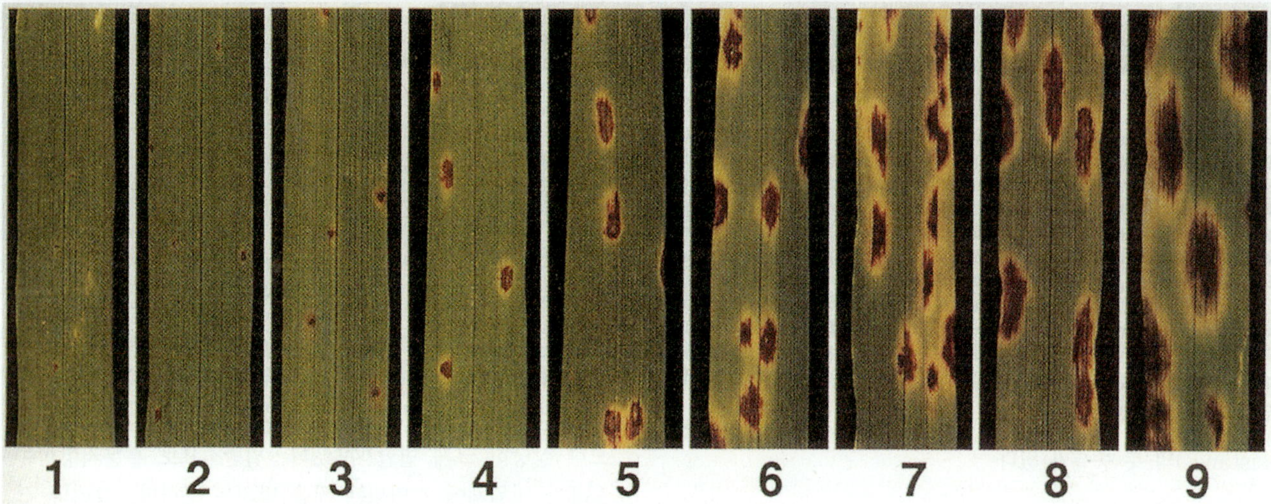

그림 4-7 점무늬병을 일으키는 *Cochliobolus sativus*의 동일한 균주로 접종한 보리 유묘의 감염률 등급. 1, 2, 3번 유묘는 기주와 병원균 사이에 낮은 친화성을 나타내는 반면에 4, 5번 유묘는 중 정도의 친화성, 그리고 6, 7, 8, 9번 유묘는 높은 친화성(감수성)을 보여준다. [사진제공: Fetch and Steffenson (1999). *Plant Dis.* **83**, 213-217.]

도 차는 있지만 감수성이다. 각 식물 종은 자신의 특정 병원체에 대해서는 특이적으로 감수성을 나타내지만, 다른 모든 병원체에 대해서는 완전한 저항성 또는 비기주저항성을 나타낸다(그림 4-4, 4-5).

특정 병원체 종에 감수성인 식물 종 내에서도 특정 병원체에 대한 식물 품종 간의 감수성 정도(그림 4-7, 4-8)와 특정 식물품종에 대한 여러 병원체 레이스간의 병원력에는 큰 차이가 있다. 이러한 기주-병원체 상호작용의 유전학은 생물학적 흥미는 물론 저항성 육종을 통한 식물병 방제 전략의 개발을 위해 가장 중요하다.

식물 품종간의 병원체에 대한 감수성의 변이는 각 품종에 존재하는 저항성 유전자의 종류, 수가 다르기 때문이다. 각 저항성 유전자의 영향은 그들이 조절하는 기능의 중요성에 따라 차이가 있다. 한 병원체에 대해 매우 감수성인 품종은 그 병원체에 대항하는 효과적인 저항성 유전자를 가지고 있지 않기 때문이다. 그러나 똑같은 품종이 다른 품종을 감염한 다른 병원체에 대해서는 저항성일 수 있다.

	병원체 균주	
	1	2
식물품종	감수성	저항성

두 번째 병원체에 대해 감수성이 없다는 것은 그 식물이 첫 번째 병원체에 대해서는 저항성 유전자를 가지고 있지 않으나 두 번째 병원체에 대해서는 하나 또는 그 이상의 저항성 유전자를 가지고 있다는 것을 의미한다. 만일 같은 품종에 다른 품종으로부터 얻은 많은 병원체를 접종하면, 몇 가지 병원체에 대해서는 감수성이지만 다른 병원체에 대해서는 저항성을 나타낼 것이다. 후자의 경우에 그 품종이 저항성을 나타내는 각 병원체에 대해 한 개 또는 그 이상의 저항성 유전자를 갖고 있다는 것을 다시 보여주는 것이다. 일부 병원체에 대한 저항성이 그 품종에 있는 동일한 저항성 유전자 때문일 수 있으나, 그 품종이 특정한 병원체에 대해 각각 특이적인 여러 개의 저항성 유전자를 갖고 있을 가능성이 크다.

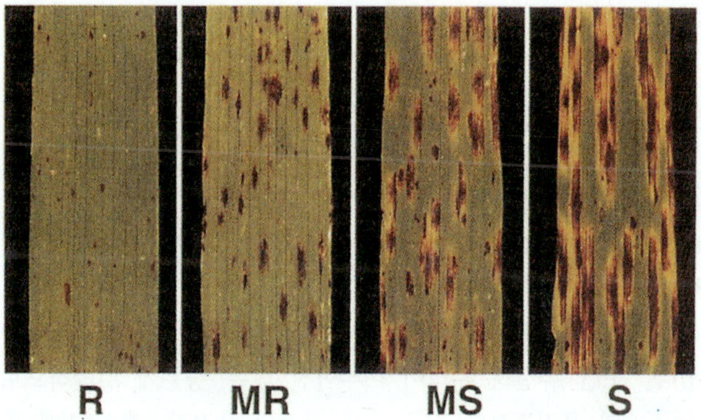

그림 4-8 점무늬병을 일으키는 *Cochliobolus sativus*의 동일한 분리균주로 접종한 성숙한 보리 잎에서 감염률 등급. 등급은 R, 저항성; MR, 중도 저항성; MS, 중도 감수성; S, 감수성이다. [사진제공: Fetch and Steffenson (1999). *Plant Dis.* **83**, 213-217.]

진정저항성

식물에서 한 개 또는 여러 개의 저항성 유전자에 의해 유전적으로 조절되는 병 저항성을 **진정저항성**(眞正抵抗性; **true resistance**)이라고 한다. 진정저항성에서는 기주와 병원체 사이에 화학적인 인식이 존재하지 않거나, 기주식물이 병원체에 대해 자신을 방어할 수 있기 때문에 기주식물과 병원체가 다소간 비친화적(incompatible)이다. 다양한 방어기작은 기주식물에 이미 존재하거나 병원체의 감염에 의해 활성화된다. 진정저항성에는 양적, 다인자, 수평저항성과 레이스 특이적, 단인자, 또는 수직저항성이라고 불리는 저항성유전자 저항성(R gene resistance)의 두 종류가 있다.

부분적, 양적, 다인자 또는 수평저항성

모든 식물은 그들의 병원체에 효과적으로 대응할 수 있는 어느 정도의 비특이적 저항성을 갖고 있다. 이 저항성을 때로는 부분적(partial), 레이스 비특이적(race nonspecific), 일반적(general), 양적(quantitative), 다인자(polygenic), 성체식물(adult-plant), 포장(field), 또는 지속적(durable) 저항성이라고 부르나, 과거에는 가장 흔히 **수평저항성**(水平抵抗性; **horizontal resistance**)으로 불리었다.

부분저항성(partial resistance)은 여러 개의 유전자에 의해 조절되기 때문에 **다인자저항성**(多因子抵抗性; **polygenic** 또는 **multi-gene resistance**)이라고도 부른다. 그러나 흔히 저항성 R 유전자의 유사유전자(R gene homologs)인 단일유전자에 의해 결정되는 여러가지 양적 및 레이스 비특이적 저항성의 예가 있다. 또한 유전적 분석이 이루어진 많은 경우에 일반적으로 4~5개의 유전자보다 적은 수의 한정된 유전자, 흔히 1개 또는 2개의 유전자가 대부분의 저항성을 설명하기에 충분하다. 그러나, 대부분의 경우 이들 유전자의 한 개 만으로는 병원체에 효과적이지 않고, 전체 수평저항성(**미동유전자 저항성; minor gene resistance**)에서 작은 역할을 할 것이다. 부분저항성에 관련되어있는 여러 개의 유전자가 식물체의 방어기작을 구성하는 물질이나 구조를 제공하는 많은 생리적 과정의 제어에 영향을 미치는 것 같다. 한 병원체의 모든 레이스에 대한 특정 식물 품종의 부분저항성은 같은 병원체에 대한 다른 품종의 부분저항성보다 크거나 작을 수 있지만(그림 4-7, 4-8), 그 차이는 일반적으로 작고 품종들을 저항성으로 구분하기에 불충분하다 (**비분화적 저항성**; 非分化的 抵抗性; **nondifferential resistance**). 더욱이 부분저항성은 환경조건에 의해 크게 영향을 받으며 그러한 환경에서는 R 유전자 저항성보다 상당히 크게 변할 수 있다. 일반적으로 부분저항성은 식물체가 병원체에 감염되는 것을 막지는 못한다. 그러나 각 감염 부위의 발달을 저하시켜 병의 전파를 감소시키고, 포장에서 큰 병의 발생으로 진전되는 것을 방지한다 (그림 4-7~4-9). 어느 정도의 부분저항성은 단인자저항성의 존재여부에 상관없이 식물에 존재한다. 그러나 부분저항성이 양적으로 유전되는 것이 확실하다 할지라도 부분저항성에 기여하는 각 유전자는 사실 단인자저항성의 유전자와 질적으로 동일할 것이다.

R 유전자 저항성, 레이스-특이적, 단인자 또는 수직저항성

많은 식물 품종은 특정 식물병원체의 몇 가지 레이스에 대해서는 강한 저항성을 나타내지만, 같은 병원체의 다른 레이스에 대해서는 감수성을 나타낸다. 다른 말로 표현하면, 다양한 환경조건에서 병원체 레이스에 따라 한 품종이 어떤 레이스에 대해서는 감수성을, 또 다른 레이스에 대해서는 저항성을 나타내는 것이다. 이러한 종류의 식물 저항성은 병원체의 특정 레이스에 대해서 효과적이지만 다른 레이스에 대해서는 효과가 없기 때문에 병원체의 레이스를 확실하게 구분할 수 있다 (그림

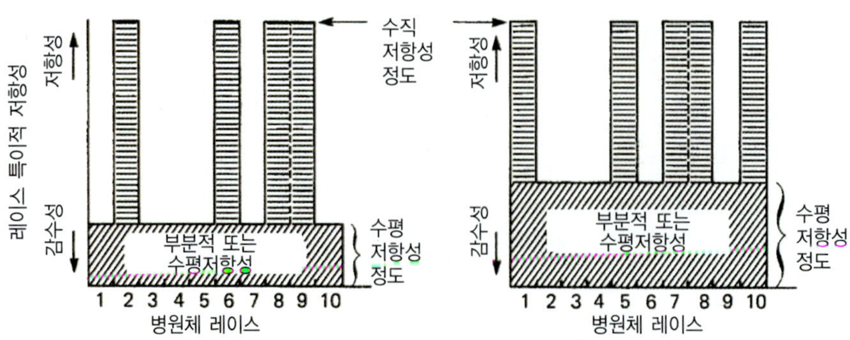

그림 4-9 10개의 병원체 레이스에 대한 두 품종의 수평 및 수직저항성 정도. [출처: Vanderplank, 1984.]

그림 4-10 *Turnip mosaic virus*로 접종한 *Brassica napus*. (왼쪽) 감수성, (오른쪽) 한 개의 저항성(R) 유전자에 의한 저항성 [사진제공: Walsh and Jenner (2002).]

4-9와 4-10). 이러한 저항성은 때로는 강력한(strong), 주동(major), 레이스특이적(race-specific), 질적(qualitative), 분화적(differential) 저항성이라도 부르나, 과거에는 가장 흔히 **수직저항성**(垂直抵抗性; **vertical resistance**)으로 불렸다.

레이스특이적저항성은 항상 하나 또는 소수의 유전자에 의해 조절된다. 따라서 **단인자저항성**(單因子抵抗性; **monogenic resistance**) 또는 **소수인자저항성**(小數因子 抵抗性; **oligogenic resistance**)이라고 불린다. 이들 유전자는 R 유전자로 불리며, 기주식물이 병원체를 인식하는 중요한 단계를 조절하여 저항성 발현에 주된 역할을 한다. 레이스특이적저항성에서 기주와 병원체는 비친화적이다 (그림 4-9). 기주는 과민성반응 또는 면역반응을 나타내거나, 병원체의 증식을 억제하기도 한다. 흔히 레이스특이적저항성은 주요 저항성유전자를 가지지 않았거나 다른 저항성유전자를 가진 기주식물로부터 온 병원체의 초기정착을 억제한다. 레이스특이적저항성은 최초 전염원을 제한하거나 감염 후 증식을 억제하여 큰 병의 발생을 막는다.

완전한 저항성은 하나의 저항성 유전자에 의해 나타날 수 있다. 흔히 한 식물에 하나 이상의 저항성 유전자가 함께 있거나 피라미드화(pyramid)되어 있는 것(R1R2, R1R3, R1R2R3)이 바람직하며, 그렇게 되면 이 식물은 각 저항성 유전자에 대응하는 모든 병원체 레이스에 대해 저항성을 나타낸다. 각각의 품종은 하나 또는 수 개의 저항성 유전자만을 가지고 있다 할지라도 한 식물 종은 특정 병원체에 대한 20~40개의 저항성 유전자를 가질 수 있다. 한 예로 밀은 붉은녹병균 *Puccinia recondita*에 대해 20~40개의 저항성 유전자를 가지며, 보리는 흰가루병균 *Erysiphe graminis tritici*에 대해 비슷한 수의 저항성 유전자를 가지고 있고, 또한 목화는 *Xanthomonas campestris* pv. *malvacearum*에 대해 거의 비슷한 수의 저항성 유전자를 가지고 있다. 각 저항성 유전자, 예를 들면 R2는 그 유전자에 대응하는 비병원력 유전자를 가진 병원체의 모든 레이스에 저항성을 제공한다. 그러나 이 병원체의 레이스와 비병원력 유전자(A2)는 특정한 저항성 유전자(R2)를 가지지 않는 식물을 침해하기 때문에 검출된다.

부분저항성이든 레이스특이적저항성이든 간에 진정저항성은 일반적으로 식물 핵 속의 염색체에 있는 유전자에 의해 결정된다. 그러나 일부 식물병의 경우에 저항성은 세포질에 있는 유전물질에 의해 결정되는데, 이러한 저항성을 때로 **세포질저항성**(細胞質抵抗性; **cytoplasmic resistance**)이라 부른다. 두 가지 가장 잘 알려진 세포질저항성은 옥수수의 두 가지 잎마름병에 대한 저항성이다. 하나는 *Bipolaris*(*Helminthosporium*) *maydis*에 의한 옥수수 깨씨무늬병에 대한 것이고, 다른 하나는 *Phyllosticta maydis*에 의한 황색잎마름병(yellow leaf blight)에 대한 것이다. 각 병원균에 의해 생산되는 기주특이적 독소에 대한 수용체(receptor)를 만드는 유전자가 정상적인 세포질의 마이토콘드리아에 존재하지 않으므로 저항성이 된다. 텍사스 웅성불임 옥수수의 마이토콘드리아에는 그 유전자가 존재하며, 따라서 텍사스 웅성불임 세포질을 가진 모든 옥수수는 이들 병원체에 감수성이다.

레이스특이적저항성(단인자 또는 소수인자 저항성)을 갖는 품종들은 일반적으로 대부분의 환경조건에서는 특정 병원체에 대해서 완전한 저항성을 나타내지만, 병원체의 하나 또는 소수의 돌연변이가 이전에는 저항성 품종을 침해할 수 있는 새로운 레이스를 탄생시킨다. 그와 반대로 부분저항성(다인자저항성)을 갖는 품종은 그 저항성이 불안정하고, 다른 환경조건에서는 병원체에 대한 반응이 달라질 수 있지만, 기주식물의 저항성을 완전히 파괴시키기 위해서는 병원체에서 많은 돌연변이가 일어나야 한다. 따라서 병원체에 대한 주동유전자와 미동유전자의 조합에 의한 저항성이 식물 품종에 가장 이상적이다.

외견상저항성

매년 많은 지역에서 다양한 작물에 크고 작은 병이 발생한다. 그러나 어떤 경우에는 매우 감수성인 식물이나 이들 식물의 품종이 감염이나 병징이 없어서 저항성처럼 보인다. 감수성으로 알려진 식물의 병에 대한 외견상저항성은 일반적으로 병회피(disease escape)나 내병성(tolerance)의 결과이다.

병회피

병회피(病回避; **disease escape**)는 유전적으로 감수성인 식물이 발병에 필요한 3가지 요인(감수성 기주, 병원력 강한 병원체, 병발생에 좋은 환경)이 적당한 시기에 동시에 잘 맞아 떨어지지 않아 이들 인자가 상호작용할 수 없거나, 충분한 기간 동안 상호작용하지 못해 감염이 일어나지 않을 때 나타난다. 예를 들면, 다른 식물에 비해 온도가 병원체의 침입에 적당하기 전에 종자가 빨리 발아하거나 유묘가 빨리 경화되어 토양병을 회피할 수도 있다. 어떤 식물은 특정 생육 시기에만(어린잎, 줄기, 과실; 개화기 또는 착과기; 성숙기 또는 노화기) 병원체에 대해 감수성이기 때문에 그 시기에 병원체가 존재하지 않거나 활동력이 약하면 병에 걸리지 않게 된다. 예를 들어, 어린 조직이나 식물은 *Pythium*, 흰가루병균, 대부분의 세균 및 바이러스에 의해 늙은 조직보다 더 심한 피해를 받는다. 그러나 *Alternaria* 나 *Botrytis* 에 대해서는 완전히 자라서 성숙하고 노화된 식물체가 어린 식물체에 비해 훨씬 더 감수성이다. 또한 식물은 포장 간의 거리, 포장에서 식물체의 수나 위치, 또는 식물체 간격 등에 의해서도 병을 회피할 수 있다.

많은 경우에 식물은 여러 종류의 감수성이 아닌 다른 식물과 섞여 있어서 동일한 유전적 배경의 작물을 재배하는 포장(monocultural plantation)에서보다 감수성 식물에 도달할 수 있는 전염원의 양이 적거나, 식물체 표면의 털이나 왁스층이 물기와 현탁되어 있는 병원체를 배척하거나, 식물체가 자라는 습성 때문에 병원체의 부착이나 발아에 적합하지 않거나, 기공 같은 자연개구가 잎의 다른 표면보다 높은 위치에 있거나, 잎이 완전히 마른 뒤나, *Puccinia graminis* 같은 포자 발아관이 완전히 건조된 뒤 열리기 등의 이유로 병을 회피할 수 있다. 주로 폭풍우, 흙바람, 곤충 등에 의해 생긴 상처를 통해 주로 침입하는 병원체에 의한 식물병은 상처가 없으면 식물체는 이 병을 회피할 수 있다. 또한 병원체를 매개하는 매개체를 유인하지 않거나 그 매개체에 저항성이면 그 병원체의 감염으로부터 회피할 수 있다.

병원체의 생존, 감염력, 증식 및 전반에 영향을 미치는 요인들에 의해 병을 회피할 수도 있다. 이러한 요인들은 첫째, 감수성 식물의 생육시기에 병원체가 없거나 불량한 생육; 둘째, 감염부위나 증식 부위에서 중복기생체, 길항미생물, 천적에 의한 병원체의 파괴나 약화; 셋째, 다른 식물에서 병원체의 체류; 넷째, 바람, 강우 또는 매개체의 부재로 인한 병원체 전반의 감소 등을 포함한다.

여러 환경요인은 거의 모든 지역에서 식물병 회피에 결정적인 역할을 한다. 한 가지 예로 온도는 대부분의 병원체의 지리적 분포를 결정하고, 그 온도범위 밖에서 자라는 식물은 병원체에 의한 병으로부터 회피할 수 있다. 그러나 가장 일반적으로 식물체의 생육이 병원체의 생장보다 훨씬 촉진되는 온도 범위 내에서 병회피가 증가한다. 예를 들면, 많은 식물은 온도가 높고 토양 습도가 낮을 때 *Pythium* 이나 *Phytophthora* 에 의한 병으로부터 회피할 수 있다. 그러나 밀 등의 저온성 작물의 경우에는 온도가 낮을 때 *Fusarium*이나 *Rhizoctonia* 에 의한 병으로부터 회피된다. 특정 범위 밖의 온도는 균류의 포자 형성, 포자 발아 및 침입을 억제하여 병회피 기회를 높인다. 낮은 온도 역시 병원체나 매개 곤충의 운동성을 저하시켜 많은 식물이 병으로부터 회피할 수 있게 한다.

적은 강우량이나 낮은 상대습도로 인한 수분 부족이 식물 병회피의 가장 흔한 원인이다. 건조한 지역이나 건조한 해에 식물은 사과나무 검은별무늬병, 역병, 대부분의 노균병 및 탄저병에 의한 피해를 받지 않는다. 이러한 병은 병환의 전 기간 동안 높은 상대습도나 식물체 표면의 물기를 요구하기 때문이다. 또한 건조한 토양에서는 십자화과식물의 무사마귀병, *Pythium*이나 *Phytophthora* 에 의한 모잘록병의 발생이 거의 없는데, 이는 이러한 토양 조건에서 이 병원체의 유주포자 형성이나 활동이 저하되기 때문이다. 그러나 다른 한편으로는 *Streptomyces scabies*에 의한 감자 더뎅이병은 관수하거나 다습한 토양에서 병으로부터 회피된다. 이는 식물체가 수분스트레스가 없을 때 잘 방어할 수 있으며, 수분이 많은 조건이 그 병원체를 억제하는 길항미생물에 좋은 조건이 되기 때문이다. 많은 종류의 나무도 늦여름과 초가을에 충분한 강우 또는 관수로 적당량의 토양 수분이 유지될 때에는 *Leucostoma* sp. (*Cytospora* sp.)에 의한 궤양병을 방어하거나 그 병으로부터 회피할 수 있다.

다른 환경요인들도 식물체가 병으로부터 회피하도록 해준다. 예를 들면, 바람이 적당한 시기에 다른 방향으로 불어 병원체의 포자나 매개체를 기주식물로부터 멀리 떨어지게 하고, 병원체가 발아해 침입하기 전에 식물체 표면을 빨리 건조시키기 때문에 병회피를 증가시킨다. 토양산도 또한 식물병회피를 증가시킨다. 알칼리성 토양에서 십자화과식물은 *Plasmodiophora brassicae*로부터, 산성 토양에서는 감자가 *Streptomyces scabies*로부터 회피하는데, 이는 특정 토양 산도가 이들 병원체의 생존과 생육을 저해하기 때문이다.

일반적으로 많은 식물병이 일부 지역에서 어떤 해에는 발생하고, 다른 해 또는 근접지역에서는 발생하지 않는다. 이러한 근접지역에서나 다른 해에도 식물병이 발생하지 않는다는 것은 식물체가 저항성이 아니라 병으로부터 회피했다는 것을 의미한다. 조숙성은 밀이나 감자의 육종에 포함되는데, 이는 각각 녹병과 역병으로부터의 회피에 도움을 주기 위함이다. 또한 만숙성, 급성생장, 상처에 대한 저항성, 매개체를 유인하지 않는 특성, 저온에 대한 저항성 등도 특정한 병으로부터의 회피에 도움을 주기 위해서 작물 육종에 포함시킨다. 물론 이러한 많은 특성은 수평저항성을 나타내게 하는 것들이다. 사실 수평저항성과 병회피는 많은 공통점이 있다. 병으로부터의 회피는 환경조건뿐만아니라 기주나 병원체에 있어서 유전되는 특성들에 의해 결정되기도 하지만 흔히 전적으로 환경에 의해 조절된다. 더욱이 병회피는 관리될 수 있는 성질의 것이며, 실제로 농부들은 여러 경종적 방법을 통해 식물이 병으로부터 회피하도록 도와주는 것을 목표로 삼는다. 이러한 방법들은 감염되지 않은 활력이 우수한 종자 사용, 적당한 토양 선택, 파종시기, 파종깊이, 식물체 및 포장간격, 돌려짓기, 포장위생관리, 간작, 혼작, 곤충이나 매개체 방제 및 다른 방법 등을 포함한다.

내병성

내병성(耐病性; disease tolerance)은 식물체가 병원체에 의해 감염되었을 때에도 좋은 생산성을 나타낼 수 있는 식물의 능력을 말한다. 이러한 내병성은 기주식물의 특이적 유전적 특성에 의해 나타난다. 병원체가 기주식물에 침입해 증식하지만, 식물체는 병원체가 분비한 자극물질에 대한 수용체가 없거나, 그 물질을 불활성화시키거나, 그 물질작용을 보상함으로써 좋은 생산성을 유지한다. 내병성을 갖는 식물은 병원체에 대해 감수성이지만 병원체에 의해 죽지 않고, 일반적으로 적은 피해만을 나타낸다. 내병성 유전학은 잘 밝혀져 있지 않으며, 수평저항성과의 관계도 알려져 있지 않다. 내병성 식물은 아주 특별한 활력 때문이거나 단단한 구조 때문이건간에 아마 대부분의 기주-병원체 조합에서 존재한다. 내병성은 많은 식물-바이러스 감염에서 가장 흔히 관찰되는데, 병원성이 약한 바이러스들이 감자나 사과나무를 전신감염했을 때 병징이 거의 나타나지 않으며 수량에도 거의 영향을 미치지 않는다. 그러나 일반적으로 내병성 식물이 병원체에 감염되었을 때도 좋은 생산성을 유지할지라도, 병에 걸리지 않았을 때 더 좋은 생산성을 나타낸다.

병원체의 병원력과 기주식물의 저항성 유전

감염을 통한 식물병은 최소한 두 생물체, 기주식물과 병원체의 상호작용의 결과이다. 이들 두 생물체의 특성은 유전물질인 DNA에 의해 결정된다.

다양한 병원체에 대한 저항성 또는 감수성 정도를 나타내는 기주 반응이 유전되는 특성이라는 점은 1세기 전부터 알려져 있었고, 이에 대한 지식은 특정 병을 일으키는 병원체에 대한 저항성 품종의 육종 및 보급에 효과적으로 이용되어 왔다. 그러나 병원체의 감염형(infection type), 즉 병원력 또는 비병원력 정도의 유전 능력은 1940년대 이후에야 본격적으로 연구되었다. 병원체는 많은 레이스로 구성되어 있으며 각 레이스는 특정 품종을 침해하는 능력이 다르다는 것은 이제 잘 알려져 있다. 그래서 한 품종을 적절히 선정된 두 레이스로 접종했을 때, 이 품종은 한 레이스에 대해서 감수성이나 다른 레이스에 대해서는 저항성을 나타낸다. 반대로 병원체의 한 레이스를 적절히 선정된 두 품종에 접종시켰을 때, 한 품종은 감수성이나 다른 품종은 똑같은 병원체에 대해 저항성을 나타낸다 (표 4-2). 첫 번째의 경우에는 한 레이스는 식물체를 침해할 수 있는 유전적 특징을 갖은 반면 다른 레이스는 그렇지 못하다는 것을 의미한다. 두 번째의 경우에는 한 품종은 병원체에 대해 자신을 방어할 수 있는 유전적 특징을 가지고 있어서 저항성인 반면, 다른 한 품종은 그렇지 못하다는 것을 의미한다. 여러 품종이 어떤 병원체의 여러 레이스 중 하나의 레이스로 접종되었을 때, 한 병원체 레이스는 한 그룹의 품종들을 침해할 수 있고, 다른 레이스는 첫 번째 레이스에 의해 감염되거나 되지 않은 일부 품종을 포함한 다른 그룹의 품종들을 침해한다 (표 4-2).

식물에서 저항성 대 감수성의 유전 연구는 단일 유전자가 저항성을 결정하며 그 유전자가 없으면 감수성이 되는 사실을 입증하였다. 병원체에서 비병원력 대 병원력의 유전 연구는 단일 유전자가 비병원력을 결정하고, 그 유전자가 없으면 병원력이 되는 사실을 입증하였다. 이들 유전자의 상호작용에 대한 연구는 식물에 있는 저항성 유전자(R gene)가 병원체의 비병원력 유전자(*avr* gene)에 특이적이라는 것을 보여주었다. 그래서 특정한 저항성 유전자를 갖는 품종들은 여러 병원체의 레이스와 그들의 비병원력 유전자에 대해 다르게 반응한다. 이러한 품종의 다음 세대도 같은 병원체에 대해 부모와 같이 반응하는데, 이는 한 병원체에 대한 저항성 또는 감수성은 다음 세대로 유전된다는 것을 의미한다. 이와 비슷하게 각 병원체의 다음세

표 4-2

둘 (왼쪽) 또는 네 (오른쪽) 종류의 병원체 레이스에 대한 둘 (왼쪽) 또는 네 (오른쪽) 품종의 기주식물과의 가능한 반응[a]

식물품종	병원체 레이스		식물품종	병원체 레이스			
	1	2		1	2	3	4
A	−	+	A	−	+	+	+
B	+	−	B	+	−	−	+
			C	−	+	−	+
			D	+	−	+	−

[a]: +는 감수성 (친화성반응, 감염)을 나타내고, −는 저항성 (비친화성, 감염안됨)을 나타냄.

대도 각 품종에 대해 부모 병원체와 똑같은 영향을 미친다. 이 또한 특정 품종에 대한 병원체의 병원력 또는 비병원력은 유전된다는 것을 의미한다.

위의 사실들은 적당한 환경조건에서 저항성 또는 감수성이란 결과는 각 기주-병원체 조합에서 병원체와 기주의 유전물질에 의해 미리 결정된다는 것을 의미한다. 저항성 또는 감수성을 결정하는 유전자의 수는 식물에 따라 다르고, 병원력, 비병원력을 결정하는 유전자의 수는 병원체에 따라 다르다. 대부분의 기주-병원체 조합에서 몇 개의 유전자가 관련되어 있으며, 그 유전자들은 무엇을 제어하는가 등은 아직 알려져 있지 않다. 그러나 특히 감자 역병, 사과나무 검은별무늬병, 각종 흰가루병, 토마토 잎곰팡이병, 곡류 깜부기병 및 녹병과 같은 균류에 의한 병, 그리고 몇 가지 바이러스 및 세균에 의한 병에 있어서는 기주-병원체 상호작용의 유전에 대한 상당히 많은 정보가 보고되어 있다.

유전자 대 유전자 개념

기주식물과 병원체가 자연계에서 나란히 공존한다는 사실은 이들이 같이 진화하여 왔다는 것을 의미한다. 병원체의 병원력의 변화는 기주의 저항성의 변화에 의해 계속해서 균형을 맞추어 왔으며, 그 반대도 마찬가지이다. 이러한 방식으로 저항성과 병원력의 균형이 유지되어 왔으며, 기주와 병원체가 오랜 기간 동안 함께 생존해 왔다. 이러한 병원성과 저항성의 단계적 진화는 **유전자 대 유전자 개념**(gene-for-gene concept)으로 설명된다. 즉, 병원체의 병원력 유전자는 각각 이에 대응하는 기주의 저항성 유전자가 존재하며, 그 반대도 마찬가지이다.

유전자 대 유전자 개념은 아마와 아마 녹병에서 처음으로 증명되었다. 그 뒤 녹병, 깜부기병, 흰가루병, 사과나무 검은별무늬병, 감자 역병 및 다른 많은 균류에 의한 병, 바이러스, 세균, 기생식물, 선충 심지어 곤충에 의한 병에도 이러한 현상이 존재함이 밝혀졌다. 항상 그런 것은 아니지만 일반적으로 기주식물에서 저항성 유전자가 우성(R)인 반면에 감수성-저항성이 없음-유전자는 열성(r)이다. 병원체에는 비병원력-침해할 능력이 없음-유전자가 일반적으로 우성(A)이고, 병원력 유전자가 열성(a)이다. 따라서 두 종류의 식물 품종, 즉 특정 병원체에 대해 저항성(R) 유전자를 갖고 있는 품종과 동일한 병원체에 대해 저항성 유전자가 없는 감수성 유전자(r)를 갖고 있는 품종에 두 종류의 병원체 레이스, 즉 저항성 유전자(R)에 대해 비병원력 유전자(A)를 갖고 있는 레이스와 저항성 유전자(R)에 대해 병원력 유전자(a)를 갖고 있는 레이스를 접종시켰을 때 그 유전자 조합과 반응 유형은 표 4-3과 그림 4-11에서와 같다.

기주에 있는 각 유전자는 병원체에 있는 그 유전자에 대응하는 유전자에 의해서만 동정될 수 있으며, 그 반대도 마찬가지이다. 4가지 가능한 유전자 조합 중에서 단지 AR만이 비친화성(저항성)이다. 즉, 기주가 병원체의 특정 비병원력 유전자(A)를 인식하는 저항성 유전자(R)를 갖고 있는 경우이다. Ar 조합에서는 기주가 저항성 유전자를 가지지 않기 때문에(r) 병원체가 병원성을 가진 다른 유전자로 기주를 침해할 수 있게 되어(이 기주에 대해서 병원체임) 병이 발생한다. aR 조합에서는 기주가 저항성 유전자를 가지고 있어도 이 저항성 유전자가 특이적으로 인식할 수 있는 비병원력 유전자가 병원체에 존재하지 않기 때문에 방어기작(저항성 반응)이 활성화되지 않아 병이 발생한다. 마지막으로 ar 조합에서는 기주식물이 저항성 유전자를 가지고 있지 않고(r), 병원체는 병원력이 있기(a) 때문에 병이 발생한다.

저항성 유전자들이 진화를 통해서 처음 기주에 나타나서 축적되며, 이들이 병원체에서 진화한 비특이적 병원성 유전자들과 공존한다고 생각되고 있다. 병원체는 특이적 저항성 유전자를 가지지 않는 모든 기주식물을 침해할 수 있는 병원성유전자들을 가지고 있다. 특이적 저항성 유전자가 기주식물에 나타나거나 육종에 의해 도입되면, 그 유전자는 기주식물로 하여금 병원체에 있는 특정 병원력 유전자 산물을 인식할 수 있도록 한다. 이렇게 되면 병원체의 그 특정 병원력 유전자는 기주식

표 4-3

한 개의 유전자가 작동하는 유전자 대 유전자 개념에서 기주-병원체간 유전자 조합과 병 반응 형[a]

병원체의 병원력 또는 비병원력 유전자	식물의 저항성 또는 감수성 유전자 R (저항성) 우성	 r (감수성) 열성
A (비병원력) 우성	AR (−)	Ar (+)
a (병원력) 열성	aR (+)	ar (+)

[a]: −는 비친화성 (저항성) 반응을 나타내므로 감염이 일어나지 않음. +는 친화성 (감수성) 반응을 나타내므로 감염이 일어남.

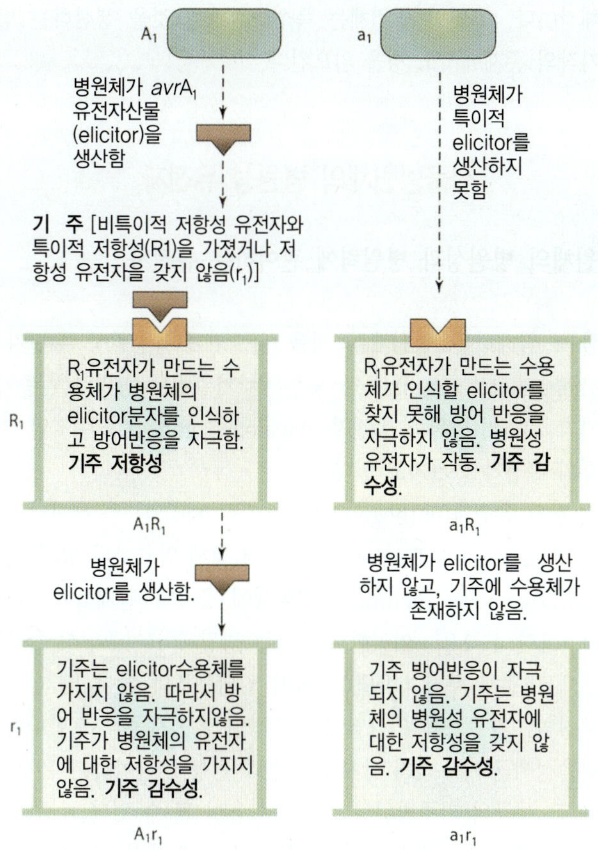

그림 4-11 유전자 대 유전자관계에 있어서 병원체 비병원성(A)/병원성(a) 유전자와 기주 저항성(R)/감수성(r)유전자의 기본적인 상호 작용과 그 결과.

물의 저항성 유전자(R)에 대응하는 병원체의 "비병원력 유전자(*avrA*)"로 간주된다. 그 병원체 유전자의 기능의 변화는 저항성 유전자(R)가 만드는 수용체(receptor)에 의해 비병원력 유전자(*avrA*) 산물(elicitor molecule)이 인식됨에 의해 식물의 저항성을 유지하는 과민성반응을 유도하므로 생긴다. 기주식물에 존재하는 저항성 유전자를 공격할 수 있는 새로운 병원력 유전자는 그 저항성 유전자에 대응하는 비병원력 유전자에서 돌연변이가 일어나 생기는데, 비병원력 유전자에 돌연변이가 생기면 기존의 두 유전자 사이의 유전자 대 유전자의 인식이 없어지게 되므로 기주식물의 저항성은 무너지게 된다. 그렇게 되면 식물 육종가들이 병원체의 새로운 병원성 유전자를 인식할 수 있는 다른 저항성 유전자(R)를 도입하여, 병원체의 새로운 병원성 유전자의 작용 범위를 넘어 기주식물의 저항성을 연장시킨다. 이러한 작업은 병원체에서 새로운 병원력 유전자가 나타날 때까지 특이적 저항성 유전자에 상응하는 비병원력 유전자를 가진 모든 레이스에 저항성인 품종을 생산하게 한다. 어떤 품종이 특정 병원체에 2개 또는 그 이상의 저항성 유전자(R_1, R_2...)를 가지고 있는 것은 병원체에 각 저항성 유전자에 상응하는 한 개, 2개 또는 그 이상의 병원력 유전자(지금은 비병원력 유전자)(a_1, a_2...)가 존재함을 의미하며, 이들 유전자는 기주식물의 저항성 유전자에 의해 인식됨에 따라 결국 비병원력 유전자로서의 기능을 갖게 되었음을 뜻한다. 2개의 상응하는 병원력 또는 저항성 유전자를 갖고 있는 기주-병원체의 유전자 조합 및 발병 유형은 표 4-4에 나타나 있다.

표 4-4는 몇 가지 점을 분명히 하고 있다. 첫째로 저항성 유전자를 가지고 있지 않는 감수성 식물(r_1r_2)은 병원체에 병원력 유전자(aa)나 비병원력 유전자(A_1A_2)의 존재 유무와 상관없이 그 병원체의 모든 레이스에 의해 병이 발생한다. 둘째로 a_1a_2로 표시된 병원체 레이스 또는 개체, 즉 기주의 저항성 유전자(R_1R_2)에 상응하는 비병원력 유전자(A_1A_2)를 갖지 않는 병원체는 기주식물의 방어반응을 유도하는 어떤 elicitor도 생산할 수 없기 때문에 어떤 저항성의 유전자 조합(R_1R_2, R_1r_2, r_1R_2)을 가진 식물도 침해할 수 있다. 병원체가 2개의 병원력 유전자 중 한 개를 가지고 있을 때(a_1 또는 a_2), 즉 2개의 비병원력 유전자 중 한 개를 가지고 있지 않을 때(A_1 또는 A_2), 그 병원체는 병원력 유전자에 대응하는 저항성 유전자(R_1 또는 R_2)를 가진 식물을 침해할 수 있으나, 비병원력 유전자에 상응하는 저항성 유전자를 가진 식물은 침해할 수 없다 (즉, A_1a_2의 병원체는 r_1R_2의 식물은 침해할 수 있으나, R_1r_2의 식물을 침해할 수는 없다. 왜냐하면 R_1은 A_1을 인식하고 저항성 반응을 유도하기 때문이다).

유전자 대 유전자 개념은 계속 증명되어 왔고, 병원체의 비병원력 유전자들과 식물의 저항성 유전자들은 분리되어 왔다. 식물 육종가들은 병원체의 새로운 계통에 감수성인 좋은 품종에 새로운 저항성 유전자를 도입할 때마다 유전자 대 유전자 개념을 응용한다. 어떤 작물에서는 자주 새로운 저항성 유전자를 도입해야 하지만, 다른 작물에서는 한 개의 저항성 유전자가 수년 동안 저항성을 유지시켜 주기도 한다.

표 4-4

기주식물의 두 저항성유전자와 그들에 상응하는 병원체의 두 병원력유전자의 상보적 상호작용과 병 반응 형

		식물의 저항성 (R) 또는 감수성 (r) 유전자			
		R_1R_2	R_1r_2	r_1R_2	r_1r_2
병원체의	A_1A_2	−	−	−	+
병원력 (a)	A_1a_2	−	−	+	+
또는 비병원력	a_1A_2	−	+	−	+
(A) 유전자	a_1a_2	+	+	+	+

병 저항성의 특성

병원미생물, 즉 병원체는 다른 생물체에 감염하여 병을 일으킬 수 있는 유전적 능력을 가지고 있다. 식물체는 병발생에 좋은 환경조건에서도 병원체에 의한 침입이 전혀 없는 면역성으로부터 완전 감수성을 나타내는 등 다양한 정도의 저항성을 나타낸다. 저항성은 감염 기회와 정도를 줄일 수 있는 내·외부 요인에 의해 조절된다. 감염에 있어서 첫 단계는 병원체의 기주 인식 또는 반대로 기주의 병원체 인식이다. 따라서 기주식물에 병원체가 인식하는 인식요인이 없으면 그 식물은 특정 병원체의 감염을 피할 수 있다. 일반적으로 병원체의 침입지점에 병원체를 제한하고 격리시키거나, 병원체에 의해 분비되는 독소의 영향을 저하시키거나, 증식을 억제하여 병원체의 전반을 막는 등에 기여하는 모든 유전적 특성은 식물의 병저항성에 기여한다. 따라서 대부분의 식물병에 있어서 병원체는 일반적으로 기주조직의 침입 및 점령 후 어느 정도 제한을 받는다. 실제로 오직 일부 병에서만 병원체가 식물전체를 감염시켜 식물을 죽인다. 또한 병원체의 발육에 좋지 않은 조건에서는 식물체가 완전히 발육 및 성숙하는 유전적 특성들도 특정 품종의 저항성 발현에 기여한다 (병회피).

기주에서 저항성을 조절하는 유전자는 주로 저항성에 기여하는 식물체의 형태적, 생리적 특징을 발육시키는 유전적 토대를 제공한다 (제6장의 구조적·생화학적 방어부분에서 다루었음). 식물을 병저항성 또는 감수성으로 이끄는 생리적 과정을 조절하는 유전자의 작용기작은 아직 밝혀져 있지 않았지만, 생물체에 있어서 다른 생리적 과정을 조절하는 기작과 다르지 않을 것이다.

식물체가 방어를 위한 항균물질 또는 효소의 생산을 위해서는 병원체의 활동에 의해 생기거나 병원체에 의해 분비되는 elicitor 가 기주식물의 수용체 분자와 작용하는 것으로 생각된다. 이 작용이 식물의 방어를 활성화시키는 신호를 기주세포의 다른 분자들에게 전달한다. 그러나 식물의 방어반응을 활성화시키는 특정 elicitor 를 분비하지 않는 돌연변이 병원체는 그 기주식물을 침해하고 병을 일으킨다. 후자의 경우에 기주식물의 저항성이 파괴되었다고 말하지만, 실제로 파괴되었다기보다는 병원체가 비켜간 것이다. 증명되지는 않았지만 병원체가 기주식물의 저항성을 파괴하는 다른 방법은 병원체가 돌연변이를 통해서, 병원체에 작용하는 기주식물의 독성물질과 작용하여 무력화시킬 수 있는 물질의 생산을 통해서, 그리고 기주식물의 방어물질이 결합하는 자신의 수용체를 제거하거나 막는 것을 통해서이다. 그러면 병원체는 독성물질과 그것을 생산하는 방어기작의 존재에서도 병을 일으킨다.

식물병원체의 병원성 유전자

병원체의 병원성과 병원력에 관여하는 유전자

식물을 침해하는 병원체는 병을 일으키거나(병원성 유전자, pathogenicity genes) 하나 또는 몇 기주에서 병원력을 증가시키기 위하여(병원력 유전자, virulence genes) 필수적인 몇 종류의 유전자를 가지고 있다.

병원성 유전자(pathogenicity genes: *pat*)와 병-특이적 유전자(disease-specific genes: *dsp*)에 의해 암호화된 병원성인자(pathogenicity factors)는 병발생에 중요한 단계들에 관여한다 (그림 4-12). 이러한 유전자는 병원체의 기주인식, 식물표면에 병원체 부착, 식물표면에서 감염구조의 발아 및 형성, 기주침입, 기주조직의 감염에 필수적인 유전자들을 포함한다. 그람음성세균 세포벽의 당지질 합성과 변형에 관여하는 유전자들은 그 세균의 기주범위의 조절에 도움이 될 수 있다.

식물-병원체 상호작용에서 병원체에 의해 생산되는 일부 식물세포벽분해효소(큐틴분해효소 등), 일부 독소(victorin, HC toxin 등), 식물호르몬(IAA, cytokinine 등), 다당류, 단백질분해효소, siderophores, 멜라닌은 병원체가 기주를 감염하여 병을 일으키기 위해서는 필수적이다. 따라서 이 경우에 그 인자들은 병원성인자로 작용한다. 다른 식물-병원체 체계에서 동일한 화합물이 병발생에 필수적이지 않고 도움을 주는 인자로 작용하는데, 이 경우에 그 화합물들은 병원력인자(virulence factors)로 취급한다. 거의 무한한 수의 병원력인자가 병원체에 의해 생산된다. 그것들은 많은 세포벽분해효소, 독소, 호르몬, 다당류, 아밀라제, 리파아제, 신호전달분자인 homoserine lactone(HSL), 다당체, 편모를 포함한다. 이러한 화합물 또는 구조물은 병원체의 표면에 존재하거나 병원체 밖으로 이동하여 다양한 방식으로 식물 내의 병원체 생장에 영향을 미친다.

식물병원체는 기주식물을 감염시키기 위하여 다양한 전략을 채택한다. 병원체의 유형과 각 병원체가 채택한 감염과정에 따라 다양한 유전자를 이용하여 기주식물에 부착하고, 감염구조를 만들고, 기주를 침입하고, 세포벽 거대분자를 분해하고, 독소를 생산하고, 기주의 방어작용을 무력화하고, 기주로부터 양분을 얻고, 기주 내에서 이동하고, 기주에서 증식하고, 다른 기주로 전이하고, 환경에 반응하는 것들을 가능하게 한다.

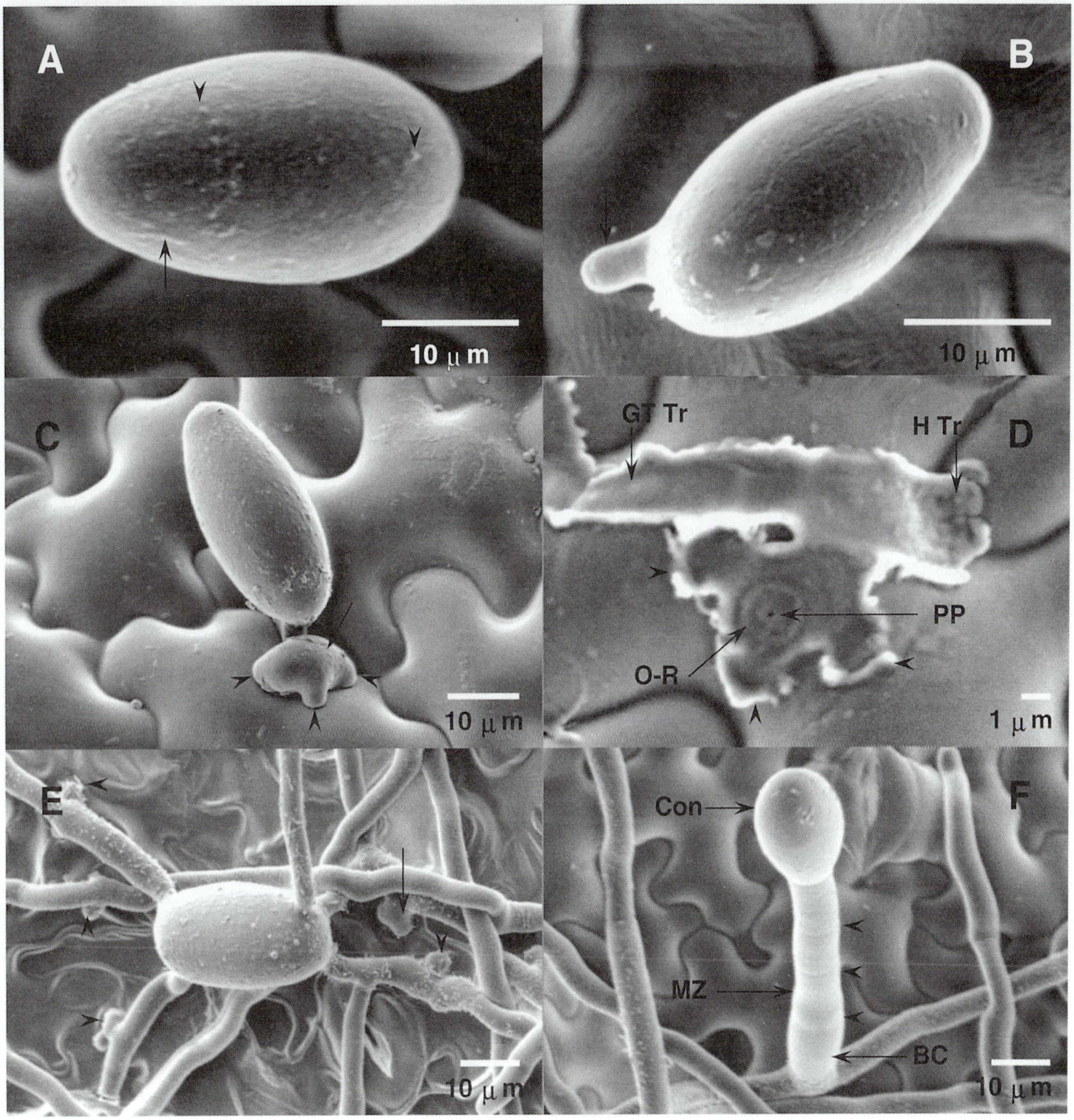

그림 4-12 토마토 잎에서 흰가루병균 *Oidium neolycopersici* 분생포자의 감염 단계별 전자현미경 사진. (A) 분생포자. (B) 발아관을 가진 분생포자. (C) 접종 10시간 후 발아관의 끝에 형성된 부착기. (D) 발아관과 부착기를 제거한 후 잎에 남겨진 자국. 부착기 중앙에 있는 둥근 구멍은 침입균사에 의해 만들어진 침입한 구멍을 보여주고 있다. (E) 균사체와 균사흡기 쌍들. (F) 분생포자를 달고 있는 분생포자경. [사진제공: S.J. Gurr. 출처: *Can. J. Bot.* **73**: (Supp 1), 5632-5639, 1995.]

병원성 유전자(pathogenicity genes)는 특정한 생물체(미생물)가 병을 일으킬 수 있는 병원체가 되도록 해주는 유전자이다. 병원성 유전자의 파괴는 병징을 완전히 없애거나 크게 감소시킨다. 병원력/비병원력(virulence/avirulence) 유전자는 병원체의 일반 병원성 유전자 위에서 작용하고, 어떤 경우에는 병발생에 부가적인 기능을 가질 수 있다는 점을 주목해야 한다. 주요 식물병원체의 가장 중요한 유형의 병원성 유전자를 간략히 설명한다.

균류의 병원성 유전자

식물병원균류는 기주식물을 인식하고 기주식물에 부착하기 위해 다양한 방법 및 수단(화학굴성 및 접촉굴성)을 사용한다. 균류가 식물체에 침입할 때 상처나 기공을 통하거나 또는 직접 침입하거나에 상관없이 그들은 큐티클과 세포벽을 분해해야 하는데, 이를 위해 부착기 같은 특별한 구조물을 만드는 것이 필요하다. 일단 식물체 내에서는 기주세포를 죽이지 않고 양분을 얻거나(활물영양체, biotroph), 독소를 생성하여 세포를 죽이고 죽은 세포로부터 양분을 얻거나(사물영양체, necrotroph) 또는 감염 초기에는 활물영양체로 활동하다가 나중에는 사물영양체로 행동하기도 한다.

감염구조 형성을 조절하는 병원성 유전자

많은 균류는 기주식물의 표피세포 침입에 도움이 되는 부착기를 만든다. 부착기는 침입균사에는 높은 팽압을 발생시키는 글리세롤이 포함되어 있으므로 식물의 표피세포를 뚫기에 적합하다. 도열병균(*Magnaporthe grisea*)과 탄저병균(*Colletotrichum* spp.)의 부착기 벽은 글리세롤이 빠져나가지 못하도록 멜라닌을 함유하고 있다. 멜라닌이 없는 돌연변이체는 팽압을 만들지 못하므로 병원력이 없다. 멜라닌 생합성은 최소한 3개의 구조유전자에 의해 이루어지고, 이들은 모두 위의 두 가지 균류가 병원성을 발휘하기 위해서는 필수적이다.

여러 개의 유전자가 부착기 발생에 관여하는데, 부착기 발생은 환경적 및 유전적 조절을 받는다. 예를 들면, 도열병균에서 여러 개의 유전자가 부착기 발생에 관여하는 것으로 밝혀졌다. 그 중 하나인 hydrophobin 유전자(mpg1)는 부착기 발생에 필수적인데, 이 유전자가 파괴되면 병원성이 감소할 분생포자 형성량도 100배 이상 감소한다. mpg1유전자의 전사는 3개의 조절유전자에 의해 조절되는데, 그 중 2개는 질소대사의 조절에도 관여한다. 전사인자와 유사한 또 다른 유전자가 도열병균 포자에서 발현된다. 이 유전자의 파괴는 잘못된 분생포자 형성과 비정상적인 부착기 형성으로 나타나서 모두 병원성을 잃는 결과를 초래한다. 또 다른 유전자인 pth11은 세포막에 포함되어 기주표면을 인식하고 정상적인 부착기 형성에 관여하는 단백질을 암호화하고 있는데, 이 유전자가 파괴되면 균류는 기주표면을 인식할 수 없으며 부착기도 형성할 수 없게 된다.

큐티클과 세포벽 분해를 조절하는 병원성 유전자

세포벽, 큐틴, 펙틴, 그리고 다른 물리적 구조물을 분해하는 효소는 병원성에 필수적이다. 이 효소들은 흔히 여러 개의 유사유전자군(multigene families) 또는 서로 관계없는 한 개 이상의 유전자에 의해 암호화되어 있어서 기능적으로는 중복되는 결과를 초래한다. 그 결과 이들 유전자의 한 개를 파괴해도 병원체의 병원성을 제거할 수 없다. 왜냐하면 동일한 효소를 암호화하는 다른 유전자가 있어서 그 유전자의 손실을 보충해 주기 때문이다. 병원력 유전자들 사이의 기능적 중복은 많은 병에서 병의 심각도를 설명해주는 주제로 떠오르고 있다. 또한 세포벽 분해효소들은 흔히 그들의 작용을 통해 기주식물의 방어반응을 자극하거나 억제하는 소당류와 세포벽 단백질을 방출한다. 예를 들면, elicitor 효소인 xylanase II의 돌연변이체는 그 효소활성이 1,000배나 감소하였지만 여전히 토마토와 담배에서 방어반응을 자극한다.

큐틴(Cutins). 큐틴은 대부분의 식물 외부 표면을 덮고 있는 단단한 중합체이다. 이들은 큐틴분해효소에 의해 분해된다. 큐틴분해효소는 기주표면을 직접 침입하는 균류에게는 병원성인자일 것이다. 큐틴분해효소는 유전자군으로 되어 있어서 유전자 파괴를 통해 그들이 병원성에 필수적인가를 증명하려는 대부분의 시도가 성공적이지 못했다. 그러나 *Fusarium solani* f. sp. *pisi*에서 큐틴분해효소를 파괴한 돌연변이체는 병원성을 잃었다.

펙틴(Pectins). 펙틴은 많은 당으로 된 가지를 가진 polygalacturonic acid의 복합체로 구성되어 있으며, 식물세포벽과 중층에 존재한다. 펙틴은 다양한 형태로 존재하고, pectin lyase, polygalacturonase, pectin methyl esterase에 의해 분해되고, 이들 모두는 일부 균류에서 병원성인자로 작용한다. 그러나 pectinases도 유전자군으로 되어 있고 그들이 필수적인 병원성인자라는 것을 증명하는 것은 어렵다. 그럼에도 불구하고 *Colletotrichum* sp.에서 pectate lyase를 암호화하는 유전자의 파괴는 아보카도 과실에서 병원성이 감소한 돌연변이체로 변했다. 그러나 *Alternaria* sp., *Glomerella* sp., 그리고 *Cryphonectria parasitica*에서 pectin lyase 유전자 파괴는 그들의 병원성에 영향을 미치지 않는 반면, *Botrytis* 에서는 토마토와 사과나무에서 병원성을 감소시킨다. 또 다른 경우로 *F. solani* f. sp. *pisi*에서 펙틴유도 pectate lyase 또는 식물유도 pectate lyase의 파괴는 그 균류의 병원성에 영향을 주지 않는다. 그러나 그 *Fusarium*에서 두 종류의 pectate lyase를 동시에 파괴하면 병원성이 감소한다. 또 다른 경우로 polygalacturonase 가 없는 *Aspergillus flavus*균주에 polygalacturonase 유전자를 삽입하여 발현시키면 목화 열매에서 더 큰 병반을 만들 수 있게 한다. Pectinases, glucanases, xylanases 등과 같은 세포벽 분해효소 유전자들이 클로닝되었고 그들의 효과가 연구되었다. 대부분의 이들 유전자의 파괴는 병원성에 영향을 주지 않았지만 일부 실험은 확실한 결론을 얻지 못했다. Cellulases, ligninases, hemicellululases의 병원성에 대한 기능은 거의 알려져 있지 않다.

2차대사물질을 조절하는 병원성 유전자

균류 병원체는 감염구조를 만들고 식물체의 구조적 장애물을 분해하는 유전자를 필요로 할 뿐만 아니라 항 미생물 특성을 가지고 식물을 보호하는 데 도움을 주는 식물이 생산하는 많은 2차대사물질을 극복하는 데 도움을 주는 유전자가 필요하다. 항상 생성되는 2차대사물질을 phytoanticipins 라고 부르고 병원체 공격에 반응하여 생산되는 것을 라이토알렉신(phytoalexins) 이라 부른다. 병원체는 이러한 기주식물의 화학적 방어에 대해 그 물질들을 회피하고, 분해하고, 그들을 생리적으로 바꾸는 데 도움을 주는 여러 개의 유전자를 통해 반응하거나 또는 다른 기작으로 반응한다.

Phytoanticipins. Phytoanticipins 는 주로 사포닌인 avenacin, tomatin을 포함한다. 사포닌은 세포벽을 파괴할 수 있는 비누와 같은 특성을 가진 당류이다. 사포닌의 한 종류 avenacin A-1은 밀의 뿌리에는 없으나 귀리 뿌리의 표피세포에는 존재한다. *Gaeumannomyces graminis* var. *avenae* 는 사포닌을 분해하는 avenacinase 유전자를 갖고 있기 때문에 귀리를 침해할 수 있다. 그러나 avenacinase 유전자가 파괴된 돌연변이체는 귀리는 침해할 수 없지만 밀은 침해할 수 있는데 밀은 avenacin을 생산하지 않기 때문이다. 다른 사포닌인 α-tomatin은 토마토에서 생산되며 많은 균류에 대한 항미생물 활성을 가졌다. 그러나 *Septoria lycotersici*는 tomatine을 분해하는 tomatinase 효소를 암호화하는 avenacinase 유전자와 염기서열이 유사한 유전자를 가졌다. 그러나 tomatinase 유전자의 파괴는 토마토에서 *Septoria* 의 병원성을 감소시키지 않는데, 그 이유는 그 균이 사포닌을 분해하는 다른 효소를 가졌기 때문이다. 이러한 경우는 귀리와 *Stagonospora avenae* 의 상호작용에서도 나타나는데, 이 균은 사포닌을 분해할 수 있는 특별한 3가지 유전자를 가졌다.

Cyanogenic glycosides and glycosinolates. 이들 화합물은 식물에서 이들을 분해할 수 있는 효소로부터 분리되었다. 식물에 상처가 나면 이들 화합물과 그들의 효소가 혼합되고 상호작용하여 모든 생물체와 균류에게 독성을 나타내는 cyanide, isocyanates, nitrils, thiocyanates을 생성한다. 그러나 균류의 병원성에 있어 그들의 역할과 균류가 어떻게 그 자신들을 보호하는지 알려져 있지 않다.

파이토알렉신(phytoalexins). 파이토알렉신은 식물이 공격을 당할 때 생성되는 것으로 수십 년 동안 알려져 있었지만 균류가 침해하는 동안 그들을 분해하는 균류 효소는 소수만이 알려져 있다. 그 중 한 가지가 *Nectria haematococca*가 생성하는 pisatin demethylase로서 이 효소는 완두의 파이토알렉신 pisatin을 분해한다. Pisatin demethylase는 그 균에 있는 6개의 유사유전자 중 한 유전자에 의해 암호화되어 있는데, 이 유전자의 파괴는 아주 병원성의 감소만을 가져온다. 그러나 병아리콩이 생산하는 파이토알렉신 maakiain을 분해하는 4개의 균류 유전자 중 한 개를 파괴하면 병원성의 감소를 가져온 반면, 그 병원체에 동일한 유전자를 추가로 삽입하면 병이 훨씬 더 심하게 발생하였다.

일부 유전자들은 균류가 식물체 내에서 자란 후에도 균류와 그의 병원성을 보호한다. 여러 개의 이러한 유전자는 균류 분자들의 식물체로의 유입과 유출에 관여한다. *M. gresea*에서 유전자의 파괴는 병원성을 잃게 한다. 동일한 유전자가 독성물질과 벼 파이토알렉신인 sakuranetin에 의해 유도되므로 아마 그 유전자는 균으로부터 식물대사물질을 유출시키는 기능을 하는 것 같다.

일부 균류의 병원성 유전자에 돌연변이가 일어나면 영양요구주가 되므로 양분의 수준이 균류가 식물체를 점령하는 데 영향을 미치는 것이 분명하다. 영양요구성(auxotrophy)이 옥수수 깜부기병균 *Ustilago maydis*에서 병원성의 소실과 연결되어 있다는 것은 수년 동안 알려져 있었고, 사과나무 검은별무늬병균 *Venturia inaequalis*의 아데닌 요구주는 사과나무에 병원성이 없다. 이와 유사하게 아르기닌 요구 *Fusarium* sp.와 ornithine decarboxylase 요구 *Stagonospora* sp.도 그들의 발병능력을 잃는다.

균류 독소를 조절하는 병원성 유전자

일부 균류는 기주 세포의 기능을 파괴하거나 감염 동안이나 감염 후에 세포를 죽일 수 있는 독소를 생산한다. 일부 독소는 기주비특이적이고, 즉 병원체가 공격하지 않는 식물을 손상시키는 반면에 다른 독소는 기주특이적이어서 병원체가 침해하는 식물만을 손상시킨다. 네 종류의 기주특이적 균류 독소의 세포내 목표와 기주세포를 programmed cell death(PCD)로 유도하는 작용기작이 연구되었다. HC 독소는 핵에서 histone deacetylation 을 억제하여 유전자 발현의 변화를 가져와 식물체의 항균류물질 합성을 억제하였다. *Alternaria alternata* (AAL) 독소는 phytosphingosine 으로부터 ceramide 합성을 촉매하는 소포체의 ceramide 합성효소의 합성을 억제하여 동물과 식물에서 protein kinase의 신호전달활성을 변화시킬 수 있다. T 독소는 T-cms 마이토콘드리아 막의 Urf13p 단백질과 반응하여 그 막에 구멍을 만드는 원인으로 작용하고, 그 구멍을 통해 양성자 및 다른 이온이 유출되어 세포를 사멸시킨다. 마지막으로 victorin은 광호흡환의 glycine decarboxylase 을 억제하고 RUBISCO가 절단되도록 하는데 그 과정에서 oxygenase 반응산물이 엽록체, 마이토콘드리아, 퍼옥시솜 사이에 교환되어 세포를 사멸시킨다.

각 독소는 그들의 생합성을 위해 여러 개의 유전자가 관여한다. 독소들의 생합성을 조절하는 유전자들은 흔히 함께 모여 있다. *Cochliobolus* 에서 독소유전자의 파괴는 그 균류의 독소의 양상(profile)은 달라졌지만 병원성을 잃지 않았다. 그러나 *A. alternata* 기주특이적 독소의 생합성에 관여하는 유전자의 파괴는 병원성을 감소시켰다. 밀 tan spot 병원균 *Pyrenophora tritici-repentis*가 생산하는 기주특이적 독소는 그 균류의 병원성에 필수적인데, 독소를 생산하지 못하는 비병원력 돌연변이체는 독소를 암호화하고 있는 유전자로 형질전환했을 때 병원성을 다시 회복하였다. Trichothecin은 여러 종의 *Gibberella* (*Fusarium*)와 *Myrothecium roridum*이 생산하는 균독소이다. Trichothecin 생합성의 첫 단계를 조절하는 유전자를 파괴하면 모든 기주에서는 아니지만 대부분의 기주에서 병원성이 감소한다. Trichothecin 생합성에 관여하는 11개의 유전자가 발견되었지만 아직 모든 단계가 연구되지는 않았다.

식물병원균류가 사용하는 병원성 신호전달 유전자

식물체 및 다른 생물체와 마찬가지로 균류는 환경의 변화에 반응하는 신호전달 유전자를 사용하고, 이들 유전자의 발현을 바꾸는 신호전달 단계들을 가동한다. 균류 신호전달 유전자는 G 단백질 유전자, mitogen-activated protein(MAP) kinase 유전자, cAMP 의존 protein kinase 유전자를 포함한다. 돌연변이에 의한 이러한 신호전달 유전자의 파괴는 그 균류의 모든 또는 대부분의 병원성을 잃게 하고 생장률, 교배, 분생포자 및 독소 생산등과 같은 여러 가지 다른 과정들의 감소 또는 소실로 나타난다. 신호전달회로의 일부분인 유전자들은 G단백질과 MAP kinase family와 같은 유전자 집단에 속해있다. *M. grisea*의 경우에 3개의 G단백질 유전자와 3개의 MAP kinase 유전자가 클로닝되었고, 유전자 파괴를 통한 연구가 이루어졌다. 모든 돌연변이체는 아니지만 이들 유전자의 여러 돌연변이체는 병원성을 잃었다.

신호전달회로에 관여하는 유전자는 다양한 균류에서 동일한 아미노산 서열을 암호화하는 것 같은 반면에 신호전달회로와 그들의 상호연결은 다른 것 같다. 따라서 이들 유전자 중 한 개를 파괴하는 것은 다른 효과의 원인이 될 수 있다. 예를 들면, *M. grisea*의 PMK1 유전자의 파괴는 부착기 형성이 감소하고 상처를 통한 감염능력은 잃지만 균사체 및 분생포자 형성에는 영향을 미치지 않는다. *Colletotrichum lagenarium*의 CMK1 유전자는 *M. grisea*의 PMK 돌연변이의 기능을 보충시키고(complement) 그 병원성을 회복시킬 수 있다. CMK1 유전자의 파괴는 상처접종을 했을 때도 부착기 형성 및 병원성을 감소시키지만, 이와 더불어 부착기의 멜라닌 합성, 분생포자 형성 및 분생포자 발아를 감소시킨다. *Cochliobolus heterostrophus* 에서 상동유전자인 CHK1의 파괴는 병원성을 감소시키고 불임성을 일으키기도 한다. 병원성을 조절하는 유전자 외에 일부 신호전달 유전자들은 균류의 교배과정(mating process)에 관여한다. 예를 들면 담자균인 *Ustilago maydis*와 *U. hordei*는 두 상보적인 균주의 교배에 의해 생긴 이핵상태의 균만이 식물에 병원성이 있다. 인식과 교배를 조절하는 a, b 유전자도 간접적으로 병원성을 조절한다.

식물병원세균의 병원성 유전자

식물병원세균은 상처나 기공 같은 자연개구를 통해 식물의 세포간극으로 침입한다. 따라서 세균은 식물표면을 뚫을 필요는 없지만 식물에 부착하는 수단을 가져야 한다.

식물표면에 세균 부착

대부분의 세균은 아마도 물관과 체관을 통해 움직일 때를 제외하고는 부착기작이 필요없다. 그러나 뿌리혹병 세균인 *Agrobacterium* 은 T-DNA을 전이하고 병징을 형성하는 첫 단계로 식물체 표면에 부착하는 것이 필요하다. 세균의 부착에는 3가지가 필요하다: 글루칸 분자, 이 분자의 합성과 분비를 위해서는 3가지 유전자가 필요함; 셀룰로스 합성유전자들; 그리고 부착에 필요한 여러 개의 유전자를 가지고 있는 세균 지놈의 "*att*" 부분이다. 이들 유전자와 함께 *Agrobacterium* 은 선모(pilus) 생합성과 포유류 병원체의 adhesins 유전자와 상동성인 높은 다른 유전자를 가지고 있다.

여러 종류의 식물병원세균도 부착과 집단형성에 관여하는 것으로 생각되는 단백질을 암호화하는 유전자들을 가졌다. 따라서 *Ralstonia solanacearum*, *Pseudomonas*, *Xanthomonas*, *Xylella*는 type IV 선모 유전자와 상동성인 35개의 유전자를 가졌고, 이들이 *Xanthomonas* 와 *Pseudomonas* 에서는 세포-세포의 집단화와 환경 스트레스로부터의 보호에 관여하는 반면에, *Xylella* 에서 type IV 선모는 다당류와 같은 화합물과 함께 물관에 부착함으로써 몹시 거친 환경의 물관에서 세균 집단의 집합체를 형성하기 위하여 필요하다. 감염의 어느 단계에서 식물의 물관을 점령하는 *Xylella*, *Xanthomonas*, *Ralstonia* 모두는 부가적인 adhesin 상동유전자(homologs)와 많은 포유류 병원세균에서 발견되는 hemagglutinin 관련 유전자와 상동유전자를 가지고 있다.

세균 분비체계

세균의 분비체계(secretion system)는 세균의 단백질 및 다른 분자들을 기주식물 세포로 이동할 수 있게 해주기 때문에 필수적인 병원성 도구이다. 그들을 형성하는 단백질을 기초로 다섯 가지의 분비체계가 알려져있다. Type I-SS은 거의 모든 식물 병원세균에 존재하며 hemolysins, cyclolysin, rhizobiocin 같은 독소를 분비하는 체계이다. 그들은 ATP-binding cassette (ABC) 단백질들로 구성되어 있고, ATP를 가수분해하여 얻은 에너지 이용하여 다양한 화합물의 분비와 흡수에 관여한다. Type II-SS은 그람음성세균에 공통적으로 존재하고, 다양한 단백질, 효소, 독소, 그리고 병원력 인자의 분비에 관여한다. 단백질은 두 단계 과정을 거쳐 분비된다. 즉 먼저 포개지지 않은 단백질 형태로 Sec 경로(Sec pathway)를 거쳐 내막을 통과하여 주변질로 나간 후 가공되고 포개져 유전자 집단에 의해 암호화된 12~14개의 단백질로 구성된 기구를 통해 외막을 통과한다. *Ralstonia*와 *Xanthomonas* 는 세포 당 2개의 Type II-SS을 가지고 있는데, 이를 통해 펙틴분해효소 및 셀룰로스 분해효소와 같은 병원력인자가 세균 밖으로 분비된다. *Xylella* 와 *Agrobacterium* 은 세포 당 한 개의 Type II-SS 가졌는데 실제로 *Agrobacterium* 은 내막을 통과하는 첫 번째 단계의 단백질을 암호화하는 유전자만 가지고 있으며, 나머지 과정은 IV-SS을 이용하여 분비한다.

Type III-SS은 *Pseudomonas*, *Xanthomonas*, *Ralstonia* 속 세균에서 병원성 관점에서 가장 중요하다. Type III-SS의 1차 기능은 effector 단백질을 세균의 막을 통과시켜 식물세포로 이동시킨다. Type III-SS 기구의 단백질을 암호화하는 유전자는 아미노산 수준에서 3분의 2의 유사성을 가졌고, 이러한 유전자들을 보존된 과민성반응유전자(Hrc: hypersensitive response conserved)라고 부른다. 수송단백질, 특히 표면에 노출된 단백질을 암호화하는 유전자들은 아미노산 수준에서 오직 35%의 유사성을 가졌다. *R. solanacearum*의 effector 단백질 중에서 일부는 비병원력인자(avr)의 상동유전자이고, 그 중 대부분은 *Pseudomonas* 비병원력 유전자(*avr*)와 유사하다. 비병원력 유전자에 더하여 *Pseudomonas*, *Xanthomonas*, *Ralstonia*는 식물, 인간, 곤충에서 발견된 ankyrin 관련 leucin-rich 단백질과 유사한 effector 단백질을 가지고 있다.

Type IV-SS은 거대분자를 세균으로부터 기주세포로 이동시킨다. 전이되는 단백질들은 세균들 사이에 플라스미드를 이동시키는데 관여하는 단백질과 매우 유사하다. *Agrobacterium tumefaciens* virB 오페론은 세균으로부터 식물세포의 세포질로 T-DNA의 전이에 관여하고 통로 구조물을 만드는 11가지 단백질을 암호화하고 있다. 통로 구조물은 세균의 내막으로부터 나와 외막을 통과하여 세균 세포로부터 튀어나온 선모와 같은 구조물을 이룬다. Type V-SS autotransporter는 *Xylella* 와 *Xanthomonas* 에서 발견되며 표면에 부착된 adhesin을 암호화하는 유전자를 포함하고 있다. 유사한 autotransporter 들이 포유류 병원체에 존재하고 그 병원체가 상피세포에 부착하는 데 중요하다.

세포벽을 분해하는 세균 효소의 병원성

식물세포벽은 셀룰로스, 헤미셀룰로스, 펙틴 등 3가지 주요 다당류로 구성되어 있으며, 수목류와 다른 식물에서는 리그닌도 포함된다. 세포벽분해효소를 암호화하는 유전자의 수는 식물병원세균에 따라 크게 다르다. 즉 무름병을 일으키는 *Erwinia*속 세균은 다른 어느 식물병원세균보다 식물세포벽 구성분을 분해할 수 있는 넓은 범위의 효소를 생산한다. 그 효소들은 pectinases, cellulases, proteases, xylanases를 포함한다. 펙틴분해효소(pectinases)는 중층에 있는 펙틴물질을 분해하여 조직을 붕괴시키고 간접적으로 세포를 죽이므로 가장 중요한 병원성인자로 여겨진다. 4가지의 주요한 펙틴분해효소가 생성되는데 그 중 3가지 효소, pectate lyase(Pel), pectin lyase(Pnl), pectin methyl esterase(Pme)는 pH8.0이 최적 pH이고, polygalacturonase는 pH6.0이 최적이다. 모든 효소는 여러가지 모양 또는 동위효소(isoenzymes)로 존재하고 각각은 독립된 유전자에 의해 암호화 되어있다. 예를 들면, *E. chrysanthemi*는 두 family로 분류되는 5가지 주(major) Pel 그룹과 식물조직에서 유도되고, 3개의 다른 family로 분류되는 최소한 3가지 부(minor) Pel 그룹을 생성한다. 이에 반해

*E. carotovora*는 3가지 주 Pel, 세포간극 Pel, 그리고 몇 가지 식물이 유도하는 부(minor) Pel을 생산한다.

펙틴분해효소와 그 동위효소를 암호화하고 있는 *Erwinia*의 유전자 발현은 순차적이다. 이것은 그 유전자들이 각각 별개로 조절된다는 것을 의미한다. 또한 밀도감지체계(quorum-sensing system) 같은 전체조절체계(global regulatory system)가 있어서 주된 효소활성을 최대화한다. 많은 수의 펙틴분해효소가 작용하기 때문에 어느 한 개의 효소를 암호화하고 있는 유전자를 파괴하는 것이 식물세포의 붕괴를 막지 못한다. 무름병 병원균 *Erwinia* 집단이 세포 외 효소 생산을 위해서 세포밀도에 의존하는 조절, 즉 밀도감지에 이르는 밀도가 되었을 때 무름증상이 나타난다. 세균 수와 세균이 분비하는 유도물질인 homoserine lactone(HSL)의 농도가 한계농도에 이르렀을 때 효소생산이 시작된다. HSL 유전자를 파괴하거나 HSL을 분해하는 효소를 암호화하는 유전자를 병원체에 삽입하면 병원성이 감소한 돌연변이체가 된다. 아마도 밀도감지신호가 기주조직 내에서 파이토알렉신 생산 같은 기주 저항성반응을 자극하지 않고 세균의 증식을 가능하게 하는 것 같다. 일반적으로 세포벽 분해효소는 조직의 침입과 정착을 촉진하는 병원성인자로 생각되며, 일단 세균의 생장이 시작된 후에는 병반형성에 관여하는 병원력 결정인자이기도 하다.

일부 *Xanthomonas*, 즉 십자화과식물에서 검은썩음병을 일으키는 *Xanthomonas campestris* pv. *campestris* 는 2개의 pectin esterase와 polygalacturonase, 4개의 pectate lyases, 5개의 xylanase, 그리고 9개의 cellulase 유전자를 가지고 있다. *X. citri*는 pectin esterases는 가지고 있지 않고, 1개 적은 pectate lyase와 3개 적은 cellulase를 가지고 있다. Pectin esterase가 조직의 연화에 중요하기 때문에 귤나무 궤양병균에는 존재하지 않고 십자화과식물의 검은썩음병균에는 존재한다는 점이 두 식물병의 병징의 차이를 설명해주는 것이라 하겠다. 다른 펙틴을 잘 분해하지 못하는 병원균, 즉 *A. tumefaciens* 는 종류와 상관없이 네 개의 펙틴분해효소 유전자를 가지고 있고, *Xylella*는 *polygalacturonase* 을 암호화하는 오직 한 개의 유전자만을 가지고 있다.

병원성인자로서의 세균 독소

독소는 많은 식물병원세균의 병원성과 기생성에 핵심적인 역할을 하는 것으로 오랫동안 알려져 있다. *Pseudomonas syringae*, *P. syringae* pv. *tomato*, *P. syringae* pv. *maculicola* 는 식물 독소인 coronatine 의 생산과 깊은 관련이 있다. Coronatine의 주된 기능은 방어관련 유전자의 유도를 억제하는 것이지만, 대부분의 세균 독소와 마찬가지로 이들 모든 균주의 병원성에 필수적이지는 않다. *P. syringae* 와 이 세균의 병원형들(pathovars)은 syringomycin 을 포함한 여러 가지의 식물 독소를 생산한다.

*Xanthomonas albilineans*가 생산하는 albicidins 은 원핵생물의 DNA 복제와 세포 내에서 plastids의 형성을 막는다. 따라서 새로 나오는 잎에 황화를 일으키는 원인이 된다. Albicidins 은 기주 방어기작을 방해하여 세균이 기주식물의 전신침입을 가능하게 한다.

병원성인자로서의 세포외다당류

세포외다당류(EPS: extracellular polysaccharides)는 기주식물에 직접 작용하거나 산화적 스트레스에 대한 저항성을 제공하여 많은 세균의 병원성에 중요한 역할을 한다. *Ralstonia solanacearum* 에 의한 가지과작물의 시들음병에 있어서 EPS1은 주된 병원력인자이다. EPS1은 *N*-acetyl galactosamine, deoxy-L-galacturonic acid, trideoxy-D-glucose의 3가지 당이 한 단위체로 반복되어 구성된 중합체이다. 최소한 12개 유전자들이 EPS1 생합성에 관여한다. 세균 전체 다당류의 90% 이상을 차지하도록 많은 양의 EPS1가 생산된다. EPS는 물관을 막고 높은 삼투압 때문에 물관이 파괴되도록 하여 시들음을 일으킨다. 불마름병 병원균 *Erwinia amylovora* 의 EPS 주성분은 almylovoran 이며 amylovoran은 여러 개의 유전자 군에 의해 생합성되고 조절된다. Amylovoran의 생산을 막으면 병원성이 없어진다.

세균의 조절체계 및 네트웍

성공적인 토양서식균이면서 가지과와 다른 작물에 시들음 및 무름병을 일으키는 *R. solanacearum* 과 같은 일부 식물병원세균에는 복잡한 조절단계와 네트웍인 특별한 조절 체계가 발달되어왔다. 이들 체계는 세균이 직면한 다른 환경들을 감지하여 병원력과 병원성 유전자 발현을 정밀하게 조절하는 주된 네트웍과 연결된 유전자발현의 전체적인 변경(global shifts)을 통해 세균의 생리를 크게 바뀌게 한다. 주된 네트웍 구성자는 막을 관통하여 존재하는 sensor kinase로 구성된 전사 조절자(transcription regulators)들이다. Sensor kinase는 특이적인 신호분자와 결합하면 그 반응에 의해 kinase는 ATP의 인산기를 파트너인 세포질에 있는 반응 조절자(response regulator)에 전달한다. 활성화된 반응 조절자는 유전자의 전사를 시작하게 한다.

*R. solanacearum*의 병원력과 병원성 유전자들은 복잡한

네트웍에 의해 조절되는데, 그 핵심은 표현형변환(Phc: phenotype conversion) 체계이다. 그 체계는 PhcA 유전자, lysine-rich type의 전사 조절자 그리고 세포밀도에 의존하여 활성형 PhcA의 수준을 조절하는 phcBRSQ 오페론 산물로 구성된다. 높은 수준의 활성형 PhcA을 가진 세균은 EPS1과 일부 체외효소 등의 주된 병원력인자를 많이 생산하여 큰 병원력을 갖는다. PhcA가 불활성화되면 세균은 비병원력이 되어 EPS1과 체외단백질을 거의 생산하지 않는다. 그 대신에 그 세균에서는 polygalacturonase, siderophores, Hrp 분비기구, 운동성 유전자들이 활성화된다. 따라서 PhcA 유전자는 어떤 때는 일부 유전자들을 발현시키는 대신 다른 유전자들의 발현을 억제하고, 다른 때는 반대로 작용하는 스위치 역할을 한다. 세균 세포에서 PhcA 수준은 세균의 밀도나 세균의 분포에 반응하는 3-OH PAME(palmitic acid methyl ester)의 농도에 의해 조절된다. 세균이 퍼져있을 수록 세균내의 3-OH PAME의 농도는 낮아 PhcA의 활성화가 적게 일어나 siderophore, 운동성유전자 등이 활성화된다. 세균의 분포가 한 곳으로 제한되어 식물조직에 밀집하게되면 3-OH PAME의 농도가 증가하고, PhcA의 활성화가 증가하여 병원성과 병원력 유전자들이 활성화된다. 어떻게 3-OH PAME가 PhcA을 활성화하는지는 아직 알려져 있지 않다.

식물 신호물질의 감지

*Agrobacterium tumefaciens*는 감수성 세포의 존재를 감지하고 반응하는 two-component regulatory system을 가지고 있다. 이 체계는 막에 있는 감지단백질인 VirA와 세포질에 있는 response regulator인 VirG로 구성된다. 이 조절체계는 상처받은 식물세포의 분비물에 반응하여 *vir* (병원력) 유전자들의 전사를 활성화시킨다. 리그닌, 프라보노이드, 특히 acetosyringone 같은 상처에서 분비되는 페놀화합물에 의해 막에 있는 감지단백질인 VirA가 활성화된 후 *vir* 유전자들의 발현이 뒤따른다. 여러 개의 유전자 그룹이 감염의 후속단계에 관여한다. 이들 유전자가 없는 돌연변이체는 완전히 또는 크게 병원성을 잃는다.

병원성에 관여하는 다른 세균 인자들

여러 가지 세균세포의 구성분 또는 분비물질이 병원성인자로서 중요한 역할을 하는 것 같다. 그람음성세균의 외벽 구성분인 지질다당체(LPS: lipopolysaccharides)는 *Erwinia* 균들의 병원성인자로 작용한다. 감염된 식물에서 glucanases 같은 PR-단백질의 활성화(그림 4-13), 세균에서 LPS 유전자의 파괴에 의한 병원력의 감소 그리고 세균의 단백질-LPS 복합체가 과민성반응(HR)을 억제한다는 점들이 이 사실을 입증하고 있다.

Catechol 과 hydroxamate siderophores 가 *Erwinia* 의 병원성 결정인자인 것 같다. 불마름병균 *E. amylovora*에서 siderophore 는 H_2O_2와 상호작용하고 독성산소 종들의 발생을 억제하여 세균을 보호한다.

활성산소의 피해로부터 세균의 단백질을 보호하고 회복시키는 펩티드인 methionine sulfoxide reductase는 세균의 완전한 병원력의 발현에 필수적이다.

*hrp*과 *avr* 유전자들은 병원성과 기주특이성 발현에 관련되어 있으며 그들은 집합체(clusters)로 존재한다. *hrp* 유전자들은 harpins 또는 pilins 단백질을 암호화하고 있으며, 또한 살아있는 식물세포로 세포막과 세포벽을 통과시켜 Avr 단백질을 전달하는 데 사용되는 type III 단백질 분비체계를 만든다. Avr 단백질과, 그 정도는 낮지만, harpin은 빠르게 세포를 사멸시키는 과민성반응을 유도함에 의해 비친화적 상호작용에서 세균의 감염을 실패하게 한다. Avr 단백질은 또한 친화적 기주-세균 상호작용에서도 역할을 수행하는 것 같다. *avr* 유전자들은 일반적으로 병원형(pathovar)과 종(species) 수준에서 기주특이성을 결정한다. 무름병을 일으키는 *Erwinia* 균들에서 *hrp* 유전자들의 병원성에 대한 역할은 논란의 대상이 되고 있다.

식물바이러스의 병원성 유전자

바이러스는 제한된 수의 유전자를 가지고 있지만 동일한 유전물질을 한 가지 이상의 방식으로 이용할 수 있어서 매우 능력있는 병원체이다. 모든 바이러스는 자신의 핵산을 보호하는 한 개 또는 그 이상의 외피단백질 유전자를 가졌고, 유전물질로부터 많은 수의 바이러스 지놈을 생산할 수 있는 한 개 또는 그 이상의 핵산 복제효소 유전자를 가졌으며, 세포에서 세포로 이동 및 체관을 통해 먼 거리를 이동할 수 있도록 도움을 주는 한 개 또는 그 이상의 이동단백질 유전자를 가졌다. 일부 바이러스는 매개체(vector)나 다른 방식을 통한 전반 또는 세포질 봉입체 생성 등의 부가적인 유전자들을 가졌다. 이 모든 단백질은 바이러스에 의해 암호화되어있지만 기주식물에서 생산되고, 또한 바이러스는 전사와 이동의 필수적인 기능을 수행하기 위해서 기주 단백질을 이용한다.

외피단백질(CP)과 관련된 병원성 기능

다양한 바이러스에서 외피단백질은 바이러스 증식 및 전반의 모든 면에서 기능을 수행한다.

바이러스 입자 해체(virus disassembly). 바이러스 입자해체는 바이러스 증식에 필수적이며 외피단백질이 입자해체에 핵심적인 역할을 수행한다. 약한 5말단쪽 CP의 불안정화에 의해 일부 외피단백질 소단위체가 떨어져 나가 노출된 RNA의 5말단쪽에 리보솜이 결합하여 RNA 복제효소(replicase)의 번역을 시작한다. 활발한 번역은 외피단백질 소단위체의 제거에 필요한 힘을 제공한다. 그 후 복제효소는 RNA의 3말단에 작용하여 RNA의 (-)가닥의 합성을 시작하여 결국 바이러스 나머지 부분에서도 외피단백질이 제거된다.

바이러스 조립. 바이러스 입자조립은 RNA의 조립 시작점에서 시작하여 RNA의 양쪽방향으로 진행된다.

바이러스 이동. 외피단백질은 이동단백질(MP, movement protein)과 직접적으로 상호작용한다. 일부 바이러스는 먼 거리 이동에 외피단백질을 요구하지만 세포에서 세포로 이동에는 요구하지 않는다. 즉 외피단백질의 특정 아미노산 하나의 돌연변이도 기주식물의 전신감염을 억제한다. 다른 바이러스들은 세포 간 이동에 외피단백질을 꼭 필요로하지만 일부 다른 바이러스들의 이동에는 외피단백질의 영향을 받지 않는다.

바이러스 지놈 활성화. *Alfamovirus*와 *Ilavirus*속의 바이러스 RNA들은 몇 개의 외피단백질 분자가 존재하지 않으면 그들의 기주식물을 감염시킬 수 없다. 외피단백질은 아마 RNA (-)가닥의 복제에 필요하는 것 같다.

병징. 외피단백질들은 바이러스의 병징을 변형시킬 수 있다. 외피단백질 유전자를 포함한 식물바이러스 유전자의 일부 변형(minor modification)은 병징에 큰 변화를 초래할 수 있다. 일부의 경우에 한 개의 아미노산의 변경이 기주발육의 정지로부터 사멸까지 병징에 있어서 매우 극적인 변화를 초래한다.

방어반응의 Elicitor. 바이러스에 의한 병발생에서 중요한 점은 기주의 방어반응을 무력화하거나 극복할 수 있는 바이러스의 능력이다. 바이러스병에 대한 기주식물의 저항성은 감염된 세포와 그 주변의 세포가 사멸함으로써 바이러스가 더 퍼져나가는 것을 막는 과민성반응으로 나타난다. 식물바이러스의 외피단백질은 일반적으로 식물의 방어반응을 자극하는 elicitor 역할을 한다.

형질전환식물에서 외피단백질에 의한 저항성. 번역되거나 번역되지 않는 부분의 외피단백질 유전자가 동일하거나 다른 바이러스에 대한 저항성을 갖는 형질전환 식물을 만드는 데 사용되었다.

바이러스의 병원성유전자

지금까지 고찰한 내용으로부터 대부분의 바이러스에서 외피단백질 유전자는 한 가지 또는 여러 가지의 병원성 기능을 수행한다고 결론지을 수 있다. 어떤 바이러스의 지놈도 바이러스의 생존, 증식, 전파를 위해 다양하게 요구되는 기능을 제공하는 별개의 유전자를 가질 수 있을 만큼 충분한 수의 유전자를 가지지 못한다. 바이러스 핵산복제효소 유전자는 그 유전자 없이는 바이러스가 존재할 수 없으므로 명백히 필수적인 유전자이다. 이동단백질 유전자는 바이러스 증식과 다른 세포나 기주로 전파를 증진시키므로 병원력 및 병원성 유전자이다. 곤충, 선충, 균류 등에 의해 바이러스가 획득되고 다른 식물로 전반될 수 있도록 해주는 단백질을 암호화하고 있는 유전자도 병원력 및 병원성 유전자이다.

선충의 병원성 유전자

선충은 대부분 구침으로 뿌리 세포를 침입하여 식물을 공격한다. 선충은 타액을 분비하여 세포내용물을 액화시켜 흡수하고 이동한다. 선충은 뿌리에 들어간 후 그 안에서 돌아다니거나 특별히 분화하여 양분을 제공하는 세포(feeder cell)가 되는 일부 뿌리세포에 정착하기도 한다. 선충의 분비물에는 선충이 기주식물을 침범하고 성공적인 감염을 일으키기에 필요한 물질이 포함되어 있다고 생각해 왔다. 이러한 물질은 아마도 알의 부화, 자기방어, 식물조직을 통한 이동, 섭식 장소의 정착과 유지 등에 관여할 것이다. 선충의 분비물은 큐티클, 쌍기(amphids), 식도선(esophageal gland) 세포 등을 포함하는 몸의 여러 구조물로부터 유래한다.

큐티클 분비물

감염 유충의 큐티클 표면은 레티놀(retinol)과 리놀렌산 및 리놀레산과 결합한 단백질로 싸여 있으며, 이들 화합물이 lipoxygenase 에 의해 변형되는 것을 억제한다. Lipoxygenase에 의한 리놀렌산의 과산화(peroxidation)는 전신적인 식물방어 신호전달물질인 jasmonic acid 합성의 하나이다. 또한 lipoxygenase 에 의한 지질의 과산화는 식물에서 활성산소가 발생하도록 한다. 따라서 선충의 큐티클에서 분비되는 단백질은 lipoxygenase 활성을 억제하여 식물의 방어반응을 감소시켜 선충을 보호한다. 또한 활성산소의 생산은 선충에 해로운 환경으로 작용하므로 peroxidase의 한 종류인 peroxiredoxins을 분비하며 선충과 식물 접촉 부위에서 생기는 과산화수소를 제거한다. 자유산소라디칼 제거제인 superoxide dismutase도 큐티클 분비물에서 생산된다.

쌍기(雙器) 분비물

병발생과정에서 쌍기와 그 분비물의 역할은 아직 확실치 않지만 모든 이들과 관련된 발견은 그들이 섭식부위의 형성과 유지에 주된 역할을 한다고 지적하고 있다. 쌍기로부터 클로닝된 두 유전자가 2개의 작은 단백질을 암호화하지만 그 단백질의 역할은 아직 확실하지 않다.

식도선 분비물

선충에서 식도선은 여러 해 동안 선충의 기생성에 관여하는 단백질들의 주된 근원으로 인식되어 왔다. 벌목독알레르겐(hymentopteran venom allergen)에 상동성인 염기서열과 셀룰로스와 결합하는 cellulase 유사 단백질과 상동성인 염기서열의 두 가지 염기서열이 동정되었다. 또한 많은 수의 다른 유전자가 동정되었고 이들의 단백질 산물이 연구되고 있다.

식물에서 25개 이상의 선충에 대한 주동 저항성 유전자(R 유전자)가 발견되었지만 아직 선충의 비병원력 유전자에 의해 암호화된 산물은 분리되지 않았다. 선충에 대한 모든 저항성이 R 유전자에 의해 나타나는 것은 물론 아니다.

과민성반응을 통한 저항성 유전

앞에서도 언급한 것처럼 과민성반응(hypersensitive reaction; HR)이란 식물의 특정 저항성 품종에 광범위하게 병을 일으킬 수 없는 병원체의 레이스나 계통에 의해 기주식물의 감염부위 세포가 국부적으로 자기사멸하는 반응이다. 따라서 특정 식물 종 전체는 특정 병원체의 종에 기주일 수는 있지만, 그 식물 각 품종은 병원체의 특정 레이스나 계통에 기주(감수성)이거나 비기주(저항성)일 수 있다. 과민성반응을 통한 저항성은 기주식물의 저항성 유전자(R)에 상응하는 병원체의 비병원력 유전자(avr)가 존재하는 유전자 대 유전자 체계의 결과로 나타난다. 과민성반응을 통한 저항성을 세공하는 이러한 유전자 대 유전자 체계는 세균, 균류, 선충 같은 절대 또는 임의 기생체가 일으키는 병에서 뿐만 아니라 바이러스나 몰리큐트에 의한 절대 세포기생체에 의한 병에도 존재한다. 병원체의 종류와 상관없이 과민성반응을 통한 저항성은 병원체의 비병원력 유전자에 의해 생산되는 특별한 신호물질인 elicitor를 식물의 저항성 유전자에 의해 만들어지는 수용체 분자에 의해 인식되는 결과로써 나타난다. 이러한 인식은 기주유전자의 단계적 유전자 발현을 활성화시켜 급격한 산화적 반응과 세포막 파괴, 페놀화합물과 다른 독성화합물의 방출을 초래한다. 이들은 과민성반응, programmed cell death, 병원체 생장억제, 저항성으로 이끈다 (그림 4-13). 그것은 또한 수평저항성과 전신획득저항성을 포함하는 다른 방식의 저항성으로 귀결되는 다른 많은 방어관련 유전자를 활성화시킨다.

식물에서 방어반응을 촉발하는 병원체 유래 elicitors

식물체에서 방어반응을 촉발하는 병원체가 생산하는 elicitor 들은 공통점이 거의 없는 다양한 종류의 분자들을 포함하고 있다. 일부 elicitor 들은 기주특이적이다. 즉 그들은 기주식물에서 대응하는 저항성 유전자와 상호작용하는 비병원력 유전자에 의해 생산되는 elicitor들의 경우처럼 특별한 기주품종에서만 방어반응을 유도한다. 일부 일반적인 elicitor 들이 적은 수의 식물에 의해 인지되지만, 대부분의 elicitor 들은 기주와 비기주 식물 모두에게 잠재적인 병원체의 존재를 신호하는 일반적인 또는 제한적인 특이성을 가진 elicitor 들이다 (표 4-5).

자연에서 elicitor 분자들은 저항성 유전자(R)에 의해 암호화된 수용체와 직접 작용하거나 또는 저항성 유전자가 암호화하는 수용체와 상호작용하는 화합물을 방출하거나 다른 기주 단백질(endogenous elicitors)과 반응한다.

비병원력(avr) 유전자: 식물 방어반응의 elicitor 중 하나

1950년대 H. H. Flor에 의해 최초 동정된 비병원력(*avr*) 유전자는 최근에야 세균(1984)과 균류(1991)에서 분리되었으며, 이후 많은 세균과 균류의 비병원력 유전자들이 동정되었다. 비병원력 유전자는 이들 단백질 산물이 식물에게 병원체의 존재와 병원체의 공격을 경고하고, 기주식물이 방어작용을 동원하여 병원체의 감염을 막도록 함으로써 병원체를 기주식물의 특정 품종에서 병을 일으킬 수 없는 비병원체로 만든다. 비병원력 유전자는 이러한 방식, 즉 기주에 경고하여 병원체의 감염을 막도록 하여 종(species)과 레이스-품종 수준에서 병원체의 기주범위를 결정한다.

유전자 대 유전자 개념이 의미하는 것처럼 대부분의 경우에 저항성 기주식물에 존재하는 우성의 저항성 유전자(R)가 병원체에 존재하는 비병원력 유전자에 대응한다. 그러나 일부의 경우에는 2개의 독립적인 저항성 유전자(R)가 한 개의 비병원력 유전자에 대응할 수 있으므로 유전자들 대 유전자 상호작용도 명백하게 존재한다. 일부 비병원력 유전자는 다른 병원형으로

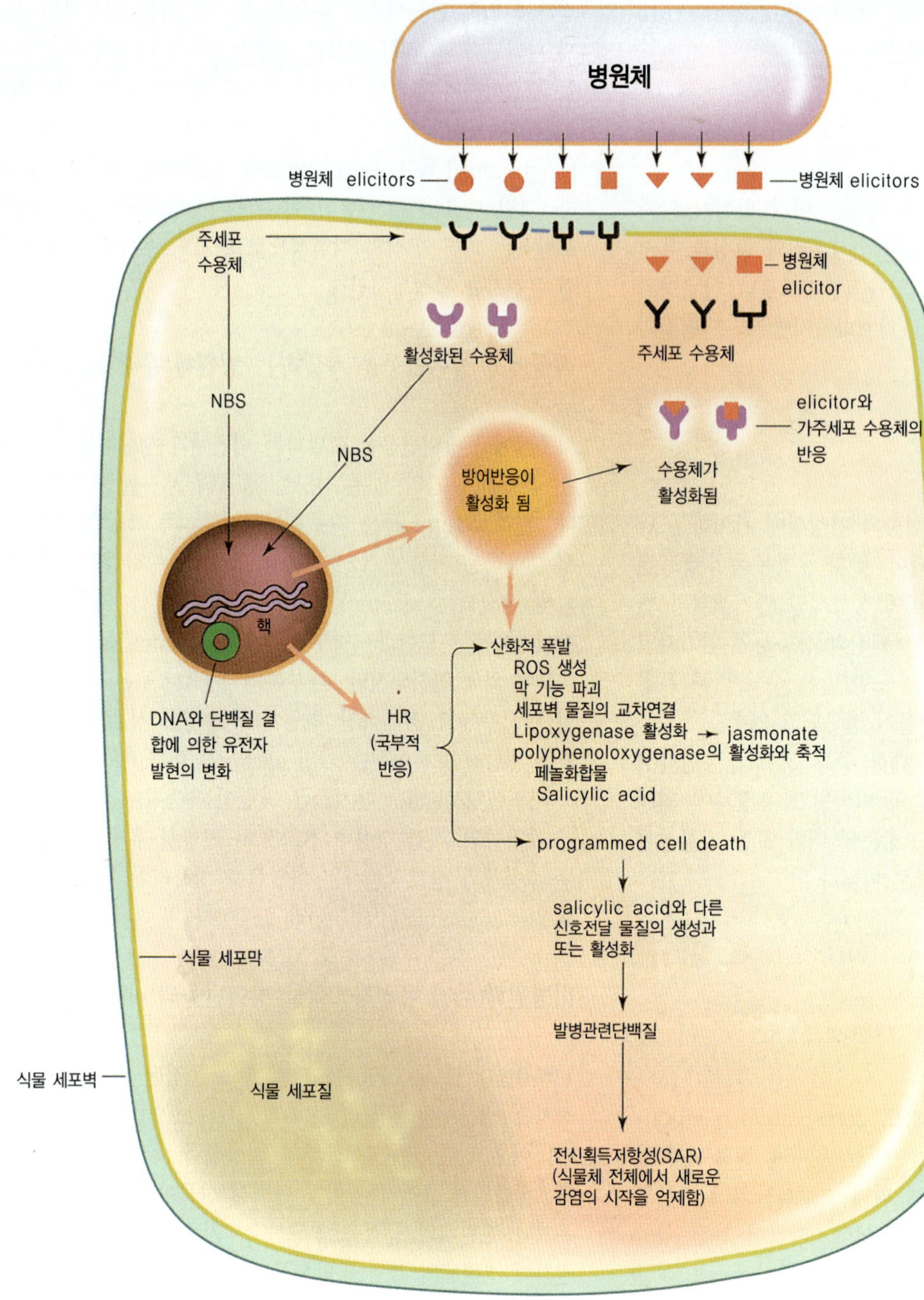

그림 4-13 비친화적 기주-병원체 상호작용에서 일어나는 기본 반응: 병원체의 elicitors가 식물 세포의 수용체와 반응한다. 신호전달은 programmed cell death와 전신획득저항성을 가져오는 과민성반응(기주방어)을 활성화한다.

인위적으로 전이되었을 때 새로운 병원형(pathovar)에서 활성을 나타내어 그 병원체가 전에는 감수성이었던 식물을 감염할 수 없게 하고, 오히려 이들 식물에서 과민성반응을 유도하게 한다. 일부의 기주-병원체 체계에서는 비병원력 유전자가 병원체가 병을 일으킬 수 있는 품종을 결정할 뿐만아니라 병원체가 공격할 수 있는 식물의 종을 결정한다. 예를 들면, 고추와 토마토에 세균성점무늬병을 일으키는 병원체인 *Xanthomonas campestris* pv. *vesicatoria* 의 토마토 감염 계통에 존재하는 비병원력 유전자(*avrBsT*) 는 고추의 모든 품종에서 과민성반응을 유도한다. 이러한 토마토 감염 계통에서 *avrBsT*유전자의

표 4-5

일반적 elicitors

Glucans: *Phytophthora* 와 *Phythium*에 의해 생성, 난균류 세포벽에서 유래, 파이토알렉신을 유도.
Chitin oligomers: 고등 균류에 의해 생성, 균류 세포벽의 카이틴에서 유래, 파이토알렉신과 목질화를 유도.
Pectin oligomers: 균류와 세균에 의해 생성, 세포벽의 분해로부터 유래, 단백질과 방어유전자를 억제.
Harpins: 여러 가지 그람음성세균에 의해 생성, type III 분비의 일부분, 과민성반응과 방어 유전자 반응 유발.
Flagellin: 그람음성세균에 의해 생성, 편모의 일부분, callose형성과 방어 유전자 반응을 유발.
Glycoproteins: *Phytophthora* 에 의해 생성, 파이토알렉신 생성과 방어 유전자 방어를 유도.
Glycopeptide fragments: 효모에 의해 생성, 방어 유전자와 ethylene 생성을 활성화.
Ergosterol: 다양한 균류에 의해 생성, 고등 균류의 주된 스테롤, 세포 배양에서 알칼리화를 유발.
세균 독소: *P. syringae*의 coronatine 과 같은 독소, 살리실산을 교란, 야스몬산을 흉내 냄, 방어 유전자와 방어 화합물을 유도.
Sphinganine: fuminisin 유사체, *F. moniliforme*에 의해 생성, 사물 기생체 독소, 스핑고지질 사용을 교란, 방어 유전자와 programmed cell death (PCD)을 유도.

레이스 특이적 elicitors

avr 유전자 산물: Avr 단백질, 균류 세균에 의해 생성, 일부 경우에는 병원력, 과민성반응, PCD을 증진시킴.
Elicitins: *Phytophthora* 와 *Phythium*에 의해 생성, 스테롤의 청소부, 담배에서 과민성반응 유도.
Endoxylanase 등 효소: *Trichoderma viride*에 의해 생성, 균류 효소, 방어 유전자와 과민성반응을 유도.
바이러스 외피단백질과 같은 바이러스 단백질: TMV에 의해 생성, 구조적 구성분, 담배와 토마토에서 과민성반응 반응 유도.
Victorin과 같은 단백질 또는 펩티드 독소: *Cochliobolus victoriae*에 의해 생성, 기주에 대한 독소, 귀리에서 PCD를 유도.
Syringolids(acyl glycosides): *P. syringae* pv. *syringae*에 의해 생성, 세균의 신호물질, Rpg4 저항성 유전자를 가진 콩에서 과민성반응을 유도.

상실은 이들 계통이 정상적으로 저항성 고추 품종에서 병을 일으킬 수 있도록 한다.

여러 개의 비병원력 유전자들과 그들 단백질들이 식물병원균류로부터 동정되고 분리되었다. 이들은 저항성 유전자 Cf-2, Cf-4, Cf-9를 가지고 있는 토마토 품종에 병원력이 없는 *Cladosporium fulvum* 계통들의 *avr2*, *avr4*, *avr9*와 저항성유전자 Pi-ta을 가진 벼 품종에 비병원력인 벼 도열병균 *Magnaporthe grisea*의 *avr*Pi-ta을 포함한다. 이와 유사하게 여러 개의 바이러스 비병원력 유전자와 그 단백질 산물이 연구되고 있는데, 그 중에는 *potato virus X(PVX)*의 외피단백질, *turnip crinkle virus(TCV)*의 외피단백질, *tobacco mosaic virus(TMV)*의 복제효소 단백질이 포함되어 있다.

avr 유전자가 암호화하는 단백질의 특성

유전자 대 유전자 모델은 기주식물에서 저항성을 결정하는 모든 우성유전자에 대하여 그에 대응하는 병원체에 비병원력을 결정하는 우성유전자가 존재한다고 규정하고 있다. 유전자 대 유전자 개념을 설명하는 생화학적 기초는 elicitor-receptor model로서, 이 모델에 의하면 병원체의 비병원력 유전자는 elicitor 단백질을 암호화하고 있으며 기주식물에 그에 대응하는 저항성 유전자에 의해 elicitor 단백질을 인지하는 수용체 단백질을 암호화하고 있다는 것이다.

가장 단순한 인지 방식은 병원체가 생산하는 elicitor 가 기주의 그에 대응하는 저항성 유전자에 의한 암호화된 단백질과 상호작용하는 것이다. 기주식물의 elicitor 단백질의 인지는 방어반응의 여러 단계를 활성화하는데, 이는 흔히 감염부위 주위의 세포사멸을 포함한다. 감염부위 주위의 세포 사멸은 과민성반응으로 알려져 있고, 유전자 대 유전자에 의한 저항성의 특징이다.

저항성 단백질과 다르게 병원체의 비병원력 유전자에 의해 암호화된 비병원력 단백질(Avr)들 사이에는 공통적인 특성이 거의 없다. 대부분의 비병원력 유전자는 병원체 집단에서 계속 존재하므로 비병원력 유전자는 비병원력인자로 작용하는 것에 더하여 병원체에 이로운 일부 부가적인 기능을 가질 것이다. 병원체에서 확실한 기능이 입증된 몇 개의 비병원력 유전자로부터 비병원력 단백질이 두 가지 기능을 수행한다는 것이 일반적으로 받아들여지고 있는데, 그 중 한 가지 기능은 병원체의 병원력에 기여한다는 점이다. 이러한 기여는 비병원력 단백질이 병원력 표적이라고 알려진, 예를 들면 기주 대사 또는 식물 방어에 관여하는 특이적 식물 단백질과 상호작용을 통해 일어나는 것 같다. 이러한 표적들과 비병원력 단백질과 상호작용은 병원체를 위한 유효 양분을 증가시키거나 기주식물의 방어반응을 억제할 수 있다. 지금까지 토마토 세균성점무늬병 병원균 *Pseudomonas syringae* pv. *tomato*의 *avrD* 유전자에 의해 생산되는 AvrD 단백질은 그 생화학적 기능이 명백하게 밝혀진 유일한 비병원력 단백질이다. AvrD은 저분자량의 syringolide elicitors 합성을 유도할 수 있으며, 그 syringolide 는 콩에서 과민성반응을 자극한다. 아마도 기주식물에서 대응하는 저항성 유전자의 단백질을 대표하는 syringolide 결합 단백질이 저항성 콩에서 동정되었다.

비병원력 유전자가 만드는 단백질(Avr 단백질)은 공통된 특성을 가지고 있는 것으로 보인다. 일반적으로 비병원력 단백질(Avr 단백질)은 친수성이어서 물에 잘 녹으며 세포막에 부착할 수 있는 소수성 아미노산 부위를 가지고 있지 않다. 또한 Avr 단백질은 일반 단백질 분비통로를 통해 단백질이 세포 밖으로 분비되게 할 수 있는 "신호서열(signal sequence)"로 알려진 아미노산 부위를 가지고 있지 않다. 따라서 비병원력 유전자 단백질은 병원체의 세포질에서 생산되어 그 곳에 존재하거나, Hrp 단백질(harpins)이라고 알려진 과민성반응 및 병원성 유전자(*hrp*: hypersensitive and pathogenicity)에 의해 형성된 세포막의 구멍을 통해 분비되는 것으로 생각된다. 만약에 세포 밖으로 분비된다면 그 Avr 단백질들이 직접 elicitor로서 작용할 것이다. 만약에 그들이 세포질에 존재한다면 세균 세포막을 자유롭게 통과할 수 있는 elicitor 분자를 만드는 효소로서 작용할 수 있다. 두 가지 모두 elicitor 는 대응하는 식물의 저항성 유전자 산물과 직접 또는 간접적으로 반응한다 (그림 4-10, 4-11).

avr 유전자 단백질의 구조

비병원력 유전자들은 상당히 서로 다르지만 그들 중 일부는 비병원력 유전자를 독특한 family로 구분할 수 있도록 유사한 구조적 특성을 가졌다. 가장 잘 알려진 비병원력유전자 그룹은 *pth*(병원성을 의미함)라고 불리는 *Xanthomonas avr* 유전자 family이다. 이 유전자 family에 속하는 유전자는 *Xanthomonas* 의 여러 종과 병원형에서 발견되었다. 그 유전자들은 중앙에 거의 동일한 34개의 아미노산으로 된 반복 단위가 13에서 23개 반복되는 서열을 가진 단백질을 만든다. *avr/pth*유전자는 과민성반응을 유도하고, 그들은 귤나무 궤양병과 목화 모무늬병의 발병에도 필요하다. 이러한 다양한 증상(점무늬, 궤양, 과민성반응)을 유도하는 것은 이들 유전자의 반복서열 중에서 한 개 또는 몇 개의 아미노산의 차이에 의해 결정된다.

균류 비병원력 단백질 중에서 *Cladosporium fulvum*의 avr2는 세포 밖으로 분비되는 데 필요한 20개 아미노산으로 된 signal peptide을 가지며, 시스테인(cysteine)을 많이 가진 78개 아미노산으로 구성된 단백질이다. *Cf* avr4 단백질은 처음에 135개의 아미노산으로 구성된 preprotein 이고, 분비되는 과정에서 양쪽이 절단되어 86개 아미노산의 단백질이 된다. *Cf* avr9는 처음 63개 아미노산의 단백질 전구체이었다가 가공과정을 거쳐 최종적으로 28개 아미노산 펩티드가 된다. 모든 3가지 *Cf* avr 단백질은 토마토 잎의 세포간극(apoplastic space)으로 분비된다. *Magnaporthe grisea*의 avr-Pi-ta 단백질은 처음 223개 아미노산으로 된 단백질이었다가 zinc-dependent metalloproteases와 상동성을 가진 176개 아미노산 단백질로 가공된다. Pi-ta avr 단백질은 세포질에 존재하고, 핵결합부위(NBS; nuclear-binding site)와 루신이 많은 C-말단을 가졌다. 바이러스 비병원력 단백질은 그에 대응하는 세포질 단백질을 암호화하고 있는 식물 저항성 유전자를 자극한다. 이 단백질들은 PVX와 TCV의 경우에 LZ-NBS-LRR 도메인으로 구성되어 있고, TMV의 경우에는 TIR-NBS-LRR 도메인으로 구성되어 있다 (LZ, leyucine zipper; TIR, toll interleukin 1 receptor, LRR, leucine-rich region).

avr 유전자 단백질의 기능

지금까지 오직 한 개의 비병원력 유전자인 *avrD*의 기능이 밝혀졌다. *avrD* 유전자는 *P. syringae* pv. *tomato* 에 존재하지만, AvrD 대립유전자는 콩 병원균인 *P. syringae* pv. *glycinea* 와 다른 기주 병원균에 존재한다. *avrD*은 syringolide을 암호화하는데, syringolide는 콩 저항성 유전자인 Rpg4의 수용체 단백질과 반응하여 그 병원균이 콩에서 비병원력이 되게 한다. *avrD*은 병원균의 병원력에 기여하는 효과는 없다.

균류 avr 단백질의 확실한 기능은 알려져 있지 않다. 이들의 발현시기와 장소는 감염과정에서의 역할을 암시하고 있지만, 지금까지 대부분의 이러한 단백질의 병원력 기능은 보고되지 않았다. avr-Pi-ta 단백질의 경우에 성숙한 avr-Pi-ta 단백질과 Pi-ta 저항성 유전자 단백질의 leucine-rich 도메인 사이의 직접적인 상호작용이 관찰되었다. 이 발견이 avr 단백질이 대응하는 R protein과 직접적으로 작용하다는 모델과 일치하는 첫 번째 실험적 증거이다.

저항성 유전자 N^1을 가진 담배 *Nicotiana sylvestris*에서 과민성반응을 일으키는 담배 모자이크 바이러스의 경우에 과민성반응을 자극하는 비병원력 기능은 그 바이러스 외피단백질의 일부 아미노산에 존재하는 것 같다. 즉 바이러스를 접종하지 않고 TMV elicitor 외피단백질 유전자를 N^1 유전자를 가지고 있는 담배에 형질전환하면 생장이 감소하고, 황화와 괴사 부분이 나타나고, 결국에는 전체 잎이 고사하는 과민성반응을 보인다. 과민성반응을 약하게 또는 전혀 유도하지 않는 돌연변이로 형질전환한 식물은 각각 과민성반응을 약하게 또는 전혀 유도하지 않는다. 그렇다면 최소한 일부 바이러스 감염에서 식물세포에서 생산되는 바이러스 외피단백질이 그 바이러스에 대응하는 저항성 유전자를 가진 식물 품종에서 과민성반응을 특이적으로 자극하고 활성화하는 기능을 하는 것 같다.

병원성과 병원력에서 avr 유전자의 역할

지금까지 대부분의 비병원력 유전자는 그 병원체의 병원성 또는 병원력에는 아무런 영향을 미치지 않는 것으로 나타났으며, 돌연변이에 의해 비병원력 유전자가 불활성화되더라도 감수성 기주는 계속 감수성이 유지되었다. 그러나 일부 비병원력 유전자, 예를 들면 *Xanthomonas campestris* pv. *vesicatoria*의 *avrBs2*는 병원성에 필요한 단백질을 만드는 것으로 나타났다.

즉, 이 병원형의 모든 균주에 이 비병원력 유전자가 존재하며, 이 비병원력 유전자를 가지지 않는 돌연변이체는 모든 감수성 기주에 병원성을 잃지만 이전의 저항성 기주에 대해서는 병원성을 획득하지 못하였다. 한편, *Xanthomonas avr/pth* family에 속하는, *X. citri*의 *patA* 유전자와 *X. campestris* pv. *malvacearum avrb6* 같은 몇 개의 비병원력 유전자들은 병원성 인자 및 병원력인자로 작용하는 단백질을 만든다. 예를 들면, 이들은 잎에 점무늬를 만드는 약한 병원성 균주인 *X. citrumelo*의 병원력을 증가시켜서 기주에 궤양을 일으키게 할 수 있도록 한다. 그리고 이들은 병원성인자로 작용할 수 있는데, 예를 들면 *pthA* 유전자는 *X. citri*가 귤나무류에 전형적인 귤나무 궤양병을 일으키도록 하는 병원성인자로 필요하다. 이들이 비병원력 유전자로 행동하는데, 예를 들면 강낭콩과 목화에 병을 일으키지만 귤나무류에 병을 일으키지 못하는 *X. phaseoli* 와 *X. campestris* pv. *malvacearum*에 도입되었을 때, 그들 각각의 기주인 강낭콩과 목화에 과민성반응을 유도하고, 귤나무류에는 계속 비병원력으로 남는다.

균류 병원체에서 병원성과 병원력에 대한 균류 비병원력 유전자의 기능은 대부분 확실하지 않다. 일부 경우에 avr 단백질은 식물방어 신호를 전달하는 중간자 역할을 하는 다른 단백질과 반응하는 것 같다. 몇 가지 경우에는 avr-Pi-ta 단백질처럼 R 단백질과 직접 상호작용하여 일련의 방어반응을 시작하도록 하는 것 같다. 바이러스에서 특정 외피 및 복제효소 단백질의 일부분이 기주의 R유전자와 상호작용하는 것 같다. 그러나 대부분의 이러한 설명은 그들의 타당성을 입증하기 위한 더 많은 실험이 필요하다.

hrp 유전자와 Type III 분비체계: 세균의 다른 종류의 병원성 유전자

지금까지 그람음성세균에서만 발견되는 *hrp* 유전자는 일부 세균이 기주식물에 병을 일으키고, 그 세균에 의해 정상적으로 감염되지 않은 식물에서 과민성반응을 유도하고, 그리고 감수성 식물에서 증식하여 높은 밀도에 이르도록 하는 필수적인 유전자이다. 대부분의 세균 종은 2개의 독특한 *hrp* 유전자 cluster를 가지고 있다. 큰 *hrp* 유전자 cluster는 각 전사단위에 여러 개의 단백질(1~12개)을 만드는 유전자를 가진 6개에서 9개까지의 전사단위로 구성되어 있다. *hrp* 유전자는 어떤 영양분의 존재에 의해, 세균의 다른 조절 유전자들에 의해, 그리고 지금까지 밝혀지지 않는 식물로부터 유래한 신호물질에 의해 조절된다.

Harpins이라고 불리는 몇 개의 *hrp* 유전자 생산 단백질은 세균 세포막에 존재하는 것으로 나타났다 (그림 4-11). 이들은 기주식물세포의 구성분과 상호작용하는 세균의 Avr과 Hrp 단백질들을 세포 밖으로 이동시키는데 분비기구의 형성에 관여하는 것으로 생각된다. 또한 일부 *hrp* 유전자들은 그 분비기구에 에너지를 제공하는 역할을 하는 ATPase 효소를 생산한다.

일부 세균에서는, 예를 들면, *P. syringae*에서는 한 개의 프로모터(promoter)가 harpins 생산, harpins의 분비체계, 그리고 병원체의 기주범위에 영향을 미치며, 식물에 과민성반응을 유도하는 *avr* 산물을 포함한 *hrp*과 *avr* 유전자들의 발현을 조절한다. 이러한 *hrp*과 *avr* 유전자를 함께 조절한다는 것은 이 유전자들의 최종산물이 식물과 세균의 상호작용의 최종 결과를 결정함에 있어 함께 작용할 것이라는 점을 암시하고 있다.

식물의 저항성(R) 유전자

앞에서 언급한 것처럼, 다양한 종류의 식물병원체가 식물에 접촉함에도 불구하고 식물이 대부분의 병원체에 기주가 아니기 때문에 저항성을 나타낸다 (비기주저항성). 무엇이 식물을 대부분의 병원체에 비기주로 만들며 오직 작은 수의 병원체에만(약 50~100) 기주로 만드는지 아직 밝혀져 있지 않다. 한 식물이 어떤 병원체에 기주일 경우에도 그 식물의 어떤 품종은 그 병원체에 감수성 또는 매우 감수성인 반면, 다른 품종은 저항성 또는 매우 저항성일 수 있다. 이것은 그 식물에 존재하는 저항성 유전자의 수와 종류, 주요 환경조건, 그리고 다른 요인들에 의존한다. 식물이 병원체에 의해 공격을 당하고 병에 걸리는 때에도 많은 수의 방어반응 유전자들이 활성화된다. 그 결과 대부분의 경우에 식물은 병원체가 더 이상 확산되는 것을 막는 방어물질과 구조물을 이용하여 크고 작은 점무늬, 병반, 궤양 등으로 병원체의 퍼짐을 제한한다. 그러나 많은 경우에 식물 품종은 병원균의 비병원력 유전자(avr)에 대응하는 특이적 저항성 유전자(R)를 가지기 때문에 그 병원체의 레이스에 저항성이다.

지금까지 여러 개의 식물의 R 유전자와 병원체의 *avr* 유전자가 클론되었고 특성이 밝혀졌다. R 유전자에 의해 암호화된 단백질들은 상당히 유사하고, 그들은 그들이 가진 구조적 특성과 식물세포에서 그들의 위치에 따라 분류된다 (그림 4-14). 2개를 제외한 모든 R 단백질은 아미노산 leucine이 많은 도메인(LRR, leucine-rich repeats)을 가지고 있는데, 이 부분은 단백질-단백질 상호작용(즉, elicitor-receptor)에 참여하는 것으로 생각된다. R 단백질의 LRR이 식물세포에 존재하는 위치에 따라 세포질 LRR 또는 세포질 밖 LRR로 구분한다. 세포질 LRR을 가진 R 단백질은 nucleotide-binding site (NBS)도 가지는데, 일부 NBS는 coiled coil이라고 알려진 leucine 분자들의 zipper-like 도메인을 가졌거나 또는 Toll/interluekin 1 receptor (TIR) 도메인을 가지고 있다. RPW8이라는 다른 종

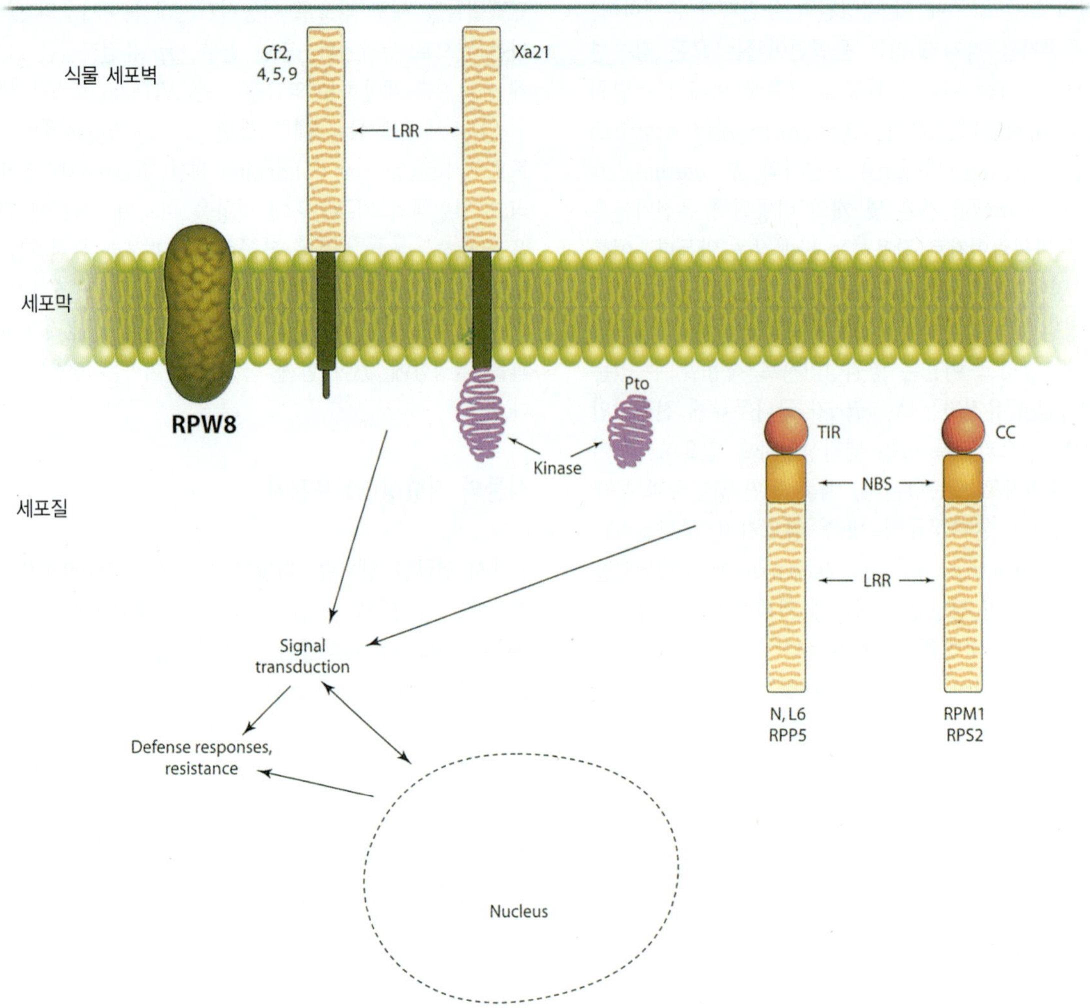

그림 4-14 여섯 가지 종류의 R 유전자가 암호화한 수용체 단백질의 구조와 세포에서 위치를 보여주는 개략도. 세 종류는 세포막을 관통하는 도메인을 가진 반면에 다른 3가지는 막에 연관된 세포질 단백질이다. LRR, leucine-rich repeats; NBS, nucleotide-binding site. TIR, Toll-intetleukin-1 resistance receptor domains; CC, coiled coil with leucine zipper domain. 표시한 유전자는 토마토 Cf-2, -4, -5, -9, 벼 Xa21, 토마토 Pto, 담배 N, 아마 L6, Arabidopsis RPM1, RPS2, RPS5, 그리고 *Arabidopsis* 의 넓은 스펙트렘을 가진 RPW8 유전자.

류의 R 유전자는 *Arabidopsis* 에서 발견되었는데, 특이적 병원체 레이스 대신 넓은 범위의 흰가루병균에 저항성을 제공한다는 점이 다른 R 유전자와 다르다. RPW8 단백질은 식물 세포막에 위치하고 있지만 그 작용양식은 아직 모른다. 세포 밖 LRR 도메인을 가진 R 단백질은 세포막을 관통하는 부분을 가졌고, 그들 중 일부는 세포질에 protein kinase 도메인도 가지고 있다. R 단백질들의 구조로 신호전달 과정에서 그들의 역할을 예측하지만, 이러한 단백질이 방어반응을 시작하는 기작은 확실하지 않다.

R 유전자의 예

1992년 최초의 저항성 유전자인 옥수수의 *Hm1* 유전자가 분리되어 염기서열이 결정되고 그 기능이 분자수준에서 밝혀졌다. 그 *Hm1* 저항성 유전자는 감수성 옥수수 품종을 점무늬병을 일으키는 *Cochliobolus carbonum*의 레이스 1에 저항성으로 만든다. *Bipolaris* (*Helminthosporium*) *carbonum*의 무성세대인 *Cochliobolus carbonum*의 레이스 1은 기주특이적 독소인 HC-독소를 생산한다. 이 균류에 감수성인 *Hm1* 유전자를 가지지 않는 옥수수 품종에 병을 일으키기 위해서 그 병원체는 HC-독소를 생산해야 하기 때문에 이 독소는 병원체 레이스 1의 병원성인자이다. 그러나 레이스 1에 저항성 옥수수 품종은 *Hm1* 유전자의 발현을 통해 HC toxin reductase라는 효소를 생산한다. 이 효소는 HC-독소를 환원시켜 독성을 없앰으로써 식물을 그 병원체의 침입으로부터 보호한다. 만약에 일부 레이스 1의 HC-독소 생산 유전자를 인위적으로 불활성화시키면 *Hm1* 유전자를 가지지 않는 옥수수 품종에 병 유발 능력을 상실하게 되는데, 따라서 이 기주-병원체 체계의 유전은 전형적인 유전자 대 유전자 체계와 완전히 동일하지 않다.

Hm1 유전자 분리 후 3년 이내에 전형적인 유전자 대 유전자 관계에 일치하는 12 개 이상의 식물 저항성 유전자가 식물로부터 분리되고, 염기서열이 결정되었으며, 다른 감수성 식물에 옮겨져 발현되었다. 그 유전자의 첫 번째 유전자가 토마토의 *Pto* 유전자인데, 이 유전자는 비병원력 유전자 *avrPto*를 가지고 bacterial speck병을 일으키는 *P. syringae* pv. *tomato* 균주에 저항성이 되게 하므로 *Pto* 라고 부르게 되었다. *Pto* 저항성 유전자가 만드는 단백질은 과민성반응을 유도하는 신호전달체계에 어떤 역할을 할 것으로 생각되는 serine-threonine protein kinase인 것으로 나타났다. *Pto* 저항성 유전자는 토마토의 한 염색체에 집단으로 존재하는 5개 내지 7개의 상동성 저항성 유전자 중의 한 개인 것 같다.

식물로부터 분리된 다른 저항성 유전자는 각각 비병원력 유전자 *avr2*, *avr4*, *avr5*, *avr9*를 가진 잎곰팡이병을 일으키는 *Cladosporium fulvum*의 2, 4, 5, 9 레이스에 저항성인 토마토의 *Cf2*, *Cf4*, *Cf5* 그리고 *Cf9* 유전자, 담배 모자이크 바이러스에 저항성을 가져오는 담배의 N^{1} 유전자, 비병원력 유전자 *avr6* 유전자를 가진 *Melampsora lini*의 레이스 6에 저항성인 아마의 L^{6} 유전자, 벼 흰잎마름병균 *Xanthomonas oryzae*의 많은 레이스에 저항성인 벼의 *Xa21* 유전자, *Arabidopsis* 의 몇몇 저항성 유전자 등이다 (표 4-6).

R 유전자가 어떻게 저항성을 나타내는가?

식물이 특정 병원체에 저항성을 나타내는 저항성 유전자의 작용기작은 아직 이해되지 않고 있다. 아마 병원체의 비병원력 유전자에 의해 생산된 elicitor 분자가 저항성 유전자가 생산하는 식물의 특이적 수용체에 의해 인식된다고 믿어진다. 그 다음에 어떤 일이 생기는가 하는 점은 아직도 대부분 추론의 수준을 벗어나지 못하고 있다. 수용체 분자에 의해 elicitor가 인식된 후에 한 개 또는 그 이상의 kinase가 활성화되고, 이에 따라 인산화에 의해 신호가 증폭되어 결국 다른 kinase나 효소가 활성화될 것이다. 그 방식이 아직 확실하지는 않지만, 이것이 과민성반응으로 귀결되는 일련의 생화학적 반응으로 이끌어 결국 병원체의 침입부위에 국부적 저항성을 나타나게 한다. 물론 많은 경우에 과민성반응은 침입부위의 근처에서 뿐만아니라 멀리 떨어진 식물의 다른 부위에서도 다양한 수준의 전신획득 저항성(SAR:systemic acquired resistance)의 발전으로 이어진다.

R 유전자의 진화

식물이 새로운 병원체 계통에 의해 최초로 공격당했을 때 그 식물은 아마도 병원체와 상처에 반응하여 방어반응(defense responses)을 활성화시키는 비특이적 수용체 분자를 생산하는 유전자를 가지고 있지만, 새로운 병원체에 대한 저항성 유전자는 가지고 있지 않았을 것이다 (그림 4-15). 따라서 그 병원체는 식물에 상당한 피해를 입히며 많은 감수성 식물을 고사시킬 수 있다. 다소간의 비특이적 저항성(general resistance)을 나타내는 식물은 생존하며 그 저항성 정도에 따라 증식할 것이다. 병원체의 공격으로부터 식물의 생존을 위한 진화적 경쟁이 일어나는 동안, 예를 들면, 비특이적 저항성 유전자들 중 한 개 변형에 의해 저항성 유전자(R_1)는 진화되고, 이 유전자는 식물로 하여금 새로운 병원체(레이스 1)의 감염을 인식하여 저항성을 나타내게 하며, 그 식물과 그 자손이(품종 1) 선택적으로 생존하게 되어 그 식물과 R_1 유전자는 생존하고 증식하였다. 이것은 일반적으로 병원체에 대한 식물의 방어 활성화에 관여하는 수용체 중 한 개의 변형에 의해 생길 수 있다. 따라서 R1 유전자의 산물인 변형된 수용체 1은 병원체 유전자에 의해 생산되는 특별한 물질(elicitor 1)을 인식하여, 결과적으로 그 병원체의 유전자는 비병원력 유전자(*avr1*)로서 행동하게 되는 것이다. 이러한 비병원력 유전자 *avr1*을 가진 병원체(레이스 1)는 저항성 유전자 R_1을 가진 식물에서 생존할 수 없다. 그러나 만약에 시간이 지나 지금까지 비병원력의 원인인 레이스 1의 *avr1* 유전자에 영향을 미치는 돌연변이는 그 유전자와 비병원력을 파괴한다. 그 결과로 그 병원체의 새로운 자손은

표 4-6

식물 저항성유전자 단백질의 분류

유형	기능	저항성유전자의 예
I	막에 연관된 단백질, 전사를 조절, 넓은 범위의 저항성을 매개함	RPW8
II	세포질에서 신호 전달하는 serine-threonine protein kinase	*Pto*
III	세포막을 관통하여 세포막에 부착된 채로 세포 밖에 LRR을 가짐	*Cf-2-Cf-9*
IV	막 관통 수용체와 세포 밖에 LRR을 가진 세포질 serine-threonine kinase	Xa21
V	막에 연관된 세포질 단백질로 LRR, NBS, TIR 도메인을 가짐	RPP5, N^{1}, $L6_{6,\ RRPP}$
VI	막에 연관된 세포질 단백질로 LRR, NBS, coiled coil 도메인을 가짐	RPM1, RPM2

다시 병원력 균주가 되고, 지금까지 저항성이었던 저항성 품종 1을 침해할 수 있게 된다. 이 새로운 병원력 병원체의 집단은 레이스 2로 부를 수 있다. 이제 그 기주식물(품종 1)은 레이스 2에 감수성이며, 그 레이스는 많은 수의 식물을 고사시킬 수 있다. 그러나 곧 생존 및 도태압을 통하여 레이스 2 병원체의 각각의 비병원력 유전자가 생산하는 다른 물질(elicitor 2)을 인식하는 새로운 또는 변형된 수용체 2를 만드는 저항성 유전자 R_2가 진화에 의해 생기게 된다. 그러면 이 레이스 2의 elicitor 생산 유전자는 식물의 R_2 저항성 유전자에 의해 인식되기 때문에 그 병원체에 비병원력을 나타내게 하는 비병원력 유전자 *avr2*가 된다. 이러한 방식으로 많고 다양한 저항성 유전자들이 병원체의 다양한 레이스에 있는 병원력 유전자들에 대응하는 상대자로서 기주식물에서 진화했다. 이 유전자 대 유전자 상호작용이 오늘날까지 단계적 양식으로 계속되어 왔다 (그림 4-15).

지금까지 연구된 대부분의 저항성 유전자들이 다수의 관련된 저항성 유전자들(10 또는 더 많은)의 연속적인 반복배열로 존재하는 것 같다는 사실은 위에서 설명한 진화과정을 뒷받침해 주고 있다. 이들은 다른 특이성을 나타내지만 재조합 동안 분리될 수 없는 단일 유전자로서 행동하거나 gene family 집단으로 존재한다. 지금까지 분리된 다양한 저항성 유전자들은 서로 동일한 염기서열 부분(약 20%)을 가지며, 보다 큰 부분은 서로 유사한 염기서열(약 50%)을 가지고 있는 것으로 나타났다. 저항성 유전자들 사이의 이러한 관계는 식물이 기존의 저항성 유전자를 개조하여 새로운 수용체를 생산하는 새로운 저항성 유전자를 만듦에 의해 새로운 병원체의 침입에 신속하게 대응할 수 있는 중요한 기작이 작동함을 의미하고 있다. 물론 새로운 저항성 유전자의 진화는 병원체의 높은 밀도 때문에 식물이 만드는 저항성 유전자보다 훨씬 높은 빈도로 변화하는 병원체에 의해 생산되는 다양한 분자 중 한 개를 인식하기 위해 필요하다. 더구나 병원체의 비병원력으로부터 병원력으로의 변화는 유전자의 기능을 잃는 돌연변이를 통해 비병원력 유전자의 소실에 의해 일어나는데, 이 변화는 새롭게 형성되는 식물의 저항성 유전자에 의한 새로운 수용체가 생기는 것보다 훨씬 더 자주 일어날 수 있다 (그림 4-16).

병저항성을 위한 다른 식물유전자

앞에서 언급한 것처럼 얼마나 많은 그리고 어떤 종류의 유전자가 식물을 비기주로 만들고 그에 따라 저항성으로 만드는지에 대해 아직 알려지지 않았다. 비기주 저항성은 기주인식요인들이 없음으로 인해 비기주 식물에서 병원체가 병원성인자를 발현시키지 않음에 의한 결과일 수 있다. 다른 기작으로 비기주 식물은 많은 수의 수용체를 생산하는 저항성 유전자를 가지고 있으며, 이들 중 한 개 또는 그 이상이 수용체가 병원체를 매우 빨리 인식하여 방어하거나, 그렇지 않으면 아마 전혀 다른 기작이 비기주 저항성에 작용할 수 있다.

앞에서 고찰한 것처럼 저항성 유전자는 어떤 병원체 레이스가 생산하는 특이적 elicitor 를 어떤 식물 품종이 인식하도록 한다. 이러한 인식은 신호분자를 생산하게 하고, 일부 신호물질은 일련의 반응을 자극하여 과민성반응을 유도하고, 영향을 받은 세포의 자기사멸을 통해 국부저항성으로 유도한다. 그러한 극적이며 쉽게 동정되는 저항성 유전자 의존 저항성(R gene-dependent resistance)은 유전적으로 다양한 자연 상태의 식물 집단에서는 드물지만 육종에 의해 재배작물에 도입되었고 지금은 상업용 작물에 꽤 흔히 존재한다.

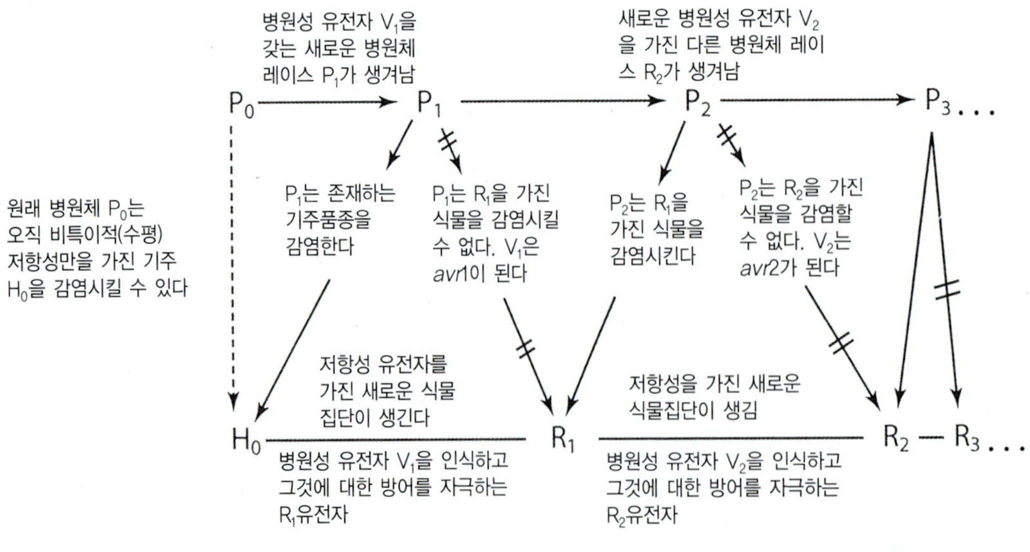

그림 4-15 병원성, 저항성, 비병원성 유전자의 진화 단계. 레이스1 병원체(P_1)은 오직 원래 저항성 또는 R_2 저항성 유전자를 가진 기주만을 감염시킬 수 있고 그들은 오직 R_1 저항성 유전자를 가진 식물만 감염시킬 수 없다. 또한 R_1 저항성 유전자를 가진 식물만 V1(*avr1*)유전자를 가진 P_1병원체에 저항성이다. R_1 저항성 유전자를 가진 식물은 원래 병원체 집단(P_0)과 다른 병원체 레이스 즉 P_2에 감수성이다.

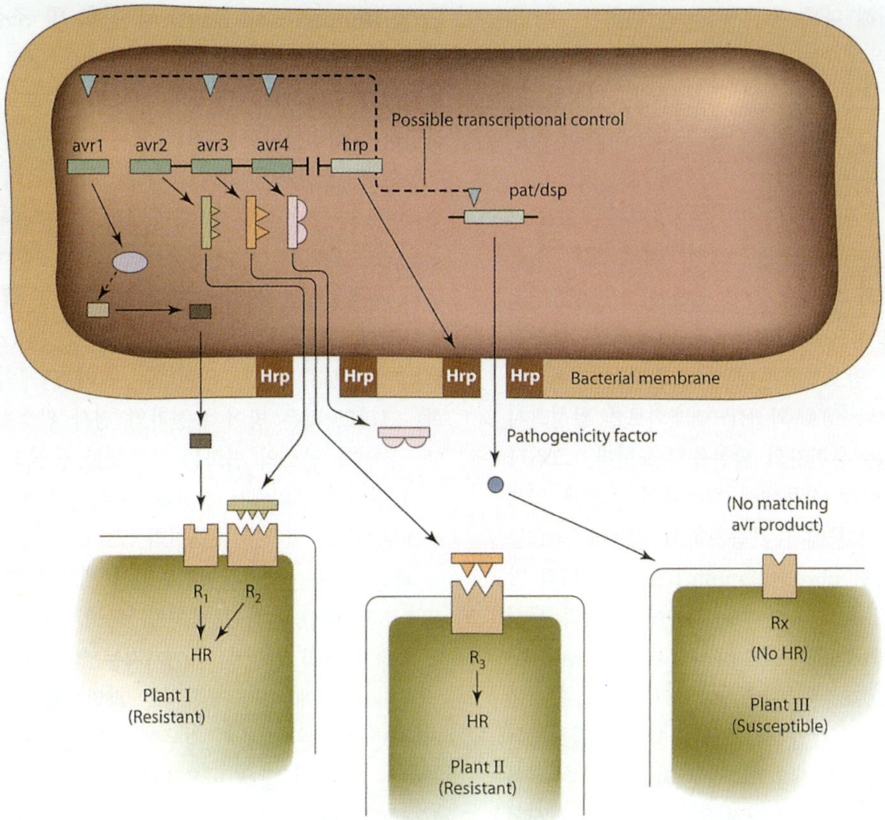

그림 4-16 병원성 세균의 *avr*과 *hrp*유전자와 두 저항성식물과 한 감수성 식물의 R유전자 사이의 가설적인 분자 상호작용을 단순화한 모식도. 이 그림에서 *avr1*유전자는 세균 세포막을 통해 자유롭게 이동하는 elicitor를 생성하는 세포내 효소의 생성을 유도한다. Effector 단백질뿐만 아니라 *avr2*, *avr3*, *avr4*의 산물은 *hrp*유전자의 단백질(harpins)에 의해 형성된 세포막공인 type III 분비체계를 통해 전달되어 그에 상응하는 R 유전자에 의해 암호화된 수용체에 elicitor로 작용한다. 병원성/병특이성(*Pat/dsp*)유전자는 effector 단백질의 생산자인 것 같다. [출처: Van Gijsegen *et al*. (1995).]

과민성반응 동안 일부 신호분자는 주위의 다른 세포와 멀리 떨어진 다른 부분의 세포에 위험 신호를 전달하는 다른 신호분자에 작용한다. 그곳에서 그들은 전신획득저항성(SAR) 유전자로 불리는 다른 방어반응 유전자의 활성화를 자극한다. 이들 유전자는 식물 전체에 기주 방어를 확산시켜서 동일하거나 관련이 없는 병원체의 새로운 감염에 대해서도 효과적으로 대처하도록 한다.

자연 상태의 식물 집단에 가장 흔히 존재하고, 재배되는 작물에 아주 흔히 존재하는 가장 흔한 저항성 유전자의 종류는 수많은 "미동(minor)" 저항성 유전자이다. 이들은 이미 존재하거나, 병원체의 침입에 의해 유도되는 외적, 내적, 구조적 또는 생화학적 방어에 영향을 미칠 수 있다. 이 미동 유전자들은 모든 식물에 아마도 대단히 많이 존재한다. 그들은 병원체나 감염된 세포에 의해 생산되는 신호물질에 의해 자극받으며, 대부분의 경우에 그들의 작용을 통해 병의 진전을 막고, 병원체를 식물의 작은 점무늬에 제한하도록 하는 방어를 제공한다. 이러한 미동 방어유전자들은 병원체가 주로 식물에 만드는 많은 작은 병반에 의해 기주식물의 저항성을 극복할 수 있기 때문에 항상 식물체를 효과적으로 보호할 수 없다. 그럼에도 불구하고 대부분의 경우에 이들 유전자는 각각의 감염에서 병원체를 작은 병반에 제한할 수 있게 한다.

병원성 유전자와 저항성 유전자 사이의 신호전달

병원체에 대해 유도되는 식물 방어는 주된 구성분이 salicylic acid (SA), jasmonic acid (JA), ethylene (ET), nitric oxide (NO)와 같은 식물신호분자들의 서로 연결된 신호전달 체계의 네트웍에 의해 조절된다. 많은 기주/병원체 상호작용에서, 식물은 병원체의 공격에 대해 다른 유전자 set인 유전자-대-유전자 저항성 방어 관련 유전자들이 활성화되어 감염을 막으려고 하는 동안에 이러한 물질의 생산을 증진시키는 반응을 한다. 또한 식물에 SA, JA, ET, 또는 NO을 처리하면 흔히 저항성이 높아지는 결과를 가져온다.

살리실산은 2개의 주된 H_2O_2를 무독화하는 효소인 catalase와 ascorbate peroxidase를 포함한 여러 개의 식물 단백질과 반응하고, 항산화 활성을 가진 엽록체 SA 결합단백질과도 반응한다. 병 저항성으로 이끄는 SA-매개 회로의 주된 구성분들은 PR 단백질을 암호화하는 항상 발현되는 유전자들이다. 이들 유전자의 일부는 JA-와 ET-매개회로를 활성화시켜 defensin을 암호화하는 유전자의 발현을 유도한다. 그러나 NO 합성효소 활성은 저항성 식물에서 병원체의 접종에 의해 크게 증가하지만 감수성 식물에서는 증가하지 않는다. NO는 PR-1과 초기 방어유전자인 phenylalanine lyase (PAL)의 발현을 유도한다. NO-매개 회로의 아래쪽 반응에서 SA의 생성이 일어난다. SA와 같이 NO 또한 aconitase, catalase, ascorbate peroxidase의 효소와 반응하여 이들 효소 활성을 억제한다. SA는 일반적으로 감염부위에서 저항성을 결정하는 저항성 유전자의 작용에 필요하지는 않지만, 최소한 일부 식물에서 SA는 1차 감염부위와 멀리 떨어진 2차 조직에서 전신획득저항성(SAR)의 유도 및 유지에 필요하다. 그러나 현재는 과민성반응이 활성산소중간체(ROI)와 SA-의존 신호물질들 사이의 상호작용과 서로의 양성 되먹임조절에 기인하고 있다고 생각한다. 그러나 이들이 과민성반응에 따른 세포사멸의 시작에 요구되는 유일한 신호물질은 아니다. 산화적 격발 동안 각각 독립적으로 발생하는 ROI와 NO 또한 과민성반응이 협동적으로 작용하여 시작된다. Superoxide의 dismutation에 의해 파생되는 hydrogen peroxide와 NO 사이의 균형이 과민성반응에 필요하다. 그 결과로서 superoxide는 NO을 ONOO- 또는 H_2O_2로 변화시키는 핵심 조절자인데, superoxide dismutase는 SA에 의해 빠르게 유도됨을 기억하라.

얼마나 많은 식물이 다른 방어반응 회로에 의해 생산된 신호물질들을 특이적 방어반응으로 통합하는지 알려져 있지 않다. 그러나 SA, JA, ET 또는 NO에 의존하는 방어반응 회로는 상승적으로나 또는 억제적으로 각각 서로에게 영향을 미친다는 것은 알려져 있다. 이것을 회로 사이의 "cross-talk"이라 한다. Cross talk은 다양한 조합으로 여러 저항성 기작을 한번에 활성화하도록 조절하는 잠재력을 제공하고, 다른 회로를 제치고 특정한 방어회로를 활성화하도록 선택하는 기능을 수행할 수도 있다. 그러나 negative cross talk 때문에 흔히 SA-의존 방어는 JA/ET-의존 방어를 서로 배제하는 것으로 생각된다.

Programmed Cell Death의 신호 및 조절

병원체가 감염하려는 부위에서 국부적이고 매우 빠르게 세포가 사멸하는 과민성반응은 거의 모든 방어반응, 즉 한 개 또는 그 이상의 R 유전자에 의한 저항성, 비기주 저항성, 그리고 많은 경우의 다인자, 양적 저항성에서 발견된다. Elicitor와 receptor 사이의 상호작용은 빠른 이온흐름이 이루어지는 동안 즉시 신호전달로 이어진다. 이것은 세포 밖 공간(apoplast)의 알카리화, 활성산소중간체(ROI) 형성, nitric oxide의 생성, MAP kinase 회로가 관여하는 여러 단계의 신호전달의 활성화, 그리고 많은 방어 유전자의 전사 활성화가 이루어지게 한다. 유전자 전사의 변화는 항미생물 물질의 생산과 방출 또는 멀리 떨어진 부위에서 전신획득저항성을 확립하기 위해 작용할 신호분자들의 발생을 초래한다.

과민성반응 동안 감염부위에서 세포사멸의 범위는 한 개 세포로부터 수십 개까지 다양할 수 있다. 또한 모든 병 저항성 반응이 세포의 사멸로 이어지지는 않는다. R 단백질의 "효율(efficiency)"에 따라 저항성은 과민성반응 없이 성취될 수 있거나 만약 낮은 효율의 경우에는 R 단백질은 과민성반응을 시작하는 데 보다 많은 이온흐름을 요구할 수 있다. 그러나 SA, JA, ET, NO는 과민성반응과 programmed cell death에서만 기능을 수행하는 것이 아니고 세포생장에 대한 결정에 관여한다는 것을 명심하라. 이것은 SA와 ROI사이의 관계와 이들이 조절하는 유전자들이 세포가 죽느냐 또는 사느냐를 결정하는 신호들 가운데 중추적인 역할을 한다는 것을 강하게 암시한다. 여러 식물 종에 병원체 없이 그들 자신의 유전자들로 세포 사멸을 시작하는 돌연변이체들이 있다고 생각하면, 과민성반응은 programmed cell death로 생각할 수 있다. 이러한 돌연변이체들은 정상적인 병 저항성 반응 회로의 한 단계를 대표하는 것으로 생각할 수 있다. 그렇지 않으면 세포가 빠른 세포 사멸을 통해 변화된 세포를 영원히 침묵시키는 것으로 감지하거나 해석하는 정상적인 대사의 변화들을 대표하는 것으로 생각될 수 있다. 일단 식물이 세포사멸의 길로 들어서면, 특히 식물은 programmed cell death에 의해 죽은 세포를 제거하는 청소부가 없기 때문에, 주변의 세포로 전파될 수 있는 세포 사멸의 신호를 막을 수 있어야 한다.

Programmed cell death의 기작에 대한 일부 진전이 열성 대립유전자인 lesion simulating disease (lsd1)의 발견으로 이루어졌다. 이 대립유전자는 병원체, SA 또는 ROI로부터 유래되는 신호에 대해 반응하는데 필요한 최소농도를 낮추어 병 저항성 회로로 들어가게 한다. 이 유전자의 파괴는 세포사멸이 일단 시작하면 퍼져나가는 것을 멈출 수 없는 돌연변이체가 되게 한다. 낮은 농도의 신호물질인 SA 또는 SAR을 활성화하는 다른 화학물질에 처리, 병원세균 또는 균류의 접종, 어 nonpermissive long-day condition으로 변경은 죽은 세포의 점무늬 형성을 촉발시킨다. 이들은 빠르게 "runaway cell death" (rcd)가 되어 감염 시작부위를 벗어나 처리한 전체 잎을 고사시킨다. 그러나 세포사멸은 처리한 잎을 벗어나지는 않는다. lsd1을 가진 식물의 처리한 잎에서는 이들 세포가 매우 민감하게 반응하는 superoxide가 세포 밖에 축적된 결과로 세포사멸이 시작되고 점무늬가 형성된다는 것을 보여주었다. 이것은 살아있는 주변 세포에서 superoxide가 만들어지도록 이끌어, superoxide의 생성이 더 퍼져나가 runaway cell death로 이어진다. 최소한 한 개의 괴사를 유도하는 식물병원 균류, 즉 *Botrytis cinerea*가 lsd1 유전자를 가진 식물을 공격하여 runaway cell death을 유도한다. 감염을 하면서 그 균류는 hydrogen peroxide 또는 superoxide을 방출하고, 이들은 superoxide dismutase에 의해 빠르게 hydrogen peroxide로 바뀐다. Hydrogen peroxide는 식물의 과민성반응 회로를 활성화시킨다. 따라서 그 균류는 과민성반응 신호와 programmed cell death을 빼앗아 이를 이용하여 죽어가는 조직을 침입하고, 과민성반응 신호를 흉내내어 식물체를 계속 점령해 나간다.

전신획득저항성에서 유전자들과 신호전달

식물에서 전신획득저항성은 비병원력 병원체에 대한 과민성반응 후 유도되는 2차적인 저항성 반응이다. SAR을 위한 신호는 접종 후 4~6시간 이내에 생긴다. SA는 접종 후 8시간부터 체관에서 검출될 수 있고, 아래쪽 잎에 접종한 경우 접종 후 12시간 내에 위쪽 잎의 체관에서 농도가 증가한다. SAR 발현은 접종 후 24시간 내에 일어난다. 접종 24시간 후에는 식물체 전체가 매우 높은 농도의 SA을 가지는데, SA의 증가가 검출되기 전에 접종한 잎을 제거해도 식물체 내에서 SA 농도는 증가한다. SA을 phenol catechol로 분해하는 살리실산 hydroxylase을 암호화하는 *nahG*유전자로 형질전환시킨 식물은 SA을 축적하지 못하고 SAR이 발현되지 않는다. 또한 SA의 전구체인 phenylalanine lyase 활성을 억제한 식물은 감염에 더 감수성이었다.

식물조직에 SA을 처리하면 병 저항성을 유도한다. 동시에 SA 처리에 의해 여러 개의 방어 유전자로 생각되는 유전자들이 다양한 병원체에 의해 유도되는 것처럼 전신적으로 유도된다.

Catalase가 SA에 결합한다는 발견은 catalase를 조직 괴사와 PR-1의 축적과 함께 저항성 수준의 증가를 유도하는 물질로 생각하도록 하였다. 또한 H_2O_2와 SA가 같은 신호전달회로에 있지만 SA가 H_2O_2의 하위(downstream)에 있다고 보고되었다. 보다 최근에 nitric oxide가 방어기작 발현에 대한 추가적인 신호로 보고되었다. 식물에 NO을 처리하면 파이토알렉신의 축적을 유도하는 인자를 방출하게 하지만, NO 합성을 억제하면 식물의 감수성이 증가한다. NO와 SA 둘 다 PR-1을 유도하지만 오직 NO가 PAL 및 SA 축적을 유도한다. 이러한 발견들이 NO가 SA의 유도를 통해 작용한다는 점을 증명하였다.

일차 감염부위에서 SAR은 전신적 신호인 SA의 생산 및 축적 후에 나타나며, 이는 국부 및 전신적 조직에서도 마찬가지다. SA축적은 수많은 effector 유전자를 활성화시키고, 그 중 일부 단백질이 PR-단백질로 알려져 있다. 이 유전자들의 동시발현은 다양한 병원체에 대한 넓은 범위의 저항성을 가져온다. 그러나 SAR은 방어반응의 한 가지 구성분이며, 병원체 유도 저항성의 완전한 발현을 위해서는 여러 개의 가능한 방어회로가 필수적임을 명심하라.

SAR을 위한 첫 단계는 SA 신호도입에 필수적인 단백질을 만드는 NIM1/NPR1 유전자의 많은 발현이다. 이 단백질은 핵으로 이동하여 SA 존재 하에 핵에 위치한 유전자들이 발현되도록 조절한다. 어떻게 이 유전자가 다른 유전자들의 발현을 조절하는지 모르지만, 그 단백질은 단백질-단백질 상호작용에 관여하는 2개의 도메인을 가졌다. 이와 동일한 유전자가 SA가 매개하는 유전자 발현 조절에 관련된 전사인자의 subfamily와 상호작용하는 것으로 나타났다.

일부 식물병의 분자유전의 예

흰가루병

흰가루병균은 1,600속 이상, 약 10,000종의 식물을 침입하는 절대기생성 식물병원균이다. 절대기생균으로서 흰가루병균은 흡기라는 특별한 기관을 통해 기주식물의 살아있는 세포로부터 양분을 얻는다. 흰가루병균은 양분흡수와 병원성을 위한 효과적인 분비방법들, 기주 방어를 무력화하는 효과적인 방어 대응기작들, 또는 기주식물의 방어 신호전달을 방해하는 효과적인 회로들이 진화되었다. 많은 병원균 및 기주 유전자는 성공적인 감염을 위한 각 단계에 관여한다. 즉 기주와 병원균의 인식, 포자의 기주표면 부착, 포자 발아, 부착기 형성, 침입균사 형성, 기주세포로 침입균사의 침입, 기주 방어의 무력화, 기주세포로부터 양분탈취, 균사생장, 포자형성 등이 여기에 속한다 (그림 4-12).

기주식물이 흰가루병균의 침입을 막는 것은 저항성 유전자(R gene) 같은 다양한 힘을 가진 우성의 한 개 유전자에 의하거나, 보리 Mlo와 Arabidopsis EDR1과 PMR1-PMR4와 같은 열성의 기능이 상실되도록 돌연변이 된 한 개의 기주유전자에 의해, 또는 많은 유전자의 통합되고 부가적인 효과에 의해 성취될 수 있다.

보리 Mla 유전자 좌(locus)는 최소한 32개의 *Blumeria gramminis* f. sp. *hordei* (Bgh)에 특이적 저항성을 나타내게 하는 레이스 특이적 저항성 유전자 좌(R locus)이다. Mla는 8개의 nucleotide-binding 을 가진 leucine-rich repeat (NB-LRR) type의 R homologs 에 인접한 240kb 크기의 염색체 부위를 차지하고 있다. 특이적 저항성을 나타내는 몇 개의 다른 그룹(MLA1-12)은 공통적으로 4개의 인트론을 가졌으며 90% 이상 동일한 CC(coiled coil)-NB-LRR type의 R 단백질을 암호화한 유전자들로 구성되었다. 일부 유전자 특이적 도메인들은 비병원력 유전자 특이성을 결정하는 LRR 도메인에 서로 다르지만 겹치는 부분을 가졌다. 3개의 *avr* 유전자가 약 8kb 간격으로 위치하고 서로 연관되어 있는 것으로 나타났다.

다른 보리 유전자 Rar1은 Mla에 의해 암호화된 R 특이성의 subset에 의해 유도되는 저항성에 필요하고 또한 다른 염색체에 있는 흰가루병 R 유전자를 위해서도 필요하다. 이와 유사하게, *Arabidopsis* 의 상동 유전자 AtRAR1의 파괴는 노균병균 *Peronospora parasitica*와 세균 *Pseudomonas syringae* 에 대해 R 유전자에 의한 저항성을 나타내지 못하는 돌연변이체를 만든다. 또한 *Nicotiana benthamiana*의 PAR1 homolog 발현억제는 TMV에 대한 담배 N 유전자의 기능을 파괴하였다. 이것은 다른 과(family)의 식물에서 분류그룹이 다른 병원체에 의해 야기되는 병 저항성에 있어 RPR1의 보존된 기능을 지적하고 있다. 실제로 RAR1은 많은 식물 종에서 잘 보존되어 있을 뿐만아니라 유사유전자들이 동물을 포함한 다른 진핵생물체에서도 발견된다. 다른 잘 보존된 진핵생물의 단백질은 SGT1이다. R 단백질의 RAR1과 SGT1의 요구도는 둘중 한 개에 완전히 의존하거나, 두 단백질에 의존하거나 또는 두 단백질에 완전히 독립적인 것까지 다양하다.

RPW8 저항성 유전자 좌(locus)는 여러 개의 다른 흰가루병균 종(species)들에 우성의 저항성을 제공하는 특이한 경우다. RPW8 유전자 좌에 모여있는 염기서열이 유사한 2개 유전자는 약 17~20kDa의 새로운 단백질을 암호화하고 있다. 이들은 막 관통 도메인에서 발견되는 여러 개의 소수성 부분을 가졌으며, 각각은 여러 개의 흰가루병에 대해 저항성을 제공한다. RPW8에 의한 저항성에서 관찰되는 세포에서 일어나는 일은 oxidative burst, 과민성반응 같은 programmed cell death, PR-1 단백질의 유도 등을 포함한 레이스 특이적 저항성에서 일어나는 것과 유사하다. 그 유사성은 RAR1 같은 조절적 구성분을 서로 공유하는 점과 SA의 축적이 필요하다는 점을 포함하고 있다. SA의 고갈은 부분적으로 레이스 특이적 저항성을 감소시킨다. 아마 지질분해효소(lipase)를 암호화하는 EDS1유전자와 NDR1 유전자의 돌연변이체들은 TIR-NB-LRR과 CC-NB-LRR로 구성된 세포내 R 단백질들에 의해 자극되는 레이스 특이적 저항성을 우선적으로 제거한다. RPW8 단백질들은 한 개 또는 소수의 흰가루병균의 병원성인자들을 기주세포로 이동시키는 것을 가능하게 하는 친화적인자로서 작용한다고 제안되었다. RPW8은 패턴인식의 수용체에 의해 인지되는 보존된 병원균 연관 분자 패턴이 노출되도록 이끈다.

Mlo 유전자의 동형 대립유전자(mlo)를 가진 보리 돌연변이체들은 모든 실험한 Bgh 균주에 저항성이며, 벼 도열병균 *Magnaporthe grisea*에게는 감수성이 증가함을 보여주었다. 접종하지 않은 식물에서 PR-단백질들의 발현이 없는 것에 의해 증명된 것처럼 그 돌연변이체들은 방어반응을 항상 발현시키지 않는다는 점을 인식해야 한다. 그러나 잎의 노화동안 그들은 죽은 엽육세포에서 자발적인 점무늬를 형성시키고 색소제거를 가속화한다. 따라서 Mlo는 Bgh에 대해서는 방어반응을 바꾸도록 하고, *M. grisea*에 대해서는 반대 방향으로 변경하도록 그리고 잎의 노화 동안에는 일부 사건들을 음적으로 조절하는 것으로 나타났다.

Bgh에 대한 mlo 저항성의 특별한 특성은 균류의 병원성이 세포벽을 통한 침입단계에서 완전히 멈추게 하고, 과민성반응으로 이끌지 않는 다는 점이다. 이것은 전형적으로 대부분의 R 유전자가 자극하는 반응들에서 일어난다. 대신에, 균류가 감수성(Mlo)과 저항성(mlo) 식물의 세포로 들어 갈려는 시도가 식물세포가 균류 부착기 아래의 세포벽을 remodel하도록 하고 고리 모양의 세포벽 apposition 을 생산하도록 한다. 일부 사람들은 세포벽 apposition이 뼈대(scaffold)로 작용하여 균류 병원성을 촉진한다고 생각하지만, 이들은 세포벽의 구조적 강화로 이어질 가능성이 크다. 더구나 세포벽 apposition은 세포벽 분해효소에 저항성이며 여러 개의 페놀화합물, hydrogen peroxide 와 다른 활성산소가 축적되는 장소이다.

MLO 단백질은 7개의 막을 관통하는 나선을 가진 약 60kDa의 특이한 막 관통 단백질(transmembrane)이다. 이것은 각각 벼와 *Arabidopsis* 가 12개 이상을 가진 식물에 독특한 단백질 집단 중에서 첫 번째이었다. 그것은 동물과 효모의 G-단백질과 공통점을 가졌지만, Bgh에 대한 MLO 방어 조절은 단일 세포 유전자들의 G-단백질에 의한 발현억제와는 독립적으로 기능을 수행한다.

벼 도열병균 *Magnaporthe grisea*

벼 도열병은 벼의 가장 심각한 병 중 하나이다. *M. grisea*는 약 9,000개의 유전자를 포함한 7개의 염색체를 가졌고, 그 지놈 크기는 40Mb이다. 병원균은 병반의 중앙으로부터 기중 분생포자경이 나와 분생포자를 형성하는 반수체의 자낭균이다. 분생포자는 3 개의 세포로 구성되어 있다. 각각의 분생포자는 젖었을 때 잎 표면에 단단히 부착할 수 있는 끈적끈적한 당단백질을 포함하고 있다. 분생포자의 정단세포 중 하나가 빠르게 발아하고 잎 표면에 침입을 시도한다. 4시간 안에 발아관의 끝이 부풀고 납작하게 되고, 핵이 분열하여 그 중 한 개 핵이 잎 표면에 만들어지고 있는 부착기로 옮겨간다. 그 부착기는 두꺼운 세포벽을 가지고 세포벽에 한 층의 멜라닌이 침적되도록 분화한다. 이러한 구조적 강화와 글리세롤의 존재가 부착기의 팽압을 증가시켜 부착기의 편편한 바닥으로부터 형성된 침입균사가 큐티클과 세포벽을 뚫고 세포 안으로 들어간다. 새로운 병반은 접종 약 4일 후에 뚜렷이 나타난다.

포자가 기주에 접촉하여 부착하여 부착기를 형성하는 동안 작용하는 수많은 유전자가 동정되었다. 부착기가 형성되는 동안 많은 양이 만들어지는 hydrophobin 단백질(MPG1)은 부착기가 소수성 표면을 인지할 수 있도록 도움을 준다. 그 유전자의 파괴는 소수성 표면에서 부착기 형성을 감소시킨다. 그러한 돌연변이체에 cAMP을 첨가하면 그 기능이 회복되는데, 이 점은 부착기가 형성되도록 하는 표면신호의 효과적인 전달은 cAMP을 통해 이루어진다는 것을 암시하고 있다. 신호전달의 기작은 막 단백질이라고 생각되는 PTH11 수용체를 통해 일어날 것으로 생각하고 있다. *Pth11*이 없어진 돌연변이체들은 부착기를 만들지 못하고 식물을 감염하지 못한다. 다른 유전자인 억제 G 단백질을 암호화하고 있는 magB도 부착기 발생에 영향을 미치는데, 그 유전자의 돌연변이체는 부착기 형성과 감염을 하지 못한다. 그러나 그 돌연변이체에 AMP을 처리하면 기능이 회복된다. Mitogen-activated protein kinases도 부착기 형태형성에 영향을 미친다. PMK1 단백질이 관여하는 중앙 신호전달 회로가 있다. 이 회로는 부착기 발생에 지대한 영향을 미치고, 그것의 돌연변이체는 부착기를 생산하지 못하고 감염을 일으키지 못한다.

부착기가 형성된 후에는 함유하고 있는 글리세롤 때문에 내부에 매우 큰 팽압이 생긴다. 포자발아 동안 글리코겐과 지질은 분해되어 PMK1의 조절 하에서 빠르게 발아관 끝으로 이동한다. 팽압이 형성되는 동안 지질분해는 빠르게 일어난다. 또한 포자는 팽압형성에 필요하고 균류 감염에 중요하게 생각되는 균당을 포함하고 있다. 팽압이 어떻게 큐티클과 세포벽을 침입하도록 전환되는 지에 대한 기작은 아직 모른다. *PLS1* 유전자는 특이한 막 단백질인 tetraspanning protein을 암호화하고 있으며 침입균사의 출현을 조절하는 역할을 할 것으로 생각된다.

토양병 병원균 *Fusarium*

*Fusarium*은 전 세계적으로 많은 종의 식물에 심각한 병을 일으키는 토양 유래의 사물영양성 식물병원 균류이다. *F. oxysporum*은 많은 작물에서 주로 물관 시들음병을 일으키는 반면에, *F. solani*를 비롯한 다른 많은 종은 독소를 생성하여 뿌리, 줄기 및 종자 썩음을 일으킨다. 어떤 *Fusarium* 종들은 면역체계가 약화된 인간 환자들에게 병을 일으키는 것으로 보고되었다.

*Fusarium oxysporum*은 그들이 병을 일으키는 기주에 따라 120개 이상의 f. sp.로 구성되어있다. 이들 각각은 분화된 기주 품종에 특징적 병원력 패턴을 보이는 것에 따라 생리적 레이스로 세분될 수 있다. 많은 균류 레이스와 기주 품종 사이에 유전자-대-유전자 관계가 존재하는 것으로 나타났다. 이 균류는 기주 없이 토양에서 균사체나 포자로 생존할 수 있다. 만약에 기주가 존재하면 발아한 포자에서 나온 균사가 기주 뿌리를 침입하여 물관으로 들어가고, 물관 내에서 이동하고 증식하여 기주에 시들음 증상을 일으킨다. 균류가 식물을 성공적으로 감염시키기 위해 균류는 초기 식물과 기주의 신호전달, 뿌리표면에 부착, 물리적 방해물의 효소적 파괴, 기주의 항균류 물질에 대한 방어, 균류 독소들에 의한 기주세포의 불활성화 및 사멸을 위하여 다른 그룹의 유전자들을 동원해야 한다.

토양 pH의 변화는 알카리에 의해 발현되는 유전자들을 활성화하고 산에 의해 발현되는 유전자들을 억제하는 전사인자가 균류 세포의 생장, 분화, 그리고 아마도 병원성에도 영향을 미친다. 이와 유사하게 식물 뿌리로부터 방출되는 플라보노이드와 파이토알렉신이 균류 포자 발아 크게 영향을 미친다.

식물-균류 인지의 초기 신호들은 전사인자 CTF1β을 포함한다. 이 인자는 항상 발현하고 양분고갈에 의해 활성화되며 식물체로부터 소수의 규딘단량체를 방출하는 큐틴분해효소 유전자(*cut2*)을 조정한다. 큐틴단량체는 CTF1α의 전사를 자극한다. CTF1α는 균류 유전자 *cut1*을 빠르게 활성화시키고 *cut1*은 병원력 인자로 작용하는 세포 밖 큐틴분해효소를 분비시킨다.

뿌리에 부착하고 침입하는 것은 mitogen-activated protein kinase (MAPK)의 조절을 받는다. 뿌리와 일단 접촉하면 그 균류는 세포벽의 침입이 필요하다. 세포벽을 분해하는 펙틴분해효소와 셀룰로스분해효소들을 암호화하는 여러 개의 유전자들이 순차적으로 활성화된다. Pectin methyl esterases, pectin lyases, polygalacturonases가 물관과 다른 조직에서 검출되었고, 각각 해당하는 유전자들이 동정되었다. Hemicellulases와 xylanases을 암호화하는 많은 유전자 중 몇 개도 발견되고 분리되었다.

식물체 내부에서 균류는 토마토와 감자에서 사포닌인 α-tomatine, 감자에서 α-chalconine 과 α-solanine, 귀리에서 avenacin 같이 이미 존재하는 항미생물질(파이토알렉신)과 접촉하게 된다. 다른 분화형(f. sp.)은 이 물질들을 독성이 없는 분자들로 절단하는 세포 밖 효소활성을 보여준다. 2개의 다른 phytoanticipin 인, 벼과식물이 생성하는 benzoxa-zolionine 과 카네이션이 생성하는 acetophenone 또한 각 해당하는 *Fusarium* 분화형의 유전자들에 의해 암호화된 효소들에 의해 분해된다.

이 균류는 또한 완두 파이토알렉신 pisatin으로 보여준 것처럼 파이토알렉신을 무독화하는 도구도 가졌다. 그들의 pisatin demethylating 능력에 따라 자연으로부터 얻은 *Fusarium* 균주는 pisatin을 분해할 수 없거나(Pda2), 천천히 분해하거나(PdaL), 빠르게 분해할 수 있고(PdaH), 그들의 분해 능력은 그들이 병을 일으키는 능력과 비례한다. Pisatin 생산에 관여하는 PDA1 유전자가 얼마 전에 동정되었고, 다섯 개의 다른 완두 병원성(PEP) 유전자들도 PDA1과 동일한 염색체에서 유전자 집단으로 발견되었다. 이들은 유전자 단독으로 완두에서 그 균류의 병원력을 증가시킨다.

이 균류는 또한 낮은 수준의 독성물질의 존재에 적응하였다. 이것은 균류 세포막의 스테롤과 반응하는 사포닌에 저항성이 되도록 스테롤 결핍 돌연변이체를 통해서나 그들 세포 내에 pisatin의 보유를 감소시키는 기작을 발전시켜서 이루어졌다.

Fusarium 종들은 기주가 생산하는 독성물질을 불활성화할 뿐만 아니라 그들의 병원력을 증가시키는 자신의 독소를 생산한다. Enniatin과 fusaric acid 같은 일부 독소는 식물에 독성을 갖는 식물독소이고, trichotencins과 fumonisins 같은 균독소는 동물에 독성을 갖는다. *F. avenacearum*의 enniatin과 *F. moniliforme* 의 fumonicin B1의 생산을 막으면 각 돌연변이체는 감자 괴경과 옥수수 유묘에서 병을 일으키는 능력이 크게 감소한다.

*F. solani*을 비롯한 일부 *Fusarium* 종들은 유성 및 무성생식으로 증식하지만, *F. oxysporum* 같은 다른 종들은 오직 무성생식으로 증식한다. Heterokaryon의 형성을 유도하는 유성생식은 한 세트의 *het* 유전자 좌에 의해 조절된다. 이들 유전자 좌의 산물은 체세포 화합성이나 또는 균사 융합 후 세포가 용해되는 체세포 불화합성으로 유도한다. 교배형(MAT)은 MAT 유전자 좌의 선택할 수 있는 대립유전자에 의해 정해진다. 대립유전자는 2개의 기능적으로 독특한 유전자 MAT-1과 MAT-2로 구성된다. 그들은 DNA에 결합하여 유성생식에 필요한 유전자들을 전사조절하는 단백질을 암호화하고 있다. 교배반응은 MAP kinase 신호 전달 회로를 통해 활성화된다. 자웅이체성 *Fusarium* 종에서 MAT 유전자 좌는 MAT1-1에 3 개의 유전자 그리고 MAT1-2에 한 개의 유전자를 가졌다. 자웅동체성 종에서는 모든 4개의 유전자가 동일한 염색체에 함께 모아져 있다. 무성생식 하는 *F. oxysporum* 종에서 균주는 MAT1-1 또는 MAT1-2 유전자를 가졌고, 그 유전자들은 자웅이체의 유전자들과 매우 유사하다.

*Ustilago maydis*와 옥수수 깜부기병

U. maydis-옥수수 병원체계의 유전은 특히 균류 교배, 형태형성, 그리고 균류-식물 상호작용과 관계가 있으므로 광범위하게 연구되었다. 이 균은 짧은 반수성 균사체와 출아에 의해 보다 많은 세포를 형성할 수 있는 부생영양적 반수성 담자포자로 생활환을 시작한다. 만약에 그들이 유전자좌 a와 b 양쪽에 모두 다른 대립유전자를 가졌다면 반수체 세포들은 융합하고 안정적인 이핵체(dikaryon)를 형성한다. 세포융합은 2개의 서로 다른 형태인 a1과 a2를 가지는 교배형 유전자 좌에 의해 조절된다. 이들은 세포/세포 인지와 융합을 조절한다. 세포융합 후 병원적 발생의 후속 단계들은 b 유전자 좌에 있는 대립유전자들에 의해 조절된다. 안정적인 실 모양의 이핵체 형성과 병원성은 그 균류의 multiallelic b 유전자 좌에 이형성(heterozygous)을 요구한다. 친화적 반수체의 교배는 이핵체를 만들고, 이것은 병원성 세포형이다. 이것은 실모양이고 절대활물기생체이다. 병원성을 위해서는 b 유전자 좌에 이형성이 요구되지만, 일단 교배가 일어난 후에는 그 유전자 좌가 병원성에 더 이상 필요하지 않다. 그러나 이형성이 존재하는 것은 혹(gall) 형성률에 조금 도움을 주는 것 같다. 이핵성 실모양의 균사는 식물 큐티클과 세포벽을 직접 침입하여 들어가서, 옥수수 식물체의 국부적인 감염을 일으키고, 이 감염은 식물체 지상부 어디에나 큰 혹을 형성하는 것으로 이어진다. 혹 조직에서 균사는 세포 안과 밖에서 생장한다. 혹이 성숙하면 이핵체의 핵들이 융합하고 2배체의 겨울포자를 형성한다. 그 겨울포자는 산재하다가, 이듬해 봄에 발아하여 전균사(담자기)를 만들고, 그 안에서 감수분열이 일어나 반수성의 담자포자가 출아한다.

교배와 병원성은 마스터 조절유전자인 a와 b에 의해 조절된다. 그 유전자 좌에 2개의 독특한 대립유전자 a1과 a2가 있다. a 유전자 좌에는 분비되는 페로몬과 막에 존재하는 페로몬 수용체를 각각 암호화하는 *mfa*와 *pra*의 2개의 단단히 연관된 유전자가 있다. *mfa*에 의해 암호화된 페로몬과 반대의 a 교배형의 *pra*에 의해 암호화된 페로몬 수용체가 서로 상호작용하여 페로몬 반응회로를 b 유전자 좌의 발현과 병원성과 연결시키는 전사인자를 암호화하고 있는 *prfl* 유전자에 의해 생산하도록 신호를 보낸다. *prfl* 유전자 단백질은 최소한 2개의 kinase 효소를 활성화시키고, b 교배형 유전자들의 조절에서 필수적인 역할 때문에 그 균류의 병원성을 위해 요구된다.

b 교배형 유전자 좌는 각각 25개의 다른 대립유전자 중 하나에 의해 생산될 때 상호작용하는 2개의 단백질(b east와 b west)을 암호화하고 있다. b 유전자 좌는 세포융합 후 감염할 수 있는 실모양의 이핵체와 병원성의 성립을 위해 필요한 일들을 조절한다. bE1과 bW2 대립유전자 산물 사이의 상호작용은 감염성 이핵체 형성을 자극하는 새로운 조절 단백질을 확립한다. Protein kinase 의존형 cAMP에 의해 조절되는 스위치는 *U. maydis*의 병원성에 중요하다. 따라서 많은 양의 PRK가 식물 감염초기에 필요하고, 좀 더 적은 양이 혹 형성으로 전이와 아마 포자형성 때 필요하다. 혹 형성 그 자체로는 겨울포자의 형성을 자극하기에 충분하지 않다. 한 개의 유전자(hgl1)가 전사인자 단백질을 암호화한다. 그 유전자의 돌연변이체는 옥수수 낟알에 큰 혹을 형성하지만 그들이 겨울포자를 형성하지 않아 흰색으로 남아있다. 균류에 의한 IAA 생산은 옥수수 깜부기병에서 한 요인일 것으로 생각했는데, indole-3-acetaldehyde을 IAA로 바꾸는 acetaldehyde hydrogenase을 암호화하는 *iad1* 유전자가 *U. maydis*로부터 분리되었다. 이 유전자와 다른 IAA 유전자의 돌연변이체는 다양한 수준의 IAA와 다양한 정도의 감염능력 있는 자손을 생산하였다.

저항성 품종의 육종

식물병 방제에 있어서 저항성의 가치는 1900년대 초에 인정되었다. 유전학의 발전과 감수성 품종 대신 저항성 품종의 재배에 있어서의 장점들은 저항성 품종 육종을 가능하게 하고 원하게 만들었다 (그림 4-10). 최근 식물병의 화학적 방제로 인한 환경오염의 위험성에 대한 인식은 더욱 더 저항성 품종의 육종에 그 중요성을 부여하였다. 따라서 병 저항성 품종의 육종은 광범위한 식물 육종 프로그램의 일부이지만 과거 어느 때보다 인기있고 집중적으로 이루어지고 있다. 식량과 섬유 생산에 있어서 그 유용성과 중요성은 최고에 달한다. 그럼에도 불구하고 저항성 품종의 육종은 약점을 보여주었고, 식물 육종을 통해 이루어진 저항성 유전자의 균일성 때문에 일부 식물병의 대 발생을 초래하기도 하였다.

식물의 자연적 변이

오늘날 재배되고 있는 작물들은 수백만 년 동안 세계의 한 곳 또는 여러 지역에서 자연적으로 진화해 온 식물 계통들이 선발되거나 또는 선발과 육종을 통해 만들어진 것들이다. 오래 전 조상으로부터 오늘날 작물로의 진화는 서서히 일어났으며, 유전적으로 매우 다양한 모습의 식물을 만들었다. 이러한 많은 식물은 그들이 기원한 지역이나 자연적으로 분포한 지역에서 아직도 야생종으로 존재한다. 이러한 식물들이 미래의 농업 발전에 어떤 역할도 할 것 같지 않은 쓸모없는 진화의 찌꺼기라고 생각 될지는 모르지만, 이들의 다양성과 여러 병원체의 존재 하에서도 이들의 생존은 이들이 병원체에 대한 많은 저항성 유전자를 갖고 있음을 의미한다.

농업이 시작된 이래 각 지역에서 일부 야생 식물이 선발, 재배되었고, 많은 종류의 재배 품종을 만들었다. 가장 생산성이 우수한 품종들은 각 지역에서 해마다 재배되었고, 그 지역의 기후와 병원체로부터 살아남은 품종들이 계속해서 재배되었다. 자연과 병원체는 약하거나 감수성인 품종을 제거하였으며, 농민들은 생존 품종 중에서 가장 수량이 높은 품종을 선발하였다. 생존한 품종들은 다양한 종류의 주동(major) 및 미동(minor) 저항성 유전자를 가지고 있다. 이러한 방식으로, 각 지역별로 그 지역의 환경에 적응하고 병원체에 저항성인 품종들이 독립적으로 선발되는 과정을 통해 작물의 선발은 계속되었다. 따라서 각 작물의 수많은 품종이 전 세계적으로 경작되어 왔으며 유전적 다양성은 작물의 지역 적응에 기여하였지만, 전체적으로는 유전적 다양성이 작물을 어떤 갑작스런 하나의 병원체의 출현으로부터 안전하게 만들었다.

식물의 변이에 대한 식물 육종의 영향

20세기와 21세기 동안 전 세계 식물 육종가들이 높은 수량, 고품질, 균일한 크기, 균일한 성숙, 내냉성, 병 저항성을 위한 가장 유용한 유전자들을 조합한 식물을 육종하기 위해 광범위하고, 강하며, 체계적인 노력을 하여왔다. 새로운 유용한 유전자를 찾기 위해 식물 육종가들은 지역적으로 재배되는 기존의 품종들 끼리, 기존의 품종과 국내 외 다른 지역의 품종들과, 그리고 그들이 얻을 수 있는 작물의 야생종과 교배시켰다. 또한 식물 육종가들은 흔히 유전적 다양성을 더 얻기 위해 이들 식물 재료에 돌연변이 유도물질의 처리를 시도하였다. 최근에 식물 육종가들은 다양한 유전공학 기술을 통해 더 큰 유전적 다양성을 만들고, 특정 방향으로 식물의 진화를 촉진하거나 변형시켰다. 그러한 기술을 이용하여 식물 육종가들은 입자를 쏘는 기구를 이용하거나, *A. tumefaciens* 같은 매개체를 통해,

또는 원형질체 융합을 통해 유전물질(DNA)을 식물세포에 직접 도입시킨다. 육종가들은 또한 체세포의 배양 및 재생을 통해 반수체 식물의 배수체화 등으로 특성이 다른 식물체를 얻을 수 있다.

일반적으로 식물 육종의 첫 단계는 과거에 거리 때문에 다소간 넓게 격리된 식물 유전자와 조합을 통해 특정 지역에 있는 식물의 유전적 특성의 다양성을 증가시키는 것이다. 그러나 육종 프로그램이 발전하고 여러 개의 가장 유용한 유전자가 동정됨으로써 육종의 다음 단계에서는 재배되는 소수의 품종에 가장 좋은 유전자를 도입함으로써 변이를 줄이고 그 당시 유용함이 없는 식물 계통을 버리는 경향이다. 짧은 시간 내에 소수의 "개량된" 품종은 넓은 지역에서 거의 모든 다른 품종을 교체한다. 가장 성공적으로 개량된 품종은 해외에서도 선택되고 오래지 않아 그 중 일부는 전 세계적으로 인기가 있어 많은 상업적으로 열등한 지역 품종들을 교체한다. Red Delicious 사과나무, Elberta 복숭아나무, 일부 난쟁이 밀과 벼 품종, 몇 가지 계통의 옥수수와 감자, 한 두 종류의 바나나와 사탕수수는 전 세계를 통해 넓은 지역에서 재배되고 있다. 거의 모든 작물에서 오직 몇 가지의 품종이 전 세계적으로 또는 한 나라의 작물 재배 면적의 매우 큰 부분을 차지한다. 이러한 품종들의 유전적 기초는 흔히 좁은데, 특히 많은 그 품종이 동일하거나 관련된 조상들의 교배로부터 유래하였기 때문이다. 이들 몇 개의 품종은 그들은 가장 우수하고, 안정적이고, 균일하여 모든 사람이 그것을 재배하기를 원하기 때문에 그렇게 넓게 사용된다. 그러나 동시에 그들이 널리 재배되기 때문에 그들은 축복과 함께 균일성이라는 위험을 지니고 있다. 이러한 위험 중 가장 심각한 것은 넓은 면적에 유전적으로 균일한 작물을 재배할 때는 갑작스럽게 식물병이 대발생할 수 있다는 취약성이다.

병저항성 육종

대부분의 식물 육종은 보다 나은 수량과 품질을 위한 품종개발을 위해 이루어진다. 이러한 품종이 개발되는 동안 이 품종들이 재배될 것이라 예상되는 지역에 존재하는 중요한 식물병원체에 대해 병저항성을 시험하게 된다. 만일 품종이 이들 병원체에 저항성이면, 당장이라도 이 품종들은 생산을 위한 농민들에게 보급된다. 그러나 만일 하나 또는 그 이상의 병원체에 대해 감수성이라면 이들 품종은 보류되거나 버려진다 (그림 4-17). 가끔은 농약 등에 의해 병원체가 방제될 수 있다면 보급된다. 그러나 대부분의 경우에는 다른 좋은 특성을 변화시키지 않고 병원체에 대해 저항성을 갖도록 더 육종한다.

저항성 유전자원

저항성 유전자원은 다른 모든 유전되는 특성에 대해 유전자를 제공하는 작물의 동일한 유전자 pool, 즉 국내 또는 외국의 상업화된 품종, 일찍 버려졌던 옛 품종이나 육종 계통, 야생 근연 식물, 그리고 가끔은 유도된 돌연변이체이다. 흔히 저항성 유전자는 병이 심한 장소에서나 저항성 품종이 절박하게 필요한 지역에서 정상적으로 재배되는 품종 또는 종에 존재한다. 대부분의 병에서 그 지역의 대부분 또는 모든 다른 식물이 심하게 병들어도 일부 식물은 병원체에 영향을 받지 않고 건전하게 남아있다. 이렇게 생존하는 식물에는 저항성 형질이 존재하기 때문에 건전하게 남아있을 수 있는 것이다 (그림 4-18).

만약 저항성 식물을 그 지역에서 찾을 수 없다면, 다른 지역으로부터 같은 종이나 다른 종(재배종 또는 야생종)의 식물에서 저항성이 탐색된다. 만약 저항성 식물이 발견되면 재배 품종으로 그 저항성 유전자를 도입할 수 있도록 재배 품종과 저항성 식물의 교배가 이루어진다. 감자 역병과 같은 일부 병의 경우 그 병이 처음 발생했던 장소에서 자라는 종에서 저항성 유전자를 찾는 것이 필요하다. 아마도 그 지역에서 오랫동안 병원체의 존재 하에서 생존한 식물은 그 병에 대한 저항성이 있기 때문이다.

고전적 병저항성 육종 기술

모든 다른 유전적 특성을 위한 육종에 사용된 방법이 병저항성 육종에 사용되며, 그 방법은 식물의 수정방식 즉, 자가수분이냐 타가수분이냐에 따라 달라진다. 그러나 병저항성을 위한 육종은 좀 더 복잡하다. 그 이유는 식물을 병에 걸리게 함으로써 저항성을 검정할 수 있기 때문이다. 즉, 그 식물과 반응할 수 있는 또 다른 살아있고 다양한 생명체를 사용해야 하는 것이다. 그러나 최근에는 저항성과 관련된 효소, 페놀화합물 그리고 다른 물질과 연관된 분자표지(molecular marker)가 최소한 육종 초기에 식물에 병원체가 접종되는 곳에서의 저항성 선발을 위해 효과적으로 사용되고 있다. 또한 저항성은 어떤 조건에서는 불안정하고 파괴될 수 있기 때문에 저항성 육종은 복잡하다. 이러한 이유 때문에 저항성을 검정(screening)할 수 있는 몇 개의 다소 복잡한 방법이 발전되어 왔다. 이러한 검정방법은 다음과 같은 것을 포함하고 있다. (1) 병원체를 식물에 접

그림 4-17 저항성과 감수성 옥수수의 예. (A) 옥수수 회색잎마름병균에 감염된 저항성(왼쪽)과 감수성(오른쪽) 옥수수 잎. (B) 옥수수이 히색잎마름볁 볁반, (C) 저항성 옥수수 교잡종(왼쪽)과 *Cercospora zeae-maydis*에 의한 회색잎마름병에 저항성 품종. [사진제공: (A) USDA, (B,C) R. Asiedu, International Instit. Tropical Agriculturc.]

종시키기 위한 정확한 조건, (2) 접종된 식물을 유지할 수 있는 환경조건의 조절, (3) 발병률(감염된 식물, 잎 또는 과실의 퍼센트)과 발병도(그 병에 의해 영향 받은 식물조직 총면적의 비율)의 정확한 측정 등 이다. 다음은 저항성 품종 육종을 위해 사용되는 주요 기술이다.

종자, 계통, 순환 선발

자연적으로 침입이 계속해서 일어나는 포장에서 생존하는 가장 저항성이 높은 식물로부터 종자를 집단으로 선발하는 방법이다. 이것은 간단한 방법이나 매우 천천히 식물을 개량하며, 타가수분의 경우에는 꽃가루 원을 통제할 수 없다.

순계 또는 계통 선발(pedigree selection)에는 저항성이 높은 개개의 식물과 이들의 후손을 따로 번식시켜 저항성을 검정하기 위해 반복적으로 접종시키는 방법이다. 이 방법은 쉽고,

그림 4-18 말뚝에 올려 키운 대부분의 마는 탄저병균 *Colletotrichum gloeosporiodes* 에 의해 죽었거나 거의 죽기 직전에 있지만, 많은 양의 전염원이 그 주위에 있음에도 불구하고 몇몇 식물체는 저항성 유전자 때문에 살아있다.

자가수분 작물에 가장 효과적이지만 타가수분의 경우에는 꽤 어려운 작업이다.

순환 선발(recurrent selection) 또는 역교배(back crossing)에서는 좋은 품종이지만 병에 감수성인 작물을 특정 병원체에 대해 저항성 유전자를 갖고 재배되고 있는 작물이나 근접한 야생 식물과 교배시킨 다음, 그 후손을 저항성에 대해 검사하면서, 저항성이 있는 개체는 이상적인 품종과 역교배 시킨다. 이것은 저항성이 이상적인 품종의 유전적인 바탕에서 안정될 때까지 몇 번을 반복한다. 이 방법은 많은 시간이 걸리며 그 효과는 경우에 따라 달라진다. 이 방법은 자가수분보다는 타가수분 작물에 더 쉽게 적용될 수 있다.

다른 방법들

병 저항성을 위한 다른 고전적 육종방법은 다음과 같다. 다른 저항성 유전자를 갖고 있는 두 개의 homozygous 계통 교배에 의한 잡종강세(heterosis, hybrid vigor) 현상의 F1을 이용하는 것이다. 저항성을 증가시키기 위해 자연적이거나 유도된 (UV, X-ray 등) 돌연변이체를 이용한다. 콜히친 같은 화학물질 또는 방사선에 의해 염색체 수의 변화나 정배수체(euploid, 4N, 6N) 또는 이수체(aneuploid, 2n + 1 또는 2 염색체)의 형성이 이용된다.

조직배양과 유전공학 기법을 이용한 저항성 육종

식물 조직배양의 발달은 생장점 번식, 유합조직 및 단세포 배양, 반수체 형성, 그리고 원형질체 분리, 배양, 형질전환 및 식물체로서의 재생을 포함한다. 이러한 기술의 발달은 병원체의 감염에 대한 생물의 저항성 향상을 포함한 식물 개량을 위한 가능성과 방법론에 새로운 길을 열어주고 있다. 이 기술의 잠재력은 분자기술(유전공학)과의 조합에 의해 더 증가한다. 유전공학기법은 한 생명체로부터 다른 생명체로 한 개의 유전자 또는 관련된 유전자집단의 발견, 분리, 변형, 운반 및 발현을 할 수 있게 한다. 유합조직, 단세포, 원형질, 소포자(microspore) 또는 화분으로부터 전체식물의 재생과 같은 조직배양 기술은 식물이 병 저항성을 포함한 많은 형질에서 다양한 변이를 나타내도록 유도한다. 이러한 식물 중 가장 좋은 개체의 선택과 고전적 육종기술의 순차적인 적용은 높은 효과와 빠른 속도로 향상된 식물의 생산을 가능하게 해준다. 식물 개량을 위한 유전공학 기술의 적용은 식물조직배양이 가능한 식물에 의존하지만, 그들의 잠재력은 식물학자가 특별한 기능을 가진 유전자를 찾아내고, 그것을 새로운 생명체에 이동시킬 수 있는 것에 의해 크게 증가한다.

병 저항성 식물의 조직배양

병 저항성 식물의 조직배양은 특별히 딸기, 사과나무, 바나나, 사탕수수, 카사바나무, 감자 등의 영양번식하는 식물에 특히 유용하다. 종자에 의해 쉽게 번식시킬 수 없는 작물의 경우에는 생장점이나 다른 조직의 배양으로부터 얻어진 다량의 소식물체(plantlet)가 저항성 유전자형을 가진 식물의 번식을 촉진한다. 조직배양은 영양번식하는 감수성 식물의 무병묘 생산에 더 많이 사용된다.

식물 조직배양으로부터 병 저항성 돌연변이체의 분리

유합조직, 단일세포, 원형질체의 배양으로부터 재생된 식물은 흔히 많은 체세포 영양계 변이(**somaclonal variation**)를 보이는데 그 대부분이 소용이 없거나 오히려 나쁜 것들이다. 그러나 유용한 특성을 가진 식물도 나올 수 있다. 예를 들면, *Phytophthora infestans* 와 *Alternaria solani* 에 감수성인 감자의 잎이 원형질체로부터 재생되었을 때 그들 중 일부(5/500)가 *A. solani* 에 저항성이었으며, 또 일부 (20/800)가 *P. infestans*에 저항성을 보였다. 비슷하게 *Helminthosporium* 과 *Ustilago* 에 대해 증가된 저항성을 보이는 식물도 사탕수수의 조직배양으로부터 얻어졌다.

반수체로부터 저항성 2성반수체(dihaploids)의 생산

많은 식물의 미숙 화분세포(소포자, microspore) – 간혹 대포자(megaspore)도 이용됨 –로부터 각 유전자에 대해 한 개씩의 대립유전자가 모든 조합에 존재하는 반수체(haploid, 1N) 식물이 유도된다. 영양번식과 적당한 검정에 의해 가장 병 저항성이 높은 반수체를 선발한다. 이 반수체에 콜히친을 처리하여 차례로 핵의 2배체화를 유도한다. 이로 인해 염색체의 수가 배가되고 저항성 유전자를 포함한 모든 유전자가 homozygous한 2성반수체(dihaploid)가 되는 것이다.

원형질체 융합에 의한 병저항성 증가

적당한 조건에서는 관계가 가깝거나 또는 먼 식물의 원형질체 융합이 가능하다. 이 융합은 각 원형질의 핵과 세포질을 포함한 **잡종세포**(雜種細胞; **hybrid cell**)를 생기게 하기도 하고, 한 개의 원형질로부터 핵과 다른 원형질로부터의 세포질을 포함한 **세포질잡종세포**(細胞質雜種細胞; **cybrid cell**)를 초래하기도 한다. 일반적으로 유사성이 적은 잡종세포는 도태되거나 유합조직만 형성하고 식물체로는 재생되지 않는다. 그러나 다소 유사성이 있는 세포의 조합에서는 한 세포로부터 대부분의 염색체가 세포분열 동안 제거되는 한편 살아남은 세포의 한 개 또는 몇 개의 염색체가 다른 세포의 지놈에 끼어들게 된다. 이 방법에 의해 식물은 좀 더 많은 염색체를 갖게 되고, 새로운 성질의 식물이 원형질 융합의 산물로부터 재생된다. 원형질체 융합은 특별히 같은 품종 또는 다른 저항성을 갖는 다른 반수체 계통 사이에서 유용하다. 이러한 계통의 원형질체 융합은 두 개의 높은 저항성 반수체 계통의 저항성 유전자를 조합하는 이배체식물을 만든다.

병 저항성을 위한 식물세포의 유전적 형질전환

유전물질(DNA)은 몇 가지 방법에 의해 식물 세포나 원형질체로 도입될 수 있다. 이러한 방법에는 DNA의 직접적 도입(direct DNA uptake), DNA 미량주입(microinjection), 리포솜(liposome)을 이용한 DNA 운반, 동원체(centromere) 플라스미드(minichromosome) 에 의한 운반, 식물 바이러스 vector 이용, 그리고 가장 중요한 것으로 DNA를 가진 작은 입자를 세포에 발사(bombardment) 하거나, 많은 식물에 뿌리혹병을 일으키는 자연적인 유전자 운반체인 *Agrobacterium tume-faciens*를 이용하는 방법 등이 있다. 이들 모든 방법은 작거나 큰 DNA 절편을 세포나 원형질체로 도입하는데, DNA는 식물 염색체 DNA에 합쳐지거나 그렇지 않을 수도 있다. 도입된 DNA가 식물 세포에 의해 인지될 수 있는 적당한 조절 유전자를 가지고 있거나, 식물 염색체의 적당한 조절 유전자 가까이 삽입되었을 때, 그 DNA는 발현된다. 즉, DNA가 mRNA로 전사되어 단백질로 만들어진다.

지금까지 오직 microprojectile bombardment와 *Agrobacterium* 체계만이 특이적인 새로운 유전자를 식물에 도입하고 발현시키는 데 성공적으로 사용되었다. 이것은 관심있는 여러 개의 유전자를 식물과 병원체로부터 분리하고 적당한 플라스미드로 만들어 작은 입자의 표면에 묻혀 식물세포로 발사하거나, *Agrobacterium* 의 병원성 유전자를 제거한 Ti-플라스미드로 도입하여 이 세균을 다른 적당한 식물에 감염시킴으로써 성취하였다. 감염 후 그 새로운 유전자를 가진 플라스미드의 약 1/10의 DNA가 식물 세포로 이동되며 식물 지놈에 삽입된다. 새로운 유전자는 세포분열 동안 복제되고 다른 식물 유전자와 함께 발현된다.

지금까지 수십 개 이상의 병 저항성 유전자가 분리되었으며, 여러 종의 식물이 병 저항성을 위하여 유전적으로 형질전환되었다. 이것은 균류, 세균, 바이러스 병원체 조합에서 이루어졌다. 또한 바이러스, 세균, 균류 또는 식물 유전자가 유전공학 기법으로 식물에 도입되었을 때 식물에 그 유전자나 DNA 절편이 얻어진 병원체에 대해서(병원체 유래 저항성) 그리고 다른 병원체에 대해서도 다양한 정도의 저항성을 제공하였다. 일반적으로 병 저항성 육종은 유전공학 기법의 적용에 의해 크게 그리고 빠르게 성취될 수 있다고 생각된다.

현재 여러 가지 작물에서 병 저항성 형질전환 식물이 실용적으로 사용되고 있다. 가장 잘 알려진 경우는 바이러스 저항성 식물인데, cucumber mosaic virus, watermelon mosaic, zucchini yellow mosaic virus에 저항성인 박과식물, papaya ringspot virus에 저항성인 파파야, potato leaf roll과 potato Y virus에 저항성인 감자, wheat streak mosaic virus에 저항성인 밀의 경우이다. 병 저항성을 위한 보다 자세한 식물 유전공학 및 보다 많은 예는 제6장에서 찾을 수 있다.

수직 또는 수평 저항성을 위한 육종의 장점과 문제점

저항성은 한 개, 몇 개 또는 많은 저항성 유전자를 한 품종으로 도입함에 의해 얻어진다. 이들 유전자는 병진전에 중요한 단계를 조절하여 병저항성에 주된 역할을 한다. 다른 유전자는 병진전에 있어 덜 중요한 현상을 조절해서 상대적으로 작은 역할을 한다. 분명하게 한 개 또는 몇 개의 중요한 역할을 하는 유전자는 한 병원체에 저항성이 있는 식물을 만들기에 충분하다 (R-유전자, 단인자, 소수인자, 또는 수직저항성). 그러나 작은 영향을 주는 많은 유전자를 갖는 것도 식물이 저항성을 갖도록 하는 것이다 (다인자, 수평저항성). 좀 더 중요한 것은 수직저항성이 병원체에 완전한 저항성을 제공하는 반면, 수평저항성을 가진 식물은 완전히 저항성이거나 완전히 감수성이지 않다. 또한 수직저항성이 육종 프로그램에서 조작이 쉬워 수평저항성보다 흔히 더 우선되고 있으나, 수직저항성과 수평저항성은 각각 장점과 문제점을 갖고 있다.

수직저항성은 특별한 병원체 또는 병원체 레이스에 대한 저항성이다. 수직저항성은 다음과 같을 때 가장 효과적이다. (1) 곡류와 같은 육종하기 쉬운 일년생작물에 이용될때; (2) *Fusarium* 같이 번식과 전반이 빠르지 않은 병원체와 *Puccinia graminis* 같이 돌연변이가 자주 일어나지 않는 병원체에 대항할때; (3) "강한(strong)"유전자(R-유전자)가 있어 그것을 갖고 있는 식물체가 완전하고 장기간 보호할 때; (4) 기주식물 집단이 넓은 지역에서 유전적으로 균일한 품종을 구성하지 않을 때이다. 위의 조건 중 한 개 또는 그 이상의 조건이 맞지 않을 때 수직저항성은 오래가지 못하는데, 즉 저항성을 피하거나 극복할 수 있는 새로운 병원체 레이스의 출현의 결과로 그 저항성이 붕괴되는 것이다.

한편, 수평저항성은 불완전하지만 영속성이 있는 보호를 의미한다. 그것은 대부분의 수직저항성처럼 빨리 갑자기 붕괴되지는 않는다. 수평저항성은 방어기작으로서 작용하며 병원체가 변화시킬 수 없는 많은 기주의 생리적 과정에 관여한다. 수평저항성은 널리 존재하는데, 가장 병원성이 큰 병원체를 포함한 모든 레이스의 병원체에 작용한다. 수평(다인자, 일반, 비특이적)저항성은 수직(소수인자, 특이적)저항성 보다 오래 유지되지만, 저항성 정도는 수직저항성에 비해 훨씬 낮다.

수직저항성을 가진 품종은 흔히 새로운 병원성이 강한 레이스에 의해 갑자기 공격당하여 큰 병을 초래하기 때문에 이러한 단점을 피하기 위해 여러 가지 전략이 발전되었다. 이것은 몇몇 작물에서는 다계통이나 pyramiding 의 사용에 의해 성취된다. **다계통**(*多系統*; **multiline**) 은 농업적인 특성은 비슷하지만 저항성 유전자가 다른 개개 품종(계통 또는 품종)의 혼합재배이다. **Pyramiding** 은 다른 저항성 유전자를 포함한 많은 품종을 교배한 후 여러 저항성 유전자가 함께 중복되어 섞여있는 품종을 선발하는 것이다. 다계통과 pyramiding 은 곡류에서 대부분 녹병균에 대해 개발되어 왔으나, 특이적 저항성과 농약에 의한 식물병의 방제가 좀 더 위험해지고 받아들여지지 않음에 따라 다른 작물에서도 그 사용빈도가 증가할 것으로 보인다.

야생이나 재배가치가 떨어진 식물들로부터 저항성 유전자를 감수성 품종이지만 농업적으로는 바람직한 품종으로 도입하는 것은 이상적이지만, 반복된 교배, 검정 및 역교잡이 필요하여 어렵고도 고통스러운 과정이다. 그러나 대부분 이 방법의 가능성은 여러 차례 증명되었다. 육종을 통하여 병원체에 대한 저항성 유전자를 도입함으로써 일부 작물의 품종이 만들어져 왔다.

대발생하는 식물병에 대한 유전적으로 균일한 작물의 취약성

완전한 수직저항성을 가진 품종조차 영원히 저항성을 가진 채로 남아있지 못한다. 병원체의 돌연변이체나 잡종의 계속적인 생산은 곧 이전에 저항성이던 품종에 침해하는 레이스의 출현을 초래한다. 때때로 이러한 레이스는 적은 숫자의 집단으로 존재하였기 때문에 새로운 품종이 도입되기 전까지는 발견되지 못하거나, 또는 다른 곳에 존재하던 병원성이 강한 레이스가 저항성 품종의 도입 후에 오는 경우가 있다. 모든 경우에 전에 저항성인 단일 품종의 넓은 경작은 새로운 병원체 레이스의 급속한 발달과 전파에 좋은 조건으로 작용해 쉽게 큰 병의 발생으로 발전한다. 그래서 유전적으로 균일한 작물은 원예적인 특성에 대해서는 매우 이상적이지만, 병 저항성 유전자의 경우에는 바람직하지 않으며 흔히 큰 재해를 초래한다.

유전적으로 균일한 병 저항성을 가진 품종의 재배는 농약과 같은 다른 방제수단이 가능한 경우에는 어느 정도 안전하다. 그래서 Delicious 사과나무, Bartlett 배나무, Elberta 복숭아 및 Nevel 오렌지와 같은 과수류가 짧은 시간 안에 그들을 파괴시킬 수 있는 균류와 세균 병원균들이 존재함에도 불구하고 전세계적으로 재배되고 있는 것은 화학적 방제에 의해 병원체로부터 나무가 보호된다는 사실 때문이다. 이러한 품종들조차 화학적으로 방제할 수 없는 병원체에 의해 감염될 때는 큰 피해를 당한다. 예로서 배나무 불마름병과 배나무 쇠락병 그리고 귤나무류 트리스테자병 등이 있다.

유전적으로 균일한 병 저항성을 가진 품종이 심각하고 전염성이 큰 병으로부터 위협받지 않을 또 다른 경우는 그 저항성이 *Fusarium*이나 *Verticillium* 과 같은 천천히 진전되는 토양병원체에 대응하였을 때이다. 어떤 병원체가 보통 다른 것에 비해 더 적은 수의 레이스를 생성한다는 사실 외에도 새로운 레이스가 같은 속도로 생겨도 토양전염성 병원체는 공기전염성 병원체와 같은 확산력(dispersal potential)이 결여되어 있기 때문이다. 그 결과로 토양전염성 병원체의 새로운 레이스는 오랜 시간 동안 상대적으로 작은 지역에 국한된다. 그러나 그것이 지역적으로 심한 병을 일으킴에도 불구하고 유행병을 일으키도록 급속하고 넓게 번지지는 않는다. 토양전염성 병원체에서 병원성이 강한 새로운 레이스의 느린 전파는 다른 수단에 의해 병을 방제할 수 있게 하거나 새로운 레이스에 저항성이 있는 또 다른 품종으로 대체할 수 있는 시간을 허락한다.

식물 품종에 있어 유전적 균일성은 이들 품종이 재배되고 있는 거대한 면적에 공기전염성이나 곤충전염성 병원체에 의해 일어나는 갑작스럽고 넓게 번지는 유행병의 잠재적인 위험성 때문에 주요 작물의 생산에 심각한 단점이 되고 있다. 유전적 균일성에 의한 큰 병의 발생에 대한 몇 가지 예가 알려져 있고 몇 가지는 이미 언급된 바 있다. 미국의 옥수수 깨씨무늬병은 텍사스 웅성불임 세포질을 옥수수 잡종에 넓게 사용한 결과이다. 그 외에 *Puccinia graminis*의 레이스 56에 의한 "Ceres" 봄밀의 전멸과 *P. graminis*의 레이스 15B에 의한 "Hope"와 근연계통 빵밀의 전멸은 소수의 균일한 유전자를 갖는 품종으로 많은 유전적으로 다양한 품종을 대체한 결과이다. Victoria 귀리의 Cochliobolus(Helminthosporium) 잎마름병은 많은 품종을 녹병 저항성인 Victoria로 대체한 결과이다. Ceylon에 있는 커피나무는 커피 녹병에 의해 파괴되었는데, 그들 모두가 감수성인 *Coffea arabica*로부터 유래되었기 때문이다. 남미, 중남미, 그리고 북미의 수많은 오렌지나무는 트리스테자병에 의해 거의 전멸되었는데, 그들 모두가 과민성반응을 나타내는 광귤나무로부터 번식되었기 때문이다.

넓은 면적에서 유전적으로 균일한 작물의 집중적인 재배 때문에 일어나는 큰 병의 발생에 잘 알려진 보기에도 불구하고 작물생산의 유전적 균일성에 의존이 계속되고 있다. 각 작물의 소수 품종이 아직까지 미국 같은 넓은 지역에서 재배되는 작물의 대다수를 차지하고 있다. 상대적으로 많은 수의 품종이 각 작물에 있음에도 불구하고 오직 소수 품종들이 각 작물의 반 이상의 면적에 재배되고 있으며, 어떤 경우는 해당 작물 재배면적의 3/4를 차지하고 있다. 예를 들면, 두 종류의 완두 품종은 전체 재배면적의 96%(약 40만에이커)를 차지하고 있으며, 두 품종의 사당무 또한 전체의 42%(60만에이커)를 차지하고 있다. 그러나 정말 큰 면적을 차지하는 작물을 고려할 때 그 숫자는 좀 더 굉장하다. 옥수수에서는 6가지 품종이 71%(4,700만 에이커)를 차지하고 있으나 그들 중 오직 한 품종이 26%(1,700만 에이커)의 재배면적을 차지하고 있다. 좀더 자세히 말하면, 대부분의 품종이 같은 웅성불임 세포질을 갖고 있는 것이다. 이와 비슷하게 콩의 6개 품종이 약 2400만 에이커에 재배되고 있는데, 대부분이 같은 조상으로부터 유래하였다.

수십 만 또는 수백 만 에이커에 한 품종만 식재하면 병이 대발생할 가능성이 높다는 것은 자명하다. 물론 그 품종은 현재 존재하는 병원체에 저항성이 있기 때문에 재배되고 있다. 그러나 이 저항성은 그 지역에 있는 병원체에 극단적인 생존 압력을 가하고 있다. 따라서 그 품종을 공격할 수 있는 병원성이 강한 새로운 레이스의 출현은 수억만 병원체 중의 하나의 "right" 변화에 의한다. 그것이 일어나면 병원체에 좋은 기후조건에서 병이 대발생하고 그 품종의 수량은 파괴되거나 경제적 가치를 잃게 된다. 어떤 경우에는 새로운 레이스가 일찍 발견되어 병이 넓게 퍼지기 전에 그 새로운 레이스에 강한 다른 품종으로 교체될 수도 있는데, 물론 이는 유전적 배경이 다른 품종이 항상 있다는 조건이 따른다. 이런 이유 때문에 대부분의 품종은 보통 그들이 널리 분포되었을 때로부터 3~5년 안에 교체되어야 한다.

식물 육종은 한 품종 안에서의 유전적 균일성을 가져오는 것에 더하여, 흔히 한 작물의 모든 품종에 한 개 또는 몇 개의 유전자를 도입하여 또는 한 가지 형태의 세포질로 그 품종들의 세포질을 교체하는 방법으로 재배되는 몇 개 또는 모든 품종에 유전적 균일성을 제공한다. 도입된 유전자를 통해 유전적 균일성을 갖게 된 사례로는 난쟁이 밀과 벼의 왜소성 유전자(dwarfism gene), 토마토의 유한성 유전자(determinate gene), 사탕무의 monogerm 유전자, 강낭콩의 stringless 유전자 등이 있다. 세포질의 교체를 통한 균일성은 옥수수 잡종에서 텍사스 웅성불임 세포질로 정상 세포질을 교체하였을 때인 1960년대 말에 일어났다. 그리고 세포질 균일성은 상업적으로 수수, 사탕무 및 양파의 일부 품종에서 이용되고, 밀에서도 연구되었으며, 목화나 노지멜론에서도 찾아 볼 수 있다. 물론 도입된 유전자나 세포질의 교체가 병에 대해 저항성을 저하시키는 것은 아니지만, 만약 그 도입된 유전자에 연관되어 있는 유전자 또는 그 교체된 세포질에 존재하는 유전자에 의해 조절되는 특성을 좋아하거나 그 특성을 이용하는 병원체가 나타난다면 그 때는 커다란 병발생의 조건이 갖추어진 상태가 되는 것이다. 그것이 일어난 경우는 1970년의 옥수수 깨씨무늬병, 키 작은 밀의 *Septoria* 와 *Puccinia* 의 새로운 레이스에 대한 감수성, 그리고 *Alternaria* 에 대한 유한성 유전자를 가진 토마토의 감수성 등으로 증명되었다.

최근에 소수의 선택된 품종을 가진 작물의 전체 경작면적을 조금씩 줄이는 노력을 해왔지만, 대부분 작물에서 선택적 품종이 차지하는 면적은 아직까지 너무 넓다. 예를 들면, 1990년대 중반에 6개의 콩 품종이 전체면적의 41%를 차지하고 있고, 9개의 밀 품종이 34%를 차지하고 있다. 그러나 같은 해에 3개의 목화 품종은 전체면적의 54%를 차지했다. 더욱이 같은 해에 감자를 생산하는 11개 주에서 각각 가장 인기 있는 4가지 감자 품종은 63%에서 100%를 차지했다. 가장 많은 보리를 생산하는 6개 주의 가장 인기 있는 품종은 각 주의 작물의 44%에서 94%를 차지하고 있다.

참고문헌

Agrawal, A. A., Tuzun, S., and Bent, E., eds. (1999). "Induced Plant Defenses against Pathogens and Herbivores." APS Press, St. Paul, MN.

Agrios, G. N. (1980). Escape from disease. *In* "Plant Disease" (J. G. Horsfall and E. B. Cowling, eds.), Vol. 5, pp. 17–37. Academic Press, New York.

Bauer, D. W., *et al.* (1995). *Erwinia chrysanthemi* $Harpin_{Ech}$: An elicitor of the hypersensitive response that contributes to soft rot pathogenesis. *Mol. Plant-Microbe Interact.* **8**, 484–491.

Bent, A. F., *et al.* (1994). RPS2 of *Arabidopsis thaliana*: A leucine-rich repeat class of plant disease resistance genes. *Science* **265**, 1856–1860.

Birch, P. R., and Whisson, S. C. (2001). *Phytophthora infestans* enters the genomics era. *Mol. Plant Pathol.* **2**, 257–263.

Bisgrove, S. R. (1994). A disease resistance gene in *Arabidopsis* with specificity for two different pathogen avirulence genes. *Plant Cell* **6**, 927–933.

Boucher, C. A., Gough, C. L., and Arlat, M. (1992). Molecular genetics of pathogenicity determinants of *Pseudomonas solanacearum* with special emphasis on hrp genes. *Annu. Rev. Phytopathol.* 30, 443–461.

Bushnell, W. R., and Rowell, J. B. (1981). Suppressors of defense reactions: A model for roles in specificity. *Phytopathology* **71**, 1012–1014.

Cao, H., Baldini, R. L., and Rahme, L. G. (2001). Common mechanisms for pathogens of plants and animals. *Annu. Rev. Phytopathol.* **39**, 259–284.

Carlyle, M. J., Watkinson, S. C., and Gooday, G. W. (2001). "The Fungi." Academic Press, San Diego, CA.

Charles, T. C., Jin, S., and Nester, E. W. (1992). Two-component sensory transduction systems in phytobacteria. *Annu. Rev. Phytopathol.* **30**, 463–484.

Crute, I. R. (1992). From breeding to cloning (and back again?): A case study with lettuce downy mildew. *Annu. Rev. Phytopathol.* **30**, 485–506.

Culver, J. N. (2002). Tobacco mosaic virus assembly and disassembly: Determinants in pathogenicity and virulence. *Annu. Rev. Phytopathol.* **40**, 287–308.

Davis, *et al.* (2000). Nematode parasitism genes. *Annu. Rev. Phytopathol.* **38**, 365–396.

deWit, P. J. G. M. (1992). Molecular characterization of gene-for-gene systems in plant-fungus interactions and the application of avirulence genes in control of plant pathogens. *Annu. Rev. Phytopathol.* **30**, 391–418.

Dinesh-Kumar, S. P., *et al.* (1995). Transposon tagging of tobacco mosaic virus resistance gene N: Its possible role in the TMV-N mediated signal transduction pathway. *Proc. Natl. Acad. Sci. USA* **92**, 4175–4180.

Dixon, R. A., Harrison, M. J., and Lamb, C. J. (1994). Early events in the activation of plant defense responses. *Annu. Rev. Phytopathol.* **32**, 479–501.

Dubin, H. J., and Rajoram, S. (1982). The CIMMYT's international approach to breeding disease-resistant wheat. *Plant Dis.* **66**, 967–971.

Eastgate, J. A. (2000). *Erwinia amylovora:* The molecular basis of fireblight disease. *Mol. Plant Pathol.* **1**, 325–329.

Flor, H. H. (1971). Current status of the gene-for-gene concept. *Annu. Rev. Phytopathol.* **9**, 275–296.

Fraser, R. S. S. (1990). The genetics of resistance to plant viruses. *Annu. Rev. Phytopathol.* **28**, 179–200.

Fry, W. E., *et al.* (1992). Population genetics and intercontinental migrations of *Phytophthora infestans. Annu. Rev. Phytopathol.* **30**, 107–130.

Gabriel, D. W., and Rolfe, B. G. (1990). Working models of specific recognition in plant-microbe interactions. *Annu. Rev. Phytopathol.* **28**, 365–391.

Garcia-Arenal, F., Fraile, A., and Malpica, J. M. (2001). Variability and genetic structure of plant virus populations. *Annu. Rev. Phytopathol.* **39**, 157–186

Gebhardt, C., and Valkonen, J. P. T. (2001). Organization of genes controlling disease resistance in the potato genome. *Annu. Rev. Phytopathol.* **39**, 79–102.

Gheysen, G., and Fenoll, C. (2002). Gene expression in nematode feeder sites. *Annu. Rev. Phytopathol.* **40**, 191–219.

Gilchrist, D. G. (1998). Programmed cell death in plant disease: The purpose and promise of cellular suicide. *Annu. Rev. Phytopathol.* **36**, 393–414.

Gold, S. E. (2003). *Ustilago* pathogenicity. *In* "Plant-Microbe Interactions (G. Stacey and N. T. Keen, eds.), Vol. 6, pp. 147–172. APS Press, St. Paul, MN.

Grandel, A., Romeis, T., and Kamper, Jorg. (2000). Regulation of pathogenic development in the corn smut fungus *Ustilago maydis. Mol. Plant Pathol.* **1**, 61–66.

Hahn, M. G. (1996). Microbial elicitors and their receptors in plants. *Annu. Rev. Phytopathol.* **34**, 387–411.

Hammerschmidt, R. (1999). Phytoalexins: What have we learned after 60 years? *Annu. Rev. Phytopathol.* **37**, 285–306.

He, S. Y. (1998). Type III protein secretion systems in plant and animal pathogenic bacteria. *Annu. Rev. Phytopathol.* **36**, 363–392.

Heath, M. C. (1991). The role of gene-for-gene interactions in the determination of host species specificity. *Phytopathology* **81**, 127–130.

Hennecke, H., and Verma, D. P. S., eds. (1991). "Advances in Molecular Genetics of Plant-Microbe Interactions," Vol. 1. Kluwer, Dordrecht, The Netherlands.

Hooker, A. L. (1974). Cytoplasmic susceptibility in plant disease. *Annu. Rev. Phytopathol.* **12**, 167–179.

Hull, R. (2002). "Matthews' Plant Virology," 4th Ed. Academic Press, San Diego.

Idnurm, A., and Howlett, B. J. (2001). Pathogenicity genes of phytopathogenic fungi. *Mol. Plant Pathol.* **2**, 241–255.

Innes, R. W. (2001). Targeting the targets of type III effector proteins secreted by phytopathogenic bacteria. *Mol. Plant Pathol.* **2**, 109–115.

Johnson, R., and Jellis, G. J., eds. (1993). "Breeding for Disease Resistance." Kluwer, Hingham, MA.

Keen, N. T. (1982). Specific recognition in gene-for-gene host parasite systems. *In* "Advances in Plant Pathology" (D. S. Ingram and P. H. Williams, eds.), Vol. 1 pp. 35–82. Academic Press, London.

Kessmann, H., *et al.* (1994). Activation of systemic acquired disease resistance in plants. *Eur. J. Plant Pathol.* **100**, 359–369.

Kistler, H. C., and Miao, V. P. W. (1992). New modes of genetic change in filamentous fungi. *Annu. Rev. Phytopathol.* **30**, 131–152.

Kiyosawa, S. (1982). Genetics and epidemiological modeling of breakdown of plant disease resistance. *Annu. Rev. Phytopathol.* **20**, 93–117.

Lamb, C. J. (1994). Plant disease resistance genes in signal perception and transduction. *Cell* **76**, 419–422.

Leach, J. E., and White, F. F. (1996). Bacterial avirulence genes. *Annu. Rev. Phytopathol.* **34**, 153–179.

Leach, J. E., *et al.* (2001). Pathogen fitness penalty as a predictor of durability of disease resistance genes. *Annu. Rev. Phytopathol.* **39**, 187–224.

Leong, S. A., Allen, C., and Triplett, E. W., eds. "Biology of Plant-Microbe Interactions," Vol. 3. Intrn. Soc. Molec. Plant-Microbe Interact., St. Paul, MN.

Lindgren, P. B. (1997). The role of *hrp* genes during plant-bacterial interactions. *Annu. Rev. Phytopathol.* **35**, 129–152.

Lindgren, P. E., Peet, R. C., and Panopoulos, N. J. (1986). Gene cluster of *Pseudomonas syringae* pv. *phaseolicola* controls pathogenicity on bean plants and hypersensitivity on nonhost plants. *J. Bacteriol.* **168**, 512–522.

Marathe, R., *et al.* (2002). The tobacco mosaic virus resistance gene N. *Mol. Plant Pathol.* **3**, 167–172.

Martin, G. B., *et al.* (1993). Map-based cloning of a protein kinase gene conferring disease resistance to tomato. *Science* **262**, 1432–1436.

McDermott, J. M., and McDonald, B. A. (1993). Gene flow in plant pathosystems. *Annu. Rev. Phytopathol.* **31**, 353–373.

McDonald, B. A., and Linde, C. (2002). Pathogen population genetics, evolutionary potential, and durable resistance. *Annu. Rev. Phytopathol.* **40**, 349–379.

Mindrinos, M., *et al.* (1994). The *Arabidopsis thaliana* disease resistance gene RPS2 encodes a protein containing a nucleotide-binding site and leucine-rich repeats. *Cell* **78**, 1089–1099.

Minsavage, G. V., *et al.* (1990). Gene-for-gene relationships specifying disease resistance in *Xanthomonas campestris* pv. *Vesicatoria*–pepper interactions. *Mol. Plant-Microbe Interact.* **3**, 41–47.

Montesano, M., Brader, G., and Palva, E. T. (2003). Pathogen-derived elicitors: Searching for receptors in plants. *Mol. Plant Pathol.* **4**, 73–83.

National Academy of Sciences (1972). "Genetic Vulnerability of Major Corps." Natl. Acad. Sci., Washington, DC.

Nene, Y. L. (1988). Multiple disease resistance in grain legumes. *Annu. Rev. Phytopathol.* **26**, 203–217.

Nester, E. W. (2000). DNA and protein transfer from bacteria to eukaryotes — the *Agrobacterium* story. *Mol. Plant Pathol.* **1**, 87–90.

Nester, E. W., and Verma, D. P. S., eds. (1993). "Advances in Molecular Genetics of Plant-Microbe Interactions," Vol. 2. Kluwer Academic, Dordrecht, The Netherlands.

Panstruga, R., and Schulze-Lefert, P. (2002). Live and let live: Insights into powdery mildew disease and resistance. *Mol. Plant Pathol.* **3**, 495–507.

Pedley, K. F., and Martin, G. B. (2003). Molecular basis of Pto-mediated resistance to bacterial speck disease in tomato. *Annu. Rev. Phytopathol.* **41**, 215–244.

Perombelon, M. C. M. (2002). Potato diseases caused by soft rot erwinias: An overview of pathogenesis. *Plant Pathol.* **51**, 1–12.

Rivas, S., and Tomas, C. M. (2002). Recent advances in the study of tomato Cf resistance genes. *Mol. Plant Pathol.* **3**, 277–282.

Roncero, M. I. G., *et al.* (2003). *Fusarium* as a model for studying virulence in soilborne plant pathogens. *Physiol. Mol. Plant Pathol.* **62**, 87–98.

Ryals, J., *et al.* (1995). Signal transduction in systemic acquired resistance. *Proc. Natl. Acad. Sci. USA* **92**, 4202–4205.

Schäfer, W. (1994). Molecular mechanisms of fungal pathogenicity in plants. *Annu. Rev. Phytopathol.* **32**, 461–477.

Singh, U. S., Singh, R. P., and Kohmoto, K., eds. (1995). "Pathogenesis and Host Specificity in Plant Diseases: Histopathological, Biochemical, Genetic and Molecular Bases," Vols. 1–3. Pergamon, Elsevier Science, Tarrytown, NY.

Stacey, G., and Keen, N. T., eds. (2000). "Plant–Microbe Interactions," Vol. 5. APS Press, St. Paul, MN.

Stacey, G., and Keen, N. T., eds. (2003). "Plant–Microbe Interactions," Vol. 6. APS Press, St. Paul, MN.

Staskawicz, B. J., *et al.* (1995). Molecular genetics of plant disease resistance. *Science* **268**, 661–667.

Staskawicz, B. J., *et al.* (2001). Common and contrasting themes of plant and animal diseases. *Science* **292**, 2285–2289.

Sticher, L., Mauch-Mani, B., and Metraux, J. P. (1997). Systemic acquired resistance. *Annu. Rev. Phytopathol.* **35**, 235–270.

Suzuki, M., *et al.* (1995). Point mutations in the coat protein of cucumber mosaic virus affect symptom expression and virion accumulation in tobacco. *J. Gen. Virol.* **76**, 1791–1799.

Thomas, P. L. (1991). Genetics of small-grain smuts. *Annu. Rev. Phytopathol.* **29**, 137–148.

Tijan, R. (1995). Molecular machines that control genes. *Sci. Am.* **February**, 54–61.

Toth, I. K., *et al.* (2003). Soft rot erwiniae: From genes to genomes. *Mol. Plant Pathol.* **4**, 17–30.

Tyler, B. M. (2002). Molecular basis of recognition between *Phytophthora* pathogens and their hosts. *Annu. Rev. Phytopathol.* **40**, 137–167.

Tzvira, T., and Citovsky, V. (2000). From host recognition to DNA integration: The function of bacterial and plant genes in the *Agrobacterium*-plant cell interaction. *Mol. Plant Pathol.* **1**, 201–212.

Valent, B., and Chumley, F. G. (1991). Molecular genetic analysis of the rice blast fungus, *Magnaporthe grisea. Annu. Rev. Phytopathol.* **29**, 443–467.

Vanderplank, J. E. (1982). "Host–Pathogen Interaction in Plant Disease." Academic Press, New York.

Vanderplank, J. E. (1984). "Disease Resistance in Plants," 2nd Ed. Academic Press, Orlando, FL.

Van Gisegem, F., Genin, S., and Boucher, C. (1995). *hrp* and *avr* genes, key determinants controlling the interactions between plants and gram-negative phytopathogenic bacteria. *In* "Pathogenesis and Host Specificity in Plant Diseases" (U. S. Singh, R. P. Singh, and K. Kohmoto, eds.), Vol. 1, pp. 273–292. Elsevier Science, Tarrytown, NY.

Van Sluys, M. A., *et al.* (2002). Comparative genomic analysis of plant-associated bacteria. *Annu. Rev. Phytopathol.* **40**, 169–189.

Walsh, J. A., and Jenner, C. E. (2002). Turnip mosaic virus and the quest for durable resistance. *Mol. Plant Pathol.* **3**, 289–300.

Walton, J. D., and Panacione, D. G. (1993). Host specific toxins and disease specificity: Perspectives and progress. *Annu. Rev. Phytopathol.* **31**, 275–303.

Whitham, S., *et al.* (1994). The product of the tobacco mosaic virus resistance gene N: Similarity to Toll and the interleukin-1 receptor. *Cell* **78**, 1105–1115.

Willis, D. K., Rich, J. J., and Hrabak, E. M. (1991). *hrp* genes of phytopathogenic bacteria. *Mol. Plant-Microbe Interact.* **4**, 132–138.

Walton, J. D., and Panacione, D. G. (1993). Host specific toxins and disease specificity: Perspectives and progress. *Annu. Rev. Phytopathol.* **31**, 275–303.

Whitham, S., *et al.* (1994). The product of the tobacco mosaic virus resistance gene N: Similarity to Toll and the interleukin-1 receptor. *Cell* **78**, 1105–1115.

Willis, D. K., Rich, J. J., and Hrabak, E. M. (1991). *hrp* genes of phytopathogenic bacteria. *Mol. Plant-Microbe Interact.* **4**, 132–138.

제 5 장

병원체가 식물체를 공격하는 방법

건전한 식물체는 견고한 요새처럼 만들어진 세포집단이다. 식물세포는 세포벽, 세포막 그리고 핵과 다양한 기관과 병원균이 공격할 수 있는 모든 물질을 포함하고 있는 세포질로 구성되어 있다 (그림 5-1). 세포질과 기관들은 다양한 종류의 단백질이 함몰되어 있는 세포막에 의하여 분리되어 있다 (그림 5-2). 환경과 접하고 있는 식물체의 표면은 뿌리의 표피세포나 잎의 유세포의 세포간극에서처럼 셀룰로스로 구성되어 있거나 식물체의 지상부위에서처럼 표피세포벽을 덮고 있는 큐티클로 구성되어 있다. 특히 식물체의 어린 부위는 흔히 큐티클층 외부에 또 다른 층인 왁스층으로 덮여 있다 (그림 5-3).

병원체는 기주식물체에서 만들어지는 물질에 의존하면서 살아가도록 진화되었기 때문에 식물체를 가해하는데, 생존을 위해 이러한 물질에 전적으로 의존하는 병원체도 있다. 그러나 많은 물질이 식물세포의 원형질체 안쪽에 있기 때문에 만약 병원체가 접근하여 이러한 물질을 얻기 위해서는 먼저 큐티클이나 세포벽에 의해 형성된 외부의 장벽을 뚫어야 한다. 일단 외부 세포벽을 뚫었어도 식물체 안으로 침입해 들어가기 위해서는 더 많은 세포벽을 뚫어야 한다. 더구나 식물체의 세포물질은 병원체가 항상 즉시 이용할 수 있는 형태가 아니므로 병원체가 흡수하여 동화할 수 있는 형태로 분해되어야 한다. 더구나 식물체는 병원체와 병원체의 활성에 반응하여 병원체의 생존이나 진전을 방해하는 구조나 화학물질을 생성하는데, 만약 병원체가 식물체에 의존하여 계속적으로 생존하려면 이러한 방해물을 극복할 수 있어야 한다.

그러므로 병원체가 식물체를 감염시키기 위해서는 병원체가 식물체에 침입하면서 식물체로부터 양분을 취하고 식물체의 방어작용을 무력화시킬 수 있어야만 한다. 병원체는 주로 기주식물체의 구성요소나 대사기작에 영향을 주는 화학물질을 분비하여 이러한 활동을 수행한다. 그러나 병원체는 식물체의 세포벽

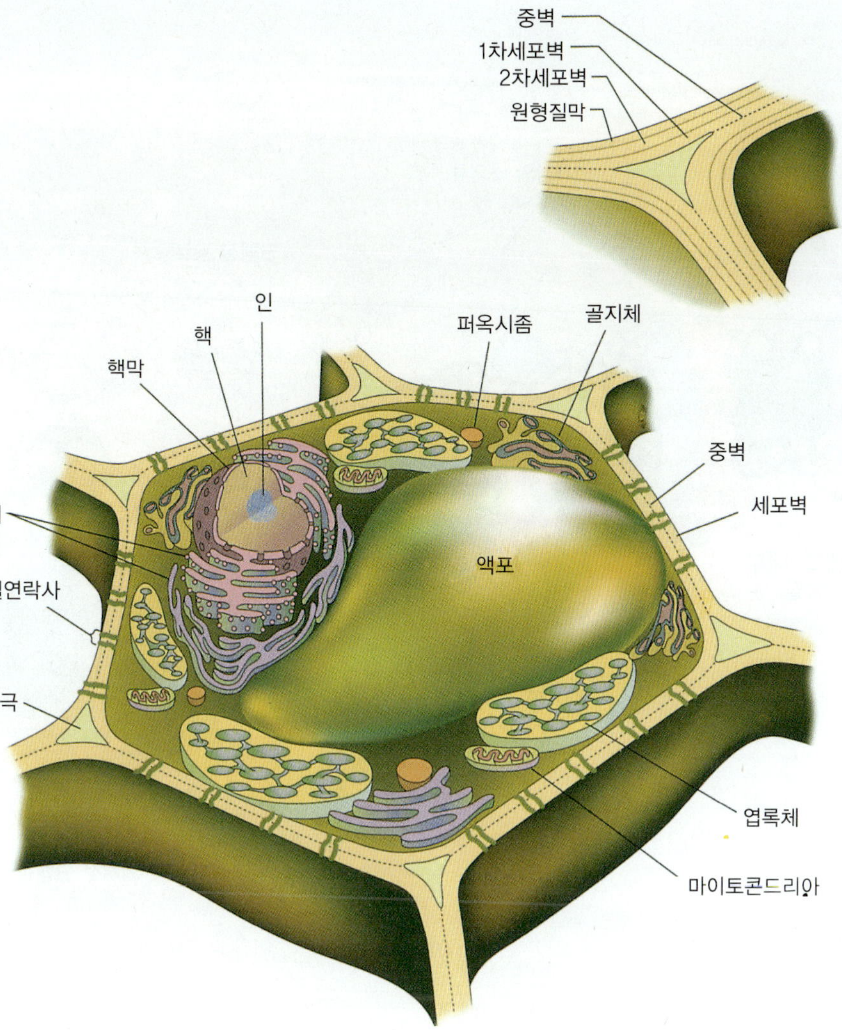

그림 5-1 식물세포와 주요 구성 성분의 모식도.

에 가하는 기계적 힘에 의해서 침투·침입하는 것으로 여겨지며 어떤 경우에는 전적으로 이러한 힘에 의해 이루어진다.

병원체가 기주조직에 가하는 기계적 힘

일반적으로 식물병원체는 식물체의 표면에 자발적인 힘을 가할 수 없는 아주 작은 미생물이다. 단지 몇 종류의 균류, 기생식물, 선충이 침입하려는 식물체의 표면에 기계적 힘을 가할 수 있는 것처럼 보인다. 그러나 가해지는 힘의 크기는 병원균이 분비하는 효소에 의해 식물체가 물러지는 정도에 따라 다르다.

먼저 균류와 기생식물이 식물체 표면을 침입하기 위해서는 일반적으로 표면에 붙어야 한다. 식물체에 고착되면 균사와 유근이 항상 끈적끈적한 물질에 둘러싸이지만, 서로 밀접하게 접촉되어 있는 식물체와 병원체의 표면 사이에 생기는 분자간의 힘에 의해 붙어있다. 어떤 경우에는 포자가 습한 기주 표면에 접촉되었을 때 부착패드를 형성하고 큐틴분해효소와 셀룰로스 분해효소를 방출하여 식물체 표면에 부착되도록 한다. 어떤 균류 포자 끝에는 수화되었을 때 다양한 표면에 포자가 부착되도록 해 주는 부착물질이 들어있다.

접촉이 이루어진 후에 기주와 접촉한 균사나 유근의 접촉부위의 직경이 커지고 부착기라는 편평하면서 둥근 모양의 구조를 형성한다 (제2장 그림 2-4, 2-5). 부착기는 두 생물체 간에 부착된 부위의 면적을 증가시켜 병원체가 식물체에 안전하게 매달려 있게 한다. 부착기에서 침입관이라는 가는 생장점이 나와서 큐티클과 세포벽을 통하여 안으로 침입한다.

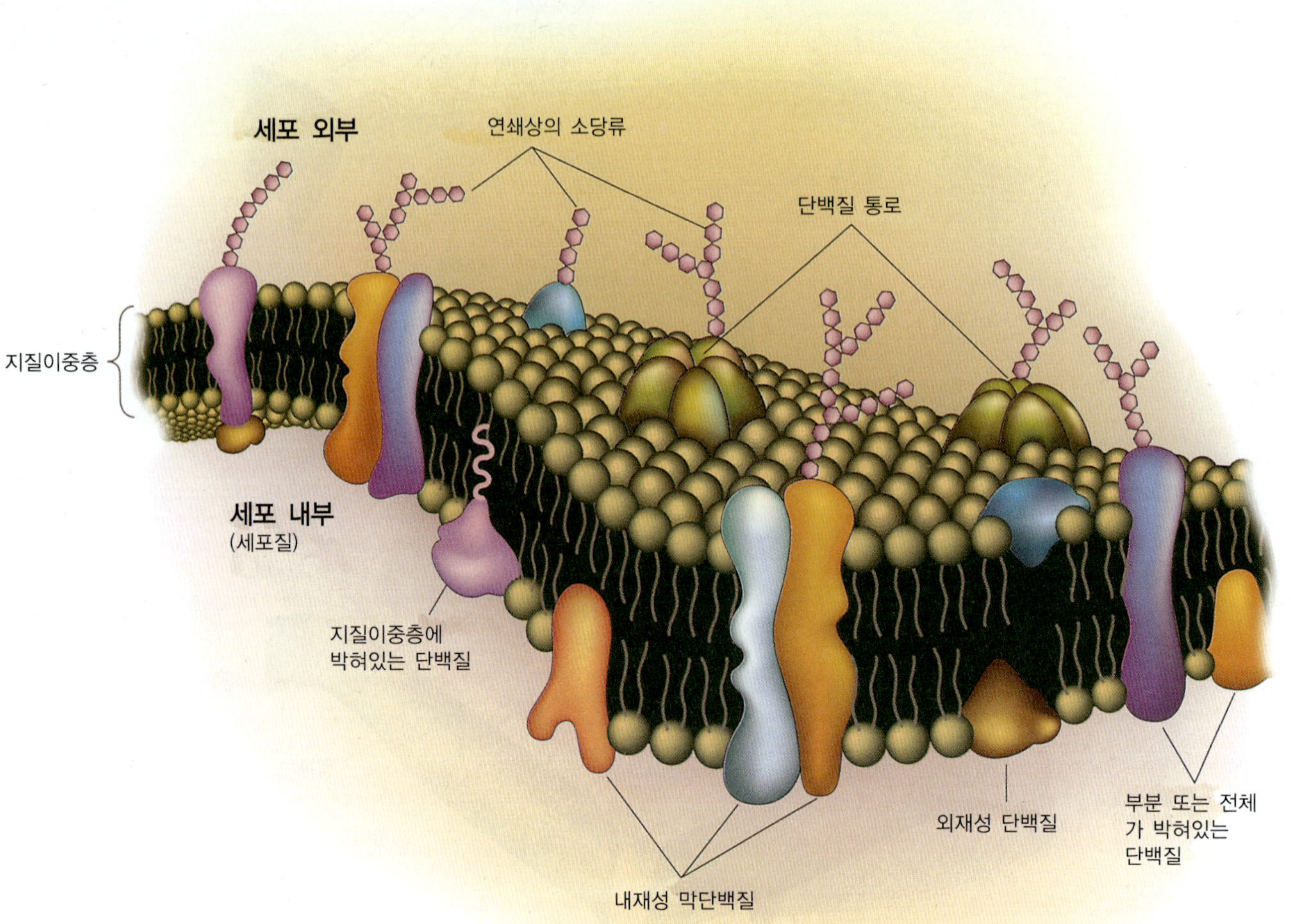

그림 5-2 세포막과 세포막에 관련된 단백질 분자의 배열 모식도.

Alternaria, *Cochliobolus*, *Colletotrichum*, *Gaeamanomyces*, *Magnaporthe*, *Verticillium* 과 같은 아래쪽 일부 균류에서는 멜라닌(검은 색소)이 부착기 세포벽에 축적되어야만 식물체 침입이 일어난다. 멜라닌은 단단한 구조층을 생성하고 부착기 안에 용질을 함유하게 함으로써 물이 흡수되도록 한다. 이 과정에서 부착기의 팽압이 증가하기 때문에 침입관이 식물체에 물리적으로 침입하는 것처럼 보인다. 부착기 밑에 있는 기주세포벽이 무르면 침입은 쉽게 일어난다. 그러나 밑에 있는 기주세포벽이 단단하면 생장점의 힘이 두 표면의 부착력보다 커서 부착기와 기주세포벽이 분리되므로 감염이 일어나지 않는다. 균류와 기생식물이 식물체의 방어벽을 뚫고 침입하는 데에는 항상 병원체에 의해서 분비되는 효소가 방어벽을 연화하거나 용해하여 침입을 도와준다. 예를 들면, 어떤 흰가루병균의 부착기가 기주세포를 침입하기에 충분한 최대 2~4MPa의 팽압을 발생시키는 동안에는 두 종류의 셀룰로스분해효소가 발견되었는데, 하나는 부착기 발아관의 끝에 또 다른 하나는 1차 발아관의 끝에 주로 존재하는 것으로 밝혀졌다.

침입관이 큐티클을 통과하는 동안에는 직경이 실처럼 아주 가늘어지지만, 큐티클을 침입하고 난 뒤에는 흔히 균사의 직경이 상당히 증가한다. 세포벽을 통과하고 난 직후에 침입관은

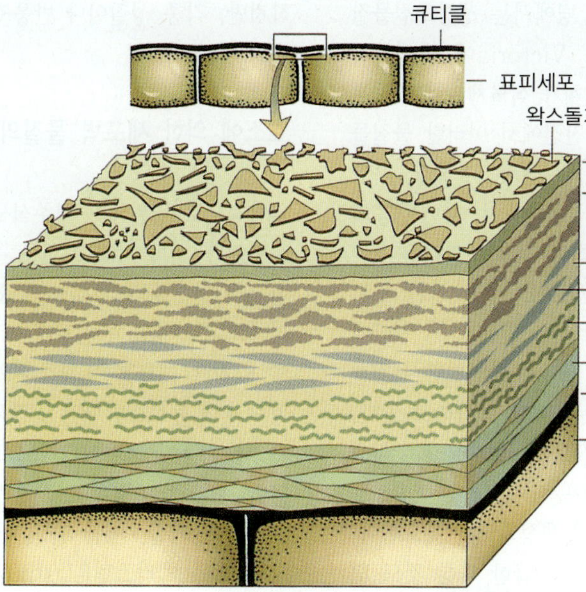

그림 5-3 잎에서 표피세포의 큐티클과 세포벽의 구조와 조성 모식도. [출처: Goodman *et al.* (1967).]

그 균이 갖는 균사의 정상적인 직경을 유지한다 (제2장 그림 2-5, 2-19 참조).

선충은 구침을 이용하여 식물체 표면을 뚫고 들어가는데, 구침을 앞뒤로 움직이며 찔러서 세포벽에 기계적 힘을 가한다 (제2장 그림 2-10). 선충이 식물체와 접촉할 때에는 흡인력에 의해 식물체 표면에 달라붙는데, 몸체의 앞부분이 세포벽에 수직으로 붙는다. 머리를 세포벽에 고정시키고 구침을 찔러 넣는데, 몸체의 뒷부분을 흔들거나 천천히 둥글게 회전한다. 구침을 계속적으로 몇 번 찌르면 세포벽이 뚫리고 구침 또는 선충의 몸체 전부가 세포 속으로 들어간다.

일단 균류 또는 선충이 세포 속으로 들어가면 일반적으로 효소분비가 증가하는데, 이 효소에 의해 세포벽이 연화되고 용해되어 침입이 쉬워진다. 그러나 대부분 이러한 침입에 다소 기계적 힘이 가해지는 것으로 추측된다.

몇 종류의 식물병원균류가 식물체의 표피 밑에 있는 조직에 자실체를 형성할 때 기주식물체에 상당한 기계적 힘이 가해진다. 분생포자각과 자낭각 같은 자실체의 포자경균사가 생장하면서 압력이 증가하면 세포벽과 큐티클이 밖으로 밀고나오면서 확장되어 물집 같이 솟아오르고 마침내 파괴된다.

병원체의 화학무기

몇 종류의 병원체는 식물체 조직을 침입하기 위해서 기계적 힘을 사용하지만, 자연 상태에서는 식물체 내에서 병원체의 활동은 주로 화학적 작용에 의존한다. 그러므로 식물체에 대한 병원체의 영향은 병원체에 의해 분비되는 물질과 식물체에 존재하거나 식물체에 의해 생성되는 물질 사이의 생화학적 반응의 결과에 거의 전적으로 달려 있다.

식물체에서 병이 일어나기 위해서는 병원체가 분비하는 물질이 직접 또는 간접적으로 관여하는 것으로 생각되는데, 주요 물질로는 효소, 독소, 생장조절물질, 다당류(물관폐색작용) 등이 있다. 이러한 물질은 병원성에 미치는 정도가 병의 종류에 따라 매우 다양하다. 무름병 같은 병에서는 효소가 가장 중요한 것으로 생각되지만, 뿌리혹병 같은 병에서는 생장조절물질이 주로 관여한다. 한편, 귀리 품종 Victoria에 발생하는 *Helminthosporium* 마름병에서는 병원체가 식물체에 분비하는 독소가 중요한 역할을 한다. 식물병의 진전에서 이러한 물질들이 관여하는 정도와 중요성은 효소, 독소, 생장조절물질, 다당류의 순이다. 어떤 병원체는 기주식물체에서 방어반응의 suppressor로 작용하는 화합물을 생성하는 것으로 알려졌다.

식물병원체 중에서 바이러스와 바이로이드를 제외한 모든 병원체가 효소, 생장조절물질 및 다당류를 생성한다. 얼마나 많은 병원체가 독소를 생성하는지는 알려지지 않았지만 독소를 생성하는 식물병원성 균류와 세균의 수는 매년 증가하고 있다. 식물바이러스와 바이로이드는 어느 물질도 생성하지 않는 것으로 알려졌지만, 이들은 건전한 기주세포 내에서 이미 발견된 물질이나 전혀 새로운 물질이 아주 많이 생성되도록 유도한다. 이러한 물질 중에는 효소도 있고 위에서 언급한 다른 것도 있다.

병원체는 정상적인 생장과정 중에 구조적으로 또는 기주식물체 같은 어떤 기질에서 생장할 때 유도적으로 이러한 물질을 생성한다. 이러한 물질을 생성하여 기생성이 증가한 병원체가 자연적으로 선택되어 생존하게 되었다는 사실은 의심할 여지가 없다. 그러나 이 물질을 생성한다는 사실과 이 물질의 생성량은 병원체가 병을 일으킬 수 있는 능력의 척도가 될 수는 없다. 병원체에 의해 생성되는 물질과 동일한 여러 물질이 건전한 식물체에서도 생성되기 때문이다.

일반적으로 식물병원성 효소는 기주세포의 구조물질을 분해하고 세포에서 영양물질을 파괴하며 원형질체의 구성요소에 직접 영향을 미쳐서 정상적인 기능을 방해한다. 독소는 원형질체 구성요소에 직접 작용하여 막의 투과성과 기능에 장해를 준다. 생장조절물질은 세포에 호르몬 영향을 미쳐서 세포가 분열하거나 비대생장하는 능력을 증가시키거나 감소시킨다. 다당류는 유관속병에만 영향을 미치는데, 식물체에서 수분의 이동을 물리적으로 방해한다.

식물병에서의 효소

효소(酵素; **enzyme**)는 살아있는 세포 내와 용액 내에서 유기반응을 촉매하는 커다란 단백질분자이다. 세포 내에서 일어나는 대부분의 화학반응은 효소적이므로 화학반응의 수만큼 많은 종류의 효소가 존재한다. 각 효소는 특이적인 유전자에 의해 암호화 되어있다. 효소는 항상 존재하는 구성 효소도 있지만, 많은 효소는 내외적인 유전자 activator에 반응하여 세포에서 필요할 때 생성되는 유도 효소이다. 각 유형의 효소는 동일한 기능을 수행하는 동위효소라고 알려진 여러 종류로 흔히 존재하지만, 각종 성질이나 반응조건 및 작용기작에서는 서로 다를 수도 있다.

효소에 의한 세포벽 물질의 분해

일반적으로 병원체가 기주식물체와 처음 접촉하는 곳은 식물체 표면이다. 식물체의 표면은 주로 큐티클과 셀룰로스로 구성되어 있지만, 뿌리의 세포벽 표면은 셀룰로스로만 되어있다. 큐티클의 주성분은 큐틴인데 그 속에는 왁스가 다소 침투된 경우도 있지만 대부분은 왁스층으로 덮여있다. 큐틴층의 아래에는 펙틴과 셀룰로스박판이 혼재되어 있으며 펙틴물질로 주성분으로 하는 층이 있다. 그리고 그 아래에 셀룰로스층이 있다. 다양한 종류의 다당류가 세포벽에서 흔히 발견된다. 또한 많은 종류의 단백질, 예를 들면 구조단백질로서 세포벽을 느슨하게 하여 주는 엘라스틴(elastin), 세포벽을 견고하게 유지하는 익스텐신(extensin), 각종 효소, 신호를 받아들이거나 내보내는 신호분자들도 세포벽의 구성성분이다. 마지막으로, 표피세포벽에는 수베린과 리그닌이 발견되기도 한다. 병원체는 셀룰로스, 펙틴, 헤미셀룰로스와 구조단백질로 구성된 세포벽과 펙틴이 주성분인 중벽을 파괴하고 유조직 내로 침입한다. 더구나 식물체 조직을 완전히 분해하기 위해서는 리그닌을 분해해야 한다. 병원체에 의해 분비되는 한 가지 또는 여러 종류의 효소가 같이 작용해야만 이러한 물질을 분해할 수 있다.

큐티클의 왁스

식물체의 왁스(wax)는 식물체의 지상부위의 큐티클(角皮; cuticle) 내외에서 입자, 돌출된 간상, 또는 납작한 층으로 발견된다 (그림 5-4). 잎 표면의 왁스의 유무나 상태는 병원균이 잎에 정착하는 정도에 영향을 주며, 그 효과는 식물의 종에 따라 다르다. 전자현미경을 통한 연구는 *Puccinia hordei* 같은 일부 병원체가 왁스를 분해할 수 있는 효소를 생성한다는 결과를 시사하고 있다. 모과 과실을 침입하는 또 다른 병원균 *Pestalotia malicola*는 과일 큐티클의 내부와 아래층에서 자랄 수 있다. 그러나 균류와 기생식물은 분명히 기계적 힘만으로도 왁스층을 뚫고 침입할 수 있다.

큐틴

큐틴(cutin)은 큐티클의 유일한 성분인데, 큐티클의 위쪽은 왁스와 섞여있는 반면에 표피세포의 외벽과 붙어있는 아래쪽은 펙틴과 셀룰로스가 섞여있다 (그림 5-3 참조). 큐틴은 수산기(hydroxy)를 가진 C16과 C18 지방산의 불용성 폴리에스테르

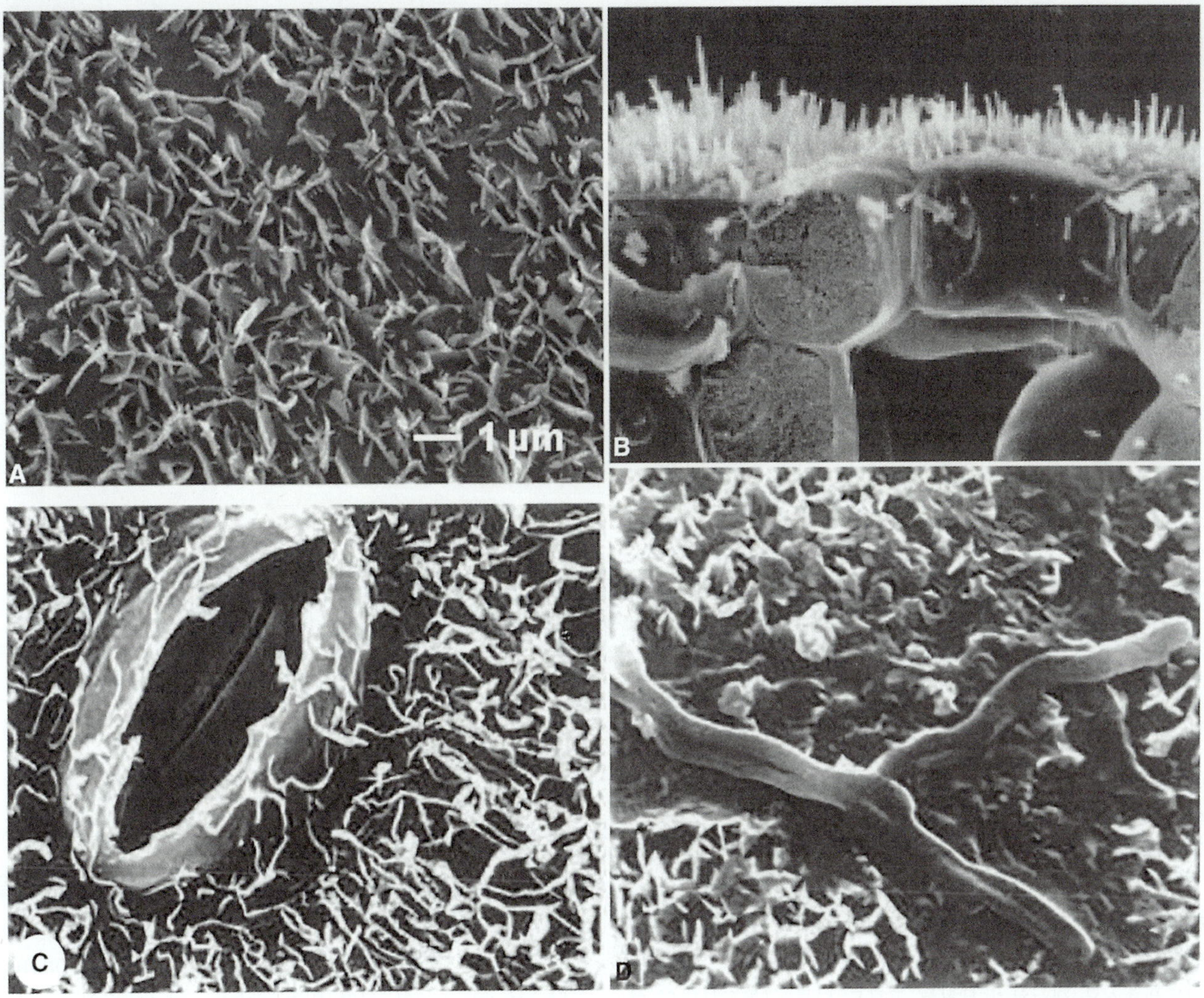

그림 5-4 잎 표면의 큐티클에 있는 왁스돌기의 형태. (A) 옥수수 잎의 왁스. (B) 잎의 횡단면에 보이는 왁스돌기. (C) 기공 주변의 왁스돌기. (D) 균사의 진행에 따라 분해된 왁스. [사진제공: (A) L.M. Marcell and G.A. Beattie, Iowa State University, (B) H.V. Davis, United Kingdom, (C,D) P.V. Sangbusen, Hamburg.]

이다.

많은 균류와 소수의 세균이 큐틴을 분해할 수 있는 큐틴분해효소 및(또는) 비특이적 esterase를 생성하는 것으로 알려졌다. 큐틴분해효소는 불용성의 큐틴중합체로부터 큐틴분자를 끊어서 한 개의 분자로 된 단량체 지방산 유도체와 여러 개의 분자로 된 소량체(oligomer)의 지방산 유도체를 만든다.

균류는 낮은 수준의 큐틴분해효소를 계속적으로 생성하는데, 큐틴과 접촉하면 큐틴분해효소는 적은 양의 단량체를 방출한다. 이것이 병원체의 세포 내로 유입되어 큐틴분해효소 유전자의 발현을 유기시키고, 이전보다 거의 1,000배 이상의 큐틴분해효소가 생성되도록 균류를 자극한다 (그림 5-5). 그러나 식물체 큐티클에 있는 큐틴과 정상적으로 연관되어 있는 왁스층 내의 일부 지방산에 의해서도 병원체에 의한 큐틴분해효소의 생성이 시작될 수 있다. 반면에, 포도당은 큐틴분해효소 유전자의 발현을 억제시키고 큐틴분해효소의 생성을 급격하게 감소시킨다.

식물병원균류가 기주의 큐티클을 통하여 침입할 때 큐틴분해효소가 관여한다는 것이 여러 면에서 알려졌다. 예를 들면, 발아관의 침입부위와 부착기를 형성하는 균류의 침입관에서 큐틴분해효소는 최고농도에 도달한다. 식물체 표면에 특이적 화학 억제물질이나 이 효소의 항체를 처리하여 큐틴분해효소를 억제시키면 균류 병원체는 식물체를 감염하지 못한다. 큐틴분해효소가 결핍된 변이균주도 병원력이 감소되지만 큐틴분해효소를 식물체 표면에 처리하면 완전하게 병원력을 회복한다. *Monilinia fructicola*에 의해 발생되는 핵과류의 잿빛무늬병에서 병원균의 큐틴분해효소는 감염에 저항성이 있는 어린 과일

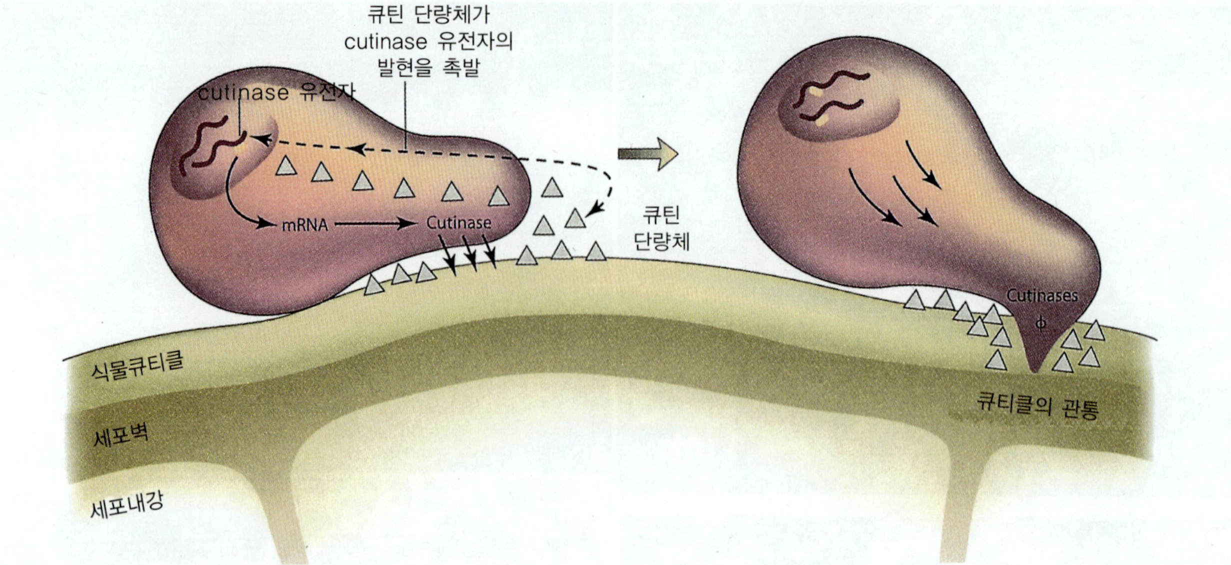

그림 5-5 발아하는 균류 포자에 의한 큐티클 침입의 모식도. 균류의 구조적 큐틴분해효소가 식물체 큐티클로부터 몇 개의 단량체를 방출시킨다. 이 단량체들이 균류의 큐틴분해효소 유전자의 발현을 유기시켜서, 큐티클을 무르게할 수 있는 더 많은 큐틴분해효소를 생성하게 하고 균류에 의해 침입이 이루어지도록 한다.

의 표피세포에 풍부하게 있는 chlorogenic acid와 caffeic acid 같은 페놀화합물에 의하여 효소의 활성이 현저히 감소되며 과실이 성숙함에 따라 이러한 페놀성분의 농도는 급격히 감소하고 큐틴분해효소의 활성은 증가하여 과실은 균류에 의하여 침입을 받게 된다. 더구나 상처를 통해서만 감염을 일으키며 큐틴분해효소를 생성하지 못하는 균류도 다른 균류로부터의 큐틴분해효소 유전자를 도입시키면 큐틴분해효소를 생성하고 직접 감염을 일으킬 수 있는 능력을 획득한다. 높은 수준의 큐틴분해효소를 생성하는 병원체는 다른 병원체보다 병원성이 더 강한 것으로 여겨진다. 적어도 한 연구 결과에 의하면 *Fusarium*균의 병원성 분리주의 발아하는 포자가 비병원성 분리주보다 더 많은 큐틴분해효소를 생성하고 비병원성 분리주의 포자에 정제된 큐틴분해효소를 첨가해주면 병원성 분리주로 변환되었다고 하였다. 많은 식물체에 수많은 종류의 병을 일으키는 *Botrytis cinerea*는 큐틴분해효소와 지질분해효소를 생성하는데, 둘 다 큐틴을 분해할 수 있다. 항지질효소(antilipase)의 항체가 있는 경우에는 균류 포자는 큐티클을 침입할 수 없었으며 병반 형성이 억제되었는데, 이는 지질분해효소의 활성이 적어도 기주의 초기 감염시 필요하다는 것을 시사해 준다.

펙틴물질

펙틴물질(pectic substances)은 식물조직의 세포들을 서로 붙들어 매는 중벽의 주요 성분이다 (그림 5-6). 펙틴물질은 1차 세포벽의 상당 부분도 차지하고 있는데, 일정한 모양이 없는 교질로 되어 있으면서 셀룰로스의 미세섬유 사이의 공간을 채우고 있다 (그림 5-7).

펙틴물질은 소수의 rhamnose 분자와 galacturonan 등의 당으로 된 측쇄와 섞여 있는 galacturonan 분자사슬로 주로 구성된 다당류이다. 펙틴물질을 분해하는 효소는 **펙틴분해효소**(pectinase) 또는 **펙틴용해효소**(pectolytic enzyme)로 알려졌다 (그림 5-8). 그 중에 **pectin methyl esterase**는 펙틴사슬 구조에서 가지만 잘라내고 펙틴사슬구조의 길이에는 전혀 영향을 미치지 않는다. 그러나 이것은 펙틴물질의 용해도를 변화시키고 사슬을 잘라낼 수 있는 펙틴분해효소의 작용속도에 영향을 미친다. 펙틴분해효소는 펙틴사슬을 한 개 내지 몇 개의 galacturonan 분자로 되어있는 짧은 사슬로 자르는데, 이러한 효소 중에서 polygalacturonase는 펙틴사슬에 물분자를 가하여 2개의 galacturonan 분자 사이의 연결을 가수분해하고, **pectin lyase**로 알려진 다른 종류의 분해효소는 사슬에서 물분자를 제거하여 연결부위를 자른 후에 불포화 이중결합을 가진 생성물을 만든다 (그림 5-8). 이 각각의 효소는 펙틴사슬에 무작위로 작용하여 더 짧은 사슬을 만드는 것(**endopectinase**)과 사슬의 끝 부위만 잘라서 한 개의 galacturonan을 만드는 종류(**exopectinase**)가 있다. 펙틴사슬의 일부 또는 가지를 구성하고 있는 rhamnose 등의 당류는 이러한 분자에 작용하는 다

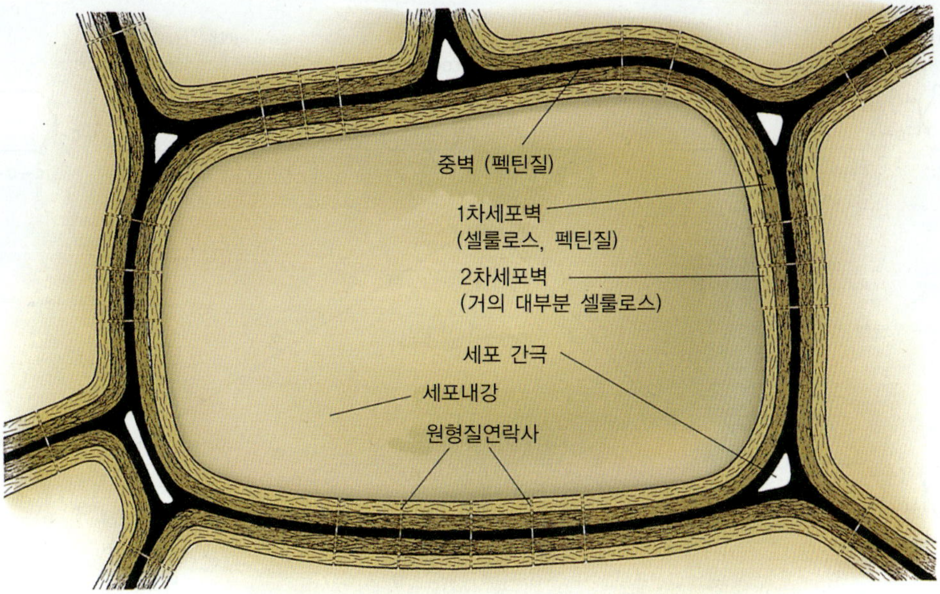

그림 5-6 식물세포벽의 구조와 조성의 모식도.

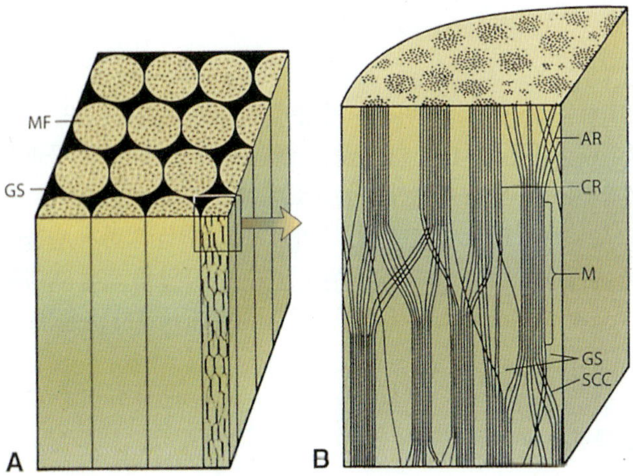

그림 5-7 셀룰로스와 미세섬유의 구조(A)와 미세섬유 내의 셀룰로스 분자의 배열(B) 모식도. MF=미세섬유; GS=기본물질(펙틴, 헤미셀룰로스, 리그닌); AR=셀룰로스의 비정형부분; CR=결정화된 부분; M=미셀(micelle); SCC=하나의 셀룰로스 사슬. [출처: Browen *et al*. (1949).]

른 종류의 효소에 의해 가수분해된다.

큐틴분해효소와 세포벽의 분해에 관여하는 다른 효소, 병원체에 의한 펙틴분해효소의 생성도 펙틴중합체와 유리되는 galacturonan 단량체에 의해서 조절된다. 병원체는 소량이나마 펙틴분해효소를 항상 분비하고 있으므로 펙틴물질이 존재하면 소수의 galacturonan 단량체나 소량체가 만들어진다. 이러한 분자들이 병원체에 흡수되면 펙틴분해효소의 합성과 분비를 증가시키는 유도체로 작용하여 galacturonan 단량체의 양을 더 많이 증가시킨다. Galacturonan 단량체는 병원체에 의해 즉시 동화되지만, 높은 농도에서는 같은 효소의 합성을 억제하는 작용을 하여 효소의 생성과 galacturonan 단량체가 유리되는 비율을 감소시킨다. 펙틴분해효소의 생성은 병원체가 포도당이 있는 조건에서 생장할 때에는 억제된다. 반면에, 어떤 저항성 기주-병원체 조합에서 펙틴분해효소는 기주의 방어기작에 내생석 elicitor로 작용하는 펙틴조각을 세포벽으로부터 방출하여 식물체의 방어반응을 유도하는 것처럼 보인다.

펙틴분해효소는 여러 병을 일으키는 데에 관여하는 것으로 알려졌는데, 특히 조직의 무름병징을 나타내게 하는 특징이 있다. 여러 병원체가 다른 조합의 펙틴분해효소와 그 동위효소를 생성한다. 어떤 병에서, 예를 들면 *Ralstonia solanacearum* 에 의해 생기는 가지과작물의 풋마름병에서 펙틴분해효소들의 일부는 그들 각각이 병 발달에 꼭 필요하지는 않은 것처럼 보이며 오히려 세균의 정착을 가속화시키고 발병력을 강화시키는 것처럼 보이기는 하지만, 펙틴분해효소들이 집단적으로 작용하는 것이 병의 진전에 절대적으로 요구된다. *Didymella bryoniae* 에 의해 생기는 멜론의 검은썩음병에서 썩은 조직의 병반 크기와 병원균의 총 polygalacturonase 효소의 활성 사이에 정(+)의 상관관계가 매우 높다. 어떤 *Colletotrichum* 에

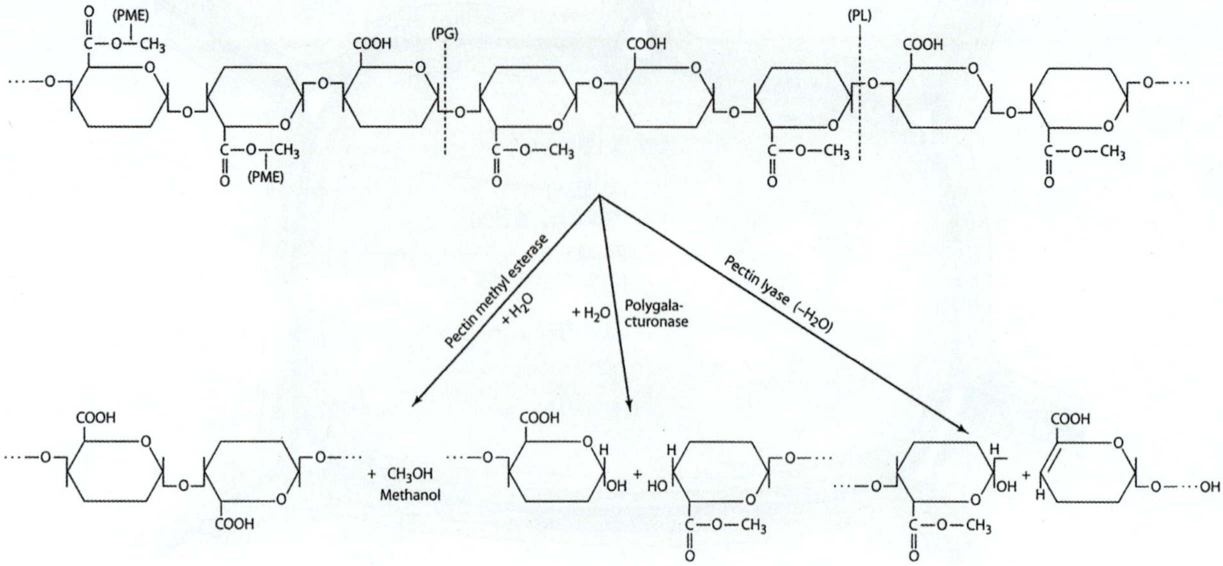

그림 5-8 세 종류의 펙틴분해효소에 의한 펙틴 사슬의 분해.

의하여 생기는 탄저병에서 병원균은 병 발달에 있어서 중요한 병원성 요인인 하나의 pectin lyase을 생성한다. 효소의 양과 활성 및 발병량은 감염 부위에서 pH가 7.5~8.0으로 증가할 때 커진다. 암모니아를 방출하는 화합물이 있을 때에 비기주식물에 접종하면 친화성의 균류와 기주식물 사이에 의하여 발생하는 것과 유사한 수준의 병원성을 증가시킨다. 병원균에 의하여 분비되는 암모니아는 그 병원균의 병원성인자이다. 펙틴분해효소는 뿌리혹선충 *Meloidogyne javanica* 같은 선충에서도 생성되는데, 뿌리조직의 침입, 식물세포와 중벽 사이의 이동, 그리고 아마도 선충이 일생동안 먹는 다핵으로 된 거대세포를 형성하는 선충의 능력에 중요한 역할을 한다. 이 효소의 일부는 다른 기주에 대한 병원체의 병원력 즉, 병원체의 기주 분화 정도에 영향을 미친다. 펙틴분해효소는 포자가 발아할 때 만들어지며, 병원체의 다른 대사물질인 큐틴분해효소, 셀룰로스분해효소 등과 함께 작용하여 병원체가 기주를 침입하는 것을 돕는다.

펙틴의 분해에 의해서 식물세포를 서로 지지하는 펙틴물질이 액화되고 세포벽이 약화되어 조직이 물러지므로 식물체 조직의 무름, 응집력의 상실과 개별 세포로 분리되어 결국 죽는다 (그림 5-9). 세포벽이 약해지고 조직이 무르게되면 병원체는 조직의 세포 사이나 세포내로 쉽게 침입한다. 또한 펙틴분해효소는 감염시킨 조직에 있는 병원체에 양분을 제공한다. 유관속시들음병에서는 펙틴분해효소에 의해 생긴 부스러기들이 유관속을 막음으로써 시들음 증상에 직접 관여하는 것으로 생각된다 (그림 5-11). 세포들은 펙틴분해효소에 의해 물러진 조직 내에서 빨리 죽지만, 이 효소가 세포를 죽이는 기작은 아직 확실하지 않다. 펙틴분해효소가 1차세포벽을 약하게 만들어서 깨어지기 쉬운 상태로 된 원형질체는 삼투압에 의해 지탱할 수 없게 되므로 마침내 원형질체가 터져버려 세포가 죽는 것으로 생각된다.

셀룰로스

셀룰로스(纖維素; cellulose)도 다당류이지만 포도당분자사슬로 구성되어 있고 포도당사슬은 많은 수의 수소결합에 의해 서로 연결되어 있다. 셀룰로스는 고등식물에서 세포벽의 미세섬유(microfibril)모양의 구조물질로 존재한다 (그림 5-7, 5-10, 5-12 참조). 미세섬유는 철근콘크리트 빌딩의 철근다발을 연상시키는데, 대부분의 생장세포에서 세포벽 전체부피의 20% 이하를 차지하지만 세포벽의 기본구조가 되는 단위물질이다. 조직 내의 셀룰로스 함량은 식물체에 따라 다양한데, 초본식물의 조직에서는 약 12%이고, 목본조직에서는 50%, 목화섬유에서는 90% 이상이다. 미세섬유 사이의 공간과 micelle 또는 셀룰로스 사슬 사이의 공간은 펙틴과 헤미셀룰로스, 성숙한 조직에서는 리그닌 등으로 채워져 있다. 대부분의 세포벽다당류는 균류나 세균에 의해 생성되는 수많은 효소에 의해 분해되지

그림 5-9 병 진전에서 펙틴분해효소의 관여. (A) 잿빛무늬병균 *Monilinia fructicola*에 감염된 복숭아 조직. (B,C) 수확기에 *Rhizopus* sp.에 의해 감염된 복숭아는 펙틴분해효소에 의해 물러지고 그때 방출된 페놀화합물의 산화에 의해 갈색으로 변함. (D) 감자 괴경, 균류 *Fusarium*의 효소에 의하여 일부분이 물러지고 물의 손실로 쭈그러짐. (E) *Botrytis*의 효소에 의하여 물러진 양파. (F) *Erwinia* 세균의 효소에 의하여 물러진 감자 괴경. [사진제공: (A) North Carolina State Univ. D. Ritchie, (D) Oregon State Univ. P. Hamn, (E) Univ. of Idaho K. Mohan, (F) Ohio State Univ. R. Rowe.]

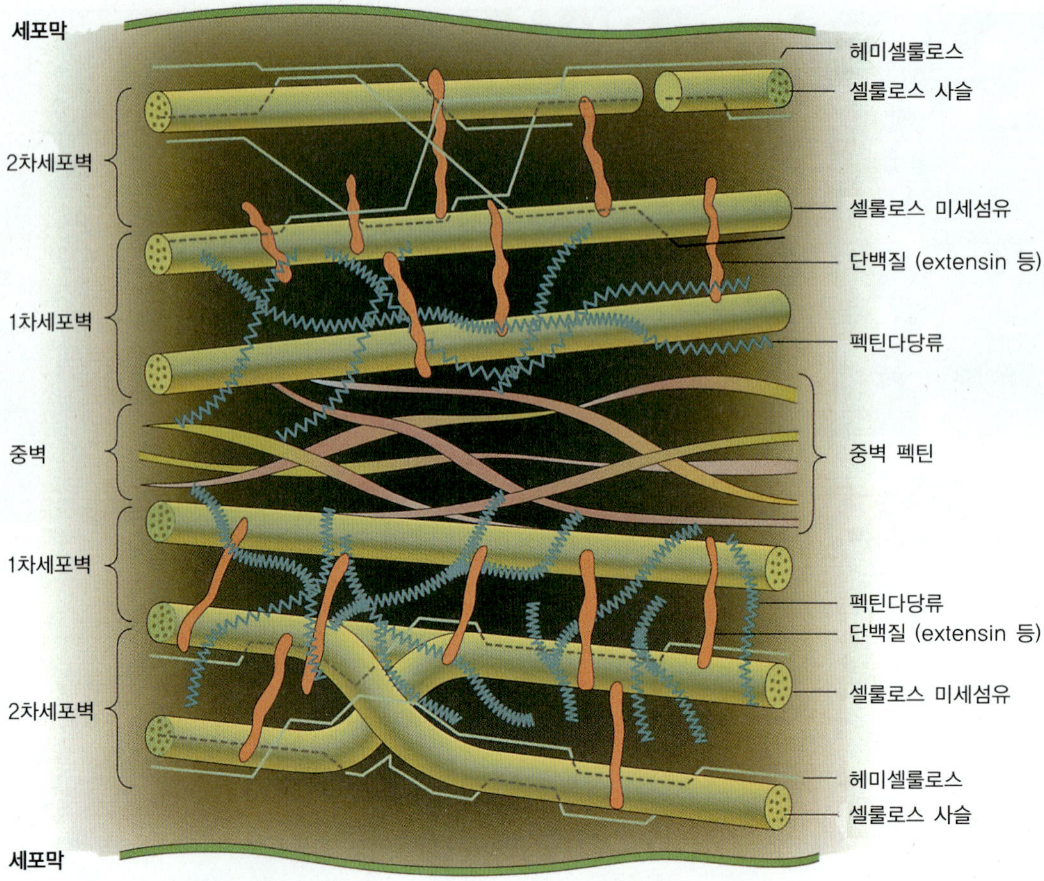

그림 5-10 세포벽 구성 성분의 종류와 배열 모식도.

만, 그 중 일부는 식물-병원체 상호작용 동안에 생성된 활성화된 산소와 수산기 라디칼(hydroxy radical, · OH)같은 비효소적 산화계(nonenzymatic oxidative system)에 의해 분해되는 것처럼 보인다. **Callose**는 2중 및 3중 화합물을 형성할 수 있는 (1-3) β-D-glucan 사슬로 구성되어 있다는 점에서 셀룰로스와 다르다. Callose는 몇 종류의 세포에 의하여 만들어지지만, 대개 상처가 생기거나 침입균류의 균사가 침투할 때 대부분의 세포에서 만들어진다.

셀룰로스는 효소에 의해 분해되어 마지막으로 포도당분자들이 생성되는데, 포도당은 셀룰로스분해효소(cellulase) 등의 효소에 의해 수행되는 일련의 효소반응에 의해 생성된다. 첫번째 셀룰로스분해효소(C1)가 본래의 셀룰로스에 작용하여 사슬의 연결고리를 자르고 두번째 분해효소(C2)가 본래의 셀룰로스에 작용하여 더 짧은 사슬로 자른다. 세번째 분해효소군(C_x)이 이것을 분해하여 2당류인 셀로바이오스(cellobiose)로 만든 후에 마지막으로 셀로바이오스는 β-glucosidase에 의해서 포도당으로 분해된다.

셀룰로스분해효소는 몇 가지 식물병원균류, 세균, 선충 및 기생식물에 의해 생성되는 것으로 알려졌고, 주로 담자균류에 속하는 부생성 균류와 세균은 자연 상태에서 분해된 대부분의 셀룰로스를 파괴시킨다. 그러나 살아있는 식물체의 조직 내에서는 병원체에 의해 분비되는 셀룰로스분해효소가 세포벽물질을 무르게 만들고 붕괴시키는 역할을 한다 (그림 5-11, 5-12). 이것은 병원체가 기주 내로 침입하고 번져나가기 쉽게 하며, 세포구조를 붕괴시키거나 와해시켜 병원체가 병을 일으키기 쉽게 하는 역할을 한다. 셀룰로스분해효소는 셀룰로스 사슬로부터 병원체에게 먹이를 제공하는 가용성 당을 유리시킴으로써 병의 진전에 간접적인 영향을 미치고, 특히 유관속병에서는 셀룰로스의 분해에 의해 생기는 큰 분자들이 증산되는 통로로 유입되어 수분의 정상적인 이동을 어렵게 하여 병이 더욱 진전되도록 한다.

결합글리칸(헤미셀룰로스)

결합글리칸은 헤미셀룰로스(hemicellulose)로 알려진 것으로 수소결합으로 연결될 수 있고 셀룰로스미세섬유를 포함할 수

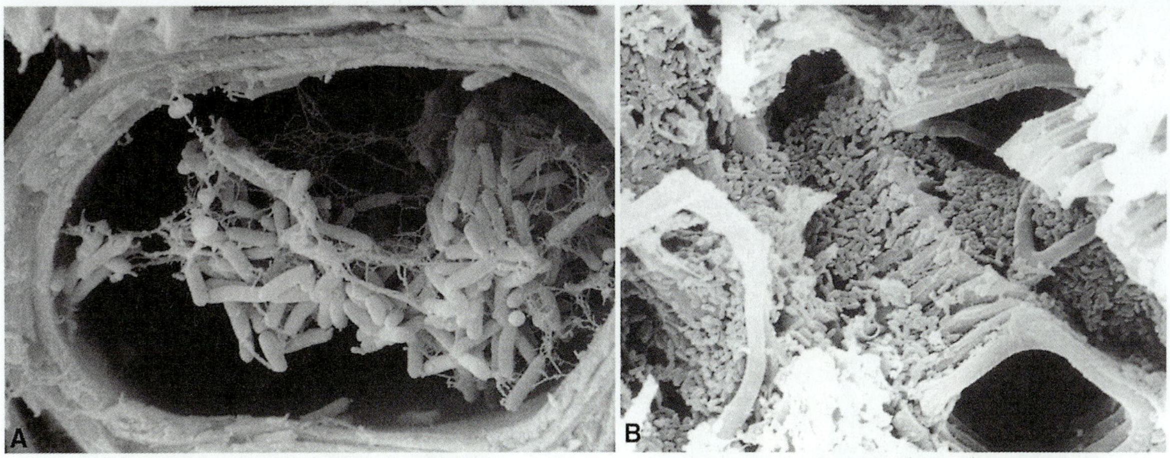

그림 5-11 (A) 귤나무 잎의 물관부에 들어있는 *Xylella* 세균. (B) *Pseudomonas* 속 세균에 의해 분비된 효소에 의해 야기된 세포 붕괴, 펙틴물질의 연화, 유조직 세포의 셀룰로스와 물관의 물러짐. 물관의 리그닌 침적 테두리만 손상되지 않음. [사진제공: (A) E. Alves, Federal Univ. of Lavras, Brazil, (B) E.L. Mansvelt, I.M.M. Roos, and M.J. Hattingh.]

있는 다당류 중합체의 복잡한 혼합체인데(그림 5-10, 5-12), 이것의 구성과 빈도는 식물체의 조직, 식물체의 종류, 식물체의 발달시기 등에 따라 다르다. 결합글리칸은 1차세포벽의 주요 성분이며 또한 다양한 비율로 중벽과 2차세포벽을 구성한다. 헤미셀룰로스중합체에는 xyloglucan, glucomannan, galactomannan, arabigalactan 등이 포함되어 있는데, 예를 들면, xyloglucan은 포도당사슬로 되어 있고 가지의 끝부분에 작은 xylose 사슬과 더 작은 양의 galactose, arabinose, fucose 등이 붙어있다. 헤미셀룰로스는 펙틴다당류의 끝부분을 셀룰로스미세섬유의 여러 부분과 연결시킨다.

헤미셀룰로스를 효소로 분해시키기 위해서는 많은 효소의 활성이 필요한데, 여러 종류의 식물병원균류는 여러 헤미셀룰로스분해효소(hemicellulase)를 생성하는 것으로 생각된다. 이 효소가 중합체에 작용하여 생성되는 단량체에 따라 각 효소는 xylanase, galactanase, glucanase, arabinase, mannase 등으로 부른다. 침해하는 균류에 의해 생성되는 활성화된 산소, 수산기 등에 의해 헤미셀룰로스가 비효소적으로 분해되기도 한다. 균류 병원균이 이러한 효소와 산화물질을 생성한다는 사실에도 불구하고 이것이 세포벽을 어느 정도 파괴시키는지 또는 병을 일으키는 병원체의 능력에 어떠한 영향을 미치는지는 아직 확실하게 알려지지 않았다.

수베린

수베린은 뿌리, 괴경, 포복경 같은 다양한 지하부의 조직 코르크와 수피조직(bark)과 같은 주피층에서도 발견된다. 수베린은 상처와 일부 기관과 조직의 병원균에 의하여 유도된 방어작용으로도 형성된다. 전형적인 수베린화는, 예를 들면 다지방족과 다방향족(화합물)층이 교대로 구성되어 있는 갈색화와 각질화(encrustation)가 mutilamella의 형태로 발달하는 자른 감자 괴경에서 일어난다. 이러한 층은 불침투성이며 세포벽을 강하게 하고 상처에 의한 물의 손실을 방지한다. 다지방족화합물은 특수화한 지방산과 함께 긴 사슬(탄소 20개 이상)의 지질 물질로 구성되며 1차세포벽과 플라스마라멜라 사이에 존재한다. 다방향족층은 hydroxycinamic acid로부터 유도된 물질을 함유하는 building block으로 구성되어 있으며 세포벽에 위치한다. 다방향족층은 또한 국부적 소독제로 역할을 하는 chlorogenic acid 같은 여러 종류의 페놀화합물을 포함한다.

리그닌

리그닌(lignin)은 중벽, 물관의 2차세포벽, 식물체를 튼튼하게 유지하는 섬유 등에서 발견되고, 식물체의 표피세포벽과 가끔 하표피 세포벽에서도 발견된다. 목본식물의 리그닌 함량은 15%에서 38%까지 다양하며 셀룰로스 다음으로 많다.

리그닌은 일정한 모양이 없고 구성과 성질에서 탄수화물이나 단백질과는 다른 3차원적인 중합체인데, 가장 기본적인 구조단위는 phenylpropanoid 로 한 개 이상의 탄소가 -OH, $-OCH_3$, 또는 =O기를 가지고 있다.

그림 5-12 (A, B) 옥수수 밑둥썩음병균 *Fusarium* sp.에 의해 생성된 cellulase는 옥수수 세포의 셀룰로스 세포벽을 분해하였으나 리그린화된 유관속 다발에는 영향을 주지 못하였음. (C, D) 담자균 *Phellinus* 의 리그닌분해효소는 소나무 수간 심재(C)와 뿌리와 지제부 줄기(D)의 완전한 붕괴와 변색을 일으킨다. [사진제공: (A,B) G. Munkvold, Iowa State University, (C) R.L. Anderson, USDA Forest Service, (D) R.L. James. USDA Forest Service.]

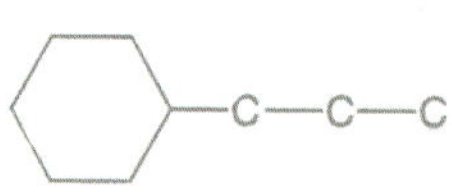

리그닌은 치환된 phenylpropanoid 사이의 산화농축(C-C와 C-O결합)에 의해서 형성되고(그림 5-11, 5-12), 식물체의 다른 물질보다 효소분해에 대해 더 강한 저항성을 나타낸다.

모든 일년생식물체와 다년생식물체의 많은 부분이 매년 분해되는 것을 보면, 자연 상태에서 다량의 리그닌이 미생물에 의해 분해되는 것이 확실하다. 그러나 단지 일부의 미생물만이 리그닌을 분해할 수 있다는 것이 일반적인 견해로 받아들여지고 있다. 실제로 대부분 담자균류에 속하는 약 500종의 균류가 목재를 분해할 수 있는 것으로 보고되었다. 이 중에서 약 1/4에 해당하는 **갈색부후균**(褐色腐朽菌; brown-rot fungi)은 리그닌을 분해하지만 이용하지는 못하고 리그닌의 대부분은 **백색부후균**(白色腐朽菌; white-rot fungi)이라고 부르는 균류에 의해 분해되어 이용된다. 백색부후균은 리그닌을 분해하여 이용하기 위해 한 종류 이상의 **리그닌분해효소**(ligninase)를 분비하는 것으로 생각된다 (그림 5-12).

목재부후 담자균류 외에도 자낭균류와 불완전균류, 심지어는 세균 등도 소량의 리그닌분해효소를 생성하지만, 이 효소가 목재부후에 얼마나 관여하는지는 알려지지 않았다.

세포벽 플라보노이드

플라보노이드는 대부분의 식물조직 특히 액포에 있는 페놀화합물이다. 그들은 다양한 수피와 심재에 단일체 및 중합체 성분으로 포함되어 있기도 하다. 플라보노이드의 다양한 기능 가운데 어떤 것은 특별한 식물-미생물 조합에서 어떤 기능을 하는 신호분자로서 역할을 한다. 그러나 많은 플라보노이드는 병원균을 억제하거나 병원균에 독성을 나타내며 그리고 일부 플라보노이드는 예를 들면 메디카핀(medicarpin)은 파이토알렉신으로 역할을 하며 균류에 대한 식물의 저항성을 유도하는 데 관련되어 있다. 그러므로 병원균은 세포벽에 다양한 플라보노이드가 있더라도 생존할 수 있어야 하며 또는 그것들을 중화시키거나 분해시켜야 한다. 페놀물질이 당분자와 결합함으로써(glycosylation) 많은 페놀물질의 독성이 중화되는 것처럼 보일지라도 병원균이 어떻게 이러한 역할을 수행하는 지는 거의 알려지지 않았다.

세포벽 구조단백질

세포벽은 주로 다당류로 구성되어 있는데, 예를 들면 셀룰로스 섬유는 헤미셀룰로스와 펙틴 기질에 함몰되어 있고 구조단백질은 당단백질 모양으로 세포벽에서 그물망을 형성하고 있다 (그림 5-2). 4종류의 구조단백질이 세포벽에서 발견되었다. 그들 중에 3개는 그들이 함유하고 있는 가장 풍부한 아미노산에 의하여 알려져 있다: **hydroxypholine-rich (HRGPs), proline-rich protein(PRPs), glycine-rich protein(GRPs)**. 4번째 종류는 **arabinogalactan protein(AGPs)**이다. 이러한 단백질류는 큰 다수유전자군(large multigene family)에 의해 해독된다. 그들이 생성되면 ER에 들어가고, 그들이 해독하는 신호 펩타이드를 통해서, 분비경로를 따라 세포벽으로 이동된다. HRGPs 중의 하나인 **extensin**은 건전조직에서는 세포벽물질의 0.5%에 불과하지만 균류에 감염되면 5~15%까지 증가하며 세포벽을 단단하게 만든다. 또 다른 세포벽 단백질의 한 그룹은 **lectin**인데 특별한 당분자와 결합한다. 이들의 역할은 아직 분명하지 않지만, 균류에 의해 방출되는 elicitor 분자들과 반응하여 축적되고 식물체의 방어반응 역할을 하는 것으로 여겨진다. 구조단백질을 분해하는 것은 침입하는 병원균에게 유리할 것으로 가정되며 식물 세포 내에 함유된 다른 단백질의 역할과 유사할 것으로 생각된다. 이것은 다음에 논의된다.

효소에 의한 식물세포벽 물질의 분해

거의 모든 병원체는 생활사의 전부 또는 일부를 살아있는 원형질체 내의 관련부위에서 생존하면서 원형질체로부터 양분을 취한다. 대부분 균류와 세균에 속하는 다른 종류의 병원체는 원형질체가 죽은 후에 원형질체로부터 양분을 취한다. 예를 들면, 당과 아미노산 등의 영양분은 작은 분자이기 때문에 병원체에 의해 직접 흡수되지만, 전분, 단백질, 지방 등 식물체의 다른 세포성분은 병원체가 분비하는 효소에 의해 분해되어야만 이용될 수 있다.

단백질

식물체의 세포는 수많은 종류의 단백질(蛋白質; protein)을 함유하고 있는데, 이 단백질은 세포내 반응의 촉매(효소) 또는 세포 구조물질(세포막과 세포벽)로 다양한 역할을 한다. 단백질은

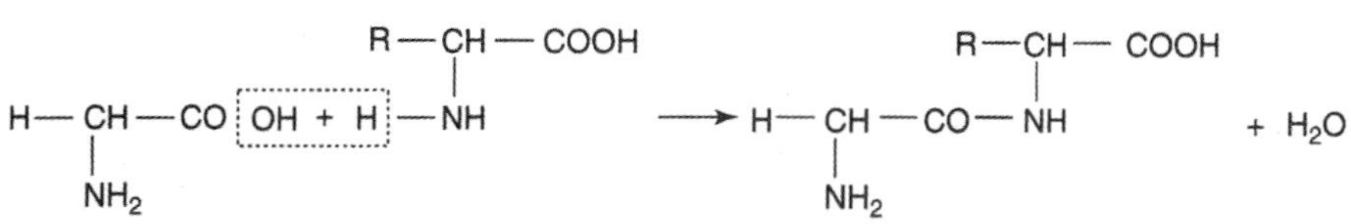

아미노산 및 단백질

20여 가지의 다른 아미노산 분자들이 결합하여 형성된다.

모든 병원체는 여러 종류의 단백질 분자를 분해할 수 있다고 여겨진다. 식물병원체에 의하여 분비되어 단백질 분해에 관여하는 효소는 고등식물과 동물에 있는 효소와 유사하며, **protease** 나 **proteinases** 또는 **peptidases** 라고 부른다.

단백질이 효소, 세포막의 성분 및 식물세포벽의 구성요소로 아주 중요하다는 것을 고려할 때 병원체가 분비하는 단백질분해효소에 의해 기주식물체의 단백질이 분해되는 것은 기주세포의 체제와 기능에 크게 영향을 미친다. 그러나 이러한 효과의 성질과 정도에 대해서는 아직 거의 알려지지 않았고 병의 진전에서의 중요성에 대해서도 알려지지 않았다.

전분

전분(澱粉; starch)은 식물세포에서 발견되는 중요한 저장 다당류인데, 엽록체와 비광합성 기관, amyloplast 등에서 합성된다. 전분은 포도당의 중합체로서 분자들이 직선으로 되어있는 amylose와 다양한 길이의 분자사슬이 분지되어 있는 amylopectin 등 두 가지로 존재한다.

대부분의 병원체가 대사활동 중에 전분과 다른 종류의 저장 다당류를 이용하는데, 전분은 전분분해효소인 **amylases**의 작용에 의해 분해된다. 전분이 분해되면 최종생산물로 포도당이 생성되고 이것은 병원체에 의해 직접 이용된다.

지질

모든 식물세포 내에는 여러 종류의 지질(脂質; lipid)이 있고 그 중에서 가장 중요한 것으로는 종자에서 에너지 저장화합물로 작용하는 기름과 지방; 대부분의 표피세포에 존재하는 왁스지질; 단백질과 더불어 식물세포막을 구성하는 주요 성분인 인지질과 당지질 등이 있는데, 모든 지질의 일반적인 특성으로 포화 또는 불포화지방산이 포함되어 있다.

일부 균류, 세균 및 선충은 지질을 분해할 수 있는 것으로 알려졌고, **lipases, phospholipases** 등으로 부르는 효소들은 지질분자를 가수분해하여 지방산을 유리시킨다. 유리된 지방산을 병원체가 직접 이용하지만, 그 중 일부는 식물체 lipoxygenase 또는 활성 산소라디칼에 의한 과산화 전후에 식물방어를 발달시키는 신호분자를 제공하고 병원체를 직접 억제시키는 항미생물 화합물로 작용하기도 한다.

식물병에서의 미생물 독소

살아있는 식물세포는 내부적으로 여러 생화학적 반응이 동시에 일어나거나 연속적으로 일어나는 복잡한 조직체인데, 이러한 반응은 생명체에 필수적이며 아주 복잡하지만 잘 조절된다. 이러한 대사반응 중 하나라도 방해를 받으면 식물체를 유지시키는 생리과정이 파괴되고 병이 생기게 된다. 이러한 방해를 일으키는 요인 중에는 식물병을 일으키는 미생물에 의해서 생성되는 물질인 독소(毒素; toxin)가 있다. 독소는 살아있는 기주식물체의 원형질체에 직접적으로 작용하여 세포에 심한 피해를 입히거나 세포를 죽인다. 일반적으로 원형질체에 독성물질로 작용하여 다른 과에 속하는 여러 종류의 식물체에 영향을 미치는 독소가 있는 반면에, 단지 몇 종이나 품종의 식물체에만 독성을 나타내고 다른 종류의 식물체에는 전혀 해를 주지 않는 독소도 있다.

균류와 세균은 배지에서 뿐만 아니라 병든 식물체에서도 독소를 생성한다. 독소는 대단히 유해한 물질로 아주 낮은 농도에서도 효과를 나타낸다. 어떤 독소는 불안정하고 아주 빨리 반응하여 식물세포 내의 특정 부위에 아주 단단히 결합된다.

독소는 세포막의 투과성에 영향을 주거나(그림 5-2) 효소를 불활성화시키거나 억제하여 효소반응을 방해함으로써 기주세포에 해를 주는데, 어떤 독소는 대사활동에 영향을 미쳐서 식물체에 필수적인 생장요소가 결핍되도록 한다.

다양한 기주식물체에 영향을 미치는 독소

식물병원 미생물에 의해 분비되는 몇 종류의 독소는 기주식물뿐만 아니라 자연 상태에서 정상적으로 병원체에 의해 침입을 받지 않는 식물체에도 병징을 나타나게 하는데, 이러한 독소를 **비기주특이적 독소**(非寄主特異的 毒素; **non-host-specific toxin**) 또는 **비기주선택적 독소**(非寄主選擇的 毒素; **non-host-selective toxin**)라고 한다. 이 독소는 병원체에 의해 생기는 발병정도는 증가시키지만 병원체가 병을 일으키는데 필수적인 것은 아니다. 예를 들면, tabtoxin, phaseolotoxin 등 몇 가지 독소는 정상적인 기주효소를 억제시켜 독성물질을 증가시키거나 필요한 화합물을 고갈시킨다. 몇몇 독소는 세포막에서 세포물질의 이동, 특히 H^+/K^+교환에 영향을 미친다. 예를 들면, tagetitoxin은 엽록체 같은 세포소기관에서 전사를 억제시키고, 다른 독소인 cercosporin은 광민감제로 작용하여 막지질의 과산화(peroxidation)를 일으킨다.

Tabtoxin

Tabtoxin은 담배 들불병을 일으키는 세균 *Pseudomonas syringae* pv. *tabaci* 에 의해 생성되는 것으로 처음 보고되었지만, 지금은 콩이나 강낭콩 등의 다른 기주식물에 발생하는 pv. *tabaci*의 다른 계통과 귀리, 옥수수, 커피나무 등에 발생하는 *P. syringae*의 다른 병원형(pathovar)에 의해서도 생성되는 것으로 알려졌다. 독소 생성균주들은 잎에 괴사병반을 형성하는데, 각각의 병반은 노란색의 둘레무리에 둘러싸인다 (그림 5-13A, 5-13B). 정제된 독소뿐만 아니라 무균배양 여과액은 담배를 비롯한 여러 종류의 식물체에 담배 들불병의 특징적인 병징과 동일한 병징을 나타내게 한다. *P. syringae* pv. *tabaci* 균주에서 때로 독소를 생성하는 능력을 상실한 변이균주(Tox⁻)가 생기는데, 변이균주는 병원력이 감소되어 있을 뿐만 아니라 잎에 노란색의 둘레무리가 없는 괴사병반을 나타내게 한다. 이 변이균주는 담배에 모무늬병을 일으키는 *P. angulata*와 구분하기 어려운데, *P. angulata*는 현재 pv. *tabaci*의 비독성 형태로 여겨지고 있다.

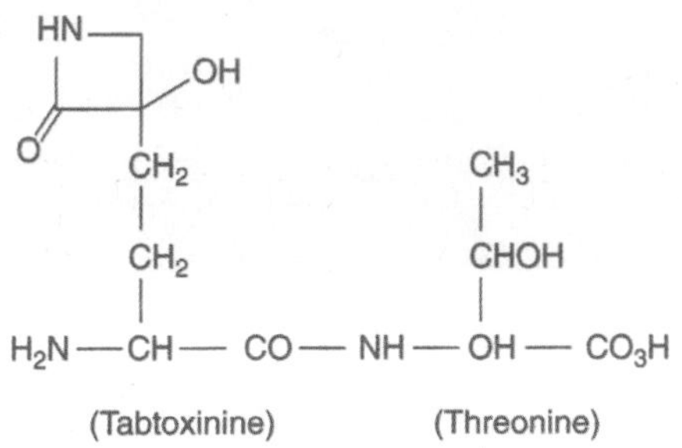

Tabtoxin

Tabtoxin은 일반적인 아미노산인 threonine 과 이전에 알려지지 않았던 tabtoxinin으로 구성되어 있는 dipeptide인데, tabtoxin 그 자체는 독성을 나타내지 않지만, 세포 내에서 가수분해되는 경우에는 독성을 나타내는 tabtoxinine 이 된다. Tabtoxinine을 통해 tabtoxin은 글루타민합성효소를 불활성화시켜서 글루타민의 수준을 고갈시키고 결국 암모니아 독성을 나타내는 농도로 축적시켜서 광합성과 광호흡을 방해하고 엽록체의 thylakoid membrane을 파괴시켜서 황화를 일으키고 결국 괴사를 일으킨다. 독소의 효과는 세균에 대한 식물체의 활발한 반응 능력을 감소시키는 것이다.

Phaseolotoxin

Phaseolotoxin 은 강낭콩 등 콩과식물에 둘레무리마름병(halo blight) (그림 5-13C)을 일으키는 세균 *Pseudomonas syringae* pv. *phaseolicola* 에 의해 생성된다. 감염된 식물체에 국부적 또는 전신적으로 나타나는 황화증상은 독소만을 처리한 식물체에 나타나는 증상과 비슷하기 때문에 이것은 분명히 세균에 의해서 생성되는 독소에 의한 것으로 생각된다. 감염된 식물체와 정제된 독소를 처리한 식물체는 모두 새로 생장하는 잎의 생장이 둔화되고 정단우세현상이 파괴되며 아미노산인 ornithine 이 축적된다.

Phaseolotoxin은 phosphosulfamyl기를 가지고 있는 ornithine-alanine-arginine 의 tripeptide 이다. 이 tripeptide가 세균에 의해 식물체에서 분비된 직후 식물체의 효소가 펩타이드결합을 끊어서 alanine, arginine과 phosphosulfamylornithine 을 만드는데, phosphosulfamylornithine이 phaseolotoxin 을 생물적으로 활성을 갖게 하는 부분이다. 이 독소는 ornithine 을 arginine의 전구체인 citrulline 으로 변환시키는 ornithine carbamoyltransferase의 활성부위에 결합하여 이 효소를 불활성화시킴으로써 세포에 영향을 준다. 효소에 대한 작용으로 ornithine 이 축적되고 citrulline 과 arginine 이 고갈된다. 그러나 phaseolotoxin 은 pyrimidine 뉴클레오타이드의 생합성을 억제시키고, 리보솜의 활성을 감소시키고, 지질합성을 방해하고, 세포막의 투과성을 변경시키고 엽록체 속에 많은 전분 알갱이를 축적시킨다. Phaseolotoxin은 둘레무리마름병원 세균과 다른 균류, 세균 및 바이러스 병원체에 대한 기주의 저항성을 방해하거나 파괴시켜서 병원체가 병원성을 나타내는 데에 중요한 역할을 한다.

Tentoxin

Tentoxin은 여러 종류의 식물체 유묘에 점무늬와 황화(그림 5-13D)를 일으키는 균류 *Alternaria tenuis*에 의해 생성되는데, 잎이 1/3 이상 황화된 유묘는 죽고 황화가 덜 된 유묘도 건전한 식물체보다 활력이 떨어진다.

Tentoxin은 cyclic tetrapeptide인데 엽록체로 에너지를 보내는 데 관여하는 단백질(chloroplast-coupling factor)에 결합하여 그것을 불활성화시키며 ADP를 ATP로 변환시키는 광인산화(photo-dependent phosphorylation)를 억제한다. 이 두 가지 현상, 즉 단백질의 불활성화와 광인산화의 억제는 독소에 감수성이 아닌 식물체보다 독소처리 후에 쉽게 황화되는 독소 감수성 식물체에서 훨씬 잘 일어난다. Tentoxin은 감수성 식물체에서 엽록소의 정상적인 합성과 발달을 방해함으로써 황화를 일으킨다. 그러나 이러한 효과가 엽록체 연결인자 단백질(chloroplast-coupling factor protein)에 결합된 tentoxin 에만 관계가 있는지는 확실하지 않다. 감수성 식물체에 대한 tentoxin 의 또 다른 효과는 식물체의 저항성 기작에 관여하는 산화효소인 polyphenol oxidase의 활성을 억제하는 것이다.

그림 5-13 비기주선택성 독소에 의한 증상. *Pseudomonas syringae* pv. *tabaci* 세균에 의해 발생되는 점무늬를 보여주는 어린 담뱃잎의 초기(A)와 중간 진전된(B) 증상. 괴사된 흰색 점무늬 주위로 세균에 의하여 생성된 tabtoxin에 의하여 황화 무리가 생긴다. (C) 강낭콩의 갈무리병을 일으키는 세균 *Pseudomonas phaseolicola*에 의하여 생성된 phaseolotoxin 에 의한 점무늬와 갈무리. (D) *Alternaria alternata* 독소에 의하여 생긴 점무늬와 황화. [사진제공: (A,B,D) Reynolds Tobacco Co., (C) Plant Pathology Department, University of Florida.]

독소의 이러한 두 가지 효과, 즉 기주식물체에 황화증상을 일으키는 것과 기주식물의 저항성 기작을 억제하는 것은 상대적으로 병원체의 병원력을 증대시킨다. 그러나 tentoxin의 분자 수준에서의 작용점과 정확한 기작은 여전히 알려지지 않았다.

Cercosporin

Cercosporin 은 *Cercospora* 병원균과 여러 다른 균류에 의하여 생성된다. 그것은 백일홍 점무늬병 (그림 5-14A)과 옥수수 회색점무늬병 (그림 5-14B) 같은 많은 작물의 점무늬병과 잎마름병을 일으켜 피해를 준다.

Cercosporin 은 빛에 의하여 활성화되며, 활성산소 특별히 단일 산소를 발생시킴으로써 식물에 독이 된다. 발생된 단일 산소는 기주식물의 세포막을 파괴하여 세포간극의 병원균에게 양분을 제공하여 준다. Cercosporin은 빛을 흡수하여 여기상태로 전환되고 이어서 산소분자와 결합하여 활성산소를 형성하는 광민감성 perylenequinone 이다. 활성산소는 식물세포의 지질, 단백질, 핵산과 반응하여 식물세포를 크게 손상하거나 죽

그림 5-14 *Cercospora* 병원균에 의하여 생성된 광민감반응 독소 cercosporin에 의한 백일홍 점무늬(A)와 옥수수의 gray leaf spot (B). [사진제공: (A) Plant Pathology Department, University of Florida, (B) G. Munkvold, Iowa State University.]

여서 병원균의 병원력을 증가시킨다. Cercosporin의 일반적 독성으로부터 균류의 포자나 균사가 생존하는 능력은 균류에 의한 피리독신(비타민 B_6)의 생성에 기인된다. 피리독신은 단일산소 원자와 결합하여 독성을 중화시킨다.

기타 비기주특이적 독소

많은 다른 비기주특이적 독소가 병원성 균류와 세균의 배양액으로부터 분리되었고, 이것은 병원체에 의해 일어나는 병의 발달에 관여하는 요인으로 생각되어 왔다. 이러한 독소 중에 균류에 의해 생성되는 것으로는 almond hull rot병을 일으키는 *Rhizopus* spp.에 의해서 생성되는 fumaric acid; 여러 식물체에서 병을 일으키는 *Sclerotium* spp.와 *Sclerotinia* spp. 및 밤나무 줄기마름병을 일으키는 *Cryphonectria parasitica*에 의해 생성되는 oxalic acid; 여러 식물체에 점무늬병을 일으키는 *Alternaria* spp.에 의해 생성되는 alternaric acid, alternariol 및 zinniol; 느릅나무 시들음병을 일으키는 *Ceratocystis ulmi*에 의해서 생성되는 ceratoulmin; 아몬드나무와 복숭아나무의 가지마름병을 일으키는 *Fusicoccum amygdali*에 의해 생성되는 fusicoccin; 곡류의 병에서 *Cochliobolus* spp.에 의한 ophiobolin; 벼 도열병을 일으키는 *Pyricularia grisea*에 의한 pyricularin; 근대 등의 점무늬병을 일으키는 *Cercospora* spp.에 의한 cercosporin; 토마토 시들음병을 일으키는 *Fusarium oxysporum*에 의해 생성되는 fusaric acid와 lycomarasmin 등이 있다. 한편 세균에 의해 생성되는 비기주특이적 독소로는 잔디류와 콩을 감염하는 *Pseudomonas syringae* pv. *atropurpurea* 등에 의해 생성되는 coronatine, 여러 식물에 점무늬병을 일으키는 *Pseudomonas syringae* pv. *syringae* 에 의해 생성되는 syringomycin, 귤나무에서 *P. syringae* pv. *syringae* 에 의해 생성되는 syringotoxin, 금잔화 점무늬병균 *P. syringae* pv. *tagetis* 에 의해 생성되는 tagetitoxin 등이 있다. 병원성에 필수적인 독소 중의 한 그룹은 thaxtomins인데, 뿌리와 괴경을 공격하는 세균 *Streptomyces* 에 의하여 생성된다. Thaxtomin은 1차 세포벽의 발달과 세포의 정상적 분열주기를 교란함으로써 식물세포의 극심한 이상비대와 유묘의 오갈증상을 일으킨다.

기주특이적 또는 기주선택적 독소

기주특이적 독소(寄主特異的 毒素; **host-specific toxin**) 또는 **기주선택적 독소**(寄主選擇的 毒素; **host-selective toxin**)는 병원 미생물에 의해 생성되는 물질인데 생리적 농도에서 병원체의 기주식물에만 독성을 나타내고 비기주식물에 대해서는 독성을 나타내지 않는다. 대부분의 기주특이적 독소는 독소를 분비하는 미생물이 병을 일으키려면 반드시 필요로 하는 것이다. *Pseudomonas* 와 *Xanthomonas* 등의 세균에서 생성되는 다당류도 기주특이적이라고 알려졌지만, 현재까지 기주특이적 독소는 주로 *Cochliobolus*, *Alternaria*, *Periconia*, *Phyllosticta*, *Corynespora*, *Hypoxylon* 등의 균류에 의해서만 생성되는 것으로 알려졌다.

Victorin 또는 *HV* 독소

Victorin(HV) 독소는 균류 *Cochliobolus* (*Helminthosporium*) *victoriae* 에 의해 생성되는데, 이 균류는 관녹병에 저항성을 나타내는 유전자인 V_b를 가지고 있는 귀리 품종인 Victoria가 도입되어 널리 사용된 후인 1945년에 나타났다. *C. victoriae* 는 감수성 귀리의 기부를 감염시키고 독소를 분비하고 이것이 잎으로 이동하여 잎마름병을 일으키고 식물체 전체를 죽인다. 다른 종류의 귀리와 다른 종의 식물체는 이 균류와 독소에 면역성을 나타내고 독소에 대한 감수성은 이 균류에 대한 감수성에 비례한다. 균류의 독소 생성은 단일유전자에 의해서 조절된다. 독소에 대한 내성과 감수성뿐만 아니라 균류에 대한 저항성과 감수성은 같은 쌍의 대립유전자에 의해서 조절된다. 이 유전자의 다른 세트는 중간 저항성을 나타낼 수도 있다. 독소는 병원균에 의하여 유도되는 모든 외부적인 병징을 일으킬 뿐만 아니라 기주식물체에서 세포벽의 구조변화, 세포로부터 전해질의 소실, 호흡증가, 생장과 단백질합성의 감소 등 조직화학적 및 생화학적으로 서로 유사한 변화를 일으킨다. 더구나 배양기에서 독소를 분비하는 균류의 분리주만이 귀리에 병원성을 나타내는 반면에 독소를 분비하지 않는 분리주는 비병원성이다.

Victorin은 정제되었는데 화학적 구조는 복잡하게 염소화되어 있고 부분적으로 환상 구조를 하는 pentapeptide 로 결정되었다. 이 독소의 1차적인 목표는 여러 단백질에 결합되는 세포의 원형질막인 것으로 보인다. 감수성 식물체의 세포의 대사작용에 어떻게 영향을 주는지는 여전히 알려지지 않았다. Victorin의 가능한 공격부위는 광 호흡계의 주요 요소인 glycine decarboxylate 복합체인 것 같다. 그러나 Victorin이 과민반응과 programed cell death에 이르는 많은 특징을 포함하는 저항성 반응의 요소를 유도하는 elicitor(유도분자)로 기능을 한다는 많은 증거가 있다.

T 독소 *[*Cochliobolus(Helminthosporium) heterostrophus *레이스 T 독소]*

T 독소는 옥수수 깨씨무늬병을 일으키는 *Cochliobolus heterostrophus* 의 레이스 T에 의해 생성된다 (그림 5-15A). 레이스 T는 1968년에 미국에 처음 나타났으며 T-독소를 생성하는 것 외에는 *C. heterostrophus*의 다른 레이스와 구별할 수 없다. 1970년경까지 레이스 T는 텍사스 웅성불임(Tms) 세포질을 가진 옥수수만 가해하면서 옥수수를 재배하는 전 지역으로 퍼져 나갔다. 정상적인 세포질을 가진 옥수수는 병원체와 독소에 저항성을 나타내었고 *C. heterostrophus* T와 그 독소에 대한 저항성과 감수성은 세포질유전자로 모계유전되었다. T-독소를 생성하는 *C. heterostrophus* T의 능력과 Tms 세포질을 가진 옥수수에 대한 병원력은 하나의 같은 유전자에 의해 조절되고, T-독소는 *C. heterostrophus* 레이스 T의 병원성을 위하여 필수적인 것은 아니고 병원균의 병원력을 증가시키는데 관여하는 것으로 생각된다.

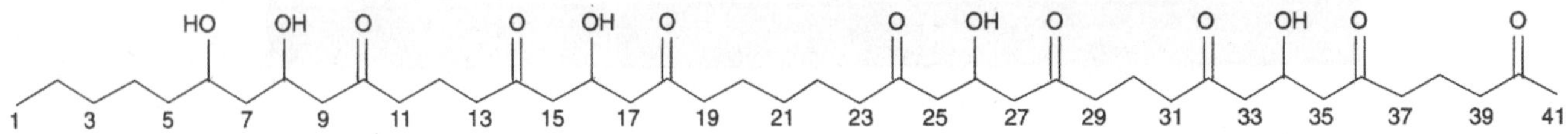

T toxin

T-독소는 35~45개의 탄소가 있는 직선의 긴 polyketol인데 가장 일반적인 구조는 다음과 같다.

T-독소는 감수성 세포의 마이토콘드리아에 특이적으로 작용하여 정상적인 기능을 수행하지 못하게 하며 ATP합성을 억제한다. T-독소는 감수성 마이토콘드리아의 내부막에 위치한 특이적인 수용체 단백질분자(URF13)에 작용한다. 텍사스 세포질 웅성불임을 나타내는 식물체에는 단백질 URF13의 생성을 암호화하는 유전자 *T-urf13*를 포함하여 마이토콘드리아 DNA에 다소의 재배열이 있는 것으로 여겨지는데, 이 유전자와 단백질은 정상적인 세포질을 가진 옥수수에는 존재하지 않는다. T-독소가 존재할 때에 단백질 URF13은 웅성불임 세포질을 가진 옥수수 계통의 마이토콘드리아 내부막에 작은 구멍을 만드는데, 이것이 마이토콘드리아막의 선택적 투과성을 상실시킴으로써 병을 일으킨다.

HC 독소

Cochliobolus (*Helminthosporium*) *carbonum* (*Bipolaris zeicola*)은 옥수수에 점무늬병을 일으키고 특정 옥수수 계통에만 독성을 나타내는 기주특이적 HC 독소를 생성한다. HC 독소의 작용기작은 알려지지 않았지만, 이 HC 독소가 독소에 대한 저항성의 생화학적 및 분자적 유전기초가 알려진 유일한 독소이다. 저항성 옥수수계통은 이 독소를 감소시켜서 해독시키는 HC 독소 reductase라고 부르는 효소를 암호화하는 유전자 *Hm1*을 가지고 있다. 감수성 옥수수계통은 이 유전자를 가지고 있지 않으므로 이 독소로부터 자신을 보호할 수 없다. HC

그림 5-15 기주선택적 독소에 의하여 생긴 증상. (A) *Cochliobolus* (*Helminthosporium*) *heterostrophus* 병원균의 두 레이스와 독소, 즉 T 독소에 의하여 생긴 Texas 웅성불임 세포질을 가진 옥수수에 대한 깨씨무늬병 증상. (B) *Cochliobolus carbonum* 병원균과 독소에 의한 Northern corn 점무늬 증상. (C) *Alternaria alternata*의 한 균주와 독소인 AK 독소에 의한 일본배의 과일 점무늬. (D) *Alternaria alternata*의 다른 균주와 독소인 AM 독소에 의한 사과나무 잎의 점무늬. [사진제공: (A) C. Martinson, Iowa State University, (B) G. Munkvold, Iowa State University, (C) T. Sakuma, Pennsylvania State University, (D) J.W. Travis, Pennsylvania State University.]

독소 자체는 독성을 나타내지 않지만, 유도 방어반응의 성립에 필요한 유전자발현의 시삭을 방해함으로써 병원력 요인으로 작용하는 것이 실험적으로 관찰되었다.

Alternaria alternata 독소

*Alternaria alternata*의 여러 병원형은 기주식물을 공격하고 각 기주식물에서 각 병원형의 특별한 기주식물에만 특성을 나타내는데 관련된 여러 화합물의 하나를 생성한다. 병원균이 생성하고 영향을 주는 일부 독소와 기주로는 일본배나무에 검은무늬병(그림 5-15C)을 일으키는 AK독소, 토마토에 줄기궤양을 일으키는 AAL독소, 사과나무에 대한 AM 독소, 귤나무에 대한 ACT독소, 레몬나무에 대한 ACL독소, 사탕수수에 대한 HS독소가 있다. *A. alternata* 독소의 한 예로서, AM독소는 사과나무 점무늬낙엽병(그림 5-15D)을 일으키는 예전에는 *A. mali* 로서 알려진 사과나무 병원균 *A. alternata*에 의하여 생

성된다. 독소분자는 cyclic depsipeptide이고 보통 3가지 형태가 섞여서 존재한다. 이 독소는 감수성 사과나무품종에 대해 아주 선택적으로 작용하는 반면에 저항성 품종은 10,000배 이상의 농도에도 병징을 나타내지 않고 내성을 보인다. AM 독소는 감수성 세포의 원형질막을 부풀게 하여 세포에서 상당량의 전해질을 잃게 만든다. 이 독소의 최초 독성효과는 세포벽과 원형질막 사이에 일어나는 것처럼 보이지만, AM 독소는 엽록체를 빠르게 소실하게 만드는데, 이것은 작용부위가 한 군데 이상이라는 것을 시사한다.

기타 기주특이적 독소

최소한 두 종류의 다른 균류도 잘 알려진 기주특이적 독소를 생성하는데, 수수 뿌리썩음병을 일으키는 *Periconia circinata*는 수수에서 PC 독소를 생성하고 *Mycosphaerella (Phyllosticta) zeae-maydis*는 텍사스 웅성불임세포질을 가진 옥수수에서 PM-독소(T-독소)를 생성한다. *Pyrenospora cassiicola-repentis*는 ptr 독소를 생성해서 밀의 tan spot을 일으킨다. *Corynespora cassicola*는 토마토에서 CC 독소를 생성한다. *Hypoxylon mammatum*에 의해 포플러나무에서 생성되는 독소와 *Perenophora teres*에 의해 보리에서 생성되는 독소는 기주특이적이라기 보다는 종선택성(species-selective)을 나타낸다. 이 외에도 서양배나무를 침입하는 *Stemphylium vesicarium*에 의해 생성되는 SV독소와 배추속 식물을 침입하는 *A. brassicae*로부터 생성되는 destruxin B독소가 있다.

식물병에서의 생장조절물질

식물의 생장은 자연적으로 발생하는 화합물 중에 소수의 생장조절물질(生長調節物質; growth regulators)이라는 화합물이 호르몬으로 작용함으로써 조절된다. 가장 중요한 식물생장조절물질로는 옥신, 지베렐린, 사이토키닌 등이 있고 에틸렌과 생장저해제 같은 화합물도 식물체의 생존에 중요한 역할을 한다. 생장조절물질은 대단히 낮은 농도에서 작용하기 때문에 정상적인 농도에서 조금만 차이가 있어도 식물체의 생장모습이 완전히 달라진다. 식물체에서 특정 생장조절물질의 농도는 일정하지 않지만, 식물체에 존재하는 호르몬 억제체계의 작용에 의해 빨리 증가되기도 하고 감소되기도 한다. 생장조절물질은 전령 RNA 분자의 합성을 촉진시켜 특별한 효소를 생성하고 결국 식물체의 생리와 생화학적 반응을 조절한다.

식물병원체는 식물체에 의해 생성되는 같은 종류의 생장조절물질이나 생장저해물질을 더 많이 생성할 수 있고, 새롭고 다른 종류의 생장조절물질과 생장저해제를 생성할 수도 있으며, 식물체에 의해 생성되는 생장조절물질과 생장저해물질의 생성을 자극하거나 완화시키는 물질을 생성할 수 있다.

어떠한 작용기작에 의해서든지 병원체는 식물체의 호르몬 체계에 평형을 깨뜨려 식물체가 비정상적으로 생장하게 한다. 병원체는 감염시킨 식물체에서 생장조절물질을 분비하거나 생장조절체계에 영향을 미치게 하여 식물체가 비정상적으로 생장하게 되는데 이러한 증상으로는 왜소, 비대생장, 로제트생장, 과다한 뿌리 분기, 줄기의 기형화, 잎의 상편생장, 조기낙엽, 눈의 생장억제 등이 있다. 식물체 내에서의 기능, 병진전에서의 역할 등이 잘 알려져 있는 식물생장조절물질은 다음에 언급되어 있다.

옥신

식물체에서 자연적으로 발생하는 옥신(auxin)은 indole-3-acetic acid(IAA)인데, 이것은 생장하고 있는 식물체의 조직 내에서 지속적으로 생성되고 녹색의 어린 조직에서 오래된 조직으로 급속히 이동되지만, indole-3-acetic acid oxidase(인돌초산산화효소)에 의해 계속적으로 분해되어 결국은 옥신이 낮은 농도로 유지된다.

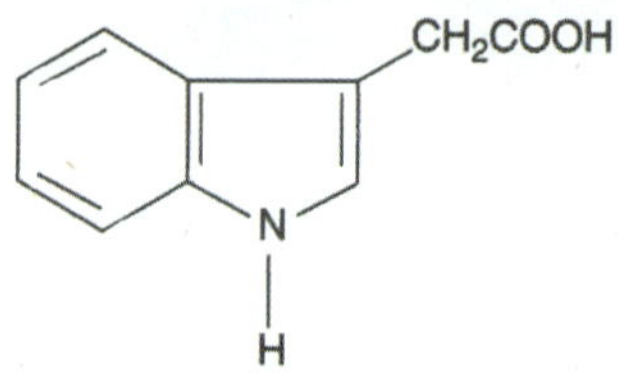

indole-3-acetic acid

IAA는 식물체에 많은 영향을 미치는데, 세포신장과 분화에 필요하고 세포막에 IAA가 흡수되면 막의 투과성에도 영향을 미친다. IAA는 식물체의 호흡을 증가시키며 전령RNA의 합성을 촉진시켜서 구조단백질뿐만 아니라 효소를 포함하는 모든 단백질의 합성을 촉진시킨다.

식물체가 균류, 세균, 바이러스, 몰리큐트, 선충 등에 의해 감염되면 어떤 경우에는 기주 내에 옥신의 양이 감소하지만 일반적으로 옥신의 양이 증가한다. 아잘레아의 잎과 꽃에 떡병을 일으키는 담자균 *Exobasidium azaleae* (그림 5-16A), 양배추 무사마귀병을 일으키는 *Plasmodiophora brassicae* (그림 5-16E), 뿌리혹병을 일으키는 *Agrobacterium tume-*

그림 5-16 병원균에 의한 생장조절물질(주로 옥신)의 과다 생성에 의한 증상을 보이는 식물병. (A) *Exobasidium azaleae*의 감염으로 생긴 확대되고 기형이 된 아잘레아 잎과 꽃의 혹. (B) *Rhodococcus fascians*에 의한 감염으로 스위트피의 잎에 생긴 혹(leafy gall). (C) 옥수수깜부기병균 *Ustilago maydis*의 감염으로 생긴 많은 작은 혹을 보여주는 옥수수 이삭과 수염. (D) *Cronartium* sp. 병원균에 의해 생긴 소나무 western 혹병. (E) 무사마귀병원균 *Plasmodiophora brassicae*로 감염되어 괴상하게 확대된 양배추 뿌리. 소수의 정상적인 가는 뿌리가 아직도 존재한다. (F) 뿌리혹선충 *Meloidogyne* sp.에 감염된 콩 뿌리의 혹. [사진제공: (A,B) Oregon State University, (C) K. Mohan, Idaho State University, (D) E. Hansen, Oregon State University, (E) University of Minnesota, (F) R.T. MacMillan. University of Florida.]

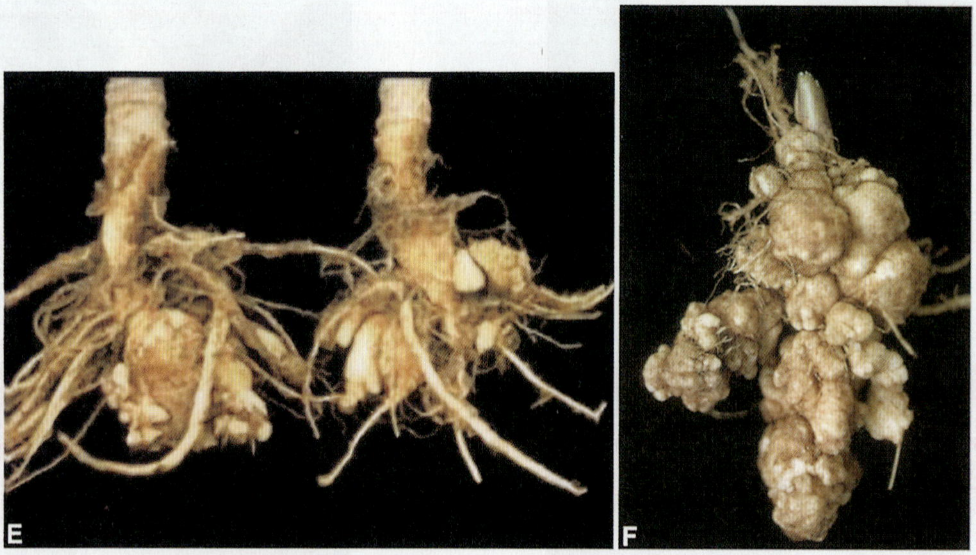

그림 5-16 (계속)

faciens (5-17A), 완두와 다른 식물에 잎혹을 일으키는 것(그림 5-16B), 옥수수 깜부기병을 일으키는 *Ustilago maydis* (그림 5-16C), 사과나무 붉은별무늬병을 일으키는 *Gymnosporangium juniperi-virginianae*, 바나나 시들음병을 일으키는 *Fusarium oxysporum* f. sp. *cubense*, 소나무 western혹병균 *Cronartium* sp. (그림 5-16D), 뿌리혹선충인 *Meloidogyne* sp.(그림 5-16F) 등은 기주식물체 내에서 IAA 농도를 증가시킬 뿐만 아니라 병원체 자체도 IAA를 생성할 수 있다. 그러나 어떤 병에서는 전적으로 또는 부분적으로 IAA산화효소가 억제되어 IAA의 분해가 감소되기 때문에 IAA의 양이 증가되는데, 이러한 병의 예로는 옥수수 깜부기병과 밀 줄기녹병 등이 있다.

식물병에서 옥신의 생성과 역할은 몇 종류의 세균에 의해 발생하는 식물병에서 더 많이 연구되어 왔는데, 가지과식물에서 세균성시들음병을 일으키는 *Ralstonia solanacearum*은 건전한 식물체와 비교하여 감염된 식물체 내에서 옥신의 양을 100배 이상으로 증가시킨다. IAA의 양이 증가됨에 따라 식물체에서 시들음 증상이 어떻게 나타나는지는 아직 명확하지 않지만, IAA의 양이 많아지면 세포벽의 구성성분인 펙틴, 셀룰로스, 단백질 등이 병원체에 의해 분비되는 효소에 의해 쉽게 분해되어 세포벽의 유연성이 증가한다. IAA의 증가는 조직의 리그닌화를 억제하여 리그닌화되지 않은 조직이 병원체의 세포벽 분해효소에 노출되는 시간을 연장시켜준다. 감염된 조직에서 호흡률이 증가하는 것도 IAA의 양이 증가하기 때문인 것으로 생각되는데, 옥신은 세포의 투과성에 영향을 미치기 때문에 감염된 식물체에서 호흡이 증가하는 것과 관련이 있다.

세균 *Agrobacterium tumefaciens* (그림 5-17A)에 의해 100종 이상의 식물체에 발생하는 **뿌리혹병**(根頭癌腫病; **crown gall**)에서 혹(gall)이나 암종(tumor)은 기주식물체의 뿌리, 줄기(그림 3-2E, 3-11E, 5-17A), 잎, 이삭, 수염, 잎자루 등에 생기는데, 뿌리혹세균이 감수성 식물체에 생긴 상처로 침입하여 발달된다. 상처가 생긴 직후에 상처 주위에 있는 세포들은 여러 페놀화합물을 생성하고 분열이 활성화된다. *Agrobacterium* 은 세포를 침입하지는 않지만 세포벽에 붙어있는데, acetosyringone과 같은 페놀화합물 등 신호와 반응하여 혹을 유발하는 플라스미드인 Ti-플라스미드에서 DNA processing을 시작한다 (그림 5-17). 상처가 생긴 지 3~4일 후 세포분열이 아주 많이 일어나는 동안 식물세포는 세균의 플라스미드 DNA(T-DNA 또는 암종 DNA)의 조각을 받아들이기 쉽게 된다. T-DNA 병독성(Vir) 영역에 있는 유전자에 의하여 해독되는 단백질은 Ti-플라스미드로부터 한 가닥의 T-DNA를 자른 후 식물세포의 핵에 전달하여 T-DNA-단백질복합체를 생성한다. T-DNA는 식물체의 핵 DNA와 통합되고 일부의 유전자들은 발현되어 옥신과 사이토키닌을 합성하고 이것은 정상 식물세포를 암종세포로 변하게 한다. 암종세포는 세균과는 독립적으로 생장하고 분열하며 이들의 조직, 생장속도와 분열속

A

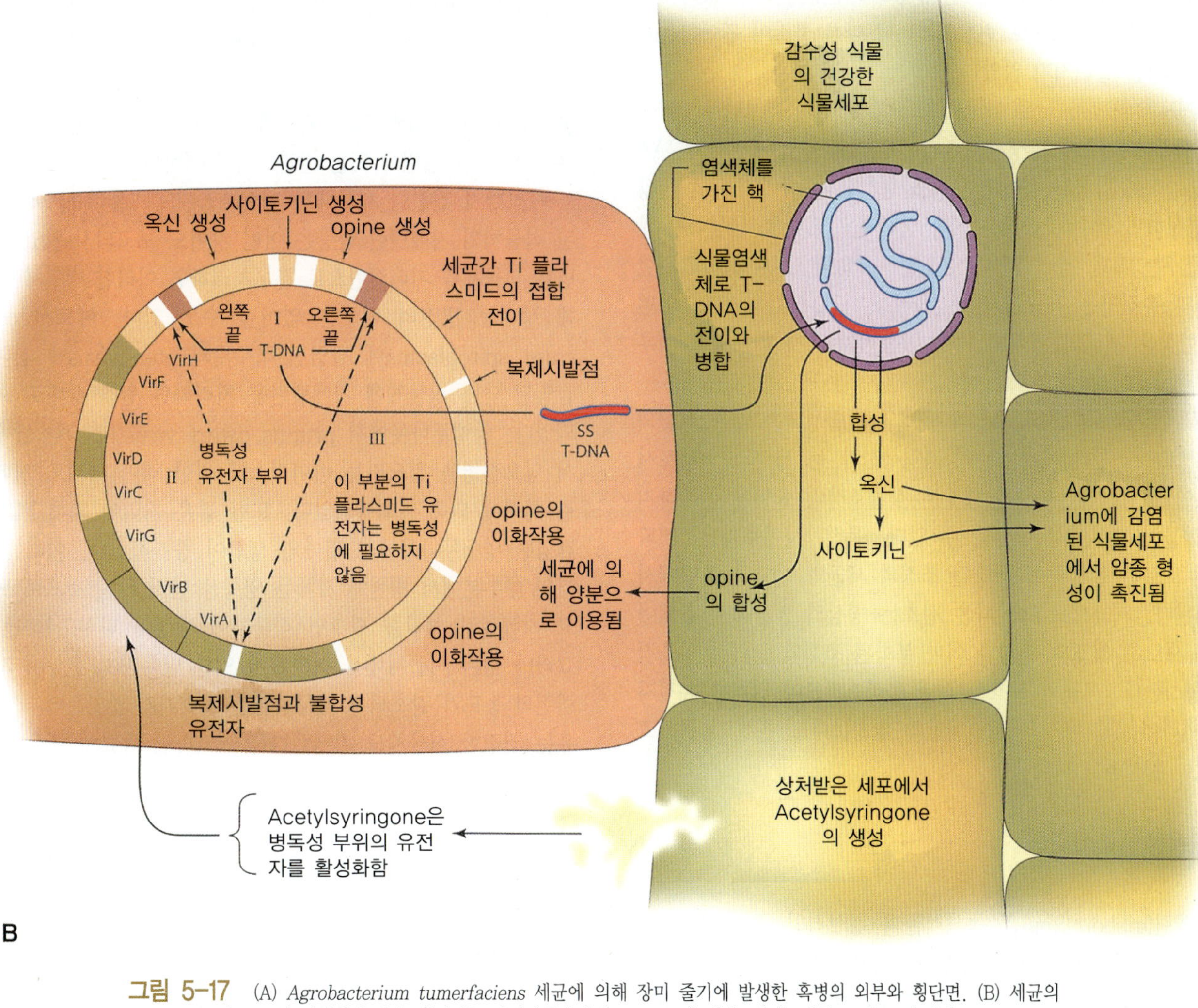

B

그림 5-17 (A) *Agrobacterium tumerfaciens* 세균에 의해 장미 줄기에 발생한 혹병의 외부와 횡단면. (B) 세균의 T-plasmid의 구조와 지제부에 혹을 형성하는 감염식물에서의 T-DNA의 전이, 삽입, 발현 모식도. 유전자 A, B, D, G는 감수성식물에서 암종 형성을 위해서 필요하다. 유전자 C, E, F, H는 기주범위와 또는 세균에 의하여 형성된 암종의 크기에 영향을 준다. 병독성 유전자의 단백질의 기능은 다음과 같다. A, 상처신호의 수용체; B, 세포막에 구멍을 형성하는 단백질을 암호화; C, T-DNA의 전이를 촉진한다; D, 끝부분에서 DNA를 연결한다; E, T-DNA를 핵산분해효소로부터 보호하며 또한 핵위치 신호를 운반한다; F, 암종 유도에 대한 기주범위를 확대시킨다; G, 다른 병독성 유전자를 활성화한다; H, 세균을 식물독성물질로부터 보호한다. 모식도는 혹을 형성하는 기주세포와 T-DNA의 유전자산물의 상호작용을 단순화한 것이다. [사진제공 : (A) Oregon State University.]

도는 더 이상 기주식물에 의해 조절되지 않는다.

암종세포에는 정상적인 IAA와 사이토키닌의 양보다 더 많은 양의 IAA와 사이토키닌이 포함되어 있는데, 뿌리혹세균으로부터 식물세포 염색체 DNA로 이동된 T-DNA에는 IAA와 사이토키닌유전자가 들어있고 이 유전자들이 식물체에 의해 발현되기 때문이다. 통합된 T-DNA에는 opine으로 알려진 물질을 암호화하는 유전자도 들어있다. 형질전환된 식물세포들은 세포간극에서 생장하는 뿌리혹세균이 영양원으로 이용할 수 있는 opine을 생성한다. 암종세포 내에서 IAA와 사이토키닌 양의 증가는 일단 암종세포로 변형된 세포가 신장하고 분열하기에 충분하지만, IAA와 사이토키닌이 아주 많은 양이라 할지라도 그 자체로는 건전한 세포를 암종세포로 변형시킬 수 없다. 건전한 세포를 암종세포로 변형시키는데 다른 물질이 관여하는지에 대해서는 알려지지 않았다.

세균 *Pseudomonas savastanoi*에 의해 올리브나무, 협죽도, 쥐똥나무 등에 발생하는 knot disease에서 병원체는 IAA를 생성하여 감염된 식물체가 혹을 형성한다. 균주가 IAA를 많이 생성하면 할수록 병징은 더욱 심해지고, IAA를 생성하지 않는 균주는 혹을 생성하도록 유도할 수 없다. IAA생성을 위한 세균의 유전자는 세균에 있는 플라스미드 내에 있지만, 어떤 IAA합성은 세균의 염색체 내에 있는 유전자에 의해서도 이루어진다.

Rhodococcus fascians 세균에 의해 발생되는 많은 식물의 잎혹병(leafy gall)에서, 눈의 과잉생산과 눈 생장의 억제로서 잎혹이 생성된다. 세균은 대부분 식물조직의 표면에 존재하지만 식물체 내부에서 생존할 수 있다. 옥신, 사이토키닌, 기타 다른 호르몬 물질들이 배양된 조직의 세균과 감염된 조직에서 생성된다. 세균으로부터 나온 신호는 병징의 발달에 관련되어 있는 새로운 세포의 분열과 이미 분화된 조직의 눈의 분열조직을 형성한다. 세균의 신호는 선형 플라스미드에 위치한 유전자에 의하여 생기며 사이토키닌만의 활성보다도 훨씬 독특하고 복잡한 활성들을 나타낸다.

지베렐린

지베렐린(gibberellins)은 녹색식물의 정상적인 구성성분이며, 일부 미생물에 의해서도 생성된다. 지베렐린은 벼 키다리병(그림 1-37D)을 일으키는 *Gibberella fujikuroi*로부터 처음 분리되었고, 가장 잘 알려진 지베렐린은 gibberellic acid이다. 비타민 E와 helminthosporol 과 같은 화합물도 지베렐린과 비슷한 활성을 나타낸다.

지베렐린은 생장촉진효과를 가지고 있는데, 키가 작은 품종을 아주 빨리 신장시켜서 정상적인 크기로 만들며 개화, 줄기와 뿌리의 신장, 과실의 신장을 촉진시킨다. 이러한 신장은 어

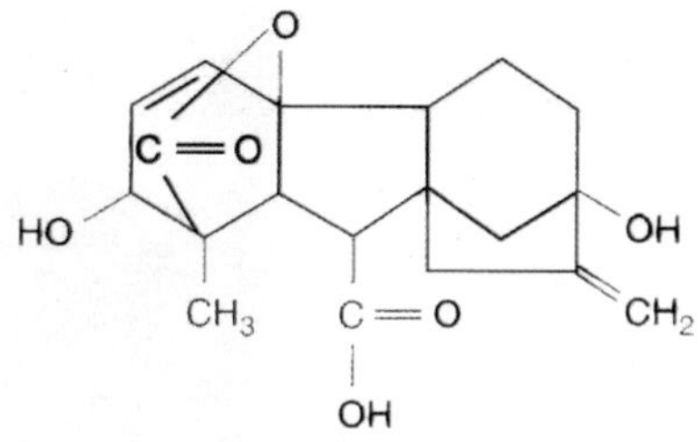

gibberellins aicd

떤 점에서 IAA에 의한 신장과 비슷한데, 지베렐린도 IAA의 형성을 유도한다. 옥신과 지베렐린은 협동적으로도 작용한다. 지베렐린은 작용하지 않고 잠재 상태로 있는 유전자를 활성화시키는 것으로 보인다. 벼 키다리병을 일으키는 *Gibberella fujikuroi* 에 감염된 벼의 유묘는 아주 빨리 자라서 건전한 식물체보다 키가 훨씬 크게 되는데, 이것은 거의 병원체에 의해 분비되는 지베렐린에 의한 결과임이 분명하다.

아직까지 건전한 식물체와 바이러스 또는 몰리큐트에 감염된 식물체의 지베렐린 함량은 어떤 차이도 보고되지 않았지만, 병든 식물체를 지베렐린으로 분무처리하면 이러한 병원체에 의해 생기는 병징의 일부는 없어질 수도 있다. 예로서 corn stunt spiroplasma에 감염된 옥수수와 etch virus에 심하게 감염된 담배 식물체에 지베렐린을 처리하면 원래 상태로 회복되었다. 양앵두나무에서 prunus dwarf virus(PDV)와 담배에서 잎오갈병을 일으키는 바이러스에 의한 액아 억제도 지베렐린 처리에 의해서 회복되었다. 또한 같은 처리에 의해 PDV에 감염된 양앵두나무에서 열매의 생산이 증가하였다. 이러한 처리의 대부분에서 병원체 자체는 영향을 받지 않는 것으로 보이고 지베렐린 처리를 멈추면 식물체에 병징이 다시 나타난다. 그러나 병든 식물체에서 병원체에 의한 발육저지 현상이 지베렐린의 농도가 감소되기 때문인지는 알려지지 않았는데, 그 이유는 건전한 식물체도 지베렐린을 처리하면 똑같이 생장이 증가하기 때문이다.

사이토키닌

사이토키닌(cytokinins)은 세포의 생장과 분화를 위하여 필요한 생장요인인데, 단백질과 핵산의 분해를 억제하여 노화를 억제하고 식물체를 통하여 아미노산 등의 양분이 사이토키닌의 농도가 높은 곳으로 이동되도록 하는 능력이 있다. 녹색식물체와 종자 및 즙액에서 사이토키닌은 아주 낮은 농도로 존재한다. 사이토키닌의 활성을 가진 최초의 화합물은 카이네틴(kinetin)으로 동정되었는데, 이것은 청어의 정자DNA에서 분리되었고 식물체에서는 발견되지 않았다. 그 이후에 zeatin과 isopentenyl adenosine(IPA) 같은 수 종의 사이토키닌이 식물

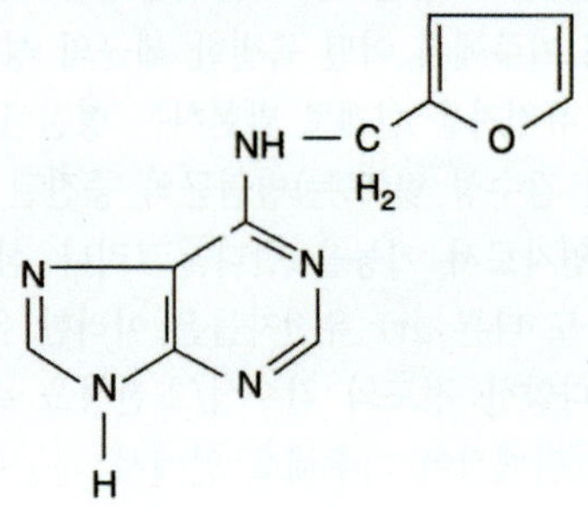

Kinetin

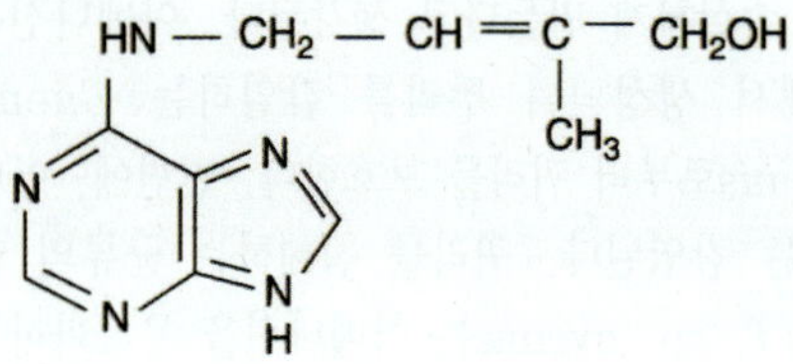

Zeatin

체로부터 분리되었다.

사이토키닌은 유전자의 작동이 중지되는 것을 방지하고 전에 작동이 중지된 유전자를 활성화시키는 작용을 한다. 식물병에서 사이토키닌의 역할은 최근부터 연구되기 시작하였는데, 무사마귀병의 혹, 뿌리혹, 깜부기병과 녹병에 의한 혹, 녹병에 감염된 강낭콩의 잎에서 사이토키닌의 활성이 증가된다. 녹병에 감염된 강낭콩의 잎에서 사이토키닌의 활성은 감염부위 근처의 녹색부위와 녹색부위 밖의 노쇠에 관여하는 것으로 보인다. 한편, Verticillium시들음병에 감염된 목화의 즙액 및 조직 추출액과 가뭄스트레스를 받은 식물체에서 사이토키닌의 활성은 더욱 낮아진다. 세균 *Rhodococcus* (*Corynebacterium*) *fascians* 에 의해 발생하는 스위트피 잎혹병 같은 여러 식물의 세균병은 물론 균류와 몰리큐트에 의한 빗자루병에서도 사이토키닌이 부분적으로 관여한다고 알려졌다.

식물체에 바이러스를 접종하기 전후에 카이네틴을 처리하면 국부병반을 나타내는 기주식물체에서 감염된 병반의 수가 감소되고 전신감염된 기주식물체에서 바이러스의 증식을 감소시킨다.

에틸렌 (CH_2=CH_2)

식물체에서 자연적으로 생성되는 에틸렌(ethylene)은 식물체의 황화, 잎의 상편생장, 부정근의 자극, 과실의 성숙 등에 다양한 영향을 미친다. 또한 에틸렌은 세포막의 투과성을 증가시키는데, 이것은 식물체를 감염할 때 미치는 일반적인 영향이다. 한편, 에틸렌은 조직 내에서 파이토알렉신의 생성을 유도하고 식물체의 저항성을 증가시키는 역할을 하는 효소나 신호 화합물의 합성이나 활성을 증가시키지만, 에틸렌은 실질적으로 저항성을 제공하는 것처럼 보이지는 않는다. 에틸렌은 몇몇 식물병원성 균류와 세균에 의해서도 생성되는데, *Ralstonia solanacearum* 에 감염된 바나나 과실에서 에틸렌 함량은 열매가 노랗게 변하는 정도에 비례하여 증가하는 반면에, 건전한 과실에서는 에틸렌이 전혀 발견되지 않는다. 또한 에틸렌은 유관속시들음병에 의한 잎의 상편생장과 많은 식물병에서 발견되는 조기낙엽에도 관련되어 있다. 토마토의 Verticillium 시들음병에서 감염될 때 에틸렌이 존재하면 병의 진전이 억제되는 반면에 감염 후에 존재하면 Verticillium 시들음병의 진전이 촉진된다.

다당류

균류, 세균, 선충 등의 병원체도 그들의 몸체를 덮고 있으면서 외피와 환경 사이의 접촉영역을 제공하는 끈적끈적한 물질을 분비한다. 세포외다당류(exopolysaccharides)는 직접적으로 병징을 유도하거나, 기주 내의 증식을 좋게 하여 간접적으로 병원성을 발휘하도록 하거나, 병원체의 생존을 증대시킴으로써 여러 병원체가 정상적인 병징을 일으키는 데 필수적이다.

식물병에서 끈적끈적한 다당류의 역할은 식물체의 유관속을 침입하는 병원체에 의해 일어나는 시들음병에서 특히 중요한 것으로 여겨지는데, 유관속시들음병에서 물관에 있는 병원체에 의해서 분비되는 큰 다당류분자는 유관속을 기계적으로 막아서 시들음증상이 일으킨다 (제3장 그림 3-3E, 3-3F, 3-5D, 3-5E). 자연 상태에서 다당류만으로는 이러한 효과가 극히 드물게 일어나지만, 병원체가 분비하는 효소에 의해 기주물질이 분해되어 물관으로 분비되는 큰 분자물질에 의한 효과와 함께 이 다당류가 물관을 막아서 유관속시들음병을 일으키는 과정에 관여한다는 것은 확실하다.

저분자량 항미생물분자에 의한 무독화

여러 종류의 저분자량의 항미생물이 식물에 존재하거나 식물병원균의 감염에 반응하여 생성된다. 이러한 물질의 가장 흔한 구성분의 일부는 아베나신과 토마틴을 포함하는 사포닌류이다. **사포닌**(saponin)은 균류병원에 대항하여 약간의 보호기능을 수행하는 당화된 triterpenoid 이거나 스테로이드 알칼로이드 분자들이다. 사포닌은 세포막에 복합체를 형성하여 균류로부터 보호를 하여 주는데, 이는 세포막에 pore(구멍)을 형성하게 하고 세포막의 기능을 손실하게 만든다고 생각된다. 아베나신은 귀리의 뿌리와 잎에서 생성되며 뿌리를 감염하는 *Gaeumannomyces graminis*로부터 귀리를 보호한다. 반면에, 아베나신이 없는 화곡류는 감염된다. 귀리를 침해하는 균류의 한 균주인 *G. graminis* f. sp. *avenae*는 아베나신을 무독화하는 효소 avenacinase를 생성하는데, 이 효소는 귀리에 병을 일으키는데 필수적이다. 또한, *Stagonospora avenae*는 귀리가 avenacin을 함유하고 있는데도 avenacin을 분해하여 무독화시키는 적어도 3가지 효소를 분비하여 귀리의 잎을 감염한다. 또 다른 사포닌인 토마틴은 토마토에 존재하는데, 토마틴을 무독화하는 데 필요한 효소를 갖고 있지 않는 어떤 균의 감염으로부터 보호한다. *Septoria lycopersici*는 tomatinase를 생성하여 토마토를 감염한다. 그러나 tomatinase를 생성하지 못하는 이 균의 돌연변이주는 tomatine에 민감하지만 여전히 tomatine 이 있어도 자랄 수 있다. 그들은 죽어가는 엽육세포를 더 많이 갖고 있으며 방어와 관련된 효소의 활성이 더 큰 잎에 병반을 일으킨다. 기주의 이와 같은 반응은 돌연변이주와 정상균주와의 차이의 결과인지 또는 tomatinase의 생성이 식물방어반응의 어떤 기작을 억제하는지에 대해서는 명확하지 않다. *Botrytis cinerea*는 13개 균주 중 1개 정도는 tomatine을 무독화시키고 토마토를 심하게 감염할 수 있지만, tomatine에 더 민감한 한 균주는 토마토에 병을 일으키는 데 훨씬 약하다.

비병원성유전자에 의한 세균 병독성의 증진

세균에 있는 비병원성유전자는 저항성 기주식물에 의하여 인지되고 방어반응을 급속히 유도하는 분자를 해독하거나 직접 생성한다고 생각된다. 그러나 병원균 사이에서 비병원성유전자가 널리 퍼져 있다는 것은 그것들이 공격하려고 하는 기주식물에 경고를 주는 것 이외에 병원균에 어떤 유리함을 제공할 수도 있음을 시사한다. 그러므로 많은 식물-세균의 상호작용에서 *avr* 유전자에 의하여 암호화되는 비병원성 단백질(Avr proteins)은 감수성 기주식물에서 병원균의 생장과 병의 발달을 촉진시킨다는 것이 제안되어 왔다. 어떻게 비병원성 단백질이 이것을 성취하는 지는 알려지지 않았지만, *avr* 유전자에 의해 저항성이 방해되는 것으로 밝혀졌다. Avr 단백질은 *avr* 유전자들에 의하여 암호화되기 때문에 *avr* 유전자는 저항성 기주에서 기주방어반응의 경로에 대한 신호를 변경할 수 있다. 어떤 경우에는 저항성 유전자가 없는 상태에서 특별한 비병원성 유전자는 다양한 정도의 저항성을 나타내는 것들을 포함하여 여러 기주에서 어떤 특별한 세균의 성장을 촉진할 뿐만 아니라 *avr* 유전자를 실제로 발현하는 형질전환 식물이 병원균에 대해 커진 감수성 및(또는)병원균의 증진된 호전성을 나타내는 병독성 인자로서 기능을 한다. 그러나 심지어 같은 병원세균에게조차도 다른 *avr* 유전자들은 이러한 유전자가 제공하는 세균에게 다양한 정도의 감수성/호전성을 수여한다. 이것은 특별한 Avr 단백질이 기주세포 안에서 기능을 하고 세균의 병독성을 증진시키는 것을 보여준다.

세균의 병원성에서 Type III 분비의 역할

많은 세균에서 병원성과 병독성의 1차 결정인자(determinants)가 많은 식물종의 식물조직을 무르게 하는 pectin lyase, cellulase, protease와 같은 분비 효소라 할지라도 적어도 *Erwinia* 세균에서는 과민반응과 병원성유전자 (*hrp* genes)가 잠재적인 2차 병원성을 결정한다고 알려졌다. 식물병원균에서 *hrp* 유전자들은 type III 분비계를 암호화하는데, 이것은 세균의 effector 단백질을 직접 기주세포로 운송한다고 생각된다. *hrp* 유전자들은 약 20개가 집단으로 존재하며, 이들 중 하나는 외막의 구성분을 암호화하며 반면 많은 유전자는 중심 분비계, 조절 유전자, harpins, Hrp-pilin을 암호화한다. 어떤 세균에서 이것들은 type III 분비가 기능을 하기 위해, 그리고 비병원성유전자 등을 위해서 요구된다. 식물조직을 무르게 하지 않는 세균인 *Pseudomonas*, *Ralstonia*, *Xanthomonas*, 불마름병 세균 *Erwinia amylovora* 등은 *hrp* 유전자가 병독성과 과민반응을 유도하기 위하여 필수적이다.

식물방어반응의 억제자

밀 줄기녹병을 일으키는 *Puccinia graminis* f. sp. *tritici* 와 완두 점무늬병을 일으키는 *Mycosphaerella pinodes* 같은 일부 식물병원균류는 **suppressor** 라고 부르는 물질을 생성하는데, 이 suppressor는 기주식물체에서 방어반응의 발현을 억제시킴으로써 병원성 요소로 작용한다. 밀 줄기녹병균의 방어 suppressor는 균류 발아 유동체(fluid)와 녹병에 감염된 밀 잎의 세포간극 유동체에서 관찰된다. 이 suppressor는 밀 세포의 원형질막과 작용하여 기주방어의 elicitor 인 병원체의 67 kDa 당단백질이 원형질막에 결합되는 것을 감소시키고, 따라서 phenylalanine lyase(PAL)의 활성을 억제시키고 정상적인 방어반응의 발달을 억제시킨다. 완두를 감염시키는 균류는 포자발아 유동체에서 다당류인 두 가지 suppressor를 생성하는

데, 이 suppressor는 파이토알렉신 생합성의 elicitor를 방해하고 일시적으로 기주식물체에서 모든 방어작용의 발현을 억제시킨다. *Mycosphaerella* suppressor는 기주세포막 ATPase의 proton-pumping activity를 감소시켜 세포가 기능을 발휘하고 자신을 보호할 수 있는 능력을 일시적으로 감소시킨다. 식물방어반응의 억제의 다른 기작은 맥각병균(*Claviceps purpurea*)에 의해 생기는 호밀의 맥각병에서 보고되었다. 맥각병에서 감염하는 병원균에 대한 식물의 최초의 방어반응의 하나로서 생산되는 과산화수소와 반응하여 중화시키는 catalase를 생성한다. 병원균 catalase 농도는 균사의 세포벽과 균사표면에서 가장 크며 기주의 H_2O_2가 생성되는 기주-병원균 접촉면에 있는 기주의 apoplasts로 분비될 수 있다. 기주에 의하여 생성된 활성 산소들을 catalase로 불활성화시킴으로서 기주방어반응을 억제한다.

바이러스와 바이로이드에서의 병원성과 병독성 요인

병원성과 병독성을 결정하는 바이러스와 바이로이드의 고유 원인에 대해서는 최근까지 거의 알려져 있지 않았다. 바이러스는 대개 10개 이하의 유전자를 가지고 있지만 감염능력이 뛰어난 병원체이다. 바이러스의 유전자수는 적기 때문에 바이러스 유전자와 유전자 산물은 다양한 기능을 가지고 있어야 한다. 바이러스 유전자가 조절하는 가장 기본적인 기능은 특별한 기주에 대한 바이러스의 복제, 세포와 세포 사이의 이동, 식물에서 바이러스의 장거리 이동, 식물에서 식물로의 바이러스의 전염, 바이러스 외피 단백질의 생성 기능이다. 이러한 기능이 바이러스의 병독성에 주는 영향이 정도에 있어서 차이가 있다 할지라도 예를 들면, 식물을 감염할 수 있는 능력인 병원성보다는 기주에서 일으키는 병의 정도와 병징, 즉 병원력에 영향을 주는 정도에 차이가 있을지라도, 이러한 모든 기능은 바이러스의 병원성과 생존에 필요하다. 식물 바이러스는 식물세포에 영향을 주는 무름효소, 독소, 생장조절물질 또는 다른 생물활성 화합물을 생성하는 유전자를 갖고 있지 않다. 병징의 발달에 영향을 주는 어떤 화합물도 감염세포에서 발견될 수 없다는 사실에도 불구하고 다른 어떤 바이러스들은 세포에 존재하는 수많은 화합물의 상호작용의 결과로 보이는 병징의 발달을 유도한다. 그러므로 바이러스가 어떻게 병을 일으키는지 모르는 부분이 매우 많다. 그러나 일부 사실들이 밝혀지기 시작하고 있다.

병원성과 병원력에 중요한 역할을 하는 바이러스에 의해 암호화되는 가장 중요한 단백질들의 하나는 외피단백질이다. 외부 손상요인으로부터 바이러스 핵산을 보호하는 것 외에도 외피 단백질은 바이러스의 복제와 분산(전파)에 관련된 실제적인 모든 것에서 중요한 역할을 한다. 이렇게, 외피단백질은 기주의 인지, 핵산의 풀림과 방출, 핵산의 복제, 세포와 기관 사이의 바이러스의 이동, 매개자를 통한 식물로의 이동, 병징의 변화에 역할을 한다. 다시 말하지만, 외피단백질이 어떻게 이러한 기능을 하는지에 대한 기작은 거의 알려지지 않았다.

가장 많이 연구된 또 다른 바이러스의 단백질은 소위 이동단백질(movement protein)인데, 이것은 바이러스가 세포와 세포 사이와 원형질연락사의 성질을 변화시킴으로써 식물의 체관부를 통하여 세포와 세포 사이를 이동하게 해주는 단백질이다. 그러나 어떤 이동단백질은 바이러스를 위한 길을 열어줄 뿐만 아니라 바이러스 감염에 의해 활성화된 식물세포에 의한 바이러스 발현억제를 하는 억제자인 방어분자를 막기도 한다. 일부 바이로이드는 바이로이드가 원형질연락사를 통과하도록 도와주는 기주의 어떤 단백질과 기주식물의 체관부를 이동하도록 도와주는 식물 lectin과 복합체를 형성하는 것 같다.

참고문헌

Alfano, J. R., and Guo, M. (2003). The *Pseudomonas syringae* Hrp (type III) protein secretion system: Advances in the new millenium. *In* "Plant-Microbe Interactions" (G. Stacey and N. T. Keen, eds.), Vol. **6**, pp. 227–258.

Bai, J., Choi, S.-H., Ponciano, G., *et al.* (2000). *Xanthomonas oryzae* pv. *oryzae* avirulence genes contribute differently and specifically to pathogen aggressiveness. *Mol. Plant-Microbe Interact.* **13**, 1322–1329.

Barras, F., van Gijseman, F., and Chatterjee, A. K. (1994). Extracellular enzymes and pathogenesis of soft-rot erwinias. *Annu. Rev. Phytopathol.* **32**, 201–234.

Belding, R. D., *et al.* (2000). Relationship between apple fruit epicuticular wax and growth of *Peltaster fructicola and Leptodontidium elatius*, two fungi that cause sooty blotch disease. *Plant Dis.* **84**, 767–772.

Blanchette, R. A. (1991). Delignification by wood-decay fungi. *Annu. Rev. Phytopathol.* **29**, 381–398.

Bostock, R. M., Wilcox, S. M., Wang, G., *et al.* (1999). Suppression of *Monilinia fructicola* cutinase production by peach fruit surface phenolic acids. *Physiol. Mol. Plant Pathol.* **54**, 37–50.

Brown, H. P., Panshing, A. J., and Forsaith, C. C. (1949). "Textbook of Wood Technology," Vol. 1. McGraw-Hill, New York.

Burr, T. J., and Otten, L. (1999). Crown gall of grape: Biology and disease management. *Annu. Rev. Phytopathol.* **37**, 53–80.

Callaway, A., Giesman-Cookmeyer, D., Gillock, E. T., *et al.* (2001). The multifunctional capsid proteins of plant RNA viruses. *Annu. Rev. Phytopathol.* **39**, 419–460.

Cao, H., Baldini, R. L., and Rahme, L. G. (2001). Common mechanisms for pathogens of plants and animals. *Annu. Rev. Phytopathol.* **39**, 259–284.

Carzaniga, R., et al. (2002). Localization of melanin in conidia of *Alternaria alternata* using phage display antibodies. Mol. Plant-Microbe Interact. 15, 216–224.

Chen, Z., Kloek, A. P., Boch, J., *et al.* (2000). The *Pseudomonas syringae avrRpt2* gene product promotes pathogen virulence from inside plant cells. *Mol. Plant-Microbe Interact.* **13**, 1312–1321.

Comai, L., Surico, G., and Kosuge, T. (1982). Relations of plasmid DNA to indoleacetic acid production in different strains of *Pseudomonas syringae* pv. *savastanoi*. *J. Gen. Microbiol.* **128**, 2157–2163.

Culver, J. N. (2002). Tobacco mosaic virus assembly and disassembly: Determinants in pathogenicity and resistance. *Annu. Rev. Phytopathol.* **40**, 287–308.

Cutler, D. F., Alvin, K. L., and Price, C. E., eds. (1982). "The Plant Cuticle." Linn. Soc. Symp. Ser. No. 10. Academic Press, London.

Daly, J. M., and Deverall, B. J., eds. (1983). "Toxins in Plant Pathogenesis." Academic Press, New York.

Dardick, C. D., Golem, S., and Culver, J. N. (2000). Susceptibility and symptom development in *Arabidopsis thaliana* to tobacco mosaic virus is influenced by virus cell-to-cell movement. *Mol. Plant-Microbe Interact.* **13**, 1139–1144.

Daub, M. E., and Ehrenshaft, M. (2000). The photoactivated *Cercospora* toxin *Certosporin*: Contributions to plant disease and fundamental biology. *Annu. Rev. Phytopathol.* **38**, 461–490.

Davis, E. L., Hussey, R. S., Baum, T. J., *et al.* (2000). Nematode parasitism genes. *Annu. Rev. Phytopathol.* **38**, 365–396.

Denny, T. P. (1995). Involvement of bacterial polysaccharides in plant pathogenesis. *Annu. Rev. Phytopathol.* **33**, 173–197.

Dow, M., Newman, M.-A., and von Roepenack, E. (2000). The induction and modulation of plant defense responses by bacterial lipopolysaccharides. *Annu. Rev. Phytopathol.* **38**, 241–261.

Doyle, E. A., and Lambert, K.N. (2002). Cloning and characterization of an esophageal-gland-specific pectate lyase from the root-knot nematode *Meloidogyne javanica*. *Mol. Plant-Microbe Interact.* **15**, 549–556.

Durbin, R. D. (1991). Bacterial phytotoxins: Mechanism of action. *Experientia* **47**, 776–783.

Fridborg, I., *et al.* (2003). TIP, a novel host factor linking callose degradation with the cell-to-cell movement of *potato virus X*. *Mol. Plant-Paras. Interact.* **16**, 132–140.

Fritig, B., and LeGrand, M. (1993). "Mechanisms of Plant Defense Responses." Kluwer, Dordrecht, The Netherlands.

Fry, B. A., and Loria, R. (2002). Thaxtomin A: Evidence for a plant cell wall target. *Physiol. Mol. Plant Pathol.* **60**, 1–8.

Gevens, A., and Nicholson, R. L.·(2000). Cutin composition: A subtle role for fungal cutinase? *Physiol. Mol. Plant Pathol.* **57**, 43–45.

Gheysen, G., and Fenoll, C. (2002). Gene expression in nematode feeding sites. *Annu. Rev. Plant Pathol.* **40**, 191–219.

Glenn, A. E., Gold, S. E., and Bacon, C. W. (2002). *Fdb1* and *Fdb2*, *Fusarium verticillioides* loci necessary for detoxification of preformed antimicrobials from corn. *Mol. Plant-Microbe Interact.* **15**, 91–101.

Goethals, K., Vereecke, D., Jaziri, M., *et al.* (2001). Leafy gall formation. *Annu. Rev. Plant Pathol.* **39**, 27–52.

Gold, S. E. (2003). *Ustilago* pathogenicity. *In* "Plant-Microbe Interactions" (G. Stacey and N. T. Keen, eds.), Vol. **6**, pp. 147–172.

Gold, S. E., Garcia-Pedrajas, M. D., and Martinez-Espinoza, A. D. (2001). New (and used) approaches to the study of fungal pathogenicity. *Annu. Rev. Phytopathol.* **39**, 337–368.

Goodman, R. N., Kiraly, Z., and Zaitlin, M. (1967)." The Biochemistry and Physiology of Infectious Plant Disease." Van Nostrand-Reinhold, Princeton, NJ.

Graniti, A., *et al.*, eds. (1989). "Phytotoxins and Plant Pathogenesis." Springer-Verlag, Berlin.

Hammerschmidt, R. (1999). Phytoalexins: What we have learned after 60 years? *Annu. Rev. Phytopathol.* **37**, 285–306.

Harper, G., Hull, R., Lockhart, B., *et al.* (2002). Viral sequences integrated into plant genomes. *Annu. Rev. Phytopathol.* **40**, 119–136.

He, S. Y. (1998). Type III protein secretion systems in plant and animal pathogenic bacteria. *Annu. Rev. Phytopathol.* **36**, 363–392.

Henson, J. M., Butler, M. J., and Day, A. W. (1999). The dark side of the mycelium: Melanins of phytopathogenic fungi. *Annu. Rev. Phytopathol.* **37**, 447–471.

Hiriart, J.-P., Aro, E.-M., and Lehto, K. (2003). Dynamics of the VIGS-mediated chimeric silencing of the *Nicotiana benthamiana* ChlH gene and of the *tobacco mosaic virus* vector. *Mol. Plant-Microb. Interact.* **16**, 99–106.

Hooykaas, P. J. J., and Beijersbergen, A. G. M. (1994). The virulence system of *Agrobacterium tumefaciens*. *Annu. Rev. Phytopathol.* **32**, 157–179.

Horsfall, J. G., and Cowling, E. B., eds. (1979). "Plant Disease," Vol. 4. Academic Press, New York.

Hussey, R. S. (1989). Disease-inducing secretions of plant-parasitic nematodes. *Annu. Rev. Phytopathol.* **27**, 123–141.

Jahr, H., Dreier, J., Meletzus, D., *et al.* (2000). The endo-β-1,4-glucanase CelA of *Clavibacter michiganensis* subsp. *michiganensis* is a pathogenicity determinant required for induction of bacterial wilt of tomato. *Mol. Plant-Microbe Interact.* **13**, 703–714.

Keen, N. T. (2000). A century of plant pathology: A retrospective view on understanding host–parasite interactions. *Annu. Rev. Phytopathol.* **38**, 31–48.

Kolattukudy, P. E. (1985). Enzymatic penetration of the plant cuticle by fungal pathogens. *Annu. Rev. Phytopathol.* **23**, 223–250.

Kosuge, T., and Nester, E. W., eds. (1984). "Plant-Microbe Interactions: Molecular and Genetic Perspective," Vol. 1. Macmillan, New York.

Kuriger, W. E., and Agrios, G. N. (1977). Cytokinin levels and kinetin-virus interactions in tobacco ringspot virus-infected cowpea plants. *Phytopathology* **67**, 604–609.

Manulis, S., and Barash, I. (2003). Molecular basis for transformation of an epiphyte into a gall-forming pathogen, as exemplified by *Erwinia herbicola* pv. *gypsophilae*. *In* "Plant Microbe Interactions" (G. Stacey and N. T. Keen, eds.), Vol. **6**, pp. 19–52.

Marcell, L. M., and Beattie, G. A. (2002). Effect of leaf surface waxes on leaf colonization by *Pantoea agglomerans* and *Clavibacter michiganensis*. *Mol. Plant-Microbe Interact.* **15**, 1236–1244

Markham, J. E., and Hille, J. (2001). Host-selective toxins as agents of cell death in plant-fungus interactions. *Mol. Plant Pathol.* **2**, 229–239.

Martin-Hernandez, A. M., Dufresne, M., Hugouvieux,V., *et al.* (2000). Effects of targeted replacement of the tomatinase gene on the interaction of *Septoria lycopersici* with tomato plants. *Mol. Plant-Microbe Interact.* **13**, 1301–1311.

Morrissey, J. P., Wubeen, J. P., and Osbourn, A. E. (2000). *Stagonospora avenae* secretes multiple enzymes that hydrolyze oat leaf saponins. *Mol. Plant-Microbe Interact.* **13**, 1041–1052.

Navarre, D. A., and Wolpert, T. J. (1999). Effects of light and CO_2 on victorin-induced symptom development in oats. *Physiol. Mol. Plant Pathol.* **55**, 237–242.

Otani, H., Kohnobe, A., Kodama, M., *et al.* (1998). Production of a host-specific toxin by germinating spores of *Alternaria brassicicola*. *Physiol. Mol. Plant Pathol.* **52**, 285–295.

Owens, R. A., Backburn, M., and Ding, B. (2001). Possible involvement of the phloem lectin in long-distance viroid movement. *Mol. Plant-Microbe Interact.* **14**, 905–909.

Petrini, O., and Ouellette, G. B. (1994). "Host Wall Alterations by Parasitic Fungi." APS Press, St. Paul, MN.

Prusky, D., McEvoy, J. L., Leverentz, B., *et al.* (2001). Local modulation of host pH by *Colletotrichum* species as a mechanism to increase virulence. *Mol. Plant-Microbe Interact.* **14**, 1105–1113.

Pryce-Jones, E., Carver, T., and Gurr, S. (1999). The role of cellulase enzymes and mechanical force in host penetration by *Erysiphe graminis* f. sp. *hordei*. *Physiol. Mol. Plant Pathol.* **55**, 175–182.

Quidde, T., Osbourn, A. E., and Tudzynski, P. (1998). Detoxification of α-tomatine by *Botrytis cinerea*. *Physiol. Mol. Plant Pathol.* **52**, 151–165.

Rantakari, W., Virtaharju, O., Vähämiko, S., *et al.* (2001). Type III secretion contributes to the pathogenesis of the soft-rot pathogen *Erwinia carotovora*: Partial characterization of the *hrp* gene cluster. *Mol. Plant-Microbe Interact.* **14**, 962–568.

Ream, W. (1989). *Agrobacterium tumefaciens* and interkingdom genetic exchange. *Annu. Rev. Phytopathol.* **27**, 583–618.

Robison, M. M., Griffith, M., Paulls, K. P., *et al.* (2001). Dual role for ethylene in susceptibility of tomato to Verticillium wilt. *J. Phytopathol.* **149**, 385–388.

Schäfer, W. (1994). Molecular mechanisms of fungal pathogenicity to plants. *Annu. Rev. Phytopathol.* **32**, 461–477.

Schell, M. A. (2000). Control of virulence and pathogenicity genes of *Ralstonia solanacearum* by an elaborate sensory network. *Annu. Rev. Phytopathol.* **38**, 263–292.

Schouten, A., Tenberge, K. B., Vermeer, J., *et al.* (2002). Functional analysis of an extracellular catalase of *Botrytis cinerea*. *Mol. Plant Pathol.* **3**, 227–238.

Siedow, J. N., *et al.* (1995). The relationship between the mitochondrial gene T-urf13 and fungal pathotoxin sensitivity in maize. *Biochim. Biophys. Acta* **1271**, 235–240.

Sijmons, P. C., Atkinson, A. J., and Wyss, U. (1994). Parasitic strategies of root nematodes and associated host cell responses. *Annu. Rev. Phytopathol.* **32**, 235–259.

Singh, U. S., Singh, P. R., and Kohmoto, K. (1994). "Pathogenesis and Host Specificity in Plant Diseases: Histopathological, Biochemical, Genetic and Molecular Bases," Vols. 1–3. Pergamon/Elsevier, Tarrytown, NY.

Stall, R. E., and Hall, C. B. (1984). Chlorosis and ethylene production in pepper leaves infected by *Xanthomonas campestris* pv. *vesicatoria*. *Phytopathology* **74**, 373–375.

Sugui, J. A., et al. (1997). Association of *Pestalotia malicola* with the plant cuticle: Visualization of the pathogen and detection of cutinase and non-specific esterase. *Physiol. Mol. Plant Pathol.* **52**, 213–221.

Taylor, J. L. (2003). Transporters involved in commuication, attack or defense in plant-microbe interactions. *In* "Plant-Microbe Interactions" (G. Stacey and N. T. Keen, eds.), Vol. 6, pp. 97–146.

Tenllado, F., Barajas, D., Vargas, M., *et al.* (2003). Transient expression of homologous hairpin RNA causes interference with plant virus infection and is overcome by a virus encoded suppressor of gene silencing. *Mol. Plant-Microbe Interact.* **16**, 149–158.

Valette-Collet, O., Cimerman, A., Reignault, P., *et al.* (2003). Disruption of *Botrytis cinerea* pactin methylesterase gene *Bcpme1* reduces virulence on several host plants. *Mol. Plant-Microbe Interact.* **16**, 360–367.

Van Wezel, R., Liu, H., Tien, P., *et al.* (2001). Gene C2 of the monopartite geminivirus *tomato yellow leaf curl virus*-China encodes a pathogenicity determinant that is localized in the nucleus. *Mol. Plant-Microbe Interact.* **14**, 1125–1128.

Vereecke, D., Temmerman, W., Jaziri, M., *et al.* (2003). Toward an understanding of the *Rhodococcus fascians*-plant interaction. *In* "Plant-Microbe Interactions" (G. Stacey and N. T. Keen, eds.), Vol. 6, pp. 53–80.

Wolpert, T. J., Dunkle, L. D., and Ciuffetti, L. M. (2002). Host-selective toxins and avirulence determinants: What's in a name? *Annu. Rev. Phytopathol.* **40**, 251–286.

Wu, Y.-Q., and Hohn, B. (2003). Cellular transfer and chromosomal integration of T-DNA during *Agrobacterium tumefaciens*-mediated plant transformation. *In* "Plant-Microbe Interactions" (G. Stacey and N. T. Keen, eds.), Vol. 6, pp. 1–18.

Yamada, T. (1993). The role of auxins in plant disease development. *Annu. Rev. Phytopathol.* **31**, 253–273.

Zhang, J. X., and Bruton, B. D. (1999). Relationship of developmental stage of cantaloupe fruit to black rot susceptibility and enzyme production by *Didymella bryoniae*. *Plant Dis.* **83**, 1025–1032.

제 6 장

병원체에 대한 식물체의 방어기작

식물의 각 종은 대략 100종류의 균류, 세균, 몰리큐트, 바이러스, 선충에 의해서 침해를 받는다. 흔히 식물 한 개체는 수백, 수천의 병원체에 의해 공격을 받고, 커다란 나무의 점무늬병에서는 아마도 한 종류의 병원체에 속하는 수십 만 개체로부터 공격을 받는다. 이러한 식물체는 다양하게 손상을 입음에도 불구하고, 많은 식물체는 이러한 모든 공격으로부터 살아남고 대부분 잘 자라며 상당한 수확물을 생산한다.

일반적으로 식물체는 2개의 무기고인 (1) 물리적 장벽으로 작용하여 병원체의 식물체 침입과 식물체로의 전반을 저지하는 구조적 특성과 (2) 식물체의 세포와 조직에서 병원체에 유독하거나 식물체에서 병원균의 생장을 저해하는 조건을 만들어 내는 물질을 생성하는 생화학적 반응으로부터 무기를 조합함으로써 병원체에 대항하여 자신을 방어한다. 식물체의 방어에 관여하는 구조적 특성과 생화학적 반응의 조합은 기주-병원체의 체계에 따라 다르게 나타난다. 더구나 동일한 기주와 병원체에서도 그 조합은 식물체의 나이, 공격받은 식물의 기관과 조직의 종류, 식물의 영양상태, 기상요인에 따라 달라진다.

유전자에 의해 조절되는 식물체의 방어 및 저항성 기작

식물체가 병원체 또는 무생물적 요인에 대해 방어, 즉 저항성 반응을 나타내는 궁극적인 요인은 직접적이든 간접적이든 기주 식물체와 병원체의 유전물질(유전자)에 의해 조절된다는 개념을 명확히 제시하고 설명을 시작하고자 한다 (그림 6-1).

비기주저항성

병원체가 기주식물이 아닌 비기주식물과 만나면 식물은 쉽게 스스로를 방어한다. 즉, 저항성인 상태(면역)로 존재하게 된다. 이를 비기주저항성이라 하고 이는 자연에서 존재하는 가장 흔한 유형의 저항성(또는 침입에 대한 방어기작)이다. 예를 들면, 사과나무를 침해하는 병원체의 유전적 구성은 토마토, 밀 또는 귤나무를 침해하는 병원체의 유전적 구성과 다르기 때문에 사과나무를 침해하는 병원체는 사과나무를 공격하지만 다른 작물을 침해하지는 않는다. 마찬가지로, 밀을 침해하는 흰가루병균(*Blumeria graminis* f. sp. *tritici*)은 보리를 감염하지 않고, 보리를 침해하는 흰가루병균(*B. graminis* f. sp. *hordei*)은 밀을 감염하지 않는다. 이와 같이 감염되지 않는 모든 기주/병원체 상호작용은 비기주저항성으로 설명할 수 있다. 하지만 최근 부분적으로 중복적인 반응이 보고되었는데, 밀 흰가루병균을 보리에 접종하면 병원균의 흡기 형성, 식물체의 과산화수소(H_2O_2) 생성, 병원균 부착기 부근의 식물 세포벽 비후, 병원균 침입에 대한 반응으로 식물 표피세포가 갑작스럽게 죽는 과민성반응 등이 발견되었다.

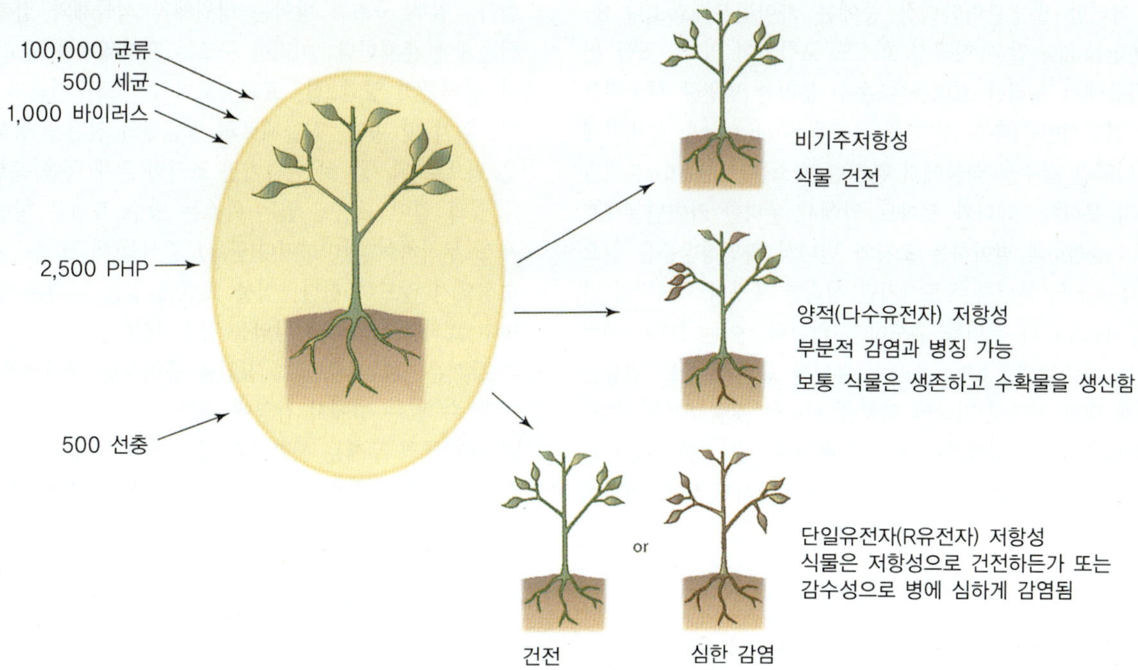

그림 6-1 다양한 병원체의 공격에 대한 저항성에 관련한 식물 반응의 유형.

부분적, 다수유전자, 양적, 수평저항성

모든 식물은 자신을 침해하는 병원체에 감염되지만 흔히 각각의 병원체에 대한 식물의 방어기작에는 상당한 차이가 있다. 병발생에 유리한 환경조건에서 한 식물이 특정한 병원체와 접촉되었을 경우에 병이 발생하지 않을 수도 있고, 약하게 발생할 수도 있고, 심하게 발생할 수도 있는데, 이는 병원체와 식물의 유전적 구성에 의해 결정된다. 식물에는 병원체의 침입을 막는 데 관여하는 유전자가 많이 존재한다. 이들 유전자 중에는 식물의 기능을 왕성하게 하여 식물이 건강한 상태를 유지하게 하는 유전자도 있지만, 병원체로부터 식물을 보호하는 데 전적인 역할을 하는 유전자도 많이 존재한다. 후자의 식물 유전자로부터 화학물질이 생성되어 병원체에 직접적인 독성을 가지거나 병원체가 분비하는 독소를 중화시키기도 하는데, 이와 같은 물질은 병원체 공격여부에 관계없이 식물에서 생성된다. 또한 식물은 병원체에 의해 발생하는 병의 진전을 막거나 억제시키는 구조물을 형성하는 유전자도 지니고 있다. 이러한 구조물은 식물 자체에 존재하기도 하고 병원체의 침입에 대한 반응 또는 상처 같은 무생물적 요인에 대한 반응으로 유도되기도 한다. 병원체 감염 전에 이미 존재하거나 병원체의 침입 후에 형성되는 방어 구조 또는 독성을 지닌 화학물질들은 대부분의 식물에서 병원체에 대한 방어기작에 매우 중요한 역할을 한다.

병원체가 기주식물을 침입할 때 유전자가 발현되어 침입에 필요한 물질(효소, 독소 등)이 생성되고 분비된다. 대부분 식물체는 감염 전 또는 감염 후에 생성되는 독성물질이나 방어 구조의 조합에 의해 부분적인 또는 완전한 방어를 한다. 식물은 이러한 식물의 충분한 저항성 발현에 의해 병원체로부터 생존하게 되고 만족할 만한 수량을 생산하게 된다. 이러한 유형의 저항성은 다수유전자, 보편적, 양적 저항성으로 알려져 있는데, 이는 다양한 방어적 구조를 지니거나 병원체에 독성을 나타내는 물질을 생성하기 위하여 많은 유선사가 관여하기 때문이다. 또한 이러한 저항성은 거의 모든 식물이 병원체에 따라 다양한 수준의 저항성을 나타내기 때문에 부분적, 양적, 수평적, 다수유전자, 포장, 지속적, 또는 미동유전자 저항성으로 알려져 있다.

대부분 식물은 그들의 병원체에 대해 보편적 저항성을 지니고 있는데, 특히 비절대기생체, 예를 들면 준활물영양성 또는 사물영양성 기생체로서 난균류에 속하는 *Pythium*, *Phytophthora*, 진균류에 속하는 *Botrytis*, *Fusarium*, *Sclerotinia*, *Rhizoctonia* 그리고 대부분의 세균, 선충 등이 여기에 속한다. 토마토에서 사물영양균인 *Alternaria solani*에 의해 발생하는 겹둥근무늬병과 같은 다수유전자에 의한 식물-병원체 상호관계에 있어서 저항성 품종일수록 감수성 품종에 비해 발병관련단백질이 빠르게 생성되고 더 많은 양이 축적된다. 이러한 발병관련단백질 중에는 카이틴분해효소나 β-1,3-glucanase 같은 항균성 효소도 포함되어 있다. 또한 저항성 품종에서 분리한 효소들은 순수 분리한 병원균 세포벽으로부터 과민성반응(추후 설명)을 유도하는 elicitor를 분비하게 할 수 있지만 감수성 식물에서 분리한 효소들은 elicitor분비를 유도하지 못한다. 게다가 토마토 잎에서 분리한 카이틴분해효소는 *A. solani*의 발아하는 포자와 만나서 과민성반응을 일으키는 elicitor 의 분비를 유도하지만 성숙한 포자의 세포벽과 만나서는 elicitor 의 분비를 유도하지 않는다. 이는 토마토에서 생성되는 가수분해효소가 elicitor 분비를 통한 토마토 겹둥근무늬병에 대한 저항성 기작에 역할을 한다는 것을 시사해준다. 비록 과민성반응은 없었지만 저항성 유전자 및 그에 상응하는 비병원성유전자가 도입된 형질전환 식물체에서도 양적 저항성은 증가하였다.

레이스-특이적, 단일유전자, 저항성 유전자, 수직저항성

많은 식물-병원체 조합 특히, 순활물영양인 난균류(노균병균), 진균류(흰가루병균, 녹병균), 그 외 진균인 *Cochliobolus*, *Magnaporthe*, *Cladosporium*, 많은 세균, 선충, 바이러스에 있어서 여러 병원체에 대한 식물의 저항성은 기주식물과 병원체의 서로 상응하는 유전자의 존재 의해 결정되는 것으로 생각된다. 기주식물은 침해 가능한 병원체에 대해 한 개 내지 소수의 저항성 유전자(R)가 보유하고 이들 유전자R에 상응하는 비병원성유전자(A)가 병원체에 존재하면 저항성이 나타난다. 나중에 설명하겠지만 병원체의 비병원성유전자는 기주식물의 저항성 유전자 R이 발현하는 데 역할을 하게 된다. 일련의 방어반응에 의하여 비병원성유전자를 지닌 병원체는 침입 부위에서 식물 세포 소수를 사멸시키고 결국 자신도 소멸된다. 이러한 유형의 저항성을 레이스-특이적, 과민성반응, 주동유전자, R 유전자, 수직저항성이라 한다. 그러나 벼의 Xa21과 같은 몇몇 R 유전자는 과민성반응을 유발시키지 않는다.

기존 구조적 방어 및 화학적 방어

기존 방어구조

병원체에 대한 식물체 방어의 최전선은 표면인데, 병원체가 감염을 일으키려면 병원체가 표면에 부착하고 관통할 수 있어야 한다. 일부 구조적 방어는 병원체가 식물체와 접촉하기 전에 식물체에 존재한다. 이러한 구조는 표피세포를 덮고 있는 왁스와 큐티클의 양과 질, 표피세포벽의 구조, 기공과 피목의 크기, 위치 및 형태, 식물체로의 병원체의 진전을 방해하는 두꺼운 벽으로 된 세포로 만들어진 조직의 존재 등을 포함한다.

잎과 열매 표면에 있는 왁스는 방수 표면을 형성해서 병원체가 부착하여 발아하거나(균류) 증식할(세균) 수 있는 수막이 형성되지 않도록 한다. 식물 표면에 있는 두꺼운 털도 유사한 방수 효과를 나타내어 감염을 감소시킨다.

두꺼운 큐티클은 직접 침입을 통해서만 병원체가 기주로 들어갈 수 있는 병에서 감염에 대한 저항성을 증대시킨다. 그러나 큐티클의 두께는 저항성과 항상 상관이 있는 것은 아니어서 상당히 두꺼운 큐티클을 가진 많은 식물 품종이 직접 침입하는 병원균에 의해서 쉽게 침해된다.

표피세포의 외벽 두께와 강도는 일부 식물체가 어떤 병원체에 대한 저항성에 있어서 분명히 중요한 요인이다. 표피세포의 두껍고 튼튼한 벽은 균류에 의한 직접적인 침입을 어렵거나 불가능하게 만든다. 비록 병원체가 상처를 통해서 동일한 식물체의 표피를 침입하고 내부조직을 쉽게 침해할지라도, 이러한 벽을 가진 식물은 대체로 저항성이다.

많은 병원성 균류와 세균은 기공을 통해서만 식물체로 들어간다. 비록 병원체의 대부분이 닫힌 기공을 뚫고 들어갈 수 있지만, 밀 줄기녹병균 같은 일부 병원균은 기공이 열렸을 때에만 들어갈 수 있다. 그래서 낮에 기공이 늦게 열리는 일부 밀 품종은 저항성이다. 왜냐하면 밤에 발아하는 포자의 발아관이 기공이 열리기 전에 이슬의 증발로 말라버리기 때문이다. 아주 좁은 입구와 넓게 솟아 오른 공변세포 같은 기공의 구조는 어떤 세균 병원체에 대하여 일부 품종에서 저항성을 가지게 한다.

침해받은 조직의 세포벽은 두께와 강도가 다양하고 때때로 병원체의 진전을 억제한다. 특히, 많은 화곡류의 줄기에서 발견되는 후벽조직 세포의 다발이나 확장된 부위는 줄기녹병균 같은 병원균의 병 진전을 막는다. 또한, 물관, 유관속초 및 엽맥의 후벽조직 세포는 다양한 '모무늬' 모양의 점무늬병을 일으키는 일부 균류, 세균, 선충 병원체의 전반을 효과적으로 차단시키는데, 이들 점무늬병균은 엽맥을 가로지르지 못하고 엽맥 사이에서만 확산되기 때문이다. 물관은 물관병에 대한 저항성과 감수성에 직접적으로 관련되어 있는 것으로 보인다. 예를 들면, 느릅나무에 물관의 직경과 크기는 *Ophiostoma novo-ulmi*에 의한 느릅나무 시들음병의 감수성과 매우 관계가 깊다.

기존 화학적 방어

구조적 특성이 병원체의 공격에 대항하여 식물체가 다양한 방어반응의 원인이기는 하지만, 병원체 공격에 대항하는 식물체의 저항성은 감염 전후에 식물체 세포에서 생성되는 물질에 버금갈 만큼 구조적 장벽에 의존하지는 않는다. 이러한 사실은 어떤 식물 품종은 아무런 구조적 장벽이 없거나 형성되지 않더라도 특정 병원체가 이 품종을 감염시킬 수 없다는 점에서 명확해진다. 이와 유사하게, 저항성 품종에서 병 진전속도는 곧 낮아지고 나중에는 구조적 방어가 없어도 병이 완전히 제어된다. 더구나 자연적으로 비기주식물체로 들어가거나 인위적으로 비기주식물체로 도입된 많은 병원체는 비록 병원체의 감염을 저해하는 명백한 기주 구조체가 없더라도 감염을 일으키지 못한다. 이러한 예는 어떤 병원체에 대항하여 식물체에 의해 발현되는 감염에 대한 저항성은 구조적 성질보다는 화학적 성질에 의한 방어기작의 결과라는 것을 시사한다.

그림 6-2 *Colletotrichum circinans*에 의해 발생하는 양파 탄저병이 백색 양파에서는 발생하지만, 붉거나 노란 색소 외에도 이 균류에 독성이 있는 페놀화합물인 protocathechuic acid와 catechol을 함유하는 유색 양파에서는 발생하지 않는다. [사진제공: G.W. Simone.]

식물체에 의해 환경으로 방출되는 Inhibitor

식물체는 지상부의 표면뿐만 아니라 뿌리 표면을 통해서도 여러 물질을 분비한다. 그러나 어떤 종류의 식물체에서 방출되는 물질 중에는 어떤 특정 병원체에 대해 억제작용을 가지는 것처럼 보이는 것도 있다. 예를 들면, 토마토와 사탕무 같은 일부 식물체 잎 위의 **균류에 독성을 나타내는 분비물(fungitoxic exudate)**은 잎 위에 이슬이나 빗방울에 *Botrytis* 와 *Cercospora* 의 포자발아를 각각 억제하기에 충분한 농도로 존재하는 것으로 보인다. 이와 유사하게 균류 *Colletotrichum circinans* 에 의해 발생하는 양파 탄저병의 경우에 일반적으로 저항성 품종은 붉은 인편을 갖는데, 붉은 색소 외에도 페놀화합물인 protocathechuic acid와 catechol이 함유되어 있다. 붉은 양파의 표면에 양파 탄저병균의 포자를 함유하고 있는 물방울이나 토양수분이 존재할 때에 이 두 가지 균류에 독성이 있는 물질은 액체 속으로 확산되고 포자의 발아를 억제하고 포자를 터뜨려서 식물체를 감염으로부터 보호한다. 균류독성 분비물 분비와 감염억제는 모두 흰 인편을 가진 감수성 양파 품종에서는 발생하지 않는다 (그림 6-2). 해바라기에 acibenzolar-S-methyl(ASM) 을 처리하면 녹병균 *Puccinia helianthi* 의 포자 발아와 부착기 형성을 억제하므로 감염이 줄어든다. 이는 ASM이 식물표면에 courmarins 과 다른 종류의 독성페놀을 분비하게 하여 잎 표면에 있는 포자의 발아와 부착기 형성을 억제하는 것으로 알려졌다.

감염 전 식물세포에 존재하는 inhibitor

감염 전 세포에 존재하는 phytoanticipins 이라는 항미생물적 물질 때문에 일부 식물체가 어떤 병원체가 일으키는 병에 대해 저항성을 나타낸다는 사실이 확실해지고 있다. 어린 열매, 잎 또는 종자의 세포에 높은 농도로 존재하는 몇 가지 **페놀화합물(phenolic compounds)**, **탄닌(tannins)**, **dienes** 같은 일부 지방산 유사 화합물은 *Botrytis* 같은 병원 미생물에 대하여 어린 조직이 저항성을 나타내게 한다. 예를 들면, 형실선환 토마토 식물의 큐틴단량체에 9-hexadecanoic acid의 증가는 흰가루병에 저항성을 유도하는데, 이는 큐틴단량체가 흰가루병균 포자의 발아를 억제하기 때문이다. 그러한 많은 화합물은 식물병원균의 펙틴분해 활성을 가진 효소를 포함하여 많은 가수분해효소의 강력한 inhibitor 이다. 어린 조직이 늙어감에 따라 그 조직에서 inhibitor 의 함량과 감염에 대한 저항성은 계속 감소한다. 딸기 잎은 자연적으로 **(+)-catechin**을 지니는데, 이는 *Alternaria alternata*의 포자발아와 부착기 형성은 억제하지 못하지만 흡기로부터 감염균사의 형성을 억제함으로써 병 감염을 억제한다. 사포닌(glycosylated steroidal 화합물 또는 triterpenoid 화합물)인 토마토의 **tomatine** 과 귀리의 **avenacin** 같은 몇 가지 다른 형태의 미리 형성된 화합물은 항균성 세포막 분해 활성을 가질 뿐만 아니라 실제적으로 사포닌을 분해할 수 있는 효소(saponinase)가 없는 균류 병원균이 기주를 감염시키지 못하게 한다. 이 경우에는 기주에서 사포닌의 존재 유무와 균류에서 saponinase 의 존재 유무가 균류의 기주범위를 결정한다.

위에 열거한 단일분자 항균성 물질 외에도 몇 가지 미리 형성된 식물 단백질이 병원체의 proteinase 나 기주 세포벽 분해에 관련된 가수분해효소의 inhibitor 로 작용하거나, 외래 리보솜을 불활성화시키거나, 균류의 원형질막의 투과성을 향상시키는 것으로 보고되었다.

예를 들면, 많은 식물에 phytocystatins이라는 저분자 단백질이 있다. 이는 선충의 소화계에서 cysteine proteinases를 억제하는데, 식물병원균류에 의해 분비되기도 한다. 식물에 구성성분으로 존재하거나 형질전환으로 도입된 phytocystatins은 암컷 선충의 크기나 암컷에 의한 알의 수를 감소시킴으로써 뿌리혹선충, 시스트선충, 레니폼선충 등에 의한 식물의 피해를 효과적이고 확실하게 방제할 수 있다.

lectin 과 같은 화합물은 어떤 당에 특이적으로 결합하고 많은 종류의 종자에서 높은 농도로 생성되어 많은 균류를 용해시키고 생장을 억제시킨다. 반면에 식물 표피세포에는 또한 다양한 양의 가수분해효소가 들어있다. 그 중의 일부가 glucanase와 카이틴분해효소이고, 병원균 세포벽 구성성분을 분해시켜서 감염에 대한 저항성에 기여한다. 이러한 inhibitor 의 병 저항성에 대한 중요성은 현재 알려져 있지 않지만, 이 물질의 일부는 감염 시에 급격하게 증가하는 것으로 알려졌고 감염에 대한 식물체의 방어에 중요한 역할을 하는 것으로 여겨진다.

필수요소의 결여를 통한 방어

기주와 병원체 사이의 인식의 결여

식물 종은 밀 줄기녹병균에 대하여 밀처럼 특정 병원체에 대한 기주이거나 토마토처럼 특정 병원체에 대해 기주가 아니다. 어떻게 병원체는 접촉하는 식물체가 기주인지 비기주인지를 인식할까? 한 가지 종 또는 품종의 식물체는 식물체 표피세포에 병원체에 의해 인식될 수 있는 인식요소(특수 분자들이나 구조체)가 결여되어 있다면 병원체에 의해 감염되지 않을 것이다. 병원체가 자신의 기주식물의 하나로 식물체를 인식하지 않는다면, 병원체가 식물체에 부착하지 않거나 감염의 성립에 필수적인 효소 같은 감염물질을 생성하지 않거나 부착기, 침입관, 흡기 같은 구조체를 형성하지 않는다. 어떠한 형태의 분자나 구조체가 식물체와 병원체 사이의 인식에 관여하는지 알려지지 않았지만, 아마도 여러 가지 종류의 과당류와 다당류, 단백질 또는 당단백질일 것으로 여겨진다. 또한 어떤 특정 기주-병원체 조합에서 감염 시작의 성공과 실패에 어느 정도까지 이러한 인식현상이 관여하는지는 알려지지 않았다.

독소에 대한 기주 수용체와 감수성 부위의 결여

병원체(보통 균류)가 기주특이적 독소를 생성하는 기주-기생체 조합에서, 병징의 원인이 되는 독소는 기주세포에서 특수한 수용체 또는 감수성 부위에 부착하고 반응하는 것으로 여겨진다. 그러한 감수성 수용체 또는 감수성 부위를 가진 식물체만 병들게 되고, 그러한 수용체 또는 부위가 결여된 다른 품종이나 다른 종의 식물체는 독소에 대하여 저항성으로 남아있고 병징이 나타나지 않는다.

병원체에 대한 필수물질의 결여

어떤 이유로 절대기생체의 생존에 필수적이거나 어떤 기생체의 감염에 필수적인 물질 중의 하나를 생성하지 않는 식물체의 종이나 품종은 그 물질을 요구하는 병원체에 대하여 저항성이다. 그래서 식물체를 감염시키기 위해서 *Rhizoctonia* 는 식물체 속으로 침입균사를 보낼 수 있는 균사뭉치(hyphal cushion)의 형성에 필수적인 물질을 식물체로부터 흡수할 필요가 있다. 이 물질이 전혀 없는 식물체에서는 균사뭉치가 형성되지 않아 감염이 일어나지 않으므로 식물체는 저항성이다. 그 균류는 정상적으로 순수 배양 시에는 균사뭉치를 형성하지 않지만, 저항성 식물체가 아닌 감수성 식물체의 즙액을 배지에 첨가했을 때는 균사뭉치를 형성한다. 또한, 어떤 생장요소를 합성할 수 있는 능력을 상실한 사과나무 검은별무늬병을 일으키는 *Venturia inaequalis* 의 어떤 돌연변이체는 감염을 일으킬 수 있는 능력도 상실한다. 그러나 그 돌연변이체를 접종하는 동안 사과나무 잎에 특정 생장요소를 살포했을 때 그 돌연변이체는 생존하고 감염도 일으키지만 생장요소가 외부로부터 공급되는 동안만 감염이 진행된다. 일부 기주-병원체 조합에서, 병은 진전되지만 어떤 기주 물질이 낮은 농도로 존재하여 병발생이 감소되기도 한다. 예를 들면, *Erwinia carotovora* var. *atroseptica* 에 의해 발생하는 감자 줄기검은병은 환원당의 함량이 높은 감자에서 보다 환원당의 함량이 낮은 감자에서 덜 발생한다.

유도 구조적 방어 및 생화학적 방어

기주식물체에 의한 병원체의 인식

식물체가 병원체로부터 스스로 보호하기 위하여 유용한 생화학적 방어 및 구조적 방어를 동원할 수 있다면 식물체에 의한 병원체의 조기 인식은 매우 중요한 일이다. 병원체는 식물체와 물리적 접촉을 하자마자 식물체는 신호분자 즉, 병원체의 존재를 나타내는 분자를 수용하기 시작한다 (그림 6-3).

병원체 elicitor

여러 병원체, 특히 균류와 세균은 그들의 주위에 여러 물질을 분비하는데, 이들은 기주에 의해 병원체를 인식할 수 있는 비특이적 elicitor 역할을 한다. 이러한 비특이적 elicitor 로 독소, 당단백질, 탄수화물, 지방산, peptide와 proteases, pectic enzymes와 같은 세포외 미생물적 효소가 포함된다. 여러 기주-병원체 상호관계에서 병원체에서 분비되는 avr유전자 산물, hrp유전자 산물, 억제제와 같은 물질은 기주식물체에 의한 병원체 인식의 elicitor 로 작용한다. 기주효소가 병원체의 표면을 구성하고 있는 다당류의 일부를 분해시키거나 병원체효소가 식물체 표면 다당류의 일부를 분해시키는 많은 경우에서, 방출된 다당류의 과량체(oligomer) 또는 단량체(monomer)는 식물체에 대한 인식 elicitor 로 작용한다.

기주식물 수용체

병원체 elicitor 를 인식하는 기주 수용체의 위치는 일반적으로 알려지지 않았지만, 연구된 여러 가지 수용체는 세포막 외부나 세포막 위에 존재하는 것처럼 보이는 반면에 어떤 수용체는 세포 내에서 작용한다. 화곡류의 흰가루병인 경우에는 밀 흰가루병균 *Blumeria graminis* f. sp. *tritici* 로부터 분비되어 elicitor 로 역할을 하는 가용성 탄수화물이 넓은 범주의 화곡류(보리, 호밀, 귀리, 쌀, 옥수수)에서도 elicitor 로 작용하는데, 방어반응에 관련된 유전자를 생성할 뿐만 아니라 병원균 침입에 대한 저항성 유도에도 관여한다. 흰가루병균이 없는 상태에

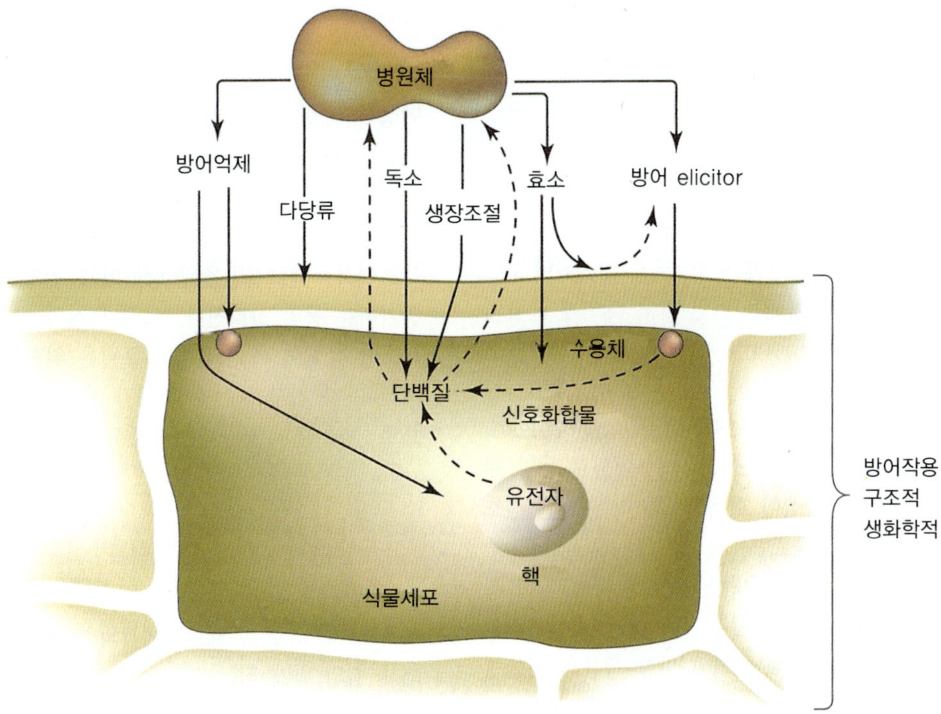

그림 6-3 병원체와 기주세포와의 상호작용의 모식도. 유전적 구조에 따라 식물세포는 구조적 방어(왁스층, 큐틴, 수베린, 페놀화합물, 셀룰로스, 유합조직, 세포벽 단백질) 또는 생화학적 세포벽, 막, 세포질 및 핵 방어작용 등을 포함하여 수많은 방어작용을 한다. 생화학적 방어작용은 폭발적인 산화작용, elicitor, 과민성 세포괴사, 에틸렌, 파이토알렉신, 병원성 관련 단백질(가수분해효소, β-1,3-glucanase, 카이틴분해효소), 저해제(thionin, 단백질분해효소 inhibitor, thaumatinlike 단백질) 등의 생성을 포함한다.

서 elicitor 단독으로는 과민성반응을 유도하지 못하였으나 많은 화곡류에서 thaumatin-유사 단백질의 축적을 유도하였다.

방어기작의 진행

식물체의 특정한 분자가 병원체에서 유래하는 분자(elicitor)를 일단 인식하고 반응하면 그 식물체는 병원체를 인식한 것이다. 그러한 인식에 뒤이어 병원체와 병원체의 효소, 독소 등을 방어하기 위하여 일련의 생화학적 반응과 구조적 변화가 식물체 세포에서 일어난다. 얼마만큼 빠르게 식물체가 병원체를 인식하는가와 얼마만큼 빠르게 경고를 발휘하여 방어수단을 동원할 수 있는가에 따라 감염이 일어날 수 있는지 또는 얼마만큼 병원체가 진전될 수 있는지 즉, 기주방어에 의해 병원체의 진전이 멈출 때까지 얼마나 심한 병징(점무늬, 줄기, 과일, 뿌리의 병반 등)이 생길 수 있는지가 결정된다.

기주 방어 제공자에 대한 경고 신호의 전달: 신호 전달체계

일단 병원체에서 유래하는 elicitor 가 기주에 의해 인식되면, 기주에서는 기주세포 단백질과 핵 유전자가 활성화되도록 일련의 경고신호가 보내지고, 그 신호에 따라 병원체를 억제하는 물질이 생성되며, 병원체에 의해 공격받은 세포부위로 그 생성물이 이동된다. 경고물질의 일부와 신호전달체계는 세포 내에만 있지만, 많은 경우에 신호는 여러 인접 세포로도 전달되고, 분명히 식물체의 대부분 또는 전체에 구조적으로 전달된다.

전달된 신호분자의 화학적 성질은 어떤 기주-병원체 조합에서도 확실하게 알려지지 않았고, 여러 가지 분자가 세포 내 신호전달체계에 연루되어 있다. 그 중 가장 흔한 신호전달자는 여러 가지 protein kinase, 칼슘 이온, phosphorylase, phospholipase, ATPase, 과산화수소(H_2O_2), 에틸렌 등인 것으로 보인다. 전신적으로 저항성이 획득되도록 하는 전신 신호전달체계는 살리실산, 식물세포벽에서 방출된 oligogalacturonide, 자스몬산, systemin, 지방산, 에틸렌 등에 의해 실행되는 것으로 여겨진다. 살리실산 같은 일부 합성 화학물질과 합성 dichloroisonicotinic acid도 여러 다양한 종류의 식물병원 바이러스, 세균 및 균류에 대한 전신적 저항성을 획득하게 하는 신호경로를 활성화시킨다.

유도 구조적 방어

기주식물체에 이미 형성된 외부나 내부의 방어구조에도 불구하고, 대부분 병원체는 상처와 자연개구를 통해 기주를 침입하고 다양하게 감염을 일으킨다. 그러나 병원체가 미리 형성된 방어구조를 침입한 후일지라도, 식물체는 이에 반응하여 보통 계속되는 병원체의 침입으로부터 자신을 방어하기 위하여 어느 정도 성공적인 한 가지 형태 이상의 구조체를 형성한다. 형성된 방어구조의 일부는 공격당하는 세포의 세포질을 포함하는데, 이 과정을 **세포질적 방어반응**(細胞質的 防禦反應; **cytoplasmic defense reaction**)이라 한다. 다른 방어구조는 침입당한 세포의 세포벽을 포함하고 **세포벽 방어구조**(細胞壁 防禦構造; **cell wall defense structure**)라 한다. 또 다른 방어구조는 식물체 속에서 병원체 앞에 있는 조직을 포함하는 **조직학적 방어구조**(組織學的 防禦構造; **histological defense structure**)라 한다. 마지막으로 침해받은 세포는 괴사함으로써 계속되는 침입으로부터 식물체를 보호한다, 이것을 **괴사적 방어반응**(壞死的 防禦反應; **necrotic defense reaction**) 또는 **과민성반응**(過敏性反應; **hypersensitive reaction**)이라 하는데, 이 장에서는 간단하게 소개하고 나중에 자세히 다루어 질 것이다.

세포질적 방어반응

만성적인 병 또는 거의 공생상태를 유도하는 병원성이 약한 *Armillaria* 균주와 균근균처럼 느리게 자라고 약한 병원성을 지닌 일부 균류의 경우에는, 식물세포의 세포질이 균사 덩어리를 둘러싸고 핵은 2개로 나누어지는 지점까지 늘어난다. 일부 세포에서, 세포질반응은 극복되고 원형질체는 균류의 생장이 증가하는 동안 사라진다. 그러나 침입 받은 세포의 일부에서는 세포질과 핵이 확대된다. 세포질은 입자로 되고 조밀하게 되며 여러 가지 입자 또는 구조체가 세포질 속에 나타난다. 마지막으로, 병원균의 균사체는 붕괴되고 침입이 멈춘다.

세포벽 방어구조

세포벽 방어구조는 세포벽에서의 형태학적 변화 또는 병원체에 의해 침입 받게 되는 세포의 세포벽으로부터 유도된 변화를 포함한다. 그러나 방어기작으로서 이러한 구조의 효과는 다소 제한적인 것처럼 보인다. 이러한 구조의 3가지 주요 형태가 식물병에서 관찰되었다. (1) 비친화성 세균과 접촉하게 되는 유조직 세포벽의 외층은 부풀어 오르고 세균을 둘러싸고 사로잡아 세균의 증식을 방해하는 부정형의 섬유질물질을 생성한다. (2)

세포벽이 여러 가지 병원체에 반응하여 셀룰로스물질인 것처럼 보이는 것을 형성함으로써 두꺼워진다. 그러나 이 물질은 상호 연관되어 있고 침입에 대한 저항성을 훨씬 증가시키는 페놀물질과 종종 섞여있다. (3) Callose 방어돌기는 균류 병원균에 의한 침입에 반응하여 세포벽 안쪽에 침적된다 (그림 2-8C, 2-8D). 방어돌기는 상처가 생긴 후 수분 이내와 미생물로 접종한 후 2~3시간 내에 세포에 의해 형성되는 것처럼 보인다. 방어돌기의 주기능이 세포손상을 회복시키는 것처럼 보이지만, 때때로, 특히 방어돌기가 접종 전에 존재한다면, 방어돌기도 병원체가 차후에 세포를 침입하는 것을 방해하는 것처럼 보인다. 어떤 경우에는, 세포벽을 침입하고 세포내강 속으로 자라는 균류의 균사 말단부는 나중에 페놀물질과 섞이게 되는 callose에 의해 봉해지고 균사 주위에 sheath 또는 lignituber를 형성한다 (그림 6-4).

조직학적 방어구조

코르크층의 형성

균류나 세균, 심지어 일부 바이러스나 선충에 의한 감염은 병원체에 의해 분비되는 물질이 기주세포를 자극한 결과로서, 식물체가 감염부위 너머에 흔히 여러 층의 코르크세포를 형성하도록 유도한다 (그림 6-5, 6-6). 코르크층은 초기의 병반 너머로 병원체에 의한 더 이상의 침입을 억제하고 또한 병원체가 분비하는 어떤 독소 물질의 확산을 막는다. 더구나 코르크층은 건전한 부위로부터 감염부위로 양분과 물의 이동을 중지시키고 병원체로부터 영양분을 빼앗는다. 그래서 병원체를 포함한 죽은 조직은 코르크층에 의해 제한되고, 특정 기주-병원체 조합에 대해 크기와 모양이 뚜렷하게 균일한 괴사병반(점무늬)을 형

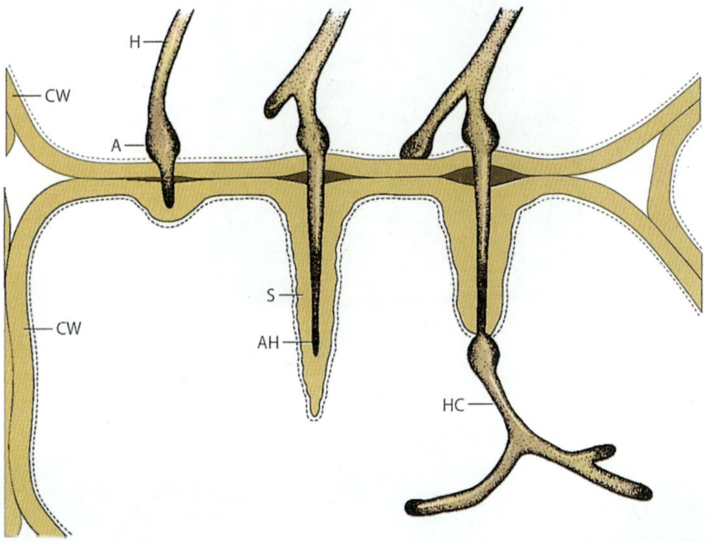

그림 6-4 세포벽(CW)을 침입하는 균사(H) 주위에 sheath의 형성. A=부착기; AH=아직 sheath 속에 감싸져 있으면서도 진전하는 균사; HC=세포질 속의 균사; S=sheath.

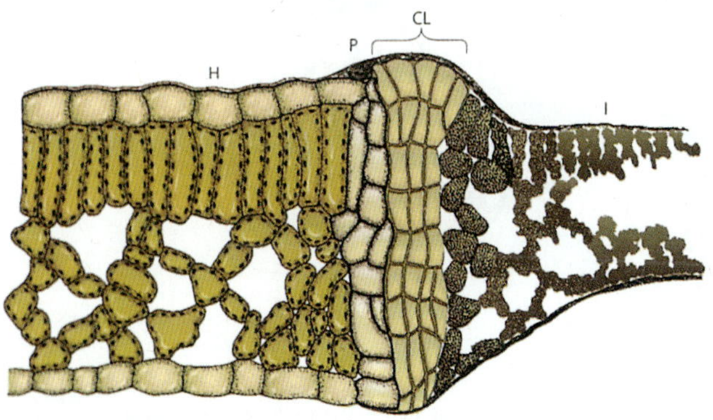

그림 6-5 잎의 감염부위(I)와 건전부위(H) 사이의 코르크층(CL)의 형성. P, 코르크형성층. [출처: Cunningham (1928), *Phytopathology* **18**, 717-751.]

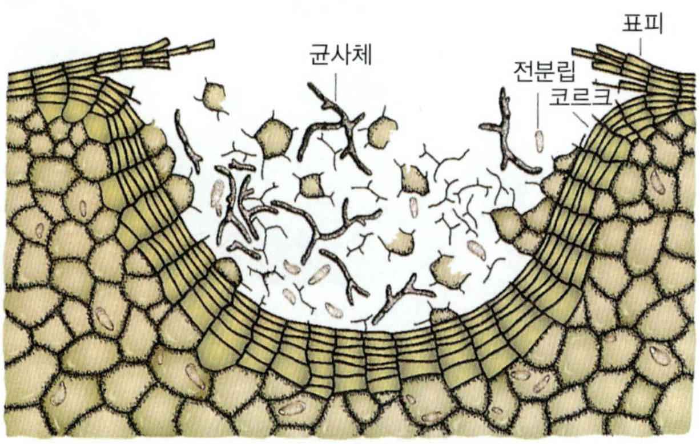

그림 6-6 *Rhizoctonia* 에 감염된 후 감자 괴경에서 코르크층의 형성. [출처: Ramsey (1917); *J. Agric. Res.* **9**, 421-426.]

성한 곳에 남아있다. 일부 기주-병원체 조합에서 괴사조직은 밑에 있는 건전한 조직에 의해 외부로 밀리고 허물이 벗겨질 딱지를 형성하여 기주로부터 완전히 병원체를 제거한다. *Seiridium cardinale*에 의해 발생하는 사이프러스나무 궤양병인 경우에 저항성 식물의 클론은 리그닌화되고 코르크화된 경계층을 형성함으로써 균의 성장을 저지하는데, 여기에는 코르크화된 세포벽이 4~6겹으로 층을 이루고 있다. 반면, 감수성 클론은 코르크화된 세포가 단지 2~4겹으로만 되어 있으며 서로 연결되어 있지 않아서 이를 뚫고 계속해서 균이 침입한다.

이층의 형성

이층(離層; abscission layer)은 여러 가지 균류, 세균 또는 바이러스에 의해 감염된 후에 핵과류 나무의 어리고 생장이 활발한 잎에 형성된다. 이층은 감염된 부위를 둘러싸고 있는 잎 세포의 2개의 둥근 층 사이에서 형성된 틈새로 구성되어 있다. 감염 중, 이 2개의 세포층 사이의 중벽은 잎이 두꺼워지는 동안 용해되고, 나머지 잎으로부터 중앙부위를 완전히 잘라버린다 (그림 6-7). 이 부위는 점차적으로 오그라들어 죽고, 병원체를 보균한 채로 벗겨져 버린다. 그래서 아직 감염되지 않은

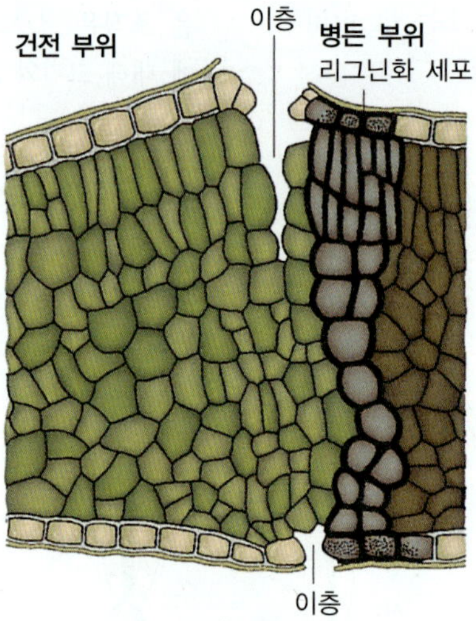

그림 6-7 양앵두나무 구멍병에서 병든 잎의 점무늬 주위에 형성되는 이층. [출처: Samuel (1927)] (A-C) *Xanthomonas arboricola* pv. *pruni* 에 의한 (A) 관상용 양앵두나무 잎; 낙엽되기 전에 감염 부위에 넓은 담녹색의 둘레무리를 형성함, (B) 복숭아나무, (C) 자두나무에 형성된 점무늬와 구멍. 특히 자두나무 잎에 탄알 자국과 같은 구멍이 선명하게 나타났음.

세포와 함께 감염된 부위를 버림으로써 식물체는 나머지 잎 조직을 병원체에 의한 침입과 병원체의 독소분비에 의한 침해로부터 보호한다.

전충체의 형성

전충체(塡充體; tylose)는 다양한 스트레스를 받는 상태에서와 대부분의 유관속 침입 병원체에 의해 침입 받는 동안에 대부분 식물체의 물관 속에 형성된다. 전충체는 수(pith)를 통해 물관 속으로 돌출된 인접한 살아있는 사부 유세포의 원형질체가 비정상적으로 자란 것이다 (그림 6-8). 셀룰로스벽을 가진 전충체는 크기가 커지고 수가 많아져서 물관 전체를 완전히 폐색시킨다. 식물체의 일부 품종에서 병원체가 여전히 어린뿌리에 있는 동안에 전충체는 병원체에 앞서서 다량으로 빠르게 형성되면서 병원체가 더 이상 진전되는 것을 차단한다. 이 품종의 식물체는 이 병원체가 없는 상태로 남아있고, 따라서 이 병원체에 대해 저항성이다. 전충체가 있더라도 병원체에 앞서서 전충체가 거의 형성되지 않는 품종은 병에 대해 감수성이다.

검물질의 침전

병원체나 상처에 의해 감염된 후에 생긴 병반 주위에는 많은 식물체에 의해 다양한 종류의 검물질이 생성된다. 검물질 분비는 핵과류 나무에서 가장 흔하지만 대부분의 식물체에 발생한다. 검물질의 방어적 역할은 검물질이 세포간극과 감염부위를 둘러싼 세포 내에서 빠르게 침전되고, 따라서 검물질이 병원체를 완전히 에워싸서 통과할 수 없는 장벽을 형성한다는 사실에서 유래한다. 그래서 병원균은 격리되고, 굶주리며, 곧 죽는다.

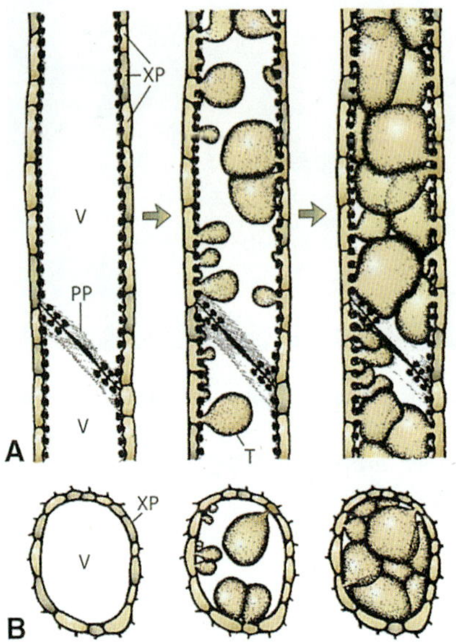

그림 6-8 물관 속의 전충체의 발달. 건전한 물관(왼쪽)과 전충체를 가진 물관의 종단면(A)과 횡단면(B). 오른편 물관은 전충체로 완전히 폐색되었다. PP=천공판; V=물관; XP=목부유세포; T=전충체.

괴사적 방어반응 : 과민성반응을 통한 방어

과민성반응(過敏性反應; hypersensitive reaction)은 구조적 방어기작이라기보다는 생화학적 방어기작이라고 여겨지지만, 과민성반응이 수반하는 명백한 세포적 반응 때문에 여기에서 간략하게 설명한다. 많은 기주-병원체 조합에서 병원체가 세포와 접촉하자마자 핵은 침입한 병원체를 향하여 이동하여 곧 붕괴되고, 갈색의 검물질 같은 입자가 세포질에서, 먼저 병원체 주위에 형성된다. 동시에 갈색의 수지형상의 입자(resin-like granule)가 세포질에서 형성되는데, 먼저 병원체가 침입한 지점 주위에 형성되고 나서 세포질 전체에 형성된다. 식물세포의 세포질이 갈색으로 계속 변색되고 죽기 시작함에 따라 침입균사는 분해되기 시작한다 (그림 6-9). 대부분의 경우에는 균사가 이러한 세포에서는 자라지 않고 더 이상 침입을 멈춘다. 잎의 세균 감염에서, 과민성반응은 세균과 접촉한 세포들의 모든 세포막을 파괴시키고, 세균에 의해 침입 받은 잎 조직에 마름과 괴사증상이 뒤따라 나타나게 한다.

과민성반응이 저항성의 원인인지 결과인지 불분명하지만, 이러한 유형의 괴사반응은 균류 절대기생체와 바이러스(그림 6-10A), 세균(그림 6-10B) 및 선충에 의한 병에서 아주 흔하다. 괴사조직은 절대기생체가 영양을 전적으로 의존하는 살아있는 물질로부터 절대기생체를 격리시킴으로써 굶주려서 죽게 하는 것은 분명하지만, 더 중요하게는 괴사조직에 수많은 생화학적 세포반응과 병원체를 중화시키는 항미생물 물질이 집중되는 것에 의미가 있다. 기주세포가 침입 후 더 빨리 죽을수록 식물체는 감염에 대해 더 저항성인 것처럼 보인다. 게다가 과민성반응 동안에 신호전달물질과 신호전달체계가 발현되는데, 신호전달체계는 국부적과 전신적 유도저항성의 도약점으로 기여한다.

유도 생화학적 방어

유도 생화학적 비기주저항성

이미 기술한 바와 같이 비기주저항성은 진화에 의해 이루어진 병원체와 기주식물의 불친화적 관계를 통해 나타나는 저항성을 말한다. 비기주저항성의 본질은 잘 알려져 있지 않지만, 병원

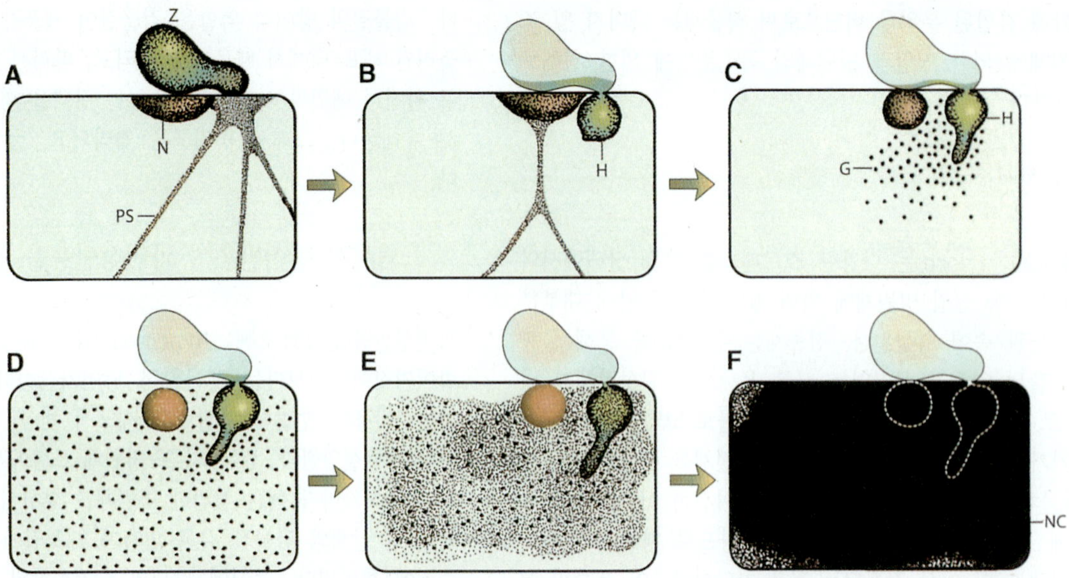

그림 6-9 *Phytophthora infestans*에 의해 감염된 고도 저항성 감자 품종의 세포 속에서 괴사방어기작의 발달 단계. N=핵; PS=원형질 가닥; Z=유주포자; H=균사; G=과립상 물질; NC=괴사된 세포. [출처: K. Tomiyama (1956), *Ann. Phytopathol. Soc. Jpn.* **21**, 54-62.]

그림 6-10 (A) 국부병반을 일으키는 바이러스 계통을 즙액접종한 후 저항성 동부 품종의 잎에 발현된 과민성반응. 바이러스는 병반에 국한되어 있다. (B) 물(A) 또는 세균 균주 B, C, D를 주사한 24시간 후 전형적인 과민성반응(밝은 부위)을 나타내는 담배 잎. 담배에 감염되지 못하는 균주(B)와 *hrp*(과민성반응과 병원성)유전자를 발현하는 균주 (C)에서 과민성반응이 나타나지만 *hrp*유전자가 결핍된 균주 (D)에서는 과민성반응이 나타나지 않는다. [출처: Mukherjee *et al.* (1997), *Mol. Plant-Microbe Interact.* **10**, 462-471.]

체로서는 감자와 참나무는 외형상 큰 차이가 있어 보이는 반면에 감자와 토마토 또는 보리와 밀은 매우 유사하게 보일 것이다. 하지만 분류학적으로 관계가 없는 식물(감자와 참나무 또는 참나무와 밀)이더라도 식물/병원체 관계상에서 보면 비기주 저항성이 나타나는데, 주로 비특이적인 자극에 의해서 생성된다. 이와 같은 방어기작은 식물에서의 물리 해부학적 요인과 구조물, 독소의 존재 및 필수화합물의 부재 등으로 나타난다. 분류학적으로 관계가 있는 식물(감자와 토마토, 보리와 밀)의 식물/병원체 관계에서는 비기주 저항성이 병원체를 인지하는 특정 물질의 자극에 의해서 나타난다. 어떤 경우에는 비기주 저항성이 단일 유전자에 의해 조절되는 것 같다.

비기주저항성은 이해하기에 어려움이 많다. 예를 들면 *Pseudomonas syringae* pv. *syringae* 는 강낭콩은 침해하지만 비기주인 완두는 침해하지 않는다. 이 세균이 침입하였을 때 완두에서는 과민성반응이 일어나는데, 이는 비기주인 완두에서 방어반응을 유도하는 세균의 유전자가 발현되었기 때문이다. 다른 예로, 감자 역병균 *Phytophthora infestans*는 담배인 *Nicotiana benthamiana*를 침해하지 않는다. 하지만 담배 세포의 괴사를 유도하는 단백질을 생성하는 "비병원성 유사 유전자(avirulence-like gene)"가 병원균에 존재하지 않으면 담배에서의 비기주저항성은 발현되지 않는다. 이는 식물/병원체 상호관계에서 "비기주 비병원성유전자(nonhost avirulence gene)"의 결핍이 비기주식물을 감수성으로 만들지 않는 유일한 경우이다. 그러므로 만약 비병원성유전자에 의해 유도되는 세포 괴사 반응이 저항성에 관여한다면 이 경우에는 비기주 저항성이 최소한 한개 이상의 요소에 의해 조절되는 것으로 여겨진다. 다른 경우로는 화곡류에서 비기주저항성의 예를 볼 수 있는데(보리 흰가루병균과 밀 관계 또는 밀 녹병균과 보리 관계), 이는 유전자 대 유전자 관계와 비기주저항성이 elicitor 인식과 과민성반응에 의한 저항성 기작으로 나타난다. 병 저항성은 항상 병원체 인식에 의해서만이 나타나는 것이 아니라 다수유전자 또는 양적 저항성에 의해서도 나타나는데, 다양한 구조물 또는 화학적 방어기작에 의해서 저항성이 발현된다. 또한 귀리에서는 밀에 감염하는 *Gaeumannomyces graminis* f. sp. *tritici* 에 대해 비기주저항성이 나타나지만 *G. graminis* f. sp. *avenae* 에 대해서는 감수성이 나타난다. 귀리가 밀 마름병균에 대해 저항성인 것은 귀리 뿌리에 항균성 avenacin이라는 saponin 성분이 있기 때문이다. 이 화합물이 귀리 마름병균에도 독성이 있지만 귀리 마름병균에서는 saponin을 해독하는 효소가 있기 때문에 귀리를 감염시킬 수 있다. 그러나 saponin 합성이 결여된 변이체 귀리식물에서는 밀 마름병균이 침입에 성공적이었다. 이를 통해서 비기주저항성은 몇몇 기주-미생물의 상호관계에서 인식작용보다는 직접적인 방어기작에 의해서 나타나는 것을 보여준다.

모든 경우에서 보이듯 식물 또는 병원체는 서로 비기주 저항성에 매우 깊게 관여되어 있거나 완전히 적응되어 있다. 그러나 식물이나 병원체가 깊은 관여 없이 비기주저항성이 나타나기도 하는데, 이는 병원체가 식물을 침입할 때 특이적인 인식 작용보다는 상처에 의한 비특이적인 반응에 의해서 저항성이 발현되는 것으로 여겨진다. 또한 중간기주를 갖는 병원균인 경우가 있는데, 그 예로 매발톱나무를 중간기주로 갖는 밀 줄기녹병과 향나무와 사과나무에 감염하는 향나무-사과나무 녹병이 있다. 진화적인 측면에서 볼 때 병원균이 아마도 중간기주에는 초기에 병을 일으킬 수 없었던 것으로 생각된다. 어떻게 분류학적으로 전혀 다른 식물에 병을 일으킬 수 있었는지는 아직 밝혀지지 않았다. 어쩌면 핵 융합과정을 통해 가능할 수도 있겠지만 비기주저항성의 붕괴에 의한 새로운 기주의 도입 과정에 대해서는 아직 의문점으로 남아있다.

비기주저항성을 발현하는 식물은 자신을 침해하는 병원균을 인식하는 유전자를 발현시키지 않는데, 이는 비특이적으로 발현되는 방어기작으로도 이들 병원균에 대해 충분히 보호받기 때문이다. 하지만 비기주저항성이 분류학적인 차이를 나타내는 기주와 비기주식물 사이에서 중복되는 새로운 방식의 저항성을 형성하여 복잡한 식물/병원체 상호 작용을 만들어 나갈 수 있을 것이다.

양적(부분적, 다수유전자, 보편적, 수평) 저항성의 유도 생화학적 방어

양적(부분적, 다수유전자, 보편적, 포장, 지속적, 수평) 저항성은 식물에서 항상적으로 또는 병원체의 침입에 의해 생성되는 여러 유전자 발현에 의해서 나타난다. 이들 유전자는 방어 구조물이나 항균성물질의 생성에 관여하여 식물 조직 내 병원체의 진전을 막고 병원체에 의한 상해를 감소시킨다. 양적 저항성은 특히 비활물영양균에 의한 병에 주로 나타난다. 양적 저항성은 특정 병원균 균주에만 효과를 나타내기도 하고 어떤 경우에는 모든 균주에 효과가 있으며 또는 한 개 이상의 병원균에 효과를 나타내기도 한다. 양적 저항성에 관련된 유전자는 식물이 특정 병원균에 대해 저항성 유전자(R)를 발현하는 것과 무관하게 모든 식물에 존재하며 모든 병원균에 대해 어느 식물에서나 발현하는 보편적인 유전자에 의해 발현된다.

양적 저항성에서 유전자 산물의 기능

단일 유전자 (R)가 관여하고 병원균의 인식 작용에 따른 과민성반응에 의해 나타나는 단일 유전자 저항성과는 다르게 양적 저항성에서는 식물의 구조적 또는 생화학적 방어기작에 의해 저항성이 발현된다. 양적 저항성에 의한 방어는 근본적으로 단일 유전자에 의한 저항성에서 과민성반응 결과에 의한 것과 동일하다; 그러나 양적 저항성에서는 보통 양적인 저항성으로 나타나기 때문에 세포 괴사에 의한 과민성반응은 나타나지 않는다. 양적 저항성에 관여하는 유전자는 식물의 염색체의 한 부분을 차지하며 phenylalanine ammonia lyase, hydroxy-proline-rich glycoproteins, 발병관련단백질 등을 생성하는데 관여한다. 하지만 양적 저항성은 레이스 특이적인 저항성보다 느리게 발현되고 저항성 정도도 낮다. 또한 환경의 영향도 많이 받는데, 대부분 저항성 발현 중 온도에 의해 영향을 받는다.

양적 저항성의 발현기작

양적 저항성의 발현 기작에 대한 연구는 매우 미흡한 실정이다. *Alternaria solani*에 의한 토마토 겹둥근무늬병에 대해 모든 저항성 품종은 감수성 품종보다 발병관련단백질인 카이틴분해효소와 β-1,3-glucanase의 생성이 많았다. 또한 저항성 식물에서는 균류의 세포벽에서 분비되는 elicitor 에 의한 식물세포의 괴사와 이에 따른 과민성반응이 나타났다. 이와 같은 결과를 통해서 저항성 식물에서는 더 많은 양의 발병관련단백질을 생성하고 또한 병원균으로부터 elicitor 를 분비하게 함으로써 세포괴사와 과민성반응과 같은 적극적인 방어기작을 나타내는 것을 알 수 있다. 이와 같은 방어반응은 마치 기주-병원체 특이적 상호관계와 유사하게도 보이지만 저항성 유전자 R이 존재하지 않는 것이 다르다. 양적 저항성을 나타내는 콩-*Phytophthora* 상호관계를 보면 콩 조직이 병원균 세포벽에서 분비하는 elicitor 생성을 유도하는데, 이는 식물에서 분비하는 파이토알렉신 생성을 촉진하는 물질이다. 따라서 식물이 병원균을 자극하여 식물의 방어기작을 유도하는 물질의 생성에 중요한 역할을 한다는 것을 보여준다. 마지막 예로 서로 다른 저항성을 나타내는 5개의 양배추 품종에 양배추 검은썩음병 세균 *Xanthomonas campestris* pv. *campestris*를 접종하였더니 저항성, 감수성을 나타내는 각각 2개의 품종과 중도저항성을 보이는 한 개의 품종으로 나타났다. 이 모든 품종에서 peroxidase와 superoxide dismutase의 총 oxidant 활력이 높아졌으며 peroxidase 와 리그닌이 축적되었다. 그러나 저항성 품종에서 이들 효소의 증가가 감수성 품종에서 보다 더욱 빠르게 진행되었으며 더욱 많은 양이 축적되었다. 또한 항산화 catalase의 활력이 저항성과 감수성 품종에서 모두 감소하였으나 저항성 품종의 감소폭이 더욱 높았다. 또한 감수성 품종에서는 볼 수 없는 현상으로 새로운 peroxidase 와 superoxide dismutase가 저항성 품종에서만 생성되었다. 이러한 결과들을 통해서 양배추-*Xanthomonas campestris* pv. *campestris* 관계에서 저항성은 비록 기존의 과민성반응과 비교할 때 느리게 나타났지만, 과민성반응과 유사한 다양한 저항성(multilevel resistance)이 발현된다고 볼 수 있다. *Drechslera teres* 에 감염된 보리잎에서 8개나 되는 thaumation-유사 활성을 가진 발병관련단백질이 발견되었다.

양적 저항성에 미치는 온도의 영향

양적 저항성은 흔히 온도에 의해 크게 영향을 받는다. 양적 저항성뿐만 아니라 소수유전자(R)에 의한 저항성도 온도에 따라 변한다. 예를 들어, 밀은 온도가 18℃에서 30℃로 변하면 저항성 유전자 Sr6 R의 반응이 변하여 저항성이 붕괴된다. 또한 완두와 보리에서 온도를 낮추면 각각 녹병과 흰가루병에 대해 저항성이 증가한다. 그러나 밀에 짧은 '열처리'를 하면 녹병에 대해 감수성이 증가하나 보리와 오이에 대해 각각 흰가루병과 *Cladosporium cucumerinum*에 의한 검은별무늬병에 대해 저항성이 증가한다. 특히, 오이에서는 peroxidase의 활력이 증가하기도 한다. 여러 가지 발병관련단백질이 무생물적 요인(저온, 가뭄, 오염, 상처)뿐만 아니라 생물적 요인(균류, 세균, 등)에 의해 생성된다고 여러 식물에서 이미 보고되었다. 그 중에는 PR-1, PR-2(β-1,3-glucanase), PR-3(카이틴분해효소), PR-5(thaumatin-like proteins)뿐만 아니라 peroxidase 도 포함되어 있다. 자극을 받은 식물에서는 파이토알렉신 생성에 관여하는 phenylalanine ammonia lyase(PAL) 생성도 증가한다.

밀을 저온처리하였을 때 눈속썩음병에 대한 양적 저항성이 증가하며 발병관련단백질 및 다른 병 방어에 관련된 유전자에 영향을 미치는데, 이는 전신적 유도저항성과도 연관이 있다. 발병관련단백질 중 카이틴분해효소가 가장 많이 축적되고, 그 다음으로 PAL, β-1,3-glucanase, PR-1, peroxidase순으로 축적되었다. 저온처리만으로도 다른 발병관련단백질이 생성되는데, 눈속썩음병에 감염된 식물에서보다는 느리게 축적되었고 양도 많지 않았다. 따라서 저온처리와 같은 무생물적 요인에 의해 저항성은 유도되지만 병원균의 감염에 의해 저항성의 정도가 높아진다는 것을 알 수 있다. 이와 같은 저항성은 병원균 및 살리실산-유도저항성과 유사한 형태의 저항성으로 병원균 감염에 따른 발병관련유전자와 방어 관련 유전자의 발현으로 이루어진다.

이미 기술한 바와 같이 모든 식물은 항상적으로 또는 생물적 또는 무생물적 요인에 의해 유도되는 발병관련단백질뿐만 아니라 다른 방어 관련 단백질들을 생성한다. 몇몇 기주-병원체의 상호관계에 있어서는 항상 생성되는 발병관련단백질이 병원체에 대한 부분적 저항성 발현 정도와 상관관계가 있는 것처럼 보인다. 하지만 어떤 식물에서는 발병관련단백질의 생성 없이도 부분적 저항성을 나타내기 때문에 이러한 발병관련단백질 생성과 병원체에 대한 부분적 저항성 발현 정도 간에 상관관계가 있다고 할 수는 없다. 물론 부분적 저항성을 발현하는 식물에서는 다른 식물에서 찾아볼 수 없는 감염 시 발병관련유전자 발현이 증가된다고 볼 수는 있다. 앞에서 언급했듯이 양적 저항성은 (a) 감염 전 존재하든가 또는 감염 후 유도되는 구조적 또는 생화학적 방어기작에 의해 나타나고 아마도 수백 가지의 유전자가 여기에 관여한다. (b) 다른 중요한 저항성 기작에 관여할 수도 있는 발병관련단백질의 생성에 따라 영향을 받고 (c) 발병관련단백질이 병원체의 침입에 대해 식물로 하여금 더욱 강력한 방어반응을 유도하게 할 수도 있는데, 예를 들면 기주와 병원체간의 유전자 대 유전자 관계에서는 볼 수 없는 병원균으로 하여금 기주의 방어를 촉진시키는 물질의 생성을 유도하는 것이다.

과민성반응에서의 유도 생화학적 방어 (레이스-특이적, 단일 유전자, R 유전자, 수직) 저항성

과민성반응

흔히 HR로 일컬어지는 과민성반응은 병원체에 의해 감염된 기주식물체에서 국부적으로 세포의 괴사가 유도되는 것이다 (그림 6-10A). 과민성반응은 감염 세포와 그 주변세포가 빠른 직접적 방어반응의 결과로 나타나며 계속적으로 독성물질이 분비되어 흔히 침입 받은 세포와 그 주변 세포, 그리고 병원체도 함께 죽는다. 과민성반응은 병원체의 생장을 제한하는 원인으로 여겨지며 병원체의 생장을 제한하는 방법으로 병원체에 대한 저항성을 기주식물체에 제공할 수 있다. 과민성반응은 세포 한 개에서만 또는 극소수 세포에서 일어날 수 있고 감지되지 않을 수도 있기 때문에 식물체가 병원체의 공격에 대해 저항성으로 남아있을 때 효과적인 과민성반응이 항상 눈에 보이는 것은 아니다. 그러나 인위적인 조건에서 비기주식물의 조직 속으로 여러 속의 식물병원세균을 주사했을 때 과민성반응이 진전된다. 과민성반응은 잎에 처음 수침상으로 되는 커다란 부위를 형성하고 그 부위는 접종 8~12시간 안에 괴사되고 붕괴된다 (그림 6-10B). 조직 속으로 주입된 세균은 괴사병반 속에 포위되고 일반적으로 급격하게 죽는다. 과민성반응은 식물병원세균의 병원성 균주들을 비기주식물체나 저항성 품종에 주입했을 때와 비병원성 균주들을 감수성 품종에 주입했을 때 발생한다. 모든 경우의 저항성이 과민성반응 때문에 생기는 것은 아닐지라도 과민성반응 유도 저항성이 절대기생체(균류, 바이러스, 몰리큐트 및 선충)뿐만 아니라 비절대기생체(균류와 세균)가 연루된 수많은 병에서 설명되고 있다.

과민성반응은 elicitor로 알려진 병원체에 의해 생성된 특수한 신호분자를 식물체가 인식함으로써 시작되는 식물체 방어반응의 결정체다. 기주식물체에 의한 elicitor의 인식은 공격받은 식물세포와 주위 세포에서 일련의 생화학적 반응을 활성화시켜 새로운 세포기능이나 변경된 세포기능을 수행하도록 하고 새로운 방어 관련 화합물이나 더욱 활성화된 방어 관련 화합물을 만들게 한다 (그림 6-11). 가장 흔한 새로운 세포기능과 화합물은 급격한 산화반응의 야기(rapid burst of oxidative reaction); 이온이동의 증가, 특히 세포막을 통한 K^+와 H^+의 이동의 증가; 세포막의 붕괴와 세포내부 구획화(cellular compartmentalization)의 상실(그림 6-12); 세포벽 구성성분과 페놀화합물과의 상호결합과 식물세포벽의 강화; protein kinases의 일시적인 활성화(상처나 살리실산에 의해 유도되는 kinases); 파이토알렉신 같은 항미생물 물질의 생성; 카이틴분해효소 같은 항미생물성 단백질, 소위 발병관련 단백질의 형성 등을 포함한다.

과민성반응은 기주와 병원체가 불친화적일 때, 즉 병원체가 기주를 감염시킬 수 없는 특수한 기주-병원체 조합에서만 발생한다. 과민성반응은 병원체에 의해 방출되는 elicitor 분자를 인식하고 작용을 유기시키는 저항성 유전자(R)가 식물체에 존재하기 때문에 발생하는 것으로 여겨진다. 병원체가 생성하는 elicitor는 병원체를 비병원성으로 만드는 기주에서 저항성의 발달을 유기시키기 때문에 아마도 비병원성유전자(非病原性遺

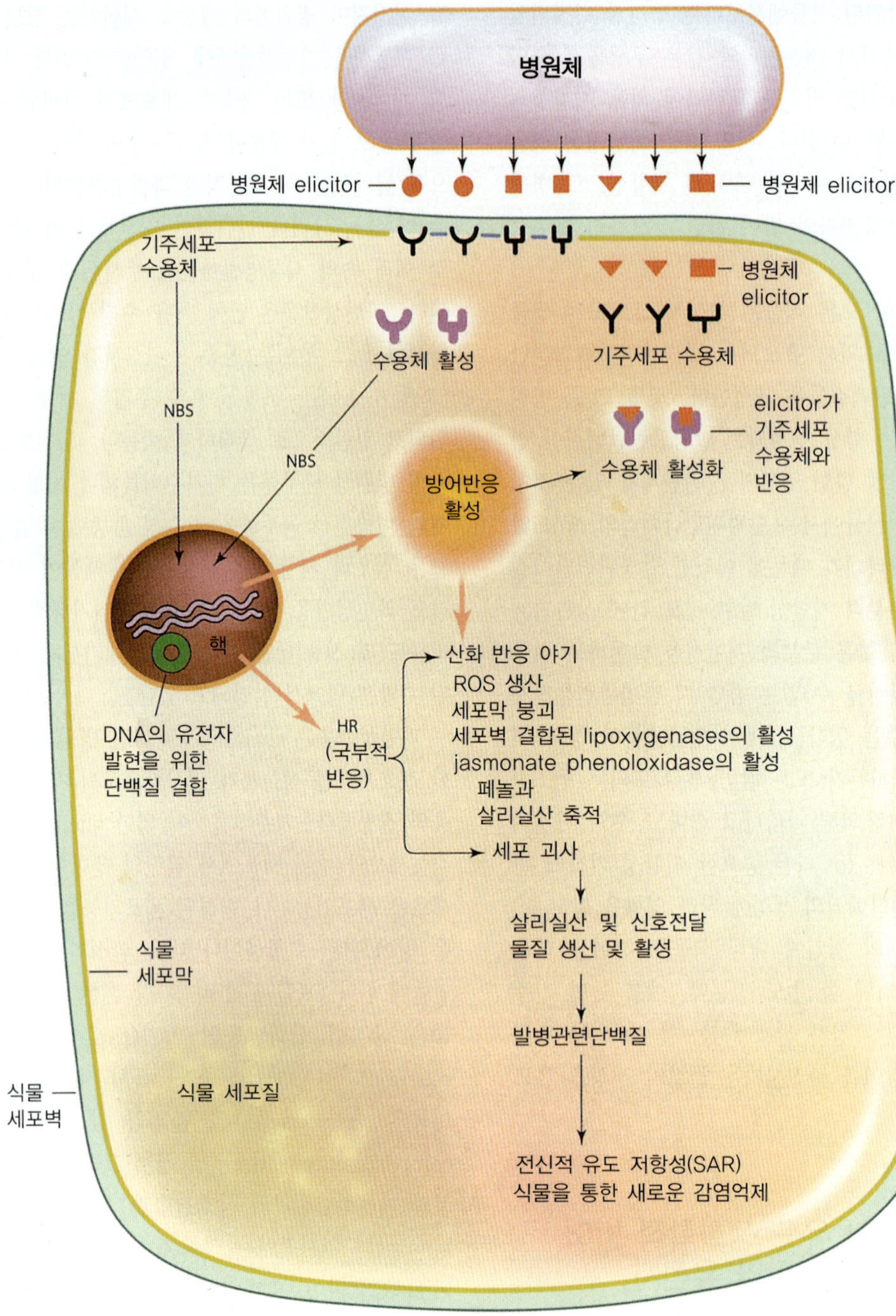

그림 6-11 병원체의 비병원성유전자가 기주식물의 상응 R 유전자에 의한 수용체와 반응하여 elicitor를 생성함으로써 발생하는 식물의 과민성반응 과정의 모식도.

傳子; avirulence gene)라고 부르는 병원체 유전자의 산물일 것이다. 여러 병원체 주로 세균으로부터 비병원성유전자가 분리되었고, 그 유전자에 의해 암호화되는 단백질이 동정되었다. 최초로 동정된 비병원성유전자 산물은 세균 *Pseudomonas*

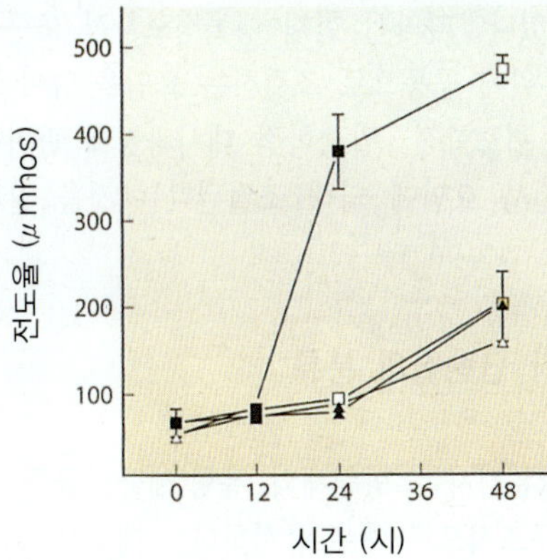

그림 6-12 세포막이 붕괴되면 전도율로 측정되는 세포의 전해질의 유출이 급격하게 증가한다. ■, R 유전자를 가지고 있는 저항성 품종에 R 유전자에 대응하는 비병원성유전자를 가진 병원체를 접종했을 때; □, 같은 품종에 비병원성유전자가 없는 병원체를 접종했을 때; △, ▲, 감수성인 품종에 두 병원체를 접종했을 때. [출처: Whalen *et al.* (1993), *Mol. Plant-Microbe Interact.* 6, 616-627.]

syringae pv. *glycinea* 의 비병원성유전자 D(*avrD*)의 단백질이었다. 이것은 syringolide 로 알려진 물질의 합성에 관련된 효소인 것으로 밝혀졌다. Syringolide는 이 세균의 *avrD* 에 상보적인 저항성 유전자를 가진 콩 품종에 과민성반응을 유도하는 능력을 가지고 있다.

20개 이상의 저항성 유전자 (R)이 옥수수, 토마토, 담배, 벼, 아마 같은 식물체와 실험적인 목적으로 주로 사용되는 식물체인 *Arabidopsis* 에서 분리되었다. 옥수수 R 유전자는 옥수수 깨씨무늬병을 일으키는 균 *Cochliobolus carbonum*의 HC 독소를 불활성화시키는 효소를 암호화하는 반면에 토마토 점무늬를 일으키는 세균 *Pseudomonas syringae* pv. *tomato* 에 대해 저항성을 나타내게 하는 토마토 유전자는 다른 효소의 작용을 유기시킴으로써 신호전달체계에서 중요한 역할을 하는 protein kinase 효소를 암호화한다. 다른 R 유전자에 의해 암호화되는 단백질의 기능이 확실하게 알려지지 않았지만, 이들 단백질에는 대부분 leucine-rich repeats와 같은 단백질-단백질 상호작용에 관련된 단백질에서 발견된 단편이 들어있다. 담배 모자이크 바이러스로부터 담배를 보호해주는 담배 R 유전자와 점무늬병 세균으로부터 *Arabidopsis*를 보호해주는 *Arabidopsis* R 유전자에 의해 암호화되는 단백질은 식물 세포질 속에 존재하는 것처럼 보이고 따라서 세포질에 도달한 병원체 elicitor를 인식하게 될 것이다. 그러나 잎곰팡이병균 *Cladosporium fulvum*의 레이스 9에 대한 저항성을 제공해주는 토마토의 *Cf9* R 유전자의 단백질과 벼 흰잎마름병 세균의 많은 레이스에 저항성에 관여하는 벼의 R 유전자 XA21은 짧은 anchor로 그리고 protein kinases로 각각 원형질막에 부착되어 있다. 따라서 마지막 두 가지 R 유전자 산물은 병원체가 생성하는 elicitor가 식물체 세포막에 근접하거나 접촉함에 따라 분명하게 병원체가 생성하는 elicitor 를 인식한다.

감염 초기의 유전자 유도

현대 기술의 발달[경쟁적 차감혼성화(suppression subtractive hybrization; SSH), cDNA 라이브러리 구축, expressed sequence tag(EST)결정, 대용량 염기서열분석, DNA microarrays]로 병원체와 식물간의 친화적 및 불친화적 상호관계에 의해 발현이 유도되는 식물 유전자를 발견하고 동정할 수 있게 되었다. 특히, DNA microarrays를 통해서는 동시에 수천 개의 유전자 발현에 대한 정보 분석이 가능하게 되었다. 예를 들면 *Phytophthora infestans*와 감자의 친화적 관계에 있어서 43개의 유전자가 발현이 유도되고 그 중 10개는 감염으로 인해 증가된다. 증가되는 단백질로는 이미 알려진 β-1,3-glucanase 와 유사한 단백질도 있고 해독(detoxification)에 관련하는 단백질도 있으며 전에 알려지지 않았던 단백질도 있다. 벼에 *Magnaporthe grisea*를 접종한 지 48시간 후에는 임의로 선발한 619개의 유전자 가운데 359개가 그 동안 보고되지 않은 유전자임을 알아냈다. 평범하고 유사한 260개의 EST를 EST법(expressed sequence tag)을 이용하여 유전자 발현을 분석한 결과 그 중 124개의 EST가 기능에 따라 구분이 되었으며 그 중 가장 큰 그룹에 속하는 21%가 스트레스나 방어반응에 관여하는 유전자로 밝혀졌다. 많은 유전자가 새롭게 발견되었지만 다른 한편으로는 이미 감염에 관련된 것으로 알려져 있는 유전자들도 있다. 예를 들면 벼의 peroxidase유전자는 벼가 세균 *Xanthomonas oryzae* pv. *oryzae* 에 감염되었을 때 발현되는 유전자로 알려져 있다.

최근 애기장대 식물에서 불친화적 병원균인 *Alternaria brassicicola* 를 접종하거나 방어 신호 전달 물질인 살리실산, 메칠 자스몬산, 에틸렌을 처리한 후 거의 2,400개 유전자의 전사(transcription) 변화를 조사하였다. 그 중 700개 이상의 유전자가 한개 또는 그 이상의 처리에 대해 전사의 변화를 나타내었다. 이미 알려져 있는 유전자를 이용하여 조사하였더니 대부분은 이미 보고된 유전자이지만 그 중 106개 유전자는 추가로 발현되었다. 살리실산과 메칠 자스몬산을 처리하였을 때 각각 192개와 221개 유전자가 발현되지만, 131개와 96개의 유전자가 각각 발현이 억제되었다. 이들 중 많은 유전자가 산화 반응의 야기(oxidative burst), 항미생물적 방어, 세포벽 비후, 파이토알렉신 생성, 방어신호전달에 관여하였다. 또한 이들은 병원균 또는 살리실산, 메칠 자스몬산, 에틸렌 처리에 의한 신호 전달과정에서 발현되었다. 예를 들면 2,375개의 ESTs로 동시에 분석한 결과, 169개는 한 개 이상의 경로에 의해 조절되었다. 물론 살리실산과 메칠 자스몬산에 의해 잎에서 국부적으로 55개 유전자가 함께 유도되고 28개 유전자가 함께 발현이 억제되었으나 단지 6개 유전자가 국부적 및 전신적으로 동시에 유도되었다.

식물방어유전자의 기능 분석

병원균 접종 또는 물질 처리 후 일정한 시간이 지나면 수십에서 수백 개의 유전자가 발현되는데, 이는 식물의 생리적 과정에 적용된다는 것을 의미한다. 특정 유전자의 기능을 측정한다는 것은 유전자 개별적으로 수행하는 기능을 조사한다는 것인데, 이는 매우 어려운 작업이다. 왜냐하면 많은 유전자가 유사한 기능을 수행하기도 하고 또한 어떠한 기능은 서로 다른 다양한 유전자에 의해 수행되기도 하기 때문이다. 또한 여러 식물의 유전자군(gene families)은 100개 또는 그 이상의 유전자로 구성되어 있으며, 어떤 유전자군은 전사인자(transcription factors)와 관련되어 대부분의 유전자들은 방어반응과 특별히 연결되어 있다. 그럼에도 microarray 방법으로 동정된 유전자의 식물체 내에서 기능은 다음의 여러 방법으로 분석될 수 있다. 즉, 전사 후 발현억제(posttranscriptional silencing), 유전자 과다발현, transposon 이나 T-DNA를 이용한 유전자 삽입 변이 방법으로 유전자 제거 실험, 프로모터 trap 등이 그것이다.

유전자 기능 분석을 위해 형질전환 식물을 이용하면 세대기간이 길어 많은 시간이 소요되고 전환된 유전자의 발현에 있어서 많은 변이가 있는 단점이 있다. 전사 인자(transcription factor)를 동정하고 이들이 방어-관련 유전자의 프로모터(promotor)에 결합하는 부위를 알면 어떻게 방어 유전자가 발현되는지 알 수 있다. 따라서 현재 생물정보학적 도구를 이용하여 프로모터 부위에 공동으로 조절하는 요인을 알아낼 수 있는데, 생화학적, 세포학적, 발생학적 대사과정에 관여하는 유전자는 동일한 전사 요인에 의해 조절된다는 것을 알게 되었다.

저항성 R 유전자 단백질의 분류

식물의 저항성 R유전자는 병원체의 유형(세균, 균류, 바이러스)에 관계없이 구조적으로 매우 유사하다. 대부분 R유전자는 유전자 군으로 되어있는데 구조와 기능에 따라 5가지로 구분할 수 있다 (그림 4-14, 표 4-5). (해독 효소를 생성하는 R-유사 유전자 *Hm1*은 제외 됨) (1) R유전자 *Pto*로서 신호전달에 역할을 하는 serine-threonine protein kinase를 생성한다. (2) 벼에서 R유전자 *Xa21*은 세포외 leucine repeats가 많은 transmembrane 단백질을 생성하고 kinase-유사 단백질의 수용체로서 역할을 하며 phosphokinase 에 신호전달에 역할을 하는 cytoplasmic serine-threonine kinase를 생성한다. (3) 담배의 N^{1}과 아마의 L^{6}유전자, 애기장대의 RPP5는 세포질적 단백질을 생성한다. 이들 세포질적 단백질에는 leucine-rich repeats를 포함해서 Toll/interleukin 1 수용체와 유사한 nucleotides(NBS) 와 domain(TIR)의 결합 부위를 가지고 있다. (4) RPS2와 RPM1과 같은 세포질 단백질로서 LRR과 NBS를 가지고 있지만 putative leucine zipper domain을 함유하는 coil domain을 가지고 있다. (5) 토마토의 *Cf2~Cf9*유전자로서 leucine를 함유하는 단백질로서 세포막 밖에 존재하지만 세포막과 결합되어 있는 단백질을 생성한다. 이들 유전자는 *avr*유전자의 발현으로 생겨나는 세포외 또는 세포내의 elicitor 의 수용체로서 역할을 한다. 예를 들면 *avr9*의 경우에는 22개의 아미노산으로 구성된 elicitor 가 생성되며 이들은 *Cf9*유전자로부터 생성된 수용체와 결합한다. 여섯 번째 R단백질은 애기장대 유전자 RPW8.1과 RPW8.2가 후보인데 이들은 광범위한 흰가루병균에 대한 개별적인 저항성을 나타낸다. RPW8 단백질은 NBS-LRR 단백질과 유사하게 살리실산에 의존하는 국부적 저항성을 유도하지만 중요한 차이점은 광범위한 저항성을 나타낸다는 점이다.

식물의 수용체는 구조적 특성에 따라 수용체-유사 단백질 kinase(RLKs), histidine kinase 수용체, 여러 개의 transmembrane domains을 가진 수용체로 나눌 수 있다. 식물이 병원체의 인식에 관여하는 가장 중요한 수용체는 RLKs인데 각각의 식물 종마다 수백 개씩 가지고 있다. RLKs는 신호인식에 관여하는 세포외 domain과 transmembrane domain,

그리고 세포의 신호 전달의 초기 역할을 하는 세포질 kinase domain을 지니고 있다. 지금까지 연구된 모든 RLKs는 serine-threonine 유형의 kinases인데 세포외 domain의 구조적 특성에 따라 수용체-유사 단백질 kinase는 여러 종류로 나눌 수 있다 (그림 6-13). 식물에는 RLKs가 다양하게 많은 수로 존재하는데, 이는 RLK가 많은 수의 다양한 자극뿐만 아니라 식물-병원체 상호관계에 대한 인식에 관여하는 것으로 생각된다. 예를 들면 유전자R에 의해 RLKs가 생성되는데, 벼의 Xa21은 *Xanthomonas oryzae* pv. *oryzae* 에 대한 저항성을 나타낸다. 또한 Pto유전자에 의해 생성되는 kinase는 *P. syringae*에 대해 저항성을 나타낸다. 몇몇 RLK는 병원체의 공격에 대한 방어반응과 연관되어 있다. 어떤 RLKs는 산화적 스트레스, 살리실산, 병원체의 침입, 상처, 세균의 감염 등에 의해 생성된다. 게다가 어떤 RLKs는 구조적으로 발병관련단백질, 카이틴분해효소와 유사하거나 lectin-like motifs를 가지고 있다. 지금까지 가장 잘 연구된 병원체 elicitor 의 수용체는 편모단백질(flagellin)의 수용체로서 이들은 동물과 식물에서 매우 유사한 것 같다.

기주식물에 의한 병원균 Avr단백질의 인식작용

비록 *Avr*유전자와 상보되는 많은 클론화된 R유전자가 계속해서 증가되지만 R유전자와 *Avr*유전자 산물과 직접적인 상호관계를 말해주는 기주-병원체 상호관계에 대한 연구는 많지 않다. 많은 기주-병원체 관계에서 R과 Avr단백질 사이에 물리적 관계는 없으며 R단백질에 의한 Avr단백질의 인식도 간접적으로 일어난다. 즉, Avr단백질의 적어도 1/3 부분만이 결합하고 인식된다. 이는 Avr단백질의 제3의 구성성분과 결합력과 과민성반응-유도 능력 정도와의 상관관계가 존재한다는 것을 의미한다. 제 3의 구성성분은 Avr단백질의 공동수용체일 수도 있

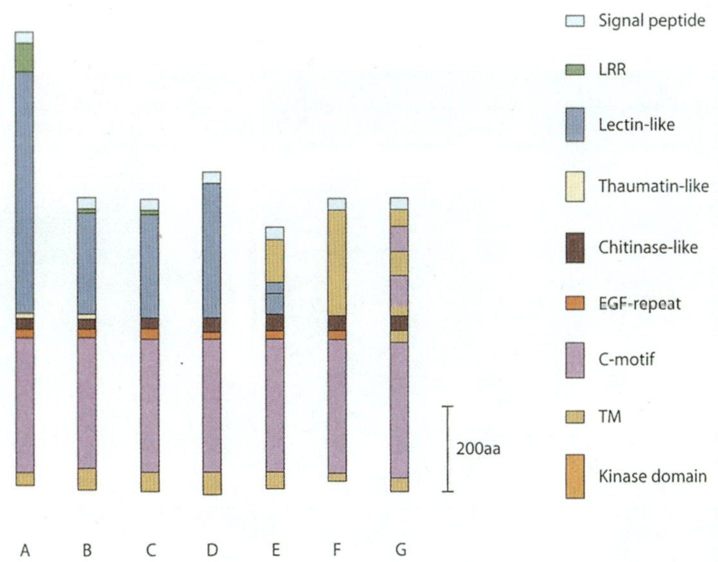

그림 6-13 elicitor 인식과 식물반응의 신호전달에 관여되는 식물의 수용체-유사 단백질 kinase(RLKs)모식도. 모두 serine-threonine kinase domain을 함유하고 있는 반면에 그들의 세포외적 domains은 다른 sequence motifs와 유사하다. (A) 벼에서 leucine-rich repeats를 가진 Xa21. (B) 애기장대에서의 leucine-유사 AthLecRK1. (C) 애기장대에서의 발병관련단백질 thaumatin-유사 PR5K. (D) 담배에서의 카이틴분해효소-유사 발병관련 단백질. (E) 애기장대에서의 표피 성장 요인-유사 WAK1. (F) 밀에서의 RLK10과 상이한 sequences. (G) 감자에서의 Bimodel cystine motif-표현 StPRKs. [출처: Montesano *et al*. (1993), *Plant Pathol*. **4**, 73-79.]

고 Avr단백질의 병원성 target일 수도 있다. Avr단백질의 그의 병원성 target에 결합은 그의 병원성 target의 "guardian"로 작용하는 R 유전자의 신호로서 역할을 하고 방어반응을 생성하여 병원체를 무찌른다. 그러나 R 단백질의 결합이 안 이루어지면 방어반응이 일어나지 않고 기주의 감수성을 유도하여 병원체가 승리한다. 물론 만약 제 3의 구성성분이 정말 병원성 target이라면 Avr단백질의 병원성에 대한 기능과 그의 과민성 반응-유도 능력과 상관관계를 기대해 볼 수 있다.

R과 Avr 유전자의 식물의 방어반응 활성화

일단 R단백질이 직접적으로나 간접적으로 Avr 단백질을 인식하면 저항성 반응을 유도하는 신호체계가 가동된다. 신호체계에 관여하는 몇 가지 물질은 밝혀졌지만 아직도 R유전자에 의한 물질 생성 기작과 식물 방어반응을 유도하는 신호전달물질은 밝혀지지 않았다. R유전자들이 서로 구조적으로 유사하다는 점을 고려해 볼 때, 병원체 단백질을 인식한 후 식물에서는 공통의 신호전달체계가 일어나는 것으로 생각된다. 이는 여러 가지 R 단백질에 의해 활성화되는 저항성 기작이 유사하다는 점을 보아도 알 수 있다. 이러한 반응에는 보통 급격한 이온화, superoxide와 nitric oxide의 생성, 세포 괴사가 일어나는 과민성반응 등이 포함된다. 또한 한 개 이상의 R 단백질의 의해 생성되는 몇 가지 신호전달 물질도 알려져 있다.

유전자 R과 Avr을 통한 식물 방어의 예

토마토의 Pto유전자

많은 경우에 R 단백질의 예측되는 구조를 통해 어떻게 서로 다른 형태의 단백질이 Avr유전자 생산물에 대한 수용체로 작용하고 방어 신호를 생성하고 전달하는지 알 수 있다. 예를 들면, 토마토에서 세균 *P. syringae* pv. *tomato* 에 대해 저항성을 나타내며(그림 6-14), R유전자에 속하는 Pto 유전자는 세포질에 단백질 kinase를 생성하는데, 세균에 의해 생성되는 세균

그림 6-14 *Xanthomonas* 세균(A)과 토마토 잎(B)과 열매(C)에 세균성 점무늬 병징 [사진제공: R.J. McGovern.]

성 avrPto 단백질과 직접적으로 반응한다. Pto kinase 단백질은 다른 단백질에 반응하기도 하는데, kinase와 전사 단백질(transcription factors)과 유사한 단백질과 반응한다. 이들 전사인자의 어떤 것은 발병관련단백질 같은 에틸렌에 의해 유도되는 방어단백질을 암호화하는 유전자의 프로모터에 존재하는 특정 염기서열을 인식하는 DNA결합 부위를 가지고 있다. 예를 들면 Pto유전자가 많이 발현되는 형질전환 식물에서는 Pto 단백질이 활성화되는 동시에 신호전달체계가 활성화되어 avrPto 단백질이 매개하는 과민성반응이 증가된다. Pto가 발현되려면 Pto유전자와 같은 유전자에 있는 *Prf* 유전자의 발현이 요구된다. *Prf* 는 LZ-NBS-LRR 단백질을 생성하는데, 이 단백질이 식물 방어에 어떤 역할을 하는지는 알려져 있지 않다. 최근 연구에 의하면 Pto는 아마도 진정한 R유전자가 아니고 다만 AvrPto의 virulence target을 암호화한다. 즉 AvrPto-Pto 혼합체는 Prf유전자가 암호화하는 진정한 R 단백질에 의해 인식되고 이는 아마도 virulence target의 "guarding"이 된다고 생각된다. 또한 Pto 에 의한 AvrPto의 직접적 인식보다는 *Prf* 에 의한 AvrPto의 간접적 인식을 보필하는 연구결과가 힘을 얻고 있다. 따라서 AvrPto와 Pto의 관계는 직접적인 저항성 유전자와 비병원성유전자의 관계 보다는 Avr단백질과 그들의 virulence target과의 관계로 보아야 할 것이다.

담배의 N유전자

세포질의 TIR-NBS-LRR 유형의 R단백질은 순활물영양 균류, 세균, 바이러스, 선충, 해충에 의해 일어나는 병의 경우에 나타난다. 온전한 저항성(N) 기능을 하기 위해서는 N유전자 대부분의 domain이 모두 발현되어야 한다. 담배모자이크 바이러스병인 경우에는 (TMV)(그림 6-15)바이러스 단백질 복제는 N 유전자가 발현되는 담배 품종에서는 비병원성으로 논의된다. N 유전자가 세포질적 TIR-NBS-LRR 단백질을 암호화한다. TMV 지놈에는 두 가지 복제효소(replicase) 단백질을 생산하는데, 각각의 단백질이 바이러스의 helicase로서 작용하여 N 유전자를 가진 담배에서 과민성반응을 유도한다. 단백질의 helicase 기능이 replicase 의 비병원성 기능을 위해 필요하지는 않다. N단백질에 의한 바이러스 단백질의 인식이 직접적으로 이루어지는지 또는 간접적으로 이루어지는지, N단백질이 방어기작의 신호 전달체계에 관여하는지는 아직 알려져 있지 않다. 다른 바이러스-기주의 상호관계를 보면 비병원성은 바이러스 외피 단백질이 기주와의 관계를 통해 결정된다고 알려져 있는데, 저항성 반응이 어떻게 시작되는지에 관한 정보는 아직 없다.

벼의 *Pi-ta*유전자

균류의 avr단백질에 대해서는 벼 도열병을 일으키는 *Magnaporthe grisea*(그림 6-16A, 6-16B)와 토마토의 잎곰팡이병의 원인이 되는 *Cladosporium fulvum*에서 많은 연구가 이루어졌다. 벼 도열병균은 저항성 유전자 Pi-ta를 소유한 벼 품종에서 저항성 효과를 주는 비병원성유전자 avr-Pi-ta를 소유한다. Pi-ta는 세포질에 NBS domain과 leucine-rich carboxyl terminus를 함유하는 단백질을 생성한다. Avr-Pi-ta 단백질과 Pi-ta의 leucine-rich domain과 직접적인 상호관계가 검정되었는데, 이는 AVR 단백질과 R 단백질의 직접적 관계를 증명한 최초의 결과이다. AVR-Pi-ta의 예상되는 단백질분해효소 활성은 유전자의 비병원성 기능에 필수적이다. 하지만 AVR-Pi-ta/Pi-ta 의 관계가 어떻게 방어반응을 유도하는가는 아직 알려져 있지 않다.

토마토의 *Cf* 유전자

토마토 잎곰팡이병을 살펴보면 Avr2, Avr4, Avr9를 발현하

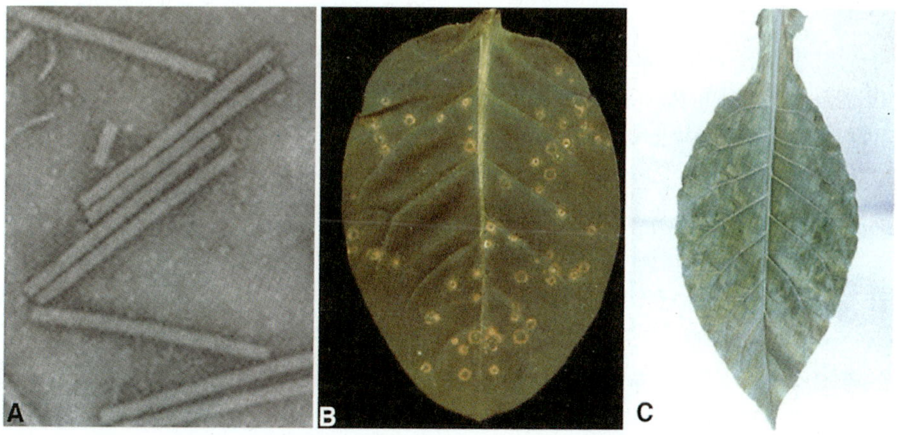

그림 6-15 (A) *tobacco mosaic virus* 입자. (B) 저항성 담배 잎에서 국부적 병반 (과민성 반응). (C) 친화적 (감수성) 담배 식물의 잎에서 전신적 모자이크 병징.

그림 6-16 (A) 벼 도열병균 *Magnaporthe grisea*의 포자. (B) 감수성 식물에서 벼 도열병의 병징과 병 진전 [사진제공: (A) T.E. Freeman, University of Florida, (B) J. Krans, University of Gissen, Germany.]

는 *C. fulvum* 균주는 각각의 상응되는 저항성 유전자 *Cf2*, *Cf4*, *Cf9*를 발현하는 식물에서 비병원성이 된다. Avr2는 세포 밖에서 cysteine-rich 단백질을 생성하는데, 균류가 토마토 잎의 아포플라스트(apoplast)에서 자라는 동안 생성된다. Avr2의 병원성에 관한 기능은 발견되지 않았다. Cf2단백질은 신호 연관부분, 세포 외적 LRR 부분, 전달막(transmembrane)부분 그리고 짧은 세포질 부분으로 구성되어 있다. Cf2에 의한 Avr2의 인식은 세포 외적으로 일어난다. Cf2가 저항성을 나타내려면 Rcr3 유전자가 필요한데, 이 유전자는 Cf5나 Cf9의 저항성 발현에 요구되지는 않는다. 이러한 유전자는 유전적으로 90% 동일하여 elicitor가 인식된 후 동일한 방어 신호전달 체계를 활성화시키는 것 같다. 따라서 Rcr3는 아마도 Cf2가 AVR2를 인식하게 하기 위한 제3의 요소인 것 같다. 만약 Rcr3가 실제로 AVR2와 결합한다면 Rcr3도 최소한 부분적으로 세포외부에 존재할 것 같다. 토마토에 또 다른 *C. fulvum*의 비병원성유전자로 Cf9를 들 수 있다. Cf9 유전자는 세포막에 위치하고 있고 여러 면에서 Cf2와 유사한 점이 많다. AVR9 단백질도 토마토 잎의 아포플라스트에서 생성되고 28개의 아미노산 중합체를 생성한다. AVR9 단백질은 병원성 기능은 없지만 질소가 결여된 상태에서 발현되므로 아마도 균류의 질소 대사에 역할을 하는 것으로 보인다. 토마토뿐만 아니라 다른 가지과식물의 세포막과 AVR9과의 강력한 결합 부위가 있지만 Avr9과 Cf9 유전자 산물의 특이적 결합은 검정되지 않았다. 이를 통해 AVR9과 CF9의 인식은 다른 물질에 의한 간접적 인식이 이루어 질 것으로 생각된다.

고추의 *Bs2* 유전자

세균에서의 avr 단백질 중에 고추에 감염하는 *Xanthomonas campestris* pv. *vesicatoria*의 AvrBs2와 *Pseudomonas syringae*가 각각 기주에 감염할 때 생성하는 몇 가지 avr 단백질이 가장 연구가 많이 수행되어 있다. *X. campestris* pv. *vesicatoria*와 고추의 관계에서 Bs2는 소수성인 N terminal을 갖는 NBS-LRR단백질을 생성한다. Bs2가 고추에서 저항성에 관여하는 것에 반해 avrBs2유전자는 감수성 기주에서 세균의 병원성을 나타내는 데 필요하다. avrBs2는 주로 친수성 단백질을 생산하는며 단백질의 C-말단 반쪽이 phosphodiester 결합을 합성하거나 분해하는 효소와 상동성을 보이지만 이들이 병원성에 어떻게 관여하는지는 알려지지 않았다. 감수성 식물에서의 병원성 감소와 여러 세균 균주에 의해 나타나는 과민성반응 능력 사이에 상관관계가 있으며 이는 AvrBs2 단백질이 그의 병원성 target에 결합한 후 Bs2에 의해 AvrBs2의 간접적인 인식이 일어나는 것을 의미한다. 그러나 최근 Bs2를 발현하는 식물에서 저항성 반응을 발현하지 못하는 돌연변이 식물이 발견되었고 아직 감수성 식물에서 그의 병원성 감소를 보이지 못했다. 이러한 현상은 AvrBs2의 병원성과 비병원성 기능이 분리되면서 나타나기 때문에 AvrBs2의 인식이 그의 virulence target과 결합 후에 일어나는 것 같지는 않다.

애기장대의 RPM1 유전자

P. syringae pv. *maculicola*의 avrRpm1유전자는 완두, 강낭콩, 콩, 애기장대에 비병원성을 나타낸다. 그러나 애기장대에서는 병원성을 나타내는 데 필요하기도 하다. 애기장대에서 AvrRpm1을 인식하기 위해서 RPM1유전자가 존재해야 한다. 이 유전자는 세포질쪽의 세포막에 인접한 LZ-NBS-LRR을 함유하는 세포막 단백질을 생성한다. 또한 RPM1 유전자는 avrB유전자를 발현하는 *P. syringae* pv. *glycinea*에 대해 저항성을 나타낸다. avrRpm1과 avrB에 의해 생성된 단백질들은 두 가지 지방산인 myristic, palmitic을 위한 N-terminal을 제외하고는 유사성이 없다. AvrRpm1과 AvrB는 병원성을 발현하기 위해서 필요하고 또한 기주의 세포막에 위치하는 데 역할을 한다. 따라서 AvrRpm1과 AvrB 단백질은 세포질 쪽의 세포막에서 RPM1단백질에 의해 인식되는 것으로 생각된다. AvrRpm1과 AvrB 두 단백질이 RPM1에 의해 인식되려면 RPM1-상호 단백질4(RIN4)가 요구되는데 이 단백질도 세포막에 위치하는 것 같다. RPM1이 결여된 상태에서 AvrRpm1과 AvrB는 virulence target으로 추측되는 RIN4와 복합체를 형성하는데 RIN4는 방어반응의 음성적조절자(negative regulator)이다. 이들 방어반응은 AvrRpm1과 AvrB가 RIN4와 결합한 후에 억제될 수 있다. 감염되지 않은 세포에서는 RIN4은 RPM1과 혼합체로 존재한다. 이를 통해 RPM1에 의한 AvrRpm1과 AvrB의 인식은 간접적으로 일어나며 virulence target인 RIN4의 인식을 위해 제3의 요소가 필요함을 알 수 있다.

2개 또는 다수유전자에 의한 기능

많은 경우에 여러 R단백질에 의한 저항성 발현은 다른 유전자를 필요로 한다. 이들 유전자에 의한 단백질은 편재 리가아제를 포함한 복합체와 관련이 있는데 이들은 다른 어떤 단백질의 편재성을 나타낸다. 만약 단백질 기질이 편재성을 가지면 26S 단백질분해효소복합체(proteasome)에 의해 분해된다. 한 이론에 따르면 분해 대상 단백질은 저항성을 조절할 수 있기 때문에 기대되는 저항성 저해 조절자의 분해나 제거가 활성화되어 저항성 반응이 일어난다. 그러나 단순편제에 의해 단백질의 위치가 정해지고 몇 가지 kinase와 전사 요인이 조절됨으로써 다른 유전자 생성물과 함께하는 편제 복합체가 저항성 조절자의 이동이나 활성을 매개할 가능성이 있다.

세균의 제3분비계의 효과적단백질에 의한 방어

대부분 병원성 세균은 효소와 병원성 관련 물질을 분비하는 데 3가지 방식이 있다. 제1형태는 세균의 세포질에서 세포 외로 한번에 분비하는 경우인데 병원성에는 미약한 역할을 한다. 제2형태는 pectinases나 cellulases와 같은 병원성을 결정하는데 매우 중요한 역할을 하는 단백질을 생성한다. 제2형태는 2가지 단계를 거치는데 첫째는 단백질이 세균의 periplasm으로 방출된다. 그 후 특이적 신호에 의해 주변세포질의 한 부분이 단백질과 함께 한 구조물을 형성하여 이동한다. 제2형태는 부분적으로 밀도신호감지 기작에 의해 조절된다.

제3형태(TTSS)는 세균의 세포막과 연관된 15~20개의 단백질로 구성되는데 세균으로부터 기주식물의 세포에 전달되는 기주특이적인 "효과적(effector)" 단백질이 생성되고 이동된다(그림 6-17). 세포막에 결합된 단백질은 대부분 제3형태를 가지고 있으며 이들에 의해 기주 세포내로 주입되는 단백질은 기주특이적이다. 세균의 효과적 단백질이 기주식물에 유입됨으로써 TTSS가 기주세포의 신호전달과 다른 과정을 간섭하여 감수성 식물에서 병원성이 증가하게 된다. 전달 과정에서 효과적 단백질에 보조 단백질이 결합되는데 이들은 효과적 단백질이 다른 단백질과 작용하여 변형되는 것을 막는다. 제3형태의 분비시스템은 대부분의 식물병원성 그람음성세균(*Erwinia*, *Pseudomonas*, *Xanthomonas*, *Ralstonia*, *Pantoea*)과 사람과 동물에 병을 일으키는 그람음성세균에서 보여진다.

제3형태에 의해 단백질이 비기주식물에 유입되면 과민성반응이 일어난다. 따라서 TTSS가 과민성반응과 병원성(*hrp*) 시스템으로 알려져 있다. 대부분 식물병원세균으로부터의 제3형태 효과적 단백질로 비병원성(*avr*)유전자의 산물이 처음으로 동정되었다. 세균에서 비병원성유전자는 보통의 병원성 세균이 침해할 수 있는 기주를 침해할 수 없는 비병원성 세균으로 전환될 수 있는 유전자로 정의되는데 이들 균주는 비병원성 균주로 특정 기주를 감염한다. 비병원성은 저항성 식물에서 보통 과민성반응을 일으킨다. 과민성반응은 저항성 유전자와 이에 상응하는 *avr*유전자가 존재해야 발현된다. 따라서 저항성 유전자를 함유하고 있는 식물세포의 세포질에 *avr*유전자가 TTSS에 의해 직접적으로 생산되고 과민성반응을 유도하여 결국 세포괴사가 일어나는 것으로 생각된다. *avr*유전자가 보통 과민성반응을 유도하는 역할로 방어반응에 관련되어 있지만 TTSS에서는 식물에 병징을 증가시키는 병원성으로도 역할을 한다. 대부분

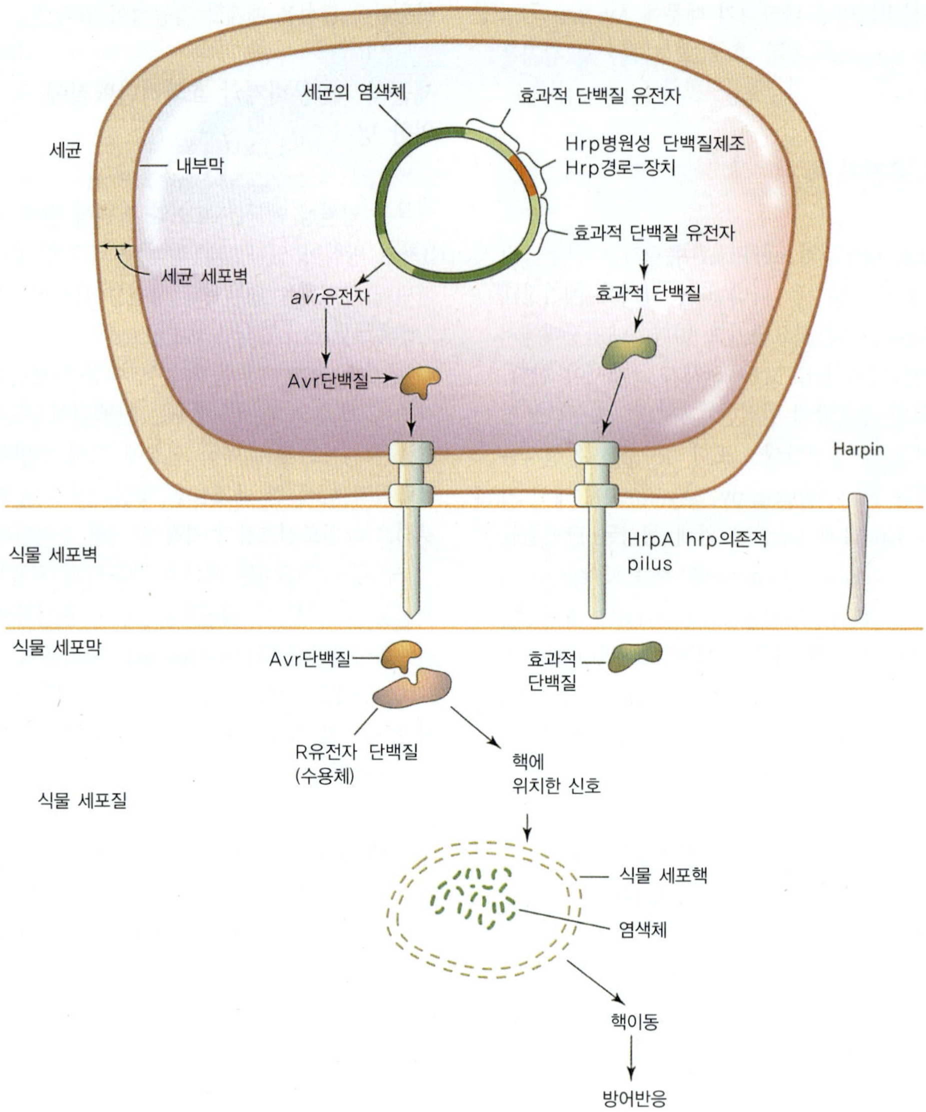

그림 6-17 세균에서 hrp와 제3형태 분비 형태의 모식도.

의 경우에 *avr*유전자가 병원성에 관련하는 역할은 적다. 그러나 effectors 의 분비가 병원성(pathogenicity) 에 필수적이기 때문에 세균은 여러 가지 effector 단백질을 분비하고 이로 인해 병원성의 양적 증가나 부분적인 과다가 일어난다. *Xanthomonas* 와 *Pseudomonas* 는 식물 잎의 세포 간 공간에서 번식하는데 영양분은 많이 충족되나 수분은 부족하다. 따라서 세균은 식물세포 내부로부터 외부로 수분을 유출시킴으로써 감수성을 증가시킨다. 반면, 식물은 세포벽 비후와 같은 저항성 반응을 통하여 감염부위의 수분 손실을 막는다. 세균이 성장하기 위해서는 기주식물의 방어반응이 유도되는 것을 막든지, 방어반응을 억제하든지, 아니면 둘 다 하든지 해야 한다.

Harpin단백질은 *P. syringae* pv. *syringae* 에서 생성된다. 이 단백질은 hrp-의존적 단백질인데, 대부분의 Avr단백질과 다르게 이 단백질을 식물 세포 외 공간에 주입하면 과민성반응과 유사한 반응이 일어난다. 이는 Harpin이 식물세포 밖에서 활동한다는 것을 의미한다. Harpin의 과민성-유사 반응은 상응하는 저항성 유전자가 필요없다는 점에서 Avr유전자에 의한 과민성반응과 다르다. Harpin은 liposome과 이중막과 연관하여 작은 구멍을 만들고 이를 통해 수분과 영양물질이 세포 밖으로 유출되고 세포 안으로는 기능성 물질이 유입된다.

몇 가지 *avr*유전자는 식물의 방어를 억제하기도 한다. *P. syringae* pv. *phaseolicola* RW60 균주는 *avrPphF* 유전자에 의해 특정 콩 품종에서 비병원성에서 병원성으로 전환되는데 과민성반응이 억제된다. 흥미롭게도 같은 세균 균주의 *avr*유전자가 다른 콩 품종에서는 과민성반응을 증가시킨다. 첫 번째 *avr*유전자에 의한 과민성반응의 증가는 다른 *avr*유전자에 의해 억제될 수 있다. 이들 유전자에 의한 과민성반응의 억제가 기주특이적이기 때문에 세균의 effectors와 기주의 target 사이의 "arms race" 분자가 매우 중요하다. 한 effector (AvrPphC와 같은)의 target은 R 유전자의 산물로 나타나는데 이들은 두 번째 effector(AvrPphF와 같은)를 찾아낸다. 제3분비계로 분비되는 effector에 의한 방어반응 억제의 다른 예가 알려졌는데, 이를 통해 이들 유전자가 비병원성과 병원성 병원체에 의한 감염에 대해 비슷한 수준의 방어반응의 유도를 방해한다는 것을 추측할 수 있다.

활성 산소라디칼, lipoxygenase 및 세포막의 붕괴

식물체의 세포막은 많은 종류의 단백질과 당단백질 분자가 파묻혀있는 인지질 2중층(그림 5-2)으로 구성되어 있다. 단백질 분자는 흔히 집단으로 조직을 이루고 있고, 그 중에서 일부는 세포막 위에 통로를 만들어 이온과 대사산물이 세포 속으로 들어가고 나올 수 있게 한다. 소포체와 세포기관의 구조에서 세포막은 특수한 화합물이 다른 화합물과 격리되어 있고 어떤 생화학적 반응이 일어나는 부위로 세포를 구획화한다. 게다가, 세포막은 방어기작을 유도하는 활동부위이다. 예를 들면, 세포막은 병원체에 의해 방출되는 elicitor를 인식하고 이어서 과민성반응을 유기시키는 R 유전자에 의해 암호화된 단백질의 anchor로 작용한다.

병원체에 의한 세포의 공격 또는 병원체 독소와 효소에 대한 노출은 대개 세포막의 구조적 변화와 투과성의 변화를 초래한다. 이 변화는 일반적으로 감수성과 병진전의 발현인 것으로 여겨진다. 그러나 많은 기주-병원체 조합에서, 특히 과민성반응과 관련된 기주-병원체 조합에서는 일부 세포막 변화는 병원체에 의한 침입에 대항하는 방어의 역할을 한다. 가장 중요한 세포막 관련 방어반응은 다음과 같다. (1) 세포 내외 그리고 식물체를 통해 체계적으로 신호전달체계에 중요한 분자의 방출; (2) 반응이 활발한 산소라디칼과 lipoxygenase 효소의 방출과 축적; (3) 결과적으로 구획화의 상실, 페놀산화효소의 활성화와 페놀화합물의 산화 등을 포함한다 (그림 4-13, 6-11).

많은 기주-균류 상호작용에서, 공격받은 기주 세포나 인위적으로 균류 elicitor를 처리한 세포에서 처음 감지되는 현상중의 하나는 superoxide(O_2^-), 과산화수소(H_2O_2), 수산기라디칼(hydroxyl radical, ·OH)을 포함하는 활성화된 산소라디칼(oxygen radical)의 급격하고 일시적인 발생이다. 이 대단히 활발한 반응을 일으키는 산소라디칼은 기주세포 원형질막의 multisubunit NADPH 산화효소 복합체에서 방출되는 것으로 여겨진다. 산소라디칼은 침해받은 세포에서 세포가 균류 또는 균류의 elicitor와 접촉한 지 몇 초 또는 몇 분 내에 방출되고 몇 분에서 몇 시간 내에 최고 활성에 도달하는 것처럼 보인다.

활성화된 산소라디칼은 세포막 인지질의 hydroperoxidation을 유기시켜서 lipid hydroperoxide 혼합물을 생성시킨다. 지질 과산화수소 혼합물은 독성이 있고, 그 생성물은 식물세포막을 붕괴시키고, 정상적인 즉 과민성반응에 의해 유도되는 세포의 붕괴와 괴사에 연루되는 것처럼 보인다. 활성산소라디칼은 또한 페놀화합물을 훨씬 독성이 강한 퀴논(quinone)과 리그닌 유사 화합물로 산화시켜 기주 방어작용에 관련되어 있다. 그러나 활성 산소라디칼의 존재는 또한 기주세포의 과민성반응을 통하여 진전중인 병원체의 세포막과 세포에 직접 또는 간접적으로 영향을 미친다. 병원체에 감염되었지만 아직 살아 있는 세포에서의 활성 산소 생산은 radical scavenger enzymes인 superoxide dismutase, catalase, ascorbate peroxidase 등의 효소에 의해 영향을 받는다. 그들 중에 몇 가지 isoenzyme이 접종 후 다른 단계에서 그들과 다르게 생성된다.

세포막 지질의 산화작용은 여러 가지 lipoxygenase도 포함하는 것처럼 보인다. Lipoxygenase는 phospholipase에 의해 세포막으로부터 이전에 방출된 linoleic acid와 linolenic acid 같은 불포화 지방산의 hydroperoxidation를 촉매하는 효소이다. 그러한 지방산으로부터 형성된 lipoxygenase에서 유래하는 과산화수소는 세포막을 붕괴시키고 과민성반응에 의해 유도되는 기주와 병원체의 세포를 붕괴시키는 것 외에도 상처와 다른 스트레스에 대한 식물체의 반응에서 역할을 하는 자스몬산 같은 여러 가지 생물학적으로 활성이 있는 분자로 세포에 의해 전환된다. 예를 들면, 상처 호르몬 traumatin의 전구물질인 자스몬산은 수많은 단백질 변화를 유도하고 식물체-병원체 상호작용에서 방어작용의 신호전달자로 작용하는 것처럼 보인다.

강화 분자에 의한 기주세포벽의 강화

균류에 의해 발생하는 여러 식물병에서, 균류와 접촉하게 되는 세포벽은 병원체에 의한 침입에 대해 세포벽의 저항성을 강화시키는 여러 방어 관련 물질을 생성하거나 변경시키거나 축적시킨다. 균류에 의해 침입받는 식물 세포벽에 생성되거나 침적된 방어물질 중에는 callose, 아미노산 hydroxyproline 속에 풍부한 extensin 같은 당단백질, 리그닌과 수베린을 포함하여 다양하고 복잡한 페놀화합물, 실리콘과 칼슘 같은 미량원소 등이 있다. 이 물질 중에서 일부는 또한 방어돌기(papilla) 같은 방어 세포벽 구조체를 생성하거나 침적시킨다. 이 물질 중에서 많은 것은 복잡한 중합체를 형성하며, 다른 물질과 반응하고 상호 결합하여 침입하는 균류를 제한하고 더 이상의 병 진전을 막는 다소 비수용성인 세포벽 구조체를 형성한다. 물론 기주가 저항성이 없거나 비친화적 저항성을 나타낼 경우에는, 균류 분비물에 의해 방해를 받거나 받지않거나 분명히 기주는 강화 화합물을 생성하지 못하거나 그 화합물을 너무 늦게 생성하여 효과가 없게 되고 균류는 세포를 침입할 수 있다.

공격받은 기주세포에서 항미생물 물질의 생성

발병관련단백질

흔히 PR단백질이라고 부르는 발병관련단백질(pathogenesis-related protein)은 침입하는 균류 병원균에 독성이 있는 구조적으로 다양한 집단의 식물 단백질이다. 그것은 식물체에 미량으로 넓게 분포되어 있지만, 병원체가 공격하거나 스트레스를 받은 후에는 대단히 높은 농도로 생성된다. 발병관련단백질은 식물 세포 내에 존재하며, 세포간극 특히 여러 조직의 세포벽에 존재한다. 다양한 종류의 발병관련단백질이 여러 가지 작물로부터 분리되었다. 예를 들면, 잎, 종자와 뿌리 같은 식물체의 다른 기관은 다른 발병관련단백질을 생성한다. 발병관련단백질은 포장에서 장기간 온도가 낮거나 높아 스트레스를 받을 때 그들의 기주식물에서 서로 다르게 발현된다.

여러 집단의 발병관련단백질이 단백질의 기능, 혈청학적 관계, 아미노산 배열, 분자량 및 기타 성질에 따라 분류되어 왔다. 발병관련단백질은 극단적으로 산성이거나 알칼리성이므로 용해가 잘 되고 반응성이 높다. 최소한 14가지 발병관련단백질이 발견되었는데 아주 잘 알려진 발병관련단백질은 PR1 단백질(항난균성, 항균성), PR2 단백질(β-1,3-glucanase), PR3 단백질(카이틴분해효소), PR4 단백질(항균성), PR6 단백질(proteinase inhibitor)(그림 6-19), thaumatine-like protein, defensins, thionins, lysozymes, osmotinlike protein, lipoxygenases, cysteine-rich proteins, glycine-rich proteins, proteinases, chitosanases, peroxidases 등이다. 또한 여러 가지 기주식물체에는 각 발병관련단백질의 수많은 isoform이 존재한다.

비록 건전한 식물체가 미량의 몇 가지 발병관련단백질을 함유하고 있을지라도, 병원체에 의한 공격, elicitor의 처리, 상처 또는 스트레스는 발병관련단백질을 암호화하는 유전자의 전사를 유도한다 (그림 6-18). 이것은 정상적인 단백질 생산이 거의 멈춘 동안에 유전자 발현의 전체적 양상에서 많은 스위치의 일부분에 의해 전사된다. 발병관련단백질의 유도를 일으키는 신호화합물(signal compound)에는 살리실산, 에틸렌, xylanase, polypeptide systemin, 자스몬산 등이 있다 (그림 6-11).

발병관련단백질의 중요성은 발병관련단백질이 강한 항균활성과 항미생물활성을 나타낸다는 사실에 있다 (그림 6-19). 일부 발병관련단백질은 포자방출과 발아를 억제시키는 반면에 다른 것은 기주세포벽의 강화와 세포벽 변형체 혹은 및 방어돌기(papilla)와 연관이 있다. 예를 들면, β-1,3-glucanase와 카이틴분해효소 같은 일부 발병관련단백질은 여러 식물병원균류의 세포벽의 카이틴에 의해 지지되는 구조로 확산되고 영향(분해)을 미치는 반면에 lysozyme은 세균 세포벽의 glucosamine 과 muramic acid 구성성분을 분해시킨다. Lipoxygenases 와 lipid peroxidases는 항미생물적 대사물질과 자스몬산과 같은 2차적 신호 분자를 생성한다. 또한 구조적으로 유사한 defensins이 포유류, 새, 곤충에서 생성된다. 염기성 cysteine-rich peptides인 식물 defensins은 항미생물 활성을 가지며 에틸렌과 자스몬산 경로를 통해 축적된다. 카이틴분해효소 유전자를 발현시키도록 유전공학적으로 조작된 식물체는 토양전염성 균류 *Rhizoctonia solani*에 대해 훌륭한 저항성을 나타낸다. 그람음성세균의 외부세포벽에서 얻어진 지질다당류를 담배식물에 처리하면 몇 가지 발병관련단백질을 생성하고, *Phytophthora nicotianae*에 대해 방어반응이 향상되는데 뿌리를 통해 접종된 식물의 잎에서 전신적 방어도 나타낸다. 발병관련단백질 합성을 유도하는 신호분자는 식물체의 다른 부위로 전신적으로 이동되고 며칠 또는 몇 주 동안 이동된 부위에서 발병시작과 발병정도를 감소시키는 것처럼 보인다.

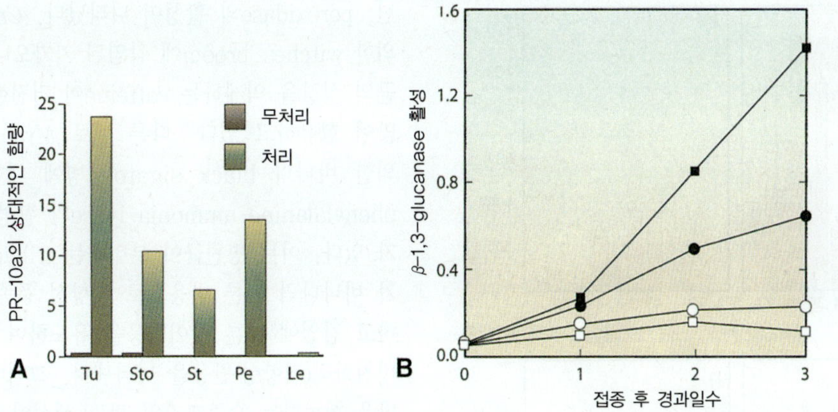

그림 6-18 (A) 감자 조직의 절단부위에 역병균 *Phytophthora infestans*의 homogenate를 처리하지 않았을 때(control)와 처리 4일 후 병원성 관련 단백질(PR 10a)의 생성 및 축적. Tu, 괴경; Sto, 복지; St, 줄기; Pe, 엽병; Le, 잎. (B) 흰가루병균 *Erysiphe graminis* f.sp. *hordei*을 접종했을 때(□, ○)와 접종하지 않았을 때(■, ●) 보리 잎의 세포 사이 유동체(fluid)에서의 항균성 단백질 β-1,3-glucanase의 활성 수준. 한 품종(□, ■)이 저항성 유전자를 가지고 있는 반면에 다른 품종(○, ●)은 감수성이라는 점을 제외하고는 두 보리 품종의 유전자는 거의 같다. [출처: Jutidamrongphan *et al*. (1991), *Mol. Plant-Microbe Interact*. **4**, 234-238.]

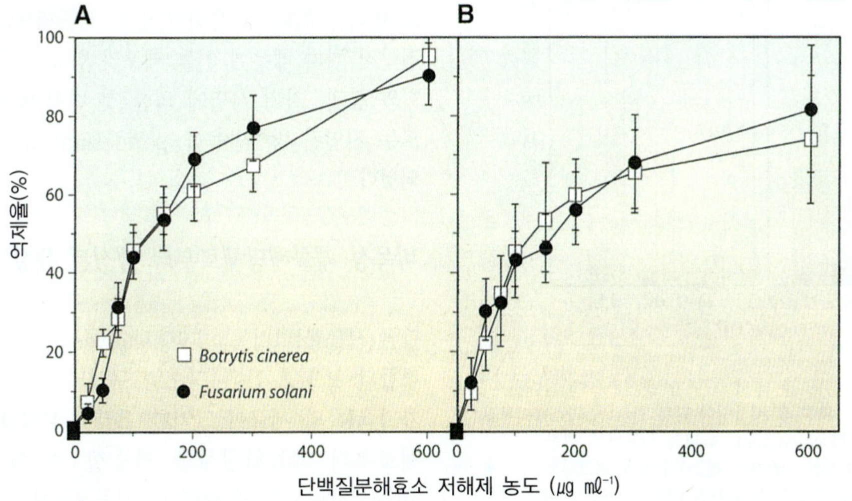

그림 6-19 어린 양배추 잎에서 얻은 단백질분해효소 inhibitors에 의해 양배추를 감염시키지 못하는 균류 *Botrytis cinerea*와 *Fusarium solani*의 포자 발아(A)와 발아관 신장(B)의 억제. 이 저해제는 이 균류의 세포 내용물의 유출을 일으킨다. 양배추 병원균 *Alternaria brassicicola*는 이 단백질분해효소 저해제에 의해 영향을 받지 않는다. [출처: Lorito *et al*. (1994), *Mol. Plant-Microbe Interact*. **7**, 525-527.]

2차 대사산물을 통한 방어: 페놀성 물질

단순 페놀화합물

병원체에 대해 독성이 있는 어떤 일반적 페놀화합물은 특히 감수성 품종에서보다 저항성 품종에서 감염 후 더 빠른 속도로 생성되고 축적된다는 사실이 흔히 관찰되어 왔다. Chlorogenic acid, caffeic acid, ferulic acid 등이 이러한 페놀화합물의 예이다 (그림 6-20). 복숭아에서 chlorogenic acid는 미숙열매와 *Monilinia fructicola*에 의한 잿빛무늬병에 저항성인 품종에 높은 농도로 존재한다. 두 가지 경우 과일이 저항성인데 병원균에 독성을 나타내기보다는 식물 조직을 분해하는 병원균의

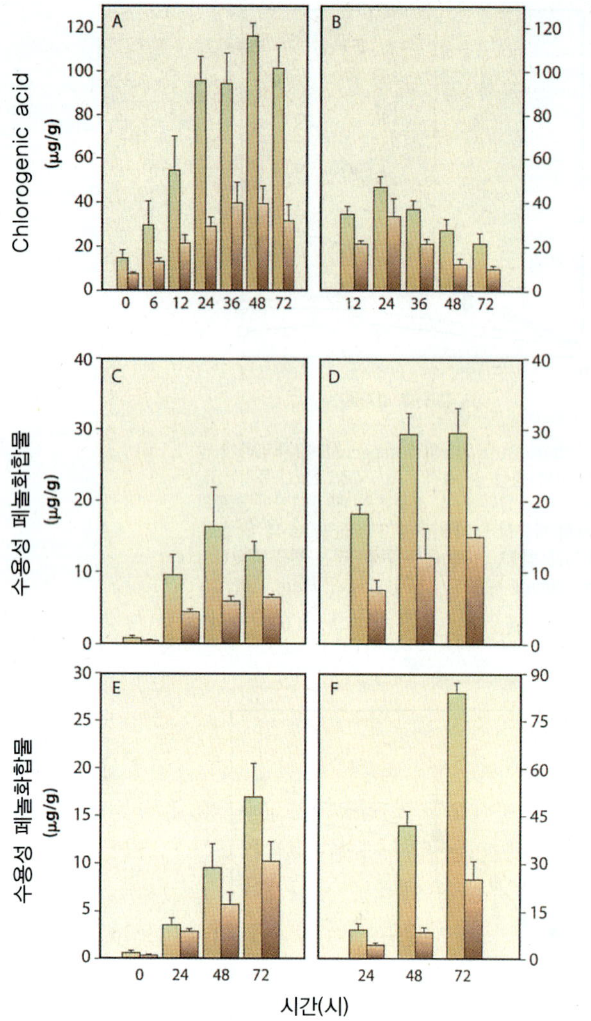

그림 6-20 상처(A, C, E)를 준 후와 과민성 방어반응의 elicitor인 arachidonic acid를 분무(B, D, F)한 후 정상적인 감자 괴경(흰 막대)과 형질전환된 감자 괴경(검은 막대)에서 chlorogenic acid와 세포벽에 결합된 다른 수용성 페놀화합물의 생성. 형질전환 식물체는 페놀화합물과 리그닌의 전구체인 tryptophan를 불활성화시키는 효소를 생성한다. Chlorogenic acid는 상처에 의해 증가했지만 elicitor에 의해서는 증가하지 않았다. 세포벽에 결합된 수용성 페놀화합물은 상처 후에 증가하였고 elicitor 처리 후에는 더욱 증가하였지만, 정상적인 괴경보다는 형질전환된 괴경(검은 막대)에서 적게 증가하였다. 따라서 이 처리에서 형질전환된 괴경이 정상적인 식물체보다 *Phytophthora infestans* 유주포자를 접종에 의한 감염에 대해 더 감수성이었다. [출처: Yao, DeLuca, and Brison (1995), *Plant Cell* **7**, 1787-1799.]

효소 생성을 억제하기 때문이다. 야자나무 뿌리는 *Fusarium*에 저항성인 품종에서 감수성 품종에 비해 세포벽 결합 hydroxybenzoic acid와 sinapic acid가 11~12배나 증가하였다. 살갈퀴(*Vicia sativa*)와 같은 식물에서는 기생성 식물 *Orobanche aegyptiaca*에 감염 후 저항성 품종의 뿌리에서 감수성에 비해 높은 농도의 유리 또는 결합 형태의 페놀, 리그닌, peroxidase의 활성이 나타났다. *Crinipellis perniciosa*에 의한 witches' broom에 감염된 카카오나무 어린줄기에는 병원균의 성장을 억제하는 caffeine이 건전한 줄기에 비해 7~8배 많이 함유하고 있다. 다른 예로 *Mycosphaerella fijiensis*에 의한 바나나 black sigatoka병에 대한 식물 방어기작으로 phenylalanine ammonia lyase의 활성과 페놀화합물의 증가가 있다. 이는 병원균이 분비하는 trihydroxytetralone (THT)가 바나나의 빠른 반응으로 저항성 품종에서 미세병반을 형성하고 감염에 따른 방어반응을 유도하여 식물과 병원균 사이에 비친화적(저항성)반응을 나타낸다. 그러나 감수성 바나나는 병반을 형성하는 수준까지의 THT 생성이 늦어서 이미 친화적 반응이 완료되고 병반이 진전된다. 비록 일부 일반적인 페놀화합물이 병원체에 독성을 나타낼 수 있는 농도에 각각 도달할지라도 몇 가지 페놀화합물은 감염된 식물 조직에 동시에 생성되기도 하는데 균류에 독성을 나타내는 개별적인 페놀화합물의 효과보다 존재하는 모든 페놀화합물이 연합하였을 때 독성효과가 더욱 뛰어나 저항성 품종에서 감염을 저지시키는 원인이 되기도 한다. 페놀을 함유하고 있는 식물세포의 광범위한 동일성과 전략적 위치 때문에 이들 세포가 함유된 페놀화합물의 빠른 산화와 붕괴, 자기 사멸에 의한 첫 번째 방어의 유도-세포사멸-또는 지연된 방어반응을-peridermal 방어층-유도한다고 제안되었다.

비독성 페놀배당체로부터 생성된 독성 페놀화합물

많은 식물체는 비독성 배당체(glycoside), 즉, 다른 페놀분자와 결합된 포도당 같은 당으로 구성된 화합물을 함유한다. 여러 가지 균류와 세균이 그러한 복잡한 분자를 가수분해하고 복합체로부터 페놀화합물을 방출할 수 있는 배당체분해효소(glycosidase)를 생성하거나 식물체로부터 방출하는 것으로 알려졌다. 방출된 페놀화합물의 일부는 병원체에 대해 매우 독성이 강한데, 특히 좀 더 산화된 후에 감염에 대한 식물체의 방어역할을 한다.

병저항성에서 페놀산화효소의 역할

많은 페놀산화효소(페놀酸化酵素; polyphenol oxidase)의 활성은 일반적으로 감염된 감수성 품종이나 감염되지 않은 건전 식물체보다 저항성 품종의 감염된 조직에서 더 높다. 병저항성에서 페놀산화효소 활성의 중요성은 아마도 페놀화합물을 퀴논(quinone)으로 산화시키는 페놀산화효소의 성질에서 유래하는데, 퀴논은 원래의 페놀보다 미생물에 더 독성이 있다. 페놀산화효소의 활성 증가는 고농도의 독성 산화생성물을 초래하고 따라서 감염에 대해 더 커다란 저항성을 나타낸다는 가정이 합리적이다. 복합적인 상호작용은 lipoxygenase 의 수준이 증가하고 diene이 분해되는 과실성숙기에 일어나는데 diene는 어리고 미성숙된 과실에 존재하면서 균류에 독성이 있는 화합물이다. 이러한 현상은 일반적으로 성숙된 과실의 감염(저항성의 상실)을 초래한다. 그러나 일부 과실에서는 비병원성 균류에서 유래하는 elicitor가 lipoxygenase 의 활성을 억제시키는 페놀화합물 epicatechin의 생성을 자극한다. 결과적으로 epicatechin은 항균성 diene의 분해를 감소시키고 따라서 탄저병균에 의한 성숙된 과실의 부패를 방지한다.

또 다른 페놀산화효소인 과산화효소(過酸化酵素; peroxidase)는 페놀화합물을 퀴논으로 산화시킬 뿐만 아니라 과산화수소를 발생시킨다. 과산화수소는 그 자체가 항미생물성일 뿐만 아니라 고도로 반응을 잘 일으키는 자유라디칼(free radical)을 방출하고 계속해서 페놀화합물을 리그닌 유사 물질로 중합시키는 속도를 증가시킨다. 이러한 물질은 세포벽과 방어돌기(papilla)에 축적되고 병원체의 더 이상의 생장 및 진전을 방해한다.

파이토알렉신

파이토알렉신은 여러 종류의 식물병원 미생물 또는 화학적 및 기계적 손상에 의한 자극 직후에 식물체에서 상당량으로 생성되는 독성을 나타내는 항미생물적 물질이다. 파이토알렉신은 손상을 입은 세포로부터 확산되는 물질에 반응하여 국부적으로 손상을 입고 괴사된 세포에 인접한 건전 세포에 의해 생성된다. 파이토알렉신은 친화적인 활물영양성 감염 동안에는 생성되지 않는다. 파이토알렉신은 저항성 및 감수성 괴사 조직 주위에 모두 축적된다. 한 가지 이상의 파이토알렉신이 병원체 진전을 제한하기에 충분한 양에 도달했을 때 저항성은 빌생힌다. 가장 잘 알려진 파이토알렉신은 식물체에 병원성인 균류에 독성을 나타내고 생장을 억제하지만 일부는 또한 세균, 선충 및 다른 생물에도 독성을 나타낸다. 파이토알렉신 유사 성질을 가진 300개 이상의 화합물이 30과 이상에 속하는 식물체로부터 분리되었다. 같은 과의 식물체에 의해 생성된 파이토알렉신의 화학적 구조는 보통 대단히 유사하다. 예를 들어 대부분의 콩과식물에서 파이토알렉신은 isoflavonoid 이고, 가지과식물에서 파이토알렉신은 terpenoid 이다. 대부분의 파이토알렉신이 균류의 침입에 반응하여 식물체에서 생성되지만, 몇몇 세균, 바이러스와 선충도 파이토알렉신 생성을 유도하는 것으로 나타났다. 파이토알렉신 중에서 잘 연구된 것으로는 강낭콩에서 분비되는 phaseollin (그림 6-21), 완두에서 pisatin, 콩, 알팔파와 클로버에서 glyceollin, 고구마에서 rishitin, 목화에서 gossypol, 고추에서 capsidiol 등이 있다.

파이토알렉신의 생성과 축적은 상처입거나 감염된 세포 주위의 건전 세포에서 일어나고 손상 입은 세포에 생성되고 방출되는 경고물질에 의해 자극되어 인접한 건전 세포로 확산된다. 대부분의 파이토알렉신 elicitor 는 글루칸, 키토산, 당단백질과 다당류 같은 균류 세포벽을 구성하고 있는 일반적인 고분자물질이다. 이 elicitor 분자는 기주식물체 효소에 의해 균류 세포벽으로부터 방출된다. 대부분의 그런 elicitor 는 비특이적 즉, 병원체의 친화성 및 비친화성 레이스 모두에서 존재하고 식물 품종에 관계없이 파이토알렉신 축적을 유도한다. 그러나 몇 가지 파이토알렉신 elicitor 는 그 elicitor 가 어떤 친화성 및 비친화성 품종에 일으키는 파이토알렉신의 축적과 병원균 레이스 스스로 일으키는 파이토알렉신 축적과 비슷하기 때문에 특이적이다. 대부분 파이토알렉신 elicitor 는 병원체에서 유래하는 것으로 생각되지만, galacturonic acid 같은 일부 elicitor 는 감염에 반응하여 식물세포에서 생성되거나, 병원체의 세포벽 분해효소에 의해 부분적으로 분해된 후 식물세포벽으로부터 방출된다.

병원체에 의한 감염 후 감수성(친화성) 기주에서 파이토알렉신의 생성은 일부 경우에서는 마치 병원체에 의해 생성된 suppressor 분자에 의해 방해받는 것처럼 보인다. Suppressor 도 glucan, 당단백질 또는 병원체에 의해 생성된 독소 중 하나인 것처럼 보인다.

파이토알렉신 elicitor, 파이토알렉신 생성, 파이토알렉신 suppressor, 저항성과 감수성 유전자와 저항성 또는 감수성의 발현이 연결된 기작은 아직 잘 알려지지 않았다. 이들 요소의 상호연관성을 설명하기 위하여 여러 가설이 제안되었지만, 만족할 만한 설명이 얻어질 수 있도록 훨씬 많은 연구가 필요하다.

특정 식물 종에 대해 병원성인 균류의 종 또는 레이스는 일반적으로 비병원체보다 저농도의 파이토알렉신의 생성을 자극하는 것처럼 보인다. 예를 들면, 병원균 *Ascochyta pisi*로 접종한 완두 꼬투리에서 생성된 pisatin의 경우에는 완두 품종은 병원균에 대한 품종의 저항성에 대략 비례하는 농도의 pisatin을 생성한다. 동일한 완두 품종이 서로 다른 균주의 균류에 의해 접종되었을 때 그 완두 품종에 병원성을 나타내는 정도와 거의 정반대의 비율로 pisatin이 생성되었다. 또한, *Phytophthora megasperma* f. sp. *glycinea* 에 감염된 콩 식물체에서 비친화성 기주 품종에 균류 레이스를 접종하면 친화성 품종에 접종했을 때보다 더 일찍 더 높은 농도의 파이토알렉신 glyceollin 을 축적하였다. 비친화적 기주-병원체 조합에서 고농도의 glyceollin 은 파이토알렉신 생합성의 증가보다는 파이토알렉신의 분해감소에 의한 결과일 것이다. 그러나 강낭콩-

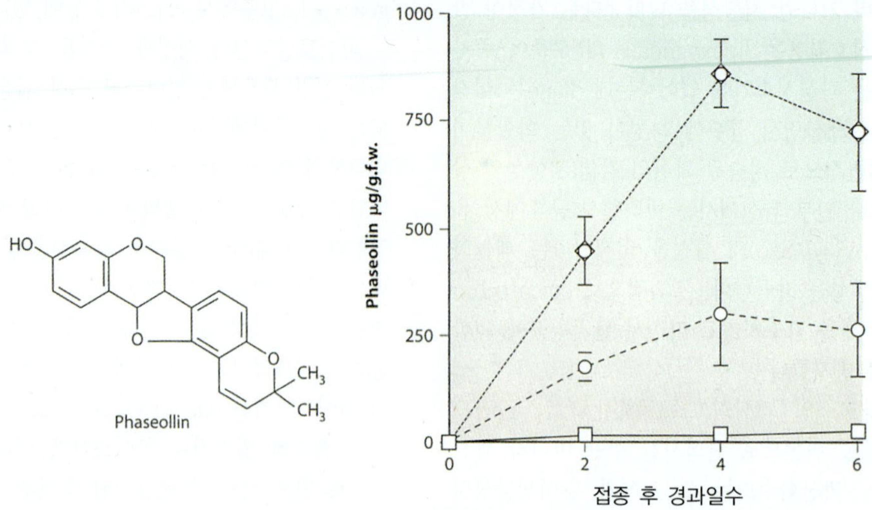

그림 6-21 식물병원세균 *Pseudomonas syringae* pv. *phaseolicola* 의 3가지 레이스로 접종한 후 강낭콩 꼬투리의 감염부위에 생성된 파이토알렉신 phaseollin의 수준. 병원성 레이스 6(□)은 방어반응이나 파이토알렉신 생성을 일으키지 않고 감염시킨다. 동일한 레이스 6를 저항성 유전자 R2(○)에 대응하는 비병원성유전자와 저항성 유전자 R3(◇)에 대응하는 비병원성유전자로 형질전환시킨 형질전환체는 현저하게 다른 과민성반응과 다른 수준의 파이토알렉신을 유도하였다. [출처: Mansfield *et al.* (1994). *Mol. Plant-Microbe Interact.* **6**, 726-739.]

*Colletotrichum lindemuthianum*과 감자-*Phytophthora infestans* 체제 같은 일부 기주-병원체 체제에서, phaseolin과 rishitin 같은 파이토알렉신은 각각 비친화성(저항성) 기주-병원체 체제에서보다 친화성(감수성) 기주-병원체 체제에서 동일한 농도 또는 더 높은 농도에 도달한다.

반면에 균류의 병원성 레이스 또는 종은 비병원성 균류보다 자신의 기주식물체에 의해 생성된 파이토알렉신의 독성에 대해 덜 감수성인 것처럼 보인다. 병원체는 저농도의 파이토알렉신에 일찍 노출된 후에는 고농도의 기주 파이토알렉신을 이겨낼 수 있는 저항성 기작을 획득하는 것으로 제안되었다. 그러나 많은 병원균류는 기주 파이토알렉신을 비독성화합물로 변화시킬 수 있고 따라서 병원균에 대한 파이토알렉신의 독성을 감소시킬 수 있는 것으로 알려졌다. 또한 수많은 병원균류가 기주 파이토알렉신에 대하여 감수성이거나 기주 파이토알렉신을 변화시킬 수 없을지라도 병을 일으키는 데 성공하는 것으로 알려졌다. 더구나 어떤 파이토알렉신을 분해시키거나 이겨낼 수 있는 일부 균류는 파이토알렉신을 생성하는 식물체를 감염시킬 수 없다.

일반적으로 파이토알렉신은 어떤 병원체에 대한 일부 기주의 방어에서 결정적인 또는 부수적인 역할을 하는 것처럼 보이지만, 대부분 기주-병원체 조합에서 병저항성의 요인으로 파이토알렉신의 중요성은 있다고 해도 아직 알려지지 않았다.

식물에 의한 병원균 독소의 해독

적어도 병원체가 독소를 생성하는 일부 병에서, 병에 대한 저항성은 분명히 독소에 대한 저항성과 일치한다. 균류 *Cochliobolus carbonum*과 *Magnaporthe grisea* 에 의해 각각 생성되는 HC-독소와 pyricularin 같은 적어도 일부 독소의 해독(detoxification) 은 식물체에서 일어나는 것으로 알려졌고 병저항성 역할을 할 것이다. 이 독소의 일부는 저항성 품종에 의해 더 빠르게 물질대사로 변화되거나, 다른 물질과 결합하고 독성이 작거나 비독성인 화합물을 형성한다. 비독성 화합물이 생성된 양은 흔히 품종의 병저항성에 비례한다.

저항성 식물체와 비기주는 *Cochliobolus*, *Periconia*와

Alternaria 에 의해 생성된 특이적 독소에 의해 영향을 받지는 않지만, 이 독소의 선택적 작용이 저항성 품종이 아닌 감수성 품종에서 수용체 부위의 존재, 저항성 식물체에서 독소의 해독, 또는 어떤 다른 기작에 달려있는지는 아직 알려지지 않았다.

병원체에 대한 식물체의 면역

식물항체를 통한 방어

인간과 동물에서는 병원체에 대한 방어는 흔히 자연적 또는 인위적인 면역, 즉 극미량 병원체의 자연적 감염 또는 병원체 단백질과 다른 항원물질의 인위적인 주사에 의해 활성화된다. 두 경우에 모두 병원체에 대한 항체의 생성을 초래하고 따라서 나중에 그 병원체의 어떤 공격에 의한 감염으로부터도 인간 또는 동물을 계속해서 보호해준다.

물론 식물체는 인간과 동물처럼 면역체계를 가지고 있지 않다. 즉 식물체는 항체를 생성하지 못한다. 그러나 1990년대 초에 어떤 식물병원체에 대한 항체를 생성하는 생쥐 유전자 같은 외래 유전자를 식물체 지놈 속으로 삽입시켜 발현하도록 유전공학적으로 조작된 형질전환 식물체가 생산되었다. 동물유전자에 의해 암호화되지만 식물체 내에서 식물체에 의해 생성되는 항체를 식물항체라고 부른다. 식물체가 감수성을 나타내는 artichoke mottle crinkle virus 같은 바이러스의 단백질외피에 대한 식물항체를 생산하는 형질전환 식물체는 이러한 바이러스에 의한 감염으로부터 자신을 보호할 수 있고 일부 저항성을 나타내는 것으로 알려졌다. 미래에는 이러한 종류의 식물체 면역이 바이러스 replicase 또는 이동단백질과 균류와 세균의 공격 효소 같은 병원체의 특수한 필수 단백질을 지배하는 항체를 생성할 동물항체 유전자를 식물체에서 발현시킴으로써 커다란 배당금을 낳을 것이다.

항체전체 또는 항체의 단편이 전환유전자가 식물유전자에 통합되거나 바이러스 벡터를 이용하여 유전자가 일시적으로 발현되거나 *Agrobacterium* 또는 biolistics 에 의해 유전자가 채워지거나 해서 식물체 내에서 쉽게 발현된다. 담배, 감자 그리고 완두에서는 제약 목적으로 항체의 발현이 잘된다고 알려져 있다. 식물은 특정 병원체에 대해 저항성을 증진시킬 수 있는 기능성 항체를 생성하는 것이 알려졌다. 지금까지 기능성 식물항체는 특정 병원체에 대항해서 식물에서 생성되는데 다음과 같이 식물의 저항성을 증가시킨다: 담배에서 *tobacco mosaic virus*에 대한 식물항체는 바이러스 감염의 90%를 감소시켰다; 또한 담배에서 *beet necrotic yellow vein virus*에 대해 감염 초기와 감염 진행과정에서 부분적인 방제가 이루어졌다; 또한 담배에서 2개월 이상 strolbur phytoplasma와 corn stunt spiroplasma에 감염이 이루어지지 않았다. 그러나 지금까지 선충에 대해 식물항체에 의한 저항성은 성공을 거두지 못하였다. 전반적으로 지금까지 식물에서 항체 또는 항체의 단편의 발현은 단지 부분적으로는 효과가 있거나 대부분은 효과가 없었다. 식물항체에 의한 저항성은 대부분 병의 진전을 지연시키는데 특별한 경우가 없다면 미래의 식물병 방제수단으로는 기대하기 힘들다.

병원성이 약화된 변이체 병원균에 노출을 통한 저항성

아보카도 식물에 병원성이 결여되었지만 부착기 형성 능력이 있는 형질전환 탄저병균 *Colletotrichum gloeosporioides*를 접종하였더니 과실에 부패병 진전이 억제되었다. 이러한 접종에 의해 생화학적 방어반응인 H^+-ATPase의 활력, 활성산소, phenylalanine ammonia lyase, 페놀화합물, 항 미생물질 등의 증가에 의해 과실의 저항성 증가에 의해 병 진전이 억제되었다. 하지만 부착기를 형성하지 않는 균주를 접종하였더니 조기의 신호 전달이 이루어지지 않았고 과실에 저항성도 나타나지 않았다. 이를 통해 부착기가 형성되는 동안 병원균과 과실과의 상호관계에 의한 초기 방어기작에 과실의 저항성이 나타나는 것을 알 수 있다.

전신적 유도저항성

미생물의 인공접종이나 화학물 처리에 의한 식물방어의 유도

앞서 설명한 바와 같이 식물체는 자연적으로 병원체에 대한 항체를 생성하지 못하며, 식물체의 생화학적 방어의 대부분은 공격하는 병원체로부터 전달된 어떤 신호(signal)에 의해 가동될 때까지는 활동하지 않는다. 그러나 여러 해 동안 식물체는 병원체에 의한 감염이나 어떤 천연 또는 합성 화합물에 반응해서 일반적인 저항성이 발달하는 것으로 알려졌다.

유도저항성은 처음에 병원체에 의한 감염 또는 화학물질에 의해 생기는 식물체 괴사점 주위에 국한되는데, 이것을 국부적 획득저항성(局部的 獲得抵抗性; local acquired resistance)이라고 한다 (그림 6-22A). 이어서 저항성은 식물체에 전신적으로 퍼지고 식물체 말단부의 무처리 부위까지 발달하는데, 이것

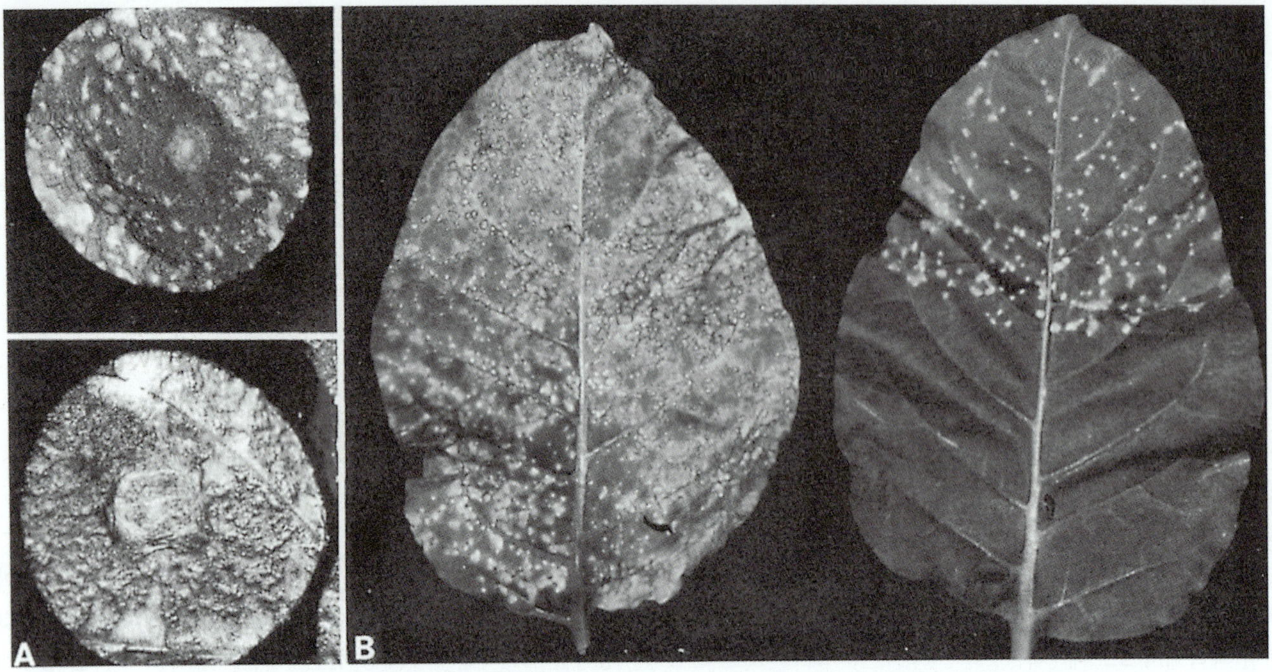

그림 6-22 (A) 저항성 담배 품종에 담배 모자이크 바이러스(TMV)에 의해 생긴 국부병반 주위에 발달한 국부적 획득 저항성. 동일한 잎에 TMV를 재접종한 7일 후에 국부적 획득 저항성 때문에 원래의 병반 주위에 새로운 병반이 전혀 형성되지 않았지만(위), 다른 바이러스를 재접종하였을 때는 병반이 없는 부위가 남아있지 않았다(아래). (B) 오른쪽 잎의 위쪽(끝) 절반에 TMV를 접종하고 7일 후에 두 잎 전체 표면에 동일한 바이러스를 접종하였다. 왼쪽 잎에는 수많은 병반이 잎 전체에 발달한 반면에, 오른쪽에 잎의 절반만 전접종된 잎에는 국부 및 전신적 획득 저항성 때문에 추가 병반이 거의 형성되지 않았다. [출처: A.F. Ross (1961), *Virology* **14**, 329-339 and 340-358.]

을 전신적 획득저항성(全身的 獲得抵抗性; systemic acquired resistance)이라고 한다 (그림 6-22B). 살리실산, arachidonic acid와 2,6-dichloroisonicotinic acid 같은 여러 화합물이 식물체에서 조직에 괴사를 일으키지 않을 수준으로 국부적인 저항성과 전신적인 저항성을 유도하는 것으로 알려졌다. 자스몬산은 주로 지방산 산화의 결과로 생성되는 또 다른 유도인자로서 전신적 저항성을 유도하는데, 때로는 살리실산이나 에틸렌과 함께 defensin을 생성하기도 한다. Probenazole 은 아시아에서 *Magnaporthe grisea*에 의한 벼 도열병 방제에 사용하는 농약인데 살리실산의 상위에 작용하여 이 농약을 살포하면 식물에 살리실산이 축적된다. Probenazole은 벼에서 벼 도열병에 대해 전신적 저항성을 유도하고 토마토에서는 *P. syringae* pv. *tabaci* 에 대해 그리고 담배에서는 *tobacco mosaic virus*에 대해 저항성을 유발한다. 이와 유사하게, riboflavin도 전신적 유도저항성을 나타내지만 살리실산과 관계없이 다른 경로로 인해 활성화된다. 이러한 유도 저항성 물질을 잎에 분무하거나(그림 6-23) 줄기에 주사했을 때보다 뿌리를 통해 적용했을 때가 식물체에서 저항성을 유도하는 데 효과적이다. 예를 들면, 국부적 획득저항성은 과민성 담배 품종에 담배 모자이크 바이러스(TMV)에 의해 생긴 국부병반 주위 1~2mm 부위에 유도되며, 아마도 다른 기주-병원체 조합에서도 유도될 것이다. 국부적 획득저항성은 이미 존재하는 병반 근처에는 새로운 병반이 생기지 않게 하고 적어도 1차감염 2~3일 후에 접종이 이루어졌을 때에는 이미 존재하는 국부병반으로부터 더 진전되는 국부병반을 거의 없게 하거나 병반 크기를 작게 만든다. 국부적 획득저항성은 자연감염에서 단위 잎면적당 병반수와 병반 크기를 제한하는 역할을 하기도 한다.

전신적 획득저항성은 식물체를 통틀어서 비특이적으로 작용하고 정상적으로 병원성인 병원체를 포함하여 모든 종류의 병원체에 의해 생기는 발병률을 감소시킨다. 전신적 획득저항성은 여러 쌍떡잎식물체와 외떡잎식물체에서 관찰되어 왔지만 어떤 균류, 세균 및 바이러스를 접종한 조롱박, 가지과식물, 콩과식물 및 벼과식물에서 가장 많이 연구되었다. 전신적 획득저항성은 과민성반응이 발현된 식물체에서는 분명히 생성된다 (그림 6-24). 예를 들면, 균류(*Colletotrichum lagenarium*),

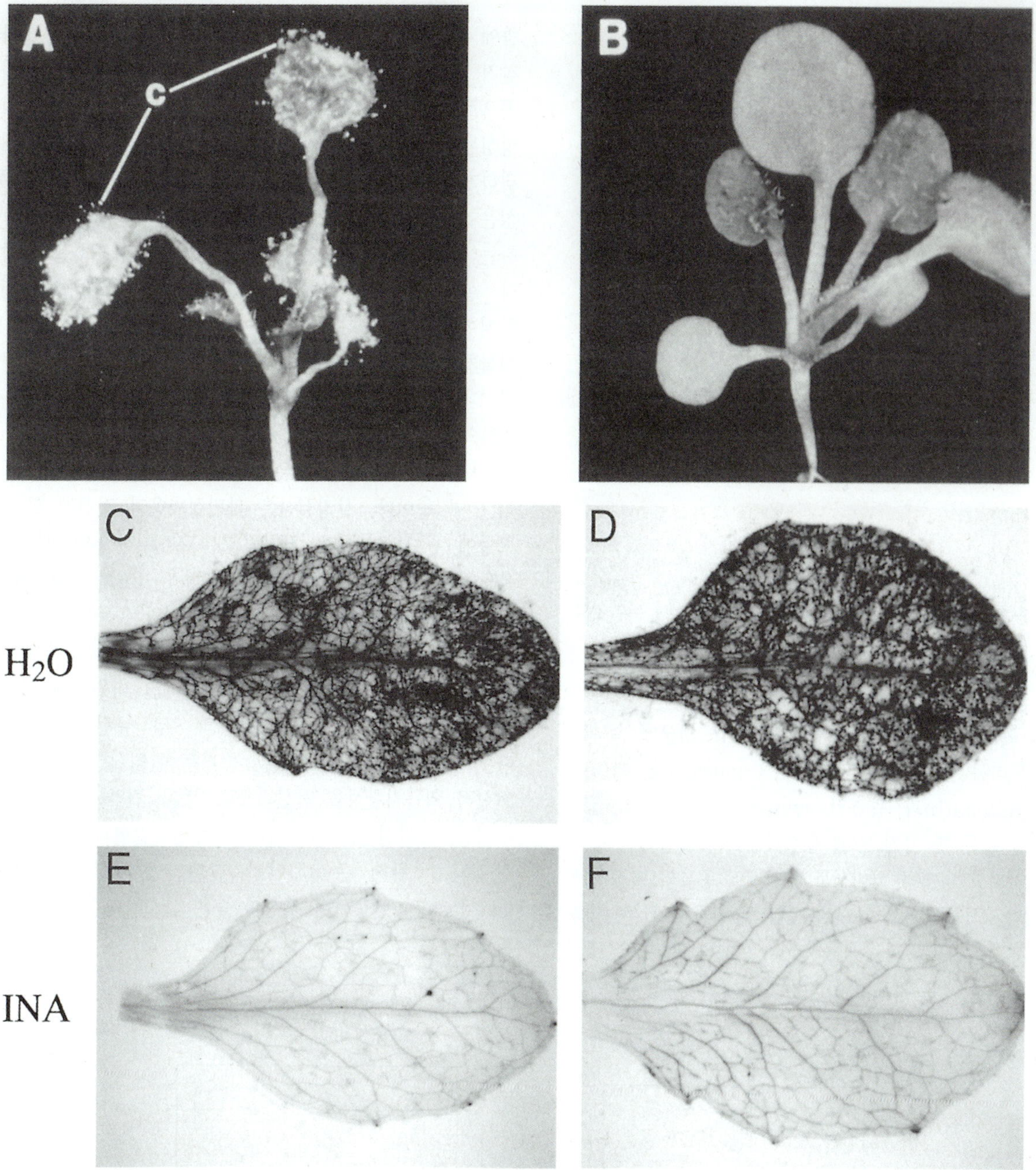

그림 6-23 물(A,C,D), 살리실산(B) 또는 INA(dichloroisonicotinic acid)를 분무하고 5일(A,B) 또는 4일(C-F) 후에 *Peronospora parasitica* 포자를 접종한 *Arabidopsis* 식물체에서 유도저항성. 접종 6일(A,B) 또는 10일(C-F) 후에 물을 처리 잎에서는 수많은 균류 구조체가 심하게 감염된 잎에 나타났고, INA를 처리한 잎에는 균류 구조체들이 거의 나타나지 않았다. A-C와 E에서 식물체가 정상인 반면에, D와 F에서 식물체는 살리실산의 축적을 차단하는 유전자로 형질전환되어 INA는 살리실산 축적이 없이 저항성을 유도할 수 있다는 것을 나타낸다. c = 분생포자경. [사진제공: J.A. Ryals, Ciba Agric. Biotechnology. 출처(A,B): Uknes *et al.*, *Mol. Plant-Microbe Interact.* **6**, 691-698; 출처(C-F): Vernooij *et al.* (1995), *Mol. Plant-Microbe Interact.* **8**, 228-234.]

세균(*Pseudomonas lachrymans*) 또는 바이러스(*tobacco necrosis virus*)에 의한 어린 오이 식물체의 국부적 감염은 접종 수일 내에 균류, 세균 및 바이러스에 의해 생기는 적어도 13가지 병에 대해 광범위한 전신적 저항성을 나타낸다. 단일 유도감염은 4~6주 동안 조사한 모든 병원체로부터 오이를 보호한다. 1차감염 2~3주 후에 두 번째 접종을 하면, 식물체는 모든 조사된 병원체에 대해 생육기 내내 저항성을 획득하였다. 전신적 획득저항성의 정도는 포화점에 도달할 때까지 유도된 잎에 생성된 병반수와 밀접한 관련이 있는 것처럼 보인다. 그러나 전신적 획득저항성은 기주식물체의 개화와 착과의 시작 후에는 유도될 수 없다.

전신적 획득저항성은 접종된 식물체의 감염되지 않은 잎에

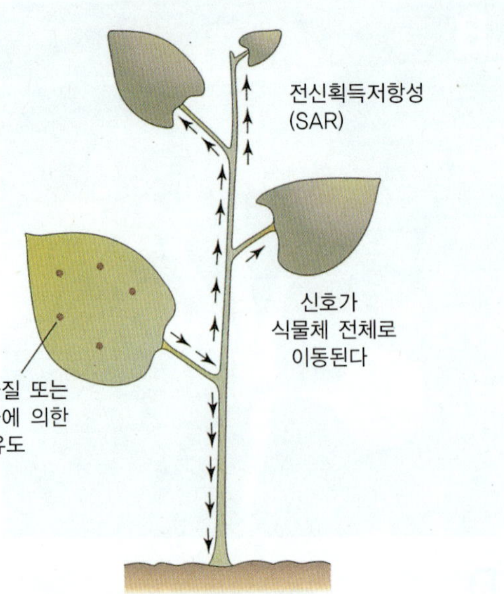

그림 6-24 전신획득저항성의 원리. 어떤 화합물질 또는 괴사병반을 일으키는 병원체를 처리한 잎은 신호화합물을 생성한다. 신호화합물은 식물체 전체에 전신적으로 이동하여 방어기작을 활성화시키고 전체 식물체를 추후 감염에 대해 저항성으로 만든다.

현재 전신적 획득저항성 유전자로 알려진 적어도 9군에 속하는 유전자를 유도하는 것이 특징이다. β-1,3-glucanase, 카이틴 분해효소, thaumatin과 관련된 cysteine-rich protein과 PR-1 단백질 같은 몇 가지 SAR 유전자산물은 직접적인 항미생물활성을 가지고 있거나 항미생물적 단백질 종류와 밀접하게 관련되어 있다. 식물체에서 유도된 SAR 유전자 조합은 식물종에 따라 다르다. 비록 전신적 획득저항성이 포자 발아와 부착기 형성에 영향을 미치지 않을지라도, 아마도 리그닌과 실리콘으로 빠르게 포화될 방어돌기와 유사한 물질이 부착기 밑에 형성된 결과로 침입은 전신적으로 유도된 저항성 조직에서 급격하게 감소된다. 일부 기주-병원체 조합에서 전신적 획득저항성은 강한 항미생물활성을 나타내는 지방산유도체를 생성하게 하는 과산화효소와 lipoxygenase 활성을 유도하는 특성이 있다. 살리실산 같은 식물 방어 activator에 반응하여 전신적 획득저항성을 나타내는 식물체에서는, 비록 살리실산이 처리된 식물체에서 발견된 농도보다 훨씬 높은 농도에서도 세균은 견디어내지만 세균의 생장과 증식이 급격하게 감소된다 (그림 6-25).

전신적 획득저항성을 유지시키는 신호전달체계의 기작은 아직 연구 중이다. 살리실산은 과민성반응과 전신적 획득저항성 모두에 관련되어 있는 것처럼 보이지만 전신적 획득저항성을 유도하는 신호는 아닌 것 같다 (그림 6-26). 살리실산은 1차 감염 후에 식물체의 체관부에 존재하지만 획득저항성이 시작되기 전에 살리실산의 농도 수준은 발병관련단백질의 유도와 관련이 있고, 살리실산을 외부에 처리하면 병원체에 의한 SAR 유도 후에 발현되는 동일한 조합의 SAR 유전자를 활성화시킨다. 그럼에도 불구하고 다른 증거는 살리실산 이외의 신호가 전신적 획득저항성을 전신적으로 발현시킨다는 것을 뒷받침해 주지만, 살리실산은 진짜 신호가 유전자발현과 획득저항성으로 전달되기 위해 존재해야만 한다. 살리실산이 산화효소(catalase)와 반응하여 활성이 높은 산소라디칼을 생성하는 것

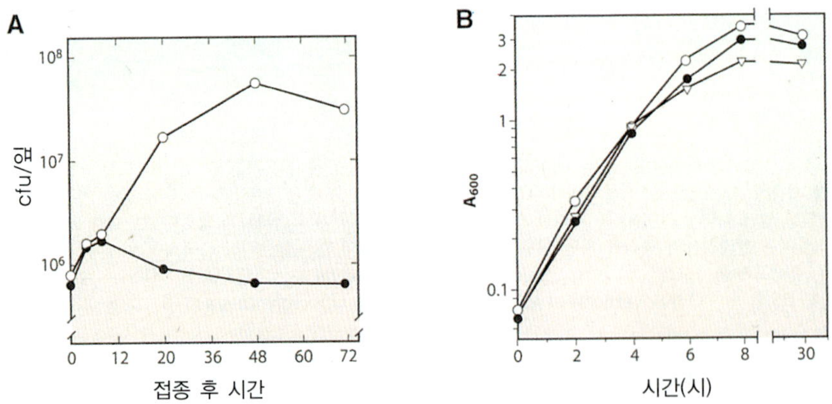

그림 6-25 (A) 1mM 살리실산을 함유하는 배지(●) 또는 살리실산을 함유하지 않는 배지(○)에서 자라는 담배 유묘의 접종된 잎에서 *Erwinia carotovora* 세균의 생장과 증식 억제. cfu=균총 형성 단위(세균). 무처리 잎은 접종 12시간 후에 거의 붕괴된 반면에, 살리실산을 처리한 잎은 접종부위에 한 개의 작은 국부병반을 가진다. (B) 다른 농도(0, 1, 5mM)의 살리실산에 배양한 동일한 세균의 생장과 증식억제의 결여. (A)에서의 효과는 살리실산에 의해 활성화된 식물 방어의 결과이고 살리실산 자체에 의한 것은 아님을 나타낸다. [출처: Palva *et al.* (1994), *Mol. Plant-Microbe Interact.* 7, 356-363.]

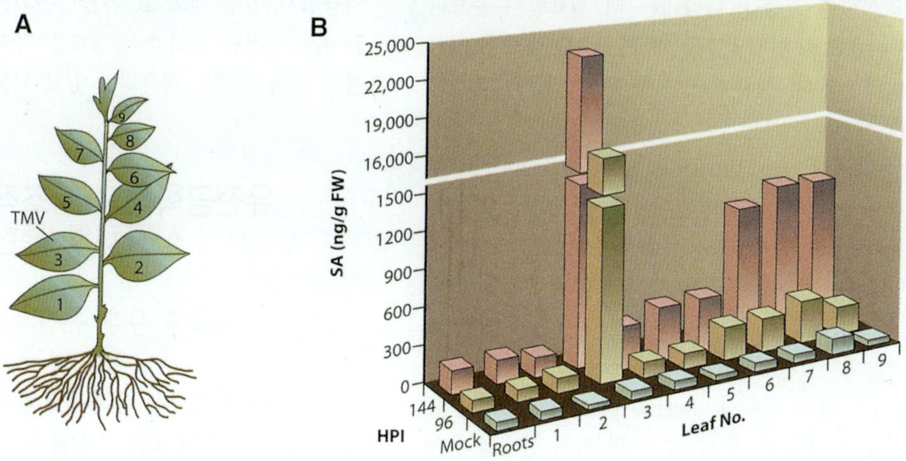

그림 6-26 국부병반만을 만들고 전신감염을 일으키지 못하는 담배 모자이크 바이러스 계통으로 6주된 담배 잎 한 개에 접종한 후 식물체 전체에 살리실산의 축적. (A) 접종한 3번 잎과 식물체의 다른 잎과 뿌리와의 관계. (B) 96시간과 144시간 후접종(HPI) 시에 접종된 잎(3번 잎)과 접종되지 않은 뿌리와 잎에서 살리실산(SA, ng/건물중 g)의 농도. MOCK, 무접종. [출처: Shulaev *et al.* (1995), *Plant Cell* 7, 1691-1701.]

으로 보고되었으며, 이것이 식물세포가 살리실산 신호와 반응하고 전신적 획득저항성을 유도하는 기작이라고 제안되었다(그림 6-27). 그러나 이 제안은 더 이상 받아들여지지 않는다.

애기장대에서 전신적 유도 저항성은 단일유전자인 NPR1에 의해 조정되는데 이는 발병력 병원균 감염의 확산을 제한하는 식물의 능력인 국부적 획득 저항성에도 관여한다. NPR1 유전자가 결여된 형질전환 식물에서는 SAR-유도 처리에도 반응이 일어나지 않는데, 발병관련단백질의 축적이 감소되고 감수성이 증가하여 병 진전이 일어난다. NPR1 유전자는 ankyrin repeat를 함유하는 단백질을 생성하는데, NPR1이 기능을 하기 위해서는 이 단백질이 있어야 한다. 만약 NPR1 유전자가 결여된 식물에 NPR1 유전자를 다시 넣어주면 발병관련유전자가 발현되어 SAR을 나타낼 뿐만 아니라, SAR을 유도 없이도 P. syringae에 의한 감염에 대해 더욱 강한 저항성을 나타냈다. 더 나아가서 NPR1의 유도가 NPR1-암호 단백질을 과다발현하게 하고 이것은 반대로 많은 downstream 발병관련단백질의 발현을 유도한다. NPR1의 농도에 따라 이 세균과 난균류에 의한 병에 대해 저항성을 나타내며 NPR1 과다발현에 의

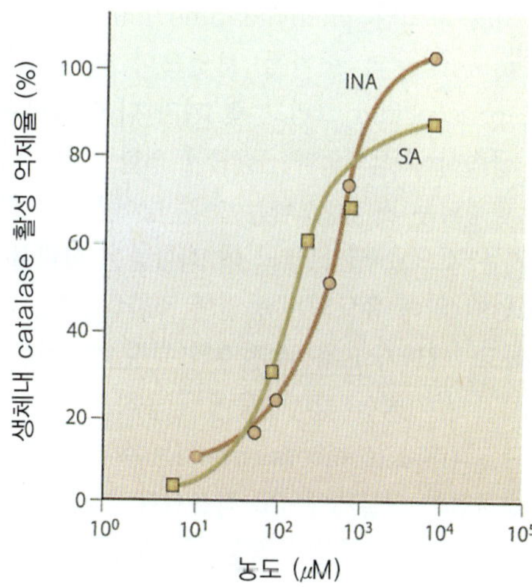

그림 6-27 식물 방어를 촉진시키는 물질 살리실산(SA)과 *in vivo*에서 생성된 활성형 isonicotinic acid(INA)에 의한 catalase 활성의 저해. 저항성 식물체에서 그러한 저해는 활성산소라디칼(active oxygen radical)의 축적과 과민성 방어반응을 일으킨다. [출처: Conrath *et al.* (1995), *Proc. Natl. Acad. Sci. U.S.A.* 92, 7143-7147.]

한 저항성 증가는 식물에 부작용을 일으키지 않는 것으로 보인다.

살리실산의 외부 처리를 통한 전신적 획득저항성의 유도는 살리실산 또는 다른 화합물이 식물체에서 수많은 병원체에 대한 전신적 획득저항성을 인위적으로 유도시키는 데 사용할 수 있을까 라는 매우 중요한 의문을 제기한다. 불행하게도, 외부에서 처리한 살리실산은 식물체에서 효과적으로 이동되지 않으

며, 게다가 살리실산은 효능을 나타내는 데 필요한 수준보다 조금만 더 높은 수준으로 처리되었을 때에는 강한 약해를 일으킨다. 따라서 살리실산 자체는 병 방제를 위한 실용적 해법으로 사용은 고려되고 있지 않다.

지금까지 살리실산 외에 isonicotinic acid와 benzothiazole 유도체가 식물체에서 여러 가지 병원체에 대한 전신적 획득저항성을 유도하는 것으로 알려졌다. 사실 benzothiazole(BTH)는 시판 중에 있다. 이 3가지 물질을 각각 보리에 흰가루병 방제를 위해 사용하였더니 새로운 방어 유전자의 발현에 의한 다양한 방어반응이 일어났는데 lipoxygenase, thionin, acid phosphatse, Ca^{2+}-결합 단백질, serine proteinase 억제자, 지방산 desaturase와 기능을 알 수 없는 몇 가지 단백질 등이 그것이다. 3가지 물질 중 INA와 BTH가 더욱 많은 유전자를 생성하고 강한 저항성을 나타냈다. 동부 종자에 BTH를 처리하고 탄저병균 *Colletotrichum destructivum*을 접종하였더니 병원균과 접촉한 어린동부식물의 세포가 과민성 반응을 일으켜 감염으로부터 효과적으로 보호되었다. 또한 그 식물에서 phenoloxidizing 효소인 phenylalanine ammonia lyase와 chalcone isomerase의 증가를 보였으며 파이토알렉신인 kievitone 과 phaseollidin 그리고 몇 가지 다른 발병관련단백질이 초기에 급속히 축적되었다. BTH에 의한 동부 유묘의 방제는 후기에 형성되는 저항성보다는 초기 방어반응의 활성화에 의해 이루어지는 것으로 생각된다. 이 화합물은 살리실산 또는 여러 감염 요인에 의해 유도되는 동일한 조합의 SAR 유전자의 발현을 유도하고, 게다가 SAR 유전자의 특징적인 반응보다 더 빠르게 식물체가 부가적인 방어반응에 감응하도록 활성화하는 것처럼 보인다. 그러나 isonicotinic acid는 살리실산을 축적시킬 수 없는 형질전환 식물체에서도 작용한다. 그러므로 분명히 isonicotinic acid는 살리실산이 작용하는 동일한 부위에서 또는 하부 부위에서 작용함으로써 SAR에 이르게 하는 신호전달체계 경로를 유기시킨다.

살리실산과 isonicotinic acid는 동일한 종류의 병원체에 대하여 저항성을 유도하고 병원체에 의해 발현되는 유전자와 동일한 유전자의 발현을 유도하지만, 이 화합물에는 항미생물활성이 없기 때문에 진정한 SAR 활성인자이다. 살균제 fosethyl-Al, metalaxyl 및 triazole 같은 몇 가지 다른 화합물은 어떤 저항성 유도활성을 가지고 있는 것처럼 보인다. 살균-살세균제 probenazole 은 배양기상에서 경미한 독성만을 나타내지만 벼 식물체에서 급격한 산화적 burst와 활성산소 라디칼의 출현뿐만 아니라 균류에 독성이 있는 불포화 지방산과 같은 항미생물 인자의 현저한 축적을 포함하여 다양한 방어반응을 유도한다. 수많은 다른 화합물과 많은 미생물도 식물체에서 전신적 획득저항성을 유도하는 능력에 대해 조사되었지만, 지금까지 아무 것도 효과가 입증되지 않았다. 그러나 이 연구분야는 엄청난 상업적 잠재력을 가지고 있어서 SAR 유도화합물에 대한 탐색은 계속되고 있고 실제적으로는 증가하고 있다.

유전공학적으로 조작된 병저항성 식물체를 통한 방어

식물체 유래 유전자를 통한 방어

분리된 식물체 저항성 유전자(R 유전자)의 수는 급속하게 증가하고 있다. 분리된 최초의 식물체 저항성유전자는 1992년 깨씨무늬병균 *Cochliobolus carbonum*에 의해 생성된 HC-독소를 불활성화시키는 효소를 암호화하는 옥수수의 *Hml* 유전자였다. 1993년에는 토마토의 Pto 유전자가 분리되었다. 이 유전자는 신호전달체계에 관련된 protein kinase를 암호화하고 비병원성유전자 *avrPto*를 가진 세균 *Pseudomonas syringae* pv. *tomato* 균주에 대해 저항성을 나타내게 한다. 1994년에는 비병원력유전자 *avrRpt2*를 가진 *P. syringae* pv. *tomato*와 *P. syringae* pv. *maculicola* 균주에 저항성을 나타내게 하는 *Arabidopsis* RPS2 유전자, 담배 모자이크 바이러스에 대한 저항성을 나타내게 하는 담배 N 유전자, 비병원력유전자 *avr9*를 가진 균류 *Cladosporium fulvum* 레이스에게 저항성을 나타내게 하는 토마토 *Cf9* 유전자 그리고 비병원력유전자 *avr6*를 가지는 균류 *Melampsora lini*의 어떤 녹병균 레이스에게 저항성을 나타내게 하는 아마 L^6 유전자 등 추가로 4개의 식물체 저항성 유전자가 분리되었다. 마지막 5개의 식물체 저항성 유전자는 이에 대응하는 병원체의 비병원력 유전자에 의해 반응이 유기된다. 비병원성 유전자산물은 기주식물체에서 과민성반응을 유도시키는 신호로 작용한다. 그 후 식물체 저항성 유전자가 몇 가지 더 분리되었다. 이 유전자들의 일부는 병원체의 두 가지 관련 없는 *avr* 유전자 중 어느 하나를 발현시키는 병원체에게 식물체가 저항성을 나타내게 하는 것처럼 보인다. 이러한 R 유전자와 앞으로 분리될 많은 저항성 유전자는 이러한 식물체를 침해하는 병원체의 많은 레이스에 대해 저항성을 지니게 될 유전공학적으로 조작된 형질전환 식물체(transgenic plant)에 광범위하게 사용될 것이다.

이러한 특수 식물체 유전자 외에도 식물체 사이에서 넓게 발견된 효소 또는 다른 단백질(PR-단백질)을 암호화하는 몇 가지 다른 식물체 유전자가 형질전환된 식물체는 병저항성을 갖는다는 것이 확인되었다. 예를 들면, 강낭콩으로부터 카이틴분해효소 유전자를 형질전환시킨 담배 식물체는 토양전염성균 *Rhizoctonia solani*에 의한 감염에 대해 저항성이 되었으나 세포벽에 카이틴이 없는 *Pythium aphanidermatum*에는 여전히 감수성이었다. 다른 실험에서 벼에서 분리한 PR chitinase를 벼와 오이에 발현시켰더니 벼에서는 *R. solani* 에 대해, 오이에서는 *Botrytis cinerea* 에 대해 저항성이 증가되었다. 이와 유사하게, PR1 단백질유전자를 발현시키는 형질전환 담배 식물체는 노균병균 *Peronospora tabacina*에 대해 저항성이었고, 전신적 획득저항성 유전자 SAR8.2를 발현시키는 식물체는 역병균 *Phytophthora parasitica* 에 대해 저항성이었다. 또한 콩줄기썩음병균 *Sclerotinia sclerotiorum* 의 병원성 인자인 oxalic acid를 산화시키는 밀의 oxalate oxidase 유전자를 발현시키는 형질전환 콩은 병원균 침입 부위 세포벽에서 가장 높은 활성의 oxalate 산화 작용을 보임으로서 콩에 저항성을 나타냈다. 더구나 항 세균효소 T4 lysozyme에 대한 유전자를 발현시키는 형질전환 감자 식물체는 세균 *Erwinia carotovora* pv. *atroseptica* 에 의해 발생하는 무름병과 줄기검은병에 대해 저항성을 나타내었다. 또한, 항바이러스성 리보솜을 불활성화시키는 단백질을 암호화하는 미국자리공 유전자를 발현시키는 형질전환 담배 및 감자 식물체는 여러 감자 바이러스와 다른 바이러스에 대한 저항성을 나타내었다. 또한 식물에서 생성된 리보솜-불활성 단백질(RIPs)에 의해 병원체에 대한 방어를 돕는데 이들은 자신의 리보솜에는 영향을 미치지 않으면서 세포내 외래 단백질의 합성을 억제한다. RIP유전자는 또한 동일한 식물에서 PR-단백질과 함께 발현되었을때 상승효과를 보인다.

PR-단백질의 항미생물적 효과가 각각 단독이었을 때 보다는 혼합되었을 때 더욱 효과적이기 때문에 카이틴분해효소와 β-1,3-glucanase 모두 발현하는 형질전환 식물(담배)은 각각 발현하는 식물에 비해 *Cercospora nicotianae* 와 *R. solani* 에 대해, 토마토에서 *Fusarium oxysporum* f. sp. *lycopersici* 에 저항성이 더욱 뚜렷하게 나타났다. 식물이 균에 대한 효과적인 저항성은 식물이 아닌 토양세균 *Serratia marcescens* 에서 얻은 카이틴분해효소와 glucanase 와 같은 가수분해효소 또는 인간의 lysozyme에 의해서도 제공된다. 다른 발병관련단백질로 cysteine-rich 그룹에 속하고 대부분의 식물의 세포막에 존재하며 방어와 연관된 항미생물적 peptide인 defensin은 여러 병원체에 대한 저항성을 증진시킨다.

비이러스가 결합되는 식물의 외부 또는 내부의 수용체을 통제하는 식물유전자를 변형 시키면 식물 세포에서 바이러스의 결합과 복제가 일어나지 않아 식물이 저항성 또는 면역성을 갖게 된다. Interferon 유사 화합물의 합성에 관련된 효소를 암호화하는 생쥐 유전자와 식물바이러스(artichoke mottle crinkle virus)의 외피단백질에 대한 항체(식물항체)를 암호화하는 생쥐 유전자를 각각 형질전환시킨 감자와 담배 형질전환 식물체에서 저항성이 유도된다.

식물에서 유래한 유전자를 통한 저항성 증진을 위해 부가되는 기작은 식물 저항성에 관계되는 R 유전자 또는 이를 유도하는 elicitor의 유전공학이 포함된다; 전신적 유도저항성을 조절하는 한 개 또는 여러 개의 유전자가 과발현되는 식물에서는 많은 병원체에 대해 저항성(SAR)이 높은 상태로 유지된다; 한 저항성 유전자를 삽입함으로써 친화적 방어반응이 비친화적(저항성) 방어반응으로 변한다. 식물체 내에서 발병관련단백질의 축적을 유도하거나 증진시키는 유전자, 즉 stilbene synthase와 같은 유전자가 식물로 도입한다. 이 효소는 감염을 감소시키는 파이토알렉신의 생성을 유도하는데, 담배에서는 *Botrytis cinerea*의 감염을 50% 감소시킨다. 또는 calmodulin이나 catalase의 활성을 감소시키는 유전자를 식물에 도입하면 활성산소(H_2O_2)의 계속적인 생성 뿐만 아니라 발병관련단백질의 발현이 활발해진다. 병 저항성을 위해 식물에 유전 공학을 이용하는 다른 형태의 식물 유전자로서는 lectin유전자가 있는데 선충에 의한 감염으로부터 식물을 보호하고 defensin유전자는 균류에 의한 공격을 억제한다. 특정 토마토 품종에서 세균성점무늬병, 토마토 검은곰팡이병, 담배의 모자이크 바이러스에 각각 저항성유전자로 알려진 Pto, Cf-9, N은 전반적으로 다른 식물에서 저항성을 나타내는데 실패하였다. 한 기주에서 강력한 저항성을 나타내는 유전자가 분리되어 유전적 배경이 상이한 다른 식물체로 전이 되었을 때 새로운 식물에서 저항성을 발휘할 수 없다.

병원체 유래 유전자를 통한 방어

1986년에 담배 모자이크 바이러스(TMV)의 외피단백질 유전자를 발현하도록 형질전환된 담배가 같은 바이러스의 추가 접종에 대해 다양한 정도의 저항성을 나타낸다는 것이 처음 알려졌다. 일단 TMV 외피단백질 유전자가 담배 지놈 속에 융합되면 그것은 종자를 통해 유전되고 다른 담배 유전자와 같이 행동한다. 그 이후로 수많은 다른 작물, 특히 담배, 토마토, 고추 같은 가지과작물, 알팔파 같은 콩과작물, 보리, 옥수수, 귀리, 벼 같은 곡류, 오이, 노지멜론 및 호박 같은 박과작물 그리고 몇 가지 다른 작물(파파야나무, 아프리카물봉선 등) 등은 그 식물체를 감염시키는 한 개 또는 그 이상의 바이러스의 외피단백질 유전자에 의해 형질전환되었다. 외피 단백질 유전자를 갖는 바이러스는 대부분의 바이러스 그룹을 대표한다.

대부분의 경우에 형질전환 식물체는 외피단백질 유전자가 유래하는 바이러스에 대해 상당히 높은 수준의 저항성을 나타내고 많은 경우에 다른 다소 관련된 바이러스에 대해서도 저항성을 나타낸다. 일부 경우에는 형질전환 식물체가 기계적으로 접종되고 바이러스의 특수한 매개체에 의해 접종이 되지 않는다면 형질전환 식물체는 그 바이러스에 대해 저항성이었지만,

다른 경우에는 진딧물이나 균류 매개체에 의해 접종되었을 때에도 그 식물체는 저항성으로 남아있었다. 일부 경우에 식물체는 3가지 바이러스까지 동시에 형질전환되었고, 각 바이러스의 외피단백질 유전자는 식물체 지놈의 한 부위에 일렬로 도입되었으며, 그러한 형질전환 식물체는 3가지 바이러스 모두에 대해 저항성을 나타내었다.

외피단백질 유전자 이외의 바이러스 유전자로 형질전환된 식물체가 그 유전자를 제공해주는 바이러스와 아마도 다른 바이러스에게도 훨씬 높은 수준의 저항성을 나타내는 경우가 많다. 흔히 대체된 유전자가 유전자의 일부분이거나 인위적으로 돌연변이되어 불활성화된 유전자여서 그 유전자는 식물체에 의해 증식되고 발현될 수 있지만 바이러스가 감염하는 것을 도울 수 있는 기능성 유전자산물을 생산하지 못한다. 예를 들면, 고도 저항성인 형질전환 담배 식물체는 여러 바이러스의 변형된 바이러스 replicase 암호화 유전자에 의한 형질전환으로 생산되었다. 또한, 이동단백질 또는 기능장애 이동단백질을 암호화하는 TMV 유전자로 형질전환된 담배 식물체는 TMV와 여러 다른 바이러스에 대해 저항성이다. 바이러스에 대한 저항성은 또한 바이러스 핵산을 가공하는 데 필요한 단백질분해효소를 암호화하는 바이러스 유전자로 형질전환된 식물체, 작은 불완전한 핵산이나 위성 핵산으로 형질전환된 식물체와 바이러스 핵산의 번역될 수 없는 조각이나 antisence DNA 조각으로 형질전환된 식물체에서도 유도되어 왔다.

병원성 또는 비병원성 균류 또한 곤충이나 다른 동물로부터 유래한 적당한 유전자의 유전공학으로 식물의 바이러스가 아닌 병원체에 대한 저항성이 증가되어 왔다. 예를 들면 *Aspergillus niger* 라는 균으로부터 분리한 H_2O_2-generating glucose oxidase 유전자가 발현되는 감자에서 식물세포의 apoplast에 계속적으로 높은 수준의 peroxide이온이 생성되어 역병(*Phytophthora infestans*)의 원인이 되는 난균류, 겹무늬병균(*Alternaria solani*) 그리고 Verticillium시들음병균(*Verticillium dahliae*)에 대해 저항성이 증가되었다. 세균 세포벽의 peptidoglycan층을 가수분해하고 균류와 세균의 성장을 억제하는 lysozyme을 생성하는 닭, 인간 또는 T4 박테리오파지 유전자를 식물에 전이시키면 감자에서 세균성무름병(*Erwinia carotovora*)에 대해, 담배에서 여러 균류병과 세균병에 대해 그리고 사과나무에서 불마름병(*E. amylovora*)에 대한 저항성이 증가되었다. 그와 유사하게 감자와 사과나무에 많은 균류의 세포벽을 자신의 카이틴분해효소로 분해할 수 있어 생물적 방제제로 이용되는 *Trichoderma harzianum*에서 분리한 카이틴분해효소 유전자를 전이시키면, 감자에서는 겹무늬병과 잿빛곰팡이병(*Botrytis cinerea*)에 대해 저항성이 나타났고 사과나무에서는 검은별무늬병(*Venturia inaequalis*)에 대해 저항성이 증가되었다. 게다가 담배, 감자, 사과나무, 배나무에서도 특정 유전자를 전이하여 저항성 증가를 나타내었다; 곤충에서 얻어지는 어떤 유전자는 cecropins라는 항세균 단백질을 암호화하는데 이는 세균의 세포막에 구멍을 형성하여 용해하는 lytic peptides이다; 또는 attacins로 알려진 항미생물적 단백질을 암호화하는 유전자는 그람음성세균의 외부 세포막 단백질의 합성을 억제한다. 이러한 유전자는 담배 들불병(*P. syringae* pv. *tabaci*), 감자 세균성줄기검은병(*E. carotovora* subsp. *atroceptica*) 그리고 사과나무와 배나무의 불마름병(*E. amylovora*)에 대해 저항성을 증가 시킨다.

병원체 유래 유전자로 유전적인 형질전환을 통한 병원체에 대한 식물체 저항성 유도 분야는 빠르게 성장하고 진보할 것이다. 그러한 유전공학적 전략은 식물병 방제에 대한 훌륭한 추가 수단을 제공해 줄 것이다.

병원체-유도 유전자에 의한 RNA 발현억제를 통한 방어

RNA 발현억제는 식물체 내에서 바이러스에 대한 방어를 위해 유전자를 조절하는 방식을 취한다. RNA 발현억제는 RNA의 특정 서열을 억제함으로써 나타나는데 식물, 균류, 동물을 포함한 진핵 세포에서 일어난다. 식물이 바이러스로부터 자신을 보호하기 위해 RNA 발현억제를 이용하는데 반하여 바이러스는 자신의 RNA가 억제되지 않게 하기 위해 단백질을 생성한다. RNA 발현억제는 많은 RNA의 조절과 세포 방어의 연결 과정 중의 하나이다.

RNA 발현억제는 "병원체-유도 저항성" 유전자가 도입된 형질전환 식물에서 처음 발견되었다. 이러한 형질전환 식물에서 sense 도입 유전자가 자신의 전환된 유전자와 식물 내부에서의 유전자를 모두 억제한다. 두 가지 유전자를 모두 억제하기 때문에 초기에는 RNA 발현억제를 "cosuppression"이라고 하였다. RNA 발현억제는 RNA전사 후에 일어나는 과정(post-transcriptional gene silencing)으로 나타나는데 targeted mRNA degradation에 연관된다. 그들 존재는 바이러스 transgenes 을 옮기는 식물이 세포질에서 복제되는 바이러스 strains에 대해 저항성인 것을 발견하면서부터 그 실마리를 찾았는데 이는 발현억제는 핵에서 보다는 세포질에서 일어난다는 것을 의미한다. RNA의 뉴클레오타이드 서열특성은 sense transgenes나 dsRNA로부터 직접 또는 간접적으로 생성되는 antisense RNA의 21~25 nucleotides 서열에 의존한다.

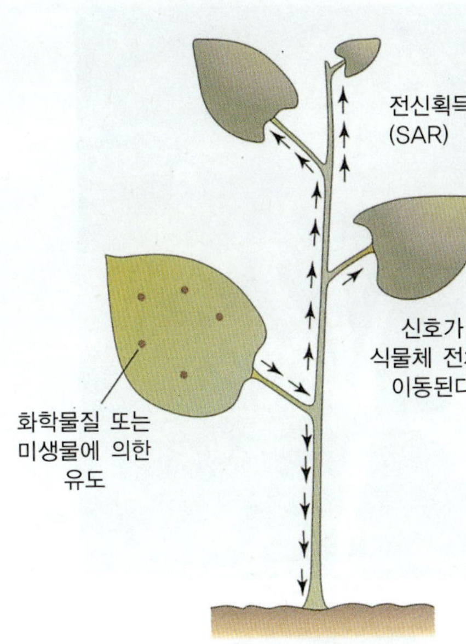

그림 6-24 전신획득저항성의 원리. 어떤 화합물질 또는 괴사병반을 일으키는 병원체를 처리한 잎은 신호화합물을 생성한다. 신호화합물은 식물체 전체에 전신적으로 이동하여 방어기작을 활성화시키고 전체 식물체를 추후 감염에 대해 저항성으로 만든다.

현재 전신적 획득저항성 유전자로 알려진 적어도 9군에 속하는 유전자를 유도하는 것이 특징이다. β-1,3-glucanase, 카이틴분해효소, thaumatin과 관련된 cysteine-rich protein과 PR-1 단백질 같은 몇 가지 SAR 유전자산물은 직접적인 항미생물활성을 가지고 있거나 항미생물적 단백질 종류와 밀접하게 관련되어 있다. 식물체에서 유도된 SAR 유전자 조합은 식물종에 따라 다르다. 비록 전신적 획득저항성이 포자 발아와 부착기 형성에 영향을 미치지 않을지라도, 아마도 리그닌과 실리콘으로 빠르게 포화될 방어돌기와 유사한 물질이 부착기 밑에 형성된 결과로 침입은 전신적으로 유도된 저항성 조직에서 급격하게 감소된다. 일부 기주-병원체 조합에서 전신적 획득저항성은 강한 항미생물활성을 나타내는 지방산유도체를 생성하게 하는 과산화효소와 lipoxygenase 활성을 유도하는 특성이 있다. 살리실산 같은 식물 방어 activator에 반응하여 전신적 획득저항성을 나타내는 식물체에서는, 비록 살리실산이 처리된 식물체에서 발견된 농도보다 훨씬 높은 농도에서도 세균은 견디어내지만 세균의 생장과 증식이 급격하게 감소된다 (그림 6-25).

전신적 획득저항성을 유지시키는 신호전달체계의 기작은 아직 연구 중이다. 살리실산은 과민성반응과 전신적 획득저항성 모두에 관련되어 있는 것처럼 보이지만 전신적 획득저항성을 유도하는 신호는 아닌 것 같다 (그림 6-26). 살리실산은 1차 감염 후에 식물체의 체관부에 존재하지만 획득저항성이 시작되기 전에 살리실산의 농도 수준은 발병관련단백질의 유도와 관련이 있고, 살리실산을 외부에 처리하면 병원체에 의한 SAR 유도 후에 발현되는 동일한 조합의 SAR 유전자를 활성화시킨다. 그럼에도 불구하고 다른 증거는 살리실산 이외의 신호가 전신적 획득저항성을 전신적으로 발현시킨다는 것을 뒷받침해 주지만, 살리실산은 진짜 신호가 유전자발현과 획득저항성으로 전달되기 위해 존재해야만 한다. 살리실산이 산화효소(catalase)와 반응하여 활성이 높은 산소라디칼을 생성하는 것

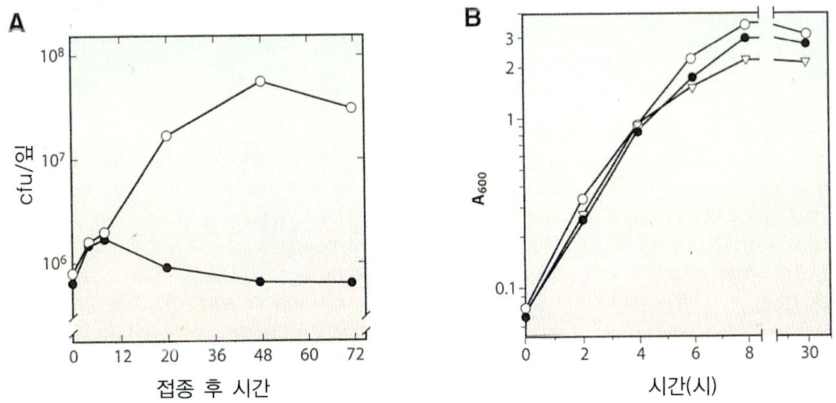

그림 6-25 (A) 1mM 살리실산을 함유하는 배지(●) 또는 살리실산을 함유하지 않는 배지(○)에서 자라는 담배 유묘의 접종된 잎에서 *Erwinia carotovora* 세균의 생장과 증식 억제. cfu=균총 형성 단위(세균). 무처리 잎은 접종 12시간 후에 거의 붕괴된 반면에, 살리실산을 처리한 잎은 접종부위에 한 개의 작은 국부병반을 가진다. (B) 다른 농도(0, 1, 5mM)의 살리실산에 배양한 동일한 세균의 생장과 증식억제의 결여. (A)에서의 효과는 살리실산에 의해 활성화된 식물 방어의 결과이고 살리실산 자체에 의한 것은 아님을 나타낸다. [출처: Palva *et al.* (1994), *Mol. Plant-Microbe Interact.* **7**, 356-363.]

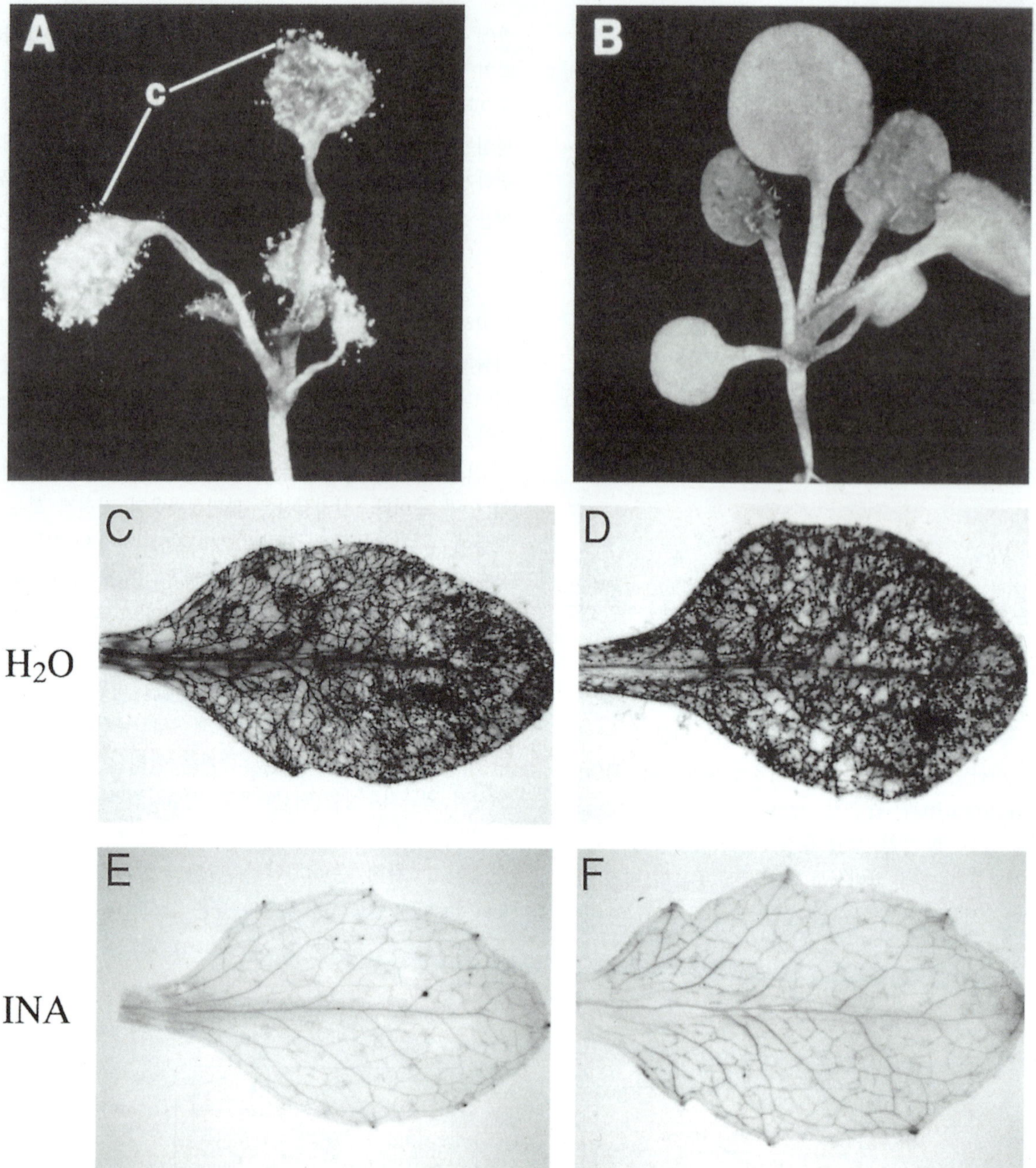

그림 6-23 물(A,C,D), 살리실산(B) 또는 INA(dichloroisonicotinic acid)를 분무하고 5일(A,B) 또는 4일(C-F) 후에 *Peronospora parasitica* 포자를 접종한 *Arabidopsis* 식물체에서 유도저항성. 접종 6일(A,B) 또는 10일(C-F) 후에 물을 처리 잎에서는 수많은 균류 구조체가 심하게 감염된 잎에 나타났고, INA를 처리한 잎에는 균류 구조체들이 거의 나타나지 않았다. A-C와 E에서 식물체가 정상인 반면에, D와 F에서 식물체는 살리실산의 축적을 차단하는 유전자로 형질전환되어 INA는 살리실산 축적이 없이 저항성을 유도할 수 있다는 것을 나타낸다. c = 분생포자경. [사진제공: J.A. Ryals, Ciba Agric. Biotechnology. 출처(A,B): Uknes *et al.*, *Mol. Plant-Microbe Interact.* **6**, 691-698; 출처(C-F): Vernooij *et al.* (1995), *Mol. Plant-Microbe Interact.* **8**, 228-234.]

세균(*Pseudomonas lachrymans*) 또는 바이러스(*tobacco necrosis virus*)에 의한 어린 오이 식물체의 국부적 감염은 접종 수일 내에 균류, 세균 및 바이러스에 의해 생기는 적어도 13가지 병에 대해 광범위한 전신적 저항성을 나타낸다. 단일 유도감염은 4~6주 동안 조사한 모든 병원체로부터 오이를 보호한다. 1차감염 2~3주 후에 두 번째 접종을 하면, 식물체는 모든 조사된 병원체에 대해 생육기 내내 저항성을 획득하였다. 전신적 획득저항성의 정도는 포화점에 도달할 때까지 유도된 잎에 생성된 병반수와 밀접한 관련이 있는 것처럼 보인다. 그러나 전신적 획득저항성은 기주식물체의 개화와 착과의 시작 후에는 유도될 수 없다.

전신적 획득저항성은 접종된 식물체의 감염되지 않은 잎에

dsRNA는 작은 간섭형(siRNAs)이라 불리는 작은 (21~25 nucleotide) sense 또는 antisense RNAs로 쪼개지도록 유도하거나 중재한다. siRNAs는 RNA degradation 장치[RNA가 silencing 혼합체(RISC)를 유도한다]가 직접 target RNAs로 가는 중재자로서의 역할을 한다. RNA 발현억제는 바이러스 복제에 대한 저항성이 일어나는 세포질에서 일어나는 것으로 보인다.

RNA 발현억제는 다음의 단계를 거쳐 이루어진다 (그림 6-28): 식물 또는 바이러스 유전자가 mRNA가 생성되고 발현되는 식물의 DNA에 삽입된다. 바이러스 유전자는 식물 유전자에 삽입되지 않고도 RNA 발현억제를 유발할 수도 있다. RNA 바이러스는 통상적으로 두 가닥의 RNA(dsRNA)를 생성하고 비정상적인 유전자로부터 "변이성" dsRNA를 생성한다. 두 가지 dsRNA들은 "Dicer"라 불리는 효소에 의해 쪼개져서 약 21~25 염기를 가지는 작은 간섭형 RNA로 된다. 이 작은 siRNA들이 각각 한 가닥의 ssRNA으로 쪼개지고 단백질과 결합하여 RNA-유도 발현억제 복합체 (RISC)를 형성한다. 이 복합체가 각각의 짧은 RNA와 상보적인 mRNA와 결합한다. 짧은 RNA와 결합이 거의 완전히 일어난 RNA는 기능이 없는 작은 절편으로 나누어진다. 결합이 완전히 일어나지 않은 RNA는 RISC 가 mRNA에 결합하는 리보솜의 이동을 막는데 이로 인해 mRNA가 전사되지 않아 단백질을 생성하지 못하고 결국 RNA의 발현억제가 일어나게 한다.

RNA 발현억제는 형질전환 식물에서 바이러스에 대해 특별

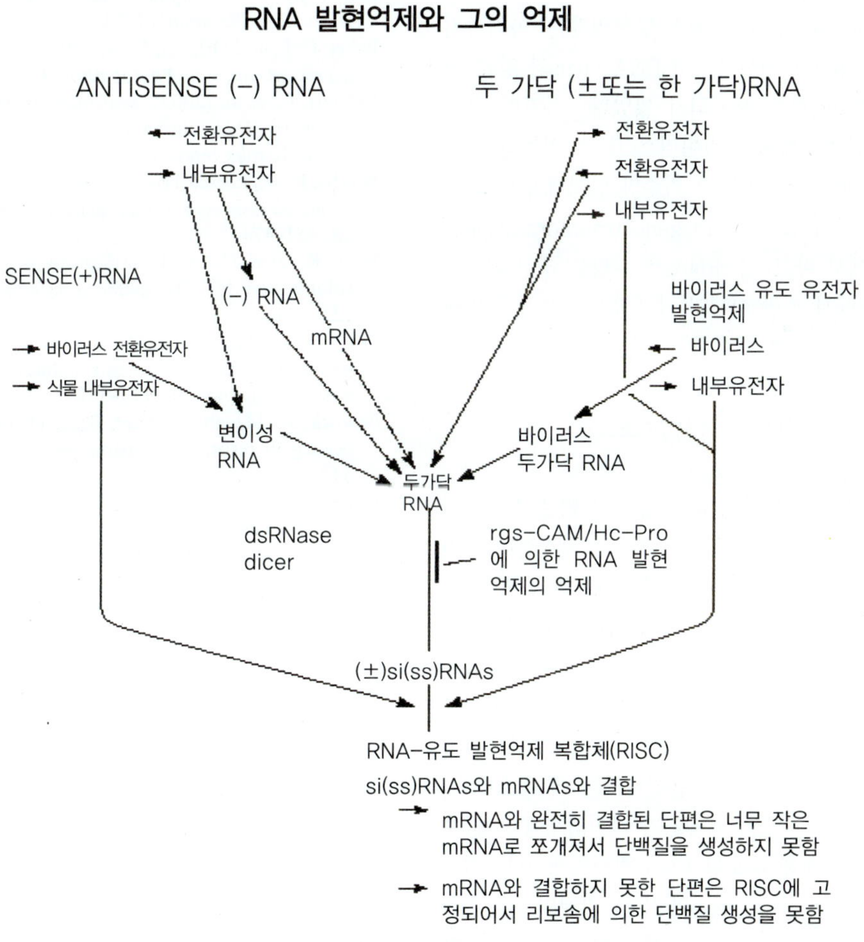

그림 6-28 전환유전자, 내부유전자 및 바이러스 RNA의 세포 내 발현억제에 의한 식물 방어기작 단계 모식도. [출처: Vance and Vaucheret (2001). *Science* **222**, 2277-2280.]

히 강한 저항성을 나타낸다. 이러한 식물은 바이러스 접종한 잎에서 바이러스 입자가 발견되지 않았고 높은 농도의 접종에도 저항성을 나타낸다. 한번 RNA 발현억제가 이루어지면 감염된 바이러스를 포함해서 전환유전자와 유사한 RNA는 모두 붕괴된다. 또한 RNA 발현억제가 국부적으로 일어나지만 발현억제 신호전달에 의해 식물 전체로 번질 수도 있다. 발현억제 신호전달은 바이러스 전파와 함께 이루어지는데 처음에는 세포에서 세포로 이동하다가 체관부로 이동하여 다른 엽육세포로 이동한다. 발현억제 신호전달과 바이러스의 전파속도에 따라 레이스를 결정할 수 있는데 만약 바이러스가 더 빠르게 전파되면 감염에 성공하게 되고 RNA 발현억제가 더 빠르게 전달되면 저항성이 된다.

식물병원바이러스도 RNA 발현억제를 유도한다는 것이 발견되었는데 이는 바이러스-유도 유전자 발현억제(VIGS)로서 식물에 전환유전자 또는 식물의 내부 유전자 모두 지배할 수 있다는 것도 발견되었다. 결과적으로 식물병원바이러스는 RNA 발현억제도 유도하며 전환유전자에 의한 RNA 발현억제의 목표가 될 수도 있다. 하지만 VIGS는 약하며 일시적이고 엽맥 부분에서만 제한적으로 일어난다. RNA 발현억제는 아직까지 ssDNA geminiviruses와 역전사하는 dsDNA virus와 같은 식물병원 DNA 바이러스에서는 보고되지 않았다. 하지만 모든 DNA 바이러스는 그들이 핵에서 바이러스 DNA 지놈의 많은 복제를 생성하거나, 바이러스 DNA가 기주의 염색체 안에서 변칙적인 통합을 보여 바이러스의 transgene transformation을 모사하든가, 세포질에서 바이러스 RNAs의 다량을 생성하는 것으로 미루어볼 때 핵에서 뿐만 아니라 세포질에서 유전자 발현억제를 유도할 수 있는 능력을 보유하고 있는 것 같다.

RNA 발현억제의 suppressor

RNA 발현억제가 발견되고 얼마 지나지 않아서 많은 식물병원 바이러스가 RNA 발현억제를 억제하는 단백질을 생성한다는 것이 발견되었다. 이들 억제 단백질은 구조적으로 다양하며 RNA 발현억제 개발에 뒤지지 않기 위하여 반복적인 진화단계 를 경험한 것 같다. Potyvirus의 component-proteinase 를 돕는 한 억제 단백질은 몇 가지 식물과 무관한 바이러스의 축적을 증가시키는 바이러스 RNA 발현억제에 매우 효과적인데, 아마도 potyvirus 에 연관되어 식물병을 증진시키는 데 중요한 역할을 하는 것 같다. 동일한 suppressor 가 바이러스에 의해 유도되거나 transgene에 의해 유도된 RNA 발현억제 모두 억제하고 심지어 이미 완성된 transgene의 RNA 발현억제를 전환시킬 수도 있다. Potyvirus suppressor에 의한 transgene-유도 RNA 발현억제의 억제는 siRNAs의 축적이 제거되는 단계에서 반전될 수는 있으나 동원된 발현억제 신호를 제거할 수는 없다. 다른 억제자로 감자 바이러스 X p25단백질이 있는데 RNA 발현억제를 억제하는 데 효과가 매우 미약하고 뚜렷하게 전신적 발현억제를 겨냥하고 간섭한다.

또한 바이러스-encode 단백질에 의한 RNA 발현억제의 억제에 있어서 추가적으로 RNA 발현억제는 어떤 기주식물의 유전자에 의해서도 억제될 수 있다. 이들 유전자 중 어떤 것은 형질전환 식물, 바이러스에 감염된 식물, 그리고 poty바이러스 억제 단백질을 수행하는 형질전환 식물에서 발현된다. 이러한 관찰을 통해 기주식물의 suppressor는 post-transcriptional gene 발현억제의 potyvirus의 suppressor에 의한 억제와 유사하게 나타나거나 potyvirus suppressor에 의한 발현억제의 억제는 아마도 기주에 의한 suppressor 단백질과 알려져 있지 않은 target 단백질을 거쳐 일어나는 것으로 생각된다.

참고문헌

Aist, J. R. (1976). Papillae and related wound plugs of plant cells. *Annu. Rev. Phytopathol.* **14**, 145–163.

Baker, C. J., and Orlandi, E. W. (1995). Active oxygen in plant pathogenesis. *Annu. Rev. Phytopathol.* **33**, 299–321.

Balmori, E., *et al.* (2002). Sequence, tissue, and delivery-specific targeting of RNA during posttranscriptional gene silencing. *Mol. Plant-Microbe Interact* **15**, 753–763.

Beachy, R. N., Loesch-Fries, S., and Tumer, N. E. (1990). Coat protein mediated resistance against plant viruses. *Annu. Rev. Phytopathol.* **28**, 451–474.

Beyer, K., *et al.* (2001). Identification of potato genes induced during colonization by *Phytophthora infestans. Mol. Plant Pathol.* **2**, 125–134.

Bol, J. F., Linthorst, H. J. M., and Cornelissen, B. J. C. (1990). Plant pathogenesis-related proteins induced by virus infection. *Annu. Rev. Phytopathol.* **28**, 113–138.

Bostock, R. M., and Stermer, B. A. (1989). Perspectives on wound healing in resistance to pathogens. *Annu. Rev. Phytopathol.* **27**, 343–371.

Bowles, D. J. (1990). Defense-related proteins in higher plants. *Annu. Rev. Biochem.* **59**, 873–907.

Bowyer, P., *et al.* (1995). Host range of a plant pathogenic fungus determined by a saponin detoxifying enzyme. *Science* **267**, 371–374.

Broglie, K., *et al.* (1991). Transgenic plants with enhanced resistance to the fungal pathogen *Rhizoctonia solani. Science* **254**, 1194–1197.

Burrows, P. R., *et al.* (1998). Plant-derived enzyme inhibitors and lectins for resistance against plant parasitic nematodes in transgenic crops. *Pesticide Sci.* **52**, 176–183.

Cao, H., *et al.* (1997). The Arabidopsis NPR1 gene that controls systemic acquired resistance encodes a novel protein containing ankyrin repeats. *Cell* **88**, 57–63.

Cao, H., Li, X., and Dong, X. (1998). Generation of broad-spectrum disease resistance by overexpression of an essential regulatory gene in systemic acquired resistance. *Proc. Natl. Acad. Sci. USA* **95**, 6531–6536.

Cao, H., Baldini, R. L., and Rahme, L. G. (2001). Common mechanisms for pathogens of plants and animals. *Annu. Rev. Phytopathol.* **39**, 259–284.

Chamnonpol, S., *et al.* (1998). Defense activation and enhanced pathogen tolerance induced by H_2O_2 in transgenic tobacco. *Proc. Natl. Acad. Sci. USA* **95**, 5818–5823.

Chen, Z., *et al.* (2000). The *Pseudomonas syringae avrRpt2* gene product promotes pathogen/virulence from inside plant cells. *Mol. Plant-Microbe Interact.* **13**, 1312–1321.

Coventry, H. S., and Dubery, I. A. (2001). Lipopolysaccharides from *Burkholderia cepacia* contribute to an enhanced defensive capacity in *Nicotiana tabacum. Physiol. Mol. Plant Pathol.* **58**, 149–158.

Dantan-Gonzalez, E., *et al.* (2001). Actin monoubiquitylation is induced in plants in response to pathogens and symbionts. *Mol. Plant-Paras. Interact.* **14**, 1267–1273.

De Lorenzo, G., D'Ovidio, R., and Cervone, F. (2001). The role of polygalacturonase-inhibiting proteins (PGIPs) in defense against phytopathogenic fungi. *Annu. Rev. Phytopathol.* **39**, 313–336.

Dengl, J. L., and Jones, J. D. G. (2001). Plant pathogens and integrated defense responses to infection. *Nature* **411**, 826–833.

DeWit, P. J. G. M. (1992). Molecular characterization of gene-for-gene systems in plant-fungus interactions and the application of avirulence genes in control of plant pathogens. *Annu. Rev. Phytopathol.* **30**, 391–418.

De Jaeger, G., *et al.* (2000). The plantibody approach: Expression of antibody genes in plants to modulate metabolism or to obtain pathogen resistance. *Plant Mol. Biol.* **43**, 419–428.

Dixon, R. A., Harrison, M. J., and Lamb, C. J. (1994). Early events in the activation of plant defense responses. *Annu. Rev. Phytopathol.* **32**, 479–501.

Do, H. M., *et al.* (2003). Expression of peroxidase-like genes, H_2O_2 production, and peroxidase activity during the hypersensitive response to *Xanthomonas campestris* pv. *vesicatoria* in *Capsicum annuum. Mol. Plant-Microbe Interact.* **16**, 196–205.

Donaldson, P. A., *et al.* (2001). Soybean plants expressing an active oligomeric oxalate oxidase from the wheat gf-2.8 gene are resistant to the oxalate-secreting pathogen *Sclerotinia sclerotiorum. Physiol Mol. Plant Pathol.* **59**, 297–307.

Dong, H., and Beer, S. V. (2000). Riboflavin induces disease resistance in plants by activating a novel signal transduction pathway. *Phytopathology* **90**, 801–811.

Dow, M., Newman, M.-A., and von Roepenack. (2000). The induction and modulation of plant disease responses by bacterial lipopolysaccharides. *Annu. Rev. Phytopathol.* **38**, 241–262.

Fischer, R., *et al.* (1999). Toward molecular farming in the future: Moving from diagnostic and antibody production in microbes to plants. *Biotechnol. Appl. Biochem.* **30**, 101–108.

Gaudet, D. A., *et al.* (2000). Expression of plant defense-related (PR_protein) transcripts during hardening and dehardening of winter wheat. *Physiol. Mol. Plant Pathol.* **57**, 15–24.

Gilchrist, D. G. (1998). Programmed cell death in plant disease: The purpose and promise of cellular suicide. *Annu. Rev. Phytopathol.* **36**, 393–414.

Gonzalves, D. (1988). Control of *papaya ringspot virus* in papaya. *Annu. Rev. Phytopathol.* **36**, 415–438.

Hammerschmidt, R. (1999). Phytoalexins: What have we learned after 60 years? *Annu. Rev. Phytopathol.* **37**, 285–306.

He, S. Y. (1998). Type III protein secretion systems in plant and animal pathogenic bacteria. *Annu. Rev. Phytopathol.* **36**, 363–392.

Heath, M. C. (2000). Multigenic disease resistance and the basis of host genotype specificity. *Physiol Mol. Plant Pathol.* **57**, 189–190.

Heath, M. C. (2001). Non-host resistance to plant pathogens: Nonspecific defense or the result of specific recognition events? *Physiol. Mol. Plant Pathol.* **58**, 53–54.

Hennin, C., Diederichsen, E., and Hofte, M. (2002). Resistance to fungal pathogens triggered by the Cf9-Avr response in tomato and oilseed rape in the *absence* of hypersensitive cell death. *Mol. Plant Pathol.* **3**, 31–41.

Honee, G. (1999). Engineered resistance against fungal plant pathogens. *Eur. J. Plant Pathol.* **105**, 319–326.

Horsfall, J. G., and Cowling, E. B., eds. (1980). "Plant Disease," Vol. 5. Academic Press, New York.

Hückelhoven, R., Dechert, C., and Kogel, K.-H. (2001). Non-host resistance of barley is associated with a hydrogen peroxide burst at sites of attempted penetration by wheat powdery mildew fungus. *Mol. Plant Pathol.* **2**, 199–205.

Hutcheson, S. W. (1998). Current concepts of active defense in plants. *Annu. Rev. Phytopathol.* **36**, 59–90.

Innes, R. W. (2001) Targeting the targets of type III effector proteins secreted by phytopathogenic bacteria. *Mol. Plant Pathol.* **2**, 109–115.

Jones, J. B., Stall, R. E., and Bouzar, H. (1998). Diversity among xanthomonads pathogenic on pepper and tomato. *Annu. Rev. Phytopathol.* **36**, 41–58.

Joosten, M. H. A. J., and de Wit, P. J. G. M. (1999). The tomato — *Cladosporium fulvum* interaction: A versatile experimental system to study plant-pathogen interactions. *Annu. Rev. Phytopathol.* **37**, 335–368.

Kazan, K., *et al.* (2001). DNA microarrays: New tools in the analysis of plant defense responses. *Mol. Plant Pathol.* **2**, 177–185.

Keen, N. T. (2000). A century of plant pathology: A retrospective view on understanding host-parasite interactions. *Annu. Rev. Phytopathol.* **38**, 31–48.

Kessman, H., *et al.* (1994). Induction of systemic acquired disease resistance in plants by chemicals. *Annu. Rev. Phytopathol.* **32**, 439–459.

Kogel, K. H., and Hückelhoven, R. (1999). Superoxide generation in chemically activated resistance of barley in response to inoculation with the powdery mildew fungus. *J. Phytopathol.* **147**, 1–4.

Kuć, J. (1995). Phytoalexins, stress metabolism, and disease resistance in plants. *Annu. Rev. Phytopathol.* **33**, 275–297.

Latunde-Dada, A. O., and Lukas, J. A. (2001). The plant defense activator acibenzolar-S-methyl primes cowpea (*Vigna unguculata*) seedlings for rapid induction of resistance. *Physiol. Mol. Plant Pathol.* **58**, 199–208.

Lawrence, C. B., *et al.* (2000). Constitutive hydrolytic enzymes are associated with polygenic resistance of tomato to *Alternaria solani* and may function as an elicitor release mechanism. *Physiol. Mol. Plant Pathol.* **57**, 211–220.

Leong, S. A., Allen, C., and Tripplett, E. W., eds. (2002). "Biology of Plant-Microbe Interactions," Vol.3. *Intern. Soc. Plant-Microbe Interactions, St. Paul, MN.*

Lomonossoff, G. P. (1995). Pathogen-derived resistance to plant viruses. *Annu. Rev. Phytopathol.* **33**, 323–343.

Luderer, R., and Joosten, M. H. A. (2001). Avirulence proteins of plant pathogens: Determinants of victory and defeat. *Mol. Plant Pathol.* **2**, 355–364.

Marathe, R., *et al.* (2002). The tobacco mosaic virus resistance gene, N. *Mol. Plant Pathol.* **3**, 167–172.

Marcell, L. M., and Beattie, G. A. (2002). Effect of leaf surface waxes on leaf colonization by *Pantoea aglomerans* and *Clavibacter michiganensis. Mol. Plant-Microbe Interact.* **15**, 1236–1244.

Martin-Hernandez, A. M., *et al.* (2000). Effects of targeted replacement of the tomatinase gene on the interaction of *Septoria lycopersici* with tomato plants. *Mol. Plant-Microbe Interact.* **13**, 1301–1311.

McDonald, B. A., and Linde, C. (2000). Pathogen population genetics, evolutionary potential, and durable resistance. *Annu. Rev. Phytopathol.* **40**, 349–379.

Merighi, M., *et al.* (2003). The HrpX/HrpY two–component system activates *hrpS* expression, the first step in the regulatory cascade controlling the Hrp regulon in *Pantoes stewartii subsp. stewartii. Mol. Plant-Microbe Interact.* **16**, 238–248.

Moore, C. J., *et al.* (2001). Dark green islands in plant virus infection are the result of posttranscriptional gene silencing. *Mol. Plant-Microbe Interact.* **14**, 939–946.

Nakashita, H., *et al.* (2002). Probenazole induces systemic acquired resistance in tobacco through salicylic acid accumulation. *Physiol. Mol. Plant Pathol.* **61**, 197–203.

Nandi, A., *et al.* (2003). Ethylene and jasmonic acid signaling affect the NPR1-independent expression off defense genes without impacting resistance to *Pseudomonas syringae* and *Peronospora parasitica* in the Arabidopsis ssi1 mutant. *Mol. Plant-Microbe Interact.* **16**, 588–599.

Neu, C., Keller, B., and Feuillet, C. (2003). Cytological and molecular analysis of the *Hordeum vulgare-Puccinia triticina* nonhost interaction. *Mol. Plant-Parasite Interact.* **16**, 626–633.

Nicholson, R. L., and Hammerschmidt, R. (1992). Phenolic compounds and their role in disease resistance. *Annu. Rev. Phytopathol.* **30**, 369–389.

Nicholson, R. L., and Wood, K. V. (2001). Phytoalexins and secondary products, where are they and how can we measure them? *Physiol. Mol. Plant Pathol.* **59**, 63–69.

Nizan-Koren, R., *et al.* (2003). The regulatory cascade that activates the Hrp regulon in *Erwinia herbicola* pv. *gypsophilae. Mol. Plant-Microbe Interact.* **16**, 249–260.

Okinaka, Y., *et al.* (2002) Microarray profiling of *Erwinia chrysanthemi* 3937 genes that are regulated during plant infection. *Mol. Plant-Microbe Interact.* **15**, 619–629.

Prats, E., Rubiales, D., and Jorrin, J. (2002). Acibenzolar-S-methyl-induced resistance to sunflower rust (*Puccinia helianthi*) is associated with an enhancement of coumarins on foliar surface. *Physiol Mol. Plant Pathol.* **60**, 155–162.

Preston, G. M. (2000). *Pseudomonas syringae* pv. *tomato*: The right pathogen, of the right plant, at the right time. *Mol. Plant Pathol.* **1**, 263–275.

Qiu, W., Park, J.-W., and Scholthof (2002). Tombusvirus P19-mediated suppression of virus-induced gene silencing is controlled by genetic and dosage features that influence pathogenicity. *Mol. Plant-Microbe Interact.* **15**, 269–280.

Ramalingam, J., *et al.* (2003). Candidate defense genes from rice, barley, and maize and their association with qualitative and quantitative resistance in rice. *Mol. Plant-Microbe Interact.* **16**, 14–24.

Rantakari, A., *et al.* (2001). Type III secretion contributes to the pathogenesis of the soft-rot pathogen *Erwinia carotovora:* Partial characterization of the *hrp* gene cluster. *Mol. Plant-Microbe Interact.* **14**, 962–968.

Rauyaree, P., *et al.* (2001). Genes expressed during early stages of rice infection with the rice blast fungus *Magnaporthe grisea. Mol. Plant Pathol.* **2**, 347–354.

Riedle-Bauer, M. (2000). Role of reactive oxygen species and antioxidant enzymes in systemic virus infections of plants. *J. Phytopathol.* **148**, 297–302.

Romeis, T., *et al.* (2000). Early signaling events in the Avr9/Cf-9-dependent plant defense response. *Mol. Plant Pathol.* **1**, 3–8.

Ryals, J., Uknes, S., and Ward, E. (1994). Systemic acquired resistance. *Plant Physiol.* **104**, 1109–1112.

Saitoh, H., *et al.* (2001). Production of antimicrobial defensin in *Nicotiana benthamiana* with a *potato virus* X vector. *Mol. Plant-Microbe Interact.* **14**, 111–115.

Schell, M. A. Control of virulence and pathogenicity genes of *Ralstonia solanacearum* by an elaborate sensory network. *Annu. Rev. Phytopathol.* **38**, 263–292.

Schweizer, P., *et al.* (2000). A soluble carbohydrate elicitor from *Blumeria graminis* f. sp. *tritici* is recognized by a broad range of cereals. *Physiol. Mol. Plant Pathol.* **56**, 157–167.

Shirasu, K., and Schulze-Lefert, P. (2000). Regulators of cell death in disease resistance. *Plant Mol. Biol.* **44**, 371–385.

Song, W.-Y., *et al.* (1995). A kinase-like protein encoded by the rice disease resistance gene Xa21. *Science* **270**, 1804–1806.

Spanos, K. A., *et al.* (1999). Responses in the bark of *Cupressus sempervirens* clones artificially inoculated with *Seiridium cardinale* under field conditions. *Eur. J. Plant Pathol.* **29**, 135–142.

Staskawicz, B. J., *et al.* (2001). Common and contrasting themes of plant and animal diseases. *Science* **292**, 2285–2289.

Ton, J., *et al.* (2002). Differential effectiveness of salicylate-dependent and jasmonate/ethylene-dependent induced resistance in Arabidopsis. *Mol. Plant-Microbe Interact.* **15**, 27–34.

Tavladoraki, P., Benvenuto, E., *et al.* (1993). Transgenic plants expressing a functional single-chain Fv antibody are specifically protected from virus attack. *Nature* (*London*) **366**, 469–472.

Trognitz, F., *et al.* (2002). Plant defense genes associated with quantitative resistance to potato late blight in *Solanum phureja* x dihaploid *S. tuberosum* hybrids. *Mol. Plant-Microbe Interact.* **15**, 587–598.

Tyler, B. M. (2002). Molecular basis of recognition between *Phytophthora* pathogens and their hosts. *Annu. Rev. Phytopathol.* **40**, 137–168.

Vance, C. P., Kirk, T. K., and Sherwood, R. T. (1980). Lignification as a mechanism of disease resistance. *Annu. Rev. Phytopathol.* **18**, 259–288.

Vance, V., and Vaucheret, H. (2001). RNA silencing in plants: Defense and counterdefense. *Science* **292**, 2277–2280.

Van Etten, H. D., Matthews, D. E., and Matthews, P. S. (1989). Phytoalexin detoxification: Importance for pathogenicity and practical implications. *Annu. Rev. Phytopathol.* **27**, 143–164.

Van Loon, L. C., Bakker, P. A. H. M., and Pieterse (1998). Systemic resistance induced by rhizosphere bacteria.

Van Loon, L. C., and Van Strien, E. A. (1999). The families of pathogenesis-related proteins, their activities, and comparative analysis of PR-1 type proteins. *Physiol. Mol. Plant Pathol.* **55**, 85–97.

Wilson, T. M. A. (1993). Strategies to protect crop plants against viruses: Pathogen-derived resistance blossoms. *Proc. Natl. Acad. Sci. USA* **90**, 3134–3141.

Xiao, S., *et al.* (2001) Broad spectrum mildew resistance in *Arabidopsis thaliana* mediated by RPW8. *Science* **291**, 118–120.

Xin, L., *et al.* (1999). Identification and cloning of a negative regulator of systemic acquired resistance, SNI1, through a screen for suppressors of npr1-1. *Cell* **98**, 329–339.

Xu, Y., *et al.* (1994). Plant defense genes are synergistically induced by ethylene and methyl jasmonate. *Plant Cell* **6**, 1077–1085.

Yakoby, N., *et al.* (2002). The analysis of fruit protection mechanisms provided by reduced-pathogenicity mutants of *Colletotrichum gloeosporioides* obtained by restriction enzyme mediated integration. *Phytopathology* **92**, 1196–1201.

Yamamoto, M., *et al.* (2000). (+)-Catechin acts as an infection-inhibiting factor in strawberry leaf. *Phytopathology* **90**, 595–600.

Yao, N., *et al.* (2002). Apoptotic cell death is a common response to pathogen attack in oats. *Mol. Plant-Microbe Interact.* **15**, 1000–1007.

Yu, I.-C., Parker, J., and Bent, A. F. (1998). Gene-for-gene disease resistance without the hypersensitive response in *Arabidopsis dnd1* mutant. *Proc. Natl. Acad. Sci. USA* **95**, 7819–7824.

Ziegler, A., and Torrance, L. (2002). Applications of recombinant antibodies in plant pathology. *Mol. Plant Pathol.* **3**, 401–407.

제 7 장

전염성 식물병의 진전에 대한 환경의 영향

식물병은 식물이 자라고 있는 곳이면 세상 어디서나 발생한다. 그러나 식물병은 서늘하거나 따뜻하거나 또는 열대기온인 곳을 막론하고 습도가 높거나 축축한 곳에서 잘 발생하고 더 심하다 (그림 7-1). 건조한 지역의 식물은 많은 균류, 세균, 선충의 공격대상이 되지는 않지만, 빈번하게 흰가루병균, 물관이나 체관국재성 세균류, 그리고 특정 곤충이 매개하는 바이러스에 감염되어 큰 피해를 받는다.

비록 병원체와 다년생식물, 그리고 따뜻한 지방에서는 많은

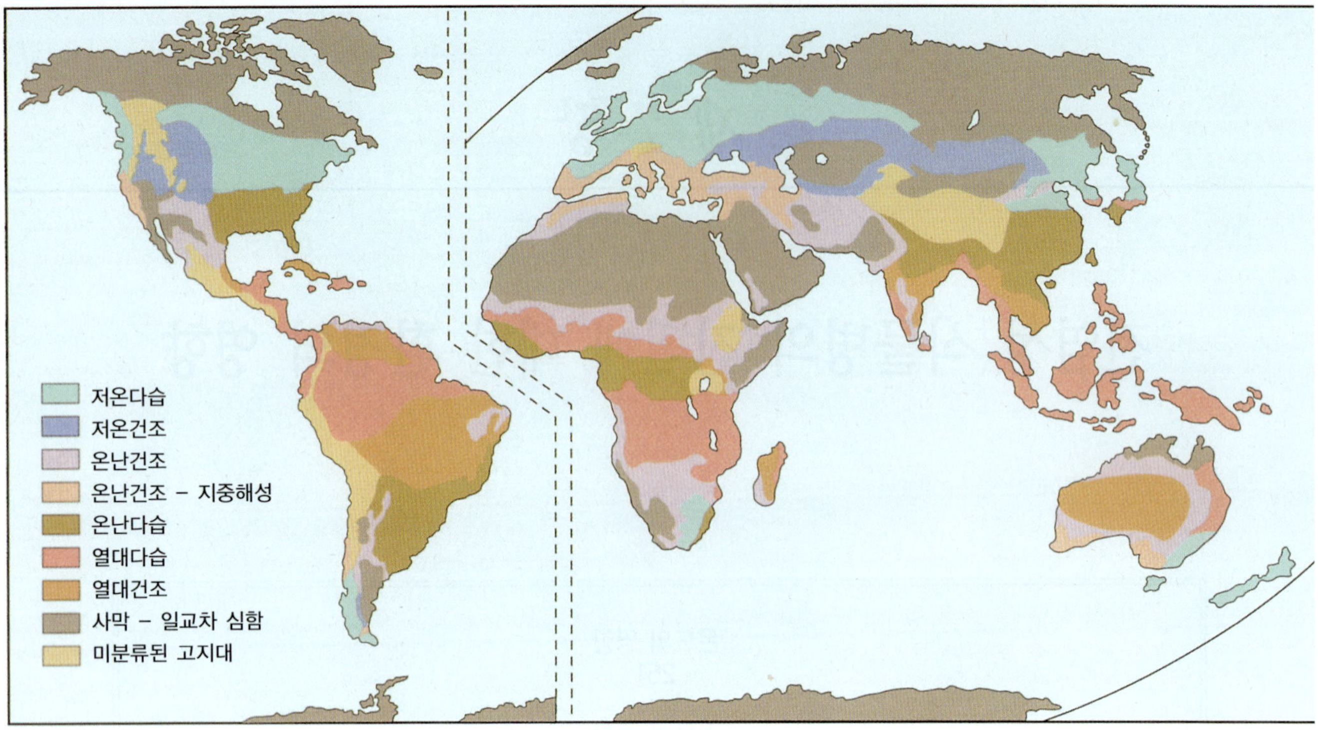

그림 7-1 농업기후의 세계지도 [출처: Duckham and Masefield (1970), "Farming Systems of the World." Chatto and Windus, London.]

일년생식물에서 거의 모든 식물병이 연중 포장에 존재함에도 불구하고, 한 해 중 따뜻할 때에만 발생 또는 진전된다. 대부분의 병이 온난다습한 기간에 가장 잘 발생하고 번성하며, 질소비료를 많이 준 식물체가 비료를 덜 준 식물체에 비하여 더 심하게 병든다는 것은 이미 잘 알려진 사실이다. 이러한 일반적인 예는 병원체가 기주와 접촉한 다음에 대기와 토양의 주된 환경요인들이 병의 진전에 큰 영향을 준다는 것을 잘 나타낸다. 실제로 환경요인들이 병의 발병여부를 판가름하는 경우가 많다. 전염성 식물병의 발병 및 진전에 영향을 주는 가장 뚜렷한 요인으로는 식물체 표면의 온도와 습도이다 (그림 7-2). 어떤 병에서는 토양 양분도 매우 중요한 역할을 하며, 그보다는 덜하지만 빛과 토양산도(pH)도 영향을 준다. 이러한 요인은 기주의 생장과 감수성, 병원체의 증식과 활성, 또는 병징발현 정도와 관련된 기주-병원체의 상호작용 등에 영향을 줌으로써 병의 진전을 결정한다.

앞서 언급되었듯이, 병이 발생하여 최적으로 진전되기 위해서는 감수성 식물체와 감염성의 병원체, 그리고 적당한 발병환경 등 3가지 요인이 필수적이다. 그러나 한 식물체에서 그 식물체의 감수성과 병원체의 병원성은 적어도 며칠, 때로는 몇 주 또는 몇 달 동안 변하지 않지만, 환경요인은 다소 갑자기 그리고 다양한 정도로 변할 수 있다. 이러한 환경요인의 변화는 병의 진전이나 새로운 병의 시작에 큰 영향을 주기도 한다. 물론, 어떤 요인이든 환경요인의 변화는 기주나 병원체 또는 모두에 이로울 수도 있고, 하나에 비하여 다른 하나에 더 이로

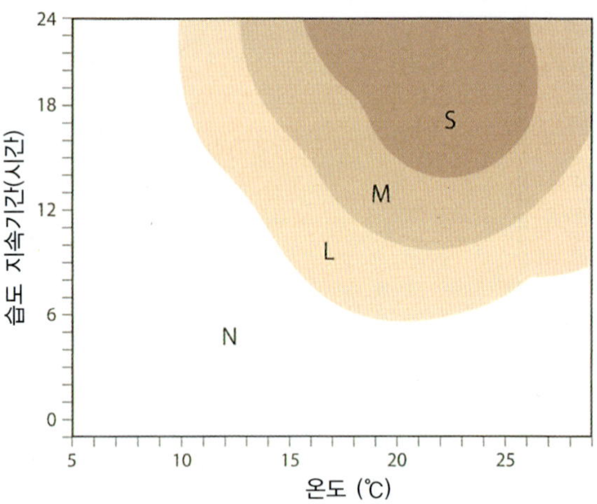

그림 7-2 과일의 표면온도와 습도지속기간의 다양한 조합이 *Stemphylium vesicarium*에 의한 배나무 검은점무늬병의 발병정도에 미치는 영향. N: 무발병, L: 20~40% 발병, M: 40~70% 발병, S: 70% 이상 발병. [출처: Montesinos *et al*. (1995). *Phytopathology* **85**, 586-592.]

울 수도 있으며, 이에 따라 병의 발현이 영향을 받을 수도 있다. 일반적으로 식물병은 매우 넓은 범위의 다양한 환경요인에서도 발생한다. 그럼에도 불구하고 병 진전이 최적인 수준에서 환경요인의 편차정도에 따라 각 식물체에서의 병발생의 정도와 빈도 및 병의 심각성 역시 많은 영향을 받는다.

온도의 영향

병원체뿐만 아니라 식물체도 활동을 수행하고 생장하기 위한 최저온도를 가진다 (그림 7-1). 온대지방에서 늦가을, 겨울, 그리고 초봄의 저온은 일반적으로 병원체들이 요구하는 최저온도보다 낮다. 그러므로 대체로 이 시기에는 병이 발생하지 않으며, 이미 발생한 병이라도 더 이상 진전되지 않는다. 그러나 온도가 높아지면서 병원체가 활성을 되찾고 다른 조건도 적당해지면 병원체는 다시 식물체를 감염하여 병을 일으킨다. 예를 들면, *Nectria*, *Leucostoma*(*Cytospora*), *Phytophthora* 등의 균류와 *Pseudomonas* 등의 세균에 의하여 다년생식물에 발생하는 많은 궤양병은 주로 초봄이나 가을에 감염이 시작되고 진전된다. 왜냐하면 이 기간 동안의 온도는 이 균류가 잘 자라는데 충분한 반면에(그림 7-3) 기주식물이 활발하게 활동하기에는 너무 낮기 때문이다. 온도가 병원체와 기주 모두에게 너무 낮은 겨울에는 병이 진전되지 않고 멈추며, 기주의 생장과

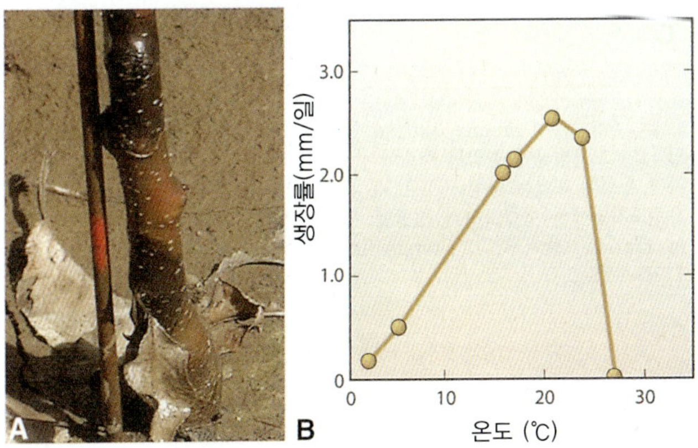

그림 7-3 (A) *Phytophthora* 에 의해 어린 복숭아나무 줄기에 발생한 2개의 궤양증상. (B) 궤양병균 *Phytophthora syringae*의 생장률에 대한 온도의 영향. [사진제공(A): R. Regan, Oregon State University, 출처(B): Bostock and Doster (1985). *Plant Dis.* **69**, 568-571.]

방어기작이 최고에 이르는 여름에는 병 진전속도가 상당히 줄어든다.

병원체는 종류에 따라 고온이나 저온 등 생장의 선호도가 서로 다르다. 어떤 균류(그림 7-3)는 저온에서도 다른 것들(그림 7-4) 보다 훨씬 더 빨리 자라는데, 같은 균류라도 레이스에 따라 상당한 차이가 날 수도 있다 (그림 7-4). 온도는 단위 식물면적 당 형성되는 포자의 수(그림 7-5A, 7-5B)와 주어진 시간 동안에 방출되는 포자의 수(그림 7-5A, 7-5C, 7-9)에 영향을 준다. 많은 병이 서늘한 지역이나 계절 또는 서늘한 해에 가장 잘 발생하는 반면에 온도가 상대적으로 높은 지역과 시기에 더 잘 나타나는 병도 많다. 즉, 화곡류와 잔디류에 흰마름병을 일으키는 균류인 *Typhula*와 *Fusarium*의 어떤 종은 서늘한 계절과 추운 곳에서만 잘 발생한다. 감자 역병균 *Phytophthora infestans*는 위도가 높은 곳에서 가장 잘 발생하며, 아열대지방에서는 겨울철에만 심하다. 반면에 *Monilinia fructicola* 에 의한 핵과류의 잿빛무늬병 같은 병은 상대적으로 고온을 좋아하며, 상대적으로 고온인 지역이나 계절에 국한되어 발생한다. Fusarium시들음병, *Colletotrichum* 에 의한 여러 탄저병, *Ralstonia solanacearum*에 의한 가지과작물의 풋마름병 등 많은 식물병은 고온에서 발생하며, 매우 더운 지방, 특히 아열대나 열대지방에서 심하다.

감염된 후의 병 진전에 끼치는 온도의 영향은 특정 기주와 병원체의 조합에 따라 다르다. 병환을 완성하는 데 걸리는 시간이 가장 짧은 경우, 즉 병 진전이 가장 빠른 경우는 온도가 병원체의 발달에는 적당하지만 기주의 생육에는 부적합한, 즉 적합한 온도보다 높거나 낮은 때이다. 병원체에 적당한 온도보다 너무 낮거나 높은 경우, 또는 기주의 생육적온에 가까운 경우에는 병이 서서히 진전된다. 예를 들면, *Puccinia graminis tritici* 에 의한 밀 줄기녹병에서는 병환을 완성(여름포자를 접종하여 새로운 여름포자가 생길 때까지)하기까지 소요되는 시간이 5℃에서는 22일, 10℃에서는 15일, 그리고 23℃에서는 5~6일이다. 균류나 세균, 선충 등에 의한 다른 식물병에서도 병환이 완성되기까지 이와 비슷한 시간이 걸린다. 병환이 완성되기까지 걸리는 시간은 한 발생기 동안의 병환의 수를 결정한다. 즉, 한 발생기 동안의 새로운 감염의 수를 결정하므로 그 기간 동안에 병의 진전에 끼치는 온도의 영향은 매우 크다고 할 수 있다.

만일 병원체, 기주, 그리고 병에 대한 최저, 최적, 최고 온도가 거의 같다면 병원체에 끼치는 온도의 영향이 병의 진전에 끼치는 온도의 영향의 전부라고 할 수 있다. 최적온도에서 병원체는 매우 활동적이므로 기주가 최적 생장률에서도 최적의 생장을 보이지 않게 된다.

많은 식물병에 있어서 병 진전에 대한 최적온도는 병원체와

그림 7-4 (A) *Fusarium oxysporum*에 의한 토마토 뿌리썩음병. (B) 뿌리썩음병에 감염된 토마토가 시들어 죽는 지상부 병징. (C) *F. oxysporum*의 생장에 끼치는 온도의 영향과 동일한 온도에서 레이스간 생장의 차이. [사진제공(A,B): R.J. McGovern, University of Florida. 출처(C): Swanson and van Gundy (1985). *Plant Dis.* **69**, 779-781.]

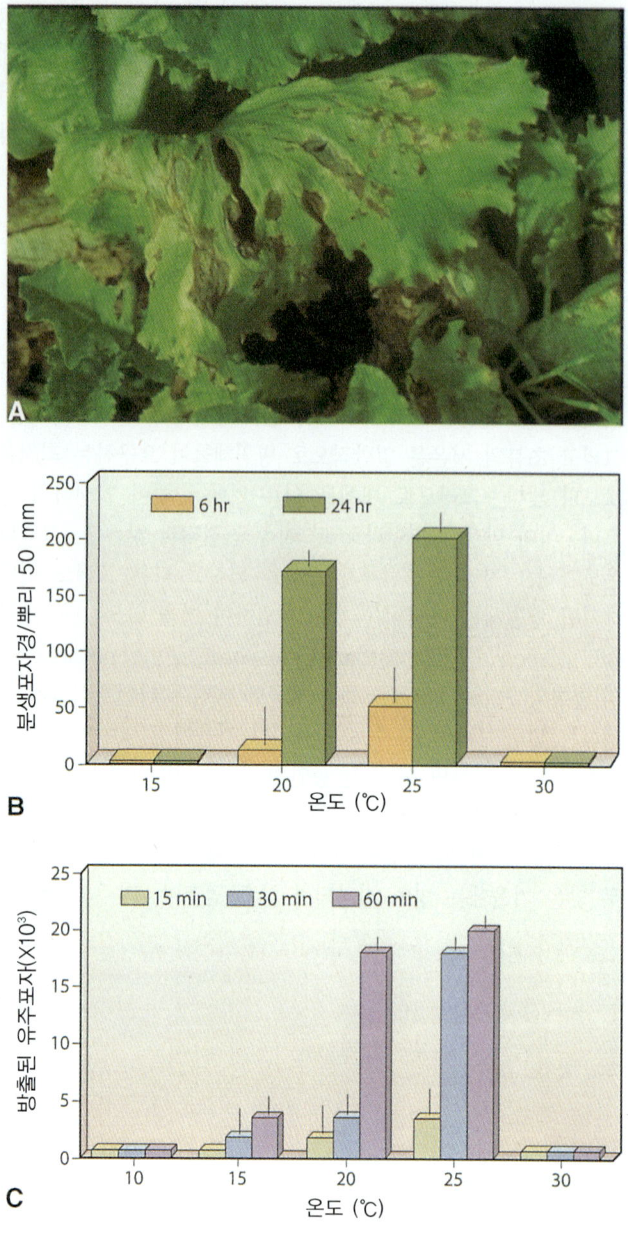

그림 7-5 (A) *Bremia lactucae*에 의한 노균병의 병징을 보이는 양상추의 잎. (B) 노균병균에 감염된 뿌리에서 6시간 및 24시간의 온도처리가 분생포자경 형성에 끼치는 영향. (C) 15분, 30분, 60분 온도노출이 같은 병원균의 유주포자낭에서 유주포자의 방출에 끼치는 영향. [사진제공(A): University of Florida, 출처(B,C): Stanghellini *et al.* (1990). *Plant Dis.* **74**, 173-178.]

기주에 따라 다른 것으로 알려져 있다. *Thielaviopsis basicola* 라는 균류에 의한 담배 먹뿌리병의 발생 최적온도는 17~23℃이지만, 담배의 생육 최적온도는 28~29℃이고 병원체의 생육 최적온도는 22~28℃이다. 17~23℃에서는 담배도 병원체도 잘 자라지 못하지만 담배가 병원체보다 훨씬 더 늦게 자라고 약해져서 병원력이 약해진 병원체도 최대의 발병을 유발할 수 있게 된다. *Gibberella zeae*에 의한 옥수수와 밀의 뿌리썩음에서, 밀의 경우에는 밀이나 병원체의 생육 적온보다 높은 온도에서 병의 진전이 최고이며, 옥수수에서는 옥수수와 병원체의 생육 적온보다 낮은 온도에서 병의 진전이 최고이다. 밀은 저온에서 가장 잘 자라는 반면에 옥수수는 고온에서 가장 잘 자란다는 사실을 고려하면, 밀이 고온에서 더 심한 피해를 받으며 옥수수가 저온에서 더 심한 피해를 받는 것은 바로 부적합한 온도에서 병원체보다는 기주식물이 불균등적으로 훨씬 더 약해지기 때문임을 암시한다.

식물의 바이러스병에 대한 온도의 영향은 훨씬 더 예측하기 힘들다. 온실에서의 바이러스 접종실험에서 온도는 식물체의 감염여부뿐만 아니라 바이러스의 식물체 내에서 증식가능 여부를 결정하며, 만일 증식한다면 그에 의한 병징의 유형까지도 결정한다. 바이러스 병의 심각성은 병의 특정 단계에서 온도에 따라 그리고 여러 가지 바이러스와 기주의 조합에 따라 상당히 달라질 수 있다. 포장에서는 아마도 온도가 햇빛과 연계하여 다양한 바이러스병의 계절적 병징 형성을 결정하는 것 같다. 누렁이나 잎말림 증상을 일으키는 바이러스병은 여름에 가장 심하며, 모자이크나 가락지무늬를 나타내는 바이러스병은 봄에 가장 뚜렷하다. 모자이크병이나 가락지무늬병에 걸린 식물체에서 여름에 새로 자란 부분에선 대개 약한 병징만 유발되거나 병징이 완전히 사라진다.

최근에 병저항성이나 감수성에 관련된 특정 유전자의 발현에 저온이든 고온이든 온도가 영향을 준다는 것이 분명해지고 있다. 예를 들면, 저온처리는 화곡류와 잔디류에서 균류에 의한 감염으로 인해 부분적으로 sucrose synthetase의 증가와 식물체의 발병관련 단백질의 급속한 생성을 통해 *Microdochium nivale*에 의한 흰마름병에 대한 저항성을 증가시킨다. 반면, 보리잎을 50℃에 1분간 노출시키는 고온처리도 식물에서 활성산소의 증가, 세포벽결합 단백질 생성, 그리고 부착기 형성 후 균의 생장저지를 통해 흰가루병균 *Blumeria graminis* f. sp. *hordei* 에 대하여 보리에서 저항성을 유도한다.

수분의 영향

온도와 함께 습도도 많은 상호관련적인 방법으로 전염성 식물병의 발생과 진전에 영향을 준다. 수분은 비나 관개수로서 식물의 표면이나 뿌리 주변에 존재하며, 공기 중에는 상대수분이나 이슬로 존재한다. 수분은 균류 포자의 발아와 여기서 나온 발아관이 식물체에 침투하기 위하여 반드시 필요하며, 세균, 균류, 선충 등이 식물을 침입하기 전에 이들 병원체를 활성화시키는 데 필수적이다. 흐르는 물과 흩뿌려지는 빗방울은 병원체가 한 식물체에서 다른 식물체로 또는 같은 식물체의 다른 부분으로 옮겨지는데 있어서 매우 중요한 역할을 한다. 마지막으로, 수분은 기주식물의 수분함량을 증가시키고, 특정 병원체에 대한 감수성을 상당히 증가시켜 병의 정도와 심각성에도 영향을 준다.

특정한 지역에서 많은 병이 발생하는 것은 그 해의 강우량과 그 분포에 밀접한 관련이 있다 (그림 7-1). 감자 역병, 사과나무 검은별무늬병, 포도나무 노균병, 사과나무와 배나무의 불마름병 등은 생육기 동안 강우량과 상대습도가 높은 지역에서만 발생하거나 심하다. 실제로 위의 병을 비롯한 다른 병의 경우에도 강우는 병의 심각성뿐만 아니라 그 계절의 병발생 여부를 결정한다 (그림 7-6). 균류에 의한 병에서 수분은 포자의 형성과 지속성에 영향을 주며 조직을 덮고 있는 얇은 막의 수분이 포자의 발아에 필수적이기도 하다. 사과나무 검은별무늬병의 경우에는 수분이 반드시 존재해야 포자가 포자경에서 떨어져 나오는 것처럼 수분은 여러 균류의 포자가 흩어지는데도 영향을 준다. 많은 병이 한 생육기 동안에 완성하는 병환의 수는 그 생육기의 강우횟수, 특히 새로운 감염을 일으킬 수 있도록 충분한 지속기간을 가진 강우횟수와 관계가 있다. 예를 들면, 사과나무 검은별무늬병은 온도가 병원체에 적당(18~23℃)하더라도 감염을 위해서는 잎과 과일 등이 적어도 9시간 동안 계속 젖어있어야 하고, 이보다 높거나 낮은 온도에서 감염을 위해서는 최소습기지속기간이 더 길어야 한다. 예를 들면, 10℃에서는 14시간, 그리고 6℃에서는 28시간이다. 많은 식물병의 경우에 감염이 시작되고 진전되려면 이와 비슷한 조건이 필수적이다 (그림 7-7, 7-8). 젖어있는 기간의 길이가 그 온도에서 요구되는 기간보다 짧을 때에는 병원체가 기주에 정착하지 못하므로 병이 발생하지 않는다.

대부분의 병원균류는 포자의 발아와 대기 중으로 포자를 방출하기 위해서 기주의 자유수분이나 대기 중의 높은 상대습도

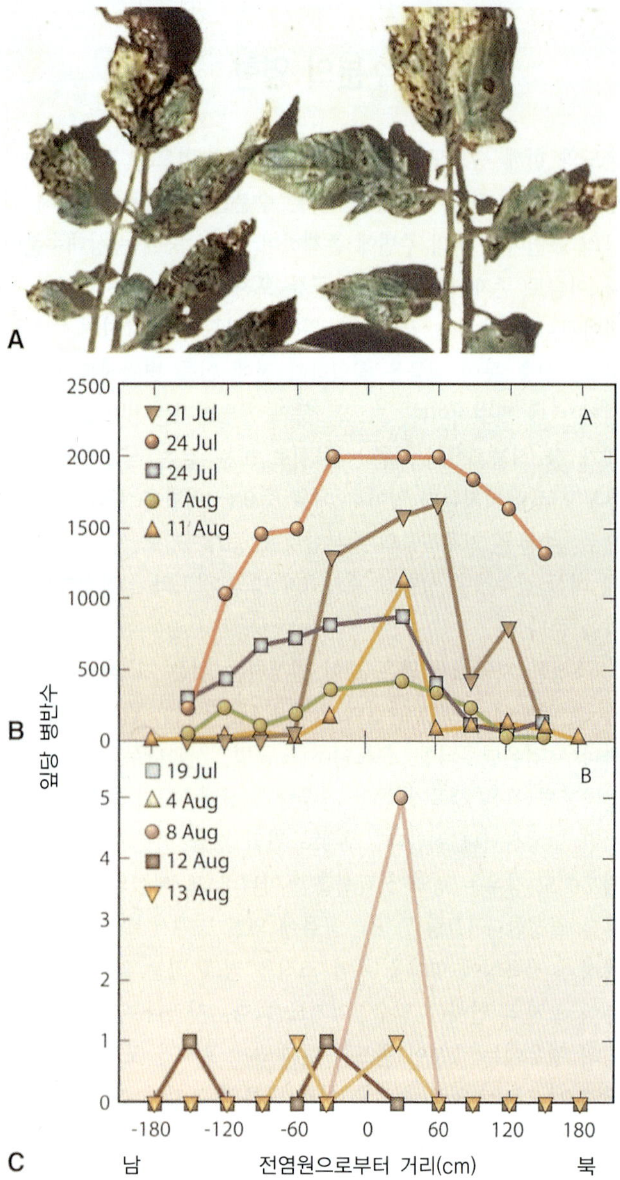

그림 7-6 (A) *Septoria lycopersici*에 감염된 토마토 잎의 병징. (B, C) 강우의 존재(A)와 부재(B)시 다섯 날짜에 접종된 골(0)에서부터 30cm 간격으로 심은 토마토 잎당 Septoria 병반의 수에 미치는 습도(비)의 영향. 표시된 날짜에 (A)에서 5회 연속적인 강우의 양은 19.1, 30.0, 11.9, 4.1, 8.6 mm 였다. [사진제공(A): University of Florida, 출처(B,C): Parker *et al.* (1995). *Plant Dis.* **79**, 148-152.]

그림 7-7 (A) *Alternaria mali* 에 의한 사과나무 점무늬낙엽병. (B) 점무늬낙엽병균 *A. mali* 가 경미하거나(L) 심한(S) 감염을 일으키는데 필요한 습도지속기간 및 온도의 필요도. [사진제공(A): T.B. Sutton, North Carolina State University.]

를 필요로 한다 (그림 7-9). 대부분의 병원체는 일단 기주에 침입하여 기주로부터 양분과 수분을 섭취하면서부터는 외부의 습도에 크게 의존하지 않는다. 그러나 감자 역병균이나 노균병균 같은 병원균들은 병 진전 동안에도 주변의 높은 상대습도와 자유수를 필요로 한다 (그림 7-9A). 이러한 병의 경우에 짧은 시간이라도 잎이 젖어있으면 포자가 방출되지만(그림 7-9B, 7-9C), 덥고 건조한 날씨가 시작되면 병원체의 생장, 포자의 발아, 병징의 발현 등이 멈춘다. 이 모든 과정은 다시 비가 오거나 습해지면 다시 시작하여 병이 진전된다.

식물의 지상부에 존재하는 대부분의 병원균류나 병원세균이 기주를 성공적으로 감염하기 위해서는 얇은 막의 수분이 필요하지만, 흰가루병균의 포자는 식물체를 둘러싸고 있는 대기의 상대습도만 높아도 발아하고 침입하여 감염을 일으킬 수 있다. 흰가루병균의 경우에는 식물체 표면에 자유수가 존재할 때는

그림 7-8 (A) 사과나무 붉은별무늬병을 일으키는 *Gymnosporangium juniperi-virginianae*은 향나무에 "향나무사과(cedar apples)"를 형성한다. (B) 향나무사과 겨울포자뿔에서 형성된 담자포자의 감염으로 생긴 사과나무 잎의 병징. (C) 담자포자의 형성은 온도와 잎 수분도가 도표에서 투명한 부위와 색칠한 부위 사이의 전이선상에 있을 때 발생한다. 만약, 온도와 잎 수분도가 색칠한 부위 안쪽에 있으면 포자 발아가 유도되어 감염이 시작된다. [사진제공(A): University of Florida, 사진제공(B): J.A. Christensen, Texas A & M University, 출처(C): Seem and Russo (1984). *Plant Dis.* **68**, 656-660.]

포자의 발아율과 감염이 오히려 낮아지며, 어떤 경우에는 상대습도가 비교적 낮을 때(50~70%) 병이 더 심해진다. 따라서 흰가루병은 습한 날씨에는 발병량이 줄어든다. 이러한 사실은 흰가루병이 건조한 지역에서 더 빈번히 발생하고 심한 현상을 보면 알 수 있다. 강우량이 증가하면 흰가루병의 상대적인 중요성은 감소하며 강우량이 높은 곳이나 높은 기간에는 다른 병이 더 많이 발생한다.

모잘록병과 종자썩음병을 일으키는 *Pythium* 같이 뿌리나 괴경 등 식물체의 지하부나 유묘에 발생하는 많은 식물병의 발병도는 토양수분의 양과 비례하며, 수분 포화점 근처에서 가장 높다. 수분이 증가하면 젖은 흙에서 가장 잘 증식하며 가장 잘 운동하는 병원체(*Pythium*의 경우에는 유주포자)가 주로 영향을 받는다. 수분이 증가하면 흙이 물에 잠겨 산소가 부족해지고 온도가 떨어져 기주가 자신을 방어하는 능력이 낮아진다. *Phytophthora* (그림 7-10A), *Rhizoctonia*, *Sclerotinia*, *Sclerotium* 등 많은 토양병원균, *Erwinia*나 *Pseudomonas* 같은 몇 가지 세균, 그리고 대부분의 선충은 일반적으로 흙이 물에 잠기지는 않고 다만 젖어있기만 할 때 가장 심한 병징을

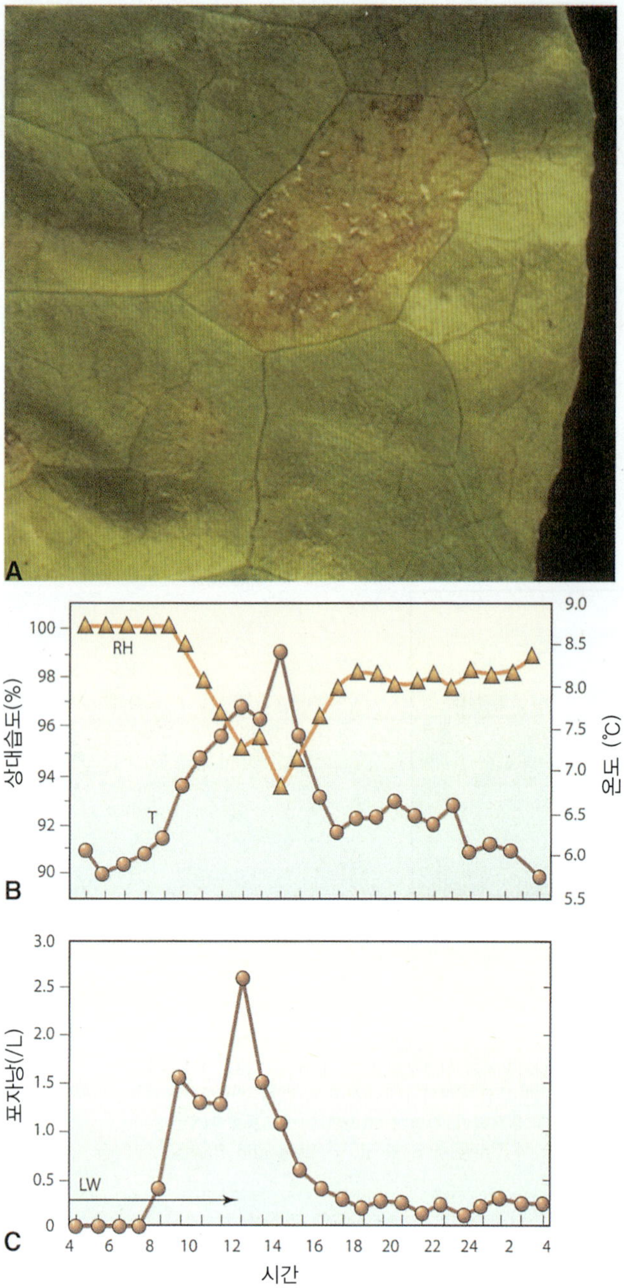

그림 7-9 (A) 노균병에 감염된 양상추 잎에서 분생포자경과 분생포자를 형성하는 크고 작은 병징. (B) 24시간의 잎 수분(LW) 기간(화살표)에서 양상추 노균병을 일으키는 *Bremia lactucae*의 포자 방출에 미치는 온도(T)와 상대습도(RH)의 관계. [사진제공(A): University of Florida, 출처(B): Scherm and van Bruggen (1995). *Phytopathology* **85**, 552-555.]

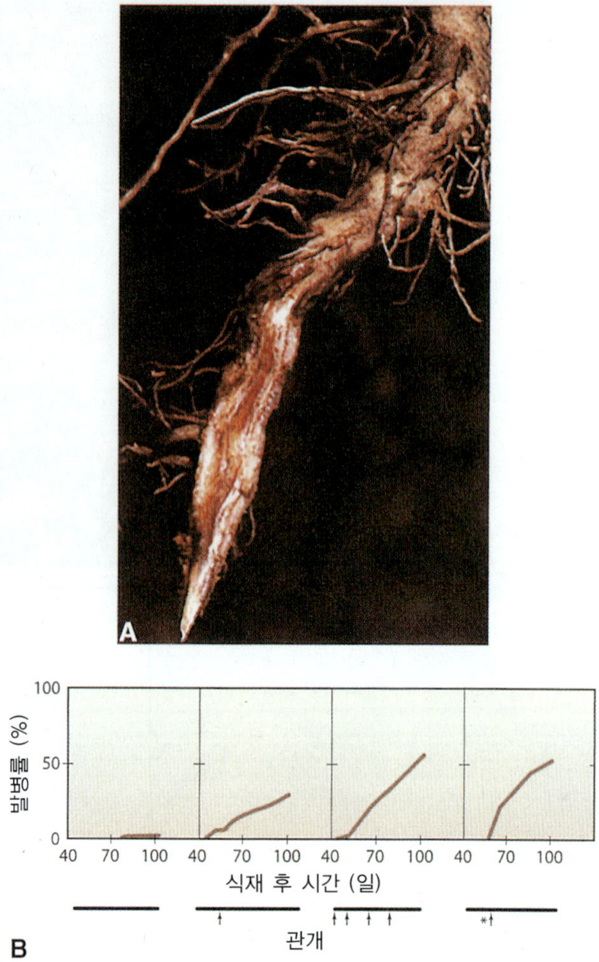

그림 7-10 (A) *Phytophthora* sp.에 의한 뿌리썩음의 증상. (B) 포장의 다양한 관개 일정에 따른 감수성 잇꽃(safflower)에서 *Phytophthora* 뿌리썩음병의 진전. 강수는 없었으며, 화살표는 표면 관개의 시간을 표시한다. 오른쪽 화살표 앞의 별표는 관개 전에 식물에 스트레스를 주었음을 표시한다. [출처: (B) Duniway (1982). *In* "Biometeorology in IPM" (Hatfield and Thomason, eds.). Academic Press, New York.]

일으킨다 (그림 7-10B). 한편, 콩의 마른뿌리썩음병균 *Fusarium solani* 및 모(묘목)마름을 일으키는 *Fusarium roseum*, 수수의 검은썩음과 목화의 뿌리썩음을 일으키는 *Macrophomina phaseoli* 등 몇 가지 균류는 오히려 건조한 환경에서 상당히 잘 자란다. 그러한 특성 때문에 이들 균류는 마른 땅에서 자라 물이 불충분하여 스트레스를 받은 식물체에 더 심하게 병을 일으킨다. *Verticillium* 에 의한 유관속시들음병과 균류에 의한 수목과 묘목의 궤양병은 식물체가 수분스트레스를 받을 때 상당히 심해진다. *Streptomyces scabies*에 의한 감자 더뎅이병도 토양이 젖었다가 마른 후에는 발병이 매우 심해진다.

대부분의 세균병과 어리고 연약한 조직에 발생하는 많은 균류병은 특히 높은 상대습도와 수분을 선호한다. 병원세균과 병원균류의 포자는 일반적으로 흩뿌리는 빗방울, 감염된 조직 표면으로 흘러 건전한 식물체로 떨어지는 빗물, 흙 속의 자유수 등에 의하여 옮겨진다. 세균은 식물체의 상처나 자연개구를 통하여 침입하고, 많은 수가 존재할 때는 심각한 병을 일으킨다. 일단 식물조직으로 침입하면, 세균은 빠르게 증식하며 습한 날씨에는 더 활동적으로 된다. 이는 아마도 식물체가 많은 물을 흡수하면 세포의 수분함량이 증가하는데, 세균이 바로 이러한 환경을 선호하기 때문일 것이다. 습한 날씨로 세균의 활성이 증가하면 식물조직에 더 큰 피해를 일으킨다. 이러한 피해는 습한 날씨가 지속되면 더 많은 수의 세균이 방출되어 추가 감염이 지속된다.

바람의 영향

바람은 주로 식물병원체의 확산과 기주식물의 상처를 증가시키며, 작게는 식물의 젖은 표면이 신속히 마르도록 하여 전염성 식물병에 영향을 준다. 신속히 퍼져서 대형 전염병의 원인이 되는 것으로 여겨지는 대부분의 식물병은 균류, 세균, 바이러스 등의 병원체에 의하여 발생하는데, 바람에 의하여 직접적으로 옮겨지거나, 바람에 의하여 먼 거리까지 옮겨지는 매개충을 통해 간접적으로 옮겨진다. 그러나 유주포자낭과 담자포자, 그리고 일부 분생포자 등 몇 가지 포자들은 매우 민감하여 바람에 의하여 멀리 날아가면 생존하지 못한다. 반면에 녹병균의 여름포자와 많은 종류의 분생포자 등은 바람에 의하여 수십 km를 날아가도 살 수 있다. 바람이 비를 동반하면 병의 진전에 있어서 훨씬 중요한 역할을 한다. 바람에 날리는 빗방울은 감염된 조직으로부터 포자나 세균이 누출되도록 하며 바람은 이를 식물체의 젖은 표면에 운반하고, 만일 그 식물체가 감수성이면 즉시 감염이 시작된다. 바람은 식물체가 서로 부딪히게 하고 마찰을 통해 그리고 바람에 날린 모래에 의해 식물체 표면에 상처를 유발한다. 이러한 작용의 결과 여러 균류와 세균, 그리고 기계적 접촉으로 전염되는 몇몇 바이러스가 쉽게 식물체를 감염한다. 그러나 때로는 균류나 세균이 존재하는 식물체의 젖은 표면이 바람 때문에 급속히 말라서 감염이 예방되기도 한다. 이는 병원체가 침입하기 전에 식물체의 표면이 말라버리면, 발아하고 있던 포자나 세균도 말라죽어서 감염이 일어나지 않기 때문이다.

빛의 영향

병의 진전에 끼치는 빛의 영향, 특히 자연 상태에서의 빛의 영향은 온도나 습도의 영향보다는 훨씬 적다. 빛의 세기와 일조시간의 길이에 따라서 몇 가지 병의 심각도와 식물의 감수성이 감소하거나 증가한다고 알려져 있다. 그러나 자연 상태에서 빛의 영향으로 인하여 발생하는 이상은 빛이 모자란 식물체의 웃자람 정도에 불과하다. 이러한 약한 빛은 보통 양상추나 토마토의 *Botrytis* 나 토마토의 *Fusarium* 같은 비절대기생균에 대한 감수성은 증가시키지만, 밀 줄기녹병균 *Puccinia* 같은 절대기생균에 대한 감수성은 감소시킨다.

빛의 세기가 약해지면 바이러스에 대한 식물체의 감수성은 증가한다. 식물에 바이러스를 즙액접종하기 전에 식물체를 어두운 곳에 하루나 이틀 놓아두면, 정상적인 상태에서 보관한 식물에 바이러스를 접종하였을 때보다 더 많은 국부병반(감염)이 야기된다. 이 방법은 현재 많은 실험실에서 바이러스 접종을 위한 일상적인 방법이 되었다. 일반적으로 바이러스를 접종하기 전에 식물체를 암처리하면 바이러스 감염에 대한 식물체의 감수성은 증가하는 반면, 접종 후의 암처리는 병질의 발현에 별다른 변화를 주지 않는다. 그러나 식물체에 바이러스를 접종한 후 약한 빛 아래서 키우면 어떤 병은 병징이 사라지는 경향이 있다. 즉, 이러한 병은 식물체를 그늘진 곳에 키울 때보다 정상적인 빛 조건에서 키울 때 더 심한 병징이 유발된다.

토양 산도와 토양 구조의 영향

토양의 산도는 특정 토양서식병원체에 의한 병의 발생과 심각성에 매우 중요한 역할을 한다. 예를 들면, *Plasmodiophora brassicae* 에 의한 십자화과식물의 무사마귀병은 pH 5.7 정도에서 가장 잘 발생하고 가장 심하지만, pH 5.7~6.2에서는 급격하게 줄어들며, pH 7.8에서는 완전히 억제된다. 반면에, *Streptomyces scabies*에 의한 감자 더뎅이병은 pH 5.2~8.0이거나 그 이상에서 심하게 발생하지만 pH 5.2 이하에서는 급격하게 줄어든다. 따라서 이러한 병이 그 병원체가 좋아하는 산도를 가진 토양에서 가장 심하다는 것은 명백한 사실이다. 이들 병을 비롯하여 여러 다른 병에서도 토양산도는 주로 병원체 자체에 영향을 끼치며, 일부는 토양 속의 양분상태를 바꾸어 식물체를 약하게 하고, 따라서 결국에는 병의 발생과 정도에 영향을 주게 된다.

토양산도 이외의 토양 요인 또한 식물병의 진전에 영향을 끼친다. 예를 들면, 목화 뿌리썩음병균(*Phymatotrichopsis omnivora*)은 토양산도가 비교적 높을 때(pH 7.2~8.0) 가장 잘 자라며, 복숭아나무(그림 7-11A)를 비롯한 많은 기주식물을 침해한다. 그러나 미대륙의 예를 보면, 이 균은 토양 내의 탄산칼슘 농도가 높은 미국의 남서부와 멕시코 북부에만 존재한다 (그림 7-11B).

기주식물 양분의 영향

양분은 식물체의 생장률과 병원체의 공격에 대한 식물체의 방어준비 상태에 영향을 끼친다.

질소가 충분하면 식물체는 약하고 즙이 많게 자라며 영양생장기가 길어지고 식물체의 성숙이 지연된다. 이러한 영향 때문

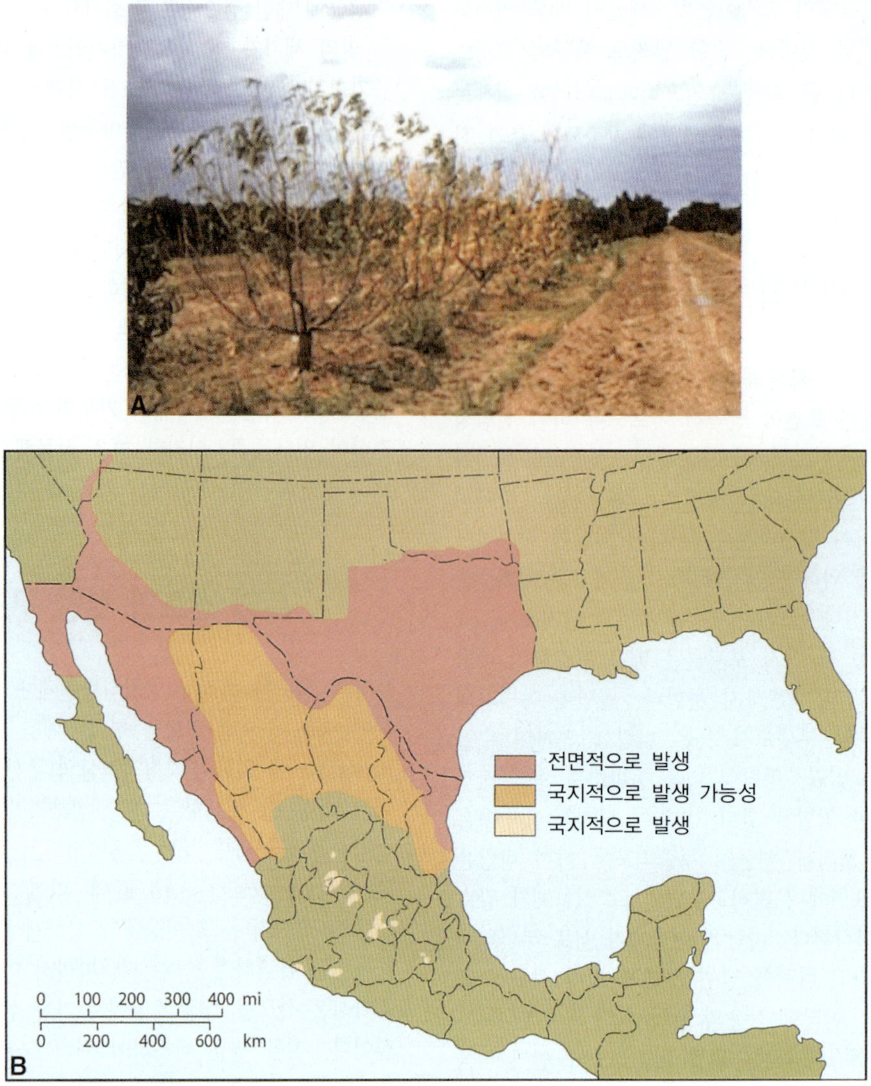

그림 7-11 (A) 목화 뿌리썩음병균 *Phymatotrichopsis omnivora*에 의한 복숭아나무의 뿌리썩음과 고사. (B) 목화 뿌리썩음병균은 북미에서 탄산칼슘 함량이 많고 산도가 높으며 고온의 토양에 제한적으로 분포한다. [사진 제공(A): R.B. Hines, New Mexico State University, 출처(B): R.G. Percy (1983). *Plant Dis.* **67**, 981-983.]

에 식물이 보통 병원체에 더 장기간 노출되어 조직이 공격당하기 쉽다. 반대로, 질소가 모자란 상태에서 자라는 식물은 약하고 늦게 자라며 빨리 늙어서, 이러한 식물체를 가장 잘 공격할 수 있는 병원체에 대한 감수성이 높아진다. 예를 들면, 질소성분이 많은 비료를 주면 불마름병(*Erwinia amylovora*)에 대한 배나무의 감수성이 높아지며, 녹병(*Puccinia*)과 흰가루병(*Erysiphe*)에 대한 밀의 감수성도 높아진다. 질소 비료를 많이 주면 옥수수 갈색점무늬병, 벼 갈색줄무늬병 그리고 바나나의 Sigatoka 병 같은 화곡류의 *Cercospora* 에 의한 병의 발병이 증가한다고 알려졌다. 질소가 부족하면 Fusarium시들음병에 대한 토마토의 감수성이 높아지고, *Alternaria solani*에 의한 겹둥근무늬병과 *Ralstonia solanacearum*에 의한 풋마름병에 대한 가지과작물의 감수성, *Sclerotium rolfsii*에 대한 사탕무의 감수성, 그리고 Pythium 모잘록병에 대한 대부분 묘의 감수성이 높아진다.

그러나 병의 정도나 저항성에 대한 질소의 영향은 질소의 양보다는, 오히려 기주나 병원체가 사용할 수 있는 질소의 형태(암모늄태 이거나 질산태)에 의한 것일 가능성이 높다. 여러 뿌리썩음병, 시들음병, 잎의 병 등에 암모늄태 질소를 처리하였을 때나 질산태 질소를 처리하였을 때나 병이 증가하거나 감소하는 정도는 비슷하지만, 실제로 각 태의 질소는 병에는 서로 정반대의 영향을 준다. 예를 들면, 각각 *Fusarium* spp., *Plasmodiophora brassicae*, *Sclerotium rolfsii*, *Pyrenochaeta lycopersici*에 의한 뿌리썩음병 및 시들음병, 십자화과작물의 무사마귀병, 모잘록병과 줄기썩음병 등은 암모늄 화학비료를 처리하면 더 심하게 발생하는 반면(그림 7-12), *Phymatotrichopsis omnivora*에 의한 목화 뿌리썩음병, *Gaeumannomyces graminis*에 의한 밀 마름병, *Streptomyces scabies*에 의한 감자 더뎅이병 등은 질산태 질소를 처리했을 때 더 심하게 발생한다. 각 태의 질소가 끼치는 영향은 토양 산도의 영향과 관련되어 있는 것 같다. 따라서 암모늄태 질소에 의하여 심해지는 병은 산성토양에서 더 심해지는 것이며, 질산태 질소에 의하여 더 심해지는 병은 중성이거나 알칼리성 토양에서 더욱 심해지는 것이다. 암모늄이온(NH^{4+})은 뿌리에서 분비되는 H^+ 이온과의 교환을 통하여 뿌리로 흡수되며 토양의 산도를 낮춘다.

병의 진전과 연관하여 가장 많이 연구된 양분은 바로 질소인데, 그 이유는 질소가 식물체의 생장에 끼치는 영향이 매우 크기 때문이다. 그러나 인, 칼륨, 칼슘 등의 다른 양분과 미량원소들에 대한 연구에서도 이러한 양분의 농도와 특정한 병에 대한 감수성이나 저항성과의 관계는 질소에서의 관계와 비슷한 것으로 알려져 있다.

인은 *Gaeumannomyces graminis*에 의한 보리 마름병과 *Streptomyces scabies*에 의한 감자 더뎅이병의 발생은 줄이지만, 시금치의 오이 모자이크 바이러스(CMV)병과 *Septoria*에 의한 밀 이삭마름병의 발생은 증가시키는 것으로 알려져 있다. 인은 식물체의 양분균형을 개선하거나 작물이 빨리 성숙하도록 도와, 식물체가 어린 조직을 좋아하는 병원체의 감염으로부터 벗어날 수 있게 하여 병에 대한 저항성을 높이는 것으로 여겨진다.

칼륨 역시 밀 줄기녹병, 토마토 역병, 옥수수 붉은곰팡이병 등 여러 가지 병을 감소시키는 것으로 알려져 있다. 그러나 칼륨의 양이 많으면 오히려 *Magnaporthe grisea*에 의한 벼 도열병, *Cercospora zeae-maydis*에 의한 옥수수 갈색줄무늬병과 *Meloidogyne incognita*에 의한 뿌리혹선충병이 증가하는 것으로 생각된다. 칼륨은 병원체가 기주식물에 자리 잡고 자라가는 여러 단계에 직접적으로 영향을 끼치는 반면에 감염에는 간접적으로 영향을 끼치는데, 상처의 치료를 촉진하고 서리해에 대한 저항성을 높여서 죽은 조직으로 침입하는 병원체의 감염을 줄인다. 또 어떤 작물에서는 칼륨이 식물의 성숙과 노화를 지연시킴으로써 이 기간 동안 임의기생균에 의한 심한 피해를 줄 수도 있다.

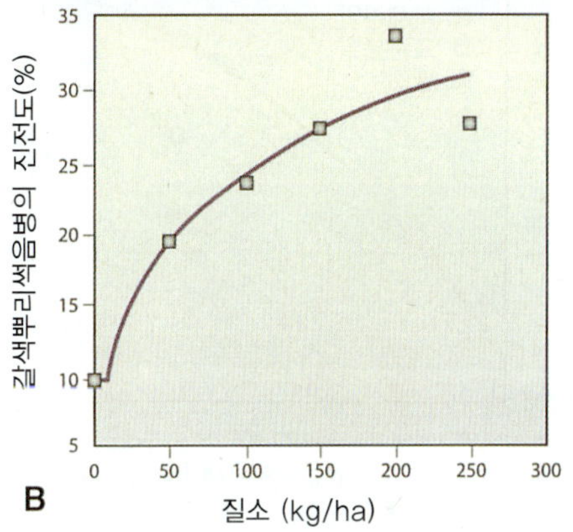

그림 7-12 (A) *Pyrenochaeta lycopersici*에 의한 토마토의 갈색뿌리썩음병. (B) 토양에 처리한 질소(질산 암모늄)의 양이 토마토 갈색뿌리썩음병의 발병도(감염된 뿌리의 길이의 백분율)에 미치는 영향. [사진제공(A): R.J. McGovern, University of Florida, 출처(B): Worneh and van Bruggen (1994). *Phytopathology* **84**, 688-694.]

칼슘은 *Rhizoctonia*, *Sclerotium*, *Botrytis* 등의 뿌리나 줄기 병원체와 *Fusarium oxysporum* 등의 시들음병균, 선충 *Ditylenchus dipsaci* 등에 의한 여러 가지 병은 줄이는 반면, *Phytophthora parasitica* var. *nicotianae* 에 의한 담배 역병과 *Streptomyces scabies*에 의한 감자 더뎅이병은 오히려 증가시킨다. 칼슘은 세포벽 조성에 영향을 끼치며 병원체 침입에 대한 저항성에도 영향을 끼쳐서 병저항성에 영향을 주는 것 같다.

특정 미량원소의 수준이 증가하여도 병은 줄어든다. 예를 들면, 토양에 **철**을 처리하면 망고나무와 땅콩의 Verticillium 시들음병이 줄어들며, 철복합체를 잎에 처리하면 *Chondrostereum purpureum*에 의한 낙엽과수의 은엽병이 줄어든다. 토양에 **구리**를 처리하면 밀과 보리에서 *Gaeumannomyces graminis*에 의한 마름병과 *Claviceps purpurea*에 의한 맥각병의 발생뿐만 아니라, *Pseudomonas chicorii*에 의한 밀 보리에서 stem melanosis병도 줄어든다. 이와 비슷하게, **망간**을 처리하면 감자의 더뎅이병과 역병, *Sclerotinia sclerotium*에 의한 호박 유묘의 줄기썩음병 등을 감소시키며, **마그네슘**의 처리는 *Cochliobolus heterostrofus*에 의한 옥수수 깨씨무늬병을 증가시킨다. 반면, **몰리브덴**의 처리는 감자 역병과 콩과작물의 Ascochyta마름병을 감소시킨다. 그러나 이러한 원소들이 높은 농도로 존재하면 증가하는 병도 있다. 즉, 토마토의 Fusarium시들음병은 철이나 망간에 의하여, TMV에 의한 토마토의 모자이크병은 망간에 의하여 더 증가한다.

최근에는 **규소**를 토양이나 온실재배 식물의 양액에 섞어 주었을 때 온실에서 식물병이 감소하는 것이 알려졌다. 다양한

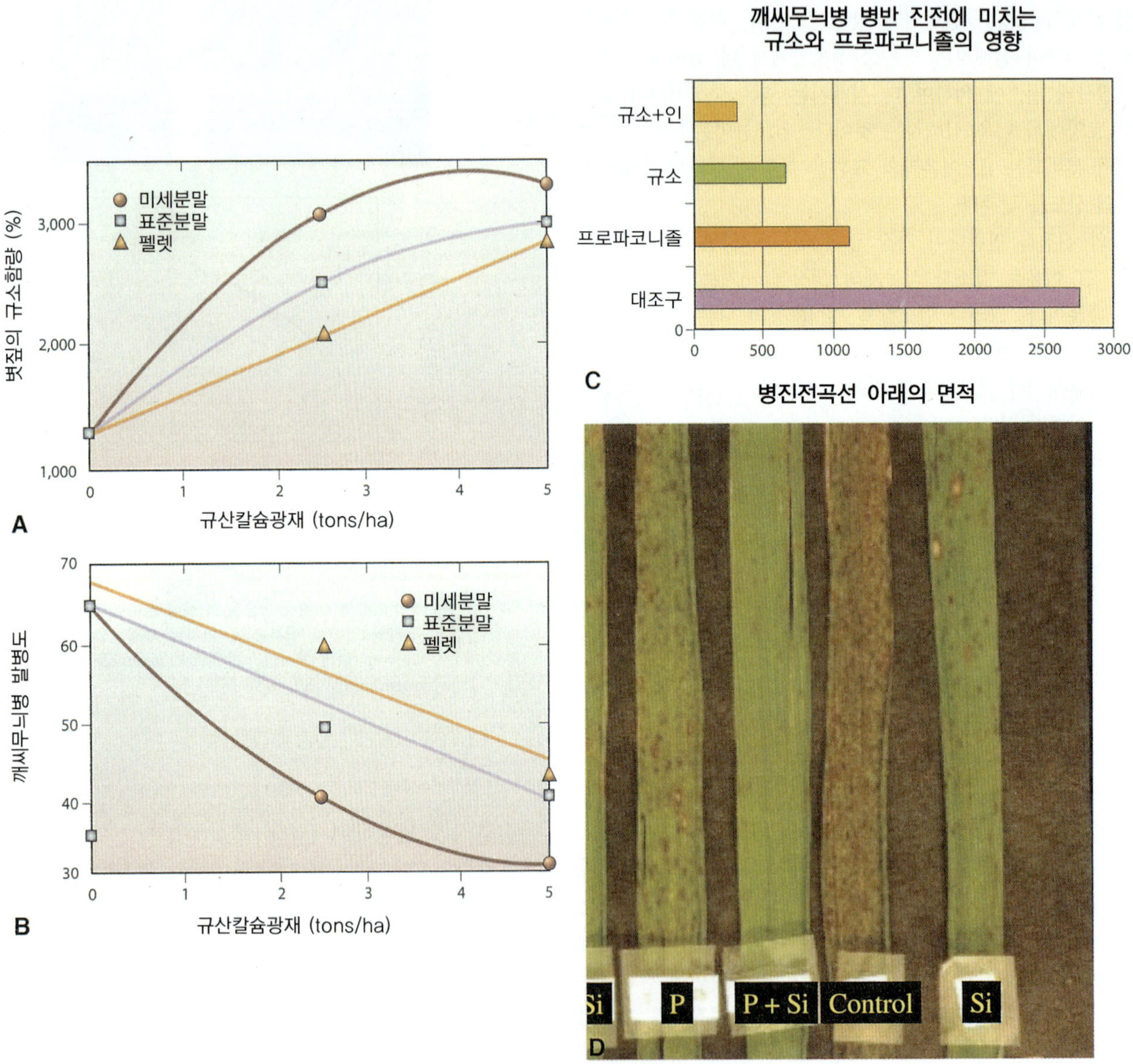

그림 7-13 (A) 규산칼슘 광재의 등급과 양 그리고 볏짚의 규소 농도 사이의 관계. (B) *Cochliobolus miyabeanus*에 의한 벼 깨씨무늬병의 감소. (C,D) 규소와 살균제 처리에 의한 벼 깨씨무늬병 감소의 비교. [출처(A,B): Datnoff (1992). *Plant Dis.* **76**, 1011-1013. 출처(C,D): L.E. Datnoff, University of Florida.]

그림 7-14 (A) *Magnaporthe grisea*에 의한 벼에서 잎 도열병(A)과 목 도열병(B)의 특징적 병징. (C) 벼 포장의 항공사진, 포장의 멀리 보이는 반쪽은 규산칼슘 광재를 에이커당 3톤 처리한 것이고, 포장의 근접한 반쪽은 규소를 처리하지 않은 포장이다. 규소를 처리하지 않은 근접한 포장은 도열병과 깨씨무늬병으로 인하여 황색으로 변했지만, 규소를 처리한 멀리 보이는 포장은 변색되지 않았음에 주목할 것. (D) 처리하지 않은 대조구에 비해 벼 도열병의 발생에 규소 단독처리의 효과와 살균제와 혼용처리의 효과를 보여주는 그래프. [출처: L.E. Datnoff, University of Florida.]

등급의 규소를 노지처리 하였을 때 식물이 흡수하는 규소의 양이 증가하였고(그림 7-13A), *Cochliobolus miyabeanus*에 의한 벼 깨씨무늬병(그림 7-13B, 7-13C)과 *Magnaporthe grisea*에 의한 벼 도열병(그림 7-14), 그리고 *Rhizoctonia solani*에 의한 벼 잎집무늬마름병 등의 발생이 감소하였다. 규소의 토양 처리에 의해 벼 깨씨무늬병이 살균제 처리보다 감소하였고, 벼 도열병은 살균제 처리와 비슷하게 감소하였으며(그림 7-13C, 7-13D), 벼 잎집무늬마름병은 감수성품종과 저항성품종에서 모두 최소 50%나 감소하였다 (그림 7-15A, 7-15B). 규소를 처리하여 온실재배에서 재배한 오이의 *Sphaerotheca fuligenea*에 의한 흰가루병과 *Pythium ultimum*에 의한 뿌리썩음병이 감소하였고, 노지에서 *Blumeria graminis* f. sp. *tritici*에 의한 밀 흰가루병도 감소하였다. 온실재배 오이의 경우에는 규소가 처리된 식물은 흰가루병균의 접종시 특이적인 방어반응이 표피세포에서 유도가 되었는데, 이는 방어돌기의 형성, 칼로스 생성, 세포벽을 따라 축적되며 병원균을 가해하는 페놀계 물질의 방출 등을 포함하였다.

옥수수 덤불위축병과 옥수수 위축병 같은 파이토플라스마나 스파이로플라스마에 의한 병에서는 병든 식물이 건전한 식물보다 토양 수분량에 관계없이 양분을 덜 흡수하는데, 특히 스파이로플라스마에 감염된 식물은 토양에서 마그네슘의 흡수가 특별히 억제된다.

일반적으로 모든 양분을 필요한 만큼씩 골고루 균형있게 흡수한 식물체는 양분결핍이나 양분과다를 겪고 있는 식물에 비하여 새로운 감염으로부터 자신을 방어하고, 이미 감염되어 있

그림 7-15 (A) *Rhizoctonia solani*에 의해 잎과 줄기에 나타난 벼 잎집무늬마름병의 병징. (B) 잎집무늬마름병에 대한 다양한 저항성을 보이는 벼 품종에서 규소처리에 의한 병발생 감소를 나타내는 그래프. 심지어 가장 저항성인 품종도 토양에 규소처리로부터 효과를 보여주고 있다. [출처: L.E. Datnoff, University of Florida.]

는 경우에도 병의 진전을 억제하는 능력이 훨씬 우수하다. 그러나 아무리 균형잡힌 양분공급이라 하여도 모든 양분의 농도가 특정 범위를 벗어나게 높거나 낮으면 병의 진전에 영향을 끼치기도 한다.

제초제의 영향

제초제는 농경지에 일반적으로 널리 사용하고 있는 농약이다. 여러 경우에 제초제를 처리하면 작물의 특정 병, 예를 들면 사탕무와 목화의 *Rhizoctonia solani*병, 토마토와 목화의 *Fusarium*시들음병, *Sclerotium* 에 의한 여러 작물의 줄기썩음병 등이 늘어나는 것이 알려졌다. 한편, 제초제가 병을 줄이기도 하는데, 바로 *Aphanomyces euteiches*에 의한 완두 뿌리썩음병, *Pseudocercosporella herpotrichoides*에 의한 밀 foot rot병, 그리고 *Phytophthora* 에 의한 여러 작물의 collar rot병 등이다. 제초제는 확실히 식물병에 직접 · 간접적으로 영향을 미친다. 직접적으로 제초제는 병원균 생장을 촉진시키거나 지연시키며 기주의 감수성을 높이거나 낮추는 효과가 있기도 하다. 제초제는 간접적으로 토양 미생물상의 활성을 증가시키거나 감소시키며 대체기주에 의해 병원체가 없어지거나 생기게도 하고 작물을 둘러싸고 있는 공기의 습도 같은 미세한 기상을 변화시키는 등의 역할을 한다.

대기오염물질의 영향

대기 오염원은 높은 수준의 오염원에 노출된 식물체에 다양한 유형의 직접적인 병징을 일으킨다. 전염성의 식물병에서 병원체와 기주식물은 동일한 수준의 오염원에 노출되지만 특별한 오염원의 존재가 병원체가 유발하는 병의 심각성에 영향을 끼치는지는 아직 불분명하다. 그러나 오존 같은 어떤 대기 오염원들은 병원체에 영향을 끼칠 수도 있으며 병원균이 일으키는 병에도 때로는 영향을 끼칠 것 같다. 예를 들면, 귀리와 밀, 녹병의 경우에 오존은 여름포자퇴의 생장, 균사 생장, 그리고 오존에 해를 입은 잎에서 생산되는 여름포자의 수에서 감소를 초래한다. 반면에 보리 흰가루병의 경우에는 발병초기에 오존에 노출되면 발병률이 감소하지만 후기에 노출되면 발병률이 오히려 증가한다. 비절대기생성 병원체의 경우에 오존은 *Drechslera* 에 의한 밀의 발병 면적률을 증가시키고 *Botrytis* 에 의한 감자 잎의 감염은 오존에 상해를 받은 잎에서 발생한다. *Lophodermium* 에 의한 소나무 잎마름병(needle blight)은 오존에 노출되어 병의 심각성이 증가한다. 콩을 감염하는 *Pseudomonas glycinea*와 알팔파를 감염하는 *Xanthomonas alfalfae*의 경우에는 오존에 노출되지 않은 식물에서 보다 오존에 노출된 식물에서 병반수가 적어진다.

참고문헌

Altman, J., and Campbell, C. L. (1977). Effect of herbicides on plant diseases. *Annu. Rev. Phytopathol.* 15, 361–385.

Ayres, P. G. (1984). The interaction between environmental stress injury and biotic disease physiology. *Annu. Rev. Phytopathol.* 22, 53–75.

Belanger, R. R., *et al.* (1995). Soluble silicon: Its role in crop and disease management of greenhouse crops. *Plant Dis.* 79, 329–336.

Belanger, R. R., Benhamou, N., and Menzies, J. G. (2003). Cytological evidence of an active role of silicon in wheat resistance to powdery mildew (*Blumeria graminis* f. sp. *tritici*). *Phytopathology* **93**, 402–412.

Caldwell, P. M., et al. (2002). Assessment of the effects of fertilizer applications on gray leaf spot and yield of maize. *Plant Dis.* **86**, 859–866.

Carver, T. L. W., et al. (1998). Silicon deprivation enhances localized autofluorescent responses and phenylalanine ammonia-lyase activity in oat attacked by *Blumeria graminis*. *Physiol Mol. Plant Pathol.* **52**, 245–257.

Chupp, C. (1928). Club root in relation to soil alkalinity. *Phytopathology* **18**, 301–306.

Colhoun, J. (1973). Effects of environmental factors on plant disease. *Annu. Rev. Phytopathol.* **11**, 343–364.

Colhoun, J. (1979). Predisposition by the environment. *In* "Plant Disease" (J. G. Horsfall and E. B. Cowling, eds.), Vol. **4**, pp. 75–92. Academic Press, New York.

Datnoff, L. E., Deren, C. W., and Snyder, C. H. (1997). Silicon fertilization for disease management of rice in Florida. *Crop Prot.* **16**, 525–531.

Datnoff, L. E., Snyder, G. H., and Deren, C. W. (1992). Influence of silicon fertilizer grades on blast and brown spot development and on rice yields. *Plant Dis.* **76**, 1011–1013.

Datnoff, L. E., Snyder, G. H., and Korndorfer, G. H. (2001). "Silicon in Agriculture." Elsevier Science, B. V., Amsterdam.

de Oliveiro, E., *et al.* (2002). Growth and nutrition of mollicute-infected maize. *Plant Dis.* **85**, 945–949.

Dickson, J. G. (1923). Influence of soil temperature and moisture on the development of seedling blight of wheat and corn caused by *Gibberella saubinetii*. *J. Agric. Res.* **23**, 837–870.

Engelhard, A. W., ed. (1989). "Soilborne Plant Pathogens: Management of Diseases with Macro- and Microelements." APS Press, St. Paul, MN.

Fitt, B. D. L., McCartney, H. A., and Walklate, P. J. (1989). The role of rain in dispersal of pathogen inoculum. *Annu. Rev. Phytopathol.* **27**, 241–270.

Gallegly, M. E., Jr., and Walker, J. C. (1949). Plant nutrition in relation to disease development. V. *Am J. Bot.* **36**, 613–623.

Gunifer, B. M., Touchton, J. T., and Johnson, J. W. (1980). Effects of phosphorus and potassium fertilization on *Septoria* glume blotch of wheat. *Phytopathology* **70**, 1196–1199.

Hepting, G. H. (1963). Climate and forest diseases. *Annu. Rev. Phytopathol.* **1**, 31–50.

Huber, D. M., and Watson, R. D. (1974). Nitrogen form and plant disease. *Annu. Rev. Phytopathol.* **12**, 139–165.

Huber, L., and Gillespie, T. J. (1992). Modeling leaf wetness in relation to plant disease epidemiology. *Annu. Rev. Phytopathol.* **30**, 553–577.

Jones, L. R., Johnson, J., and Dickson, J. G. (1926). Wisconsin studies upon the relation of soil temperature to plant diseases. *Res. Bull. Wis. Agric. Exp. Stn.* **71**.

Kassanis, B. (1957). Effect of changing temperature on plant virus diseases. *Adv. Virus Res.* **4**, 169–186.

Lévesque, C. A., and Rahe, J. E. (1992). Herbicide interactions with fungal root pathogens, with special reference to glyphosate. *Annu. Rev. Phytopathol.* **30**, 579–602.

MacKenzie, D. R. (1981). Association of potato early blight, nitrogen fertilizer rate and potato yield. *Plant Dis.* **65**, 575–577.

McElhaney, R., Alvarez, A. M., and Kado, C. I. (1998) Nitrogen limits *Xanthomonas campestris* pv. *campestris* invasion of the host xylem. *Physiol. Mol. Plant Pathol.* **52**, 15–24.

Manning, W. J., and Von Tiedemann, A. (1995). Climate change: Potential effects of increased atmospheric carbon dioxide, ozone, and ultraviolet-B radiation on plant disease. *Environ. Pollut.* **88**, 219–246.

Miller, P. R. (1953). The effect of weather on diseases. *In* "Plant Diseases," pp. 83–93. U.S. Dept. of Agriculture, Washington, DC.

Palti, J. (1981). "Cultural Practices and Infectious Crop Diseases." Springer-Verlag, Berlin.

Populer, C. (1978). Changes in host susceptiblity with time. *In* "Plant Disease" (J. G. Horsfall and E. B. Cowling, eds.), Vol. 2, pp. 239–262. Academic Press, New York.

Schnathorst, W. C. (1965). Environment relationships in the powdery mildews. *Annu. Rev. Phytopathol.* **3**, 343–366.

Schoeneweiss, D. F. (1981). The role of environmental stress in diseases of woody plants. *Plant Dis.* **65**, 308–314.

Shaner, G. (1981). Effects of environment on fungal leaf blights of small grains. *Annu. Rev. Phytopathol.* **19**, 273–296.

Thomas, F. M., Blank, R., and Hartmann, G. (2002). Abiotic and biotic factors and their interactions as causes of oak decline in central Europe. *Forest Pathol.* **32**, 277–307.

Wallace, H. R. (1989). Environment and plant health: A nematological perception. *Annu. Rev. Phytopathol.* **27**, 59–75.

Zhonghua M., Morgan, D. P., and Michailides, T. J. (2001). Effects of water stress on *Botryosphaeria* blight of pistachio caused by *Botryosphaeria dothidea*. *Plant Dis.* **85**, 745–749.

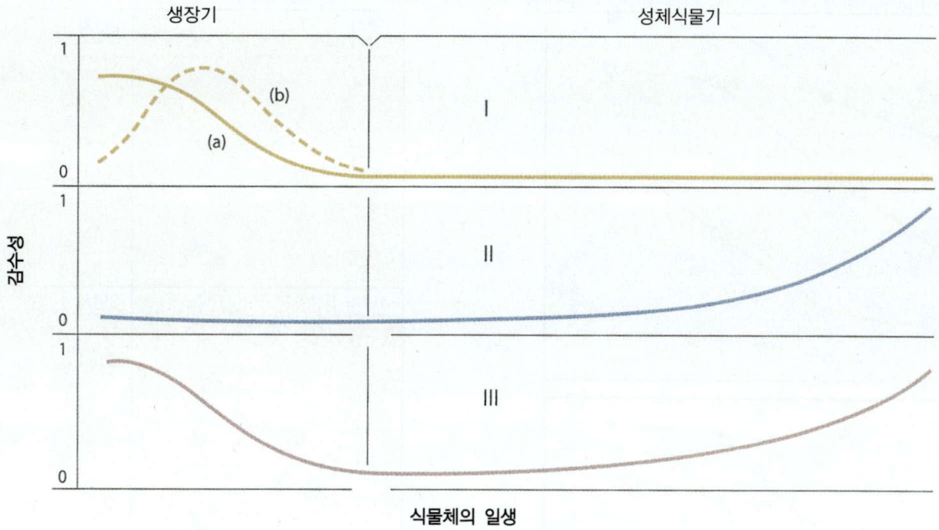

그림 8-5 식물체 나이에 따른 식물 부위의 감수성의 변화. I: 최고 생장 단계(Ia) 또는 생장 초기 단계(Ib)에서만 감수성인 식물체. Ⅱ: 성숙 후에만 감수성이고 감수성이 노화에 따라 증가하는 식물체. Ⅲ: 아주 어렸을 때와 다시 성숙해진 후에 감수성인 식물체. [출처: Populer, 1978.]

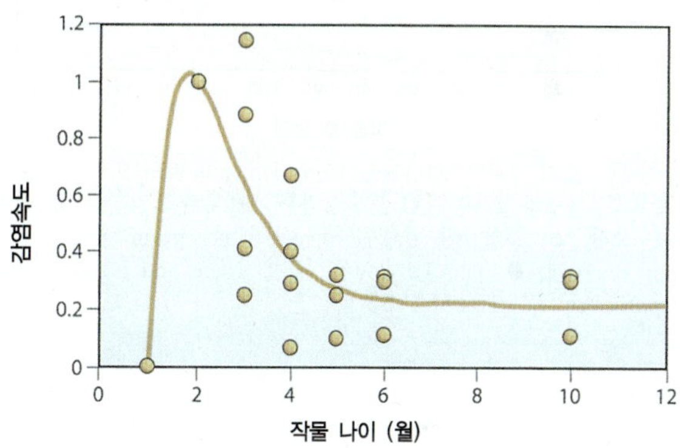

그림 8-6 감염속도의 작물 나이별 변화; 온실가루이에 의해 전염되는 African cassava mosaic virus에 의한 카사바나무 모자이크병은 작물 나이가 증가할수록 감염속도가 감소한다. [출처: Fargette and Vie (1994) *Phytopathology* **84**, 378-382.]

녹병과 바이러스 감염과 같은 몇 가지 병에 걸린 식물체 부위는 아주 어린 동안에는 감염에 대해 실질적으로 매우 저항성이지만, 생장후기에는 감수성이 되고, 식물이 완전하게 성숙해질 무렵부터 다시 저항성이 된다 (그림 8-5 I b, 8-6). *Botrytis*, *Penicillium*, *Monilinia* 와 *Glomerella* 에 의한 꽃이나 열매의 감염 및 모든 수확후 감염의 경우에는 식물체 부위는 생육기 및 성숙초기에는 저항성이지만 성숙해질 무렵이면 감수성이 된다 (그림 8-5 Ⅱ). *Phytophthora infestans* 에 의해 발생하는 감자 역병과 *Alternaria solani* 에 의해 발생하는 토마토 겹둥근무늬병에서는 식물의 생육기 동안에 어린 식물은 감수성 단계가 되고 성숙초기에 상대적으로 저항성이었다가 성숙 후에는 다시 감수성으로 된다 (그림 8-5 Ⅲ).

따라서 특정 식물-병원체 조합에서 병원체가 기주에 도달하는 시기의 기주식물의 성숙정도는 감염과 전염병의 진전에 상당한 영향을 미치는 것이 분명하다.

전염병의 진전에 영향을 미치는 병원체 요인

병원력의 수준

병원력이 약한 병원체보다 병원력이 강해서 기주를 빠르게 감염시킬 수 있는 병원체는 더 많은 양의 전염원을 더 빠르게 형성함으로써 결과적으로 더 많은 양의 병을 더 빠르게 일으키게 된다.

기주 근처의 전염원의 양

병원체의 번식체(세균, 균류 포자와 균핵, 선충 알, 바이러스에 감염된 식물체 등) 수가 기주식물이 있는 포장이나 포장 근처에 많을수록 더 많은 전염원이 기주에 도달할 수 있기 때문에 전염병이 더 이른 시간에 발생할 가능성이 높다 (그림 8-7).

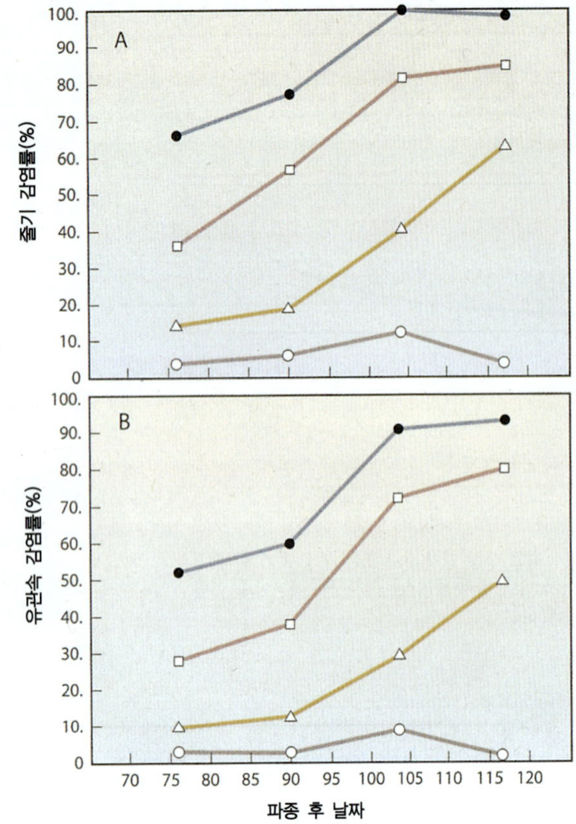

그림 8-7 식재 경과일수별 *Verticillium dahliae*의 토양 전염원량에 따른 감자 반쪽시들음병의 발생량. (A) 줄기 감염률, (B) 유관속 감염률. ○:전염원이 없는 포장, △: 토양 g당 번식체(propagules per gram: ppg) 1~5개, □: ppg 6~10개, ●: ppg 10개 이상. [출처: Nicot and Rouse, (1987) *Phytopathology* **77**, 1346-1355.]

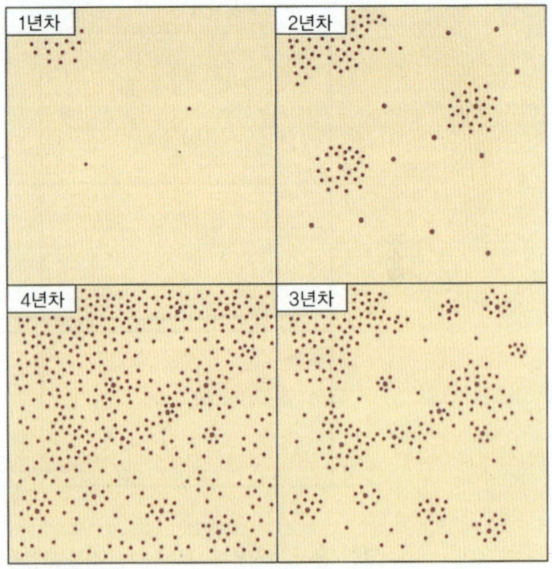

그림 8-8 4년 동안 토양병원체에 의해 포장에서 발생하는 다년성 작물 전염병의 모식도.

병원체의 증식 형태

모든 병원체는 많은 자손을 증식시킨다. 대부분의 균류, 세균 및 바이러스는 엄청난 자손을 증식시키지만, 일부 균류, 모든 선충 및 기생식물은 비교적 적은 수의 자손을 증식시킨다. 일부 식물병원성 균류, 세균 및 바이러스는 짧은 증식주기를 가지기 때문에 한 생육기에도 여러 세대를 증식할 수 있는 **다주기성**(多週期性; polycyclic)이다. 다주기성 병원체는 녹병, 노균병과 흰가루병 및 점무늬병과 세계적으로 갑작스런 대재앙적인 식물전염병을 일으키는 균류를 포함한다. *Fusarium* 과 *Verticillium* 같은 토양균류와 대부분의 선충은 보통 생육기당 1회에서 소수(4회까지)의 증식주기를 가진다. 이 병원체의 경우에는 증식 개체수가 훨씬 더 적고 특히 병원체의 전파조건 때문에 한 생육기에 갑작스럽게 확산되는 전염병을 일으킬 수 있는 가능성은 희박하다. 그럼에도 불구하고 그 병원체들은 흔히 지역적으로 한정되고 느리게 진전되는 전염병을 일으킨다 (그림 8-8). 깜부기병균과 몇 가지 짧은 주기를 가진 녹병균과 같은 병원체는 한 생활사를 완성하기 위해 1년이 걸리는 **단주기성**(單週期性; monocyclic) 병원체이기 때문에 년간 단 한 번의 감염환을 일으킬 수 있다. 그런 단주기성병에서 전염원은 이듬해까지 형성되고 전염병은 보통 여러 해에 걸쳐 진전되는 **다년성**(多年性; polyetic)이다. 마찬가지로 증식주기를 완성하는 데 1년 이상이 소요되는 병원체에 의해 발생하는 전염병은 느리게 진전된다. 사과나무 붉은별무늬병(2년), 잣나무 털녹병(3~4년)과 겨우살이(5~6년)가 그 예이다. 그러나 그런 병원체일지라도 다년성 세대가 중복되면 결과적으로 매년 전염원을 더 많이 형성하고 장기적인 전염병으로 발전하는 감염환을 일으킨다.

병원체의 생태

대부분의 균류와 모든 기생성종자식물은 기주의 지상부 표면에 전염원(각각 포자와 종자)을 형성한다. 기주 표면으로부터 포자와 종자는 먼 거리까지 쉽게 전파되고 확산되는 전염병을 일으킬 수 있다. 유관속기생균류와 세균, 몰리큐트, 바이러스 및 원생동물은 식물체의 내부에서 증식한다. 이 경우에는 병원체의 전파는 매개체의 도움 없이는 극히 드물거나 불가능하다. 따라서 그런 병원체는 매개체가 많고 활동적일 때에만 전염병을 일으킬 수 있다. 토양전염성 균류, 세균 및 선충은 토양 속에 감염된 식물체 부위에 전염원을 형성한다. 토양 속에서 전염원은 느리게 전파되며 갑작스럽게 확산되는 전염병을 일으킬 위험은 거의 없다.

병원체의 전파 양식

녹병균, 노균병균, 점무늬병균 등 많은 식물병원균류의 포자들은 공기 속으로 방출되어 실바람 또는 강풍에 의해 수 cm에서부터 몇 km까지도 전파될 수 있다. 이 종류의 균류는 가장 빈번하고 가장 널리 만연되는 전염병을 일으킨다. 그 다음으로 갑작스럽게 확산되는 전염병을 일으킬 수 있는 중요한 병원체 집단은 전염원이 공기전염성 매개체에 의해 전반되는 것이다. 많은 바이러스는 진딧물, 가루이 등의 곤충에 의해 전반된다. 몰리큐트와 국재성세균은 매미충, 멸구 또는 나무이에 의해 전반된다. 일부 균류(느릅나무 시들음병균), 세균(박과작물 세균성시들음병균)과 심지어 선충(소나무재선충)은 주로 하늘소에 의해 전반된다. 비바람에 의해 전반되는 병원체(주로 탄저병과 사과나무 검은별무늬병을 일으키는 균류와 대부분의 세균)는 특정 포장, 지역 또는 골짜기에서 심하지만 다소 한정된 전염병을 거의 매년 일으킨다. 종자 또는 다른 영양번식기관(괴경 또는 인경)에 의해 전반되는 병원체는 흔히 감수성 식물체 사이에 존재하지만 새로운 식물체로 계속 전파되어야 전염병을 일으킬 수 있다. 마지막으로 토양 속에 존재하면서 토양을 통해 전파되는 병원체는 일반적으로 토양이라는 물리적 제한요인 때문에 갑작스럽게 전염병을 만연시킬 수는 없지만, 흔히 지역적으로 한정되면서 서서히 전파되는 전염병을 일으킨다 (그림 8-9A). 그러나 그러한 주요 토양균류도 공기전염성 포자를 생성할 때에는 상당히 멀리 전파될 수 있고 넓은 면적에 파괴적인 전염병을 일으킬 수 있다 (그림 8-9B).

전염병의 진전에 미치는 환경요인

대다수의 식물병은 식물이 자라는 모든 곳에서 발생하지만 대개는 심하게 만연되는 전염병으로 진전되지는 않는다. 감수성 품종과 병원성이 강한 병원체가 같은 장소에 함께 존재하더라도 항상 감염이 많이 일어나지는 않고 전염병으로 진전되는 것은 더더욱 아니다. 이 사실은 환경이 전염병의 진전을 제어한다는 것을 단적으로 보여준다. 환경은 기주식물의 이용도, 생육시기, 다즙성 및 유전적 감수성에 영향을 미친다. 환경은 또한 병원체의 생존, 활력, 번식률, 포자형성과 병원체 전파의 용이성, 방향 및 거리뿐만 아니라 포자의 발아율과 침입률에도 영향을 미친다. 게다가 환경은 그 병원체의 매개체 수와 활동에도 영향을 미친다. 식물전염병의 진전에 영향을 미치는 가장 중요한 환경요인은 수분, 온도 및 재배수단과 방제수단과 같은 인간의 활동이다.

수분

제7장에서 논의된 바와 같이 비, 이슬 또는 높은 습도로 풍부하게 오랫동안 지속되는 수분은 난균과 균류(마름병, 노균병,

그림 8-9 (A) *Sclerotinia sclerotiorum*의 토양전염성 균핵에 감염된 양상추. (B) 동일한 병원균의 공기전염성 자낭포자에 의해 감염되어 죽은 넓은 양상추 포장. [출처: K.V. Subbarao, *Plant Dis.* **82**, 1068-1078 (1998).]

점무늬병, 녹병, 탄저병), 세균(점무늬병, 마름병, 무름병)과 선충에 의해 생기는 대부분의 전염병을 진전시키는 데 가장 중요한 요인이다. 수분은 기주에서 새로운 다즙성 및 감수성 생장을 촉진시킬 뿐만 아니라 더욱 중요하게는 균류의 포자 형성(그림 7-6A, 7-8)과 세균의 증식을 증가시킨다. 수분은 기주 표면에서 많은 균류의 포자방출(그림7-7, 7-9)과 세균의 유출을 촉진시키고, 포자의 발아와 유주포자, 세균 및 선충의 이동을 가능하게 해준다. 수분이 많이 존재하면 이러한 모든 사건이 끊임없이 반복적으로 일어나게 되며 결국 전염병으로 발달하게 된다. 반면에 단지 며칠 동안이라도 수분이 없으면 이러한 모든 사건이 발생하지 못하게 되어 전염병의 발생이 방해받거나 완전히 중단된다. *Fusarium*과 *Streptomyces* 같은 토양전염성 병원균에 의해 발생하는 병은 습한 날씨보다 건조한 날씨에서 더욱 심하지만, 이러한 병이 중요한 전염병으로까지 진전되지는 않는다. 매개체의 활동이 주로 높은 습도에 의해 영향을 받기 때문에 바이러스와 몰리큐트에 의한 전염병은 수분에 의해 간접적으로만 영향을 받는다. 수분은 일부 바이러스를 매개하는 균류와 선충 같은 매개체의 활동을 증가시키고, 일부 바이러스와 몰리큐트를 매개하는 진딧물, 멸구와 기타 매개체의 활동은 감소시킨다. 이러한 매개체의 활동은 우기에 급격하게 감소된다.

온도

식물의 최적 생육온도보다 더 높거나 낮은 온도에서는 식물의 부분저항성 수준이 감소되기 때문에 때때로 전염병에 유리한 조건이 된다. 어느 수준의 온도에서는 심지어 기주식물의 레이스특이적 저항성조차 감소되거나 소멸된다. 그러한 온도조건에서 자라는 식물은 스트레스를 받고, 만약 병원체가 활력이 있는 채로 남아있다면 병에 걸리기 쉽다.

추운 겨울동안에 생존하는 난균, 균류, 세균 및 선충의 전염원은 저온에 의해 감소된다. 더운 여름동안 생존하는 바이러스와 몰리큐트의 전염원은 고온에 의해 감소된다. 게다가 저온은 월동하는 매개체의 수도 감소시킨다. 생육기에 발생하는 저온은 매개체의 활동을 감소시킬 수 있다.

그러나 온도가 전염병에 미치는 가장 흔한 영향은 발병 · 감염과정의 각 단계에 대한 영향이다. 이 과정은 포자발아(그림 7-8, 7-9) 또는 알의 부화, 기주침입, 병원체의 생장(그림 7-3, 7-4) 또는 증식, 기주내부 침투와 포자형성(그림 7-5) 등이다. 이러한 각 단계에서 최적 온도 범위일 때 다주기성 병원체는 매우 짧은 시간 내(보통 수일 내에)에 감염환을 완성시킬 수 있다. 결과적으로 다주기성 병원체는 한 생육기 동안에 많은 감염환을 일으킨다. 전염원의 양은 각 감염환과 함께 수배(아마도 100배 이상)로 증가하고 새로 생긴 전염원의 일부는 다른 식물체로 쉽게 전파될 것이기 때문에, 더 많은 감염환은 더 많은 식물체가 더욱 더 많은 병원체에 의해 감염되도록 하고 결과적으로 심한 전염병으로 진전되게 한다.

실제로 수분과 온도는 많은 식물병의 시작과 진전 및 식물병의 대발생에 틀림없이 유리하게 작용할 것이다.

인간의 경종과 방제수단의 영향

인간의 많은 활동은 식물전염병에 직접 또는 간접적으로 영향을 미치는데, 그 중 일부는 전염병의 발생빈도와 속도를 증가시키고 일부는 감소시킨다.

위치 선정과 준비

지대가 낮아서 배수와 통기가 불량한 포장, 특히 감염된 포장 근처에서 전염병은 쉽게 발생하고 진전된다.

번식재료의 선발

다양한 병원체를 보균하고 있는 종자, 묘목 등의 번식재료를 이용하면 작물체 내에 초기전염원의 양이 증가되고 식물병의 진전이 크게 촉진된다. 반면에 무균 번식재료 또는 약제가 처리된 번식재료를 이용하면 전염병이 발생할 기회가 크게 감소된다.

경종수단

단일작물의 연작, 넓은 면적에 동일 품종 재배, 높은 수준의 질소질비료 시비, 무경운재배, 밀식재배(그림 8-10), 두상관수, 제초제에 의한 약해와 불량한 위생관리에 의해 전염병의 발생가능성과 발병량은 증가한다.

병 방제수단

약제살포, 재배수단(위생관리, 돌려짓기), 생물적 방제(저항성 품종의 이용) 등의 방제수단에 의해 전염병의 발생가능성이 감소되거나 배제된다. 그러나 때때로 특정 약제를 이용하거나 특정 품종을 재배하는 방제법은 그 약제에 대해 저항성을 나타내거나 그 품종의 저항성을 극복할 수 있는 병원력이 강한 병원체 계통을 선발하도록 만들기 때문에 결과적으로 전염병이 발생하게 된다.

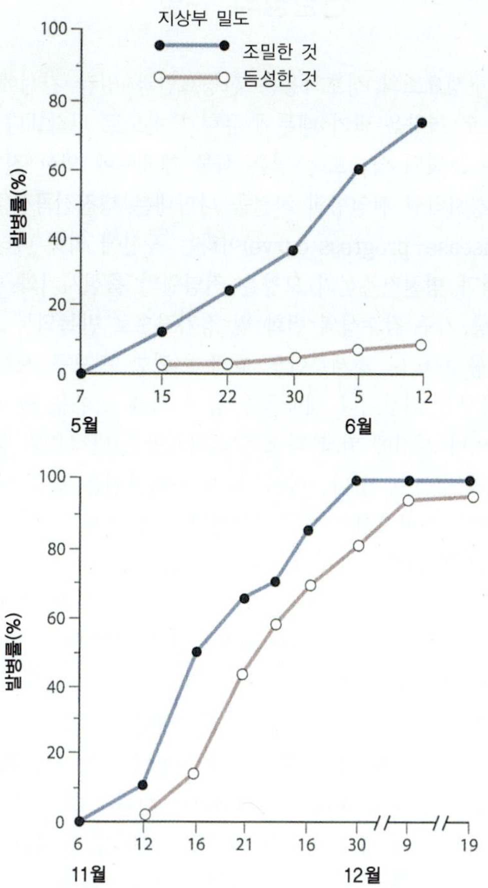

그림 8-10 *Phytophthora infestans*의 진전에 미치는 지상부 밀도의 영향; 5~6월: 병발생 부적시기, 11월-12월: 병발생 최적시기. [출처: Rotem and Ben-Joseph, (1970) *Plant Dis. Rep.* **54**, 768-771.]

새로운 병원체의 도입

세계여행이 쉽고 빈번해짐에 따라 종자, 괴경, 묘목 등의 농산물의 이동도 증가되었다. 이러한 일은 기주가 병원체에 대해 저항성을 진화시킬 기회가 없었던 지역으로 병원체가 도입될 가능성을 증가시킨다. 이러한 병원체는 빈번하게 식물병의 대발생을 초래하는데, 밤나무 줄기마름병, 느릅나무 시들음병과 *Xanthomonas campestris* pv. *citri* 에 의해 발생하는 귤나무 궤양병이 그 예이다.

식물병 및 수량손실의 측정

병을 측정할 때에는 (1) 그 병의 **발병률**(發病率; incidence), 즉 조사한 총 식물체 단위에 대한 병든 식물체 단위의 수 또는 비율(어떤 병징을 보이는 식물체, 잎, 줄기와 열매의 수 또는 비율); (2) 그 병의 **발병도**(發病度; severity), 즉 병든 식물체 조직의 면적 또는 양의 비율; (3) 그 병에 의해 발생한 **수량손실**(收量損失; yield loss), 즉 병에 의해 수량이 직접적으로 손실되거나 병에 의해 식물체가 수량을 생산하지 못하기 때문에 재배자가 수확할 수 없는 수량의 비율을 측정한다. 수량손실은 **획득가능수량**(獲得可能收量; attainable yield)과 **실제수량**(實際收量; actual yield)과의 차액이다.

발병률 측정은 비교적 빠르고 쉬운데, 이 측정방법은 포장, 지역 또는 나라 전체로 병이 전파되는 것을 측정하기 위한 역학적 연구에서 가장 흔하게 사용된다. 맥류 깜부기병, 벼 목도열병, 핵과류 잿빛무늬병, 일년생식물의 유관속시들음병 등 소수의 경우에서는 각 병든 식물체 또는 열매가 전체 손실이기 때문에 발병률은 발병도 및 수량손실과 직접적인 관계가 있다. 그러나 식물체에 단일 병반을 나타내거나 수백 개의 병반을 나타내거나 병든 식물체로 조사되는 대부분의 다른 병(대부분의 점무늬병, 뿌리 병반과 녹병)에서는 발병률이 발병도나 수량손실과 거의 관계가 없다. 비록 발병률보다 발병도와 수량손실이 재배자에게는 훨씬 중요할지라도 측정이 더 어렵고, 어떤 경우에는 전염병의 진전 말기까지도 측정이 불가능하다.

발병도는 보통 병원체에 의해 파괴된 식물체나 열매의 면적이나 부피 백분율 또는 비율로 나타낸다 (그림 8-11, 그림 8-12). 특정 시점에서 침해받은 조직의 상대적인 비율을 나타내기 위해서 대체로 0에서 10이나 1에서 4까지의 등급이 병을 평가하기 위하여 사용된다. 병에 의한 수량손실은 몇 가지 작물 생육단계에서 연속적으로 병을 평가하여 측정하거나 **병진전곡선면적**(病進展曲線面積; area under a disease progress curve, AUDPC), 즉 병진전곡선과 그래프의 X축 사이의 면적을 계량화함으로써 측정한다. 병진전곡선면적은 발병도의 진전을 요약하기 위하여 사용되며 발병도를 평가한 횟수, 각 평가시점에서 발병도와 전염병의 지속기간을 고려한 수식에 의해 산출된다.

수량손실은 거의 항상 병으로부터 생기는 **경제적 손실**(經濟的損失; economic loss)로 귀착된다. 경제적 손실은 병으로 인한 수량감소(그림 8-13), 또는 작물에 대한 피해를 감소시키기 위해 지출된 농입활동 비용 또는 두 가지 모두 때문에 작물재배로부터 경제적인 수익이 감소할 때 발생한다. 그러나 식물병을 관리하기 위하여 재배자는 일반적으로 방제비용의 증가분이 작물수익의 증가분보다 더 적을 때에만 병방제수단을 강구한다. 방제비용이 작물수익의 증가분과 정확하게 일치할 때의 발병 수준, 즉 식물 피해량을 그 병의 **경제적 한계선**(經濟的限界線; economic threshold)이라고 한다. 작물-병원체 시스템의 경제적 한계선은 병에 대한 그 작물의 내성 수준인 **피해한계선**(被害限界線; damage threshold)에 따라 달라지는데, 경제적 한계선은 침해받은 작물 생육시기, 작물 관리수단, 환경, 병원체의 병원성의 변이와 새로운 방제수단 등에 의해 결정된다. 경제적 피해한계선은 또한 상품가격과 방제비용에 따라서도 달라진다.

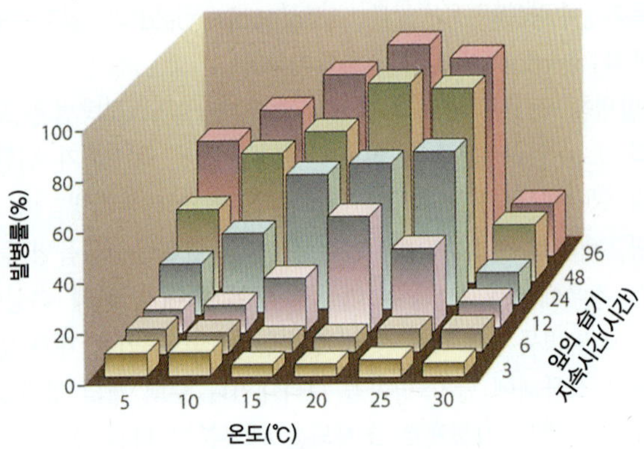

그림 8-11 *Ascochyta rabiei*에 의한 매부리콩 마름병의 진전에 미치는 온도 및 잎의 습기 지속시간의 영향. [출처: Trapero-Casas and Kaiser (1992), *Phytopathology* **82**, 589-596.]

전염병의 유형

전염병 구성요소의 상호작용은 환경요인과 인간 간섭에 의해 경시적으로 영향을 받기 때문에 유형과 속도로 나타낸다. 병반수, 병든 조직의 양, 또는 병든 식물 개체수에 의한 전염병의 유형은 경시적인 전염병의 진전을 나타내는 **병진전곡선**(病進展曲線; disease-progress curve)이라는 곡선에 의해 나타낸다. 발병시점과 병진전곡선의 모양은 전염원의 출현시기와 양, 생육기간 중 기주 감수성의 변화 및 정기적으로 반복되는 기상변화와 경종수단 및 방제수단의 효과에 관한 정보를 보여준다. 병진전곡선은 기상이나 재배품종 등에 의해 영향을 받기 때문에 지역이나 시기에 따라 다소 달라지지만 일반적으로 병의 종류에 따라 특징이 있다. 예를 들면 포화곡선은 단주기성병의 특징이고, S자형곡선은 다주기성병의 특징이며, 2정점형곡선은 식물체의 다른 기관(꽃, 과일)을 침해하는 병의 특징이다(그림 8-14). 병진전곡선을 잘 알고 있어야 특정 병에 대해 정확하게 병예찰을 하고 가장 효율적인 방제전략 및 방제시기를 선택할 수 있다.

전염병이 먼 거리로 전파됨에 따른 병반수, 병든 조직의 양과 병든 식물 개체수의 변화에 의해 전염병이 공간적으로 진전되는 것을 전염병의 공간적 유형이라고 한다. 즉 전염병의 공간적 유형은 병과 병 사이, 병과 작물의 재배면적 사이의 공간적인 배치 구조를 일컫는다. 전염병의 공간적 유형은 병원체의 전파, 즉 기주군락 또는 군락지역의 내부와 외부로 개개의 병

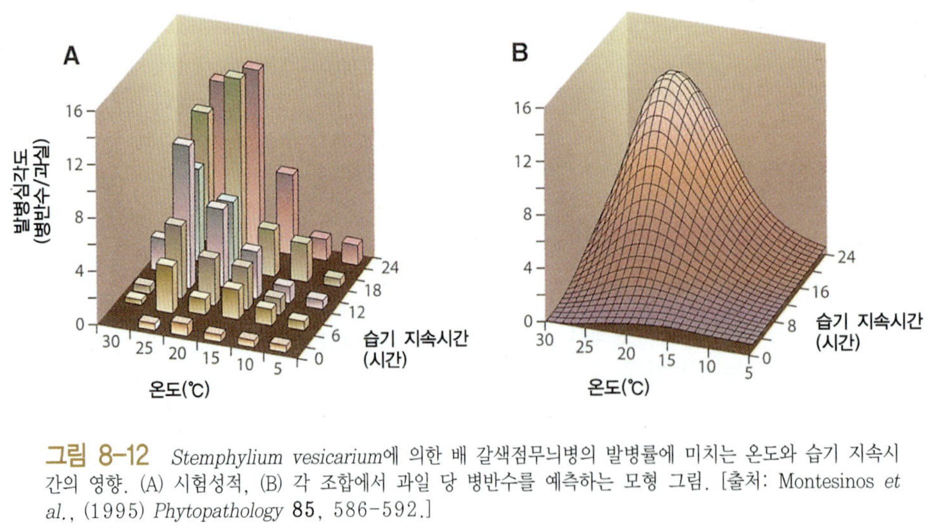

그림 8-12 *Stemphylium vesicarium*에 의한 배 갈색점무늬병의 발병률에 미치는 온도와 습기 지속시간의 영향. (A) 시험성적, (B) 각 조합에서 과일 당 병반수를 예측하는 모형 그림. [출처: Montesinos *et al.*, (1995) *Phytopathology* **85**, 586-592.]

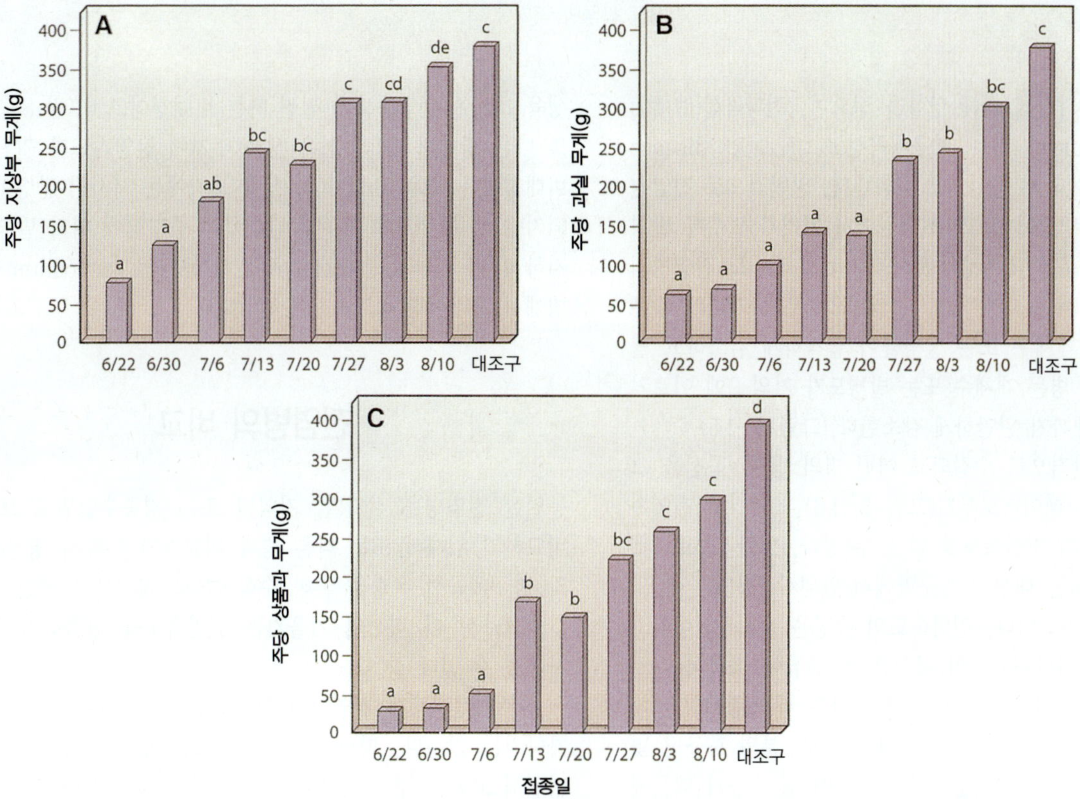

그림 8-13 오이 모자이크 바이러스(CMV) 접종시기별 고추 과실을 제외한 지상부(A), 과실 전체(B), 상품과(C)의 평균무게와 접종하지 않은 대조구의 평균무게. [출처: Agrios, Walker and Ferro, (1985). *Plant Dis.* 69, 52-55.]

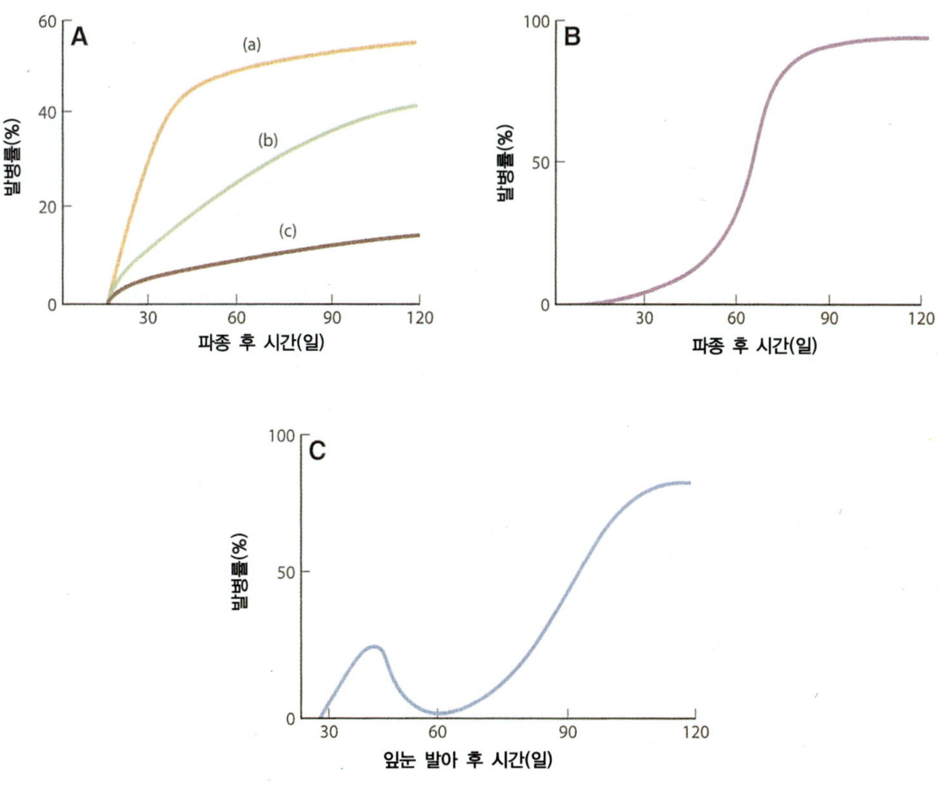

그림 8-14 기본적인 식물전염병의 유형별 병진전곡선의 모식도. (A) 전염속도가 다른 3가지 단주기성병. (B) 감자 역병 등 다주기성병, (C) 꽃과 열매가 각각 다른 시기에 감염되는 핵과류의 잿빛무늬병처럼 2정점형 다주기성병.

원체가 이동하는 과정에 의해 영향을 받으며, **전파곡선**(傳播曲線; dispersal curve) 또는 **병구배곡선**(病勾配曲線; disease gradient curve)이라는 곡선으로 나타낸다. 일반적으로 전염원에 가까울수록 발병량이 많고, 전염원에서 거리가 멀수록 발병량이 적어지기 때문에 대부분의 병구배곡선은 적어도 전염병의 초기 단계에서는 아주 비슷하다. 전염원으로부터 거리가 짧은 범위에서는 병든 개체수 또는 발병률이 급격하게 감소하고 훨씬 먼 거리에서는 병든 개체수 또는 발병도가 거의 0에 이르거나 극히 낮아질 때까지 완만하게 감소한다 (그림 8-15).

다양한 시간 간격으로 수집되고 어떤 병의 병진전곡선을 그리기 위해 사용된 데이터로부터(그림 8-16), 그 병의 전염속도, 즉 그 전염병의 진전속도를 얻을 수 있다. 일반적으로 *r*로 나타내는 전염속도는 대상 식물군락에서 단위시간당(일, 주 또는 년당) 발병 증가량이다. 전염속도의 유형은 속도곡선이라고 부르는 곡선으로 나타내고, 이 곡선은 병 종류에 따라서 다르다 (그림 8-16). 감자 역병의 속도곡선은 대칭(종모양)이다 (그림 8-16A). 사과나무 검은별무늬병과 대부분의 노균병 및 흰가루병의 속도곡선은 어린잎에서 감수성이 훨씬 높기 때문에 생육 초기에 전염속도가 훨씬 빠른 비대칭이고 (그림 8-16B), 또 다른 병에서 속도곡선은 생육 후기에 전염속도가 훨씬 빠른 비대칭이다 (그림 8-16C). 생육 초기에는 서서히 발병이 시작되지만 생육 후기에 기주의 감수성이 증가함에 따라 발병이 현저하게 가속화되는 Alternaria잎마름병과 Verticillium시들음병에서는 비대칭 속도곡선이 관찰된다.

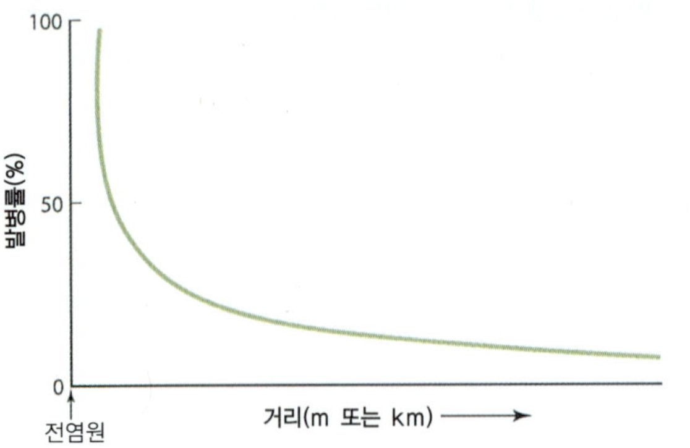

그림 8-15 병구배곡선의 모식도. 발병률과 거리의 크기는 병원체와 전파방법에 따라 다르다. 토양 전염성병이나 곤충매개성 바이러스병은 상대적으로 병구배거리가 짧고 공기전염성병은 길다.

전염병의 비교

동일한 전염병을 시기별, 지역별 또는 경종수단별로 보다 잘 비교하기 위해서 또는 다른 병과 비교하기 위해서 병진전곡선과 병구배곡선 유형을 흔히 수학적으로 직선으로 변환시킨다. 그리고나서 이 직선의 기울기는 전염속도를 산출하기 위하여 사용될 수 있다.

단주기성병에서 전염원의 양은 생육기 동안에 현저하게 증가하지는 않는다. 따라서 병증가속도는 병을 유도할 수 있는 병원체 고유의 능력과 기주 저항성 및 병원체의 병원성에 영향을 미치는 환경요인과 경종방법의 역량에 의해서만 영향을 받는다.

반면에 다주기성 병원체에 의해 발생하는 병의 초기전염원은 비록 지극히 중요할지라도 최종발병량에서는 감염환의 횟수보다 상대적으로 덜 중요하다 (그림 8-17). 많은 감염환을 가진 병원체는 또한 기주와 상호작용을 할 기회가 많다. 따라서 앞서 언급한 요인들(병을 유도할 수 있는 병원체 고유의 능력, 환경요인, 기주 저항성과 경종수단)은 전파, 침입, 증식, 병반의 크기, 병반형성 속도, 포자형성 속도 및 포자형성량에 영향을 미칠 수 있다. 그러나 그 요인들은 동일한 생육기 동안에 한 차례가 아니라 여러 차례에 걸쳐 영향을 줄 수 있다. 전염원의 양과 병의 계속적인 또는 때때로 간헐적인 증가는 생육기

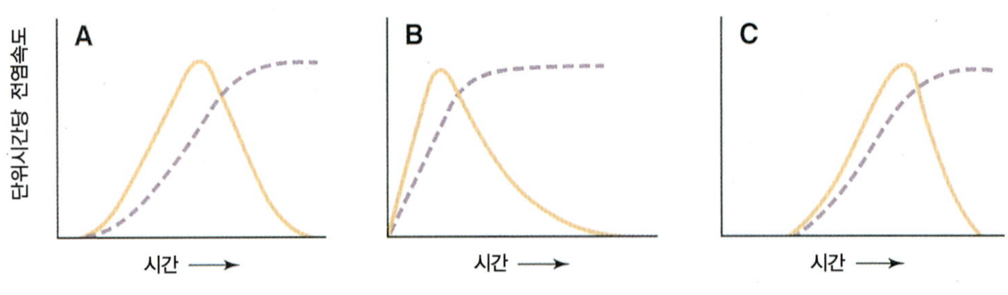

그림 8-16 전염속도곡선의 모식도. (A) 좌우대칭 전염속도를 가지는 곡선, (B) 생육초기에 최고 전염속도를 가지는 곡선, (C) 생육후기에 최고 전염속도를 가지는 곡선. 점선은 누적전염속도곡선에 의해 작성된 가상 병진전곡선을 나타낸다.

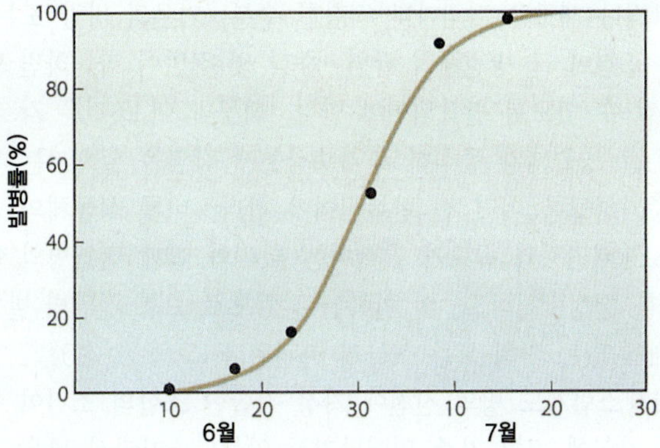

그림 8-17 *Puccinia helianthi*에 의한 해바라기 녹병의 예측(-) 및 실측(●) 병진전곡선. [출처: Shtienberg and Vintal (1995). *Phytopathology* 85, 1388-1393.]

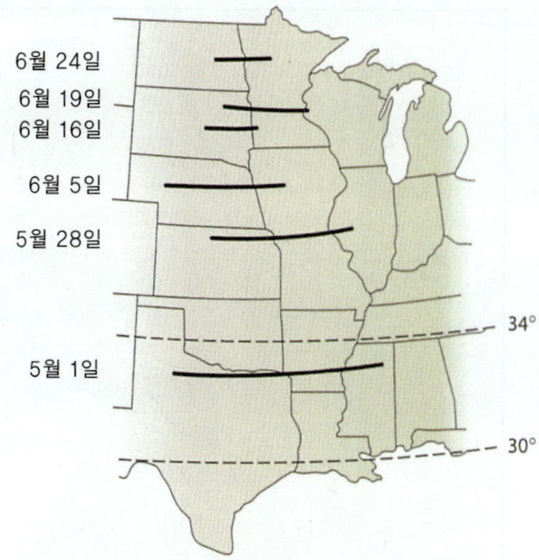

그림 8-18 미국대륙을 가로질러 발생하는 밀 줄기녹병의 예년 발생 예찰. 병원균 *Puccinia graminis tritici*는 대부분 북위 30도 이남에서 월동하고 극히 일부는 북위 34도 지역에서도 월동한다. 봄에 병원균은 왼편의 날짜가 나타내는 속도로 북쪽으로 전파된다. [출처: Roelfs (1986).]

에 각각의 단기간별로 매우 다양한 감염속도를 나타내게 하고, 전체 생육기에 대해서도 꽤 다양한 전염속도를 나타내게 한다.

다주기성병의 전염속도는 보통 단주기성병에 대해 산출하는 방식인 년당 전염속도보다는 일당 또는 주당 전염속도로 산출한다. 일반적으로 다주기성병의 전염속도(r)는 단주기성병의 전염병 증가속도(r_m)보다 훨씬 크다. 예를 들면, 목화 Verticillium 시들음병의 r_m은 일당 0.02 unit이고, 목화 Phymatotrichum 뿌리썩음병은 년당 1.60 unit이다. 반면에 감자 역병에 대한 전염속도 r은 일당 0.3~0.5 unit이고 밀 줄기녹병에 대해서는 일당 0.3~0.6 unit, 그리고 오이 모자이크 바이러스병에 대해서는 일당 0.15 unit이다.

단주기성과 다주기성 병원체에 의해 발생하는 전염병 이외에도 다년성 전염병도 있다. 다년성 전염병을 일으키는 병원체, 즉 수목의 시들음병을 일으키는 일부 균류와 바이러스병 및 몰리큐트병을 일으키는 병원체는 유효전염원을 형성하기 전에 감염된 식물체 내에서 1년 이상 존재한다. 기주의 다년생적인 특성 때문에 기본적으로 이러한 다년성병은 낮은 r값을 가진 다주기성병처럼 행동한다. 다년성병은 연초에 전년도만큼 병든 나무와 전염원이 많이 존재하기 때문에 발생하며, 연중 병든 나무와 전염원은 모두 증가하므로 느리지만 심한 전염병을 일으킨다. 잘 알려진 다년성식물병으로 밤나무 줄기마름병(r = 년당 0.3~1.2 unit)과 느릅나무 물관괴저병(파이토플라스마) (r = 년당 0.6 unit) 등이 있다.

전염병의 진전

병이 포장에서 넓은 지역으로 전파되어 중요하고 피해가 심한 전염병으로 진전되려면 특수한 조합의 환경요인이 끊임없이 잦은 간격으로 넓은 지역에 지속되어야 한다. 비록 병원체가 존재하는 작은 단일 포장일지라도 단 한 번의 적합한 환경조건만으로는 대부분 식물체가 심하게 병들지 않는다. 병원체가 포장에서 경제적으로 피해가 심한 전염병을 일으킬 만큼 충분한 개체를 형성하기 위해서는 반복된 감염환과 상당한 시간이 걸린다 (그림 8-1). 그러나 일단 큰 집단의 병원체가 존재한다면, 병원체는 근처 포장으로 전파되어 공격할 수 있고 불과 며칠 정도의 매우 짧은 시간에 심하게 피해를 주는 전염병을 흔히 일으킬 수 있다.

식물전염병은 정원, 온실 또는 작은 포장에서 발생할 수도 있지만, 전염병은 일반적으로 넓은 포장, 계곡, 나라의 일부, 나라 전체, 또는 심지어 대륙의 일부와 같이 넓은 지역에 재배되고 있는 특정 종류의 작물에서 병원체가 발달하여 급속하게 전파되는 것을 의미한다 (그림 8-18, 8-19). 따라서 어떤 식물전염병의 첫째 구성요소로 작물과 포장이 밀집되고 유전적으로 균일한 작물이 넓은 지역에 식재되어야 한다. 전염병의 둘째 구성요소로 병원성이 강한 병원체가 존재하거나 출현해야 한다. 물론 그러한 감수성 기주식물과 병원성이 강한 병원체가 공존하는 경우가 수많은 곳에서 매일 생길 수 있다. 그러나 대부분의 경우에는 한정된 지역에 발생하여 한정된 범위까지만 작물에 피해를 주고 전염병으로 진전되지는 않는다. 전염병은 알맞은 조합의 조건이 생겨 계속 유지될 때에만 발생한다. 이

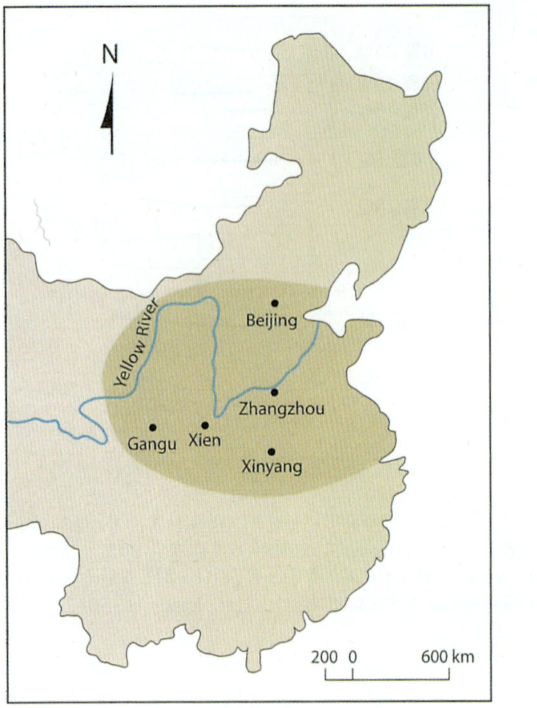

그림 8-19 중국 북부에서 *Puccinia striiformis*에 의해 매년 발생하는 밀 줄녹병 (색조 부분). Gangu는 줄녹병 전염원 지역이고, 나머지는 확산 지역이다. 기류가 가을에는 동쪽 방향, 봄에는 북쪽 방향으로 이동한다. [출처: Yang and Zeng (1992), *Phytopathology* **82**, 571-576.]

조건은 식물체가 감수성 단계일 때에 병원체의 생성, 전파, 접종, 침입, 감염 및 증식이 일어나고, 동시에 적절한 온도, 수분과 바람 또는 매개충이 존재해야 하는 것이다.

그래서 전염병이 진전되기 위해서는 작물이 병원체에 대해 감수성이 되기 시작하자마자 소량의 초기전염원 또는 1차전염원이 바람 또는 매개체에 의해 일부 작물로 운반되어야 한다. 그 다음에 온도는 발아 또는 감염이 일어나기에 적합해야 한다. 감염 후 수많은 새로운 포자가 가능하면 빠르게 형성될 수 있도록 기온은 병원체의 빠른 생장과 증식(짧은 잠복기, 짧은 감염환)에 적합해야 한다. 그 다음에 수분(강우, 안개, 이슬)은 포자가 대량 방출할 수 있을 만큼 충분하고 오래 지속되어야 한다. 그리고 바람은 적당한 습도와 풍속으로 감수성 작물을 향하여 불면서 포자를 아직도 감수성 상태인 식물로 전반시켜야 한다. 대부분의 식물전염병은 북반구에서는 남쪽에서 북쪽으로 전파되고, 남반구에서는 북쪽에서 남쪽으로 전파된다. 따뜻한 날씨와 생육기간이 같은 방향으로 이동하기 때문에 계절이 진행됨에 따라 병원체는 감수성 단계에 있는 식물을 꾸준하게 찾을 수 있다.

그러나 새로운 지역마다 적합한 수분, 기온과 바람 또는 매개체 조건이 그 병원체의 감염, 증식 및 전반이 가능하면 빨리 일어날 수 있도록 반복되어야 한다. 더구나 이 조건은 각 지역에서 그 병원체가 증식하고 기주식물에 감염을 일으키는 횟수가 증가하도록 여러 번 반복되어야 한다. 비록 식물체의 균일성과 재배면적의 규모가 유행하는 날씨와 함께 전염병의 최종 전파를 결정할지라도, 이 반복된 감염으로 보통 전염병 발생지역 내에 있는 거의 모든 식물이 파괴된다 (그림 8-20).

다행스럽게도 병의 진전에 가장 적합한 조합의 조건이 광범위한 지역에 걸쳐 자주 일어나지는 않는다. 따라서 넓은 지역에서 작물을 파괴시키는 엄청난 규모의 식물병의 대발생은 비교적 드물다. 그러나 포장 또는 계곡에 있는 식물체를 포함하여 소규모 전염병은 빈번하게 발생한다. 환경조건이 감자 역병, 사과나무 검은별무늬병, 맥류 녹병과 같은 많은 병에 적합하고 그러한 전염병을 회피하기 위하여 매년 병방제 수단(약제 살포, 저항성 품종 등)을 사용하지 않는다면 전염병은 매년 발생한다.

식물전염병의 모델링

전염병은 동적인 과정이다. 전염병은 소수의 식물체에서 시작된다. 그래서 기주와 병원체에 영향을 미치는 환경요인의 종류, 규모 및 지속기간에 따라서 전염병이 마침내 소멸될 때까지 전염병의 발병률은 증가하고 더 넓은 지역으로 전파된다. 모든 기주식물체가 병원체에 의해 죽거나 식물체가 성숙하여 병원체에 대해 저항성으로 되거나 식물체가 수확되었을 때 전염병은 멈춘다. 날씨가 건조해지거나 계절에 맞지 않게 저온일 때에 전염병은 감소하거나 멈추는 경우가 많다. 전염병의 출현, 진전 및 전파는 허리케인과 여러 가지 면에서 유사하다. 인간은 전염병과 허리케인이 각각 시작되는 요소와 조건, 전염병과 허리케인의 증가속도와 방향에 영향을 미치는 조건 및 전염병과 허리케인을 소멸케 하는 조건을 측정하는 데 상당한 관심을 가져왔다. 주어진 지역에서 전염병과 허리케인의 진전을 연구하고 전염병과 허리케인의 크기, 경로 및 공격 시간을 예측하기 위하여 두 현상에 대한 관찰, 측정, 수학공식 및 컴퓨터가 광범위하게 이용되고 있다.

밀 줄기녹병, 감자 역병, 사과나무 검은별무늬병, 포도나무 노균병과 같은 전염병은 매년 각 지역에서 예측이 가능한 진로를 따라 발생한다. 전염병의 진로는 기주 품종과 병원균 레이스, 전염병 초기에 존재하는 전염원의 양, 전염병 발생동안의 수분 수준과 온도 범위에 따라 다르다 (그림 8-21). 전염병의 각 구성요소와 어느 순간의 각 부구성요소에 관한 정보가 더

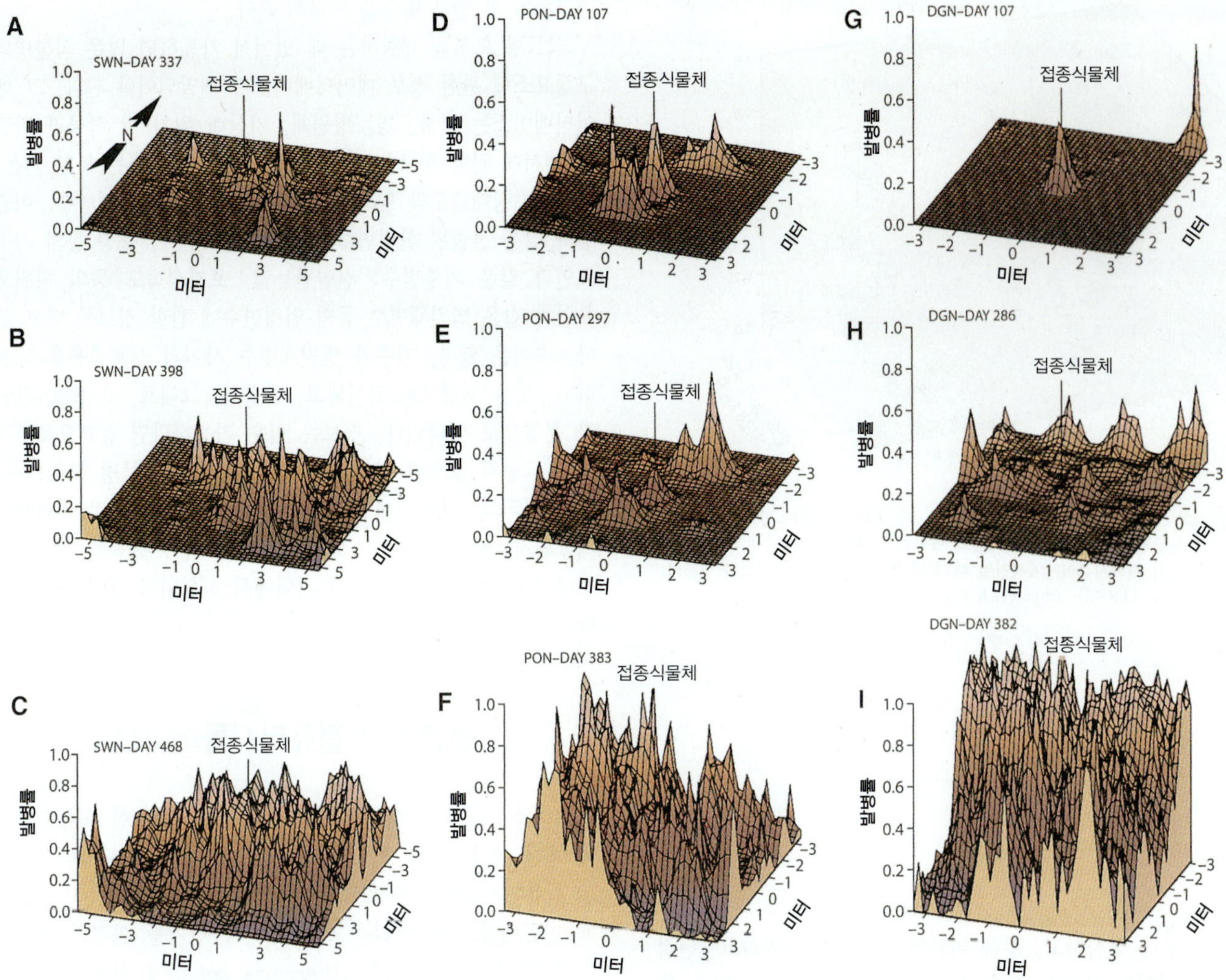

그림 8-20 접종 후 날짜별 귤나무류 묘상 3지역에서 접종한 식물체로부터 *Xanthomonas campestris* pv. *citri*에 의한 귤나무류 궤양병의 진전 및 전파. SWN, Swingle rootstock nursery; PON, Pinable orange nursery; DGN, Duncan grapefruit nursery. Duncan 묘상에서 귤나무류 궤양병의 가장 빠르게 진전되고 Swingle 묘상에서 가장 느리다. [출처: Gottwald *et al.* (1989), *Phytopathology* **79**, 1276-1283.]

많을수록 그 전염병을 더 잘 이해하고 설명할 수 있으며, 시간이 좀 더 경과한 시점이나 또 다른 지역에서 전염병의 방향과 발병률을 더 잘 예측할 수 있다. 물론 전염병의 방향과 발병률을 예측하는 능력은 실용적인 중요성을 가진다. 즉 우리가 방제수단을 가지고 개입할지의 여부와 개입시기를 결정하게 해준다. 게다가 특정 지역에서 전염병을 늦추거나 완전하게 예방할 병관리전략의 종류를 결정하게 해준다.

1960년대 후반부터 식물병리학자들은 전염병의 진전을 이해하고 예측할 수 있는 능력을 개선시키기 위한 노력으로 가장 흔하고 피해가 심한 병에 대하여 잠재적인 전염병의 모형을 개발하고 있는 중이다. 모형의 구축에는 정량적 처리, 즉 수학공식에 의해 처리할 정보가 있는 특정 식물병의 모든 구성요소와 같은 수의 부구성요소를 고려해야 한다. 구축된 모형은 일반적으로 실제 전염병을 조잡하게 단순화시킨 것이다. 예를 들면 모형 장난감 자동차와 비행기를 진짜 자동차와 비행기에 비교하는 것과 대체로 유사하다. 그러나 모형이 더

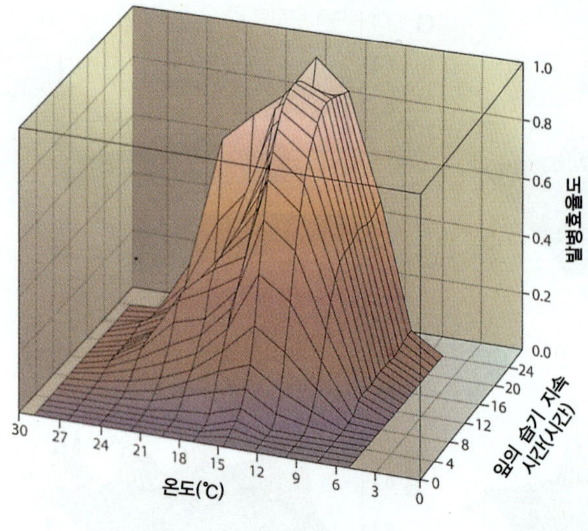

그림 8-21 *Uromyces appendiculatus*에 의한 강낭콩 녹병의 발병 능력에 대한 온도와 잎의 습기 지속시간의 영향을 나타내는 모형. 기온 15℃ 에서 잎의 습기 지속시간이 24시간일 때 최대 발병치 1.0에 도달한다. [출처: Berger *et al*. (1995), *Phytopathology* **85**, 715-721.]

많은 부품을 묘사하고, 부품 비율의 정밀도가 증가하고, 연결되어 움직이는 부품의 수가 증가함에 따라 모형 장난감을 통해 실제 모습을 더 잘 재현하고 이해할 수 있다. 모형이 진짜와 더 가깝게 닮을수록 그 모형을 관찰함으로써 진짜가 더 잘 연상되고 기능을 이해할 수 있다. 식물전염병을 모델링하는 데 있어서 그 전염병의 각 구성요소와 부구성요소는 장난감 모형 부품과 같은 것으로 여겨진다. 더구나 더 정밀하게 측정되고 조립된 부품으로 더 정확한 장난감 모형이 만들어지는 것처럼 전염병의 진짜 부구성요소가 더 정밀하게 측정되고 함께 맞춰질수록 전염병을 더 정밀하게 묘사할 수 있다. 전염병의 부구성요소의 가치에 관한 충분한 정보를 각 단계 및 조건별로 가지고 있을 때 전염병을 묘사하는 수학적 방정식인 수학적 모형을 개발할 수 있다.

특정 식물병에 대한 전염병의 수학적 모형 분석은 초기전염원의 양과 효력, 환경의 영향, 기주의 병저항성, 기주와 병원체의 상호작용 기간 및 여러 가지 병관리 전략의 효과에 관한 엄청난 정보를 제공해 준다. 전염병 모형을 실제 관찰 및 실험으로 증명하기 위한 시도는 더 많은 지식이 필요한 영역을 지적해 준다. 따라서 그러한 분석은 특정 병에 대해 추가적으로 추구해야 할 연구 방향을 지적해 준다.

식물병 모형을 개발하는 데 있어서 가능하면 많은 식물병의 구성요소에 관한 정보 데이터베이스가 개발되어야 한다. 그 데이터베이스는 작물, 병, 병원체, 기상대 위치 및 작물과 관련된 센서에 관한 정보를 담고 있다. 데이터베이스는 또한 기온, 강우량, 상대습도와 잎의 습기와 같은 측정된 환경변수; 이슬점과 같은 산출된 환경변수; 작물의 생육단계, 품종 등의 기주요인과 같은 기주변수; 전염원능력, 포자성숙도 등의 병원체 요인과 같은 병원체변수 등의 입력변수에 관한 정보를 담고 있다. 수식은 환경, 기주와 병원체변수 사이의 상호작용을 묘사하고, 병은 모형으로 묘사되고, 방정식, 그래프, 표 또는 간단한 문장으로 나타낸다. 정보는 입수 가능하다면 문헌으로부터 얻고 그렇지 않으면 실험을 통하여 얻는다. 식물병 모형은 특수한 기후와 지역을 대상으로 개발되기 때문에 특정 지역에서 개발되지 않은 모형이 그 지역에서도 효력이 있음을 검증하기 위해서는 한 생육기 이상 그 지역에서 시험되고 확인되어야 한다.

전염병의 컴퓨터시뮬레이션

컴퓨터의 이용으로 식물병리학자들은 가장 중요한 식물전염병에 대한 시뮬레이션 프로그램을 개발할 수 있게 되었다. 최초의 컴퓨터시뮬레이션 프로그램 중 하나인 EPIDEM은 1969년에 만들어졌는데, 병원균 생활사의 각 단계를 환경의 함수로 모델링했다. EPIDEM은 *Alternaria solani*에 의해 발생하는 토마토와 감자의 겹둥근무늬병의 발생을 시뮬레이션하기 위하여 설계되었다. 이어서 셀러리 Cercospora 마름병(CERCOS), 국화 Mycosphaerella마름병(MYCOS), *Cochliobolus (Helminthosporium) maydis*에 의한 옥수수 깨씨무늬병(EPICORN), *Venturia inaequalis*에 의한 사과나무 검은별무늬병(EPIVEN) 등에 대한 컴퓨터시뮬레이션 프로그램들이 개발되었다. 더 일반적이고 유연성이 있는 식물병 시뮬레이션 프로그램인 EPIDEMIC 이 처음에는 맥류 줄녹병에 대해 개발되었는데, 이 프로그램은 다른 기주-기생체 시스템을 위하여 쉽게 변형시킬 수 있다. 현재 컴퓨터시뮬레이션 프로그램은 많은 식물병에서 이용되고 있다.

전염병의 컴퓨터시뮬레이션에서는 특정 시점(예를 들면 1주일 간격으로)에 있는 전염병의 여러 가지 부구성요소와 방제수단을 나타내는 데이터를 컴퓨터에 입력해 준다. 그러면 컴퓨터는 경시적으로 그 식물병의 전파 및 발병률뿐만 아니라 컴퓨터에 입력된 그 전염병의 발생 조건에서 그 병에 의한 최종 작물의 손실과 경제적인 손실에 관한 정보도 계속 제공해 준다.

전염병의 컴퓨터시뮬레이션은 식물병리학을 전공하는 학생들의 교육용 실습에 대단히 유용할 뿐만 아니라 재배자들에게도 최종 작물의 손실량에 대한 전염병의 각 부구성요소들의 영향을 더 잘 이해시키고 깨닫게 하는 데 매우 유용하다. 그러나 전염병의 컴퓨터시뮬레이션은 실제 병발생 상황에서 훨씬 더 유용하다. 전염병의 컴퓨터시뮬레이션은 전염병의 각 부구성요소가 최종 작물손실에 미치는 영향을 예측함으로써 특정 시점에서 전염병의 각 부구성요소의 중요도를 평가할 수 있는 수단을 제공해 준다. 그 시뮬레이션은 특정 시점에서 가장 중요한 전염병 부구성요소를 부각시킴으로써 이 특정 전염병 부구성요소에 대한 효과적인 관리수단에 직접 관심을 가지게 해준다. 이어서 컴퓨터는 현재의 발병 상황을 알려줌과 동시에 그 전염병을 방제하는 데 사용된 관리수단의 효율성에 대해서도 평가해 준다.

식물전염병의 예찰

식물전염병을 예찰할 수 있다는 것은 매우 흥미있는 일이며, 또한 특정 병을 성공적으로 모델링하였거나 컴퓨터시뮬레이션하였다는 것을 의미한다. 그러나 무엇보다도 식물병예찰은 재배자가 작물병을 실용적으로 관리하는 데 아주 유용하다. 병예찰은 병의 격발 가능성 또는 발병도의 증가를 예측하도록 해준다. 따라서 특정 관리수단의 적용여부, 적용시기 및 적용장소를 결정하게 해준다. 재배자들은 작물병을 관리하면서 내리는 수많은 결정에 대한 위험성, 비용 및 이득을 항상 저울질해야 한다. 예를 들면 특정 포장에 어떤 작물을 재배할 것인지의 여부를 결정해야 한다. 재배자들은 바이러스 및 기타 병원체에 감염되지 않은 대신에 더 비싼 번식재료를 살 것인지 또는 검증되지 않은 재료로 그럭저럭 지나칠 것인지를 결정해야 한다. 또한 재배자들은 수량성은 높지만 약제살포에 의한 보호가 필요한 감수성 품종대신에 더 비싸거나 수량성은 낮지만 저항성인 품종을 파종할 것인지를 자주 결정해야 한다. 흔히 농부들은 작물에 약제를 당장 살포할지 또는 살포하기 전에 며칠 더 기다릴 지를 결정할 수 있도록 식물에 감염이 일어날 가능성을 알아내는 데 도움을 줄 수 있는 예찰이 필요하다. 만약 병예찰에 의해 결과를 기다릴 수 있다면, 농부들은 작물손실의 위험을 증가시키지 않고 약량과 노동력을 줄일 수 있다.

식물병을 예찰하기 위해서는 특정 병원체, 기주 그리고 환경의 여러 가지 특성을 고려해야 한다. 일반적으로 대부분의 단주기성 병원체(완두 뿌리썩음병과 옥수수 Stewart시들음병과 같은)와 많은 양의 초기전염원을 가지는 몇 가지 다주기성병(사과나무 검은별무늬병과 같은)의 진전은 초기전염원의 양을 평가함으로써 예측할 수 있다. 적은 양의 초기전염원을 가지지만 많은 감염환을 가지는 다주기성병(감자 역병과 같은)의 진전은 감염환의 발생률을 평가함으로써 가장 잘 예측할 수 있다. 사탕무 누렁병과 같이 초기전염원의 양과 병환의 횟수가 모두 큰 병에 대해서는 전염병의 정밀한 예측을 위하여 두 가지 요소가 모두 평가되어야 한다. 그러나 그러한 평가는 장비와 방법의 상당한 개선에도 불구하고 흔히 어렵거나 불가능하며 초기전염원 또는 감염환 속도의 측정이 정확하지 않다.

병 진단: 식물전염병의 예찰 요점

포장에 있는 식물이 한 종류의 병원체에 의해 공격받는 일은 드물다. 비생물성요소 또는 세균에 의한 점무늬 또는 얼룩무늬는 흔히 균류에 의해 생기는 점무늬 또는 얼룩무늬와 함께 생긴다. 그러한 병징은 문제되는 병원체에 의해 생기는 병징과 혼동되어 정확하게 진단하기 어렵다. 전염병이 진전을 위한 출발점에 도달했는지 그리고 전염병 관리를 위하여 적절한 처방을 해야만 하는지를 결정하기 위하여 정밀 진단이 가장 필요한 병의 진전 초기에 특히 진단이 어려워 보인다. 문제의 병원체가 실제로는 존재하지 않지만 작물에 존재하는 것으로 부정확하게 일찍 진단을 하면 너무 이르게 약제를 살포하도록 권장하게 되어서 살균제를 추가적으로 불필요하게 사용하게 된다. 그러나 진짜 병원체를 덜 중요한 것으로 오진을 하면 그 전염병의 진전 초기에 적절한 관리수단을 강구할 기회를 놓치게 되고, 그 전염병이 진전되어 심각한 손실을 일으키는 것을 막기 위해 훨씬 더 어렵고 비싼 대가를 치르게 될 것이다.

전염병 출발점의 평가

재배자가 전염병의 진행에 따라 살균제 사용시기에 대해 융통성을 가지는 것은 바람직하다. 수많은 국부감염 특징을 가진 병(잎의 병)의 특성은 일반적으로 3가지 지표인 식물개체별 발병률, 기관별(보통 잎) 발병률 및 잎에서의 발병도(병반면적률)에 의해 나타낼 수 있다. 이 지표들은 병의 진전에서 다른 단계의 특징을 나타낸다. 발병 초기 단계에 있는 식물체의 발병률은 급속하게 증가하지만 식물개체별 발병도는 낮다. 그 전염병의 두 번째 단계에서 잎의 발병률이 증가함에 따라 발병도는 조금 증가한다. 특정 병에 따라서 식물체와 잎이 일정 비율의 발병률을 나타낼 때를 전염병의 처음 두 단계에서 그 전염병의 진전을 멈추게 하거나 늦추기 위하여 살균제를 살포할 **전염병의 출발점**(傳染病出發點; epidemic threshold)으로 간주한다. 어떤 병의 세 번째 단계 동안에는 발병도가 급속하게 증가할 것이다 (주당 2~50%까지). 이 단계 동안에 살균제를 발병도 평가, 기상조건(강우, 상대습도, 일별 기온 및 일별 감염 수치)에 따라서 살포하고, 아직 작물을 수확할 준비가 되지 않은 동안에는 보호할 필요가 있는 건전한 조직이 식물체에 있는 한 계속해서 살균제를 살포한다.

경제적 피해한계선의 평가

전염병의 출발점을 결정하는 것은 상당히 쉬울지라도, 많은 식물병에서 발병률이 낮고 수량이 영향을 받지 않을 생육 후기에 살균제를 살포할 한계선에 도달한다. 따라서 필요할 때에만 살균제를 살포하기 위하여 수확기에 발병률의 허용 수준을 평가해야만 한다. **경제적 피해한계선**(經濟的被害限界線; economic damage threshold)으로 알려진 이 허용 수준은 경제적 이익을 감소시키지 않는 최고 발병률 수준이다. 경제적 피해한계선은 수확기에 발병률과 농산물의 최종 가치의 병-손실 관계를 연구하고나서 수확기에 발병률이 경제적 이득을 감소시키기 시작하는 시점을 결정함으로써 얻을 수 있다.

초기전염원과 병의 측정

기주식물이 없을 때 대부분 병원체의 작은 집단을 검출해내는 것은 흔히 어렵거나 불가능하다. 균류와 선충과 같은 토양전염성 병원체의 전염원 번식체는 토양으로부터 추출하거나 포획한 후 산정한다. 공기전염성 균류 포자와 매개충은 여러 가지 장치로 포획하여 산정한다.

보통 한정된 시간 내에 기주에서의 감염횟수를 측정함으로써 존재하는 전염원의 양을 산정하는 것은 비교적 쉽다. 그러나 기주가 있다 할지라도 적은 양의 병을 발견하고 측정하는 것은 대체로 어렵다. 더구나 많은 병에서 기주는 감염되었지만 병징을 나타내지 않는 잠복기가 있다. (물 또는 병원체 세포에 의해 점유된 병든 잎 조직에서 감소된 반사율 때문에) 근적외선 조사에 민감한 필름을 이용하여 찍은 항공사진 촬영에 의해 작물 포장에 있는 병든 지역을 조기에 탐지하고 뚜렷하게 묘사할 수 있다. 그러나 많은 병에서 항공사진에 의해 포장에 있는 병든 지역을 검출할 때까지 수량손실은 이미 발생한다.

병 진전에 영향을 미치는 기상요인의 모니터링

식물전염병이 발생하는 동안에 기상요인을 모니터링하는 것은 대단히 어렵다. 1개 이상의 포장에 있는 작물 지상부의 다양한 위치에서 또는 식물체 표면에서 여러 가지 다른 요인(온도, 상대습도, 잎 습기, 강우, 바람과 구름 등)을 연속해서 모니터링해야 할 필요성이 있기 때문에 어려움이 생긴다. 과거에는 기계장치로 이러한 환경변수를 개략적으로 또는 드물게 측정하고 도표 용지 위에 잉크 자국으로 불편하게 자료를 기록하였다. 그러나 지난 1970년대 이후 컴퓨터화된 데이터수집장치에 의해 쉽게 기록된 전기출력물을 생성하는 여러 종류의 전자식 센서가 개발되었다. 미국의 일부와 다른 나라에서 지금 널리 보급된 이러한 컴퓨터화된 센서는 병과 관련된 기상연구를 크게 진보시켰고 농장에서 병방제를 위한 예찰시스템으로 이용하기 쉽게 만들어졌다.

또한 세계 대부분의 지역에서 전통적인 배터리에 의해 작동되는 여러 종류의 전기 기기가 다양한 기상요인을 측정하는 데 사용되고 있다. 온도는 여러 종류의 온도계, 자기온습도계, 열전지와 측온저항체에 의해 측정되고 (측온저항체는 전기 저항성이 온도에 따라 상당하게 변하는 반도체이다), 상대습도는 자기온습도계(상대습도의 변화에 따라 인간 머리카락이 수축 및 팽창한다), 통풍식 건습구온도계(건습구온도계 또는 건습측온저항체) 또는 전극이 연결된 가황산폴리스티렌 판(저항이 상대습도에 따라 대수적으로 변한다)에 의해 측정된다. 잎의 습기는 습할 때는 수축되고 건조할 때는 이완되는 끈 모양의 센서로 잉크 자국을 남겨 놓거나 전기회로를 접속하거나 차단시켜 모니터링한다. 잎에 고정시켜 놓거나 잎과 잎 사이에 놓을 수 있는 여러 종류의 전기습기센서가 이용되고 있다; 이들 장치는 강우 또는 이슬이 두 쌍의 전극 사이의 회로를 접속하는 것을 도와주기 때문에 강우 또는 이슬의 지속시기를 탐지하고 측정한다. 강우, 바람 및 운량(일조량)은 아직도 전통적인 기구(강우 측정을 위한 깔때기 또는 경사통 우량계, 풍속 측정을 위한 열선식 풍속계, 풍향계, 일조량 측정용 열형의 일사계)에 의해 측정되고 있다. 그러나 이 장치 중 몇 가지는 전자식 모니터링을 위하여 개조되었다.

현대식 기상모니터링시스템의 기상센서는 데이터수집장치에 연결되어 있다. 자료들은 바로 디지털출력표시장치로 읽어 들이거나 카세트테이프레코더 또는 프린터로 전송된다. 자료들은 카세트로부터 다시 마이크로컴퓨터로 옮겨진다. 마이크로컴퓨터에서 그것들은 조사되고 여러 가지 컴퓨터 언어로 처리되고 각 기상변수에 대한 별개의 행렬로 조직화되어 좌표로 나타내어지고 분석된다. 사용된 특정 병의 모형에 따라 다르지만 정확한 기상정보는 포자형성과 감염을 예측할 수 있는 가장 유용한 기초자료가 되어서 살균제 살포 같은 병관리 실행시기를 가장 적절하게 예고해 준다.

자동화된 기상모니터링시스템의 구입비용과 작동 및 유지에 소요되는 시간 때문에 개별 농부들이 사용할 엄두를 내지 못하게 되자 값싼 자동화 기상도구 또는 간이 장치가 개발되고 지역에서 공유하는 자동화된 기상모니터링시스템이 개발되었다.

역학에서 새로운 도구

식물병 역학 연구는 더 일찍 연구하기가 불가능했거나 매우 어려웠던 식물병의 양상에 대한 연구를 가능하게 만든 새로운 방법과 새로운 장비에 의해 대단히 쉬워졌다. 현대 역학에 기여한 일부 장비와 기구들은 이미 나열하였다. 다음은 식물병 역학에서 대단히 유익하게 사용되어 온 방법과 장비들이다.

분자도구

가장 중요한 **분자도구**(分子道具; **molecular tools**)는 식물체 조직 내부 또는 표면, 다른 미생물과의 혼합물, 그리고 심지어 기주식물 근처에 있는 병원체를 명확하게 검출하고 동정하도록 하는 유전적(DNA) 프로브의 개발 및 이용이다. 또한 유전적 프로브에 의한 병원체의 검출 및 동정은 프로브에 존재하는 DNA의 특정 절편을 크게 증폭시켜 수백만 copy를 생산해내는 중합효소연쇄반응(PCR) 기술의 사용을 통하여 엄청나게 효과적으로 이루어진다. 이 copy들은 전통적 또는 다른 분자도구에 의하여 검출, 동정 및 연구하기에 충분할 만큼 많다. Random amplified polymorphic DNA(RAPD) marker는 유전적 이질성을 보이는 것으로 알려진 병원성 계통들 사이에서 유전적 유사도를 검출하는 데 흔히 사용되고, 감염된 식물체 조직 속에서 병원체를 검출하기 위한 sequence characterized amplified region(SCAR) marker를 설계하기 위해서도 사용될 수 있다. 이 분자도구와 일부 다른 분자기술이 역학에 기여하는 중요성은 이전에 탐지되던 것보다 훨씬 더 일찍 병원체의 유입을 탐지할 수 있고 그것에 의해 재배자는 그 병원체에 대하여 가장 효과적인 관리방법을 준비하고 적용할 시간을 갖게 해준다는 사실에 있다. 더구나 이 기술들에 의해 이전에 공격할 수 없던 식물 품종들을 공격하거나 이전에 감수성이었던 살균제에 대해 내성이 있어서 새로운 저항성 레이스를 생산할 수 있는 새로운 돌연변이 병원체를 검출할 수 있다. 병원체에서 그러한 변화는 그 전염병의 진전에 관한 이전의 예보와 그 병의 관리를 위한 처방을 소용없게 만들고 즉각 수정해야 하기 때문에 병원체에서 그러한 변화의 탐지는 역학에서 가장 중요하다.

지리정보시스템

지리정보시스템(地理情報시스템; **geographic information system, GIS**)은 어떤 최신 모델 탁상용컴퓨터에도 설치될 수 있고 지리적 좌표에 의해 참조하기 쉽게 실린 데이터를 모아 저장하고 처리하여 보여줄 수 있는 컴퓨터시스템이다. GIS는 어떤 범위로도 작동이 가능하며 데이터는 단일 포장에서 대규모 농업 지역에 이르기까지 규모에 상관없이 사용될 수 있다. GIS는 식물전염병에 대한 이해와 관리는 물론 환경을 더 잘 이해하고 관리하기 위하여 사용된다. GIS 기술은 전염병의 이해와 관리에 필수적이지만 흔히 GIS가 없이는 알아낼 수 없는 사건들을 지리적 근접성에 따라 연결시켜 준다. 시간과 비용이 엄청나게 소요될지라도 GIS 기술은 병예찰시스템을 통합할 수도 있다. 그러나 대개 고해상도의 기상예찰데이터가 유용하기 때문에 식물전염병의 진전이 일부 결정적인 기상변수에 의존한다는 사실에 의해 예보될 수 있고 GIS 체계 내에서 지리적으로 분포하는 병원체의 전염원의 추정치로부터도 식물전염병의 진전은 예보될 수 있다. GIS는 흔히 비교적 넓은 지역에 걸친 병의 진전을 공간적 및 시간적으로 분석하기 위하여 사용되고 전염병의 시작과 진전에 이 지역의 여러 부분의 역할 및 상대적인 중요성을 결정하는 것을 도와준다.

위성항법장치

위성항법장치(衛星航法裝置; global positioning system, GPS)는 인공위성시스템으로 조정되는 휴대용장치로서 정밀하게 조정하면 그 장치의 위치 좌표를 아주 정밀하게 읽게 해준다. GPS는 개개의 나무 또는 특정 지역 또는 병원체에 의해 침해를 받은 포장의 위치를 정확하게 지적할 수 있도록 해준다. 그 다음에 GPS는 주기적으로 방문해서 병징이 진전되어 증가한 양을 재조사할 수 있게 해준다. 마찬가지로 전체 포장에 처리할 필요가 없이 병원체가 존재하는 선택된 나무 또는 지역에만 적절한 농약 또는 다른 처리를 할 수 있다. GPS는 또한 병원체에 의해 오염된 포장 또는 특정 미량영양소 또는 다량영양소가 결핍된 지역에 농약, 식물영양제 등을 살포하기 위하여 사용될 수 있다. 조기 탐지 및 처리에 의해 포장에서 병원체를 제거하는 것은 대개 그 병원체가 그 포장 안팎에 전염병을 일으키지 않도록 하는 데 효과적이다.

지구통계학

지구통계학(地球統計學; geostatistics)은 공간에서 경시적으로 병이 진전되거나 병원체 집단이 발달해나가는 공간적 유형의 특징을 정량적으로 기술하기 위하여 식물병 역학에서 응용되는 다양한 지구통계학적인 기술을 포함한다. 이 기술들은 공간에서 임의적 또는 규칙적으로 분포하는 변수들의 특징을 고려할 수 있다. 공간적 관계를 탐지할 수 있는 것 외에도 지구통계학적 기술은 또한 연속적인 변수와 불연속적인 변수를 연구하는 데 사용될 수 있다. 지구통계학적 기술에서는 다른 공간적 자동상관 기술에서처럼 불변의 가정을 강요하지는 않는다. 공간적 의존 또는 공간적 관계는 semivariogram 으로 분석할 수 있는데, 이것은 시료 사이에 변이를 결정함으로써 공간적 의존 정도를 정량화한다.

원격감지

원격감지(遠隔感知; remote sensing)는 보통 물체로부터 반사되거나 방출되는 전자기 복사에너지를 측정하기 위한 기기의 사용을 뜻한다. 그 기기는 자외선, 가시광선 또는 적외선 분광부분에서 반사되거나 방출되는 복사에너지를 기록한다. 원격감지에 사용되는 기기는 필름과 필터를 갖춘 휴대용 지상카메라, 디지털카메라, 비디오시스템 및 복사계 등이고, 기구, 비행선 및 위성에 의해 장착되기도 한다. 다양한 원격감지용 기기들은 포장으로부터 얻은 데이터를 저장한다. 그 다음에 데이터는 출력되고, 직접 또는 컴퓨터로 전송되어 데이터의 시각적 영상을 생성시킴으로써 분석된다 (그림 8-22).

영상분석

영상분석(映像分析; image analysis)은 보통 넓은 포장 또는

그림 8-22 캘리포니아에서 참나무를 갑작스럽게 죽게 만든 *Phytophthora ramorum*에 의한 전염병의 공중촬영 사진. [사진제공: P. Svihra, University of California.]

산악 지역의 사진 촬영과 전자영상분석을 뜻한다. 항공사진 촬영, 지상센서데이터와 위성 및 공중센서를 통하여 영상 또는 사진을 찍는다. 공중다중스펙트럼스캐닝은 농업에서 식물병, 해충 및 환경 스트레스의 모니터링을 위하여 널리 연구되고 사용된다. 적외선과 다른 파장의 광선이 포장에 있는 작물 또는 산에 있는 과수나 수목에서 식물병의 시작과 진전을 탐지하기 위하여 흔히 사용된다. 식물체와 나무는 다양한 병원체에 감염되거나 다른 스트레스를 받을 때에 담녹색으로 변한다. 이어서 황화되고 그 다음에 갈색으로 변해서 건전한 식물체와는 다른 반사율을 가진다. 이 색 또는 색의 명암은 정상적인 가시광선 스펙트럼으로 사진 촬영되었을 때보다 앞서 언급한 파장으로 사진 촬영되었을 때 더욱 뚜렷해진다. 더욱 중요하게는 병에 의해 변색된 식물체를 더 잘 식별할 수 있게 해줄 뿐만 아니라 이미 병든 식물체 영상에서 명암의 변화를 측정할 수 있게 하는 것을 물론이고 새로 감염된 식물체를 셀 수 있게 하는 특수 장비를 이용하여 그러한 사진을 조사하고 분석할 수 있다. 그런 방식으로 영상분석에 의해 각 식물체 또는 감염된 식물체 부위에서 발병률을 측정할 수 있고 정기적으로 사진 촬영을 반복함으로써 그 병의 진전속도를 측정할 수 있다.

정보기술

정보기술(情報技術; information technology)은 주로 컴퓨터를 단독으로 또는 다른 전자기기와 공동으로 사용하는 것을 포함한다. 기기들은 지속적인 방식으로 다양한 수준과 다양한 지역에 있는 식물병에 관한 데이터를 수집하는 것을 도와준다. 지금까지 상상할 수 없을 속도로 엄청난 양의 데이터가 저장되거나 체계화되고 분석되어 결국은 시각적 영상 또는 서면 보고서 및 처방을 만드는 데 사용되고 있다. 전자정보기술은 무엇보다도 대규모 농업지역에 있는 다른 병원체들에서 유전형 같은 특징들의 공간적 유형을 설명하고 보여줄 수 있다.

식물병 예찰시스템의 예

일반적으로 어떤 병의 진전을 예측하려고 시도하기 전에 그 병에 관한 정보를 최대한으로 얻는 것이 유용하다. 그러나 많은 경우에는 병의 진전에 영향을 미치는 요인 중 1~2가지가 거의 지배적이어서 대개는 그것들만 잘 알아도 상당히 정확한 예찰 공식을 만드는 데 충분하다. 그래서 여러 가지 식물병의 **예찰시스템**(豫察시스템; forecast system)은 초기전염원의 양을 그 기준으로 사용한다. 그런 병은 옥수수 Stewart시들음병, 담배 노균병, 사과나무와 배나무의 불마름병, 완두 뿌리썩음병과 *Sclerotium* 과 시스트선충과 같은 토양전염성 병원체에 의한 병을 포함한다. 감자 역병, *Cercospora* 및 다른 점무늬병, 포도나무 노균병의 예찰시스템은 감염환의 횟수 또는 2차전염원의 양을 그 기준으로 사용한다. 사과나무 검은별무늬병, 포도나무 검은썩음병, 맥류 녹병, Botrytis잎마름병 또는 잿빛곰팡이병, 사탕무 누렁병의 예찰시스템에서는 초기전염원의 양과 감염환의 횟수 또는 2차전염원의 양을 판정기준으로 사용한다.

초기전염원의 양에 기초한 예찰

옥수수 Stewart시들음병에서 병원세균 *Erwinia* (*Pantoea*) *stewartii* 는 매개충인 옥수수잎벌레의 체내에서 월동한다. 따라서 지난 겨울동안 월동한 매개충의 수를 알 수 있다면 겨울동안 월동한 전염원의 양도 추정할 수 있기 때문에 옥수수 생육기에 발생할 발병량도 예측할 수 있다. 월동기 기온이 계속적으로 낮으면 잎벌레는 죽는다. 따라서 주어진 지역에서 겨울 3개월(12월, 1월, 2월)의 월 평균기온의 합계가 영하 1℃ 이하일 때 매개충인 옥수수잎벌레는 거의 다 죽게 되어 이듬해 생육기에 세균성시들음병은 거의 또는 전혀 발생하지 않는다. 반면에 겨울이 따뜻하면 매개충인 옥수수잎벌레는 더 많이 생존하게 되며, 그것에 비례해서 시들음병 또한 이듬해 생육기에 격발한다.

담배 노균병(*Peronospora tabacina*에 의해 발생)은 거의 매년 담배를 생산하는 주에 있는 묘판을 주로 위협한다. 1월 기온이 평년보다 높을 때에 노균병은 이듬해 묘판에 일찍 나타나며 심한 손실을 일으킬 것으로 예상된다. 그러나 1월 기온이 평년보다 낮을 때에는 노균병이 묘판에 늦게 나타나며 거의 피해도 일으키지 않을 것으로 예상된다. 묘판에서 노균병이 예찰된다면, 그 병이 정착되는 것을 막기 위하여 방제수단을 취할 수 있고 포장에서 차후의 방제노 한결 수월해진다. 1980년도부터 보충된 담배 노균병 경보시스템이 미국 연초병자문단과 연초협동조합 경작지도부에 의해 북미대륙에서 작동되고 있다. 이 경보시스템은 담배 산업계에 노균병이 출현하고 전파되는 지역 및 시기를 알려주고 재배자들에게 방제 시기 및 방제 정도에 관한 도움을 준다.

완두 뿌리썩음병(*Aphanomyces euteiches*에 의해 발생)과 토양전염성 균류와 일부 선충에 의한 병은 온실에서 겨울동안 시험함으로써 생육기에 포장에서 예상되는 발병률을 예측할 수 있다. 이 시험에서는 문제되는 포장에서 채취한 토양에 감수성 식물체를 심어 온실에서 재배한다. 온실 시험에서 뿌리썩음병이 특정 토양에서 심하게 진전된다면 이 토양을 채취했던 포장에는 감수성 작물을 심지 않는다. 그러나 뿌리썩음병의 진전을 거의 또는 전혀 보이지 않는 토양시료에서는 합리적으로 뿌리썩음병이 없는 작물을 생산할 수 있을 것으로 예상할 수 있다. 균류인 *Sclerotium*과 *Verticillium* 및 시스트선충인 *Heterodera* 와 *Globodera* 와 같은 일부 토양전염성 병원체의 초기전염원의 양은 균류의 균핵 또는 선충 시스트를 분리한 후 토양 1g당 번식체의 수를 계산함으로써 직접 평가할 수 있다. 번식체의 수가 많을수록 더욱 심하게 발병된다.

사과나무와 배나무 불마름병(*Erwinia amylovera*에 의해 발생)의 병원세균은 17℃이상의 온도에서보다 15℃이하의 온도에서 훨씬 더 느리게 증식한다. 캘리포니아주에서 매일 평균기온이 3월 1일의 16.5℃로부터 5월 1일의 14.4℃까지 선을 그어 얻어진 '**발병예보선**(發病豫報線; **disease prediction line**)'을 초과한다면 그 과수원에서는 불마름병이 격발할 것이라고 예상할 수 있다. 그러므로 그러한 조건이 발생할 때 개화기에 살세균제를 살포하면 전염병을 예방할 수 있다.

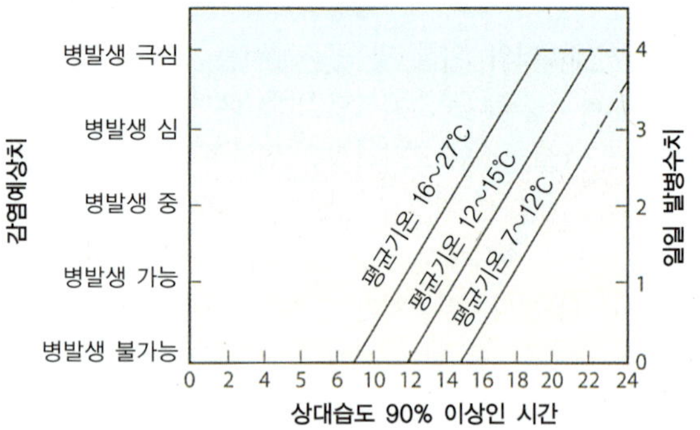

그림 8-23 감자 역병균 *Phytophthora infestans*에 의한 감자 감염 예상치에 관여하는 높은 상대습도(90%이상) 지속시간과 평균기온과의 관계. 일일 발병수치는 상대습도-온도의 관계를 고려하여 주어진 수치임. 이는 왼편에 나타낸 감염예상치에 상응하며 감자 역병 발생예측시스템 BLITECAST에 의한 약제살포계획을 처방하는 데 사용된다. [출처: MacKenzie (1981), *Plant Dis*. **65**, 394-399.]

2차전염원의 진전에 유리한 기상조건에 기초한 예찰

감자와 토마토의 역병(*Phytophthora infestans*에 의해 발생)에서 초기전염원의 양은 일반적으로 너무 적어서 직접 탐지하고 측정할 수 없다. 초기전염원의 양이 적을지라도 포장에서 수분과 온도조건이 병원균에 적합한 범위에 있다면 감자 역병의 발생과 진전을 상당히 정밀하게 예측할 수 있다. 10℃에서 24℃사이의 서늘한 기온이 꾸준히 지속되고 상대습도가 75% 이상 되는 조건이 적어도 48시간 계속되거나 매일 10시간 이상 상대습도가 적어도 90% 이상 되는 날이 8일간 연속될 때에 감염이 일어나고 2~3주 후 감자 역병이 격발하리라는 것을 예상할 수 있다. 만약 그 기간 동안이나 그 후에 강우, 이슬 또는 포화점에 가까운 상대습도가 여러 시간 지속되면 병이 더욱 증가되어 감자 역병의 대발생 가능성을 예고해 줄 것이다 (그림 8-23).

컴퓨터를 이용한 예찰시스템이 감자 역병과 몇 가지 다른 식물병에서 개발되었다. 감자 역병에 대한 BLITECAST(그림 8-20), 토마토 겹둥근무늬병의 예찰을 위한 FAST, 토마토 겹둥근무늬병, 흰무늬병 및 탄저병을 위한 TOMCAST(tomato forecaster), 땅콩 갈색무늬병을 위한 PLAM 등의 예찰시스템에서 습도와 기온에 대한 모니터링이 계속적으로 이루어진다. 이러한 정보로부터 병발생에 적합한 기상도 값이 산출되고, 감염률과 발병률 값이 예측되어 재배자에게 살균제 살포를 시작할 시기를 처방해 준다. 최근에 더욱 개선된 감자 역병 예찰시스템은 습도와 기온데이터 외에도 역병에 대한 감자 품종의 저항성 수준과 사용되는 살균제의 효과에 관한 정보도 포함한다. 물론 이 모든 변수에 관한 정보는 살균제 살포를 처방하는 데 매우 유용하다.

Cercospora 에 의한 땅콩 갈색무늬병과 셀러리 검은무늬병 및 *Exserohilum*(*Helminthosporium*) *turcicum*에 의한 옥수수 잎마름병 등의 점무늬병은 매일 포획되는 포자의 수, 기온과 100%에 가까운 상대습도의 지속시간을 계산하여 예찰하고 있다. 만약 높은(95~100%) 상대습도가 10시간 이상 지속되면 감염시기가 예보되어 재배자들에게 즉시 약제를 살포하도록 처방해 준다.

1차전염원 및 2차전염원의 양에 기초한 예찰

사과나무 검은별무늬병(*Venturia inaequalis* 에 의해 발생)은 대개 초기전염원(자낭포자)의 양이 많고 사과나무의 눈이 나온 후 1~2개월에 걸쳐 방출된다. 개화기, 초기 전엽기와 과일의 비대기에 1차전염원으로부터의 감염을 예방하지 않으면 사과나무 전체를 잃게 될지도 모른다. 그러나 1차감염 후에 2차전염원(분생포자)이 형성되는데, 2차전염원은 각 세대가 계속됨에 따라 자체적으로 수 배나 증식한다. 이 병원균은 6~28℃의 온도 범위에서 젖은 잎이나 열매 표면에 감염을 일으킬 수 있다. 그러나 잎과 열매가 습하게 되는데 걸리는 시간은 최저온도 또는 최고온도에서보다 최적온도에서 훨씬 짧다 (18~24℃에서 9시간인 반면에 6℃ 또는 28℃ 에서는 28시간). 사과나무 검은별무늬병 예찰시스템은 기온과 잎의 습기지속시간 데이터를 결합시킴으로써 감염시기뿐만 아니라 감염기간 중에 발생할 발병정도까지 예측할 수 있다 (그림 8-24). 개인 또는 기상감지 마이크로컴퓨터에 의해 수집되고 분석된 그러한 정보들은 재배자에게 처방하는 데 사용된다. 기상감지 마이크로컴퓨터는 살균제를 사용할 필요성 여부와 그 살포시기와 그 병을 방제하기 위하여 사용해야 할 살균제의 종류(보호제 또는 치료제)도 처방해 준다.

밀 붉은녹병과 줄기녹병(각각 *Puccinia recondita*와 *Puccinia graminis*에 의해 발생) 각각에서는 발병도, 식물체의 생육단계 및 공기 중의 포자농도를 계산함으로써 차후 발생할 발병강도에 관한 단기(1~2주일) 예찰을 할 수 있다.

많은 충매전염 식물바이러스병(보리 누른오갈병, 오이 모자이크 바이러스, 사탕무 누렁병 등)들은 전염병 가능성이 예보가능하고 때때로 그 발병도까지 예상될 수 있다. 이 예보는 기주의 특정 생육단계에 포장에 유입되는 진딧물, 특히 보독충의 수를 조사함으로써 이루어진다. 포장에 설치한 트랩에서 포획된 많은 진딧물을 건전 식물체에 흡즙시키거나 혈청학적인 ELISA 기술 또는 핵산 프로브를 이용하여 분석함으로써 바이러스를 조사한다. 보독충률이 높거나 보독충이 더 일찍 검출될수록 바이러스 감염은 더 빠르고 심하게 발생할 것이다. 이러한 예찰은 월동 진딧물 매개충의 개체군 크기에 영향을 미치는 늦은 겨울과 이른 봄의 기온을 고려함으로써 더욱 정확해질 수 있다.

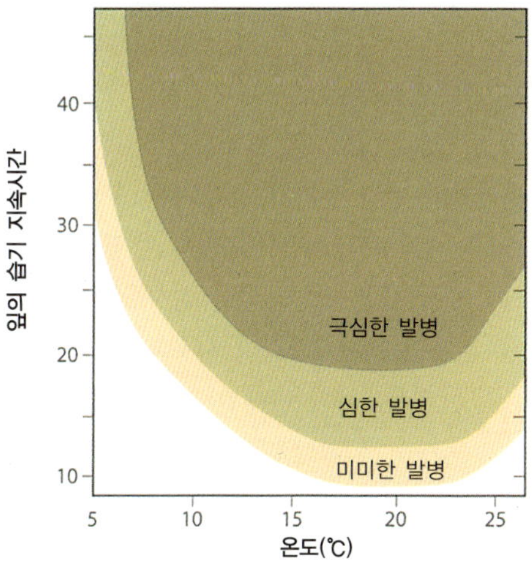

그림 8-24 *Venturia inaequalis*에 의한 사과나무 검은별무늬병의 발병에 미치는 온도와 잎의 습기 지속시간과의 관계. [출처: Mills (1944), *Cornell Ext. Bull.* 630.]

식물전염병의 위험도평가

어떤 식물병이 전염병으로 진전될 위험도는 그 병의 발병률 또는 발병도가 어떤 강도에 도달할 것인가 하는 확률에 의해 좌우될 것이다. 예를 들면 토마토 겹둥근무늬병은 10%의 발병률에 도달할 확률이 85%일 때 전염병으로 진전될 것이라고 예측할 수 있다. 그러나 식물병의 위험은 어떤 병의 최대 가능한 발병률인 60%에 도달되지 않을 확률에 의해서도 측정될 수 있다. 과거 포장에서 발병 역사, 식재된 품종의 저항성, 1차전염원의 존재와 양, 기주의 감수성 단계, 감수성 단계에서 유행하는 기상조건(기온, 강우, 상대습도), 효과적인 방제수단의 유효성과 비용 등 수많은 기주, 병원체 및 환경요인들이 특정 식물병의 진전에 대한 **위험도평가**(危險度評價; risk assessment)에서 고려되어야만 한다. 대부분의 경우에는 이 모든 변수에 관한 정보가 매년 상당히 일정하기 때문에 가급적 병원체의 초기전염원의 산정뿐만 아니라 기온과 습도에서의 근소한 변화, 포장에서 최초 표징의 출현 및 가까운 미래에 있을 기상 변화에 주로 집중할 필요가 있다. 모든 변수 즉, 항수와 변수(기온, 강우, 상대습도)가 가장 유효한 데이터로부터 산정될 때 전문가는 그 병이 어떤 수준의 발병도까지 진전되리라는 위험 가능성을 어느 정도 확신을 가지고 예측할 수 있다. 위험도평가는 때때로 어떤 수치의 발병률로 나타내는데, 흔히 그 발병도 수치에 도달하는 위험수준을 낮은 위험, 중간 위험 또는 높은 위험으로 나타낸다. 그럼에도 불구하고 위험도평가는 효과적이고 충분한 관리수단을 긴급하게 사용하고자 하는 재배자에게 적시에 경고를 해준다.

병경고시스템

한 가지 이상의 중요한 식물병에 대해 서로 다른 방식의 **병경고시스템**(病警告시스템; disease-warning system)이 미국의 여러 주와 다른 나라에서 활용되고 있다. 이 시스템들의 목적은 병이 발생하였을 경우에 농부들에게 병의 진전으로부터 새로운 감염을 멈추게 하거나 추가 감염을 막기 위하여 즉시 적절한 방제수단을 취할 수 있도록 감염 시작이 임박했음을 경고하거나 감염이 이미 발생했음을 알려주는 데 있다.

대부분의 경우에 경고시스템은 정기적으로 또는 기상조건이 특정 병의 1차전염원의 성숙이나 발생에 적합할 것 같을 때에 어떤 포장을 정기적으로 조사하는 재배자, 현장지도직 공무원 또는 사설고문과 함께 시작되는데. 성숙한 전염원(사과나무 검은별무늬병에서 자낭포자) 또는 병의 흔적(감자 역병)이 발견될 때에 시 · 군 농업기술센터에 통지된다. 시 · 군 농업기술센터는 그것을 주정부의 현장지도직 식물병리학자에게 통지하고, 주정부의 현장지도직 식물병리학자는 주 전체로부터 그 병에 관한 모든 정보를 취합하고 정리해서 e-mail, 전화, 팩스 또는 서면으로 모든 관계 시 · 군 현장지도직 공무원에게 통지한다 (병해충 경보). 마지막으로 시 · 군 현장지도직 공무원들은 관내 농부들에게 e-mail, 라디오, 전화 또는 서면으로 통지하게 된다. 또한 주정부의 현장지도직 식물병리학자는 지역적 또는 전국적으로 대발생 잠재력이 있는 중요한 식물병에 대해 미국 농무성 연방 식물병조사과에 통지하고, 다시 미국 농무성 연방 식물병조사과는 그 식물병에 영향을 받을지 모르는 근처 또는 다른 주에 있는 모든 현장지도직 식물병리학자에게 통지한다.

1970년대 중반부터 컴퓨터경고시스템이 미국의 일부 주에서 특정 병에 대하여 사용되어왔다. 일부 시스템(BLITECAST)은 특정 기상조건이 지속되거나 일정한 간격으로 반복될 때 개별 재배자에 의해 농장에서 수집되어 전송되거나 전화로 통지된 기상데이터를 처리하는 데 중앙집중컴퓨터를 사용한다. 컴퓨터는 자료를 처리하여 감염이 임박했는지, 발생할 것 같은지, 또는 발생하지 않을지를 결정하고, 재배자에게 약제살포 여부와 살포약제를 처방해준다.

1980년 이후 농가 포장에 설치가능하고 포장감지장치를 가진 특수 목적의 소형컴퓨터들이 사용되었다. 그러한 장치(사과나무 검은별무늬병 예보기와 같은)는 포장에서 기온, 상대습도, 잎의 습기지속시간과 강우량에 대한 데이터를 수집하고 자동적으로 분석하여 병의 발생 및 발병강도를 예측하며 그 지점에 대한 병방제수단을 처방한다. 이 장치는 예찰프로그램이 유용한 다른 식물병에도 적용시켜 사용할 수 있다. 이 경우에 그 장치는 재프로그래밍이 가능하거나 프로그램 회로판이 호환될 수 있어야 한다. 이러한 장치를 이용한 예찰은 단순화시킨 자판을 이용하여 바로 포장에서도 출력시켜 볼 수 있고 데이터의 추가 처리가 필요할 경우에는 개인용컴퓨터로도 쉽게 연결될 수 있다.

식물병리학에서 전문가시스템의 개발과 활용

전문가시스템(專門家시스템; expert system)은 전문적인 경험, 지식, 판단 및 복잡한 상호작용을 요구하는 문제를 해결하는 데 있어서 전문가의 논리와 능력에 버금가거나 오히려 능가하는 해법을 구하는 컴퓨터프로그램이다. 전문가시스템에 대한 신뢰성은 그 프로그램을 구축한 전문가의 지식에 비례한다. 전문가시스템은 거의 모든 형식의 데이터를 이용할 수 있고 그 문제의 해답을 제시해 줄 수 있다. 데이터의 확신도가 전문가에 의해 정량화되어 데이터베이스에 포함되어 있는 한 전문가시스템은 심지어 불완전하거나 부정확한 데이터도 이용할 수 있다. 식물병리학에서 전문가시스템은 진단 목적 즉, 병징과 그에 관련된 관찰에 의해 병의 원인을 동정하기 위하여 자주 사용된다. 그러나 몇 가지 전문가시스템은 전문가의 의사결정 과정을 통합하여 제작자의 병관리 결정에 대해 조언을 한다. 어떤 작물의 주요 병의 감염모형을 컴퓨터의 데이터베이스에 통합함으로써 전문가시스템은 실제 감염 발생에 기초하여 재배자에게 발병 가능성을 조언하고 약제 처방과 약량 및 살포시기를 제시할 수 있다.

간단한 전문가시스템이라도 개발하려면 복잡하기 이를 데 없다. 그러나 컴퓨터의 진보와 컴퓨터 사용이 매우 친숙해짐에 따라 전문가시스템의 개발 및 이용에 대한 관심이 높아지고 있다. 가장 단순한 방식의 전문가시스템은 컴퓨터에 저장된 문제에 관한 데이터뱅크와 전문가에 의해 투입된 데이터베이스, 즉 하나 이상의 "IF조건"에 이어 결론 또는 행위(THEN 행위)와 최종적인 처방으로 구성된 데이터베이스를 이용한다. 컴퓨터프로그래밍에도 익숙해야 하지만 하나의 전문가시스템을 만드는 데 있어 가장 중요한 부분은 이 시스템에 투입되는 지식을 공급하는 전문가의 질(전문지식)이다. 전문가의 지식은 컴퓨터코드로 변환될 수 있는 형식으로 표시된다. 일단 전문가시스템의 원형이 만들어지면 먼저 논리와 정확도에 대해 검사한다. 보통 전문가시스템은 재검토되고 필요하면 다른 전문가에 의해 수정된다. 이어서 자원 사용자들에 의한 검사를 거치고 추가 수정이 이루어진 후에 전문가시스템이 사용되도록 발매된다. 전문가시스템이 최종 사용자에게 발매된 후에도 정기적으로 수정되고 개선된다.

감자 역병에 대한 컴퓨터예찰시스템인 BLITECAST(1975)와 사과나무 검은별무늬병 컴퓨터 예보시스템(1980)이 전문가시스템의 원조라고 할 수 있다. 식물병리학 분야에서 최초의 전문가시스템은 1983년 일리노이주에서 20여종의 콩의 병을 진단하기 위하여 개발되었다. 그 후 전문가시스템이 토마토(TOM), 포도나무(GrapES), 밀(CONSELLOR), 복숭아나무 및 천도나무(CALEX), 사과나무(POMME, PSAOC), 밀(MoreCrop) 등의 병진단 또는 관리를 위하여 개발되었다.

전문가충고시스템의 한 예는 녹병과 다른 병원체의 합리적, 경제적인 방제를 위한 관리 옵션을 뜻하는 MoreCrop 이다. MoreCrop 은 북미 태평양 북서 연안의 다른 지리적 지역과 농업 지대에서 컴퓨터에서의 진보뿐만 아니라 밀의 병에 유용한 방대한 정보를 이용하여 병관리 옵션 제공을 목적으로 설계되었다. MoreCrop의 구성요소와 그것들의 기능적 관계는 쉽게 이해될 수 있다. 그 프로그램 창의 일부는 밀의 병에서 관심있는 것을 보여준다. 각 병에 관한 간략한 정보와 종자처리 또는 엽면살포를 통한 병 방제, 살포시기, 사용상표의 제한에 대한 처방과 특정 처리를 통해 방제가 될 수 있는 병과 방제가 될 수 없는 병에 대해서도 관련 창에서 보여준다.

전문가시스템은 보통 장소-특이적인 기상조건에 따라 병해충 관리의 일환으로 농약을 자주 살포해야 하는 고부가가치 원예작물에서 주로 사용된다. 전문가시스템은 그런 작물 재배자가 사용하도록 하는 것이 목적이지만 재배자의 의사 결정에 영향을 주는 시·군 현장지도직 공무원과 농약 보급상 등 개인도 사용한다.

의사결정지원시스템

완벽하게 개발된 의사결정지원시스템(意思決定支援시스템; decision support system, DSS)은 어떤 작물의 생산과 관련된 모든 형태의 정보를 수집, 체계화하여 통합하고 그 정보를 분석, 해석하여 최종적으로 가장 적합한 행위를 선택하도록 추천할 것이다. 식물병 관리를 위한 의사결정지원시스템은 데이터 가공장치처럼 매우 단순하거나, 컴퓨터화된 전문가시템처럼 꽤 복잡하거나, 다양한 학문분야의 전문가팀은 물론이고 자동화된 기상스시템과 의사결정지원시스템 및 전문가시스템의 결합체를 포함하는 것처럼 아주 복잡할지도 모른다. 수많은 유용한 DSS시스템의 목표는 시·군 공무원, 작물 컨설턴트, 재배자 등을 포함한 분야의 개업자들을 돕는 것이다. 많은 의사결정지원시스템은 위스콘신대학교에 의해 감자를 위해 개발된 WISDOM, 메인대학교에 의해 사과나무를 위해 개발된 RADAR, 워싱턴대학교에 의해 몇 가지 작물을 위해 개발된 PAWS, 서해안 지역에 있는 여러 작물에 사용되는 Fieldwise.com 같은 식물병관리 모듈을 가지고 있다. 많은 유용한 DSS가 특수한 병 문제에만 역점을 두어 다루고, 너무 복잡해서 작동시키기가 어려운 이유 등으로 인하여 활용되고 있는 것은 거의 없다. 대학교, 재배자 및 산업체간 협력으로 미국에서는 펜실베니아주립 사과나무과수원 컨설턴트가 개발되었으며, 호주에서는 포도나무를 위한 AusVit DSS가 몇 개 주의 농무성, 대학교, 재배자단체 및 기업체의 협력을 통하여 출범되었다. DSS는 좀 더 넓은 범위의 지역에 알맞게 개발되고 활용될 것이 분명하다. 그러나 소농의 계속적인 소멸과 대농의 증가로 DSS의 활용은 현저하게 증가할 것으로 예상된다.

참고문헌

Anonymous (1983). Symposium on estimating yield reduction of major food crops of the world. *Phytopathology* **73**, 1575–1600.

Anonymous (1995). Epidemiology, crop loss assessment, phytopathometry: A collection of papers *Can. J. Plant Pathol.* **17**, 95–189.

Aylor, D. E. (1998). The aerobiology of apple scab. *Plant Dis.* **82**, 838–849.

Bailey, J. E., Johnson, G. L., and Toth, S. J. (1994). Evolution of a weather-based peanut leaf spot spray advisory in North Carolina. *Plant Dis.* **78**, 530–535.

Bandyopadhyay, R., *et al.* (1998). Ergot: A new disease threat to sorghum in the Americas and Australia. *Plant Dis.* **82**, 356–367.

Berger, R. D. (1977). Application of epidemiological principles to achieve plant disease control. *Annu. Rev. Phytopathol.* **15**, 165–183.

Berger, R. D., *et al.* (1995). A simulation model to describe epidemics of rust of *Phaseolus* beans. I. Development of the model and sensitivity analysis. *Phytopathology* **85**, 715–721 and 722–727.

Bertschinger, L., Keller, E. R., and Gessler, C. (1995). Development of EPIVIT, a simulation model for contact- and aphid-transmitted potato viruses. *Phytopathology* **85**, 801–814 and 815–819.

Biggs, A. R., and Grove, G. G. (1998). Role of the worldwide web in extension plant pathology: Case studies in tree fruits and grapes. *Plant Dis.* **82**, 452–464.

Bolkan, H. A., and Reinert, W. R. (1994). Developing and implementing IPM strategies to assist farmers: An industry approach. *Plant Dis.* **78**, 545–550.

Campbell, C. L., and Madden, L. V. (1990). "Introduction to Plant Disease Epidemiology." Wiley, New York.

Coakley, S. M. (1988). Variation in climate and prediction of disease in plants. *Annu. Rev. Phytopathol.* **26**, 163–181.

Cu, R. M., and Line, R. F. (1994). An expert advisory system for wheat disease management. *Plant Dis.* **78**, 209–215.

Davis, J. M. (1987). Modeling the long-range transport of plant pathogens in the atmosphere. *Annu. Rev. Phytopathol.* **25**, 169–188.

Day, P. R., ed. (1977). The genetic basis of epidemics in agriculture. *Ann. N.Y. Acad. Sci.* **287**.

De Wolf, E. D., Madden, L. V., and Lipps, P. E. (2003). Risk assessment models for wheat Fusarium head blight epidemics based on within-season weather data. *Phytopathology* **93**, 428–442.

Duveiller, E. (1994). A pictorial series of disease assessment keys for bacterial leaf streak of cereals. *Plant Dis.* **78**, 137–141.

Ferreira, S. A., *et al.* (2002). Virus coat protein transgenic papaya provides practical control of papaya ringspot virus in Hawaii. *Plant Dis.* **86**, 101–105.

Fetch, T. G., and Steffenson, B. J. (1999). Rating scales for assessing infection responses of barley infected with *Cochliobolus sativus*. *Plant Dis.* **83**, 213–217.

Francl, L. F., and Neher, D. A., eds. (1997). "Exercises in Plant Disease Epidemiology." APS Press, St. Paul, MN.

Freeman, S., Katan, T., and Shabi, E. (1998). Characterization of *Colletotrichum* species responsible for anthracnose diseases of various fruits. *Plant Dis.* **82**, 596–605.

Fry, W. E., *et al.* (1993). Historical and recent migrations of *Phytophthora infestans*: Chronology, pathways, and implications. *Plant Dis.* **77**, 653–661.

Fry, W. E., and Goodwin, S. B. (1997). Re-emergence of potato and tomato late blight in the United States and Canada. *Plant Dis.* **81**, 1349–1357.

Gaunt, R. E. (1995). The relationship between plant disease severity and yield. *Annu. Rev. Phytopathol.* **33**, 119–144.

Gilligan, C. A. (1983). Modeling of soilborne pathogens. *Annu. Rev. Phytopathol.* **21**, 45–64.

Gleason, K. M. L., *et al.* (1995). Disease-warning systems for processing tomatoes in eastern North America: Are we there yet? *Plant Dis.* **79**, 113–121.

Horsfall, J. G., and Cowling, E. B., eds. (1978). "Plant Disease," Vol. 2. Academic Press, New York.

Huber, L., and Gillespie, T.-J. (1992). Modeling leaf wetness in relation to plant disease epidemiology. *Annu. Rev. Phytopathol.* **30**, 553–577.

Huismann, O. C. (1982). Interactions of root growth dynamics to epidemiology of root-invading fungi. *Annu. Rev. Phytopathol.* **20**, 303–327.

Jones, A. L., Fisher, P. D., Seem, R. C., *et al.* (1984). Development and commercialization of an in-field microcomputer delivery system for weather-driven predictive models. *Plant Dis.* **68**, 458–473.

Jones, D. G., ed. (1998). "The Epidemiology of Plant Diseases." Kluwer Academic, Dordrecht, Boston.

Kobayashi, T., *et al.* (2001). Detection of rice panicle blast with multispectral radiometer and the potential of using airborne multispectral scanners. *Phytopathology* **91**, 316–323.

Krause, R. A., Massie, L. B., and Hyre, R. A. (1975). BLITECAST, a computerized forecast of potato late blight. *Plant Dis. Rep.* **59**, 95–98.

Leonard, K. M., and Fry, W. E., eds. (1986). "Plant Disease Epidemiology," Vol. 1. Macmillan, New York.

Leonard, K. J., and Fry, W. E. (1989). "Plant Disease Epidemiology," Vol. 2. McGraw-Hill, New York.

Luo, Y., Morgan, D. P., and Michilidis, T. J. (2001). Risk analysis of brown rot blossom blight of prune caused by *Monilinia fructicola*. *Phytopathology* **91**, 759–768.

MacHardy, W., and Sondei, J. (1981). Weather-monitoring instrumentation for plant disease management programs and epidemiological studies. *N. H. Agric. Exp. Stn. Bull.* **519**, 1–40.

MacKenzie, D. R. (1981). Scheduling fungicide applications for potato late blight with BLITECAST. *Plant Dis.* **65**, 394–399.

Madden, L. V., and Hughes, G. (1995). Plant disease incidence: Distributions, heterogeneity, and temporal analysis. *Annu. Rev. Phytopathol.* **33**, 529–564.

Magarey, R. D., *et al.* (2001). Site-specific weather information without on-site sensors. *Plant Dis.* **85**, 1216–1226.

Magarey, R. D., *et al.* (2002). Decision support systems: Quenching the thirst. *Plant Dis.* **86**, 4–14.

McMullen, M., Jones, R., and Gallenberg, D. (1997). Scab of wheat and barley: A re-emerging disease of devastating impact. *Plant Dis.* **81**, 1340–1348.

Milgroom, M. G., and Peever, T. L. (2003). Population biology of plant pathogens: The synthesis of plant disease epidemiology and population genetics. *Plant Dis.* **87**, 608–617.

Mundt, C. C. (1995). Models from plant pathology on the movement and fate of new genotypes of microorganisms in the environment. *Annu. Rev. Phytopathol.* **33**, 467–488.

Naidu, R. A., *et al.* (1999). Groundnut rosette: A virus disease affecting groundnut production in sub-Saharan Africa. *Plant Dis.* **83**, 700–709.

Nelson, M. R., *et al.* (1999). Applications of geographic information systems and geostatistics in plant disease epidemiology and management. *Plant Dis.* **83**, 308–319.

Nesmith, W. C. (1984). The North American blue mold warning system. *Plant Dis.* **68**, 933–936.

Nilsson, H.-E. (1995). Remote sensing and image analysis in plant pathology. *Annu. Rev. Phytopathol.* **33**, 489–527.

Parker, S. K., Gleason, M. L., and Nutter, F. W., Jr. (1995). Influence of rain events on spatial distribution of Septoria leaf spot of tomato. *Plant Dis.* **79**, 148–152.

Phipps, P. M., Deck, S. H., and Walker, D. R. (1997). Weather-based crop and disease advisories for peanuts in Virginia. *Plant Dis.* **81**, 236–244.

Plumb, R. T., and Thresh, J. M., eds. (1983). "Plant Virus Epidemiology: The Spread and Control of Insect-Borne Viruses." Blackwell, Oxford.

Populer (1978). *In* "Plant Disease" (J. G. Horsfall and E. B. Cowling, eds.), Academic Press, New York.

Rapilly, F. (1979). Yellow rust epidemiology. *Annu. Rev. Phytopathol.* **17**, 59–73.

Sall, M. A. (1980). Epidemiology of grape powdery mildew: A model. *Phytopathology* **70**, 338–342.

Scott, P. R., and Bainbridge, A., eds. (1978). "Plant Disease Epidemiology." Blackwell, Oxford.

Roelfs, A. P. (1986). *In* "Plant Disease Epidemiology" (K. J. Leonard and W. E. Fry, eds.), Vol. 1, pp. 129–150, Macmillan, New York.

Seem, R. C. (1984). Disease incidence and severity relationships. *Annu. Rev. Phytopathol.* **22**, 133–150.

Subarao, K. V. (1998). Progress toward integrated management of lettuce drop. *Plant Dis.* **82**, 1068–1078.

Travis, J. W., and Latin, R. X. (1991). Development, implementation and adoption of expert systems in plant pathology. *Annu. Rev. Phytopathol.* **29**, 343–360.

Travis, J. W., *et al.* (1992). A working description of the Penn State Apple Orchard Consultant, an expert system. *Plant Dis.* **76**, 545–554.

Udin, L. S., *et al.* (1990). Disease-prediction and economic models for managing tomato spotted wilt virus disease in lettuce. *Plant Dis.* **74**, 211–216.

Vanderplank, J. E. (1963). "Plant Diseases: Epidemics and Control." Academic Press, New York.

Vanderplank, J. E. (1975). "Principles of Plant Infection." Academic Press, New York.

Van der Zwet, T., *et al.* (1994). Evaluation of the MARYBLYT computer model for predicting blossom blight on apple in West Virginia and Maryland. *Plant Dis.* **78**, 225–230.

Verreet, J. A., and Hoffmann, G. M. (1990). A biologically oriented threshold decision model for control of epidemics of *Septoria nodorum* in wheat. *Plant Dis.* **74**, 731–738.

Verreet, J. A., Klink, H., and Hoffmann, G. M. (2000). Regional monitoring for disease prediction and optimization of plant protection measures: The IPM wheat model. *Plant Dis.* **84**, 816–826.

Ward, J. M. J., *et al.* (1999). Gray leaf spot: A disease of global importance in maize production. *Plant Dis.* **83**, 884–895.

Windels, C. E., *et al.* (1998). A Cercospora leaf spot model for sugar beet: In practice by an industry. *Plant Dis.* **82**, 716–726.

Wolf, P. F. J., and Verreet, J. A. (2002). An integrated pest management system in Germany for the control of fungal diseases in sugar beet: The IPM sugar beet model. *Plant Dis.* **86**, 336–344.

Wrather, J. A., *et al.* (1995). Soybean disease loss estimates for the southern United States, 1974–1994. *Plant Dis.* **79**, 1076–1079.

Zadoks, J. C. (1984). A quarter century of disease warning. *Plant Dis.* **68**, 352–355.

Zadoks, J. C. (2001). Plant disease epidemiology in the twentieth century: A picture by means of selected controversies. *Plant Dis.* **85**, 808–816.

Zadoks, J. C., and Schein, R. D. (1979). "Epidemiology and Plant Disease Management." Oxford Univ. Press, London.

제 9 장

식물병의 방제

식물에 발생하는 병의 병징, 원인, 발달기작 등에 대한 연구는 흥미롭고 과학적으로 정립되어 있는 분야일 뿐만 아니라 식물병에 대항할 수 있는 방법을 개발하고 사용가능한 식물 생산품의 증가와 질의 개선을 꾀할 수 있는 아주 실질적인 목적이 있다. 식물병을 방제하는 방법은 병원체의 종류, 기주식물, 기주와 병원체의 상호관계 등에 따라 모든 병에 다르게 적용된다. 예를 들면, 수목, 관상식물, 또는 바이러스에 감염된 식물은 개별적으로 처리되지만, 일반적으로 병 방제는 한꺼번에 많은 식물에 처리하게 된다. 그러나 수목을 제외하면 하나 또는 몇 그루의 식물이 피해를 입는 것은 그리 중요하지 않으므로 방제법은 일반적으로 개체보다는 많은 식물을 집단적으로 구제하는 데 그 목적이 있다.

작물에 심하게 발생하는 대부분의 병해는 매년 한 지역에서 적은 수의 식물에 나타나서 빠른 속도로 퍼져나가고 병발생이 시작된 후에는 치료가 힘들게 된다. 그러므로 거의 모든 방제법이 감염 후에 치료하는 것보다는 오히려 감염되기 이전에 보호하는 데 중점을 두고 있다. 포장에서 치료방법에 의해 만족할 정도로 방제할 수 있는 전염성 식물병은 거의 없다.

식물병의 방제법은 사용되는 소재나 방법의 특성에 따라 법적, 경종적, 생물적, 물리적, 그리고 화학적 방제로 나누어지는데, **법적 방제법**(法的 防除法; regulatory control measures)은 병원체를 기주식물이 존재하는 지역으로부터 멀리 배제시키는 데 목적을 두고 있으며, **경종적 방제법**(耕種的 防除法; cultural control methods)은 식물을 가능한 한 병원체와 접촉되지 않게 하고 포장에 있는 병원체를 제거시키거나 감소시키는 방법이다. 대부분의 **생물적 방제법**(生物的 防除法; biological control methods)과 일부 경종적 방제법은 병에 저항성을 나타내는 기주식물을 개선하거나 병원체에 길항작용을 나타내는 미생물을 이용하는 방법이다. 새로운 방식의 생물적 방제법으로는 유전물질(DNA)을 식물체에 이전하여 어떤 병에 저항성을 나타내는 형질전환식물체를 만드는 것도 포함된다. **물리적・화학적 방제법**(物理的 化學的 防除法; physical and chemical methods)은 식물에 도달하는 병원체를 미리 예방하거나 이미 감염된 병을 치료하여 식물을 보호하는 방법이다. 최근(1995) 실험적으로 병원체에 대한 식물체의 방어(전신 획득저항성)를 활성화시키는 화학물질이 알려져 있다.

병 역학 연구는 한 지역 내에서 시간이 경과함에 따라 병이 발달되는 것을 밝혀내는 것 이외에도, 특정 병해에 대한 방제방법이 얼마나 효과적인지를 결정하는 데 도움을 줄 수 있다. 일반적으로 단주기성 병원체에 대해서는 최초 전염원을 제거하거나 감소시키는 방법이 효과적인데, 돌려짓기, 중간기주 제거, 토양훈증 등의 방법이 최초 전염원을 감소시킬 수 있는 방법이다. 다주기성 병원체는 생장기간 동안 최초 전염원의 양이 많은 배수로 증가하므로 최초 전염원을 감소시키는 방법과 아울러 감염률을 감소시키는 방법(화학적 보호와 수평저항성)을 동시에 사용해야 한다. 예를 들면, 병원체를 한 지역으로부터 완전히 배제시키는 방제법은 단주기성과 다주기성 병원체에 모두 유용한 방법이다.

기주식물로부터 병원체를 배제시키는 방제법

식물과 병원체가 서로 멀리 떨어져 있으면 병은 발생하지 않을 것이다. 세계 여러 지역에서는 많은 식물이 병원체가 존재하지 않는 곳에서 자라고 있으므로 그 식물은 병원체에 의해 발생되는 병으로부터 자유롭다.

식물병원체가 아직 존재하고 있지 않는 지역으로 유입되거나 퍼져나가는 것을 방지하기 위하여 연방정부와 주정부는 병원체에 감수성인 작물의 재배와 분포 조건을 여러 가지 법규로 규제하고 있다. 이러한 조절적 방제법은 포장과 창고에서 검역과 조사를 통하여 이루어지며, 어떤 경우에는 강제적으로 기주식물을 제거하기도 한다. 가끔 식물은 강우량이 적고 상대습도가 낮은 부적절한 기후조건이나 매개충이 없어서 병원체가 거의 또는 완전히 배제된 지역에서 재배되기도 하는데, 이러한 경우의 배제를 **회피**(回避; avoidance) 또는 **기피**(忌避; evasion)라고 한다.

검역과 조사

지금까지 병원체가 존재하지 않던 곳에서 생장하고 있는 기주식물체가 있는 지역에 식물병원체가 새로 유입되었을 때, 유입된 병원체는 이미 존재하고 있는 병원체가 일으키는 것보다도 훨씬 심한 피해를 일으킬 수 있다. 이러한 현상은 병원체가 존재하지 않았던 지역에서 생장한 식물은 병원체에 대해 특이하게 작용하는 저항성 인자를 선발할 기회가 없었기 때문에 발생하며 병원체에 대해 방어할 틈도 없이 쉽게 공격을 받게 된다. 또한 새로운 병원체에 대해 길항적이거나 경쟁적인 미생물이 존재하지 않는 반면에 병원체는 양분을 섭취하여 증식할 수 있는 많은 양의 감수성 식물을 찾을 수가 있다. 예를 들면, 유럽에서 발생한 포도나무 노균병, 미국에서 발생한 귤나무 궤양병, 밤나무 줄기마름병, 느릅나무 시들음병, 그리고 콩 시스트선충병 등 세계 여러 지역에서 발생하여 심한 피해를 입힌 병은 모두 다른 지역에서 유입된 병원체에 의해 발생되었다. 예를 들어 만약 콩 녹병(soybean rust)이 1980년대 중반 미국으로 유입되었다면 미국 경제에 매년 70억달러 이상의 피해를 초래하였을 것으로 평가된다. 많은 종류의 병원체가 세계 각 지역에 존재하지만 아직 미국에는 존재하지 않는 것으로 알려져 있는데, 만약 이들 병원체가 미국에 유입될 경우에는 작물에 병을 심하게 일으킬 뿐만 아니라 경제적인 피해도 입히게 될 것이다.

1912년 미국의회에서는 외국으로부터 식물병원체가 유입되는 것을 방지하고 미국의 농업을 보호하기 위하여 식물검역법을 통과시켰는데, 이 법은 외국으로부터 식물, 토양, 식물병원균을 운반할 가능성이 있는 물체 등이 미국으로 유입되는 것을 통제하고 관리하는 법으로서 다른 여러 나라에서도 이와 비슷한 검역규제를 실시하고 있다. 식물학자, 식물육종학자, 농업관련 산업체 등에서 식물 또는 종자를 미국으로 계속 유입할 필요가 있기 때문에 워싱톤 근처 메릴랜드주 Glendale에 국립식물종자검역센터(National Plant Germplasm Quarantine Center; NPGQC)가 설립되었는데, 그곳에서는 미국 내로 유입되는 모든 식물을 보관하면서 1~4년 동안 병원체에 대한 검사를 실시하여 안전한 경우에만 사용자에게 반출한다.

모든 입국지역에서 경험이 풍부한 검사관이 새로운 병원체가 유입될 수 있는 물건을 검사하는데, 식물검역(植物檢疫; plant quarantine)을 통하여 외국으로부터 많은 식물병원체가 새로 유입되는 것이 이미 저지되었고, 심한 피해가 예상되는 병으로부터 많은 식물을 구해낼 수 있었다. 그러나 식물검역에 의한 방법은 병원체 포자나 알의 형태로 예기치 못한 운반체를 통해 유입될 수 있고, 종자나 영양번식기관이 특수 처리되었다 할지라도 잠재감염되어 있을 가능성이 있으므로 완벽한 방법은 아니다. 해로운 병원체가 유입될 수 있는 가능성을 감소시키는 방법으로는 식물검역소에서 행해지는 여러 단계의 검사(inspection), 외부로 반출되기 전에 일정기간 동안 식물을 키우면서 관찰하는 것, 종자의 혈청학적 검사(주로 ELISA), DNA 탐침과 특정 병원체의 DNA염기서열의 중합효소연쇄반응(PCR) 등에 의한 핵산 검사를 반복하여 시행하는 것, 묘목 재배지역에서 수입된 묘목을 조사하는 것 등이 있다. 네덜란드에서 화훼 구근을 수입하기 위하여 미국 검역관이 매년 네덜란드에 있는 포장을 직접 방문하고 병에 감염되어 있는 지를 검사한다. 만약 포장에서 병이 발견되지 않으면 검역관은 더 이상의 검사절차 없이도 미국 내로의 수입을 허락하는 검역허가증(inspection certificate)을 발부한다.

비슷한 유형의 검역통제가 주와 주 사이 또는 주 내에서, 묘목, 구근, 인경, 종자, 다른 영양번식기관(특히 감지나 과수) 등을 판매할 때도 이루어지고 있다. 이들 식물의 주와 주 사이 또는 주 내에서의 이동과 판매는 각 주의 검사관에 의해서 이루어진다.

작물 인증

상당히 많은 양의 묘목과 감자 괴경을 생산하는 여러 주에서 자발적인 검사제도가 시행되고 있다. 무병식물을 생산하여 판매하는 데 관심이 있는 농민은 주정부나 시험장 검사관에게 포장이나 창고에 있는 작물을 자원해서 검사받는데, 만약 검사관이 추천한 절차를 수행하고 식물에 병이 없음(일반적으로 바이러스병)을 판정하면 검사관은 식물이 특정 병해에 대하여 무병 증서(certificate)를 발급하고 재배자는 이 식물체를 최소한 검사를 거친 병에 대해서는 무병한 식물체로 광고하고 판매할 수 있다.

병원체의 기피 또는 회피

일부 식물병은 병원체를 기피함으로써 병에 의한 피해를 크게 줄일 수 있는데, 예를 들면 *Colletotrichum lindemuthianum* 에 의한 강낭콩 탄저병, *Xanthomonas phaseoli* 와 *Pseudomonas phaseolicola* 같은 세균에 의한 콩과식물의 세균병 등은 종자에 의해 전반된다. 콩과식물이 재배되고 있는 대부분의 지역에서는 식물의 일부분이나 종자가 이러한 병원체에 감염되어 있으나, 미국 서부의 건조한 지역은 병원체에 좋은 환경을 제공하지 않아서 식물이나 종자는 병에 감염되지 않으므로 서부 지역에서 생산된 무병종자를 이용하는 것이 이 병의 방제를 위해서 가장 좋은 방법으로 추천된다. 이와 마찬가지로 무병씨감자를 생산하기 위하여 기후가 서늘한 북부 지역(메인, 위스콘신, 아이다호주)과 바이러스의 매개충인 진딧물이 없거나 밀도가 아주 낮은 위도가 높은 지역에서 감자를 재배한다.

많은 경우에 감수성 작물은 병원균이 작물을 감염시키지 못하도록 병든 식물이 있을 가능성이 있는 포장에서 아주 멀리 떨어진 지역에서 재배되는데, 이러한 방식의 **작물 격리법**(作物隔離法; **crop isolation**)은 대부분 X-disease 파이토플라스마에 감염된 chokecherry 로부터 복숭아나무 과수원이 격리되어 있는 것과 같이 대부분 다년생식물에서 실용화되고 있다. 또한 중미지역에서 금세기 동안 계속되고 있는 바나나 생산은 재배지역이 바나나나무에 *Fusarium oxysporum* f. sp. *cubense* 에 의한 Fusarium 시들음병(Panama disease)이 한번 만연되어 수확이 줄어들면, 이전에 한번도 재배한 적이 없는 새로운 지역으로 옮겨 병원체를 피해 다니면서 재배한다. 농민은 병원체로부터 기주식물을 피해서 작물을 재배하기 위하여 생장활력이 좋은 종자의 사용, 적절한 식재일시와 장소의 선택, 포장과 식물간의 적절한 식재거리 유지, 곤충과 잡초의 적절한 방제 등에 많은 노력을 기울인다. 이러한 모든 방법은 병원체로부터 기주식물을 멀리할 수 있는 가능성을 높이고 병원체가 기주식물에 도달되기 전에 최소한 식물체가 병에 가장 감수성인 단계를 통과하게 한다.

무병번식체의 이용

기주식물의 번식체(종자, 괴경, 구근, 묘목)로부터 병원체를 배제시켰을 때 기주식물이 나머지 일생을 병원체가 없는 상태에서 살아갈 수 있는 가능성이 있다. 이러한 예로서 바이러스에 감염된 목본식물을 들 수 있다. 작물의 경우에는 기주식물이 생육초기에 오랫동안 병원체가 없는 상태에서 재배될 수 있다면 생육말기에 감염되더라도 수확량에 있어서 별로 피해를 입지 않을 것이다. 이러한 예로, 매개된 바이러스와 파이토플라스마, 균류, 세균, 선충 등에 감염된 작물을 들 수 있다.

모든 작물이 무병번식체에서 시작하거나 최소한 중요한 병원체가 없는 상태에서 재배된다면 더 잘 자라고 수확량도 많아질 것이라는 점은 의심의 여지가 없다. 이러한 이유 때문에 비용이 상당히 많이 들더라도 무병종자나 묘목을 얻어 사용하려고 노력한다.

모든 종류의 병원체는 번식체 내부 또는 외부에서 운반될 수 있다. 그러나 여러 종류의 병원체가 종자 표면은 감염시킬 수 있지만 실제 종자 내부를 침입하는 병원체는 그리 많지 않다. 종자 내부에는 일부 균류 (탄저병과 깜부기병을 일으키는 병원균), 세균(세균성 시들음병, 점무늬병, 불마름병), 바이러스(콩의 tobacco ringspot, 강낭콩 모자이크, 양상추 모자이크, 보리 줄무늬모자이크, 호박 모자이크와 복숭아나무 모자이크) 등의 병원균이 옮겨질 수 있다. 한편 싹, 접수, 대목, 괴경, 구근, 인경, 삽수, 근경 등의 영양번식체는 내부에 바이러스, 바이로이드, 파이토플라스마, 원생동물, 모식물체(mother plant)에 전신적으로 존재하는 유관속시들음병을 일으키는 균류와 세균 등을 운반할 수 있으며, 또한 체외에서도 균류, 세균, 선충 등의 병원체가 운반된다. 몇 종류의 선충은 지하번식기관(괴경, 인경, 구근, 근경)의 내부와 묘목의 뿌리를 통해 옮겨지기도 한다.

무병종자

균류, 세균, 바이러스 등의 병원체에 감염되지 않은 종자는, 1) 병원체가 없는 지역, 2) 병원체가 생존하기에 부적절한 환경지역(강낭콩 종자가 탄저병이나 세균성불마름병의 위험없이 생산되는 미국 서부의 건조한 지역), 3) 병원체를 매개하는 곤충에 부적절한 환경지역(바이러스병의 매개충인 진딧물이 존재하지 않거나 밀도가 낮은 북부 또는 고도가 높은 지역)에서 작물을 재배하여 종자를 수확함으로써 얻을 수 있다.

종자가 병원체, 특히 종자에 의해 전염되거나 진딧물이 전반하는 바이러스에 감염되어 있지 않아야 하는 것은 대단히 중요하다. 종자는 생육초기부터 포장에 있어야만 하며 감염된 종자가 조금만 있어도 많은 식물을 감염시켜 심각한 피해를 주는 전염원으로 충분하기 때문이다. 예를 들면, 양상추 모자이크 바이러스를 방제하기 위해서는 30,000개의 종자 중에 감염된 종자의 수가 1개 미만이어야만 사용할 수 있다고 보고되어 있다. 이러한 목적으로 종자회사들은 매년 양상추 모자이크 바이러스에 대해 검사를 통과한 종자들을 보유하고 있다. 지난 수년간 수십만의 양상추 유묘를 곤충의 방해를 받지 않는 온실에서 재배하면서 모자이크 증상이 나타나는지를 관찰하고, 의심스러운 식물에서 건전한 식물로 바이러스 전염을 시도하면서 종자를 검정하였는데, 종자가 형성되면 종자를 갈아서 즙액을 취한 후 지표식물인 명아주(*Chenopodium quinoa*)에 접종하여 국부병반이 나타나는지를 관찰하였다. 1980년대 이후, 종자 내의 양상추 모자이크 바이러스 검정은 신속하고 반응이 민감하며 다른 방법에 비해 비용이 저렴한 혈청학적 방법, 특히 ELISA에 의해 이루어지고 있다.

균류와 세균의 감염에 대한 종자의 검정은 병징, 현미경, 또는 선택배지 상에서 병원균의 배양특성에 의해서 행해진다. 세균의 탐색과 동정에 있어서도 빈도와 정확성을 높이기 위해서 최근에는 혈청학적 방법이 많이 사용되고 있다.

1990년대에 들어와서 병원체의 탐색과 동정은 중합효소연쇄반응(PCR)을 이용한 기술의 사용으로 더욱 민감하고 정확하게 이루어지게 되었다. 중합효소연쇄반응은 특정 병원체에 특이적인 DNA primer를 사용하여 시료 내에 존재하는 아주 적은 양의 병원체 DNA를 증폭시킬 수 있다. 만약 균류와 세균에 감염되지 않은 종자를 다른 방법에 의해서 얻을 수 없으면 종자를 온탕(50℃)처리하여 무병종자를 얻을 수 있다. 발효처리의 예로서, 토마토 세균성더뎅이병균 *Xanthomonas campestris* pv. *vesicatoria* 에 감염되지 않은 건전한 토마토 종자를 얻는 것이 있다. 온탕처리는 양배추에 검은썩음병을 일으키는 *Xanthomonas campestris* pv. *campestris* 와 뿌리썩음병을 일으키는 *Leptosphaeria maculans*(*Phoma lingam*)에 감염되지 않은 양배추 종자를 얻기 위하여 사용된다. 또한 곡류에 겉깜부기병을 일으키는 *Ustilago* sp.에 감염되지 않은 밀이나 다른 곡류를 얻는 데도 사용된다.

무병 영양번식체

감염시 식물체 전체에 분포하는 병원체(바이러스, 바이로이드, 몰리큐트, 국재성 세균, 시들음병을 일으키는 균류와 세균)에 감염되지 않은 무병 영양번식체(pathogen-free vegetative propagating material)는 특정 병원체나 다른 병원체에 감염되지 않은 것으로 보이거나 검사결과가 나온 모식물체로부터 얻어진다. 수목, 포도류, 다년생식물의 무병 영양번식체(싹, 접수, 삽수, 대목 등)가 계속적으로 생산되는지를 확인하기 위해서는 정기적인(1~2년) 주기로 특정 병원체에 대해 모식물체를 검정해야 한다. 검정은 항상 식물체로부터 접수나 즙액을 취하여 감수성 지표식물에 접종하고 병징이 나타나는지를 관찰한다. 또한 새로운 식물은 병원체나 매개체가 전혀 없는 토양에 심어야 하고 오랫동안 무병상태로 유지하기 위해서는 병원체를 공기 전염시키는 매개체로부터 보호해야 한다. 바이러스(그리고 일부 몰리큐트)와 파이토플라스마에 대한 모식물체의 검정은 요즘 포도나무, 딸기, 장미, 국화뿐만 아니라 대부분의 인과류, 핵과류, 귤나무류 과수에 대해서도 행해지고 있으며 바이러스는 이제 생물검정보다는 혈청학적(ELISA) 또는 핵산 테스트에 의해 검정된다. 그리하여 머지않은 장래에 조직배양기법을 통해 무병 번식체로부터 대부분의 다년생식물이 생산될 것으로 기대된다.

감자는 무병씨감자의 생산을 위해서 다양한 종류의 검사와 검정프로그램이 개발되었고, 미국의 모든 씨감자 생산 주에서는 여러 병에 대해 다양하게 최대허용내성을 충족시켜야만 한다 (표 9-1). 병에 감염되지 않은 것으로 판정된 모식물체는 진딧물이 없거나 밀도가 아주 낮은 고도의 지역에 위치한 농장에서 수년 동안 번식시키면서 식물과 괴경이 병원체에 감염되지 않은 상태로 있는지 반복적으로 검사한다. 그리하여 충분한 양의 무병씨감자가 생신되었을 때 씨감자 생산자에게 넘겨서 더 많이 증식한 후에 재배농가에 판매된다. 상업적으로 씨감자를 생산하는 업자의 포장에서는 식물을 계속 검사하여 병든 식물이 생기면 없애버리고 매개충도 방제한다. 종자가 병이 없다는 인증을 받기 위해서는 포장에 있는 식물에 병이 허용되는 것보다 낮은 수준으로 발생해야 한다 (표 9-1). 인증프로그램에서는 수확된 괴경 시료를 남부지역으로 보내 겨울동안 재배하면서 병징이 나타나는지를 계속 검사한다. 일부 주에서는 생물검정 대신 혈청학적 검사 (ELISA) 또는 핵산 검사를 실시하고 있다.

온실에서 카네이션이나 국화를 재배하는 사람들은

차지하기 위하여 경쟁함으로써 병원체의 생장을 현저히 억제시킨다.

전염원의 제거 또는 감소에 의한 경종적 방제

기주제거

식물검역에도 불구하고 병원체가 새로운 지역으로 유입되면 식물병이 발생하여 퍼지게 된다. 병의 대발생을 방지하기 위하여, 병이 발병하였거나 병원체를 지니고 있다고 의심되는 모든 기주식물을 제거하여 태워버린다. 이러한 방법으로 병원체를 제거함으로써 병원체가 다른 식물로 전파되어 입게되는 피해를 크게 줄일 수 있다. 플로리다주와 남부지역에서 발생한 귤나무 궤양병을 방제하기 위하여 1915년부터 무려 3백만 그루 이상의 나무를 제거함으로써 방제하였다. 1984년에 플로리다에서 다시 발생하였고, 이 지역에 있던 수백만 그루의 묘목과 나무를 아까운데도 불구하고 모두 제거함으로써 1992년경에 이 병의 방제가 가능하게 되었다. 1995년에 귤나무 궤양병이 플로리다에서 다시 발견되었는데, 마이애미시의 주거지역에 있는 나무에서만 발견되었다. 즉시 약 100평방 마일의 지역에서 검역이 실시되었고 감염된 나무와 근처의 모든 수목이 제거되었다. 그러나 이 병은 인근 지역의 나무들로 계속 퍼져나가서 제거가 불가능하지는 않지만 아주 어려워지게 되었다. 1970년대 이후 미국의 캐롤라이나주 동부에서 마녀풀(*Striga asiatica*)이 성공적으로 제거되었다. 그러나 몇몇 유럽국가에 의해서 시도된 *Erwinia amylovora*에 의한 사과나무 및 배나무의 불마름병과 미국에서 핵과류의 plum pox virus병의 제거와 몇몇 남미 국가의 *Hemileia vastatrix*에 의한 커피나무 녹병의 제거는 성공하지 못하였고 병원체는 계속 퍼져 나가고 있는 실정이다. 기주식물의 제거는 묘포장, 온실, 포장에서 병이 번져 나가는 것을 방지하기 위하여 통상적으로 전염원을 제공하는 감염된 식물체를 제거함으로써 행해지고 있다.

오이 모자이크 바이러스 같은 일년생작물의 병원체는 다년생 야생식물에서 주로 월동하는데, 병원체가 월동하는 기주식물을 제거하는 것은 다음 작기(作期)에 병을 일으킬 수 있는 전염원을 거의 대부분 제거시키기에 아주 좋은 방법이다. 감자 같은 작물에서는 모든 병원체가 포장에 남아있는 감염된 괴경에서 월동하고, 봄에 괴경에서 식물체가 자라나오면 병원체가 지상부로 이동하여 곤충, 빗물, 바람 등에 의해 멀리 퍼져나간다. 이러한 경우에는 병든 식물체를 제거하는 것은 병원체를 감소시키는 데 큰 몫을 담당한다. 또한 온난한 지역에서는 토마토 같은 식물이 작물의 작기와 작기 사이에 생장하는데, 이러한 식물은 작물을 재배하지 않는 기간 동안 여러 병원체, 즉 tomato mottle virus와 tomato yellow leaf curl virus 등에 감염되어 농작물을 재배할 때 다시 퍼져나가서 병을 일으키게 되므로 병원체의 저장소 역할을 한다.

어떤 병원균은 생활사를 완성시키기 위해서 2개의 중간기주가 필요한데, 예를 들면 *Puccinia graminis tritici*는 밀과 매발톱나무를, *Cronartium ribicola*는 잣나무와 까치밥나무를, *Gymnosporangium juniperi-virginianae*는 향나무와 사과나무를 기주로 한다. 이러한 경우에는 야생 또는 경제적으로 덜 중요한 중간기주를 제거하면 병원균의 생활사를 차단시켜 병을 방제할 수 있다. 이러한 시도로는 밀 줄기녹병에서 매발톱나무를, 잣나무 털녹병에서 까치밥나무를 제거함으로써 성공적으로 수행되었다. 그러나 다른 요인들 때문에 이들 병은 여전히 전반되어 심한 피해를 일으키고 있다. 그러나 두 기주가 모두 중요한 사과나무 붉은별무늬병 또는 향나무 녹병(cedar-apple rust)의 경우에는 중간기주 제거에 의한 방제가 실용적이지 못하다.

돌려짓기

한 종 내지 수 종의 식물체를 감염시키는 토양전염 병원체는 이들 병원체에 감염되지 않는 종이나 과에 속하는 작물을 3~4년 동안 재배함으로써 토양내의 밀도를 감소시킬 수 있다. 외부로부터 침입한 **토양병원체**(土壤病原體; **soil invader**)가 살아있는 식물체에서만 살거나 부생균으로 식물체를 이용하는 경우에 **돌려짓기**(輪作; **crop rotation**)를 하면 만족스럽게 방제할 수 있다. 그러나 병원체가 **토양서식체**(土壤棲息體; **soil inhabitant**)인 경우에는 오랜 기간 동안 생존이 가능한 포자를 형성하거나 5~6년 이상 부생체로 살아갈 수 있으므로 돌려짓기는 효과가 적고 실용적이지 못하다. 후자의 경우에는 토양내에서 병원균(예를 들면, *Verticillium*)(그림 9-2)의 밀도를 감소시킬 수 있으며, 돌려짓기를 3~4년 계속하면 감수성 작물이라 할지라도 상당한 수확을 얻을 수 있다.

어떤 작물 재배지에서 경작포장이 몇 개월 또는 1년 동안 휴한지로 남아있게 되면 그 동안 식물체의 잔재와 전염원은 미생물에 의해 분해되는데, 여름에 아주 더운 지역에서는 휴한지의 토양이 열을 받아 건조해져서 선충과 다른 병원체가 감소된다. 다른 경작지에서는 제초제와 경작축소 또는 휴한과 경작축소를 이용한다. 이러한 방법으로 *Fusarium moniliforme*에 의한 수수와 옥수수의 줄기썩음병은 상당히 감소되었지만, 대조적으로 밀의 Septoria 잎마름병, 밀과 보리의 붉은곰팡이병은 증가하였다.

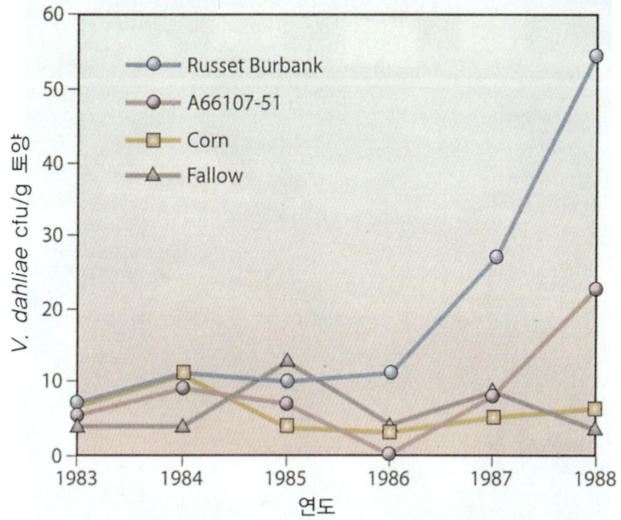

그림 9-2 연작, 휴작 및 5년마다 옥수수 돌려짓기가 감수성(Russert Burbank)과 저항성(A66107-51)의 감자 품종에서 *Verticillium dahliae*의 밀도 발달에 미치는 영향. cfu, 균총형성단위. [출처: Davis *et al.* (1994), *Phytopathology* **84**, 207-214.]

위생관리

위생관리(sanitation)는 식물, 포장, 농기구 보관창고 등에 존재하는 전염원의 양을 감소시키거나, 건전한 식물과 생산물로 병원체가 퍼져나가는 것을 방지하는 데 목적을 둔 모든 행위를 포함한다. 수확후 감염된 식물을 땅에 묻는 것은 토양으로 전염원을 덮는 데 도움이 되며, 이들의 분해를 가속화하여 그 내부나 외부에 존재하면서 전반될 수 있는 병원체 대부분의 파괴를 촉진시킨다. 이와 유사하게, 가정이나 정원에서 기르는 식물체의 감염된 잎을 제거하는 것은 전염원을 제거하거나 감소시키는 데 도움이 된다. 감염된 식물체 (그림 9-3A) 또는 감염되었거나 죽은 가지를 잘라내고 병원체를 지니고 있는 감염된 열매와 식물체의 다른 부스러기를 제거하면 전염원을 감소시키는 데 도움이 되고, 병원체가 나무의 다른 건전한 부위로 전반되지 못하게 한다. 이러한 작업은 이후에 발생하는 병해의 양을 감소시킨다. 지구상의 일부 지역에서는 초본류의 종자나 벼의 감염된 작물 잔재를 태워버려서 토양의 표면에 있는 여러 병원체의 전염원을 감소시키거나 제거시키고 있다.

담배를 피우는 재배자는 토마토 같은 식물을 다루기 전에 손을 깨끗이 씻어 담배 모자이크 바이러스가 퍼져나가는 것을 감소시킬 수 있다. 또한 감자 괴경 같은 영양번식체를 절단할 때 사용하는 칼을 자주 소독하고 전정가위를 소독하면 이들 기구를 통해 병원체가 옮겨가는 것을 줄일 수 있다. 농기구를 사용한 후 한 포장에서 다른 곳으로 옮기기 전에 묻어 있는 흙을 씻으면 토양 내에 있는 병원체가 퍼져나가는 것을 방지하는 데 도움을 줄 수 있다. 이와 마찬가지로 농산물(그림 9-3B), 용기, 창고 등을 염소가 함유된 물로 세척함으로써 전염원의 양과 이들에 의한 감염을 상당히 감소시킬 수 있다.

그림 9-3 위생관리에 의한 식물병의 방제. (A) 불마름병에 감염된 사과나무와 배나무 묘목의 전정, 봉지에 넣기, 제거. (B) 염소가 함유된 물로 수확한 토마토의 세척. [사진제공: P.S. McMans, from P.S. McManus and V.O. Stockwell, Plant Health Press, 2001]

병원체에 불리한 환경의 조성

저장된 농산물은 세균과 균류 등의 병원균이 발아하여 감염시키는 것을 억제하기 위하여 표면이 너무 습해지지 않도록 적절하게 통풍을 조절해야 한다. 이와 마찬가지로 포장이나 온실에서 식물체 간의 간격을 적절히 유지하여 재배하는 것은 식물체 표면에 습도가 너무 높아지는 것을 방지하여 *Botrytis*와 *Peronospora tabacina* 같은 병원균에 의한 감염을 억제시킨다. 토양의 배수를 잘 하는 것도 난균강에 속하는 병원균(예를 들어 *Pythium*)과 선충의 밀도와 활력을 감소시켜 결국 병을 상당한 수준까지 감소시킬 수 있다. 또한 비료와 토양개선제를 적절하게 사용하면 토양 pH를 변화시켜서 병원균이 잘 자라지 못하게 한다. 오랜 기간 동안 포장을 물로 채워두거나 건조한 상태로 두는 것도 토양 내에서 *Fusarium*, *Sclerotinia sclerotiorum*, 그리고 선충이 먹이를 얻지 못하게 하거나, 산소결핍 또는 건조에 의해서 이들 병원체의 수를 줄이기 위한 것이다.

특히 용기에서 키우는 묘목을 생산할 때 토양 내에 퇴비화된 수피를 첨가하여 재배하면 *Phytophthora*, *Pythium*, *Thielaviopsis* 에 의한 뿌리썩음병, *Rhizoctonia* 에 의한 모잘록병과 초관썩음병, *Fusarium* 시들음병과 백합, 포인세티아, 철쭉 등에 피해를 입히는 선충병 같은 여러 토양전염성 병원체에 의해 발생하는 병을 성공적으로 방제할 수 있다. 이러한 억제효과는 부분적으로 수피에서 나오는 항균성 물질에 의한 결과이다. 억제효과는 식물병원체와 경쟁하거나 길항적인 미생물의 생장과 활성을 촉진하는 물질의 분비에 의해 부가적으로 이루어진다 (그림 9-4, 9-5).

폴리에틸렌 유인판과 덮개

오이에 모자이크병을 일으키는 오이 모자이크 바이러스를 포함한 여러 종류의 바이러스는 공기전염 매개충인 진딧물에 의해 고추 등의 작물로 옮겨지는데, 끈적끈적한 노란색의 폴리에틸렌 판을 감수성 식물체의 끝에 매달아 수직으로 세워 놓으면 상당수의 진딧물이 유인되어 달라붙는다. 이 방법은 일차적으로 곤충을 유인하여 모니터링하기 위해 시도되나, 어느 정도는 작물에 옮겨지는 바이러스 전염원의 양을 감소시킬 수 있다. 그러나 포장에서 반사시키는 알루미늄이나 흑색, 회백색 또는 착색된 폴리에틸렌 판을 식물체 사이나 골 사이에 덮개로 이용하면 진딧물, 총채벌레와 다른 매개충을 포장에서 멀리 쫓아낼 수 있다. 결과적으로 바이러스를 운반하는 매개충이 식물체에 덜 오게 되므로 바이러스에 의한 감염이 줄어든다 (그림 9-6). 그러나 반사 덮개는 식물체의 키가 커져서 덮어버리면 기능을 상실하게 된다.

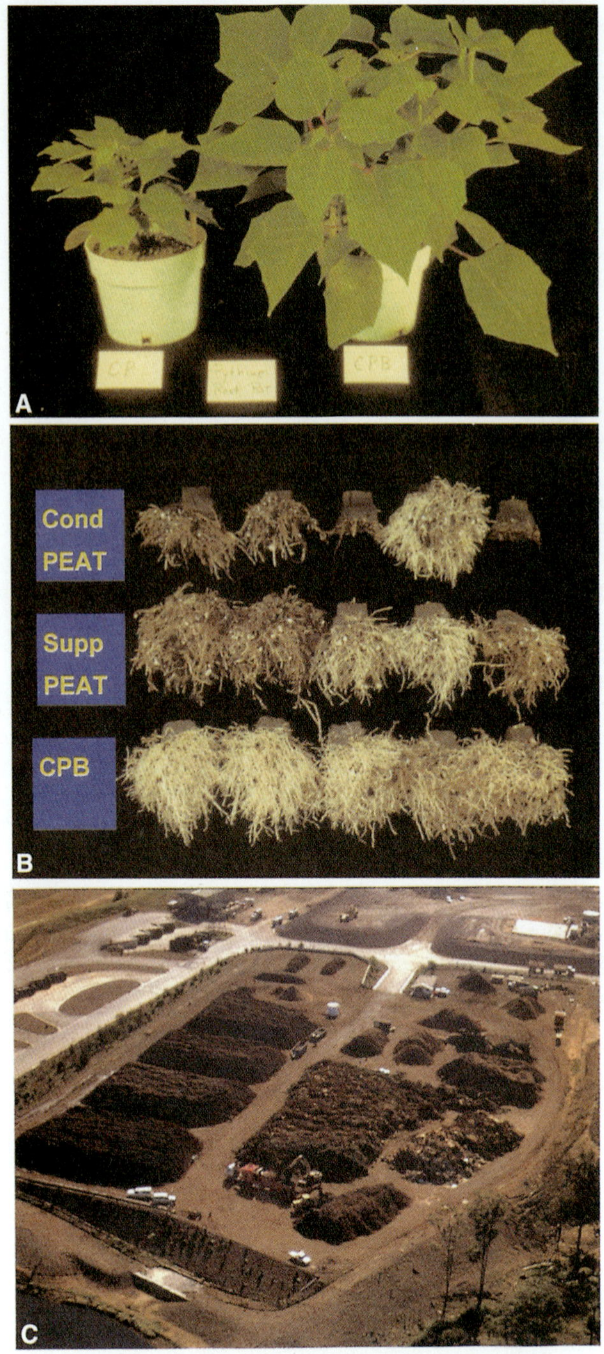

그림 9-4 폿트 혼합제에 식재하여 *Pythium ultimum*을 접종한 포인세티아의 Pythium 뿌리썩음병 생물적 방제. (A) 비발병억제토양으로 어느 정도 분해된 검은색의 sphagnum peat 혼합(왼쪽)과 *Pythium*-억제토양으로 거의 분해되지 않은 밝은 색의 sphagnum peat 혼합(오른쪽)에서 기른 식물체의 지상부 모습. (B) (A)의 왼쪽(상), (A)의 오른쪽(중), 퇴비화한 소나무 수피와 검은색의 sphagnum peat를 섞은 토양에서 기른 포인세티아의 뿌리썩음 정도. (C) 야외 퇴비화 공장의 항공전경 [사진제공: (A) H.A.J. Hoitink; (B,C) Hoitink *et al.* (1991).]

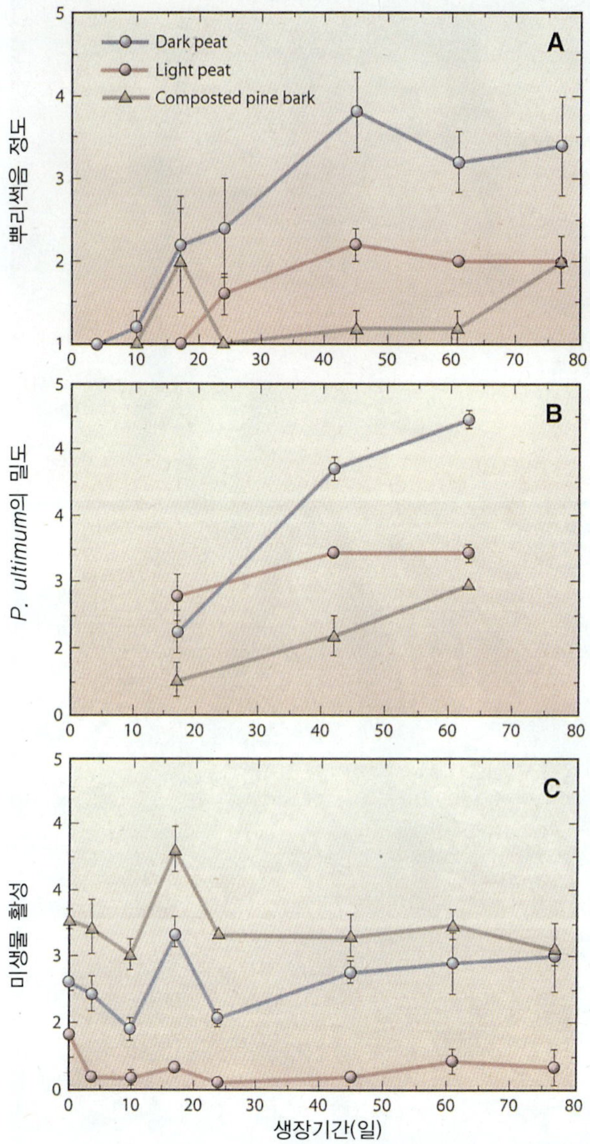

그림 9-5 종류별 포트혼합제가 (A) 포인세티아 뿌리썩음병의 정도, (B) *Pythium ultimum*의 밀도, (C) 미생물 활성의 수준 등에 미치는 효과. 퇴비화된 소나무 수피가 가장 약한 뿌리썩음병, 가장 낮은 *Pythium*의 밀도와 가장 활발한 미생물 활성을 나타내었다. [출처: Boehm and Hoitink (1992), *Phytopathology* **82**, 259-264.]

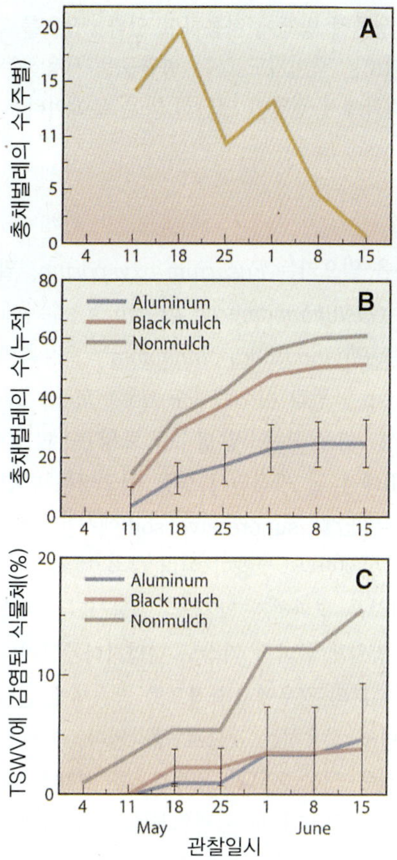

그림 9-6 (A) 총채벌레의 유입(평방 인치당), (B) 축적된 총채벌레의 수, (C) 알루미늄과 검은색 덮개의 영향을 받은 tomato spotted wilt virus에 감염된 식물체의 비율과의 상관관계. [출처: Greenough, Black, and Bond (1990), *Plant Dis.* **74**, 805-808.]

전염원의 제거 또는 감소에 의한 생물적 방제

자연계에서는 통상적으로 다른 생물체를 이용하여 병원균의 전부 또는 일부를 없애는 **생물적 방제**(生物的 防除; biological control)가 시도되고 있다. 예를 들면, 어떤 지역에서 병원균이 잘 자랄 수 없는 경우가 있는데, 그 이유는 첫째, 병원균에 길항작용을 보이는 미생물이 자라고 있는 **발병억제토양**(發病抑制土壤; suppressive soil) 때문이거나, 둘째 병원균에 감염된 식물이 병원균에 감염되기 전후에 길항미생물에 의해서 자연적으로 접종되어 있는 경우이다. 길항미생물은 때로는 **저병원성**(低病原性; hypovirulence) 이나 **교차보호**(交叉保護; cross protection) 에서처럼 같은 종류의 병원균이면서 병원균의 발달이 억제된 병원력이 없는 계통(avirulent strain)이기도 하다. 어떤 경우에는 고등식물조차도 병원균을 포획하거나 병원균에 독성물질을 토양에 방출하여 전염원의 양을 감소시키는 경우도 있다. 농학자들은 이러한 자연적인 생물에 의한 길항작용을 유익하게 이용하려고 노력해왔으며 식물병을 효과적으로 방제할 수 있는 생물적 방제전략을 개발하여 왔다. 생물적 길항작용은 생태학적으로 많은 제약이 따르지만 여러 식물병의 방제에 부분적으로나마 중요하게 이용될 수 있을 것으로 기대된다.

앞에서 언급한 방법들은 다른 미생물을 식물병 방제에 사용하였지만, 식물병리학자들은 또한 특정 식물병원균을 육지 또는 수생잡초의 생물적 방제에 사용하고 있다. 잡초를 감염시켜 피해를 주고, 때로는 죽이기도 하는 병원균을 사용하는 생물적 방제는 식물병리학에서 전망이 대단히 밝은 분야이다.

발병억제토양

유관속시들음병을 일으키는 *Fusarium oxysporum*, 밀에 마름병을 일으키는 *Gaeumannomyces graminis*, 수목에 뿌리썩음병을 일으키는 *Phytophthora cinnamomi*, 모잘록병을 일으키는 *Pythium* sp., 귀리 시스트선충 *Heterodera avenae* 등의 토양전염성 병원체는 **발병유도토양**(發病誘導土壤; **conducive soil**)에서 잘 자라면서 병을 일으키는 반면에 **발병억제토양**(發病抑制土壤; **suppressive soil**)에서는 잘 자라지도 않고 병도 적게 발생한다. 토양이 여러 다른 병원균에 억제 효과를 보이는 기작은 명확하지 않지만, 생물 또는 비생물 요인들이 관여하고 병원체에 따라 기작도 다양하다. 그러나 이러한 토양 내에는 대부분의 경우에 1차적으로 병원체에 길항적인 미생물이 존재하면서 작용하는 것으로 생각된다. 이러한 길항미생물은 항생물질을 생산하거나, 용해효소를 분비하거나, 영양분을 경쟁적으로 취하거나 또는 병원체에 직접 기생하여 병원체가 병을 일으키기에 충분히 높은 밀도로 증식하지 못하게 한다.

여러 종류의 길항미생물이 발병억제토양에서 발견되었지만 병원균과 병은 일반적으로 *Trichoderma*, *Penicillium*, *Sporidesmium* 등의 균류와 *Pseudomonas*, *Bacillus*, *Streptomyces* 등의 세균에 의해 억제되는 것으로 생각된다. 발병유도토양에 발병억제토양을 첨가하면 병원체에 길항적인 미생물이 옮겨져서 병을 줄일 수 있다. 예를 들면, 감자 더뎅이병을 일으키는 *Streptomyces scabies*와 길항적인 *Streptomyces* sp. 균주를 섞은 토양에서는 감자 괴경이 더뎅이병에 잘 걸리지 않는다 (그림 9-6A). 예를 들면, *Phytophthora* 에 의한 파파야나무 뿌리썩음병을 방제하기 위하여 난균강에 속하는 *Phytophthora palmivora*로 만연된 과수원 토양에 구멍을 파고 발병억제토양을 넣은 후에 파파야나무 묘목을 심어서 재배하였다. 그러나 몇 종류의 병은 발병유도토양에서 한 작물을 계속해서 재배하면 병이 몇 년 동안 심하게 발생한 후 마침내 병이 감소하게 되는데, 이것은 병원체에 길항적인 미생물이 증가하기 때문이다. 예를 들면, 밀이나 오이를 계속해서 재배하면 밀의 마름병과 오이의 *Rhizoctonia* 에 의한 모잘록병이 감소하게 된다. 이와 유사하게 수박 품종인 'Crimson Sweet'를

그림 9-7 (A) *Streptomyces* 속의 억제 균주를 사용한 *Streptomyces scabies* 감자 더뎅이병의 생물적 방제. 왼쪽은 생물적 방제제로 처리한 토양에서 수확한 감자; 오른쪽은 생물적 방제제를 처리하지 않은 토양에서 수확한 감자. (B,C) 전년에 남은 브로콜리를 쟁기로 갈아엎어 땅 속에 묻은 포장(B)에서 묻지 않은 포장(C)에 비해서 *Sclerotinia sclerotior-um*에 의한 양상추 피해가 적게 발생. [사진제공: (A) L. Kinkel, University of Minnesota, (B,C) K.V. Subbarao (1998). *Plant Dis.* **82**, 1068-1078.]

계속해서 재배하면 수박에 Fusarium시들음병을 일으키는 *Fusarium* 에 길항적인 종이 생성되어서 Fusarium시들음병이 증가하기보다 감소하는 결과가 나타난다. 이러한 토양은 향후 병발달에 억제효과를 나타낸다. 길항미생물에 의한 병의 억제는 토양을 60℃ 에서 30분간 저온살균하면 억제효과가 없어지므로 간접적으로 증명할 수 있다.

일종의 "토양억제 현상"은 토양 개선책으로 적절한 작물을 쟁기로 갈아엎은 후에 발달한다. 십자화과에 속하는 이러한 작물들은 토양 내의 토착 길항미생물이 병원체의 전염원을 생물학적으로 파괴시키는 데 필요한 물질과 시간을 제공한다. 예를 들면, *Sclerotinia sclerotiorum* 에 의한 양상추 피해는 브로콜리 식물체를 토양 내에 파묻은 경우에 그런 처리를 하지 않은 포장에서의 병발생량에 비해서 아주 많이 줄어든다 (그림 9-7B, 9-7C).

길항미생물을 이용한 병원균 전염원의 감소

토양전염성 병원균

Pythium, *Phytophthora*, *Rhizoctonia*, *Sclerotinia*, *Sclerotium* 등의 식물병원성 토양 난균류나 균류의 균사와 휴면포자(난포자) 또는 균핵은 대체로 식물에 병을 일으키지 않는 여러 종류의 균류에 의해 침입받아 **중복기생**(重複寄生; **mycoparasitism**) 되거나 **용해**(溶解; **mycolysis**) 되어 죽는 경우가 있다. 난균강과 일부 병꼴균강, 총생균강 등을 포함하는 식물이 아닌 생물에 병을 일으키는 균류와 *Pseudomonas* 류의 세균, 방선균 등도 수 종의 식물병원균류의 휴면포자를 감염시킨다. 이 중 가장 일반적인 중복기생균은 *Trichoderma* sp. 중에서도 *T. harzianum* 이다. 이 균은 *Rhizoctonia* (그림 9-8)

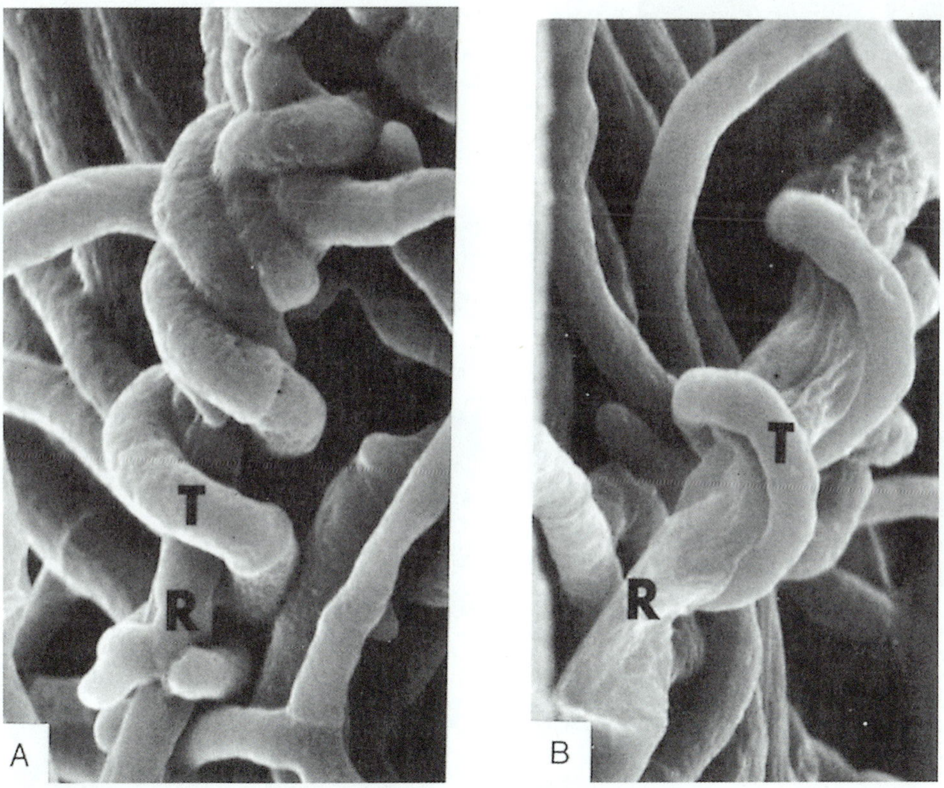

그림 9-8 식물병원균 *Rhizoctonia solani* 에 미치는 생물적 방제균 *Trichoderma harzianum* 의 영향. (A) *Trichoderma* 의 균사(T)가 접종한 후 2일 이내에 코일을 빽빽하게 형성하여 *Rhizoctonia* 의 균사(R) 전체를 감는다. (6,000배) (B) 접종 6일 후, *Rhizoctonia* 균사는 팽압이 없어져서 세포가 현저히 붕괴되는 반면, *Trichoderma* 균사는 계속해서 정상적으로 보인다. (5,000배) [출처: Benhamou and Chet (1993), *Phytopathology* **83**, 1062-1071.]

와 *Sclerotium* 의 균사에 기생하고, *Pythium, Phytophthora* 같은 많은 난균강과 다른 균류 즉, *Fusarium, Heterobasidion (Fomes)* 등의 생장을 억제하여 이들 병원균에 의해 발생되는 병을 감소시키는 것으로 알려져 있다. 균류에 기생하는 중복기생균으로는 *Rhizoctonia* 와 *Pythium* 에 기생하여 길항

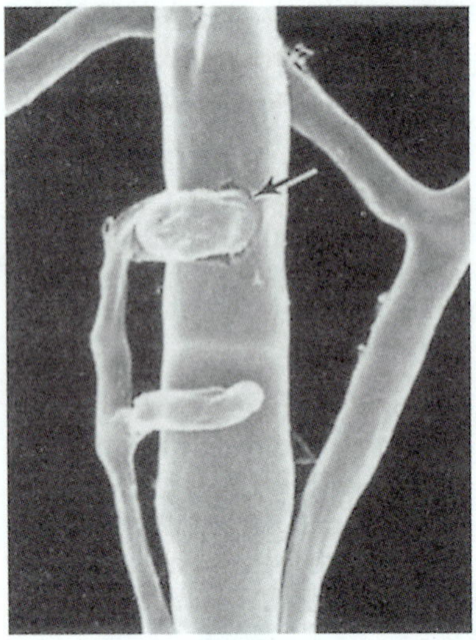

그림 9-9 병원균 *Phytophthora* 의 균사를 뚫고 들어가는 (화살표) 비병원성 *Pythium nunn* 의 균사. [사진제공: R, Baker.]

작용을 보이는 *Laetisaria arvalis* (*Corticium* sp.)와 *Sclerotinia sclerotiorum* 에 기생하여 길항작용을 보이는 *Sporidesmium sclerotivorum, Gliocladium virens, Coniothyrium minitans* 등이 있고, 이들은 모두 몇몇 *Sclerotinia* 병을 효과적으로 방제할 수 있다. *Talaromyces flavus* 는 *Verticillium*에 기생하여 가지의 Verticillium 시들음병을 방제한다. 또한 몇몇 *Pythium* 종은 *Phytophthora* sp.(그림 9-9)와 다른 *Pythium* sp.에 기생한다. 몇 종의 효모, 예를 들면 *Pichia guilliermondii* 도 *Botrytis* 와 *Penicillium* 같은 식물병원균에 기생하여 생장을 억제한다 (그림 9-10).

균류 외에 *Bacillus, Enterobacter, Pseudomonas*와 *Pantoea* 속의 세균도 병원성 난균류 *Phytophthora* sp., *Pythium* sp.와 *Fusarium*(그림 9-11), *Sclerotium cepivorum, Gaeumannomyces tritici* 등의 균류에 기생하여 생장을 억제시키고, 식균성 선충 *Aphelenchus avenae*는 *Rhizoctonia* 와 *Fusarium* 에, 아메바 *Vampyrella* 는 병원성 균류인 *Cochliobolus sativus*와 *Gaeumannomyces graminis* 에 기생한다.

또한 식물병원선충에 다른 미생물이 기생하는데, 예로 세균 *Pasteuria(Bacillus) penetrans* 는 *Meloidogyne javanica*와 *Pratylenchus* sp.에 기생하고(그림 9-12A~9-12D), *Verticillium lecanii* 는 콩 시스트선충 *Heterodera* 의 스스로에 기생하고(그림 9-12E), 균류 *Dactylella, Arthrobotrys*(그림 9-13A~9-13D), *Paecilomyces* (그림 9-13E)

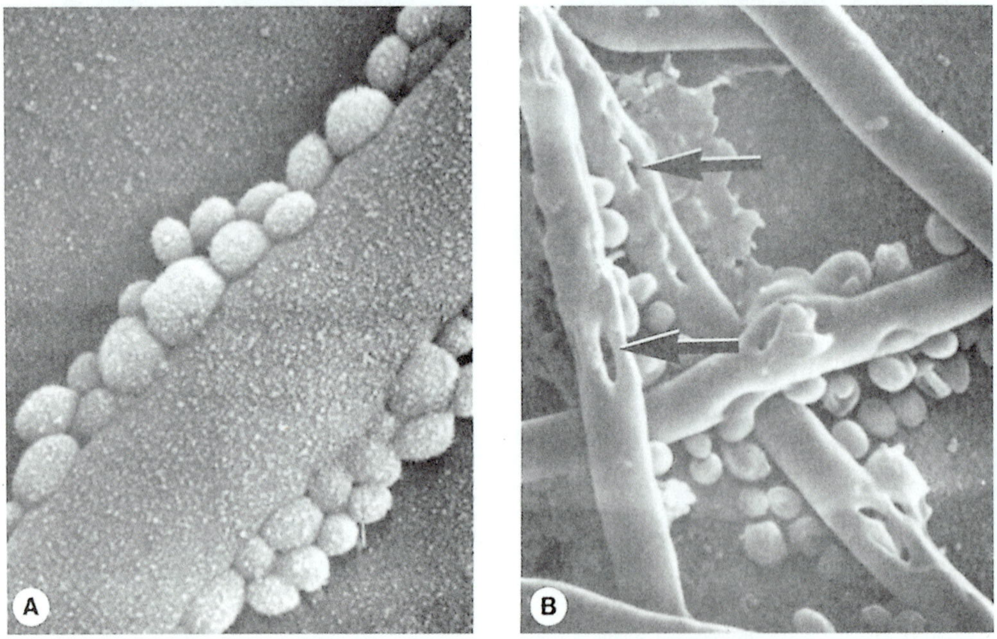

그림 9-10 식물병원균 *Botrytis cinerea*(A)와 *Penicillium expansum*(B)의 균사에 부착하는 생물적 방제제인 효모 *Pichia guilliermondii*. 두 종류의 균류 균사 위에 틈새가 뚜렷하고 시간이 지나면서 균사 세포벽에 구멍이 많이 생긴다 (화살표 B). (2,350배) [출처: Wisniewski, Biles, and Droby (1991), *in* "Biological Control of Postharvest Diseases of Fruits and Vegetables" (Wilson and Chalntz, eds.), pp. 167-183. USDA, ARS-92.]

그림 9-11 세균 *Pantoea* sp. MF626 균주를 종자처리함으로써 *Fusarium culmorum*에 의한 밀 유묘마름병의 생물적 방제. (A) 무처리한 종자에서 생장한 밀 유묘의 극도로 빈약한 생장과 (B) 처리한 종자에서 자란 정상적으로 건전한 유묘. [사진제공: P.N. Johansson, from Johansson, Johnsson, and Gerhardson (2003). *Plant Pathol.* **52**, 219-227.]

와 *Hirsutella* sp.은 뿌리혹선충 *Meloidogyne* sp.에 기생하는 반면에 선충기생성 균류인 *Catenaria auxiliaris* (그림 9-13F), *Nematophthora gynophila*, *Verticillium chlamydos-porium*, *Hirsutella* sp.는 창선충 *Xiphinema* 와 시스트선충 *Heterodera* 와 *Globodera* 에 기생한다.

공기전염성 병원균

여러 다른 종류의 균류도 식물 지상부의 병원균류에 길항적이어서 생장을 억제하는 것으로 보고되어 있다. 예를 들면, *Chaetomium* sp.과 *Athelia bombacina*가 땅에 떨어진 병든 잎에 존재하는 *Venturia inaequalis* 의 자낭포자와 살아있는 잎에 존재하는 분생포자의 형성을 억제하고, *Tuberculina maxima*는 잣나무 털녹병균 *Cronartium ribicola* 에, *Darluca filum*과 *Verticillium lecanii* 는 여러 녹병균에, *Ampelomyces quisqualis* 는 여러 흰가루병균에, *Tilletiopsis* sp.는 오이 흰가루병균 *Sphaerotheca fuliginea*에, *Nectria inventa*와 *Gonatobotrys simplex*는 두 종의 식물병원성 *Alternaria* 에 기생한다.

작용기작

길항미생물이 병원체에 영향을 미치는 기작은 항상 명확한 것은 아니지만 일반적으로 다음 중의 한 가지에 해당한다. (1) 직접 기생 또는 용해하여 병원체를 죽이는 것(그림 9-14), (2) 영양분 획득을 위하여 병원체와 경쟁하는 것, (3) 길항미생물이 분비하는 항생물질이 병원체에 직접 독소적인 영향을 주는 것, (4) 길항미생물의 대사활동에 의해 분비되는 에틸렌 같은 휘발성물질이 병원체에 간접적으로 해로운 영향을 주는 것 등이다.

이미 언급한 길항미생물의 대부분은 작물을 재배하는 토양 내에 존재하면서 인간의 활동과 관계없이 여러 식물병원체에 대해 생물적 방제효과를 보인다. 그러나 인간은 길항미생물이 존재하지 않는 포장에 *Trichoderma harzianum*과 *Pasteuria penetrans* 같은 새로운 길항미생물을 많이 넣어주기도 하고 길항미생물에게 양분을 제공하거나 생장을 촉진시키고 병원체에 대한 억제활동을 증가시키기 위하여 토양개선제를 첨가하는 등 길항미생물의 효과를 증가시키기 위해 여러모로 노력해왔다. 불행히도 이러한 노력은 실험실과 온실에서는 효과적이었지만 야외포장에서는 모두 성공하지 못하였다. 포장의 토양에 첨가한 새로운 미생물은 기존의 미생물과 경쟁하면서 오랜 기간 동안 생존할 수 없다. 또한 현재까지는 토양개선제가 새로 첨가되었거나 이미 존재하고 있는 길항미생물에 도움을 주어서 밀도를 증가시키도록 선택적으로 작용하지 않으므로 궁극적으로 병의 방제에 이용하는 것은 극히 제한되어 있다. 그리하여 궁극적인 병방제를 위한 이용가능성은 아주 제한되어 있다. 길항미생물이 병원체의 침입으로부터 식물체를 직접적으로 보호하기 위하여 성공적으로 이용된 생물적 방제의 경우가 몇 가지 있다.

포획식물을 이용한 방제

만약 강낭콩, 고추, 호박을 재배하는 포장 근처에 귀리, 옥수수 등 키가 큰 식물이 심어져 있으면 강낭콩, 고추, 호박을 감염하는 바이러스를 옮기는 진딧물이 일단 키가 큰 식물에 도달하여 양분을 취할 것이다. 진딧물에 의하여 전염되는 바이러스는 진딧물 내에서 비영속적이므로 시간이 경과한 후 진딧물이 강낭콩, 고추, 호박으로 옮겨 왔을 때 대부분은 기주식물을 감염시키는 바이러스를 상실하게 된다. 이러한 방법으로 포획식물은 기주작물에 도달하는 전염원의 양을 상당히 감소시킬 수 있다.

또 다른 방법으로 포획식물체가 선충에 대해서 이용되는데, 어떤 고착성의 식물기생선충에 감수성이 아닌 몇 종류의 식물

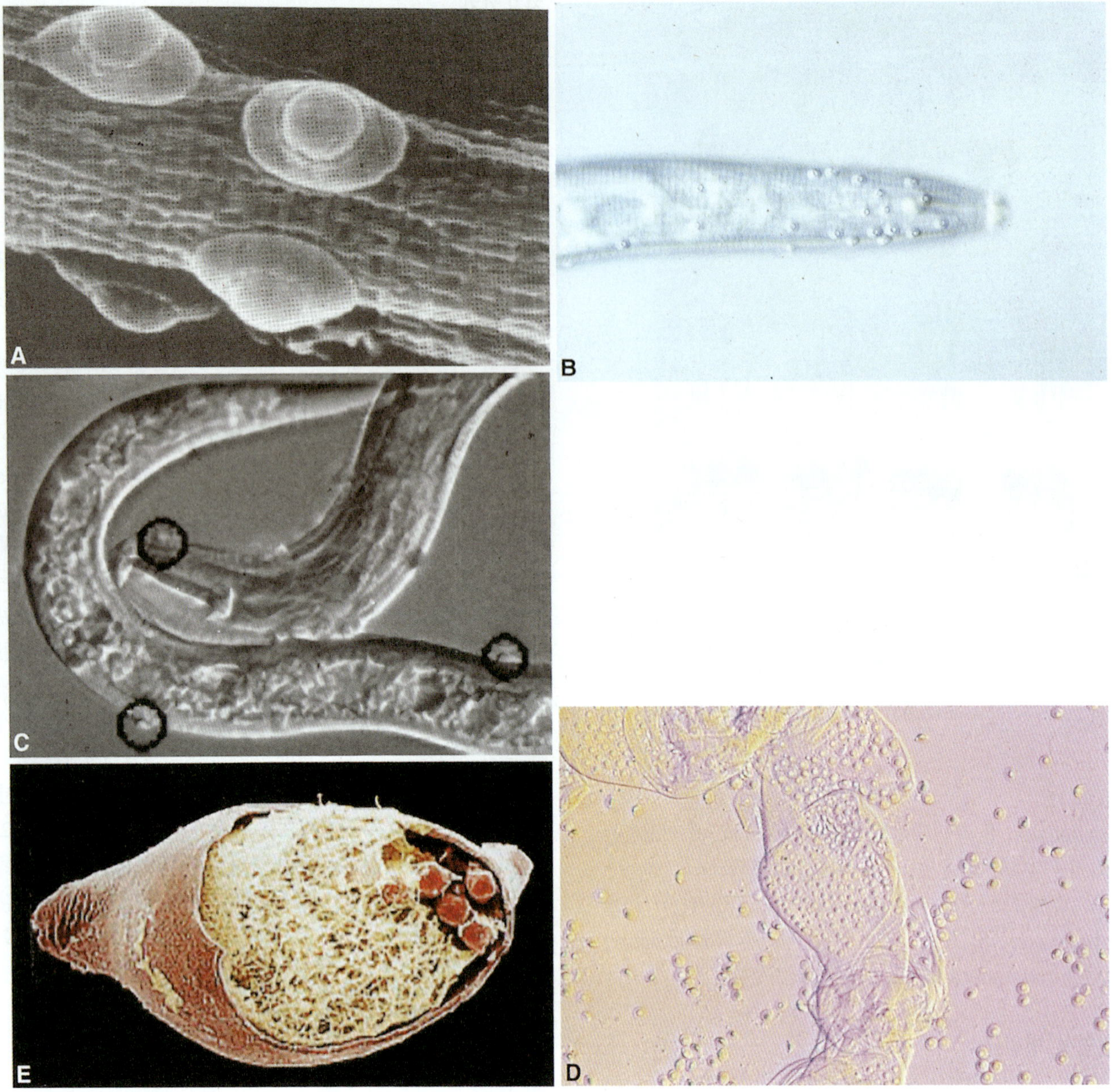

그림 9-12 선충의 생물적 방제. (A,B,C) *Meloidogyne* 유충 및 (D) *Pratylenchus* sp.에서 세균 *Pasteuria penetrans* 가 선충을 가해. (E) *Verticillium lecanii*가 *Heterodera* 의 시스트를 가해. [사진제공: (A) K.B. Nguyen, (B,D) R.M. Sayre, (C,E) D.J. Chitwood.]

은 뿌리에서 분비물을 분비하여 선충의 알이 부화하도록 자극한다. 유충은 이 식물을 침입하지만 성충으로 자랄 수 없고 마침내 죽게 되는데, 이러한 식물을 **포획작물**(捕獲作物; **trap crop**)이라고 한다. 재배자들이 돌려짓기할 때 포획작물을 이용함으로써 토양 내의 선충밀도를 상당히 감소시킬 수 있다. *Crotalaria* 식물은 뿌리혹선충인 *Meloidogyne* sp. 유충을 포획하고, 까마중은 감자시스트선충 *Heterodera rostochiensis* 의 밀도를 감소시킨다. 선충의 침입에 감수성인 식물체를 심어서 이와 비슷한 결과를 얻을 수 있는데, 식물체가 선충에 의해 침입을 받으면 선충이 성숙하여 번식하기 전에 이 식물체가 죽어버린다.

불행히도 포획작물은 소요되는 비용에 비해 충분한 방제효과를 얻기 힘들므로 식물기생선충의 방제를 위하여 실제로는 거의 사용되지 않고 있다.

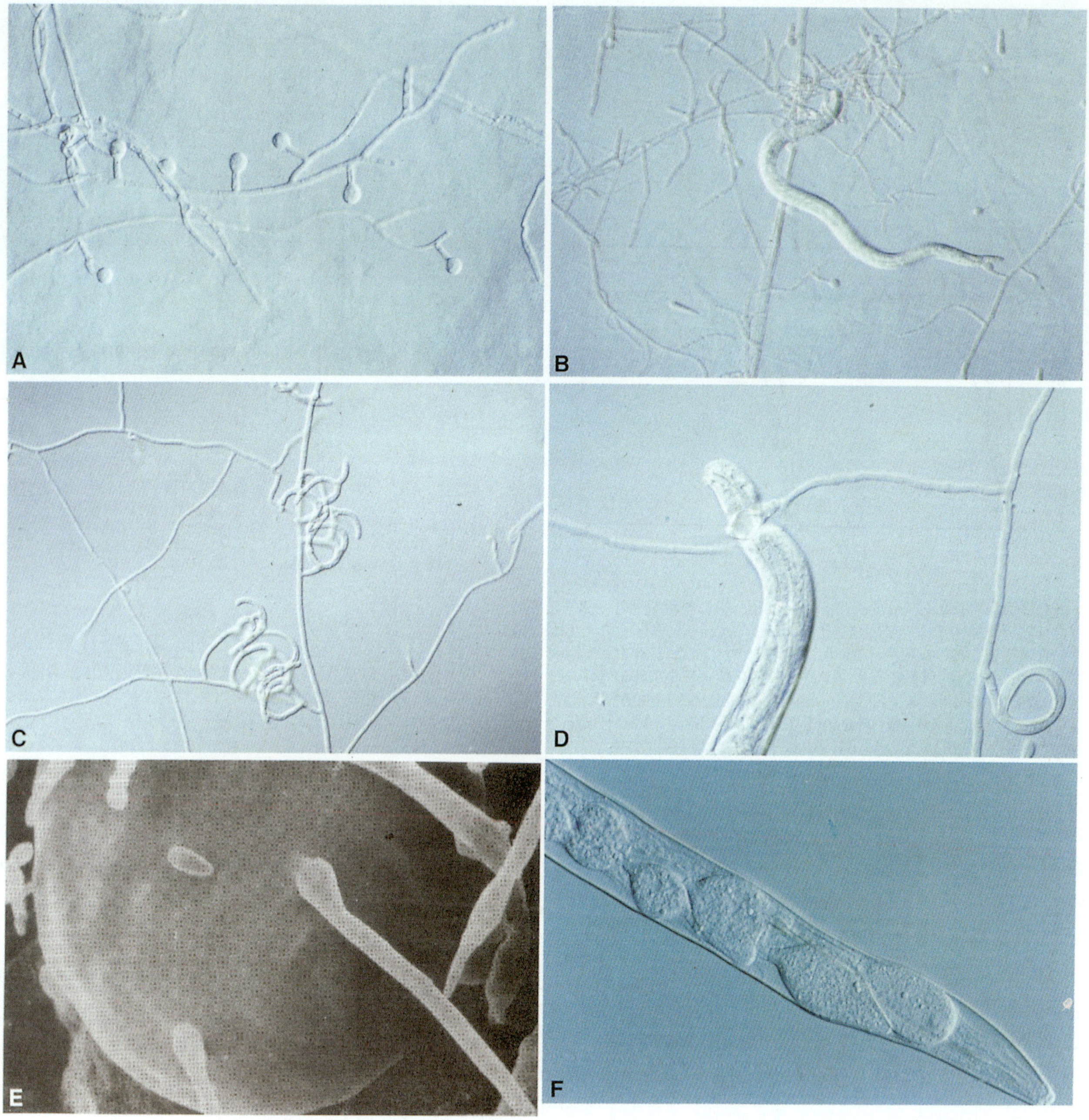

그림 9-13 균류를 이용한 선충의 생물적 방제. (A) 점착성 혹이 형성된 균과 (B) 혹에 포획된 선충. (C) 점착성 분지균사가 형성된 *Arthrobotrys*. (D) 점착성 균사의 압축고리에 포획된 선충. (E) *Paecilomyces* 에 침입당한 *Meloidogyne* 의 알. (F) *Catenaria* 의 유주포자낭이 침입한 *Xiphinema* 선충. [사진제공: (A-D,F) B.A. Jaffee, (E) R.M. Sayre.]

길항식물을 이용한 방제

아스파라거스와 매리골드 등 몇 종류의 식물은 식물기생선충에 유독한 물질을 토양에 방출함으로써 선충에 길항작용을 한다. 선충에 감수성인 식물과 사이짓기하면 길항작용을 보이는 식물은 토양과 감수성 식물 뿌리 내의 선충밀도를 감소시킨다. 그러나 길항식물은 포획식물처럼 비용에 비해 높은 방제효과를 얻을 수 없으므로 선충병 방제에 실제로 사용되지는 않는다.

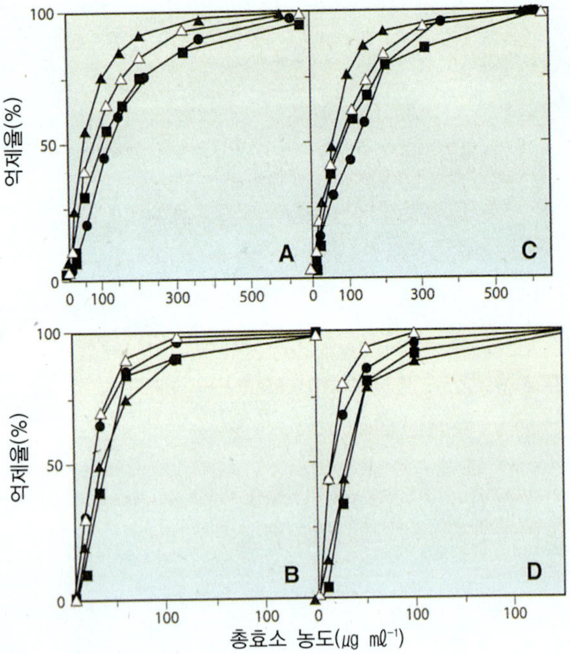

그림 9-14 길항균 *Trichoderma harzianum*에서 얻은 균류의 세포벽과 글루칸을 분해하는 효소가 식물병원균 *Botrytis cinerea*의 포자 발아(A,B)와 발아관 신장(C,D)에 미치는 억제효과. (A,C) 한 가지 효소의 처리; (B,D) 4 종류의 효소를 같은 비율로 섞은 처리. 필요한 효소 농도가 B와 D에서 훨씬 낮은 것을 주목하라. ▲, endochitinase; ●, chitobiosidase; △, *N*-acetylglucosaminidase; ■, glucan 1,3-*β*-glucosidase. [출처: Lorito *et al*. (1994). *Phytopathology* **84**, 398-405.]

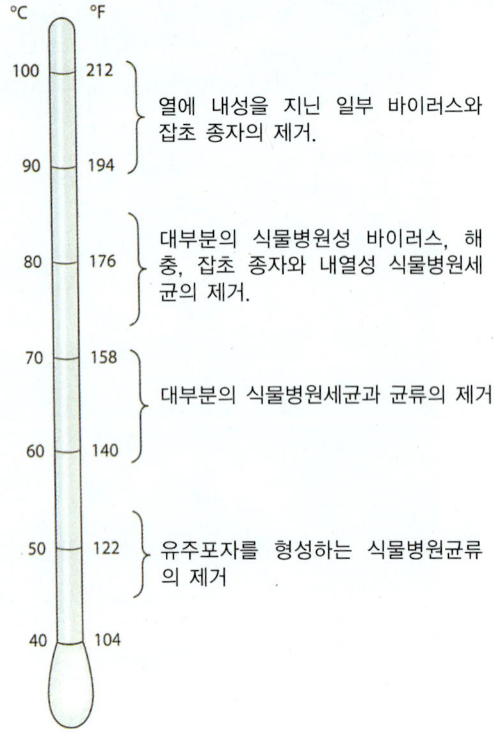

그림 9-15 토양, 종자, 식물체 영양번식기관을 30분간 처리하여 다양한 종류의 병원체, 해충, 잡초 종자를 제거시킬 수 있는 온도(섭씨와 화씨).

전염원을 제거 또는 감소시키는 물리적 방법

식물병의 방제에 가장 일반적으로 이용되는 물리적 요인은 온도(저온 또는 고온), 건조한 공기, 병원균에 유해한 파장의 광선, 여러 형태의 방사선 등이다. 어떤 작물은 유리나 플라스틱 온실에서 재배하면 이들 시설이 병원균이나 매개충에 물리적 장벽을 제공하여 병해로부터 작물을 보호할 수 있다. 이와 유사하게 작물 위에 덮는 플라스틱이나 그물망은 병원균이나 매개충이 식물에 접근하지 못하게 하여 식물이 감염되는 것을 미리 막을 수 있다.

열처리에 의한 방제

열에 의한 토양살균

토양은 일반적으로 온실에서 뜨거운 증기 또는 물에 의해 전달되는 열로 살균한다. 토양은 토양살균기라는 특별한 용기에서 압력을 가해서 나오는 증기로 살균하거나, 온실의 벤치에는 토양 속에 묻힌 파이프를 통하여 증기를 내 보내고 이 증기가 토양 속으로 확산되어 살균시키는 방법으로 살균한다. 선충, 일부 난균강과 수생균류 등은 50℃ 정도에서 죽는 반면, 대부분의 식물병원성 균류와 세균, 벌레, 괄태충(slug)과 지네 등은 60~72℃에서 죽는다. 대부분의 잡초, 나머지 식물병원세균, 식물의 잔재에 존재하는 식물바이러스와 대부분의 곤충은 약 82℃에서 죽고(그림 9-15), 내열성 잡초 종자와 담배 모자이크 바이러스(TMV) 같은 식물바이러스는 약 95~100℃의 끓는점 근처에서 죽는다. 일반적으로 토양살균은 토양 내에서 가장 온도가 낮은 부위가 최소한 30분 동안 82℃ 이상 유지될 때까지 계속되는데, 이 온도에서는 토양 내에 존재하는 거의 모든 식물병원체가 죽는다. 토양살균은 증기나 온수보다는 전기에 의해 발생되는 열을 이용하기도 한다.

그러나 과도하게 높은 온도에서 오랫동안 살균하는 것은 피해야 하는데, 그 이유는 이러한 조건은 토양 내에 정상적으로 존재하는 부생성 미생물을 모두 죽일 뿐만 아니라 이들로부터 염(망간)이 유해한 정도로 많이 방출되거나 암모니아가 유해한 농도로 축적되기 때문이다(열에 더욱 강한 암모니아화 세균을 죽이기 전에 질산화 세균을 죽이므로). 이들은 후에 식재되는 식물에 피해를 입히거나 죽인다.

태양열처리에 의한 토양살균

햇빛이 나는 여름철 낮에 투명한 폴리에틸렌을 습한 토양위에 덮었을 때, 토양 상층부 5cm에서의 온도는 덮지 않은 토양에서의 최고 온도가 37℃인 것과 비교하여 52℃까지 높이 올라간다. 만약 맑은 날이 수일 내지 몇 주 동안 계속되면 토양열에 의해 증가한 토양온도는 균류, 선충, 토양표면 근처에 존재하는 세균 등의 토양전염성 병원체를 불활성화시키므로(죽이므로) 병을 일으키는 전염원과 능력을 감소시킨다 (그림 9-16).

번식기관의 온탕처리

종자, 인경, 묘목을 감염하거나, 종자의 외피 내부와 인경의 인편 등에 존재하거나, 외부표면 또는 상처에 존재하는 병원체를 죽이기 위하여 온탕처리(溫湯處理; hot-water treatment)가 이용되어 왔다. 몇 종류의 병해에 대해서는 열수에 의한 종자소독이 이들 병을 방제하는 유일한 방법으로 사용되어 왔는데, 곡물류의 겉깜부기병을 일으키는 병원균은 농약의 약효가 미칠 수 없는 종자 내에서 균사로 월동하기 때문이다. 이와 마찬가지로 인경이나 묘목을 온탕처리하면 이들 내에 존재하는 선충(예를 들면, 관상식물 구근에 있는 *Ditylenchus dipsaci*, 귤나무 묘목에 있는 *Radopholus similis*)이 방제된다.

온탕처리에 의한 방제효과는 대상 병원균이 일정기간 동안 생존할 수 있는 온도보다 더 높은 온도에서 휴면상태의 영양기관이 생존할 수 있는지에 달려 있다. 사용되는 온수의 온도와 처리 시간은 식물의 종류와 병원체에 따라 다양한데, 밀 깜부기병을 방제하기 위해서는 종자를 52℃의 온탕에 11분 동안 담구어 놓는 반면에 *D. dipsaci*에 감염을 피하기 위하여 처리한 인경은 43℃에서 3시간 동안 처리한다.

멜론을 15초 동안 잠시 뜨거운(59±1℃) 물에서 헹구며 솔질처리하면 장기간 저장시 과실의 질을 유지시키는 동안 썩는 것을 상당히 줄일 수 있다는 것이 보고되어 있다. 표피에 있는 대부분의 자연개구가 부분적으로 또는 전체가 덮여있지만 처리한 과실은 표면에 흙이나 먼지, 균류 포자 등이 적은 편이다.

저장기관의 열풍처리

저장기관을 열풍처리(熱風處理; hot-air treatment)하면 표면에 있는 과다한 습기가 제거되고 상처가 아물게 되므로 병원균의 감염으로부터 보호할 수 있다. 예를 들면, 고구마를 28~32℃에서 2주간 처리하면 *Rhizopus*와 세균성무름병으로부터 보호할 수 있다. 또한, 수확한 옥수수 알갱이, 담뱃잎 등을 뜨거운 공기로 처리하면 습기를 제거시켜 부생성 균류와 세균의 침입을 방지할 수 있다. 이와 유사하게, 보리 종자를

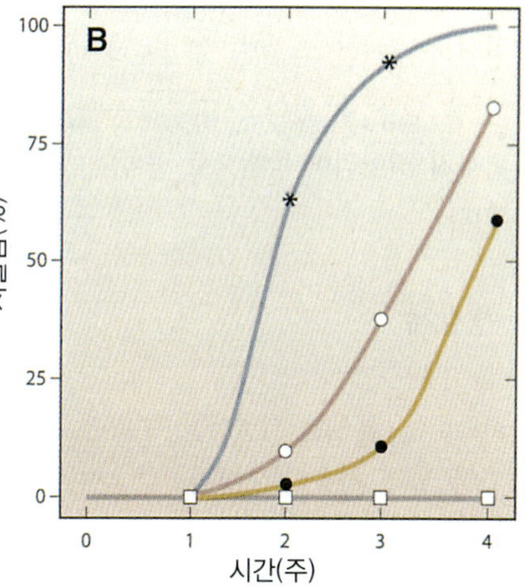

그림 9-16 (A) 아프리카 Cote d' Ivoire에서 토양 태양열살균. 토양을 바꾸기 전에 태양열살균을 하기 위하여 구멍에서 파낸 흙더미. (B) 토양의 태양열살균이 수박 Fusarium시들음병에 미치는 효과. *, 감염되었으나 살균하지 않은 토양; ○, 감염되었으나 30일간 태양열살균한 토양; ●, 감염되었으나 60일간 태양열살균한 토양; □, 감염되지 않고 태양열살균하지 않은 토양. [출처: Martyn and Hartz (1986). *Plant Dis.* 70, 762-766.]

72℃ 에서 7~10일간 건열처리하면 잎줄무늬(leaf streak)와 black chaff를 일으키는 세균 *Xanthomonas campestris* pv. *translucens*를 제거하여 종자발아가 잘 되게 할 수 있다.

광선의 특수파장 제거에 의한 방제

Alternaria, Botrytis, Stemphylium 등은 360nm 이하의 자외선 범위의 광조건에서만 포자를 형성하는 식물병원균류이므로 온실에서 이러한 종류의 균류에 의해 발생하는 병은 파장 390nm 이하의 광선이 투과하지 못하도록 하는 특수한 자외선(UV)-흡수비닐을 온실에 설치하면 이들 병원균에 감염되는 것을 피할 수 있다.

저장 곡물과 열매의 건조

모든 곡류, 두류, 견과류 등은 다양하고 수많은 균류와 세균이 붙어있어서 습기가 충분하면 부패한다. 그러나 만약 종자나 견과를 적당한 시기에 수확하여 저장하기 전에 저장 균류가 활성화되는 습도(약 12% 습도)까지 증가하지 않도록 충분히 건조시켜 통풍이 잘 되는 곳에 저장하면 부패를 방지할 수 있다. 복숭아와 딸기 같은 다육질의 열매는 일반적으로 이슬이 완전히 없어진 늦은 시간에 수확하는데, 이것은 저장이나 운송 도중 열매 표면에 습기가 유지되지 않도록 하기 위한 것이다.

많은 다른 열매도 충분히 건조시켜 습도를 적정선 아래로 유지하여 저장하면 저장병의 발생없이 오랫동안 저장할 수 있다. 예를 들면 포도, 자두, 대추야자, 무화과 등을 햇볕이나 더운 공기로 말리면 건조한 상태에서 오랫동안 균류와 세균에 의한 감염될 걱정없이 보관할 수 있는 건포도나 말린 자두, 대추야자, 무화과 등을 얻을 수 있다. 사과, 복숭아, 살구 등 싱싱한 열매의 절편까지도 이러한 방법으로 균류와 세균에 의한 부패를 피할 수 있다.

냉장에 의한 병방제

냉장(refrigeration)은 신선한 식물체를 수확한 후에 발생되는 병의 방제에 가장 널리 사용되는 방법이다. 어는점 근처의 저온은 식물체 조직의 내부나 표면에 있는 병원균을 죽이지는 않지만 병원균의 생장과 활성을 크게 억제시키므로 병이 퍼지거나 새로운 병이 시작되는 것을 방지한다. 대부분의 과일과 채소는 수확 직후 냉장보관되고 냉장차로 운반되어서 소비자들이 사용할 때까지 냉장 상태로 보관된다. 특별히 즙액이 많은 과일이나 채소는 새로운 감염이나 잠재감염을 막기 위해서 포장에서 이들 과일에 따라오는 과다한 열을 제거할 목적으로 가능한 신속하게 먼저 수소나 공기로 급속냉장시킨 후에 냉장한다. 재배자와 소비자들에게 있어서 냉장법에 의한 병의 방제와 그 가치는 대단히 크다.

방사선에 의한 방제

과일과 채소의 수확 후에 발생하는 병을 방제하기 위하여 병원균을 알파, 베타 등의 입자방사선뿐만 아니라 자외선, X선, 감마선 등 여러 종류의 전자장 방사선으로 죽일 수 있는지에 대해서 연구가 진행되어 왔는데, 실험적으로는 감마선을 이용하여 복숭아, 딸기, 토마토 등의 수확 후에 균류에 의해서 발생하는 병을 방제할 수 있다는 만족스러운 결과가 얻어졌지만 불행히도 병원균을 죽이기 위해서 필요한 방사선 조사량은 병원균이 내재되어 있는 식물체에 해를 입힐 정도로 많이 요구된다. 또한 음식물을 이러한 방법으로 처리하는 것은 미국농무성에 의해 안전하다고 인정을 받았지만 일부 사람들은 강하게 반발하고 있다. 따라서 현재까지는 방사선을 이용해서 상업적으로 방제하는 식물병은 없는 실정이다.

뿌리 전반 수목병해에 대한 도랑 장벽

수목에 발생하는 몇몇 유관속시들음병과 다른 병은 인접한 수목의 뿌리에 접촉하거나 자연적인 접목을 통하여 다른 수목으로 전반된다. 수분 침투성이 있거나 없는 여러 형태의 물질들이 있으며 이들은 뿌리의 접촉을 방해하는 데 효과적인 것 같다. 수분 침투성이 있는 물질이 효과가 더 우수한 것 같으나 두 가지 모두 가격이 비싸서 단지 고가의 조경수목만을 대상으로 이러한 처리를 할 수 있다.

전염원을 제거하거나 감소시키는 화학적 방제

일반적으로 농약은 병원균에 의해 식물체가 감염되기 전에 식물체 표면을 보호하거나 식물체가 이미 병원균에 의해 감염된 후에 병원균을 제거하기 위하여 이용되어 왔다. 그러나 병원균이 식물체에 접촉되기도 전에 전염원을 제거시키거나 크게 감소시키는 방법도 있는데, 이러한 종류로는 훈증 같은 토양처리, 창고소독, 취급하는 설비의 위생, 병원균을 매개하는 곤충의 방제 등이 있다.

화학물질의 토양처리

채소, 딸기, 관상식물, 수목 또는 담배 등의 고소득 작물을 심기로 예정되어 있는 토양은 선충과 *Fusarium*, *Verticillium* 등의 토양전염 균류, 잡초, 세균을 방제하기 위하여 농약을 처리한다. 어떤 종류의 살균제는 모잘록병, 모마름병, 수관썩음병, 뿌리썩음병 등의 병을 방제하기 위하여 분제, 입제, 액체 관주제를 토양에 처리한다. 관수시설이 되어 있는 포장에서는 살균제를 관개용수와 섞어서 스프링클러를 이용하여 처리한다. 토양에 처리하는 살균제로는 metalaxyl, diazoben, pentachloronitrobenzene(PCNB), captan, chloroneb 등이 있고, captan과 chloroneb 는 주로 종자처리제로 사용된다. 토양에 처리하는 농약은 주로 선충을 방제하기 위한 것이어서 재료는 토양내를 통과하여 훈증되는 휘발성 가스 또는 휘발성 가스를 생성하는 훈증제이다. 그러나 몇 종류의 살선충제는 비휘발성이어서 토양수(soil water)에 용해되어 토양속으로 스며든다.

훈증

포장에서 선충과 토양전염성 병원균 및 해충을 방제하는 가장 확실한 방법은 훈증제(fumigant)라는 화학물질을 사용하는 것인데, 여기에는 토양 처리시 휘발되거나 토양 내에서 가스로 분해되는 클로로피크린, 메틸브로마이드, dazomet, 메탐소디움 등이 있다. 이러한 물질은 식물을 심기 전에 토양에 미리 처리하는 훈증제인데, 선충뿐만 아니라 균류, 해충, 특정 세균과 잡초를 포함하는 다양한 종류의 토양 생물체에 효과가 있다. 접촉성 살선충제인 fensulfothion, carbofuran, ethoprop, aldicarb 등은 휘발성이 낮고 선충과 해충에 효과가 있는데, 이러한 농약에 내성인 작물을 심기 전후에 이용할 수 있다.

토양훈증제로 사용되는 살선충제는 액제, 유제(emulsifiable concentrates), 입제 등의 종류가 있다. 토양에 처리되는 살선충제는 전 포장에 넓게 골고루 뿌리거나 작물을 심을 곳에만 뿌려서 처리하는데, 어느 경우든지 훈증제는 트랙터에 달려 있는 삽입튜브를 통해서 토양표면에서 약 15cm 깊이에 처리된다. 처리된 살선충제는 즉시 토양과 섞여서 덮여지는데, 휘발성이 강한 살선충제는 처리 즉시 폴리에틸렌 덮개로 덮어서(그림 9-16) 최소한 24시간은 그 상태로 두어야 한다. 좁은 지역을 훈증할 때에는 훈증할 장소 위에 덮은 방수천 아래로 수동식 주입기를 사용하여 약제를 주입하는 것이 가장 편리하게 사용되는 방법이다. 방수천의 끝부분은 약제를 주입하기 전에 토양으로 덮어 둔다. 약제는 또한 6~12인치 간격으로 6인치 깊이의 구멍을 뚫고 입제를 넣은 후에 즉시 토양을 덮는 방법으로 처리되기도 한다. 식물을 심기 전에 약해를 일으킬 수 있는 살선충제로 토양을 훈증할 경우에는 식물이 약해를 입는 피해를 줄이기 위해서 처리한 후, 수일에서 2주 정도 지난 후에 식물을 심는 것이 좋다.

위에서 언급한 제형의 살선충제를 처리할 경우에는 단지 일부분의 토양과 미생물만이 처리된 살선충제와 바로 접하게 된다. 그러나 살선충제의 효과는 살선충제가 기체 상태로 토양 공극을 통하여 얼마나 잘 확산되느냐에 달려 있는데, 기체가 이동하는 거리는 토양 공극의 크기와 밀도, 토양온도(적정범위는 10~20℃), 토양습도(최적습도는 포장용수량의 80%), 토양종류(유기물을 많이 함유한 토양), 그리고 화학물질 자체의 특성 등에 의해 영향을 많이 받는다. 카보퓨란 같은 저휘발성 살선충제는 토양 내에서 잘 확산되지 않으므로 기계적으로나 관개용수, 빗물에 의해서 토양과 잘 혼합해야 한다. 휘발성이 강한 메틸브로마이드와 클로로피크린을 제외한 대부분의 살선충제가 관주용으로 제공시에는 관개용수에 같이 처리하지만 저휘발성 약제는 스프링클러를 통해서 처리한다.

실제로 포장에서의 선충방제는 일반적으로 식물을 심기 전에 살선충제를 처리하는 것이 보통인데, 이러한 종류의 농약은 비선택적이어서 모든 종류의 선충을 방제할 수 있다. 클로로피크린, 메틸브로마이드, dazomet, 메탐소디움 등은 비싸고 적용범위가 넓은 살선충제인데, 클로로피크린과 메틸브로마이드는 처리 직후에 덮개를 덮어 주어야 하고 dazomet 와 메탐소디움은 물이나 토양으로 덮어서 처리한다. 모든 살선충제는 인축에 독성이 있으므로 세심한 주의를 기울여 취급해야 한다.

창고소독

창고에 저장되어 있는 농산물이 창고에 남아있던 병원균에 감염되는 것을 방지하기 위해서는 첫째, 저장 장소를 깨끗이 해야 하고 식물체의 잔재는 제거하고 태워버리며 창고벽과 바닥은 bleach용액, 황산구리용액(1lb/5 갈론), 또는 다른 소독제로 세척한다. 공기가 밀폐되어 있고 온도가 25~30℃, 상대습도가 거의 100%로 유지되는 창고는 클로로피크린을 1 파운드 /1,000 ft^3의 농도로 훈증처리할 수 있다. 어떠한 경우의 처리라도 최소한 24시간 동안은 문을 닫아 두었다가 통풍시켜야만 효과가 있다.

매개충의 방제

병원체가 매개충에 의해서 유입되거나 전반되는 경우에 매개충의 방제는 중요하며 병원체를 방제하는 것보다 쉽다. 균류의 포자나 세균을 옮기는 곤충을 방제하기 위하여 살충제를 처리하는 것은 곤충에 의해 전반되는 병원체를 성공적으로 방제하기 위하여 추천되는 방법이다.

그러나 바이러스, 몰리큐트, 국재성 세균의 경우에는 곤충이 가장 중요한 매개수단이고 매개충이 식물에서 월동할 때 매개충을 방제하면 병이 퍼져 나가는 것을 효과적으로 방제할 수 있다. 매개충이 작물에 도달한 후에 살충제를 사용하여 매개충을 방제하는 것은 부적절한데, 매개충을 효과적으로 방제한다고 할지라도 여전히 많은 수의 곤충이 오랜기간 동안 병원균을 옮기면서 생존할 수 있기 때문이다. 그럼에도 불구하고 매개충을 효과적으로 방제함으로써 병에 의한 피해를 상당히 감소시킬 수 있는 실질적인 방법이 필요하다.

매개충을 죽이는 것보다 바이러스를 획득하여 전반시키는 매개충의 능력을 방해함으로써 곤충에 의한 바이러스의 전반을 성공적으로 막았는데, 식물에 여러 차례 mineral oil을 살포하면 진딧물 자체와 진딧물이 즙액을 취하는 데는 크게 영향을 주지 못하였지만, 진딧물에 의하여 전반되는 비영속적, 영속적 바이러스의 전반은 방해하였다. Oil을 분무하여 진딧물에 의해서 전반되는 바이러스를 방제하는 것은 오이와 고추에 발생하는 오이 모자이크 바이러스, 고추에 발생하는 감자 바이러스 Y에서 성공적인 효과를 거두었다.

기주식물의 면역 또는 저항성 개선에 의한 병방제

인간이나 동물과는 달리 식물은 항체를 만들지 못하므로 인간이 질병을 예방하는 것처럼 예방접종에 의해 면역을 할 수 없다. 그러나 과학자들은 유전공학을 이용하여 쥐의 유전자를 식물체에 주입하여 어떤 식물병원체(주로 바이러스)에 대한 항혈청을 생산하도록 발현시켰다. 이렇게 만들어진 식물체는 특정 식물병원체에 대하여 식물항체(plantibody) 라고 부르는 항체를 생산하지만, 이것이 병원체에 의한 감염을 효과적으로 예방할 수 있는지에 대해서는 아직 알려져 있지 않다.

식물체를 어떤 병원체로 접종하면 일시적 또는 거의 영구적으로 면역이 가능한데, 이것은 식물체 내에 병원체에 대한 저항성이 유도되기 때문이다. 이러한 예로는 바이러스를 이용하는 교차보호와 다른 여러 병원균에 의한 유도저항성(induced resistance) 또는 전신획득저항성(systemic acquired resistance)이 알려져 있다. 전신획득저항성은 식물체에 살리실산(salicylic acid), dichloroisonicotinic acid(INA), 벤조티아졸계 화합물(benzothiazoles) 등을 처리함으로써 다양한 종류의 병원체에 대한 저항성을 유도할 수 있다.

많은 종류의 병원체에 대한 식물의 저항성은 병원체에서 얻은 유전자 또는 DNA절편을 식물체에 주입하여 발현시키는 유전공학기법에 의해 크게 개선되어 왔다 (병원균 유래 저항성). 이러한 유전자들은 병원체에 필요한 구조적 또는 비구조적 단백질을 생성시키는 작용을 하지만, 식물체에 의해서 생성되는 이러한 병원균 단백질이 병원균에 대한 식물체의 저항성을 어떻게 높일 수 있는지는 확실하지 않다. 또한 어떤 식물체의 저항성은 유전공학을 통하여 식물체, 다른 병원균, 또는 다른 생물체로부터 병원균의 감염을 방해하는 효소, 펩티드, 독소를 생성하는 유전자를 식물체에 주입하여 크게 개선시킬 수 있었다. 어떤 경우에는 기주식물의 재배시 단순히 비료, 관수, 배수 등의 생장 조건을 개선시켜 줌으로써 특정한 병원체에 대한 기주식물의 저항성을 증가시킬 수 있다.

그러나 현재까지 병원체에 대한 기주식물의 저항성을 증가시키는 방법으로는 저항성 품종의 육종이 가장 보편적이다. 1990년대 중반에 유전공학기술은 저항성 식물체에서 저항성 유전자를 분리하여 이들 유전자를 감수성 식물로 옮겨서 식물체가 과민성(저항성) 반응을 일으키게 하는 것을 가능하게 하였다. 감수성 식물에 저항성을 개선시키려는 이러한 접근시도는 전통적인 식물육종기술과 결합하여 식물병 방제에 가장 효과적인 도구 중의 하나가 될 것으로 기대된다.

교차보호

교차보호라는 용어는 특별히 약독계통의 바이러스를 식물체에 미리 감염시켜서 정상적으로 더 심한 병징을 일으키는 동일한 종류의 강독계통의 바이러스가 이어서 감염시킬 때 식물체를 감염으로부터 보호하는 것을 특별히 의미한다. 이러한 현상은 일부 약독계통이 강독계통에 의한 식물체의 감염으로부터 식물체의 보호에 다른 것보다 훨씬 더 효과적이지만 바이러스에서는 일반적인 현상이다. 약독계통의 담배 모자이크 바이러스, 귤나무 트리스테자 바이러스, 파파야나무 가락지무늬 바이러스를 이용하여 토마토, 귤나무류, 파파야나무를 각각 바이러스병으로부터 성공적으로 방제하는 데 실제로 이용된 적이 있다. 교차보호는 적절하게 병원성이 약한 바이러스를 찾기 힘들고, 다른 지역에 존재하는 강독계통에 대해서는 효과적이지 못하며, 작물에 처리하는 데 노동력이 많이 소요된다. 또한 약독 바이러스가 돌연변이가 일어나 병원성이 더욱 강한 새로운 바이러스로 되어 이중으로 감염을 일으켜서 다른 작물에까지 번져나갈 위험성이 있다. 이외에도 귤나무류 같은 다년생작물에서 수목 내에서 약한 바이러스가 부분적으로 분포되고 약독 바이러스가 없는 지역에서 새로운 강독 바이러스가 침입하여 수목 내에 분포하여 병을 일으키기 때문에 약독 바이러스의 교차보호 능력이 몇 년 후에 없어지는 것 같다.

유도저항성: 전신획득저항성(SAR)

한 종류의 병원체에 감염된 식물이 다른 병원체에 의한 감염에는 더 강한 저항성을 나타내는 예가 빈번한데, 만약 식물체가 병원체에 저항성을 나타내는 초기 생장기에 같은 종류의 병원체를 접종하면 식물이 저항성을 나타낸다. (그러나 만약 식물체가 이미 다른 병원체에도 감염되어 있으면 병원체에 감수성이 되는 예도 많이 있다). 예를 들면, 바이러스를 접종한 강낭콩과 사탕무는 바이러스에 감염되지 않은 식물보다 녹병과 흰가루병을 일으키는 절대기생균에 의한 감염에 높은 저항성을 나타낸다. 또한 담배 모자이크 바이러스는 같은 종류의 바이러스뿐만 아니라 관련이 없는 다른 종류의 바이러스, *Phytophthora nicotianae* 같은 난균류, *Pseudomonas tabaci* 같은 세균, 심지어 진딧물에서도 전신적인 저항성을 나타낸다. 역으로 담배의 뿌리에 병반을 일으키는 균 *Chalara elegans* (*Thielaviopsis basicola*) 또는 잎에 병반을 일으키는 세균 *Pseudomonas syringae*로 접종하면 TMV에 대하여 저항성이 유도된다. 저항성이 유도되는 또 다른 예로 배나무 불마름병에 있어서 비병원성 세균의 접종에 의한 저항성의 유도와 박과작물 탄저병에 있어서 식물체가 어릴 때 병원체와 같은 종류의 균을 접종하여 *Colletotrichum lagenarium*에 대한 저항성을 유도시키는 것이 있다.

병원체에 대한 저항성은 병원체로부터 얻을 수 있고 자연 상태에 존재하는 화합물을 기주식물에 문지르거나 투과 또는 투입처리하면 유도된다는 사실이 후에 밝혀졌는데, 이러한 물질로는 담배 모자이크 바이러스의 외피단백질, 세균(*Ralstonia solanacearum*)으로부터의 단백질 성분 또는 소량의 당단백질, 난균(*Phytophthora infestans*)으로부터의 지질성분, 균류로부터 키토산 같은 다당류 등이 있다. 또한 비병원성 세균의 수용성 부분, 비병원성 균류로부터의 다당류, 또는 관련없는 식물체로부터 분리된 단백질 화합물 등 자연 상태의 화합물을 식물체에 처리함으로써 TMV와 일부 다른 병해에 완전한 저항성을 유도할 수 있다.

식물방어 활성제

훨씬 중요한 것으로, TMV 같은 바이러스, 균류, *Peronospora tabacina* 같은 난균류, *Pseudomonas syringae* 같은 세균에 대한 식물체의 저항성은 여러 제형의 합성화합물을 식물체로 주입하거나 잎에 살포하거나 엽병이나 뿌리를 통해 흡수처리하면 유도된다 (그림 5-16, 5-17). 모든 종류의 병원균에 대하여 SAR을 효과적으로 유도하는 것으로 보고되어 있는 합성화합물에는 살리실산(유도체인 아세트 살리실산은 일반적인 아스피린)과 dichloroisonicotinic acid(INA)가 있다.

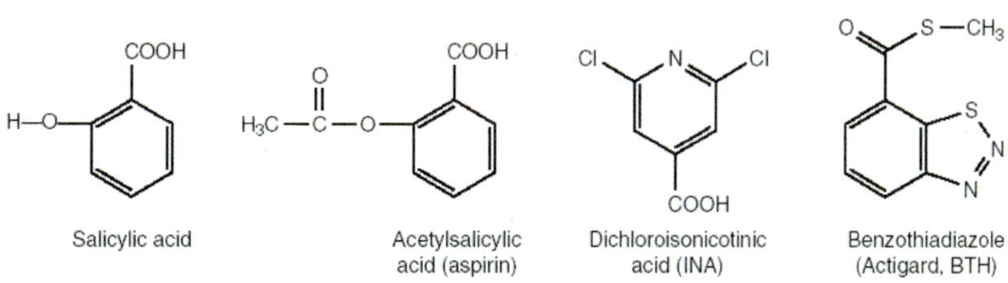

유도된 전신획득저항성 분야에서 이루어진 과학발달은 아주 흥미진진하고 전망이 밝은데, 현재 유도저항성의 기작을 이용하여 상업적으로 병을 방제하는 일부 병이 여기에 나열되어 있다. 식물병에 대한 전신 획득저항성을 유도하는 화합물을 개발하여 상품화에 관심이 있는 기업체에서는 여전히 많은 연구를 진행 중에 있다. Actigard로 알려진 첫 번째 화합물인 benzothiadiazole 은 다양한 작물의 다양한 병에 아주 효과적이다(표 9-2). benzothiadiazole의 유도체인 Acibenzolar-S-methyl(ASM)는 엽채류의 노균병을 방제하기 위하여 Blockade 라는 상품명으로 판매되는데, 이 약제는 전신획득저항성의 생물적 유도제로서 동일한 방어반응을 활성화시킨다. 머지않아 수 종의 효과적인 화합물이 상업적으로 이용가능하게 될 것으로 기대한다. 이러한 화합물은 항미생물 활성이 없으나 단자엽과 쌍자엽식물 모두에서 다양한 종류의 병원체에 대하여 전신획득저항성을 생물적으로 유도하는 새로운 계열의 화학적인 식물활성제이며 β-Aminobutyric acid가 이러한 화합물로 보고되어 있다. 수확한 열매를 낮은 농도의 UV-C 광(254 nm)으로 처리하면 즉시 방어반응의 유전자가 활성화되어 발현되고 이들 유전자에 의해 조절되는 카이틴분해효소, β-1,2-glucanase, phenylalanine lyase의 유도를 촉진하는데, 이것은 UV광의 처리가 처리한 열매에서 전신 유도저항성의 elicitor로 작용한다는 것을 나타내는 것이다. 이와 유사하게 영양액으로 공급되는 실리콘은 식물체에서 세포벽을 따라 유두돌기(papilla) 형성, 유합조직의 형성과 페놀화합물의 축적 등을 포함하는 국부방어작용을 유발시켜서 흰가루병으로부터 식물체를 보호하는 반면에 실리콘을 공급받지 못한 식물체는 거의 방어작용을 나타내지 않는 것 같다 (그림 9-17).

초기의 연구에서도 일부 세균, 특히 *Bacillus* 몇 종을 다양한 식물체에 종자처리, 토양 관주, 또는 이식 시에 뿌리 담금 처리했을 때 식물체의 생장을 촉진시키고 수 종의 병원성 균류에 전신저항성을 유도하는 것으로 보고하였다.

식물체의 생장조건 개선

경작방법에 의해서 식물체의 활력을 증가시키면 가끔 병원균의 침입에 대한 저항성이 증가하게 된다. 따라서 적절한 시비, 배수, 관개, 식재, 잡초방제 등은 식물의 생장을 도움으로써 병의 방제에도 직접 또는 간접적인 효과를 줄 수 있다. 예를 들면, 수목에 주로 발생하는 *Leucostoma*(*Valsa*) 궤양병을 방제하는 가장 좋은 방법은 적절한 관개와 시비이다. 무기염(inorganic salt)이나 가는 규산질점토(silicate clay)로 종자를 처리하면 종자의 건조를 예방하는 데 아주 효과적이며 유묘가 잘 생장하게 하고 *Pythium* 에 의한 모잘록병에 대한 저항성을 증가시키는 효과가 있다.

표 9-2

미국에서 판매되고 있는 식물 활성제 (2003년)

이름	균주/물질	대상 병원체	작물	처리법
Actigard Bion WG50 Acibenzolar-S-methyl (ASM)	Benzothiadiazole Benzodiathiazole 유도체	다수	담배, 토마토, 상추, 시금치	관주, 살포
Blockade	Synthetic compound	노균병균	엽채류	살포
Actinovate	*Streptomyces lydicus*	토양전염성병균	온실, 묘목, 잔디	관주
AQ10 Biofungicide	*Ampelomyces quisqualis* isolate M-10	흰가루병균	포도, 사과, 박과작물, 딸기, 관상식물, 토마토	살포
Aspire	*Candida oleophola*I-182	*Botrytis* sp., *Penicillium* sp.	귤나무류, 인과류	수확 후 관주, 살포
등록 대기 중				
Serenade	*Bacillus subtilis* strain QST716	다수	과실, 채소	살포
YieldShield	*B. pumilus* GB34	뿌리병원균	콩	종자처리
Messenger	*Erwinia amylovora* harpin protein	다수	밭작물, 관상식물, 채소	관주, 살포
Oxycom	합성salicylic acid +산소발생기	다수	다수	살포, 관주

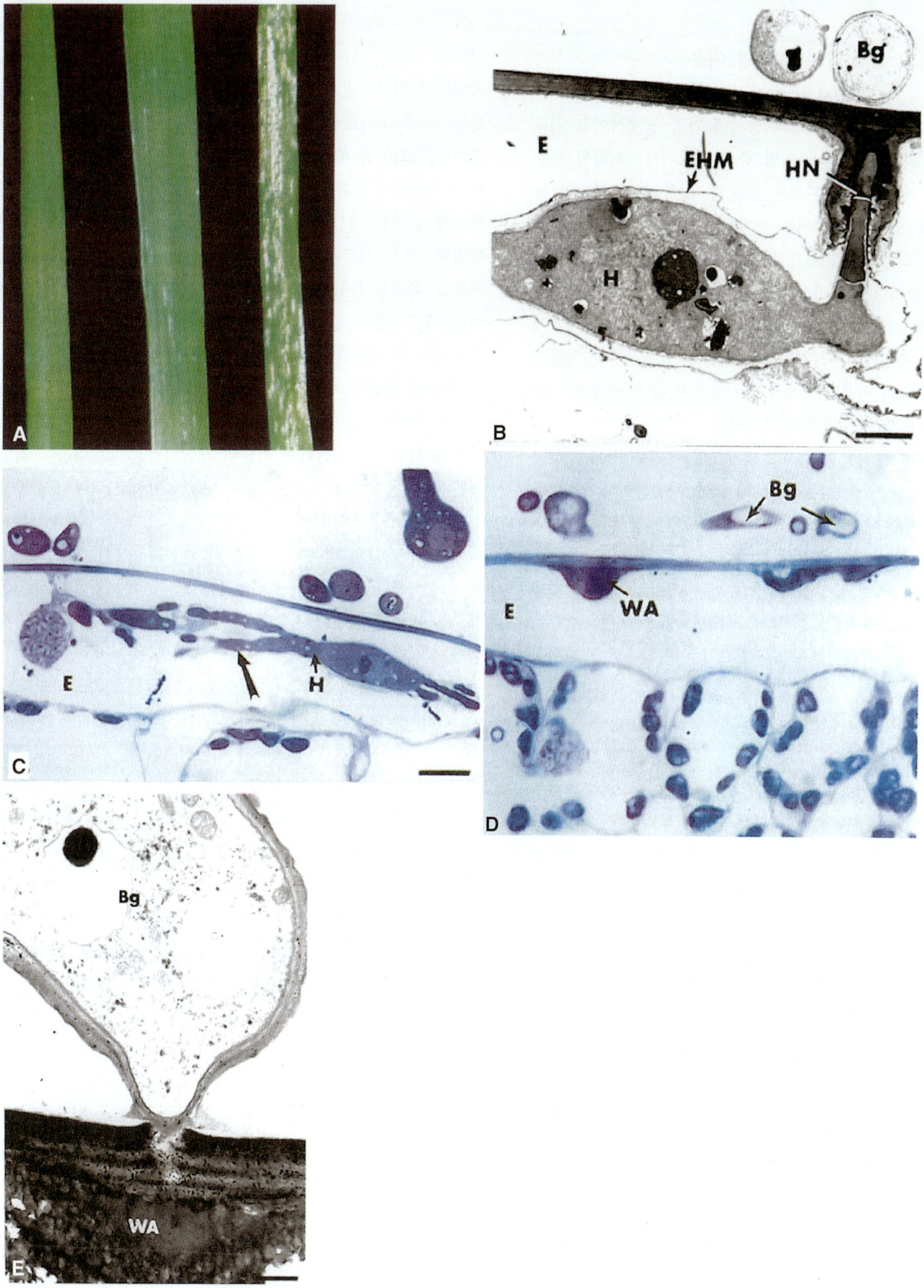

그림 9-17 규소(Si) 공급에 의한 국부적인 식물세포 방어의 증대. (A) *Blumeria graminis* f.sp. *tritici* 에 의한 밀 흰가루병에 미치는 규소의 영향: 왼쪽, 대조처리의 잎, 규소 무처리 및 무접종; 중간, 규소 시비한 식물체로부터 접종한 잎; 오른쪽, 규소를 처리하지 않은 식물체에 접종한 잎. (B) 병원균(Bg)이 규소를 처리하지 않은(Si−) 잎의 표피세포와 흡기주위(HN)의 기다란 깃(collar)을 침입하여 흡기(H)가 손가락처럼 길게 발달된다(C). 규소를 처리한(Si+) 잎에서는(D와 E), 부착기 아래 세포에 형성되는 세포벽 병치(wall apposition;WA)가 병원균이 세포내로 침입하는 것을 방해한다. [사진제공: R.R. Belanger, from Belanger, Benhamou, and Menzies (2003). *Phytopathology* **93**, 402-412.]

저항성 품종의 이용

저항성 품종의 이용은 식물병의 방제에 가장 경제적이고 쉬우면서 안전하고 효율이 높은 방법 중의 하나이다. 저항성 품종을 재배하면 병으로부터 피해를 줄일 수 있을 뿐만 아니라 농약의 살포 등 방제에 소요되는 경비를 절감할 수 있고 환경에 유해한 독성 화학물질의 추가적인 사용을 피할 수 있다. 또한 유관속 병원균이나 바이러스에 의한 병 등에는 적절한 방제법이 없고 녹병, 흰가루병, 뿌리썩음병 등에는 대부분의 국가에서 경제적인 측면에서 다른 방제 방법들이 실용적이지 못하므로 저항성 품종의 이용만이 농약을 사용하지 않고 예상하는 수량을 수확할 수 있는 유일한 방법이다.

식물병 중에서 가장 중요하고 방제하기 어려운 병에 대해서 저항성을 나타내는 품종은 주정부의 국가 시험장이나 일반 종자회사에서 개발하고 있으며 미국에서는 전 경작지 면적의 85% 이상에서 한 가지 이상의 병에 저항성을 나타내는 품종을 재배하고 있다. 곡류와 알팔파의 경우에는 저항성 품종을 재배하는 비율이 95~98%에 이른다. 재배업자들은 녹병, 깜부기병, 흰가루병, 유관속시들음병을 일으키는 병원균류에 저항성인 품종을 사용하여 대부분의 작물을 수확하고, 다른 종류의 균류, 바이러스, 세균, 선충 등에 의한 병도 저항성 품종을 통해서도 방제한다.

과수나 임목의 병에 대해서는 저항성 품종이 사용된 경우가 극히 드물다. 예를 들어, 사과나무 검은별무늬병에 저항성인 사과나무 품종은 현재 실용화되어 있다. 저항성을 이용하여 관리하는 임목의 병해로는 잣나무 털녹병과 소나무 혹병 등이 있다. 수목병해의 방제에서 저항성이 제한적으로 사용되는 이유는 감수성 품종을 저항성 품종으로 빠르게 대체시키기 어려울 뿐만 아니라 수목의 오랜 생활 주기를 거치면서 발달해 온 병원균의 새로운 레이스에 감염된 수목으로부터 저항성 품종이 병에 걸리지 않도록 유지하는 것이 사실 어렵기 때문이다.

항상 수평저항성과 수직저항성을 모두 지닌 품종을 사용하는 것이 바람직하며 대부분의 저항성 품종은 이들 두 가지의 저항성을 모두 지니고 있다. 이들은 단지 하나 또는 몇 개(2~3개)의 수직저항성 유전자와 정할 수 없는 수의 수평저항성 유전자를 지니고 있다. 물론 이들 품종은 병원균의 몇 레이스에만 저항성이므로 만약 공기에 의하여 전염되는 녹병, 흰가루병, 감자 역병 등에서 저항성 품종에 병을 일으킬 수 있는 새로운 레이스가 나타나면 빠른 속도로 퍼지게 된다. 새로운 레이스의 병원균이 나타남에 따라 오래된 품종의 저항성은 무너지고 이들은 다른 저항성 유전자를 지닌 새로운 품종으로 대체되어야 한다. 결과적으로 수직저항성을 가진 품종은 3, 5, 또는 10년 주기로 매번 새로운 품종으로 대체되어야 한다. 품종이 대체되어야 하는 주기는 병원균의 유전적인 유연성, 관련하는 특수인자 또는 복합인자, 유전자의 발현 정도와 방법, 병 발달에 관련된 기상조건 등에 달려 있다. 지금 전통적인 육종 방법만으로는 새로운 저항성 품종의 개발에 오랜 기간이 소요되므로 유전공학기술을 이용하면 각각의 저항성 유전자 또는 이들 유전자를 복합적으로 감수성 품종에 신속하게 주입하여 소요되는 기간을 단축시킬 수 있을 것으로 예상된다.

저항성 품종의 생명 주기를 연장시키기 위하여 여러 가지 기술이 동원되었는데, 먼저 여러 종류의 병원균에 대한 이들 품종의 저항성을 시험하는 기술이 개발되었고, 그 다음에 저항성을 지닌 품종이 보급되기 전에 가능한 여러 지역에서 품종을 재배하면서 저항성에 대한 시험을 실시하였으며, 특히 곡류처럼 중요한 작물인 경우에는 여러 국가와 대륙에서 새로운 품종을 시험하였다. 또한 각 지역에서는 그 지역에 제한적으로 존재하는 병원균에 대한 저항성을 시험하기 위하여 지역 적응 시험을 실시하였다. 이러한 방법으로 거의 모든 지역에 존재하는 중요한 병원균의 많은 레이스에 저항성인 품종을 보급하였다.

그러나 저항성 품종이 보급된 후에도 저항성의 수명을 연장시키기 위하여 계속적인 조사가 이루어지는데, 위생관리, 종자처리, 살균제 처리 등의 방제전략에 의해서 그 품종이 병원균의 밀도가 높은 곳에 노출되지 않도록 하여 품종의 생명주기를 연장시킬 수 있다. 토양전염성 병원균처럼 천천히 퍼져나가는 병원균에 대하여는 저항성의 원천(source of resistance)이 다른 품종들을 돌려가면서 재배함으로써 각각의 품종에 호환성이 있는 병원균의 밀도를 낮게 유지할 수 있기 때문에 각 품종을 좀 더 오랫동안 계속 사용할 수 있다. 밀이나 벼처럼 넓은 지역에서 재배하는 작물에 있어서는 만약 품종들이 병이 발생하는 3~4 군데의 지역 중 한 곳에서 재배된다면 줄기녹병 등의 공기전염성 병원균에 대해서 좀 더 오랫동안 사용될 수 있다(그림 9-18). 한 지역에서 한 품종을 침해할 수 있는 새로운 레이스의 병원균이 발생하였다 할지라도 저항성이 무너진 품종과 다른 종류의 저항성 유전자를 가지고 있기 때문에 다른 지역에서 재배되고 있는 다른 품종으로 옮겨가지 않는다. 또 다른 접근방법으로 혼합 품종 또는 다계(multiline)의 사용이 있다. 다계는 10개 또는 아주 유사한 유전자들로 구성되어 있고, 각각 수직저항성에 대한 다른 종류의 유전자를 지니고 있으므로 대부분의 병원균에 저항성을 나타낸다. 이로 인하여 병

그림 9-18 북미대륙에서 밀 줄기녹병의 이동경로와 병원균의 레이스가 남쪽에서 북쪽으로 이동하는 것을 막기 위한 남부, 중부, 북부 지역에서의 다양한 저항성 유전자를 지닌 밀 품종의 재배지 확장. [출처: Frey *et al.* (1973).]

원균 증식이 전반적으로 감소되고 각 품종에 대한 전염원의 압박이 감소되며 병발생률이 감소하게 된다. 만약 단일 계통들 중 하나가 병원균의 한 레이스에 의해서 심하게 침해를 받는다면, 이듬해 그 단일 계통은 새로운 레이스에 저항할 수 있는 다른 단일 계통을 가진 다계 종자로 대체되어야 한다.

병저항성 형질전환 식물체의 이용을 통한 방제

현대의 DNA기술은 극심한 환경요인들에대한 내성 유전자, 특정 병에 대한 저항성 유전자, 난균류, 균류, 바이러스, 세균 등의 병원체에 작용하는 카이틴분해효소와 glucanase 같은 효소 유전자, 또는 병원체의 유전자를 발현억제(gene silencing)시키는 핵산 염기서열 등을 유전공학적으로 형질전환시킨 식물체를 만들어낼 수 있게 되었다.

비생물적 스트레스에 내성인 형질전환 식물체

많은 종류의 식물체가 한 가지 이상의 비생물적 스트레스에 정상적인 생장범위 이상에서도 잘 견딜 수 있는 유전자로 형질전환되었다. 예를 들면, 세균의 mannitol phosphodehydrogenase 유전자로 형질전환한 가지가 염에 의한 삼투압 스트레스, 건조, 저온 등에 내성을 나타낸다. 옥수수 ubiquitin promoter 로 형질전환한 벼에서 glutamine S-transferase 유전자의 과도한 발현은 저온에 내성을 나타내고 물에 잠긴 상태에서 발아가 더 잘 되게 한다. 그러나 밀에 있는 두 가지 유전자로 형질전환한 벼에서는 이 유전자들이 탈수나 염분 내성을 증가시킨다. 효모의 trehalose phosphate synathase 유전자를 담배 엽록체 지놈에 유입시키면 건조내성은 증가하지만, 핵의 지놈에 유입시에는 왜소하게 되거나 불임이 된다. 마지막으로 목본식물인 감나무(*Diospyros kaki*)는 세균의 choline oxidase 유전자로 형질전환시키면 더 강한 염분 내성을 나타내었다.

식물 저항성 특정유전자로 형질전환 식물체

수많은 작물에서 특정 병원체에 대한 식물 유전자가 저항성 식물체에서 분리되고 감수성 식물체에 옮겨져서 발현되었다. 모든 필요한 관련유전자를 새로운 기주식물에 옮겨서 발현시킴으로써 이전에 감수성인 식물체의 일부가 이제는 저항성 식물체가 되었다. 이러한 저항성 식물체를 클론하여 증식시키는데 이들 각각은 특정 병원체에 저항성인 별개의 품종이 된다. 식물 저항성 유전자로 형질전환된 작물의 예로는 *Xanthomonas oryzae* pv. *oryzae* 에 의한 세균성마름병에 저항성 유전자인 벼 유전자 Xa21로 형질전환시킨 잡종벼가 있다. 이 유전자가 발현되는 형질전환된 식물체는 *X. oryzae* pv. *oryzae* 에 강하고 넓은 저항성 스펙트럼을 나타내는 동시에 고질의 작물특성도 유지하였다. 동일한 Xa21유전자를 우수한 Indica 벼품종에 형질전환시킨 경우에도 세균성마름병에 높은 저항성을 나타내었다. 완두의 DRR206 저항성 유전자를 카놀라(canola)에 형질전환했을 때, *Leptosphaeria maculans* 에 의한 blackleg disease에 저항성을 나타내었으며 뿌리병원균 *Rhizoctonia solani* 에 의한 유묘 고사율을 감소시켰고 *Sclerotinia sclerotiorum* 에 의한 점무늬가 더 작아지게 되었다. 이와 마찬가지로, 세포외 특정부분(domain)이 PR5의 발병관련단백질(PR protein; pathogenesis-related protein)과 비슷한 protein kinase 수용체 유전자인 *Arabidopsis thaliana* PR5K 유전자로 형질전환시킨 벤트그라스(흰겨이삭)는 *Sclerotinia homeocarpa* 에 의한 동전마름병(dollar spot disease)의 병징발현이 29일에서 45일까지도 늦어지는 저항성을 나타내었다. 담배와 다른 식물체를 동물의 항아폽토시스(antiapoptotic) 유전자로 형질전환시키면 사물영양성(necrotrophic) 병원체와 고온, 저온, 염, 건조 등에 저항성이 되는 반면, 이 유전자를 없애버린 형질전환 식물체는 병원체를 방어하지 못한다.

항병원체 화합물 유전자로 형질전환 식물체

카이틴분해효소와 일부 glucanase 같은 발병관련 단백질 유전자가 분리, 클로닝되어 식물체에서 발현되고 병원체의 발달을 방해하여 감염된 식물체에 저항성을 나타나게 한다. 항병원체 화합물 유전자로 형질전환시킨 식물체의 예로는 항균유전자로 형질전환시킨 땅콩이 있는데, *Sclerotinia minor*에 의한 Sclerotinia blight의 발생을 형질전환하지 않은 감수성에 비해서 36%나 감소시킨다. 벼의 형질전환 유전자가 발현된 형질전환 장미에서는 *Diplocarpon rosae* 에 의한 장미 검은무늬병의 병징이 13~43% 감소되었다. 생물적 방제균 *Trichoderma harzianum* 에서 얻은 endochitinase 유전자가 발현된 형질전환 브로콜리 식물체는 형질전환하지 않은 식물에 비하여 endochitinase 활성이 14~200배나 되었고 병징이 상당히 약하게 나타났다. 이와 비슷하게, *Talaromyces flavus* 에서 얻은 glucose oxidase 유전자가 발현된 형질전환된 목화와 담배의 유묘가 *Rhizoctonia* 에는 상당한 저항성을 나타내었고 *Verticillium* 에는 부분적인 저항성을 나타내었으나 *Fusarium* 에는 저항성을 나타내지 않았다. 불행히도 glucose oxidase는 병원체와 식물체에 모두 독성이 있는 과산화수소를 생성시킨다. 시스테인 단백질 억제제 유전자 또는 동부 트립신(세린) 단백질 억제제 유전자의 한 종류 또는 두 종류 모두가 발현된 형질전환 *A. thaliana*는 여러 종류의 선충 특히 레니폼선충 *Rotylenchus reniformis* 의 감염으로부터 어느 정도 보호할 수 있다. 뿌리혹선충에 저항성을 나타나게 하는 glutamate decarboxylase 유전자가 과대 발현된 형질전환 담배, 독성이 있는 4-hydroxybenzoic acid glucosides를 축적시키는 세균성 유전자인 ubiC가 발현된 담배와 감자, *L. maculans* 에 의한 blackleg disease 에 저항성을 나타나게 하는 항미생물 펩티드를 발현하는 카놀라(*Brassica napus*), *S. sclerotiorum* 에 저항성을 나타나게 하는 항균효소 유전자로 형질전환시킨 땅콩 등에서도 비슷한 저항성 증가가 나타났다.

저항성과 병원체 유전자의 발현을 억제시키는 핵산으로 형질전환 식물체

식물 지놈에 바이러스 또는 다른 핵산의 단편을 주입하면 흔히 상동염기서열을 지닌 바이러스나 병원체 유전자의 발현을 억제하여 식물체가 저항성이 된다. 예를 들면, *tobacco etch virus* (TEV)의 번역할 수 없는 외피단백질 서열을 주입하면 접종한 잎에는 병징이 나타나지만 나머지 다른 부위에서는 병징이 나타나지 않는 형질전환 식물체가 만들어진다. 이와 비슷하게 효모의 겹가닥 RNase 유전자를 완두의 지놈에 주입하면 여러 바이러스에 저항성을 나타내는 형질전환 완두를 만들 수 있다.

유전공학기술로 바이러스 지놈의 일부를 사용하여 감수성 작물을 저항성 작물로 성공적으로 형질전환시킨 몇 건의 예가 있다. 첫 번째 예로서는 담배 모자이크 바이러스의 외피단백질 유전자로 형질전환시켜 담배 모자이크 바이러스에 저항성을 나타내는 형질전환 담배이다. 다른 예로는 오이 모자이크, 호박 모자이크, 수박 모자이크 바이러스의 외피단백질 유전자로 형질전환시킨 호박, 파파야나무 가락지무늬 바이러스의 외피단백질로 형질전환시킨 파파야나무 등이 있다 (그림 9-19). 일부 다른 감수성 식물체를 외피단백질을 암호화하는 핵산으로 형질전환시켜 저항성으로 만든 예로서는 콩 모자이크 바이러스의 CP핵산으로 형질전환시킨 콩; tobacco vein mottling virus로 형질전환한 담배; 오이 모자이크 바이러스, 호박 누런모자이크 바이러스(zucchini yellow mosaic virus)와 수박 모자이크 바이러스-2로 형질전환한 노지멜론; 감자 잎말림 바이러스(potato leafroll virus)로 형질전환한 감자; 오이 모자이크 바이러스로 형질전환한 토마토; 호박 모자이크 바이러스로 형질전환한 호박; 귤나무 트리스테자 바이러스로 형질전환한 귤나무; 오이 모자이크 바이러스와 담배 모자이크 바이러스로 형질전환한 고추; 그리고 순무 모자이크 바이러스(turnip mosaic virus)로 형질전환한 채유용 유채(oilseed rape) 등이 있다.

어떤 경우에는 식물체를 형질전환시키기 위하여 다른 종류의 바이러스 핵산이 사용되었다. 예를 들면, tomato spotted wilt virus 악성유전자의 활동을 막는(antisense) 뉴클레오캡시드(nucleocapsid) 유전자 염기서열을 땅콩에 주입하여 형질전환된 저항성 땅콩을 만든 반면, 감자 지놈에 P1 유전자의 안티센스(antisense) 정위(orientation) 를 통합하여 형질전환시킨 감자가 감자 바이러스 Y에 아주 저항성이 되었다. 한편 wheat streak mosaic virus로 감염시킨 형질전환시킨 밀, 감자 잎말림 바이러스로 감염시킨 감자에서처럼 식물체의 지놈에 바이러스 복제유전자를 주입시켜서 형질전환시킨다.

바이러스병에 저항성을 나타내는 성공적인 형질전환 식물체는 다음의 방법에 의해 얻어질 수 있다. 첫째, 바이러스 복제

그림 9-19 유전공학을 이용한 식물병 방제. 정상적인 감수성(왼쪽)과 형질전환된 식물체(오른쪽)에서 *papaya ring spot virus* 에 의한 파파야나무의 병진전 (A) 이식 9개월 후, (B) 이식 18개월 후, (C) 이식 23개월 후. (D) 형질전환된 식물체가 정상적인 식물체에 둘러싸인 블록에서 28개월 후 형질전환 식물체는 아주 잘 생장하나 정상적인 식물체는 생장이 심하게 불량. [사진제공: S.A. Ferreira, from Ferreira *et al.* (2003). *Plant Dis.* **86**, 101-105.]

유전자를 사용하는 방법으로 토마토에서 tomato yellow leaf curl virus와 오이 모자이크 바이러스, 감자에서 잎말림 바이러스와 삼사 바이러스 Y; 둘째, 이동단백질 유전자를 사용하는 방법으로 raspberry에서 raspberry bushy dwarf virus, 토마토에서 담배 모자이크 바이러스, 덴드로비움(dendrobium)에서 cymbidium mosaic virus; 셋째, 식물세포 내에 바이러스 봉입체 유전자의 사용; 넷째, 바이러스의 다양한 비구조적 단백질 유전자의 사용이다.

바이러스에서 유래하지 않은 비바이러스성 유전자로 밀, 감자, 완두, 담배, 호두를 형질전환시킨 경우에도 수 종의 바이러스에 저항성인 형질전환 식물체를 만드는 데 성공하였다. 바이러스에 저항성을 나타나게 하는 비바이러스성 유전자로는 *Schizosaccharomyces pombe*로부터의 겹가닥 RNase (dsRNase) 유전자, 담배저항성 유전자 N, mouse protein kinase, 담배 전신획득저항성 유전자 8.2 등이 있다.

어떤 경우에 바이러스 저항성은 식물세포 내에 자연적으로 존재하는 작은 DNAs 또는 RNAs에 의해서 나타나거나 DNA 또는 RNA 바이러스나 형질전환 유전자(transgene)를 접종한 후에 생성된다. DNAs와 RNAs는 감염된 세포의 다른 유전자 뿐만 아니라 바이러스의 유전자 발현억제를 담당한다. 형질전환 유전자는 대체적으로 안정적으로 보이지만 promoter 부위에서의 DNA 메틸화와 염색질 농축의 결과로써 전사되지 않아서 또는 형질전환 유전자 RNAs와 상동 RNA에 영향을 미치는 RNA 분해과정이 시작된 결과로 전사체가 안정화되지 않아서 (전사후 유전자 발현억제) 형질전환 유전자가 활성화되지 않을 수 있다.

저항성 유전자의 조합에 의한 형질전환 식물체

기주 저항성 유전자를 병원체 유래 방어유전자 또는 항미생물

화합물 유전자와 조합하면 많은 기주식물/병원체 조합에서 넓고 효과적인 저항성을 나타낸다. 담배 유전자와 tobocco vein mottling virus 외피 단백질 유전자의 조합이 potyvirus에 넓게 효과적인 저항성을 보여주었으며 tomato spotted wilt virus(TSWV)에 저항성 유전자인 Sw-5와 TSWV 뉴클레오캡시드(nucleocapsid)(N) 단백질 유전자의 조합으로 형질전환시킨 토마토에서는 일부 TSWV 균주에 높은 저항성을 나타내었으나 모든 균주에 대해서는 저항성을 나타내지 않았다. 기주 유전자에 옥수수 ubiquitin 유전자의 프로모터와 첫 번째 비발현부위(intron)로 형질전환된 벼는 벼 도열병(*Magnaporthe grisea*)에 저항성일 뿐만 아니라 염분, 침수, 과산화수소 등의 비생물적 스트레스에 내성이 된다.

병원체에 대하여 항체를 생산하는 형질전환 식물체

식물은 항체를 만들 수 없으나 다른 장에서 언급한 것처럼 DNA 기술에 의해 기능성 재조합 항체생산을 가능하게 하는 유전자로 식물체를 형질전환시켜 가능하게 되었다. 이러한 식물이 생성하는 항체(식물항체)는 완전한 항체분자, Fab 절편 또는 특정 식물바이러스에 대해서 생성되는 단쇄 Fv(scFv) 절편이며 동일한 바이러스를 목표로 한다. 이들은 일부 식물체의 잎이나 종자에서 완전히 발현되어 세포내 공간, 엽록체, 소포체의 내부에 축적된다. scFv절편은 세포 사이의 공간에서도 발현되어 특정 바이러스에 대하여 식물체의 저항성을 더욱 향상시킨다. 완전한 항체 또는 단쇄 부위의 항체절편을 생성시킬 수 있는 유전자로 형질전환된 식물체에서 수 종의 식물바이러스가 억제되는 결과가 나타났다. 이러한 바이러스에는 담배 모자이크 바이러스, 감자 바이러스 X, 감자 바이러스 Y와 clover yellow vein virus가 있다. 이러한 방법의 식물병 방제가 효과적으로 널리 실용화되기 위해서는 더 많은 연구가 필요하다.

형질전환 생물적 방제 미생물의 이용에 의한 방제

생물적 방제에 사용되는 미생물이 병원체에 어떻게 작용하는지에 대한 기작이 잘 알려져 있지 않지만 최소한 이들 일부는 병원체에 독성이 있는 항생물질을 생산하고, 일부는 병원체의 세포벽 같은 구조적 특징을 가해하는 효소를 생산하고, 일부는 공간, 양분, 수분 등을 차지하기 위하여 병원체와 경쟁한다. 유전공학기술은 생물적 방제 미생물에 새로운 유전자를 추가하거나 유전적 변화를 증대시킴으로써 병원체를 더욱 잘 공격하도록 하기 위하여 사용되어 왔다. 이러한 유전자에는 독소, 효소, 그리고 병원체를 괴롭히는 화합물을 암호화하는 식물 또는 미생물 유래 유전자 또는 생물체 내에 이미 존재하는 적절한 생물적 방제 유전자를 과대 발현시키는 조절유전자가 있다.

병원체로부터 식물체의 직접적인 보호

대부분의 병원체는 한 지역 내에서만 발생하는데, 예를 들면 사과나무 검은별무늬병균 *Venturia inaequalis*, 뿌리혹병을 일으키는 세균 *Agrobacterium tumefaciens*, 오이 모자이크 바이러스 등이 있다; 다른 종류의 병원체는 매년 온화한 지역으로부터 이동되어 오는 것으로 생각되는데, 예를 들면 밀 줄기녹병균 *Puccinia graminis*가 있다. 만약 어떠한 방제방법으로도 한 지역 내에서 발생하는 병을 방제하기 어려우면 식물체의 표면에 많이 존재하는 병원체에 의해서 식물체가 감염되는 것이라도 직접 보호해야 한다. 병원체에 의한 감염으로부터 식물체를 직접 보호하는 방법으로 균류 또는 세균 길항제를 사용하는 생물적 방제가 행해질 수 있다. 그러나 식물병원체의 직접적인 방제는 화학물질을 종자, 상처 등에 분무, 분제처리하거나 저장병을 방제하기 위하여 이용하는 화학적 방제에 의해서 이루어진다. 확실한 것은 이러한 방제방법을 사용하는 것을 충분히 정당화할 수 있는 정도로 작물의 가치가 커야 한다.

생물적 방제에 의한 직접적인 보호

병원체로부터 식물체를 직접 보호하는 생물적 방제에는 감염이 일어나기 전후에 감염부위에 길항미생물을 이용하는 것이 포함된다. 생물적 방제에 사용되는 생물체가 식물병원체를 공격하여 약화시키거나 파괴시키는 기작은 우선 병원체에 직접 기생하는 능력, 병원체에 대한 항생물질(독소)의 생성, 다른 미생물과 경쟁하여 공간과 양분을 차지하여 생존하는 능력, 병원체의 세포 요소들을 가해하는 효소의 생산, 식물체에서 방어반응의 유도, 병원균 포자발아를 촉진하는 식물체가 생산하는 물질의 대사 등이다. 수천 종류에 이르는 미생물이 실험실, 온실, 포장에서 식물병원체의 생장을 방해하여 이들 병원체에 의해 발생되는 병으로부터 보호할 수 있지만, 상대적으로 아주 적은 미생물만이 현재 등록되어 상업적으로 판매된다. 가장 일반적으로 사용되는 미생물에는 3종의 균류가 포함된다: 관상식물과 묘판식물체의 유묘병해 방제를 위하여 GlioGard라는 이름으로 판매되는 *Gliocladium virens*; 토양 식물병원균류의 방제를 위하여 F-stop이라는 이름으로 판매되는 *Trichoderma harzianum*; 목재부후의 방제를 위하여 BINAB T라는 이름으로 판매되는 *Trichoderma harzianum/T. polysporum*. 상업적으로 이용가능한 다른 3종의 미생물은 세균이다: 뿌리혹병의 방제를 위하여 Gallex 또는 Galltrol 이라는 이름으로 판매되는 *Agrobacterium radiobacter* K-84; 목화의 *Rhizoctonia* 와 *Pythium* 모잘록병의 방제를 위하여 Dagger G라는 이름으로 판매되는 *Pseudomonas fluorescens*; 종자처리제로 사용되며 Kodiak이라는 이름으로 판매되는 *Bacillus subtilis*. 이러한 생물적 방제제의 실제 사용은 제한되어 있지만 멀지않은 장래에 많은 호응을 얻어 요구를 충족시킬 것으로 기대된다. 표 9-3에는 현재까지 상업적으로 이용가능한 다양한 생물적 방제제가 나열되어 있다.

길항균류

*Phleviopsis (Peniophora) gigantea*에 의한 *Heterobasidion (Fomes) annosum*의 생물적 방제

침엽수의 뿌리썩음병 또는 그루터기썩음병을 일으키는 *Heterobasidion annosum*(그림 9-20A)은 새로 절단된 소나무 그루터기를 침입한 후에 뿌리 속으로 퍼져나간다. 뿌리 접

그림 9-20 수목 뿌리썩음병의 생물적 방제. (A) 병원균에 의해 고사한 소나무 밑둥에서 자라고 있는 *Heterobasidion annosum* 자실체. (B) 감염된 수목 줄기의 벌채단면을 생물적 방제균 *Phlebiopsis* (*Peniophora*) *gigantea*로 접종하면 죽은 뿌리로 자라 들어가서 병원균을 죽이고 인접한 건전 수목으로 퍼져나가는 것을 막는다. (C) *Phlebiopsis* 균사체에 의한 *Heterobasidion* 균사체의 간섭 및 사멸. [사진제공: (A,B) J. Rishbeth, (C) F.E. Ikediugwu.]

표 9-3
미국 내에서 판매되는 세균 또는 균류 유래 생물적 방제제(2003년)

이름	균주	대상 병원체	작물	처리법
세균				
Galltrol	*Agrobacterium radiobacter* strain 84	*A. tumefaciens* 뿌리혹병균	과수 및 관상식물의 묘목, 포도, 나무딸기	종자, 묘목의 침지, 관주
Nogall	*A. radiobacter* strain K1026	*A. tumefaciens* 뿌리혹병균	과수, 견과류, 관상식물의 묘목	현탁액 침지, 관주
Companion	*Bacillus subtilis* str. GB03, other	*Pythium*, *Phytophthora*, *Fusarium*, *Rhizoctonia*	온실작물 및 묘목	식재할 때 관주
HiStick N/T	*B. subtilis* str. MBI600	*Fusarium*, *Rhizoctonia*, *Aspergillus*	콩과작물	종자의 침지
Kodiak	*B. subtilis* GB03	*Rhizoctonia solani*, *Fusarium*, *Alternaria*, *Aspergillus*	면화, 콩과작물	종자의 침지
Deny	*Burkholderia cepacia*, Wisc.	*Pythium*, *Rhizoctonia*, *Fusarium*, 일부 선충류	콩과작물, 면화, 화곡류	종자처리
Intercept	*B. cepacia*	*R. solani*, *Fusarium*, *Pythium*	옥수수, 채소, 면화	종자처리, 관주
BioJect Spot-Less	*Pseudomonas aureofaciens*	동전마름병, 탄저병, *Pythium*, pink snow mold	잔디류, 기타	두상관수
Bio-save 10LP, 110	*P. syringae*	*Botrytis*, *Mucor*, *Penicillium*, *Geitrichum* 등 저장병균	인과류, 감귤류, 양앵두, 감자	관주, 침지, 분무
BlightBan A506	*P. fluorescens* A506	서리해, *Erwinia amylovora*, russeting 세균	인과류, 핵과류, 감자, 토마토, 딸기	분무
Dagger G	*P. fluorescens*	*Rhizoctonia*, *Pythium*	밭작물, 채소류	종자처리
Cedomon	*P. chlororaphis*	보리 및 귀리 점무늬병균, *Fusarium*	화곡류	종자처리
균류				
AQ10 Biofungicide	*Ampelomyces quisqualis* M-10	흰가루병균	사과, 포도, 관상식물, 박과작물, 딸기, 토마토	분무
Aspire	*Candida oleophila* I-182	*Botrytis*, *Penicillium*	감귤류, 인과류	침지, 점적, 살포
Biotox C	비병원성 *F. oxysporum*	*F. oxysporum*	바실, 카네이션, 토마토, 시클라멘	관주
Fusaclean	비병원성 *F. oxysporum*	*F. oxysporum*	바실, 카네이션, 토마토, 시클라멘	관주
Contans WG, Intercept WG	*Coniothyrium minitans*	*Scleotinia sclerotiorum*, *S. minor*	각종 작물. 모든 토양	분무
DiTera Biocontrol	*Myrothecium verrucaria*	기생성 선충류	배추류, 포도, 관상식물, 잔디, 수목	토양처리
Polygandron	*Pythium oligandrum*	*Pythium ultimum*	사탕무	
Primastop	*Gliocladium catenulatum*	토양전염성 부패병균 및 시들음병균	관상식물, 채소류, 재배수목류	관주, 분무, 관수
RootShield, Plant Shield, T-22 Planter box	*Trichoderma harazianum*, Rifai strain - KRL_AG2(T-22)	*Pythium*, *Rhizoctonia*, *Fusarium*	교목, 관목, 관상식물, 묘목, 양배추, 토마토, 오이	토양혼합, 토양관주
F-Stop	*T. harazianum*	*Rhizoctonia*, *Pythium*	관상식물, 식용작물	종자처리
SoilGard (GlioGard)	*Gliocladium* (*Trichoderma*) *virens* GL-21	*Rhizoctonia solani*, *Pythium*	관상식물, 식용작물, 온실작물, 묘포	침지, 종자처리
BINAB T	*T. harzianum* / *T. polysporum*	목재부후균	수목류	분무, 상처처리
Promote	*T. harzianum* and *T. viride*	*Pythium*, *Rhizoctonia*, *Fusarium*	이식식물, 수목류	
Rotstop	*Phlebia gigantea*	*Heterobasidion annosum*	수목류	
Trichodex	*T. harzianum*	*Colletotrichum*, *Monilinia*, *Plasmopara*, *Rhizopus*, *Scerotinia*	각종 식물	
Trichopel,	*T. harzianum* 및 *T. viride*	*Armillaria*, *Botryosphaeria*, *Fusarium*	각종 식물	
Trichoject		*Nectria*, *Phytophthora*, *Pythium*, *Rhizoctonia*		

축을 통하여 다시 다른 나무의 뿌리로 옮아가고 마침내 침입한 나무를 죽인다. 만약 나무를 벌채한 직후에 그루터기 표면에 *Phleviopsis* (*Peniophora*) *gigantea* 분열자(oidia)를 접종하면 *Phleviopsis* 가 표면에서 생장하여(그림 9-20B) 그루터기를 통해서 뿌리로 퍼져나가고 그루터기 내에 존재하고 있는 병원균 *Heterobasidion* (그림 9-20C)과 성공적으로 경쟁하여 병원균을 제거하고 생장하게 되어 근처에 있는 나무를 성공적으로 보호할 수 있다. 분열자는 현탁액이나 분말의 형태로 벌채된 그루터기의 표면에 처리되고 나무 그루터기를 자를 때 사용하는 톱날에 윤활유와 함께 섞어서 사용하면 나무를 자를 때 표면에 남아서 작용하게 된다.

병원균의 저병원성 균주를 이용한 밤나무 줄기마름병의 생물적 방제

병원균 *Cryphonectria* (*Endothia*) *parasitica* 에 의한 밤나무 줄기마름병은 이탈리아에서는 자연적으로 방제되었고, 프랑스에서는 병원균 중에서 저병원성(hypovirulence)을 나타내는 균주를 병든 부위에 인위적으로 처리하여 방제하였다. 저병원성 균주 내에는 병원성 균주의 병원성을 약화시키는 겹가닥 RNA(dsRNA)가 존재하고, 이들 dsRNA는 균사체융합(접합)을 통해서 저병원성 균주로부터 병원성 균주로 이동되므로 병원성 균주가 저병원성으로 변환되고 병의 진전이 지연되거나 정지하게 된다. 미국에서도 저병원성 균주를 이용한 밤나무 줄기마름병의 방제가 시도되고 있지만 아직 실험적인 단계에 국한되어 있다. 미국의 균주들이 유럽 균주보다 변이가 더 많아서 다수의 저병원성인자를 필요로 하므로 균주 간에 좀 더 특이적인 상호관계를 갖고 있다.

토양진염성 병해의 생물적 방제

토양전염성 병해의 생물적 방제제로 사용된 주요 균류는 상업적으로 사용된 것으로, 앞에서 언급한 *Gliocladium virens* 와 *Trichoderma harzianum* 의 2종류가 있다. 이들은 퐃트혼합제로 토양과 섞어서 사용하거나 종자에 처리하는 고체교질로 사용한다. 이들은 난균류인 *Pythium*과 *Phytophthora*, 균류인 *Botrytis*(그림 9-21)와 *Sclerotium* 및 다른 균류에 의한 관상식물과 채소의 모잘록병에 효과가 있다. *Sporidesmium sclerotivorum*, *Coniothyrium minitans*, *Talaromyces flavus*은 *Sclerotinia*, *Rhizoctonia*와 *Verticillium* 에 의한 병해를 실험적으로 방제하는 것이 가능하였다. *Pythium nunn* 과 *P. oligandrum* 같은 *Pythium* 의 몇 종은 식물병원성 *Pythium* 종으로부터 퐃트에 심은 관상식물과 채소를 보호한 반면

그림 9-21 *Botrytis cinerea* 로 접종하고 병의 진전을 위해서 최적조건을 유지시킨 베고니아의 생물적 방제법과 다른 방제법의 비교. 왼쪽부터 오른쪽으로: Un, 무처리 방제; $CaCl_2$, 염화칼슘; Fung, 살균제(클로로탈로닐) 처리; T382, 생물적 방제제 *Trichoderma hamatum* 균주 T382를 퐃트토양에 접종처리. [사진제공: H.A. Hoitink.]

에, *T. flavus*와 2핵 *Rhizoctonia* 는 병원성 *Rhizoctonia solani* 로부터 보호하였다. 다른 몇 종류의 토양전염성 병해도 실험적인 차원에서 많은 다른 균류로 방제가 가능하였다. 마지막으로, *Fusarium oxysporum* 의 분화형에 의해서 셀러리, 오이, 고구마 등의 작물에 발생하는 Fusarium시들음병은 같은 병원균의 비병원성 균주로 이식묘를 미리 접종처리하면 성공적으로 방제된다는 보고가 있다. 이러한 균주는 시들음 증상을 일으키는 균주에 의해서 죽은 식물체들 사이에서 감염되지 않은 상태로 남아있던 식물체의 유관속조직에서 분리되었다. 비병원성 균주는 근권 내에서 감염부위를 차지하기 위하여 병원성 균주와 경쟁할 뿐만 아니라 병원성 균주에 대한 기주저항성을 높인다.

대부분의 식물 뿌리는 균근으로 존재하는 접합균류, 자낭균류, 담자균류와 공생관계를 이루면서 자라고 있는데, 균근은 뿌리내의 세포간극에서 자라거나(외생균근) 세포 내에서 자란다(내생균근). 균근은 유기 영양분을 식물에서 섭취하지만 식물이 토양에서 양분과 수분을 잘 흡수하여 생장을 돕고 때로는 토양전염성 병원균으로부터 식물체를 보호하는 등 식물에 좋은 영향을 미친다. 균근은 *Phytophthora cinnamomi* 로부터 소나무 유묘를 보호하고, *Fusarium oxysporum* 으로부터 토마토와 더글라스전나무 유묘를, Verticillium시들음병과 뿌리혹선

충으로부터 목화를, *Phytophthora megasperma*와 *Fusarium solani*로부터 콩을 보호하는 것으로 알려져 있다. 기주식물의 생장을 촉진하기 위하여 상업적으로 판매되고 있는 균근도 있지만 생산, 특이성, 균근의 적용방법 등이 아직 많은 문제점으로 남아있다. 그러므로 균근은 병원균으로부터 식물을 보호하는 목적으로는 사용되지 않는다.

균류를 이용한 식물체 지상부에 발생하는 병의 생물적 방제

여러 종류의 사상균과 효모가 식물의 지상부를 침입하는 균류에 길항효과를 보이는 것으로 알려져 있는데, 예를 들면 완전히 죽은 토마토의 꽃에 *Cladosporium herbarum* 이나 *Penicillium* sp.의 분생포자를 접종하면 *Botrytis cinerea*에 의해서 열매가 감염되는 것을 억제할 수 있다. 이와 마찬가지로 수피에 부생하는 균인 *Cladosporium* sp.와 *Epicoccum* sp.이나 토양에 존재하는 *Trichoderma* 의 포자를 과수를 전정하고 난 다음에 절단부위에 분무하면 *Nectria galligena*와 *Leucostoma*(*Cytospora*) sp. 같은 궤양병을 일으키는 병원균에 의한 감염을 방지할 수 있다. 포장에서 *Trichoderma* 를 분무하면 수확 및 저장기에 *Botrytis* 에 의한 딸기와 포도의 썩음병을 감소시킬 수 있다. 생물적 방제균 *Trichoderma* spp.의 포자를 미리 몸에 많이 묻힌 꿀벌을 해바라기에 처리했을 때 해바라기 Sclerotinia head rot이 상당히 줄어들었는데, 이것은 꿀벌이 해바라기 꽃에 포자를 즉시 옮겼기 때문이다. 다른 종류의 잎에 발생하는 병은 잎에 일반적으로 존재하는 균류인 *Alternaria, Cochliobolus, Septoria, Colletotrichum, Phoma* 등의 포자를 잎에 뿌리고 오이 흰가루병균 *Sphaerotheca fuliginea*에는 *Ampelomyces quisqualis*의 포자를, 밀 붉은녹병균 *Puccinia triticina*에는 *Darluca filum*의 포자를, 카네이션 녹병균에는 *Verticillium lecanii* 를 처리함으로써 50% 이상의 억제효과를 얻을 수 있었다. 그러나 앞에서 언급한 모든 예는 아직까지 식물의 지상부위에 일어나는 병의 방제에 실제로 사용되고 있지 않다.

수확 후에 발생하는 병의 생물적 방제

수확 후에 발생하는 과실썩음병(postharvest rot of fruits)은 과실이 성숙하는 시기에 길항균의 포자와 부생성 효모를 과일에 뿌려주거나 수확한 과일을 현탁액에 담그면 병을 상당히 감소시킬 수 있다. 예를 들면, 효모를 처리하면 복숭아와 사과의 수확후 썩음증상이 줄어들었다. 또한 (*Penicillium digitatum* 에 의해 발생하는) 귤 푸른곰팡이병은 과일에 길항 효모(그림 9-22A)나 길항균 *Trichoderma viride*를 처리하면 상당히 감소하며, 딸기 수확기에 발생하는 Botrytis잿빛곰팡이병은 *Trichoderma* 포자를 딸기 꽃봉오리나 어린 열매에 처리하면 감소시킬 수 있다. 이와 마찬가지로 파인애플에 발생하는 Penicillium썩음병은 과실에 비병원성 균주를 처리하면 상당히 감소된다. 이와 비슷하게 몇 종의 길항 효모들은 Botrytis, Penicillium(그림 9-18B), Rhizoctonia썩음병으로부터 포도와 토마토를 보호하였다. 이 중에 *Candida saitoana* 는 사과나무에 전신저항성을 유도하는 동시에 카이틴분해효소와 β-1,3-glucanase의 활성을 증가시킴으로써 수확후 부패를 방제하였다. Aspire라는 상표명을 가진 효모인 *Candida oleophila* 는 귤과 사과의 수확후 발생되는 부패의 방제에 효과가 있는 것으로 입증되었다.

길항세균

토양전염성 병해의 생물적 방제

인과류, 핵과류 및 일부의 과수(포도나무, 나무딸기류) 그리고 관상식물(장미, 사철나무)에 발생하는 뿌리혹병은 세균 *Agrobacterium tumefaciens* 에 의해 발생된다. 뿌리혹병은 Galltrol 이라는 비병원성 세균인 *Agrobacterium radiobacter* 의 균주 K84의 현탁액에 종자, 유묘, 삽수 등을 담가서 방제하여 왔는데, 방제는 균주 K84가 병원세균에 특이적인 항생물질인 agrocin 84라는 박테리오신(bacteriocin)을 생산하여 이루어진다. 이 항생물질은 균주 K84가 자라고 있는 표면에 도달하는 대부분의 병원세균을 선택적으로 억제한다. Agrocin 84에 저항성인 K84유전자의 자연적인 이동의 결과로 agrocin 84에 민감하게 반응하지 않는 *A. tumefaciens* 균주가 생성되었기 때문에 유전공학을 통하여 K84에서 새로운 균주(K-1026)가 만들어졌는데, K-1026은 병원성 *Agrobacterium* 균주에 저항성 유전자를 옮기는 능력이 결핍되어 있다.

곡류, 단옥수수, 당근 종자를 *Bacillus subtilis* 균주 A13 또는 *Streptomyces* sp. 같은 세균이 들어있는 현탁액, 균사체 또는 분말 등으로 처리하면 뿌리병원균으로부터 보호할 수 있고 생장과 수량을 증가시킬 수 있다.

Pseudomonas 뿌리 세균, 주로 *Pseudomonas fluorescens, P. putida, P. cepacia, P. aureofaciens* 등도 종자나 식물의 뿌리에 처리하였을 때 모잘록병과 무름병이 감소되고 생장과 수량이 증가된다. 앞에서 언급한 세균 중에 2종이 제형화되어 상업적으로 판매되고 있다: *B. subtilis*는 Kodiak으로, *P. fluorescens*는 Dagger G로 판매된다. 두 가지 모두

그림 9-22 과일 저장병의 생물적 방제. (A) 효모로 처리한 오렌지(오른쪽)는 건전한 반면, 무처리 오렌지는 *Penicillium*을 처리한 후에 심하게 부패하였다. (B) 사과에 상처를 내어 *Penicillium* 과 *Botrytis*를 접종하고 (왼쪽) 생물적방제세균 *Pseudomonas syringae* (Biosave 110)로 접종한 처리와 (오른쪽)접종하지 않은 처리의 3개월 후 비교. (C) 왼쪽의 복숭아는 비병원성 세균 *Bacillus subtilis*를 미리 처리하여 잿빛무늬병균(*Monilinia fructicola*)의 감염으로부터 보호하였다. 처리하지 않은 복숭아(오른쪽)는 *M. fructicola*로 접종한 후 8일 이내에 심하게 부패하였다. [사진제공: (A,C) C.L. Wilson, (B) W. Janisiewicz, USDA.]

실험적인 시도에서는 좋은 결과를 나타내었으나, 대규모 시험에서는 일관된 결과를 보이지 않고 있다. 예를 들면, 이들 세균을 처리한 감자 괴경은 5~33%의 수량이 증가되고, 사탕무 종자는 ha당 4~6톤 이상이 증가되어서 에이커 당 955~1227kg의 설탕이 증가되고, 사탕무 종자는 무처리보다 뿌리의 중량이 60~144% 증가되고, 밀 종자를 처리하여 밀의 마름병을 일으키는 *Gaeumannomyces graminis tritici* 에 만연된 토양에 심으면 무처리 종자를 심은 것보다 27%가 증산되었다. 토양세균에 의해 방제되는 가장 일반적인 토양전염성 병해는 난균류 *Pythium* 와 *Phytophthora*, 균류 *Rhizoctonia*, *Fusarium* 및 *Gaeumannomyces* 에 의한 모잘록병과 뿌리썩음병이다. *Bacillus cereus*, 특히 *B. cereus* 균주 UW85은 콩과식물의 모잘록병에 대해 효과적인 생물적 방제를 한다. 3종의 형광성 pseudomonad 와 1종의 *Pantoea*는 밀 종자에 단독으로 또는 복합적으로 사용하여 *Fusarium culmorum*에 의한 유묘 고사를 줄이고 살균제를 사용했을 때와 비슷한 수확량을 얻었다; *Pantoea* 균주는 에이커당 평균 200kg의 수량증가를 나타내었다. 그러나 *Pasteuria penetrans*는 뿌리혹선충에 기생하여 방제하며, 미동정된 세균은 선충의 알이 부화하는 것을 억제한다. 이러한 식물 생장촉진 근류세균에 의한 수량증가 기작은 명확하지 않지만 해로운 미생물의 억제, 항생물질에 의한 토양전염성 병원균의 억제, 철분에 대한 경쟁 등 여러 원인에 의하여 효과가 나타나는 것으로 생각된다.

세균을 이용한 식물 지상부에 발생하는 병의 생물적 방제

대부분 부생적인 *Erwinia*, *Pseudomonas*, *Xanthomonas* 등의 그람음성세균과 *Bacillus*, *Lactobacillus*, *Corynebacterium* 등의 그람양성세균은 작기(作期) 초기에 지상부위의 식물 표면에서 찾을 수 있다. 또한 *Pseudomonas syringae* pv. *syringae*, *P. syringae* pv. *morsprunorum*, *P. syringae* pv. *glycinea*, *Erwinia amylovora*와 *E. carotovora*는 식물을 침입하여 감염시키기 전에 잎이나 싹의 표면에 생존한다. 어떤 경우에는 부생 세균이나 병원세균의 비병원성 균주를 잎의 표면에 처리하면 병원세균이나 균류에 의한 감염을 상당히 감소시킬 수 있다. 예를 들면, *E. amylovora*에 의한 사과나무 불마름병은 *Erwinia herbicola*를 처리하면 부분적으로 방제할 수 있고, *Xanthomonas translucens* ssp. *oryzicola* 에 의한 벼 세균성잎줄무늬병은 *Erwinia* 와 *Pseudomonas* 균주를 처리하면 감소시킬 수 있다.

식물 표면에 존재하는 세균을 처리하여 균류에 의해서 발생되는 식물의 감염을 억제시킬 수 있는 몇 가지 예가 알려져 있는데, *Pseudomonas fluorescens*를 벼과식물에 처리하면 *Drechslera*(*Helminthosporium*) *dictyoides*에 의한 감염을, *Bacillus subtilis*를 처리하면 *Nectria galligena*에 의한 사과나무 엽흔의 감염을, *Pseudomonas cepacia*나 *Bacillus* sp.를 땅콩이나 담배에 처리하면 각각 *Cercospora*와 *Alternaria*에 의한 점무늬병을 줄일 수 있다. 이러한 생물적 방제 중 현재 식물 지상부위에 발생하는 병을 방제하기 위하여 실제로 사용되고 있는 것은 없다.

수확 후에 발생하는 병의 생물적 방제

세균인 *Pseudomonas* 는 레몬을 푸른곰팡이병으로부터, 배를 다양한 저장썩음병으로부터 보호하였다. Bio-Save라는 상표명을 가진 *Pseudomonas syringae* 2균주는 귤, 사과(그림 9-22B), 배의 수확 후에 발생하는 부패병의 방제에 효과가 있는 것으로 입증되었다. 복숭아, 천도, 살구, 자두 등 과실은 수확 후에 세균 *Bacillus subtilis*의 현탁액으로 처리하면 최소한 9일 동안은 *Monilinia fructicola*에 의한 잿빛무늬병이 발생하지 않는다 (그림 9-22C). *Bacillus subtilis* 는 아보카도가 저장 중에 썩는 것도 예방할 수 있다.

세균에 의한 서리해의 생물적 방제

서리에 민감한 식물은 온도가 0℃ 이하로 떨어지면 조직 내에 얼음이 생기므로 해를 입는다. 적은 양의 순수한 물은 -10℃ 이하까지 떨어져도 얼음이 형성되지 않고, 얼음을 만드는 데 영향을 미치는 어떠한 작용이나 핵을 제공하지도 않는다. 그러나 최근에 식물에 존재하는 최소한 3종의 세균(*P. syringae*, *P. fluorescens*, *E. herbicola*)이 -1℃ 의 온도에서 결빙을 유도하는 빙핵활성 촉매제(ice-nucleation-active catalysts)로 작용한다는 것이 알려졌는데, 이러한 세균은 잎의 표면에 존재하는 세균 중 일부분(0.1~10%)을 차지한다. 식물의 표면에서 빙핵활성 촉매제에 길항작용을 보이는 비빙핵 활성세균(non-ice-nucleation active bacteria)을 분리 · 배양 · 대량증식시켜 식물 표면에 처리하면 빙핵활성 촉매제의 수는 감소하고 비빙핵활성 촉매제의 밀도가 증가하게 된다. 이러한 처리에 의하여 무처리한 식물이 심하게 피해를 입는 온도에서도 서리해에 민감한 식물을 보호할 수 있다.

식물병원균의 바이러스 기생체

균류, 세균, 몰리큐트, 선충 등 모든 병원체는 바이러스에 의해서 침해를 받지만 현재까지 세균에 대해서만 바이러스가 생물적 방제 가능성이 있다는 것이 시험되었다. **박테리오파지(bacteriophage)** 또는 **파지(phage)**(세균을 파괴하는 바이러스)는 자연 상태에서 대부분의 식물병원세균에 존재하는 것으로 알려져 있다. 몇 가지 세균병에 대해서 실험적으로 방제에 성공한 예가 있는데, 박테리오파지를 접종한 세균과 섞은 경우와 식물체를 먼저 박테리오파지로 처리하고 세균을 접종하는 경우 그리고 종자를 파지로 처리하는 경우 등이다. 또한 세균에 의한 어떠한 식물병도 병이 일단 발병된 후에는 파지로 처리하여도 치료할 수가 없다.

이미 교차보호부분에서 언급한 바와 같이 강한 바이러스 계통으로부터 식물을 보호하기 위하여 약한 계통으로 접종하는 것은 물론 효과적인 생물적 방제전략이다. 그러나 위성 RNA(-satRNA)를 보유하고 있는 약한 계통의 바이러스를 미리 접종하여 몇몇 바이러스나 바이로이드로부터 식물을 보호하는 것이 가능하다. 많은 종류의 위성 RNA들이 그들과 경쟁함으로써 위성RNA를 증식하는 바이러스의 기생체로 작용하여 식물체 내에서 바이러스가 도달할 수 있는 농도를 감소시켜서 병징이 약하게 나타나게 하고 피해를 줄일 수 있다. 밤나무 줄기마름병균 *Cryphonectria parasitica*에서와 같이 저병원성은 바이러스성 dsRNA에 의하여 발생한다. 아직 균사융합 이외의 다른 방법에 의해서 이러한 RNA를 이동시키는 것은 불가능하므로 생물적 방제제로서의 이용은 제한적이다.

잡초의 생물적 방제

원하지 않는 곳에서 번성하는 야생식물인 잡초(雜草; weed)는 잔디와 정원에서 귀찮은 존재일 뿐만 아니라 수로(水路)를 막고 목초지에서 유용한 식물체 대신 생장하며 가장 중요한 것으로는 재배작물 사이에서 생장하면서 영양분, 수분, 광을 얻기 위하여 이들과 경쟁한다. 이렇게 하여 잡초는 세계적으로 매년 1,500억 달러에 이르는 작물피해를 입히고, 이것은 세계적으로 해충에 의한 피해(약 1,350억 달러)와 병해에 의한 피해(약 1,900억 달러)를 합친 모든 작물피해의 1/3에 해당한다.

잡초는 쟁기로 갈거나 호미로 파내거나 손으로 뽑아서 전적으로 제거해왔다. 그러나 화학제초제가 개발된 2차대전 이후에 사용이 급속히 증가하였다. 1990년경 매년 1,200억 달러 이상이 제초제에 사용되었는데, 이것은 다른 해충이나 병의 방제에 사용된 농약에 들어간 금액과 거의 비슷하다. 그러나 제초제와 다른 농약의 광범위한 사용은 식품, 식수, 농장 근로자의 안전에 많은 관심을 불러 일으켰고 다른 방제법을 찾기 위한 노력을 하게 되었다. 제초제 대신 사용 가능한 잡초방제 전략은 잡초를 가해하여 피해를 입히거나 죽이는 미생물과 해충을 이용하는 생물적 방제이다.

잡초방제에서 생물적 방제제로 사용되는 미생물은 대개 특정 잡초에 병원성인 균류인데, 이들은 잡초에 심한 피해를 입혀 죽인다. 세계 여러 지역에서 감염된 잡초로부터 병원균을 분리하여 배양배지 내에서 생장증식시켜 실험실, 온실, 포장에서 특정 잡초를 감염시켜 피해를 입히거나 죽이는 능력을 검정하였다. 또한 관련된 식물 속이나 과에 속하는 재배하는 기주는 선택적으로 감염시키지 않도록 하는 선택성에 대한 검정도 실시되었다. 잡초에 병원성이 있는 균류 이외에도 잡초를 감염시키는 수많은 세균과 바이러스도 생물적 방제제의 가능성을 검정하였다.

아마 수백 내지 수천 조합의 병원균-잡초 시험이 수행되었는데, 그 중 몇 십 개는 아주 효과적인 것으로 나타났다. 잡초병원균 중에 몇 개는 현재 상업적으로 판매되는데, 예를 들면 Collego라는 이름으로 판매되는 *Colletotrichum gloeosporioides* 는 벼와 콩 재배지역에서 생장하는 자귀풀(*Aeschynomene virginica*)에 대해 아주 효과가 있다; DeVine이라는 이름의 *Phytophthora palmivora*는 플로리다주의 귤나무류 과수원에서 생장하는 넝쿨포도류(*Morrenia adorata*)에 효과가 있다. 2종의 다른 잡초병원균이 가까운 장래에 상품화될 것으로 기대된다; Casst라는 이름으로 판매될 *Alternaria cassiae*는 미국 남동부의 땅콩과 콩 재배지역에서 생장하는 차풀의 일종인 *Cassia obtusifolia*에 효과가 있다 (그림 9-23); BioMal이라는 이름으로 판매될 *C. gloeosporioides*의 다른 균주는 북미에서 맥류가 재배되는 포장에서 생장하는 둥근잎아욱(*Malva pusilla*)에 효과가 있다. 가까운 장래에 잡초의 생물적 방제에 사용될 것으로 생각되는 많은 유망한 잡초병원균 중에서 몇 개는 아래와 같다: 비름속(*Amaranthus* spp.)에 *Phomopsis amaranticola*(그림 9-23), 콩과 잡초인 showy crotalaria(*Crotalaria spectabilis*)에 *Colletotrichum dematium* f. sp. *crotalariae* (그림 9-23), 돌풀(*Xanthium pennsylvanicum*)에 *Alternaria helianthi*, spurred anoda (*Anoda cristata*)에 *Alternaria macrospora*, 어저귀속(*Abutilon theophrasti*)에 *Colletotrichum coccodes*와 부레옥잠(*Eichhornia crassipes*)에 *Cercospora rodmanii* (그림 9-24). 많은 다른 균류(*Ascochyta, Bipolaris, Fusarium, Phoma, Puccinia, Sclerotinia* 등)가 다양한 잡초의 균류제초제로서 많은 연구가 되고 있다.

1990년대 중반 이후로 잡초에 살포할 때 피해를 입히거나 죽일 수 있는 자연적인 식물독성 물질을 생성하는 균류와 세균을 찾기 위하여 상당한 노력을 기울여왔다. 또한 유전공학기술을 이용하여 기존 균류 제초제의 병원성을 증가시키거나 기주범위를 제한하려는 노력들도 이루어졌는데, 작물이나 물이 흐르는 곳에서 한꺼번에 몇 종류의 중요한 잡초를 방제하기 위하여 균류 제초제의 혼합 사용을 촉진하는 노력; 균류 제초제의 최적 적용시기를 결정하는 노력; 또한 살균제에 대한 접근과는 다르게, 작물에서 잡초를 만족스럽게 방제하기 위하여 얼마나 자주 균류 제초제가 필요한가를 결정하는 노력 등이다.

지금까지 잡초의 생물적 방제는 적용범위가 넓고 상대적으로 저렴하며 효과가 좋은 화학제초제를 이용할 수 있기 때문에 산업체나 작물 재배자에게 많은 관심을 불러일으키지 않았으나 환경에 대한 관심으로 제초제의 사용에 대한 압박감이 커지기 때문에 사용가능한 제초제는 많지 않고 이들의 사용도 철저하게 제한적으로 이루어지고 있다. 동시에 점점 효과적인 생물적 방제제가 발견되고 생물적 방제제의 제형과 적용방법이 개선되기 때문에 잡초의 생물적 방제제는 조만간에 많은 관심을 불러 일으킬 뿐만 아니라 효과적인 잡초방제를 위하여 선호하는 방법이 될 것이다.

화학적 방제에 의한 직접적인 보호

포장, 온실, 때로는 저장창고 내에서 식물병 방제에 가장 일반적으로 알려진 방법 중의 하나는 병원체에 유해한 화학 물질을 사용하는 것이다. 이들 물질은 병원체의 발아, 생장, 증식을 억제하거나 직접 죽이기도 한다. 이들 물질은 대상 병원체의 종류에 따라 살균제, 살세균제, 살선충제, 살바이러스제, 또는

그림 9-23 (왼쪽 열) *Alternaria cassiae*에 의한 차풀의 일종인 *Senna* (*Cassia*) *obtusifolia*의 생물적 방제. (A) 유묘에 균류 포자로 처리한 후 10일째 병징. (B) 처리한 유묘는 잎이 떨어지고 거의 죽는다 (2개의 대조처리와 비교된 오른쪽 2개의 유묘). (C) *Alternaria cassiae* 포자 처리로 7일 이내에 잡초가 거의 완전히 제거된 지역을 보여주는 콩 포장. (오른쪽 열) 균류를 이용한 비름류(*Amaranthus* spp.)와 콩과 잡초인 showy crotalaria(*Crotalaria spectabilis*)의 생물적 방제. *Phomopsis amaranticola*에 의한 비름류 괴저 점무늬(A)와 줄기 점무늬(B). (C) 건전한 showy crotalaria 유묘(왼쪽)와 생물적 방제제로 이용한 *Colletotrichum dematium* f. sp. *crotalariae*에 의해서 죽은 유묘(오른쪽). [사진제공: R. Charudattan, University of Florida.]

그림 9-24 *Cercospora rodmanii*를 이용한 수생잡초 부레옥잠(*Eichhornia crassipes*)의 생물적 방제. (A) 병원균 포자로 처리한 식물체 잎에 형성된 괴저부분. (B) 풋트에서 병원균 배제시키고 해충은 남겨두기 위하여 살균제를 처리한 부레옥잠. (C) 살균제나 살충제를 사용하지 않고 병원균과 해충을 처리한 부레옥잠. (B)와 (C)는 병원균과 해충을 생물적 방제제로 처리하고 8주 후에 촬영하였다. [사진제공: R. Charudattan, University of Florida]

기생식물 제거를 위한 제초제 등으로 구분된다. 몇 종류의 화학물질은 적용범위가 넓은 스펙트럼의 농약이어서 대부분의 병원체에 유해한 반면, 다른 종류는 단지 소수 또는 한 개의 특정 병원체에만 영향을 미친다. 식물병의 방제에 사용되는 모든 화학물질의 60% 정도가 과실에 처리되고 약 25%가 채소에 처리된다.

대부분의 화학물질은 식물체의 잎이나 지상부에 발생하는 병의 방제에 사용되지만, 종자, 괴경, 구근 등의 감염 방지에 사용되는 것도 일부 있다. 또한 토양, 창고소독, 상처처리, 또는 저장 과실이나 채소가 감염되지 않도록 하기 위하여 사용되는 것도 있고 병원체를 매개하는 곤충을 방제하기 위하여 사용되는 것도 있다.

초창기에 식물에 사용된 화학물질은 수많은 효소들의 작용기를 변경시키는 작용을 하였으므로 식물체 표면에 한정적으로 사용되었고 약해를 일으키지 않으면서 감염된 후에 치료하는 살균제의 역할은 할 수 없었다. 이들 물질은 단지 감염을 예방할 뿐 이미 발병된 것을 중지시키거나 치료할 수는 없었고, 대부분은 처리 지역 내에 있는 식물체에만 효과가 있고 식물에 의해 흡수되거나 전달되지 않았다. 그러나 여러 종류의 새로운 물질은 치료효과가 있고 식물에 의해 흡수되어 침투이행된다(침투이행성 살균제와 항생물질). 세 그룹의 주요한 침투성 살균제 중에서 벤지미다졸과 sterol demethylation inhibitors는 화학 억제제와 균류 구성요소간 특이작용을 요구한다. 이것은 균류 표적부위에 최적의 억제제를 작용하게 함으로써 이루어진다. 반면, 세 번째 그룹인 strobilurin 관련 살균제는 호흡을 강하게 억제하고 대체호흡 또는 무독화 같은 2차 반응이 특이기작이다.

식물병 방제를 위한 약제의 처리방법

식물병 방제에 사용되는 약제는 식물체에 직접 처리하거나 다양한 종류의 설비를 이용하여 토양에 처리한다 (그림 9-25~9-27, 9-31).

엽면 살포 또는 분무

식물체의 엽면에 분제 또는 액제로 살포하는 약제는 균류병(난균류에 의한 병)과 어느 정도 세균병을 방제하는 목적을 가지고 있다. 대부분의 살균제와 살세균제는 **보호제**(保護劑; protectant) 이므로 식물이 감염되지 않기 위해서는 병원균이 존재하기 이전에 미리 이들 약제를 식물 표면에 처리해야 한다. 이들 약제는 균류 포자의 발아를 억제할 뿐만 아니라 발아

그림 9-25 식물병을 방제하기 위하여 분제 살포, 액제 분무살포, 주입, 또는 훈증시 사용되는 여러 형태의 기구. 분제 살포기: (A-C) 이동식 분제 살포기, (D) 연결한 트랙터. 액제 분무살포기: (A-C) 이동식 살포기, (D) 중력식 수간주입기, (E) 압력식 수간주입기, (F-H) 트랙터에 설치한 일년생 초본용(F)과 수목용(G, H) 분무살포기, (I) 항공 살포(또는 분무), (J) 관개시스템을 이용한 살포. 훈증기: (A) 수동식 훈증기, (B,C) 트랙터에 연결된 중력 또는 펌프식 주입기, (D) 온실 또는 창고용 훈증캔.

그림 9-26 트랙터에 탑재한 고압, 다량의 공기압축 분무기로 과수원에 살균제(또는 살충제) 살포. [사진제공: R.J. McGovern, University of Florida.]

그림 9-27 살균제 살포방법과 결과. (A) 채소와 줄을 지어 심는 작물에 사용하는 노즐이 많이 달린 살포기. (B) 비행기에 의한 살포 또는 분무. (C) 이전에는 약제에 감수성이었으나 이미 저항성이 발달된 살균제를 살포한 사탕무 포장에서 점무늬병징이 심하게 발생. (D) 대형 트랙터로 작동하는 분무기. [사진제공: (A,B) USDA, (C) C.E. Windels from Windels *et al.* (1998). *Plant Dis.* **82**, 716-726, (D) Agric. Japan, 67 (1995).]

되는 즉시 포자를 죽인다. 살세균제에 세균이 접촉하면 세균의 증식이 억제되고 결국 세균이 죽게 된다.

몇 종류의 새로운 살균제는 잎, 열매, 줄기를 이미 침입한 병원균에 직접적인 영향을 미치는데, 이 경우에 약제는 **제거제**(除去劑; eradicant) 로 작용하여 기주식물 내에 있는 균류를 죽이거나 포자 형성을 억제한다. 일부 살균제는 잎 조직의 일부에 흡수되어 부분적으로 침투이행되어 잎 전체로 이동될 수 있다. Benomyl, thiabendazole, carboxin, metalaxyl 등은 침투성 약제이고 전 식물체로 이행된다. 예를 들면, 살세균제인 스트렙토마이신, 테트라사이클린과 다른 항생제들도 특히 주입될 때 침투이행한다.

Metalaxyl과 **스테롤 저해제**(스테롤 沮害劑; sterol inhibitor) 인 triadimefon, fenarimol 등의 새로운 침투성 살균제는 병원균이 이미 감염된 상태에서 처리해도 효과가 있으므로 작물의 **치료제**(治療劑; rescue treatment)로 사용할 수 있다. 즉 이들은 병발달이 진행 중인 상태에서도 효과적으로 사용할 수 있다. 다시 말하면 이러한 농약은 이미 감염이 진행된 후에 효과적으로 처리할 수 있다. 이러한 사용방법은 병원균의 저항성 관리가 힘들므로 일반적으로 추천되지 않는 방법이다.

살균제나 살세균제는 분제로 처리하였을 때보다 분무살포하였을 때(그림 9-26, 9-27) 식물 표면에 보호층이 생기므로 더 효과적인데, 비가 올 때 분제를 처리하거나 분무살포하면 잘 흡착되지 않는다. 다른 종류의 화합물, 예를 들면, 석회는 식물에 대한 약해를 감소시키기 위해서 다른 약제에 첨가하여 사용함으로써 식물에 대해서 안전하게 된다. **전착제**(展着劑; surfactant)라고 부르는 약한 표면장력을 가진 화합물을 살균제에 첨가하면 잘 퍼지므로 살균제를 분무한 식물체의 넓은 표면에 접촉되도록 한다. 또한 살균제가 식물체의 표면에 잘 점착되도록 하기 위하여 점착능력이 우수한 **점착제**(粘着劑; sticker)를 첨가하는 경우도 있으며 두 가지 성질을 모두 지닌 화합물도 있다. 곡류의 중간산물에서 유래된 새로운 생산품이 기공을 막지 않고 식물체가 증산할 수 있게 하는 보조제에 추가되었다.

스프링클러로 관수하는 포장에서는 여러 작물의 잎에 발생하는 다양한 병을 효과적으로 방제하기 위하여 관수시스템을 이용하여 예방제나 침투성 살균제를 처리하는 **살균관개**(殺菌灌漑; fungigation)가 이용된다.

여러 종류의 살균제와 살세균제가 예방제로 작용하므로 이들 약제는 병원균이 식물체의 표면에 도달되기 전이나, 발아하여 기주식물로 침입하기 전에 식물체 표면에 처리되어야 하는 것이 중요하다. 균류 포자는 발아하기 전에 잎의 표면에 수막이나 포화 상태에 가까운 대기습도가 필요하므로 기상, 특히 온도와 습도의 변화를 모니터링하기 위하여 다른 장비(그림 9-28)가 사용된다. 일반적으로 비가 오기 직전이나 직후에 분무살포 또는 분제처리하는 것이 효과적이다. 여러 종류의 살균제와 살세균제가 병원균과 접촉하였을 때에만 효과를 나타낸다는 것을 생각하면 식물체를 보호하기 위해서는 식물체의 전표면이 약제로 덮여야 하는 것이 중요한데, 어린잎이나 가지, 열매 등은 약제를 처리한 후 3~5일 동안 많이 자라게 되므로 이미 성숙한 조직보다 약제를 더 자주 처리해야 한다. 성숙한 조직에 대한 약제의 처리주기와 처리횟수는 병의 종류, 강우 주기와 기간, 살균제의 약효 지속성 또는 잔효기에 따라 달라지며, 일반적으로 7~14일 간격으로 처리한다. 또한 이들 요인에 따라 이 기간 동안의 살포 적정회수는 0~15회 또는 그 이상으로 다양하게 결정된다 (그림 9-29).

1970년대 중반 이후 여러 종류의 침투성 살균제가 개발, 사용되어 왔는데, 이들의 종류, 사용상의 용이성, 효력기간, 방제할 수 있는 병의 종류 등이 계속 늘어나는 실정이다. 약제의 효과, 지속성, 처리필요 횟수의 감소 등의 이유로 여러 종류의 접촉형 예방 살균제가 침투성 살균제로 대체되고 있는 실정이다.

잎에 분무살포 또는 분제처리되는 약제의 종류와 수는 아주 많다. 과거에 사용했던 몇 종류의 살균제는 미국 환경보호청(EPA) 또는 식품의약부(FDA)에 의해 사용금지되었거나 제조업자가 더 이상 제조하지 않고 있다. 상당수의 나머지 약제도 안전성과 효능이 검정되고 있으며 이들 중 일부는 인간과 환경에 유해하여 사용이 금지될 가능성이 있다. 이들 중에 특정 종류는 어떤 병에 특이적으로 작용하는 반면, 다른 종류는 다양한 종류의 병원균에 넓게 효과를 나타낸다. 이러한 약제를 분무할 때, 예를 들면 황은 4~6 파운드에 100 갈론의 물을 섞어 사용하지만, 일반적인 약제는 0.5~2 파운드의 약제에 물 100 갈론을 섞어서 사용한다. 잎에 분무살포하거나 분제처리하기 위하여 사용되는 살균제는 다시 적절히 제제화하여 종자처리에도 사용된다.

종자처리

종자, 괴경, 인경, 뿌리 등은 심은 직후의 부패나 유묘의 모잘록 증상을 방제하기 위하여 약제로 처리한다. 1970년대 이후에는 감염된 종자 내에 있는 병원균을 불활성화시키기 위하여(깜부기병을 방제하기 위한 carboxin), 또는 생장하는 식물체의 잎이 병원균에 대하여 전신적인 방어를 할 수 있도록 하기

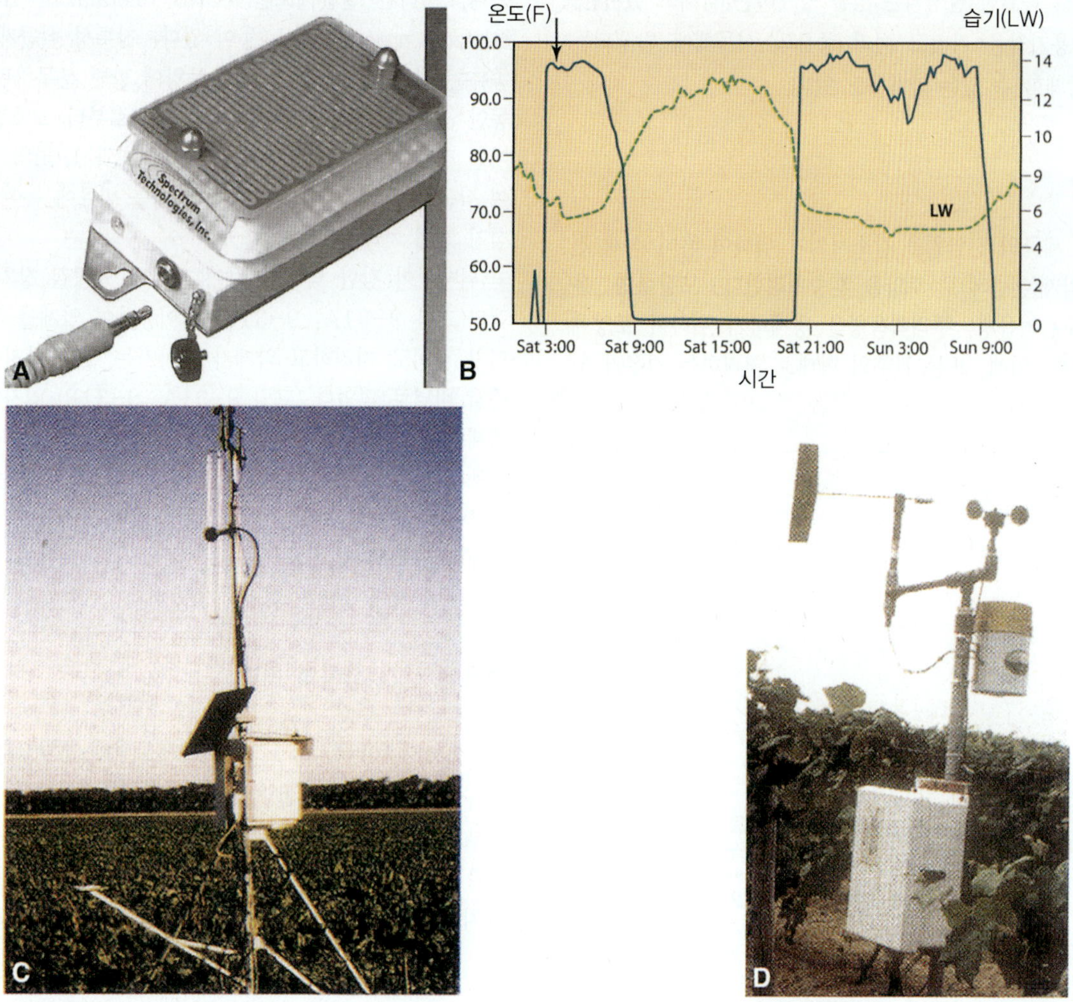

그림 9-28 식물병 방제를 위한 기상 예측장비. (A) 온도와 표면 습도 측정장비. (B) 30시간 동안 온도와 표면 습도간의 상호관계를 보여주는 전형적인 그래프. (C,D) 두 가지 종류의 완전한 기상 예측 장치. [출처: (C) from Windels *et al.* 1998, *Plant Dis.* **82**: 716-726.]

위하여(귀리와 수수의 노균병 방제를 위한 metalaxyl; 밀의 붉은녹병 및 Septoria잎마름병, 보리의 Pyrenophora 그물무늬병의 방제를 위한 triadimenol) 종자를 침투성 살균제로 전처리하였다. 약제는 종자에 분제로 처리하거나 종자와 섞어서 현탁액으로 처리한다. 또한 약제를 용매나 물에 녹인 용액에 종자를 담근 후에 말려서 사용하기도 한다. 괴경, 인경, 구근, 뿌리도 동일한 방법으로 처리하지만 이미 감염된 기관에서 병원체를 제거하는 것보다 포장에서 감염되지 않고 건전한 상태에서(그림 9-30) 약제를 처리하는 것이 아주 효과적이다.

종자나 다른 종류의 영양번식기관을 약제로 처리할 때 활력이 감소되거나 없어지지 않도록 유의해야 한다. 동시에 병원체의 침입으로부터 보호하기 위하여 종자에 충분한 약제가 처리되도록 해서 심어야 하는데, 이는 종자를 심었을 때 약제가 종자주위의 토양으로 확산되어서 토양부위를 소독하게 됨으로써 새로운 식물체가 병원체의 침입을 특히 받기 쉬운 생장기에 병원균의 침입을 받지 않고 잘 자랄 수 있게 된다.

대부분의 영양번식체는 유기 보호제인 captan, chloroneb, maneb, mancozeb, thiram, pentachloronitrobenzene (PCNB)와 침투성 약제인 carboxin, benomyl, thiabendazole, metalaxyl과 triadimenol 로 처리한다. 몇 종류의 식

물체에 대해서 특별히 발생되는 병을 방제하는 약제도 있지만, 일반적인 작용기작을 가지고 여러 종류의 식물체에 발생되는 여러 병을 방제할 수 있는 약제들도 있다.

토양처리

선충, 균류, 세균의 전염원을 감소시키기 위하여 흔히 식재 전에 휘발성 약제(훈증제)로 토양을 훈증처리한다. 모잘록병, 유묘마름병, 수관썩음병, 뿌리썩음병을 방제하기 위하여 토양에 살균제를 분제, 입제, 또는 관주의 형태로 처리하는 경우가 있는데, 이러한 살균제로는 PCNB, metalaxyl, triadimefon, ethazol, propamocarb 등이 있다. 침투성 살균제 중에서 몇 종류는 식물체를 심기 이전에 토양에 한번 분무하면 전 생장기 동안 식물체를 여러 종류의 병원균으로부터 보호할 수 있다. 어떤 경우에는 잎에 발생하는 병(노균병과 녹병)의 방제를 위하여 살균제(metalaxyl, triadimenol)를 비료에 녹여서 식물체를 심기 전에 처리하기도 한다.

휘발성이 강한 약제를 끌이 장착된 써래질 장치가 달린 트랙터(그림 9-31A, 9-31D)를 이용하여 약제를 토양 6~12인치 깊이로 처리하고 약제가 날아가는 것을 방지하기 위하여 즉시 비닐로 덮었다.(그림 9-31A, 9-31B) 입자나 저휘발성 액제는 토양에 고루 뿌리고 눌러서 묻거나(그림 9-31C) 끌을 사용하여 토양 속에 주입하지만 후에 비닐로 덮지는 않는다 (그림 9-31D). 최근에는 토양전염성 병의 방제를 위하여 보호살균제와 침투성 살균제를 관개수를 통하여 토양이나 잎에 처리하는 살균관개 방법이 사용되기도 한다.

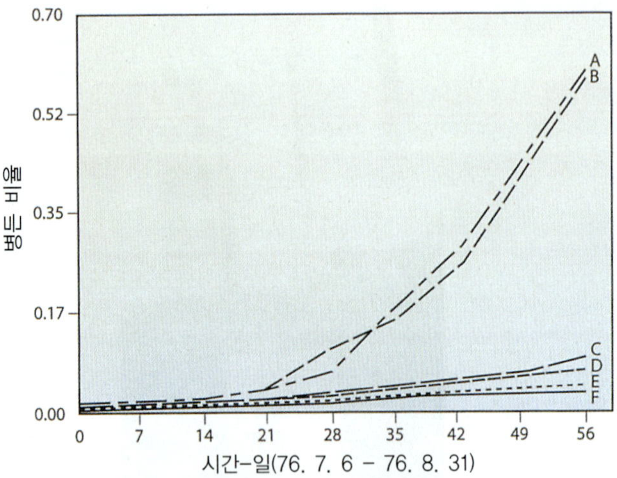

그림 9-29 살균제 살포 횟수를 달리하였을 때, 겹둥근무늬병균 *Alternaria solani* 에 감염된 토마토 식물조직의 비율. A, 무살포; B, 1회 살포; C, 3회 살포; D, 7회 살포; E, 10회 살포; F, 13회 살포. C와 D는 기상 자료에 근거하여 처리하였다; E와 F는 초기에 추천된 엄격한 일정에 따라 살포처리하였다. [출처: Madden *et al.* (1978). *Phytopathology* **68**, 1354-1358.]

수목에 생긴 상처의 처리

나뭇가지를 전정할 때는 가지나 줄기의 수피부분에 잘린 부분이나 상처가 생길 수가 있는데, 이곳은 마르거나 병원균의 침입부위가 되므로 보호해야 한다. 큰 나무의 상처 가장자리가 마르는 것은 일반적으로 셀락(shellac, 수지질의 물질)이나 상처치료제를 처리하면 예방할 수 있다. 노출된 부분은

그림 9-30 (A) 감자 역병에 감염된 감자 괴경에서 자랐으므로 곧 *Phytophthora infestans* 에 감염되어 죽게 될 어린 감자. (B) 처리하지 않은 괴경(중간)과 효과적인 살균제로 처리한 건전 괴경(오른쪽)을 심은 결과를 보여주는 감자포장. [사진 제공: M.L. Powelson *et al.* (2002). healthy Online, Plant Health Progress.]

그림 9-31 토양 살균제와 훈증제의 사용을 위한 장비. (A) 훈증제를 처리하고 약제가 빨리 휘발되는 것을 막기 위하여 비닐을 덮는 트랙터. (B) 휘발성 화학물질을 처리하고 비닐을 덮은 포장에서의 묘판. (C) 휘발성이 없는 입제를 토양 속에 파묻을 때 사용하는 다원판 트랙터. (D) 저휘발성 훈증제를 넓은 지역의 토양 속에 처리시 사용하는 끌모양의 주입기. [사진제공: (A) R.T. McMillan, (B–D) D.W. Dickson, Univeristy of Florida.]

0.5~1.0% sodium hypochlorite(10~20% Clorox bleach)나 70% 에틸알코올 용액으로 닦아서 살균한 후에 상처 부위를 lanolin, rosin, gum의 10:2:2 혼합제인 수목상처 치료제 또는 Cerano, 보르도 페인트, 아스팔트광택 수목페인트 등으로 칠한다. Cerano나 보르도 페인트 같은 상처치료제는 자체적으로 소독효과를 나타내지만, 다른 종류는 0.25% 페닐 수은 질산염이나 6% 페놀 등의 소독제를 첨가해야 한다. 그러나 판매되고 있는 여러 종류의 상처치료제, 특히 아스팔트가 함유된 치료제는 식물체에 약해를 나타내기 때문에 상처가 치유되는 것을 지연시킨다는 사실을 명심해야 한다.

매년 실시하는 전정작업 동안 생기는 상처를 개별적으로 처리하기에는 너무 많아서 상업적인 과수원과 포도밭에서는 전정 직후에 benomyl, dichlone, captafol 등의 살균제를 분무하여 상처를 통한 감염을 예방한다.

수확 후에 발생하는 병의 방제

과실이나 채소를 수확한 후에 발생하는 병의 방제를 위하여 사용되는 약제는 표면에 약제처리한 잔재물이 눈에 보일 정도로 남아있어서 상품의 시장성이 떨어지게 한다는 사실 때문에 까다롭다. 또한 이들 약제의 과도한 잔류는 소비자에게 해로우며 여러 종류의 약제는 저장 중인 농산물에 피해를 많이 입히고 이상한 냄새를 발산하기도 한다.

그러나 저장병해를 방제하기 위하여 우선적으로 또는 특정적으로 사용된 여러 종류의 살균제가 개발되었다. 이들 대부분은 과실이나 채소를 저장하기 전에 희석 용액에 담그거나 수확 직후에 세척하기 위하여 이용되고 있다 (그림 9-3B). 일부 화학물질, 예를 들면, 황(sulfur)은 저장 중에 승화하는 분제나 결정체로 사용되고, SO_2는 가스의 형태로 사용되므로 약제가 과실이 담긴 상자나 봉지에 스며들어가게 된다. 귤을 수확한 후에 발생하는 병을 방제하기 위하여 상업적으로 사용되는 약제들은 borax, biphenyl, sodium *o*-phenylphenate와 범용 살균제인 benomyl, thiabendazole, imazalil 등이 있다. 토마토와 채소를 상업적으로 처리하는 곳에서는 큰 탱크에서 세척할 때 염소처리한 물을 사용한다. 염소처리한 물은 물 속에 병원균이 축적되는 것을 방지할 뿐만 아니라 상품의 표면에 있는 병원균 밀도를 감소시킨다. 지난 수년간 오존처리한 물이 배에 비슷한 예방효과를 보여주었다. 핵과류와 인과류의 과일, 바나나, 포도, 딸기, 멜론, 감자의 저장 중에 발생하는 썩음병을 방제하기 위해 황, 이산화황, dichloran, captan, benzoic acid 등의 약제가 사용되고 있다.

식물병의 방제를 위하여 사용되는 약제의 제형

현재까지 작물보호를 위하여 수백 종의 약제가 훈증제, 토양처리제, 분무, 분제, 페인트, 도포제, 침투이행제 등으로 개발되어 왔는데, 이들 약제 중 중요한 약제에 대해서는 아래에 각각의 성질과 사용법에 대하여 기술하였다. 이들 약제의 일부는 아직 미국 내에서 사용등록이 되어 있지 않다는 점을 주시해야 한다; 부가적으로, 일부는 검토 중이므로 가까운 장래에 사용이 취소될 수도 있다. 기주식물의 자연적 방어(전신획득저항성)를 활성화시키는 살리실산(SA), isonicotinic acid(INA), 페놀산과 BHC 또는 Actigard로 알려져 있고 상업적으로 용이하게 구입할 수 있는 benzothiadiazole 등의 식물방어 활성제로 작용하는 화합물의 사용에 대해서는 다른 부분에서 기술하였다.

식물병 방제를 위하여 사용되는 무기화합물

구리 화합물

프랑스의 보르도지역에서 개발되어 포도나무 노균병의 방제에 사용되어 붙여진 이름인 보르도액은 구리황산염과 과산화칼슘(석회)의 반응생산물로 세계에서 처음으로 개발되어 지금까지 가장 널리 사용되고 있는 구리함유 살균제이다. 여러 종류의 균류(난균류 포함)와 세균에 의해 발생하는 점무늬병, 마름병, 탄저병, 노균병, 궤양병 등을 방제할 수 있지만, 저온다습한 환경에서 사용하였을 때에는 사과나무 같은 과수에서 잎이 타버리거나 과실에 코르크화가 일어난다. 보르도액에 의한 약해는 구리황산염에 대한 석회의 비율을 증가시키면 감소하게 되는데, 보르도액에서 병원균에 유해한 작용을 하는 유일한 성분은 구리인 반면에 석회는 1차적으로 식물체에 약해경감제(safener)의 역할을 한다. 휴면기에 살포할 경우에 농축 보르도액은 구리황산염 10 파운드, 석회 10 파운드, 물 100 갈론을 혼합하여 10:10:100의 비율로 조제하지만 가장 일반적인 혼합비율은 8:8:100이다. 어린 식물에 사용할 때는 구리황산염과 석회의 비율이 줄어들어 혼합비율은 2:2:100 또는 2:6:100으로 사용한다. 보르도액에 감수성으로 알려진 식물에 대해서는 석회의 비율을 더 높인 8:24:100로 사용한다.

고정 또는 불용해성 구리화합물에 있어서 구리 이온은 보르도액에서보다 용해가 잘 되지 않는다. 그러므로 이들 화합물은 보르도액보다 약해가 적지만 살균제로서는 효과가 낮다. 고정된 구리화합물은 보르도액과 같은 종류의 식물병을 방제하는데 사용된다. 고정된 구리화합물은 Microcop 또는 여러 다른 이름으로 판매되는 구리황산염, Oxycor 또는 C-O-C-S로 판매되는 염화구리, Kocide, Champ 그리고 Nu-Cop으로 판매되는 수산화구리, Nordox로 판매되는 산화구리, Copper Count-N, Kop-R-Spray로 판매되는 암모늄 카보네이트구리 또는 다른 구리화합물을 포함한다.

무기 황화합물

원소 상태의 황은 아마 가장 오래 전부터 알려온 살균제일 것이다. 황은 일차적으로 흰가루병, 녹병, 잎마름병, 열매썩음병의 방제에 분제, 수화제, 도포제, 액제 등의 제형으로 사용된다. 다양한 형태의 황은 Microthiol, Disperss, Thiolux 등의 여러 상품명으로 구입이 가능하다. 황은 30℃ 이상의 고온건조한 기상조건에서 특히 황에 감수성인 토마토, 멜론, 포도나무 등의 식물에 해를 입히며, 분무오일과 다른 살충제를 혼용하여 사용할 때에도 해를 입힌다.

황과 석회를 함께 끓이면 석회-황, 자체적으로 끓는 석회-황, 건조한 석회-황 등이 생성되는데, Lime Sulfur, Orthorix, Sulforix, Polysul로 판매되는 이들 약제는 탄저병, 흰가루병, 사과나무 검은별무늬병, 핵과류 잿빛무늬병, 복숭아나무 잎오갈병의 방제를 위하여 휴면 상태나 여름에 과수에 분무살포할 때에 사용된다.

Carbonate 화합물

암모늄, 포타슘, 리튬의 bicarbonate 염에 1% 오일을 첨가한 것뿐만 아니라 sodium bicarbonate는 장미의 흰가루병균, 오이를 감염시키는 몇 가지 균류, 장미의 검은무늬병균, *Sclerotium rolfsii*, 그리고 잿빛곰팡이병균 *Botrytis cinerea*에 억제 또는 살균효과를 나타낸다.

Phosphate와 Phosphonate 화합물

오이나 포도나무에 인산1가칼륨(KH_2PO_4) 또는 인산2가칼륨(K_2HPO_4)을 살포하면 흰가루병을 만족스럽게 방제할 수 있다.

필름형성 화합물

증산방지용 중합체, mineral oil, 전착제, 그리고 고령토 입자 배합 필름 (그림 9-1) 등의 필름형성 화합물을 병원체가 접종되기 전에 처리하면 감염되는 식물의 수를 현저히 감소시킬 수 있다. 가스가 스며들 수 있는 이들 필름형성 중합체는 약해가 없고 최소한 1주일 동안 기상변화에 저항성이며 생물분해가 된다. 이들은 식물 표면의 특성을 변화시켜서 병원균이 기주에 부착하여 기주식물에서 감염부위를 인식하는 것을 방해하여 감염을 줄이는 것 같다.

유기화합물

접촉성 보호살균제

유기 황화합물: Dithiocarbamates. 유기 황화합물은 의심할 여지없이 가장 중요하고 다양하며 널리 사용되고 있는 현대적인 살균제 중의 하나이다. 여기에는 thiram, ferbam, nabam, maneb, zineb, mancozeb 등이 속한다. 이들은 모두 dithiocarbamic acid의 유도체에 속한다. Dithiocarbamates는 isothiocyanate 기(-N=C=S)로 대사되기 때문에 주로 균류에 독성을 나타내는데, 이것이 병원균 세포내의 아미노산과 효소에 있는 sulfhydryl 기(-SH)를 불활성화시켜서 이들 화합물의 생성과 기능을 억제하기 때문이다.

Thiram은 2분자의 dithiocarbamic acid로 되어있는데, 채소, 화훼, 벼과작물의 종자나 구근에 사용할 뿐만 아니라 잔디, 과일, 채소의 녹병 등 잎에 발생하는 병을 방제하기 위해서도 사용한다. Thiram은 여러 제형의 다양한 상품명으로 판매되고 있는데, Thiram과 Tersan이 대표적인 예이다.

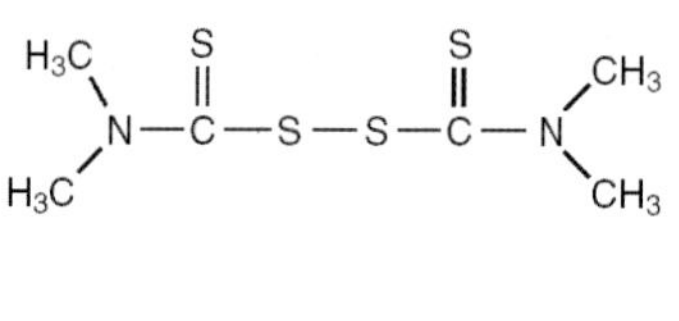

Thiram

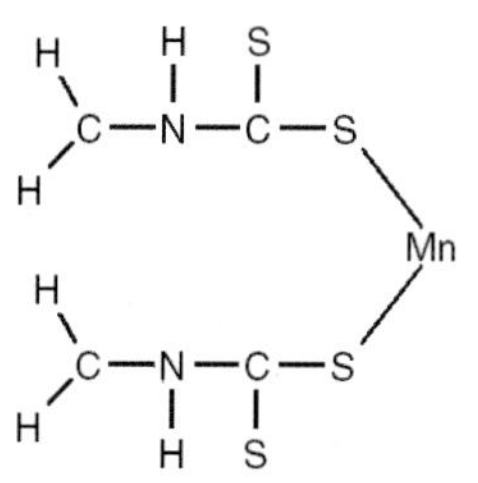

Maneb

Ferbam은 한 원자의 철에 연결된 3분자의 dithiocarbamic acid로 되어있다. Ferbam 또는 Carbamate로 판매되는 Ferbam은 특히 과수나 관상식물의 잎에 발생하는 다양한 병을 방제하기 위하여 사용한다.

Ethylenebisdithiocarbamates. 다른 분자 구조를 가진 다른 그룹의 dithiocarbamic acid 유도체인 ethylenebisdithiocarbamate 에는 살균제인 maneb와 zineb가 있다. Maneb는 망간을 함유하고 maneb와 Tersan LSR로 판매된다. 이것은 토마토, 감자, 포도나무, 화훼, 잔디 등 다양한 작물의 잎과 열매에 발생하는 병의 방제에 사용되는 효과가 좋고 적용범위가 넓은 살균제이다. Maneb는 흔히 아연이나 아연 이온과 혼합되어 마네프-아연의 제형으로 Manzate-D라는 이름으로 판매되거나 만코지로 불리는 아연이온 마네프가 Manzate 200, Dithane M-45, Pencozeb이라는 이름으로 판매된다. 아연을 첨가하면 maneb의 식물에 대한 약해를 감소시키고 살균 효과를 증가시킨다. Mancozeb 사용시 2차적인 효과는 망간과 아연이 결핍된 식물에 망간과 아연을 공급하는 것이다.

Zineb는 Dithane Z-78이라는 이름으로 판매되는데 채소, 화훼, 관목의 점무늬병, 마름병, 열매썩음병의 방제에 사용되는 안전하고 효과가 좋은 다목적 엽면 및 토양살균제이다.

퀴논계. 퀴논은 여러 식물체에서 자연적으로 생기기도 하고 식물 페놀화합물의 산화에 의해서 생성되기도 하는데, 가끔 항균활성을 나타내므로 식물체에서 병저항성과 관련이 있는 것으로 생각되기도 한다. 그러나 단지 2종류의 퀴논 화합물, chloranil 과 dichlone 이 개발되었고, 그 중 dichlone 만이 현재까지 살균제로 사용되고 있다. 그러나 이들은 미국 내에서 더 이상 실균제로 판매되지 않는다.

방향족 화합물. 방향족(벤젠) 고리를 가지고 있는 화합물은 미생물에 유해하기 때문에 여러 종류가 살균제로 개발되어 판매되고 있다. 이들 대부분은 $-NH_2$기와 -SH기를 가지고 있는 화합물, 즉 아미노산이나 효소의 생성을 억제한다.

PCNB Terraclor, Engage, 또는 Defend라는 상품명으로 판매되는 pentachloronitrobenzene 은 효과가 오랫동안 지속되는 토양살균제이므로 채소, 잔디, 관상식물 등의 토양전염병을 방제하기 위하여 이용되고, 식물체를 심기 위하여 파헤친 골에 처리한다. 이것은 *Rhizoctonia* 와 *Plasmodiophora* 에 효과가 있다.

Botran과 Allisan으로 판매되는 dichloran(DCNA)은

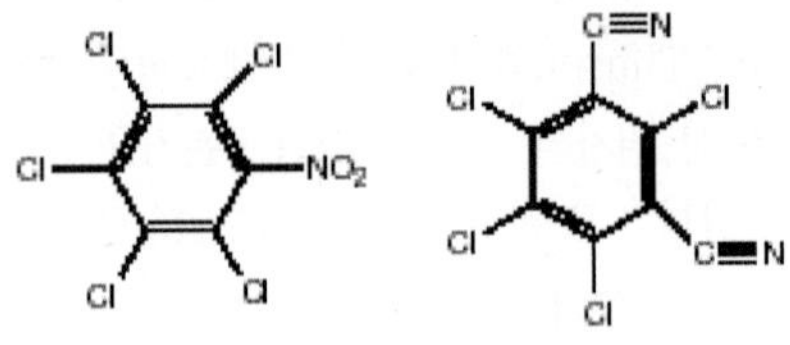

Pentachloro-nitrobenzene

Chlorothalonil

Botrytis, Sclerotinia, Rhizopus 등에 의해서 채소나 꽃에 발생하는 병의 방제를 위하여 잎과 열매에, 또는 수확 후에 분무처리하는 살균제이다.

Bravo, Daconil, Exotherm, Termil과 다른 상표로 판매되는 chlorothalonil 은 효과가 좋고 적용범위가 넓기 때문에 채소, 작물, 관상식물, 잔디, 수목 등 다양한 기주식물에 발생하는 점무늬병, 마름병, 노균병, 녹병, 탄저병, 더뎅이병, 뿌리썩음병 등의 방제에 사용되는 살균제이다. Termil은 chlorothalonil 이 정제로 제형화된 것인데 온실 내에서 온도에 의해 확산되어 관상식물에 발생하는 *Botrytis* 와 토마토의 잎곰팡이병과 겹둥근무늬병을 방제에 사용된다.

Biphenyl이라는 상품명으로 판매되는 biphenyl은 *Penicillium, Diplodia, Botrytis, Phomopsis*에 의해서 발생되는 귤 저장병의 방제에 널리 사용되고 있는데, 이 약제는 휘발성이므로 귤의 수송시에 사용하면 저장 중에 확산되어 과일이 썩는 것을 예방한다.

Heterocyclic 화합물. Heterocyclic 화합물은 이질적인(heterogenous) 그룹이지만 가장 효과가 좋은 몇 종류의 살균제가 있는데, 이들 종류로는 captan, iprodione과 vinclozolin이 있고 이들 대부분은 $-NH_2$와 -SH기를 포함하는 필수 화합물인 아미노산과 효소의 생성을 억제한다.

Captan은 과실, 채소, 관상식물, 잔디 등에 발생하는 점무늬병, 마름병, 뿌리썩음병의 방제에 사용되는 효과가 좋은 살균제인데 농작물, 채소, 화훼, 목초의 종자 보호제로 사용되기도 한다. Captan은 또한 종자를 찾아먹는 새들을 퇴치하는 것으로 보고되어 있다.

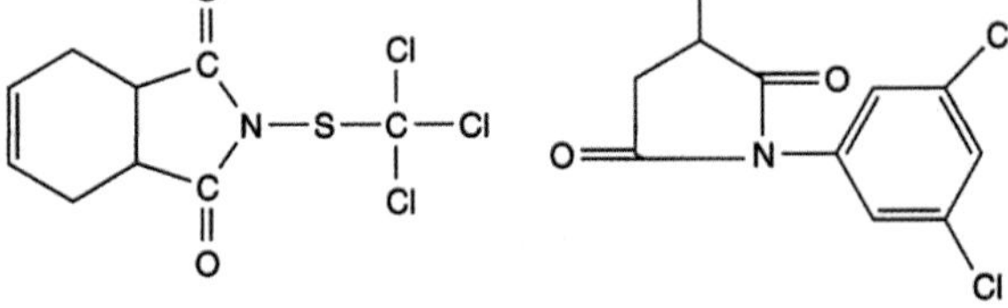

Captan

Iprodione

Rovral, Chipco-26019, Epic 30의 상품명으로 판매되는 iprodione은 적용범위가 넓고 잎 접촉형 살균제인데, 이것은 포자의 발아와 균사생장을 억제하지만 거의 예방효과을 나타내고 단지 초기에만 치료효과를 나타낸다. *Botrytis, Monilinia, Sclerotinia, Alternaria, Rhizoctonia*에 효과가 있고 주로 잎에 살포되지만 수확 후에 담금처리나 종자처리제로도 사용된다. Iprodione은 잔디, 핵과류, 포도나무, 땅콩, 양파, 양상추와 다른 작물에 주로 사용된다.

Moncut, Contrast 또는 Prostar라는 이름으로 판매되는 flutolanil 은 담자균류인 *Rhizoctonia, Sclerotium rolfsii, Corticium*과 *Typhula* 에 예방 및 치료 살균제로 사용된다.

Ornalin, Ronilan, Touche, Vorlan 등의 상품명으로 판매되는 vinclozolin은 접촉형 예방 살균제인데, 균핵형성 자낭균류인 *Botrytis, Monilinia, Sclerotinia*를 비롯하여 다른 균류에 효과적이다. 딸기, 양상추, 잔디, 관상식물에 주로 분무살포한다.

유기화합물: 침투성 살균제

침투성 살균제(浸透性 殺菌劑; systemic fungicide)는 식물체의 잎이나 뿌리로 흡수되어 물관을 통해 식물체 내에서 이행된다. 침투성 살균제는 일반적으로 증산흐름에 따라 위로 이동하여 잎의 가장자리에 축적되고 체관을 통하여 아래로 이동하는 경우는 아주 드물다. 예를 들면, fosetyl-Al은 아주 적은 양이 아래로 이동한다. 이 살균제는 식물의 새로 생장하는 부분으로는 다시 이동되지 않는다. 일부 침투성 살균제는 잎에 분무처리했을 때 다른 잎으로도 침투이행되나, 대부분은 약제처리된 잎에서만 침투이행된다. 여러 침투성 살균제는 종자처리, 뿌리끝의 처리, 관주처리, 수목 줄기에 주입시에 효과적이다.

여러 침투성 살균제가 최근에 유용하게 사용되고 있으며 여러 다른 그룹의 화합물에 침투성 살균제가 있다. 대부분 침투성 살균제의 작용점은 식물 대사과정 중 몇 과정을 억제한다. 결과적으로 대상 균류는 사용 후 수년 이내에 간단한 돌연변이를 통하여 자주 사용되는 침투성 살균제에 저항성이 된다. 이러한 이유 때문에 이들 약제의 효과를 오랫동안 보존하기 위하여 다양한 전략이 개발되었다. 약제에 저항성인 병원균주가 발생한 후에 약제가 사용중지되는 것을 피하기 위하여 다른 광범위 살균제와 혼용하여 사용해야만 한다.

Acylalanine 계 살균제. 살균제 metalaxyl은 acylalanine계의 대표적인 화합물로 난균류에 속하는 *Pythium*,

Phytophthora 그리고 여러 종류의 노균병균에 효과적이다. Metalaxyl은 토양에, 그리고 광범위 살균제와 함께 엽면처리용으로 사용되도록 Ridomil, 종자분의용으로 Apron, 화훼류와 잔디용으로 Subdue라는 이름으로 판매되고 있다. Metalaxyl은 난균류에 대해 가장 효과적인 침투성 살균제 중의 하나이다. 이들은 *Pythium*과 *Phytophthora* 의 방제를 위하여 토양과 종자처리제로, 일년생 및 다년생식물에서 발생되는 *Phytophthora* 에 의한 줄기썩음병과 궤양, 일부 노균병의 방제에 널리 사용된다. Metalaxyl은 균의 침입이 시작된 후에 처리하여도 방제가 가능하여 치료효과가 우수한 약제로서 수용성이며 뿌리로부터 잎으로의 수직이동은 뛰어나지만 수평이동은 거의 하지 않는다. Metalaxyl의 사용에 의해 저항성균주가 이미 발생하였으므로 광범위 살균제와 조합하여 혼용해야 한다.

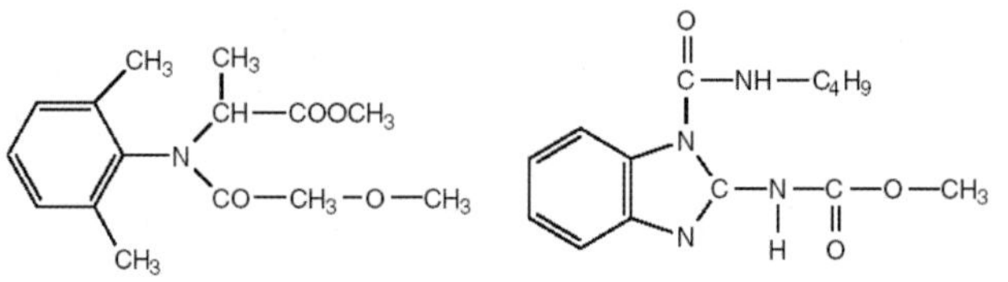

Metalaxyl　　Benomyl

Benzimidazole계 살균제. Benzimidazole계에는 benomyl, carbendazim, thiabendazole, thiophanate 등 중요한 침투성 살균제가 포함되며, 이들은 광범위 살균제로 대부분의 benzimidazole은 식물체 표면에서 methyl benzimidazole carbamate (MBC, carbendazim)로 변환되어 이 MBC가 균류의 핵분열을 억제한다.

Benomyl은 Benlate, Tersan 1991, 그리고 다른 이름으로 판매되며 안전성이 높은 광범위 살균제로 대부분의 중요한 식물병에 효과가 있다. 특히 benomyl 은 모든 작물의 흰가루병; 사과나무, 복숭아나무, 피칸 등의 검은별무늬병; 핵과류의 잿빛무늬병; 열매썩음병; Cercospora잎마름병; 양앵두나무 점무늬병; 장미 검은무늬병; 벼 도열병; 여러 작물의 균핵병 및 잿빛곰팡이병에 효과가 있다. Benomyl은 *Rhizoctonia, Thielaviopsis, Ceratocystis, Fusarium, Verticillium*속에 대해서 효과가 있으나 난균류와 *Bipolaris, Drechslera, Alternaria* 등 암색 포자를 형성하는 불완전균류와 일부 담자균류, 세균에 대해서는 효과가 없다. Benomyl 은 종자처리, 엽면살포, 수간주사, 뿌리침지, 토양관주, 과실침지 등의 방법으로 처리된다.

Thiabendazole은 Mertect 340-F, Arbotect 20-S, Decco Salt No.19라는 상품명으로 판매되는 광범위 살균제로, 보통 잔디와 화훼류에 점무늬병과 구근병을 일으키는 불완전균류에 효과적이다. 또 여러 종류의 열매와 감자, 서양호박 등의 저장병 방제에도 사용된다. Thiabendazole은 Topsin이라는 상표명으로 판매되며, 잔디와 채소류의 뿌리와 잎을 가해하는 균류에 효과가 있다.

Thiophanate methyl은 Fungo, Topsin M, Domain, Cavalier, Halt 등의 상표로 판매되며, 광범위한 예방 및 치료제로 흰가루병, 노균병, 잿빛곰팡이병, 잎과 열매에 발생하는 점무늬병, 검은별무늬병, 각종 썩음병에 분무처리하며, 토양전염 균류를 방제하기 위하여 토양에 관주하거나 건조한 토양에 섞어 사용하기도 한다.

Oxanthiin계 살균제. Oxanthiin계 살균제는 침투활성을 지닌 것으로 발견된 최초의 살균제로(1966년) carboxin과 oxycarboxin 이 포함되어 있고, 일부 깜부기병과 녹병 그리고 Rhizoctonia병에 효과가 있다. Oxanthiin은 선택적으로 이들 병원균의 세포에 축적되어 마이토콘드리아 호흡에 중요한 효소인 succinic hydrogenase를 저해한다.

Carboxin은 Vitavax로 상품화되었으며 종자처리용으로 사용되고 *Rhizoctonia* 에 의한 모잘록병과 맥류의 깜부기병에 대해 효과적이다.

Oxycarboxin은 Plantvax 또는 Carbojec으로 판매되며 때때로 종자처리나 엽면처리제로 사용되고 여러 종류의 녹병에 대해서도 효과적이다.

Flutolanil 은 Contrast, ProStar, Moncut로 판매된다. Nicobifen 은 새로운 anilide family에 속하는 살균제로서 마이토콘드리아 호흡과 에너지 생산을 방해하며 엽층으로 이동하고 향정(向頂)적인 상태가 되며 다양한 작물의 자낭균을 방제한다.

유기인계 살균제

유기인계는 Aliette로 판매되는 fosetyl-Al과 Fosphite로 판매되는 phosphorus acid가 있다. Aliette은 다양한 작물에서 *Pythium, Phytophthora,* 노균병균 등의 난균류에 의한 잎, 뿌리, 줄기병에 대단히 효과적이다. 이 약제는 엽면처리, 토양관주, 뿌리침지, 수확후 침지, 토양첨가 등의 방법으로 처리되며 2~6개월 동안 효과가 지속된다. fosetyl-Al은 식물체의 방어작용과 파이토알렉신의 합성을 자극한다고 보고되었다. 이외에 벼 도열병을 방제하는 kitazin(IBP)과 edifenphos (Hinosan) 그리고 여러 작물의 흰가루병과 *Bipolaris, Drechslera*에 의한 병을 방제하는 pyrazophos(Afugan) 가 있다.

Pyrimidine계 살균제. Pyrimidine계는 여러 작물의 흰가루병에 효과가 있는 diamethirimol (Milcurb), ethirimol (Milstem), bupirimate (Nimrod)가 있으며, 또 점무늬병, 녹병, 깜부기병, 흰가루병에 효과가 있는 fenarimol (Rubigan)과 nuarimol (Trimidal)이 있다.

Triazole계 살균제. Triazole계 (conazoles 또는 imidazoles)에는 triadimefon (Bayleton), triadimenol (Baytan), bitertanol (Baycor), difenoconazole (Divident, Score), fenbuconazole 또는 butrizol (Indar 또는 Enable), propiconazole (Tilt, Orbic, Banner, Alamo), etaconazole 또는 cyprodinil (Vangard), myclobutanil (Rally, Immuno-x, Spectracide-Pro, Nova, Eagle, Systhane), cyproconazole (Sentinel)과 tebuconazole (Elite, Folicure, Raxil, Lynx) 등의 아주 우수한 침투성 살균제가 있다. 이들은 잎, 뿌리의 다양한 병과 자낭균류, 불완전균류, 담자균류에 의해 생기는 점무늬병, 잎마름병, 흰가루병, 녹병, 깜부기병 등의 유묘병에 대해 예방 및 치료효과를 보인다. 이들은 엽면분무처리, 종자처리, 토양처리 등의 방법으로 처리된다.

Strobilurins 또는 QoI 살균제

이 그룹에는 최근의 가장 중요한 살균제가 속해 있다. 첫 번째 살균제는 목재부후균 *Strobilurus tenacelus* 에서 분리된 물질로서 썩은 목재 내에 존재하는 다른 미생물로부터 자신을 방어하는 데 필요한 것으로 생각되는 물질이다. 이어서 화학자들이 더욱 효과적이고 안정적인 strobilurin 화합물을 합성하였고 이 물질의 작용기작은 균류 세포 내에서 호흡, 예를 들면 에너지 생성을 방해한다는 것을 밝혔다. 이 물질은 시토크롬 bc1 복합체의 퀴놀 산화 부위(Qo site)에서 전자 전달을 막아 ATP형성을 방해하는 작용을 한다. 그러므로 strobilurin은 특정 작용부위 살균제이므로 살균제(strobilurin) 저항성 병원균 집단의 발달과 균류의 살균제 저항성 균주가 쉽게 나타나게 한다.

모든 strobilurin은 처리한 잎과 다른 부위에서 흡수되어 처음에 식물체 표면의 왁스 큐티클층 내에 붙는다. 이어서 활성 성분이 식물체 세포내로 이동하여 잎의 다른 면의 큐티클층에 다시 도달하여 모인다. 그러므로 strobilurin은 잎 내에서 이동한다. 또 azoxystrobin 같은 strobilurin은 엽층과 식물체의 유관속을 통하여 전신적으로 이동한다. 어떤 strobilurin 살균제는 처리한 식물체에 생장촉진 효과를 나타내어서 잎의 퇴화를 늦추고 수분 저장효과를 나타낸다. Strobilurin은 어떤 품종에는 약해를 나타낸다, 예를 들면, MacIntosh라는 사과나무, Concord 라는 포도나무, 몇몇 품종의 양앵두 등은 strobilurin에 감수성인 반면에 다른 품종들은 영향을 받지 않는다.

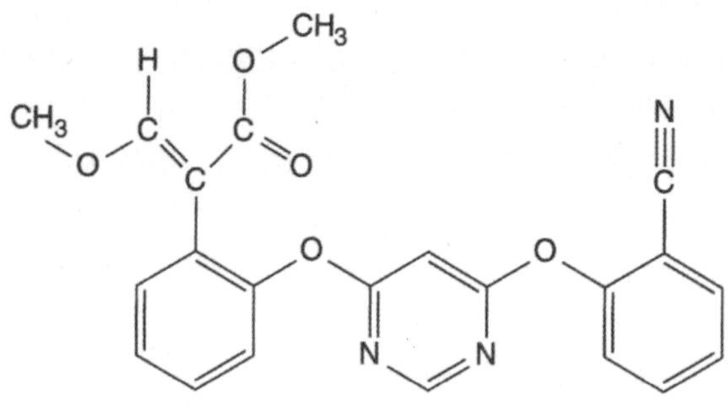

Azoxystrobin

가장 중요한 strobilurin의 종류에는 Abound, Heritage 또는 Quadris 라는 이름으로 판매되는 Azoxystrobin; 포도, 인과류 및 핵과류, 십자화과, 과실성 채소 등에 사용되며 Flint라는 이름으로, 귤나무류, 벼, 사탕무 등에 사용하며 Gem이라는 이름으로, 땅콩, 밀, 옥수수, 벼 등에 사용하며 Stratego 라는 이름으로 판매되는 Trifloxystrobin; Sovran과 Cygnus라는 이름으로 판매되는 Kresoxim methyl; Insignia라는 이름으로 판매되는 Pyraclostrobin 등이 있다.

Strobilurin은 대부분의 작물에서 나타나는 균류에 의한 병에 효과가 있다. 그러나 일부 병에 있어서는 피해를 증가시키기도 하는데, 그 이유는 자연적으로 존재하며 병원균에 길항작용을 하는 미생물을 제거하거나 억제시키기 때문인 것으로 추측된다.

기타 침투성 살균제. 다른 화학적 성분을 지닌 여러 종류의 효과가 뛰어난 침투성 살균제가 이 그룹에 속한다.

Chloroneb 는 Chloroneb 으로 판매되며 강낭콩, 콩, 목화의 종자처리와 잔디, 화훼류의 토양처리 살균제로 사용된다. 또 다른 살균제를 처리한 종자에 다시 분의처리하여 사용되기도 한다. 이 약제는 토양으로 흘러나가지 않는다.

Ethazol은 Truban, Terrazole, Koban으로 판매되는 종자, 토양, 잔디용 살균제로 *Pythium*과 *Phytophthora* 에 의한 모잘록병, 뿌리 및 줄기썩음병에 효과적이다. Ethazol은 보통 PCNB나 thiophanate methyl (Banrot)과 합제로 판매되어 광범위 살균제로 사용되며 특히 *Fusarium*과 *Rhizoctonia* 에 효과가 있다.

Imazalil은 Fungaflor, Flo-Pro 또는 Nu-Zone으로 판매되며 흰가루병, 점무늬병, 열매썩음병, 시들음병을 일으키는 자낭균류 및 불완전균류에 효과적이다. Imazalil은 경엽처리, 종자처리, 저장병에 사용되며 치료효과와 예방효과가 우수하다.

또 다른 imidazole인 Triflumizole은 Procure 또는 Terraguan으로 판매된다.

Prochloraz로 판매되는 imidazole인 Prochloraz 는 흰가루병, 점무늬병, 마름병, 과실썩음병을 일으키는 자낭균류와 불완전균류에 효과가 있다.

Propamocarb는 Banol, Previcur로 판매되며 *Pythium*, *Phytophthora*, 노균병, 녹병을 방제한다. Propamocarb는 유묘침지, 토양관주, 종자처리, 토양표면처리, 경엽처리에 사용된다.

Triforine은 Funginex 또는 Triforine으로 판매되며, 흰가루병, 잎 또는 과실 점무늬병, 열매썩음병, 탄저병을 일으키는 많은 자낭균류와 불완전균류 그리고 녹병을 일으키는 일부 담자균류에 효과가 있고 경엽처리에 사용된다.

기타 유기합성 살균제

우수한 예방효과 살균제로 화학적으로 다양한 여러 종류의 화합물이 있다.

Dodine은 Syllit(이전에 Cyprex로 판매되었으나 취소)로 판매되며, 사과나무 검은별무늬병에 특히 효과가 뛰어나며 양앵두나무, 딸기, 피칸, 장미 등의 잎에 발생하는 병을 방제한다. Dodine은 지속성이 뛰어나고 잎에서 부분적으로 이동이 가능하다. Dodine에 대해 저항성인 사과나무 검은별무늬병 균주가 출현하였으며, 어떤 지역에서는 이 균주가 우점종이다.

Fentin hydroxide는 Super Tin으로 상품화되었으며 점무늬병, 마름병, 검은별무늬병에 대해 효과가 있는 광범위 살균제이다. 또 많은 곤충에 대해 저해제 또는 섭식저해제의 성질을 지니고 있다.

Fludioxonil 은 여러 작물과 수확후 병 방제에 사용된다.

Famoxadone은 Famoxate로 판매되며 십자화과작물에 자낭균류와 난균류에 의해 발생하는 병에 효과적이다.

Oxyquinoline sulfate (benzoate와 citrate염 뿐만 아니라)는 토양관주에 의해 모잘록병과 토양서식병을 방제한다. Oxyquinoline copper complex는 과실과 채소병에 종자처리, 경엽처리, 목재방부제로 사용된다.

Piperalin은 Pipron이라는 상품명으로 판매된다.

아연은 때때로 목재의 감염방지와 보존을 위해 zinc naphthenate로 사용된다.

Zoxamide는 Busan 또는 Gavel이라는 이름으로 판매되며 감자 역병에 효과적이다.

항생물질

항생물질(抗生物質; antibiotics)은 미생물에 의해 생성되어 다른 미생물에 독소로 작용하는 물질을 말한다. 지금까지 알려진 대부분의 항생물질은 *Streptomyces* 같은 방선균과 *Penicillium* 같은 일부 균류에 의해 생성되는 물질로 대부분의 세균, 몰리큐트, 일부 균류에 대해 독소로 작용한다. 거의 모든 항생물질의 화학구조는 복잡하고 보통 서로 관련이 없다. 식물병에 사용되는 항생물질은 식물에 의해 제한적으로 흡수되어 이동하는 침투이행성이다. 항생물질은 병원균에 또는 기주에 작용함으로써 식물병을 방제한다. 식물세균병을 방제하기 위해 항생제를 사용할 경우에는 사용한 항생제에 대해 저항성을 지니는 균주가 생기게 된다. 일반적으로 단지 몇 종류의 항생제가 식물병 방제를 위하여 사용가능하다.

식물병 방제에 있어서 가장 중요한 항생제 종류에는 streptomycin, tetracycline, cycloheximide 등이 있다. Stretomycin은 방선균 *Streptomyces griseus*에 의해 생성되며, 세균의 리보솜에 결합하여 단백질합성을 억제시킨다. Streptomycin 또는 streptomycin sulfate는 Agrimycin과 Phytomycin 로 상품화되었으며 점무늬병, 마름병, 시들음병, 썩음병을 일으키는 많은 세균에 분무처리하여 억제한다. Streptomycin은 또한 토양관주로도 사용하는데, 예를 들면 *Xanthomonas* sp.에 의한 제라늄 뿌리썩음병을 방제하며, 씨감자 조각을 침지함으로써 세균부패병을 방제하고, 콩, 목화, 십자화과식물, 곡류의 세균병 방제를 위해 종자침지용으로 사용한다. 또 streptomycin은 여러 난균류에 효과적이며 특히 호프의 노균병을 일으키는 *Pseudoperonospora humuli* 에 효과적이다.

Tetracycline 류는 *Streptomyces* 속의 다양한 종에 의해 생산되며 여러 세균과 모든 몰리큐트에 효과가 있다. Tetracycline 류도 세균의 리보솜에 결합하여 단백질 합성을 저해한다. Tetracycline류 중에서 Terramycin(oxytetracycline), Aureomycin (chlortetracycline), 그리고 Achromycin (tetracycline) 은 어느 정도 식물병을 방제한다. Oxytetracycline 은 흔히 streptomycin 과 함께 사과나무, 배나무의 꽃이 피는 동안 불마름병의 방제에 사용된다 (그림 9-32). 몰리큐트 또는 국재성 세균에 감염된 수목에 tetracycline 류를 수간주입하면 병의 진전이 중지되고 병징이 사라지며 수목은 생장이 회복된다. 보통 생장 말기에 한번 수간주입하면 다음 생장기 동안 정상적으로 생장할 수 있다.

여러 다른 종류의 항세균성 또는 항진균성 항생제가 일본과 아시아의 다른 나라들에서 사용된다. 이 중 가장 보편적인 것은 벼 도열병균 *Magnaporthe grisea*에 blasticidin, 벼 도열병과 과실 및 채소류의 잎과 줄기 점무늬병에 kasugamycin, polyoxin 이 사용된 것이다.

Strobilurin은 균류에서 처음 분리되었고(앞의 내용 참조), 따라서 항생물질로 분류될 수 있다. 그러나 이 물질의 발견이

그림 9-32 세균 *Erwinia amylovora*에 의한 불마름병으로부터 배나무를 보호하기 위하여 배나무 과수원에 꽃이 필 때 꿀벌에 안전한 항생제를 살포하는 장면. [사진제공: V.O. Stockwell, from McManus and Stockwell (2001), Online, Plant Health Progress.]

후에 화학자들이 균류에 의해 생성되지 않는 새로운 활성화합물을 합성하였기 때문에 이제는 이들 화합물을 침투성 살균제에서 언급하였다.

식물 오일과 석유 오일

석유에서 뽑아낸 mineral oil은 *Mycosphaerella musicola*에 의한 바나나나무 Sigatoka점무늬병, *Mycosphaerella citri*에 의한 귤나무류 누른무늬병(greasy spot)과 다양한 작물의 흰가루병 방제에 상업적으로 광범위하게 사용되어 왔다. 곤충과 응애를 질식시켜 죽이는 고도로 정제된 살포용 석유오일은 전통적인 농약에 보조제로 사용되고 일부 수목 흰가루병에는 단독으로도 훌륭한 살균제이다. 또한 strobilurin과 demethylation 억제 살균제에 병원균에 의한 저항성 발달을 감소시키려고 노력하는 프로그램에 유용하게 사용된다. 석유오일은 병원체에 의한 감염에 식물체의 저항성을 높여준다는 증거가 있기도 하다.

해바라기, 올리브나무, 옥수수, 콩 등 식물의 종자에서 얻은 오일을 사과나무에 병원균을 접종하기 전후에 처리하였을 때 흰가루병에 뛰어난 방제효과를 나타내었다. 이와 비슷하게 몇 종의 오일이 병원체에 의한 식물체의 감염을 감소시키는 것으로 나타났으나 현재까지 상업적으로 사용되는 것은 없다.

전기분해된 산화수

흰가루병처럼 일부 온실에서 발생하는 병은 기주식물에 산성의 전기분해된 산화(EO)수를 살포하면 그런대로 관리가 가능하다. 산화수는 희석한 염용액에 전류를 통과시켜서 충전된 산물을 분리하고 양극수(陽極水)를 수집하여 얻을 수 있는데, 이 물은 낮은 산도, 높은 산화-환원 포텐셜과 차아염소산의 복합적인 효과 때문에 살세균성과 살균성이 있다. 산화수는 병원체에 대한 효과의 상실없이 수 종의 살균제와 살충제와 혼용할 수 있으며 이에 대한 연구가 진행되고 있다.

생장조절물질

어떤 식물호르몬은 실험조건에서 어떤 병원균에 의한 식물체의 감염을 감소시키는 것으로 알려져 있으나 상업적으로 사용된 적은 없다. 생장억제제인 maleic hydrazide를 담배에 처리하면 뿌리혹선충인 *Meloidogyne* 은 거대세포를 형성하지 못해 생활주기를 완성하지 못하므로 병발생이 억제된다. 바이러스를 잎에 접종하기 전후에 kinetin을 처리하면 바이러스의 증식이 감소되어 국부병반 기주에서 병반의 수나 크기가 감소되고 전신감염과 고사가 지연된다. 또 gibberellic acid를 분무처리하여 바이러스와 몰리큐트에 의한 위축과 곁눈 생장억제 병징을 감소시킨다. 포장에서는 앵두나무의 sour cherry yellows virus 방제에 지베렐린 분무처리가 사용된 적이 있다.

살선충제

대부분의 살선충제(殺線蟲劑; nematicide)는 적용범위가 넓은 휘발성의 토양훈증제이며 선충뿐만 아니라 곤충, 균류, 세균, 잡초종자, 그 밖의 모든 토양생물에 대해 효과가 있다. 새로 개발된 화합물들은 주로 선충과 곤충에 작용하며 훈증제가 아닌 입제와 액제이다. 살선충제는 크게 halogenated hydrocarbon계, 유기인계, isothiocyanate계, carbamate계 등 4개의 그룹으로 분류된다.

Halogenated hydrocarbon계 살선충제

토양훈증에 지금까지 사용되고 있는 주요한 할로겐화된 탄화수소(halogenated hydrocarbon)는 메틸브로마이드(CH_3Br)이다. 그러나 이것은 대기권에 있는 오존층을 없애는 데 관여하기 때문에 2004년 이후 미국에서 사용할 수 없게 되었다. 어떤 제형에서는 클로로피크린 1~2%가 경고물질로 이들 화합물에 첨가된다. 또한 메틸브로마이드와 클로로피크린이 70:30 또는 50:50의 비율로 섞인 혼합물이 훈증제로 사용된다. 클로로피크린은 메틸브로마이드보다 균류와 세균의 방제에 더 효과적인 반면에 메틸브로마이드는 선충과 잡초종자에 더 효과적이다. 메틸브로마이드는 식물을 심기 전에 토양에 주입처리하며 화학물질이 토양 내에 확산될 때까지 기다려야 한다. 이들은 선충과 곤충뿐만 아니라 대부분은 고농도에서 토양서식 식물병원균과 잡초종자도 죽인다. 메틸브로마이드는 토양서식 병원체에 작용하는 광범위 훈증제이며, 마른목재 흰개미의 지상부 방제 및 해충 방제를 위하여 농산물 훈증제로도 사용된다. 메틸브로마이드는 지질에 용해되어 막과 신경조직의 기능을 파괴시키므로 생물체에 영향을 미친다.

유기인계 살선충제

유기인계에는 살충제인 phorate (Thimet), disulfoton (Disyston), ethoprop (Mocap), fensulfothion (Dasanit), fenamiphos (Nemacur), isazofos (Triumph 4E), Terbufos (Counter)와 일부 다른 살충제가 포함된다. 대부분의 유기인계 농약은 처음에 살충제로 개발되어 살선충제로 사용된 것이며 식물체에 침투이행되어 선충을 방제한다. 이들은 수용성이거나 입제로 이용가능하며 휘발성이 낮고 식물을 심기 전이나 후에 처리할 수 있다. 이들은 접촉이나 섭식에 의해 선충과 토양 균류에 대해서만 효과가 있다. 유기인계 살충제처럼 전자전달효소인 cholinesterase 를 저해하여 마비를 일으켜서 선충을 죽인다.

Isothiocyanate 계 살선충제

Isothiocyanate계에는 metam-sodium (Vapam), vorlex (V-orlex), dazomet (Basamid, Mylone)이 있다. 이들은 선충, 토양곤충, 잡초, 대부분의 토양 균류에 효과가 있다. 메탐소디움(Metam-sodium)과 vorlex는 식물을 심기 최소한 2주 전에 토양에 주입하거나 관개처리해야 하며, Basamid는 입자로 생산된 것이다. 이들은 모두 효소의 -SH기를 불활성화시키는 methylisothiocyanate 를 방출함으로써 작용한다.

Carbamate계 살선충제

Carbamates계는 aldicarb (Temik), carbofuran (Furadan), oxamyl (Vydate), carbosulfan (Advantage)이 있다. 이들은 선충, 토양곤충, 식물 지상부를 가해하는 일부 곤충에 효과적이며 입제나 휘발성이 낮은 액제로 물에 쉽게 녹아 침투이행한다. 식재 전후에 토양에 조파하거나 흩뿌리며, cholinesterase 효소를 저해함으로써 마비를 일으켜 선충과 곤충을 죽인다.

기타 살선충제

클로로피크린(Cl_3CNO_2)은 최루가스로서 Chlor-o-Pic 이라는 이름으로 판매되며 휘발성이 크고, 선충, 곤충, 균류, 잡초종자에 효과가 있다. 일반적으로 다른 종류의 살선충제와 혼합하여 사용한다. 1,3-Dichloropropene은 Telone II로, 1,3-Dichloropropene/ 클로로피크린은 Telone-C17로 판매된다.

Avermectin은 *Streptomyces avermitilis*의 발효산물로 살선충력을 나타내는 새로운 그룹의 천연화합물이지만 여전히 실험적으로만 사용되고 있다.

식물병을 방제하기 위하여 사용하는 약제의 작용기작

대부분의 살균제는 완전한 작용기작이 알려져 있지 않다. 일부 예를 들면, fosetyl-Al은 병원균에 대한 기주저항성을 증가시켜서 병원균의 침입을 저지하는데, 기작으로는 기주의 세포벽 구성을 변하게 하거나, 기주에 필수적인 조효소의 이용을 제한하거나, 기주의 대사 속도나 방향을 변하게 함으로써 병원균에 대한 방어를 용이하게 하는 것 같다.

대부분의 살균제는 병원균에 직접 작용하며 병원균이 침입하는 위치에서 작용하는 예방제이다. 이와 같은 화합물은 세포벽 물질의 합성을 저해하거나, 세포막을 용해하여 해를 입히거나, 필수 조효소와 결합하여 불활성화시키거나 효소를 불활성시켜 병원균 단백질을 침전시키는 작용을 한다. 예를 들면, 황은 균류의 시토크롬(cytochrome)시스템을 통해 전자전달계를 방해하고 세포의 에너지를 빼앗는다. 황은 황화수소(H_2S)로 환원되는데, 이 물질은 세포단백질에 독소로 작용하여 세포를 죽이는데 관여한다. 구리이온(Cu^{2+})은 아미노산의 -SH기와 반응하여 단백질과 효소를 불활성화시킴으로 모든 세포에 해롭다. 많은 유기합성 살균제는 단백질과 효소의 -SH 그룹과 반응하여 불활성화시켜서 병원균을 저해한다. 예를 들면, dithiocarbamate 와 ethazol은 균류 세포에 들어가면 thiocarbonyl (-N=C-S)를 생성하여 역으로 -SH그룹과 결합하여 불활성화시킨다. PCNB, chlorothalonil, chloroneb, captan, vinclozolin 같은 염화된 방향족화합물과 헤테로사이클릭 화합물(heterocyclic compound)은 유사하게 $-NH_2$ 와 -SH 그룹과 반응하여 효소를 불활성화시킨다. 할로겐화된 탄화수소 같은 일부 살선충제는 세포막과 신경조직의 기능을 방해하며, 유기인계 같은 화합물은 신경전달 효소인 cholinesterase 를 억제하여 선충을 마비시켜 죽인다.

침투성 살균제와 항생제는 기주에 흡수이행되므로 감염이 일어나기 전후에 감염위치 주위에 있는 병원균에 효과적이다. 이미 병든 식물체를 치료하는 화합물을 **화학요법제**(化學療法劑; **chemotherapeutants**)라 하며 이들 살균제에 의한 방제를 **화학요법**(化學療法; **chemotherapy**)이라고 한다. 일단 병원균에 접촉하면 화학요법제는 비침투성 살균제와 유사한 방법으로 병원균을 억제하지만 침투성 살균제는 병원균의 한 작용점에서 작용한다. 예를 들면, Oxanthiin은 마이토콘드리아 호흡에 필수적인 효소인 succinic dehydrogenase를 억제하지만, benzimidazole계 화합물은 방추미세소관(spindle microtubules)의 단위체에 결합하여 핵분열을 방해한다. 항생물질인 polyoxin과 유기인계 살균제인 kitazin, edifenphos는 1차적으로 카이틴생합성을 저해한다. 이러한 특이성의 결과로 한 지역에서 이 약제를 널리 사용하고 난 직후 침투성 살균제에 저항성을 지니는 새로운 레이스가 나타나게 된다.

여러 침투성 살균제가 에르고스테롤 생합성을 저해하는 것으로 생각되고 스테롤 저해제 또는 스테롤 억제 살균제라고 부른다. 스테롤 저해제에는 bitertanol, fenapanil, imazalil, prochloraz triadimefon, triarimol, triforine, etaconazole 등이 있다. 이 화합물들은 화학적 구조가 유사하지만 동일 그룹은 아니다. 에르고스테롤은 균류 세포막의 구조나 작용에서 결정적인 역할을 하는 세포물질이다. 스테롤 억제 살균제는 식물 잎의 큐티클로 침투하므로 이미 감염된 이후에도 뛰어난 치료효과를 나타낸다.

Strobilurins 또는 QoI로 알려져 있는 가장 새로운 그룹의 침투성 살균제는 균류 세포 내에서 호흡, 즉 에너지 생산을 방해하는 작용을 한다. 이 약제는 시토크롬 bc1복합체의 퀴놀 산화 부위(Qo site)에서 전자전달을 차단하여 ATP 형성을 못하게 함으로써 호흡을 방해한다. Strobilurins은 특정 작용부위 살균제이므로 살균제(strobilurin) 저항성 병원균 집단의 발달과 균류의 살균제 저항성 균주가 쉽게 나타나게 된다.

병원균의 약제에 대한 저항성

약제를 지속적으로 널리 사용한 후에 항생제에 저항성인 인체 병원균 또는 살충제나 살비제에 저항성인 곤충과 응애가 생기는 것과 같이, 식물병원균도 여러 살균제에 저항성인 균주들이 출현하였다. 수년 동안 thiram, maneb, captan 등의 예방살균제가 사용되었을 때는 저항성 균이 관찰되지 않았다. 이것은 저항성이 되기 위해서는 많은 유전자가 바뀌어야 하는데, 이들 약제의 경우에는 여러 작용점이 있으므로 저항성이 유발되기 어려웠으리라 생각된다. 살균제 저항성은 1960년대에 벤젠고리를 포함하는 모든 살균제에서 발생되었는데, diphenyl에 저항성인 *Penicillium*, hexachlorobenzene에 저항성인 *Tilletia*, PCNB에 저항성인 *Rhizoctonia*가 자연 상태에서 발생했다. 그 후 dodine에 저항성을 나타내는 *Venturia inaequalis*(사과나무 검은별무늬병균) 저항성 균주가 출현하여 이 우수한 화합물이 넓은 지역에서 효과가 없어졌다.

불마름병을 일으키는 *Erwinia amylovora* 균주 중 침투성 streptomycin에 저항성인 균주가 1950년대 말경부터 보고되어 왔다 (그림 9-33). 그러나 이러한 살균제 중 한 종류 이상에서 저항성을 나타내는 수많은 균류의 균주가 출현하게 된 것은 침투성 살균제, 특히 베노밀, 그리고 이후에 metalaxyl과 Strobilurins 또는 QoI 살균제의 도입과 광범위한 사용에 의한 결과이다. 어떤 경우에는 살균제를 사용한 지 2년 후에 저항성 균주가 나타나서 널리 확산되기도 한다. 오늘날 중요한 병원균류인 *Alternaria*, *Botrytis*, *Cercospora*(그림 9-27D), *Colletotrichum*, *Fusarium*, *Verticillium*, *Sphaerotheca*, *Mycosphaerella*, *Aspergillus*, *Penicillium*, *Phytophthora*, *Pythium*, *Ustilago*에서 하나 이상의 침투성 살균제에 대해 저항성을 나타내는 균주가 보고되었다. 그러므로 앞으로 하나의 작용점을 가진 약제가 널리 사용되는 곳마다 침투성 살균제에 대해 저항성을 보이는 다른 균류의 균주가 나타날 것으로 생각된다. 이것은 침투성 살균제의 작용점이 특이하기 때문이다. 예를 들면, 이들 약제가 균의 대사과정에서 유전적으로 조절되는 한 개 또는 2개의 반응에 영향을 미친 결과로서, 한 번의 돌연변이나 저항성 개체 선발에 의해 저항성 균주가 신속히 늘어날 수 있다.

여러 살균제와 살세균제에 대한 병원균의 가장 일반적인 저항성 발달 기작은 (1) 세포막 투과성이 낮아짐, (2) 세포구조물에 결합하거나 구조를 변화시키므로 살균제의 독성을 없게 함, (3) 실제 세포 내에서 유해하게 작용하는 화합물로의 변이를

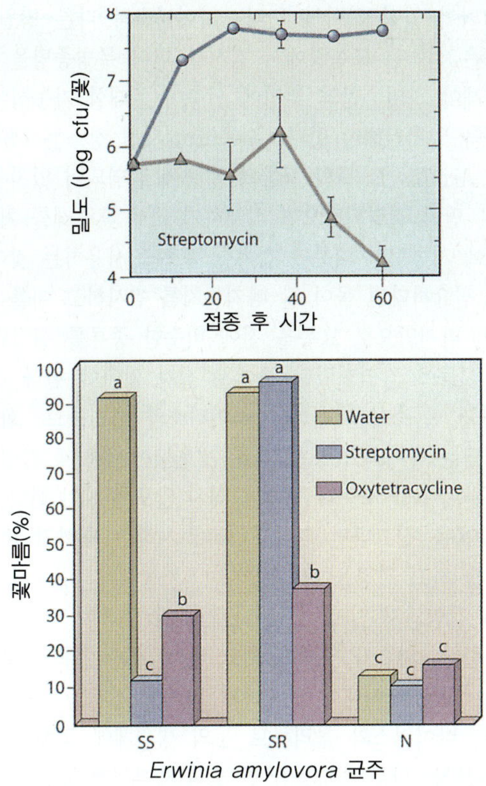

그림 9-33 (A) 감수성 균주(O)를 감소시켜 완전히 제거하는 스트렙토마이신 농도에서 불마름병 세균 *Erwinia amylovora*의 스트렙토마이신 저항성 균주(Δ)의 증식. (B) 스트렙토마이신 감수성(SS), 스트렙토마이신 저항성(SR) 균주, 또는 물(N)로 접종하고, 물, 스트렙토마이신, 또는 옥시테트라사이클린을 분무처리한 후 7일된 사과나무의 꽃에서 꽃마름병 발생. 막대 위의 동일한 문자는 처리 간에 유의성이 없음을 나타냄. [출처: McManus and Jones (1994), *Phytopathology* **84**, 627-633.]

저해, (4) 세포 작용점에서의 친화력 감소, (5) 저해되는 대사과정이 완성될 수 있도록 부수적 대사과정으로 통과, (6) 억제된 생성물 즉 효소를 더 많이 생성하여 화합물에 의한 억제효과를 보상하는 것 등이다.

저항성 균주의 출현으로 효과가 없어진 살균제도 광범위 살균제와의 혼용에 의해 포장에서 사용되고 있다. 예를 들면, benomyl 의 경우에는 *Botrytis* 또는 *Sclerotinia* 의 방제를 위해 captan 또는 dichloran과 혼용하여 사용하며, 노균병 방제를 위해 metalaxyl은 mancozeb 와의 혼용에 의해 방제하거나 침투성 살균제와 예방 살균제를 교대로 처리하거나, 일부는 침투성 살균제 나머지 반은 예방 살균제를 처리하는 방법을 사용하기도 한다. 이때 침투성이나 특이 작용점 살균제가 대부분의 방제효과를 나타내고, 예방 살균제나 비특이 작용점 살균제가 살균제에 저항성이 유발된 균주들의 생존가능성을 감소시킨다.

식물병의 화학적 방제에서의 제한점

식물병 방제에 사용되는 대부분의 농약은 살충제에 비해 덜 해롭지만 여전히 유해한 화합물이다. 또 여러 살균제가 검정동물에 형태적, 생리적 기형을 일으키는 유전적인 영향을 미치기 때문에 등록, 면허, 사용에 많은 제한점이 따른다.

미국에서는 식품의약관리국(FDA)과 환경보호청(EPA) 모두 농약의 등록, 생산, 사용에 깊이 관여한다. 농약회사에서 합성되는 1만 여개의 신규화합물 중 단지 1개 만이 농약으로 개발되는데 7~9년의 기간이 소요되며 실험실에서 신규 합성하여 정부에 등록하고 상업화하기까지는 1억 달러 이상의 경비가 소요된다.

철저한 생물시험, 포장시험, 잔류분석, 독성시험, 환경영향시험이 수행된다. 모든 요건에 적합한 화합물에 대해서는 얻어진 시험결과로부터 식용작물 또는 비식용작물에 사용가능한 지를 결정하게 된다. 각각의 작물과 사용법(종자처리, 분무, 토양관주)에 대해 허용판단이 얻어진다.

일단 어떤화합물이 어떤 작물에 대해 승인을 받으면 화합물 사용시에 (1) 포장에서 작물을 수확하기 몇 일전에 약제처리를 중지해야 하는지? (2) 포장에서 일정 면적당 사용가능한 최대 약량은 어느 정도인지? 등 두 가지 중요한 제한점을 조사해야 한다. 만약 이들 중에서 어느 하나라도 조사되지 않으면 작물, 특히 채소와 과실의 수확시에 그 화합물에 대해 허용된 것보다 더 많은 약량을 특별히 조사한다. 연방정부와 주정부의 농업기술센터에서 발간하는 책자에 추천하고 있는 약제의 사용법은 FDA와 EPA에 의해 설정된 잔류기준 내에서 사용되어야 한다. 농약사용에 대한 주의사항에 의하면 미국시장에 도착하는 모든 식품류는 농약이 전혀 없거나 법정허용치 내의 최소잔류량만 인정된다 (그림 9-34). 검사시료의 1% 미만에서만 허용치 이상의 잔류농약이 검출되었다.

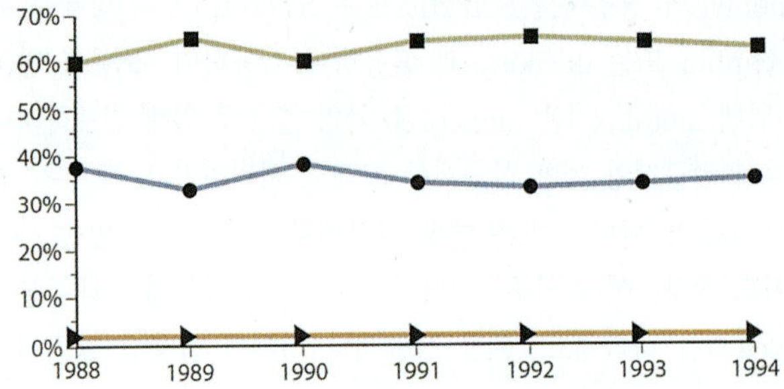

그림 9-34 1988년부터 1994년까지 미국 식품의약국(FDA)이 내수용과 수입 식품의 농약 잔류를 모니터링한 결과, 이 기간 동안 검사한 11,348 표본의 63~67%에서 잔류농약이 검출되지 않았고(■), 33~37%가 법정 허용치 내의 잔류도를(●), 1% 미만이 환경보호청(EPA)에서 허용한 한계를 넘는 잔류농약이 검출(▶)되었다.

식물병의 종합적 방제

식물병 방제프로그램을 개발할 때 대상작물, 병원체, 이전에 병발생 전력, 병해에 대한 다양한 저항성, 예상되는 환경조건, 지역성, 재료의 유효성, 지형, 노동, 비용 등에 대한 모든 정보가 고려된다면 가장 경제적이며 성공적인 방제를 할 수 있다. 종합적 방제프로그램의 목적은 작물에 피해를 주는 모든 병을 방제하는 것이다. 그러나 만약 사과나무 검은별무늬병이나 토마토 역병 등의 특정 병해가 작물에 계속적으로 주요하거나 위협적일 때에는 종합적 방제는 위협적인 병해에 방향이 맞춰진다.

종합적 식물병해방제 프로그램의 주된 목표는 (1) 최초전염원을 제거시키거나 감소시키는 것, (2) 최초 전염원의 효능을 감소시키는 것, (3) 기주의 저항성을 높이는것, (4) 병의 발생을 연기시키는 것, 그리고 (5) 2차 병환을 늦추는 것 등이다.

다년생작물의 종합적 방제

사과나무, 복숭아나무, 귤나무 등 과수원에서 재배하는 작물을 종합적으로 방제하기 위해서는 우선 사용할 묘목과 식재할 위치를 고려해야 한다. 만약 바이러스, 몰리큐트, 뿌리혹병균, 선충 등에 감수성인 과수를 심으려면 묘목(대목과 접수)은 병원체에 감염되어 있지 않아야 한다. 바이러스와 다른 병원체가 없는 대목은 선택된 묘목장에서 검사를 받아 무병증명을 받은 것을 사용해야 하며, 만약 뿌리에 선충이 존재할 가능성이 있으면 대목을 열처리해야 한다. 수목이 식재될 장소는 *Phytophthora*, *Armillaria* 등의 균류와 선충에 감염되어 있지 않아야 하는데, 만약 감염되었으면 식재하기 전에 훈증제를 처리하고 병원체에 저항성인 대목에 접목한 품종을 사용하는 것이 바람직하다. 필요하다면 물이 잘 빠지는지를 검사하고 이를 개선해야 한다. 마지막으로 묘목을 전에 비슷한 종류를 심었던 장소, 특히 이들이 감염되었던 곳에는 심지 않아야 한다. 또한 균류와 세균, 곤충이 매개하는 바이러스와 몰리큐트, 화분에 의해 매개되는 바이러스 또는 다른 병원체에 심하게 감염되어 있는 오래된 수목들 사이나 근처에 심지 않도록 해야 한다.

일단 수목을 심고나면 열매를 맺기 시작할 때까지 비료를 주고 관수를 하고 전정을 해야 하지만, 가장 흔히 발생하는 해충과 병에 감염되지 않고 잘 자라게 하기 위하여 방제약제를 살포해야 한다. 과수가 열매를 맺고 난 후에는 수목의 부위를 감염시키는 병을 찾아내어 방제하기 위하여 경계를 더욱 강화해야 한다. 바이러스와 몰리큐트 등의 병원체에 의해 생기는 병징이 나타나는 나무는 가능한 한 빨리 제거해야 한다.

과수원에서의 병해방제는 봄에 감염을 시작하는 균류와 세균 등의 1차전염원을 감소시키기 위하여 겨울에 시작되는데, 약하거나 감염되었거나 또는 죽은 가지와 줄기, 열매는 제거한 후 파묻거나 태워버린다. 어떤 경우에는 과수원 바닥에 떨어져 있는 감염된 가지와 열매를 제거하고 살균제나 생물적 방제제를 살포하여 병원체 전염원을 감소시키고 제거한다. 전정가위나 톱은 병원체가 수목에서 수목으로 옮겨가는 것을 방지하기 위하여 새로운 수목에 사용하기 전에 소독해야 한다. 전정한 수목은 절단면이 궤양병균에 의해 감염되는 것을 예방하기 위하여 가능한 한 benomyl 같은 살균제를 분무처리해야 한다.

곤충과 응애뿐만 아니라 균류와 세균도 싹이 나오는 봄에 활동적으로 되므로 보르도액 같은 살균제-살세균제, 또는 살균제에 살비제-살충제를 섞은 Superior oil을 휴면기에 싹이 나오기 전에 살포한다. 싹이 열린 후에 나오는 화서와 잎은 균류와 세균에 매우 감수성이므로 이들 기관은 살균제 및 살세균제와 벌에 해를 끼치지 않는 살충제와 살비제가 들어있는 약제를 살포해야 한다 (그림 9-35). 이들 약제는 서로 친화성이 있는 효과적인 물질을 찾는 것이 항상 가능하기 때문에 이들 모두를 동일한 탱크에 섞어서 동시에 살포할 수 있다. 그러나 만약 다른 화합물과 같이 사용할 수 없지만 병을 방제하기 위하여 사용해야 하는 화합물이 있다면 별도로 살포해야 한다. 꽃은 수일 이상 계속해서 피고, 잎은 그 기간 동안 빠르게 생장하며 꽃이 피는 동안이나 직후에 균류는 포자를 형성하고 세균은 가장 많이 흘러나오기 때문에 꽃과 잎에는 침투성 살균제를 살포하고 만약 예방용 살균제가 있다면 3~5일에 한 번씩 살포하면 특히 비가 자주 오고 몇 시간 동안 습한 상태로 유지되는 경우에 잘 예방할 수 있다. 살충제와 살비제도 살균제와 함께 사용해야 하지만 이때 사용하는 살충제는 벌이 꽃을 화분수정시키기 때문에 벌에는 해를 끼치지 않아야 한다.

균류의 포자와 세균이 계속 유출되며 습하고 식물조직이 계속 생장하는 동안 약제는 계속 살포해야 한다. 병을 방제할 때 기상예보를 이용하면 아주 효과적이다. 가능하면 감염기간을 예측할 수 있는 컴퓨터 프로그램을 사용하여 재배농민에게 약제살포를 언제 시작해야 하는지, 그리고 언제 또 다시 살포해야 하는지를 지시할 수 있다. 이러한 방법은 식물을 보호하기 위하여 사용되는 농약의 양과 소요되는 예산을 줄일 수 있는 가장 좋은 방법이다.

개화기가 지나고 어린 열매가 나오면 꽃이나 잎을 감염시키는 병원균과 해충은 열매를 감염시킬 수도 있고 감염시키지 못할 수도 있다. 만약 병원균이나 해충이 감염시킬 수 있다면 전염원이 주위에 있는 동안은 동일한 약제를 동일한 일정으로 살포해야 한다. 만약 침투성 살균제를 생장 초기에 사용한 적이 있으면 후에는 살균제에 저항성 균주가 나타나는 것을 미리 막기 위하여 적용범위가 넓은 예방용 살균제를 살포해야 한다. 그러나 새로운 병원균과 해충이 열매를 가해하므로 약제의 종류 및 살포일정을 조정해야 한다.

과실은 성숙 초기에서부터 수확, 저장에 이르기까지 열매를 가해하는 점무늬 또는 부패 균류에 감수성을 나타내므로 수확시까지 10~14일 간격으로 방제약제를 살포해야 한다. 대부분의 열매썩음병은 곤충이 입힌 상처를 통해서 시작되므로 해충방제는 계속되어야 한다. 또한 수확이나 취급시 과실에 상처가 생기면 균류에 감염되므로 상처를 내지 않도록 또는 최소화하도록 주의해야 한다. 과실을 수확해서 담는 바구니와 상자는 깨끗해야 하고 썩은 과실의 부스러기가 없어야 한다. 또한 포장하는 장소도 깨끗해야 하고 포름알데하이드, 이산화황, 또는 다른 종류의 훈증제로 처리해야 한다. 수확한 과실은 저장과

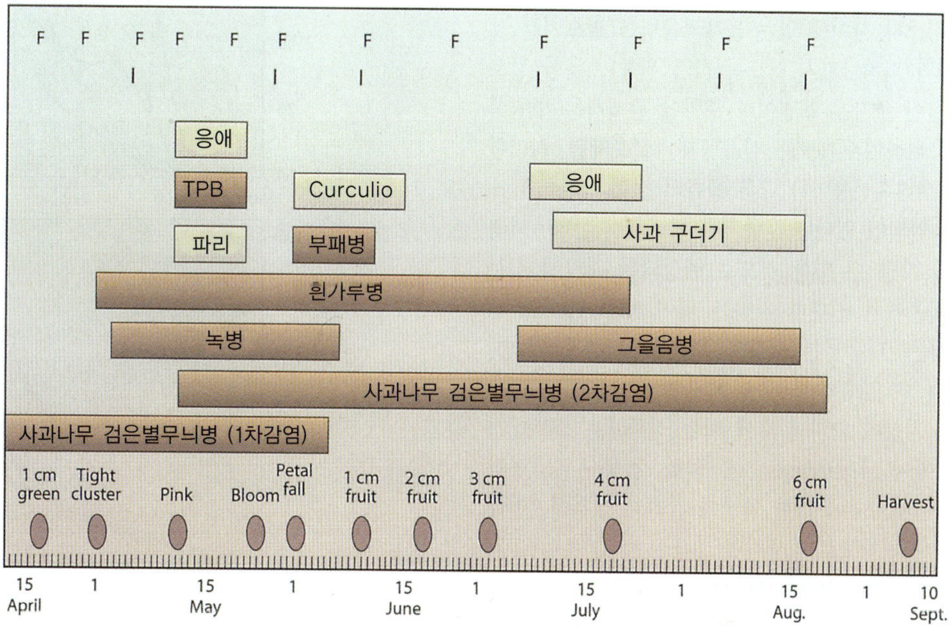

그림 9-35 정상적인 기상조건에서 미국 북동부지역에 있는 사과나무 과수원에서 가장 중요한 병해(검정 막대)와 해충(흰 막대)을 방제하기 위하여 처리하는 살균제(F)와 살충제(I)의 처리 횟수와 시기. 막대는 더 오랜 기간을 나타낼 수도 있지만 병해충을 방제하는 기간을 나타내나, 과일의 발달상태는 한 품종에 대하여 대략적으로 나타낸 것이다. [출처: Gadoury *et al.* (1989), *Plant Dis.* **93**, 98-105.]

운송 중에 보호하기 위하여 흔히 살균제를 넣은 수용액에 씻으며 포장 중에 감염된 과실은 제거하고 저장 및 운송, 진열 그리고 소비자가 구매한 후에도 냉장처리하여 병원균이 이미 감염되어 있는 경우에는 천천히 진전되게 하고 새로 감염되지 않도록 한다.

일년생작물의 종합적 방제

감자 등 일년생작물을 종합적으로 방제하는 프로그램에서는 환경이 적절한 포장에 건전한 종자를 심어야만 한다. 감자 괴경에는 바이러스, 역병균, 둘레썩음병세균을 비롯하여 다른 종류의 균류, 세균, 선충 등이 있을 수 있으므로 깨끗하고 병이 없는 씨감자를 사용하는 것이 아주 중요하다. 감자 괴경은 병원체가 없다는 무병증명을 받기 위하여 엄격한 검역과 검사를 받는다. 살균제나 생물적 방제제로 처리한 건전한 씨감자는 앞에서 언급한 병원체를 지니고 있을 가능성이 있는 오래된 감자 괴경이 없는 포장에 심어야 한다. 재배포장은 가능한 한 *Verticillium*, *Fusarium*, 뿌리혹선충이 없거나 낮은 밀도를 유지해야 한다. 감자를 심고난 후에 다른 작물을 심지 않는 것이 가장 좋고, 콩과식물, 옥수수, 또는 관계없는 다른 종류의 작물을 돌려짓기하면 감자의 병원균을 감소시킬 수 있다. 후에 *Phytophthora* 의 포자낭이 포장에 있는 감자로 날아가지 않도록 감자에서 따낸 꽃더미는 없애버리거나 약제를 분무처리해야 한다. 괴경은 괴경조각 사이에 있는 둘레썩음병을 일으키는 세균과 다른 병원체가 퍼져나가지 않도록 하기 위해 소독한 칼로 잘라내야 하고, 잘린 조각은 표면이나 토양에 존재하는 병원체로부터 보호하기 위하여 살균제, 살세균제, 살충제를 처리한다. 만약 토양이 뿌리혹선충이나 다른 종류의 선충, *Fusarium Verticillium*에 오염되어 있다면 훈증제를 처리해야 한다. 괴경 조각은 싹이 빨리 자랄 수 있을 것으로 예상되는 시기에 심는데, 그 이유는 저온에서 천천히 자라는 싹이 *Rhizoctonia* 에 쉽게 감염되기 때문이다. 물론 포장은 모잘록병, 종자썩음병, 뿌리썩음병을 줄일 수 있도록 물이 잘 빠져야 한다.

어린 식물체가 지상에 나타난 후에 이들 식물체는 스트레스나 다습한 조건에서 *Alternaria* 에 의한 겹둥근무늬병과 *Phytophthora infestans* 에 의한 역병에 걸리기 쉬운데, 만약 이러한 병이 매년 규칙적으로 발생하면(그림 9-36) 농민은 저항성 품종을 사용하는 것 이외에 병발생 전후에 적절한 살균제를 살포해야 하고, 특히 저온 다습하면 역병을 방제하기 위해서 계속 약제를 처리해야 한다. 살충제 처리는 해충을 방제하여 영속적으로 전염되는 바이러스의 전반을 감소시킬 수 있으나 비영속 전염바이러스의 전반에는 거의 영향을 미치지 않거나 오히려 증가시킨다. 병의 발생과 진전을 예찰하기 위하여 기상자료를 이용하면 약제를 적절한 시기에 살포할 수 있으므로 약제를 낭비를 줄일 수 있다. 약제살포는 생장기 동안 필요하면 계속해야 한다. 감염된 지상부는 수확 직전에 약제로 방제해야 하는데, 땅 속에 파묻으면 역병균이 괴경에 접촉해서 병을 일으킬 수 있기 때문이다. 괴경은 상처가 생기지 않도록 조심스럽게 수확해야 하는데, 만약 상처가 생기면 그곳을 통하여 *Fusarium*과 *Pythium* 같은 저장부패 균류와 *Erwinia carotovora* 등의 세균이 침입할 수 있다. 피해를 입은 괴경은 골라서 없애버리고 건전한 괴경은 상처가 아물도록 약 15℃에 저장한 후에 저장 균류에 의한 썩음병이 생기지 않도록 약 10℃에 저장된다. 저장 장소는 괴경을 저장하기 전에 물론 깨

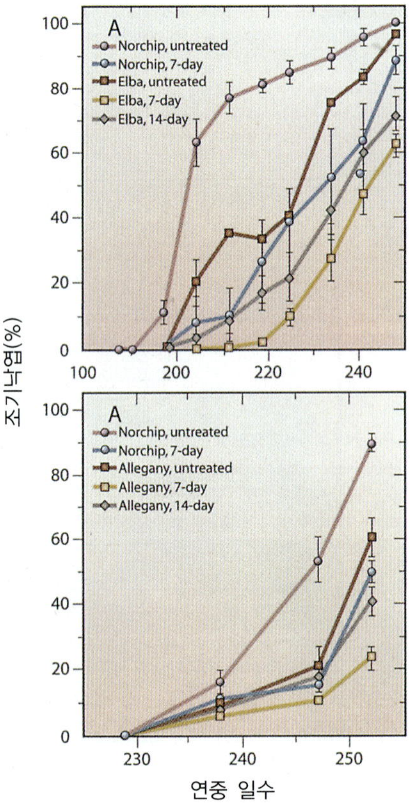

그림 9-36 식물병 저항성과 살균제 처리가 감자 겹둥근무늬병과 역병에 의한 조기낙엽에 미치는 영향. 두 가지의 병에 대하여 Norchip 품종은 감수성이고, Elba와 Allegany 품종은 중도저항성. [출처: Schtienberg *et al.* (1994), *Plant Dis.* **78**, 23-26.]

끗하게 소독해야 하고, 감자에서 떼어낸 잎더미는 포장 근처에 쌓아 두지 말고 가능한 한 빨리 태우거나 묻어버려야 한다.

따라서 종합적 방제에서는 건전한 종자나 작물의 생산을 위한 규칙적인 검사, 경종적 방법(돌려짓기, 소독, 전정), 생물적 방제(저항성 품종, 생물적 방제제), 물리적 방제(저장 온도)와 화학적 방제(토양훈증, 종자나 묘목의 처리, 분무, 용구, 상자, 창고, 세척용액 등의 소독)를 포함하는 여러 종류의 방제법이 동원된다. 좋은 결과를 얻기 위해서는 이들 각각의 방법이 사용되어야 하고 통상적으로 사용되는 각 방법에 의해서 이들 모든 방법이 그만큼 더 효과가 있게 된다.

참고문헌

Adams, P. (1990). The potential of mycoparasites for biological control of plant diseases. *Annu. Rev. Phytopathol.* **28**, 59–72.

Anagnostakis, S. L. (1982). Biological control of chestnut blight. *Science* **215**, 466–471.

Andrews, J. H. (1992). Biological control in the phyllosphere. *Annu. Rev. Phytopathol.* **30**, 603–635.

Anonymous (Annually). "Biological and Cultural Control Tests." APS Press, St. Paul, MN.

Anonymous (Annually). "Fungicide and Nematicide Tests." APS Press, St. Paul, MN.

Anonymous (1992). Symposium papers on root health. *Can. J. Plant Pathol.* **14**, 76–114.

Baker, K. F., and Cook, R. J. (1974). "Biological Control of Plant Pathogens." Freeman, San Francisco.

Bau, H.-J., *et al.* (2003). Broad spectrum resistance to different geographic strains of *papaya ringspot virus* in coat protein gene transgenic papaya. *Phytopathology* **93**, 112–120.

Belanger, R. R., Benhamou, N., and Menzies, J. G. (2003). Cytological evidence of an active role of silicon in wheat resistance to powdery mildew (*Blumeria graminis f.sp. tritici*). *Phytopathology* **93**, 402–412.

Birch, R. G. (2001). *Xanthomonas albilineans* and the antipathogenesis approach to disease control. *Mole. Plant Pathol.* **2**, 1–11.

Bockus, W. W., *et al.* (2001). Success stories: Breeding for wheat disease resistance in Kansas. *Plant Dis.* **85**, 453–461.

Bokshi, A. I., Morris, S. C., and Deverall, B. J. (2003). Effects of benzothiadiazole and acetylsalicylic acid on β-1,3-glucanase activity and disease resistance in potato. *Plant Pathol.* **52**: 22–27.

Bolkan, H. A., and Reinert, W. R. (1994). Developing and implementing IPM strategies to assist farmers: An industry approach. *Plant Dis.* **78**, 545–550.

Cai, W.-Q., *et al.* (2003). Development of CMV- and TMV-resistant transgenic chili pepper: Field performance and biosafety assessment. *Mol. Breeding* **11**, 25–35.

Charrier, B., *et al.* (2000). Co-silencing of homologous transgenes in tobacco. *Mol. Breeding* **6**, 407–419.

Charudattan, R. (1990). Pathogens with potential for weed control. *In* "Microbes and Microbial Products as Herbicides" (R. E. Hoagland, ed.), pp. 132–154. Am. Chem. Soc., Washington, DC.

Charudattan, R., and Walker, H. L., eds. (1982). "Biological Control of Weeds with Plant Pathogens." Wiley & Sons, New York.

Cohen, Y. R. (2002). β-Aminobutyric acid-induced resistance against plant pathogens. *Plant Dis.* **86**, 448–457.

Cook, R. J. (1993). Making greater use of introduced microorganisms for biological control of plant pathogens. *Annu. Rev. Phytopathol.* **31**, 53–80.

Cook, R. J., and Baker, K. F. (1983). "The Nature and Practice of Biological Control of Plant Pathogens." APS Press, St. Paul, MN.

Cooksey, D. A. (1990). Genetics of bactericide resistance in plant pathogenic bacteria. *Annu. Rev. Phytopathol.* **28**, 201–219.

Costa, A. S., and Muller, G. W. (1980). Tristeza control by cross protection: A U.S.-Brazil cooperative success. *Plant Dis.* **64**, 538–541.

DeWard, M. A., *et al.* (1993). Chemical control of plant diseases: Problems and prospects. *Annu. Rev. Phytopathol.* **31**, 403–421.

Escande, A. R., Laich, F. S., and Pedraza, M. V. (2002). Field testing of honeybee-dispersed *Trichoderma* spp. to manage sunflower head rot (*Sclerotinia sclerotiorum*). *Plant Pathol.* **51**, 346–351.

Frischmuth, T., Engel, M., and Jeske, H. (1997). *Beet curly top virus* DI DNA-mediated resistance is linked to its size. *Mol. Breeding* **3**, 213–217.

Gadoury, D. M., McHardy, W. E., and Rosenberger, D. A. (1989). Integration of pesticide application schedules for disease and insect control in apple orchards of the northern United States. *Plant Dis.* **73**, 98–105.

Ghaouth, A. E., Wilson, C. L., and Callahan, A. M. (2003). Induction of chitinase, β-1,3-glucanase, and phenylalanine ammonia lyase in peach fruits by UV-C treatment. *Phytopathology* **93**, 349–355.

Ghaouth, A. E., Wilson, C. L., and Wisniewski, M. (2003). Control of postharvest decay of apple fruit with *Candida saitoana* and induction of defense responses. *Phytopathology* **93**, 344–348.

Glenn, D. M., *et al.* (2001). Efficacy of kaolin-based particle films to control apple diseases. *Plant Health Progress doi*: 10.1094/PHP-2001-0823-01-RS

Gnanamanickam, S. S., ed. (2002). "Biological Control of Crop Diseases." Dekker, New York.

Gonsalves, D. (1998). Control of *papaya ringspot virus* in papaya: A case study. *Annu. Rev. Phytopathol.* **36**, 415–437.

Graham, J. H., and Goltwald, T. R. (1991). Research perspectives on eradication of citrus bacterial diseases in *Florida*. *Plant Dis.* **75**, 1193–1200.

Gubba, A., *et al.* (2002). Combining transgenic and natural resistance to obtain broad resistance to tospovirus infection in tomato (*Lycopersicum esculentum* Mill). *Mol. Breeding* **9**, 13–23.

Han, J.-S. (1990). Use of antitranspirant epidermal coatings for plant protection in China. *Plant Dis.* **74**, 263–266.

Hardison, J. R. (1976). Fire and flame for plant disease control. *Annu. Rev. Phytopathol.* **14**, 355–379.

Harman, G. H. (2000). Myths and dogmas of biocontrol: Changes in perceptions derived from research on *Trichoderma harzianum* T-22. *Plant Dis.* **84**, 377–393.

Harveson, R. M., *et al.* (2002). An integrated approach to cultivar evaluation and selection for improving sugar beet profitability: A successful case study for the central high plains. *Plant Dis.* **86**, 192–204.

Harvey, J. M. (1978). Reduction of losses in fresh market fruits and vegetables. *Annu. Rev. Phytopathol.* **16**, 321–341.

Heiniger, U., and Rigling, D. (1994). Biological control of chestnut blight in Europe. *Annu. Rev. Phytopathol.* **32**, 581–599.

Hoitink, H. A. J., and Boehm, M. J. (1999). Biocontrol within the context of soil microbial communities: A substrate-dependent phenomenon. *Annu. Rev. Phytopathol.* **37**, 426–446.

Hoitink, H. A. J., Inbar, Y., and Boehm, M. J. (1991). Status of compost-amended potting mixes naturally suppressive to soilborne diseases of floricultural crops. *Plant Dis.* **75**, 869–873.

Hornby, D. (1983). Suppressive soils. *Annu. Rev. Phytopathol.* **21**, 65–85.

Hornby, E., ed. (1990). "Biological Control of Plant Pathogens." CAB Int., Oxon, UK.

Horsfall, J. G., and Cowling, E. B., eds. (1977). "Plant Disease," Vol. 1. Academic Press, New York.

Howell, C. R. (2003). Mechanisms employed by *Trichoderma* species in the biological control of plant diseases: The history and evolution of current concepts. *Plant Dis.* **87**, 4–10.

Janisiewicz, W. J., and Korsten, L. (2002). Biological control of postharvest diseases of trees. *Annu. Rev. Phytopathol* 40, 411–441.

Janse, J. D., and Weneker, M. (2002). Possibilities of avoidance and control of bacterial plant diseases when using pathogen-tested (certified) or -treated planting material. *Plant Pathol.* **51**, 523–536.

Jarvis, W. R. (1989). Managing diseases in greenhouse crops. *Plant Dis.* **73**, 190–194.

Jarvis, W. R. (1992). "Managing Diseases of Greenhouse Crops." APS Press, St. Paul, MN.

Johansson, P. M., Johnsson, L., and Gerhardson, B. (2003). Suppression of wheat seedling diseases caused by *Fusarium culmorum* and *Microdochium nivale* using bacterial seed treatment. *Plant Pathol.* **52**, 219–227.

Jones, S. S., Murray, T. D., and Allan, R. E. (1995). Use of alien genes for the development of disease resistance in wheat. *Annu. Rev. Phytopathol.* **33**, 429–443.

Kahn, R. P. (1991). Exclusion as a plant disease control strategy. *Annu. Rev. Phytopathol.* **29**, 219–246.

Katan, J. (1981). Solar heating (solarization) of soil for control of soilborne pests. *Annu. Rev. Phytopathol.* **19**, 211–236.

Kerr, A. (1980). Biological control of crown gall through production of Agrocin 84. *Plant Dis.* **64**, 24–30.

Kerry, B. (1981). Fungal parasites: A weapon against cyst nematodes. *Plant Dis.* 65, 390–394.

Knight, S. C., *et al.* (1997). Rationale and perspectives on the development of fungicides. *Annu. Rev. Phytopathol.* **35**, 349–372.

Ko, W.-H. (1982). Biological control of Phytophthora root rot of papaya with virgin soil. *Plant Dis.* **66**, 446–448.

Lewis, F. H., and Hickey, K. D. (1972). Fungicide usage on deciduous fruit trees. *Annu. Rev. Phytopathol.* **10**, 399–428.

Lim, P. O., *et al.* (2002). Multiple virus resistance in transgenic plants conferred by the human dsRNA-dependent protein kinase. *Mol. Breeding* **10**, 11–18.

Lindow, S. E. (1983). Methods of preventing frost injury caused by epiphytic ice-nucleation-active bacteria. *Plant Dis.* **67**, 327–333.

Lomonossoff, G. P. (1995). Pathogen-derived resistance to plant viruses. *Annu. Rev. Phytopathol.* **33**, 323–343.

MacDonald, W. L., and Fulbright, D. W. (1991). Biological control of chestnut blight: Use and limitations of transmissible hypovirulence. *Plant Dis.* **75**, 656–661.

Mathre, D. E., Cook, R. J., and Callan, N. W. (1999). From discovery to use: Traversing the world of commercializing biocontrol agents for plant disease control. *Plant Dis.* **83**, 972–983.

Mathre, D. E., Johnson, R. H., and Grey, W. E. (2001). Small grain cereal seed treatment. *Plant Health Instructor.* DOI: 10.1094/PHI-I-2001-1008-01.

McGee, D. C. (1995). Epidemiological approach to disease management through seed technology. *Annu. Rev. Phytopathol.* **33**, 445–466.

McGrath, M. T. (2001). Fungicide resistance in cucurbit powdery mildew: Experiences and challenges. *Plant Dis.* **85**, 236–245.

McInnes, T. B., Black, L. L., and Gatti, J. M. (1992). Disease-free plants for management of strawberry anthracnose crown rot. *Plant Dis.* **76**, 260–264.

McManus, P. S., *et al.* (2002). Antibiotic use in plant agriculture. *Annu. Rev. Phytopathol.* **40**, 443–465.

McSpadden Gardener, B. B., and Fravel, R. D. (2002). Biological control of plant pathogens: Research, commercialization, and application in the USA. Online. *Plant Health Progress* doi: 10.1094/PHP-2002-0510-01-RV.

Melouk, H. A., and Shokes, F. M., eds. (1995). "Peanut Health Management." APS Press, St. Paul, MN.

Norelli, J. L., Jones, A. L., and Aldwinckle, H. S. (2003). Fire blight management in the twenty-first century: Using new technologies that enhance host resistance in apple. *Plant Dis.* **87**, 756–765.

Palti, J. (1981). "Cultural Practices and Infectious Crop Diseases." Springer-Verlag, Berlin.

Pang, S.-Z., *et al.* (2000). Resistance to squash mosaic comovirus in transgenic squash plants expressing its coat protein genes. *Mol. Biol.* **6**, 87–93.

Rast, A. T. B. (1972). M11-16, an artificial symptomless mutant of tobacco mosaic virus for seedling inoculation of tomato crops. *Neth. J. Plant. Pathol.* **78**, 110–112.

Ristaino, J. B., and Thomas, W. (1997). Agriculture, methyl bromide, and the ozone hole: Can we fill the gaps? *Plant Dis.* **81**, 964–977.

Rowe, R. C., ed. (1993). "Potato Health Management." APS Press, St. Paul, MN.

Schneider, R. W., ed. (1982). "Suppressive Soils and Plant Disease." APS Press, St. Paul, MN.

Schroth, M. N., and Hancock, J. G. (1982). Disease-suppressive soil and root-colonizing bacteria. *Science* **216**, 1376–1381.

Schubert, T. S., *et al.* (2001). Meeting the challenge of eradicating citrus canker in Florida — again. *Plant Dis.* **85**, 340–356.

Shepard, J. F., and Claflin, L. E. (1975). Critical analyses of the principles of seed potato certification. *Annu. Rev. Phytopathol.* **13**, 271–293.

Shtienberg, D., *et al.* (1994). Incorporation of cultivar resistance in a reduced-sprays strategy to suppress early and late blights on potato. *Plant Dis.* **78**, 23–26.

Sikora, R. A. (1992). Management of the antagonistic potential in agricultural ecosystems for the biological control of plant parasitic nematodes. *Annu. Rev. Phytopathol.* **30**, 245–270.

Slabaugh, W. R., and Grove, M. D. (1982). Postharvest diseases of bananas and their control. *Plant Dis.* **66**, 746–750.

Sommer, N. F. (1982). Postharvest handling practices and postharvest diseases of fruit. *Plant Dis.* **66**, 351–364.

Staub, T. (1991). Fungicide resistance: Practical experience with antiresistance strategies and the role of integrated use. *Annu. Rev. Phytopathol.* **29**, 421–442.

Stirling, G. R. (1991). "Biological Control of Plant Parasitic Nematodes." CAB Int., Chichester, England.

Sumner, D. R., Doupnik, B., Jr., and Boosalis, M. G. (1981). Effect of reduced tillage and multiple cropping on plant diseases. *Annu. Rev. Phytopathol.* **19**, 167–187.

Subbarao, K. V. (1998). Progress toward integrated management of lettuce drop. *Plant Dis.* **82**, 1068–1078.

Sutton, J. C., and Peng, G. (1993). Manipulation and vectoring of biocontrol organisms to manage foliage and fruit diseases in cropping systems. *Annu. Rev. Phytopathol.* **31**, 473–493.

Te Beest, D. O., Yang, X. B., and Cisar, C. R. (1992). The status of biological control of weeds with fungal pathogens. *Annu. Rev. Phytopathol.* 30, 637–657.

Thomson, W. T. (1993). "Agricultural Chemicals, Book IV: Fungicides," 1993–1994 Revision. Thomson, Fresno, CA.

Tepfer, M. (2002). Risk assessment of virus-resistant transgenic plants. *Annu. Rev. Phytopathol.* **40**, 467–491.

Thurston, H. D. (1991). "Sustainable Practices for Plant Disease Management in Traditional Farming Systems." Westview, Boulder, CO.

Tuite, J., and Foster, G. H. (1979). Control of storage diseases of grains. *Annu. Rev. Phytopathol.* **17**, 343–366.

Uchimiya, H., *et al.* (2002). Transgenic rice plants conferring increased tolerance to rice blast and multiple environmental stresses. *Mol. Breeding* **9**, 25–31.

Verchot-Lubicz, J., (2003). Soilborne viruses: Advance in virus movement, virus induced gene silencing, and engineered resistance. *Physiol Mol. Plant Pathol.* **62**, 55–63.

Verreet, J. A., and Hoffmann, G. M. (1990). A biologically oriented threshold decision model for control of epidemics of Septoria nodorum in wheat. *Plant Dis.* **74**, 731–738.

Vincelli, P. (2002). QoI (Strobilurin) fungicides: Benefits and risks. *The Plant Health Instructor.* DOI: 10.1094/PHI-I-2002-0809-02.

Wang, Y., and Fristensky, B. (2001). Transgenic canola lines expressing pea defense gene DRR206 have resistance to aggressive blackleg isolates and to *Rhizoctonia solani*. *Mol. Breeding* **8**, 263–271.

Waterworth, H. E. (1993). Processing foreign plant germ plasm at the National Plant Germplasm Quarantine Center. *Plant Dis.* **77**, 854–860.

Weller, D. M. (1988). Biological control of soilborne pathogens in the rhizosphere. *Annu. Rev. Phytopathol.* **26**, 379–407.

Wilson, C. L., and Wisniewski, M. E. (1989). Biological control of postharvest diseases of fruits and vegetables: An emerging technology. *Annu. Rev. Phytopathol.* **27**, 425–441.

Wilson, D. L., *et al.* (1994). Potential of induced resistance to control postharvest diseases of fruits and vegetables. *Plant Dis.* **78**, 837–844.

Windels, C. E., and Lindow, S. E. (1985). "Biological Control in the Phylloplane." APS Press, St. Paul, MN.

Windels, C. E., *et al.* (1998). A Cercospora leaf spot model for sugar beet: In practice by an industry. *Plant Dis.* **82**, 716–726.

Wolf, P. F. J., and Verreet, J. A. (2002). An integrated pest management system in Germany for the control of fungal leaf diseases in sugar beet: The IPM Sugar Beet Model. *Plant Dis.* **86**, 336–344.

Xiao, X. W., *et al.* (2000). Antibody-mediated improved resistance to ClYVV and PVY infections in transgenic tobacco plants expressing a single-chain variable region antibody. *Mol. Breeding* **6**, 421–431.

Young, X. B., Dowler, W. M., and Royer, M. H. (1991). Assessing the risk and potential impact of an exotic plant disease. *Plant Dis.* **75**, 976–982.

Ypema, H. L., and Gold, R. E. (1999). Kresoxim-methyl: Modification of a naturally occurring compound to produce a new fungicide. *Plant Dis.* **83**, 4–19.

Zhai, W., *et al.* (2001). Breeding bacterial blight-resistant rice with the cloned bacterial blight resistance gene Xa21. *Mol. Breeding* **8**, 263–271.

Ziegler, A., and Torrance, L. (2002). Application of recombinant antibodies in plant pathology. *Mol. Plant Pathol.* **3**, 401–407.

Zitter, T. A., and Simons, J. N. (1980). Management of viruses by alteration of vector efficiency and by cultural practices. *Annu. Rev. Phytopathol.* **18**, 289–310.

Ziv, O., and Zitter, T. A. (1992). Effects of bicarbonates and film-forming polymers on cucurbit foliar diseases. *Plant Dis.* **76**, 513–517.

2부

SPECIFIC PLANT DISEASES

제 10 장

식물에 병을 일으키는 환경요인

서론

식물은 환경을 구성하는 여러 비생물적 요인의 특정한 범위 내에서 가장 잘 자란다. 이러한 요인은 온도, 토양습도, 토양양분, 빛, 대기 및 토양 오염물질, 대기습도, 토양구조, 토양산도 등이다. 비록 이러한 요인들은 자연에서 자라고 있는 모든 식물에 영향을 끼치지만, 정상 서식처 이외의 환경에서 정상적인 생장에 필요한 조건들을 거의 충족시키지 못하고 있는 상태에서 자라고 있는 작물에서는 특히 이러한 요인들이 매우 중요하다. 더구나 작물은 대부분 전적으로 인공적인 환경(온실, 가정, 창고 등)에서 자라거나 보관되며, 생장에 큰 영향을 주는 여러 가지 경작법(시비, 관개, 농약살포 등)의 영향을 받는다.

일반적 특성

식물체의 비전염성 병의 공통적 특성은 발병원인이 식물체의 생존에 필요한 어떤 요인이 부족하거나 과다하여 발생한다는 점이다. 비전염성 병은 병원체에 의한 것이 아니므로 병든 식물로부터 건전 식물로 옮겨가지는 않는다. 비전염성 병은 종자나 유묘, 다 자란 식물체, 과실 등 어떤 생육단계에 있는 식물이든지 모두 감염시키며, 포장이나 창고, 시장 등 장소를 가리지 않고 피해를 줄 수 있다. 비전염성 병에 의한 증상은 원인이 되는 환경요인의 종류와 정도의 차이에 따라 다양하다. 병징은 약한 것부터 심한 것까지 다양하며, 침해받은 식물은 죽기도 한다.

진단

비전염성 병의 진단은 식물체에 어떤 특정 요인이 과다하거나 부족하여 특징적인 증상이 발생해 진단이 쉬울 때도 있다 (그림 10-1). 반면에 어떤 경우에는 병이 발생하기 직전이나 병의 진전 중에 가장 뚜렷하였던 기상조건, 식물체가 자라고 있는 지역 또는 그 근처의 대기 및 토양 오염물질의 변화, 병발생 이전의 경작법과 경작 중의 특별한 사건 등을 면밀히 조사하고 분석해야만 병을 진단할 수 있기도 하다. 그러나 흔히 비감염성 병의 병징이 너무 불명확하고, 여러 바이러스, 파이토플라스마, 뿌리 병원체 등에 의한 병징과 매우 비슷한 경우가 많다. 이러한 비전염성 병의 진단은 상당히 복잡하다. 진단을 위해서는 그러한 병을 일으키는 병원체가 해당 식물체에 존재하지 않는다는 것을 밝혀야 하며, 건전한 식물체에 그 병의 원인으로 여겨지는 조건을 처리하여 같은 증상을 재현해야 한다. 비슷한 증상을 일으키는 환경요인들 가운데 병원요인을 구별하기 위하여 가능하다면 병의 원인으로 의심되는 환경요인을 정상으로 조절한 상태에서 병든 식물체를 키워 병을 치료할 수 있어야 한다.

방제

비전염성 식물병은 식물체가 병의 원인이 되는 극단적인 환경조건에 노출되지 않도록 하며, 환경조건이 식물체의 생장에 적합한 조건이 되도록 조절하거나 그러한 역할을 할 수 있는 물질을 처리하면 방제할 수 있다.

온도의 영향

식물은 보통 1~40℃의 온도범위에서 자랄 수 있지만, 대부분의 식물이 가장 잘 자라는 범위는 15~30℃이다. 하지만 다년생식물체와 종자나 구근 등 일년생식물의 휴면기관은 정상온도인 1~40℃보다 훨씬 고온이거나 저온에서도 살아남을 수 있다. 어리고 한창 자라는 조직을 포함한 일년생식물의 모든 생장활동은 일반적으로 이 범위 안팎의 온도에 대해서는 매우 민감하게 반응한다.

식물이 자랄 수 있는 최고 및 최저 온도는 식물의 종류와 저온이나 고온에 처한 식물체의 생육단계에 따라 변이가 크다. 즉, 토마토나 귤나무 등의 열대성 식물은 고온에서 가장 잘 자라며, 온도가 물의 빙점 근처나 그 이하로 내려가면 심각한 피해를 입는다. 반면에 양배추, 겨울밀, 알팔파 같은 식물과 대부분의 온대성 다년생식물은 온도가 빙점 이하로 내려가도 특별한 피해를 입지 않고 잘 견디어 낸다. 물론 이러한 식물들도 온도가 너무 낮은 경우에는 피해를 입고 마침내는 죽기도 한다.

식물은 생장단계에 따라 극단적인 온도에 견디는 능력이 각각 다를 수도 있다. 즉 성숙되고 단단해진 식물체는 어린 식물체에 비하여 저온에 더 잘 견디는데, 한 식물체에서도 기관이나 조직에 따라 같은 온도에 대응하는 능력이 다르다. 가지에 비하여 싹은 온도에 더 민감하며, 꽃과 새로 맺힌 과실은 잎에 비하여 온도에 더 민감하다.

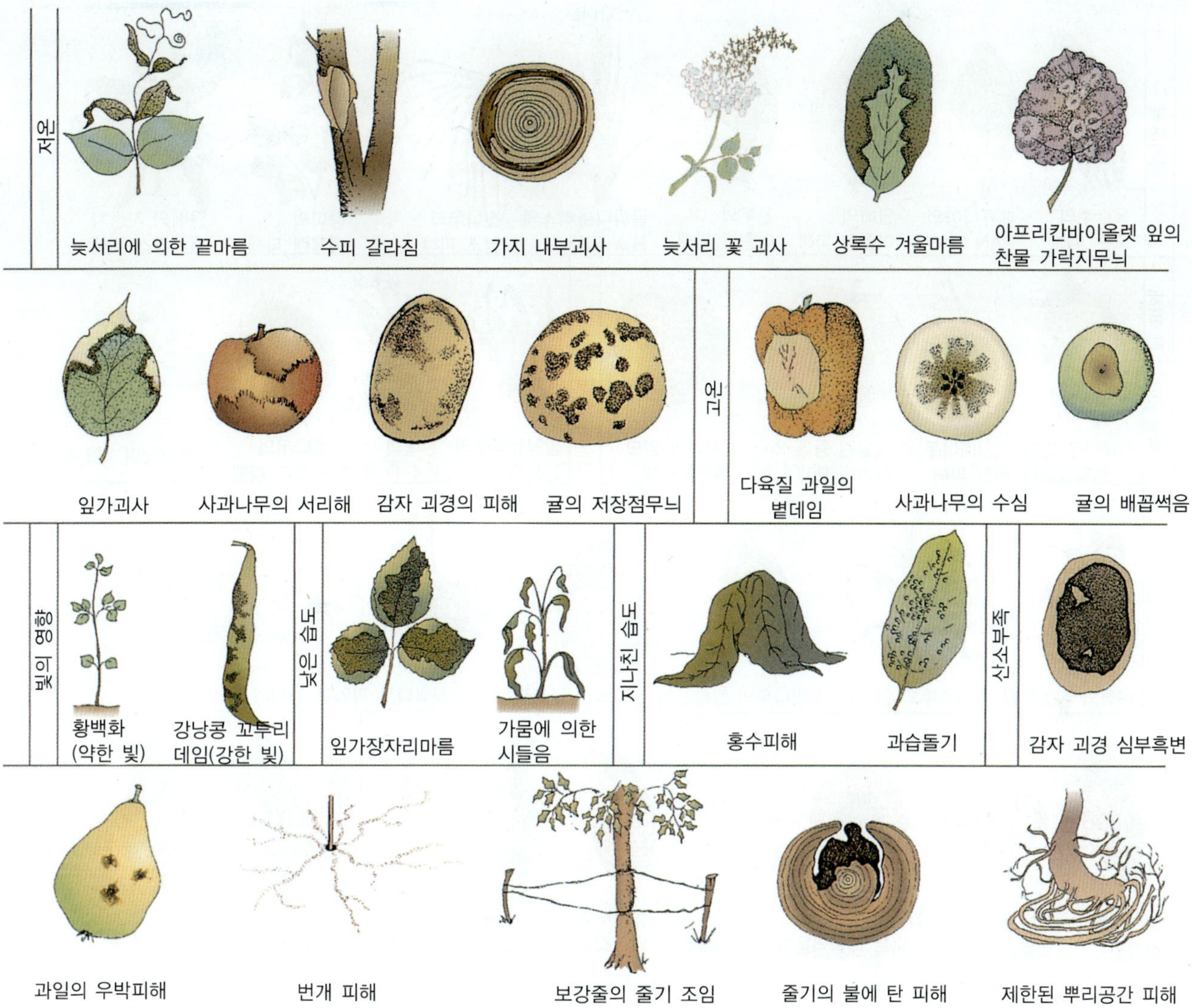

그림 10-1 여러 가지 환경요인에 의하여 발생하는 다양한 병징.

고온의 영향

식물체는 대기의 온도가 생장에 필요한 최저온도 이하로 낮아졌을 때보다 최고온도보다 높아졌을 때 더 빠르고 심하게 상해를 받는다. 그러나 자연 상태에서는 이 정도의 고온이 그리 흔하게 나타나지 않는다. 고온은 다른 환경요인, 특히 과도한 빛, 가뭄, 산소결핍, 낮은 상대습도에 의해 동반된 강풍 등과 함께 식물에 영향을 끼치는 것 같다. 고온은 일반적으로 고추, 사과나무, 토마토, 양파, 감자 괴경 등 다육질 열매나 채소에서 햇빛에 노출된 면에 나타나는 볕데임(日燒; sunscald) 피해(그림 10-2A,10-2B)의 원인이 된다. 덥고 맑은 날에는 햇빛을 향한 면의 과실표면 바로 밑 조직은 다른 조직, 특히 응달진 면의 조직에 비하여 매우 높은 온도까지 이르기도 한다. 이러한 상태는 표피아래 조직의 변색, 수침증상, 표피발진, 탈수 등으로 움푹 꺼진 증상을 일으킨다. 수분함량이 많은 잎도 볕데임증상을 나타내는데, 특히 구름이 끼고 비오는 날에 이어지는 덥고 맑은 날씨에 잘 발생한다. 잎이 처음에는 불규칙한 모양으로 담녹색으로 변하다가 곧 붕괴되고 갈색의 마른 무늬를 만든다. 이러한 증상은 다육질 잎을 가진 식물을 이른 봄과 여름에 가정에서 남향 창가에 놓아 햇볕이 잎에 과도하게 쪼였을 때 흔하게 발생하는 현상이다. 땅가부분 토양의 온도가 너무 높으면 유묘가 죽으며(그림 10-2C), 성숙한 식물에서는 줄기의 땅가부분에 궤양이 생기기도 한다 (그림 10-2D). 고온은 사과의 수심(水心, water core)현상과도 관계가 있는 것으로 여겨지며, 산소의 부족과 아울러 감자의 심부흑변(blackheart)에도 관련되어 있는 것으로 여겨진다.

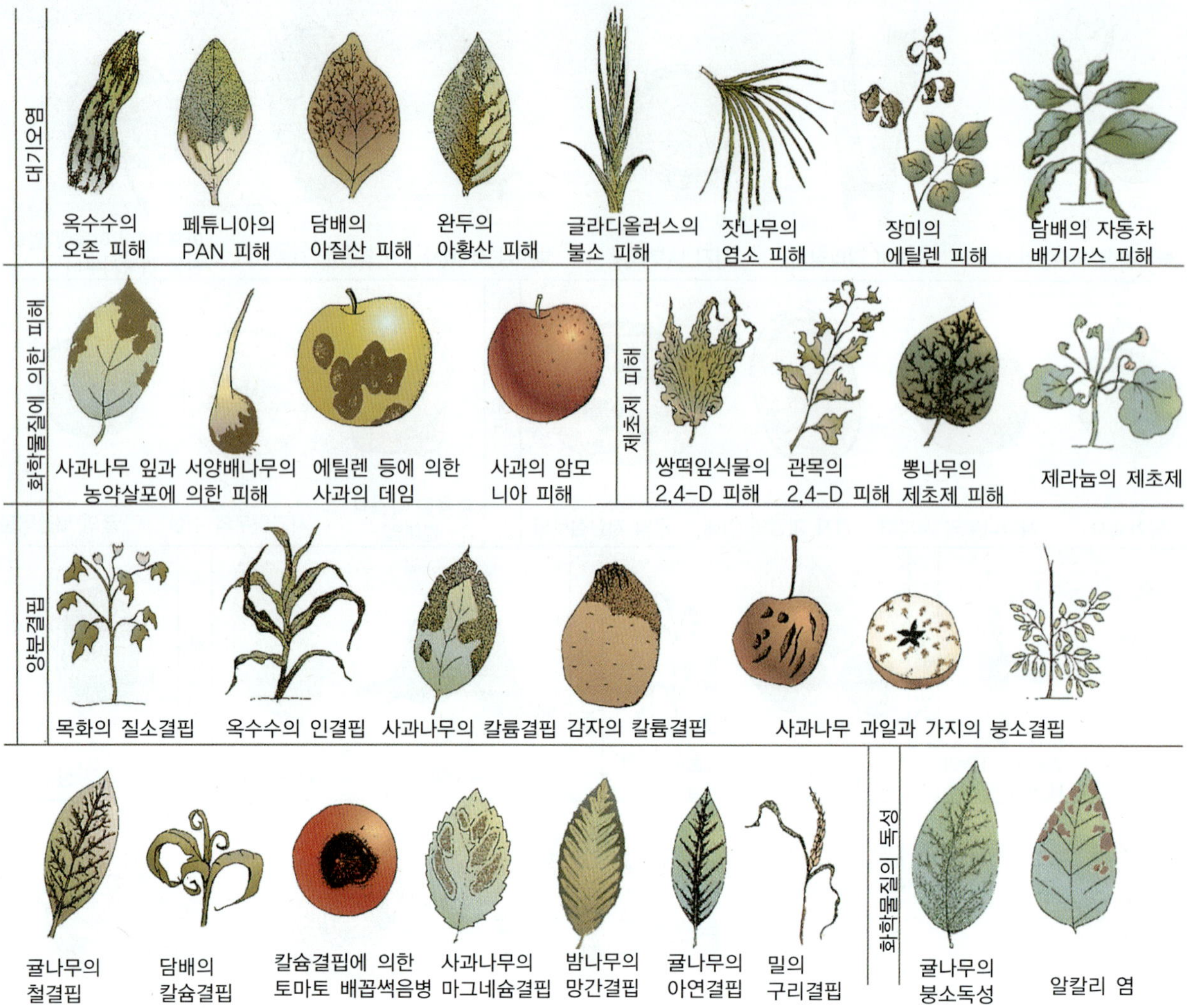

그림 10-1 (계속)

저온의 영향

고온보다는 저온일 때 작물에 훨씬 심한 피해가 발생한다. 빙점 이상의 저온이라도 옥수수나 강낭콩 같은 온대성 작물에는 피해를 준다. 저온은 감자의 당도를 너무 높이기도 하여 감자를 튀겼을 때 감자의 전분을 당으로 가수분해시켜 바람직하지 않게 카라멜화하게 한다.

빙점 아래의 온도에서는 식물체에 다양한 피해가 발생한다. 저온에 의한 피해는 늦서리로 인해 발생하는 어린잎과 정단부의 상해(그림 10-3A~10-3C), 모든 초본식물의 피해를 비롯하여 복숭아나무, 양앵두나무 그리고 다른 나무의 싹, 꽃, 어린 과실, 그리고 때로는 대부분의 나무에서 수분이 많은 가지가 죽는 것 등이다. 과실의 표면이 변색되고 코르크화한 조직이 띠 모양 또는 과일표면의 넓은 범위에 걸쳐서 나타나는 frost bands는 늦서리가 내린 다음에 사과나무나 배나무 등의 과실에서 흔히 볼 수 있는 것이다 (그림 10-3D). 겨울의 저온 때문에 많은 과수의 어린뿌리가 죽기도 하며, 가지나 줄기의 해가 비치는 면의 표면이 갈라지기도 하고, 이는 궤양으로 발전하기도 한다 (그림 10-3E,10-3F). 이러한 줄기를 가로로 잘라보면 줄기 가운데 부분이 검게 변한 것을 볼 수 있다. 토마토 열매, 카놀라 꼬투리, 감자 괴경 같은 다육조직은 빙점 아래에서는 피해를 받는데(그림 10-4A~10-4C), 감자에서 피해의 정도는 기온이 하락하는 정도와 저온의 지속기간에 달

그림 10-2 지나친 고온에 의해 발생하는 병징. 피망(A)과 토마토(B)의 볕데임 피해. 태양에 의해 지나치게 데워진 토양표면에서 유묘 줄기(C)와 당근(D)의 피해. [사진제공: (A) R.J. McGovern, Univ. of Florida, (B,C) I.R. Evans, W.C.P.D., (D) E.L. Barnard, Florida Dept. Agriculture.]

그림 10-3 저온에 의한 식물 피해의 유형. (A) 찬바람에 의한 토마토 잎의 경미한 피해. (B) 감자 잎에서 동결에 따른 피해. (C) 아잘레아 어린줄기의 냉해. (D) 사과의 동녹 (russetting). (E) 수목 줄기의 갈라터짐. (F) 사과나무 수피에서 갈라터짐과 표피의 벗겨짐. [사진제공: (A) R.J. McGovern, Univ. of Florida, (E) E.L. Barnard, Florida Dept. Agric.]

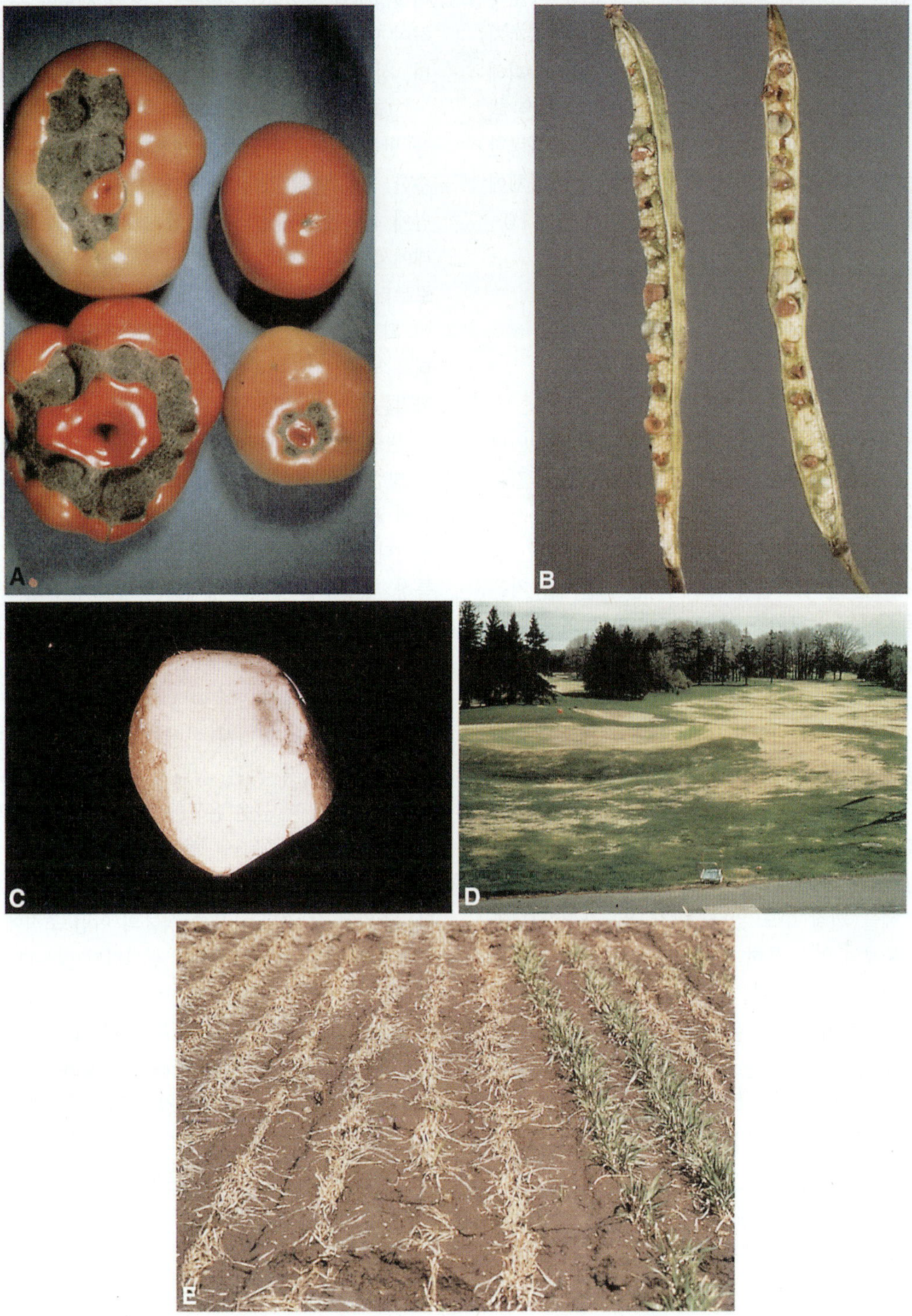

그림 10-4 식물에서 저온에 의한 기타 병징. (A) 토마토의 창문과 증상 (catface). (B) 카놀라 어린 종자의 죽음. (C) 감자의 동결괴사. (D) 잔디밭의 관개불량 지역에서 겨울 동결에 의한 피해. (E) 겨울밀의 빙점 이하에서 죽음. [사진제공: (A,B,E) I.R. Evans, W.C.P.D., (C) University of Florida, (D) S. Fustey, W.C.P.D.]

려있다. 초기 피해는 주 유관속에만 영향을 끼쳐서 둥근 모양의 괴저를 일으키지만, 괴경 안에 퍼져있는 미세 유관속까지 영향을 받으면 그물 모양의 괴사가 발생한다. 더 일반적 피해로는 감자 괴경의 큰 조각이 피해를 받아 이른바 얼룩 같은 괴사가 발생한다. 얼음이 생기고 녹는 것이 흔한 관수가 불량한 지역에서 특히 빙점 이하의 온도가 잔디와 어린 밀 식물체에 심각한 피해를 일으키거나 죽이기도 한다 (그림 10-4D,10-4E).

실내식물에 끼치는 저온의 영향

가정이나 온실 등에서 자라는 실내 식물은 자랄 때, 온실이나 화원에서 집으로 옮겨질 때 그리고 집에서 다른 곳으로 옮기는 중에 저온에 대하여 특히 더 민감하다. 흔히 실내식물은 정상 서식처에서 멀리 떨어져서 자라는 식물로, 특히 열대식물인 경우가 많다. 빙점보다는 높다고 할지라도 이러한 식물체를 저온에 노출하면 식물체에는 생장위축, 누렁병, 잎과 싹의 떨어짐 등의 증상이 발생할 수 있다. 심지어 그 지역에서 자랄 수 있는 식물이라도 실내에서 키우면 수분이 많은 영양체 상태로 남아있기 쉬우므로 저온, 특히 빙점 아래의 온도 스트레스에 대해서는 전혀 무방비 상태이다. 추운 겨울날 밤에 창문이나 문 가까이에 놓아둔 식물체는 창으로부터 멀리 떨어져 있는 식물체보다는 훨씬 더 저온의 공기로 둘러싸인다. 금가거나 깨진 창문이나 벽에 있는 전기콘센트 구멍을 통하여 찬 공기가 스며들어와 식물체에 해를 끼칠 수도 있다. 야간 온도가 12℃ 아래로 떨어지면 식물체의 잎과 특히 많은 식물의 꽃눈이 누런색으로 변하고 떨어지기도 한다. 한 장소로부터 다른 장소로 옮기는 등 실내식물을 빙점 이하의 온도에 몇 분 내지 몇 시간 동안 노출하면 잔가지와 꽃이 죽는 등 갑작스러운 쇼크를 받을 수도 있다. 이러한 쇼크를 완전히 회복하기 까지는 몇 주 내지 몇 달이 걸린다. 이러한 쇼크는 빙점보다는 높아도 실내온도보다는 상당히 낮은 봄에 실내식물을 바깥에 옮겨 심었을 때도 흔하게 나타난다. 어떤 때는 식물체가 그 식물체 생장의 최고 온도나 최저 온도에 가까운 상태에서 쇼크증상이 없이 자라기도 하는데, 이때도 식물체는 늦게 자라며, 과실과 꽃이 작고, 그 수도 적다.

저온 또는 고온이 식물체에 해를 끼치는 기작

저온과 고온이 식물체에 피해를 주는 기작은 매우 다르다. 고온은 특정한 효소계를 불활성화하고, 다른 효소계는 촉진하여, 비정상적인 생화학적 반응을 일으켜 세포를 죽인다. 고온에 의하여 단백질이 응고되고 변성되며, 세포막이 파괴되고, 질식하며, 심지어는 독성산물이 세포로 누출되기도 한다.

그러나 저온은 주로 세포와 세포 사이 또는 세포 안에 얼음을 만들어 식물체에 해를 끼친다. 우선 세포간극의 비교적 순수한 물이 먼저 약 0℃ 가까이에서 얼고, 세포 안의 물은 그 안에 녹아있는 물질의 성상과 농도에 따라 빙점보다 몇 도 아래에서 언다. 게다가 세포 사이의 물이 얼음으로 바뀌면 세포로부터 더 많은 수증기가 세포 사이로 빠져나오고 이들이 얼음이 되기도 한다. 세포는 수분함량이 떨어져 세포 안의 빙점은 더욱 낮아진다. 이러한 변화는 세포에 해를 주지 않고 어느 선까지는 계속되지만, 정도가 심해지면 결국 세포 안의 물도 얼고 원형질이 파괴되며 세포는 해를 입고 죽는다.

빙점보다 더 낮은 온도로 초냉각된 잎 속의 물이 어는 것은 잎의 표면서식세균(epiphytic bacteria)의 종류와 수에 크게 좌우된다. 예를 들면, *Pseudomonas syringae* 같은 병원세균의 특정 계통이나 어떤 부생세균은 잎조직 안의 기공하포 안팎에 존재하면서 빙핵(ice nucleation)의 촉매로서 작용한다. 이 세균은 혼자서 존재할 때는 주위의 물을 초냉각시키며, 잎에 존재할 때는 결정체를 만들어 비교적 높은 온도에서도 얼음이 쉽게 얼게 만든다. 따라서 이러한 세균이 존재하면 그 식물체는 세균이 존재하지 않는 상태에서 동해를 받는 온도(약 영하 5~10℃)보다 더 높은 온도(영하1℃)에서도 잎과 꽃 등에서 어는 피해를 받는다.

세포 속의 물이 어는 온도는 식물의 종과 조직에 따라 다르다. 추위에 잘 견디는 북쪽 식물의 어떤 조직에는 온도가 아무리 낮아도 세포 안에 얼음이 생성되지 않는다. 심지어는 세포 사이의 공간에만 얼음이 만들어졌을 때에도, 이 얼음 결정들이 밀어대는 압력과 이 세포질로부터 세포간극으로 빠져나간 수분으로 인한 수분부족 등에 의하여 세포와 조직은 피해를 받는다. 이러한 수분손실은 원형질분리와 원형질의 탈수를 일으켜 응고를 초래한다. 그리고 조직 안에서 온도가 하강하는 속도도 매우 중요한데, 그 이유는 온도 하강 속도에 따라 세포 안에 남아있는 물의 양이 달라지며, 따라서 세포내용물의 빙점이 달라지기 때문이다. 그러므로 동일한 온도라 할지라도 온도가 천천히 하강하면 세포 속이 얼지 않지만, 온도가 급격히 하강하면 세포 내용물이 얼 수도 있다. 녹는 속도의 영향도 다양한데, 얼음이 녹는 속도가 빨라서 세포 사이에 있는 얼음이 녹아 생기는 물을 원형질이 충분히 흡수하지 못하는 경우에는 세포벽과 원형질 사이에 물이 채워지므로 원형질이 찢어지고 파괴된다.

수분의 영향

낮은 토양수분의 영향

토양의 수분교란은 다른 어떠한 단일 환경요인의 영향보다도 더 넓은 범위에 걸쳐서 식물체들을 잘 자라지 못하게 하며 생산성을 감소시킨다. 땅이 좁든 넓든 시간이 지남에 따라 가뭄에 영향을 받는다. 가뭄지역에서는 식물체가 자라는 데 필요한 양보다 적은 물로 인해 식물체의 생장저하, 병적인 형태적 변화 등이 나타나며, 심지어 식물체가 죽기도 한다. 수분결핍은 특정한 유형의 토양, 경사면, 또는 바위나 모래 표면의 얇은 층의 토양 등에 국부적으로 나타날 수도 있다. 따라서 그 주변의 식물들은 정상적인 토양수분환경에서 정상적으로 생장하지만, 넓은 지역에서 일부 지역의 식물만 병이 들기도 한다. 수분이 부족한 토양에서 자라는 식물체는 위축되며, 담녹색 내지 담황색이 되고, 잎의 수가 줄어들며 작은 잎들이 아래로 처지고, 꽃과 과실의 수도 적다. 만일 가뭄이 계속되면 시들어 죽는다 (그림 10-5A). 비록 일년생식물은 짧은 기간 동안의 수분부족에도 민감하게 반응하지만, 다년생식물도 가뭄의 지속기간이 길어지면 피해를 받아서 덜 자라며, 잎이 작아지고 잎가가 마르며(그림 10-5B), 가지의 길이가 짧아지고 말라죽으며, 잎이 떨어지고, 마침내 시들어 죽는다. 가뭄으로 약해진 식물체는 특정 병원체와 곤충에 대하여 높은 감수성을 보인다.

낮은 상대습도의 영향

대기습도가 낮을 때 즉, 낮은 상대습도는 대개 일시적인 현상이며, 좀처럼 식물체에 피해를 주지는 않는다. 그러나 고온 및 강풍이 동반되었을 때에는 잎에서 많은 수분을 빼앗아 잎가마름(scorch)이나 데임증상(burn)을 일으키며, 과실은 쭈그러들고, 식물체는 일시적이거나 지속적인 시들음을 겪는다.

낮은 상대습도는 특히 겨울철에 집안에서 잘 발생하며 식물체에도 해를 끼친다. 현대식 집과 아파트에는 식물체가 자라기에 좋은 난방이 공급되지만 때로 이 난방에 의해 집안의 상대습도가 사막지대의 상대습도와 비슷하게 15~25%까지 감소한다. 방열기 같은 난방기구의 위쪽과 가까운 공기는 특히 건조하다. 따라서 이러한 장소에 놓인 화분식물은 물을 훨씬 빨리 소모하고, 생장이 불량하며, 빨리 시들기 시작한다. 많은 종류의 식물의 잎, 특히 아랫부분의 잎들에 점무늬가 나타나거나 마르며 다 자라기 전에 떨어지고, 꽃은 갑자기 시들어 떨어진다. 이러한 현상은 식물체를 시원하고 습도가 충분한 온실이나 화원으로부터 갑자기 덥고 건조한 집안으로 옮겨왔을 때 특히 잘 발생한다. 일반적으로 모든 실내식물은 높은 습도를 좋아하며, 심지어 어떤 것은 습도가 높아야만 잘 자라고 꽃도 잘 핀다. 그러므로 실내식물은 방열기 위에 놓아서는 절대로 안 되며, 가습기를 이용하여 습도를 높여주고, 큰 쟁반 등에 물을 담고 자갈이나 벽돌을 깔은 위에 화분을 올려놓거나 잎을 물로 적셔서 수분이 충분하도록 해주어야 한다.

높은 토양수분의 영향

식물체가 자라는 토양의 수분이 과다해지는 것은 가뭄보다는 훨씬 드물게 나타난다. 그러나 식물체가 자라는 밭이나 화분에서 물이 잘 안 빠지거나 홍수가 발생하면 수분의 부족에 의한 것보다 더 심하고 빠른 피해가 나타나거나 죽는다. 물이 잘 빠

그림 10-5 수분 부족에 따른 식물의 피해. (A) 수분 장애에 따른 고추의 시들음. (B) 지속적인 수분 장애로 인한 관상관목의 생장저해, 잎가마름, 가지마름 증상. [사진제공: (A) R.J. McGovern, (B) University of Florida.]

지지 않으면 식물체는 활력을 잃고 자주 시들며 잎이 담녹색 내지 황록색으로 변한다. 생육기에 홍수가 발생하면 다즙성 일년생식물은 2~3일 안에 회복할 수 없을 정도로 시들거나 죽는다 (그림 10-16A ~ 10-16C). 나무 역시 물에 잠기면 죽지만, 피해는 대개 늦게 나타나며 뿌리가 지속적으로 여러 주 동안 잠긴 후에야 발생한다.

배수불량이나 홍수로 인하여 야기되는 과도한 토양 수분 때문에 식물의 잔뿌리가 썩는데, 이는 아마도 뿌리에 공급되는 산소량이 감소하기 때문일 것이다. 산소의 결핍은 스트레스를 야기하고, 뿌리를 질식시키며, 많은 뿌리세포를 붕괴시킨다. 축축하고 혐기성 조건은 아질산염과 같이 식물체에 독성이 있는 물질을 생산하는 혐기성 미생물들의 생육에는 아주 좋은 조건이 된다. 게다가 산소결핍에 의하여 직접적으로 피해를 받은 뿌리세포는 선택적 투과성을 잃어 식물체가 독성이 있는 금속이나 다른 독성물질까지 흡수하는 원인이 된다. 일부분이라도 뿌리가 일단 죽으면 이러한 상태를 선호하는 임의기생균에 의해서도 더 많은 피해를 입게 된다. 그러므로 홍수에 이어 곧 발생하는 식물체의 시들음은 물론 독성물질의 이동에 의한 것도 있지만 아마도 죽은 뿌리 때문에 식물체의 땅 윗부분이 수분 부족현상을 겪기 때문이다.

게다가 화분에 심겨진 실내식물을 비롯한 많은 식물은, 토양이 완전히 마르도록 물을 주지 않다가 물을 줄 때는 연속적으로 과도하게 준다든지, 또는 지속적으로 과도한 물주기 등의 부적당한 물주기에 따라 여러 가지 증상을 보인다. 이러한 경우에는 물을 너무 많이 준 식물체는 아랫부분의 잎이 갑자기 떨어지거나 잎이 노랗게 된다. 때로는 잎이나 줄기에 갈색이나 검정색의 젖은 얼룩을 만들며, 과습시 활발해지는 병원성 미생물에 의한 감염으로 인하여 뿌리와 아래줄기가 검은색으로 변하고 썩기도 한다. 이러한 증상을 없애거나 예방하기 위해서는 표토가 건조하다고 느낄 때만 물을 주는데 이때 충분히 공급한다. 그리고 토양이 젖어있을 때에는 절대로 물을 주어서는 안 된다. 겨울에는 특히 이를 잘 지켜야 한다. 화분 밑에는 구멍

그림 10-6 수분 과잉에 의한 식물의 피해. (A) 저지대 침수에 의한 목화유묘의 생장 저해와 사멸, (B) 포장의 일시적인 침수로 인한 식물의 불량한 생장, (C) 수분 과잉에 의한 포장의 완두의 피해, (D) 토양의 수분과잉으로 인한 양배추 잎 뒷면의 과습돌기. [사진제공: (A) G.P. Munkvold, Iowa State Univ., (B) University of Florida, (C), W.C.P.D., (D) D.P. Weingartner, University of Florida.]

을 뚫어서 물을 줄 때 과도한 물이 흘러나갈 수 있어야 한다. 토양이 완전히 말라있으면 갑자기 많은 물을 주지 말고, 점진적으로 물의 양을 늘려가면서 주어야 한다. 일반적으로 수분공급은 가능한 한 일정해야 한다.

실내식물이나 때로 실외식물에서 발생하는 또 다른 흔한 증상은 과습돌기(edema, oedema)라 불리는 것으로서 그 원인은 과도한 수분에 의한 것이다. 과습돌기(그림 10-6D)는 잎의 뒷면이나 줄기에 작은 돌기가 많이 생기는 것을 이른다. 이 돌기는 세포가 분열하고 신장하여 작은 덩어리를 이룬 것으로서 잎의 표면을 뚫고 튀어나오며, 처음에는 담녹색의 돌기나 작은 혹같아 보인다. 이 돌기 중 외부에 노출되어 있는 부분은 나중에는 녹슨 듯한 색을 보이며, 코르크조직처럼 보인다. 과습돌기는 과습에 의하여 발생하는 증상인데, 특히 흐리고 습도가 높은 날씨에 잘 발생한다. 따라서 물주는 양을 줄이고 식물체에 빛이 잘 비치고 바람이 잘 통하도록 하면 과습돌기의 발생을 막을 수 있다. 과도한 수분 및 불규칙한 물주기에 의하여 발생하는 이상증상은 이 밖에도 많다. 예를 들면, 과실이 익는 시기에 낮은 습도조건에서 자란 토마토, 양앵두나무, 포도나무의 경우에는 갑자기 비가 오거나 물을 많이 주어 과습하면 과실에 금이 간다. 작고 움푹 꺼진 검은 점들이 있는 사과의 가운데가 쓴 맛을 나타내는 것은 질소과다 및 칼슘부족과 아울러 불규칙한 수분공급으로 인한 것이다.

부적당한 산소

자연 상태에서의 산소부족은 일반적으로 높은 토양습도나 고온과 관련되어 있다. 이미 앞에서 설명한 대로 산소의 부족은 과습한 토양에서도 여러 종의 식물체 뿌리를 마르게 한다. 토양습도가 높고 토양이나 대기의 온도가 높으면 식물체의 뿌리가 붕괴된다. 첫 번째 조건인 높은 토양습도는 식물체의 뿌리가 이용할 수 있는 산소의 양을 줄이는 반면에 높은 온도는 식물체가 요구하는 산소의 양을 증가시킨다. 이 두 가지 효과 때문에 뿌리의 산소량이 극도로 부족해지고, 결국에는 뿌리가 붕괴되고 죽는다.

포장에서 온도가 높고 호흡이 매우 빠를 때, 또는 과육이 많은 과실이나 채소를 매우 큰 더미로 보관할 때 과실이나 채소의 가운데 부분에서도 산소부족 현상이 발생할 수 있다. 가장 잘 알려진 경우는 감자의 심부흑변(心部黑變; blackheart)으로서 고온이 감자 괴경의 호흡을 촉진하고 괴경 안에서 비정상적인 효소반응을 일으킨다. 괴경의 안쪽으로 공급되는 산소의 양은 늘어난 호흡을 유지할 만큼 충분하지 않으므로 산소부족으로 세포가 죽는다. 세포가 죽기 전이나 후 또는 죽어가는 과정 중에서 높은 온도와 산소부족에 의해 효소반응이 활성화된다. 이러한 반응은 정상적인 식물의 구성물을 검은색의 멜라닌(melanin)으로 산화시킨다. 멜라닌 색소는 그 주위의 조직으로 퍼져 나가고, 마침내 전체가 검게 변한다 (그림 10-7A, 10-7B).

빛

빛이 충분하지 않으면 식물체는 엽록체 형성에 지장을 받으며, 줄기는 마디 사이가 길고 가늘어지며, 잎은 연녹색이 되고 길쭉하게 자라며 잎과 꽃이 다 자라기 전에 떨어진다. 이러한 증

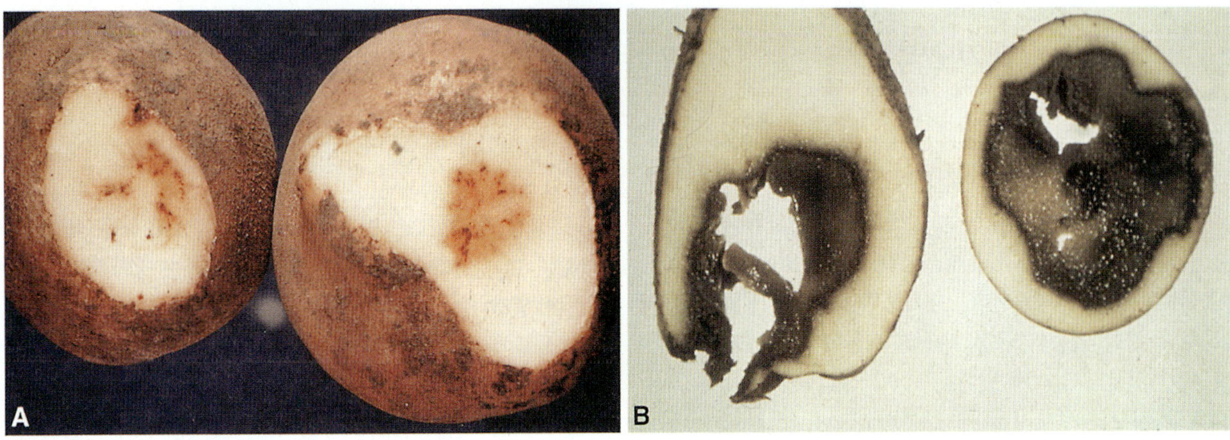

그림 10-7 저산소에 의한 피해 (A) 토양의 고온과 저산소에 의한 감자줄기 끝의 내부 갈변, (B) 감자의 심부흑변. [사진제공: Plant Pathology Department, University of Florida.]

상을 황백화(黃白化; etiolation)라고 부른다. 황백화는 실외에서는 식물이 너무 밀식되었거나 나무나 다른 물체 밑에서 자라는 경우에만 발생한다. 그러나 실내식물, 또는 온실이나 묘상, 온상 등 때때로 충분한 빛을 받지 못하는 곳에서 자라는 식물에서는 황백화 정도의 차이는 있어도 매우 흔하게 발생하는 증상이다. 황백화된 식물체는 대개 가늘고 키가 크며 잘 쓰러진다.

너무 강한 빛은 자연 상태에서는 드물 뿐만 아니라 식물체에 해를 끼치는 경우도 드물다. 따라서 빛에 의한 피해의 대부분은 강한 빛에 따른 고온에 의한 것이다. 그러나 먼지가 없어서 단파장의 빛이 직접적으로 더 많이 도달하는 고지대에는 강한 빛이 쪼여 한창 자라는 강낭콩 꼬투리에 볕데임 증상을 일으킨다. 꼬투리에는 작은 수침상의 점무늬가 형성되고, 이 점들은 곧 갈색이나 적갈색으로 변하여 쭈그러든다.

실내식물의 경우에는 빛의 양이 훨씬 중요하다. 어떤 식물은 생육기 동안에는 그늘이나 반그늘을 좋아하지만 겨울에는 완전한 햇빛을 좋아하기도 한다. 어떤 식물은 1년 내내 그늘을 좋아하는 반면, 어떤 식물은 1년 내내 햇빛을 좋아하기도 한다. 대체로 잎이 진한 녹색인 실내식물은 색깔이 있는 잎을 가진 식물에 비하여 그늘을 더 좋아하든지 그늘에 대한 저항성이 더 크다. 색이 있는 잎을 가진 식물들은 충분한 양의 빛을 받아야 더 잘 산다. 꽃이 피는 실내식물 대부분은 어느 계절이든 햇빛에 충분히 쪼여 주어야 가장 잘 자라고 꽃을 피운다. 만약에 이러한 종류의 식물에서 빛이 모자라면 실외식물의 경우와 마찬가지로 잎의 색이 옅어지며 가늘게 자라고, 잎이 떨어지며 꽃이 안 피거나 적게 피며 일찍 떨어진다. 그러나 햇빛을 그리 좋아하지 않는 식물체에 햇빛이 지나치게 비치면 잎에 황갈색이나 은색의 점이 나타난다. 식물체가 계속 살고 있던 곳과 빛의 세기가 엄청나게 다른 장소로 식물체를 옮기면 일반적으로 식물체는 잎을 떨어뜨리는 반응을 한다.

대기오염

지구표면 공기의 대부분은 질소(78%)와 산소(21%)이다. 나머지 1%의 대부분은 수증기와 이산화탄소이다. 그런데 에너지를 만들어 내기 위한 인간의 활동을 비롯하여 제조업과 폐기물처리는 식물체의 대사를 바꾸고 병을 일으킬 수 있는 각종 오염물질을 대기 중으로 방출한다. 대기오염물질에 의한 식물 피해, 특히 특정한 업종의 공장 부근의 식물에서 발생하는 피해는 한 세기 전부터 알려져 왔다. 그러나 산업혁명과 함께 그러한 피해의 정도와 중요성은 더 증가하였으며, 점점 늘어나는 인구와 산업화, 도시화로 인하여 앞으로도 피해는 계속 늘어날 것이다.

대기오염물질과 식물체에 나타나는 피해의 종류

식물체에 피해를 일으키는 거의 모든 대기오염물질이 기체이지만, 몇몇 입자나 먼지 상태의 오염물질도 식생에 영향을 준다. 에틸렌(ethylene)이나 암모니아(ammonia), 염소(chlorine) 등의 기체상태 오염물질이 특정 지역에서 나쁜 영향을 끼치고 있다. 식물체나 수확물에 가장 흔하게 발생하는 피해는 환기가 잘 안되는 창고 등에서 식물체 자신들이 만들어낸 오염물질(에틸렌)이나 냉각기에서 새어나온 암모니아 등에 의한 것이다.

포장의 식물에서는 오존(ozone, 그림 10-8)이나 이산화황(sulfur dioxide), 불화수소(hydrogen fluoride), 이산화질소(nitrogen dioxide), PAN(peroxyacyl nitrate), 입자(particle) 등에 의하여 더 심하고 광범위한 피해가 발생한다. 로스엔젤레스만을 비롯한 여러 지역에서 대기오염물질은 오염물질의 발생원으로부터 그 둘레의 다른 지역으로 퍼지며, 정체된 식물체에 걸려서 심각한 피해를 일으킨다. 대부분의 대기오염물질은 그것들이 만들어진 공장지대나 도시로부터 아래쪽으로 이동하며, 바람에 의하여 수km 내지 때로는 수백, 수천km까지 옮겨가기도 한다. 이러한 화학물질들이 높은 농도로 존재하든지 아니면 이러한 화학물질에 장기간 노출되면 식물체에 눈으로 볼 수 있는 전형적인 병징(괴저 등)이 발생한다. 그러나 경제적으로 더 중요한 것은 식물체가 큰 피해를 받지 않을 정도로 낮은 농도의 오염물질에 노출되었다 할지라도, 그 오염물질이 식물체의 대사과정을 방해하여 5~10%까지 식물체의 생장과 생산성이 낮아진다는 것이다. 게다가 대기오염물질에 오랜 시간 동안 노출하면 식물체는 약해져서 다른 곤충이나 병원체 또는 겨울저온 같은 환경요인의 공격에 대항하는 힘이 약해진다. 중요한 오염물질과 오염물질의 발생원, 식물에 끼치는 영향 등은 표 10-1에 나타나 있다.

대기오염물질의 주된 발생원

이산화황이나 불화수소 같은 대기오염물질은 정유공장이나 연료의 연소, 광석제련, 비료제조 등의 공정 중에 발생원으로부터 직접 발생한다. 반면에 오존이나 PAN 등은 대기 중에서 NO_2, O_2, 탄화수소와 햇빛 등이 관여하는 광화학적 반응에 의하여 생겨나는 2차생성물이다.

식물에 해를 끼치는 오존 및 기타 오염물질의 가장 주된 발생원은 거리나 고속도로에서 배기가스를 내뿜는 자동차와 공장에서 사용하는 그 밖의 다른 내연기관 등이다. 자동차의 배기가스에서는 날마다 수천 톤의 불완전연소 탄화수소와 이산화질소가 대기권으로 배출된다. 햇빛의 자외선에 의하여 이산화질

표 10-1
대기오염물질에 의한 식물 피해

오염원	발생원	감수성인 식물	병징	참고
오존(O_3)	자동차 배기가스, 내연기관의 엔진 (배출된 이산화탄소가 햇빛 속에서 산소분자와 결합하여 오존이 됨) 성층권으로부터 번개, 숲으로부터	모든 식물, 특히 담배, 강낭콩, 화곡류, 알팔파, 페튜니아, 소나무, 귤나무, 옥수수 등의 한창 자라는 잎	주로 잎 앞면의 작은 점, 얼룩, 또는 퇴록. 점무늬는 크기가 다양하며 흰색에 가까운 것부터 짙은 것까지 있다(그림 10-8A~10-8D). 귤나무, 포도나무, 덩굴식물 등은 잎이 다 자라기 전에 떨어지며, 생장이 위축된다.	기공을 통하여 들어감. 식물체에 가장 치명적인 대기오염물질. 스모그의 주된 구성물질
PAN (peroxyacyl nitrates)	자동차 등 내연기관의 엔진 (휘발유 증기와 불완전연소한 휘발유 + O_3 + NO → PAN)	시금치, 페튜니아, 토마토, 양상추, 다알리아 등 많은 종류의 식물	잎을 은색으로 바꾼다. 잎 뒷면에 흰색 내지 구리색의 점이 생기는데 병이 진전되면서 엽육조직을 통하여 앞면에까지 퍼진다. 오존에 의한 피해와 비슷하다.	스모그나 기류의 역전층이 잘 생기는 대도시 가까이에 심하게 발생함
이산화황 (SO_2)	공장의 굴뚝 자동차 등 내연기관의 엔진	알팔파, 바이올렛, 송백류, 완두, 목화, 강낭콩 등 많은 종류의 식물 0.3~0.5ppm에서 독성을 보임	낮은 농도에서는 일반적인 퇴록을 일으킨다. 높은 농도에서는 엽맥사이 조직을 탈색시킨다. (그림 10-8E)	수분과 결합하여 독성이 있는 산성하강물을 만듬(산성비)
이산화질소 (NO_2)	내연기관 엔진, 화로 등 연소기로부터의 발생한 산소와 질소로부터	강낭콩, 토마토 등 많은 종류의 식물 2~3ppm에서 독성을 보임	아황산가스에 의한 피해와 비슷하다. 탈색과 구리색을 초래한다. 낮은 농도에서는 식물체의 생장을 저해한다.	
불화수소 (HF)	제련소와 정유소의 굴뚝	옥수수, 복숭아나무, 튜울립 등 많은 종류의 식물. 왕성하게 자라며 젖은 잎이 가장 감수성임 0.1~0.2ppb에서 독성을 보임	쌍떡잎식물의 잎가장자리와 외떡잎식물의 잎끝이 탄듯이 짙은색으로변하며 죽고, 죽은 부분이 떨어져나가기도 한다. 어떤 식물은 불화수소의 농도가 200ppm에 이르도록 견딜 수 있다.	불화수소는 증발되거나 씻겨나갈 수 있으며, 식물체는 천천히 회복됨
염소 (Cl_2)와 염산 (HCl)	정유공장, 유리공장, 플라스틱 소각장 (그림 10-8F)	발생원 가까이에 있는 많은 종류의 식물 0.1ppm에서 독성을 보임	엽맥 사이 조직이 탈색되고 괴저된다. 때로는 잎가장자리가 마르기도 한다. 잎은 다 자라기 전에 떨어지기도 한다. 대개 아황산가스에 의한 것과 비슷한 피해가 발생한다.	
에틸렌 (CH_2CH_2)	자동차 배기가스 석탄, 석유, 가스의 연소 저장 중인 과일의 후숙	많은 종류의 식물 0.05ppm에서 독성을 보임	식물체의 생장이 위축되며 비정상적인 잎이 생겨나고 더 자라기 전에 늙는다. 꽃과 과실의 수가 줄어든다. 사과와 같은 과일은 부분적으로 움푹 파이며 괴저가 발생한다.	에틸렌은 여러 가지 기능을 가지고 있는 일종의 식물호르몬
입자 (먼지)	길, 시멘트공장 등으로부터 먼지 석탄의 연소 등	모든 식물	식물체 표면에 먼지층 또는 딱딱한 층을 만든다. 식물체는 퇴록화되고 잘 자라지 못하며, 심하면 죽기도한다. 어떤 먼지는 독성이 있으며, 직접적으로 또는 이슬이나 빗물에 녹아서 잎을 태운다.	

그림 10-8 대기오염에 의한 식물피해의 유형. 오존에 의한 식물 잎의 피해, (A) 담배, (B) 감자, (C) 침엽수, (D) 버즘나무. (E) 이산화황에 의한 포플러나무 잎의 피해, (F) 칠엽수 잎의 염소피해. [사진제공: Plant Pathology Department, University of Florida.]

소는 대기 중의 산소와 반응하여 오존과 일산화질소를 만든다. 오존은 일산화질소와 반응하여 다시 원상태로 돌아가기도 한다:

$$NO_2 + O_2 \xleftrightarrow{\text{햇빛}} O_3 + NO$$

그러나 불연소 탄화수소기가 존재하면 일산화질소는 오존 대신에 이들과 반응하며, 따라서 대기 중에서의 오존의 농도는 높아진다.

$$O_3 + [\ NO + \text{자동차에서 나온 불연소 탄화수소 등}\ ]$$
$$\rightarrow O_3 + \text{PAN (peroxyacyl nitrates)}$$

오존은 특정한 불포화탄화수소 증기와 반응할 수도 있지만 이러한 반응의 산물(여러 가지 유기 과산화물)도 식물에 독성을 나타낸다. 정상적으로는, 자동차와 그 밖의 다른 엔진들의 유해한 배기가스는 따뜻한 공기의 흐름에 의하여 지구의 표면으로부터 공중의 찬 공기층으로 휩쓸려 가서 희석된다. 그러나 고요하고 움직임이 없는 날씨에는 찬 공기층 위에 따뜻한 공기층이 만들어지며, 이러한 기층의 역전은 대기오염물질의 공중 확산을 방해한다. 확산되지 못한 오염물질은 땅 가까이에 정체되는데, 오염물질이 충분히 모아지면 생물체에 심각한 영향을 끼칠 수도 있다.

PAN에 의한 피해는 주로 자동차로부터 많은 양의 탄화수소가 공기 중으로 배출되는 대도시 가까이에서 찾아볼 수 있다. PAN에 의한 피해는 로스앤젤레스나 뉴저지주 같이 대기층의 역전현상이 잘 발생하는 곳에서 특히 심각하다. PAN이 발생하는 지역 주변에서 자라고 있는 많은 종류의 식물은 잔잔한 공기의 흐름에 따른 PAN의 확산과 전이에 의하여 피해를 입는다.

대기오염물질들은 식물체에 어떻게 영향을 끼치는가

각각의 오염물질이 식물에 해를 끼치는 농도는 식물의 종류와 식물체의 나이 그리고 식물체 특정 부분에 따라 다양하다. 식물에 피해를 줄 수 있는 오염물질의 농도가 지속적으로 낮아져도 오염물질에 노출되는 시간이 길어지면 식물은 피해를 받게 되는데, 이는 오염물질이 식물에 피해를 줄 수 있는 최저 임계치 농도까지 그러하다. 오염물질에 의한 식물피해는 일반적으로 빛의 세기와 토양습도, 대기의 상대습도, 대기의 온도 등이 강하거나 높을수록 증가하며, 다른 오염물질과 함께 존재할 때도 그 피해는 더 커진다.

어떤 장소에서는 오존의 농도가 아침에는 0.01~0.03ppm 정도이던 것이 이른 오후에 햇빛이 최고에 이르렀을 때는 0.05~0.10ppm 정도에 이르고, 그 후에는 다시 점점 낮아진다. 그러나 대부분의 농촌지역에서는 때로는 오존의 최고농도가 0.15ppm까지 올라가는 날이 있는가 하면, 로스앤젤레스와 같이 인구밀도가 높고 산업화가 많이 되어있는 지역에서는 0.25ppm인 날도 흔하다.

오존의 농도가 0.1~0.3ppm일 때 식물체를 몇 시간만 노출하여도 피해가 발생한다. 오존은 기공을 통하여 잎으로 들어가서 주로 책상조직에 피해를 일으키지만, 다른 세포들의 세포막도 파괴한다. 기공 근처에 있어서 직접적으로 영향을 받은 세포들은 파괴되고 죽으며, 처음에는 잎 윗면에 탈색되고 괴저 점무늬가 나타나는데, 더 진전되면 잎의 양면에 모두 발생한다. 알팔파, 강낭콩, 귤나무, 포도나무, 감자, 콩, 담배, 밀 등 여러 작물을 비롯하여 양물푸레나무, 라일락, 소나무류, 포플러나무 등 여러 관상식물과 수목이 특히 민감하며, 양배추, 완두, 땅콩, 고추 등은 중도 저항성, 그리고 비트, 목화, 양상추, 딸기, 살구나무 등 몇몇 식물은 저항성이다.

아황산은 0.3~0.5ppm의 농도에서 식물체에 피해를 줄 수 있다. 아황산은 잎의 기공을 통하여 흡입되기 때문에 기공의 개폐에 관여하는 요인들이 바로 흡입되는 아황산의 양과도 관련이 있다. 아황산은 잎에 흡입된 다음에 잎 안에 있는 수분과 반응하여 식물에 독성이 있는 삼산화황 이온으로 바뀐다. 그러나 삼산화황 이온은 세포 안에서 천천히 산화하여 독성이 없는 사산화황으로 바뀐다. 그러므로 만일에 아황산의 흡입속도가 느리면 식물체는 삼산화황으로부터 자신을 보호할 수 있다.

한편 PAN도 기공을 통하여 잎 안으로 들어가면 약 0.01~0.02ppm의 농도에서 피해를 일으킨다. 대도시 지역에서는 0.02~0.03ppm의 농도가 드물지 않게 나타나며, 어떤 도시의 중심가에서는 PAN의 농도가 0.05~0.21ppm까지 오르는 것으로 측정되기도 하였다. PAN은 잎에 들어가면 해면조직을 주로 가해하여 세포가 붕괴되고 빈 공간이 생긴다. 그 결과 잎은 윤이 나며 은색을 보인다. 광엽식물에 나타나는 피해의 증상은 잎의 뒷면에 나타나는 반면에 외떡잎식물은 잎의 양면에 발생한다. 어린잎과 어린 조직이 PAN에 더 민감하며, 잎을 주기적으로 PAN에 노출하면 변색에 의하여 띠 모양이 나타나거나, 가장 감수성인 세포의 사멸로 인하여 잎가장자리가 쪼그라들게 된다.

산성비

오염되지 않은 정상적인 비는 거의 순수한 물(H_2O)로 되어있고, 유기물로부터 만들어지거나 물 속에 NH_4^+ 상태로 존재하던 암모니아(NH_3)와 이산화탄소(CO_2)가 얼마씩 녹아있으며, 그 밖에도 양이온들(Ca^{2+}, Mg^{2+}, K^+, Na^+)과 음이온들(Cl^-, SO_4^{2-})도 적은 양이지만 다양하게 녹아있다. 순수한 물은 pH 7.0으로 중성임에도 불구하고, 오염되지 않은 정상적인 빗물의 pH는 대개 5.6이다. 즉, 정상적인 빗물 자체가 바로 산성이다. 그러나 이러한 빗물은 정상이라 부르며, 비나 눈의 pH가 5.6보다 낮은 경우에만 산성비 또는 산성눈이라고 부른다.

산성비(酸性雨; **acid rain**)는 인간의 활동, 주로 석유, 석탄, 천연가스 등 화석연료의 연소와 황화 광석의 제련 때문에 생긴다. 이러한 활동은 대기 중으로 많은 양의 황과 질소산화물을 방출하며, 이 산화물이 대기 중의 수분과 만나면 두 종류의 강산(황산과 질산)으로 바뀌고 비, 눈, 또는 안개에 녹아 지상으로 떨어진다. 세계적으로 pH 4.0~4.5인 비나 눈이 내리는 면적은 상당히 넓으며, 이러한 산도는 정상적인 빗물(pH 5.6)보다 약 5배 내지 30배의 산성이다. 현재까지 기록된 가장 낮은 산도의 빗물(스코틀랜드 pH 2.4, 웨스트버지니아 pH 1.5, 로스앤젤레스 pH 1.7)은 식초(pH 3.0)나 레몬주스(pH 2.2)보다 더 강한 산이었다. 정성적으로 분석하였을 때, 산성비를 이루는 산의 약 70%는 황산이며 나머지 30%는 질산인 것으로 밝혀졌다. 그러나 대기 중으로 방출된 황이 모두 산성비를 만드는 것은 아니고, 대기 중의 황 가운데 반 정도는 산성비를 만들고, 나머지 반 정도는 마른 황 입자 상태로 스스로 떨어져 내려(dry deposition) 표면에 닿는다. 그러나 습하거나 비가 내리는 날에는 마른 입자상태의 황도 산화하여 황산이 된다.

산성비는 모든 종류의 분자의 용해성을 증가시키고 많은 생명체에 직접(낮은 pH와 SO_4^{2-} 또는 NO_3^-)적으로나 간접(용해된 분자들)적으로 다양한 영향을 끼친다. 미생물, 식물, 강과 호수의 어류 등에 대한 산성비의 부정적인 영향은 이미 잘 알려져 있다. 하지만 작물에 대한 산성비의 영향은 설명하기 어렵다. 식물에 산성비를 처리한 실험에 따르면, 어떤 조건에서는 처리한 잎에 점무늬들이 나타나거나 잎이 마르며, 증상에 관계없이 건조중량이 줄기도 한다. 어떤 종의 식물에서는 토양에 산성비를 처리하면 더 많은 종자가 발아하였으며, 반대로 산성비 처리토양에서는 발아율이 떨어지는 식물종도 있었다. 식물병의 발병과 진전에 대한 산성비의 영향에 대한 실험에 따르면 참나무 녹병(병원균: *Cronartium fusiforme*) 같은 몇 가지 병의 경우에서 산성비(pH 3.0) 처리구는 pH 6.0인 빗물 처리구에 비하여 약 14%의 겨울포자퇴만이 만들어졌으며, 강낭콩을 대상으로 한 실험의 산성비(pH 3.2) 처리구에서는 pH 6.0인 빗물 처리구에서 발견되는 선충알 덩어리의 34% 수준의 알 덩어리만 발견되었다. 반면에 콩의 세균성점무늬병과 녹병은 pH 6.0인 빗물을 처리하였을 때보다 산성비를 처리한 경우에 어떤 때는 더 심하기도 하였고 덜하기도 하였다. 일반적으로, 산성비가 적어도 어떤 식물들에는 피해를 초래하는 것이 확실하지만, 산성비가 발생하는 지역에서 여러 가지 작물에 미치는 그러한 피해를 정량화하기에는 아직도 자료가 부족한 실정이다.

식물의 양분 결핍

식물체는 정상적인 생장을 위해 여러 가지 무기원소를 필요로 한다. 질소, 인, 칼륨, 칼슘, 마그네슘, 황 등의 원소는 상대적으로 많은 양이 필요하기 때문에 다량원소라고 부르며, 철, 붕소, 망간, 아연, 구리, 몰리브덴, 염소 등은 매우 적은 양만이 필요하기 때문에 미량원소라고 부른다. 다량원소와 미량원소 모두 식물에는 필수불가결한 것이다. 이 원소들이 식물의 정상적인 생장에 필요한 최소한의 양보다 적으면, 식물체는 병들고 결핍에 따른 여러 가지 내, 외부 증상이 발생한다. 이러한 병징은 잎, 줄기, 뿌리, 꽃, 과실, 종자 등 식물체의 어느 부분에나 발생할 수 있으며, 식물체 전체에 발생할 수도 있다.

특정 양분의 결핍으로 인한 병징은 그 원소가 식물에서 담당하는 기능과 관련이 되는데, 식물체의 기능이 원소의 결핍에 의하여 제한되거나 방해받기 때문인 것으로 생각되고 있다. 몇 가지 각각의 원소가 결핍되었을 때 발생하는 증상이 한 가지인 경우도 있으나, 대개 특정 원소의 결핍에 의하여 발생하는 증상은 특이하여 진단의 기준이 된다. 매년 세계 각처의 많은 작물에 발생하는 식물병이 바로 그 식물이 자라고 있는 토양에 하나 또는 그 이상의 필수원소가 불충분하거나 식물체가 사용할 수 없는 상태로 존재하기 때문에 생기는 것이다. 대부분의 필수원소가 정상보다 낮은 농도로 존재할 때 식물체는 단지 생장률과 생산량이 떨어질 뿐이다. 그러나 그 결핍량이 임계량보다 낮을 때는 식물체에 급성이나 만성 피해가 발생하며, 심하면 죽을 수도 있다. 각 필수원소의 결핍에 따라 발생하는 증상과 영향을 받는 기능들, 그리고 흔한 결핍증의 예는 표 10-2, 그림 10-7, 10-8에 있다.

식물체에 독성이 있는 토양 무기물

토양은 때때로 특정한 필수 또는 비필수 요소들을 과도하게 함유하기도 하며, 이 두 가지 모두 높은 농도로 존재할 때는 식물체에 해를 줄 수 있다. 질소나 칼륨 같이 식물체가 자랄때 필요한 다량원소들은 과도한 양이 존재하여도, 망간이나 아연, 붕소 같은 미량원소들이 과도하게 존재할 때에 비하여 훨씬 약한 독성을 나타낸다. 그리고 미량원소들 가운데도 망간이나 마그네슘 같은 것들은 아연이나 붕소 등 다른 미량원소에 비하여 훨씬 더 넓은 안전한 농도범위를 갖는다. 이 밖에 각 원소들의 독성대가 다를 뿐만 아니라, 어떤 원소가 특정 농도에서 일으키는 독성에 반응하는 감수성의 정도도 식물의 종류에 따라서 매우 다양하다. 비필수적 요소들이 독성을 보이는 농도도 요소의 종류에 따라 다르며, 식물체 역시 종류에 따라 이에 반응하는 정도가 다르다. 예를 들면, 어떤 식물은 매우 낮은 농도의 니켈에도 피해를 받지만, 알루미늄에 대해서는 상당히 높은 농도에서도 견딜 수 있다.

원소의 과다 때문에 발생하는 피해는 약할 수도 있고 심할 수도 있으며, 일반적으로 원소가 세포에 직접적으로 가하는 피

표 10-2

식물체에 나타나는 양분 결핍

결핍양분	원소의 기능	병징
질소 (N)	거의 모든 세포 구성물의 성분	식물체의 색이 연녹색이며, 생장이 부진. 아랫잎들이 누렇게 또는 담갈색으로 변하며 줄기는 짧고 가늘어진다 (그림 10-9A).
인 (P)	DNA, RNA, ADP, ATP, 인지질(막) 등에 존재	식물체의 잎이 자줏빛을 띤 청록색이며 생장이 부진하다. 아랫잎들이 때로는 옅은 구리색을 띠고 자주색 또는 갈색 점이 나타난다. 줄기는 짧고 가늘며 꼿꼿하게 서고 길쭉하게 자란다 (그림 10-9B, 10-9C).
칼륨 (K)	여러 반응의 촉매로서 작용	식물체의 줄기가 가늘어지며, 심하면 말라죽는다. 다 자란 잎들은 퇴록현상을 나타내며 잎끝은 갈색으로 변하고 잎가장자리는 마른다. 잎가장자리 쪽으로 많은 갈색 점이 발생한다. 살이 많은 조직은 끝괴사현상을 보인다 (그림 10-9D~10-9F).
철 (Fe)	엽록소에 합성의 촉매 여러 효소의 구성물질	어린잎은 심하게 퇴록되지만 주맥은 정상적인 녹색 그대로를 유지한다. 때로는 갈색의 점무늬가 발생하기도 하며, 잎의 일부 또는 전부가 마른다. 잎이 떨어질 수도 있다 (그림 10-10A, 10-10B).
마그네슘 (Mg)	엽록소에 존재하며 여러 효소의 구성성분	잎에 얼룩이나 퇴록현상이 나타나 붉게 변하는데, 이러한 증상은 성숙한 잎에 먼저 발생하고 어린잎에는 나중에 발생한다. 때로는 괴사성점무늬가 발생한다. 잎의 끝과 가장자리는 위로 말려 컵 모양이 된다. 잎이 떨어지기도 한다 (그림 10-10C~10-10D).
붕소 (B)	잘 알려져 있지 않음. 당의 이동과 세포벽을 만들 때 칼슘의 이용 등에 영향	끝눈의 어린잎 기부가 담녹색이 되며 마침내 파괴된다. 잎과 줄기는 변형된다. 식물체는 작아진다. 과실과 살이 많은 뿌리, 줄기 등은 겉이 갈라지고 속의 가운데는 썩기도 한다. 사탕무의 속썩음(heart rot), 순무의 속갈변(brown heart), 꽃양배추의 속빈줄기(hollow stem) 또는 줄기갈변(그림 10-11A), 셀러리의 줄기터짐(그림 10-11B), 배나무의 코르크점무늬와 과일터짐 (그림 10-11C) 사과나무의 마름 및 다발, 귤나무의 딱딱한 과일, 담배 top sickness 등 많은 병을 일으킨다.
칼슘 (Ca)	막의 투과성을 조절. 펙틴과 염을 만듬. 여러 효소의 활동에 영향을 끼침	어린잎은 끝이 뒤로 구부러지며 잎가는 말리는 등 변형된다. 잎의 모양을 불규칙해지고 갈색으로 마르고 점무늬가 나타나며 걸레 같이 되기도 한다. 끝눈은 결국 죽는다. 식물체의 뿌리는 성기고 보잘 것 없다. 여러 과실에서 배꼽썩음병을 일으킨다 (그림 10-12A~10-12C). 사과 등 과일이 저장 중에 잘 썩게 된다. 높은 온도(24~35℃)에서는 수확 후 결구된 양싱추의 끝이 타는 증싱의 원인이 되기도 힌다.
황 (S)	어떤 아미노산들과 조효소들에 존재	어린잎은 담녹색이나 담황색이며 점무늬는 발생하지 않는다. 질소가 부족하면 발생하는 증상과 비슷하다.
아연 (Zn)	옥신 생성과 당의 산화에 관여하는 효소들의 구성물질	엽맥 사이에 퇴록현상이 발생하며, 시간이 지나면 괴사가 발생하고 자주색 색소가 집적된다. 잎은 작고 적으며, 마디 사이는 짧아지고 줄기들이 로제트현상을 이룬다. 과실생산은 줄어든다. 잎은 줄기의 아래쪽으로부터 위쪽으로 점진적으로 떨어진다. 사과나무, 핵과류와 포도나무의 소엽병을 일으키며, 카카오나무의 sickle leaf병, 옥수수의 white tip병 등을 일으킨다.
망간 (Mn)	호흡, 광합성, 질소이용 등에 관여하는 효소들의 구성물질	잎에 퇴록현상이 발생하지만 세맥이 녹색으로 남아있어서 바둑판무늬를 보인다. 잎에는 괴사성 점무늬가 흩어져 발생한다. 심한 경우에는 잎이 갈색으로 변하며 시든다.
몰리브덴 (Mo)	질산환원효소의 필수 요소	멜론에 주로 발생하며 식물체가 심하게 퇴록하고 생장이 위축되며, 과실을 맺지 못한다 (그림 10-12D).
구리 (Cu)	많은 산화효소들의 구성물질	화곡류의 어린잎이 시들며 잎가장자리에 퇴록현상이 발생한다 (그림 10-12E). 잎은 펴지지 않을 수도 있으며 시들은 듯이 보이는 경향이 있다. 출수가 줄어들며, 이삭은 위축되고 변형되며 수확이 감소한다 (그림 10-12F). 귤나무류, 인과류, 핵과류에는 여름에 가지마름이 발생하며, 잎가장자리마름, 퇴록 및 로제트현상 등이 나타난다. 채소류는 자라지 못한다.

해의 결과이다. 그러나 한 원소가 다른 원소의 흡수나 기능을 방해하여 이 방해받은 원소의 결핍증이 발생하는 경우도 있다. 즉, 과도한 나트륨은 식물체에 칼슘 결핍증을 일으키는 반면에 구리나 망간, 아연의 독성은 식물체에 직접적으로 해를 끼치며 철 결핍을 일으키기도 한다.

과다한 양의 나트륨염, 특히 염화나트륨(소금), 황화나트륨, 탄산나트륨 등은 토양의 산도를 증가시켜 알칼리피해를 초래한다. 피해의 양상은 퇴록으로부터 위축, 잎이 타거나 시드는 것, 묘목이나 어린 식물이 곧바로 죽는 것까지 식물의 종류에 따라 다양하게 발생한다. 밀이나 사과나무 등 몇몇 식물은 알칼리피해에 매우 민감한 반면, 사탕무, 알팔파, 잔디류 등의 식물은 내성이 매우 크다. 네브라스카에 위치한 강 유역의 25

그림 10-9 식물체에 발생한 각종 양분 결핍 증상. (A) 밀에서 건강한 식물(오른쪽)과 비교하여 질소 결핍 식물(왼쪽)에서 퇴록과 위축의 증상. 옥수수 유묘(B)와 알팔파 잎(C)의 인 결핍에 의한 적변 현상과 위축 증상. 알팔파(D), 옥수수 유묘(E), 포장의 옥수수(F)에서 칼륨이 결핍되어 발생하는 잎가장자리 괴사. [사진제공: (A,B,E,F) Plant Pathology Department, University of Florida, (C) C. Richard, W.C.P.D., (D) R.J. Howard, W.C.P.D.]

그림 10-10 기타 양분의 결핍 증상. 관상수(A)와 강낭콩(B)에서 철 결핍에 의한 퇴록. 오이 잎(C)과 야자나무(D)에서 마그네슘 결핍에 의한 증상. [사진제공: (A,B,D) Plant Pathology Department, University of Florida, (C) I.R. Evans, W.C.P.D.]

그림 10-11 꽃양배추(A), 셀러리 줄기(B), 서양배나무(C)에 발생한 붕소 결핍 증상. (D) 붕소의 독성으로 인한 완두 유묘의 증상. [사진제공: (A,B,D) D. Ormrod, W.C.P.D.]

그림 10-12 추가적인 결핍증. 칼슘 결핍에 의해 토마토 열매(A)와 수박(B)에 발생한 배꼽썩음병. (C) 수확기의 칼슘 결핍으로 유발된 피망의 얼룩증상. (D) 어린 꽃양배추에서 몰리브덴 결핍증상. (E) 건강한 밀(오른쪽)과 비교하여 구리의 결핍에 의한 퇴록과 생장의 위축. (F) 구리가 결핍된 식물에서 이삭의 크기의 감소, 낟알수와 크기의 감소. [사진제공: (A-C) University of Florida, (D-F) I.R. Evans, W.C.P.D.]

그림 10-13 나트륨 함량이 높고 산도가 높은 알칼리 토양에서 콩의 퇴록. (A) 먼 거리에서 관찰되는 콩밭에서 퇴록. (B) 콩밭의 퇴록의 근접관찰 및 콩 유묘의 사멸. [사진제공: E.J. Penas.]

만 에이커의 알칼리 토양에서 재배된 콩은 퇴록과 누렁이 현상을 보이는데(그림 10-13A, 10-13B), 그런 지역의 토양산도는 7.5이거나 그 이상이다. 반대로 토양이 너무 산성일 때는 어떤 종류의 식물은 생장에 해를 받으며, 여러 가지 증상이 발생하기도 한다. 식물체는 대개 pH가 4~8인 토양에서 잘 자라는데, 어떤 식물체는 다른 식물체보다 낮은 산도, 어떤 식물체는 더 높은 산도에서 더 잘 자란다. 블루베리는 산성토양에서 잘 자라며, 반면에 알팔파는 알칼리성 토양에서 가장 잘 자란다. 낮은 산도에서 발생하는 피해는 대부분 산성용액에서는 무기염의 용해도가 매우 높아지기 때문이다. 따라서 이렇게 녹아나온 염들의 농도가 높아져 앞서 언급했듯이 식물체가 과량으로 흡수하여 직접적인 피해를 받거나 다른 필수요소들의 흡수가 방해되어 양분결핍증이 발생한다.

붕소, 망간, 구리 등은 식물에 가장 흔하게 무기물 독성에 의한 질병을 일으키는 원소들이며, 알루미늄이나 철도 산성토양에서 역시 식물에 피해를 준다. 과도한 붕소는 여러 채소와 수목에 피해를 준다. 과도한 망간은 목화의 주름진 잎과 사과나무 Red Delicious 품종의 내부껍질의 괴사 등 여러 작물에 여러 가지 병을 일으키는 것으로 알려져 있다. 겨울철의 온도가 매우 낮고 눈이 많이 내리는 북부지방에서 길의 눈이나 얼음을 제거하기 위하여 뿌리는 염 때문에 길가의 나무가 피해를 받는 데서 볼 수 있듯이 나트륨과 염소 이온은 식물의 생장부진과 쇠락을 초래한다.

제초제에 의한 피해

식물체에 발생하는 이상 가운데 가장 흔한 것 중의 하나는 제초제의 과용에 의한 것이다. 점점 더 많은 사람들이 다양한 목적으로 제초제를 더 많이 사용함에 따라 제초제를 사용하는 사람뿐만 아니라 그들의 이웃, 그리고 제초제를 처리한 토양을 이용하는 사람들에게도 제초제는 각종 문제를 일으키고 있다.

제초제는 광엽잡초에 특이적[atrazine, simazine, (2,4-dichlorophenoxy)acetic acid (2,4-D), dicamba(Banvel-D)]으로서 옥수수나 다른 화곡류의 밭에 처리하기 위한 것이거나 벼과잡초와 몇몇 광엽잡초를 방제하기 위한 것[Dacthal, trifluralin(Treflan)]으로 목초지나 과수원, 채소밭 등에 처리하는 것이다. 어떤 제초제는 일반적인 잡초나 관목을 무차별적으로 죽이기도 한다 [glyphosate(Roundup), paraquat, terbacil(Sinbar), picloram]. 대부분의 제초제는 올바른 환경조건이 우세한 때, 즉 바른 때에 바른 용량으로 바른 식물에 처리하면 그리 위험하지 않다. 그러나 위에 열거한 조건들이 하나라도 충족되지 않은 상태에서 처리하면 제초제에 접촉된 작물에는 비정상적인 증상이 발생한다. 영향을 받은 식물체는 다양한 정도의 여러 가지 증상을 보이는데, 잎에 변형이나 누렁이(그림 10-14A~10-14D), 갈변, 마름, 낙엽, 식물체의 생장위축(그림 10-14E) 등이 나타나며, 심한 경우에는 죽는다 (그림 10-15). 이러한 피해의 대부분은 처리한 제초제의 농도가 높거나, 생육기의 너무 이른 시기나 너무 춥거나 더운

그림 10-14 제초제에 의한 식물의 피해 유형. 토마토(A), 목화(B), 파파야나무(C)에서 제초제에 의한 경엽의 뒤틀림과 기형. (D) 제초제 2,4-D에 피해를 받은 토마토 열매의 기형. (E) Methyl bromide로 비적절하게 훈증하여 발생하는 레몬나무 유묘의 황화와 위축. [사진 제공: (A,C) University of Florida, (B) S.D. Eubanks, (D) I.R. Evans, W.C.P.D., (E) J.H. Graham.]

그림 10-15 옥수수 유묘(A)와 옥수수 밭(B)에서 제초제에 의한 피해. 장미의 잎(C)과 수박(D)에서 제초제 살포에 의한 피해. [사진제공: (A,B) R. Hartzler, (C,D) University of Florida.]

날에 처리하였거나, 또는 제초제 가루나 방울이 바람에 의하여 제초제에 민감한 근처의 다른 식물체로 옮겨졌을 때 발생한다. 물론 목적에 합당치 않은 다른 용도의 제초제를 처리하였을 때도 식물체가 잡초처럼 죽기도 한다.

식물체를 심기 직전이나 심을 당시에 토양에 발아전 제초제를 처리하는 경우도 있는데, 이때 너무 많이 처리하거나 잘못된 제초제를 처리하면 때로는 종자의 발아와 유묘의 생육이 지장을 받는다. 대부분의 제초제는 처리한 후 며칠부터 몇 주 안에 다 소모되든지 아니면 불활성화된다. 그러나 어떤 것은 1년 이상 토양 속에 남아있기도 한다. 이렇게 효과 지속기간 및 잔류기간이 긴 제초제를 처리한 땅에 제초제에 감수성인 식물을 심으면 잘 자라지 못하거나 여러 가지 병징이 발생하기도 한다. 정원이나 온실을 관리하는 사람도 흔히 야외에서 잡초가 자라지 않는 토양을 발견하는 경우가 있는데, 이러한 토양은 바로 그들이 모르는 사이에 제초제가 처리된 것이다. 이러한 토양으로 화분을 만들거나 정원을 조성하면 식물이 작고 변형되며 노랗게 되고 때로는 잎 전부 또는 일부를 떨어뜨리며, 결국에는 회복되든지 아니면 죽는다.

우박피해

식물체의 생장단계, 우박의 규모, 우박의 지속시간에 따라 작물이 우박으로부터 받는 피해는 미미하거나 중간적이거나 또는 막대할 수 있다 (그림 10-16). 후자의 경우에 모든 식물체는 우박에 의해 파괴된다.

그림 10-16 수박(A), 양배추(B), 목화(C)에서 우박에 의한 피해. [사진제공: Plant Pathology Department, University of Florida.]

번개

번개는 대부분의 지역에서 극히 드문 일이나 중부 플로리다 같은 지역에서는 꽤 빈번히 발생한다. 번개가 수목을 강타하면 나무의 줄기나 큰가지가 부러지며 나무 자체가 쓰러질 수도 있다 (그림 10-17A, 10-17B). 그러나 번개가 나무나 기둥 같은 높은 물체를 강타하여 포장으로 퍼지게 되면 포장이 직접적으로나 (그림 10-17C, 10-17E, 10-17F) 간접적으로 강타 당한다 (그림 10-17F). 직접적이든 간접적이든 포장의 식물체는 전기충격을 받아 생존하기도 하나, 더 빈번하게는 번개가 강타한 인근이나 경로의 많은 식물체가 특징적 모양으로(그림 10-17C, 10-17D) 또는 커다란 원을 그리는 모양으로 죽는다 (그림 10-17E, 10-17F).

그 밖의 다른 부적당한 농경작업

제초제와 마찬가지로 여러 가지 농경작업도 부적당하게 행하여졌을 때는 식물체에 심각한 피해를 주고 많은 경제적 손실을 초래할 수 있다. 거의 모든 농경작업은 틀린 방법, 잘못된 시기, 부적당한 재료 등을 사용하면 식물체에 해를 끼칠 수 있다. 그러나 살균제, 살충제, 살선충제, 비료 등의 화학물질을 너무 높은 농도로 처리하거나 그 물질에 대하여 매우 민감한 식물체에 처리함으로써 발생하는 손실이 가장 일반적이다. 화학물질 살포에 의한 피해로서 여러 작물에서 자주 발생하는 증상은 잎에 점무늬가 생기는 것과 잎의 가장자리가 타는 것, 그리고 과실이 다발로 열리는 것 등이다 (그림 10-15C).

고랑을 너무 자주 갈거나 너무 깊이 갈면 이롭기보다는 오히려 해로운데, 그 이유는 그러한 작업은 식물체의 뿌리를 자

그림 10-17 참나무(A), 야자나무(B), 잔디밭(C,D), 양배추밭(E), 옥수수밭(F) 에서의 번개 피해. [사진제공: (A) R.J. McGovern, (B-F) Plant Pathology Department, University of Florida.]

르거나 잡아당기기 때문이다. 도로나 다른 건설공사도 때로는 근처에 있는 나무의 뿌리를 상당부분 끊어내어 나무가 마르고 쇠락하게 만든다. 부적당하거나 과도하게 관수하면 도리어 시들음을 일으키거나 이미 설명한 다른 증상도 초래할 수 있다. 아프리칸바이올렛은 잎에 찬물이 닿으면 가락지무늬 바이러스병으로 오인되는 원이나 원 모양의 무늬가 발생한다. 부엌의 개수대 밑 등 뜨거운 물이 지나가는 관 옆에 보관한 감자는 심부흑변 증상을 보인다. 철사 등으로 묶인 나무는 잘 자라지 못하며, 잎에 퇴록현상, 잎말림, 적변 등이 발생한다. 식물체의 크기에 비하여 너무 작은 화분에 심겨진 식물체의 뿌리는 심하게 변형되고 비틀리므로 식물체 전체가 잘 자라지 못한다 (그림 10-1).

스트레스에 의한 혼동하기 쉬운 병

비생물성 병의 진단은 때로 생물성 병의 진단 못지않게 어렵다. 그러나 같은 식물체에 또는 전지역에, 하나이거나 여러 가지의 비생물성 및 생물성 병이 복합적으로 발생하였을 때는 병의 진단과 각각의 상대적인 중요성의 결정은 매우 어려우며, 때로는 불가능하다.

식물체가 낮은 습도나 양분결핍, 대기오염, 결빙 등의 환경요인에 의하여 좋지 않은 방향으로 영향을 받으면, 식물체는 일반적으로 약해지는 동시에 하나 또는 그 이상의 약한 기생성 병원체의 감염에 감수성으로 된다. 예를 들면, 이미 언급한 모든 조건은 일년생식물을 *Alternaria* 에 감수성이도록 바꾸며, 여러 다년생식물을 궤양병의 병원체인 *Leucostoma(Cytospora)*와 *Botryosphaeria* 에 감수성이도록 만든다. 꽃 필 무렵의 늦서리는 때로는 *Botrytis* 나 *Alternaria, Pseudomonas* 등에 쉽게 감염되게 한다. 제초제의 피해를 받으면 *Fusarium* 과 *Rhizoctonia* 등 뿌리썩음병균에 쉽게 감염된다. 물넘침의 피해는 때로는 *Pythium* 에 의한 뿌리감염을 초래한다.

이 장에서 다룬 스트레스의 대부분은 흔히 그 스트레스에 의해 발생하는 생물성 병과 깊이 관련됨이 분명하다. 사실, 옥수수 줄기썩음병이나 나무의 쇠락, 사료용 콩과식물의 작물고갈 등 여러 식물병의 대발생 문제는 하나 또는 여러 생물적 원인에 의한 것이라고 알려졌음에도 불구하고, 이들 병은 사실 이 장에서 다룬 하나 이상의 환경요인에 의해 시작되는 것이다. 그러므로 옥수수 줄기썩음병은 여러 종류의 흔한 균류(*Fusarium, Diplodia, Gibberella*) 가운데 한 가지에 의해 일어남에도 불구하고, 실제로 봄에 칼륨의 농도가 낮고 습도가 낮을 때에만 발생하며 문제가 된다. 이와 비슷하게, 제초제가 콩, 사탕무, 목화 등의 묘목에 스트레스를 주면 이러한 식물체가 *Thielaviopsis basicola* 나 *Rhizoctonia* 에 의한 뿌리썩음병이나 모잘록병에 더 잘 걸린다.

지난 30년 동안 유럽에서는 스트레스에 의한 병의 원인과 혼동되는 한 가지 놀라운 예가 발생하고 있는데, 많은 종류의 임목, 관목, 초본식물이 정도 차이는 있지만 누렁증상, 생장부진, 잎떨어짐, 비정상적 생장, 쇠락 등을 겪으며, 마침내 죽고 말았다. 이러한 숲의 전반적인 쇠락(일명 *waldsterben*으로 불림)은 1980년 이래로 중앙유럽에서 발생하기 시작하여 널리 퍼져가고 있다. 이 쇠락은 독성이 있거나 생장에 영향을 미칠 수 있는 공기오염물질이 대기 중에 집적되어 발생하는 스트레스에 의한 것으로 보여진다. 이어서 추가적으로 영향을 끼치는 비생물성 및 생물성 유인 및 스트레스 유발요인들에 의하여 더욱 악화된다. 오존 같은 대기오염물질 그 자체는 식물에 직접적인 피해와 광합성의 감소를 초래하지만, 강하하는 산성 오염물질과 섞이면 토양을 산성화한다. 토양이 산성화되면 양분이 용탈되어 마그네슘 같은 특정 양분이 부족하게 되며, 알루미늄 같은 독성물질의 용해성은 증가하여 결국 식물체에 알루미늄독성을 일으킨다. 알루미늄독성은 식물의 털뿌리를 괴사시키고, 식물체에 수분 및 양분 스트레스를 주어서 결국에는 특히, 건조기에는 나무가 말라서 죽는다. 이러한 비생물성 요인에 의한 영향에 더하여, 영향을 받은 나무는 곤충과 *Lophodermium, Phytophthora, Armillaria* 등 잎 및 뿌리 병원체들에 대한 저항성이 약해지는데, 그 결과 식물체의 수분스트레스는 더욱 증가하며 광합성이 줄어든다.

참고문헌

Aiken, R. M., and Smucker, A. J. M. (1996). Root system regulation of whole plant growth. *Annu. Rev. Phytopathol.* **34**, 325–346.

Anonymous (1980–). Noninfectious or abiotic diseases and disorders. Chapters in each "Compendium of Diseases of . . ." specific crops. APS Press, St. Paul, MN.

Bennett, W. F., ed. (1993). "Nutrient Deficiencies and Toxicities in Crop Plants." APS Press, St. Paul, MN.

Carne, W. M. (1948). The non-parasitic disorders of apple fruits in Australia. *Bull. C.S.I.R.O. (Aust.)* **238**, 1–83.

Dodd, J. L. (1980). The role of plant stresses in development of corn stalk rots. *Plant Dis.* **64**, 533–537.

Eagle, D. J., Caverly, D. J., and Holly, K. (1981). "Diagnosis of Herbicide Damage to Crops." Chem. Publ., New York.

Evans, L. S. (1984). Acidic precipitation effects on terrestrial vegetation. *Annu. Rev. Phytopathol.* **22**, 397–420.

Kandler, O. (1990). Epidemiological evaluation of the development of Waldsterben in Germany. *Plant Dis.* **74**, 4–12.

Katterman, F., ed. (1990). "Environmental Injury to Plants." Academic Press, San Diego.

Krupa, S., *et al.* (2001). Ambient ozone and plant health. *Plant Dis.* **85**, 4–12.

Krupa, S. V., Pratt, G. C., and Teng, P. S. (1982). Air pollution: An important issue in plant health. *Plant Dis.* **66**, 429–434.

Lacasse, N. L., and Treshow, M., eds. (1976). "Diagnosing Vegetation Injury Caused by Air Pollution." Applied Science Associates, Washington, DC.

Laurence, J. A., and Weinstein, L. H. (1981). Effects of air pollutants on plant productivity. *Annu. Rev. Phytopathol.* **19**, 257–271.

Levitt, J. (1972). "Responses of Plants to Environmental Stresses." Academic Press, New York.

Pasternak, D. (1987). Salt tolerance and crop production: A comprehensive approach. *Annu. Rev. Phytopathol.* **25**, 271–291.

Penas, E. J., and Wiese, R. A. (1996). Soybean chlorosis management. Field Crops NebGuide G89–953-A, 9p.

Sandermann, H., Jr. (1996). Ozone and plant health. *Annu. Rev. Phytopathol.* **34**, 347–366.

Schoenweiss, D. F. (1981). The role of environmental stress in diseases of woody plants. *Plant Dis.* **65**, 308–314.

Schutt, P., and Cowling, E. B. (1985). Waldsterben, a general decline of forests in central Europe: Symptoms, development and possible causes. *Plant Dis.* **69**, 548–558.

Skelly, J. M., and Innes, J. L. (1994). Waldsterben in the forests of central Europe and eastern North America: Fantasy or reality? *Plant Dis.* **78**, 1021–1031.

Tucker, D. P. H., *et al.* (1994). Tree and Fruit Disorders. Fact Sheet HS-140, Florida Coop. Extension Service, 18p.

Wallace, T. (1961). "The Diagnosis of Mineral Deficiencies in Plants by Visual Symptoms." Stationery Office, London.

제 11 장

균류에 의한 식물병

서론

균류(fungi)는 작아서 일반적으로 육안으로 그 형태를 판별하기 어려운 현미경적 존재이며, 진핵생물이며, 대개 실모양이며, 분지하며, 포자를 형성하며, 엽록소가 없다. 균류의 세포벽은 그 골격구조가 카이틴과 글루칸으로 구성되어 있으며, 이것들은 다당류 및 당단백질로 이루어진 기질에 박혀있다. 난균류(卵菌類; Oomycetes)는 1990년까지만 해도 진균(眞菌, true fungi)으로 여겼으나 지금은 유사균류(類似菌類; pseudofungi)에 넣어 진균과는 구별하고 있다. 난균의 세포벽은 카이틴이 없고 대부분 글루칸 및 소량의 셀룰로스로 구성되어 있는 것이 특징이다. 분류학적으로 현재 난균류는 균계(菌界; kingdom Fungi)가 아닌 색조류계(色藻類界; kingdom Chromista)에 넣고 있다. 그러나 많은 점에서 균류와 유사한 특징이 있고, 적어도 식물에 병을 일으키는 방식에서는 균류와 유사하기 때문에 여전히 균류로 취급한다.

십만 종 이상의 균류는 엄밀한 의미의 **부생균**(腐生菌; **saprophyte**)으로서 죽은 유기물을 분해하여 살아간다. 사람이나 동물의 피부 또는 그 부속기관에 질병을 일으키는 균류는 각각 50여 종 뿐이다. 그렇지만 1만 종 이상의 많은 균류가 식물에 병을 일으킨다. 거의 모든 식물은 몇몇 균류에 의해 침입을 받을 수 있다. 각각의 식물기생균류는 한 종류의 기주식물만 침입하기도 하지만, 여러 종의 식물을 침입하기도 한다. **절대기생균**(絕對寄生菌; obligate parasite) 즉 **활물기생균**(活物寄生菌; biotroph)은 균류의 생장 증식 등 모든 생활사의 과정을 살아있는 식물에서만 영위한다. 그러나 **비절대기생균**(非絕對寄生菌; nonobligate parasite)은 생활사의 일정 부분만 기주식물에 의존하고 나머지는 죽은 유기물에 의존한다. 이들은 살아있는 식물에서 뿐만 아니라 죽은 유기물에서도 생장하고 증식할 수 있다. 이러한 비절대기생균류는 주로 기생균으로 작용하면 **임의부생균**(任意腐生菌; facultative saprophyte)이라고 부르고, 주로 부생균으로 작용하면 **임의기생균**(任意寄生菌; facultative parasite)이라고 부른다.

해설 16 균류에 관한 몇 가지 흥미로운 사실

균류에 대하여 대부분의 사람은 곰팡이가 핀 빵이나 땅 또는 나무 위에 자라는 버섯, 어떤 사람은 피자나 스테이크와 함께 먹는 버섯 정도를 떠올릴 것이다. 현재까지 발견되어 보고된 균류는 7만~150만종으로 추정된다. 그러나 이러한 사실과 더불어 균류에 대한 다소 흥미로운 사실이 많다.

처음에는 균류를 엽록소가 없는 식물로 생각했다. 더 이상은 아니다! 균류는 진정핵을 가진 다른 진핵생물의 계(kingdom), 즉 식물계(Planta; 광합성을 하는 식물), 동물계(Animalia; 섭식을 하는 동물), 색조류계(Chromista; 대부분 다세포 조류), 원생동물계(Protozoa; 대부분 식균영양성 단세포 생물)와 동등한 별도의 계(Fungi; 균계)로 인식되고 있다. 진핵생물의 이러한 5계에 더하여 원핵생물(진정한 핵이 없다) 2계, 즉 고세균계(Archaea)와 세균계(Bacteria; 단세포 원핵생물)가 있다. 실제 생물의 최근 분류학적 재편에서 가장 오래전에 알려진 식물병원균인 감자 역병균과 노균병균을 비롯하여 배추 무사마귀병균이 균계에서 제외되어 각각 색조류계와 원생동물계에 소속되었다.

진정균류는 균사체와 공기전파성 포자를 갖는 지상의 생물군이다. 그렇지만 일부는 물속에서 헤엄칠 수 있는 편모를 가진 유주포자를 형성한다. 비록 대부분의 균류는 작아서 현미경을 통해서만 볼 수 있고, 효모는 단세포로 되어 있지만, 일부 균류는 상당히 큰 버섯을 형성한다. 실제로 버섯을 형성하는 균류의 일부는 어떤 종류보다 가장 큰 생명체이다. 예를 들면, 영국에서 어떤 버섯은 1996년에 직경이 170cm이고 무게가 284kg이었으며, 아직도 1년에 직경이 20cm씩 자라고 있다. 캐나다에서 한 말불버섯은 둘레가 300cm이고 무게가 22kg이었다. 2000년 8월까지 단포자로부터 형성된 가장 큰 생물체는 뽕나무버섯류의 한 종인 *Armillaria ostoyae* 인데, 이 균은 땅 속에서 자라며 워싱턴주의 Mount Adams 근처에서 약 1,500 에이커의 면적에 걸쳐 버섯을 형성하였다. 2000년 8월에 오레곤주의 Prairie시 동쪽 산림에서 또 다른 *A. ostoyae* 는 직경 3.5 마일, 즉 미식 축구장 1,600개의 면적에서 자라며 버섯을 형성하는 것으로 발견되었다. 이 균은 땅속 약 100cm 깊이에서도 발견되었다. 아직 이 균의 무게는 아무도 추정하지 못했지만, 하나의 포자가 이처럼 거대한 크기가 되려면 2,400년의 세월이 필요한 것으로 추정된다. 이 균의 가장자리에 발생한 모든 버섯이 한 개체의 생물로부터 유래했다는 사실은 의문시되는 지역이 많은 균사체 시료 및 자라나는 버섯의 DNA 동정으로 증명되었다.

나무를 죽임으로써 때때로 상당한 피해와 손실을 일으키는 뽕나무버섯 같은 균류는 수목, 관목, 다른 식물체를 썩히고 부후시킴으로써 죽은 나무를 토양으로 순환시키고 새로운 식물이 자랄 수 있는 공간을 만들어 자연과 인간에게 매우 귀중한 봉사를 한다.

그러나 많은 균류는 활물기생체로 식물, 동물과 다른 생물을 공격하여 병을 일으키기도 하지만, 어떤 경우에는 공생관계로 발전된다. 그래서 균류와 광합성 조류나 남조류(시아노세균) 사이의 공생관계는 **지의류**(地衣類; lichen)를 형성하고, 균류와 고등식물의 뿌리와의 공생관계는 **균근**(菌根; mycorrhiza)을 이룬다. 또 식물에서 양분을 획득하지만 그 식물을 외부 요인으로부터 일정한 보호역할을 제공하는 줄기 및 잎의 내생균(endophyte)도 있다.

이러한 균류의 가장 잘 알려진 역할은 *Penicillium* 에서 유래하여 인간이나 동물의 병원성 세균을 억제하는 penicillin 같은 항생물질의 생성이다. 균류는 인류 복지에 많은 기여를 한다. 효모는 밀과 다른 곡류로부터 빵을, 우유로부터 치즈와 요구르트를, 포도로부터 포도주를, 보리로부터 맥주를, 호밀이나 감자 등으로부터 술(증류주)을 만드는 효소를 생성한다. 또한 여러 균류가 어떤 유기산, 항생물질, 호르몬, 효소 등의 생산, 축적, 방출을 위하여 쓰이거나 어떤 물질을 얻기 위해 탄수화물의 분해에 이용되기도 한다.

그러나 식물에 병을 일으키는 것을 포함하며 인간에게 부정적인 역할을 하는 균류도 있다. 어떤 균류는 인간을 곤경에 빠트리는 폐렴, 계곡열(valley fever) 등의 질병을 일으킨다. 많은 균류의 포자는 인간에게 알러지와 건초열(hay fever)을 일으키며, *Aspergillus*, *Claviceps*, *Fusarium*, *Penicillium* 같은 균류는 균독소를 생성한다. 또한 광대버섯류(*Amanita*) 같은 균류는 독성물질을 갖고 있어서 먹는 사람에게 강한 독성을 나타내어 수분 내에 죽음에 이르게 한다.

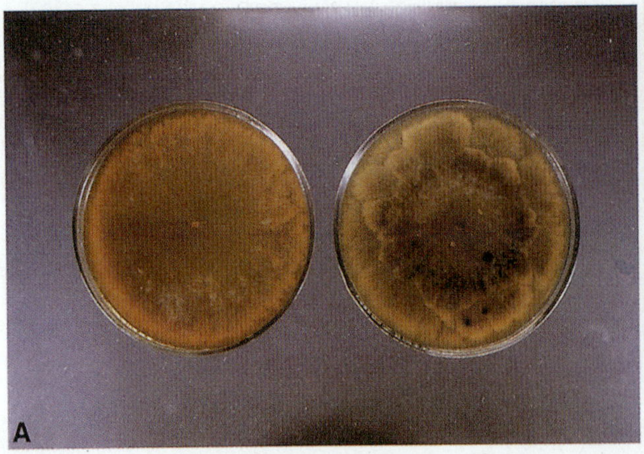

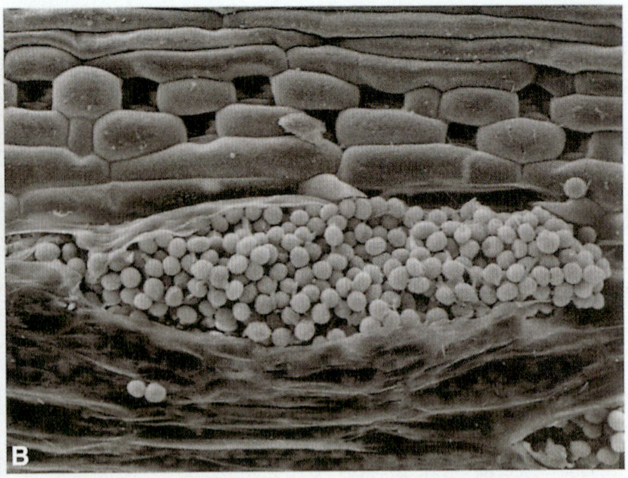

그림 11-1 (A) 한 영양배지 위에서 자라고 있는 사과나무를 감염시키는 균류, 겹무늬썩음병균(*Botryosphaeria*)의 두 배양체의 영양체(균사체) 모습. (B) 잎에 깜부기병을 일으키는 균에 의하여 형성된 포자(겨울포자). [사진제공: Mims *et al.* (1998). *Intern. J. Pl. Sci.* **153**, 289-300.]

식물병원균류의 특징

형태

균류는 대부분 **균사체**(菌絲體; mycelium)라고 통칭되는 실 모양의 영양체를 가지고 있다. 균사체는 모든 방향으로 가지를 뻗는다 (그림 11-1A). 균사체의 가지 하나하나를 **균사**(菌絲; hypha)라 하며, 일반적으로 그 직경은 일정하여 1~2㎛ 정도이지만, 100㎛가 넘는 균류도 있다. 균사체의 길이는 단지 수 ㎛이지만 수 m에 이르는 균류도 있다. 세포당 한 개 또는 2개의 핵을 가진 균류가 있는가 하면, 균사체가 격벽에 의해 구분되지 않아 많은 핵을 가진 균류도 있다. 균사체의 생장은 균사 선단부에서 일어난다. 하등균류 중에서는 진정한 균사체 대신에 **근상균사체**(根狀菌絲體; rhizomycelium) 를 형성하기도 한다. 근상균사체는 부정형이고 직경이 매우 불규칙적인 영양체를 말한다. 끈적균류(粘菌類; Myxomycota) 및 무사마귀병균류(내부기생점균류; Plasmodiophoromycetes)는 이전에 하등균류로 여겼지만, 최근에는 원생동물계(原生動物界; kingdom Protozoa)에 넣고 있다. 이들은 균사체 대신 세포벽이 없고 아메바 모양이며 다핵세포로 이루어진 **변형체**(變形體; plasmodium)를 형성한다.

생식

균류는 주로 **포자**(胞子; spore)로 증식한다 (그림11-1B, 11-2). 포자는 한 개 또는 몇 개의 세포로 이루어진 생식체(生殖體; reproductive body)이다. 포자는 마치 식물의 나뭇가지에서 눈이 생기는 것처럼 무성적으로 형성되거나 유성생식의 결과로 형성된다. 어떤 균류는 **포자낭**(胞子囊; sporangium) 속에 무성포자를 형성한다. 이러한 포자 중에서 편모로 헤엄치는 것을 **유주포자**(遊走胞子; zoospore)라고 한다. 또 다른 균류는 **분생포자**(分生胞子; conidium)라는 무성포자를 형성하는데, 이것은 **분생포자경**(分生胞子梗; conidiophore)이라는 균사의 특별한 정단세포 또는 그 주변 측면세포에서 형성된다. 몇몇 균류에서 분생포자경은 분생포자가 때때로 사슬로 매달려 있는 피알리드(phialide)라고 불리는 짧은 균사를 형성한다. 그러나 대부분의 균류에서 분생포자는 분생포자경 끝에 노출되어 형성되거나, **분생포자각**(分生胞子殼; conidioma)이라는 두꺼운 벽(세포벽)을 가진 구조체 안에 형성된다. 플라스크 모양의 분생포자각을 특별히 **병자각**(柄子殼; pycnidium)이라고 한다. 어떤 균류는 균사의 선단 또는 중간에 **후벽포자**(厚壁胞子; chlamydospore)를 형성하는데, 이것은 그 부분 세포가 둥글어지고 두꺼운 벽을 가지게 되며, 나중에는 따로 떨어져서 하나의 포자로 된 것이다.

유성생식은 대부분의 균류에서 일어난다. 접합균류는 비슷한 크기의 두 세포(배우자; gamete)가 합체되어 하나의 접합체를 형성하는데, 이를 **접합포자**(接合胞子; zygospore)라고 한다. 병꼴균류는 모양이나 크기가 서로 같거나 다른 2개의 운동성 배우자가 융합하여 **감수분열포자낭**(減數分裂胞子囊; meiosporangium)을 형성한다. 일부 균류는 명확한 배우자를 형성하지 않고 단지 한쪽의 균사가 다른쪽의 친화적 균사와 합체하기도 한다. 자낭균류는 **자낭**(子囊; ascus)이라는 주머니 모양의 접합체 세포 안에 흔히 8개의 유성포자를 형성하는데, 이를 **자낭포자**(子囊胞子; ascospore)라고 한다. 담자균류는 유성포자를 **담자기**(擔子器; basidium)라는 곤봉 모양의 접합체 세포 바깥에 형성하는데, 이를 **담자포자**(擔子胞子; basidiospore)라고 한다. 색조류(色藻類; Chromista)에 속하는 유

그림 11-2 유사균류에 속하는 난균류 및 주요 균류의 전형적인 포자와 자실체.

사균류인 난균류는 크기와 모양이 서로 다른 배우자낭을 통하여 접합자를 형성하는데, 이를 **난포자**(卵胞子; **oospore**)라고 한다. 불완전균류(mitosporic fungi, 옛 이름 fungi imperfecti 또는 deuteromycetes)는 유성생식이 알려져 있지 않다. 유성생식이 아예 없거나 아직도 밝혀지지 않았기 때문이다. 외견상 이 균류는 오직 무성생식만 할 뿐이다.

생태

거의 모든 식물병원균류는 생활사의 일부를 기주식물에서, 나머지는 토양 속에서 또는 토양에 떨어진 식물의 잔재물에서 보낸다. 어떤 균류는 생활사의 대부분을 전적으로 기주식물에서만 보내는 **활물기생균**(活物寄生菌; **biotroph**)이다. 단지 포자가 땅에 떨어져서 기주 바깥에서도 있을 수 있지만 활력을 잃게 마련이며, 식물체에 접촉할 수 있을 경우에만 식물에서 다시 생장하고 증식할 수 있는 것들이다. 반면 사과나무 검은별무늬병균(*Venturia*) 같은 균류는 자연계에서 균의 생활사를 완성하기 위해 반드시 기주식물에서 기생생활을 영위한 후에 같은 기주식물의 죽은 조직에서 부생생활을 하는 **반활물기생균**(半活物寄生菌; **hemibiotroph**)이다. 그러나 이러한 균류는 기주식물 조직이 살아있든 죽었든 항상 기주식물과 연관해서만 살 수 있고, 자연 상태에서 다른 어떠한 유기물에서도 자라지 못한다. 세 번째 부류의 균류는 **임의부생균**(任意腐生菌; **facultative saprophyte**)이다. 이러한 균류는 기주식물에서 기생적으로 자랄 수도 있지만, 그 식물 조직이 죽었을 때는 부생적인 생활을 더 활발히 영위해서 증식하며, 더욱이 기주식물이 죽고 나서 그 기주식물 잔재물과 함께 토양 속에 함입되었을 때는 토양 또는 죽은 식물의 다른 조직에서도 엄밀한 뜻의 부생생활로 증식한다. 이러한 균류가 부생적으로 정착하는 죽은 식물은 그 균류가 기생했던 식물이 아닌 경우도 많다. 이러한 균류는 대개 토양병원균(soil pathogens)으로 그 기주범위가 넓고, 기주식물 없이도 토양 속에서 수년간 생존할 수 있다. 그렇지만 이것들도 토양 내에서 일정 수준이상의 밀도를 유지하기 위해 때때로 기주식물을 침입할 필요가 있는데, 토양 속에 부생적으로만 생육할 경우에는 그 균의 밀도가 급격히 떨어진다. 마지막으로 어떤 균류는 부생체로서 토양 속 또는 그 밖의 장소에서 완벽히 잘 생존할 수 있지만 어떤 경우에 식물 기관과 접촉하면 식물에 기생하여 병을 일으킬 수 있는 **임의기생균**(任意寄生菌; **facultative parasite**)이다.

균류가 식물에 기생하는 것을 식물세포 및 조직과 관련하여 살펴보면 몇 가지 유형으로 나눌 수 있다. 흰가루병균과 같은 균류는 식물의 표면에서만 균사체들이 서식 생장하고 식물의 표피세포 안쪽으로는 영양흡수기관, 즉 흡기만을 보낸다. 반면, 사과나무 검은별무늬병균(*Venturia*) 같은 균류는 식물의 큐티클과 표피세포 사이에서만 자란다. 식물 세포의 세포간극에서만 생장하고 세포 안으로는 흡기만을 투입하는 병원균이 있는가 하면, 식물세포를 세포 내부와 세포간극을 구별하지 않고 무차별로 생장하는 것도 있다. 유관속시들음병을 일으키는 *Fusarium*은 감염된 식물의 물관 속에서만 생장하지만, 소위 내생균은 식물에 아무런 병징을 나타내지 않고 식물기관 내의 세포간극에서만 서식한다. 절대기생균(활물기생균)은 죽은 식물 세포에서는 양분을 취할 수 없기 때문에 오직 살아있는 식물세포와 관계를 맺어야만 생장할 수 있다. 한편, 비절대기생균의 균사체는 결코 살아있는 세포와는 아무 관계를 맺지 못한다. 균사체가 살아있는 식물세포에 접근하기 전에 효소 또는 독소를 분비해서 식물세포를 연화시켜 붕괴함으로써 결국 죽여 버리기 때문이다. 그렇지만 병원균이 기주식물의 어느 부분에 존재하는가에 관계없이 번식체(포자)는 대부분 기주 조직의 표면이나 그 인접부위에 주로 형성된다. 그래서 쉽고 효과적인 전반이 이루어진다.

대부분 식물병원균의 생존과 그 활동은 온도 및 습도 또는 수분 환경조건에 의해 크게 좌우된다. 기주식물체의 내부 또는 외부에서 식물병원균 균사체는 상당한 습윤 조건의 어떤 온도범위(-5℃~45℃) 내에서만 생존할 수 있다. 그러나 대부분의 포자는 보다 넓은 범위의 온도 및 습도조건에서 생존할 수 있다. 따라서 한랭한 겨울이나 고온건조한 여름에도 균류는 번질 수 있다. 그러나 포자 역시 발아를 위하여 적절한 온도 및 습도를 요구한다. 유주포자를 형성하는 병원균은 유주포자의 형성, 이동, 발아에 자유수가 꼭 있어야 한다.

전반

유주포자만이 스스로 능동적으로 움직일 수 있는 유일한 균류의 구조체이다. 그러나 그것도 매우 단거리(몇 mm 내지 몇 cm)만 가능하다. 유주포자는 끈적균류, 난균류, 병꼴균류만 형성할 뿐이다. 그러므로 대부분 식물병원균의 식물체간 이동이나 같은 식물체 내에서의 이동도 전적으로 바람, 물, 곤충 또는 동물 및 사람에 의해 우발적으로 일어나는 것이다. 균류는 주로 포자 상태로 전반된다. 균사 절편이나 균핵으로 불리는 단단한 균사덩어리도 앞서 언급한 이동수단에 의해 전반될 수 있지만 그 정도는 포자에 비해 훨씬 적다. 포자전반은 거의 모든 균류에서 수동적으로 일어나지만 어떤 균류에 있어서는 포자의 초기 방출이 매우 격렬한 것도 있다. 포자의 전반거리는 그 이동수단에 따라 각각 다르다. 물론 그 중에서도 바람이 가장 중요한 전반 수단으로 먼 거리로 포자를 이동시킨다. 그렇지만 어떤 균류는 바람보다 오히려 물이나 곤충이 포자의 이동 전반에 더 중요한 역할을 한다.

식물병원균류의 분류

식물에 병을 일으키는 균류는 다양한 분류 집단을 이룬다. 식물병원균류는 실로 그 수가 방대하고 매우 다양하므로 여기에서는 중요한 식물병원균에 대하여 간략하게나마 분류 대강만을 나타낸다. 이전에 하등균류로 통칭하던 유사균류는 요즘은 **원생동물계**(原生動物界; **kingdom Protozoa**, 예: 끈적균류와 무사마귀병균류) 및 **색조류계**(色藻類界; **kingdom Chromista**, 예: 난균류)에 포함시킨다. **진균**(眞菌; **the true fungi**)에는 병꼴균, 접합균, 자낭균, 담자균, 불완전균이 있으며, 이를 **균계**(菌界; **kingdom Fungi**)라고 한다.

최근의 분류체계는 생물을 더 이상 계로 분류하지 않는다. 대신에 5가지의 상위분류군으로 나눈다. 두 분류군, 즉 고세균과 진정세균은 원핵생물로서 진정한 의미의 핵이 없다. 다른 한 분류군인 진핵생물은 진정한 핵을 가진 식물, 동물, 균류와 우리에게 친숙한 모든 다른 생물을 포함한다. 그 밖에 바이러스와 바이로이드가 있다. 모든 균류와 유사균류는 진핵생물로 아래의 군에 속한다.

진핵생물(Eukaryota)
- Mycetozoa - 변형체 또는 변형체 유사 구조체 형성
  - Dictryosteliida - 세포성 끈적균류(cellular slime molds)
  - Myxogastria - 변형체형 끈적균류(plasmodial slime molds)
- Plasmodiophoridae - 내부 기생성 끈적균류(endoparasitic slime molds)
- Stramenopiles(크로미스타계), heteroconts, 2개의 편모를 가지고 그 중 하나는 속이 빈 세가닥의 실 모양(hollow tripartite hairs)
- Oomycetes - 균사에 격벽이 없고, 유주포자낭 안에 2개의 편모를 가진 유주포자와 난포자를 형성

균계(Fungi)
- 병꼴균문(Chytridiomycota) - 꼬리부분에 1개의 편모를 가진 유주포자와 둥글거나 가늘고 긴 균사체 형성

접합균문(Zygomycota – 유주포자낭 안에 비운동성 무성 포자를 형성하며, 휴면포자는 접합포자

자낭균문(Ascomycota) – 유성포자로 자낭 안에 자낭포자 형성, 비운동성의 무성포자로 분생포자 형성

담자균문(Basidiomycota) – 유성포자로 담자기 위에 담자포자를 형성

이러한 분류 체계는 미래에 널리 사용되리라 여겨진다. 그러나 연속성과 기존의 참고문헌, 최근까지 널리 사용하는 분류체계를 좀 더 상세하게 제시한다.

유사균류(類似菌類; Fungal-like Organisms)

Ⅰ. **원생동물계 (Kingdom: Protozoa)** — 단세포형, 변형체형, 집락형, 또는 간단한 다세포형 및 식세포형 미생물. 이 계에는 유사균류인 끈적균류와 무사마귀병균류를 비롯하여 많은 미생물이 포함됨.

끈적균문 (Phylum: Myxomycota) — 변형체 또는 유사변형체를 형성함.

끈적균강 (Class: Myxomycetes) (the slime molds) — 균체는 나출된 부정형 변형체. 유주포자(유영세포)를 형성. 땅에 붙어사는 식물 표면에 살면서 때로 식물체의 일부를 덮음. 식물체를 감염시키지는 않음.

자색점균목 (Order: Physarales) — 포자와 자실체를 만드는 부생성 변형체를 형성. 유주포자는 2개의 편모를 가짐.

속: *Fuligo, Mucilago, Physarum* 등은 지면 가까이에 있는 식물체를 뒤덮어 끈적균병을 일으킴.

사마귀병균문 (Phylum: Plasmodiophoromycota) (the Plasmodiophoromycetes — endoparasitic slime molds) (근류병균류 – 내부기생성 끈적균)

무사마귀병균목 (Order: Plasmodiophorales) — 식물의 뿌리와 줄기의 세포 내에 변형체 형성. 유주포자는 2개의 편모를 가짐. 절대기생체.

속: *Plasmodiophora, P. brassicae*가 십자화과식물에 무사마귀병을 일으킴.
*Polymyxa, P. graminis*가 맥류에 기생하며, 식물바이러스를 매개함.
*Spongospora, S. subterranea*가 감자 가루더뎅이병을 일으킴.

Ⅱ. **색조류계 (Kingdom: Chromista)** (Stramenopiles) — 단세포 또는 다세포, 사상형 또는 집락형, 주로 광의존의 영양생물군. 일부는 관상 편모 부속기를 갖거나 조면 소포체에 엽록체를 가짐. 갈조류, 규조류, 난균류 등이 포함됨.

난균문 (Phylum: Oomycota) — 유주포자에 앞쪽을 향한 긴 깃털모양 편모와 뒷쪽을 향한 짧은 꼬리모양 편모를 가짐. 균체의 핵상은 배수체, 배우자낭을 형성할 때 감수분열을 함. 배우자낭 접촉으로 두꺼운 세포벽을 가진 유성포자인 난포자를 형성. 세포벽은 글루칸과 소량의 hydroxyproline 및 셀룰로스를 함유함.

난균강 (Class: Oomycetes) (물곰팡이류 the water molds, 흰녹가루병균 white rusts, 노균병균 downy mildews) — 무격벽의 긴 균사체 형성. 유주포자낭에 유주포자 형성. 유주포자에 2개의 편모를 가짐. 형태적으로 상이한 장정기(藏精器)와 장란기(藏卵器)라는 배우자낭의 결합에 의해 유성적 휴면포자인 난포자를 형성함.

물곰팡이목 (Order: Saprolegniales) — 잘 발달된 균사체를 가짐. 균사에 부착된 긴 원통형의 유주포자낭에 유주포자 형성. 일반적으로 하나의 장란기에 여러 개의 난포자 형성.

속: *Aphanomyces, A. euteiches*가 완두 뿌리썩음병을 일으킴.

노균병균목 (Order: Peronosporales) — 균사체는 잘 발달, 무격벽, 분지, 기주에서 세포간 또는 세포내 존재, 흔히 흡기 형성. 유주포자낭은 난형 내지 레몬형, 균사 위 또는 포자낭경에 형성. 포자낭은 대부분의 종에서 유주포자를 형성하나 일부 종에서는 직접발아하여 발아관 형성. 유성생식은 특징적인 장란기와 장정기가 융합함으로써 난포자를 형성. 난포자는 종에 따라 유주포자가 들어있는 포자낭을 형성하거나 직접발아하여 발아관을 형성하는데, 발아 후 곧 포자낭을 형성하기도 함.

부패균과 (Family: Pythiaceae) — 포자낭(대부분은 유주포자낭)은 영양균사에 직접 형성되거나 무한 생장하는 균사의 끝에 형성되어 떨어져 나감. 장란기는 세포벽이 얇음. 임의기생체.

속: *Pythium*, 유묘의 잘록병, 종자썩음병, 뿌리썩음병, 줄기 병반, 지제부 근처에 과채류와 괴경의 썩음병, 잔디 솜털썩음병 등을 일으킴.

Phytophthora, *P. infestans*가 감자 역병을 일으키며, 많은 종이 주로 뿌리와 줄기썩음병, 다육질의 과실과 채소의 썩음병, 궤양병과 줄기마름병을 일으킴.

노균병균과 (Family: Peronosporaceae) (the downy mildews) — 포자낭은 유한 생장하는 포자낭경에 형성. 포자낭은 공기전염됨. 절대기생체.

속: *Plasmopara*, *P. viticola*가 포도나무 노균병을 일으킴.

Peronospora, *P. tabacina*가 담배 노균병을 일으킴.

Bremia, *B. lactucae*가 양상추 노균병을 일으킴.

Pseudoperonospora, *P. cubensis*가 각종 박과작물에 노균병을 일으킴.

Peronosclerospora, *P. philippinensis*가 옥수수에, *P. sacchari*가 사탕수수 및 옥수수에, *P. sorghi* 가 수수에, 그리고 기타 작물에 노균병을 일으킴.

Sclerophthora , 옥수수에 노균병(crazy top)을 일으킴.

Sclerospora, 조 및 각종 벼과작물에 노균병을 일으킴.

흰녹가루병균과 (Family: Albuginaceae) (the white rusts) — 포자낭은 연쇄상으로 형성.

속: *Albugo*, *A. candida*가 십자화과식물에 흰녹가루병을 일으킴.

진정균류(眞正菌類; True Fungi)

균계 (Kingdom: Fungi) — 균사체 형성, 세포벽은 글루칸과 카이틴 함유. 엽록체 없음.

병꼴균문 (Phylum: Chytridiomycota) — 유주포자를 형성하며, 후방에 1개의 편모를 가짐.

병꼴균강 (Class: Chytridiomycetes) — 격벽이 없는 구형 또는 장타원형의 균체를 가짐.

속: *Olpidium*, *O. brassicae*가 양배추 등의 뿌리에 기생하며, 식물바이러스를 매개함.

Physoderma, *P. maydis*가 옥수수 갈색점무늬병을 일으킴.

Urophlyctis, *U. alfalfae*가 알팔파 crown wart병을 일으킴.

Synchytrium, *S. endobioticum*이 감자 암종병을 일으킴.

접합균문 (Phylum: Zygomycota) — 포자낭에 비운동성 포자 형성. 유주포자 없음. 휴면포자는 접합포자. 접합포자는 형태적으로 유사한 두 배우자의 접합으로 형성함.

접합균강 (Class: Zygomycetes) (the bread molds) — 부생성이거나, 식물, 인간, 동물에 기생성.

털균류목 (Order: Mucorales) — 포자낭 끝에 비운동성의 무성포자 형성.

속: *Rhizopus*, 빵곰팡이와 각종 과일 및 채소류에 무름병을 일으킴.

Choanephora, *C. cucurbitarum*이 호박에 무름병을 일으킴.

Mucor, 빵곰팡이와 과일 및 채소류의 저장 중에 부패병을 일으킴.

내생균근균목 (Order: Glomales) — 내생균근으로도 알려진 VA균근 형성. 수지상체를 식물뿌리에 형성. 후벽포자 같은 단단한 포자를 토양이나 뿌리 또는 포자과에 1개씩 형성. 유성생식은 드묾.

속: *Glomus*, *Acaulospora*, *Gigaspora*, *Scutellospora*

자낭균문 (Phylum: Ascomycota) (ascomycetes, the sac fungi) — 대부분 유성세대와 무성세대를 가짐. 유성포자는 자낭포자로서 보통 자낭 내에 8개씩 가짐. 무성포자(분생포자)는 자유균사(분생포자경) 위 또는 무성자실체(병자각, 분생포자층 등) 안에 형성.

Ⅰ. 원생자낭균강 (Class: Archiascomycetes) — 특징짓기 어려운 다양한 균류 집단.

외자낭균목 (Order: Taphrinales) — 2핵의 자낭형성 세포로부터 자낭 형성.

속: *Taphrina*, 복숭아나무 잎오갈병, 자두나무 보자기열매병, 참나무 leaf blister병 등을 일으킴.

Ⅱ. 효모강 (Class: Saccharomycetes) (the yeasts) — 자낭은 나출, 자낭과는 없음. 대부분 출아법으로 번식하는 단세포 균류.

속: *Galactomyces* , 귤나무류에 sour rot병을 일으킴.
Saccharomyces, *S. cerevisiae*는 빵효모임.

Ⅲ. **균사자낭균강 (Filamentous Ascomycetes)**

흰가루병균목 (Order: Erysiphales) (the powdery mildew fungi) — 완전히 막힌 자실체인 자낭구 안에서 자낭 형성. 균사체, 분생포자, 자낭구가 기생식물 표면에 존재. 절대기생체.

속: *Blumeria*, 맥류 및 잔디류에 흰가루병을 일으킴.
Erysiphe, 많은 초본류에 흰가루병을 일으킴.
Leveillula, 고추, 토마토 등에 흰가루병을 일으킴.
Microsphaera , 라일락 흰가루병을 비롯하여 각종 수목에 흰가루병을 일으킴.
Oidium (무성세대만 존재), 토마토 흰가루병을 일으킴.
Podosphaera, *P. leucotricha*가 사과나무 흰가루병을 일으킴.
Sphaerotheca, *S. pannosa*가 장미와 복숭아나무에 흰가루병을 일으킴.
Uncinula, *U. necator*가 포도나무 흰가루병을 일으킴.

A. **자낭각균강 (Pyrenomycetes: Ascomycetes with perithecia)** — 엉성한 균사층에 묻혀 자좌에서 또는 완전히 노출되어 자낭각(때로는 자낭구)을 형성. 자낭은 하나의 겹막을 가짐.

육좌균목 (Order: Hypocreales) — 자좌는 담색 내지 청색, 자색 또는 다양함. 자낭은 난형 내지 원통형으로 머릿구멍(孔口)을 가짐. 자낭포자는 구형 내지 침형, 단세포 또는 다세포, 흔히 물리적으로 힘차게 방출됨. 분생포자는 피알리드를 가진 분생포자경에서 형성. 일부 종은 인축에 독성이 있는 물질을 생성. 일부 종은 생장조절물질을 생성. 일부 종은 다른 균류에 길항적이거나 기생성. 일부 종은 많은 곡류와 벼과 목초류에 전신기생체, 즉 내생균으로 존재하며 이를 뜯어먹는 동물에 독성을 나타냄.

속: *Hypocrea*, 몇몇 식물병원균류의 생물적 방제에 이용되는 *Trichoderma* 와 *Gliocladium* 을 무성세대로 갖는 종들이 포함됨.
Melanospora , 이 속의 무성세대인 *Phialophora* 와 *Gonatobotrys* 가 *Ophiostoma*, *Ceratocystis*, *Fusarium*, *Verticillium* 등 중요한 식물병원균을 비롯한 많은 균류의 균사에 기생함.
Nectria, 각종 수목의 가지와 줄기에 궤양병을 일으킴.
Gibberella , 벼 키다리병, 옥수수 이삭썩음병, 맥류 붉은곰팡이병 등을 일으킴.
Claviceps, *C. purpurea*가 인축에 독성을 나타내는 귀리 맥각병을 일으키고, *C. sorghi* 가 수수 맥각병을 일으킴.
Epichloe , 각종 목초류에 내생균으로 존재하며, 무성세대는 *Acremonium* 속임.
Balansia, 벼과 및 사초과 목초류에 내생균으로 존재함.
Atkinsonella , 벼과 및 사초과 목초류에 내생균으로 존재함.
Myriogoenospora , 벼과 및 사초과 목초류에 내생균으로 존재함.

소자낭균목 (Order: Microascales) — 자좌는 없음. 대부분 자낭각을 형성하거나 일부는 자낭구를 형성. 자낭은 구형 내지 난형이며, 쉽게 파괴됨. 자낭포자는 단세포.

속: *Ceratocystis*, 참나무 시들음병(*C. fagacearum*); 핵과류 과수 및 각종 수목에 궤양병과 고구마 검은무늬병(*C. fimbriata*); 파인애플 butt rot병(*C. paradoxa*); 목재 표면에 변색균 또는 청변균(*C. coerulescens*) 등. *Monosporascus* , 검은점뿌리썩음병(*M. cannonballus*); 박과 작물에 뿌리썩음과 함몰.

흑종병균목 (Order: Phyllachorales) — 자낭각은 자좌에 존재하며, 자낭은 장타원형 내지 원통형, 자낭 끝에 구멍 있음. 자낭포자는 형태가 다양, 무색 또는 암색.

속: *Glomerella*, *G. cingulata*가 사과나무 탄저병을 비롯한 각종 식물의 탄저병을 일으킴; 무성세대는 *Colletotrichum gloeosporioides*.
Phyllachora, *P. graminis*가 각종 벼과식물에 점무늬병을 일으킴.

장경자낭각균목 (Order: Ophiostomatales) — 자낭각에 측사 없음. 자낭은 구형 내지 난형이며, 쉽게 파괴됨. 일부 종은 딱정벌레에 의해 전염됨. 일부 종은 목재의 변색균 또는 청변균.

속: *Ophiostoma*, *O. novo-ulmi*가 느릅나무 시들음병을 일으킴; 무성세대는 *Sporothrix* 와 *Graphium* 속.

줄기마름병균목 (Order: Diaporthales) — 자낭각은 균사조직 및 기주조직에 묻혀있거나 기주 위의 균사조직에 묻혀있음. 자낭은 원통형, 자낭 끝에 구멍 있음. 자낭포자는 하나 내지 여러 개의 격벽을 가지며, 무색 내지 갈색.

속: *Diaporthe*, 귤나무류 검은점무늬병(*D. citri*), 가지 갈색무늬병(*D. vesans*), 콩미라병(*D. phaseolorum*)을 일으킴; 무성세대는 *Phomopsis* 속.

Gnomonia, 탄저병과 점무늬병을 일으킴.

Gaeumannomyces, *G. graminis*, 맥류, 벼, 각종 벼과 목초류에 마름병을 일으킴.

Magnaporthe, *M. grisea*가 벼 도열병을 일으키며, 무성세대는 *Pyricularia oryzae*.

Cryphonectria, *C. parasitica*가 밤나무 줄기마름병을 일으킴.

Leucostoma (구명: *Valsa*), 복숭아나무 부란병을 비롯하여 각종 수목에 궤양병을 일으킴.

꼬투리버섯목 (Order: Xylariales) — 자낭각은 검은색, 혁질, 견고, 때로 자좌에 묻혀있음. 자낭은 원통형 내지 반구형. 자낭포자는 단세포 또는 다세포, 무색 또는 암색.

속: *Hypoxylon*, *H. mammatum*이 포플러나무에 궤양병을 일으킴.

Rosellinia, *R. necatrix* 가 각종 과수에 뿌리썩음병을 일으킴.

Xylaria, 각종 수목에 궤양병 및 목재부후를 일으킴.

Eutypa, *E. armeniacae*가 각종 과수에 심한 궤양병을 일으킴.

B. **소방자낭균강 (Loculoascomycetes: Ascomycetes with ascostromata)** — 자좌에 미리 형성된 소방(공실) 안에 자낭 형성. 자낭자좌는 단방성(즉, 위자낭각)이거나 다방성. 자낭은 두 겹막.

갈반병균목 (Order: Dothideales) — 소방은 측사 없고 머릿구멍으로 열려있음. 자낭은 난형 내지 원통형, 다발로 형성. 자낭포자는 단세포 또는 다세포, 무색 내지 갈색.

속: *Mycosphaerella*, 바나나 Sigatoka 병(*M. musicola* 및 *M. fijiensis*), 딸기 뱀눈무늬병(*M. fragariae*) 을 비롯하여 각종 식물에 점무늬병을 일으킴. 무성세대는 *Cercospora* 와 *Septoria*속.

Elsinoë, 귤나무류 더뎅이병(*E. fawcettii*), 포도나무 새눈무늬병(*E. ampelina*), 나무딸기 탄저병(*E. veneta*) 등을 일으킴.

그을음병균목 (Order: Capnodiales) — 자낭과는 표생, 암색 균사의 엉성한 균사층에 형성.

속: *Capnodium*, 식물에 그을음병을 일으키는 균류 중의 하나.

위자낭각균목 (Order: Pleosporales) — 자낭은 위측사로 둘러싸임. 자낭자좌는 다양함.

속: *Cochliobolus*, 무성세대는 *Bipolaris* 또는 *Curvularia* 이며, 벼, 맥류, 벼과 목초류에 깨씨무늬병을 일으킴.

Pyrenophora , 무성세대는 *Drechslera* 이며, 각종 맥류 및 벼과 목초류에 줄무늬병이나 그물무늬병 등을 일으킴.

Setosphaera , 무성세대는 *Exserohilum* 이며, 각종 맥류 및 벼과 목초류에 점무늬병 등을 일으킴.

Pleospora , 무성세대는 *Stemphylium* 이며, 토마토 등에 겹무늬병이나 잎마름병을 일으킴.

Leptosphaeria , 무성세대는 *Phoma*이며, 양배추 뿌리썩음병을 일으킴.

Venturia, 무성세대는 *Pollaccia* 와 *Spilocaea* 이며, 사과나무 검은별무늬병(*V. inaequalis*) 과 배나무 검은별무늬병(*V. pyrina*)을 일으킴.

Guignardia , 무성세대는 *Phyllosticta* 이며, 포도나무 검은썩음병을 일으킴.

Apiosporina, *A. morbosa*, 무성세대는 *Fusicladium* 이며 양앵두나무와 자두나무에 검은썩음병을 일으킴.

C. **자낭반균강 (Discomycetes: Ascomycetes with apothecia)** — 자낭과는 자낭반으로서 컵 모양, 접시 모양 또는 방석 모양. 자낭은 원통형 내지 난형으로 흔히 측사와 병렬하여 존재. 자낭포자는 물리적으로 힘차게 방출됨.

타르병균목 (Order: Rhytismales) — 자낭과는 흑색, 구형, 원반형 또는 장형으로 자좌 안에 형성. 자낭은 다양함. 자낭포자는 무색 내지 갈색, 난형 내지 막대형.

속: *Hypoderma* , 소나무류에 잎떨림병을 일으킴.
Lophodermium, 소나무 잎떨림병을 일으킴.
Rhabdocline, 소나무류에 잎떨림병을 일으킴.
Rhytisma, *R. acerinum*이 단풍나무 타르점무늬병을 일으킴.

균핵병균목 (Order: Helotiales) — 자낭반은 컵 모양 내지 원반형. 자낭은 끝이 약간 비후됨. 자낭포자는 구형, 장형 또는 막대형으로 격벽이 없거나 여러 개의 격벽을 가짐.

속: *Monilinia* , 핵과류에 잿빛무늬병을 일으킴.
Sclerotinia, *S. sclerotiorum*이 각종 채소류에 균핵병을 일으킴.
Stromatinia, *S. gladioli*가 글라디올러스 구근썩음병을 일으킴.
Pseudopeziza, *P. trifolii*가 알팔파 점무늬병을 일으킴.
Diplocarpon, *D. maculatum*이 마르멜로와 서양배나무에 점무늬병을, *D. rosae*는 장미 검은무늬병을 일으킴.

D. **불완전균류 (Deuteromycetes, mitosporic fungi)** (Imperfect or asexual fungi) — 균사체는 잘 발달되었으며, 격벽이 있으며 분지됨. 유성생식 및 유성생식 구조체는 드물거나, 없거나, 알려지지 않았음. 무성포자(분생포자)는 분생포자경 위에 홀로 형성되거나, 분생포자퇴나 분생포자경다발 같은 분화된 구조체에 집단으로 형성되거나 또는 병자각이나 분생포자층 같은 구조체에 집단으로 형성된다. 잘 알려진 불완전균류의 목록은 아래와 같다.

무성세대	유성세대
Genus: *Geotrichum*, *G. candidum* 과일 및 채소류의 sour rot병균	Saccharomycetales
	Cleistothecial ascomycetes
Penicillium, 과일류의 푸른곰팡이병균	*Talaromyces*
Aspergillus, 빵 및 종자의 부패병균	*Eurotium*
Paecilomyces, 온실가루이의 생물적 방제제	*Byssochlamys*
Oidium, 흰가루병균	*Erysiphe*, etc.
	Perithecial ascomycetes
Chalara, 참나무 시들음병균, 수목의 궤양병균	*Ceratocystis*
Acremonium, 벼과 목초류의 내생균	*Epichloe*
Sporothrix, *Graphium*, 느릅나무 시들음병균	*Ophiostoma*
Trichoderma, 다른 식물병원균류의 생물적 방제제	*Hypocrea*
Verticillium, 각종 식물의 시들음병균	*Hypocrea*
Fusarium, 시들음병, 뿌리썩음병, 줄기썩음병, 종자썩음병 등의 원인균	*Gibberella*
Colletotrichum , 각종 식물의 탄저병균	*Glomerella*
	Loculoascomycetes
Cercospora, 바나나 점무늬병균	*Mycosphaerella*
Septoria, 각종 식물의 점무늬병균 또는 갈색무늬병균	*Mycosphaerella*
Phyllosticta, 포도나무 검은썩음병균	*Guignardia*
Alternaria, 각종 겹무늬병, 점무늬병, 잎마름병이 원인균	*Lewia*
Stemphylium, 토마토 과실부패의 원인균	*Pleospora*
Bipolaris, 맥류, 벼과 목초류 깨씨무늬병 및 뿌리썩음병의 원인균	*Cochliobolus*
Drechslera, 맥류, 벼과 목초류 줄무늬병 및 그물무늬병의 원인균	*Pyrenophora*
Exserohilum, 맥류, 벼과 목초류 그을음무늬병 등의 원인균	*Setosphaera*
Curvularia, 맥류, 벼과 목초류 점무늬병 등의 원인균	*Cochliobolus*
Cladosporium, 토마토 잎곰팡이병균(*C. fulvum*), 복숭아나무와 아몬드나무의 검은별무늬병균(*C. carpophilum*)	*Fulvia*, *Ventruria*
Sphaeropsis, 사과나무 검은썩음병균	*Botryosphaeria*
	Apothecial ascomycetes
Botrytis, *B. cinerea* 각종 식물의 잿빛곰팡이병균	*Botryotinia*
Monilia, 핵과류의 잿빛무늬병균	*Monilinia*
Marssonina, 장미 검은무늬병균	*Diplocarpon*
Entomosporium, 배나무 과실 및 잎의 점무늬병균	*Diplocarpon*
Cylindrosporium, 각종 식물의 점무늬병균	*Mycosphaerella*
Melanconium, 포도나무 고부병균	*Greeneria*
	Basidiomycetes
Rhizoctonia, *R. solani* 뿌리 및 줄기의 라이족토니아병균	*Thanatephorus*
Rhizoctonia 2핵균사 상태	*Ceratobasidiales*
Sclerotium, *S. rolfsii* 흰비단병균	*Aethalium*

담자균문 (Phylum: Basidiomycota) (basidiomycetes, the club and mushroom fungi) — 곤봉 모양이며 1~4세포로 구성된 포자형성 구조체인 담자기 위에 담자포자라는 유성포자가 형성됨.

깜부기병균목 (Order: Ustilaginales) (the smut fungi) — 담자기는 격벽이 있거나 격벽이 없음. 담자기는 겨울포자에서 유래한 전균사임. 겨울포자는 홀로 또는 집단으로 형성되어, 기주조직 속에 남아있거나 기주의 표피를 뚫고 터져나옴. 화합인 포자 또는 균사융합으로 수정함. 겨울포자와 담자포자만 형성함.

속: *Ustilago*, 옥수수 깜부기병 (*U. maydis*), 귀리 겉깜부기병 (*U. avenae*), 보리 겉깜부기병 (*U. nuda*), 밀 겉깜부기병 (*U. tritici*) 등을 일으킴.
Tilletia, 밀 그물비린깜부기병 (*T. caries*) 및 Karnal 비린깜부기병 (*T. indica*)을 일으킴.
Urocystis, *U. cepulae*가 양파 깜부기병을 일으킴.
Sporisorium, *S. sorghi*가 수수 속깜부기병을, *S. cruentum*이 수수 겉깜부기병을 일으킴.
Sphacelotheca, 수수 실깜부기병을 일으킴.

녹병균목 (Order: Uredinales) (the rust fungi) — 담자기는 격벽이 있음. 정자라고 부르는 성세포는 녹병정자기 안에서 대응하는 수정균사와 수정함. 2가지 이상의 포자를 형성: 겨울포자, 담자포자, 녹포자, 여름포자. 여름포자는 반복세대임. 절대 기생체.

속: *Cronartium*, 소나무류의 줄기녹병(털녹병)을 일으킴.
Gymnosporangium, *G. juniperi-virginianae*가 사과나무(배나무)-노간주나무(향나무) 붉은별무늬병을 일으킴.
Hemileia, *H. vastatrix*가 커피나무 녹병을 일으킴.
Melampsora, *M. lini*가 아마 녹병을 일으킴, *M. medousae*가 포플러나무와 소나무에 녹병을 일으킴.
Phakopsora, *P. pachyrhizi*가 콩에 녹병을 일으킴.
Phragmidium, 장미과식물에 녹병을 일으킴.
Puccinia, 맥류를 비롯한 각종 식물에 심한 녹병을 일으킴.
Uromyces, *U. appendiculatus*가 강낭콩 녹병을 일으킴.

떡병균목 (Order: Exobasidiales) — 담자과는 없음: 담자기는 병환부 조직 위에 형성.

속: *Exobasidium*, 각종 관상수의 잎, 꽃, 줄기에 융기조직(혹)을 형성함.

뿔담자균목 (Order: Ceratobasidiales) — 담자과는 거미줄 모양, 뚜렷하지 않음. 담자기는 격벽이 없고, 4개의 뚜렷한 꼭지(소경)를 가짐.

속: *Athelia*, *Sclerotium*의 완전세대로 여러 식물의 마름병(Southern blight)을 일으킴, *S. cepivorum*가 양파의 흑색썩음균핵병을 일으킴.
Thanatephorus, *T. cucumeris*는 *Rhizoctonia solani*의 유성세대이며, 벼 잎집무늬마름병(문고병), 각종 식물의 뿌리와 줄기썩음병, 모잘록병, 과실썩음병 등을 일으킴.
Typhula, 잔디류에 눈균핵병(설부균핵병)을 일으킴.

주름버섯목(Order: Agaricales) (the mushrooms) — 담자기는 격벽이 없고, 버섯 뒷면에 방사상으로 분포하는 주름에서 형성됨. 많은 종이 균근을 형성함.

속: *Armillaria*, *A. mellea*가 과수와 임목에 뿌리썩음병을 일으킴.
Crinipellis, *C. perniciosus*, 카카오나무 빗자루병을 일으킴.
Marasmius, 낙엽버섯류로서 잔디밭에 균륜(fairy ring)을 형성함.
Pleurotus, 느타리버섯류로서 생목, 그루터기, 목재에 백색부후를 일으킴.
Pholiota, 비늘버섯류로서 활엽수에 갈색부후를 일으킴.

민주름버섯목 (Order: Aphyllophorales) (the polypores) — 담자기는 격벽이 없고, 자실층 형성. 균사 위에 형성되며 관 모양의 작은 구멍 표면에 분포함.

속: *Aethalia*, 무성세대는 *Sclerotium*이며 각종 식물의 뿌리와 줄기에 흰비단병을 일으킴.
Chondrostereum, *C. purpureum*가 수목에 은엽병을 일으킴.
Corticium, 고약버섯류로서 잔디류에 red thread병을 일으킴.
Heterobasidion, *H. annosum*가 각종 수목에 심재부후병을 일으킴.
Ganoderma, 영지버섯류로서 각종 수목에 근부썩음병을 일으킴.

Inonotus, 시루뻰버섯류로서 생목에 심재부후를, 목재 및 죽은 나무에도 부후를 일으킴.
Postia, 임목에 재질부후 및 근부를 일으킴.
Phellinus, 구멍버섯류로서 수목에 뿌리썩음을, 건물의 목재에 갈색부후를 일으킴.
Peniophora, 껍질고약버섯류로서 송백류 목재 및 펄프목을 썩힘.
Polyporus, 구멍장이버섯류로서 생목에 심재부후를 일으키며, 목재 및 죽은 나무에도 부후를 일으킴.

식물병원균류의 동정

동정할 때 가장 중요하게 여기는 균류의 특징은 포자와 그것이 달려있는 구조체(자실체)이며, 어느 정도까지는 균사체의 특징도 참고한다. 시료를 바로 현미경으로 관찰하여 이러한 특징을 조사한다. 표본은 흔히 포자 형성을 촉진시키기 위하여 며칠 동안 습실처리하기도 한다. 그 대신에 균을 분리하여 인공배지 위에 배양하고 증식시킨 다음에 배지 위에 형성된 포자를 관찰하기도 한다. 어떤 균류를 빠르게 동정하기 위해서는 그 균류만이 선택적으로 잘 자라는 특수영양배지(선택배지)를 이용하기도 한다.

포자경 또는 자실체의 형태와 색깔뿐만 아니라 포자의 형태, 크기, 색깔 및 포자경 또는 자실체에 달려있는 배열형을 보면, 그 균의 대략적인 분류 단위 즉 강(綱; class), 목(目; order), 과(科; family) 및 속(屬; genus) 따위를 쉽게 추정할 수 있다. 이러한 형태적인 특징들을 이미 출판되어 있는 그 균의 속검색표에 맞추어 살펴보면 더 정확하게 그 균류의 속을 확인할 수 있으며, 나중에는 종까지도 알아낼 수 있다. 종에 관한 상세한 기술(記述)은 그 속의 모노그래프(monograph)나 다른 연구 간행물, 특정 출판물 등을 참고하면 된다.

균류의 이름(속, 종)을 빠르게 찾을 수 있는 지름길로 식물병명감(host index)을 참고할 수 있다. 그러나 이러한 기주-병원균 목록은 동정 과정에서 단순히 어떤 암시만 줄 뿐이고, 궁극적으로는 전공 논문이나 보다 특수한 다른 출판물을 참고해야 한다.

많은 균류에서 한 균총 또는 인접한 균총 내의 균사는 융합한다. 융합된 균사가 유전적으로 다른 핵을 가진다면 형성된 균총은 이종접합체이다. 그러나 많은 균류는 유전적으로 동질세포들 사이에 교배를 막는 유전체계를 가졌다. 같은 종의 다른 개체에 속하는 균사와 접촉하는 균사지만 다른 교배형이라면 이러한 접촉은 영양적 비친화를 초래할 수 있다. 같은 종에 속하는 여러 개체 사이의 결과적인 영양적 비친화는 다른 생물종을 구성하는 다른 비친화적 군에 속하는 계통을 규정하는 데 사용된다.

근년에 균류의 검출과 동정에 형광물질과 결합된 균류의 특이 단백질에 대응하는 단클론 항체를 포함하는 면역검정 기술이 사용되고 있다.

분자기술의 진보, 특히 PCR, 빠르고 저렴한 DNA의 염기서열분석, 리보솜 DNA염기서열의 비교적 큰 데이터뱅크의 축적은 병원균 검출의 한계를 줄이고 동정의 정확성과 신속성에 대변혁을 일으켰다. 이러한 발전은 병원균이 소량 존재하는 동안인 감염초기에 식물조직내의 병원균의 검출을 가능하게 만들어 초기 방제로 식물병 대발생을 방제할 수 있다. 기술의 발전은 이미 알려진 병원균의 DNA 프로브를 이용하여 병원균의 정확한 동정을 가능하게 하며, 종자 같은 식물조직내 또는 조직과 혼합체 내의 병원균의 정량화가 가능하게 만들었다. 대부분의 DNA 프라이머는 리보솜 DNA의 ITS (internal transcribed sequences)를 위한 것이다. 그러나 방법론은 계속적이고 신속하게 개선된다. 좀 더 예민하고 특이적인 프라이머가 고도의 반복된 DNA의 집단에 기초하여 개발되었는데, 이러한 프라이머는 리보솜 DNA를 위한 ITS에 연결된 프라이머보다 10배 더 예민하다.

균류에 의한 식물병의 병징

균류는 기주식물의 일부 또는 전체에 병징을 일으킨다. 그리고 이러한 병징들은 서로 구분되게 나타나거나 동시에 나타나거나 차례로 생기기도 한다. 일반적으로 균류는 일부분 또는 전체적인 식물조직의 괴저를 일으키고, 식물기관이나 전체식물의 생장을 억제한다. 일부 균류는 식물체 일부나 전체 식물체의 이상생장을 일으킨다. 가장 일반적인 괴저 병징들은 다음과 같다.

점무늬(斑點; leaf spot): 죽거나 붕괴된 세포로 잎에 생기는 국부적인 병반

마름(枯; blight): 잎, 가지, 잔가지, 화기가 전체적으로 급속하게 갈변되고 죽는 증상

궤양(潰瘍; canker): 국부적인 괴저 병반으로 식물 줄기 또는 다육질 기관이 표면 아래로 움푹 꺼지는 증상

가지마름(枝枯; dieback): 잔가지 끝에서부터 전반적인 괴저가 시작되어 기부로 진전되는 증상

뿌리썩음(根腐; root rot): 식물체 근계의 일부 또는 전부가 붕괴되거나 썩는 증상

모잘록(立枯; damping-off): 묘판이나 포장에서 유묘가 급작스럽게 죽거나 붕괴되는 증상

줄기기부썩음(basal stem rot): 줄기의 아랫부분이 붕괴되는 증상

무른썩음, 무름(軟腐; soft rot)과 마른썩음(乾腐; dry rot): 과실, 뿌리, 인경, 괴경 및 다육질 잎조직이 물러지고 붕괴되는 증상

탄저(炭疽; anthracnose): 어떤 균류가 일으키는 기주식물의 열매, 잎, 과일, 또는 꽃에 검은색 괴저와 움푹 꺼진 종양 병반을 나타내는 증상

더뎅이(瘡痂; scab): 기주식물의 과실, 잎, 괴경 등에 국부 병반이 생기고, 보통 다소 부풀어 오르거나 움푹 꺼지고 균열이 생겨서 더뎅이 모습을 나타내는 증상

쇠락(衰洛; decline): 식물체가 점점 활력이 없어지고 약하게 자라고, 잎이 작고, 찢어지고, 노르스름하거나 붉은색을 띠고, 일부는 낙엽이 지고 가지마름을 나타내는 증상

위에 나타낸 거의 모든 병징은 감염된 식물체에 뚜렷한 위축도 일으킨다. 이것 외에도 녹병, 노균병, 흰가루병, 시들음병에 의한 병징과 식물기관 일부가 이상생장을 일으키는 병징은 대체로 식물에 위축을 일으킨다. 식물체 기관의 이상비대 또는 이상생장 및 식물체의 부분적 변형과 관련된 병징은 다음과 같다.

무사마귀(clubroot): 뿌리가 확대되어 방추형 또는 곤봉처럼 보이는 증상

혹(gall): 식물체의 기관(줄기, 잎, 꽃, 뿌리)이 부분적으로 커지는 증상

사마귀(wart): 괴경과 줄기에 사마귀 같은 돌기가 생기는 증상

빗자루(witches'-broom): 잔가지가 무성하게 위쪽으로 총생하는 증상

잎오갈(leaf curl): 잎이 변형되고, 두꺼워지거나 오그라드는 증상

그 외에도 다음 4가지의 병징이 더 있다.

시들음(wilt): 보통 뿌리나 줄기의 유관속계에서 일어난 장해로 인하여 잎이나 순이 팽압을 상실하고 시드는 증상

녹병(rust): 잎이나 줄기에 작고 붉은 점무늬가 수없이 많이 생겨서 마치 녹이 슨 모양이 되는 증상

깜부기(smut): 종자 또는 혹 속에 균의 균사 또는 포자들이 가득 차 있는 증상

노균병 또는 흰가루병(mildew) : 잎, 줄기, 열매 표면에 균류의 흰 균사와 자실체로 덮여있는 증상

병원균은 기주식물의 표면에서 자라거나 여러 가지의 구조체를 형성한다. 병원균의 균사, 균핵, 포자경, 자실체와 포자 등 식물체 표면에 나타나는 이러한 것들을 **표징**(標徵; **sign**)이라고 한다. 감염된 식물 또는 식물 조직의 외관을 지칭하는 **병징**(病徵; **symptom**)과는 다른 개념이다. 예를 들면, 노균병이나 흰가루병에서 식물의 잎, 열매 또는 줄기 표면에서 균류의 하얀 솜털 또는 서릿발 같은 균사와 포자로 구성된 표징만을 주로 볼 수 있는 반면에, 병징은 식물의 잎, 열매, 줄기 표면에 황화 또는 괴사 병반, 식물체 생장의 감소 등으로 나타난다.

균류(세균)의 분리

대부분 식물병은 육안이나 현미경으로 관찰하여 진단할 수 있다. 따라서 진단을 위하여 반드시 병원균을 분리해야 하는 것은 아니다. 그러나 육안으로는 구별할 수 없는 비슷한 병징의 식물병(균류 또는 세균에 의한)이 대단히 많다. 병원균이 오염균들과 함께 섞여 있거나, 뚜렷한 자실체나 포자를 형성하지 않아서, 또는 같은 병이 1종 이상의 유사한 다른 병원균에 의하여 생기거나, 환경요인에 의해 생길 수도 있기 때문에 쉽게 동정되지 않는 경우도 많다. 많은 경우에 진단은 육안관찰에 의하여 수행될 수 있지만 정확한 진단을 위하여 병원균의 분리 동정이 필요하다. 간혹 새로운 미지의 병원균에 의해 식물병이 발생할 수도 있는데, 이러한 경우에는 꼭 병원균을 분리해서 조사해 볼 필요가 있다. 그리고 이미 잘 알려진 병의 병원균이라 하더라도 그 병원균의 특성과 생태(서식) 습성을 연구하기 위해서는 먼저 병든 식물 조직으로부터 병원균을 분리해야 한다. 물론 특정 병원체로 추정되거나 결정되면 그 병원균만 생장이 가능한 특정 영양배지가 이용가능하다. 특정 병원균의 분리는 선택배지 위에 감염된 조직을 치상하여 할 수 있다.

균분리를 위한 준비

병든 식물 조직으로부터 원인 균류 또는 세균을 분리하기 전에, 다음을 포함하는 몇 가지 예비 작업을 실행해야 한다.

1. 미리 멸균된 플라스틱 실험 기구를 사용하거나 유리 페트리접시, 시험관, 피펫 등은 건열멸균(150~160℃, 1시간 이상), 고압멸균 또는 70~80% 에틸알코올에 1분 이상 침지하여 살균한다.

2. 병원균의 분리에 방해가 될 수 있는 표면 오염원을 제거하기 위하여 병반 조직의 표면에 처리할 소독액을 준비한다. 이러한 용액은 표면을 닦거나 침지하기 위해서도 사용할 수 있다. 분리 전에 감염된 조직의 세척이나 그러한 조직의 절단부위를 침지하기 위하여 사용하며, 실험대나 무균상을 닦을 때도 사용한다. 보통 0.5% sodium hypochlorite(클로락스 1:물 9) 용액과 3초 이상 잎을 침지할 때 사용하는 70% 에틸알코올 등이 가장 흔히 사용하는 표면살균제이다. 표면살균된 조직들은 다시 살균된 흡습지로 흡수시켜 수분을 제거한다.
3. 분리한 균류 또는 세균 병원체를 배양할 배지를 준비한다. 많은 종류의 배지가 식물병원균류 또는 세균을 배양하는 데 사용된다. 배지 중 일부는 합성배지(순수 화합물로만 조성)이며 보통 특정 균만이 배양(선택배지)된다. 어떤 배지는 액체 또는 반액체인데 주로 세균 배양에 사용되지만, 어떤 경우에는 균류의 배양에도 사용된다. 대부분의 배지는 감자, 옥수수가루, 리마콩, 맥아 추출물 등 천연 원료로부터 탄수화물과 기타 영양분을 이용한다. 거기에 병원균을 배양하고 관찰할 수 있도록 배지를 고형화시키는 젤(gel)을 형성하기 위하여 다양한 양의 한천을 첨가한다. 가장 흔히 사용하는 배지는 대부분의 균류가 잘 자라는 감자한천배지(potato dextrose agar, PDA), 세균으로부터 특정 균류(*Pythium*, *Fusarium*)를 분리하기 위한 물한천배지(water agar) 또는 포도당한천배지(물한천에 1~3%의 포도당 첨가), 쇠고기 추출물과 펩톤을 함유하고 식물병원세균의 분리에 좋은 영양한천배지(nutrient agar) 등이다. 배지를 평판배지에 붓기 전에 세균의 생장을 저해하는 25% 젖산용액 1~2방울을 배지 10ml에 첨가하면 균류 분리시 세균을 배제시킬 수 있다. 배지 용액은 플라스크 속에 준비하고, 마개를 한 다음 120℃, 15 파운드(6.8kg)의 압력으로 20분간 고압멸균기에서 멸균한다 (그림 11-3). 멸균된 배지는 조금 식힌 다음, 플라스크로부터 멸균된 페트리접시, 시험관 또는 다른 적절한 용기 속에 붓는다. 만약 한천을 배지에 첨가하면, 배지는 곧 고형화되어 균류 또는 세균을 분리 배양하는데 쉽게 이용할 수 있다. 페트리접시나 시험관에 배지를 붓는 작업은 격리된 배양실이나 공기흐름과 먼지가 없는 깨끗한 방에서 가능한 한 무균적으로 실시한다. 작업대는 10% 클로락스 용액으로 닦아야 하고, 손을 깨끗이 씻는다. 미생물에 오염되는 것을 방지하기 위하여 칼, 핀셋, 바늘 등의 도구는 알코올에 침지, 화염멸균한다. 무균상에서 작업하는 것이 공기 중의 오염원을 제거하고 원하는 균류를 배양하는 데 크게 유익하다.

대부분의 균류와 세균은 영양배지에서 쉽게 배양할 수 있지만, 어떤 균은 까다로운 영양 요구성을 가지고 있어 보통 사용하는 영양배지에서는 자라지 않는다. 흰가루병균과 노균병균은 절대기생체이므로 배지에서 배양할 수 없다. 그렇지만 잎을 올려놓은 접시 위에서 배양할 수 있다. 녹병균류는 1960년대만해도 절대기생균이라고 여겼지만, 지난 몇 년 동안 배지에 특정한 성분을 첨가함으로써 배양기에서 녹병균의 생활사 중 일부를 배양할 수 있게 되어 이제는 더 이상 절대기생균이라고 부를 수 없게 되었다. 그러나 자연계에서의 녹병균은 절대기생체임을 부정할 수 없다. 또한 물관부 및 체관부 국재성 세균 역시 배양이 거의 불가능하거나 아주 특수한 복합영양배지에서만 자란다. 스파이로플라스마만 배양할 수 있지만, 모든 파이토플라스마, 바이러스, 선충, 그리고 원생동물은 결코 영양배지에서 배양할 수 없다.

병원균의 분리

잎으로부터

균류가 잎에 감염되어 점무늬병 또는 마름병이 진행 중이고 병반 표면에 포자가 존재한다면, 병반상의 몇 개 포자를 평판배지에다 떨어뜨리고, 다시 살균한 바늘 또는 칼끝으로 포자가 있는 한천부위를 떼어내어 배양배지가 들어있는 페트리접시의 평판배지 위에 올려놓는다. 또, 감염된 조직을 습실처리하여 병원균이 조직위로 자라 나오도록 하여 포자와 자실체를 떼어 치상할 수도 있다. 그러면 균사체의 균총이 포자 발아의 결과로서 수일 내에 나타날 것이다. 이러한 균총은 다시 별개의 평판배지에서 계대배양할 수 있다. 이러한 계대배양을 통해 오염되지 않은 순수분리 균주를 확보할 수 있다.

대개 병원균의 분리는 클로락스 용액으로 병반의 절단 부위를 표면살균하고, 살균한 칼로 그것을 다시 작게 잘라내어, 영양배지가 들어있는 평판배지에 치상하여 비교적 쉽게 분리한다. 감염된 잎뿐만 아니라 다른 식물 부위로부터 병원균을 분리하는데 가장 많이 쓰이는 방법은 다음과 같다. 먼저, 감염된 병반의 가장자리로부터 병든 조직과 건전해 보이는 조직 모두를 포함해서 5~10cm²의 작은 절편 여러 개를 절단한다 (그림 11-4A). 이러한 절편들을 10~15초 간격으로 각 절편이 다른 시간 동안 표면살균이 되도록 하면서 표면살균 용액에 넣고 표면을 적신 후 15~30초 후 절편을 한 개씩 무균상태로 꺼낸다. 그렇게 꺼낸 각 절편은 살균수로 세 번씩 씻고 그것을 다시 깨끗이 살균된 종이 수건으로 흡수시켜 수분을 제거시킨 다

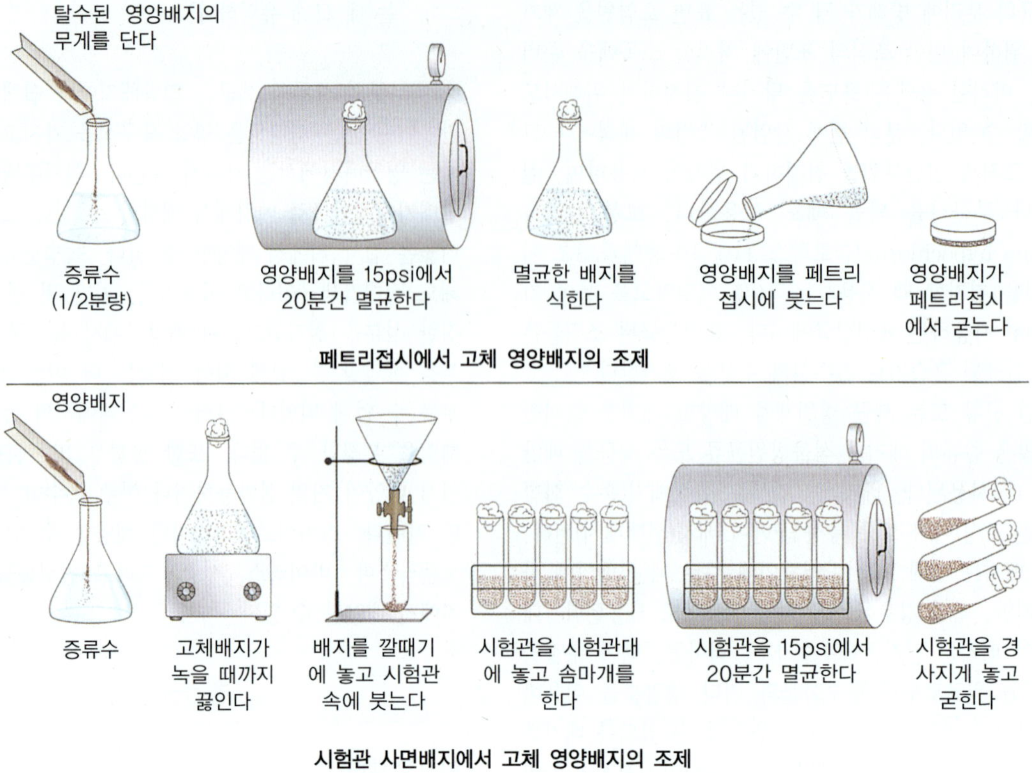

그림 11-3 평판 및 사면배지용 고체 영양배지의 조제.

음, 최종적으로 영양배지에 보통 페트리접시당 3~5개씩 치상(置床: 배지에 올려놓는 것)한다. 가장 짧은 시간 동안 표면살균한 절편은 대개 병원균과 함께 오염균을 함유하지만, 가장 오랫동안 표면살균한 절편은 표면살균제에 의해 모든 미생물이 죽어 버리므로 아무 것도 자라지 않을 것이다. 그러나 중간 정도 시간 동안 표면살균한 절편 중에는 표면살균제가 모든 표면 오염균만을 죽일 만큼 지속되었고 병든 조직으로부터 건전한 조직으로 진전되는 병원균을 죽일 만큼은 오래 지속되지 않았기 때문에 병원균만 순수 균총으로 배지에 자라나올 수 있을 것이다 (그림 11-4B). 이렇게 분리한 병원균의 균총은 다음 연구를 위하여 무균적으로 다시 계대배양하며 보관한다.

병원균의 자실체(병자각, 자낭각)가 병든 잎에 있을 경우에는, 그것만을 따로 분리해서 몇 초 동안 표면소독액에 담그고 영양배지에 치상한다. 그러나 자실체는 일반적으로 너무 작아 육안으로 보면서 조작할 수 없기 때문에 이 과정의 작업은 해부현미경 밑에서 수행해야한다. 표면살균 후 자실체들은 살균수가 들어있는 작은 시험관에 넣어 문지르고 간 뒤 으깨 자실체 속의 포자들이 모두 물속에 나오게 한다. 그리고 적당히 희석한다. 최종적으로 연속 희석한 시험관으로부터 한 방울씩 취하여 영양배지에 치상한다. 이러한 방법으로 순수한 균주, 즉 잡균에 오염되지 않은 단일 균총을 희석평판시킨 배지에서 얻을 수 있다.

희석평판법은 잡균에 오염된 병든 조직으로부터 병원세균을 분리할 때 자주 사용된다. 감염된 가장자리로부터 취한 병든 조직 절편을 표면살균 후, 절편들은 적은 양의 멸균수 속에서 무균적으로 아주 작게 갈아서 이것의 일부를 동일 부피 또는 처음 물의 10배 부피에서 연속적으로 희석한다. 최종적으로는 영양배지가 들어있는 평판배지에 각각 다르게 연속 희석한 용

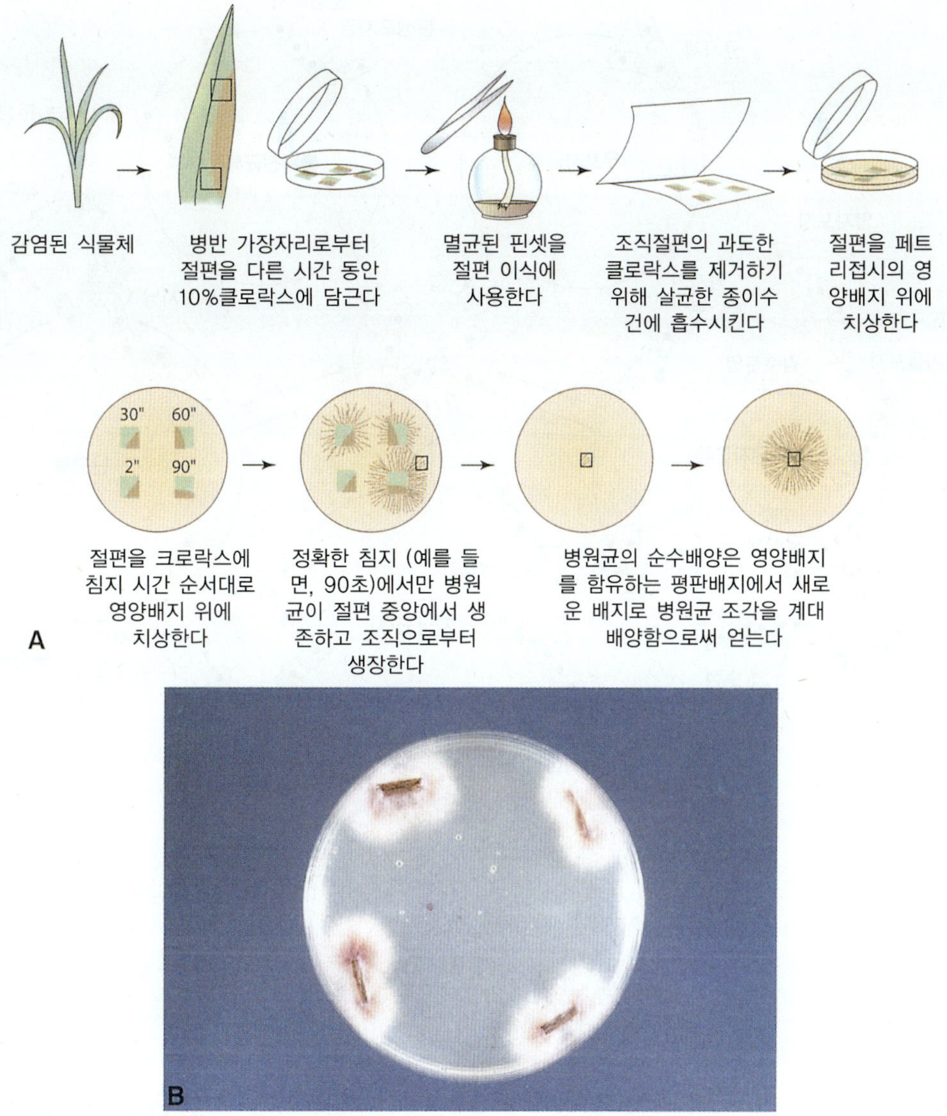

그림 11-4 감염된 식물조직으로부터의 식물병원균류의 분리.

액을 바늘 또는 백금이로 도말 접종하거나 주입평판법(pour plate)으로 접종하면 병원세균의 단일 균총들을 얻을 수 있다.

줄기, 열매 등의 식물지상부 조직으로부터

잎으로부터 균류와 세균을 분리하기 위한 앞서 기술한 거의 모든 방법이 줄기, 열매, 종자 등의 감염부위 병반에서 병원균을 분리하는 데도 그대로 적용된다. 온전한 종자를 치상할 수 있다. 그러나 이러한 방법 외에도 상당히 깊이 침입한 병원균이 있는 부분, 즉 감염된 줄기와 열매로부터 병원균을 쉽게 분리할 수 있다. 감염이 진행되는 가장자리의 신선하게 노출된 부위에서 작은 조직 절편을 화염살균한 칼로 잘라내고 그것을 다시 무균적으로 직접 배지에 접종해서 병원균을 순수분리할 수 있다 (그림 11-4B).

토양에 닿아있는 뿌리, 괴경, 다육질 뿌리 및 열매로부터

토양과 닿아있는 병든 식물 조직으로부터 병원균을 분리하는 것은 식물체의 조직이 병원균에 의해 죽은 후에 수많은 부생균이 식물 조직을 점유하기 때문에 매우 어렵다. 이러한 이유 때문에 대부분의 부생균이 존재하는 모든 토양과 대부분의 연화되고 부패된 식물 조직을 제거하기 위하여, 병든 조직을 반복

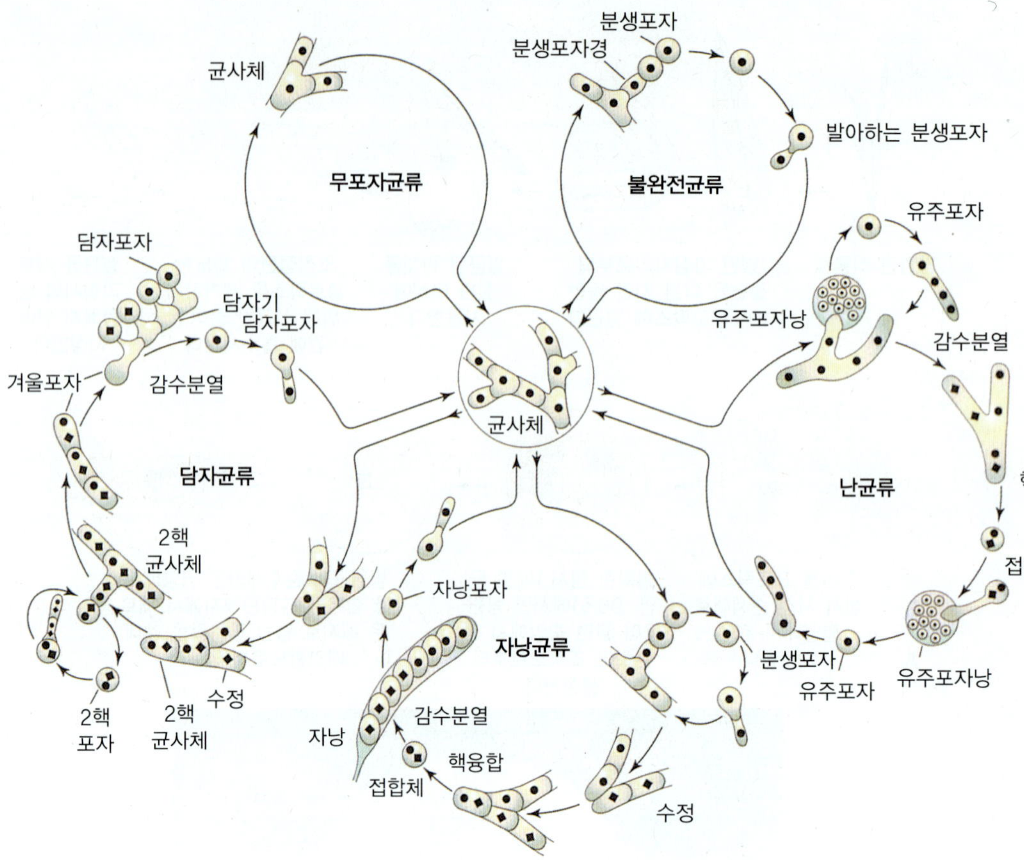

그림 11-5 난균류 및 주요 식물병원균류의 일반적인 생활사 도해.

해서 철저하게 세척하는 것이 병원균을 분리하는 첫 번째 단계이다. 병든 뿌리가 작고 일단 철저하게 세척되었다면 잎으로부터 병원균을 분리하는 방법과 마찬가지로 뿌리로부터도 병원균을 분리할 수 있다. 병원균에 의해 경미하게 침입당한 다육질 뿌리 또는 다육질 열매조직으로부터 균분리를 시도할 경우에 병반이 표면에만 경미하게 있다면 부착된 토양이 없도록 잘 세척하고, 병반의 가장자리로부터 조직 여러 조각을 클로락스 용액에 담근다. 조직 절편은 살균 용액으로부터 한 개씩 꺼내어 살균수로 세척하고 수분을 제거한 후에 페트리접시의 배지 위에 올려놓는다. 그러나 병원균이 다육질 조직 속으로 깊이 침입했다면, 줄기와 열매에 대해 위에서 설명한 방법, 즉 먼저 건전면으로부터 표본을 감염된 부위를 향해 찢어서 아직 썩지 않은 가장자리로부터 취한 조각을 배지 위에 올려놓는 방법이 가장 효과적이다.

균류의 생활사

비록 균류와 난균류의 생활사는 대단히 다양하지만 대다수 균류의 생활사는 매우 유사한 일련의 단계를 거친다 (그림 11-5). 거의 모든 균류는 한 짝의 염색체 또는 1N을 가지는 단순한 반수체(半數體; haploid) 핵을 가진 포자 단계를 가진다. 포자는 또한 반수체 핵을 가진 균사로 발아한다. 불완전균류에서는 이러한 핵상만 항상 일어난다. 균사는 단순한 반수체 포자를 형성하거나, 다른 균사와 융합하여 수정균사(受精菌絲; fertilized hypha)를 형성한다. 반수체 핵이 결합하여 1개의 배수체(倍數體; diploid)핵을 가진, 즉 두 짝의 염색체 또는 2N을 가지는 수정균사를 접합체(接合體; zygote)라고도 한다. 난균의 접합체는 (유사)분열하여 배수체 포자와 균사를 형성하고, 균사는 다시 배우자낭을 형성하는데 이때 감수분열이 일어난다. 그리고 배우자낭이 서로 합체되어 수정한 후 접합체 즉 난포자를 형성한다. 자낭균에서는 생활사의 일부분에서만 나타나지만 담자균에서는 거의 일반적으로 보이는 현상으로, 수정된 균사의 두 핵은 바로 결합하지 않고 세포 내에 쌍으로 분리된 채 남아있는데(二核菌絲; dikaryotic 또는 N+N), 이것은 다시 동시에 분열하여 쌍을 이룬 핵을 가진(N+N) 더 많은 균사 세포를 형성한다. 자낭균에서 2핵균사는 자낭과 내부에서만 발견된다. 2핵균사는 자낭형성균사가 된다. 균사세포 속에 있는 두 핵이 다시 접합체(2N)로 결합하고, 그것이 감수분열하여 반수체 핵을 가진 자낭포자를 형성한다.

담자균의 반수체 포자는 반수체 균사만 형성한다. 반수체 균사가 서로 결합하여 2핵(N+N) 균사체를 형성하고, 이것이 이 균의 균체(버섯)로 발달한다. 그러한 2핵균사는 다시 2핵균사체로 자랄 2핵포자를 무성적으로 형성한다. 그러나 최종적으로 세포들의 쌍을 이룬 핵들은 서로 결합하여 접합체를 형성한다. 접합체들은 감수분열하고 반수체 핵을 가진 담자포자를 형성한다.

물론 불완전균류에서는 무성생활사(반수체 포자→반수체 균사체→반수체 포자)만 있다. 그러나 다른 균류에서도 무성생활사는 생장기 동안 여러 번 되풀이할 수 있기 때문에 이와 비슷한 무성생활사가 균류에서 가장 흔하다. 유성생활사는 보통 1년에 한 번만 일어난다.

균류에 의한 식물병 방제

균류와 유사균류에 의해 일어나는 식물병은 아주 종류가 많고 복잡하기 때문에 이를 방제하기 위해 여러 각도에서 많은 방제법이 개발되어왔다. 각 균류 생활사의 특성, 서식처 선호성, 특정 환경조건에서의 행태(行態; perfomance)는 균류에 의한 병을 방제할 때 고려해야 할 매우 중요한 점들이다. 어떤 병은 한 가지의 방제법에 의해서 완전히 방제할 수 있지만, 다른 대부분의 식물병의 만족스러운 방제를 위하여 몇 가지 방제법을 조합할 필요가 있다.

가장 일반적인 방제법은 저항성 품종의 이용, 무병종묘의 이용, 병원균이 은신하는 식물 부위나 은신처의 제거, 병원균의 자생식물(volunteer plant)이나 중간기주의 제거, 청결한 도구나 용기의 사용, 포장의 적절한 배수 및 (식물체의) 통기 원활, 작물 윤작, 병원균에 대해 길항적이거나 식물병원균에 병원성을 보이는 미생물의 활성 증대 등이다. 그러나 대부분 균류병의 방제에 이용 가능하고 가장 효과적이면서 때로는 유일한 방제법은 식물체, 종자 또는 식물체가 자랄 토양에 약제를 살포하거나 또는 분제를 처리하는 것이다. 육묘 포트의 토양병원균은 증기 또는 전기열로, 포장에서의 토양병원균은 훈증제 또는 태양열살균에 의해 방제할 수 있다.

종자전염하는 식물병원균에 대해서는 침투성 살균제 또는 온탕침법으로만 방제가 가능하다. 그리고 충매전염하는 것은 매개충의 방제가 이용 가능한 유일한 방법이다. 일반적으로 식물균류병 방제의 가장 괄목할만한 진보는 저항성 품종과 농약을 통해서 이루어졌다. 그런 연유로, 비록 균류에 의한 방제비용 및 손실이 아직도 많이 있지만, 그래도 다른 집단의 병원체에 의한 식물병보다는 방제하기가 수월하다.

참고문헌

Ainsworth, G. C., Sparrow, F. K., and Sussman, A. S., eds. (1965–1973). "The Fungi: An Advanced Treatise," Vols. 1–4. Academic Press, New York.

Alexopoulos, C. J., Mims, C. W., and Blackwell, M. (1996). "Introductory Mycology," 4th Ed. Wiley, New York.

Arx, J. A. von. (1987). "Plant Pathogenic Fungi." J. Cramer, Berlin.

Barnett, H. L., and Hunter, B. B. (1998). "Illustrated Genera of Imperfect Fungi." 4th Ed. APS Press, St. Paul, MN.

Barr, D. J. S. (1992). Evolution and kingdoms of organisms from the perspective of a mycologist. *Mycologia* **84**, 1–11.

Baudoin, A. B. A. M., ed. (1988). "Laboratory Exercises in Plant Pathology: An Instructional Kit." APS Press, St. Paul, MN.

Buczacki, S. T., ed. (1983). "Zoosporic Plant Pathogens: A Modern Perspective." Academic Press, London.

Carlile, M. J., Watkinson, S. C., and Gooday, G. W. (2001). "The Fungi," 2nd Ed., Academic Press, San Diego.

Cole, G. T., and Kendrick, B. (1981). "Biology of Conidial Fungi," Vols. 1 and 2. Academic Press, New York.

Cummins, G. B., and Hiratsuka, Y. (1983). " Illustrated Genera of Rust Fungi." APS, St. Paul, MN.

Fergus, C. L. (1960). "Illustrated Genera of Wood Destroying Fungi." Burgess, Minneapolis, MN.

Frisvad, J. C., Bridge, P. D., and Arora, D. K. (1998). "Chemical Fungal Taxonomy." Dekker, New York.

Hanlin, R. T. (1990). "Illustrated Genera of Ascomycetes." APS Press, St. Paul, MN.

Hawksworth, D. L., Kirk, P. M., Sutton, B. C., and Pegler, D. N. (1995). "Ainsworoth and Bisb's Dictionary of the Fungi," 8th Ed. CAB International, Wallingford, UK.

Jennings, D. H., and Lysek, G. (1999). "Fungal Biology: Understanding the Fungal Lifestyle," 2nd Ed. Bios, Oxford.

Judelson, H. S., and Tooley, P. W. (2000). Enhanced polymerase chain reaction methods for detecting and quantifying *Phytophthora infestans* in plants. *Phytopathology* **90**, 1112–1119.

Kendrick, B., ed. (1971). "Taxonomy of Fungi Imperfecti." Toronto Univ. Press, Toronto.

Kronstad, J. W., ed. (2000). "Fungal Pathology." Kluwer Academic, Dordrecht, The Netherlands.

Margulis, L., Corliss, J. O., Melkonian, M. K., and Chapman, D. J., eds. (1990). "Handbook of Protoctista." Jones and Bartlett, Boston, MA.

Margulis, L., and Schwartz, K. V. (1982). "Five Kingdoms: An Illustrated Guide to the Phyla of Life on Earth." 3rd Ed. Freeman, New York.

Martin, R. R., James, D., and Levesque, C. A. (2000). Impacts of molecular diagnostic technologies on plant disease management. *Annu. Rev. Phytopathol.* **38**, 207–239.

Rossman, A. Y., Palm, M. E., and Spielman, L. J. (1987). "A Literature Guide to the Identification of Plant Pathogenic Fungi." APS Press, St. Paul, MN.

Samuels, G. J., and Seifert, K. A. (1995). The impact of molecular characters on systematics of filamentous ascomycetes. *Annu. Rev. Phytopathol.* **33**, 37–67.

Scott, K. J., and Chakravorty, A. K., eds. (1982). "The Rust Fungi." Academic Press, London.

Shoemaker, R. A. (1981). Changes in taxonomy and nomenclature of important genera of plant pathogens. *Annu. Rev. Phytopathol.* **19**, 297–307.

Singleton, L. L., Mihail, J. D., and Rush, C. M., eds. (1992). "Methods for Research on Soilborne Phytopathogenic Fungi." APS Press, St. Paul, MN.

Subramanian, C. V. (1983). "Hyphomycetes; Taxonomy and Biology." Academic Press, New York.

Taylor, J. W., Jacobson, D. J., and Fisher, M. C. (1999). The evolution of asexual fungi: Reproduction, speciation, and classification. *Annu. Rev. Phytopathol.* **34**, 197–246.

Tsao, P. H. (1970). Selective media for isolation of pathogenic fungi. *Annu. Rev. Phytopathol.* **8**, 157–186.

유사균류에 의한 식물병

끈적균류에 의한 식물병

끈적균류(粘菌; Myxomycetes)는 끈적균(變形菌, slime mold)으로 통칭되며, 원생동물계에 속해있는 유사균류이다. 균체는 뚜렷한 세포벽이 없는 다핵상태의 원형질이 아메바 상태로 집결해 있는 변형체(變形體; plasmodium)로 되어있다. 일정 생활사 중에 끈적균은 휴면포자를 지닌 납작한 자실체로 변한다 (그림 11-6). 끈적균은 2개의 편모를 가진 유주포자를 형성한다 (그림 11-7).

끈적균류는 잔디(그림 11-6A), 딸기 및 각종 채소류와 같이 단순히 땅에 닿아서 자라는 식물의 표면을 뒤덮고 자라는 정도의 피해를 준다. 끈적균은 비가 계속 많이 내리거나 관수 후에 기온이 올라가면 흔히 발생한다. 심할 경우에는 지상부 식물체 전체와 식물체 사이에 있는 흙 표면까지 분홍색 내지는 흰색 또는 다른 색깔의 변형체들로 완전히 뒤덮이기도 한다. 끈적끈적한 이러한 변형체들은 나중에는 잿빛으로 되면서 약간 딱딱하게 되거나(균핵) 여러 색깔을 가진 자실체로 변한다. 그래서 이 끈적균에 뒤덮인 식물은 얼른 보기에는 전체가 칙칙한 잿빛으로 보이기도 한다.

끈적균은 부생성이다. 끈적균의 변형체는 아메바처럼 기어서 부숙하는 유기물 조각이나 세균 같은 미소한 미생물들을 식작용한다. 끈적균에도 많은 종이 있지만 *Physarum, Fuligo, Mucilago, Didymium* 등이 가장 흔히 볼 수 있는 것들이다.

변형체는 거의 대부분 바로 땅 위나 풀 더미 위에서 생장한다. 기온이 높고 습한 날씨일 때는 변형체들이 땅위를 기어서 키 작은 식물들 위로 올라가 식물체 표면 위에 딱딱한 자실체를 형성해 놓는다. 자실체는 까만 가루 같은 포자 덩어리들로 가득 차 있다. 자실체는 끈적균의 종에 따라 크기, 모양 및 색깔이 매우 다양하다 (그림 11-6, 11-8, 11-9). 포자는 쉽게 잘 터져서 바람에 포자들이 날리거나, 물에 의해서도 잘 흩어진다. 잔디 깎는 기계의 낫칼 또는 다른 농기구에 의해서도

그림 11-6 (A) 끈적균 *Physarum*의 자실체(포자낭)로 덮인 잔디 잎. (B) 근접촬영한 끈적균 자실체. [사진제공: (A) D. Smith, WCPD, (B) R.E. Cullen, Plant Pathology Department, University of Florida.]

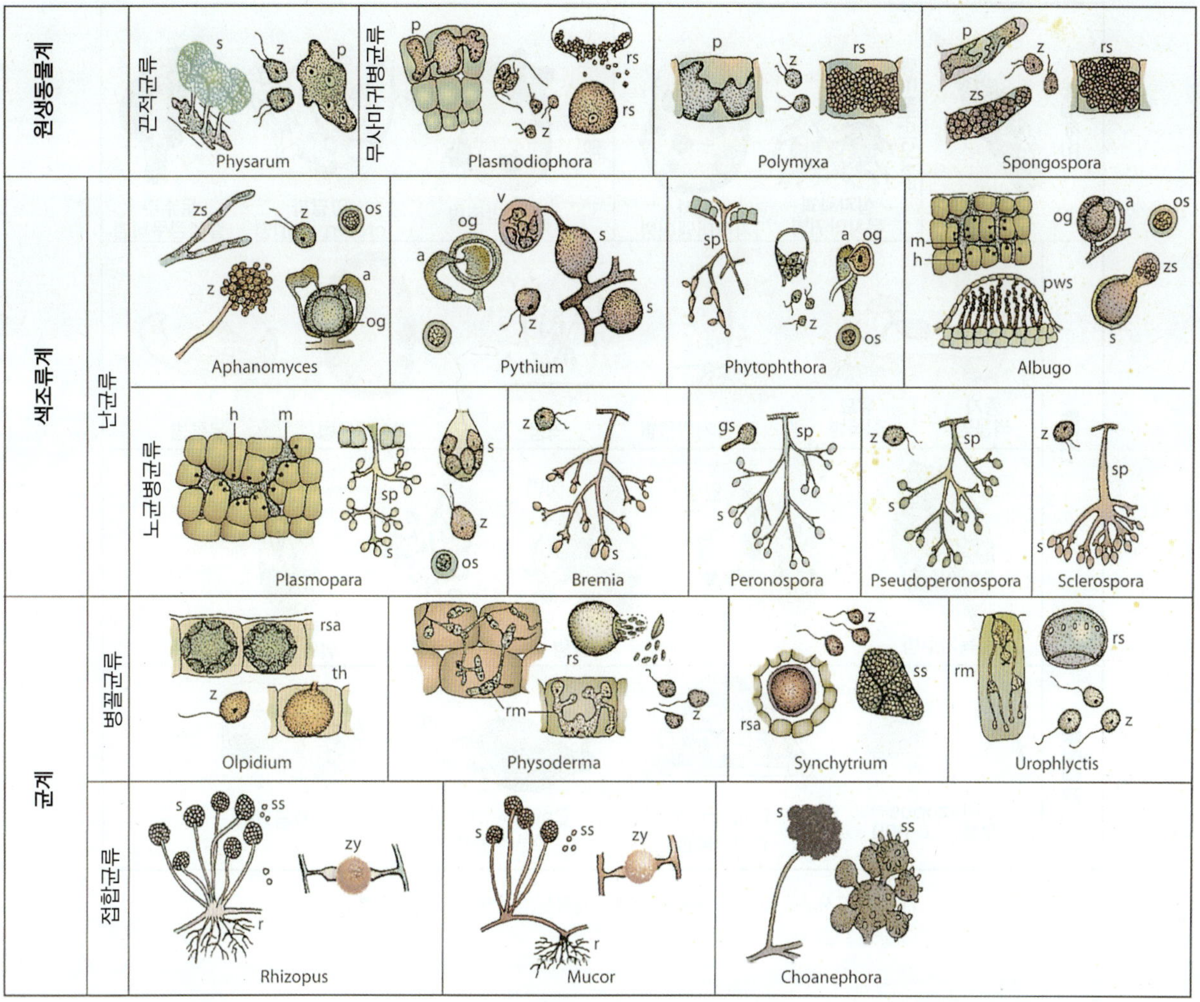

그림 11-7 식물체에서 병을 일으키는 가장 일반적인 하등균류(protozoa와 chromista)와 균류: a-장정기, gs-발아하는 포자낭, h-흡기, m-균사체, og-장란기, os-난포자, p-변형체, pws-포자낭을 가진 표피융기, rm-근상균사체, rs-휴면포자, rsa-휴면포자낭, s-포자낭, sp-포자낭경, ss-포자낭포자, th-균사체, z-유주포자, zs-유주포자낭, zy-접합포자.

쉽게 터지고 흩어진다. 포자는 열악한 기상조건에서도 잘 생존한다. 그리고 서늘하고 축축한 날씨가 계속되면 포자는 물을 흡수하여 포자의 세포벽이 갈라지고 깨어지면서 열리는데, 그 속에서 보통 한 개의 유주포자가 나온다. 유주포자는 여러 번의 변화를 거쳐 2개체씩 합체하여 아메바 모양의 접합체를 이룬다. 이것이 점점 더 커져서 다핵상이 되면서 변형체가 된다.

끈적균은 굳이 방제할 필요는 없다. 그러나 끈적균이 너무 많아 식물체가 매우 지저분할 정도라면 captan 또는 thiram과 같은 살균제를 살포하면 방제된다.

참고문헌

Alexopoulos, C. J., Mims, C. W., and Blackwell, M. (1996). "Introductory Mycology," 4th Ed. Wiley, New York.

Couch, H. B. (1995). "Diseases of Turfgrasses," 3rd Ed. Krieger, New York.

무사마귀병균류에 의한 식물병

무사마귀병균류(근류병균류, 기생점균; Plasmodiophoromycetes)는 다음의 식물병을 흔히 일으킨다.

Plasmodiophora, 십자화과식물의 무사마귀병(clubroot of crucifers)을 일으킴.

Polymyxa, 화곡류와 잔디류의 뿌리병(root disease of cereals and grasses)을 일으킴

Spongospora, 감자 가루더뎅이병(powdery scab of potato)을 일으킴 (그림 11-10).

병원균은 절대기생체이다. 토양 속에서 수년간 휴면포자상태로 생존할 수는 있지만, 균의 생장이나 증식은 오로지 몇 종에 불과한 기주식물에서만 가능하다. 변형체는 침입한 식물세포에서

그림 11-8 유사균류 및 일부 균류에 의해 발생하는 식물병의 일반적인 병징.

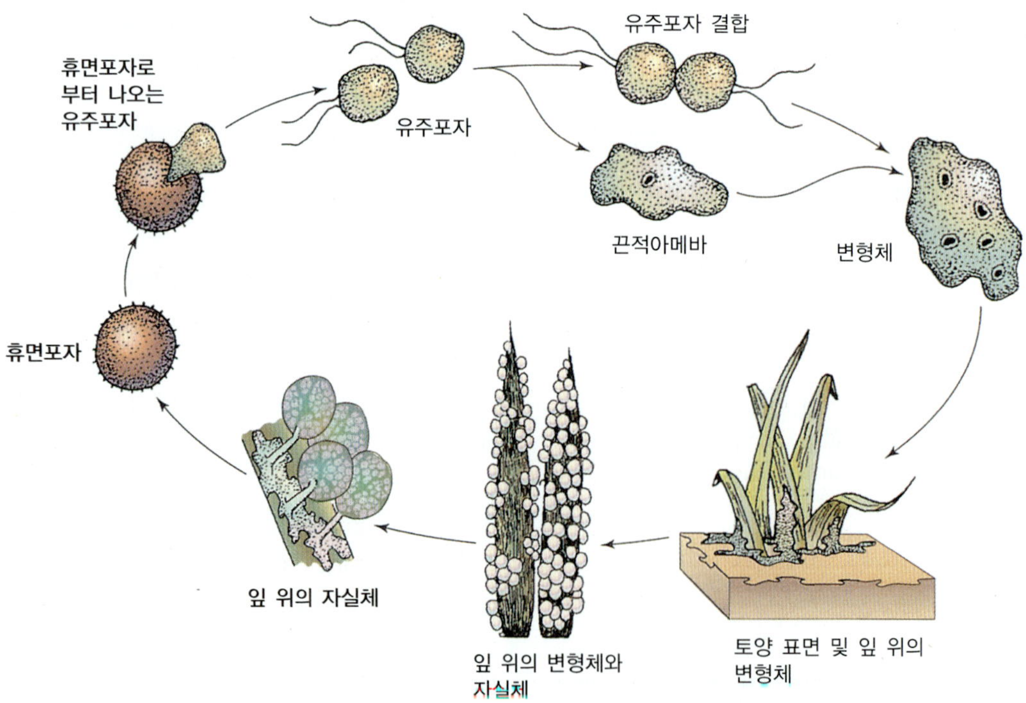

그림 11-9 끈적균류의 생활사.

양분을 착취하는 것이 보통이며 기주세포를 죽이기까지 비교적 오랜 시간이 걸린다. 그러나 이들 균에 의한 몇몇 병은 침입 받은 세포 및 그 주변 세포가 병원균에 의한 화학적 자극으로 더 커지고 세포분열을 더 많이 하게 된다. 그래서 궁극적으로 병원균에 더 많은 양분을 공급하게 된다. 병원균의 식물체간 이동과 전파는 유주포자에 의하거나 (휴면)포자를 함유한 토양이나 수분의 이동 또는 병든 이식묘에 의해서 일어난다.

Polymyxa 와 *Spongospora* 는 균 자체도 병을 일으키지만 식물에 치명적인 바이러스를 매개하기도 한다. *Polymyxa graminis* 는 곡류와 땅콩의 바이러스 매개체이며, *P. betae*는 beet necrotic yellow vein virus를 매개한다. 그리고 *Spongospora* 는 potato mop-top virus를 매개한다.

그림 11-10 *Spongospora subterranea*에 의한 감자 가루더뎅이병에 감염된 감자 괴경. [사진제공: K. Morhan, University of Idaho.]

십자화과작물의 무사마귀병

양배추, 꽃양배추, 무, 배추 등 십자화과식물의 무사마귀병(根瘤病, clubroot)은 전 세계에 걸쳐 넓은 지역에서 흔히 발생하고 있다. 무사마귀병은 감수성 품종에 특히 심각한 손실을 일으킨다. 한번 무사마귀병이 발생한 밭에는 병원균이 오랫동안 남아있기 때문에 십자화과식물을 재배하기에 적합하지 않다.

병징

병든 식물은 처음에는 담녹색 내지 황록색을 띤다. 나중에 감염된 식물은 한낮의 무더운 시간에 시들음증상을 나타내다가 밤에는 회복되기를 반복한다 (그림 11-11A). 어린 식물의 경우는 대개 병원균 침입 후 곧바로 죽어 버리지만 성숙한 식물은 잘 죽지 않는다. 대신 키가 크지 않고 상품성 있는 수확물을 기대할 수 없다.

이 병의 가장 뚜렷한 병징은 뿌리 부위에서 나타난다 (그림 11-11B). 방추형으로 둥근 돌기, 엄지손가락이나 발가락 모양 또는 곤봉 모양의 혹은 서로 떨어져서 발생하기도 하지만 나중에는 서로 이어져서 뿌리 전체에 퍼지기도 한다. 오래된 큰 혹은 수확기 이전에 다른 부생적인 세균이나 균류에 의해 조직이 붕괴되거나 터져버린다.

그림 11-11 (A) 무사마귀병에 심하게 감염된 양배추 포장. (B) *Plasmodiophora brassicae*에 의하여 뿌리혹을 가진 감염된 양배추. [사진제공: (A) M.A. Hansen, Virginia Tech., (B) I.R. Evans, WCPD.]

그림 11-12 무사마귀병에 감염된 세포 속의 *Plasmodiophora brassicae* 휴면포자의 주사전자현미경 사진. [사진제공: M.F Brown and H.G. Brotzman.] 1,000배.

병원균: *Plasmodiophora brassicae*

균체는 변형체이다. 변형체는 유주포자낭이 되기도 하고 휴면포자(그림 11-12)가 되기도 한다. 휴면포자가 나중에 발아하면 다시 유주포자를 형성한다.

병의 진전

휴면포자에서 형성된 한 개의 유주포자(1차유주포자)가 뿌리털 속에 침입하여 변형체가 된다. 그리고 며칠 후에 변형체는 여러 개의 핵을 가진 부분으로 나누어지고, 이것이 각각 유주포자낭으로 된다. 유주포자낭은 4~8개의 2차유주포자를 형성한다. 유주포자는 기주 세포벽이 붕괴된 균열을 통해 식물체 바깥으로 나온다. 어떤 유주포자는 두 개체가 합체되어 접합체 상태로 다시 식물에 침입하여 새로운 변형체를 형성한다. 이러한 변형체들은 뿌리 조직이 어릴 경우에는 직접 침입하지만 목질부가 매우 두꺼운 오래된 뿌리 조직 및 흙 속에 있는 줄기 조직은 상처를 통해 침입한다. 1차감염 부위에서 변형체는 다시 피층세포와 형성층으로 직접 침입하여 퍼져나간다 (그림 11-13). 형성층에 이르면 형성층의 모든 방향으로 확산되는

그림 11-13 *Plasmodiophora brassicae* 에 의한 십자화과작물의 무사마귀병 병환.

데 바깥쪽으로는, 피층 조직으로 향하고 안쪽으로는 물관 내부로 향한다.

변형체는 식물 세포들을 옮겨 다니면서 몇몇 세포에서 정착하기 시작한다. 변형체가 정착된 세포는 비대해지고 비정상적으로 분열하기 시작하는데 정상 세포 크기의 5배 이상이 된다. 무사마귀병에 감염된 식물세포들은 병든 조직 전체에서 작은 부분을 차지한다. 그리고 그 부분은 대개 침입 받지 않은 세포들과 떨어져 있다. 뿌리혹 전체조직 세포들이 모두 감염되는 것은 극히 드물다. 대개 병든 혹 조직의 30% 정도가 변형체들로 들어찬다. 그렇지만 침입되지 않은 병든 조직의 세포들도 비정상적으로 자라도록 자극을 받는다.

변형체가 감염된 혹의 세포들은 정상적인 식물세포보다 더 많은 영양분을 소모할 뿐만 아니라 식물 지하부 뿌리 전체의 무기 영양분과 물의 흡수와 이동도 방해한다. 그 결과 병든 식물은 지상부가 왜소하고 시들기 마련이다. 더구나 뿌리혹 조직은 급속하게 생장하고 커지기 때문에 미처 혹 조직의 피층 부분에 코르크층을 만들지 못한다. 따라서 이 조직은 쉽게 터지고 갈라져서 기생성이 약한 미생물들의 2차적인 침입이 쉽게 이루어진다.

방제

무사마귀병 병원균으로 오염된 포장에서는 십자화과작물을 심지 말아야 한다. PCR을 이용한 검정방법으로 포장의 토양 속에 있는 휴면포자를 검출할 수 있다. 그래도 십자화과작물을 재배할 때는 포장의 배수가 잘 되게 하고 토양산도를 중성인 pH 7.2에 가깝도록 석회를 시용한다. 대개 토양산도가 그 정도 되면 무사마귀병균의 포자 발아가 잘 안 된다. 묘상의 토양은 파종 2주 전에 적절한 토양훈증제로 토양살균한다. 외관상 깨끗한 무병 이식묘를 식재해야 하며, 여기에 다시 효과적인 살균제 수용액을 관주해 준다.

무사마귀병 병원균의 특정 레이스에 저항성인 십자화과 채소 품종을 그 레이스가 발생했던 포장에 식재한다. 그러나 병원균이 포장에서 유전적 변이가 일어나므로 아직까지 *P. brassicae*의 모든 레이스에 저항성인 품종은 없다.

참고문헌

Buczacki, S. T. (1983). *Plasmodiophora*: An inter-relationship between biological and practical problems. *In* "Zoosporic Plant Pathogens" (S. T. Buczacki, ed.), pp. 161–191. Academic Press, London.

Colhoun, J. (1958). Clubroot disease of crucifers caused by *Plasmodiophora brassicae*. *Commonw. Mycol. Inst. Phytopathol. Pap.* 3, 1–108.

Dobson, R. L., and Gabrielson, R. L. (1983). Role of primary and secondary zoospores of *Plasmodiophora brassicae* in the development of clubroot in Chinese cabbage. *Phytopathology* 73, 559–561.

Faggian, R., *et al.* (1999). Specific polymerase chain reaction primers for the detection of *Plasmodiophora brassicae* in soil and water. *Phytopathology* 89, 392–397.

Harrison, J. G., Searle, R. G., and Williams, N. A. (1997). Powdery scab disease of potato: A review. *Plant Pathol.* 46, 1–25.

Ito, S., Maehara, T. Maruno, E., *et al.* (1999). Development of a PCR-based assay for the detection of *Plasmodiophora brassicae* in soil. *J. Phytopathol.* 147, 83–88.

Manzanares-Dauleux, M. J., Divaret, I., Baron, F., *et al.* (2001). Assessment of biological and molecular variability between and within field isolates of *Plasmodiophora brassicae*. *Plant Pathol.* 50, 165–173.

Woronin, M. (1878). *Plasmodiophora brassicae*. Urheber der Kohlpflanzen-Hernie. *Jahrb. Wiss. Bot.* 11, 548–574; Eng. Transl. by C. Chupp in *Phytopathological Classics* 4, (1934).

난균류에 의한 식물병

난균류(卵菌類; Oomycetes)는 색조류계(色藻類界, kingdom Chromista)에 속하는 유사균류(類似菌類; pseudofungi)로, 균사체는 주로 셀룰로스와 글루칸으로 이루어져 있으며 균사에 격벽(隔壁; septum)이 없다. 휴면포자(休眠胞子; resting spore)는 난포자(卵胞子; oospore)이고, 무성포자(無性胞子)는 유주포자(游走胞子; zoospore) 또는 유주포자낭(游走胞子囊; zoosporangium)이다. 난균강의 2목, 즉 물곰팡이목(水生菌目; Saprolegniales)과 노균병균목(露菌病菌目; Peronosporales)이 식물병원균으로 중요하다. 물곰팡이목의 유일한 식물병원균으로는 *Aphanomyces* 속을 들 수 있는데, 이는 일년생식물, 특히 완두와 사탕무의 뿌리썩음병의 병원균이다.

노균병균목에 많은 중요한 식물병원균이 포함된다 (그림 11-7): 매우 중요한 식물병원균인 *Pythium*, *Phytophthora*, 노균병균이 노균병목에 속하며, 비교적 덜 중요한 병인 십자화과식물의 흰녹가루병을 일으키는 *Albugo* 도 노균병균목에 속한다.

Pythium sp.: 각종 식물의 종자썩음병, 모잘록병, 뿌리썩음병, 땅가 접촉부의 다육질 열매 등의 무름썩음병을 일으키는 가장 흔하고 중요한 병원균

Phytophthora sp.: 감자 역병, 일년생 및 다년생 각종 식물의 뿌리썩음병, 과실썩음병, 마름병, 나무의 뿌리 및 줄기 썩음과 궤양 및 가지마름의 병원균

Bremia, *Peronospora*, *Plasmopara*, *Pseudoperonospora*: 양상추, 담배, 포도나무, 박과작물 등 쌍떡잎식물의 파괴적인 노균병의 병원균

Peronosclerospora, *Sclerophthora*, *Sclerospora*: 옥수수, 수수, 사탕수수 등 외떡잎식물의 노균병의 병원균

Albugo: 십자화과식물의 흰녹가루병을 일으키는 병원균으로 흔히 발생하나 심각한 피해를 일으키지는 않음 (그림 11-33C-E)

난균류에 의한 식물병은 기본적으로 두 가지 유형으로 나눌 수 있다 (그림 11-8). (1) 토양 속에 있거나 토양과 닿아있는 식물 부위에서 일어나는 병으로 뿌리, 지하경, 괴경, 종자 및 토양과 접촉해 있는 다육질 식물 열매를 침입한다. 주로 *Aphanomyces* 와 *Pythium*의 모든 종과 *Phytophthora* 의 일부 종에 의해 일어난다. (2) 주로 지상부 식물체 부위, 즉 잎, 어린 줄기, 열매에서 일어나는 병으로 *Phytophthora* 의 일부 종, 모든 노균병균, *Albugo* 에 의해 일어난다.

Pythium 에 의한 식물병: 종자썩음병, 잘록병, 뿌리썩음병, 물렁썩음병

유묘의 잘록병(苗立枯病; damping-off)은 전 세계적으로 널리 분포한다. 잘록병은 산간지, 산림 토양, 열대 및 온대, 그리고 모든 온실에서 발생한다. 이 병은 모든 식물의 종자, 유묘, 뿌리를 침입한다. 그중 가장 큰 피해는 묘의 출현 전후 발아하는 동안에 종자와 유묘의 뿌리에서 일어난다. 이 병에 의한 손실은 토양습도, 온도 및 여러 다른 요인에 따라 상당히 다양하다. 아주 빈번하게, 묘판에서 유묘는 잘록병에 의해 모조리 파괴되거나, 이식된 후 곧 죽어 버린다. 많은 경우에 종자의 발아불량이나 유묘의 출아불량은 출아 전단계에서 잘록병에 걸렸기 때문이다. 성숙한 식물은 잘록병에 걸려도 거의 죽지 않는다. 그러나 그것들은 뿌리와 땅가줄기의 병반이나 뿌리썩음병으로 진행되어, 식물 생장을 현저하게 지연시키고 수량도 크게 감소시킨다. 또한 잘록병균의 어떤 종은 식물체의 다육질 기관을 침입하여 포장이나 저장 중에도 썩힌다.

병징

감수성 식물의 종자가 오염된 토양에 파종되어 잘록병균에 의해 침해를 받으면 종자는 발아하지 못하고, 물러 흐물흐물해지고, 갈변하거나 오그라들고, 마침내 붕괴된다 (그림 11-14A). 종자가 발아한 후에 묘가 땅 위로 출현하기 전에 유묘가 토양 속에서 잘록병균에 감염되고, 감염 부위가 급속하게 확대되며 침입받은 세포들이 붕괴되고, 병원균이 유묘보다 빨리 자라므로 유묘는 감염 직후 죽는다. 이러한 증상을 '출아전 잘록병'이라고 한다.

이미 출현한 유묘는 보통 뿌리와 때로 지제부 근처에서 침해를 받는다. 유묘의 다즙성 조직은 병원균의 침입을 쉽게 받고, 병원균은 세포를 매우 급속하게 침입하고 죽인다. 침입 부위는 수침상으로 변색되며, 세포들은 곧 붕괴된다 (그림 11-14B, 11-14C). 감염된 유묘 줄기의 기부가 지상부의 아직

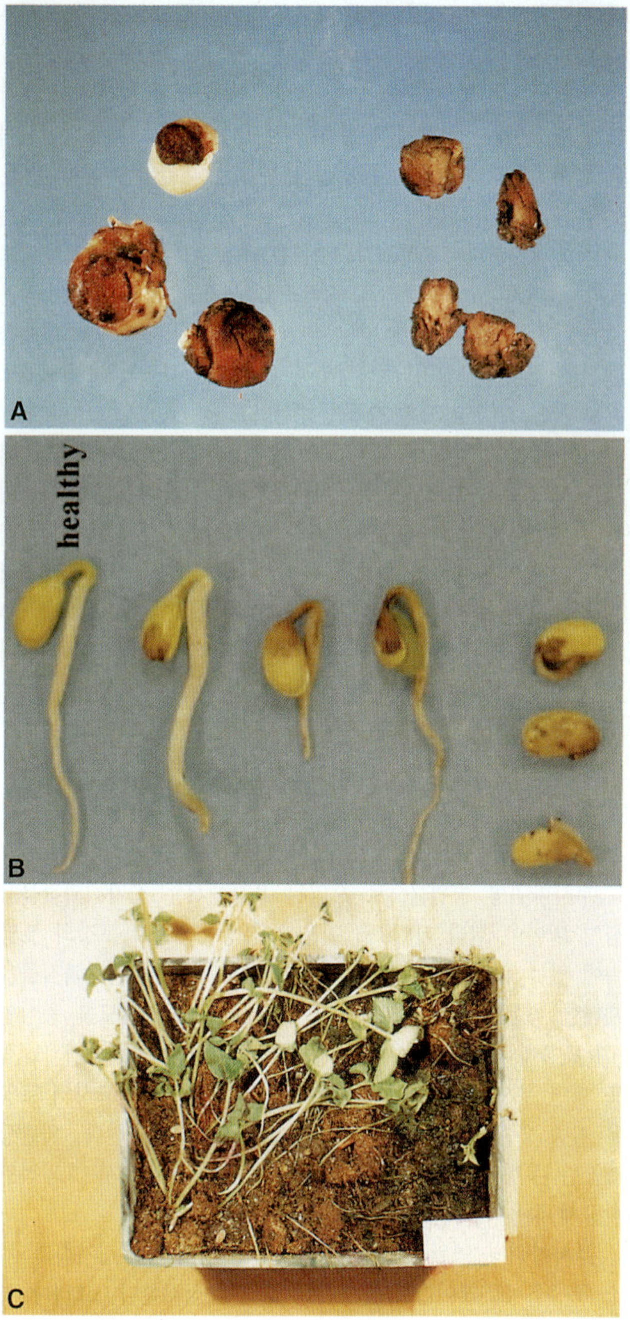

그림 11-14 (A) Pythium종자썩음병. (B) 건전 콩 유묘(좌)와 *Pythium*에 감염된 유묘와 종자. (C) *Pythium*에 의한 오이 모잘록병. [사진제공: (A) R.J. Howard, WCPD, (B) P.E. Lipps, Ohio State University.]

침입 받지 않은 부위보다 훨씬 연약하고 가늘어진다. 줄기의 침입 받은 부위는 강도와 지지하는 힘이 손실되기 때문에 유묘의 그 윗부분을 더 이상 지지할 수 없게 되므로 결국에는 유묘가 땅 위로 넘어진다. 병원균은 유묘가 땅에 넘어진 후에도 침입을 계속하며 유묘는 곧 시들고 죽는다. 이 단계의 병을 '출아후잘록병'이라고 한다. 화곡류나 잔디류에는 'Pythium마름병'이라는 것이 발생하는데, 이는 유묘나 어린 식물체를 침입해서 식물을 죽였기 때문에 얼른 보기에 잔디밭이나 포장에 여기저

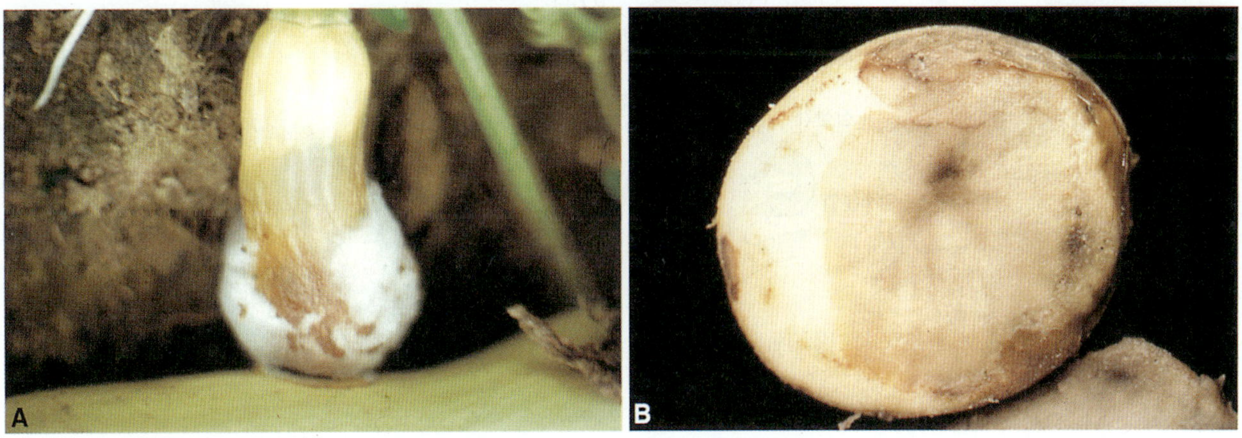

그림 11-16 *Pythium* sp.에 의한 호박과 감자의 연부병. [사진제공: (B) D.P. Weingartner, University of Florida.]

기 텅빈 자리가 보인다 (그림 11-15A~11-15C).

다 자란 식물체가 잘록병균의 침해를 받았을 때에는 뿌리털이 죽거나 뿌리와 줄기에 병반이 형성된다. 병반은 식물을 위축시키고 시들게 하거나 죽이기도 한다 (그림 11-15D).

박과작물의 과실, 녹두, 감자 같이 토양에 접해있는 채소류의 연약한 다육질 기관은 때때로 포장이나 저장, 운송 중 긴 습윤기간 동안에 잘록병균에 의해 감염된다. 그러한 감염의 결과 다육질 기관의 표면에 솜털 같은 균류가 생장하는데, 이러한 병징을 "leak"라고 부르며, 이것의 내부는 썩어서 물렁물렁한 덩어리로 변한다 (그림 11-16A, 11-16B).

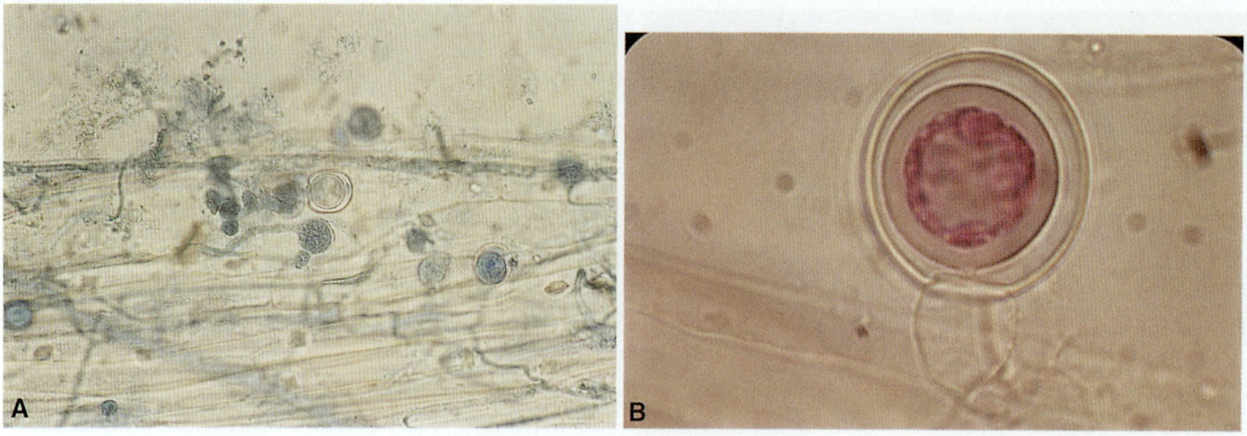

그림 11-17 감염된 뿌리조직 내의 *Pythium* 균사체와 포자낭(A), 난포자(B). [사진제공: R.E. Cullen, University of Florida.]

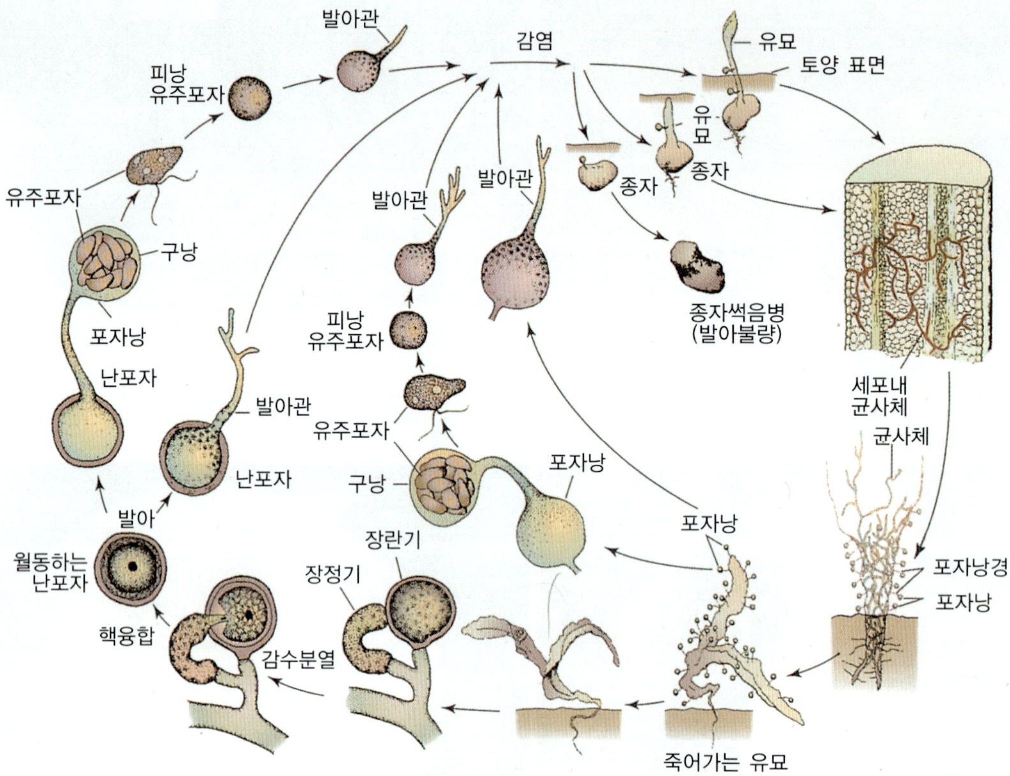

그림 11-18 *Pythium* sp.에 의한 잘록병과 종자썩음병의 병환.

병원균: *Pythium spp.*

몇 종의 *Pythium* 은 출아전 또는 출아후잘록병을 일으킨다. *Phytophthora*, *Rhizoctonia*, *Fusarium* 등 다른 균류도 *Pythium* 과 아주 유사한 병징을 일으킨다. 그 밖에도 여러 종의 균류와 종자의 내 외부에 수반된 일부 세균도 잘록병을 일으켜 유묘를 죽인다.

Pythium 은 빠르게 자라는 흰색 균사체를 형성한다. 균사체에서 형성된 포자낭(유주포자낭)은 1개 또는 몇 개의 발아관을 내어 직접 발아하거나, 유주포자낭에서 구낭이라는 풍선 같은 2차 포자낭포자를 형성한 후에 그 끝에 짧은 균사를 형성하여 발아한다 (그림 11-17, 11-18). 구낭 안에 100개 또는 그 이상의 유주포자를 형성하고 유주포자들은 몇 분 동안 물속에서 떼지어 움직이다가 둥근 피낭체가 되며, 이것이 발아관

을 내어 발아한다. 발아관은 보통 기주 조직을 침입하고 새로운 감염을 시작하지만, 때로 다시 소낭을 형성하여 여러 개의 2차유주포자를 형성하는 것을 여러 번 되풀이하기도 한다.

균사체는 또한 짧은 균사의 끝에 구형의 장란기와 곤봉 모양의 장정기를 형성한다 (그림 11-17A, 11-17B). 장정기는 장란기와 접촉하면 수정관을 내어 장란기 속으로 들어간다. 이 수정관을 통하여 장정기의 핵이 장란기의 핵을 향하여 이동하고, 이것이 서로 융합하여 접합체를 형성한다. 수정된 장란기는 그 속에서 두꺼운 벽을 가진 난포자를 형성한다 (그림 11-17B). 난포자는 여러 가지 불리한 환경에 잘 견딘다. 그래서 균류의 휴면 또는 월동세대가 된다. 난포자는 앞서 언급한 포자낭의 발아와 비슷한 방법으로 발아한다. 포자낭 및 난포자의 발아 방법은 온도에 의해 결정되는데, 18℃ 이상에서는 발아관을 내어 직접 발아하여 균사로 발달하지만, 10℃에서 18℃ 사이에서는 유주포자를 형성하는 간접발아를 한다.

Pythium 은 전 세계적으로 물과 토양 속에 널리 분포한다. 죽은 식물과 동물의 기질 위에서 부생균으로 살거나 식물의 잔뿌리를 침해하는 기생체로서 살아간다. 이 병원균은 유주포자가 유영하여 감염을 일으키는 데 물이 필요하다. 수분이 많은 토양에 *Pythium* 이 심하게 오염되면 종자 또는 종자로부터 나온 어린 식물체는 거의 대부분 이 균류에 의해 침해 받는다.

병의 진전

*Pythium*의 포자 발아관이나 부생성 균사체는 종자나 기주식물의 유묘 조직과 접촉하면 직접 침입한다. 병원균은 펙틴분해효소를 분비하여 세포를 연결 부착하고 있는 중벽의 펙틴을 용해시켜 연화시킨다. 그리고 병원균은 세포간극 및 세포를 관통해서 자란다. 펙틴분해효소는 침입한 세포의 원형질을 붕괴하며, 어떤 경우에는 셀룰로스분해효소를 내어 세포벽을 완전히 무너뜨리고 분해한다. 결국 침입 받은 종자나 어린 유묘는 죽어 버리고, 병원균 균체와 병원균이 분해할 수 없는 수베린과 리그닌 같은 물질로 구성된 썩은 덩어리로 변한다. 병원균의 침입이 땅 밑의 유묘줄기 피층부위에만 한정될 경우에 유묘는 계속 생장하지만 병반부위도 마찬가지로 지면 위쪽으로 신장되어 잠시 동안 자란다. 그 다음, 지면 부위의 병든 줄기가 지상부를 더 이상 지지할 수 없어 식물은 넘어지고 죽는다 (그림 11-14~11-16, 11-18).

유묘가 이미 잘 발육하고, 리그닌화하여 두꺼운 세포벽과 활발한 형성층을 가지고 있을 때에 초기 감염이 일어나면, 병원균의 진전이 감염 부위 근처에서 억제되므로 작은 병반만 발달한다. 식물의 잔뿌리는 거의 모든 생장단계에서 *Pythium*의 침입을 받을 수 있다. 병원균은 뿌리 끝으로 들어가서 어린 세포에서 증식하고, 잔뿌리를 급격하게 붕괴시키고 죽인다. 병원균의 노화된 뿌리의 침입은 보통 뿌리의 피층에 한정된다. 다육질 또는 상대적으로 어린뿌리는 훨씬 더 심하게 침입 받아서 수cm 크기의 병반을 형성한다.

Pythium 에 의해 채소의 다육질 열매와 다른 기관의 감염은 작물 식부 포장 및 저장, 운송 및 시장에서 발생한다. 포장 감염은 병원균에 심하게 오염된 젖은 토양과 열매가 접촉한 지점에서 시작된다. 병원균이 분비한 효소는 조직을 연화시키고, 조직은 물렁물렁해진다. 접종 3일 이내에 오이 열매 전체는 병원균의 영향을 받는다. 감염이 진행됨에 따라 포자낭이 나타나고 뒤이어 기주조직의 안이나 밖에 또는 양쪽에 난포자를 형성한다.

Pythium 감염에 의한 발병과 그 손실은 토양에 오랜 기간 동안 젖었을 때, 온도조건이 기주식물에 불리할 때(대개 너무 저온일 때), 토양에 질소가 과잉될 때, 동일 작물을 동일 포장에서 여러 해 동안 연작할 때에 더 심각하다.

방제

온실에서 Pythium병은 증기나 건열을 이용하여 토양살균하거나, 종자소독제를 처리한 종자를 파종함으로써 방제할 수 있다. 온실 선반과 용기들도 적절한 소독액을 처리해야 한다.

지금까지 이 병원균에 대해 저항성인 시판용 품종은 없다. 1990년대 중반부터 Pythium 종자썩음병이나 잘록병에 대해 병원균의 길항균류나 길항세균을 종자처리에 이용하거나 길항균의 포자를 묘상토양이나 육묘상토에 넣는 식으로 방제 시험이 시도되어 왔다.

경종적 방제법은 때때로 감염을 줄이는 데 상당히 도움이 된다. 경종적 방법으로는 적절한 토양 배수, 식물 사이의 통기성 유지, 유묘 생육 온도가 식물 생장에 가장 좋을 때 작물이 급속히 자라 병을 회피하거나 저항성을 발휘하도록 하는 것, 질산염 형태의 질소비료를 과도하게 시비하는 것을 피하는 것, 윤작을 실시하는 것 등이 포함된다. 새로운 방법들 — 종자를 파종하기 전에 삼투처리(滲透處理 프라이밍; osmopriming)하여 최아시키면, 발아가 촉진되고 생장속도가 빨라지며 잘록병에도 잘 걸리지 않는 것 등 — 이 또한 유망시된다. 용기육묘(容器育苗; 플러그육묘 또는 분재육묘)하는 원예작물은 육묘 재료로 이탄(peat) 대신 부숙수피를 이용하는데, 이 경우에는 *Pythium* 및 기타 뿌리 병원균에 의한 뿌리썩음병을 현저하게 줄일 수 있다.

포장에서 가장 중요한 예방적 방제법은 한 가지 이상의 살균제를 종자나 인경 등에 처리하는 것이다. 광범위 살균제와 합제 형태로 침투성 살균제를 사용하는 것은 *Pythium* 및

Phytophthora 에 의한 잘록병, 유묘 마름병, 뿌리썩음병에 대해 우수한 방제효과를 나타낸다. 이러한 약제는 토양처리 또는 종자처리제로 사용할 수 있다. 종자처리 다음에 유묘에 같은 약제나 다른 종류의 살균제를 유묘에 살포하는 것이 효과적이다. 이 처리는 심하게 오염된 토양이나 작물의 생장 초기에 토양이 오랫동안 젖어있는 경우에 중요하다. 오이 종자를 길항균인 *Pseudomonas putida*나 *Verticillium lecanii*로 처리하면 *Pythium*의 공격으로부터 유묘를 보호하는 파이토알렉신(phytoalexin)의 전신적 유도나 다른 방어반응을 일으킨다. 이와 유사하게, 독일가문비나무 묘목에 메틸자스몬산(methyl jasmonic acid)을 처리하는 실험에서 살리실산, 카이틴분해효소의 축적 유도와 다른 방어반응을 일으켜 유묘의 75% 이상을 *Pythium*에 의한 감염으로부터 보호되었다.

참고문헌

Anonymous (1974). Symposium on the genus *Pythium*. *Proc. Am. Phytopathol. Soc.* **1**, 200–223.

Buczacki, S. T., ed. (1983). "Zoosporic Plant Pathogens: A Modern Perspective." Academic Press, London.

Dick, M. W. (1990). "Keys to *Pythium*." Department of Botany, School of Plant Science, University of Reading, Reading, UK.

Hendrix, F. F., Jr., and Campbell, W. A. (1973). Pythiums as plant pathogens. *Annu. Rev. Phytopathol.* **11**, 77–98.

Martin, F. N. (1992). *Pythium*. *In* "Methods for Research on Soilborne Phytopathogenic Fungi" (L. L. Singleton, J. D. Mihail, and C. M. Rush, eds.), pp. 39–49. APS Press, St. Paul, MN.

Middleton, J. T. (1943). The taxonomy, host range and geographic distribution of the genus *Pythium*. *Torrey Bot. Club. Mem.* **20**, 1–171.

Rey, P., Benhamou, N., and Tirilly, Y. (1998). Ultrastructural and cytochemical investigation of asymptomatic infection by *Pythium* spp. *Phytopathology* **88**, 234–244.

Waterhouse, G. M. (1968). The genus *Pythium*. *Mycol. Pap.* **110**, 1–71.

Phytophthora 에 의한 병

식물 파괴자라는 의미의 *Phytophthora* 는 마땅한 이름이다. *Phytophthora* 는 일년생 채소나 관상식물의 유묘로부터 완전히 발달한 열매와 임목에 이르기까지 많은 식물에 다양한 형태의 병을 일으킨다. 대부분의 *Phytophthora* 는 *Pythium*에 의한 병과 유사한 유묘의 뿌리썩음병, 잘록병과 땅가 부근의 낮은 줄기, 괴경 및 구근의 썩음병을 일으킨다. 어떤 역병균은 눈과 열매의 썩음병을 일으키고, 다른 역병균은 잎, 어린 가지와 열매를 침해하는 마름병을 일으킨다. 역병균의 어떤 종은 한, 두 종의 기주식물만을 침해한다. 그렇지만 그 밖의 다른 종들은 많은 다른 종류의 식물에 유사하거나 다른 병징을 일으키는 것도 있다. 역병균 중 가장 유명한 것은 감자 역병균(*Phytophthora infestans*)으로 감자와 토마토에 역병을 일으킨다. 그리고 다른 종들도 그 기주에 치명적인 무서운 식물병을 일으키는데, *P. cactorum*, *P. cambivora*, *P. cinnamomi*, *P. citrophthora*, *P. fragariae*, *P. palmivora*, *P. syringae* 는 목본류의 관상수나 과수, 임목 등과 채소류 및 초본식물의 뿌리와 땅가줄기(지제부)를 썩힐 뿐만 아니라 가지마름이나 열매썩음도 일으킨다. 그리고 *P. capsici*, *P. cryptogea*, *P. megasperma*, *P. parasitica* 등은 여러 채소, 관상식물, 밭작물 및 목본식물의 뿌리썩음병, 줄기썩음병 및 과실썩음병을 일으킨다.

근부 및 경부 역병

대부분의 *Phytophthora* 는 많은 식물에서 뿌리와 땅가줄기 썩음을 일으킨다 (그림 11-19~11-24). 그러한 뿌리썩음이나 줄기썩음(또는 땅가썩음)은 특히 임목과 관목에서 대단히 큰 피해를 주고 있지만, 병원체가 잘 발견되지 않거나 동정이 쉽지 않은 경우가 흔하다. 병에 걸린 식물은 처음 수분부족이나 영양실조와 같은 병징을 보이기 시작하고, 그 후에는 급속하게 수세가 약해져서 다른 병원체나 여러 가지 다른 원인에 의한 침해를 받기 쉽다. 그래서 그 식물이 죽은 원인을 다른 것으로 오인하는 일이 많다.

Phytophthora 에 의한 뿌리 및 줄기썩음병은 토양이 과습하여 감수성 식물체 생장에 적합하고, 15~23℃의 저온지역이면 세계 거의 모든 지역에서 기주식물에 피해를 준다.

일년생식물이나 묘목은 이 병에 의해 단 며칠 만에, 또는 몇 주, 몇 개월 이내에 죽는다 (그림 11-19). 어떤 경우에 난균류에 감염되면 고추, 박과작물(그림 11-20A, 11-20B), 토마토(그림 11-20C), 딸기, 귤나무, 카카오나무(그림 11-22)의 과실은 부분적이거나 완전히 썩는다.

오래된 수목의 뿌리는 토양 내의 병원균 밀도와 환경조건에 따라 천천히 또는 급속하게 죽는다. 결과적으로 늙은 나무는 잎의 수가 적어지며, 짧게 오그라들어 컵 모양의 누런 잎을 보이며, 잔가지 및 굵은 가지가 말라죽는다. 사과나무의 밑둥썩음병(그림 11-21A), 귤나무의 땅가줄기썩음병, 복숭아나무(그림 11-21B)와 양앵두나무의 뿌리썩음 및 근두썩음병의 경우에 병원균은 땅가의 줄기 기부에 침입하여 그 부분의 수피조직을 괴사시킨다. 또, 병원균은 야자나무 상단부의 생장점 눈썩음을 일으키는 것만으로도 야자나무를 죽인다 (그림 11-21C, 11-21D). 그 외에도 수없이 많은 일년생식물, 관목, 나무의 땅가 줄기의 수피를 침입하여 죽인다 (그림 11-21, 11-23, 11-24). 병든 나무는 키와 굵기가 거의 자라지 못하고 보통 감염 후 3년에서 10년 이내에 죽는다. 병든 나무는

그림 11-19 *Phytophthora* 병징: 죽은 콩 줄기(A), 육묘상의 죽은 소나무 묘목(B), 역병균에 의해 죽은 포장에 심긴 고추의 사진(C)과 전경(D). [사진제공: (A) W.L. Seaman, WCPD, (B) E.L. Barnard, Florida Department of Agriculture, Division of Forestry, (C, D) R.J. McGovern, University of Florida.]

그림 11-20 다육질 기관의 *Phytophthora* 병징: 수박의 썩음(A와 B), *P. capsici*에 의한 토마토 썩음(C), *P. erythroseptica* 에 의한 감자 썩음(D). [사진제공: (A) B.D. Bruton, (B,C) R.J. McGovern, (D) D.P. Weingartner, University of Florida.]

그림 11-22 *Phytophthora* 에 의한 카카오나무 검은꼬투리병. [사진제공: H.D. Thurston, Cornell University.]

해설 17 *Phytophthora*가 작물과 천연수목에 전쟁을 선포하다

감자와 토마토의 파괴자로 널리 알려진 감자 역병균의 중요성은 지난 10년 사이에 병원력이 더 강한 새로운 계통과 친화적인 교배형(A2 교배형)의 출현과 전 세계적인 급속한 확산으로 인하여 다시 강조되고 있다. 친화적 교배형의 출현 및 확산으로 인하여 견고한 난포자의 형성과 월동 및 월하가 가능해졌을 뿐만 아니라 더 강한 병원력을 가진 새로운 계통의 출현이 쉬워졌고 가속되었다. 더욱이 고추와 박과작물 같은 작물이 역병균이 선호하는 기주로 일년생작물의 목록에 추가되어 왔다. 이러한 작물은 지난 10년 사이에 훨씬 더 병원력이 강한 계통을 형성한 것으로 보이는 *P. capsici*에 의한 역병에 대해 지금까지는 극도로 감수성이다.

비록 다양한 *Phytophthora* 종이 재배되는 많은 일년생 및 다년생작물에 심각한 손실을 일으키는 것으로 알려졌으나, 몇몇 *Phytophthora*는 세계의 다른 쪽에서 자라는 천연 수목류에 파괴적임이 증명되었다. 1970년대에 호주 서부의 jarrah 유칼리나무 숲에 *P. cinnamomi*에 의한 심각한 역병이 대발생하여 유칼리나무의 20% 이상이 파괴되었고, 동시에 같은 숲에 있는 일부 중요한 관목의 60~70%도 역병균에 감염되었다. 지난 몇 년 사이에 *P. cinnamomi*는 남중부유럽, 아르헨티나, 칠레, 미국 Pennsylvania, 캐나다, 알래스카의 참나무류를 죽인 것으로 보고되었다. 더 최근에 그 병원균은 멕시코 Colima주에서 최소한 3종의 천연 참나무림을 멸종시킨 주요 원인임이 밝혀졌다. 비록 수십 년 동안 태평양 북서부에 존재했지만 최근에 *P. lateralis*는 Lawson's cypress로 알려진 미국편백나무(Port-Orford-Cedar)를 엄청나게 죽이고 있고, 그보다 적지만 주목(Pacific yew trees)도 죽이고 있다. 마지막으로 새천년의 도래시기에 새로운 *Phytophthora* 종인 *P. ramorum*이 미국의 캘리포니아와 오레곤에서 빠른 속도로 참나무를 죽이는 급사병(sudden oak death)의 원인임이 밝혀졌다(그림 11-23, 11-24).

*Phytophthora ramorum*은 유럽에서 철쭉류의 식물의 가지마름병을 일으키는 것으로 알려졌다. 그러나 1990년대 후반에 이 균은 미국 캘리포니아와 오레곤 남부의 4종의 참나무에 급사병을 초래하는 수피 궤양을 일으키는 것으로 밝혀졌다. *P. ramorum*은 여러 다른 과에 속하는 식물의 잎과 가지에도 감염을 일으킬 수 있다. 그러나 참나무의 경우처럼 심각하지는 않다. 돌참나무류(*Lithocarpus* spp.)의 경우에는 초기 병징으로 가지가 늘어지거나 시들음 증상을 나타낸다 (그림 11-23D). 그 다음에는 줄기 위에 적갈색 내지 흑색의 점액이 누출되는 점액누출궤양(bleeding canker)을 형성한다 (그림 11-23E). 참나무의 경우에 첫 병징은 지제부로부터 위쪽의 약 3m 높이까지 보통 형성하는 점액누출궤양이다. 감염이 진전되면, 특히 돌참나무에서 점액 누출은 줄기나 가지의 20m 높이까지 올라갈 수 있다. 돌참나무에서 병원균은 흔히 점무늬와 잔가지 위에 궤양을 일으킨다. 점액누출이 시작된 후에 감염된 나무는 잎의 색깔이 변하기 시작한다 (그림 11-23A~11-23C). 병이 진전되면서 잎의 색깔이 급격하게 건강한 녹색에서 미색으로 바뀌고 마침내 적갈색으로 변한다 (그림 11-24). 감염된 나무는 한 그루씩 보이기도 하고 집단적으로 나타나기도 한다. 어떤 나무는 점액누출궤양으로 진전된 후에도 몇 년 동안 생존하지만, 감염된 나무는 일반적으로 감염 1~2년 후에는 죽는다. 나무가 죽은 후에도 잎이 1년 동안 감염된 나무에 매달려있기도 한다. 병원균은 여러 기주식물에 생긴 점무늬 위에 포자를 형성하지만 궤양 위에서는 포자를 형성하지 않는다. 병원균은 토양 속, 빗물, 쓰러진 나뭇가지에서 발견되기도 한다. 비록 곤충이 관여하는 것으로 의심되지만, 어떻게 병원균이 나뭇가지에 전파되고, 어떻게 줄기와 가지에 들어가는지 알지 못한다. 지금까지 병의 치료방법이 없고, 추천되는 주요 조치는 나무의 수분과 영향 결핍 스트레스를 줄이는 것이다.

왜 그렇게 많은 *Phytophthora*가 기주식물을 공격하는 힘이 갑자기 강력해졌는지, 왜 그들이 최근까지 공격하지 않았던 새로운 기주를 심각하게 공격하는지에 대한 특별히 적절한 설명은 없다. 새로운 *P. infestans*와 *P. capsici*에서 병원력이 증가된 새로운 *Phytophthora* 계통의 경우는 멕시코에서 *P. cinnamomi*의 병원력 증가와 미국 캘리포니아와 오레곤주의 활력이 넘치는 종인 *P. ramorum*의 출현처럼 당황스럽다. 가장 심각한 상황은 캘리포니아와 오레곤주에서 참나무에 대하여 분명히 다른 궤양병을 일으키며 심각한 치사에 이르게 하는 새로운 종 *P. ramorum*이 검출된 것이다. *Phytophthora*에 의한 천연림 나무의 손실에 사과나무, 복숭아나무, 귤나무류, 카카오나무는 물론 모든 종류의 묘목과 채소, 포장작물의 손실이 매년 더해질 때, *Phytophthora*는 식물을 가장 파괴시키는 병원균 중의 하나이기에 충분하다.

그림 11-23 *Phytophthora ramorum*에 의한 참나무 급사병 (sudden oak death): (A) 새로 생장한 가지의 축 늘어지고 시들음. (B-D) 12월부터 6월 사이 감염된 나무에서 연속적인 잎의 색깔 변화. (E) 감염된 나무줄기 위의 궤양에서 점액 유출. (F) 감염된 참나무 줄기 위의 궤양과 괴사. [사진제공: P. Svihra, University of California Cooperative Extension, Marrin County.]

계속

그림 11-24 *P. ramorum*에 의하여 죽은 참나무의 파노라마식 전경. [사진제공: P. Svihra, University of California Cooperative Extension, Marin County.]

해마다 점점 더 열매를 적게 맺으며, 그 크기도 점점 작아진다.

역병균에 감염된 식물에서 잔뿌리의 대부분은 죽고, 큰 뿌리는 괴저성 갈변을 보인다. 잔뿌리가 감염된 어린 식물이나 성숙된 다즙성 식물의 경우에는 다소 급격히 죽는다. 다른 식물에서처럼 딸기의 경우에 대부분의 잔뿌리는 썩어 없어지고 큰 뿌리는 끝이 갈변한다. 늦은 봄에 감염된 딸기 뿌리는 중심주가 붉게 변하므로 *Phytophthora fragariae*에 의한 딸기 역병을 진단하는 지표가 된다.

많은 식물에서 병원균은 지제부를 공격하여 줄기의 수피에 수침상 병반이나 흑변을 일으킨다. 감염부위는 확대되고, 만약 식물이 어리거나 다즙성이면 원형을 그리거나 모든 줄기가 병변하고 아래쪽 잎이 떨어지고 결국은 식물 전체가 시든다 (그림 11-20~11-24). 다 자란 성숙 식물과 수목의 경우에는 줄기 한쪽에 감염되어 검은 부위가 생기고 곧 건전한 수피의 아래쪽이 움푹 패이고 궤양이 된다. 병 걸린 초기에는 수피가 아직 단단하고 손상되어 보이지는 않지만, 곧 침해받은 부위는 쭈그러지고 금이 간다. 밑둥썩음 궤양은 병든 조직을 통하여 수간 속으로 파고들며(그림 11-21B), 위로 퍼져 가지로 올라가거나 또는 아래쪽 근계로 옮아간다. 뿌리의 침입은 보통 근두나 지표 수준에서 시작된다. 궤양이 퍼지고 확대됨에 따라 주간, 가지, 뿌리 등에 퍼지면서 먼저 식물체나 나무가 허약하게 자라게 하고, 열매의 수와 크기를 작게 하며, 드문드문한 잎과 가지의 마름을 보이면서, 최종적으로 식물체 전체를 죽인다.

뿌리썩음이나 줄기썩음병을 일으키는 *Phytophthora*는 추운 겨울과 뜨겁고 건조한 여름동안에 감염된 뿌리 또는 줄기에서 난포자나 후벽포자, 또는 균사체 상태로 생존한다 (그림 2-3B, 11-25). 병원균의 구조체는 토양 속에서 생존할 수 있다. 봄에 난포자 및 후벽포자는 발아관을 내어 유주포자낭을 형성하며, 균사체는 균사생장을 한 다음 유주포자낭을 형성하고 유주포자를 방출한다. 유주포자는 토양 내에서 유영하여 접촉하는 기질 즉, 감수성 기주의 뿌리에 감염을 일으킨다. 과습·저온 기상조건에서 병원균은 급속히 자라 더 많은 균사체와 유주포자들을 형성하고, 유주포자는 또 이웃의 많은 식물에 병을 퍼뜨린다.

*Phytophthora*에 의한 뿌리썩음병의 방제는 병원균이 없는 무병토양이나 배수가 잘 되는 토양에 감수성 작물을 재배하는

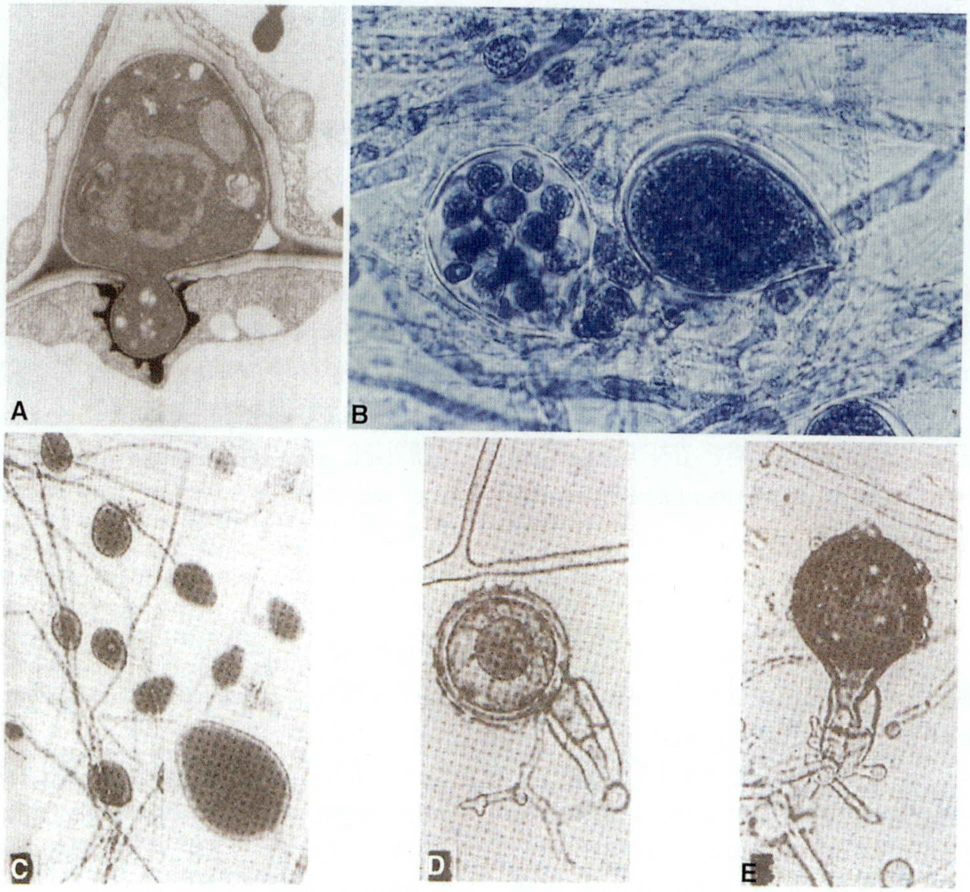

그림 11-25 (A) 뿌리의 피층세포 안에 형성된 흡기를 가진 *Phytophthora* sp.의 세포 사이의 균사. (B) 유주포자를 가진 *P. capsici*의 포자낭. (C) *P. cambivora*의 포자낭(C), 장정기를 가진 난포자(D), 난포자(E). (C-E, 400배) [사진제공: (A) Mims & Enkerli, *Can. J. Bot.* (1997). **75**, 1493-1508, (B) R.J. McGovern, University of Florida, (C-E) S.M. Mircetich, *Phytopathology* **66**, 549-558.]

것에 달려 있다. 특히 묘목은 절대로 감염되지 않아야 하는데 가능하다면 저항성 품종으로 식재한다. 화분, 온실 또는 묘판의 식물은 파종 전에 토양과 용기를 증기살균한다.

1990년대 중반부터 몇 가지 침투성 살균제를 종자처리, 토양처리, 묘침지, 살포, 관주 및 살수처리하여 뿌리썩음이나 줄기썩음병을 일으키는 역병을 효과적으로 방제할 수 있다. 몇 가지 수목은 선발된 살균제를 수간주입하여 예방할 수 있다. 또한 식부된 과수(수목) 주변 토양에 살균제 현탁액을 관주해 주는 것도 병원균의 토양 내 생장과 활동을 상당히 억제한다. 특히 배수가 불량한 식양토 토양에서는 다른 모든 방제법에 우선해서 먼저 저항성 품종을 심어야한다. 과수의 경우에는 저항성 대목이나 중간대목의 이용은 땅가줄기썩음이나 밑둥썩음을 방제하는 데 가장 좋은 방법이다. 딸기 같은 원예작물의 역병은 토양훈증을 통해 효과적으로 방제할 수 있다.

근부 역병을 방제하기 위해서 발병억제토양에 파종하거나 묘목을 식부하기도 한다. 발병억제토양은 병원균에 길항적인 미생물이나 병원균에 독성을 발휘하는 무기화합물을 함유한 토양을 말한다. 역병균의 난포자에 기생하거나 길항작용을 보이는 수많은 균류와 세균이 보고되어 왔지만 그 어느 것도 실제로 포장에서 역병을 방제하는 데는 효과가 없었다. 그러나 1990년대 중반부터 컨테이너 육묘식물, 온실 육묘상 및 포장시험에서 사용하는 상토 또는 무토양 묘상용 배지에 부숙수피를 혼합사용하여 역병 발생이 상당히 억제되었다.

감자 역병

감자 역병(late blight)은 감자가 재배되는 세계의 모든 지역에서 발생하는 가장 파괴적인 감자의 병이다. 특히 저온다습한 지역에 궤멸적인 피해를 주는 병이다. 감자 역병이 많이 발생하는 지역은 미북부, 캐나다 동부해안 지대, 서유럽, 중국의 중남부, 브라질 남동부와 열대 고원지대이다. 감자 역병균은 감자 외에도 토마토와 몇 종의 가지과작물에서도 매우 파괴적이다.

감자 역병은 작물생육기 언제라도 감자와 토마토의 지상부 경엽을 침입해서 지상부 작물을 죽일 수 있고, 감자 괴경 및 토마토 열매도 침입하여 포장에서 또는 저장 중에 썩혀 버린다. 또한 역병은 기상 조건만 적합하면(저온·다습) 발병 시작 1~2주 이내에 포장의 모든 식물체를 거의 완전하게 몰살시킨다. 작물 생육기 중 포장에서의 손실이 비록 경미한 경우에도 수확시 감염되어 저장 중에 감자가 모두 썩어버리는 일도 있다.

아일랜드 대기근(Irish famine)과 관련한 감자 역병의 역사적 측면과 감자 역병의 원인으로서 *Phytophthora infestans*의 확인은 19~21쪽에 제시했다.

병징

병징은 먼저 원형 또는 부정형의 수침상 점무늬로 보통 하위엽의 끝이나 가장자리에서부터 나타난다. 습한 날씨가 계속되면 병반의 점무늬는 급속하게 확대되고 가장자리가 불분명하게 갈색으로 마른 부위를 형성한다. 너비 3~5mm의 하얀 서릿발 같은 균류가 잎 뒷면의 병반 가장자리에 나타난다 (그림 11-26A, 11-26B). 그런 후 곧 잎 전체가 감염되어 죽어 축 늘어진다. 과습조건이 계속되면 식물체의 모든 연약한 지상부가 마르고 빠르게 썩으면서 특징적인 냄새를 풍긴다 (그림 11-26C, 11-26D). 전 포장의 모든 감자는 며칠 내 또는 몇 주 사이에 말라죽을 수 있다 (그림 11-26D). 건조한 날씨는 이 병원균의 활동을 억제한다. 기존의 병반이 확대를 멈추고 검게 변하며 시들고 이 균류가 잎의 뒷면에 나타나지 않는다. 그러나 날씨가 다시 습해지면 이 균류는 활동을 재개하고 병이 다시 급속하게 진전된다.

병든 감자 괴경은 먼저 수침상으로 검고 다소 붉은 갈색을 나타내며 괴경 속으로 5~15mm 정도까지 확장된 다음에 나중에는 다소 불규칙한 검보라색 또는 갈색 얼룩을 보인다 (그림 11-27A, 11-27B). 그리고 나중에는 침해받은 부위가 조금 단단해지고 건조해지며 다소 움푹 들어간다. 그러한 병반은 대개 작거나 괴경 속으로 더 깊이 파고들지 않고 괴경의 거의 표면에만 생긴다. 그러나 수확 후 저장 중에도 병은 계속된다 (그림 11-27A, 11-27B). 감염된 괴경은 병원균의 포자낭경과 포자로 뒤덮이고 (그림 11-27B, 11-27C), 2차적인 균류 또는 세균이 침입하여 물렁썩음을 일으키며 불쾌하고 역겨운 냄새를 풍긴다.

토마토 잎, 줄기, 열매도 병에 걸리며, 토마토밭이 통째로 망가질 수 있다. 감염된 열매는 포장이나 저장 중에 급격히 썩을 수 있다 (그림 11-28A~11-28C).

병원균: *Phytophthora infestans*

균사체는 그 끝에 레몬 모양의 포자낭을 달고있는 분지된 포자낭경을 형성한다 (그림11-27, 11-29). 포자낭이 형성된 지점의 포자낭경은 동그란 돌기 모양(swelling)으로 되어 있는데, 이것이 이 균의 독특한 형태적 특징이다. 포자낭은 12~15℃에서 3~8개의 유주포자를 방출하는 간접발아를 하는 반면에 15℃ 이상에서는 발아관을 내어 직접발아를 한다.

병원균은 유성생식을 위해 2가지 교배형(交配型; mating type; A1, A2)을 필요로 한다. 1980년대 후반까지는 멕시코를 제외한 다른 지역에서는 오직 한 가지 교배형(A1)만 존재하였다. 그러나 그 이후에는 대부분의 국가에서 두 가지의 교배형이 모두 생기게 되었고 결국 새로운 병원균 균주의 출현하였다. 새로 나온 교배형(A2) 균주들이 기존 균주(A1)들보다 훨씬 병원력이 세어 급속하게 기존균들을 대체하였다. 이 두 교배형이 서로 인접해서 같이 자랄 때에는 한쪽 균사(female hypha)가 어린 장정기 속으로 관통해서 자라 장정기 위에 구형의 장란기로 자란다. 장정기는 장란기와 수정하고, 두꺼운 벽을 가진 단단한 난포자로 발달한다. 난포자는 발아관을 내어 포자낭을 형성한다. 어떤 경우에는 발아관이 직접 균사체로 자라기도 한다.

병의 진전

1980년대까지 우점했던 병원균은 A1 교배형이었고, 친화적인 A2 교배형이 없었으므로 무성적인 포자만 형성했다. 그러므로 난포자는 형성하지 못했고 감염된 괴경에서 균사체로 월동했다. 그러나 친화적 A2 교배형이 멕시코로부터 전 세계로 전파되어 병원균의 유성생식이 가능하게 되었고, 감염된 지상부와 지하부 감자와 토마토 조직에 난포자를 형성한다. 통상 감수성인 품종일수록 단위 잎당 더 많은 난포자를 형성한다. 난포자는 3~4년 동안 토양에서 생존할 수 있다. 이러한 난포자는 토양에서 월동할 수 있을 뿐만 아니라 교배 개체의 병원성 특성의 유전적 재조합으로 더 강력한 병원력을 지닌 새로운 개체를 형성할 수 있게 한다.

감염 동안 감자의 많은 방어 관련 유전자가 이 병원균에 의해 유도된다. 이러한 유전자는 해독과 관련된 효소를 조절하는 유전자로 많은 기주-병원체 체계에서 유도되는 β-1,3-glucanase와 병원균의 방어와 관련된 여러 다른 형태의 유전자들이다.

그림 11-26 *Phytophthora infestans* 에 의한 감자 역병의 단계. (A) 포자낭경 및 포자낭을 가진 한 잎의 병반. (B) 여러 소엽의 병반. (C) 줄기의 괴사. (D) 감자의 줄기 및 신초의 괴사 및 함몰. (E) 포장에서 병들어 죽어가는 식물체. [사진제공: (A-C,E) D.P. Weingarten, University of Florida, (D) K. Mohan, University of Idaho.]

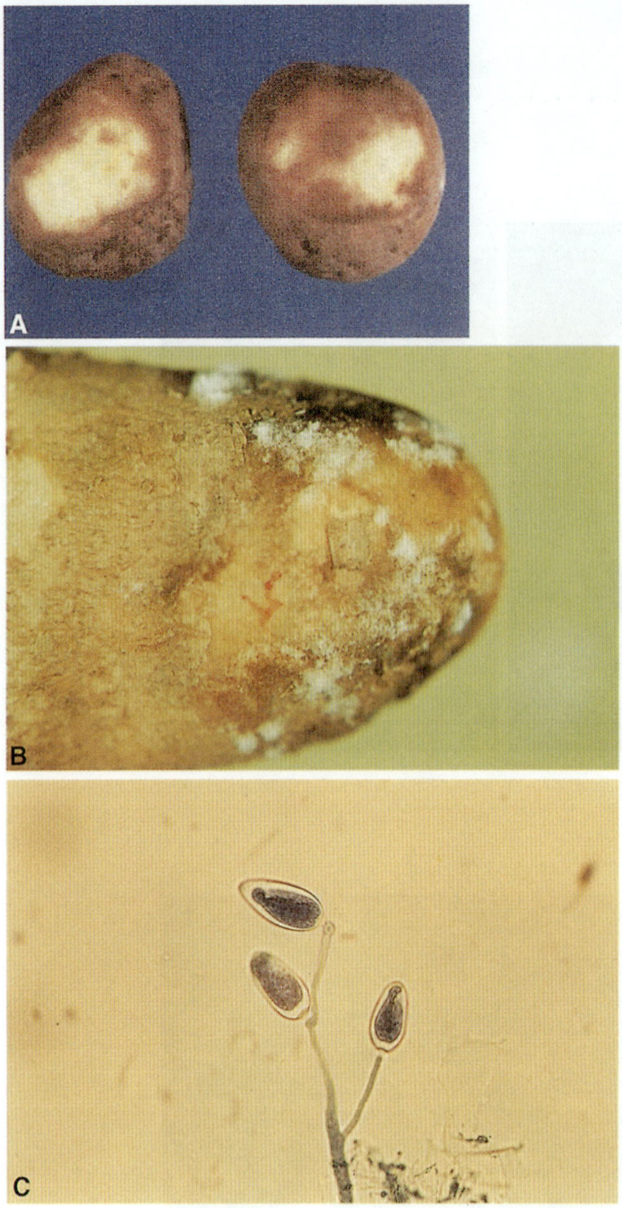

그림 11-27 (A) 횡단면에 나타난 역병에 의한 썩은 감자 괴경. (B) *Phytophthora infestans*에 감염되어 포자낭을 형성하는 괴경. (C) 병원균의 포자낭경과 포자낭. [사진제공: (A) R. Rowe, Ohio State University, (B,C) D.P. Weingartner, University of Florida.]

그림 11-28 토마토 잎(A) 및 과실(B)의 역병 병징, *Phytophthora infestans*에 만연한 토마토 포장(C). [사진제공: (A) R.J. McGovern, University of Florida, (B) K. Mohan, University of Idaho, (C) R. Jaime-Garcia, Cornell University.]

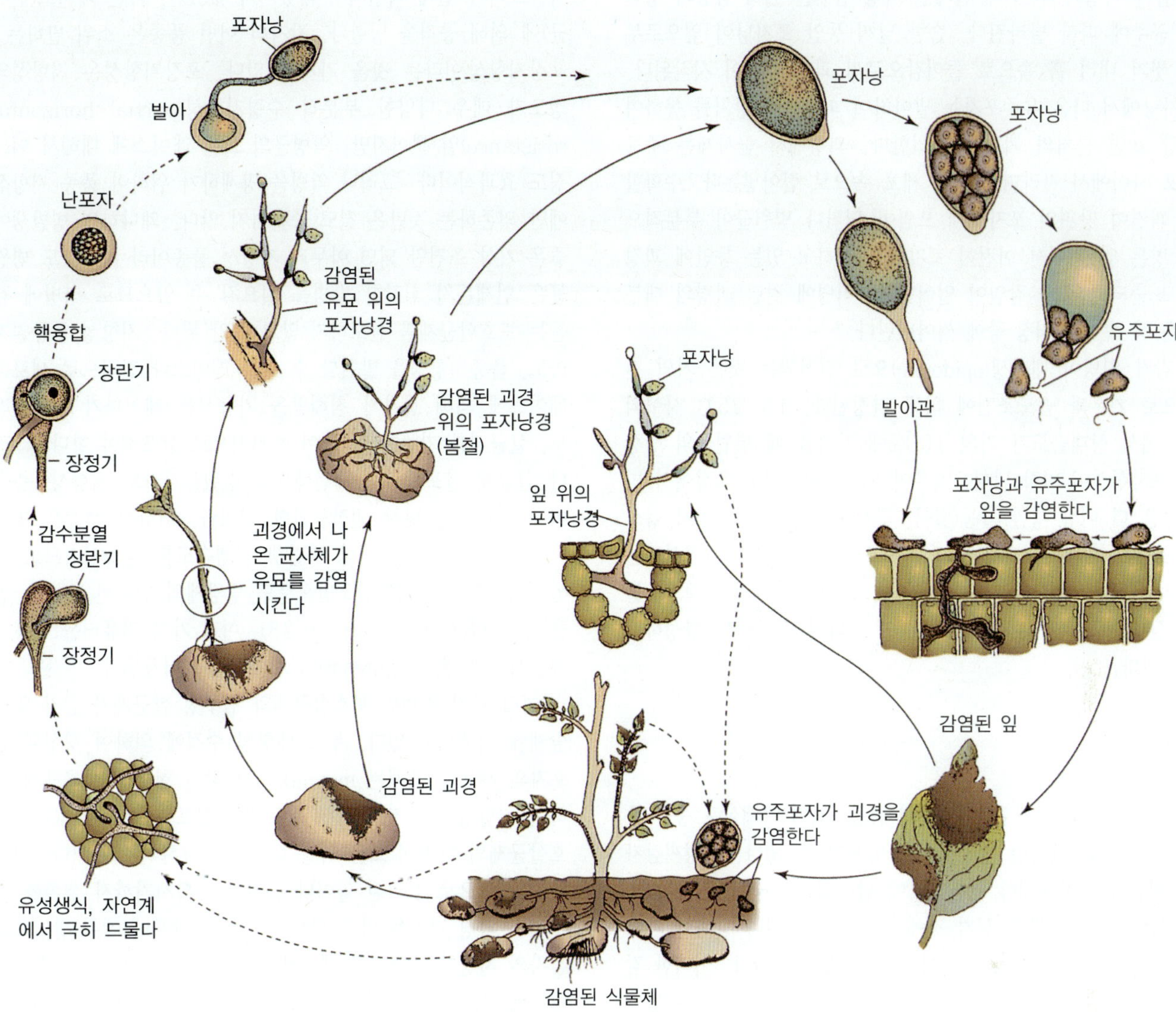

그림 11-29 *Phytophthora infestans*에 의한 감자 및 토마토 역병의 병환.

감염된 괴경(그림 11-27)이나 난포자와 유주포자로부터 균사체는 병든 괴경에서 세포들을 변색시키고 파괴한 후에 다시 지상부 줄기로 올라온다 (그림 11-26C). 병든 괴경의 줄기를 통해 균사가 생장하여 지상부 식물체에 올라온 병원균은 포자낭경을 형성하고 대개 잎 뒷면이나 줄기의 기공을 통해 밖으로 포자낭경을 내놓고 그 끝에 포자낭을 형성한다 (그림 11-27C, 11-29). 성숙한 포자낭은 비(또는 비바람, 바람)에 쉽게 근처에 떨어져, 습한 잎이나 줄기에 떨어져 곧 발아하고 새로운 감염을 시작한다. 발아관은 직접 식물의 큐티클 세포벽을 뚫고 침입하거나 기공을 통해 침입한다. 침입 후에 병원균의 균사는 식물세포 안으로 길고 구불구불한 흡기를 집어넣어 영양분을 섭취하며 식물 세포간극에서 균사생장한다. 균사체가 영양을 섭취한 세포는 이내 죽고, 균사체는 신선한 새로운 조직 주위로 파고든다. 감염 며칠 후 새로운 포자낭경이 잎의 기공으로부터 다시 나와 수많은 포자낭을 형성하며, 그것이 또 바람에 의해 전파되어 다시 새로운 식물체를 감염시킨다. 저온·다습한 기상조건일 때는 병원균의 감염 시작에서 포자낭 형성까지의 기간은 거의 4일 밖에 안 걸린다. 따라서 많은 무성세대와 새로운 감염이 작물의 한 작기 동안에 일어난다. 두 교배형 A1과 A2가 같은 식물 조직에 함께 존재할 때에는 수정이 일어나고 난포자가 형성된다. 재배기간 중 난포자 형성률이나 병 진전에 대한 난포자의 역할은 아직 알려진 것이 없다. 병이 진전됨에 따라 이미 시작된 병반은 그 크기가 더욱 증가하고 또 새로운 병반이 계속 생기며 그것이 다시 커짐에 따라 지상부 경엽이 모두 죽으며, 이것에 비례하여 감자 괴경의 수량감소도 더 많이 일어난다.

감자 역병의 두 번째 단계인 괴경 감염은 감자 품종과 병원균 균주에 따라 달라진다. 습한 날씨 동안 포자낭이 잎으로부터 씻겨 내려 흙 속으로 들어감으로써 괴경 감염이 시작된다. 포자낭에서 나온 유주포자는 발아하여 피목이나 상처를 통하여 토양 표면 근처의 괴경을 침입한다. 괴경에서 균사체는 주로 세포 사이에서 자라며 흡기를 세포 속으로 집어넣는다. 수확할 때 괴경이 땅위의 포자낭에 오염이 되거나 병원균이 부분적으로 병든 잎 위에서 여전히 포자를 형성하고 있는 동안에 괴경이 노출되면 추가 감염이 일어난다. 역병에 걸린 괴경의 대부분은 땅 속이나 저장 중에 썩어버린다.

감자 역병이 대발생(epidemic)으로 진전되는 것은 거의 전적으로 기온과 습도조건에 의해 결정된다. 15~25℃ 사이의 기온에서 상대습도가 거의 100%에 가까울 때 병원균의 생장과 포자형성이 가장 많다. 기온이 30℃ 이상이면 포장에서 병원균은 더 이상 생활 활동(발아, 균사생장 및 발병, 포자 형성 등)을 할 수 없다. 그러나 그 온도조건이 병원균을 사멸시키는 것은 아니다. 온도가 다시 병원균에 적합하게 되었을 때 — 물론 상대습도도 충분하게 높을 때 — 다시 포자낭을 형성하기 시작한다.

방제

감자 역병은 위생수단, 저항성 품종, 적기 약제살포 등을 종합적으로 고려해야만 성공적으로 방제할 수 있다. 무병씨감자만 씨감자로 사용해야 한다. 밭에 남아있는 추려낸 감자 더미는 봄에 다시 감자를 심기 전에 모두 소각하거나 강력한 제초제를 살포하여 아예 감자 싹이 나오지 않도록 한다. 어떠한 감자 자생식물(volunteer plant)도 역병의 전염원이 될 수 있기 때문에 감자를 심는 그 밭뿐만 아니라 이웃의 다른 포장에 있는 모든 자생식물도 제거해야 한다. A2 교배형의 최근 유입과 교배로 토양 속에서 겨울에도 생존할 수 있는 난포자의 형성으로 위에서 언급한 방법에 의한 감자 역병의 방제능력은 극적으로 바뀔 수 있다.

가능하다면 역병에 가장 저항성인 감자 품종을 재배한다. 그러나 불행하게도 시판용 재배 감자 품종은 모두 역병에 다소 감수성이다. 감자 역병균에는 특정 감자 품종에 대한 병원성의 범위가 서로 다른 레이스가 많으며, 감자의 저항성 품종들도 감자 역병균의 하나 또는 그 이상의 레이스에 대해 저항성을 나타낸다. 또 저항성 품종이라 하더라도 어떤 것은 지상부 감염에는 저항성을 나타내지만, 괴경 감염에는 저항성이 아닌 것도 있다. 대개 야생 감자와의 교잡으로 육성한 새로운 (저항성) 육성품종들은 역병 저항성 유전자인 R 유전자를 한 개 이상 가지고 있어서 한동안은 기존 병원균 레이스의 공격을 견디어 낸다. 그러나 전에 식별되지 않았거나 없었던, 다른 레이스(변이균)에 의해 공격을 당한다. 감자의 어떤 품종은 소위 말하는 '포장저항성'이라는 것을 가지고 있다. 포장저항성은 저항성의 정도가 매우 다양한 부분적 수평저항성(partial horizontal resistance)일 뿐이지만, 역병균의 모든 레이스에 대해서 어느 정도 효과적이다. 그러나 역병을 방제하기 위하여 품종 저항성에만 의존하는 것만은 결코 충분하지 않다. 왜냐하면 병발생에 좋은 기상 조건만 되면 아무리 저항성 품종이라 하더라도 병원균은 언제든지 심각한 발병을 일으킬 수 있으므로 역병에 잘 듣는 보호살균제를 살포하지 않으면 안 된다. 저항성 품종일지라도, 품종저항성을 발현할 수 없는 레이스나 전적으로 새로운 레이스에 의해 감자가 침해받을 가능성을 제거하기 위해서라도, 살균제를 가능한 한 많이 주기적으로 살포해야 한다. 그러나 살균제 살포를 주방제전략으로 정했을지라도 저항성품종을 이용하는 것은 항상 권장할만한 것이다. 저항성 품종은 병의 발생시작을 지연시키거나 병발생 진행속도를 감소시키므로 훨씬 적은 횟수의 약제살포만으로도 병방제의 만족한 수준을 얻을 수 있다 (그림 8-20, 9-28). 여러 가지 컴퓨터를 이용한 예찰시스템(예, Blightcast)이 개발되었고 사용된다.

여러 가지 광범위 보호살균제와 침투성 살균제가 감자 역병 방제에 이용되고 있다. 두 교배형의 수정에 의하여 형성된 난포자의 새로운 개체는 metalaxyl 과 같은 침투성 살균제에 대하여 저항성을 가져 이러한 살균제의 살포는 효과가 없다. 보호살균제의 엽면 살포는 괴경 감염을 상당히 감소시킨다. 그러나 부분적으로 감염된 잎이나 줄기가 수확시기까지 생존할 경우에는 괴경 감염을 막기 위하여 제초제 살포나 예취 방법으로 감자의 지상부를 완전히 제거하는 것이 필요하다. 감자 역병의 방제에 실용화된 것은 아니나 실험적으로 전신 유도 저항성(SAR)을 일으키는 DL-3-amino-butyric acid나 TNV(tobacco necrosis virus)의 전접종으로 감자 역병의 감염을 억제하였다. SAR이 유도된 잎에서 감자 역병균의 흡기형성과 균사 생장이 정지되었고 분명히 손상을 일으켰다. 어떤 PR-단백질이 처리된 잎, 식물 세포벽의 방어돌기 안과 병원균의 세포벽 안에 축적되었다. 그러나 이러한 변화가 병저항성에 중요한 역할을 하는지는 불확실하다.

참고문헌

Andrivon, D. (1996). The origin of *Phytophthora infestans* populations present in Europe in the 1849s: A critical review of historical and scientific evidence. *Plant Pathol.* **45**, 1027–1035.

Bain, H. F., and Demaree, J. B. (1945). Red stele root disease of the strawberry caused by *Phytophthora fragariae*. *J. Agric. Res.* **70**, 11–30.

Baines, R. C. (1939). Phytophthora trunk canker or collar rot of apple trees. *J. Agric. Res.* **59**, 159–184.

Berg, A. (1926). Tomato late blight and its relation to late blight of potato. *Bull. W. Va. Agric. Exp. Stn.* **205**, 1–31.

Brasier, C. M. (1992). Evolutionary biology of *Phytophthora*. *Annu. Rev. Phytopathol.* **30**, 153–200.

Cox, A. E., and Large, E. C. (1960). Potato blight epidemics throughout the world. *U.S. Dep. Agric. Agric. Handb.* **174**, 1–230.

Erwin, D. C., Bartnicki-Garcia, S., and Tsao, P. H., eds. (1983). "*Phytophthora*: Its Biology, Taxonomy, Ecology, and Pathology." APS Press, St. Paul, MN.

Fry, W. E., and Goodwin, S. B. (1997). Re-emergence of potato and tomato late blight in the United States. *Plant Dis.* **81**, 1349–1357.

Fry, W. E., *et al.* (1992). Population genetics and intercontinental migrations of *Phytophthora infestans*. *Annu. Rev. Phytopathol.* **30**, 107–129.

Fry, W. E., *et al.* (1993). Historical and recent migrations of *Phytophthora infestans*: Chronology, pathways, and implications. *Plant Dis.* **77**, 653–661.

Gisi, U., and Cohen, Y. (1996). Resistance to phenylamide fungicides: A case study with *Phytophthora infestans* involving mating type and race structure. *Annu. Rev. Phytopathol.* **34**, 549–572.

Hansen, E. M., *et al.* (2000). Managing Port-orford-cedar and the introduced pathogen *Phytophthora lateralis*. *Plant Dis.* **84**, 4–14.

Horner, I. J., and Wilcox, W. F. (1996). Spatial distribution of *Phytophthora cactorum* in New York apple orchard soils. *Phytopathology* **86**, 1122–1132.

Hwang, B. K., and Kim, C. H. (1995). Phytophthora blight of pepper and its control in Korea. *Plant Dis.* **79**, 221–227.

Ingram, D. S., and Williams, P. H., eds. (1991). "*Phytophthora infestans*: The Cause of Late Blight of Potato." *Adv. Plant Pathol.* **7**. Academic Press, San Diego.

Ko, W. H. (1982). Biological control of Phytophthora root rot of papaya with virgin soil. *Plant Dis.* **66**, 446–448.

Krause, R. A., Massie, L. B., and Hyre, R. A. (1975). Blitecast: A computerized forecast of potato blight. *Plant Dis. Rep.* **59**, 95–98.

Lebreton, L., Lucas, J.-M., and Andrivon, D. (1999). Aggressiveness and competitive fitness of *Phytophthora infestans* isolates collected from potato and tomato in France. *Phytopathology* **89**, 679–686.

Levin, A., *et al.* (2001). Oospore formation by *Phytophthora infestans* in potato tubers. *Phytopathology* **91**, 579–585.

Madden, L. V., *et al.* (1991). Epidemiology and control of leather rot of strawberries. *Plant Dis.* **75**, 439–446.

Man in 't Veld, W. A., *et al.* (1998). Natural hybrids of *Phytophthora nicotianae* and *Phytophthora cactorum* demonstrated by isozyme analysis and random amplified polymorphic DNA. *Phytopathology* **88**, 922–929.

Newhook, F. J., and Podger, F. D. (1972). The role of *Phytophthora cinnamoni* in Australian and New Zealand forests. *Annu. Rev. Phytopathol.* **10**, 229–326.

Ristaino, J. B., and Gumpertz, M. L. (2000). New frontiers in the study of dispersal and spatial analysis of epidemics caused by species in the genus *Phytophthora*. *Annu. Rev. Phytopathol.* **38**, 541–576.

Ristaino, J. B., and Johnston, S. A. (1999). Ecologically based approaches to management of *Phytophthora* blight on bell pepper. *Plant Dis.* **83**, 1080–1089.

Rizzo, D. M., *et al.* (2001). A new Phytophthora canker disease as the probable cause of sudden oak death in California. *Phytopathology* **91**, No. 6 (Supplement), S76.

Stover, A. J., *et al.* (2002). Diagnosis and monitoring of sudden oak death. Univ. of California, Pest Alert #6.

Tainter, F. H., *et al.* (2000). *Phytophthora cinnamomi* as a cause of oak mortality in the state of Colima, Mexico. *Plant Dis.* **84**, 394–398.

Waterhouse, G. M. (1970). "The genus *Phytophthora*," 2nd Ed. Commonw. Mycol. Inst. Misc. Publ. 122.

노균병

노균병(露菌病; downy mildews)은 주로 식물의 지상부 경엽 발생하며, 어리고 연약한 잎, 가지, 열매 조직을 공격하고 급속하게 번진다. 발병 진전과 발생한 병이 심각한 정도는 주로 식물체 부위의 수막의 존재와 서늘한 기온조건(또는 따뜻하지만 뜨겁지는 않은)의 높은 상대습도에 의해 결정된다. 노균병은 매우 짧은 시간 동안 엄청난 손실을 야기할 수 있는 병이다.

감자(토마토) 역병도 노균병과 병징과 발병 양상의 특징 등이 매우 유사하고 때로는 노균병('downy mildews of potato')이라고도 부르지만, 진정한 의미의 노균병은 노균병균과(露菌病菌科; Peronosporaceae)에 속하는 한 군(group)의 난균류에 의해 일어나는 식물병을 말한다. 이 과에 속하는 균류는 모두 고등식물의 절대기생균이다. 이들은 화곡류 작물과 채소, 그리고 다른 밭작물, 관상식물, 관목과 덩굴식물 등 많은 식물에서 노균병을 일으킨다.

노균병은 과거에 엄청난 규모의 파괴적인 전염병을 몇 가지 작물에서 일으켰다. 그 중 어떤 것은 지금도 계속 일어나고 있어 지금도 심각한 손실을 초래하고 있다. 가장 잘 알려진 노균병은 포도나무 노균병이다. 포도나무 노균병은 1800년 중·후반 경에 유럽으로 유입되어 프랑스와 유럽 지역 대부분의 포도 농사와 포도주 산업을 완전히 궤멸시켰다. 최근에는 전에 없었던 수수 노균병이 미국에 나타나서 퍼지게 되자, 아시아와 아프리카에 존재하는 벼과작물의 더 무서운 노균병이 장차 미국에 들어 올까싶어 비상한 관심을 기울이고 있다. 1979년 담배 노균병의 괴멸적인 대발생은 미국 플로리다주로부터 뉴잉글랜드 및 그 위쪽 동부의 주와 캐나다까지 급속하게 확산·전반되었으며, 그 길목에 있었던 담배 포장에 엄청난 피해를 가져와 담배 생산자에게 수 억 달러에 상당하는 손실을 입혔다.

노균병균은 각 난균류에 따라 그 모양이 독특하게 분지한 포자낭경 위에 포자낭을 형성한다. 포자낭은 포자낭경 가지 끝에 위치한다. 포자낭경은 서릿발 같이 투명하고 하얗게 기공을 통해서 식물조직으로부터 바깥으로 집단적으로 나타난다. 포자낭경은 주로 잎의 아래쪽에 (간혹 양면에) 그리고 그 밖의 감염된 조직에서 수많은 작은 이슬이 맺힌 서릿발 같이 하얗게 나온 매트(mat) (나중에 병반이 오래되면 담회색 또는 담갈색으로 보이기도 한다)로 보인다. 포자낭경은 성숙에 이를 때까지만 생장하고 모두 동시에 일괄적으로 그 끝에서 포자낭을 형성한다.

일반적으로 노균병균의 포자낭은 유주포자를 형성하여 발아하지만 고온에서는 발아관을 내어 발아한다. 그러나 *Bremia* 속은 대부분 포자낭이 발아관을 내어 발아하고, *Peronospora* 와 *Peronosclerospora* 는 발아관에 의해서만 포자낭이 발아한다 (오직 직접 발아만 한다). 발아관을 내어 발아하는 포자낭은 포자낭이라기보다는 하나의 포자로 보는 것이 더 합리적이다. 이러한 경우에 포자낭은 분생포자라고 한다. 노균병균의 난포자는 거의 대부분 발아관을 내어 발아하지만, 드문 경우로 유주포자를 방출하는 포자낭을 형성하기도 한다.

대부분의 노균병에서 노균병균이 종자나 구근에 의해 전반되거나 감염이 유묘 또는 어린 식물 단계에서 발생할 때, 병원체는 대개 기주에 전신적인 새순감염을 일으킨다. 성숙한(오래된) 식물체 기관이 침입을 받으면 노균병균은 대개 국부적으로만 진전된다. 간혹 노균병균은 다시 새로운 어린 조직 속으로 파고들어 국부적으로 전신성(locally systemic)이 된다.

노균병은 대개 묘상이나 포장에서 유묘에는 급속하게 심한 손실을 일으킬 수 있다. 노균병은 흔히 묘상이나 포장에서 어린 식물 또는 유묘의 40~90%를 파괴하고, 작물의 전체 또는 많은 양의 수량감소를 일으킨다. 노균병에 의한 수량감소량은 저온·다습한 기상의 지속기간에 의해 결정된다. 그러한 기상조건에서 노균병균은 포자를 많이 형성하고, 수많은 새로운 감염을 일으키며, 다시 어린 다즙성 조직 속으로 전반되어 그 조직을 급속하게 죽인다. 저온 다습한 기상이 계속되면 노균병의 발병 확산과 그 파괴성은 거의 제어할 수 없다. 다만, 날씨가 다시 뜨거워지거나 건조해져야 병은 수그러진다. 그러나 몇 가지 침투성 살균제들을 이용할 수 있게 되어, 비록 노균병이 아직도 방제하기 무척 어려움에도 불구하고, 이러한 병을 방제하는데 상당히 성공하고 있다.

가장 흔하거나 피해가 심한 노균병과 그 병원균은 다음과 같다. 그것들의 포자낭경의 형태는 그림 11-7에 있다.

- *Bremia lactucae* – 양상추 노균병을 일으킴.
- *Hyaloperonospora parasitica* – 십자화과식물의 노균병을 일으킴.
- *Peronospora* – 금어초 노균병(*P. antirrhini*), 양파 노균병(*P. destructor*), 시금치 노균병(*P. effusa*), 콩 노균병(*P. manchurica*) (그림 11-30C, 11-30D), 담배 노균병(*P. tabacina*; blue mold) (그림 11-30B), 알팔파 및 클로버 노균병(*P. trifoliorum*)을 일으킴.
- *Peronosclerospora* – 수수 및 옥수수 노균병(*P. sorghi*), 옥수수 노균병(*P. maydis* 및 *P. philippinensis*) (그림 11-30E, 11-30F), 옥수수 및 사탕수수 노균병(*P. sacchari*)을 일으킴.
- *Plasmopara* – 포도나무 노균병(*P. viticola*) (그림 11-31C~11-31F), 해바라기 노균병(*P. halstedii*)을 일으킴.
- *Pseudoperonospora* – 박과작물 노균병(*P. cubensis*) (그림 11-30A, 11-31A), 호프 노균병(*P. humuli*)을 일으킴.
- *Sclerophthora* – 화곡류(옥수수, 벼, 밀)와 목초류 노균병(*S. macrospora*) (그림 11-30E)
- *Sclerospora* – 목초 및 기장(조) 노균병(*S. graminicola*) (그림 11-31B)을 일으킴.

가장 중요한 노균병은 담배, 양파, 포도나무, 박과작물이다. 그러나 해에 따라 어떤 노균병균도 기주식물에 막대한 손실을 일으킬 수 있다.

포도나무 노균병

포도나무 노균병(露菌病)은 전 세계 포도가 재배되는 어느 지역에서나 발생한다. 이 병의 역사적 측면은 30~32쪽에 언급하였다. 병원균은 본래 북미가 원산이다. 그러나 원산지에서의 야생 포도나무(*Vitis labrusca*)는 이 병에 그리 심각한 피해를 받지 않는다. 그러나 이 노균병균이 1875년경에 부주의하게 미국에서 유럽으로 유입되었을 때, 노균병균이 없이 진화된 유럽종 포도나무(*Vitis vinifera*)는 이 병에 극도로 감수성이었다. 병원균은 프랑스와 유럽 대부분에 걸쳐 포도밭에서 포도밭으로 전파되기 시작하여 그 지역의 거의 모든 포도밭을 황폐화시켰다. 노균병은 아직도 여전히 유럽이나 미국의 중동부 포도산지에 가장 피해를 많이 주는 병으로 해마다 심한 전염병을 일으키고 있다. 그 밖의 세계 여러 습한 지역에서도 해에 따라 심각한 병 피해를 일으킨다. 대개 건조한 지역에서는 이 병의 발생을 볼 수 없다.

포도나무 노균병은 포도나무의 잎, 열매, 덩굴 등 거의 모든 부분에 영향을 미치는데, 잎 조직을 죽이거나 조기낙엽을 일으킴으로써, 품질(포도주)을 저하시키거나 완전히 포도 열매를 파괴함으로써, 어린 순을 약하게 만들고 식물이 자라지 못하게 함으로써, 그리고 나무 전체를 완전히 죽임으로써 손실을 일으킨다. 병발생이 적합한 조건에서 방제를 하지 않고 내버려두면 50~75%의 손실을 쉽게 일으킨다.

병징. 포도나무 노균병은 보통 줄기 상위엽의 잎 표면에 불분명한 테두리를 가진 작고 연한 노란색 부정형의 희미한 점무늬로 처음 시작한다. 잎 뒷면과 병반 점무늬 밑에서 직접 이 병원균의 포자낭경이 서릿발 같이 나오는 것을 볼 수 있다 (그림 11-31C, 11-31D). 나중에 감염된 잎 부분이 죽고 갈색으로 변하면 잎의 뒷면에서 보이는 병원균의 포자낭경은 암회색으로 보인다. 괴사 병반은 윤곽이 불규칙하고 그것들이 확대됨에 따라 융합하여 잎에 커다랗게 죽은 부위를 형성하며 흔히 조기에 낙엽진다 (그림 11-30E).

모든 어린 포도나무의 조직은 특히 감수성이다. 감염된 포도나무는 노균병균(그림 11-31F)으로 덮이고 뒤틀리거나 두꺼워지고 죽는다. 포도알이 반쯤 자란 후에 감염되면 병원균은 내부적으로만 자라 포도알은 가죽처럼 변하고 쭈그러든 채 적자색이나 갈색으로 변해버린다. 병원균이 포도나무 줄기에 조금 늦게 침입했거나 국부적으로만 감염했을 경우에는 순은 죽지 않고 어느 정도 조직이 기형화되어 변형되어 버린다.

병원균: Plasmopara viticola. 병원균의 균사는 감염조직의 세포간극 모양을 하기 때문에 균사체의 직경은 1~60㎛로

그림 11-30 노지멜론(A), 양배추(B), 콩(C) 잎 위의 노균병 병징. (D) 노균병균 *Peronospora manchurica*의 난포사로 뒤덮인 공 종자. *Peronosclerospora sorghi*에 의한 수수 노균병(E)과 *Sclerophthora macrospora*에 의한 옥수수 노균병(F). [사진제공: (A,B,F) Plant Pathology Department, University of Florida, (C) W.L. Seaman, (D) R.G. Platford, WCPD, (E) H.D. Thurston, Cornell University.]

그림 11-31 (A) *Pseudoperonospora cubensis*의 포자낭경 및 포자낭. (B) 잎 조직 안의 *Peronosclerospora sorghi*의 난포자. 포도나무 잎 앞면의 노균병 병징(C), 앞면과 뒷면의 병징(D), 포도 송이의 병징(E). (F) 노균병 감염으로 잎 손실이 서로 다른 저항성을 보이는 포도나무 품종. [사진제공: (A,B) R.E. Cullen, University of Florida, (C) J.W. Travis, Pennsylvania State University, (D,E) E. Hellman, Texas A&M university, (F) G. Ash, Charles Stuart University, Australia, with permission of APS.]

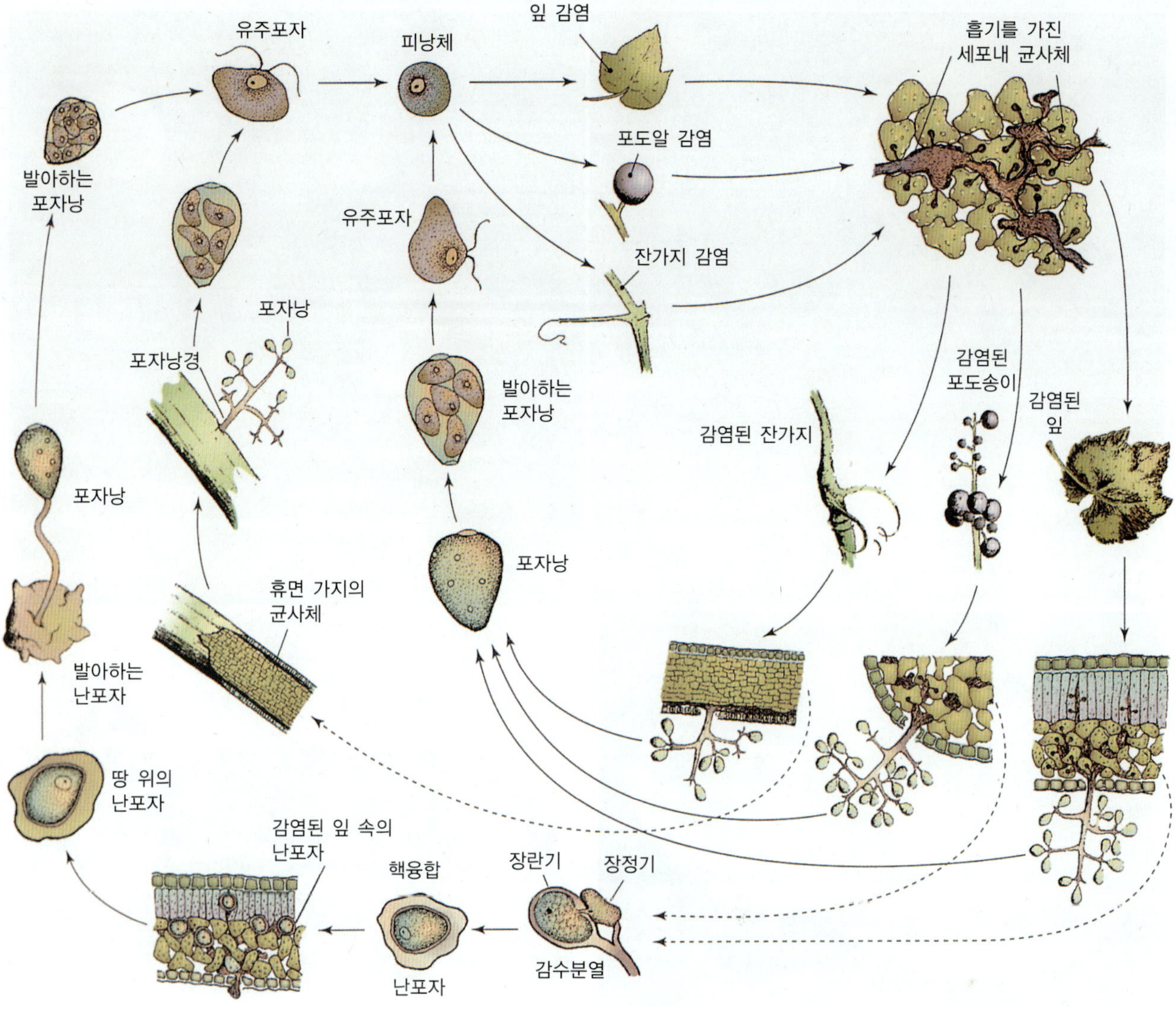

그림 11-32 *Plasmopara viticola* 에 의한 포도나무 노균병의 병환.

다양하다. 구형의 흡기가 세포 속에서 자란다 (그림 11-32). 균사체는 포자낭경을 형성하고 그 포자낭경은 잎 뒷면과 줄기에서 기공을 통하여 나오거나 어린 열매에서는 피목을 통하여 나온다. 보통 4~6개의 포자낭경이 기공 하나를 통해서 나타나지만, 각 포자낭경은 포자낭경의 원줄기와 거의 직각으로 4~6개의 1차가지를 형성하고, 각 가지는 2개 또는 3개의 2차가지를 비슷한 방법으로 형성한다. 그 2차가지의 끝에 레몬 모양의 포자낭(분생포자)을 하나씩 형성한다. 병원균은 많은 난포자도 형성한다 (그림 11-31B). 그러나 포도나무 노균병균은 2개의 교배형 P1과 P2로 구성된 이종교배형으로 유성생식을 위해서 두 교배형이 존재해야만 난포자를 형성한다.

병의 진전. 병원균은 대개 죽은 잎의 병반이나 가지에서 난포자로 월동한다 (그림 11-31B, 11-32). 어떤 지역에서는 이 균에 의해 감염은 되었지만 죽지 않은 어린 가지에서 균사체로 월동하기도 한다. 봄철의 우기 동안 이 난포자는 발아하여 포자낭을 형성한다. 포자낭이나 유주포자는 바람이나 물에 의해 감염시킬 수 있는 땅가의 젖은 잎으로 다시 운반되고 잎 뒷면의 기공을 통해서 침입한다 (그림 11-31C, 11-31D, 11-32, 11-33). 잎의 털세포는 노균병균에 대한 기초적인 방어장벽 역할을 한다. 그렇지만 다른 방어 체계가 없는 품종에서 털세포 같은 방어장벽은 소용이 없다. 균사체가 잎의 세포사이로 전파되고, 세포 속으로 집어넣은 구형의 흡기를 통해 양분을 흡수한다. 이 균사체는 조직 속으로 계속 퍼져나가고,

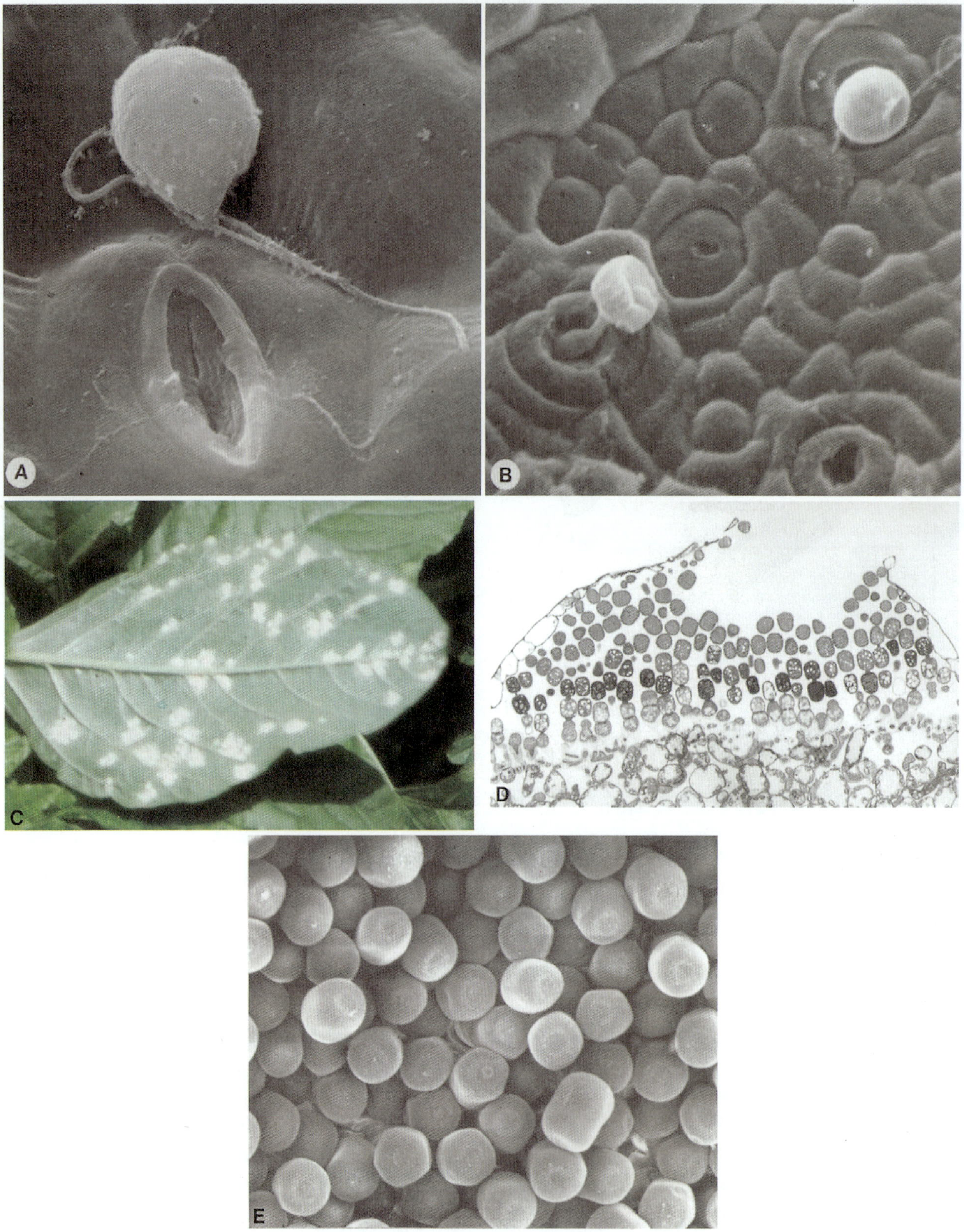

그림 11-33 (A) 호프 잎의 기공 위에 정착하고 있는 호프 노균병균(*Pseudoperonospora humuli*)의 유주포자. (B) 정착된 유주포자가 피낭화된 이후 피낭세포가 다시 발아하여 기공을 침입하는 동안 부착기를 형성하는 모습. (C) *Albugo* sp.에 의한 흰녹가루병의 병징을 보이는 십자화과식물의 잎. (D) 포자낭으로 보이는 흰녹가루병 포자낭군의 횡단면. (E) 흰녹가루병균 포자낭의 주사전자현미경 사진. [사진제공: (A,B) D.J. Royle, (D,E) Mims & Richardson (2003), *Mycologia* **95**, 1-10.]

균사체가 기공하포에 도달하면 기공을 통해 포자낭경이 나오는 쿠션 모양의 균사체를 형성한다. 이러한 1차병반에서는 많은 포자낭이 형성되는데, 이 포자낭은 바람이나 비에 의해서 근처에 있는 건전한 식물체로 전반되며, 빨리 발아해서 많은 유주포자를 형성한다. 유주포자는 기공이나 피목을 통해 2차감염을 일으키고 병을 급속하게 전파시킨다. 감염에서 새로운 포자낭 형성까지의 병환기간은, 온도, 습도, 포도나무 품종의 감수성에 따라 차이가 있지만 대개 5~18일 걸린다.

감염된 줄기의 변형과 이상비대는 감염된 세포의 확대에 의해 생기고 많은 양의 균사체가 세포 간극에 존재한다. 최종적으로 감염된 줄기 세포는 죽고 붕괴되며, 줄기에는 갈색의 움푹 꺼진 부위가 생긴다. 어린 포도 열매에서는 세포 사이로 감염되고 엽록소가 파괴되고 사라지며 세포는 붕괴되고 갈색으로 변한다. 포도나무 생육 말기에 병원균은 감염된 지 오래된 잎에 때때로 순과 포도 알갱이에서 난포자를 형성한다.

방제

몇몇 미국계 포도나무 품종은 노균병에 대해 상당한 저항성을 보이지만, 대부분의 유럽계품종은 아주 감수성이다. 그러나 어느 정도 저항성 품종이더라도 살균제 농약을 통한 보호가 필요하다. 포도나무 노균병의 방제를 위한 가장 효과적인 살균제는 동제인 보르도액, 광범위 보호살균제와 침투성 살균제이다. 약제살포는 개화 전에 시작하고 살포의 시기와 횟수는 지역조건에 따라, 특히 포도나무 생육기간 동안 강우 횟수와 그 지속기간에 따라 상당히 달라질 수 있지만 보통 7~10일 간격으로 살포한다. 잎 습전지속시간과 상대습도, 기온에 근거를 두고 개발한 발병예찰 시스템은 노균병의 감염시기를 알고 살균제 살포시기를 결정하는 데 상당히 도움이 된다. 최근 구리제나 광범위 보호살균제와 합제형태로 침투성 살균제의 살포는 포도나무 노균병의 방제에 탁월한 효과를 나타낸다.

참고문헌

Crute, I. R. (1992). From breeding to cloning (and back again?): A case study with lettuce downy mildew. *Annu. Rev. Phytopathol.* **30**, 485–506.

Falk, S. P., *et al.* (1996). *Fusarium proliferatum* as a biocontrol agent against grape downy mildew. *Phytopathology* **86**, 1010–1017.

Frederiksen, R. A., *et al.* (1973). Sorghum downy mildew, a disease of maize and sorghum. *Tex. Agric. Exp. Stn. Res. Monogr.* **2**, 1–32.

Gadoury, D. M., and Seem, R. C. eds. (1994). Proc. Intnl. Workshop on Grapevine Downy Mildew Modelling. N. Y. Agric. Exp. Stn. Special Report 68.

Madden, L. V., *et al.* (2000). Evaluation of a disease warning system for downy mildew of grapes. *Plant Dis.* **84**, 549–554.

McKeen, W. E., ed. (1989). "Blue Mold of Tobacco." APS Press, St. Paul, MN.

Millardet, P. M. A. (1885). (1) Traitement du mildiou et du rot. (2) Traitement du mildiou par le melange de sulphate de cuivre et de chaux. (3) Sur l'histoire du traitment du mildiou par le sulphate de cuivre. *J. Agric. Prat.* **2**, 513–516, 707–719, 801–805; Engl. trans. by F. L. Schneiderhan in *Phytopathol. Classics* **3** (1933).

Raid, R. N., and Datnoff, L. E. (1990). Loss of the EBDC fungicides: Impact on control of downy mildew of lettuce. *Plant Dis.* **74**, 829–831.

Smith, R. W., Lorbeer, J. W., and Abd-Elrazik, A. A. (1985). Reappearance and control of onion downy mildew epidemics in New York. *Plant Dis.* **69**, 703–706.

Spencer, D. M., ed. (1981). "The Downy Mildews." Academic Press, New York.

Williams, R. J. (1984). Downy mildews of tropical cereals. *Adv. Plant Pathol.* **2**, 2–103.

진정균류에 의한 병

진정균류에는 병꼴균류(Chytridiomycetes), 접합균류(Zygomycetes), 자낭균류(Ascomycetes), 불완전균류(Deuteromycetes), 담자균류(Basidiomycetes)가 있다.

병꼴균류에 의한 병

병꼴균강(壺狀菌綱; Chytridiomycetes)은 흔히 병꼴균류(chytrids)라고 부른다. 이들은 균사를 형성하지 않고 구형 또는 부정형의 균체를 형성하는데, 세포벽은 카이틴을 함유한다. 이들은 전적으로 기주세포 안에서 생활한다. 영양체는 성숙하면 두꺼운 세포벽을 가진 하나 또는 여러 개의 휴면포자, 즉 포자낭을 형성한다.

병꼴균류는 수생성이거나 토양서식성이다. 이들은 유주포자를 형성하므로 토양이나 식물체 위에 자유수 또는 수막을 필요로 한다. 병꼴균류에 속하는 식물병원균은 3속이 있다. 즉, 여러 식물의 뿌리를 침해하는 *Olpidium*, 감자 암종병(black wart)을 일으키는 *Synchytrium*(그림 11-34A), 알팔파 crown wart병(그림 11-34B)과 옥수수 brown spot병(그림 11-34C)을 일으키는 *Physoderma* 속이다.

병꼴균류는 토양에서 휴면포자 상태로 존재하거나 기주식물체 안에서 구형 또는 부정형의 영양체 상태로 생존한다. 휴면포자는 발아하여 1개 또는 여러 개의 유주포자를 형성하고, 이들 유주포자는 식물세포를 침해하여 직접 영양체를 형성하거나 유주포자낭을 형성한다. 유주포자낭은 2차유주포자를 형성하는데, 2차유주포자가 전형적인 감염을 일으킨다. 충분한 수분이 있으면 이 병원균의 국지적인 전반은 매우 성공적으로 일어난다. 병원균의 원거리 전반은 감염된 식물체나 오염된 식물체 및 토양에 의해 일어난다. 일반적으로 감염된 식물세포는 죽지 않는다. *Synchytrium* 이나 *Physoderma alfalfae* 에 의한 병에서는 감염조직이 자극되어 세포가 이상증식하고 이상비대한다.

*Olpidium*은 감염식물체로부터 건전식물체로 바이러스를 전

그림 11-34 (A) *Synchytrium endobioticum*에 의한 감자 암종병. (B) *Physoderma alfalfae*에 의한 알팔파의 crown wart병. (C) *P. zeae*에 의한 옥수수의 brown spot병. [사진제공: (A) WCPD, (B) Oregon State University, (C) Plant Pathology Department, University of Florida.]

염시키기도 한다. 이 병원균은 tobacco necrosis virus와 lettuce big vein virus를 포함하여 최소한 6가지 식물바이러스를 매개한다.

접합균류에 의한 병

접합균강(接合菌綱; Zygomycetes)에 속하는 균류는 잘 발달된 무격벽 균사를 가지며, 포자낭에 비운동성의 포자를 형성하며, 형태적으로 유사한 두 배우자의 결합에 의해 형성되고 두꺼운 세포벽을 가진 휴면포자인 접합포자(接合胞子; zygospore)를 형성한다. 접합균류는 분명히 육상에 서식하는 균류인데, 이들의 포자는 흔히 공기 중에 떠다니며, 부생균이거나 식물체와 농산물에 부패를 일으키기도 하는 나약기생체이다. 또한 *Rhizopus* 중 어떤 종은 인간에 병을 일으키는 기회병원균이기도 하다.

접합균류 중 3속이 식물병원균으로 알려져 있다 (그림 11-7, 11-8): (1) *Choanephora*는 여러 식물에서 수정 후에 시드는 꽃을 침해하여 나중에는 과실부패를 일으키는데 주로 호

그림 11-35 호박의 Choanephora무름병. [사진제공: (A) R.J. McGovern, University of Florida.]

박에서 무름병을 일으키며(그림 11-35), 서양호박, 고추, 오크라 등에서도 무름병을 일으킨다. (2) *Rhizopus* 및 (3) *Mucor* 는 흔히 빵곰팡이라고도 부르는데, 다육질의 과실, 채소, 꽃, 인경, 구근, 종자 등에서 무름병을 일으키기도 한다 (그림 11-36A~ 11-36C). 접합균류의 다른 속으로는 외생균근을 형성하는 *Endogone* 과 내생균근을 형성하는 *Glomus* 가 있는데, 이들은 식물의 뿌리와 공생하여 식물에 이로운 작용을 한다.

식물병원성 접합균류는 나약기생체이다. 이들은 대부분 죽은 식물체나 가공된 농산물에서 부생균으로 생활하며, 살아있는 식물조직을 침입할 경우에도 상처부위나 죽은 부위를 먼저 침해하고 나중에는 커다란 균사집단을 형성한다. 이들 균사집단은 살아있는 조직에 효소를 분비하여 세포를 붕괴시키고 죽인다. 이때 균사는 식물의 살아있는 조직에서 자라고 정착하여 조직을 죽인다.

과실과 채소의 Rhizopus무름병

Rhizopus무름병(軟腐病; soft rot)은 전 세계적으로 수확된 채소, 과실, 화훼류의 다육질 기관에 발생하는데 저장, 운송, 판매과정 동안 언제나 발생한다. 이 병에 심하게 피해를 받는 작물은 고구마, 딸기(그림 11-36A), 각종 박과작물, 복숭아(그림 11-36B, 11-36C), 양앵두, 땅콩을 비롯한 각종 과실류 및 채소류이다. 옥수수와 다른 화곡류는 습도가 상당히 높은 상태에서만 피해를 받는다. 글라디올러스나 튤립 같은 화훼류의 인경, 구근, 지하경 등도 이 병에 피해받기 쉽다. 발병조건이 좋으면 이 병은 용기(컨테이너상자) 내에서 급속히 전파되므로 단시일 내에 큰 손실을 입힌다 (그림 11-125D 참조).

또한 *Rhizopus* 는 익어가는 아몬드에 꼬투리썩음을 일으키고, 인접한 잎과 과실이 달린 단과지 또는 가지의 일부분이나 전체에 괴사를 일으켜 죽이기도 한다. 한편, 3종의 *Rhizopus* 는 해바라기에 head rot병을 일으킨다.

병징

다육질 기관의 감염부위는 처음에는 수침상으로 보이며 이내 매우 물러진다. 감염부위의 과피가 손상되지 않았다면, 조직은 점차 수분을 상실하고 나중에는 미라화되어 쭈글쭈글해진다. 그러나 대부분의 경우에는 병원균의 균사가 상처를 통해 바깥쪽으로 자라기 때문에 감염부위는 회색 털 모양의 포자낭경과 포자낭으로 뒤덮인다 (그림 11-35, 11-36). 병원균은 더욱 왕성하게 자라서 감염과일의 건전부위 표면까지 뻗으며, 감염된 조직으로부터 액체가 유출되면 상자 표면까지 뒤덮기도 한다. 감염된 조직은 처음에는 다소 좋은 냄새가 나기도 하지만 이내 효모와 세균이 번성하여 시큼한 냄새가 난다. 수분이 급속히 상실되면 감염된 기관은 말라서 미라화되며, 그렇지 않으면 감염된 기관이 붕괴되고 물컹물컹하게 썩어서 진물이 난다.

병원균: Rhizopus spp.

균사는 긴 포자낭경(胞子囊梗; sporangiophore)을 공기 중으로 형성하고, 포자낭경의 끝에 검고 둥근 포자낭(胞子囊; sporangium)을 형성한다 (그림 11-36D, 11-37). 포자낭은 수많은 구형의 포자낭포자(胞子囊胞子; sporangiospore)를 갖고 있다. 균사가 표면에서 자라면 포복균사(匍匐菌絲;

그림 11-36 Rhizopus무름병, (A) 딸기, (B) 복숭아, (C) 복숭아의 단면. *Rhizopus* sp.의 포자낭이 붙어있는 포자낭경(D)과 접합포자(E). [사진제공: (A,D,E) Plant Pathology Department, University of Florida.]

stolon)를 형성하는데, 포복균사는 한쪽 접촉부위에서 다음 접촉부위까지 연결하는 활 모양의 균사이다. 이러한 접촉부위에는 뿌리 모양의 균사가 있는데 이를 가근(假根; rhizoid)이라고 하며, 아래쪽으로는 접촉부위의 안쪽으로 자라고 위쪽으로는 공기 중으로 몇 개의 포자낭경을 형성한다. 각 접촉부위에서는 여러 개의 가근이 사방으로 형성된다. 또한 인접한 균사에서는 전배우자낭(前配偶子囊; progametangium)이라고 부르는 짧은 균사가 형성되어 자란다. 이러한 두 균사가 접촉하면 각 균사의 끝부분은 격벽에 의해 전배우자낭으로부터 분리된다. 이러한 끝부분의 세포가 배우자낭(配偶子囊; gametangium)이다. 이들 세포는 융합하고 핵은 쌍을 이룬다. 이렇게 융합된 세포는 점차 커지면서 두껍고 검은 돌기가 있는 세포벽이 발달한

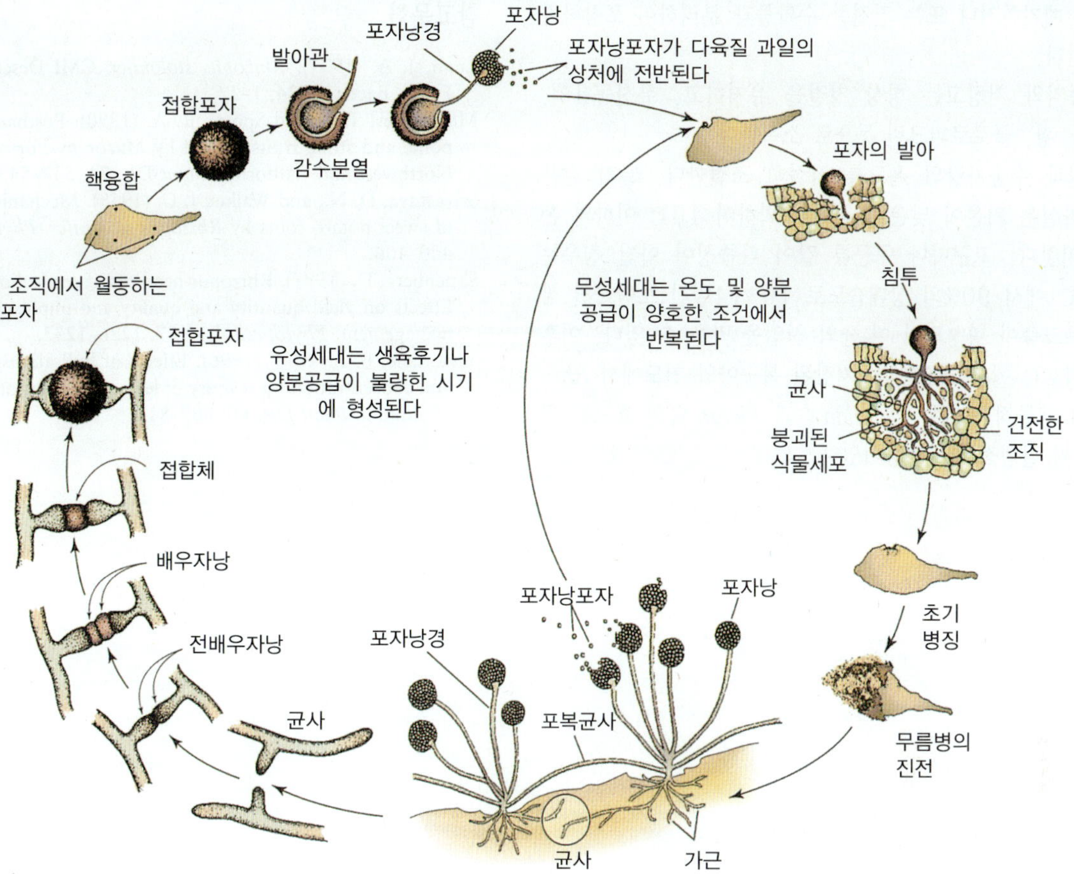

그림 11-37 *Rhizopus* spp.에 의한 과일과 채소 무름병의 병환.

다. 이와 같이 유성적으로 형성된 포자를 접합포자라고 부르며 (그림 11-36E, 11-37), 이 균의 월동 또는 휴면단계이다. 이러한 접합포자가 발아하면 포자낭경을 형성하고 그 끝에 포자낭포자로 가득찬 포자낭을 갖는다.

병의 진전

연중 어느 때나 포자낭포자는 공기 중에 떠다닌다. 다육질의 과실, 근채류, 구근, 인경 등의 상처에 떨어지면 포자낭포자는 발아한다 (그림 11-37). 발아하여 형성된 균사는 펙틴분해효소를 분비하여 식물세포 중벽의 펙틴물질을 분해한다. 따라서 식물세포 사이의 결합력이 약화되어 '무름병'이 생긴다.

이 균이 분비한 펙틴분해효소는 균사가 도달하기 전에 식물세포를 분리하고, 식물세포는 이 균이 분비하는 셀룰로스분해효소에 의해 공격당한다. 셀룰로스분해효소는 세포벽의 셀룰로스를 분해하고, 그 결과 식물세포는 붕괴된다. 이와 같이 균사체는 식물세포에 직접 침입해 들어가지 않고 죽은 세포와 분해된 유기물에 둘러싸인 상태가 되므로 사실상 기생체라기 보다는 부생체처럼 생활한다.

이 균은 식물조직의 안쪽까지 계속 자란다. 식물의 표피조직이 손상되면 이 병원균은 손상부위를 통해 밖으로 자라나와 포자낭경, 포자낭, 포복균사, 그리고 가근을 형성한다. 이때 가근은 연약해진 식물의 표피조직을 뚫을 수 있다. 수분함량이 아주 높은 과실에서는 균사가 직접 건전한 과실을 뚫고 들어갈 수도 있다. 그러나 온도 및 습도조건이 부적당하거나 과실이 충분히 성숙하지 않으면 이 병원균의 생육 및 활동은 감소된다. 따라서 어떤 기주에서는 코르크세포층이나 다른 조직학적 방어벽이 형성되어 이 균의 생육을 억제하거나 완전히 차단시킬 수 있다.

감염된 조직에 영양분이 줄어들기 시작하면서 화합성 계통이 함께 존재하면 접합포자가 형성된다. 영양물질이 없는 기간이나 온·습도 조건이 부적당한 기간에도 이 균이 생존할 수 있는 것은 바로 접합포자가 휴면상태를 지속하기 때문이다.

방제

다육성의 과실, 근채류, 괴경, 인경 등은 수확, 취급, 수송 등의 과정에서 상처가 생기지 않도록 유의한다. 상처가 있는 수확물은 폐기하거나 또는 건전한 수확물과 분리하여 포장하거나 저장한다.

저장용기와 저장고는 항상 청결을 유지하고, 유산동용액, 포르말린, 황, 클로로피크린 등으로 소독한다.

저장실과 수송차량의 온도를 적절히 조절한다. 딸기 같은 다즙성 과실은 기온이 낮은 아침에 수확하여 10℃ 이하의 온도를 유지한다. 고구마나 구근류 같이 다즙성이 아닌 경우는 25~30℃ 에서 90%의 상대습도로 10~14일간 보관하면 상처에 코르크층이 형성되어 이 균의 침입을 막을 수 있다. 이후에는 약 12℃ 에서 저장한다. 저장된 복숭아와 천도에서 *Rhizopus* 의 생물적 방제는 *Candida* 속과 *Pichia* 속의 효모를 처리함으로써 실험적으로 성공하였다.

참고문헌

Lunn, J. A. (1977). *Rhizopus stolonifer.* CMI Descript. Pathogens. Fungi, Bacteria **524**, 1–2.

Michailides, T. J., and Spotts, R. A. (1990). Postharvest diseases of pome and stone fruits caused by *Mucor pyriformis* in the Pacific Northwest and California. *Plant Dis.* **74**, 537–543.

Srivastava, D. N., and Walker, J. C. (1959). Mechanisms of infection of sweet potato roots by *Rhizopus stolonifer*. *Phytopathology* **49**, 400–406.

Shtienberg, D. (1997). Rhizopus head rot of confectionary sunflower: Effects on yield quantity and quality and implications for disease management. *Phytopathology* **87**, 1226–1232.

Teviotdale, B. L., et al. (1996). Effects of hull abscission and inoculum concentration on severity of leaf death associated with hull rot of almond. *Plant Dis.* **80**, 809–812.

자낭균류 및 불완전균류에 의한 병

자낭균류(子囊菌類; Ascomycetes)와 불완전균류(不完全菌類; Mitosporic fungi, 이전에는 Fungi Imperfecti 또는 Deuteromycetes 라 불림)는 서로 밀접하게 연관된 균류이다. 모두 격벽이 있는 반수성 균사체를 형성하고, 모두 같은 종류의 분생포자경이나 포자과를 형성하고, 모두 같은 종류의 식물병(점무늬병, 마름병, 궤양병, 과실점무늬병, 과실부패병, 탄저병, 줄기썩음병, 뿌리썩음병, 시들음병, 무름병 등)을 일으킨다. 자낭균류는 자낭포자라는 유성포자를 형성하지만, 불완전균류는 감수분열이 아니라 유사분열을 통하여 포자를 만들며, 따라서 유성포자를 형성하지 않는 점에서 자낭균류와 다르다. 그러나 많은 자낭균류에서 자낭포자가 자연 상태에서 발견되는 일은 드물다. 따라서 이러한 자낭균류의 번식, 전파, 병 유발, 월동 등은 균사체나 분생포자에 의존하므로 실제 불완전균류처럼 행동한다. 반면에 과거에 불완전균류로 분류되었던 많은 균이 나중에 자낭포자를 형성한다는 사실이 밝혀지기도 하였다. 이와 같은 불완전균류는 자낭균류로 재분류되었다. 따라서 불완전균류는 사실상 유성세대를 형성하는 필요성이나 능력을 상실한 자낭균류라고 말할 수 있다. 실제로 DNA 염기서열 분석은 불완전균류를 가장 근연한 유성 관계가 있는 것에 분류하는 것을 가능하게 하였다. 이러한 분석은 불완전균류가 유성적 능력을 상실한 많은 종류의 자낭균류와 몇몇의 담자균류에 속하고 있다는 것을 보여준다.

예를 들어 탄저병균 *Glomerella* 를 비롯한 몇몇 자낭균류는 유성포자(자낭포자)와 포자과(자낭각)의 형태에 따라 이름이 붙었지만 드물게 자낭포자 또는 자낭각을 만든다. 그러나 그러한 균은 일반적으로 특정한 불완전균류의 속과 종으로 분류되는 형태의 무성포자(분생포자)를 만든다. 위에서 예를 든 것과 같은 탄저병균의 특정 종은 불완전균류 속에 속하는 *Colletotrichum*의 무성포자(분생포자)를 많이 만든다. 그러므로 자낭균류는 흔히 유성세대의 이름으로 알려진 경우가 있으며, 예를 들어 *Colletotrichum* 의 경우에 있어서 유성세대(*Glomerella*)의 이름과 완전히 다르다. 보통 자낭균류의 속에 모든 종은 불완전균류의 하나의 속에 속하는 같은 유형의 분생포자를 만든다. 반대로 불완전균류의 속 중에서 많은 종은 보통 자낭균류 한 속에 속한다. 그러나 많은 경우에서 자낭균류의 한 속에 속하는 다른 종이 불완전균류의 다른 속의 종에 속하는 무성포자를 가지고 그 반대도 된다.

자낭균류는 유성포자인 **자낭포자**(子囊胞子; ascospore)를 **자낭**(子囊; ascus)이라는 주머니 안에 형성하므로 'sac fungi' 라고도 부른다. 이들은 무성포자인 **분생포자**(分生胞子; conidium)도 형성한다. 이와 같은 자낭세대 또는 유성세대를 **완전세대**(完全世代; teleomorph 또는 perfect stage)라고 부르며, 분생포자세대 또는 무성세대를 **불완전세대**(不完全世代; anamorph 또는 mitosporic stage 또는 imperfect stage)라고도 부른다. 거의 모든 식물병원성 자낭균류는 식물생육기 동안 균사체로 존재하고, 번식과 대부분의 감염은 무성세대인 분생포자에 의한다. 반면에 유성세대 즉, 완전세대는 병든 잎, 과실, 줄기 등의 밖이나 안에서 식물 생육말기나 영양분이 소진되었을 때만 형성된다. 그러나 대부분의 이 균은 균사로 월동할 수 있으며 때로 분생포자로 월동하기도 한다. 일반적으로 자낭포자는 1차전염원으로 작용하여 매년 봄에 1차감염을 일으킨다. 1차감염의 결과로 분생포자가 형성되고, 분생포자는 2차전염원으로 작용하여 식물생육기 동안에 계속적인 감염을 일으킨다.

대부분의 자낭균류에서 자낭은 웅성생식세포인 **조낭기**(造囊器; ascogonium)가 **조정기**(造精器; antheridium) 또는 작은 웅성 성포자인 **정자**(精子; spermatium)에 수정되어 형성된다. 수정된 조낭기는 1개 또는 여러 개의 **자낭형성균사**(子囊形成菌絲; ascogenous hypha)를 형성하는데, 각각의 자낭형성균사는 암수 각각 1개씩의 핵을 갖는다. 자낭형성균사의 끝에 있는 세포는 각각 하나의 자낭으로 발달하며(그림 11-38), 자낭 안에서 2개의 핵은 융합하여 접합체를 형성하고, 접합체는 감수분열하여 4개의 반수체 핵을 형성한다. 이러한 핵을 가진 세포는 신장하고 대부분의 자낭균류에서 체세포분열하여 8개의 반수체 핵을 형성한다. 각각의 핵은 원형질에 둘러싸이고 세포벽이 형성되어 자낭 내에서 자낭포자가 된다. 따라서 보통 자낭 당 8개씩의 자낭포자를 갖게 된다 (그림 11-38).

효모나 잎오갈병균 같은 자낭균류에서는 자낭이 나출된다 (그림 11-39). 다른 자낭균류에서는 자낭이 **자낭과**(子囊果; ascocarp)라는 자실체 안에 하나 또는 집단으로 형성된다. 흰가루병균 같은 자낭균류는 완전히 폐쇄된 구형의 자낭과를 갖는데, 이를 **자낭구**(子囊球; cleistothecium)라고 한다. 그러나 핵균강의 자낭균류에서는 자낭과가 성숙되면 윗부분에 자낭포자가 방출되는 구멍을 갖는데, 이와 같은 자낭과를 **자낭각**(子囊殼; perithecium)이라고 한다. 소방자낭균강의 자낭균류에서는 자낭이 일종의 자좌(子座; stroma) 안에 형성되는데, 이러한 자낭과를 **위자낭각**(僞子囊殼; pseudothecium) 또는 **자낭자좌**(子囊子座; ascostroma)라고 부른다. 마지막으로 반균강(盤菌綱)의 자낭균류는 **자낭반**(子囊盤; apothecium)이라는 컵 또는 접시 모양의 자낭과에 자낭을 형성한다 (그림 11-38).

자낭균류는 자낭과, 자낭, 그리고 자낭포자의 특성에 따라 분류된다 (그림 11-38). 불완전균류와 무성세대에서의 자낭균류는 **분생포자**(分生胞子; conidium)의 여러 특성을 비롯하여 **분생포자경**(分生胞子梗; conidiophore)의 형태 및 배열상

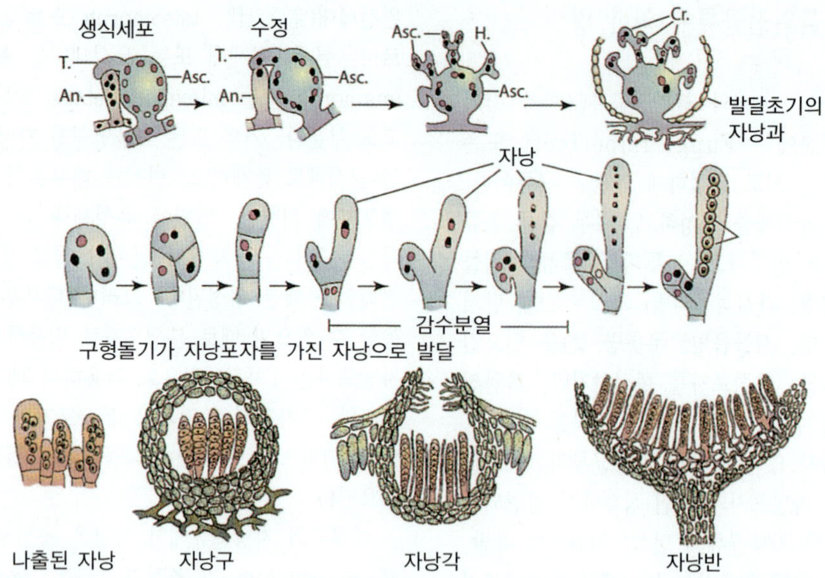

그림 11-38 자낭균류에서 유성생식, 자낭발달 및 여러 가지 자낭과의 모식도. An = 조정기, Asc = 조낭기, T = 수정모, Asc H = 자낭형성 균사, Cr = 구형돌기.

태, 분생포자의 형성양식 등에 따라 분류된다 (그림 11-40). 대부분의 경우에 분생포자는 분생포자경의 끝에 단생하거나 연생하며 하나씩 차례차례 떨어져 나간다 (그림 11-40, 11-41). 일부 균은 균사의 집합체로 방석 같이 생긴 자좌 위에 분생포자경을 형성하는데, 이러한 구조체를 **분생포자좌**(分生胞子座; **sporodochium**)라고 부른다. 또한 분생포자경이 서로 접합하여 기둥 모양의 구조체를 형성하는 경우도 있는데, 이러한 구조체를 **분생포자경다발**(分生胞子梗束; **synnema**)이라고 부른다. 한편, 많은 균은 플라스크 모양 또는 구형의 포자과인 **분생포자각**(分生胞子殼; **pycnidium**) (그림 11-40, 11-42) 또는 받침접시 또는 쿠션 모양의 **분생포자층**(分生胞子層; **acervulus**) (그림 11-40, 11-43)이라는 특별한 구조체 안에 분생포자를 형성한다.

많은 자낭균류와 불완전균류가 각종 식물에 다양한 병을 일으킨다 (그림 11-44). 이와 같은 식물병원성 자낭균류와 불완전균류가 기주에 일으키는 병징에 따라 이들을 설명하면 다음과 같다.

그을음병

그을음병(sooty molds)은 잎이나 줄기 표면에 자라는 검은색의 균사가 피막을 형성하는 것이다. 그을음병은 거의 모든 식물에서 발생한다 (그림 11-45). 이 병은 특히 고온다습한 기상조건에서 흔히 발생한다.

그을음병은 여러 종류의 균에 의해 발생하는데, 특히 그을음병균목(Capnodiales)에 속하는 검은색의 자낭균류가 주 원인균이다. *Capnodium*속으로 대표되는 이들 균은 식물에 기생하는 것이 아니라 주로 진딧물이나 깍지벌레 같은 곤충이 식물체 위에 배설한 분비물인 감로(甘露; honeydew)를 영양원으로 자란다. 이들 균이 번성하면 식물의 잎은 검고 그을음이 낀 모습으로 될 뿐만 아니라 식물에 도달하는 빛을 차단하기도 한다. 때로 이들 균사체는 검은 종이 같은 층을 형성하여 식물의 잎에서 벗겨질 정도가 되기도 한다. 이와 같은 그을음병균은 식물체의 건강에 그리 중요하지는 않지만 진딧물이나 깍지벌레의 피해가 심각하다는 경고가 될 수 있다.

축축한 헝겊, 종이, 또는 손으로 그을음병균을 잎에서 완전히 제거하면 건전한 잎의 표면이 나타나는데 이로써 그을음병을 쉽게 진단할 수 있다.

그을음병균에 대해 직접적인 방제수단을 사용하지는 않는다. 그을음병균은 곤충의 분비물 위에서 자라기 때문에 적절한 살충제나 다른 방제수단으로 문제되는 곤충을 구제하면 그을음병균은 제거될 수 있다.

참고문헌

Alexopoulos, C. J., Mims, C. W., and Blackwell, M. (1996). "Introductory Mycology," 4th Ed. Wiley, New York.

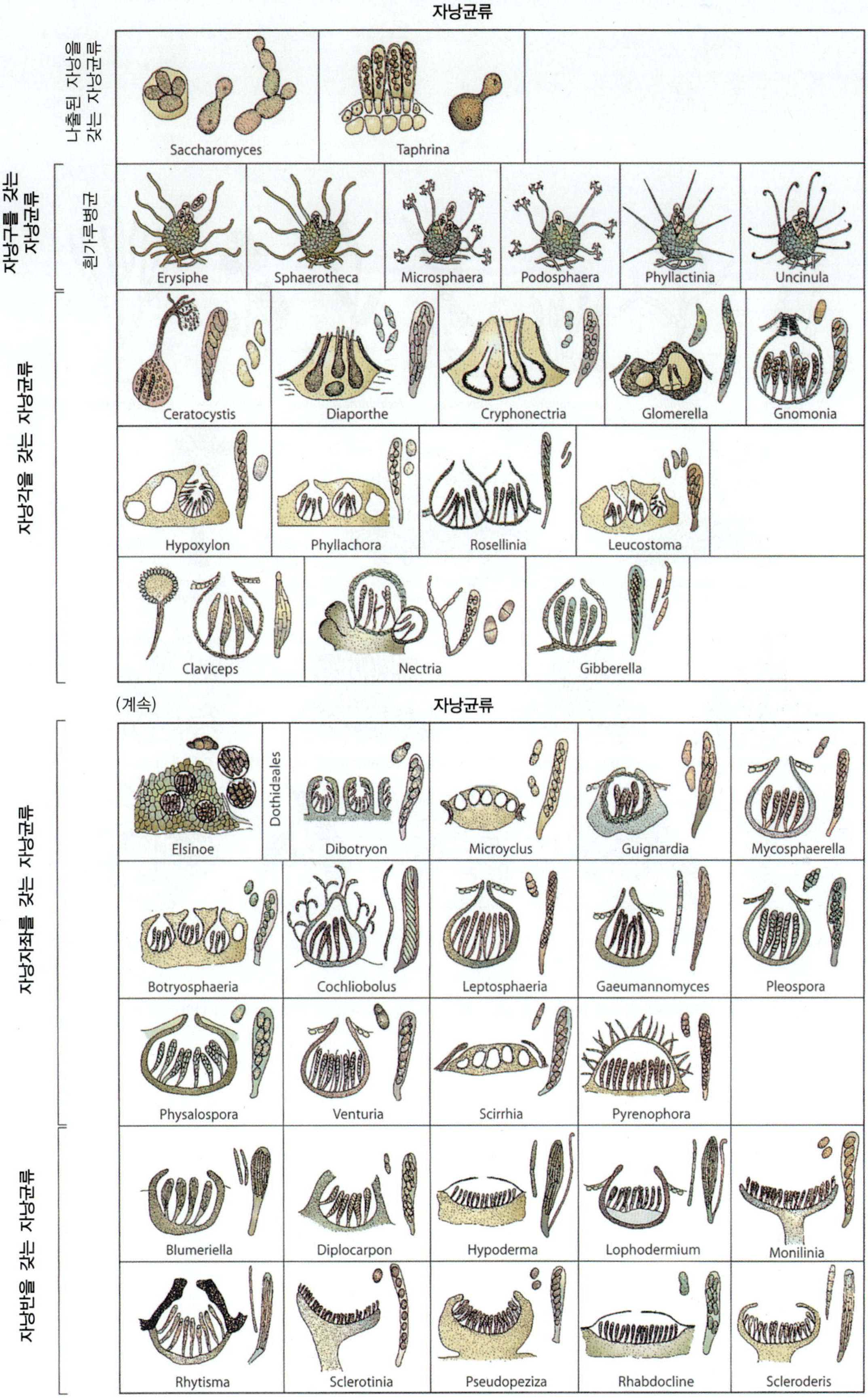

그림 11-39 식물병원 자낭균류에서 주요 속의 자낭과, 자낭 및 자낭포자의 형태.

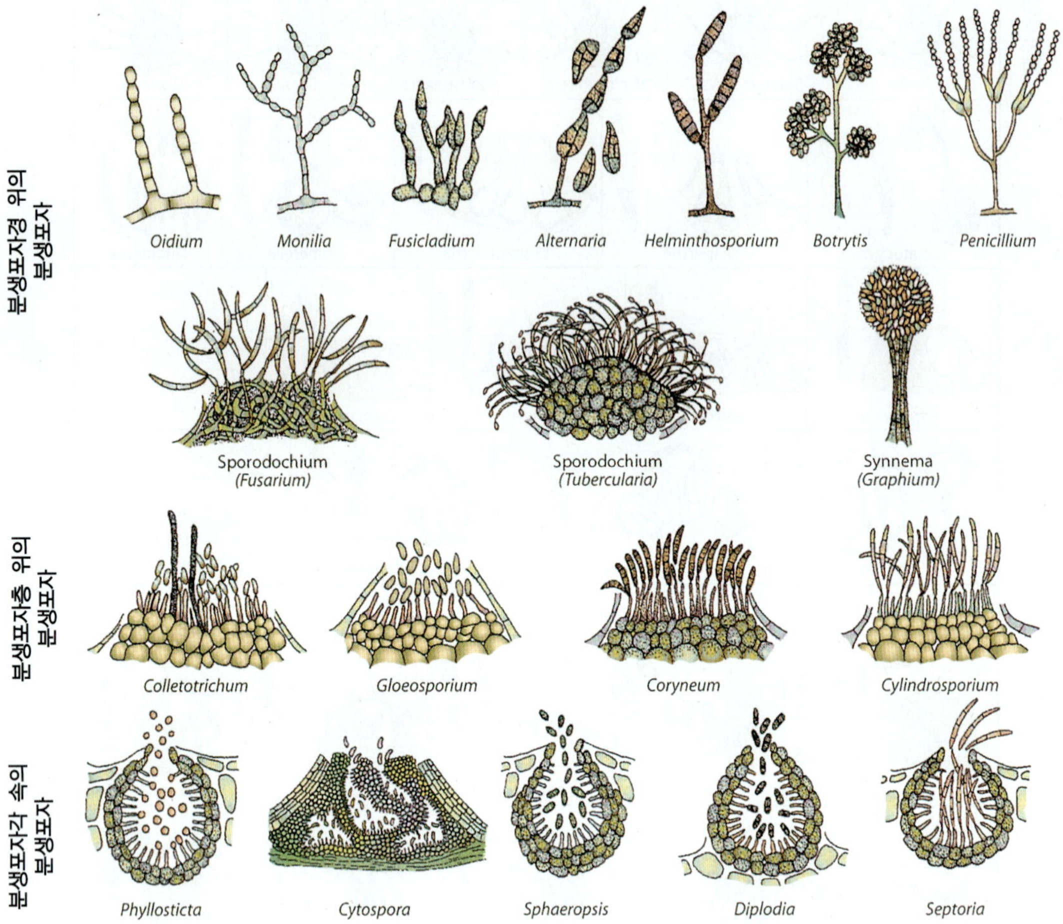

그림 11-40 자낭균류와 불완전균류에서 형성되는 분생포자, 분생포자경 및 무성생식기관의 다양한 형태.

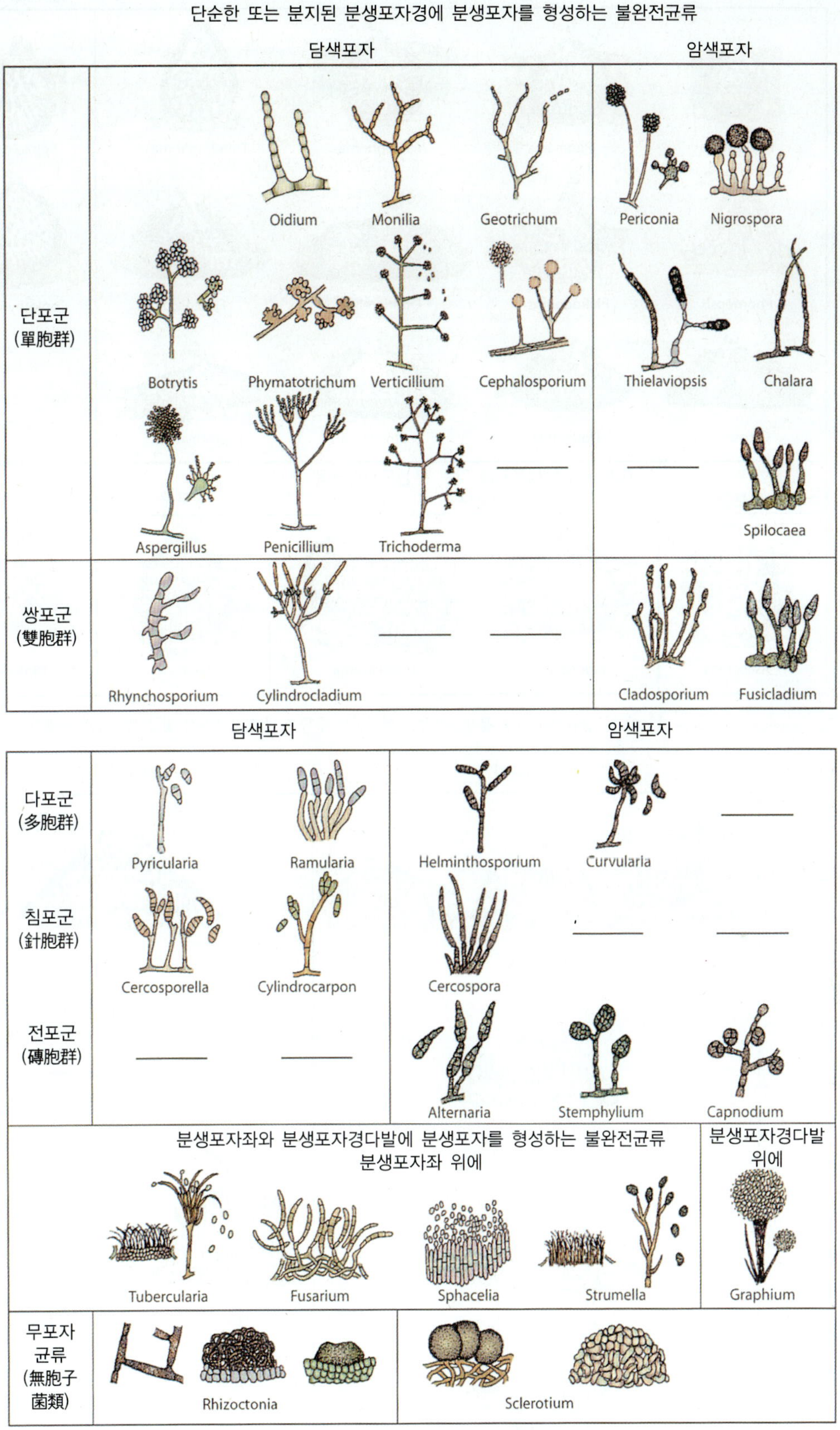

그림 11-41 식물병원 자낭균류와 불완전균류 중 총생균강의 주요 속에 대한 분생포자경 및 분생포자의 다양한 형태. 맨 아래는 무포자균류에 속하는 2개 속의 균사와 균핵.

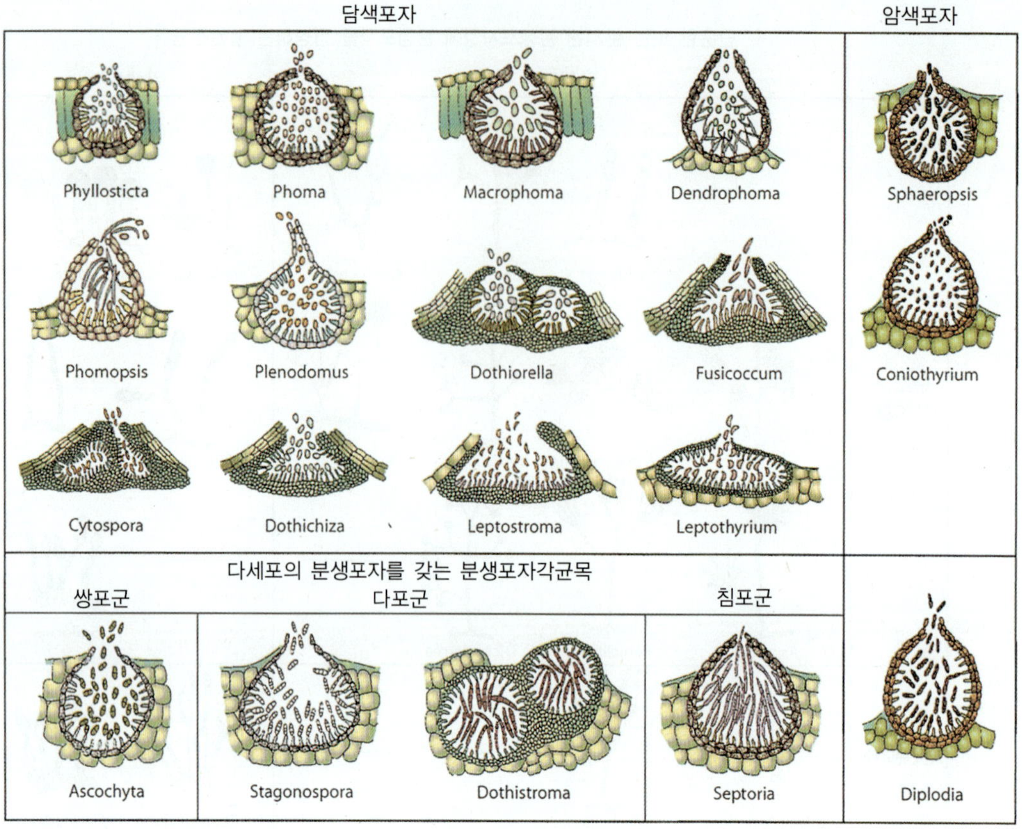

그림 11-42 불완전균류 중 분생포자각을 형성하는 주요 속의 분생포자각 및 분생포자의 다양한 형태.

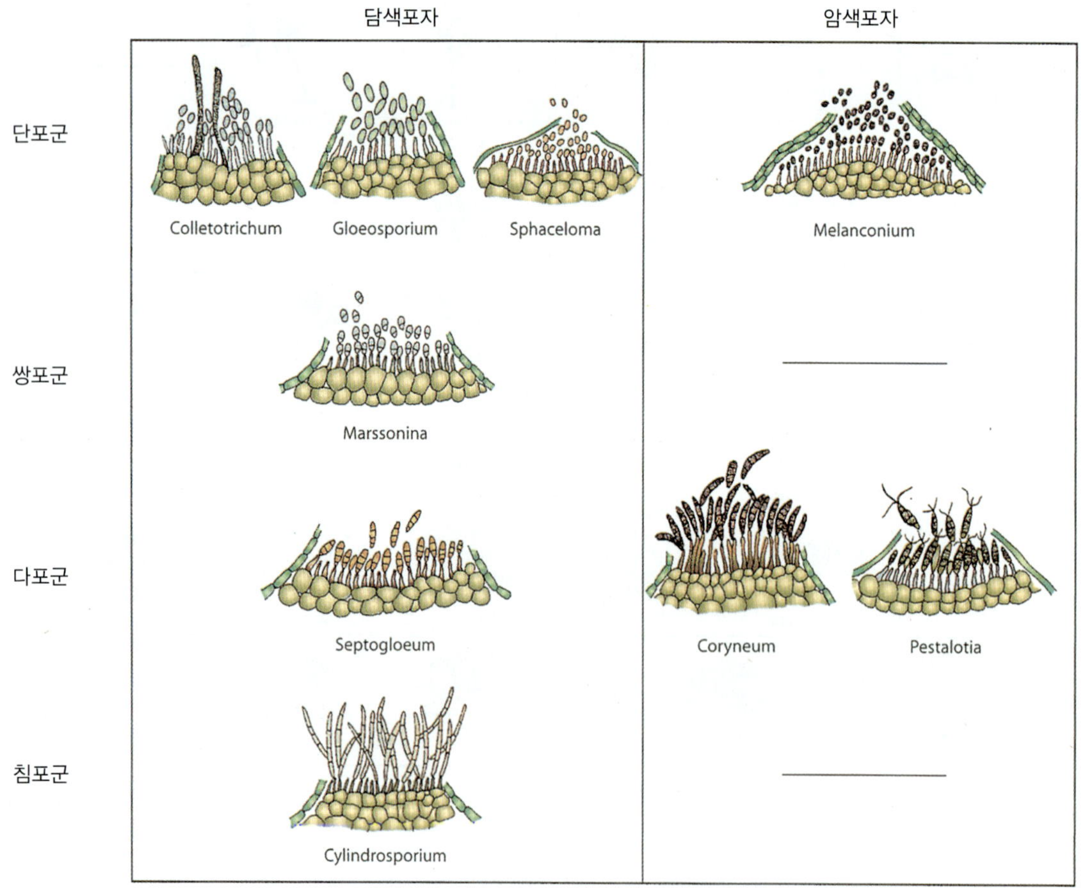

그림 11-43 불완전균류 중 분생포자층을 형성하는 주요 속의 분생포자층 및 분생포자의 다양한 형태.

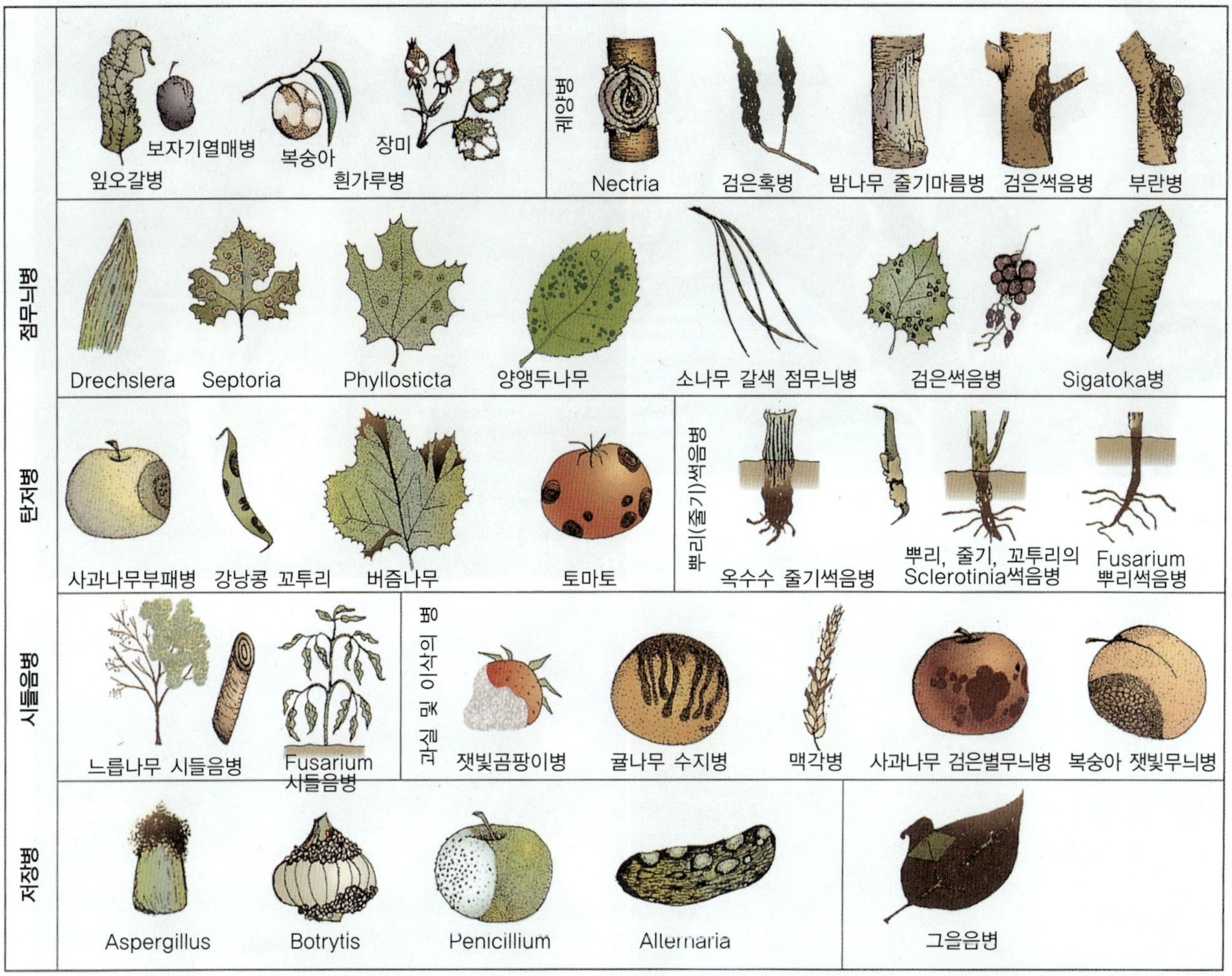

그림 11-44 자낭균류와 불완전균류에 의한 주요 병징.

그림 11-45 관상용 관목 잎에 발생한 그을음병.

Barr, M. D. (1955). Species of sooty molds from western North America. *Can. J. Bot.* **33**, 497–514.

Fraser, L. (1937). The distribution of sooty-mold fungi and its relation to certain aspects of their physiology. *Proc. Linn. Soc. N. S. W.* **62**, 25–56.

Webber, H. J. (1897). Sooty mold of the orange and its treatment. *U.S. Dep. Agric. Div. Veg. Physiol. Pathol. Bull.* **13**, 1–34.

Taphrina 에 의한 잎오갈병

몇 종의 *Taphrina* 는 각종 핵과류와 임목에서 잎, 꽃, 그리고 과실에 기형을 일으키는데, 대표적인 예로 복숭아나무 잎오갈병(그림 11-46A), 천도 잎오갈병, 자두나무 보자기열매병(그림 11-46B), 양앵두나무 빗자루병, 참나무 leaf blister병(그림 11-46C)등이 있다. 특히 복숭아나무, 천도, 자두나무에서 피해가 심하다.

Taphrina 속 균에 의한 병은 전 세계적으로 발생한다. 복숭아나무 잎오갈병은 낙엽을 초래하며, 그 결과 과실비대가 불량

그림 11-46 *Taphrina deformans*에 의한 복숭아나무 잎오갈병(A)과 자두나무 보자기열매병(B). (C) *T. coerulescens*에 의한 참나무 leaf blister 병. (D) 감염된 복숭아나무 잎의 종단면이 보여주는 *Taphrina*의 나출된 자낭 [사진제공: (A) M. Ellis, Ohio State University, (B) D.S. Wysong, University of Nebraska, (C) U.S. Forest Service, (D) Plant Pathol. Department, University of Florida.]

해지거나 낙과가 일어나기도 한다. 자두나무의 경우에 병세가 심한 해에는 50% 이상의 과실이 피해를 받아 손실되기도 한다. 복숭아나무나 자두나무에서는 눈이나 가지가 피해를 받아 나무 전체가 쇠약해지기도 한다.

병징

복숭아나무나 천도는 잎의 감염부위 또는 전체가 두꺼워지고 뒤틀리면서 안쪽 또는 바깥쪽으로 오그라든다 (그림 11-46A). 감염된 잎은 처음에는 적색 또는 자주색으로 변하는데, 병원균이 포자를 형성하는 병진전 후기에는 적황색 또는 회백색으로 변한다. 나중에는 잎이 황화되면서 떨어진다. 꽃, 어린 과실, 그리고 햇가지도 침해를 받는다. 감염된 꽃과 과실은 흔히 생육초기에 떨어진다. 감염된 햇가지는 비대되고 짧아지며 당년 여름에 죽는다.

자두나무에서는 초기 병징으로 과실에 작고 흰색의 부스럼 같은 융기된 병반이 생긴다. 과일이 생장함에 따라 이 병반은 과일 전체를 뒤덮는다. 이러한 병든 과일은 비정상적으로 커지고 기형이 되는데, 과육이 스펀지처럼 푸석푸석하게 변한다 (그림 11-46B). 과일 내의 종자는 발육하지 못하며 갈색으로 변하고 시들어 안쪽에 공동이 생긴다. 이러한 병든 과일은 처음에는 적색을 띠지만 나중에는 회색으로 되면서 회백색의 가루로 뒤덮인다. 잎과 줄기도 복숭아나무에서와 마찬가지로 피해를 받는다.

병원균: Taphrina *spp.*

이 균의 균사 세포는 2개의 핵을 갖는다. 이러한 세포는 자

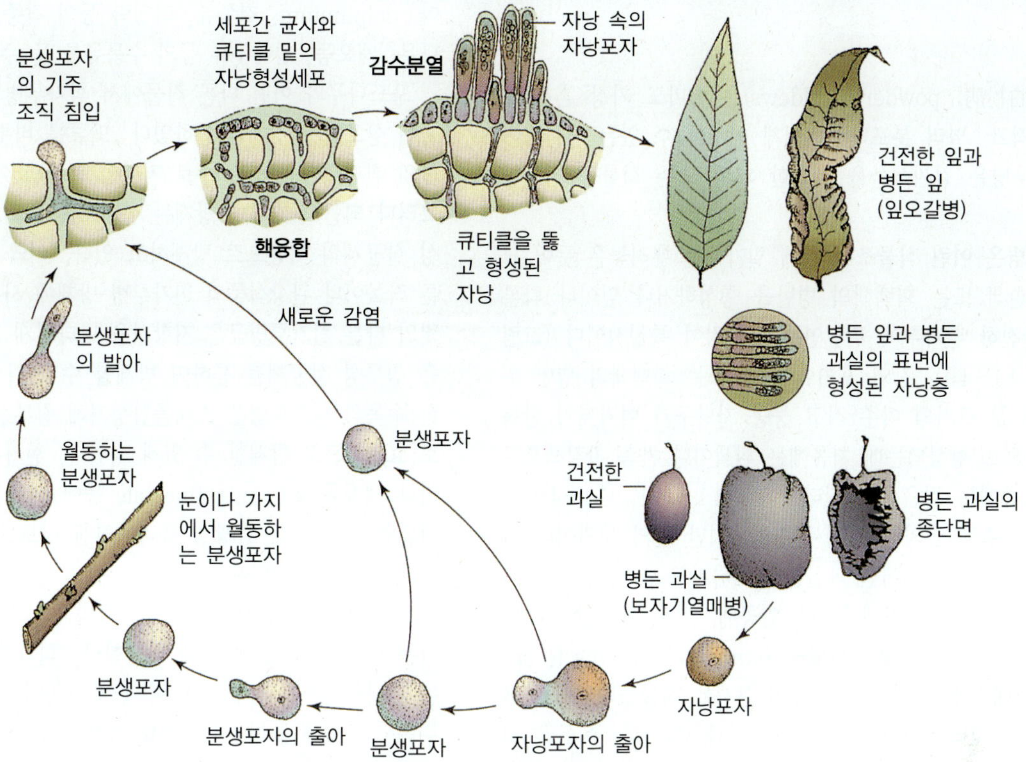

그림 11-47 *Taphrina* spp.에 의한 복숭아나무 잎오갈병과 자두나무 보자기열매병의 병환.

낭으로 발달하고, 자낭은 8개의 단핵성 자낭포자를 형성한다. 자낭포자는 자낭의 안쪽 또는 바깥쪽에서 출아법(出芽法; budding)으로 번식하여 분생포자를 형성한다. 분생포자는 다시 출아하여 더 많은 분생포자를 형성하기도 하며, 직접 발아하여 균사를 형성하기도 한다. 발아할 때, 분생포자의 핵은 분열하여 2개의 핵이 발아관으로 이동한다. 균사가 생장함에 따라 이들 2개의 핵은 다시 동시에 분열함으로써 2핵균사가 된다. 식물체 표면에 존재하는 이러한 균사 세포는 각각 독립적으로 자낭을 형성한다 (그림 11-46D).

병의 진전

이 균은 자낭포자 또는 두꺼운 세포벽을 가진 분생포자의 형태로 나무 위, 아마도 눈(bud)에서 월동한다. 봄에 이러한 포자들은 빗물에 튀기거나 바람에 날려 어린 조직에 도달하면 이내 발아하여 어린잎이나 다른 조직의 큐티클 또는 기공을 통해 침입한다 (그림 11-47). 그 후 균사는 세포간극으로 자라면서 조직 전체를 감염한다. 그 결과 식물세포는 이상비대되거나 이상증식하여 식물기관의 특정부위가 비정상적으로 커지거나 뒤틀린다. 나중에는 균사가 큐티클층과 표피층 사이에서 자란다. 그곳에서 균사는 개개의 세포로 분리되고, 이러한 세포는 각각 자낭을 형성한다. 자낭은 점차 커지면서 기주의 큐티클층을 밀어 올려 파괴하고, 나중에는 표면에 나출된 자낭이 빽빽하게 형성됨으로써 양털 같은 층을 형성한다. 자낭포자는 공기 중으로 방출되고, 새로운 조직으로 이동되며, 출아하여 분생포자를 형성한다. 기주식물의 눈이 튼 후 매우 짧은 기간 동안만 감염이 일어난다. 식물체가 성숙함에 따라 각 기관은 저항성이 된다. 기주식물의 눈이 틀 때부터 어린 줄기와 잎이 발달하는 기간, 즉 어린 조직이 감수성을 나타내는 기간에 저온다습한 환경이 조성되면 감염은 쉽게 이루어진다.

방제

Taphrina 에 의한 병은 살균제를 1회 살포함으로써 쉽게 방제할 수 있다. 특히 가을의 낙엽 직후 또는 초봄의 잎눈이 부풀기 직전이 효과적이다. 가장 널리 사용되는 살균제로는 보르도액과 chlorothalonil 을 들 수 있는데, 특히 chlorothalonil 을 늦가을과 초봄에 각 1회씩 살포하면 이 병을 방제할 수 있다.

참고 문헌

Mix, A. J. (1949). A monograph of the genus *Taphrina*. *Univ. Kans. Sci. Bull.* 33, 1–167.

Ritchie, D. F., and Werner, D. J. (1981). Susceptibility and inheritance of susceptibility to peach leaf curl in peach and nectarine cultivars. *Plant Dis.* 65, 731–734.

흰가루병

흰가루병(白粉病; powdery mildews)은 아마도 가장 흔하고, 눈에 잘 띄고, 널리 분포하며, 쉽게 인지할 수 있는 식물병이다. 흰가루병은 겉씨식물을 제외한 거의 모든 식물을 침해한다.

흰가루병은 어린 식물조직 위에 밀가루를 뿌려놓은 듯이 크고 작은 흰색 또는 회백색의 병반을 형성하거나 잎이나 다른 기관이 완전히 흰가루에 뒤덮인듯한 병징이 특징적이다 (그림 11-48, 11-49). 감염 후기에 백색 또는 회백색의 병반 위에는 바늘 끝 크기의 아주 작고 둥근 자낭구가 여기저기 단독 또는 집단으로 형성되는데 처음에는 흰색이나 차츰 황갈색으로 변하고 나중에는 검은색을 띤다 (그림 11-49E, 11-49F). 흰가루병은 주로 잎의 앞면에서 관찰되지만 잎의 뒷면이나 어린 줄기 또는 눈, 꽃, 어린 과실을 침해하기도 한다.

흰가루병균은 절대기생체로서 인공배지에서 배양할 수 없다. 그러나 최근 보리 흰가루병균 *Blumeria graminis* f. sp. *hordei* 가 배지에서 배양되었다. 이 균사는 식물조직의 표면에서만 자라고 조직 속으로 뚫고 들어가지는 않는다. 이들은 식물기관의 표피세포 속에 흡기를 뻗어 식물체로부터 양분을 흡수한다 (그림 11-49B). 이들은 식물 표면에서 짧은 분생포자경을 형성한다 (그림 11-49C, 11-49D). 각각의 분생포자경은 난형 내지 구형의 분생포자를 형성하고, 이들 분생포자는 기류에 의해 전반된다. 환경조건이나 영양이 부적당하게 되면 흰가루병균은 1~수개의 자낭을 가진 자낭구를 형성한다 (그림 11-49E, 11-49F). 흰가루병균은 다습한 지역에서도 흔히 발생하여 심각한 피해를 주지만, 주로 온난건조한 지역에서 흔히 발생하고 피해도 심하다. 이는 공기 중의 상대습도가 높으면 식물체 표면에 수막이 형성되지 않아도 흰가루병균의 포자가 방출되고 발아하여 감염할 수 있기 때문이다. 일단 감염이 시작되면, 흰가루병균은 대기습도에 관계없이 식물표면에서 계속 퍼져나간다.

흰가루병은 작물과 관상식물에서 매우 흔하고 널리 분포하며 항상 발생하기 때문에 매년 흰가루병에 의한 식물생장 및 수량 감소는 다른 어떤 병보다도 심하다. 흰가루병균은 기주식물을 고사시키지는 않으나 양분의 탈취, 광합성의 감소, 호흡 및 증산의 증가, 생장의 불균일, 수량의 감소를 일으키는데 때로 20~40%의 수량감소를 초래한다.

흰가루병에 의한 피해가 심한 작물로는 맥류가 대표적인데, 특히 밀과 보리의 흰가루병은 화학적 방제가 어렵거나 실용적, 경제적이지 못하기 때문에 피해가 심하다. 흰가루병이 흔히 발생하고 피해도 심한 작물의 또 다른 예로는 노지멜론, 호박, 오이 등의 박과채소; 사탕무; 딸기류; 클로버류; 장미, 베고니아, delphinium, 철쭉류, 라일락 등의 각종 관상식물류; 사과나무, 개오동, 참나무류 등의 수목류를 들 수 있다.

포도나무와 어떤 다른 작물에서 흰가루병의 방제는 황을 식물에 살포하는 것에 의존하였다. 맥류를 비롯한 각종 일년생작물의 흰가루병 방제는 주로 저항성 품종의 이용에 의존하였다. 그러나 최근 흰가루병 방제는 종자소독제와 보호살포제의 침투성 살균제의 이용으로 방제하고 있다. 이와 같은 살균제는 다른 작물이나 관상식물의 흰가루병 방제에 사용되고 있으나, 몇몇의 다른 흰가루병균은 저항성을 나타내게 되었고 더 이상 같은 침투성 살균제를 통하여 방제할 수 없다. 사과나무를 비롯한 수목의 흰가루병은 스테롤합성저해 침투성 살균제의 사용으로 효과적으로 방제할 수 있게 되었다. 흰가루병은 인산염용액이나 세제류 또는 ultrafine oils 등에 의한 실험적 방제가 실시되었고, 푸른색 감광성 폴리에틸렌 시트를 사용하여 온실에서 방제가 실시되었다.

각종 식물의 흰가루병은 흰가루병균과(Erysiphaceae)에 속하는 여러 종의 균에 의해 발생한다. 흰가루병균과의 속 분류는 자낭구 당 자낭의 수(1~수개)와 자낭구의 외벽에 존재하는 부속사의 형태에 따른다. 주요 속은 그림 11-39에 나타냈으며, 주요한 병원균 및 기주식물은 다음과 같다.

Blumeria : *B. graminis* – 곡류, 잔디류에 흰가루병을 일으킨다 (그림 1-6, 11-49A).

Erysiphe : *E. cichoracearum* – 베고니아, 국화, 박과작물(그림 11-48D), 다알리아, 백일홍; *E. polygoni* – 콩과작물, 비트, 십자화과작물, 박과작물; *E. betae* – 사탕무; *E. orontii* – 토마토에 흰가루병을 일으킨다.

Leveillula : *L. taurica* – 토마토에 흰가루병을 일으킨다.

Microsphaera : *M. alni* – 많은 녹음수 및 목본관상식물에 흰가루병을 일으킨다.

Oidium : *O. neolycopersicum* – 토마토에 흰가루병을 일으킨다.

Phyllactinia spp. : 녹음수 및 산림수에 흰가루병을 일으킨다.

Podosphaera spp. : *P. leucotricha* – 사과나무, 배나무, 마르멜로; *P. oxyacanthae* – 살구나무, 양앵두나무, 복숭아나무, 자두나무; *P. xanthii* – 박과작물에 흰가루병을 일으킨다.

Sphaerotheca : *S. macularis* – 딸기(그림 11-49E); *S. mors-uvae* – 구즈베리, 커런트 등 *Ribes* 속 식물; *S. pannosa* – 복숭아나무(그림 11-48C), 장미(그림 11-48A, 11-48B); *S. fuliginea* – 사탕무에 흰가루병을 일으킨다.

그림 11-48 흰가루병의 병징, 장미 잎(A)과 꽃잎(B), 복숭아(C), 호박 잎(D). 적포도 송이(E)와 청포도 송이(F)의 흰가루병 병징. [사진제공: (D) Plant Pathol. Department, University of Florida, (E) J. Travis, Pennsylvania State University, (F) E. Hellman, Texas A&M University.]

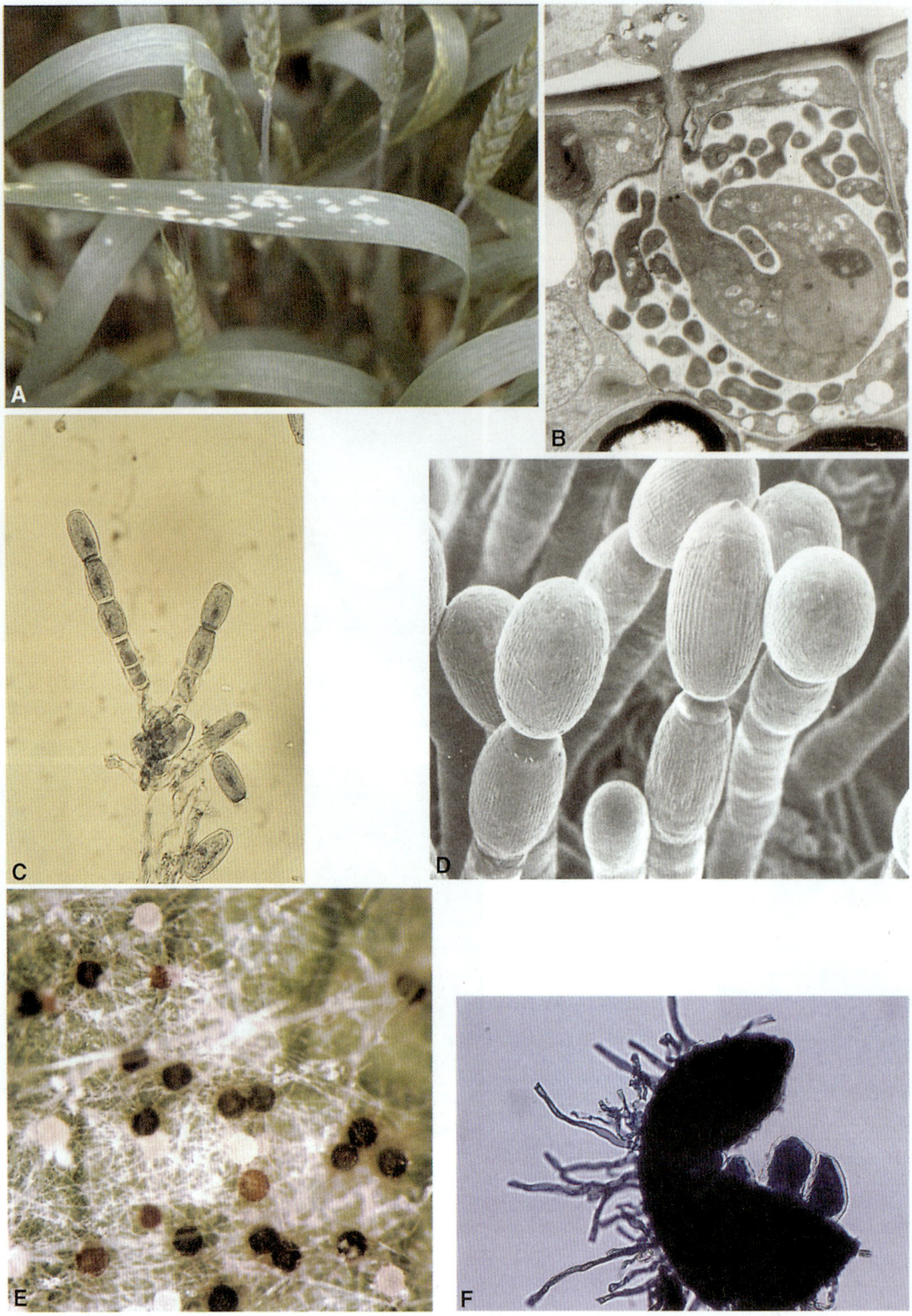

그림 11-49 (A) 밀 잎의 흰가루병. (B) 기주 잎의 표피세포 안에 있는 흰가루병균의 흡기. (C) 흰가루병균 분생포자의 전형적인 모습과 사슬모양의 배열. (D) 흰가루병균 분생포자의 전자현미경 사진. (E) 딸기의 잎에 형성된 균사와 자낭구. (F) 2개의 자낭과 균사상부속사를 보여주는 흰가루병균(*Erysiphe* sp.)의 자낭구. [사진제공: (A) P.E. Lipps, Ohio State University, (B,D) C.W. Mims, University of Georgia, (D) Mims *et al*. (1995). *Phytopathology* **85**, 352-358, (C,F) Plant Pathology Department, University of Florida (E) D.E. Legard, University of Florida.]

Uncinula necator : 포도나무(그림 1-23A, 1-23B, 11-48E)에 흰가루병을 일으킨다.

Uncinuliella flexuosa : 칠엽수에 흰가루병을 일으킨다.

장미 흰가루병

흰가루병은 정원이나 재배온실에서 모두 장미의 가장 중요한 병 중의 하나이다. 이 병은 장미에서 매년 발생하는데 눈, 어린잎, 생장점 등을 침해함으로써 식물체를 약화시키며 꽃 생산을 감소시킨다.

병징. 이 병이 어린잎에 처음 나타날 때에는 약간 융기된 듯이 보이나 이내 회백색의 흰가루병균이 자라나서 잎 전체를 뒤덮는다 (그림 11-48, 11-49). 잎이 전개되면서 위쪽으로 말리고 뒤틀린다. 성엽에서는 큰 흰색 병반을 형성하지만 잎이 변형되는 일은 드물다. 병반은 다소 변색되면서 나중에는 괴사된다.

또한 신초의 줄기에도 흰색 병반이 형성되고 융합하여 결국 신초 끝부분을 완전히 뒤덮어 구부러지기도 한다. 때로 눈이 감염되면 눈이 트기 전에 흰가루병균에 뒤덮여 눈이 트지 못하거나 불완전한 상태가 되기도 한다. 또한 화기에 감염되면, 꽃은 변색되고 왜화하며 결국은 죽는다.

병원균: Sphaerotheca pannosa *f. sp.* rosae. 장미의 흰가루병은 *S. pannosa*의 한 분화형에 의해 발생한다. 이 병원균은 기주의 표면에서 생장하는 흰색의 균사를 형성하고, 이 균사는 표피세포 속으로 구형의 흡기를 뻗는다 (그림 11-50). 균사는 기주식물의 표면에 집단적으로 자라며, 일부에서는 분생포자경을 형성한다. 분생포자경의 끝에서는 난형의 분생포자가 5~10개씩 연쇄상으로 형성된다.

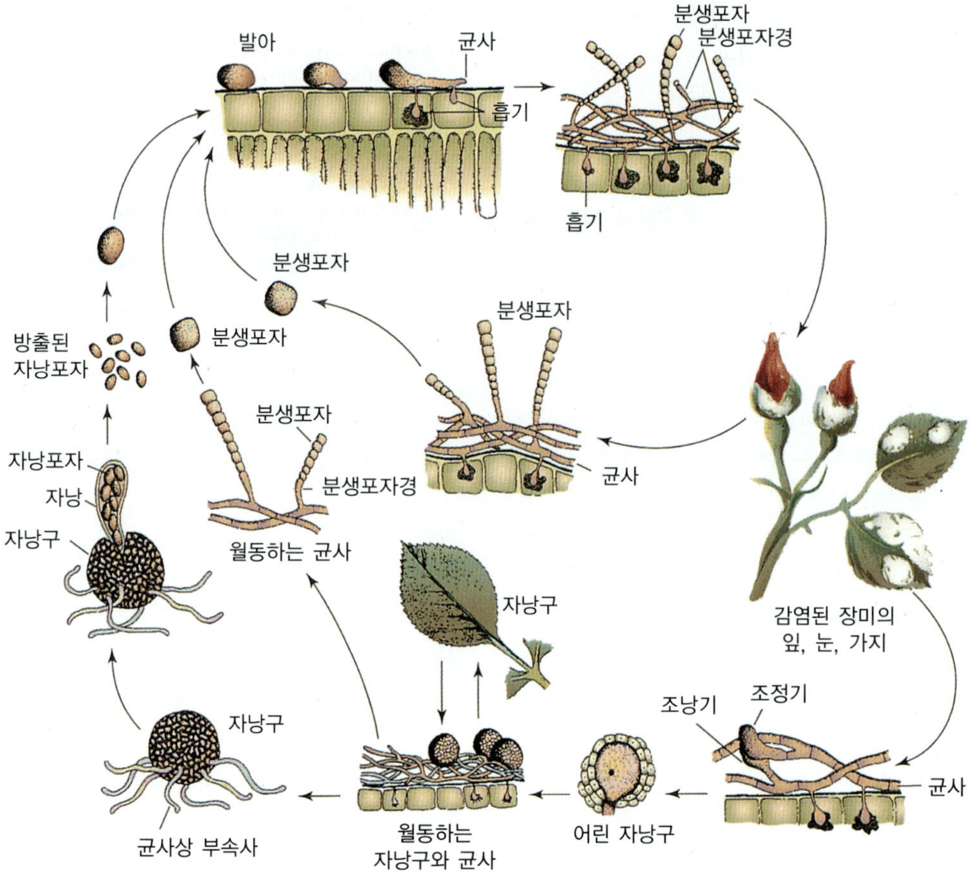

그림 11-50 *Sphaerotheca pannosa* f. sp. *rosae* 에 의한 장미 흰가루병의 병환.

기주식물의 생육후기에 날씨가 서늘해지면, 주로 줄기에서 분생포자의 형성이 중지되고 자낭구가 형성된다. 자낭구는 여러 개의 균사상 부속사를 갖는데, 부속사는 자낭구의 외벽세포가 길게 자라나온 균사 모양이다. 자낭구는 기주표면에서 균사 집단에 다소 묻힌 것처럼 존재한다. 가을동안 자낭포자는 성숙하며, 이듬해 봄에는 자낭포자가 완전히 성숙하여 전반될 준비가 완료된다. 봄에 자낭구는 물을 흡수하여 열개된다. 각 자낭구에는 자낭이 있는데, 이러한 각각의 자낭은 터지면서 8개의 성숙한 자낭포자를 방출한다.

병의 진전. 노지 장미에서 이 균은 기주생육 후기에 자낭구를 형성하는 일도 있지만 주로 눈(bud)에서 균사로 월동한다. 온실 장미에서 이 병원균은 자낭구를 형성하지 않고 전적으로 균사와 분생포자로 생존한다.

월동균사를 가진 눈에서 발달한 새순이 감염됨으로써 전염원(균사 및 분생포자) 역할을 하므로 이어서 2차 감염이 일어나 잎과 꽃등에서 발병된다. 자낭구가 존재하는 경우에는 자낭구에서 방출된 자낭포자도 1차 전염원으로 작용한다 (그림 11-50). 자낭포자 또는 분생포자는 바람에 의해 식물의 어린 조직으로 전반되고, 온도 및 상대습도가 알맞으면 발아하여 이들 조직을 침해한다. 발아관은 작고 가는 균사를 기주식물의 표피세포로 밀어 넣고 구형의 흡기를 형성하는데 이를 통해 양분을 흡수한다. 한편 발아관은 기주조직 표면에서 계속 생장하고 분지하면서 많은 표생균사를 형성하고 계속적으로 표피세포로 흡기를 뻗는다. 식물세포로부터 양분을 흡수하게 되면, 양분공급을 고갈시킴으로써 세포를 약화시키고 때로는 세포를 죽이기도 한다. 감염부위에서의 광합성이 크게 감소한다. 어린 조직이 감염되면 감염세포나 주변세포의 생장을 교란시키고 불균일한 생장을 초래함으로써 잎에 약간 융기된 부분이 생기거나 잎이 뒤틀리기도 한다. 표생하는 균사의 분생포자경에서는 다량의 분생포자가 형성되어 다른 잎이나 순에 새로운 감염을 일으킨다. 온실 장미는 1년 내내 감염에 노출되어 있다. 반면에 노지 장미는 어린 조직이 가장 감수성을 나타낸다. 심하게 감염된 줄기는 생장이 저해된다. 감염된 눈은 트지 못하는 경우가 많으며, 눈이 트는 경우도 꽃이 감염됨으로써 정상적으로 개화하지 못한다.

방제. 장미의 많은 품종이 어느 정도 저항성을 나타내지만, 대부분의 일반 품종은 흰가루병에 매우 감수성이다. 이 병은 예전에는 황의 살포 또는 몇 가지 다른 살균제의 살포로 방제하여 왔다. 황은 액제 또는 분제로 사용되는데, 온실에서는 훈연제로 사용되기도 한다. 대부분은 1주일에 1회 살포함으로써 성공적으로 방제할 수 있지만, 신초발생이 활발한 시기나 강우가 잦은 시기에는 살포횟수를 늘려야 한다. 지난 1990년대초 이후에는 흰가루병 방제에 이용되던 오래된 많은 약제들이 더욱 효과적인 침투성 살균제로 대체되었다. 최근 Actigard, sodium bicarbonate solution, ultrafine oils 등 방어를 활성화시키는 물질을 살포하면 장미 흰가루병의 방제에 효과가 있다고 알려졌다.

일부 작물의 흰가루병은 기생균이나 길항미생물을 이용한 방제가 시도되었다. 이러한 생물적 방제법은 가능성이 충분히 있으나, 아직까지 흰가루병의 실용적 방제에 사용될 수 있을 만큼 발전되지는 못하였다.

참고문헌

Aust, H.-J., and Hoyningen-Huene, J. V. (1986). Microclimate in relation to epidemics of powdery mildew. *Annu. Rev. Phytopathol.* **24**, 491–510.

Braun, U. (1987). "A Monograph of the Erysiphales (Powdery Mildews)." Beiheft zur Nova, Hedwigia.

Everts, K. L., Leath, S., and Finney, P. L. (2001). Impact of powdery mildew and leaf rust on milling and baking quality of soft red winter wheat. *Plant Dis.* **85**, 483–429.

Horst, R. K. (1983). "Compendium of Rose Diseases." APS Press, St. Paul, MN.

LaMondia, J. A., Smith, V. L., and Douglas, S. M. (1999). Host range of *Oidium lycopersicum* on selected solanaceous species in Connecticut. *Plant Dis.* **83**, 341–344.

McGrath, M. T. (2001). Fungicide resistance in cucurbit powdery mildew: Experiences and challenges. *Plant Dis.* **85**, 236–245.

Niewoechner, A. S., and Leath, S. (1998). Virulence of *Blumeria graminis* f.sp. *tritici* on winter wheat in the eastern United States. *Plant Dis.* **82**, 64–68.

Spencer, D. M., ed. (1978). "The Powdery Mildews." Academic Press, New York.

자낭균류 및 불완전균류에 의한 잎의 병

많은 자낭균류와 불완전균류는 주로 잎에 병을 일으키지만, 일부는 꽃, 어린 줄기, 과실, 그리고 뿌리에 병을 일으키기도 한다. 잎을 침해하는 자낭균류에 속하는 대부분의 종은 분생포자로 번식하고 월동하지만, 일부의 종은 기주식물의 생육기간에는 분생포자의 형태로 번식하고 생육 후기에는 유성세대를 형성하여 월동한다. 또 어떤 종은 기주식물의 생육기 내내 분생포자를 형성하면서 동시에 자낭과도 형성하여 자낭포자를 만들기도 한다. 이러한 병원균의 1차전염원은 자낭포자이거나 분생포자인데 흔히 전년도에 감염된 낙엽이나 붙어있던 잎에서 유래된다.

주로 잎에 병을 일으키는 자낭균류의 대표적인 예는 다음과 같다.

Cochliobolus : 여러 화곡류 및 벼과 목초류에 점무늬병, 잎마름병, 뿌리썩음병 등을 일으킨다

Blumeriella (Higginsia) : 양앵두나무, 자두나무 등에 점무늬병이나 구멍병을 일으킨다 (그림 11-60)

Magnaporthe : *M. grisea*는 매우 중요한 벼 도열병을 비롯하여 각종 화곡류 및 잔디류에서 회색점무늬병을 일으킨다

Microcyclus, M. ulei : 고무나무에 South American leaf blight병을 일으킨다

Dothistroma, D. pini : 소나무에서 잎마름병을 일으킨다

Elytroderma deformans : 소나무류에 점무늬병과 빗자루병을 일으킨다

Lirula : 전나무에서 잎마름병을 일으킨다

Lophodermium seditiosum : 소나무류에 잎떨림병을 일으킨다

Mycosphaerella, M. musicola, M. fijiensis : 바나나에서 매우 치명적인 Sigatoka병을 일으킨다. *M.graminicola* : 곡류에서 Septoria잎마름병을 일으킨다. *M fragariae* : 딸기에서 점무늬병을 일으킨다 *M. citri* : 귤나무류에서 누른무늬병을 일으킨다. *M. pini* : 소나무에서 잎마름병과 다른 병을 일으킨다

Pseudopeziza : 알팔파와 클로버류에 점무늬병과 잎마름병을 일으킨다

Pyrenophora : 많은 화곡류 및 벼과 목초류에 줄무늬병이나 잎마름병을 일으킨다

Rhabdocline : 가솔송나무(Douglas fir)에 잎떨림병을 일으킨다

Rhizosphaera : 전나무에서 잎떨림병을 일으킨다.

Rhytisma : 단풍나무와 버드나무에 타르점무늬병을 일으킨다.

Scirrhia : 소나무에 잎마름병을 일으킨다.

주로 잎에 병을 일으키는 또 다른 자낭균류로는 *Diplocarpon, Gnomonia, Venturia* 등도 들 수 있는데, *Venturia* 는 사과나무에서 잎뿐만 아니라 과실에도 검은무늬병을 일으키며, *Gnomonia* 와 *Diplocarpon* 은 탄저병 부분에 포함하여 설명하였다.

많은 종류의 기주식물에서 주로 잎에 병징을 나타내지만 다른 기관에도 병징을 나타내는 대표적인 불완전균류로는 *Alternaria, Ascochyta, Cercospora, Cladosporium, Phyllosticta, Pyricularia, Septoria, Stemphylium* 등을 들 수 있다. 물론 각종 점무늬병을 일으키는 다른 불완전균류도 여기에 포함된다.

불완전균류에 의해 잎에 발생하는 각종 점무늬병과 마름병은 수많은 기주식물에 발생하고 매우 다양하다. 그러나 이들 병의 병환과 방제법은 매우 유사하다. 물론 서로 다른 기주에서 발생하는 병이므로 상당한 차이점이 있고 같은 병이라도 환경조건에 따라 달라질 수 있다. 예를 들면, 이들 병원균의 대부분은 분생포자로 식물의 잎을 1차적으로 침해한다. 감염부위에서 수많은 분생포자가 형성되고, 이들 분생포자는 바람, 비바람, 물, 곤충 등에 의해 다른 식물로 전반되어 새로운 감염을 일으킨다. 대부분의 경우에 이들 균은 낙엽 같은 병든 식물의 잔재에서 분생포자나 균사로 월동한다. 어떤 경우에는 병든 식물의 종자 속이나 바깥에서는 분생포자나 균사로, 또는 토양에서는 분생포자로 월동한다. 다년생식물의 경우에 병원균은 감염조직에서 균사로 월동하기도 한다. 이와 같은 병원균이 일년생식물의 종자에 수반되면 유묘에서 모잘록병이 발생할 수도 있다. 이들 병의 방제는 대부분 저항성 품종의 이용과 살균제 살포 및 종자소독으로 달성될 수 있다. 그러나 일부 병에서는 무병종자의 사용이나 병들거나 오염된 잔재의 제거 또는 이 두 가지 방법을 병행하는 것이 더욱 중요하다.

Alternaria 병

Alternaria 에 의한 병은 전 세계적으로 많은 식물에서 발생하는 가장 흔한 병 중 하나이다. 주로 일년생식물(특히 채소와 관상식물)의 잎, 줄기, 꽃, 그리고 과실에 발생하는데 귤나무류나 사과나무 같은 목본식물에도 발생한다. 모든 기주에 있어서 다양한 Alternaria병에 의한 전체적인 손실은 어떤 병원균에 의한 것보다 가장 높다.

병징

Alternaria 에 의한 대부분의 병은 점무늬병과 검은무늬병인데, 모잘록병, 줄기썩음병, 과실썩음병도 일으킨다. *Alternaria* 에 의한 대표적인 병으로는 감자 및 토마토의 겹둥근무늬병, 당근의 검은잎마름병(그림 11-51A~11-51D), 박과작물과 양파의 검은무늬병(그림 11-52A, 11-52B)과 사과나무와 귤나무의 열매점무늬병, 사과의 심부썩음병, 레몬과 오렌지의 과실부패병 등을 들 수 있다.

점무늬병은 일반적으로 진한 갈색 내지 흑색 병반을 형성하며 병반의 수가 점차 늘어나고 개개의 병반이 확대되는데 흔히 겹둥근무늬를 형성하므로 마치 과녁 같은 모습을 나타낸다 (그림 11-51A~11-51C). 일반적으로 아래쪽의 노화엽에서 먼저 발생하고 병이 차츰 위쪽으로 진전되는데, 감염된 잎은 황화되고 노화되어 마른 채로 축 처지거나 떨어져 버린다. 한편 토마토 같은 식물의 줄기나 가지에서는 검고 움푹한 병반이 형성된다 (그림 11-51C, 11-52). 유묘 줄기에 형성된 병반은 궤양을 형성하기도 하는데, 차츰 확대되면서 줄기를 에워싸서 결국 식물체를 말려 죽인다. 감자의 괴경 같은 지하부에서는

그림 11-51 *Alternaria solani* 에 의한 감자(A)와 토마토(B) 잎, 토마토 줄기(C), 토마토 과실(D)에서의 병징. [사진제공: (A) D.P. Weingartner, (B,C) Plant Pathology Department, University of Florida (D) Oregon State University.]

검고 다소 움푹한 병반이 형성되는데, 병반은 직경 2cm, 깊이 5~6mm에 이르기도 한다. *Alternaria* 는 성숙 단계의 과실을 침해하기도 하는데 기주에 따라 꽃자리나 꼭지부분 또는 상처를 통해 침입한다 (그림 11-51D). 이와 같은 병반은 작고 움푹하거나 또는 과실의 대부분을 덮을 만큼 확대되기도 하며, 표면에 병원균 균사와 포자가 밀생하여 융단 같은 모습을 나타내기도 한다. 귤이나 토마토 등의 과실에서는 표면에 형성된 병반이 작더라도 과실 안쪽은 감염이 상당히 진전되어 있기도 한다.

병원균

식물병원성 *Alternaria* 는 암색의 균사를 가지며, 병든 조직에서는 균사로부터 짧고 단순하며 곧은 분생포자경이 형성되고, 분생포자경에서는 분생포자가 홀로 또는 연쇄상으로 형성된다 (그림 11-52C, 11-53). 분생포자는 크고, 검으며, 길거나 서양배 모양이고, 다세포로서 종격벽과 횡격벽을 가진다. 분생포자는 쉽게 떨어져 기류에 의해 전반된다. *Alternaria* 는

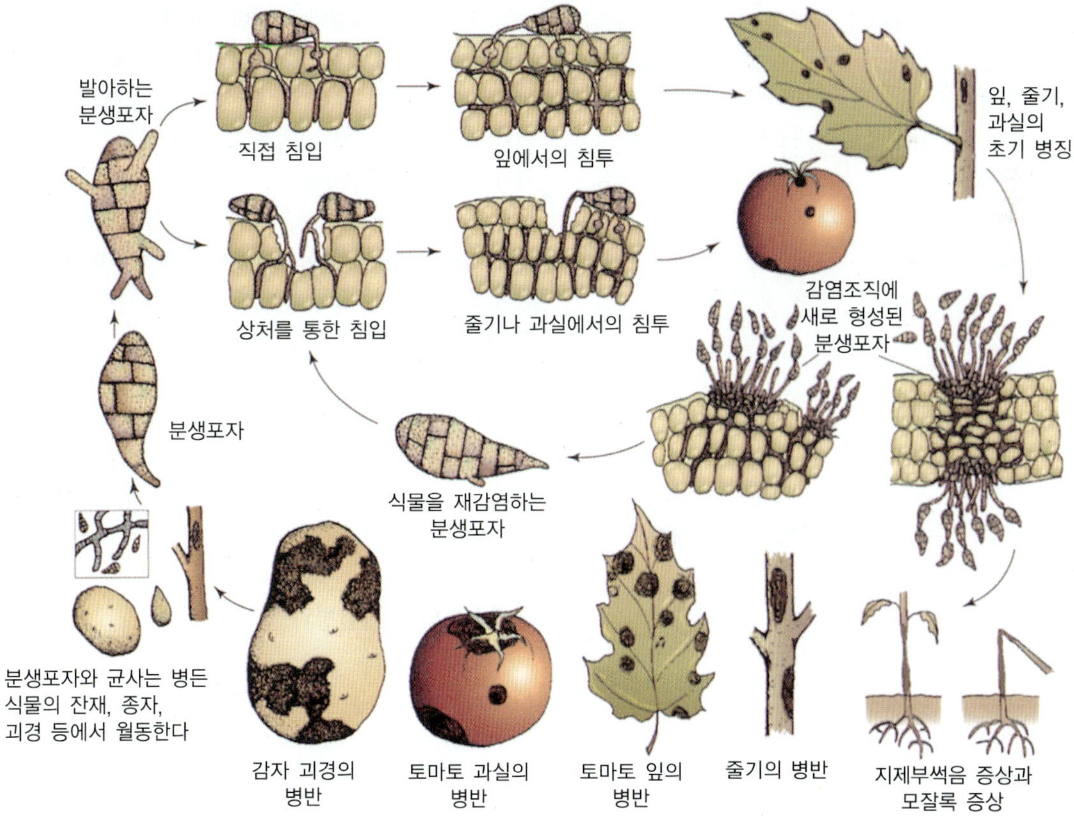

그림 11-53 *Alternaria*에 의한 병의 진전과 병징.

전 세계적으로 많은 종이 존재한다. 이들 포자는 공기 중이나 먼지 속에 항상 존재하며, 건초열 알러지(hay fever allergy)의 대표적인 원인균 중의 하나이다. *Alternaria* 포자는 실험실에서 다른 미생물을 배양할 때 우연히 배양배지에 떨어져 흔히 오염균으로 자라기도 하며, 다른 병원균이나 다른 원인에 의해 죽은 식물조직에 우연히 떨어져 자라기도 한다. 실질적으로 많은 종의 *Alternaria* 는 부생성이므로 살아있는 식물조직을 침해할 수 없으나, 죽은 조직이나 썩은 조직에서 자라거나 또는 기껏해야 노쇠한 꽃잎, 노화된 잎, 성숙한 과실 등 노화조직에서 자랄 뿐이다. 따라서 병든 조직에서 발견되는 *Alternaria* 가 병원균인지 아니면 2차적인 부생균인지 판단하기 어려울 때가 많다.

많은 종의 *Alternaria* 는 독소를 분비한다. 어떤 *Alternaria* 독소는 기주비특이적이며, 어떤 것은 기주특이적이다.

병의 진전

식물병원성 *Alternaria* 는 병든 식물의 잔재 또는 종자의 내외부에서 균사 또는 포자로 월동한다 (그림 11-53). 이 병원균이 종자에 수반되는 경우에는 흔히 출아 후에 묘를 침해하여 모잘록병이나 땅가썩음병을 일으키거나 어린 줄기에 병반을 형성한다. 그러나 대부분의 경우에 분생포자는 병든 식물의 잔재나 병든 작물 및 잡초에서 자라는 균사에서 대량으로 형성되어 비산하는데, 특히 대기습도가 높거나 강우가 지속되는 시기에 많은 분생포자가 형성된다. 이들 분생포자는 발아하여 감수성 조직을 직접 침입하거나 상처를 통해 침입하는데, 병든 조직에서는 바로 새로운 분생포자가 형성되고 바람이나 비바람에 의해 퍼져 나간다. 대부분의 경우에 *Alternaria* 병은 노화된 조직에서 많이 발생하는데 특히 여러 원인의 스트레스에 의해 생육이 불량한 식물에서 많이 발생한다.

방제

Alternaria 병은 저항성 품종의 이용, 무병종자의 사용, 종자소독, chlorothalonil, maneb, captafol, mancozeb 등 살균제의 사용으로 방제한다. 질소비료를 적절하게 사용하면 발병률 감소에 효과적이다. 또한 돌려짓기, 병든 식물 잔재의 제거 및 소각, 잡초기주의 제거 등도 감수성 작물의 재배에서는 1차전염원의 제거라는 면에서 효과적이다. 몇몇 중복기생성 균이 여러 종의 *Alternaria* 를 침해하는 것으로 알려져 있지만, 이들을 이용한 *Alternaria* 병의 생물적 방제가 아직까지 효과적으로 개발되지는 못하였다. 특별한 자외선 흡수 필름을 사용한 온실에서는 일부의 *Alternaria* 종에 의한 감염이 급격히 감소하는데, 이는 자외선 차단에 의해 이들 균의 포자형성이 억제되었기 때문이다.

Cladosporium 병

불완전균류인 *Cladosporium* 에 의한 병은 상당히 다양하면서도 중요하다. *Cladosporium fulvum* (= *Fulvia fulva*)에 의한 토마토의 잎곰팡이병(그림 11-54A), *C. cucumerinum*에 의한 오이의 검은별무늬병과 검물질누출(그림 11-54B), *Cladosporium carpophilum*에 의한 복숭아나무 더뎅이병과 가지마름병(그림 11-54C, 11-54D), *C. caryigenum*에 의한 피칸 더뎅이병과 점무늬병, *C. cladosporioides*에 의한 완두와 동부의 꼬투리마름병과 마름병이 이에 속한다.

토마토 잎곰팡이병은 온실 토마토 재배에서 잎에 발생하는 주요한 병이며 때때로 습도가 높은 지역에서는 노지재배 토마토에도 발생한다. 증상은 먼저 오래된 잎에 황록색의 점무늬가 보인다. 이후에 점무늬가 커져 합쳐지고, 검은색으로 변하며, 남은 어린잎에까지 퍼지게 되고, 잎이 떨어지는 원인이 된다. 경우에 따라 식물의 다른 모든 부위에 감염되기도 한다.

살구나무와 복숭아나무에도 감염하는 복숭아나무 더뎅이병과 가지마름병은 미국 남동부 지역에서 경제적으로 중요한 병이다. 왜냐하면 이 병은 과일의 질과 시장 가치를 감소시킬 뿐만 아니라 나무의 향후 생산성에도 영향을 미치기 때문이다. 병징은 과일, 가지, 잎에서 다소 작지만 황록색에서 검은색을 띠는 점무늬가 많이 보인다. 과일의 점무늬는 대개 과일의 중간과 가지의 끝에 많이 나타나며, 점차 커지게 되어 아주 많은 수가 되었을 때 과일의 표면이 갈라진다. 줄기와 어린 가지의 점무늬는 다소 길어지고 가장자리가 자주색을 띤다.

오이의 검은별무늬병과 검물질생성은 과실에 작고 움푹 들어간 반점처럼 보인다. 점무늬에서 때로는 약간 맑은 액이 흘러나온다. *Cladosporium* 종의 병원균은 크고 어두운 색의 곧은 분생포자경을 만들며, 이는 균사 끝부분에 곁가지가 있다. 분생포자는 불규칙한 타원형에서 원통형이며, 담갈색 내지 암갈색 또는 검은색이고, 1~3개의 세포로 구성되어 있다. 따라서 균이 어둡고 벨벳 모양으로 보인다.

균은 잔재와 가지부위에서 균사 또는 분생포자로 월동한다. 이러한 곳에서 만들어진 분생포자는 높은 습도가 이어지는 시기 동안 공기와 물에 의해 잎, 가지, 과실의 모든 부위를 감염한다. *Cladosporium* 병의 방제는 포장위생과 적절한 약제를 사용한다.

침엽수류의 잎떨림병과 잎마름병

Elytroderma, *Hypoderma*, *Lophodermium*, *Mycosphaerella(Scirrhia)*, *Lecanosticta*, *Dothistroma*, *Ploioderma* 등 몇 가지 자낭균류는 소나무류의 잎에 병을 일으키며, *Rhobdocline*, *Rhizosphaera*, *Phaeocryptopus*, *Lirula* 등은

그림 11-54 *Cladosporium fulvum*에 의한 토마토 잎곰팡이병의 병징(A), *C. cucumerinum*에 의한 오이의 검은별무늬병(B), *C. carpophilium*에 의한 복숭아나무 가지마름병(C)과 더뎅이병(D). [사진제공: (A) Plant Pathology Department, University of Florida (B) I.R. Evans, WCPD (C,D) P.W. Steiner, West Virginia University.]

가솔송나무(Douglas fir), 가문비나무, 발삼전나무(balsam fir)의 잎에 병을 일으킨다. 이들 잎떨림병과 잎마름병은 어느 정도 서로 다른 점도 있지만 많은 공통적인 특징을 가지고 있다. 일반적으로 분생포자가 침엽수의 잎을 감염하나, 간혹 생육기의 어떤 시기에는 자낭포자도 잎을 침해한다. 감염의 양상과 시기는 특정한 종이 자라는 지역에 따라서 달라질 수도 있다. 이 병원균이 잎을 침해하면 연녹색 내지 황색의 점무늬가 생기고 차츰 갈색이나 적색으로 변하며, 잎을 에워싸면 그 점무늬의 윗부분은 죽는다 (그림 11-55). 전체의 잎이 죽거나, 나무에 잠시 붙어있어서 마치 적갈색으로 불타는듯한 모습을 나타내거나, 결과적으로는 부분적으로 또는 전체적으로 낙엽진다. 이 균은 나무 위나 땅 위의 병든 잎에서 분생포자를 형성하거나 때로 자낭각 안에 자낭포자를 형성하기도 한다. 분생포자와 자낭포자는 공기 중에 방출되거나 다습한 날씨에 스며 나와서

그림 11-55 *Lophodermium* sp.에 의한 소나무 잎떨림병 병징(A,B)과 *Mycosphaerella dearnessii*에 의한 잎마름병(C,D). [사진제공: (A,B) Plant Pathology Department, University of Florida, (C,D) E.L. Barnard, Florida Department of Agriculture, Forestry Division.]

비가 오면 씻겨 내려가거나 튀겨서 다른 잎이나 나무로 전반된다. 어떤 잎마름병의 경우에는 감염되었으나 아직 살아있는 잎에서 균사로 월동하지만, 대부분의 경우에는 나무나 땅 위의 죽은 잎에서 자낭포자나 분생포자로 월동한다.

잎떨림병과 잎마름병은 특별히 단일종이 재배되는 곳의 성숙한 나무들을 가해하여 계속해서 낙엽지게 함으로써 고사시킨다. 매년 수천 그루의 나무가 잎의 병으로 인하여 죽거나 쇠약해져 결국 베어진다. 그러나 날씨가 발병에 적합하고 적절한 방제수단이 강구되지 않는다면, 이들 병은 어린나무나 유묘에 대발생하여 수백만 그루를 매우 짧은 시간에 죽일 수 있다.

대부분의 잎떨림병과 잎마름병은 살균제를 살포하여 방제할 수 있으며, 특히 양묘장과 유령목 조림지에서 방제효과가 좋다. 큰 나무는 죽기 전에 벌채하거나 가능하면 살균제를 항공살포하여 방제할 수 있다. 큰 나무의 경우에는 해당 병원균이 감염을 시작하는 생육초기와 말기에 2회 살포만으로도 충분하다. 그러나 양묘장의 묘목이 병원균의 침입으로부터 살아남고 자라나기 위해서는 5월부터 10월까지 적어도 2주 간격으로 약제를 살포해야 한다.

Mycosphaerella 병

앞에서 언급했듯이 바나나, 곡류, 딸기류, 귤나무류, 소나무 등에 있어서 *Mycosphaerella* 의 다양한 종들에 의해 발생하는 많은 병이 있다. 더욱이 이러한 균은 일년생식물과 다년생식물에 각각 다양한 병을 일으키는 *Cercospora* 와 *Septoria* 와 같은 다른 불완전세대 속에 속하는 분생포자를 만든다. 그러므로 이러한 균류와 이들이 일으키는 병에 있어서 구별은 없으며 단지 논의와 교육적 목적만 있다.

바나나 점무늬병(Sigatoka병)

바나나 점무늬병(Sigatoka병)은 전 세계적으로 발생하며 바나나에서 가장 심각한 병 중의 하나이다. Sigatoka라는 이름은 이 병이 처음 관찰된 남태평양의 Fiji섬의 마을 이름을 딴 것이다. 이 병은 바나나 잎의 광합성 면적을 감소시킴으로써 과실이 작아지고 불균일하게 성숙되며 결과적으로 제대로 성숙되지 못하고 낙과되기도 한다.

병징. 이 병은 처음에는 약 한 달 전에 전개된 잎의 측맥을 따라 작은 담황색의 점무늬나 줄무늬로 나타난다. 며칠 후에 이들 점무늬는 길이 1~2cm로 신장되며 가운데가 연회색을 띠는 갈색으로 변한다. 이들 점무늬는 이내 더욱 커지며 주변의 조직이 누렇게 변하면서 죽고, 인접한 점무늬는 융합하여 잎의 상당부분을 차지한다 (그림 11-56). 심하게 감염되면 수주일 이내에 잎 전체가 죽는다. 점무늬병에 감염된 대부분의 성숙한 잎이 파괴되면, 소수의 건전한 잎만 남게 되고 과실은 속이 차지 못하고 잘 익지도 않아 결국은 떨어진다. 만일 과실이 거의 성숙하였을 때 심하게 감염되면 과육은 고르게 익지 못하고 개개의 바나나는 작고 각지고 연분홍색을 나타내며 저장성도 떨어진다.

병원균. 병원균은 *Mycosphaerella musicola*로서 무성세대는 *Pseudocercospora musae* 이다. 그러나 1970년대 중반부터 과거에 주로 사용되어오던 *M. musicola*에 의한 yellow Sigatoka병이 *M. fijiensis* (무성세대: *Pseudocercospora fijiensis*)에 의한 검은Sigatoka병으로 바뀌었다. 검은Sigatoka병의 병원균은 1972년 온두라스에서 발견되었다. 이 병원균은 *M. musicola*보다 8~10일 더 일찍 점무늬를 일으키며, 1973년과 1974년에 검은Sigatoka 병의 대발생 이후 *M. fijiensis* 가 2년 내에 *M. musicola*를 대체하였다. 1980년까지 멕시코 남부와 중미 지역까지 검은Sigatoka병이 만연하여 이 병의 방제비용이 생산비의 30%를 차지하였다. 세기가 바뀌면서 더 심각한 검은Sigatoka 병원균이 전파되어 나타나고, 전 세계 주요 바나나 생산 지역에서 일반적으로 발생하는 Sigatoka 병원균이 바뀌게 되었다.

*M. fijiensis*가 어린 점무늬 병반에서 분생포자좌를 형성하고, 균사가 기공에서 기공으로 이동하며, *M. musicola*보다 더 일반적으로 잎 전체에 병을 일으킨다는 사실을 제외하면, 2가지 균은 서로 유사한 생활사와 형태를 지니고 있다. 두 가지 균은 모두 정자기에서 정자, 자낭각에서 자낭포자, 분생포자좌에서 *Pseudocercospora* 형태의 분생포자를 만든다. 병이 갈색 점무늬로 나타나는 동안에는 잎의 양면에 많은 양의 분생포자가 계속 만들어진다 (그림 11-57).

병의 진전. 분생포자는 바람과 물방울 또는 튀는 물방울에 의해서 전파된다. 분생포자의 방출과 발아는 잎의 수분 또는 높은 습도에 달려있다. 자낭각은 따뜻하고 습한 날씨에서 만들

그림 11-56 바나나의 *Mycosphaerella fijiensis*에 의한 검은Sigatoka병의 잎 병징(A)과 *M. musicola*에 의한 yellow Sigatoka병의 전체 식물 병징(B). [사진제공: H.D. Thurston, Cornell University.]

그림 11-57 *Mycosphaerella musicola* 또는 *M. fijiensis* 에 의한 바나나 Sigatoka병의 병환.

어지고, 자낭포자는 자낭각의 습도에 따라 세차게 퍼져나간다. 자낭포자는 공기의 흐름에 따라 퍼져나가게 되고, 이러한 이유로 병이 널리 퍼지게 된다. 반면에 분생포자는 일반적으로 이 병이 국부적인 전파에 있어서 일반적으로 가장 중요한 수단이 된다. 자낭포자나 분생포자에 의한 감염은 같은 형태의 점무늬를 만들게 되면서 병이 진전된다.

방제. Sigatoka병은 검역, 위생관리, 연중 빈번한 살균제 살포 등을 조합하여 방제한다. 오랫동안 보르도액, zineb이 첨가되지 않은 copper oxychloride, zineb이 첨가된 copper oxychloride 등의 살균제를 사용하였다. 그 후 zineb이나 copper oxychoride를 mineral oil과 혼합살포하였을 때가 보르도액 살포보다 효과가 좋고 비용이 저렴하다는 것이 알려졌다. 지금까지 몇몇의 다른 약제가 기름과 물을 섞은 현탁액을 만들어(oil-water-fungicide) 사용함으로써 좋은 방제효과를 거두고 있다. 어떤 지역에서는 특히 검은줄무늬병과 검은 Sigatoka병을 방제하기 위해서 연중 10~12일 간격으로 포장 살포하거나 항공살포하며, 다른 지역에서는 3~4주 또는 6주 간격으로 1회씩 살포하여도 방제하는 데 충분하다. 병원균이 약제에 반복적으로 노출되면 흔히 약제 저항성이 발달되기도 한다.

Septoria병

Septoria병은 전 세계적으로 발생하며, 많은 작물을 가해하여 주로 점무늬병(斑點病; leaf spot)과 잎마름병(葉枯病; leaf blight)을 일으킨다. 가장 일반적이고 심각한 병으로는 밀 잎마름병을 비롯한 각종 화곡류 및 벼과 목초류의 잎마름병 그리고 셀러리, 토마토, 기타 채소류, 전작물, 관상식물의 각종 점무늬병 등이 있다.

병징

채소류와 화훼류에서 점무늬 병반은 처음에 작은 황색 점무늬로 시작하여 곧 확대되고, 담갈색이나 황회색으로 변하며, 마침내 좁은 황색 띠에 둘러싸인 암갈색으로 변한다. 이 점무늬는 기주나 병원균의 종류에 따라 거의 육안으로 볼 수 없는 것에서부터 직경 1~2cm까지 다양하며, 드물게 각각의 병반이 잎면적의 1/3에 이를 정도로 다양하다. 이 점무늬는 둥근 윤곽을 가진 뚜렷한 가장자리를 가지거나 가장자리가 불분명한 불규칙한 형태를 가진다 (그림 11-58A, 11-58B). 일부 기주에서는 2~3개의 점무늬가 있는 잎이 누렇게 변하면서 죽지

그림 11-58 셀러리(A)와 콩(B) 잎에서의 Septoria 병징. 귀리 잎에서의 *Mycosphaerella graminicola* 병징(C)과 다른 종의 *Septoria* 에 의해 밀의 영(glume)에 나타난 병징(D). [사진제공: (A) L. Mc Donald (WCPD), (B) Plant Pathology Department, University of Florida, (C) W. McFadden, (D) D.E. Harder, WCPD.]

만, 다른 기주에서는 수많은 점무늬가 형성된 이후에 황변하고 결국 시들어 죽는다. 마침내는 낙엽이 지고 죽는다. 점무늬가 형성됨에 따라 작고 검은 분생포자각은 점무늬 안에 점으로 나타난다.

화곡류와 벼과 목초류의 경우에 점무늬 병반은 연녹색 내지 황색 또는 갈색의 점무늬로 나타나는데, 처음에는 엽맥 사이에 나타나지만 곧 색깔이 짙어지면서 급속히 확대되어 불규칙한 대형 병반을 형성한다 (그림 11-58C, 11-58D). 이 점무늬는 품종이나 습도조건에 따라 제한적이거나 융합하여 잎몸이나 잎집 전체를 덮기도 한다. 흔히 대형 병반에는 병원균의 분생포자각이 형성되는데, 분생포자각은 다소 많으며 작고 짙은색이며 엽육조직에 묻혀 있으므로 병반 상에 점이 찍힌 것처럼 보인다. 발병에 적합한 날씨에는 병든 잎은 고사하고 병원균은 줄기를 침해하여 검은 괴저병반을 형성하므로 식물체는 쇠약해져 죽고 때로 쓰러지기도 한다. 소수의 분생포자각이 있는 작은 병반이 꽃의 화포(bract)나 종자의 종피에서 발달한다.

병원균

Septoria (유성세대: *Mycosphaerella*) 중에서 몇몇은 *Stagonospora* (유성세대: *Phaeosphaeria*)로 재분류되었다. 이들 균에는 다른 기주를 가해하는 많은 종이 존재한다. 암색이며 구형인 분생포자각 안에는 길고 막대 모양으로 격벽이 있는 무색의 분생포자를 형성한다. *Septoria tritici* (유성세대: *Mycosphaerella graminicola*)와 *Stagonospora nodorum* (유성세대: *Phaeosphaeria nodorum*)은 화곡류와 벼과 목초류에서 빈번히 심각한 병을 일으키며, 많은 종이 채소류와 다른 작물에 병을 일으킨다.

병의 진전

분생포자각이 젖으면 부풀고 분생포자를 방출한다. 분생포자는 튀는 빗물, 관개수, 농기구, 동물 등에 의해 전파된다. *Septoria* 는 균사로 월동하거나 종자의 내외부나 포장의 병든 식물 잔재에 형성된 분생포자각 속에서 분생포자로 월동한다 (그림 11-59). 이 균이 종자에 수반되면 모잘록병을 초래하거나 차후 감염을 위한 전염원으로 작용한다. 모든 *Septoria* 종은 감염과 심한 발병에는 다습 상태가 요구되지만, 넓은 온도 범위(10~27℃)에서 병을 일으킬 수 있다.

그림 11-59 *Mycosphaerella graminicola* 와 *Septoria* spp.에 의한 병의 병환.

방제

Septoria병의 방제에는 무병포장에서 무병종자의 사용, 2~3년 간의 돌려짓기, 심경을 통한 식물 잔재의 제거, 저항성 품종의 사용, 묘판과 포장에서의 약제살포가 중요하다. Septoria병의 방제에 몇몇의 약제가 사용되고 있다.

Cercospora병

Cercospora 에 의한 병은 거의 대부분 잎점무늬병인데, 점무늬는 비교적 작고 산재하거나 또는 병반이 확대되고 융합하여 잎마름병을 일으킨다. 이 병은 일반적으로 대부분의 화곡류, 전작물, 채소, 관상식물, 수목 등에 광범위하게 발생한다. *Cercospora* 는 셀러리에서 검은무늬병(그림 11-60), 사탕무와 땅콩에서 검은무늬병, 콩에서 검은무늬병과 잎마름병(그림 11-60A, 11-60B), 옥수수의 잿빛점무늬병은 일반적으로 발생하고 심각하다. Cercospora병에 의한 손실은 대체로 작지만, 어떤 기주에서는 경우에 따라 심각한 피해를 줄 수도 있다.

병징

일부 식물체에서는 점무늬가 갈색이며 직경이 3~5mm 정도로 작으며 다소 구형으로 적자색의 테두리를 가지고 있다 (그림 11-60A, 11-60C). 나중에는 가운데가 잿빛으로 종이처럼 얇아져서 부서지기 쉬우며, 너덜너덜한 구멍만 남거나, 점무늬가 상당히 많으면 융합하여 큰 괴저부위로 진전된다. 대부분의 기주에서 점무늬는 뚜렷한 가장자리를 갖거나 갖지 않는 불규칙한 원형 내지 다각형이며 흔히 융합하여 잎마름 증상을 나타내기도 한다. *Cercospora*의 특정 종에 감염된 어떤 품종의 종자는 자주빛의 헝겊조각처럼 보인다. (그림 11-60B). 외떡잎식물에서 점무늬는 보통 0.5×5cm로 가늘고 길며 때로 융합하여 잎을 고사시킨다. 습한 날씨에서 모든 기주식물의 병든 잎 표면은 거의 육안으로도 볼 수 있는 회색의 균으로 뒤덮인다. 심하게 감염되었을 경우에는 모든 잎이 파괴되고 떨어진다. 다즙성 식물의 경우에는 비슷한 병반이 줄기와 엽병에도 형성된다.

병원균

많은 종의 *Cercospora* 가 여러 기주식물에 병을 일으킨다. 어떤 *Cercospora* 종은 완전세대가 *Mycosphaerella* 이다. 이 병원균은 길고, 가늘며, 무색이거나 암색이며, 곧거나 약간 구부러졌으며, 여러 개의 격벽을 가진 분생포자를 짧고 암색인 분생포자경 위에 형성한다 (그림 11-57). 분생포자경은 기공을 통해 기주식물의 표면에 속생하고 새로 자라나는 정부에 연쇄적으로 분생포자를 형성한다. 분생포자는 쉽게 떨어져 나와 주로 바람에 의해 먼 거리로 이동한다. 이 병원균은 고온성이므로 여름이나 따뜻한 기후일 때 심하게 발생한다. 대부분의 *Cercospora* 종은 비특이적 독소인 cercosporin 을 분비하며, 이 cercosporin 은 식물세포에서 광이 있을 때만 세포를 죽이는 광감기요소(photosensitizing agent)로 작용한다. 이 독소는 세포 속에서 활성 산소 원자를 생성함으로써 세포막을 파괴하고 전해질 손실을 일으킨다. 비록 *Cercospora* 포자들이 발아하고 침입하기 위해서는 물이 필요하지만, 심한 이슬은 감염을 많이 일으키기에 충분한 것으로 여겨진다. 이 병원균은 종자의 내 외부에서 월동하거나 또는 병든 잎에서 작고 검은 자좌를 형성하여 월동한다.

방제

*Cercospora*병은 무병종자나 적어도 3년이 되어서 내부에 있는 병원균이 죽은 종자를 사용하거나, 같은 *Cercospora* 종에 감염되지 않는 비기주작물과 돌려짓기하거나, 적절한 살균제를 묘상과 포장에 살포하여 방제한다.

벼 도열병

벼 도열병(稻熱病; rice blast)은 전 세계적으로 발생하며 벼에서 가장 중요한 병 중의 하나이다. 특히 관개하거나 강수량이 많은 곳에서 재배하며 다량의 질소비료를 사용하는 곳에서는 가장 중요한 병이다. 지금까지 세계 각지에서 도열병의 대발생이 여러 차례 있었는데, 어떤 지역에서는 평년작황의 50~90%가 감소되기도 하였다.

병징

도열병은 잎을 침해하는데, 잎에서 방추형 병반의 안쪽은 회백색이며 바깥쪽은 진녹색 내지 진갈색이며 건전부와의 경계에는 황색의 가장자리를 형성한다 (그림 11-61A). 때로 이들 병반은 확대되고 융합하여 잎 전체를 고사시킨다. 또한 엽초에 발생하면 엽초뿐만 아니라 연결된 잎도 고사시키고, 줄기 마디나 마디 사이에 발생하면 출수기에 백수(白穗; white panicle)가 나오거나 줄기가 부러지기도 한다 (그림 11-61B, 11-61C). 출수기에 병원균이 이삭목을 침해하면 이내 이삭목을 에워싸서 감염한다. 이는 도열병 중에서 가장 피해가 큰 증상이며, 목도열병(neck blast)이라고 부른다 (그림 11-61B~11-61D). 목도열병이 일찍 발생하면, 낟알의 속은 비어 버리므로 이삭이 꼿꼿이 선 상태가 된다. 목도열병이 늦게 발생하면 낟알은 부분적으로 속이 차는데, 이삭 무게 때문에 이삭목이 부러져 이삭이 축 늘어진다. 때로 이삭의 일부분이나 일부의 낟알이 감염되면 갈색 내지 흑색의 점무늬가 나타난다.

그림 11-60 콩의 잎(A), 콩의 종자(B), 셀러리 잎(C)에서의 Cercospora 병징. (D) *Blumeriella jaapii* 에 의한 양앵두나무의 점무늬병. [사진제공: (A,B) Plant Pathology Department, University of Florida (C) R.T.McMillan University of Florida (D) M. Ellis, Ohio State University.]

그림 11-61 벼의 잎(A), 줄기(B), 목(C)에서의 벼 도열병의 병징. (D) 이삭도열병이 심하게 감염된 포장. (E) 벼 도열병균 *Magnaporthe*(*Pyricularia*) sp.의 분생포자. [사진제공: (A,C) J. Breithaupt, FAO, (B) J. Kranz, University of Giessen, (D) L.E. Datnoff, (E) R.E. Cullen, University of Florida.]

병원균

벼 도열병균은 *Pyricularia oryzae*로 알려져 있는데, 다른 벼과식물에 도열병을 일으키는 *P. grisea*와 구별되지 않는다. 유성세대인 *Magnaporthe grisea*는 자연 상태에서 발견되지 않았다. 그러나 실험실에서 화합성인 분리주를 교배하면 유성세대를 얻을 수 있다. 도열병균은 분지되지 않고 회색을 띤 분생포자경을 형성하며, 그 끝에 서양배 모양으로 대개 2개의 격벽을 갖는 분생포자를 형성한다 (그림 11-61E). 이 균은 여러 독소를 분비하는데, 예를 들면 pyricularin, α-picolinic acid 등이 있으며, 이들은 도열병의 발병에 관여하는 것으로 여겨진다.

병의 진전

도열병균은 병든 볏짚이나 종자 또는 잡초 기주에서 균사 또는 분생포자로 월동한다. 열대지방에서는 분생포자가 연중 공기 중에 존재한다. 도열병균은 높은 상대습도(90% 이상)가 유지되는 동안 분생포자를 형성하고 비산시킨다. 성숙한 분생포자는 공기로 전염되는데, 벼에 내려앉은 분생포자는 끝부분에서 분비하는 끈적끈적한 점액물질로 딱 들어붙는다. 벼 잎이나 줄기가 습하면, 분생포자는 발아하며, 발아관은 부착기를 형성하고 부착기를 통해 식물 표면을 뚫고 들어가거나 기공을 통해 들어간다. 도열병균이 침입하기 위해서는 부착기 세포벽에서 멜라닌의 생성과 집적이 필요한 것으로 여겨진다. 유묘 및 어린잎과 줄기는 성숙한 식물체 및 조직보다 더 감수성이다. 최적온도조건에서 침입부터 병반형성까지는 4~5일이 소요된다. 다습한 날씨나 높은 상대습도에서는 병반이 나타난 후 몇 시간 이내에 새로운 포자가 형성되어 방출되며 이러한 과정이 수일 동안 계속되는데, 대부분의 분생포자는 밤부터 일출 전에 방출된다.

벼 도열병은 질소비료의 과용, 잎에 수막형성의 지속, 그리고 20℃ 전후의 야간온도 조건에서 많이 발생한다. 이 병원균에는 수많은 레이스가 있는데, 각각의 레이스는 병원성이 다른 유전자를 갖고 있다. 도열병 저항성에 관여하는 13개 이상의 주동유전자가 벼 품종에서 알려져 있는데, 이러한 각각의 저항성 유전자는 새로운 레이스의 출현으로 쉽게(2~3년 이내) 무너진다.

방제

도열병이 크게 문제되지 않는 지역에서는 주로 저항성 품종의 재배를 통해 방제한다. 그러나 도열병의 대발생이 흔히 일어나거나 심한 지역에서는 저항성 품종을 교체하면서 재배하는 것은 물론이며, 조식재배, 질소비료 사용의 최소화, 그리고 살균제의 사용을 병행한다. 지금까지 수년 동안 다양한 효과를 나타내는 많은 살균제가 사용되어 왔다. 최근에는 부착기의 멜라닌 형성을 방해함으로써 도열병균의 침입을 저해하는 침투성 살균제를 엽면살포 및 종자처리함으로써 도열병 방제에 좋은 효과를 얻고 있다. blast-furnace slag로 입체 형태화한 실리콘 함유물을 식물을 심기 전에 실험적으로 토양에 처리하면 특정 지역에서 벼 도열병을 감소시키는 것 같다.

화곡류의 Cochliobolus 병, Pyrenophora병, Setosphaeria병

Cochliobolus 병, Pyrenophora병, Setosphaeria병은 전 세계적으로 발생하며, 수많은 주요 벼과작물에 발생량도 많고 피해도 심하다. 대표적인 예로 옥수수 깨씨무늬병을 비롯한 옥수수의 각종 병, 벼 깨씨무늬병, 그리고 밀, 보리, 귀리, 호밀, 수수, 사탕수수, 잔디류 등에 각종 점무늬병, 잎마름병, 관부썩음병, 뿌리썩음병 등이 있다. 이들 병원균에 의해 매년 발생하는 곡물과 사료의 전체적인 손실은 경이적이다.

Cochliobolus 와 *Pyrenophora* 와 *Setosphaeria* 가 다양한 기주에 일으키는 점무늬병과 잎마름병, 때로 관부썩음병과 뿌리썩음병은 매우 유사하지만 일부 중요한 차이점도 있다. 이 중 벼 깨씨무늬병, 옥수수 깨씨무늬병, 그리고 귀리 빅토리아 마름병은 돌발적이고도 비극적인 대발생을 일으킴으로써 막대한 수량감소를 일으켰을 뿐만 아니라 인간에게 큰 고통을 주었으며 병 방제에 새로운 접근방안을 제시하였다. *Cochliobolus* 와 *Pyrenophora* 와 *Setosphaeria* 에 의한 모든 병은 잎의 상당부분을 파괴하는데, 때로는 줄기나 뿌리의 일부분을 가해하거나 이삭을 직접 가해하며 모든 경우에 심각한 수량손실을 일으킨다.

옥수수병

옥수수의 병에서 *Cochliobolus heterostrophus* (무성세대: *Bipolaris maydis*)가 일으키는 **깨씨무늬병**(胡麻葉枯病; **southern corn leaf blight**)은 다소 작은(0.6×2.5cm) 황갈색 병반을 형성하는데, 때로 병반이 잎 전체를 뒤덮는다 (그림 11-62A, 11-62B). 이 병원균의 일부 레이스는 줄기, 잎집, 이삭껍질, 자루(shank), 옥수수의 이삭과 속까지도 가해한다 (그림 11-62C, 11-63). 감염된 낟알은 검고 보송보송한 균으로 뒤덮이고, 옥수수속이 썩으며, 초기에 자루가 감염되면 이삭은 성숙하기 전에 죽어 떨어진다. 감염된 낟알에서 나온

그림 11-62 옥수수 잎에서의 깨씨무늬병의 병징(A,B)과 *Cochliobolus heterostrophus* (*Bipolaris maydis*)에 의한 옥수수 엽초의 병징(C). (D) 큰 점무늬를 보여주고 있는 *Cochliobolus carbonum*에 의한 Northern corn leaf blight. [사진제공: (A,C) Plant Pathology Department, University of Florida, (B,D) P.E. Lipps, Ohio State University.]

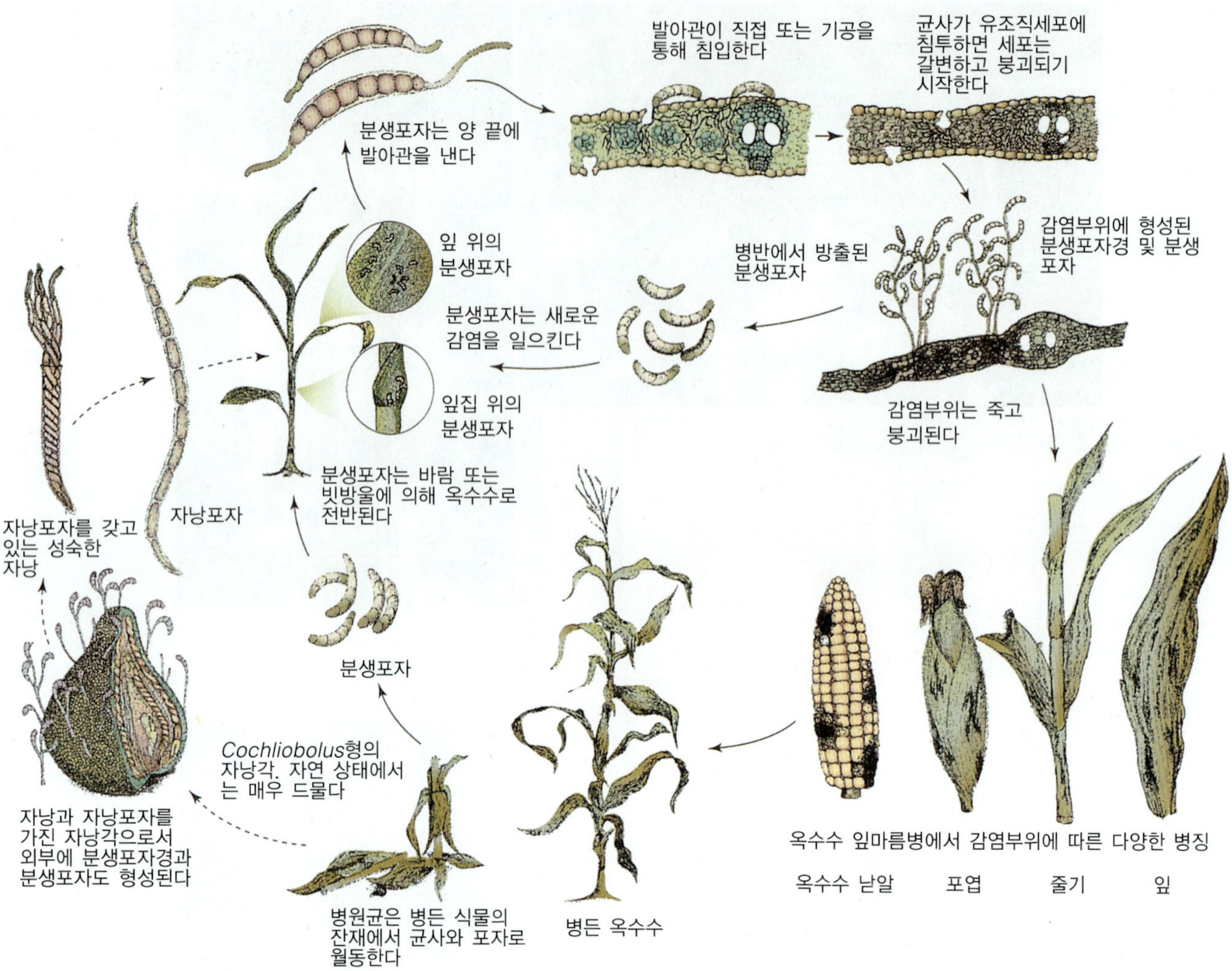

그림 11-63 *Cochliobolus heterostrophus* T 레이스에 의한 옥수수 깨씨무늬병의 병환.

유묘는 파종 수주일 내에 시들어 죽는다. 옥수수 깨씨무늬병균의 새로운 레이스(T-race)가 일으키는 광범위한 전염병이 1970년에 텍사스 세포질웅성불임 유전자(Texas cytoplasmic male sterility gene)를 지닌 모든 잡종 옥수수에서 갑자기 발생하였는데, 그 해 미국에서 생산되는 옥수수의 15% 가량이 감소하였고 손실액은 약 10억 달러로 추산되었다.

Northern corn leaf blight병을 일으키는 *Setosphaeria turcica* (유성세대: *Exserohilum turcicum*)는 잎만 침해한다. 병반은 길이가 2~15cm이고, 너비는 1~3cm 정도이다 (그림 11-62D). 이 균은 수수에도 유사한 병을 일으키지만, 병반은 더 작고 색깔이 짙다.

Northern corn leaf spot병을 일으키는 *Cochliobolus carbonum* (유성세대: *Bipolaris zeicola*)는 널리 분포한다. 그러나 이는 잡종종자의 생산에 있어서 교잡을 용이하게 하는 데 있어서 매우 중요하다. 잎에 발생하는 점무늬 병징의 크기는 병원균의 레이스에 따라 다양하다. 레이스 중 어떤 것은 옥수수의 낟알에 감염하여 검은색의 felty mold를 만든다.

벼에 발생하는 병

벼 깨씨무늬병(胡麻葉枯病; brown spot disease)은 *Cochliobolus miyabeanus*가 일으키며, 처음에는 잎과 낟알의 중앙은 회색이고 가장자리는 갈색인 점무늬로 나타난다 (그림 11-64). 껍질 전체는 암갈색 융단 같은 분생포자경과 분생포자가 존재하는 여러 개의 작은 점무늬나 하나의 커다란 점무늬로 덮인다. 이 병원균이 일차적으로 유묘기에 잎을 가해하면 식물체는 약해져서 수량이 급격히 감소된다. 이러한 유묘 감염으로 인해서 1942년에 벵갈(Bengal)지방에서는 약 200만 명이 굶어 죽었다.

그림 11-64 *Cochliobolus miyabeanus*에 의한 벼 깨씨무늬병. [사진제공: Plant Pathology Department, University of Florida.]

밀, 보리 다른 벼과 화본류에 발생하는 *Cochliobolus* 병

Cochliobolus sativus (유성세대: *Bipolaris sorokiniana*)에 의한 밀, **보리 및 기타 곡류의 관부썩음병**(crown rot)과 **뿌리썩음병**(common root rot)에서 점무늬는 유묘, 식물의 아랫부분, 줄기, 잎, 화기 그리고 낟알에 발생한다. 암갈색 내지 검은색의 병반은 땅가의 유묘에서 발달하여 잎으로 올라간다 (그림 11-65A, 11-65B). 유묘는 출현 전이나 후에 말라죽거나 생존하더라도 생장이 지연된다. 초관은 지제부 또는 아래 부위에 감염되어 적갈색의 썩음 증상을 보이며, 분얼아(分蘗芽; tiller bud)를 파괴하고, 근계로 발전하여 뿌리를 죽인다 (그림 11-65E). 뿌리썩음병에 감염된 밀과 보리는 월동 중에 죽어서 어떤 경우에는 밀의 10~30%, 보리의 20~60%만 살아남았다. 잎의 점무늬는 확대되고 융합하여 엽신의 상당한 부위를 차지하며 갈색을 띤 불규칙한 점무늬나 얼룩을 형성한다 (그림 11-65D). 오래된 병반은 올리브색의 분생포자경과 분생포자의 층으로 덮인다. 화기와 낟알에도 병반이 생기는데, 표면은 암갈색을 나타낸다. 낟알에서 배의 끝은 흔히 검은색을 띠는데, 이 증상이 이 병의 특징이다 (그림 11-65C). 관부썩음병이나 뿌리썩음병, 그리고 잎얼룩병에 감염된 식물체는 살아남아도 키가 작으며, 이삭이 일부 나오기도 하지만, 불임이 되거나 알이 차지 않는다. 화기와 낟알이 감염되면 불임을 초래하거나 낟알이 죽는다.

*C. sativus*에 의한 밀과 보리의 초관썩음병과 뿌리썩음병은 흔히 *Fusarium*, *Rhizoctonia*, *Pythium*과 함께 발견되기도 한다.

C. sativus (유성세대: *B. sorokiniana*)에 의한 **보리와 밀의 spot blotch병**은 잎에 점무늬 또는 점무늬 모양으로 나타나고(그림 11-65B), 또한 유묘마름, 뿌리썩음, 낟알마름, 검은색 점 또는 얼룩 모양처럼 보이기도 한다.

밀, 보리, 귀리 등에 발생하는 *Pyrenophora* 병

곡류의 줄무늬병 (*Pyrenophora* diseases on barley, wheat, and oats)은 흔하고 광범위하게 분포하며, 해마다 상당한 손실을 초래한다. 손실량은 작물, 품종, 전반적인 기상 조건에 따라 달라진다. 이 병은 특히 보리에서 더 일반적이고 피해가 심각하다.

Pyrenophora teres (유성세대: *Drechslera teres*)가 일으키는 보리 **그물무늬병**(網斑病; **net blotch**) (그림 11-66A)은 사각형의 그물 같은 얼룩무늬가 유묘 잎의 끝 부분에서 나타난다. 이 점무늬는 점차 확대되고 전체 엽신(葉身)을 따라 진전되어 잎에 그물 모양을 나타낸다.

Pyrenophora graminea (유성세대: *Drechslera graminea*)가 일으키는 **보리 줄무늬병**(斑葉病; **stripe**)의 경우 (그림 11-66B), 황색의 줄무늬가 늙은 잎의 엽신과 잎집을 따라 발달한다. 이후에 줄무늬는 갈색이 되며, 생육 후기에는 잎이 흔히 줄무늬 병반을 따라 찢어져서 갈기가 된다. 감염된 식물은 키가 작고 정상적인 이삭을 출수하지 못한다.

Pyrenophora tritici-repentis (유성세대: *Drechslera tritici-repentis*)가 발병시키는 **밀 tan spot병**(그림 11-66C)은 미국 북부의 밀 재배지역에서 중요한 병이다. 병징은 노란색 윤문에 의해 둘러싸인 황갈색 병반을 포함한다.

Cochliobolus, *Pyrenophora*, *Septosphaeria*의 여러 종은 잔디밭이나 골프장 잔디를 가해하여 가장 흔하고 심각한 점무늬병, 잎마름병, 관부썩음병, 뿌리썩음병(일명 **melting out**) 등을 일으킨다 (그림 11-65A, 11-65D, 11-65E). 이러한 병은 위에서 언급한 것처럼 여러 면에서 화곡류의 병과 유사하다. 심하게 감염되면 잎은 완전히 마르고 시들며 죽어 쓰러진다. 게다가 잔디의 다년성인 특성과 매년 여러 번 잔디를 깎고

그림 11-65 보리의 뿌리썩음병(A), 밀의 spot blotch(B), *Cochliobolus sativus*에 의한 밀의 black point 또는 kernel smudge (C). (D,E) *Drechslera* sp.에 의한 Bluegrass 점무늬병과 뿌리썩음병. [사진제공: (A) I.R. Evans (B,D,E) S. Fushtey (C) L.J. Duczek, WCPD.]

그림 11-66 *Pyrenophora terres*에 의한 보리 그물무늬병(A), *P. graminea*에 의한 보리 줄무늬병(B), *P. tritici-repentis* 에 의한 밀의 tan spot병(C), *Drechslera avenacea*에 의한 귀리의 줄무늬 마름병(D), *Bipolaris victoriae* 에 의한 Victoria 귀리 마름병(E). (F) 옥수수 잎 표면에 형성된 *C. heterostropus* 분생포자경과 분생포자의 전자현미경 사진. [사진제공: (A,B,D) I.R. Evans, (C) L.J. Duczek, WCPD, (E) Plant Pathology Department, University of Florida, (F) M.F. Brown and H.G. Brotzman.]

관개하는 것이 이 병이 전파되고 정착할 수 있는 기회를 제공하고 있다. 이 병은 보통 습한 날씨이거나 오후 늦게 스프링클러로 잔디에 관개하는 곳에서는 매우 심하게 발생한다. 감염이 진전되는 경우에 잔디밭은 여러 크기와 형태로 노랗게 변하며, 갈색에서 밀집 색깔로 변하여 마침내 수가 줄어들고, 결국 썩어서(녹아버려서) 죽는다. 만일 발견되지 않고 기상마저 발병에 알맞으면 이 병은 만연하여 잔디밭 전체에 퍼지고 잔디를 모두 죽인다.

위에서 언급한 병의 병원균은 *Cochliobolus, Pyrenophora, Setosphaeria* 의 여러 종이다. 이 균은 원통형의 암색으로 3개 이상(보통 5~10개)의 격벽을 가진 분생포자를 형성한다(그림 11-63, 11-66F). 이 분생포자는 암색의 격벽이 있고, 불규칙한 분생포자경의 새로 자라나는 끝에서 연속적으로 형성된다. 주로 이 균은 다소 규칙적으로 원통형의 자낭을 지닌 검은 자낭각을 형성한다. 자낭 속에는 무색이고 실 모양이며 4~9개의 세포를 가진 자낭포자를 형성한다. 완전세대가 *Cochliobolus* 인 것은 *Bipolaris* 종인 반면에 완전세대가 *Pyrenophora* 로 알려진 것은 *Drechslera* 종이다. 유사한 병을 일으키는 근연관계가 있는 균 중에 *Setosphaeria* 가 완전세대로 알려진 종은 *Exserohilum* 이다.

*Bipolaris*의 분생포자는 약간 구부러진 모양이지만, *Drechslera* 는 대부분 직선상이며 원통형이다. *Exserohilum* 의 분생포자는 직선상이고 양끝이 뾰족하며 특징적으로 기부의 배꼽(hilu- m)은 돌출되었다.

병의 진전

다양한 *Cochliobolus, Pyrenophora, Setosphaeria* 종들은 종자의 내부나 외부, 식물의 잔재, 감수성 식물의 감염된 초관 속이나 뿌리에서 균사나 포자로 월동한다. 이 균의 일부 종들은 나약기생체이지만 어떤 종들은 잠재적인 병원균이다. 그러나 토양 속에 있을 때 그들 모두는 부생성이 약한데, 아마도 질소농도가 높은 상황에서 토양 미생물의 길항작용 때문으로 생각된다. 많은 *Cochliobolus* 종들, 예를 들면 *Cochliobolus victoriae* 와 *C. heterostrophus* T레이스는 각 병의 진전에 중요한 역할을 하는 기주특이적 독소인 victorin과 T-toxin을 생성한다. 대부분의 종은 적당하거나 약간 따뜻한 온도(19~32℃)와 특히 습하고 축축한 날씨를 선호한다. 대부분의 병, 특히 점무늬병은 날씨가 건조하면 지연되지만, 관부와 뿌리를 가해하는 균은 병든 식물체를 계속 가해하여 불규칙한 지역에서 군데군데 식물을 죽인다. 이 균의 전반은 종자와 감염된 식물의 부스러기가 바람에 날려서 일어난다. 생육기 동안에 가까운 거리는 기류나 튀는 빗방울에 실리거나 또는 밭갈이 농기구, 발, 동물 등에 붙어서 수많은 분생포자가 이동하여 전반된다.

방제

*Cochliobolus, Pyrenophora, Setosphaeria*병의 방제는 저항성 품종의 식재, 무병종자의 이용, 종자소독제의 처리, 적절한 돌려짓기 및 시비, 심경을 통한 병든 식물잔재의 매설, 그리고 살균제의 적절한 사용으로 달성될 수 있다. 잔디에서 이 병의 방제는 권장된 최적의 크기로 잔디를 깎고, 깎은 잔디는 쌓아놓지 말고 제거하며, 충분히 시비를 하고, 빠르고 충분하게 관수하되 간격을 길게(7~10일) 하는 것이 좋다. 만일 살균제를 사용할 때는 여러 살균제를 이른 봄부터 병 방제를 하는 동안 1~2주 간격으로 계속해서 살포할 수 있다. 여러 침투성 살균제를 종자처리제로 사용하거나 관개수와 섞어서 잔디에 처리하면 뿌리썩음증상과 다른 여러 증상을 방제하는 데 좋은 효과를 나타내며, 재배자가 사용할 수 있도록 시험 중에 있다.

참고문헌

Alcorn, J. L. (1988). The taxonomy of "*Helminthosporium*" species. *Annu. Rev. Phytopathol.* **26**, 37–56.

Anonymous (1970). Southern corn leaf blight. *Plant Dis. Rep.* **54** (Special Issue), 1099–1136.

Berger, R. D. (1973). Early blight of celery: Analysis of disease spread in Florida. *Phytopathology* **63**, 1161–1165.

Chupp, C. (1953). "A Monograph of the Fungus Genus *Cercospora*." Published by the author, Ithaca, New York.

Cunfer, B. M., and Ueng, P. P. (1999). Taxonomy and identification of *Septoria* and *Stagonospora* species on small grain cereals. *Annu. Rev. Phytopathol.* **37**, 267–284.

Frank, J. A. (1985). Influence of root rot on winter survival and yield of winter barley and winter wheat. *Phytopathology* **75**, 1039–1041.

Gibson, I. A. S. (1972). *Dothistroma* blight of *Pinus radiata*. *Annu. Rev. Phytopathol.* **10**, 51–72.

Gottwald, T. R. (1983). Factors affecting spore liberation by *Cladosporium carpophilum*. *Phytopathology* **73**, 1500–1505.

Jewell, F. F., Sr. (1983). Histopathology of the brown spot fungus on longleaf pine needles. *Phytopathology* **73**, 854–858.

Joosten, M. H. A. J. (1999). The tomato–*Cladosporium fulvum* interaction: A versatile experimental system to study plant-pathogen interactions. *Annu. Rev. Phytopathol.* **37**, 335–367.

Keinath, A. P. (2001). Effect of fungicide applications scheduled to control gummy stem blight on yield and quality of watermelon fruit. *Plant Dis.* **85**, 53–58.

Mackenzie, D. R. (1981). Association of potato early blight, nitrogen fertilizer rate, and potato yield. *Plant Dis.* **65**, 575–577.

Meredith, D. S. (1970). Banana leaf spot disease (Sigatoka) caused by *Mycosphaerella musicola*. *Commonw. Mycol. Inst. Phytopathol. Pap.* **11**, 1–147.

Ou, S. H. (1980). A look at worldwide rice blast disease control. *Plant Dis.* **64**, 439–445.

Padnamadhan, S. Y. (1973). The great Bengal famine. *Annu. Rev. Phytopathol.* **11**, 11–26.

Pearson, R. C., and Goheen, A. C., eds. (1988). "Compendium of Grape Diseases." APS Press, St. Paul, MN.

Rotem, J. (1994). "The Genus *Alternaria*." APS Press, St. Paul, MN.

Sherff, A. F., and MacNab, A. A. (1986). "Vegetable Diseases and Their Control," 2nd Ed. Wiley, New York.

Shipton, W. A., Boyd, W. R. J. Rosielle, A. A., and Shearer, B. L. (1971). The common *Septoria* diseases of wheat. *Bot. Rev.* **37**, 231–262.

Sing. U. S., Mukhopadhyay, A. N., Kumar, J., and Choube, H. S. (1992). "Plant Diseases of International Importance," Vol. 1. Prentice-Hall, Englewood Cliffs, NJ.

Sivanesan, A. (1987). *Graminicolous* species of *Bipolaris, Curvularia, Drechslera, Exserohilum* and their teleomorphs. *Mycol. Papers* **158**, 1–261.

Smiley, R. W., Dernoeden, P. H., and Clarke, B. B. (1992). "Compendium of Turfgrass Diseases," 2nd Ed. APS Press, St. Paul, MN.

Smith, J. D., Jackson, N., and Woolhouse, A. R. (1989). "Fungal Diseases of Amenity Turf Grasses." E. & F. N. Spon, London.

Sprague, R. (1944). *Septoria* diseases of *gramineae* in western United States. *Oreg. State Monogr. Stud. Bot.* **6**, 1–151.

Stover, R. H. (1980) Sigatoka leaf spots of bananas and plantains. *Plant Dis.* **64**, 750–756.

Stover, R. H. (1986). Disease management strategies and the survival of the banana industry. *Annu. Rev. Phytopathol.* **24**, 83–91.

Ullstrup, A. J. (1972). The impacts of the southern corn leaf blight epidemics of 1970–1971. *Annu. Rev. Phytopathol.* **10**, 37–50.

Taylor, J. W., Jacobson, D. J., and Fisher, M. C. (1999). The evolution of asexual fungi: Reproduction, speciation, and classification. *Annu. Rev. Phytopathol.* **37**, 197–246.

Ward, J. M. J., *et al.* (1999). Gray leaf spot: A disease of global importance in maize production. *Plant Dis.* **83**, 884–895.

Webster, R. K., and Gunnell, P. S., eds. (1992). "Compendium of Rice Diseases." APS Press, St. Paul, MN.

White, D. G. (1999)." Compendium of Corn Diseases", 3rd Ed. APS Press, St. Paul, MN.

Wiese, M. V. (1987). "Compendium of Wheat Diseases," 2nd Ed. APS Press, St. Paul, MN.

Zeigler, R. S. (1998). Recombination in *Magnaporthe grisea. Annu. Rev. Phytopathol.* **36**, 249–275.

Zhong, S., and Steffenson, B. J. (2001). Virulence and molecular diversity in *Cochliobolus sativus. Phytopathology* **91**, 469–476.

자낭균류와 불완전균류에 의한 줄기궤양병과 가지궤양병

궤양병(潰瘍病; canker)은 목본식물의 줄기 또는 가지의 수피에서 상처 부위나 죽은 부분에 주로 나타나며, 병환부의 수피 아래는 흔히 움푹 들어간다. 일부 궤양병에서는 궤양 부위의 바깥쪽에 있는 건전조직은 두꺼워져서 정상적인 수피보다 더 튀어나와 보인다.

수많은 종류의 병원체가 나무에 궤양병을 일으킨다. 궤양병균의 대부분은 자낭균류이며, 때로 다른 균류 일부의 세균 및 바이러스도 궤양병을 일으킨다. 특히 난균류인 *Phytophthora*의 몇몇 종에 의한 궤양병은 일반적이라는 것은 이미 논의된 바 있다.

궤양병의 기본적인 특징은 육안으로도 보이는 죽은 부위에 나타나는 것인데, 주로 수피에 나타나며 때로는 목질부에도 형성된다. 궤양병은 일반적으로 상처난 곳이나 죽은 가지의 절단면에서 나타나기 시작한다. 이곳에서부터 궤양병은 사방으로 확산되는데, 줄기와 가지의 주축방향으로 더 빠르게 확산된다. 어떤 환경조건에서 기주는 죽은 조직의 주변에 유합조직을 형성함으로써 궤양의 확산을 차단하여 살아남는다. 큰 가지에 감염되었을 경우에는 융기된 유합조직이 환상으로 형성된다. 그러나 기주가 방어조직을 형성하는 것보다 병원균이 더 빠르게 자란다면, 기주에 유합조직은 형성되지 못하고 궤양병은 급속히 확산되거나, 병원체가 새로운 유합조직을 침해하여 해마다 궤양이 더 커진다. 어린 가지는 흔히 궤양에 에워싸여 죽지만, 큰 가지와 줄기에 발생한 궤양의 너비는 그리 크지 않지만 길이는 수 미터까지 확산되기도 한다. 그러나 큰가지나 나무도 하나의 궤양에 에워싸이거나 또는 원래의 궤양에서 형성된 포자에 의해 새로 발생한 궤양들과 융합하여 결국 죽는다.

궤양병은 일반적으로 사과나무나 복숭아나무 같은 과수에서 훨씬 더 심각하며, 나무가 쇠약해져 죽는다. 밤나무 줄기마름병과 일부의 궤양병을 제외하고 임목에서 발생하는 대부분의 궤양병에서는 기형이 일어나지만 나무가 죽지는 않는다. 그러나 궤양병이 발생한 나무는 생장과 목재의 질이 떨어지며, 바람에 쉽게 부러지며, 쇠약해져 더 큰 피해를 주는 목재부후균이나 뿌리썩음병균에 쉽게 침해당한다.

대부분의 궤양병균은 자낭균류이지만, 그들 중 일부만 정규적으로 유성세대를 형성한다. 다른 궤양병균은 일반적으로 수피에 묻혀 있는 분생포자각 안에 분생포자를 형성하며 간혹 자낭각을 형성하기도 한다. 궤양병을 일으키는 균류와 중요한 기주는 다음과 같다.

Apiosporina morbosa : 자두나무와 양앵두나무의 검은혹 궤양병을 일으킨다 (그림 11-67A).

Botryosphaeria dothidea : 사과나무, 복숭아나무, 아몬드나무, 버즘나무 (그림 11-67B), 피칸나무 등에 궤양병을 일으킨다.

Ceratocystis fimbriata : 카카오나무, 커피나무, 핵과류 등에 궤양병을 일으킨다 (그림 11-67C).

Cryptodiaporthe populea : 포플러류에 *Dothichiza* 궤양병을 일으킨다.

Cryphonectria (Endothia) parasitica : 밤나무에 줄기마름병을 일으킨다 (그림 11-68A, 11-68B).

그림 11-67 (A) 양앵두나무 가지의 검은혹궤양. (B) 버즘나무의 Botryosphaeria 궤양병. (C) 아몬드나무 줄기의 Ceratocystis 궤양병. (D) 참나무 줄기의 Hypoxylon 궤양병. (E) 참나무의 가지의 Strumella 궤양병. [사진제공: (A) J.W. Pscheidt, Oregon State University, (B) E.L. Barnard, Florida Department of Agriculture, Forestry Division, (C) B. Teviotdale, University of California, (D,E) U.S. Forest Service Archives.]

그림 11-68 *Cryphonectria parasitica*에 의한 어린 밤나무 줄기에 감염된 모습과 분생포자각으로 뒤덮인 모습 (A,B). 유칼리나무의 가지에 궤양병(C)과 *Diaporthe cubensis*에 의한 분생포자각(D). *Eutypa* sp.에 의한 포도나무 줄기의 궤양병(E). [사진제공: (A) J.W. Pscheidt, Oregon State University, (B) U.S. Forest Service, (C,D) E.L. Barnard, Florida Departement of Agriculture, Forestry Division, (E) E. Hellman, Taxas A&M University.]

Eutypa lata : 포도나무에 궤양병과 잎마름병을 일으킨다 (그림 11-68E).

Eutypella parasitica : 단풍나무에 *Eutypella* 줄기궤양병을 일으킨다.

Fusarium circinatum : 소나무류에 푸사리움가지마름병을 일으킨다 (그림 11-73).

Fusicoccum amygdali : 아몬드나무와 다른 핵과류에 눈마름병을 일으킨다.

Gremmeniella abietina : 각종 침엽수에 *Scleroderris* 궤양병을 일으킨다.

Hypoxylon mammatum : 백양목에 *Hypoxylon* 궤양병을 일으킨다 (그림 11-67D).

Leucostoma sp. (*Valsa* sp.) : 복숭아나무를 비롯한 각종 과수류와 70종 이상의 활엽수에 궤양병을 일으킨다 (그림 11-71).

Nectria galligena : 사과나무와 배나무 그리고 수많은 임목에 궤양병을 일으킨다 (그림 11-69).

Phomopsis juniperivora : 삼나무류, 미국측백나무, 사이프러스나무 등에 Phomopsis blight를 일으킨다.

Seiridium cardinale : 사이프러스나무와 레이랜드편백나무에 궤양병을 일으킨다.

Sirococcus clavigignenti-juglandacearum : 버터넛나무에 매우 심각한 버터넛나무 궤양병을 일으킨다 (그림 11-74).

Urnula craterium : 각종 임목에 *Strumella* 궤양병을 일으킨다 (그림 11-67E).

위의 균류가 일으키는 각종 궤양병의 주요 특징은 다음과 같다.

자두나무와 양앵두나무의 검은혹궤양병

검은혹궤양병은 주로 미국의 동부지역과 뉴질랜드에서 재배되거나 야생하는 자두나무류와 양앵두나무류에 발생한다.

병징

이 병은 잔가지나 굵은 가지의 한쪽 면 또는 전체를 에워싸고 있는 검은 혹이 부풀어 2~25cm의 길이까지 확대되어 눈에 확연히 보인다 (그림 11-67). 이 검은 혹은 큰가지의 직경의 여러 배가 되고, 심하게 감염된 나무는 아주 괴상하게 보인다. 감염된 나무는 수년 후 큰가지는 죽고 나무의 생장은 위축되어 쓸모없게 된다.

병원균

병원균 *Apiosporina(=Dibotryon) morbosa*는 균사 위에 분생포자를 형성하며, 검은 혹에 형성된 자낭각 속에 자낭포자를 형성한다.

병의 진전

분생포자와 자낭포자는 바람과 비에 의해 전파되며, 이른 봄에 다년생 가지의 건전한 경화조직 및 상처받은 조직을 침해한다. 큰 가지에서는 주로 잔가지가 발육하는 부위에 감염된다. 이 균은 형성층과 물관유세포로 들어가서 잔가지의 축을 따라 자란다. 5~6개월 후에 유세포가 이상분열하고 밖으로 밀려나와 혹을 형성한다. 이듬해 봄에 혹의 표면에는 분생포자가 형성되어 잠시 동안 황록색의 융단 같은 모습을 나타낸다. 또한 여름에는 혹이 급격히 확대되어 표면에 자낭각을 형성하고 겨울동안에 성숙하여 이듬해 봄에는 자낭각에서 자낭포자를 방출한다. 이와 같이 혹은 매년 계속해서 확대된다.

방제

이 병은 모든 검은 혹을 제거하여 소각하고, 과수원 근처에 있는 병든 야생기주를 제거함으로써 방제할 수 있다. 개화기 전 또는 개화기 동안 여러 약제 중 하나를 과수원의 나무에 살포함으로써 감염을 방지할 수 있다.

밤나무 줄기마름병

밤나무의 줄기 기부와 큰 가지에 궤양을 일으키는 밤나무 줄기마름병(胴枯病; chestnut blight)이 1904년 뉴욕시에 유입된 후에(그림 11-68A, 11-68B) 급속히 전파되어 1940년까지 캐나다 국경지대의 남쪽으로부터 멕시코만에 이르는 미국 동부지역의 미국밤나무 숲을 거의 황폐화시켰다 (그림 1-8 참조). 줄기마름병으로 죽은 미국밤나무는 미국 동부의 활엽수 임분 중 50%에 달하였다. 병원균 *Cryphonectria*(*Endothia*) *parasitica*는 참나무도 가해하며 때로는 다른 나무도 가해하지만 미국밤나무처럼 심하게 감염하지는 않는다. 이 균은 현재 북미, 유럽과 아시아에 분포한다. *Cryphonectria*의 다른 종은 다른 수목에 심각한 궤양병을 일으킨다 (그림 11-68C, 11-68D). 이 균은 상처를 통해 줄기의 수피를 뚫고 들어와 수피 내부와 형성층으로 자란다.

병징

줄기 또는 감염된 나무의 가지에서 부풀어 오르거나 움푹 들어간 궤양으로 발달한다. 궤양의 수피는 적황색 내지 황록색이며, 뾰루지 같은 분생포자각과 자낭각이 많이 형성된다 (그림 11-68). 흔히 궤양의 표면에 수 cm에서 수십 cm까지 이르는 긴 균열이 생기고, 줄기나 가지를 에워싸면 궤양의 윗부분은 시들어 죽는다.

그림 11-69 사과나무 줄기의 Nectria궤양병(A)과 *Nectria*에 감염되어 병자각으로 덮인 가지(B). 단풍나무의 주가지에 발생한 Nectria궤양병(C)과 줄기의 감염된 부위에 형성된 *Nectria* sp.의 자낭각(D). [사진제공: (A,B) A.L. Jones, Michigan State University, (C,D) E.L. Barnard, Florida Department of Agriculture, Forestry Division.]

병원균

밤나무 줄기마름병은 *Cryphonectria parasitica*에 의해 일어난다.

병의 진전

날씨가 습하면 분생포자는 분생포자각에서 긴 오렌지색의 고수머리 같은 덩어리로 흘러나오며, 새나 각종 곤충류 또는 튀는 빗방울에 의해 전파된다. 자낭포자는 공기 중으로 강하게 방출되어 바람에 의해 먼 거리까지 이동된다. 이 균은 줄기마름병으로 죽은 나무 또는 나무의 죽은 부위에서 살면서 계속 침입하여 포자를 형성한다. 줄기마름병에 감염된 나무는 대부분 기부의 궤양 아래쪽에서 맹아가 나오지만, 이 가지들도 다시 감염되어 말라죽는다.

방제

몇몇 새로운 침투성 살균제를 격리된 나무에 살포하면 효과적이지만, 밤나무 줄기마름병을 방제할 유용한 방법은 없다. 1980년대 중반 이후로 저병원성(低病原性; hypovirulence)을 지닌 몇몇 병원균 계통이 유럽과 미국에서 발견되었다. 이러한 계통들은 모두 겹가닥 RNA(double-stranded RNA, dsRNA)를 지니고 있고, 이것은 균류를 침해하는 많은 바이러스에 존재하는 RNA의 일종이다. 전형적인 병원성을 지니고 dsRNA가 없는 야생형 *C. parasitica* 균주에 감염된 밤나무에 저병원성 dsRNA 바이러스를 가진 계통을 접종하였을 때 균사융합이 일어나 바이러스는 균사와 분생포자 속으로 들어가지만 병원성 균주의 자낭포자에는 들어가지 않는다. 이 바이러스를 획득한 야생형은 저병원성 계통으로 변하므로 궤양병의 확산이 지연되거나 완전히 멈춘다. 이러한 바이러스를 이용한 생물적 방제법은 독립수와 유럽의 밤나무 과수원에서는 효과가 좋지만, 미국의 산림에서 대규모로 이용하기에는 아직 불가능하다. 지금까지 완전히 저항성인 미국밤나무는 발견되지 않았다.

Nectria궤양병

Nectria궤양병은 전 세계적으로 사과나무와 배나무를 비롯하여 많은 활엽수에 발생하는 가장 중요한 병의 하나이다. 어린나무의 경우에는 병원균이 주간이나 큰가지를 에워싸지만 큰 나무의 경우에는 잔가지만 직접적으로 가해하여 죽이기 때문에 손실은 어린나무에서 더욱 크다 (그림 11-69A~11-69C). 그러나 큰 나무의 주간에 형성된 궤양은 나무의 활력과 생산성을 감소시키는데, 이러한 나무는 바람이 불면 부러지기 쉽다. Nectria궤양병은 일반적으로 눈의 흔적, 상처, 잔가지의 절단면, 줄기의 분기부 등에 발생한다. 초기의 궤양은 작고 둥글며 갈색이다. 나중에 중심부위는 움푹 들어가고 검게 변하지만, 가장자리는 인접한 건전 수피보다 위로 솟아오른다. 환경조건이 기주에 알맞으면 이 균은 천천히 자라고 기주는 궤양 주변에 유합조직을 형성하여 궤양의 가장자리는 균열이 생긴다. 궤양의 검은 수피 아래는 말라죽어 푸석푸석해지고, 수피가 벗겨져 떨어지므로 죽은 부위의 목질부가 노출되며, 주변에 유합조직이 생겨서 융기한다. 그 후 수년 동안 이 균은 건전한 조직을 계속 침입하여 매년 새로운 유합조직에 빽빽하게 동심원 같은 융기가 형성되어 과녁 같은 전형적인 Nectria궤양병 병징을 나타낸다. 이 균에 적합한 조건에서는 기주의 침입이 가속화되고, 궤양 부위의 수피가 거칠어지고 균열이 생기지만 수피가 벗겨지지는 않으며, 융기된 유합조직은 조금씩 거리가 생긴다. 이 균 중에서 어떤 종은 일정한 크기의 곤충과 연관되어 곤충의 감염된 조직에 풍부하게 자란다. 비록 *Nectria* 종이 이러한 관련이 있지만, 곤충이 없을 때보다 beech bark병과 같은 더 심각한 병의 원인이 되고 있다.

사과나무와 배나무 같은 기주에서는 과일이 감염되면 원형으로 움푹 들어가고 갈색으로 썩는 병징을 나타낸다. 수많은 분생포자를 형성하는 흰색 또는 노란색의 돌출부가 썩은 부위에 형성된다. 안쪽의 썩은 조직은 물렁물렁해지고 줄무늬가 나타난다.

병원균

*Nectria galligena*를 비롯한 관련 종들은 많은 수목을 침해한다. 모든 *Nectria* 종은 방석 모양의 자좌 표면에 있는 밝은 색깔의 자낭각 속에 2세포로 된 자낭포자를 형성하지만, 다른 *Nectria* 종은 서로 다른 무성세대를 형성한다 (그림 11-69D). *Nectria galligena*는 단세포의 소형분생포자도 형성하지만, 대부분 작고 흰색이나 주황색의 분생포자좌 위에 2~4세포의 *Cylindrocarpon* 형의 대형분생포자(그림 11-70)를 형성한다 (그림 11-69B). 또 다른 *Nectria* 종인 *N. cinnabarina* (무성세대: *Tubercularia vulgaris*)는 특히 사과나무와 같은 나무를 감염하여 Nectria가지마름병의 원인이 되며, 이로써 작은 잔가지에 궤양이 발생하여 죽는다.

병의 진전

분생포자는 흔히 생육 초기에 형성되지만 여름과 초가을에도 형성된다. 분생포자는 바람이나 빗물, 또는 곤충에 의해 전

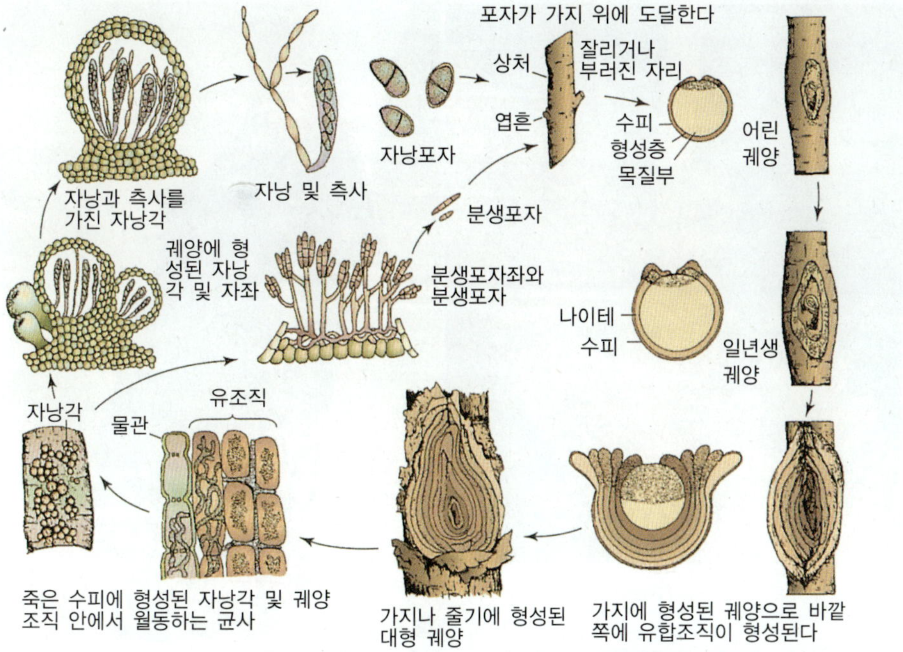

그림 11-70 *Nectria galligena*에 의한 사과나무 Nectria궤양병의 병환.

반된다. 늦여름과 가을에는 궤양에 자낭각이 형성되고 초기에 분생포자를 형성하는 자좌가 있는 동일한 곳에서도 자낭각이 형성되므로 결국 자좌는 자낭각으로 대체된다. 힘차게 방출된 자낭포자는 바람에 의해 전반되거나, 다습한 날씨에는 자낭각에서 흘러나와 빗방울에 튀기거나 곤충에 묻어서 전반된다. 자낭포자의 전파는 주로 늦여름과 가을 사이에 가장 많이 이루어지지만 연중 아무 때나 방출된다 (그림 11-70).

방제

궤양병의 방제는 병든 가지나 나무를 제거하여 소각하는 위생관리가 유일한 방법이다. Catapol이나 보르도액(8-8식) 같은 살균제를 낙엽직후에 과수에 살포하면 *Nectria*에 감염되는 것을 감소시킬 때 도움이 된다.

Leucostoma궤양병

Leucostoma(= Valsa 또는 Cytospora)궤양병은 전 세계적으로 발생하고, 다른 궤양병보다 더 많은 수목에 피해를 입힌다. 70종 이상의 과수, 활엽수, 조경수, 관목이나 침엽수가 이 병원균 중 한 종에 침해를 받는다. 과거에 *Valsa*로 알려졌던 *Leucostoma* 는 주로 무성세대인 *Cytospora*로 존재하므로 Cytospora 궤양병으로도 알려져 있다.

Leucostoma 궤양병은 복숭아나무와 다른 핵과류에서는 매우 심각하며 다른 과수, 조경수, 임목에서도 때로는 심하게 발생한다 (그림 11-71). 이 궤양병이 발생하지 않는 과수원은 거의 없다. 이 궤양병은 수많은 나무의 주간, 주간의 분기부위, 크고 작은 가지에도 발생하여 심각한 손상을 입힌다. 궤양병에 감염된 가지는 과일의 무게를 이기지 못하거나 폭풍에 부러지기도 한다. Leucostoma궤양병은 부적합한 장소에서 자라거나 가뭄이나 서리에 피해를 받은 나무처럼 스트레스를 받고 자라는 나무에서 매우 심하게 발생한다.

병징

잔가지나 가지에 감염되면 뚜렷한 궤양은 나타나지 않고 가지마름 증상으로 나타난다. 궤양병은 큰가지나 줄기의 수피에 발생하면 처음에는 점차 동그랗게 죽어가며, 감염부위는 곧 갈색으로 변하며 움푹 들어가고, 흔히 융기된 유합조직에 의해 둘러싸인다. 핵과류의 경우에 병든 수피는 검게 변하고 악취를 풍기며 검물질이 흘러나온다. 나중에 수피가 수축되고 밑에 있는 목질부 및 주위의 건전한 수피와 분리된다. 죽은 수피 위에 작고 뾰루지 같은 분생포자각이 나타난다. 나중에 위축된 수피는 벗겨져서 그 밑에 있는 목질부가 노출된다. 궤양은 해마다 커지고, 많은 잔가지와 가지를 완전히 둘러싸 죽인다 (그림 11-71, 11-72).

병원균

Leucostoma궤양병은 대부분 *Cytospora* 분생포자가 침입한 결과로 나타난다. 유성세대인 *Leucostoma* 의 자낭각과 자낭포

그림 11-71 (A) 복숭아나무 잔가지에 발생한 최근의 점액물질을 분비하는 Leucostoma궤양병. (B) 복숭아나무 가지에 발생한 오래된 Leucostoma궤양병. (C) 살구나무 가지에 있는 복합적인 Leucostoma궤양병의 결과로 나타난 잎마름병과 쇠락증상. [사진제공: (A) A.R. Biggs, W. Virginia University, (B) J.W. Travis, Pennsylvania State University, (C) K. Mohan, University of Idaho.]

자는 잘 나타나지 않는다. 분생포자각에는 많은 공동과 1개의 머릿구멍이 있다 (그림 11-72). 포자는 무색의 작은 단세포로 약간 구부러졌으며 끈적끈적한 물질 속에 형성된다.

병의 진전

날씨가 습하면 분생포자는 분생포자각 밖으로 흘러나와(그림 11-72) 비에 씻기고 튀겨서 또는 곤충이나 인간에 의해서 전반된다. 습하지만 비가 오지 않는 날씨일 때에는 스며나온 분생포자는 말라서 단단해지고 감긴 실 모양의 포자 덩어리를 형성하여 수일 또는 수주 동안 궤양 위에 남아있다. 감염은 대부분 휴면시기인 늦가을이나 초겨울, 늦겨울이나 초봄에 주로 발생한다. 그러나 상처를 입어 쇠약해진 나무는 생육기 전반에 걸쳐서 감염된다. 이 균의 균사와 분생포자는 모두 병환부에서 월동한다.

잔가지의 감염은 상처나 엽흔을 통해서 일어난다. 큰가지의 경우는 모든 상처가 균의 침입경로이다. 이 균은 죽은 수피와 목질부에 정착하고, 주변의 살아있는 조직을 가해하여 궤양을 형성한다. 이 균은 수피와 바깥쪽의 목질부에서 생장한다.

방제

Leucostoma궤양병에는 경종적 방제법이 효과적이다. 즉 나무의 활력이 좋아지도록 관수와 시비를 철저히 실시하고, 나무

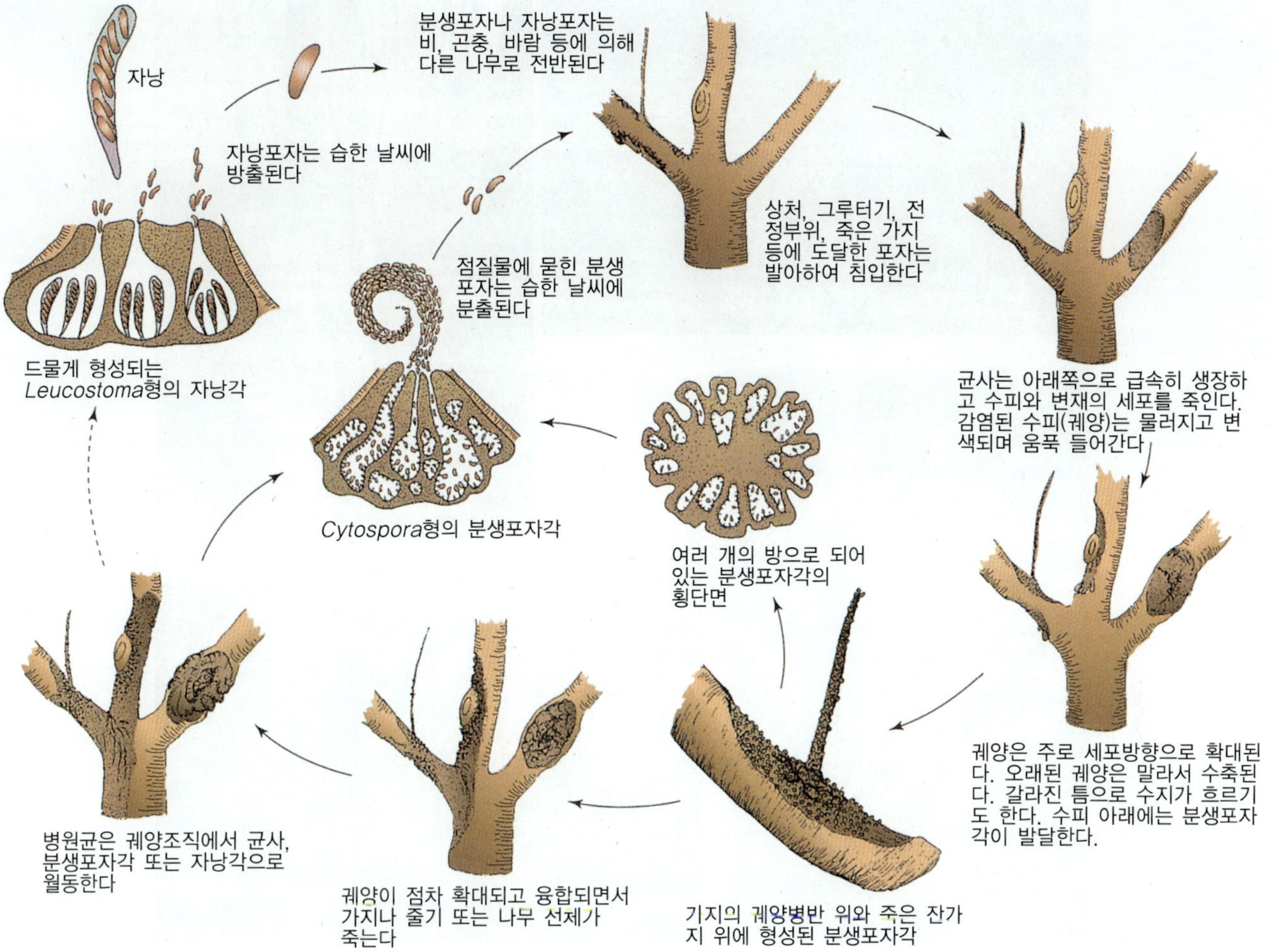

그림 11-72 복숭아나무 및 기타 수목의 Leucostoma (Valsa) 궤양병의 병환.

에 상처가 나지 않도록 유의하며, 심한 전정을 피하고, 날씨가 건조할 때 주간과 큰가지에 있는 궤양을 제거한 후 상처와 모든 전정 부위에는 소독제를 처리하거나 상처도포제를 처리하고, 병든 가지와 죽은 가지는 제거하여 소각하며, 가능한 한 늦봄에 전정하고, 전정 후에는 비가 내리기 전에 바로 benomyl을 살포한다. 그러나 위의 방법들은 궤양병 방제에 도움은 되지만 완전한 것은 아니다.

수목의 궤양병

앞에서 *Nectria* 와 *Leucostoma* 와 같은 임목 및 다른 수목에 궤양병을 일으키는 몇몇에 대해 논의했지만, 더 많은 균류가 수목을 감염하여 주로 궤양병의 원인으로 작용한다. 수목의 궤양병 중에서 잘 알려진 것들을 여기에 언급하고자 한다.

Hypoxylon 궤양병. *Hypoxylon* 균 중 몇 종은 특히 나무가 건조로 인한 스트레스를 받을 때 많은 낙엽수의 줄기와 가지에 감염한다 (그림 11-67D). 궤양은 매우 커지고 감염된 나무는 연약해져 바람에도 쉽게 부러진다.

많은 소나무류에 발생하는 **푸사리움가지마름병**(**Pitch canker**)은 *Fusarium moniliforme* var. *subglutinans* 가 원인이다. 이 병은 남부소나무류(southern pines)에 상업적으로 중요한 영향을 미치지만 슬래시소나무류(slash pines)에 더 심각하다. 심하게 감염되어 많은 궤양이 생기면 나무가 죽는다 (그림 11-73A, 11-73B). 그러나 대부분의 손실은 생장이 억제되는 것에 기인한다. 나무의 아래에 있는 궤양에서는 송진이 흐르는데, 특히 감염된 부위로부터 많은 양이 나온다.

버터넛나무 궤양병은 *Sirococcus clavigignenti-juglandacearum*에 의한 병이다. 이 병은 캐나다에서 미시시피에 이르는 대부분의 버터넛나무(일명 white walnut; *Juglans cinerea*)를 죽였다 (그림 11-73C~11-73E).

*Phomopsis juniperivora*에 의한 **Phomopsis blight**는 다양한 삼나무류, 미국측백나무, 사이프러스나무에 병을 일으킨다.

그림 11-73 (A) *Fusarium subglutinans*에 의한 푸사리움가지마름병에 의해 죽은 소나무 가지. (B) 푸사리움가지마름병에 감염되어 수지가 흐르는 줄기. (C) *Sirococcus clavigignenti-juglandacearum*에 의한 버터넛나무 궤양병. (D) 궤양병에 의해 죽은 버터넛나무의 모습. (E) 버터넛나무의 자연서식지. [사진제공: (A,B) U.S. Forest Servive (C-E) E.L. Barnard, Florida Department of Agriculture, Forest Division.]

궤양을 형성하고 가지 끝을 죽임으로써 오래된 나무에 영향을 주지만, Phomopsis blight는 감수성 기주의 묘목에 특히 심하며 묘포장의 모든 나무를 죽일 수도 있다.

*Seiridium cardinale*에 의한 **Seiridium canker**는 미국남동부의 Leyland에 있는 사이프러스나무와 전세계 도시와 숲과 농원에 있는 사이프러스나무를 죽였다. 이 균에 감염되면 나무의 가지와 줄기에 많은 수의 길게 늘어진 궤양이 형성된다. 궤양은 움푹 들어가고, 붉은빛을 띠고, 많은 수액이 스며 나온다. 감염된 가지와 나무는 결국 시들어 죽는다.

이러한 궤양병의 대부분은 분생포자 또는 자낭포자가 튀거나 침엽 또는 수피에 상처를 통하여 이동하고 발아함으로써 초기 감염이 일어난다. 그 이후에 균이 나무의 수피와 목질부에 퍼져 궤양을 초래한다. 궤양은 점차 커져서 기주식물의 잔가지, 가지, 줄기를 타고 마름병을 일으켜 죽게 하거나, 만약 궤양이 나무의 주요한 줄기나 가지에 둥글게 에워싸면 일반적으로 점차 나무 전체가 죽는다. 묘포에서 궤양병을 방제하기 위해서는 유전적으로 저항성인 품종을 심고 적절한 약제를 사용해야 한다. 산림에서의 궤양병의 방제는 우선 저항성 품종을 사용하는 것이다.

참고문헌

Biggs, A. R. (1989). Integrated approach to controlling *Leucostoma* canker of peach in Ontario. *Plant Dis.* **73**, 869–874.

Davidson, A. G., and Prentice, R. M., eds. (1967). "Important Forest Insects and Diseases of Mutual Concern to Canada, the United States and Mexico." Dept. For. Urban Dev., Canada.

Gordon, T. R., Stover, A. J., and Wood, D. L. (2001). The pitch canker epidemic in California. *Plant Dis.* **85**, 1128–1139.

Graniti, A. (1998). Cypress canker: A pandemic in progress. *Annu. Rev. Phytopathol.* **36**, 91–114.

Houston, D. R. (1994). Major new tree disease epidemics: Beech bark disease. *Annu. Rev. Phytopathol.* **32**, 75–87.

Jones, A. L., and Aldwinckle, H. S., eds. (1990). "Compendium of Apple and Pear Diseases." APS Press, St. Paul, MN.

Jones, A. L., and Sutton, T. B. (1996). "Diseases of Tree Fruits in the East". Mich. St. Univ. Extension NCR 45.

Lalancette, N., and Polk, D. F. (2000). Estimating yield and economic loss from constriction canker of peach. *Plant Dis.* **84**, 941–946.

Manion, P. D. (1991). "Tree Disease Concepts," 2nd Ed. Prentice-Hall, Englewood Cliffs, NJ.

Moller, W. J., and Kassimatis, A. N. (1978). Dieback of grapevines caused by *Eutype armeniacae*. *Plant Dis. Rep.* **62**, 254–258.

Ogawa, J. M., *et al.*, eds. (1995). "Compendium of Stone Fruit Diseases." APS Press, St. Paul, MN.

Roane, M. K., Griffin, G. J., and Elkins, J. R. (1986). "Chestnut Blight, Other Endothia Diseases, and the Genus *Endothia*." APS Monograph Series. APS Press, St. Paul, MN.

Schoenenweiss, D. F. (1981). The role of environmental stress in diseases of woody plants. *Plant Dis.* **65**, 308–314.

Skilling, D. D. (1981). Scleroderis canker: Development of strains and potential damage in North America. *Can. J. Plant Pathol.* **3**, 263–265.

Swinburne, T. R. (1975). European canker of apple (*Nectria galligena*). *Rev. Plant Pathol.* **54**, 787–799.

Wainwright, S. H., and Lewis, F. H. (1970). Developmental morphology of the black knot pathogen on plum. *Phytopathology* **60**, 1238–1244.

Wang, D., Iezzoni, A., and Adams, G. (1998). Genetic heterogeneity of *Leucostoma* species in Michigan peach orchards. *Phytopathology* **88**, 376–381.

자낭균류와 불완전균류에 의한 탄저병

검게된다는 의미의 탄저병(炭疽病; anthracnose)은 주로 잎, 줄기, 또는 과실에 발생하는데, 짙은 색의 점무늬를 형성하거나 가장자리가 약간 융기되고 안쪽은 다소 들어간 특징적인 병반을 형성한다. 흔히 잔가지나 굵은 가지가 말라죽기도 한다. 과실에 침입하면 탄저병은 흔히 긴 잠복기를 갖는다. 과수의 경우에 병반은 융기하고 표면이 코르크처럼 된다. 과실에 발생하는 탄저병은 흔히 낙과 및 과실부패를 일으킨다.

탄저병(anthrax=carbon=black 으로부터 유래)은 검은색의 분생포자층 안에 분생포자를 형성하는 균류가 일으킨다. *Diplocarpon*, *Elsinoe*, *Glomerella*, *Gnomonia* 등 4속의 자낭균류가 탄저병을 일으키는 주요 병원균이다. 이들은 자연 상태에서 주로 분생포자 상태로 발견되고, 균사나 분생포자로 월동한다.

Diplocarpon : 장미 검은무늬병(*D. rosae*) (그림 11-74A, 11-74B), 딸기 잎마름병(*D. earliana*)을 일으킨다.

Discula : *D. destructiva*는 말채나무 탄저병을 일으킨다.

Elsinoe (분생포자세대: *Sphaceloma*) : 포도나무(*E. ampelina*) (그림 11-74C~11-74F)와 각종 나무딸기(*E. veneta*)에 탄저병(그림 11-74A), 귤나무(*E. australis*, *E. fawcettii*) (그림 11-75B, 11-75C)과 아보카도나무(*E. perseae*) (그림 11-75D)에 더뎅이병을 일으킨다.

Glomerella (분생포자세대: *Colletotrichum* 또는 *Gloeosporium*) : 많은 일년생식물 및 다년생식물에 탄저병을 일으키고, 사과에 탄저병, 포도나 다른 과실에 만부병을 일으킨다.

Gnomonia : 호도나무를 비롯하여 많은 산림수와 녹음수에 탄저병을 일으킨다.

분생포자층을 형성하는 불완전균류는 분생포자층균목(Melanconiales)에 속했지만 지금은 Coelomycetes 에 속한다. 분생포자층을 형성하는 가장 중요한 병원균은 *Colletotrichum*(*Gloeosporium*), *Coryneum*, *Cylindrosporium*, *Marssonina*, *Melanconium*, *Sphaceloma* 등이다. 이들 중

그림 11-74 (A) *Diplocarpon rosae* 에 의해 발생한 장미 검은무늬병의 잎 병징. (B) 검은무늬병에 감염되어 조기낙엽된 장미덩굴. 어린 포도나무 잎(C)과 줄기(D)에 *Elsinoe ampelina* 에 의한 포도나무 새눈무늬병의 병징 (E,F). [사진제공: (A) J.W. Pscheidt, (B) M. Hoffer, Oregon State University, (C,D,F) M. Ellis, Ohio State University, (E) E. Hellman, Texas A&M University.]

일부는 탄저병을 일으키는 자낭균류의 분생포자세대에 해당한다. 이들 중 일부와 *Coryneum* 및 *Melanconium* 은 완전세대가 알려지지 않았다. 이 병원균들이 불완전세대에서 일으키는 식물병은 다음과 같다.

Colletotrichum (*Gloeosporium*) : 맥류 및 벼과 목초류의 탄저병(*C. graminicola*), 박과작물의 탄저병(*C. lagenarium*), 가지와 토마토의 탄저병(*C. phomoides*), 딸기의 탄저병(*C. acutatum*) (그림 11-77), 사탕수수의 탄저병(*C. falcatum*), 양파의 탄저병(*C. circinans*)을 일으킨다. *Colletotrichum gloeosporioides*는 귤나무, 망고나무, 올리브나무, 아보카도나무 등 수많은 식물에 탄저병을 일으킨다.

그림 11-75 (A) *Elsinoe veneta*에 의한 블랙베리 줄기의 탄저병 병징. *Elsinoe fawcettii* 에 의한 오렌지 잎(B)과 레몬 과일(C)에서의 더뎅이병의 병징. (D) *Sphaceloma perseae* 에 의한 아보카도의 더뎅이병. [사진제공: (A) M. Ellis, Ohio State University, (B) G. Simone, (C) R.J. MacGovern, University of Florida, (D) T. Isakeit, Texas A&M University.]

Coryneum (*Stigmina*), *C. beijerynkii* (현재 *Wilsonmyces carpophilus*) : 핵과류, 특히 복숭아나무와 살구나무에 *Coryneum* 마름병(*Coryneum* blight), 구멍병(shot hole), 과실점무늬병(fruit spot)을 일으킨다.

Greeneria uvicola (이전의 *Melanconium fuligenum*) : 포도에 고부병(bitter rot)을 일으킨다.

Colletorichum 종 또는 유성세대인 *Glomerella* 균이 일으키는 탄저병을 비롯한 각종 탄저병은 수많은 작물과 관상식물에 흔히 발생하여 심각한 피해를 입힌다. 대부분의 지역에서 피해를 주지만, 특히 열대 및 아열대지방에서는 매우 큰 손실을 입힌다.

장미 검은무늬병

장미 검은무늬병(黑斑病; black spot)은 잎에 검은 병반을 형성하며(그림 11-74A, 11-74B), 당년지에는 적자색의 융기된 병반을 형성한다. 잎에 형성된 병반은 가장자리가 삐죽삐죽한데, 흔히 서로 융합하여 불규칙한 대형의 검은색 병반을 형성한다. 병반 주위의 조직은 황변하고, 때로는 잎 전체가 황변하여 조기낙엽되면 줄기만 남는다.

병원균 *Diplocarpon rosae*는 표피조직의 외벽과 큐티클 사이에 형성된 분생포자층에 *Marssonina*형의 분생포자를 형성하고(그림 11-83E), 오래된 병반 위에 형성된 아주 작은 자낭반에 자낭포자를 형성한다. 얇고 검은 자좌에 분생포자경이 형성되고, 그 끝에 분생포자를 계속해서 형성한다. 수많은 분생포자는 큐티클을 밀어내어 파열시킨다. 이 균은 감염된 잎이나 줄기에서 균사 또는 자낭포자나 분생포자로 월동한다. 두 종류의 포자는 주로 봄에 잎을 직접 침입하여 1차 감염을 일으킨다. 균사는 엽육에서 생장하면서 2주일 이내에 잎의 앞면에 분생포자층과 분생포자를 형성한다. 분생포자는 생육기 전반에 걸쳐 형성되고 온난다습한 날씨에는 반복감염을 일으킨다.

이 병의 방제는 병든 잎의 제거 및 소각이나 병든 식물의 줄기를 전정하는 위생관리, 몇몇의 유용한 약제 중 하나를 살포하거나 황-구리 분말을 사용하는 화학적 방법을 이용한다. 약제는 봄에 새순이 나올 때 또는 잎에 병반이 나타나기 시작할 때 살포해야 하며, 그 후에는 7~10일 간격으로 계속 살포하거나 강우 24시간 이내에는 매번 살포해야 한다.

새눈무늬병과 점무늬병

몇몇 중요한 탄저병이 포도나무(*E. ampelina*)와 나무딸기(*E. veneta*) 같은 작물에서 *Elsinoe* 류에 의해 발생하고, 동부와 포인세티아에서도 발생한다. *Elsinoe* 의 다른 종은 귤나무류(*Elsinoe fawcettii*와 *E. austalis*)와 아보카도나무(*E. perseae*)에서 점무늬병을 일으킨다.

새눈무늬병(grape anthracnose 또는 bird's-eye rot)은 확실히 유럽으로부터 전세계로 퍼졌다. 이 병에 의한 손실은 특히 다습하고 비가 많은 지역에서 심각할 수 있다. 잎과 녹색 줄기 및 열매에 1~5mm의 갈색 병반이 나타난다 (그림 11-74C~11-74F). 병반의 가장자리가 짙은 색을 띠므로 병반이 생긴 열매는 새의 눈을 닮았다. 이 병은 *Elsinoe ampelina* (무성세대: *Sphaceloma ampelinum*)에 의해 발생한다. 이 균은 병반의 가장자리에 위치한 분생포자층에서 작고 투명한 분생포자를 만들고, 서양배 모양의 자낭자좌에 자낭이 있으며, 각 자낭에는 짙은 색이고 4개의 세포로 구성된 자낭포자를 8개씩 가지고 있다. 이 균은 또한 줄기의 병반 가장자리에서 균핵을 만들며, 이는 균의 월동태로 작용한다. 봄이 되면 균핵은 많은 빗물에 의해 튀어 퍼져서 포도나무의 어린잎과 줄기 및 열매를 감염하는 분생포자를 형성한다. 이 병의 방제는 저항성 품종을 심는 것과 발육이 정지된 시기와 재배기에 약제를 이용하는 것이다.

몇몇 *Rubus*종에 발생하는 **나무딸기 탄저병**(Raspberry anthracnose)은 아마도 전 세계에 발생한다. 이는 조기낙엽, 줄기의 시들음, 신초의 고사에 의해 심각한 손실의 원인이 되어 과일은 시장성이 없어진다. 전형적인 병징은 적자색 병반이 줄기에 보이지만 식물의 다른 부위에는 나타나지 않는다 (그림 11-75A). 이 병은 *Elsinoe veneta* (무성세대: *Sphaceloma necator*)에 의해 발생한다. 이 균은 천천히 자라고 배지에서 적은 양의 분생포자를 만든다. 감염된 줄기에서 균사로 우선 월동한다. 봄이 되면 표피 바로 아래에 자좌를 형성하며 이는 하나의 세포로 된 투명한 분생포자를 가지는 분생포자층을 만든다. 여름에도 줄기에서만 만들게 되는데 봄에 이어 성숙한 타원형의 4개의 세포로 된 자낭포자가 있는 구형의 자낭을 포함한 자낭과를 표피 아래에 만든다. 새로운 감염은 봄에 분생포자에 의해 주로 일어난다. 이 병의 방제는 과량의 비료공급과 두상관수를 피하고 식물 사이에 공기 순환을 좋게 하고 감염된 줄기를 제거하고 식물의 주변에 야생의 나무딸기속의 식물을 제거하는 등의 경종적인 방법과 적절한 약제의 사용이 있다.

귤나무류 더뎅이병(Citrus scab disease)은 전 세계의 여러 지역에서 발생하고 시장에 공급하기 위한 재배 중인 과일에 감염되면 심각한 피해를 일으킬 수 있다. 그러나 감수성 품종에 있어서 병원균은 식물의 생장을 방해할 수 있고, 가공을 위한 식물의 재배의 양와 질을 감소시킬 수 있다. 귤나무류의 더뎅이병(또는 sour orange scab)은 *Elsinoe fawcettii* (무성세대: *Sphaceloma fawcettii*)에 의해 일어나는데, 이 병은 가장 널리 퍼져있고, 강우 조건이 감염에 적합한 지역에서 발생한다. 오렌지 더뎅이병은 *E. australis* (무성세대: *S. australis*)가 원인이고 남미에서 발생한다. 그리고 Tyson's scab은 *S. fawcettii* var. *scabiosa*가 원인이고 호주에서 레몬에 발생한다. 캘리포니아, 애리조나, 대부분의 지중해 국가에서는 이 병이 보고되지 않았다. 귤나무류 더뎅이병은 균사의 자좌와 죽은 기주세포, 더불어 엽록체가 거의 없거나 하나도 없는 이상증식한 기주세포로 구성되어 있는 표피융기를 형성함으로써 어린 줄기가 모양이 변하게 되는 원인이 된다 (그림 11-75B, 11-75C). 먼저 더뎅이는 분홍색에서 밝은 갈색을 띠지만 이후에는 코르크 같고 누런색을 띠고 회갈색 또는 암갈색으로 된다. 더뎅이병균은 전 세계에 있어 특정 지역(브라질)에서는 분생포자층에서 작고 투명한 분생포자를 만든다. 그리고 자낭과 자낭포자를 담고있는 자낭과를 만든다. 더뎅이병균은 나무의 수관에서 월동한다. 분생포자는 발아하고 빠르게 감염하게 되는데, 초기 감염시에 2.5시간 정도의 습한 조건이 필요하다. 귤나무류 더뎅이병의 방제는 적절한 약제를 사용하는 것이다.

아보카도나무 더뎅이병(Avocado scab)은 습한 열대와 아열대지역에서 발생하고 감염된 과일을 익기 전에 잘라내고 완전히 익은 과일의 질이 떨어짐으로써 심각한 수량손실의 원인이 된다. 가장 두드러진 병징은 과일이 갈색에서 자갈색으로 보이는 것이며 점차 과일에 병반이 커진다. 처음에는 타원형인 병반이 점차 불규칙한 모양으로 되면서 커져 겹쳐지게 되고 과일의 표면에 크고 거친 병반을 형성한다 (그림 11-75D). 병반은 잎에도 형성되는데, 결국 오그라들어 기형이 된다. 아보카도나무 더뎅이병은 *Sphaceloma perseae*에 의해 발생한다. 이 균은 분생포자층에서 투명하고 격벽이 없는 분생포자를 만든다. 감염은 주로 어린 조직에서 일어나고 서늘하고 습한 기후를 선호한다. 이 병의 방제는 저항성 품종을 심고 적절한 약제를 사용하는 것이다.

Colletotrichum 병

몇 종의 *Colletotrichum* 은 많은 주요 일년생작물과 관상식물에 심각한 탄저병(炭疽病; anthracnose)을 일으킨다. 그 중 하나는 흔히 유성세대인 *Glomeralla. cingulata*를 형성하므로 때때로 Glomerella병으로 불린다. 이 종은 또한 동백나무와 쥐똥나무 같은 목본식물에 궤양병과 줄기마름병을, 사과나무에는 탄저병을, 그리고 포도, 배, 복숭아 및 다른 과일에는 만부병(晩腐病; ripe rot)을 일으킨다.

일년생작물의 Colletotrichum 탄저병

가장 중요한 Colletotrichum 탄저병으로는 일년생식물에 발생하는 것이 있다. 이러한 병에서 가장 일반적이고 심각한 몇몇을 여기에서 간단히 소개한다. 그러한 것에는 강낭콩, 목화, 박과작물류, 양파, 고추, 토마토, 딸기의 탄저병이 속한다. 흔히 심각한 탄저병이 옥수수와 곡류와 벼과의 목초류에 발생한다. 기주가 재배되는 곳이면 어디서나 이 병이 발생하지만, 특히 다습한 온대지역에서 더욱 심하게 발생한다. 일반적으로 건조한 환경에서는 이 병이 문제시되지 않는다.

강낭콩 탄저병 (anthracnose of beans)은 식물의 전생육기에 걸쳐 발생한다. *Colletotrichum lindemuthianum* 은 흔히 감염된 꼬투리에서 만들어진 종자의 내부나 표면에 존재한다. 감염된 종자는 아마도 황색 내지 갈색의 함몰된 병반이 나타난다. 감염된 종자를 파종하면 발아하는 유묘는 대부분 출현 전에 죽는다. 중앙에 분홍색 포자덩어리가 있는 암갈색의 함몰된 병반이 유묘의 떡잎에 형성되기도 한다. 병원균은 떡잎 한쪽 또는 양쪽 모두 파괴한다. 포자는 전반되어 줄기를 침입하면 더 많은 병반을 형성한다. 그 병반은 무수히 많은 분홍색이나 적갈색의 포자로 뒤덮인다. 다습한 조건에서는 많은 병반이 줄기를 에워싸면서 형성되고 줄기가 약해져서 식물의 윗부분을 지탱하지 못하게 된다. 병원균은 엽병과 잎 뒷면의 엽맥을 가해하여 검은색의 긴 병반을 형성한다 (그림 11-76A). 강낭콩에서는 엽맥 사이에 병반이 거의 형성되지 않지만, 목화에서는 흔히 나타나며, 스위트피에서는 잎 전체에 병반이 형성되기도 한다.

탄저병균은 강낭콩(그림 11-76B)이나 목화의 꼬투리를 감염하여 가장 전형적인 병징을 형성한다. 목화의 어린 꼬투리에서는 많은 병반이 형성되고 융합하여 거의 전면을 뒤덮으며, 병환부는 연이은 포자집단으로 뒤덮인다. 강낭콩의 꼬투리에서는 살구색이나 적갈색을 띤 장타원형의 병반이 나타나는데, 이곳이 나중에는 움푹 들어간 원형 병반으로 된다. 어린 꼬투리에 형성된 병반은 꼬투리 전체는 물론이고 심지어 종자까지 확산되지만, 성숙된 꼬투리에서는 꼬투리에만 병반이 형성된다. 꼬투리가 익어감에 따라 병반 상의 분홍색 포자덩어리는 말라들어 암회색 알갱이나 작은 뾰루지 모양의 돌기처럼 보인다.

*Colletotrichum orbiculare*에 의한 **박과작물 탄저병** (**anthracnose of cucurbits**)은 아마도 박과작물을 재배하는 지역에서 가장 심각한 병 중의 하나로서 특히 수박, 노지멜론, 오이 등에서 가장 심하게 발생한다. 작물 지상부의 모든 부위가 침해받는다. 잎에서는 작고 수침상의 황색 병반이 생겨서 1~2cm로 확대되는데, 수박에서는 검은색, 다른 모든 박과작물에서는 갈색을 나타낸다. 감염된 조직은 말라서 부서진다. 병반이 엽병에 형성되면 낙엽을 일으킨다. 과경 위에 병반이 생기면 과실은 검게 변하고 쭈그러들어 죽으며, 줄기가 감염되면 초세가 약해지면서 덩굴 전체가 죽는다 (그림 11-76C). 과실은 숙성기간에 감염에 대하여 감수성이 된다. 둥글고 물컹물컹하고 검은색의 함몰된 병반이 과실의 표면에 생기는데, 직경 5~10cm 깊이 8mm에 달한다 (그림 11-76D). 병반은 포장에서, 수송 중에, 또는 저장 중에 급속히 확산되고 융합하여 큰 병반이 된다. 함몰된 병반의 중앙은 검은색인데, 다습한 날씨에서는 큐티클을 뚫고 형성된 분생포자층에 분홍색 분생포자 덩어리가 가득하다. 심하게 감염된 과실은 맛이 없거나 쓰며, 가끔은 상처난 과피를 통해 무름병 세균이나 균류가 침입하기도 한다. 이 병원균은 토양 속에서 병든 식물의 잔재와 종자의 내 외부에서 월동한다.

토마토 탄저병 (anthracnose or ripe rot of tomato)과 다른 채소류와 과실류의 탄저병 또는 만부병은 과실에 엄청난 손실을 일으킨다. 때로는 줄기와 잎도 피해를 받는다. 가공용 토마토는 특히 수확 전후에 탄저병에 감수성이지만, 가지와 고추뿐만 아니라 그 밖의 토마토도 성숙시기부터 수확기간과 저장기간까지 유사한 방법으로 감염된다 (그림 11-76E). 감염 초기에는 토마토에 작고 둥근 함몰된 수침상의 점무늬가 나타난다. 과실이 물러짐에 따라 점무늬는 직경 2~3cm로 확대되고 점무늬 가운데는 검고 약간 꺼칠꺼칠해지는데, 이것은 표피 바로 아래에 검은색의 분생포자층이 형성되기 때문이다 (그림 11-76F). 점무늬가 많고 융합하면 과실은 물컹물컹해지며 나중에는 썩는데, 때로 다른 미생물의 침입으로 부패가 촉진되기도 한다. 점무늬가 아무리 작아도 과피 바로 아래에 있는 분생포자층에는 수많은 분생포자가 존재하며, 나중에는 분홍색이나 살구색을 띤 포자덩어리가 병반 표면에 나타난다. 이 병원균은 병든 식물의 잔재나 종자의 내 외부에서 월동한다. 초기에 잎과 어린 줄기에는 눈에 띄지 않을 정도로 약하게 감염되지만 과실이 성숙하기 시작하여 감수성이 될 때까지 병원균은 살아서 증식한다. 과실의 성숙기가 고온다습하거나 강우가 지속되면, 병원균의 감염은 확대되어 때로 대발생의 피해를 입는다.

*Colletotrichum circinans*에 의한 **양파 탄저병** (**onion anthracnose** 또는 **smudge**)은 검은 얼룩 병반이 인경의 바깥쪽 인편과 목에 나타나며, 특히 백색품종에서 뚜렷하다 (그림 11-76G). 유색품종은 인경 목부위의 무색 부분을 제외한 대부분이 저항성이다. 탄저병 병반은 인편의 큐티클 밑에 있는 부위에 처음 나타나며, 인경의 표면에 산재한다. 흔히 고르게

그림 11-76 여러 종의 *Colletotrichum* 에 감염된 일년생식물의 탄저병 증상. *C. lindermuthiamum* 에 의한 강낭콩 잎에서의 점무늬와 엽맥의 괴사(A)와 강낭콩 꼬투리(B)의 병징. *C. lagenarium* 에 의해 어린 수박 줄기의 병든 부위(C)와 관상용 호박에 크게 썩은 부위(D). (E,F) *Colletotrichum* sp.에 의한 고추와 토마토에 나타난 탄저병 병징. 건전한 붉은 양파(왼쪽)와 *C. circinans* 에 의한 양파 탄저병이 감염된 흰 양파. [사진제공: (A,B) W.L. Seaman, WCPD, (C) B.D. Bruton, USDA, (D,F,G) Plant Pathology Department, University of Florida, (E) R.J. McGovern, University of Florida.]

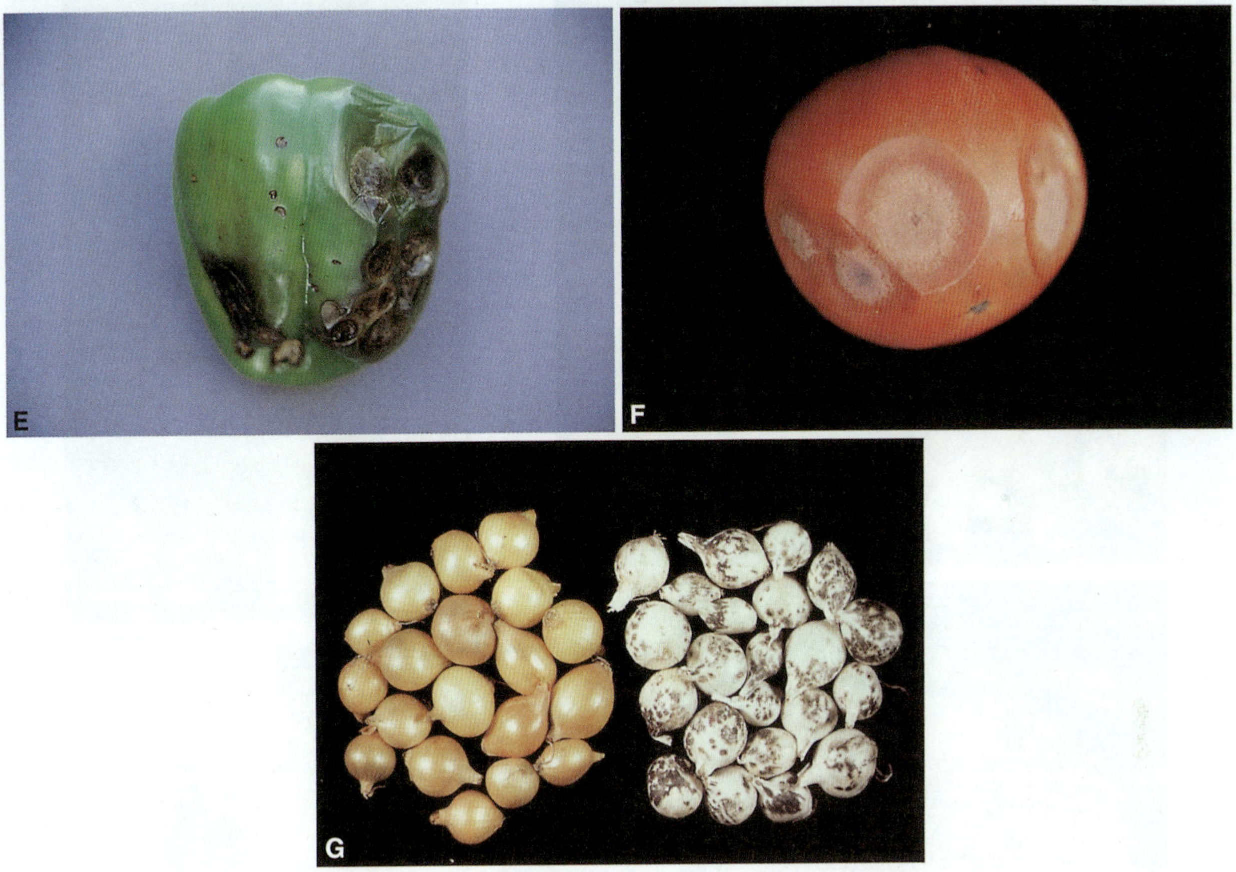

그림 11-76 (계속)

그을린 듯한 검은 병반이 둥글게 형성되거나 한 점을 중심으로 겹둥근무늬 모양으로 나타나는데, 바깥쪽 인편에 있는 병반은 직경이 2cm를 넘기도 한다. 다습한 날씨에 병원균은 크림색의 포자덩어리로 가득찬 분생포자층을 형성하는데, 여기에는 돋보기로 보이는 검고 빳빳한 머리카락 같은 강모(剛毛; setae)가 밀생한다. 병원균은 발병하기 좋은 고온다습한 조건에서만 살아있는 양파의 안쪽 인편을 침입한다. 이 병원균은 감염된 양파와 월동묘에서 월동하고, 토양 내에서 부생균으로도 월동한다.

딸기 탄저병 (strawberry anthracnose)은 *Colletotrichum acutatum, C. fragariae, C. gloeosporioides* 등 3종이 복합적으로 다양한 병징을 형성하므로 딸기의 병해 중에서 가장 중요한 병이다. *C. acutatum*은 탄저병과 과실썩음 및 점무늬를 일으키며, *C. gloeosporioides*와 *C. fragariae*는 식물의 관부로 먼저 침입하여 관부썩음과 시들음을 일으킨다 (그림 11-77). 병징은 엽병과 포복경에 함몰된 병반으로 나타나며, 이들 병반이 엽병과 포복경을 에워싸면 잎과 채묘식물체(daughter plant)도 시들어 죽는다. 병원균이 어린 식물의 관부로 확대되면 관부가 썩어 묘상에서 죽거나 포장에 이식한 후에 죽는다. 다른 병징으로는 눈썩음, 꽃마름, 잎의 검은점무늬, 잎의 가장자리와 끝에 발생하는 불규칙한 점무늬 등 다양하다. 병원균은 대개 감염된 묘나 오염된 묘에서 월동한다. 일부 지역에서는 병원균이 토양 속에서 월동 중인 포복경, 잡초기주, 토양 속에 남아있는 식물의 잔재 등에서 월동하기도 한다. 병원균은 병반에 형성된 분생포자층에 분생포자를 형성된다. 분생포자는 관개나 빗물에 의해 인근 식물로 퍼지거나, 곤충, 동물, 사람 등에 의해 식물로 이동한다. 온난다습하면 이 병은 포장 내에서 급속히 퍼져나가기 때문에 그 해에는 방제가 거의 불가능하다. 방제법으로 묘상에는 되도록 시비량을 줄이고, 수확할 때 병든 과실을 제거하여 위생관리를 철저히 실시하며, 저항성 품종을 이용하며, 2~3일 간격으로 살균제를 살포한다. 가장 널리 사용되는 살균제로는 benomyl, captan, iprodione 등이 있다.

화곡류 및 벼과 목초류의 탄저병 (anthracnose of cereals and grasses)에 있어서, 옥수수, 밀, 보리, 벼, 잔디, 목초를 포함한 모든 화곡류는 *Colletotrichum graminicola*에 의해 감염되고 다양한 심각한 병징이 진전된다. 병징과 손실은 환경조

그림 11-77 딸기의 탄저병 병징: 죽은 꽃(A), 줄기 부위(B), 움푹 들어가 썩은 과실(C), 죽은 줄기와 괴사된 근두(D), 포장에 병원균에 의한 많은 딸기가 죽은 모습(E). *Colletotrichum acutatum*에 의한 과실썩음과 *C. gloeosporioides*와 *C. fragariae*에 의한 근두부패 및 시들음 증상. [사진제공: D.L. Legard, University of Florida.]

건에 크게 영향을 받으며, 매우 심각해 질 수 있다. 이 균은 작물의 잔재에서 부생적으로 살아가는데, 유묘를 침해하는 경우도 있지만 일반적으로 더 성숙한 식물체의 관부와 하위경을 가해한다. 감염된 조직은 처음에는 옅은 얼룩으로 나타나지만 나중에는 갈색으로 변한다. 식물이 성숙함에 따라 줄기, 아래쪽의 잎집, 때로는 잎, 병든 이삭의 각 부위에도 많은 분생포자층이 형성된다 (그림 11-83). 식물체가 얼마나 일찍 감염되었는가에 따라 식물은 활력이 떨어지거나, 이삭은 조숙하거나 죽고, 낟알이 위축되기도 한다. 병원균은 때로 종자에 침입하여 균사로 월동한다. 종자전염되면 병원균은 자라는 식물에서 뿌리썩음과 관부썩음 증상을 일으킨다. 토양이나 수분 손실을 최소화하기 위해서 밭갈이를 덜 하는 지역에서는 병원균이 작물의 잔재물에서 월동하기 때문에 옥수수와 다른 곡류의 탄저병이 매우 심각한 문제를 일으킨다.

해설 18 열대작물을 위협하는 Colletotrichum 탄저병

균류, 세균, 선충이나 바이러스에 의한 것이든 여러 식물병은 열대 지역 작물에서 더 심하고, 더 중대한 손실을 일으킨다 (그림 11-78). 이러한 것에는 많은 이유가 있는데, 가장 중요한 것은 병원균의 증식과 생장에 유리한 지속적인 따뜻하고 습한 기후와 병원균이 확산되거나 그 같은 따뜻한 기후에 의해 유리한 매개체의 이동과 평행의 증식에 의존하는 것이다. 열대 지역 작물에 발생하는 Colletotrichum병과 탄저병의 중요성은 재배자와 소비자가 다루어야만 하는 가장 중요한 문제 중 하나

그림 11-78 열대작물의 탄저병 병징. (A) 파파야의 크게 썩은 부위. (B) 탄저병으로 죽은 카사바나무 줄기에 형성된 검은 분생포자층. (C) 망고의 탄저병 부위. (D) 탄저병에 의해 죽은 줄기와 접촉한 바나나. *Colletotrichum coffeanum* 에 의한 커피나무 탄저병의 진전의 3가지 단계: 열매의 반이 가지에 달라붙게 되고 썩음(E), 나무에 있는 잎과 과일에 초기 감염(F), 탄저병에 의한 과일의 낙과와 낙엽(G). [사진제공: H.D. Thusrston, Cornell University.]

계속

그림 11-78 (계속)

임에 의심할 여지가 없다. Colletotrichum 탄저병은 흔히 생산자에게 파괴적일 뿐만 아니라 특히 열대지역에 사는 원주민이 이용할 수 있는 냉장시설이 열악하거나 없는 조건에서 소비자가 사용하기 전에 먹거리를 급속하게 파괴한다.

Colletotrichum 의 몇몇 종은 거의 모든 열대 및 아열대 작물을 공격하고 대부분의 과실에 손상을 줌으로써 막대한 손실을 일으킨다. 화기의 파괴를 통해 수량을 줄이거나 잎, 줄기와 과실을 공격함으로써 생산된 열대 과일, 뿌리 등의 수량과 질을 떨어뜨린다. 심지어 엄격히 열대작물이 아닌, 예를 들어 콩, 토마토와 고추의 탄저병이 열대지역에서 더 심각하다.

Colletotrichum 탄저병이 심각한 손실을 일으키는 가장 중요한 열대작물 중에는 아보카도나무, 커피나무, 바나나, 망고나무, 파파야나무, 얌 등이 있다. 아보카도에서 지름이 1/2인치 이상인 검은색 둥근 점무늬가 성숙 중인 과실에 나타나며, 감염은 빠르게 신선한 과일로 퍼지고 검녹색의 부패를 일으킨다. 그 감염은 과일이 거의 소비자에게 도달하기 전까지 휴면 상태로 남아있다. 바나나에서 *Colletotrichum gloeosporioides* 에 의한 감염은 휴면상태로 있다가 수확 후에 빠르게 발달하여 바나나의 무름증상이 줄기에 부착된 부분으로부터 내부로 진전한다 (그림11-78D). 귤나무류에서 *Colletotrichum acutatum* 은 화기의 대부분을 공격하고 파괴하여 어린 귤의 개화후 낙과를 일으켜서 직접적으로 나무에 남아있는 것과 생육과 수확할 수 있는 과실의 수를 감소시킨다.

커피나무에 있어서 과실의 성숙기에 녹색과에 병을 일으키는 *Colletotrichum* 의 몇몇 종과 그 중 하나인 *C. coffeanum* 에 의해 감염된다 (그림 11-78E~11-78G). 병원균에 의해 과실이 썩는 비율은 미미한 수준부터 보통 20~80%에 이르기까지 다양하다. 카사바나무에서 탄저병은 줄기(그림 11-78B)와 잎자루의 아래에 궤양과 같은 모습을 보인다. 감염된 잎은 아래로 처지고 시들고, 그 후에 죽어서 떨어진다. 감염된 줄기의 끝은 말라버린다. 심한 감염이 일어나면 카사바 식물의 연약한 부위는 꼬인다. 잎이 떨어진 식물과 줄기가 죽은 식물은 생장을 할 수 없고 뿌리로부터 작물을 생산할 수 없다. 망고나무에 있어서 탄저병은 가장 중요한 병인데 개화기에 감염된다. 특히 성숙기에 이르면 과실에 암갈색 내지 검은색으로 썩는 점무늬가 생긴다 (그림 11-78C). 파파야나무에 있어서 탄저병은 주로 움푹 들어가고 갈색에서 검은색으로 변하고 직경이 5cm에서 더 커지게 되는 수침상 병반으로 나타난다 (그림 11-78A). 감염된 과실은 품질이 떨어져 가치가 없고 버려지게 된다.

얌(yam)에 있어서 탄저병은 잎에 점무늬병을 보이며(그림 11-79A, 11-79B), 병의 전파와 진전이 빠르고 잎과 줄기를 죽이고 식물 끝의 눈에 감염됨으로써 식물 전체에 감염된다 (그림 11-79C, 11-79D). 탄저병에 의한 잎마름병은 얌 식물에서 가장 중요한 병이고, 흔히 기대수량의 80% 가까이 수확량을 감소시키는 원인이 된다.

그림 11-79 탄저병에 감염된 마. *Colletotrichum gloeosporioides* 에 의한 탄저병에 감염된 마의 초기 병징(A)과 진전된 모습(B). (C) 탄저병에 감염되어 포장의 넓은 지역에서 마의 고사와 쇠약해진 모습. (D) 탄저병에 의한 포장에서 대부분 마가 죽거나 파괴된 모습, 반면에 몇몇의 저항성 식물은 감염되지 않음. [사진제공: R. Asiedu, Intl. Instit. Trop. Agric. Ibadan, Nigeria.]

계속

그림 11-79 (계속)

과실의 탄저병

과실에 발생하는 탄저병으로 가장 중요한 것은 아보카도, 바나나, 귤, 커피, 망고, 파파야 등 열대과실에 발생하는 것이다. 온대과실에 발생하는 탄저병 중에서 사과 탄저병과 포도 탄저병(만부병)이 가장 유명하다.

망고나무 탄저병 (mango anthracnose)은 망고나무가 자라는 열대지역 어디서나 발생한다. 이 병은 *C. gloeosporioides*, *C. gloeosporioides* var. *minor*, *C. acutatum* 등 적어도 3종의 *Colletotrichum* 에 의해 발생한다. 병징은 꽃마름이나 잎마름으로 나타나기도 하며, 습한 조건일 때는 줄기마름 증상을 나타내기도 한다. 망고 탄저병은 아주 심한데, 수확 후에 특히 피해가 크다. 꽃마름 증상은 각각의 꽃을 죽이거나 개화하는 부분 또는 전체를 감염한다. 감염된 잎은 불규칙한 형태의 검은색 괴저 병반이 나타나게 되고 이는 흔히 합쳐져서 큰 괴저 병반의 형태가 된다 (그림 11-78C). 어린 가지가 침입을 받아 죽으면 가지마름 증상을 나타낸다. 젖어있거나 매우 습한 조건에서 과일은 노지에서 감염되지만, 성숙이 시작하기 전까지는 잠복상태로 존재하다가 저장 후에 나타난다. 과일의 병징은 표면에 둥근 흑갈색의 병반이다. 병반 부위가 합쳐져서 과일의 많은 부분을 덮으며 아래쪽으로 퍼져나가며 과병으로부터 과일의 밑부분으로 진전되면서 검은 병반을 형성한다 (그림 11-78C). 과일의 병든 부위는 얕아서 과피 부분에만 감염이 일어나지만, 적절한 조건에서는 병반이 과육까지 확대된다.

망고나무 탄저병균은 병든 잎, 개화부위, 그리고 미라화되어 발육이 좋지 못한 과일에 많은 분생포자를 형성한다. 분생포자는 비에 튀겨 전파되고 잎, 꽃, 과일에 새롭게 감염이 일어난다. 노지재배에서 감염된 과일에 있어서, 이 균은 과일이 수확되고 익기 시작할 때까지 휴면상태로 있다. 그 이후에 균이 활성화되고 병반이 커지기 시작한다. 그러나 저장 중에 있어서 균은 하나의 과일에서 다른 과일로 이동하여 감염시키지 않는다. 아보카도나무, 파파야나무, 바나나, 귤나무류와 같은 기주에서 만들어지는 *Colletotrichum* 종의 분생포자는 망고나무 과실에 감염될 수도 있고 병의 원인이 된다.

귤나무류 탄저병 (citrus anthracnose)은 귤나무류 기주와 *Colletotrichum* 의 종의 조합에 있어서 거의 병징이 없지만, 귤나무류의 개화 후 낙과(post-blossom fruit drop)가 더 큰 문제를 일으킨다. 개화 후 낙과는 천천히 자라는 계통인 *Colletotrichum acutatum* 에 의해 일어난다. 이 병원균은 귤나무의 꽃을 침입하는데 주황색 내지 연분홍색의 점무늬를 꽃잎에 형성하거나(그림 11-80) 꽃 전체를 침입한다. 이러한 감염으로 새로 나온 어린 과실은 떨어지고 나중에는 뒤틀린 잎으로 둘러싸인 단추 모양의 꽃받침만 남는다. 개화 후 낙과는 플로리다주, 카리브 해안, 중미에서 재배되는 대부분의 귤나무류에 발생한다. 다습한 날씨에는 죽은 꽃잎에 형성된 분생포자층에서 수많은 분생포자가 형성되고, 이것이 빗물에 튀겨서 건전한 꽃으로 전파된다. 다습하거나 강우가 지속되면 수일 이내에 90% 이상의 꽃이 *Colletotrichum* 에 감염되어 떨어진다. 다습한 날씨에 이 병을 방제하는 것은 어렵지만, benomyl이나 captafol을 살포하면 낙과 감소에 도움이 된다.

Colletotrichum gloeosporioides 와 *C. acutatum* 에 의해 발생하는 **사과나무 탄저병** (炭疽病; **bitter rot of apple**)은 전 세계적으로 발생하며, 특히 온난다습한 날씨에서는 수확 전 몇 주 동안 전체 사과나무를 가해함으로써 엄청난 손실을 일으킨다. 탄저병의 병징은 과실이 완전한 크기에 달했을 때 나타난다. 처음에는 작고 검은 부위가 나타나며, 급속히 확대되면서 가운데가 움푹 들어간 원형 병반으로 진전된다. 처음에는 병반의 표면이 매끈하며 암갈색을 띤다. 병반의 직경이 1~2cm가 되면 병반의 중심에서 분생포자층이 겹둥근무늬 모양으로 나타나는데 병반의 가장자리로 갈수록 분생포자층이 적어진다. 다

그림 11-80 *Colletotrichum acutatum* 에 의한 귤나무의 개화후 낙과. (A) 꽃의 병징. (B) 나무에서 감염된 과일이 떨어진 이후에 남아있는 과일의 아랫부분. [사진제공: L.W Timmer, University of Florida.]

그림 11-81 *Glomerella cingulata* 에 의한 탄저병에 감염된 사과의 썩은 부위(A)와 사과나무 가지에 발생한 궤양병(B). [사진제공: (A) Plant Pathology Department, University of Florida, (B) Oregon State University.]

습한 날씨에서는 분생포자층에 반들반들한 분홍색의 포자덩어리가 형성되고, 썩은 부위는 급속히 확대되면서 포자덩어리는 겹둥근무늬 모양으로 계속 형성된다 (그림 11-81). 썩은 부위가 오래되면 분홍색 포자덩어리는 사라지고, 조직은 암갈색 내지 검은색으로 변하고 쭈글쭈글해지며 함몰된다. 썩음증상은 사과나무의 중심부를 향하여 내부로 확산되고, 썩은 조직은 쓴맛이 난다. 일반적으로 과실에 형성되는 병반은 확대되고 융합하면서 과실 전체를 부패시킨다. 이 과실은 떨어져서 미라가 되거나 미라화 상태로 가지에 매달려 있다. 탄저병의 병반은 저온저장기간에는 그리 진전되지 못한다. 그러나 과실을 시장에 출하하여 실온에 보관하면 탄저병은 급속도로 진전된다. 가끔 큰가지에서 탄저병에 의한 궤양이 발생하기도 한다.

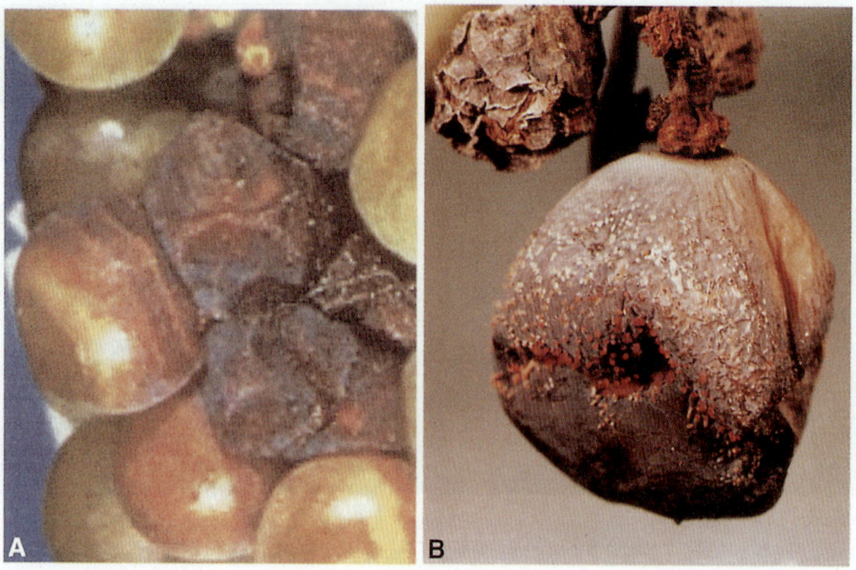

그림 11-82 (A) *Greeneria uvicola* 에 의한 포도 만부병에 감염된 포도송이의 일부분. (B) *Greeneria uvicola* 의 분생포자층으로 덮인 과일이 전체적으로 썩은 모습. [사진제공: (A) M. Ellis, Ohio State University, (B) Plant Pathology Department, University of Florida.]

*Colletotrichum acutatum*과 *C. gloeosporioides* 에 의한 **포도 만부병**(晩腐病 또는 炭疽病; **ripe rot of grape**)을 비롯한 각종 과실의 만부병은 전 세계적으로 발생하지만, 과실 성숙기가 온난다습한 지역에서는 매우 심하게 발생한다. 만부병은 과실이 거의 성숙할 무렵에 나타나며 수확 후 출하하여 판매하는 동안에도 과실에 피해를 준다. 병반은 작은 점무늬로 시작해서 이내 포도의 반 이상으로 퍼진다. 결국 포도알 전체가 썩는데, 흔히 그냥 썩어 들어가지만 때로는 겹둥근무늬가 뚜렷이 나타난다. 이러한 병징은 또 다른 탄저병균 *Greeneria uvicola* (구명 = *Melanconium fuligenum*)에 의한 포도 탄저병과 비슷하다 (그림 11-82A). 썩은 포도알은 수많은 돌기(분생포자층)에 뒤덮이게 되며(그림 11-82B), 다습한 날씨에는 돌기 위에 분홍색 포자덩어리가 분출된다. 나중에 포자덩어리는 색깔이 짙어지면서 거의 적갈색을 띤다. 썩은 포도알은 감염 부위에서 점진적으로 함몰하면서 쭈글어들고 미라화된다. 이때 돌기에서는 포자가 계속 형성된다. 감염된 포도알은 속이 비고 껍질이 딱딱해지거나 썩은 부위가 마르기 전에 떨어진다.

병원균 *Glomerella* 는 자낭각 속의 자낭에 자낭포자를 형성한다. 그러나 대부분의 기주에서 병원균은 분생포자층에서 무성세대인 *Colletotrichum* 또는 *Gloeosporium* 종의 분생포자를 형성한다. 무성세대의 분생포자층에서는 무색, 단세포, 난형, 원통형, 때때로 휘어지거나 아령 모양의 분생포자를 만든다 (그림 11-83). 분생포자의 집단은 핑크색이나 연어색을 띤다. 분생포자층은 표피조직 바로 밑에서 형성되며 식물의 표피조직을 파열하면서 나온다. *Colletotricum* 은 분생포자층에 짙은 색의 긴 강모를 가진다는 점에서 *Gloeosporium* 과는 구분되어 왔다. 그러나 이는 항상 그렇지만은 않으므로 *Colletotrichum* 과 *Gloeosporium* 은 대부분 같은 균으로 생각된다. 앞서 언급했듯이 많은 *Colletotrichum* 종은 *Glomerella* 완전세대를 만들지만, 많은 *Gloeoposrium* 종은 완전세대로서 *Glomerella* 또는 *Gnomonia* 를 가진다.

이 병원균은 보통 병든 줄기, 잎, 과실 등에서 균사나 분생포자로 월동하며, 대부분의 감염된 일년생 기주의 종자와 다년생 기주의 궤양 속에서도 월동한다 (그림 11-84). 자낭포자나 봄에 월동균사에 의해 형성된 분생포자가 1차감염을 일으킨다. 온도와 습도가 적당한 조건에서는 전 생육기에 걸쳐 분생포자가 2차감염을 일으킨다. 발아관은 상처가 없는 조직에 직접 침투한다. 균사는 세포간극에서 생장하고, 세포가 붕괴되어 썩기 전에 얼마 동안 잠복상태를 유지한다. 그 균사가 큐티클 바로 아래에 분생포자층과 분생포자를 만든다. 어린 식물을 침입한 병원균은 잠복상태로 있다가 과실이 어느 정도 성숙발육하면 드디어 본격적인 감염을 일으킨다.

이 균은 높은 온도와 습도 또는 습한 기후를 선호한다. 분생포자는 분생포자층이 습할 때만 방출되어 전파되는데, 대개 물

그림 11-83 두 종의 탄저병균이 형성한 분생포자층, 강모, 분생포자. (A) 노지멜론 과실에 있는 *Colletotrichum lagenarium*의 분생포자층. (B-D) 밀 잎의 종단면에 보이는 *C. graminicola* 의 분생포자층(B), 강모와 분생포자(C), 잎 표면에 있는 분생포자층의 입체적인 모습(D). (E) *Marssonina* sp.의 분생포자층과 분생포자의 전자현미경 사진. [사진제공: (A) B.D. Bruton, USDA, (B,C) Plant Pathology Department, University of Florida, (D,E) M.F. Brown and H.G Broton.]

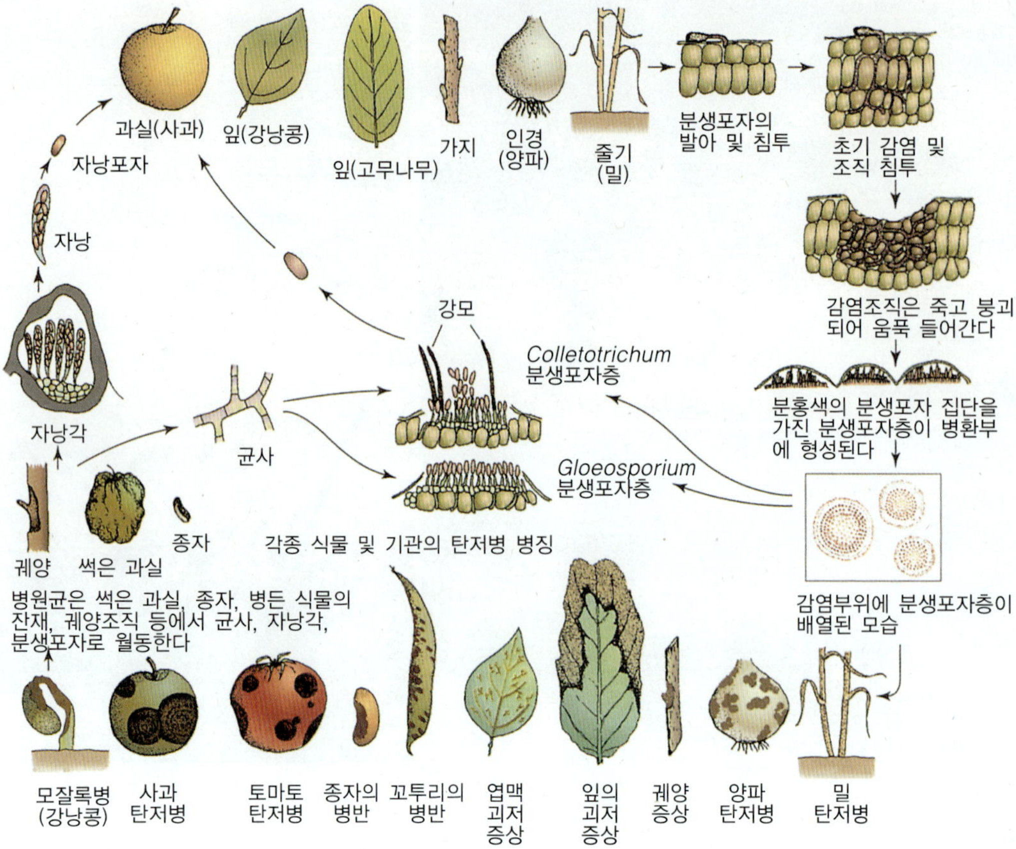

그림 11-84 *Glomerella cingulata* 와 *Colletotrichum* 및 *Gloeosporium* sp.에 의한 각종 탄저병의 병환.

방울에 튀기거나 빗방울에 날리거나 곤충, 동물, 기타 도구 등에 접촉되어 전파된다. 분생포자는 수분이 있을 때만 발아하여 기주조직을 직접 침입한다 (그림 11-84). 초기에 균사가 세포 내부와 세포간극에서 빠르게 생장하지만, 약간 또는 거의 변색되지 않거나 뚜렷한 병징을 나타내지 않는다. 그리고 나서 때때로 갑자기 특히 과일이 성숙하기 시작할 때 이 균은 더 공격적이고 병징이 보이게 된다. 많은 기주에서 균이 종자에 도달해도 균이 종자로 이동하거나 그렇지 않기도 하는데, 뚜렷한 상처 없이 몇 개의 종자에 감염될 지도 모른다. *Colletotrichum* 또는 *Gloeosporium* 이 침입할 수 있는 각각의 종이 기주식물의 종류에 있어서 상당히 다양하고, 이 균은 각각의 종 내에서 다양한 병원성을 보이는 몇 개의 레이스를 가질지도 모른다.

Glomerella/Colletotrichum 에 의한 병의 방제는 건조 지역에서 생산한 무병종자의 사용 또는 소독한 종자의 사용, 돌려짓기, 저항성 품종의 이용, 수목에서는 죽은 가지와 병든 과실의 제거 및 소각, 살균제의 살포 등이다.

Gnomonia 탄저병과 점무늬병

여러 종의 *Gnomonia* 가 산림수와 녹음수를 주로 침해하는데, 예를 들면 느릅나무와 히커리에서는 주로 잎에 병반을 형성하고, 참나무, 버즘나무(그림 11-85A, 11-85B), 호두나무 등에서는 잎과 어린 줄기 또는 잔가지에 주로 병반을 형성한다. *Gnomonia* 병은 강우시기나 다습한 날씨에 많이 발생한다. 이 병원균은 주로 낙엽이나 병든 가지에서 미성숙 자낭각으로 월동한다. 봄에 자낭각은 성숙하여 자낭포자를 형성하는데, 자낭포자가 어린잎이나 가지에 주로 1차감염을 일으킨다. 그 후에는 일반적으로 *Gloeosporium* 형의 분생포자가 분생포자층에서 형성되어 모든 감염을 일으킨다. 자낭포자와 분생포자는 강우기간에만 전반된다.

버즘나무 탄저병 (sycamore anthracnose)은 버즘나무에서 가장 중요한 병이다. 이 병은 잎이 나오기 전에 작은 일년생 가지의 끝을 죽이고, 눈이 싹트기 전에 눈을 죽이기도 한다 (그림 11-85C). 가장 흔히 나타나는 병징은 자라나는 순과 어린

그림 11-85 *Gnomonia veneta* 에 의한 버즘나무 탄저병의 병징. (A) 잎에 나타난 엽맥괴저 증상, (B) 가지에서의 궤양 증상, (C) 나무 전체의 낙엽, 가지마름, 쇠락 증상. *Disculla destructiva* 에 의한 말채나무 탄저병으로 잎(D)과 꽃잎(E)에 나타난 점무늬. [사진제공: (A,D,E) Plant Pathology Department, University of Florida, (B,C) U.S. Forest Service.]

잎이 갑자기 죽는 것인데, 이것이 가끔 서리해(霜害)와 혼동되기도 한다. 나중에 이 병원균은 주맥, 엽맥, 잎 말단 주위에 불규칙한 갈색 병반을 형성한다. 날씨가 습하면 작고 크림색의 분생포자층이 엽맥을 따라 잎 뒷면에 형성된다. 이 병에 감염되면 수년 안에 버즘나무의 잎은 봄에 완전히 떨어지고 여름에 새 잎이 돋는다. 이 병원균이 눈이나 잎에 침입하면 가지로 확대되고, 가지에 궤양을 형성하거나, 전체적으로 확대되어 잔가지를 죽이고 죽은 가지의 기부 주위에 있는 가지에 궤양을 형성한다 (그림 11-85B). 수년 동안 계속해서 탄저병균에 심하게 감염된 나무에서는 대부분의 가지가 죽는다 (그림 11-85C). 이 병원균은 가지의 궤양과 낙엽에서 균사와 미성숙 자낭각으로 월동한다. 다른 탄저병과 마찬가지로 이 병도 잦은 강우와 다소 서늘한 기온에서 발생한다.

산림수에서 *Gnomonia* 병의 방제는 경제성이 없다. 그러나 녹음수와 관상수의 경우에는 잎의 소각, 병든 가지의 전정, 시비와 관개가 병을 감소시키는 데 도움을 준다. 경제적 가치가 있는 나무는 눈이 부풀어 오르거나(버즘나무의 경우) 싹이 터진 직후부터 10~14일 간격으로 2~4번 정도 적절한 약제를 살포해야 한다.

말채나무 탄저병

말채나무 탄저병 (dogwood anthracnose)은 비교적 새로운 병이며, 이는 1970년대 중반에 미국 북서부와 캐나다에서 보고되었으며, 뉴욕에서 조지아에 이르는 동부 해안을 따라 1980년대 중반에 보도되었고, 90년대 중반에는 미시간, 인디아나, 켄터키 등의 서부 쪽으로 퍼져나갔다. 이 병은 감염된 관상수로부터 사람에 의해서 전파되었을 것이고, 그 이후에 수목에 있어 접종원이 되었을 것이다. 예를 들어 메릴랜드의 어떤 지역에서는 1988년과 1992년 사이에 죽은 말채나무가 0에서 17%로 증가하였다. 말채나무는 이러한 병으로부터 심각한 생존위협을 받아왔다.

말채나무 탄저병은 잎과 꽃잎에 붉은색 또는 갈색의 괴저 병반이 나타난다 (그림 11-85D,E). 잎이 마르는데, 이듬해 봄까지 가지에 달려있기도 하며, 이 무렵 가지마름도 뚜렷해지기 시작한다. 잔가지로부터 새로 나온 순도 죽고, 그로부터 균이 퍼져나가서 순 아랫부분의 가지에 궤양이 형성된다. 말채나무 탄저병은 불완전균 *Discula destructiva* 에 의해 발생한다. 이 병원균은 감염된 잎과 가지에서 발달한 분생포자층에서 분생포자를 만들며, 밝은 빛의 분생포자가 끈적거리는 덩어리로 나온다. 이 균은 감염된 가지와 달려있는 잎에서 균사와 분생포자로 월동한다. 분생포자는 빗방울에 의해 튀거나 곤충과 새에 의해서 전파된다. 강우는 이 균의 전파와 새로운 나무의 감염에 있어서 중요한 것으로 보인다. 이 병의 방제와 관리는 비록 불가능하지는 않아도 어려우며, 특히 산림조건에서는 더욱 그렇다. 관상용 말채나무에 적절하게 관수하고 시비하면 초기에 적당한 약제를 사용하는 것처럼 효과적인 것 같다.

참고문헌

Arauz, L. F. (2000). Mango anthracnose: Economic impact and current options for integrated management. *Plant Dis.* **84**, 600–611.

Bailey, J. A., and Jeger, M. J., eds. (1992). "*Colletotrichum*: Biology, Pathology, and Control." Commonw. Agric. Bur., Farnham Royal, Bucks, UK.

Baker, K. F. (1948). The history, distribution, and nomenclature of the rose blackspot fungus. *Plant Dis. Rep.* **32**, 260–274, 397.

Bergstrom, G. C., and Nicholson, R. L. (1999). The biology of corn anthracnose: Knowledge to exploit for improved management. *Plant Dis.* **83**, 596–608.

Bowen, K. L., and Poark, R. S. (2001). Management of black spot of rose with winter fungicide treatment. *Plant Dis.* **85**, 393–398.

Brook, P. J. (1977). *Glomerella cingulata* and bitter rot of apple. *N. Z. J. Agric. Res.* **20**, 547–555.

Daughtrey, M. L., and Hibben, C. R. (1994). Dogwood anthracnose: A new disease threatens two native *Cornus* species. *Annu. Rev. Phytopathol.* **32**, 61–73.

Daykin, M. E., and Milholland, R. D. (1984). Ripe rot of muscadine grape caused by *Colletotrichum gloeosporioides* and its control. *Phytopathology* **74**, 710–714.

Ellis, M. A., *et al.* (1991). "Compendium of Raspberry and Blackberry Diseases and Insects." APS Press, St. Paul, MN.

Freeman, S., Katan, T., and Shabi, E. (1998). Characterization of *Colletotrichum* species responsible for anthracnose diseases of various fruits. *Plant Dis.* **82**, 596–605.

Horst, R. K. (1983). Black spot. *In* "Compendium of Rose Diseases" (R. K. Horst, ed.), pp. 7–10, The American Phytopathological Society, St. Paul, MN.

Howard, C. M., Mass, J. L., Chandler, C. K., and Albreghts, E. E. (1992). Anthracnose of strawberry caused by the *Colletotrichum* complex in Florida. *Plant Dis.* **76**, 976–981.

Kendrick, J. B., Jr., and Walker, J. C. (1948). Anthracnose of tomato. *Phytopathology* **32**, 247–260.

Maas, J. L., ed. (1998). "Compendium of Strawberry Diseases," 2nd Ed. APS Press, St. Paul, MN.

Pearson, R. C., and Goheen, A. C. (1988). "Compendium of Grape Diseases." APS Press, St. Paul, MN.

Ploetz, R. C., Nishijima, W., Robrach, K., Zentmyer, G. A., and Ohr, H., eds. (1994). "Compendium of Tropical Fruit Diseases." APS Press, St. Paul, MN.

Politis, D. J., and Wheeler, H. (1973). Ultrastructural study of penetration of maize leaves by *Colletotrichum graminicola*. *Physiol. Plant Pathol.* **3**, 465–471.

Prusky, D., Freeman, S., and Dickman, M. B., eds. (2000). *Colletotrichum*: Host Specificity, Pathology, and Host-Parasite Interaction. APS Press, St. Paul, MN.

Redlin, S. C. (1991). *Discula destructiva* sp. nov., cause of dogwood anthracnose. *Mycologia* **83**, 633–642.

Ridings, W. H., and Clayton, C. N. (1970). *Melanconium fuligineum* and the bitter rot disease of grapes. *Phytopathology* **60**, 1203–1211.

Sumner, D. R. (1995). Smudge. In "Compendium of Onion and Garlic Diseases" (H. F. Schwartz and S. K. Mohan, eds.), pp. 29–30. APS Press, St. Paul, MN.

Sutton, T. B., and Shane, W. W. (1983). Epidemiology of the perfect stage of *Glomerella cingulata*. *Phytopathology* **73**, 1179–1183.

Thompson, D. C., and Jenkins, S. F. (1985). Pictorial assessment key to determine fungicide concentrations that control anthracnose development on cucumber cultivars with varying resistance levels. *Plant Dis.* **69**, 833–836.

Timmer, L. W., Garnsey, S. M., and Graham, J. H., eds. (2000). "Compendium of Citrus Diseases," 2nd Ed. APS Press, St. Paul, MN.

Weber, G. F. (1973). "Bacterial and Fungal Diseases of Plants in the Tropics." Univ. of Florida Press, Gainesville, FL.

Wellman, F. L. (1972). "Tropical American Plant Disease," pp. 236–273. Scarecrow Press, Metuchen, NJ.

Whiteside, J. O., Garnsey, S. M., and Timmer, L. W., eds. (1988). "Compendium of Citrus Diseases." APS Press, St. Paul, MN.

자낭균류 및 불완전균류에 의한 과실의 병과 기타의 병

이 부분에서 논의될 병은 병원균이 기주식물의 다른 부위를 가해할지라도 과실에서 흔하게 발견되거나 과실에 영향을 주어 대부분의 피해를 일으킨다. 이들 병원균의 대부분은 자낭각 속에 자낭포자를 형성하고 자유균사에 분생포자를 형성하지만, 이들은 서로 생활사도 다르고 병의 종류도 다르다. 가장 일반적인 자낭균류와 이와 관련된 중요한 병은 다음과 같다.

Claviceps : *C. purpurea*는 곡류와 목초류에 맥각병(ergot)을 일으킨다.

Diaporthe : *D. citri* 는 귤나무류의 과실에 검은점무늬병(melanose)을 일으키고, *D. phaseolorum*은 콩 줄기궤양병(stem canker)을 일으킨다.

Botryosphaeria (*Physalospora*) : *P. obtusa*는 사과나무에 검은썩음병(black rot), 점무늬병(frogeye leaf spot), 궤양병(canker)을 일으키고, 기타 *Physalospora* sp.는 참나무, 버드나무, 귤나무류, 카카오나무, 코코야자나무, 고무나무 그리고 열대수목류와 같은 온대나 열대지방의 수목에 궤양병(canker)과 줄기마름병(dieback)을 일으킨다.

Didymella : *D. bryoniae* 는 박과작물에 줄기마름병(gummy stem blight)을 일으킨다.

Guignardia : *G. bidwellii* 는 포도나무 검은썩음병(black rot)을 일으킨다.

*Venturia inaequalis*는 사과나무 검은별무늬병(scab)을 일으킨다.

Monilinia 속의 3종은 핵과류에 잿빛무늬병(brown rot)을 일으킨다.

Moniliophthora 속 균은 카카오나무 Monilia 꼬투리썩음병(pod rot)을 일으킨다.

과실과 식물에 병을 일으키는 불완전균류로 가장 널리 알려진 *Botrytis* 속 균은 꽃썩음병이나 과실썩음병뿐만 아니라 모잘록병, 줄기궤양병, 줄기썩음병, 점무늬병을 일으키고, 많은 채소류, 화훼류, 과수류의 괴경, 인경, 뿌리에 썩음병을 일으킨다. 그 밖의 다양한 병의 원인이 되는 불완전균류에는 *Phomopsis* 속 균이 있다.

곡류 및 목초류의 맥각병

맥각병(麥角病; ergot)은 전 세계적으로 발생하는데 특히 호밀과 진주조에 흔하게 발생하고, 밀과 벼과잡초 및 재배 목초류에서는 가끔 발생하지만 보리와 귀리에서는 거의 발생하지 않는다. 옥수수를 가해하는 맥각병은 멕시코에서 발생한다. 이 병의 병원균은 *Claviceps purpurea*로 이삭을 침입하여 낟알의 5~10%의 손실을 가져오지만, 중요한 사실은 낟알을 대신하여 균핵(그림 11-86, 11-87)이 형성되며, 이들 균핵이 함유된 빵과 사료를 먹을 경우에는 인간과 동물에 독성을 일으킨다 (그림 1-29 참조).

맥각병균의 다른 종인 *C. africana*는 수수를 침해하는 것으로 알려져 있는데, 아프리카, 인도, 일본에서만 존재하는 것으로 생각되어 왔다. 그런데 이 맥각병균이 1995년에 브라질에서, 1997년에 호주에서 수수를 가해한다는 것이 발견되었다. 1997년에는 이 새로운 맥각병균이 남미와 중미 카리비안 군도 그리고 대부분의 미국 남부를 거쳐 Kansas와 Nebraska에 이르는 지역으로 확산되었다. 이 새로운 맥각병에 의한 손실은 특징적으로 저온기에 발생한다. 1960년대 이후 전 세계적으로 수수의 생산은 잡종수수 종자에 의존하여 그 생산량이 300~500%나 증가하였다. 그러나 웅성불임 계통을 사용한 잡종종자는 이 새로운 맥각병에 매우 감수성이 높아 그 손실이 10~80%, 때로는 100%에 이르는 것으로 조사되었다. 수수는 전 세계적으로 5번째로 중요한 작물로서 재배면적은 4천5백만 에이커에 이르고, 거의 대부분 잡종종자에 의해 생산되고 있으므로 새로운 맥각병에 의한 잡종종자 양친의 파괴는 파종할 잡종종자의 부족을 초래하여 가늠할 수 없는 손실을 가져올 것이다.

병징

처음에 나타나는 병징은 감염된 이삭의 어린 소화(小花)로부터 누출된 크림색의 점액성 방울이다. 이 점액성 방울은 곧 직경이 수 mm 길이가 0.5~2.5cm에 이르는 단단한 뿔 모양의 흑자색의 덩어리로 변한다. 이것이 바로 이 균의 균핵인 맥각으로서 낟알의 자리에 생기는 단단한 덩어리의 균사조직이다 (그림 11-86).

병원균

맥각병은 *Claviceps purpurea*, *C. sorghi*, *C. africana*, 그리고 기타 *Claviceps* spp.에 의해서 발생한다. *C. purpurea*와 다른 *Claviceps* spp.의 균주 사이에는 상당한 유전적인 변이가 존재한다. 이 병원균은 균핵 상태로 땅 위나 땅 속 또는 종자에 섞여서 월동한다. 대략 곡류가 개화하는 시기인 봄에 토양 표면 위나 표면 부위에 있는 균핵은 발아하여 길이가 0.5~2.5cm이고 살구색을 띠는 대(stalk)를 1~60개 정도 형성한다 (그림 11-86, 11-87, 11-88). 각각의 대 끝에는 구형의 머리(head)가 생기며, 이 머리 둘레에는 많은 자낭각이 형성되고, 그 안에 많은 자낭이 들어있다. 각각의 자낭에는 길고 다세포인 자낭포자가 8개씩 들어있다.

그림 11-86 곡류의 맥각병. (A) 밀 이삭에 형성된 맥각균핵. (B) 맥각균핵으로 변한 밀 낟알(왼쪽)과 건전한 밀 낟알 (오른쪽). (C)건전한 보리 낟알과 맥각균핵으로 변한 낟알. (D) 맥각균핵이 발아하여 형성된 대와 자낭각을 함유하고 있는 자좌. [사진 제공: (A) D.T. Atkinson, (B) R. Tekauz and (C) I.R. Evans, WCPD, (D) WCPD.]

병의 진전

자낭포자는 바람이나 곤충에 의해 개화된 어린 꽃에 전반되고 발아하여 씨방을 직접 침입하거나 암술머리를 통해서 씨방을 침입한다. 침입하는 동안 병원균은 기주의 방어기작을 억제하여 맥각병의 뚜렷한 진전 역할을 하는 가수분해효소(calatase)를 분비한다. 씨방으로 침입한 병원균은 1주일 이내에 분생포자좌를 형성하고, 여기에 *Sphacelia*형 분생포자가 형성된다. 어린 소화에서는 분생포자가 함유되어 있는 크림 같은 액체 방울이 분출되는데, 이를 감로세대(甘露世代; honeydew stage)라고 한다 (그림 11-87A). 감로는 곤충을 유인하고, 곤충은 감로를 묻혀 병원균의 분생포자를 건전한 꽃으로 전반시키는 역할을 하며, 분생포자는 새로운 감염을 일으킨다. 또한 분생포자는 빗물에 튀겨서도 다른 꽃으로 전반된다. 일반적으로 감염된 씨방에서는 정상적인 종자가 형성되는 대신 단단한 균사 덩어리로 채워지는데, 이것이 결국 특징적인 맥각균핵으로 된다 (그림 11-86). 균핵은 건전한 종자와 거의 동시에 성숙하고, 땅에 떨어져 월동하거나 낟알과 섞여 수확된다. 이

그림 11-88 *Claviceps purpurea* 에 의한 곡류 맥각병의 병환.

들은 종자 파종시 땅으로 되돌아가기도 한다 (그림 11-86C).

비록 맥각중독증(ergotism)이 인간에게 더 이상 흔하지는 않으나, 맥각병은 여전히 구체적으로 설명할 수 없는 중독사례가 많으며, 동물에게서는 아직도 중요한 병이므로 경제적으로 중요하다. 곡물 중에 맥각균핵의 무게가 0.3% 이상 함유될 경우에는 맥각중독증을 일으킬 수 있으므로 이러한 곡물을 식용으로 판매하거나 제분하는 것은 법적으로 금지되어 있다. 또한, 법적 기준에 부합하도록 균핵을 제거하기 위해서는 비용이 많이 들고 때로는 매우 어려운데, 특히 후진국에서 이러한 문제점을 안고 있으며 맥각균핵을 충분히 제거하지 못하여 가축에게 자주 독성을 일으킨다. 더구나 오염된 곡물 찌꺼기를 먹이거나 병든 이삭이 있는 방목지에서 사육된 가축에서는 불임이나 신체말단부위에 괴저병을 일으킬 수 있다.

방제

맥각병의 방제는 전적으로 맥각이 전혀 없는 정선종자를 사용하는데 달려있다. 기계를 사용하여 균핵을 제거하거나, 오염된 종자를 3시간 동안 물에 침지한 후에 소금물(소금 18kg/100ℓ)에 넣어 떠오르는 균핵을 제거할 수도 있다. 맥각균핵은 1년 이상 생존하지 못하며, 땅 속 깊이 묻으면 발아하지 못한다. 따라서 심경하거나 비곡류 작물로 1년 이상 돌려짓기함으로써 특정 포장에서는 병원균을 제거할 수 있다. 맥각균핵의 형성을 방지하기 위하여 벼과잡초들을 개화 전에 베어내거나 가축을 방목시키면, 가축의 중독을 막을 수 있을 뿐만 아니라 재배곡류와 목초로의 전반도 막을 수 있다. 종자 생산용 잔디 포장에서는 flusilazole 등의 살균제를 살포함으로써 맥각병을 방제할 수 있다. 교잡종자를 생산하는 포장에서의 맥각병 방제를 위해서는 살균제를 5~7일 간격으로 4~5회 예방적으로 살포하는데, 이는 접종원의 정도가 상대적으로 낮을 경우에는 가능한 방법이다.

사과나무 검은별무늬병

사과나무 검은별무늬병(黑星病; apple scab)은 전 세계적으로 분포하지만, 특히 봄과 여름이 저온다습한 지역에서 큰 피해를 준다. 미국에서는 중북부와 북동부 지역이 가장 심하다. 이와 유사한 검은별무늬병이 배나무(병원균; *V. pyrina*)와 산사나무(병원균; *V. inaequalis* f. sp. *pyracanthae*)에도 발생한다.

검은별무늬병은 사과나무에 가장 중요한 병으로서 감염된 사과나무의 품질 저하가 주요 피해양상이다. 검은별무늬병은 과실의 크기를 감소시킬 뿐만 아니라, 미숙과의 낙과, 조기낙엽, 그리고 이듬해 과실눈의 형성 감소를 초래하고, 병든 과일은 저장가능기간도 짧아진다. 사과나무에 있어서 과일의 총 가치손실 중 무려 70% 이상이 바로 검은별무늬병에 의해 발생한다. 만약 검은별무늬병을 방제하지 않으면 대부분의 사과나무 생산지역에서는 시장성이 있는 과일의 수확을 기대할 수 없다.

병징

먼저 올리브색의 불규칙한 옅은 점무늬가 꽃받침조각의 뒷면이나 꽃눈의 어린잎에 나타난다. 이러한 병반은 이내 융단 같은 표면을 지닌 황록색 내지 회색으로 변한다. 나중에는 병반이 금속빛 나는 검은색을 나타내고 약간 부풀어 오르기도 한다. 성숙한 잎에서는 병반이 보통 앞면에 나타난다 (그림 11-89A). 병반은 뚜렷이 남아있거나 융합한다. 어려서 감염된 잎은 크지 못하고 말리며 나중에는 떨어진다. 때때로 작은 검은 별무늬 병반이 잔가지나 꽃에 형성된다.

감염된 과실은 둥근 검은별무늬 병반이 나타나며, 처음에는 융단 같고 황록색이지만 나중에는 짙어지며 지저분해지고 흔히 균열이 생긴다 (그림 11-89B~11-89D). 균열현상은 과실의 큐티클에 형성된 병반의 가장자리에서 일어난다. 초기에 감염된 과실은 기형을 나타내고 균열이 생기며 흔히 조기낙과가 일어난다. 과실이 거의 성숙할 무렵에 감염되면 수확기에는 작은 병반이 나타나지만 저장 중에 검은별무늬 병반으로 발달한다.

병원균: *Venturia inaequalis*

살아있는 조직에 있는 균사는 큐티클과 표피세포 사이에만 존재한다. 그 곳에서 균사는 짧고 곧으며 갈색을 띠는 분생포자경을 형성하며, 이들 분생포자경 위에는 1~2개의 세포로 된 특징적인 *Spilocaea*형 분생포자를 형성한다 (그림 11-90). 죽은 잎에서 균사는 잎 조직을 통해 생장하고, 조낭기와 조정기를 형성한 후 수정하여 위자낭각(僞子囊殼; pseudothecium)을 만든다. 위자낭각은 암갈색 내지 흑색으로 짧은 부리와 머릿구멍을 갖는다. 각 위자낭각에는 50~100개의 자낭이 형성되고, 각 자낭에는 크기가 서로 다른 2개의 세포로 된 8개의 자낭포자가 들어있다 (그림 11-89E).

병의 진전

병원균은 땅 위의 죽은 잎에서 미성숙한 위자낭각으로 월동한다 (그림 11-90). 위자낭각은 늦겨울과 봄에 완전히 성숙하고, 기주의 생장과 발육에 적당한 날씨가 되면 자낭포자도 성숙한다 (그림 11-89F). 위자낭각과 자낭은 차례대로 성숙한다. 자낭포자의 일부는 봄에 사과나무의 눈이 트기 전에 성숙하지만 대부분은 과실눈이 터지는 시기에 성숙한다.

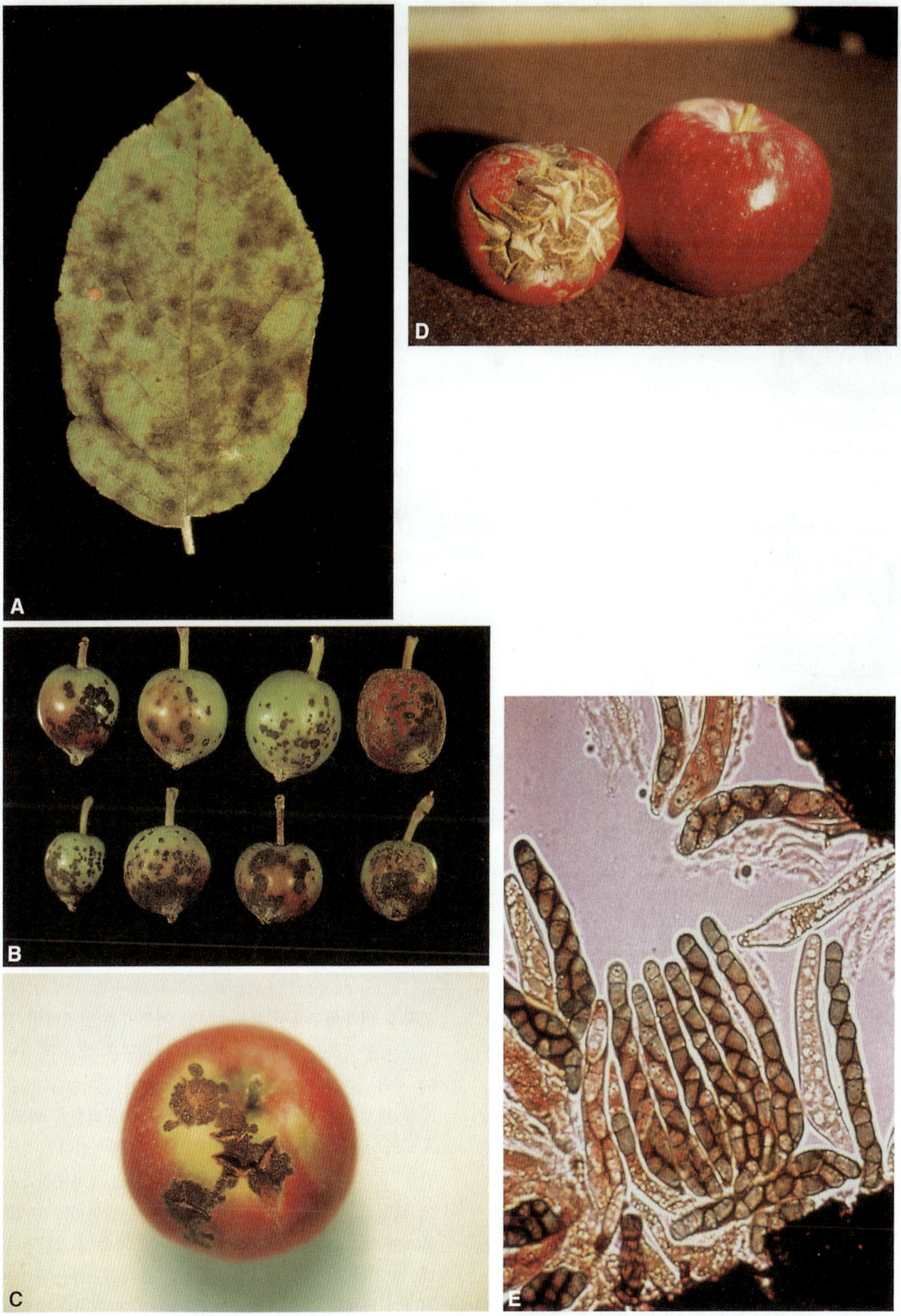

그림 11-89 *Venturia inaequalis* 에 의해 잎(A), 어린 과실(B) 그리고 성숙한 과실(C,D)에 나타난 사과나무 검은별무늬병의 병징. (E) 열개된 자낭각에서 노출된 자낭과 자낭포자. [사진제공: (C,D) D.R. Cooley, University of Massachusetts, (E) D. Aylor, Connecticut Agricultural Experiment Station.]

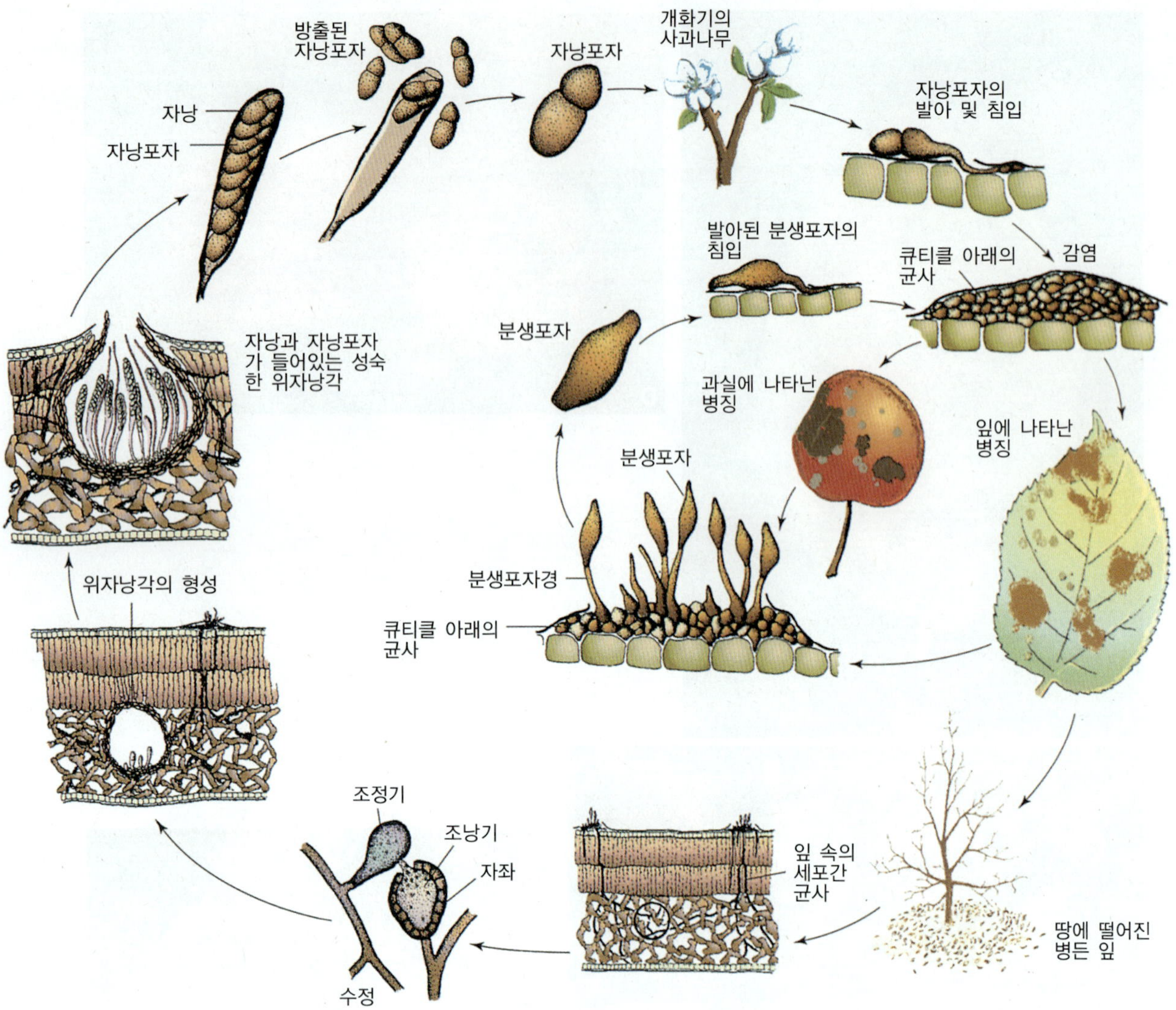

그림 11-90 *Venturia inaequalis* 에 의한 사과나무 검은별무늬병의 병환.

봄이 되어 위자낭각이 완전히 물에 젖게 되면, 자낭이 자낭포자를 공기 중으로 힘차게 방출하고 자낭포자는 기류에 따라 이동하다가 감수성인 풋사과나무 조직에 전반된다. 자낭포자의 방출은 꽃잎이 진 후 3~5주 동안 계속된다.

자낭포자는 6~26℃의 온도에서 물에 젖어 있을 때에만 발아하고 감염을 일으킨다. 감염이 일어나기 위해서는 포자가 6℃에서 28시간, 10℃에서 14시간, 18~24℃에서 9시간, 26℃에서는 12시간 동안 계속해서 물에 젖어 있어야 한다 (그림 8-24참조).

사과나무의 잎과 과실 위에서 발아하는 동안에 자낭포자의 발아관은 큐티클을 뚫고 들어가서 큐티클과 표피세포의 외벽 사이에서 생장한다. 처음에는 표피세포에서, 나중에는 울타리 조직과 엽육세포에서 세포성분을 차츰차츰 탈취하면 결국 기주세포는 붕괴하고 죽는다. 그러나 병원균은 대부분 큐티클층 밑에 계속 남아있다. 접종 8~15일 내에 균사는 수많은 분생포자를 형성하여 큐티클 밖으로 밀어내어 큐티클을 파괴하고, 황록색의 융단 같은 검은별무늬 병반을 형성한다. 강우 중이나 강우 후에 분생포자는 다른 잎과 과실로 씻겨내려가거나 바람에 날려서 자낭포자와 동일한 방법으로 발아하고 침입한다. 생육기에 강우가 지속되면, 분생포자는 계속 추가감염을 일으킨다. 그러나 감염은 저온다습한 봄, 초여름, 가을에 더 많이 일어나는 반면에 고온건조한 여름에는 거의 일어나지 않는다.

병든 잎이 땅에 떨어진 후, 균사는 잎의 내부로 침투하고 위자낭각을 형성하여 월동한다.

방제

몇 가지 사과나무 품종은 검은별무늬병에 저항성이지만 대부분의 인기 있는 품종들은 중도 저항성이거나 고도의 감수성이다. 이는 모든 사과나무 품종이 어떤 사과나무 검은별무늬병균에 대해서는 감수성을 띠고, 어떤 것에는 저항성을 나타낸다는 것을 의미한다. 많은 균류가 사과나무 검은별무늬병균에 길항작용을 보이고, 이들 중 어떤 것은 과수원 바닥에 떨어진 병든 잎에 처리하면 자낭포자의 형성을 감소시킨다. 지금까지 사과나무 검은별무늬병에 효과적이고 실용적인 생물적 방제법은 개발되지 못했다. 길항균으로부터 사과나무에 도입된 endocutinase는 사과나무 검은별무늬병에 대한 저항성을 증가시키지만, 식물체의 활력을 떨어뜨리는 단점이 있다. 가을철에 사과나무 낙엽을 마쇄하거나 요소를 처리하면 검은별무늬병 피해를 약 65% 감소시킬 수 있다. 그러나 적용 살균제를 적기에 살포하면 사과나무 검은별무늬병은 완전히 방제할 수 있다.

효과적인 사과나무검은별무늬병 방제프로그램을 위해서는 사과나무가 눈트기 시작하는 시기부터 위자낭각 속에 있는 자낭포자가 완전히 방출될 때까지는 비가 오기 전, 비가 내리는 동안 그리고 비가 온 후에 부지런히 약제를 살포해야 한다. 이와 같이 자낭포자에 의한 1차감염이 예방되면 남은 생육기간에는 약제살포의 필요성이 줄어든다. 만약 1차감염이 발생되면 생육기 동안 약제를 계속 살포해야 한다. 대부분의 지역에서는 검은별무늬병을 방제하기 위한 살균제의 처리는 눈(bud)이 약간 녹색을 띠는 시기에 시작하고 비가 내리는 시기에는 병발생 가능 온도가 장기간 지속되면 약제를 살포한다. 꽃잎이 질 때까지 강우량에 따라 5~7일 간격으로 반복 살포한다. 꽃잎이 진 후에는 그 시점에서 방제 계획의 성공여부에 따라 10~14일마다 몇 차례 추가 살포한다 (그림 9-35 참조).

1990년대 초부터는 검은별무늬병 방제를 위해 살균제 살포 일정을 위한 간단한 예찰이나 전산화된 예찰시스템의 개발이 괄목할만한 진보를 이루었다. 이러한 모든 예찰시스템은 온도, 강우량 및 강우 지속기간, 잎 습전지속기간과 병원균이 감염을 시작하기 위해 요구되는 기간의 상관관계에 근거를 두고 있다. 이러한 모델의 정확성과 신뢰성은 지역조건에 따라 상당히 달라진다.

몇몇 살균제는 사과나무 검은별무늬병에 탁월한 효과를 나타낸다. 이러한 살균제의 일부는 보호효과는 우수하지만 치료효과는 없는 반면에 어떤 것은 감염을 중지시킬 수 있다. 어떤 지역에서는 *Venturia inaequalis*의 새로운 계통이 일부 침투성 약제에 저항성을 나타낸다고 알려졌다. 따라서 이러한 약제는 더 이상 단독으로 병 방제에 이용될 수 없으며, 광범위 살균제 중의 하나와 혼합하여 사용해야 한다.

핵과류의 잿빛무늬병

잿빛무늬병(灰星病; brown rot)은 핵과류가 재배되고 개화기와 과실성숙기에 비가 많이 오는 지역 어디서나 발생한다. 이 병은 복숭아나무, 양앵두나무, 자두나무, 살구나무, 아몬드나무 등에 모두 비슷한 정도로 발생한다.

잿빛무늬병으로 인한 수량손실은 1차적으로 과수원에서 과실부패를 일으키지만, 심각한 손실은 과실의 운송 및 판매 중에 생긴다. 이 병은 개화기에 꽃마름을 일으킴으로써 수량감소로 이어지기도 한다. 발병이 심하면 50~75%의 과일이 과수원에서 썩고, 나머지도 시장에 출하되기 전에 피해를 입는다.

병징

이 병에 의한 최초의 병징은 꽃에서 나타나고(그림 11-91A), 화기 전체와 꽃자루에도 나타난다. 다습한 날씨에서는 감염된 기관이 병원균의 회갈색 분생포자로 뒤덮이고 나중에는 과실이 가지에 매달린 채로 쭈그러들고 바싹 말라버린다. 감염된 꽃의 기부에서는 작고 함몰된 궤양이 꽃자루 주위의 잔가지에서 형성되는데, 때때로 병반이 가지를 둘러싸서 가지마름증상을 일으킨다. 습한 날씨에는 점성을 띤 회색의 분생포자 덩어리가 수피 표면에 나타난다.

과실에서의 병징은 과실이 성숙되면 작고 둥근 갈색 점무늬가 사방으로 퍼지며 나타난다. 잿빛의 분생포자 덩어리가 감염부위의 표피를 뚫고 과실의 표면으로 나온다 (그림 11-91B). 하나의 큰 썩은 부위나 몇 개의 작은 썩은 부위가 과실에 나타나면, 그 부위는 완전히 썩어 나무에 매달린 채로 말라서 미라화되거나 땅에 떨어져 미라화된다 (그림 11-91C, 11-91D). 때때로 병든 과실이 있는 잔가지나 굵은 가지에도 작은 궤양이 발달한다.

병원균: *Monilinia* (*Sclerotinia*) *fructicola*, *M. laxa* 및 *M. fructigena*

이 병원균은 분생포자좌 위에 배열된 분생포자경 위에 타원형의 *Monilia* 형 분생포자를 연쇄상으로 형성한다 (그림 11-91E, 11-92). 또한, 이 병원균은 병(bottle) 모양의 분생포자경에 연쇄상의 소형분생포자(정자; spermatium)도 형성한다. 이 정자는 발아하지 않으나 병원균의 생식에 관여하는 것으로 보인다. 그 유성세대인 자낭반은 토양이나 식물 잔재 속에 있는 미라화 과실에서 형성된 위균핵(僞菌核; pseudosclerotium)으로부터 형성된다. 한 개의 미라화 과실에서 20개 이상의 자낭반이 형성된다. 자낭반의 내부나 상부의 표면에는 측사(側絲; paraphyses)와 더불어 수천 개의 자낭이 배열되어 있다. 각각의 자낭에는 단세포인 자낭포자가 8개씩 들어있다.

그림 11-91 (A-D) *Monilinia fructicola* 에 의한 핵과류의 잿빛무늬병. (A) 꽃마름 및 가지의 궤양. (B) 나무에 달린 채로 잿빛무늬병에 감염된 복숭아. (C) 저장 중에 발생한 잿빛무늬병에 감염된 복숭아(오른쪽)와 살균제를 처리한 복숭아(왼쪽). (D) 나무에 달린 채로 썩어서 분생포자로 뒤덮인 미라화 복숭아. (E) *M. fructicola* 자낭반의 분생포자. [사진제공: D.F. Richie, North Carolina State University.]

병의 진전

병원균은 나무 위에서 미라화 과실과 감염된 잔가지의 궤양에서 균사상태로 월동하거나, 땅에 떨어져 미라화 과실에서 위균핵 상태로 월동한다 (그림 11-92). 봄에는 나무에서 미라화 과실과 잔가지의 궤양에 있는 균사는 새로운 분생포자를 형성하는 반면, 땅 속에 있는 미라화 과실의 위균핵은 자낭과 자낭포자를 가진 자낭반을 형성한다.

분생포자와 자낭포자는 모두 꽃감염을 일으킬 수 있다. 분생포자는 바람에 날리거나 빗물의 튀김이나 곤충에 의해 이동되어 꽃에 감염을 일으킨다. 자낭포자는 자낭에서 힘차게 방출되어 자낭반 위에 흰 구름 같이 피어나며, 기류를 타고 꽃으로 전반된다. 온도와 강우기간은 많은 꽃에 감염을 일으키는 중요한 역할을 한다 (그림 11-93). 분생포자와 자낭포자는 발아하며 몇 시간 내에 감염을 일으킬 수 있다. 특히, 습한 기후에서

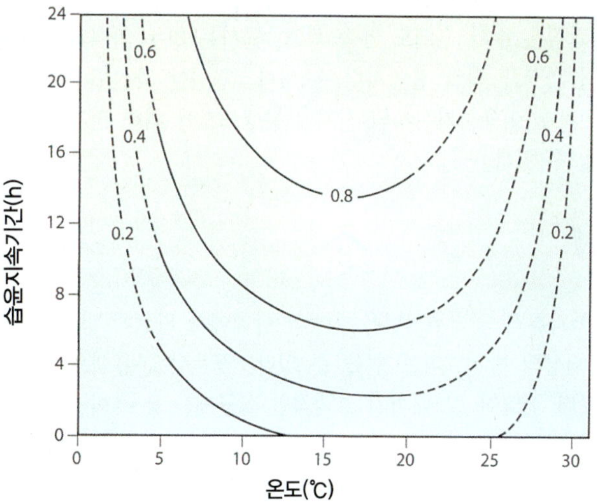

그림 11-93 온도와 습윤지속기간이 *Monilinia laxa* 에 의한 양앵두나무의 꽃감염 발생률(0.8 = 80%)에 미치는 영향. —— = 측정치, ---- = 모델에 의한 예측치. [출처: Tamm, Minder, & Flükiger (1995), *Phytopathology* **85**, 401-408.]

는 썩어 쪼그라든 화기에서 수많은 분생포자가 집단으로 형성된다. 이때 균사는 화경과 과경 그리고 잔가지로 재빨리 신장되고, 그 부위에서 함몰되고 적갈색을 띤 방패 모양의 궤양을 형성한다. 궤양이 잔가지를 에워싸면 가지는 쪼그라들어 죽는다. 궤양의 표면은 곧 분생포자 덩어리로 뒤덮이고, 여기서 형성된 분생포자는 나중에 과실이 형성되고 성숙되는 시기에 과실감염을 위한 전염원으로 작용한다.

자낭포자와 새로운 분생포자는 수명이 짧기 때문에 같은 나무에서도 꽃 감염시기와 과실성숙기의 감염시기 사이에는 다습한 여름동안 잔가지의 궤양부위에서 형성된 분생포자가 다리역할을 해준다. 또한, 일부 늦게 개화하는 핵과류의 화기에서 형성된 분생포자는 조숙 핵과류나 조숙 품종으로 이동하여 과실 감염을 일으킨다.

분생포자는 보통 곤충, 잔가지의 자상, 우박 등에 의해 형성된 상처를 통해 침입하는데, 어떤 경우에는 기공을 통해 또는 직접 큐티클을 통해 침입한다. 병원균이 처음에는 세포간극에서 생장하다가 효소를 분비하여 감염된 조직을 분해하고 갈변시킨다. 병원균은 일단 과실을 침입하면 매우 빠른 속도로 침투해 들어가면서 먼저 썩은 부분에서는 분생포자를 집단으로 형성한다. 새로 형성된 분생포자는 전반되어 나가 더 많은 과실을 감염시킨다. 감염된 과실은 과실 전체가 수일 내에 완전히 썩어 버리고, 나무에 매달려 있거나 땅에 떨어진다. 감염된 후 땅에 떨어진 과실은 부생성 균류나 세균에 의해 분해된다. 나무에 매달려있는 과실은 수분이 소실되어 쭈그러들고 마르면서 비틀어져 미라화되는데, 과실 세포의 나머지 부분에는 단단한 과피 속에 균사들이 얽힌 채로 존재한다. 미라화되어 땅에 떨어진 과실은 토양미생물에 의해 공격을 받지 않고 2년 이상 그대로 남아있게 된다.

과실의 감염은 수확 후, 저장 및 운송 중에도 발생한다. 병든 과실은 수확 후에도 계속 썩고, 균사는 병든 과실과 접촉한 건전 과실을 직접 감염시킬 수 있다. 건전한 과실도 수확해서 소비자가 이용하기까지의 시기에 분생포자에 의해 언제든지 감염될 수 있다.

방제

핵과류의 잿빛무늬병은 꽃감염 단계에서 완전히 방제함으로써 최상의 방제효과를 얻을 수 있다. 꽃눈이 분홍색으로 터질 때부터 꽃잎이 질 때까지 효과적인 살균제를 2~4회 살포함으로써 이 병을 방제할 수 있다. 몇몇 살균제는 잿빛무늬병 방제를 위해 우수한 효과를 나타낸다. 침투성 살균제에 저항성인 잿빛무늬병균이 보고되었고, 이 경우에는 captan이나 sulfur 등의 광범위 살균제 중 하나와 혼용하여 사용하는 것이 일반적이다.

감염된 화기나 궤양이 있는 잔가지는 식물의 생육후기에 과실 감염원으로 작용하며 월동 은신처로 제공되므로 가능한 한 빨리 제거해야 한다.

성숙 중인 과실의 잿빛무늬병을 방제하기 위해 사용되는 살균제를 수확 몇 주일 전에 살포하고, 수확 직전까지 매주 또는 격주로 계속 살포한다. 대부분의 미성숙과실 감염과 많은 성숙과실 감염이 곤충에 의한 상처로부터 생기기 때문에 해충을 제거하는 것도 방제에 도움을 줄 것이다.

수확시의 감염과 저장·운송 중의 감염을 막기 위해 매우 세심한 주의를 기울여 과실을 따거나 다루어서 찔린 자리나 쓸린 상처가 생기지 않도록 해야 하는데, 그 이유는 상처를 통해 잿빛무늬병균이 훨씬 쉽게 침입할 수 있기 때문이다. 잿빛무늬병의 병반이 있는 과실은 모두 폐기한다. 수확 후 잿빛무늬병(그림 11-91D) 발병은 저장 전에 과일을 적정한 살균제 용액에 침지하여 감소시킬 수 있고, 0~3℃로 냉장저장하기 전에 물이나 공기로 예냉(豫冷; precooling)하여 감소시킬 수도 있다. 수확 후 잿빛썩음병은 몇몇 균류를 이용한 생물적방제가 보고된 바 있으나 추가적인 연구가 필요하며 아직까지 상업화되지는 못했다.

카카오나무 Moniliophthora 꼬투리썩음병

Moniliophthora roreri (무성세대; *Monilia roreri*)에 의한 카카오나무 Monilia 꼬투리썩음병은 미국에서 카카오나무에 발생하는 가장 중요한 병 중 하나이다. 이 병은 지역에 따라 25~100%의 피해를 나타낸다. 병원균은 카카오나무의 꼬투리에서 전체의 생활사를 완성시킨다. 감염된 꼬투리는 그 표면에 뚜렷하게 울퉁불퉁한 돌기를 형성한 후 *Monilia* 형 분생포자에 의해 뒤덮인다 (그림 11-94). 병원균의 포자형성 전에 감염된 꼬투리를 선별하고 제거하는 것이 본 병의 방제를 위해 필수적이다.

Botrytis 병

Botrytis 병은 전 세계적으로 채소류, 관상식물류, 과실류 심지어는 일부 밭작물 등에 가장 흔하며 가장 널리 분포하고 있는 병일 것이다. 이 병은 온실재배작물에서는 가장 흔히 발생한다. *Botrytis* 병은 주로 꽃마름(그림 11-95A)과 과실썩음(그림 11-95B, 11-96A, 11-96C)을 일으키고, 모잘록, 줄기궤양(그림 11-95C)이나 줄기썩음, 점무늬 그리고 괴경·구근·인경썩음(그림 11-96B, 11-96D)을 일으킨다. 습한 조건에서 이 병원균에 감염된 조직 위에는 잿빛곰팡이병의 특징

그림 11-94 *Moniliophthora roreri* 에 의한 카카오나무 꼬투리썩음병. (A) 꼬투리의 초기감염. (B) 꼬투리썩음병이 심하게 발생한 카카오나무의 꼬투리. [사진제공: Intl. Instit. Trop. Agric. Ibadan, Nigeria.]

인 회색의 자실층이 형성된다. *Botrytis* 가 일으키는 가장 심각한 병으로는 딸기, 포도 및 각종 채소류의 잿빛곰팡이병(灰色黴病; gray mold) (그림 11-95), 사과 목썩음병(calyx end rot) (그림 11-96A, 11-96B), 양파 좀균핵썩음병(blast and neck rot) (그림 11-96C, 11-96D), 많은 관상식물의 마름병과 잿빛곰팡이병, 아마릴리스 인경썩음병, 글라디올러스 구근썩음병 등이 있다. *Botrytis* 는 저장 · 운송 · 판매 중의 과일류와 채소류에 2차적으로 무름병을 일으키기도 한다.

병징

포장에서는 꽃마름이 먼저 발생하고 과실썩음과 줄기썩음이 뒤이어 발생한다. 이 병원균은 주로 노화된 꽃잎에 정착하여 시간이 지남에 따라 많은 균사를 형성한다 (그림 11-95A~11-95D). 저온다습한 날씨에 균사는 수많은 분생포자를 형성하여 추가감염을 일으킨다. 균사는 생장하여 화기에 만연하고, 화기는 담회색이나 담갈색의 거미줄 같은 곰팡이로 덮인다. 병원균은 소화경(小花梗; pedicel)으로 퍼지며, 소화경은 썩어서 눈과 꽃은 축 늘어진다. 이어서 병원균은 꽃잎에서 과실로 퍼져나가 과실의 꽃자리가 썩으며, 결과적으로 과실의 일부분이나 전체가 썩는다. 감염된 과실과 연한 줄기는 연화되고 물러지며, 나중에는 담갈색을 띤다 (그림 11-95B, 11-95C, 11-96). 조직이 썩어가면서 표피는 갈라지고 수많은 균류 자실체가 형성된다. 납작하고 검은 균핵이 과실 표면에 생기거나 말라 쭈그러진 조직 속에 묻혀 있다.

Botrytis 에 의한 유묘의 모잘록병은 주로 습도가 높은 무가온온실에서 발생한다. 종자에 병원균의 균핵이 혼입되었거나 토양 내에 병원균의 균사나 균핵이 존재할 때도 모잘록병이 발생한다.

Botrytis 의 일부 종은 글라디올러스, 양파, 튤립 등의 잎에 점무늬증상을 일으킨다. 점무늬는 처음에는 작고 노란색을 띠나 나중에는 커지고 담회색 또는 황갈색으로 변하고, 움푹 꺼지고 융합하여 잎 전체를 덮는 커다란 병반으로 발달하기도 한다.

줄기의 병반은 보통 다즙성 줄기나 대(stalk)에서 발생하는데 대를 통하여 확산되어 감염부위가 쇠약해져 부러진다 (그림 11-95C). 다습한 날씨에는 병든 부위가 회갈색의 병원균 포자로 뒤덮인다. 감염된 줄기에는 균핵이 형성되기도 한다.

인경, 구근, 괴경 그리고 뿌리와 같은 지하부의 감염은 이러한 기관이 땅 속에 있거나 수확하는 동안에 이루어진다. 감염

그림 11-95 *Botrytis* sp.에 의해 서로 다른 식물들과 기관에 발생한 잿빛곰팡이병의 병징. (A) 감염된 페튜니아 꽃. (B) 딸기 잿빛곰팡이병. (C) 토마토 잿빛곰팡이병과 줄기 궤양. (D) 양상추 잿빛곰팡이병. (E) 포도 잿빛곰팡이병과 포도송이 썩음증상. (F) *Botrytis* 감염에 의한 포도송이의 열매 썩음과 쭈그러진 증상. [사진제공: (A) R.J. McGovern, (B) D.L. Legard, University of Florida, (C) Plant Pathology Department, University of Florida, (D) J.W. Travis, Pennsylvania State University, (E,F) E. Hellman, Taxas A&M University.]

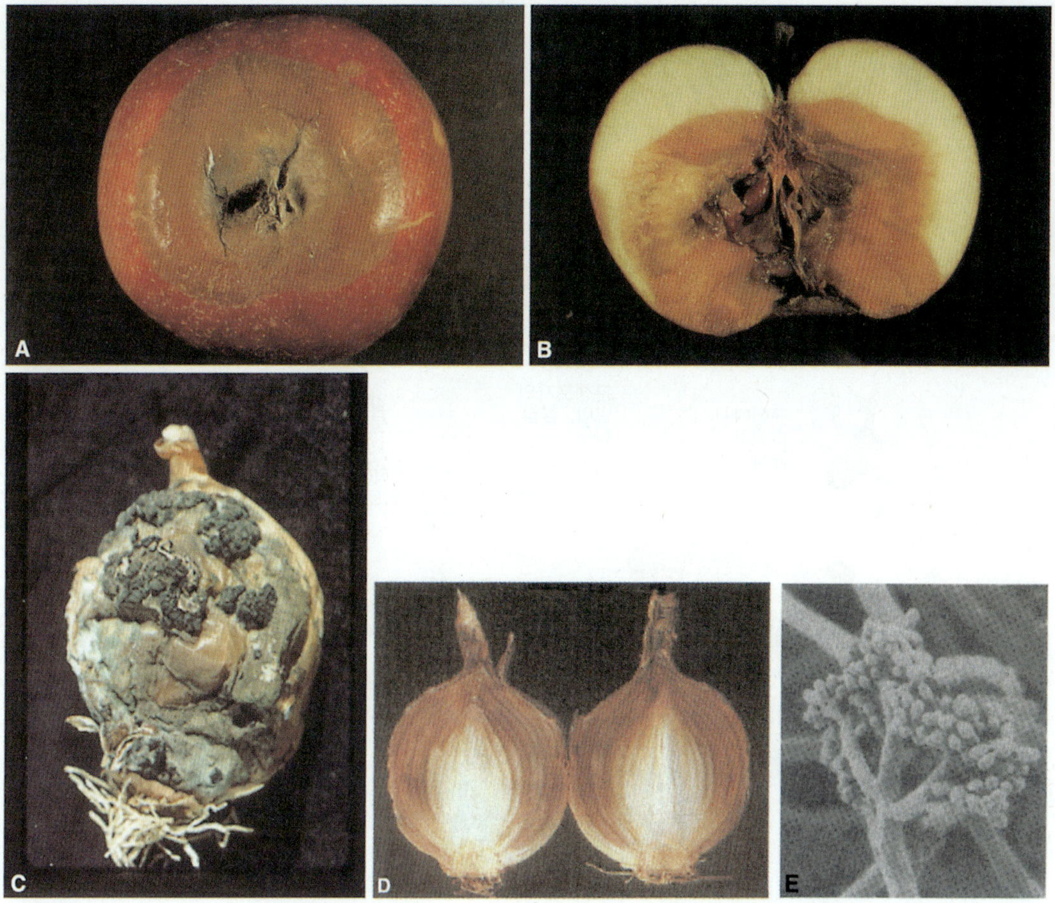

그림 11-96 *Botrytis* sp.에 의한 다양한 병징. 사과나무 과실의 배꼽썩음병의 외부병징(A)과 내부병징(B). *Botrytis* sp.에 감염된 양파의 외부에 형성된 균핵(C)과 내부 썩음증상(D). (E) *Botrytis*의 분생포자경과 분생포자의 주사전자현미경 사진. [사진제공: (C,D) K. Mohan, University of Idaho, (E) M. F. Brown and H.G. Brotzman.]

된 조직은 처음에는 보통 무르고 축축해 보이지만, 나중에는 갈색으로 변하며 푸석푸석해지거나 코르크처럼 되고 무게가 가벼워진다. 흔히 검은 균핵이 표면에 형성되거나 썩은 조직과 균사에 엉켜서 형성된다 (그림 11-96C, 11-97).

병원균

*Botrytis cinerea*와 몇몇 다른 병원성 종은 풍부한 회색 균사와 길고 분지된 분생포자경을 형성하는데, 분생포자경 끝의 둥근 정단세포에는 단세포로 된 무색이나 회색의 난형 분생포자를 다발로 형성한다 (그림 11-96E). 분생포자경과 분생포자 다발은 포도송이와 유사하다. 분생포자는 습한 날씨에 쉽게 방출되어 기류를 따라 이동한다. 이 균은 검고 단단하고 납작하며 불규칙한 모양의 균핵을 형성한다 (그림 11-97). 일부의 *Botrytis* 종은 가끔 자낭반에서 자낭포자를 형성하는 유성세대인 *Botryotinia*를 형성한다.

병의 진전

*Botrytis*는 부패된 식물 잔재 내에서 균사체나 균핵 상태로 토양에서 월동한다 (그림 11-97). 이 균류는 종자를 침해하지는 않는 것으로 생각되지만, 종자와 비슷한 크기의 균핵이나 병든 식물 부스러기가 종자에 혼입되어 전파되기도 한다. 병원균의 최적 생장, 포자 형성, 포자 방출과 발아 그리고 감염 후 정착하기 위해서는 저온(18~23℃) 다습한 기후가 요구된다. 이 병원균은 저온에서 활발하므로 만약 0~10℃의 온도에서

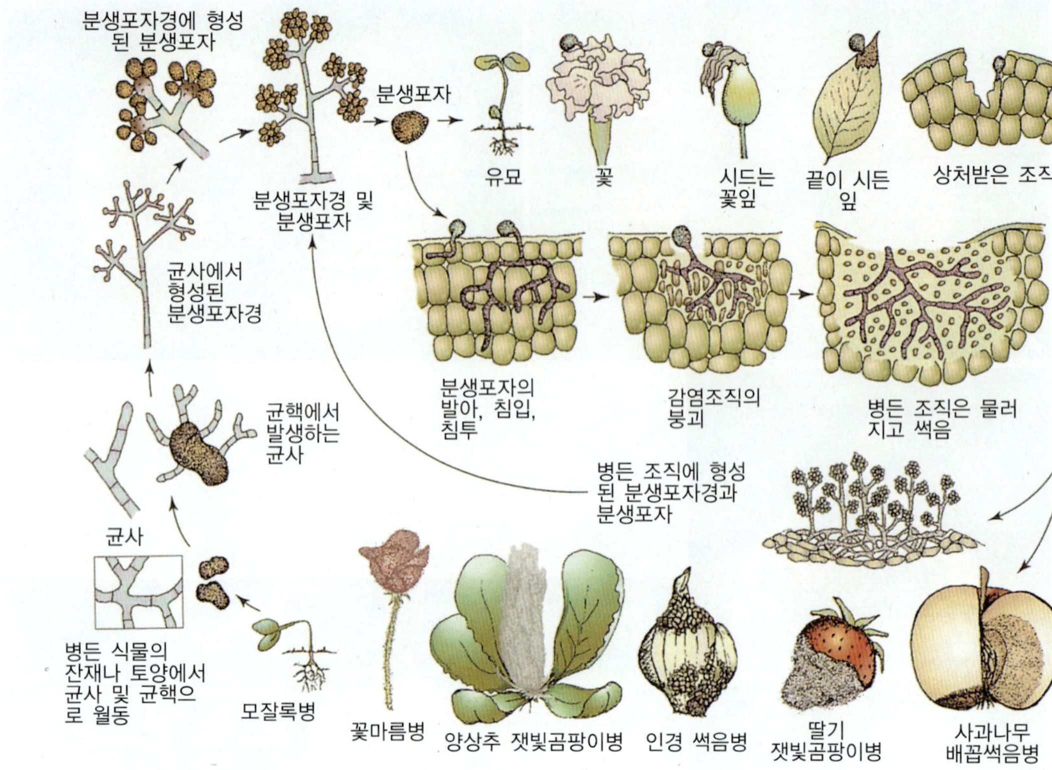

그림 11-97 *Botrytis* 잿빛곰팡이병의 병환.

오랜 기간 동안 저장 중인 작물에는 피해가 일어날 수 있다. 발아하는 포자는 상처를 통해 조직에 침입하고, 늙은 꽃잎, 죽어가는 잎, 죽은 인경 등에 균사를 형성한다. *Botrytis* 균핵도 발아하여 균사다발을 형성함으로써 직접 침입하는 경우가 많으나, 드물게 균핵이 발아하여 자낭반과 자낭포자를 형성하기도 한다.

방제

Botrytis병의 방제는 포장과 저장고에서 감염되거나 오염된 식물 잔재를 제거하고, 적절한 환기로 식물체와 수확물을 빨리 건조시키면 도움이 된다. 온실에서는 환기와 난방으로 습도를 낮추어야 한다. 양파와 같은 저장기관은 2~4일 동안 32~50℃로 유지하여 과도한 수분을 제거한 후, 건조한 환경에서 3℃로 유지하면 방제할 수 있다. Botrytis 잿빛곰팡이병의 생물적 방제는 길항균의 포자 현탁액이나 몇몇 생물적 방제균이나 세균과 섞어서 꽃이나 과실에 살포하면 가능하지만, 아직 실용화되지는 못했다. 포장에서 농약 살포를 통한 Botrytis병의 방제는 크게 성공적이지 못하며, 특히 저온다습한 날씨에서는 효과가 떨어진다. 여러 광범위 살균제나 침투이행성 살균제의 살포가 많은 종류의 Botrytis병에 좋은 효과를 나타낸다. 몇몇 침투성 살균제와 심지어 몇몇 광범위 살균제에 대한 저항성인 *Botrytis* 계통(strain)들이 이들 살균제를 살포한 다양한 작물에서 발견되었다. 따라서 저항성 계통의 출현과 정착을 감소시키기 위하여 서로 다른 계통의 살균제를 교호살포(交互撒布)하는 것이 요구된다.

포도나무 검은썩음병

포도나무 검은썩음병(黑腐病; black rot)은 이 병이 발생되는 지역에서는 포도나무에 가장 심각한 병이다. 발병에 좋은 기상조건에서 작은 열매들이 직접 썩거나 꽃송이들의 피해에 의해 작물은 완전히 부패된다.

병징

늦봄에 잎 위에는 붉은 괴저점무늬가 많이 나타난다 (그림 11-98A, 11-98B). 나중에 이들 점무늬는 커지고 가장자리

그림 11-98 *Guignardia bidwellii* 에 의한 포도나무 검은썩음병의 병징. 잎(A), 점모양의 분생포자각(B), 썩고 마르는 병징을 보이는 감염된 포도 열매(C) 그리고 썩고 쭈그러진 열매 위에 형성된 자낭각(D). [사진제공: (A) Plant Pathology Department, University of Florida, (B–D) M. Ellis, Ohio State University.]

가 검으며 안쪽은 갈색 내지 회갈색인 점무늬를 형성한다. 검은 점 모양의 *Phyllosticta*형의 분생포자각(또는 병자각)들이 잎, 덩굴, 잎자루와 화경 그리고 엽맥에 형성된 점무늬 위쪽에 형성된다. 점무늬는 작은 열매가 약 반쯤 생장할 무렵에 작은 열매에 나타나기 시작한다 (그림 11-98C). 이들 점무늬는 처음에는 흰색을 나타내지만 바로 커지면서 갈색환으로 둘러싸이게 된다. 점무늬의 가운데 부위는 부풀거나 함몰되고 검은 분생포자각들이 중앙에 나타난다. 전체 포도송이는 곧 썩고 쭈그러들며, 많은 검은색을 띠는 분생포자각들로 박히게 되어 표면이 검게 보인다 (그림 11-98D).

병원균

병원균은 *Guignardia bidwellii* (무성세대; *Phyllosticta ampelicida*)로 분생포자를 담고 있는 분생포자각을 형성하고, 또한 썩고 미라화 과실에 자낭포자를 함유한 자낭각을 형성한다. 자낭각은 아마도 변형된 분생포자각으로부터 발달한다.

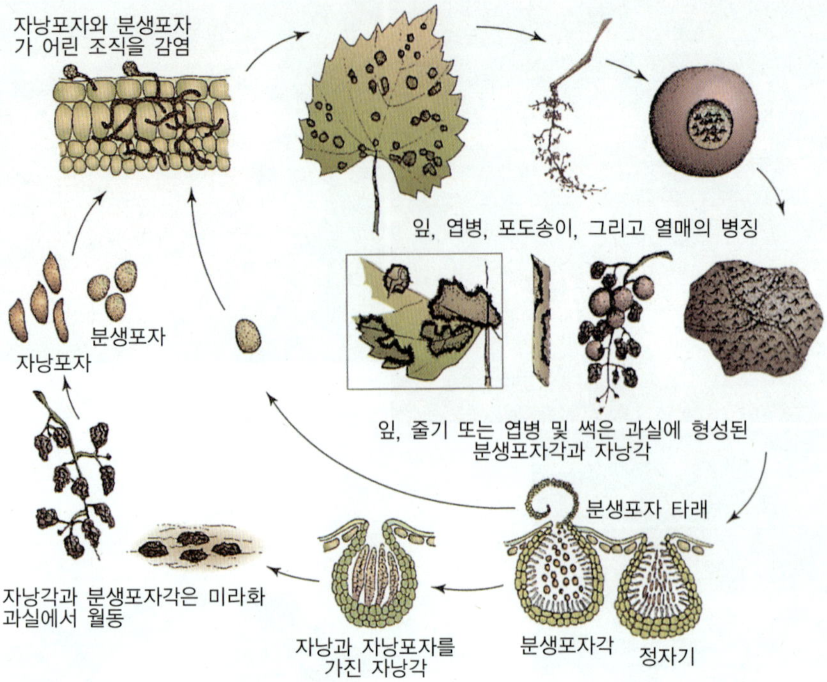

그림 11-99 *Guignardia bidwellii*에 의한 포도나무 검은썩음병의 병환.

병의 진전

병원균은 대부분 자낭각 안에서 자낭포자 상태로 월동하지만, 분생포자도 포도나무가 생육하고 있는 대부분의 지역에서 겨울동안 생존할 수 있으므로 자낭포자와 분생포자 모두가 봄에 1차전염원으로서 역할을 할 수 있다 (그림 11-98, 11-99). 자낭포자와 분생포자의 방출은 자낭각과 분생포자각이 충분히 습할 경우에 이루어지는데, 자낭포자는 힘차게 분출되어 공기의 흐름에 의해 전반되지만 분생포자는 점액질 상태로 빗물에 씻겨 내리거나 튀겨서 전반된다. 비록 자낭포자는 대개 봄철에 방출되지만, 봄부터 여름에 걸쳐 계속적으로 방출된다. 자낭포자나 분생포자에 의한 1차감염은 어리고 왕성하게 자라고 있는 잎과 소과경(fruit pedicel)에서 이루어진다. 이어서 점무늬증상에는 분생포자각이 빠르게 형성되고 이들 분생포자각은 열매, 줄기 등에 2차감염을 위한 분생포자를 준비한다.

방제

포도나무 점무늬병과 검은썩음병은 기본적으로 적절한 시기에 살균제를 포도나무에 살포하여 방제한다. 개화 전이나 개화 직후 그리고 이후 수일에서 14일 후에 살포하면 병방제에 유용하다. 열매는 개화 후 3~5주가 지나면 감염에 자연적으로 저항성이 된다. 일부 살균제는 포도나무의 다른 병에도 효과적이어서 노균병이나 흰가루병의 방제에도 사용된다. 검은썩음병이 심하게 발생되는 지역에서는 개화 약 2주 전 새순이 25~30cm로 자랐을 때인 6월 초순에 다른 살균제를 살포해야 한다.

박과식물 덩굴마름병과 검은썩음병

흔히 점무늬 증상과 검은과실썩음 증상이 동반되는 박과식물 덩굴마름병(蔓割病; gummy stem blight)은 전 세계적으로 분포한다. 적합한 기후에서 병원균은 박과식물의 모든 부분을 감염시킨다. 그러나 일반적으로 수박, 오이, 노지멜론, 호박의 과실의 줄기와 잎을 침해한다. 이 균이 종자에 감염되었을 경우에는 모잘록병을 일으키고 유묘를 죽인다.

병징

잎, 엽병 그리고 줄기 위에 엷은 갈색이나 회색 점무늬가 나타난다 (그림 11-100A, 11-100B). 줄기에 형성된 점무늬는 보통 마디에서 시작하여 확장되며 줄기가 갈라지고, 황색의 고무질 즙액이 스며 나온다 (그림 11-100C). 잎, 줄기, 엽병

그림 11-100 *Didymella bryoniae* 에 의한 박과작물의 덩굴마름병 병징. 멜론(A)과 수박(B)의 점무늬증상과 얼룩증상. (C) 감염된 멜론 줄기에 형성된 끈끈한 물질. (D) 감염된 줄기 위에 형성된 분생포자각. (E) 감염된 수박에 나타난 커다란 썩음증상. (F) 줄기마름병에 의해 피해 받은 멜론포장 전경. [사진제공: B.D. Brutton, USDA, (B,D,E) Plant Pathology Department, University of Florida.]

의 점무늬는 확대되며 잎이 노란색으로 변하여 죽는다. 더 진행되면 식물체는 시들어 죽고, 포장의 넓은 면적에 식물들이 죽는다 (그림 11-100F). 과실에 형성된 점무늬는 처음에 노란색의 불규칙적인 원형으로 나타나며 나중에는 회색에서 갈색으로 변하고 점무늬 중앙에 고무질 삼출액 방울이 생성된다. 점무늬는 결국 검은색으로 변한다. 몇몇 종류의 호박에서 병반은 표면에 생기고 과실표면의 넓은 부분으로 퍼진다. 그러나 특히 보관 중에 빈번히 균이 과피을 통해 침입하여 종자 안쪽까지 퍼진다 (그림 11-100E). 과실, 줄기, 잎에 관계없이 모든 점무늬에서 균류는 밀생하는 옅은 색의 병자각(그림 11-100D)과 때로 고리형태로 정렬되어 육안으로 관찰할 수 있는 검은색의 둥근 자낭각을 형성한다.

병원균

Didymella bryoniae (무성세대; *Phoma cucurbitacearum*)는 분생포자와 자낭포자 모두를 형성하고, 이들은 방출된 후에 단명한다.

병의 진전

이 균은 보통 후벽포자를 형성하지 않고 병든 식물 내에서나 종자내 또는 종자표면에서 월동한다. 따라서 포자나 감염된 종자 모두 1차감염을 야기할 수 있다. 그 후에 풍부하게 형성된 분생포자는 2차감염을 일으킨다. 멜론은 심하게 부패되고, 이 균은 어떠한 이후의 단계에서보다도 감염 후 10일 되었을 때 가장 많은 polygalacturonase 를 생성한다. 박과작물은 이전의 딱정벌레에 의한 침해나 흰가루병의 감염에 의해 이 균에 의해 감염이 쉬워진다. 더욱이 오이줄무늬잎벌레는 포장 내의 박과식물체에 *D. bryoniae* 의 매개충으로 작용한다.

방제

박과식물 검은썩음병의 방제는 어렵고, 무균 또는 약제처리된 종자의 사용과 긴 기간의 윤작, 빈번한 살균제의 사용이 요구된다. 잎과 줄기 감염의 적절한 방제는 포장과 저장 중 모두에서 과실 감염을 감소시킨다. 그러나 저장 중에 감염을 막기 위해서는 더 세심한 주의가 필요하다. 저장 중인 과실의 상처는 반드시 피해야 한다. 상처를 아물게 하기 위한 23~29℃에서의 2주간 호박을 큐어링(curing)하고 이후 10~12℃에서의 보관은 매우 도움이 된다. 만약에 포장에 전염원이 많이 존재한다면 큐어링과 저장 전에 호박을 formaldehyde 나 Clorox에 살짝 담그는 것도 도움이 된다.

Diaporthe, Phomopsis, 그리고 *Phoma* 에 의한 병

몇 종의 *Diaporthe* 는 몇몇 작물에 심각한 병을 일으킨다. 가장 중요한 *Diaporthe* 병은 콩의 줄기궤양병과 귤나무류의 검은무늬병(melanose)이다.

콩 줄기궤양병(stem canker of soybeans)은 *Diaporthe phaseolorum* var. *caulivora* 에 의해 발생한다. 이 병은 유럽과 북미지역에 분포하고 감수성 품종에서 50%까지의 손실을 가져온다. 병징은 하나 이상의 어린 줄기를 에워싸는 다양한 크기의 궤양을 형성하고 생산량 감소를 일으킬 정도의 궤양증상을 넘어서면 식물체를 죽인다. 이 균은 감염된 노화되고 죽은 식물조직에서 자낭과 자낭포자를 갖는 자낭각(그림 11-101A)을 쉽게 형성하지만 분생포자각(또는 병자각)과 분생포자는 거의 형성하지 않는다. 감염된 식물의 종자에서는 흔히 곰팡이가 형성된다 (그림 11-101B). 이 검물질은 식물 잔재에서 자낭각 형태로 월동하고 자낭포자는 봄에 어린 줄기로의 1차감염과 그 후에 일어나는 모든 감염의 원인이 된다. 이 병은 저항성 품종의 식재, 적절한 윤작, benzimidazole 같은 적절한 살균제의 사용에 의해 방제된다.

귤나무 검은무늬병(melanose disease of citrus)은 *Diaporthe citri* (무성세대: *Phomopsis citri*)에 의해 발생한다. 이 균은 때때로 심각하지만 경제적 중요성은 덜한 잎 위에 점무늬와 과실 표면에 불쾌한 흠집을 형성한다 (그림 11-101C, 11-101D). 흠집이 있는 과일은 정도에 따라 다르지만 흩뿌려진 것 같은 작은 얼룩들, 단단하고 검은 얼룩이나 mudcake melanose로 알려진 거칠고 갈라진 흠집이 형성된다. 어릴 때 감염된 과실은 크지 못하고 일찍 떨어진다. 감염이 심한 해에는 특히 잔가지가 서리해를 입었을 때 이 균에 감염되면 어린 잔가지를 죽게 할 수 있다. 이 균은 죽은 잔가지에서 자낭각에 자낭포자를 형성하고 분생포자각에 분생포자를 형성한다. 빗물에 튀어 전반되는 분생포자가 주요 전염원인 반면, 먼 지역으로 병이 전반될 때에는 자낭포자가 관여한다. 귤나무 검은무늬병의 방제는 어렵고 나무가 작다면 부분적으로 죽은 잔가지를 잘라내거나 적절한 살균제를 살포하여 방제할 수 있다.

***Phomopsis* 류에 의한 병**(Phomopsis disease)은 몇몇 과수뿐만 아니라 관상용 관목의 작은 가지와 잔가지를 죽이는 궤양증상과 가지과작물의 과실에서 다양한 크기의 움푹 꺼진 증상이 나타난다. 가장 중요한 *Phomopsis* 류에 의한 병에는 **포도나무 줄기마름병**(Phomopsis cane and leaf spot), **노간주나무류 가지끝마름병**(tip blight) (그림 11-102A, 11-102B), **복숭아나무 줄기마름병**(Phomopsis canker), **딸기 겹둥근무늬병**(Phomopsis leaf blight), **노지멜론 Phomopsis 줄기썩음병**(Phomopsis stem rot) (그림 11-102C), 그리고 **가지 갈색무늬병**(Phomopsis blight) (그림 11-102D)이다. 이들 병의 원인은 불완전세대 사상균 *Phomopsis* 의 다른 종들이다. 이들은 구형의 분생포자각 내에 분생포자만을 형성하고 각각의 분생포자각은 두 가지 형태의 단세포 포자 즉, 투명한 난형 내지 방추형의 α 분생포자와 투명하고 가늘고 길며 구부러지거나 휘어있는 β 분생포자를 가진다. *Phomopsis* 에는 두 가지 형태의 포자가 반드시 존재한다. 포도나무 Phomopsis 줄기마름병과 점무늬병은 포도가 재배되고있는 어디에서나 발생하며, 덩굴을 약하게 하고 수확량과 품질을 낮추며, 육묘용 줄기를 죽인다. 모든 병에서 병원균은 균사형태 그리고/또는 분생포자각에 담긴 분생포자의 형태로 월동한다. 분생포자는 기본적으로 빗방울의 튀김에 의해 전반되고 모든 1차 및 2차 감염의 원인이 된다. 이들 병은 위생처리와 적절한 살균제의 사용으로 관리한다.

Phoma spp.는 채소류와 다른 일년생식물에 많은 병을 일으키며, 흔히 다른 약한 병원체와 함께 존재한다. 중요한

그림 11-101 *Diaporthe phaseolorum* 에 감염된 콩 줄기(A)와 종자(B). 잎(C)과 열매(D)에 나타난 *Diaporthe citri* 에 의한 귤나무 검은점무늬병(melanose). [사진제공: (A,B) M.C. Shurtleff, (C) R.J. McGovern, University of Florida, (D) Plant Pathology Department, University of Florida.]

*Phoma*에 의한 병 중 하나인 양배추 검은뿌리썩음병(黑根腐病; black leg) (그림 11-102E)은 현재는 *Phoma* 의 완전세대형 중 하나인 *Leptosphaeria maculans*에 의해 발생하는 것으로 더 잘 알려져 있다. 토마토의 Phoma병도 흔히 발생한다 (그림 11-102F).

사과나무 검은썩음병

사과나무 검은썩음병(黑腐病; black rot)은 "frogeye leaf spot"으로 불리는 점무늬(그림 11-103A), 나무 위나 저장 중인 사과나무 과실의 검은썩음(그림 11-103B, 11-103C) 그리고 나무를 죽음에 이르게 하는 가지와 큰가지의 궤양(그림 11-103D) 등 3가지 서로 다른 병징을 나타낸다. 점무늬와 과실썩음은 미국 남동부에서 더욱 중요한 반면에 궤양은 미국 북동부에서 가장 중요하다.

병징

꽃잎이 떨어진 후 몇 주가 지나면 잎에 점무늬가 먼저 나타나고, 소위 'frog eye'라는 그을린 색에서 갈색의 중앙부분과 가장자리가 보라색을 띠는 점무늬가 나타난다. 어린 과실 또한 감염되어 보라색의 작은 돌기로 변하는 붉은색 얼룩이 생기고 이후 암갈색의 괴저 부분이 형성된다. 나중에 감염부위는 보통 검은 엷은 막을 형성하고 불규칙한 모양의 붉은색 주변부를 가지며, 큰 병반은 동심원 형태를 이룬다. 돌기 같은 검은 분생포자각이 부패된 부위에 나타난다. 감염된 과실은 완전히 부패

그림 11-102 *Phomopsis* sp.에 의한 병징. 노간주나무(A)와 향나무(B)에 나타난 Phomopsis가지끝마름병. 노지멜론 Phomopsis줄기썩음병(C)과 가지 Phomopsis썩음병(D). (E) *Phoma lingam* (*Leptosphaeria maculans*)에 의한 양배추 검은뿌리썩음병. (F) *Phoma destructiva* 에 의한 토마토 Phoma썩음병. [사진제공: (A,B,D) Plant Pathology Department, University of Florida, (C) B.D Bruton, USDA, (E) R.J. Howard, WCPD, (F) R.J. McGovern, University of Florida.]

그림 11-103 *Botryosphaeria obtusa* 에 의한 사과나무 'frog eye' 점무늬병(A), 과실검은썩음병(B,C), 그리고 궤양병(D). 감염된 과실부위에 자낭각의 형성을 볼 수 있다(C). [사진제공: (A–C) D. R. Cooley, University of Massachusetts, (D) J.W. Travis, Pennsylvania State University.]

되어 미라화되거나 나무에 달린 채로 남는다. 주지와 가지의 감염부위에는 붉은 갈색의 다소 패인 궤양이 생긴다. 몇몇 궤양은 길이가 수 feet에 이르고 가지가 약해져서 무거운 과실이나 강한 바람에 의해 부러진다.

병원균

이러한 모든 병징은 이전에 *Physalospora obtusa*라 불리던 *Botryosphaeria obtuse*에 의해 발생한다. 이 균은 분생포자각(무성세대: *Sphaeropsis malorum*) 안에 분생포자를 형성하고 궤양, 미라화 과실, 그리고 죽은 나무의 수피에서 형성된 자낭각 안에서 자낭포자를 형성한다.

병의 진전

이 균은 나무 위에서 균사, 자낭포자, 그리고 분생포자 형태로 월동한다. 봄과 사과나무의 생육시기 동안 분생포자와 자낭포자는 비가 오는 동안 방출되고, 잎, 과실, 그리고 나무 위로 튀어 초기 감염이 이루어지고 병징을 형성한다.

방제

감염된 가지, 잔가지, 미라화 과실을 전정에 의해 제거하여 태워버리고 적절한 살균제를 나무에 살포한다.

참고문헌

Bandyopadhyay, R., *et al.* (1998). Ergot: A new disease threat to sorghum in the Americas and Australia. *Plant Dis.* **82**, 356–367.

Batra, L. R. (1991). World species of *Monilinia* (Fungi): Their ecology, biosystematics and control. *Mycol. Mem.* **16**, 1–246.

Becker, C. M., and Burr, T. J. (1994). Discontinuous wetting and survival of conidia of *Venturia inaequalis* on apple leaves. *Phytopathology* **84**, 372–378.

Bove, F. J. (1970). "The Story of Ergot." Karger, Basel.

Byrde, R. J. W., and Willetts, H. J. (1977). "The Brown Rot Fungi of Fruit: Their Biology and Control." Pergamon, Oxford.

Coley-Smith, J. R., Verhoeff, K., and Jarvis, W. R., eds. (1980). "The Biology of *Botrytis*." Academic Press, New York.

Ellis, M. A., Madden, L. V., and Wilson, L. L. (1984). Evaluation of an electronic apple scab predictor for scheduling fungicides with curative activity. *Plant Dis.* **68**, 1055–1058.

Forsberg, J. L. (1975). "Diseases of Ornamental Plants," Special Publ. No. 3 Rev. University of Illinois, College of Agriculture, Urbana-Champaign.

Fulton, R. H. (1989). The cacao disease trilogy: Black pod, Monilia pod rot, and witches' broom. *Plant Dis.* **73**, 601–603.

Gould, C. J. (1954). *Botrytis* diseases of gladiolus. *Plant Dis. Rep. Suppl.* **224**, 1–33.

James, J. R., and Sutton, T. B. (1982). Environmental factors influencing pseudothecial development and ascospore maturation of *Venturia inaequalis*. *Phytopathology* **72**, 1073–1080.

Jones, A. L., and Aldwinckle, H. S., eds. (1990). "Compendium of Apple and Pear Diseases." APS Press, St. Paul, MN.

Jones, A. L., Fisher, P. D., Seem, R. C., Kroon, J. C., and Van DeMotter, P. J. (1984). Development and commercialization of an in-field microcomputer delivery system for weather-driven predictive models. *Plant Dis.* **68**, 458–463.

Keinath, A. P. (2001). Effect of fungicide applications scheduled to control gummy stem blight on yield and quality of watermelon fruit. *Plant Dis.* **85**, 53–58.

Keitt, G. W., and Jones, L. K. (1926). Studies of the epidemiology and control of apple scab. *Res. Bull.-Wis. Agric. Exp. Stn.* **73**, 1–104.

McClellan, W. D., and Hewitt, W. B. (1973). Early *Botrytis* rot of grapes: Time of infection and latency of *Botrytis cinerea* in *Vitis vinifera*. *Phytopathology* **63**, 1151–1156.

MacHardy, W. E., and Gadoury, D. M. (1985). Forecasting the seasonal maturation of ascospores of *Venturia inaequalis*. *Phytopathology* **75**, 185–190.

Merwin, I. A., *et al.* (1994). Scab-resistant apples for the northeastern United States: New prospects and old problems. *Plant Dis.* **78**, 4–10.

Ogawa, J. M., and English, H. (1991). "Diseases of Temperate Zone Tree Fruit and Nut Crops." Univ. Calif. Div. Agric. Nat. Resources Publ. 3345.

Pearson, R. C., and Goheen, A. C., eds. (1988). "Compendium of Grape Diseases." APS Press, St. Paul, MN.

Pepin, H. S., and MacPherson, E. A. (1982). Strains of *Botrytis cinerea* resistant to benomyl and captan in the field. *Plant Dis.* **66**, 404–405.

Pusey, L. P., and Wilson, C. L. (1984). Postharvest biological control of stone fruit brown rot by *Bacillus subtilis*. *Plant Dis.* **68**, 753–757.

Rose, D. H., Fisher, D. F., and Brooks, C. (1937). Market diseases of fruits and vegetables: Peaches, plums, cherries and other stone fruits. *Misc. Publ.- U.S. Dep. Agric.* **228**, 1–26.

Schultz, T. R., Johnston, W. J., Golob, C. T., and Maguire, J. D. (1993). Control of ergot in Kentucky bluegrass seed production using fungicides. *Plant Dis.* **77**, 685–687.

Segall, R. H., and Newhall, A. G. (1960). Onion blast or leaf spotting caused by species of *Botrytis*. *Phytopathology* **50**, 76–82.

Vincelli, P. C., and Lorbeer, J. W. (1989). BLIGHT-ALERT: A weather-based predictive system for timing fungicide applications on onion before infection periods of *Botrytis squamosa*. *Phytopathology* **79**, 493–498.

자낭균과 불완전균류에 의한 유관속시들음병

유관속시들음병(vascular wilts)은 널리 분포하며, 매우 파괴적이고 무서운 식물병이다. 이 병은 식물체의 잎과 다즙성 줄기에 급격한 시들음, 갈변, 고사를 일으키며, 결국은 식물체 전체를 죽인다. 시들음 증상은 식물체의 물관부 물관 내에 병원균이 존재하고 활동함으로써 일어난다. 식물체는 대략 수주 안에 모두 죽지만, 다년생식물의 경우는 감염된 후 수개월 또는 수년 동안 죽지 않을 수도 있다. 감염된 식물체가 살아있는 동안 시들음병균은 유관속(물관) 조직과 일부 주변 세포에 존재한다. 시들음병에 의해 감염된 식물체가 죽으면, 이들 균은 다른 조직 내로 이동하여 죽은 식물체의 표면이나 표면 부근에 포자를 형성한다.

유관속시들음병을 일으키는 균에는 *Ceratocystis*, *Ophiostoma*, *Fusarium*, *Verticillium* 등 4속이 있다. 이들은 각각 몇 가지 중요한 작물, 수목, 관상식물에 병을 일으킨다. *Ceratocystis* 는 참나무(*C. fagacearum*), 카카오나무 그리고 유칼리나무에 유관속시들음병을 일으키고, *Ophiostoma* 는 느릅나무 시들음병(*O. novo-ulmi*)으로 잘 알려진 느릅나무 유관속시들음병을 일으킨다.

*Fusarium*은 채소류, 화훼류, 초본성 다년생 관상식물, 농장작물, 자귀나무 등에 유관속시들음병을 일으킨다. 시들음병을 일으키는 *Fusarium*은 대부분 *F. oxysporum*이다. 이 균의 서로 다른 레이스나 분화형은 서로 다른 기주식물을 침입한다. 토마토를 가해하는 병원균은 *F. oxysporum* f. sp. *lycopersici*, 박과작물을 가해하는 것은 *F. oxysporum* f. sp. *niveum*, 바나나를 가해하는 것은 *F. oxysporum* f. sp. *cubense*, 목화를 가해하는 것은 *F. oxysporum* f. sp. *vasinfectum*, 카네이션을 가해하는 것은 *F. oxysporum* f. sp. *dianthi* 등으로 명명하였다.

Verticillium 은 채소, 화훼, 밭작물, 다년생 관상식물, 과수, 수목 등에 유관속시들음병을 일으킨다. *Verticillium albo-atrum* 과 *V. dahliae* 2종이 수백 종의 식물을 가해하고 다양한 시들음병을 일으켜 많은 손실을 초래한다.

모든 유관속시들음병은 몇 가지 공통적인 특징을 가지고 있다. 감염된 식물의 잎이나 식물체 부위는 팽압을 상실하여 쇠약해지고 담녹색 내지 녹황색으로 되고, 결국 시들어 황변하고 갈변하여 죽는다. 시들은 잎은 늘어지거나 오그라든다. 어리고 연한 가지도 시들어 죽는다. 감염된 줄기와 잔가지를 횡으로 잘라보면 변색된 유관속조직이 완전히 또는 부분적으로 와해되어 둥근 띠를 형성하고 있는 갈변부위를 볼 수 있다. 감염된 줄기와 뿌리의 물관에는 병원균의 균사와 포자가 존재한다. 물관의 일부는 병원균에 의해 형성된 균사, 포자 그리고 다당류에 의해 막힌다. 균이 효소를 분비하여 식물의 조직을 분해할 때에 식물의 분해산물의 축적과 산화로 인해 물관 속에 젤과 검물질이 형성되어서 물관은 더욱 막힌다. 일부의 분해 산물의 산화와 전류도 유관속조직의 갈변에 관여하는 것으로 여겨진다. 새로 감염된 어린 줄기는 물관의 수가 감소하고 세포벽은 정상 세포보다 얇다. 물관 주위의 유세포는 흔히 병원균의 분비물 때문에 과도하게 분열함으로써 얇고 연약한 물관 세포벽과 융합하여 물관의 직경이 감소되거나 완전히 파괴된다. 일부 기주에는 전충체(塡充體; tyloses)가 물관 부근의 유세포에 형성된다. 풍선 모양의 전충체는 물관세포 속으로 돌출되어 물관을 막는다. 시들음을 일으키는 균류에 의해 물관세포에 분비되는 독소는 잎으로 운반되어 엽맥을 따라 엽록소 생성을 감소시킴으로써 엽맥투명화를 일으키고 광합성을 감소시키며, 잎 세포들의 세포막 투과성을 교란하여 수분조절 능력을 저하시켜 결국에는 잎의 상편생장, 시들음, 엽맥 사이의 괴저, 갈변 등을 일으켜 죽인다.

Fusarium시들음병

위에서 언급한 바와 같이 Fusarium시들음병은 대부분의 채소류(그림 11-104)와 화훼류를 비롯하여 목화, 담배 등의 밭작물과 바나나(그림 11-104E~11-104G), 옥잠화(plantain), 커피나무, 사탕수수 등의 농작물, 그리고 몇 가지 조경수를 가해하여 심각한 피해를 입힌다. Fusarium시들음병은 지온이 높은 포장과 온실에서 피해가 심하다. 대부분의 Fusarium시들음병은 토마토 Fusarium시들음병과 매우 유사한 병환과 발병 양상을 나타낸다.

토마토 Fusarium시들음병

Fusarium시들음병(萎凋病; Fusarium wilt)은 토마토의 집약재배 지역에서 가장 흔하며 피해가 큰 병의 하나이다. 이 병은 따뜻한 기후와 온대지역의 따뜻한 사질토양에서 가장 심각한 피해를 준다. 미국에서 이 병은 남부지역과 중부지역의 일부 주에서 가장 심하며, 북부지역에서는 온실재배 토마토에서만 중요한 병이다.

이 병은 특히, 토양과 대기온도가 다소 높은 계절 동안에 감수성 품종들에 막대한 손실을 일으킨다. 감염된 식물은 위축되며, 이내 시들어 죽는다. 때로는 포장 전체의 토마토가 수확도 하기 전에 죽거나 심각한 손상을 입기도 한다.

병징. 첫 번째 병징으로 바깥쪽의 어린 소엽의 바깥쪽에 경미한 엽맥투명화가 나타난다. 나중에는 보다 성숙한 잎의 엽병이 늘어져 상편생장을 나타낸다. 유묘기에 감염된 식물체는 첫 번째 병징이 나타나면 곧 시들어 죽는다. 포장의 성숙한 식물체도 심하게 감염되고 기상조건이 병원균에 유리하면 급격히 시들어 죽는다 (그림 11-104A, 11-104D). 그러나 일반적으로 성숙한 식물체에서의 엽맥투명화와 잎의 상편생장이 나타난 이후에 식물의 왜화, 하엽의 황화, 때로는 부정근의 형성, 잎과 어린 줄기의 시들음, 낙엽, 남아있는 잎의 가장자리에 나타나는 괴저, 그리고 마지막으로 식물체의 고사로 이어진다. 때로 이러한 병징은 줄기의 한 쪽에서만 나타나고 차츰 진전되어 전체의 잎과 줄기가 죽는다. 과실에 감염된 경우에는 점무늬가 나타나지 않고 썩어서 떨어진다. 뿌리가 감염되면 지상부의 위축현상에 이어 지하부의 잔뿌리가 썩는다.

감염된 식물체 줄기의 아랫부분을 횡으로 절단해 보면 유관속 관다발 부위가 갈색의 원으로 뚜렷이 변해있다. 병세가 심하면 줄기 윗부분까지도 갈변한다 (그림 11-104B, 11-104C).

병원균. *Fusarium oxysporum* f. sp. *lycopersici*. 균사는 처음에는 무색이지만, 생장함에 따라 크림색, 담황색, 연분홍색 또는 보라색으로 변한다. 이 균은 세 종류의 무성포자를 만든다 (그림 11-105). 소형분생포자는 1~2개의 세포로 되어 있고, 모든 조건에서 가장 흔하고 많이 형성되며, 병든 기주식물의 물관 속에도 형성된다. 대형분생포자는 전형적인 *Fusarium* 포자로서 3~5개의 세포로 되어 있고, 양끝 쪽으로 점차 좁아지면서 구부러졌는데 병원균의 감염으로 죽은 식물체의 표면에 형성된 분생포자좌에 집단으로 형성된다. 후벽포자는 1~2개의 세포로 되어 있고, 두꺼운 벽을 가진 구형의 포자로 노화균사의 가운데나 끝 또는 대형분생포자의 가운데에 형성된다. 이들 3가지 형태의 포자는 모두 배양배지 상에서 형성되는데 아마도 토양 중에서도 모두 형성될 것으로 여겨지며, 이 중 후벽포자만 토양 속에서 오랫동안 생존할 수 있다.

병의 진전. 이 병원균은 토양서식균이다. 작물이 재배되지 않을 때 이 병원균은 토양 속의 감염된 식물의 잔재에서 균사체와 3가지 포자형태로서 생존하지만, 서늘한 온대지방에서는 대개 후벽포자로 토양에서 생존한다 (그림 11-105). 병원균의 근거리 전파는 물이나 오염된 농기구를 통해서 이루어지고,

그림 11-104 *Fusarium oxysporum* f. sp. *lycopersici* 에 의한 토마토의 Fusarium시들음병; 포장에서의 시들음을 나타내는 토마토식물(A)과 감염된 식물체의 줄기를 따라 유관속조직이 심하게 갈변되어 있다(B). *F. oxysporum* f. sp. *niveum*에 의해 감염된 수박줄기 단면의 변색된 유관속조직(C)과 포장에서의 시들고 죽은 감염된 수박식물(D). (E-G) *F. oxysporum* f. sp. *cubense* 에 의한 바나나의 Fusarium시들음병 (Panama disease). (E) 감염된 바나나나무의 아랫잎은 시들고 갈변하여 죽는다. (F) 전반적으로 감염된 바나나나무는 죽는다. (G) 감염된 바나나 지하경의 유관속조직은 갈변한다. [사진제공: (A,B) R.J. McGovern, (C,D) B.D. Bruton, (E) B. Niere, provide by D. Coyne, IITA, Ibadan, Nigeria, (F,G) A. Silagyi, University of Florida.]

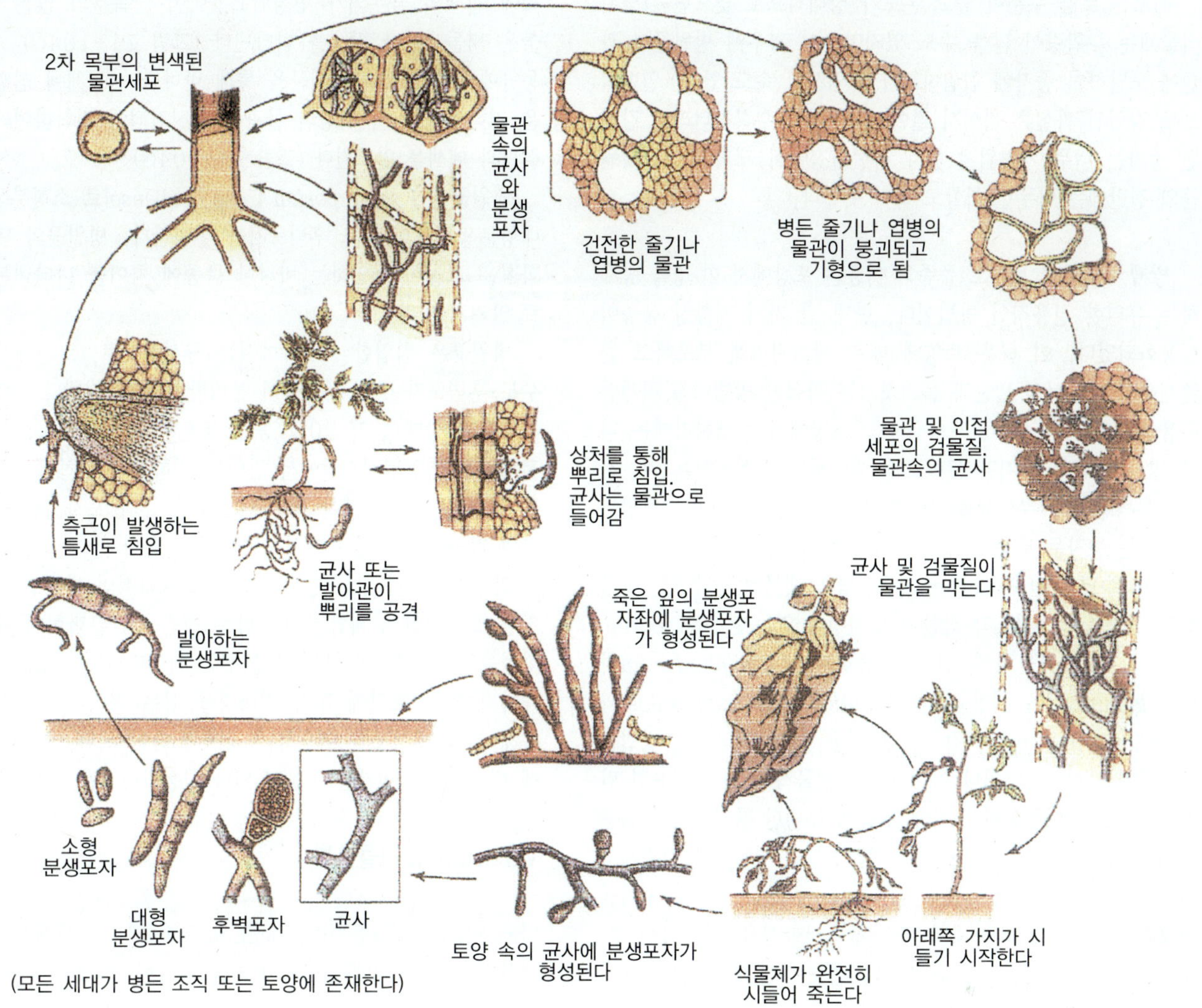

그림 11-105 *Fusarium oxysporum* f. sp. *lycopersici* 에 의한 토마토 Fusarium시들음병의 병환.

원거리 전파는 주로 감염된 식물을 이식하거나 이식할 식물체와 함께 옮긴 토양을 통해서 이루어진다. 어떤 지역이든 *Fusarium*에 일단 감염되면 *Fusarium*은 무기한 남아있다.

건전한 식물체가 오염된 토양에서 생육하고 있을 때, 포자의 발아관이나 균사가 직접 뿌리의 끝을 침입하거나, 상처나 측근 형성 부위를 통해서 뿌리 속으로 들어간다. 균사는 뿌리의 피층을 통해 세포 사이로 침투하고, 균사가 물관에 이르면 막공을 통해 물관 속으로 들어간다. 그 후 균사는 오직 물관에만 머물고 물관을 통하여 차츰 이동하는데 대부분 위쪽으로 이동하여 줄기와 관부를 따라 위로 이동한다. 물관을 가해하는 동안 균사는 분지하며 소형분생포자를 형성하고, 소형분생포자는 떨어져 나와 수액의 흐름을 따라 위쪽으로 이동한다. 소형분생포자는 이동이 끝나는 지점에서 발아하고, 균사는 물관의 위쪽 벽을 침해하고, 다음 물관에는 더 많은 소형분생포자가 형성된다. 또한, 균사는 막공을 통해 인접한 물관을 침입함으로써 옆으로도 이동한다.

앞에서 고찰한 과정, 즉 균사, 포자, 젤, 검물질, 전충체에 의한 물관의 폐색(그림 11-104B, 11-104C, 11-104G)과 인접한 유세포의 급격한 증식으로 인한 물관의 물리적 압박으로 인하여 병든 식물은 물을 원활하게 식물체의 위쪽으로 이동시키지 못한다. 뿌리나 줄기를 통해 잎으로 이동하는 수분이 잎의 증산작용으로 내보내는 수분의 양보다 적으면, 기공은 닫히고 잎은 시들어 죽고 결국 식물체의 나머지 부분도 죽게 된다. 그 후 이 균은 광범위하게 식물의 모든 조직으로 침투하고, 죽은 식물의 표면에 도달하면 대량의 포자를 형성한다. 이들 포자는 바람, 물 등에 의해 새로운 식물체나 새로운 지역으로 전반된다.

때로는 토양 수분이 높고 온도가 상대적으로 낮으면 감염된 식물체는 수확량이 많을 수도 있지만, 이 경우에 병원균이 과실에 도달하여 종자에 침입하거나 오염시킬 수도 있다. 일반적으로 감염된 과실은 썩어서 떨어진다. 비록 수확하더라도 감염된 종자는 너무 가벼워서 종자 정선과정에서 제거되므로 병원균의 전반에는 아무런 역할도 하지 못한다.

방제. 저항성 토마토 품종의 이용은 포장에서 이 병을 방제하는 유일한 실용적인 방법이다. 현재 몇 가지 저항성 품종이 실용화되었다. 이 균은 토양에 매우 광범위하게 분포하고 늘 존재하므로 묘상의 멸균과 돌려짓기는 확실한 방법이긴 하지만 사용상에 한계가 있다. 토양멸균을 포장에서 실행하기에는 너무 많은 비용이 들지만 토마토를 재배하는 온실에서는 가능하다. 무병종자와 무병묘를 사용하는 것은 필수적이며, 감염이 의심되는 종자는 파종 전에 반드시 온탕처리를 실시한다.

지난 수년 동안 Fusarium시들음병의 생물적 방제에는 고무적인 결과를 얻었다. 각 작물에 병원성이 없는 *F. oxysporum*의 분화형을 식물체에 먼저 접종하거나, *Trichoderma*와 *Gliocladium* 같은 길항균이나 *Pseudomonas fluorescens* 와 *Burkholderia cepacia* 같은 길항세균 등을 처리하는 방법을 이용하기도 한다. 그러나 아직까지는 생물적 방제가 실용화 단계는 아니다. 여름동안 포장의 토양에 투명한 플라스틱 필름을 덮어 태양열살균(solarization)을 한 경우도 병발생을 감소시켰다. 최근에는 난균 *Phytophthora cryptogea* 의 유주포자를 살포하면 토마토 식물체가 전신획득저항성을 획득하여 *F. oxysporum* f. sp. *lycopersici* 의 접종에 대해서 시들음병이 발생하지 않았다는 것이 알려졌다. 비록 유용하기는 하였으나 어느 방법도 아직 Fusarium시들음병 방제에 실용화되지는 못했다.

바나나 Fusarium(파나마)시들음병

Fusarium oxysporum f. sp. *cubense* 에 의한 바나나의 파나마시들음병은 1880년대 후반에 호주에서 발견되었지만, 1950년대 파나마에서 대발생하여 바나나품종 'Gros Michel' 재배지 40,000ha를 황폐화시킴으로써 비로소 중미 바나나산업의 가장 위험성 있는 심각한 병으로 인식하게 되었다. 파나마시들음병은 현재 바나나가 재배되고 있는 대부분의 지역에서 발생하고 있다.

파나마시들음병의 병징은 오래된 잎의 황화현상과 아래쪽의 잎집이 세로로 쪼개지는 증상을 나타낸다. 잎은 시들고 엽병기부가 굽어지며, 나중에는 어린잎이 쇠약해져 죽는다 (그림 11-104E, 11-104F). 내부적으로는 오래된 잎집 위나 안쪽에 갈색의 줄무늬가 형성되고, 이어서 목부의 많은 부분이 붉은 벽돌색이나 갈색을 나타낸다 (그림 11-104G). 이러는 동안에 토양으로부터 세근을 통해 바나나 식물체에 침입한 균은 지하경을 거쳐 위경의 물관부로 진전되어 정착하여 물관의 갈변과 폐색을 일으킨다 (그림 11-104G).

병원균은 *F. oxysporum* f. sp. *cubense* 로 소형분생포자, 대형분생포자 그리고 후벽포자를 형성한다. 병원균의 몇몇 분화형은 그들이 침입하는 바나나 품종에 차이를 나타내는 것으로 알려져 있다.

병원균은 침입한 식물체에서는 균사상태로, 토양에서는 대부분 후벽포자 상태로 생육이 불리한 시기를 지낸다. 토양에서 후벽포자 상태로 약 20년 동안 생존한다. 병원균은 바나나의 전통적인 영양번식과정에서 감염된 지하경에 의해서 기본적으로 전반된다. 드물게는 병원균이 토양 중의 포자, 관개수, 농장의 기구나 장비에 묻어서 전반되기도 한다.

파나마 시들음병은 방제가 어렵고 효과적인 방제법은 없다. 가장 효과적인 방제법은 현존하는 병원균의 분화형에 대해 저항성을 나타내는 바나나품종을 심는 것이다. 또한 병원균이 존재하지 않는 토양에 무병 지하경을 심는 것이다. 조직배양을 통해 무병 번식체를 이용하는 것이 도움이 된다. 또한, 이 병에 대한 생물적방제는 도움이 되나 실용화까지는 아직 멀었다.

Verticillium 시들음병

Verticillium 시들음병(Verticillium wilt)은 전 세계적으로 발생하지만, 특히 온대지역에서 가장 중요한 병이다. *Verticillium* 은 대부분의 채소류, 화훼류, 과수(그림 11-106A), 딸기(그림 11-106C), 밭작물, 녹음수와 임목 등을 포함하여 200종 이상의 식물은 침해한다. *Verticillium* 은 감자 시들음병(early dying)의 주요 원인이기도 하다.

Verticillium 시들음병의 병징은 Fusarium시들음병과 거의 유사하다. 그러나 대부분의 지역과 많은 기주에서 *Verticillium* 은 *Fusarium*보다 낮은 온도에서 시들음병을 일으키고, 병징은 천천히 진전되며, 식물체의 아래쪽 또는 바깥쪽 부분에만 나타나거나, 식물체의 가지 일부분에만 나타나기도 한다. 일부 기주의 경우에서 Verticillium 시들음병은 주로 유묘에 나타나고, 보통 감염 직후에 죽는다. 대체로 생육 후기에 발생하는데, 위쪽 잎은 축 처지며 다른 잎에는 불규칙한 회색 부위가 생기고 괴사한다. 성숙한 식물체가 *Verticillium* 에 감염되면 흔히 위축되며, 유관속조직은 특징적으로 변색된다 (그림 11-106B). *Verticillium* 에 감염되면, 점차적으로 시들며 낙엽지고, 계속해서 가지가 죽는 경우도 있고, 식물 전체가 갑작스럽게 붕괴되어 죽기도 한다 (그림 11-106). *Verticillium* 에 감염되기

그림 11-106 *Verticillium* sp.에 의한 복숭아나무(A,B)와 딸기(C)의 Verticillium시들음병. (A,C) 시들음과 고사증상을 나타내는 식물. (B) 감염된 복숭아나무 줄기의 변색된 유관속조직. (D) 환형으로 배열된 *Verticillium* 의 분생포자경과 분생포자. [사진제공: (A,B) A.L. Jones, Michigan State University, (C,D) D. Legard, University of Florida.]

시작하는 동안에 토마토 식물체에 에틸렌이 존재하는 경우에는 병의 진전을 억제하지만, 병의 후반부에 에틸렌이 존재하는 경우에는 오히려 시들음병이 증가되는 것으로 나타났다. 에틸렌의 즉각적인 생성과 집적에 관여하는 효소유전자를 처리한 토마토 식물체는 비록 균이 식물체에 존재하더라도 Verticillium 시들음병을 뚜렷하게 감소시킨다.

포장에서 Verticillium 시들음병은 처음에는 국부적이고 경미하게 나타난다. 이듬해에는 전염원의 밀도가 증가하고 병원성이 더 큰 계통이 나타나므로 작물재배를 중지하거나 저항성 품종으로 대체하기 전까지는 점점 더 심하고 광범위하게 발생한다.

*Verticillium albo-atrum*과 *V. dahliae* 가 대부분의 식물에서 Verticillium 시들음병을 일으킨다. 두 종 모두 생존기간이 짧은 분생포자를 형성한다. 또한, *V. dahliae* 는 소형균핵을 형성하지만, *V. albo-atrum*은 세포벽이 두꺼운 암색 균사만 형성하고 소형균핵은 형성하지 않는다. *V. albo-atrum*은 20~25℃가 최적생장온도이지만, *V. dahliae*는 다소 높아 25~28℃가 최적생장온도이므로 보다 따뜻한 지역에서 발생이 많다. 일부 *Verticillium* 계통은 기주특이적이나, 대부분은 넓은 기주범위를 가지고 있다. *V. dahliae*는 소형균핵으로 토양에서 월동하며 15년까지 생존할 수 있다. 그러나 2종 모두 다년생 기주내, 번식기관 또는 식물의 잔재 속에서 균사체로

월동할 수 있다.

Verticillium 은 직접 또는 상처를 통해 기주식물의 어린뿌리를 침입한다. 이 균은 오염된 종자, 삽수, 괴경 등을 통해 전파되며, 바람, 지표수, 그리고 토양에 의해 전반된다. 토양 1g당 100개 이상의 소형균핵을 포함하는 경우도 있는데 1g당 6~50개 정도면 대부분의 감수성 식물을 100% 감염시키기에 충분하다 (그림 8-7 참조). 많은 포장이 병든 감자의 괴경이나 다른 작물을 파종함으로써 최초로 *Verticillium* 에 오염된다. 감자, 가지, 토마토 같은 가지과작물을 심으면 토양 내의 전염원량을 증가시킨다. 그러나 *Verticillium* 은 토양 토착성이며 비경작지에서도 발견되므로 이 균이 감수성 작물을 심는 즉시 침해할 수 있다는 것을 시사하고 있다.

Verticillium 시들음병의 방제는 무병토양에 무병종자를 심고, 저항성 품종을 이용하고, 가지과작물을 반복해서 재배하는 지역에서는 감수성 품종의 식재를 피하는 것이 좋다. 토양훈증은 고부가가치 작물의 경우에는 사용될 수 있지만 넓은 지역에서의 사용은 비용이 많이 들어 비경제적이다.

여름에 온도가 높고 강우가 적은 지역에서는 토양의 태양열 살균이 *Verticillium* 방제에 유용한 방법이 된다. 또한, 암모늄태 질소시비를 처리한 멀칭재배는 가지과작물과 같은 몇몇 식물 등에서 *Verticillium* 에 의한 피해를 감소시키는 것으로 생각된다.

느릅나무 Ophiostoma(Ceratocystis) 시들음병: 느릅나무 시들음병

느릅나무 시들음병(Dutch elm disease)은 프랑스에서는 1917년에 보고되었지만, 1921년에 네덜란드의 느릅나무에서 처음 널리 알려졌으므로 Dutch elm disease로 명명되었다. 그 후 유럽, 아시아의 일부, 그리고 북미의 대부분의 온대지역으로 전파되었다. 미국에서 이 병은 1930년대 초반에 오하이오와 동부 해안의 일부 주에서 처음으로 발견되었고, 서쪽으로 퍼져나가 1973년에는 태평양 연안까지 전파되었다.

느릅나무 시들음병은 매우 파괴적이다. 대부분의 느릅나무종에 발생하지만, 미국느릅나무에 가장 심하게 발생한다. 이 병에 감염되면 감염시점으로부터 수주 또는 수년 내에 가지와 나무 전체가 죽는다. 느릅나무 시들음병 때문에 매년 미국 도시에 있는 수십만 그루의 느릅나무가 죽는다. 심하게 병든 나무와 죽은 나무를 베어내는 비용은 매년 수백만 달러에 달한다. 물론 수많은 지방에서 이 병으로 인하여 자연경관이 파괴된 것은 금액으로 계산할 수도 없다.

병징

느릅나무 시들음병의 초기 병징은 한쪽 가지 또는 나무 전체의 잎이 갑작스럽게 또는 서서히 시드는 현상이다 (그림 11-107A, 11-107C). 시든 잎은 흔히 말리며 노랗게 변한 후 갈변하며 일찍 떨어진다 (그림 11-107C). 대부분의 병든 가지는 낙엽 후에 바로 죽는다. 이 병은 처음에는 보통 하나 또는 몇 개의 가지에 나타난 후 나무 전체로 확산된다. 그래서 죽은 가지들이 나무 전체 또는 나무의 일부분에 나타난다. 그러한 나무는 수년에 걸쳐 서서히 죽어가거나 회복되기도 한다. 그러나 때로는 나무 전체에 갑자기 병징이 나타나서 수주일 내에 죽기도 한다 (그림 11-107A, 11-107B). 보통 봄이나 초여름에 감염된 나무는 빨리 죽는 반면, 늦여름에 감염된 나무는 그리 심하게 피해를 받지 않으므로 다시 감염되지 않으면 회복된다.

감염된 잔가지나 굵은 가지의 수피를 벗겨보면, 갈색 줄무늬나 얼룩이 목질부의 바깥쪽에 나타난다. 가지의 횡단면에는 불연속적이거나 연속적인 원 모양의 갈변 부위가 목질부의 바깥쪽 나이테에 나타난다 (그림 11-107D). 보다 확대해보면 양분이나 물의 상승 흐름이 막혀진 새로 감염된 신초의 물관 안쪽에서 전충체를 관찰할 수 있다 (그림 11-107E).

병원균: Ophiostoma ulmi and Ophiostoma novo-ulmi

최근에는 느릅나무 시들음병의 대발생을 일으키는 병원성계통들이 새로운 종인 *O. novo-ulmi*로 대체되었다. 후자는 다시 *O. novo-ulmi* subsp. *novo-ulmi* 와 *O. novo-ulmi* subsp. *americana*로 분리되었다. 이들 계통은 자연 상태에서 교잡되었으며, 이전의 우점했던 *O. ulmi* 계통이 빠르게 대체된 것이다. 균사는 상아색이다. 물관 내에서 균사는 짧은 가지를 형성하고, *Sporothrix* 형 (Ophiostomataceae 가 형성하는 포자형) 분생포자 덩어리를 형성한다 (그림 11-109). 죽어가는 나무나 죽은 나무에 있는 균사는 대부분 분생포자경다발 위에 *Graphium*형 (Ophiostomataceae 가 형성하는 포자형) 분생포자를 형성하는데, 이 분생포자경다발은 목질부로부터 다소 벌어진 수피나 매개충이 수피 속에 만든 터널 안에서 형성된다. 분생포자경다발은 곧고 검으며 단단한 자루(stalk; synnema)와 무색으로 나팔꽃처럼 벌어진 머리(head)로 구성된 균사의 집합체이다. 분생포자경다발의 머리에는 분생포자가 가득 붙어있어 점질성이며 반짝거리는 흰색 내지 황색의 점액 방울로 보인다.

이 병원균은 성적으로 친화성이 있는 두 계통의 접촉으로

그림 11-107 *Ophiostoma ulmi*에 의한 느릅나무 시들음병의 병징. (A) 감염된 느릅나무는 시들음증상을 나타내고 잎은 황갈색과 갈색을 나타내고 떨어지며, 잔가지와 가지는 죽는다. (B) 이 병에 의해 느릅나무가 줄지어 죽는다. (C) 감염된 나무의 초기 병징은 잔가지의 시들음 증상이다. (D) 감염된 느릅나무의 잔가지에는 유관속조직의 갈변현상이 나타난다. (E) 감염된 나무의 목부 물관 내에 형성되는 전충체는 시들음의 진전을 돕는다. [사진제공: (A,B,D) E.L. Barnard, Florida Department of Agriculture, Forestry Division, (C) U.S. Forest Service, (E) D.M. Elgersma.]

유성생식을 한다. 흔히 교배형의 하나만 자연계의 넓은 지역에서 발견되므로 유성생식은 극히 드물다. 예를 들면, 미국에서 이 균은 극히 드물게 유성생식을 하지만, 유럽에서는 다소 흔한 편이다. 두 교배형이 서로 접촉하면 자낭각을 형성한다. 자낭각은 구형이고, 검으며, 직경이 약 120㎛이고 목이 길다(약 300~400㎛) (그림 11-109). 자낭각은 하나씩 또는 집단으로 형성되고 분생포자경다발이 형성되는 수피안의 동일한 곳에서 형성된다.

자낭각의 내부에는 수많은 자낭이 발달하지만, 자낭은 성숙하여 곧 터지므로 자낭포자는 자낭각 속에 흩어져 있다. 자낭포자는 자낭강의 목구멍(neck canal)을 통해 방출되고 끈적끈적한 점액물질에 축적된다.

병의 진전

느릅나무 시들음병은 균과 곤충 사이의 특수한 협력관계의 결과이다 (그림 11-108). 비록 이 병원균 자체가 병의 원인이 되지만 곤충은 이 균의 포자를 병든 느릅나무에서 건전한 느릅나무로 전파시키는 필수적인 매개체이다. 북미에서 이 병을 전파시키는 곤충은 *Scolytus multistriatus* (유럽느릅나무좀)와 *Hylurgopinus rufipes* (미국느릅나무좀)라는 딱정벌레이다 (그림 11-108A). 그러나 나무좀에 의한 전파와 더불어 병원균은 인접한 나무 사이에 형성되는 자연적인 뿌리접목에 의해서도 전파된다.

그림 11-108 (A) 병든 느릅나무에서 건전한 느릅나무로 병원균을 옮기는 역할을 하는 매개충인 나무좀. (B) 알을 낳기 위한 암컷성충과 유충에 의해 병들거나 죽은 느릅나무 수피 아래에 형성된 갱도. 여기서 균은 포자를 형성한다. (C) 갱도로부터 나오는 성충은 그들이 먹이를 취하는 건전한 느릅나무에 포자를 옮기고 비로소 균이 접종된다. [사진제공: (A,B) U.S. Forest Service, (C) P. Svihra.]

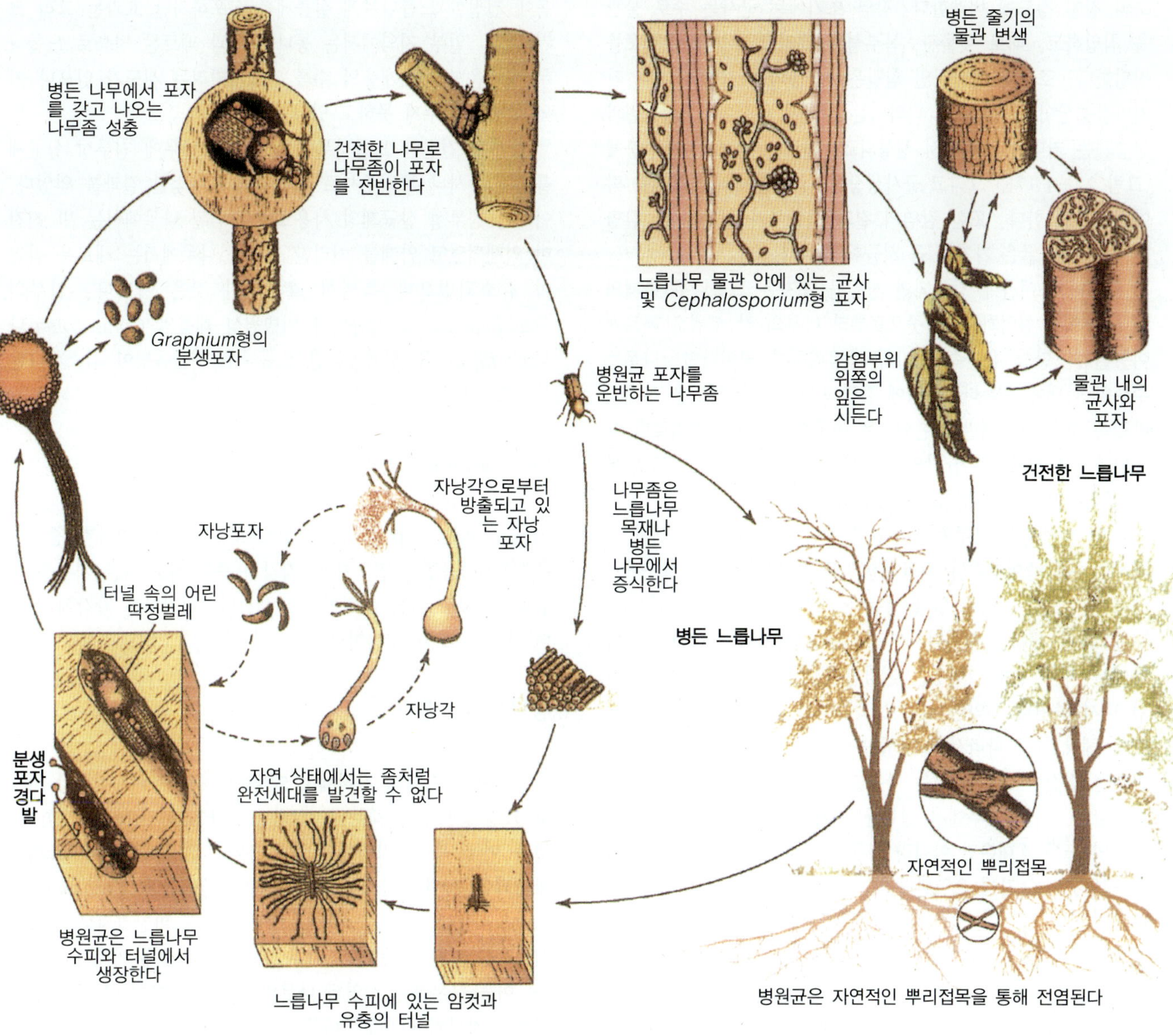

그림 11-109 *Ophiostoma novo-ulmi* 에 의한 느릅나무 시들음병의 병환.

이 병원균은 죽어가거나 죽은 느릅나무와 베어진 통나무의 수피에서 균사나 포자를 함유하고 있는 분생포자경다발 상태로 월동한다. 느릅나무좀은 가뭄이나 병들어 쇠약해진 나무의 수피와 목질부 사이의 내부 공간에 알을 낳는다. 성충 암컷 나무좀은 수피를 통해서 터널을 만드는데 목질부의 나뭇결을 따라 평행하게(*Scolytus* sp.), 또는 각지거나 수직으로(*Hylurgopinus* sp.) 갱도를 만든다. 암컷은 갱도의 가장자리에 알을 낳고, 알이 부화하면 유충은 어미가 만들어 놓은 갱도의 직각 방향으로 터널을 만든다 (그림 11-108B). 만약에 나무가 이미 이 병원균에 감염되었다면, 이 병원균은 나무좀이 만들어 놓은 터널에 균사와 끈끈한 *Graphium*형 포자를 형성한다. 따라서 성충이 출현하면 이들의 체내 외에는 수천 개의 포자를 갖고 있게 된다. *Scolytus* 나무좀은 직경 5~30cm인 줄기에서 먹이를 취한다. 나무좀이 수피와 목질부를 파고 들어감에 따라(그림 11-108B) 포자는 상처가 난 조직에 떨어져 발아하고, 손상된 수피와 목질부에서 빠르게 생장한다. 이 균이 춘재(春材; spring wood)의 커다란 물관에 도달하면, *Sporothrix*형 포자를 형성하고, 이들 포자는 수액의 흐름을 따라 위로 이동한다. 이들 포자는 효모처럼 출아법으로 증식하고 발아하여 새로운 감염을 일으킨다. 수관에 나타나는 병징의 정도는 유관속의 침입 정도에 비례한다. 감염 초기에는 균사는 주로 물관을 침입하고, 때로 헛물관, 목부섬유 그리고 주변의 유세포를 침입한다. 조직의 전반적인 침입은 이 병의 마지막 단계나 가지마름증상이 전체적으로 나타나는 시기에 시작한다. 검물질과 전충체는 커다란 물관에서 생성되고, 때로는 점성물질, 전충체(그림 11-107E) 그리고 균사생장에 의해 변재의 일부분을 막아버리기도 한다. 또한 감염의 결과 물관부가 갈변한다. 감염된 잔가지와 굵은 가지는 곧 시들어 죽는다.

봄이나 초여름에 감염되면 병원균 포자는 느릅나무 춘재의 긴 물관으로 침입하고, 이곳으로부터 나무의 각 부위로 빠르게 이동된다. 만일 유관속 침입이 광범위하게 일어나면, 나무는 수주일 이내에 죽는다. 후기에 감염되면 유관속 침입은 추재의 바깥쪽 짧은 물관에만 국한되므로 이곳으로부터 근거리로만 이동된다. 그 결과, 후기 감염은 국부적인 감염만 일으키고 나무에 급격하게 심한 손상을 입히지는 않는다.

이들 매개충인 나무좀은 수일 동안만 살아있는 나무에서 섭식하며, 곧 죽어가거나 쇠약해진 나무로 되돌아가서 그곳에서 새로운 갱도를 만들고 알을 낳는다. 일반적으로 딱정벌레는 1년에 2~3 세대를 거친다. 어린 성충은 죽거나 쇠약한 느릅나무에서 나온 후에 살아있는 건강한 나무로 옮겨가서 가해하다가 다시 죽거나 쇠약한 나무로 되돌아와 산란하는 것이 한 세대에 해당한다. 따라서 일단 곤충이 병원균 포자에 오염되면, 곤충은 건전한 나무나 병든 나무를 가리지 않고 병원균 포자를 전반한다. 이들 나무에서 병원균은 생장하고 번식하므로 이들 곤충의 모든 후대뿐만 아니라 병든 나무를 찾아온 다른 곤충들도 병원균의 포자에 오염된다.

방제

감수성인 미국느릅나무에서 저항성인 클론은 없다. 시베리아느릅나무와 중국느릅나무 같은 아시아계의 느릅나무는 느릅나무마름병에 저항성을 나타내지만, 녹음수로서의 가치는 낮다. 여러 종 사이에서 육성된 잡종들은 다양한 저항성을 나타내고 일부는 유망해 보이지만, 아직까지 어느 것도 널리 식재·보급되거나 완전히 저항성으로 증명된 것은 없다.

느릅나무 시들음병의 방제에는 주로 위생관리와 약제살포를 통한 매개충의 제거에 의존해왔다. 위생관리는 쇠약해서 죽은 느릅나무와 통나무를 제거함으로써 그 속에 남아있는 유충을 박멸하거나 병원균과 매개충의 월동 서식처를 제거하는 것이다. 감염된 잔가지와 굵은 가지를 제거하는 것도 마름병을 제거하는 방법이다. 자연적으로 접목된 느릅나무의 뿌리는 절단하거나 약제를 살포하여 균이 다른 나무로 전파되는 것을 막아야 한다. 약제에 의한 매개충을 구제하는 방법으로 휴면기나 봄에 건전한 느릅나무에 살충제를 살포하지만 효과는 그리 크지 않다. 일부 지역에서는 통나무 덫과 페르몬 덫으로 느릅나무 시들음병의 매개충의 수를 감소시키려는 시도가 있으나 거의 성공을 거두지 못하고 있다.

개개의 건전한 느릅나무나 병든 느릅나무에 침투성 살균제를 수간주사나 뿌리주사로 주입하여 고무적인 결과를 얻었다. 이러한 침투성 살균제의 사용으로 감염된 나무에서는 병 진전이 억제되었고 약제를 처리한 건전한 나무에서는 새로운 감염이 감소되었으나 특별히 효과적인 것은 아니다. 일부의 *Pseudomonas* 속 세균이나 비병원성 계통의 *Ophiostoma* 나 *Verticillium* 을 선접종하면 느릅나무 시들음병이 감소한다는 보고도 있다.

Ceratocystis 시들음병

Ceratocystis spp.은 전 세계적으로 수목류에 3가지 중요한 유관속시들음병을 일으키며, 각각의 종은 서로 다른 기주를 침입하고, 서로 다른 지역에서 발생한다. 여기서는 각각에 대하여 간단히 설명하고자한다.

참나무 시들음병

처음에는 각각의 가지에서 발생하나 점차 나무 전체가 시들고 낙엽지며 결국 죽는다 (그림 11-110A~11-110D). 이 병은 미국 북동부지역에서 발생하지만 멀리 남부 텍사스까지 확대되어 있다. 참나무 시들음병의 병원균은 *Ceratocystis fagacearum*이지만, 느릅나무 시들음병과 마찬가지로 참나무 시들음병은 곤충 즉, 수액나무좀(sap beetle)에 의해서 전반된다. 이들 나무좀은 감염된 나무의 수피를 통하여 균사포자덩어리를 부착하여 나오고, 다른 형태로는 상처를 통해 유출된 수액에 의해 병든 나무로부터 건전한 나무로 포자를 전반한다. 또한 병원균은 나무 사이에 형성되는 자연적인 뿌리접목에 의해서 병든 나무에서 인접한 나무로 전파된다. 이 병의 방제는 어렵고 임지에서는 방제가 거의 불가능하다.

카카오나무 또는 Mal De Machete의 Ceratocystis 시들음병

감염된 나무는 처음에는 하나의 가지 위에 시든 갈색 잎이 나타나고 이어 나무 전체에 나타난다. 또한 이 병은 형성층과 수피조직을 죽이고 잔가지와 굵은 가지에 궤양을 일으킨다 (그림 11-110E, 11-110F). 현재까지 이 병은 중남미지방에서만 발견되었다. 카카오나무의 Ceratocystis 시들음병의 병원

그림 11-110 (A) *Ceratocystis fagacearum* 에 의한 참나무 시들음병의 초기 잎에 나타나는 병징. (B) 다 자란 참나무는 참나무 시들음병에 의해 죽는다. (C) 균사층은 굵은 가지의 수피 내의 갈라진 틈을 통하여 자란다. (D) 북미에서 발생하는 참나무 시들음병의 분포도. *C. fimbriata* 에 의한 카카오나무 Ceratocystis시들음병의 병징; 시들음증상을 나타내는 카카오나무(E)와 목질부 내의 변색부위(F). [사진제공: (A-D) U.S. Forest Service, (E,F) T.C. Harrington, Iowa State University.]

균은 *Ceratocystis fimbriata* 이다. 이 균은 암브로시아나무좀(ambrosia beetle)과 자연적인 뿌리접목에 의해 병든 나무에서 건전한 나무로 전파된다. 이 병에 대한 효과적인 방제법은 아직 없다.

유칼리나무의 *Ceratocystis*시들음병

감염된 유칼리나무는 시들어 죽는다. 또한 감염된 나무는 수피와 물관부에 특징적인 장해를 일으킨다. 이 병은 최근에 아프리카 중부의 콩고에서 발견되었다. 유칼리나무 시들음병은 *C. fimbriata*에 의해서 발생한다.

참고문헌

Anonymous (1991). Recent advances in *Fusarium* systematics: A symposium. *Phytopathology* **81**, 1043–1067.

Appel, D. N. (1995). The oak wilt enigma: Perspectives from the Texas epidemic. *Annu. Rev. Phytopathol.* **33**, 103–118.

Banfield, W. M. (1941). Distribution by the sap stream of spores of three fungi that induce vascular wilt disease of elm. *J. Agric. Res. (Washington, DC)* **62**, 637–681.

Banfield, W. M. (1968). Dutch elm disease recurrence and recovery in American elm. *Phytopathol. Z.* **62**, 21–60.

Beckman, C. H. (1987). "The Nature of Wilt Diseases of Plants." APS Press, St. Paul, MN.

Booth, C. (1971). "The Genus *Fusarium*." Commonw. Mycol. Inst., Kew, England.

Brasier, C. M. (1991). *Ophiostoma novo-ulmi* sp. nov., causative agent of current Dutch elm disease pandemics. *Mycopathologia* **115**, 151–161.

Brown, M. F., and Wyllie, T. D. (1970). Ultrastructure of microsclerotia of *Verticillium albo-atrum*. *Phytopathology* **60**, 538–542.

Chambers, L., and Corden, M. E. (1963). Semeiography of *Fusarium* wilt of tomato. *Phytopathology* **53**, 1006–1010.

Gibbs, J. N. (1978). Intercontinental epidemiology of Dutch elm disease. *Annu. Rev. Phytopathol.* **16**, 287–307.

Gordon, T R., and Martyn, R. D. (1997). The evolutionary biology of *Fusarium oxysporum*. *Annu. Rev. Phytopathol.* **35**, 111–128.

Jones, J. P., and Crill, P. (1973). The effect of Verticillium wilt on resistant, tolerant and susceptible tomato varieties. *Plant Dis. Rep.* **57**, 122–124.

Mace, M. E., Bell, A. A., and Backman, C. H., eds. (1981). "Fungal Wilt Diseases of Plants." Academic Press, New York.

Nelson, P. E., Toussoun, T. A., and Cook, R. J., eds. (1981). "*Fusarium*: Diseases, Biology, and Taxonomy." Pennsylvania State Press, University Park, PA.

Parker, K. G. (1959). Verticillium hardromycosis of deciduous tree fruits. *Plant Dis. Rep. Suppl.* **225**, 39–61.

Pegg, G. F. (1974). Verticillium diseases. *Rev. Plant Pathol.* **53**, 157–182.

Ploetz, R. C., ed. (1990). "Fusarium Wilt of Banana." APS Press, St. Paul, MN.

Pomerleau, R. (1970). Pathological anatomy of the Dutch elm disease: Distribution and development of *Ceratocystis ulmi* in elm tissues. *Can. J. Bot.* **48**, 2043–2057.

Powelson, M. L., and Rowe, R. C. (1993). Biology and management of early dying of potatoes. *Annu. Rev. Phytopathol.* **31**, 111–126.

Pullman, G. S., and DeVay, J. E. (1982). Epidemiology of *Verticillium* wilt of cotton: A relationship between inoculum density and disease progression. *Phytopathology* **72**, 549–554.

Roux, B. y. J., Wingfield, M. J., Bouillet, J.-P., *et al.* (2000). A serious new wilt disease of *Eucalyptus* caused by *Ceratocystic fimbriata* in central Africa. *Eur. J. Forest Pathol.* **20**, 175–184.

Smalley, E. B., and Guries, R. P. (1993). Breeding elms for resistance to Dutch elm disease. *Annu. Rev. Phytopathol.* **31**, 325–352.

Stipes, R. J., and Campana, R. J., eds. (1981). "Compendium of Elm Diseases." APS Press, St. Paul, MN.

Strobel, G. A., and Lanier, G. N. (1981). Dutch elm disease. *Sci. Am.* **245**, 56–66.

Wingfield, M. J., Siefert, K. A., and Webber, J. F. (1993). "*Ceratocystis* and *Ophiostoma*: Taxonomy, Ecology, and Pathogenicity." APS Press, St. Paul, MN.

자낭균류와 불완전균류에 의한 뿌리썩음병과 줄기썩음병

여러 자낭균류는 주로 식물체의 뿌리와 줄기기부를 가해한다. *Cochliobolus*, *Gibberella*, *Gaeumannomyces* 등은 화곡류와 벼과 목초류만 가해한다. *Sclerotinia* 와 *Stenocarpella* (*Diplodia*)의 일부 종들은 곡류와 벼과 목초류를 침입하지만, 다른 여러 종은 채소류와 밭작물에 심한 병을 일으킨다. *Fusarium solani*, *Leptosphaeria*, *Phymatotrichopsis*, *Monosporascus*, *Acremonium*, *Thielaviopsis* 등 토양병원균의 세 번째 집단은 많은 채소류, 관상식물, 밭작물, 심지어는 수목에 뿌리썩음병과 줄기기부썩음병을 일으킨다.

일반적으로 이들 병원균이나 기타 토양전염성 자낭균류 및 불완전균류에 의한 뿌리썩음병과 줄기기부썩음병은 감염된 식물기관에 처음에는 수침상의 병반이 나타나고, 나중에는 갈색 내지 검은색으로 변한다. 일부의 병에서는 병반 전체가 흰 균사로 뒤덮이기도 한다. 병든 뿌리와 줄기는 다소 빠르게 죽으며, 식물 전체가 생육이 부진하거나 죽는다. 이와 같은 병을 일으키는 균은 비활물기생균으로서 죽은 유기물을 영양원으로 토양에서 생장과 생식하는 토양서식균이다. 이러한 토양균은 높은 토양 습도와 대기 중의 높은 상대 습도 조건을 선호한다. 대부분의 토양병원균은 분생포자를 형성하고, 일부는 산발적 또는 규칙적으로 자낭포자를 형성하기도 한다. 일부의 토양병원균은 균핵을 형성한다. 앞에 언급한 모든 병원균은 병든 식물의 조직이나 잔재물에서 균사로 월동하며 균핵 또는 포자로도 월동한다. 이들은 전염원으로 작용하며 새로운 감염을 일으킬 수 있다. 1980년대 중반이후 길항균과 길항세균을 종자에 처리하여 몇몇 뿌리썩음병과 줄기썩음병을 방제하는 생물적 방제법이 상당히 진전되었다. 그러나 이러한 방법은 아직 실험단계에 있다.

옥수수의 Gibberella 줄기썩음병, 이삭썩음병, 유묘마름병

옥수수의 줄기썩음병(stalk rot)은 흔히 여러 균과 세균이 복합적으로 일으키며, 성숙기에 이른 식물체를 침입한다. 옥수수의 줄기마름병을 일으키는 주요 병원균은 *Gibberella, Fusarium* (*F. verticillioides, F. proliferatum* 및 *F. subglutinans*), *Stenocarpella* (*Diplodia*), *Colletotrichum graminicola*와 *Macrophomina* 이다. 이 줄기썩음 복합병(stalk rot complex)은 10~30%의 손실을 초래하기도 한다.

옥수수의 Gibberella병은 전 세계적으로 분포하며 엄청난 손실을 일으킨다. 그 중 줄기썩음과 이삭썩음 증상을 나타내는 *G. zeae* 에 의한 붉은곰팡이병(赤黴病; scab)이 가장 중요하다. 줄기썩음증상에서는 아래쪽의 마디가 물러지고, 내부는 분홍색이나 적색으로 나타나며, 외부는 황갈색이나 갈색으로 변한다 (그림 11-111A~11-111D). 수(髓; pith)는 완전히 붕괴되고 유관속 다발만 남는다. 이 증상은 뿌리에도 발생한다. 줄기썩음에 이어 잎은 담회색을 띠고, 식물체는 일찍 죽고, 줄기는 갈라진다 (그림 11-111E, 11-111F). 이삭썩음 증상에서는 흔히 분홍색 또는 붉은색의 균이 이삭 끝에서부터 발생한다 (그림 11-112). 만약에 일찍 감염되면 이삭은 완전히 썩고, 분홍색 균이 이삭과 단단히 붙어있는 포엽 사이에서 형성된다. *G. zeae* 에 감염된 옥수수 이삭에는 균독소가 포함되어 있는데, 이는 인간은 물론 돼지와 같은 동물에 독성을 나타낸다.

Gibberella 는 옥수수 유묘에 모마름병을 일으키는 많은 균 중의 하나이다. 이 균은 종자에 감염되거나 오염되어 전반되기도 하며, 토양에서 종자나 유묘를 침입하기도 한다. 어느 경우이든 발아하는 종자가 감염되어 출현 이전에 죽기도 하며, 출현 후에도 바로 죽거나 또는 왜화되고 퇴색되어 결국 죽는다. 담갈색 내지 암색 병반이 주근과 측근 및 아래쪽 마디에 뚜렷이 나타난다.

Gibberella 의 2종, 즉 *G. zeae*와 *G. moniliforme* (*fujikuroi*)는 옥수수와 곡류에 나타나는 병징의 주요 원인균이다. 두 균 모두 자낭각에서 자낭포자를 형성하고, *Fusarium*형 분생포자도 형성한다. *G. moniliforme* 은 자낭각을 거의 형성하지 않는다. 이 균은 감염된 식물의 잔재, 특히 옥수수의 줄기에서 자낭각, 균사, 또는 후벽포자로 월동한다. 봄의 온난다습한 날씨에서 성숙한 자낭포자가 방출되고 바람에 의해 옥수수 줄기나 이삭으로 전반되어 직접 침입하거나 상처를 통해 침입하여 발병한다. 분생포자는 병든 옥수수의 잔재에서도 형성되지만 흔히 식물체의 병환부에서 형성되어 2차전염원으로 작용한다. 이 병은 생육초기에는 건조한 날씨를 선호하고, 옥수수의 수염이 나올 무렵이나 그 이후에는 다습한 날씨에서 잘 발생한다. 재식밀도가 높고, 식물체에 질소농도가 높고 칼륨 함유량은 낮으며, 잡종 옥수수가 조숙성인 조건에서는 이 병에 더욱 감수성이 된다.

옥수수의 *Gibberella* 병의 방제는 저항성 품종의 이용, 질소와 칼륨의 균형시비, 재식밀도의 조절 등에 달려 있다. 돌려짓기도 방제에 도움이 된다.

화곡류의 붉은곰팡이병

화곡류의 붉은곰팡이병(赤黴病; Gibberella 또는 Fusarium head blight, 또는 scab)은 전 세계적으로 발생한다. 붉은곰팡이병은 일반적으로 모마름증상(seedling blight)과 기부썩음증상(foot rot)을 동반한다. 이들 병은 옥수수에서 병을 일으키는 *Gibberella zeae* (무성세대; *Fusarium graminearum*)나 *Fusarium culmorum* 그리고 보리에 병을 일으키는 *F. avenacearum* 과 *F. poae*와 같거나 유사한 균이다. 붉은곰팡이병의 병징은 키가 작은 밀 품종보다 키가 큰 밀 품종에서 더욱 심하게 나타난다. 감염된 포장에서는 50% 이상의 수확량 손실을 초래한다. 일부의 옥수수 대량 재배 지역에서는 이 병으로 인하여 보리와 밀 생산이 불가능하기도 하다.

모마름증상은 유묘가 지상부로 출현하기 전이나 후에 외피가 갈색으로 썩어 잎마름증상을 나타낸다. 성숙한 식물의 경우에는 기부썩음증상이 나타나는데, 지제부나 지제부 아래쪽의 줄기가 갈변하거나 뚜렷이 썩어 보인다.

붉은곰팡이병은 이삭마름병(scab 또는 head blight)이라고도 하는데, 미국 중서부(Minnesota, North and South Dakota, Illinois, Indiana, Ohio)와 캐나다(Alberta, Manitoba, Saskachewan)에서 특히, 출수기와 개화기에 고온다습한 경우에는 밀이나 다른 곡류에 막대한 피해를 준다. 감염된 소수에는 초기에 수침상의 병반이 형성되고, 엽록소가 파괴되어 누렇게 변한다 (그림 11-113A). 온난다습할 때 감염된 소수에는 분홍색의 균사와 분생포자가 대량으로 형성되어 인접한 소수와 이삭 전체를 감염시킨다 (그림 11-113B). 자주빛을 띤 자낭각은 감염된 꽃의 포엽에 형성된다. 감염된 낟알은 쪼그라들고, 균사가 주피로부터 바깥쪽으로 생장함에 따라 흰색, 분홍색 또는 담갈색의 비늘 모양으로 보인다 (그림 11-113C, 11-112D). 옥수수의 경우와 같이 *Fusarium graminearum* 에 감염된 곡류의 낟알은 독소를 함유하고 있어서 인간과 돼지 및 다른 동물에 독성을 나타낸다.

Gibberella 에 의해 발생하는 곡류의 병을 방제하는 수단은 옥수수의 동일한 병을 방제하는 경우와 마찬가지이다. 밀 붉은곰팡이병의 생물적 방제를 위해 이용 가능한 미생물의 탐색과

그림 11-111 다양한 균류에 의해 발생되는 옥수수 줄기썩음병: (A) *Gibberella* sp., (B) *Fusarium* sp., (C) *Diplodia* sp., (D) *Microphomina* sp. (E) 어린 식물체의 Gibberella 줄기썩음병. (F) 감염에 의해 쇠약해진 줄기는 특징적으로 파괴된다. [사진제공: Plant Pathology Department, University of Florida, (E) W.L. Seaman, WCPD.]

그림 11-112 다양한 균류에 의해 발생되는 옥수수 이삭썩음병: *Gibberella* sp.(A, B), *Fusarium* sp.(C), *Diplodia* (*Stenocarpella*) sp.(D), *Nigrospora* sp.(E) 그리고 *Trichoderma* sp.(F). [사진제공: (A) J.C. Sutton, WCPD, (B,C,E) M.C. Shurtleff, University of Illinois.]

그림 11-113 *Fusarium* sp.에 의한 옥수수 붉은곰팡이병. (A) 붉은곰팡이병에 걸린 밀 이삭. (B) 감염된 밀의 영(穎) 위에 형성된 분홍색 포자들. (C) *Fusarium* sp.에 의해 감염된 결과 나타나는 하얗게 말라 쭈그러진 밀 이삭. (D) 건전한 밀 이삭(오른쪽)과 붉은곰팡이병의 다양한 감염정도에 따른 이삭의 모양(왼쪽과 중앙). [사진제공: (A,C) R.A. Martin, (B) A. Tekauz, (D) L. Cooke, WCPD.]

유전공학을 이용한 밀의 저항성품종의 개발노력이 이루어지고 있다.

비곡류의 Fusarium 뿌리썩음병과 줄기썩음병

여러 *Fusarium* 종 특히, *F. solani* 와 *F. oxysporum*의 분화형은 유관속시들음병 대신에 종자의 부패와 유묘의 모잘록병을 비롯하여 뿌리, 줄기기부, 초관썩음병(그림 11-114A~11-114E) 그리고 구근, 인경, 괴경썩음병(그림 11-114F)을 일으킨다. 이 병원균들은 각종 채소류, 화훼류, 밭작물 등을 가해한다. 이들 병은 전 세계적으로 발생하며, 입묘율을 떨어뜨리고 감염된 식물의 생장과 수량을 상당히 감소시킨다.

뿌리썩음병(根腐病; root rot)에 감염된 강낭콩(그림 11-114A), 땅콩, 콩, 아스파라거스 등은 초기에는 어린 식물체의 주근에 붉은 변색부가 생기는데, 차츰 색깔이 짙어지고 커진다. 이러한 변색부는 뚜렷한 가장자리가 없이 지제부 아래에 있는 주근과 줄기를 뒤덮으며, 지제부 위쪽으로 줄무늬가 나타나기도 한다. 세로 방향의 균열이 나타나고, 측근은 죽는다. 일반적으로 식물의 생장은 지연되고, 날씨가 건조하면 잎은 노랗게 변하여 떨어지기도 한다. 때로는 감염된 식물의 지제부 아래에 2차근과 수많은 세근이 발달하여 식물이 제대로 성숙하고 수확량도 좋은 경우가 있다. 그러나 많은 경우에 있어서 감염된 식물은 시들음 증상의 유무에 관계없이 쇠약해져 죽는다.

그림 11-114 (A) *Fusarium solani* 에 의한 강낭콩(A)과 *Fusarium culmorum* 에 의한 밀(B)의 Fusarium뿌리썩음병. *Fusarium oxysporum* f. sp. *radicis-lycopersici* 에 의한 토마토(C, D)와 *Fusarium* sp.에 의한 양상추(E) 그리고 *F. solani* 에 의한 감자 괴경(F)의 뿌리 및 관부썩음병. [사진제공: (A-D,F) Plant Pathology Department, University of Florida, (E) R.T. McMillan, University of Florida.]

줄기 또는 뿌리 그리고 관부썩음병(莖腐病; stem or root and crown rot). *F. oxysporum* f. sp. *radicis-lycopersici*에 의해 뿌리와 관부썩음병이 발생한 토마토(그림 11-114C, 11-114D)와 같이 감염된 식물은 기부의 줄기가 썩어서 시들어 죽는다. 병징은 지제부나 그 아래의 줄기 표면에 나타나고, 가장자리는 담홍색 또는 붉은색을 띤다. 이 병은 외부에서 내부로 진전된다. 일부의 식물에서는 갈변 부위가 줄기 안쪽으로 확대되어 상당히 위쪽까지 진전된다. 늙은 식물에서는 뿌리가 썩고 껍질이 벗겨진다.

인경, 구근, 괴경썩음병(rots of bulbs, corms and tubers)은 *Fusarium*에 의해 포장에서나 저장 중에 발생한다. 이들은 양파, 백합, 글라디올러스, 감자(그림 11-114F) 등의 식물에서 흔히 발생한다. 썩음병은 흔히 상처나 수확 중 생긴 절단면에서 시작된다. 감염된 인경이나 구근은 외형상 병징이 나타나기도 하고 나타나지 않기도 하는데, 일반적으로 기부, 인편, 뿌리 등은 갈변 내지 흑변하며 움푹 들어가고 썩으며 균사층이 형성된다. 보통 썩은 부위는 마르고 단단해진다. 잎은 노란색 또는 갈색으로 변하고, 미성숙 상태로 죽는다. 괴경에는 작은 갈색 얼룩이 생겨서 확대되고, 이곳이 움푹 꺼지고, 겹동근무늬 모양으로 주름지는데, 주름 사이의 움푹한 곳은 흰 균사가 보인다. 결국 괴경 전체가 감염되면 단단해져 미라화되지만, 만약에 습한 조건이 되면 무름병을 일으키는 세균의 침입을 받는다.

콩의 sudden death syndrome(SDS)은 푸른 색소를 생성하는 *Fusarium solani* 계통인 *F. solani* f. sp. *glycines*에 의해 발생한다. 거의 대부분의 콩 생산이 이루어지고 있는 미국의 주들과 남미의 몇몇 나라에서 발생하고 있다. SDS는 감염된 식물의 연령, 병에 대한 저항성품종, 그리고 기후조건에 따라 5~80%의 손실을 입힌다. 감염에 이은 점차적인 뿌리썩음(그림 11-115A)에 의해 이 병은 잎에 작은 점무늬(그림 11-115B)를 형성하고, 나중에는 병반이 커지면서 대부분의 엽맥 사이로 합쳐지고(그림 11-115C), 낙엽되며, 꽃과 꼬투리가 떨어진다. 뿌리의 내부는 변색하여 밖으로 퍼지며, 이어서 주근과 측근이 괴사(그림 11-115A)하고 각각의 식물은 죽는다. 포장내 넓은 면적이 감염되기도 한다 (그림 11-115D).

병원균에 감염된 식물체가 저온, 간헐적인 가뭄, 과도한 토양수분, 제초제, 토양 답압, 천경으로 인한 뿌리 발달의 억제 등으로 스트레스를 받으면, Fusarium 뿌리썩음병과 줄기썩음병은 더욱 심해진다.

*Fusarium solani*는 일반적으로 무성포자만 형성하지만, 어떤 조건에서는 자낭각 세대인 *Nectria haematococca*를 형성한다. 무성포자로는 소형분생포자, 대형분생포자(그림 11-116), 그리고 두꺼운 벽을 가진 후벽포자가 있다. 이 균은 죽은 식물조직에서 살고, 감염된 조직이나 죽은 조직 또는 종자에서 균사나 포자로 월동한다. 이 균은 대부분의 토양에서 포자로 존재하므로 공기, 농기구, 물, 접촉을 통해 쉽게 전파된다.

온실 내에서 Fusarium뿌리썩음병은 토양멸균과 건전한 묘목의 사용으로 방제가 가능하다. 그러나 포장에서는 이 병에 대한 적당한 방제수단이 없다. 파종 전에 심경하여 단단한 토양을 느슨하게 하는 것은 강낭콩의 Fusarium뿌리썩음병을 감소시킬 수 있는 가장 좋은 방법이다. 비기주 작물과 돌려짓기, 토양의 좋은 배수시설, 무병종묘나 살균제 처리 종묘의 사용 등도 권장되는 방법이다. 가능하다면 저항성 품종을 이용하는 것처럼 질산태 질소를 시비하여 이 병을 감소시킬 수 있다. 살균제로 번식묘를 처리하고, 재배하는 식물체에도 살포하면 일부 작물에는 Fusarium썩음병의 발생을 감소시킬 수 있다. Fusarium뿌리썩음병과 줄기썩음병의 생물적 방제법으로 토양에 보리짚이나 카이틴 등의 유기물을 첨가하여 *Fusarium*에 대한 길항균과 길항세균이 증가하는기 위한 유리한 조건을 제공하거나, 길항균, 균근균류, 길항세균을 종자 또는 이식묘에 처리함으로써 효과를 거두었다. 그러나 어떠한 생물적 방제법도 아직까지 실용화된 것은 없다.

밀 마름병

마름병(立枯病; take-all)은 전 세계적으로 분포하며, 온대 기후에서 재배되고 있는 밀, 다른 화곡류 및 벼과 목초류에 치명적인 병이다. 마름병은 특히 화곡류를 집약적으로 연작하는 지역에서 주로 겨울밀의 뿌리와 줄기기부에 발생한다. 그 손실은 아주 경미한 정도부터 50%에 이르기까지 다양하다.

생육초기에 밀 포장에서 마름병은 생장이 불량하고 누런빛의 유묘 또는 키가 작고 분얼하지 못하여 빈약한 식물체가 있는 곳이 군데군데 집단으로 나타난다 (그림 11-117A, 11-117B). 생육후기에 병든 식물은 조숙하며 불임으로 흰색을 띤 소수가 달린 이삭이 나오는데, 이를 백수(白穗; whitehead)라고 한다 (그림 11-117C, 11-117D). 감염된 식물은 토양에서 쉽게 뽑히는데, 이는 균이 근계를 파괴하였고 남아있는 뿌리는 짧고 흑갈색으로 변하였으며 쉽게 끊어지기 때문이다. 흑갈색으로 말라 썩는 증상은 줄기의 기부는 물론 하위엽이 있는 기부까지 확대된다. 균사층이 줄기와 최하위 잎집 사이에서 발달하며, 잎집 위에는 병원균의 자낭각 목(neck)에 해당하는 작고 검으며 융기된 점무늬가 보인다. 이 병을 진단하는 중요한 특징은 굵은 갈색 띠처럼 보이는 확산균사(擴散菌絲; runner hyphae)가 뿌리의 표면에 존재하는 것이다 (그림 11-117E).

그림 11-115 *Fusarium solani* 에 의한 콩 sudden death syndrome (SDS). (A) 곁뿌리와 근관부의 썩음; 뿌리의 일부가 파란색을 띠는 균류로 덮여있다. (B) SDS의 초기 병징은 잎에 노랗거나 흰 점무늬가 나타난다. (C) SDS가 진행되면서 콩잎의 엽맥 사이에 갈색 괴저증상이 나타난다. (D) SDS가 진전된 포장에서의 병징은 감염된 콩이 거의 전부 낙엽지는 현상이 나타난다. [사진제공: X.B. Yang, Iowa State University.]

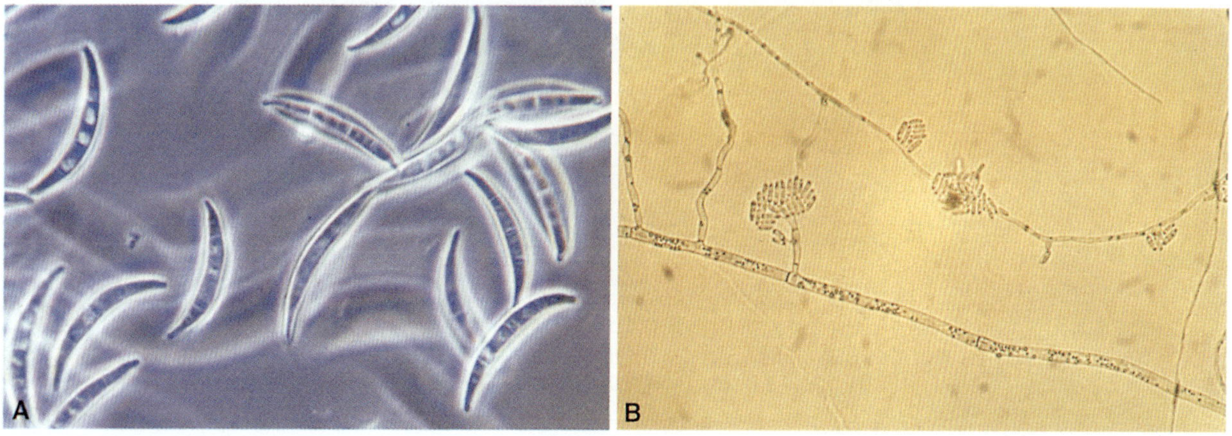

그림 11-116 *Fusarium* sp.의 대형분생포자(A)와 소형분생포자(B). [사진제공: (A) R.J. McGovern, (B) R. Cullen, Plant Pathology Department, University of Florida]

그림 11-117 *Gaeumannomyces graminis* 에 의한 밀 마름병. (A) 두 그루의 건전한 밀 유묘(왼쪽)와 마름병에 감염된 두 그루의 유묘(오른쪽). (B) 마름병에 의해 감염된 밀의 근계와 줄기 기부는 죽는다. (C) 마름병에 감염된 식물에 의해 형성되는 '백수(white head)' 확대 모습. (D) 마름병이 심하게 발생한 포장에서 나타나는 백수의 모습. (E) 표면에서 자라고 있는 확산균사와 흡기처럼 생긴 흡수균사. [사진제공: (A,B) I.R. Evans, WCPD, (C,D) D. Mathre, Montana State University, (E) R. Cullen, University of Florida.]

마름병의 병원균은 *Gaeumannomyces* (*Ophiobolus*) *graminis* 이다. 이 균은 뿌리 위에 외생하는 확산균사를 형성하고, 짧고 암색이며 흡기같이 생긴 흡수균사(吸收菌絲; feeder hyphae) (그림 11-117E)를 형성하여 기주 속으로 자라 들어간다. 이 균은 자연 상태에서 한 종류의 포자, 즉 자낭각 속의 자낭 안에 자낭포자만을 형성한다. 그러나 배양 조건에서는 병 모양의 균사세포 끝에서 분생포자도 형성한다. 자낭각은 검고 돌출된 검은 목을 가졌으며, 기부의 잎집에 묻혀있다.

이 균은 감염된 밀과 벼과식물의 뿌리와 줄기 그리고 병든 식물의 잔재에서 월동한다. 다습한 날씨에는 자낭에서 자낭포자가 강하게 방출되지만, 거의 감염을 일으키지 않는다. 지금까지 알려진 대부분의 감염은 생장하는 식물의 뿌리가 균사와 접촉하여 일어난다. 외부에 있는 균사는 직접 침입관을 통해 뿌리 조직을 침입하는 흡수균사를 형성한다. 이 균은 피층과 유관속을 침해하지만, 유관속을 통한 전신감염을 일으키지는 않는다. 감염된 뿌리는 죽는다. 어린 식물에서 이 병원균은 관부와 기부로 확대되지만, 성숙한 식물에서는 감염 속도가 느려서 뿌리에만 머무른다. 이 병원균은 생육기 전반에 걸쳐서 식물체를 침입할 수 있지만 12~18℃에서 더욱 활동적이다. 마름병은 척박하고, 단단하며, 배수가 불량한 알칼리성 토양에서 심하게 발생한다. 밀을 연작하는 포장에서는 수년(3~6년) 동안은 발병률이 증가하지만, 그 이후에는 오히려 발생빈도가 줄어들어 매우 낮은 수준에서 안정된다.

마름병의 방제는 주로 비기주식물로 돌려짓기하는 경종적 방법에 의존한다. 다른 방제수단으로는 병원균이 서식할 수 있는 벼과 잡초와 자생 밀의 제거; 미량원소, 칼륨, 인, 암모니아태 질소 비료의 적절한 시비(질산태 질소 비료는 사용을 피함); 고도저항성 품종은 없으므로 내병성 품종의 이용 등이 있다. 최근에 마름병에 의한 손실은 침투성 살균제의 종자처리로 과거에 비해 60~75%까지 감소시킬 수 있다.

마름병의 생물적 방제법을 발견하고 개발하기 위하여 대단히 많은 연구가 수행되었다. 일부 토양은 마름병을 억제시키는 반면에 다른 토양은 이 병을 유도한다는 사실이 관찰되었다. 이 억제능력은 포장에서 포장으로 이동시킬 수도 있었으며, 고온(60℃)이나 훈증제를 처리하여 제거할 수도 있었다. 뿌리 표면이나 감염된 뿌리 속에서 서식하며 *Gaeumannomyces* 에 길항적인 근권 세균이 마름병을 감소시킨다는 사실이 밝혀졌다. 길항세균은 밀 뿌리 분비물의 영향으로 다른 세균보다 5~10배 더 빠르게 증식한다. 길항세균은 밀도가 증가하고, 항생물질, siderophores 등을 분비하여 병원균을 계속 억제함으로써 마름병을 감소시킬 수 있다. 실험조건에서 많은 세균 계통이 병원균을 효과적으로 억제하는 것으로 밝혀졌다. 그러나 이들 길항세균을 종자에 처리하여 온실이나 시험포장에서 *Gaeumannomyces* 에 감염된 토양에 파종하면 방제효과가 미미하거나 완전히 실패로 돌아간다. 따라서 포장에서 마름병의 생물적 방제는 아직 실용화되지는 못했으나 연구를 통해서 많은 장애를 극복할 수 있는 것으로 보인다.

Thielaviopsis검은뿌리썩음병

Thielaviopsis 균(대부분 *T. basicola*)은 많은 작물의 유묘에 모잘록병과 검은뿌리썩음병(그림 11-118A)을 일으키는 매우 흔하고 중요한 토양전염성 병원균이다. 많은 채소류, 관상식물, 밭작물 등에 발생하지만, 이 병은 특히 두류, 박과작물류 그리고 가지과작물에 심하게 발생한다. 감염된 식물은 검은뿌리썩음 증상을 일으켜 발육이 저하되고 황화되어 품질이 저하하고 생산량이 감소한다. 검은뿌리썩음 증상은 감염된 뿌리 위에 균이 형성하는 검은색의 후벽포자로 인해 나타나며, 이는 이 병의 진단에 이용된다. 후벽포자(그림 11-118B, 11-118C)는 두꺼운 세포벽을 가지며, 감염된 뿌리조직 내에 연쇄상으로 형성된다. 이 균은 또한 기부가 팽창된 분생포자경 위에 무색이며 원통모양인 분생포자를 연쇄상으로 형성한다 (그림 11-118B, 11-118C).

멜론의 Monosporascus뿌리썩음병과 덩굴쇠퇴병

이 병은 상대적으로 여름온도가 높고 비가 적은 기후와 염분이 많은 알칼리 토양을 갖는 전 세계 대부분의 지역에서 발생한다. 이들 지역으로는 미국 남서부, 북아프리카, 스페인, 이스라엘, 이란, 인도, 일본 등이 포함된다. 이 병은 기본적으로 머스크멜론과 수박을 침해한다.

이 병은 뿌리썩음과 갑작스런 쇠약을 일으키고 수확 직전의 포장에서 식물체를 죽이기도 한다. 작물에 매년 10~25%에 이르는 손실을 입히지만, 포장에 따라서는 작물을 완전히 죽이기도 한다.

병징

이 병으로 인해 지상부에 나타나는 병징은 관부 안쪽의 잎의 발육이 나빠지고, 황화되며 괴사한다 (그림 11-119A). 포장 전체나 발병된 위치의 작물의 초관이 쇠약해졌을 때는 수확 전 약 10~14일까지 잎의 괴사가 진행된다 (그림 11-119B). 쇠약해진 잎이 강한 햇빛에 노출되면 과실은 미숙상태로 남는다. 과실은 숙성되지 못하게 되어 상품성을 잃는다. 감염된 식물의 뿌리는 장해를 나타내는데(그림 11-119C, 11-

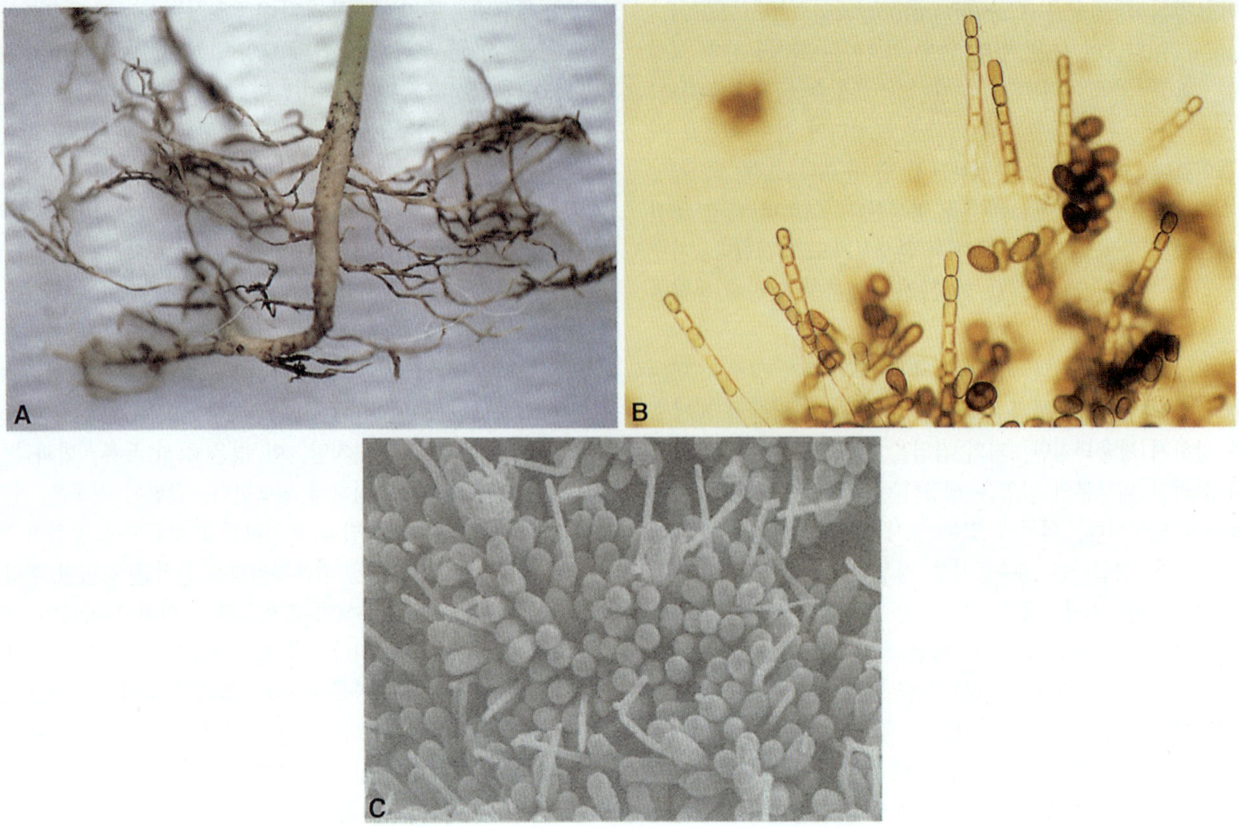

그림 11-118 *Thielaviopsis basicola* 에 의한 검은뿌리썩음병. (A) 많은 기주 중의 하나인 일일초의 특징적인 뿌리썩음 병징. (B) *Thielaviopsis* 는 연쇄상의 분생포자를 형성하고 두꺼운 벽을 가진 후벽포자를 형성한다. (C) *T. basicola* 의 후벽포자와 phialide의 주사전자현미경 사진. [사진제공: (A) R.J. McGovern, (B) R. Cullen, Plant Pathology Department, University of Florida, (C) C.W. Mims, University of Georgia, from Riggs and Mims (2002). *Mycologia* **92**, 123-129.]

119D), 특히 뿌리접점, 세근과 2차근이 부패되고 껍질이 벗겨지며, 습한 조건에서는 더욱 뿌리가 썩고 주근이 죽는다 (그림 11-119C, 11-119D). 일부 뿌리에서는 피층 내에 많은 자낭각이 박혀 있으며, 이로 인해 이 병을 'black pepper spot'라고 부르기도 한다 (그림 11-119D).

병원균

이 병은 *Monosporascus cannonballus* 에 의해 발생한다. *M. eutypoides*는 또 다른 관련 종으로 동남아시아에서 병을 일으키는 것으로 생각된다. 이 균은 200개 이상의 자낭을 가진 검은 구형의 자낭각을 형성하지만, 각각의 자낭은 둥근 포탄모양의 자낭포자를 단 하나만 가진다. *M. cannonballus* 의 자낭포자(그림 11-119E)는 실험실 내에서는 발아하지 않는다. 이 균은 불완전세대를 갖지 않으며, 따라서 분생포자를 형성하지 않는다. 이 균은 고온(30~35℃)에서 잘 자라며, pH 6~7, 심지어 pH 9에서도 잘 자란다.

병의 진전

이 균은 자낭각의 내부 또는 자낭각을 갖지 않는 자낭포자 상태로 토양에서 생존한다. 자낭포자는 멜론 뿌리 근처에서 발아하여 뿌리로 침입한다. 세근과 2차근은 이 균에 의해 감염되어 곧 죽는다. 이 시기에 식물체는 수분장해를 나타내어 잎이 황화되고 시들기 시작하며, 갑자기 죽는다. 보다 큰 뿌리에 감염되면 뿌리의 피층에 자낭각이 형성되어 뿌리표면 위가 돌출되는 증상이 나타난다. 이와 같은 돌출부위는 곧 검게 변하며 마침내 파열되고, 자낭각은 토양 내로 자낭포자를 방출한다.

방제

멜론 뿌리썩음병과 덩굴쇠퇴병(vine decline)에 대한 효과적

그림 11-119 박과작물의 검은점뿌리썩음병과 덩굴쇠락. *Monosporascus cannonballus* 에 감염된 초기 발병 포장의 병징(A)과 전체 포장에 만연한 병징(B). 감염된 어린뿌리는 죽고(C) 이들 뿌리에는 검은 자낭각이 형성된다(D). (E) 자낭각으로부터 둥근 포탄모양의 자낭포자들이 방출된다. (F) 생물적 방제를 위해 사용되는 길항균 *Trichoderma viride* 의 균사에 의해 기생당한 *M. cannonballus* 의 균사. [사진제공: B.D. Bruton, USDA, Lane, OK.]

인 방제법은 없다. 저항성품종의 사용, 토양훈증, 살균제 처리 등의 조합은 병발생을 감소시킬 수 있으나 완전히 제거하지는 못한다. 생물적 방제는 실험실 조건에서는 가능하지만(그림 11-119F), 아직까지 포장에서의 적용은 가능하지 않다.

Sclerotinia 에 의한 병

Sclerotinia 속의 균, 특히 *S. sclerotiorum*와 *S. minor* 는 각종 다즙성 식물, 특히 채소류와 화훼류에 큰 피해를 주는 병을 일으킨다. 다른 종인 *S. homeocarpa*는 잔디류에 심한 동전마름병(dollar spot)병을 일으킨다. Sclerotinia병은 전 세계적으로 발생하며, 유묘, 성숙한 식물체, 수확물 등 기주의 생육기 전반에 걸쳐서 침입한다.

채소류와 화훼류의 균핵병

Sclerotinia 에 의한 병은 거의 대부분의 일년생 채소류, 관상식물 그리고 밭작물에 발생하고 포장과 저장 중인 작물 모두에 막대한 손실을 일으킨다. *Sclerotinia* 에 의한 병징은 감염된 기주나 기주의 감염부위 그리고 환경조건에 따라 다소 다양하게 나타난다. *Sclerotinia* 에 의한 병은 솜털썩음병(cottony rot), 흰곰팡이병(white mold), 물렁썩음병(watery soft rot), 줄기썩음병(stem rot), 초관썩음병(crown rot), 꽃마름병(blossom blight) 등 여러 가지로 알려져 있다.

병징 및 병의 진전. *Sclerotinia* 에 의한 병의 뚜렷하고 전형적인 초기 병징은 하얀 솜털 같은 균사가 나타나고, 여기에 크고 단단한 휴면체인 균핵이 나타나는 것이다 (그림 11-120A~11-120F). 균핵은 처음에는 흰색이지만 나중에는 검고 단단해진다. 균핵은 둥글게 생겼으나 다소 평평하고 길쭉한데, *S. minor*는 0.5~1.0mm이고, *S. sclerotiorum*은 2~10mm로 크기는 매우 다양하다.

다즙성 식물의 줄기가 감염(그림 11-120A~11-120D)되면 초기에는 기부에 담갈색 또는 암갈색 병반이 나타난다. 이 병반은 흔히 흰 솜털 같은 균사로 뒤덮인다. 감염 초기 단계에는 잎이 정상적으로 보이므로 병든 식물을 지나치기 쉽다. 병원균이 줄기에 만연하여 줄기를 썩히면, 병반 위쪽의 잎은 시들음 증상이 나타나고 다소 빠르게 말라죽는다. 어떤 경우에는 먼저 잎이 감염된 후 줄기로 이동하기도 한다. 이 균의 균핵은 줄기의 수에 형성(그림 11-120E)되거나, 줄기의 외부에 형성되기도 한다.

병원균이 줄기의 기부나 하위엽을 가해하면, 양상추, 셀러리, 비트 등의 식물의 잎과 엽병은 급속히 붕괴되어 죽는다. 이 균이 줄기를 침입하여 급속히 퍼지면, 식물체 전체는 죽고 파괴되며, 각각의 잎은 축 처져서 밑에 있는 잎에 닿는다. 균사와 균핵은 일반적으로 바깥쪽에 있는 잎의 뒷면에 나타나지만, 다습한 조건에서는 병원균이 식물 전체를 가해하여 부패시키므로 흰 솜털 같은 균사가 식물체 전체를 뒤덮는다.

Sclerotinia 에 감염된 양상추, 양배추, 당근 등의 다육질 저장기관은 포장이나 저장 중에 표면에 흰 솜털 같은 균사가 발생한다 (그림 11-121A~11-121D). 외부에는 검은 균핵이 형성된다 (그림 11-121D). 감염된 조직은 건전한 조직보다 짙은 색을 띠며, 물컹물컹하게 썩는다. 만약 이 병이 수확 후에 저장고에서 발생하면 인접한 근채류, 인경, 구근 등에 확산되어 군데군데 썩은 곳이 생기거나, 한 상자 내의 저장물이 모두 물컹물컹하게 썩고 균사로 뒤덮인다.

오이, 호박, 가지 등의 다육질 과실과 강낭콩의 꼬투리는 지면에 인접한 부분과 지면에 접한 부분 또는 노화된 화기를 통해 *Sclerotinia* 에 감염된다. 이 균은 과실의 끝 부분과 꼬투리로부터 발생하여 점차 확대되므로 결국 전체가 썩고 붕괴된다 (그림 11-121C). 감염된 꼬투리와 과실의 외부와 내부에는 흰 균사와 검은 균핵이 나타난다.

동백나무와 수선화는 주로 꽃이 감염된다. 작은 수침상의 담갈색 점무늬가 꽃잎에 나타나고, 차츰 확대 융합하여 꽃잎 전체를 덮는다. 결국은 꽃 전체가 암갈색으로 변하여 떨어진다. 다습한 날씨 또는 꽃이 땅에 떨어진 후에 꽃은 붕괴되고 다량의 균사와 균핵이 형성된다.

잔디류에서는 *Sclerotinia homeocarpa* 에 의해 동전마름병이 발생하는데, 이는 잔디를 짧게 잘랐을 때 1달러 동전 크기의 작고 둥근 탈색된 병반들이 많이 나타나기 때문에 붙여진 병명이다. 이 병은 많은 골프장과 정원에서 지속적으로 발생하며, 정원에서는 잔디밭 위에 마름현상을 나타내는 4~6인치 정도의 얼룩이 나타난다 (그림 11-122A~11-122C).

병원균. 병원균 *Sclerotinia sclerotiorum*은 병든 조직의 내·외부에 균핵을 형성하여 월동하거나, 지면에서 떨어진 균핵으로 또는 병든 식물의 잔재 속이나 살아있는 식물에서 균사로 월동한다 (그림 11-120E, 11-120F, 11-123). 봄이나 초여름에 균핵은 발아하여 직경 5~15mm의 작은 원반이나 컵 모양의 자낭반을 형성하고, 자낭반에는 자낭포자를 형성한다. 수많은 자낭포자가 2~3주 동안 자낭반에서 공기 중으로 방출된다. 바람에 날린 자낭포자는 늙은 꽃 같은 노화된 식물 부위에 떨어지면 이를 영양원으로 삼아 발아하고 감염을 일으킨다 (그림 11-121F). 일부 *Sclerotinia* 종에서는 균핵으로부터 형성된 균사가 어린 식물 줄기를 직접 가해함으로써 감염

그림 11-120 *Sclerotinia sclerotiorum* 에 의한 병징. 강낭콩(A,B), 감자(C), 그리고 고추(D)에 형성된 흰 곰팡이와 줄기썩음증상. 감염된 토마토 줄기 안에 형성된 균핵(E)과 발아된 균핵에서 형성된 자낭반(F). [사진제공: (A,E) K. Pernezny, (C,F) D.P. Weingartner, University of Florida, (B,D) Plant Pathology Department, University of Florida.]

그림 11-121 균핵병의 다양한 병징. (A) 양상추 퇴락증상. (B) 양배추 썩음증상. (C) 호박에 흰 곰팡이의 형성과 무름증상. (D) 당근 표면에 균핵을 포함한 흰 곰팡이의 형성. (E) 양상추를 연작하는 포장에서 *Sclerotinia sclerotiorum* 에 의한 고사현상. (F) 자낭포자의 공기전반에 의해 양상추 포장이 붕괴된 모습. [사진제공: D. Ormrod, WCPD, (B~D) I.R. Evans, WCPD, (E,F) K.V. Subbarao, University of California, Salinas.]

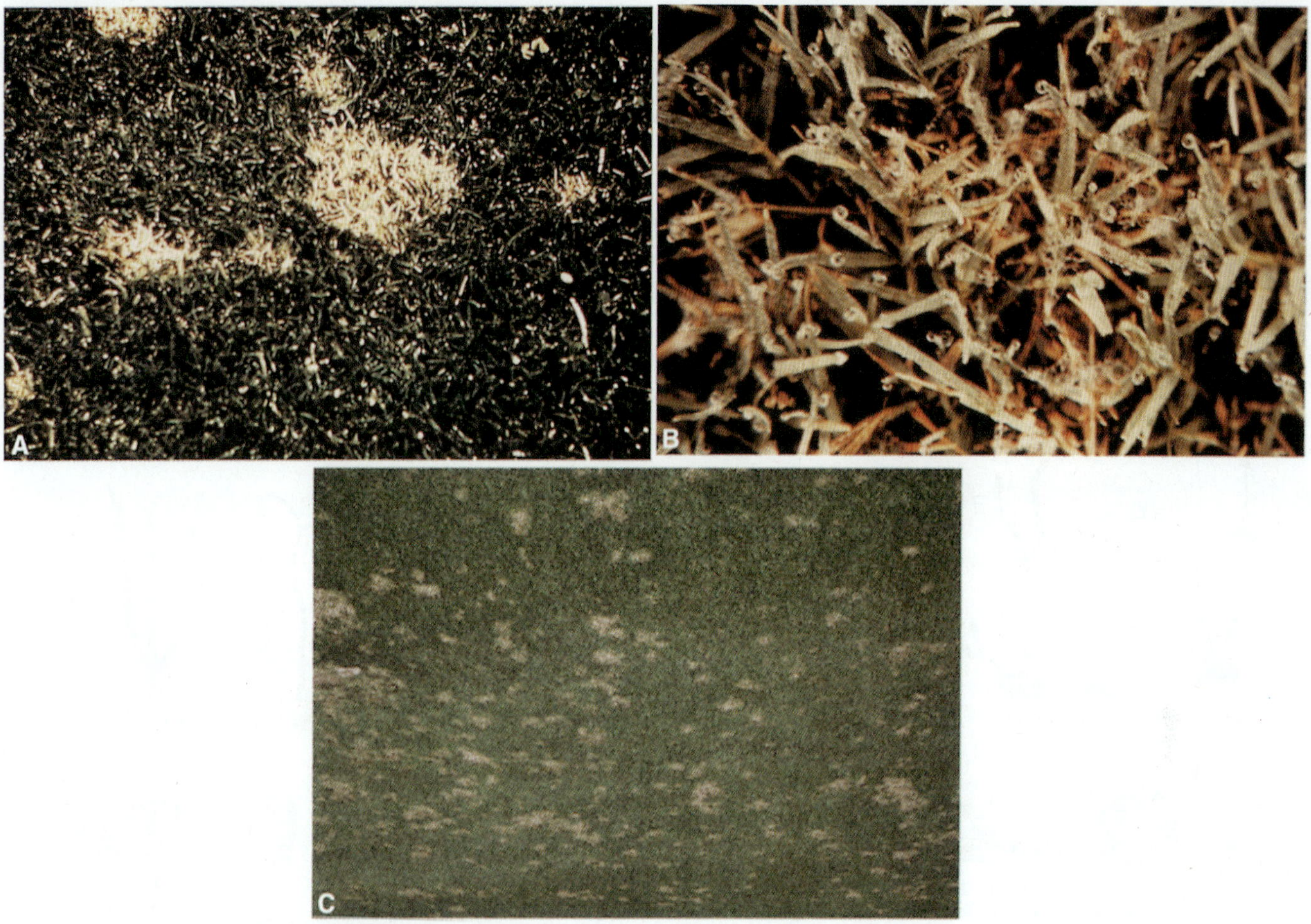

그림 11-122 *Sclerotinia homeocarpa* 에 의한 잔디 동전마름병. (A) 병에 의해 죽은 식물체들에 의해 형성된 점무늬병반. (B) 하나의 점무늬 병반에서 감염된 잔디 위에 자라고 있는 균을 확대한 모습. (C) 잔디밭에 형성된 "동전마름병"의 모습. [사진제공: T.E. Freeman, University of Florida.]

을 일으킨다 (그림 11-121E). *S. sclerotiorum*은 거의 대부분 자낭포자로 침입하여 감염을 일으키나, 다습한 조건일 때는 균핵의 직접발아에 의한 침입이 더 일반적이다.

Sclerotinia 병의 방제는 여러 경종적 방법과 약제살포에 의존한다. 이 병원균에 대해 눈에 띄게 저항성을 보이는 품종은 거의 없다. 온실에서는 토양을 증기로 살균하여 병원균을 제거한다. 감수성 작물은 배수가 잘 되는 토양에 식재하고, 통기가 잘 되게 재식밀도를 낮추고, 잡초가 없도록 관리해야 한다. 균핵은 최소 3년 동안 생존하고 동시에 발아하거나 죽는 일이 없으므로 감염된 포장에서는 감수성 작물을 다시 식재하기 위해서는 최소 3년 동안은 화곡류 같은 비감수성 작물을 식재해야 한다. 몇몇 작물에 있어 *Sclerotinia* 를 방제하는 좋은 방법은 병들기 쉬운 생육 단계 직전과 그 단계 동안 적절한 살균제들을 토양이나 식물체에 살포하면 좋은 효과를 기대할 수 있다. 최근에 개발된 보호살균제나 침투성 살균제도 Sclerotinia 병의 방제에 좋은 효과를 나타낸다.

수많은 종의 균, 세균, 곤충 및 다른 생물체들이 *Sclerotinia* 에 기생하거나, 생장을 방해한다는 사실이 보고되었다. 일부 작물에서 Sclerotinia 병의 생물적 방제를 위해 중복기생균인 *Coniothyrium minitans*, *Gliocladium roseum*, *G. virens*, *Sporidesmium sclerotivorum*, *Trichoderma viride* 를 *Sclerotinia* 로 오염된 토양에 처리하였을 때 긍정적인 결과를 얻었다. 이들 중복기생균은 토양에 존재하는 균핵을 파괴하고 새로운 균핵의 형성을 저해함으로써 토양 속의 병원균 밀도

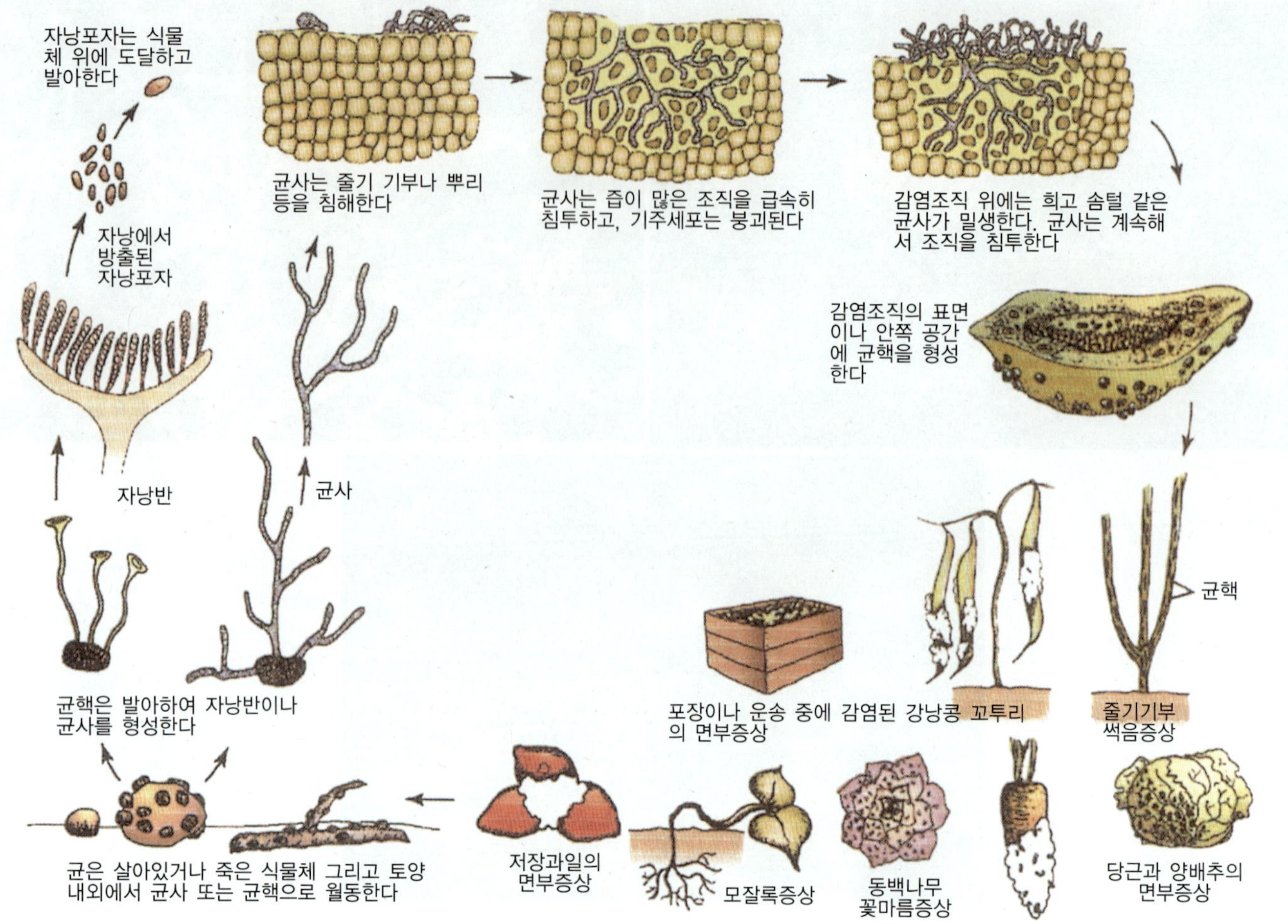

그림 11-123 *Sclerotinia sclerotiorum*에 의한 채소류와 화훼류의 병진전 양상과 병징.

를 현저히 감소시킨다. 일부 생물적 방제가 일부 재배자에 의해 사용되고 있으나 아직까지 추천할만한 실질적인 생물적 방제가 널리 받아들여지고 있지는 않다.

Phymatotrichum 뿌리썩음병

흔히 텍사스뿌리썩음병(Texas root rot) 또는 목화 뿌리썩음병(cotton root rot)으로 알려진 Phymatotrichum 뿌리썩음병은 미국 남서부와 멕시코에서만 발생하고 있다 (그림 7-11B 참조). 이 병은 아마도 다른 어떤 병보다도 많은 재배 및 야생의 쌍떡잎식물을 침해한다. 기주로는 많은 과수, 수목, 조경수, 대부분의 채소류와 화훼류, 관상용 관목류, 많은 잡초 등이 포함되어 있다. 이 뿌리썩음병은 텍사스에서 애리조나에 이르는 지역과 멕시코에서 재배되는 목화에 가장 큰 피해를 준다.

병든 식물이 포장에서 군데군데 얼룩으로 나타난다 (그림 11-124A). 처음에는 잎이 황색과 청동색으로 보이며, 차츰 시들음 증상도 나타난다. 나중에는 잎이 갈색으로 변하며 식물에 매달린 채로 마른다. 수피와 형성층은 갈변하고, 뿌리와 하위경에 뚜렷한 갈색썩음증상이 나타나는데, 일부의 식물에서는 지제부 아래의 이러한 증상이 지면에서 약 30cm까지 확대되기도 한다. 썩은 뿌리의 일부분에는 거칠고 나란히 뻗은 갈색의 균사다발로 덮여있으므로 이 병의 진단에 도움이 되는 특징이다.

*Phymatotrichopsis omnivora*는 분류학적으로 구분되지 못하였고, 몇몇 학자는 자낭균류(Pezizomycete)로 일부는 담자균류로 취급하고 있다. 이 균은 균사가 서로 밀착하여 생장함으로써 굵은 균사다발(그림 11-124C)을 형성하고, 이 균사다발에서 특징적으로 가늘고 밖으로 뻗은 균사가 곁가지(그림 11-124D)를 형성한다. 오래된 균사다발은 암갈색으로 거의

그림 11-124 *Phymatotrichopsis omnivora* 에 의한 뿌리썩음병의 병징. (A) 알팔파가 *Phymatotrichum* 에 의해 말라죽으면서 점점 퍼져나가는 모습. (B) 이 균에 의해 말라죽은 복숭아나무. (C) 감염된 뿌리 표면에 뻗어있는 균사 집단. (D) 뿌리 표면에 뻗어있는 균사의 확대모습. (E) 감염된 식물체 주위에 있는 균사층. [사진제공: R.B. Hine and N.P. Goldberg, New Mexico State University.]

결가지를 형성하지 않는다. *Phymatotrichopsis* 는 토양 주위의 감염된 식물체 위에 흰색에서 그을린 색의 포자층(그림 11-124E)을 형성한다. 포자층은 짧은 분생포자경을 형성하고 여기에 단세포로 된 분생포자가 형성되는데, 이들 분생포자는 발아하거나 침입하지 못한다. 이 병원균은 갈색 내지 검은색의 작은 균핵을 형성하고 이들이 발아하여 균사체를 형성한다. 대부분의 균사체와 균핵은 30~75cm 깊이의 토양에서 발견된다. 균사와 균핵은 토양에서 5년 이상 생존할 수 있다.

통기가 불량한 알칼리성 흑색 점질 토양은 병원균의 최적 생존상태이며, 이러한 토양조건에서는 작물도 피해가 크다. 토양산도가 중성이거나 약알카리성이며, 고온과 적당한 토양습도가 주어지면 병원균의 활성은 최대가 된다.

이 균이 지면 아래의 식물조직에 침입하면 근계를 통해 내려가면서 생장하는데, 일부의 식물에서는 줄기 하부가 침해받기도 한다. 식물체 간의 병원균의 전파는 균사다발의 생장을 통해 이루어지며, 균사다발이나 균핵이 농기구와 이식묘 등을 통해 전파되기도 한다. 일단 병원균이 어떤 포장에 한번 유입되면 토양과 온도조건이 적합한 조건에서 재배 작물과 잡초에서 무기한 생존할 수 있다. 이 병원균은 빙점 이하에서 오랫동안 견딜 수 없으며 지리적 분포가 그리 넓지 않은 것은 병원균이 고온과 알카리성 토양 조건을 요구하기 때문인 것으로 여겨진다 (그림 7-11B).

Phymatotrichum 뿌리썩음병의 방제는 화곡류를 이용한 장기간의 돌려짓기, 잡초의 박멸, 토양통기를 조장하는 빈번한 토양 심경, 그리고 옥수수, 수수, 콩과작물 같은 녹비작물(綠肥作物; green manure crops)을 밀식하는 것이 좋다. 이들 녹비작물이 썩으면 *Phymatotrichum* 에 길항적인 미생물이 집단을 형성하기에 좋다. 토양훈증제를 해마다 사용할 때는 작물의 경제성이 토양훈증제의 사용비용을 감당할 수 있다면 효과적이나, 훈증제가 일단 증발하면 병원균이 토양의 깊은 곳에서 근권까지 아주 빠르게 전파되기 때문에 실용성이 없는 것으로 입증되었다.

참고문헌

Adams, P. B., and Fravel, D. R. (1990). Economical biological control of *Sclerotinia* lettuce drop by *Sporidesmium sclerotivorum*. *Phytopathology* **80**, 1120–1124.

Aegerter, B. J., Gordon, T. R., and Davis, R. M. (2000). Occurrence and pathogenicity of fungi associated with melon root rot and vine decline in California. *Plant Dis.* **84**, 224–230.

Anderson, A. L. (1948). The development of *Gibberella zeae* head blight of wheat. *Phytopathology* **38**, 595–611.

Anonymous (1979). Symposium on *Sclerotinia* (=*Whetzelinia*): Taxonomy, biology and pathology. *Phytopathology* **69**, 873–910.

Anonymous (1991). Symposium on recent advances in *Fusarium* systematics. *Phytopathology* **81**, 1043–1067.

Asher, M. J. C., and Shipton, P. J., eds. (1981). "Biology and Control of Take-all." Academic Press, London.

Augustin, C., Ulrich, K., Ward, E., *et al.* (1999). RAPD-based inter- and intravarietal classification of fungi of the *Gaeumannomyces–Phialophora* complex. *J. Phytopathol.* **147**, 109–117.

Bai, G., and Shaner, G. (1994). Scab of wheat: Prospects for control. *Plant Dis.* **78**, 760–766.

Bockus, W. W., and Shroyer, J. P. (1998). The impact of reduced tillage on soilborne plant pathogens. *Annu. Rev. Phytopathol.* **36**, 485–500.

Bruehl, G. W., ed. (1975). "Biology and Control of Soil-Borne Plant Pathogens." APS Press, St. Paul, MN.

Burke, D. W., and Miller, D. E. (1983). Control of Fusarium root rot with resistant beans and cultural management. *Plant Dis.* **67**, 1312–1317.

Christensen, J. J., and Wilcoxson, R. D. (1966). "Stalk Rot of Corn." Monogr. No. 3. APS Press, St. Paul, MN.

Cohen, R., *et al.* (2000). Toward integrated management of *Monosporascus* wilt of melons in Israel. *Plant Dis.* **84**, 496–505.

Cook, R. J., and Baker, K. F. (1983). "The Nature and Practice of Biological Control of Plant Pathogens." APS Press, St. Paul, MN.

Davanlou, Madsen, Madsen, and Hockenhull (1999). Parasitism of macroconidia, chlamydospores and hyphae of *Fusarium culmorum* by mycoparasitic *Pythium* species. *Plant Pathol.* **48**, 352–359.

Dodd, J. L. (1980). The role of plant stresses in development of corn stalk rots. *Plant Dis.* **64**, 533–537.

El-Tarabily, K. A., Soliman, M. H., Nassar, A. H., *et al.* (2000). Biological control of *Sclerotinia minor* using a chitinolytic bacterium and actinomycetes. *Plant Pathol.* **49**, 573–583.

Engelhard, A. W., ed. (1989). "Soilborne Plant Pathogens: Management of Diseases with Macro- and Microelements." APS Press, St. Paul, MN.

Escande, A. R., Laich, F. S., and Pedraza, M. V. (2002). Field testing of honeybee-dispersed *Trichoderma* spp. to manage sunflower head rot (*Sclerotinia sclerotiorum*). *Plant Pathol.* **51**, 346–351.

Flett, B. C., and McLaren, N. W. (2000). Incidence of *Stenocarpella maydis* ear rot of corn under crop rotation systems. *Plant Dis.* **85**, 92–94.

Gatch, E. W., and Munkvold, G. P. (2002). Fungal species composition in maize stalks in relation to European corn borer injury and transgenic insect protection. *Plant Dis.* **86**, 1156–1162.

Gatch, E. W., Hellmich, R. L., and Munkvold, G. P. (2002). A comparison of maize stalk rot occurrence in Bt and non-Bt hybrids. *Plant Dis.* **86**, 1149–1155.

Hestbjerg, H., Felding, G., and Elmholt, S. (2002). *Fusarium culmorum* infection of barley seedlings: Correlation between aggreassiveness and deoxynivalenol content. *J. Phytopathol.* **150**, 308–312.

Hilton, Jenkinson, Hollins, and Parry (1999). Relationship between cultivar height and severity of *Fusarium* ear blight in wheat. *Plant Pathol.* **48**, 202–208.

Hornby, D. (1998). "Take-All Disease of Cereals: A Regional Perspective." CAB International.

Hornby, D., *et al.* (1999). "Take-All Disease of Cereals." CABI, Wallingford, UK.

Huber, D. M., and McCay-Buis, T. S. (1993). A multiple component analysis of the take-all disease of cereals. *Plant Dis.* 77, 437–447.

Khan, N. I., Schisler, D. A., Boehm, M. J., *et al.* (2001). Selection and evaluation of microorganisms for biocontrol of *Fusarium* head blight of wheat incited by *Gibberella zeae. Plant Dis.* **85**, 1253–1258.

Lumsden, R. D., and Dow, R. L. (1973). Histopathology of *Sclerotinia sclerotiorum* infections of bean. *Phytopathology* **63**, 708–715.

Lyda, S. D. (1978). Ecology of *Phymatotrichum omnivorum*. *Annu. Rev. Phytopathol.* **16**, 193–209.

Martyn, R. D., and Miller, M. E. (1996). Monosporascus root rot and vine decline: An emerging disease of melons worldwide. *Plant Dis.* **80**, 716–725.

McMullen, M., Jones, R., and Gallenberg, D. (1997). Scab of wheat and barley: A re-emerging disease of devastating impact. *Plant Dis.* **81**, 1340–1348.

Nelson, P. E., Toussoun, T. A., and Cook, R. J., eds. (1981). "*Fusarium*: Diseases, Biology and Taxonomy." Pennsylvania State Univ. Press, University Park, PA.

Pivonia, S., Cohen, R., Katan, J., *et al.* (2002). Effect of fruit load on the water balance of melon plants infected with *Monosporascus cannonballus*. *Physiol. Mol. Plant Pathol.* **60**, 39–49.

Powelson, M. L., and Rowe, R. C. (1993). Biology and management of early dying of potatoes. *Annu. Rev. Phytopathol.* **31**, 111–126.

Pritsch, C., Vance, C. P., Bushnell, W. R., *et al.* (2001). Systemic expression of defense response genes in wheat spikes as a response to *Fusarium graminearum* infection. *Physiol. Mol. Plant Pathol.* **58**, 1–12.

Reglinski, T., Whitaker, G., Cooney, J. M., *et al.* (2001). Systemic acquired resistance to *Sclerotinia sclerotiorum* in kiwifruit vines. *Physiol. Mol. Plant Pathol.* **58**, 111–118.

Ribichich, K. F., Lopez, S. E., and Vegetti, A. C. (2000). Histopathological spikelet changes produced by *Fusarium graminearum* in susceptible and resistant wheat cultivars. *Plant Dis.* **84**, 794–802.

Roy, K. W., *et al.* (1997). Sudden death syndrome of soybean. *Plant Dis.* **81**, 1100–1111.

Rush, C. M., Gerik, T. J., and Lyda, S. D. (1984). Factors affecting symptom appearance and development of *Phymatotrichum* root rot of cotton. *Phytopathology* **74**, 1466–1469.

Sherf, A. F., and MacNab, A. A. (1986). "Vegetable Diseases and Their Control." Wiley (Interscience), New York.

Singleton, L. L., Mihail, J. D., and Rush, C. M. (1992). "Methods for Research on Soilborne Phytopathogenic Fungi." APS Press, St. Paul, MN.

Subbarao, K. V. (1998). Progress toward integrated management of lettuce drop. *Plant Dis.* **82**, 1068–1078.

Willets, H. J., and Wong, J. A. L. (1980). The biology of *Sclerotinia sclerotiorum*, *S. trifoliorum* and *S. minor* with emphasis on specific nomenclature. *Bot. Rev.* **46**, 101–165.

Windels, C. E. (2000). Economic and social impacts of *Fusarium* head blight: Changing farms and rural communities in the northern grain plains. *Phytopathology* **90**, 17–21.

자낭균과 불완전균류에 의한 식물 생산물의 저장병

저장병(貯藏病; postharvest disease)은 작물을 수확, 선별, 포장하는 동안과 시장과 소비자에게 이르기까지 운송되는 동안 그리고 이 생산물들을 소비자가 실제 소비하거나 이용하는 순간까지 과실이나 기타 식물 생산물에 발생하는 병이다 (그림 11-125, 11-126). 이 기간 동안에 식물 생산물은 포장에서 시작되기는 하였지만 잠복해 있던 병의 병징을 나타내며, 유해한 환경조건이나 처리에 의해 쉽게 영향을 받게 되어 외관과 품질이 손상된다. 또한 생산물은 미생물이 침해하기에 적합한 조건이 되어 미생물은 생산물의 일부에 부패를 일으키게 된다. 또한 미생물이 생산물에 독소물질을 분비함으로써 소비에 부적합하게 만들거나 영양가와 판매가격을 떨어뜨리기도 한다.

모든 종류의 농산물은 저장병에 감수성이다. 일반적으로 생산물의 외부가 물러지거나 즙액이 많고 생산물 전체의 수분함량이 많을수록 균과 세균에 의한 상처와 감염에 대해 더 감수성이 된다. 따라서 다즙성이고 다육질의 과실과 채소, 절화, 인경 그리고 구근은 저장병이 자주 발생한다. 손실 정도는 특정 생산물, 관련 병원 미생물 그리고 저장조건에 따라 다르다.

곡류와 두류의 저장 부패도 흔히 발생하며 부패에 의해 많은 양의 손실이 일어난다. 이러한 손실은 주로 재배자, 도매업자 또는 제조업자의 대형 저장통이나 창고에서 주로 발생하고 시중에서는 거의 관찰되지 않는다. 그 외에도 건초, 꼴, 다른 사료의 저장부패도 아주 흔하고 광범위하며, 우리는 자주 곰팡이가 핀 빵을 버려야 한다.

저장병에 의한 작물의 손실은 일부 썩기 쉬운 작물에서 전체 수량의 10~30%에 달하며, 특히 개발도상국에 있어서 작물생산량의 30% 이상이 부패된다. 저장병은 신선한 과실과 채소의 품질, 수량, 또는 두 가지 모두를 감소시켜 많은 손실을 일으킨다. 곡류와 두류에서 어떤 감염을 일으키는 미생물들은 **균독소**(菌毒素; **mycotoxin**)로 알려진 독소물질을 생성하여 저장병을 일으킨다. 균독소는 이와 같은 미생물에 의해 감염된 종자로부터 만들어진 생산물을 소비하는 인간과 동물에게도 유독하다. 균독소는 또한 신선한 과실과 채소를 침입하는 일부 균에 의해서도 생성되지만, 이 경우에는 소비하기 전에 썩은 과일이나 열매, 또는 썩은 부분을 제거시키기 때문에 균독소도 제거된다. 과일주스 또는 야채주스, 퓌레(puree), 양배추 샐러드, 유아식 등을 만들기 위해서 대형 제조업자들은 대량으로 신선한 과실이나 채소를 사용함에 따라, 개개의 과실과 채소의 품질조정은 경제적으로 거의 비실용적이기 때문에 불가능하다. 따라서 대량으로 준비된 식품에 있어서 저장병 감염과 균독소 문제는 앞으로 증가할 것이다.

저장병은 상대적으로 적은 수의 자낭균류와 불완전균류에 의해 주로 일어나며, 몇 종의 난균류와 접합균류, 담자균류 및 세균에 의해서도 일어난다. 세균은 주로 *Erwinia*와 *Pseudomonas* 속이다. 난균류 중에서 *Pythium* 과 *Phytophthora* 는 대개 토양과 접촉하고 있거나 토양 가까이에 있는 다육질의 과실과 채소에 무름병만을 일으키고, 저장 중에 새로운 건전한 열매로 전반된다. 두 가지 접합균류, *Rhizopus* 와 *Mucor* 는 수확 후 다육질의 과실과 채소를 침해하고, 수분조건이 적합할 때는 저장된 곡류와 두류뿐만 아니라 빵 같은 가

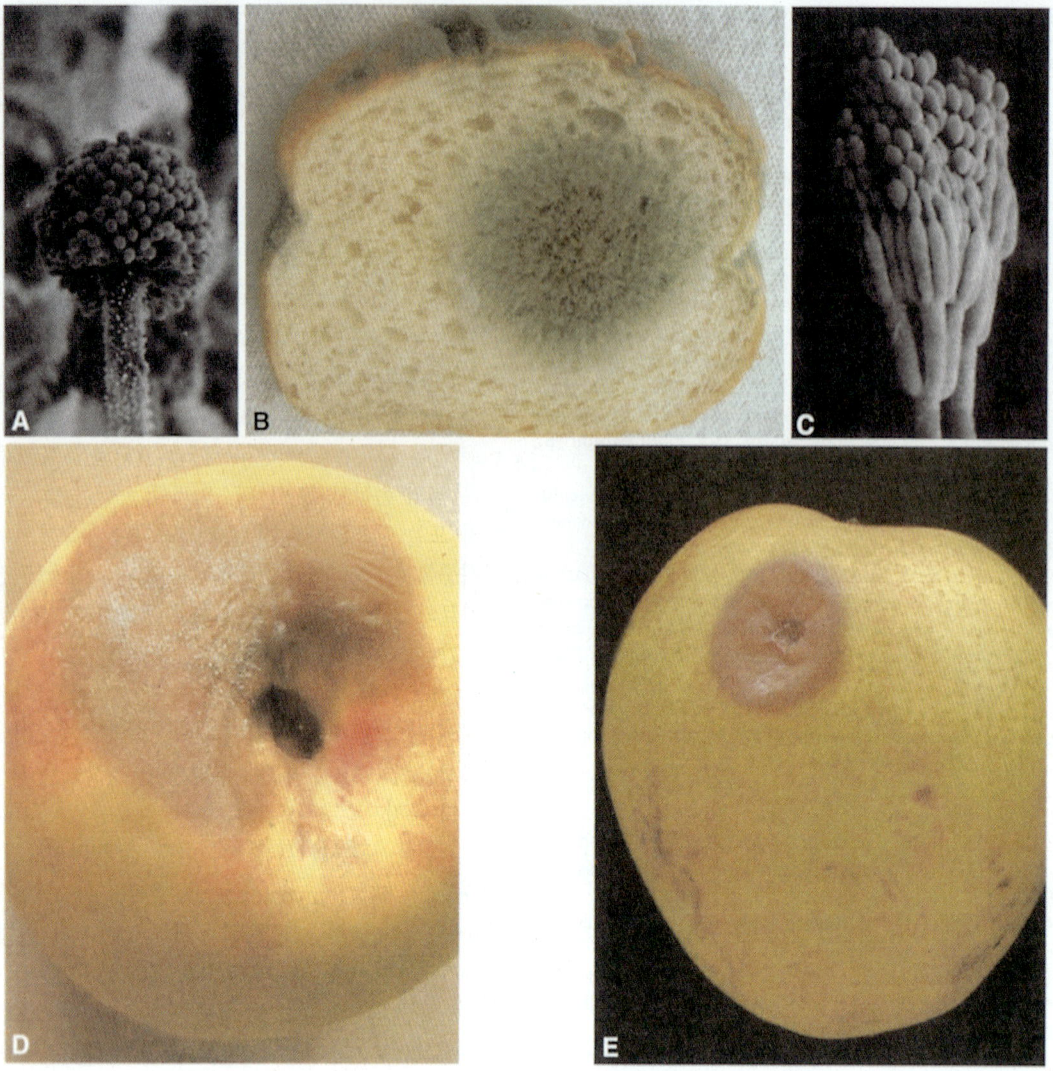

그림 11-125 저장병균과 저장병. (A) *Aspergillus* sp.의 분생포자경과 분생포자. (B) *Aspergillus* sp.가 자라서 곰팡이 핀 빵. (C) *Penicillium* sp.의 분생포자경과 분생포자. (D) 저장 중에 *Rhizopus* sp.의 감염으로 썩은 복숭아. (E) 자연적으로 생긴 조그만 구멍을 통해 *Penicillium* 에 감염된 배의 과실썩음 증상.

공식품을 침해한다 (그림 11-125, 11-126). 담자균류 중에서 *Rhizoctonia* 와 *Sclerotium* 은 다육질의 과실과 채소의 부패를 일으키는 반면에 몇 가지 균은 목재와 목재 생산물의 질을 저하시킨다. 저장병을 일으키는 자낭균류와 불완전균류가 훨씬 더 흔하고 저장부패의 가장 중요한 원인이다. 따라서 이들은 다음에 상세하게 다룬다.

저장병을 일으키는 균류와 세균은 보통 건전하고 살아있는 조직을 침입하여 붕괴시키고 부패시킨다. 그러나 다른 균과 세균이 조직 속으로 따라 들어와 이미 죽고 쇠약해진 조직에서 부생적으로 산다.

많은 과실, 채소, 곡류와 두류의 저장병은 포장에서 병원균에 의해 감염되어 발생한다. 이와 같은 '포장 감염(field infection)'으로부터 생긴 병징은 너무 두드러지지 않아서 수확 당시에는 눈에 띄지 않는다. 다육질의 과실과 채소에서의 포장 감염은 수확 후에 계속 진전되지만, 곡류와 두류에서는 수확 후에 곧 멈춘다. 다육질의 과실과 채소에서 새로운 감염이 저장 중에 동일한 병원균이나 다른 병원균에 의해서 생기는 반면에 곡류와 두류에서 저장 감염은 대개 포장 감염을 일으키는 것 이외의 병원균에 의해서 일어난다.

모든 균류나 세균에 의한 식물병에서와 마찬가지로 저장병

그림 11-126 기타의 저장병균과 저장병. (A) 딸기 잿빛곰팡이병. (B) 강낭콩 균핵병. (C) 토마토 균핵병. (D) 오렌지 Penicillium 썩음병. (E) 멜론 Macrophomina 썩음병. (F) 쌓아올린 토마토에 다양한 균류에 의해 감염되어 썩고 있는 모습. [사진 제공: (A-D,F) Plant Pathology Department, University of Florida.]

도 고온고습 조건에서 많이 발생한다. 다즙성 과실과 채소는 수축을 피하기 위해서 일반적으로 높은 상대습도에서 보관하기 때문에 병원미생물에 의해 쉽게 침해받는데, 특히 상처 및 절단 부위가 있거나 흠집이 생기면 훨씬 더 쉽게 침입이 이루어진다. 그러나 자연개구를 통한 침입과 감염된 과실과 채소와 접하고 있는 과실과 채소의 큐티클과 표피세포를 통한 직접 침입도 매우 흔하게 일어난다. 일단 과실과 채소가 감염되면 저장온도가 증가함에 따라 감염의 진전과 전반도 증가한다. 저온(3~6℃)에서는 병원균과 이 병원균이 일으키는 병은 진전이 느려지거나 진전을 멈춘다.

반면에 곡류와 두류는 수분함량이 낮거나 12~14%로 낮게 감소시킬 수 있기 때문에 오랜 기간 동안 보관할 수 있다. 이와 같이 낮은 수분함량에서는 포장 감염을 일으키는 균은 생장할 수 없고 심지어 곡류가 축축하게 되었을 때에도 새로운 감염을 일으킬 수 없다. 그러나 다른 균들은 수분함량이 대략 13~15%일 때 곡류와 두류를 감염시킬 수 있고, 위의 범위보다 조금만 더 높아지면 감염률과 감염의 전파는 급격하게 증가한다. 높은 온도는 과실과 채소에 적합한 것처럼 높은 수분함량과 함께 곡물의 감염에 적합하다. 그러나 종종 감염을 일으키는 균과 세균이 활발하게 생장하면서 생성된 호흡열 때문에 축축하고 감염된 곡류의 온도는 급격하게 상승한다.

과실과 채소의 저장 부패

가장 일반적인 자낭균류 또는 불완전균류 그리고 이들이 일으키는 주요한 저장병은 아래에 나열되어 있다.

Aspergillus, Penicillium, Rhizopus 및 *Mucor*

이들 4가지 균 모두 부패된 빵에서 일반적으로 발견되지만, *Penicillium* 과 *Rhizopus* 는 상처나고 노화된 여러 종류의 과실이나 채소류에 저장썩음병을 일으킨다. *Aspergillus* (그림 11-125A)는 곡류와 두류의 균류병에서 가장 일반적으로 발견된다. *Rhizopus* 는 복숭아(그림 11-125D)와 딸기(그림 11-126A) 등 많은 과실에서 썩음의 원인이 되지만, *Penicillium* 은 배 등의 상처 난 과실의 썩음의 원인이 된다 (그림 11-125E).

Alternaria

Alternaria 의 여러 종은 수확 전·후에 대부분의 신선한 과실과 채소에 부패를 일으킨다. 병징은 뚜렷한 가장자리를 가진 갈색이나 검은색, 평평하거나 움푹 들어간 점무늬증상을 나타내거나 과실과 채소의 신선한 부위로 얕거나 깊게 확장되고 확산되는 커다란 부패증상을 나타낸다. 이 균은 넓은 온도 범위에서 잘 발육하며, 심지어는 냉장온도에서도 서서히 발육한다. 이 균은 표면에 균사체를 거의 나타내지 않거나 전혀 나타내지 않은 채로 조직 속으로 전파되고 조직을 부패시키지만, 보통 처음에는 하얗고 나중에 갈색에서 검은색으로 변하는 덥수룩한 균사체를 썩은 부위 표면에 형성한다.

Botrytis

Botrytis 는 포장에서 그리고 저장 중의 과실과 채소에서 잿빛곰팡이병(灰色黴病; gray mold) 또는 잿빛곰팡이썩음병(gray mold rot)을 일으킨다 (그림 11-126D, 11-126F). 거의 모든 신선한 과일, 채소, 인경이 저장 중에 *Botrytis* 에 의해 침해당한다. 딸기, 양상추, 양파, 포도와 사과 같은 생산물들 중 일부는 포장에서 성숙에 가까운 단계 또는 미숙한 동안에도 침해받는다. 열매의 배꼽이나 줄기의 끝 또는 상처에서 부패가 시작된다. 부패는 조직 속으로 깊게 그리고 급속히 썩어 들어가는 명백한 수침상의 갈색 부위로 나타난다. 대부분의 기주는 습한 조건에서 회색 또는 회갈색의 부드러운 입자상의 잿빛곰팡이층이 부패된 표면에 나타난다. 잿빛곰팡이병은 저온다습한 환경에서 가장 심하게 발생하고, 심지어 0℃에서도 느리지만 계속 진전된다.

Fusarium

*Fusarium*은 채소(그림 11-126E)와 관상식물 그리고 특히 뿌리작물, 괴경, 인경 등에 저장 분홍(postharvest pink) 또는 노란곰팡이병(pink or yellow mold)을 일으킨다. 또한 종종 박과작물이나 토마토와 같이 낮게 자라는 작물도 침해한다. *Fusarium*에 의한 오염은 포장에서 보통 수확 전이나 수확 중에 발생하지만 감염은 포장에서나 저장 중에 진전된다. 특히, 감자 같이 오랫동안 저장하는 작물에서 손실이 크다. 감염된 조직은 처음에는 습기가 있고 담갈색으로 나타나지만, 나중에는 짙은 갈색으로 되고 약간 마른다. 썩은 부위가 확장됨에 따라 감염된 조직은 움푹 들어가고, 표피는 구겨지며, 흰색, 분홍색 또는 노란색 균 다발이 나타난다. 토마토나 박과작물 같이 무른 조직의 감염은 더 빨리 진전되고 특징적으로 분홍색 균사와 분홍색으로 썩은 조직을 나타낸다.

Geotrichum

Geotrichum 은 귤나무류의 열매, 토마토, 당근, 그리고 다른 과실과 채소에 시큼한 냄새가 나며 썩는 증상을 일으킨다. 이 병은 감수성 과실과 채소에 있어 가장 더럽고 불쾌한 썩음병 중의 하나이다 (그림 11-126C). 비록 이 병이 성숙한 녹색 단계에 있는 과실과 채소를 침해할지라도, 성숙되었거나 과숙한 과일 또는 채소를 밀봉된 플라스틱 봉지나 포장 속에 보관할 때 이 병에 특히 잘 걸린다. 이 균은 토양과 썩은 과실과 채소에 널리 분포되어 있으며 수확 전이나 수확 중에 과실과 채소를 오염시키는데 보통 수확 후에 여러 종류의 상처를 통해

열매에 침입한다. 감염된 부위는 수침상을 나타내고 연화되어 쉽게 구멍이 뚫린다. 부패는 급속히 전반된다. 나중에 표피의 감염된 부위는 갈라지고, 보통 희거나 치즈색의 거품 찌꺼기 같이 자란 균으로 가득 채워진다. 또한, 표면에는 빽빽한 상아색 균들이 얇은 수침상의 층을 이루는 반면에 내부 전체는 신 냄새가 나며 물러 썩는다. 과실파리는 이 병에 감염된 조직에 몰려와 병원균을 더 멀리 전파시킨다. 이 균은 높은 온도 (24~30℃)와 습도를 좋아하지만, 2℃ 정도의 저온에서도 활동적이다.

Penicillium

Penicillium 의 여러 종은 Penicillium 썩음병으로도 잘 알려져 있는 푸른곰팡이병과 녹색곰팡이병을 일으킨다. 이들은 저장병 중 가장 흔하고 가장 피해도 심하며, 대부분의 과실과 채소를 침해한다 (그림 11-125B, 11-125E). 귤나무류와 같은 일부 과실에서는 감염이 포장에서 발생할지도 모르지만, 푸른곰팡이병과 녹색곰팡이병은 본래는 저장병이고 운송, 저장, 판매 중에 일어나는 부패의 90%까지 관여한다. *Penicillium* 은 상처를 통해 침입한다. 그러나 감염된 과실에 접촉하고 있는 건전한 과실의 손상되지 않은 과피를 통해 전파된다. Penicillium 썩음병은 처음에 물러지고, 물기가 많고, 약간 변색된 여러 가지 크기의 점무늬를 과실에 나타낸다. 이들 점무늬는 처음에 다소 얕지만 빠르게 깊어지고, 실온에서 거의 과실 전체가 바로 며칠 이내에 썩어 버린다. 곧 하얀 균류가 과실 표면의 점무늬 중심부에서 자라기 시작하고 포자를 형성하기 시작한다. 포자 형성 부위는 푸른색, 청녹색, 또는 연녹색이고 보통 수침상 조직의 띠와 함께 하얀 균사체에 의해 둘러싸인다. 이 균은 온난다습한 공기에서는 여러 크기의 점무늬를 만들며, 저온건조한 공기에서는 열매가 완전하게 썩었다 할지라도 표면에 균은 거의 나타나지 않는다. 썩은 열매는 곰팡이 냄새를 풍기고 건조한 조건에서는 오그라들고 미라상태로 된다. 습한 조건에서는 2차적으로 균류와 효모가 과실을 침해하여 물컹물컹하게 썩힌다.

Penicillium 은 과실과 채소를 부패시켜서 일으키는 손실 외에도 이 균은 감염을 일으킨 생산물에 patulin 같은 여러 균독소를 생성하여 건전하지만 부분적으로 썩은 과실로 만든 주스나 소스를 오염시키기도 한다. 각종 균독소 및 균독소의 영향에 대해서는 다음에 다룬다.

Sclerotinia

Sclerotinia 는 귤나무류 과실, 특히 레몬에 면부병(棉腐病; cottony rot) 그리고 많은 과실과 실제적으로 양파와 감자를 제외한 모든 채소류에 watery soft rot을 일으킨다 (그림 11-126B). 다습한 조건에서는 물컹물컹하게 썩으며, 감염된 조직은 하얗고 솜털 같은 균사체가 자라 급속히 덮이는 것이 특징이다. 공기의 습도가 높을 때 썩은 다즙성 생산물은 완전히 액화되어 흘러나오므로 진물이 흥건하다. 건조한 공기에서는 수분이 부패에 의해 방출되는 것보다 더 빨리 증발되어 조직은 말라 미라상태나 양피지 같은 잔존물만 남는다. 면부병은 어린 과실과 채소 그리고 성숙한 과실과 채소를 모두 침해하며 급속하게 전파되는 접촉성 썩음병이다. 나중에는 2~15mm 길이의 검은 균핵이 균류층에서 발달한다. 25℃까지는 온도가 상승함에 따라 균도 활동적이고 부패 정도도 증가하지만, 일단 조직의 부패가 시작되면 0℃ 정도의 저온에서도 계속된다.

신선한 과실과 채소의 저장 중 부패의 방제

어떤 저장병에 대한 방제는 작물이 수확 및 저장 중에 병원균에 오염되지 않도록 포장에서 동일한 병을 일으키는 병원균을 효과적으로 방제하기에 달려있다. 병원균에게 침입 장소를 제공하는 상처, 흠집, 그리고 다른 상해가 생기지 않도록 주의 깊게 작물을 수확하고 취급해야 한다. 추가적인 오염과 감염을 피하기 위해 날씨가 건조하고 선선할 때 작물을 수확하고 취급해야 한다. 새로운 감염과 이미 감염된 것이 진전되지 않도록 가능한 빨리 농산물을 서늘하게 해야 한다. 감염에 의해 표징이 나타난 모든 과실과 채소는 추후 이 병이 전파되는 것을 막기 위하여 저장되거나 수송될 농산물에서 제거시켜야 한다. 저장용기, 창고, 그리고 수송차량은 청결을 유지하고 사용하기 전에 formaldehyde, copper sulfate 또는 다른 소독제로 소독해야 한다. 감염의 진전과 조직의 생리적 파괴를 억제하는 저온에 농산물을 저장하고 수송해야 하지만 균에 침입 장소를 제공하는 냉해를 일으킬 만큼 낮지는 않아야 한다. 저장 중에 작물의 표면에는 습기가 없어야 하고, 과도하게 높은 상대습도로 과실 표면에 물기가 생기는 것을 예방하도록 저장 중에 적당히 통풍을 시켜주어야 한다. 플라스틱 포장을 피해야 한다. 곤충과 다른 해충이 없도록 농산물을 저장해야 하고, 새로운 상처의 발생과 새로운 감염의 진전을 피할 수 있도록 유지시켜야 한다. 고구마나 양파 같은 작물은 28~32℃에서 10~14일 동안 큐어링함으로써 일부 썩음병균으로부터 보호할 수 있는데, 큐어링은 표면 습기를 감소시키고 수베린화 또는 상처부위에 주피 형성에 의해 노출된 상처를 치유해 준다. 일부 과실의 표면에서의 초기 감염을 박멸하기 위하여 때때로 열풍이나 열수로 처리하기도 한다.

산소 수준(5%)을 낮추거나 이산화탄소 수준(5~20%)을 높게 조절한 CA저장(controlled atmosphere storage)과 운송은 기주와 병원균 모두의 호흡을 억제시킴으로써 저장 부패의 진전을 억제시키기 위해 사용되고 있다. 이러한 결과는 10%의 일산화탄소를 첨가하여 더욱 개선되었다. 저장병의 일부 균과 세균성 병원균에 대하여 효과적인 길항미생물이나 이들 미생물로부터 분리된 길항미생물대사물질을 이용한 생물적 방제법이 개발되어 일부는 상업적으로 사용되고 있지만 아직도 실험단계에 있다. 감마선은 일부 작물의 저장 부패를 감소시키는 데 유용한 것으로 알려졌다. 또한, 염화칼슘을 일부 작물에 살포하거나 일부 과실에 침지 처리하는 것은 과실에서 저장감염의 발생을 감소시키는 것으로 여겨진다.

마지막으로, 저장 부패는 병든 기주의 표면에 병원균의 감염을 예방하고 진전을 억제하기 위하여 약제를 처리하여 방제할 수 있다. 가장 일반적으로 사용하는 약제는 biphenyl, sodium *O*-phenylphenate, dichloran, 2-aminobutane, thiabendazole, benomyl, thiophanate-methyl, imazalil, chlorothalonil, cytovirin, triforine, captan, iprodione, vinclozolin, soda ash, borax 등이다. 이러한 약제는 대개 살균을 위한 세척처리에 사용하고, 열에 의한 상해에 대한 작물의 감수성을 고려하여 28~50℃ 사이의 온도에서 사용했을 때 더 효과적이다. 일부 작물에서의 저장병은 sulfur dioxide의 주기적인 훈증소독에 의해 방제할 수 있다. Dichloran, biphenyl, acetaldehyde vapors와 암모니아를 발산하거나 질소 trichloride 를 형성하는 약제는 보완적인 휘발성의 정균제(fungistat)로서 저장과 운송 중에 종이에 스며들게 하여 사용한다. 침투성 살균제 한 가지 또는 그 이상에 대해 저항성인 균 계통도 흔하기 때문에 방제체계에는 적용범위가 넓은 살균제가 포함되도록 고려되어야 한다.

곡류와 두류 종자의 저장 부패

비록 *Alternaria*, *Cladosporium*, *Colletotrichum*, *Diplodia*, *Fusarium*, *Cochliobolus* 등 여러 자낭균류와 불완전균류가 포장에서 곡류와 두류를 침해할지라도, 이들은 생장을 위해 종자 내에 높은 수분함량(24~25%)을 요구하므로 수확 후 대개 12~14%의 수분함량에서 저장하는 곡류에서는 잘 자랄 수 없다. 이러한 균은 저장 수개월 후에는 분명히 죽거나 너무 약해져서 새로운 종자를 감염할 수 없지만, 그때까지 종자를 변색시키고, 배주를 죽이고, 배를 약하게 하거나 죽이고, 종자를 시들게 하기에는 충분한 시간이며, 인간과 동물에게 유독한 화합물인 균독소를 생성하기도 한다.

수확 후의 저장과 운송 중에 *Aspergillus* (그림 11-125A)의 여러 종에 의해 곡류와 두류에서 대부분의 부패와 질의 저하를 일으킨다. 때때로 *Penicillium* (그림 11-125C)은 저온에서 저장 중인 곡류와 두류에서 다소 정상 수분함량 이상일 때 감염을 일으킨다. 그러나 *Aspergillus* 특히 *A. flavus*는 옥수수 낟알과 땅콩을 포장에 있는 동안 종종 감염시키고, 곤충이나 다른 요인, 줄기썩음병, 가뭄, 심한 잎 손상, 쓰러짐, 그리고 식물체에 대한 다른 스트레스 등에 의해 낟알에 손상이 생기면 포장에서의 발생은 증가된다.

종자 부패에 관여하는 *Aspergillus* 의 여러 종이나 균 각각은 더 이상 자랄 수 없는 종자의 최저 수분함량이 명확한 반면에 종자의 최적 및 최고 수분함량은 덜 명확하다. 그러나 특히 최고 수분함량은 주로 생존 최고 수분함량이 다른 균의 최적 수분함량과 일치할 때 이 두 균 사이의 경합에 따라 결정된다. 포장균(圃場菌; field fungi)과의 경합 또는 알려지지 않은 다른 이유 때문에 저장균(貯藏菌; storage fungi)은 수확 전에 인지할 수 있는 정도까지 곡류를 침입하지는 않는다.

Aspergillus 와 포장에서 곡류를 침해하는 여러 가지 균은 종자의 배를 침입함으로써 파종에 사용된 감염된 종자의 발아율이나 맥주 생산을 위한 보리의 맥아형성을 현저하게 감소시킨다. 포장균과 저장균은 또한 배를 변색시키고 종자를 죽이거나 손상을 입혀 곡류의 판매등급과 가격을 하락시킨다. 변색된 낟알을 20% 이상 함유하는 밀가루는 빵을 만들어도 잘 부풀지 않으며 냄새도 좋지 않다. 많은 경우에 밀의 배가 거의 100%까지 변색을 보이지 않으면서도 *Aspergillus* 에 감염되기도 한다. 그러한 밀이 알게 모르게 빵의 제조에 사용되지만 그러한 곡류가 건강에 위협을 주는지는 아직 모른다. 대량으로 저장되거나 오랫동안 선적되는 곡류, 건초, 사료, 면화는 이 균의 생장과 호흡의 증가를 초래하고, 이 물질들을 가열시키며, 호흡은 또한 주위 곡류의 습도가 올라가게 습기를 생성한다. 비록 저장된 곡류에 손상이 일어날 때 항상 급격한 가열 또는 아직 감지할 수 없는 가열을 초래하지는 않을지라도 손상이 진행 중일 때는 일부 물질에서 70℃ 이상까지 온도를 올릴 수 있는 열을 생성한다. 이러한 균류는 물이 없는 낮은 수분함량에서 활동하고, 세균은 보다 높은 수분함량에서 활동한다.

균독소와 균독소중독증

과실과 채소, 특히 종자(그림 11-112)의 저장 부패의 가장 중요한 영향 중 하나는 균류에 의해 침해받은 사료와 음식을 소비한 동물과 인간에 병을 일으키는 것이다. 이 균류는 균독소라고 부르는 독소물질을 생성한다. 이 물질이 일으키는 질병을 **균독소중독증**(菌毒素中毒症; **mycotoxicoses**)이라고 한다. 맥각이 들어있는 밀과 호밀빵과 사료를 섭취한 인간과 동물에 생기는 맥각중독증과 독버섯을 먹은 인간에게 생기는 버섯중독증은 가장 잘 알려진 고전적인 균독소중독증의 예로 오랫동안 잘 알려져 왔다. 균독소 문제의 중요성은 제2차 세계대전 동안에 인식되기 시작했는데, 곰팡이가 핀 곡류를 소비한 수많은 인간과 동물을 표피의 괴저, 출혈, 간과 신장의 쇠약, 그리고 죽음에 이르게 하였다. 유사한 증상은 또한 곰팡이가 핀 건초를 먹은 말에서도 나타난다. 1960년에는 영국에서 많은 수의 어린 칠면조가 오염된 땅콩을 먹은 후에 죽었다. 이는 세계적인 문제가 되어 균독소에 대한 철저한 연구를 하게 되는 계기가 되었다. 균독소는 인간과 동물의 건강에 훨씬 더 새로운 위협을 제기한다. 균독소는 다소 고농도로 존재할 때 급성증상을 나타낸다. 아마도 전 세계를 통틀어서 특히 개발도상국에서 소비되는 식량과 사료에 아급성 약량의 균독소가 계속적으로 존재하기 때문에 건강과 생식에 대한 만성적인 영향을 더 심각하다.

대부분의 균독소중독증은 흔하고 널리 분포하는 균류인 *Aspergillus*, *Penicillium*, *Fusarium* 등에 의해 발생하고, 일부는 심각한 병과 죽음을 초래한다. *Aspergillus* 와 *Penicillium* 은 주로 저장 종자와 건초에서 독소를 생성하지만, 고기, 치즈, 양념을 포함하여 상업적으로 가공된 식량과 사료에서도 독소를 생성한다. 종자는 보통 포장에서 감염된다. *Fusarium* 은 포장이나 저장된 후에 감염된 옥수수와 다른 곡류에서 주로 독소를 생성한다. 농산물을 감염시키거나 음식물을 오염시키는 다른 많은 균도 독소를 생성한다.

균독소는 화학적 조성, 균독소가 생성되는 생성물, 균독소가 생성되는 조건, 많은 동물과 인간에 미치는 영향, 그리고 독성의 정도에 따라 각각 다르다. 그러나 몇 가지 다른 균은 동일한 독소 또는 밀접하게 관련된 독소를 생성한다. 주요 균독소와 이들의 특성은 다음과 같다.

Aspergillus 독소 - *Aflatoxins*

Aflatoxin 은 *Aspergillus flavus* 와 *Aspergillus* 의 몇몇 다른 종에 의해 생성된다. Aflatoxin은 감염된 곡물종자와 대부분의 두류에서 생성되지만, 이는 다소 낮은 농도(약 50 ppb)로 아마도 독성이 없는 농도이다. 몇 년 동안 넓은 지역에서 수확한 다소 높은 비율(30% 또는 그 이상)의 옥수수에서 인간의 식량과 병아리 같은 감수성 동물의 사료에서 허용치의 5배나 되는 100 ppb 이상의 aflatoxin이 함유되어 있었다. 그러나 따뜻하고 습한 지역에서 자라는 땅콩, 목화 종자, 어분, 브라질 견과류 그리고 아마도 다른 종자나 견과류에서 aflatoxin은 높은 농도(1,000 ppb 또는 그 이상까지)로 생성되었고, 인간과 가축에서 주로 만성적인 균독소중독증을 일으키거나 가끔은 급성 중독증을 일으킨다. Aflatoxin은 다양한 효과를 가진 많은 유도체로 존재한다. 낙농장 가축에 의해 사료로 섭취될 때, 이들 독소의 일부분은 여전히 독성이 있는 형태로 우유에서 분비된다.

동물과 아마도 인간에 있어서 aflatoxin 에 의해 발생하는 균독소중독증의 증상은 특정 독소와 동물의 종류, 섭취량, 동물의 나이 등에 따라 아주 다양하다. 많은 양의 aflatoxin 을 섭취한 어린 오리와 칠면조는 심하게 병들고 죽는다. 오랜 기간 동안 적은 양의 aflatoxin 을 섭취한 임신한 암소, 송아지, 살찐 돼지, 성숙한 소와 양은 쇠약해지고, 내출혈이 일어나고, 허약해지고, 생육이 감소되고, 사료를 거부하고, 다른 전염성 병에 취약하게 되고, 유산하게 된다. 더구나 섭취된 aflatoxin 의 대부분은 간에 흡수되고, 어떤 실험결과는 aflatoxin 의 허용량(20 ppb) 이하를 함유한 사료를 준 동물들에게서도 거의 변함없이 간암을 일으켰다.

Fusarium 독소

세 집단의 독소, zearalenone, trichothecene과 fumonisin 은 주로 곰팡이가 핀 옥수수에서 *Fusarium* 의 몇 가지 종에 의해 생성된다.

Vomitoxin 또는 **DON**으로 알려진 **deoxynivalenol** 은 옥수수 붉은곰팡이병(Gibberella ear rot)과 밀 붉은곰팡이병을 일으키는 *Gibberella zeae* (무성세대; *Fusarium graminearum*)에 의해서 생성된다. 이 독소는 처음에는 가축들의 사료섭취를 감소시키고 이로 인해 가축의 체중이 줄게 된다. 높은 농도의 독소에서는 가축들은 구토와 거식증을 일으킨다.

Zearalenone 은 돼지에게 가장 독성이 있는 것으로 보이는데, 소위 에스트로겐 증상(estrogenic syndrome)이라고 알려진 생식계의 비정상과 퇴화를 일으킨다. Zearalenone이 들어

있는 사료를 먹인 암퇘지는 출혈장해를 가진 부풀어 오른 생식기와 쇠퇴하고 기능이 없는 난소를 가지게 된다. 유산이 쉽게 일어나고 갓 태어난 돼지새끼는 작고 약하다. 수퇘지는 암컷화의 표징 즉, 고환의 쇠퇴와 유선의 확대를 나타낸다.

Fumonisin 은 옥수수 붉은곰팡이병을 일으키는 *Fusarium moniliforme* 에 의해서 생성되고, 이 균은 옥수수 포장에서 90%에 이르는 감염을 일으킨다. Fumonisin은 말, 당나귀, 노새의 blind stagger병(equine leukoencephalomalacia; 뇌부위를 파괴시키는 증상)과 돼지의 폐부종(pulmonary edema)을 일으키며, 인간에게는 암을 일으킬 수 있다.

Trichothecin (또는 **trichothecenes**)에는 100종 이상이 알려져 있으며, *Fusarium* 종들과 몇 가지 다른 균류에 의해서 생성된다. 돼지에게 먹였을 때 가장 독성이 있고, 무기력 또는 비활동성, 골수세포, 림프 마디와 내장의 변질, 설사, 출혈과 죽음을 유발한다. 그러나 암소, 병아리, 양과 같은 다른 동물들도 영향을 받는다.

기타 Aspergillus 독소와 Penicillium 독소

Aflatoxins 외에도 *Aspergillus* 종은 또한 감염된 곡류에서 다른 독소를 생성하며, 이와 동일하거나 유사한 독소는 *Penicillium* 종에 의해도 감염된 곡물에서 생성된다. **Ochratoxins** 과 같이 가장 중요한 독소는 가축에서 여러 다른 병징과 함께 간과 신장에 변성과 괴저를 일으킨다. 어떤 ochratoxin은 오염된 먹이를 섭취한 동물의 고기에 잔류할 수 있으며, 먹이사슬을 통해 인간에게도 전염될 수 있다. 주로 citreoviridin, citrinin, luteoskyrin 인 **황변미 독소**(黃變米毒素; **yellowed-rice toxin**)는 모두 저장된 쌀, 보리, 옥수수, 말린 생선에서 생장하는 *Penicillium* 종에 의해 생성되며, 신경과 순환계의 장애, 신장과 간의 퇴화와 같은 다양한 병과 관련이 있는 중독증상을 일으킨다.

Tremorgenic toxin은 신체가 심하게 떨리게 하고 과도하게 소변을 방출하게 하며, 종종 죽음에 이르는 발작이 뒤따른다. 이 독소는 저장 중 또는 냉장된 음식, 곡류와 곡물 생산물에서 식료품을 감염시키는 *Aspergillus* 와 *Penicillium* 종에 의해 생성된다. **Patulin**은 *Penicillium* 과 *Aspergillus* 에 의해 생성되며, 고등생물에 폐와 뇌의 부종과 출혈, 신장의 손상과 운동신경의 마비와 암을 일으킨다. Patulin은 *Penicillium* 에 부분적으로 감염된 열매로 만들어진 과실이나 주스와 같은 식료품, 자연적으로 곰팡이가 핀 빵과 제과점 생산물, 대부분 상업적인 사과 가공품에서 자연적으로 발생되는 것이 흔히 발견된다. 따라서 patulin은 인간뿐만 아니라 동물에게 심각한 건강 위험요소이다.

맥각중독증(麥角中毒症; **ergotism**)은 가장 오래 전부터 알려진 균독소중독증이다. 맥각중독증은 맥각병균(*Claviceps*)의 균핵(맥각; ergot)에 들어있는 여러 가지 독성물질에 의해 발생하며, 오염된 호밀, 보리, 수수, 기장, 밀과 곡류를 섭취한 인간과 동물에게 발생한다. 맥각중독증은 경련과 사지의 팽창을 일으키고, 이어 몸체의 말단부위가 썩으면서 타는 느낌(St. Anthony's fire)이 들게 한다. 과거에는 신선한 맥각을 고역이나 사고 등에 의한 과다출혈을 막기 위하여 사용되기도 하였다.

Fescue 중독증(**fescue toxicosis**)은 *Acremonium* 균에 전신적으로 감염된 다년생식물 tall fescue를 먹은 가축이나 말에게 영향을 준다. 이 균은 식물 세포를 침입하지 않고 식물 내부에서 자란다. 이 균은 실질적으로 감염된 식물체가 가뭄 스트레스에 대해 저항성을 나타내도록 만드는 것처럼 보인다. 이 균에 감염된 tall fescue를 먹은 말은 생식 장애만을 보인다. 이러한 감염식물체를 먹인 가축들은 새끼를 적게 낳고, 산유량이 줄고, 체중이 줄고, 체온이 증가하고, 털이 거칠어지고, 심해지면 맥각중독증과 같이 발이나 다른 몸체의 말단부가 썩고 잘린다 (fescue foot).

저장 곡류 부패의 방제

곡류, 두류, 건초, 상업적인 사료에서 균류에 의한 저장 부패와 손상의 방제는 예방책과 수확 전과 수확 중 그리고 저장 중의 조건에 달려있다. 만약 작물을 수확하였을 때 건전하고 높은 품질이라면, 다음과 같은 단계를 수행함으로써 저장 중에 추가적인 감염과 손상을 피할 수 있을 것이다. (1) 수분함량은 일반적인 저장균의 생장에 필요한 최소 수준 이하로 유지시킨다. 일부 *Aspergillus* 종은 13.0~13.2%의 낮은 수분함량을 가진 전분질 곡류 종자와 약 11.5~11.8%의 수분함량을 가진 콩에서 생육하여 손상을 일으킨다. 다른 균들은 손상을 일으키기 위해서는 최소 14% 또는 그 이상의 수분을 요구한다. (2) 대부분의 저장균(storage fungi)이 30~55℃ 사이의 온도에서 가장 급속히 생장하고 12~15℃에서는 매우 천천히 생장하며 5~8℃에서는 생장을 거의 멈추기 때문에 저장 곡류의 온도는 가능한 한 낮게 유지시켜야 한다. 저온은 곡류의 호흡을 느리게 하고 곡류 속의 수분의 증가도 억제한다. (3) 곤충과 응애에 의한 저장된 생산물의 오염을 훈증제의 사용을 통해 최소화시킨다. 이는 저장균들이 출현하여 급속히 생장하지 못하도록 도움을 준다. (4) 저장된 곡류는 미숙되거나 너무 오래되지 않아야 하며, 깨끗하고 좋은 발아력을 가지고 있어야 하며, 기계적 손상이나 깨진 종자가 없어야 한다. 이러한 곡류는 다른 약하거나 깨진 곡류를 침입할 수 있는 저장균에 의한 감염에 저항성이다.

곤충이 없는 건전한 작물을 저장하거나 곤충을 제거하기 위한 훈증제를 살포하는 것 외에도, 저장균이 없는 곡류를 유지시키기 위한 가장 단순하고 일반적인 해결책은 빠르게 공기를 건조시키는 것과 상대적으로 낮은 유입 속도로 공기가 곡류를 통과해서 이동하는 통풍체계를 저장통에서 사용하는 것이다. 환기(airflow)는 과도한 습기와 열을 제거한다. 환기는 곡류 덩어리의 수분함량을 원하는 수준으로 만들어 주고, 곤충과 응애가 동면하고 저장균이 거의 동면하는 8~10℃까지 온도를 감소시킬 수 있도록 조절할 수 있다. 최근에 hydrated sodium calcium aluminosilicate와 같은 약품이 균독소와 결합한다는 사실이 알려졌으며, 만약에 그러한 약품들을 돼지에게 먹이기 전에 곰팡이가 핀 옥수수에 첨가시켜주면 균독소의 영향을 상당히 감소시킨다.

참고문헌

Anonymous (1983). Symposium on deterioration mechanisms in seeds. *Phytopathology* **73**, 313–339.

Anonymous (1989). Colloquium on management of disease resistance in harvested fruits and vegetables. *Phytopathology* **79**, 1393–1390.

Barkai-Golan, R., and Phillips, D. J. (1991). Postharvest heat treatment of fresh fruits and vegetables for decay control. *Plant Dis.* **75**, 1085–1089.

Boyd, A. E. W. (1972). Potato storage diseases. *Rev. Plant Pathol.* **51**, 297–321.

CAST (1989). "Mycotoxins: Economics and Health Risks." Task Force Rep. 116. Council Agric. Sci. and Technology, Ames, IA.

Ceponis, M. J., and Butterfield, J. E. (1974). Market losses in Florida cucumbers and bell peppers in metropolitan New York. *Plant Dis. Rep.* **58**, 558–560.

Christensen, C. M. (1975). "Molds, Mushrooms, and Mycotoxins." Univ. of Minnesota Press, Minneapolis.

Coursey, D. G., and Booth, R. H. (1972). The post-harvest phytopathology of perishable tropical produce. *Rev. Plant Pathol.* **51**, 751–765.

Dennis, C., ed. (1983). "Post-Harvest Pathology of Fruits and Vegetables." Academic Press, New York.

Diener, U. L., *et al.* (1987). Epidemiology of aflatoxin production by *Aspergillus flavus*. *Annu. Rev. Phytopathol.* **25**, 249–270.

Eckert, J. W., and Ogawa, J. M. (1985). The chemical control of postharvest diseases: Subtropical and tropical fruits. *Annu. Rev. Phytopathol.* **23**, 421–454.

Food and Agriculture Organization (1981). Food loss prevention in perishable crops. *Agric. Serv. Bull. (F. A. O.)* **43**, 1–72.

Harmon, G. E., and Pfleger, F. L. (1974). Pathogenicity and infection sites of *Aspergillus* species in stored seeds. *Phytopathology* **64**, 1339–1344.

Harvey, J. M. (1978). Reduction of losses in fresh market fruits and vegetables. *Annu. Rev. Phytopathol.* **16**, 321–341.

Jones, R. K. (1979). The epidemiology and management of aflatoxins and other mycotoxins. *In* "Plant Disease" (J. G. Horsfall and E. B. Cowling, eds.), Vol. 4, pp. 381–392. Academic Press, New York.

Laidou, I. A., Thanassoulopoulos, C. C., and Liakopoulou-Kyriakides, M. (2001). Diffusion of patulin in the flesh of pears inoculated with four post-harvest pathogens. *J. Phytopathol.* **149**, 547–461.

Marasas, W. F. O., and van Rensburg, S. J. (1979). Mycotoxins and their medical and veterinary effects. *In* "Plant Disease" (J. G. Horsfall and E. B. Cowling, eds.), Vol. 4, pp. 357–379. Academic Press, New York.

McColloch, L. P., Cook, H. T., and Wright, W. R. (1968). Market diseases of tomatoes, peppers, and eggplants. *U.S. Dep. Agric. Agric. Handb.* **28**, 1–74.

Michailides, T. J., and Spotts, R. A. (1990). Postharvest diseases of pome and stone fruits caused by *Mucor pyriformis* in the Pacific Northwest and California. *Plant Dis.* **74**, 537–543.

Moline, H. E., ed. (1984). "Postharvest Pathology of Fruits and Vegetables: Postharvest Losses in Perishable Crops." Univ. of Calif. Publ. NE-87 (U.C. Bull. No. 1914).

Nelson, P. E., Desjardins, A. E., and Plattner, R. D. (1993). Fumonisins, mycotoxins produced by *Fusarium* species: Biology, chemistry and significance. *Annu. Rev. Phytopathol.* **31**, 233–252.

Pierson, C. F. (1971). Market diseases of apples, pears and quinces. *U.S. Dep. Agric. Agric. Handb.* **376**, 1–112.

Sauer, D. B., Storey, C. L., and Walker, D. E. (1984). Fungal populations in U.S. farm-stored grain and their relationship to moisture, storage times, regions, and insect infestation. *Phytopathology* **74**, 1050–1053.

Smoot, J. J., Houck, L. G., and Johnson, H. B. (1971). Market diseases of citrus and other subtropical fruits. *U.S. Dep. Agric. Agric. Handb.* **398**, 1–115.

Tuite, J., and Foster, G. H. (1979). Control of storage diseases of grain. *Annu. Rev. Phytopathol.* **17**, 343–366.

Wells, J. M., and Butterfield, J. E. (1999). Incidence of *Salmonella* on fresh fruits and vegetables affected by fungal rots or physical injury. *Plant Dis.* **83**, 722–726.

Wells, J. M., Butterfield, J. E., and Revear, L. G. (1993). Identification of bacteria associated with postharvest diseases of fruits and vegetables by cellular fatty acid composition: An expert system for personal computers. *Phytopathology* **83**, 445–455.

담자균류에 의한 식물병

담자균류(擔子菌類; Basidiomycetes)는 **담자기**(擔子器; basidium)라는 곤봉모양의 포자형성 구조물에 **담자포자**(擔子胞子; basidiospore)라는 유성포자를 만든다 (그림 11-127, 11-128). 대부분의 담자균류는 일반적으로 버섯으로 통칭되는 mushrooms, puffballs, shelf fungi 또는 conk 등의 다육질 균류이며, 부생균이거나 나무에서 뿌리썩음과 줄기썩음을 포함하여 목재부후를 일으키기도 한다 (그림 11-128, 11-129). 담자균류에는 매우 흔하면서 극심한 피해를 주는 녹병과 깜부기병을 일으키는 두 그룹의 식물병원균류가 포함되어 있다 (그림 11-127, 11-129).

녹병

녹병균목(Uredinales)에 속하는 담자균류에 의해 발생하는 식물의 녹병(rust)은 가장 무서운 식물병의 하나이다. 녹병은 기근의 원인이 되었으며, 몇 나라를 포함하는 넓은 지역의 경제를 파탄에 빠뜨리기도 하였다. 녹병균류는 화곡류 중 특히 밀, 귀리, 보리 등의 흉작의 원인으로 악명이 높지만, 강낭콩이나 아스파라거스 등 채소류를 비롯하여, 목화와 콩 등의 밭작물, 카네이션, 국화, 금어초 등의 관상식물, 그리고 소나무, 사과나무, 커피나무 등의 수목에도 막대한 피해를 일으킨다.

녹병균은 주로 잎과 줄기를 침해하는데, 녹병에 감염되면 표피조직이 터지면서 녹슨 색, 오렌지색, 노란색 또는 흰색을 띤 점무늬가 수없이 나타난다. 몇몇 녹병균은 식물조직을 부풀게 하거나 혹을 만들기도 한다. 대부분의 경우에 녹병균의 감염증상은 명확히 구분되는 국부적인 점무늬 형태로 나타나지만, 때로 식물 전체로 퍼지기도 한다. 녹병균은 약 5,000종이 있으며, 가장 중요한 녹병균과 녹병은 다음과 같다 (그림 11-127, 11-129).

Puccinia – 많은 기주식물에서 매우 심하고 파괴적인 병을 일으키며, 대표적인 것은 다음과 같다; 밀을 비롯한 화곡류의 줄기녹병(*P. graminis*); 밀, 보리, 호밀의 줄녹병(*P. striiformis*); 밀과 호밀의 붉은녹병(*P. triticina*); 보리 좀녹병(*P. hordei*); 귀리 관녹병(*P. coronata*); 옥수수 녹병(*P. sorghi*); southern corn rust(*P. polysora*); 수수 녹병(*P. purpurea*); 사탕수수 녹병(*P. sacchari, P. melanocephala*). *Puccinia* 는 다음과 같은 노지작물에서 심각한 피해를 주기도 한다; 목화(*P.*

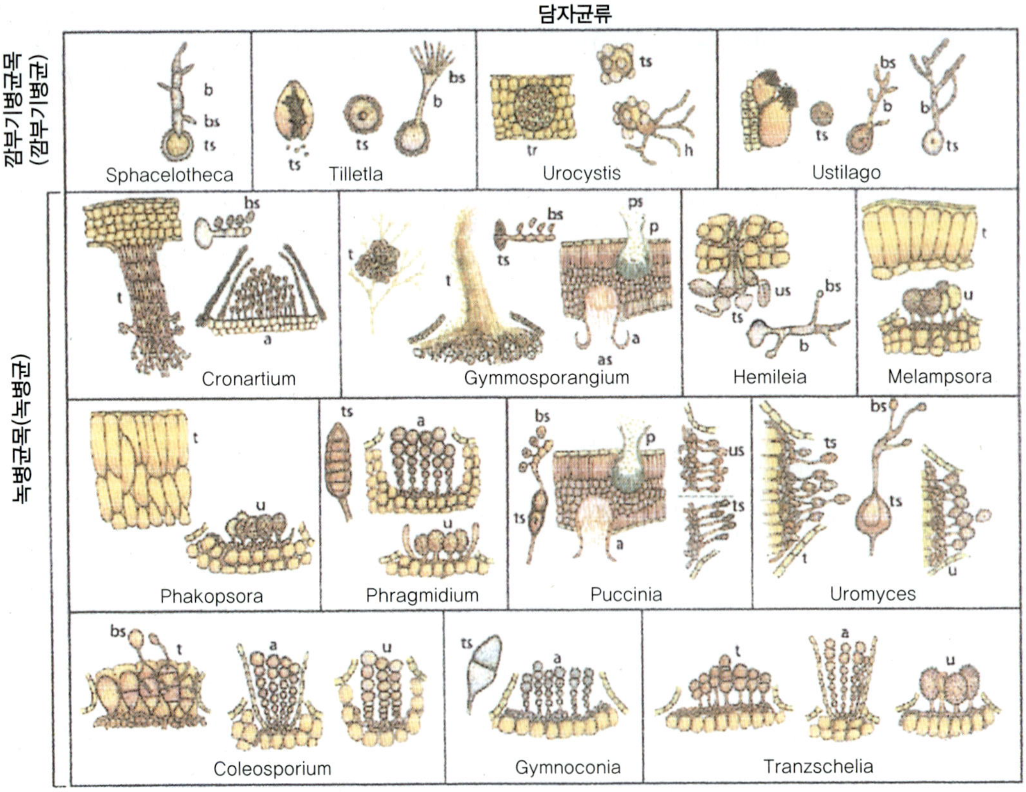

그림 11-127 담자균류: 흔하게 나타나는 몇 가지 깜부기병균과 녹병균. A=녹포자기, as=녹포자, b=담자기, bs=담자포자, h=균사, sg=녹병정자기, s=녹병정자, t=겨울포자퇴, tr=겨울포자덩이, ts=겨울포자, u=여름포자퇴, us=여름포자.

담자균류

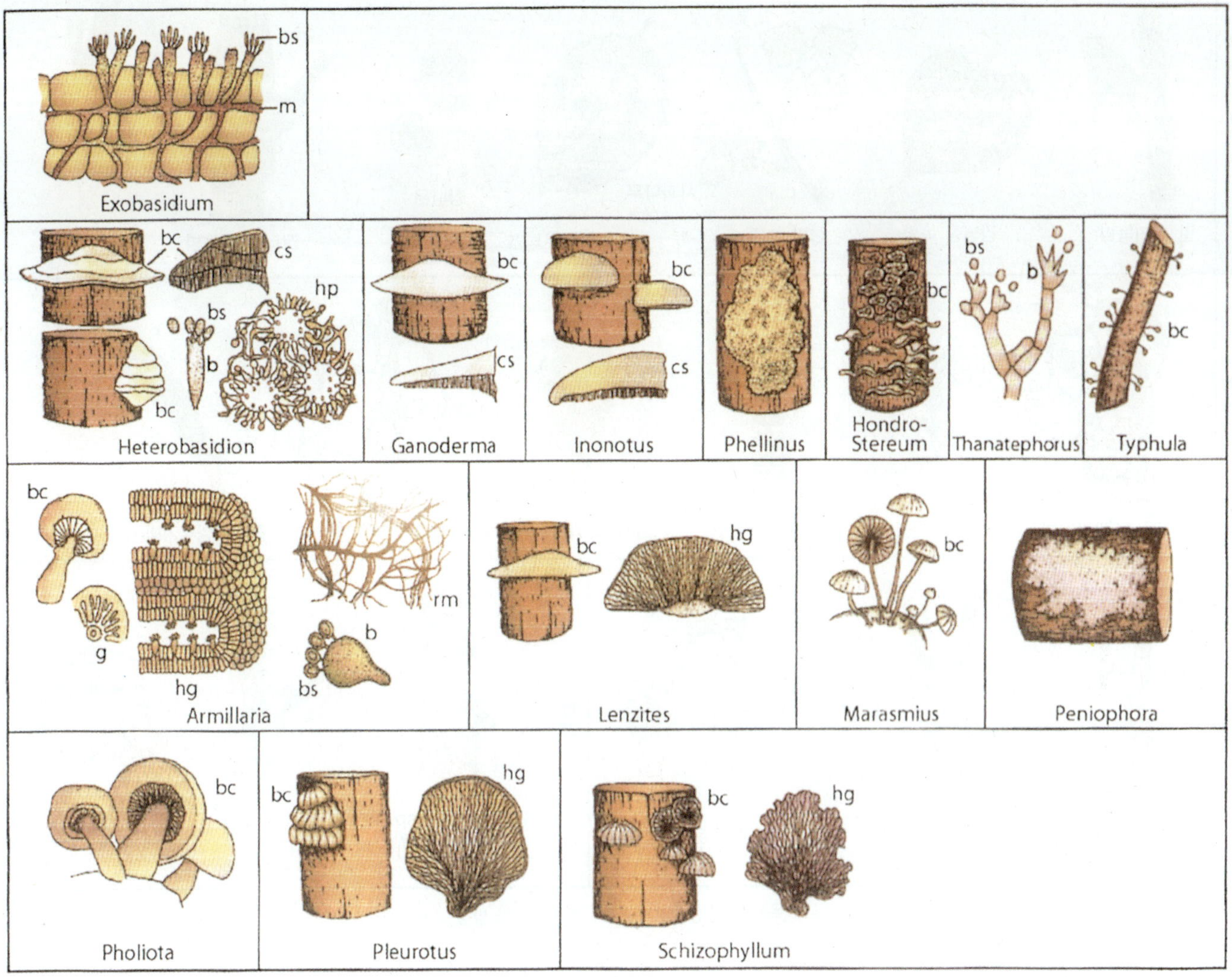

그림 11-128 담자균류; 말굽버섯(선반모양의 자실체)와 버섯을 만드는 몇 가지 식물병원균. b=담자기, bc=담자과, bs=담자포자, 횡단면, g=주름, hg=자실층 주름살, hp=자실층 구멍, m=균사체, rm=근상균사.

stakmanii); 아스파라거스(*P. asparagi*); 국화(*P. chrysanthemi*); 접시꽃(*P. malvacearum*); 금어초(*P. antirhini*).

Gymnosporangium - 사과나무 붉은별무늬병(*G. juniperi-virginianae*)을 일으킨다.

Hemileia - 황폐화 수준의 커피나무 잎녹병(*H. vastatrix*)을 일으킨다.

Phragmidium - 장미류 녹병과 나무딸기 녹병(*P. rubi-idaei*)을 일으킨다.

Uromyces - 콩과식물에 녹병(*U. appendiculatus*)과 카네이션 녹병(*U. caryophyllinus*)을 일으킨다.

Cronartium - 잣나무 털녹병(*C. ribicola*), 소나무류와 참나무류의 녹병(*C. quercuum* f. sp. *fusiforme*)을 일으킨다.

Peridermium - 소나무에 western gall rust(*P. harknessi*)를 일으킨다.

Melampsora - 아마 녹병(*M. lini*)을 일으킨다.

Coleosporium - 소나무 잎녹병(*C. asterinum*)을 일으킨다.

Gymnoconia - 블랙베리와 블루베리에 녹병(*G. nitens*)을 일으킨다.

Phakopsora - 대발생의 위험성이 큰 콩 녹병(*P. pachyrhizi*)을 일으킨다.

Tranzschelia - 복숭아나무 녹병(*T. discolor*)을 일으킨다.

대부분의 녹병균은 고도로 분화된 기생체이므로 특정 속 또는 특정 품종의 식물에만 기생한다. 형태적으로는 같지만 기주식물의 속이 다른 녹병균은 분화형(*forma specialis*)으로 취급되는데, *Puccinia graminis* f. sp. *tritici* 는 밀에 기생하지만

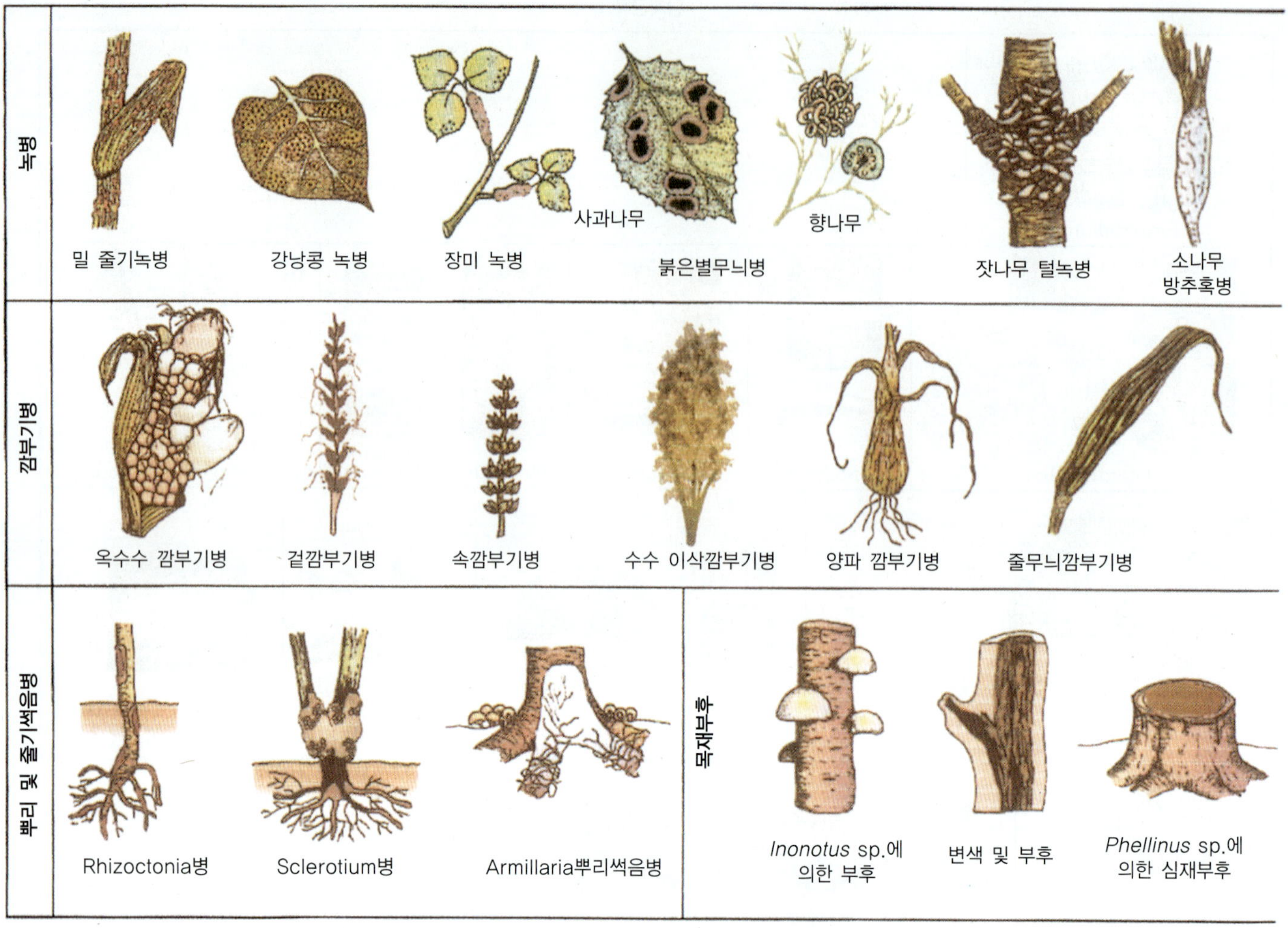

그림 11-129 담자균류에 의한 일반적 병징.

P. graminis f. sp. *hordei* 는 보리에 기생한다. 녹병균의 각 분화형에는 많은 병리적(또는 생리적) 레이스가 있다. 이들은 어떤 식물종의 특정 품종만을 침해할 수 있으므로 감염할 수 있는 판별기주의 조합에 의해서만 검출·동정될 수 있다. 유성생식이 드물게 일어나는 녹병균의 레이스들은 상당히 오랜 기간 동안 안정적이기는 하지만, 몇몇 녹병균은 유성생식이 흔히 일어나는 녹병균에서와 같이 많은 레이스를 갖는 경우도 있다.

녹병균은 자연계에서는 절대기생체이지만, 일부 녹병균은 실험실에서 특별한 배지를 이용하여 인공적으로 배양할 수 있게 되었다. 대부분의 녹병균은 정해진 순서로 나타나는 다섯 종류의 각기 다른 형태의 포자와 이와 관련된 다섯 종류의 특징적인 포자형성 구조체를 갖는다 (그림 11-130). 다섯 종류의 포자세대 중 몇몇 포자세대는 하나의 기주만을 감염하지만 다른 포자세대는 반드시 다른 기주, 즉 중간기주를 감염하여 기생해야 한다. 모든 녹병균은 겨울포자와 담자포자를 만든다. 녹병균류 중에서 겨울포자와 담자포자만 만드는 것을 **단주기형 녹병균**(短週期型 銹病菌; **microcyclic rust** 또는 **short-cycled rust**)이라고 한다. 다른 녹병균들은 겨울포자와 담자포자 외에도 형성되는 순서대로 녹병정자(spermatium, 과거에는 pycniospore 라고 하였음), 녹포자(aeciospore), 그리고 여름포자(uredospore = urediospore = urediniospore)를 만들며, 이들을 **장주기형 녹병균** (長週期型 銹病菌; **macrocyclic rust** 또는 **long-cycled rust**)이라고 한다 (그림 11-130). 장주기형 녹병균 중에는 녹병포자나 여름포자 또는 이 두 가지 모두를 갖지 않는 것도 있다. 담자포자는 겨울포자가 발아하여 형성된 담자기에서 만들어지나, 다른 포자들은 각각 녹병정자기, 녹포자기, 여름포자퇴, 겨울포자퇴 등 특별한 포자형성 구조체에서 만들어진다 (그림 11-127, 11-130).

담자포자, 녹포자, 여름포자는 모두 기주식물을 침입하여 감염시킬 수 있다. 반면에 **겨울포자**(冬胞子; **teliospore**)는 단지 생식과 월동단계로 존재할 뿐이며 발아하여 담자기를 만든다. 담자기는 감수분열하여 네 개의 반수성(n) 담자포자를 만든다. **담자포자**(擔子胞子; **basidiospore**)는 기주식물을 침해하여 반수성의 균사를 만들고, 여기서 반수성의 녹병포자와 수정균

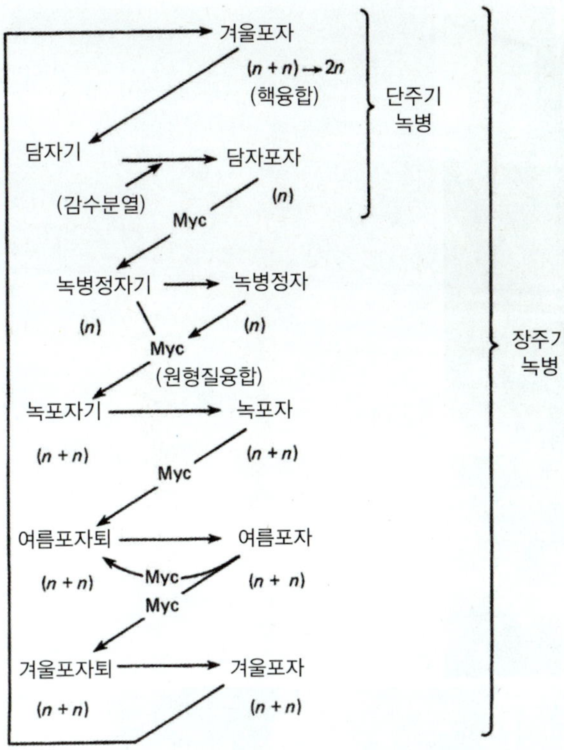

그림 11-130 핵의 상태에 따라 구분한 녹병균류의 포자형성 구조체와 포자의 종류 및 형성단계.

사(receptive hypha)를 가지고 있는 **녹병정자기**(銹病精子器; spermagonium, 옛 이름은 녹병자기; pycnium)를 만든다. **녹병정자**(銹病精子; spermatium)는 웅성배우자의 역할을 하며, 식물체를 침해할 수 없다. 녹병정자의 기능은 다른 성의 수정균사와 수정하여 **2핵균사체**(2核菌絲體; dikaryotic mycelium)와 **2핵포자**(2核胞子; dikaryotic spore)를 만드는 것이다. 이 균사는 **녹포자기**(銹胞子器; aecium)를 만들고, 녹포자기에서는 **녹포자**(銹胞子; aeciospore)가 형성된다. 녹포자는 기주식물을 감염하여 더 많은 2핵균사를 만들며, **여름포자퇴**(夏胞子堆; uredium)는 여기에서 형성된다. 여름포자퇴에서 **여름포자**(夏胞子; uredospore)가 형성되는데, 이 여름포자는 같은 기주식물을 반복적으로 침해하여 더 많은 여름포자퇴와 여름포자를 만든다. 기주가 성숙함에 따라 여름포자퇴에서 **겨울포자퇴**(冬胞子堆;telium)와 겨울포자가 형성되면 녹병균의 한 주기가 완성된다.

아스파라가스 녹병 등 몇 가지 장주기형 녹병균은 한 종류의 기주에서 생활사를 완성하는데, 이들을 **동종기생균**(同種寄生菌; autoecious rust)이라고 한다. 한편, 맥류의 줄기녹병균 같은 녹병균들은 생활사를 완성하기 위해서 두 종류의 다른 기주가 필요한데, 이들을 **이종기생균**(異種寄生菌; heteroecious rust)이라고 한다.

녹병균은 곤충, 빗물, 동물 등에 의하여 전반되기도 하지만 주로 포자가 바람에 날려서 다른 식물체로 옮겨진다. 일부 녹병균의 포자(특히 여름포자)는 강한 바람에 의하여 매우 먼 거리(수백 km)까지 옮겨지고, 빗물에 의하여 대기로부터 내려 앉아 다시 식물을 침해할 수 있다.

맥류 등의 작물에서는 주로 저항성 품종을 이용하여 녹병을 방제한다. 사과나무 붉은별무늬병 등 과수의 녹병, 일부 채소류 및 관상식물의 녹병은 살균제를 살포하여 방제한다. 그리고 잣나무 털녹병 등 일부 녹병에 대해서는 중간기주의 제거와 상습 발생지역의 기피 등을 통한 방제를 시도하고 있다. Triadimefon, triarimol, fenapanil 등 녹병에 효과가 있는 몇 가지 새로운 침투성 살균제가 발견되어 일년생식물뿐만 아니라 수목의 녹병도 방제할 수 있게 되었는데, 이들 살균제는 분무, 종자분의, 토양관주, 나무주사 등의 방법으로 처리되고 있다. 1990년대 초반부터 식물체의 표면에 길항균류나 길항세균을 처리하거나 식물체를 녹병 감염에 대하여 더 저항성으로 만들어주는 바이러스를 전신적으로 미리 접종하는 방법에 의한 생물적 방제가 실험적으로나마 이루어지고 있다. 그러나 녹병 방제를 위하여 이들 생물적 방제법 중 하나라도 포장에 적용될 가능성은 현재로는 상당히 요원한 상태이다.

화곡류의 녹병

Puccinia 속의 여러 종과 그 분화형들은 화곡류, 옥수수, 사탕수수 등을 포함한 모든 재배 또는 야생 벼과식물에서 녹병을 일으킨다. 이들은 재배작물에 심각한 피해를 일으키는 병해 중의 하나이며, 연간 세계 곡물생산의 10% 정도를 감소시키는 원인이 되고 있다. 녹병은 어린 식물을 약화시키고 죽이기도 하지만, 이보다 더 자주 나타나는 증상은 잎과 뿌리의 생장 감소와 생산량 감소이다. 이는 녹병에 감염된 식물은 광합성률이 떨어지는 반면 호흡률은 증가하며, 감염조직에서 생산된 광합성산물이 건전조직 쪽으로 이동하지 못하고 거꾸로 감염조직 쪽으로 이동하기 때문이다. 녹병에 걸린 식물은 수량감소가 매우 크고 품질도 많이 저하되는데, 이는 전분의 양이 감소하고 인간에게 영양적 가치가 낮거나 전혀 없는 섬유질 물질로 채워지기 때문이다. 중요한 화곡류의 녹병 하나를 소개한다.

밀과 다른 맥류의 줄기녹병

밀 줄기녹병은 전 세계적으로 분포하며, 밀이 자라는 곳에서는 어디에서나 발생한다. 이와 유사한 녹병이 다른 재배 화곡류와 아마도 대부분의 야생 벼과식물을 침해한다.

줄기녹병균은 밀의 모든 지상부를 공격한다 (그림 11-131A, 11-131B). 감염된 식물은 대개 분얼수가 줄어들고 이삭의 종자수도 적어지며, 난알의 크기도 작고 일반적으로 쭈

그림 11-131 맥류의 줄기녹병과 기타 녹병. (A) 잎을 거의 모두 덮고 있는 밀 녹병균의 여름포자퇴. (B) 밀의 줄기와 잎에 형성된 밀 줄기녹병균의 여름포자퇴. (C) 건전하게 자란 밀의 낟알(D, 오른쪽)과 녹병에 감염된 이삭에서 생산된 작고 품질이 낮은 낟알(D, 왼쪽)의 비교. (E) 밀 줄기에 형성된 수많은 검은색의 겨울포자퇴와 약해져 쓰러진 밀밭(F). [사진제공: (A) L.D. Duczek, WCPD. (B-F), USDA.]

그러들며 도정성도 떨어져 식품으로서의 가치가 저하된다 (그림 11-131C, 11-131D). 심하게 감염되면 식물은 스스로를 지탱할 수 없게 되어 결국 쓰러지며(그림 11-131E, 11-131F), 최악의 경우에는 심하게 감염된 식물은 결국 죽는다. 겨울밀이 유묘상태에서 심하게 감염되면 식물체가 약해지고 동해와 다른 병원체의 감염에 취약하게 된다. 이 병에 의한 손실량은 미미한 정도로부터 여러 주에 걸친 대면적의 완전손실에 이르기까지 다양하다. 북미대륙에서는 해마다 백만 톤이 넘는 밀이 이 병에 의해 감수되고 있으며, 수년간에 걸쳐 심하게 발병하면 수량감소는 수천만 내지 수억 톤에 이르게 된다. 밀을 재배하는 많은 다른 나라, 특히 개발도상국가에서 줄기녹병에 의한 밀의 손실이 훨씬 심한 것으로 알려져 있다.

병징. 줄기녹병을 일으키는 병원체는 밀과 기타 맥류(보리, 귀리, 호밀), 매발톱나무(*Berberis vulgaris*)와 관련 종들을 침해하여 병징을 나타낸다.

밀에서의 병징은 여름포자퇴로 알려져 있는 길고 좁은 타원형 돌기나 주머니 모양으로 나타나는데, 줄기, 잎, 엽초의 긴축을 따라 형성된다 (그림 11-131A, 11-131B, 11-131E, 11-132A, 11-133E). 여름포자퇴는 밀 이삭목과 낟알에서도 형성될 수 있다. 돌기를 덮고 있는 표피조직은 나중에 불규칙하게 찢어져 뒤로 젖혀지면서 적황색을 띤 여름포자의 가루덩어리가 드러난다. 녹포자퇴의 크기는 길이가 10mm, 너비는 1~3mm까지 다양하다. 생육 후기에 식물체가 성숙함에 따라 돌기는 검은색으로 바뀌는데, 이것은 녹병균이 여름포자를 만드는 대신에 겨울포자를 만들고(그림 11-131B, 11-131E, 11-132B), 여름포자퇴도 검은색의 겨울포자퇴로 전환되기 때문이다. 때때로 겨울포자퇴는 여름포자퇴와는 관계없이 독립적으로 발생하기도 한다. 여름포자퇴와 겨울포자퇴는 둘 다 밀의 표면에 매우 많이 존재하는데, 이 때문에 식물체의 많은 부분이 찢겨진 부분으로 뒤덮인 것처럼 보이게 되며, 여기에는 주황색의 여름포자나 검은색의 겨울포자, 또는 두 가지 포자들로 가득 차 있다 (그림 11-131A, 11-131B, 11-131E, 11-132B).

매발톱나무(그림 11-132E)에서의 병징은 주로 잎에 누런색 내지 오렌지색을 띤 점무늬(그림 11-132F, 11-133A)로 나타난다. 주로 잎의 앞면에 있는 병반 안쪽에 매우 작고 오렌지색을 띤 것이 많이 나타나는데, 이것이 녹병정자기(그림 11-132F, 11-132G)이며, 보통 여기에 작은 액체방울이나 꿀물방울이 맺혀있다. 녹병정자기의 아래쪽에, 드물게는 녹병정자기 바로 옆에, 황색의 뿔 또는 컵 모양의 녹포자기가 나타난다 (그림 11-133A, 11-133B). 감염된 기주조직은 흔히 부풀어 오른다. 찢어지면서 흰색을 띠는 녹포자기벽이 녹포자기의 가장자리에 항상 돌출한다.

병원체. *Puccinia graminis*. *Puccinia graminis*는 장주기성 이종기생 녹병균으로서 매발톱나무에 녹병정자기와 녹포자기를 만들고, 밀과 다른 화곡류 및 벼과식물에는 여름포자퇴와 겨울포자퇴를 형성한다.

병의 진전. 줄기녹병균은 한랭한 북부지역에서는 감염된 밀의 잔재물에서 겨울포자 상태로 월동한다 (그림 11-134). 봄이 되면 겨울포자는 발아하여 담자기를 형성하고, 여기에서 4개의 담자포자가 형성된다 (그림 11-132C). 담자포자는 힘차게 공기 중으로 방출되어 바람을 타고 수백 미터까지 이동된다. 담자포자가 어린 매발톱나무의 잎에 떨어지면 발아하여(그림 11-132D) 표피세포를 직접 뚫고 들어간다. 녹병균의 균사는 대부분 세포간극에서 자라며, 3~4일 이내에 균사는 녹병정자기로 발달하는데(그림 11-132F, 11-132G, 11-134), 녹병정자기가 표피조직을 파열시키면서 그 개구부가 식물조직의 표면 밖으로 돌출한다. 수정균사는 녹병정자기로부터 자라나와 개구부 바깥쪽으로 뻗어나가며, 점액질 액체 속에 매몰되어 있던 녹병정자는 개구부를 통하여 누출된다. 달콤한 점액질 액체에 유인되어 오는 곤충류의 몸체 표면에 녹병정자가 묻게 되고, 그 결과 다른 녹병정자기로 녹병정자가 운반된다. 녹병정자는 식물체 표면을 흐르는 빗물이나 이슬방울에 의하여 옮겨지기도 한다. 녹병정자가 대응하는 성의 녹병정자기에 있는 수정균사에 접촉하면 수정이 일어난다. 수정이 되면 녹병정자의 핵이 수정균사로 들어가지만 이미 그 균사에 존재하고 있던 핵과의 융합은 일어나지는 않는다. 대신에 녹병정자의 핵은 단핵 균사의 세포를 통하여 이동하면서 계속 분열하여 녹포자기 모세포를 형성한다. 그러므로 2핵 상태가 다시 만들어지고, 이어서 만들어진 균사와 녹포자는 2핵 상태가 된다. 이 균사는 잎의 아래쪽을 향하여 세포간극에서 생장하면서 나중에 녹포자기로 발달하게 되는 두꺼운 균사 매트를 형성한다. 그러는 동안에 균사를 둘러싸고 있는 기주세포는 자극을 받아 비대해지며, 균사의 양이 늘어남에 따라 결국 잎 아래쪽의 감염부위 전체가 부풀게 된다.

녹포자기(그림 11-133A, 11-133B)는 매발톱나무류 잎의 표면에 그룹을 지어 형성되며, 표면 바깥쪽으로 상당히 돌출된다. 녹포자는 녹포자기 안에서 연쇄상으로 형성되며 각각의 포자 안에는 서로 다른 성을 가진 2개의 핵이 있다. 녹포자는 늦은 봄에 방출되어 바람에 날려 가까운 밀(그림 11-133D)로 전반된 후에 발아하고 기공을 통하여 밀의 줄기, 잎, 엽초 등을 침해한다. 균사는 일정 기간 세포간극에서 자라나간 후 특히 표피조직 바로 아래에서 풍부하게 생장하여 균사 매트를 형성한다. 짧은 포자경과 여름포자가 많이 형성되면서 표피조직에 압력이 가해지고, 그 결과 표피조직을 바깥쪽으로 밀어내면서 녹포자퇴가 형성된다. 최종적으로 표피조직이 불규칙하

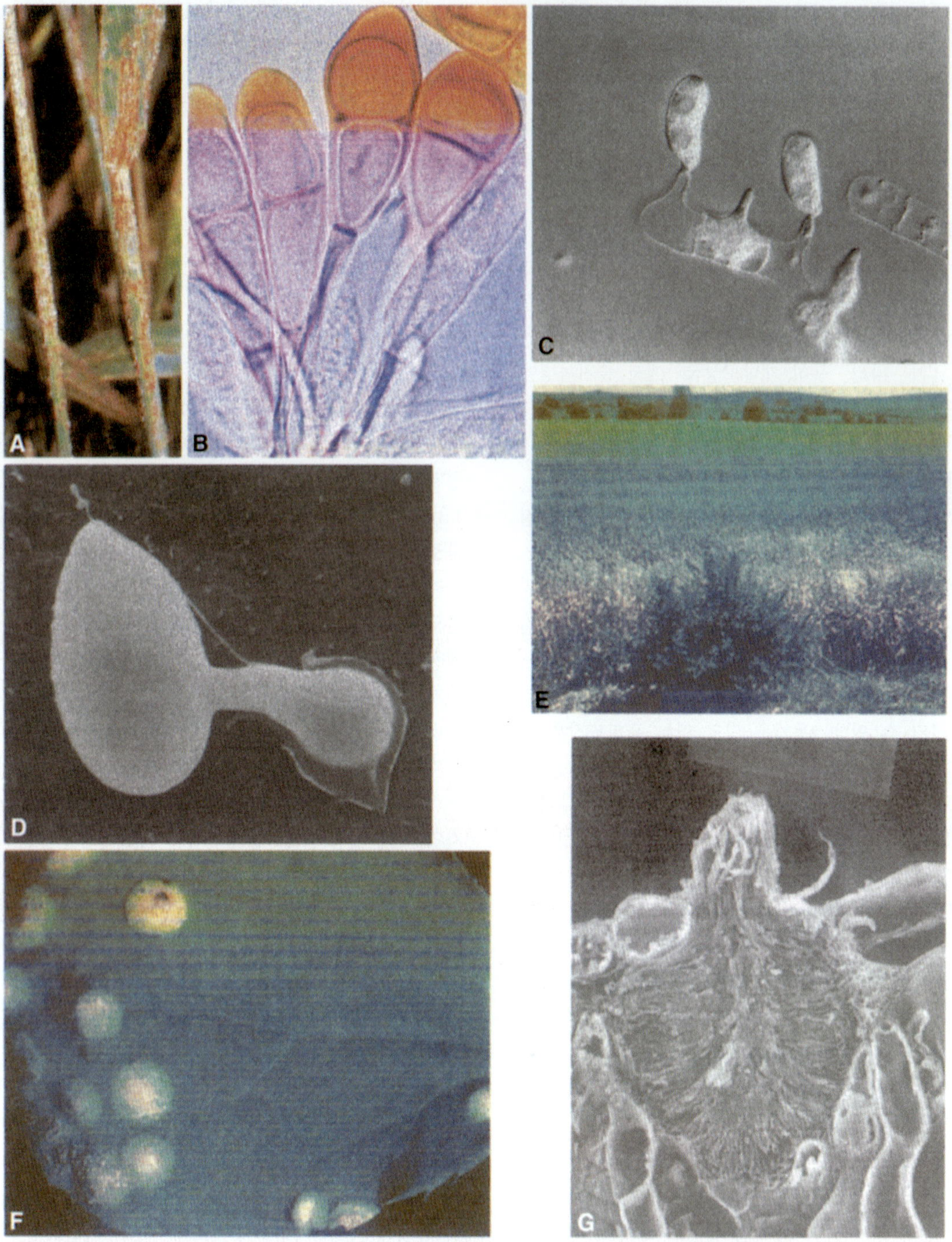

그림 11-132 (A) 줄기녹병에 감염된 밀의 여름포자퇴와 겨울포자퇴. (B) 밀 줄기녹병의 겨울포자. (C) 겨울포자에서 형성된 4개의 담자포자 중 2개가 붙어있는 담자기. (D) 외부물질로 둘러싸여 부풀어 있는 부착기를 형성한 발아 중의 담자포자. (E) 밀 줄기녹병의 중간기주인 매발톱나무 덤불 근처에서 자라고 있는 밀의 초기감염. (F) 매발톱나무 잎 앞면에 형성된 줄기녹병균의 녹병정자기. (G) 밀 줄기녹병균 녹병정자기의 횡단면. [사진제공: (A) WCPD. (B) J.F. Hennen. (C,D,G) C.W. Mims, University of Georgia. (E) Cereal Dis. Lab. Archives. (F) D.L. Long, USDA.]

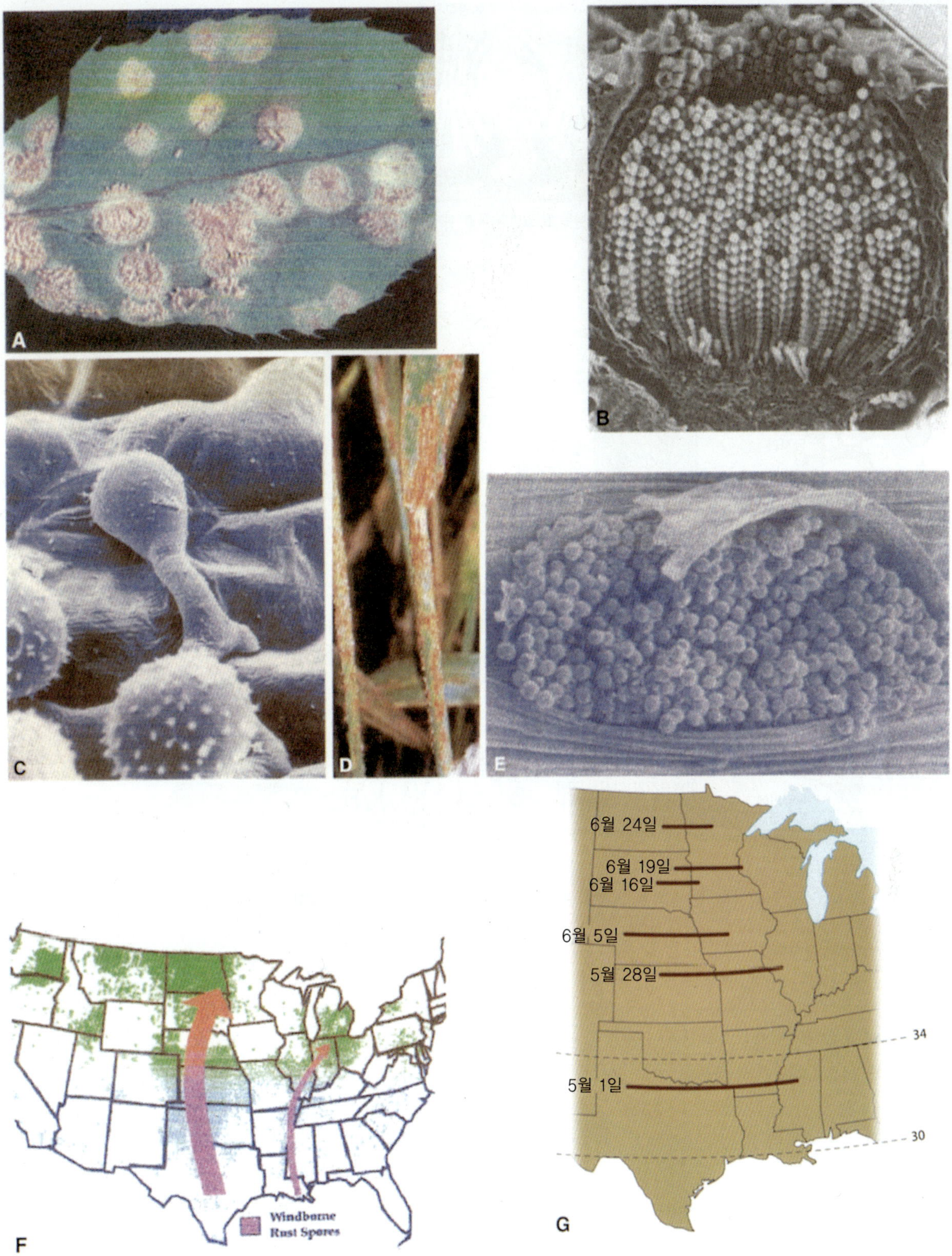

그림 11-133 (A) 녹병정자기가 수정된 후 매발톱나무 잎의 뒷면에 형성된 녹포자기. (B) 녹포자기의 수직절단면을 주사전자현미경(SEM)으로 촬영한 모습 (연쇄상으로 연결된 녹포자); 여름포자와 비슷한 녹포자(C)가 밀을 감염하여 녹슨 색의 돌기(여름포자퇴)를 형성한다. 여름포자가 들어있는 여름포자퇴(D,E); 이 여름포자는 밀을 재감염할 수 있다(C,D). (E) 밀 줄기녹병균의 녹포자퇴와 녹포자의 주사전자현미경 사진. (F) 미국에서의 밀 줄기녹병의 분포와 주요 확산경로. (G) 녹포자가 남부지역으로부터 북쪽 지역에 도달하는 예상 일자. [사진제공: (A) D.L. Long, USDA. (B) C.M. Mims, University of Georgia. (C) WCPD. (E) M.F. Brown, H.G. Brotzman. (F) M.E. Hughes. (G) A.P. Roelfs, USDA.]

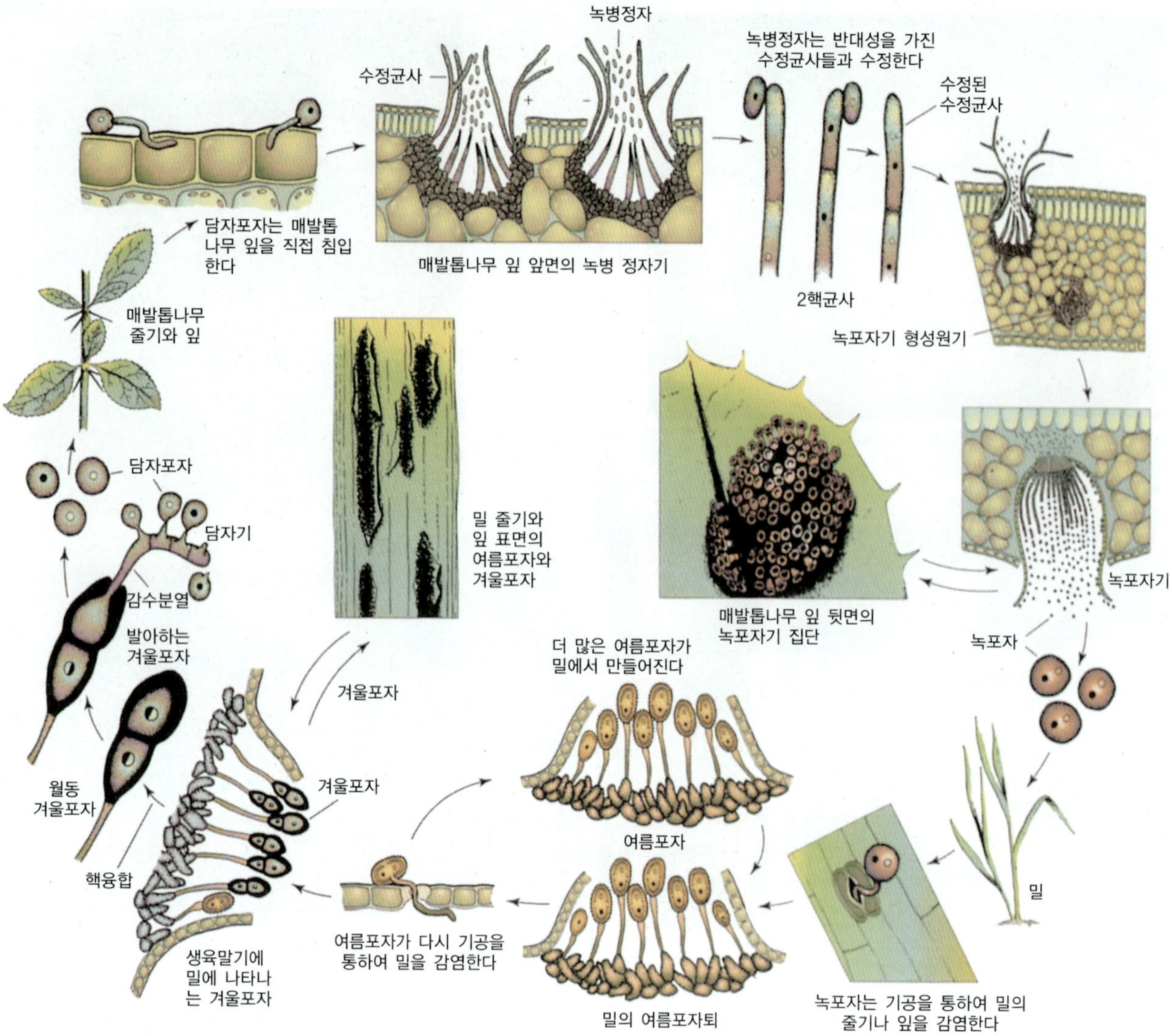

그림 11-134 *Puccinia graminis tritici* 에 의한 밀 줄기녹병의 병환

게 터지면서 주황색을 띤 수십만 개의 여름포자가 드러나게 되는데, 이 때문에 여름포자퇴가 주황색의 가루덩어리로 보이게 된다 (그림 11-131A, 11-131B, 11-133C, 11-133E, 11-134).

여름포자는 바람을 타고 수 km, 때로는 수백 km까지 이동하기도 한다 (그림 11-133F, 11-133G). 여름포자는 이슬이나 얇은 막의 물이나 거의 포화상태에 이른 상대습도 상태에서 밀을 다시 감염할 수 있다. 발아관은 기공을 통하여 식물체 내부로 침입하며(그림 11-133C), 접종 8~10일 이내에 녹병균 균사는 새로운 여름포자퇴와 더 많은 여름포자를 형성한다. 여름포자는 성숙할 때까지 밀을 계속하여 반복감염하며, 밀의 생육저하와 수량감소는 여름포자의 반복감염에 기인하고, 이로 인하여 여름포자퇴가 줄기와 잎, 낟알 등을 완전히 덮을 수도 있다.

녹병에 감염된 밀에서는 증산활동이 증가하며, 아울러 터진 표피를 통하여 더 많은 수분이 증발하기 때문에 식물체의 수분 손실이 많아진다. 더구나 병원균은 식물체가 정상적으로 사용하는 것보다 더 많은 양분과 수분을 소모한다. 감염된 식물의 호흡은 여름포자퇴 형성기간 중에 급격히 늘어나지만 나중에는 정상보다 약간 낮은 수준으로 떨어진다. 병든 식물에서는 광합성이 크게 줄어드는데(그림 11-131A~11-131C), 그 이유는 광합성을 할 수 있는 면적이 병원균에 의하여 상당부분 파괴되고, 녹색으로 남아있는 부분에서도 균의 분비물로 인하여 광합성이 저해되기 때문이다. 녹병균은 뿌리의 정상적인 발달과 양분의 흡수를 방해하는 것으로 여겨진다. 이들 모두가 식물체의 종자의 크기와 수를 감소시키는 요인이 된다 (그림 11-131C, 11-131D). 녹병균은 식물체의 조기 성숙을 유도하므로 결과적으로 충실한 종자를 형성할 수 있는 시간이 부족하다. 개화기 전이나 개화 중에 녹병에 심하게 감염되면 피해가 매우 크며 100% 손실을 초래할 수도 있는 반면(그림 11-131C, 11-131D), 그 시기가 좀 더 늦어진다면 수량 손실은 훨씬 더 적어진다.

밀을 포함한 기주식물이 성숙하거나 감염이 너무 심하여 식물체가 더 이상 살 수 없게 되면 여름포자퇴는 여름포자 대신에 겨울포자를 만들거나, 새로이 감염된 여름포자로부터 겨울포자퇴가 형성되기 시작한다. 겨울포자는 월동기구로서 즉시 발아하지 않으므로 밀을 감염하지도 않는다. 겨울포자가 갖는 중요한 점은 1) 두 핵의 융합이 일어나는 단계이며, 2) 담자기에서 감수분열 후 유전자 재조합과정을 통하여 새로운 유전적 특성의 재조합이 만들어지는 단계라는 것이다. 그 결과로 지금까지 알려져 있는 줄기녹병균의 레이스는 수백 가지이며, 매년 새로운 것들이 나타나고 있다.

남쪽지방에서 녹병균은 전년도 수확물에 형성되었던 여름포자에 감염된 추파밀에서 항상 월동한다. 녹병이 이른 봄 온화한 지역에서 심하게 발생하게 되면 그 지역에 큰 손실을 일으킬 뿐만 아니라 봄과 여름의 따뜻한 남풍을 따라 북쪽으로 날아가는 여름포자를 형성하므로 북쪽지역의 밀을 연속적으로 감염한다 (그림 8-18, 11-133F, 11-133G).

방제. 밀 줄기녹병의 가장 효율적이며 유일한 실용적인 방제법은 녹병균 감염에 대해 저항성인 품종을 재배하는 것이다. 현재 존재하고 있는 균의 레이스들에 대한 저항성 품종을 개발하기 위하여 지금까지 상당한 노력을 해왔으며, 아직도 계속되고 있다. 농업관련 연구소들은 녹병에 대한 저항성과 바람직한 경종적 특성을 가진 품종들을 매년 추천하고 있으며, 존재하고 있는 레이스를 회피하기 위하여 추천품종을 주기적으로 바꾸고 있다. 비특이적 또는 특이적 저항성을 가진 품종의 개발 이외에도 다계품종(multiline cultivar)의 개발에 많은 노력을 기울이고 있다.

매발톱나무의 완전한 제거를 통하여 여름포자가 월동하지 못하는 지역에서 밀의 생육 초기의 감염기회를 제거하고, 아울러 매발톱나무에서 유전자 재조합에 의한 줄기녹병균의 새로운 레이스 출현 기회를 줄임으로써 줄기녹병에 의한 손실을 줄여왔다. 이것은 병원균 레이스 집단내의 안정성을 크게 유도하여 저항성 품종 육종의 성공에도 기여하고 있다.

몇몇 살균제는 밀 줄기녹병의 방제에 효과적이다. 그러나 녹병을 완전히 방제하려면 한 생육기 동안 4~10차례나 약제들을 처리해야 하며, 이로 인하여 단위면적 당 이익이 줄어들기 때문에 이러한 방법은 그리 실용적이라고 할 수 없다. 어떤 살균제의 경우에는, 녹병이 대발생하기 쉬운 기상조건의 예보에 따라서 두 번 처리한다면 밀 줄기녹병에 의한 피해를 75% 정도 줄일 수도 있다. 이러한 살균제는 보호효과와 치료효과를 모두 지니고 있으므로 녹병이 5% 가량 발생하였을 때 한번 처리하고 10~14일 뒤에 다시 한 번 처리하면 경제적인 수준에서 녹병을 방제할 수 있다.

몇몇 침투성 살균제는 병발생 초기에 1~3주 간격으로 1~2회 살포하면 방제효과를 거둘 수 있다. 질산염 형태의 질소시비를 피하고 밀식파종을 하지 않은 재배지에서는 밀 줄기녹병균에 의한 피해가 항상 적게 나타난다.

콩과식물의 녹병

콩과식물, 이를테면 강낭콩. 잠두, 땅콩, 동부, 병아리콩, 렌즈콩 등은 세계적으로, 특히 중남미 지역과 아프리카 지역에서 먹거리로서 중요한 위치를 차지하며, 곡류 다음으로 중요한 식량자원이다. 아울러 다른 콩과식물, 특히 극동아시아와 미국에서 대변식으로 재배되고 있는 콩은 음식, 사료, 식용유 및 기타 산업적 용도로 사용되고 있으며, 알팔파와 다양한 종류의 클로버는 경작되거나 노지에서 자라며 동물사료로 이용되고 있다. 이 모든 작물은 다양한 종류의 녹병균에 의하여 감염되고 있으며 매년 생산량 감소도 적지 않다. 대부분의 경우에 피해는 대단히 심각하며 관련된 녹병균과 그 기주가 되는 콩과식물은 다음과 같다.

Uromyces appendiculatus : 강낭콩 녹병
Uromyces striatus : 알팔파 녹병
Uromyces vicia-fabae : 잠두 녹병
Uromyces vignae : 동부 녹병
Phakopsora pachyrhizi : 콩 녹병

강낭콩 녹병

강낭콩 녹병은 전 세계적으로 발생하고 있으며, 특히 다습한 열대 및 아열대 지역에서 피해가 심하다. 감염이 생육초기에 발생하면서 심한 경우에는 수확을 거의 못하는 경우도 있다. 병징은 잎과 꼬투리에 발달하는 직경 1~2mm 정도의 여

그림 11-135 *Uromyces appendiculatus* 에 의한 강낭콩 녹병. (A) 강낭콩 잎의 앞면과 뒷면에 형성된 녹병균의 여름포자퇴. (B) 녹병에 심하게 감염된 강낭콩의 잎. (C) 심하게 감염된 후 조기낙엽이 일어난 강낭콩. [사진제공: (A) R.G. Platford, WCPD. (B) H.D. Thurston, Cornell University. (C) J.R. Steadman, University of Nebraska.]

름포자퇴가 모여 만드는 적갈색을 띤 무수한 돌기로 나타난다. 이 돌기들이 터지면서 적갈색의 여름포자가, 나중에는 겨울포자가 방출된다. 가끔 한 개의 크거나 작은 그룹의 여름포자퇴 주변 식물조직이 노란색으로 변하기도 한다 (그림 11-135A, 11-135B, 1-10). 심하게 감염된 잎은 찢어지면서 일부는 떨어지며(그림 11-135C), 이 때문에 기주식물의 생육도 불량해지고 수확량도 적어진다.

강낭콩 녹병균은 담자균 *Uromyces appendiculatus* 이며, 모든 포자세대를 만드는 장주기형 생활사를 갖지만 드물게 녹병정자기, 녹포자기, 여름포자퇴, 겨울포자퇴 등 모든 세대를 같은 기주인 강낭콩에서 형성하기도 한다. 이 녹병균의 레이스는 매우 다양하여 300개 이상이며, 때로는 한 포장에서 여러 레이스가 발견되기도 한다.

강낭콩 녹병의 궁극적인 방제는 재배할 지역에 존재하고 있는 녹병균의 레이스에 대하여 저항성이 있는 품종을 선택하여 재배하는 것이다. 몇몇 방제효과가 높은 살균제를 살포하면 강낭콩 녹병을 성공적으로 방제할 수 있다. 비기주식물의 적절한 돌려짓기와 기주 잔재물의 제거 등 경종적 방법은 전염원과 감염기회를 줄이는 데 도움이 된다.

해설 19 콩 녹병 – 중요한 작물에 대한 심각한 위협

콩 녹병은 일본을 포함한 극동아시아, 호주, 인도, 중앙아프리카 일부 지역, 카리브 연안 도서지역 등에 발생하고 있다. 발생장소와 관계없이 녹병에 감염되면 10~50%의 수량감소가 일어나고, 매우 다습한 열대 및 아열대지역의 경우에는 80%에 이르기도 한다. 이 녹병을 관리하는데 있어서 가장 어려운 점은 콩 이외에도 기주식물이 많다는 것이다. 콩 녹병균의 자연기주는 리마콩, 동부, 클로버, 칡 같은 다년생식물을 포함하여 약 30종의 콩과식물이다. 콩 녹병균은 1995년 하와이에서 발견된 바 있으나 미국 대륙에서는 아직까지 발생하고 있지 않다. 여름포자가 상당히 단단하고 바람에 전반된다는 것을 감안하면 몇 년 이내에 이 녹병균이 미국 본토 내륙으로 유입될 가능성이 상당히 높은 것으로 알려져 있다. 실제로 콩 녹병균은 2004년 11월 중순에 루이지아나주, 미시시피주, 플로리다주에서 발견된 바 있다. 미국은 매년 전 세계 생산량의 절반 이상에 해당하는 약 7천만 톤의 콩을 생산하고 있으므로, 만약 이 녹병균이 미국으로 유입된다면 미국의 생산자들뿐만 아니라 전 세계 소비자들에게도 엄청난 재난적 수준의 재정적 손실이 될 것이다. 미국에서 녹병에 의한 손실규모는 생산지 전체로는 10% 정도이지만 병의 발생에 보다 유리한 조건을 지닌 남동부지역에서는 50% 정도에 이를 것이며, 그 결과 생산자와 소비자 모두에게 1년에 약 72억 달러의 손해를 입히게 될 것으로 평가되고 있다.

콩 녹병은 담자균 *Phakopsora pachyrhizi* 및 이와 형태적으로 비슷하지만 병원성이 보다 약한 *P. meibomiae* 에 의해 발생하며, 콩을 포함한 많은 다른 콩과식물에서 발생한다. 병원균의 여름포자에 의한 점무늬가 잎의 양면에 무수히 형성되므로(그림 11-136A~11-136C) 광합성 저하와 함께 수확량이 크게 떨어지며, 경작지 전체가 손실을 입는 경우도 있다 (그림 11-136E). 이 녹병균의 생활사는 단주기형으로 보이며, 콩이나 다른 콩과식물에서 여름포자퇴와 겨울포자퇴만을 형성하면서 생활사를 마친다. 여름포자퇴는 바람에 날려 다른 기주를 감염시킬 수 있는 여름포자(그림 11-136F)를 형성하는 반면에 겨울포자퇴는 겨울포자를 만드는데, 겨울포자는 발아하지 않는 것으로 알려져 있다.

콩 녹병은 가능하면 저항성 품종(그림 11-136D)을 재배하거나 적절한 살균제를 적정한 회수로 반복 살포하여 방제할 수 있다. 미국에서는 과거에도 식물검역이 엄격하게 이루어져 왔으며, 앞으로도 계속 실시될 것이다.

그림 11-136 *Phakopsora pachyrhizi* 에 의한 콩 녹병. 야외에서 병징이 눈에 보이기 시작할 때(C)의 황갈색 반점(A)과 적갈색 반점(B). (D) 콩 녹병에 대하여 4개 품종에서 나타나는 상대적 저항성. (E) 녹병에 심하게 감염된 콩의 재배지. (F) 콩 녹병균의 여름포자퇴와 여름포자의 주사전자현미경 사진. [사진제공: USDA.]

계속

그림 11-136 계속

사과나무 붉은별무늬병 (= 향나무 녹병)

사과나무 붉은별무늬병(cedar-apple rust)은 북미와 유럽에서 발생하고 있으며, 사과나무의 잎과 과실에는 누런색 내지 오렌지색의 점무늬가 나타나며(그림 11-137C, 11-137D), 향나무에는 향나무사과(cedar apple)라는 혹(그림 11-137A)을 형성하는데, 여기에 젤리 모양의 돌기(뿔)(그림 11-137B)가 발달한다. 이 병은 두 종류의 기주가 서로 가까이 자라고 있는 경우에는 두 기주 모두에 심각한 피해를 초래한다. 비슷한 병이 산사나무류와 모과나무류에도 발생한다.

병원균 *Gymnosporangium juniperi-virginianae*는 향나무의 혹에서 2핵 균사로서 월동한다. 향나무의 잎이나 눈은 여름에 사과나무 잎으로부터 바람에 날려온 녹포자에 의하여 감염된다 (그림 11-138). 이 녹병균은 향나무 잎에서 가을과 겨울 동안 거의 자라지 않지만 이듬해 봄과 초여름에 걸쳐 혹은 침엽의 앞면에서 작은 융기체로 형성되기 시작한다. 병원균은 혹에서 균사 상태로 존재하며 세포간극에서 자란다. 혹은 빠르게 커지며 가을이 되면 지름이 3~5cm에 이르고, 갈색으로 변하며 표면은 작고 둥근 함몰된 부분으로 덮인다. 이 녹병균은 여름포자퇴와 여름포자를 형성하지 않는다. 그러나 이듬해 봄에 혹 표면의 작은 함몰부분은 따뜻하고 다습한 날에 수분을 흡수하여 부풀어 매우 이채로운 오렌지색을 띤 젤리 모양

그림 11-137 *Gymnosporangium juniperi-virginianae* 에 의한 붉은별무늬병(=향나무 녹병). (A) 향나무 가지에 형성된 혹(일명 향나무 사과). (B) 향나무의 혹에서 겨울포자퇴가 발달하며, 여기서 담자포자가 형성되며 방출된다. 담자포자는 사과나무 잎(C)과 과일(D)을 감염하여 점무늬를 형성한다. [사진제공: (A, B) E.L. Barnard, Florida Department of Agriculture, Forestry Division. (C, D) D.R. Cooley, University of Massachusetts.]

의 돌기를 만드는데, 이 돌기의 길이는 10~20mm 정도이다 (그림 11-137A, 11-137B). 젤리 모양의 돌기는 수많은 겨울포자로 구성되어 있으며, 겨울포자는 그 자리에서 여러 주 동안 발아하여 사과나무의 잎을 감염시킬 수 있는 담자포자를 형성한다. 혹은 결국 죽지만 나무에 1년이 넘게 달려있기도 한다.

담자포자는 바람에 의하여 옮겨지는데 3~5km 이상 운반되기도 한다. 발아관은 어린 사과나무의 잎이나 과실을 직접 침입하여 반수체의 균사를 만들고, 균사는 사과 과실의 세포나 그 사이로 퍼져간다. 균사는 잎 앞면에 오렌지색의 녹병정자기를 만들며, 반대 성의 녹병정자는 수정균사와 수정한 후에 잎 뒷면이나 과실에 동심원을 이루며 컵 모양의 녹포자기를 형성한다. 잎에서 녹포자기가 형성된 부분은 부풀며, 컵 모양의 오렌지색 녹포자기 다발과 흰색의 녹포자기벽이 뚜렷이 나타난다. 과실에서는 점무늬의 가운데에 녹병정자기가 먼저 만들어지며, 다음으로 그 둘레에 녹포자기가 형성된다. 과실의 감염된 부분은 대개 크며, 융기하기 보다는 오히려 편평하거나 약간 함몰되어 있다 (그림 11-137D). 녹포자는 긴 사슬모양으로 형성된다. 늦여름의 건조한 날에 공기 중으로 방출되는데 바람에 날려 향나무 잎에 이르면 발아하여 감염을 시작한다. 녹병균이 생활사를 완성하지 못하도록 사과나무와 향나무 사이의 거리를 충분히 떼어놓으면 사과나무 붉은별무늬병의 방제가 가능하다. 그러나 이것은 때로는 불가능하거나 실용적이지 못하므로 일반적으로 살균제를 살포하여 방제하고 있다. 아울러

그림 11-138 *Gymnosporangium juniperi-virginianae* 에 의한 붉은별무늬병(=향나무 녹병)의 병환.

붉은별무늬병에 상당히 저항성인 사과나무 품종도 많이 알려져 있다.

커피나무 녹병

커피나무 녹병은 커피나무의 가장 파괴적인 병해이다. 이 녹병은 커피나무를 침해하고 감염된 잎은 일찍 떨어지므로 생산량이 감소된다. 커피나무 녹병은 아시아와 아프리카의 모든 재배지에서 매우 심각한 피해를 일으켜 왔다. 이 녹병은 모든 종류의 커피나무에서 발생하지만 특히 *Coffea arabica*에서 가장 심하다. 1970년에 처음으로 서반구의 브라질에서 이 병이 발견된 이래 세계에서 가장 중요한 커피 생산지인 중미 및 남미에서 꾸준히 피해가 증가하고 있으며, 이 지역의 모든 상업용 커피나무 품종은 이 녹병에 감수성이다.

병징은 잎의 뒷면에 주황색의 가루가 묻은 듯한 점무늬 형태로 나타난다. 처음으로 나타나는 점무늬는 지름 5mm 정도로 작고 둥글지만 점차 점무늬들이 서로 합쳐져서 처음 크기의 약 10배에 이르는 것도 있다. 점무늬의 중앙 부분은 결국 마르면서 갈색으로 변하고 병든 잎은 일찍 떨어진다. 감염된 나무의 열매 수확량은 크게 줄어들며 품질도 떨어진다. 반복적인 감염과 낙엽으로 인하여 나무는 죽게 된다 (그림 11-139A~11-139C).

병원균 *Hemileia vastatrix* 는 지속적이고 연속적으로 감염되는 잎에서 주로 균사, 여름포자퇴 및 여름포자 상태로 존재한다. 이 녹병균은 가끔 겨울포자를 만들고, 겨울포자는 발아하여 담자포자를 만들지만, 담자포자는 커피나무를 감염하지 않으며 중간기주도 지금까지 발견된 바 없다. 여름포자는 바람과 비, 그리고 아마도 곤충에 의해서도 쉽게 옮겨진다. 이 포

그림 11-139 *Hemileia vastatrix* 에 의한 커피나무 녹병. 커피나무 잎 뒷면에 최근(A) 및 오래된(B) 감염부위에 형성된 여름포자퇴. (C) 녹병에 감염되어 거의 모든 잎이 떨어진 커피나무(A)와 건전한 나무. [사진제공: H.D. Thurston.]

자는 충분한 수분이 있어야만 발아하고 잎 뒷면의 기공을 통하여 식물체로 침입한다. 균사는 잎의 세포간극에서 자라면서 세포 안으로 흡기를 삽입한다. 일반적으로 어린잎은 성숙한 잎보다 병에 더 잘 걸리며, 기후조건에 따라서 다르지만 감염 후 10~25일 내에 잎의 뒷면에 새로운 여름포자퇴가 형성된다. 일단 여름포자퇴가 형성되면 병든 잎은 시기에 관계없이 떨어질 수 있으며, 때로는 단 하나의 여름포자퇴가 생긴 잎도 떨어진다. 새로운 잎은 노화된 잎이 떨어진 다음에 감염된다. 잎이 성숙하기도 전에 떨어지기 때문에 나무는 쇠약해지고, 그 결과 수확량이 감소하고 많은 가지가 말라죽으면서 결국 나무 전체가 죽는다 (그림 11-140).

커피나무 녹병의 방제는 매우 어렵지만 구리성분의 살균제를 처리하면 만족할 만한 결과를 얻을 수 있다. 살균제는 반드시 우기 전이나 우기 중에 기상조건과 병의 정도에 따라 약 2~3주 이내의 간격으로 처리되어야 한다. 최근에는 발달하는 여름포자퇴에 치료효과를 나타내는 침투성 살균제들과 구리함유 살균제와의 교호살포법이 사용되고 있다. 적절한 가지치기, 좋은 재배지 선택, 저항성 품종의 재배 등을 통하여 이 병으로 인한 손실을 최소화할 수 있다. 그러나 몇몇 지역에서는 새로운 저항성 품종을 감염시킬 수 있는 병원균의 새로운 레이스들이 이미 출현하고 있다.

임목의 녹병

Cronartium 속에 속하는 몇 종의 녹병균은 임목에 상당한 손실을 입히는 많은 녹병을 일으키는 것으로 알려져 있다. 몇몇

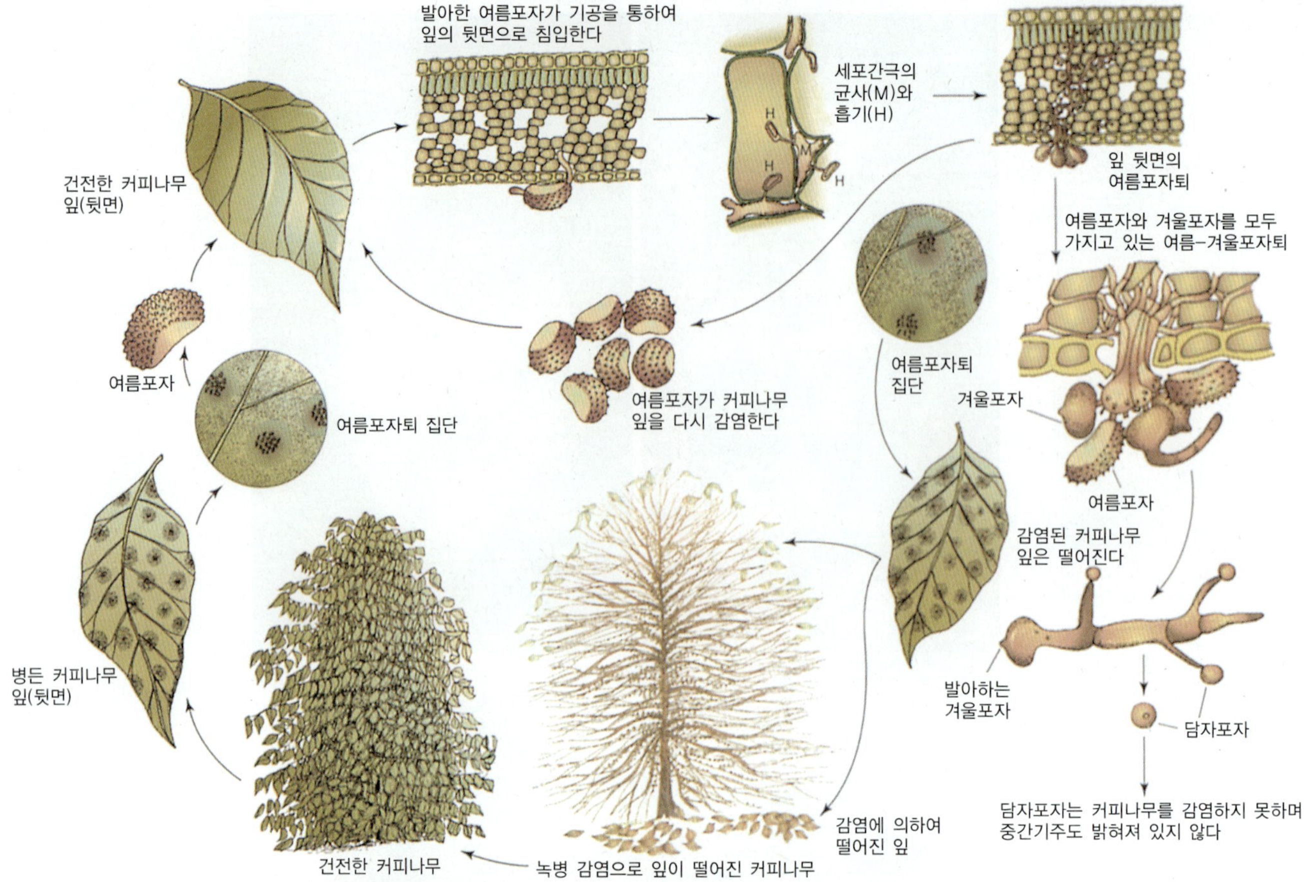

그림 11-140 *Hemileia vastatrix*에 의한 커피나무 녹병의 병환.

Cronartium 속 녹병균은 나무의 줄기나 가지를 침해하여 상당한 피해를 입히는 반면, 다른 종들은 침엽과 잎을 감염하지만 상대적으로 피해는 심각하지 않다. 그러나 모든 나무의 녹병은 묘포장의 어린 묘목이나 새로 조성된 조림지에서 발생하였을 경우에는 특히 파괴적인 피해를 준다. 녹병의 기주가 되는 임목 중 경제적으로 가장 중요하며 가장 심한 피해를 입는 것은 소나무류이다. 이들 녹병 중 일부는 중간기주가 참나무류이지만 참나무에서의 녹병 피해는 훨씬 미미하다. 다른 소나무류 녹병의 중간기주는 야생하거나 조경용 관목류와 잡초들이다.

잣나무 털녹병(물집녹병)

아시아의 토착병인 잣나무 털녹병(毛銹病; blister rust)은 유럽으로 확산된 후에 1900년경에는 북미대륙으로 유입되었다. 이 병은 북미에서 가장 중요한 산림병해 중 하나이며 매년 막대한 생장량 감소와 함께 높은 고사율을 보이고 있으며, 만약 방제하지 않으면 생육 자체가 불가능해지고 아울러 목재로서의 이용가치도 없어진다. 잣나무 털녹병은 *Cronartium ribicola* 라는 녹병균에 의하여 발생하며, 이 녹병균은 녹병정자기와 녹포자기를 잣나무류에 형성하고, 여름포자퇴와 겨울포자퇴는 야생 또는 재배하는 송이풀류와 까치밥나무류에 형성된다. 털녹병은 잣나무의 나이와 크기에 상관없이 치명적이다. 작은 나무는 빨리 죽는 반면, 큰 나무의 경우에는 가지와 줄기에 궤양이 발달하는데, 이들 궤양이 가지 및 줄기를 일주하게 되면 나무 자체가 말라죽거나 생장이 더디게 되면서 수세 약화가 일어나고, 결국 궤양부분에서 부러지기도 한다. 까치밥나무가 감염되면 잎이 자라기도 전에 부분적으로 떨어지며 열매도 적게 맺지만 피해는 그다지 크지 않다.

잣나무의 줄기나 가지에서의 병징은 처음에는 작고 변색된 방추형 모양의 융기체가 오렌지색을 띤 좁은 밴드에 둘러싸여 수피에 나타난다 (그림 11-141A). 이어서 이 융기체 안에서는 작고 부정형의 짙은 갈색을 띤 물집 모양의 녹병정자기가 출현하는데(그림 11-141B), 녹병정자기는 터지면서 당년에 형성된 녹병정자가 가득 찬 점질성 방울이 누출되며 곧 마른다. 융기된 부분이 확장됨에 따라 녹병정자기의 크기 및 형성 범위도 넓어지며, 녹병정자기가 형성되어 있던 부위에서 1년 후에 녹포자기가 형성된다. 녹포자기는 감염된 수피를 밀어 뚫고 나오는 흰색 물집 모양 돌기로 나타나는데, 여기에는 주황색 녹포자가 가득 차 있다. 녹포자퇴인 이 물집돌기는 곧 터지고(그림 11-141C), 주황색의 녹포자가 바람에 날리고, 때로

그림 11-141 *Cronartium ribicola* 에 의한 잣나무 털녹병. 감염된 잣나무에서의 줄기궤양의 발달단계: (A) 부드럽고 노란색을 띤 수피. (B) 궤양은 표면이 거칠며 회색으로 변한다. (C) 거친 표면이 돌출하면서 녹병정자기, 이어서 녹포자기가 나타난다. (D) 수지가 줄기 아래로 흘러내리고 굳는다. (E) 까치밥나무 잎에 형성된 녹병균의 여름포자퇴. [사진제공: (A,D,E) U.S. Forest Service. (B,C) O.C. Maloy, Washington State University.]

는 수백km 정도까지 이동하여 까치밥나무의 잎에 떨어져 까치밥나무를 감염시킨다. 비록 녹포자기가 형성되었던 수피는 말라죽지만 녹포자가 방출된 후에도 물집돌기는 몇 주 동안 수피 위에 잔존한다. 가끔 줄기를 타고 수지가 흘러내리면서 굳어서 덩어리를 이루기도 한다 (그림 11-141D). 그러나 병원균은 병든 주위의 건전한 수피 쪽으로 확산하며, 줄기나 가지를 일주하여 결국 나무가 죽을 때까지 매년 계속하여 포자를 만들면서 수피를 점진적으로 말라죽게 한다. 죽어서 갈색을 띤 침엽들이 달려있어 깃발처럼 보이는 죽은 가지들이 멀리서도 뚜렷하게 보인다.

송이풀과 까치밥나무에서의 병징은 주황색을 띤 여름포자퇴가 잎의 앞면에서 약간 돌출하는 형태로 나타나는데, 여름포자퇴는 둥글거나 불규칙한 모양의 점무늬에 그룹을 지어 형성된다.

여름포자퇴는 수많은 오렌지색의 여름포자를 형성하는데, 이 여름포자들은 다른 까치밥나무를 다시 감염한다. 나중에 겨울포자퇴는 동일한 점무늬나 새로 발달한 점무늬에서 형성되기도 한다. 겨울포자퇴는 여름포자퇴보다 약간 더 짙은 색을 띠며, 길이 2mm 정도의 갈색 머리카락 모양 구조물로 이루어져 있는데, 이 구조물은 겨울포자가 중첩되어 쌓인 것이다 (그림 11-141E).

병원균 *Cronartium ribicola*는 주로 감염된 잣나무에서, 드물게는 까치밥나무에서 균사상태로 월동한다. 까치밥나무 잎 뒷면의 겨울포자퇴에 있는 겨울포자에서 만들어진 담자포자만 잣나무를 감염할 수 있다 (그림 11-142). 담자포자는 습도가 높고 서늘할 때에만, 특히 야간에 잘 형성되며, 바람에 날려 까치밥나무류로부터 수 km 내에 있는 잣나무들을 감염한다. 담자포자는 늦여름이나 초가을에 잣나무 잎의 기공을 통하여 들어가 침엽을 감염한다. 감염 후 4~10주가 지나면 침엽에 작고 변색된 점무늬들이 나타난다. 균사는 침엽의 물관을 따라 아래로 생장하여 줄기나 가지의 수피에 이르는데, 감염 후 이때까지 걸리는 시간이 약 12~18개월이다. 녹병정자기는 침엽이 감염된 지 2~4년 뒤 봄부터 초여름에 걸쳐서 감염된 가지와 줄기에 형성되며, 녹포자기는 감염 3~6년 후의 봄에 형성된다. 녹병정자는 수명이 짧으며 비나 곤충에 의하여 가까운 거리 내로 전반되는데 비하여, 녹포자는 여러 달 동안 생존하면서 바람을 타고 수 km를 날아가 까치밥나무 잎을 감염시키기도 한다. 녹포자는 까치밥나무 잎에서 발아하여 잎을 감염하고, 감염 1~3주 안에 여름포자퇴와 여름포자를 형성한다. 여름포자는 다시 다른 까치밥나무들을 감염하며, 한 생육기 동안 여름포자세대가 여러 번 반복된다. 여름포자는 여러 달 동안 생존할 수 있으며, 바람에 의하여 수 km까지 날려가지만 이들이 감염할 수 있는 것은 까치밥나무류뿐이다. 최종적으로 여름포자를 만들던 균사가 겨울포자퇴와 겨울포자를 형성하기 시작한다. 겨울포자는 7월에서 10월에 걸쳐 발아하여 생존기간이 짧은 담자포자를 만드는데, 만약 이 담자포자가 바람에 날려 근처에 있는 잣나무류 기주수목에 도달할 수 있다면 잣나무의 잎을 감염함으로써 이 녹병균의 생활사가 완성된다.

잣나무 털녹병의 방제는 중간기주인 야생하거나 조경용 까치밥나무류를 기계적으로 제거하는 방법이 있지만, 현재로는 제초제를 살포하여 제거하는 방법이 더 유용하다. 어린나무에서는 병든 가지를 잘라내면 줄기감염과 나무고사를 줄일 수 있다. 털녹병의 방제에 있어 가장 기대되는 것은 저항성 계통의 선발 및 육종일 것이다.

소나무 방추혹병

방추혹병(fusiform rust)은 남부지방의 소나무들, 특히 테다소나무(*Pinus taeda*)와 엘리오티소나무(*Pinus elliottii*)의 매우 중요한 병이다. 이 병은 미국에서는 매릴랜드부터 플로리다까지, 서쪽으로는 텍사스와 알칸소에 걸쳐 분포하는데, 특히 묘포장과 신규 조림지, 채종원 등에서 20~60% 또는 그 이상의 어린나무가 죽는 엄청난 피해를 발생시키고 있다. 병원체는 *Cronartium quercuum* f. sp. *fusiforme* 이며, 소나무의 줄기와 가지에는 녹병정자기와 녹포자기를, 참나무의 잎에는 여름포자퇴와 겨울포자퇴를 각각 형성한다. 참나무에서의 피해는 일부 잎이 가끔 떨어지는 정도로 그리 심각하지 않다.

소나무에서 가장 먼저 나타나는 병징은 침엽과 연한 줄기에 나타나는 자줏빛의 작은 점무늬들이다. 곧이어 작은 혹과 나중에 방추 모양으로 변하는 융기물이나 큰 혹이 주로 어린 소나무의 줄기나 가지에 형성된다. 이러한 혹은 한해에 5~15cm 정도 커지며, 가끔 가지나 줄기를 완전히 둘러싸면 가지나 줄기가 죽기도 한다 (그림 11-143A). 어린나무가 감염되면 몇 년 안에 죽기도 하지만 일정 기간 동안 과도하게 분지하여 어린나무를 덤불처럼 보이게 만든다. 큰 나무의 경우에는, 감염된 줄기나 가지가 약해지고 뒤틀리면서 부풀고 기주조직이 죽어감에 따라 강풍에 의하여 쉽게 부러지는 함몰궤양을 형성한다. 처음에는 녹병정자로 이루어져 있는 노란색 점질물이, 나중에는 주황색의 녹포자가 혹에 형성된다. 참나무에서의 병징은 잎의 뒷면에 오렌지색 돌기(여름포자퇴)와 갈색을 띤 머리털 모양의 기둥(겨울포자퇴)으로 나타난다.

방추혹병의 병원균 *Cronartium quercuum* f. sp. *fusiforme* 는 방추형 혹 속에서 균사 상태로 월동한다. 2월부터 4월에 걸쳐서 녹병정자기와 녹병정자가 만들어지며, 곧 이어 녹포자가 혹에 형성된다. 녹포자는 바람에 날려서 참나무의 어리고 한창 자라기 시작하는 잎을 감염한다. 며칠 내에 참나무의 잎에는 주황색 돌기(여름포자퇴)가 형성되며, 2월부터 5월에는 여름포자퇴에서 여름포자가 계속적으로 만들어진다. 여름포자는 더 많은 참나무의 잎을 감염하여 더 많은 여름포자를 만들게 된다. 여름포자를 만든 균사가 이번에는 여름포자퇴가 있는 바로 그 위치에서 또는 여름포자의 감염에 의하여 형성된 다른 점무늬에서 2월부터 6월 사이에 갈색의 겨울포자퇴를 만든다. 겨울포자는 겨울포자퇴에서 발아하여 담자포자를 형성하며(그림 11-143B), 담자포자는 바람에 날려 소나무의 침엽과 가지로 운반된 후 이들을 직접 침입한다. 균사는 처음에는 침엽 속에서 자라지만 나중에는 가지나 줄기로 확산되어 혹의 형성을 유도하게 된다.

묘포장에서 이 방추혹병을 방제하려면 특히 서늘하고 비가 많은 기간이나 그 전에 적당한 살균제를 일주일에 두 번 정도로 자주 살포해야 한다. 몇몇 새로운 침투성 살균제를 살포하거나 종자에 분의처리하면 유묘에서 혹병의 발생을 억제할 수 있다. 이 녹병균에 길항성이거나 중복기생성 균들이 몇 가지 알려져 있지만 실제로 생물학적으로 이 병을 방제하는 방법은 아직까지 개발되지 않았다. 감염된 유묘는 모두 폐기해야 한

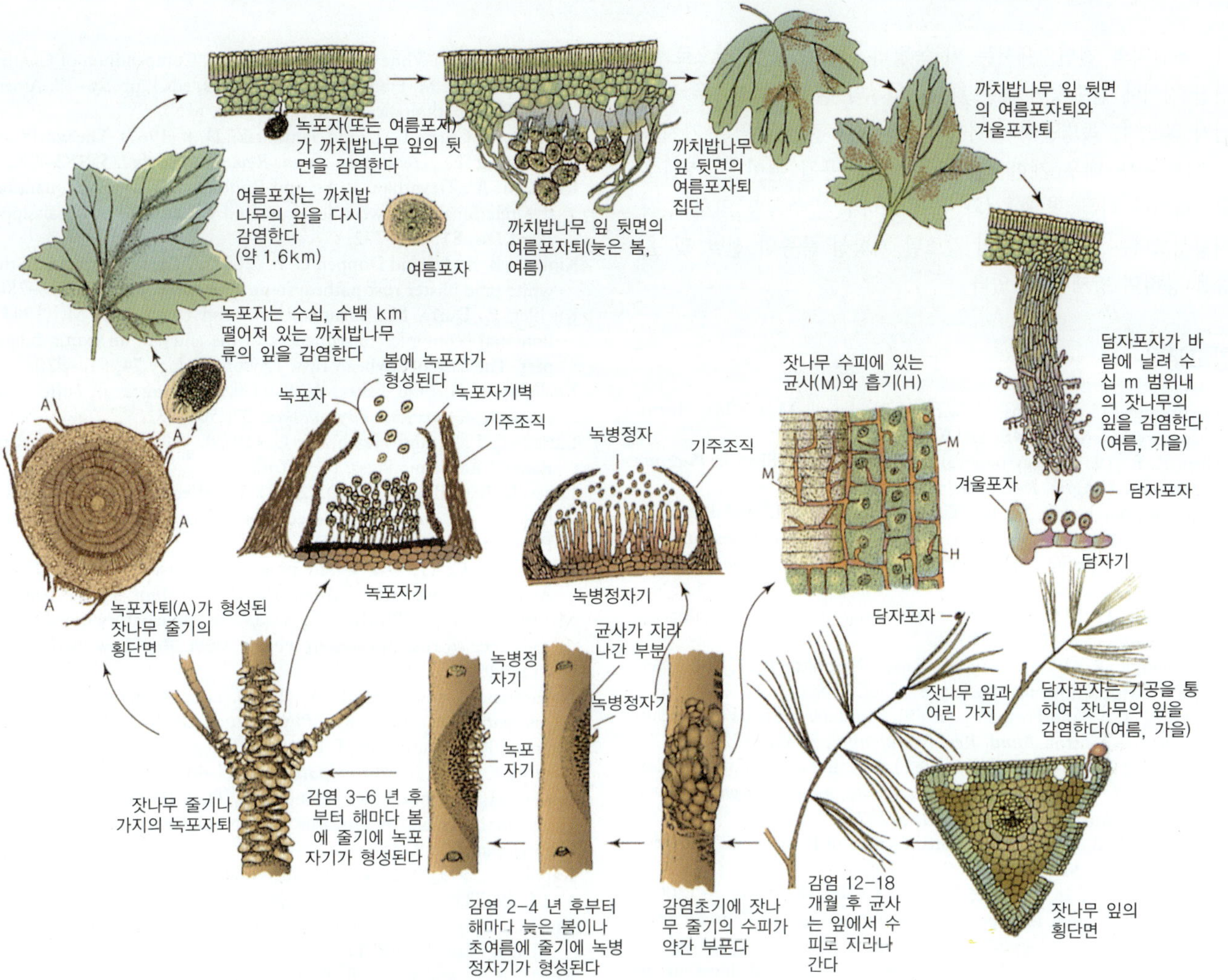

그림 11-142 *Cronartium ribicola* 에 의한 잣나무 털녹병의 병환.

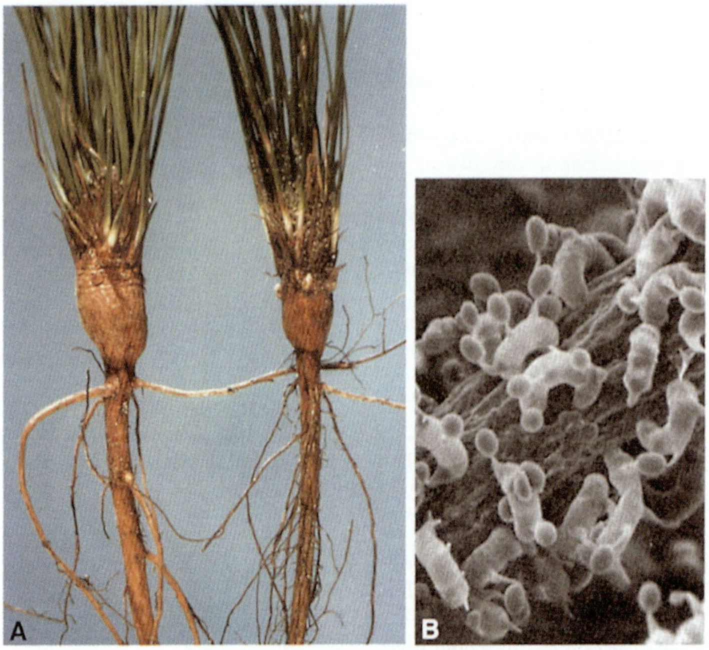

그림 11-143 (A) *Cronartium quercuum* f. sp. *fusiforme* 에 감염되어 줄기에 방추형 혹이 형성된 소나무 묘목. (B) 방추녹병균의 담자기와 담자포자의 주사전자현미경 사진. [사진제공: (A) E.L. Barnard, Florida Department of Agriculture, Forestry Division. (B) M.F. Brown and H.G. Brotzman.]

다. 조림지와 천연림에서는 이 녹병의 발생이 높은 것으로 알려진 지역에 감수성이 높은 테다소나무와 엘리오티소나무 등을 심지 않으며, 녹병균이 줄기까지 확산되기 전에 감염된 가지를 잘라내는 등 매우 제한적인 방제법만 사용될 뿐이다. 잣나무털녹병이나 다른 병해에서와 같이 소나무 방추혹병 역시 수직저항성보다는 수평저항성이 강조된 저항성 품종의 선발 및 육종을 통하여 방제할 수 있다.

참고문헌

Alexopoulos, C. J., Mims, C. W., and Blackwell, M. (1996). "Introductory Mycology," 4th Ed. Wiley, New York.

Allen, R. F. (1930). A cytological study of heterothallism in *Puccinia graminis*. *J. Agric. Res. (Washington, DC)* **40**, 585–614.

Anguelova-Methar, V. S., Van Der Westhuizen, A. J., and Pretorius, Z. A. (2001). β-1,3-Glucanase and chitinase activities and the resistance response of wheat to leaf rust. *J. Phytopathol.* **149**, 381–384.

Anonymous (1981). Stakman-Craigie symposium on rust diseases. *Phytopathology* **71**, 967–1000.

Bromfield, K. R. (1984). "Soybean Rust." Monograph 11. The American Phytopathological Society, St. Paul, MN.

Browning, J. A., and Frey, K. J. (1969). Multiline cultivars as a means of disease control. *Annu. Rev. Phytopathol.* **7**, 355–382.

Crowell, I. H. (1934). The hosts, life history, and control of the cedar-apple rust fungus *Gymnosporangium juniperi-virginianae*. *J. Arnold Arbor. Harv. Univ.* **15**, 163–232.

Cummins, G. B. (1959). "Illustrated Genera of Rust Fungi." Burgess, Minneapolis, MN.

De Jesus, W. C., Jr., do Vale, F. X. R., Coelho, R. R., *et al.* (2001). Effects of angular leaf spot and rust on yield loss of *Phaseolus vulgaris*. *Phytopathology* **91**, 1045–1053.

Ellis, J., Lawrence, G., Ayliffe, M., *et al.* (1997). Advances in the molecular genetic analysis of the flax-flax rust interaction. *Annu. Rev. Phytopathol.* **35**, 271–291.

Eversmeyer, M. G., and Kramer, C. L. (2000). Epidemiology of wheat leaf and stem rust in the central Great Plains of the USA. *Annu. Rev. Phytopathol.* **38**, 491–513.

Eversmeyer, M. G., Kramer, C. L., and Browder, L. E. (1984). Presence, viability, and movement of *Puccinia recondita* and *P. graminis* inoculum in the Great Plains. *Plant Dis.* **68**, 392–395.

Everts, K. L., Leath, S., and Finney, P. L. (2001). Impact of powdery mildew and leaf rust on milling and baking quality of soft red winter wheat. *Plant Dis.* **85**, 423–429.

Frederick, R. D., Snyder, C. L., Peterson, G. L., *et al.* (2002). Polymerase chain reaction assays for the detection and discrimination of the soybean rust pathogens *Phakopsora pachyrhizi* and *P. meibomiae*. *Phytopathology* **92**, 217–227.

Gross, P. L., and Venette, J. R. (2000). Overwinter survival of bean rust urediniospores in North Dakota. *Plant Dis.* **85**, 226–227.

Hamelin, R. C., Dusabenyagasani, M. and Et-touil, K. (1998). Fine-level genetic structure of white pine blister rust populations. *Phytopathology* **88**, 1187–1191.

Hart, H. (1931). Morphologic and physiologic studies on stem-rust resistance in cereals. *Minn. Agric. Exp. Stn. Tech. Bull.* **266**, 1–75.

Hartman, G., Sinclair, J., and Rupe, J. (1999). "Compendium of Soybean Diseases." APS Press, St. Paul, MN.

Hooker, A. L. (1967). The genetics and expression of resistance in plants to rusts of the genus *Puccinia*. *Annu. Rev. Phytopathol.* **5**, 163–182.

Hovmøller, M. S., Justesen, A. F., and Brown, J. K. M. (2002). Clonality and long-distance migration of *Puccinia striiformis* f. sp. *tritici* in northwest Europe. *Plant Pathol.* **51**, 24–32.

Hunt, R. (1997). White pine blister rust. *In* "Compendium of Conifer Diseases" (E. M. Hansen and K. J. Lewis, eds.), pp. 26–27. American Phytopathological Society, St. Paul, MN.

Johnson, T., Green, G. J., and Samborski, D. J. (1967). The world situation of the cereal rusts. *Annu. Rev. Phytopathol.* **5**, 183–200.

Khan, M. A., Trevathan, L. E., and Robbins, J. T. (1997). Quantitative relationship between leaf rust and wheat yield in Mississippi. *Plant Dis.* **81**, 769–772.

Kinloch, B. B., Jr., and Dupper, G. E. (2002). Genetic specificity in the white pine-blister rust pathosystem. *Phytopathology* **92**, 278–280.

Kuchler, F., Duffy, M., Shrum, R. D., and Dowler, W. M. (1984). Potential economic consequences of the entry of an exotic fungal pest: The case of soybean rust. *Phytopathology* **74**, 916–920.

Kushalappa, A., and Eskes, A. B. (1989). Advances in coffee rust research. *Annu. Rev. Phytopathol.* **27**, 503–531.

Littlefield, L. J., and Heath, M. C. (1979). "Ultrastructure of Rust Fungi." Academic Press, New York.

Lopes, D. B., and Berger, R. D. (2001). The effects of rust and anthracnose on the photosynthetic competence of diseased bean leaves. *Phytopathology* **91**, 212–220.

Malloy, O. C. (1997). White pine blister rust control in North America: A case history. *Annu. Rev. Phytopathol.* **35**, 87–109.

McIntosh, R. A., and Brown, G. N. (1997). Anticipatory breeding for resistance to rust diseases in wheat. *Annu. Rev. Phytopathol.* **35**, 311–326.

Nagarajan, S., and Singh, D. V. (1990). Long-distance dispersion of rust pathogens. *Annu. Rev. Phytopathol.* **28**, 139–153.

Peterson, R. S., and Jewell, F. F. (1968). Status of American stem rusts of pine. *Annu. Rev. Phytopathol.* **6**, 23–40.

Powers, H. R., Schmidt, R. A., and Snow, G. A. (1981). Current status and management of fusiform rust on southern pines. *Annu. Rev. Phytopathol.* **19**, 353–371.

Rapilly, F. (1979). Yellow rust epidemiology. *Annu. Rev. Phytopathol.* **17**, 59–73.

Roelfs, A. P. (1989). Epidemiology of cereal rusts in North America. *Can. J. Plant Pathol.* **11**, 86–90.

Roelfs, A. P., and Bushnell, W. R., eds. (1985). "The Cereal Rusts," Vols. 1 and 2. Academic Press, Orlando, FL.

Scott, K. J., and Chakravorty, A. K., eds. (1982). "The Rust Fungi." Academic Press, New York.

Sillero, J. C., and Rubiales, D. (2002). Histological characterization of resistance to *Uromyces viciae-fabae* in fava bean. *Phytopathology* **92**, 294–299.

Silva, M. C., Nicole, M., Guerra-GuimarÃes, L., *et al.* (2002). Hypersensitive cell death and posthaustorial defense responses arrest the orange rust (*Hemileia vastatrix*) growth in resistant coffee leaves. *Physiol. Mol. Plant Pathol.* **60**, 169–183.

Subrahamanyam, P., Reddy, L. I., Gibbons, R. W., and McDonald, D. (1985). Peanut rust: A major threat to peanut production in the semiarid tropics. *Plant Dis.* **69**, 813–819.

Ward, H. M. (1882). Researches on the life history of *Hemileia vastatrix*, the fungus of the "coffee leaf disease." *Linn. Soc. J. (Bot.)* **19**, 229–335.

Zadoks, J. C. (1965). Epidemiology of wheat rusts in Europe. *FAO Plant Prot. Bull.* **13**, 97–108.

Zhang, L., and Dickinson, M. (2001). Fluorescence from rust fungi: A simple and effective method to monitor the dynamics of fungal growth *in planta*. *Physiol. Mol. Plant Pathol.* **59**, 137–141.

깜부기병

깜부기병균목(Ustilaginales) 에 속하는 담자균류에 의하여 발생하는 식물의 깜부기병(黑穗病; smut)은 전 세계적으로 발생하며, 깜부기병균은 대략 1,200종에 이른다. 금세기 전까지 깜부기병에 의한 곡물의 손실은 녹병에 의한 손실에 비견될 정도였다. 화곡류 재배농민들은 어떤 면에서는 깜부기병을 녹병보다 더 두려워하는데, 그 이유는 깜부기병이 낟알 자체를 침해하여 낟알의 내용물을 그을음이나 석탄가루 같은 검은색을 띤 먼지 같은 포자덩어리로 낟알을 가득 채우기 때문이다. 그러므로 수량의 감소가 뚜렷하고 직접적이며, 나머지 수확물의 품질도 급격하게 저하되는데, 이는 건전한 낟알의 표면에 깜부기병균의 검은색 포자가 묻어있기 때문이다. 깜부기병은 다양한 종류의 화곡류 이외에도 사탕수수와 양파를 비롯하여 카네이션 같은 몇 가지 관상식물도 침해한다.

대부분의 깜부기병균은 곡류와 벼과식물의 씨방에 침입하여 씨방이나 곡물의 낟알과 같은 열매에서 자라며, 깜부기병균은 이들 조직을 완전히 파괴한다 (그림 11-129). 그러나 몇몇 종류의 깜부기병균은 잎, 줄기, 꽃 등을 가해하기도 한다. 어떤 깜부기병균은 발아하여 땅위로 나오기 전에 종자나 어린 묘목에 침입하여 개화에 이르기 전까지는 묘목 안에서 자란다. 반면에 어떤 종류의 병원균은 잎이나 줄기 등에 국부적 감염을 일으킨다. 침해된 조직의 세포는 파괴되면서 검은색의 깜부기 포자로 대체되거나, 먼저 자극을 받은 감염조직이 분열하고 신장하면서 융기체나 다양한 크기의 혹을 형성한 후 파괴되거나 검은색의 깜부기 포자로 대체된다. 포자는 얇고 투명한 막이나 다소 견고한 막에 의해 둘러싸여 일시적으로만 결합된 덩어리 형태로 존재한다. 깜부기병균에 의하여 기주식물이 죽는 경우는 거의 없으나, 감염된 식물은 생장이 심하게 저하되기도 한다.

대부분의 깜부기병균은 겨울포자와 담자포자 등 두 종류의 포자만 만든다 (그림 11-127). 겨울포자는 대개 깜부기 혹 안에서 균사의 길이방향을 따라 균사에서 형성되며, 담자포자는 담자기 세포의 측면에서 싹터 나오거나 무격벽 담자기의 끝에서 무리를 지어 형성된다. 깜부기병균의 담자포자는 소병에서 형성되지 않는다. 담자포자가 발아할 때, 발아관은 담자기에 붙어있는 상태에서 상대 성의 담자포자와 융합 후에 감염하거나 조직을 직접 침입한다. 그러나 반수체(n) 상태의 균사는 조직을 광범위하게 침입할 수 없으며, 따라서 상대 성의 균사들이 결합하여 2핵균사를 만들기 전까지는 전형적인 감염을 일으키지는 못한다. 이 2핵균사는 세포간극이나 세포 안으로 침입하여 전형적인 병징과 겨울포자를 형성한다. 깜부기병균도 많은 레이스(race)가 존재하지만 녹병균의 경우와 같이 안정적이지 않은데, 그 이유는 기주식물에서 깜부기병균의 각 세대는 감수분열, 즉 유전적 재조합을 거치며, 그 결과 새로운 레이스가 끊임없이 나타나기 때문이다. 가장 흔한 깜부기병균과 이들에 의한 병은 다음과 같다.

Ustilago – 옥수수 깜부기병 [*U. zeae* (= *U. maydis*)], 화곡류 겉깜부기병 (*U. avenae, U. nuda, U. tritici*), 사탕수수 깜부기병 (*U. scitaminea*) 등을 일으킨다.

Tilletia – 밀 비린깜부기병 [*T. caries* (= *T. tritici*)], *T. laevis* (= *T. foetida*), 밀 위축비린깜부기병 (*T. controversa*), 밀 Karnal 비린깜부기병 (*T. indica*) 등을 일으킨다.

Sphacelotheca – 수수 깜부기병 (*S. sorghi, S. cruenta, S. reiliana*)을 일으킨다.

Urocystis – 양파 깜부기병 (*U. cepulae*)을 일으킨다.

Neovossia – 벼 낟알깜부기병 (*N. barclayana*)을 일으킨다.

Entyloma – 벼 잎깜부기병 (*E. oryzae*)을 일으킨다.

깜부기병균은 일반적으로 감염 종자, 식물 잔재물, 토양 등에서 겨울포자로 월동한다. 그러나 몇몇 깜부기병균은 감염된 낟알이나 식물체 속에서 균사로 월동한다. 겨울포자는 식물체를 감염하지 못하지만 담자포자를 형성하는데, 담자포자가 발아하여 상대 성을 가진 것과 융합하여 감염하거나 조직을 침입한 다음에 융합하여 2핵균사를 만들어 전형적인 감염을 일으킨다. 깜부기병균은 1년 1세대의 생활사를 지내며, 생육기 동안 매 감염마다 한 번 겨울포자를 만든다.

깜부기병은 주로 저항성품종과 종자처리를 통하여 방제한다. 종자처리 방법에는 두 가지가 있으며, 첫째는 만일 병원균이 겨울포자 형태로 종자표면이나 토양 속에 있다면 종자를 적당한 살균제로 분의하거나 침석하는 것이며, 둘째는 만일 균류가 종자 내부에 균사 상태로 있다면 온탕에 침지한다. carboxin, thiabendazole, etaconazol 등 여러 가지 침투이행성 살균제의 발견으로 종자 속에 들어있는 깜부기병균의 방제도 종자처리로 가능하게 되었다. 이러한 살균제들을 토양처리하는 것도 깜부기병의 방제에 유용하다.

옥수수 깜부기병

옥수수 깜부기병은 옥수수가 자라는 곳이면 어디서든지 발생하며 따뜻하고 약간 건조한 곳에서 더 심각한 피해를 일으킨다. 옥수수 깜부기병은 낟알, 숫이삭, 줄기, 잎 등 옥수수의 지상부위에 혹을 만들어 피해를 주며 수확량도 감소시킨다. 형성되는 깜부기 혹의 수와 크기, 위치 등이 수확량의 감소를 결정하는 주요 요인들이다. 옥수수 낟알에 생긴 혹은 낟알에 심각한 피해를 일으키는데, 낟알에 생긴 큰 혹은 아래에 생긴 혹보다 더 심하게 수확량을 감소시킨다. 옥수수 깜부기병에 의한 수량감소는 지역단위로 볼 때 매우 미미한 수준에서부터 약 10%를 상회하는 수준이나 몇몇 개인 경작지에서는 100%에 가까운 수량감소가 발생하는 경우도 있다. 그러나 일반적으로 넓은 지역을 대상으로, 그리고 저항성품종을 재배하는 경우에는 낟알 손실은 평균 2% 정도이다.

병징

옥수수 유묘가 감염되면 잎과 줄기에 미세한 혹들이 생기며, 모는 생육이 위축되고 심하면 죽기도 한다. 옥수수가 커가면서 액아로부터 나온 어리고 활발하게 자라는 조직과 옥수수의 낟알, 숫이삭, 잎, 줄기 등이 감염된다 (그림 11-144).

감염된 부분은 병원균 균사가 침입하고, 침입균사의 자극으로 인하여 기주의 감염조직은 분열하고 비대해지며 혹이 형성된다. 혹은 처음에는 녹색을 띤 흰색의 막으로 덮여있으나 점차 커지면서 지름이 1~15cm에 이르며, 내부는 검어지고, 가루모양의 어두운 녹갈색 포자들로 채워진다. 은회색의 막이 터지면서 수백만 개의 검은 겨울포자가 대기 중으로 방출된다. 잎에 형성된 혹은 지름 1~2cm 정도로 작고 딱딱하며 건조한 상태로 남는 경우가 많으며 터지지 않는다.

병원균: *Ustilago zeae*

이 깜부기병균은 2핵균사를 만드는데, 2핵균사의 일부 세포는 검고 둥글거나 타원형인 겨울포자로 바뀐다. 겨울포자는 발아하여 4개의 세포로 된 담자기(전균사, promycelium)를 형성하며, 여기서 담자포자(소생자, sporidium)가 만들어진다 (그림 11-145).

병의 진전

깜부기병균은 옥수수 잔재물이나 토양 속에서 겨울포자 상태로 겨울을 나는데 수년 동안 활성을 유지할 수 있다. 봄과 여름에 겨울포자는 발아하여 담자포자를 형성하고, 이 담자포자는 바람에 날리거나 빗물에 튀겨서 옥수수의 어리고 한창 발달하고 있는 조직으로 전반된다. 담자포자는 발아하여 미세한 균사를 내어 표피세포로 직접 뚫고 침입한다. 그러나 초기 발달 후에 이 균사가 다른 성을 가진 담자포자로부터 유래한 반수체 균사와 만나 융합하지 않으면 그 생장은 정지되며 대부분 시들고 때로는 죽는다. 만일 융합이 일어나면 융합균사는 2핵 상태로 되며 직경도 커지면서 주로 세포간극을 통하여 기주식물의 조직 속으로 자라나간다 (그림 11-145). 균사를 둘러싸고 있는 세포는 자극을 받아 분열하고 신장하여 병원균 균사가 이르기 이전부터 혹이 형성되기 시작한다.

한창 자라고 있는 식물체의 혹은 틀림없이 국부감염의 결과이다. 전신적인 감염은 거의 일어나지 않으며, 일어난다 하여도 매우 어린 옥수수에서 나타날 뿐이다. 그러나 실제적으로 일어나는 국부감염 중 매우 적은 수만이 크고 전형적이고 큰 혹으로 발달할 뿐, 나머지는 너무 작아 눈에 잘 보이지도 않는 작은 혹으로 남는다.

혹 안의 균사는 혹이 형성되는 동안에는 세포 사이에 남아있지만, 포자가 만들어질 무렵이 되면 비대한 옥수수 세포는 균사에 의해 침해되면서 붕괴되고 죽는다. 균사는 더 생장하기 위하여 세포 내용물을 섭취하며, 그 결과 혹은 주로 2핵 균사와 식물세포 잔재물로 구성되어 있다. 2핵균사를 구성하는 대부분의 세포는 다시 겨울포자로 발달되는데 이 과정에서 다른 세포들의 원형질을 흡수하여 이용하는 것으로 여겨지고 있으며, 원형질을 빼앗긴 세포는 속이 빈 채로 남아있다. 혹을 둘러싸고 있는 막은 병원균의 영향을 받지 않지만, 이 막도 결국에는 터지고, 겨울포자가 방출된다. 방출된 겨울포자의 일부는, 만약 어리고 분열이 활발한 조직에 이르면 새로운 감염을 시작하여 같은 생육기에 새로운 혹을 만들기도 하지만, 대부분은 땅에 떨어지거나 옥수수 잔재물에 남아서 여러 해 동안 생존하게 된다.

방제

깜부기병에 완전히 저항성인 옥수수 품종이나 잡종은 아직까지 알려지지 않았지만, 몇 가지 옥수수 잡종이 저항성을 나타내기도 한다. 그러나 새로운 레이스가 꾸준하게 나타나고 있으므로 부분저항성은 육종프로그램에서 선택되어야 할 주요한 저항성 유형이다. 터지기 전에 깜부기 혹을 제거하는 것과 같은 포장위생 관리차원에서의 조치들과 돌려짓기를 통한 방제는 옥수수를 어느 정도 격리된 지역에서 소규모로 재배할 때에만 가능할 뿐이며, 대규모의 옥수수 재배지에서는 비실용적이며 불가능한 일이다. 멕시코와 같은 몇몇 나라에서는 옥수수의 깜부기를 채집하여 세계 도처에서 소비되고 있는 식용버섯과 견줄 수 있는 미식재료로 사용하고 있다.

화곡류의 겉깜부기병

화곡류의 겉깜부기병(loose smut)은 세계적으로 분포하지만 다소 다습한 지역에서 더 많이 발생한다. 겉깜부기병은 감염된 낟알(그림 11-146)을 파괴하고, 수확할 때 감염되지 않은 낟알에 스며들어가 품질을 떨어뜨린다. 이 병에 의한 손실은 지역과 년도에 따라 10~40%에 이른다. 그러나 미국 전역에서의 평균 손실은 1% 정도이다.

병징

출수하기 전까지는 겉깜부기병의 병징은 식별할 수 없다. 때로는 감염된 개체는 건전한 개체보다 먼저 출수하며, 감염된 이삭은 건전한 이삭보다 일반적으로 크다 (그림 11-146). 감염된 식물의 모든 이삭과 크고 작은 모든 낟알은 항상 검댕이

그림 11-144 *Ustilago maydis* 에 의한 옥수수 깜부기병. 깜부기병에 감염되어 낟알들이 크게 커지면서 병원균의 포자로 가득차 있는 옥수수의 어린 이삭(A)과 성숙한 이삭(B). 옥수수 숫이삭에 발생한 깜부기병(C)과 줄기의 깜부기 혹(D) [사진제공: (A) P.E. Lipps, Ohio State University. (B) D. Ormrod, WCPP. (C, D) K. Mohan, University of Idaho.]

그림 11-145 *Ustilago maydis*에 의한 옥수수 깜부기병의 병환.

가 묻어있으며, 모든 이삭과 낟알은 황록색의 포자들로 이루어진 깜부기 덩어리로 변한다 (그림 11-146). 검댕이로 덮여있는 낟알은 처음에는 담회색의 막으로 덮여 있지만 이 막은 곧 터지고 가루형태의 포자들이 노출된다. 이 포자들은 바람에 날리고 빈 수축만 남는다.

병원균: *Ustilago nuda, Ustilago tritici*

균사는 식물체 내에서 자라고 있는 동안에는 투명하지만 성숙하면서 갈색으로 바뀐다. 균사의 세포는 갈색의 둥근 겨울포자로 바뀌며, 이 겨울포자는 곧 발아하여 1~4개의 세포로 만들어진 담자기를 형성한다. 담자기는 담자포자를 만들지는 않지만 담자기의 세포들이 발아하여 짧은 단핵 균사를 만든다. 이 균사들은 쌍으로 융합하여 2핵 균사를 만드는데, 이 균사들이 감염능력을 가지고 있다 (그림 11-146, 11-147).

병의 진전

병원체는 감염된 낟알의 떡잎이나 배반에서 휴면균사 상태로 월동한다. 파종을 하면 감염된 낟알도 싹이 트고 균사는 다시 활력을 회복하여 생장점에 다다르기 전까지는 어린 묘목의 세포 사이로 자라기 시작한다 (그림 11-147). 균사는 식물체의 생장점에 근접하여 식물체와 같이 자라나가며, 따라서 줄기의 아래쪽 조직에 있던 균사는 거의 사라지게 된다. 출수시기가 되면 균사는 모든 어린 낟알에 침입한 후 세포 사이에서 자라가며, 수축을 제외한 이삭의 조직 대부분을 파괴한다. 이 시기가 되면 감염된 식물들의 대부분은 건전한 식물체에 비하여 약간 큰데, 이는 병원균의 자극에 의한 것이다. 감염된 낟알의 균사는 곧 겨울포자로 바뀌며, 이 포자는 기주 조직의 연약한 외부 막으로만 둘러싸여 있다. 겨울포자가 성숙하면 이 막은 곧 터지고 포자가 쏟아져 나와 바람에 날려 근처의 다른 건전

그림 11-146 곡류의 겉깜부기병. (A) 이삭이 *Ustilago nuda* 에 의한 겉깜부기병에 감염된 보리 경작지. (B) 겉깜부기병에 감염된 보리 이삭(왼쪽)과 확대한 건전한 이삭(오른쪽). (C) 감염된 보리의 배 내부에 있는 깜부기병균의 균사와 포자의 현미경 사진. [사진제공: (A) P. Thomas. (B) I.R. Evans, WCPD. (C) V. Pederson, North Dakota State University.]

한 식물체로 옮겨간다. 포자의 방출 시기는 건전한 식물에서 꽃이 피는 시기와 일치한다. 꽃에 도달한 포자는 발아하여 담자기를 만들고, 여기서 반수체의 균사가 만들어진다. 반수체의 균사는 서로 다른 성의 균사와 융합하여 2핵균사를 만들며, 이 2핵균사가 주두나 어린 씨방의 벽을 통하여 꽃으로 침입하여, 낟알이 성숙하기 전에 과피나 배의 조직 내에 자리를 잡는다. 감염된 낟알이 다시 싹틀 때까지 균사는 불활성화되며 주로 배반에서 휴면상태로 남아있다.

방제

요즈음에는 파종하기 전에 감염된 종자를 carboxin 과 그 carboxanilide 유도체로 처리하여 겉깜부기병을 방제한다. 이들 농약은 종자나 생육 중인 식물체에서 모두 흡수되어 효과가 전신적으로 나타난다. 보리와 밀의 몇몇 품종은 겉깜부기병에 매우 저항성이지만 대부분의 상업용 재배 품종은 매우 감수성이다.

겉깜부기병을 방제하는 가장 좋은 방법은 깜부기가 없다고 인증을 받은 종자를 파종하는 것이다. 침투성 살균제가 개발되기 전까지 종자가 깜부기병균의 균사에 오염되었다고 판명되었을 경우 이를 구제하는 가장 좋은 방법은 종자를 온탕처리하는 것이었다. 항상 일정량의 종자를 열탕처리하고 격리된 밭에 심어 다음 해에 사용할 무감염 종자를 생산하였다. 종자를 삼베자루에 반쯤 채워서 20℃의 물에 5시간 정도 담그고, 자루를 꺼내어서 1분 정도 물을 빼낸 다음, 49℃의 물에 1분정도 담그고, 다시 52℃의 물에 정확히 11분 동안 담근다. 11분이 지나면 즉시 찬물에 수 초간 담가 종자를 식힌다. 종자가 식으면 꺼내어 말린 다음 밭에 파종하면 된다. 하지만 열탕처리를 하는 동안에 죽는 종자들도 있기 때문에 발아율이 낮아지는 것을 고려한다면 파종량을 늘려야 한다.

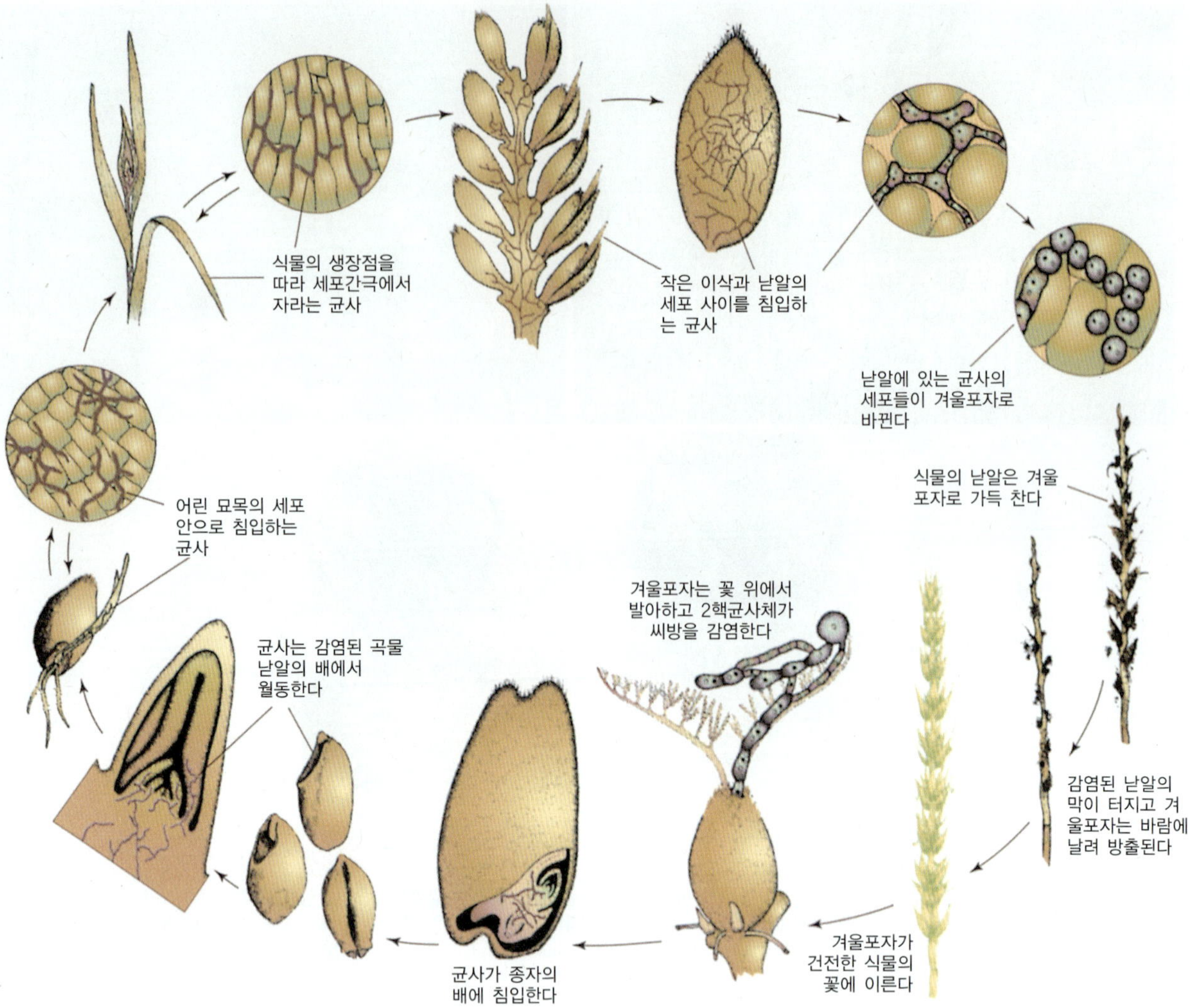

그림 11-147 *Ustilago nuda* 와 *U. tritici* 에 의한 보리와 밀 겉깜부기병의 병환.

밀 속깜부기병 및 비린깜부기병

밀의 속깜부기병(堅黑穗病; covered smut), 비린깜부기병(腥黑穗病; bunt smut), 그리고 stinking 깜부기병은 전 세계에 걸쳐 모든 밀 재배지역에서 나타난다. 세 종류의 균류는 서로 관련이 있으나, 각각 다른 깜부기병을 일으킨다. 그 하나는 비린깜부기병으로서 오늘날에는 살균제로 종자를 처리하여 쉽게 방제할 수 있으므로 대부분의 선진국에서는 그리 큰 문제가 되지 않고 있다. 또 하나는 위축비린깜부기병으로서 아직까지도 쉽게 방제할 수 없으며, 미국의 태평양 연안 북서부 지방을 포함한 지구 도처에서 많은 피해를 일으키고 있다. 마지막으로 Karnal 비린깜부기병은 현재까지 인도 등 몇몇 아시아 국가, 멕시코 및 미국 남서부의 몇몇 지역에서 발생하고 있다.

비린깜부기병은 감염된 낟알의 내용물을 파괴하고 자신의 포자로 낟알을 채운다 (그림 11-148A~11-148C). 감염된 식물체는 병원균의 종류에 따라 경미한 것부터 극심한 것까지 다양한 생장위축을 보이며, 대개 다른 식물병해와 동해에 취약하다. 비린깜부기병을 방제하지 않으면 황폐화 수준의 피해를 초래할 수도 있으나, 현재 미국에서 효과적인 방제조치들이 실시되고 있음에도 이 병은 계속하여 심각한 수량감소의 원인이 되고 있다. 더욱이 비린깜부기병으로 인하여 시장상실이 초래되고 있는데, 그 이유는 검게 된 낟알과 깜부기병균의 포자 등으로 오염되어 밀의 품질과 가격이 떨어지기 때문이다. 깜부기병에 걸린 밀은 변색되고 악취가 나서 가축 사료로나 쓰일 뿐이다. 비린깜부기병균의 포자는 기름기가 많아 연소성이 아주 높으므로 탈곡이나 운반 도중 기계에서 불꽃이 튀면 콤바인이나 엘리베이터가 폭발하기도 한다 (그림 11-148D).

그림 11-148 *Tilletia tritici* 와 *T. laevis* 에 의하여 감염된 비린깜부기병, stinking깜부기병, 속깜부기병. 속깜부기병에 감염된 밀 경작지 (A)와 감염된 식물의 확대사진(A1). (B) 감염된 낟알의 생장방향과 크기를 보여주는 건전한 밀 이삭(왼쪽)과 감염된 밀 이삭(오른쪽). (C) 깜부기병균의 포자(겨울포자)로 차있는 검은색의 낟알과 섞여 있는 건전한 밀의 낟알(황금색). (D) 심하게 감염된 경작지에서 콤바인에 의한 수확 중에 나타나는 깜부기병균 포자의 구름. (E,F) *Tilletia tritici* 와 *T. laevis* 의 겨울포자(깜부기 포자). (G) 속깜부병균의 겨울포자는 발아하여 담자기와 8개의 소생자를 형성한다 (이 소생자는 융합 후 H형 구조물을 만든다). [사진제공: (A) R. Johnston, USDA. (B,D) L.J. Duczek, WCPD. (C) P.E. Lipps. Ohaio State University. (E,F) M. Babadoost, University of Illinois. (G) M.F. Brown and H.G. Brotzman.]

병징

비린깜부기병에 감염된 식물체는 건전한 식물보다 몇 cm 정도 작으며, 어떤 때는 절반 정도 밖에 안 된다. 위축비린깜부기병에 감염된 식물체는 건전식물체의 4분의 1 정도 밖에 크지 않으며 분얼수는 더 많아지기도 한다. 감염된 식물체는 옅은 청록색 또는 회녹색을 띠지만 쉽게 알아볼 수 있을 정도는 아니다.

그러나 비린깜부기병의 명확한 증상은 감염된 식물체의 이삭이 나와야만 나타난다. 감염된 이삭은 약간 길쭉하며, 정상적인 황록색에 비하여 대개 푸른 녹색을 띠며, 감염된 밀의 영(glume)들이 서로 떨어져 있기 때문에 건전식물에 비하여 영포가 이삭의 중심축과 이루는 각도는 더 크다 (그림 11-148B). 감염된 낟알은 건전한 낟알보다 짧고 굵으며, 정상적인 낟알이 황금색이나 붉은색인데 비하여 감염된 것은 회갈색이다 (그림 11-148B, 11-148C). 성숙한 낟알이 깨지면 그 안에 검은 가루 모양의 포자(그림 11-148E, 11-148F)가 가득 차 있는 것이 보이며, 이 포자들은 마치 생선이 썩는 냄새와 비슷한 독특한 냄새를 풍긴다. 따라서 감염된 밭에서 수확하다 보면 공기 중에 커다란 포자구름이 만들어지기도 한다 (그림 11-148D).

병원균

Tilletia caries (=*T. tritici*)와 *T. laevis* (=*T. foetida*)는 비린깜부기병을 일으키며, *T. controversa*는 위축비린깜부기병을 일으키고, *T. indica*는 Karnal 비린깜부기병을 일으킨다. 앞의 둘은 생활사나 병의 진전이 비슷하다. *T. controversa*의 생물학적 특성은 약간 다르며, *T. indica*와 다소 유사하다. 이들 깜부기병균의 겨울포자는 각기 다른 표면구조를 갖고 있다.

균사는 투명하다. 포자를 형성할 때 균사 세포들의 대부분은 둥글고 갈색인 겨울포자로 전환되는 반면, 나머지 균사 세포들은 포자를 형성하지 않고 투명한 상태로 남는다. 겨울포자는 발아하여 담자기를 만들며, 이 담자기의 끝에 *T. caries*와 *T. laevis*는 8~16개의 담자포자를 만들고, 위축비린깜부기병균 *T. controversa*는 14~30개, *T. indica*는 32~108개의 담자포자를 만든다. 항상 1차소생자(primary sporidium)라고 불리는 담자포자들은 상대 성을 가진 것과의 사이에 측생 가지를 만들고 융합하여 쌍을 이루며 H자 모양을 한다 (그림 11-148G, 11-149). 각 1차소생자의 핵은 분열하고, 분열된 핵 하나씩을 교환하여 이들 각각의 균사는 2핵으로 된다. 1차소생자는 발아하여 2핵을 가진 2차소생자(secondary sporidium)를 형성한다. 2차소생자는 발아하여 2핵균사를 만들고, 이 2핵 균사가 식물체를 침입하여 감염한다. 균사는 식물체 내에서 전신적으로 확산된 후 균사는 낟알에 다시 겨울포자를 만든다.

병의 진전

비린깜부기병의 병원균은 주로 오염된 밀 낟알에서 겨울포자로 월동하며, 드물게 토양 속에서 월동하기도 한다. 비린깜부기병의 겨울포자는 다습한 지역에서는 수명이 길지 않아 2년 내에 활성을 잃어버리지만, 위축비린깜부기병과 Karnal 비린깜부기병의 겨울포자는 어떤 토양에서든지 적어도 3년은 활성을 유지하며, 경우에 따라서는 10년 이상 생존하기도 한다.

오염된 종자나 건전 종자를 비린깜부기 병원균에 오염된 밭에 파종하였을 때, 종자의 발아에 적당한 조건은 비린깜부기 병원균의 발아에도 적당한 조건이 된다. 비린깜부기 병원균의 겨울포자는 쉽게 발아하며, 종자에서 유묘가 자라 나옴에 따라 낟알의 표면이나 유묘 가까이에 있던 비린깜부기병의 겨울포자도 발아하여 담자기와 1차소생자, 2차소생자를 만든다 (그림 11-148, 11-149). 2차 소생자는 발아하여 2핵 균사를 만들고, 이 2핵균사가 어린 묘목을 침입한다.

그러나 위축비린깜부기병의 겨울포자는 최적의 온도(3~8℃)와 습도 조건에서도 천천히 발아하여, 최대 발아까지는 3~10주가 걸린다. 눈이 계속 덮여있으면 토양 표면의 온도는 -2℃에서 2℃까지 유지되고, 이는 위축비린깜부기병의 높은 발생과 밀접한 관련이 있다. 위축비린깜부기병은 확실히 겨울포자가 12월에서 4월초에 걸쳐 토양 표면과 그 근처에서 발아함으로써 감염이 시작된다. 발아하는 2차 소생자는 이제 막 자라 올라오는 밀 유묘의 줄기시원세포를 침입한다. 감염기간 동안에 형성되는 줄기시원세포들의 수가 많으면 많을수록 감염된 식물체의 수와 함께 감염되는 이삭의 수도 크게 늘어난다. 막 움터 나온 어린 묘목과 어린 줄기는 분명히 위축비린깜부기병의 감염에 대하여 감수성이 아니다.

침입한 균사는 세포간극에서 자라며, 한창 발육 중인 잎과 식물체의 생장점에 있는 분열조직을 침해한다. 균사는 겨울동안 어린 유묘에서 휴면상태로 남아있지만 봄에 유묘가 다시 자라기 시작하면 균사도 다시 생장을 시작하고 생장점과 함께 자란다. 식물체가 이삭을 만들면 균사는 이삭이 나오기도 전에 이미 이삭의 모든 부분을 침범한다. 이삭에 낟알이 차고 성숙함에 따라 균사는 수적으로 늘어나면서 낟알세포 안의 모든 내용물을 섭취한다. 그러나 균사는 낟알의 외피를 가해하지는 않는데, 이 외피는 나중에 그 안에 들어있는 깜부기 포자 덩어리를 보다 단단하게 감싸준다. 동시에 대부분의 균사세포는 겨울포자로 바뀐다.

깜부기병에 걸린 낟알은 식물체에 붙어있는 동안에는 온전한 상태로 있지만 수확이나 탈곡 중에는 쉽게 부서져 포자를 방출한다. 방출된 포자는 건전한 낟알을 오염시키고 바람에 의해 분산되어 토양도 오염시킨다.

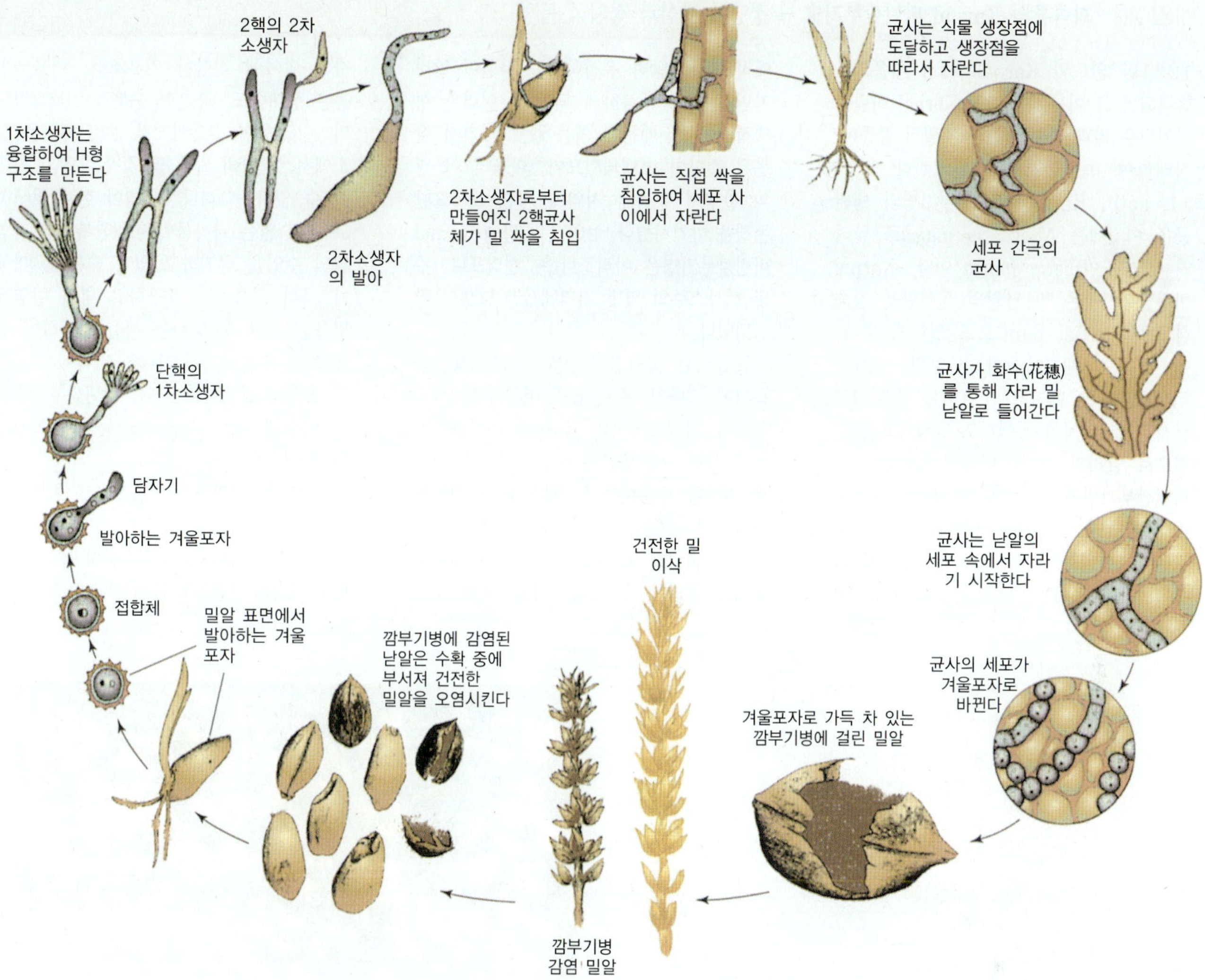

그림 11-149 *Telletia* sp.에 의한 밀의 비린깜부기병과 속깜부기병의 병환.

방제

비린깜부기병은 깜부기병에 걸리지 않은 저항성 품종의 종자를 적당한 살균제로 처리하면 방제할 수 있다. 오염된 종자는 감염되었지만 아직 부서지지 않은 낟알이나 낟알에 묻어있는 포자들이 가능한 한 많이 제거될 수 있도록 깨끗하게 손질한 후에 적절한 살균제로 처리한다. 위축비린깜부기병과 Karnal 비린깜부기병, 그리고 건조한 지역의 비린깜부기병의 경우에 이들 병원균의 포자는 토양 속에서 오랜 기간 동안 살면서 유묘를 감염시킬 수 있다. 그러한 경우에서 가장 효과적인 방제법은 저항성품종을 재배하는 것이기는 하지만 몇몇 침투성 살균제를 종자에 처리하면 적정한 수준의 방제효과를 얻을 수 있다.

해설 20 화곡류의 Karnal 비린깜부기병 – 정당한 관심과 정치적 곤경

1931년 인도의 Karnal시에서 처음으로 발견되어 그 이름이 붙여진 Karnal 비린깜부기병은 밀과 라이밀(밀과 호밀의 잡종)을 침해하여 속깜부기병을 일으킨다 (그림 11-150). Karnal 비린깜부기병의 병원균은 이전에는 *Neovossia indica*로 알려져 있었던 *Tilletia indica* 이다. Karnal 비린깜부기병은 밀 낟알의 일부만을 침해하므로 "partial bunt"로도 알려져 있다. 이 병은 현재 아시아의 몇몇 국가와 1980년대 초 멕시코, 1996년 이후 미국 남서부 일부 지역 등에서도 발생하고 있는 것으로 알려져 있다. 미국에서는 Karnal 비린깜부기병의 확산정도를 평가하기 위하여 엄청난 노력을 경주하였다. 이러한 노력은 이 병원균의 겨울포자가 호밀에서 깜부기병을 일으키는 *Tilletia walkeri* 와 형태적으로 대단히 유사하다는 사실이 알려지면서 다소 주춤하게 되었다. 이러한 형태적 유사성 때문에 처음에는 몇 가지 잘못된 진단이 초래되었으며, 아울러 이 병의 발생이 추측된 지역에 대한 불필요한 논쟁을 야기시켰다. 2001년 말에 Karnal 비린깜부기병은 아리조나주, 캘리포니아주 및 텍사스주의 몇몇 지역에서만 발생이 확인되었다.

Karnal 비린깜부기병은 밀의 생산과 품질에 그다지 큰 영향을 미치지 않는다. 인도와 멕시코에서의 Karnal 비린깜부기병에 의한 손실보고는 0.12~0.5% 정도로 다양한 수준이었다. 게다가 이 병해는 적절한 살균제를 처리한 깨끗한 종자를 파종하고 적절한 경종적 방법으로 재배하면 손쉽게 관리할 수 있다. 겨울포자와 소생자의 발아에 적합한 기후조건, 이를테면 높은 상대습도, 충분한 수분과 20℃ 정도의 온도 등이 갖추어지지 않는 새로운 장소에서 이 병의 발생 및 정착은 거의 기대할 수 없다. 그러나 이 병이 현재 발생하고 있지 않는 나라들이 비린깜부기병 감염밀의 수입을 금지하고 있기 때문에, 피해가 극히 적음에도 불구하고 병에 감염된 밀을 수출할 수 없다는 사실로 인하여 밀의 최대 수출국가의 하나인 미국에서는 긴급 상황이 발생하고 있다. 비린깜부기병균에 감염된 밀은 사람이나 동물에 독성을 나타내지 않는다.

비린깜부기병균은 겨울포자로 월동한다 (그림 11-150D). 습도가 적당하면 겨울포자는 발아하여 담자기(전균사)를 형성하며, 이어서 180개의 많은 1차소생자를

그림 11-150 *Tilletia indica* 에 의한 Karnal 비린깜부기병. (A) Karnal 비린깜부기병에 감염된 낟알이 있는 밀의 이삭. (B) Karnal 비린깜부기병에 감염된 수많은 밀알들. (C) 피해의 심각성을 보여주고 있는 감염 밀알의 확대사진. (D) 다양한 성숙상태를 보여주는 Karnal 비린깜부기병균의 겨울포자들. [사진제공: USDA.]

형성한다. 1차소생자는 발아하여 균사를 형성하며 여기에서 수많은 2차소생자가 만들어진다. 개화기에 1차 및 2차소생자는 바람에 날리거나 물에 튀겨 식물체 위로 전반되며, 이삭에 도달하는 겨울포자는 새로 발육하는 낟알을 감염한다. 병원균은 낟알의 외피에만 존재하는데, 낟알이 익어감에 따라 이 외피에서는 수많은 겨울포자가 형성된다. 만약 낟알들이 수확 중 파열되면 겨울포자는 토양으로 방출된다. 겨울포자는 5년간 토양 속에서 살 수 있으며, 건조한 밀 종자에서도 수년간 생존할 수 있다.

Karnal 비린깜부기병은 어떤 점에서 밀과 곡류의 심각한 병이 될 수 있다. 그러나 현재까지 이 병에 의한 수확감소는 대단히 미미하나 관심의 대상이 되고 있는 이유는 단지 엄격한 국제 검역으로 인하여 Karnal 비린깜부기병에 감염된 밀의 국제 교역이 금지되고 있기 때문이다. 미국에서 이 병해의 발생을 모니터링하기 위하여 다양한 조치와 함께 막대한 관련 비용을 지불하고 있으며, 이로 인하여 국제적으로 밀의 가공과 선적에 지장이 초래되고 있다. 이것은 물론 다른 나라에 밀을 수출하기 위하여 *Tilletia controverta*에 의하여 발생하는 훨씬 더 피해가 심각한 밀 위축 비린깜부기병 겨울포자의 포함정도를 전혀 없거나 최저 수준으로 줄이고 보증하기 위하여 취해진 조치들과는 별개이다. 현재 발생하고 있지 않은 국가로의 유입을 차단하고, 단지 유사 병원균만이 존재하는 지역에 대한 검역 부과를 피하면서, 실제로 병원균이 존재하는 지역에만 한정하여 검역을 실시하는 등의 조치를 지속적으로 실시하기 위해서는 이들 두 병해 모두 병원균의 조기 검출, 정확한 진단 및 효과적인 모니터링의 필요성이 지적되고 있다.

참고문헌

Christensen, J. J. (1963). Corn smut caused by *Ustilago maydis*. *Am. Phytopathol. Soc. Monogr.* **2**, 1–41.

Bonde, M. R., Peterson, G. L., Schaad, N. W., *et al.* (1997). Karnal bunt of wheat. *Plant Dis.* **81**, 1370–1377.

Fischer, G. W., and Holton, C. S. (1957). "Biology and Control of the Smut Fungi." Ronald, New York.

Gogoi, R., Singh, D. V., and Srivastava, K. D. (2001). Phenois as a biochemical basis of resistance in wheat against Karnal bunt. *Plant Pathol.* **50**, 470–476.

Hoffmann, J. A. (1982). Bunt of wheat. *Plant Dis.* **66**, 979–986.

Joshi, L. M., *et al.* (1983). Karnal bunt: A minor disease that is now a threat to wheat. *Bot. Rev.* **49**, 309–330.

Mathre, D. E., ed. (1982). "Compendium of Barley Diseases." APS Press, St. Paul, MN.

Mathre, D. E. (1996). Dwarf bunt: Politics, identification, and biology. *Annu. Rev. Phytopathol.* **34**, 67–85.

Snetselaar, K. M., and Mims, C. W. (1993). Infection of maize stigmas by *Ustilago maydis*: Light and electron microscopy. *Phytopathology* **83**, 843–850.

Thakur, R. P., Leonard, K. J., and Pataky, J. K. (1989). Smut gall development in adult corn plants inoculated with *Ustilago maydis*. *Plant Dis.* **73**, 921–925.

Thomas, P. L. (1991). Genetics of small-grain smuts. *Annu. Rev. Phytopathol.* **29**, 137–148.

Trione, E. J. (1982). Dwarf bunt of wheat and its importance in international wheat trade. *Plant Dis.* **66**, 1083–1088.

Trione, E. J., Stockwell, W. O., and Latham, C. J. (1989). Floret development and teliospore production in bunt-infected wheat, in plant and in cultured spikelets. *Phytopathology* **79**, 999–1002.

Urech, P. A. (1972). Investigations on the corn smut caused by *Ustilago maydis*. *Phytopathol. Z.* **73**, 1–26.

Warham, E. J. (1992). Karnal bunt of wheat. *In* "Plant Diseases of International Importance" (U.S. Singh, A. N. Mukhopadhyay, J. Kumar, and H. S. Chaube, eds.), Vol. 1, pp. 1–24. Prentice-Hall, Englewood Cliffs, NJ.

Whitaker, T. B., Wu, J., Peterson, G. L., *et al.* (2001). Variability associated with the official USDA sampling plan used to inspect export wheat shipments for *Tilletia controversa* spores. *Plant Pathol.* **50**, 755–760.

Wiese, M. V. (1987). "Compendium of Wheat Diseases," 2nd Ed. APS Press, St. Paul, MN.

담자균류에 의한 줄기 및 뿌리썩음병

여러 담자균류가 주로 식물체의 뿌리와 줄기 기부를 가해하여 심각한 피해를 일으킨다 (그림 11-129). 예를 들면, *Rhizoctonia* 속 (완전세대: *Thanatephorus*)과 *Sclerotium* 속 (완전세대: *Aethalia*)에 속하는 균류는 주로 초본식물을, *Typhula* 속 균류는 단지 벼과식물을, *Marasmius* 속 균류는 주로 잔디류를 각각 침해한다. 반면에 *Armillaria* 속 균류와 *Heterobasidion* 속 균류의 일부 종, 특히 *H. annosum*과 *Phellinus* 및 *Polyporus* 등은 주로 목본식물, 특히 주로 임목과 과수의 줄기 기부와 뿌리를 침해한다. 그 외 몇몇 균류는 바나나와 사탕수수 같은 열대성 식물의 뿌리 및 수관부 썩음병, 카카오나무의 빗자루병(*Crinipellis* spp.), 열대수목의 수관 상부에 wiry cord blight병 등을 일으킨다.

무포자균류 *Rhizoctonia* 와 *Sclerotium* 에 의한 뿌리 및 줄기썩음병

Rhizoctonia 속과 *Sclerotium* 속에 속하는 균류는 토양 내에서 여러 기주의 뿌리, 줄기, 괴경, 구근을 비롯하여 지상이나 지하에 존재하는 식물체의 여러 부분을 가해하여 심각한 피해를 일으킨다. 이 두 균류는 균핵만 형성하고 유성포자는 물론 무성포자도 만들지 못하는 것으로 오랫동안 알려졌기 때문에 무포자균류(無胞子菌類; sterile fungi)로 불려왔다. 두 균류의 식별은 균사의 몇 가지 특징과 균핵을 구성하는 균사의 조직적 차이에 따르는데, 예를 들면 *Rhizoctonia* 속 균류는 균일한 조성을 가진 균핵을 형성하지만, *Sclerotium* 속 균류는 내부에 3개의 부위로 분화된 균핵을 형성한다. 적어도 이 두 속에 속하는 균류의 일부 종들이 유성포자로서 담자포자를 만든다는 사실에 근거하여 *Rhizoctonia* 속 균류와 *Sclerotium* 속 균류를 현재 담자균류로 분류하고 있다. 반면에 이전에는 *Sclerotium* 속에 속하는 것으로 여겨졌던 균류 중에서 강낭콩 줄기마

름병을 일으키는 *S. bataticola*는 현재 분생포자(*Macrophomina*)를 만드는 것으로 알려져 있고, 일부 균(*S. oryzae*)은 자낭포자(*Magnaporthe*)를 형성한다. 그러나 양파 흰썩음병을 일으키는 *S. cepivorum*는 아직도 포자세대가 알려지지 않고 있다. 어떠한 경우에서든지 *Rhizoctonia* 속 균류와 *Sclerotium* 속 균류의 포자는 실험실 내의 특정한 조건에서만 형성될 뿐, 자연 상태에서는 매우 드물기 때문에 포자 형성은 이들 균류의 동정에 그다지 중요하지 않다. 이러한 몇 가지 이유 때문에 이 균류는 무포자 균사체로 간주되고 있으며, 실제적인 목적을 위하여 모두 *Rhizoctonia* 와 *Sclerotium* 이라는 이름으로 계속 남아있다.

라이족토니아병

라이족토니아병(Rhizoctonia disease)은 전 세계에서 발생하고 있으며, 거의 모든 채소류와 화훼류, 몇 가지 곡류, 잔디류와 다년생 관상식물, 관목류 및 교목까지도 가해하여 피해를 일으킨다. 라이족토니아병의 병징은 작물의 종류에 따라서 다소 다르며, 이는 같은 작물에서도 식물체가 감염될 당시의 생육단계, 그리고 특정 환경조건에 따라 다르게 나타날 수도 있다. 대부분의 식물에서 나타나는 가장 일반적인 병징은 유묘의 모잘록병과 생장 중이거나 다 자란 식물의 뿌리썩음, 줄기썩음, 줄기궤양 등이다 (그림 11-151). 그러나 몇몇 기주에서 *Rhizoctonia* 속 균류는 식물체의 저장기관을 썩히고(그림 11-152), 잎, 특히 땅가부분의 잎에 마름이나 점무늬를 일으키기도 한다 (그림 11-153).

모잘록병(立枯病; damping-off)은 *Rhizoctonia* 속 균류에 의하여 감염된 식물체에 나타나는 가장 흔한 병이며(그림 11-151E), 주로 차갑고 수분이 많은 토양에서 잘 나타난다. 아주 어린 묘목은 토양 표면으로 나온 직후 또는 그 이전에 대부분 죽는다. 두껍고 다육질인 콩과식물의 유묘나 감자 싹의 경우에는 식물체가 죽기 전에 갈색 괴사점무늬와 상단부 괴사가 쉽게 눈에 띈다. 이 유묘가 토양 위로 나오면 병원균은 줄기를 공격하고, 공격받은 줄기는 물을 머금은 듯이 연해지며 식물체를 지탱할 수가 없게 되면서 식물체는 넘어지고 죽는다. 묘가 출아한 후에도 공격을 받기는 하지만 이러한 경우에는 균류의 침입은 식물체의 바깥 피층조직에만 국한되며, 그 증상은 길고 황갈색-적갈색을 띤 병반으로 나타난다. 이 병반이 줄기를 완전히 한바퀴 감싸서 식물체가 죽을 때까지 병반의 길이와 너비는 계속 확장된다. 간혹 십자화과식물에서 나타나는 것처럼 식물체가 죽기 전에 줄기가 갈색을 띤 검은색으로 변하며, 조직이 부서지지 않은 채 구부러지거나 꼬이는 이른바 wire stem 병이 나타난다 (그림 11-151A).

Soreshin이라고 알려져 있는 **유묘 줄기궤양병**(seedling stem canker)은 모잘록병이나 유묘에 흔하게 나타나는 마름병에 감염되지 않은 목화, 담배 또는 다른 식물의 유묘에 자주 발생하는 매우 파괴적인 병이며, 모잘록병이나 모마름병의 발생에 적합하지 않은 조건에서 주로 발생한다. 이 병의 병징은 적갈색을 띠면서 병든 조직이 약간 내려앉은 모습의 궤양이며, 궤양의 크기는 좁은 것부터 땅가 부분의 줄기를 완전히 둘러싼 것까지 다양하다 (그림 11-151). 생육기 후반에는 토양 온도가 올라가면서 새로운 뿌리가 자라나오기 때문에 감염된 식물체는 부분적으로 회복하기도 한다.

뿌리의 병반(root lesion)은 유묘에서 나타나는데 생육 중이거나 다 자란 식물에서도 나타난다. 땅가 부근 바로 아래 부분에 적갈색의 병반이 항상 가장 먼저 나타나는데, 서늘하고 습기가 많은 날씨인 경우에는 이 병징은 모든 방향으로 확장하면서 크기와 수가 커져 식물체의 기부 전체와 뿌리의 대부분을 감염시키게 된다. 그 결과, 병든 식물은 누렇게 되고 약해지며 심하면 식물은 죽게 된다.

양상추나 양배추처럼 땅가 부근에서 **낮게 자라는 식물체**(low-lying plant)는 토양에 닿아 있거나 토양에 가까이 있는 아래쪽 잎의 잎자루나 주맥이 주로 *Rhizoctonia* 속 균류의 공격대상이 되는데, 적갈색을 띠면서 약간 내려 앉은 병반이 발달하고 잎 전체는 어두운 갈색으로 변하며, 약간 끈적끈적해진다. 낮은 위치의 잎에서부터 감염이 시작되어 위쪽으로 진전하는데, 균사와 균핵이 조직을 침투해 들어가거나 잎 사이에 자리를 잡으면서 결국 거의 모든 잎과 결구가 감염되어 썩는다.

잔디류에서 *Rhizoctonia* 속 균류는 **갈색잎마름병**(brown patch)을 일으키는데(그림 11-153C), 이 병은 온도와 습도가 매우 높을 때나 우기, 특히 이슬이 많이 생기는 기간 동안에 많이 발생한다. 잔디밭에서의 병징은 불규칙한 원형으로 나타나며, 크기는 지름이 수 cm부터 수 m까지 다양하다. 이 범위 내의 잔디 잎은 처음에는 물이 스며든 것 같은 어두운 병징을 나타내지만, 곧 마르고 시들며 담갈색으로 바뀐다. 잔디밭의 병든 부분은 약간 내려앉은 것처럼 나타나는데, 그 가장자리 부분에서는 병원균이 활발하게 자라면서 잎을 계속 감염시키며, 이들 감염된 잎은 물이 스며든 듯하면서 약간 내려앉은 모습을 보인다. 이른 아침의 몇 시간 동안이나 습기가 많은 날에는 너비 2~5cm 정도의 물이 스며든 듯하며 검은 잿빛의 띠로 이루어진 매우 특징적인 "연기 고리(smoke ring)"를 볼 수 있다. 잔디가 마르면서 병원균의 활성이 떨어지거나 완전히 멈추면서 이 연기 고리도 사라진다. 마른 잔디 잎, 병든 식물체 그리고 토양 등에서는 지름 2mm 정도의 갈색 내지 검은색의 단단하고 둥근 균핵이 형성된다. **갈색잎마름병을 일으키는** *Rhizoctonia* 속 균은 대개 잎만을 죽이므로 줄기는 살아남는데, 감염 지역의 가운데로부터 바깥쪽을 향하여 식물체가 회복되므로 병든 지역은 전체적으로 마치 도넛과 같은 모양을 띤다.

다육질, 다즙성 줄기와 뿌리 (fleshy, succulent stem and root), 그리고 괴경(덩이줄기), 인경, 구근 등에서 *Rhizoctonia*속 균은 식물조직을 갈색으로 썩히는 원인이 되는데, 썩는 부위는 대부분 뿌리나 줄기의 외부에만 제한적으로 나타나지만 뿌리나 줄기 조직의 안쪽 중간부분까지 확산되기도 한다. 썩은

그림 11-151 *Rhizoctonia* sp.에 감염된 여러 병해의 병징. (A) 양배추의 뿌리 및 줄기 썩음병(wire stem). (B) 콩의 뿌리 및 줄기썩음병. (C) 포트에 식재된 토마토의 뿌리 및 줄기썩음병. (D) 발아하는 감자 괴경의 줄기썩음병. (E) 묘포에서 *Rhizoctonia* 속 균에 의하여 죽은 소나무 묘목들. [사진제공: (A) Plant Pathology Department, University of Florida. (B) T.R. Anderson, WCPD. (C) R.J. McGovern. (D) D.P. Weingartner. (E,F) E. L. Barnard, Florida Department of Agriculture, Forestry Division.]

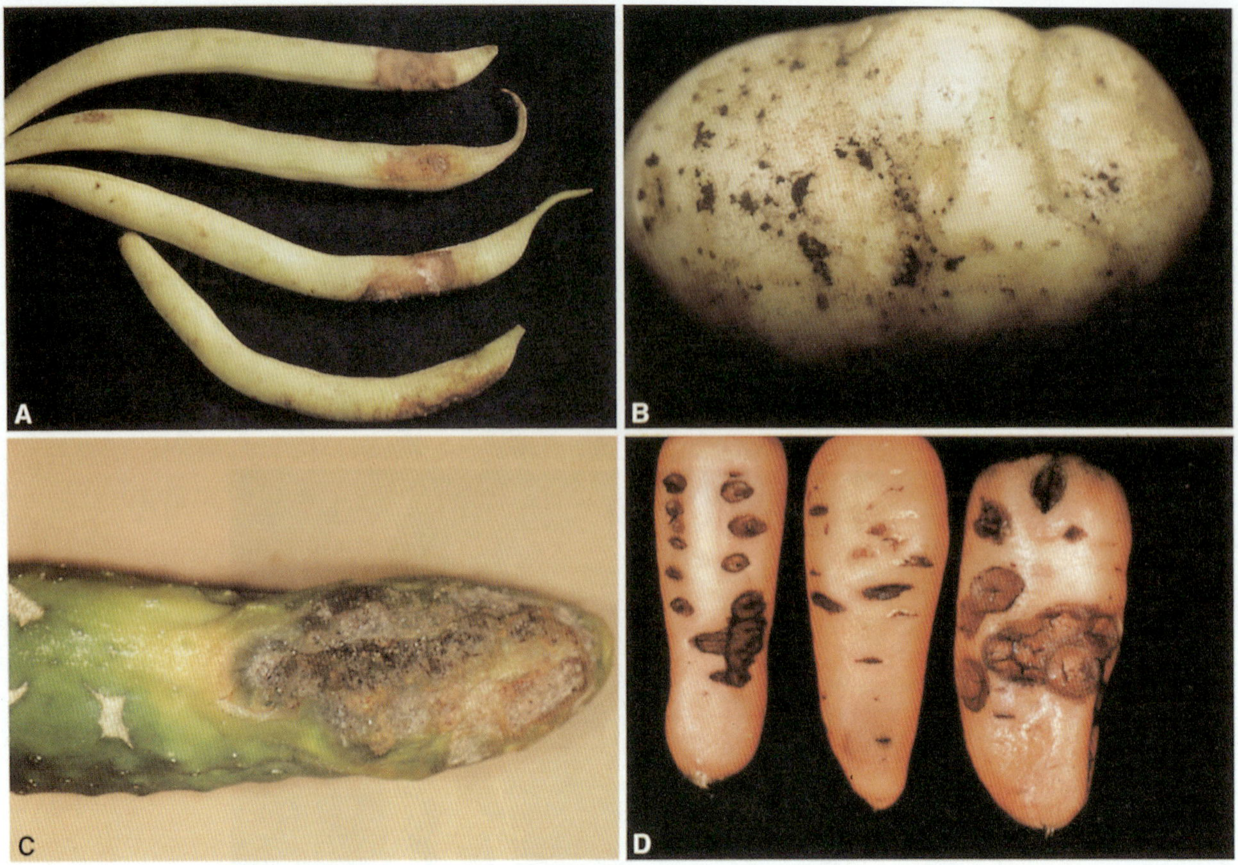

그림 11-152 단단하지 않은 과실과 채소류의 라이족토니아병의 병징. (A) 강낭콩 꼬투리의 썩음병. (B) 감자 표면의 검은 딱지 (C) 오이의 belly rot. (D) 당근의 분화구썩음병. [사진제공: (A,C,D) Plant Pathology Department, University of Florida. (B) D.P. Weingartner, University of Florida.]

조직은 항상 분해되고 마르면서 약간 내려앉는데, 이 침하된 부분에는 식물체의 마른 조직과 균사 및 균핵이 뒤섞여 있다 (그림 11-152). **감자 괴경**(potato tuber)이 *Rhizoctonia* 속 균에 감염되면 '검은 딱지(black scurf)'가 나타나는데, 이 검은 딱지 안에는 작고 딱딱한 검은색의 균핵이 괴경의 표면에 나타나며 씻어도 잘 떨어지지 않는다 (그림 11-152B). 병징은 적갈색을 띤 더뎅이(russeting 또는 russet scab)로도 나타나며, 이 경우에는 일반적인 감자 더뎅이병의 약한 병징과 비슷하게 표면이 열십자형으로 거칠어진다.

마지막으로 *Rhizoctonia* 속 균은 오이(그림 11-152), 토마토, 가지, 강낭콩 등 토양 위를 기거나 토양 가까이에서 자라는 식물체에 과실 및 **꼬투리썩음병**(rots on fruit and pod)을 일으킨다. 이 병은 저온다습한 날씨에 가장 잘 나타나며, 경작지에서 먼저 나타나지만 수확한 다음의 운반과 저장과정에서 다른 건전한 과실로 계속 확산된다.

벼에서 가장 중요한 병해 중의 하나이며 때로는 다른 곡류에서도 중요한 병인 **잎집무늬마름병**(rice sheath and culm blight, 그림 11-153A, 11-153B)은 *Rhizoctonia* 속의 다른 균들에 의하여 발생되는데, 가운데는 지푸라기 색깔이고 가장자리에는 넓고 적갈색을 띤 큰 불규칙한 병반이 형성된다. 병원균에게 유리한 조건이 되면 유묘와 다 자란 식물이 마름병으로 죽기도 한다.

병원균. *Rhizoctonia* 속은 크고 다양하며 복잡한 균류의 집단이다. 모든 *Rhizoctonia* 속의 균은 주로 포자를 만들지 않는 균사의 형태로 존재하는데, 간혹 내부조직이 분화되지 않는 작은 균핵으로도 존재한다. *Rhizoctonia* 속 균류 중 가장 중요한 *Rhizoctonia solani*의 균사 세포에는 여러 개의 핵(다핵 *Rhizoctonia*)이 들어있는 반면에, 다른 *Rhizoctonia* 속 균의 균사세포에는 2개의 핵(2핵 *Rhizoctonia*)이 들어있다. 어릴 때는 색을 띠지 않지만 생장함에 따라 누런색 또는 암갈색으로 바뀌는 균사는 긴 세포들로 이루어져 있으며, 거의 직각으로 분지하고 생장한다. 분지된 균사의 분지점은 약간 수축되며, 이 분지점 가까이에 격벽이 있다 (그림 11-153D). 일반적으로 이러한 분지 특성은 바로 *Rhizoctonia* 속 균류를 동정하는 유일한 기준이 된다. 이 균류는 특정 조건에서 후벽포자의 역할을 하는 짧고 넓은 세포들로 구성되어 있는 균핵과 같은 덩어리를 만드는데, 이 덩어리는 최종적으로 작으면서 조직이 치밀하지 않은 갈색 내지 검은색의 균핵으로 발달하며, 이러한 과정은 감자 등 몇몇 기주에서 잘 나타난다. 이미 언급한 바와 같이, *Rhizoctonia* 에 속하는 균류는 드물게 담자균류에서 보이는 완전세대를 형성하는데, 다핵성 *Rhizoctonia solani*의 완전세대는 *Thanatephorus cucumeris*인 반면에 2핵성 *Rhizoctonia*속 균의 완전세대는 *Ceratobasidium* 속이다. *R.*

그림 11-153 *Rhizoctonia* 속 균에 의한 벼잎집무늬마름병: 병의 초기(A)와 진행된 상태(B)의 병징. (C) *Rhizoctonia* 속 균에 의한 호밀풀의 brown patch병. (D) 균사가 직각으로 분지하는 모습을 보여주는 전형적인 *Rhizoctonia* 속 균의 균사체와 분지점에 근접하여 형성된 격벽. [사진제공: (A,B) L.E. Datnoff. (C) T.E. Freeman. (D) Plant Pathology Department, University of Florida.]

*zeae*와 *R. oryzae*와 같이 소수의 다핵성 Rhizoctonia 속 균류의 담자균 완전세대는 *Waitea* 속이다. 완전세대는 습도가 높을 때 잘 형성되며, 토양이나 토양 바로 위의 잎과 감염된 줄기에서 가늘고 이슬과 같은 모양으로 자란다. 담자기는 균사의 막과 같이 생긴 층 위에서 형성되며, 4개의 소병을 가지고 있고, 각 소병은 담자포자를 하나씩 가지고 있다.

현재 *Rhizoctonia solani*와 다른 종들은 몇 가지 다소 관련이 없는 계통으로 구성되어 있는 '집합종(collective species)'이라는 것이 점점 더 분명해지고 있다. *Rhizoctonia* 속 균의 균주는 서로 구분할 수 있는데, 이는 같은 **균사융합집단**(菌絲融合集團; **anastomosis group**)에 속하는 균사들 사이에서만 **균사융합**(菌絲融合; **anastomosis**, 접촉하는 균사의 융합)이 일어나기 때문이다. 균사융합이 끝난 다음, 어떤 특수한 조건에서는 균사융합을 한 세포들 가운데 하나로부터 간혹 2핵균사(heterokaryon hypha)가 만들어진다. 그러나 수없이 일어나는 균사융합에서 융합이 일어나는 세포의 어느 쪽에서든지 5~6개의 세포는 속이 비고 죽어서, 두 균총이 만나는 부분은 "투명한 지역"처럼 보인다. 같은 균사융합집단에 속해있는 균주간의 이러한 '살균반응(killing reaction)'은 균체나 영양체의 불화합성을 나타내는 것이다. 이러한 균체의 불화합성으로 인하여 이계교배가 소수의 화합가능한 상대로 제한된다. *Rhizoctonia solani*에 균사융합집단이 있다는 것은 각 집단 구성원들이 유전적으로 다르다는 것을 의미한다.

비록 다양한 균사융합집단이 전체적으로 기주특이적이지는 않지만, 상당히 명확한 경향을 보여주고 있다. 균사융합집단 1(AG1)의 균주들은 여러 식물의 종자와 배축을 썩히고, 잎집무늬마름병이나 aerial and web blight을 일으킨다. AG2의 균주들은 뿌리작물에 궤양을 일으키며, 십자화과식물에 wire stem을, 잔디에서 갈색잎마름병 등을 일으킨다. AG3의 균주들은 주로 감자를 감염하여 줄기에 궤양과 포복경에 병반을, 그리고 괴경에 검은 균핵을 형성한다. AG4의 균주들은 많은 종류의 식물을 감염하며, 거의 모든 피자식물의 종자와 배축을 썩히고, 대부분의 콩과식물과 목화, 사탕무의 줄기 땅가부분에 병반을 만든다. *Rhizoctonia solani*에는 6개 그룹의 균사융합집단이, 다른 *Rhizoctonia* 속 균에는 더 많은 그룹이 알려져 있다. 균사융합의 존재와 이들이 갖는 기주특이성의 정도 차이는 여러 작물의 *Rhizoctonia* 속 균에 대한 저항성 육종을 할 때 접종되어야 할 균주의 균사융합그룹을 결정하거나, 아울러 병원균에 감염된 다양한 작물의 병발생 예측을 위하여 계산되는 감염원의 균사융합그룹을 결정하는 데 있어서 매우 중요한 역할을 해 왔다.

병의 진전. 병원균은 대개 토양이나 감염된 다년생식물의 겉 또는 속, 감자의 괴경과 같은 증식기관에서 균사나 균핵의 상태로 겨울을 난다. 일부 기주에서는 병원균은 종자 속에 들어가서 전반되기도 한다 (그림 11-154). 이 병원균은 대부분의 토양에 존재하고 있으며 일단 경작지에 들어가면 거의 무한정 존재하게 된다. 병원균은 비, 관개수, 흐르는 물, 그리고 오염된 토양을 운반하는 모든 농기구, 감염되거나 오염된 영양번식체에 의하여 다른 식물체나 지역으로 확산된다. 병원균의 많은 레이스는 감염 적온이 약 15~18℃ 이지만 어떤 레이스는 훨씬 더 높은 온도, 최고 35℃ 까지 높은 활성을 갖는다. 병은 완전히 물에 잠긴 토양이나 건조한 토양에서보다 적당한 수분을 가지고 있는 토양에서 더 잘 나타난다. 어린 식물체의 감염은 환경이 식물체에 부적당하여 생장이 더딜 때 가장 심하게 나타난다.

방제. Rhizoctonia병은 방제하기 어렵다. 습기가 많고 배수가 잘 되지 않는 토양은 피하거나 배수를 개선해야 한다. 무병종자를 유묘가 빠르게 자랄 수 있는 조건에서 되도록 바닥을 약간 높인 묘상에 파종해야 한다. 토양 표면과 식물체 사이의 통기를 좋게 하기 위하여 식물체는 간격을 충분히 두고 심어야 한다. 온실이나 파종상에서는 가능하다면 토양은 증기살균이나 살균제로 처리되어야 한다. 토양을 pentachloronitrobenzene (PCNB)으로 관주처리하면 온실과 파종상에서 모잘록병의 발생을 줄일 수 있다. 병원균의 특정 레이스가 경작지에 정착한 경우에는 다른 작물로 3년간 윤작을 한다면 효과를 볼 수 있다. 비록 식물체를 심기 전에 토양 관주 약제로서 추천되고 있는 몇 가지 살균제가 있고, 이 약제들을 유묘가 땅 위로 올라오고 난 바로 뒤에 한두 번 살포해 주면 효과를 볼 수도 있지만, 대부분 채소의 경우에는 Rhizoctonia병 방제에 효과적인 살균제가 없다. 잔디에서는 몇 가지 접촉성 살균제와 침투성 살균제가 효과적으로 병을 방제할 수 있는 것으로 알려져 있다.

1980년대 중반 이후 Rhizoctonia 병을 방제할 수 있는 대안적이면서 보다 효과적인 방법을 개발하기 위하여 엄청난 노력을 해 왔다. 그 방법으로서 경작지에 어떤 식물체나 광분해성 비닐로 덮는 방법, 특정 작물에서 Rhizoctonia병의 발생을 증진하는 것으로 알려진 특정 제초제의 처리를 피하는 방법, 생물적 방제법 등이 있다. 균류, 토양 점액세균류, 균류를 먹이로 하는 선충류와 같은 여러 가지 미생물이 *Rhizoctonia* 속 균류에 기생한다. 거꾸로 Rhizoctonia 속 균류는 이른바 Rhizoctonia 쇠락증상에 시달리는데, 이 증상은 2~3종류의 감염성 겹가닥 RNA(dsRNAs) 의 감염에 의하여 나타난다. 이들 RNA는 균사융합을 통하여 RNA에 감염된 저병원성 *Rhizoctonia*속 균의 개체로부터 건전한 병원성의 개체로 옮겨가 병을 일으키는 능력과 생존 능력 모두를 저하시킨다. 파종하기 전에 이들 dsRNA 감염 균사체를 *Rhizoctonia* 속 균류에 감염된 경작지와 종자, 괴경, 이식할 식물체 등에 처리하면 대부분의 작물에서 병의 발생과 피해를 크게 줄일 수 있다. 그러나 생물적 방제는 아직까지 실험적 단계에 머물러 있으며, 농민들이 실용적으로 사용할 수 있는 단계는 아니다.

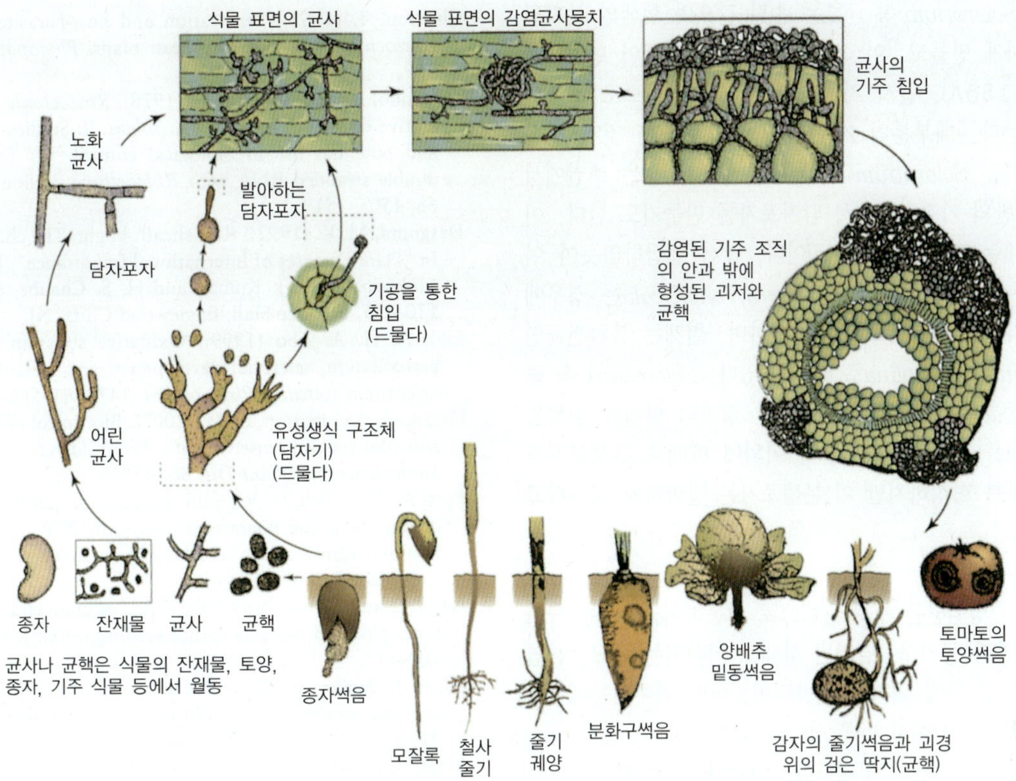

그림 11-154 *Rhizoctonia solani* (*Thanatephorus cucumeris*)의 병환

스클레로티움병

Sclerotium 속 균류는 모잘록병, 줄기궤양병, 수관마름병, 뿌리 및 수관썩음병, 인경 및 괴경썩음병, 열매썩음병 등(그림 11-155, 11-156)을 일으키며, 주로 온난한 지역에서 발생한다. *Sclerotium* 속 균류는 다육질 과실과 채소를 저장하고 운반하는 동안에 심각한 피해를 일으킨다. 미국의 경우에는 남부지방에서 더욱 심하고 흔하게 발생하기 때문에 남부시들음병(southern wilt) 또는 남부마름병(southern blight)으로도 알려져 있다. Sclerotium병은 기주범위가 매우 넓어서 채소류, 화훼류, 곡류, 목초류, 잡초 등 여러 종류의 식물을 감염시킨다.

병징. *Sclerotium* 속 균은 유묘를 빠르게 침입하므로 유묘는 곧 죽는다. 그러나 이미 어느 정도 목질화된 식물체를 구석구석까지 침해하지는 않으나 병원균은 피층으로 침입한 후에 천천히 또는 빠르게 조직을 일주하므로 식물은 결국 죽는다. 감염은 지표면 바로 밑 부분에서 항상 즙이 많은 줄기에 암갈색의 병반이 나타나면서 시작된다. 이어서 먼저 아랫부분 잎에서 감염이 시작하여 점차 위쪽의 잎이 노랗게 변하면서 시들거나 식물의 끝 부분에서 아래쪽으로 죽는다. 셀러리와 같이 줄기에 즙액이 많은 식물의 경우에는 줄기가 넘어지지만, 토마토와 같이 단단한 줄기를 가진 식물에서는 줄기가 꼿꼿이 선 채로 잎이 시들거나 떨어진다 (그림 11-155B). 그러는 동안에 병원균은 식물체 내에서 위쪽으로 생장하여 줄기의 병반을 솜털과 같은 하얀 균사 (그림 11-155C)로 덮는데, 균류가 위로 생장하는 것은 줄기의 수분함량에 따라 다르다. 이 병원균은 뿌리 쪽으로 더 빠르게 생장하여 결국 근계를 파괴한다. 감염된 조직의 내부나 표면에는 하얀 균사가 항상 존재하며, 이곳으로부터 땅위로 자라나와 인접한 다른 식물체까지 번져 새로운 감염을 시작한다. 감염된 줄기와 괴경, 열매 조직은 대개 담갈색이고 눌러지시만 물기는 많지 않다. 다육질의 뿌리나 구근이 감염되면(그림 11-156), 인편이나 뿌리의 바깥 조직이 축축한 상태로 썩거나 뿌리나 인경 전체가 썩어서 문드러지고 해체되어 균사로 뒤섞인 잔재물만 남는다. 만일 구근, 뿌리, 열매 등이 거의 완전히 발달한 상태에서 감염되면 수확할 때까지 뚜렷한 병징이 나타나지 않기도 하지만, 이러한 경우에는 저장 중의 부패로 이어진다.

모든 감염조직과 심지어는 그 근처의 토양에서조차 병원균은 크기가 균일한 작은 균핵을 수없이 만들어내는데, 모양은 둥글거나 불규칙하며, 성숙하기 전에는 흰색이지만 성숙해감에 따라서 점점 어두운 갈색이나 검은색으로 바뀐다 (그림 11-155A, 11-155C, 11-155D). 각각의 균핵은 바깥쪽의 멜라닌화된 외피, 중간 피층, 그리고 안쪽의 느슨하게 균사가 배열된 부분 등으로 구분된다.

병원균. *Sclerotium* 속 균류는 솜털 같으며 흰색의 분지된 균사를 풍부하게 만들고, 이 균사에서 수많은 균핵이 형성되지만(그림 11-155A), 균사 자체가 대개 불임성이므로 포자를 형성하지 않는다. 대부분의 기주에서 이미 설명한 것과 같은 병징을 일으키는 *Sclerotium rolfsii* 는 습도가 높은 조건에서는 때때로 병반의 가장자리에서 담자포자를 만들기도 한다. 이 균의 완전세대는 *Aethalia rolfsii*이다. 앞서 언급하였듯이 여러 다른 기주식물에서 병을 일으키는 *S. bataticola*는 경우에 따라 분생포자각에서 분생포자를 형성하며, 현재는 불완전균인 *Macrophomina phaseolina*로 알려져 있다. *Sclerotium* 속 균의 세 번째 종류는 *S. cepivorum*이며, 양파와 마늘에 흰썩음병(white rot)을 일으키는데, 균핵 이외에 때때로 분생포자좌에서 분생포자를 형성하지만 이 분생포자는 발아하지 않는다고 알려져 있다.

병의 진전. 병원균은 주로 균핵으로 월동하며, 흐르는 물이나 오염된 토양과 농기구, 감염된 상태로 이식되는 유묘, 감염된 채소 및 과일 등에 의하여 전반되며, 어떤 기주식물에서는 균핵상태로 종자에 섞여서 다른 장소로 옮겨진다.

병원균은 조직을 직접 공격한다. 그러나 병원균이 만드는 많은 양의 균사체는 옥살산, 펙틴분해효소, 셀룰로스분해효소 및 다른 효소들을 분비하는데, 이 효소들은 병원균이 기주를 침입하기 전에 실제로 기주조직을 죽이고 분해한다. 일단 식물체 내에 정착하면 병원균은 특히 온도(30~35℃)와 습도가 높을 때 매우 빠른 속도로 균사와 균핵을 만들며 점점 더 확산된다.

방제. Sclerotium병의 방제는 쉽지 않다. 돌려짓기, 토양 표면의 감염된 식물 잔재물에 붙어있는 균핵을 땅속 깊이 파묻기 위한 밭갈이와 암모늄태 비료 주기, 그리고 칼슘화합물의 투여 등과 같은 경종적 방법, 그리고 식물을 심기 전이나 후에 PCNB(pentachloronitrobenzene)과 같은 살균제를 고랑에 살포하는 것 등은 부분적으로만 방제효과가 있다.

최근에는 토양을 태양열살균하거나, 길항성 균류와 세균을 이용하여 *Sclerotium rolfsii* 를 방제하기 위한 시도가 일부 성공을 거두고 있다. 이 길항 미생물은 *Sclerotium* 속 균에 감염된 토양에 심은 작물의 종자나 번식기관에 처리된다. 그러나 이러한 방제법은 아직까지 실험단계에 머물러 있을 뿐이다.

참고문헌

Anderson, N. A. (1982). The genetics and pathology of *Rhizoctonia solani*. *Annu. Rev. Phytopathol.* **20**, 329–347.

Bruehl, G. W., ed. (1975). "Biology and Control of Soil-Borne Plant Pathogens." APS Press, St. Paul, MN.

Burpee, L., and Martin, B. (1992). Biology of *Rhizoctonia* species associated with turf grasses. *Plant Dis.* **76**, 112–117.

Christou, T. (1962). Penetration and host-parasite relationships of *Rhizoctonia solani* in the bean plant. *Phytopathology* **52**, 381–389.

Costanho, B., and Butler, E. E. (1978). *Rhizoctonia* decline: A degenerative disease of *Rhizoctonia solani*. II. Studies on hypovirulence and potential use in biological control. III. The association of double stranded RNA with *Rhizoctonia* decline. *Phytopathology* **68**, 1505–1519.

Dasgupta, M. K. (1992). Rice sheath blight: The challenge continues. *In* "Plant Diseases of International Importance" (U. S. Singh, A. N. Mukhopadhyay, J. Kumar, and H. S. Chaube, eds.), Vol. 1, pp. 130–157. Prentice-Hall, Englewood Cliffs, NJ.

Ellil, A. H. A. Abo (1999). Oxidative stress in relation to lipid peroxidation, sclerotial development and melanin production by *Sclerotium rolfsii*. *J. Phytopathol.* **147**, 561–566.

Hwang, J., and Benson, D. M. (2002). Biocontrol of Rhizoctonia stem and root rot of poinsettia with *Burkholderia cepacia* and binucleate *Rhizoctonia*. *Plant Dis.* **86**, 47–53.

Lees, A. K., Cullen, D. W., Sullivan, L., *et al.* (2002). Development of conventional and quantitative real-time PCR assays for the detection and identification of *Rhizoctonia solani* AG-3 in potato and soil. *Plant Pathol.* **51**, 293–302.

Lilja, A., and Rikala, R. (2000). Effect of uninucleate *Rhizoctonia* on Scots pine and Norway spruce seedlings. *Eur. J. Forest Pathol.* **30**, 109–115.

Lucas, P., Smiley, R. W., and Collins, H. P. (1993). Decline of *Rhizoctonia* root rot on wheat in soils infested with *Rhizoctonia solani* AG-8. *Phytopathology* **93**, 260–265.

Madi, L., and Katan, J. (1998). *Penicillium janczewskii* and its metabolites, applied to leaves, elicit systemic acquired resistance to stem rot caused by *Rhizoctonia solani*. *Physiol. Mol. Plant Pathol.* **53**, 163–175.

Metcalf, D. A., and Wilson, C. R. (2001). The process of antagonism of *Sclerotium cepivorum* in white rot affected onion roots by *Trichoderma koningii*. *Plant Pathol.* **50**, 249–257.

Nelson, E. G., and Hoitink, H. A. J. (1983). The role of microorganisms in the suppression of *Rhizoctonia solani* on container media amended with composted hardwood bark. *Phytopathology* **73**, 274–278.

Ogoshi, A. (1975). Grouping of *Rhizoctonia solani* and their perfect stages. *Rev. Plant Prot. Res.* **8**, 93–103.

Ogoshi, A. (1987). Ecology and pathogenicity of anastomosis and intraspecific groups of *Rhizoctonia solani* Kuhn. *Annu. Rev. Phytopathol.* **25**, 125–143.

Parmeter, J. R., Jr., ed. (1970). "*Rhizoctonia solani*, Biology and Pathology." Univ. of California Press, Berkeley.

Punja, Z. K. (1985). The biology, ecology, and control of *Sclerotium rolfsii*. *Annu. Rev. Phytopathol.* **23**, 97–127.

Savary, S., Castilla, N. P., and Willocquet, L. (2001). Analysis of the spatiotemporal structure of rice sheath blight epidemics in a farmer's field. *Plant Pathol.* **50**, 53–68.

Shew, H. D., and Melton, T. A. (1995). Target spot of tobacco. *Plant Dis.* **79**, 6–11.

Singleton, L. L., Mihail, J. D., and Rush, C. M. (1991). "Methods for Research on Soilborne Phytopathogenic Fungi." APS Press, St. Paul, MN.

Sneh, B., Burpee, L., and Ogoshi, A. (1991). "Identification of Rhizoctonia species." APS Press, St. Paul, MN.

Tu, C. C., and Kimbrough, J. W. (1978). Systematics and phylogeny of fungi in the *Rhizoctonia* complex. *Bot. Gaz.* (*Chicago*) **139**, 454–466.

Willocquet, L., Fernandez, L., and Savary, S. (2000). Effect of various crop establishment methods practiced by Asian farmers on epidemics of rice sheath blight caused by *Rhizoctonia solani*. *Plant Pathol.* **49**, 346–354.

그림 11-155 *Sclerotium* sp.에 의하여 발생된 균핵병의 병징. (A) 영양배지에서의 병원균 배양. 수많은 구형의 균핵이 보인다. 균핵병(Southern blight)에 감염된 토마토의 하부 줄기(B,C)와 균핵. (D) 균핵병에 감염되어 수많은 균핵이 형성되어 있는 토마토. (E) 땅콩의 균핵병. [사진제공: (A,B,D,E) Plant Pathology Department, University of Florida. (C) R.J. McGovern, University of Florida.]

그림 11-156 다육질 열매와 기타 기관에 발생하는 스클레로티움병. 감자 종자와 뿌리(A)와 감자 괴경(B)의 썩음. 다양한 작물의 썩음병; 토마토의 열매(C), 양파의 인경(D), 호박(E). [사진제공: (A,B) D.P. Weigartner. (C,E) Plant Pathology Department, University of Florida. (D) R.J. Howard, WCPD.]

수목의 뿌리썩음병

과수와 임목의 Armillaria 뿌리썩음병

Armillaria 뿌리썩음병(Armillaria root rot)은 전 세계적으로 나타나는 병으로서 감자와 딸기는 물론 수백 종의 과수와 덩굴식물, 관목, 조경수, 임목 등을 감염한다. 이 병은 shoestring root rot, mushroom root rot, 또는 oak root rot 등으로도 알려져 있다 (그림 11-157). 병원균은 *Armillaria mellea* (뽕나무버섯) 및 근연의 균류이며, 산림토양에서 가장 흔한 균류 중의 하나이다. 가장 심한 피해는 주로 최근에 숲을 개벌하여 조성한 과수원이나 포도밭, 인공조림지, 그리고 특히 최근에 간벌을 실시한 임지에서 나타난다. 그러나 가장 흔하게 나타나는 *Armillaria ostoyae*에 의한 뿌리썩음병이 산림에서 가장 피해가 크다. 산림에서의 피해는 점진적이지만 눈에 띠지 않는 느린 속도로 쇠락이 진행되거나 간혹 몇 나무가 고사하는 정도이지만, 잎이 떨어진 후나 수분스트레스가 발생한 기간 동안에 상당한 수의 나무가 이 병으로 죽기도 한다.

병징. 감염된 임목에서의 병징은 다른 뿌리썩음병에 의한 것과 유사하며, 이른바 생장저하, 왜축, 잎의 황화(그림 11-157A), 잔가지와 굵은 가지의 마름, 나무의 점진적이거나 급격한 고사가 나타난다. 병징을 보이는 임목은 처음에는 여기저기 흩어져 나타나지만, 곧 이들을 이어보면 둥근 원을 이루는데, 이는 병원균이 처음 감염한 장소로부터 모든 방향으로 균일하게 퍼져나가기 때문이다. Armillaria뿌리썩음병을 진단할 수 있는 특징은 수피의 썩은 부분, 줄기와 뿌리의 접합점인 땅가부분, 뿌리 등에서 나타난다. 수피와 목질부 사이에 흰색의 균사매트와 그 가장자리에 가끔 결을 이루면서 부채꼴 균사층을 형성하기도 한다 (그림 11-157C). 균사는 주간의 체관과 형성층을 따라 위쪽으로 수십cm 뻗어가기도 하며, 백색부후를 일으키기도 한다. 부채꼴 균사층 이외의 매우 특징적인 표징은 적갈색 내지 검은색의 근상균사다발(根狀菌絲束; rhizomorph)이다. 이것은 균사가 모여 만들어진 직경이 약 1~3mm인 균사다발이며, 검은색 균사가 촘촘하게 엮어져 있는 바깥층과 흰색 또는 투명한 균사가 들어찬 중심부로 이루어져 있다. 뿌리 표면이나 수피 밑에 근상균사다발이 분지한 여러 종류의 망상조직이 형성되기도 하며, 심하게 썩은 목실부에서는 몇몇 균사다발이 뿌리를 둘러싸고 있는 토양 속으로 뻗어나간다 (그림 11-157D). 균사가 형성층을 침입한 부분에는 궤양이 만들어지며, 감염된 부분에서 활엽수에서는 점질물이, 침엽수에서는 수지가 스며 나와 땅속으로 흘러나간다. 병원균이 점진적으로 나무의 밑 부분을 한 바퀴 일주하면서 나무를 고사시킴에 따라 감염된 목질부는 수분함량이 낮으며 견고하던 것이 다소 물러지고 마르게 된다 (그림 11-157E). 죽거나 죽어가고 있는 나무의 땅가 부근에는 길이 7cm 이상에 갓 지름 5~15cm 정도인 황갈색의 버섯이 줄기나 그루터기, 또는 감염된 뿌리 근처에서 무리지어 나타난다 (그림 11-157B). 이들이 바로 *A. mellea*의 자실체로서 초가을에 나타나며, 갓 아랫면의 방사상 주름살에서 수많은 담자기와 담자포자가 형성된다.

병의 진전. 병원균은 병든 나무나 썩고 있는 뿌리에서 균사나 근상균사다발로 월동하며, 근상균사다발이나 뿌리와의 직접적인 접촉을 통하여 나무에서 다른 나무로 확산된다. 근상균사다발은 감염된 나무의 뿌리나 그루터기, 그리고 썩고 있는 뿌리에서 자라나오며(그림 11-158), 토양을 통하여 주변의 건전한 나무로 옮겨 간다. 감염된 식물의 잔재물에 남아있는 근상균사다발 조각은 농업용 장비에 의하여도 다른 지역으로 옮겨질 수 있다. 병원균은 담자포자로 전반될 수도 있다. 일반적으로 이 담자포자들은 처음에는 죽은 그루터기나 목질부에 붙지만, 여기서 방사상으로 자라나온 근상균사다발이 직접 또는 상처를 통하여 살아있는 뿌리에 침입한다. 건전한 수목의 뿌리가 감염되어 있거나 썩고 있는 뿌리와 접촉할 때, 균사는 근상균사다발을 형성하지 않으면서도 병든 뿌리에 밀착되어 있는 건전한 뿌리를 직접 침입할 수 있다. 어떠한 경우이든지 다른 유인에 의하여 약해진 나무는 활력이 좋은 나무에 비하여 *Armillaria* 속 균에 쉽게 침해를 받는다.

방제. 산림에서는 대개 Armillaria 뿌리썩음병을 방제하지 않는다. 그러나 일반적으로 임목의 그루터기와 뿌리를 제거하거나, 상당한 규모로 *Armillaria* 균 감염원의 형성을 조장할 수 있는 참나무류와 다른 수목들이 자라던 숲을 개벌한 경우에는 몇 년 동안 감수성인 수종이나 과수를 심지 않음으로써 이 병에 의한 손실을 줄일 수 있다. 과수원이나 드물게는 조림지에서 이 병을 방제하려면 감염된 임목 둘레에 도랑을 파서 근상균사다발이 근처 수목으로 옮겨가는 것을 방지해야 하며, *Armillaria* 균에 의하여 고사된 수목의 자리에 다른 수목을 식재하기 전에 국부적인 토양훈증 등의 방법으로 토양을 살균하여 토양에 남아있는 병원균을 제거해야 한다.

참고문헌

Bruhn, J. N., Wetteroff, J. R., Mihail, J. D., *et al.* (2000). Distribution of *Armillaria* species in upland Ozark Mountain forests with respect to site, overstory species composition and oak decline. *Eur. J. Forest Pathol.* **30**, 43–60.

Fox, R. T. V., ed. (2000). "*Armillaria* Root Rot: Biology and Control of Honey Fungus." Intercept Ltd., Andover, UK.

Morrison, D. J., and Pellow, K. W. (2002). Variation in virulence among isolates of *Armillaria ostoyae*. *Forest Pathol.* **32**, 99–107.

Munnecke, D. E., Kolbezen, M. J., Wilbur, W. D., and Ohr, H. D. (1981). Interactions involved in controlling *Armillaria mellea*. *Plant Dis.* **65**, 384–389.

O'Reilly, H. J. (1963). *Armillaria* root rot of deciduous fruits, nuts and grapevines. *Calif. Agric. Exp. Stn. Ext. Serv. Circ.* **525**, 1–15.

Rizzo, D. M., and Whiting, E. C. (1998). Spatial distribution of *Armillaria mellea* in pear orchards. *Plant Dis.* **82**,1226–1231.

Robinson, R. M., and Morrison, D. J. (2001). Lesion formation and host response to infection by *Armillaria ostoyae* in the roots of western larch and Douglas fir. *Forest Pathol.* **31**, 371–385.

Solla, A., Tomlinson, F., and Woodward, S. (2002). Penetration of *Picea sitchensis* root bark by *Armillaria mellea*, *Armillaria ostooyae* and *Heterobasidion annosum*. *Forest Pathol.* **32**, 55–70.

Wargo, P. M., and Kile, G. A. (1992). *Armillaria* root disease. *In* "Plant Diseases of International Importance" (A. N. Mukhopadhyay, J. Kumar, H. S. Chaube, and U. S. Singh, eds.), Vol. 4. Prentice-Hall, Englewood Cliffs, NJ.

Wargo, P. M., and Shaw, C. G., III (1985). *Armillaria* root rot: The puzzle is being solved. *Plant Dis.* **69**, 826–832.

Woodward, S. (2000). "*Armillaria* Root Rot: Biology and Control of Honey Fungus." (R. T. V. Fox, ed.). Intercept Press, Andover, UK.

그림 11-157 *Armillaria mellea* 에 의한 임목의 뿌리 및 줄기의 썩음병 병징. (A) *Armillaria* 균의 감염결과로 나타나는 영양 및 수분 스트레스로 인한 소나무 잎의 황화와 왜축. (B) 감염뿌리로부터 자라나오는 *Armillaria* 균의 자실체(버섯들). (C) 감염목의 수피 밑에서 자라고 있는 *Armillaria* 균의 균사. (D) 감염된 뿌리와 줄기의 수피와 그 위로, 그리고 주변 나무를 향하여 자라고 있는 *Armillaria* 균의 두껍고 분지하는 근상균사다발. (E) 감염된 뿌리와 줄기의 목질부가 스폰지조직화되고 약해져 나무를 더 이상 지탱할 수 없어 결국 나무는 쓰러진다. [사진제공: U.S. Forest Service.]

담자균류에 의한 목재썩음과 부후

매년 나무를 썩히는 담자균류에 의하여 임목과 제재목에서 막대한 재적손실이 발생하고 있다 (그림 11-160, 11-161, 11-162). 살아있는 수목에서 썩는 현상은 때로는 심재라 부르는 줄기나 뿌리, 가지 중앙부분의 노화된 목질부에 한정된다 (그림 11-159, 11-161). 그러나 일단 임목이 벌채되면 이른바 변재라 부르는 바깥쪽 목질부도 목재썩음병균에 의하여 침해를 받는다. 적당한 습도조건에서는 모든 목제품류도 이 균들의 침해를 받는다.

임목의 어느 부분이 공격을 받았는가에 따라 목재썩음은 뿌리썩음, 뿌리 및 그루터기썩음, 줄기썩음 등으로 구분된다. 임목이나 목제품류의 부후를 일으키는 균류는 목질부 세포 내에서 생장하며 세포벽 구성물질을 자신의 영양분과 에너지원으로

그림 11-158 *Armillaria mellea* 에 의한 임목의 뿌리썩음병 병환.

탈취 · 이용한다. 이들 가운데 **갈색부후균**(褐色腐朽菌; **brown-rot fungi**)은 선택적으로 연한 목질부를 침해하여 세포벽의 다당류 (셀룰로스와 헤미셀룰로스)를 분해하여 이용하며, 리그닌은 그다지 분해하지 않고 남겨둔다. 따라서 썩은 목재는 부후가 많이 진전되면 갈색을 띠고 정육면체 형태로 금이 가면서 잘 부서진다. 다른 종류의 목재부후균인 **백색부후균**(白色腐朽菌; **white-rot fungi**)은 리그닌과 헤미셀룰로스를 먼저 분해한 후 셀룰로스를 분해하거나, 이들 성분 모두를 동시에 분해하기도 한다. 어떤 순서로 분해되든 간에 백색부후균에 의하여 목질부는 옅은 색을 띤 스펀지 조직(백색부후)으로 열화된다. 이 스펀지 조직은 좁게 남아있는 경질목부에 의하여 경계 지어져 포켓 모양이나 줄무늬 모양을 띠고 있다 (그림 11-161D, 11-161E, 11-162D, 11-162E). 백색부후균은 일반적으로 갈색부후균에 저항성인 활엽수류를 선택적으로 공격할 수 있다.

담자균류에 의한 백색부후와 갈색부후 이외에 꼭 언급되어야 할 것은 특정 자낭균류와 불완전균류도 목질부를 가해한다는 것이다. *Daldinia*, *Ustilinia*, *Xylaria* 등 일부 자낭균은 살아있는 활엽수류와 베어놓은 목재 모두에서 상대적으로 느린 백색부후를 일으키는데, 썩고 있는 목질부 주위와 그 안쪽에 다양한 검은 색 대선(zone line)이 형성된다. 살아있는 임목에서의 부후는 항상 상처나 궤양과 밀접한 관련이 있는 반면, 목재의 부후는 수분함량이 높은 목질부의 표면이나 그 가까이에서 시작되는 것이 일반적이다. *Alternaria*, *Bisporomyces*, *Diplodia*, *Paecilomyces* 등의 일부 불완전균류도 이른바 **연부후**(軟腐朽; **soft rot**)를 일으키며, 이는 높은 수분함량을 다소간 지속적으로 유지하고 있는 목질조직의 표면을 가해한다. 연부후를 일으키는 균류는 다당류와 리그닌 모두를 이용한다. 이 균류는 주로 방사조직이나 통도조직을 통하여 목질부를 침입하며, 인접한 물관으로 생장하여 세포벽을 침범한다. 세포벽 안에서 병원균은 미세섬유의 방향과 평행하게 원뿔꼴 또는 원통꼴의 빈 공간을 만들고, 부후가 진전되면서 2차벽 전체에 빈 공간들이 엇갈리면서 합쳐진다. 여러 종류의 세균도 목질부, 특히 목질부의 방사유조직을 공격하여 세포를 파괴하고 내용물을 이용하는데, 그 결과 구멍의 수가 증가하고 아울러 균류의 효소 등 액체에 대한 목질부의 침투성이 커진다. 한편, 몇 종류의 자낭균류와 불완전균류는 목질부에 외관상 좋지 않은 변색을 일으키는데, 이로 인하여 목재의 강도에는 영향을 미치지 않지만 목재의 품질이 떨어지게 된다. 몇몇 **목재변색균**(木材變色菌; **wood staining fungi**)은 항상 잘라낸 지 얼마 되지 않

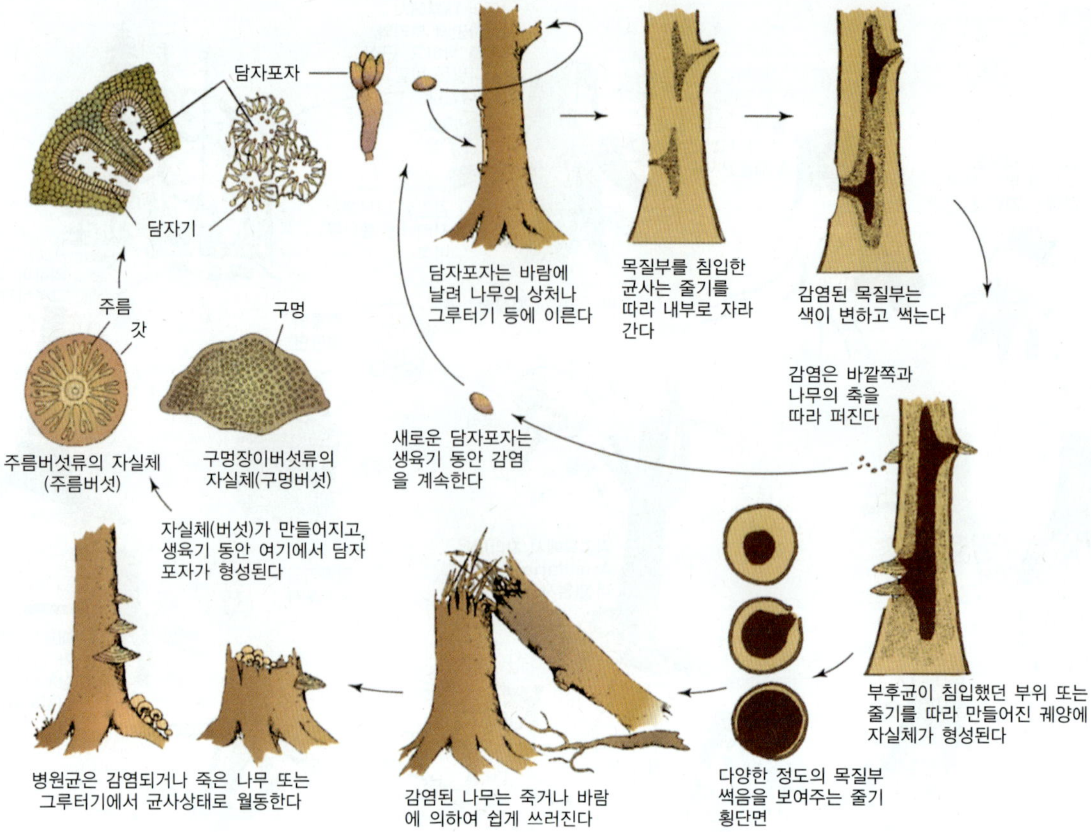

그림 11-159 목재부후균류의 병환.

은 목질부의 표면에서만 자라는 단순한 표면 균류이며, 자신들의 포자로 인하여 목재에 변색을 일으키는 것이다. 예를 들면, *Penicillium* 속 균은 목질부를 녹색 또는 누런색, *Aspergillus* 속 균은 검은색이나 녹색, *Fusarium*속 균은 붉은색, *Rhizopus* 속 균은 회색을 나타낸다 (그림 11-162D, 11-162E). 그러나 흔히 **변재변색균**(邊材變色菌; **sapstain fungi**)이나 **청변균**(青變菌; **blue-stain fungi**)이라 불리는 다른 목재 변색균들은 색이 있는 균사를 형성하기 때문에 변재의 변색을 초래하며, 이 균사들은 주로 방사조직에서 자라지만 그 둘레의 변재까지 번져가므로 변재에 줄무늬변색이 생긴다 (그림 11-162D). 청변균 가운데 대표적인 것들로는 *Ceratocystis*, *Hypoxylon*, *Xylaria*, *Graphium*, *Leptographium*, *Diplodia*, *Cladosporium* 등이 있다.

그러나 대부분의 목재썩음은 담자균류에 의하여 일어나며, 임목과 목제품에서 부후를 일으키는 병원균 가운데 중요한 것들은 다음과 같다.

Heterobasidion - 임목의 뿌리썩음병과 그루터기심재썩음병(butt rot)을 일으킨다 (그림 11-160D, 11-160E).

Polyporus - 몇몇 종이 임목의 심재부후를 일으키고 죽은 나무와 통나무를 썩힌다.

Inonotus - 임목의 백색심재부후를 일으키고 죽은 나무와 통나무를 썩힌다 (그림 11-161).

Laetiporus - 많은 임목의 갈색심재부후를 일으킨다.

Phellinus - 대부분의 침엽수와 많은 종류의 활엽수에서 뿌리를 썩히고, 건물이나 쌓아놓은 제재목에 갈색육각형썩음(brown cubical rot)을 일으킨다.

Ganoderma - 침엽수와 활엽수, 야자나무, 다른 열대농원 수목에서 뿌리와 땅가 부근의 줄기를 썩힌다 (그림 11-160A~11-160C).

Chondrostereum - 과수의 줄기와 가지 내부를 썩혀 '은엽병(silver leaf)'을 일으키고(*C. purpureum*), 다른 수목에 심재부후를 일으킨다.

Peniophora - 침엽수의 통나무와 펄프재료를 썩힌다.

Lenzites - 침엽수의 통나무, 기둥 등에 갈색육각형썩음과 활엽수 벌채목에 부후를 일으킨다.

Pleurotus, *Schizophyllum*, *Trametes* - 활엽수에 백색부후를 일으킨다.

물론, 목재부후의 발달은 관련된 병원균과 기주식물의 종류에 따라 다양하지만 매우 많은 공통점이 있다 (그림 11-159). 모든 목재부후균은 담자포자가 발아하면서 또는 균사의

그림 11-160 야자나무의 Ganoderma줄기썩음병. (A) 감염된 나무의 줄기에서 자라나온 2개의 자실체. (B) *Ganoderma* 균에 감염되어 황갈색 잎과 쇠퇴를 보여주는 야자나무의 상층 부분. (C) 귤나무의 Ganoderma줄기썩음병. (D) 뿌리와 줄기의 썩음병균인 *Heterobasidion annosum* 에 의한 감염으로 잎의 왜축, 가지고사, 쇠퇴 등이 나타나고 있는 소나무. (E) 약하고 스폰지화된 목질부를 보여주는 나무(D)의 감염 뿌리. (F) *Hondrostereum purpureum*에 의하여 완전히 썩어있으면서 수많은 자실체가 발생한 나무. (G) 잔디의 fairy ring병의 병원체인 *Marasmius*속 균의 자실체(버섯). [사진제공: (A, B, F, G) Plant Pathology Department, University of Florida. (D,E) E.L. Barnard, Florida Department of Agriculture, Forestry Division.]

그림 11-161 (A) 참나무에 발생한 *Inonotus hispidus*의 궤양과 자실체. (B,C) *Inonotus* 에 감염된 나무의 줄기와 가지의 심재부후. (C) *Inonotus* sp.에 감염된 목질부 백색부후의 초기(D)와 진행된 모습(E). (F) *Inonotus betulinus*의 자실체. [사진제공: (A-E) E.L. Barnard, Florida Department of Agriculture, Forestry Division.]

그림 11-162 (A) 썩고 있는 작은 가지에서 시작한 대형 궤양. (B) 목재썩음병균류의 공격을 받은 나무의 줄기 잔재. (C) *Phellinus* sp.에 의한 백색부후. (D) 백색부후균(*P. igniarius*) 감염에 의한 대선. (E) *Trametes* 와 다른 목재부후균류에 의하여 목질부에 백색부후가 진행된 모습.

상태로 상처나 죽은 가지, 가지 절단면, 나무 그루터기, 그리고 손상된 뿌리 등을 통하여 수목으로 침입하여 심재와 변재로 확산되어 간다. 산불, 가지치기, 솎아내기(간벌) 등 무육작업에 의한 상처는 가장 중요한 침입 부위이다. 병원균은 목질부에서 자라며 위로, 아래로, 또는 양방향으로 확산되어 가는데, 방사상 방향보다 훨씬 더 확산속도가 빠르다. 몇몇 부후의 경우에는 특히 상처나 가지 절단면에서 시작하는 활엽수의 목재부후에서는 썩어서 원통꼴을 이루는 부분은 지름이 몇 인치 정도로서, 나무가 상처를 받았을 때의 나무 지름보다 더 크지 않으며, 병원균이 침입한 부분의 위 아래로 1~수m 정도까지 확산된다. 다른 목재부후, 특히 침엽수의 목재부후에서는 원통형의 썩은 부분은 수목이 심한 바람에 의하여 넘어지거나 죽을 때까지 확산되며 위로는 대개 수목 높이까지 확산된다.

임목의 목질부 썩음과 변색의 진행에는 수많은 과정이 연속적이거나 겹쳐서 일어나며, 매우 복잡한 것으로 알려져 있다. 우선, 수목에 부후가 시작되기 위해서는 죽거나 부러진 가지, 동물에 의한 피해, 산불, 기계적 상처 등으로 인하여 수목의 목질부가 겉으로 드러나는 상처가 있어야만 한다. 상처를 받은 세포와 그 둘레의 세포들에는 산화와 같은 화학적 변화가 발생하면서 변색되기 시작한다. 상처가 열려있는 동안에 변색은 수목 한 가운데의 수(pith)를 향하여 진전되어가서 수목을 둘러싼다. 그러나 만일에 상처가 작고 생육기의 초기에 생긴 것이라면 새로운 나이테가 형성되면서 그 세포들은 변색의 진행에 대한 방어벽의 역할을 한다. 변색은 방어세포로 막혀있는 원통구조의 안에서 위 · 아래로 퍼져가지만 계속하여 새롭게 형성되는 나이테 바깥쪽으로는 확산되지 않는다.

물론, 많은 미생물이 수목의 상처표면에 다다르고 그 표면이 습기가 많을 경우에는 상당한 수의 미생물이 자라기 시작한다. 그러나 이들 가운데 몇몇 세균과 자낭균류 및 불완전균류만 상처의 변색된 목질부에서 살아남을 수 있다. 이들 미생물은 목재부후를 일으키지는 않지만 목질부의 변색을 촉진하고 수분함량을 높이며 세포벽의 일부를 서서히 파괴한다. 이러한 목질부를 젖은 **목재**(wet wood), **적변심재**(赤變心材; red heart), 또는 **흑변심재**(黑變心材; black heart)라고 부른다.

그러나 최종적으로는 목재부후 담자균류가 활동을 시작하여 세포벽 구성물을 분해하고 소화해 간다. 목재부후균은 반드시 먼저 화학적 과정에 이어서 세균과 자낭균, 불완전균 등에 의하여 이미 변화된 조직만을 공격한다. 그러므로 목재부후 담자균은 새로운 생장조직의 안쪽에 있는 변색된 원통형의 부분에 제한되어 존재하며, 상처가 난 다음에 새로 자란 조직은 가해할 수 없다. 원통형의 변색된 부분의 썩음은 목질부가 완전히 분해되기까지 계속되지만, 첫 번째 침입 목재부후균이 조직을 썩힌 후에도 새로운 미생물들이 상처를 통하여 계속 유입되며, 이것은 조직이 완전히 분해된 다음에야 그친다.

이러한 변색과 부후 과정은 3년, 5년, 50년, 또는 100년이 걸릴 수도 있다는 사실에 주목해야 하며, 노화되고 큰 수목에서 더 잘 나타나며, 수령이 증가하면 할수록 나무의 내부는 더 많이 썩어있을 가능성이 높다. 물론 특정 상처에서부터 시작한 변색과 부후 과정이 반드시 끝까지 이어져 완성되는 것은 아니다. 상처의 빠른 치료, 상처에 존재하는 길항미생물의 존재, 목질부의 자연적인 저항성, 그리고 다른 요인들이 이러한 변색과 부후를 어느 단계에서든지 멈추게 할 수 있다. 그러나 큰 나무는 살아오는 동안 수많은 상처를 입었을 것은 자명하다. 새로운 상처가 생겼을 때마다 이미 앞에서 설명한 과정들이 계속 반복되어 왔으며, 따라서 더 많은 목질부에서 변색과 부후의 다소 연속적인 과정이 일어나고 있을 것이다. 최종적인 결과로 하나 또는 여러 개의 변색되고 썩은 목질부 원기둥이 형성된다.

목재부후 담자균류의 자실체가 형성되는 곳은 병원균이 침입하였던 장소 근처, 수목의 땅가부근, 살아있는 나무의 줄기를 따라 만들어진 궤양이나 부풀은 조직 등이며, 나무가 죽은 뒤에 줄기를 따라서 줄지어 생겨나기도 한다. *Inonotus* (시루뻔버섯)나 *Phellinus* (진흙버섯)와 같은 대부분의 목재부후균의 자실체는 해마다 형성되나 1년 이상 유지되지 않는다. 그러나 *Heterobasidion* (뿌리버섯)의 자실체는 일년생이거나 다년생이고, *Phellinus* 의 자실체는 다년생이며, 수직으로 된 관과 구멍으로 된 조직을 매년 한 층씩 쌓아간다. 담자포자는 생육기 전반에 걸쳐, 또는 일부 기간 동안에 자실체의 포자경에서 형성되며, 포자는 바람, 강우, 동물 등에 의하여 근처에 있는 수목으로 옮겨진다.

산림 내에서 목재부후를 방제한다는 것은 불가능하지만 다음과 같은 방법으로 그 손실을 줄일 수는 있다; (1) 병원균이 건강한 임지로 유입되는 것을 막거나 줄이기 위한 산림시업, (2) 가지가 부러지거나 기타 상처의 발생을 줄일 수 있는 벌채 및 간벌 방법의 시행, (3) 목재부후균에 대한 감수성이 높아지기 이전에 임목을 벌채하여 이용하는 것 등이다. 조경수와 과수에 있어서 목재부후균에 의한 피해를 줄이려면, 상처가 나는 것을 피하거나 막고, 죽었거나 죽어가는 가지를 잘라낸다. 이때 가지의 밑 부분을 둘러싸고 있는 수피융기부(collar)를 건드려서는 안 되며, 줄기 또는 가지에 최대한 가까우면서 예리하게 잘라내고, 너덜너덜한 수피를 잘라낸 후에는 상처를 아래위로 긴 타원형으로 다듬는다. 아울러 적당한 물 관리와 적절한 시비를 통하여 수목의 활력을 좋게 유지해야 한다. 과거에는 커다란 가지치기 자국이나 상처에는 상처도포제나 수목페인트를 바르는 것이 관례적이었으나, 이러한 처리가 수목의 변색과 목재부후를 효과적으로 방지할 수 있는지는 확실하지 않다.

1960년대 초 이후부터 수목의 상처와 그루터기를 길항균으로 처리하여 목재부후를 방제하려는 시도가 상당한 효과를 거두고 있다. 임목에서 *Heterobasidion annosum* (= *Fomes annosum*) (뿌리버섯) 에 의한 뿌리 및 줄기밑둥썩음의 경우에는 임목 벌채용 엔진톱의 체인 윤활유에 길항균의 분생포자를 섞어 새로 그루터기를 자를 때 분생포자를 그루터기에 접종시키는 상업적 방제법이 사용되고 있다.

제재목이나 목재가공품의 변색과 부후를 방제하기 위해서는 대개 목재를 건조시키거나 유기수은계나 chlorophenate 살균제 중 하나 또는 이 두 가지의 혼합액으로 처리하고 있다. 토양이나 그 밖의 수분을 많이 함유하고 있는 것과 접촉하는 목재는 creosote, pentachlorophenol, copper naphthanate, zinc chromate와 같은 목재보존제로 처리해야 한다.

참고문헌

Adaskaveg, J. E., and Ogawa, J. M. (1990). Wood decay pathology of fruit and nut trees in California. *Plant Dis.* **74**, 341–352.

Bahnweg, G., Möller, E. M., Anegg, S., *et al.* (2002). Detection of *Heterobasidion annosum* s.l. [(Fr.) Bref.] in Norway spruce by polymerase chain reaction. *J. Phytopathol.* **150**, 382–389.

Blanchette, R. A. (1991). Delignification by wood-decay fungi. *Annu. Rev. Phytopathol.* **29**, 381–398.

Boyce, J. S. (1961). "Forest Pathology." McGraw-Hill, New York.

Chase, T. E., and Ullrich, R. C. (1988). *Heterobasidion annosum*, root and butt-rot of trees. *Adv. Plant Pathol.* **6**, 501–510.

Eslyn, W. E., Kirk, T. K., and Effland, M. J. (1975). Changes in the chemical composition of wood caused by six soft-rot fungi. *Phytopathology* **65**, 473–476.

Fischer, M., and Wagner, T. (1999). RFLP analysis as a tool for identification of lignicolous basidiomycetes: European polypores. *Eur. J. Forest Pathol.* **29**, 295–304.

Gilbertson, R. L. (1980). Wood-rotting fungi of North America. *Mycologia* **72**, 1–49.

Hansen, E. M., and Goheen, E. M. (2000). *Phellinus weirii* and other native root pathogens as determinants of forest structure and process in western North America. *Annu. Rev. Phytopathol.* **38**, 515–539.

Hiratsuka, Y., and Chakravarty, P. (1999). Role of *Phialemonium curvatum* as a potential biological control agent against a blue stain fungus on aspen. *Eur. J. Forest Pathol.* **29**, 305–310.

Ihrmark, K., Zheng, J., Stenström, E., *et al.* (2001). Presence of double-stranded RNA in *Heterobasidion annosum*. *Forest Pathol.* **31**, 387–394.

Jacobi, W. R., *et al.* (1980). Disease losses in North Carolina forests. I. Losses in softwoods. 1973–74. II. Losses in hardwoods. 1973–74. III. Rationale and recommendations for future cooperative survey efforts. *Plant Dis.* **64**, 573–576, 576–578, and 579–581.

Levy, J. F. (1965). The soft rot fungi: Their mode of action and significance in the degradation of wood. *Adv. Bot. Res.* **31**, 323–357.

Manion, P. (1991). "Tree Disease Concepts," 2nd Ed. Prentice-Hall, New York.

Miller, Holderness, Bridge, *et al.* (1999). Genetic diversity of *Ganoderma* in oil palm plantings. *Plant Pathol.* **48**, 595–603.

Moykkynen, T., Miina, J., and Pukkala, T. (2000). Optimizing the management of a *Picea abies* stand under risk of butt rot. *Eur. J. Forest Pathol.* **30**, 65–76.

Raymer, A. D. M., and Boddy, L. (1988). "Fungal Decomposition of Wood: Its Biology and Ecology." Wiley, New York.

Roy, G., Bussières, Laflamme, G., *et al.* (2001). *In vitro* inhibition of *Heterobasidion annosum* by *Phaeotheca dimorphospora*. *Forest Pathol.* **31**, 395–404.

Schulze (1999). Rapid detection of European *Heterobasidion annosum* intersterility groups and intergroup gene flow using taxon-specific competitive-priming PCR. (TSCP-PCR). *J. Phytopathol.* **147**, 125–127.

Shigo, A. L. (1967). Successions of organisms in discoloration and decay of wood. *Int. Rev. For. Res.* **2**, 237–299.

Shigo, A. L. (1984). Compartmentalization: A conceptual framework for understanding how trees grow and defend themselves. *Annu. Rev. Phytopathol.* **22**, 189–214.

Shigo, A. L. (1985). Compartmentalization of decay in trees. *Sci. Am.* **252**, 96–103.

Swedjemark, G., Johannesson, H., and Stenlid, J. (1999). Intraspecific variation in *Heterobasidion annosum* for growth in sapwood of *Picea abies* and *Pinus sylvestris*. *Eur. J. Forest Pathol.* **29**, 249–258.

Swedjemark, Stenlid, and Karlsson (2001). Variation in growth of *Heterobasidion annosum* among clones of *Picea abies* incubated for different periods of time. *Forest Pathol.* **31**, 163–175.

Utomo, C., and Niepold, F. (2000). Development of diagnostic methods for detecting *Ganoderma*-infected oil palms. *J. Phytopathol.* **148**, 507–514.

Woodward, S., Stenlid, J., Karjalainen, R., and Hutterman, A., eds. (1998). "*Heterobasidion annosum*: Biology, Ecology, Impact and Control." CAB International, Wallingford, UK.

Zabel, R. A., and Morrell, J. J. (1992). "Wood Microbiology: Decay and Its Prevention." Academic Press, San Diego.

카카오나무 빗자루병

카카오나무 빗자루병은 담자균 *Crinipellis perniciosa*에 의하여 발생한다. 이 병은 남미와 중미의 일부 지역, 그리고 카리브해의 몇몇 도서, 예를 들면 서반구에서 카카오나무가 자라는 대부분의 지역에서 발생한다. 빗자루병은 약 90%에 달하는 심각한 수확감소를 일으킨다. 1989년에 이 병이 처음으로 발견된 브라질 Bahia주의 경우에는 1994년의 카카오 생산량이 60% 정도 감소하였다.

우기 동안에 병원균은 빗자루 증상 부위와 카카오나무의 병든 과피에서 자라는 작은 버섯모양의 담자과(그림 11-163A)를 형성한다. 담자과에서 형성되는 담자포자는 바람과 빗물에 의하여 확산되며, 포자가 물기가 많은 정아, 액아, 꽃 등 카카오나무의 감수성 조직에 내려앉으면 발아하여 감염을 일으킨다. 감염된 정아 및 액아는 빗자루모양의 가지 형태(vegetative broom, 그림 11-163B)를 만든다. 한편, 감염된 꽃의 꽃받침은 이와 비슷하지만 보다 작으면서 부풀은 형태의 빗자루 모양(cushion broom)을 만들고(그림 11-163C), 뿐만 아니라 별모양의 병든 꽃(star bloom), 체리모아나무 열매와 유사한 병든 과피(그림 11-163D)를 형성한다. 길이가 0.3~0.5cm정도의 크기로 새로이 발육하는 카카오나무의 잎 역시 병원균에 의하여 감염된다. 발육 시작 후 12주 내에 감염된 과피 내부의 종자는 대부분 파괴되므로 코코아 열매는 생산되지 않는다. 그러나 12주 후에 감염된 과피는 코코아 열매의 발육에 거의 영향을 미치지 않는다.

기주조직을 침입한 균사는 세포간극에서 분지하면서 이동해 간다. 초록색을 띤 빗자루형 가지는 눈 또는 꽃침이 감염되어 나타나며, 병원균은 이들 조직 속에서 자라고, 세포간극의 균사는 부풀게 된다. 몇 주 후 빗자루 증상 가지의 잎은 괴사를 보이기 시작하면서 결국 죽으며, 곧 이어 줄기도 가지끝마름 증상을 보이면서 말라죽기 시작한다. 죽은 빗자루 증상 가지는 흔히 나무에 붙어있는 상태로 남아있거나 떨어진다. 장마철 4~8주 후에 작은 버섯 모양의 담자과가 죽은 빗자루 증상 가지나 토양 표면에 떨어진 마른 과피로부터 자라나와 보이기 시작한다.

카카오나무 빗자루병의 방제는 어렵지만 몇몇 조치가 같이 취해지면 카카오나무의 보호에 긍정적인 효과를 볼 수 있다. 상대적으로 저항성이 있는 재배품종들이 있으므로 재배시 이들 품종을 꼭 선택해야 할 것이다. 건조기 동안에 10~14일마다 빗자루 증상의 가지와 다른 감염조직을 주기적으로 자르고, 잘라낸 부위와 토양 표면에 석유살포를 함께 병용하게 되면 감염원을 줄이는 데 도움이 된다. 건조기 동안에 과피가 성숙하는 나무를 선발하면 빗자루병의 감염을 상당 부분 회피하는 데 도움이 된다. 보호살균제는 매 7일마다 1회씩 반복적으로 살포해야 하는데, 이는 비용도 많이 들 뿐만 아니라 특별히 효과적이지 않다.

그림 11-163 *Crinipellis perniciosa*에 의한 카카오나무 빗자루병. (A) 빗자루병에 감염된 가지에 형성된 *Crinipellis perniciosa*의 담자과. (B) 액아가 생장하여 형성된 빗자루 모양 가지. (C) 꽃받침에 형성된 빗자루 증상. (D) 빗자루병에 감염된 카카오나무의 과피. [사진제공: L.H. Purdy, University of Florida.]

참고문헌

Purdy, L. H., and Schmidt, R. A. (1996). Status of cacao witches' broom: Biology, epidemiology, and management. *Annu. Rev. Phytopathol.* **34**, 573–594.

균근

자연에서 자라는 대부분 현화식물의 흡수근 잔뿌리는 일반적으로 뿌리에 병을 일으키지 않으면서 기주에 유익한 공생 균류에 감염된다. 감염된 흡수근은 균근(菌根; mycorrhiza), 즉 '균뿌리(fungus root)'라고 불리는 형태적으로 독특한 구조체로 변화한다. 산에서 자라는 나무들에서 오랫동안 일반적인 것으로 알려져 온 균근은 수목은 물론 곡류나 채소류, 관상식물을 포함하는 대부분 식물에서 정상적인 잔뿌리로 간주되고 있다.

균근은 뿌리의 피층조직 내에서 균류의 균사가 배열되는 방식에 따라 두 가지 유형으로 구별된다.

외생균근

외생균근(外生菌根; ectomycorrhiza)이 형성된 뿌리는 항상 부풀어 있으며, 균류와 기주의 조합에 따라 균근이 형성되지 않는 뿌리에 비하여 훨씬 더 많이 분지되어 있는 경우도 있다.

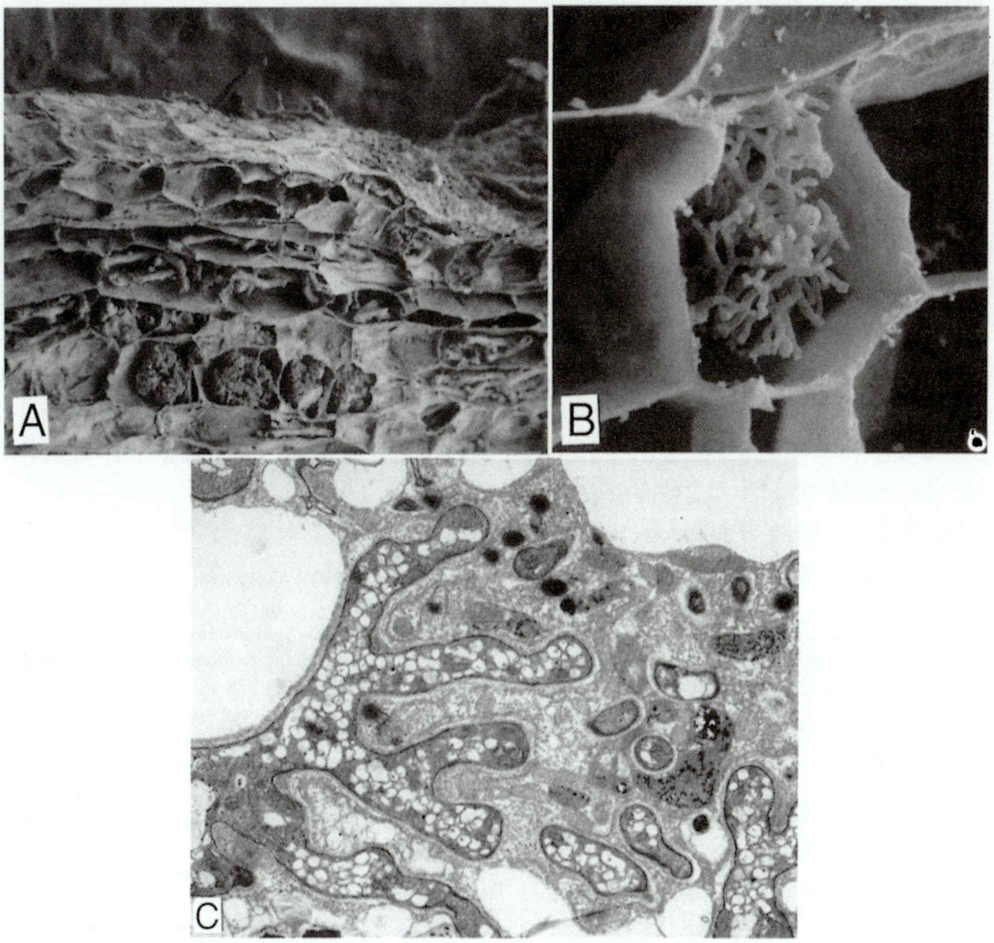

그림 11-164 *Glomus mosseae*에 의하여 튜울립나무(*Liriodendron tulipifera*)에 형성된 vesicular-arbuscular 균근(내생균근). (A) 바깥쪽 피층세포의 내부에 있는 꼬여있는 세포간 균사와 내부에 수지상체가 있는 피층세포 3개를 보여주는 균근뿌리의 주사전자현미경 사진. 외피세포의 바깥쪽에 공생균의 균사가 관찰된다 (위 가운데 부분). (B) 수지상체를 둘러싸고 있는 세포질이 제거되도록 처리된 시료에서 수지상체의 형태적 특징을 보여주는 주사전자현미경(SEM) 사진. 이것은 내생균으로서 일부가 퇴화하여 파괴되기 이전의 성숙하고 활성이 있는 수지상체이다. (C) 피층세포 내 유사 수지상체의 투과전자현미경(TEM) 사진. [사진제공: M.F. Brown and D.A. Kinden.]

외생균근은 말불버섯류를 포함하여 자실체를 형성하는 담자균류, 그리고 일부 자낭균류에 의하여 주로 임목에서 형성된다. 대부분의 외생균근을 형성하는 균류의 포자는 지상에서 형성되어 바람에 의하여 비산된다. 외생균근 균류의 균사는 대개 잔뿌리의 바깥쪽에 빽빽하게 얽어져 '균사층(fungus mantle)'을 형성하며, 이 균사층의 두께는 균사 직경의 1~2겹부터 30~40겹에 이르기까지 다양하다. 이들 균류는 뿌리의 속으로 들어가기는 하지만 피층세포 둘레에서만 자라면서 세포 사이의 세포의 중벽을 대체하면서 이른바 Hartig net을 만든다. 외생균근은 뿌리에서 자라는 균의 색에 따라 흰색, 갈색, 노란색, 검은색 등을 나타낸다.

내생균근

내생균근(內生菌根; endomycorrhiza)은 흔하고 가장 중요한 균근이다. 내생균근의 겉모양과 색깔은 균근이 형성되지 않는 뿌리와 비슷하지만, 그 속을 보면 균사가 잔뿌리의 피층세포 안으로 자라 들어가 있다. 이 균사들은 **수지상체**(樹枝狀體; **arbuscule**)라는 특별히 분화한 흡기와 **구낭**(球囊; **vesicle**)이라 하는 양분을 저장하기 위하여 부풀은 균사를 만든다. 대부분의 내생균근은 이들을 모두 가지고 있기 때문에 **VA균근** (**vesicular-arbuscular mycorrhiza**)이라고 한다 (그림 11-164). 내생균근은 외생균근처럼 빽빽한 균사층으로 둘러싸여 있지는 않지만 균사가 뿌리의 표면에 엉성하게 자라고 있으며,

여기에 균사와 커다란 진주모양의 접합포자 또는 후벽포자가 땅 속에 형성된다. 내생균근은 주로 접합균류, 그 중에서도 주로 *Glomus* 속 균류에 의하여 대부분의 작물과 일부 임목에 형성되며, *Acaulospora* 속을 비롯한 다른 균류에 의해서도 만들어진다. 몇몇 담자균류가 내생균근을 형성하기도 한다.

균근은 근계의 흡수면적을 증가시켜서 식물체에 대한 수분 스트레스를 해소시켜주고, 특정 양분, 특히 인을 선택적으로 흡수하고 축적하게 하며, 정상적으로는 비가용성인 무기물질을 식물이 이용할 수 있는 상태로 만들어 주기도 하고, 잔뿌리가 더 오랫동안 제 기능을 할 수 있도록 한다. *Phytophthora*, *Pythium*, *Fusarium* 등 특정 토양병원균과 선충의 감염에 대한 잔뿌리의 저항성을 증대시킴으로써 식물체의 생장을 돕는다는 것은 분명한 사실이다. 하지만 한 가지 확실히 알아두어야 할 것은 균근을 형성할 수 있는 기주와 균류의 조합은 상당히 다양하며, 이 각각의 조합이 식물생장에 미치는 영향은 다를 수 있다는 것이다. 아울러 어떤 균근균은 기주범위가 매우 넓은데 비하여 어떤 것은 다소 특이성이 있다. 어떤 균근균은 특정 기주에 대하여는 다른 균류보다 더 많은 이익을 주며, 반대로 어떤 기주는 특정 균근균에 의하여 다른 기주보다 더 많은 이익을 얻는다. 균근균도 생장과 증식을 위하여 기주식물을 필요로 하며, 기주식물이 없으면 균류는 포자나 저항균사(resistant hypha)의 상태로 휴면에 들어간다.

기주식물과 균근균과의 공생관계는 일반적으로 서로에게 거의 같은 정도의 이익을 주는 것으로 보고 있으나, 특정한 영양조건에서는 이 중 하나가 우세해지고 상대로부터 더 많은 이익을 취할 가능성도 충분히 있다. 기주식물이 적당하지 않은 영양상태에서 생장하고 있을 때에는 균근균은 보다 공격적으로 기주의 뿌리조직으로 침입하며 (기주의 방어가 약화?), 기주식물로부터의 질소원 공급이 적정 수준에 이르면 공생관계는 끝난다고 (기주의 방어가 최고상태?) 알려져 있다. 만일 질소원 공급이 다시 결핍수준으로 감소되면 균류는 다시 번성하기 시작하고 식물체의 생장은 억제된다.

알려진 바에 따르면, 균근은 병을 일으키지는 않으나 특정한 재배지에 균근이 없다면 식물체의 생육불량과 위축이 초래되지만 적당한 균류를 첨가하여 주면 이러한 현상을 없앨 수 있다. 토양훈증을 하면 간혹 균근균이 사멸하게 되는데, 그 결과 훈증을 하지 않은 토양의 식물보다 식물의 생육이 좋지 않게 된다. 침투성 살균제 metalaxyl 과 focetyl-Al 은 일부 작물에서 균근 감염 및 수확량을 증가시키기도 한다.

참고문헌

Allen, M. F. (1992). "Mycorrhizal Functioning." Chapman & Hall, New York.

Anonymous (1988). Symposium on interactions of mycorrhizal fungi with soilborne plant pathogens and other microorganisms. *Phytopathology* **78**, 363–378.

Caron, M. (1989). Potential use of mycorrhizae in control of soilborne diseases. *Can. J. Plant Pathol.* **11**, 177–179.

Hackskaylo, E. (1971). Mycorrhizae. *Misc. Publ.-U.S. Dep. Agric.* **1189**, 1–255.

Powell, C. L., and Bagyaraj, eds. (1984). "VA Mycorrhiza." CRC Press, Boca Raton, FL.

Safir, G. R., ed. (1987). "Ecophysiology of VA Mycorrhizal Plants." CRC Press, Boca Raton, FL.

Schenck, N. C. (1982). "Methods and Principles of Mycorrhizal Research." APS Press, St. Paul, MN.

Wilcox, H. E. (1983). Fungal parasitism of woody plant roots from mycorrhizal relationships to plant disease. *Annu. Rev. Phytopathol.* **21**, 221–242.

제 12 장

원핵생물에 의한 식물병: 세균과 몰리큐트

서론

세균(細菌; bacteria)과 몰리큐트(mollicutes)는 원핵생물(原核生物; prokaryotes)이다. 이들은 유전물질(DNA)이 막으로 둘러싸여 있지 않아서 핵으로 조직화되지 않는 단세포 미생물이다. 원핵생물의 세포는 DNA와 작은 리보솜(70S)을 가진 세포질로 구성되어 있다. 몰리큐트의 세포질은 세포막으로만 둘러싸여 있으나, 세균의 세포질은 세포막과 세포벽으로 둘러싸여 있다. 이외의 모든 생물(진핵생물)은 막으로 둘러싸인 소기관들(핵, 마이토콘드리아, 식물에서는 엽록체)을 가지고 있다. 진핵생물은 2가지 크기의 리보솜을 가지고 있는데, 큰 리보솜(80S)은 세포질에 있고 작은 리보솜(70S)은 마이토콘드리아와 엽록체에 있다. 사실 진핵생물의 세포소기관과 원핵생물은 비슷한 점이 많다. 예를 들면, 세균에 영향을 미치는 항생물질들이 흔히 마이토콘드리아나 엽록체의 기능을 억제하지만 진핵 식물세포의 다른 기능에는 영향을 미치지 않는다.

일부 세균과 과거에는 마이코플라스마유사체(mycoplasma-like organism, MLO)로 불렸던 몰리큐트(그림 12-1)는 식물에 병을 일으킨다. 식물병원세균은 1882년에 처음으로 알려졌으며, 식물에 병을 일으키는 원핵생물 가운데 종류가 가장 많고, 식물에 다양한 병징을 일으키며, 가장 많이 연구된 식물병원성 원핵생물이다. 일부 다른 종류의 식물병원세균, 예를 들면 리케차유사체(rickettsia-like organism, RLO)라고 생각되었던 물관 또는 체관국재성 세균이 1972년에야 발견되었으며, *Serratia, Sphingomonas, Candidatus liberatus,* 그리고 파파야나무 bunchy top 병원세균들이 속속 식물병원균으로 발견되고 있으나, 그들의 특성과 다른 식물병원세균과의 관계는 아직 잘 밝혀지지 않고 있다. 식물병원성 원핵생물의 일반적인 분류체계는 다음과 같다.

원핵생물界(Kingdom Procaryotae)
- 세균 — 세포막과 세포벽을 가짐
  - 門: Gracilicutes — 그람음성세균
    - 綱: Proteobacteria — 대부분 단세포 세균
      - 科: Enterobacteriaceae
        - 屬: *Erwinia* — 사과나무와 배나무 불마름병, 옥수수 Stewart시들음병, 신선 채소에 무름병 등을 일으킴
        - *Pantoea* — 옥수수에 시들음병을 일으킴
        - *Serratia, S. marcescens* — 박과작물에 yellow vine병을 일으키는 체관국재성 세균
        - *Spnigomonas* — yellow Spanish 멜론 과실에 갈색점무늬병을 일으킴
      - 科: Pseudomonadaceae
        - 屬: *Acidovorax* — 옥수수, 난과식물, 수박에 점무늬병을 일으킴
        - *Pseudomonas* — 많은 종류의 점무늬병, 마름병, 시들음병, 무름병, 궤양병, 혹병 등을 일으킴
        - *Ralstonia* — 가지과작물에 시들음병을 일으킴
        - *Rhizobacter* — 당근에 세균성혹병을 일으킴
        - *Rhizomonas* — 양상추에 corky root rot병을 일으킴
        - *Xanthomonas* — 각종 점무늬병, 일년생 및 다년생식물의 마름병, 시들음병, 귤나무류에 궤양병을 일으킴
        - *Xylophilus* — 포도나무에 세균성괴사병과 궤양병을 일으킴
      - 科: Rhizobiaceae
        - 屬: *Agrobacterium* — 뿌리혹병을 일으킴
        - *Rhizobium* — 콩과식물에 뿌리혹을 만듬

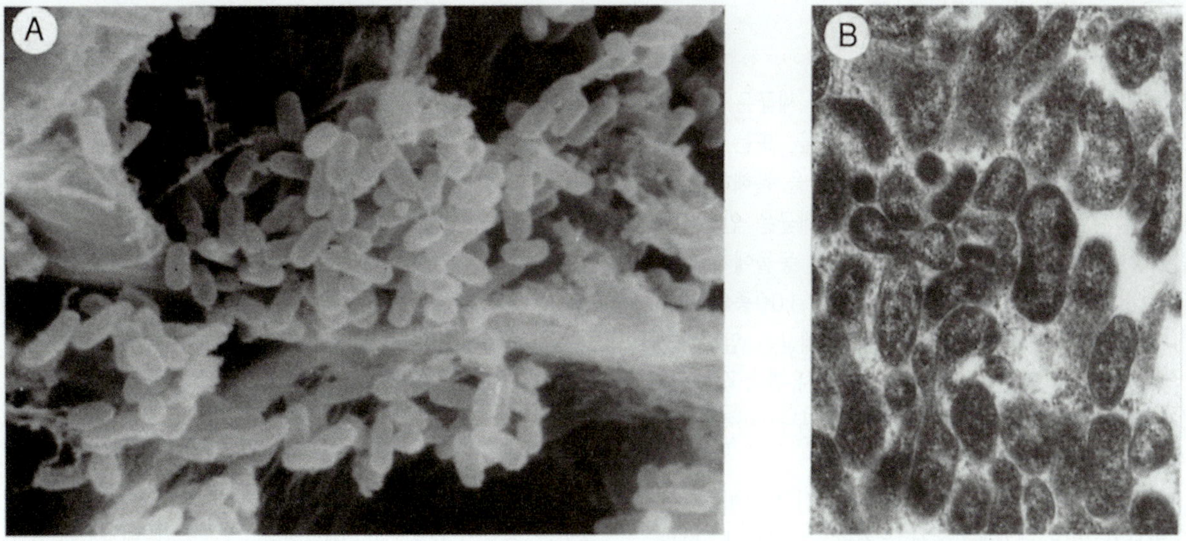

그림 12-1 감염된 식물세포에 있는 식물병원세균(A)과 파이토플라스마(B). [사진제공: (A) Roos and Hatingh (1987), *Phytopathology* **77**, 1246-1252, (B) J.F. Worley, USDA.]

科: 아직 명명되지 않음
- 屬: *Xylella* — 물관 서식균으로서 수목과 포도나무에 잎가마름병과 dieback병을 일으킴
- *Candidatus liberobacter* — 체관 서식균으로서 귤나무류에 그린병을 일으킴
- 아직 명명되지 않음 — 유관 서식균으로서 파파야나무에 bunchy top병을 일으킴

門: Firmicutes — 그람양성세균

綱: Firmibacteria — 대부분 단세포 세균
- 屬: *Bacillus* — 괴경, 종자, 유묘에 썩음병, 밀에 white stripe병을 일으킴
- *Clostridium* — 저장 중인 괴경과 잎에 썩음병, 느릅나무와 포플러나무에 wetwood병을 일으킴

綱: Thallobacteria — 분지하는 세균
- 屬: *Arthrobacter* — 호랑가시나무에 세균성잎마름병을 일으킴
- *Clavibacter* — 알팔파, 감자, 토마토에 세균성시들음병을 일으킴
- *Curtobacterium* — 강낭콩과 다른 식물에 시들음병을 일으킴
- *Leifsonia* — 사탕수수에 새순위축병을 일으킴
- *Rhodococcus* — 스위트피(sweet pea)에 fasciation병을 일으킴
- *Streptomyces* — 감자 더뎅이병을 일으킴

몰리큐트 — 세포벽은 없고 세포막만 가짐

門: Tenericutes

綱: Mollicutes

科: Spiroplasmataceae
- 屬: *Spiroplasma* — 옥수수 위축병, 귤나무류 스터본병을 일으킴

科: 아직 알려지지 않음
- 屬: *Phytoplasma* — 수목과 일부 일년생식물에 각종 누렁병(yellows), proliferation병, 쇠락병(decline)을 일으킴

식물병원성 체관과 물관 국재성세균의 분류는 아직 알려져 있지 않으며, 식물병원성 파이토플라스마류와 스파이로플라스마류의 분류조차 아직까지는 임시적이다.

대부분의 세균이 독특한 형태적 특성을 갖지 않으므로 분류와 명명은 다른 생물에 비해 불명확하고 불안정하다. 세균의 종은 어떤 표현형 및 유전형을 공유하는 세균 균주의 집단이다. 이들 균주 중 하나가 표준균주(type strain)로 역할을 하며, 그 종의 다른 균주들은 표준균주와 다소 다르다. 세균 균주는 형태적, 배양적, 생리적, 생화학적 또는 병리적 특성이 각각 다를 수 있다. 하나의 균주 또는 균주의 집단이 그 종의 다른 균주에 의해 감염되지 않은 기주식물을 감염시킬 때, 그 균주 또는 균주의 집단이 그 종의 병원형(病原型; pathovar; pv.)을 구성한다.

세균에 의한 식물병

세균은 약 1,600종이 알려져 있다. 대부분의 세균은 엄밀히 부생균으로서 인간, 동물, 그리고 공장의 폐기물, 또는 동식물의 죽음에 의해 만들어지는 엄청난 양의 유기물을 분해하는 것을 돕기 때문에 사람에게 이익을 준다. 일부 세균은 인간에게 결핵, 폐렴, 장티푸스와 같은 질병을 일으키며, 동물에게도 브루셀라병과 탄저병과 같은 질병을 일으킨다. 약 100종의 세균이 식물에 병을 일으킨다. 대부분의 식물병원세균은 임의부생체이므로 영양배지에서 자랄 수 있다. 그러나 유관속국재성세균들은 배지에서 배양하기 어려우며, 그 중 일부는 아직도 인공배양하지 못하고 있다.

세균의 모양은 막대형, 구형, 타원형, 또는 실 모양이다. 어떤 세균은 편모가 있어 액체배지에서 움직일 수 있으나, 다른 것들은 편모가 없어 움직일 수 없다. 일부 세균은 포자로 변할 수도 있고, 실 모양의 세균인 *Streptomyces* 는 균사 끝에 분생포자라고 부르는 포자를 형성하기도 한다. 그러나 다른 세균은 어떤 포자도 만들지 않는다. 대부분의 영양생장상태의 세균은 단순히 분열에 의해 증식한다. 세균이 놀라운 속도로 증식한다는 점은 세균이 식물병원균으로서 중요성을 갖게 한다. 식물 세균병은 습기가 있고 따뜻한 곳이라면 어디서나 발생하여 거의 모든 식물에 병을 일으킨다. 세균병은 다습한 열대지방에서 특히 흔하고 심하며, 발병에 좋은 조건에서는 어디에서나 큰 피해를 초래한다.

식물병원세균의 특징

형태

실 모양의 *Streptomyces* 를 제외하고 대부분의 식물병원세균은 막대 모양이다 (그림 12-2, 12-3). 배양 초기에 세균의 크기는 직경이 0.6~3.5㎛이지만, 오랫동안 배양했거나 고온에서는 길이가 길어져 실처럼 보이기도 하고, 때로는 곤봉형, Y자형, V자형을 형성한다.

대부분 세균의 세포벽은 점성이 있는 끈끈한 물질로 덮여있는데, 두께가 얇고 확산되어 있으면 **점질층**(粘質層; slime

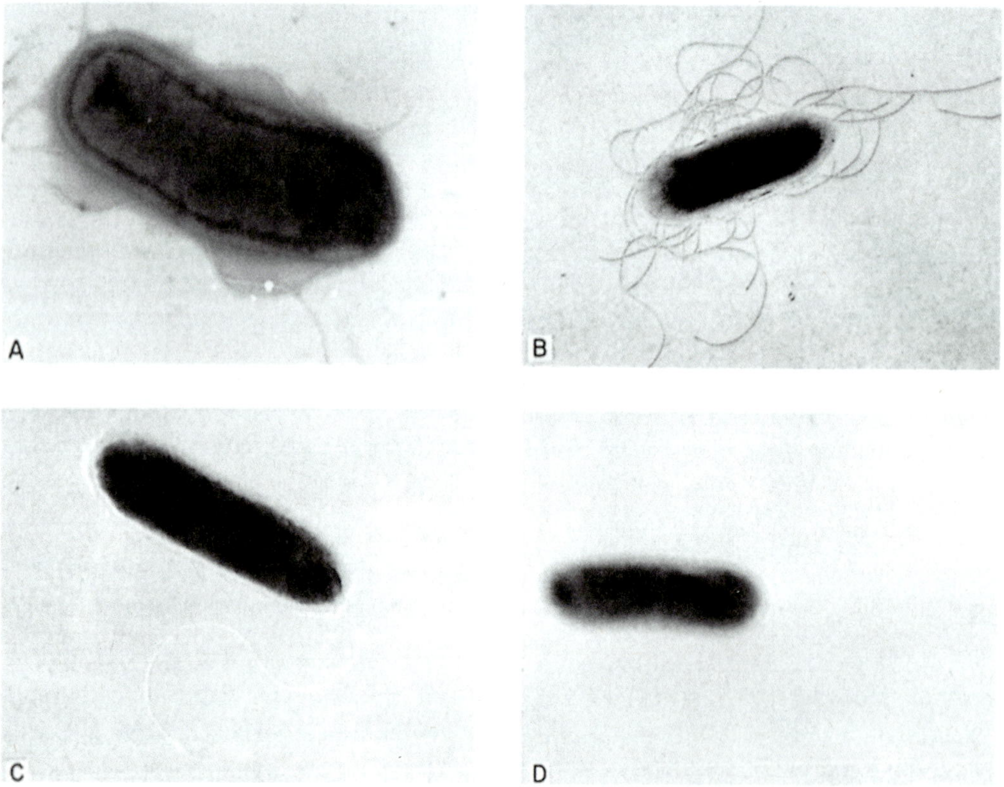

그림 12-2 일부 중요한 식물병원세균 속의 전자현미경 사진. (A) *Agrobacterium*, (B) *Erwinia*, (C) *Pseudomonas*, (D) *Xanthomonas*. [사진제공: (A) R.E. Wheeler and S.M. Alcorn, (B-D) R.N. Goodman and P.Y. Huang.] 16,000배.

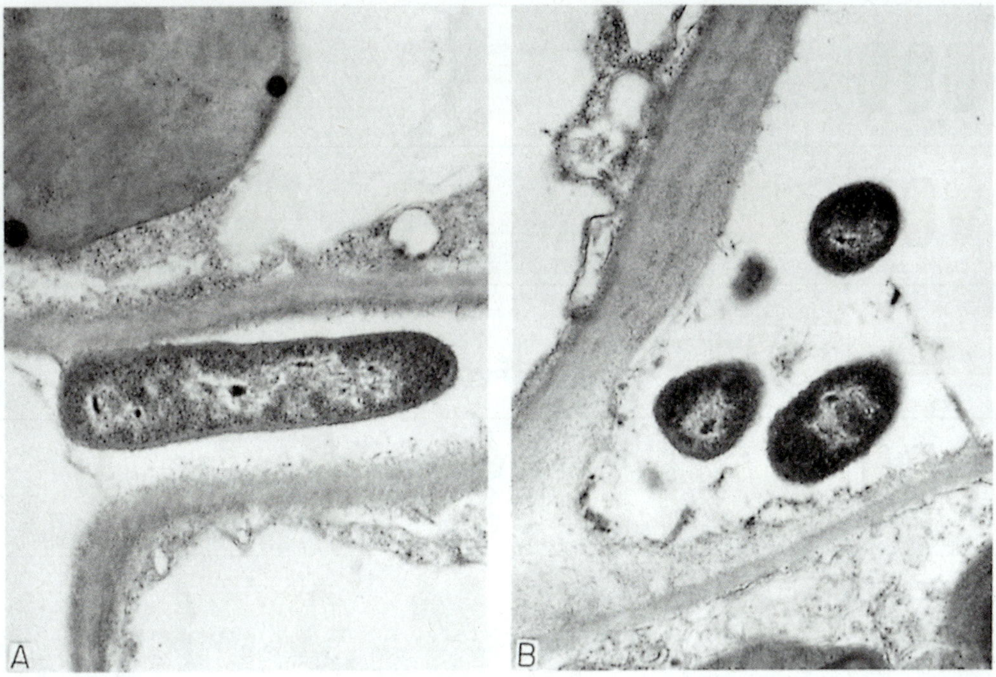

그림 12-3 담배 잎 유조직의 세포간극에 있는 세균(*Pseudomonas syringae* pv. *tabaci*)의 종단(A) 및 횡단(B) 전자현미경사진. [사진제공: D.J. Politis and R.N. Goodman.] 16,000배.

layer)이라고 부르며, 두껍고 세포 주위에 한계가 명확하면 **캡슐**(莢膜; **capsule**)이라고 부른다. 대부분의 식물병원세균은 정교하고 실 같은 편모를 갖고 있는데 대부분 몸체보다 훨씬 길다. 어떤 세균은 한 개의 편모를 갖고 있는 반면에 다른 세균들은 여러 개의 편모가 한쪽 끝에 있고(극모, polar flagella), 다른 세균은 세포 표면 전체에 퍼져있다(주생모, peritrichous flagella).

실 모양의 *Streptomyces* 는 분지되고, 나선 모양이며, 기중균사 위에 분생포자사슬을 형성한다 (그림 12-4).

하나의 세균은 광학현미경에서 투명하거나 황백색으로 보여 자세히 관찰하기가 매우 어렵다. 그러나 한 개의 세균을 고체배지 안이나 표면에서 배양하였을 때 그 자손들이 **콜로니**(菌叢; **colony**)라 부르는 세균 덩어리를 형성한다. 서로 다른 종의 콜로니는 다양하다. 콜로니의 크기는 지름이 수 mm에서 수 cm에 이르며, 모양은 원형, 타원형 그리고 부정형이다. 가장자리는 매끈한 것, 굴곡이 있는 것, 또는 각진 것이 있으며, 융기된 모양은 납작한 것, 볼록하게 오른 것, 또는 주름잡힌 것이 있다. 대부분의 콜로니는 흰색 또는 회색이나 일부는 노란색이다. 어떤 것은 자외선에 의해 형광을 내는 배지로 확산되는 색소를 생성하기도 한다.

세균은 얇으나 단단한 세포벽과 내부의 세포막을 가지고 있다. 그람음성세균은 때로 바깥 점질층이나 캡슐과 연결되어 있는 외막을 가지고 있다. 세포벽에서는 양분의 흡수와 폐기물과 소화효소들의 분비가 자유롭게 이루어진다.

세포벽 안의 모든 물질은 **원형질체**(原形質體; **protoplast**)를 구성한다. 원형질체는 세포로 들어오거나 나가는 다양한 물질의 선택적 투과성 정도를 결정하는 세포막 또는 원형질막과 단백질, 지질, 탄수화물, 기타 유기물질, 무기염류 그리고 물로 이루어진 복합체인 **세포질**(細胞質; **cytoplasm**), DNA로 된 큰 환형의 **염색체**(染色體; **chromosome**)로 구성된 핵실로 구성되어 있다. 염색체 DNA는 세균의 주된 유전물질이며 세포질 내에서 원형, 타원형 또는 아령 모양이다. 흔히 세균은 **플라스미드**(**plasmid**)라 부르는 하나 또는 그 이상의 작은 환형의 유전물질을 갖고 있다. 각 플라스미드는 몇 개의 필수적이지 않은 유전자들로 구성되어 있고, 세균과 세균 사이에서 이동이 가능하며, 때로는 뿌리혹병에서 일어나는 것처럼 세균과 식물체 사이의 이동도 가능하다.

증식

막대 모양의 식물병원세균은 **이분법**(二分法; **binary fission**) 또는 **분열**(分裂; **fission**)이라는 무성생식법에 의해 증식한다.

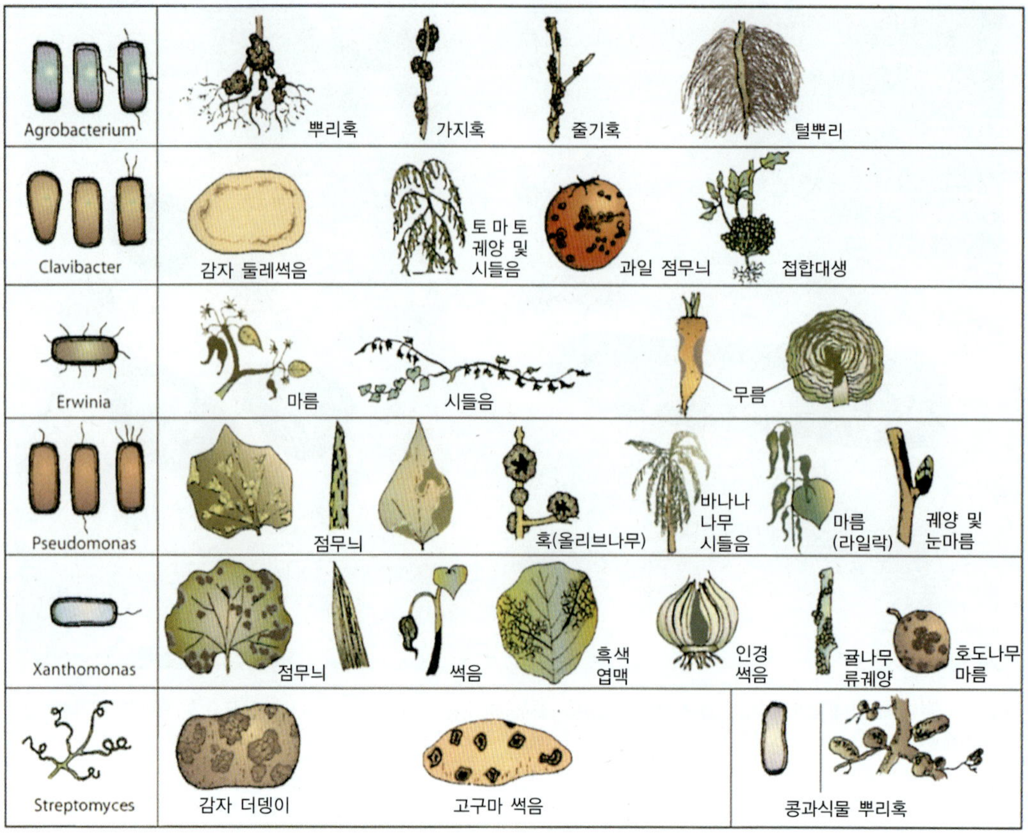

그림 12-4 식물병원세균의 중요한 속과 그들에 의한 여러 병징.

이러한 증식은 세포중간 부분에서 세포막이 안쪽으로 자라 세포질을 크기가 거의 비슷한 두 쪽으로 나누는 횡단막을 형성하여 이루어진다. 두 층의 세포벽 물질이 세포막 사이에 합성되고, 이 세포벽이 완성되면 두 층이 분리되고 결국 두 세포로 나뉜다.

세포벽과 세포질이 분열하는 동안 핵 물질도 스스로 복제하는 환형의 염색체와 같은 구조체로 조직화되고 나누어질 두 세포로 똑같이 배분된다. 플라스미드 역시 복제되어 두 세포에 똑같이 나눠진다.

세균은 놀라운 속도로 증식한다. 좋은 조건에서는 매 20분에서 50분마다 분열하여 1개의 세균이 2개가 되고, 2개가 4개가 되며, 4개가 8개 등으로 분열한다. 이러한 생장률로 한 개의 세균이 하루에 100만개의 자손을 생산할 수 있다. 그러나 양분의 감소, 대사 폐기물의 축적 및 기타 제한요인에 의해 증식속도가 점점 줄어들고 결국 멈춘다. 그러나 단시간 내에 세균은 거대한 수에 이르므로 주변 환경에 큰 화학적 변화를 일으킨다. 거대한 수의 세균에 의해 야기되는 이러한 변화는 일반적으로 생물계에서 세균이 매우 중요하고 특히 식물세균병의 진전에 중요한 의미를 갖게 한다.

생태와 전파

거의 모든 식물병원세균은 대부분 기주식물 안에서 기생생활을 하고 식물표면 특히 눈에서는 표면서식체로 살며, 부분적으로 식물의 잔재나 토양 속에서 부생생활을 한다. 그러나 세균은 종에 따라 다른 환경에서 활동하는 정도에 많은 차이가 있다. 식물병원세균과 다른 세균은 존재하는 곳이 어디든지 동일한 군집 또는 다른 미생물들이 서로 부착되거나 또는 단단한 표면에 부착된 생물막(biofilm)으로 존재한다.

배나무 불마름병을 일으키는 *Erwinia amylovora*는 기주식물 내에서는 증식하여 집단을 이루나 토양 속에서는 그 수가 급격히 감소하여 이듬해 병발생에 기여하지 못한다. 이러한 병원균은 흔히 매개충에 의해 식물체에서 식물체로 감염되어 유지되거나, 다년생 기주식물 또는 영양번식 기관이나 종자에 존재하는 특성으로 인하여 토양에서 생존할 수 있는 능력을 잃어 버렸다.

일부 다른 식물병원세균, 즉 뿌리혹병을 일으키는 *Agrobacterium tumefaciens*, 가지과작물에 풋마름병을 일으키는 *Ralstonia solanacearum*, 특히 감자에 더뎅이병을 일으키는 *Streptomyces scabies*는 전형적인 **토양서식균**(土壤棲息菌; **soil inhabitant**)이다. 이러한 세균은 기주식물 내에서 증식하여 집단을 이루고 토양으로 방출되었을 때도 그 수는 천천히 감소한다. 만약 이듬해 그 포장에 감수성 식물을 심으면 토양 내 세균의 밀도는 증가된다. 그러나 대부분의 식물병원세균은 **토양침입자**(土壤侵入者; **soil invader**)로 여겨진다. 이들은 기주식물에 포함되어 토양에 들어가지만 부생균으로서 경쟁능력이 낮기 때문에 토양 내에서 부생체에 의해 기주 조직이 분해될 때까지만 존재하고, 그 후 생존기간은 세균의 종류나 토양의 온도와 습도조건에 따라 다르다.

토양 내에서 세균은 대부분 식물 조직에서 생존한다. 가끔 토양에서 자유롭게 또는 부생적으로 생존하거나 외부의 나쁜 환경으로 자신들을 보호할 수 있는 자연적 세균덩어리로 생존한다. 세균은 종자, 식물체의 다른 부위, 또는 토양 곤충들에서 생존할 수 있다 식물에서는 흔히 식물 눈, 상처, 또는 식물 분비물에서 표면 서식균으로 생존하거나, 세균이 감염한 다양한 조직과 기관 내에서 생존한다 (그림 2-3D).

이러한 세균들의 한 식물체에서 다른 식물체로 또는 한 식물체에서 다른 부위로의 전반은 주로 물, 곤충, 동물 또는 인간에 의해 이루어진다 (그림 2-15). 편모를 갖는 세균들도 자체적으로는 짧은 거리만 이동할 수 있다. 주로 비에 씻기거나 튀겨서 식물체 간이나 같은 식물체의 다른 부위로 또는 토양으로부터 식물체의 밑 부분으로 이동된다. 물은 토양 표면 또는 토양 속에 세균을 감수성 식물이 존재하는 다른 지역으로 운반해 준다. 곤충은 세균을 식물로 운반해 줄 뿐만 아니라 세균이 증식할 수 있는 식물의 특정 부위에 접종시켜 준다. 어떤 종류의 세균은 곤충 내에서 오래 견디므로 증식과 전반을 곤충에 의존한다. 그러나 다른 경우에는 곤충이 중요하지만 식물병원세균의 전반에 필수적이지는 않다. 새, 토끼 및 기타 동물들도 식물을 옮겨 다니면서 세균을 옮길 수 있다. 인간들도 역시 작업 중, 경종적 재배 방법에 의해 국부적으로 병원균을 옮기거나, 병든 식물체 또는 식물체의 일부의 운반에 의해 먼 거리까지 새로운 지역으로 이동시켜주는 역할을 한다. 기주식물의 종자가 세균에 감염되었을 경우에는 거리에 상관없이 종자 보급 경로를 통해 운반될 수 있다.

동정

일부 가장 중요한 식물병원세균 속의 주요 특징(그림 12-4)은 다음과 같다.

Agrobacterium

막대 모양이며 직경 0.8㎛, 길이 1.5~3㎛의 크기이다. 1~4개의 편모를 가지며 운동성이 있다. 한 개의 편모가 있는 경우에는 흔히 극 부분보다는 세균의 측면에 부착되어 있다. 탄수화물을 포함한 배지에서 배양했을 때 많은 점액질의 다당체(polysaccharide slime)를 생성한다. 콜로니는 색깔이 없고 매끈하다. 이 세균은 식물의 근권 및 토양의 서식균이다.

Clavibacter (*Corynebacterium*)

곧거나 약간 구부러진 막대 모양이며 직경 0.5~0.9㎛, 길이 1.5~4㎛의 크기이다. 때때로 부정형으로 염색된 분절이나 과립(granules)을 가지며 곤봉 모양으로 부풀어 오른 것도 있다. 이 세균은 일반적으로 운동성이 없으나, 어떤 종류는 1~2개의 극모에 의해 움직이기도 한다. 그람양성세균이다.

Erwinia

곧은 막대 모양이며, 직경 0.5~1.0㎛, 길이 1.0~3.0㎛의 크기이고, 여러 개의 주생모에 의해 움직인다. *Erwinia* 는 유일한 임의혐기성 식물병원세균이다. 일부 *Erwinia* 는 펙틴분해효소를 분비하지 못하며 식물체에 괴사 또는 시들음병을 일으키는("amylovora" 그룹) 반면에 다른 *Erwinia* 는 강한 펙틴분해활성을 가지고 있으므로 식물에 무름병을 일으킨다 ("carotovora" 그룹).

Pseudomonas

직경 0.5~1.0㎛, 길이 1.5~4.0㎛ 크기의 곧거나 구부러진 막대 모양이다. 하나 또는 여러 개의 극모에 의해 움직인다. 많은 종류가 토양, 민물, 또는 바다에 서식한다. 대부분의 병원성 *Pseudomonas* 는 식물병원균이고 소수가 동물이나 인간에 병을 일으킨다. 일부 식물병원성 *Pseudomonas* 종(즉, *P. syringae*)은 철분함량이 적은 배지에서 황록색의 형광성 색소를 분비한다.

Ralstonia

아주 최근까지 *Pseudomonas* 로 분류되었으며, 형광성 색소를 분비하지 않는 중요한 차이 이외에는 거의 모든 점에서 *Pseudomonas* 와 유사하다.

Xanthomonas

곧은 막대 모양이며, 직경 0.4~1.0㎛에 길이 1.2~3㎛의 크기이고, 한 개의 극모에 의해 움직인다. 대부분이 배지에서의 배양속도가 늦으며 노란색이다. 모든 종이 식물병원균이며, 항상 식물체 또는 식물 잔재물과 연관되어 발견된다.

Streptomyces

가늘고 격막이 없는 가지 모양의 균사 형태이고 지름이 0.5~2㎛이다. 성숙해지면 기중균사가 3개 이상의 포자사슬을 형성한다. 영양배지에서 콜로니는 처음에 작고(직경 1~10㎛) 표면이 매끈하나, 나중에 과립형, 가루형 또는 벨벳형의 기중균사를 형성한다. 많은 종이나 계통의 *Streptomyces* 가 균사나 기질에 색깔을 갖게 하는 여러 종류의 색소를 분비한다. 이들은 세균, 균류, 조류, 바이러스, 원생동물 및 암조직에 영향을 미치는 항생물질을 생성한다. 모든 종이 토양서식균이며 그람양성균이다.

Xylella

대부분 한 개의 곧은 막대기 형태이며, 직경 0.3㎛, 길이 1~4㎛의 크기이다. 일부 배양조건에서는 긴 실모양을 형성하기도 한다. 콜로니는 매끄럽거나 정교한 물결 모양의 가장자리를 가지며 크기는 작다. 영양적으로 배양하기 어려운 세균이며, 배양에 특수배지를 요구한다. 식물의 물관에서 살아간다. 그람음성균이며 편모가 없고 색소도 없으며 절대 호기성균이다.

Streptomyces 속은 분지된 균사가 잘 발달하고 구부러진 분생포자 사슬을 가지고 있으므로 다른 세균 속들과 쉽게 구별할 수 있다. 그러나 막대 모양인 세균 속의 동정은 매우 복잡하고 어려운 과정이다. 이것은 크기, 형태, 구조, 색깔 등 눈에 보이는 특성뿐만 아니라 화학적 조성, 혈청반응, 영양분 이용능력, 효소작용, 식물에 대한 병원성, 선택배지에서의 생장 등 많은 특성을 바탕으로 동정이 이루어질 수 있다.

주어진 종의 세균 형태와 크기는 배양기간, 배지의 pH와 조성, 온도, 염색방법에 의해 달라질 수 있다. 그러나 주어진 조건에서 순수 배양한 세균의 주된 형태와 크기, 세포 배열은 아주 확실하고 중요하며 믿을만한 특성이다. 일반적으로 편모를 염색하여 세균 세포에 있는 편모의 존재 유무, 수, 배열을 결정한다.

세균에 있어서 어떤 성분의 화학적 조성은 특수 염색기술에 의해 검출될 수 있다. 이러한 성분의 존재 유무에 대한 정보는 세균의 동정에 이용된다. **그람염색반응**(**Gram's staining reaction**)은 세균을 그람음성과 그람양성으로 구분한다. 이 반응에서 슬라이드글라스에 고정된 세균을 크리스탈바이오렛(crystal violet)으로 30초간 처리하고, 가볍게 씻어낸 후, 요오드(iodine) 용액으로 처리하고, 다시 물과 알코올로 씻어낸다. 그람양성세균은 보라색 색소와 요오드가 세포질과 세포벽의 어떤 성분과 복합체를 형성하기 때문에 보라색과 요오드 조합의 색소를 유지한다. 그람음성세균은 이러한 염료조합과 친화력이 없어서 알코올에 의해 씻겨서 색깔을 갖지 않는다. 막대 모양 식물병원세균에서 *Clavibacter*, *Curtobacterium*, 그리고 좀 덜 중요한 식물병원세균 속인 *Arthrobacter*, *Bacillus*, *Rhodococcus*는 그람양성이며, *Agrobacterium*, *Erwinia*, *Pseudomonas*, *Xanthomonas*, *Xylella*는 그람음성이다.

세균은 **그들이 양분으로 이용할 수 있는 물질**에 의해 그리고 어떤 배지에 배양되었을 때 **생산되는 효소의 종류**에 의해서도 구별될 수 있다. 세균의 수백 가지 특성이 이러한 검정에 의해 결정될 수 있으며, 각 세균의 이러한 특성은 흔히 세균의 수리분류에 이용된다.

식물병원세균은 다양한 기주식물의 종과 품종에서 그들의 **병원성**(病原性; **pathogenicity**)에 의해 검정된다. 실용적인 목적으로 이 검정은 그 세균의 임시적 동정을 위해 충분하다.

많은 경우에 분리된 식물병원세균의 동정을 입증하기 위한 노력은 식물이 시든다든지(그림 12-5A), 또는 둘레무늬가 있는 점무늬(그림 12-5B)와 같은 **외부병징**(外部病徵; **external symptom**)의 관찰로부터 시작된다. 다음 단계는 시들음이 가뭄에 의한 것이 아니고 병원균에 의한 것임을 나타내는 시든 식물에서 물관부의 변색과 같은(그림 12-5A) 일부 손쉬운 **내부병징**(內部病徵; **internal symptom**)을 관찰하는 것이다. 시든 식물의 다음 단계 검사는 시든 줄기의 절단부위를 물이 담긴 용기나 시험관에 놓아두고 줄기로부터 혼탁한 확산물의 생성 여부(그림 12-5C)를 관찰함으로써 할 수 있다. 만약 확산물이 존재하면 시들음은 균류나 다른 원인에 의한 것이라기보다는 세균에 의한 것임을 나타낸다. 어느 특정 기주에 관찰되는 것과 같은 병징의 원인이 되는 식물병원세균에 관한 문헌을 찾아보고 비교함으로써 식물병원세균을 동정하고 식물병을 진단할 수 있다. 만약 더 자세한 정보가 필요하면, 세균을 배양

그림 12–5 어떤 식물병이 세균에 의한 것인지를 결정하기 위해 사용되는 일부 육안으로 보이는 특성. (A) 시들은 식물의 유관속조직의 갈변. (B) 식물 잎의 병반에 둘레무리. (C) 감염된 조직을 물에 넣었을 때 뿌연 세균 분출물의 방출. (D) 감염된 식물로부터 분리된 세균의 콜로니와 배양의 특징. 적당한 비기주식물의 잎으로 식물병원세균을 주입하는 과민성반응 검정은 처음에는 수침상이 유도(E)된 다음에 식물 조직의 붕괴와 괴사로 이어지나 (E,F), E 잎 반대쪽과 F 잎 A에 물을 주입한 경우나 잎 F의 D에 비병원력 세균이 주입된 경우는 과민성반응이 유도되지 않는다. [사진제공: (A,C) Univesity of Florida, (B) B.J. McGovern, University of Florida, (D) T.R. Gottwald, USDA, Ft. Pierce, FL, (E,F) A. Chatterjee, University of Missouri.]

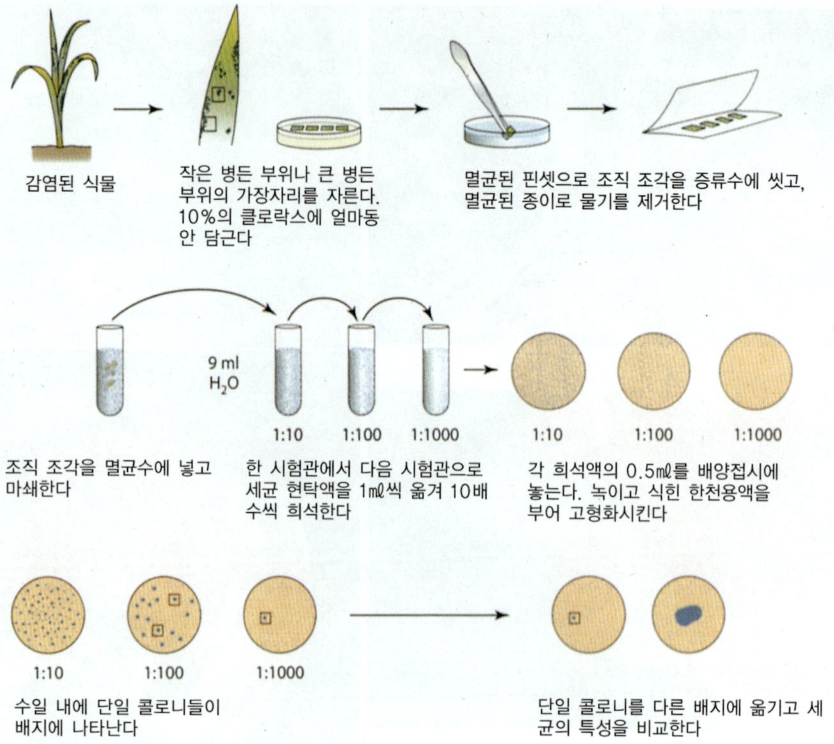

그림 12-6 감염된 식물 조직으로부터 병원세균의 분리.

하고 배양체의 모양, 크기, 색깔 등을 관찰한다 (그림 12-5D, 12-5E). 분리된 세균이 부생균이 아닌 식물병원균임을 증명하기 위해서 일련의 세균 현탁액을 담배와 같은 비기주식물의 잎에 주입한다. 만약 병원균이 아니면 주입된 부위에 변화가 일어나지 않는다. 그러나 만약 세균이 병원균인 경우에는 잎에 과민성반응(주입부위 주위에 죽은 조직)이 형성된다 (그림 12-5F).

혈청학적 방법(血淸學的 方法; serological method), 특히 형광물질이 부착된 항체를 이용한 방법(면역 형광염색)은 빠르고 꽤 정확한 세균 동정방법이며 최근 인기를 얻고 있는 방법이다. 혈청학적 방법은 종 특이적 그리고 병원형 특이적 항혈청이 증가함에 따라 식물병리학에서 널리 사용되고 있다.

식물조직(그림 12-6) 또는 토양으로부터 세균의 매우 우수한 분리와 동정 방법은 **선택배지**(選擇培地; selective medium)를 이용하는 것이다. 선택배지는 특별한 종류의 세균 생장을 촉진하는 양분을 가진 반면, 다른 종류의 세균 생장은 억제하는 성분을 가진다. 일반적으로 선택배지에서 오직 한 종류의 세균만 자라게 하지는 않기 때문에 선택배지에 최소한 한 번 이상의 계대배양이 필요하다. 식물병원세균을 위한 선택배지는 일상적인 세균분리와 가끔 세균의 속, 종, 그리고 병원형의 동정에 도움이 된다. 지난 10년 동안 세균의 속, 종, 그리고 일부 경우에는 종 이하의 분류 단위의 빠른 구별과 동정이 세균 세포막에 존재하는 지방산의 비교 (**지방산 양상 분석**; **fatty acid profile analysis**)에 의해 이루어졌다. 동일한 조건에서 배양된 동일한 세균은 동일한 막 단백질과 동일한 효소 및 동위효소를 생산한다. 그러한 구조 단백질이나 효소의 분리와 비교도 세균 동정에 이용된다 (그림 12-7).

동일한 제한효소로 세균 염색체 DNA를 잘라서 젤 전기영동을 통하여 분리한 후 나타난 DNA 밴드 양상을 비교하여 세균을 검출, 동정 그리고 그들 간의 유전적 유연관계를 측정한다 (그림 12-8). 그러한 제한효소는 DNA의 특정 염기서열만 자르고 제한효소 DNA 절편의 다양성 [restriction fragment length polymorphism (**RFLPs**)]이라고 불리는 특정한 DNA 절편 조각 세트를 만든다. RFLP 양상은 세균에 특징적일 수 있고 따라서 세균 동정에 사용될 수 있다.

다른 기술로는 **DNA 프로브**(probe)가 세균의 검출 및 동정에 사용된다. 프로브는 그 세균에 특이적 독소유전자 또는 세균의 병원력 유전자 DNA처럼 오직 또는 주로 특정한 세균에만

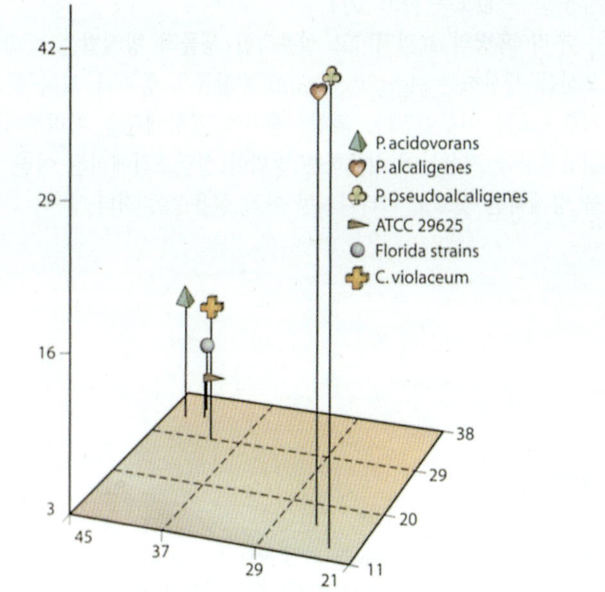

그림 12-7 지방산 그룹의 함량 비교에 의한 식물병원세균의 동정. 본 그림에서는 미동정된 수박 과실부패병균(Florida 균주)이 현재는 *Acidovorax avenae* subsp. *citrulli* (구명 = *P. acidovorans*)에 관계있는 것으로 보여주었다. [출처: Cameron-Somodi *et al.* (1991), *Plant Dis.* **75**, 1053-1056.]

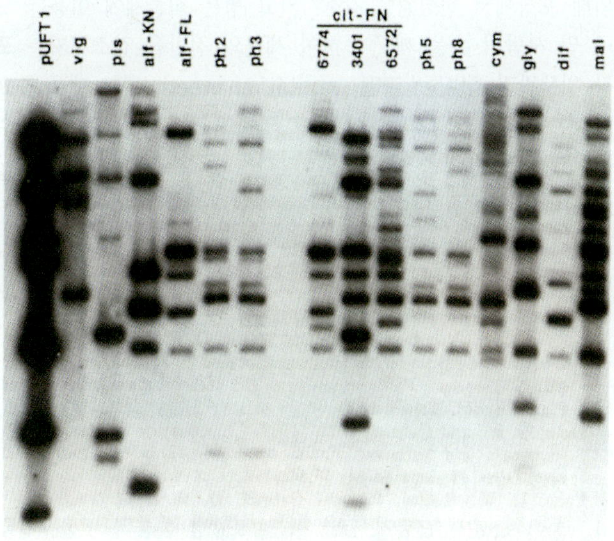

그림 12-8 전체 DNA를 핵산분해효소로 자른 후 전기영동하여 나타난 DNA 절편의 전개 양상을 이미 알려진 병원형의 전개 양상과 비교함으로써 한 종(*Xanthomonas campestris*) 내의 계통 및 병원형의 동정. [출처: Gabriel *et al.* (1988), *Mol. Plant-Microbe Interact.* **1**, 59-65.]

존재하는 DNA의 일부분의 상보적 절편으로 구성된다. 방사선 동위원소나 색깔을 내는 물질을 DNA 프로브에 부착시킨다. 검정하는 세균의 DNA를 추출하여 나일론 막에 옮긴 후 프로브로 처리한다. 프로브가 막 여과지에서 상보적 DNA를 찾으면 그것과 반응하고(혼성화) 막을 씻어낸 후까지 막에 남는다. 프로브의 존재는 프로브에 붙어있는 방사선 동위원소나 발색물질(chromogenic compound)에 의해 검출된다. 양성 신호는 물론 검정한 세균의 동정을 의미한다.

하나 또는 소수의 DNA 가닥을 무수히 많은 수로 증폭할 수 있는 중합효소연쇄반응(polymerase chain reaction, **PCR**) 기술은 DNA 프로브를 이용하여 종자나 묘목, 식물과 토양으로부터 얻어진 세균 혼합체에 있는 한 개 또는 몇 개의 세균 검출도 가능하게 하였다.

세균에 의한 병징

식물병원세균은 균류가 식물체를 침해하여 일으키는 병징만큼이나 다양한 병징을 나타낸다. 세균은 점무늬병, 마름병, 과일, 뿌리, 저장기관의 무름병, 시들음병, 과대생장, 더뎅이병, 궤양병을 일으킨다 (그림 12-4). 여러 속에 속한 세균은 같은 병징을 나타낼 수도 있고, 한 속에도 다른 종류의 병을 일으킬 수 있는 병원균을 포함한다. 그러나 *Agrobacterium* 에 속하는 종들은 조직의 과대생장(overgrowth) 또는 비대(proliferation) 증상만 일으킨다. 과대생장은 *Rhodococcus* 나 *Pseudomonas* 에 속하는 세균에 의해서도 발생된다. *Streptomyces* 의 식물병원 종은 오직 지하부 작물에만 더뎅이 또는 다른 병반을 만든다. *Rhizobium* 과 이와 연관된 *Azorhizobium*, *Bradyrhizobium* 속의 세균은 그람음성이며 콩과식물의 뿌리에 뿌리혹을 만드는 토양서식세균이지만, 질소를 고정하고 그 질소를 식물이 이용하기 때문에 식물에 이로운 세균이다. 이들 세균 일부 DNA는 *Agrobacterium* 의 일부 DNA와 거의 동일하다.

식물세균병의 방제

세균에 의한 식물병은 대체로 방제하기 어렵다. 흔히 특정 세균병 방제를 위해서는 여러 가지 방제수단을 조합한 방제법이 요구된다. 건전종자와 건전묘의 사용으로 포장이나 작물이 세균에 의해 오염되는 것을 피해야 한다. 병든 식물체의 제거에 의해 포장에서 전염원을 감소시키고 병든 식물체에 이용한 도구 및 사람의 손을 깨끗이 하여 세균의 전반을 감소시키는 **포장 위생관리**(圃場衛生管理, sanitation practices)는 매우 중요하다. 식물이 감염기간에 너무 연약하지 않도록 **비료 및 관수를 조절**도 발병을 줄일 수 있다. **돌려짓기**(輪作, crop rotation)는 기주범위가 좁은 식물병원세균에 대해서는 대단히 효과적이나 넓은 기주범위를 갖는 세균에는 그리 효과적인 방법이 아니다.

특정 세균병에 대해 **저항성품종**(抵抗性品種, resistant variety)을 재배하는 것이 큰 손실을 막는 가장 좋은 방법이다. 한 식물종의 품종 간에도 저항성 정도가 다른 품종들이 있고, 최근에 널리 재배되고 있는 품종에 저항성을 높이거나 새로운 저항성을 도입시키는 많은 노력이 육종가들에 의해 이루어졌다. 특히 환경이 발병에 좋을 때는 저항성 품종의 이용, 알맞은 경종법, 그리고 농약을 함께 사용하는 것이 가장 효과적이다.

식물병원세균으로 오염된 **토양**(土壤, soil)은 증기나 전기열 또는 포름알데하이드로 멸균할 수 있으나, 이 방법은 온실이나 작은 규모의 포장에만 실용적이다. 식물병원세균에 의해 표면만 오염된 종자는 차아염소산나트륨(sodium hypochlorite) 또는 염산용액이나 약한 초산용액에 며칠 동안 침지하여 살균할 수도 있다. 종자가 생겼던 바로 그 과실의 발효주스에 2~3일 동안 두어도 병원세균을 제거할 수 있다. 그러나 병원균이 종피 또는 배(embryo) 내부에 존재할 때는 이러한 처리는 효과가 없다. 일반적으로 종자의 온탕처리는 세균이 상대적으로 높은 온도에서 사멸하기 때문에 효과적이지 못하나, 52℃에서 20분 정도의 처리로 감염 종자의 수를 상당히 줄일 수 있다.

농약을 이용한 세균병 방제는 일반적으로 균류병 방제보다 효과적이지 못하다. 경엽처리에 사용하는 농약 중에서 구리화합물이 가장 좋은 결과를 가져온다. 그러나 환경이 병발생과 전파에 좋을 때는 별 효과가 없다. 보르도액이나 고정된 구리제제, cupric hydroxide(CuOH)가 세균성점무늬병이나 세균성마름병의 방제에 가장 많이 사용된다. 그러나 구리 농약에 저항성인 세균균주가 아주 흔하다. 식물체가 어릴 때는 구리화합물에 의해서는 약해가 나타나므로 zineb, maneb, mancozeb와 구리화합물이 함께 사용된다.

특정 세균병에 대한 항생제 사용은 상반된 결과를 나타낸다. 일부 **항생제**는 식물체에 흡수되어 전체 부위로 이동되는 특징이 있다. 이러한 항생제는 살포하거나 이식식물을 침지하여 처리한다. 농업에 있어서 가장 중요한 항세균 항생제는 스트렙토마이신 또는 스트렙토마이신 함유제제 그리고 옥시테트라사이클린이다. 불행히도 항생제 살포 후 항생제에 저항성 균주가 매우 빠르게 나타나며, 사람이 먹는 식물체에는 항생제를 사용할 수 없도록 하고 있다.

뿌리 혹병의 효과적이고 실용적인 **생물적 방제법**은 박테리오신을 생산하는 *Agrobacterium* 길항균을 종자나 묘목에 처리함으로써 이루어진다. 괴경, 종자에 길항세균을 처리하거나 길항세균을 지상부에 살포하는 방법이 실험조건에서는 여러 병을 방제하는 것으로 나타나지만 아직 실용성이 적다.

참고문헌

Beattie, W. A., and Lindow, S. E. (1995). The secret life of foliar bacterial pathogens on leaves. *Annu. Rev. Phytopathol.* **33**, 145–172.

Birch, R. G. (2001). *Xanthomonas albilineans* and the antipathogenesis approach to disease control. *Mol. Plant Pathol.* **2**, 1–11.

Botha, W. J., Serfontein, S., Greyling, M. M., *et al.* (2001). Detection of *Xylophilus ampelinus* in grapevine cuttings using a nested polymerase chain reaction. *Plant Pathol.* **50**, 515–526.

Bradbury, J. F. (1986). "Guide to Plant Pathogenic Bacteria." CAB Int. Mycol. Inst., Kew, Surrey, England.

Buonaurio, R., Stravato, V. M., and Cappelli, C. (2001). Brown spot caused by *Sphingomonas* sp. on yellow Spanish melon fruits in Spain. *Plant Pathol.* **50**, 397–401.

Buonaurio, R., *et al.* (2002). *Sphingomonas melonis* sp. nov., a novel pathogen that causes brown spots on yellow Spanish melon fruits. IJSEM.

Civerolo, E. L., Collmer, A., and Gillaspie, A. G., eds. (1987). Plant pathogenic bacteria. *In* Proceeding of the Sixth International Conference, Martinus Nijhoff, Boston.

Cooksey, D. A. (1990). Genetics of bactericide resistance in plant pathogenic bacteria. *Annu. Rev. Phytopathol.* **28**, 201–219.

Evtushenko, L. I., *et al.* (2000). *Leifsonia poae* gen. nov., sp. nov., isolated from nematode galls on *Poa annua*, and reclassification of *Corynebacterium aquaticum* Leifson *1962 as Leifsonia aquatica* gen. nov., and *Clavibacter xyli* (Davis *et al.* 1984) with two subspecies as *Leifsonia xyli* (Davis *et al.* 1984) gen. nov., comb. nov. IJSEM **50**, 371–380.

Fahy, D. C., and Persley, G. F., eds. (1983). "Plant Bacterial Diseases: A Diagnostic Guide." Academic Press, New York.

Goto, M. (1992). "Fundamentals of Bacterial Plant Pathology." Academic Press, San Diego.

He, S. Y. (1998). Type III protein secretion system in plant and animal pathogenic bacteria. *Annu. Rev. Phytopathol.* **36**, 363–392.

Hirano, S. S., and Upper, C. D. (1990). Population biology and epidemiology of *Pseudomonas syringae. Annu. Rev. Phytopathol.* **28**, 155–177.

Klement, Z., Bozsó, Z., Ott, P. G., *et al.* (1999). Symptomless resistant response instead of the hypersensitive reaction in tobacco leaves after infiltration of heterologous pathovars of *Pseudomonas syringae. J. Phytopathol.* **147**, 467–475,

Klement, Z., Rudolph, K., and Sands, D. C. (1990). "Methods in Phytobacteriology." Akademiai Kiato, Budapest.

Kushalappa, A. C., and Lui, L. H. (2001). Volatile fingerprinting (SPME-GC-FID) to detect and discriminate diseases of potato tubers. *Plant Dis.* **86**, 131–137.

Lindgren, P. B. (1997). The role of *hrp* genes during plant-bacterial interactions. *Annu. Rev. Phytopathol.* **35**, 129–152.
Louws, F. J., Rademaker, J. L. W., and de Bruijn, F. J. (1999). The three Ds of PCR-based genomic analysis of phytobacteria: Diversity, detection, and disease diagnosis. *Annu. Rev. Phytopathol.* **37**, 81–125.
McManus, P. S., *et al.* (2002). Antibiotic use in plant agriculture. *Annu. Rev. Phytopathol.* **40**, 443–465.
Mount, M. S., and Lacey, G. H., eds. (1982). "Phytopathogenic Prokaryotes," Vols. 1 and 2. Academic Press, New York.
Newman, M.-A., von Roepenack, E., Daniels, M. and Dow, M. (2000). Lipopolysaccharides and plant responses to phytopathogenic bacteria. *Mol. Plant Pathol.* **!**, 25–31.
Panopoulos, N. J., and Peet, R. C. (1985). The molecular genetics of plant pathogenic bacteria and their plasmids. *Annu. Rev. Phytopathol.* **23**, 381–419.
Richael, C., Lincoln, J. E., Bostock, R. M., *et al.* (2001). Caspase inhibitors reduce symptom development and limit bacterial proliferation in susceptible plant tissues. *Physiol. Mol. Plant Pathol.* **59**, 213–221.
Salmond, G. P. C. (1994). Secretion of extracellular virulence factors by plant pathogenic bacteria. *Annu. Rev. Phytopathol.* **32**, 181–200.
Schaad, N. W. (1979). Serological identification of plant pathogenic bacteria. *Annu. Rev. Phytopathol.* **17**, 123–147.
Schaad, N. W., ed. (1980). "Laboratory Guide of Identification of Plant Pathogenic Bacteria." APS Press, St. Paul, MN.
Sigee, D. C. (1992). "Bacterial Plant Pathology: Cell and Molecular Aspects." Cambridge Univ. Press, New York.
Singh, U. S., Singh, R. P., and Kohmoto, K. (1995). "Pathogenesis and Host Specificity in Plant Diseases: Histopathological, Biochemical, Genetic and Molecular Bases," Vol. I. Elsevier, Tarrytown, NY.
Starr, M. P. (1984). Landmarks in the development of phytobacteriology. *Annu. Rev. Phytopathol.* **22**, 169–188.
Swings, J. G., and Civerolo, E. L. (1993). "*Xanthomonas*." Chapman & Hall, London.
Van Sluys, M. A., *et al.* (2002). Comparative genomic analysis of plant-associated bacteria. *Annu. Rev. Phytopathol.* **40**, 169–190.
Vidaver, A. K. (1982). The plant pathogenic corynebacteria. *Annu. Rev. Microbiol.* **36**, 495–517.
Whitcomb, R. F., and Tully, J. G., eds. (1989). "The Mycoplasmas," Vol. 5. Academic Press, New York.
Young, J. M., Takikawa, Y., Gardan, L., and Stead, D. E. (1992). Changing concepts in the taxonomy of plant pathogenic bacteria. *Annu. Rev. Phytopathol.* **30**, 67 105.

세균성점무늬병과 세균성마름병

가장 흔한 식물 세균병은 잎, 줄기, 꽃, 과일에 다양한 크기의 점무늬를 나타내는 병이다. 일부 세균병에서 점무늬가 지속적으로 빠르게 진전되는 경우에는 이 병을 마름병이라고 부른다. 심한 경우에는 수많은 점무늬가 식물체 표면을 대부분 파괴하고 마름병으로 나타나거나, 점무늬들이 확대되고 서로 합쳐져서 넓은 식물 조직을 죽이고 마름증상을 만든다. 이러한 점무늬들은 괴사무늬(necrotic)이고, 원형으로 나타나며, 가끔은 주변에 노란색 둘레무리를 갖는다. 쌍떡잎식물의 일부 기주에서는 이러한 점무늬 병징은 엽맥에 의해 제한된 모무늬를 갖는다. 그러나 단자엽식물의 경우엔 잎이나 줄기에 긴 줄 모양으로 나타난다. 습한 환경조건에서는 세균 덩어리가 감염 조직 밖으로 나와 새로운 조직이나 식물체로 옮겨져 또다시 병을 일으킨다. 이러한 환경조건에서는 죽은 조직이 찢어지거나 떨어져 나가 누더기 모양의 모서리를 가진 부정형이나 원형의 구멍이 생기게 된다.

대부분의 잎, 줄기, 과일의 세균성점무늬병(bacterial spot)과 세균성마름병(bacterial blight)은 *Pseudomonas* 와 *Xanthomonas* 에 의해 발생한다.

Pseudomonas syringae — 여러 병원형(pv.)이 담배 들불병(*P. syringae* pv. *tabaci*), 오이 세균성점무늬병(*P. syringae* pv. *lachrymans*), 강낭콩 halo blight병(*P. syringae* pv. *phaseolicola*), 귤나무류 blast병, 배나무 blast병, 강낭콩 점무늬병, 라일락 마름병(*P. syringae* pv. *syringae*), 토마토 bacterial speck병(*P. syringae* pv. *tomato*)을 일으킨다.

Xanthomonas campestris — 여러 병원형이 강낭콩 불마름병(*X. campestris* pv. *phaseoli*), 목화 모무늬병(*X. campestris* pv. *malvacearum*), 벼 흰잎마름병(*X. campestris* pv. *oryzae*), 화곡류 세균성마름병 또는 세균성줄무늬병(*X. campestris* pv. *translucens*), 카사바나무 세균성잎마름병(*X. campestris* pv. *manihotis*), 핵과류 세균성구멍병(*X. arboricola* pv. *pruni*), 토마토와 고추 세균성점무늬병(*X. campestris* pv. *vesicatoria*)을 일으킨다.

세균성점무늬병이나 세균성마름병의 일반적인 진단은 병징의 모양, 균류의 존재 여부와 최근에 감염된 조직에 세균의 존재에 의해 이루어진다. 대부분 식물병원세균이 그렇듯이 현미경에 의한 세균의 구분은 불가능하다. 병원세균들은 다년생식물의 감염부위 또는 건전부, 특히 눈 (buds), 종자, 감염 식물체의 잔재, 오염된 도구 또는 토양 내에서 월동한다. 월동장소로부터 기주식물체로 그리고 식물에서 다른 식물로의 이동은 비나, 튀거나 흘러내리는 빗물, 비바람, 식물체 간의 직접적인 접촉, 파리, 벌, 개미와 같은 곤충, 식물체를 다루는 작업도구에 의해 이루어진다. 식물체 내로의 침입은 기공, 수공, 그리고 상처를 통해 이루어진다. 비가 많이 내릴 때 물기에 젖은 조직은 세균 침입에 좋은 장소가 된다. 세균은 기주세포벽에서 증식하며, 이 세포벽은 세포막 파괴 후 붕괴된다. 점무늬병과 마름병의 방제는 저항성 품종의 이용, 돌려짓기 및 깨끗한 포장관리에 의해 어느 정도 이루어질 수 있다. 식물이 감수성인 시기에 zineb, maneb, mancozeb와 섞은 구리화합물 또는 스트렙토마이신이나 테트라사이클린 같은 항생제, 일부의 경우에는 식물 방어 활성제를 여러 번 살포함으로써 병을 방제할 수 있다.

담배 들불병

담배 들불병(野火病; wildfire)은 담배가 재배되는 세계 어느 지역에나 발생한다. 지역에 따라 발병정도에 차이가 있는데, 어떤 지역에서는 해마다 발생하여 많은 피해를 초래하고 다른 지역에서는 가끔 발생한다. 병원균 *P. syringae* pv. *tabaci*는 담배에서 뿐만 아니라 콩에도 병을 일으킨다 (그림 12-9A).

들불병은 포장과 모판에서 발생하는데, 감염된 유묘는 죽는다. 포장에서 들불병은 잎에 크고 부정형의 죽은 조직을 만들고 낙엽이 되어 잎의 상품가치가 없어진다.

병징

모판의 어린잎에 나타나는 첫 병징은 잎의 가장자리와 끝부분이 젖어 썩어 들어가는 모습이다. 수침 부분(water-soaked zone)이 건전조직과 썩는 부분을 구분한다. 이러한 병징은 잎 전체 또는 부분적으로 나타나며 심한 경우에는 잎이 떨어진다. 일부 유묘는 묘상에서 죽기도 하고, 일부는 포장에 옮겨 심은 후에 죽는다.

포장에서 잎에는 지름이 0.5~1.0cm 크기의 노란색의 둥근 점무늬가 나타난다. 점무늬의 중간부분은 빠르게 갈색으로 변하고 주변에 황백색 둘레무리가 생긴다 (그림 12-9). 갈색 점무늬와 둘레무리가 빠르게 커지며 며칠 내에 지름이 2~3cm에 이른다. 주변의 점무늬들이 합쳐져서 부정형의 커다란 죽은 부위를 만든다. 건조한 기상조건에서는 이러한 병징이 말라 그대로 있지만, 습한 조건에서는 병반이 계속 커가면서 병반의 중앙이 떨어져 나가 상품성을 잃는다. 점무늬는 꽃, 종자, 엽병, 또는 줄기에 낮은 빈도로 나타난다.

그림 12-9 *Pseudomonas tabaci*에 의한 콩 잎의 불마름병 병징. 병반 주위에 선명한 둘레무리를 주목하시오. [사진제공: Plant Pathology Department, University of Florida.]

병원균: *Pseudomonas syringae* pv. *tabaci*

이 세균은 형광성 색소와 tabtoxin 또는 wildfire 독소라고 불리는 강력한 독소를 생산한다. 이 독소 0.05 mg 만큼 작은 양이 세균이 없이도 담배 잎에 노란색 점무늬를 만들 수 있다. 이 세균을 토마토나 고추 잎에 주입했을 때 과민성반응이 유도된다.

병의 진전

병원세균은 토양 내의 식물체 잔재, 마른 병든 잎, 감염된 종자, 또는 오염된 모판덮개에서 월동한다. 월동한 세균은 바람이나 빗방울에 의해 잎으로 옮겨진다 (그림 12-10). 병원균은 식물을 관리하는 동안에도 옮겨질 수 있다.

병의 대발생과 병원균의 침입을 위해서 높은 습도나 수막이 요구된다. 오랜 비 또는 비바람에 의해 생기는 잎의 물에 젖은 부위는 세균 침입 장소가 되고 2~3일 내에 심한 병반으로 나타난다. 세균은 기공이나 수공, 또는 상처를 통해 침입한다. 잎벌레, 진딧물, 가루이가 이 병원균의 매개충으로 활동한다.

잎조직 내로 침입한 세균은 세포간극에서 증식하며(그림 12-3), wildfire 독소를 분비한다. 이 독소는 감염부위로부터 원형으로 퍼져나가 점무늬 주위에 세균이 존재하지 않은 퇴록된 둘레무리를 형성한다. Tabtoxin을 분비하지 못하는 변종은 들불병과 비슷하지만 병징에 둘레무리가 없는 모무늬병(angular leaf spot) 또는 blackfire 병이라는 유사한 병을 일으킨다.

발병에 좋은 조건에서는 세균은 계속해서 세포간극으로 퍼지고, 세균이 분비하는 독소나 효소를 통해 침입한 잎의 유조직 세포를 붕괴하고 사멸시킨다. 괴사부위는 부생성 세균이나 균류에 의해 침해받아 조직이 더욱 파괴된다. 땅에 떨어진 잎의 붕괴된 조직에 있는 세균은 바람이나 빗방울에 의해 다른 식물로 이동한다.

방제

항상 저항성 품종을 재배해야 한다. 이 병은 흔히 모판으로부터 시작되므로 방제도 모판에서부터 시작되어야 한다. 건전

그림 12-10 *Pseudomonas syringae* pv. *tabaci* 에 의한 담배 들불병을 예로 한 세균성잎마름병의 병환.

종자만 사용해야 한다. 세균에 감염된 종자는 포름알데하이드 용액에 10분 동안 침지하여 살균한다. 모판의 토양은 파종 전에 살균해야 한다. 종자가 발아한 뒤 모판에는 구리 살균제나 스트렙토마이신을 살포해야 한다. 스트렙토마이신은 이식 때까지 일주일 간격으로 살포해야 한다. 만일 들불병 병징이 한쪽에 나타나면 감염 부분은 물론 주변 25cm의 건전한 식물체까지를 포름알데하이드 용액을 부어 죽여 버린다. 건전 유묘만 이식에 사용해야 하고, 전년도에 병발생이 없었던 포장을 이용해야 한다. 빨리 자라고 물기 많은 식물체는 정상적인 식물에 비해 훨씬 더 병에 대해 감수성이기 때문에 비료 과용은 피해야 한다.

강낭콩 불마름병

Xanthomonas campestris pv. *phaseoli* 에 의한 불마름병(葉燒病; common blight), *Pseudomonas syringae* pv. *phaseolicola* 에 의한 halo blight병, 그리고 *P. syringae* pv. *syringae* 에 의한 세균성갈색점무늬병은 강낭콩 재배지 어디서나 발생하며 비슷한 병징을 나타낸다. 포장에서 이들 병은 잎, 꼬투리, 줄기, 종자에 비슷한 방식으로 영향을 미치며 병징을

가지고 이 3가지 병을 서로 구별하는 것은 거의 불가능하다. 불마름병은 상대적으로 따뜻한 기후에서 많은 반면에 다른 두 병은 서늘한 곳에서 발생이 많다.

병징

병징은 처음 잎 뒷면에 작은 수침상의 점무늬로 나타난다. 이러한 점무늬는 커지면서 서로 합쳐져 큰 부위가 되고 나중에 괴사한다. 세균은 잎의 유관속조직으로 침투하여 줄기 속으로 퍼져간다. 불마름병이나 세균성갈색점무늬병은 아주 좁은 선명한 노란색 조직으로 둘러싸인 감염된 부위가 갈색으로 변하면서 빠르게 괴사한다. 이러한 작은 점무늬가 몇 개씩 서로 합쳐져서 여러 모양의 넓은 죽은 조직으로 변한다 (그림 12-11A~12-11C). Halo blight병의 경우에는 수침상으로 된 조직 둘레에 10mm 정도 두께의 노란색의 둘레무리 같은 부위가 형성되어 잎이 노란색으로 변한다 (그림 12-11D, 12-11E). 모든 병이 줄기, 꼬투리, 또는 종자에 똑같은 병징을 만들지만, 세균덩어리가 밖으로 흘러나올 때 색깔이 노란색이면 불마름병이고, 크림색이나 은색이면 halo blight병이거나 세균성갈색점무늬병이다.

줄기의 병징은 처음에는 수침상으로 나타나다가 점점 세로로 진전되어 갈변하고, 가끔 표면이 갈라져 세균덩어리가 흘러나오기도 한다. 이러한 병징은 꼬투리가 반쯤 성숙되었을 때 첫째 마디 근처에 나타나며 이곳의 줄기 표면을 둘러싼다. 흔히 감염 식물은 자체 무게로 이 부분이 부러진다. 꼬투리에서는 역시 작은 수침상의 점무늬가 생기고 시간이 지나면서 붉은 빛으로 변한다 (그림 12-11B). 꼬투리의 유관속조직이 감염되면 꼬투리로 연결되는 통로를 통해 종자 감염을 초래한다. 감염 정도와 시기에 따라 종자가 썩어버리거나 주름지고 변색된다. *Pseudomonas* 의 다른 2종에 의해서 완두나 콩에 비슷한 병징이 나타난다.

병의 진전

이 세 종류의 병원세균은 모두 감염된 종자나 줄기에서 월동한다. 종자로부터 세균은 떡잎을 침해하고, 그 후에 잎으로 퍼지거나 유관속조직으로 들어가 전신감염을 일으켜 잎과 줄기에 병반을 형성한다. 식물체 내부에서는 병원균이 세포와 세포 사이를 이동하고, 세포를 죽여 결국 구멍이 형성된다. 물관 내에서 세균은 급속히 증식하여 상하로 이동하고 유조직으로 옮겨간다. 세균은 조직의 갈라진 틈을 통해 밖으로 흘러나오기도 하고 기공이나 상처를 통해 잎이나 줄기에 다시 침입하기도 한다.

방제

병의 방제는 건전 종자의 사용, 3년 돌려짓기, 구리 살균제의 살포를 통해 이루어진다.

오이 세균성모무늬병

Pseudomonas syringae pv. *lachrymans* 는 오이 세균성모무늬병(細菌性斑點病; angular leaf spot)을 일으킨다. 이 병원세균은 오이, 노지멜론, 호박, 수박의 잎, 줄기, 과실을 침해한다. 처음에는 잎에 둥글고 작은 점무늬가 나타나고, 점차 커지면서 다각형 또는 부정형의 수침상 병반으로 발전한다. 습한 조건에서는 잎의 뒷면에서 세균덩어리가 점무늬로부터 나온다. 건조한 경우에는 세균 덩어리가 말라서 흰색의 부스럼 딱지(crust)처럼 보인다. 병이 진전되면서 감염부위는 죽고 쭈그러들면서 흔히 찢겨져 떨어지고, 잎에 부정형의 구멍을 남긴다 (그림 12-12A). 과실에 감염되었을 때는 둥글고 작은 점무늬들이 나타난다 (그림 12-12B). 감염 조직은 죽고 흰색으로 변하며, 갈라지고 이때 무름병을 일으키는 균류나 세균이 침입하여 전체 과실을 썩힌다.

병원세균은 오염된 종자나 식물체 잔재에서 월동한다. 세균은 종자나 식물체 잔재로부터 빗방울에 의해 떡잎이나 잎으로 전반되고, 그곳에서 기공이나 상처를 통해 침입하며 식물체의 다른 부위로 전신적 이동을 한다. 이 병의 방제는 건전 종자나 소독한 종자의 사용, 저항성 품종의 이용, 돌려짓기, 구리 살세균제 농약의 살포로 가능하다.

목화 모무늬병 및 마름병

Xanthomonas campestris pv. *malvacearum*은 목화 모무늬병(角點病; angular leaf spot)을 일으킨다. 이 병은 목화가 재배되는 모든 지역에서 발생한다. 작고 둥근 수침상 병반이 떡잎이나 어린잎의 뒷면에 나타나고, 유묘의 줄기에도 나타난다. 그와 같은 대부분의 잎과 식물은 죽는다. 잎에 나타난 병징은 시기가 지남에 따라 크기가 다른 흑갈색의 모무늬로 발전한다 (그림 12-13A). 몇 품종에서는 침입한 세균이 엽맥과 주위 조직을 죽인다 (그림 12-13). 몇 가지 품종에서 감염된 잎은 노란색으로 변하고 떨어진다. 어린 줄기에서는 병징이 긴 흑색으로 변해 'black arm'이란 병명을 가지고 있다. 줄기 병징은 가끔 줄기를 에워싸서 줄기를 죽인다. 검은색의 다각형 또는 부정형 점무늬는 목화 꼬투리에서도 관찰된다 (그림 12-13B). 꼬투리에서 점무늬 부위가 움푹 들어가고, 고온다습한

그림 12-11 강낭콩 불마름병균 *Xanthomonas phaseoli* 에 의한 잎(A), 꼬투리(B), 전체 식물의 병징(C)과 강낭콩 halo blight 병원세균 *Pseudomonas phaseolicola* 에 의한 강낭콩 잎의 병징(D, E). 병징과 둘레무리까지 유사함에 주목. [사진제공: (A,E) W.L. Seamna, W.C.P.D., (B-D) Plant Pathology Department, University of Florida.]

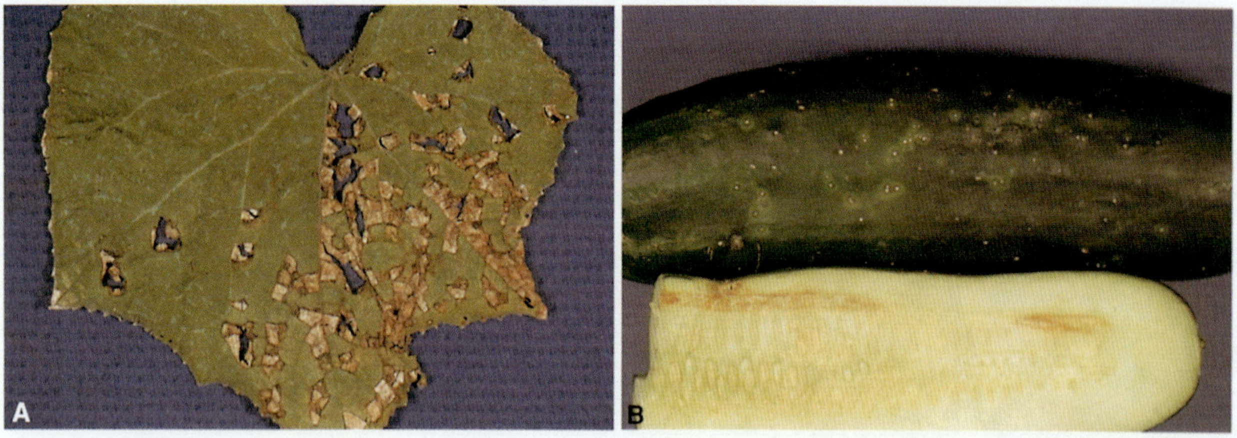

그림 12-12 *Pseudomonas lachrymans* 에 의한 오이 잎의 모무늬(A)와 오이 과실에 둘레무리를 가진 작은 둥근 점무늬(B). [사진제공: Plant Pathology Department, University of Florida.]

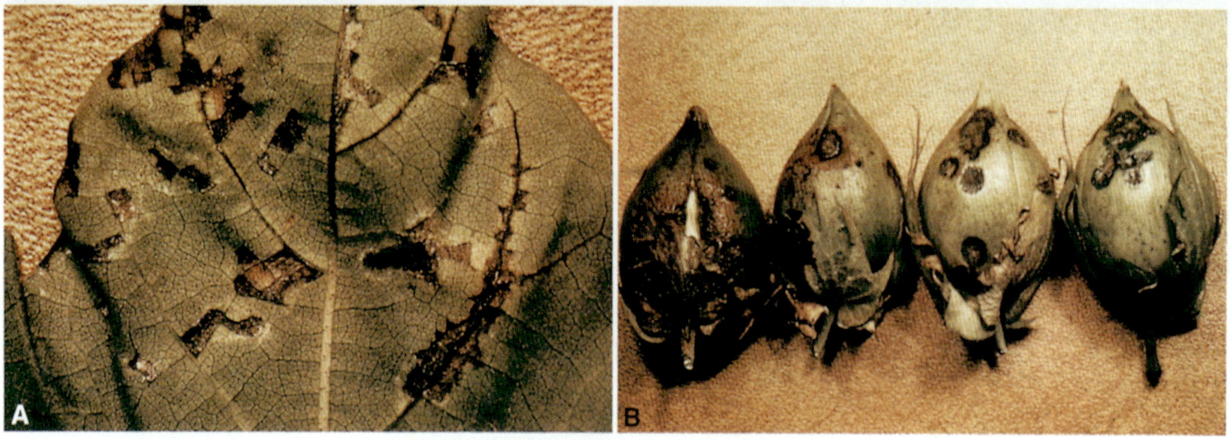

그림 12-13 목화 마름병균 *Xanthomonas campestris* pv. *malvacearum* 에 의한 모무늬와 괴사 엽맥(A)과 꼬투리에 움푹 들어간 둥근 점무늬(B). [사진제공: Plant Pathology Department, University of Florida.]

기후에서는 세균이 꼬투리를 침입하여 부패시키고, 심한 경우에는 꼬투리가 떨어지거나 뒤틀린다.

병원세균은 종자, 목화섬유사(lint), 분해되지 않은 식물체 잔재에서 월동한다. 저항성 품종의 이용과 건전 종자의 사용이 이 병의 방제수단이다.

화곡류나 벼과식물의 세균성점무늬병 및 세균성마름병

Pseudomonas 와 *Xanthomonas* 에 속하는 여러 종 또는 병원형은 곡류나 야생 벼과식물에 병을 일으키고, 이들 중 일부는 그들의 기주에 대해 심각한 손실을 초래한다. 이들 작물의 가장 흔한 세균병은 수수와 옥수수에 세균성줄무늬병 (*P. andropogonis*), 모든 곡류의 잎마름병 (*P. avenae*), 사탕수수 red stripe병과 top rot병 (*P. rubrilineans*), 화곡류의 basal glume rot병 (*P. syringae* pv. *atrofaciens*), 귀리와 다른 곡류의 halo blight병 (*P. syringae* pv. *coronafaciens*), 화곡류의 세균성잎마름, stripe, 또는 streak병 (*X. campestris* pv. *translucens*) (그림 12-14A, 12-14B), 벼 흰잎마름병 (*X. oryzae* pv. *oryzae*) (그림 12-14C), 벼 bacterial leaf stripe병 (그림 12-14D), 사탕수수에 leaf scald병 (*X. albilineans*)이다.

대부분 화곡류의 세균성점무늬병이나 세균성마름병은 세계 도처에서 발생한다. 병원세균은 한 가지 또는 그 이상의 곡류나 벼과식물에 비슷한 병징을 나타낸다. 화곡류의 세균병은 수

그림 12-14 밀 streak병과 black chaff병 병원세균 *Xanthomonas campestris* pv. *translucens*에 감염된 밀 잎의 세로 병반(A)과 영(穎)에 붉은 기가 있는 검은색 병반(B). *X. oryzae* pv. *oryzae* 에 의한 벼 흰잎마름병(C)과 *X. oryzae* pv. *oryzicola* 에 의한 벼 세균성잎줄무늬병(D). [사진제공: (A,B) University of Idaho, (C,D) H.D. Thurston, Cornell University.]

량에는 큰 영향을 미치지 않은 경우가 많지만 일부 병은 큰 손실을 초래한다. 병징은 처음에 잎 가장자리 엽초에 작고 긴 수침상으로 시작하지만 차차 커지고 합쳐져서 부정형의 가늘고 긴 노란색 또는 갈색의 줄무늬를 형성한다 (그림 12-14). 하얀 세균분출물 방울들이 줄무늬 표면에 보인다. 심하게 감염되었을 경우에는 잎이 노란색으로 변하고 끝부분에서 아래쪽으로 죽는다 (그림 12-14C, 12-14D). 감염된 것들은 이삭의 신장이 늦어지고 마름 증상이 일어난다. 병은 주로 습한 조건에서 발생한다. 병원세균은 종자나 작물의 잔재에서 월동하고 비, 직접접촉 또는 곤충에 의해 전반된다. 주된 방제수단은 건전 종자의 사용, 종자소독, 돌려짓기이다.

토마토와 고추 세균성점무늬병

Xanthomonas campestris pv. *vesicatoria* 에 의한 토마토와 고추 세균성점무늬병(bacterial spot)은 전 세계적으로 발생한다. 병원세균의 각기 다른 균주가 고추와 토마토 모두에 또는 고추에만 또는 토마토에만 병을 일으킨다. 이 병은 잎, 줄기, 열매에 피해를 입힌다. 잎에서 병징은 작은(약 3mm) 부정형의 윤기있는 검은 점무늬로 나타난다. 많은 점무늬를 가진 잎은 황화되고 찢어지며(그림 12-15A, 12-15C) 떨어진다. 꽃에 감염될 경우에는 일반적으로 심한 낙화를 가져온다. 어린 녹색 과일에서는 작은 수침상의 조금 융기된 점무늬가 나타나고 녹

그림 12-15 *Xanthomonas campestris* pv. *vesicatoria* 에 의한 토마토 잎(A)과 열매(B), 고추 잎(C)과 열매(D)의 세균성점무늬병. *Pseudomonas syringae* pv. *tomato* 에 의한 토마토 잎과 덜 익은 과실(E)과 익은 토마토(F)의 bacterial speck병. [사진제공: (A) J.A. Bartz, (B) R.T. McMillan, (C,D) Plant Pathology Department, University of Florida, (E) K. Pernezny, (F) R.J. McGovern, all University of Florida.]

색을 띤 흰색의 둘레무리를 가지며 커져서 직경이 3~6mm에 이른다 (그림 12-15B, 12-15D). 그 후 둘레무리는 없어지고 점무늬는 암갈색으로 변하고 우툴두툴한 표면과 함께 약간 움푹 들어간다. 병원세균은 종자 채취 과정에서 오염된 종자, 토양속의 감염 식물체 잔재, 그리고 잡초나 다른 기주에서 월동한다. 병원균은 비, 바람, 또는 접촉에 의해 전반되고 상처나 기공을 통해 잎과 과실을 침입한다. 이 병의 방제는 오염되지 않은 종자나 유묘의 사용, 저항성 품종의 이용, 돌려짓기, mancozeb나 maneb와 구리 혼합 살균제의 살포에 의존한다. 병이 포장에 발생되었을 때는 건조한 기상조건에서만 구리-maneb 합제로 방제가 가능하다.

토마토 bacterial speck병

Pseudomonas syringae pv. *tomato* 에 의해 발생하는 토마토 bacterial speck병은 세균성점무늬병과 유사하다. Bacterial speck병은 1970년대 중반부터 전 세계에서 경제적으로 중요한 병이 되었다. 잎, 줄기, 과실에 나타나는 병징은 세균성점무늬병 병징과 유사하지만 크기가 작고(그림 12-15E, 12-15F), 과실에서의 병징은 서로 합쳐지고 딱지처럼 보이며 심한 경우엔 과실 표면의 1/4을 차지하기도 한다. Bacterial speck병은 저온 다습한 기후에 병발생이 촉진된다. 방제법은 세균성점무늬병과 동일하다.

수박 과실썩음병

수박 과실썩음병(果實腐敗病; bacterial fruit blotch)은 1990년 초에 처음 발견되었다. 이 병은 미국의 여러 수박 생산지역 특히 남동부 지역에서 발생한다. 이 병은 해마다 산발적으로 발생하고 매년 아주 적은 수의 포장에 영향을 끼친다. 그러나 감염된 포장에서는 과피의 외관상 손상으로 판매할 수 없기 때문에 손실은 매우 높은 편이다. 병든 과실은 식용으로 안전하다.

병징

수박 과실썩음병의 첫번째 병징은 떡잎과 잎의 뒷면에 처음에는 수침상이 나타난 다음 마른 괴사점무늬로 변하는데, 쉽게 간과되거나 잘못 진단된다 (그림 12-16A). 그러나 독특한 병징이 수확직전의 성숙된 과실에 나타난다. 과실에서 초기 병징은 수박 과피에 수침상 또는 유침상의 큰 감염 부위 또는 병반이 나타나고(그림 12-16B, 12-16C), 그 병징은 토양에 닿아있는 부위가 아니라 과실의 옆이나 윗부분에서 관찰된다. 유침상 병반의 조직은 초기에는 건전한 부위와 같이 딱딱하고 과

그림 12-16 *Acidovorax avenae* subsp. *citrulli* 에 의한 수박 과실썩음병. (A) 수박 유묘의 점무늬와 엽맥의 얼룩. (B) 표면에 유침상 얼룩을 보이는 수박들, 이중 하나는 균열이 보임. (C) 큰 갈색 얼룩과 과실에 과일 내부가 발효되고 있는 것을 나타나는 거품을 내는 수박. (D) 감염된 수박의 썩고 있는 모습과 2차 미생물들이 침입에 의해 내용물이 발효된 모습을 보여주는 잘라놓은 수박. [사진제공: D.L. Hopkins, University of Florida.]

피에 한정되어 나타난다. 그러나 병이 진전되면서, 병반 표면은 갈색이고 울퉁불퉁하며 금이 가기 시작한다. 갈색의 끈적한 분출물이 그 병반 안에서 생길 수 있다. 쪼개진 틈으로 다른 미생물들이 수박에 들어간다. 이들은 가스를 생성하여 작은 거품이 과실에서 분출되거나(그림 12-16C) 수박 내부의 과육이 용해되고 썩어서 안쪽에서 끓어오르는 소리를 낸다 (그림 12-16D).

병원균

수박 과실썩음병의 병원균은 *Acidovorax avenae* subsp. *citrulli* 이다.

병의 진전

세균은 병든 식물의 종자나 포장에 버려진 과실의 종자가 발아하여 자라는 수박에서 월동한다. 아주 적은 수의 종자가 어린 식물의 자엽이나 잎에 많은 감염을 하기에 충분한 세균을 생산할 수 있다. 잎의 감염은 식물에 피해를 주는 것 같지는 않지만 과실을 침입하는 전염원을 제공한다. 과실은 개화기나 착과기에만 감수성이지만 침입한 병원균은 세균이 활성화되고 과피에 병징을 일으키는 시기인 과일숙성기 바로 직전까지 잠복한 상태로 존재한다. 만약 병반이 과실숙성기 후에 과실에 나타나면 수확 후 과실의 운반이나 저장 중에는 더 이상 감염이 확대되지 않는다. 포장에서 비와 두상관수는 병의 전반에 매우 좋은 환경을 제공하여 더 많은 식물과 과실에 세균이 퍼지도록 한다.

방제

이 병의 방제는 과실썩음병 세균이 없는 무병종자를 사용하는 것이다. 적어도 1년은 박과작물이 아닌 다른 작물로 돌려짓기하고, 포장에 자생하는 박과작물의 제거는 필수적이다. 습할 때는 포장에서 작업을 하지 말고, 두상관수를 피하라. 만약 포장에서 감염된 식물이 발견되면 개화기부터 과실성숙기까지 구리 살세균제를 살포한다.

카사바나무 세균성잎마름병

이 병은 전 세계의 모든 주요 카사바 생산지역에서 발생한다. 카사바나무의 품종, 세균 균주, 그리고 기상환경에 따라 세균성잎마름병에 의한 카사바의 손실 범위는 높은 수준에서부터 완전 손실까지이다. 카사바를 주요 작물로 의존하며 살아가는 인구가 많은 나라에서는 세균성잎마름병은 큰 재앙을 가져올 수 있다.

병징은 초기에 수침상 병반으로 나타나 확대되고 퇴록되어 갈색 괴사 부분이 잎을 시들고 마르게 한다 (그림 12-17A). 감염은 곧바로 전신감염으로 되고, 특히 습도가 높은 아침에

그림 12-17 *Xanthomonas campestris* pv. *manihotisi* 에 의한 카사바나무 세균성잎마름병. (A) 마름병에 의해 죽은 어린 카사바나무 잎과 줄기. (B) 성숙한 잎에 있는 많은 모무늬가 보임. 오래된 잎은 죽어 떨어짐. 어린 식물은 말라서 죽음. [사진제공: J. Hughes, Intl. Inst. Trop. Agric. Ibadan, Nigeria.]

물관부의 변색, 줄기 궤양, 세균 덩어리를 분출시키고 말라죽는다. 결과적으로 전체 식물이 시들어 죽는다 (그림 12-17B).

카사바나무 세균성잎마름병은 *Xanthomonas axonopodis* pv. *manihotis* 에 의해 발생한다.

병원균은 주로 감염된 부위의 삽수에 의해 멀리 퍼진다. 포장 내에서는 세균은 빗방울, 세균 분출물을 묻힌 다양한 곤충, 사람 손과 농기구에 의해 병든 식물로부터 건전한 식물로 전반된다. 이 병은 일반적으로 평년 강수량보다 높은 해에 더 흔하고 넓은 면적에 심하게 발생한다.

카사바나무 세균성잎마름병의 방제는 건전 삽수 사용, 저항성 품종 이용, 돌려짓기, 6개월 이상의 휴경에 의해 이루어질 수 있다. 세균의 전반을 증가시키는 것보다는 감소시키는 방법인 감염된 식물을 제거하는 것과 줄기를 자르는 데 사용하는 칼의 살균과 같은 경종적 방법이 사용된다.

핵과류 세균성구멍병

핵과류 세균성구멍병(bacterial spot)은 *Xanthomonas arboricola* (구명, *X. campestris*) pv. *pruni* 에 의해 발생한다. 핵과류가 재배되는 대부분 지역에서 이 병이 발생하며, 이 병은 과일의 상품가치를 감소시켜 심각한 손실을 일으키고, 점무늬, 낙엽, 가지의 병반에 의해 나무를 약화시킨다.

병징은 잎에 원형 또는 부정형의 지름이 1~5mm 정도의 수침상 점무늬로 나타나고 나중에 보라색 또는 갈색으로 변한다 (그림 11-12A, 11-12C). 흔히 점무늬 주변에 둘레무리와 틈이 생기고 감염된 부위가 건전 부위로부터 떨어져서 잎에 구멍이 생기므로 천공병(穿孔病)이라고도 한다 (그림 12-18A). 여러 개의 점무늬가 합쳐지기도 하고, 심하게 감염된 잎은 노랗게 되고 벌어진다. 과일에는 국부적으로 작고 둥글며 약간 움푹한 갈색 병반이 나타난다 (그림 12-18B). 일부 자두 과일에서는 점무늬가 크고 검은 색이며 흔히 점무늬가 합쳐진다 (그림 12-18D). 병징 주변이 갈라지고 비온 뒤에는 이곳으로부터 검물질이 흘러나온다. 가지에서는 짙은색의 움푹 들어간 병반이, 봄에는 주로 새눈 주변에서 그리고 여름에는 새순 근처에서 발생한다.

병원세균은 가지의 병든 부위와 눈에서 월동한다. 이듬해 봄에 세균 덩어리가 누출되어 빗물에 튀기거나 곤충에 의해 새로운 잎, 과일 또는 가지에 전반되어 그 곳에서 자연개구, 상처, 엽흔을 통해 침입한다. 이 병은 활력이 좋은 나무보다 연약한 나무에 심하게 발생하므로 나무를 건강하게 키우는 것이 저항성을 높이는 방법이다. 농약에 의한 방제는 그리 효과적이지 못하다.

참고문헌

Abbasi, P. A., Soltani, N., Cuppels, D., *et al.* (2002). Reduction of bacterial spot disease severity on tomato and pepper plants with foliar applications of ammonium lignosulfonate and potassium phosphate. *Plant Dis.* **86**, 1232–1236.

Bonas, U., Van den Ackerveken, G., Büttner, D., *et al.* (2000). How the bacterial plant pathogen *Xanthomonas campestris* pv. *vesicatoria* conquers the host. *Mol. Plant Pathol.* **1**, 73–76.

Brinkerhoff, L. A. (1970). Variation in *Xanthomonas malvacearum* and its relation to control. *Annu. Rev. Phytopathol.* **8**, 85–110.

Clayton, E. E. (1936). Water soaking of leaves in relation to development of the wildfire disease of tobacco. *J. Agric. Res.* **52**, 239–269.

Cuppels, D. A., and Elmhirst, J. (1999). Disease development and changes in the natural *Pseudomonas syringae* pv. *tomato* populations on field tomato plants. *Plant Dis.* **83**, 759–764.

Daft, G. C., and Leben, C. (1972). Bacterial blight of soybeans: Epidemiology of blight outbreaks. *Phytopathology* **63**, 57–62.

Fahy, P. C., and Persley, G. J. (1983). "Plant Bacterial Diseases: A Diagnostic Guide." Academic Press, New York.

Feliciano, A., and Daines, R. H. (1970). Factors influencing ingress of *Xanthomonas pruni* through peach leaf scars and subsequent development of spring cankers. *Phytopathology* **60**, 1720–1726.

Fourie, D. (2002). Distribution and severity of bacterial diseases on dry beans (*Phaseolus vulgaris* L.) in South Africa. *J. Phytopathol.* **150**, 220–226.

Gitaitis, R., McCarter, S., and Jones, J. (1992). Disease control in tomato transplants in Georgia and Florida. *Plant Dis.* **76**, 651–656.

Hirano, S. S., and Upper, C. D. (1983). Ecology and epidemiology of foliar bacterial plant pathogens. *Annu. Rev. Phytopathol.* **21**, 243–269.

Jones, J. B., Stall, R. E., and Bouzar, H. (1998). Diversity among Xanthomonads pathogenic on pepper and tomato. *Annu. Rev. Phytopathol.* **36**, 41–58.

Kritzman, G., and Zutra, D. (1983). Systemic movement of *Pseudomonas syringae* pv. *lachrymans* in the stem, leaves, fruits, and seeds of cucumber. *Can. J. Plant Pathol.* **5**, 273–279.

Louws, F. J., Wilson, M., Campbell, H. L., *et al.* (2001). Field control of bacterial spot and bacterial speck of tomato using a plant activator. *Plant Dis.* **85**, 481–488.

Mew, T. W. (1987). Current status and future prospects of research on bacterial blight of rice. *Annu. Rev. Phytopathol.* **25**, 359–382.

Msikita, W., James, B., Nnodu, E., *et al.* (2000). "Disease Control in Cassava Farms." International Institute of Tropical Agriculture, Cotonou, Benin.

Pohronezny, K., *et al.* (1992). Sudden shift in the prevalent race of *Xanthomonas campestris* pv. *vesicatoria* in pepper fields in southern Florida. *Plant Dis.* **76**, 118–120.

Preston, G. M. (2000). *Pseudomonas syringae* pv. *tomato*: The right pathogen, of the right plant, at the right time. *Mol. Plant Pathol.* **1**, 263–275.

Romero, A. M., Kousik, C. S., and Ritchie, D. F. (2000). Resistance to bacterial spot in bell pepper induced by acibenzolar-*S*-methyl. *Plant Dis.* **85**, 189–194.

Shepard, D. P., Zehr, E. I., and Bridges, W. C. (1999). Increased susceptibility to bacterial spot of peach trees growing in soil infested with *Criconemella xenoplax*. *Plant Dis.* **83**, 961–963.

그림 12-18 *Xanthomonas arboricola* pv. *pruni* 에 의한 세균성구멍병의 병징. (A) 복숭아나무 잎에 생긴 작은 점무늬와 구멍. (B) 감염된 과일에 나타난 많은 둘레무리를 가진 점무늬. 나중에 갈색으로 변함. (C) 자두나무 잎에 점무늬들. (D) 감수성 자두나무 품종의 과일에 나타난 합쳐져 커진 점무늬. [사진제공: M. Ellis, Ohio State University, (B) K.D. Hickey, Pennsylvania State University, (C,D) K. Mohan, University of Idaho.]

Tillman, B. L., Harrison, S. A., and Russin, J. S. (1999). Yield loss caused by bacterial streak in winter wheat. *Plant Dis.* **83**, 609–614.

Verdier, Restrepo, Mosquera, *et al.* (1998). Genetic and pathogenic variation of *Xanthomonas axonopodis* pv. *manihotis* in Venezuela. *Plant Pathol.* 47, 601–608.

Webster, D. M., Atkin, J. D., and Cross, J. E. (1983). Bacterial blights of snap beans and their control. *Plant Dis.* **67**, 935–940.

Zhao, Y., Damicone, J. P., Demezas, D. H., *et al.* (2000). Bacterial leaf spot diseases of leafy crucifers in Oklahoma caused by pathovars of *Xanthomonas campestris*. *Plant Dis.* **84**, 1008–1014.

세균성시들음병

세균성시들음병(vascular wilts)은 주로 초본류인 채소류, 밭작물, 화훼류, 열대식물에서 발생한다. 병원세균과 이들이 일으키는 중요한 세균성시들음병은 다음과 같다.

Clavibacter (*Corynebacterium*) — 감자 둘레썩음병(*C. michiganense* subsp. *sepedonicum*), 토마토 세균성궤

양병 및 세균성시들음병(*C. michiganense* subsp. *michiganense*).

Curtobacterium (*Corynebacterium*) *flaccumfaciens* — 콩 세균성시들음병.

Erwinia — 박과작물의 세균성시들음병(*E. tracheiphila*), 인과류 과수의 불마름병(*E. amylovora*).

Pantoea — 옥수수 Stewart시들음병(*P. stewartii*).

Ralstonia — 가지과식물의 풋마름병 및 바나나 Moko병(*R. solanacearum*).

Xanthomonas — 십자화과식물의 검은썩음병(*X. campestris* pv. *campestris*).

시들음병에서 세균은 기주식물의 물관조직에서 증식하고 이동한다 (그림 12-19). 이러한 과정 중에 세균은 식물의 물과 양분의 이동을 저해함으로써 식물의 지상부는 시들어 죽는다. 이러한 관점에서 세균성시들음병은 *Fusarium*, *Verticillium*, *Ophiostoma*, 또는 *Ceratocystis*에 의한 균류시들음병과 비슷하다. 그러나 균류시들음병의 경우엔 균류가 식물체가 죽을 때까지 유관속조직에 남아있는 반면, 세균성시들음병에서는 세균은 흔히 병발생 초기에 물관조직의 세포벽을 분해하고 터지게 한다. 이렇게 하여 세균은 물관조직의 여러 부위에서 근접 유조직으로 전반하여 증식하며 세포를 죽이고 용해시키고 세균, 검물질이나 세포분해 물질로 꽉찬 낭(pockets)이나 동공(cavities)을 만든다. 일부 시들음병에서 예를 들면 옥수수나 사탕수수의 시들음병에서는 세균은 잎에 도달하면 유조직으로부터 빠져나와 세포간극을 통해 퍼지고 잎 표면의 기공이나 상처를 통해 밖으로 흘러나온다. 이와 비슷하게 카네이션 시들음병의 경우에 세균낭이나 동공 표면에 형성된 틈을 통해 세균덩어리가 줄기 표면으로 흘러나온다. 그러나 대부분 경우에는 병원세균은 식물체가 죽을 때까지 유관속 부위에 주로 제한되며 식물체 표면까지 도달하지 못한다.

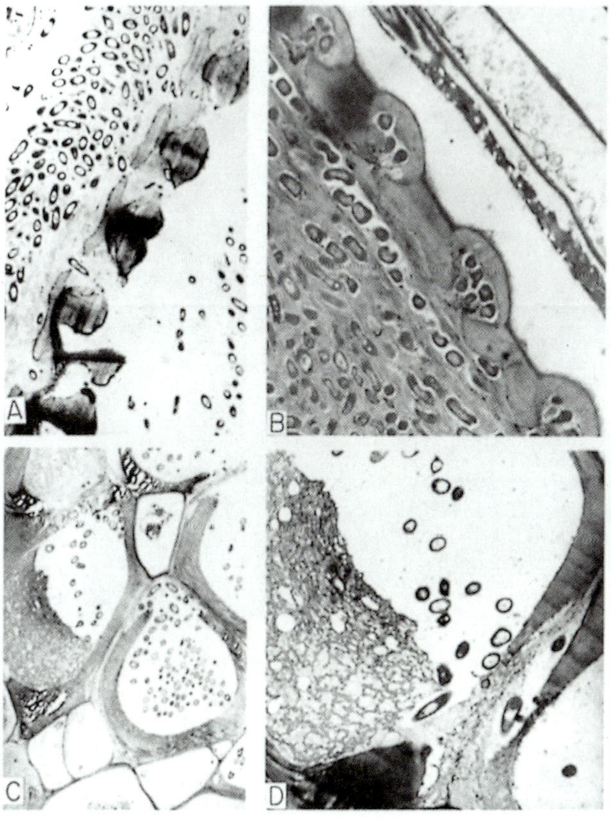

그림 12-19 검은썩음병에 감염된 양배추 엽맥의 물관 안에 있는 *Xanthomonas campestris* pv. *campestris*. (A) 균일하지 않게 물관세포에 분포한 세균 및 인접한 물관세포로 이동하는 세균. (B) 물관세포 및 물관유조직 세포 쪽으로 부푼 곳에 위치한 세균. (C) 세균이 있거나 세균이 없는 물관조직. (D) 일부 세균과 다른 물질로 채워진 감염된 물관. [사진제공: F.M. Walls, Univerity of Natal; South Africa, 출처: Wallis *et al.* (1973). *Physiol. Plant Pathol.* **3**, 371-378.]

세균성시들음병은 면도칼로 병든 줄기를 잘라 양쪽으로 천천히 당기면 두 쪽으로 갈라지면서 절단면 사이에 끈적끈적한 물질이 연결되는 것을 관찰하여 진단할 수 있다 (그림 12-20E). 또는 병든 줄기나 엽병, 잎 조직의 작은 조각을 한 방울의 물속에 놓고 현미경으로 관찰하면 잘려진 유관속조직 끝부분으로부터 세균 덩어리가 흘러나오는 것을 볼 수 있다 (그림 12-20C).

시들음병 병원세균은 주로 토양내의 식물 잔재, 종자, 영양번식기관이나 어떤 경우에는 매개충에서 월동한다. 이 병원세균은 식물체의 유관속조직으로 연결된 상처를 통해 침입하며, 유관속으로 이동하여 증식하고 퍼진다. 식물체 간의 전반은 토양, 농작업 및 농기구, 직접 접촉, 또는 매개충에 의해 이루어진다. 세균성시들음병의 방제는 어려우나 돌려짓기, 저항성 품종의 이용, 세균에 오염되지 않은 종자나 영양번식기관의 이용, 매개충이 존재할 때는 곤충의 방제, 병든 식물체의 제거와 적절한 포장 위생관리가 중요하다.

박과작물 세균성시들음병

박과작물 세균성시들음병(細菌性萎凋病; bacterial wilt)은 미국, 유럽, 남아프리카 그리고 일본에서 발생한다. 박과에 속하는 많은 작물에 발생한다. 오이, 노지멜론, 호박, 서양호박은 감수성이나 수박은 이 병에 대해 저항성이거나 병에 걸리지 않는다. 병든 식물은 잎과 줄기가 급작스레 시들고 결국 죽는다. 감염된 호박에는 저장 동안 악취가 나는 썩음 증상이 생긴다.

그림 12-20 *Erwinia tracheiphila* 에 의한 박과작물의 세균성시들음병. (A) 초기 시들음 병징을 보이는 노지멜론. (B) 대부분의 물관부벽에 늘어선 시들음세균. (C) 시든 잎의 엽병에 있는 대부분의 물관은 젤 같은 물질의 혼합물로 부분적 또는 완전히 막혀있다. (D) 거의 대부분의 물관이 젤과 검물질의 고체상태의 혼합물로 완전히 막혀있다. (E) 감염된 줄기로부터 세균 집단이 누출되고 있다. [사진제공: B.D. Bruton, USDA, Lane, OK.]

병발생 정도는 몇 주 발생하는 것부터 심한 경우엔 전체 작물의 75~95%가 죽는 경우까지 다양하다.

병징

처음 병징은 덩굴에서 한 두 잎이 시들어 축 늘어지고 곧 덩굴 전체의 잎이 시들고(그림12-20A) 마침내 감염 식물체의 전체 덩굴이 말라 주저앉는다. 시든 잎은 쭈그러들면서 마르고 병든 줄기는 처음에는 무르나 곧 딱딱해지면서 말라버린다. 발병 조건이 나쁘거나 중도 저항성을 가진 기주에서는 증상이 천천히 진행되고, 때로는 꽃이 많이 피거나 곁순도 많아진다. 시든 줄기와 엽병의 절단면을 현미경으로 관찰하면 물관부에 세균이 보이고(그림 12-20B), 일부(그림 12-20C) 또는 전체(그림 12-20D) 물관부가 물과 영양분의 이동을 완전하게 막을 정도의 다당류와 단백질 등과 같은 거의 고체화된 혼합물로 막혀있다. 감염식물체 줄기를 잘라 손가락으로 눌러보면 흰 세균덩이가 자른 부위에서 흘러나오는 것을 관찰할 수 있다. 자른 부위나 손가락에 묻은 끈적끈적한 물질은 천천히 당겨보면 몇 cm까지 가는 실 모양으로 늘어난다 (그림 12-20E). 이러한 끈적한 물질은 흔히 이 병의 조기진단에 사용하는 특징이다.

저장 중인 호박에서 악취가 나는 썩음증상은 과실의 표면은 멀쩡하지만 내부적으로 계속 진행된다. 그러나 일반적으로 내부가 썩는 동안 표면에도 검은 점무늬가 나타나고 서로 합쳐져서 커진다. 이 병은 저장 중에 몇 달 동안 지속된다. 감염된 호박들은 다른 무름병 병원균의 침입을 받아 완전히 부패된다.

병원균

병원세균 *Erwinia tracheiphila* 는 감염된 식물 잔재에서는 몇 주 밖에 생존하지 못한다. 그러나 이 세균은 오이줄무늬잎벌레(*Acalymma vittata*)나 오이점무늬잎벌레(*Diabrotica undecimpunctata*)의 소화기관에서 생존하고 월동한다 (그림 12-21).

병의 진전

봄에 병원세균을 가진 곤충은 식물체의 잎을 먹으면서 큰 상처를 내며 그 상처에 병원세균이 포함된 그들의 분변을 배설한다. 이 상처를 통해 세균은 물관까지 들어가 빠른 속도로 증식하고 식물체 전체로 퍼진다 (그림 12-21). 물관에서 세균이 증식함으로써 세균과 다당류가 물관을 막으며, 감염된 식물의 물관에는 검물질이 축적되고 전충체가 형성된다. 감염식물체의 줄기에서는 물의 이동이 건전 식물체의 1/5 이하에 불과하므로 물관의 폐색이 시들음의 주요 원인이라는 것을 의미한다.

병원균의 전반은 주로 오이줄무늬잎벌레와 오이점무늬잎벌레 그리고 다른 곤충의 오염된 입에 의해 이루어진다. 병든 식물을 한번 흡즙한 매개충은 여러 건전식물에 병원세균을 전반시킬 수 있다. 그러나 오직 일부 매개충만 세균을 운반한다. 감염 후 첫 번째 시들음 증상은 6~7일 후에 나타나고, 일반적으로 15일째에 식물체가 완전히 죽는다. 감염 식물체의 물관에 존재하는 세균들은 죽은 식물체가 말라버린 뒤 1~2개월 안에 죽는다.

호박 과실의 감염은 주로 감염 덩굴을 통해 이루어지는데, 때로는 매개충이 꽃이나 어린과실의 과피에서 흡즙할 때 이루어진다.

방제

이 병은 특히 초기에 살충제로 매개충을 방제함으로써 방제될 수 있다. 저장 중의 과실썩음병의 방제를 위해서는 감염되지 않은 건전한 식물체로부터 수확하고, 깨끗하고 훈증소독된 저장소에 보관해야 한다. 감수성 품종보다는 저항성 품종을 재배한다.

배나무, 사과나무 불마름병

불마름병(火傷病; fire blight)은 배나무의 가장 치명적인 병이어서 어떤 조건에서는 상업적 재배가 불가능하다. 불마름병은 세계 여러 곳에서 사과나무와 배나무에 큰 피해를 입힌다. 사과나무와 마르멜로 품종 중 일부는 매우 감수성이다. 불마름병은 핵과류 과수와 수많은 재배 또는 야생의 관상수를 포함한 다른 많은 식물에 영향을 미치지만 오직 인과류 과수에만 심각한 피해를 준다.

불마름병은 꽃이나 잔가지를 죽이고(그림 12-22A~12-22D, 12-22F), 큰가지의 둘레를 에워싸서 결국 나무를 죽인다 (그림 12-22D, 12-22E). 어린나무는 한 계절에 한 번의 감염에 의해 완전히 죽기도 한다 (그림 12-22G). 불마름병 대발생의 전경을 그림 12-23C에서 보여준다.

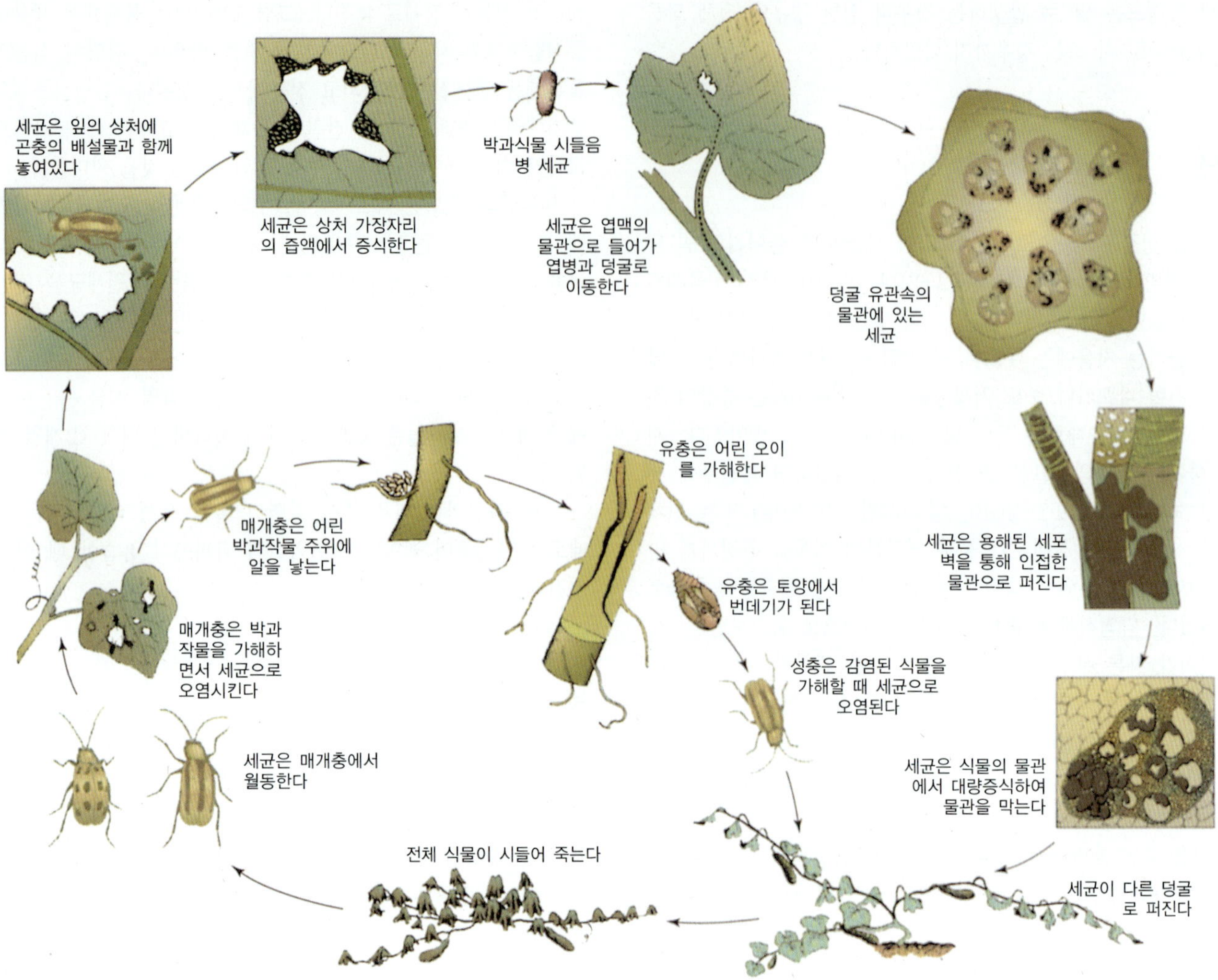

그림 12-21 *Erwinia tracheiphila* 에 의한 박과식물의 세균성시들음병의 병환.

병징

병든 꽃은 수침상이 되고 쭈그러든 후 흑갈색으로 변해 떨어지거나 나무에 매달려있다 (그림 12-22B). 곧이어 그 꽃이 달린 가지의 잎이나 근접한 가지로 진전되어 엽맥을 따라 흑갈색의 병반이 나타난다. 병이 진전됨에 따라 병든 잎은 말리고 쭈그러들어 일반적으로 병든 가지에 매달려있다.

끝가지와 흡지는 직접적인 침입을 받아 윗부분부터 아래쪽으로 마르기 시작한다. 병든 가지의 수피는 흑갈색으로 변하면서 처음에는 물러졌다가 나중에는 위축되고 단단해진다. 잔가지의 끝부분은 구부러지고(그림 12-22A), 잎은 검게 변하여 잔가지에 매달려있다. 열매가 달린 가지나 잔가지로부터 병징이 아래쪽의 큰가지로 진전되어 궤양병반을 형성한다 (그림 12-22D). 궤양병징을 보이는 가지의 수피는 처음에 수침상의 병징을 나타내고 나중에 짙은 색으로 움푹 들어간 채로 말라버린다. 궤양이 커져 가지를 둘러싸면 그 가지의 윗부분은 죽는다. 만일 궤양이 가지 둘레 전체에 미치지 못하면 움푹 들어가고 갈라진 채로 큰 진전없이 멈춘다 (그림 12-22D). 무병징 품종에서도 병원세균은 나무의 줄기와 가지를 통해 식물 내부에서 아래쪽으로 움직일 수 있고, 감수성 품종에서는 대목까지 도달하여 불마름병에 의해 죽는다 (그림 12-22E).

미성숙한 작은 과일은 수침상의 병반을 보이다 갈색으로 변하면서 오그라들고 다시 흑색으로 변해 발병 후 몇 달 동안 가지에 매달려 있기도 한다 (그림 12-22C, 12-23A).

습한 조건에서는 최근 감염된 식물체 표면에 유백색의 끈적끈적한 세균분출물 방울이 관찰된다 (그림 12-23B). 이러한 세균덩어리가 공기와 접촉하면 곧 갈색으로 변한다.

그림 12-22 *Erwinia amylovora*에 의한 사과나무와 배나무의 불마름병. (A) 양치기의 지팡이 같은 증상을 보이는 어린 가지. (B) 꽃과 어린 열매의 감염. (C) 작은 소화경을 통한 과실과 잔가지의 감염. (D) 세균이 감염된 잔가지로부터 가지로 이동하여 그 가지에 세균이 월동하는 궤양을 형성한다. (E) 세균이 흡지나 줄기를 통해 아래로 이동하여 감염된 대목. (F) 지제부에 전형적인 병징을 보여주는 배나무. (G) 조성 초기에 불마름병에 의해 전멸된 사과나무 과수원. [사진제공: (A–F) T. Van Der Zwet, USDA, (G) A. Jones, Michigan State University.]

(다음 페이지에 계속)

그림 12-22 *(계속)*

그림 12-23 (A) 소화경을 통해 불마름병에 감염된 배. (B) 감염된 사과나무에서 불마름병 세균 분출물 방울. (C) *Erwinia amylovora*. (D) 대부분의 나무가 불마름병에 의해 죽은 사과나무와 배나무 과수원의 전경. [사진제공: (A,B,D) T. Van Der Zwet, USDA, (C) Oregon State University.]

병원균

병원세균 *Erwinia amylovora*는 막대 모양이며 주생모를 가졌고 (그림 12-23C), 생장요소로 nicotinic acid를 요구한다. 세균은 병징과 혈청학적 방법으로 동정된다.

병의 진전

병원세균은 전년도에 형성된 궤양의 끝부분과 눈이나 건전 나무조직에서 월동한다. 이듬해 봄에 궤양 부위의 세균이 증식하여 주변 건전한 부위에 전염한다. 아주 습한 조건에서 세균덩어리가 피목이나 조직의 깨진 부위를 통해 밖으로 흘러나온다. 세균 분출물은 보통 배나무에서 꽃피는 시기에 보인다. 달콤하고 점착성이 있으며 세균으로 가득 찬 분출물은 벌, 파리, 개미와 같은 여러 곤충을 유인하고, 이 세균을 묻힌 곤충이 다른 건전한 꽃을 찾을 때 세균을 그 곳에 옮긴다. 궤양부위에서 분출한 세균덩어리의 세균이 빗방울에 튀겨 직접 꽃으로 옮겨지기도 한다 (그림 12-24). 세균덩어리가 마를 때 대부분 공중에 실 모양을 만드는데, 이들은 바람에 의해 퍼져나가 새로운 전염원으로 역할을 한다.

병원세균은 꿀 속에서 급속히 증식하고, 밀선을 통해 꽃 조직을 침해한다. 병든 꽃을 찾았던 벌은 꿀 속에서 세균을 묻혀 다른 꽃으로 전달한다. 꽃에 일단 들어가면 세균은 빠른 속도로 증식하고 주위 세포를 사멸시킨다. 세균은 주로 세포간극을

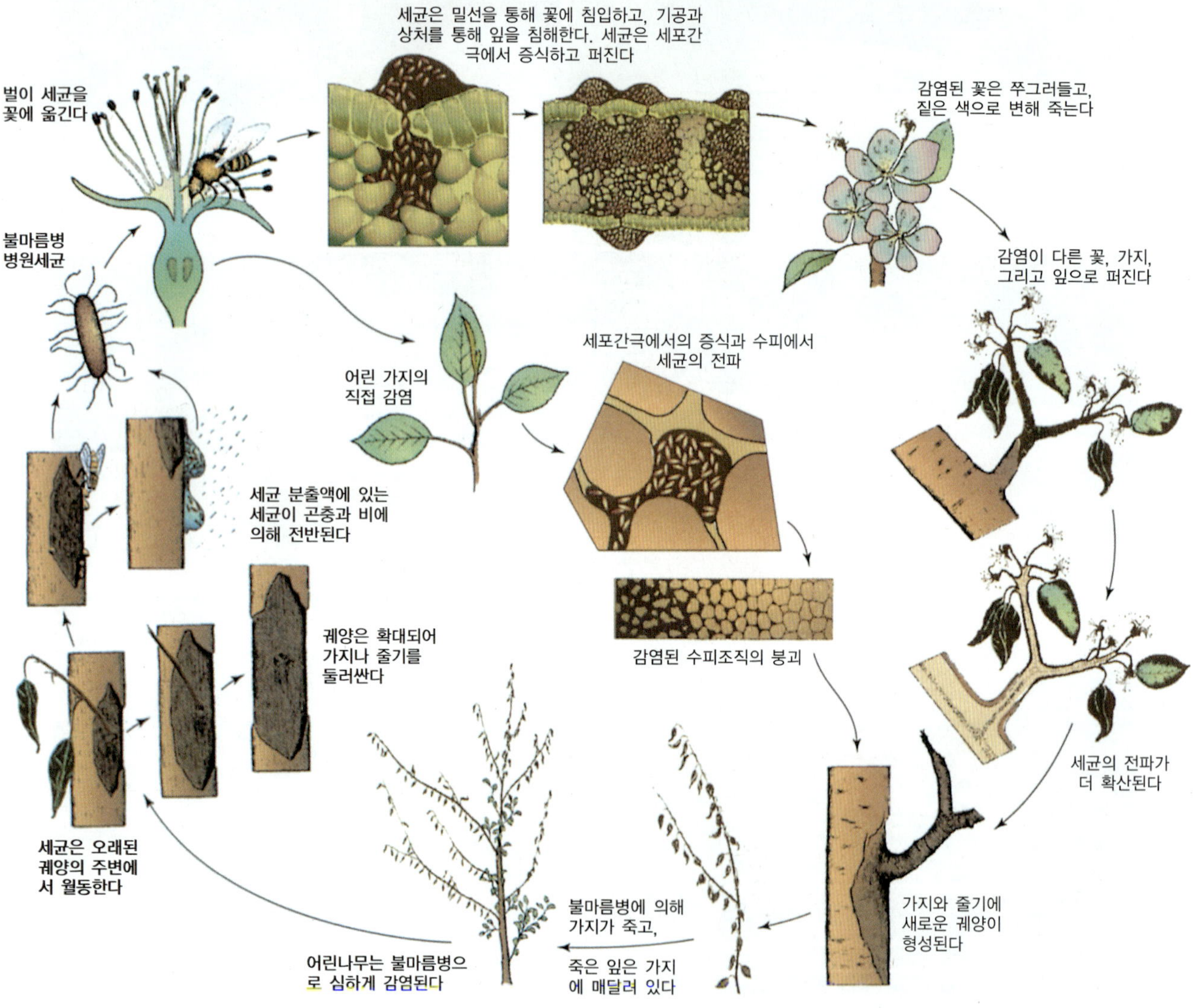

그림 12-24 *Erwinia amylovora* 에 의한 배나무와 사과나무의 불마름병 병환.

통해 빨리 이동하고 부서진 세포 중벽과 세포를 통해서도 이동한다. 때로는 용해된 유조직 세포에는 상당히 큰 구멍이 생기고 세균으로 꽉차게 된다. 꽃에 있던 세균은 열매가 달려 있는 가지 표피로 이동하여 이곳을 침해하여 결국은 그 가지의 모든 꽃, 잎, 과실을 침해하여 죽인다 (그림 12-24).

잎에서의 침입도 꽃에서와 비슷하게 이루어진다. 세균은 기공이나 수공을 통해 침해할 수 있으나, 대체로 세균 침입은 곤충이나 폭풍우에 의한 상처를 통해 이루어진다. 세균은 잎으로부터 엽병과 줄기로 옮겨간다. *E. amylovora*가 조직에 침입하면 세균은 처음에 물관을 침해하고 물관을 따라 움직이며 다른 조직은 감염 후기에 침해한다. 그러나 다른 세균성시들음병과 달리 *E. amylovora*는 물관으로부터 다른 조직으로 매우 빠르게 이동하여 세포를 죽이고 불마름과 궤양증상을 나타낸다.

어린 잔가지는 피목, 상처, 또는 꽃과 잎 감염에 의해 침해를 받기도 한다. 잔가지에서 세균은 세포간극 또는 물관을 통해 이동한다. 그 뒤 피층세포나 근접한 유조직이 붕괴되어 큰 구멍을 만든다. 세균이 체관에 도달하면 가지의 끝 부분과 잎을 향하여 위쪽 방향으로 이동한다. 큰가지의 침입은 주로 피층 조직에 국한된다. 즙액이 많은 조직의 감염은 온난다습한 조건에 매우 빠르게 일어난다. 서늘하고 건조한 조건에서 기주식물은 발병 부위에 코르크층을 형성하여 궤양 병징의 진전을 제한한다. 그러나 온난다습한 날씨에서 세균은 감수성 식물의 2, 3년, 그 이상된 가지까지 침입해 모든 수피를 죽인다.

방제

불마름병의 성공적 방제를 위해서는 여러 가지 방제수단이 함께 요구된다. 겨울동안에 병든 잔가지, 가지, 궤양부위 또는 전제 식물체라 하더라도 눈으로 관찰되는 병징으로부터 최소한 10cm 이상 아래에서 잘라내고 불태워야 한다. 여름동안에 병든 부위를 제거하는 것도 전염원을 줄일 수 있지만, 여름에는 세균이 매우 활동적이어서 감염부위를 잘라낼 때 다른 가지나 나무로 전반되지 않도록 조심해야 한다. 이러한 점으로 미루어 여름에는 병징 끝에서 30cm 이하 부위에서 절단해야 한다. 절단에 사용하는 도구도 매번 10% 상업용 차아염소산나트륨 용액으로 소독해야 한다. 이 용액은 큰가지나 궤양부위를 제거한 큰 절단면의 표면을 소독하기 위해서도 사용된다.

어리고 즙액이 많은 조직을 줄이기 위하여 잘 조화된 시비, 그리고 알맞은 가지치기를 통해 건전하게 키운다. 개화 후에는 곤충에 의해 잔가지에 세균이 전반되는 것을 막기 위해 곤충 방제가 뒤따라야 한다.

어떤 사과나무나 배나무 품종도 기상조건이 발병에 양호하고 병원균이 많을 때에는 이 병에 걸리지 않는 것은 없다. 그러나 중도 저항성 품종이 있으므로 불마름병이 심한 지역에서는 저항성 품종을 선택하여 심어야 한다.

농약에 의한 이 병의 방제도 위에 언급한 방제수단과 같이 사용되었을 때 효과적이다. 새눈이 나오기 전에 황산구리 단독 또는 보르도액과 혼합살포하면 어느 정도의 방제효과를 얻을 수 있다. 보르도액과 스트렙토마이신은 개화기에만 효과가 있다. 보르도액 또는 스트렙토마이신이 가끔 줄기마름 방제를 위해 쓰이지만 좋은 효과를 기대하기는 어렵다. 많은 지역에서 스트렙토마이신에 저항성인 병원균들이 발견되어 이 항생제는 그 지역에서 효과가 없다. 스트렙토마이신이 효과가 없는 지역에서 옥시테트라사이클린이 좋은 방제효과를 나타내기도 하였다.

여러 지역에서 불마름병 예찰모델이 개발되어 사용되고 있지만 항상 성공적이지는 않다. 대부분의 모델이 온도, 강우, 습도, 나무 생육시기에 대한 자료를 조합하여 사용된다. 발생예찰에 의해 불마름병이 심하게 발생할 것 같은 조건이 관찰되면 재배자가 살세균제를 살포하도록 알려준다.

가지과식물 풋마름병

가지과식물의 풋마름병(青枯病; southern bacterial wilt)은 *Ralstonia solanacearum*에 의해 발생한다. 이 병은 세계 전역의 열대나 따뜻한 지역에서 발생한다. 따뜻한 지역에서는 담배, 토마토, 감자, 가지에 심한 피해를 준다. 그러나 많은 다른 기주도 이 병에 피해를 입는다. 이 병원균의 최소한 5가지의 레이스가 다양한 기주에 병을 일으킨다. 그 중 한 레이스는 모든 가지과식물과 많은 비가지과식물 및 바나나까지 침해한다. 다른 레이스는 오직 바나나과식물만 침해하고, 세 번째 레이스는 감자뿐만 아니라 담배도 침해한다. 2개의 다른 레이스는 별로 중요하지 않은 식물에 병을 일으킨다.

가지과식물에서 풋마름병 병징은 갑자기 나타난다. 감염된 어린 식물은 빠르게 죽는다. 성숙한 식물은 처음에는 어린잎이 시들거나, 한쪽이 시들고 왜화하고, 최종적으로 그 식물은 완전히 시들어 죽는다 (그림 12-25A, 12-25B, 12-25D). 토마토 같은 일부 식물의 경우에는 많은 곁뿌리가 발생하기도 한다. 줄기, 뿌리, 괴경의 유관속조직은 갈변하는데, 잘라보면 회색의 세균덩어리가 흘러나온다 (그림 12-25C, 12-25E). 세균낭(bacterial pockets)이 심부와 표층의 유관속 다발에서 발달하고, 뿌리, 특히 괴경은 식물체가 완전히 시들면 흔히 썩어서 분해된다 (그림 12-25E, 12-25F).

그림 12-25 *Ralstonia solanacearum* 에 의한 토마토(A-C)와 감자(D-F)의 풋마름병 병징. 감염된 토마토 식물의 시들음과 죽는 초기(A)와 말기(B) 병징. (C) 감염된 토마토의 줄기 물관부의 갈변. (D) 전형적인 풋마름병 병징을 보이는 감자. (E) 감염된 감자 괴경의 유관속의 원을 따라 썩고 구멍을 형성함. (F) 풋마름병 병원균에 감염된 감자 괴경의 썩음과 쪼개짐. [사진제공: (A-C) R.J. McGovern, (D-F) D.P. Weingartner, both University of Florida.]

*Ralstonia solanacearum*은 병든 식물체나 식물 잔재, 감자의 괴경 같은 영양번식기관, 일부 작물의 종자, 야생 기주, 토양에서 월동한다. 상처 받았거나 썩어가는 감염 조직은 토양으로 세균을 방출한다. 세균은 토양 중의 물, 감염된 종자, 괴경, 이식, 또는 괴경을 자르거나 전정한 칼, 어떤 경우에는 곤충에 의해서 전반된다. 세균은 경작기구, 선충, 곤충, 또는 2차 뿌리가 나오면서 생긴 상처를 통해 침입한다. 이 세균은 큰 물관에 이르러 그것을 통해 식물체 전체로 퍼진다. 이 물관으로부터 세균은 피층이나 심부 유조직의 세포간극으로 빠져나와 여기에서 세포벽을 용해시켜 구멍을 만들고 세균이나 세포잔재 물질로 이곳을 가득 채운다.

가지과식물에서 풋마름병의 방제는 대부분 가능한 경우에는 저항성 품종의 이용, 돌려짓기와 휴경에 의존한다. 세균에 오염되지 않은 번식체를 사용해야 하며, 한 식물에서 사용 후 다른 식물에 사용하기 전에 칼 같은 도구들은 소독해야 한다. 오염된 토양은 1년 동안 휴경하면서 건조기에 자주 갈아엎어서 식물잔재의 건조와 세균의 사멸속도를 빠르게 한다. 길항 세균을 번식기관에 처리한 실험적인 생물적 방제가 성공적이었다.

바나나나무 Moko병(세균성시들음병)

바나나나무 Moko병이란 이름은 이 병의 원인이 알려지기 아주 오래 전인 1890년경 Trinidad 에서 바나나나무 일종인 Moko 바나나나무를 거의 전멸시킨 사실에서 유래되었다. 바나나나무 Moko병은 현재 바나나나무가 자라고 있는 열대 서반구 지역에 널리 발생한다.

바나나나무 Moko병에 감염된 어린 식물체는 빠르게 시들어 죽는데, 중간 잎이 녹색을 띠는 동안에도 예각으로 꺾인다 (그림 12-26A). 완전히 자란 식물체의 경우에는 안쪽에 있는 잎들이 엽병 근처에서 지저분한 노란색으로 변해 엽병은 부러지고 잎은 말라죽는다. 이러한 과정 중에 가운데부터 시작하여 바깥쪽으로 모든 잎이 구부러지고 말라죽을 때까지 주변의 많은 잎이 넘어지고 죽는다 (그림 12-26B, 12-26C). 감염 식물에서는 과일의 생장이 정지한다. 바나나가 기형으로 형성되고 흑색으로 변하면서 오그라든다 (그림 12-26C). 바나나가 거의 성숙되었을 때 감염되면 외부에는 병징이 관찰되지 않으나 일부 바나나 내부가 변색되어 썩는다 (그림 12-26E). 감염된 바나나나무의 위경을 잘라보면 황갈색 또는 거의 검은색으로 변한 유관속조직을 볼 수 있는데, 특히 안쪽의 잎과 열매 달린 자루가 심하다 (그림 12-26D). 세균낭이 위경이나 근경에서 발견되는데, 특히 바나나 열매에는 검고 끈적한 물질로 꽉 차 있다 (그림 12-26E). 이러한 바나나는 마르는데, 과피가 갈라졌을 때는 회색의 부서지기 쉬운 전분 찌꺼기들이 쏟아져 나온다.

이 병의 병원균은 *R. solanacearum* race 2이다. Triphenyl tetrazolium chloride을 함유하고 있는 특수배지에서 배양하면 병원균은 독특한 콜로니를 형성한다 (그림 12-26F).

이 병의 생태는 이미 설명한 이 세균에 의한 다른 마름병과 아주 유사하다. 세균은 기주식물 내에서 그리고 적어도 수개월 동안 토양에서 생존하다. 세균은 상처를 통해 뿌리에 침입하고, 물관에서 증식하여 이동한다. 세균은 오염된 농기구를 통하거나 감염된 바나나 근경을 통해 전파된다.

Moko병의 방제는 매우 어렵다. 이 병의 방제는 주로 저항성 품종의 이용, 돌려짓기, 경종적 방법에 의한다. 병든 또는 인접한 바나나나무와 근경은 잘라내어 불태워야 한다.

감자 둘레썩음병

감자 둘레썩음병(輪腐病; ring rot)은 *Clavibacter michiganense* subsp. *sepedonicum* 에 의해 발생한다. 이 병은 주로 북미지역과 유럽에서 피해가 심하다. 씨감자의 엄격한 검역과 검증으로 이 병은 종서생산포장에서는 거의 없어졌으나 씨감자 관리 및 운반장비의 오염에 의해 종서생산포장이나 농장에서 아직도 가끔씩 대발생한다. 감염 식물은 완전히 성숙될 때까지 일반적으로 지상부에 병징을 나타내지 않거나 나타난다 해도 늦은 시기에 나타나므로 노화나 다른 병과 구분하기 어려워서 그냥 지나치는 경우가 많다. 그러나 추운 봄과 더운 여름인 해에 흙을 돋운 두덩에서 한 두 줄기가 왜화되고, 감염된 줄기의 잎에서는 엽맥 사이가 노란색으로 변하고 잎의 끝 부분이 위로 말리며 결국 괴사한다 (그림 12-27A). 잎의 시들음이 뒤따르고, 전체 잎이 시들을 때까지 계속되어 결국 줄기가 죽는다. 만약 병든 줄기의 밑 부분을 절단해 눌러보면 유관속으로부터 크림 같은 세균분출물이 나온다.

이 병은 각 식물의 하나 또는 그 이상의 괴경에 영향을 미친다. 병징은 괴경 줄기 끝에서 시작되어 유관속조직을 통해 진전된다. 병든 괴경을 잘랐을 때 감염 괴경의 유관속이 연한 노란색으로 변해 원이 형성되고(그림 12-27B), 괴경을 꽉 눌렀을 때 유관속에서 세균분출물이 나오는 것을 볼 수 있다 (그림 12-22). 병이 진전됨에 따라 노란색 내지 담갈색의 무르거나 치즈 같은 썩은 부분이 유관속 원을 따라 나타나며, 이 부분을 손으로 누르면 무르고 걸쭉한 분출물이 흘러나오고, 유관속조직 부위가 계속 썩어서 구멍들이 감자 둘레로 연결된다 (그림

그림 12-26 *Ralstonia solanacearum*에 의한 바나나 세균성시들음병 (Moko병). 생육시기별 세균성시들음병을 보여주는 바나나. 잎만 시듦(A). 줄기의 감염과 바나나 과일의 초기 감염(B). 바나나 과일을 침입하고 파괴(C). (D) 바나나 위경의 여러 유관속조직의 침입과 변색. (E) 초기(오른쪽)와 말기(왼쪽)의 감염된 바나나 과육의 침입과 파괴. (F) 특수 영양배지에서 배양한 *R. solanacearum* 의 콜로니. [사진제공: H.D. Thurston, Cornell University.]

12-27C). 흔히 2차적으로 무름병 세균이 침입하여 고약한 냄새를 풍기며 괴경을 완전히 썩힌다 (그림 12-27D).

Clavibacter 의 형태적 특징, 세균의 그람양성 반응, 기주, 병징이 이 병의 일차적인 진단에 이용된다.

병원세균은 주로 병든 괴경과 농기구에 말라붙어서 월동한다. 세균은 감자 괴경을 자를 때 사용되는 칼에 의해 쉽게 전반된다. 감염된 감자 괴경을 자르는 데 사용했던 칼은 차후에 20번이나 건전 감자를 자를 때까지도 세균을 전반시킨다. 이

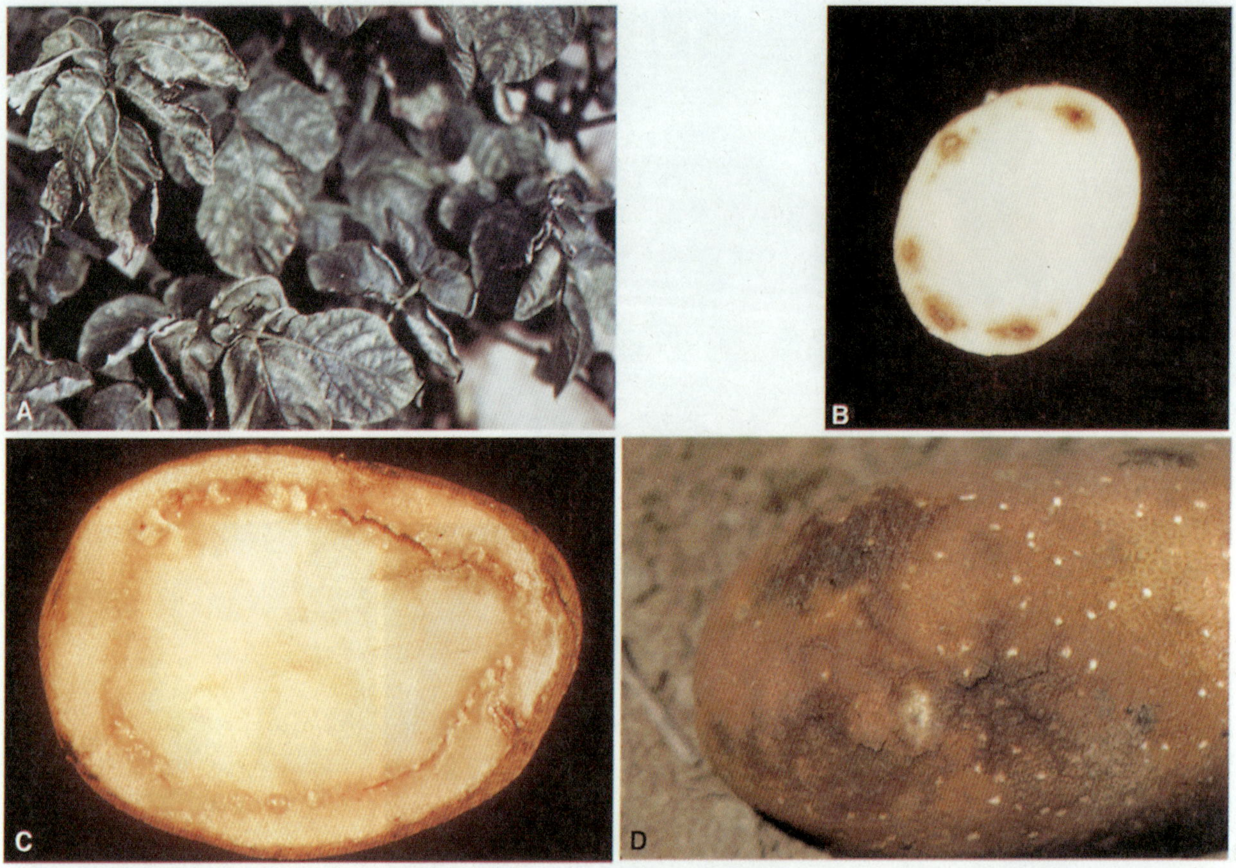

그림 12-27 *Clavibacter michiganense* subsp. *sepedonicum*에 의한 감자 둘레썩음병. (A) 잎의 병징. 감자 괴경의 유관속을 따라 생긴 초기(B)와 말기(C)의 둘레썩음병 병징. (D) 감염된 괴경의 외부에 나타난 썩음 증상. [사신세공: Plant Pathology Department, University of Florida.]

세균은 오직 상처를 통해 물관을 침입하고 그 곳에서 급속도로 증식하여 물관을 막기도 한다. 세균이 물관으로부터 나와 주위의 유조직을 분해하여 구멍을 만들고 다시 새로운 물관으로 침입한다. 이 세균은 뿌리도 침해하여 뿌리를 약화시킨다.

감자 둘레썩음병을 방제하기 위해서는 건전한 씨감자를 사용해야 한다.

토마토 세균성궤양병과 풋마름병

토마토에 세균성궤양병과 풋마름병을 일으키는 병원균은 *Clavibacter michiganense* subsp. *michiganense* 이다. 이 병은 세계 각지에서 발생하며 그 피해가 크다. 병징은 잎, 줄기, 과실에 점무늬로 나타나고, 잎과 줄기에는 시들음이 나타난다 (그림 12-28). 병이 많이 진전되면 전체 식물이 시들고 붕괴된다. 작은 궤양성 병징이 줄기나 엽맥에 나타나기도 한다.

식물 아랫잎의 가장자리에 흰색 돌기와 같은 점무늬가 나타나고, 시간이 지남에 따라 갈변하고 서로 합쳐지기도 한다 (그림 12-28). 잎은 시들고 위로 말리며 나중에 갈색으로 변하여 시들지만 떨어지지는 않는다. 시드는 증상은 한 잎에서 다음 잎으로 점차적으로 발생하며, 전체적으로 퍼져 대부분의 잎이 괴사된다 (그림 12-28B). 줄기나 새순, 엽병에서는 보통 줄기와 엽병이 만나는 부위에 옅은 줄무늬가 보인다. 나중에 이 줄무늬가 갈라지고 궤양을 형성한다 (그림 12-28C~12-28E). 습한 기후에서는 줄기의 갈라진 틈으로 세균 덩어리가 밖으로 나와 잎이나 과실로 전반되어 2차 감염을 일으킨다. 과실에 나타나는 병징은 흰색의 작은 수침상 병반인데 나중에 가운데 부분이 부풀어 올라 색깔이 담갈색으로 변하면서 거칠어진다. 결국에 중앙이 갈색이고 주변에 흰색 둘레무리를 갖는

그림 12-28 *Clavibacter michiganense* subsp. *michiganense*에 의한 세균성시들음병과 세균성궤양병. 각 잎(A)의 병징과 전체 식물(B)의 병징. (C) 유관속조직 및 수피의 변색과 죽음. (D) 절단된 토마토 줄기에 보이는 유관속조직의 변색. (E) 세균의 감염에 반응하여 토마토 과실에 나타난 흰색 또는 갈색 점무늬. [사진제공: (A,B,D,F) T.A. Zitter, Cornell University, (C) Plant Pathology Department, University of Florida, (E) L. McDonald, W.C.P.D.]

새 눈알 같은 점무늬로 변하는데, 이 새 눈알 같은 병징은 이 병의 특징이다 (그림 12-28F).

병든 줄기를 세로로 자르면 유관속조직은 갈색으로 변해있고, 심부나 피층에 많은 구멍이 형성되어 있으며, 이들은 궤양병징을 나타내는 줄기의 바깥 부위로 연결되어 있다 (그림 12-28C, 12-28D). 유관속조직의 변색은 과실까지 연결되어 있고, 밖으로는 과실의 표면에서 안으로는 종자까지 연결되어 있으며, 이러한 과실에서는 검은색 작은 구멍들이 중심부에서 관찰된다.

병원세균은 종자 내부나 표면에서, 그리고 토양 내의 식물체 잔재에서도 월동한다. 초기 감염은 세균이 종자로부터 떡잎이나 잎으로 이동하여 일어나지만, 대부분의 감염은 이식하는 동안에 뿌리, 줄기, 잎, 과실에 형성된 상처를 통해, 비바람으로부터, 그리고 토마토를 묶거나 곁순을 제거하는 경종적 방법

그림 12-29 *Xanthomonas campestris* pv. *campestris* 에 의한 양배추 세균성시들음병과 검은썩음병. 근접촬영한 V-모양의 감염부위(A)와 양배추의 여러 잎에 나타난 병징(B). (C) 양배추의 엽맥과 줄기 기부의 절단면에 나타난 짙은 녹갈색으로의 변색 (D) 검은썩음병 병징을 보이는 많은 양배추가 있는 포장. [사진제공: Plant Pathology Department, University of Florida.]

에 의해 이루어진다. 일단 식물체 내부에 들어가면 세균은 유관속조직으로 들어가 주로 물관에서 이동하며 증식하고, 그 후에는 체관, 심부, 피층으로 이동하여 그곳에서 궤양병징을 초래하는 구멍을 형성한다.

이 병은 세균에 감염되지 않은 종자의 사용, 묘포에서 구리화합물이나 스트렙토마이신의 예방적 살포, 묘포의 토양소독을 통해 방제된다.

십자화과식물 검은썩음병

십자화과식물의 검은썩음병(黑斑病; black rot)은 *Xanthomonas campestris* pv. *campestris* 에 의해 발생한다. 이 병은 전 세계적으로 발생한다. 이 병은 모든 십자화과식물에 병을 일으키고, 흔히 심한 피해를 준다. 이 병은 식물의 전 생육기 동안 발생하며, 주로 식물체의 지상부에 피해를 준다. 그러나 순무나 무에서는 다육질의 뿌리가 침해를 받아 건부(dry rot) 증상이 생기기도 한다. 어린 식물체가 감염되면 왜화, 한쪽 생장의 병징을 나타내고 아랫잎은 시든다. 그러나 포장에서 일반적인 초기 병징은 큰 V자 모양의 퇴록현상이 잎 끝 부위에서 나타난다 (그림 12-29A, 12-29B). 퇴록은 잎의 중륵 쪽으로 진전되고, 퇴록 부위 내의 엽맥은 검은색으로 변한다. 감염 부위는 나중에 갈색으로 변해 말라버린다. 그 동안에 엽맥은 검게 변하고 줄기로 진전되어 위 또는 아래쪽의 다른 잎들과 뿌리로 진전된다. 잎이 주맥을 통해 전신적으로 감염되었을 때에는 퇴록증상이 잎의 어디에서나 나타난다. 감염된 잎은 차례로 미성숙한 채로 떨어지기도 한다. 감염된 잎의 줄기나 밑부분을 잘라보면 유관속조직이 검은색으로 변해 있고(그림 12-29C), 노란색의 세균 덩어리들도 관찰되며, 피층이나 심부에 세균으로 꽉찬 구멍들도 관찰된다. 양배추와 꽃양배추 결구 또한 순무와 무의 다육질 뿌리에서처럼 침입받고 변색된다. 감염부위는 곧이어 무름병 세균의 침입으로 조직이 파괴되고 고약한 냄새를 낸다.

검은썩음병 병원세균은 감염된 식물체 잔재나 종자 표면 또는 내부에서 월동한다. 세균은 기공, 수공, 상처를 통해 떡잎과 어린잎을 침해하고 그들이 침해하는 외부 물관의 끝까지 세포간극을 통해 퍼진다. 세균은 물관에서 증식하여 식물체 전체로 퍼지며(그림 12-29C), 심지어는 종자에도 도달한다. 동시에 물관이 분해되고 세균은 주변의 유조직의 세포간극으로 퍼진다. 이 세포들은 곧 죽고 분해되어 구멍이 생긴다. 세균은 흔히 수공이나 상처를 통해 잎 표면으로 흘러나오며 비바람, 도구에 의해 전반되어 다른 잎을 감염한다. 습하고 따뜻한 조건에서의 감염은 매우 빨리 진행되어 몇 시간 이내에 눈에 보이는 병징을 나타내기도 한다 (그림 12-29B, 12-29D).

이 병의 방제는 건전한 종자 사용과 최소한 지난 2년 동안 이 병의 발생이 없었던 토양에서 재배한 무균 종자의 사용과 이식하는 것에 달려있다. 온탕처리(50℃, 30분)나 테트라사이클린 또는 스트렙토마이신에 의한 종자소독을 통하여 건전종자를 확보할 수 있다. 구리 화합물인 살균제의 10일 간격 처리도 이 병의 진전을 억제한다.

옥수수 Stewart시들음병

이 병은 많은 나라에서 보고되어 아마도 전 세계적으로 분포할 것이다. 미국에서 이 병의 중요성은 저항성 옥수수 잡종의 이용과 함께 감소되었으나, 개발도상국에서는 이 병이 큰 피해를 가져오고 있다.

감염된 어린 식물은 급격히 시들고, 만약 생존하면 가장자리가 물결 모양인 옅은 노란색 직선 줄무늬가 나타난다. 줄무늬는 잎의 길이만큼 길어지고 갈색으로 변하며 마른다. 감염된 식물 특히 단옥수수는 전신적으로 감염되고 토양에 가까운 심부에 구멍들이 형성되고 하얗게 죽은 수염이 보인다. 수염이 달린 후 좀 더 일반적으로 나타나는 것은 죽거나 볏짚 색깔로 변한 옥수수잎벌레(*Chaetocnema pulicaria*)가 가해한 부위로부터 나온 줄무늬 병반이다 (그림 12-30A, 12-30B). 이와 같은 병반은 전체 잎으로 번져서 잎이 말라죽는다.

옥수수 Stewart시들음병의 병원균은 *Erwinia stewartii*인데, 1993년에 *Pantoea stewartii*로 재명명되었으나, 후자의 병원균 이름은 아직까지는 과학자들에 의해 완전히 수용되지 않았다.

병원균은 세균의 식물 간 이동의 가장 중요한 매개충인 옥수수잎벌레(그림 12-30C)의 장에서 주로 월동한다. 휴면으로부터 깨어난 옥수수잎벌레 성충은 세균을 가지고 있는 식물을 섭식하고 세균이 새로운 감염을 시작할 수 있는 섭식 상처부위에 세균을 전달한다. 헤미다 이 병의 병발생심각노는 이전 겨울동안 많은 옥수수잎벌레의 생존에 좋은 온도조건에 항상 비례한다. 겨울에 이러한 환경을 모니터링하는 것은 다음 생육기에 이 병의 발생심각도를 예찰하는 데 사용된다. Stewart시들음병 세균은 아주 적은 수의 옥수수 종자에 의해서도 전반된다.

옥수수 Stewart 시들음병의 방제는 저항성 품종의 사용, 건전 종자 사용, 대부분 매개충의 방제를 위해 살충제의 살포에 의해서도 가능하다.

참고문헌

Abdalla, M. Y. (2001). Sudden decline of date palm trees caused by *Erwinia chrysanthemi*. *Plant Dis.* **85**, 24–26.

Bereswill, S. J., Bellemann, P., and Geider, K. (1997). Identification of *Erwinia amylovora* by growth morphology on agar containing copper sulfate and by capsule staining with lectin. *Plant Dis.* **82**, 158–164.

Coplin, D. L., Majerczak, D. R., Zhang, Y., *et al.* (2001). Identification of *Pantoea stewartii* subsp. *stewartii* by PCR and strain differentiation by PFGE. *Plant Dis.* **86**, 304–311.

Coutinho, T. A., Roux, J., Riedel, K.-H., *et al.* (2000). First report of bacterial wilt caused by *Ralstonia solanacearum* on eucalypts in South Africa. *Eur. J. Forest Pathol.* **30**, 205–210.

Deberdt, Quénéhervé, Darrasse, and Prior (2000). Increased susceptibility to bacterial wilt in tomatoes by nematode galling and the role of the *Mi* gene in resistance to nematodes and bacterial wilt. *Plant Pathol.* **48**, 408–414.

DeBoer, S. H., and Slack, S. A. (1984). Current status and prospects for detecting and controlling bacterial ring rot of potatoes in North America. *Plant Dis.* **68**, 841–844.

Eastgate, J. A. (2000). *Erwinia amylovora*: The molecular basis of fireblight disease. *Mol. Plant Pathol.* **1**, 325–329.

Genin, S., and Boucher, C. (2002). *Ralstonia solanacearum*: Secrets of a major pathogen unveiled by analysis of its genome. *Mol. Plant Pathol.* **3**, 111–118.

Gleason, M. L., Gitaitis, R. D., and Ricker, M. D. (1993). Recent progress in understanding and controlling bacterial canker of tomato in eastern North America. *Plant Dis.* **77**, 1069–1076.

Goodman, R. N., and White, J. A. (1981). Xylem parenchyma plasmolysis and vessel wall disorientation caused by *Erwinia amylovora*. *Phytopathology* **71**, 844–852.

Hartman, G. L., and Hayward, A. C., eds. (1993). Bacterial Wilt. In "Proceedings of an International Conference at Kaohsiung," Taiwan, 1992. AGIAR Proceedings.

Hayward, A. C. (1991). Biology and epidemiology of bacterial wilt caused by *Pseudomonas solanacearum*. *Annu. Rev. Phytopathol.* **29**, 65–87.

Hildebrand, M., Dickler, E., and Geider, K. (2000). Occurrence of *Erwinia amylovora* on insects in a fire blight orchard. *J. Phytopathol.* **148**, 251–256.

Hildebrand, M., Tebbe, C. C., and Geider, K. (2001). Survival studies with the fire blight pathogen *Erwinia amylovora* in soil and in a soil-inhabiting insect. *J. Phytopathol.* **149**, 635–639.

Huang, Q., and Allen, C. (2000). Polygalacturonases are required for rapid colonization and full virulence of *Ralstonia solanacearum* on tomato plants. *Physiol. Mol. Plant Pathol.* **57**, 77–83.

그림 12-30 *Erwinia (Pantoea) stewartii*에 의한 옥수수 Stewart시들음병. (A) 잎 줄무늬를 보이는 어린 옥수수. (B) 병에 의해 죽은 조직의 줄무늬를 보여주는 감염된 잎. (C) 병원세균의 주 매개충인 옥수수잎벌레. [사진제공: Plant Pathology Department, University of Florida.]

Johnson, K. B., and Stockwell, V. O. (1998). Management of fire blight: A case study in microbial ecology. *Annu. Rev. Phytopathol.* **36**, 227–248.

Jones, A. L. (1992). Evaluation of the computer model MARYBLYT for predicting fire blight blossom infection on apple in Michigan. *Plant Dis.* **76**, 344–347.

Kelman, A. (1953). The bacterial wilt caused by *Pseudomonas solanacearum*. *N.C. Agric. Exp. Stn. Tech. Bull.* **99**, 1–194.

Kocks, Zadocks, and Ruissen (1999). Spatio-temporal development of black rot (*X. campestris* pv. *campestris*) in cabbage in relation to initial inoculum levels in field plots in The Netherlands. *Plant Pathol.* **48**, 176–188.

Lee, I.-M., Lukaesko, L. A., and Maroon, C. J. M. (2001). Comparison of dig-labeled PCR, nested PCR, and ELISA for the detection of *Clavibacter michiganensis* subsp. *sepedonicus* in field-grown potatoes. *Plant Dis.* **85**, 261–266.

McElhaney, R., Alvarez, A. M., and Kado, C. I. (1998). Nitrogen limits *Xanthomonas campestris* pv. *campestris* invasion of the host xylem. *Physiol. Mol. Plant Pathol.* **52**, 15–24.

McManus, P. S., and Jones, A. L. (1994). Role of wind-driven rain, aerosols, and contaminated budwood in incidence and spatial pattern of fire blight in an apple nursery. *Plant Dis.* **78**, 1059–1066.

Mitchener, P. M., Pataky, J. K., and White, D. G. (2002). Transmission of *Erwinia stewartii* from plants to kernels and reactions of corn hybrids to Stewart's wilt. *Plant Dis.* **86**, 167–172.

Mitchener, P. M., Pataky, J. K., and White, D. G. (2002). Rates of transmitting *Erwinia stewartii* from seed to seedlings of a sweet corn hybrid susceptible to Stewart's wilt. *Plant Dis.* **86**, 1031–1035.

Nakaho, K., Hibino, H., and Miyagawa, H. (2000). Possible mechanisms limiting movement of *Ralstonia solanacearum* in resistant tomato tissues. *J. Phytopathol.* **148**, 181–190.

Nelson, P. E., and Dickey, R. S. (1970). Histopathology of plants infected with vascular bacterial pathogens. *Annu. Rev. Phytopathol.* **8**, 259–280.

Pan, Y.-B., Grisham, M. P., Burner, D. M., *et al.* (1998). A polymerase chain reaction protocol for the detection of *Clavibacter xyli* subsp. *xyli*, the causal bacterium of sugarcane ratoon stunting disease. *Plant Dis.* **82**, 285–290.

Pataky, J. K., Michener, P. M., Freeman, N. D., *et al.* (2000). Control of Stewart's wilt in sweet corn with seed treatment insecticides. *Plant Dis.* **84**, 1104–1108.
Pepper, E. H. (1967). "Stewart's Bacterial Wilt of Corn," Monogr. No. 4. APS Press, St. Paul, MN.
Pradhanang, P. M., Elphinstone, J. G., and Fox, R. T. V. (2000). Sensitive detection of *Ralstonia solanacearum* in soil: A comparison of different detection techniques. *Plant Pathol.* **49**, 414–422.
Rahman, M. A., Abdullah, H., and Vanhaecke, M. (1999). Histopathology of susceptible and resistant *Capsicum annuum* cultivars infected with *Ralstonia solanacearum. J. Phytopathol.* **147**, 129–140.
Schell, M. A. (2000). Control of virulence and pathogenicity genes of *Ralstonia solanacearum* by an elaborate sensory network. *Annu. Rev. Phytopathol.* **38**, 263–292.
Singh, U. S., Mukhopadhyay, A. N., Kumar, J., and Chaube, H. S., eds. (1992). "Plant Diseases of International Importance," Vols. 1–4. Prentice-Hall, Englewood Cliffs, NJ. [Extensive chapters on black rot of crucifers and fire blight of apple and pear.]
Strider, D. L. (1969). Bacterial canker of tomato caused by *Corynebacterium michiganense*: A literature review and bibliography. *N. C. Agric. Exp. Stn. Bull.* **193**, 1–110.
Van der Zwet, T., and Keil, H. L. (1979). Fire blight: A bacterial disease of rosaceous plants. *U. S. Dept. Agric. Agric. Handb.* **510**, 1–200.
Van der Zwet, T., Zoller, B. G., and Thompson, S. V. (1988). Controlling fire blight of pear and apple by accurate prediction of the blossom blight phase. *Plant Dis.* **72**, 464–472.
Vanneste, J. L., ed. (2000). "Fire Blight: The Disease and its Causative Agent, *Erwinia amylovora.*" CABI, Wallingford, UK.
Wallis, F. M. (1977). Ultrastructural histopathology of tomato plants infected with *Corynebacterium michiganense. Physiol. Plant Pathol.* **11**, 333–342.
Wallis, F. M., *et al.* (1973). Ultrastructural histopathology of cabbage leaves infected with *Xanthomonas campestris. Physiol. Plant Pathol.* **3**, 371–378.
Watterson, J. C., *et al.* (1972). Multiplication and movement of *Erwinia tracheiphila* in resistant and susceptible cucurbits. *Plant Dis. Rep.* **56**, 949–952.
Williams, P. H. (1980). Black rot: A continuing threat to world crucifers. *Plant Dis.* **64**, 736–742.
Williamson, L., Nakaho, K, Hudelson, B., *et al.* (2002). *Ralstonia solanacearum* race 2, biovar 2 strains isolated from geranium are pathogenic on potato. *Plant Dis.* **86**, 987–991.

세균성무름병

세균은 다육질의 식물체 조직이 포장이나 저장 중에 썩을 때마다 존재하며, 세균에 의해 식물체 조직이 부패되는 동안 나오는 휘발성 물질 때문에 고약한 냄새가 난다. 썩는 조직은 물러지고 진물이 나오며 끈적끈적한 세균 덩어리와 세포 부스러기가 조직의 갈라진 틈으로 흘러나온다. 그러나 많은 무름병(軟腐病; soft rot)에 관련된 세균은 살아있는 세포를 공격하는 식물병원균이 아니라 부생체이거나 2차 기생체이다. 즉, 무름병원세균은 이미 다른 병원체나 환경적 요인에 의해 죽은 조직이나 어떤 다른 생물체의 공격에 대해서 저항할 수 없이 약해지거나 늙은 조직에서 자란다. 그러나 포장이나 저장 중에 살아있는 식물 조직을 침해하여 무름병을 일으키는 세균도 있다.

Erwinia — "carotovora" 또는 "무름병" 그룹은 많은 다육질의 과일, 채소류, 관상식물에 무름병 (*E. carotovora* pv. *carotovora*), 감자에 줄기검은병 (*E. carotovora* pv. *atroseptica*).

Pseudomonas — 감자 pink eye병, 양파 slippery skin병, 양파 sour skin병과 같은 다육질 과일과 채소에 무름병 (*P. fluorescens*).

Bacillus — 저장 중인 담뱃잎 및 감자에 썩음병, 토마토 유묘 및 콩에 썩음병.

Clostridium — 저장 중의 담뱃잎 및 감자에 썩음병과 포플러나무와 느릅나무 wetwood병

무름병 세균들은 감염 식물조직, 토양, 오염된 장비나 용기에서 월동한다. 어떤 세균은 곤충 체내에서도 월동한다. 이들은 직접적인 접촉이나 사람의 손, 도구, 토양, 물, 곤충에 의해 전반된다. 세균은 주로 상처를 통해 식물체에 들어간다. 식물 조직 내에서 특히, 세포간극 내에서 증식하며, 여러 효소를 분비하여 중간세포벽을 분해하여 세포들을 따로 따로 분리하고, 결국 감염된 조직을 붕괴시켜 물러지게 한다. 이러한 세균과 효소에 의해 둘러싸인 세포들은 제일 먼저 수분을 잃고, 내용물이 오그라들고, 결국 세포벽 일부가 용해되어 세균의 침입을 받는다. 이 병의 방제는 어려우나 적절한 포장관리, 상처를 피하고, 저장조직을 건조하고 시원한 곳에서 보관, 곤충의 방제, 돌려짓기에 의해 가능하다.

채소류 세균성무름병

세균성무름병(軟腐病; soft rot)은 감자(그림 12-31A~12-31E), 당근(그림 12-32B), 양파(그림 12-32D), 아이리스와 같은 채소류와 일년생 관상식물의 다육질 저장기관 그리고 오이, 토마토(그림 12-32C)와 같이 다육질의 과실, 또는 양배추(그림 12-32A), 양상추, 셀러리(그림 12-32E), 시금치와 같이 물기가 많은 줄기와 잎에서 가장 흔히 발생한다. 열대지방에서 무름병은 흔히 옥수수(그림 12-33A), 카사바나무(그림 12-33B, 12-33C), 바나나나무(그림 12-33D, 12-33E)가 포장에서 재배되는 동안에도 다육질의 줄기에 발생한다. 이 병은 세계 도처에서 발생하며, 포장, 수송, 특히 저장 중에 큰 손실을 초래하는 심각한 병이다. 이 병은 다른 어떤 세균성 병보다 더 큰 손실을 가져온다. 거의 모든 다육질의 채

그림 12-31 *Erwinia* 와 *Pseudomonas* 속에 의한 채소류와 과일의 세균성무름병. (A) 무름병으로 이어지는 감자 괴경의 피목 감염. (B) 감자 줄기검은병을 일으키는 *Erwinia carotovora* subsp. *atroseptica* 에 의해 유도되는 감자 괴경의 줄기 끝 썩음. (C) 세균성시들음과 줄기검은병에 감염된 감자. (D) 줄기검은병 병징을 보여주는 포장에서의 감자. (E) 수확기에 세균성무름병을 보여주는 감자. [사진제공: (A,C,D) Department of Plant Pathology, University of Florida, (B) D.P. Weingartner, (E) R.T. McMillan, University of Florida.]

소류가 이 병의 피해를 받는데, 저장이나 유통 중에서는 단 몇 시간 이내에 병이 발생할 수 있다. 세균성무름병은 수량손실, 품질저하에 의한 상품가치의 저하, 무름병의 예방에 소요되는 많은 비용으로 큰 경제적 손실을 가져온다.

병징

무름병징은 처음에 작은 수침상의 병반으로 시작하여 빠른 속도로 커지고 깊어진다. 감염부위는 연약해지고 흐물흐물해지면서(그림 12-31, 12-32, 12-33), 그 표면은 변색되고

그림 12-32 양배추(A), 당근(B), 토마토(C), 양파 인경(D)과 셀러리의 세균성무름병. [사진제공: (A,C,E) Department of Plant Pathology, University of Florida, (B) R.J. Howard, W.C.P.D., (D) G.Q. Pelter, Washington State University.]

그림 12-33 *Erwinia chrysanthemi*에 의한 다육질식물의 세균성시들음과 줄기썩음. (A) 옥수수의 줄기썩음. (B) 카사바나무의 궤양과 줄기썩음. (C) 카사바나무의 줄기썩음. 줄기 내부 변색을 근접촬영한 바나나나무의 *Erwinia* 줄기썩음병(D)과 포장에서의 병징(E) [사진제공: H.D. Thurston, Cornell University.]

약간 들어간다. 감염부위의 조직은 크림색으로 변하고 끈적끈적하며 조직이 파괴된 식물세포와 세균이 흐물흐물한 덩어리로 붕괴된다. 내부 전체가 탁한 액체로 변할 동안 표면에는 병징이 없다. 그렇지 않으면 틈이 생겨 표면으로 끈적끈적한 것이 흘러나오고 이들이 공기에 노출되면 회색이나 짙은 갈색으로 변한다. 전체 괴경이나 열매도 3~5일 내에 물러지고, 진물이 나고 부패될 수 있다. 많은 식물의 괴경이나 과일에서는 감염된 조직이 완전히 붕괴될 때까지 아무 냄새가 나지 않지만, 2차 세균에 의해 침해받아 조직이 붕괴될 때 심하게 냄새가 난다. 십자화과식물이나 양파가 감염되었을 때는 항상 아주 역겨운 냄새가 난다. 포장에서 뿌리 채소작물(root crop)이 감염되었을 경우에는 줄기 하부에 병징이 나타나는데, 검은색으로 변해 진물이 나며 쭈그러들고, 식물은 왜화, 시들음, 지상부위의 죽음을 초래한다. 물기가 많은 잎이나 줄기의 감염은 포장에서는 그리 중요하지 않다. 그러나 이러한 부분들이 저장 중이나 플라스틱 같은 용기에 포장될 때 감염되면 1~2일 내에 병든 조직은 물러지고 분해되어 물에 젖은 것처럼 보이는 녹색의 끈적끈적한 덩어리로 된다.

해설 21 세균성(균류성)무름병에 의한 막대한 수확 후 손실

모든 사람들에게 구입한 딸기, 토마토, 감자, 복숭아, 양앵두, 바나나, 시금치, 셀러리, 포도, 고추, 양파, 그리고 다른 모든 다육질 식물의 한 상자 중에 몇 개가 일부분 또는 전체가 물러져서 버려야 했던 것이 흔히 있는 일이다. 이러한 일들은 특히 저장하는 곳이 습하거나 플라스틱 봉지 (봉지 내에 높은 습도가 유지되는) 또는 다소 장기간 보관하였을 때 발생한다. 어떤 것은 균류 또는 세균에 의해 발생하지만, 대부분의 경우에는 두 종류 병원균에 의해 발생하는 수확 후 무름병은 모든 사람들에게 매일 있는 흔한 일이다.

주로 다육질 과일, 채소, 식용으로 사용되는 뿌리와 괴경 같은 땅속 저장기관의 수확 후 세균 (균류) 무름병에 의한 손실을 정확하게 계산할 수 없다. 그러나 수확된 작물의 15~30% 정도로 추정된다. 물론, 손실은 작물마다 다르고 각 작물 껍질의 단단하고 연한 정도에 따라서도 다르다. 예를 들어, 딸기, 복숭아, 파파야에서 사과나 수박보다 손실이 훨씬 더 크다. 손실은 작물이 포장에 있는 동안 병이나 곤충을 방제하는 수단에 따라서도 달라진다; 이것은 비록 일부는 수확 시에 눈에 보이는 병징을 보이지는 않지만, 이미 포장에서 과일, 채소의 감염된 정도에 영향을 미친다. 손실은 온도가 높고 습한 시기보다는 서늘하고 건조한 시기에 상처를 적게 작물을 수확하려는 노력 또는 수확 방법 등에 따라 다르다. 포장에서 전체 또는 일부가 감염되거나 또는 상처가 난 과일과 채소류를, 손실을 감수하더라도 보관, 운반, 판매 중에 전반되는 무름병으로부터 포장된 작물을 보호하기 위해 선별과정에서 이들을 버릴 수 있는 의지나 능력에 따라 다르다. 손실은 저장, 운반, 판매 중에 냉장을 할 수 있는 능력에 따라 다르다. 마지막으로 손실은 소비자가 이러한 제품을 구매한 순간부터 최종 소비할 때까지 냉장을 할 수 있는 소비자의 능력에 따라 달라진다.

작물(연하거나 단단하거나), 기후(덥거나 서늘, 습하거나 건조), 포장에서 해충과 병을 방제할 수단을 갖추거나 교육에 의한 능력, 최종 소비자에 의해 생산물을 수확할 때부터 소비할 때까지의 냉장을 공급할 수 있는 능력에 따라 무름병에 의한 손실이 회피되는 것이 명백하다. 작물의 연함과 단단함은 작물의 고유의 특성이고 물론 변화시킬 수 없다. 모든 유리한 환경을 이용하려고 시도하는 것 이외에는 어떤 지역에서 기후에 대해서는 우리가 할 수 있는 것이 없다. 다른 두 가지 무름병을 회피하기 위한 선결요건, 즉 포장에서 방제를 위한 적당한 교육과 수확 후 모든 단계에서 냉장을 제공하는 것들은 가난한 개발도상국에서 불가능하거나 어렵다. 이러한 국가에서 적절한 방제를 위한 농업인 교육이 일반적으로 불충분하다; 이들에게는 만족할 만한 방제를 하는데 필요한 기구나 재료가 많이 부족하고 생산물의 보관, 운반, 그리고 판매뿐만 아니라 자신의 집에도 냉장설비가 많이 부족하다. 많은 가난한 개발도상국이 일반적으로 상대습도, 온도, 강수량이 높은 열대지역에 분포함을 고려할 때 이러한 국가에서 서늘하고 건조한(좀 더 잘사는) 지역보다 무름병에 대해 훨씬 더 큰 손실을 입는 것이 쉽게 이해된다.

병원균

Erwinia carotovora subsp. *carotovora*, *E. chrysanthemi*, 그리고 *Pseudomonas fluorescens*. *Erwinia carotovora* subsp. *carotovora*와 *Pseudomonas fluorescens*가 가장 흔하고 파괴적인 무름병을 일으킨다. 감자 줄기검은병(그림 12-31B~12-31D)을 일으키며 *E. carotovora* subsp. *carotovora*의 저온성 변이균이라고 생각되는 *E. carotovora* pv. *atroseptica*는 감자에만 병을 일으킨다. *Erwinia chrysanthemi*는 많은 기주를 침해하고 열대 식물들이 포장에서 재배되고 있는 동안 무름병을 일으킨다. 무름병 병원세균은 5~35℃ 범위의 온도에서 자라며 활동적인데 약 50℃에 장기간 노출될 때에는 죽는다.

병의 진전

무름병 병원세균은 포장이나 저장고에서 다육질 기관, 식물체 잔재, 기주식물의 뿌리나 다른 부위, 관개수, 가끔은 토양 속, 곤충의 번데기에서 월동한다 (그림 12-34). 이 병은 포장에서 감염 종자를 사용해 재배된 식물에서 처음 나타날 수 있다. 그러나 괴경, 근경, 구근은 토양 내에서 그들이 형성된 후에 주로 상처나 피목을 통해 감염된다. 포장이나 저장 중에 다육질기관으로 세균의 접종이나 전반은 대부분 곤충에 의해 촉진된다. 무름병 병원세균은 곤충의 전 생육시기를 통해 곤충체내에서 살 수 있다. 곤충의 유충이 감염 부위를 기어다닐 때 세균에 의해 오염되며, 그 후 이 유충이 다른 건전식물체로 세균을 옮겨줄 뿐만 아니라 병을 일으킬 수 있는 상처 속으로 세균을 넣어준다. 식물체나 저장기관이 무름병에 대해 저항성일 때는 상처부위에 코르크층을 형성하여 병의 진전을 막는데 곤충의 유충이 코르크층이 생기는 즉시 파괴하고 무름병은 계속 진전된다.

무름병 병원세균은 상처를 통해 침입할 때, 세포가 파괴되면서 흘러나온 상처 표면에 있는 액체에서 증식한다. 그 곳에서 세균은 많은 양의 펙틴분해효소를 분비하여 세포중벽의 펙

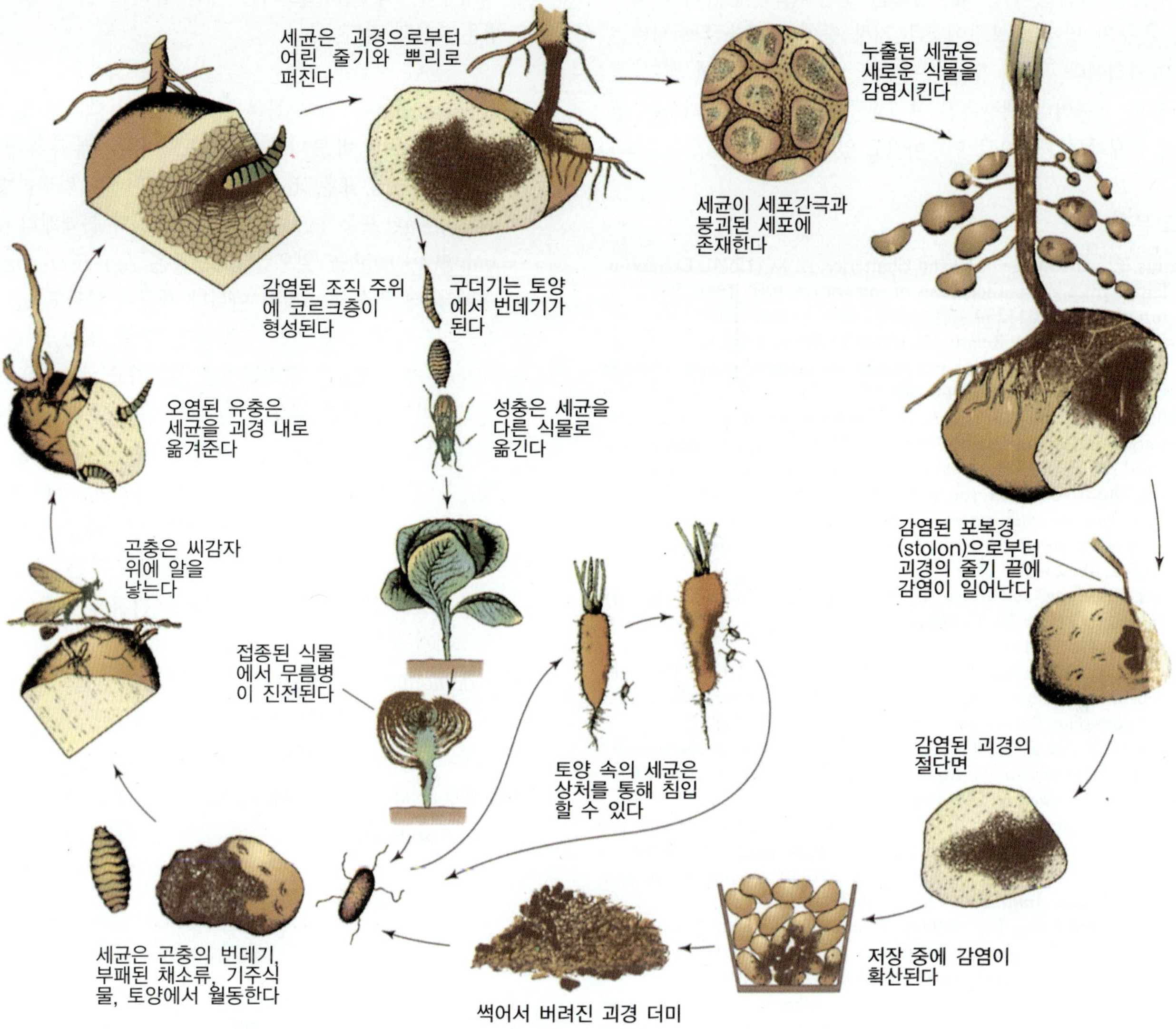

그림 12-34 *Erwinia* sp.에 의한 채소류 세균성무름병의 병환.

틴물질을 분해하여 조직을 무르게 한다. 물러진 조직에서는 높은 삼투압 때문에 물이 세포간극으로 흘러나오고 그 세포는 원형질분리가 일어나 죽는다. 세균은 계속해서 세포간극으로 이동하고 증식하는데, 이러한 효소는 세균이 침해하기 용이하도록 미리 세포를 연약하게 만든다. 침입받은 조직은 연약해지고 액체상태로 된 물질 내에 수많은 세균이 들어있는 점액성 물질로 변형된다. 대부분 표피조직은 세균에 의해 침해받지는 않지만, 보통 틈이 생기면 이곳을 통해 끈적끈적한 세균 덩어리들이 토양이나 저장부위로 흘러나와 다른 다육질기관과 접촉하고 새로운 감염이 이루어진다.

방제

채소류 세균성무름병의 방제는 대부분 포장위생과 경종적 방법에 의존한다. 모든 식물 부스러기를 창고에서 제거해야 하고, 벽은 포름알데하이드나 황산구리 용액으로 소독해야 한다. 식물체나 저장기관의 상처는 최대한 피해야 한다. 저장할 수확물은 건조한 상태로 유지해야 하며 저장고의 온도와 습도는 낮게 유지해야 한다.

포장에서는 배수가 잘 되는 지역에서 재배하고, 통기가 되도록 식물체 간에 충분한 간격을 두어야 한다. 무름병에 감수성인 식물은 곡류나 다른 저항성인 작물로 돌려짓기해야 한다. 일부 저항성을 가진 품종은 드물고 면역성인 것은 없다.

무름병 방제를 위한 농약살포는 일반적으로 권장되지 않는다. 곤충의 방제는 포장에서나 저장 중에 발병을 감소시키는데 효과적이다. 최근 감자 무름병을 방제하기 위하여 심기 전에 길항 세균이나 생장촉진 근권세균을 씨감자에 처리하는 생물적 방제가 실험적으로 이루어지고 있다.

참고문헌

Barras, F., van Gijsegem, F., and Chatterjee, A. K. (1994). Extracellular enzymes and pathogenesis of soft-rot *Erwinia*. *Annu. Rev. Phytopathol.* **32**, 201–234.

DeBoer, S. H. (2002). Relative incidence of *Erwinia carotovora* subsp. *atroseptica* in stolon end and peridermal tissue of potato tubers in Canada. *Plant Dis.* **86**, 960–964.

DeBoer, S. H., and Kelman, A. (1978). Influence of oxygen concentration and storage factors on susceptibility of potato tubers to bacterial soft rot (*Erwinia carotovora*). *Potato Res.* **21**, 65–80.

Hélias, Andrivon, and Jouan (2000). Development of symptoms caused by *Erwinia carotovora* ssp. *atroseptica* under field conditions and their effects on the yield of individual potato plants. *Plant Pathol.* **49**, 23–32.

Hélias, Andrivon, and Jouan (2000). Internal colonization pathways of potato plants by *Erwinia carotovora* ssp. *atrooseptica*. *Plant Pathol.* **49**, 33–442.

Liao, C.-H., McCallus, D. E., and Wells, J. M. (1993). Calcium-dependent pectate lyase production in the soft-rotting bacterium *Pseudomonas fluorescens*. *Phytopathology* **83**, 813–818.

Palava, T. K., *et al.* (1993). Induction of plant defense response by exoenzymes of *Erwinia carotovora* subsp. *carotovora*. *Mol. Plant-Microbe Interact.* **6**, 190–196.

Pérombelon, M. C. M. (2002). Potato diseases caused by soft rot erwinias: An overview of pathogenesis. *Plant Pathol.* **51**, 1–12.

Pérombelon, M. C. M., and Kelman, A. (1980). Ecology of the soft rot *Erwinias*. *Annu. Rev. Phytopathol.* **18**, 361–387.

Smith, C., and Bartz, J. A. (1990). Variation in the pathogenicity and aggressiveness of strains of *Erwinia carotovora* subsp. *carotovora* isolated from different hosts. *Plant Dis.* **74**, 505–509.

Wells, J. M., and Butterfield, J. E. (1997). *Salmonella* contamination associated with bacterial soft rot of fresh fruits and vegetables in the marketplace. *Plant Dis.* **81**, 867–872.

세균성혹병

혹(galls)은 주로 *Agrobacterium* 속 세균과, 일부 *Pseudomonas*, *Rhizobacter*, *Rhodococcus*속 세균에 감염된 줄기와 뿌리에서 생긴다. 혹은 대부분의 *Agrobacterium* 과 *Pseudomonas* 에 의한 혹처럼 부정형으로 분화되지 않은 식물조직의 과도생장으로 만들어졌거나, 일부 *Agrobacterium*과 *Rhodococcus* 에 의한 혹처럼 다소 분화된 조직의 이상비대에 의해 형성된다. 혹병을 일으키는 세균 종과 그들이 일으키는 주요 병은 다음과 같다.

Agrobacterium — 많은 목본류 식물, 주로 핵과류 및 인과류의 과수, 버드나무류, 포도나무 뿌리혹병(*A. tumefaciens* 또는 biovar 1), 사과나무 털뿌리병(*A. rhizogenes* 또는 biovar 2), 나무딸기와 블랙베리 cane gall병(*A. rubi*)을 일으킨다. 병징은 *Agrobacterium* 의 종에 의해 결정되는 것이 아니라 세균이 가지고 있는 플라스미드의 종류에 의해 결정된다. 암종 유도 Ti 플라스미드를 가진 세균은 뿌리혹병을 일으키고, 뿌리 유도(Ri) 플라스미드를 가진 세균은 털뿌리병을 일으킨다. 따라서 Ti 플라스미드를 가진 모든 종의 균주는 뿌리혹병을 일으킬 수 있지만, 지금까지 오직 *A. tumefaciens* 와 *A. rhizogenes* 의 균주들만이 Ri 플라스미드를 가지며 털뿌리병을 일으키는 것으로 나타났다. 다른 종인 *A. radiobacter* 는 어떤 플라스미드도 가지지 않으며 병을 일으키지 못한다.

Pseudomonas — 올리브나무 knot병과 서양협죽도 세균성혹병 또는 궤양병 (*P. syringae* pv. *savastanoi*).

Rhizobacter — 당근 세균성혹병 (*R. daucus*).

Rhodococcus — 스위트피 fasciation병 또는 leafy gall병 (*R. fascians*).

뿌리혹병

뿌리혹병(根頭癌腫病; crown gall)은 전 세계적으로 발생한다. 60 여과의 140 여종에 속하는 목본식물과 초본식물에 영향을 끼친다. 자연 상태에서 대부분 인과류, 핵과류, 나무딸기류, 포도나무에서 발견된다. 뿌리혹병은 크기와 모양이 다양한 암종 또는 혹을 식물의 주근과 줄기 밑부분에 형성한다 (그림 12-35A, 12-35C). 감염된 묘목은 상품가치가 없으며, 지제부나 주근에 혹이 있는 식물은 생장이 저하되고 수량이 감소한다. 심하게 감염된 식물 또는 덩굴은 죽을 수 있다.

뿌리혹병은 사람과 동물의 암과 조직학적으로 유사해서 혹병의 형성 기작과 원인에 대한 집중적인 연구가 이루어져 왔다. 그러나 암과 유사함에도 불구하고 식물의 뿌리혹병과 사람과 동물의 악성 종양과는 많은 차이점이 있다.

그림 12-35 *Agrobacterium tumefaciens*에 의한 뿌리혹병. 자연적으로 장미(A)와 독일가문비나무의 유묘(B)에 발생한 뿌리혹병. (C) 어린 담배의 줄기에 뿌리혹병 세균을 주입하여 인공적으로 유도된 뿌리혹. (D) 어린 혹 내의 비정상적인 조직 배열. (E) 뿌리혹병세균. [사진제공: (A) D.R. Cooley, University of Massachusetts, (B) E.L. Barnad, Florida Division of Forestry, (E) R.E. Wheeler and S.M. Alcorn.]

해설 22 뿌리혹병세균 – 자연의 유전공학자

뿌리혹병세균 *Agrobacterium tumefaciens* 는 1890년대에 Erwin Smith에 의해 발견되었고, 그는 즉시 이것에 의해 발생되는 뿌리혹병이 인간과 동물의 암과 유사한 점을 갖고 있음을 인식하였다. 많은 과학자가 이 세균의 생리와 감염된 식물조직이 분해되고 죽는 다른 병원균과는 달리 오직 이 세균에 의해 감염된 조직이 분열하고 비대해지는 기작에 대해 많은 연구를 하였다. 후에 이 세균은 식물의 세포를 커지게 하는 옥신을 생산하고 식물세포를 분열하게 만드는 사이토키닌을 생산하는 것이 밝혀졌다. 이러한 사실은 다른 두 가지 중요한 현상을 제외한 감염된 식물에 혹이 형성되는 것을 설명하였다. 한 가지는 식물에 세균이 접종되기 24시간 안에 상처가 났을 때에만 혹(galls)이 형성된다는 것이다. 이러한 사실은 인접세포의 상처가 세균 감염의 선결조건임을 나타내는 것이다. 다른 중요한 사실은 일단 감염된 식물세포는 세균이 존재하지 않은 상태에서도 지속적으로 분열하고 커진다는 것이다. 이러한 사실은 세균으로부터 감염된 식물세포에 무엇인가가 주입되어 영구히 변했음을 의미한다. 동시에, 세균에 대한 연구에서 환형의 염색체와 그 보다 훨씬 더 작은 환형의 플라스미드에 의해 구성된 유전물질(DNA)이 발견되었다.

과학자들이 식물에 암종이 일어나는 식물의 조직에 삽입되는 세균에서 유래된 플라스미드 DNA부위를 발견하였다. 이러한 이유로 이 플라스미드를 암종 유도 플라스미드(Ti)라고 알려지게 되었고, 세균에서 식물세포 안에 삽입되는 세균 플라스미드 조각이 T-DNA로 알려졌다. T-DNA는 옥신과 사이토키닌 유전자, 세균의 영양원으로 사용될 수 있는 opines 이라 불리는 작은 물질을 암호한 유전자, T-DNA의 왼쪽과 오른쪽 경계부위 (left and the right border)를 형성하는 염기서열을 식물체에 전달한다. Border 염기서열이 T-DNA를 플라스미드로부터 분리되어 식물 세포에 삽입되고 무작위적으로 식물 지놈에 통합되도록 한다. 일단 식물 지놈에 통합되면, T-DNA 유전자들은 식물의 다른 유전자들과 똑같이 발현된다. T-DNA이외의 Ti 플라스미드 DNA는 특이적으로 T-DNA 전달과정 중에 필요한 다수의 단백질을 암호화한다. 이러한 단백질을 암호화하는 유전자들 중 약 11개의 유전자는 병원력(virulence) 또는 *vir* 유전자라고 불리는 유전자들인데, 식물세포의 상처 후에 생성되는 식물 신호 분자에 의해 활성화된다. *vir* 유전자에 의해 암호화된 구조 중의 하나는 세균에서 식물 세포로 Ti-DNA와 단백질들을 전달하는 기능을 가진 선모(pilus)이다. 일부 병원력 유전자들은 세균 염색체에 존재한다.

과학자들은 옥신과 사이토키닌을 암호화하고 있는 유전자들을 제거함으로써 뿌리혹병을 일으키지 않게 하는 T-DNA (disarmed T-DNA)를 만들 수 있음을 밝혔다. 그리고 과학자들은 예를 들면 병 저항성과 같은 다른 기능들을 암호화하고 있는 유전자들을 disarmed T-DNA에 삽입할 수 있다는 것을 알아냈다. 그런 다음에는 식물 유전자들을 가진 T-DNA와 disarmed Ti-플라스미드를 *A. tumefaciens* 에 다시 집어넣고, 원하는 식물에 접종한다. 성공적으로 접종된 식물들은 삽입된 유전자를 발현한다. 이와 같이 유전자 조작된 식물들은 새로운 형질을 발현하기 때문에 형질전환 식물체라고 불린다. 현재 Ti 플라스미드를 추출하고, 새로운 유전자를 한 식물(콩)로부터 분리하여 그 유전자를 Ti 플라스미드에 넣고, 이 플라스미드를 다시 *A. tumefaciens*에 도입하여 다른 식물(해바라기)에 접종시킴으로써 그 플라스미드와 새로운 유전자를 해바라기에 넣는 것이 아주 쉽게 이루어진다. 이 방법은 지금 널리 사용되며 이미 몇 종류의 병 저항성 유전자를 포함한 유전자가 *A. tumefaciens*를 도구로 한 재조합 DNA(유전공학) 기술을 이용하여 다른 식물에 옮겨졌다. 식물학자들이 근연의 또는 근연관계가 먼 식물 사이, 또는 다른 생물체(곤충, 바이러스, 식물, 동물)간에도 여러 종류의 유전자를 이동시키기 위한 중요한 도구로서 이용된다. 더욱이 최근에는 병원균이 없는 상태에서 본래의 또는 조작된 Ti 플라스미드만으로도 식물 원형질체에 도입이 가능해졌다.

병징

뿌리혹병은 줄기와 뿌리에서, 특히 지표면 가까운 부위에서 작고 둥글며 희고 물렁한 이상비대 부위로 처음 나타난다. 암종이 커지면서 그 표면은 다소 둘둘 말린 모양을 갖게 되고, 그 뒤에 주변세포가 죽어 바깥 표면이 암갈색이나 검은색으로 변한다 (그림 12-35). 암종은 부정형의 부풀음으로 보이거나 또는 줄기나 뿌리를 둘러싸거나, 기주의 바깥 표면 가까이에 생겨 오직 좁은 목과 같은 조직으로 연결되어 있다. 어떤 암종은 스펀지 같으며 가루로 부서지거나 식물로부터 떨어질 수도 있다. 다른 암종은 나무 같이 딱딱해지며 지름이 30cm에 이르기도 한다. 어떤 암종은 가을에 썩고 이듬해에 암종이 다시 생긴다.

여러 개의 혹이 연속적으로 또는 다발로 같은 뿌리나 줄기에 생기기도 한다. 그러나 암종은 땅으로부터 150cm 정도 위의 덩굴이나 가지, 엽병 그리고 엽맥에서도 생길 수 있다. 감염된 식물은 혹이 생기는 것 외에도 생장이 저해되는데, 작고 퇴록된 잎을 만들고 특히 동해 같은 좋지 않은 환경조건에 좀 더 감수성이 된다.

병원균: *Agrobacterium tumefaciens*

세균은 몇 개의 주생모를 가진 막대 모양이다 (그림 12-30A). 병원세균은 한 개 내지 몇 개의 큰 플라스미드(환형 겹가닥 DNA로 구성된 작은 염색체)를 갖고 있다. 한 개의 플라스미드는 혹을 유도하는 유전자를 가지고 있는데, 이것을 Ti 플라스미드라고 한다. Ti 플라스미드가 없거나 열처리에 의해 잃어버린 세균은 더 이상 병원성이 없다. 이 플라스미드는 그 세균의 기주범위를 결정하는 유전자를 갖고 있으며, 세균이 만드는 증상의 종류를 결정하는 유전자도 갖고 있다. 이 세균의 가장 중요한 특징은 Ti 플라스미드의 한 부분(T-DNA)을 식물세포로 도입시킬 수 있고, 단기간에 정상 세포에서 암종 세포로 형질전환시키는 능력이 있다는 것이다. 형질전환된 식물세포는 오직 특정한 Ti 플라스미드를 가진 세균만이 이용할 수 있는 opine 이라는 특이한 물질을 합성한다. 이러한 성질은 세균을 유전적 기생체로 만드는데, 세균의 DNA조각이 기주세포의 유전체계를 변형시켜 기주세포의 대사활동을 전환시킴으로써 병원균에 의해서만 사용될 수 있는 영양물질을 생성하도록 만들기 때문이다.

병의 진전

병원세균은 감염된 토양에서 월동하며 이 토양에서 몇 년 동안 부생체로 살아갈 수 있다. 기주식물이 감염된 토양에서 재배될 때 세균은 경종적 방법, 접목, 곤충에 의해 생긴 상처를 통해 땅 가까이의 뿌리나 줄기로 침입한다. 조직 내에서 세균은 세포간극에 있으면서 Ti 플라스미드에 있는 유전자 산물을 통해 주위세포가 빨리 분열되도록 자극한다 (그림 12-36). 새로운 세포는 아무런 분화의 증상을 보이지 않고(그림 12-36D) 새로운 암종으로 발전할 분열부위를 형성한다. 암종의 가운데에는 세균이 존재하지 않으나, 주위의 세포간극에서 발견된다. 어떤 암종 세포는 물관 또는 헛물관으로 분화되는데 조직화되지 못하여 모체의 물관부와 연결되지 않는다. 암종 세포의 수와 크기가 증가할 때 주위의 정상세포들에게 압력을 가하는데, 이것 때문에 정상세포가 변형 또는 붕괴되기도 한다. 암종에 의해 파괴된 물관은 상부로 보내는 물의 이동을 정상인 것의 20% 정도까지 감소시킨다.

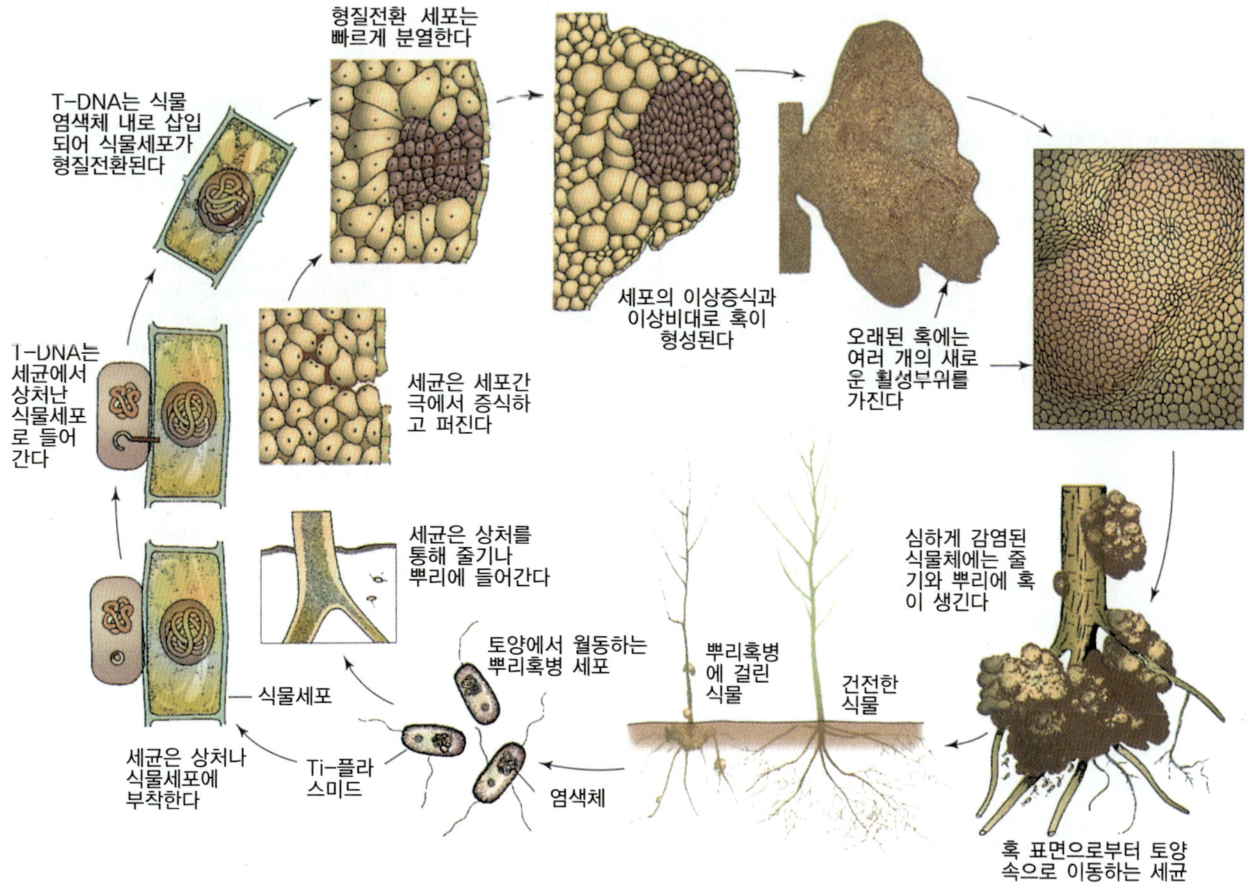

그림 12-36 *Agrobacterium tumefaciens*에 의한 뿌리혹병의 병환.

매끄럽고 물렁한 어린 암종은 쉽게 곤충이나 부생균에 의해 상처받고 공격받는다. 이러한 2차 침입자는 암종의 주변세포를 부패시키고 변색시킨다. 이러한 조직의 파괴는 뿌리혹병 세균을 토양으로 방출시키고 물에 의해 옮겨져 새로운 식물을 감염하도록 한다.

오래된 암종은 때로는 나무 같이 단단해진다. 암종에 존재하는 관다발(vascular bundles)은 효과적이지 못하기 때문에 어느 시점이 지나면 암종이 필요한 만큼의 물이나 양분을 얻을 수 없어서 크기 생장은 정지되고 부패가 일어나 조직은 괴사하여 떨어진다. 어떤 경우에는 전체 암종이 작아지고 더 이상 새로운 암종이 생기지 않는다. 그러나 흔히 암종의 일부분은 살아있는 채로 남아서 같은 또는 이듬해에 새로운 암종 세포를 더 형성한다.

아주 어리고 생장하고 있는 조직이 감염되었을 때 감염부위에 생긴 1차암종 외에 그곳으로부터 떨어진 곳에 2차암종이 생긴다. 세균이 없는 2차암종은 다양한 원인에 의해 생긴 상처부위에서 생길 수 있거나 또는 상처가 없는 줄기, 엽병과 엽맥에도 생길 수 있다. 그들의 시발점은 관다발의 물관으로 여겨진다.

Ti 플라스미드를 갖고 있는 병원성 세균이 상처 가까이 존재하면 세균이 상처로부터 나온 페놀화합물에 의해 유인되고, 이 물질에 반응하여 세균이 식물세포의 세포분열과 형질전환을 조절하는 생장요소를 생산한다. 한편 반응하는 세균은 Ti 플라스미드의 특정부위를 자르고 T-DNA를 방출하는 효소를 생산한다. 이 T-DNA는 식물의 상처받은 세포로 들어가고 한 개 또는 수 개의 T-DNA가 식물세포의 다양한 염색체의 여러 부위에 삽입된다. 이 식물 세포는 T-DNA에 존재하는 유전자를 발현한다. 형질전환된 세포는 오직 T-DNA를 갖고 있는 세균에 의해서만 이용되는 opine 과 많은 양의 IAA(식물호르몬), 사이토키닌 및 다양한 효소를 생산한다. 생장조절물질의 증가로 형질전환된 세포는 무제한적 생장이 일어난다.

방제

뿌리혹병의 방제는 묘목의 검사와 감염된 나무의 제거가 필수적이다. 감수성인 묘목은 병원균에 의해 감염된 포장에는 심으면 안 된다. 대신 이러한 포장은 몇 년 동안 옥수수나 다른 곡류를 심어야 한다. 이 세균은 오직 최근에 생긴 상처를 통해 침입하기 때문에 재배하는 동안 상처를 피해야 하며 묘포에서는 뿌리를 침해하는 곤충을 방제해야 한다. 접목부에 이 병이 많이 발생하므로 묘목은 아접으로 해야 한다. 재배자는 오직 병원균에 오염되지 않은 건전한 묘목만을 사용해야 한다.

발아한 종자, 묘목, 대목 등을 *Agrobacterium radiobacter* 의 특정 균주(균주 84)의 현탁액에 침지하면 뛰어난 생물적 방제 효과를 나타낸다. 이 세균 균주는 대부분의 *A. tumefaciens* 에 대해 길항력을 나타낸다. 일부는 미발아한 종자를 길항균으로 처리하거나 토양에 길항균을 관주함으로써 방제할 수 있다. 길항세균에 의한 생물적 방제는 이 길항세균이 식물체 표면에 정착하여 박테리오신(bacteriocin) agrocin 84를 분비하여 이루어진다. 이 박테리오신은 대부분의 병원성 *A. tumefaciens* 를 억제한다. 불행히도 agrocin 84에 저항성인 일부 *A. tumefaciens* 가 84균주로부터 유전되었다. 따라서 지금은 agrocin 84에 대한 저항성유전자를 병원성 *Agrobacterium* 균주에 전이할 수 없는 새로운 균주(K-1026)가 사용된다.

참고문헌

Burr, T. J., and Otten, L. (1999). Crown gall of grape: Biology and disease management. *Annu. Rev. Phytopathol.* **37**, 53–80.

Cervera, M. K., López, M. M., Navarro, L., and Peña, L. (1998). Virulence and supervirulence of *Agrobacterium tumefaciens* in woody fruit plants. *Physiol. Mol. Plant Pathol.* **52**, 67–78.

DeCleene, M., and DeLey, J. (1976). The host range of crown gall. *Bot. Rev.* **42**, 389–466.

Goethals, K., *et al.* (2001). Leafy gall formation by *Rhodococcus fascians*. *Annu. Rev. Phytopathol.* **39**, 27–51.

Hooykaas, P. J. J., and Beijersbergen, A. G. M. (1994). The virulence system of *Agrobacterium tumefaciens*. *Annu. Rev. Phytopathol.* **32**, 157–179.

Horsch, R. B., *et al.* (1985). A simple and general method for transferring genes into plants. *Science* **227**, 1229–1231.

Karimi, M., Van Montagu, M., and Gheysen, G. (2000). Nematodes as vectors to introduce *Agrobacterium* into plant roots. *Mol. Plant Pathol.* **1**, 383–387.

Kerr, A. (1980). Biological control of crown gall through production of agrocin 84. *Plant Dis.* **64**, 25–30.

Nester, E. E. W. (2000). DNA and protein transfer from bacteria to eukaryotes: The agrobacterium story. *Mol. Plant Pathol.* **1**, 87–90.

Otten, L., *et al.* (1992). Evolution of agrobacteria and their Ti plasmids: A review. *Mol. Plant-Microbe Interact.* **5**, 279–287.

Parrott, D. L., Anderson, A. J., and Carman, J. G. (2002). *Agrobacterium* induces plant cell death in wheat (*Triticum aestivum* L.). *Physiol. Mol. Plant Pathol.* **60**, 59–69.

Ream, W. (1989). *Agrobacterium tumefaciens* and interkingdom genetic exchange. *Annu. Rev. Phytopathol.* **27**, 583–618.

Smith, E. F., Brown, N. A., and Townsend, C. O. (1911). Crown gall of plants: Its cause and remedy. *U.S. Dept. Agric. Bull.* **213**, 1–215.

Süle and Burr (1998). The effect of resistance of rootstocks to crown gall (*Agrobacterium* spp.) on the susceptibility of scions in grape vine cultivars. *Plant Pathol* **47**, 84–88.
Thomashow, M. F., *et al.* (1980). Host range of *Agrobacterium tumefaciens* is determined by the Ti-plasmid. *Nature (London)* **283**, 794–796.
Tzfira, T., and Citovsky, V. (2000). From host recognition to T-DNA integration: the function of bacterial and plant genes in the *Agrobacterium*-plant cell interaction. *Mol. Plant Pathol.* **1**, 201–212.
Winans, S. C. (1992). Two-way chemical signaling in *Agrobacterium*-plant interactions. *Microbiol. Rev.* **56**, 12–31.
Zambryski, P. C. (1992). Chronicles from the *Agrobacterium*-plant cell DNA transfer story. *Annu. Rev. Plant Physiol. Plant Mol. Biol.* **43**, 465–490.

세균성궤양병

세균에 의한 식물 궤양병은 그렇게 많지는 않으나, 일부 병해는 널리 분포하며 피해도 막심하다. 중요한 세균성궤양병과 그 병원세균은 다음과 같다.

Pseudomonas — 핵과류와 인과류 과수의 궤양병 (*P. syringae* pv. *syringae* 와 *P. syringae* pv. *morsprun-orum*)
Xanthomonas — 귤나무류 궤양병 (*X. axonopodis*, 구명= *X. campestris* pv. *citri*)

많은 세균성궤양병(bacterial canker)에서 줄기, 가지 또는 잔가지에 나타나는 궤양성 병징은 적어도 식물에 대한 전체적인 궤양병의 영향에 있어서 매우 중요한 과일, 잎, 눈 또는 꽃에 나타나는 직접적인 병징과 동반된다. 세균성궤양병은 균류 궤양병과 같이 흔히 무르거나 움푹 파인 병징을 나타내지만 줄기가 살라지거나 목질부 내에 괴사부분 또는 조직표면에 나타나는 딱지 모양의 형성도 이 병의 병징에 포함된다.

병원세균은 다년생 궤양 부위, 눈, 식물체 잔재, 종자에서 월동한다. 세균은 빗방울, 흘러내리는 물, 강한 비바람, 오염된 도구, 감염된 식물체에 의해 전반된다. 이 세균은 주로 상처를 통해 식물체 내로 들어가지만 어린나무나 새순에서는 자연개구를 통해 침입할 수 있다. 이 병의 방제는 포장위생, 건전한 종자 및 유묘 사용, 그리고 보르도액 또는 다른 구리제제, 항생제 살포를 통해 가능하다.

핵과류 과수 세균성궤양병 및 수지병

세균성궤양병 및 수지병은 과수가 재배되는 세계 어디서나 발생하며, 특히 핵과류 과수에 심하게 피해를 입힌다. 같은 병원세균 또는 이 병원균의 특정한 병원형이 배나무, 사과나무, 귤나무류, 많은 일년생과 다년생 관상식물, 그리고 몇 가지 채소류와 곡물에도 병을 일으킨다. 이 병은 새눈마름병, 꽃마름병, dieback병, 그리고 가지마름병으로도 알려져 있다.

세균성궤양병 및 수지병은 많은 과수재배지역에서 핵과류에 발생하는 가장 중요한 병 중의 하나이다. 나무에 심각한 피해뿐만 아니라 수확에도 큰 손실을 끼치므로 정확한 피해는 산정하기 어렵다. 이 병은 가지나 주간에 궤양을 일으키며 어린나무를 죽이고, 큰 나무는 죽이거나 수확량을 크게 감소시킨다. 조성된지 얼마 안된 과수원에서는 10~75%의 과수가 손실되는 피해가 관찰되었다. 이 병은 과수의 새순이나 꽃에도 발생하여 일반적으로 10~20%의 수확량 감소를 초래하지만 심한 경우에는 80%의 감소를 초래한다. 잎이나 과일도 침해를 받아 식물이 연약하게 되고 과일의 품질이 떨어져 상품화하기 어려운 과일이 된다.

병징

이 병의 가장 대표적인 병징은 끈적끈적한 물질을 분비하는 궤양성 병반의 형성이다 (그림 12-37, 12-38). 궤양은 일반적으로 감염된 단과지(spur)의 아랫부분, 전정상처, 접목부에 생긴다. 그 뒤 이러한 병징은 대부분 위쪽으로 진전되며 일부는 아래 또는 옆으로 진전된다. 감염부위는 주변의 건전부위보다 짙은 갈색으로 변하고 약간 들어간 형태이다. 궤양 부위의 피층조직 색깔은 연한 오렌지색에서 갈색이다. 궤양은 늦겨울이나 초봄에 처음 관찰된다. 봄에 대부분의 궤양에서 검물질이 생산되고, 수피가 쪼개지면서 갈라진 사이로 큰가지의 표면에 흘러내린다. 검물질을 생성하지 않은 궤양은 무르고 습기가 많으며 움푹 들어가고 신 냄새를 풍기기도 한다. 주간이나 가지가 궤양에 의해 에워싸이면 잎은 안쪽으로 말리며 시들고 색깔도 담녹색에서 노란색으로 변한다. 몇 주일 이내에 궤양 윗부분의 가지나 전체식물이 죽는다 (그림 12-37, 12-38).

휴면아의 말라죽음은 특히 양앵두나무, 살구나무, 그리고 배나무에서 심하다. 일부 지역에서 많은 눈이 죽거나 발달이 되지 않는다. 감염된 눈을 잘라보면 눈의 밑부분을 가로지르는 갈색부분을 관찰할 수 있다. 이러한 눈은 결국 죽는다 (그림 12-38). 꽃눈과 잎눈도 똑같이 침해받는다. 감염된 나무의 꽃이 적음은 꽃이 완전히 만개되었을 때 확실하게 드러난다.

잎의 감염은 1~3mm 직경의 수침상 점무늬로 나타난다. 이러한 점무늬는 갈색으로 변하며 말라 부서지기 쉽고 결국 떨어져나가 잎에 구멍이 생기거나 누더기처럼 된다. 과일이 감염되었을 때는 표면에 납작한 암갈색 또는 검은색의 2~10mm의 직경과 깊이의 점무늬가 나타난다. 이 부위의 조직은 수지를 분비하거나 스펀지 모양이다.

그림 12-37 *Pseudomonas syringae* pv. *syringae* 와 *P. syringae* pv. *morsprunorum* 에 의한 핵과류의 세균성 궤양병. (A) 세균의 자연 감염에 의해 검물질이 생산되는 궤양이 전개되고 있는 어린 복숭아나무 가지. (B) 복숭아나무 가지에 생긴 다양한 크기의 오래된 궤양. (C) 세균은 잔가지 조직 안으로 이동하여 변색과 조직을 죽임. (D) 세균성궤양병이 대부분의 복숭아나무 줄기를 둘러싸고 검물질을 분비함. [사진제공: (D) I. MacSwann, Oregon State University.]

그림 12-38 양앵두나무의 세균성궤양병. (A) 세균에 의한 양앵두나무 눈의 감염과 죽음. (B) 감염은 눈으로부터 궤양이 유도되는 가지로 이동. (C) 양앵두나무의 주 가지에 생긴 커다란 세균성 궤양. (D) 건강한 양앵두나무(왼쪽)와 양앵두나무에 일시적으로 청동색을 나타내게 하는 세균에 의해 죽은 꽃과 눈을 가진 양앵두나무(오른쪽). (E) 핵과류에 궤양병을 일으키는 세균. [사진제공: (A,B) J.W. Pscheidt, (C) I. MacSwann, (E) H.R. Cameron, Oregon State University. (D) A.L. Jones, Michigan State University.]

병원균

병원균은 *Pseudomonas syringae* pv. *syringae* (그림 12-38E)와 주로 양앵두나무와 자두나무에 국한되어 병을 일으키는 *Pseudomonas syringae* pv. *morsprunorum*이다. 대부분의 *P. syringae* pv. *syringae*는 병원력에 관여하는 것으로 여겨지는 syringomycin이란 독소를 분비한다. 많은 *P. syringae* 세균은 높은 빙핵활성을 나타낸다. 즉 세균이 빙핵으로 작용하여 상대적으로 높은 빙점온도에서 식물에 상해를 입힌다. 같은 세균이 빙핵활성이 없는 균주에 대해 박테리오신을 분비하는데, 이는 경쟁에서 유리하게 작용한다.

병의 진전

병원세균은 활동 중인 궤양부위, 감염된 눈과 잎, 일부 기주에서는 전신감염된 물관부, 감염되었거나 건전한 눈이나 가지 등의 표면, 잡초나 감수성이 아닌 기주에서 월동한다 (그림 12-37, 12-38, 12-40).

큰가지(limb)의 감염은 주로 가을이나 초겨울에 일어난다. 세균은 감염된 눈이나 잔가지의 밑부분을 통해 또는 전정한 부위, 잎이 붙어있던 가지, 다른 원인에 의해 생긴 상처를 통해 큰가지로 들어간다. 이 세균은 세포간극을 통해 수피에 이동하고 물관이나 체관의 유조직으로 이동한다. 감염이 진전되면 이 세균은 유조직 세포를 파괴하고 이렇게 생긴 공간에는 세균으로 꽉 들어차게 된다. 물관도 가끔 세균에 의해 침해를 받지만 이 세균은 물관을 통해 멀리 이동하지는 않는 것 같다.

궤양의 진전은 가을에 급격히 일어나고, 추운 겨울 동안에는 매우 느리며, 가장 빠른 궤양의 진전은 추운 겨울의 끝과 봄에 식물이 새로 생장하기 시작하는 사이에 일어난다. 나무의 남쪽 편에 있는 궤양은 보통 큰 편인데, 이는 겨울동안 햇볕의 영향으로 남쪽 편에 온도가 더 높았기 때문이다. 궤양의 진전은 높은 온도와 봄에 기주의 활발한 생장으로 저해되는데, 이는 기주식물이 궤양 주위에 유합조직(callus)을 형성하여 궤양을 불활성화하기 때문이다. 일부 궤양부위는 완전히 정지되어 불활성화되지만 다른 궤양은 이듬해에 다시 활동을 시작하여 계속 퍼진다. 식물생장이 활발한 시기의 감염은 그렇게 흔하지 않으며, 감염되어도 유합조직에 의해 매우 빨리 국부적으로만 제한된다.

눈의 침입은 눈의 바깥쪽 아래쪽에서 시작하여 조직을 죽이면서 아래쪽 부분 전체로 진전되고 눈을 죽이는 결과를 가져온다 (그림 12-34, 12-35). 가끔 세균은 아래쪽으로 진전되어 눈 주위의 줄기조직을 죽인다. 눈, 꽃, 그리고 어린잎에 감염은 이러한 기관들이 서리해를 받았을 때 더욱 심하다. 세균들은 상대적으로 높은 온도에서 서리 형성을 촉진하여 이들 기관의 감염에 기여한다.

꽃의 감염은 거의 없으나 발생할 때는 자연개구나 상처를 통해 이루어진다. 굉장히 습한 조건에서 세균은 꽃의 화기 부위로 빨리 이동하고 잔가지까지 옮겨가서 궤양을 형성한다.

잎의 감염은 어리고 수분이 많은 잎에서 저온 다습한 봄에 흔히 일어난다. 감염은 주로 기공을 통해 이루어진다. 세균은 주로 세포간극을 통해 전반되고, 세포를 붕괴시키거나 죽여 잎에 다각형 점무늬를 만든다. 습한 날씨 동안에 세균은 기공이

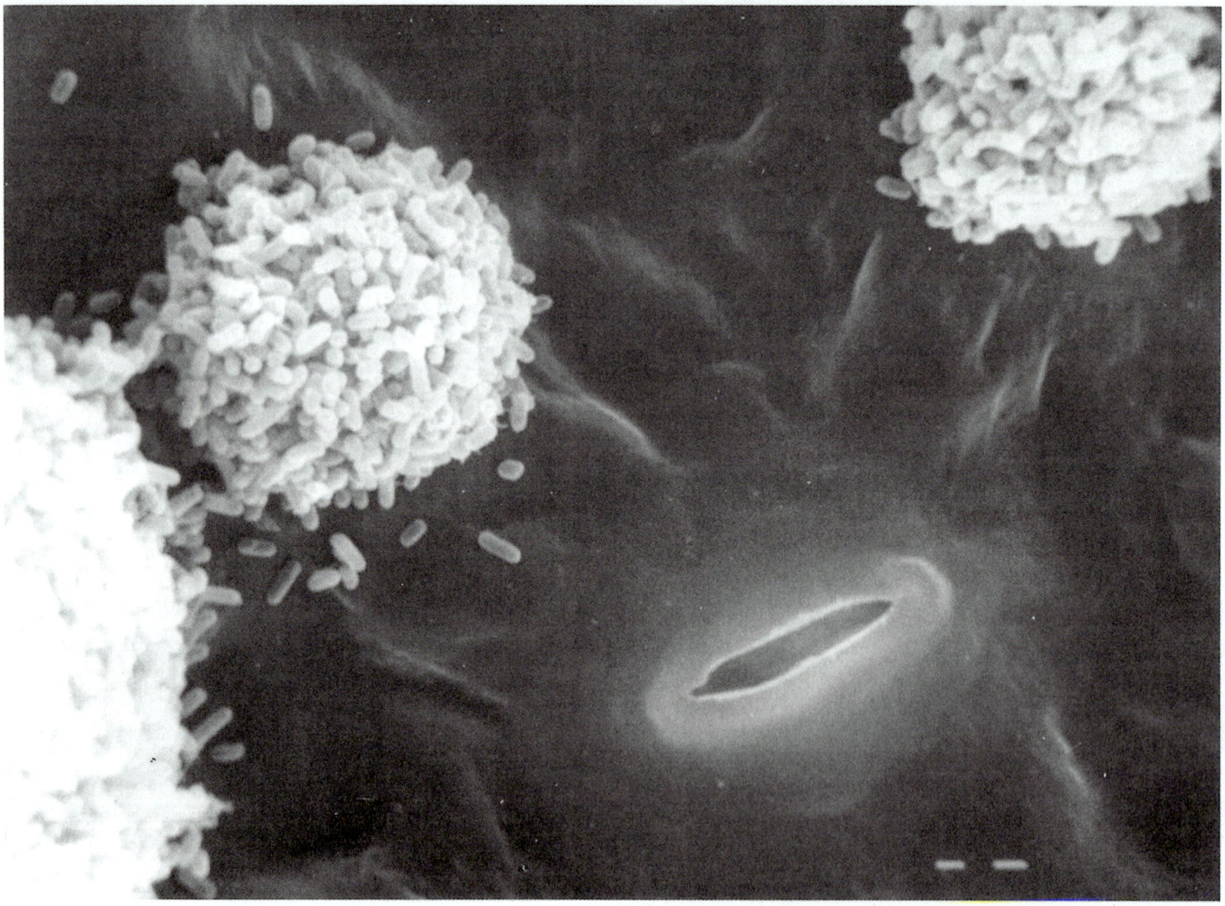

그림 12-39 감염된 양앵두나무 잎의 기공으로부터 누출되는 *Pseudomonas syringae* pv. *morsprunorum*. [사진 제공: Roos and Hattingh (1983), *Phytopathol. Z.* **108**, 18-25.]

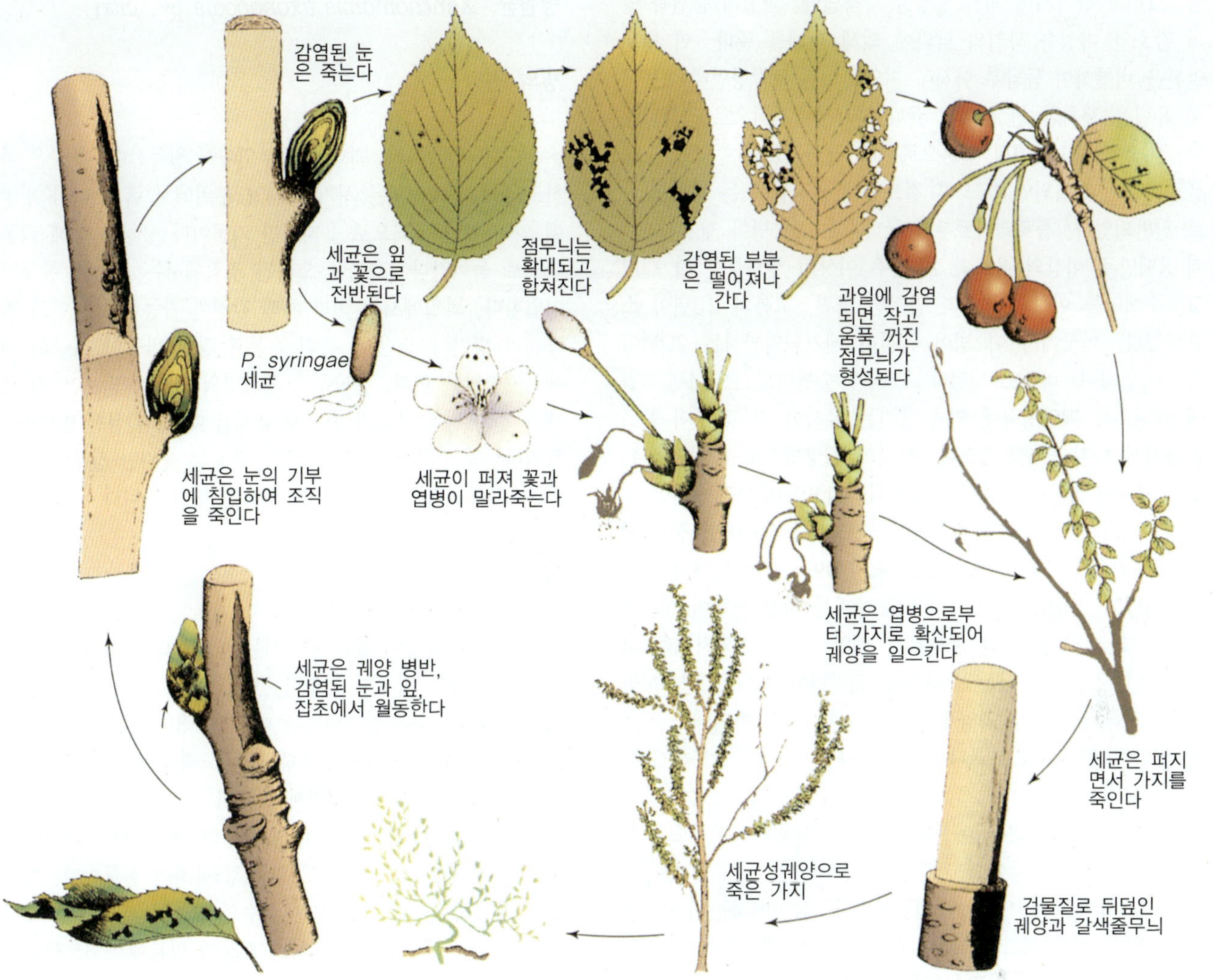

그림 12-40 *Pseudomonas syringae* pv. *syringae* 에 의한 핵과류 과수의 세균성궤양병과 수지병의 병환.

나 괴사점무늬로부터 흘러 나와(그림 12-39) 직접적인 접촉, 곤충, 비바람에 의해 다른 잎으로 전반된다. 그러나 잎이 성숙함에 따라 감수성이 적어짐으로 생장 후기에 잎의 감염은 거의 없다.

방제

어떤 한 가지 방법으로 과수의 세균성궤양병 및 수지병을 완전히 방제할 수는 없다. 경종적 노력과 여러 방제수단으로 감염이나 피해의 정도를 줄일 수 있다. 먼저 건전한 눈을 증식에 사용해야 한다. 감수성 품종은 저항성 대목을 이용하여 증식되어야 하고, 가능한 높은 위치에 접목해야 한다. 건전묘를 골라 과수원에 심어야 한다. 과수원은 서리해, 배수 불량지, 건조가 심한 곳은 피한다.

묘포나 과수원에서 구리 화합물이나 보르도액을 가을과 개화기 이전의 봄에 살포하여 이 병을 부분적으로 방제할 수 있다. 그러나 구리에 저항성인 균주들이 과수원에 존재한다. 주간에 발생한 궤양 병징은 작은 프로판 버너로 불뜸(cauterization)을 들이는 것으로 방제가 가능하다. 불꽃은 궤양을 향해, 특히 가장자리에 5~20초간 쪼여 조직이 소리내며 타서 숯 모양새를 갖출 때까지 실시한다. 이 처리는 이른 봄부터 봄의 중간 사이에 수행하며, 필요하면 2~3주 후에 다시 한번 처리한다.

귤나무류 궤양병

귤나무류 궤양병(citrus canker)은 모든 중요한 종류의 귤나무류에 발생하는 가장 무서운 병 중의 하나이다. 이 병은 과일,

잎, 그리고 잔가지에 괴사 병징을 나타낸다. 과일의 품질과 양의 감소와 미성숙 과일의 낙과에 의해 피해를 준다. 이 병은 일본을 비롯하여 동남부 아시아 지역에서는 토착병인데 이곳에서 유럽을 제외한 전 세계의 귤나무류 재배지역으로 전파되었다. 미국에는 1910년 일본으로부터 감염유묘의 수입을 통해 플로리다에 도입되었고 그 후 걸프만에 근접한 모든 다른 나라로 전반되었다. 플로리다로부터 귤나무류 궤양병이 제거되기까지 3백만주 이상의 유묘와 25만주 이상의 귤나무를 불 태웠고, 수백만불 이상의 비용과 엄청난 불편, 고통의 20년이 소요되었다. 미국에서 이 병이 완전히 제거되기까지는 20년이(1949년까지) 더 소요되었다. 그러나 불행히도 1984년 8월에 귤나무류 궤양병균에 의해 생기는 유사한 점무늬병이 플로리다에서 다시 발생하였으며, 이것이 궤양병으로 의심되었다. 즉시 새로운 병 제거 방침이 전개되어 1990년까지 2천만 그루의 유묘와 어린나무가 제거되었다. 그러나 1986년 진짜 귤나무류 궤양병(아시아 궤양 또는 궤양A)이 플로리다에서 다시 발견되었고, 1992년까지 이 병의 제거를 위한 노력이 계속되었다. 그 후 2년 동안 귤나무류 궤양병이 발견되지 않았고 1994년 초 플로리다는 귤나무류 궤양병이 없다고 선포하였다. 그러나 귤나무류 궤양병은 1995년 10월 마이애미 지역에서 다시 발견되었고 귤나무류 제거규정이 다시 발효하게 되었다.

귤나무류 궤양병은 남아프리카, 호주, 뉴질랜드에서도 완전히 제거되었다. 호주에서 가장 최근 귤나무류 궤양병 발생과 이 병의 박멸은 1991년에 이루어졌다. 남미에서는 1957년에 브라질에서 발생하였다. 그 후 우루과이, 파라과이, 아르헨티나로 전파되었고, 박멸을 위한 많은 노력에도 불구하고 이 병은 그곳에서 완전히 정착했다. 그러나 브라질에서는 이 병의 제거 노력으로 넓은 귤나무류 생산지역을 병이 없는 지역으로 유지할 수 있게 되었다. 궤양병이 발생하지 않는 귤나무류 재배국가는 궤양병이 있는 나라로부터 과일이나 유묘 수입을 철저히 막고 있다.

병징

아주 유사한 병반이 어린잎이나 잔가지 그리고 과일에 나타난다 (그림 12-41). 병반은 처음에 주변조직보다 약간 올라간 작은 수침상의 둥글고 짙은 초록색 점으로 나타난다. 나중에 병반은 회백색으로 변하여 터지고 갈색으로 코르크화 되어 가운데가 움푹 들어간다. 병반의 가장자리는 흔히 노란색의 둘레무리를 갖는다. 병반의 크기는 잎의 경우에는 직경이 1~9mm 정도이고, 과일이나 잔가지에서는 1cm의 크기를 갖는다. 잎, 잔가지, 가지에 심한 감염은 나무를 약화시키고, 과일이 심하게 감염되면 딱지 투성이가 되며 가끔 기형을 초래한다.

병원균: Xanthomonas axonopodis pv. *citri*

병의 진전

세균은 잎, 가지, 과일 궤양부위에서 월동한다. 세균은 따뜻하고 비가 많이 오는 시기에 궤양 부위에서 흘러 나와 빗방울에 의해 어린 조직으로 옮겨지면 기공이나 상처를 통해 식물체 안으로 들어간다. 그러나 오래된 조직에서는 상처를 통해서만 침입한다. 과일에서는 여러 차례 감염이 가능하므로 여러 가지 크기의 병반이 생긴다. 유리 수분과 강한 바람이 세균의 전반에 큰 역할을 한다. 귤나무류 궤양병의 발생은 많은 비가 내릴 때와 높은 평균 온도가 동시에 유지될 때 훨씬 심한 반면에 (플로리다주와 걸프만 주변의 주들), 온도는 높지만 강우량이 많지 않은 곳(미국의 남서부)에서는 중요한 병이 아니다.

방제

궤양병의 발생이 없는 곳에서는 병원균의 유입을 막기 위해 철저한 검역이 실시되고 있다. 만일 궤양병이 없는 지역에서 궤양병 병원세균이 발견되었을 때는 (1986년 플로리다주의 경우처럼) 그 병을 방제하기 위해 모든 노력을 다해야 한다. 병든 나무와 주변의 나무를 태워서 세균의 전파를 막는다. 이 병원균이 토착된 지역에서는 감수성 나무의 병을 어느 정도라도 방제하기 위해서 구리화합물 농약을 3~4차례 살포한다. 일반적으로 상업적 생산을 위해서는 감수성 나무의 병 방제는 경제성이 없다. 이 병원균이 존재하기 때문에 일본에서 85%의 생산 귤나무가 어느 정도 저항성 품종인 온주밀감나무(Satsuma)이다. 이러한 저항성 품종으로 이 병의 만족할 만한 방제를 위해서는 방풍림을 이용하고, 여름과 가을에 자라난 가지 중에서 병든 것은 전정하고, 병발생예찰 프로그램을 이용하고, 구리제 농약을 살포해야 한다.

참고문헌

Agrios, G. N. (1972). A severe new canker disease of peach in Greece. *Phytopathol. Mediterr.* **11**, 91–96.

Cameron, H. R. (1962). Diseases of deciduous fruit trees incited by *Pseudomonas syringae* van Hall. *Oreg. Agric. Exp. Stn. Bull.* **66**, 1–64.

Crosse, J. E. (1966). Epidemiological relations of the pseudomonad pathogens of deciduous fruit trees. *Annu. Rev. Phytopathol.* **4**, 291–310.

Gottwald, T. R., Sun, X., Riley, T., *et al.* (2002). Geo-referenced spatiotemporal analysis of the urban citrus canker epidemic in Florida. *Phytopathology* **92**, 361–377.

Gottwald, T. R., Timmer, L. W., and McGuire, R. G. (1989). Analysis of disease progress of citrus canker in nurseries in Argentina. *Phytopathology* **79**, 1276–1283.

Grahman, J. H., and Gottwald, T. R. (1991). Research perspectives on eradication of citrus bacterial diseases in Florida. *Plant Dis.* **75**, 1193–1200.

Gross, D. C., *et al.* (1984). Ecotypes and pathogenicity of ice-

그림 12-41 *Xanthomonas axonopodis* pv. *citri* 에 의한 귤나무류 궤양병. 잎(A), 줄기(B), 과실(C)의 병징과 과실의 병징을 확대한 사진(D). [사진제공: Div. Plant Industry, Florida Department of Agriculture.]

nucleation-active *Pseudomonas syringae* isolates from deciduous fruit tree orchards. *Phytopathology* **74**, 241–248.

Hattingh, M. J., Roos, I. M. M., and Mansvelt, E. L. (1989). Infection and systemic invasion of deciduous fruit trees by *Pseudomonas syringae* in South Africa. *Plant Dis.* **73**, 784–789.

Hawkins, J. E. (1976). A cauterization method for the control of cankers caused by *Pseudomonas syringae* in stone fruit trees. *Plant Dis. Rep.* **60**, 60–61.

Jones, A. L. (1971). Bacterial canker of sweet cherry in Michigan. *Plant Dis. Rep.* **55**, 961–965.

Kuhara, S. (1978). Present epidemic status and control of the citrus canker disease *Xanthomonas citri* in Japan. *Rev. Plant Prot. Res.* **11**, 132–142.

Pruvost, O., Boher, B., Brocherieux, C., *et al.* (2002). Survival of *Xanthomonas axonopodis* pv. *citri* in leaf lesions under tropical environmental conditions and simulated splash dispersal of inoculum. *Phytopathology* **92**, 336–346.

Stall, R. E., and Civerolo, E. L. (1991). Research relating to the recent outbreak of citrus canker in Florida. *Annu. Rev. Phytopathol.* **29**, 399–420.

Vigouroux, A. (1999). Bacterial canker of peach: Effect of tree winter water content on the spread of infection through frost-related water soaking in stems. *J. Phytopathol.* **147**, 553–559.
Wilson, E. E. (1933). Bacterial canker of stone fruit trees in California. *Hilgardia* **8**, 83–123.

세균성더뎅이병

세균성더뎅이병(bacterial scab)은 식물체의 지하부에 영향을 주고 병징은 지하부 표면 조직에 국부적인 더뎅이 병반으로 이루어져 있다. 세균성더뎅이병은 *Streptomyces* 의 종에 의해 발생한다. 감자와 다른 지하부 작물의 더뎅이병(*S. scabies*)과 고구마의 soil rot병 또는 pox병(*S. ipomoeae*)이 가장 중요한 더뎅이병이다.

더뎅이병 세균은 감염식물의 잔재나 토양 속에서 월동하고, 자연개구나 상처를 통해 침입한다. 세균은 조직 내에서 주로 유조직 세포의 세포간극에서 생장하며, 이러한 세포들은 세균의 침입을 받아 붕괴된다. 전형적인 더뎅이병에서는 병징 주변과 아래쪽의 건전 세포들이 분열하여 코르크 세포층을 형성한다. 이러한 세포는 감염 조직을 밖으로 밀어내고 더뎅이 모습을 나타낸다. 더뎅이 병반은 흔히 조직을 썩히는 2차 감염균이나 부생균이 침입하는 경로이다.

감자 더뎅이병

감자 더뎅이병(瘡痂病; common scab)은 *Streptomyces scabies* 에 의해 발생하고, 전 세계적으로 분포한다. 이 병은 중성이나 약알카리성 토양에서 건조한 해에 발생이 심하다. 이 병원균은 무, 사탕무 및 다른 뿌리작물도 침해한다. 이 병은 괴경이나 뿌리에 겉으로 나타나는 흠을 남겨 작물의 수량 손실보다는 상품가치를 저하시킨다. 그러나 심한 경우엔 수량손실을 초래하고, 더뎅이가 깊을 경우에는 벗겨내야 하기 때문에 손실이 많다.

더뎅이병은 주로 괴경에 영향을 미친다. 감염된 괴경에서 처음에는 작은 갈색의 약간 융기한 점무늬로 나타난다. 나중에 커지고 합쳐져서 코르크 모양으로 된다. 병반은 괴경 표면 안쪽으로 3~4mm 깊이까지 진전된다. 가끔 병반은 코르크 조직으로 둘러싸인 중심부가 약간 파진 돌출부로 나타나거나 전 표면을 덮을 정도의 수많은 작은 적갈색 부위로 나타난다 (그림 12-42).

병원균 *S. scabies*는 강산성 토양을 제외하고 대부분의 토양 속에서 무한히 생존할 수 있는 부생체이다. *Streptomyces scabies* 는 가는(약 1㎛ 두께) 가지를 갖고 격벽이 없는 균사로

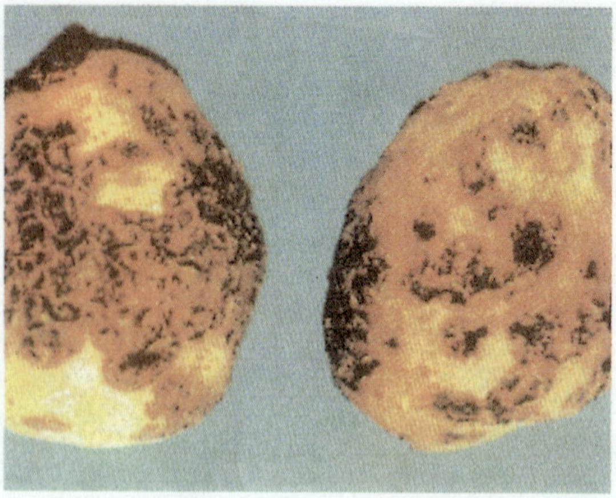

그림 12-42 *Streptomyces scabies* 에 의한 감자 더뎅이병. [사진제공: R. Loria, Cornell University.]

이루어져 있다. 균사는 원통형이며, 크기가 0.6㎛ ×1.5㎛인 포자를 특수한 나선형의 균사에서 형성한다. 균사는 끝에서부터 기저부 쪽으로 가로막을 형성하고 이 가로막이 조여지면서 포자가 균사로부터 떨어져 나온다. 포자는 1~2개의 발아관을 형성하여 균사로 발달한다 (그림 12-43).

이 병원균은 토양수분, 바람에 날리는 토양, 감염된 감자 괴경에 의해 전반된다. 세균은 피목, 상처, 기공을 통해 조직 내로 침입하는데, 어린 조직은 직접 침입한다. 어린 조직이 성숙된 조직에 비해 훨씬 감수성이다. 식물체 내로 침입한 병원균은 세포 사이에서 자라 세포를 죽이게 되고, 그 세포로부터 양분을 취한다. 감염에 반응하여 병반 주변의 세포가 빠르게 분열하고 병원균과 식물 세포를 분리하기 위해 몇 겹의 코르크 세포를 형성한다. 일반적으로 코르크 같은 조직이 여러 겹 형성되어 병원균이 바깥쪽으로 밀려나게 되지만, 병원균은 이 죽은 세포에서 자라고 번식하여 큰 더뎅이 병반이 발달된다. 병반의 깊이는 품종, 토양조건, 곤충을 포함한 다른 생물체에 의한 더뎅이 병반의 침입에 따라 달라지는 것 같다. 다른 생물체에 의한 병반의 침입은 코르크 층을 파괴하여 병원균이 괴경의 상당히 깊은 부위까지 침입하게 도와준다.

감자 더뎅이병은 토양 pH가 5.2로부터 8.0까지 증가함에 따라 병발생도 증가하나 그 이상에서는 감소한다. 이 병의 발생은 괴경 형성시기와 그 후 몇 주 동안에 높은 토양수분에 의해 크게 감소한다. 이 병은 포장에서 돌려짓기 또는 녹비작물로 갈아엎었을 경우에는 발병이 낮아진다. 이는 길항미생물에 의해 병원균이 저해받기 때문으로 생각된다.

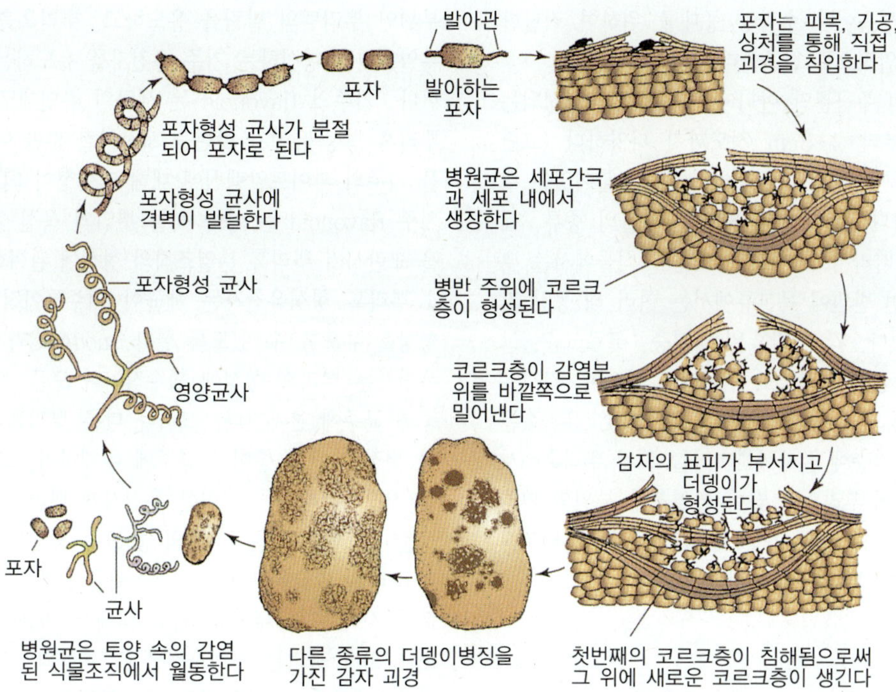

그림 12-43 *Streptomyces scabies*에 의한 감자 더뎅이병의 병환.

감자 더뎅이병의 방제는 건전 씨감자의 이용, pentachloronitrobenzene(PCNB)나 maneb-zinc 분제의 종자처리에 의해 이루어진다. 포장이 병원균에 의해 이미 오염되었을 경우에는 적당한 돌려짓기, 황을 이용해 토양 pH를 약 5.3으로 조정, 괴경 발달 초기에 6주 정도의 관수, 저항성 또는 내병성 감자 품종의 이용에 의해 어느 정도 이 병을 방제할 수 있다. *Streptomyces* phage를 이용한 더뎅이병의 생물적 방제도 가능성을 보여준다.

참고문헌

Faucher, E., *et al.* (1993). Characterization of streptomycetes causing russet scab in Quebec. *Plant Dis.* **77**, 1217–1220.

Jones, A. P. (1931). The histogeny of potato scab. *Ann. Appl. Biol.* **18**, 313–333.

Keinath, A. P., and Loria, R. (1989). Population dynamics of *Streptomyces scabies* and other actinomycetes as related to common scab of potato. *Phytopathology* **79**, 681–687.

Levick, D. R., Evans, T. A., Stephens, C. T., and Lacy, M. L. (1985). Etiology of radish scab and its control through irrigation. *Phytopathology* **75**, 568–572.

McKenna, F., *et al.* (2001). Novel *in vivo* use of polyvalent *Streptomyces* phage to disinfest *Streptomyces scabies*-infected seed potatoes. *Plant Pathol.* **50**, 666–675.

Wilson, C. R. (2001). Variability within clones of potato cv. Russet Burbank to infection and severity of common scab disease of potato. *J. Phytopathol.* **149**, 625–628.

콩과식물 뿌리혹

뿌리혹(根瘤; root nodules)은 대부분 질소를 고정하는 *Rhizobium*, *Bradyrhizobium*, *Azorhizobium*속의 특정 세균이 대부분의 콩과식물 뿌리에 감염되었을 때 형성되는 잘 발달된 구조이다. *Frankia* 속 세균은 여러 쌍떡잎 목본식물에서 뿌리혹을 형성하여 질소를 고정한다. 질소는 고정하지만 뿌리혹은 형성하지 않는 *Azospirillum* 속이 옥수수, 벼, 밀 같은 매우 중요한 작물을 포함한 많은 벼과식물의 뿌리에서 분리되었다. 이러한 뿌리혹은 세균의 감염에 의해 생기지만 식물병이라기 보다는 공생(共生; symbiosis)으로 간주한다.

감염한 세균은 대기 중의 질소를 고정하여 식물이 이용할 수 있는 유기태로 바꾸어 주고, 이 결과로 식물은 세균에게 당분이나 다른 영양분을 빼앗기는 것보다 고정된 질소로부터 더 많은 이익을 받는다. 불행히도 모든 뿌리혹 세균이 콩과 기주식물에 이로운 것은 아니다. 어떤 뿌리혹 세균은 질소를 고정하지 못하고 뿌리에 혹만 형성하기 때문에 엄밀하게 말하면 기생체이다. 따라서 세균이 질소고정에 효과적이지 않으면 뿌리혹의 수는 항상 식물에 가치있는 것은 아니다. 이러한 결과로 콩과식물 종자는 식물생육이나 수확량 증대를 위하여 적합한 뿌리혹 세균 균주를 상업적으로 접종한다.

뿌리혹은 콩과식물의 주근뿐만 아니라 측근에서도 형성되는데, 그 크기는 1mm부터 2~3cm 정도까지 다양하다 (그림 12-44A). 뿌리혹은 구형 내지 타원형이며, 혹이 붙어있는 뿌리의 직경과 같거나 크다. 혹의 수나 크기는 식물의 종류, 세균 균주, 감염 시기에 따라서도 다르다. 초본류 식물에서는 뿌리혹은 약하고 일시적인 반면에 목본류에서는 여러 해 동안 지속적으로 존재할 수 있다. 각 뿌리혹은 외피층, 코르크층, 그리고 세균을 함유한 중심부 조직으로 구성되어 있으며, 각각은 여러 겹의 세포로 구성되어 있다 (그림 12-44B). 유관속은 중심조직 바로 바깥인 피층에 존재한다. 가늘고 긴 뿌리혹에서는 뿌리혹이 자람으로써 뿌리혹의 끝이 분열조직 부위의 뿌리로부터 가장 멀리 떨어져 있다. 둥근 뿌리혹에서는 분열조직 부위가 목 부위를 제외한 뿌리혹 주위에 위치한다.

세균

뿌리혹 세균은 *Rhizobium*, *Bradyrhizobium*, *Azorhizobium*, 그리고 *Frankia* 를 포함한다. 뿌리혹 세균은 생육시기에 따라 크기나 형태가 변하는데, 전형적인 형태는 막대 모양(길이 1.2~3.0mm, 너비 0.5~0.9mm)이거나 부정형 또는 곤봉 모양이다. 이들은 편모를 갖지 않으며 대부분 그람음성균이다. *Frankia*는 그람양성균이고 실 모양이며 포자를 형성한다. 세균은 감수성인 콩과작물의 뿌리에서 생존하며, 토양 내에서도 일정기간 생존할 수 있다. 같은 콩과작물의 연작은 작물에 영향을 미치는 뿌리혹 세균수를 늘리는 경향이 있다. 그러나 모든 뿌리혹 세균이 콩과작물에 영향을 미치는 것은 아니다. 예로 알팔파에 혹을 만드는 세균이 클로버, 완두, 콩에서는 혹을 만들지 못하며 반대의 경우도 마찬가지이다. 뿌리혹 세균은 가끔 품종에 대한 선호도를 나타내는데, 그 한 예로 어떤 세균들은 일부 콩 품종에서 훨씬 더 효과적이다.

뿌리혹의 발달

뿌리혹 형성기작은 대단히 특이적 과정이고 많은 세균과 기주 유전자들의 상호작용이 관여한다. 기주식물의 뿌리는 뿌리혹 형성에 필요한 세균 유전자(*nod* genes)의 발현을 유도하는 신호물질인 flavonoid 물질을 방출한다. 뿌리혹 형성 유전자들은 아실화된 카이틴 과량체(oligomer)인 Nod factor 합성에 관여하는 효소들을 암호화한다. Nod factor는 침입이 일어나는 부위인 뿌리털의 말림을 유도하고, 뿌리혹을 형성하는 뿌리혹 분열조직을 형성하는 기주 유전자를 유도하는 신호분자로 작용한다. 기주의 flavonoid 는 세균의 유인제로 작용하고 세균의 뿌리혹 형성 유전자 발현을 시작시킬 뿐만 아니라 뿌리혹 세균을 기주의 파이토알렉신에 대해 저항성이 되도록 한다. 더구나 기주 flavonoid 는 아마 식물 뿌리의 옥신-사이토키닌의 균형을 교란시켜 뿌리혹 분열조직의 형성에 관여한다.

뿌리혹 형성유전자는 세균이 기주특이적 방식으로 뿌리혹 형성을 유도할 수 있도록 한다. *nod*ABC와 같은 뿌리혹 형성 유전자는 뿌리혹 형성에 필수적이며 모든 뿌리혹 형성 세균의 종과 균주에 존재한다. 그러나 다른 뿌리혹 형성 유전자는 오직 특정 세균의 종이나 균주에 존재하며, 그 세균의 기주범위를 결정하는데 즉, 이러한 유전자가 뿌리혹 세균이 뿌리혹 형성을 유도할 수 있는 기주의 종 또는 품종을 결정한다.

뿌리혹 발달은 뿌리혹 유도 세균이 뿌리털을 직접 침입함으로써 시작된다. 뿌리털 세포 내에서 세균은 감염사(infection thread)라 불리는 끈적끈적한 관 모양의 이중벽에 둘러싸이게 된다. 세균을 포함한 감염사는 피층유세포에 침입하고 가지를 치며 감염사의 끝과 옆에 소낭을 형성한다. 이러한 소낭은 곧 부서지고, 대부분 그 세포 내에 세균을 방출한다 (그림 12-44C). 이렇게 방출된 세균들은 커지며 막에 의해 둘러싸인다 (그림 12-44D). 이렇게 막에 의해 둘러싸인 세균은 박테로이드(bacteroid)라고 부른다. 그 동안 세균의 침해 경로를 따라 피층유세포들은 분열하기 시작하고, 감염된 세포들은 박테로이드가 나타남에 따라 그 크기가 증가한다. 이러한 피층세포의 확대와 생장활동의 증가로 뿌리혹을 형성하게 되는데 뿌리 피층으로부터 바깥쪽으로 자란다. 동시에 혹에서 물관과 체관의 분화가 일어난다. 혹에 있는 유관속조직은 뿌리의 유관속조직과 직접적으로 연결되어 있지 않다.

혹의 가장 바깥쪽 끝 또는 층이 생장을 계속하여 혹의 크기가 어느 정도까지 증가하는 동안, 뿌리혹의 모든 중심조직이나 분열조직 뒤에 위치한 피층 세포는 일정하게 커지며 여러 개의 박테로이드로 감염된다. 최근 감염된 세포들에서는 각 박테로이드가 막에 둘러싸여 있으나 오래 전에 감염된 세포에서는 여러 개의 박테로이드가 하나의 막에 싸여있다. 더욱 더 오래 전에 감염된 세포에서는 박테로이드를 싸고 있는 막이 없으며, 기주 세포막도 기능이 나빠진다. 막에 둘러싸여 있지 않은 박테로이드는 감염이 상당히 진전된 뒤에 발생하며 그 수는 혹이 생장하고 있는 동안 계속 늘어나는데, 이들은 질소고정 능력이 없다고 여겨진다. 따라서 뿌리혹이 질소를 고정하는 능력은 막에 둘러싸인 박테로이드의 개체에 비례하고, 뿌리혹의 크기와는 관계가 없다. 뿌리혹은 노화됨에 따라 첫 번째로 가장 먼저 감염된 피층 세포 부위가, 그 다음에는 전체 중심부 조직이 부

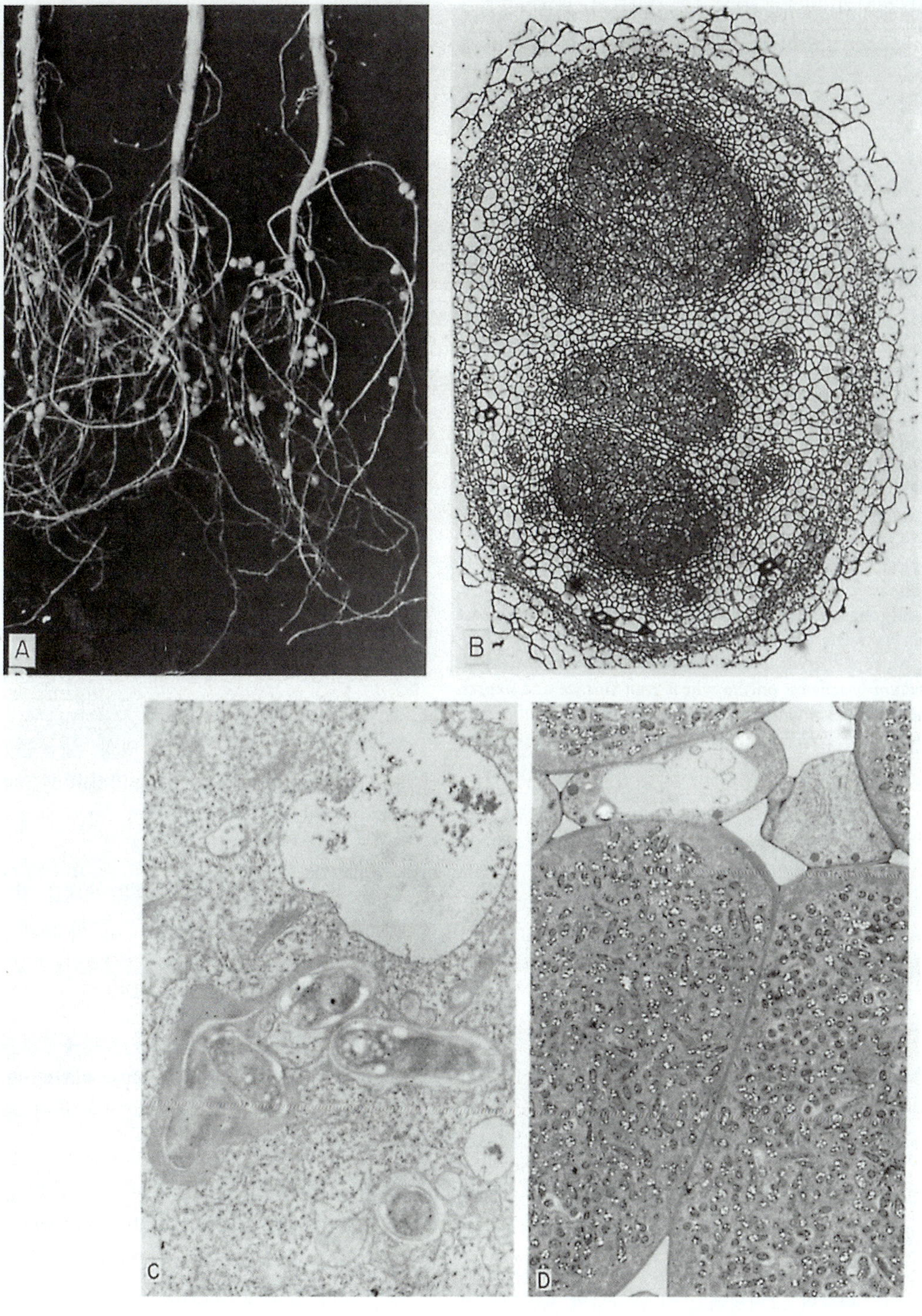

그림 12-44 (A) 많은 뿌리혹을 가진 건전한 콩 뿌리 (B) 접종 12일 후 발달 중인 콩의 뿌리혹의 횡단면. 박테로이드를 가진 최소한 3개의 중심부와 함께 주변에 여러 개의 감염부위를 볼 수 있다. (C, D) 콩 뿌리혹 절단면의 전자현미경사진. (C) 세균이 방출되는 감염사 부위. (D) 어린 질소고정 뿌리혹 내의 감염된 세포 및 감염되지 않는 세포. 일부 세균 주위에 막이 보인다. 세포내 과립체는 poly-β-hydroxybutyrate로 구성되어 있다. [사진제공: (A) USDA; (B-D) B.K. Bassett and R.N. Goodman.]

서진다. 막이 없어진 박테로이드는 부서지든지 세포간극으로 이동해 마침내는 혹 피층이나 표피가 분해됨으로써 토양 속으로 방출된다.

참고문헌

Dénarié, J., Debellé, F., and Rosenberg, C. (1992). Signaling and host range variation in nodulation. *Annu. Rev. Microbiol.* **46**, 497–531.

Djordjevic, M. A., Gabriel, D. W., and Rolfe, B. G. (1987). *Rhizobium* — the refined parasite of legumes. *Annu. Rev. Phytopathol.* **25**, 145–168.

Palacios, R., Mora, J., and Newton, W., eds. (1993). "New Horizons in Nitrogen Fixation." Kluwer, Dordrecht, The Netherlands.

Stacey, G., Burris, R. H., and Evans, H. J., eds. (1992). "Biological Nitrogen Fixation." Chapman & Hall, New York.

Tu, J. C. (1975). Rhizobial root nodules of soybeans as revealed by scanning and transmission electron microscopy. *Phytopathology* **65**, 447–454.

Vance, C. P. (1983). *Rhizobium* infection and nodulation: A beneficial plant disease? *Annu. Rev. Microbiol.* **37**, 399–424.

Vance, C. P., and Johnson, L. E. B. (1981). Nodulation: A plant disease perspective. *Plant Dis.* **65**, 118–124.

Vande Broek, A., *et al.* (1993). Spatial-temporal colonization patterns of *Azospirillum brazilense* on the wheat root surface and expression of the bacterial *nif*H gene during association. *Mol. Plant-Microbe Interact.* **6**, 592–600.

유관속국재성 세균에 의한 식물병

식물에 병을 일으키는 유관속국재성 세균(fastidious vascular bacteria)은 기주세포가 없는 단순한 배양배지에서는 자라지 않으며, 상당수가 아직 동정, 명명, 분류되지 않았다. 체관국재성 세균(fastidious phloem-limited bacteria)은 1972년에 클로버 club leaf병에 걸린 클로버와 일일초의 체관에서 처음으로 관찰되었고, 나중에 그린병에 걸린 귤나무의 체관에서 발견되었다. 최근 1990년대 중반에는 yellow vine병에 감염된 박과작물과 bunchy top병에 걸린 파파야나무의 체관에서 발견되었다. 1973년에 물관국재성 세균(fastidious xylem-limited bacteria)이 피어스병에 걸린 포도나무와 dwarf병에 걸린 알팔파의 물관에서 관찰되었다. 이후 유사한 생물체들이 20종 이상의 다른 병에 걸린 식물체의 물관에서 관찰되었는데, 예를 들면 phony peach병에 걸린 복숭아나무, 새순위축병에 걸린 사탕수수, 얼룩백화병에 걸린 귤나무, leaf scald병에 걸린 자두나무, 잎가마름병에 걸린 아몬드나무, 잎가마름병에 걸린 느릅나무이다.

물관국재성 세균

물관국재성 세균은 일반적으로 막대 모양인데, 지름이 0.2~0.5㎛이고 길이가 1~4㎛이다. 이 세균은 세포막과 세포벽으로 둘러싸여 있다. 이들은 편모를 갖지 않는다. 세포벽의 바깥층은 물결 모양이다 (그림 12-46). 여기에 속하는 거의 모든 세균은 그람음성균이다. 여러 물관국재성 세균이 *Xylella* 속에 속한다. *Xylella fastidiosa*는 세계 최초로 지놈이 완전히 해독된 식물병원세균으로 알려져 있다. 물관국재성 세균 중에는 사탕수수 새순위축병, Bermuda grass에 위축병을 일으키는 균만이 그람양성균이며, 이들은 *Clavibacter* 속으로 분류된다. 모든 물관국재성 세균은 복합 영양배지에서 배양할 수도 있으며, 배지에서 매우 천천히 자라며 작은 콜로니(1~2mm 정도)를 형성한다. 모든 물관국재성 세균은 일반 세균배양용 배지에서는 자라지 못한다.

모든 그람음성 물관국재성 세균은 물관을 흡즙하는 sharpshooter 매미충(Cicadellidae) 과 거품벌레(Cercopidae)와 같은 곤충에 의해 전반된다. 이러한 매개충들은 2시간 이내에 세균을 획득하고 전반시킬 수 있다. 곤충들은 일생동안 세균을 전염시킬 수 있으나, 다음 세대로 전달하지는 못한다. 현재까지 그람양성 물관국재성 세균의 매개충은 알려져 있지 않으나 사탕수수 새순위축병을 일으키는 세균은 수확하는 동안 자르는 기구를 통해 물리적으로 전반될 수 있다. 물관국재성 세균에 의한 병징은 잎 가장자리 부분의 괴사, 왜화, 그리고 일반적인 쇠락과 수량 감소이다. 이러한 병징은 아마도 세균이나 세균과 식물에서 유래한 물질에 의해 물관이 막힘으로써 발생한다. 그러나 phony peach병은 잎 가장자리 부분의 괴사현상이 일어나지 않고, 사탕수수의 새순위축병의 경우에는 왜화와 줄기의 내부변색만이 진단 가능한 병징이다. 비록 유관속국재성 세균은 테트라사이클린 또는 페니실린 같은 항생제에 감수성이나 실제 포장에서의 화학적 방제는 실용성이 없다. 유관속국재성 세균은 고온에 민감하다. 전체 식물체나 번식기관을 45~50℃의 물에 2~3시간 처리하거나, 50~58℃의 뜨거운 공기에서 4~8시간 처리하면 포도나무의 피어스병이나 사탕수수의 새순위축병을 치유할 수 있다.

그람음성 물관국재성 세균에 의해 발생하는 식물병 중에 가장 중요한 병은 포도나무 피어스병, 귤나무류 얼룩백화병, 복숭아나무 phony peach병, 아몬드나무 잎가마름병, 자두나무

그림 12-45 유관속국재성 세균에 의한 병. H: 건전한 식물, D: 병든 식물.

leaf scald병이다 (그림 12-45). 이들은 모두 *Xylella fastidiosa* 에 의해 발생하며, 이 세균은 느릅나무, 버즘나무, 참나무, 뽕나무에도 잎가마름병을 일으킨다. 사탕수수 새순위축병은 그람양성 물관국재성 세균 *Leifsonia xyli* (구명, *Clavibacter xyli* subsp. *xyli*)에 의해 발생한다.

포도나무 피어스병

포도나무 피어스병(Pierce's disease) (그림 12-46)은 캘리포니아부터 플로리다에 이르는 미국의 남부지방과 중미에서 발생한다. 많은 지역에서 이 병은 토착병으로 포도나무 재배를 불가능하게 하지만 다른 지역에서는 가끔 대발생하는 병이다. 캘리포니아주의 포도원은 이 병의 효과적인 매개충으로 알려진 glassy winged sharpshooter (*Homalodisca coagulata*) (그림 12-46F)가 포도원에 도입되기 전까지 오랫동안 피어스병이 없었다. 각종 초본류, 관목류, 수목류를 포함한 약 28과의 일년생 및 다년생식물이 이 세균을 가지고 있고 가끔 이 병의 증상을 보인다. 피어스병 병원균 *Xylella fastidiosa*에 의해 발생하는 다른 중요한 병으로는 귤나무 얼룩백화병, 커피나무 잎가마름병(그림 12-47A), 참나무 잎가마름병, 서양협죽도 잎가마름병 등이 있다. 이 병원균의 다른 계통들이 다양한 기주에 병을 일으키는 것 같다.

감염된 포도나무는 몇 개월 내에 죽기도 하고, 감염 후 몇 년 동안 살기도 한다. 어떤 품종은 다른 품종에 비해 오랫동안 생존한다. 이 병은 어리고 왕성하게 자라는 포도나무 특히 더운 지방에서 심하다.

포도나무에서 나타나는 초기 병징은 잎이 아직 녹색일 때 잎의 가장자리가 불에 데인 것처럼 마른다 (그림 12-46A, 12-46B). 이러한 병징은 잎의 가장자리부터 안쪽으로 진전되어 나중에 갈색으로 변한다. 나중에 감염된 잎은 떨어지고, 줄기에 엽병만 붙은 채로 남는다. 잎에 병징이 있는 나무의 포도송이는 생장이 중지되고 시들어 말라버린다 (그림 12-46C). 감염된 줄기는 성숙정도가 불규칙하여 수피가 미성숙이고 녹색 상태인데도 일부분에서는 갈색 부분이 나타난다. 이듬해에 감염된 식물은 봄 생장이 지체되고 덩굴이 왜소해진다. 나중에 잎은 가장자리부터 마르고 과실도 시들고 마른다. 지상부의 쇠

그림 12-46 *Xylella fastidiosa*에 의한 포도나무 피어스병. (A) 잎가마름 증상을 보이는 잎. (B) 잎가마름이 상당히 진전된 잎의 근접촬영. (C) 감염된 포도나무 줄기에 엽병은 남아있으나 잎이 떨어지고, 누덕누덕 기운 듯 변색되어 보이는 줄기의 표피, 그리고 시들고 쇠약해지며 마른 포도송이. 피어스병을 매개하는 두 종류의 매개충인 blue-green sharpshooter(D)와 glassy-winged sharpshooter(E). (F) 물결 모양의 세포벽을 가진 *Xylella* 세균. (G) 물관세포에 있는 *Xyella*, 그 중 하나는 분열 중에 있음. (H) 엽맥의 헛물관에 있는 *Xylella* 세균. [사진제공: (A-E) D.L. Hopkins, University of Florida, (F,G,H) H.H. Mollenhauer and D.L. Hopkins, University of Florida.]

되는 뿌리 마름을 초래한다. 내부적으로 금년도에 자란 감염된 줄기의 목질부 부위를 세로 또는 가로로 잘라보면 황색 내지는 갈색의 줄무늬를 관찰할 수 있다. 같은 나무에 물관이나 다른 종류의 세포들에 검물질이 형성되고 여러 크기의 전충체가 물관에 형성된다. 이러한 검물질과 전충체가 물관을 막아 병든 식물의 외부 병징이 나타나게 한다.

병원균은 *Xylella fastidiosa*이며 전형적 물관국재성 세균이다 (그림 12-46F, 12-47A, 12-47B). 이 세균은 특수한 영양배지에서 배양할 수 있다. 이 병원균은 접목이나 blue-green sharpshooter (*Graphocephala atropunctata*)와 glassay-winged sharpshooter(그림 12-46D, 12-46E)와 같은 많은 종류의 매미충에 의해 전반된다. 매미충은 감염식물을 2시간 정도 흡즙하면 병원균을 획득하는데, 한 번의 획득으로 평생 전염시킬 수 있다 (그림 12-47C).

실제 포장에서 포도나무 피어스병에 대한 실용적인 방제법은 없다. 모든 상업용 포도 품종이 이 병에 대해 감수성이다. 테트라사이클린 용액을 관주 처리하면 증상의 진전은 억제할 수 있지만 경제성이 없다. 각 식물은 열처리에 의해 병원균을 제거할 수 있다. 그러나 이러한 처리는 재배자에게 큰 도움을 주지 못한다. 가장 좋은 방제법은 자연적으로 이러한 병원균이 존재하는 곳으로부터 멀리 떨어진 곳에 식물체를 심는 것이다.

귤나무류 얼룩백화병

귤나무 얼룩백화병(variegated chlorosis)은 귤나무에 발병한 것으로 1987년 브라질에서 처음 보고되었다. 그 다음 수년 동안 병은 빠르게 퍼져 브라질뿐만 아니라 전 세계적으로 귤나무 산업을 위협하였다. "Pecosita"라 알려진 유사한 병이 아르헨티나에 발생하였다. 귤나무류 얼룩백화병은 과수의 왜화, 가지의 고사, 그리고 과일의 크기와 품질을 저하시킨다.

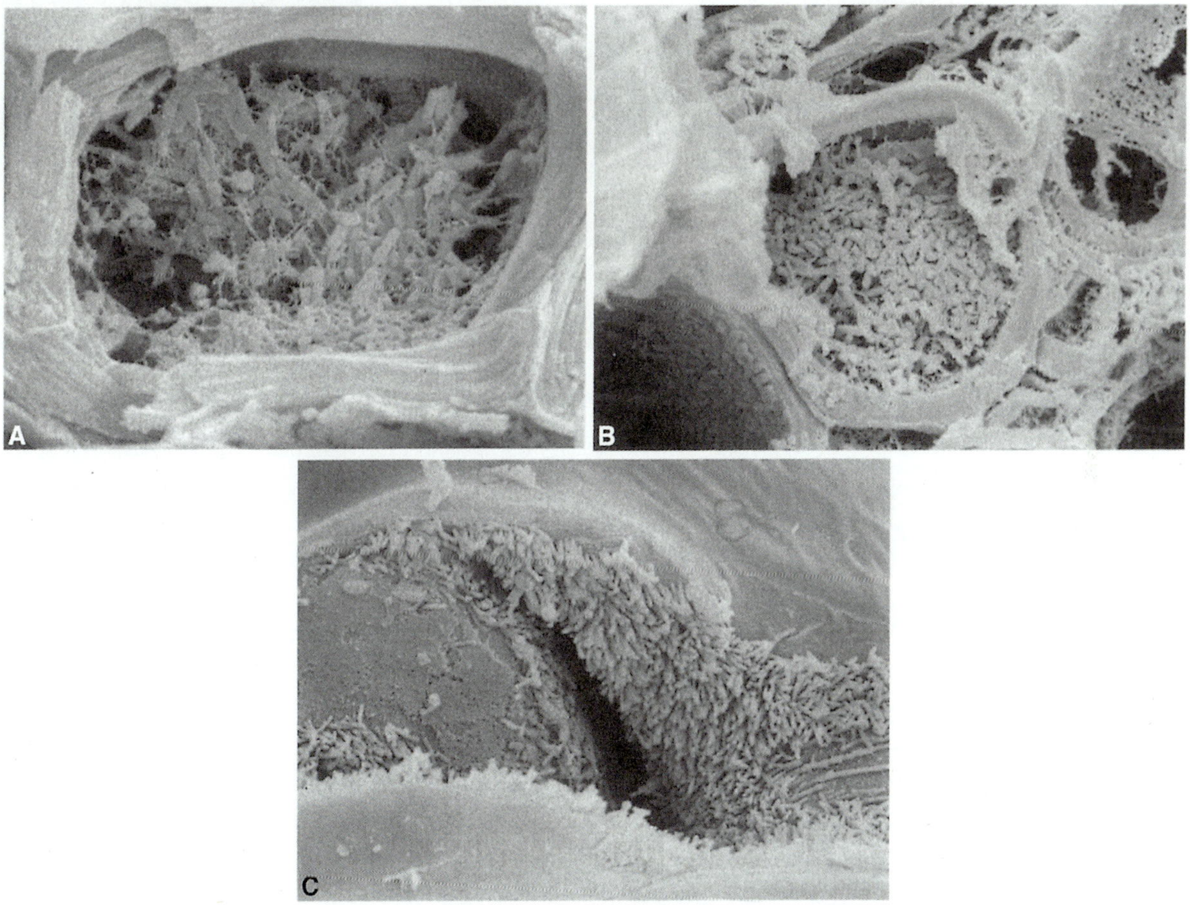

그림 12-47 (A) 커피나무의 물관에서 많은 실로 연결된 것 같은 모양을 보여주는 *Xylella* 세균. (B) 포도나무 잎의 물관부를 막고 있는 *Xylella* 세균. (C) 매개충인 매미충 조직 내의 *Xylella* 세균. [사진제공: E. Alves, Federal Univ. Lavras, Brazil.]

그림 12-48 *Xylella fastidiosa*의 다른 균주에 의한 귤나무류 얼룩백화병의 병징. (A) 얼룩과 퇴록을 보이는 어린 잎들. (B) 건강한 과일보다 훨씬 더 작고 과피가 단단한 감염된 나무의 과일(왼쪽). (C) 얼룩백화병에 심하게 감염된 오렌지나무. (D) 심하게 감염된 나무의 작고, 단단하고, 쓸모없는 과실. [사진제공: R.E. Lee, University of Florida.]

감염된 어린잎은 아연결핍 증상과 같은 얼룩, 퇴록 증상을 보인다 (그림 12-48A, 12-48B). 좀 더 성숙한 잎은 퇴록 병반의 뒷면에 나중에 암갈색의 조금 융기되어 괴사되는 작은 담갈색 점착성 병반이 생긴다. 나뭇잎은 모두 노란색으로 퇴록한다 (그림 12-48C). 감염된 과일은 일반적으로 건강한 과일의 1/3 정도 크기로 작아진다 (그림 12-48B, 12-48D). 과피는 매우 단단하여 착즙기를 상하게 하므로 가공공장에서는 병든 과일이 많이 포함된 과일을 접수하지 않는다. 얼룩백화병에 감염된 어린 귤나무는 곧 생장이 느려지고, 나무는 위축되며, 가지는 고사하지만 나무는 죽지 않는다. 어떤 경우에는 나무가 회복되기도 한다.

귤나무류 얼룩백화병의 병원균은 물관국재성 세균 *Xylella fastidiosa*의 한 계통이다. 이 세균은 감염된 식물의 물관에서 생장하여 많은 수에 도달한다. 이 세균은 감염된 나무의 영양번식에 의해 퍼져나가고, 더 중요하게 다른 *X. fastidiosa* 균주를 옮기는 것으로 알려진 물관 흡즙 sharpshooter 곤충에 의해 전반된다. 아직 증명되지는 않았지만 곤충에 의한 전반이 귤나무류 과수원 내에서 관찰되는 이 병의 빠른 전반을 설명해 주고 있다.

귤나무류 얼룩백화병의 방제는 어려운 숙제로 남아있다. 지금까지 유일한 효과적인 방제수단은 이 병이 아직 존재하지 않는 지역에서의 건전한 접수의 사용이다. 한 지역에 일단 도입되면 매개충에 의해 매우 빨리 새로운 나무로 전파되고 방제는 불가능해진다.

그림 12-49 사탕수수 새순위축병. (A) 감염된 새순을 심은 사탕수수(왼쪽)와 온탕처리한 줄기를 심은 사탕수수(오른쪽). (B) 세균의 감염에 의해 분홍색으로 변한 줄기의 마디 부위. [사진제공: (A) H.D. Thurston, Cornell University, (B) A.G. Gillespie, USDA.]

사탕수수 새순위축병

사탕수수 새순위축병(ratoon stunting)은 전 세계적으로 사탕수수를 재배하는 모든 지역에서 발생한다. 감염된 식물의 위축과 생장감소로 인한 손실은 5~10% 정도이지만 어떤 해에는 30% 정도의 손실을 가져오기도 한다. 일반적으로 새순(그루터기) 작물에서의 손실이 첫해 재배작물에서보다 크다.

감염 식물은 초기 생장이 느리고, 위축되며, 줄기의 수가 적고 가늘어지지만, 다른 외부 특징적 증상은 보이지 않는다 (그림 12-49A). 수분이 충분한 경우에는 위축이나 수량감소가 나타나지 않을 수도 있다. 그러나 감염 식물은 흔히 내부 증상을 보인다. 아주 어린 줄기에서 종자에 붙어있는 줄기 위쪽의 생장점의 바로 아랫부분이 분홍색으로 변한다 (그림 12-49B). 성숙한 줄기에서 줄기마디의 물관조직은 변색되지만 마디 사이까지 확대되지는 않는다. 현미경 관찰에 의하면 감염된 물관은 세균을 포함한 색깔을 가진 점액질 물질로 막혀 있다.

병원균 *Leifsonia xyli* (구명: *Clavibacter xyli* subsp. *xyli*)는 물관국재성 곤봉형(coryneform) 세균으로서 너비 0.3~0.5㎛, 길이가 1~4㎛인 그람양성균이다. 이 세균은 특수배지에서 생장한다. 병원균은 감염된 사탕수수와 번식지(seed cane)에서 월동한다. 감염된 번식체로부터 생긴 새로운 식물에서 이 병이 발생한다. 이 세균은 자르는 칼이나 수확과 재배에 사용되는 도구에 의해 전반된다. 이 세균은 감염된 사탕수수 유전자원(germplasm)을 통하여 다른 나라들로 계속 전파되었다.

새순위축병의 방제는 건전한 번식체의 사용, 감염 식물체의 열처리, 수확기구의 소독, 저항성 품종의 사용에 의존한다.

체관국재성 세균

체관국재성 세균은 일반적으로 막대 모양으로 너비 0.2~0.5㎛에 길이 1~4㎛이다. 일부 체관국재성 세균의 경우에는 세포벽이 2차 세포막처럼 보이지만, 체관국재성 세균은 세포막과 세포벽으로 둘러싸여있다. 이들은 편모를 갖지 않는다. 세포는 일반적으로 물결 모양이다 (그림 12-50E). 여기에 속하는 거의 모든 세균은 그람음성이다.

체관국재성 세균이 일으키는 병징은 흔히 잎의 왜화와 곤봉화이다. 다른 경우에는 줄기비내(shoot proliferation), 빗자루증상, 꽃의 녹색화현상이 나타나기도 한다. 이 병의 일부에서 병징은 그렇게 심한 편이 아니며 가끔은 자연적으로 회복되기도 한다.

체관국재성 세균은 지금까지 매우 중요한 병인 귤나무류에 그린병, 수박과 다른 박과작물에 yellow vine병, 파파야나무에 bunchy top병, 그리고 클로버나 일일초에 그다지 문제되지 않는 병을 일으키는 것으로 알려져 있다.

매미충과 나무이는 각각 클로버 club leaf병과 귤나무류 그린병의 병원세균을 전반한다. 클로버 club leaf를 일으키는 세균은 매미충 내에서 증식하며 알을 통해 다음 세대로 전달된다(경란전염). 박과작물 yellow vine병을 일으키는 세균은 시골가시허리노린재(*Cletus punctiger*)에 의해 전반된다.

그림 12-50 임시로 *Serratia marcescens*로 동정된 세균에 의한 박과작물 yellow vine병. 수박포장에서의 초기 yellow vine 병징(A)은 좀 더 전체적인 황화가 뒤따르고(B) 넓은 지역에서 식물이 붕괴되고 죽음 (C). 감염된 식물의 줄기의 횡단면은 건전한 식물과 비교해서 체관이 갈변(D, 오른쪽)되어 있다. (E) 체관부 안에 있는 임시로 *S. marcescens*로 동정된 yellow vine 세균. [사진제공: B.D. Bruton, USDA, Lane, OK.]

박과작물 yellow vine병

Yellow vine병은 1991년에 처음 보고되었고, 오클라호마, 텍사스, 테네시, 매사추세츠를 포함한 여러 주에서 널리 발생한다. 수박, 멜론, 호박을 포함한 여러 박과작물이 이 병에 걸린다. 감염된 식물은 잎의 황화(그림 12-50A, 12-50B), 체관부의 변색(그림 12-50D), 전체 식물의 붕괴(그림 12-50C)를 보인다. 수량이 조금 감소하거나 완전한 손실을 가져올 수 있다.

그림 12-51 *Candidatus liberobacter asiaticus* 에 의한 귤나무류 그린병. (A) Yellow shoot병과 그린병에 감염된 귤나무. (B) 그린병에 감염된 오렌지나무 잎과 진전된 병징을 보여주는 레몬나무의 잎. (C) 귤나무 그린병 때문에 비정상적이고 착색이 지연되는 오렌지. (D) 귤나무류 그린병의 중요한 매개충의 하나인 귤나무이. [사진제공: (A,C,D) T.R., Gottwald and S.M. Garnsey, USDA, Ft. Pierce, FL, (B) S.S. van Vuuren, ARC-ITSC, Nelspruit, South Africa.]

Yellow vine병의 병원균은 체관국재성 세균으로 임시로 *Serratia marcescens*로 동정되었다 (그림 12-50E). 이 병은 식물에서 식물로 허리노린재의 일종인 *Anasa tristis*에 의해 전반된다.

방제수단으로는 여러 작물에서 주로 이 병에 대한 저항성에 관심이 모아지고 있다.

귤나무류 그린병

'Huanglongbing (黃龍病)'이라는 중국이름으로도 불리는 귤나무류 그린병(greening disease)은 귤나무류의 가장 심각한 식물병 중의 하나이다. 중국과 필리핀의 아시아로부터 아라비아반도, 그리고 아프리카까지 이 병이 발생하는 지역에서 모든 종류의 귤나무류는 이 병에 의해 생산량이 감소한다. 귤을 생산하는 그 밖의 국가에서도 이 병이 자국으로 전파되는 것을 대비하거나 모니터링하는 병 중의 하나이다. 귤나무류 그린병의 병징은 소엽화, 일반적으로 나무의 전체 잎 또는 일부 잎의 황화, 잎의 감소, 잔가지가 심하게 말라죽는 것이다 (그림 12-51A, 12-51B). 그러나 가장 특징적인 병징은 감염된 식물은 한쪽이 성숙하지 않은 녹색과를 만드는 것이고(그림 12-51C), 이러한 과일로 만들어진 주스는 불쾌한 맛을 낸다.

이 병은 아시아에서는 *Candidatus liberobacter asiaticus*에 의해, 아프리카에서는 *C. liberobacter africanus*에 의해 발생한다. 아프리카 계통은 아시아 계통과 다르게 최적 발현에 고온을 요구하지 않는다. 두 계통은 모두 인공배지에서 배양할 수 없다.

병원균은 식물의 영양번식에 의하거나 두 종류의 나무이(psyllid)에 의해 전반된다. 아시아 계통은 *Diaphorina citri* (그림 12-51D)에 의해 전반되는 반면에 아프리카 계통의 주요 매개충은 *Trioza erytreae*인데, 이 두 매개충이 두 계통을 모두 전반할 수는 없다.

귤나무류 그린병의 방제는 귤 생산지역으로부터 병원균의 배척, 건전한 번식체의 사용, 감염된 식물이 발견되는 즉시 제거, 생물적 방제 수단이나 살충제로 매개충을 방제하는 것에 의해 가능하다.

파파야나무 bunchy top병

파파야나무 bunchy top병은 파파야나무가 자라는 미대륙의 열대지역에서 발생한다. 이 지역에서 bunchy top병은 감염된 식물에 꽃이 거의 피지 않고 과실도 거의 또는 전혀 열리지 않기 때문에 파파야나무에 경제적으로 가장 중요한 병 중의 하나이다.

파파야나무 bunchy top병의 병징은 잎이 퇴록하고 좁아지며 엽병과 절간이 길어진다. 나중에 엽병과 줄기에 점무늬와 얼룩이 나타난다. 엽병은 단단해지고 건강한 식물보다 줄기로부터 좀 더 수평적으로 자라 나온다. 엽신은 두꺼워지고 뻣뻣해지며 퇴록하고 괴사되며 아래쪽으로 구부러지기도 한다. 감염된 식물은 거의 꽃이 생기지 않고 과실도 열리지 않는다. 병이 진전됨에 따라 감염된 식물은 식물의 꼭대기에 총생한 작은 잎을 제외한 거의 대부분의 잎이 떨어진다 (그림 12-52A). 건강한 파파야나무에서 일어나는 것과는 달리, 감염된 식물에서 새로운 상처가 생겨도 유액이 나오지 않는다. 일부 파파야나무 품종은 감염되었을 때 심하게 말라죽는다.

파파야나무 bunchy top병의 병원균은 작고 막대 모양의 그람음성인 유관 서식 세균인데, *Rickettsia* 속에 속하는 것으로

그림 12-52 (A) 심한 bunchy top병 병징을 보이는 파파야나무. (B) 파파야나무 bunchy top병을 일으키는 리케차 유사 체관국재성 세균. [사진제공: M.J. Davis, University of Florida.]

여겨진다.

파파야나무 bunchy top병의 병원균은 두 종의 애매미충 *Empoasca papaya*와 *E. stevensi* 에 의해 전반된다. 병원균은 감염된 식물과 이 병을 전반하는 매개충에서 전자현미경으로 관찰되었으나, 건강한 식물이나 병을 전반하지 않은 매개충에서는 관찰되지 않았다.

파파야나무 bunchy top병의 방제는 저항성 품종의 이용, 건전한 번식용 식물, 병든 나무의 조기 제거에 의해 이루어진다.

참고문헌

Almeida, R. P. P., and Pereira, E. F. (2001). Multiplication and movement of a citrus strain of *Xylella fastidiosa* within sweet orange. *Plant Dis.* **85**, 382–386.

Avila, F. J., Bruton, B. D., Fletcher, J., *et al.* (1998). Polymerase chain reaction detection and phylogenetic characterization of an agent associated with yellow vine disease of cucurbits. *Phytopathology* **88**, 428–436.

Bextine, B., Wayadande, A., Bruton, B. D., *et al.* (2001). Effect of insect exclusion on the incidence of yellow vine disease and of the associated bacterium in squash. *Plant Dis.* **85**, 875–878.

Bruton, B., Fletcher, J., Shaw, M., *et al.* (1998). Association of a phloem-limited bacterium with yellow vine disease in cucurbits. *Plant Dis.* **82**, 512–520.

Davis, M. J., *et al.* (1980). Ratoon stunting disease of sugarcane: Isolation of the causal bacterium. *Science* **240**, 1365.

Davis, M. J., *et al.* (1996). Association of a bacterium and not a phytoplasma with papaya bunchy top disease. *Phytopathology* **86**, 102–109.

Gillaspie, A. G., Jr., and Davis, M. J. (1992). Ratoon stunting of sugarcane. *In* "Plant Diseases of International Importance: Diseases of Sugar, Forest, and Plantation Crops" (A. N. Mukhopadhyay, J. Kumar, H. S. Chaube, and U. S. Singh, eds.), Vol. 4. Prentice-Hall, Englewood Cliffs, NJ.

Goheen, A. C., Nyland, G., and Lowe, S. K. (1973). Association of a rickettsia-like organism with Pierce's disease of grapevines and alfalfa dwarf and heat therapy of the disease in grapevines. *Phytopathology* **63**, 341–345.

Hopkins, D. L. (1989). *Xylella fastidiosa*: Xylem limited bacterial pathogens of plants. *Annu. Rev. Phytopathol.* **27**, 271–290.

Hopkins, D. L., and Mollenhauer, H. H. (1973). Rickettsia-like bacterium associated with Pierce's disease of grapes. *Science* **179**, 298–300.

Hopkins, D. L., and Purcell, A. H. (2002). *Xylella fastidiosa*: Cause of Pierce's disease of grapevine and other emergent diseases. *Plant Dis.* **86**, 1056–1066.

Hoy, J. W., Grisham, M. P., and Damann, K. E. (1999). Spread and increase of ratoon stunting disease of sugarcane and comparison of disease detection methods. *Plant Dis.* **83**, 1170–1175.

Hung, T. H., Wu, M. L., and Su, H. J. (2000). Identification of alternative hosts of the fastidious bacterium causing citrus greening disease. *J. Phytopathol.* **148**, 321–326.

Hurtung, J. S., *et al.* (1994). Citrus variegated chlorosis bacterium: Axenic culture, pathogenicity, and serological relationships with other strains of *Xylella fastidiosa*. *Phytopathology* **84**, 591–597.

Lee, R. F., *et al.* (1991). Citrus variegated chlorosis: A new destructive disease of citrus in Brazil. *Citrus Ind.* **72**, 12, 13, and 15.

Leu, L. S., and Su, C. C. (1993). Isolation, cultivation and pathogenicity of *Xylella fastidiosa*, the causal bacterium of pear leaf scorch disease in Taiwan. *Plant Dis.* **77**, 642–646.

Li, W.-B., Pria, W. D., Jr., Teixeira, D. C., *et al.* (2001). Coffee leaf scorch caused by a strain of *Xylella fastidiosa* from citrus. *Plant Dis.* **85**, 501–505.

Li, W.-B., Zhou, C.-H., Pria, W. D., Jr., *et al.* (2002). Citrus and coffee strains of *Xylella fastidiosa* induce Pierce's disease in grapevine. *Plant Dis.* **86**, 1206–1210.

Nyland, G., *et al.* (1973). The ultrastructure of a rickettsialike organism from a peach tree affected with phony disease. *Phytopathology* **63**, 1275–1278.

Pierce, N. B. (1892). The California vine disease. *USDA Div. Veg. Pathol. Bull.* **2**, 1–222.

Purcell, A. H. (1982). Insect vector relationships with procaryotic plant pathogens. *Annu. Rev. Phytopathol.* **20**, 397–417.

Qin, X., Miranda, V. S., Machado, M. A., *et al.* (2001). An evaluation of the genetic diversity of *Xylella fastidiosa* isolated from diseased citrus and coffee in São Paulo, Brazil. *Phytopathology* **91**, 599–605.

Raju, B. C., and Wells, J. M. (1986). Diseases caused by fastidious xylem-limited bacteria and strategies for management. *Plant Dis.* **70**, 182–186.

Schaad, N. W., Opgenorth, D., and Gaush, P. (2002). Real-time polymerase chain reaction for one-hour on-site diagnosis of Pierce's disease of grape in early season asymptomatic vines. *Phytopathology* **92**, 721–728.

Teakle, D. S., Smith, P. M., and Steindl, D. R. L. (1973). Association of small coryneform bacterium with the ratoon stunting disease of sugarcane. *Aust. J. Agric.* **24**, 869–874.

Wells, J. M., Raju, B. C., and Nyland, G. (1983). Isolation, culture, and pathogenicity of the bacterium causing phony disease of peach. *Phytopathology* 73, 859–862.

몰리큐트: 파이토플라스마 및 스파이로플라스마에 의한 식물병

1967년, 몇 가지 누렁계통 병 중의 하나에 감염된 식물체의 체관부와 이 병을 옮기는 매개충을 전자현미경으로 관찰하여 세포벽이 없는 미생물을 찾아냈다. 그때까지는 이러한 병을 바이러스에 의한 것으로 여기고 있었다. 이 새로운 미생물은 외견상으로 마이코플라스마와 유사하였으므로 곧 마이코플라스마 유사체(mycoplasma-like organism)라고 불렸다. 하지만 이들이 마이코플라스마가 아니라는 것이 나중에 밝혀졌다. 이들은 모두 세포벽이 없는 원핵생물인 몰리큐트에 속하는데, 일부는 나선형 구조이므로 **스파이로플라스마**(**spiroplasma**)라고 불린다. 하지만 대부분은 나선형이 아니라 둥글거나 길게 늘어진 모양으로 지금은 **파이토플라스마**(**phytoplasma**)라고 부른다.

현재까지 다양한 식물에서 나타나는 200가지 이상의 식물병이 파이토플라스마에 의해 발생한다는 것이 밝혀졌다. 이러한 파이토플라스마병 중에는 배나무 쇠락(decline)병, 포도나무 누렁병, 코코야자나무 치사누렁병, 복숭아나무 X병, 사과나무 proliferation 병 등 매우 심각한 수목병을 비롯하여 토마토

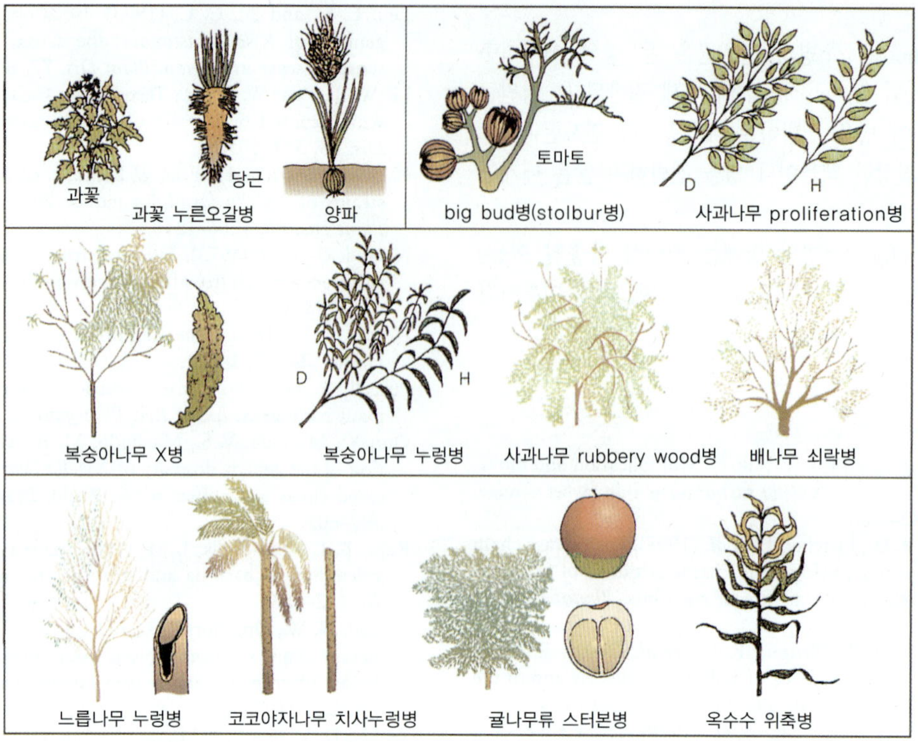

그림 12-53 몰리큐트에 의하여 나타나는 증상. D: 병든 식물, H: 건전 식물

stolbur 병이나 각종 채소와 관상식물에 나타나는 과꽃 누른오갈병 등 일년생 및 다년생 초본식물의 병도 있다. 지금까지 귤나무 스터본병이나 옥수수 위축병은 스파이로플라스마에 의하여 발생한다고 알려져 있다. 누렁병 계통의 병에서 나타나는 주요한 특징들은 다소 점진적이며 일률적인 잎의 황화 또는 적변, 잎의 왜소화, 절간생장 감소 및 식물체의 위축, 가지의 과도한 이상생장과 빗자루증상, 꽃의 녹색화 또는 불임, 생산성 감소 등이 나타나고 결국에는 식물체가 다소간 급진적으로 마르고 쇠락하며 죽는다 (그림 12-53). 지상부에 병징이 나타나기 전에 흔히 뿌리의 기형 및 괴사가 먼저 일어난다.

이러한 파이토플라스마의 진정한 성질과 분류학적 위치는 아직까지도 불확실하다. 식물에서 관찰되는 이 미생물은 형태적으로는 동물이나 인간에서 볼 수 있는 또는 부생적으로 살아가는 전형적인 마이코플라스마와 비슷하지만, 유전자는 진정마이코플라스마와는 상당한 거리가 있다. 파이토플라스마는 인공영양배지에서의 배양에 성공하지 못하였으며, 지금까지 파이토플라스마에 의한 그 어떤 병에서도 병든 식물체로부터 얻은 파이토플라스마를 건전한 식물체에 직접 접종하여 병을 재발생시키지는 못하였다. 하지만 귤나무 스터본병과 옥수수 위축병을 일으키는 병원체는 각각 인공영양배지에서 배양에 성공하였으며, 배양된 미생물을 주입한 매개충을 식물체에 접종하여 병을 발생시킬 수도 있었다. 현재 파이토플라스마는 진정마이코플라스마를 포함하고 있는 몰리큐트강에 속하는 것으로 생각되나, 아직까지 이들을 소속시킬 과 및 속에 대해서는 결정된 내용이 없다. 귤나무 스터본병과 옥수수 위축병을 일으키는 병원체들은 새로 설정된 몰리큐트 속인 *Spiroplasma* 에 속한다.

진정마이코플라스마의 성질

마이코플라스마는 세포벽이 없는 원핵생물이다. 마이코플라스마는 몰리큐트강(class Mollicutes)에 속하는데, 이 강에는 Mycoplasmatales 목 하나뿐이다. 이 목은 3개의 과로 되어있으며, 각 과는 각각 하나씩의 속을 갖고 있다: Mycoplasmataceae과와 *Mycoplasma*속, Acholeplasmataceae과와 *Acholeplasma* 속, Spiroplasmataceae과와 *Spiroplasma* 속 등이다.

마이코플라스마는 진정한 세포벽을 갖지 않으며 단위막(單位膜; unit membrane)으로만 둘러싸여 있다. 크기는 매우 작아서 광학현미경으로는 보이지 않는 경우가 대부분이며, 세포는 세포질을 가지고 있고, 리보솜과 핵 물질의 가닥들이 흩어져 있다. 증식할 때의 직경은 약 175~250nm이지만 그 후에는 다양한 크기와 형태로 자란다. 형태는 구형 내지 타원형으로부터 실 모양까지 다양하다. 때로는 분지된 균사 모양을 나타내기도 한다. 완전히 성숙한 구형의 마이코플라스마 입자는 크기가 1 내지 수 ㎛에 이르는 반면, 가느다란 가지를 친 실 모양의 마이코플라스마는 길이가 수 ㎛부터 150㎛에 이르기도 한다. 마이코플라스마는 출아법이나 이분법으로 증식한다. 편모는 없으며, 포자를 형성하지 않고, 그람음성이다. 사람이나 동물에 기생성인 마이코플라스마와 거의 모든 부생성 마이코플라스마는 다소 복잡한 인공영양배지에서 자랄 수 있으며, 흔히 독특한 계란프라이(fried-egg) 같은 모양의 매우 작은 균총을 만든다. 마이코플라스마는 대부분 건강하거나 병에 걸려 있는 동물이나 사람의 호흡기나 비뇨생식기에서 분리된다. 또한 동물의 일부 관절염이나 신경계통 질환부에서도 분리되며, 일부는 사물영양체로 존재한다. 대부분의 마이코플라스마는 페니실린에 대해서는 완전한 저항성이지만, 테트라사이클린(tetracycline)과 클로람페니콜(chloramphenicol) 에 대해서는 감수성이며, 일부 마이코플라스마는 에리스로마이신(erythromycin)이나 다른 항생제에 대해서도 감수성을 나타낸다.

파이토플라스마

식물체나 매개충에서 볼 수 있는 미생물, 즉 스파이로플라스마를 제외한 파이토플라스마는 형태적인 면에서 *Mycoplasma* 속이나 *Acholeplasma* 속의 마이코플라스마들과 비슷하다. 파이토플라스마는 유전적으로는 *Mycoplasma* 보다 *Acholeplasma* 에 더 가깝다. 세포벽이 없으며, 단위막으로 둘러싸여 있고, 세포질이 있으며 리보솜과 핵물질 가닥도 존재한다. 이들의 염색체 DNA 크기는 530kb부터 1,130kb까지 다양하다. 형태는 구형 내지 난형이거나 불규칙한 관 모양 내지 실 모양이며, 크기는 전형적인 마이코플라스마의 크기와 비슷하다 (그림 12-54).

파이토플라스마와 스파이로플라스마는 일반적으로 체관의 즙액에 존재한다 (그림 12-54). 기주식물에서의 파이토플라스마 밀도는 매우 다양하다. 예를 들어, 여러 파이토플라스마에 감염된 일일초에서는 식물조직 1g당 2억2천만 내지 15억 정도의 파이토플라스마 개체가 존재하는 반면에 proliferation 병에 저항성인 사과나무 및 다른 나무들에서는 식물조직 1g당 370 내지 34,000개 정도에 불과하다. 대부분의 식물 몰리큐트는 매미충류 (그림 12-55)에 의해 한 식물체로부터 다른 식물체로 옮겨지지만, 일부는 나무이나 멸구류 (그림 14-18 참조)에 의해 옮겨진다. 식물 몰리큐트는 매개충의 소화관이나 헤모림프, 침샘을 비롯한 여러 신체기관의 세포 안에서도 자란다.

매개충은 감염된 식물에서 수시간 내지 수일간 흡즙하면 병원균을 획득한다. 또한 감염된 식물이나 매개충의 추출물을 곤충에 주입하여도 병원균을 획득한다. 감염된 식물의 어린잎이나 줄기를 흡즙하는 곤충은 오래된 잎이나 줄기를 흡즙하는 곤충보다 매개충이 될 확률이 높다. 매개충은 감염된 식물체로부터 병원체를 획득한 즉시 몰리큐트를 옮길 수는 없지만, 온도에 따라 10일 내지 45일간의 잠복기가 지나면 몰리큐트를 옮길 수 있다. 잠복기는 30℃ 에서 가장 짧으며, 10℃에서 가장 길다.

잠복기는 곤충의 몸 안에서 증식하고 퍼지는 데 걸리는 시간이다 (그림 12-55). 몰리큐트는 식물체에서 매개충의 몸 안으로 옮겨간 뒤, 매개충의 장세포에서 증식한 다음에 헤모림프로 옮겨가고, 이에 따라 매개충의 내부기관들이 감염되며, 마침내 뇌와 침샘까지 침투한다. 침샘에서 몰리큐트 밀도가 일정한 수준에 이르게 되면, 곤충은 그 효율에 다소간의 차이가 있지만 남은 일생동안 계속 새로운 식물로 몰리큐트를 옮긴다. 매개충은 대개 몰리큐트에 의하여 나쁜 증상을 보이지는 않지만 어떤 경우에는 심각한 병적 증상을 나타내기도 한다. 몰리

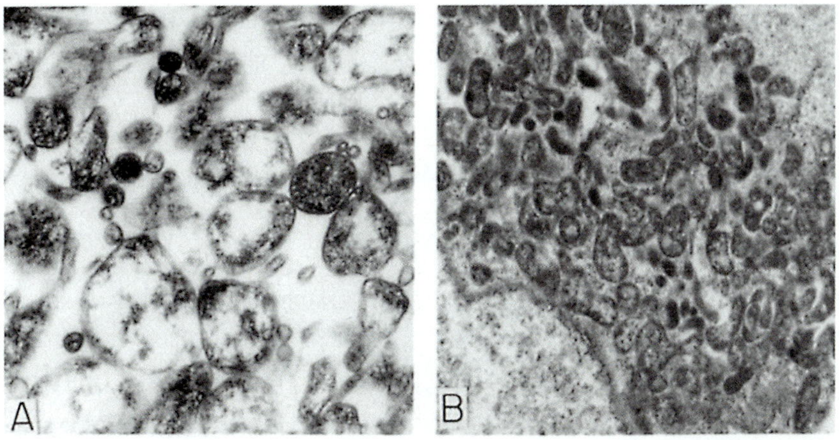

그림 12-54 과꽃 누른오갈 파이토플라스마. (A) 성숙하고 다소 큰 과꽃 파이토플라스마. (B) 어리고 활동적인 파이토플라스마. [사진제공: J.F. Worley, USDA.]

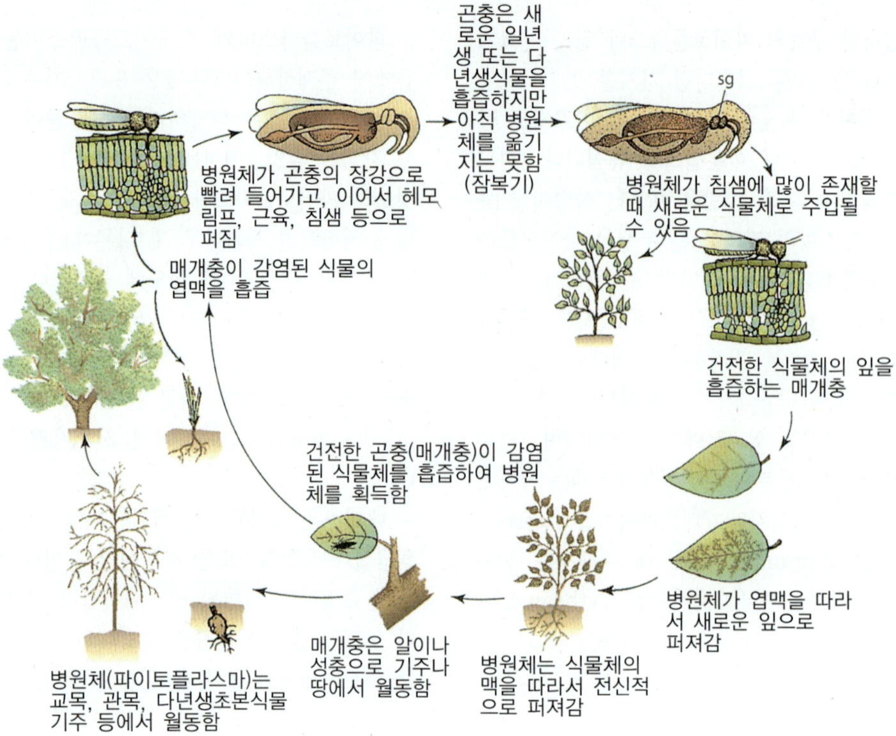

그림 12-55 매개충에 의한 바이러스와 몰리큐트, 국재성 세균의 월동과 획득 및 전반.

큐트는 매개충의 성충보다는 약충이 더 잘 획득하며, 매개충이 탈피해도 계속 살아남을 수는 있지만 알을 통하여 다음 세대까지 전해지는 경란전염은 되지 않는다. 그러므로 매개충을 보독시키기 위해서는 반드시 감염된 식물체를 흡즙시켜야 한다.

많은 연구자가 전형적인 마이코플라스마를 배양하는 인공영양배지를 비롯하여 여러 종류의 인공영양배지를 이용하여 파이토플라스마를 배양하려고 시도하였지만 아직까지도 성공하지 못하였다. 순도는 다양하지만 그들의 기주식물이나 매개충에서 추출된 파이토플라스마 가운데 몇 종에 대한 항혈청이 개발되었으며, 어떤 것에 대해서는 단클론항체까지도 개발되어 있다. 특정 항체들, DNA 프로브, RFLP profiles (그림 12-56), 그리고 PCR-16S rRNA 유전자분석 등은 감염이 의심되는 식물에서의 검출과 동정, 그리고 병원체를 집단화하고 분류하는 데 아주 유용하다. 지금까지 62종류의 파이토플라스마가 분류동정되었으며 14그룹으로 나뉘어 있다. 이명법에 따르지는 않았지만 물푸레나무 누렁병의 병원체는 Candidatus *Phytoplasma fraxini*, Australian tomato big bud병의 병원체는 Candidatus *Phytoplasma australasia* 등 일부 파이토플라스마에 대해서는 임시적으로 후보(candidatus)군으로 불렀다. 파이토플라스마를 검출하고 동정하는 방법들은 무병주 증식대목 생산을 통하여 파이토플라스마를 방제하는 데 도움이 된다. 특이성이 높은 항혈청은 의심되는 기주에서의 병원체의 검출과 동정, 그리고 병원체에 감염되지 않은 식물체의 증식을 통한 병의 방제에 아주 유용한 수단이 되고 있다. 혈청학적 기법은 감수성인 기주에 검정하거나 또는 DNA에 특이적으로 결합하는 형광염색소인 DAPI(4,6-diamidino-2-phenylindole) 나 유합조직(callose)에 특이적으로 결합하는 형광염색소인 아닐린 블루(anilline blue) 염색법, 또는 소위 딘스염색(Dienes' stain)법 등 현재 몰리큐트와 유사한 감염을 진단하는 데 사용하는 다른 방법들을 대체하고 있다.

몰리큐트는 항생제, 특히 테트라사이클린 계통의 항생제에 대하여 매우 민감하다. 감염되어 이미 병징이 나타난 식물을 주기적으로 테트라사이클린 용액에 담그면 병징이 줄어들거나 사라지며, 만일 병징이 나타나기 전에 처리한다면 병징의 발현이 늦춰진다. 감염된 식물체의 잎에 테트라사이클린을 처리하는 것은 토양 관주처리와 마찬가지로 별 효과가 없는 것으로 알려져 있다. 그러나 지금까지 알려진 어떠한 방법도 식물체의 병을 완전히 치료하지는 못하며, 처리가 끝나면 얼마 지나지 않아 병징이 다시 나타난다. 일반적으로 병의 초기에 식물체를 처리하면 병이 진전된 다음에 처리하였을 때보다 훨씬 더 좋은 효과를 얻을 수 있다. 살아있는 식물체든 휴면상태에 있는 증식기관이든 열처리를 하면 감염된 식물체에서 몰리큐트를 완전히 제거할 수 있다. 감염된 식물체를 생육상에서 온도를 30~37℃로 며칠 내지 몇 주 또는 몇 개월 동안 유지하거나,

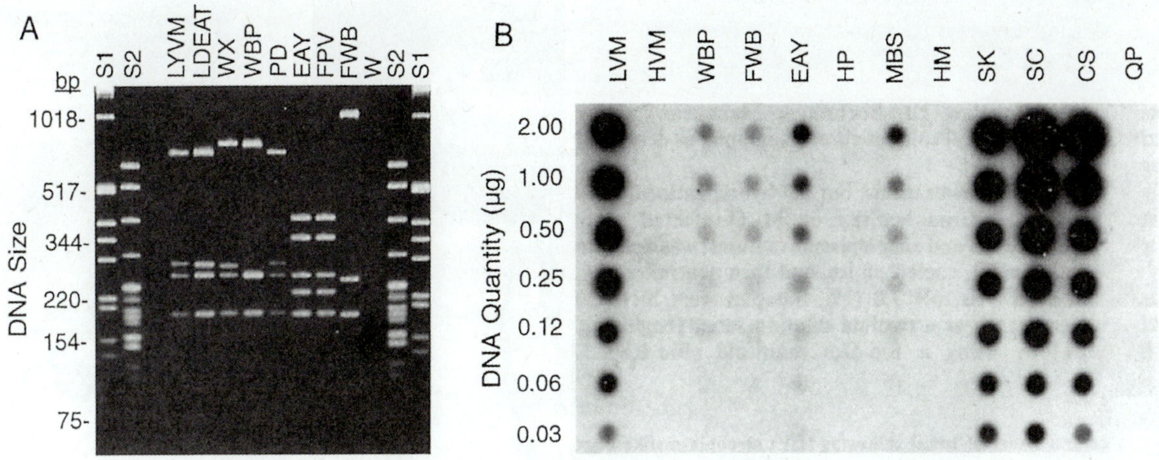

그림 12-56 리보솜 DNA(A)와 전체 DNA(B)의 분절양상(fragment profile) 비교를 통한 식물 몰리큐트의 검출과 동정(A). 양상을 얻기 위하여 DNA를 특정 핵산제한효소로 잘랐으며, 각 분리주의 분절양상은 이미 알고 있는 또는 모르는 몰리큐트의 것과 비교하였음. 양상을 얻기 위하여 DNA 희석액 몇 방울을 얇은 막 위에 떨어뜨려 적당한 방사성 프로브와 반응시켰음. 점의 크기와 농도는 시험 DNA와 이미 알려진 프로브와의 관계정도를 나타내는 것임. HVM, HP, HM, QP는 건전식물의 것임(B). [사진제공: Harrison, University of Florida.]

휴면기관인 경우에는 30~50℃의 물에 고온에서는 10분 정도, 저온에서는 72시간 정도 담가 놓으면 된다.

스파이로플라스마

스파이로플라스마는 나선형의 몰리큐트이다. 현재까지 알려진 바로는 귤나무 스터본병, 겨자무 brittle root병(*Spiroplasma citri*), 옥수수 위축병 등이 있으며, 일일초에도 병을 일으킨다. *Spiroplasma citri* 는 십자화과식물이나 양상추, 복숭아나무 등 여러 쌍떡잎식물에서도 발견되었으며, *Spiroplasma citri* 와 옥수수 위축 스파이로플라스마는 그들 각각의 매개충인 매미충을 감염한다. 더욱이 몇 종의 스파이로플라스마는 꿀벌과 다른 여러 곤충을 감염하며, 이보다 많은 종이 꽃 또는 식물체의 다른 표면에서 부생적으로 살아가는데 식물체 내부에서 살아갈 가능성도 배제할 수는 없다.

스파이로플라스마는 지름이 100~250nm 이상인 구형 내지 달걀형이며, 활발한 생장을 보이는 동안에는 너비 120nm에 길이 2,000~4,000nm이고 생육후기에는 길이가 약 15,000nm까지 이르는 나선형 또는 분지된 비나선형까지 모양이 다양한 세포이다. 앞서 설명한 파이토플라스마와는 달리 스파이로플라스마는 기주식물이나 매개충으로부터 분리하여 영양배지에 키울 수 있다 (그림 12-57). 이들은 액체배지에서 대부분 나선형을 하고 있다. 스파이로플라스마는 분열법으로 증식한다. 진정한 세포벽을 가지고 있지 않으며 단위막으로 둘러싸여 있다. 나선형의 실 모양 세포는 움직일 수 있으며, 세포의 느린 파동과 아마도 빠른 회전운동에 의하여 움직이는 것으로 알려져 있다. 편모는 가지고 있지 않다. 스파이로플라스마는 한천배지 위에서 지름이 약 0.2mm인 균총을 만들며, 일부는 달걀프라이 같은 모양이지만 다른 것들은 입자 모양이다 (그림 12-57C). 스파이로플라스마는 페니실린에 저항성이지만 테트라사이클린에 의해서는 생장이 저해된다.

배양된 스파이로플라스마는 매개충에 주입하거나 흡즙시켜서 식물체로 옮길 수 있다. 그리고 접종된 기주식물은 전형적인 병징을 나타낸다.

몰리큐트에 의한 식물병

파이토플라스마에 의한 식물병 가운데 가장 중요한 것은 과꽃 누른오갈병, 사과나무 proliferation 병, 살구나무 퇴록잎말림병, 코코야자나무 치사누렁병, 느릅나무 누렁병, 물푸레나무 누렁병, 포도나무 누렁병, 복숭아나무 X병, 복숭아나무 누렁병, 배나무 쇠락병, 가지과식물의 stolbur 병 또는 big bud병 등 여러 가지이다. 또한, 스파이로플라스마에 의한 귤나무 스터본병과 옥수수 위축병도 경제적으로 심한 피해를 준다.

과꽃 누른오갈병

과꽃 누른오갈병의 증상은 식물체의 전체적인 누렁과 위축, 비정상적인 줄기의 형성, 꽃의 불임, 기관의 기형, 수확물의 양적 질적 저하 등이다 (그림 12-58). 과꽃 누른오갈병에 의한 손실은 기주의 종류에 따라 매우 다양한데, 당근은 특히 큰 피해를 받아 일반적으로 10~25%의 수량감소를 가져오지만 어

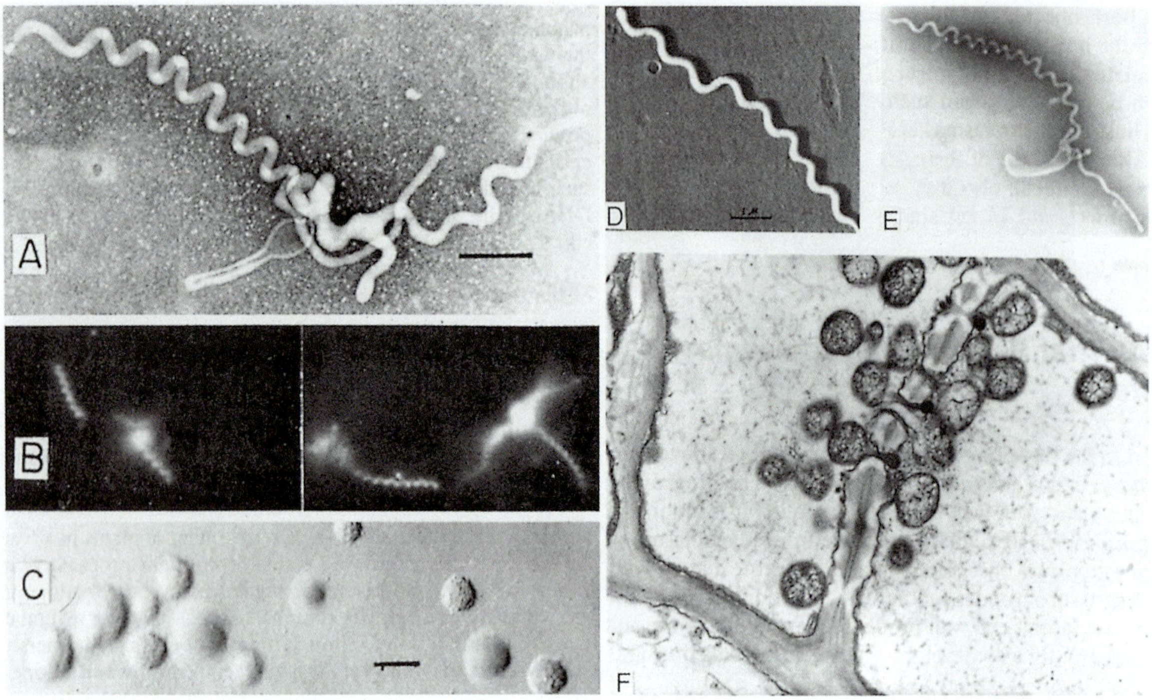

그림 12-57 (A-C) 감염된 옥수수로부터 분리한 옥수수 위축 스파이로플라스마의 모습과 영양배지에서 자라는 모습. (D-F) *Spiroplasma citri*. (A) 전형적인 나선형을 보이고 있는 스파이로플라스마의 전자현미경 사진. (B) 액체배지에서 자라고 있는 스파이로플라스마를 암시야현미경으로 관찰한 사진. (C) 한천배지에서 14일 동안 자란 옥수수 위축 스파이로플라스마의 균총 (막대: 50㎛). (D) 스터본병에 감염된 귤나무로부터 분리한 *Spiroplasma citri*의 복제형. (E) 매개충 *Circulifer tenellus*로부터 분리하여 액체배지에 배양한 *Spiroplasma citri*. 물집 모양에 주목할 것. (F) Sweet 오렌지 잎의 주맥 체판 내의 *Spiroplasma citri*. [사진제공: (A,B,C) T.A. Chen, Rutgers University, (D,E,F) E.C. Calavan, University of California.]

떤 경우에는 80~90%의 수량저하를 나타내기도 한다. 감염된 당근은 크기가 작아질 뿐만 아니라 좋지 않은 냄새를 풍기기도 한다.

대부분의 기주에 나타나는 일반적인 과꽃 누른오갈병의 병징은 비슷하지만, 일부 기주식물에서는 특이한 병징이 나타나기도 한다. 당근에서 처음에 나타나는 병징은 엽맥투명화와 어린잎이 누렇게 되는 것이다. 이어서 감염된 식물은 많은 부정지를 만들며 윗부분이 마치 빗자루 같은 모양을 한다 (그림 12-58C~12-58E). 줄기의 마디 사이는 짧으며 잎자루도 짧다. 어린잎은 작고 좁으며, 때로는 마른다. 오래된 잎의 잎자루는 뒤틀려 결국에는 부서진다. 생육 후기에는 남아있는 오래된 잎은 보통 구리색 내지 붉은색으로 변한다. 감염된 식물체의 꽃은 변형된다. 어릴 때 감염된 식물체는 죽기도 하지만, 후기에 감염되면 지상부가 덤불 모양이 되어 보기 흉할 뿐만 아니라 시장성도 없어지고 기계수확이 어려워진다. 더욱이 포장에서나 저장 중에 뿌리가 여러 가지 무름병에 잘 걸린다.

감염된 당근뿌리는 작고 길쭉해져 비정상적인 모양을 하며, 뽑아보면 잔털 같은 2차근이 많이 발생하여 여기에 흙이 많이 달라붙어 있다. 감염된 당근을 잘라보면 건전한 당근에 비하여 물관부 즉, 가운데 부분이 확대된 반면에 피층은 좁아져 있다. 병이 심할수록 당근에서는 좋지 않은 냄새가 난다. 같은 용기에 들어있는 당근 가공품(통조림 또는 냉동퓌레) 가운데 감염된 것이 15% 정도만 되어도 전체가 역겨운 맛을 낸다.

과꽃 누른오갈 파이토플라스마는 여러 계통과 집단으로 나눌 수 있다. 과꽃 누른오갈병은 눈접이나 접목 또는 매개충에 의하여 전염된다.

이 파이토플라스마는 다년생 관상식물, 채소, 잡초 등에서 생존한다. 병원체의 월동기주로 작용하는 잡초로는 엉겅퀴, 야생당근, 민들레, 야생데이지, 수잔루드베키아(*Rudbeckia hirta*), 질경이 등이 있다.

매개충인 매미충은 감염된 식물체의 체관부에 구침을 넣고 흡즙하는 동안 식물체에 존재하는 파이토플라스마까지 빨아들인다. 곤충 몸 안에서의 잠복기가 끝나면 파이토플라스마는 매미충이 다시 건전한 식물체를 흡즙하는 동안에 곤충으로부터 식물체로 옮겨져 식물체를 감염하고 거기서 증식한다. 잎에 접종되면, 파이토플라스마는 잎에서 식물체의 다른 부분으로 퍼

그림 12-58 여러 기주에서의 과꽃 누른오갈병 병징. (A) 황적색으로 변한 감자 잎. (B) 딸기에서의 누렁과 위축. (C-E) 감염된 당근에서의 과꽃 누렁증상은 지상부의 줄기와 잎이 황적색으로 변하고, 성장위축 및 빗자루 증상이 나타나면서 잔뿌리와 줄기가 밀생한다(A,B). [사진제공: (A) P. Koepsell, Oregon State University, (B-D) Plant Pathology Department, University of Florida, (C,E) R.J, Howard, W.C.P.D.]

지는데 짧으면 8시간 이내에 걸리기도 하지만 대개는 24시간 정도 걸린다. 감염된 식물체는 25℃에서 8~9일, 그리고 20℃에서는 18일의 잠복기 동안에는 병징을 나타내지만 10℃에서는 전혀 병징을 나타내지 않는다.

과꽃 누른오갈 파이토플라스마는 감염된 식물체의 체관부에만 존재하는 것으로 여겨진다. 어린 체관에 인접한 몇 개의 세포가 가장 먼저 이상비대되어 죽는다. 살아있는 세포도 증식하지만 마찬가지로 곧 죽는다. 괴저된 부분을 둘러싸고 있는 세포들은 과도하게 분열하고 신장하여 비정상적인 체관을 만드는 반면에 괴저된 부분에 있는 체관부요소는 퇴화하고 붕괴된다.

병에 의한 손실을 줄이는 몇 가지 방법이 알려져 있지만, 그 어느 것도 병을 완전히 방제하지는 못한다. 포장이나 길가 울타리의 다년생 또는 월년생 잡초기주를 제거하고, 감염된 식물 근처에 감수성인 식물을 심지 않는 것은 감염원을 제거하는 데 도움이 된다. 생육기 초기에 살충제를 처리하여 작물과 근처 잡초에 있는 매개충을 구제하는 것도 병의 발생을 줄이는 한 방법이다. 다른 것에 비하여 저항성이 큰 품종들이 개발되어 있지만 완전면역인 것은 하나도 없으므로 병발생이 심할 때는 저항성 품종도 심각한 손실을 입는다.

코코야자나무 치사누렁병

치사누렁병은 첫 병징이 나타난 지 3~6달 안에 야자나무가 말라죽는 병으로서 미국의 플로리다, 텍사스, 멕시코주들과 카리브해의 여러 섬, 서부 아프리카 등에서 많이 발생한다. 1955년에 플로리다주 남쪽의 섬인 Key West에서 처음 발견되었으며, 그 후 5년 동안에 그 섬에 있는 코코야자나무의 약 75%가 이 병으로 인해 죽었다. 그 뒤 1971년에 플로리다 내륙의 마이애미에도 나타났으며, 그로부터 1973년 10월까지 15,000 그루, 1974년 8월까지 40,000 그루의 코코야자나무가 이 병 때문에 죽었다. 마이애미의 Dade 지역에서는 1975년 8월까지 코코야자나무의 75%가 죽은 것으로 보고되었다. 코코야자나무(*Cocos nucifera*)뿐만 아니라 플로리다에서 자라고 있는 다른 종의 야자나무도 이 병에 감염되었다. 모두 파이토플라스마에 감염되어 쇠락하거나 죽었고, 병징은 치사누렁병과 비슷하였다.

치사누렁병의 초기 병징은 열매가 크기에 관계없이 익기도 전에 떨어지는 것이다. 다음에는 꽃술의 끝이 검어지며 수꽃은 거의 모두 검어지고 죽어서 열매를 맺지 못한다. 이어서 아랫잎도 누렇게 되는데, 누렁은 아래로부터 위로, 오래된 잎으로부터 어린잎으로 번져간다 (그림 12-59A~12-59C). 오래된 잎은 성숙하기도 전에 죽어서 갈색으로 변한 채 나무에 매달려 있지만 어린잎은 누렇게 변하기만 한다 (그림 12-59A). 오래지나지 않아 모든 잎과 싹이 죽는다. 마지막으로 야자나무의 윗부분 전체가 떨어져 나가 마치 전봇대 같은 모양을 한다 (그림 12-59B~12-59D).

병원체는 파이토플라스마로서 식물에서 발견되는 다른 파이토플라스마와 형태적으로 매우 비슷하다. 병원체는 주로 어린 체관세포에 존재한다 (그림 12-60). 자연 상태에서는 병이 매우 빨리 퍼지는 것이 분명하지만 확실한 매개충으로 밝혀진 것은 아직까지 없다. 멸구의 일종인 *Myndus crudus*가 매개충의 하나로 주목받고 있다.

코코야자나무 치사누렁병은 유전적으로 저항성인 품종과 잡종을 이용하여 방제한다. 여러 코코야자나무 품종 가운데 말레이 왜성(Malayan dwarf) 품종이 치사누렁병에 저항성 또는 면역성으로 알려져 있다. 따라서 치사누렁병이 존재하는 곳에서는 코코야자나무를 이 품종 또는 이 품종과의 교배종으로 대체하고 있다. 치사누렁병의 방제는 지금까지 주로, 매개충에게 오염원을 제공하지 못하도록 병든 식물체는 보이는 즉시 뽑아서 불태우는 등 포장 위생적인 측면에서 시도되어 왔다. 하지만 매개충의 밀도를 줄이기 위한 살충제 처리는 병의 확산정도를 줄이지 못하였다. 감염된 나무에 항생제(테트라사이클린)를 수간주입하여 병을 방제하는 것은 조경용 야자나무에는 효과적이며 적용가능한 방법이지만, 코코야자 열매를 생산하기 위하여 코코야자나무를 재배하는 농장에서는 비경제적인 방법이다.

사과나무 proliferation 병

사과나무 proliferation 병은 유럽에서 발생하며, 과일이나 나무에 심한 피해를 준다. 사과나무 proliferation 파이토플라스마는 다른 과수 파이토플라스마와 연관성이 있는 것 같으나 다른 과수류에는 전염되지 않는다.

사과나무 proliferation 파이토플라스마 병징은 빗자루병 증상을 나타내는데(그림 12-61A, 12-61B), 여름동안 생장한 결과 어린가지 끝부분에 발달한 잎이 로제트처럼 되고, 잎은 작지만 좁은 각으로 생장하는 탁엽보다는 크다. 파이토플라스마에 감염된 나무는 꽃이 적게 달리고, 일부 꽃은 흰색의 꽃잎부분이 녹색의 어린잎으로 변하는 엽화증상을 나타낸다. 결과적으로 과일은 절반 크기로 작아지고, 때로는 과일을 맺지 못하기도 하며, 건강한 나무의 과일보다 상당히 작고(그림 12-61C), 미숙하게 변색하기도 하며 맛이 없다. 나무뿌리는 비정상적으로 발달하고, 많은 뿌리를 형성하며, 가는 뿌리는 빽빽하게 되어 엉클어진 것 같은(felt-like) 덩어리 형태가 되고, 나무가 전체적으로 왜소해 보인다. 그렇지만 겨울마다 파이토플라스마가 재배치되므로 이 모든 증상이 해마다 다르게 나타나며, 나무 전체에 발생하는 것도 아니고, 같은 가지에 해마다

그림 12-59 치사누렁병에 감염된 코코야자나무. 병징은 아랫잎에서 시작되어 누런색으로 변하고 (A) 낙엽지는 반면, 나중에는 어린잎은 누런색으로 변한다 (B). 결국 모든 잎은 죽고, 낙엽이 지며, 나무 눈도 죽어서 (B,C), 죽은 나무들은 전봇대 같이 서 있다 (D). [사진제공: Plant Pathology Department, University of Florida.]

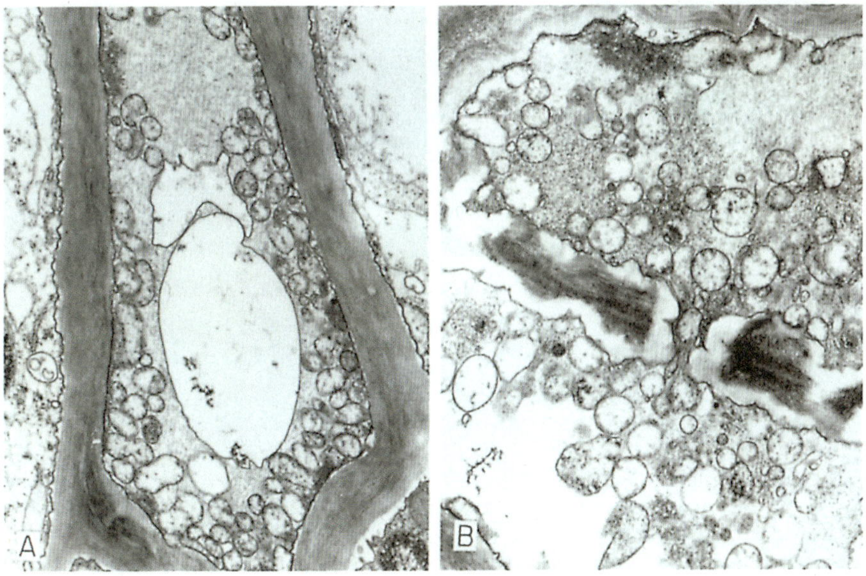

그림 12-60 치사누렁병에 감염된 어린 코코야자나무의 체관에서 관찰되는 파이토플라스마(A). Callose로 덮인 체판의 구멍을 통과하고 있는 치사누렁병 파이토플라스마(B). [사진제공: M.V. Parthasarathy.]

그림 12-61 어린가지(A)와 성숙한 사과나무(B)에서의 사과나무 proliferation 증상과 과실 크기의 감소(C, 오른쪽). 살구나무에서 유럽핵과류 누렁병의 병징(D), 단기간에 나무가 말라죽음(E). [사진제공: (A) E. Seemuller, Heidelberg, Germany, (C~E) L. Giunchedi, University of Bologna, Italy.]

증상이 나타나는 것도 아니다.

사과나무 proliferation 파이토플라스마는 영양번식과 여러 흡즙성 곤충류에 의하여 전파된다. 그러므로 가장 중요한 방제법은 파이토플라스마 무병주 및 파이토플라스마 저항성 대목이나 접수를 사용하는 것이다. 나무의 생육기 동안에는 살충제의 살포도 도움이 된다.

유럽핵과류 누렁병

유럽핵과류 누렁병(European stone fruit yellows)은 유전적으로 관련이 있는 파이토플라스마에 의해 유럽의 핵과류에 발생하는 병에 대해 최근에 붙여진 일반명이다. "살구나무 퇴록잎말림병"과 "유럽자두나무 leptonecrosis 병"이 대표적이다. 병징과 피해는 기주식물과 병원체의 계통에 따라 다양하게 나타난다. 이 병은 살구나무, 배나무, 일본자두나무에 심각한 피해를 준다. 양앵두나무는 저항성을 나타내지만, 유럽자두나무는 무병징 전염원이 된다.

어린나무에서는 전신적으로 빠르게 감염되어 1~2년 내에 죽는다. 5년생 이상의 나무에서는 아래 가지에 국지적으로 병징이 나타난 뒤, 비교적 빠른 속도로 나무의 나머지 부분으로 퍼져서 나무 전체가 죽는다. 눈이 일찍 트거나 늦겨울이나 이른 봄에 잎이 나는 것도 병징의 하나이다. 후기에는 잎이 위쪽으로 말리고 담녹색으로 변하고 퇴색된다 (그림 12-61D, 12-61E). 병든 잎은 건전한 잎보다 오랫동안 나무에 달려 있고, 결빙온도에서도 눈이 계속 터진다. 감염된 나무의 과일은 작아지고, 울퉁불퉁해지고, 일찍 떨어진다. 과육은 갈색으로 변하고, 과심부가 스펀지처럼 푸석푸석해진다. 병든 나무의 수피에는 괴사부가 생기는데, 이를 횡단해 보면 담황색의 가는 띠 또는 갈색의 좀 두꺼운 둥근 띠를 볼 수 있다.

유럽핵과류 누렁병의 병원체는 파이토플라스마이다. 프랑스에서는 *Cacopsylla pruni* 라는 나무이가 매개충으로 제시되었으나, 이 파이토플라스마가 매개충에 의해 전염되는 지는 아직까지 확실하지 않다. 이 병은 아접이나 대목에 접수를 접목할 때 전염되는 것이 확실하다. 이 병은 무병 번식체를 이용하여 방제하는데, 이병주 제거 및 저항성 품종과 대목의 사용도 가능성 있는 방법이다.

물푸레나무 누렁병

흰물푸레나무에 누렁병이 발생하면 생장이 뚜렷하게 저하되고, 그 결과 쇠락하다가 나무가 죽는다. 갈색물푸레나무도 대부분의 지역에서 발병하지만 그리 심하게 피해를 받지는 않는다. 물푸레나무는 유묘 및 성목 또는 크기와 관계없이 물푸레나무 누렁병에 감염되기 쉽다. 병징은 가지의 고사로 인하여 묘조생장이나 방사형 생장이 감소하고, 드물게는 백화된 잎이 나타나며 (그림 12-62A), 그 후 나무줄기(그림 12-62A)와 가지의 싹이 백화되고 빗자루 모양이 되며, 수피는 갈라지고, 가을에는 조기낙엽하며, 나무는 조기에 죽는다. 가장 특징적인 병징은 이병주의 줄기나 가지에 나타나는 빗자루증상이지만, 병징이 다소 다른 경우도 있다. 물론 물푸레나무 누렁병은 임시적으로 분류된 Candidatus *Phytoplasma fraxini*이다. 파이토플라스마가 어떻게 물푸레나무에 전염되는지 이병주에서 건전주로의 전염경로는 아직까지 밝혀지지 않았지만, 한 종 이상의 매개충에 의하여 전염되는 것으로 추정하고 있다. 물푸레나무 누렁병의 방제는 특히 숲에서는 아직까지 이루어지지 않고 있다.

느릅나무 누렁병(느릅나무 체관부괴저병)

느릅나무 누렁병은 미국 동부와 남부의 20여개 주에서 발생한다. 느릅나무 누렁병은 수많은 느릅나무 군락지에서 수천 그루를 고사시켰다.

병징은 잎이 말리고 처지며 담황색으로 변한 다음에 시간이 지남에 따라 갈색으로 변하고 마침내 떨어지는 일반적인 쇠락증상을 나타낸다. 일부 나무는 감염된 지 몇 주 만에 죽지만, 6~7월에 병징이 나타난 나무는 대부분 당년을 넘기지 못하고 죽는다. 늦게 감염된 나무는 겨울동안 살아남을 수 있지만, 봄이 되면 작은 잎만 틔우다가 곧 죽는다. 병의 후기에 감염된 나무의 줄기 아랫부분의 수피를 벗겨 안쪽 면(체관부)을 보면 황갈색으로 변해있고 (그림 12-62C), wintergreen 냄새가 약하게 난다. 이 냄새는 흔히 이 병의 조기 진단에 이용된다. 체관의 변색은 체관에 callose 가 빠른 속도로 집적되어 체관과 반세포들을 붕괴하기 때문이다. 형성층은 대체 체관부를 만들지만 이 세포들도 빠른 속도로 괴사한다.

병원체는 병든 나무의 체관부에 존재하는 파이토플라스마이다. 매미충인 *Scaphoideus luteolus*에 의하여 병든 나무로부터 건전한 나무로 옮겨진다.

최근에 감염된 나무에 테트라사이클린을 주입하면 몇 달간, 가장 길게는 3년간 병징이 억제된다. 심하게 병든 나무 또는 죽은 나무는 제거하고 불태워야 한다.

복숭아나무 X병

Western-X병을 포함한 X병은 미국의 미시간 등 북동부와 북서부, 미시간 및 다른 여러 주, 그리고 캐나다와의 인접지역에서 발생한다. 발생지역에서 X병은 복숭아나무의 가장 심각한 병의 하나이다. 병든 나무는 2~4년 안에 경제적 가치가 없어

그림 12-62 (A) 누렁병에 감염되어 가지를 빗자루 모양의 로제트(rosette)를 보이며 쇠락하고 있는 물푸레나무. (B) 물푸레나무 누렁병에 감염된 물푸레나무 주간의 로제트 증상. (C) 느릅나무 누렁병에 감염된 느릅나무 주간의 체관 변색. (D) X병 파이토플라스마에 감염된 복숭아나무. (E) X병에 감염된 복숭아나무의 잎 확대. (F) 4개의 건전한 양앵두나무의 과실과 X병에 감염된 양앵두나무에서의 작고 변색된 양앵두 모습. [사진제공: (A-C) USDA Forest Service, (D) S. Douglas, Connecticut Agricultural Experiment Station, (E) K.D. Hickey, Pennsylvania State University, (F) Oregon State University.]

진다 (그림 12-62D). 어린 복숭아나무는 접종 후 1년 안에 가치가 없어진다. 복숭아나무 X병은 감과양앵두, 산과양앵두, 천도, 버지니아양앵두 등에도 피해를 입힌다.

복숭아나무 X병의 초기병징은 일부 잎 또는 전체 가지에 약한 얼룩과 붉은 자주색의 점무늬가 나타난다. 점무늬는 죽어서 떨어져나가 잎에 총알구멍 같은 모양을 만들어 놓는다 (그림 12-62E). 잎은 붉은색으로 변하고 위로 말린다. 나중에는 병든 가지 끝의 몇 잎을 빼고는 대부분의 잎이 떨어진다.

병든 가지에 열린 과일은 쭈그러들며, 잎에 병징이 나타나고 얼마 지나지 않아서 떨어진다. 나무에 남아있는 과일은 성숙하기 전에 익어버리며 맛이 그리 좋지 않아서 팔리지도 않는다. 병든 과일의 과심에는 종자가 없다. 나무에 남아있는 병든 과일은 변색되고 가치도 없어진다 (그림 12-62F). 병든 나무에서도 건전해 보이는 부분에 열린 과일은 아무런 병징도 나타내지 않는다.

병원체는 파이토플라스마이다. 병원체는 *Colladinus* 속과 *Scaphytopius* 속 등 여러 종류의 매미충류에 의해 전염되며, 아접이나 접목에 의해서도 전염된다. 복숭아나무 X병은 감염되지 않은 눈과 대목을 사용하며, 병든 나무는 모두 제거하고, 복숭아나무 과수원 인근 200m 안에 있는 버지니아양앵두(chokecherry)를 제거함으로써 방제할 수 있다. 테트라사이클린의 수간주입은 일시적이나마 병징 억제효과가 있으며, 약제 처리한 나무로부터 전염원을 획득한 매미충에 의한 전반을 일시적으로 줄일 수 있다. 그러나 비용면에서 그리고 나무에 주는 상처와 복숭아 과일 속의 잔류성 등 몇 가지 문제 때문에 이러한 방제법을 실제로 사용하기에는 문제가 있다.

배나무 쇠락병

북미, 유럽 그리고 다른 나라 등에서 발생이 보고되어 있다. 다른 여러 나라에서도 배나무에서 이와 비슷한 이상증상이 보고되기는 했지만 배나무 쇠락병과의 관계는 아직 밝혀진 바가 없다. 배나무 쇠락병의 증상은 나무가 천천히 점진적으로 약해져서 결국에는 죽거나 갑작스럽게 시들고 곧 죽는다. 이 병은 상당히 충격적이어서 1959년부터 1962년까지 3년 사이에 캘리포니아에서만 1,100,000 그루 이상의 배나무가 죽었다. 배나무 쇠락병은 병원체에 감수성인 대목에 접목된 것이면 어떤 품종의 배나무든지 모두 감염된다. *Pyrus serotina*나 *P. ussuriensis* 같은 동양계 대목이 가장 잘 감염되지만, *P. communis* 나 *P. betulaefolia* 또는 마르멜로(quince) 등 저항성 내지 내성대목에 접목된 배 품종들에서도 나타난다.

'느린쇠락' 병징은 몇 년에 걸쳐서 나무가 점진적으로 약해지는 증상을 일으킨다. 이 기간 동안에 가지는 거의 자라지 않으며, 잎은 작고 적으며 담녹색을 띠고 뻣뻣해지며 약간 위쪽으로 말린다. 이러한 잎은 늦여름에 때로는 붉은색을 띠며 가을에 자라기도 전에 떨어진다. 병의 초기에 나무는 꽃을 매우 많이 피우지만 병이 진전됨에 따라 꽃의 수는 줄어들므로 과일의 수도 줄어들며 크기도 작아진다. 이 무렵 접목된 윗부분에 전분이 축적됨에도 불구하고 아랫부분에는 전분이 거의 고갈된 상태로 잔뿌리들은 대부분 죽는다. 감염된 나무는 때로는 확실하게 회복된 듯 보이지만 결국은 이 병에 의하여 죽는다.

'빠른쇠락'에서는 나무가 갑작스레 시들며 몇 주 안에 죽는다 (그림 12-63A). 빠른쇠락은 감수성 동양계 대목에 접목된 나무에서 더 자주 나타나며, 다른 내성의 대목에 접목된 나무들은 일반적으로 느린쇠락을 나타낸다.

두 종류의 쇠락 모두 접목부 아랫부분의 올해 나이테의 체관을 현미경으로 관찰하면 병을 확실하게 진단할 수 있다 (그림 12-63B). 병든 나무의 접목부에는 정상보다 작고 좁은 체관들이 만들어진다.

병원체는 체관세포에 존재하는 파이토플라스마이다. 배나무 쇠락병은 아접이나 접목에 의해 옮겨진다. 배나무 눈의 3분의 1만이 전반하는 것 같지만, 이 밖에도 자연 상태에서 배나무이(*Psylla pyricola*)에 의해 전염되기도 한다.

배나무 쇠락병을 방제하는 가장 효과적인 방법은 *Pyrus communis* 같은 저항성 대목에 배나무를 접목하거나 매우 감수성인 동양계 대목을 피하는 것이다. 배나무이를 방제하는 방법은 성공하지 못하였다. 그러나 과일을 수확한 후에 감염된 나무에 테트라사이클린 용액을 수간주입하면 병을 일시적으로 억제할 수 있다. 항생제 처리는 반드시 매년 또는 격년제로 반복해야 하며, 만일 처리를 중단하면 병이 다시 나타난다.

스파이로플라스마에 의한 식물병

귤나무류 스터본병

귤나무류 스터본병은 미국 남서부, 브라질, 호주 등 기온이 높고 건조한 지중해 연안의 국가들에서 발생하며, 남아프리카에서도 발생하는 것으로 보인다. 일부 지중해연안 국가들과 캘리포니아에서는 이 병이 오렌지와 자몽의 생산에 가장 위협적인 요소이다. 병징이 서서히 나타나고 감염된 나무는 오랫동안 살 수 있기 때문에 스터본병의 전반은 쉽게 눈에 띄지 않으며 검출도 어렵다. 그러나 수확량은 심하게 감소한다. 병든 나무는 착과수가 떨어지며, 더구나 대부분의 과실이 매우 작아서 상품성이 없다.

스터본병은 대목에 관계없이 모든 재배품종의 잎, 과실, 줄

그림 12-63 (A) 파이토플라스마에 의한 배나무 쇠락증상을 보이는 어린 배나무. (B) 배나무 쇠락병 감염으로 인한 접목부 및 그 아랫부분의 체관붕괴가 쇠락 증상의 원인이다.

기에 나타난다. 병징은 매우 다양하지만, 한번에 단 몇 병징만이 나무 전체 또는 일부에 나타난다. 일반적으로 감염된 나무는 마디 사이의 길이가 짧은 가지가 많이 나와서 다발을 이루며 꼿꼿하게 자란다 (그림 12-64A). 감염된 가지의 일부는 말라죽는다. 병든 나무는 다양한 정도로 위축된다. 잎은 작거나 얼룩덜룩하거나 황화현상이 나타나기도 한다. 겨울에는 심하게 낙엽이 지기도 한다. 병든 나무는 어느 계절에나 개화하고, 특히 겨울에 많이 개화하지만 착과수는 적다. 과일의 일부는 매우 작으며 찌그러지거나 변형되어 도토리 같이 되기도 한다. 이러한 과실은 적도면에서 과정부까지의 과피가 비정상적으로 얇아진다. 때로는 과피가 단단해져서 치즈껍질처럼 질겨진다. 일부 과일은 과정부 쪽이 녹색을 나타내기도 한다 (그림 12-64B). 병든 과일은 익기도 전에 떨어진다. 과일은 대개 시거나 쓴맛이 나며 좋지 않은 맛과 냄새가 난다. 또한 병든 나무 또는 병든 가지에 달린 과일은 발달이 빈약하며 불임종자가 들어있기도 한다.

병원체는 *Spiroplasma citri* 이다 (그림 12-57). 스터본병에 걸린 귤나무의 체관부에서 발견되며, 인공배지에서 키울 수 있다. *Spiroplasma citri* 는 십자화과식물, 복숭아나무와 양앵두나무를 포함하는 핵과류 등 많은 쌍떡잎식물과 일부 외떡잎식물에서 발견되고 전염된다. 완두나 강낭콩 등 일부의 기주식물은 시들어 죽지만, 대부분의 다른 기주식물에서는 병징이 나타나지 않는다.

귤나무류 스터본병은 접목에 의해 전염되며, 그 빈도는 보통이다. 자연 상태에서는 *Circulifer tenellus*, *Scaphytopius nitridus*, *Neoalitlurus haemoceps* 등의 매미충이 귤나무과 수원에서 병을 전염시키는 것으로 알려져 있다.

귤나무류 스터본병은 스파이로플라스마에 감염되지 않은 접

그림 12-64 (A) 건전 귤나무(왼쪽)와 *Spiroplasma citri* 에 감염된 귤나무. 스터본병에 걸린 나무는 매우 위축됨. (B) 건전한 과실(왼쪽)과 착색이 늦어지고 크기가 작은 감염된 과실, 점무늬를 보이는 감염 잎과 2개의 건전한 잎(오른쪽 끝). [사진제공: C.N. Roistacher, California Department of Agriculture.]

수와 대목을 사용하고, 감염된 나무를 제거하여 방제한다. 어린나무의 뿌리를 테트라사이클린으로 처리하면 병이 예방되거나 병징의 발현이 억제되는 것이 실험적으로 증명되었지만, 상업적으로 실용화되지는 않았다.

옥수수 위축병

미국 남부, 중미, 남미의 북부 등에서 나타난다. 병의 정도는 기주 품종과 감염시기 등에 따라 다양하지만, 발생하기만 하면 큰 피해를 초래한다.

초기병징은 가장 어린잎에 담황색의 줄무늬가 나타난다. 식물체가 성숙해짐에 따라 누렁은 더 뚜렷해지며 잎의 더 많은 부분으로 퍼진다 (그림 12-65A, 12-65B). 나중에는 잎면적의 대부분이 곧 붉은색 내지 자주색으로 바뀐다. 감염된 식물체는 줄기의 마디가 짧아져 생장이 위축되는데 특히 감염된 뒤에 자라난 부분에서 심하므로 식물체의 윗부분이 다발 모양을 이룬다. 감염된 식물체는 때로는 건전한 식물체보다 옥수수를 더 달기도 하는데, 이 옥수수는 작으며 종자도 없다. 감염된 식물의 수이삭은 대개 불임이 된다. 심하게 감염되면 곁가지와 곁뿌리가 많이 나온다.

옥수수 위축병의 병원체는 *Spiroplasma kunkelii* 이다 (그림 12-65C). 옥수수 위축병은 자연 상태에서는 *Dalbulus elimatus* 와 *D. maidis*를 포함한 여러 매미충에 의해 전염된다. 매개충은 병든 식물체를 여러 날 동안 흡즙해야 스파이로플라스마를 흡즙하고, 매개충이 건전한 식물에 스파이로플라스마를 전염시키기 전 2~3주 동안 보독한다.

수분 내지 수일 동안의 흡즙기간은 스파이로플라스마가 건전한 식물체에 매개충이 접종시킬 수 있는 시간이다. 식물체는 접종 4~6주 뒤부터 옥수수 위축병징이 나타난다.

예전에는 옥수수 위축 스파이로플라스마는 시리아수수새(Johnson grass)나 다른 다년생식물에서 월동하는 것으로 믿었었지만, 현재 확실한 월동장소에 대해 알려진 바는 없다. 열대지방에서는 계속되는 옥수수의 재배를 통하여 스파이로플라스마가 생존하고 있다.

옥수수 위축 스파이로플라스마의 방제법은 이 병에 저항성인 옥수수 품종을 재배하는 것이다.

참고문헌

Abou-Jawdah, Y., Karakasian, A., and Sobh, H. (2002). An epidemic of almond witches'-broom in Lebanon: Classification and phylogenetic relationships of the associated phytoplasma. *Plant Dis.* **86**, 477–484.

Ahrens, U., Lorenz, K.-H., and Seemuller, E. (1993). Genetic diversity among mycoplasmalike organisms associated with stone fruit diseases. *Mol. Plant-Microbe Interact.* **6**, 686–691.

Bove, J. M. (1984). Wall-less prokaryotes of plants. *Annu. Rev. Phytopathol.* **22**, 361–396.

Chen, T. A., and Liao, C. H. (1975). Corn stunt spiroplasma: Isolation, cultivation, and proof of pathogenicity. *Science* **88**, 1015–1017.

Da Graca, J. V. (1991). Citrus greening disease. *Annu. Rev. Phytopathol.* **29**, 109–136.

Doi, Y., *et al.* (1967). Mycoplasma- or PLT group-like microorganisms found in the phloem elements of plants infected with mulberry dwarf, potato witches'-broom, aster yellows, or paulownia witches'-broom. *Ann. Phytopathol. Soc. Jpn.* **33**, 259–266.

Dyer, A. T., and Sinclair, W. A. (1991). Root necrosis and histological changes in surviving roots of white ash infected with mycoplasmalike organisms. *Plant Dis.* **75**, 814–819.

Fridlund, P. R., ed. (1989). "Virus and Viruslike Diseases of Pome Fruits and Simulating Noninfecting Disorders." Wash. State Univ. Coop Ext. Special Publication.

그림 12-65 *Spiroplasma kunkelii* 에 의한 옥수수 위축병. (A) 두 그루를 제외한 모든 옥수수가 전염, 황적색으로의 변색 및 위축. (B) 가까이 있는 옥수수는 뒤에 있는 다양한 옥수수 위축증상보다도 옥수수 위축증상에 의하여 극심한 위축과 누렁증상을 보임. (C) 옥수수 위축병에 걸린 잎의 체관세포 내의 *S. kunkelii* 의 일부. (D) 감염된 옥수수의 체관부 내의 *S. kunkelii* 의 나선형. [사진제공: (A–C) H.D. Thurston, Cornell University, (D) E. Alves, Federal University, Lavras, Brazil.]

Griffiths, H. M., *et al.* (1999). Phytoplasmas associated with elm yellows: Molecular variability and differentiation from related organisms. *Plant Dis.* **83**, 1101–1104.

Harrison, N. A., *et al.* (1994). Comparative investigation of MLOs associated with Caribbean and African coconut lethal decline diseases by DNA hybridization and PCR assays. *Plant Dis.* **78**, 507–511.

Hervey, G. E. R., and Schroeder, W. T. (1949). The yellows disease of carrot. *N.Y. Agric. Exp. Stn. Ithaca Bull.* **737**, 1–29.

Hibino, H., Kaloostian, G. H., and Schneider, H. (1971). Mycoplasma-like bodies in the pear psylla vector of pear decline. *Virology* **43**, 34–40.

Hiruki, C., ed. (1988). "Tree Mycoplasmas and Mycoplasma Diseases." Univ. of Alberta Press, Edmonton.

Kunkel, L. O. (1926). Studies on aster yellows. *Am. J. Bot.* **13**, 646–705.

Jaraush, W., Lansac, M., and Dosba, F. (1999). Seasonal colonization pattern of European stone fruit yellows phytoplasmas in different *Prunus* species detected by specific PCR. *J. Phytopathol.* **147**, 47–54.

Jarausch, W., *et al.* (2001). Mapping the spread of apricot chlorotic leaf roll (ACLR) in southern France and implication of *Cacopsylla pruni* as a vector of European stone fruit yellows (ESFY) phytoplasmas. *Plant Pathol.* **50**, 782–790.

Lee, I.-M., *et al.* (1993). Universal amplification and analysis of pathogen 16 S rDNA for classification and identification of mycoplasmalike organisms. *Phytopathology* **83**, 834–842.

Maramorosch, K., ed. (1973). Mycoplasma and mycoplasma-like agents of human, animal, and plant diseases. *Ann. N.Y. Acad. Sci.* **225**, 1–532.

Maramorosch, K., and Raychaudhuri, S. P. (1981). "Mycoplasma Diseases of Trees and Shrubs." Academic Press, New York.

Martin, R., *et al.* (2001). Four Spanish isolates of pear decline phytoplasma are related to other European phytoplasmas of the apple proliferation group. *J. Phytopathol.* **149**, 481–484.

Matteoni, J. A., and Sinclair, W. A. (1985). Role of the mycoplasmal disease, ash yellows, in decline of white ash in New York State. *Phytopathology* **75**, 355–360.

Nichols, C. W., *et al.* (1960). Pear decline in California. *Calif. Dept. Agric. Bull.* **49**, 186–192.

Nienhaus, F., and Sikora, R. A. (1979). Mycoplasmas, spiroplasmas, and rickettsia-like organisms as plant pathogens. *Annu. Rev. Phytopathol.* **17**, 37–58.

Prince, J. P., *et al.* (1993). Molecular detection of diverse mycoplasmalike organisms (MLOs) associated with grapevine yellows and their classification with aster yellows, X-disease, and elm yellows MLOs. *Phytopathology* **83**, 1130–1137.

Sinclair, W. A., and Griffiths, H. M. (1994). Ash yellows and its relationship to dieback and decline of ash. *Annu. Rev. Phytopathol.* **32**, 49–60.

Sinha, R. C. (1983). Relative concentration of mycoplasma-like organisms in plants at various times after infection with aster yellows. *Can. J. Plant Pathol.* **5**, 7–10.

Sinha, R. C., and Chiykowski, L. N. (1984). Purification and serological detection of mycoplasmalike organisms from plants affected by peach eastern X-disease. *Can. J. Plant Pathol.* **6**, 200–205.

Thomas, D. L. (1979). Mycoplasmalike bodies associated with lethal declines of palms in Florida. *Phytopathology* **69**, 928–934.

Whitcomb, R. F., and Tully, J. G., eds. (1989). "The Mycoplasmas," Vol. 5. Academic Press, New York.

제 13 장

기생종자식물, 침해덩굴식물, 기생녹조류에 의한 식물병

서론

다른 식물에 기생하며 사는 종자식물은 약 2,500종 이상이 알려져 있다. 이러한 기생식물의 일반적인 특징은 특수한 조직이 발달한 유관속식물이며, 다른 (기주) 유관속식물의 조직 내에 침입하여 기주 유관속 요소에 연결되고, 영양분을 흡수한다. 기생식물은 분류학적으로 여러 과에 속해 있으며, 꽃을 피우고 종자를 맺는다. 기주식물에의 의존도가 매우 다양하다. 겨우살이 같은 일부의 기생식물은 엽록소를 가지고 있지만 뿌리가 없기 때문에 수분과 무기양분만을 기주식물에 의존한다. 반면에 새삼 등은 엽록체도 거의 또는 전혀 없고 진정한 뿌리도 없으므로 자신의 생존 자체를 기주식물에 의존할 수밖에 없다.

현재 알려져 있는 기생종자식물 가운데 농작물이나 나무에 중요한 병을 일으키는 것은 상대적으로 적다. 가장 흔하며 심각한 피해를 일으키는 기생식물들은 식물학적으로 다음의 과와 속에 속한다.

새삼과 (Cuscutaceae)

속 : *Cuscuta*, 알팔파, 양파, 토마토, 다른 수많은 식물의 새삼(dodder)

녹나무과 (Lauraceae)

속 : *Cassytha*, *C. filiformis*는 카브리안섬과 플로리다의

관목과 교목을 감염(그림 13-1E).

겨우살이과 (Viscaceae)

속 : *Arceuthobium*, 난쟁이겨우살이(dwarf mistletoe)

Phoradendron, 활엽수미국겨우살이(American true mistletoe)

Viscum, 겨우살이(European true mistletoe)

열당과 (Orobanchaceae)

속 : *Orobanche*, 콩과식물, 가지과 식물에 기생하는 더부살이(broomrape)

현삼과 (Scrophulariaceae)

속 : *Striga*, 외떡잎식물과 콩과식물에 기생하는 마녀풀

새삼과 진정겨우살이는 기주식물의 어린 가지나 큰가지 등의 윗부분을 침해하여 약간의 경제적 손실을 주지만, 마녀풀(witchweed)류와 더부살이(broomrape)류는 기주식물의 뿌리를 침해하며 심한 경제적 손실을 준다. 마녀풀류는 아프리카의 곡물이나 옥수수 생산지에서 가장 심한 피해를 일으키는 생물적 요소의 하나이다.

기생고등식물

새삼

새삼은 미대륙, 유럽, 아프리카, 남아시아, 및 호주에 널리 분포한다. 새삼의 기주범위는 넓어서 알팔파, 양파, 사탕무, 여러 조경식물, 감자 등이 모두 포함된다.

새삼은 기주식물의 생장과 수확량에 영향을 미치며, 새삼의 피해지역에서의 피해율은 미약한 정도부터 100% 손실까지 범위가 매우 넓다. 지역에 따라 strangleweed, pull-down, hellbind 등 새삼을 여러 이름으로 부르는데, 이 모든 것이 다 새삼이 기주식물을 가해하는 모습을 따서 붙인 이름이다. 새삼은 바이러스에 감염된 기주식물로부터 건전한 식물체로 바이러스를 옮겨주는 다리의 역할을 하기도 한다.

병징

주황색 또는 노란색의 새삼 가닥이 식물체의 윗부분(그림 13-1C), 특히 줄기를 감으며 자라는 것이 특징이다 (그림 13-1A, 13-1B). 줄기의 끝이 자라나가 옆의 식물체를 계속 감염하여 한 새삼으로부터 지름 3m 정도의 둥근 모양의 새삼 기생지역이 생긴다. 야외에서 새삼이 만연한 지역은 (그림13-1D, 13-1E) 생육기 동안 계속 범위가 확대되고, 알팔파 등 다년생식물에서는 해마다 그 발생범위가 넓어진다. 늦은 봄과 여름에 흰색, 분홍색, 또는 노란색 꽃 덩어리를 만들어 내며, 꽃은 곧 종자를 맺는다. 감염된 기주는 기생식물 때문에 약해지며, 활력을 잃고, 수확량도 적어진다. 때로는 기주식물이 질식하여 죽는다. 감염이 계속되면 여러 개의 작은 피해지역이 합쳐져 누런 기생덩굴이 넓은 지역을 덮는다.

병원체: Cuscuta spp.

새삼에는 여러 종이 있다. 일부는 콩과식물을 좋아하며, 일부는 콩과식물뿐만 아니라 각종 광엽식물에도 기생한다.

새삼은 다른 식물을 감고 자라는 가느다란 식물이다 (그림 13-2). 줄기는 비교적 강하며 잘 말리는 실 모양으로 잎이 없이 그 자리에 작은 비늘 같은 것이 있다. 줄기는 보통 누렇거나 주황색이며, 때로는 붉은색이나 자주색 티가 끼기도 한다. 또한 거의 흰색인 것도 있다. 6월부터 서리가 내릴 때까지 줄기에 작은 꽃들이 덩어리를 이루며 모여서 핀다. 꽃에서는 회색 내지 갈색의 종자가 매우 많이 생기는데, 개화 후 몇 주 안에 완전히 익는다.

병의 진전

새삼의 종자는 만연한 밭에서, 또는 작물의 종자와 섞여서 겨울을 난다. 종자는 생육기에 발아하여 노란색의 가느다란 줄기를 만들지만 뿌리는 만들지 못한다 (그림 13-2). 이 줄기는 기주식물을 찾으려는 듯이 이리저리 구불거린다. 만일 기주식물에 닿지 못하면 이 줄기는 땅에 쓰러져 몇 주 동안 휴면상태로 있다가 죽는다.

새삼 줄기는 기주식물에 닿으면 곧바로 기주식물을 감고 흡기를 집어넣으며 자란다. 흡기는 줄기나 잎을 뚫고 들어가 유관속조직까지 이르러서 양분과 물을 흡수한다.

새삼 줄기가 기주식물에 닿으면 바로 이어서 새삼의 기부가 쭈그러들며 말라버려 새삼 줄기는 땅과는 연결이 완전히 끊어지며, 양분과 수분을 전적으로 기주식물에 의존한다. 기주식물의 성장에 따라 새삼도 계속 자라며, 줄기 끝의 말리는 부분이 옆에 있는 다른 식물체까지 옮겨간다. 그러므로 한 식물체로부터 다른 식물체로 감염이 계속되며, 감염된 식물들은 군집을 이룬다. 감염된 식물체는 잘 자라지 못하며, 결국에는 죽는다.

이 동안에 새삼은 꽃을 피우며 종자를 맺는다. 종자는 땅에 떨어져 바로 발아하거나 다음 생육기까지 휴면상태로 지낸다. 이 종자들은 동물이나 물, 농기구 등에 의하여 근처에 있는 새로운 식물체로 옮겨지며, 작물의 종자에 섞여서 먼 거리까지 이동된다.

방제

새삼을 방제하는 가장 좋은 방법은 새삼의 종자가 섞여있지 않은 작물 종자를 사용하고, 새삼에 오염된 지역에서 사용한 농기구는 다른 지역에서 사용하기 전에 철저히 청소하며, 새삼

그림 13-1 새삼(*Cuscuta* sp.)의 기생성과 병징. 해바라기(A)와 감자(B) 줄기 전체를 감아버린 새삼. (C) 고추 전체를 에워싸고 뒤덮은 새삼. (D) 수박밭의 일부를 뒤덮어버린 새삼. (E) 플로리다주의 도로변 관목과 교목을 뒤덮고 있는 녹나무과의 일종인 *Cassytha filiformis*. [사진제공: (A) L.J. Musselman, Southern Illinois University, (B) D.P. Weingartner, University of Florida, (C) G.W. Simone, (D) D.N. Naynard, University of Florida.]

그림 13-2 알팔파에 기생하는 새삼(*Cuscuta* sp.)의 병환.

에 오염된 지역에서 다른 지역으로 가축이 이동하는 것을 막는 등 새삼의 유입 자체를 차단하는 것이다. 만일 밭이 이미 새삼에 감염된 상태이면 생육 초기에 접촉성 제초제를 뿌려주면 좋다. 감염된 지역을 태우거나 그 지역을 베어내면 새삼뿐만 아니라 작물까지도 피해를 입지만 새삼이 퍼지는 것과 종자형성을 막을 수 있다. 밭의 대부분이 새삼에 감염되었으면 밭을 자주 갈아엎고, 불태우며, 새삼의 종자가 발아하여 기주식물에 도달하기 전에 새삼을 죽이는 제초제를 처리한다.

마녀풀

마녀풀(witchweed) (그림 13-3A)은 아프리카와 아시아, 호주 등에서 심각한 기생식물로 알려져 왔다. 미국에서는 1956년도에 북 및 남 캐롤라이나주에서 처음으로 발견되었다. 하지만 연방정부 및 주정부가 효율적으로 검역을 하여 그 존재는 처음 발견된 지역에 국한되어 있다.

마녀풀은 주요 경제식물에 기생하며, 아프리카에서 가장 파괴적인 병원체이다. 주로 옥수수 (그림 13-3A~13-3C)나 수수류, 기장, 고산벼, 사탕수수 등의 단자엽식물에 기생하지만, 동부, 땅콩 및 다른 콩과식물 (그림 13-3D), 고구마, 담배 등에도 기생한다. 감염된 식물들은 생장이 위축되고 황화현상을 나타낸다. 심하게 감염된 식물체는 대개 시들고 죽는다. 감수성은 포장에서의 감염정도에 따라 아주 적은 것부터 100%까지 다양하다.

병징

감염된 식물체는 생장이 위축되며 시들고 누렇게 된다 (그림 13-3C). 심하게 감염된 경우에는 이러한 증상에 의하여 식물체가 죽는다. 기주식물의 감염된 뿌리에는 마녀풀의 촉모나 흡기가 많이 달려있으며, 마녀풀은 이들을 통하여 양분을 흡수한다. 땅 윗부분에서는 감염된 식물체 둘레에 몇 그루의 마녀풀이 자라기도 하지만 땅 아랫부분에서는 땅 위까지 자라 나오지 못한 더 많은 마녀풀의 뿌리가 한 식물체의 뿌리에 기생하고 있는 경우가 많다 (그림 13-3).

병원체: Striga spp.

마녀풀은 작고 예쁜 식물로서 담녹색의 연약하고 털이 많은 잎과 줄기를 가지고 있고, 키가 약 15~30cm까지 자란다. 땅

그림 13-3 식물에 기생하는 마녀풀 (*Striga* sp.). (A) 옥수수에 기생하여 꽃을 피우는 마녀풀. (B) 포장에서 줄을 따라 각 옥수수에 기생하는 마녀풀 군집. (C) 마녀풀에 기생당해 스트레스를 받고, 시들고, 성장이 멈춘 옥수수. (D) 콩과식물인 *Indigofera hirsuta* 에 기생한 다른 종의 *Striga*. [사진제공: (A) L.J. Musselman, Southern Illinois University.]

가부분과 식물체 위에 여러 개의 가지가 나타난다. 비교적 길고 좁은 잎이 서로 마주보며 난다 (그림 13-4).

꽃은 작고 대개 붉거나 누렇거나 흰색인데, 가운데는 항상 노란색이다. 꽃은 줄기에 붙어있는 잎 바로 위에 생기며 생육기 전반에 걸쳐 꽃이 핀다. 수정된 다음에는 씨꼬투리가 만들어지며, 그 안에는 갈색의 작은 종자가 천개 이상 들어있다. 한 식물체로부터 5만~50만개의 종자가 만들어진다.

마녀풀의 뿌리는 흰색이며, 잘라보면 단면은 둥글다. 모든 양분을 흡기를 통하여 기주식물로부터 흡수하기 때문에 털뿌리는 없다.

생활환을 보면 종자가 발아하기 시작하여 완전한 식물체가 만들어지고 그로부터 첫 종자가 만들어질 때까지 90~120일 정도가 걸린다. 땅 위로 식물체가 자라 나오고 자신에 필요한 양분의 일부를 만들 수 있을 정도가 되어도 물과 무기양분뿐만 아니라 유기물까지도 여전히 기주식물에 의존하는 것으로 알려져 있다.

병의 진전

마녀풀은 종자로 월동하며, 종자는 대개 15~18개월의 휴면기를 지낸 다음에 발아하는데, 어떤 것은 휴면기 없이 바로 발아하기도 한다. 기주식물의 뿌리에 가까이 있는 종자는 발아

그림 13-4 옥수수에 기생하는 마녀풀(*Striga asiatica*)의 병환.

하여 뿌리 쪽으로 자라는데, 이는 기주의 뿌리로부터 나오는 자극제와의 반응에 따른 것이다. 마녀풀의 뿌리는 기주의 뿌리에 닿자마자 끝이 부풀어 원추형 또는 공 모양의 흡기를 만들고 기주의 뿌리를 짓누른다. 흡기는 8~24시간 안에 기주세포벽을 녹이며 뿌리 안으로 자라 들어가고, 대개 헛물관을 이루고 있는 맨 앞의 세포들이 마침내 기주의 물관에 다다른다 (그림 13-4). 헛물관은 결국 물관까지 들어가서 물과 양분을 흡수한다. 흡기에 물관이 있음에도 불구하고 체관은 뚜렷이 발달되어 있지 않지만, 흡기의 가운데에 있는 세포들(흡기의 핵)이 기주의 체관과 마녀풀을 연결하고 있는 것으로 여겨진다. 마녀풀의 엽록체도 역시 활동을 하는 것으로 알려져 있는데, 이 엽록체들이 완전히 발달한 다음에도 여전히 기주식물이 만든 양분을 빼앗으며 살아간다.

마녀풀은 몇 개의 뿌리를 만들며, 기주뿌리에 많은 흡기를 형성시킨다. 때로는 수백 개체의 마녀풀이 한 식물체의 뿌리를 한꺼번에 가해하는 수도 있는데, 이러한 경우에는 기주가 많은 마녀풀을 다 지탱할 수 없기 때문에 극히 일부만이 땅 위까지 자라나올 수 있다.

이 병은 포장에서 일반적으로 원을 그리며 퍼져 나간다. 따라서 감염된 식물이 만드는 원은 해가 지남에 따라서 점점 커진다. 종자는 바람과 물에 의하여 옮겨지며, 농기구 또는 기계에 묻어있는 흙 등에 의하여 옮겨지기도 한다.

방제

마녀풀은 방제하기가 매우 어려우므로 모든 수단을 동원하여 마녀풀이 유입되는 것을 막아야 한다. 기주식물을 포함한 포획식물을 심어서 마녀풀 종자의 발아를 유도한 다음에 쟁기질을 하든지 제초제를 처리하여 방제할 수도 있다. 대개 비기주성 콩과식물인 유인식물들은 마녀풀 종자의 발아를 촉진하는데, 발아한 마녀풀은 이 식물들을 침입할 수 없으므로 굶어 죽는다. 저항성 품종의 이용, 다양한 독성을 가진 제초제의 종자처리, 생물적 방제법으로서 마녀풀에 기생하는 균류의 이용 등이 실용화가 가능한 방제법이며 현재 연구 중이다. 대개는 위의 방법을 조합하여 이용해야 마녀풀의 개화 및 종자형성을 막을 수 있다.

더부살이

더부살이(broomrape)는 전 세계적으로 온난건조한 지역에서 발생한다. 지중해와 서아시아지역에서 많이 발생하는 무서운 병이다. 수백 종의 초본쌍떡잎 곡류식물 등에 피해를 준다 (그림 13-5A~13-5E). 어떤 지역에서는 약 10~70%에 이르는 감수를 초래한다.

병징

더부살이에 기생 당하는 식물은 대개 무리를 이루고 있으며, 감염된 시기 및 감염한 더부살이의 수 등에 따라 다양한 정도로 생장이 위축된다. 더부살이는 *Orobanche* 속에 속하는

그림 13-5 여러 식물에 기생하는 더부살이(*Orobanche* sp.): 잠두(A,B). 노지에서 토마토(C), 당근(D), 잠두(E)에 각각 기생하며 작물을 파괴하는 더부살이. [사진제공: L.J. Musselman, Southern Illinois University.]

흰색 내지 노란색의 일년생식물로서 키는 약 15~50cm에 이른다. 줄기는 다육질이며 비늘과 같은 잎을 가지고 있고 흰색, 담황색, 또는 담자색의 금어초와 비슷한 꽃이 많이 피는데 줄기를 따라 한 송이씩 핀다 (그림 13-5A, 13-5B). 더부살이의 종자는 길이 약 5mm인 달걀 모양의 꼬투리에 들어있으며, 꼬투리 당 수백 개의 작은 종자가 들어있다.

병의 진전

더부살이는 종자로 월동하며, 종자는 흙 속에서 10년 이상 생존한다. 종자는 가까이에 다른 식물의 뿌리가 있을 때만 발아하는데 반드시 기주식물의 뿌리여야만 발아하는 것은 아니다. 종자는 발아하여 유근을 만들며, 유근은 기주식물 쪽으로 자라고 뿌리에 붙어 얇은 원판이나 컵 모양의 부착기를 만들어 뿌리를 둘러싸고, 분화되지 않은 여러 형태의 다형성 세포를 물관이나 때로는 물관의 내부까지 집어넣어 양분과 물을 흡수한다. 이 세포 중 일부는 물관요소로 분화하여 기주의 물관과 더부살이의 물관을 이어준다. 다른 미분화된 세포들은 체관에 침입하여 양분을 흡수하고, 이 양분을 더부살이로 옮긴다. 더부살이는 곧 줄기를 만들기 시작하여 아스파라거스 순처럼 생긴 줄기가 땅 위로 올라온다. 그 동안 원래의 뿌리는 2차근을 만들며, 이 2차근은 다른 기주식물의 뿌리에 닿을 때까지 밖으로 자라가서 그 뿌리를 침입하고 감염한다. 이 접촉부위로부터 더부살이의 새로운 줄기와 뿌리가 만들어져, 감염된 식물의 둘레에는 더부살이가 다발로 솟아난다. 한 식물체의 뿌리에서 여러 개체의 더부살이가 자라는 수도 있다. 더부살이의 줄기는 계속 자라서 꽃을 피우고 종자를 만드는데, 성숙한 종자는 땅에 떨어져서 두 달 안에 발아한다.

방제

더부살이의 방제는 종자의 유입방지에 달려 있는데, 오염된 포장에는 비기주식물을 재배하고, 제초횟수를 늘리며, 더부살이가 새로운 종자를 만들기 전에 뽑아내고, 토양소독제로 토양을 소독한다. 아마(flax)는 더부살이를 유인하는 식물로 밝혀졌다. 아마의 뿌리는 더부살이의 종자 발아를 자극하는 물질을 분비하여 더부살이가 아마를 침입하도록 하는데, 그 이후에 더부살이는 아마에서 꽃을 피우지 못한다. 일부 품종은 더부살이에 저항성이다. 특정 균류가 *Orobanche* 에 기생하는 것으로 확인되었으며, 앞으로 생물적 방제에 이용 가능할 것이다.

난쟁이겨우살이

난쟁이겨우살이는 송백류가 자라는 곳이면 세계 어디서나 발견할 수 있다. 미국에서는 널리 퍼져있는 병이며, 미국의 서반부에서 더 심하게 발생한다. 언제나 그런 것은 아니지만 난쟁이겨우살이에 의한 침엽수 숲의 피해는 꽤 광범위하다. 어느 생육단계에 있는 나무든 다 감염하여 그 나무를 변형하거나 생육을 저해하며 심지어는 죽이기까지 한다. 감염된 나무의 길이생장은 50~80%까지 줄어들기도 한다. 커다란 옹이가 많이 생기며, 비정상적인 무늬가 생긴 취약재(spongy wood) 때문에 목재의 질은 떨어진다. 어떤 나무는 큰 나무뿐만 아니라 묘목도 난쟁이겨우살이 때문에 죽는 수가 많다.

병징

난쟁이겨우살이의 가지들은 기주의 잔가지, 가지, 주간을 따라 총생한다 (그림 13-6). 감염된 가지와 줄기는 부풀며, 감염된 부위에 궤양이 생긴다. 부푼 곳을 가로로 잘라보면 쐐기 모양의 누런색 흡기, 즉 난쟁이겨우살이의 흡기가 수피를 뚫고 들어가 형성층과 물관에까지 이른 것을 볼 수 있다 (그림 13-7). 어떤 나무에서는 감염된 부위가 많이 부풀며 납작한 궤양이 나타나기도 한다. 감염된 가지는 빗자루 증상을 보인다. 심하게 감염된 나무는 생장이 위축되며 변형되고, 가지의 궤양 부위가 꺾여서 죽는다.

병원체: Arceuthobium spp.

어떤 종은 가지의 길이가 10cm에 이르도록 자라지만 1.5cm 보다 짧은 것도 있다. 줄기는 단순하거나 가지를 치고 있으며 연결되어 있다. 잎은 뚜렷하지 않으나 비늘 모양으로서 서로 마주보고 달려있으며, 색은 줄기의 색과 같다. 난장이겨우살이는 복잡한 모양의 흡기를 만드는데, 기주 형성층 바깥쪽에 형성층과 평행한 길이방향 흡기가닥과, 방사상으로 체관부와 물관부에 연결되는 방사상의 2차흡기(sinker)로 이루어져 있다.

난쟁이겨우살이는 암수딴몸이며 4~6년생이 되었을 때 꽃이 핀다 (그림 13-6A). 수나무의 줄기는 꽃이 핀 뒤에 죽으며, 암나무의 줄기는 종자가 만들어져 흩어진 다음에 죽는다. 꽃이 수정되고 열매가 완전히 익기까지는 약 5~16달이 걸린다. 완전히 성숙한 열매는 단단하며 열매 안의 압력이 상당히 올라간다. 열매가 깨지면 그 안의 종자가 위나 빗금방향으로 튕겨나가 옆으로 약 15m 거리까지 흩어진다. 종자는 끈적끈적한 물질로 덮여있으므로 무엇이든 종자가 처음 접촉한 물체에 달라

그림 13-6 (A) 소나무 가지에 자라는 소나무 겨우살이의 수그루(노란색)와 암그루(과실 또는 종자꼬투리를 가진 것). (B) 겨우살이는 침엽수(낙엽송)의 주간에 기생하고 부풀게 하여 감염된 부분이 나중에 부러질 수 있음. (C) 겨우살이가 감염하여 꼭대기 가지와 주간이 죽은 가솔송나무(Douglas fir). [사진제공: USDA Forest Service.]

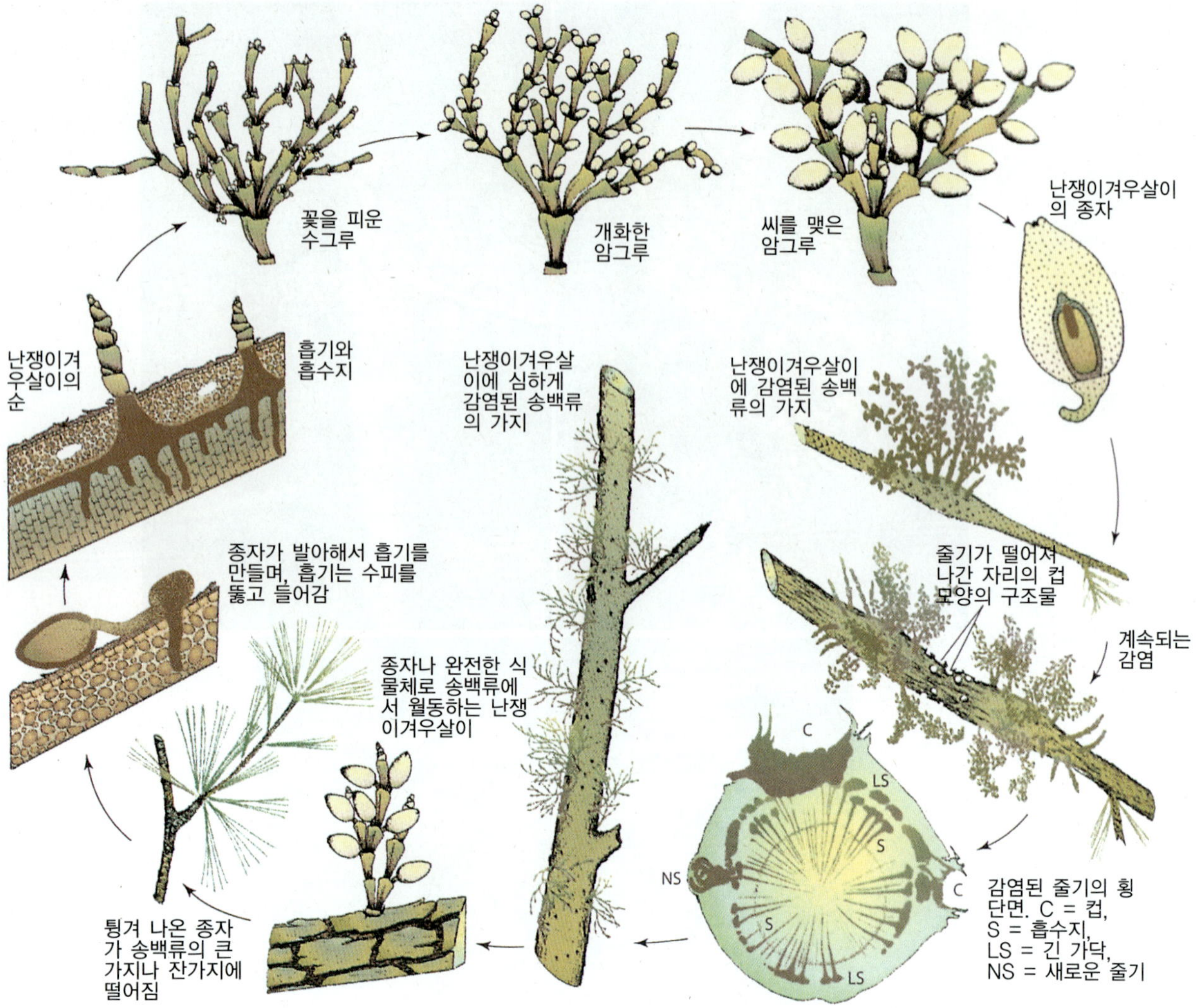

그림 13-7 송백류의 난쟁이겨우살이(*Arceuthobium* sp.)의 병환.

붙는다. 이것이 바로 난쟁이겨우살이의 주요 전반법이다. 때로는 새의 몸에 묻어서 먼 거리까지 옮겨지기도 한다.

병의 진전

난쟁이겨우살이의 종자가 감수성 기주식물의 가지나 어린 줄기의 수피에 달라붙으면, 종자는 발아하여 발아관을 내어 유근으로 발달한다. 이 발아관은 싹이나 잎의 기부를 만날 때까지 수피 표면을 따라 자란다. 싹이나 잎의 기부에서 유근의 가운데로부터 뿌리와 같은 흡기가 나와 수피를 직접 뚫고 들어가서 체관과 형성층에 이른다. 이 흡기로부터 길이 방향의 흡기 가닥과 방사상 2차흡기가 발달해 나와서 난쟁이겨우살이가 필요한 양분을 기주식물로부터 흡수한다 (그림 13-7). 기주의 형성층에까지 이른 흡기는 기주가 부피생장을 함에 따라 목질부 속에 영구적으로 파묻히지만 체관과는 지속적으로 연결되어 있다. 이러한 내부체계가 잘 갖추어지면, 싹을 내어 이듬해 또는 몇 년 뒤에 줄기가 자라 나온다. 첫 줄기는 원 감염부위에서 나타나지만, 나중에는 비교적 큰 지름을 가진 원을 이루며 많은 줄기가 나타난다. 감염된 가운데 부위는 파괴되어 각종 목재부후균의 침입을 받기 쉽다. 만일 감염된 부위에 빗자루증상이 나타난다면, 흡기는 그 모든 가지를 침범하여 소나무 겨우살이의 줄기를 만들어 낸다.

난쟁이겨우살이는 기주식물로부터 물과 무기양분, 광합성산물 등을 빼앗아 가지의 감염된 부분 바깥쪽의 가지를 굶겨 죽

그림 13-8 (A) 활엽수의 가지에서 기생하고 있는 겨우살이. (B) 활엽수의 많은 가지에서 자라고 있는 겨우살이 무리들. [사진제공: E.L. Barnard.]

인다. 또한 감염된 가지의 활력을 떨어뜨리며, 만일 난쟁이겨우살이에 심하게 감염된 경우에는 나무 전체의 활력이 떨어진다. 더욱이 감염된 부분에서 호르몬의 균형을 교란하여 세포의 이상증식이나 이상비대가 생기므로 가지가 각종 모양으로 부풀고 변형된다. 이러한 호르몬의 불균형은 또한 정상적인 상태에서는 휴면중인 측아를 자극하여 줄기가 왕성하게 생겨나 빽빽하게 자라서 비정상적인 모양이 된다. 심하게 감염된 나무는 쇠약해지고, 목재부후균이나 뿌리병원균, 딱정벌레, 바람에 의한 부러짐 등에 대한 저항성이 떨어진다.

방제

난쟁이겨우살이를 방제하는 유일한 수단은 감염된 가지를 잘라 내거나 감염된 나무 전체를 베어내는 등 난쟁이겨우살이를 물리적으로 제거하는 것이다. 감염되지 않은 숲은 감염된 숲과의 사이에 격리대를 만들어 난쟁이겨우살이가 늘어오지 못하도록 막아야 한다.

겨우살이

진정겨우살이는 전 세계, 특히 따뜻한 지역에서 많이 나타나며, 주로 활엽수 숲과 녹음수에 기생하지만 사과나무, 양앵두나무, 고무나무 등의 과수나 조림수, 그리고 노간주나무나 편백나무류 등의 겉씨식물에도 기생한다. 난쟁이겨우살이보다는 피해가 덜 하지만, 지역에 따라서는 경제적 피해가 극심하다. 겨우살이는 12세기에 최초로 기생식물로 분류되었으며, 유럽이나 북미에서는 수많은 전설과 관습의 대상이 되어왔다 (그림 14-16).

증상은 난쟁이겨우살이에 의하여 나타나는 것과 매우 비슷하여, 감염된 부분이 부풀고 빗자루증상이 나타난다 (그림 13-8A, 13-8B). 때로는 가지가 일반적으로 말라죽는 증상을 보임에도 불구하고 겨우살이가 매우 많아서 나무의 푸른 잎 중 절반을 차지하고, 겨울에는 잎이 떨어지는 기주식물의 가지가 이들 때문에 푸르게 보여 마치 상록수처럼 보이기도 하지만 (그림 13-8B) 보통의 가지는 말라죽는 증상이 나타난다. 감염된 나무는 몇 년 동안 살 수 있는데, 생장은 위축되며 겨우살이에 감염된 바깥쪽의 가지는 변형되고 죽기도 한다.

북미지역 대부분에서의 병원체는 *Phoradendron* sp.이며, 캘리포니아와 유럽 등의 다른 대륙에서 나타나는 것은 *Viscum* sp.이다. 이 겨우살이는 기생성 상록식물로서 잎과 줄기가 잘 발달되어 있으며, 줄기의 지름은 1~2cm이다 (그림 13-8). 그러나 어떤 종의 겨우살이는 줄기의 직경이 30cm를 넘는 것도 있다. 길이는 몇 cm부터 1m가 넘는 것까지 다양하다. 광합성을 할 수 있는 전형적인 푸른 잎과 더불어 대개 암수딴몸의 작은 꽃을 피우며, 작은 다육질 열매를 맺는데 여기에는 종자가 하나씩 들어있다. 그러나 뿌리 대신에 흡기를 만들며, 이 흡기가 나무의 가지와 줄기에 자라 들어가 물과 무기양분을 흡수한다.

겨우살이는 종자가 들어있는 열매를 먹은 새에 의하여 옮겨지는데, 겉이 끈끈한 종자는 주로 이 새들이 즐겨 앉는 나무 꼭대기에 배설된다. 이때부터 감염이 시작되고 병이 진전된다. 이 겨우살이의 방제법은 난쟁이겨우살이의 경우와 거의 같다. 녹음수나 과수에서의 방제법은 감염된 가지를 잘라 내거나 또는 가지의 겉으로 드러난 겨우살이를 주기적으로 잘라 없애는 것이다.

참고문헌

Aigbokhan, E. I., Berner, D. K., and Musselman, L. J. (1998). Reproductive ability of hybrids of *Striga aspera* and *Striga hermonthica*. *Phytopathology* **88**, 563–567.

Ayensu, E. S., *et al.*, eds. (1984). "*Striga*: Biology and Control." International Council of Scientific Union, Paris, France.

Berner, D. K., *et al.* (1994). Relative roles of wind, crop seeds, and cattle in dispersal of *Striga* spp. *Plant Dis.* **78**, 402–406.

Berner, D. K., Kling, J. G., and Singh, B. B. (1995). *Striga* research and control: A perspective from Africa. *Plant Dis.* **79**, 652–660.

Berner, D. K., and Williams, O. A. (1998). Germination stimulation of *Striga gesnerioides* seeds by hosts and nonhosts. *Plant Dis.* **82**, 1242–1247.

Ciotola, J. M., Watson, A. K., and Hallett, S. G. (1995). Discovery of an isolate of *Fusarium oxysporum* with potential to control *Striga asiatica* in Africa. *Weed Res.* **35**, 303–309.

Dawson, J. H., Lee, W. O., and Timmons, F. L. (1969). Controlling dodder in alfalfa. *Farm. Bull.* **2211**, 1–16.

Dawson , J. H., Musselman, L. J., Wolswinkel, P., and Dopp, I. (1994). Biology and control of *Cuscuta*. *Rev. Weed Sci.* **6**, 265–317.

Dorr, I. (1987). The haustorium of *Cuscuta*: New structural results. *In* "Parasitic Higher Plants" (H. C. Webber and W. Forstreuter, eds.), pp. 163–170. Philipps Univ., Marburg-Lahm, Germany.

Eplee, R. E. (1981). *Striga's* status as a plant parasite in the United States. *Plant Dis.* **65**, 951–954.

Hawksworth, F. G., and Wiends, D. (1996). "Dwarf Mistletoes: Biology, Pathology, and Systematics." Agric. Handbook No. 709. USDA Forest Service.

Hood, M. E., *et al.* (1998). Primary haustorial development of *Striga asiatica* on host and nonhost species. *Phytopathology* **88**, 70–75.

Kuijt, J. (1969). "The Biology of Parasitic Flowering Plants." Univ. of California Press, Berkeley.

Kuijt, J. (1977). Haustoria of phanerogamic parasites. *Annu. Rev. Phytopathol.* **15**, 91–118.

Kuiper, E. A., *et al.* (1998). Tropical grasses vary in their resistance to *Striga aspera, Striga hermonthica*, and their hybrids. *Can. J. Bot.* **76**, 2131–2144.

Musselman, L. J. (1980). The biology of *Striga, Orobanche*, and other root-parasitic weeds. *Annu. Rev. Phytopathol.* **18**, 463–489.

Musselman, L. J., ed. (1987). "Parasitic Weeds in Agriculture," Vol. 1, CRC Press, Boca Raton, FL.

Nickrent, D. L. (2001). Parasitic plants of the world. *In* "Guide to the Parasitic Plants of the Iberian Peninsula and Balearic Islands" (J. A. Lopez-Saez, P. Catalan, and L. Saez, eds.). Mundi-Prensa Libros, S. A., Madrid.

Nickrent, D. L. (1998). Molecular phylogenetic and evolutionary studies of parasitic plants. *In* "Molecular Systematics of Plants" (D. Soltis, P. Soltis, and J. Doyle, eds.), Vol. II, pp. 211–241. Kluwer Academic, Boston, MA.

Pennypacker, B. W., Nelson, P. E., and Wilhelm, S. (1979). Anatomic changes resulting from the parasitism of tomato by *Orobanche ramosa*. *Phytopathology* **69**, 741–748.

Press, M. C., and Gurney, A. L. (2000). Plant eats plant: Sap-feeding witchweeds and other parasitic angiosperms. *Biologist* **47**, 189–193.

Roman, B., *et al.* (2002). Variation among and within populations of the parasitic weed *Orobanche crenata* from Spain and Israel revealed by inter simple sequence repeat markers. *Phytopathology* **92**, 1262–1266.

Sauerborn, J., *et al.* (2002). Benzothiadiazole activates resistance in sunflower (*Helianthus annuus*) to the root-parasitic weed *Orobanche cumata*. *Phytopathology* **93**, 59–64.

Shaw, C. G., and Hennon, P. E. (1991). Spread, intensification, and upward advance of dwarf mistletoe in thinned, young stands of western hemlock in southeast Alaska. *Plant Dis.* **75**, 363–367.

Sukno, S., Fernandez-Martinez, J. M., and Melero-Vara, J. M. (2001). Temperature effects on the disease reactions of sunflower to infection by *Orobanche cumana. Plant Dis.* **85**, 553–556.

Thoday, M. G. (1991). On the histological relations between *Cuscuta* and its host. *Ann. Bot.* **25**, 655–682.

Thomas, H., *et al.* (1999). Fungi of *Orobanche aegyptiaca* in Nepal with potential as biocontrol agents. *Biocontr. Sci. Technol.* **9**, 379–381.

Webber, H. C., and Forestreuter, W., eds. (1987). Parasitic higher plants. *In* "Proceedings of the 4th International Symposium." Philipps University, Marburg-Lahm, Germany.

침입덩굴식물

식물종은 자라는 곳 어디서나 그들의 다양한 구조와 특성을 우리가 즐길 수 있도록 시간을 거듭하며 진화해왔다. 그러나 생육과 고유특성들은 그 지역 및 인접지역에서 자라는 다른 식물들과 환경에 따라 발달해 왔으며, 또한 이들에 의해 견제되어 왔다. 여러 식물종의 다양성이나 특성들 또는 생육지역은 부분적으로는 바다나 산 같은 물리적 장애물에 의한 격리 때문이다.

하지만 과거 몇 세기 넘게 사람들이 바다와 산으로 여행하는 중에 식물들도 같이 옮겨졌거나 또는 우연히 옮겨져 수많은 식물종은 새로운 서식지에서 자연적으로 장애물을 극복하게 되었다. 개간되지 않은 새로운 서식지에서 일부 도입식물종은 수분이나 영양분, 광 조건에 대하여 토착식물종들과의 경쟁을 극복하여 결과적으로 토착식물종보다 번식이 빠르다. 따라서 오래 지나지 않아 도입식물종은 육지나 바다의 넓은 지역에서 우월한 식물종으로 자리 잡는다. 침입식물종들이 토착 서식지를 방해하면, 토착식물의 수나 크기 그리고 생존율이 감소하고, 특히 기어오르는 덩굴 같은 침입식물들이 성장하면서 식물을 완전히 덮고 햇빛을 차단시켜 결국 식물생장을 나쁘게 하거나 죽이는 원인이 된다. 더욱이 이러한 식물들은 유해 잡초이기도 하다. 도입된 300여 종 이상의 식물은 미국 내의 미개간지를 침범하고 있으며, 플로리다주에서만 약 120종이 발견되고 있다. 일부 도입식물은 너무 심한 피해를 주기 때문에 플로리다에서는 그 중 28종에 대하여 소유나 판매를 금지하고 있다. 침입력이 가장 강하고 파괴적으로 알려진 침입식물은 다음과 같다.

양치식물 (Pteridophytes)

- 고생대 덩굴성 양치식물 – 실고사리류(*Lygodium* sp.)
- 일본 덩굴성 양치식물 – 실고사리(*Lygodium japonicum*)

단자엽식물 (Monocots)
- 토란 - *Colocasia esculenta*
- 물상추(큰단백풀) - *Pistia stratiotes*
- 검정말 - *Hydrilla verticillata*
- 띠 - *Imperata cylindrica*
- 토르페도개기장(Torpedo grass) - *Panicum repens*
- 부레옥잠 - *Eichhornia crassipes*

쌍자엽식물 (Dicots)
- 브라질후추나무 - *Schinus terebinthifolius*
- 카수아리나(Suckering Australian pine) - *Casuarina glauca*
- 조구나무 - *Sapium sebiferum*
- 칡 - *Pueraria montana*
- 멜라루카 - *Melaleuca quinquenervia*
- Tropical soda apple - *Solanum viarum*

기어오르는 덩굴로 자라는 침입식물의 두 가지 예를 간단히 설명한다.

고생 덩굴성 양치류

고생 덩굴성 양치류인 *Lygodium microphyllum*은 덩굴성이고 쌍을 이룬 잎은 약 30미터 이상 자란다. 이 식물은 철사 모양의 암갈색 지하경, 줄기처럼 생긴 엽병, 잎이 무성한 가지, 그리고 소엽병이 있고 매끈한 엽연을 가진 잎을 형성한다. 번식 가능한 소엽의 가상자리를 따라 포자낭을 덮은 작은 열편(裂片)들이 달려있다.

고생 덩굴성 양치류는 아프리카, 남아시아 남태평양섬, 호주가 원산지이다. 이 식물은 플로리다에서는 1958년에 처음으로 발견되었으며, 2000년도에 들어와서 플로리다의 남부 절반 정도의 미개간지에서 110,000에이커 이상으로 퍼졌다. 이러한 과정 중에 양치류는 수생 참억새류 군락, 관목, 초본식물, 또는 소규모 숲을 가리지 않고 토착식물을 뒤덮어 질식시켰다 (그림 13-9).

고생 덩굴성 양치류는 흙 위에 1미터 이상의 두께로 빽빽하게 뒤엉켜서 축적된 철사 모양의 근원경과 덩굴로 살아간다. 포자들은 바람으로 전파되며 4~7일 내에 발아한다.

고생 덩굴송 양치류의 방제법은 기계적 방법과 제초제 처리의 방법이 시도되었지만, 방제하기가 매우 어렵다. 불로 태우면 죽여 없앨 수는 있지만 완전히 근절시키지는 못한다.

칡

칡(kudzu vine; *Pueraria montana*)은 괴근을 형성하고 20m 이상까지 기어오르는 흑갈색 로프 같은 줄기를 형성하는 쌍자엽 콩과식물의 목본덩굴식물이다 (그림 13-10). 어린 줄기는 털이 있고, 잎은 삼출엽이며 털이 있다 (그림 13-10A). 칡은 완두꽃처럼 생긴 적자색의 예쁜 꽃을 피우고 암갈색의 털로 덮

그림 13-9 (A) 고생 덩굴양치류의 잎과 덩굴. (B) 고생양치류의 덩굴과 가지들이 자라서 관목과 나무의 자연식생을 완전히 덮고 있음. [사진제공: University of Florida.]

그림 13-10 (A) 칡(*Pueraria montana*)의 잎과 꽃. (B-D) 노지의 식물(그림 13-9B)과 그에 인접한 나무(C)에 기어 올라가 질식시키는 (햇빛을 차단하는) 칡덩굴. (D) 길가의 나무에 기어올라 뒤덮고 있는 칡덩굴. [사진제공: University of Florida.]

인 꼬투리를 맺는다.

칡은 동아시아가 원산지인데, 남아프리카, 말레이시아 서태평양 군도로 전파되었다. 미국에는 1876년에 관상용으로 도입하였고, 1920년대에는 플로리다에서 사료작물로 도입하였으며, 1930년대에는 미국토양보전국에 의하여 토양침식을 방지할 목적으로 장려되기도 하였다. 마침내 1972년 미국 농무부는 칡을 잡초로 규정하였다. 칡덩굴은 나무가 없는 지역을 완전히 덮을 뿐만 아니라 숲도 덮고 자라며 울폐된 층을 만들고 나무와 다른 식물들을 완전히 감싸 햇빛을 완전히 차단시켜 모두 죽인다. 칡은 현재 미국 내륙뿐만 아니라 북쪽으로는 매사추세츠와 일리노이까지, 서쪽으로는 텍사스와 오클라호마까지 널리 분포하고 있다. 대략 200만 에이커의 숲이 칡덩굴에 덮여 있다.

칡덩굴은 줄기 마디가 땅에 접촉된 부분에서 새로운 뿌리를 형성한다. 굵은 저장근은 땅속 1m 깊이까지 성장한다. 칡은 많은 양의 종자를 생산하는데, 이 종자들은 동물이나 특히 새들에 의하여 다른 지역으로 전반된다. 칡은 가뭄에 대하여 내성이 있으며, 서리를 맞아도 칡덩굴의 지상부만 죽을 뿐이다. 뿌리는 제초제에 대하여 내성을 가지며, 칡뿌리 영양분을 다 고갈시키려면 3~10년 동안 제초제를 반복적으로 처리해야 한다.

참고문헌

Beckner, J. (1968). *Lygodium microphyllum*, another fern escaped in Florida. *Am. Fern J.* **58**, 93–94.

Bodle, M. J. (1994). Does the scourge of the South threaten the Everglades? *In* "An Assessment of Invasive Non-indigenous Species in Florida's Public Lands" (D. C. Schmitz and T. C. Brown, eds.), Technical Report No. TSS-94-100, Dept. Environm. Protection, Tallahassee, Fl.

Brown, V. M. (1984). A biosystematic study of the fern genus *Lygodium* in eastern North America. Thesis, Univ. Central Florida, Orlando.

Cronk, Q. C. B., and Fuller, J. L. (1995) "Plant Invaders." Chapman and Hall, New York.

Godfrey, R. K. (1988). Trees, Shrubs, and Woody Vines of Northern Florida and Adjacent Georgia and Alabama." Univ. of Georgia Press, Athens, GA.
Holms, L. J., *et al.* (1977). "The World's Worst Weeds: Distribution and Biology". Hawaii Univ. Press, Honolulu.
Langeland, K. A., and Craddock Burks, K., eds. (1998). "Identification and Biology of Non-Native Plants in Florida's Natural Areas." Univ. of Florida.
Moorhead, D. J., and Johnson, K. D. (1996). Controlling kudzu in CRP stands. Conserv. Res. Rept. 15, Univ. of Georgia, Athens, GA.
Nauman, C. F., and Austin, D. F. (1978). Spread of the exotic fern *Lygodium microphyllum* in Florida. *Am. Fern J.* **68**, 65–66.
Roberts, R. E. (1996). The monster of Hobe Sound. *In* "Proceedings of Invasive Vines Workshop" (M. Bodle, ed.). West Palm Beach, FL.
Shores, M. (1997). The amazing story of kudzu. Univ, of Alabama, Web site: http://www.cptr.ua.edu/kudzu.htm.

기생녹조류

조류(藻類; algae)는 전형적인 육상식물과 달리 미생물로도 취급되는 생물군이지만 육상식물과 마찬가지로 광합성을 한다. 조류는 때로 엽록체를 가진 원생생물로 취급되기도 한다. 조류라는 원생생물은 8개 집단으로 나뉜다. 이른바 남조류라고도 부르는 시아노세균 같은 일부 조류는 진정원핵세균계(kingdom Eubacterial Prokaryotes)에 속하지만, 나머지는 모두 Chromista계에 속한다. 조류는 진흙, 모래, 간만의 차가 있는 수생서식지 등 불안정한 지역을 포함한 수서생태계에서 광합성 산물의 주요 생산자이다. 녹조류는 군락을 이루는 단세포 생물이거나 자유생활하는 다세포 생물로서 모두 엽록소 b를 가지고 있다.

여러 조류는 다른 생물의 병원체이다. 예를 들면, 시아노세균은 조류의 산호 공생자를 탈색시키고 죽이는 검은띠병(black band disease)을 일으킨다. 많은 홍조류는 대부분 유연관계의 다른 홍조류에 기생한다.

Prototheca 속의 무색녹조류는 인간의 피부병을 일으킨다. 대부분의 녹조류는 자유생활 생물이지만 여러 속은 많은 수생식물의 내생체로 사는데, 그들에게 거의 또는 전혀 피해를 주지 않는 것 같다. 하지만 녹조류 중의 몇몇 속은 고등식물에 기생한다.

녹색소구체과(Chlococcaceae)의 *Rhodochytrium* 속과 Phyllosiphonaceae 과의 *Phyllosiphon* 속에 속하는 녹조류는 수많은 잡초와 상대적으로 경제적 가치가 낮은 몇몇 작물을 감염한다. 하지만 Tentepohliaceae 과의 *Cephaleuros* 속 녹조는 많은 야생식물 및 작물에 실제로 기생하며 경제적으로 중요한 병을 일으킨다.

Cephaleuros 녹조류, 특히 *Cephaleuros virescens*는 북위 32°부터 남위 32° 사이의 열대지역에서 주로 자라는 200여 종 이상의 식물의 잎(그림 13-11A~13-11C)과 줄기(그림 13-11D)에 점무늬병을 일으킨다. 이 녹조는 과실에도 병반을 형성하지만(그림 13-11E, 13-11F) 빈번하지는 않다. 녹조류에 의하여 피해를 받는 경제적으로 가장 중요한 식물은 차나무, 커피나무, 카카오나무, 후추나무, 귤나무, 망고나무 등이다.

녹조류 *Cephaleuros*는 세포들이 균형있게 배열한 디스크 모양의 엽상체로 구성되어 있다 (그림 13-12A~13-12C). 조류 엽상체는 주로 기주식물의 큐티클과 표피세포 사이에서 생장하며 사상체(filaments)를 형성하는데, 특정 조건에서는 책상조직과 엽육조직 사이에서 생장하기도 한다. 조류 *Cephaleuros*는 유주포자낭을 만드는 사상체를 형성한다 (그림 13-12D~13-12F). 바람이나 빗물이 튀기면서 그리고 비바람에 의하여 전반되는 유주포자낭 속의 유주포자로 증식한다. 유주포자는 식물의 새잎, 어린가지, 과일 등을 감염한다. 우기가 끝나는 시기에 더 많이 감염된다. 감염 후에는 감염 엽상체 식물세포가 누렇게 변하는 반면에 인접한 세포들은 이상비대하거나 분열한다. 만일 식물이 스트레스를 받으면, 감염된 엽상체는 팽창하는 반면에 조직의 세포들은 죽어서 병반을 만든다. 바로 옆의 잎과 줄기에는 너무 많은 병반이 생겨 표면을 거의 다 뒤덮기도 한다.

필요하다면, 기생녹조류는 감염이 가장 많이 일어나는 시기에 적당한 살균제를 식물에 처리함으로써 방제할 수 있다.

조류에 의한 식물병

식물체에 기생하지 않는 여러 종류의 조류는 언제 어디서든 조건만 허락하면 육상작물 위에서 자라는 것을 좋아하고, 그들과의 경쟁에서 이기며, 서식공간을 확대하여 육상식물을 뒤덮기도 한다. 실제로 원래 수생식물인 조류는 잦은 폭우와 관개, 높은 수위, 배수불량, 환기불량, 부분적 음지 등 토양 표면이나 주변환경이 상당히 습하게 유지되는 것을 좋아한다. 이러한 습한 환경과 즉시 이용가능한 질소원의 존재에서 조류는 급속하게 자라고 증식한다. 동시에 육상작물은 그런 습한 조건에서 생육이 더디어지며, 조류는 토양뿐만 아니라 잎이나 어린 가지 등의 표면에서도 이들 식물로부터 어떠한 양분도 빼앗지 않으며 자라기 시작한다. 조류가 잔디밭이나 골프장에서 자라면 우거졌던 잔디가 활력을 잃고 성글어진다. 성글어진 곳은 여러 형태와 색깔을 가진 조류에 점령당한다. 그러나 이러한 조류들은 녹색이나 갈색으로, 시트나 잎 또는 쿠션 모양을 한다. 수

그림 13-11 일반적으로 잎 점무늬로 나타나는 기생성 조류(*Cephaleuros* sp.)에 의한 병징(A-C), 줄기(D)와 과실(E, F)에도 점무늬가 나타남. [사진제공: University of Florida.]

분을 다량 함유하고 있는 조류의 영양체는 많은 양의 젤라틴을 함유하고 있는 경우가 많기 때문에 조류피해를 받은 잔디나 골프장은 상당히 미끄럽다. 조류는 대부분 매우 왕성하게 자라고 증식하므로 잔디밭의 넓은 면적이 조류에 뒤덮인다 (그림 13-13A). 조류는 계속 자라고 증식하여 다습조건이 우세하면 계속 옆으로 확장해간다. 후에 기후가 건조해지면 조류와 그들이 자라는 식물체나 토양이 말라서 금가고 조각난 종잇장처럼 되어(그림 13-13B, 13-13C), 때로는 식물이나 토양으로부터

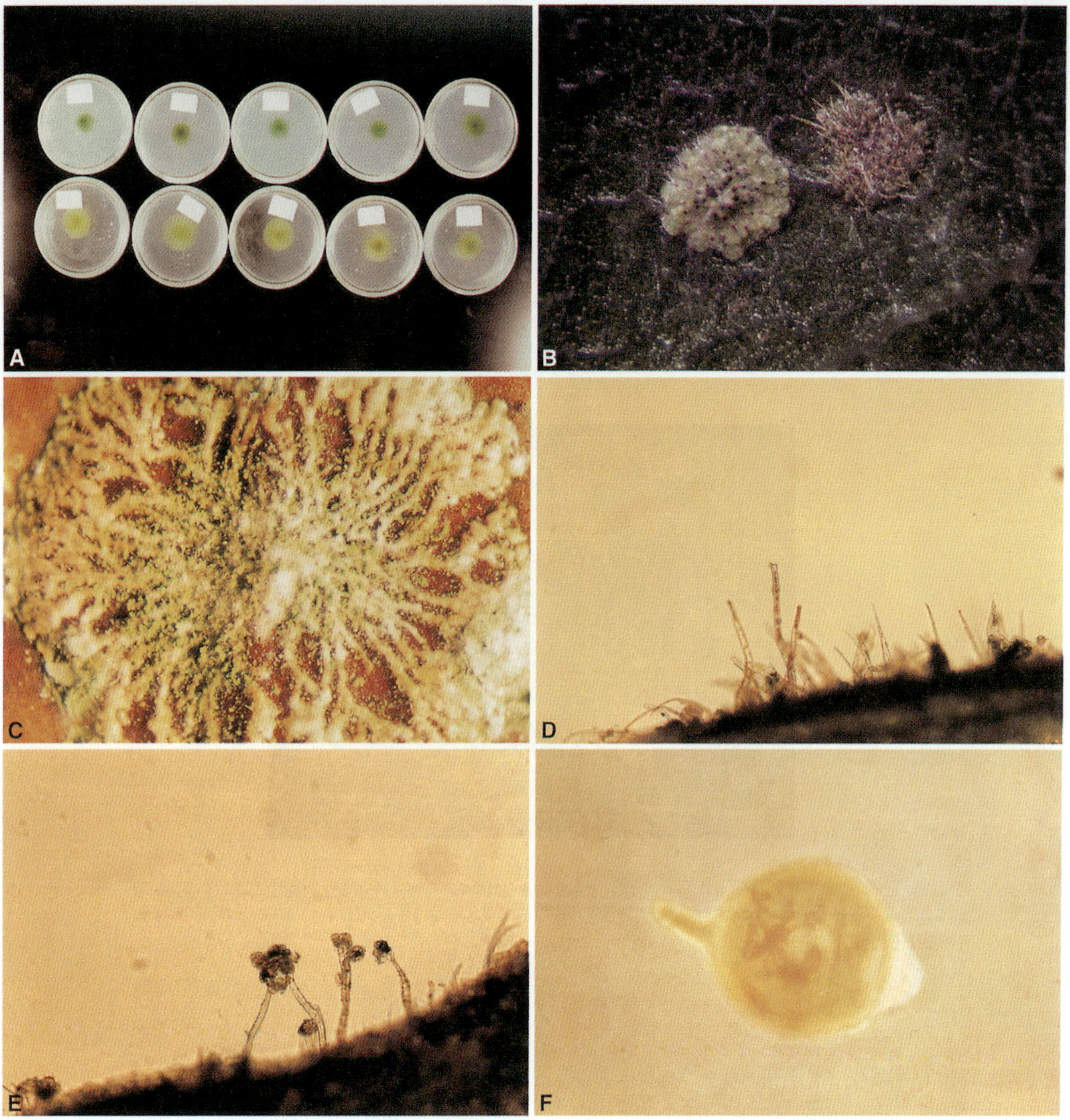

그림 13-12 기생녹조 *Cephaleuros virescens* 의 집락. (A) 밝은 곳(누런색)과 침침한 곳(녹색)의 영양배지에 만들어진 집락. (B,C) 집락을 확대하여 관찰한 사상체. (D,E) 일부는 유주포자낭을 가지고 있는 기중 사상체. (F) 유주포자낭. [사진제공: University of Florida.]

그림 13-13 조류에 의하여 심한 피해를 받은 잔디밭. (A) 사이사이에서 어떤 녹조류가 자라기 시작하여 잔디를 뒤덮음. (B) 조류는 잔디를 대규모로 몰아냄. (C) 잔디가 수많은 조각으로 갈라진 단단한 층을 만드는 조류. [사진제공: University of Florida.]

거의 벗겨져 나간다. 이러한 조류를 방지하게 위해서는 과습을 피하고, 가능하다면 가용질소원을 줄이며, 필요하다면 인증된 살균제를 살포하여 관리할 수 있는데, 살균제는 상대적으로 단기간 동안만 조류를 방제하는 효과가 있을 뿐이다.

참고문헌

Hood, I. A. (1985). Algal and fungal leaf spots of native plants. New Zealand Forest Service, Forest Pathology in New Zealand No. 12.

Joubert, J. J., and Rijkenberg, F. H. J. (1971). Parasitic green algae. *Annu. Rev. Phytopathol.* **9**, 45–64.

제 14 장

바이러스에 의한 식물병

서론

바이러스(virus)는 살아있는 세포에서만 증식을 하며 병을 일으키는 핵단백질(核蛋白質; nucleoprotein)이다. 바이러스는 매우 작아 광학현미경으로는 볼 수 없다. 모든 바이러스는 세포 내에 기생하며 단세포생물로부터 동식물에 이르는 모든 종류의 생물체에 수많은 병을 일으킨다. 어떤 바이러스들은 사람이나 동물 또는 둘 다 침범하여 유행성감기, 소아마비, 광견병, 천연두, 후천성면역결핍증(AIDS), 사마귀 등의 병을 일으키며, 어떤 것들은 고등식물을 공격하고, 또 다른 바이러스들은 균류와 세균 같은 미생물을 공격하기도 한다. 현재까지 2,000종 이상의 바이러스가 알려져 있으며 거의 매달 새로운 바이러스가 보고되고 있다. 이 중 약 절반에 이르는 바이러스가 식물을 공격하여 병을 일으킨다. 한 종류의 바이러스는 하나 또는 수 십 종의 식물을 침범할 수 있으며, 각각의 식물은 보통 많은 종류의 바이러스에 감염된다. 또한 한 식물체가 동시에 여러 종류의 바이러스에 감염되기도 한다.

바이러스는 유전적 기능을 가지며 복제할 수 있고 병을 일으킬 수 있다는 점에서 미생물 같이 행동하나 이들은 또한 단순한 화학적 분자 같이 행동하기도 한다. 가장 단순한 바이러스는 핵산(核酸; nucleic acid)과 단백질(蛋白質; protein)로 이루어졌는데, 단백질은 핵산을 둘러싸서 보호하는 외피(coat)를 형성한다. 바이러스의 형태는 다양하나 대부분은 간상(桿狀; rod-shaped)이나 다면체(polyhedron) 또는 이 두 기본형의 변형체이다. 각 바이러스는 DNA와 RNA 가운데 오직 한 종류의 핵산만을 가지고 있으며, 대부분의 식물 바이러스는 한 종류의 단백질만을 가지고 있다. 그러나 어떤 바이러스들은 두 종류 이상의 서로 다른 단백질을 가지기도 한다.

바이러스는 분열하거나 포자와 같이 특수하게 분화한 생식기관을 만들지 않는다. 대신 기주세포로 하여금 더 많은 바이러스를 만들게 함으로써 증식한다. 바이러스는 기주세포를 파괴하거나 독소로 세포를 죽여서 병을 일으키는 것이 아니라, 복제 과정 동안 세포 내용물을 이용하고 세포 안의 공간을 차지하며, 세포의 정상적 활동을 방해하여 병을 일으킨다. 이러한 작용에 의하여 세포의 대사작용이 교란되고, 세포나 생물체의 생명과 기능에 해로운 비정상적인 물질과 상태가 초래된다.

식물바이러스의 특징

식물바이러스는 크기와 형태뿐만 아니라, 화학적 조성과 물리적 구조의 단순성, 감염방법, 증식, 기주식물체 안에서의 이동, 전반, 기주에 나타나는 병징 등에서 다른 모든 식물병원체와 크게 다르다. 바이러스는 크기가 아주 작고 투명하기 때문에 일반적으로 다른 병원체에 사용하는 방법으로는 관찰하거나 검출할 수 없다. 그러나 바이러스 입자들로 이루어진 세포내 봉입체는 광학현미경으로 관찰할 수 있다. 바이러스는 세포도 아니며 세포로 이루어지지도 않았다.

검출

식물에 나타난 병징(그림 14-1A~14-1D)으로부터 바이러스에 의한 식물병으로 판명되었을 때도 개개의 바이러스 입자는 그 크기가 너무 작아 광학현미경으로 관찰할 수 없다. 그러나 감염된 식물의 어린잎 세포 안에서 종종 특징적인 모양과 크기를 가진 봉입체(그림14-2)를 관찰할 수 있으며, 바이러스들이 모여서 이루어진 이러한 봉입체는 광학현미경으로 관찰할 수 있으며 바이러스의 속을 검출하고 동정하는 데에 이용할 수 있다. 바이러스에 감염된 세포를 얇게 자르거나 즙을 내어서 전자현미경으로 관찰하면 봉입체 내 바이러스의 상세한 배열과 독립적으로 존재하는 바이러스 유사형태를 자세히 볼 수 있다(그림 14-3). 특정 기주식물 내에 일정한 모양과 크기의 바이러스 입자가 존재하면 바이러스의 신속한 동정에 사용할 수 있다 (그림 14-4). 많은 바이러스의 입자를 전자현미경으로 언제나 쉽게 찾아낼 수 있는 것은 아니며, 혹시 입자가 나타난다고 하여도 그것이 바로 바이러스 입자이며 그 입자가 병을 일으킨 원인체라는 것을 증명하려면 더 많은 시간과 노력을 들여야 한다.

식물체에 나타나는 병징(그림 14-1B) 가운데 바이러스에 의한 것이라고 어느 정도 확신할 수 있는 것은 잎에 나타난 참나무 잎 모양의 무늬(oak-leaf pattern)와 퇴록 또는 괴사성의 가락지무늬(chlorotic or necrotic ringspot) 등 몇 가지뿐이다. 그림 14-1에서 보여주는 다른 일부 병징은 경험이 풍부한 사람에 의해서 바이러스에 의한 것으로 동정될 수 있으며, 그 중 일부는 실제로 특정 바이러스에 의해서 발생한다. 바이러스에 의한 다른 병징은 대부분 돌연변이나 영양 결핍 또는 독성, 곤충 및 응애의 흡즙 피해, 다른 병원체와 요인에 의한 피해 등과 매우 비슷하다. 그러므로 어떤 병징이 바이러스에 의한 것이라고 결정하려면 병을 일으킬 수 있는 다른 원인에

그림 14-1 바이러스에 의해 식물에 나타나는 몇 가지 병징. (A) 동부 잎의 모자이크 또는 얼룩 증상. (B) 장미 잎의 줄무늬 또는 모자이크 증상. (C) 호박 잎의 기형 (shoe string). (D) 포도나무 줄기의 홈. [사진제공: (B,C) Plant Pathology Department, University of Florida.]

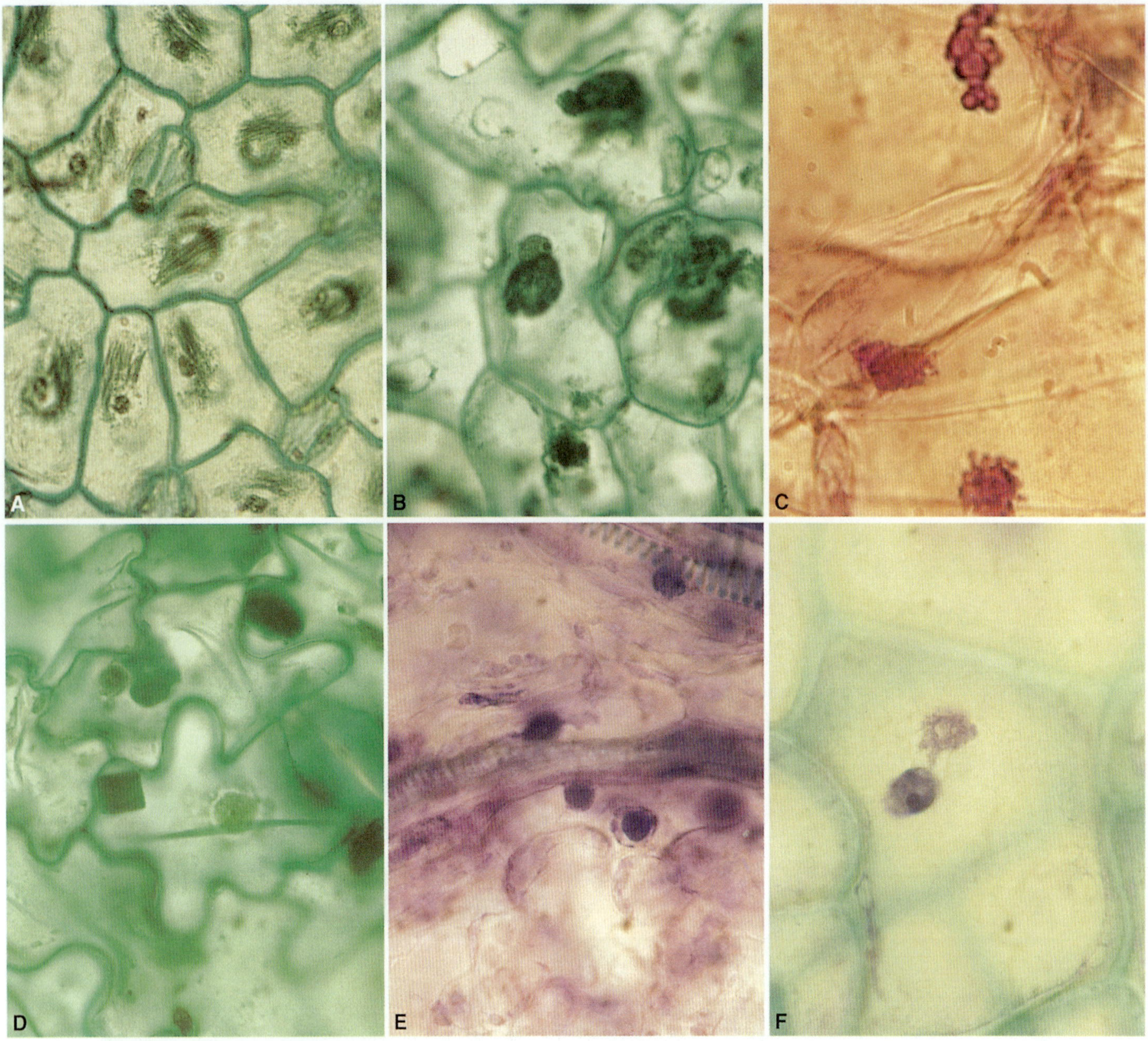

그림 14-2 바이러스 전염에 의한 반응으로 식물세포가 형성하는 봉입체. 봉입체는 바이러스에 따라 특이적이며, 고배율의 현미경으로 관찰할 수 있고, 보통 바이러스의 속이나 과를 정하는 데 도움이 된다. (A) *Tobacco mosaic virus* 봉입체. (B) *Bean yellow mosaic virus* 봉입체. (C) *Cucumber mosaic virus*. (D) *Cowpea mosaic virus*. (E) *Tomato spotted wilt virus*. (F) *Tomato mottle virus*. [사진제공: M. Gouch, University of Florida.]

의한 증상이 아니라는 것을 증명하고, 다른 병원체의 전반을 배제할 수 있는 방법으로 바이러스를 병든식물로부터 건전한 식물로 전염실험을 해야 한다.

식물바이러스를 찾아내기 위한 방법으로는 현재 주로 눈접이나 접목 또는 감염된 식물의 즙액을 건전한 식물의 잎에 문질러 병든식물로부터 건전한 식물로 바이러스를 전반시키는 방법을 사용한다. 바이러스의 존재를 보여주기 위하여 새삼이나 매개충 같은 다른 특정한 전염방법을 사용하기도 한다. 그러나 이러한 방법들은 대부분 병원체가 바이러스인지 몰리큐트인지 또는 유관속국재성 세균(fastidious vascular bacteria)인지 가려내지 못한다; 현재로서는 세균이나 균류를 걸러낸 식물즙액에 의한 전염만이 바이러스가 병원체임을 증명할 수 있는 방법

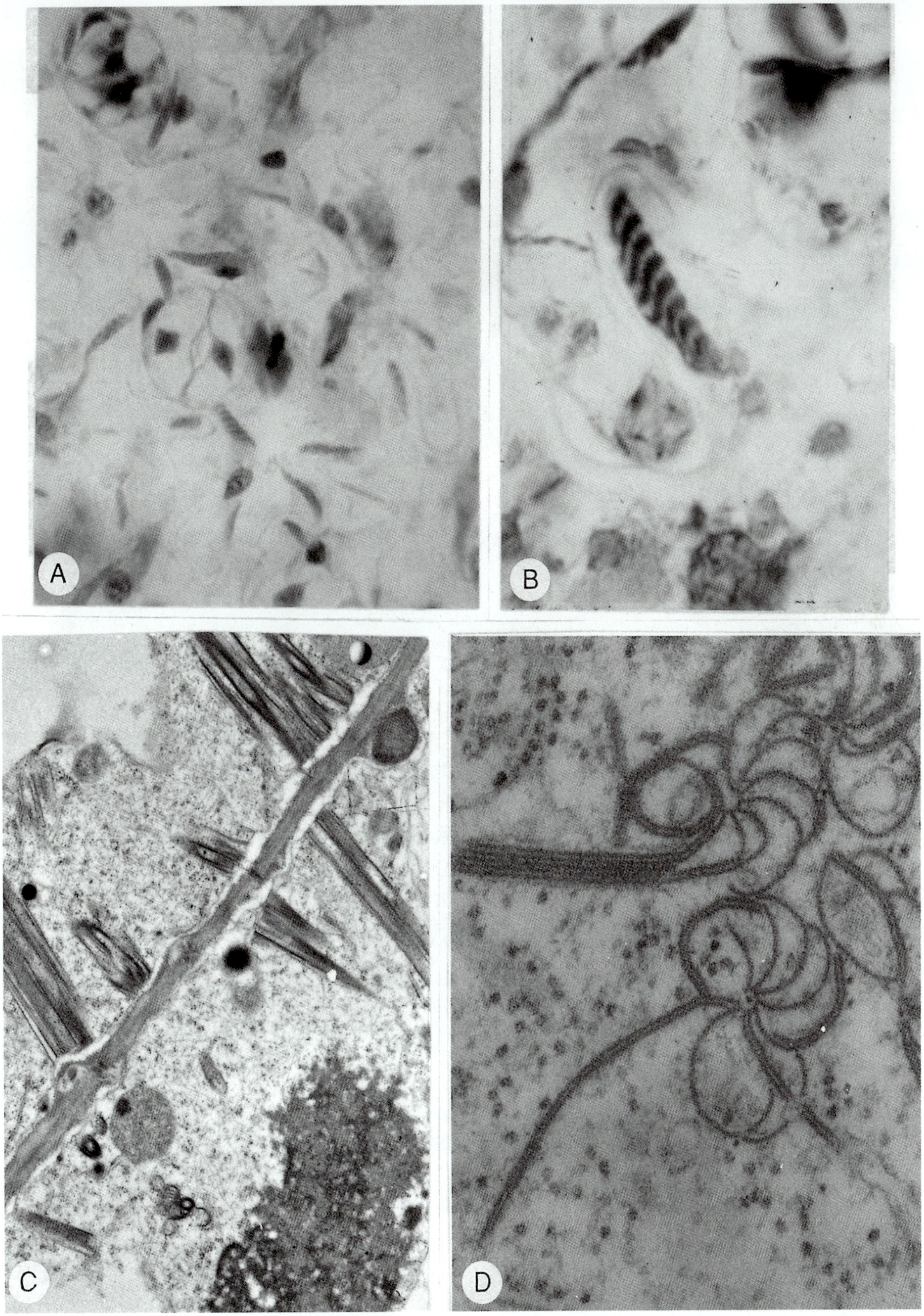

그림 14-3 전자현미경으로 관찰한 세포내 봉입체. 본문에서 언급한 것처럼 그들은 하나 이상의 바이러스가 존재한다는 증거이며, 흔히 그들의 발생을 유도한 바이러스 속의 특징이 된다. (A,B) Potexvirus에 감염된 식물세포 내의 봉입체 (A, 2,000배; B, 8,000배). (C) Potyvirus에 의해 유도된 원통형, 부정형의 봉입체 (48,000배). (D) Potyvirus의 종 특이적 증상인 전형적인 풍차형 봉입체 (125,000배). [사진제공: R.G. Christie.]

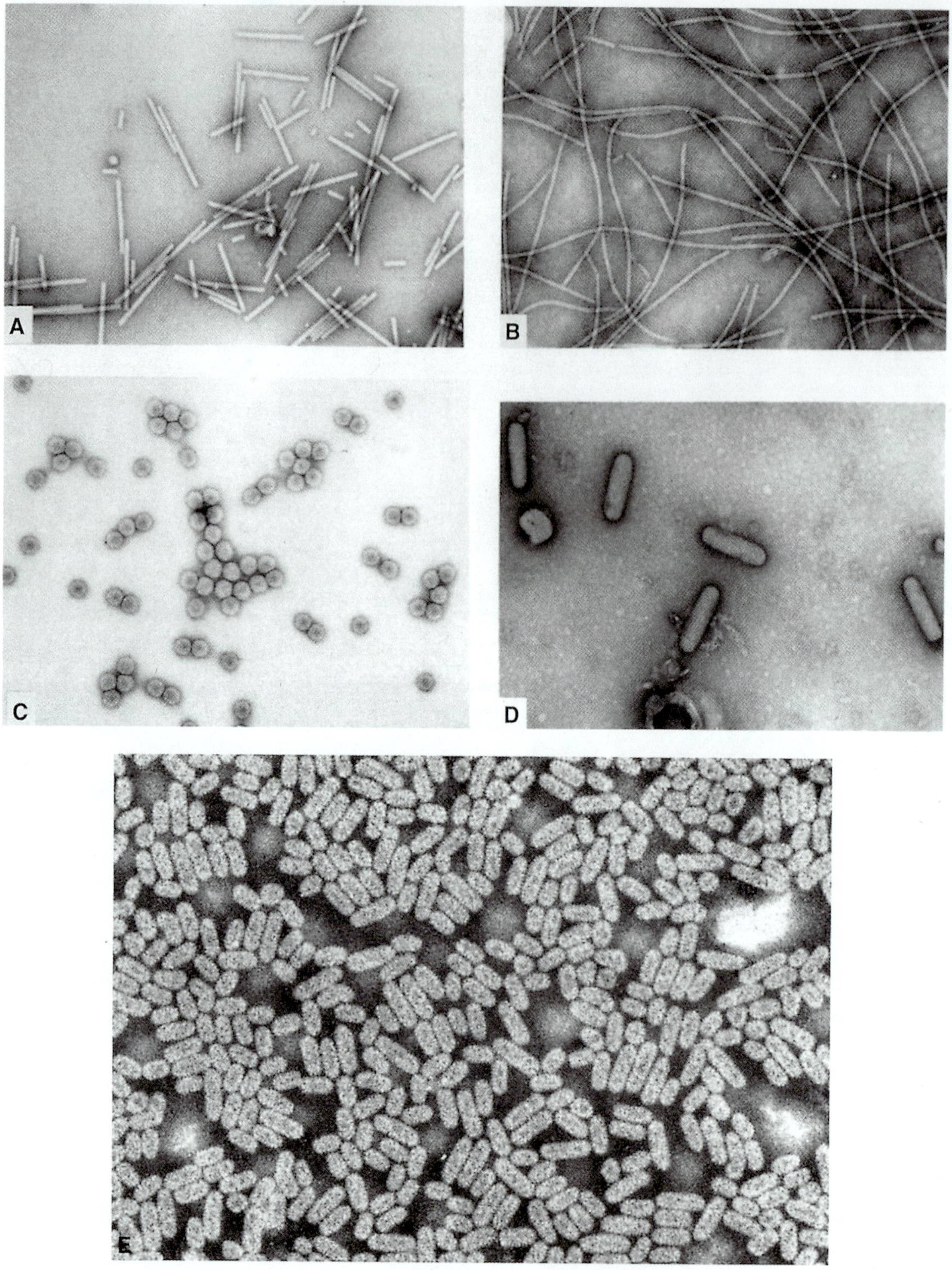

그림 14-4 전자현미경에 의해 촬영된 식물 바이러스의 다양한 형태. (A) 막대형태의 바이러스 (*tobacco mosaic virus*) (36,000배). (B) 유연한 실모양의 바이러스 (*sugarcane mosaic virus*) (80,000배). (C) 구형 바이러스 (*cowpea chlorotic mottle virus*) (100,000배). (D) 바실러스형 막대 바이러스 (*broccoli necrotic yellows virus*) (28,500배). (E) 다양한 형태와 크기의 *alfalfa mosaic virus* (168,000배). [사진제공: Lin and Campbell (1972). *Virology* **48**, 30-40. (E) E.M.J. Jaspars.]

으로 생각된다. 식물 내부의 바이러스 존재를 밝힐 수 있는 가장 결정적인 방법은 순화, 전자현미경을 통한 관찰, 그리고 가장 일반적으로, 혈청학적 방법 등이다. 지난 5년 내지 10년간 DNA나 RNA 프로브의 사용과 중합효소연쇄반응(PCR)을 통한 바이러스 핵산조각의 증폭이 많은 바이러스의 검출과 동정에 감도가 높은 방법으로 각광받고 있다.

형태

식물바이러스의 모양과 크기는 다양하다. 바이러스의 거의 절반은 간상(곧은 막대 또는 유연성 있는 사상)이고 나머지 절반에 가까운 것은 구형(정다면체)이며 나머지는 원통형의 단간상(bacillus-like rod)이다 (그림 14-4, 14-5). 일부 간상 바이러스들은 곧은 막대모양으로 약 15×300nm이나, 대부분은 길고 가느다랗고 유연한 사상으로 대개 너비 10~13nm에 길이는 480nm부터 2,000nm까지이다. 래브도바이러스(rhabdovirus)는 단간상인 원통형 막대모양으로 길이는 너비의 3배 내지 5배(52~75×300~380nm) 정도이다. 대부분의 구형바이러스는 실제로는 다면체이며 지름은 약 17nm (tobacco necrosis satellite virus)부터 60nm(wound tumor virus)까지이다. 토마토 점무늬시들음 바이러스(tomato spotted wilt virus)는 막에 싸여 있으며 지름 100nm의 유연성 있는 구형이다.

여러 식물바이리스는 지놈이 나뉘어 있어, 즉, 2개 이상의 뚜렷한 핵산가닥이 동일한 단백질 소단위체로 구성된 크기가 다른 입자에 들어있다. 그러므로 담배 래틀 바이러스(tobacco rattle virus) 같은 몇몇은 긴 입자(195×25nm)와 짧은 입자(43×25nm) 등 두 막대로 이루어진 반면에 알팔파 모자이크 바이러스(alfalfa mosaic virus) 같은 것들은 크기가 다른 네 종류의 입자로 이루어져 있다 (그림 14-4E). 구형바이러스도 크기가 같은 2~3개의 다른 입자로 이루어진 것들이 많은데, 그 안에 들어있는 핵산가닥들은 크기가 다르다. 여러 입자로 된 바이러스들이 식물체에서 증식하고 병을 일으키기 위해서는 모든 핵산가닥이 존재해야 한다.

바이러스의 표면은 일정한 수의 단백질 소단위체로 이루어져 있는데, 간상바이러스에서는 나선형으로 배열되어 있으며, 구형바이러스에서는 다면체 입자의 옆 부분에 채워져 있다 (그림 14-5). 입자의 횡단면을 보면 간상바이러스는 단백질 소단위체가 외피를 이루고 있는 속이 빈 관과 같은 구조를 하고 있으며, 핵산은 이어지는 나선의 두 단백질 소단위체 안쪽 끝 사이에 파묻혀 있다. 구형바이러스의 눈에 보이는 외피도 단백질 소단위체로 만들어진 반면에 핵산은 외피 안에 존재하는데, 어떠한 방법으로 배열되어 있는지는 아직까지 밝혀지지 않았다.

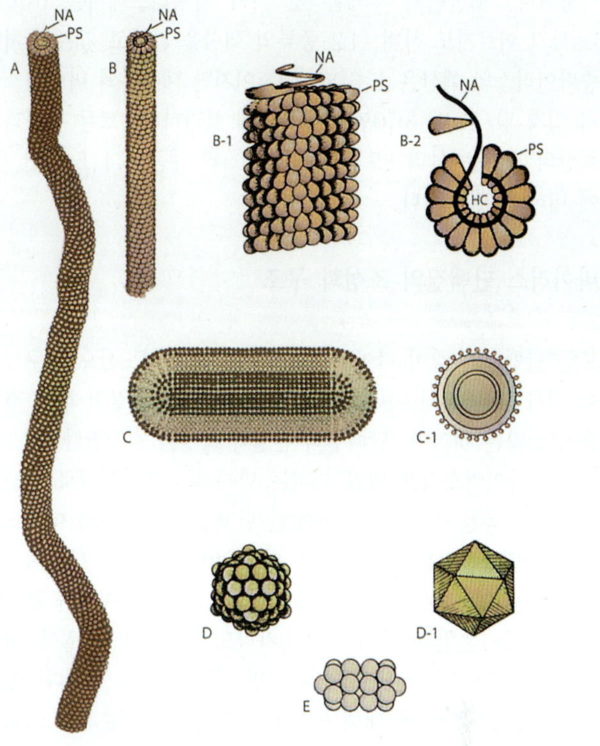

그림 14-5 대표적인 식물 바이러스의 상대적 형태와 크기 및 구조. (A) 유연한 실모양의 바이러스. (B) 곧은 막대 형태의 바이러스. (B-1) 바이러스 A와 B의 단백질 소단위체 (PS)와 핵산(NA)의 측면 배열. (B-2) 같은 바이러스의 횡단면 관찰. HC, 중심의 공동(空洞) (hollow core). (C) 짧은 바실러스형 바이러스. (C-1) C의 횡단면 (D) 정다면체 바이러스. (D-1) 구형 바이러스의 단백질 소단위체의 대칭적 구조를 보여주는 정20면체. (E) 한 쌍의 입자로 구성된 *Geminivirus*.

래브도바이러스와 몇 종류의 구형 바이러스는 바깥쪽에 지질단백질(lipoprotein)로 된 외막(envelope) 또는 막(membrane)을 가지고 있다. 막 내부는 핵산과 단백질 소단위체들로 이루어진 nucleocapsid이다.

조성과 구조

각 식물바이러스는 적어도 하나의 핵산과 단백질로 이루어져 있다. 어떤 바이러스들은 크기가 다른 하나 이상의 핵산과 단백질로 이루어져 있고, 그들 가운데 일부는 효소나 막지질을 가지고 있다.

핵산은 바이러스의 약 5~40%를 차지하고, 나머지 60~95%는 단백질이 차지한다. 간상 바이러스는 핵산의 비율이 낮은 반면, 구형바이러스는 핵산의 비율이 높다. 여러 바이러스 입자의 핵단백질의 총량은 460만에서 7,300만 Da까지 다양하다. 핵산만의 무게는 몇 가지 바이러스에서는 600만 Da까지 이르기도 하며, 12 종류의 핵산을 가지고 있는 상처암종바이러스의 핵산은 1,600만 Da이지만 대부분의 바이러스에서 입자 당 100~300만 Da 사이에 불과하다. 모든 바이러스 핵산의 크기는 몰리큐트의 500만 Da과 세균의 1,500만 Da에 비하면 매우 작다.

바이러스 단백질의 조성과 구조

모든 단백질과 같이 바이러스의 단백질도 아미노산으로 구성되어 있다. 단백질의 아미노산 배열순서는 유전물질의 핵산 배열순서에 따른 것이며, 단백질의 본질과 특성을 결정한다.

식물바이러스의 단백질 외피는 반복되는 소단위체로 만들어져 있다. 특정 바이러스의 동일한 단백질 소단위체의 아미노산 함량과 배열순서는 일정하지만 다른 바이러스와는 다르며, 같은 바이러스의 계통에 따라서도 다르다. 물론 아미노산 함량과 배열순서는 동일한 바이러스 입자라도 각각의 단백질에 따라 다르며 심지어는 바이러스가 다르면 차이가 더욱 심하다. 많은 바이러스의 단백질에 대해 아미노산 함량과 배열순서가 밝혀졌다. 예를 들면 담배 모자이크 바이러스(TMV)의 단백질 소단위체는 일정한 배열순서로 된 158개의 아미노산으로 구성되어 있으며 질량은 17,600 Da(때로는 17.6 kDa, 17.6kd 또는 17.6 K로 표기)이다.

TMV의 단백질 소단위체는 나선형으로 배열되어 있으며, 한 바퀴는 16과 1/3개(3바퀴에 49개)의 단백질 소단위체로 이루어진다. TMV 입자의 가운데 공간은 지름이 4nm인 반면, 입자의 가장 큰 지름은 18nm이다. 한 TMV 입자는 대략 130 바퀴의 단백질 소단위체 나선으로 되어있다. 핵산은 단백질 소단위체 나선 사이의 패인 홈에 단단하게 붙어있다. 래브도바이러스는 나선형으로 배열된 핵단백질이 외막에 싸여 있다.

구형바이러스에서는 단백질 소단위체가 20면(또는 20의 배수면)에 빽빽하게 모여서 외피를 만든다. 핵산은 접혀있거나 또 다른 형태로 그 안에 존재한다.

바이러스 핵산의 조성과 구조

대부분의 식물바이러스 핵산은 RNA이지만, DNA를 가진 바이러스도 많이 입증되어 있다. RNA와 DNA는 둘 다 수백 또는 경우에 따라 수천 개의 뉴클레오타이드(nucleotide)라 불리는 작은 단위들로 이루어진 긴 사슬 모양의 분자이다. 각 뉴클레오타이드는 염기라고 불리는 고리형 화합물이 5탄당[RNA는 ribose(그림 14-6 I), DNA는 deoxyribose(그림 14-6 II)]에, 그리고 여기에 인산이 결합한 것이다 (그림 14-6). 한 뉴클레오타이드의 당은 다른 뉴클레오타이드의 인과 반응하는데, 이러한 반응이 계속되면서 RNA나 DNA가닥을 만든다. 바이러스 RNA는 각 ribose분자에 아데닌(adenine), 구아닌(guanine), 시토신(cytosine), 우라실(uracil) 등 4종의 염기 중 오직 한 염기만이 결합할 수 있다. 앞의 둘, 즉 아데닌과 구아닌은 퓨린(purine)염기이며 나머지 둘, 즉 피리미딘(pyrimidine)염기인 시토신, 우라실과 상호반응한다. 염기의 화학적 조성과 RNA사슬에서의 가능한 상대적 위치는 그림 14-6(구조III)에 있다. DNA는 RNA와 비슷하나 작으면서도 중요한 두 가지 차이점이 있다: 당의 수산기에 산소가 없고 우라실염기가 티민(thymine, 그림 14-6IV)으로 더 잘 알려진 메틸우라실(methyluracil)이라는 염기로 대체되어 있다. RNA와 DNA의 크기는 달톤(dalton)이나 염기의 수[외가닥RNA와 DNA는 kb, 겹가닥RNA와 DNA는 kbp], 또는 뉴클레오타이드 또는 뉴클레오타이드쌍의 수로 나타낸다.

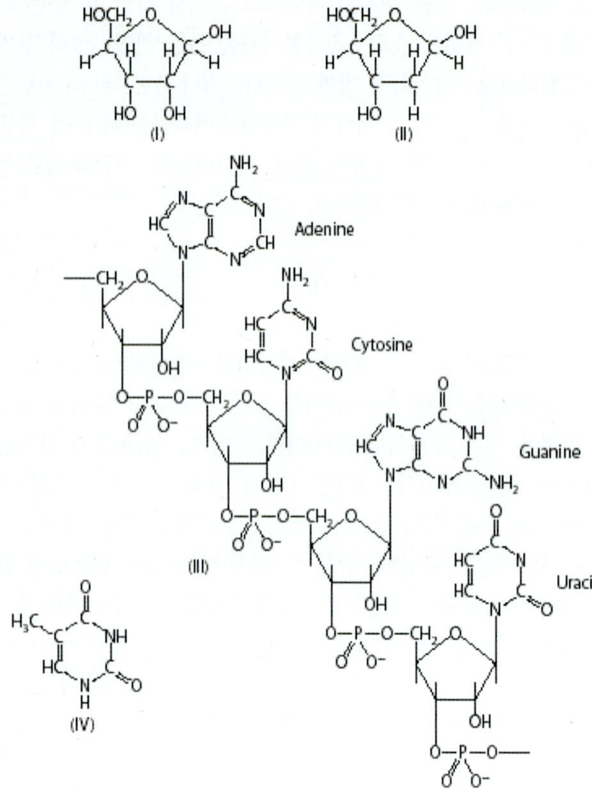

그림 14-6 (I) 리보오스, (II) 디옥시리보오스, (III) 리보핵산 또는 RNA, (IV) 티민의 화학식.

RNA가닥의 염기 배열순서와 빈도는 RNA마다 다르나 같은 RNA에서는 정해져 있으며 그 RNA의 성질을 결정한다. 건강한 식물세포는 항상 겹가닥DNA와 외가닥RNA를 가지고 있다. 알려져 있는 약 1,000종류의 식물바이러스 중에 대부분(약 800종류)은 외가닥RNA를 가지며, 50 종류는 겹가닥RNA를, 40 종류는 겹가닥DNA를, 그리고 약 110 종류는 외가닥DNA를 가지고 있다.

위성바이러스와 위성RNA

전형적인 식물바이러스는 한 종류 또는 그 이상의 단백질분자로 이루어진 외피 안에 들어있으며, 스스로 증식하고 감염을 일으킬 수 있는 하나 또는 그 이상의 꽤 긴 핵산 가닥으로 이루어져 있다. 그러나 전형적인 바이러스 이외에 바이러스와 비슷한 두 가지 병원체가 식물병과 관련이 있다. 위성바이러스(satellite virus)는 바이러스이지만 스스로 감염을 일으키지는 못한다. 대신에 이들은 증식과 식물감염을 특정 기주바이러스(helper virus)에 의존하고 있기 때문에 언제나 반드시 이 기주바이러스와 연관되어야만 한다. 위성바이러스는 종종 기주바이러스의 감염과 증식 능력을 저하시킨다. 즉, 이는 위성바이러스가 연관된 기주바이러스에 대해 기생체 같이 행동하기 때문이다. 위성RNA(satellite RNA)는 특정 기주 다입자바이러스의 입자 안에 존재하는 선형 또는 환형의 작은 RNA도 있다. 위성RNA는 특정 기주 바이러스의 RNA와 연관성이 없거나 오직 부분적으로만 있을 뿐이며, 위성RNA는 바이러스의 감염 정도를 증가 또는 감소시키기도 한다.

바이러스 구성요소의 생물학적 기능: 암호화

바이러스의 단백질 외피는 핵산을 보호할 뿐만 아니라, 매개충 전염성, 바이러스가 일으키는 병징의 종류를 결정하는 역할을 한다. 단백질 자체는 감염성을 갖지 않지만 핵산을 보호하며, 단백질의 존재는 일반적으로 핵산의 감염력을 향상시킨다.

바이러스의 감염성은 엄밀히 말해 바이러스의 지능인 핵산의 속성인데, 대부분의 식물 바이러스에서는 RNA이다. 어떤 바이러스는 증식과 감염에 필요한 RNA전사효소(transcriptase)를 자체 내에 지니고 있다. 그러나 바이러스 RNA가 그 자체와 특정 단백질을 만드는 능력은 RNA가 그 바이러스의 특성을 지배하는 모든 유전적 결정인자를 가진다는 것을 나타낸다. 유전형질의 발현은 바이러스에서 구조단백질 또는 효소로 사용되는 특정 단백질의 아미노산 배열순서를 결정하는 RNA의 특정 부분(유전자: gene)의 뉴클레오타이드 배열순서에 달려있다. 이러한 현상을 암호화라 부르며, 암호화는 모든 생물과 바이러스에서 똑같은 것으로 보인다.

암호(code)는 코돈(codon)이라고 불리는 코딩 단위로 구성된다. 각 코돈은 3개의 인접한 뉴클레오타이드로 이루어져 있으며, 합성되는 단백질의 특정 아미노산 위치를 지정한다.

그러므로 각 바이러스가 가진 RNA의 양은 바이러스 RNA의 길이와 그 RNA에 있는 뉴클레오타이드의 대략적인 수를 나타낸다. 이것은 각 RNA의 코돈 수를 결정하며, 따라서 암호화된 아미노산의 수를 결정한다. 어떤 바이러스들은 몇몇 유전자가 다른 유전자의 일부 또는 전부와 겹치게 하거나, 시작점을 바꾸어 완전히 다른 코돈과 유전자를 만드는 틀변환(frame-shifting) 같은 방법으로 암호화에 필요한 핵산의 크기를 늘려 쓰기도 한다. 바이러스의 단백질 소단위체는 상대적으로 적은 수의 아미노산(TMV는 158개)을 가지고 있기 때문에 이를 합성하는 과정에 사용되는 코돈의 수는 그 바이러스의 RNA가 사용할 수 있는 전체 코돈(TMV는 2,130개 중 158개)의 극히 일부이다. 외피단백질은 바이러스의 핵산을 보호할 뿐만 아니라 앞에서 말한 것처럼 바이러스에 의한 병징, 기주식물체 내 바이러스의 이동, 매개충에 의한 바이러스의 전염 등에 관여한다.

나머지 코돈은 주로 구조 단백질 또는 효소로 사용될 다른 단백질의 합성에 관여한다고 생각된다 (그림 14-7). 이 효소 중 하나는 RNA중합효소(RNA polymerase, RNA 합성효소:RNA synthetase 또는 RNA복제효소:RNA replicase)라고 불리며 바이러스 RNA의 복제에 필요한 것이다. 바이러스의 핵산에 의해 코딩되는 단백질 중 어떤 것은 아직 그 역할을 모르나; 어떤 단백질들은 바이러스의 세포 간 이동을 원활하게 하는 것으로 밝혀졌으며; 다른 것들은 매개충에 의한 전반에 필요하고; 어떤 것은 바이러스의 핵산을 정확한 위치에서 자르는데 필요한 단백질을 만드는 데, 그리고 어떤 것은 바이러스에 감염된 세포에서 발견되지만 기능과 역할이 알려지지 않은 세포봉입체를 만드는 데 필요하다.

지금까지의 연구 결과에 따르면 바이러스에 의해 식물체에 나타나는 병 상태는 감염된 유조직 또는 특정 세포의 정상적인 대사과정의 교란과 붕괴의 결과인 것으로 보인다. 이러한 교란은 바이러스가 그저 존재하거나 복제하여 일어나기도 하며, 비록 지금까지 발견되지는 않았지만 바이러스의 감염에 의해 추가적으로 만들어지는 단백질 또는 산물의 비정상적 또는 독성의 영향에 의해 나타날 가능성도 있다.

바이러스의 감염과 합성

식물바이러스는 반드시 기계적 상처나 매개자에 의해 만들어진 상처를 통해서만, 또는 감염된 꽃가루에 의해 밑씨(배주) 속으로 들어감으로써 세포 안으로 들어갈 수 있다.

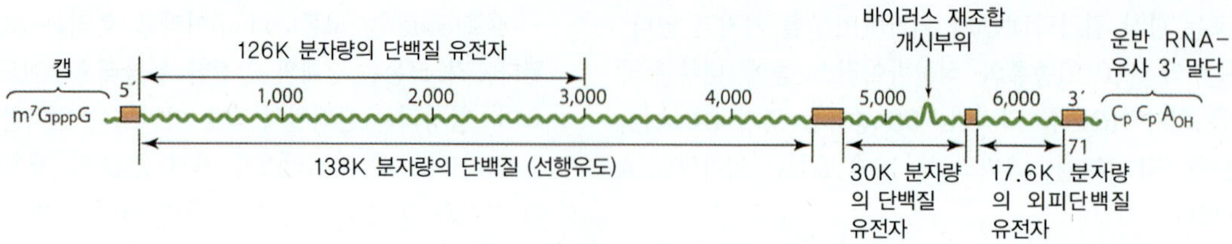

그림 14-7 6,400개의 뉴클레오타이드로 구성된 *tobacco mosaic virus* (TMV)의 지놈. 4개의 유전자가 번역되어 각자 126, 183, 30, 17.6K 분자량의 단백질을 생산한다. 두 개의 가장 큰 단백질은 바이러스 복제의 기능을 하고, 30K 단백질은 바이러스의 세포 간 이동에 관여하고, 17.6K 단백질은 바이러스의 외피단백질을 만든다. 바이러스 유전자의 번역은 왼쪽(5' 말단)에서 오른쪽(3' 말단)으로 이루어진다. 4개의 작은 유전자 조각 (박스로 나타낸)은 번역되지 않으며, 전사의 시작, 진행, 종결의 암호를 포함한다. 외피단백질과 결합하여 완전한 바이러스를 생산하는 유전자 위치가 보이고, 유전자의 5'말단 cap과 운반 RNA-유사 3'말단도 보인다. RNA 사이의 숫자는 핵산(뉴클레오타이드)을 표시한다.

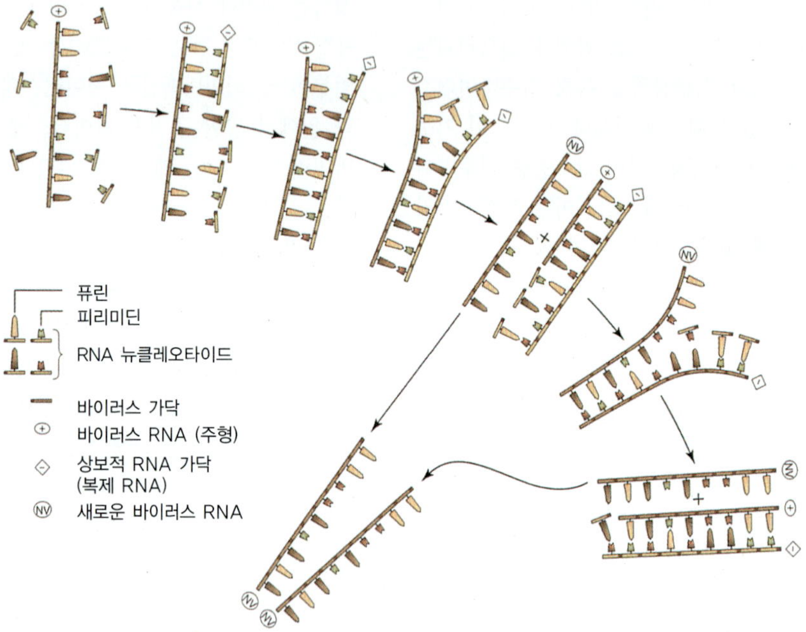

그림 14-8 바이러스 RNA 복제의 모식도.

RNA바이러스의 복제를 단순화해보면 가장 먼저 바이러스의 핵산(RNA)이 단백질 외피로부터 빠져나온다. 그리고는 세포로 하여금 RNA중합효소를 합성하도록 유도한다. 이 효소는 바이러스의 RNA를 주형으로 사용하여 상보적 배열의 RNA를 만든다. 가장 먼저 합성된 새 RNA는 바이러스의 RNA가 아니라 바이러스 RNA의 대칭상(상보적 전사)이다. 상보적 RNA가 만들어지면 일시적으로 바이러스의 핵산가닥에 결합한다 (그림 14-8). 그래서 이 둘이 겹가닥RNA를 만드는데 이들은 곧 원래 바이러스 RNA와 대칭상 가닥(-)으로 나뉘며, 이 (-)가닥은 바이러스 RNA(+가닥)를 더 많이 합성하기 위한 주형으로 작용한다.

어떤 바이러스의 복제 과정은 앞의 내용과 상당히 다르다. 서로 다른 RNA조각이 2개 이상의 바이러스 입자 속에 들어있는 바이러스의 경우에는 한 세포 내에 모든 입자가 다 있어야 바이러스가 복제되며 감염이 진전된다. 외가닥RNA인 래브도바이러스의 경우 RNA가 (-)가닥인 까닭에 감염성이 없다. 이 RNA는 바이러스가 가지고 있으며 전사효소라고 불리는 효소에 의하여 기주세포 안에서 반드시 (+)가닥 RNA로 전사되어야 하며, (+)RNA가닥은 앞에서 설명하였듯이 복제된다. 구형 겹가닥RNA바이러스는 RNA가 동일한 입자 안에서 분절되어 있으며 비감염성이고, 기주 세포의 전사효소에 의존하는데, 이 효소는 바이러스 내에도 있다.

겹가닥DNA(dsDNA) 바이러스에 의한 식물감염에서는 바이러스의 dsDNA가 세포의 핵으로 들어가 그 안에서 비틀리고 꼬여 소형염색체(minichromosome)를 만든다. 이로부터 2개의 외가닥RNA로 전사되는데, 작은 RNA는 세포질로 옮겨져 바이러스의 단백질로 번역되며, 큰 RNA도 세포질의 같은 부분에 옮겨지나, 외피단백질 소단위체에 둘러싸이기 시작하고 완전한 바이러스 dsDNA를 만들기 위한 역전사의 주형으로 사용된다. 식물 ssDNA 바이러스의 외가닥DNA(ssDNA)의 복제방법은 아직 확실히 밝혀지지 않았다. 그러나 ssDNA는 다중체의 (-)가닥을 만드는 굴렁쇠(rolling circle)를 만들며, 이 (-)가닥이 주형으로 작용하여 다중체의 (+)가닥을 만들어지고, 이어서 분절하여 단위길이의 (+)가닥을 만드는 방법으로 복제한다는 증거가 일부 있다.

바이러스 핵산이 새로 합성되면 이 중 일부는 곧 번역된다. 즉, 기주세포로 하여금 바이러스의 핵산이 코딩하는 단백질 분자를 생산하도록 유도한다. 건강한 세포에서의 단백질의 합성은 아미노산의 존재와 리보솜, 전령RNA 및 운반RNA의 상호협동에 따라 좌우된다. 각 운반RNA는 한 개의 아미노산에 특이적이며, 그것을 전령RNA의 적당한 핵산염기서열에 옮겨준다. 핵에서 생성되며, DNA의 일부 암호를 반영하고 있는 전령RNA는 그 정보에 따라 아미노산이 배열될 코딩서열에 따라 만들어질 단백질의 종류를 결정한다. 리보솜은 전령RNA를 따라 움직이며 단백질 합성을 위해 이미 배열되어 있는 아미노산들을 결합시키는 에너지를 제공한다 (그림 14-9).

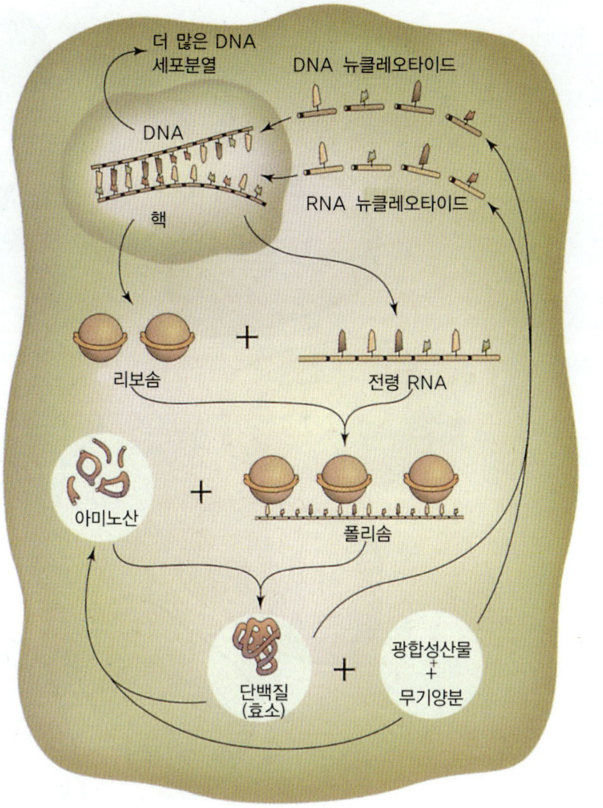

그림 14-9 살아있는 세포의 기본적인 기능의 모식도.

바이러스의 단백질 합성에서는 바이러스 단백질에 대한 유전정보를 가진 바이러스 RNA의 일부가 전령RNA의 역할을 한다. 바이러스는 기주세포의 아미노산, 리보솜 및 운반RNA를 사용하나, RNA는 바이러스 자신의 전령RNA이고 합성되는 단백질은 바이러스가 외피(그림 14-10)나 다른 기능 등에 독점적으로 사용한다. 새로운 바이러스의 핵산과 단백질 소단위체가 만들어지면, 핵산은 그 둘레에 단백질 소단위체들을 모으고, 이 둘이 완전한 바이러스 입자 즉, virion을 만들기 위하여 함께 조립된다.

세포에서 바이러스의 핵산과 단백질이 합성되는 부위와 이 둘이 결합하여 새로운 바이러스 입자를 만드는 부위는 바이러스의 특정한 속과 과에 따라 다르다. 대부분의 RNA바이러스는 바이러스 RNA가 단백질 외피로부터 빠져나와 세포질에서 자신을 복제하고, 또 거기서 전령RNA로 행동하며, 리보솜 및 운반RNA와 협동하여 바이러스의 단백질 소단위체를 만든다. 이어서 바이러스 입자가 역시 세포질에서 조립된다. 다른 바이러스, 예를 들면 ssDNA바이러스는 바이러스 입자의 재조합뿐만 아니라 바이러스 핵산과 단백질의 합성이 모두 핵 안에서 일어나며, 거기서 바이러스 입자들이 세포질로 나오는 것으로 보인다.

감염 후 약 10시간 정도면 식물세포에 완전한 바이러스 입자가 처음으로 나타난다. 바이러스 입자들은 단독 또는 집단으로 존재하며, 세포부분(세포질, 핵)에 부정형 또는 결정형의 봉입체(그림 14-2)를 만들어 그 안에 있기도 한다.

식물체에서 바이러스의 이동과 분포

바이러스가 식물을 감염할 때 반드시 한 세포에서 다른 세포로 옮겨가고, 비록 전부는 아니라도 옮겨간 대부분의 세포에서 증식해야 한다. 바이러스는 이웃 세포들을 연결하고 있는 원형질연락사를 따라 한 세포에서 다른 세포로 이동한다 (그림 14-11). 바이러스는 감염한 각각의 유조직 세포 안에서 증식한다. 바이러스는 잎의 유조직 세포에서 하루에 8~10개의 세포 또는 약 1mm의 거리를 이동한다.

대부분의 경제적으로 중요한 식물바이러스병에서 바이러스는 사부를 통해 식물체 안에서 먼 거리를 빠르게 이동한다. 그

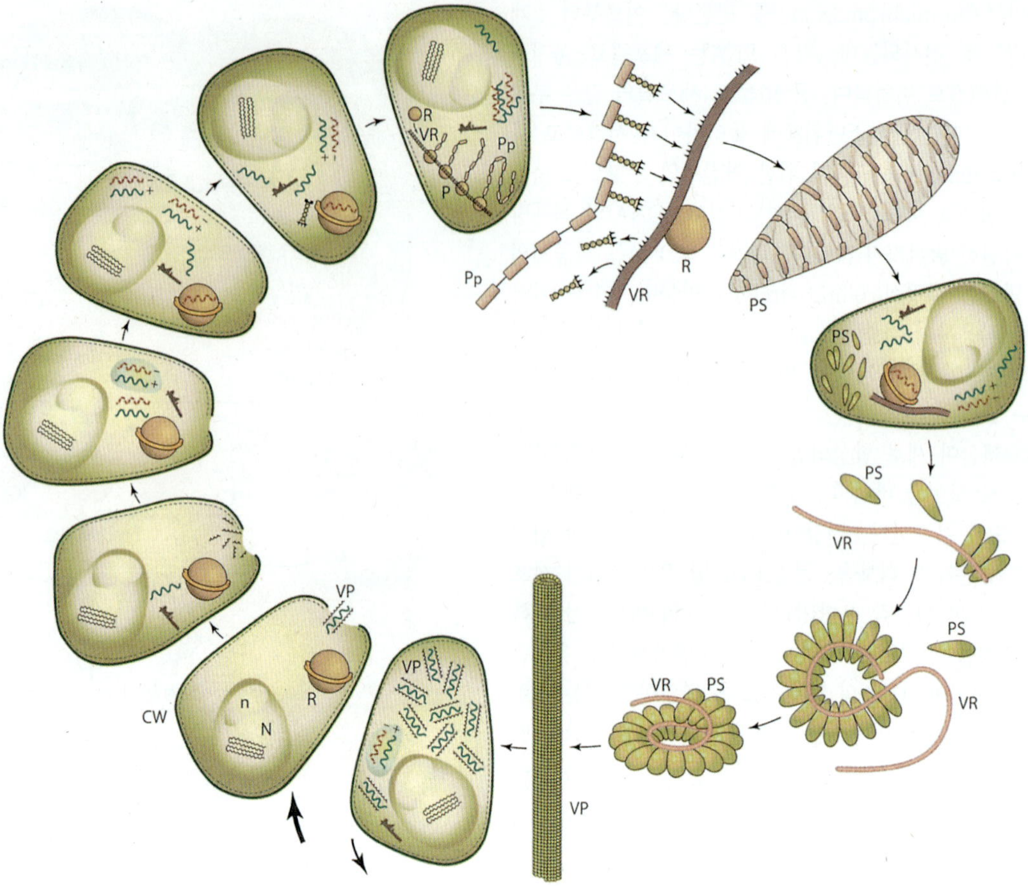

그림 14-10 바이러스 감염과 생합성 과정. CW, 세포벽; R, 리보솜; N, 핵; n, 인; P, 폴리리보솜; Pp; 폴리펩타이드; PS, 단백질 소단위체; VP, 바이러스 입자; VR, 바이러스 RNA.

러나 대부분의 바이러스는 접종된 잎을 벗어나는 데 적어도 2~5일 또는 그 이상 걸린다. 바이러스가 일단 사부에 들어가면 그 안에서 생장부위(정단분열조직)나, 괴경과 괴근 같이 식물체에서 양분을 사용하는 부위로 빠르게 이동한다 (그림 14-12). 사부에 들어간 바이러스는 식물체 전신으로 퍼져나가며 원형질연락사를 통해 사부에 이웃한 유세포로 다시 들어간다.

국부병반의 진전은 바이러스가 병징이 나타난 부분에 국재되어있음을 알려주는 것이다 (그림 14-13). 그러나 여러 병에서 병반이 점차 커지고, 때로는 전신병징으로 발전하기도 하는 것은 바이러스가 병반의 경계 밖으로 계속 퍼져 나간다는 것을 뜻한다.

바이러스의 전신감염에서도 어떤 바이러스는 사부와 그에 이웃한 몇몇 유세포에 국한되어 있다. 모자이크형 병을 일으키는 바이러스는 여러 양상의 국재화를 보임에도 불구하고 일반적으로 특정 조직에 국한되지는 않는다. 모자이크 바이러스에 감염된 식물세포는 세포 당 약 10만 내지 1,000만 개의 바이러스 입자를 가지는 것으로 추산된다. 어떤 바이러스는 매우 철저하게 전신 분포하여 식물체의 모든 세포가 바이러스에 감염되기도 한다. 그러나 대부분의 바이러스는 식물체 여러 곳에 바이러스에 감염되지 않은 부분을 남기는 것으로 보인다. 또한 소수의 바이러스가 정단분열조직이 새로 만들어지자마자 침입하는 반면, 나머지 대부분은 감염된 식물체의 줄기나 뿌리의 생장점은 분명히 바이러스가 없는 상태로 남겨 놓는다.

식물바이러스에 의한 병징

거의 모든 바이러스병은 식물체 전체의 생장 저하나 위축, 그리고 총생산량의 감소를 어느 정도 초래하는 것 같다. 바이러스는 웬만해서는 감염된 식물을 죽이지 않음에도 불구하고 바이러스는 일반적으로 감염된 식물의 수명을 줄인다. 이러한 영향은 심각해서 쉽게 눈에 띄거나 매우 약해 모르고 지나가기 쉽다.

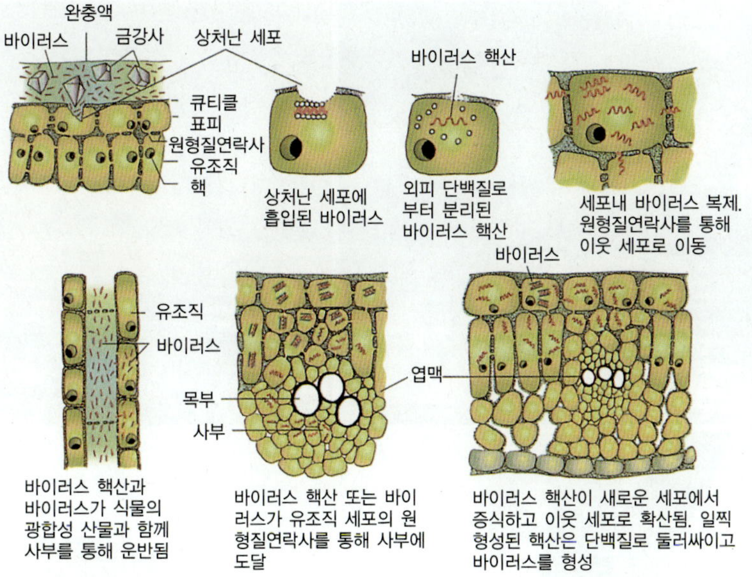

그림 14-11 식물에서 바이러스의 기계적 접종과 전신적인 이동의 초기 단계.

그림 14-12 식물내 바이러스의 이동 속도 및 방향의 모식도 [제공: Samuel (1934). *Ann. Appl. Biol.* **21**, 90-111.]

그림 14-13 국부병징의 종류. (A) *Sugarcane mosaic virus* (SCMV)에 감염된 즙액을 옥수수 유묘에 기계적으로 접종한다. (B) 면역형광현미경법에 의해 검출된 SCMV 감염의 초기 병반. (C) SCMV에 의해 사탕수수 잎에 나타난 국부병반. (D) *Potato virus* Y에 의해 발생한 명아주 잎의 국부병반. (E) *Alfalfa mosaic virus* (AMV)에 의해 발생한 동부 잎의 국부병반. (F) *Tomato ring spot virus*에 의해 발생한 담배 잎의 국부병반.

바이러스에 감염된 식물에서 가장 뚜렷한 증상은 대개 잎에 나타나는 것들이지만, 어떤 바이러스는 잎에는 어떤 병징을 일으키기도 하고 안 일으키기도 하는 반면에 줄기, 열매, 뿌리에 심각한 증상을 일으키기도 한다 (그림 14-1, 14-14). 자연상태에서 발생하는 대부분의 식물바이러스병에서 바이러스는 식물전체에 존재(전신감염; 全身感染; systemic infection)하며, 전신병징(全身病徵; systemic symptom)의 형성을 유도한다. 특정 바이러스를 실험적으로 접종한 많은 식물에서 바이러스는 침입한 자리에만 작은 퇴록 또는 괴사성 병반형성을 초래하며(국부감염, local infection), 이 병징을 **국부병반**(局部病斑; **local lesion**)이라고 한다 (그림 14-13). 한편, 많은 바이러스는 특정한 종류의 식물을 감염하지만 식물체에 아무런 이상도 일으키지 않는다. 이 바이러스들은 대개 **잠재바이러스**(潛在바이러스; **latent virus**)라고 부르며, 기주식물은 **무병징보독식물**(無病徵保毒植物; **symptomless carrier**)이라 한다. 그러나 어떤 경우에는 특정 바이러스에 감염되면 병징을 나타내는 기주가 어떤 특정한 환경조건(예; 고온 또는 저온)에서는 일시적으로 병징을 나타내지 않는데, 이 때 병징이 **은폐**(隱蔽; **masking**)되었다고 한다. 마지막으로 접종 후 바로 심각한 급성병징이 나타나서 어린 가지나 기주식물 전체를 죽이는 경우가 있으며; 만일 기주가 초기의 쇼크(shock)상태를 극복하면 새로 자라는 식물조직에서는 병징이 점점 약해지기 시작하여(만성병징, chronic symptom) 부분적 또는 심지어는 완전회복까지도 초래된다. 그러나 어떤 병에서는 병징의 정도가 점차 더 심해지고 식물체는 점진적(천천히) 또는 급성으로 쇠락하기도 한다.

전신성 바이러스 감염에 의해 식물에 나타나는 가장 흔한 병징은 **모자이크**(**mosaic**)와 **가락지무늬**(**ring spot**)이다. 모자이크의 특징은 잎과 열매에 담녹색, 누런색, 또는 흰색인 부분이 정상적인 녹색 부분과 뒤섞이는 것과 꽃이나 열매에서 정상적인 색과 그보다 밝은색 부분이 뒤섞이는 것이다. 모자이크형태의 병징들은 변색의 정도나 양상에 따라서 얼룩(mottling), 줄무늬(streak), 가락시모양(ring pattern), 선모양(line pattern), 엽맥투명화(vein clearing), 엽맥녹대(vein banding), 그리고 퇴록반점(chlorotic spotting) 등으로 묘사되기도 한다. 가락지무늬의 특징은 잎 그리고 때로는 열매와 줄기에도 또한 나타나는 가락지 모양의 퇴록 또는 괴저성 가락지 모양을 말한다. 많은 가락지무늬병에서 나중에는 병징이 사라지는 경향이 있으나 바이러스 자체는 사라지지 않는다.

그 밖에도 흔하지 않은 수많은 바이러스 병징이 묘사되어 있으며(그림 14-14) 여기에는 위축(토마토 bushy stunt병), 오갈(보리 누른오갈병), 잎말림(감자 잎말림병), 황화(근대 누렁병), 줄무늬(담배 줄무늬병), 종창(자두나무 pox병), 돌기(완두 enation mosaic병), 암종(상처암종병), 줄기홈(사과나무 고접병), 석심(배나무 stony pit병), 줄기가 납작해지거나 비틀어짐(사과나무 flat limb병) 등이 포함되어 있다. 이러한 병징들은 한 식물체에서 각각 다른 부분의 다른 병징들과 함께 나타나기도 한다.

바이러스에 감염된 식물체의 생리

식물바이러스는 효소, 독소, 또는 병원성과 관련이 있는 물질을 갖지 않으나 기주에 다양한 병징을 일으킨다. 많은 양이라도 식물체 내에 바이러스의 핵산이나 완전한 바이러스가 단지 존재한다고 해서, 심지어는 많은 양이 존재하여도 항상 병징을 일으키지는 않는다. 예를 들면 어떤 식물들은 다른 식물보다 훨씬 더 많은 농도의 바이러스를 가지고 있어도 그 식물보다 약한 병징을 보이기도 하고, 심지어는 무병징보독체인 경우도 있다. 그리고 식물바이러스병의 주된 원인이 바이러스 자체의 합성을 위해 양분이 변환되어 고갈되었기 때문이 아니고, 기주의 물질대사에 미치는 바이러스의 더 간접적인 다른 영향 때문이다. 이 영향은 아마도 바이러스가 기주식물로 하여금 새 단백질을 합성하도록 유도하여 나타나는데, 그 중의 일부는 생물적 활성이 높은 물질들(효소 등)이며 기주의 정상적인 대사작용을 방해할 수 있기 때문이다.

바이러스는 잎의 엽록체 함량, 엽록체 효율, 그리고 식물체의 총 엽면적을 감소시켜 일반적으로 광합성을 감소시킨다. 바이러스는 식물에서 생장저해물질의 증가를 자주 유도하여 대개 식물 생장조절물질(호르몬)의 감소를 초래한다. 바이러스의 합성이 빠른 속도로 일어나는 동안 가용성 질소가 줄어드는 현상은 바이러스에 감염된 식물체에서 흔한 현상이며, 모자이크병에서는 식물조직 내의 탄수화물의 수준이 만성적으로 감소한다.

식물의 호흡은 바이러스가 감염한 직후 일반적으로 증가한다. 하지만 초기에 호흡이 증가한 다음, 특정 바이러스에 감염된 식물의 호흡은 높은 상태로 남아있는 반면, 다른 바이러스에 감염된 경우에 건전한 식물의 호흡률보다 낮아지며, 또 다른 바이러스에 의한 경우는 다시 정상으로 돌아가기도 한다.

식물바이러스의 전반

식물바이러스는 수많은 방법으로 한 식물에서 다른 식물로 전염된다. 전염되는 방법은 식물체의 영양번식, 즙액의 기계적 접종, 종자, 꽃가루, 새삼 그리고 특정한 곤충, 응애, 선충, 균류 등을 통해 전염되는 것을 포함한다.

식물의 영양번식에 의한 전반

식물체가 눈접이나 접목, 삽수 또는 괴경, 구근, 인경, 지하경 등의 영양체로 번식할 때, 이런 기관이 속하여 있던 원 식물체에 존재하던 바이러스는 거의 언제나 다음 세대 개체로 옮겨진다 (그림 14-15). 거의 모든 과수와 많은 조경수 및 관목, 감

그림 14-14 바이러스와 바이로이드에 의해 식물에 발생하는 전신병징 종류.

자 같은 수많은 밭작물, 그리고 대부분의 화훼작물들이 영양번식된다는 것을 생각하면 바이러스의 이러한 전반수단은 이런 종류의 모든 작물들에 가장 중요한 것이다. 눈접에 의한 영양번식에서 눈이나 대목에 바이러스가 존재하면 눈이 대목에 성공적으로 접목되는 것을 감소시키는 결과를 초래하기도 하여 임분(stand)이 불량해지기도 한다.

바이러스는 또한 이웃해 있는 식물, 특히 나무의 자연적인 뿌리접목을 통해 옮겨질 수도 있다 (그림 14-15). 몇몇 목본식물바이러스의 경우 이미 만들어진 과수원 안에서 나무와 나무 사이의 전파는 자연뿌리접목이 유일한 수단으로 알려져 있다.

즙액을 통한 기계적 전반

자연 상태에서 한 식물체가 다른 식물체와 접촉하여 즙액이 직접적으로 옮겨짐으로써 식물 바이러스가 기계적으로 전염하는 것은 흔치 않은 일이며 비교적 중요하지도 않다. 이러한 전염은 이웃해 있는 병든 잎과 건전한 잎이 심한 바람으로 상처가 났거나, 경작작업 도중 농기구, 손, 또는 옷 등에 의한 상처, 또는 동물의 식물섭식에 의한 상처 등이 생겼을 때 일어날 수 있으며, 바이러스를 가진 즙액이 상처난 식물로 옮겨진다 (그림 14-16, 14-17). 주요 식물바이러스 중 감자 바이러스 X(*potato virus X*), 담배 모자이크 바이러스(*tobacco mosaic virus*), 오이 모자이크 바이러스(*cucumber mosaic virus*) 등이 자연 상태에서 즙액 전염하여 큰 피해를 끼칠 수 있다.

식물바이러스의 기계적 전염이 갖는 가장 중요한 의의는 식물병을 일으키는 바이러스의 연구에서 꼭 필요한 방법이라는 특성으로부터 생겨난다. 기계적 방법으로 바이러스를 전염시키려면 어린잎 또는 꽃잎을 갈거나 세포를 짓이겨서 바이러스가 즙액으로 방출되도록 한다 (그림 14-16). 때로 바이러스의 안정성을 높이려고 완충액을 첨가하기도 한다. 조직 부스러기를 제거하기 위해 짜낸 즙액을 거르기도 하며, 이어서 세포에 상처가 생기도록 도와주기 위해 금강사(carborundum)와 같은 연마제를 미리 뿌려놓은 어린 식물의 잎 표면에 처리한다. 처리방법은 일반적으로 즙액을 적신 무명천 조각, 손가락(그림 14-13A), 유리막대, 붓 등으로 잎을 부드럽게 문지르거나, 작은 분무기로 분무하는 것이다. 성공적으로 접종하면 바이러스는 연마제에 의해 생긴 잎의 상처 또는 부러진 털을 통하여 잎 세포로 들어가 새로운 감염을 시작한다. 국부병반 기주에서 병징은 보통 3일 내지 7일 안에 나타나며, 국부병반의 수는 즙액에 있는 바이러스의 농도에 비례한다. 전신감염된 기주는 대개 10~14일, 또는 그 이후가 되어야 병징이 나타난다. 때로 동일한 식물체가 처음에 국부병반을 나타내다 나중에 전신병징을 나타내는 수도 있다.

바이러스의 기계적 접종에 있어서 바이러스를 주거나 또는 받는(지표식물; indicator) 식물의 분류학적 관계는 그리 중요하지 않아서, 초본이건 목본이건 간에 한 종류의 식물에 있는 바이러스는 수십 종의 연관성이 없는 초본식물들(채소, 화훼, 또는 잡초)로 옮겨질 수 있다. 그러나 몇 가지 바이러스, 특히 목본식물의 바이러스들은 즙액을 통한 전반이 어렵거나 또는 아직도 불가능하다.

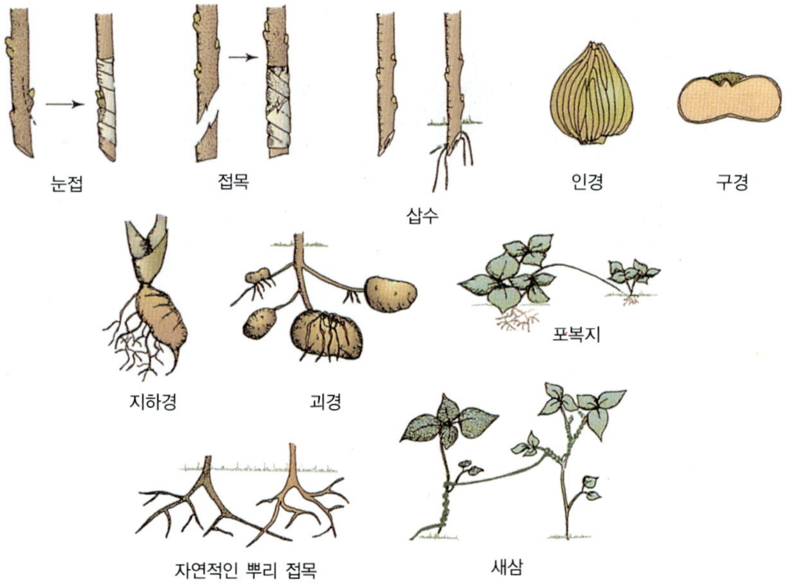

그림 14-15 영양번식체, 자연 구근 및 새삼을 통한 바이러스와 몰리큐트 및 다른 병원체의 전염.

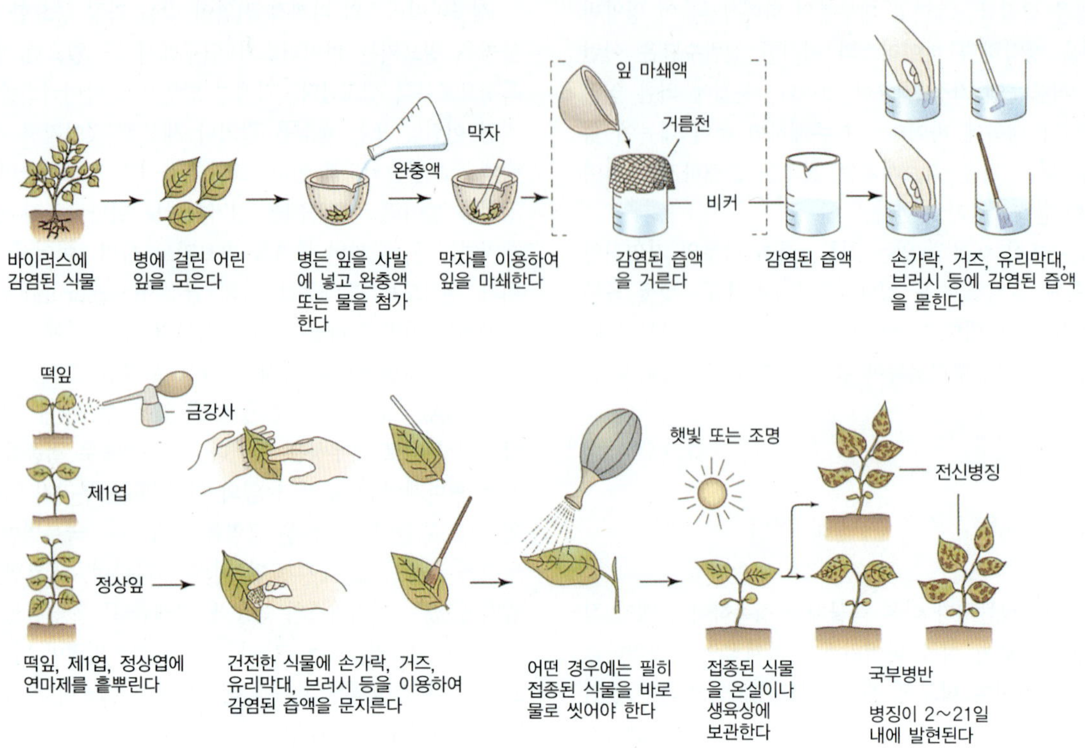

그림 14-16 식물바이러스의 전형적인 기계적 또는 즙액 전염.

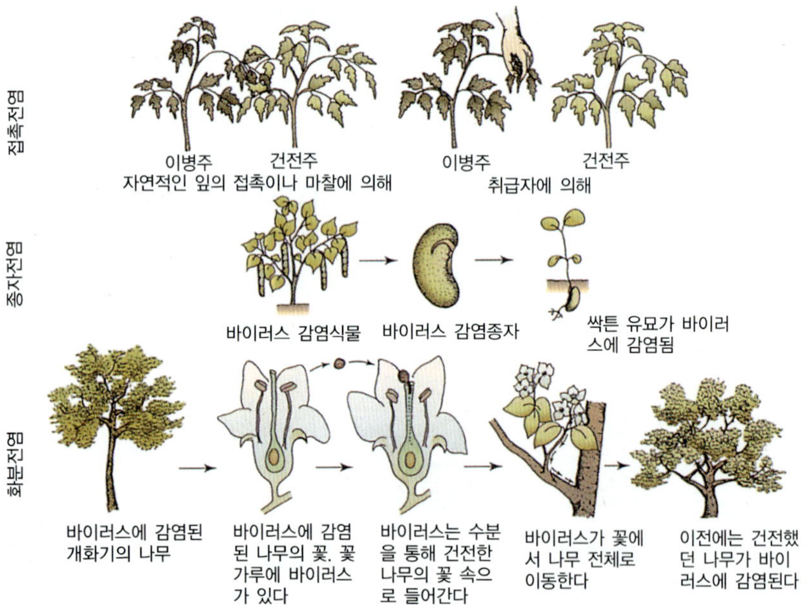

그림 14-17 식물의 직접적인 접촉, 취급, 종자, 화분을 통한 식물 바이러스의 전염.

종자 전반

100종류 이상의 바이러스가 다양한 정도로 종자전염이 된다. 대체로 바이러스에 감염된 일부 기주식물로부터 획득한 종자 중 일부(1~30%)만이 바이러스를 옮긴다 (그림 14-17). 그러나 일부 바이러스-기주 관계에서는 반 또는 대부분의 종자가 바이러스를 옮기고 있으며, 또 다른 몇 경우에는 100%의 종자가 바이러스를 전염한다. 전염의 빈도는 기주 바이러스 상호관계와 모식물이 바이러스에 감염되었을 때의 생육단계에 따라 다르다.

대부분의 종자 전염 바이러스에서, 바이러스는 감염된 식물체의 배주로부터 오는 것으로 보이지만, 종자 속의 바이러스가 가끔 꽃에 수분된 꽃가루로부터 온 것으로 보이는 경우가 몇 건 알려져 있다. 한편, 일부 바이러스-기주 관계에서 바이러스가 종피에 묻어 있다가 종자가 발아할 때 생기는 상처를 통해 감염하기도 한다.

꽃가루에 의한 전반

꽃가루(pollen)에 의해 전염되는 바이러스는 결실을 감소시키고 종자와 그로부터 자라나는 유묘를 감염시켜, 어떤 경우는 수분된 꽃을 통해 그 꽃을 달고 있는 모식물체로 옮겨가 결국 그 식물체가 바이러스에 감염되도록 한다 (그림 14-17). 꽃가루를 통해 바이러스가 식물에서 식물로 전염되는 예로는 야생 양앵두나무에서 *prunus necrotic ring spot virus* 의 꽃가루 전염을 들 수 있다.

곤충에 의한 전반

자연 상태에서 바이러스 전염 가운데 가장 흔하고 경제적으로 가장 중요한 것은 의심할 바 없이 곤충에 의한 전염이다. 그러나 식물바이러스를 매개할 수 있는 곤충의 종류는 상대적으로 그리 많지 않다 (그림 14-18). 경제적으로 가장 중요하며 가장 많은 수의 식물바이러스 매개충이 속하는 것은 매미목(Homoptera)으로, 진딧물과(Aphididae), 매미충과(Cicadellidae), 멸구과(Delphacidae) 등이 이에 속한다. 그 밖에 식물바이러스를 전반하는 매미목 곤충은 피해가 심한 제미니바이러스와 몇몇 다른 종류의 바이러스를 전반하는 가루이과(Aleurodidae)와 깍지벌레과(Coccoidae), 뿔매미과(Membracidae) 등이다. 식물바이러스를 매개하는 몇몇 매개곤충은 노린재목(Hemiptera), 씹거나 빨아먹는 총채벌레목(Thysanoptera), 그리고 딱정벌레목(Coleoptera)과 같은 다른 목에 속한다. 멸구류(Orthoptera) 또한 때때로 몇몇 바이러스를 지니고 다니며 전반하는 것으로 보인다. 가장 중요한 바이러스 매개충들은 진딧물(aphids), 매미충(leafhoppers), 가루이(whiteflies)와 총채벌레(thrips)이다. 이들과 다른 매미목 매개충, 그리고 노린재류(true bugs)는 흡수구를 가지고 있다.

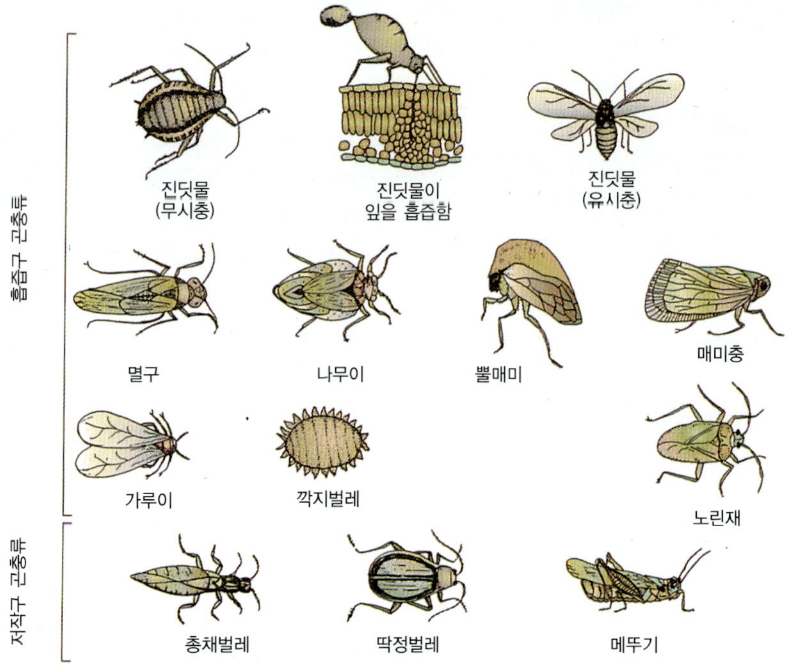

그림 14-18 식물 바이러스의 매개충. 맨 위로부터 두 번째 줄까지의 곤충류는 몰리큐트 및 배양하기 어려운 유관속 국재성 세균도 전반한다.

딱정벌레(beetles)와 메뚜기(grasshoppers)는 저작구를 가진다. 이 중 딱정벌레에 의한 전염은 몇 가지 바이러스에서 상당히 효과적이다.

흡즙구를 가진 곤충은 구침으로 바이러스를 옮기며 – **구침전염**(口針傳染; stylet-borne) **바이러스** – 매개충은 수초에서 수분간의 흡즙으로 바이러스를 획득하거나 접종할 수 있다. 구침전염 바이러스는 매개충에 몇 시간 동안만 존속한다. 그러므로 이들은 **비영속형**(非永續型; nonpersistent) **바이러스**라고도 알려져 있다. 일부 바이러스에서 매개충은 전염에 필요한 바이러스를 충분히 얻을 때까지 수분 또는 수 시간 내지 수일 동안 감염된 식물을 흡즙해야 한다. 그래서 이런 곤충은 수 분 내지 수 시간이라는 꽤나 긴 시간 동안 식물을 흡즙한 뒤에 바이러스를 전반할 수 있다. 이러한 바이러스들은 매개충에 며칠(1~4일)간 존속하므로 **반영속형**(半永續型; semipersistent) **바이러스**라고 한다. 또 다른 바이러스의 경우에는 바이러스가 매개충체 내에 축적되고 곤충 조직을 거쳐 이동한 후 다시 입을 통해 식물체에 전염하는데; 이러한 바이러스는 **순환형**(循環型; circulative) 또는 **영속형**(永續型; persistent) **바이러스**라고 한다. 어떤 순환형 바이러스는 매개충의 각자의 몸 안에서 증식하기 때문에 **증식형**(增殖型; propagative) 바이러스라고 한다. 저작구를 가진 곤충(딱정벌레류)에 의해 옮겨지는 바이러스들 역시 순환형일 수 있고 단순히 입에 묻어서 옮겨지는 것일 수도 있다.

진딧물은 식물바이러스를 옮기는 매개충 가운데 가장 중요하며 구침전염 바이러스의 대부분(약 275종류)을 전염한다. 대체로 여러 종의 진딧물이 한 종류의 구침전염 바이러스를 옮길 수 있으며, 한 종의 진딧물이 여러 바이러스를 전염하기도 한다. 그러나 많은 경우에 바이러스와 매개충의 관계는 매우 특이적이다. 일반적으로 진딧물은 병든 식물을 단지 수초(30초 또는 그 이하) 동안 흡즙하여 구침전염 바이러스를 획득하고, 다시 건전한 식물체를 수초 흡즙함으로써 그 바이러스를 전염할 수 있다. 구침전염 바이러스를 획득한 다음, 진딧물이 바이러스를 보유하는 기간은 단 몇 분부터 몇 시간까지 다양하며, 이 기간이 지나면 진딧물은 더 이상 바이러스를 옮길 수 없다. 구침전염 바이러스를 옮기는 진딧물에서 바이러스는 구침 끝에 달라붙어 전염하는 것으로 보이며, 이들은 진딧물이 기주세포를 구침으로 찌르는 과정에서 쉽게 떨어지고, 매개충의 탈피로 소실되며, 알을 통해서는 전해지지 않는다. 그러므로 구침전염 바이러스들은 비영속적으로 전염된다고 할 수 있다. 일부 순환형 바이러스의 전염에서 진딧물은 바이러스를 획득한 즉시 옮기지 못하며 반드시 몇 시간 정도 지난 다음에야 옮길 수 있다; 하지만 일단 바이러스를 옮기기 시작하면 병든 식물에서 진딧물을 분리한 후에도 며칠 동안 계속하여 바이러스를 옮길 수 있다 (영속형 전염).

겹가닥RNA바이러스, 래브도바이러스, 작은 구형바이러스, 일부 제미니바이러스 등 약 55종류의 식물바이러스는 매미충, 멸구와 뿔매미에 의해 옮겨진다. 매미충과 멸구에 의해 옮겨지는 바이러스들은 주로 체관부에 영향을 미쳐 식물체를 교란한다. 이러한 바이러스들은 모두 순환형이며; 몇 가지는 매개충의 체내에서 증식하는 것으로 알려져 있고(증식형), 어떤 것은 탈피를 하여도 체내에 남아있으며, 알을 통해 다음 세대로 전해지기도 한다. 대부분의 매미충류와 멸구류는 보독충이 되기 전에 1~수일간의 흡즙기간이 필요하지만, 일단 바이러스를 획득하면 나머지 일생동안 바이러스를 보유하고 산다. 매미충류와 멸구류는 바이러스를 획득한 다음 다른 식물체로 전염할 수 있기까지 보통 1~2 주의 잠복기가 있어야 한다.

응애에 의한 전반

주로 혹응애과(Eriophyidae)에 속하는 응애류(mites)가 wheat streak mosaic virus와 곡류를 가해하는 몇 가지 rymovirus들을 포함하여 적어도 6종류의 식물바이러스를 전염한다고 알려져 있다. 이들 응애는 흡수구를 가지고 있다 (그림 14-19). 이들은 전염하는 바이러스의 유일한 매개충으로 알려진 혹응애에 의한 바이러스의 전염은 매우 특이성이 높은 것으로 여겨진다. 또 다른 바이러스인 *peach mosaic virus*는 잎응애과(Tetranychidae)의 응애류에 의해 전염된다.

선충에 의한 전반

약 20종류의 식물바이러스가 토양서식 외부기생선충 3속의 하나 또는 그 이상 종에 의하여 전반된다 (그림 14-19). *Longidorus*, *Paralongidorus* 와 *Xiphinema*속에 속하는 선충들은 *grapevine fanleaf virus* 와 담배 가락지무늬 및 다른 바이러스 등 네포바이러스(nepovirus)로 알려진 여러 구형바이러스들을 전반하는 반면, *Trichodorus* 와 *Paratrichodorus* 속의 선충들은 *tobacco rattle virus* 와 *pea early browning virus* 등 적어도 두 종류의 간상 토브라바이러스(tobravirus)를 매개한다. 선충은 감염된 식물의 뿌리를 가해한 다음 건전한 식물의 뿌리로 옮겨가 가해하여 바이러스를 전염한다. 성숙한 선충뿐만 아니라 유충도 바이러스를 획득하고 전염할 수 있으나; 유충이 탈피를 하면 바이러스를 잃게 되고, 알을 통해서 다음 세대로 전해지지도 않으므로 탈피를 한 다음에는 유충이든 선충이든 바이러스 감염원을 흡즙해야만 다시 바이러스를 전반할 수 있다.

균류에 의한 전반

무사마귀병균류(Plasmodiophromycetes)의 *Polymyxa*와 *Spongospora*, 병꼴균류(Chytridiomycetes)의 *Olpidium* 등 뿌리를 가해하는 유사균류는 적어도 30종류의 식물바이러스를 전염한다. 이 바이러스들 가운데 일부는 균류의 휴면포자나 유

그림 14-19 선충, 응애, 곰팡이에 의한 식물 바이러스의 전염.

주포자의 안에 존재하는 반면, 나머지는 겉에 존재한다. 새로운 기주식물을 감염할 때 균류는 바이러스를 옮겨주며 그들이 전반한 바이러스의 특징적인 병징을 일으킨다 (그림 14-19).

새삼에 의한 전반

몇 가지 식물 바이러스는 두 식물체 사이에 다리처럼 연결되어 있는 기생식물인 새삼(*Cuscuta* sp.)의 덩굴줄기를 통해 한 식물체에서 다른 식물체로 옮겨갈 수 있다 (그림 14-15). 많은 수의 바이러스가 이 방법에 의해 인위적으로 옮겨졌는데, 그 가운데 상당수가 분류학적으로 거리가 먼 식물체 사이에서 이루어진 것이다. 바이러스는 일반적으로 새삼의 체관 조직을 따라 병든 식물에서 건전한 식물로 수동적으로 옮겨진다.

식물바이러스와 바이로이드의 병 역학

바이러스의 몇몇 전염방법(예; 영양번식전염과 종자전염)은 일차적으로 감염된 식물로부터 다음 세대로 바이러스가 전반되는 데 있어서 중요하나, 동일한 세대의 병든 식물로부터 건전한 식물로 바이러스가 옮겨지는 데는 아무런 역할을 하지 못한다. 이러한 전염은 그것만으로는 오로지 식물의 1차감염만 일으키므로 오로지 단주기성 식물병만을 초래한다. 한편, 다른 전염방법, 특히 곤충 같은 매개충에 의한 전염은 바이러스를 작물 안으로 유입(1차감염)할 뿐만 아니라 생육시기나 세대가 동일한 범주에 있는 경우에는 병든 식물에서 건전한 식물로의 바이러스 전염(2차감염)을 일으킨다. 이와 같은 바이러스의 2차적 전염은 매개충의 종류에 따라 달라지며 매개충의 이동에 적합한 기상 상태에서 매개충의 개체수 증가에 비례하여 증가한다. 매개충전염 바이러스에 의한 식물병은 한 생육기에 여러 번 발생하는 다주기성으로 생육기 당 병발생 횟수는 몇 번(선충전염 바이러스의 경우 2~5회)으로부터 몇 십번(진딧물전염 바이러스의 경우에 10~20회 이상)이다. 물론 영양번식체나 종자를 통하여 전염된 바이러스가 다시 매개충에 의해 전염되기도 하는데, 두 전반방법의 유효성(즉, 작물에서의 많은 양의 1차전염원과 매개충에 의한 바이러스의 효과적인 2차전염)은 심한 손실로 이어지는 작물의 조기 또는 완전감염을 자주 초래한다.

식물바이러스의 연구와 관리: 식물바이러스의 순화

흔히 바이러스 순화(purification) 라고 부르는 분리 과정은 일반적으로 식물 즙액을 초고속원심분리하여 얻어진다. 이 순화 과정에서 고속(40,000~100,000g 또는 이상)과 저속(3,000~10,000g)의 원심분리를 번갈아가며 1~3회 정도 반복한다. 초고속 원심분리는 바이러스를 기주세포의 여러 물질과 분리해 농축하는 과정이다. 현재 초고속 원심분리법을 변형한 몇 가지 방법, 특히 밀도구배원심분리(density gradient centrifugation) 등이 바이러스의 순화에 사용되어 뛰어난 결과를 얻고 있다 (그림 14-20). 이러한 모든 방법에서 바이러스는 마침내 시험관의 무색 앙금(pellet) 또는 띠(band)로 얻어지며, 감염실험이나 전자현미경기법, 혈청학적 기법 및 핵산 연구 등에 사용되기도 한다.

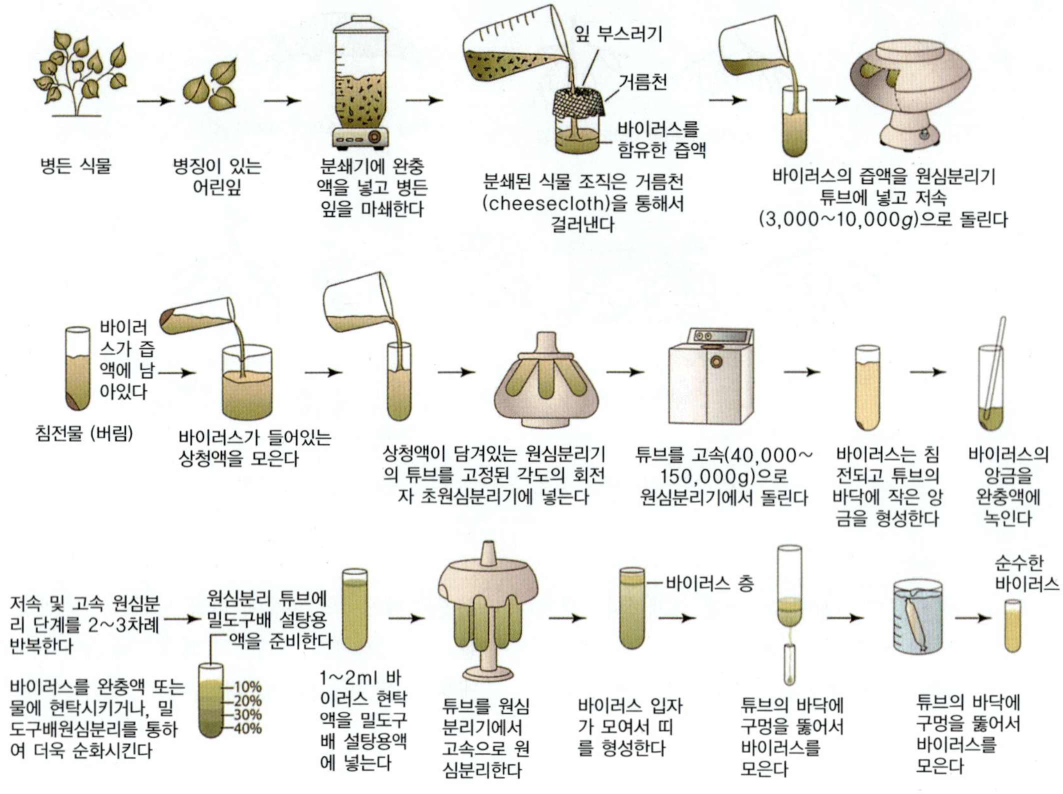

그림 14-20 식물바이러스의 정제 과정.

식물바이러스의 혈청학

항원(抗原; antigen), 즉, 바이러스의 단백질과 같은 어떤 외래 단백질을 포유류(토끼, 쥐, 말), 또는 조류(닭, 칠면조)의 체내에 주입하였을 때 그 단백질은 그 동물이 **항체**(抗體; antibody)라고 불리는 특이적이고 새로운 단백질을 만들도록 유도한다. 그리하여 항체는 동물의 혈액의 흐름 또는 혈청을 따라 순환한다. 항체는 주입된 항원의 **항원결정기**(抗原決定基; antigenic determinant)와 특이적으로 반응한다. 즉 그들은 항원의 일부분에 결합한다. 바이러스 같은 각각의 항원은 표면에 여러 개의 다른 항원결정기(6~10개의 아미노산으로 이루어진 뚜렷한 집단)를 가지며, 이들 결정기는 각각 다른 항체를 만들도록 유도하기 때문에 동물의 **항혈청**(항체를 가지고 있는 혈청; 抗血淸; antiserum)에는 여러 종류의 다른 항체가 섞여 있다. 이렇게 여러 가지의 항체가 섞여 있는 경우를 **다클론항체**(polyclonal antibody)라고 부른다. 각 항체는 항원 표면의 다른 장소에서 항원과 반응한다 (그림 14-21A).

단백질(또는 병원체) 항원결정기 중 어느 한 개에 대해 한 종류의 항체만을 가지는 항혈청을 만드는 방법이 개발되었으며, 이러한 항체를 단클론항체(monoclonal antibody)라고 부른다. 단클론항체의 생산이 가능한 이유는 동물 면역기관의 각 세포들, 예를 들어 동물의 지라세포 한 개는 한 종의 항체만을 많이 만들 수 있기 때문이다. 그러나 불행히도 이 세포는 분열하지 못하기 때문에 사용에 제한을 받는다. 하지만 만일 항체를 생산하는 세포가 쥐의 암세포와 융합한다면 이것은 교잡세포를 생산하고, 그것의 반이 암세포이므로 배양액에서 무한히 배양할 수 있어 오랜 기간 단클론항체를 생산할 수 있다. 이러한 항체 생산 교잡세포를 **하이브리도마**(hybridoma)라 하며, 교잡세포는 배지에서 몇 달 또는 몇 년을 자라며 많은 양의 동일한 단클론항체를 만들어낸다. 액체배지에서 배양한 하이브리도마에서 농도와 순도가 높은 단클론항체를 얻을 수 있으며, 그들이 생산을 유도한 항원의 검출, 동정 및 측정에 유용하게 사용할 수 있다. 그러나 단클론항체는 특이성이 매우 높아서 경우에 따라 같은 바이러스라 할지라도 계통이 달라 그 단클론항체에 대한 특이적 항원결정기가 없다면 찾아내지 못하기도 한다. 이러한 이유로 바이러스 검출 및 검정 실험에는 여러 종류의 단클론항체를 때때로 혼합하여 사용하기도 한다.

바이러스와 항체는 여러 방법으로 반응시키지만 그 중 가장 일찍 사용되었고, 가장 일반적인 것은 침강반응(precipitin reaction)이다. 이 방법에서는 항원과 항체가 용액 상태로 섞여

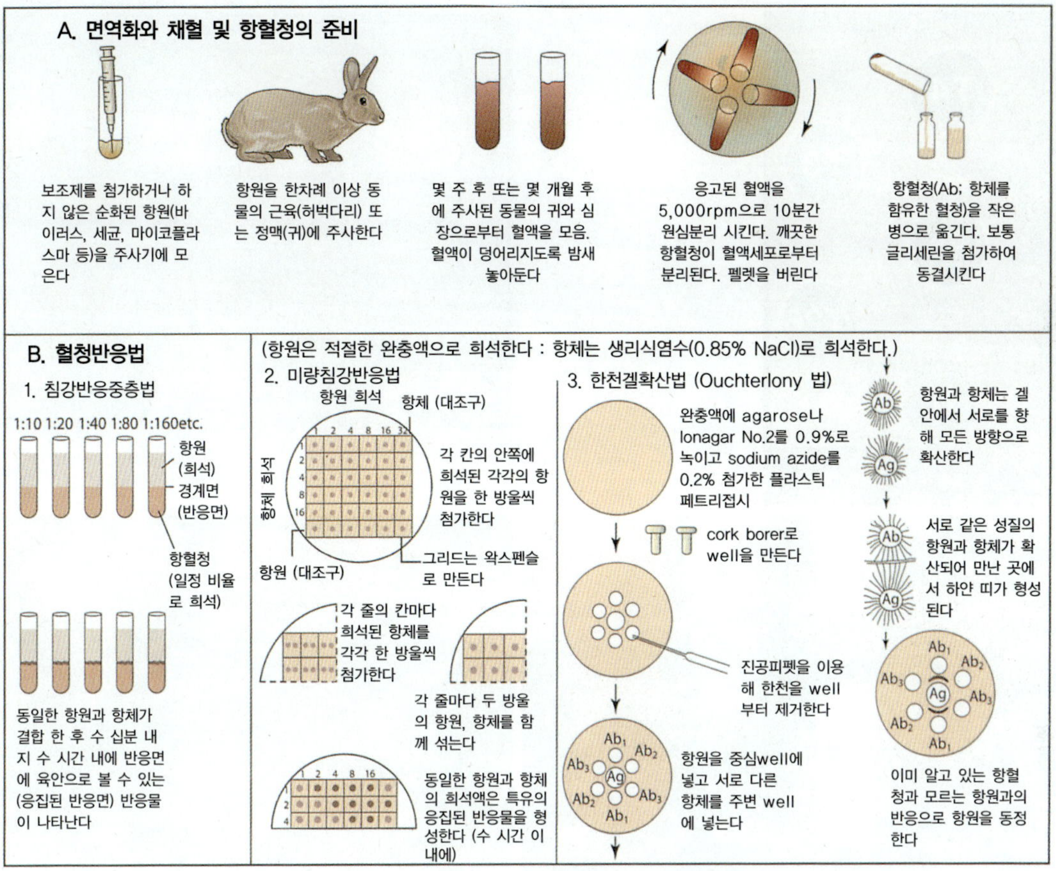

그림 14-21 (A) 항혈청의 생산. (B) 알려지지 않은 병원체의 동정을 위한 혈청학적 검사.

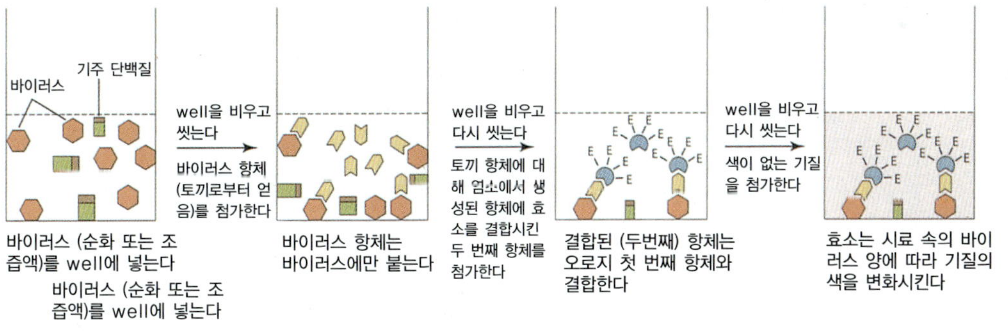

그림 14-22 간접효소면역측정법 순서의 모식도.

시험관 또는 페트리접시의 방울에서 반응하고 - **침강법**(沈降法; **precipitin test**) (그림 14-21B, 1과 2), 다른 방법은 항원과 항체가 젤 상태의 한천 속으로 확산하여 적당한 농도에서 만나 반응하여 하얀 선이나 띠를 만든다 - **한천젤이중확산법**(gel **diffusion test**) (그림 14-21B, 3과 14-23A). 때로 항원을 세포, plastid, 또는 고무알갱이(latex sphere)와 같은 비교적 큰 입자의 표면에 흡착시켜 항체와 반응시키기도 한다. 이러한 방법은 **응집반응**(凝集反應; **agglutination reaction**)이라 한다. 이러한 모든 실험에서 항원-항체 반응은 항원-항체의 결합체가 시험관의 바닥에 침전물로 가라앉거나 또는 항원

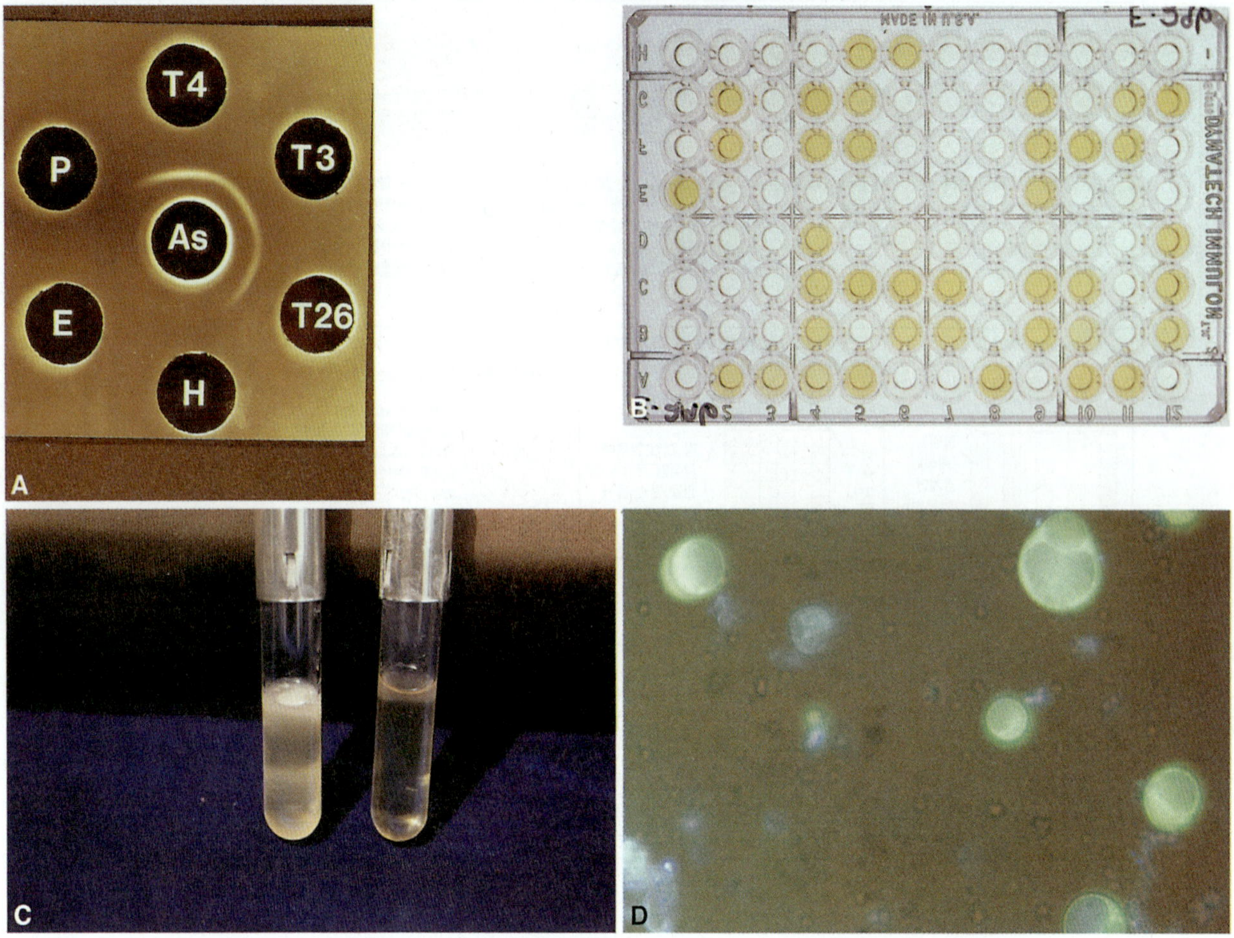

그림 14-23 혈청학적 검사에 의한 식물바이러스의 검출과 동정. (A) 이중확산법에서 다른 농도의 바이러스를 가진 well(T3, T4, T26)과 항혈청(As) 사이에 흰색의 띠가 형성된다. (B) 노랗게 변한 well은 항혈청에 반응하는 바이러스를 가지고 있다. (C) 침강 튜브 속의 바이러스의 표면과 항혈청 용액 사이에 흰색 반응대가 형성되었다. (D) 밝은 원형질체는 형광물질과 결합하여 자기 스스로의 항체와 혼합되었을 때 바이러스에 감염되었다는 것을 보여준다. [사진제공: (A) S.M. Garnsey, (B,C) Department of Plant Pathology, University of Florida.]

과 항체가 만나는 부분에서 만들어지는 띠를 관찰함으로써 알 수 있다.

유용한 혈청학적 기법으로 1970년대 후반에 개발된 **효소결합항체법**(酵素結合抗體法; **enzyme-linked immunosorbent assay; ELISA**)이라는 방법은 다양한 분야의 병리학자들이 광범위하게 이용하고 있으며 식물병리학자들이 식물바이러스와 다른 병원체에 의해 발생하는 병을 검출하고 연구하는 능력을 획기적으로 향상시켰다 (그림 14-22, 14-23B). 현재 ELISA를 변조한 기법이 몇 가지 사용되고 있다. 일반적으로 **직접**(**direct**) **ELISA**라는 이중항체(double antibody sandwich) ELISA는 polystyrene으로 만들어진 미량역가판(microtiter plate)의 well(용량 0.4ml)에 (a)바이러스에 대한 항체, (b)바이러스 시료 또는 감염된 식물의 즙액, (c)특정 효소분자가 결합된 바이러스의 항체, 그리고 (d)효소를 분해하고 발색할 수 있는 효소에 대한 기질을 well에 반쯤 채우고 다시 비우는 작업을 순서대로 되풀이하고, 마지막 기질(d)을 넣고 그 상태를 유지한다. 30~60분 안에 각 well의 색을 맨눈으로 관찰하든지, 아니면 더 바람직하게는 색의 강도를 잴 수 있는 색도계로 측정한다. 특정 well에 색이 있다는 것은 그 well에 들었던 즙액에 바이러스가 있다는 것을 뜻한다 (단계 b, 앞에 설명했던). 색의 강도 또는 색도계에서 읽은 수치는 시료에 존재하는 바이러스의 양과 비례하므로 측정치를 알 수 있다.

이 방법을 약간 변형시킨 **간접**(indirect) ELISA(그림 14-22)는 위 방법의 (a)와 (b)의 순서를 바꾼 것이다. 또한 (c)에서의 효소결합항체가 바이러스에 대한 것이 아니고 항체 단백질에 대한 항체이다. 즉, 염소 같은 또 다른 동물에서 만들어진 토끼 항체에 대한 항체이다. 그 밖에 다른 과정은 모두 같다. 간접 ELISA의 장점은 (b)단계에서 특정 바이러스에 대한 항체가 사용되었다면, (c)단계에서는 어떤 바이러스에 대한 ELISA에서든지 같은 종류의 염소의 항토끼 효소결합항체를 이용할 수 있다는 것이다.

ELISA의 장점은 매우 민감하며, 한꺼번에 많은 수의 시료를 검정할 수 있고, 적은 양의 항혈청으로 검사가 가능할 뿐만 아니라, 결과가 정량적이고, 과정을 반자동화할 수 있으며, 바이러스의 형태나 농도에 관계없이 검사가 가능하다는 것이다. 이러한 장점들로 인해, 특히 많은 시료의 검정에, ELISA는 가장 인기 있는 혈청학적 진단법 중의 하나가 되었다.

그 밖에도 식물바이러스 학자들이 전자현미경을 이용하여 낮은 농도로 존재하는 바이러스를 관찰하고 동정하는데, 감염된 세포 안의 바이러스 관찰에 많이 이용하는 약간씩 변형된 두 가지의 혈청학적 방법이 있다. 그중 **면역전자현미경법**(免疫電子顯微鏡法; immunosorbent electron microscopy; ISEM)은 전자현미경으로 낮은 농도의 바이러스 또는 다른 바이러스와 섞여 있는 바이러스를 관찰하기 위해, grid에 우선 그 바이러스에 대한 항체를 코팅한 다음, 바이러스 시료를 항체 코팅된 grid 위에 올려놓으면 항체가 시료의 바이러스와 결합하여 grid 위의 바이러스 농도가 높아져 전자현미경으로 관찰이 쉬워지고, 항체와의 결합으로 인해 동정도 할 수 있다. 바이러스의 동정은 이미 grid 위에 있는 바이러스에 항체를 반응시켜 전자현미경에서 뚜렷이 나타나도록 하여 동정할 수도 있다. **면역형광염색법**(immunofluorescent staining)은 우선 식물의 잎, 세포 전체, 또는 세포 절편 등을 아세톤이나 다른 유기화합물로 죽여서 고정한다. 그 다음, 고정된 잎 조직에, 자외선이 비치면 형광을 내는 fluorescein isothiocyanate(FITC) 같은 물질로 표지된 바이러스의 항체를 처리한다. 만약 처리된 세포가 바이러스에 감염된 것이면, 바이러스는 형광물질이 표지된 항체와 결합할 것이다. 이 세포를 형광현미경으로 관찰하면 바이러스가 있는 세포 또는 부분은 형광을 나타내는 반면, 나머지 부분은 어둡게 나타난다 (그림 14-13, 14-23D).

식물바이러스 혈청학의 이용은 매우 다양하다. 이것은 바이러스 사이의 근연관계 규명, 식물병을 일으키는 바이러스의 동정, 식물 대목의 바이러스 검정, 그리고 바이러스의 무병징 감염 검출 등에 이용한다. 또한 바이러스의 양 측정, 조직이나 세포에 존재하는 바이러스의 위치 확인, 곤충에서 식물바이러스의 검출, 그리고 바이러스의 순화 등에 이용할 수 있다.

식물바이러스의 명명과 분류

대부분의 식물바이러스는 가장 먼저 연구된 첫 번째 기주의 가장 특징적인 증상을 바탕으로 하여 명명하였다. 그러므로 담배에 모자이크를 일으키는 바이러스는 담배 모자이크 바이러스라고 하며, 병 자체는 담배 모자이크병이라 부른다; 마찬가지로 토마토에 점무늬시들음을 일으키는 바이러스는 토마토 점무늬시들음 바이러스이며, 병은 토마토 점무늬시들음병이라 한다. 그러나 동일한 바이러스가 같은 식물에 일으키는 증상도 환경조건에 따라, 같은 식물이라도 바이러스의 다른 계통에 따라, 또는 동일한 바이러스라도 기주식물의 종류에 따라 다를 수 있다는 사실을 감안하면, 이러한 명명법은 완전하다고 할 수 없다.

모든 바이러스는 바이러스계(kingdom Viruses)에 속한다. 이 계에서는 바이러스의 핵산이 DNA 또는 RNA인지에 따라 DNA바이러스와 RNA바이러스로 나뉜다. 또한, 이들은 (+) 또는 (-)가닥인 RNA나 DNA가 외가닥 또는 겹가닥 인지에 따라 나뉘며, 또 형태에 따라 구분한다. 이렇게 나누어진 각 부류는 중합효소로 복제하는 것[(+)RNA 또는 (+)DNA 바이러스]과 역전사효소로 복제하는 것[(-)RNA 또는 (+)DNA 바이러스]이 속한다. 대부분의 바이러스는 외피단백질과 이에 둘러싸인 핵산으로 구성되나, 일부는 여기에 외막을 더 가지고 있다. 어떤 바이러스는 지놈 모두를 한 입자(monopartite viruses)에 가지나, 다른 것들은 둘, 셋, 그리고 간혹 네 개의 입자에 나뉘어 갖기도 한다 (multipartite viruses). 바이러스 분류에 쓰이는 다른 특징으로는 나선형바이러스의 나선형 대칭 구조, 또는 구형바이러스의 단백질 소단위체의 수와 배열, 바이러스의 크기, 그리고 마지막으로 다른 모든 물리, 화학 및 생물적 특성 등을 들 수 있다.

그림 14-24에서 식물 바이러스의 각 과 및 속을 나타낸 그림을 볼 수 있다. 현재 사용되는 식물바이러스의 명명과 분류 그리고 대표 바이러스와 각 바이러스 속의 전반방법은 다음과 같다.

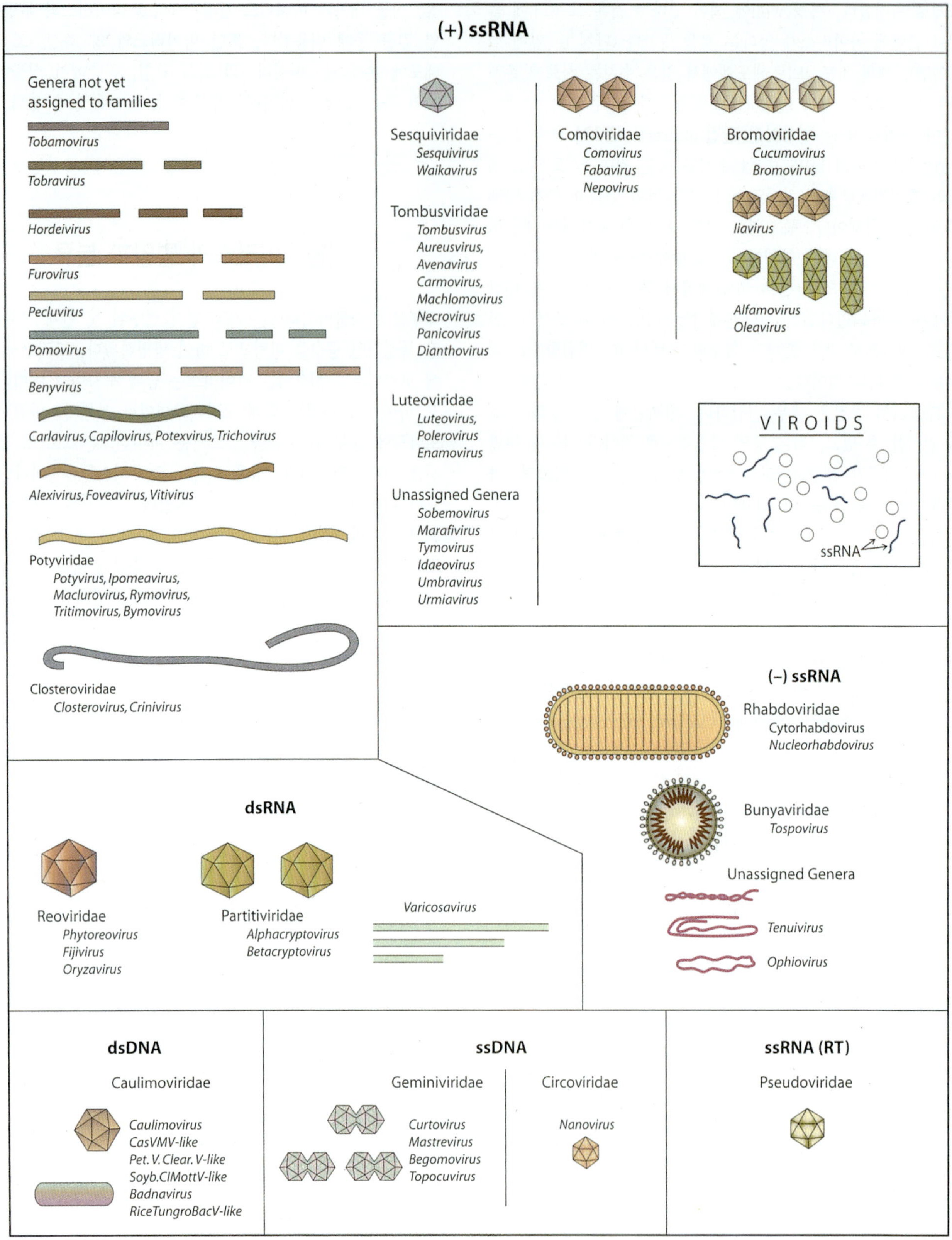

그림 14-24 식물에 감염을 일으키는 바이러스와 바이로이드의 과 및 속의 구성표.

바이러스계

아직 과에 속하지 않은 바이러스 속
RNA 바이러스
외가닥 (+)RNA [(+)ssRNA]

간상 입자	과	속	대표 바이러스	비고
1 ssRNA	–	*Tobamovirus*	*Tobacco mosaic virus*	접촉전염
2 ssRNAs	–	*Tobravirus*	*Tobacco rattle virus*	선충전염
3 ssRNAs	–	*Hordeivirus*	*Barley stripe mosaic virus*	종자전염
2 ssRNAs	–	*Furovirus*	*Soilborne wheat mosaic virus*	균류전염
	–	*Pecluvirus*	*Peanut clump virus*	균류전염 및 종자전염
3 ssRNAs	–	*Pomovirus*	*Potato mop-top virus*	균류전염, 쌍자엽
4 ssRNAs	–	*Benyvirus*	*Beet necrotic yellow vein virus*	균류전염
사상 입자				
1 ssRNA	–	*Allexivirus*	*Shallot virus X*	혹응애 전염
	–	*Carlavirus*	*Carnation latent virus*	
	–	*Foveavirus*	*Apple stem pitting virus*	매개충 알려지지 않음
	–	*Potexvirus*	*Potato virus X*	접촉전염
	–	*Capillvirus*	*Apple stem grooving virus*	매개충 알려지지 않음, 몇 가지 종자 전염
	–	*Trichovirus*	*Apple chlorotic leafspot vivus*	매개충 알려지지 않음, 몇 가지 종자 전염
	–	*Vitivirus*	*Grapevine virus A*	가루깍지벌레, 깍지벌레, 진딧물
구형 입자				
1 ssRNA	–	*Sobemovirus*	*Southern bean mosaic virus*	종자전염, 딱정벌레,
	–	*Marafivirus*	*Maize rayado fino virus*	화본과, 매미충
	–	*Umbravirus*	*Carrot mottle virus*	외피단백질 코드되지 않음 진딧물, 조력바이러스
	–	*Tymovirus*	*Turnip yellow mosaic virus*	딱정벌레
2 ssRNAs	–	*Idaeovirus*	*Raspberry bushy dwarf virus*	화분전염, 종자전염
Bacilliform 입자				
3 ssRNAs	–	*Ourmiavirus*	*Ourmia melon virus*	매개자 알려지지 않음
바이러스과				
사상 바이러스				
1 ssRNA				
	Potyviridae	*Potyvirus*	*Potato virus Y*	진딧물, 조력바이러스
	Potyviridae	*Ipomovirus*	*Sweet pot mild mottle*	담배가루이
	Potyviridae	*Macluravirus*	*Maclura mosaic virus*	진딧물
	Potyviridae	*Rymovirus*	*Ryegrass mosaic virus*	혹응애
	Potyviridae	*Tritimovirus*	*Wheat streak mosaic virus*	혹응애
	Potyviridae	*Bymovirus*	*Barley yellow mosaic virus*	화본과, 균류전염

	1 or 2 ssRNA				
		Closteroviridae	*Closterovirus*	*Beet yellows virus*	진딧물, 가루깍지벌레, 가루이
		Closteroviridae	*Crinivirus*	*Lettuce inf. yellows virus*	가루이
구형 바이러스					
	1 ss(+)RNA				
		Sequiviridae	*Sequivirus*	*Parsnip yellow fleck virus*	진딧물
		Sequiviridae	*Waikavirus*	*Rice tungro spherical virus*	매미충, 진딧물
		Tombusviridae	*Tombusvirus*	*Tomato bushy stunt virus*	토양전염, 매개자 알려지지 않음
		Tombusviridae	*Aureusvirus*	*Pothos latent virus*	토양전염
		Tombusviridae	*Avenavirus*	*Oat chlorotic stunt virus*	토양전염
		Tombusviridae	*Carmovirus*	*Carnation mottle virus*	–
		Tombusviridae	*Dianthovirus*	*Carnation ring spot virus*	토양전염, 매개자 알려지지 않음
		Tombusviridae	*Machlomovirus*	*Maize chlorotic mottle virus*	종자, 딱정벌레, 총채벌레
		Tombusviridae	*Necrovirus*	*Tobacco necrosis virus*	균류전반
		Tombusviridae	*Panicovirus*	*Panicum mosaic vius*	화본과, 기계적전염
		Luteoviridae	*Luteovirus*	*Barley yellow dwarf virus*	화본과, 진딧물
		Luteoviridae	*Polerovirus*	*Potato leafroll virus*	단자엽 및 쌍자엽식물
		Luteoviridae	*Enamovirus*	*Pea enation mosaic virus*	기계적전염, 진딧물
	2 ss(+)RNAs				
		Comoviridae	*Comovirus*	*Cowpea mosaic virus*	넓적사슴벌레, 딱정벌레
		Comoviridae	*Fabavirus*	*Broad bean wilt virus*	진딧물
		Comoviridae	*Nepovirus*	*Tobacco ring spot virus*	선충
	3 ss(+)RNAs				
		Bromoviridae	*Bromovirus*	*Brome mosaic virus*	딱정벌레, 기계적 전염
		Bromoviridae	*Cucumovirus*	*Cucumber mosaic virus*	진딧물
		Bromoviridae	*Alfamovirus*	*Alfalfa mosaic virus*	진딧물
		Bromoviridae	*Ilarvirus*	*Tobacco streak virus*	화분, 종자
		Bromoviridae	*Oleavirus*	*Olive latent virus 2*	매개자 알려지지 않음
dsRNA					
		Reoviridae	*Phytoreovirus*	*Wound tumor virus*	매미충
		Reoviridae	*Fijivirus*	*Fiji disease virus*	화본과, 멸구류
		Reoviridae	*Oryzavirus*	*Rice ragged stunt virus*	멸구류
		Partitiviridae	*Alphacryptovirus*	*White clover crypto. virus 1*	외피 미보유, 잠재성
		Partitiviridae	*Betacryptovirus*	*White clover crypto. virus 2*	외피 미보유, 잠재성, 종자
		Partitiviridae	*Varicosavirus*	*Lettuce big-vein virus*	균류 전염
(–) ssRNA					
Bacilliform 입자					
		Rhabdoviridae	*Cytorhabdovirus*	*Lettuce necrosis yellows virus*	매미충, 멸구류, 진딧물
		Rhabdoviridae	*Nucleorhabdovirus*	*Potato yellow dwarf virus*	매미충, 멸구류, 진딧물, 환형 막 입자
막으로 구성된 구형 바이러스					
		Bunyaviridae	*Tospovirus*	*Tomato spotted wilt virus*	총채벌레
가는 사상 다형체 바이러스					
		–	*Tenuivirus*	*Rice stripe virus*	화본과, 멸구류
		–	*Ophiovirus*	*Citrus psorosis virus*	매개자 알려지지 않음
dsDNA					
	Isometric	Caulimoviridae	*Caulimovirus*	*Cauliflower mosaic virus*	진딧물
		Caulimoviridae	*Soybean chlorotic mottle virus-like*		진딧물
		Caulimoviridae	*Cassava vein mosaic virus-like*		진딧물
			Petunia vein clearing virus-like		진딧물

	Caulimoviridae	*Badnavirus*	*Commelina yellow mottle virus*	가루깍지벌레
	Caulimoviridae	*Rice tungro bacilliform virus-like*		매미충
(+)ssDNA				
	Geminiviridae	*Mastrevirus*	*Maize streak virus*	화본과, 매미충
	Geminiviridae	*Curtovirus*	*Beet curly top virus*	쌍자엽, 매미충
	Geminiviridae	*Begomovirus*	*Bean golden mosaic virus*	2 DNAs, 가루이
	Geminiviridae	*Topocuvirus*	*Tom. pseudocurly top virus*	뿔매미
	Circoviridae	*Nanovirus*	*Subteranean clover stunt virus*	6 DNAs
ssRNA (RT)	Pseudoviridae: retrotransposons			

식물바이러스의 검출과 동정

병의 원인이 바이러스로 알려지면 그 병원 바이러스를 동정하기 위해 필요로 하는 모든 방법과 장비를 사용하여 일련의 실험을 해야 한다. 바이러스의 기주범위, 즉, 바이러스가 병징을 일으키는 기주와 증상의 종류에 따라 다른 바이러스와 구별할 수 있다. 전염실험에는 기계적으로 전염이 되는지, 어느 기주로 전염되는지, 곤충에 의한 전염은 되는지 또는 어떤 곤충으로 전염이 되는지 등을 살펴보아야 하며(그림 14-25), 이 특성들의 조사는 바이러스의 식별에 도움을 준다. 바이러스가 기계적으로 전염하면, thermal inactivation point(TIP:식물체의 순수한 조즙액 속에 있는 바이러스가 10분 만에 불활성화하는 온도), longevity *in vitro*(LIV:감염력 지속성), 그리고 dilution end point(DEP:바이러스가 감염할 수 있는 가장 낮은 농도) 등을 조사하여 동정에 이용해 왔으나, 이는 의존할 만한 특징이 아니다. 만일 바이러스의 종류가 대략 짐작되면 혈청학적 방법을 사용할 수 있으며, 만일 그 반응이 양성이면 잠정적인 동정을 할 수 있다. 전자현미경으로 바이러스를 관찰하고, 특정 식물종에 접종하는 것으로도 바이러스를 잠정적으로 동정할 수 있다.

아직까지 아무런 병원체도 확인되지 않은 목본식물의 유사 바이러스성 병에서 **검정**(檢定; **indexing**)을 통해 직접 병원체를 동정할 수 있다. 검정에는 **지표식물**(指標植物; **indicators**)이라는 특정 식물에 접목함으로써 접종하는 것(그림 14-26)을 포함한다. 지표식물은 특정 바이러스에 대하여 감수성이고 이러한 바이러스로 접종하면 특징적인 병징을 나타내며, 이것을 역으로 했을 때에도 같은 결과를 보여 지표식물에 의해 특유의 병징이 나타나면 지표식물에 접종한 바이러스에 의한 것으로 판단할 수 있다.

바이러스는 맨눈이나 광학현미경으로 볼 수 없을 정도로 작아서 주로 기주식물이 보이는 병징에 따라 바이러스의 존재를 알 수 있으며(그림 14-1); 지표식물에 접목, 기계적 접종, 또는 매개체에 의한 접종 뒤에 바이러스 이동 후 나타나는 병징; 광학현미경에 의한 봉입체 관찰(그림 14-2); 전자현미경 관찰(그림 14-3, 14-4); ELISA(그림 14-21, 14-22, 14-23) 및 면역형광현미경법(그림 14-13B) 같은 혈청학적인 방법 등에 의해 바이러스의 존재를 알 수 있다. 최근에는 식물에서 dsRNA를 분리하고 전기영동(electrophoresis) 하여 식물체 내의 RNA바이러스를 검출하고 동정까지도 할 수 있는데, 이 방법이 가능한 이유는 건전한 식물세포는 dsRNA를 만들지 않기 때문이다. 이 방법은 노동력이 많이 드는 방법이기는 하지만 이미 알려져 있는 바이러스뿐만 아니라 항혈청도 없고 정보도 불충분한 미지의 바이러스의 검출에 적용할 수 있다는 장점을 가지며, 심지어는 목본식물의 바이러스 검출에 이용할 수 있다.

분리한 외가닥 또는 겹가닥RNA는 RNA에 대한 상보적 DNA(cDNA)를 만드는 데 이용할 수 있다. 또한 cDNA는 외가닥 또는 겹가닥DNA에 대한 것도 만들 수 있다. 방사성 동위원소나 발색 물질을 첨가하여 cDNA를 만들면 바이러스의 RNA나 DNA와의 교잡(hybridization)실험에 사용할 수 있다. 감염

그림 14-25 식물바이러스의 주요 매개충. (A) 진딧물. (B) 매미충. (C) 가루이. (D) 총채벌레.

된 식물로부터 바이러스의 RNA 또는 DNA를 부분순화하여 시험관이나 nitrocellulose filter(dot blot)에서 의심되는 바이러스의 cDNA와 반응시킨다. cDNA와 RNA 또는 cDNA와 DNA의 hybrid는 만약 방사성 물질이면 자가방사선(autoradiography)이나 액체섬광측정(liquid scintillation counting)으로 검출 및 정량하고, 만일 발색성이면 색도측정기술로 검출 및 정량할 수 있다. 이 밖에도 cDNA-RNA의 교잡을 통해서 바이러스를 검출하는 것 외에 이 cDNA를 dsDNA로 전환시켜 대장균(*Escherichia coli*) 같은 적당한 운반체에 클로닝한 다음 거의 무한한 양의 dsDNA를 만들고, 이로부터 다시 cDNA를 만들어 교잡 등의 방법으로 바이러스의 검출 실험에 이용한다 (그림 14-27).

중합효소연쇄반응(polymerase chain reaction; PCR)은 알맞은 primer (짧은 DNA 염기서열)가 있으면 선발된 특정 DNA 염기서열 부분을 무한하게 증폭할 수 있다. 이 PCR은 DNA바이러스만 아니라 바이러스의 RNA를 DNA로 역전사시켜 결합하는 방법으로 RNA바이러스에도 사용 가능하다. 일단 핵산이 증폭되면, 방사성 동위원소나 발색 물질로 표지된 DNA 프로브를 이용하거나 전기영동으로 PCR 생성물을 분석하여 보다 확실한 바이러스의 검출과 진단을 해낼 수 있다 (그림 14-28).

식물바이러스의 경제적 중요성

바이러스는 세균, 균류, 그리고 초본에서 목본에 이르는 모든 종류의 식물체를 침범한다. 식물바이러스병은 식물체의 일부 또는 모든 부위에 피해를 일으키며, 수확물의 질적 및 양적 감소로 경제적 손실을 초래하기도 한다. 손실량은 엄청날 수도 있는 반면 대수롭지 않을 수도 있다. 매년 바이러스에 의해 발생하는 여러 작물의 손실량은 대단히 크다.

각 바이러스병의 심각성은 지역과 작물의 품종, 그리고 발병 시기에 따라 다르다. 토마토의 제미니바이러스병, 자두나무 pox병, 벼 hoja blanca병, 사탕무 누렁병, 귤나무 트리스테자병 등에서 볼 수 있듯이, 어떤 바이러스병은 그 지역의 특정 작물을 황폐화시켰다. 그러나 대부분의 바이러스병은 매년 같

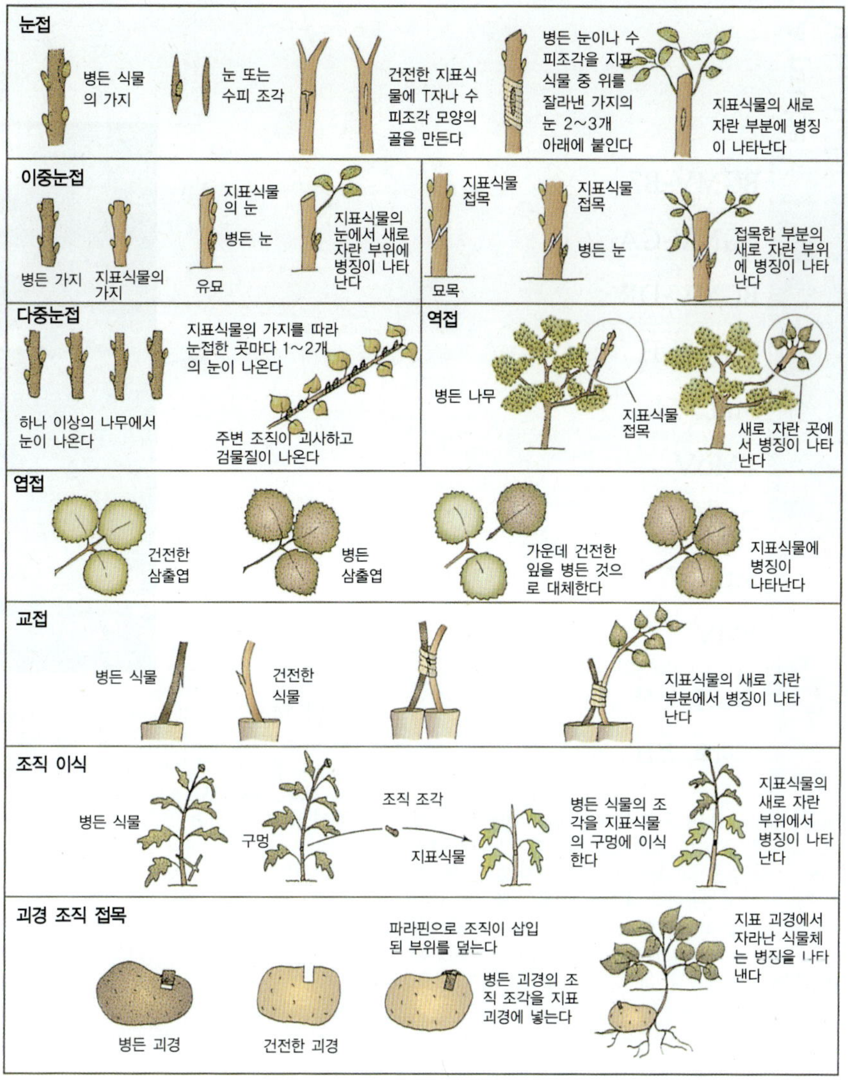

그림 14-26 바이러스, 몰리큐트 및 배양하기 어려운 세균성 질병의 검정.

은 작물에 경제적 피해가 그리 심하지 않은 병을 일으킨다. 심지어는 뚜렷한 병징 없이도 피해가 발생할 수 있다.

식물바이러스의 방제

바이러스병을 방제하는 가장 좋은 방법은 검역, 검사, 인증 등을 통하여 식물체를 바이러스로부터 격리하는 것이다. 잠재감염된 기주, 접종 후의 잠복기, 뚜렷한 병징이 없는 종자, 괴경 및 구근, 그리고 어린 묘목은 때로 검역을 어렵게 만드는 요인들이다. 포장으로부터 전염원을 없애기 위해 병든 식물을 제거하면 어느 정도 병을 방제할 수 있다. 식물을 바이러스 감염으로부터 보호하려면 매개충을 구제하고 바이러스의 기주가 되는 잡초를 제거하는 것도 바이러스병 방제의 한 방법이다. 그러나 일반적으로 진딧물전염 바이러스의 경우에는 매개충 구제가 바이러스병 방제에 거의 도움을 주지 못한다. 토양훈증을 하여 선충을 구제하면 선충에 의해 옮겨지는 바이러스병의 발생을 줄일 수 있다.

매개충이 없는 바이러스의 가장 중요한 방제법은 바이러스에 감염되어 있지 않은 종자, 괴경, 접수 등을 사용하는 것이다. 영양번식식물은 정기적으로 모체를 검사하는 것도 중요하다. 바이러스가 없는 식물을 유지하기 위해 현재 종자, 괴경, 묘목 등을 생산하는 곳에는 여러 가지 검사법 및 인증제도를 확립해 사용하고 있다. 그 가운데 특히 ELISA 등의 혈청학적 방법과 분자생물학적 방법은 매우 정확한 방법으로 많은 도움

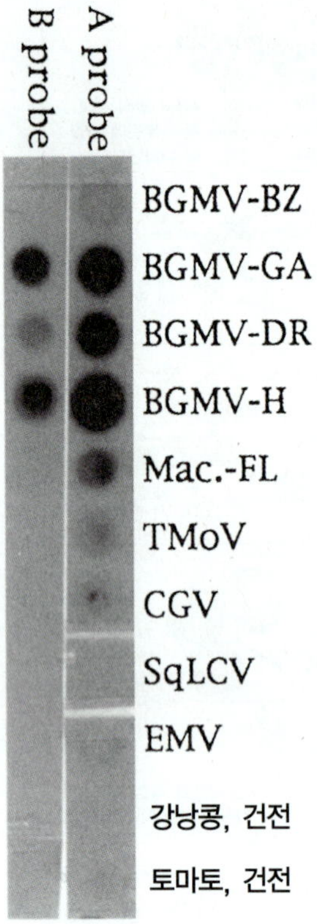

그림 14-27 Dot-blot 교잡법의 DNA 프로브 사용. Florida에서 분리한 (H) *bean golden mosaic virus* 의 DNA A, B의 프로브가 다른 나라의 동일한 바이러스와 또 다른 바이러스를 검출하고 분석하는 데 사용되었다. 프로브는 바이러스와 연관성의 비율에 따라 반응하고 교잡된다. BZ, Brazil; GA, Guatemala; DR, Dominican Republic; Mac, Macroptilium weed; TMoV, *tomato mottle virusv*; CGV, *cabbage geminivirus* ; SqLCV, *squash leaf curl virus* ; EMV, euphorbia mosaic virus. [사진제공: E. Hiebert.]

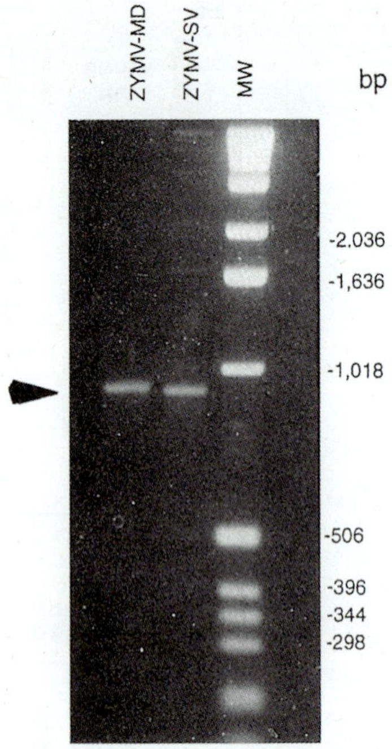

그림 14-28 Polymerase chain reaction (PCR)을 이용한 바이러스 유전자 검출. 미리 준비한 프로브를 사용하여 *zucchini yellow mosaic virus* 의 약독과 강독 P1 유전자가 PCR에 의해 증폭되었다. PCR 산물을 전기영동하여 결과로 나온 밴드를 분자량이 잘 알려진 DNA marker와 비교하였다. [사진제공: E. Hiebert.]

을 주고 있다.

기주식물의 활력과 건강은 바이러스병에 대한 저항성 또는 면역성과 아무 관련이 없지만, 바이러스에 저항성인 개체를 육종하는 것은 매우 중요하며, 이미 일부 바이러스에 대한 많은 저항성 품종이 육종되어 있다. 어떤 경우에는 동일한 바이러스의 약독계통을 먼저 접종하여 강독계통의 피해를 줄이는 **교차보호**(交叉保護; **cross protection**)가 이용되기도 한다. 지난 10년간, 일부 바이러스에 대해, 바이러스의 외피단백질 유전자 또는 다른 유전자를 식물에 도입하여 병원체로부터 얻은 저항성을 이용하여 어느 정도 방제를 하고 있다 (그림 14-29). 이러한 형질전환 식물은 바이러스의 유전자를 전사, 발현시킴으로써 어떤 이유에서인지 바이러스의 감염, 복제 및 병발생을 방해한다. 많은 경우에 병원체가 유도하는 저항성의 유전공학은 전사되는 또는 전사후(posttranscriptional) 의 바이러스 유전자 발현억제의 결과인데 주로 발현억제유전자 염기의 상동성에 의한 것이다. 그러나 종종 작은 억제 RNA가 발현억제된 바이러스 유전자와 결합한다. 식물 또는 바이러스의 유전자의 발현억제 또는 제거(knockout) 는 또한 염기 서열의 상동성이나 작은 억제 RNA를 적당한 위성 RNA에 삽입시켜 얻을 수 있다. 그런 다음 병징이 없는 조력 바이러스를 보호해야 할 기주식물에 접종한다. 이것이 바이러스가 유도하는 기존 식물의 또 하나의 바이러스의 silencing 이다. 식물 바이러스는 형질전환 식물에서 유전자 silencing 의 시작이 되기도 하고 동시에 목표가 될 수 있으며, silencing 은 체계적으로 식물에서 많이 이용할 수 있다. 현재는 유전자 silencing 이 외부의 핵산에 대한 식물의 일반적인 방어체계의 부분이다. 따라서 바이러스가 안정화되고 감염을 일으키기 위해서는 이러한 방어를 극복해야만 한다. 현재 이 분야의 연구가 상당히 진행되고 있다.

식물체 안에 존재하는 어떤 바이러스는 열로써 불활성화할 수 있다. 휴면 중인 번식기관을 보통 뜨거운 물(35~54℃)에

그림 14-29 바이러스 감염에 대한 식물저항성 유전공학. (A) 앞쪽은 정상 식물, 뒤쪽은 begomovirus인 tomato yellow leaf curl virus (TYLCV)로부터 잘라낸 복제효소 유전자를 집어넣은 토마토 식물이다. 두 가지 모두 보독 가루이를 이용하여 TYLCV를 유묘에 접종을 하여 포장에 심었으며, 이 사진은 접종 60일 후에 촬영하였다. 정상 토마토가 감염되어 생장이 저해된 반면에 유전공학으로 만들어진 토마토는 잘 자랐다. (B) 정상(앞쪽)과 보독 가루이를 통해 유묘 때 *tomato mottle begomovirus*의 복제효소 유전자를 접종하여 유전자가 도입된 토마토(뒤쪽)가 포장에서 60일 동안 자랐다. 정상 토마토는 심한 얼룩과 생육저해 증상을 보였고, 유전공학 처리된 토마토는 훨씬 좋은 성장을 했다. (C) 형질전환되어 *zucchini yellow mosaic potyvirus* (ZYMV)에 저항성을 가지도록 유전자 조작된 상업용 호박 품종(뒤쪽)은 ZYMV가 기계적으로 접종된 후에도 저항성을 나타내어 건강해 보이는 반면에 형질전환하지 않은 호박 품종은 심하게 감염되고 생장이 저해되었다. 왼쪽에 있는 호박은 뒤쪽에 있는 호박과 마찬가지로 TYMV에 의해 똑같이 형질전환되었으나 다른 바이러스인 *cucumber mosaic virus* 에 의해 접종되어 심한 병징이 발현되었는데, 그 이유는 보통 유전공학적인 저항성은 본래에 저항성의 경우와 마찬가지로 획득한 바이러스에 특이적이기 때문이다. [사진제공: (A,B) E. Hiebert and J.E. Polston, (C) D.E. Purcifull.]

몇 분 내지 몇 시간 담그거나, 활발히 자라는 식물체를 35~40℃ 정도의 온실 또는 배양기에 며칠 내지 몇 달간 보관하면 바이러스가 불활성화되어 식물체는 완전히 건강을 회복하는 수도 있다. 줄기나 뿌리 끝의 정단분열조직을 잘라서(0.1mm~1cm 또는 이상) 특히 고온(28~30℃)에서 배양하면 병든 식물체로부터 건전한 식물체를 얻을 수 있다.

현재까지 포장에서 사용되는 화학적 살바이러스제(viricide)는 없으나 ribavirin 같은 물질은 병든 식물체에 살포하거나 주입하면 병징이 극적으로 감소되며, 심지어 바이러스가 완전히 사라지는 경우도 있다. 지베렐린산 같은 특정 생장조절제를 처리하면 바이러스에 의해 억제되는 잎눈의 생장이 촉진되거나 바이러스에 의한 위축이 사라진다.

참고문헌

Beachy, R. N., Loesche-Fries, S., and Turner, N. E. (1990). Coat protein mediated resistance against virus infection. *Annu. Rev. Phytopathol.* **28**, 451–474.

Bos, L. (1999). "Plant Viruses: Unique and Intriguing Pathogens — A Textbook of Plant Virology." Backhuys, Leiden, The Netherlands.

Brown, D. J. F., Robertson, W. M., and Trudgill, D. L. (1995). Transmission of viruses by plant nematodes. *Annu. Rev. Phytopathol.* **33**, 323–349.

Callaway, A., *et al.* (2001). The multifunctional capsid proteins of plant RNA viruses. *Annu. Rev. Phytopathol.* **39**, 419–460.

Campbell, R. N. (1996). Fungal transmission of plant viruses. *Annu. Rev. Phytopathol.* **34**, 87–108.

Christie, R. G., and Edwardson, J. R. (1977). Light and electron microscopy of plant virus inclusions. *Fla. Agric. Exp. Stn. Monogr.* **9**, Gainesville, FL.

Clark, M. F. (1981). Immunosorbent assays in plant pathology. *Annu. Rev. Phytopathol.* **19**, 83–106.

Colinet, D., *et al.* (1994). Identification of distinct potyviruses in mixedly-infected sweet potato by the polymerase chain reaction with degenerate primers. *Phytopathology* **84**, 65–69.

Collmer, C. W., and Howell, S. H. (1992). Role of satellite RNA in the expression of symptoms caused by plant viruses. *Annu. Rev. Phytopathol.* **30**, 419–442.

Culver, I. N. (2002). Tobacco mosaic virus assembly and disassembly: Determinants of pathogenicity and resistance. *Annu. Rev. Phytopathol.* **40**, 287–308.

Dreher, T. W. (1999). Functions of the 3′-untranslated regions of the positive strand RNA viral genomes. *Annu. Rev. Phytopathol.* **37**, 151–174.

Fedorkin, O. N., Solovyev, A. G., Yelina, N. E., *et al.* (2001). Cell-to-cell movement of potato virus X involves distinct functions of the coat protein. *J. Gen. Virol.* **82**, 449–458.

Fridlund, P. R., ed. (1989). "Virus and Viruslike Diseases of Pome Fruits and Simulating Noninfectious Disorders." Washington State Univ. Cooperative Extension, SP0003, Pullman, WA.

Garcia-Arenal, F., Fraile, A., and Malpica, J. M. (2001). Variability and genetic structure of plant virus populations. *Annu. Rev. Phytopathol.* **39**, 157–186.

Gosselè, V., *et al.* (2002). SVISS: A novel transient gene silencing system for gene function discovery and validation in tobacco plants. *Plant J.* **32**, 859–866.

Hamilton, A. J., and Baulcombe, D. C. (1999). A species of small antisense RNA in posttranscriptional gene silencing in plants. *Science* **286**, 950–952.

Hampton, R., Ball, E., and DeBoer, S. (1990). "Serological Methods for the Detection and Identification of Viral and Bacterial Plant Pathogens." APS Press, St. Paul, MN.

Harper, G., *et al.* (2002). Viral sequences integrated into plant genomes. *Annu. Rev. Phytopathol.* **40**, 119–136.

Harris, K. F., and Maramorosch, K., eds. (1977). "Aphids as Virus Vectors." Academic Press, New York.

Harris, K. F., and Maramorosch, K., eds. (1980). "Vectors of Plant Pathogens." Academic Press, New York.

Henson, J. M., and French, R. (1993). The polymerase chain reaction and disease diagnosis. *Annu. Rev. Phytopathol.* **31**, 81–110.

Hibino, H. (1996). Biology and epidemiology of rice viruses. *Annu. Rev. Phytopathol.* **34**, 249–274.

Holzberg, S., *et al.* (2002). *Barley stripe mosaic virus*-induced gene silencing in a monocot plant. *Plant J.* **30**, 315–327.

Hull, R. (1989). Movement of viruses within plants. *Annu. Rev. Phytopathol.* **27**, 213–240.

Hull, R. (1996). Molecular biology of rice tungro viruses. *Annu. Rev. Phytopathol.* **34**, 275–297.

Jan, F.-J., Pang, S.-Z., Tricoli, D. M., *et al.* (2000). Evidence that resistance in squash mosaic comovirus coat protein-transgenic plants is affected by plant developmental stage and enhanced by combination of transgenes from different lines. *J. Gen. Virol.* **81**, 2299–2306.

Johansen, E., Edwards, M. C., and Hampton, R. O. (1994). Seed transmission of viruses: Current perspectives. *Annu. Rev. Phytopathol.* **32**, 363–386.

Klahre, U., *et al.* (2002). High molecular weight RNAs and small interfering RNAs induce systemic posttranscriptional, gene silencing in plants. *Proc. Natl. Acad. Sci. USA* 1073–1078.

Lecoq, H., *et al.* (1993). Aphid transmission of a non-aphid-transmissible strain of a zucchini yellow mosaic potyvirus from transgenic plant expressing the capsid protein of plum pox potyvirus. *Mol. Plant-Microbe Interact.* **6**, 403–406.

Loebenstein, G., Lawson, R. H., and Brunt, A. A., eds. (1995). "Virus and Virus-like Diseases of Bulb and Flower Crops." J. Wiley, UK.

McLean, G. D., Garrett, R. G., and Ruesink, W. G., eds. (1986). "Plant Virus Epidemics: Monitoring, Modelling, and Predicting Outbreaks." Academic Press, Sydney.

Maramorosch, K., ed. (1993). "Plant Diseases of Viral, Viroid, Mycoplasma, and Uncertain Etiology." Westview, Boulder, CO.

Maramorosch, K., and Harris, K. F., eds. (1979). "Leafhopper Vectors and Plant Disease Agents." Academic Press, New York.

Maramorosch, K., and McKelvey, J. J., Jr., eds. (1985). "Subviral Pathogens of Plants and Animals: Viroids and Prions." Academic Press, Orlando, FL.

Maule, A. J., Escaler, M., and Aranda, M. A. (2001). Programmed responses to virus replication in plants. *Mol. Plant Pathol.* **1**, 9–15.

Mayo, M. A., and Brunt, A. A. (2001). The current state of plant virus taxonomy. *Mol. Plant Pathol.* **2**, 97–100.

Mink, G. I. (1993). Pollen and seed-transmitted viruses and viroids. *Annu. Rev. Phytopathol.* **31**, 375–402.

Pirone, T. P., and Blanc, S. (1996). Helper-dependent vector transmission of plant viruses. *Annu. Rev. Phytopathol.* **34**, 227–247.

Pogue, G. P., *et al.* (2003). Making an ally from an enemy: Plant virology and the new agriculture. *Annu. Rev. Phytopathol.* **4**, 45–74.

Roossinck, M. J. (1997). Mechanisms of plant virus evolution. *Annu. Rev. Phytopathol.* **35**, 191–208.

Savenkov, E. I., and Valkonen, J. P. T. (2002). Silencing of a viral RNA silencing suppressor in transgenic plants. *J. Gen. Virol.* **83**, 2325–2335.

Scholthof, H. B., Scholthof, K.-B. G., and Jackson, A. O. (1997). Plant virus gene vectors for transient expression of foreign proteins in plants. *Annu. Rev. Phytopathol.* **3**, 111–128.

Silhavy, D., *et al.* (2002). A viral protein suppresses RNA silencing and binds silencing-generated, 21- to 25-nucleotide double-stranded RNAs. *EMBO J.* **21**, 3070–3080.

Smith, K. M. (1972). "A Textbook of Plant Virus Diseases," 3rd Ed. Academic Press, New York.

Spiegel, S., Frison, E. A., and Converse, R. H. (1993). Recent developments in therapy and virus-detection procedures for international movement of clonal plant germplasm. *Plant Dis.* **77**, 1176–1180.

Teycheney, P.-Y., and Tepfer, M. (2001). Virus-specific spatial differences in the interference with silencing of the *chs-A* gene in non-transgenic petunia. *J. Gen. Virol.* **82**, 1239–1243.

Trepfer, M. (2002). Risk assessment of virus-resistant transgenic plants. *Annu. Rev. Phytopathol.* **40**, 467–491.

Thresh, J. M. (1982). Cropping practices and virus spread. *Annu. Rev. Phytopathol.* **20**, 193–218.

Van Regenmortel, M. H. V. (1982). "Serology and Immunochemistry of Plant Viruses." Academic Press, New York.

Zaitlin, M., and Palukaitis, P. (2000). Advances in understanding plant viruses and virus disease. *Annu. Rev. Phytopathol.* **38**, 117–143.

ssRNA 간상바이러스에 의한 병

Tobamovirus 에 의한 병: Tobacco mosaic

Tobamovirus 속은 *tobacco mosaic virus* (TMV; 담배 모자이크 바이러스)에서 이름을 따왔으며 18×300nm 크기의 간상 바이러스를 12종류 이상 포함한다. 이들의 유전자는 약 6400 뉴클레오타이드(6.4kb) 크기의, (+) 외가닥RNA [(+)ssRNA] 한 개로 이루어져 있다. 단백질 외피는 한 종류의 단백질 소단위체가 나선형으로 배열되어 이루어져 있다.

해설 23 Tobacco mosaic virus의 생물학과 의학에 기여

Tobacco mosaic virus (TMV)는 식물 바이러스와 식물에 미치는 그들의 영향뿐만 아니라 인간과 동물의 바이러스 더 나아가서는 모든 생물에서 유전자 코드의 구조와 기능을 이해하는 데 크게 기여했다. TMV의 연구로부터 "처음"으로 알아낸 몇 가지를 여기에 간단히 언급하였다. Adolph Mayer가 1886년 담배 모자이크병 연구를 시작했을 때 이 병이 이미 알려져 있는 어떤 병원성 균류와 세균이 없는 액체에 의해 발생된다는 사실이 처음으로 알려졌다. 그 뒤 1898년 Beijerinck는 TMV가 이것을 어떤 세포로된 미생물이 아니라 바이러스라 불리는 감염성 액체에 의해 발생된다고 제안하였는데, 이것은 그 당시 지배적인 사고였던 미생물은 세포이어야만 한다는 생각을 뒤엎은 것이었다. TMV는 식물이 특별한 항원에 의해 감염된다는 것을 보여준 첫 번째 사례였다 (Beale, 1928). 이것은 또한 감염된 식물 즙액의 농도를 달리함으로써 건전한 잎에 발생한 국부병반의 수에 의해 정량화된 최초의 바이러스이다 (Holmes, 1929). 비록 그때까지 누구도 TMV가 무엇인지 알지 못했지만 그 뒤 1935년 TMV는 바이러스 최초로 결정체로 분리되었으며 W. Stanley에 의해 "결정 단백질"로 구성되어 있다고 보고되었다. 이듬해인 1936년 Bowden과 Pirie는 TMV가 95%의 단백질과 5%의 RNA로 구성되었다는 작지만 아주 중요한 사실을 밝혀냈다. 이러한 TMV에 대한 발견은 바이러스학의 시작을 의미하는데, 왜냐하면 그 후 TMV를 연구하기 위해 개발된 방법들이 인간과 동물 그리고 세균과 같은 미생물에게 영향을 주는 바이러스의 연구에 적용되었기 때문이다. 그럼에도 불구하고 TMV연구는 바이러스연구의 주도를 계속하였다. 1939년 Kausche는 최초로 TMV를 확실히 전자현미경으로 찍어 바이러스가 어떻게 생겼는가에 대한 증거를 제시하였다. 그 뒤 1950년대 중반 Gierer와 Schramm(1956) 그리고 Fraenkel-Conrat(1955) TMV연구를 계속하여 핵산(RNA)이 감염을 일으키는 반면에 단백질은 RNA를 둘러싸고 단지 RNA를 보호한다는 것을 증명하였다. 1960년에 TMV 외피 단백질은 완벽하게 염기서열이 결정된 최초의 바이러스 외피 단백질(Anderer, 1960; Tsugita, 1960)이 되었으며, 몇 개의 자연적이나 인공적으로 유도된 TMV 돌연변이 계통의 아미노산 염기배열이 유전자 코드와 돌연변이에서 화학적 염기의 통일성을 확립하는 데 기여했다. 1969년 Takebe는 TMV를 담배 잎 원형질체에 감염시켜 바이러스 복제를 연구하는 동시 감염 시스템의 기초를 제시하는 데 사용하였다. TMV는 또한 식물 RNA 바이러스 중에 최초로 염기서열이 완전히 밝혀졌으며(Goelet, 1982), 단클론 항체들도 생산되었다 (1982). 더욱이 최근에 TMV는 식물이 TMV에 대항하여 바이러스를 방어하는 외피단백질 유전자를 도입하고 발현시키는 최초의 식물 바이러스로 밝혀졌다 (Powell-Abel, 1986, Beachy, 1986). 1987년 대부분 또는 모든 TMV 외피 단백질 유전자가 외부유전자로 대체될 수 있다는 것이 보여졌고, 식물체에 접종하여 외부 유전자가 발현되고 만약 적합하다면 병에 대한 식물의 저항을 증가시키거나 백신과 약물을 생산하여 인간과 동물의 병을 방제하는 데 사용될 수 있다.

이 속에는 담배를 비롯한 많은 가지과작물을 감염하는 TMV와 토마토를 감염하는 *tomato mosaic virus* (토마토 모자이크 바이러스)라는 경제적으로 중요한 두 바이러스가 있는데, 이들은 서로 근연관계이다. *Pepper green mottle virus* 와 난과식물에 많은 *odontoglossum ringspot virus* 도 경제적으로 매우 중요하다. Tobamovirus는 잎, 꽃, 그리고 열매에 피해를 주고 식물체의 위축을 초래하여 기주식물에 심각한 손실을 입히고 있다. 특히 식물이 어릴 때 감염되면 그 피해가 가장 심각하다. 생장기 후반에 감염된 경우에는 피해가 다소 적은 편이다. Tobamovirus는 기계적으로 쉽게 전염되며 자연적으로는 접촉이나 상처를 통해서 옮겨진다. 이들은 매개충에 의한 전염은 일어나지 않는 것으로 보인다.

병징은 정도의 차이가 많으며 얼룩, 퇴록, 잎말림, 뒤틀림, 위축 등이 잎(그림 14-30), 꽃, 그리고 식물 전체에 나타난다. 어떤 식물에서는 잎이 괴사하기도 한다. 토마토는 잎이 길어지고 끝이 뾰족해지며 때때로 끈 모양이 되기도 한다. 어린 식물이 감염되면 열매가 줄어들고 그나마 생긴 열매에 홈이 생기고 내부가 갈변한다. 감염된 세포에서 바이러스 입자를 전자현미경으로 쉽게 관찰할 수 있으며(그림 14-4A, 14-30D), 때때로 광학현미경으로 바이러스의 집합 결정체나 무정형체를 관찰할 수 있다 (그림 14-2A).

병원체는 TMV이다 (그림 14-30D). TMV는 길이 300nm에 직경 18nm의 간상 입자이며(그림 14-31B, 14-31C), 분자량은 3,900만Da이다. 단백질 외피는 약 2,130개의 단백질 소단위체로 이루어져 있으며, 각 소단위체는 158개의 아미노산으로 구성되어 있다. 핵산은 약 6,400개의 뉴클레오타이드로 이루어진 ssRNA이다. 이 RNA는 4개의 단백질로 번역되는데, 하나(17.6KDa)는 외피단백질이고, 둘(126KDa, 183KDa)은 RNA 중합효소의 성분이며, 나머지 하나(30KDa)는 바이러스의 세포간 이동에 관여한다 (그림 14-7).

```
RNA       O--------------------------ORF1--------------->-------------ORF2-------I-----ORF3-----------I-----ORF4--------I------*
Proteins        ========================ii=================I==   ============   ==========
                 126 kDa                    183kDa                           30 kDa       CP=17.6 kDa
```

TMV는 여러 계통을 가지며, 각 계통은 하나 이상의 성질이 서로 다르다.

TMV는 매우 안정된 구조의 바이러스이다. 토양에 남아있는 감염된 담배의 줄기와 잎이나 오염된 종자의 표면에서 월동하며, 감염된 식물로 만든 담배제품에서도 수년 동안 활성을 유지할 수 있다. 그러므로 담배제품으로부터 옮겨져서 많은 온실과 식물원에 이 바이러스가 유행하고 있다. 이 바이러스는 감염된 식물체나 담배제품을 만진 후에 건전한 감수성 식물을 만지면 쉽게 전염된다. 이 바이러스는 침입부위(상처)로부터 원형질연락사를 통하여 세포를 이동하며 각 세포를 감염하고 그 안에서 복제된다 (그림 14-11). 그리고 체관에 다다르면 이를 통하여 전신으로 이동하여 식물체 전체를 감염한다.

철저한 위생관리와 저항성 품종의 이용이 TMV에 의한 병을 방제할 수 있는 가장 효과적인 방법이다. 위생관리는 감염된 식물을 제거하고, 손을 비누로 잘 씻으며, 병든 작물을 키우던 포장 및 묘상에 감수성인 기주식물을 2년간 심지 않는 것 등을 들 수 있다. 몇 나라에서는 온실에서 재배하는 토마토를 유묘기 때 약독계통의 TMV로 감염시켜 강독계통의 침입을 저지하는 교차보호를 하고 있다. 지난 10년간 TMV의 외피 단백질 유전자를 이용하여 유전자 조작된 담배와 토마토를 만들어 방제에 사용하는 획기적인 실험들이 진행되어 왔다. 또한, 식물체에 우유를 살포하거나 우유에 담금으로써 TMV를 방제하기도 하는데, 이는 이러한 처리가 TMV의 감염을 방해하기 때문이다.

Tobravirus 에 의한 병: Tobacco Rattle

Tobravirus 속의 명칭은 담배, 감자 등의 기주식물에 큰 피해를 주고 있는 *tobacco rattle virus* (TRV)에서 유래하였다. TRV는 담배의 잎을 쭈글쭈글하게 만들고 줄기와 엽맥에 괴사를 일으키며, 감자에서는 잎과 줄기에 괴사의 원인이 되며(그림 14-31A); 괴경에서 corky ringspot 또는 spraing 을 만든다 (그림 14-31B, 14-31C). TRV에 의한 병은 유럽과 남북미에서 발생하고 있다. *Pea early browning virus* (PEBV)와 *pepper ring spot virus*도 *tobravirus* 에 속한다.

Tobravirus는 지름 22nm, 길이는 190nm와 80~110nm인 2개의 간상 입자로 구성되어 있다. 각 입자는 (+)ssRNA를 하나씩 가지고 있다. 긴 입자의 RNA(6.8kb)는 4개의 유전자를 가지고 있다. 이 중 2개(194K과 29K)는 두

그림 14-30 담배 잎(A)과 식물체(B) 및 토마토 잎(C)에 나타난 모자이크병의 병징. (D) Tobamovirus인 *tobacco mosaic virus*의 입자. [사진제공: (A,C) Plant Pathology Department, University of Florida, (B) E.J. Reynolds Co.]

그림 14-31 감자의 tobacco rattle병의 증상. (A) 잎의 모자이크와 괴사. (B, C) 괴경의 코르크화된 가락지무늬. (D) Tobravirus인 *tobacco rattle virus* 의 두 입자 유전자를 만드는 길이가 다른 입자, (E) TRV의 매개체 중의 하나인 선충 *Trichodorus* 의 앞부분. [사진제공: (A-C) D.P. Weingartner, (D) USDA, (E) P. Lehman.]

```
RNA1  O----------------ORF1------>-----ORF2-I--3--I---4---3OH    RNA2  O--------------------------------------3OH
Proteins  ==================  =====    ===  ===                        =========  ==== ====
                 194 kDa          29 kDa     29   12                          CP= 24 kDa
```

RNA를 모두 복제하는 RNA 중합효소의 성분으로 보이는 단백질의 유전자이다. 다른 하나는 바이러스 이동단백질 유전자, 그리고 네 번째 유전자는 아직 기능을 모르는 작은 단백질에 대한 유전자이다. 짧은 입자의 RNA(1.8~4.5kb)는 두 입자의 외피단백질을 만드는 유전자를 가지고 있고, 2개의 작은 유전자는 아직 그 기능이 잘 알려지지 않은 단백질에 대한 유전자이다.

Tobravirus는 자연 상태에서 *Trichodorus* 와 *Paratrichodorus* 속의 선충에 의해 전염된다. 바이러스는 매개충 체내에 수주에서 수개월 동안 머무를 수 있으나 증식하지는 않는다. Tobravirus는 때때로 식물의 뿌리만을 침입한다. 예를 들어 PEBV 같은 일부 tobravirus는 감염된 식물 종자의 4~10%를 통해 전염되기도 한다.

Tobravirus 는 감염된 다년생작물 또는 야생식물에서 월동하여 선충에 의해 경작중인 식물의 뿌리에 전염한다. 이들은 유조직 세포의 세포질에서 증식하여 다른 세포로 퍼지고, 체관을 통해 어느 정도 전신이동을 한다. 일부 바이러스는 마이토콘드리아의 바깥쪽에 바이러스 입자들이 수직으로 배열하는 특징적인 봉입체를 만들기도 한다.

Furovirus 에 의한 병

Furovirus 는 균류전염 간상바이러스(fungus-transmitted rod-shaped virus)를 뜻한다. 이 속의 바이러스에는 *Polymyxa betae*에 의하여 전반되어 사탕무에 rhizomania병을 일으키는 *beet necrotic yellow virus* (그림 14-32A)와 *Polymyxa graminis* 에 의해 전반되는 *soil-borne wheat mosaic virus* 가 있다 (그림 14-32B, 14-32C). 그러나 *Polymyxa*는 균이 아니라 원생동물로 새롭게 분류된 무사마귀병균류(Plasmodiophoromycetes) 이다. 그러므로 furovirus 라는 명칭은 기본적으로 잘못된 것이라 할 수 있다.

Furovirus 는 두 개의 간상 입자로 구성되며 각 입자는 하나의 (+)ssRNA를 가지고 있다. 입자의 길이는 260~300nm와 140~160nm, 지름은 18~24nm이다. 2개의 RNA에는 RNA중합효소, 외피단백질, 그리고 매개자 전염에 관여하는 두 단백질을 포함한 9 가지 단백질에 대한 유전자가 들어있다.

Furovirus 는 기주에 따라 다양한 병징을 일으킨다. 감염된 식물은 포장의 여기저기에 나타나며 일반적으로 위축되고, 잎에 얼룩이나 가락지무늬가 나타난다. 뿌리는 크기가 줄거나 잔뿌리가 매우 많이 생기기도 한다 (rhizomania). 수확량은 급격히 감소한다. 이 바이러스는 매개자의 휴면포자가 다년생의 야생 및 작물기주에서 월동하며, 보독된 매개자가 건전식물을 침입하면서 바이러스도 전염된다. 이 바이러스는 대개 감염된 식물의 뿌리에 제한된다고 여겨지며, 일부 *furovirus* (예; PMTV)는 체관보다는 물관을 따라 전신 이동한다고 알려져 있다.

이들의 방제는 상당히 어렵다. 병이 아직 없는 포장에는 무병종자 (감자 괴경과 땅콩)를 심는 것이 최선이며, 병이 발생했던 포장이라면 훈증소독으로 매개자를 제거하거나 토양의 산도를 바꿔 감염을 줄이기도 하나 그리 경제적인 효과를 얻지 못한다.

Hordeivirus 에 의한 병

Hordeivirus 속은 *barley (Hordeum) stripe mosaic virus* (BSMV; 보리 줄무늬모자이크 바이러스)에서 명칭을 따왔으며, 야생 및 경작 곡류를 가해한다. Hordeivirus는 3개의 간상 입자를 가지며 입자의 길이는 100~150nm, 지름은 20nm이다. 가장 긴 RNA에 세 입자 속의 RNA 복제에 쓰일 RNA중합효소의 유전자가 존재한다. 중간 RNA에는 외피단백질과 기능을 모르는 다른 3가지 단백질의 유전자가 있고, 짧은 RNA는 바이러스의 RNA 중합효소 성분으로 보이는 것을 포함한 두 가지 단백질 유전자를 가지고 있다.

보리가 자라는 곳이면 어디나 존재하는 BSMV를 제외한, 나머지 hordeivirus 는 자연 상태에서 찾아보기 힘들며 발생하여도 미미한 피해를 준다. 감염된 식물에는 모자이크, 퇴록 반점, 황갈색줄무늬(그림 14-32D), 그리고 때때로 식물체의 오갈, 총생, 괴사 등이 나타난다. 식물에서 식물로의 전염은 접촉, 꽃가루, 감염된 종자에 의해 일어난다. 바이러스 입자는 감염된 식물의 세포질에서 관찰되며 때때로 핵에서도 보인다. Hordeivirus 는 다년생기주와 감염된 종자에서 월동하는데, 종자에서 수년간 활성을 유지한다. 포장에서의 무병종자의 사용과 위생적인 경작법은 일반적으로 hordeivirus 의 발생을 많이 줄일 수 있다.

Pecluvirus 에 의한 병

Pecluvirus 의 대표적인 바이러스는 *peanut clump virus* 이다. 각각의 pecluvirus 는 길이가 245, 190nm, 지름이 21nm인 2 입자성 간상 바이러스이다. 이들 바이러스는 무사

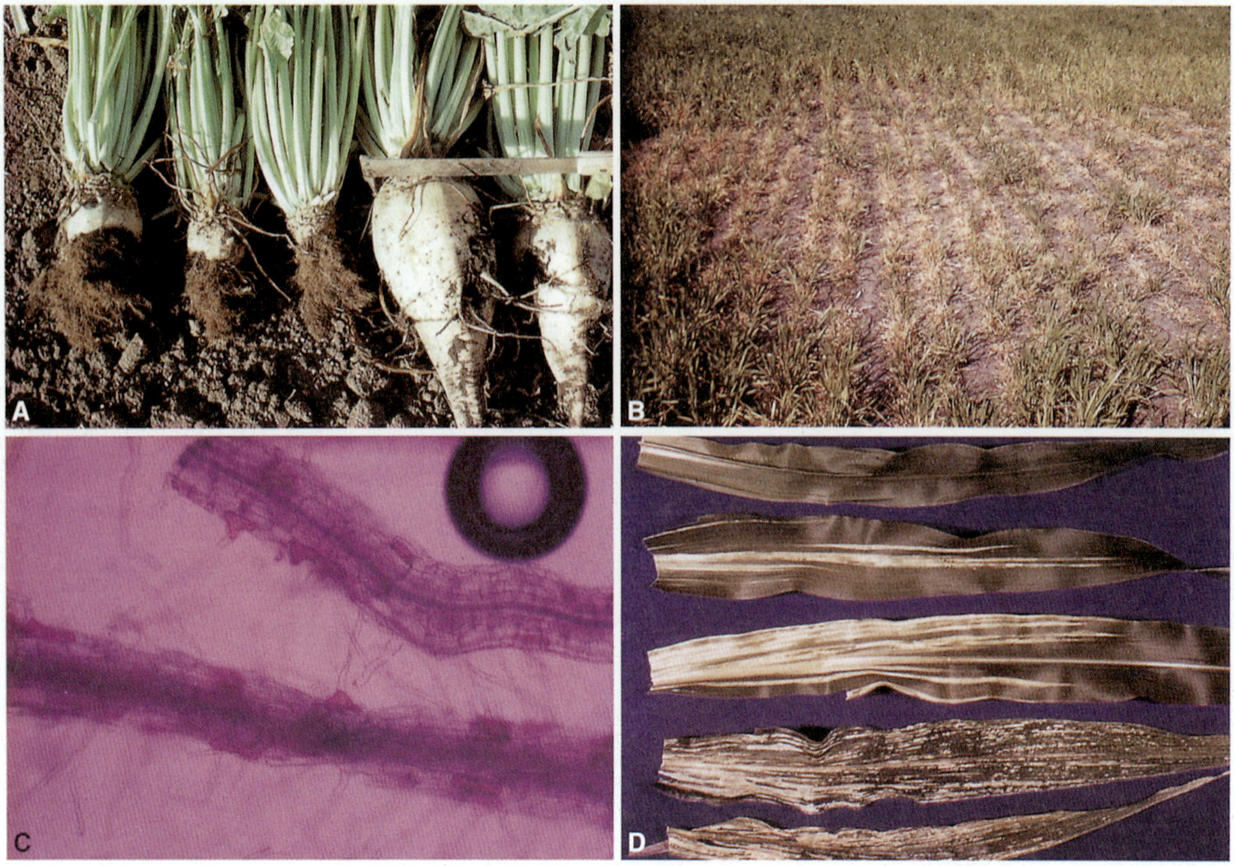

그림 14-32 (A) Furovius인 *beet necrotic yellow vein virus*에 의해 발생한 사탕무의 근부. 왼쪽에 있는 3개의 사탕무는 자연적으로 감염된 토양에서 자란 반면에 오른쪽의 두개는 훈증 처리된 토양에서 자랐다. (B) 광범위한 밀 경작지에서 또 다른 furovirus인 *wheat soil-borne mosaic virus*에 의해 밀이 감염되어 죽거나 심각한 피해를 입는다. (C) 바이러스의 매개체인 균류 중 *Polymyxa graminis*에 감염된 밀의 뿌리. (D) Hordeivirus인 *barley stripe virus*에 의해 감염된 옥수수의 잎줄무늬 병징. [사진제공: (A) G.C. Wisler, (B-D) Plant Pathology Department, University of Florida.]

마귀병균류(Plasmodiophoromycetes) 에 속하는 *Polymyxa graminis*에 의하여 전반되며 종자전염이 된다.

Pomovirus에 의한 병

Pomovirus는 *Potato mop-top virus*의 이름에서 유래되었다. Pomovirus는 간상인 바이러스로 길이가 290~310, 150~160, 65~80nm 지름이 18~20nm인 3 입자성 바이러스이다. Pomovirus는 주로 쌍자엽식물을 감염시키지만 기주범위가 넓지 않으며 토양에 서식하는 무사마귀병균류(Plasmodiophoromycetes) 에 속하는 *Spongospora subterranea* 와 *Polymyxa betae*에 의하여 전반된다.

Benyvirus에 의한 병

Benyvirus는 대표 바이러스인 *beet necrotic yellow vein virus*의 이름에서 유래되었다. Benyvirus는 길이가 390, 265, 100, 85nm와 지름이 20nm인 4입자성 간상 바이러스이다. 4종류의 RNA 중 분자량이 큰 2종류의 RNA는 감염과 관련이 있는 반면, 다른 2종류 RNA는 전반과 병징에 영향을 준다. Benyvirus는 무사마귀병균류(Plasmodiophoromycetes) 의 *Polymyxa betae*에 의하여 전반된다.

ssRNA 사상바이러스에 의한 병

Potexvirus에 의한 병

Potato virus X (PVX; 감자 바이러스 X)에서 명명된 potexvirus는 한 개의 다소 유연한 사상 입자를 가지며 입자의 길이는 470~580nm, 지름은 11~13nm이다. 이들의 지놈은 (+)ssRNA(5.8~7.0kb)이며 한 종의 단백질 소단위체를 가지고 있다. RNA는 RNA중합효소, 외피단백질, 그리고 세포간 이동단백질을 포함한 5개의 단백질 유전자를 가지고 있다.

전 세계적으로 많은 작물을 가해하는 여러 종류의 potexvirus 가 있다. PVX뿐만 아니라, 난초류에서 가장 중요한 바이러스인 *cymbidium mosaic virus* (심비디움 모자이크 바이러스)는 심각한 피해를 주고 있다. Potexvirus에 의한 병은 일반적으로 모자이크이나 위축이 일어나며, 수확량이 감소한다. Potexvirus는 감염된 세포의 세포질에 무수히 많은 바이러스 입자를 만든다. 입자의 집합체는 광학현미경으로도 관찰할 수 있다 (그림 14-3A, 14-3B). Potexvirus는 매개자가 없으나 재배 중에 일어나는 감염식물과 건전식물의 접촉으로 쉽게 전반된다.

Carlavirus 에 의한 병

*Carlavirus*속은 *carnation latent virus* (카네이션 잠재 바이러스)에서 이름을 따왔으며, 50종류 이상의 바이러스를 가지고 있고 이 중 *pea streak virus* 와 *poplar mosaic virus* 는 심각한 병을 일으킨다. 그러나 대부분의 carlavirus 는 일부 기주에서 아주 약한 병징을 일으키거나 병징을 발현시키지 못한다. 어떤 것은 다른 바이러스와 상호작용하여 병을 상승적으로 심화시키는데, *lily symptomless virus* 와 *cucumber mosaic virus* 가 함께 일으키는 "fleck"병이 그 예이다. Carlavirus는 약간 유연한 사상 입자로 길이는 610~700nm, 지름은 12~15nm이며, 한 개의 (+)ssRNA (7.4-7.7kb)를 가지고 있다. 입자는 세포의 세포질에 단독 또는 집단으로 존재하나 특징적인 봉입체를 만들지는 않는다. Carlavirus은 주로 진딧물 또는 영양번식체를 통해 전염된다. 하지만 일부 바이러스는 감염식물과 건전식물의 접촉에 의한 전염과 농작업에 의해 전염되고, 일부는 가루이와 종자에 의해 전염된다.

Capillovirus 와 Trichovirus 에 의한 병

Capillovirus 와 *Trichovirus* 속 바이러스는 입자 모양과 식물세포에 나타나는 현상이 potexvirus, carlavirus와 비슷하나 핵산의 염기서열, 외피단백질 등이 다르다. Capillovirus (가는 머리카락 같은 바이러스라는 뜻)에는 *apple stem grooving virus* (600~700×12nm), *citrus tatter leaf virus*, 그리고 몇 가지 다른 바이러스가 속한다. 이들을 전염하는 매개충은 아직 알려지지 않았다. Trichovirus (머리카락 같은 바이러스)에는 *apple chlorotic leaf spot virus* (730×12nm)와 몇몇의 다른 바이러스가 속한다. 진딧물 또는 가루깍지벌레가 몇 가지 trichovirus를 전염한다고 여겨지나 apple chlorotic leaf spot virus는 전염시키지 않는다.

Allexivirus, Foveavirus 와 Vitivirus 에 의한 병

이들 3개 속의 바이러스는 유연한 사상형 바이러스이며 길이가 800nm 지름이 12nm이다. 이들은 선형으로 (+)ssRNA의 한 가닥으로 구성되어 있다. Allexivirus는 *shallot*(*Allium* sp.) *virus X*에서 유래되었으며, 매우 좁은 기주범위를 가지며 자연 상태에서 혹응애에 의하여 전염된다. Foveavirus는 대표 바이러스로 *apple stem pitting virus* 이 있으며 하나 또는 몇 종류의 식물만을 감염시키지만 자연 상태에서 알려진 매개충은 없다. Vitivirus는 대표종인 *grapevine* (*Vitis* sp.) *virus A*에서 유래되었다. 이들 각각의 바이러스는 단일 식물 종에 한정된다. 어떤 Vitivirus 는 가루깍지벌레에 의하여 전염되고 어떤 것은 깍지벌레류에 의하여 전염된다. 하나의 Vitivirus 는 진딧물에 의해 반영속적으로 전염된다.

참고문헌

Abel, P. P., *et al.* (1986). Delay of disease development in transgenic plants that express the tobacco mosaic virus coat protein gene. *Science* **232**, 738–743.

Almasi, A., *et al.* (2000). BSMV infection inhibits chlorophyll biosynthesis in barley plants. *Physiol. Mol. Plant Pathol.* **56**, 227–233.

Bachard, G. D., and Costello, J. D. (2001). Immunolocalization of tobacco mosaic tobamovirus in roots of red spruce seedlings. *J. Phytophtol.* **149**, 415–419.

Brunt, A. A., and Richards, K. E. (1989). Biology and molecular biology of furoviruses. *Adv. Virus Res.* **36**, 1–32.

Choi, I.-R., Horken, K. M. K., Stenger, D. C., *et al.* (2002). Mapping of the P1 proteinase cleavage site in the polyprotein of *wheat streak mosaic virus* (genus *Tritimovirus*.). *J. Gen. Virol.* **83**, 443–450.

Clover, G. R. G., Ratti, C., and Henry, C. M. (2001). Molecular characterization and detection of European isolates of soil-borne wheat mosaic virus. *Plant Pathol.* **50**, 761–767.

"C.M.I./A.A.B. Descriptions of Plant Viruses." Carlaviruses (No. 259), carnation latent virus (No. 61), pea streak virus (No. 112), poplar mosaic virus (No. 75), apple stem grooving virus (No. 31), apple chlorotic leafspot virus (No. 30). Kew, Surrey, England.

"C.M.I./A.A.B. Description of Plant Viruses." Potexviruses (No. 200), potato virus X (No. 4). Kew, Surrey, England.

"C.M.I./A.A.B Descriptions of Plant Viruses." Tobamoviruses (No. 184), tobacco mosaic virus (No. 156), tobacco rattle virus (No. 12), pea early browning virus (No. 120), soilborne wheat mosaic virus (No. 77), peanut clump virus (No. 235), potato mop-top virus (No. 138), beet necrotic yellow vein virus (No. 144), barley stripe mosaic virus (No. 68). A series of concise publications describing individual plant viruses and virus groups by the Commonwealth Mycological Institute/Association of Applied Biologists. Kew, Surrey, England.

Dawson, W. O. (1992). Tobamovirus-plant interactions. *Virology* **186**, 359–367.

Francki, R. I. B., Milne, R. G., and Halta, T. (1985). "Atlas of Plant Viruses." Vol. 2. CRC Press, Boca Raton, FL.

Heinze, C., *et al.* (2000). Sequences of tobacco rattle viruses from potato. *J. Phytophtol.* **148**, 547–554.

Jackson, A. O., Hunter, B. G., and Gustafson, G. D. (1989). Hordeivirus relationships and genome organization. *Annu. Rev. Phytopathol.* **27**, 95–181.

Knapp, E., and Lewandowski, D. (2001). Tobacco mosaic virus, not just a single component virus anymore. *Mol. Plant Pathol.* **2**, 117–123.

Lawrence, D., and Jackson, A. O. (2001). Requirements for cell-to-cell movement of *barley stripe mosaic virus* in monocot and dicot hosts. *Mol. Plant Pathol.* **2**, 65–75.

Marathe, R., *et al.* (2002). The tobacco mosaic virus resistance gene, N. *Mol. Plant Pathol.* **3**, 167–172.

Rabentstein, F., Seifers, D. L., Schubert, J., *et al.* (2002). Phylogenetic relationships, strain diversity and biogeography of tritimoviruses. *J. Gen. Virol.* **83**, 895–906.

Rhee, Y. (2000). Cell-to-cell movement of tobacco mosaic virus: Enigmas and explanations. *Mol. Plant Pathol.* **1**, 33–39.

Richards, K. E., and Tamada, T. (1992). Mapping functions on the multipartite genome of beet necrotic yellow vein virus. *Annu. Rev. Phytopathol.* **30**, 291–313.

Rush, C. M., and Heidel, G. B. (1995). Furovirus diseases of sugar beets in the United States. *Plant Dis.* **79**, 868–875.

Scholthoff, K.-B. G., Shaw, J. G., and Zaitlin, M. (1999). "Tobacco Mosaic Virus: 100 Years of Contributions to Virology." APS Press, St. Paul, MN.

Siegrist, J., Orober, M., and Buchenauer, H. (2000). β-Aminobutyric acid-mediated enhancement of resistance in tobacco to tobacco mosaic virus depends on the accumulation of salicylic acid. *Physiol. Mol. Plant Pathol.* **56**, 95–106.

Potyviridae에 의한 병

Potyviridae 과에는 *Potyvirus*, *Ipomovirus*, *Macluravirus*, *Tritimovirus*, *Rymovirus*, *Bymovirus* 등 6속이 있다. 이들은 모두 유연한 사상바이러스로 지름은 11~15nm이다. 그러나 대부분의 potyvirus 속은 길이가 650~900nm인 입자 한 개를 가지는(monopartite) 반면, bymovirus는 250~300nm와 500~600nm의 두 입자를 가지고 있다 (bipartite). 6속 중에서 *Potyvirus* 속에 속하는 바이러스가 가장 많고 중요하다. 모든 potyviridae 과는 감염된 세포에서 원통형 봉입체를 형성한다 (그림 14-3C, 14-3D). 다양한 potyviridae 과는 자연 상태에서 다양한 매개체에 의하여 전반된다.

Potyvirus에 의한 병

Potato virus Y (PVY; 감자 바이러스 Y)에서 이름을 얻은 potyvirus는 식물바이러스에서 가장 큰 속을 이루고 있다. 여기에는 90종류 이상의 확인된 potyvirus와 약 90종류 이상의 미확인된 potyvirus를 포함하고 있다. 이 속에는 작물에 가장 심한 병을 일으키는 많은 바이러스가 있다. PVY와 더불어 병원성이 강한 *bean common mosaic virus* (강낭콩 모자이크 바이러스), *bean yellow mosaic virus* (강낭콩 황반모자이크 바이러스), *beet mosaic virus* (비트 모자이크 바이러스), *celery mosaic virus* (CeMV; 셀러리 모자이크 바이러스), *lettuce mosaic virus* (LMV; 양상추 모자이크 바이러스), *papaya ring spot virus*, *pepper mottle virus*, *plum pox virus*, *soybean mosaic virus* (콩 모자이크 바이러스), *sugarcane mosaic virus* (사탕수수 모자이크 바이러스), *tobacco etch virus*, *turnip mosaic virus* (순무 모자이크 바이러스), *watermelon mosaic virus* (WMV1과 WMV2; 수박 모자이크 바이러스), *zucchini yellow mosaic virus* 등이 potyvirus에 속한다. 관상식물에 감염하는 몇 종의 바이러스 (예를 들면, *dasheen mosaic virus*〈타로 모자이크 바이러스〉와 *tulip breaking virus*)도 이 과에 포함된다.

Potyvirus는 유연한 사상 입자로 길이가 680~900nm, 지름이 12nm이다 (그림 14-4B). 이들은 한 개의 (+)가닥 RNA(~10kb)와 한 종의 외피단백질 소단위체를 가지고 있다. 다른 바이러스 RNA처럼 5′말단에 RNA 복제시 primer 역할을 하는 것으로 보이는 작은 단백질(Vpg: virus protein, genome linked)이 붙어있고 3′말단에는 190여개의 아데닌(adenine) 염기들이 붙어있다 (polyadenylation). 이 아데닌 염기서열의 기능은 확실치 않으나 아마도 전령RNA로 쓰이는 데 관여한다고 여겨진다. Potyvirus RNA의 주 몸체는 약 346,000Da의 커다란 한 개의 중합단백질(polyprotein)로 번역되어 곧바로 특정 부위에서 보다 작은 중합단백질 몇 개로 나뉘며 이들은 다시 8개의 단백질로 나뉜다 (그림 14-33).

```
RNA O-----------------------------------------------------------------------------------------------------------AAA
Proteins ======i======i======= i ======== = =========== = ====i ==== ==========i ====
          35K   63K     52K     50K  6K     71K     6K  21K  27K      58K     30K
          P1          HC-Pro    P3                  Vpg  NIa          NIb     CP
```

이 중 35K 단백질은 단백질분해효소(proteinase)로 중합단백질을 분해시키고 RNA 부착을 돕는다. 52K 단백질은 중합단백질을 나누는 효소 기능과 매개충 전염에 필요한 helper component 기능을 가진다. 6K와 50K 단백질의 기능은 아직 모르고 있다. 21K 단백질은 Vpg로 바이러스 핵산의 5′말단에 붙어서 복제시 primer의 역할을 한다. 27K 단백질은 중합단백질을 분해하는 효소로 Gln-(Ser/Gly) 부위를 자르며, 71K와 58K 단백질은 바이러스의 RNA중합효소 성분이다. 30K 단백질은 외피단백질이다. 그리고 52~71K와 6K 단백질은 서로 뭉쳐 potyvirus가 감염한 세포에 특징적으로 나타나

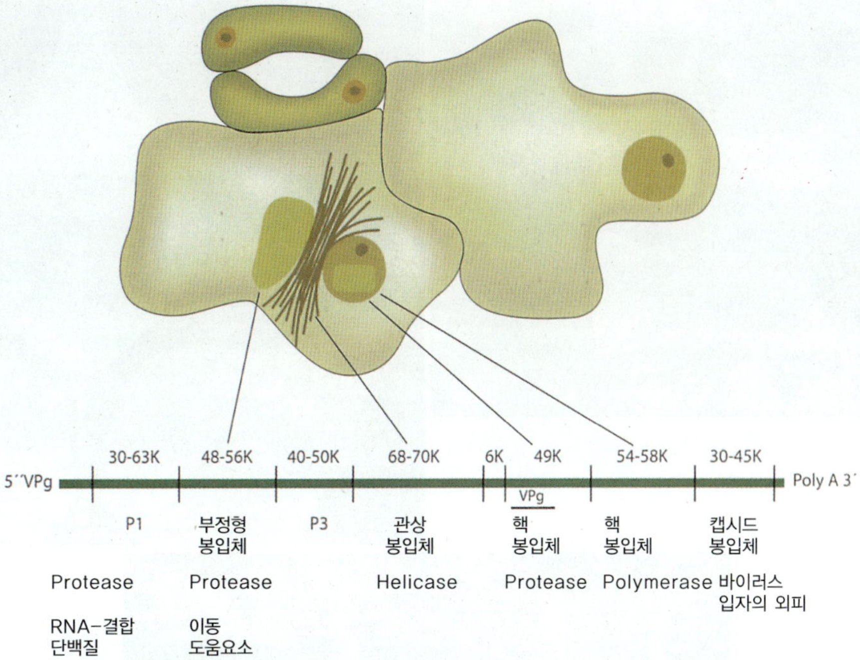

그림 14-33 Potyvirus의 일반화된 유전자 지도. 굵은 직선의 녹색 선은 바이러스 유전자의 배치를 나타내고, 그 위에는 각 유전자에 의해 암호 해독된 유전자의 크기이다. 선 밑에는 구조 단백질을 나타냈고, 그 밑에는 각 단백질의 기능이다. 화살표는 특정 유전자에 의해 코딩된 원형질 봉입체와 핵 봉입체를 나타낸다. [제공: E. Hiebert.]

그림 14-34 (A) *Potato virus* Y (PVY)의 괴사 계통에 의해 발생한 토마토 잎의 모자이크와 괴사 증상. (B) 고추에서 PVY에 의해 발생한 모자이크와 잎의 기형. [사진제공: (A) L. Brown. (B) Plant Pathology Department, University of Florida.]

는 원통형 또는 풍차형의 봉입체를 형성한다 (그림 14-3C, 14-3D). 한편, 52K 단백질은 축적되어 감염된 세포에 무정형의 봉입체를 만드나 일부 바이러스의 경우에만 나타난다. 21K와 27K 단백질과 58K 단백질은 각각 작고 큰 핵봉입체 단백질로 핵내에 뭉쳐 봉입체를 형성한다. 외피단백질인 30K 단백질은 바이러스에 의한 병징 발현과 매개충 전염에도 관여한다.

Potyvirus는 식물에 상당히 심한 병을 많이 일으킨다. 대부분의 병은 그 증상이 모자이크, 얼룩, 퇴색점무늬, 또는 색소파괴 등이며 이들은 잎, 꽃, 열매, 줄기에 나타난다. 그러나 많은 바이러스가 이보다 심한 어린 식물의 위축과 수확량의 급격한 감소; 잎, 꽃과 줄기의 변형; 그리고 여러 조직의 괴사를 일으킨다 (그림 14-34 14-37). Potyvirus는 자연 상태에서

그림 14-35 (A) *Bean common mosaic virus* 에 의한 강낭콩 모자이크 병징. (B,C) *Bean yellow mosaic virus* 에 의한 강낭콩 잎의 병징(B)과 꼬투리의 기형(C). [사진제공: R. Providenti.]

진딧물에 의해 비영속형 전염을 하며 일부는 종자전염하기도 한다. 분자량이 48~52K의 바이러스 단백질인 helper component 는 외피단백질과 함께 진딧물 전염에 필수적이다. Potyvirus 는 다년생의 야생식물 및 작물에서 월동하며, 종자전염하는 것들은 종자에서 월동한다. 매 생육기마다 potyvirus 는 진딧물전염에 의해 감염된 다년생기주나 감염된 종자로부터 성장한 식물에서 새로운 기주식물로 전염된다. 새로 감염된 식물로부터 진딧물에 의해 다시 다른 식물에 또 전염한다. 그러므로 포장에 감염된 식물의 수가 처음은 서서히 증가하나 진딧물과 감염된 식물이 많아지는 생육기 후반에는 감염된 식물체의 수가 급격히 증가한다. 한 포장에 있는 모든 식물이 전부 바이러스에 감염되기도 한다. 피해 정도는 식물체가 감염된 후로부터의 시간에 비례하는데, 이는 처음 감염되었을 때 식물이 얼마나 어린가에 달려 있다. 그러므로 바이러스가 새 작물 사이나 가까이에 있는 다년생잡초에 존재하거나, 매우 신속한 진딧물 전염을 통해 감염종자로부터 성장한 식물에서 인접한 건전식물로 바이러스가 빠르게 퍼지면 손실은 상당히 커진다.

Potyvirus 의 방제는 상당히 어렵다. 가능하다면 저항성 품종을 사용하는 것이 바람직하며, 종자전염 바이러스의 경우에는 무병종자의 사용이 때때로 매우 효과적이다. 또한 포장 내와 주위에 감염된 식물체 또는 잡초를 제거하는 것도 도움이 된다. 때때로 식물을 일찍 심어 생육 후반기에 증가하는 진딧물을 회피하거나 감염되더라도 시기가 늦어지게 하는 방법도 있다. 매개충 전염에 의한 감염을 늦추기 위해 살충제나 특별한 무독성 기름을 살포하거나 빛이 반사되는 덮개를 식물체 사이에 씌워 매개충을 쫓기도 한다. 그러나 이 중 어느 방법도 이동성이 좋은 진딧물을 완전히 구제하지 못한다. 단지 몇 주 정도 감염을 늦출 수 있는데, 이러한 방법으로 가끔 좋은 품질의 식물체를 얻을 수 있다. LMV와 CeMV 같이 기주범위가 매우 좁은 바이러스의 경우에는 재배지를 2~3달 동안 휴경한 다음 무병종자를 사용하는 방법으로 그전에 이 방법을 사용하지 않았을 때보다 상당히 많은 수확을 올릴 수 있다. 1990년대에 들어와서 바이러스 유전자를 발현하는 형질전환식물을 개발하여 일부 potyvirus 에 대한 실험적 방제효과를 얻었다. 이 식물들은 바이러스의 외피단백질 유전자, 바이러스 RNA중합효소의 변형 유전자, 바이러스 세포간 이동단백질 유전자, 매개충 전염 관련 유전자, 또는 바이러스 RNA 일부분에 대한 sense 또는 antisense 염기서열로 형질전환한 것으로 potyvirus 의 감염에 대해 다양한 저항성을 나타냈다 (병원체로부터 유도된 저항성). 이러한 유전공학 기법은 앞으로 많은 작물이 potyvirus에 대한 효과적인 저항성을 갖추는 데 유용할 것으로 여겨진다.

Potyvirus 에 의해 발생하는 주요 식물병은 다음과 같다.

강낭콩 모자이크병과 강낭콩 황반모자이크병

강낭콩 모자이크병(bean common mosaic)과 강낭콩 황반모자이크병(bean yellow mosaic)은 강낭콩이 재배되는 어느 지역에서나 발생하고 있다. 강낭콩 모자이크병은 기주가 강낭콩(*Phaseolus vulgaris*)과 다른 *Phaseolus* 수 종에 국한하는 반면, 황반모자이크병은 강낭콩뿐만 아니라 완두, 클로버, 벳치, 아까시나무, 글라디올러스, 호박(페포종) 등에 발생한다. 이 두 가지 병은 강낭콩 재배지에 만연하는데, 모자이크병이 더 많이 발생한다. 이들은 대개 한 포장에서 같이 발견되며 또한 식물체에 함께 발생하기도 한다. 바이러스에 감염된 식물은 잎과 꼬투리에 얼룩, 누렁 그리고 변형의 증상이 나타난다 (그림 14-35). 식물체가 위축되고 다발 모양이 되며, 종자는 불임이 되거나 작아지거나 기형이 되므로 감염된 시점에 따라 수확량이 80~100%나 감소한다.

두 바이러스, *bean common mosaic virus* (BCMV; 강낭콩 모자이크 바이러스)와 *bean yellow mosaic virus* (BYMV; 강낭콩 황반모자이크 바이러스)는 크기가 750×12nm이며 여러 종의 진딧물에 의해 전염되고, 매개진딧물의 종류는 두 바이러스에서 대부분 같다. BCMV는 종자전염이 잘 되는데, 식물이 어릴 때 감염된 후 성장하여 맺은 종자를 파종하면 최대 83%의 종자로부터 감염된 식물이 자라나온다. 실제로 포장에서 종자전염이 병발생의 가장 중요한 요인이 되고 있다. 또한 이 바이러스는 꽃가루를 통해서도 전염할 수 있다. BYMV는 많은 작물 및 야생기주에서 월동하며 이로부터 진딧물에 의해 다시 작물로 전염한다. 이 바이러스는 강낭콩에서 종자전염하지 않으나 다른 콩과식물에서는 약 3~6%가 종자전염한다.

BCMV는 인증된 무병종자나 저항성 콩 품종의 유묘를 사용하여 방제한다. BYMV는 방제하기 더 어려운데, 이는 바이러스가 클로버와 글라디올러스 같은 다년생기주에서 월동하고 저항성 품종이 거의 없으며 그나마도 바이러스의 다른 계통에는 저항성을 갖지 못하기 때문이다.

양상추 모자이크병

양상추 모자이크병(lettuce mosaic)은 미국, 특히 캘리포니아주, 유럽, 그리고 아마도 전 세계적으로 발생하고 있다. *Lettuce mosaic virus* (LMV; 양상추 모자이크 바이러스)는 양상추뿐만 아니라 완두, 스위트피, 매리골드, 백일홍, 그리고 개쑥갓과 엉겅퀴 같은 잡초까지 감염한다.

병징은 잎에 얼룩 또는 누렁 증상이 나타나고 뒤틀리며 잎 주위가 괴사한다. 식물체가 왜소해져서 상품 가치가 떨어지므로 손실이 심각하다.

Lettuce mosaic virus (750×12nm)는 여러 종의 진딧물이 전염하며, 감염된 식물로부터 수확한 종자의 1~8%가 바이러스를 전염한다. 감염된 종자로부터 자라난 식물은 나시 진딧물에 의해 다른 식물로 전염되는 바이러스의 주된 전염원이 된다. 그러므로 이 병을 방제하기 위해서는 바이러스 없는 무병종자를 사용하고, 재배지에서는 양상추를 재배하지 않는 일정 기간을 두어야 한다.

자두나무 pox 병

자두나무 pox병(plum pox)은 때로 sharka병이라고 불리며 유럽, 아시아 및 칠레 지역에 발생하였고, 1999년 이후 북미에서도 발생했으며, 자두나무, 복숭아나무, 천도, 살구나무 등에 나타난다. 이 병은 과실의 양와 질에 큰 피해를 주며 감염된 나무를 쇠약하게 만드므로 과수기주들에 있어서 가장 중요한 병이라 하겠다. 감염된 나무는 잎에 심한 얼룩, 가락지무늬, 또는 엽맥 황화와 긴 선무늬 등이 나타난다 (그림 14-36A, 14-36B). 감염된 자두는 과피에 짙은 색의 가락지무늬가 나타나고 과육이 갈색 또는 적색으로 변하며 과심에 갈색점이 생긴다 (그림 14-36C). 대부분 감염된 열매는 성숙하지 못하고 떨어져버린다. 복숭아 과실에는 얼룩가락지무늬와 뒤틀림이 나

그림 14-36 Plum pox virus에 의한 병징. (A) 자두나무 잎의 모자이크. (B) 복숭아나무 잎의 줄무늬. (C) 자두의 납작하고 마른 수포 같은 부분. (D,E) 복숭아의 가락지무늬와 납작하지 않은 증상. (F) 살구의 가락지무늬증상과 변색, 찌그러짐과 기형. (G) 살구씨의 백화현상과 가락지무늬.

타나는 것에 반해(그림 14-36D, 14-36E) 살구 과실에도 가락지무늬가 나타나지만 심하게 변형되며 괴사성 가락지무늬와 혹도 생긴다 (그림 14-36E). 그리고 살구씨에 나타나는 병징은 뚜렷한 백황색 가락지무늬이다 (그림 14-36F).

Plum pox virus (PPV)는 크기가 760×12nm이고 눈접과 접목으로 옮겨지며 여러 종의 진딧물에 의해 비영속형으로 전염된다. 바이러스는 한번 감염된 나무에 계속 존재한다. 이 바이러스병의 방제는 매우 어렵다. 감염식물로부터 격리, 무병주 식재, 저항성 또는 내병성 품종 사용 등이 도움이 된다. 신속하게 병든 나무를 확인하여 제거하는 것도 전염원을 줄이므로 효과적이다. 약독계통을 이용하는 교차보호나, PPV 또는 PRSV의 외피단백질 유전자를 발현하는 형질전환 식물이 계속 연구되고 있다.

파파야나무 가락지무늬병

파파야나무 가락지무늬병(papaya ringspot)은 전 세계적으로 많은 열대지방 및 섬, 그리고 미국의 플로리다, 텍사스 및 하와이에서 발생한다. 여러 지역에서 영리적 파파야 재배는 파파야 가락지무늬병의 존재 때문에 불가능하다.

감염된 나무는 2~3주 내에 병징을 보이는데, 잎에 뚜렷한 황색의 모자이크가 나타나고, 어린잎은 끈처럼 가늘고 길어지며(그림 14-37A, 14-37B), 식물체가 위축하고, 과실은 암녹색의 약간 함몰한 가락지무늬가 생기며(그림 14-37C), 줄기에 수많은 줄무늬가 나타난다 (그림 14-37D). 감염 후 형성된 과실은 항상 작고, 지의류가 생긴 것 같은 가락지무늬와 무정형의 혹이 생기며, 맛이 좋지 않다. 어려서 감염된 나무는 위축된 상태에서 더 자라지 못하며 결코 과실을 맺지 못한다.

Papaya ring spot virus (PRSV, 800×12nm)는 파파야나무 이외에 박과작물도 감염시키는데(그림14-37 E, 14-37F), *watermelon mosaic virus 1* (WMV1) 또는 PRSV-p로 보통 알려져 있다. 오직 박과식물만 감염하는 또 다른 근연관계인 바이러스는 보통 PRSV-w로 알려져 있다. 후자는 또한 박과식물에 심각한 손실을 입히나 파파야나무는 감염하지 않으며 현재 *watermelon mosaic virus*로 알려져 있다.

Papaya ring spot virus 는 여러 종의 진딧물에 의해 비영속형 전염을 한다. 진딧물에 의한 전염은 대부분 나무에서 나무로 빠르게 옮겨져 과수원의 모든 나무가 수개월 내에 다 감염되기도 한다. 병 방세는 배우 어렵디. 건전한 나무를 병든 나무들과 격리하거나 병든 나무를 조기에 제거함으로써 병이 퍼지는 것을 늦출 수 있게 도와줄 뿐이다. 내성 품종의 육종 또한 도움이 될 수 있다. 하와이에서는 교차보호를 이용하여 이 병을 성공적으로 방제하고 있는데, 파파야나무를 약독계통의 *papaya ring spot virus* 로 미리 접종하여 자연 발생하는 강독계통에 의한 심한 피해를 줄인다. 또한 하와이와 아시아에서 파파야나무에 바이러스의 외피단백질 유전자를 형질전환시켜 교차보호와 비슷한 효과를 얻은 바 있다. 이러한 유전공학적인 저항은 세계의 몇몇 파파야 생산지에서도 PRSV 병 방제 효과가 매우 높았다.

감자 Y 바이러스병

Potato virus Y(PVY; 감자 바이러스 Y)는 전 세계적으로 발생하며 상당한 경제적 중요성을 가지고 있다. 이 바이러스는 감자(그림 14-34A), 고추(그림 14-34B), 토마토와 담배를 감염하며 이들 모두에 심각한 손실을 야기한다. 병징은 다양하여 대부분의 기주에 연한 얼룩에서 심한 얼룩이 생기고 일부 감자 품종에는 잎 뒷면의 맥을 따라 긴 괴사성 병반이 줄무늬(leaf-drop streak)로 나타난다. PVY는 PVX와 함께 존재하면 "rugose mosaic" 증상을 일으켜 식물체가 왜소해지고 괴경은 작아진다.

Potato virus Y(730×11nm)는 자연 상태에서 여러 다른 계통을 갖는다. 이 바이러스는 감염된 씨감자 괴경을 통한 영양번식체 전염과 적어도 25종에 달하는 진딧물에 의해 비영속형 전염을 한다. PVY의 방제는 어려운 편이다. 종자인증프로그램에 의한 무병독 PVY 감자 괴경의 사용이 전세계적으로 가장 효과적이고 확실한 방제법이다. 저항성 감자품종과 진딧물에 의한 PVY 전염을 줄이는 노력은 어느 정도 방제에 도움이 된다. 몇몇 감자품종은 바이러스의 외피단백질 유전자가 발현되도록 형질전환되었으며 바이러스에 대한 교차보호능력이 시험 중이다.

사탕수수 모자이크병

사탕수수 모자이크병(sugarcane mosaic)은 사탕수수가 자라는 지역이면 어느 곳이나 발생한다. 이 병의 병원바이러스는 계통이 많으며, 옥수수, 수수 및 다른 화본과식물을 감염한다. 병에 의한 손실은 매우 심하다. 병징은 엽맥에 가로막히지 않고, 크기가 다양한 연한 누더기 같은 무늬가 나타나며 줄기에는 얼룩이 나타나 나중에 이 부분이 괴사하기도 한다. 줄기는 작아지고 변형되며, 새로 자라나는 줄기는 위축되고 뒤틀린 잎을 몇 개만 달고 있다. 수수깡과 설탕의 수확량은 크게 감소한다.

Sugarcane mosaic virus (SCMV; 사탕수수 모자이크 바이러스)의 두 옥수수 계통은 미국과 호주에서 옥수수 오갈모자이크병(maize dwarf mosaic)을 일으킨다. 이들은 옥수수, 수수, 그리고 여러 야생 및 재배 곡류를 감염하나 사탕수수를 감

그림 14-37 파파야나무(A–D)와 수박(E,F)의 *Papaya ring spot* (PRSV)의 병징. (A) 파파야나무 잎이 누렁 모자이크 증상을 보이고 좁고 납작해지며 일찍 떨어진다. (B) 모자이크 증상이 있는 파파야나무 잎의 확대. (C) 파파야 과일에 있는 가락지무늬. (D) 심하게 감염된 파파야나무(왼쪽)와 오른쪽은 유전자 조작을 이용하여 감염에 저항성을 가지는 나무의 비교. (E) PRSV에 감염된 호박잎은 모자이크와 기형을 보임. (F) 수박의 가락지무늬 증상. [사진제공: M. Divids, (B,C) D. Persley, (D) D. Gonsalves, (E,F) Plant Pathology Department, University of Florida.]

염시키지는 못한다. 옥수수와 곡류에서의 병징은 어릴 때 감염된 식물에서만 나타나는데 점성얼룩, 모자이크 또는 좁은 줄무늬가 어린잎에 나타나며(그림 14-38A) 위쪽 마디가 짧아진다. 오래된 잎에는 모자이크가 나타나지 않으나 약간 누렇게 되며 황적색의 줄무늬가 나타나기도 한다. 옥수수 알갱이는 작아지고 완전히 채워지지 않는다 (그림 14-38B). 감수성 품종은 수확량이 40%까지 감소하기도 한다. 수수는 잎에 모자이크가 생기고 적색줄무늬와 괴사가 따른다. 옥수수 오갈모자이크병은 적어도 두 가지 계통의 다소간 기주특이적인 *sugarcane mosaic virus* 에 의해 일어나는데, 이들은 자연 상태에서 주로 옥수수를 감염하여 피해를 준다 (그림 14-38C). A계통은 다년생 잡초인 Johnsongrass 를 감염하여 월동하는 반면, B계통은 이 기주를 감염하지 못한다. 두 계통 모두 옥수수, 수수 및 다른 일년생곡류를 감염한다.

Sugarcane mosaic virus(750×11nm)는 사탕수수가 번식하는 동안 주로 영양번식에 의해 옮겨진다. 또한 사탕수수와 다른 곡류 모두에서 몇 종의 진딧물에 의해 비영속형으로 전염한다. 바이러스는 감염된 사탕수수나 특정 strain의 적당한 다년생기주에서 월동한다. 방제는 저항성 또는 내병성 품종을 통해서만 가능하다.

그림 14-38 *Sugarcane mosaic virus* (SCMV)의 옥수수 계통에 의해 옥수수에 발생한 옥수수 오갈모자이크 증상. (A) 옥수수 어린잎의 모자이크. (B) 옥수수의 모자이크, 황적화와 생육저해 증상. (C) SCMV에 감염되어 낟알이 덜 찬 옥수수. (D) 바이러스의 전자현미경 사진.

담배 etch병

담배 etch병(tobacco etch)은 북남미대륙에 발생한다. 병원체는 *tobacco etch virus* (TEV)로 고추와 토마토를 감염한다. 감염된 담배 잎은 좁아지고 얼룩과 괴사현상을 보인다. 고추 잎에는 얼룩(그림 14-39), 모자이크와 뒤틀림이 나타나고; 열매는 뒤틀리며 식물체가 위축되기도 한다. 토마토 역시 위축되며 잎에는 얼룩과 뒤틀림이 나타난다. TEV(730×12nm)는 10종 이상의 진딧물이 비영속형으로 전반한다. 방제에는 주로 저항성 품종이 쓰인다.

순무 모자이크병

순무 모자이크병(turnip mosaic)은 전 세계적으로 분포한다. 십자화과의 모든 채소와 관상식물에 발생한다. 병징은 양배추, 꽃양배추, 방울양배추(Brussels sprouts) 등에서 얼룩, 검은 괴사성 점무늬, 가락지무늬 등이 나타나는 반면, 다른 십자화과식물에서는 모자이크, 잎의 뒤틀림과 위축이 나타난다. *Turnip mosaic virus* (TuMV; 순무 모자이크 바이러스; 720×12nm)는 약 50종의 진딧물에 의해 비영속형으로 전염한다.

수박 모자이크병

수박 모자이크병(watermelon mosaic)은 *watermelon mosaic virus 2* (WMV-2; 수박 모자이크 바이러스 2)가 일으키며 전 세계적으로 분포한다. WMV-2는 모든 박과작물에 모자이크와 얼룩을 일으키며, 과실의 질과 양을 떨어뜨린다 (그림 14-

그림 14-39 *Tobacco etch virus*에 의한 병징을 보이는 담배 잎.

그림 14-40 *Watermelon mosaic virus* 에 의해 발생한 (A) 호박잎의 모자이크. (B) 당근의 모자이크와 기형. (C) *Zucchini yellow mosaic virus* 에 의해 발생한 노란 호박잎의 모자이크와 노란 여름 호박의 변색과 융기. [사진제공: Plant Pathology Department, University of Florida.]

40A, 14-40B). 또한 이 바이러스는 완두를 비롯한 콩과, 명아주과, 아욱과의 작물과 관상식물 및 잡초도 감염한다. *Watermelon mosaic virus* (WVM-2) (760×12nm)는 적어도 38종의 진딧물에 의해 비영속형으로 전염된다.

호박 yellow mosaic병

호박 yellow mosaic병(zucchini yellow mosaic)은 전 세계적으로 분포하는 것으로 여겨진다. 호박, 머스크멜론, 오이, 수박 등에 경제적으로 상당한 피해를 주고 있다. 병징은 열매와 종자에 나타나는 심한 모자이크, 누렁, 끈 모양 변형(shoestring), 위축, 뒤틀림 등이다 (그림 14-40C). Zucchini yellow mosaic virus (750×12nm)는 실험적으로 수많은 식물을 감염하지만, 자연 상태에서는 박과식물 외에서는 발견되지 않고 있다. 적어도 4종의 진딧물에 의해 비영속형으로 옮겨진다.

Ipomovirus, Macluravirus, Rymovirus와 Tritimovirus에 의한 병

Ipomovirus는 sweet potato (*Ipomea* sp.) mild mottle virus에서 유래되었고 길이가 800~950nm이며, 담배가루이(*Bemisia tabaci*)에 의해 비영속적으로 전염된다. Macluravirus는 Maclura mosaic virus에서 유래되었으며 길이가 650~675nm이며, 진딧물에 의해 비영속적으로 전염된다. Rymovirus는 ryegrass mosaic virus에서 유래되었으며 길이가 690~720nm이다. 이들은 혹응애류에 의하여 전염된다. Tritimovirus의 대표 바이러스는 wheat streak mosaic virus로, 이들 바이러스는 곡류 및 화본과식물만을 감염한다는 이유로 이렇게 명명되었다. 밀 줄무늬모자이크는 병징이 심하게 나타난다 (그림 14-41A, 14-41B). 또한 Tritimovirus는 혹응애류(그림 14-41C)에 의하여 아마도 영속적으로 전염되는 것으로 생각된다.

그림 14-41 (A) Tritivirus인 *wheat streak mosaic virus* (WSMV)에 의해 발생한 밀 잎의 주황색 줄무늬 병반. (B) 대부분이 WSMV에 감염된 밀밭. (C) WSMV의 매개충인 혹응애. [사진제공: Plant Pathology Department, University of Florida.]

Bymovirus 에 의한 병

Bymovirus 는 입자와 세포병리학적 특성이 potyvirus 와 유사하다. 그러나 이들 바이러스는 진딧물과는 다른 자신만의 매개체를 갖는다. Bymovirus는 *barley yellow mosaic virus* 에서 유래되었으며, 또한 곡류와 화본과식물에 영향을 주어 생산량에 상당한 손실을 초래한다. 이외에 bymovirus는 *oat mosaic virus, rice necrosis mosaic virus* 와 *wheat spindle streak mosaic virus* 등이 있다. 이들 바이러스는 *Polymyxa graminis*에 의하여 토양전염된다. 또한 bymovirus는 길이가 각각 500~600nm 또는 275~300nm에 지름은 모두 12nm인 서로 다른 2개의 입자로 구성되어있다.

참고문헌

Clover, *et al.* The effects of beet yellows virus on the growth and physiology of sugar beet (*Beta vulgaris*). *Plant Pathol.* **48**, 129–138.

"C.M.I./A.A.B. Descriptions of Plant Viruses." Closteroviruses (No. 260), potyviruses (no. 245). A series of concise publications describing individual plant viruses and virus groups. Kew, Surrey, England.

Dougherty, W. G., and Carrington, J. C. (1988). Expression and function of potyviral gene products. *Annu. Rev. Phytopathol.* **26**, 123–143.

Edwardson, J. R., and Christie, R. G. (1991). "The Potyvirus Group." Florida Agric. Exp. Stn. Monogr. No. 16, Vols. 1–4. Gainesville, FL.

Hinrichs-Berger, *et al.* (1999). Cytological responses of susceptible and extremely resistant potato plants to inoculation with potato virus Y. *Physiol. Mol. Plant Pathol.* **55**, 143–150.

Kegler, *et al.* (2001). Hypersensitivity of plum genotypes to plum pox virus. *J. Phytopathol.* **149**, 213–218.

Kerlan, C., *et al.* (1999). Variability of potato virus Y in potato crops in France. *J. Phytopathol.* **147**, 643–651.

Khurana, S. M. P., and Garg, I. D. (1992). Potato mosaics. *In* "Plant Diseases of International Importance" (U.S. Singh *et al.*, eds.), Vol. 2, pp. 148–164. Prentice-Hall, Englewood Cliffs, NJ.

Kurstak, E., ed. (1981). "Handbook of Plant Virus Infections and Comparative Diagnosis." Elsevier, Amsterdam.

Milne, R. G., ed. (1988). "The Plant Viruses," Vol. 4. Plenum, New York.

Purcifull, D. E., and Hiebert, E. (1992). Serological relationships involving potyviral nonstructural proteins. *Arch. Virol.* (Suppl. 5), 97–122.

Schmidt, H. E. (1992). Bean mosaics. *In* "Plant Diseases of International Importance" (U.S. Singh *et al.*, eds.), Vol. 2, pp. 40–73. Prentice-Hall, Englewood Cliffs, NJ.

Shukla, D. D., Brant, A. A., and Ward, C. W. (1994). *Potyviridae.* Descriptions of Plant Viruses No. 245. Assoc. Appl. Biol., Wellesbourne, England.

Shukla, D. D., Ward, C. W., and Brunt, A. A. (1994). "Potyviruses: Biology, Molecular Structure, and Taxonomy." CAB Int., Wallingford, England.

Shukla, D. D., Ward, C. W., and Brunt, A. A. (1994). "The Potyviridae." CAB International, Wallingford, UK.

Singh, U. S., Kohmoto, K., and Singh, R. P. (1994). "Pathogenesis and Host Specificity in Plant Diseases," Vol. 3. Elsevier, Tarrytown, New York.

Yeh, S.-D., *et al.* (1988). Control of papaya ringspot virus by cross-protection. *Plant Dis.* **72**, 375–380.

Closterovirus에 의한 병

Closteroviridae 의 명칭은 "실 모양의 바이러스"를 의미한다. Closteroviridae 는 2개의 바이러스 속이 있다; *Closterovirus*는 길이 1,100~2,000nm에 지름 12nm의 길고 가늘며 매우 유연한 사상입자를 갖는다. 이들 바이러스는 식물 바이러스에서 가장 큰 단일 ssRNA 지놈을 갖는다; *Crinivirus* 의 지놈은 2개의 입자로 분리되어 있으며 길이 700~900, 650~850nm 지름 12nm이다. Closteroviridae의 일부는 진딧물, 일부는 가루이, 나머지는 깍지벌레에 의해 전염된다. Closterovirus 는 진딧물에 의하여 전염되는 *beet yellows virus, citrus tristeza virus* 와 그리고 깍지벌레에 의하여 전염되는 *grapevine leaf roll-associated viruses* 를 포함한다. 이들 바이러스는 모두 광범위하게 퍼져있으며 기주식물에 매우 심각한 손실을 입힌다. Crinivirus에는 가루이가 전염하는 심각한 *lettuce infectious yellows virus* 와 가루이가 전염하는 또 다른 바이러스들도 있다. Closterovirus는 기주 내에서 전신이동하지만 체관부 및 체관유세포에 국재한다. 이 과의 각 바이러스는 비교적 좁은 기주범위를 가지고 있으며 목질부의 pitting 또는 grooving 과 함께 포함하는 체관괴사의 결과로 누렁병을 주로 일으킨다.

Closterovirus 에 의한 병

귤나무 트리스테자병

트리스테자병(tristeza)은 귤나무류가 자라는 곳이면 세계 어느 곳을 막론하고 발생한다. 이 병은 모든 종류의 귤나무류에 나타나지만, 특히 오렌지나무, 자몽나무, 라임나무 등에 주로 발생한다. 트리스테자 바이러스의 강독계통은 과실의 양과 질을 크게 떨어뜨리고 만성 또는 급성 쇠락을 일으켜 결국 나무를 죽인다. 급 만성 수목쇠락(그림 14-42A, 14-42B, 14-42C, 14-42E)으로 나타나는 트리스테자병징은 광귤나무 대목에 접붙인 나무에서 특히 더 일반적이며 더 심하다. 수백만 그루의 귤나무류가, 남아프리카에서 1910년대 이후로, 아르헨티나와 브라질에서 1930년대 이후로, 그리고 콜롬비아와 스페인에서는 1970년대 이후, 이 병에 의해 계속 죽고 있다. 트리스테자병은 1950년대 미국 플로리다에서 처음 보고되었으나 1980년대에 강독계통바이러스가 널리 퍼진 이후 손실이 심해지기 시작했다. 게다가 더 강력한 계통과 전염 능력이 뛰어난 매개충이 남미로부터 중미와 카리비안 군도를 거쳐 북상하고 있어 미국의 귤 생산을 크게 위협하고 있다. 1995년에는 강독계통(줄기홈을 일으키는 것을 포함한)의 가장 효율적인 매개충으로 여겨지는 귤소리진딧물 *Toxoptera citricida*(그림 14-42G)가 플로리다에 도입되었다. 그 이듬해 거의 대부분의 귤나무 재배단지에 퍼졌다. 이는 플로리다에서 광귤나무 대목에 접붙인 2천만 그루의 귤나무에 큰 위협이 되고 있다. 또한 플로리다와 전 미국의 귤 사업에 엄청난 손실이 우려되고 있다.

귤나무 종류에 따라 *citrus tristeza virus* 에 의해 나타나는 병징은 주로 바이러스의 계통과 접수가 붙은 대목에 따라 다르다. 대부분의 트리스테자 바이러스 계통은 병원성이 약해서 시판 귤나무품종에 눈에 띄는 병을 일으키지 않는다; 오직 감수

그림 14-42 귤나무류의 트리스테자병. (A) 광귤나무 대목에 접목한 오렌지나무가 급격한 쇠락으로 죽음. (B) 완만한 쇠락을 유발하는 귤나무 트리스테자 바이러스에 의해 죽은 오렌지나무. (C) 귤나무 트리스테자 바이러스에 의해 죽었거나 또는 다양한 정도의 쇠락 증상을 보이며 죽어가는 오렌지나무 과수원. (D) 접목 유합부의 위쪽에는 줄기홈 증상을 보이고, 접목 유합부에서는 괴사를 보이는 귤나무. (E) 트리스테자 바이러스에 감염되어 심각한 줄기홈 증상을 보이는 자몽나무 줄기. (F) 트리스테자 바이러스에 감염된 나무에서 생산된 자몽으로서 작고 색깔이 나쁘고 일그러지고 품질도 나쁨. (G) *Citrus tristeza virus* (CTV)의 가장 뛰어난 매개충인 귤나무진딧물. (H) CTV의 전자현미경사진. [사진제공: (A,C,D) USDA, (B) R.J. McGovern, (E-H) S. Garnsey.]

계속

그림 14-42 계속

성 지표식물인 멕시칸 라임에 검정하거나 혈청학 및 분자생물학적 기법에 의해서만 검출할 수 있다. 더 강한 계통은 유묘의 황화를 일으키는데, 이는 광귤나무, 레몬나무, 자몽자무 등의 어린 식물이 특히 온실 내에서 재배될 때 심한 황화와 왜소 증상이 나타나는 것을 말한다. 포장에서 어린 오렌지, 자몽 및 다른 귤나무류는 광귤나무 대목에 접붙여 자라므로 강독계통이 접종되면 수 주 내에 급격히 쇠락한다. 급성 쇠락을 보이는 나무는 잎이 누렇고 갈변되어(그림 14-42A) 나중에는 시들고 떨어지지만(그림 14-42B) 과실은 죽은 나무에 그대로 매달려 있다. 그러나 일부 강독계통은 급성 쇠락을 일으키지 않는 반면, 어린나무의 생장을 방해하여 심하게 위축되고 수확을 기대할 수 없게 만들거나 여러 해에 걸쳐 쇠락하여(만성쇠락), 이 기간 중 나무는 잘 자라지 못하며, 수확량이 줄고 쇠락하여 결국 죽는다. 광귤나무 대목에 쇠락 증상을 일으키는 트리스테자 바이러스 계통은 접목부에 체관괴사를 일으켜 결과적으로 접목부에 광합성산물의 축적을 초래하고 접수의 과대생장을 가져오는 반면에 양분은 뿌리로 거의 내려가지 못한다. 그 결과 뿌리가 거의 자라지 못하거나 죽어 나무의 지상부도 쇠락한다.

감귤류 트리스테자 바이러스(CTV)에는 약독, 쇠락을 일으키는 계통 이외에도 줄기홈 증상을 일으키는 강독계통이 있다 (그림 14-42E). 감염된 나무는 줄기, 가지, 그리고 접목된 대목에 상관없이 심지어는 감염된 자몽 또는 광귤나무의 잔가지에까지 수피 밑 목질부에 세로 방향의 깊은 홈이 생긴다. 실제로는 대목 자체의 줄기에도 홈을 만든다. 줄기홈이 있는 나무는 위축되고 과실의 수가 줄어들며 크기가 작아지고 질이 떨어지며(그림 14-42F), 가지는 약해서 잘 부러지고 나무가 쇠락하지만 몇 년 동안 죽지는 않는다.

병원 바이러스인 *citrus tristeza virus* (CTV; 귤나무 트리스테자 바이러스)는 사상 입자로 길이는 2,000nm에 지름 12nm이다 (그림 14-42H). 각 입자는 20kb인 한 개의 (+)ssRNA와 분자량 25,000의 단백질 소단위체로 이루어진 외피를 갖는다. 트리스테자 바이러스의 RNA는 10~12개의 단백질을 코딩하지만 그 중 몇 종류는 아직 기능이 확실치 않다.

가장 큰 단백질(349K)은 papain-like proteinase, methylesterase 와 helicase 이다. 25K는 외피단백질이다.

Citrus tristeza virus 는 눈접 또는 접목으로 전염하며 여러 종의 진딧물에 의해 반영속형으로 옮겨지는데, 즉 진딧물은 바이러스를 획득하는 데 적어도 30~60분 흡즙해야 하며 이후 24시간 동안 보독한다. 각 진딧물은 CTV에 대한 전반 능력이 다 다르다. 귤소리진딧물로 알려진 가장 효율적인 매개충 *Toxoptera citricida* 는 귤나무에만 군집하고 가해하나 다른 진딧물에 비해 CTV 전염력이 10~25배 가량 더 좋다. 또한, *T. citricida* 은 다른 종들이 잘 전염시키지 못하는, 쇠락과 줄기홈을 일으키는 계통들을 옮길 수 있다. *T. citricida* 은 대부분의 귤나무 재배지역에 분포하나 지중해 부근에는 아직 나타나지 않았다. 지난 20여 년간 이 진딧물은 남미로부터 중미와 카리브해의 섬들을 거쳐 계속 북상하였다. 1993년에는 쿠바에 도달하였다. 1995년 말에 *T. citricida* 는 플로리다에서 발견되었으며, 예상한 바와 같이 이듬해까지 대부분의 귤나무 재배지에 퍼졌다.

감귤류 트리스테자병의 방제는 어렵다. 아직 발생한 적이 없는 지역에서는 엄격한 검역을 실시해야 한다. 어떤 환경에서도 CTV가 없는 것으로 인증된 검정 접수만을 사용하여야 하며 트리스테자 바이러스의 강독계통을 가진 것으로 검출된 식물은 파기하여야 한다. 병이 이미 분포한 지역에서는 광귤나무 대신 저항성 대목에 접목하면 상당한 효과를 거둘수 있다; 줄기홈에 내병성인 접수를 사용하는 것도 권장된다. 또한, 나무에 바이러스의 특정 약독계통을 접종하여 강독 트리스테자로부터 상당한 기간 동안 교차보호될 수 있다. 현재, 나무가 트리스테자에 저항성이 되도록 바이러스 외피단백질 유전자 같은 CTV 유전자를 발현하는 유전공학 감귤나무를 만들기 위해 상당한 노력이 경주되고 있다.

```
RNA O-----------I-----------------------------I-----------I---i--------------I---------I------------I-------I--------I----I----I-----3OH
Proteins======= ================ ====== =   =======  ====  ======  === ==== == == =======
        57k        349k              33k   6k     65k     61k      27k     25k    18k   13k  20k  23k
```

비트 yellows 병

비트 yellows병(beet yellows)은 전 세계의 주요 사탕무 재배지에서 모두 발생한다. 이 병은 사탕무뿐만 아니라 식용비트와 시금치에도 황화병을 일으킨다. 감염된 식물체의 중간과 바깥 부분의 잎은 누렇고(그림14-43A), 두꺼워지며 잘 부서지고 괴사하기도 한다. 비트 생산은 심하게 감소하며, 비트의 당분 함량도 감소한다. *Beet yellows virus*는 *closterovirus* 로서 길이가 약 1,250nm에 지름은 12nm 정도이다. 20종 이상의 진딧물에 의해 반영속형으로 옮겨진다.

Crinivirus 에 의한 병: 양상추 infectious yellows병

양상추 infectious yellows병은 미국 남서부와 멕시코에서 발생하고 있다. 이 병은 양상추(그림 14-43B), 사탕무, 당근, 노지멜론, 멜론, 호박(그림 14-43C, 14-43D) 등의 많은 재배작물과 잡초에 나타난다. 이 병은 한번 발생하면 포장에 있는 모든 식물을 감염하여 보통 20~30%를 상회하며 때로 100%에 이르는 막대한 손실을 일으킨다. 양상추 infectious yellow 병은 잎에 심한 황화와(또는) 적변이 생기며 뒤이어 위축, 말림, 부서짐 증상이 따른다. 감염된 식물체는 위축되며 죽기도 한다.

Lettuce infectious yellows virus (LIYV)는 길이가 각각 700~900nm와 650~850nm이고 지름은 모두 12nm인 사상의 두 입자에 2분절 지놈을 가지고 있다. 이 바이러스는 한 종의 28KDa 단백질 소단위체를 가진다. LIYV ssRNA는 약 16kb지만 8.5kb와 7.5kb 등 둘로 나뉘어져 있다. 이 두

그림 14-43 (A) *beet yellows virus*에 의해 발생한 사탕수수 잎의 황화 병징. (B) Crinivirus인 *lettuce infectious yellows virus* (LIYV)에 감염된 양상추의 포장 병징. (C) 노지멜론의 LIYV 병징의 확대사진. (D) 노지멜론의 포장에서 발생하는 *lettuce infectious yellows virus*의 병징. [사진제공: Plant Pathology Department, University of Arizona.]

RNA는 비트 황화 바이러스와 감귤류 트리스테자 바이러스의 분절되지 않은 RNA들이 코딩하는 것과 대략 같은 수와 종류의 단백질을 함께 코딩한다. 더욱이 이 단백질들을 코딩하는 RNA 유전자들의 순서는 이들 바이러스 모두에서 거의 동일하다.

*Lettuce infectious yellows virus*는 담배가루이 *Bemisia tabaci* 에 의해 반영속형으로 전염된다. 가루이는 10분 이상의 흡즙으로 바이러스를 획득할 수 있으나 1시간 이상 흡즙해야 전염력이 좋아진다. 보독한 가루이는 감염된 식물을 흡즙한 3일 후까지 건전한 식물에 전염할 수 있다. 그러나 담배가루이(*B. tabaci*)가 나타나 몇 년 동안 LIYV를 효과적으로 전염시켰던 캘리포니아에서 *B. tabaci* 와 형태적으로는 구별되지 않는 새로운 가루이 생물형이 유입되어 자연적으로 담배가루이를 대체한 사실이 관찰되었다. 새로운 가루이는 LIYV의 매개충능력이 매우 떨어졌다. 그것은 은잎가루이(*Bemisia argentifolii*)로 알려져 있다.

*Lettuce infectious yellows virus*는 다년생작물과 잡초에서 월동하며, 이로부터 매개충인 가루이가 어린 작물에 전염한다. 재배지에 가루이가 만연하면 LIYV도 크게 발생한다.

Lettuce infectious yellows virus 의 방제는 매우 힘들어서 주로 저항성 작물을 심거나 가루이 밀도를 낮추고 가루이 보독충이 도달하기 전에 작물이 자랄 수 있는 장소와 시기에 식재하는 방법에 의존한다.

참고문헌

Bodin-Ferri, M., *et al.* (2002). Systemic spread of plum pox virus (PPV) in Mariana plum GF 8-1 in relation to shoot growth. *Plant Pathol.* **51**, 142–148.

Brlansky, R. H., Howd, D. S., and Damsteegt, V. D. (2002). Histology of sweet orange stem pitting caused by an Australian Isolate of *Citrus tristeza virus. Plant Dis.* **86**, 1169–1174.

Cohen, S., Duffus, J. D., and Liu, H. Y. (1992). A new *Bemisia tabaci* biotype in the southwestern United States and its role in silverleaf of squash and transmission of lettuce infectious yellows virus. *Phytopathology* **82**, 86–90.

Dolja, V. V., Karasev, A. V., and Koonin, E. V. (1994). Molecular biology and evolution of closteroviruses: Sophisticated build-up of large RNA genomes. *Annu. Rev. Phytopathol.* **32**, 261–285.

Duffus, J. E., Larsen, R. C., and Liu, H. Y. (1986). Lettuce infectious yellows virus: A new type of whitefly-transmitted virus. *Phytopathology* **76**, 97–100.

Ghorbel, R., López, C, Fagoaga, C., *et al.* (2001). Transgenic citrus plants expressing the citrus tristeza virus p23 protein exhibit viral-like symptoms. *Mol Plant Pathol.* **2**, 27–36.

Hung, T. H., Wu, M., and Su, H. J. (2000). A rapid method based on the one-step reverse transcriptase-polymerase chain reaction (RT-PCR) technique for detection of different strains of citrus tristeza virus. *J. Phytopathol.* **148**, 469–475.

Lee, R. F., and Rocha-Pe±a, M. A. (1992). Citrus tristeza virus. *In* "Plant Diseases of International Importance" (U.S. Singh, *et al.*, eds.), Vol. 3, pp. 226–243. Prentice-Hall, Englewood Cliffs, NJ.

Lee, R. F., *et al.* (1992). Presence of *Toxoptera citricidus* in Central America. Citrus Industry June.

Rocha-Pe±a, M. A., *et al.* (1995). Citrus tristeza virus and its aphid vector *Toxoptera citricida*: Threats to citrus production in the Caribbean and Central and North America. *Plant Dis.* **79**, 437–445.

Rubio, L., Abou-Jawdah, Y., Lin, H.-X., and Falk, B. W. (2001). Geographically distant isolates of the crinivirus *cucurbit yellow stunting disorder virus* show very low genetic diversity in the coat protein gene. *J. Gen. Virol.* **82**, 929–933.

Rubio, L., Soong, J., Kao, J., and Falk, K. B. W. (1999). Geographic distribution and molecular variation of isolates of three whitefly-borne closteroviruses of cucurbits: Lettuce infectious yellows virus, cucurbit yellow stunting disorder virus, and beet pseudo-yellows virus. *Phytopathology* **89**, 707–711.

Sambade, A., *et al.* (2002). Comparison of viral RNA populations of pathogenically distinct isolates of citrus tristeza virus: Application to monitoring cross protection. *Plant Pathol.* **51**, 257–265.

Sedas, Haidar, Greif, *et al.* (2000). Establishment of a relationship between grapevine leafroll closteroviruses 1 and 3 by use of monoclonal antibodies. *Plant Pathol.* **49**, 80–85.

구형 외가닥RNA바이러스에 의한 병

지름 26~35nm의 많은 구형 ssRNA 바이러스가 많은 바이러스 속을 포함하는 몇 개의 과를 구성한다 (그림 14-24). 이들 바이러스 중 한 그룹은 하나의 구형 바이러스 입자 안에 ssRNA 지놈을 갖는다. 이들 그룹은 Sequiviridae, Tombusviridae 그리고 Luteoviridae 와 아직 과로 분류되지 않은 몇 개의 속을 포함한다. 또 다른 ssRNA 바이러스 그룹인 Comoviridae 는 ssRNA 지놈이 둘로 나뉘어 있으며 각자 다른 구형 바이러스입자에 들어있다. 세 번째 그룹인 Bromoviridae 는 크기가 다른 3개의 구형입자에 들어있는 3조각의 RNA로 이루어져 있다. 마지막으로 *Ilarvirus, Alphamovirus,* 그리고 *Oleavirus* 같은 Bromoviridae 의 몇몇 과는 유사 구형(quasi-isometric)부터 바실러스형까지 모양과 크기가 다양한 입자를 가지고 있다.

Sequiviridae Waikavirus속에 의한 병

Waikavirus는 *rice waika*(위축) *virus* 에서 명명되었으며 *rice tungro spherical virus* (벼 퉁그로 구형바이러스; 그림 14-44C)를 포함한다. Waikavirus는 구형 입자로 지름이 약 30nm이며 약 11kb 크기의 외가닥RNA 지놈을 한 개 가지고 있다. 외피단백질의 조성은 알려져 있지 않다. 이들은 특정 종의 곡류와 잡초만을 감염한다. 바이러스 입자는 체관세포, 또는 때때로 엽육세포의 세포질에 존재하는 입자형 봉입체로 나타난다. 이들은 매미충 또는 진딧물에 의해 반영속형으로 전염한다. Waikavirus의 방제는 바이러스나 매개충에 저항성이거나 바이러스에 내성이 있는 품종 재배에 의존한다.

벼 퉁그로병

퉁그로병(tungro)은 파키스탄에서 필리핀에 이르는 남부 및 남서부 아시아에서 벼에 발생하는 가장 심각한 바이러스병이다. 퉁그로(노란 내지 오렌지)병은 두 바이러스의 복합감염의 결과이다: 외가닥RNA바이러스인 *rice tungro spherical virus* (RTSV)와 겹가닥DNA바이러스인 *rice tungro bacilliform virus* (RTBV) (그림 14-44A, 14-44C). 두 바이러스 모두 여러 매미충(그림 14-44B), 특히 *Nephotettix virescens*에 의해 반영속형으로 전염된다. RTSV의 여러 종류의 작은 단백질로 쪼개지는 393 kDa의 복합단백질을 코딩하는 약 12.4kb 크기의 RNA로 이루어져 있다. 외피단백질은 두 종류의 단백질 분자로 이루어졌다.

Tungro에 감염된 벼는 위축되고 잎이 얼룩지며 노란색 내

그림 14-44 (A) Rice tungro병에 걸린 논의 벼가 생육장해와 색의 변화(주황색)를 보인다. (B) Tungro 바이러스의 매개충인 멸구 암컷. (C) 복합감염으로 벼 tungro병을 일으키는 구형(waikavirus)과 짧은 막대모양 (badnavirus) 바이러스의 순화한 입자. [사진제공: H. Hibino.]

지 오렌지색으로 변색된다 (그림 14-44A). Tungro병의 특유의 병징은 RTBV에 의해 생길 수 있으나 RTSV가 같이 있으면 더욱 심해진다. RTBV는 tungro병의 형적인 병징을 야기하지만 RTSV의 존재에 의해서 더 심해진다. RTSV는 때때로 단독으로 존재하지만 매우 약한 병징만을 초래한다. RTSV 단독에 의한 병은 벼 waika병이라고 알려졌으며, 바이러스의 명칭은 *rice waika virus*였다. 비록 두 바이러스가 모두 매미충으로 반영속적으로 전염하나 RTSV는 매미충에 의해 단독으로 전염할 수 있는 반면, RTBV는 공여식물에 RTSV가 존재할 때만 매미충에 의해 다른 식물로 전염될 수 있다.

참고문헌

"C.M.I./A.A.B. Descriptions of Plant Viruses." Rice tungro spherical virus (No. 67). Kew, Surrey, England.

Gingery, R. E., and Nault, L. R. (1990). Severe maize chlorotic dwarf disease caused by double infection with mild virus strains. *Phytopathology* **80**, 687–691.

Hibino, H., *et al.* (1991). Characterization of rice tungro bacilliform and rice tungro spherical viruses. *Phytopathology* **81**, 1130–1132.

Huet, J., Mahendra, S., Wang, J., *et al.* (1999). Near immunity to rice tungro spherical virus achieved in rice by a replicase-mediated resistance strategy. *Phytopathology* **89**, 1022–1027.

Tombusviridae에 의한 병

Tombusviridae는 지름 32~35nm인 ssRNA 구형바이러스 8속을 포함한다. 입자는 한 종류의 (+)ssRNA를 가지고 있다. 각각의 속은 단자엽이나 쌍자엽 식물 중 한 가지를 감염시킬 수 있으나 동시에 두 가지를 감염시킬 수는 없다. 이들 바이러스는 대부분 매우 안정적이고 토양이나 지표수에서 생존할 수 있으며, 이러한 경우 식물은 매개체가 없이도 바이러스에 감염될 수 있다. 이들 과에 속하는 속의 바이러스들은 식물에 경제적으로 심각한 병을 일으키지는 않는다. Tombusviridae에 속하는 속 및 그들의 가장 중요한 특징은 다음과 같다.

1. *Tombusvirus*는 대표 바이러스인 *tomato bushy stunt virus*에서 유래되었다. 대부분의 바이러스는 토양전염하며; 어떤 것은 병꼴균 *Olpidium*에 의해 전염된다.
2. *Aureusvirus* 는 스킨답서스를 감염하는 단일 바이러스이다.
3. *Avenavirus* 는 귀리(*Avena*)를 감염하는 한 종이 알려져 있다.
4. *Carmovirus* 는 *carnation mottle virus*에서 유래되었다.
5. *Machlomovirus* 는 *maize chlorotic mottle virus*에서 유래되었으며, 화본과식물에서만 발생하고 딱정벌레와 총채벌레에 의해 전염된다.
6. *Necrovirus* 는 *tobacco necrosis virus A*에서 유래되었으며, 단자엽 및 쌍자엽 식물을 포함하여 넓은 기주범위를 가지며, 일반적으로 뿌리를 감염하고, 병꼴균 *Olpidium*에 의해 전염된다.
7. *Panicovirus* 는 *panicum mosaic virus*에서 유래되었으며, 오직 화본과식물을 감염시키며 주로 접촉에 의해 전염된다.
8. *Dianthovirus* 는 *carnation ring spot virus*에서 유래되었으며 2개의 ssRNA로 나뉘어 지름 32~25nm인 입자들에 들어있다. *Dianthovirus* 는 쌍자엽식물만 침입하며 토양을 통해 쉽게 전염되는 것으로 보이지만 특정 매개자는 아직 알려져 있지 않다.

Luteoviridae 에 의한 병

Luteoviridae 라는 명칭은 노란색을 의미하는 라틴어 *luteus* 에서 유래하였으며 식물을 감염하여 다양한 정도의 황화 증상을 일으키는 약 30 종류의 바이러스를 포함하는 큰 그룹이다. 모든 luteovirus 는 기주의 사부세포에 국재하고 밀도가 낮으며 기계적으로 전염되지 않는다. 이들은 진딧물에 의해 영속형 및 순환형으로 전반되지만 증식형은 아니다.

Luteovirus 는 구형 외가닥RNA바이러스로 입자의 지름은 25~30nm이다. RNA는 약 6kb 크기이고 6개의 단백질을 코딩하는 것으로 보인다. Luteovirus는 크기 22~23 kDa인 한 종류의 외피단백질을 가지고 있다. Luteoviridae는 4개의 속으로 나눌 수 있는데, 그 중 어떤 것들은 아주 심한 병을 일으키기도 한다: (1) *Barley yellow dwarf virus* 는 *Luteovirus* 속의 대표 바이러스이며, 화본과식물에 한정된다: (2) 대표종인 *Potato leafroll virus* 에서 이름을 딴 *Polerovirus* 속의 일부 바이러스는 쌍자엽 식물을 감염하고 일부는 단자엽 식물을 감염한다. 매우 중요한 *beet western yellow virus*도 *Polerovirus* 이다. (3) *Enamovirus*는 *pea enation mosaic virus*에서 유래하였다. 실제로 pea enation mosaic병은 enamovirus인 PEMV-1과 umbravirus인 PEMV-2의 혼합감염에 의해 발생한다. 두 바이러스는 모두 PEMV-1 RNA에 의해 코드된 똑같은 외피단백질 소단위체를 가지고 있다. Enamovirus는 기계적으로도 전반되고 진딧물에 의해서도 전반된다. 그 밖에도 몇 종류의 바이러스가 luteoviridae 에 속하는 것으로 보이지만 아직은 속으로 지정되지는 않았다.

보리 누른오갈병

보리 누른오갈병(barley yellow dwarf)은 전 세계적으로 발생한다고 보고되어 있다. 병원바이러스는 보리, 귀리, 밀, 호밀, 잔디를 비롯하여 잡초, 목초, 방목지 풀 등 많은 화본과식물을 감염한다.

보리 누른오갈병은 식물체를 감염하여 생장위축, 분얼감소, 출수억제, 불임, 불충실 낟알 등을 일으킨다. 어떤 지역에서는 피해가 매우 심각하여 포장 전체가 감염되어 전혀 수확하지 못하는 경우도 있다. 주요 작물 가운데 귀리가 가장 심하게 감염되며, 해마다 심각한 손실이 나타난다. 보리 누른오갈병이 만연한 해에는 귀리 수확량은 30~50%까지 감소하는 반면, 보리나 밀의 손실량은 5~30% 정도이다. 이러한 손실뿐만 아니라 곡물의 질 저하와 목장, 방목지, 목초지의 생산성 감소와 황폐화에 따른 사료손실 등을 초래한다.

누른오갈병에 걸린 보리는 오래된 잎의 가장자리, 끝 또는 엽육조직이 누렁 증상을 보이거나 적색 및 자주색을 띤다. 어린 식물이 감염되면 잎은 변형되고 말리며 톱니 모양이 된다. 줄기는 짧아진다 (그림 14-45). 귀리와 밀에서는 분얼수가 줄어들지만, 심하게 위축된 보리에서는 분얼수가 더 늘어난다. 감염된 식물의 꽃은 늦게 형성되며 크기도 작다. 꽃은 종종 불임성이 되고, 이삭의 수와 무게도 감소한다. 감염된 식물의 뿌리는 상당히 줄어든다.

Barley yellow dwarf virus (BYDV)(그림 14-45D)는 몇몇 종의 진딧물에 의해 전반된다. 대부분의 진딧물은 약 24시간 흡즙해야 바이러스를 획득할 수 있으며, 4~8시간 이상 흡즙해야 바이러스를 옮길 수 있다. BYDV는 여러 계통이 있으며, 이들은 다양한 기주 품종에서 상대적으로 병원성에 있어서 차이점이 있고, 그 계통들이 만드는 병징 또한 다르며, 다양한

그림 14-45 누른오갈병에 감염된 밀(A)과 밀밭(B)의 모습. (C) 누른오갈병에 감염된 보리의 다양한 병징. (D) *Barley yellow dwarf virus*의 순화된 입자. [사진제공: (A-C) S.M. Haber, (D) W.F. Rochow.]

진딧물 매개충에 의한 전염에 있어서도 그 성질이 각기 다르다.

*Barley yellow dwarf virus*는 화본과기주, 떨어진 낟알, 그리고 보독된 진딧물 성충에서 월동한다. 바이러스의 전파는 매개충인 진딧물에 의존한다. 최악의 대발생은 보독 진딧물이 봄에 재배지로 이동하고 봄과 초여름이 저온 다습할 때 나타난다.

병발생에 있어서 가장 중요한 것은 식물체가 어느 생육단계에서 감염되었는가 하는 것이다. 일년생 화본과식물이 유묘 상태에서 감염되었을 때 가장 심각한 피해가 나타난다. 감염된 묘는 대개 죽거나, 혹시 산다고 하여도 대개 이삭을 맺지 못하며, 혹시 이삭이 생겨도 꽃과 식물체 전체의 크기가 매우 작다. 감염후기에는 바이러스가 식물체에 영향을 미치는 시간이 짧기 때문에 병의 심각성은 그에 따라 줄어들며, 최근에 형성된 잎에만 약한 병징이 나타날 뿐이다. 가을에 파종하는 화본과작물이 BYDV에 걸리면 수확량이 저하될 뿐만 아니라 저온 때문에 죽기 쉽다.

BYDV의 가장 주된 방제법은 저항성 품종의 사용이다. 일반적으로 재배되고 있는 대부분의 귀리, 보리, 밀 등은 대개 BYDV에 감수성이지만 그 중에는 다른 것에 비해 덜 감수성인 것도 있다. 또한, BYDV에 일부 내성 또는 저항성을 보이는 많은 품종들이 연구, 개발되어 왔다. 아울러 이 바이러스가 만연해도 버틸 수 있는 내병성 보리, 밀, 귀리를 육종하기 위한 연구가 진행되고 있다. 곡물이 일찍 감염되는 것을 줄이기 위해 파종시기 같은 몇몇 경종법도 조절할 수 있다.

감자 잎말림병

감자 잎말림병(potato leafroll)은 전 세계적으로 분포한다. 이 병은 *potato leafroll virus* (PLRV; 감자 잎말림바이러스)에 의해 발생하고 오직 감자만을 감염한다. 이 병에 의한 수확량 감소는 매우 커서 감자에서 가장 치명적인 바이러스라고 할 수

그림 14-46 (A) *Potato leafroll virus* (PLRV)에 감염된 감자에서 생육저해와 잎말림 증상이 보인다. (B) PLRV 감염의 결과로 감자 괴경에 괴사 증상이 보인다. [사진제공: Plant Pathology Department, University of Florida. (B) Plant Pathology Department, University of Idaho.]

있다. 감염된 식물체의 잎은 뚜렷이 위로 말리고 식물체는 위축되며 꼿꼿이 선다 (그림 14-46A). 특정 품종에서는 사부가 괴사하며 잎에 탄수화물이 축적된다. 괴경에서도 사부의 괴사가 관찰된다 (그림 14-46B). 바이러스는 감염된 종서 괴경을 통해 옮겨지며, 포장에서 10종 이상의 진딧물에 의해 영속형으로 전염한다. PLRV의 방제는 무병씨감자 사용에 의존한다. 매개충이 바이러스를 획득하려면 반드시 몇 시간 흡즙해야 하고 바이러스를 김염시키기까지는 몇 시간이 더 필요하기 때문에 살충제 살포에 의한 진딧물 조기 구제를 통해서도 어느 정도 방제효과를 얻을 수 있다.

비트 western yellows병

비트 western yellows병(beet western yellows)은 전 세계적으로 발생한다. 이 병은 사탕무, 시금치, 양상추, 그리고 많은 십자화과식물을 감염한다. 이 병은 퇴록과 위축 증상을 나타내고 어느 정도의 수량 손실을 초래한다. *Beet western yellows virus*는 8종의 진딧물에 의해 영속형(순환형)으로 옮겨지며, 매개충에서 50일 이상 존속한다.

참고문헌

Burnett, P. A., ed. (1989). "Barley Yellow Dwarf Virus, the Yellow Plague of Cereals." CIMMVT, Mexico City, Mexico.

"C.M.I./A.A.B. Descriptions of Plant Viruses." Luteovirus group (No. 339), beet western yellows virus (No. 89), potato leafroll virus (No. 291), barley yellow dwarf virus (No. 32). Kew, Surrey, England.

Francki, R. I. B., Milne, R. G., and Hatta, T. (1985). "Atlas of Plant Viruses." CRC Press, Boca Raton, FL.

Gray, S. M., Smith, D., and Altman, N. (1993). Barley yellow dwart virus isolate-specific resistance in spring oats reduced virus accumulation and aphid transmission. *Phytopathology* **83**, 716–720.

Irvin, M. E., and Thresh, J. M. (1990). Epidemiology of barley yellow dwarf: A study in ecological complexity. *Annu. Rev. Phytopathol.* **28**, 393–424.

Martin, R. R., *et al.* (1990). Evolution and molecular biology of luteoviruses. *Annu. Rev. Phytopathol.* **28**, 341–363.

Miller, W. A., and Rasochova, I. (1997). Barley yellow dwarf viruses. *Annu. Rev. Phytopathol.* **35**, 167–190.

Miller, W. A., Liu, S., and Becket, R. (2002). Barley yellow dwarf virus: Luteoviridae or Tombusviridae? *Mol. Plant Pathol.* **3**, 177–183.

Rouzé-Jouan, J., Terradot, L., Pasquer, F., *et al.* (2001). The passage of *potato leafroll virus* through *Myzus persicae* gut membrane regulates transmission efficiency. *J. Gen. Virol.* **82**, 17–23.

Smith, H. G., and Barker, H., eds. (1999). "The Luteoviridae." CABI Publ., Wallingford, CT.

과(Familiy)로 지정되지 않은 속의 단입자 구형 (+)ssRNA바이러스에 의한 병

이 속들은 다음과 같다. (1) *Sobemovirus*는 *soybean mosaic virus*에서 이름이 유래되었으며 심각한 손실을 일으키는 몇 개의 바이러스를 포함한다. 이들 바이러스 중 몇 개는 종자전염하며 대부분은 잎벌레에 의하여 전반된다. (2) *Marafivirus*는 *maize rayado fino virus*에서 유래되었다; 이들 바이러스는 화본과식물에 한정되어 있고 매미충에 의하여 바이러스가 전반되며 심각한 병을 일으킨다. (3) *Tymovirus*는 *turnip yellow mosaic virus*에서 유래되었다; 이 바이러스들은 쌍자엽식물을 감염하고 잎벌레에 의하여 전반되며 몇 종류는 매우 심각한 병을 일으킨다. (4) *Idaeovirus*는 *raspberry bushy dwarf virus*에서 유래되었으며 각 입자마다 3개의 지놈 RNA를 가지고 있고, 이들 바이러스는 *Rubus* 속에 국한되며 꽃가루와 종자에 의하여 전염된다. (5) *Ourmiavirus*는 *ourmia melon virus* 에서 유래되었으며 3개의 지놈 RNA가 지름 18nm에 길이 30, 37, 46, 62nm인 바실러스형 입자에 들어있다. 매개자는 알려진 것이 없다. (6) *Umbravirus*는 *carrot mottle virus* 에서 유래되었으며 이 바이러스들은 직접 외피단백질을 코딩하지 않지만 대개 *luteoviridae* 에 속하며 진딧물 매개충에 의한 전반을 도와주는 조력 바이러스의 외피단백질을 사용한다.

```
RNA1 O-----------------------------------------------------AAA
       =====i=========I====i=========
       32k    58k      24k   87k

RNA2 O-------------------------------------AAA
       ========I======I===
       48/58k  37k   23k
```

Comoviridae 에 의한 병

Comoviridae 는 *Comovirus*, *Fabavirus*와 *Nepovirus* 등 3속으로 구성되어 있다. 이들은 모두 구형 입자이며 지름은 약 30nm이다. 지놈은 두 종류의 외가닥 RNA로 구성되어 있으며, 동일한 바이러스 입자에 나뉘어서 각각 존재한다. RNA가 없는 빈 입자도 항상 함께 존재한다. 각 입자의 단백질 외피는 하나, 둘 또는 세 종류의 단백질 소단위체로 이루어졌다.

2개의 RNA는 크기가 각각 6~7kb와 3.4~4.5kb로 몇 가지 단백질을 코딩한다. 두 RNA는 일단 2개의 큰 중합단백질로 번역되며 다시 작은 단백질로 나뉜다. 큰 RNA는 32K 단백질을 만드는데, 이 단백질은 두 가지 중합단백질을 분해하는 단백질(24K)을 조절하는 것으로 보인다. 큰 RNA는 87K 중합효소와 복제 복합체의 막 부착에 관여하는 58K 단백질, 그리고 각각의 RNA의 5′말단에 부착하고 RNA 합성의 시작에 관여하는 4K 단백질(Vpg)를 만드는 데 쓰인다. 짧은 RNA는 바이러스 세포간 이동에 관여하는 58K와 48K 단백질, 그리고 37K와 23K 외피단백질을 코딩한다. 각 RNA의 3′말단에는 짧은 아데닌 중합사슬[poly(A)]을 가지고 있다.

Comoviridae 중 comovirus는 기주범위가 좁은 반면에 fabavirus와 nepovirus는 넓은 기주범위를 가진다. 각 속의 바이러스들은 매우 다른 병징을 일으킨다. Comovirus는 대부분 Chrysomelidae 에 속하는 잎벌레에 의해 전반되는 반면 fabavirus는 진딧물에 의해 전반된다. 대부분의 nepovirus는 선충에 의해 전염되며, 또한 감염된 식물로부터 얻어진 종자로 상당 부분 전염된다.

Comovirus 에 의한 병

Comovirus 는 *cowpea mosaic virus* (동부 모자이크 바이러스)에서 유래된 이름이며, 주로 콩과식물(강낭콩, 동부, 완두, 콩, 클로버 등)을 감염하지만 호박(*squash mosaic virus*)이나 무(*radish mosaic virus*) 같은 몇몇의 다른 기주도 감염한다. Comovirus 는 다양한 정도의 모자이크, 위축, 그리고 변형을 일으킨다. Comovirus는 감염된 세포의 세포질에 커다란 액포형과 결정형 봉입체 형성을 유도한다.

Comovirus는 기계적 접종으로 쉽게 전염하며, 포장에서는 잎을 가해하는 특정 잎벌레에 의해 옮겨진다. Comovirus는 또한 적지만 유의적인 비율로 종자전염한다. Comovirus의 방제는 주로 무병종자의 사용에 의존한다. 작기 초기에 살충제를 처리하여 잎벌레를 구제하는 것도 손실을 줄이는 데 도움이 된다.

참고문헌

"C.M.I./A.A.B. Descriptions of Plant Viruses." Comoviruses (No. 199), cowpea mosaic virus (No. 197), squash mosaic virus (No. 43), radish mosaic virus (No. 121). Kew, Surrey, England.

Nepovirus 에 의한 병

Nepovirus 는 선충전염 구형바이러스[nematode-transmitted polyhedral(isometric) virus]를 의미한다. 이들은 30종 이상의 바이러스로 이루어진 큰 그룹이며 이들 각각은 많은 일년생 그리고 다년생식물과 목본식물을 감염하기도 한다. 이들은 나무와 덩굴성 식물에 심각한 많은 병을 초래한다. Nepovirus에 감염된 식물은 감염 초기 또는 이른 봄에 심한 쇼크 증상을 보이나 나중에는 부분적인 회복을 보이는데, 그 기간동안 병징(만성적인 병징)은 약해지거나 완전히 사라진다. 토마토 가락지무늬 바이러스, 담배 가락지무늬 바이러스(그림 14-47), 양앵두나무 잎말림바이러스, 포도 *fanleaf* 바이러스, Arabis 모자이크 바이러스, 나무딸기 가락지무늬 바이러스 등이 가장 중요한 *nepovirus* 이다.

Nepovirus 는 입자와 지놈이 comovirus 와 매우 비슷하다. 이들은 지름이 약 30nm이고 지놈은 8~8.4kb와 3.4~7.2kb 크기의 두 조각으로 나뉘어 있다. RNA가닥에는 5′ 말단에 Vpg를, 3′ 말단에 아데닌중합사슬을 가지고 있으며, 이들 유전자는 comovirus 와 비슷하며 그들처럼 배열되어 있다. 그러나 nepovirus 의 외피는 하나, 둘 또는 세 종류의 단백질 소단위체로 구성되어 있다. 몇 종류의 nepovirus 는 그들의 입자 안에 위성RNA를 가지고 있는데, 이들은 자신의 복

그림 14-47 (A) *Tobacco ring spot virus* (TRSV)에 의해 발생한 콩 꼬투리마름. (B) TRSV에 의해 접종 후 동부의 줄기 말단에 나타난 괴사와 잎의 국부병반. [사진제공: Plant Pathology Department, University of Florida.]

제를 바이러스에 의존하고 있다.

Nepovirus는 유세포와 사부세포를 감염하고 세포질 또는 액포 내에 작은 덩어리로 관찰되기도 한다. Nepovirus 입자는 세포질에 가느다란 관모양으로 연결되어 관찰되거나, 이들이 세포에서 세포로 이동하는 경로인 원형질연락사와 함께 관찰되기도 한다.

Nepovirus 는 *Longidorus*, *Paralongidorus*와 *Xiphinema* 속 선충에 의해 식물체에서 식물체로 전염한다. 선충은 감염된 기주를 수 시간 흡즙하여 바이러스를 획득하면 몇 달 동안 계속 바이러스를 보유하고 전염할 수 있다. 대부분의 nepovirus는 또한 감염된 식물에서 만들어진 종자를 통해 다양한 비율로 전반된다. 그들 중 몇몇은 꽃가루로도 옮겨진다. Nepovirus는 다년생기주와 종자에서 월동한다; 생육기 동안 매개충인 선충이나 꽃가루를 통해 건전한 일년생 및 다년생 기주식물에 옮겨진다.

Nepovirus 에 의해 발생되는 병의 방제는 주로 무병종자와 무병묘목을 심고, 바이러스 매개충과 바이러스가 없는 새로운 포장을 정하고, 바이러스에 대해 저항성이거나 내성이 있는 작물을 심고, 살선충제를 가지고 토양을 훈증하는 것에 의존하고 있다.

토마토 가락지무늬병

토마토 가락지무늬병(tomato ring spot)은 북미대륙에 널리 퍼져있으며, 또한 다른 지역에서도 보고되어 있다. 토마토 재배에 있어서 그리 중요한 병은 아니지만, 다른 기주에도 병을 일으키며 특히 많은 다년생기주에서 심각한 피해를 일으킨다. 일년생 및 일부 다년생기주에는 *tomato ring spot virus* (TomRSV; 토마토 가락지무늬 바이러스)가 대부분 모자이크와 가락지무늬를 일으키지만(그림 14-48A, 14-48B), 때로는 다양한 정도의 전신괴사를 동반한다. 그러나 TomRSV는 다년생기주에는 일반적으로 잎에 뚜렷한 증상을 나타내지 않으며; 오히려 식물체의 하단부위에 영향을 미친다. 바이러스는 선충 *Xiphinema* 에 의해 옮겨진다. TomRSV는 어떤 기주에서는 종사를 통하여 옮겨지기도 한다.

북미에서는 포도, 나무딸기, 딸기 같은 작은 과실뿐만 아니라 인과류와 핵과류의 여러 품종과 대목이 TomRSV에 감염된다; 양앵두나무류의 줄기홈 및 쇠락, 사과나무의 접목부괴사 및 쇠락, 포도나무 잎맥황화병 및 포도나무 쇠락 등으로 묘사되는 병에 의해 심각한 손실을 받고 있다. 사과나무에 있어서 가장 일반적인 병징은 접목부 양쪽에 미약하게 생겨나는 줄기홈(그림 14-48C)이며, 접복부에 점진적인 괴사가 뒤따른다(그림 14-48D). 이 증상은 MM 106 같은 저항성 사과나무 대목에 과민성 사과나무를 접목하였을 때 발생하며, 대목은 후에 매개자인 선충에 의해 TomRSV에 감염된다. 결국 감염된 나무는 잎의 황화, 가지마름 및 일반적인 쇠락증상을 보이다가 접목부의 증상이 나타난 지 3~5년 내에 죽는다. 양앵두나무류에는 접수나 대목, 또는 둘 모두의 접목부 어떤 쪽에든 사과나무보다 더 넓고 심각한 홈이 나타나며, 접목 부분에 다양한 정도의 괴사가 일어나고, 잎의 황화, 가지마름 등 일반적인 쇠락증상을 보이다가 접목부의 증상이 나타난 지 3~5년 내에 죽는다. 포도나무와 나무딸기에서는 잎에서 얼룩과 가락지무늬가 나타나며 덩굴은 위축되고, 포도송이는 잘 자라지 않거나 결실이 빈약하거나 완전히 되지 않고 열매의 크기는 균일하지 않는

그림 14-48 *Tomato ring spot virus* (TomRSV)에 의한 담배 잎의 국부병반(A) 및 전신병징(B). (C,D) 사과나무에서 TomRSV에 의해 발생한 접목괴사 병징. (E) TomRSV 감염에 의해 발생한 양앵두나무 가지의 줄기홈 증상. [사진제공: (C,D) J. Halbrendt.]

증상을 보인다. 선충 전염성 TomRSV에 의해서 발생하는 이 모든 병들은 각각의 과수나 덩굴 식물에서 가장 심각한 병에 속한다.

포도나무 fanleaf 병

포도나무 fanleaf 병(grapevine fanleaf)은 전 세계적으로 나타난다. 이 병은 유일하게 포도만을 감염한다. 많은 계통이 있으며 다양한 병징을 야기하지만 피해는 언제나 심각하다. 바이러스 계통에 따라 감염된 잎에 녹색 또는 황색의 모자이크, 가락지무늬, 선무늬, 작은 점무늬 증상을 나타낸다. 대부분의 품종에서, 감염되면 잎이 작아지고 비대칭형으로 되며, 몇 품종은 엽맥이 비정상적으로 퍼지며 잎을 부채 모양으로 만든다 (그림 14-49). 잎에 누런(chrome-yellow) 얼룩이 나타나며, 얼룩진 부분은 색이 옅어지고 괴사하여 마침내 떨어지거나, 다 자란 잎은 주맥을 따라 황색을 보이기도 한다. 덩굴은 종종 마디 사이의 간격이 고르지 않고 마디가 이중으로 되고 수피와 목재에 골이 생긴다. 과일 생산량은 줄어든다. 송이의 꽃이 많이 떨어지며, 정상적인 과실 몇 개와 함께 작고 씨가 없는 과실이 많이 열린다. 감염된 나무의 활력과 생산량은 계속 떨어지며 나무는 점진적으로 퇴화해서 결국 죽는다. *Grapevine fanleaf virus*는 눈접, 접목, 삽목, 그리고 *Xiphinema* 속 선

그림 14-48 *Grape fanleaf virus*에 의해 발생한 포도나무 fanleaf 병징.

충에 의해 전염된다.

나무딸기 ring spot병

나무딸기 ring spot병은 주로 북유럽에서 발생하고 수확량과 식물군집에 큰 손실을 입힌다. Nepovirus인 *raspberry ring spot virus*(RRSV)에 의해 발생하고 *Longidorus* 속의 선충에 의해 전반된다.

참고문헌

"C. M. I./A. A. B. Descriptions of Plant Viruses." Nepoviruses (No. 185), tomato ringspot virus (No. 290), cherry leafroll virus (No. 306), arabis mosaic virus (No. 16), raspberry ringspot virus (No. 198), tomato black ring virus (No. 38). Kew, Surrey, England.

Converse, R. H., ed. (1987). "Virus Diseases of Small Fruits." USDA Agric. Handbook No. 631, Washington, DC.

Ellis, M. A., *et al.*, eds. (1987). "Compendium of Raspberry and Blackberry Diseases and Insects." APS Press, St. Paul, MN.

Frazier, N. W., ed. (1987). "Virus Diseases of Small Fruits and Grapevines." Univ. of California, Div. Agric. Sci., Berkeley.

Martelli, G. P. (1978). Nematode-borne viruses of grapevine, their epidemiology and control. *Nematol. Mediterr.* 6, 1–27.

Rosenberger, D. A., Cummins, J. N., and Gonsalves, D. (1989). Evidence that tomato ringspot virus causes apple union necrosis and decline: Symptom development in inoculated apple trees. *Plant Dis.* 73, 262–265.

Bromoviridae에 의한 병

Bromoviridae 과는 5개의 속을 가지고 있다; *Bromovirus, Cucumovirus, Ilarvirus, Alfamovirus,* 그리고 *Oleavirus*. 앞의 3속의 바이러스 입자는 지름 26~35nm인 구형이다. 2개의 지놈 RNA(RNA1과 RNA2)는 각각 다른 입자에 들어있다. 세 번째 RNA(RNA3) 와 네 번째 지놈인 RNA4는 함께 세 번째 입자에 들어있다. Alfamovirus, Oleavirus(와 때로 Ilarvirus)는 각각 4가지 입자를 가진다. 이들은 지름은 18nm인 대체로 단간상(바실러스형)으로 길이는 각각 30-57nm에 이른다. 4개의 입자 중 3개는 RNA를 하나씩(RNA1, RNA2, 또는 RNA3) 가지며 네 번째 입자는 RNA4를 2개 가진다.

몇몇 *Bromoviridae* 는 작물 및 원예식물의 중요한 병원체이다. 이들 중 많은 수가 전 세계적으로 분포한다. 대부분의 cucumovirus 는 콩과와 가지과식물에 속하는 좁은 기주범위를 가지고 있으나, cucumber mosaic virus (오이 모자이크 바이러스)는 기주범위가 매우 넓다. Ilarvirus는 대부분 수목류인 넓은 기주범위를 가진다. Bromovirus는 화본과식물과 콩과식물을 감염하고 alfamovirus는 주로 콩과식물을 감염한다.

Bromoviridae 중에서 cucumovirus 와 alfamovirus 는 많은 종류의 진딧물에 의해 비영속형으로 전반된다. 일부 bromovirus 는 잎벌레가 전염한다고 보고되었다. Ilarvirus는 매개충이 없으나, 일부가 종자전염하고 어떤 기주에서는 꽃가루전염도 한다. 일부 cucumovirus 와 alfamovirus 또한 몇 가지 기주에서 종자전염한다.

Cucumovirus에 의한 병

Cucumovirus 의 명칭은 *cucumber mosiac virus* (CMV; 오이 모자이크 바이러스)에서 유래하며 *tomato aspermy virus* (TAV), *peanut stunt virus* (PSV) 등을 포함하는 작은 그룹이다. *Cucumber mosiac virus*는 전 세계적으로 발생하며 어느 바이러스보다 더 많은 종류의 식물을 감염하고 모자이크, 위축 및 잎과 열매의 변형을 초래한다 (그림 14-50A~14-50E). *Tomato aspermy virus* 는 토마토보다는 국화에 더 자주 문제되고 있으며 국화가 자라는 곳이면 어디에나 있다. TAV에 감염된 토마토는 위축되고 덤불처럼 변하며, 열매는 작아지고 뒤틀리며 씨가 거의 없다. *Peanut stunt virus*는 땅콩을 재배하는 대부분의 나라에서 개개의 식물에 드문드문 발생한다. 또한 콩이나 화이트클로버 그리고 다른 기주식물에 영향을 준다. PSV에 감염된 식물은 심한 오갈 증상이 나타나고 씨의 크기가 작고 수도 적은데, 이들은 발아가 잘 안되고 활력이 낮은 유묘가 생겨난다.

```
        RNA1                         RNA2                        RNA3              RNA4
O---------------------------*  O---------------------------*  O--------------------*  O---------*
      ===================           =============               ===  =====              ==
             111k                          97k                  30k  24.5k             24.5k
```

Cucumovirus 의 입자는 구형으로 지름은 약 29nm이다 (그림 14-50F). 지놈은 3개의 외가닥RNA로 크기는 각각 3.4, 3.1과 2.2kb이며 이들은 동일한 형태의 각각의 입자에 하나씩 들어있다. 바이러스의 외피단백질을 코팅하는 넷째 RNA는 1.0kb이며 외피단백질 유전자로 셋 중 가장 작은 RNA에서 만들어졌으며 한 입자에 함께 들어있다. 모든 바이러스 입자는 분자량 약 24.5K인 똑같은 단백질 소단위체 180개로 구성되어 있다. 많은 cucumovirus 의 분리주는 약 350 뉴클레오타이드 크기의 작은 외가닥 위성RNA를 더 가진다. 어떤 위성RNA는 CMV 병징을 증폭시키나 어떤 것은 오히려 감소시킨다. 각 바이러스 RNA는 한 단백질에 대한 정보를 가지고 있다. 2개의 긴 RNA는 RNA복제에 관여하는 111K와 97K 단백질 정보를 가지고 있다. 가장 짧은 RNA는 바이러스의 세포간 이동에 관여하는 30K 단백질 유전자를 가지고 있다. 네 번째 하위 지놈 RNA는 24.5K 외피단백질을 코딩하며, RNA3의 복제형태로부터 생성된다. 외피단백질은 바이러스 외피를 구성할 뿐만 아니라 진딧물에 의한 식물체 사이의 바이러스 전염에도 결정요인으로 작용한다.

Cucumovirus 는 다년생작물과 야생기주에서 월동한다. 이로부터, 각 바이러스에 특정한 몇 종의 진딧물에 의해 일년생 및 다른 다년생작물이다. 모든 cucumovirus 는 진딧물에 의하여 비영속형으로 전염된다. 또한, cucumovirus는 적어도 일부 기주에서, 감염된 식물의 종자를 통해 적은 양이나마 종자전염한다. Cucumovirus는 쉽게 기계적 전염을 하며, 예를 들면 오이 모자이크 바이러스 중 일부는 온실이나 포장에서 작업에 의해 낮은 비율로 전염한다. 이들은 사부와 유조직세포를 감염하여 그 곳에서 증식한다. 바이러스 입자는 감염된 세포의 세포질에 흩어져서 또는 결정형 덩어리로 세포질, 액포에 나타나며 핵도 가능성이 있고, 입자는 세포질에 여러 층 또는 원형질연락사를 관통하는 것들은 한 줄로 배열되어 있다.

Cucumovirus 의 방제는 어렵다. 방제는 주로 저항성 품종의 육종과 사용, 무병종자 및 묘 사용, 바이러스를 보독하는 야생기주 제거, 바이러스 전염원을 줄이거나 포장으로부터 날아와 돌아다니는 진딧물 매개충의 감소나 지연에 도움이 되는 약제살포나 경종적 방법 등에 의존하고 있다. 지난 10~15년간, 여러 대체 방제법이 모색되었다. 여기에는 약독계통을 이용한 교차방어와 바이러스의 외피단백질 유전자를 이용한 형질전환 식물을 포함하며, 특정한 약독 위성RNA를 포장에 자라는 식물에 처리하거나 형질전환유전자로 이용하는 것은 바이러스와 강독 위성RNA에 의한 병의 심각성을 감소시킬 수 있고 실제로 감소시킨다.

오이 모자이크병

오이 모자이크병(cucumber mosaic)은 전 세계적으로 분포한다. 병원바이러스는 아마도 다른 어떤 바이러스보다 넓은 기주범위를 가지고 있어서 채소, 화훼류, 잡초 등 매우 많은 식물을 기주로 삼는다. 기주식물 가운데 중요한 것들은 오이, 글라디올러스, 멜론, 호박, 고추, 시금치, 토마토, 셀러리, 비트, 강낭콩, 바나나, 십자화과작물 등이다 (그림 14-50).

오이 모자이크병은 식물의 잎, 꽃, 그리고 열매에 얼룩, 변색, 기형 등을 일으킨다. 감염된 식물체는 크기가 작아지고 심한 경우에는 죽기도 한다. 따라서 수확물의 질적, 양적 저하를 초래한다. 온실뿐만 아니라 포장의 식물도 매우 심하게 감염된다. 어떤 지역에는 삼분의 일 내지 절반가량의 식물이 이 병에 의해 훼손되며 호박 등의 감수성 식물은 다른 식물로 대체해야 한다.

포장의 유묘는 첫 몇 주 동안 잘 감염되지 않는다. 일반적으로 포장에서 6주 정도 된 매우 왕성하게 자라는 식물이 가장 잘 감염된다. 접종된 지 4~5일 뒤에는 성장 중인 어린잎에 얼룩, 주름, 기형 등이 나타나고, 잎의 가장자리가 아래쪽으로 말린다 (그림 14-50). 이 후 생장은 매우 위축되어 줄기의 마디 사이와 잎자루가 정상의 절반 정도로 짧아서 전체적으로 위축 증상을 보인다. 이러한 식물체는 덩굴, 꽃과 열매의 수도 적어진다. 근처의 잎이 로제트(rosette)처럼 뭉쳐 덤불이나 다발을 이룬다. 오래된 잎은 처음에 가장자리를 따라 황화가 나타나 괴사로 변하며, 이 증상은 잎 전체로 퍼진다. 죽은 잎은 잎자루에 매달려 있거나 떨어져서 오래된 덩굴의 일부 또는 전체가 줄기만 남게 된다.

감염 후 열매에는 담녹색이나 백색 부분이 짙은 부분과 뒤섞이고, 짙은 부분보다 약간 가라앉는다; 짙은 색 부분은 때로 사마귀와 같이 튀어나와 열매의 기형을 초래하기도 한다. 병후기에 생기는 오이는 약간 기형이고 회백색과 녹색이 불규칙하게 섞여 '흰 피클'이라 불리기도 한다. 감염된 오이는 쓴 맛이

그림 14-50 (A) 각각의 고추 잎의 모자이크. 가락지무늬와 줄무늬의 *cucumber mosaic virus* (CMV)의 병징. (B) 포장의 고추 잎의 괴사. (C) 어린 고추의 생육저해. (D) 호박 잎의 얼룩점무늬와 모자이크. (E) 토마토 잎의 가느다란 모양의 기형. (F) 순화된 CMV.

나고 피클을 만들면 물러지고 수분함량이 많아진다.

Cucumber mosaic virus (CMV)는 기주범위, 그들이 일으키는 병징, 전반되는 방법, 그 밖의 다른 성질 등에 따라 여러 계통으로 구분된다.

Cucumber mosaic virus 는 많은 다년생 잡초, 화훼류, 그리고 작물에서 월동한다. 다년생 잡초는 겨울 동안 그들의 뿌리에 바이러스를 가지고 있다가 봄에 생장부 끝부분으로 바이러스를 옮겨 진딧물이 그로부터 바이러스를 감수성 식물체로 전반한다. 일단 소수의 식물이 CMV에 감염되면, 그 다음에는 매개충, 사람 등에 의해, 특히 수확기의 농작업에 의해 여러 식물체로 쉽게 옮겨진다. 첫 수확이 끝난 바로 다음 오이 밭 전체가 모자이크로 누렇게 변하는 경우가 있는데, 이것은 일꾼의 손이나 옷에 묻은 즙액을 통해 CMV가 기계적으로 얼마나 쉽게 그리고 효율적으로 전반되는지를 알려주는 것이다.

바이러스가 매개충이나 즙액으로 전염하면, 대부분의 기주에서 전신감염이 일어난다. 감염되기 이전에 다 자란 오래된 조직과 기관은 대체로 바이러스에 영향을 받지 않으나, 감염 이후에 발달하는, 활발히 자라는 어린 세포와 조직은 매우 심한 영향을 받는다. 감염된 식물체의 바이러스 밀도는 감염 후 여러 날 동안 계속 증가하나, 세대가 끝나거나 식물체가 죽을 때까지 계속 감소한다.

참고문헌

Agrios, G. N., Walker, M. E., and Ferro, D. N. (1985). Effect of cucumber mosaic virus inoculation at successive weekly intervals on growth and yield of pepper (*Capsicum annuum*) plants. *Plant Dis.* **69**, 52–55.

"C. M. I./A. A. B. Descriptions of Plant Viruses." Cucumber mosaic virus (No. 213), peanut stunt virus (No. 92). Kew, Surrey, England.

Crescenzy, A., *et al.* (1993). Cucumber mosaic cucumovirus populations in Italy under natural epidemic conditions and after a satellite-mediated protection test. *Plant Dis.* **77**, 28–33.

Francki, R. I. B., ed. (1985). "The Plant Viruses," Vol. 1. Plenum, New York.

Jordan, C., *et al.* (1992). Epidemic of cucumber mosaic virus plus satellite RNA in tomatoes in eastern Spain. *Plant Dis.* **76**, 363–366.

Kao, Cheng, C., and Sivakumaran, K. (2000). Brome mosaic virus, good for an RNA virologist's basic needs. *Mol. Plant Pathol.* **1**, 91–97.

Palukaitis, P., *et al.* (1992). Cucumber mosaic virus. *Adv. Virus Res.* **41**, 281–348.

Roossinck, M. J. (2001). *Cucumber mosaic virus*, a model for RNA virus evolution. *Mol. Plant Pathol.* **2**, 59–63.

Sayama, H., *et al.* (1993). Field testing of a satellite-containing attenuated strain of cucumber mosaic virus for tomato protection in Japan. *Phytopathology* **83**, 405–410.

Tolin, S. A. (1984). Peanut stunt. *In* "Compendium of Peanut Diseases" (D. M. Porter, D. H. Smith, and Rodriguez-Kabana, eds.), pp. 46–48. APS Press, St. Paul, MN.

Xue, B., *et al.* (1994). Development of transgenic tomato expressing a high level of resistance to cucumber mosaic virus strains of subgroups I and II. *Plant Dis.* **78**, 1038–1041.

Ilarvirus 에 의한 병

Ilarvirus라는 이름은 "isometric labile ring spot virus"로 표현되는 이 그룹의 특징에서 유래되었으나, 실제로 이들 입자는 진정한 구형이 아니며, 대부분 가락지무늬와 다른 병징을 일으킨다. Ilarvirus의 대표 바이러스로는 *tobacco streak virus* (담배 점줄무늬 바이러스)를 들 수 있으나, 16종 이상의 바이러스가 주로 인과류(*apple mosaic virus*), 장미류(*rose mosaic virus*), 핵과류(*prunus necrotic ring spot virus*, *prunus dwarf virus*), 귤나무류(*citrus leaf rugose virus*, *citrus variegation virus*), 느릅나무 같은 수목 등 목본류; 검은나무딸기, 라일락, 그리고 호프 등의 관목; 그리고 아스파라거스 등을 감염하는 것으로 나타났다. Ilarvirus는 유묘, 접수와 종자를 통해 퍼져왔으므로 아마도 기주가 자라는 곳이면 어느 장소에나 발생한다고 할 수 있다. 병징은 주로 잎과 꽃에 선무늬, 가락지무늬, 모자이크 등이 나타나며 때로 잎을 변형시키거나 뒤틀리게 한다. 대부분의 ilarvirus는 봄에 생장하는 기주에 "아주 심한 급성병징"을 일으키며 식물체 일부분(잎, 꽃과 어린 가지)을 죽이기도 한다. 괴사부위(궤양)가 가지나 잔가지에 나타나기도 한다. 나중에 자라난 잎과 가지에는 병징이 약하거나 아예 나타나지 않을 수도 있다. 나무가 감염되면 한두 해 병징을 보이다가 다음 몇 년간 잠재상태(무병징)가 되기도 한다.

Ilarvirus 입자는 심지어 동일 바이러스에서도 약간씩 변하는데, 일부는 구형 또는 다면체로 지름이 약 20~32nm이고 일부는 타원형이다; 또 어떤 바이러스에서는 일부 입자는 구형이나 일부는 바실러스형으로 길이가 75nm나 된다. 일반적으로 ilarvirus 입자는 원심분리로 셋 또는 네 종류로 나눌 수 있고 각 입자는 외가닥RNA를 하나씩 가지고 있다. 모든 입자는 바이러스에 따라 분자량 크기가 24~30K인 한 종류의 단백질 소단위체로 구성된다. 외피단백질은 4개 중 가장 작은 RNA에 의해 코딩되는데, 이 RNA는 RNA3의 (−)가닥과 중복되며 바이러스 복제효소에 의해 RNA3의 (−)가닥으로부터 만들어진다. 감염에는 RNA가 4개 모두 필요하다; 하지만, 가장 작은 4번째 RNA가 외피단백질로 대체되어도 감염은 일어난다. 큰 두 RNA는 각각 단백질을 코딩하는데(120K와 100K) 이 둘은 모두 RNA중합효소로 RNA 복제에 관여한다. 셋째 RNA는 바이러스의 세포대 세포 이동을 도와주는 34K 단백질을 코딩한다. RNA4는 각 ilarvirus 의 24~30K의 외피 단백질을 코딩한다.

Ilarvirus 는 다년생 목본기주에서 영속하며 대부분은 감염된 기주로부터 만들어진 종자의 일부에도 존재한다. 이들은 아직 알려진 매개충이 없다. 영양번식과 종자에 의한 전염과 아울러 많은 ilarvirus가 포장에서 꽃가루를 통하여 자손(종자)과 식물체로 전염한다.

이들은 매우 불안정하여 분리 및 동정에 어려움이 많기 때문에 많은 종의 ilarvirus가 아직 그 특성과 상호간 연관성에 대해 확실하게 알려져 있지 않다.

양앵두나무류 괴사가락지무늬병

양앵두나무류 괴사가락지무늬병(prunus necrotic ring spot)은 전 세계적으로 열대지방에 발생한다. 이 병은 양앵두나무, 신양앵두나무, 아몬드나무, 복숭아나무, 살구나무, 자두나무 등 재배되는 핵과류 대부분과 많은 야생 핵과류, 그리고 장미 등의 몇 가지 관상식물에도 나타난다.

괴사가락지무늬는 핵과류의 바이러스병 가운데 세계적으로 가장 널리 퍼져있는 병이다. 과실을 생산하는 지역에서는 과수원에서 과실을 생산하는 과수 거의 모두가 감염된다. 손실은 감염된 나무의 품종과 감염될 당시의 생육단계에 따라 다양하다. 대목과 삽수 중 한쪽만이 감염된 경우에는 둘 모두가 감염되거나 또는 감염되지 않은 경우보다 접목성공률이 낮다. 감염된 식물체는 10~30% 또는 그 이상의 생장이 저하되고, 감수량은 20~60% 이상이며, 저온에 대한 감수성이 또한 증가한다.

감염된 나무 또는 개개의 가지에 봄에 잎이 늦게 나오며, 잎은 작고 옅은 녹색의 점과 지름 1~5mm의 진한 가락지무늬가 생긴다. 감염된 부위는 나중에 괴사되고 떨어져서 찢어진 듯한 모양을 한다 (그림 14-51A, 14-51B). 급성 병징이라 부르는 이 증상은 보통 처음 펴지는 잎에 제한적으로 나타난다. 나중에 생기는 잎에는 일반적으로 뚜렷한 증상이 나타나지 않는다. 감염된 나무는 대개 잎의 수가 적어 엉성해 보인다.

감염된 나무의 꽃은 흔히 작고 뒤틀리며 퇴록 또는 괴사가 락지무늬를 형성하고 일반적으로 열매를 맺지 못한다. 가끔 열매가 열려도 잎에서와 비슷한 작은 가락지무늬가 생긴다.

대체로 한 해 심하게 감염된 나무는 이듬해에 수관이 엉성해지는 것을 빼고는 거의 병징을 나타내지는 않는다. 만일 첫 해에 몇 가지에만 심각한 병징이 나타났다면, 나머지 가지는 이듬해에 심각한 병징이 나타난다. 그러나 여러 지역에서 병징이 4~6년 또는 그 이상 계속 나타나기도 한다.

양앵두나무 괴사가락지무늬 바이러스(*prunus necrotic ring spot virus*: PNRV)는 눈접과 접목, 그리고 접목과 바이러스에 감염된 나뭇잎이나 꽃잎의 즙액을 오이와 몇몇 다른 초본식물의 잎에 문지르는 것으로 기계적으로 전반될 수 있다. 또한, 품종에 따라 5~70%까지 종자전염한다. 또한 꽃가루를 통해 종자나 수분된 식물체로 전염하기도 한다. 매개충은 아직까지 밝혀진 바 없다.

바이러스는 감염된 핵과류의 과수에서 월동하여 이듬해 봄 주로 감염된 꽃가루를 통해 건전한 식물체로 옮겨간다. PNRV는 만든지 4년이 경과하지 않은 과수원에서는 느리게 퍼져가지만, 오래된 과수원에서는 빠르게 퍼지는데, 그 이유는 아마도 큰 나무일수록 더 많은 꽃을 피우므로 어린나무에 비해 감염된 꽃가루에 접촉할 기회가 많기 때문인 것으로 여겨진다. 이 바이러스는 적어도 800m 이상 퍼질 수 있지만, 대부분의 감염이 감염원으로부터 15m 이내에서 이루어진다. 감염된 나무의

그림 14-51 *Prunus necrotic ring spot virus* 에 의한 병징. (A) 복숭아나무 잎에 나타난 희미한 초기의 퇴록가락지무늬. (B) 양앵두나무 잎에 괴사가 진전되어 구멍이 뚫리고 너덜너덜해진 모습.

병징은 접종 이듬해 봄에 나타나는 것이 일반적이다.

핵과류의 괴사가락지무늬병 방제는 거의 전적으로 무병묘목의 사용 및 바이러스에 감염되지 않은 어린 나무가 자라는 곳으로부터 감염된 식물체를 제거하는 것에 의존한다. 무병묘목의 생산은 바이러스에 감염되지 않은 종자로부터 대목을 생산하고, 원하는 품종 중 바이러스에 감염되지 않은 식물체로부터 접수를 얻는 것이다. 감염된 몇 년 뒤에는 PNRV의 병징이 잘 나타나지 않기 때문에 모수(母樹)로 사용할 나무는 반드시 바이러스의 존재여부를 알려줄 수 있는 지표식물로 검정하거나, 혈청학적 검정법, 특히 ELISA로 검정한다.

바이러스에 감염되지 않은 나무로 과수원을 조성한 뒤에도 바이러스를 방제하기 위하여 과수원 반경 약 200m 안에 있는 야생 양앵두나무는 모두 제거해야 한다. 감염된 나무가 있는 과수원 근처에 새 과수원을 만드는 것은 피해야 하며, 감염된 나무는 발견되는 즉시 제거하여 바이러스 전파를 막아야 한다.

참고문헌

Agrios, G. N., and Buchholtz, W. F. (1967). Virus effect on union and growth of peach scions on *Prunus besseyi* and *P. tomentosa* understocks. *Iowa State J. Sci.* **41**, 385–391.

"C. M. I./A. A. B. Descriptions of Plant Viruses." Ilarviruses (No. 275), apple mosaic virus (No. 83), citrus leaf rugose virus (No. 164), prune dwarf virus (No. 19), Prunus necrotic ringspot virus (No. 5). Kew, Surrey, England.

Fridlund, P. R., ed. (1989). "Virus and Viruslike Diseases of Pome Fruits and Simulating Noninfectious Disorders." SP0003, Cooperative Extension, Washington State Univ., Pullman, WA.

Garnsey, S. M. (1975). Purification and properties of citrus-leaf-rugose virus. *Phytopathology* **65**, 50–57.

Pine, T. S., ed. (1976). "Virus Diseases and Noninfectious Disorders of Stone Fruits in North America." USDA Agric. Handbook No. 437.

Sanchez-Navarro, Aparicio, Rowhani, *et al.* (1998). Comparative analysis of ELISA, nonradioactive molecular hybridization and PCR for the detection of prunus necrotic ringspot virus in herbaceous and *Prunus* hosts. *Plant Pathol.* **47**, 780–786.

Thole, V., Garcia, M.-L., Van Rossum, C. M. A., *et al.* (2001). RNAs 1 and 2 of *alfalfa mosaic virus*, expressed in transgenic plants, start to replicate only after infection of the plants with RNA 3. *J. Gen. Virol.* **82**, 25–28.

구형 겹가닥RNA바이러스에 의한 병

겹가닥RNA를 가진 구형바이러스에는 식물을 감염하는 바이러스속과 식물병원성 균류를 감염하는 일부 바이러스를 포함하는 두 과로 이루어져 있다. 그러므로 *Reoviridae* 과에는 식물을 감염하는 monopartite 바이러스속인 *Fijivirus*, *Phytoreovirus* 와 *Oryzavirus* 가 있고, 동물과 사람을 감염하는 바이러스 몇 속이 함께 포함된다. 다른 과인 *Partitiviridae* 는 *bipartite* 바이러스 네 속으로 구성된다. 이 중 *Alphacryptovirus* 와 *Betacryptovirus*는 식물을 감염한다. 다른 두 속인 *Partitivirus* 와 *C-hrysovirus*는 *Penicillium*, *Rhizoctonia*, *Gaeumannomyces Helminthosporium* 등 여러 식물병원균을 포함한 균류를 감염한다.

Reoviridae에 의한 병

Reoviridae 과에는 사람, 척추동물, 곤충, 그리고 식물을 감염하는 바이러스가 포함되어 있다. *Reovirus* 라는 속명은 사람과 동물의 호흡기 계통 및 소화관에서 발견된 "*respiratory enteric orphan virus*"에서 유래하였다. 왜냐하면 사람과 동물의 호흡기관과 소화관에서 발견되는 이들 바이러스가 아직까지 아무 병에도 연관되지 않았기("orphan") 때문이다.

식물 *Reoviridae* 에는 *Phytoreovirus*, *Fijivirus*와 *Oryzavirus* 세 속이 있다. 한 가지(*rice dwarf virus*)를 제외한 모든 식물 *Reoviridae* 가 기주에 혹 또는 암종을 일으킨다. *Phytoreovirus* 에는 다음과 같은 종류가 있다: *wound tumor virus*는 여러 쌍떡잎식물에 전신감염하고 상처가 없는 식물에는 단지 엽맥을 부풀리나, 상처난 식물에는 암종을 만들고 그로부터 새로운 뿌리가 생긴다 (그림 14-52A); 벼 오갈 바이러스는 감염된 식물에 위축과 작은 퇴록반점을 만들 뿐이다 (그림 14-52B); *rice gall dwarf virus*는 식물체를 위축시키고, 잎의 색을 짙게하며 뒤틀리고, 엽맥에 혹을 만들며, 개화를 억제한다 (그림 14-52C, 14-52D). *Rice black-streaked dwarf virus* (벼 검은줄무늬오갈 바이러스)(그림 14-52F), *maize rough dwarf virus*, *oat sterile dwarf virus* 같은 모든 *fijivirus* 와 *rice ragged stunt virus* (그림 14-52E, 14-52G) 같은 *oryzavirus* 역시 위축, 잎의 농록, 잎의 기형, 엽맥의 혹, 개화억제 등의 병징을 일으킨다 (그림 14-52E). 대부분의 바이러스는 화본과식물에 비교적 좁은 기주범위를 가지며, 비록 어린 식물이 감염되면 심한 병징과 수량 감소를 야기하나, 모든 손실은 보통 정도이며 일반적으로 병발생이 한 곳에 국한된다. 모든 *Reoviridae* 는 특정 매미충(그림 14-25B)과 멸구에 의해 영속형 및 증식형으로 식물 간에 전염하고, 오직 *phytoreovirus* 만 새로운 세대에 경란전염을 한다. 이들은 식물뿐만 아니라 곤충에서도 증식하므로 식물 및 곤충 바이러스인 셈이다.

Reovirus 는 구형 입자로 지름이 65~70nm이다 (그림 14-52C, 14-52F, 14-52G). 지놈은 겹가닥RNA가 phytoreovirus 는 12개, fijivirus와 oryzavirus 는 10개로 이루어져 있다. RNA의 크기는 약 800~2600bp이고 각각 분자량 19에서 155K에 이르는 단백질 유전자를 하나씩 가지고

그림 14-52 (A) *Wound tumor virus*에 감염된 sweet clover 뿌리의 상처에서 만들어진 종양(혹). (B) *Rice dwarf virus*에 의해 발생한 황화 얼룩점이 보이는 벼 잎. (C) *Rice gall dwarf virus*. (D) 같은 바이러스에 의해 벼 잎에 나타나는 퇴록반점, 뒤틀림, 혹. (E) *Rice rugged stunt virus* (RRSV) 에 감염한 벼의 잎 뒤틀림과 개화 감소. (F) 줄기 융기와 파괴된 세포의 RRSV 입자. (G) *Rice black-streaked dwarf virus*의 3개의 입자. [사진제공: (A) K. Maramorosch, (B-F) H. Hibino, (G) Y. Mikoshiba.]

있다. 각 reovirus는 또한 전사효소를 가지고 있어, 감염 후 외피가 벗겨지고 나면, dsRNA들을 주형으로 10~12개의 ssRNA를 만들어 이로 하여금 단백질을 만들게 한다.

Phytoreovirus와 fijivirus의 입자는(그림 14-52C, 14-52G) 외부단백질외피(outer protein shell)와 내부코어단백질외피(inner core protein shell) 등 동심의 두 단백질외피로 이루어져 있으며 내부코어단백질외피는 dsRNA들과 전사효소를 가지고 있다. Fijivirus는 입자 표면으로부터 튀어나온 12개의 돌기(spike)가 고르게 분포되어 있다. Oryzavirus는 한 겹의 외피(안쪽)만 있으며 역시 12개의 돌기를 가지는데, 이는 Fijivirus 보다 굵고 짧다. Phytoreovirus의 외피는 7개의 서로 다른 단백질로 구성되어 있고, fijivirus는 6개, oryzavirus는 5개의 외피로 구성된다.

식물에서 phytoreovirus는 체관과 엽육을 포함한, 이에 근접한 세포에서 관찰할 수 있다. Fijivirus와 Oryzavirus는 사부유세포와 체관세포에 제한적으로 존재한다. 감염된 세포에서 Reovirus는 입자가 집적된 형태인 viroplasm, 세포질에 위치하는 관상의(tubular) 구조 또는 세포질 내에 흩어져서 존재한다.

*Reovirus*는 생육기가 일부 겹치는 주로 단자엽식물인 야생기주와 재배식물 사이, 매개곤충에서 생존하며, phytoreovirus는 매개충의 알에서도 생존한다. 매개충인 매미충과 멸구는 바이러스를 획득하는 데 보통 수 시간 걸리나 건전식물에 바이러스를 전염하기 전에 1~2주 동안 잠복기가 있어야 한다. 접종에 필요한 흡즙 시간은 대개 1시간에서 수 시간 걸리기도 하며, 보독된 매개충은 남은 일생동안 감염력을 유지한다.

Reovirus의 방제는 바이러스나(와) 매개충에 저항성인 품종을 사용하고, 묘를 이식하기 전에 살충제를 뿌리며, 논을 갈아엎거나 매개충이 살 수 없는 비기주식물을 심는 등 매개충 군락을 줄이는 데 도움되는 경종법; 파종시기를 늦추고; 조생과 만생 벼를 겹치게 심지 않는 등의 방법을 이용한다.

참고문헌

"C. M. I./A. A. B. Descriptions of Plant Viruses." Plant reoviruses (No. 294), maize rough dwarf virus (No. 72), oat sterile dwarf virus (No. 217), rice black-streaked dwarf virus (No. 135), rice dwarf virus (No. 102), rice gall dwarf virus (No. 296), rice ragged stunt virus (No. 248), wound tumor virus (No. 34). Kew, Surrey, England.

Francki, R. I. B., Milne, R. G., and Hatta, T. (1985). "Atlas of Plant Viruses," Vol. 1. CRC Press, Boca Raton, FL.

Nuss, D. L., and Dall, D. L. (1989). Structural and functional properties of plant reovirus genomes. *Adv. Virus Res.* **38**, 249–306.

Webster, R. K., and Gunnell, P. S., eds. (1992). "Compendium of Rice Diseases." APS Press, St. Paul, MN.

(-)ssRNA 바이러스에 의한 병

식물 (-)가닥 RNA바이러스는 사람과 동물을 감염하는 바이러스도 속해있는 Rhabdoviridae 및 Bunyaviridae와, 아직 과로는 지명되지 않은 *Tenuivirus* 및 *Ophiovirus*에 속하는 바이러스들을 포함한다. 모든 (-) RNA바이러스는 (-)ssRNA를 (+)ssRNA로 바꾸어 단백질로 번역할 수 있는 전사효소(RNA 의존 RNA중합효소)를 입자 안에 가지고 있다.

Rhabdovirus에 의한 병

*Rhabdovirus*는 희랍어로 막대를 뜻하는 rhabdos에서 이름을 지었고, 약 80종류의 식물바이러스가 속하는 큰 그룹이다. 이들의 기주범위는 좁으며 대부분 채소, 잡초와 화본과식물이다. 가장 흔한 병징은 모자이크, 엽맥투명화, 황화, 그리고 오갈증상이며, 때로 식물조직을 변형시키고 괴사시키기도 한다. *Lettuce necrotic yellows virus, potato yellow dwarf virus, rice transitory yellowing virus, wheat striate mosaic virus* 등이 여기에 속한다.

대부분의 rhabdovirus는 매미충, 멸구, 또는 진딧물에 의해 증식순환형으로 전염한다. 일부 바이러스가 lace bug나 응애류에 의해 전염된다는 보고가 있으나 이는 확인할 필요가 있다. 각 매개충에 따라 획득 흡즙시간은 1분에서 수분이 소요되며 한번 보독된 매개충은 일생동안 전염력을 갖는다. 또한 이들은 비록 낮은 비율이지만 매개충 알을 통해 다음 세대로 전해진다.

Rhabdovirus의 입자는 바실러스형이며 식물바이러스 중 가장 크다. 이들은 지름이 50~95nm이고 길이는 200에서 500nm에 이른다 (그림 14-53).

각 입자는 M1과 M2(19K-45K) 단백질과 지질로 구성된 막으로 둘러싸여 있으며 71K부터 92K까지 당단백질로 만들어진 수많은 돌기가 규칙적으로 배열되어 있다. 외막 내부로는

```
---------------------------------------------------------------------------------------------- (-) ssRNA
                                        70k
<==============================================================================
        241k                      G =70k    M1   37k   M2    54k          Proteins
```

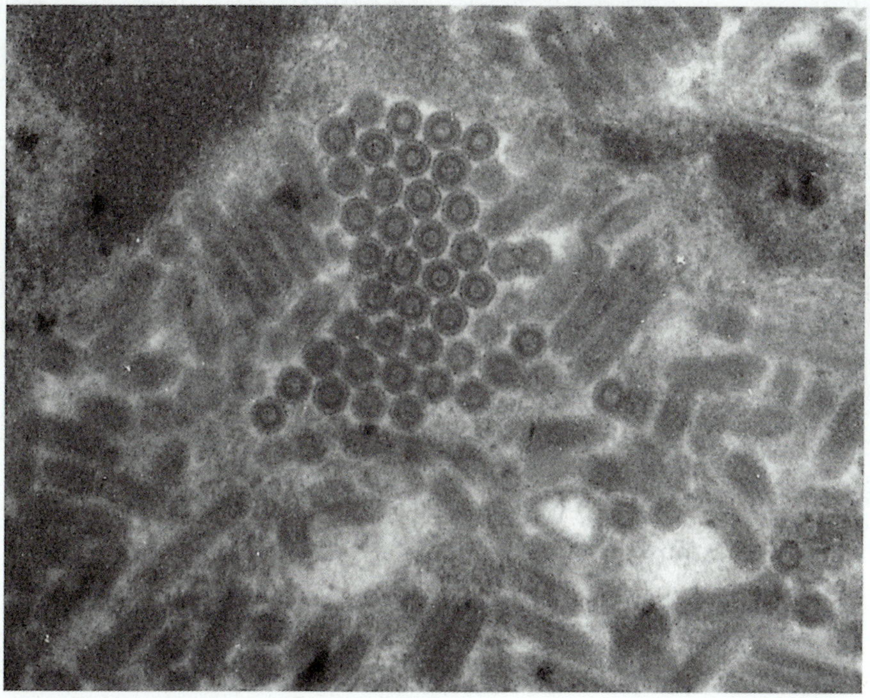

그림 14-53 식물세포 내에서 rhabdovirus 입자를 세로면과 횡단면으로 관찰한 것 (72,000배). [사진제공: R.G. Christie.]

외피단백질(54~64K)과 11~13kb의 뉴클레오타이드로 이루어진 (-)ssRNA가 합쳐진 핵단백질이 있다. 이 긴 가닥형의 핵단백질은 나선형 배열을 하여 고배율로 관찰하면 입자의 길이를 따라 횡단면 방향으로 줄무늬가 들어있는 것처럼 보인다. 내부 또는 핵단백질에 붙은 두 가지 다른 단백질이 더 있는데, 크기가 241K에 이르는 큰 단백질과 비구조단백질로(37K) 둘 다 또는 둘 중 하나가 바이러스의 (-)RNA를 번역될 수 있는 (+)RNA로 바꾸는 전사효소의 기능을 한다고 여겨진다. 바이러스 단백질 6개 각각에 대한 전령 RNA는 바이러스 (-)ssRNA 한 가닥으로부터 모두 전사되어 나온다. 전사효소는 또한 (+)ssRNA의 전체를 전사한다고 여겨지며 이로부터 얻어진 (-)ssRNA는 바이러스 핵단백질 구성에 쓰인다.

식물에서, 이들은 사부와 유조직세포를 감염한다. 대부분의 rhadbovirus입자는 핵막 사이의 공간(perinuclear space)에서 형성된다. 2개의 식물 rhabdovirus 속이 있는데, 하나는 *lettuce necrotic yellows virus* 같은 *Cytorhabdovirus* 로 입자의 막을 바깥쪽 핵막(이것은 소포체로 연결되어 있음)에서 얻어 세포질의 소포에 축적하며, 다른 하나는 *potato yellow dwarf virus* 같은 *Nucleorhabdovirus* 로 입자 막을 안쪽 핵막에서 얻어 핵막 간 공간에 축적된다. 그리고 또 다른 rhabdovirus 그룹이 있는데, 이러한 경우에 입자는 세포질에 생긴 큰 viroplasm에서 형성되어 주변에 있는 소포에 축적된다.

참고문헌

Bishop, D. H. L., ed. (1980). "Rhabdoviruses," Vols. 1–3. CRC Press, Boca Raton, FL.

"C.M.I./A.A.B. Descriptions of Plant Viruses." Plant rhabdoviruses (No. 244), lettuce necrotic yellows virus (No. 26), wheat striate mosaic virus (No. 99), potato yellow dwarf virus (No. 35), rice transitory yellowing virus (No. 100). Kew, Surrey, England.

Francki, R. I. B., Milne, R. G., and Hatta, T. (1985). "Atlas of Plant Viruses." CRC Press, Boca Raton, FL.

Tospovirus 에 의한 병

토마토 점무늬시들음 바이러스(*Tomato spotted wilt virus:*

TSWV)에서 이름을 따온 tospovirus 는 사람과 동물을 감염하는 여러 속으로 구성된 Banyaviridae 과의 한 속을 이룬다. Tospovirus는 세계적으로 주로 열대 및 아열대는 물론 온대지방에서 발생하며 유행성 식물병을 일으킨다. 이들이 널리 분포하는 것은 감염된 관상식물 등의 국제교역 때문이라고 생각되는 반면, 지역적인 발생정도와 심각성은 매개충인 총채벌레의 밀도에 기인한다. Tospovirus는 매우 넓은 기주범위를 가지고 있어서 500종 이상의 관상식물, 채소, 과실, 그리고 50여과 이상의 다른 일년생과 다년생식물을 감염한다. 가지과, 국화과와 콩과의 식물이 특히 감수성이다. 현재 8가지 tospovirus 가 알려져 있고 적어도 5가지 이상이 더 이 속에 속할 것으로 생각한다. 토마토 점무늬시들음 바이러스는 많은 단자엽식물과 쌍자엽식물을 감염한다. Tospovirus에 심하게 감염되는 일부 기주식물로는 토마토, 담배, 땅콩, 파인애플, 파파야나무, 양상추, 다알리아, 글록시니아, 아프리카물봉선 등이 있다 (그림 14-54, 14-56). 손실은 바이러스에 일찍 감염된 식물의 수에 비례하며, 감염률은 보통 50~90%에 이른다.

Tospovirus 의 병징은 감염된 기주의 종류와 식물 기관 그리고 이들 식물이나 기관이 감염된 나이에 따라 매우 다양하다. 그러나 일반적으로 tospovirus 의 병징은 잎(그림 14-54A, 14-55A~14-55D), 줄기, 과실(그림14-54B, 14-54C)에 퇴록 또는 괴저성 가락지무늬, 선무늬, 점무늬, 줄기에 괴저성 짧은줄무늬, 잎이 구리색으로 변하거나 말림, 시들음; 과실에 가락지무늬, 괴저점무늬와 기형, 식물체 부분 또는 전체의 위축(그림 14-55D)과 괴사 등으로 나타나며, 일반적으로 수확량이 크게 감소한다.

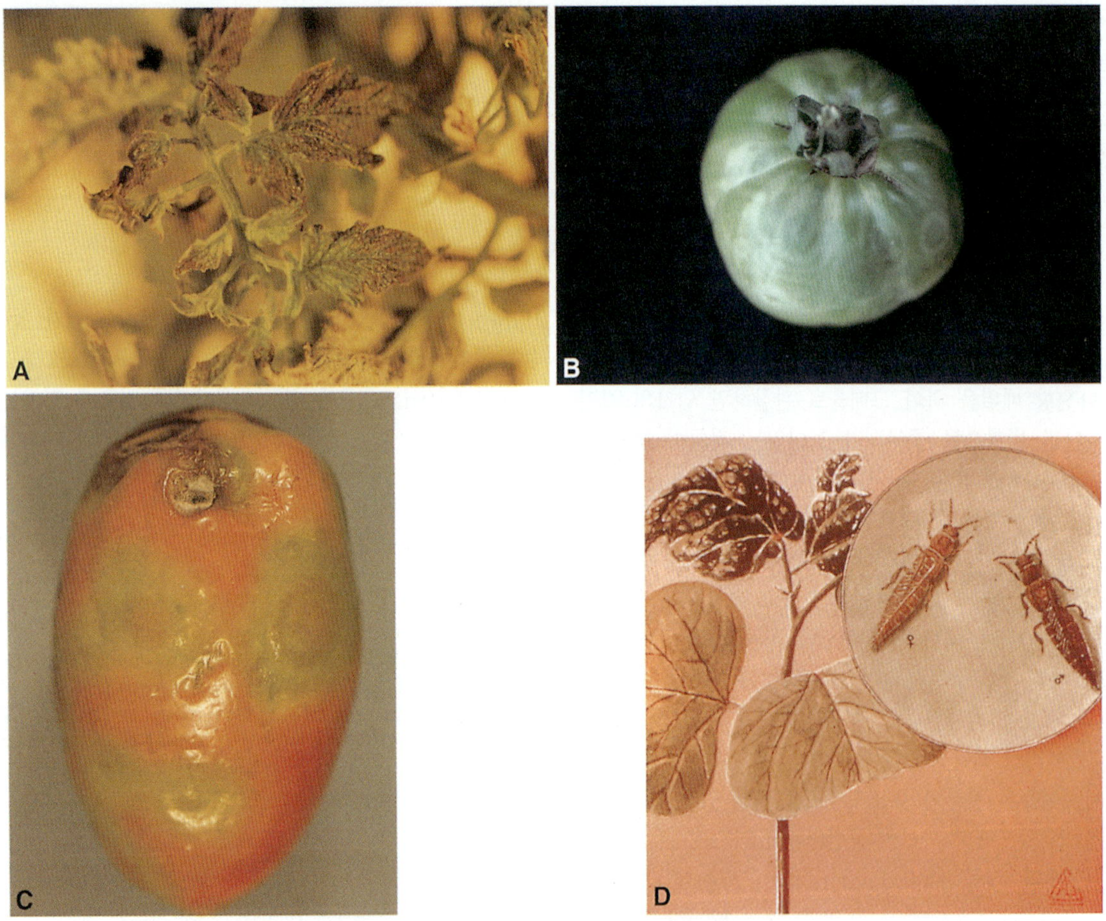

그림 14-54 *Tomato spotted wilt virus* (TSWV)에 의해 토마토에 나타난 spotted wilt 증상. (A) 토마토 식물체는 갈변과 괴사를 보임. (B,C) 어린 과실과 성숙한 과실에 가락지무늬병반이 나타남. (D) TSWV의 매개충인 총채벌레. [사진제공: (A,C,D) Plant Pathology Department, University of Florida, (B) R.J. McGovern.]

그림 14-55 포장에서 *tomato spotted wilt virus*에 의해 담배 잎(A), 땅콩(B), 감자 잎(C), 고추(D)에 나타난 병징. (E) 유조직 세포 내에서 관찰된 막으로 둘러싸인 TSWV 입자의 집단. (F) TSWV 입자의 모식도. 바이러스 유전자는 3개의 직선형 (-)ssRNA로 되어있고, 29K 바이러스 외피 단백질 소단위체와 단단하게 결합하여 고리모양의 원을 형성한다. 지질 외막은 2가지 종류의 당단백질 G1와 G2를 포함한다. 전사효소라고 생각되는 큰 단백질(L) 분자가 각 바이러스 입자에 몇 개씩 존재한다. [사진제공: (A) E. Hiebert, (B,D) Plant Pathology Department, University of Florida, (C) D.P. Weingartner, (E) M.A. Peterson, (F) R. Goldbach.]

그림 14-56 또 다른 흔한 topspovirus 인 *impatiens necrotic spot virus*에 의해 아프리카물봉선의 잎(A), 줄기(B), 식물전체(C)에 나타난 병징. [사진제공: R.J. McGovern.]

Tospovirus 의 입자는 구형으로 지름이 80~110nm이고 외막을 가진다 (그림 14-55E, 14-55F). 각 입자는 4가지 단백질로 구성되는데, 두 당단백질(78K와 58K)은 부분적으로 막에 묻혀있으며 두 가지 형태의 돌기를 만들고(그림14-55F), 29K 단백질은 입자 내에 있는 3개의 바이러스 RNA와 결합하여 pseudocircular 핵단백질 구조를 형성하며, 바이러스 복제효소로 생각되는 큰(330K) 단백질이 몇 개 들어있다.

Tospovirus는 3개의 선형 ssRNA를 가지는데, L은 8.7kb, M은 5kb, 그리고 S는 2.9kb이다 (그림 14-55F).

```
RNA1    ----------------------------------------------------------------------------------------------------
Protein <======================================================================
                                337k
RNA2 -------------------------------------------------------------        RNA 3 --------------------------------------
        =======>  <=====================                                  =======>  <====
          34k                127k                                           34k       28k
```

큰 RNA는 전체에 걸쳐 (-)센스를 가지고 있으며, (+)가닥(mRNA)으로 전사된 후, 바이러스 복제효소인 330K 단백질을 코딩한다. 중간크기 RNA는 통성센스[ambisense: 일부분이 (-)RNA]이며 분리된 각각의 mRNA로 전사되어 큰 단백질을 코딩하는데, 이 단백질은 쪼개져서 외막의 두 당단백질을 만든다. 중간 RNA의 나머지 작은 일부는 이미 (+)mRNA이며 전사와 번역을 거쳐 아직 기능을 모르는 34K의 비구조단백질을 만든다. 끝으로 토마토 점무늬시들음 바이러스의 작은 RNA 역시 통성센스로, 일부는 (+)mRNA로서 기능 미상의 34K 비구조

단백질을 만드는 반면, 나머지 부분은 (-)RNA로서 mRNA로 전사되고 번역되어 29K 외피단백질을 만든다.

Tospovirus는 적어도 7종의 총채벌레에 의해 전염된다 (그림 14-54D). 이들은 꽃총채벌레(*Frankliniella occidentalis*), 담배총채벌레(*F. fusca*), 꽃송이총채벌레(*F. schultzei*), 파총채벌레(*Thrips tabaci*), 멜론총채벌레(*T. palmi*) 등이다. 총채벌레 유충은 감염된 식물에서 tospovirus를 획득할 수 있으나 성충은 그렇지 못하다. 그러나 일반적으로 유충이 감염된 잎을 30분 이상 흡즙하여 바이러스를 일단 획득하면 탈피와 번데기, 우화과정을 거치면서도 바이러스를 보유하여 번데기에서 나온 성충은 보독되어 있으며 일생동안 식물에 바이러스를 전염시킬 수 있다. 접종에 필요한 흡즙은 반드시 30분 이상 필요하다. 다행히도, 총채벌레는 진딧물과 달리 한번 내려앉으면 이 식물, 저 식물로 잘 옮겨 다니지 않아 다른 진딧물전염 바이러스에 비해 tospovirus는 폭발적으로 전염되지 않는다.

Tospovirus는 다년생 또는 이년생 기주에서 월동하여 매개충인 총채벌레가 이로부터 바이러스를 건전주로 옮긴다. 이 바이러스는 사부와 유조직세포에 퍼지며 세포질에서 증식한다. 바이러스 입자는 두 평행한 막부분으로부터 아마도 출아하듯이 방출되어 세포질 내에 진하게 염색되는 부위(viroplasm)를 형성하는 것으로 나타났다. 성숙한 입자와 입자의 집단은 항상 부정형의 막으로 된 cisternae에 둘러싸여 있다.

Tospovirus와 매개충은 기주범위가 매우 넓어 이 바이러스의 방제를 무척 어렵게 한다. 예를 들면 양상추, 땅콩, 토마토 같은 몇 작물에서 일부 저항성이 동정된 것으로 보이지만 육종에 사용하고 tospovirus-저항성 품종의 사용을 가능케하기 위해서는 더 많은 연구가 필요하다. 감수성 작물은 다른 감수성 작물 가까이 심지 말아야 한다. 오직 tospovirus가 없는 묘목만 심어야 한다. 감염된 식물체를 제거하는 것도 도움될 수 있다. 총채벌레의 수를 최소화하기 위해 식물체를 감시해야 한다. 그러나 총채벌레는 살충제에 대한 저항성을 얻거나 다른 작물로 이동하므로 살충제 살포는 바이러스의 전파를 막는 데 효과가 거의 없을 때가 많다. TSWV의 핵단백질로 형질전환하여 TSWV에 매우 저항성인 식물이 개발되었다. 이런 형질전환 식물은 심지어 보독된 총채벌레로 접종하여도 저항성을 보였다.

참고문헌

Adkins, S. (2000). Tomato spotted wilt virus: Positive steps towards negative success. *Mol. Plant Pathol.* **1**, 151–157.

Chatzivassiliou, E. K., Peters, D., and Katis, N. I. (2002). The efficiency by which *Thrips tabaci* populations transmit *tomato spotted wilt virus* depends on their host preference and reproductive strategy. *Phytopathology* **92**, 603–609.

Cho, J. J., *et al.* (1989). A multidisciplinary approach to management of tomato spotted wilt virus in Hawaii. *Plant Dis.* **73**, 375–383.

Culbreath, A. K., Todd, J. W., and Brown, S. L. (2003). Epidemiology and management of tomato spotted wilt in peanut. *Annu. Rev. Phytopathol.* **41**, 53–76.

German, T. L., Ullman, D. E., and Mayer, J. M. (1992). Tospoviruses: Diagnosis, molecular biology, phylogeny, and vector relationships. *Annu. Rev. Phytopathol.* **30**, 315–348.

Gielen, J. J. L., *et al.* (1991). Engineered resistance to tomato spotted wilt virus, a negative strand virus. *Bio/Technology* **9**, 1363–1367.

Goldbach, R., and Peters, D. (1944). Possible causes of the emergence of tospovirus diseases. *Semin. Virol.* **5**, 113–120.

Hsu, H. T., and Lawson, R. H., eds. (1991). "Virus–Thrips–Plant Interactions of Tomato Spotted Wilt Virus," Proceedings of a USDA Workshop. USDA, ARS-87.

Ie, T. S. (1970). Tomato spotted wilt virus. *In* "C.M.I./A.A.B. Descriptions of Plant Viruses," No. 39. Kew, Surrey, England.

Jan, F.-J., Fagoaga, C., Pang, S.-Z., *et al.* (2000). A minimum length of N gene sequence in transgenic plants is required for RNA-mediated tospovirus resistance. *J. Gen. Virol.* **81**, 235–242.

Jan., F.-J., Fagoaga, C., Pang, S.-Z., *et al.* (2000). A single chimeric transgene derived from two distinct viruses confers multi-virus resistance in transgenic plants through homology-dependent gene silencing. *J. Gen. Virol.* **81**, 2103–2109.

Kato, K., Hanada, K., and Kameya-Iwaki, M. (2000). *Melon yellow spot virus*: A distinct species of the genus *Tospovirus* isolated from melon. *Phytopathology* **90**, 422–426.

Kucharek, T., *et al.* (1990). Tomato spotted wilt virus of agronomic, vegetable, and ornamental crops. Univ. of Florida, Institute of Food and Agricultural Sciences, Circular 914, Gainesville, FL.

MacKenzie, D. J., and Ellis, P. J. (1992). Resistance to tomato spotted wilt virus infection in transgenic tobacco expressing the viral nucleoprotein gene. *Mol. Plant-Microbe Interact.* **5**, 34–40.

Wilson, C. R. (2001). Resistance to infection and translocation of *tomato spotted wilt virus* in potatoes. *Plant Pathol.* **50**, 402–410.

Yeh, S. D., and Chang, T. F. (1995). Nucleotide sequence of the N-gene of watermelon silver mottle virus, a proposed new member of the genus *Tospovirus*. *Phytopathology* **85**, 58–64.

Tenuivirus에 의한 병

Tenuivirus는 가는 사상바이러스를 뜻하며 열대와 아열대 지역에서 벼와 옥수수 같은 화본과작물에 심한 병을 일으킨다. 지금까지 4 종류의 tenuivirus가 알려졌는데, *rice hoja blanca* (흰잎) *virus* (RHBV), *rice grassy stunt virus* (RGSV), *rice stripe virus* (RSV; 벼 줄무늬잎마름 바이러스)와 *maize stripe virus* (MSpV)이며, 적어도 그와 비슷한 수가 아직 동정되고 있는 중이다. RHBV(그림 14-57A~14-57D)는 카리브해와 중,남미 지역에 발생하고, RGSV(그림 14-57E)와 RSV(그림 14-57E, 14-57F)는 주로 벼 재배지인 남, 남서 아시아에 발생하는 반면, MSpV는 아마 전 세계의 열대와 아열대 옥수수 재배지에 나타날 것이다. 각 tenuivirus는 여러 야생 초본기주도 감염한다.

그림 14-57 Tenuivirus 에 의한 병징. (A) *Rice hoja blanca virus* (RHBV)에 의해 감염되어 백색으로 변한 잎과 생육저해 증상을 보이는 벼. (B) 감염된 벼의 불임성 화서. (C) 순화된 RHBV의 입자. (D) RHBV의 매개충인 멸구의 암컷(크림색)과 수컷(검은색). (E) *Rice grassy stunt virus*에 의해 심각한 생육저해, 누렁, 과다 분얼 증상을 보이는 벼. (F) *Rice stripe virus* (RSV)에 의해 잎의 백황색 줄무늬, 생육저해, 분얼감소를 보이는 벼. (G) 순화된 RSV 입자 (8×290~2100nm). [사진제공: (A-D) F. Correa. (E) H. Hobino. (F,G) K. Ishikawa.]

감염식물의 잎에 대부분 퇴록 및 황백색 줄무늬가 생기고 어린잎은 완전히 누렇거나 허옇게 변하기도 한다 (그림 14-57A, 14-57E, 14-57G). 식물체는 대개 위축되고, 화서가 거의 생기지 않으며, 꽃은 없거나 불임성이 된다 (그림 14-57B). RGSV 등 일부 바이러스는 분얼을 증가시키는 (그림 14-57A, 14-57E) 반면, RSV 같은 것은 식물의 분얼을 감소시킨다 (그림 14-57G). 이들 바이러스병에 의한 손실은 감염된 식물체의 수와 비례하나, 어떤 해, 어떤 지역에는 병이 더 심해질 수 있다. 그러나 일반적으로 tenuivirus 에 의한 병은 이따금 제한된 지역에만 심한 피해를 입히며 다시 발생하여 피해를 입히기까지 몇 년간 나타나지 않는다.

Tenuivirus 는 가늘고 유연한 사상 입자이고, 입자는 한 종류의 구조(외피)단백질로 구성되어 있으며, 외피단백질 소단위체는 다소간 꼬인 나선형으로 배열되어 있다. 대부분 4개 (2.1, 2.4, 3.5와 10kb), 그리고 일부 바이러스에서는 5개 (1.3kb)인 바이러스의 통성센스 외가닥RNA는 각각 동일한 나선구조 속에 들어있다. 나선구조의 꼬인 정도(느슨한 또는 심하게 꼬인)에 따라 지름이 3~12nm로 보이고 길이는 무척 다양해진다. 그러나 바이러스에 따라 각각 지름의 범위가 다양하다 (*rice hoja blanca virus*, 3~4nm; *rice grassy stunt virus*, 6~8nm; *rice stripe virus*, 8nm; *maize stripe virus*, 12nm). 비록 RNA는 모두 선형이나, 바이러스 입자는 항상 환형이거나 적어도 끝이 서로 붙은 일종의 고리 모양이다 (그림 14-57C, 14-57E). RSV의 4가지 입자 길이는 290~2100nm로 다양하고 RGSV의 입자는 950~1350nm 내외다. 외피단백질(32K)과 더불어, 3가지 이상의 기능 미상의 비구조단백질(19.8K, 20.4K와 22.5K)이 바이러스에 감염된 식물체로부터 검출되었다.

모든 tenuivirus 는 한 종 이상의 멸구에 의해 순환증식형으로 전염한다. 멸구는 적어도 15분에서 6시간 흡즙해야 바이러스를 획득하고, 1~3주간의 잠복기를 거쳐, 기주식물을 5~15분 내지 수 시간 흡즙하면 일생동안 바이러스를 전염시킬 수 있다. RGSV를 제외한 모든 tenuivirus 는 30~100% 비율로 매개충의 다음 세대로 경란전염된다. 그러므로 바이러스는 작물기주나 야생기주뿐만 아니라 매개충에서도 월동할 수 있다.

방제는 주로 바이러스나 매개충에 저항성인 품종의 사용에 의존한다. 또한, 매개충 밀도가 낮을 때 파종하거나, 생육기가 겹치는 작물기주를 피하고, 살충제로 매개충을 구제하여 병발생을 줄인다.

참고문헌

Chen, C. C., *et al.* (1993). Purification, characterization, and serological analysis of maize stripe virus in Taiwan. *Plant Dis.* **77**, 367–372.

"C.M.I./A.A.B. Descriptions of Plant Viruses." Rice stripe virus (No. 269), rice hoja blanca virus (No. 299), maize stripe virus (No. 300), rice grassy stunt virus (No. 320). Kew, Surrey, England.

Falk, B. W., and Tsai, J. H. (1998). Biology and molecular biology of viruses in the genus *Tenuivirus*. *Annu. Rev. Phytopathol.* **36**, 139–163.

Ramirez, B.-C., and Haenni, A.-L. (1994). Molecular biology of tenuiviruses, a remarkable group of plant viruses. *J. Gen. Virol.* **75**, 467–475.

Sasaya, T., Ishikawa, K., and Koganezawa, H. (2001). Nucleotide sequence of the coat protein gene of *lettuce big-vein virus*. *J. Gen. Virol.* **82**, 1509–1515.

Van der Wilk, J., Dullemans, A. M., Verbeek, M., *et al.* (2002). Nucleotide sequence and genomic organization of an ophiovirus associated with lettuce big-vein disease. *J. Gen. Virol.* **83**, 2869–2877.

Webster, R. K., and Gunnell, P. S. (1992). "Compendium of Rice Diseases." APS Press, St. Paul, MN.

겹가닥DNA바이러스에 의한 병

겹가닥DNA로 이루어진 지놈을 갖는 6개 속의 바이러스는 하나의 과에 속한다. 이 과는 Caulimoviridae 라 불리며 역전사에 의해 복제되는 모든 식물 바이러스를 포함하는데 즉, 비록 그들의 지놈은 겹가닥 DNA이나 이들 바이러스는 RNA를 합성하며 단백질 생산에 필요한 전령RNA로 사용되고 바이러스의 DNA를 직접적으로 전사하기보다는 바이러스의 DNA의 역전사의 원형으로 사용된다. Caulimoviridae에는 지놈의 구성이 각각 다른 구형바이러스들로 이루어진 caulimovirus-유사 속 4개와 badnavirus-유사 속 2개가 있다. 4개의 유사 caulimovirus속은 (1) *Caulimovirus*, (2) 유사 *soybean chlorotic mottle virus*, (3) 유사 *cassava vein mottle virus*, (4) 유사 *petunia vein clearing virus* 이다. 단간상(바실러스형) 입자를 가지며 지놈구성이 서로 다른 유사 *badnavirus* 속은 (1) *Badnavirus* 와 (2) 유사 *rice tungro bacilliform virus*이다.

Caulimoviruses 와 다른 isometric Caulimoviridae 에 의한 병

*Caulimovirus*는 *cauliflower mosaic virus* (CaMV)에서 이름을 따왔으며, 전 세계의 많은 지역에 발생하고 있으나, 제한된 기주범위로 인해 특정 지역에 국한하여 분포하는 것으로 여겨진다. Caulimovirus는 채소류, 관상식물, 잡초 등에 주로 얼룩과 모자이크를 일으키고, 생장과 품질을 떨어뜨려 수확이 감

소한다. 이들은 식물체를 전신감염하고, 사부와 유조직세포에서 증식한다. 세포에서 바이러스는 주로 세포질에 있는 viroplasm에서 관찰되나, 때로 흩어져 있거나 원형질연락사 안에 일렬로 나열하여 세포간 이동을 하기도 한다. 약 15종류의 *caulimovirus* 가 보고되어 있다. 주요 *caulimovirus* 는 *cauliflower mosaic virus, dahlia mosaic virus, 그리고 carnation etched ring virus*이다.

Caulimovirus 입자는 구형으로 지름은 약 50nm이다. 단백질 외피는 42K 단백질 한 종류로 구성된다. 바이러스 지놈은 약 8kbp (kilobase pair)의 원형 dsDNA이며 전사에 쓰이는 한 가닥[α 또는 (−)가닥]의 DNA와 상보적 β 가닥으로 되어 있다. α가닥은 상보적인 β가닥과 비교하여 하나 또는 두 부분으로, 나뉘어 있으며, β가닥은 하나, 둘, 또는 세 부분으로 나누어지나, 뉴클레오타이드가 빠지지 않고 다음 조각의 말단과 중복되어 있다 (즉, β가닥의 짧은 염기서열이 γ가닥 말단과 중복되고 γ가닥의 염기서열 일부도 β가닥 말단과 중복한다) (그림 14-58).

CauMV DNA는 기능을 알고 있는 6개의 단백질과 아직 기능 미상인 2개의 짧은 단백질 유전자를 가지고 있다. 가장 큰 단백질(79K)은 유전자 V에 정보가 들어있으며 바이러스의 역전사효소다. 유전자 VI에 들어있는 58K 단백질은 CaMV viroplasm의 주된 구성원이고, 35S RNA의 번역을 유도하며, 바이러스에 의한 병을 일으키고, 기주식물에 병징을 발현하여, 바이러스의 기주범위를 결정하는 역할을 하는 것으로 보인다.

```
         D1
DNA      -------->-I---------I—ORF1--I---ORF2-I---ORF3 I----ORF4-------I-------ORF5----------I----ORF6---------I
proteins           ====   ========  =====      ====      ========     ============    =========
                              37k     18k            15k       57k              79k                      58k
```

유전자 IV에 있는 57K 단백질은 바이러스 외피의 합성부위에서 외피단백질(42K)을 분해, 방출시킨다. 유전자 I의 37K 단백질은 기주세포의 원형질연락사를 변형시켜 바이러스의 세포간 이동을 원활하게 한다. 유전자 II의 18K 단백질은 진딧물 전염과 viroplasm에서 바이러스 입자를 방출하는 데 관여한다고 여겨진다. 마지막으로, 유전자 III에 의해 코딩되는 15K 단백질은 dsDNA에 결합하며, 아마도 바이러스 입자 안에 들어있는 구조단백질일 것이다.

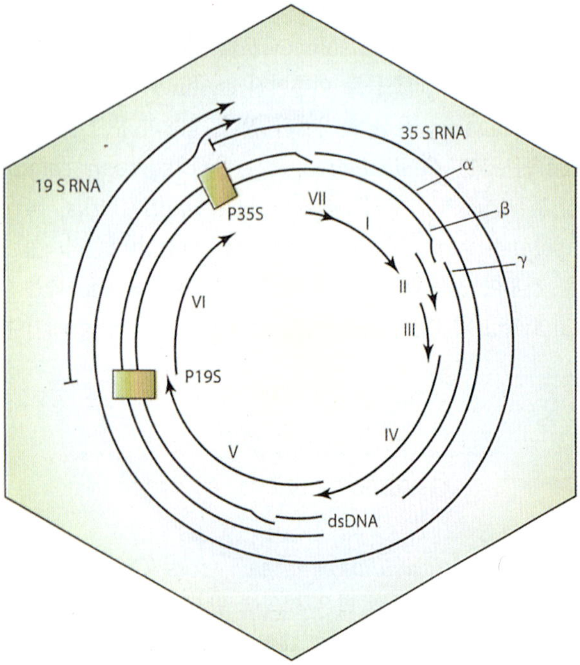

그림 14-58 *Cauliflower mosaic virus*의 형태와 유전자지도. 지도는 바이러스의 dsDNA 3가닥, 19S와 35S RNA 및 두 개의 프로모터 상자(점으로 채운 부분), 그리고 여러 개의 유전자(open reading frames)를 보여준다.

겹가닥DNA바이러스의 복제, 전사 및 번역은 매우 복잡하다. Caulimovirus가 식물세포를 감염하면, dsDNA가 세포의 핵 속으로 들어간다. 거기서 중복 염기서열이 제거되고, 끊어진 부위가 붙어서 완전한 환형의 미니염색체형의 dsDNA가 된다. 기주DNA의존RNA중합효소(host DNA-dependent RNA polymerase)가 2개의 RNA를 전사하는데, 짧은 것(19S)은 바로 많은 양의 viroplasm단백질(58K)로 번역되고 긴 것(35S)은 순서대로 바이러스의 다른 단백질들을 코딩하고 번역된다. 최근, 35S RNA의 접합이 단백질 번역과 바이러스의 병원성을 위한 mRNA의 기질로 이용된다고 알려졌다. 58K viroplasm 단백질 유전자는 caulimovirus 의 유전자 중에서 유일하게 따로 일찍 전사되어 35S RNA의 다른 유전자가 번역되도록 도와준다고 보고 있다.

바이러스의 dsDNA는 35S RNA로부터 역전사된다. 바이러스의 역전사효소는 35S RNA를 따라 DNA (−)가닥(가닥)을 합성한다. 효소는 퓨린염기가 많은 RNA부위를 절단하는데, 이 부위는 상보적 DNA가닥[또는 (+)가닥]의 2와 3 바로 왼쪽엽이다. 그리고 primer 같은 두 개의 RNA부위에서 전사가 시작되어 상보적 DNA가닥이 합성되고, 이에 따라 바이러스의 dsDNA가 복제된다.

이 바이러스는 겹가닥DNA지놈 때문에, 바이러스를 접종(형질전환)한 식물이나, 바이러스지놈 안으로 DNA를 삽입사는 등의 방법을 통해, 식물체 안으로 외부 DNA(유전자)를 도입하는 가장 뛰어난 매개자로 사용되어왔다. 또한 35S RNA는 여러 유전자를 복제하고 식물에 형질전환할 때 가장 많이 쓰이는 promoter로 이용되고 있다.

Caulimovirus 는 자연 상태에서 많은 종의 진딧물에 의해 비영속형으로 전염한다. 바이러스는 다년생기주나 생육기가 겹치는 작물에서 월동하여 진딧물에 의해 다른 작물로 옮겨진다. 방제는 무병 번식체의 사용과 진딧물 발생을 줄이거나 예방하는 방법에 의존한다.

참고문헌

Covey, S. N., McCallum, D. G., Turner, D. S., *et al.* (2000). Pararetrovirus-crucifer interactions: Attack and defence or *modus vivendi*? *Mol. Plant Pathol.* **1**, 77–86.

"C.M.I./A.A.B. Descriptions of Plant Viruses." Caulimoviruses (No. 295), cauliflower mosaic virus (Nos. 24, 243), dahlia mosaic virus (No. 51), carnation etched ring virus (No. 182). Kew, Surrey, England.

Francki, R. I. B., Milne, R. G., and Hatta, T. (1985). "Atlas of Plant Viruses," Vol. 1. CRC Press, Boca Raton, FL.

Hull, R., Covey, S. N., and Maule, A. J. (1987). Structure and replication of caulimovirus genomes. *J. Cell Sci. Suppl.* **7**, 213–229.

Karsies, A., Merkle, T., Szurek, B., *et al.* (2002). Regulated nuclear targeting of cauliflower mosaic virus. *J. Gen. Virol.* **83**, 1783–1790.

Kiss-Laszlo, Z., Blanc, S., and Hohn, T. (1995). Splicing of cauliflower mosaic virus 35S RNA is essential for viral infectivity. *EMBO J.* **14**, 3552–3562.

Palacios, I., Drucker, M., Blanc, S., *et al.* (2002). *Cauliflower mosaic virus* is preferentially acquired from the phloem by its aphid vectors. *J. Gen. Virol.* **83**, 3163–3171.

Pfeiffer, P., and Mesnard, J. M. (1995). The interplay of host and virus genes in the specificity and pathogenicity of cauliflower mosaic virus. *In* "Pathogenesis and Host Specificity in Plant Diseases" (R. P. Singh, U. Singh, and K. Kohmoto, eds.), Vol. 3, pp. 269–288. Elsevier, Tarrytown, NY.

Badnavirus에 의한 병

Badnavirus 라고 명명된 것은 그들이 바실러스형 DNA바이러스이기 때문이다. 입자는 외막이 없다 (그림 14-59E). 이들은 외막이 있고 (-)ssRNA 지놈을 가진 rhabdovirus 와 구분된다. Badnavirus는 또한 작아서 약 30×100~300nm 크기이다. 지금까지 적어도 12개의 badnavirus가 자세히 연구되었고 dsDNA를 갖는다고 보고되었다 (그림 14-59F). 적어도 12개의 외막이 없는 바실러스형 바이러스가 여러 기주식물에서 많이 보고되었으나, 핵산의 종류가 아직 밝혀지지 않았다. Badnavirus는 경제적으로 중요한 식물에 병을 일으키는데, 이는 벼 퉁그로병(그림 14-59A), 바나나 streak병(그림 14-59B), 카카오나무 swollen shoot병(그림 14-59C, 14-59D) 등이다. Badnavirus는 또한 사탕수수, 타로, 유카 같은 열대작물, 그리고 칸나, 칼랑코에, 쉐플레라 같은 관상식물에서도 발견되었다.

Rice tungro bacilliform virus (벼 퉁그로 바실러스형 바이러스) (그림 14-44C)는 단독으로 벼를 감염하지만, 매미충에 의해 전반되는 자연상태에서는 rice tungro spherical virus (벼 퉁그로 구형바이러스)가 존재하여야만 전반된다. 이 두 바이러스는 매개충과 기주식물에 같이 존재하고 남아시아와 남서아시아에서 두 바이러스는 벼 병해 중 가장 심한 병을 일으킨다. 두 바이러스 모두 반영속형으로 전염한다.

Banana streak virus (BSV)는 많은 바나나 재배지에서 발생하고, 심한 손실을 일으킨다. BSV DNA는 바나나 지놈과 결합하는 것으로 밝혀졌으며, 이렇게 결합된 BSV 염기서열이 활성화되어 감염이 일어나는 것 같다. 바이러스는 크기가 30×130~150nm이고(그림14-59E, 14-59F), 가루깍지벌레에 의해 전염된다. BSV는 사탕수수 바실러스형 바이러스와 매우 근연관계이거나 동일한 바이러스로 여겨진다.

*Cacao swollen shoot virus*는 아프리카 서부와 스리랑카에서 발생한다. 바이러스는 카카오나무와 콜라나무를 감염하여 심각한 손실을 입힌다. 감염된 식물체는 줄기와 주근이 부풀어 오르고(그림 14-59C), 뿌리가 괴사하며(그림14-59D), 잎과 꼬투리에 황화가 나타나고, 열매가 거의 없는 작고 둥근 꼬투리를 맺는다. 나무는 쇠락하고 죽거나 간신히 연명한다. 이 바이러스는 바실러스형으로 27×142nm 크기이나 아직 명확히 분류되어 있지 않다. 이것은 여러 종의 가루깍지벌레가 반영속형으로 전염된다.

참고문헌

Brunt, A. A., and Kenten, R. H. (1971). Viruses infecting cacao. *Rev. Plant Pathol.* **50**, 591–602.

"C.M.I./A.A.B. Descriptions of Plant Viruses." Cacao swollen shoot virus (No. 10). Kew, Surrey, England.

Dahal, G., Hughes, J. d'A., and Thottappilly, G. (1998). Effect of temperature on symptom expression and reliability of banana streak badnavirus detection in naturally infected plantain and banana (*Musa* spp.). *Plant Dis.* **82**, 16–21.

Delanoy, M., Salmon, M., and Kummert, J. (2002) Development of real-time PCR for the rapid detection of episomal *banana streak virus* (BSV). *Plant Dis.* **87**, 33–38.

Geering, A. D. W., Olszewski, N. E., Dahal, G., *et al.* (2001). Analysis of the distribution and structure of integrated *banana streak*

그림 14-59 Badnavirus 의 병징과 입자. (A) *Rice tungro bacilliform virus* 와 *Rice tungro spherical virus* 가 상승 작용하여 발생한 rice tungro병. (B) *Banana streak virus*에 의해 발생한 바나나 점줄무늬병. (C) *Cacao swollen shoot virus*(CSSV)에 의해 발생한 카카오나무의 병징. 어린 줄기의 끝이 부풀음 증상을 보임. (D) CSSV에 의해 카카오나무 잎에 발생한 엽맥투명 모자이크 병징. (E) 순화된 Badnavirus의 입자. (F) 2개의 badnavirus입자의 겹가닥 DNA 유전자. [사진제공: (A) H. Hibino, (B) J. Hughes and IITA, (C,D) L.L.A. Ollennu, (E,F) B.E. Lockhart.]

virus DNA in a range of *Musa* cultivars. *Mol. Plant Pathol.* **2**, 207–213.

Geering, W., McMichael, I. A., Ditzgen, R. G., *et al.* (2000). Genetic diversity among *banana streak virus* isolates from Australia. *Phytopathology* **90**, 921–927.

Hibino, H. (1992). Tungro and waika. *In* "Compendium of Rice Diseases" (R. K. Webster and P. S. Gunnell, eds.), pp. 42–43. APS Press, St. Paul, MN.

Lockhart, B. E. L. (1990). Evidence for a double-stranded circular DNA genome in a second group of plant viruses. *Phytopathology* **80**, 127–131.

Lockhart, B. E. L. (1992). Banana streak. *In* "Compendium of Tropical Fruit Diseases" (R. C. Ploetz *et al.*, eds.), pp. 19–20. APS Press, St. Paul, MN.

외가닥DNA바이러스에 의한 병

식물을 감염하는 외가닥DNA(ssDNA)바이러스는 주로 *Geminiviridae* 에 속하며 그 중 몇몇은 *Circoviridae* 에 속한다. 두 과의 바이러스는 정다면체 입자 안에 환형의 ssDNA를 갖지만 Circoviridae가 하나의 비리온을 갖는 반면에 Geminiviridae는 두 개의 불완전한 쌍 또는 쌍둥이 입자로 구성된 비리온을 가지고 있다. *Geminiviridae* 는 특히 열대와 아열대에서 다양한 치명적인 질병을 일으키는 많은(지금까지 120개) 바이러스를 포함한다. Circoviridae는 경제적 중요성이 크지 않은 몇 개의 바이러스를 포함한다.

Geminiviridae 에 의한 병

모든 geminiviridae 는 2개의 구형 입자가 부분적으로 합쳐진 쌍둥이 입자로 구성된다 (그림 14-60). 단백질 외피는 한 종류의 분자량 28K 단백질로 이루어져 있다. Geminiviridae는 4개의 속으로 구성되어 있다. (1) *Curtovirus* 는 *curly top of sugar beets* (그림 14-60B)에서 유래하였으며, 유전자는 분자량이 2.6~2.8kb이고, 하나의 원형 ssDNA로 구성되어 있다. 이 바이러스는 매미충(그림 14-60C, 14-60E)에 의해 비증식순환형으로 전염된다. (2) *Mastrevirus* 는 *maize streak virus* (그림 14-60D)에서 유래되었으며, 하나의 ssDNA로 이루어진 지놈을 갖는다. *bean yellow dwarf virus* 와 *tobacco yellow dwarf virus*를 제외하고, 이들 바이러스는 단자엽식물인 화본과식물을 감염시켜 심각한 손실을 초래한다. Mastreviruses도 매미충에 의해서 비증식순환형으로 전염된다. (3) *Begomovirus* 는 *bean golden mosaic virus*에서 유래되었으며 가루이(그림 14-63A, 14-63B)에 의해 전염되는 바이러스를 포함하고 있다. 이들 대부분의 지놈은 거의 같은 크기(각자 2.4~2.8-kb)의 2개의 원형 ssDNA(DNA A 또는 1 그리고 DNA B 또는 2)로 구성되어있다. Begomovirus는 오직 쌍자엽식물(그림 14-63C~14-63F)만을 감염한다. 그들은 특히 *Bemisia* 가루이의 밀도가 높은 아열대와 열대지역에서 많은 작물에서 심각한 손실을 일으키는 많은 geminivirus를 포함한다. 가장 중요한 begomovirus 는 *bean golden mosaic virus* (그림 14-63C~14-63D), *tomato mottle virus* (그림 14-63E), *tomato yellow leaf curl virus* (그림 14-63F) 그리고 *Afr-ican cassava mosaic virus* (그림 14-65F), *squash leaf curl virus, tobacco leaf curl virus, tomato golden mosaic virus* 등이다. (4) *Topocuvirus* 는 *tomato pseudocurly top virus*에서 유래되었으며, curtoviruses와 비슷한 지놈을 가지나 매미충보다는 뿔매미에 의해 옮겨진다.

Geminivirus 의 지놈 구성은 그들이 어떤 속에 속하는가를 불문하고 상당히 복잡하다. Geminivirus는 일시적으로 상보적 (-)ssDNA 가닥을 만들어 복제하기 때문에 원래의 바이러스 (+)ssDNA와 새로 형성된 (-)ssDNA 모두가 기능을 하는 단백질(〉10K)로 번역되는 open reading frame(ORF)을 가질 수 있다. 또한 각 ssDNA의 양 방향으로 mRNA가 전사되어 단백질로 번역되기도 한다. 예로, 일부 단일 지놈 geminivirus 는 바이러스(V) (+)ssDNA에 3개의 ORF와 상보적 (C) (-)ssDNA에 4개의 ORF를 가지나, 각 DNA의 ORF 갯수는 바이러스에 따라 다르다 (그림 14-61B). 일부 ORF는 DNA상의 ORF가 전사, 번역되는 과정에서 frame shifting의 결과로 완전히 또는 부분적으로 서로 겹치기도 한다.

2개로 나뉜 ssDNA 지놈을 가진 geminivirus 는 보통 200개의 뉴클레오타이드로 이루어진 염기서열을 가진다 (그림 14-62). 이들은 두 (+)ssDNA(DNA A와 DNA B)에 ORF를 가지며, 또한 2개의 (-)ssDNA에도 ORF를 가진다. 예를 들면, *African cassava mosaic virus*의 DNA에는 12개의 기능적 단백질에 대한 암호가 들어있다.

어떤 geminivirus 에 있는 일부 ORF는 다른 geminivirus 의 ORF와 유사하거나 동일한데, 이러한 ORF에는 복제, 이동 또는 매개충전염 같은, 모든 바이러스에서 공통적 기능을 하는 단백질 암호가 있기 때문이다. 한편, 일부 ORF는 바이러스에 따라 다르기도 하다.

ORF에 의해 암호화된 단백질들은 다음과 같다. (1) 외피단백질은 27~31K 크기로 바이러스의 외피를 제공할 뿐만 아니라 모든 단일 지놈 geminivirus 의 감염력에 필수적이고, 바이러스의 매개충 특이성 및 전염성에 관여함, (2) 복제에 관련된 단백질은 크기가 가장 큼(40.3K), (3) geminivirus의 세포간 및 전신 이동을 원활하게 하며 바이러스 DNA B에 암호화되어 있는 것 같다.

식물세포에서 geminivirus 지놈의 복제는 굴렁쇠 기작(rolling-circle mechanism)을 통해 형성된 dsDNA 중간체를

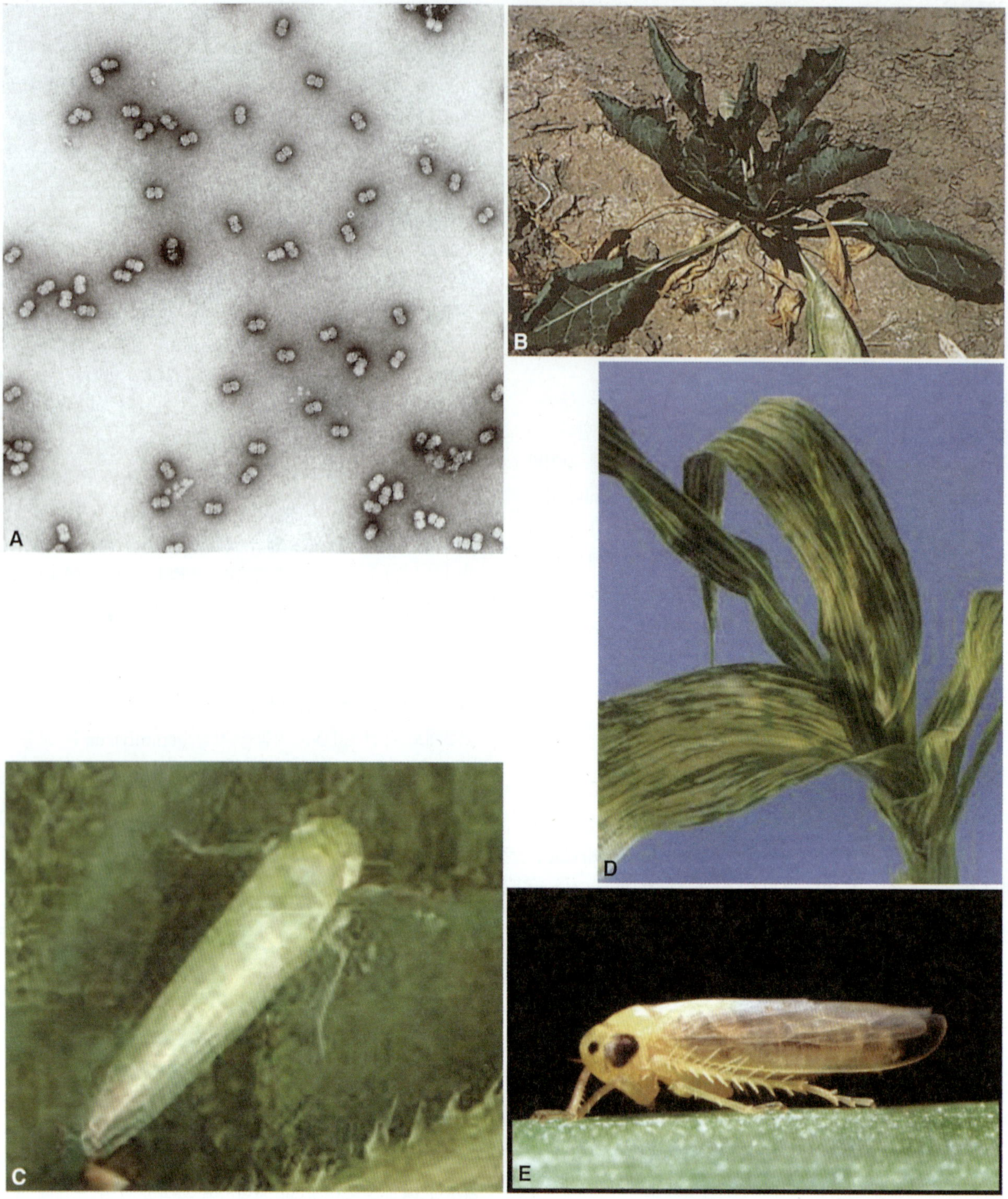

그림 14-60 (A) Geminiviridae의 특징적인 쌍둥이 입자의 형태를 나타내는 *bean golden mosaic virus*. (B) Curtovirus인 *beet curly top virus* (BCTV)에 의해 감염되어 잎말림 증상을 보이는 사탕무. (C) BCTV의 매개충인 매미충. (D) Mastrevirus인 *maize streak virus* (MSV)에 의해 감염되어 줄무늬 병징을 보이는 옥수수. (E) MSV의 매개충인 매미충. [사진제공: (A) E. Hiebert, University of Florida, (B) R. Harveson. University of Nebraska, (D) Institute of International Tropical Agriculture (IITA).]

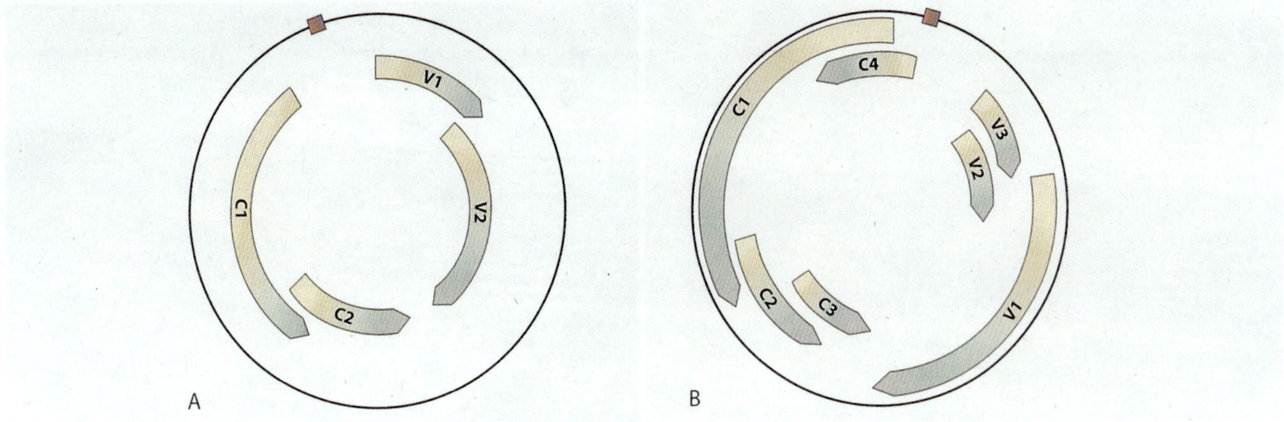

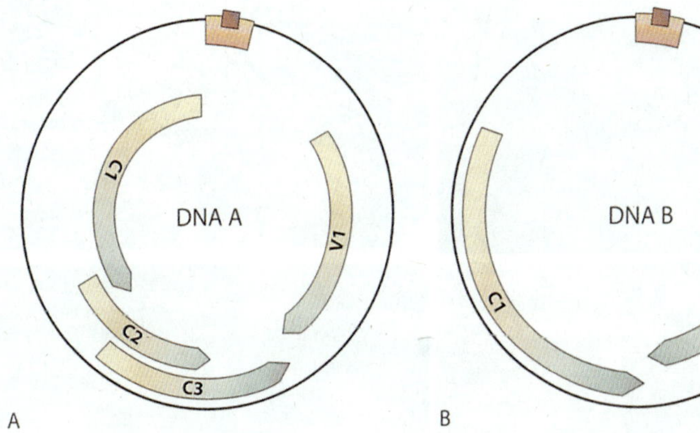

그림 14-62 두 입자로 된 begomovirus 속 쌍둥이바이러스(geminivirus)의 두 DNA(A와 B)의 유전자 구성. 두 DNA의 공통된 부분(점무늬 처리된 사각형) 및 잘 보존된 9개의 뉴클레오티드(검은 사각형)와 함께 바이러스(V) 가닥과 상보적 가닥의 open reading frame이 보인다.

거쳐 일어난다. 겹가닥 지놈 DNA는 핵에서 nucleosome으로 만들어지는데, 이는 진핵생물 염색체의 기본 단위를 이루는, DNA의 두 나선으로 감은 8개의 histone 단백질 분자 그룹이다. DNA가 mRNA로 전사되는 것도 핵에서 일어나며, 바이러스 입자 형성도 역시 핵에서 일어난다. Geminivirus 입자는 항상 감염된 세포의 핵 안에 무정형 또는 결정형으로 축적된다. 어떤 경우에는, 감염된 식물세포의 핵에 한 개 이상의 짙게 염색되는 fibrillar ring이 나타난다. 대부분의 geminivirus는 기주의 체관세포에 국한되나, 일부는 대부분의 잎세포에 감염, 증식한다.

Geminivirus는 토마토, 강낭콩, 호박 등의 채소와 사탕무, 담배, 옥수수 등의 전작물에 가장 피해를 주는 병을 일으킨다. 이들은 세계적으로 열대 및 아열대 지역에 만연하는데, 이는 그 지역에 매개충인 *Bemisia*의 밀도가 무척 높기 때문이다. Geminivirus는 식물체의 광합성, 열매의 수와 생장, 그리고 열매의 질을 크게 떨어뜨린다. 감염된 식물의 개체수와 감염 시기의 식물체 생육단계에 따라 다르기는 하나, 손실이 대체로 크며, 대발생하는 해에는 30~100%에 이른다.

그림 14-63 Begomovirus 의 매개충과 병징. (A) 알, 약충과 같이 있는 온실가루이 성충. (B) 기주식물의 잎 뒷면을 거의 덮고 있는 온실가루이. *Golden bean mosaic virus*에 의해 강낭콩에 발생한 초기 병징(C)과 진전된 병징(D). (D, 오른쪽) BGMV에 높은 감수성을 보이는 재배품종. (E) *Tomato mottle virus*에 의해 토마토에 발생한 병징. (F) *Tomato yellow leaf curl virus*에 의해 감염된 토마토의 황색 점무늬 증상과 심각한 잎말림 증상. [사진제공: (A,B) Florida Department of Agriculture. (C) R.T. McMillan. (E) E. Hiebert. (F) G. Simone. all University of Florida.]

감염된 식물체는 종종 밝은 색의 얼룩에서 황화모자이크를 나타내고, 잎이 말리거나 뒤틀린다 (그림 14-60, 14-63). 어린 식물체가 감염되면 위축되고 덥수룩해진다. 성숙한 식물이 감염되면 신초 생장과 열매의 수가 줄고 새 잎은 얼룩진다. Geminivirus 는 매미충이나 가루이에 의해 영속형으로 빠르게 퍼져서 생육기 후반에는 포장 내의 모든 식물이 감염된다. 이들은 경작 또는 야생기주, 재배하지 않는 기주, 그리고 열대 및 아열대 지역에서는 작기가 겹치는 작물, 살아남은 매개충 등에서 월동 또는 월하한다. 방제는 매우 힘들며, 감염된 기주와 월동 또는 월하하는 매개충의 수를 줄이고; 감수성 작물을

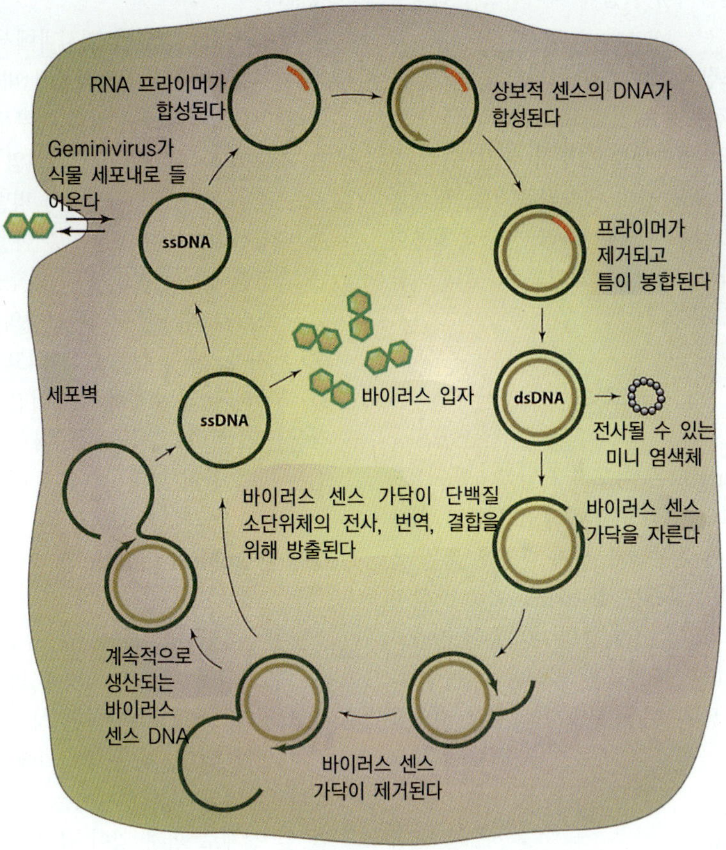

그림 14-64 Geminivirus 복제의 모식도. [출처: S. Stanlely (1995), *Virology* **806**, 707-712.]

보독충이 옮겨 다니기 어려운 때와 장소로 격리하는 방법에 주로 의존한다. 지금까지 geminivirus 나 매개충에 저항성인 식물유전자는 이용할 만한 것이 거의 없다. 상당수의 작물이 병원체에서 유도된 바이러스 저항성을 얻기 위해 geminivirus 유전자로 형질전환되고 있다.

비트 curly top병

Curly top병은 북미 서반부와 일부 지중해 국가에서 주로 발생한다. 병원바이러스는 50개 이상의 과에 속하는 150종 이상의 초본식물을 감염한다. 이 병은 사탕무, 강낭콩, 토마토, 멜론, 시금치 등에 매우 심한 피해를 입힌다.

Curly top병은 어린 식물을 죽이고, 성숙한 식물에서는 위축과 변형, 수확량 및 품질 저하 등을 일으킨다. 이와 같은 손실은 매우 심각하여 이 병이 몇 년간 발생한 후부터 어떤 곳은 광활한 면적의 경작을 포기하기도 하였다.

감염된 식물의 잎은 작아지나 수는 많아지며, 잎이 위로 또 안으로 말리고, 엽맥이 부풀어 돌기처럼 된다 (그림 14-60B). 병징이 나타난 잎은 나중에 누렇고 갈변하여 성숙하지 못하고 죽는다. 감염된 식물의 뿌리도 심하게 위축되고 변형되며, 거의 죽게 된다. 때로 가는 뿌리가 무성해져 뿌리 전체가 머리카락처럼 보이게 된다. 감염된 뿌리를 횡단하여 보면, 유관속(체관) 조직이 퇴화되어 생긴 것으로 보이는 갈색의 가락지 무늬가 관찰된다. 종단면으로는 같은 조직에 변색 선이 나타난다.

Beet curly top virus 는 geminivirus 로 매미충인 *Circulifer tenellus* 에 의해 영속형으로 옮겨진다. 바이러스는 식물체 안에서 주로 체관과 인접한 유조직세포에만 존재하는 것으로 여겨진다.

이 바이러스는 주로 감염된 다년생식물과 2년생 잡초, 다년생 관상식물, 온실의 일년생식물, 때로 월동하는 매개충의 성충 등에서 월동 또는 월하한다. 감염된 식물을 겨울이나 봄에 흡즙한 매개충은 보독되어 늦봄이나 여름에 바이러스를 작물로 옮긴다.

미국 남서부에서는 육종포장의 매미충을 모니터링하고 살충제를 사용하여 구제하는 주 전체에 걸친 프로그램과 지역 프로그램을 수행해서 일부 지역의 병발생을 상당히 줄일 수 있었다. 오늘날 가장 효과적이고 가장 널리 이용되고 있는 방제법은 저항성 품종의 이용이다. 사용 가능한 여러 저항성 품종이 있는 사탕무를 비롯하여 토마토, 강낭콩, 그리고 그 밖의 작물에서 저항성 품종이 개발되고 있다.

옥수수 점줄무늬병

옥수수 점줄무늬병(maize streak)은 아프리카 남부, 인도, 그리고 인도양의 여러 섬에 널리 그리고 심하게 발생하고 있다(그림 14-60D). 병징은 잎에 점무늬가 생겨 나중에 짧은 줄무늬가 된다. 어릴 때 감염된 식물체는 위축되고, 옥수수 알이 잘 여물지 않는다. 병원바이러스는 여러 종의 매미충이 전염한다. *Maize streak virus*의 다른 계통들은 밀, 벼, 사탕수수, 조 등의 다른 화본과식물과 많은 야생 목초류를 각각 감염한다.

아프리카 카사바 모자이크병

아프리카 카사바 모자이크병(African cassava mosaic)은 카사바를 재배하는 아프리카 사하라 지역 국가, 인도, 그리고 남아시아 도서지방에서 발생한다. 카사바가 탄수화물을 공급하는 가장 중요한 식량인 아프리카에서 이 병은 만연하여 모든 카사바의 80~100%를 감염시키고 수확량 손실이 20~90%에 이르게 한다. *African cassava mosaic virus* (ACMV)에 의한 1년 수확량의 평균 손실은 전체의 약 50%로 추정된다. 이는 카사바 뿌리 5천만 톤, 미 달러로는 시장가격으로 20억 달러에 해당하는 분량이다.

ACMV에 감염된 식물은 잎에 연한 모자이크에서 진한 모자이크 병징을 나타낸다 (그림14-65A, 14-65C, 14-65D). 어릴 때 감염되면 더 심한 모자이크가 나타나고, 잎이 좁아지며, 식물 전체는 위축되고(그림14-65A, 14-65B, 14-65E), 전분이 거의 없는 작은 괴경을 만든다. 성숙한 식물에는 병징이 약하거나 나타나지 않는다.

ACMV는 여러 종의 카사바나무와 다른 과에 속하는 몇몇 야생기주를 감염한다. ACMV는 자연적으로 번식에 쓰이는 삽수와 담배가루이(*Bemisia tabaci*)에 의해 옮겨진다. 가루이는 약 3시간의 흡즙으로 바이러스를 획득하여, 적어도 8시간의 잠복기를 거쳐, 10분간의 흡즙으로 바이러스를 건전식물체에 옮긴다.

바이러스는 감염된 카사바에서 생존한다. 이로부터 가루이가 가까운 포장의 건전식물에 바이러스를 옮긴다. 카사바나무 포장에서 일어나는 감염의 대부분은 주변 포장에서 이동해 오는 가루이에 의한 바이러스 전염 때문이다. 포장 내 2차적 전파는 매우 적다. 한 포장에서 병발생은 수 내지 90%에 이르는 등 다양한데, 이는 포장으로 이동해 오는 가루이 집단의 규모를 반영한다.

아프리카 카사바 모자이크병의 방제에는 무병 영양번식체(삽수)의 사용, 저항성 품종, 그리고 가능한 곳에서는 이미 카사바를 재배하고 있는 곳에서 떨어진 곳에 카사바를 재배하거나 전작물을 수확하고 식물체를 폐기하고 나서 반드시 몇 주 뒤에 심는 방법 등이 있다.

강낭콩 golden mosaic병

강낭콩 golden mosaic병(bean golden mosaic)은 미대륙의 열대 및 아열대 대부분 지역에 발생하여 강낭콩에 심한 피해를 주고 있다. 어릴 때 감염된 식물은 꽃을 만들지 못하고 수확이 전혀 없게 된다. 생육 후반기에 감염되면 그만큼 손실이 줄어든다. 감염된 식물 엽맥에는 옅은 금빛 황화가 나타난다. 이는 곧 잎 전체로 퍼져 잎이 금색 망사처럼 되고 나중에는 뚜렷한 밝은 금색의 모자이크가 되어 꽤나 멀리서도 눈에 띈다. 감염된 식물에서 새로 자라나오는 잎은 표면이 가죽처럼 변하고, 잎이 밑으로 말리며, 제대로 펼쳐지지 않고, 죽어버리기도 한다 (그림 14-63).

Bean golden mosaic virus (BGMV)는 여러 분리주가 존재한다. 강낭콩 이외에도 여러 다른 콩과작물, 야생 콩과식물, 아욱과의 잡초 등이 이 바이러스에 감염된다. BGMV는 담배가루이(*Bemisia tabaci*)에 의해 반영속형으로 전염된다. 또한 일부 BGMV 분리주는 낮은 효율로 즙액접종에 의해 옮겨지기도 한다. 바이러스는 작기 내내 작물 및 야생기주에서 존속한다. 이 병의 방제는 매우 어렵다. 강낭콩 품종 중에 일부가 어느 정도의 저항성을 나타내지만 만족스럽지 못하다. 가루이 밀도가 낮은 시기를 맞추어 유묘생장이 이루어지도록 강낭콩을 재배하는 것이 가장 바람직하다. 바이러스 전염원이 되는 잡초를 제거하는 것은 도움이 되나 반면에 일반적으로 매개충 구제는 효과적으로 감염을 막지 못한다.

호박 잎말림병

호박 잎말림병(squash leaf curl)은 캘리포니아주 남부에 발생하고 박과식물을 침해하여 호박과 수박에는 심한 병징을, 그리

그림 14-65 African cassava mosaic병의 병징. (A) 나란히 자라고 있는 건전한 카사바나무와 감염된 카사바나무. (B) *Cassava mosaic virus* (CsMV)에 의해 죽은 어린 카사바나무의 줄기. (C) 먼저 상엽에 심각한 모자이크 증상이 나타난 후에 하엽에 발생하고, 점점 작아져서 실 모양으로 되고 일부는 죽는다. (D) 카사바나무는 전체적으로 생육저해 및 변형 증상을 보이며, 뿌리 수확이 거의 없어진다. (E) 감염된 감수성의 카사바나무(왼쪽)는 건강하거나 저항성의 카사바나무(오른쪽)보다 생산성이 크게 떨어진다. [사진제공: D. Coynes, J.J. Hughes, IITA.]

고 노지멜론과 오이에는 덜 심한 병징을 일으킨다. 감염된 식물의 엽맥은 두꺼워지고 돌기가 생기며 위로 말린다. 감염된 식물체는 위축되고, 과실은 열리지 않거나 작아지거나 뒤틀리며, 수확량은 크게 감소한다. 유묘기에 감염된 식물은 대부분 죽는다. *Squash leaf curl virus* (SLCV)는 담배가루이(*Bemisia tabaci*)에 의해 전염된다.

토마토 얼룩병

토마토 얼룩병(tomato mottle)은 플로리다에서 토마토에 크게 발생한다. 이 병은 geminivirus 매개충인 담배가루이(*Bemisia tabaci*)의 새로운 계통이 플로리다에 많이 나타난 지 1년 후인 1989년 처음 발생하였다. *Tomato mottle virus* (TMoV)는 가루이에 의해 신속히 전파되어 한 포장의 대부분 식물체(95%까지)가 감염된다. TMoV에 감염된 식물의 병징은 주로 잎에 뚜렷한 퇴록성 누런 얼룩이 나타나는 것이다 (그림 14-63E). 어려서 감염된 식물은 위축되고, 수확량은 상당히 감소한다. 1990~1991년 겨울동안 플로리다에서 동절기 토마토 재배에 TMoV가 야기한 손실은 1억2천5백만불을 능가하는 것으로 추정되었다.

TMoV는 2입자성 geminivirus 이다. 이는 가루이가 영속형으로 전염한다. 가루이를 이용하여 실험적으로 접종하면 TMoV는 가지과 잡초인 *Physalis*, 강낭콩, 그리고 일부 담배 품종을 감염한다. 그러나 자연적으로, 이 바이러스는 작기가 겹치는 토마토와 tropical soda apple 로 불리는 다년생 가지과 잡초인 *Solanum viarum*에서 작기 내내 존속한다. 포장에 병이 일찍 발생하거나 손실이 커지는 것은 항상 새로 심은 재배지 가까이에 감염된 오래된 포장이 있기 때문이다. 이러한 상황은 보독된 가루이가 새 재배지의 어린 식물에 바이러스를 쉽게 옮기도록 한다. 지금까지, TMoV의 종자전염은 보고된 바 없으나, 종종 오래되고 버려진 포장 근처의 온실이나 포장에 있는 토마토 모종이 TMoV에 감염되는데, 이는 아마 보독된 가루이의 소행일 것이다. 이러한 경우, TMoV는 감염된 이식체와 함께 포장으로 옮겨지며, 이어서 가루이에 의해 다른 식물체로 전파된다.

가장 효과적인 방제법은 주변에 감염된 포장이 없거나 수마일 떨어진 곳에 무병묘를 심는 것이다. 이것은 토마토 수확이 끝나자마자 모든 식물을 제거하고 자연 발생하는 토마토도 제거하면 가능하다. 살충제로 가루이를 구제하는 것은 조기에 철저히 한다면 도움이 될 것이다. 그러나 가루이는 다양한 살충제에 빠르게 저항성을 가지게 된다. 또한 자주 살충제를 사용하면 적절한 방제가 이루어지기 전에 제한되어 있는 처리 횟수와 양에 이르며, 비용도 만만찮게 든다. 야생 토마토에서 어느 정도 저항성을 보이는 유전자를 얻었으나 지금까지 모든 토마토 품종은 감수성으로 남아있다. 1990년대 중반 일부 토마토 품종은 TMoV 유전자를 발현하도록 형질전환되어 교차보호와 비슷한 소위 병원체에서 얻은 저항성을 나타냈다. 그러나 아직 상용 품종에는 이와 같은 저항성이 없다.

토마토 누른잎말림병

토마토 누른잎말림병(tomato yellow leaf curl)은 중동, 동남아시아, 아프리카 중북부, 남부 유럽 등에서 토마토에 가장 피해가 심한 병이고, 1993년 이래 카리비아해 도서지역과 자메이카에서도 발생하고 있다. 이 병은 식용 및 통조림용 토마토 모두에 큰 손실을 주고 있다. 감염된 식물체는 위축되며 잎과 줄기가 작아지고 위로 곧추 선다. 잎은 위아래로 말리고 변형되며 심하게 황화된다 (그림 14-63F). 식물이 감염되고 나면 꽃이 떨어지고, 열매가 달리지 않으며, 상품가치가 있는 열매가 생산되지 않는다. 조기 감염은 대부분 100% 손실로 이어진다.

Tomato yellow leaf curl virus (TYLCV)는 가루이 전염 geminivirus 로 단일 원형 ssDNA지놈을 가지는 반면, 다른 가루이 전염 geminivirus 는 2개의 ssDNA지놈을 가진다. TYL-CV는 담배가루이(*Bemisia tabaci*)에 의해 비증식순환형으로 전반된다. 매개충은 감염된 식물을 약 15~30분 흡즙하면 바이러스를 획득한다. 15~30분 흡즙으로 바이러스를 접종하기 전에 적어도 21시간의 잠복기가 필요하다. 바이러스를 획득한 가루이는 약 2주간 보독된 상태로 지낸다.

TYLCV는 토마토뿐만 아니라 담배 등의 작물, 독말풀 등의 잡초 등 5과에 속하는 식물을 감염한다. 이 중 일부 기주는 바이러스의 중간 또는 월동기주로 역할을 하는데, 이는 바이러스 방제를 더 어렵게 한다. 이 병의 방제는 실제 무척 어렵다. 모든 상업용 품종은 감수성이고, 야생 토마토에서 찾은 저항성 유전자는 그리 많지 않으며, 이제 육종 프로그램에 검정되고 있다. 살충제 살포에 의한 매개충 구제는 효과가 부분적이며 비용이 많이 든다. 장소와 시기를 조절하여 새 토마토와 오래된 토마토가 서로 작기가 중복되지 않게 하거나 가루이 밀도가 낮을 때만 심는 것이 주된 방제법이다. 이스라엘 같은 몇몇 나라에서는 TYLCV 때문에 토마토를 고운 그물 밑에서 키우며 살충제를 자주 살포하고 있다. 바이러스에 의한 이어지는 감염으로부터 식물체를 보호하기 위하여 TYLCV 유전자 일부를 발현하도록 토마토를 형질전환하는 연구에 많은 노력을 기울이고 있다.

참고문헌

Abouzid, A. M., Polston, J. E., and Hiebert, E. (1992). The nucleotide sequence of tomato mottle virus, a new geminivirus isolated from tomatoes in Florida. *J. Gen. Virol.* **73**, 3225–3229.

Bennet, C. W. (1971). "The Curly Top of Sugar Beet and Other Plants." Monograph No. 7, APS Press, St. Paul, MN.

Berrie, L. C., Rybicki, E. P., and Rey, M. E. C. (2001). Complete nucleotide sequence and host range of *South African cassava mosaic virus*: Further evidence for recombination amongst begomoviruses. *J. Gen. Virol.* **82**, 53–58.

Boulton, M. I. (2002). Functions and interactions of mastrevirus gene products. *Physiol. Mol. Plant Pathol.* **60**, 243–255.

Brown, J. K., and Bird, J. (1992). Whitefly-transmitted geminiviruses and associated disorders in the Americas and the Caribbean Basin. *Plant Dis.* **76**, 220–225.

"C.M.I./A.A.B. Descriptions of Plant Viruses." Maize streak virus (No. 133), beet curly top virus (No. 210), African cassava mosaic virus (No. 297), bean golden mosaic virus (No. 192). Kew, Surrey, England.

Dhar, A. K., and Singh, R. P. (1995). Geminiviruses. *In* "Pathogenesis and Host Specificity in Plant Diseases" (R. P. Singh, U. S. Singh, and K. Kohmoto, eds.), Vol. 3, pp. 289–309. Elsevier, Tarrytown, NY.

Fauquet, C., and Fargette, D. (1990). African cassava mosaic virus: Etiology, epidemiology, and control. *Plant Dis.* **74**, 404–411.

Fondong, V. N., Pita, J. S., Rey, M. E. C., *et al.* (2000). Evidence of synergism between *African cassava mosaic virus* and a new double-recombinant geminivirus infecting cassava in Cameroon. *J. Gen. Virol.* **81**, 287–297.

Fondong, V. N., Thresh, J. M., and Zok, S. (2002) Spatial and temporal spread of cassava mosaic virus disease in cassava grown alone and when intercropped with maize and/or cowpea. *J. Phytopathol.* **150**, 365–374.

Frischmuth, T., Ringel, M., and Kocher, C. (2001). The size of encapsidated single-stranded DNA determines the multiplicity of *African cassava mosaic virus* particles. *J. Gen. Virol.* **82**, 673–676.

Gafni, Y., and Epel, B. L. (2002). The role of host and viral proteins in intra- and inter-cellular trafficking of geminiviruses. *Physiol. Mol. Plant Pathol.* **60**, 231–241.

Ghanim, M., Morin, S., and Czosnek, H. (2001). Rate of *tomato yellow leaf curl virus* translocation in the circulative transmission pathway of its vector, the whitefly *Bemisia tabaci*. *Phytopathology* **91**, 188–196.

Gilbertson, R. L., *et al.* (1993). Genetic diversity in geminiviruses causing bean golden mosaic disease: The nucleotide sequence of the infectious cloned DNA components of a Brazilian isolate of bean golden mosaic geminivirus. *Phytopathology* **83**, 709–715.

Gutierrez, C. (2002). Strategies for geminivirus DNA replication and cell cycle interference. *Physiol. Mol. Plant Pathol.* **60**, 219–230.

Hall, R., ed. (1991). "Compendium of Bean Diseases." APS Press, St. Paul, MN.

Harrison, B. D., Swanson, M. M., and Fargette, D. (2002). Begomovirus coat protein: Serology, variation and functions. *Physiol. Mol. Plant Pathol.* **60**, 257–271.

Harrison, B. D. (1999) Natural genomic and antigenic variation in whitefly-transmitted Gemoniviruses (Begomoviruses). *Annu. Rev. Phytopathol.* **37**, 369–398.

Hiebert, E., Abouzid, A. M., and Polston, J. E. (1996). Whitefly-transmitted geminiviruses. *In* "Bemisia 1995: Taxonomy, Biology, Control and Management," Chap. 26, pp. 277–288. Intercept Ltd., Andover, Hants, England.

Kunik, T., *et al.* (1994). Transgenic tomato plants expressing the tomato yellow leaf curl virus capsid protein are resistant to the virus. *Bio/Technology* **12**, 500–504.

Lazarowitz, S. G. (1992). Geminiviruses: Genome structure and gene function. *Crit. Rev. Plant Sci.* **1**, 327–349.

Liu, H.-Y., Wisler, G. C., and Duffus, J. E. (2000). Particle lengths of whitefly-transmitted criniviruses. *Plant Dis.* **84**, 803–805.

Pita, J. S., Fondong, V. N., Sangare, A., *et al.* (2001). Recombination, pseudorecombination and synergism of geminiviruses are determinant keys to the epidemic of severe cassava mosaic disease in Uganda. *J. Gen. Virol.* **82**, 655–665.

Ploetz, R. C., *et al.* (1994). "Compendium of Tropical Fruit Diseases." APS Press, St. Paul, MN.

Polston, J. E., *et al.* (1990). Association of the nucleic acid of squash leaf curl geminivirus with the whitefly *Bemisia tabaci*. *Phytopathology* **80**, 850–856.

Polston, J. E., and Anderson, P. K. (1997). The emergence of whitefly-transmitted geminiviruses of tomato in the Western Hemisphere. *Plant Dis.* **81**, 1358–1369.

Saunders, K., Wege, C., Veluthambi, K., *et al.* (2001). The distinct disease phenotypes of the common and yellow vein strains of *tomato golden mosaic virus* are determined by nucleotide differences in the 3′-terminal region of the gene encoding the movement protein. *J. Gen. Virol.* **82**, 45–51.

Schnippenkoetter, W. H., Martin, D. P., and Willment, J. A. (2001). Forced recombination between distinct strains of *maize streak virus*. *J. Gen. Virol.* **82**, 3081–3090.

Swiech, R., Browning, S. Molsen, D., *et al.* (2001). Photosynthetic responses of sugar beet and *Nicotiana benthamiana* Domin. infected with beet curly top virus. *Physiol. Mol. Plant Pathol.* **58**, 43–52.

Wege, C., Saunders, K., Stanley, J., *et al.* (2001). Comparative analysis of tissue tropism of bipartite Geminiviruses. *J. Phytopathol.* **149**, 359–368.

Willment, J. A., Martin, D. P., Van der Walt, E., *et al.* (2001). Biological and genomic sequence characterization of *maize streak virus* isolates from wheat. *Phytopathology* **92**, 81–86.

Circoviridae에 의한 병

1990년 중반에 알려진 대로 *banana bunchy top virus* (BBTV), *subterranean clover stunt virus, coconut foliar decay virus, faba bean necrotic yellows virus* 등은 다른 모든 바이러스와 다른 새 그룹을 형성한다. 이들은 Circoviridae(원형, 구형에서 기원)속과 *Nanovirus* (소형위축에서 기원)속에 속한다. 이들은 작은(18~22nm) 구형 입자로 여러 분절(적어도 6개, 어떤 바이러스에서는 11개까지)의 원형 ssDNA로 구성되며 이들 바이러스 각각은 하나의 ORF를 갖는다. 어떤 nanovirus, 예를 들면 *banana bunchy top virus*는 진딧물에 의해 영속형으로 전염된다 (그림 14-66). 다른 예를 들면 *coconut foliar decay virus*는 메뚜기에 의해 전염된다 (그림 14-67). 지금까지 4~5종의 바이러스가 이 그룹에 속할 가능성이 있는 것으로 여겨진다. 각 바이러스의 분절 ssDNA는 각각 1,000~1,200개의 뉴클레오타이드로 구성되고, 모두 일반적인 비암호화(noncoding) 부위인 동일한 stem-loop 구조와 외피단백질, 바이러스 복제효소, 바이러스

이동단백질 등 다양한 바이러스 단백질을 코딩하는 하나 이상의 ORF(그림 14-66C)를 가지고 있다. 바이러스 외피단백질은 21K 정도의 분자량을 갖는다.

바나나 Bunchy Top병

바나나 bunchy top병(banana bunchy top)은 바나나에 가장 중요한 바이러스병이고 몇 안되는 주요 병 중 하나이다. 이 병은 중남미를 제외한 바나나 재배지역에서 세계적으로 발생한다. 감염된 식물은 열매가 열리지 않음으로 심각한 손실을 입힌다. 감염식물의 새 잎에는 암녹색의 점줄무늬가 엽병과 엽맥에 나타나고 잎 가장자리는 퇴록된다. 맨 위쪽에 달린 잎은 좁아지고, 곧추서며, 서로 가까워져 다발처럼 된다 (그림14-66B). 감염된 시기에 따라 화서나 과실이 형성되지 않거나 아

그림 14-66 (A) Nanovirus인 *banana bunchy top virus* (BBTV)에 의해 감염된 바나나의 어린잎에 나타난 짧은 줄무늬 병반. (B) BBTV에 의해 감염되어 어린 바나나나무에 나타난 증상. 잎의 가장자리가 노래지고, 잎 좁아지고 뻣뻣해짐, 곧추선 잎이 모여 다발을 형성한다. (C) BBTV의 지놈 구조. 구형 외가닥DNA바이러스의 6개의 구성인자는 ORF의 길이, 비해독 부위, 중합아데닌 신호의 수(1, 2, 3) 등으로 구분된다. [사진제공: (A,B) University of Hawaii, (C) Burns *et al.* (1995). *J Gen. Virol.* 76, 1471-1482.]

예 가줄기(pseudostem)를 형성하여 과실이 발생하지 않는다.

Banana bunchy top virus (BBTV)는 바나나에 병원성이 가장 강하지만 칸나 같은 몇몇 관상식물도 역시 감염한다. BBTV는 여러 계통이 존재하는 것으로 보여지는데, 이들은 일부 바나나 품종과 다른 기주를 감염하여 약한 병징 또는 무병징을 일으킨다. 식물체 내의 바이러스 밀도는 어린잎의 주맥, 엽병, 엽초 등에 높은데 계절에 따라 변한다. BBTV에 감염된 식물의 체관세포는 병 특이적 형광을 발한다.

BBTV는 먼거리를 지하경, 흡지, 조직배양된 분열조직 등에 의해 장거리 전염하고, 단거리는 바나나진딧물 *Pentalonia nigronervosa*에 의해 영속형으로 전염된다. 이전에 바나나 재배지로 사용된 곳에서 자생한 바나나가 BBTV에 감염되고 대규모의 진딧물의 개체군을 부양하여 다른 재배지로 바이러스를 옮기는 전염원이 될 수 있다. 이 병의 방제는 주로 감염을 회피하거나 줄이는 경종적 방법에 의존한다. 이러한 수단은 바이러스가 없는 지역에 바이러스가 들어오지 못하도록하는 검역, 무독 번식체의 사용, 오래된 감염포장에서 떨어진 곳에 새로운 포장 건설, 모든 자생 바나나 제거 등이다. 감염된 식물과 주변 식물을 제거하는 것은 바이러스 전염속도를 늦출 수 있다. 살충제에 의한 진딧물 구제는 이 바이러스 전파에 영향을 미치지 못한다.

코코야자나무 foliar decay에 의한 병

현재 제한적으로 분포되어 있고 태평양의 New Hebrides 섬에서 발견되었는데, 발생하는 지역에서는 경제적으로 중요하다. 감수성 품종의 나무는 포장에서 처음에는 중간에 달린 복엽(frond)의 몇 잎이 황화증상을 보인다. 이어서 복엽의 황화는 점점 더 번져가며 엽병은 괴사하고 복엽은 미성숙인 채 죽어서 아래로 매달린다. 그 다음에 만연되면 엽병이 괴사되며, 잎은 조기고사하여 축 늘어진다 (그림 14-67A, 14-67B). 더 많은 잎이 황화가 계속되어 죽으며 가장 오래된 잎과 가장 어린 잎은 녹색으로 오래 남는 것 같다. 감수성인 나무는 병징이 나타난 지 1~2년 안에 죽는다. 저항성 품종의 나무는 병으로부터 큰 피해를 보지 않는다.

이 병은 지름이 20nm이며 환형 ssDNA를 가진 nanovirus인 *coconut foliar decay virus* (그림14-67C)에 의해 발생한다. *Coconut foliar decay virus* (CFDV)는 장삼벌레의 일종인 *Myndus taffini*에 의해 반영속적인 방법으로 전염된다.

참고문헌

Burns, T. M., *et al.* (1993). Single-stranded DNA genome organization of banana bunchy top virus. *Sixth Int. Congr. Plant Pathol.*,

그림 14-67 (A) *Coconut foliar decay virus* (CFDV)에 의해 발생한 코코야자나무의 쇠락의 초기단계. 초기에는 중간부분의 잎에 황화현상이 나타난다. (B) 해가 지나 더 많은 잎이 말라죽고 마침내 야자나무도 죽는다. (C) CFDV의 입자. [사진제공: J.W. Randles.]

312.
Burns, T. M., Harding, R. M., and Dale, J. L. (1995). The genome organization of banana bunchy top virus: Analysis of six ssDNA components. *J. Gen. Virol.* **76**, 1471–1482.
Chu, P., *et al.* (1995). Non-geminated single-stranded DNA plant viruses. *In* "Pathogenesis and Host Specificity in Plant Diseases" (R. P. Singh, U. S. Singh, and K. Kohmoto, eds.), Vol. 3, pp. 311–341. Elsevier, Tarrytown, NY.
Horser, C. L., Harding, R. M., and Dale, J. L. (2001). Banana bunchy top nanovirus DNA-1 encodes the 'master' replication initiation protein. *J. Gen. Virol.* **82**, 459–464.
Kim, K.-S., and Lee, K.-W. (1992). Geminivirus-induced macrotubules and their suggested role in cell-to-cell movement. *Phytopathology* **82**, 664–669.
Merits, A., Fedorkin, O. N., Guo, D., *et al.* (2000). Activities associated with the putative replication initiation protein of coconut foliar decay virus, a tentative member of the genus *Nanovirus*. *J. Gen. Virol.* **81**, 3099–3106.
Saunders, K., Bedford, I. D., and Stanley, J. (2002). Adaptation from whitefly to leafhopper transmission of an autonomously replicating nanovirus-like DNA component associated with ageratum yellow vein disease. *J. Gen. Virol.* **83**, 907–913.
Wanitchakorn, R., Hafner, G. J., Harding, R. M., and Dale, J. L. (2000). Functional analysis of proteins encoded by banana bunchy top virus DNA-4 to -6. *J. Gen. Virol.* **81**, 299–306.

바이로이드

바이로이드에 의한 식물병

지금까지 적어도 40가지 식물병이 바이로이드(viroid)에 의해 일어난다고 알려졌다. 코코야자나무 카당카당병, 감자 걀쭉병(potato spindle tuber), 귤나무 exocortis 병, 아보카도나무 sunblotch병(그림 14-68A, 14-68B), 사과나무 scar skin 병(그림 14-68D, 14-68E), 국화 왜화병(그림 14-68C), 국화 chlorotic mottle병, 호프 왜화병, 오이 pale fruit병 등은 가장 중요한 식물바이로이드병이다. 검출, 분리, 동정법에 의해 많은 바이로이드가 증명되었지만 좀 더 많은 바이로이드에 대한 검출과 연구가 이루어져야 한다. 지금까지 동물이나 사람에서는 바이로이드에 의한 병이 밝혀진 바가 없다. 그러나 식물, 동물, 그리고 사람에서 나타나는 원인 "미상"의 병 중 조만간 바이로이드에 의한 것으로 밝혀지게 될 것이다.

바이로이드는 크기가 작고 분자량이 작으며 식물세포를 감염할 수 있는 RNA로서 스스로 복제하고 병을 일으킬 수 있다(그림 14-69). 바이로이드는 바이러스와 적어도 두 가지의 큰 차이점이 있는데: (1) RNA의 크기가 바이러스는 4~20kb인데 비하여 바이로이드는 250~370b로서 훨씬 작다; (2) 바이러스의 RNA는 단백질 외피에 둘러싸여 있지만 바이로이드의 RNA는 노출된 상태로 존재한다.

바이로이드는 크기가 작기 때문에(250~370개의 뉴클레오타이드) 복제에 필요한 복제효소는 물론 단백질 하나도 만들 수 없을 정도로 적은 정보만 가지고 있다. 바이로이드는 핵단백질이 아닌 노출된 RNA로 존재하므로 추출 시 식물성 RNA분해효소를 저해하기 위해 즙액에 페놀을 처리해야 하며 순화된 바이로이드를 전자현미경으로 보는 것은 매우 힘든 일이며, 실제로 식물의 즙액이나 조직에서 바이로이드를 전자현미경으로 관찰하는 것은 현재로서는 불가능하다.

바이로이드는 양끝이 연결된 고리 모양의 외가닥RNA로서 염기쌍을 이루고 있는 부분이 많다. 이 염기쌍은 같은 가닥 위에 외가닥인 부분과 겹가닥인 부분이 존재하는 머리핀 구조를 만드는데, 이는 외피단백질이 없는 바이로이드 RNA의 구조를 유지해 준다 (그림 14-70).

겹가닥 형태로 보이는 각각의 바이로이드는 다섯 개의 구조적인 영역으로 구성되어 있는데: 왼쪽과 오른쪽 끝 부분, 병원성 부분, 중심 보전 부분, 그리고 변화 부분이다. 끝과 병원성 부분은 바이로이드의 병원성을 결정하는데, 이는 감염, 복제, 그리고 병징 발현정도를 조절하는 능력을 말한다. 이 부위의 염기를 한두 개 바꾸면 병징의 정도가 바뀌기도 한다. 다른 두 부위인 중심보전부분(conserved central region)과 변화 부분은 아직 어떤 기능도 밝혀지지 않았다.

바이로이드의 분류

바이로이드의 분류는 중심보존부분에서 어떤 것들이 결여된 것(abocado sunblotch viroid group, group A 또는 Avsunviroids) 또는 존재하는 것(potato spindle tuber viroid group, group B, or Pospiviroids)에 기초를 두고 있다. 아보카도 sunblotch 바이로이드 (ASBVd)그룹에는 단지 네 개의 바이로이드만 있는 반면에, 감자 걀쭉 바이로이드 (PSTVd)그룹은 40개의 바이로이드 중에 나머지 모두를 포함한다. 모든 Avsunviroid는 바이로이드 복제 중에 RNA멀티머가 자가분열(self-cleave)을 가능하게 하는 리보자임(ribozyme) 활동을 한다. 또한 Avsunviroid는 엽록체에서 복제하는 반면에 Pospiviroid는 핵과 인에서 복제하는 것으로 추측된다. 두 그룹은 중심보존부분 염기서열의 유사성에 따라 하위그룹으로 분류된다.

Viroids
- ASBVd group or Avsunviroids
  - Avsunviroideae
    - Avsunviroid
      - Avocado sunblotch viroid
    - Pelamoviroid

그림 14-68 몇 종류의 바이로이드에 의한 병. (A,B) 아보카도 sunblotch병. (C) 왼쪽부터 *chrysanthemum chlorotic mottle viroid, potato spindle tuber viroid, chrysanthemum stunt viroid*에 의해 국화잎에 나타난 병징과 오른쪽의 건전한 잎. (D) *Apple scar skin viroid* (SSVd)에 의해 사과에 발생한 심각한 색택변화와 갈라짐 증상. (E) 건전한 Red Delicious 품종의 사과나무와 SSVd에 감염된 사과나무의 비교 [사진제공: (A,B) R.T. MacMillan, (C) R.J. McGovern.]

- Chrysanthemum chlorotic mottle viroid
- Peach latent mosaic viroid

PSTVd group or Pospiviroids

- Pospiviroideae
- Pospiviroid subgroup
  - Potato spindle tuber viroid
  - Chrysanthemum stunt viroid
  - Citrus exocortis viroid
  - Columnea latent viroid
  - Iresine viroid 1
  - Mexican papita viroid
  - Tomato apical stunt viroid
  - Tomato planta macho viroid
- Apscaviroid subgroup
  - Apple scar skin viroid
  - Apple dimple fruit viroid
  - Australian grapevine viroid
  - Citrus bent leaf viroid
  - Citrus viroid Ⅲ
  - Grapevine yellow speckle viroid

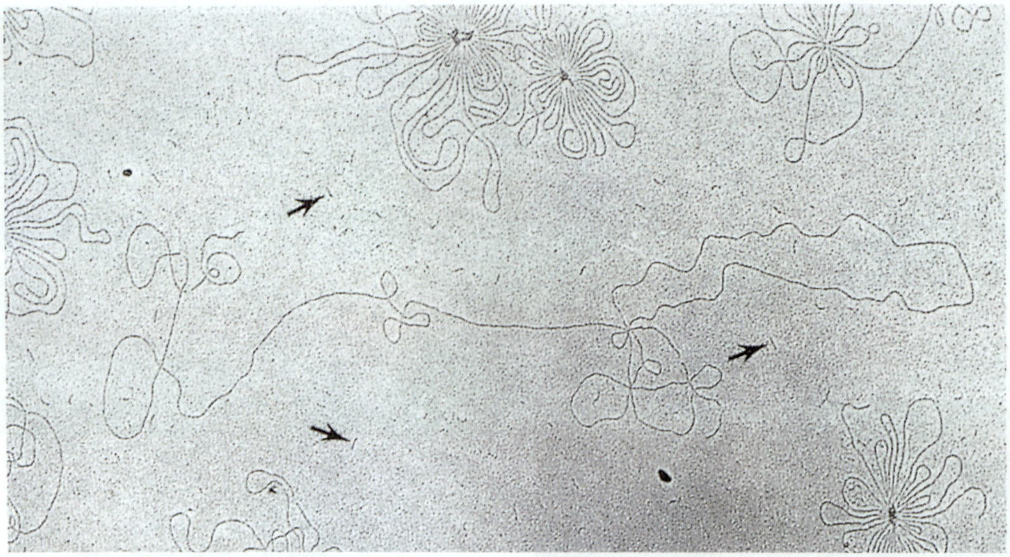

그림 14-69 *Potato spindle tuber viriod*의 입자(화살표)와 박테리오파지(T7)의 겹가닥 DNA가 섞여있는 것을 보여주는 전자현미경 사진. [사진제작: T. Koller and J.M. Sogo, 사진제공: T.O. Diener.]

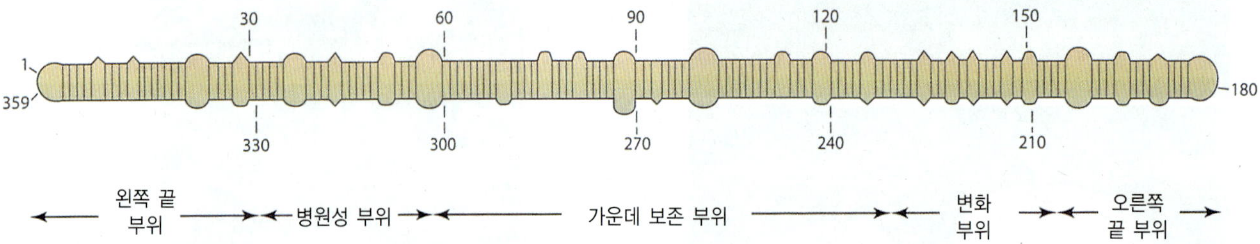

그림 14-70 *Potato spindle tuber viriod*의 2차 구조. 359개의 염기가 한 줄로 배열되어 있으므로 대부분 염기쌍을 형성하고 상당히 안정된 구조를 가진다. 알려진 바이로이드의 대부분은 이와 같은 구조를 가지고 있다. 예를 들면, 왼쪽 끝과 오른쪽 끝 부위는 바이로이드 복제에 관여하고, 병원성 부위는 발병에 관여한다. 가운데는 염기서열이 가장 잘 유지되는 보존 부위이고, 변화 부위는 바이로이드 사이에 가장 변이가 심한 부분이다.

- Grapevine yellow speckle viroid 1
- Grapevine yellow speckle viroid 2
- Pear blister canker viroid

Cocadviroid subgroup
- Coconut cadang-cadang viroid
- Citrus viroid 4
- Coconut tinangaja viroid
- Hop latent viroid

Coleviroid subsgroup
- *Coleus blumei* viroid
- *C. blumei* viroid 1
- *C. blumei* viroid 2
- *C. blumei* viroid 3

Hostuviroid subgroup
- Hop stunt viroid

Unassigned viroids
- Apple fruit crinkle viroid
- Cherry small circular viroid-like RNA
- Citrus viroid Ia
- Citrus viroid Ⅱ
- Citrus viroid OS
- Citrus viroid-I-LSS
- Coleus yellow viroid
- Tomato chlorotic dwarf viroid

바이로이드는 세포의 핵, 특히 염색질과 관련이 있는 것으로 여겨지고 있으며, 또 세포의 내막계와의 관련 가능성도 제기되고 있다. 바이로이드는 외가닥RNA의 특성을 많이 가지고 있으나 전자현미경으로 관찰하면 길이가 약 40nm이고 두께는 겹가닥RNA와 비슷하다 (그림14-69).

바이로이드가 어떻게 스스로 복제하는가는 지금까지 밝혀져 있지 않다. 바이로이드의 크기는 매우 작은 단백질을 만들 정도는 되나, 이 정도의 단백질은 이미 알려져 있는 RNA중합효소(복제효소)의 소단위체보다도 훨씬 작아서 바이로이드의 복제를 실행하기는 불가능하다. 그 밖에도, 여러 *in vitro* 단백질 합성실험에서도 바이로이드는 그 자체가 mRNA로 활동하지 못하는 것으로 밝혀졌고, 또 바이로이드에 감염된 식물체에서 새로이 밝혀진 단백질도 없다. 바이로이드는 RNA중합효소 등 복제에 필요한 모든 것이 기주에 의하여 제공되는 직접적인 RNA의 복사에 의하여 복제한다는 증거가 있다. 바이로이드는 복제하는 동안 환형의 (+)가닥이 마치 굴렁쇠와 같이 행동하여 이로부터 여러 가닥의 (-)가닥이 연결된 선 모양이 만들어진다(그림 14-71). 이 선 모양의 (-)가닥은 주형으로 작용하여 이로부터 다시 몇 가닥이 연결된 선 모양을 하고 있는 (+)RNA가닥이 만들어진다. 이 RNA는 곧 효소에 의하여 잘려져 같은 크기의 (+)RNA가 여러 개 만들어지고, 이 하나하나의 가닥들의 양끝이 이어져 둥근 모양을 하여, 결과적으로 맨 처음 바이로이드 RNA와 같은 것들이 많이 만들어지는 것이다 (그림 14-71).

바이로이드가 병을 일으키는 기작 또한 아직 밝혀져 있지 않다. 바이로이드에 의한 병징은 다양하며(그림 14-72) 바이러스에 의한 감염들과 비슷하다. 세포 안에 만들어진 바이로이드의 양은 매우 적은 것으로 여겨지며, 따라서 그것 때문에 세포 안의 RNA 뉴클레오타이드의 양이 부족해지지는 않을 것이다. 그 밖에도 바이러스처럼 감염된 기주들 가운데 상당수가 그들의 세포 안에서 비이로이드가 증식하고 있음에도 불구하고 감수성 기주처럼 뚜렷한 병징을 나타내지는 않는다. 앞에서 말한 바와 같이, 특정 부위의 염기를 1~2개만 바꿔도 발병 정도가 달라지기도 한다. 그러므로 바이로이드는 분명히 바이러스와 같은 방법으로 기주의 대사를 방해할 것이지만 그 방법 역시 아직까지 밝혀져 있지 않다. 감염 중 생성되는 바이러스-특이적 RNA와 *in vitro* 상태의 바이로이드 RNA는 둘 다 단백질합성효소(protein kinase)를 활성화시키고 차례로 다른 세포효소들을 활성화하는 반면 단백질 합성이 시작되는 것을 방해한다고 알려졌다. 약독 내지 강독의 식물병징을 일으키는 바이로이드 계통은 약독계통에 비해 단백질 kinase를 10배 이상 활성화시키는 것을 볼 때, 이 단백질 kinase의 활성화가 바이로이드에 의한 병 발생과 식물에서의 병 진전을 촉진시키는 요소일 가능성이 있다.

바이로이드는 주로 기계적 방법, 즉 식물체 증식 작업이나 농작업 중에 손이나 농기구에 묻은 감염된 식물의 즙액에 의해 감염된 식물로부터 건전한 식물로 옮겨지며, 물론 영양번식으로도 전염한다. 감자 갈쭉병, 국화 왜화병과 국화 퇴록얼룩병을 일으키는 바이로이드들은 즙액에 의하여 매우 잘 옮겨지는 반면, *citrus excortis viroid* 등은 즙액에 의한 전염이 쉽지 않다. 감자 갈쭉병, 코코야자나무 카당카당병, 토마토 bunchy top병, 사과나무 scar skin병 등을 일으키는 바이로이드들은 꽃가루와 종자를 통해 전염하는데, 그 비율은 매우 낮다. 바이로이드는 곤충의 입이나 다리에 묻어서 전염되는 것으로 보임에도 불구하고 바이로이드의 매개자로 밝혀진 것은 아직 없다.

분명히 바이로이드는 자연 상태에서 기주 표면이나 죽은 식물 조직에서 짧게는 몇 분에서 길게는 몇 개월까지 살 수 있음이 분명하다. 일반적으로 바이로이드는 기주식물로 알려진 거의 모든 주요 다년생 기주에서 월동 또는 월하하는 것으로 보인다. 바이로이드는 고온에 대해 저항성이 매우 커서 감염된 식물체의 열처리로 불활성화되지 않는다.

바이로이드에 의한 병의 방제는 바이로이드에 감염되지 않은 무병 번식체 사용, 감염된 식물체의 제거 및 폐기, 바이로

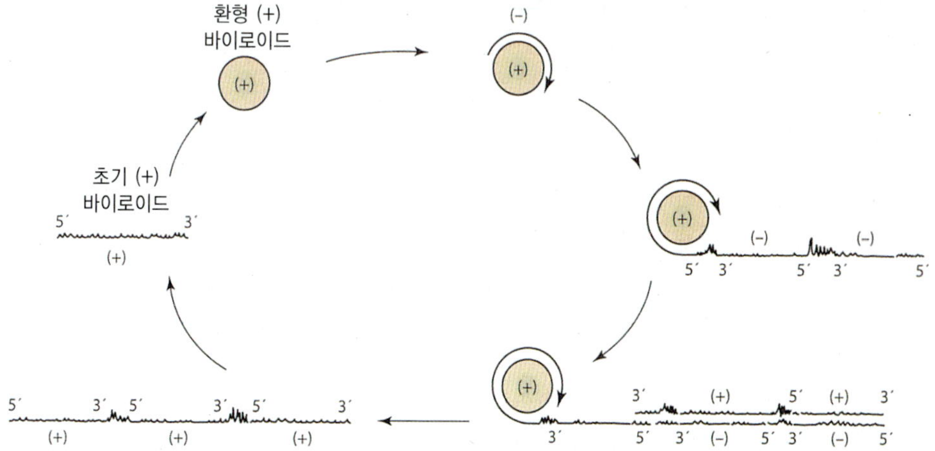

그림 14-71 바이로이드 복제를 가상한 모식도.

그림 14-72 바이로이드에 의한 다양한 병징. H, 건전주; D, 이병주.

이드에 감염된 식물을 다룬 다음 건전한 식물로 옮겨가기 전의 손 세척 또는 도구 소독 등에 의존하고 있다.

감자 갈쭉병

감자 갈쭉병(potato spindle tuber)은 미국, 캐나다, 러시아, 남아프리카 등에서 발생한다. 손실량은 상당히 많아서 어떤 지역에서는 감자에 발생하는 병 가운데 가장 치명적인 것으로 여겨진다. 이 바이로이드는 모든 감자 품종을 감염하며, 전염속도도 매우 빠르다. 감자 외에 토마토도 감염하는데, 토마토에서는 경제적 피해가 그리 심하지 않은 것으로 보인다.

감염된 감자식물체는 곧추 서며, 길쭉해지고, 위축된다 (그림 14-73A). 잎은 작고 곧추 서며 색이 짙어지고 때로는 말리고 비틀린다. 괴경은 길쭉해져서 가운데는 가늘고 양끝은 뭉툭해진다 (그림 14-73B). 괴경의 껍질과 살은 부드러워지고 매끄러워지며, 눈의 수는 더 많아지고 뚜렷해진다. 생산량이 25% 이상 감소하는 경우가 많다.

Potato spindle tuber viroid(PSTVd; 감자 갈쭉 바이로이드)는 가장 먼저 발견된 바이로이드이다. PSTVd는 359개의 뉴클레오타이드로 이루어져 있다. 순화된 PSTVd를 전자현미경으로 살펴보면 길이 약 40nm에 굵기는 겹가닥DNA 정도이다 (그림 14-69). 감염된 식물체의 즙액을 75~80℃에서 10분 동안 가열해도 여전히 감염력을 유지한다.

바이로이드는 기계적으로 전염될 수 있으며, 주로 건전 및 감염된 괴경을 자를 때 사용하는 칼에 의해서, 그리고 작물을 다루고 심는 동안 옮겨진다. 또한 이 바이로이드는 꽃가루와 종자를 통해, 그리고 예를 들면 메뚜기, 벼룩잎벌레, 노린재 등 일반적으로는 바이러스의 매개충으로 여겨지지 않는 여러 곤충의 오염된 입에 묻어서 전반된다. 오염된 칼로 괴경에 접종되거나 감염된 즙액을 자라는 식물에 접종하면, 바이로이드는 스스로 복제하며 식물 전체로 퍼진다.

감자 갈쭉병은 전년도 작물로부터 살아남아 있을지 모르는 병든 괴경이 없는 밭에 PSTVd가 없는 감자 괴경만을 심어야 효과적으로 방제할 수 있다.

귤나무 exocortis 병

Exocortis병은 전 세계적으로 분포하며 탱자나무, 시트랜지(citranges), Rangpur를 비롯한 밀감류, 라임나무류, 레몬나무, 시트론 등 각종 귤나무류를 감염한다. 오렌지나무, 레몬나

그림 14-73 (A) *Potato spindle tuber viroid* (PSTVd) 감염에 의해 감자가 위축되고 곧추 서서 자라며, 잎말림 증상을 보임. (B) PSTVd에 감염된 식물의 방추형 괴경 (오른쪽). [사진제공: (A) T.A. Zitter. (B) H.D. Thurston Cornell University.]

그림 14-74 (A) *Citrus excortis viroid* 에 의해 발생한 귤나무의 대목에 나타난 수피의 비늘화 병징. (B) 이 바이로이드의 검출 및 동정에 이용되는 시트론 품종 Etrog의 어떤 클론(오른쪽)에서 나타난 잎의 상편생장과 수피 갈라짐 증상.

무, 자몽나무 등의 귤나무 접수가 감염된 상태에서 이 병에 감수성인 대목에 접목되면 상업적으로 상당히 문제거리가 된다. 이러한 나무는 종에 따라 미약하거나 심한 생장감소를 보이며, 수확량은 최고 40%까지 감소한다.

감염된 exocortis 감수성 식물체는 줄기의 수피가 비늘처럼 갈라지고, 갈라진 일부 바깥 수피는 가늘고 긴 줄 모양으로 발전하여 4~8년생 식물체의 수피는 마치 물고기 비늘처럼 보인다 (그림 14-74). 감염된 감수성 식물체는 어린 줄기에서 누런 얼룩을 보이기도 하며, 어떤 시트론은 잎과 줄기가 갈라진 금을 따라 상편생장(그림 14-74B)을 하고 엽맥과 엽병이 짙어진다. 식물세포에서 바이로이드는 세포핵과 내막계에 연관하여 원형질막의 변형을 일으킨다. 모든 감염된 식물과 그에 접목된 저항성 품종들은 대개 다소간 위축되며 수확량이 감소한다.

Citrus exocortis viroid (CEVd)는 371개의 뉴클레오타이드로 구성되어 있다. CEVd는 접목용 칼, 전정가위 등의 기구, 손 등에 의해 감염된 나무로부터 건전한 나무에 쉽게 옮겨지며, 동물이 줄기를 긁거나 갉아서 옮겨질 가능성도 있다. 또한, CEVd는 새삼이나 즙액에 의하여 초본식물로 옮겨진다. 상온에 보관된 칼날에 묻은 채 CEVd는 적어도 8일간 감염력을 유지할 수 있다. 이 바이로이드는 열소독에 매우 강하며, 차아염소산나트륨 용액과 RNA분해효소를 제외한 시중에 나와 있는 어떤 화학 살균제에도 내성을 가지고 있다.

귤나무 exocortis 바이로이드는 과거에는 몇 달 안에 잎의 상편생장과 수피갈라짐이 일어나는 감수성 클론인 Etrog citron에 접목검정하여 동정하였다. 지난 10년간은 감염성 즙액의 전기영동과 CEV에 상보적인 방사성 동위원소표지-DNA 프로브를 사용하여 CEV를 동정하여 왔다.

코코야자나무 카당카당병

카당카당병(죽어 넘어지는 소리 cadang-cadang)은 필리핀의 코코야자나무와 기타 야자나무류에 발생하는데, 1930년에 처음 발견된 이래로 무려 3천만 그루의 코코야자나무가 이 병으로 죽었다. 지금까지도 매년 약 백만 그루가 죽고 있다 (그림 14-75B). 이 병은 필리핀에서 경제적으로 매우 중요한데, 지역주민들에게 코코야자나무는 식량과 목재로 그리고 코코넛과 야자유가 추출되는 건조된 코코넛 '과육'인 copra를 수출하는

그림 14-75 *Coconut cadang-cadang viroid* (CCCVd)에 의해 발생한 코코야자나무 카당카당병의 병징. (A) 건전한 야자나무의 잎(오른쪽)과 퇴록반점이 나타나는 병 말기의 야자나무의 잎(왼쪽). (B) 카당카당병의 초기, 중기, 말기 증상을 보이는 많은 코코야자나무가 있는 필리핀 군도 중의 한 지역. (C) 순화된 CCCVd. 많은 수의 바이로이드의 환형 분자가 보인다. [사진제공: J.W. Randles.]

주요 환금작물로써 생계에 유용하기 때문이다. 근연관계의 바이로이드에 의해 발생하는 유사한 병으로 tinangaja 라 불리는 병이 괌에서 발생하여 섬에 있는 수많은 코코야자나무를 죽였다.

야자나무 카당카당병의 병징은 8~15년에 걸쳐 서서히 나타나는데, 여러 해 동안 지속적으로 관찰하지 않으면 특별히 병을 진단할 수 없다. 야자나무는 보통 개화하면서부터 카당카당병에 감염되기 시작한다. 첫 병징은 열매에 나타나는데, 열매는 둥그렇게 되며 표면에 칼자국 같은 상처가 생기고, 잎에 밝은 색의 누런 점무늬가 보이기 시작한다 (그림 14-75A). 이로부터 3~4년 뒤 꽃이 다 죽고, 그 결과 더 이상 코코넛을 열지 못한다. 또한, 새 잎은 거의 발달하지 못하고 잎에는 더 많고 큰 점무늬가 생겨, 멀리서 보면 식물 전체가 누렇게 보인다. 병징이 나타난 지 5~7년이 되면 계속 증가하는 점무늬로 인하여 수관이 온통 누렇거나 청동빛을 띠며, 수관에 있는 잎의 수과 크기가 계속해서 감소된다. 결국에는 자라던 새싹은 죽어 떨어져서 야자나무 줄기가 마치 전신주처럼 서 있게 된다 (그림 14-75).

감염 초기에, coconut cadang-cadang viroid(CCCVd)는 246개의 뉴클레오타이드로 구성되는데, 이 때문에 가장 작은 바이로이드로 알려져 있다(그림 14-75C). 그러나 이 바이로이드는 항상 똑같은 바이로이드에 시토신 뉴클레오타이드가 하나 더 붙은 247개의 뉴클레오타이드 형태와 함께 존재한다. 감염 후기에는 2개의 더 긴 구조의 바이로이드가 나타나 결국 잎에서 앞의 작은 바이로이드를 대체한다. 이들은 296개와 297개 뉴클레오타이드로 구성된 형태로 짧은 구조 바이로이드 분자의 오른쪽 끝 부위 중 일부가 중복된 결과로 나타난다. 분자구조에 변형이 생기는 것은 이 카당카당 바이로이드만의 특징이며, 또한 지금까지 외떡잎식물을 감염하고 기주식물을 죽이는 유일한 바이로이드로 알려져 있다. CCCVd와 유사한 바이로이드가 몇몇 남서 태평양 군도의 기름야자나무에서 발생하는데, 코코야자나무에 이들이 감염되면 CCCVd보다 훨씬 약한 병징을 나타낸다.

CCCVd는 감염된 코코야자와 다른 야자나무류에 생존한다. 이 바이로이드는 코코야자나무의 배와 종피를 포함한 대부분의 조직에서 생존하지만 종자전염률(0.3%)은 낮다. 또한 감염된 야자나무의 꽃가루에서도 CCCVd는 존재한다. CCCVd가 어떻게 나무에서 나무로 옮기는 지는 확실하지 않다. 그러나 아마도 저작구를 가진 여러 곤충의 입을 통해서, 야자나무를 벌채할 때 쓰여진 칼에 의해 기계적으로 열매를 따거나 꽃에 있는 꿀을 따느라 만든 상처로, 그리고 감염된 꽃가루를 통한 전염과 같은 몇 가지 방법들 중 각각에 의해 좁은 지역에서 전파 되었을 것이다.

카당카당병은 이용할 수 있는 어떤 방법으로도 아직까지 방제되지 않았으며 감염지역으로부터 바깥쪽으로 매년 약 500m 씩, 감염되지 않은 야자나무가 있는 새로운 지역으로 계속해서 확산되고 있다. 감염 식물을 제거하고 곤충을 구제하는 것은 병이 확산에 영향을 주지 못하며 농기구를 소독하는 것도 실용적인 방법이 아닌 것으로 증명되었다. 지금까지, 이식이나 육종재료로 이용할 수 있는 저항성 품종이 없었지만 저항성 품종 육종은 계속되고 있다. 검정된 종자나 조직배양으로 만든 무병묘목의 생산과 사용이 가장 중요하다. 이것은 최근 모체에서의 바이로이드 검출을 도와서 오직 바이로이드가 없는 재료만이 야자나무의 증식에 사용되도록 감염조직으로부터 더 이상의 증식을 배제하도록 해주는 전기영동과 핵산기법의 사용을 통해 가능해지고, 쉬워지고 빨라지기 시작하였다.

참고문헌

Desvignes, J. C., Grassseau, N., Boyé, R., *et al.* (1999). Biological properties of apple scar skin viroid: isolates, host range, different sensitivity of apple cultivars, elimination, and natural transmission. *Plant Dis.* **83**, 768–772.

Desvignes, J. C., Cornaggia, D., and Grasseau, N. (1999). Pear blister canker viroid: Host range and improved bioassay with two new pear indicators, Fieud 37 and Fieud 110. *Plant Dis.* **83**, 410–422.

Diener, T. O., Owens, R. A., and Hammond, R. W. (1993). Viroids: The smallest and simplest agents of infectious disease. How do they make plants sick? *Intervirology* **35**, 186–195.

Di Serio, F., and Malfitano, M. (2000). *Apple dimple fruit viroid:* Fulfillment of Koch's postulates and symptom characteristics. *Plant Dis.* **85**, 179–182.

Hadidi, A., Giunchedi, L., Shamloul, A. M., *et al.* (1997). Occurrence of peach latent mosaic viroid in stone fruits and its transmission with contaminated blades. *Plant Dis.* **81**, 154–158.

Hanold, D., and Randles, J. W. (1991). Coconut cadang-cadang disease and its viroid agent. *Plant Dis.* **75**, 330–335.

Hodgson, R. A. J., Wall, G. C., and Randles, J. W. (1998). Specific identification of coconut tinangaja viroid for differential field diagnosis of viroids in coconut palm. *Phytopathology* **88**, 774–781.

Ito, T., Ieki, H., Ozaki, K., *et al.* (2002). Multiple citrus viroids in citrus from Japan and their ability to produce exocortis-like symptoms in citron. *Phytopathology* **92**, 542–547.

Maramorosch, K. (1993). The threat of cadang-cadang disease. *Principles* **37**, 187–196.

Reanwarakorn, K., and Semancik, J. S. (1999). Correlation of hop stunt viroid variants in cachexia and xyloporosis diseases of citrus. *Phytopathology* **89**, 568–574.

Riesner, D. (1991). Viroids: From thermodynamics to cellular structure and function. *Mol. Plant-Microbe Interact.* **4**, 122–131.

Sano, T., and Singh, R. P. (1995). Avocado sunblotch viroid group. *In* "Pathogenesis and Host Specificity in Plant Diseases" (R. P. Singh, U. S. Singh, and K. Kohmoto, eds.), Vol. 3, pp. 363–371. Elsevier, Tarrytown, NY.

Semancik, J. S. (1987). "Viroids and Viroidlike Pathogens." CRC Press, Boca Raton, FL.

제 15 장

선충에 의한 식물병

서론

선충(線蟲; nematodes)은 동물계(kingdom Animalia)에 속하는데, 지렁이 모양이지만 분류학상 지렁이와 실제로 상당한 차이가 있다. 수천 종의 선충은 대부분이 미생물과 미소 동식물을 먹으면서 담수나 염수 또는 토양에서 자유롭게 서식한다. 그러나 많은 종의 선충이 인간이나 동물에 기생하고 가해하여 각종 질병을 일으킨다. 또한, 구침(그림 15-1)으로

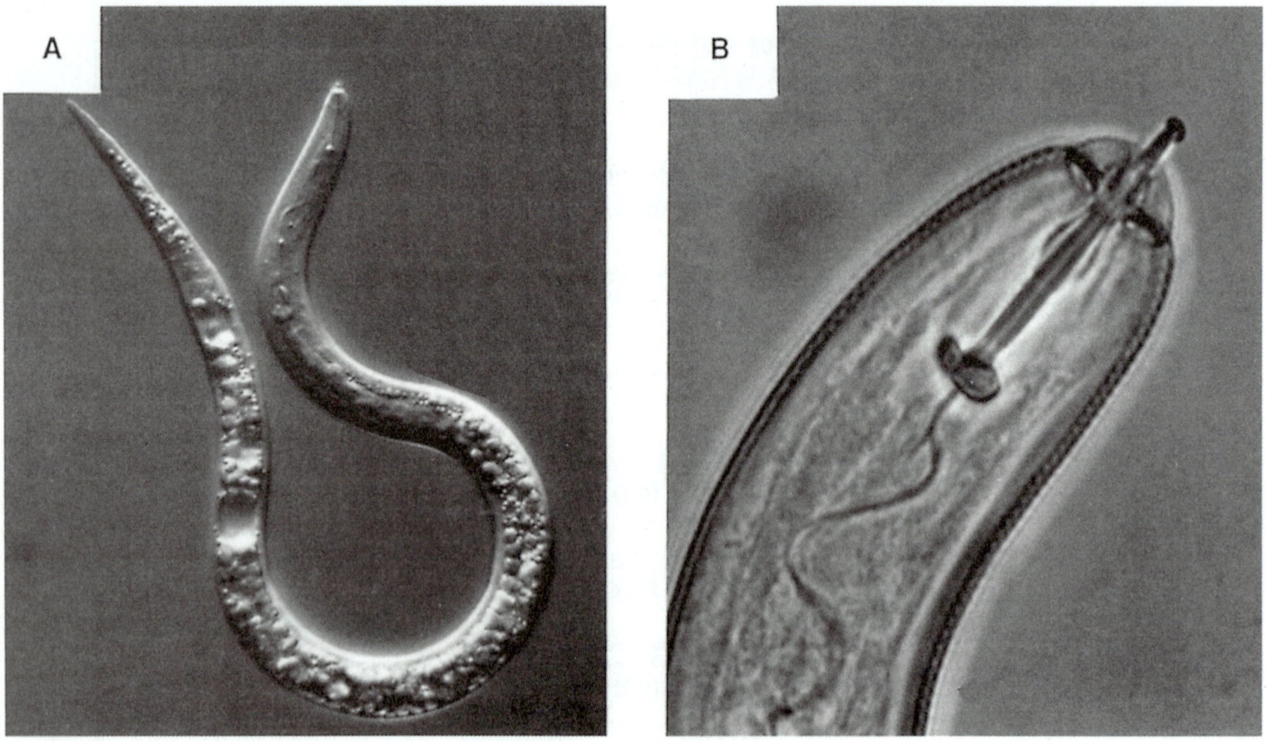

그림 15-1 (A) 전형적인 식물기생선충. (B) 식물기생선충의 구침을 보여주는 확대한 선충의 머리. 막대=10μm. [사진제공: McClure and von Mende (1987), *Phytopathology* 77, 1463-1469.]

살아있는 식물에서 먹이를 취하는 수백 종의 선충이 전 세계적으로 식물에 다양한 병을 일으키는 것으로 알려져 있다. 곡류, 콩과식물, 바나나, 카사바나무, 코코야자나무, 감자, 사탕무, 사탕수수, 고구마, 마 등 주요 식량작물의 선충에 의한 연간 손실은 전 세계적으로 약 11%에 이르고, 다른 주요 경제작물(채소, 과일, 비식용 밭작물)의 손실도 약 14%에 이르러서 매년 총 800억 달러 이상의 경제적 손실을 일으킨다.

식물병원선충의 특징

형태

식물기생선충 중에는 길이가 4mm에 이르는 것도 있지만, 대부분은 300~1,000㎛ 정도로 작고 너비는 15~35㎛ 정도이다 (그림 15-2, 15-3). 이러한 작은 너비로 인하여 선충은

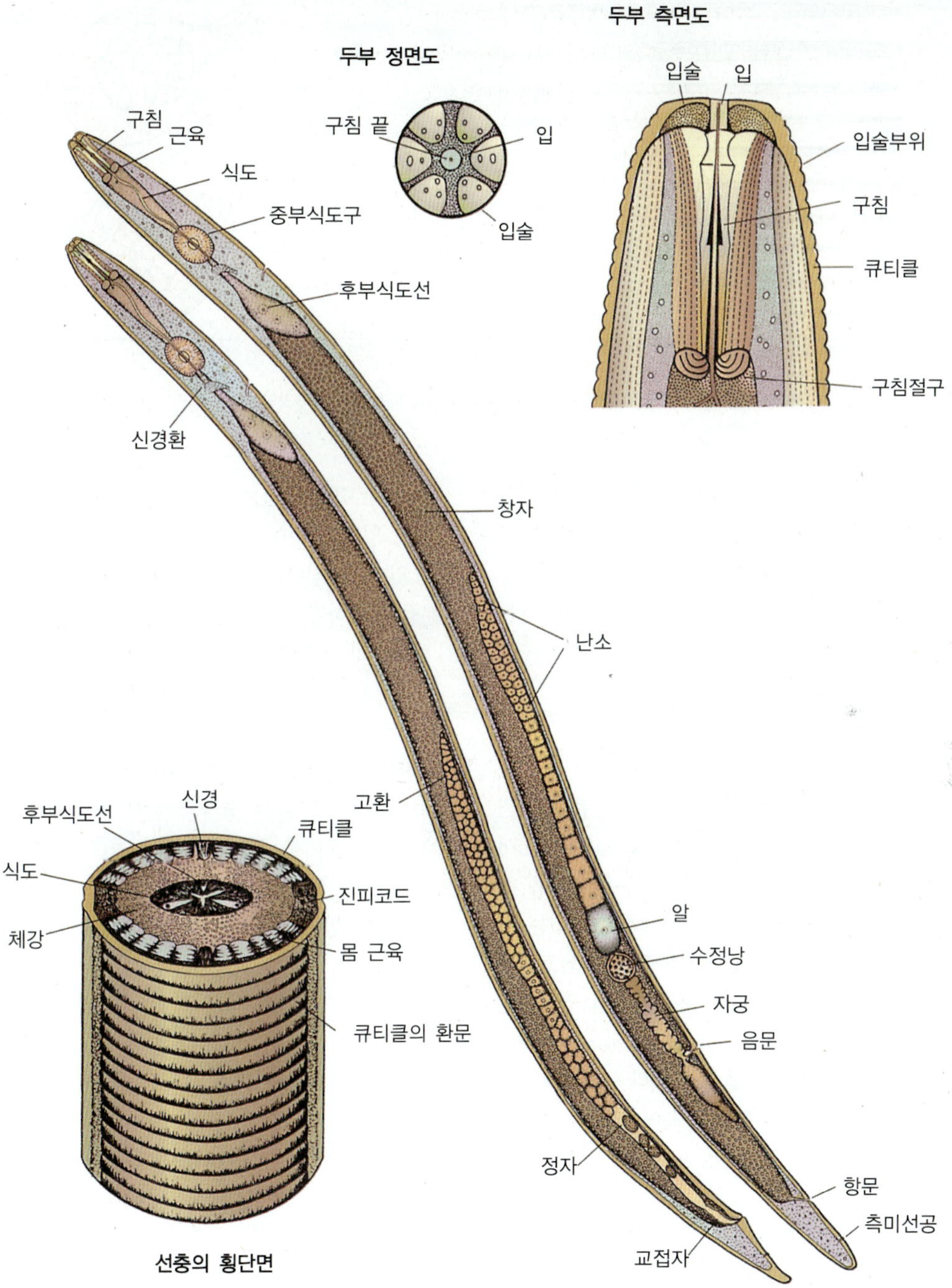

그림 15-2 전형적인 암수 식물기생선충의 형태와 주요 특징.

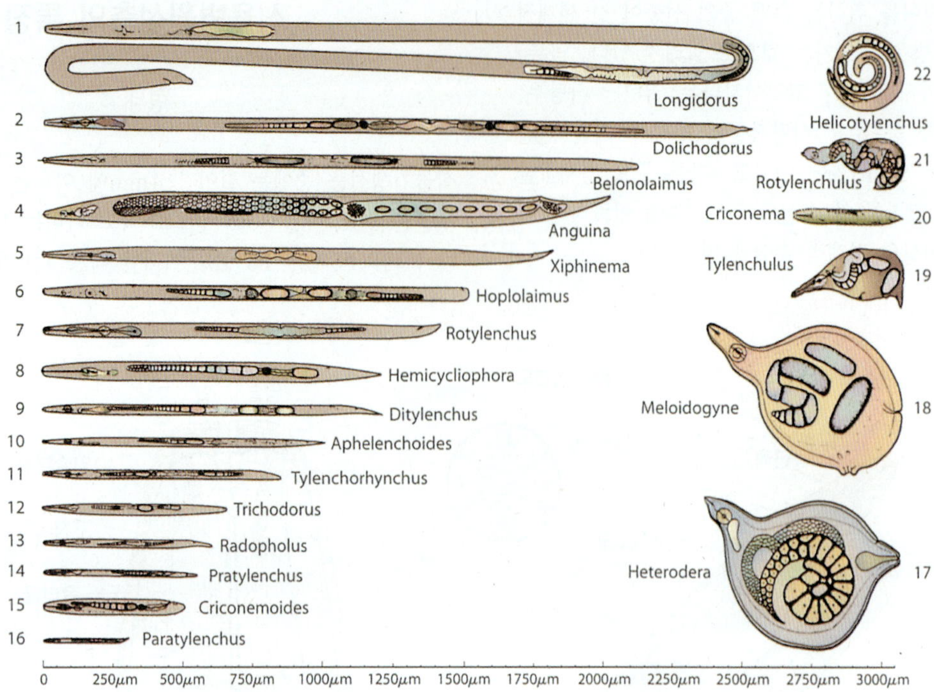

그림 15-3 주요 식물기생선충의 모식적인 형태와 개략적인 크기.

육안으로는 잘 보이지 않으나 현미경으로는 쉽게 관찰된다. 일반적으로 선충은 뱀장어처럼 길고, 횡단면은 둥글고 몸은 매끈하고 마디가 없으며 다리나 다른 부속지가 없다. 그러나 몇 종류의 암컷은 성숙하면 뚱뚱해져 서양배나 공 모양의 몸을 갖는다 (그림 15-3).

해부

선충의 몸(그림 15-2)은 거의 투명하다. 몸의 바깥은 무색의 큐티클로 덮여있는데, 큐티클에는 대개 미세주름(striation)이나 다른 무늬가 새겨져 있다. 큐티클은 선충의 유충이 다음 생육 단계로 진행할 때 탈피한다. 큐티클은 그 아래쪽에 있는 살아있는 세포로 구성된 진피(hypodermis)로부터 생성되고, 진피 아래에는 선충 몸의 운동에 관여하는 몸통근육이 있다. 진피에는 종으로 길게 돌출되어 있는 4개의 코드(chord)가 있어서 4개의 띠 모양으로 몸통근육을 분할하고 있다. 또한 움직이는 부분이면 어디든지 그 기관의 주변에 근육이 분포하는데 특히 구침, 식도 등 소화기관이나 교접자(spicule) 등 생식기 주변에 많이 분포한다.

체강(실제로 의체강)은 액체로 채워져 있고, 이 액체를 통하여 순환과 호흡이 일어난다. 소화기관은 입(mouth)에서부터 식도(esophagus), 창자(intestine), 직장(rectum)과 항문(anus)에 이르는 속이 빈 관이다. 일반적으로 6개의 입술이 입 주위를 둘러싸고 있다. 대부분의 식물기생선충은 속이 비어있는 긴 구침(stylet)이나 침(spear)을 갖고 있으나(그림 15-1B), 일부는 속이 비지 않은 변형된 단단한 침(spear)을 지니고 있다. 구침이나 침은 식물 세포에 구멍을 내어 그로부터 양분을 섭취하기 위하여 사용된다.

선충의 생식기관은 잘 발달되어 있다. 암컷 선충은 한 개 또는 두 개의 난소(ovary)를 가지며 그 뒤에 수란관(oviduct)과 자궁(uterus)이 있고 음문(vulva)으로 연결된다. 수컷의 생식기관은 암컷과 비슷한데 고환(testis), 저정낭(seminal vesicle)이 있으며 그 끝은 창자의 끝과 연결되어 외부로 열려 있다. 수컷에는 교미를 위한 한 쌍의 돌출되어 있는 교접자가 있다. 식물기생선충은 난생(卵生)이며 유성생식을 하거나 무성생식으로서 처녀생식을 한다. 따라서 많은 선충 종에서 수컷을 발견할 수 없다.

생활사

일반적으로 대부분의 식물기생선충의 생활사는 서로 비슷하다(그림 15-4). 알이 부화하여 유충이 나오는데, 유충의 모양과 구조는 대체적으로 성충과 비슷하다. 모든 선충은 4단계의 유충세대를 거치는데, 한 유충세대에서 유충이 생장하여 몸이 커지면 탈피함으로써 그 세대를 마감한다. 1차탈피는 보통 알 속에서 일어나며(그림 15-4B), 마지막 탈피 후에 암수 성충으로 분화한다. 선충의 생식으로 암컷은 수컷과의 교미를 통한 유성생식을 하거나 무성적으로는 처녀생식에 의해 수정란을 생산한다.

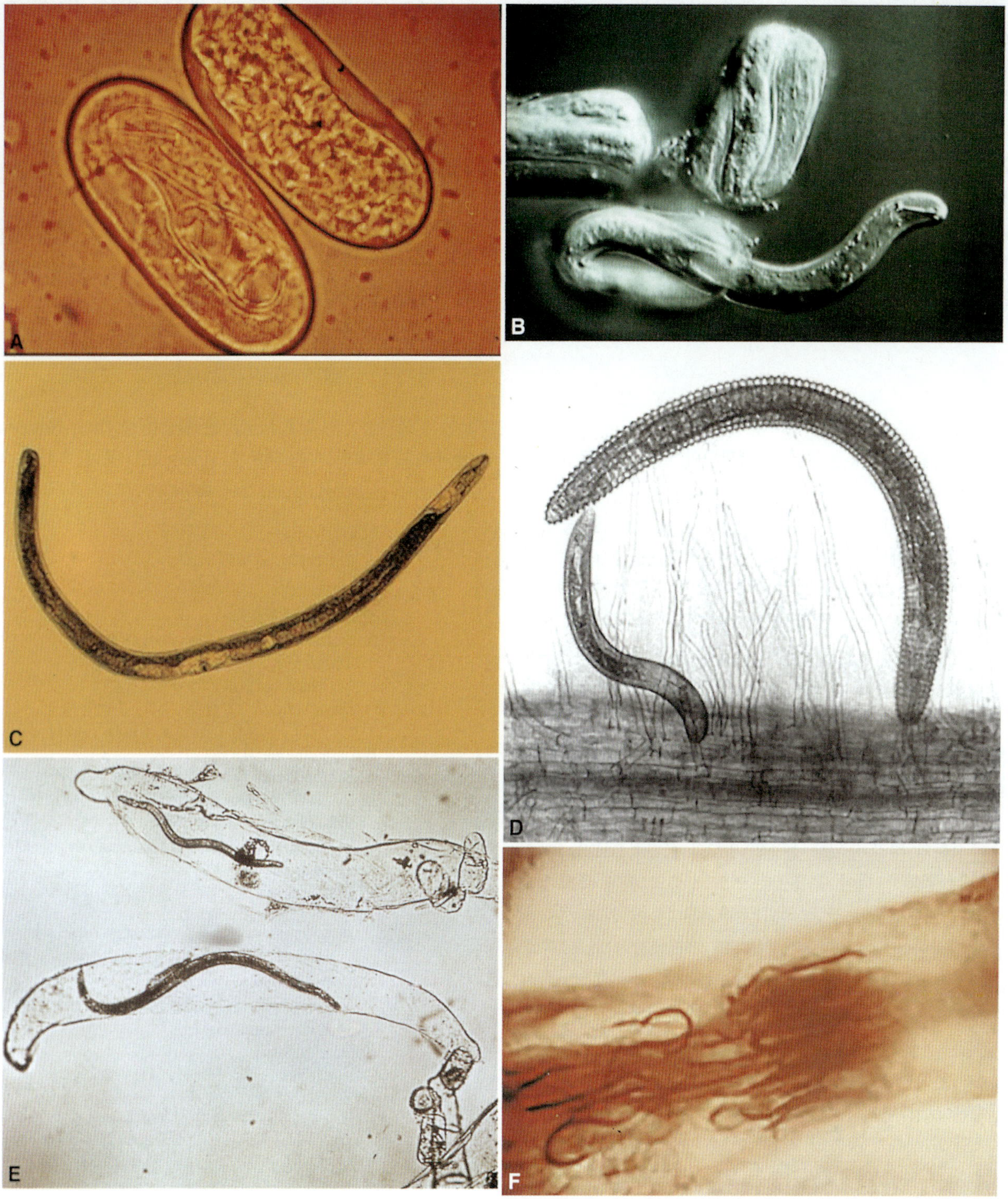

그림 15-4 식물기생선충의 생활사와 감염의 단계. (A) 선충 알. (B) 선충 알과 부화하는 2령유충. (C) 감염 시작 전의 전형적인 식물기생선충. (D) 외부기생적으로 뿌리를 섭식하고 있는 환선충의 유충과 성충. (E) 식물세포 안에 있는 *Aphelenchus* 선충. (F) 식물 뿌리 안에서 섭식하고 있는 *Radopholus* 선충. [사진제공: (A,C,E,F) University of Florida, (B) U. Zunke, (D) S.W. Westcott III.]

알에서 다시 알이 형성될 때까지의 기간인 한 생활사는 적절한 환경(특히 온도) 조건에서는 2~4 주가 소요되는데 낮은 온도에서는 더 오래 걸린다. 어떤 종의 선충은 1령 또는 2령 유충세대에는 식물체를 감염할 수 없으며, 대사활동을 위해 알에 저장되어 있는 에너지를 이용한다. 그러나 어떤 선충이든 감염세대에 도달하게 되면 감수성 기주식물을 섭식하여 생장하든지 그렇지 않으면 아사하는 수밖에 없다 (그림 15-4D~15-4F). 어떤 선충은 적절한 기주식물이 없으면 수개월 내에 집단의 모든 개체가 사멸하지만, 다른 선충 종의 경우는 유충이 건조한 조건에서 생장이 정지되어 있거나 알로서 토양 중에서 수년간 휴면상태로 살아남을 수 있다.

생태와 이동

대부분의 식물병원선충은 최소한 생활사의 일부분을 토양에서 보낸다. 많은 종류의 선충이 식물의 뿌리나 지하부의 줄기를 외부에서 가해하여 영양분을 섭취하면서 자유롭게 토양 중에서 생활하므로 전 세대가 토양 중에서 발견된다. 또한, 특수화된 고착성 기생선충을 포함한 모든 선충은 알이나 감염 이전의 유충세대, 수컷 선충 등의 생활사 전 부분 또는 일부분이 토양에서 발견된다. 토양의 온도, 수분, 통기성 등은 토양 내 선충의 생존과 이동에 영향을 준다. 선충은 일반적으로 토양 표층의 15~30cm 깊이에서 밀도가 가장 높다. 일반적으로 경작지 토양에서 선충의 분포는 불규칙하나 감수성 기주식물의 뿌리나 그 주위에서 밀도가 가장 높은데 따라서 가끔 30~150cm 또는 그 이상의 상당한 깊이까지도 뿌리를 따라 들어간다. 이렇게 기주식물의 뿌리 부위에 선충의 밀도가 상대적으로 높은 주된 이유는 원활한 먹이 공급으로 인한 선충의 빠른 증식에서 비롯되며, 또한 근권으로 분비되는 뿌리분비물에 의해 선충이 유인된 결과이다. 이 외에도 식물체의 뿌리에서 나와 근권에 확산되는 뿌리분비물의 부화촉진효과도 간과할 수 없다. 이 물질은 어떤 종의 선충 알의 부화는 현저히 촉진시키지만, 그러나 대부분 선충 종의 알은 어떤 특별한 자극이 없이도 물에서 자유롭게 부화한다.

선충은 토양 내에서 천천히 이동하여 자체 운동에 의해서는 연중 식물의 생육기 동안의 직접적인 총 이동거리는 대체로 수 미터를 넘지 않을 것이다. 선충은 토양 공극이 물로 가득 차 있을 때보다 얇은 수막(수 ㎛ 두께)으로 되어 있을 때 더 빨리 이동한다. 그러나 선충은 직접 이동 이외에도 움직이는 것이나 또는 토양입자를 운반하는 것이면 무엇이든지 이들을 통해 쉽게 이동할 수 있다. 선충은 농기구, 관수, 관개용수, 동물의 발, 조류, 흙먼지 바람 등에 의해 인접지역으로 이동하고 주로 농산물이나 번식용 식물체에 의해 먼 지역으로 옮겨진다. 식물의 지상부를 가해하는 몇 종류의 선충은 위에서 언급한 토양전염은 물론 뿌리치는 빗물이나 위에서 뿌려주는 물에 의해서도 전반된다. 이러한 몇 종의 선충은 물기가 있는 식물의 줄기나 잎의 표면을 자력으로 올라가고, 더욱이 감염된 식물체와 인접한 건전한 식물체의 접촉을 통해 선충이 전반된다.

Aphelenchoididae 에 속하는 2속의 선충, 즉 *Aphelenchoides* (잎선충)와 *Bursaphelenchus* (소나무재선충과 야자나무재선충)는 토양에 들어가는 경우가 드물다. 그 대신 이들 선충은 감염된 식물의 조직 안에서 생존한다. *Bursaphelenchus* 의 경우는 매개충 안에서도 생존한다.

분류

모든 식물기생선충(그림 15-3)은 선충문(phylum Nematoda)에 속하고 중요한 속은 대부분 Tylenchida 목에 속하며, 나머지 몇 종류는 Dorylaimida 목에 속한다.

선충문
- Tylenchida목
  - Tylenchina아목
    - Tylenchoidea상과
      - Anguinidae과
        - *Anguina*속: 씨알선충 또는 종자혹선충 (seed-gall nematode)
        - *Ditylenchus*속: 알팔파, 양파, 수선화 등의 줄기구근선충 (stem and bulb nematode)
      - Belonolaimidae 과
        - *Belonolaimus* 속: 곡류, 콩과식물, 박과식물 등의 침선충(sting nematode)
        - *Tylenchorhynchus* 속: 담배, 옥수수, 목화 등의 위축선충(stunt nematode)
      - Pratylenchidae 과
        - *Pratylenchus* 속: 농작물과 수목의 뿌리썩이 선충(lesion nematode)
        - *Radopholus* 속: 바나나, 귤나무류, 커피나무, 사탕수수 등의 뿌리굴선충(burrowing nematode)
        - *Nacobbus* 속: 헛뿌리혹선충(false root-knot nematode)
      - Hoplolaimidae과
        - *Hoplolaimus* 속: 옥수수, 사탕수수, 목화, 알팔파 등의 창선충(lance nematode)
        - *Rotylenchus* 속: 여러 식물의 나선선충 (spiral nematode)
        - *Helicotylenchus* 속: 여러 식물의 나선선충 (spiral nematode)
        - *Rotylenchulus* 속: 목화, 파파야나무, 차나무, 토마토 등의 레니폼선충(reniform nematode)
      - Heteroderidae 과
        - *Globodera* 속: 감자시스트선충(round cyst nematode)
        - *Heterodera* 속: 담배, 콩, 사탕무, 화곡류 등의 시스트선충(cyst nematode)
        - *Meloidogyne* 속: 거의 모든 작물의 뿌리혹

선충(root-knot nematode)
Criconematoidea상과
Criconematidae 과
Criconemella 속: 이전에는 *Criconema*속과 *Criconemoides* 속, 목본식물의 환선충(ring nematode), 복숭아나무 조기고사를 일으킴
Hemicycliophora 속: 여러 식물의 초선충 (sheath nematode)
Paratylenchidae 과
Paratylenchus 속: 여러 식물의 핀선충(pin nematode)
Tylenchulidae 과
Tylenchulus 속: 귤나무, 포도나무, 올리브 나무, 라일락 등의 귤나무선충(citrus nematode)
Aphelenchina 아목
Aphelenchoididae 과
Aphelenchoides 속: 국화, 딸기, 베고니아, 벼, 코코야자나무 등의 잎선충 (foliar nematode)
Bursaphelenchus 속: 소나무재선충(pinewood nematode)과 야자나무재선충(red ring nematode)

Dorylaimida 목
Longidoridae 과
Longidorus 속: 몇 종류 식물의 바늘선충 (needle nematode)
Xiphinema 속: 수목, 목본덩굴식물, 일년생 식물의 칼선충(dagger neamtode)
Trichodoridae 과
Paratrichodorus 속: 화곡류, 채소류, 크랜베리, 사과나무 등의 활선충 (stubby-root nematode)
Trichodorus 속: 사탕무, 감자, 화곡류, 사과나무 등의 활선충

서식 특성에 따라 병원선충을 구분하면, 일반적으로 뿌리조직 내로 침입하지 않고 뿌리 밖에서 뿌리의 표면 주위의 세포에서 양분을 취하는 **외부기생체**(外部寄生體; **ectoparasites**)(그림 15-4D)와 기주식물 내로 침입하여 내부의 세포로부터 양분을 취하는 **내부기생체**(內部寄生體; **endoparasites**)(그림 15-4E, 15-4F)로 나눌 수 있다. 이들은 각각 다시 식물체에 부착하지 않고 토양 안에 자유로이 돌아다니며 양분을 취하거나 또는 식물체 안에서 이동해 다니는 **이주성**(移住性; **migratory**)과 뿌리 안에 들어가서 이동하지 않는 **고착성**(固着性; **sedentary**)으로 나눌 수 있다. 외부기생선충으로 환선충은 고착성이고, 칼선충, 활선충, 침선충 등은 모두 이주성 선충에 포함된다. 고착성 내부기생선충에는 뿌리혹선충, 시스트선충, 귤나무선충 등이 포함되며, 내부기생신충 중에서 뿌리썩이선충, 줄기구근선충, 뿌리굴선충, 잎선충, 위축선충, 침선충, 나선선충 등은 모두 어느 정도는 이주성이다. 시스트선충, 침선충, 나선선충은 최소한 생활사의 일부분은 어느 정도 외부기생적이라 할 수 있다.

선충의 분리

식물기생선충은 선충에 감염된 식물의 뿌리나 선충이 섭식하는 뿌리 근처의 토양에서 흔히 분리된다 (그림 15-5). 그러나 식물체의 지상부를 가해하는 몇 종의 선충(예를 들어 국화잎선충, 벼과작물 씨알선충, 그리고 줄기, 잎, 구근 선충)은 주로 감염된 식물체로부터 분리할 수 있으나 토양으로부터는 분리가 잘 되지 않는다.

토양으로부터 선충의 분리

토양에서 채취한 신선한 토양 100~300cm^{3}로부터 Baermann깔때기법이나 체거름법을 이용하여 선충을 분리할 수 있다.

Baermann깔때기는 큰 유리깔때기(직경 12~15cm)에 잘린 고무튜브가 달려 있고, 그 튜브 아래는 클램프로 조여져 있다. 이 깔때기를 스탠드에 걸어놓고 물로 채운 후에 채취한 토양을 다공성이나 물에 내구성인 종이(티슈)에 펴서 깔때기 안에 놓는데, 경우에 따라 직경 5~6cm의 둥근 망을 깔때기에 놓아 종이를 받쳐주거나 또는 비커에 토양을 넣고 입구를 천 조각으로 덮은 후에 고무줄로 비커의 둘레를 매어 천을 고정시킨다. 그런 다음에 이 비커를 뒤집어 천이 있는 쪽을 아래로 하여 깔때기 안에 놓고 모든 토양이 수면 아래로 놓이게 하고 하룻밤이나 장시간 놓아둔다. 살아있는 선충은 활동적으로 움직이고 천이나 다공성 종이를 뚫고 물로 이동하여 고무튜브 밑바닥으로 가라앉아 클램프 바로 위에 모인다. 살아있는 선충의 90% 이상이 고무튜브에서 받은 첫 번째 물 5~8ml에서 회수되는데, 이 샘플을 얕은 접시에 넣어 검경하거나, 더 나아가 단선충 분리에 쓰인다.

체를 이용하는 방법(체거름법)은 기본적으로 300cm^3 정도의 소량의 토양에 2리터 정도의 상당히 많은 양의 물을 섞으면 선충이 물에 뜨게 되어 구멍의 크기가 다른 체를 통해 선충을 모을 수 있음에 근거한다. 따라서 양동이에 토양과 물의 혼합물을 휘저어 섞은 후에 30초 동안 가만히 두어 무거운 흙이 가라앉으면 윗부분의 물을 20mesh(20개의 구멍/inch^2) 체에 붓는다. 이때 큰 부스러기는 체에 걸리지만 선충은 이를 통과하여 다른 양동이로 흘러들어간다. 선충이 들어있는 이 양동이의 물을 60mesh의 체에 부으면 부스러기와 함께 큰 선충이 걸리나 더 작은 선충은 통과하므로 마지막으로 이 체를 통과한 물을 다시 200mesh 체에 부으면 작은 선충마저 걸리며 이와 함께 약간의 부스러기가 모여진다. 이 60mesh와 200mesh의 체를 2~3번 물로 씻어서 부스러기를 가능한 많이 제거한 다음에 선충을 얕은 접시에 물로 따라내어 직접 검경하거나 추

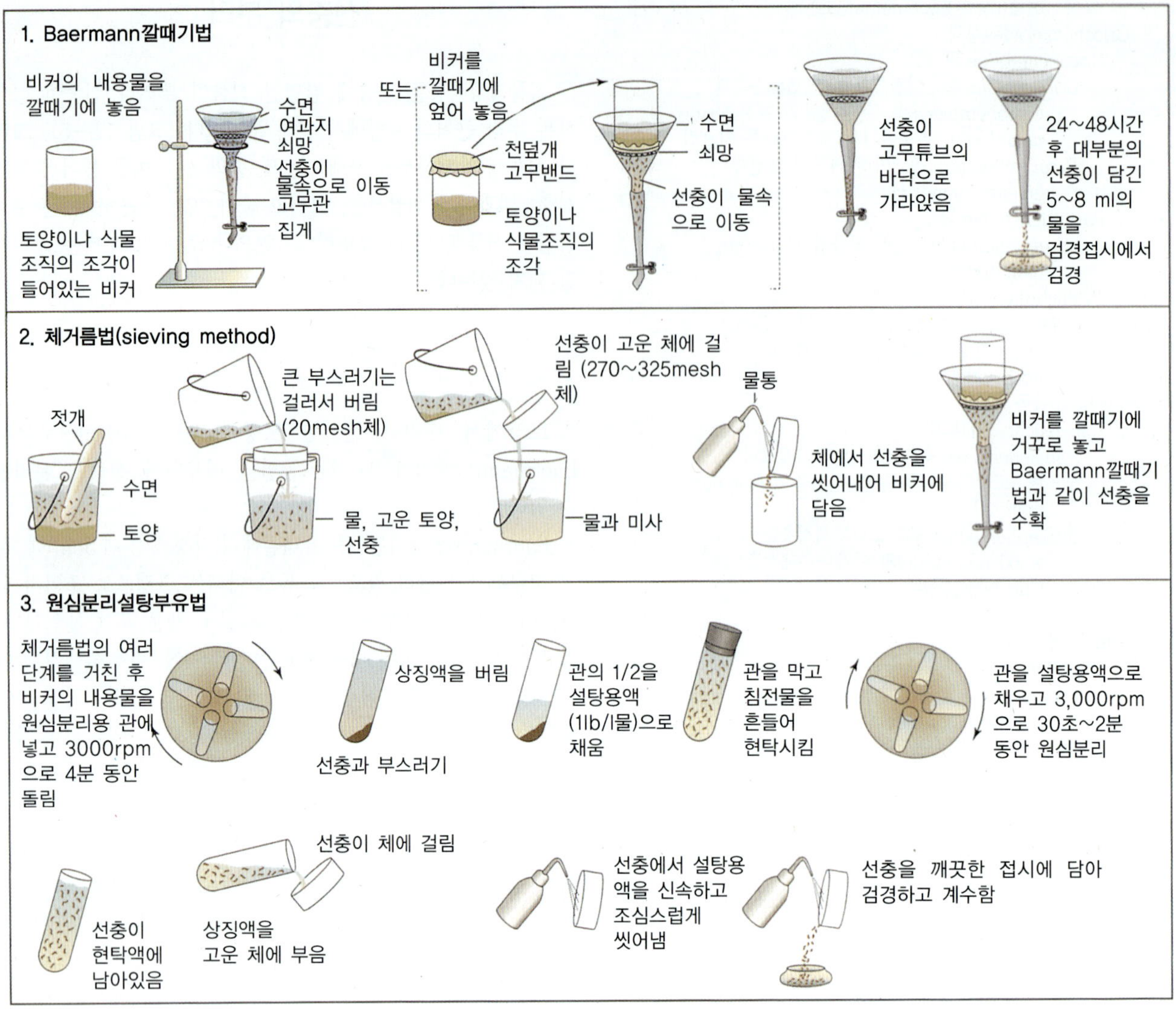

그림 15-5 토양이나 식물 조직으로부터 선충을 분리하는 방법.

가적인 선충분리에 이용한다. Baermann깔때기법 또는 체거름법을 통해 모은 선충 수집물을 더 깨끗이 세척하기 위하여 그림 15-5처럼 설탕용액 안에서 원심분리함으로써 선충을 부유시키는 원심분리설탕부유법을 사용한다. 1980년대에 개발된 반자동세과기(semiautomatic elutriator)는 이러한 여러 단계의 작업 과정을 하나의 연속된 과정으로 발전시켜 작업 수행에 노동력을 절감하였을 뿐만 아니라 토양혼합 과정을 크게 개선하였다.

식물체로부터 선충의 분리

선충을 지니고 있는 식물재료는 그 종류에 관계없이 식물체로부터 선충의 분리를 위해서는 우선적으로 그 식물재료를 손이나 몇 초 동안 분쇄기를 사용하여 아주 작은 조각으로 자른 후에 선충분리 작업을 시작한다. 자른 식물조직은 토양에서의 선충분리와 마찬가지로 Baermann깔때기에 놓으면 선충이 조직으로부터 나와 물속으로 이동하여 고무튜브에 이르게 되고, 이 튜브 내의 물을 뽑아 검경용 접시에 따르면 선충을 얻을 수 있다.

선충에 의한 병징

식물이 선충에 감염되면 뿌리뿐만 아니라 지상부의 식물체에도 병징이 나타난다 (그림 15-6). 뿌리의 병징은 뿌리 병반(그림 15-7A, 15-7C), 뿌리의 중간이나 끝 부분의 혹(그림 15-7E), 과도한 뿌리 분기, 뿌리끝 손상, 그리고 선충과 함께 식물병원성 또는 부생성 세균이나 균류와 같이 감염될 때 뿌리썩음병이 생긴다. 이러한 뿌리 병징으로 인해 식물체의 지상부에

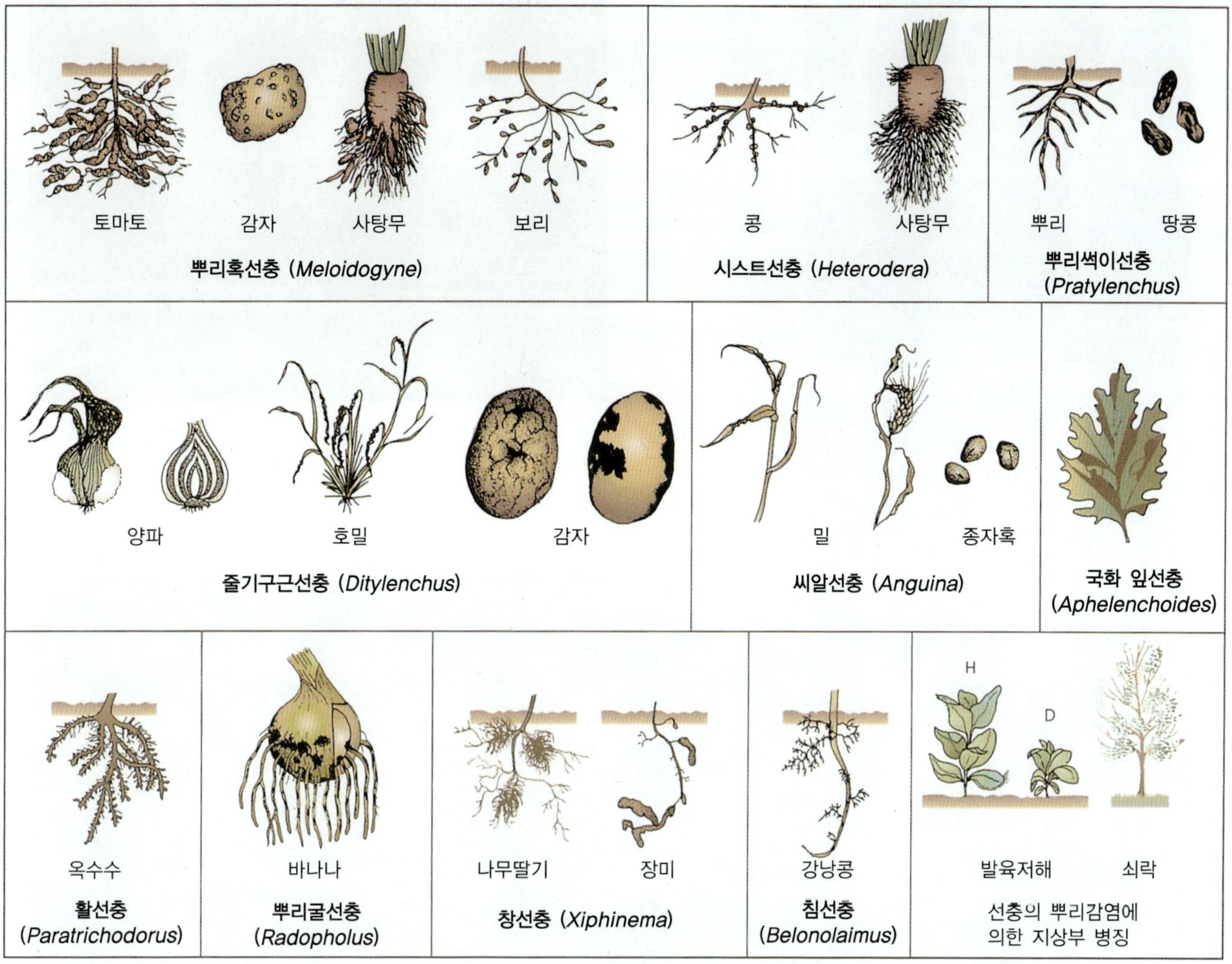

그림 15-6 몇 종류의 중요한 식물기생선충에 의한 유형별 병징.

는 일반적으로 비특이적인 병징이 나타나는데(그림 15-7B, 15-7D, 15-7F), 주로 생육 억제와 잎의 황화와 같은 영양 결핍 증상이나 고온건조기에 과도한 시들음 증상이 나타나며 수량 감소와 생산물의 품질 저하 등이 일어난다.

어떤 종류의 선충은 식물의 뿌리보다는 식물체의 지상부를 침해하여 혹이나 괴사 병반, 잎이나 줄기의 구부러짐이나 뒤틀림, 꽃의 비정상 발육 등의 증상을 일으킨다. 또 다른 종류의 선충은 곡류와 초류를 침해하여 종자 형성 부위에 선충으로 가득 찬 혹을 형성한다.

선충에 의한 식물병의 진전

선충이 섭식할 때 가해지는 직접적인 기계적 손상은 식물체에 미약한 피해를 줄 뿐이고, 대부분의 피해는 선충의 섭식 중에 분비되는 선충의 타액이 식물체에 주입됨으로써 야기되는 것으로 여겨진다. 어떤 종류의 선충은 아주 빠른 속도로 섭식하는데, 세포벽을 뚫어 세포 내로 타액을 주입하고 양분을 섭취한 후에 다른 곳으로 이동하기까지 불과 몇 초밖에 걸리지 않는다. 다른 종류의 선충은 섭식 속도가 훨씬 느려 천공된 한 부위에서 움직이지 않고 몇 시간 또는 며칠씩 섭식한다. 이러한 경우의 선충은 뿌리의 속이나 겉에서 끝까지 정착하며 살아가는 고착성 선충의 암컷과 마찬가지로 섭식을 지속하는 동안 간헐적으로 타액을 주입한다.

선충의 섭식과정에서 영향을 받은 식물세포는 반응을 하는데, 그 결과 뿌리끝 또는 싹이 고사하거나 활력을 상실하며, 병반의 형성, 조직의 파괴 및 팽창과 다양한 혹의 형성, 그리고 줄기와 잎의 뒤틀림이나 위축 등의 증상이 일어난다. 이러한 현상 중 몇 가지는 침입한 선충이 분비하는 식물조직 분해

그림 15-7 몇 가지 선충에 의한 포장에서의 감염 식물과 식물 뿌리의 병징. (A) 뿌리 위에 나타난 병반과 뿌리 괴저, (B) 선충의 가해로 딸기가 왜화되고 늙은 잎이 죽어있다. (C) 기주식물의 뿌리 위에 붙어있는 암컷 선충과 시스트. (D) 콩시스트선충이 만연한 콩밭에 황화, 위축되고 죽은 콩식물체의 구획이 보인다. (E) 뿌리혹선충에 의한 토마토 뿌리의 혹. (F) 선충에 의한 감염의 결과로 생장이 감소되어 수량감소가 예상되는 목화 포장과 살선충제를 처리한 인접지역이 비교되어 있다. [사진제공: (A) K.R. Baker, (B) J. Noling, (C) W.C.D.P., (D) G. Tylka, (E) R. Dunn, (F) C. Overstreet.]

효소가 독성 대사물질과 함께 또는 효소 단독으로 감염 조직을 와해하고 세포를 죽이기 때문이다. 또한 세포의 크기나 세포분열을 조절하여 세포의 비정상적인 크기 증가(이상비대, hypertrophy), 세포분열의 억제, 또는 세포분열의 촉진이 진행되어 결과적으로 감염부나 그 주위에 혹을 형성하거나 다량의 측근을 형성시키기도 한다.

선충에 의한 식물병은 복잡하다. 뿌리를 섭식하는 선충 종은 대개 식물의 토양으로부터 수분과 양분의 흡수 능력을 저하시켜 식물체의 지상부에 수분과 양분의 결핍증상을 초래한다. 그러나 어떤 경우에는 식물과 선충의 생화학적 상호반응에 의해 식물체의 전체 생리작용이 손상되기도 하며, 식물병의 일차적인 원인이 되는 병원체의 감염경로를 제공하는 역할도 한다. 선충의 섭식에 의한 기계적 손상과 식물체로부터 양분의 탈취가 일반적으로는 그리 중대하지 않지만 선충의 밀도가 매우 높아지면 이러한 피해 또한 대단히 중요해진다.

선충과 다른 병원체와의 상호관계

선충은 독자적으로 식물에 병을 일으킬 수 있다. 그러나 대부분의 선충은 토양 중에서 균류와 세균으로 항상 둘러싸인 채 살아가며 행동하는데, 많은 균류와 세균 역시 식물에 병을 일으킬 수 있다. 대체로 선충과 이들 다른 병원체 사이에 상호관계가 형성되면 선충은 복합적 병원의 한 부분을 차지하게 되고 때때로 이들 연합에 의해 두 병원체 각각의 합보다 훨씬 더 큰 병원잠재력을 나타내는 심한 병이 발생한다.

선충과 균류가 함께 일으키는 복합병으로 여러 가지가 알려져 있다. 여러 식물의 *Fusarium*에 의한 시들음병은 그 식물이 뿌리혹선충, 뿌리썩이선충, 침선충, 레니폼선충, 뿌리굴선충 또는 위축선충 등의 선충에도 감염되면 발병률이 높아지고 병이 심해진다. 선충과 균류의 복합병에서 이와 비슷한 결과를 *Verticillium*에 의한 시들음병, *Pythium*에 의한 모잘록병, *Rhizoctonia* 와 *Phytophthora* 에 의한 뿌리썩음병과 몇 가지 다른 예에서도 찾아볼 수 있다. 예를 들어, 감자 조기고사증후군에 있어서 *Verticillium dahliae*의 단독 감염에 의해 감자가 시들어 고사할 수 있다. 그러나 낮은 밀도라도 뿌리썩이선충인 *Pratylenchus penetrans*에 의해 동시에 감염이 되면 아주 낮은 밀도의 병원균류라도 활성화되어 감자 식물체의 조기 시들음과 고사를 일으킨다. 위에서 언급한 어떤 경우에도 균류가 선충에 의해 전반되지는 않지만, 병원균에 감수성인 품종이 선충에 의해 복합감염될 때 합해진 피해는 각각의 병원체가 일으키는 피해의 합보다 훨씬 더 심하게 된다. 또한 보통 병원균류에 저항성인 품종도 선충에 먼저 감염된 후에는 이들 병원균에 잘 감염된다. 살균제가 아닌 살선충용 토양훈증제를 처리하면 균류 병의 발생이 크게 감소한다는 사실로 이러한 복합병에서 선충의 중요성을 가늠할 수 있다.

선충과 세균에 의한 복합병은 상대적으로 적어 몇 가지 밖에 알려져 있지 않다. 예를 들어 *Ralstonia solanacearum*에 의한 담배 풋마름병, *Clavibacter michiganense* subsp. *insidiosum* 에 의한 알팔파 세균성시들음병, *Pseudomonas marginata* 에 의한 글라디올러스 세균성더뎅이병은 뿌리혹선충의 감염에 의해 병의 진전률이 증가하고 병이 심해진다. 이 경우는 대부분 선충이 기주에 상처를 냄으로써 병원세균에 감염경로를 제공하고 감염을 돕는 역할을 한다고 생각된다. 그러나 환선충인 *Criconemella xenoplax*가 자두나무 뿌리를 감염하면 나무의 생리를 변화시켜서 세균 *Pseudomonas syringae* pv. *syringae*에 의한 가지궤양병이 선충 감염이 없는 나무보다 더 크게 확대된다.

씨알선충 *Anguina*의 몇 종과 식물병원세균 *Clavibacter toxicus*는 벼과식물의 이삭의 정상적인 발육억제와 기형 유발에 중요한 상호 연관성을 가지고 있다. 이 세균은 corynetoxin이라는 독소를 생산하는데, 이 독소는 자연에서 생산되는 가장 강력한 독소이며 가축이 감염된 목초나 종자를 먹으면 대부분 치명적인 신경경련이 일어난다. 그런데 감염된 식물에서 독소의 양과 독성은 이 세균에 특이적인 박테리오파지에 감염된 세균의 수에 비례한다. 선충의 주요 역할은 공간적으로나 시간적으로 세균을 전반하는 매개체로서의 역할과 세균의 기주 침입을 쉽게 하는 데 있다고 생각된다. 선충에 대한 이 corynetoxin 독소의 영향에 대해서는 알려지지 않았다.

선충과 바이러스의 관계에 대해서는 더 잘 알려져 있는데, grapevine fanleaf virus, tomato ring spot virus, raspberry ring spot virus, tobacco rattle virus 등은 토양에서 선충에 의해 매개된다. 그러나 이들 바이러스는 모두 창선충(*Xiphinema*), 바늘선충(*Longidorus*), *Paralongidorus*, 할선충(*Trichodorus, Paratrichodorus*) 등 5속 내의 하나 또는 여러 선충에 의해서만 전염된다. *Xiphinema, Longidorus* 와 *Paralongidorus* 는 선충에 의해 전반되는 바이러스의 대부분을 차지하는 구형 바이러스만을 전염시키는 반면에 *Trichodorus* 와 *Paratrichodorus* 는 두 종의 봉상형 바이러스인 tobacco rattle virus와 pea early browning virus를 전염시킬 뿐이다. 이러한 선충들은 바이러스에 감염된 식물을 1시간에서 4일까지 섭식한 후에 전염시킬 수 있는데, 일단 감염식물로부터 바이러스를 획득한 보독 선충은 2~4개월 또는 가끔은 그 이상의 기간 동안 감염력을 유지한다. 모든 생장기별 선충의 유충과 성충이 바이러스를 전염시킬 수 있다. 선충은 여러 종류의 식물바이러스를 체내로 흡입하고 운반할 수 있지만 그들 중 단지 몇 종류의 바이러스만 건전 식물에 전염시키는

데, 이것은 매개충인 선충과 바이러스 사이에는 밀접한 생물적 상관관계가 있음을 보여준다.

선충의 방제

선충의 방제에는 이용 가능한 여러 가지 방법이 있지만, 비용이나 작목의 유형 등의 요인으로 실제적인 사용에는 제약을 받고 있다. 일반적으로 선충 방제는 무병종묘 사용, 돌려짓기, 휴경 등의 경종적 방법; 저항성 품종 사용이나(그림 15-8A) 유기물시용에 의한 토양개량, 자연적 또는 유전적으로 개량된 길항세균이나 기생세균(그림 15-8B), 선충(그림 15-8C)과 균류(그림 15-8D) 등을 이용한 생물적 방법; 경운, 태양열 소독을 포함한 열처리, 침수 등을 이용한 물리적 방법; 그리고 다양한 종류의 훈증제(그림 15-8E)와 비훈증 살선충제를 사용하는 화학적 방법이 있다. 실제로 선충 방제는 이들 여러 방법을 조합하여 사용되고 있다. 1950년대 이후에 화훼류, 채소류, 딸기류, 담배, 묘판작물 등 고부가가치 작물의 효과적인 선충 방제를 위해 살선충제가 거의 독점적으로 사용되어 왔다. 그러나 사용가능한 살선충제의 수가 급격히 감소하고 있으며, 잔류 독성의 문제(그림 15-8F)가 증가함에 따라 다른 방법에 의한 선충 방제가 점차 중요해지고 있다. 최근의 새로운 기술개발, 예를 들어 정밀농업, 선충의 동정과 밀도 분석, 기주 저항성의 유전공학, 지도와 사설 작물자문기관을 통한 최신의 자문프로그램 등은 선충 진단의 정확도 제고와 문제 발생 소지에 대한 위험도 평가의 정확성을 높여줌으로써 보다 효율적인 선충 관리 방법을 제공할 수 있다.

참고문헌

Anonymous (1972 and annually thereafter). "Commonwealth Institute of Helminthology Descriptions of Plant-Parasitic Nematodes." Commonw. Agric. Bur., Farnham Royal, Bucks, England.

Barker, K. R., and Koenning, S. R. (1998). Developing sustainable systems for nematode management. *Annu. Rev. Phytopathol.* **36**, 165–205.

Barker, K. R., Pederson, G. A., and Windham, G. L. (1998). "Plant and Nematode Interactions." ASA, CSSA, SSA Publishers, Madison, WI.

Bird, D. M., *et al.* (1999). The *Caenorhabditis elegans* genome: A guide in the post-genomic age. *Annu. Rev. Phytopathol.* **37**, 247–265.

Brown, D. J. F., Robertson, W. M., and Trudgill, D. L. (1995). Transmission of viruses by plant nematodes. *Annu. Rev. Phytopathol.* **33**, 223–249.

Brown, R. H., and Kerry, B. R., eds. (1987). "Principles and Practice of Nematode Control in Crops." Academic Press, Sydney.

Chitwood, D. J. (2002). Phytochemical based strategies for nematode control. *Annu. Rev. Phytopathol.* **40**, 221–249.

Davis, E. L., Hussey, R. L. *et al.* (2000). Nematode parasitism genes. *Annu. Rev. Phytopathol.* **38**, 365–396.

Dropkin, V. H. (1980). "Introduction to Plant Nematology." Wiley, New York.

Dropkin, V. H. (1988). The concept of race in phytonematology. *Annu. Rev. Phytopathol.* **26**, 145–161.

Duncan, L. W. (1991). Current options for nematode management. *Annu. Rev. Phytopathol.* **29**, 469–490.

Evans, K., Trudgill, D. L., and Webster, J. M., eds. (1993). "Plant Parasitic Nematodes in Temperate Agriculture." CAB Int., Wallingford, England.

Ferris, H. (1981). Dynamic action thresholds for diseases induced by nematodes. *Annu. Rev. Phytopathol.* **19**, 427–436.

Gheysen, G., and Fenol, C. (2002). Gene expression at nematode feeding sites. *Annu. Rev. Phytopathol.* **40**, 191–219.

Gowen, S. R., and Ahmad, R. (1990). *Pasteuria penetrans* for control of pathogenic nematodes. *Aspects Appl. Biol.* **24**, 25–32.

Hussey, R. S. (1989). Disease-inducing secretions of plant-parasitic nematodes. *Annu. Rev. Phytopathol.* **27**, 127–141.

Luc, M., Sikora, R. A., and Bridge, J., eds. (1990). "Plant Parasitic Nematodes in Subtropical and Tropical Agriculture." CAB Int., Wallingford, England.

McKay, A. C., and Ophel, K. M. (1993). Toxicogenic *Clavibacter/Anguina* associations infecting grass seedheads. *Annu. Rev. Phytopathol.* **31**, 151–167.

Nickle, W. R., ed. (1991). "Manual of Agricultural Nematology." Dekker, New York.

Sayre, R. M., and Walter, D. E. (1991). Factors affecting the efficacy of natural enemies of nematodes. *Annu. Rev. Phytopathol.* **29**, 149–166.

Schenk, S., and Haltzman, O. V. (1990). Evaluation of potential problems in a changing agricultural system: Nematode control in Hawaiian crops. *Plant Dis.* **74**, 837–843.

Sijmons, P. C., Atkinson, H. J., and Wyss, U. (1994). Parasitic strategies of root nematodes and associated host cell responses. *Annu. Rev. Phytopathol.* **32**, 235–259.

Stirling, G. R. (1991). "Biological Control of Plant Parasitic Nematodes." CAB Int., Wallingford, England.

Trudgill, D. L. (1991). Resistance to and tolerance of plant parasitic nematodes of plants. *Annu. Rev. Phytopathol.* **29**, 167–192.

Trudgill, D. L., and Block, V. C. (2001). Apomictic, polyphagous root-knot nematodes: Exceptionally successful and damaging biotrophic root pathogens. *Annu. Rev. Phytopathol.* **39**, 53–77.

Veech, J. A., and Dickson, D. W., eds. (1987). "Vistas on Nematology." Soc. of Nematologists, Hyattsville, Maryland.

그림 15-8 식물기생선충의 관리 및 방제를 위한 몇 가지 방법. (A) 콩시스트선충에 저항성 품종(왼쪽 위)과 감수성 품종. (B,C,D) 생물적 방제; 기생세균인 *Pasteuria* sp.(B), 선충기생선충(C), 포식성 균류(D). (E) 멀칭을 하고 화학물질을 처리로 선충을 방제. (F) 전년도 처리한 살선충제의 잔류독성 피해로서 옥수수 유묘가 누렇게 위축되어 있다. [사진제공: (A) J.P. Ross, (B) R. Sayre, USDA, (C) University of Florida, (D) G. Barron, (E,F) J. Noling.]

뿌리혹선충: *Meloidogyne* spp.

뿌리혹선충(root-knot nematode)은 전 세계적으로 분포하는데, 기후가 따뜻하고 겨울이 짧고 온화한 지역에 특히 많이 분포한다. 온실 내에서도 흔히 찾아볼 수 있다. 이 선충은 거의 모든 농작물을 포함하는 무려 2,000종 이상의 식물을 가해하여 세계 농작물 생산량의 약 5%를 감소시키는데, 각 포장에서의 손실은 훨씬 더 클 수도 있다.

뿌리혹선충은 뿌리끝의 생장을 멈추게 하고 뿌리에 혹 형성을 유도함으로써 식물에 피해를 주는데, 이는 식물로부터 양분을 빼앗는 효과를 나타낼 뿐만 아니라 미관을 해쳐 뿌리 작물의 상품성을 저하시킨다. 감수성 식물이 유묘기에 감염되면 피해가 심하고 전농작물이 망가지기도 하지만 성숙한 식물이 감염되면 생산량의 손실이 가벼운 정도에서 상당한 정도까지 다양하게 나타날 수 있다.

병징

지상부의 병징은 생장 둔화와 잎의 수와 크기가 작아지고 색깔이 담녹색이나 노란색으로 변하며 더운 날씨에 시들음 증상을 잘 나타낸다. 꽃이나 열매의 수가 적고 질이 나빠진다. 감염된 식물은 생장기 동안 이러한 병징이 그대로 지속되나 미성숙한 채로 일찍 죽는 경우는 드물다.

특징적인 병징은 식물의 지하부에 나타나는데, 감염된 뿌리 부위가 부풀어 올라 건전한 뿌리 직경의 2배에서 몇 배에 달하는 전형적인 울퉁불퉁한 뿌리혹이 형성된다 (그림 15-9A, 15-9G). 하나의 뿌리를 따라 여러 감염이 일어나면 뿌리는 거친 곤봉 모양으로 변한다. 또한 어떤 뿌리혹선충 종에 감염

그림 15-9 뿌리혹선충에 의한 식물의 뿌리혹과 다른 피해 증상(병징). (A) 토마토, (B) 당근, (C) 감자, (D) 땅콩, (F) 마, (G) 말채나무, (E) 건전한 마. [사진제공: (A,C,D) D.W. Dickson, (B) D. Ormrod, W.C.P.D., (E,F) D. Coyne, IITA, Nigeria, (G) E.L. Barnard.]

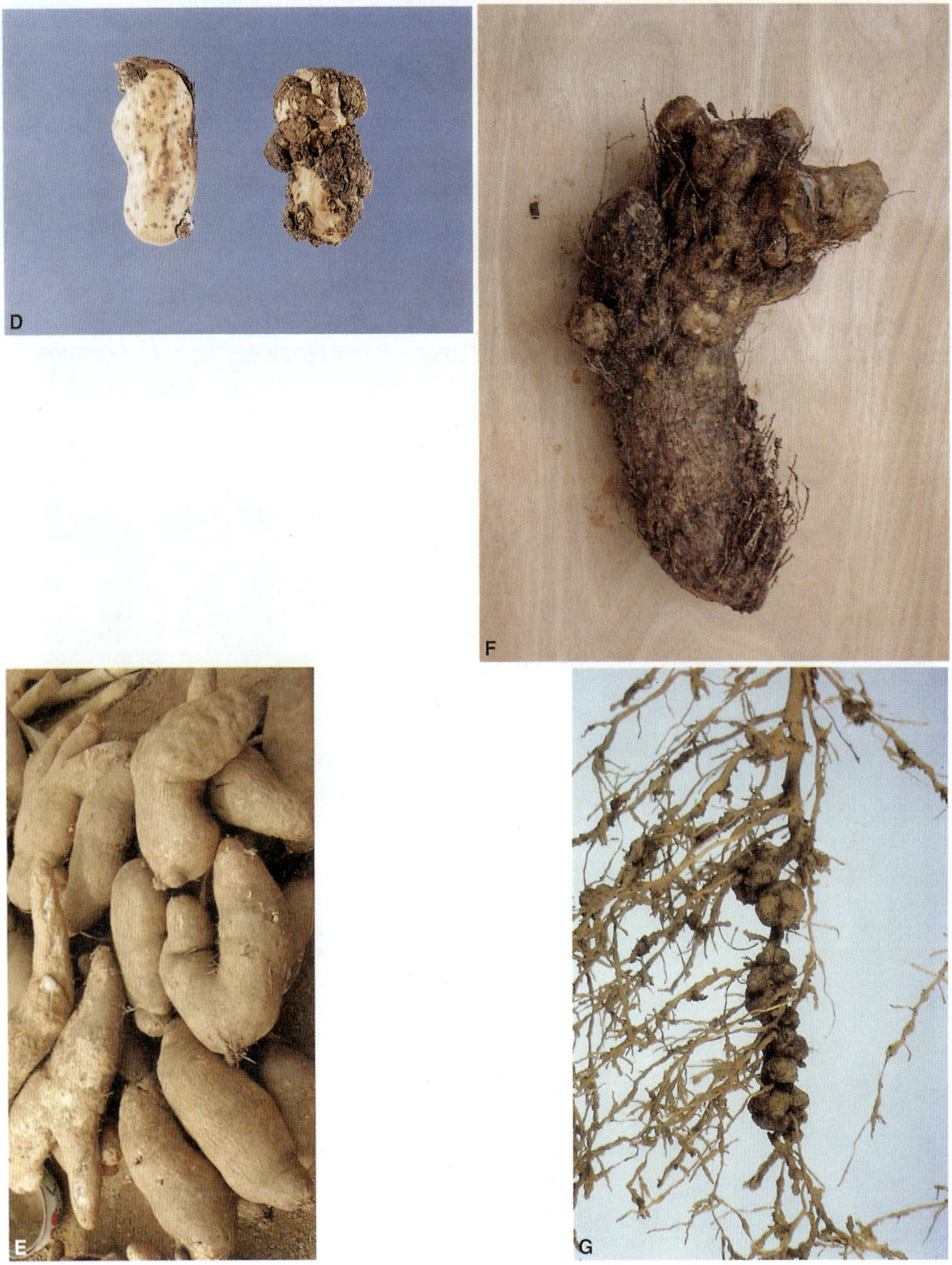

그림 15-9 (계속)

되면 뿌리혹 형성과 함께 잔뿌리가 무성해지기도 한다 (그림 15-9B). 그러나 대체로 감염된 뿌리는 작으며 괴저와 썩음 증상을 나타내는데 생육 후기에 더욱 심하다. 당근, 감자, 땅콩, 마 등 다육질의 지하부 기관이 감염되었을 때에는 표면에 작게 부풀어 오른 부분이 생기고, 이것이 상당히 커지며 기관이 찌그러지거나 그 표피가 갈라지기도 한다 (그림 15-9B ~ 15-9D, 15-9F). 수목의 뿌리도 뿌리혹선충에 감염되어 뿌리혹을 형성하는데(그림 15-9G), 뿌리혹의 크기는 대략적으로 감염된 후 경과된 시간에 비례한다.

병원선충: *Meloidogyne* spp.

뿌리혹선충의 암수 성충은 형태적으로 쉽게 구분된다 (그림 15-10, 15-11). 수컷은 지렁이 모양으로 길이 1.2~1.5 mm에 직경 30~36㎛이며, 암컷은 서양배 모양으로 길이 0.4~1.3mm에 너비 0.27~0.75mm 정도이다.

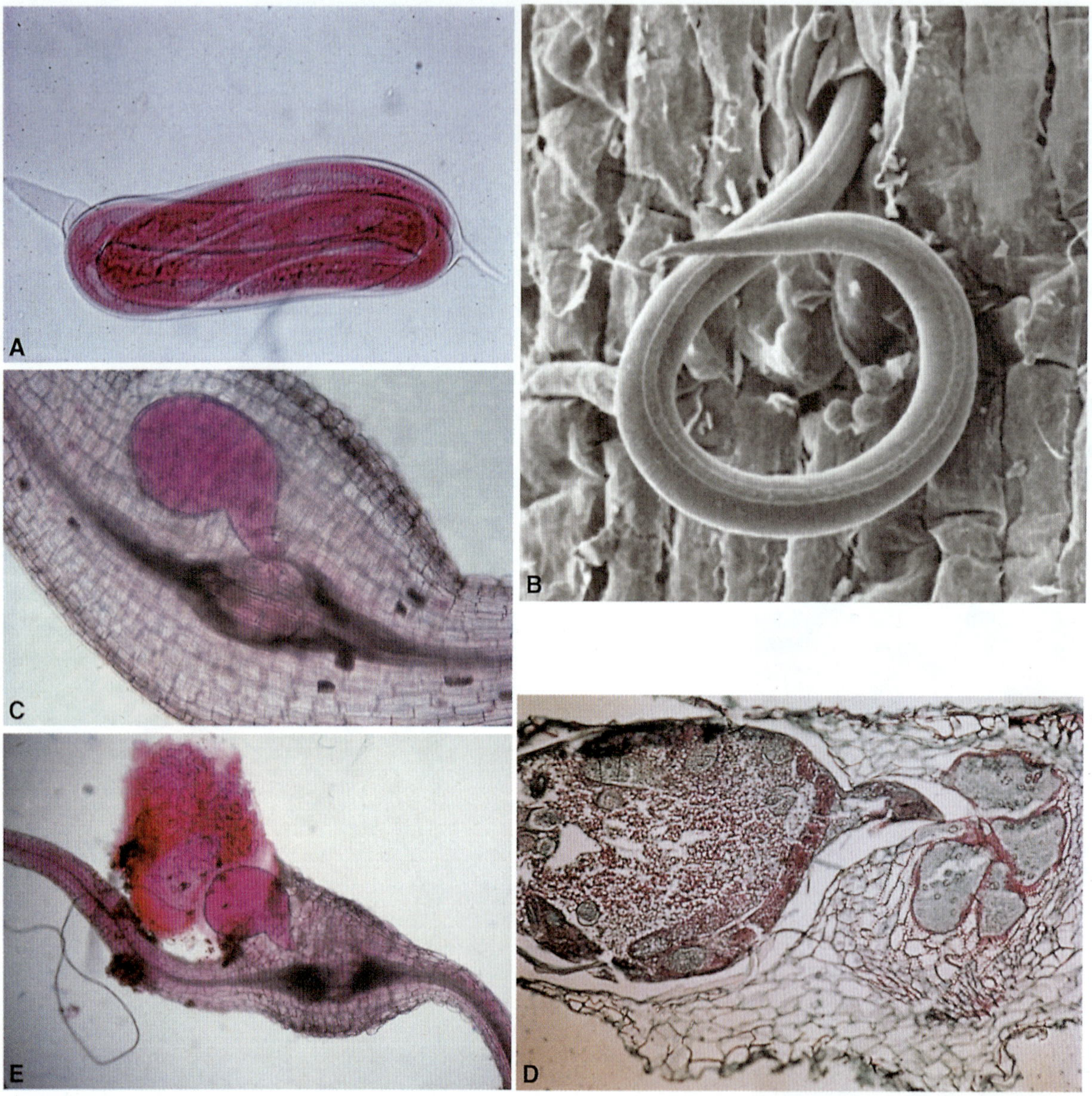

그림 15-10 뿌리혹선충의 생활사에서의 각 세대. (A) 2령유충이 들어있는 부화 직전의 알. (B) 뿌리 조직을 침입하고 있는 2령유충. (C) 식물 뿌리 안에 거대세포를 형성하여 섭식하고 있는 암컷 선충. (D) 머리 주위에 있는 거대세포를 섭식하고 뿌리혹선충 암컷의 종단면. (E) 뿌리 밖에 있는 점질질에 알을 낳는 뿌리혹선충의 암컷. [사진제공: (A) D.W. Dickson, (B) USDA, (C-E) R.A. Rohde.]

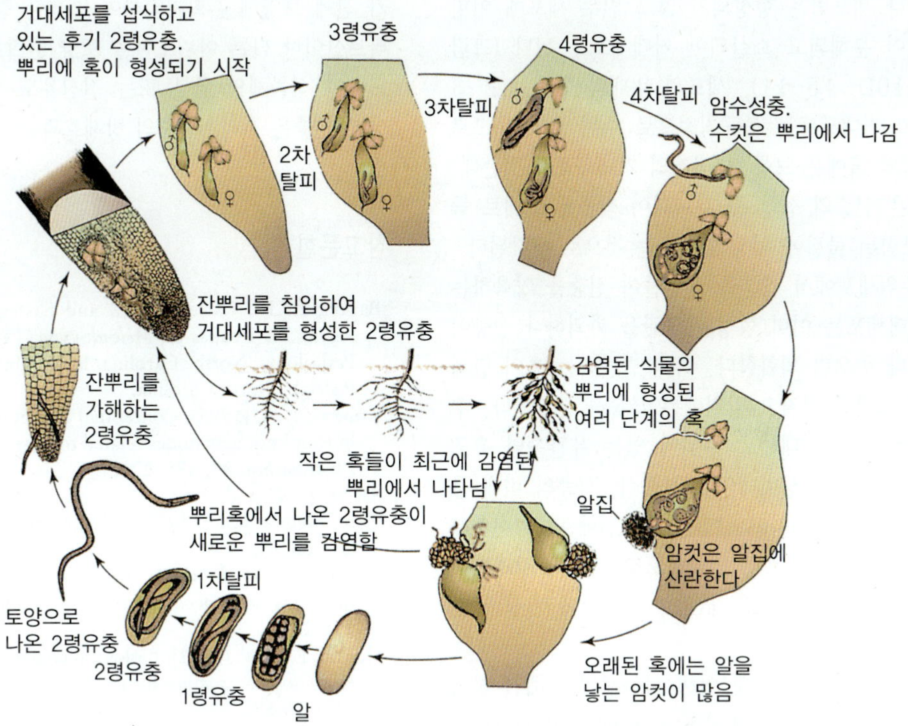

그림 15-11 *Meloidogyne* 속의 선충에 의해서 생기는 뿌리혹병의 병환.

암컷은 한 마리당 점질물 안에 약 500개의 알을 낳는다. 1령과 2령유충은 지렁이 모양으로 알 속에서 발달하는데(그림 15-10A), 2령유충은 알에서 부화하여 토양으로 나온다. 이 2령유충만이 식물을 침입할 수 있는 감염기의 선충이다. 유충이 감수성 식물에 도달하면 뿌리 속으로 침입하여(그림 15-10B) 고착하고 생장하며 소시지 모양으로 비대해진다. 선충은 머리 주위에 있는 세포 속으로 구침을 삽입하여 섭시할 때 세포 속으로 타액이 들어간다. 타액은 세포가 비대생장하도록 자극하고(그림 15-10C~15-10E) 세포의 내용물의 일부를 액화시켜 구침을 통하여 빨아들인다.

그 후 선충은 2차탈피를 하여 더 뚱뚱한 3령유충이 되고 이어서 3차탈피를 하여 4령유충이 되는데, 이 유충기에서는 암수의 구별이 가능하다 (그림 15-10C). 4령유충은 4차이자 마지막 탈피를 하는데, 수컷은 지렁이 모양의 성충이 되어 뿌리에서 나와 토양에서 자유롭게 생활하지만 암컷은 계속적으로 두께와 길이가 생장하여 서양배 모양의 성충이 된다. 암컷 성충은 계속 비대해져서 수컷과의 수정에 관계없이 점질질의 보호막 내 알집에 산란한다. 산란장소인 알집의 위치는 암컷의 위치에 따라 뿌리 조직의 안이나 밖이 될 수 있다 (그림 15-10E). 산란 후 알은 즉시 부화하지만 적은 수의 알은 월동하여 이듬해 봄에 부화한다.

한 생활사는 27℃에서 25일이 소요되며 이보다 높거나 낮은 온도에서는 조금 더 걸린다. 알에서 부화한 감염기 2령유충은 뿌리혹에서 나와 같은 감염 뿌리의 인접 부위나 같은 식물체의 다른 뿌리나 다른 식물의 뿌리를 새로 감염한다. 대부분의 뿌리혹선충은 지표면에서 5~25cm 깊이에 있는 뿌리 근처에서 발견된다. 뿌리혹선충은 주로 물이나 농기구에 붙어있는 토양을 따라 또는 감염된 번식 묘종에 붙어 만연되지 않은 지역으로 전반된다.

병의 진전

2령유충은 뿌리끝의 윗부분을 침입한 후 계속 움직여 생장점 뒤에 이르러서는 머리를 어린 관속주(vascular cylinder)에 위치한 후 정착하게 된다 (그림 15-10, 15-11). 오래 된 뿌리에서는 선충의 머리가 대부분 내초에 있게 된다. 유충이 지나간 통로 근처의 세포는 손상을 입게 되고 유충이 정착한 후 2~3일부터 선충의 머리 부근 세포가 비대해지기 시작한다.

핵분열은 일어나나 세포벽은 형성되지 않고 일부 세포에 이미 존재하는 세포벽이 분해되고 소실되어 거대세포로 된다 (그림 15-10C, 15-10D, 15-11). 세포의 비대와 합체는 2~3주 동안 계속되고 거대세포는 불규칙적으로 주위 조직 속으로 자라나간다. 하나의 혹에는 보통 3~6개의 거대세포가 있는데, 이러한 비대생장은 선충의 섭식 중 분비되어 식물세포 내로 들어가는 타액에 포함된 물질에 의해 일어나는 것으로 생각된다.

거대세포는 주위세포에서 양분을 끌어들여 선충을 양육하는 역할을 한다. 거대세포는 이미 형성된 물관을 파괴하나 선충이 섭식을 중단하거나 죽으면 퇴화한다. 혹이 발달하는 초기 단계에는 피층세포의 크기가 커지고 말기에는 급속히 분열한다. 뿌리가 부풀게 되는 것은 거대세포 주위에 있는 유관속의 유조직, 내초 및 내피조직의 이상비대와 이상증식, 선충의 비대 등에 기인한다. 암컷이 비대해지고 알집이 형성됨에 따라 선충의 위치에 따라 이들은 조직 밖으로 밀려나오고 피층이 갈라지며 뿌리 표면에 노출되거나(그림 15-10E) 조직 안에 완전히 덮인 상태로 남아있기도 한다.

선충에 의해 형성된 혹 자체에 의해 식물체에 가해진 장애 이외에도 기생균이 약화된 뿌리 조직과 혹 안에서 이상비대 하였거나 분화가 덜 된 세포를 쉽게 가해할 수 있어서 피해가 더 커진다. 더구나 *Pythium*, *Fusarium*, *Rhizoctonia* 등의 균류는 뿌리 내의 다른 부위보다 혹에서 훨씬 더 빨리 생장하고 증식하여 뿌리 조직을 더 빨리 파괴시킨다.

방제

뿌리혹병은 온실 안에서 토양을 증기살균하거나 살선충제로 훈증하면 효과적으로 방제할 수 있다. 포장에는 사용이 인정된 화학적 살선충제로 토양을 훈증하는 것이 가장 좋은 방법이다. 이들 처리는 한 작기 동안에는 뿌리혹병을 만족스러운 정도로 방제할 수 있다. 또한 여러 작물에서 뿌리혹선충에 저항성인 품종을 이용하기도 한다. 선충의 몇 가지 단백질분해효소를 억제하는 물질을 생성하는 형질전환 식물이 선충에 저항성을 나타내는 것으로 보이는데, 이들의 사용이 장래에 실용화될 것으로 전망된다. 돌려짓기, 휴경, 토양의 태양열소독, 토양개량 등의 경종적 방법도 뿌리혹병에 의한 피해를 줄이는 데 도움이 된다. 실험적으로 효과를 거둔 생물적 방제의 예로는 식물기생선충에 절대기생세균인 *Pasteuria penetrans*의 내생포자나 *Trichoderma harzianum* 접종물을 선충이 오염된 토양에 접종하거나, *Meloidogyne* 의 알에 기생하는 균인 *Dactylella oviparasitica*의 포자를 이식묘나 오염된 토양에 처리하거나, 내생균근균 *Gigaspora* 와 *Glomus*의 포자를 처리하는 방법 등이 있다. 또한 실험적으로 식물성 향신료의 정유를 식물을 심기 전에 토양에 혼화처리하여 방제한 경우가 있으며, 아미노부티르산이나 다른 아미노산을 토양 혼화처리하거나 식물체에 살포하여 식물체의 국부 또는 전신유도저항성을 증가시킴으로써 상당히 좋은 뿌리혹선충의 방제효과를 거둔 실험도 있다.

참고문헌

Barker, K. R., Carter, C. C., and Sasser, J. N., eds. (1985). "An Advanced Treatise on *Meloidogyne*," Vol. 2. Department of Plant Pathology, North Carolina State University, and U.S. A.I.D., Raleigh, North Carolina.

Roberts, P. A. (1995). Conceptual and practical aspects of variability in root knot nematodes related to host plant resistance. *Annu. Rev. Phytopathol.* **33**, 199–221.

Sasser, J. N., and Carter, C. C., eds. (1985). "An Advanced Treatise on *Meloidogyne*," Vol. 1. North Carolina State University Graphics, Raleigh.

Sasser, J. N., *et al.* (1983). The international *Meloidogyne* project — Its goals and accomplishments. *Annu. Rev. Phytopathol.* **21**, 271–288.

Sharon, E., *et al.* (2001). Biological control of the root-knot nematode *Meloidogyne javanica* by *Trichoderma harzianum*. *Phytopathology* **91**, 687–693.

Trudgill, D. L., and Block, V. C. (2001). Apomictic, polyphagous root-knot nematodes: Exceptionally successful and damaging biotrophic root pathogens. *Annu. Rev. Phytopathol.* **39**, 53–77.

Williamson, V. M. (1998). Root-knot nematode resistance genes in tomato and their potential for future use. *Annu. Rev. Phytopathol.* **36**, 277–293.

Wishart, J., Phillips, M. S., and Block, V. C. (2002). Ribosomal intergenic spacer: A polymerase chain reaction diagnostic for *Meloidogyne chitwoodi*, *M. fallax*, and *M. hapla*. *Phytopathology* **92**, 884–892.

시스트선충: *Heterodera*와 *Globodera*

시스트선충(cyst nematode)은 주로 온대지역에서 다양한 식물병을 일으킨다. 시스트선충 중에는 단지 몇 종류의 식물만 가해하고 제한된 지역에만 분포하는 종이 있는 반면에 여러 종류의 식물을 가해하고 넓은 지역에 분포하는 종도 있다. 감자시스트선충 *Globodera rostochiensis*는 금선충(golden nematode)으로도 알려져 있으며 특히 감자뿐만 아니라 토마토, 가지 등에 심한 피해를 주며, 다른 주요 시스트선충으로는 곡류에 피해를 주는 *Heterodera avenae*, 콩에 피해를 주는 *H. glycines*, 사탕무, 십자화과식물, 시금치 등에 피해를 주는 *H. schachtii*, 담배에 피해를 주는 *H. tabacum*, 클로버에 피해를 주는 *H. trifolii* 등이 있다. 시스트선충에 의해 감염된 경우에는 뿌리에 시스트가 존재하고 대체로 잔뿌리가 무성하게 되며, 가늘고 덥수룩한 뿌리가 형성되는 특징이 있다.

콩시스트선충: *Heterodera glycines*

콩시스트선충(soybean cyst nematode)은 동북아시아, 일본, 자바, 북미에서 콩을 재배하는 대부분의 주, 그리고 콜롬비아와 브라질에서 발견되고 계속해서 새로운 지역으로 천천히 퍼져나가고 있다. 콩 이외에 일반 잠두류와 마초용 두류 등 여러 가지 다른 콩과식물과 몇 종의 비콩과식물도 콩시스트선충의 피해를 입고 있다. 감염 정도에 따라 피해 정도도 다양하여 아주 가벼운 피해로부터 작물이 죽기도 하는 심한 피해가 발생하기도 한다. 아주 심하게 만연된 포장에서는 수확량이 30~75% 정도 감소된다.

병징

건조한 사질토양에서 자라는 감염된 콩은 위축되며, 잎이 황변하며 조기낙엽하고 꽃이나 종자의 수가 현저히 감소하고, 대부분 식물체가 죽는다 (그림 15-7D, 15-8A, 15-12A, 15-12F). 비옥하고 수분이 풍부한 토양에서는 감염된 식물에는 단지 미약한 지상부 병징만 나타날 뿐이며 한두 해 동안은 수확량도 거의 정상 수준을 유지한다. 그러나 해가 거듭되면서 식물이 감염되면 엄청난 선충의 밀도 증가로 인하여 이러한 비옥한 토양에서도 식물체는 심하게 황화 위축된다.

감염된 식물의 뿌리는 정상적인 식물보다 작아 보이고(그림 15-12G) 뿌리혹세균에 의한 혹이 적게 형성된다. 이 병의 진단을 위한 특징으로는 성숙의 정도 차이를 보이는 선충의 암컷과 성숙한 시스트가 콩의 뿌리에 존재한다는 것이다 (그림 15-12B, 15-12G). 어린 암컷은 크기가 작고 흰색을 띠며 몸은 뿌리 안에 파묻혀 있고 아주 일부분만 표면에 노출되어 있다 (그림 15-12B). 성숙한 암컷은 크고 몸의 거의 대부분이 뿌리 표면에 노출되어 있으며, 성숙 정도에 따라 노란색 또는 갈색을 띤다 (그림 15-12B, 15-12D). 갈색의 죽은 암컷을 시스트(cyst)라고 하는데, 뿌리 표면에서 역시 찾아볼 수 있다.

병원선충: *Heterodera glycines*

콩시스트선충은 토양선충의 90~100cm 이내에서 갈색 혁질의 피부로 된 시스트 안에서 알로 월동한다 (그림 15-12C, 15-12D). 알 속에는 완전히 성장한 2령유충이 들어있다 (그림 15-13). 봄에 적절한 온도와 습도가 되면 유충이 시스트에서 탈출하여 기주식물의 뿌리를 침입한다. 다양한 레이스의 병원선충이 알려져 있다.

뿌리를 침입한 후, 유충이 탈피하여 4~6일 간격으로 다음 단계의 유충이 된다. 암컷 3령과 4령유충은 더 뚱뚱해져서 결국에는 길이 0.4mm에 너비 0.12~0.17mm 정도의 플라스크 모양으로 변하며, 12~15일이 지나면 암컷과 수컷 성충이 나타난다. 수컷은 지렁이 모양으로(그림 15-12C) 길이가 1.3mm, 직경이 30~40㎛ 정도이다. 수컷은 며칠간 뿌리 안에 있는 동안에 암컷과 짝짓기도 하는데, 그 후에는 토양으로 나와 곧 죽는다.

암컷 성충은 완전히 성숙하면 레몬형이 되는데, 길이 0.6~0.8mm에 직경 0.3~0.5mm 정도이다. 초기에는 흰색 내지 담황색을 띠지만 성숙하면 황갈색이 된다. 암컷의 체강은 알로 가득 차게 된다. 암컷이 알을 생산하는 동안에 몸이 커지고, 이에 따라 피층세포가 파괴되고 뿌리의 표면이 갈라지게 되며, 이곳으로 몸이 돌출되어 나중에는 암컷 몸 전체가 거의 뿌리 표면에 있게 된다. 암컷의 후미는 점질물이 쌓여있는데, 선충은 이 안에 약간의 알을 낳는다. 한 마리의 선충이 300~600개의 알을 낳는데(그림 15-12D), 이 중 대부분의 알은 암컷이 죽을 때 암컷의 몸 안에 남아있다. 암컷 후미의 점질물 안에 있는 알은 즉시 부화하여 2령유충으로 나와 새로운 감염을 시작한다. 마지막으로 암갈색을 띠는 오래된 암컷의 체벽은 시스트가 되는데, 이 시스트는 토양 안에서 수년간 존속하며 그 속의 알을 보호한다. 이 선충의 한 생활사는 약 21~24일 만에 완성된다.

병의 진전

감염기의 2령유충은 어린 주근이나 2차근의 정단분열조직을 침입한다 (그림 15-13). 유충은 피층, 내피나 내초의 세포내로 구침을 찔러서 섭식하면 이 세포들을 커지게 한다. 이렇게 비대해진 세포들의 집단은 뿌리혹선충의 거대세포와 유사한데, 합포체(syncytium) 또는 융합다핵체라고 불리며 커진 세포들은 선충에게 양분을 제공하는 양육세포의 역할을 한다. 수컷에 의해 형성되어 수컷과 접해 있는 합포체는 3령과 4령유충이 되면서 (아마도 섭식 중지 때문에) 퇴화하기 시작하지만, 암컷과 접해 있는 합포체는 산란 후에 퇴화한다.

합포체의 발달은 체관부과 물관부의 2차생장을 억제하는 경우가 많다. 짧은 뿌리 부위에 여러 마리의 선충이 감염하여 많은 합포체가 형성되면 통도조직의 발달을 현저히 저하시켜 식물체의 생장 저하와 콩 생산 감소를 초래하는데, 특히 수분이 부족한 상태에서는 더욱 심하다.

방제

콩시스트선충이 만연한 포장의 토양훈증이나 또는 비훈증

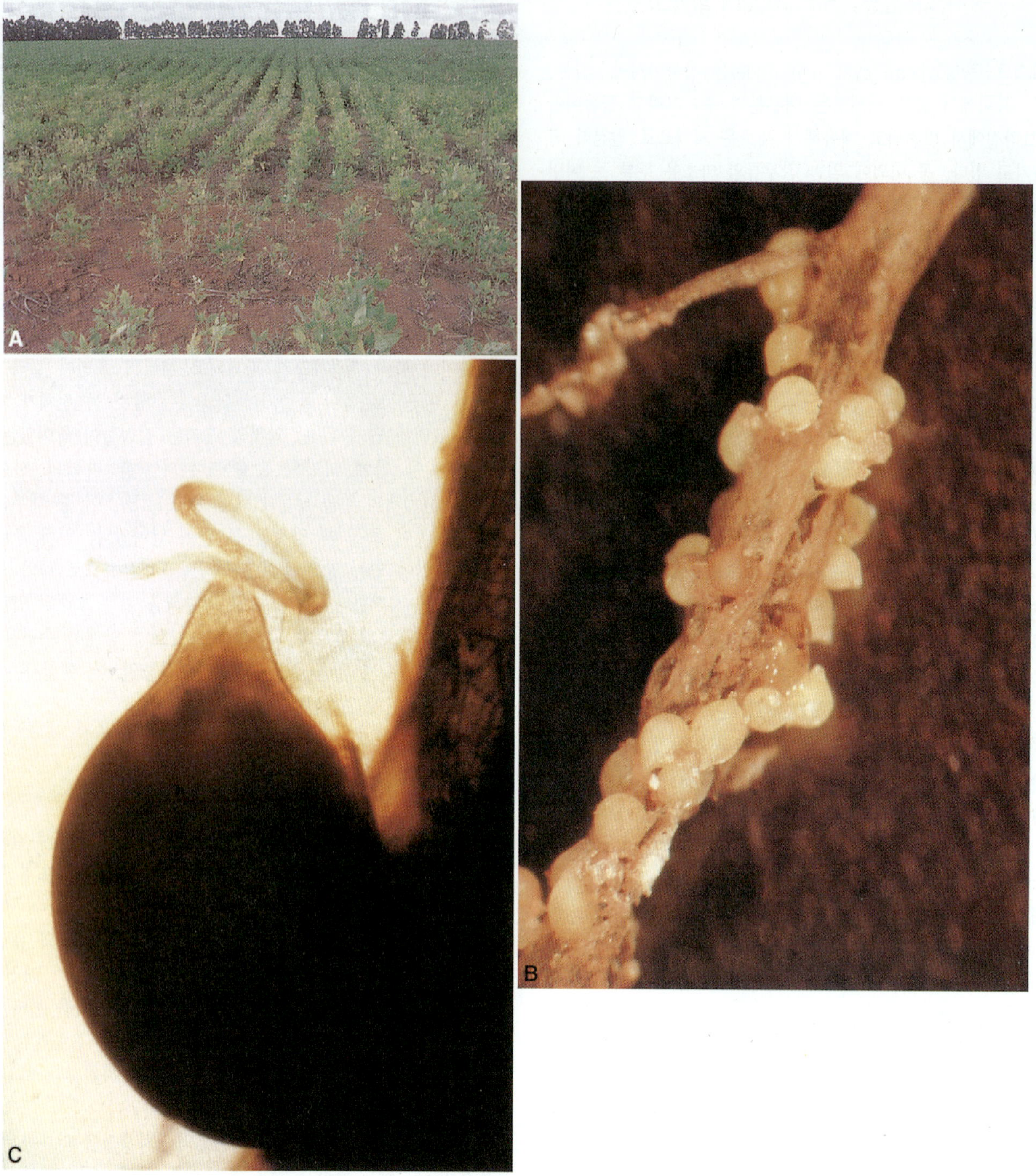

그림 15-12 (A) 콩시스트선충에 의해 야기된 콩밭 피해 구역. (B) 여러 마리 콩시스트선충의 암컷이 섭식하고 있는 콩 뿌리의 일부분. (C) 플라스크 모양의 콩시스트선충의 암컷과 지렁이 모양의 수컷. (D) 산란하고 있는 콩시스트선충 암컷. (E) *Verticillium lecanii* 에 의해 기생당한 콩시스트선충 암컷. (F) 콩밭에 심어놓은 저항성(오른쪽) 및 감수성(왼쪽) 품종. (G) (F)의 콩밭에서 가져온 저항성 콩(왼쪽)과 감수성 콩(오른쪽)의 뿌리. [사진제공: (B,F,G) D.W. Dickson, (C) R.F. Huettel, (D) D. Chitwood, (E) S. Meyer.]

그림 15-12 (계속)

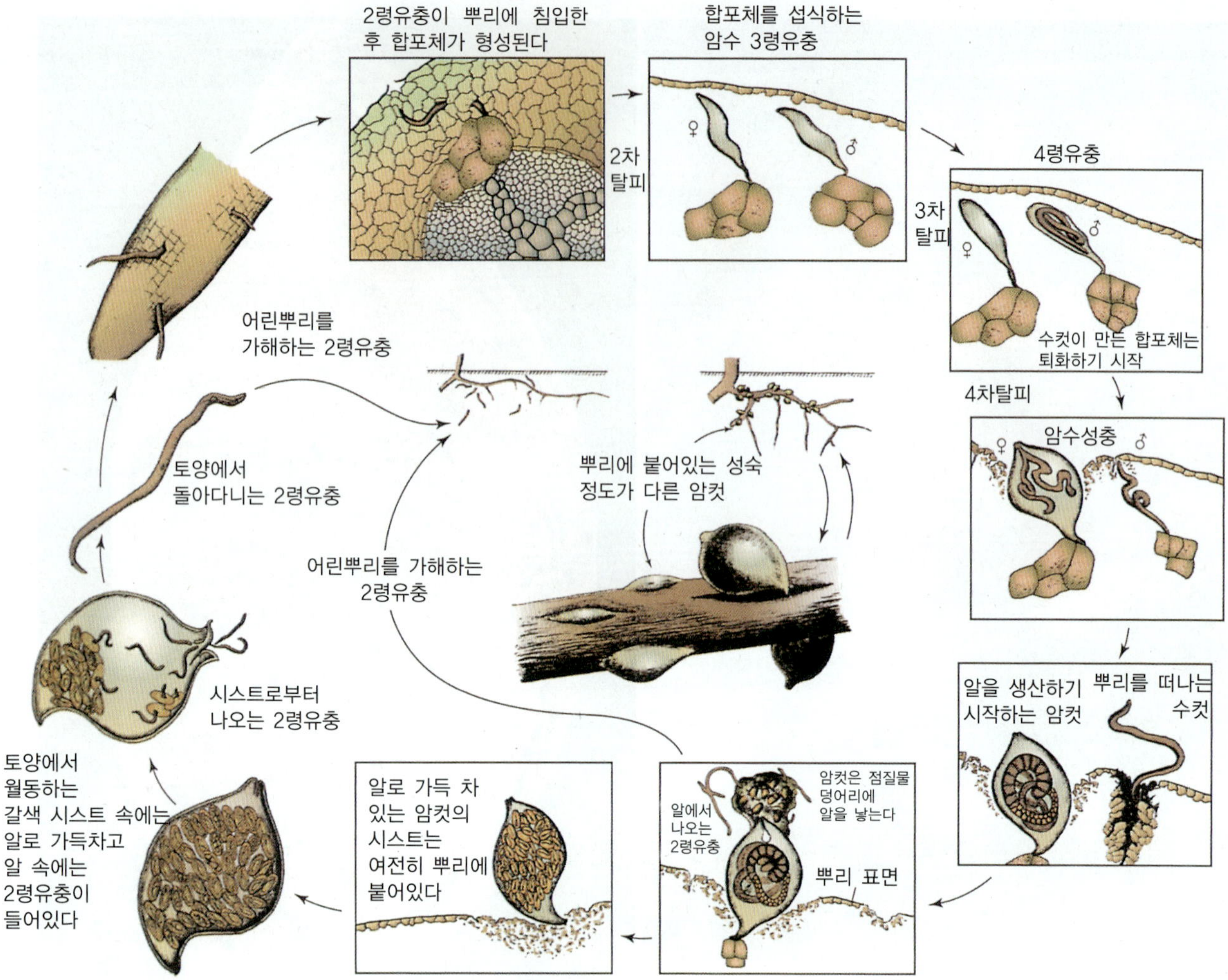

그림 15-13 콩시스트선충 *Heterodera glycines*의 병환.

살선충제의 토양처리는 일시적으로 식물의 생장과 콩의 수량을 증가시킬 수 있으나 경제적으로는 실용성이 떨어진다. 그 이유는 선충의 시스트와 유충은 훈증으로는 포장에서 완전히 제거될 수 없어서 훈증 후에 남은 적은 수의 선충이라도 급속히 콩에서 밀도 증식이 일어나며, 단위면적당 소요되는 훈증비용이 너무 비싸 실용성이 떨어지기 때문이다.

콩시스트선충을 방제하는 가장 실용적인 방법은 저항성 품종의 이용(그림 15-8A, 15-12F, 15-12G)과 1~2년에 한 번씩 비기주식물로 돌려짓기하는 것이다. 왜냐하면 몇 종류의 콩과식물만이 이 선충에 기주식물이 되는 유일한 다른 작물이기 때문이다. 돌려짓기의 효과는 저항성이 더 높은 콩 품종을 재배함으로써 더욱 증가하는데, 그 이유는 선충이 빨리 그리고 많이 증식하지 못하게 하기 때문이다.

콩시스트선충을 비롯한 각종 시스트선충류의 시스트와 알이 *Fusarium*, *Verticillium*(그림 15-12E), *Neocosmospora*, *Dictyochaeta* 등 여러 균류에 감염된 것이 발견되기도 한다. 그러나 아직까지는 시스트선충의 생물적 방제제로서 가능성을 보인 것은 없다.

사탕무시스트선충: *Heterodera schachtii*

사탕무시스트선충(sugar beet cyst nematode)은 북미, 유럽, 중동, 호주의 사탕무가 재배되고 있는 모든 지역에서 발견되며 사탕무 생산에 있어서 가장 중요한 선충이다. 이 선충은 시금치와 십자화과식물을 가해하기도 한다. 사탕무시스트선충은 특히 온난한 기후에서 또는 늦게 심은 작물에서 25~50% 또는 그 이상의 수확량 감소를 일으킨다. 선충에 의한 사탕무의 피해는 주로 뿌리 중량의 감소이지만, 온난한 기후에서는 당 함량도 감소된다. 일반적으로 이 선충이 *Cercospora*, *Rhizoctonia*, 사탕무바이러스 등의 병원체와 함께 식물을 감염하면 이들 병원체에 의한 피해가 더욱 심하게 된다.

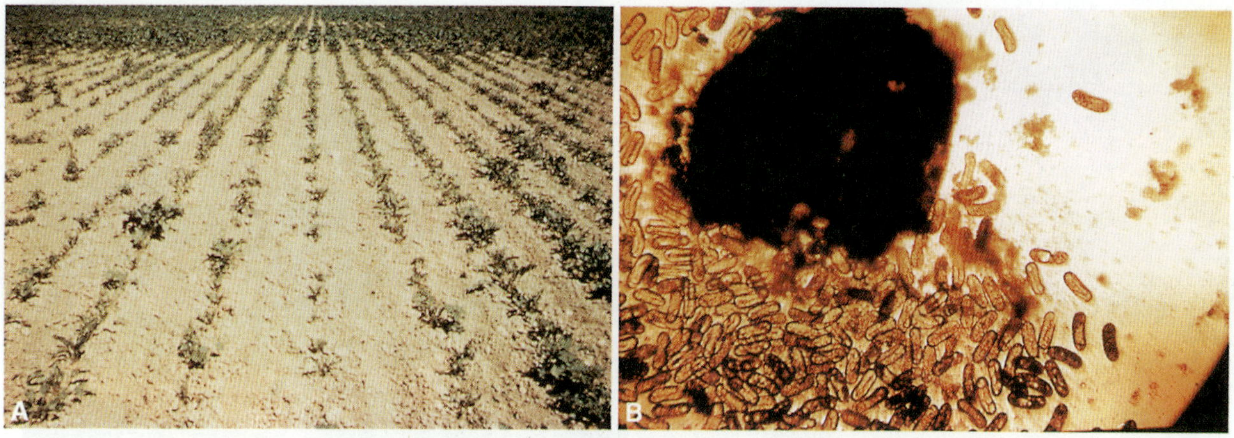

그림 15-14 사탕무시스트선충 *Heterodera schachtii*에 의해 심한 위축이나 죽은 사탕무가 넓게 자리 잡고 있는 사탕무밭. (B) 알을 낳고 있는 사탕무시스트선충. [사진제공: (A) A.J. Howard, W.C.P.D., (B) D.W. Dickson.]

사탕무시스트선충이 만연한 포장에서는 어린 사탕무는 시들거나 죽고 다 자란 사탕무는 왜소하게 된 크고 작은 구획이 산재하여 나타난다 (그림 15-14A). 왜소해진 식물에는 머리털 모양의 많은 뿌리가 형성되며, 뿌리에는 작고 흰 암컷과 갈색의 시스트 및 알이 붙어있는 것을 볼 수 있다 (그림 15-14B). 이 선충의 형태와 생물학적 특징 및 전반 등은 콩시스트선충과 유사하다. 당근에 있어서 방제법으로는 조기에 파종하여 선충이 활동하기 전까지 식물이 되도록 많이 자라게 하여 선충에 의한 피해를 줄이는 것, 기주식물이 아닌 알팔파, 화곡류, 감자 등의 식물을 돌려짓기하는 것, 살선충제로 토양을 훈증하는 방법 등 여러 가지를 실행하고 있다. 이 선충에 저항성이며 품질이 우수한 사탕무 품종은 아직까지 상품화되지 않았고, 콩시스트선충에서 언급된 몇 가지 균류가 사탕무시스트선충의 밀도를 감소시키는 것으로 나타났으나 이 병의 실제적인 생물적 방제에는 효과가 없다.

감자시스트선충: *Globodera rostochiensis*, *Globodera pallida*

감자시스트선충(potato cyst nematode)은 또한 금시스트선충으로도 알려져 있는데, 암컷 선충은 목과 머리가 돌출되어 있을 뿐 사실상 직경이 450㎛ 정도의 둥근 모양이다 (그림 15-15A). 이 선충은 세계 도처에서 발생하여 매우 심한 피해를 주는데 주로 감자를 심하게 가해하지만, 토마토와 가지 따위의 다른 가지과작물도 가해한다. 미국에서는 뉴욕주의 두 지역에서 발생하며 캐나다에서는 두 주(Newfoundland와 British Columbia)에서만 발생한다. 일단 이 선충에 만연된 포장에서 선충을 제거하기란 실제적으로 불가능한데, 그 이유는 토양 중 시스트 안에 있는 알은 20년 이상 생존이 가능하기 때문이다. 따라서 이 선충의 전염을 막는 가장 좋은 방법은 검역을 통해 선충의 유입을 처음부터 차단하는 것이다. 현재 북미에서는 선충이 만연된 지역을 검역으로 격리하고 있다. 감염된 식물체는 생장이 불량하고 잎은 작아지고 담녹색으로 변하며 시들거나 죽기도 한다. 감염된 뿌리는 작아지고 뿌리에 줄줄이 달려있는 많은 시스트를 육안으로 볼 수 있다 (그림 15-15B). 감염 식물체는 왜소하고 누렇게 되며 괴경이 작아지고 덜 달리는데, 이러한 식물체가 크고 작은 구획을 이루어 감자 포장에 군데군데 나타난다. 감염된 식물체의 괴경은 크기가 작아지는 것 이외에 다른 병징은 볼 수 없다.

참고문헌

Bakker, J., *et al.* (1993). Changing concepts and molecular approaches in the management of virulence genes in potato cyst nematodes. *Annu. Rev. Phytopathol.* **31**, 171–192.

Baldwin, J. G. (1992). Evolution of cyst and noncyst-forming Heteroderinae. *Annu. Rev. Phytopathol.* **30**, 271–290.

Brodie, B. B., and Mai, W. F. (1989). Control of the golden nematode in the United States. *Annu. Rev. Phytopathol.* **27**, 443–461.

Colgrove, A. L., *et al.* (2002). Lack of predictable race shift in *Heterodera glycines*-infested field plots. *Plant Dis.* **86**, 1101–1108.

Franklin, M. T. (1972). *Heterodera schachtii*. Commonwealth Institute of Helminthology Descriptions of Plant-Parasitic Nematodes, Set 1, No. 1, pp. 1–4. St. Albans, England.

Gao, B., *et al.* (2001). Identification of putative parasitism genes expressed in the esophageal gland cells of the soybean cyst nematode *Heterodera glycines*. *Mol. Plant-Microbe Interact.* **14**, 1247–1254.

Gipson, I., Kim, K. S., and Riggs, R. D. (1971). An ultrastructural study of syncytium development in soybean roots infected with *Heterodera glycines*. *Phytopathology* **61**, 347–353.

Raski, D. J. (1950). The life history and morphology of the sugar beet nematode *Heterodera schachtii*. *Phytopathology* **40**, 135–152.

그림 15-15 (A) 감자시스트선충(*Globodera rostochiensis*)의 암컷(흰색)과 시스트(갈색). (B) 감자 뿌리를 섭식하고 있는 흰색의 시스트. [사진제공: (A) USDA; (B) J. Fox.]

Riggs, R. D., and Wrather, J. A., eds. (1992). "Biology and Management of the Soybean Cyst Nematode." APS Press, St. Paul, MN.

Wang, J., *et al.* (2000). Soybean cyst nematode reproduction in the north central United States. *Plant Dis.* **84**, 77–82.

귤나무선충: *Tylenchulus semipenetrans*

귤나무선충(citrus nematode)은 귤나무가 재배되고 있는 지역이면 어디에서나 발견되는데, 귤나무에 완만한 쇠락 증상을 일으킨다. 어떤 지역에서는 이 선충이나 또는 확연히 구별되는 다른 생태형의 선충이 귤나무 이외에도 포도나무, 올리브나무, 라일락 등 다른 종류의 나무를 가해하기도 한다. 감염된 나무는 천천히 쇠약해지는데, 즉 생장이 둔화되며 잎이 황변하면서 조기낙엽하고(그림 15-16A) 가지는 말라죽으며, 과실 생산은 수지를 맞추지 못할 정도까지 점점 줄어드는 증상을 나타낸다.

병원선충: *Tylenchulus semipenetrans*

반내부기생 고착선충이다. 유충과 수컷은 지렁이 모양이지만, 암컷은 목 뒷부분이 불규칙적으로 부풀어 있다. 길이는 약 0.4mm, 직경은 18~80㎛ 정도인데, 직경이 큰 것은 성숙 중이거나 성숙한 암컷에서만 찾아볼 수 있다. 암컷은 몸의 앞쪽 끝부분이 뿌리 조직 안에 파묻혀 있고 뒤쪽 끝은 외부에 노출되어 있는데(그림 15-16B, 15-16C), 점질물 안에 알을 낳는다. *T. semipenetrans*의 생활사는 24℃에서 6~14주 안에 완성된다. 수컷 유충과 성충은 양분을 섭취하지도 않고, 병을 일으키거나 생식에 필요한 분명한 역할도 하지 않는다. 이 선충의 암컷 2령유충만이 유일하게 감염성이 있고, 섭식하지 않고는 생장하지 않는 단계이지만 몇 년 동안 생존할 수 있다. 토양 안에서 이 선충은 4m의 깊이에서도 발견된다.

그림 15-16 (A) 귤나무선충 *Tylenchulus semipenetrans*에 의해 피해를 입어 쇠락 증상을 보이는 귤나무. (B) 귤나무의 작은 뿌리 부분을 섭식하고 있는 여러 마리의 귤나무선충. (C) 머리 부분은 뿌리 안에 들어가 있고 몸의 뒷부분은 밖에 남은 채로 섭식하고 있는 *Tylenchulus semipenetrans*의 암컷을 나타내는 귤나무 뿌리의 단면도. [사진제공: University of Florida.]

병의 진전

암컷의 2령유충은 보통 잔뿌리를 가해하여 그 표면의 세포를 섭식하는데, 그곳에서 세 번 더 탈피한 후에 암컷 성충이 된다. 어린 암컷은 더 깊게 피층 속으로 침입하는데 내초까지 도달할 수도 있다 (그림 15-16C). 머리는 주위에 조그마한 내강을 만들고 그 주위에 양육세포(nurse cell)라고 불리는 비대해진 유세포를 섭식한다. 그 후 섭식 부위의 주변 세포들은 구조가 파괴되어 와해된다. 균류와 세균의 2차적인 감염이 있게 되면 그 부위는 검은색의 괴저병반이 나타난다. 심하게 감염된 경우에는 뿌리 1cm당 100마리 이상의 암컷이 붙어서 섭식한다. 암컷은 알집의 점질물에 붙어있는 토양 입자와 더불어 어린뿌리를 검고 울퉁불퉁하게 하며 또한 가끔은 썩게 만든다. 감염된 나무에서 선충이 증식하여 해가 지나면 높은 밀도에 도달하기 때문에 감염이 시작된 후 3~5년이 지나면 쇠락 증상을 보이기 시작한다. 나무의 쇠락 증상이 상당히 진전됨에 따라 선충의 밀도도 줄어든다.

방제

귤나무선충의 방제는 기본적으로 선충이 없는 포장에서 묘목을 기르거나, 묘목을 45℃에서 25분간 온탕처리하거나 살선충제를 처리하여 무병묘목을 사용함으로써 새로운 지역으로 선충이 유입되지 않도록 예방하는 것이다. 귤나무선충은 토양 깊은 곳에 생존하므로 토양훈증이 항상 효과적인 방제법이 될 수는 없으나 적절한 살선충제로 식물을 심기 전에 훈증하거나 심은 후에 비훈증제로 처리하면 만족할 만한 방제효과는 얻을 수 있다. 어떤 지역의 선충 집단에 대해서는 저항성을 나타내는 귤나무 종류라도 다른 지역의 선충 집단에 대해서는 그렇지 않아서 저항성 귤나무 종류를 방제에 이용하기에는 아직 문제가 있다.

참고문헌

Inserra, R. N., *et al.* (1994). Citrus nematode biotypes and resistant citrus rootstocks in Florida. Nematology Circular No. 205. Florida Dept. Agric. and Consumer Services, Div. Pl. Industry.

Le Roux, H. F., Ware, A. B., and Pretorius, M. C. (1998). Comparative efficacy of preplant fumigation and postplant chemical treatment of replant citrus trees in an orchard infested with *Tulenchulus semipenetrans*. *Plant Dis.* **82**, 1323–1327.

Siddiqi, M. R. (1974). *Tylenchulus semipenetrans*. Commonwealth Institute of Helminthology Descriptions of Plant-Parasitic Nematodes, Set 3, No. 34. St. Albans, England.

Van Gundy, S. D. (1985). The life history of the citrus nematode *Tylenchulus semipenetrans*. *Nematologica* **3**, 283–294.

뿌리썩이선충: *Pratylenchus*

뿌리썩이선충(lesion nematode)은 세계 어느 지역에서나 발생하며 곡류와 다른 밭작물, 채소, 과수, 관상식물 등 모든 종류의 식물 뿌리를 가해한다. 뿌리썩이선충은 어린뿌리에 국부병반을 형성하여 뿌리의 생장을 감소시키고 억제한다. 이러한 병반이 있는 뿌리는 2차적인 균류와 세균의 감염으로 쉽게 썩는다. 뿌리가 피해를 받으면 감염된 식물은 잘 자라지 못하고 수량도 줄어들면서 결국은 죽기도 한다. 감자에 있어서는 *Pratylenchus* 선충과 시들음병균 *Verticillium dahliae*의 협력작용에 의해 감자의 생산량을 감소시키고 식물체를 일찍 죽게 하는 '감자 조기고사증후군'을 일으킨다.

병징

감염된 식물은 미량원소 결핍이나 가뭄 피해처럼 생육이 저해되고 잎이 누렇게 변한다. 보통 한 지역 안에서 여러 식물이 감염되어 연한 녹색이나 황화 위축된 식물체가 구획을 지어 듬성듬성 나타나며(그림 15-17A, 15-17B), 철이 지나감에 따라 식물체의 왜화현상은 더욱 뚜렷해지고 잎은 더운 여름날에 시들며 황갈색으로 변한다. 이러한 식물은 뿌리 조직이 많이 파괴되었기 때문에 토양에서 쉽게 뽑힌다 (그림 15-17C). 땅콩 같은 땅속 기관도 가해를 받아 검은 괴사병반으로 덮인다. 감염된 식물은 수량이 크게 감소되고 심하게 감염된 경우에는 식물체가 죽는다. 관목이나 교목 등 목본식물에서는 선충에 감염되면 병징이 아주 천천히 나타나고 초본식물에 비해 뚜렷하지 않으며 죽는 경우도 드물다. 감염된 각각의 나무나 한 영역 내 나무들은 차츰 잘 자라지 않고 열매가 잘 열리지 않는 증상을 보인다. 잎은 크기가 작고 연한 녹색 내지 누런색으로

그림 15-17 뿌리썩이선충(*Pratylenchus* sp.)에 의한 작물 피해. (A) 피해 받은 어린 옥수수가 심어져 있는 옥수수 밭. (B) 목화 밭. (C) 담배식물 뿌리. (D) 땅콩 꼬투리의 검은 점무늬 피해. [사진제공: (A) G. Tylka, (C) University of Georgia, (D) D.W. Dickson.]

변한다. 가지마름 증상을 보이고 가지에 붙어있는 잎은 일찍 떨어진다. 이러한 증상을 보이는 나무들이 오랜 기간 동안 주변으로 계속해서 조금씩 증가한다.

감염된 식물의 뿌리에는 처음에 작은 수침상의 병반이 나타나며, 곧 갈색 내지는 거무스레한 색으로 변한다. 병반은 뿌리 어디에서나 찾아볼 수 있지만 주로 어린 잔뿌리에 나타나고 대부분 뿌리의 길이를 따라 커지지만 옆으로도 확장되고 다른 것과 유합하여 전 뿌리를 둘러싸서 죽이기도 한다. 병반 부위의 피층세포가 붕괴되면 그 부위가 수축되어 보인다. 토양 안에서 선충의 감염과 더불어 2차적으로 균류와 세균의 침입이 뒤따르는데, 이들은 감염된 뿌리를 더 변색시키거나 썩히는 작용을 하여 뿌리가 잘 벗겨진다. 어떤 기주식물에서는 중정도의 감염에 의해 부정근이 많이 발생하지만, 그러나 일반적으로 뿌리는 변색하고 잔뿌리가 없어지며 병반 형성의 결과로 뿌리가 잘려 나가기 때문에 뿌리 전체는 심하게 줄어들게 된다 (그림 15-17C, 15-19).

병원선충: *Pratylenchus* sp.

암수 선충은 지렁이 모양으로서 길이가 0.4~0.7mm, 직경이 20~25㎛이다 (그림 15-18A~15-18D). 이들은 이주성 내부기생성 선충이다. 많은 *Pratylenchus* 종의 생활사가 45~65일 안에 끝난다. 감염된 식물이나 토양 안에서 알, 유충, 또는 성충으로 월동하는데, 알을 낳는 암컷은 예외로 월동

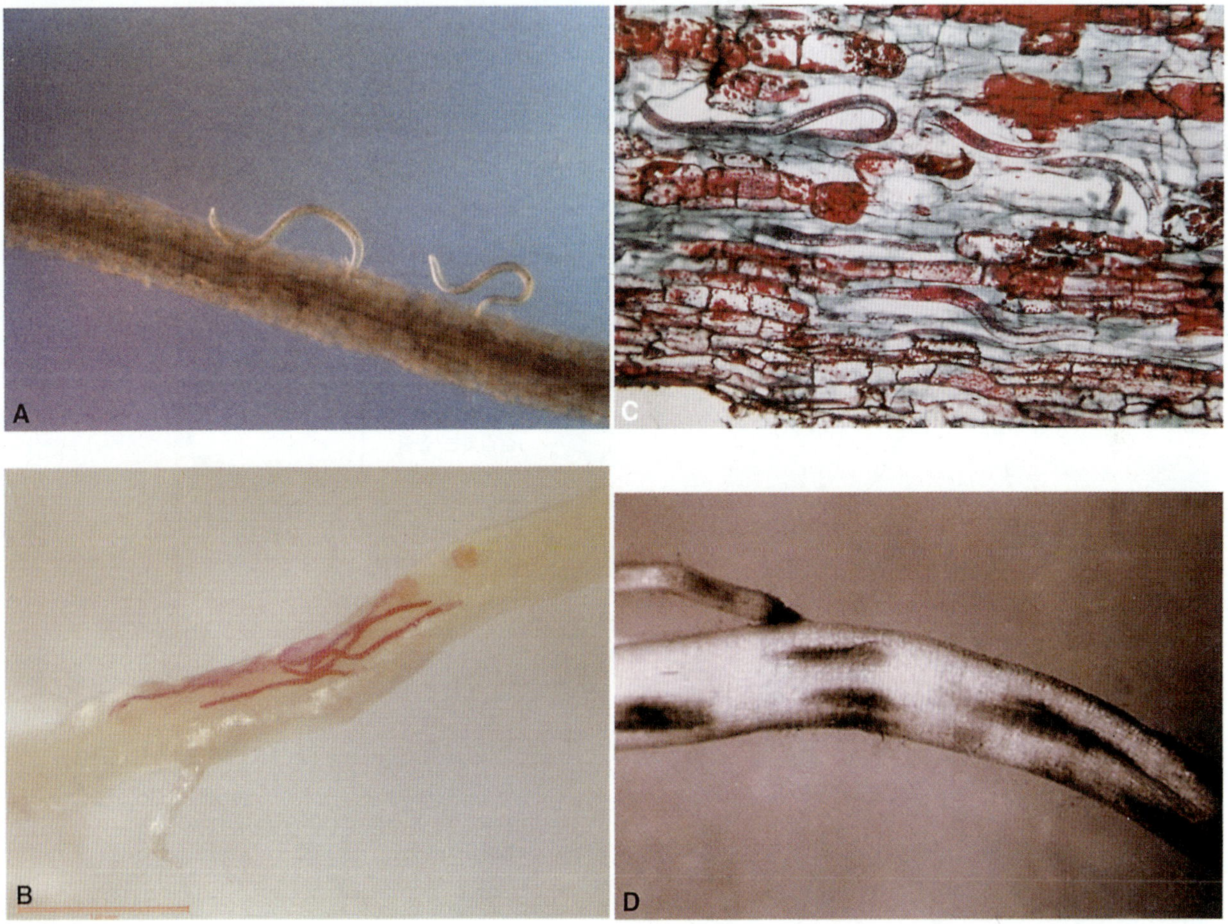

그림 15-18 (A) 옥수수 뿌리를 침입하고 있는 두 마리의 *Pratylenchus* 선충. (B) 토마토 뿌리 안에서 병반 형성을 시작하는 선충. (C) 짧은 뿌리 내에서 식물세포를 죽여 병반 형성을 유도하는 많은 *Pratylenchus* 선충. (D) *Pratylenchus* 선충에 의해 감염된 어린뿌리 표면에 형성된 병반. [사진제공: (A) D. Chitwood, USDA, (B) W.T. Crow and A. Hilton, (C) R.A. Rohde, (D) J.C. Townsend.]

하지 못하고 이때는 생을 다할 시기로 겨울 동안 생존할 수 없어 보인다. 성충과 유충은 모두 뿌리를 침입하고 뿌리에서 나오고 할 수 있다. 암컷은 감염된 뿌리 안에서 수정에 관계없이 하나씩 또는 여러 개씩 알을 낳는다. 알은 뿌리 안에 남아 있다가 부화하거나 뿌리 조직이 파괴될 때 토양으로 유출된 후 토양에서 부화하여 2령유충으로 나온다. 2령유충은 토양 안에서 또는 뿌리를 침입한 후 뿌리 안에서 다음 단계의 유충으로 발달하고 성충이 된다. 토양에서는 선충은 건조에 약하여 가뭄 기간 동안에는 생장정지 상태로 있다가 토양수분이 증가하고 식물이 생장을 다시 시작할 때 다시 활동하기 시작한다.

병의 진전

Pratylenchus 선충의 유충과 성충은 대부분 방사상의 방향으로 뿌리를 침입한다 (그림 15-18, 15-19). 선충은 세포 안에 구침과 머리를 계속적으로 밀어 넣으면서 세포벽을 부드럽게 하고 허물어서 침입한다. 세포벽과 세포질은 선충이 섭식을 시작한 후 몇 시간 안에 담갈색으로 변한다. 선충은 피층으로 들어가서 그곳에서 섭식하고 증식하지만(그림 15-18B, 15-18C), 내피를 가해하지는 않는다. 선충이 지나간 후에 피층세포는 괴저 현상이 나타나는데, 어떤 기주식물은 때로 선충이 지나간 양옆의 한두 세포만이 피해를 입지만, 어떤 경우에는 뿌리 가장자리의 절반 이상이 피해를 입는다. 선충이 계속 피층세포를 섭식하면 세포벽이 파괴되고 피층에 내강이 생긴다.

대부분 하나의 병반 안에 때로는 한 세포 안에 한 마리 이상의 선충이 존재한다 (그림 15-18B, 15-18C, 15-18D). 암컷은 피층에 알을 낳는데, 피층에서는 여러 개의 알이나 유충 및 성충이 모여 있는 둥우리(nest)가 자주 발견된다. 알에서 부화한 유충은 유세포를 섭식하면서 피층 안에서 주로 위아래로 이동하므로 병반이 더욱 커지게 된다 (그림 15-18, 15-19). 이 중 일부 선충은 그 뿌리에 있는 병반을 탈출해 나와 같은 뿌리 내의 다른 부위로 이동하거나 다른 뿌리로 이동하여 새로운 감염을 시작한다. 괴사한 피층조직은 2차적으로 균류와 세균이 침입하여 썩고 감염부위의 주위 조직이 탈락하고 그 뿌리의 말단부가 죽는다. 그리하여 기능을 수행하는 뿌리의 수는 급격히 감소하여 수분과 양분 흡수의 감소로 이어지고 이에 따라 식물체는 생장이 저해되고 위황 증상을 보이는 것이다.

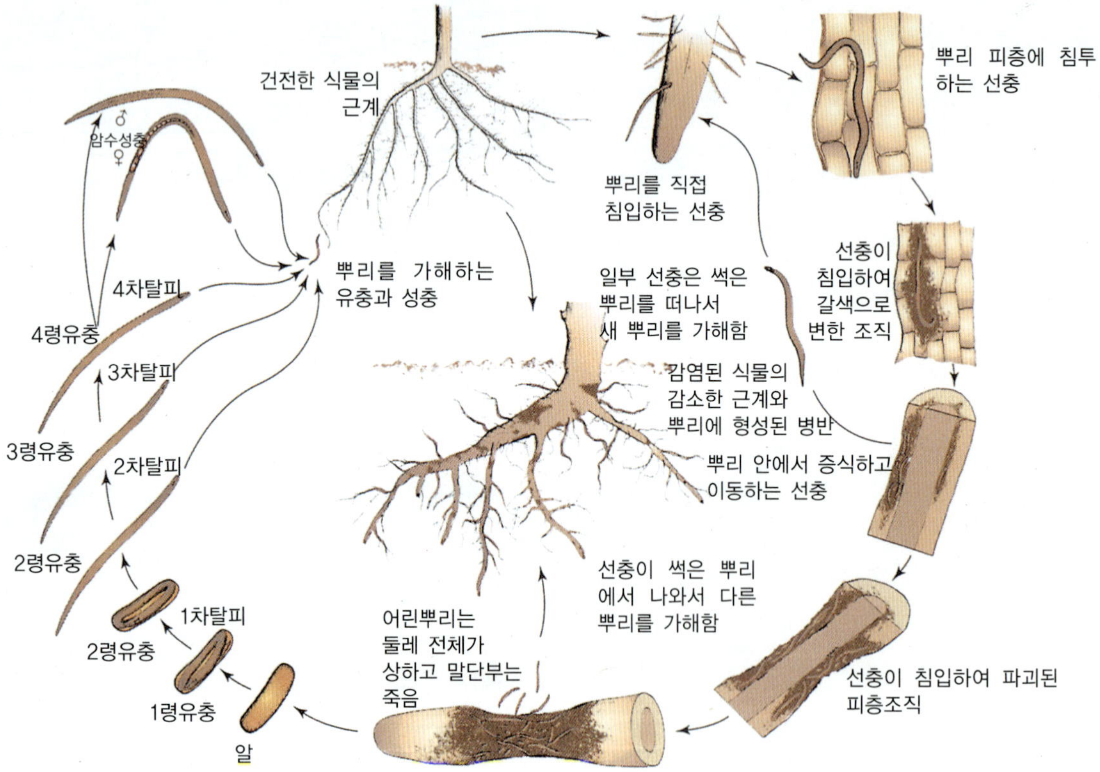

그림 15-19 뿌리썩이선충 *Pratylenchus* sp.의 병환.

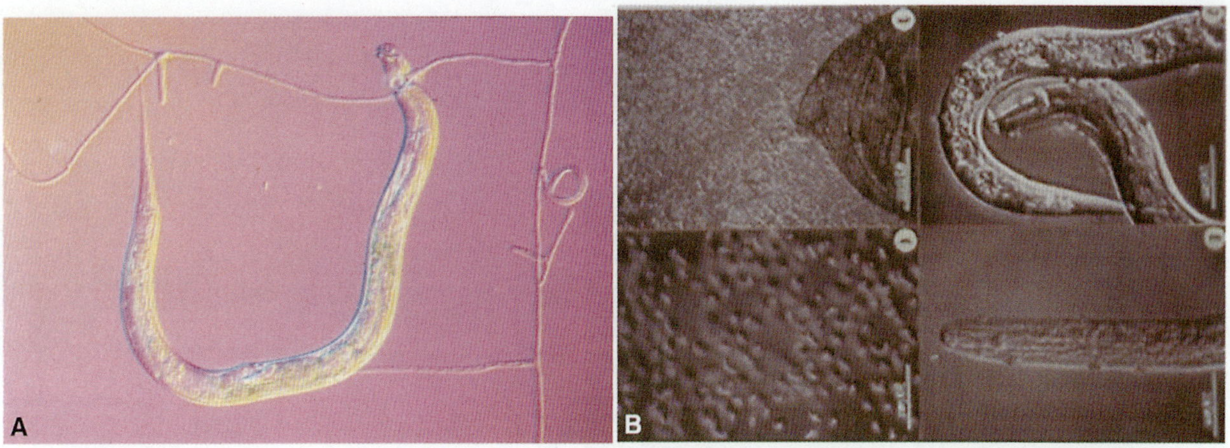

그림 15-20 *Pratylenchus* 선충의 생물적 방제. (A) 선충포획 및 선충기생균류. (B) 선충기생 *Pasteuria* 세균. [사진제공: (A) B. Jaffee, (B) R. Sayre, USDA.]

방제

뿌리썩이선충은 작물을 심기 전에 토양을 살선충제로 전면 처리 또는 골처리하면 가장 잘 방제할 수 있다. 그러나 이러한 약제처리는 선충의 방제에 효과는 있지만 선충을 완전히 제거하지는 못한다.

온난건조한 기후에서 여름에 작물을 심지 않고 휴경하면 선충이 직접 열이나 건조한 상태에 노출되거나 기주식물이 없기 때문에 선충의 밀도가 감소하여 상당히 좋은 방제효과를 거둘 수 있다. 돌려짓기를 통한 방제는 뿌리썩이선충의 기주범위가 넓기 때문에 별로 효과적이지 못하다. 몇 종의 균류와 세균이 뿌리썩이선충에 기생하여 죽이는 것으로 알려져 있으나 포장조건에서 생물적 방제제로 효과적인 것은 아직 없다 (그림 15-20A, 15-20B).

참고문헌

Loof, P. A. A. (1991). The family Pratylenchidae. *In* "Manual of Agricultural Nematology" (W. R. Nickle, ed.), pp. 336–421. Dekker, New York.

MacGuidwin, A. E., and Rouse, D. I. (1990). Role of *Pratylenchus penetrans* in the potato early dying disease of Russet Burbank potato. *Phytopathology* **80**, 1077–1082.

Pinochet, J., Verdejo, S., and Marull, J. (1991). Host suitability of eight *Prunus* spp. and one *Pyrus communis* rootstocks to *Pratylenchus vulnus*, *P. neglectus*, and *P. thornei*. *J. Nematol.* **23**, 570–575.

Rebois, R. V., and Golden, R. M. (1985). Pathogenicity and reproduction of *Pratylenchus agilis* in field microplots of soybeans, corn, tomato, or corn-soybean cropping systems. Plant Dis. **69**, 927–929.

Zunke, U. (1991). Observations on the invasion and endoparasitic behavior of the root lesion nematode *Pratylenchus penetrans*. *J. Nematol.* **22**, 309–320.

뿌리굴선충: *Radopholus*

뿌리굴선충(burrowing nematode)은 열대 또는 아열대지역과 유럽의 온실에서 많이 발견된다. *Radopholus similis*는 바나나 재배지역에서는 가장 중요한 뿌리병원체이며, **바나나 뿌리 썩음병(banana root rot, blackhead, toppling)** 또는 바나나 쇠락(decline of banana)을 일으킨다. 이 선충은 귤나무, 아보카도나무, 차나무에 쇠락을, 후추나무에 누렁병을 일으키기도 한다. 더구나 커피나무, 과실수, 관상식물, 임목, 사탕수수, 옥수수, 채소, 목초, 잡초 등도 가해한다. 비슷한 종인 *Radophol-us citrophilus*는 미국의 플로리다주에서 귤나무의 급성쇠락을 일으키는데(그림 15-22), 이전의 검역과 근절 정책으로 인해 분포가 제한되어 있다. *Radopholus citrophilus*는 다른 수 종의 재배작물, 관상식물, 잡초를 가해한다.

병징

감염된 바나나나무는 잘 자라지 못하고 잎의 수와 크기도 작아지고 일찍 낙엽하며 열매가 작아진다. 간혹 나무 전체가 쓰러지기도 한다 (그림 15-21A, 15-21D). 처음에 어린 바나나 뿌리가 갈색을 나타내고 피층에 내강이 생기며 이어서 뿌리 표면에 깊은 균열이 생긴다 (그림 15-21B). 이 균열 부위를 침입하는 균류와 세균과 더불어 선충이 뿌리를 썩히면(그림 15-21B, 15-21C), 그루터기는 짧은 뿌리 몇 개만 남게 되어서 식물체를 받쳐주지 못하고 결국 쓰러지게 된다. 어린뿌리에서 선충은 지하경으로 이동하여 지하경에 검게 썩는 부분이 생긴다 (그림 15-21C, 15-21E). 결과적으로 여러 지역에서 매우 긴 바나나 농원의 수익연수가 짧게는 1년까지 짧아지고(그림

그림 15-21 뿌리굴선충 *Radopholus similis*에 의한 바나나나무의 병징. (A,D) 뿌리가 파괴되어 지상부를 받쳐주지 못하기 때문에 대부분의 바나나나무는 위축되고 많은 나무가 넘어진다. (B) 뿌리에 나타난 병반. (C) 커진 뿌리 병반. (E) 위경의 일부분. (F) 뿌리굴선충의 심한 감염의 결과로 이 농원은 바나나나무의 쇠락이 넓게 퍼져 있다. [사진제공: (A,B) D. Coyne, IITA, Nigeria, (C,D) D.H. Thurston, (E,F) University of Florida.]

그림 15-22 (A) 귤나무뿌리선충 *Radopholus citrophilus*의 감염으로 쇠락하고 있는 귤나무. (B) 한 이랑의 전체 귤나무가 귤나무뿌리선충의 감염 때문에 급속하게 쇠락하고 있다. [사진제공: University of Florida.]

15-21F), 매년 재식 비용과 생산량 감소가 엄청나다.

*R. citrophilus*에 의한 **귤나무 급성쇠락(spreading decline of citrus)** 의 증상을 보이는 병든 나무는 집단적으로 잎과 과실의 크기가 작아져서 수량이 적게 되며 많은 가지와 줄기가 말라죽는다 (그림 15-22A, 15-22B). 병든 나무의 수확량은 40~70% 정도 감소한다. 감염된 나무는 아주 짧은 기간 동안 수분스트레스를 받더라도 쉽게 시들지만 대체로 죽지는 않고 우기 후에 일시적으로 회복된다. 쇠락 병징을 나타내는 나무의 수는 꾸준히 증가하여 매년 10~20m씩 직경이 넓어진다. 지상부의 증상은 뿌리가 감염되고 난 후 약 1년 뒤에 나타난다. 감염된 세근에는 여러 개의 병반이 나타나고, 1차, 2차적인 균류의 기생으로 결국 세근이 썩고 파괴된다. 대부분 땅속 50cm와 그 이상의 깊이에 있는 세근이 가해를 받아 손상되어 50% 이상의 세근이 기능을 수행하지 못하는 것으로 보인다.

병원선충: *Radopholus* sp.

병원체로 알려진 뿌리굴선충(burrowing nematode)은 지렁이 모양으로 길이가 0.65mm, 너비가 25㎛ 정도이다 (그림 15-23). 뿌리의 피층 안에 생긴 내강에서 일생을 보내면서 증식하는데, 생활사는 약 20일에 끝낸다. 모든 유충과 암컷 성충이 뿌리를 침입할 수 있고 뿌리에서 탈출하여 토양 사이를 움직여 이동할 수 있다. 그러나 식물과 식물 사이의 선충의 전반은 대부분 뿌리 접촉에 의해서 이루어진다. 선충의 장거리 이동은 바나나 삽수 같은 감염된 식물 재료에 의해 주로 이루어진다. 바나나나무와 귤나무를 감염하는 선충은 형태적으로는 동일하지만, *R. similis*는 바나나나무를 가해할 수 있고 귤나무는 가해하지 못하는 반면에, *R. citrophilus*는 바나나나무와 귤나무를 동시에 가해할 수 있다. 이 두 종 모두 다른 기주식물을 가해할 수 있다. 그러나 *Radopholus citrophilus*는 현재까지 미국 플로리다주에서만 발생하는 것으로 알려져 있으나, *R. similis*는 세계적으로 여러 지역에 분포한다.

병의 진전

뿌리굴선충은 세근을 침입하여 피층의 유조직 안에서 이동하면서 가까이에 있는 세포를 섭식하고, 그 세포들을 파괴하여, 내강(cavity)이 만들어지게 한다 (그림 15-23). 선충이 계속해서 섭식하면 이러한 내강이 커지고 다른 내강과 합쳐져서 긴 굴을 만든다. 바나나나무의 세근에서는 이러한 굴이 표피와 내피 사이에 있는 피층에 한하여 만들어지는데, 이 세근에서 선충은 지하경으로 이동한다. 그러나 귤나무에서 선충은 피층뿐만 아니라 중심주로 들어가서 내강을 만드는데, 체관부와 형성층으로 선충이 모여, 그 부분을 파괴하고, 선충으로 가득 찬 내강을 만든다. 동시에 내초세포는 과도하게 분열하여 혹 같은 세포 집단을 여러 개 형성한다. 감염 3~4주 후에 병반에는 한 개 이상의 깊은 균열이 생긴다. 암컷은 하루에 한

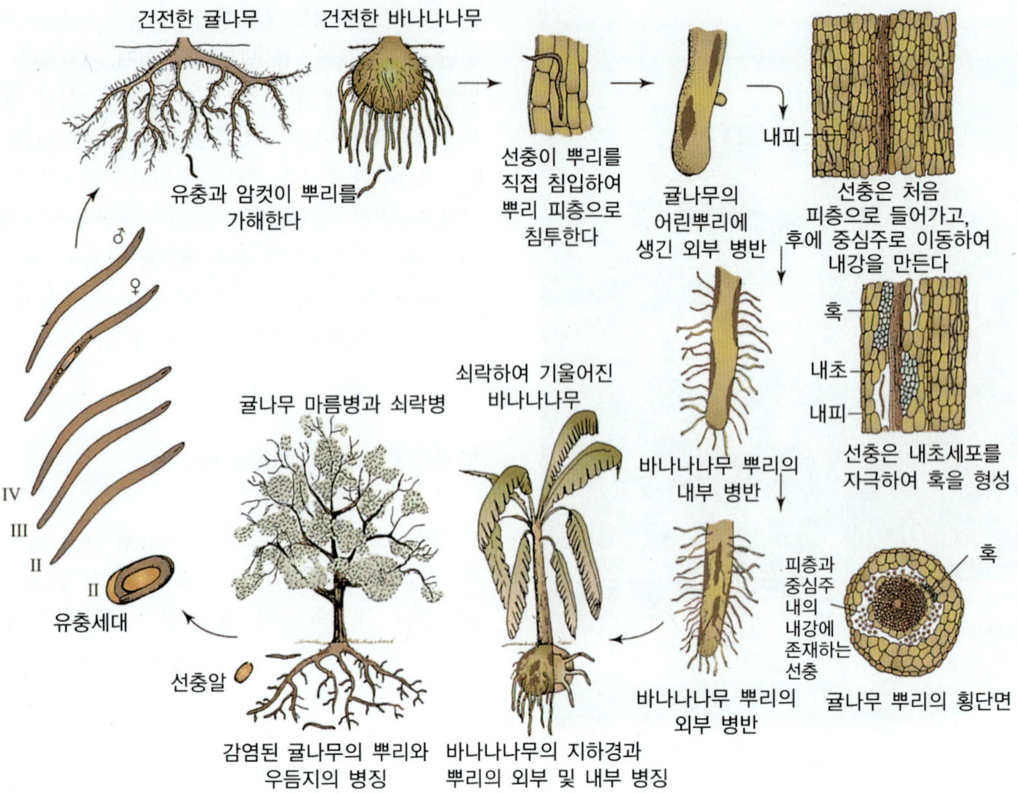

그림 15-23 귤나무와 바나나나무에서 뿌리굴선충 *Radopholus* sp.의 병환.

개 내지 몇 개의 알을 여러 날 동안 낳고, 알이 부화, 생장, 증식함에 따라 선충의 밀도는 급속히 증가하여 한 병반에 800마리나 되는 많은 선충이 존재하게 된다. *Fusarium*과 *Sclerotium* 균류는 선충이 가해한 뿌리를 훨씬 더 빠르게 침입하여 더욱 빨리 썩히고 파괴한다.

방제

바나나나무에서는 선충에 감염되지 않은 식물을 조직배양으로 생산하거나, 변색된 바나나 꺾꽂이나무의 조직을 제거하고 약 55℃의 온탕에 20분 동안 담그거나, 가능하다면 재배포장을 5~6개월간 물로 침수하거나, 적절한 살선충제로 식재 전 토양훈증이나 식재 후 처리하면 뿌리굴선충을 방제할 수 있다.

귤나무 급성쇠락의 방제는 훨씬 더 어려우므로 우선 다음 방법을 시도한다. 1) 예방법으로 묘목을 50℃의 온탕에 10분간 처리하거나 살선충제에 담그는 방법, 2) 쇠락 병징을 나타내는 지역과 적어도 2 골을 포함하는 이웃 지역의 나무를 제거한 후 아주 높은 농도의 적절한 살선충제로 훈증하는 방법, 3) 내성 또는 저항성 뿌리대목을 사용하는 방법, 4) 잡초의 방제와 나무에 충분한 시비와 관수를 하는 방법 등이다.

참고문헌

DuCharme, E. P. (1950). Morphogenesis and histopathology of lesions induced on citrus roots by *Radopholus similis*. *Phytopathology* **49**, 388–395.

Gowen, S. R., and Queneherve, P. (1990). Nematode parasites of bananas, plantains and abaca. *In* "Plant Parasitic Nematodes in Subtropical and Tropical Agriculture" (M. Luc, R. A. Sikora, and J. Bridge, eds.), pp. 431–460. CAB Int., Kew, England.

Marin, D. H., *et al.* (1998). Dissemination of bananas in Latin America and the Caribbean and its relationship to the occurrence of *Radopholus similis*. *Plant Dis.* **82**, 964–974.

Martin, D. H., *et al.* (2000). Development and evaluation of a standard method for screening for resistance to *Radopholus similis* in bananas. *Plant Dis.* **84**, 689–693.

Poucher, C., *et al.* (1967). Burrowing nematode in citrus. *Fla. Dep. Agric. Bull.* **7**, 1–63.

Sarah, J. L. (1989). Banana nematodes and their control in Africa. *Nematropica* **19**, 199–216.

Valette, C., *et al.* (1998). Histochemical and cytochemical investigations of phenols in roots of banana infected by the burrowing nematode *Radopholus similis*. *Phytopathology* **88**, 1141–1148.

Williams, K. J. O., and Siddiqui, M. R. (1973). *Radopholus similis.* Commonwealth Institute of Helminthology Descriptions of Plant-Parasitic Nematodes, Set 2, No. 27, pp. 1–4. St. Albans, England.

그림 15-24 열대와 아열대 지역의 주식농산물의 주요 선충병. (A) *Radopholus citrophilus*, *Helicotylenchus*, *Hoplolaimus* 선충으로 얼마 살아남지 않고 생육이 불량한 바나나나무 지역(앞쪽)과 선충 감염이 없는 지역에서 자라고 있는 바나나나무 숲(뒤쪽). (B) 뿌리혹선충에 의한 바나나나무의 뿌리혹. (C) 카사바나무의 뿌리혹. (D의 왼쪽) 건전한 마. (D의 오른쪽과 E) 마 선충 *Scutellonema bradys* 에 의한 마의 건성뿌리부패병. [사진제공: D. Coyne, IITA, Nigeria.]

해설 24 열대와 아열대 지역에서 식물선충의 중요성

온대에 비해 열대나 아열대 지역의 식물이 비교도 안 될 만큼 병해충에 심한 피해를 받고 있다. 이의 주된 이유는 생육시기의 차이인데, 병원체와 해충의 증식이 추운 겨울에 의해 차단되지 않고 오랫동안 연속될 수 있기 때문이다. 추운 겨울동안에는 대체로 증식이 제한되고 이듬해 작기에 이용될 전염원이 소실된다. 그러나 열대지역에서는 많은 작물이 1년 내내 생장하므로 이용할 먹이가 있는 한 병원체는 증식을 계속할 수 있기 때문에 작물이 자라고 있는 한 병원체는 계속해서 증식하여 지속적으로 피해를 줄 수 있다. 열대나 아열대 지역이 병해충 피해가 심한 이유가 이러한 환경적인 원인이 전부는 아니며 열대지역의 농민은 병과 병원체, 방제 및 관리에 대해 충분한 지식이 부족하고, 이 지역에서 병해충의 연구에 대한 연구비 투자와 방제 및 관리를 위한 물자, 장비 및 시설을 위한 자금 부족을 또 하나의 원인으로 들 수 있을 것이다.

식물기생선충도 앞에서 언급한 상황에 예외가 아니다. 실제로 선충은 작아서 보이지 않으며, 땅 속에서 식물의 지하부를 가해하여 피해를 주기 때문에 지상부에서 발생하는 병해충만큼 또는 그 이상으로 중요한데도 간과되어 왔다. 또한 토양 중에서 엄청난 선충의 밀도 증식 능력과 방제의 어려움 및 방제 비용을 고려할 때, 식물기생선충은 열대와 아열대지역의 식량생산에서 가장 큰 골칫거리이다. 더구나 토양의 비옥도가 낮고 토양 수분함량이 충분치 않아 작물 생산을 하기에 이미 한계점에 도달한 지역에서는 아마 이러한 선충의 피해가 더욱 심각할 것이다.

열대 및 아열대 작물도 물론 뿌리혹선충, 뿌리썩이선충, 침선충, 시스트선충 등 세계적으로 분포하는 선충에 의한 가해를 받는다. 예를 들면 뿌리혹선충은 마(그림 15-9E, 15-9F), 바나나, 카사바나무(그림 15-24B) 등 열대식량자원으로서 중요한 모든 열대작물을 가해하고, 뿌리굴선충은 바나나나 다른 작물을 가해한다 (그림 15-21, 15-24A). 흔히 토양 중에서 두 종류 이상의 선충이 토양에 만연하여 서로 도와 작물을 가해하면 병든 식물은 죽든지 아니면 그렇지 않은 작물에 비해 엄청난 식물 생장 저해와 생산량 감소가 초래된다 (그림 15-24A). 더욱이 열대지역에서는 또 다른 선충에 의해서도 병이 들어 심한 손실을 입게 되는데, 그 예가 마 선충인 *Scutellonema* sp.의 경우이다. 이 선충은 마 건성부패의 원인이 되는데(그림 15-24D, 15-24E) 매년 엄청난 양의 마의 손실을 초래하고 있다. 열대와 아열대 지역의 작물에 병을 일으키는 선충을 동정하고 실용적이며 특정한 상황에 알맞은 계통적 분류법을 개발하는 데 커다란 진전이 이루어져 왔으며 또한 이루어지고 있다. 선충이 없는 번식체의 사용, 저항성 품종 사용, 비기주작물에 의한 돌려짓기 등에 대한 연구가 가장 성공적이었다.

줄기구근선충: *Ditylenchus*

줄기구근선충(stem and bulb nematode) *Ditylenchus*는 세계적으로 널리 분포하고 있지만 특히 온대지역에서 더욱 심한 피해를 일으킨다. 이 선충은 식물기생선충 중에서 가장 심한 피해를 일으키는 것 중의 하나인데 알팔파(그림 15-25), 양파(그림 15-26A), 히야신스(그림 15-26B), 튤립, 귀리, 딸기 등 다양한 기주식물을 가해한다. 특이적으로 기주선호성을 보이는 줄기구근선충 개체군과 분화형이 존재하지만 이러한 기주선호성은 흔히 중복되어 나타난다. 대부분의 작물에서 *Ditylenchus*는 묘목을 죽이거나, 식물을 자라지 않게 하거나, 구근을 썩혀서 번식과 소비에 지장을 주고, 줄기나 잎을 부풀거나 뒤틀리게 하며, 그리고 일반적으로 수확량을 크게 감소시킨다. *Ditylenchus* 의 또 하나의 대표적인 종인 *D. destructor*는 감자에 심한 썩음병을 일으킨다 (그림 15-26C, 15-26D).

병징

줄기구근선충이 만연한 포장에서는 양파와 같은 유묘의 출아가 늦어지고 입묘율이 상당히 떨어진다. 출아하는 유묘도 반 이상이 병이 드는데, 잎은 색이 엷어지고 모양이 휘고 뒤틀리며 떡잎 위에 세로로 길게 부풀어 오르고 쪼개지는 부위가 생긴다. 대부분의 감염된 유묘는 심은 후 3주 안에 죽으며 남아 있는 것도 대체로 그 후에 죽는다.

선충에 만연된 토양에 심겨진 인경에서 자라 나오는 식물은 위축되고, 줄기에 담황색의 점무늬와 부풀음(spikkle) 병반이 나타나고, 짧아지고 말린 잎에는 쪼개진 병반이 생긴다. 많은 잎이 연약하게 되고 너무 약해져서 곧게 생장할 수 없어 땅에 쓰러진다. 줄기와 지하경 및 인경의 각 인편이 연하고 느슨해지며 담회색을 띤다. 감염된 인경의 횡단면을 보면 변색된 병든 인편이 고리 모양으로 나타나고 종단면으로는 변색된 불규칙한 선으로 나타난다. 감염이 더 진전된 경우는 많은 부분이

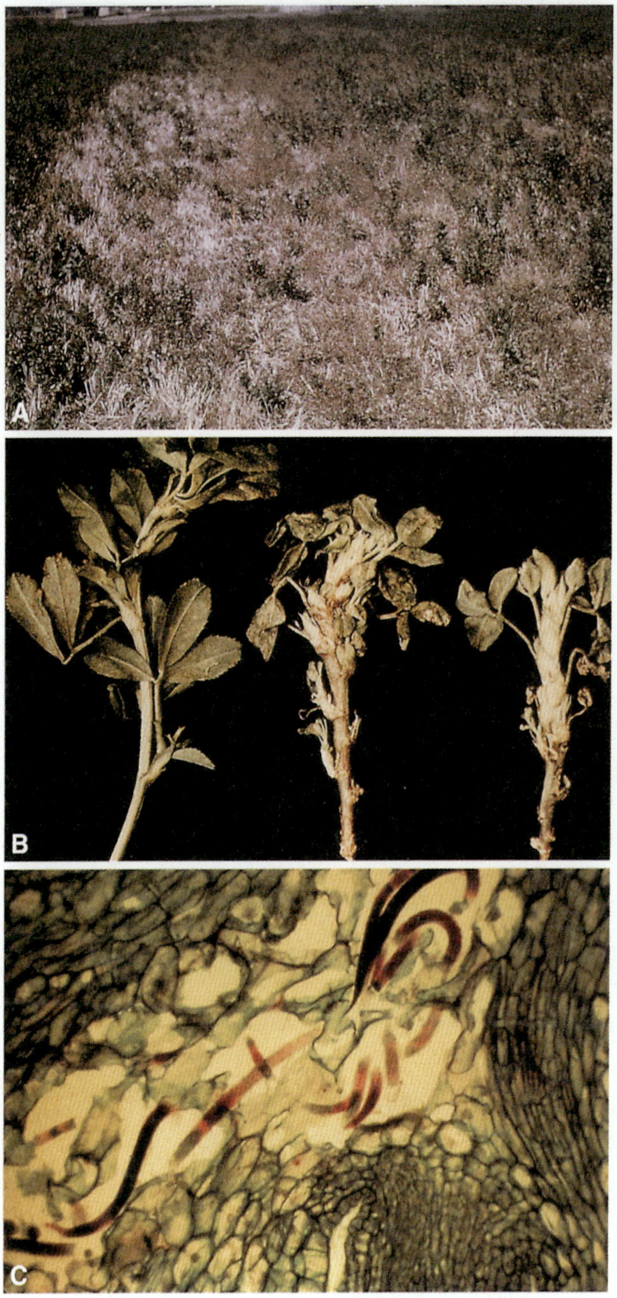

그림 15-25 줄기구근선충 *Ditylenchus dipsaci*에 의해 피해를 입은 알팔파 포장(A), 개별 식물체(B), 알팔파 줄기 조직(C). [사진제공: (A,B) University of Florida, (C) E.H. Hawn, W.C.P.D.]

나 인경 전체가 영향을 받는다. 감염된 인경은 또한 쪼개지거나 기형이 될 수도 있다. 건조한 기후에서는 인경은 마르고, 냄새가 없으며 무게도 가볍다. 습한 계절에는 2차 침입자에 의한 연부가 발생하여 인경은 썩고 불쾌한 냄새를 풍긴다. 감염된 인경은 저장 중에 계속하여 부패가 진행된다.

병원선충: *Ditylenchus dipsaci*

선충은 길이가 1.0~1.3mm이고, 직경은 30 ㎛ 정도이다(그림 15-25C, 15-27). 2령유충이 알에서 나와 2차, 3차 탈피를 거친 후 전성충(前成蟲; preadult)이 되거나 감염성 유충이 된다. 감염성 유충은 식물의 조직, 종자 또는 토양에서 결빙이나 극심한 건조 등 불량한 환경조건에서 장기간 생존할 수 있다. 전성충은 적절한 습도와 온도에서 활발해져서 기주식물을 침입하며 4차탈피를 거친 후에 암컷과 수컷이 된다. 암컷은 거의 대부분 수컷과 수정 후에 200~500개의 알을 낳는다. 한 세대는 19~25일 정도 소요된다. 증식은 연중 계속된다. *Ditylenchus dipsaci*는 조건이 적절하지 못할 때를 제외하고는 토양으로 나오지 않고 인경, 줄기, 잎 등 식물조직 안에서 세대를 계속적으로 이어간다. 감염된 인경이 심하게 부패하면 유충은 밖으로 나와 때때로 마른 인경의 밑부분에 모여 회백색의 솜털 모양의 덩어리인 'nematode wool'을 형성하는데, 선충은 여기에서 수년 동안 살아남을 수 있다.

병의 진전

발아하는 종자나 유묘를 가해할 때 선충은 뿌리의 근관 근처나 아직 종자 안에 있는 뿌리끝부분을 침입하여 세포 사이에 존재하면서 피층의 유세포를 섭식한다. 선충의 머리 근처에 있는 세포들은 세포 내 물질의 전부 또는 일부분이 섭취되어 작아지나, 주위에 있는 세포들은 분열하고 커져서 결국 부풀어 오르게 되는데, 이로 인하여 비정상적인 형태의 유묘가 자라나온다. 그 후 부풀어 오른 조직의 표피가 갈라지고 세균이나 균류 등의 2차 침입자가 들어올 수 있는 길을 열어준다.

어린 식물에서는 선충이 기공을 통하여 잎으로 들어가거나 직접 표피를 뚫고 침입한다 (그림 15-27). 선충은 대부분 세포 간극에 머물며 증식하면서 이웃하는 유세포의 세포내용물을 섭식한다. 인경이 자라서 커지면 선충은 세포 사이로 또는 잎의 표면을 따라 잎에서 아래로 이동하여 줄기 또는 화수의 외피막을 다시 침입한다. 심하게 감염되면 선충에 섭식된 세포와 세포벽이 파괴되어 큰 내강이 생기고 이로 인해 줄기는 연해지고 부풀어 오른다. 이러한 줄기는 잎의 무게 때문에 더 이상 지탱할 수 없게 되고 흔히 넘어진다. 선충은 계속해서 세포 사이로 움직여 인경의 외부 인편으로 들어간다. 병들어 연약해진 유세포는 처음에는 흰가루 모양으로 푸석푸석해 보이지만 대부분이 2차 침입자의 정착으로 갈색으로 변한다. 감염 초기에는 선충이 각 인편 안에 남아있지만 감염 후기에는 인편 사이로

그림 15-26 줄기구근선충 *Ditylenchus dipsaci*에 심하게 감염된 어린 양파 식물체(A)와 수선화 인경(B). (C,D) *Ditylenchus destructor*에 의해 썩은 감자. [사진제공: D.W. Dickson.]

이동하는데, 병이 진행되면 결국 여러 인편이 모여 흰가루 모양이나 갈색의 고리를 형성한다. 재배포장이나 저장 중에도 인경 내의 선충의 감염은 계속 진행되므로 대부분의 경우에 인경 전체가 병이 든다.

방제

어떤 작물에 기생하는 *Ditylenchus dipsaci*는 저항성 작물을 오랫동안(최소한 2~3년) 돌려짓기하면 감소시킬 수 있다. 선충이 없는 묘목, 인경 및 종자를 사용하는 것이 대단히 중요하다. 감염된 종자나 인경은 46℃의 온탕에서 한 시간 정도 처리하면 되고, 또한 가스가 새지 않는 용기 안에서 살선충제 또는 0.5% 포름알데하이드로 처리하면 된다. 포장에서 이 선충의 방제는 가을에 토양을 훈증함으로써, 또는 적절한 살선충제를 식물을 심기 전 골을 따라 처리하거나, 심을 때 또는 심은 직후에 처리하여 방제할 수 있다. 어떤 작물에서는 저항성 품종이 아주 만족스러운 방제효과를 나타낸다.

참고문헌

Darling, H. M., Adams, J., and Norgren, R. L. (1983). Field eradication of the potato rot nematode, *Ditylenchus destructor*: A 29-year history. *Plant Dis.* **67**, 422–423.

Hooper, D. J. (1972). *Ditylenchus dipsaci.* Commonwealth Institute of Helminthology Descriptions of Plant-Parasitic Nematodes, Set 1, No. 14, St. Albans, England.

Sturhan, D., and Brzeski, M. W. (1991). Stem and bulb nematodes, *Ditylenchus* spp. *In* "Manual of Agricultural Nematology" (W. R. Nickle, ed.), pp. 423–464. Dekker, New York.

침선충: *Belonolaimus*

침선충(그림 15-28A)은 가장 과소평가되고 있는 식물기생선충 중의 하나이지만 널리 분포하며 큰 피해를 주고 있다. 이

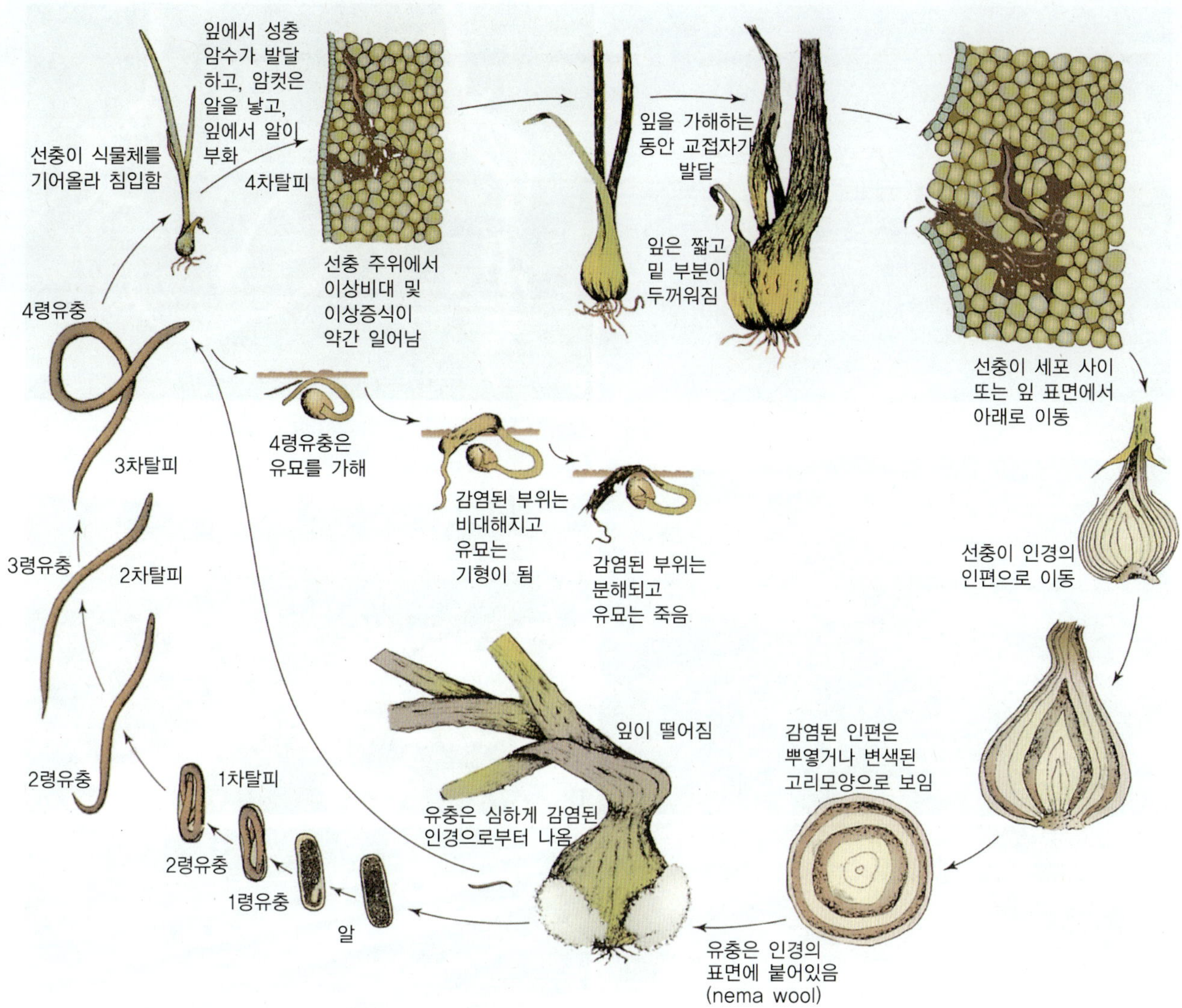

그림 15-27 줄기구근선충 *Ditylenchus dipsaci*의 병환.

선충은 대서양과 걸프만 연안 평지의 모래땅에 주로 분포하나 미국의 일부 중서부나 캘리포니아주, 카리브해의 섬과 호주에도 분포한다. 이 선충은 대단히 기주범위가 넓은데, 모든 곡류에 대해서는 사실상 같은 정도의 감염력을 지니고 있다. 옥수수(그림 15-28B, 15-28C)와 사탕수수, 잔디, 목초류 등 벼과식물과 벼과가 아닌 밭작물로서 목화, 땅콩, 콩(그림 15-28D) 등, 다양한 채소류로 잠두, 오이, 십자화과작물, 감자(그림 12-28E), 딸기(그림 12-28F), 고추와 많은 종류의 잡초 등이 모두 기주식물에 포함된다. 이러한 작물 중에 여러 종류가 침선충에 의해 심한 생산량 감소가 일어날 수 있으며, 특히 선충 밀도가 매우 높아졌을 때 작물이 완전히 훼손될 수 있다.

병징

침선충에 감염된 어린 식물은 생장이 저해되다가 완전히 멈춘다. 선충의 밀도가 높으면 어린 식물은 죽는다. 성숙한 식물이 감염되면 뿌리는 짧아지고 잔뿌리가 없어져 땅딸막한 모양이 되고 함몰된 검은 병반이 주로 뿌리끝 부위에 많이 형성된다. 이렇게 뿌리가 가해를 받으면 지상부는 영양결핍 증상을 보이고 생장이 저해된 채로 있으며 시들기도 한다. 포장에서는 이러한 황화 위축과 고사된 식물체로 이루어진 이병 구획의 면적이 점차 늘어가는 증세가 나타난다.

그림 15-28 (A) 침선충 *Belonolaimus longicaudatus*의 머리 부위. (B) 침선충에 의한 전형적인 뿌리 병징(이 경우에는 옥수수). (C,D,F) 침선충에 의한 지상부 병징을 나타내는 피해 포장(C; 옥수수, D; 콩, F; 딸기)으로 위축되고 죽은 식물로 된 구역이 보인다. (E) 침선충의 섭식에 의해 상흔이 있는 감자. [사진제공: (A) Z. Handoo, USDA, (B) D.W. Dickson, (D) University of Florida, (E) D.P. Weingartner, (F) J. Noling.]

병원선충: *Belonoliamus longicaudatus*

선충의 길이는 약 2~3mm에 이르므로 가장 큰 선충 무리에 속한다. 외부기생선충으로 토양 중에서 자유로이 활동하면서 식물의 뿌리끝의 표피세포로 긴 구침을 삽입하여 효소가 포함된 타액을 주입하여 세포내용물을 분해하고 그 내용물을 구침으로 섭취한다. 감염된 뿌리끝은 생장을 멈춘다.

침선충은 짝짓기를 통해서만 생식한다. 수정 후 암컷은 토양에 쌍으로 산란하며 알은 5일 후 부화한다. 알에서 나온 2령유충은 생존하고 성장하기 위해 기주를 찾아 섭식해야 한다. 그런 다음 3회 더 탈피한 후 마침내 성충이 된다. 한 생활사의 완성을 위해서는 18~24일이 소요된다.

방제

침선충을 방제하거나 관리하기는 어렵다. 때때로 비기주작물을 사용하여 조심해서 돌려짓기를 하면 방제효과를 거둘 수 있는데, 그 이유는 어떤 지역에는 특정 기주에만 선호성을 보이는 특정 침선충 종이나 생태형이 있고 이러한 상황에서 돌려짓기는 효과를 발휘하기 때문이다. 딸기와 같은 고부가가치 작물에 있어서는 식재 전이나 식재할 때 허용된 살선충제를 사용하여 방제할 수 있는데, 다른 작물에 대해서는 방제 비용이 너무 높다.

참고문헌

Bekal, S., and Becker, J. O. Population dynamics of the sting nematode in California turfgrass. *Plant Dis.* **84**, 1081–1084.

Huang X., and Becker, J. O. (1999). Life cycle and mating behavior of *Belonolaimus longicaudatus* in gnotobiotic culture. *J. Nematol.* **31**, 70–74.

Perry, V. G., and Rhoads, H. (1982). The genus *Belonolaimus*. *In* "Nematology in the Southern Region of the United States" (R. D. Riggs, ed.), pp. 144–149. Southern Cooperative Series Bulletin 276. Univ. Of Arkansas Agricultural Publications, Fayetteville, AR.

Smart, G. C., and Nguyen, K. B. (1991). Sting and awl nematodes. *In* "Manual of Agricultural Nematology" (W. R. Nickle, ed.), pp. 627–668. Dekker, New York.

활선충: *Paratrichodorus*와 *Trichodorus*

활선충(stubby-root nematode)은 전 세계적으로 존재하고 곡류, 채소류, 관목, 교목 등 다양한 식물을 가해한다. 이 선충은 뿌리끝의 활력을 떨어뜨리고 생장을 멈추게 하여 식물의 뿌리 기능을 감소시킨다. 결과적으로 식물은 발육이 심하게 저해되고 위황증상을 보이며 수확량이 감소되고 생산물의 질이 떨어지게 된다. 그러나 병에 걸린 식물이 선충에 의해 죽는 경우는 극히 드물다.

병징

감염된 식물의 뿌리는 측근이 비정상적으로 생장하고 뿌리에 잔뿌리가 많이 생기게 된다. 선충이 기생한 뿌리끝은 분열활동과 생장이 정지하지만 이미 형성된 세포들은 비정상적으로 생장하여 뿌리끝부분이 비대해진다 (그림 15-29). 감염된 뿌리는 수많은 측근을 형성하고 선충은 이들을 다시 가해한다. 측근이 반복해서 형성되고 감염되면 세근은 없어지고 대신 짧고 몽땅하며 부풀어진 측근으로 된 작은 근계가 형성된다 (그림 15-30).

병원선충: *Paratrichodorus minor*

병원선충은 길이 약 0.65mm에, 너비 약 40㎛ 되는 작은 선충으로서, 토양 상층의 30cm 이내에서 생활하는 외부기생체이며 뿌리의 조직 내로는 침입하지 않고 뿌리끝이나 근처에 있는 표피세포를 섭식한다. 이 선충은 토양에 알을 낳고 이들이 부화하여 유충이 되고 또한 자라서 성충이 된다. 생활사는 약 20일 안에 완성되며(그림 15-30), 밀도는 감수성 기주식물 근처에서 빠른 속도로 증가하지만 기주식물이 없을 때나 식물이 노화하여 새로운 뿌리끝을 형성하지 못하면 감소한다. 알, 유충, 성충은 대부분 토양에서 1년 내내 발견되지만 4령 유충과 알은 주로 겨울동안에만 발견되는 세대로 생각된다.

병의 진전

여러 종의 *Paratrichodorus* 와 *Trichodorus* 는 한 식물에서 다른 식물로 간상형 식물바이러스 2종(tobacco rattle virus와 pea early browning virus)을 전염시키는 것으로 알려져 있다.

Trichodorus 가 만연한 토양에서 자라고 있는 감수성 기주식물의 뿌리끝이나 어린뿌리에 선충이 접촉하면 뿌리의 표면과 선충의 머리가 거의 직각이 되게 구부려지게 하여 구침으로 세포벽에 구멍을 낸다. 일단 구침이 세포내로 들어가면 점질의 물질을 분비하여 식물세포의 세포질이 구침 끝 주변으로 모이게 하고 선충이 그 일부분을 섭취한다. 그런 다음 섭식을 시작하고 몇 초 또는 몇 분 안에 다른 세포로 이동한다.

모든 유충세대와 성충이 식물을 가해하여 섭식할 수 있다. 섭식할 수 있는 부위는 성숙한 뿌리의 끝부분이나 그 주위의 표피세포에 한정되지만 어리고 즙액이 많은 뿌리는 어느 부위나 가능하다 (그림 15-30). 하나의 뿌리끝이 많은 선충에 의해 동시에 또는 오랜 시간 동안 침입을 받지만, *Paratrichodorus* 와 *Trichodorus* 의 섭식에 의해 생기는 기계적 피해는 아주 경미하여 뿌리에 큰 변화를 일으키거나 식물의 지상부에 병징을 나타내는 데 별로 작용하지 못한다. 식물의 병발생은 선충에 의해 세포 속으로 분비되는 물질에 의해 식물 생리의 억제 또는 촉진 작용의 결과로 생각된다. 이 물질에 의해 뿌리끝 정단분열세포의 분열활동이 정지되고, 건전한 뿌리에 비해 근관(뿌리골무)과 신장부의 형성이 뚜렷이 저해되며, 분열부의 크기가 매우 작아진다. 또한 건전한 뿌리보다 병든 뿌리에서 측근이 많아지고 조밀하게 자란다.

그림 15-29 활선충 *Paratrichodorus* (또는 *Trichodorus*)에 의한 식물의 뿌리 피해(A,C,D)와 지상부 포장 전경(B). [사진제공: (A-C) University of Florida.]

방제

활선충은 포장에서 살선충제를 포장 전체에 흩뿌리거나 골을 따라 처리하여 방제할 수 있다. 그러나 처리 6~8주 후에 선충은 포장에 다시 나타나기 시작하고 감수성 기주식물이 있으면 선충의 밀도가 급격히 증가한다. 지효성 살선충제는 선충의 밀도가 급격히 높아지는 것을 방지함으로써 처리효과를 증대시킨다. 휴경이나 휴경과 건식재배 방법을 쓰면 *Paratrichodorus*와 *Trichodorus* 를 방제하는 데 도움이 된다.

참고문헌

Allen, M. W. (1957). A review of the nematode genus *Trichodorus* with descriptions of ten new species. *Nematologica* **2**, 32–62.

Rohde, R. A., and Jenkins, W. R. (1957). Host range of a species of *Trichodorus* and its host-parasite relationships on tomato. *Phytopathology* **4**, 295–298.

Russell, C. C., and Perry, V. G. (1966). Parasitic habit of *Trichodorus christiei* on wheat. *Phytopathology* **56**, 357–358.

Zuckerman, B. M. (1962). Parasitism and pathogenesis of the cultivated highbush blueberry by the stubby root nematode. *Phytopathology* **52**, 1017–1019.

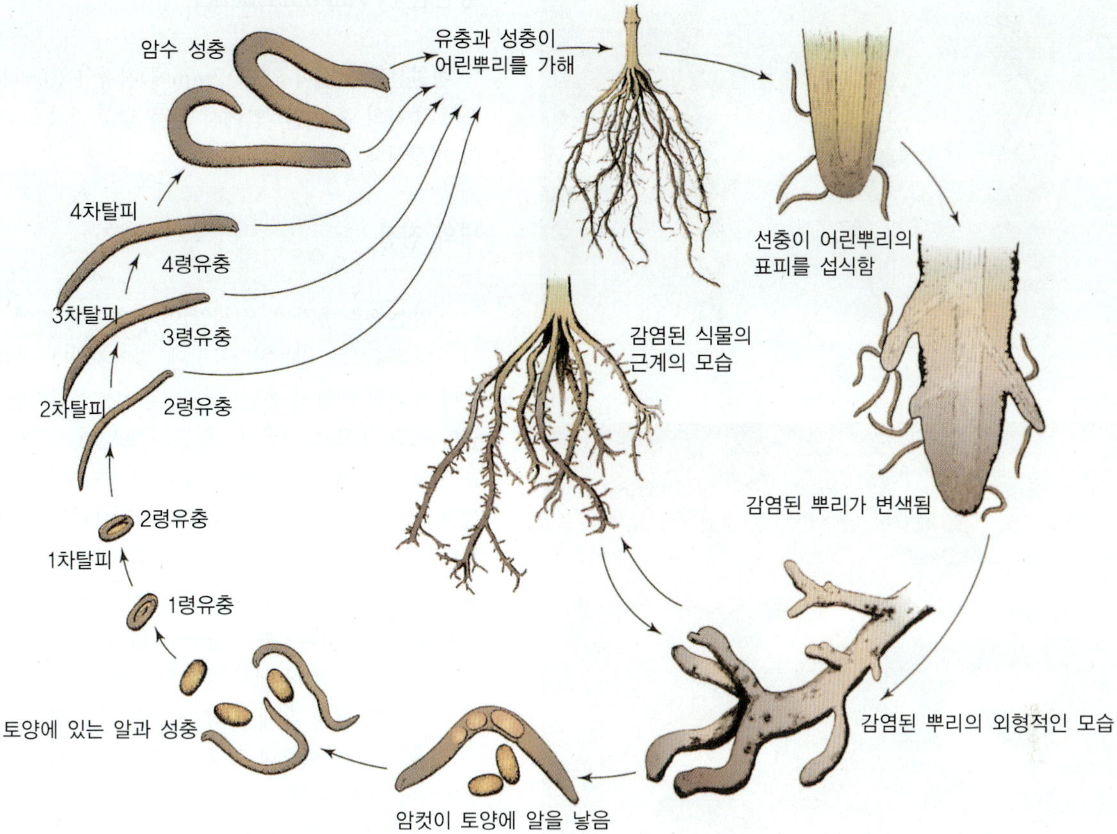

그림 15-30 활선충 *Paratrichodorus minor*의 병환.

씨알선충: *Anguina*

씨알선충(seed-gall nematode)은 1743년에 식물기생선충 중에서 처음으로 보고된 것으로서 감염된 밀 종자를 물에 넣고 갈아서 현미경으로 관찰할 때 발견되었다. 여러 종의 *Anguina*가 알려져 있는데, 이들 모두 화곡류나 벼과 목초류의 종자(그림 15-31A, 15-31B), 잎, 그리고 다른 지상부에 혹을 형성한다. 씨알선충은 밀이 재배되는 곳이면 어디든지 존재하지만 대부분의 나라에서는 신선하고 소독된 종자를 사용하기 때문에 이 선충은 현재 아주 드물게 나타난다. 그러나 동유럽, 아시아, 아프리카 일부 지역에서는 아직도 흔히 볼 수 있다. 호주와 남아프리카에서는 어떤 *Anguina* 종은 목초 종자의 식물병원세균인 *Clavibacter toxicus*의 매개체 역할을 한다. 이 세균은 흔히 박테리오파지에 감염되어 corynetoxin 의 생성이 유도되는데, corynetoxin은 독성이 아주 강해서 감염된 풀과 곡류를 먹은 양, 소, 말, 돼지 등에 병을 일으켜 죽이기까지 한다.

병징

씨알선충에 의한 병징은 모든 생장기의 식물에 나타난다. 감염된 유묘는 다소 심하게 발육이 저해되며, 잎은 특징적으로 말리거나 쪼부라지고 쭈글쭈글해진다 (그림 15-32). 말린 잎은 다음에 나오는 잎을 덮어 걸리게 하거나 그 안에서 개화되어 꽃이 구부러지거나 심하게 비틀어지게 한다. 줄기는 하단부가 비대생장하며 흔히 구부러지고 대체로 잘 자라지 못한다. 병든 화서는 건전한 것보다 짧고 두꺼우며, 난껍질(glume)은 선충이 가득 찬 씨알로 인해 벌어져서 달린다 (그림 15-31A). 병든 이삭의 낟알은 선충으로 가득 찬 혹(선충혹)으로 변하고, 선충혹은 윤이 나는 녹색을 띠다가 이삭이 성숙하면 갈색이나 검은색으로 변한다. 병에 걸린 이삭은 건전한 것보다 더 오랫동안 녹색을 띠고 선충혹은 낟알보다 이삭에서 더 빨리 떨어진다. 선충혹은 오래되면 단단하고, 검고, 둥글게 되며 정상적인 밀의 낟알보다 짧아지고(그림 15-31B), 흔히 선옹초 종자나 깜부기병에 걸린 알곡이나 맥각의 균핵처럼 보인다.

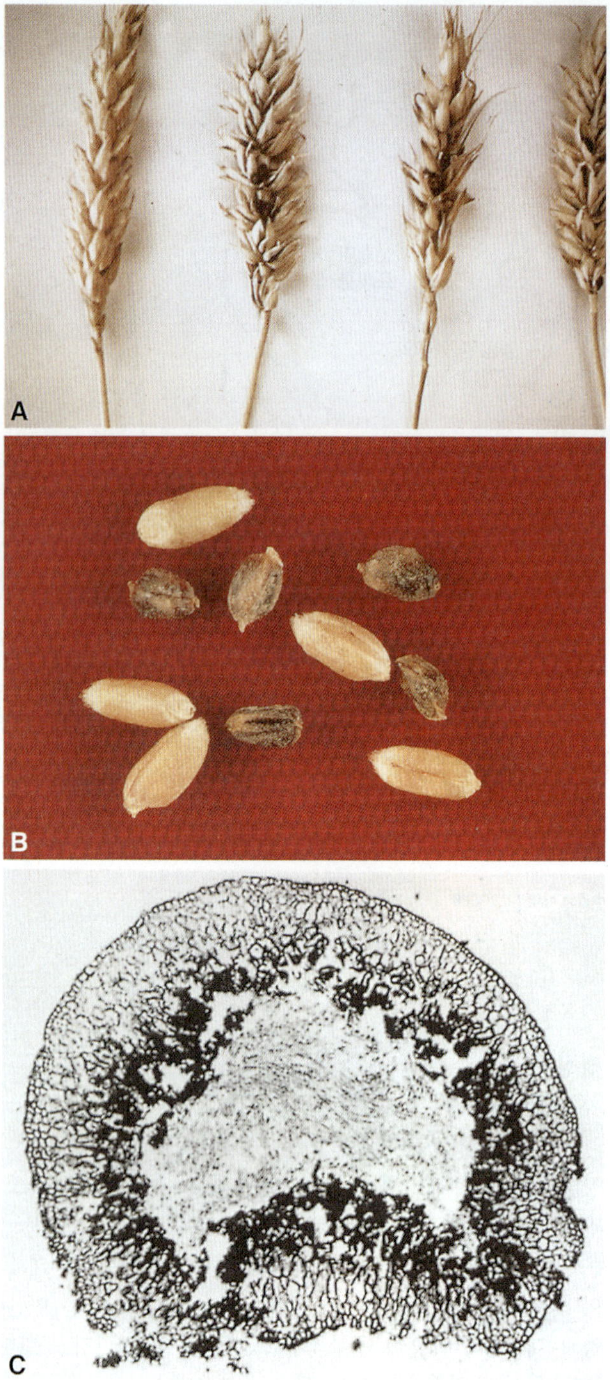

그림 15-31 씨알선충 *Anguina tritici*에 의한 밀 낟알의 피해. (A) 건전한 이삭(왼쪽)과 씨알선충에 감염된 이삭으로 낟껍질과 낟알이 수평으로 쳐져 있는 것을 보임. (B) 선충으로 가득 찬 감염된 낟알, 건전한 낟알에 비해 작고, 둥글고, 흑갈색을 띰. (C). 선충으로 가득 찬 종자혹의 절단면. [사진제공: (A,B) D.W. Dickson, (C) USDA.]

병원선충: *Anguina tritici*

병원선충은 길이 약 3.2mm에 직경 120㎛나 되는 큰 선충으로 종자의 혹(씨알) 안에서 알을 낳고 유충의 전 세대와 성충이 형성된다.

병의 진전

씨알선충은 종자의 혹(씨알)이나 가을에 병에 걸린 식물체에서 2령유충으로 월동한다. 땅에 떨어지거나 종자를 파종할 때 함께 뿌려진 씨알이 온난다습한 날씨에 물러지면 감염성 2령유충이 씨알 밖으로 나온다. 식물의 표면에 수막이 있을 때 유충은 위로 헤엄쳐서 생장점 주위의 단단하게 결구된 잎을 외부기생적으로 섭식하여 잎과 줄기를 비정상적인 형태로 변하게 만든다. 꽃이 필 때 유충은 화기의 원기로 들어가서 3령유충, 4령유충, 성충으로 발달한다. 화기의 각 원기는 혹이 되고 혹에는 80마리 이상의 암수 성충이 들어있다. 한 마리의 암컷은 새로 만들어진 혹 안에서 수주일 동안 2,000개 정도의 알을 낳으므로 한 개의 혹에는 약 1~3만개의 알이 들어있다. 성충은 알을 낳고는 죽으며 알은 부화하여 1령유충으로 나오고 곧 탈피하여 수확기에는 2령유충이 되는데, 이 유충은 건조에도 아주 잘 견뎌서 혹 안에서 무려 30년까지 생존할 수 있다 (그림 15-31C). 씨알선충은 1년에 단 한 세대로만 이루어지며, 감염된 종자에 의해 선충이 퍼져나간다.

방제

방제를 위하여 선충이 포함된 혹(씨알)이 없는 깨끗한 종자를 사용해야 한다. 오염된 종자는 최신 설비로 세척하거나 체거름법과 부유법을 이용하여 깨끗한 물에 씻는다. 선충이 만연한 포장에는 최소한 1년 동안은 밀이나 호밀을 심지 말아야 한다. 습한 날씨에는 종자의 혹에서 2령유충이 나오지만 만약 감수성 기주식물이 없으면 식물을 감염시켜 증식하기 이전에 죽는다. 그러나 건조한 날씨에는 선충은 씨알 속에서 수년 동안 생존한다.

참고문헌

McKay, A. C., and Opfel, K. M. (1993). Toxigenic *Clavibacter/Anguina* associations infecting grass seedheads. *Annu. Rev. Phytopathol.* **31**, 151–167.

Singh, D., and Agrawal, K. (1987). Ear cockle disease (*Anguina tritici*) of wheat in Rajasthan, India. *Seed Sci. Technol.* **15**, 777–784.

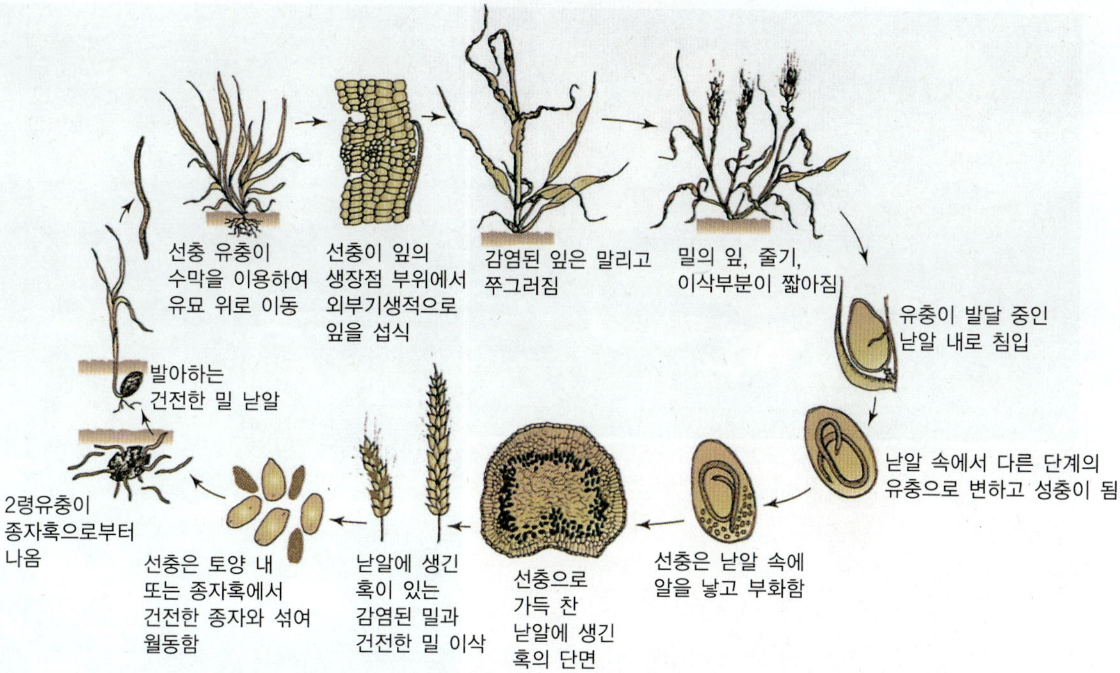

그림 15-32 *Anguina tritici*에 의한 밀알 혹병의 병환.

Southey, J. F. (1972). *Anguina tritici.* Commonwealth Institute of Helminthology Descriptions of Plant-Parasitic Nematodes, Set 1, No. 13, pp. 1–4. St. Albans, England.

Swarup, G., and Sosa Moss, C. (1990). Nematode parasites of cereals. *In* "Plant Parasitic Nematodes in Subtropical and Tropical Agriculture" (M. Luc, R. A. Sikora, and J. Bridge, eds.), pp. 109–136. CAB Int., Wallingford, England.

잎선충: *Aphelenchoides*

*Aphelenchoides*의 여러 종은 식물의 지상부를 외부 또는 내부기생적으로 섭식하는데, 그 중에 중요한 종으로는 국화잎선충(그림 15-33A)인 *A. ritzemabosi*로 두류와 몇 가지 관상식물에 모무늬병(그림 15-33B)도 일으키고, 딸기에 오갈병을 일으키는 딸기잎선충 *A. fragariae*로 여러 가지 고사리류 등(그림 15-33C, 15-33D) 관상류를 가해하며, 딸기와 벼을 가해하는 벼잎선충 *A. besseyi* 등이 있다.

국화잎선충은 미국과 유럽에 널리 분포하는 것으로 알려져 있는데, 대부분 개인정원에 발생하여 상당히 심한 피해를 입히고 있다. 이 잎선충은 과꽃, 다알리아, 백일홍, 딸기 등 다른 여러 식물도 가해한다.

병징

감염된 싹이나 생장점은 잘 자라지 못하고 갈색으로 변하거나 작고 뒤틀린 잎을 가진 비정상적인 덥수룩한 모습의 식물체가 된다. 처음에는 아랫잎에서부터 윗잎으로 누런 점무늬가 나타나고 나중에는 흑갈색으로 변한다. 이 점무늬들이 합쳐져서 큰 얼룩점무늬로 되는데, 처음에 큰 엽맥 사이에 있다가(그림 15-33, 15-34) 바침내 잎 전체가 짐과 일룩으로 덮이고 시들고, 부스러지기 쉽게 말라서 땅에 떨어진다. 감염과 마찬가지로 낙엽도 아랫잎에서부터 진행되어 윗잎으로 올라간다. 감염된 꽃은 자라지 않는다. 심하게 감염된 식물은 많은 정상적인 잎이나 꽃을 형성하지 못하고 죽는다.

병원선충: *Aphelenchoides ritzemabosi*

병원선충은 길이가 1mm, 직경이 20㎛ 정도 되는 길고 가느다란 선충인데 잎의 내부나 다른 기관의 표면에서 모든 생활사를 거친다. 암컷 성충은 잎의 세포 간극에 알을 낳고 잎의 내부에서 알이 부화하고 4세대의 유충이 형성되며 마침내 성충

그림 15-33 잎선충 *Aphelenchoides* sp.에 의한 잎의 병징. 국화(A), 필리핀바이올렛(B), 대곡도(C), 공작고사리(D). [사진제공: (A-C) R.A. Dunn, (D) P.S. Lehman.]

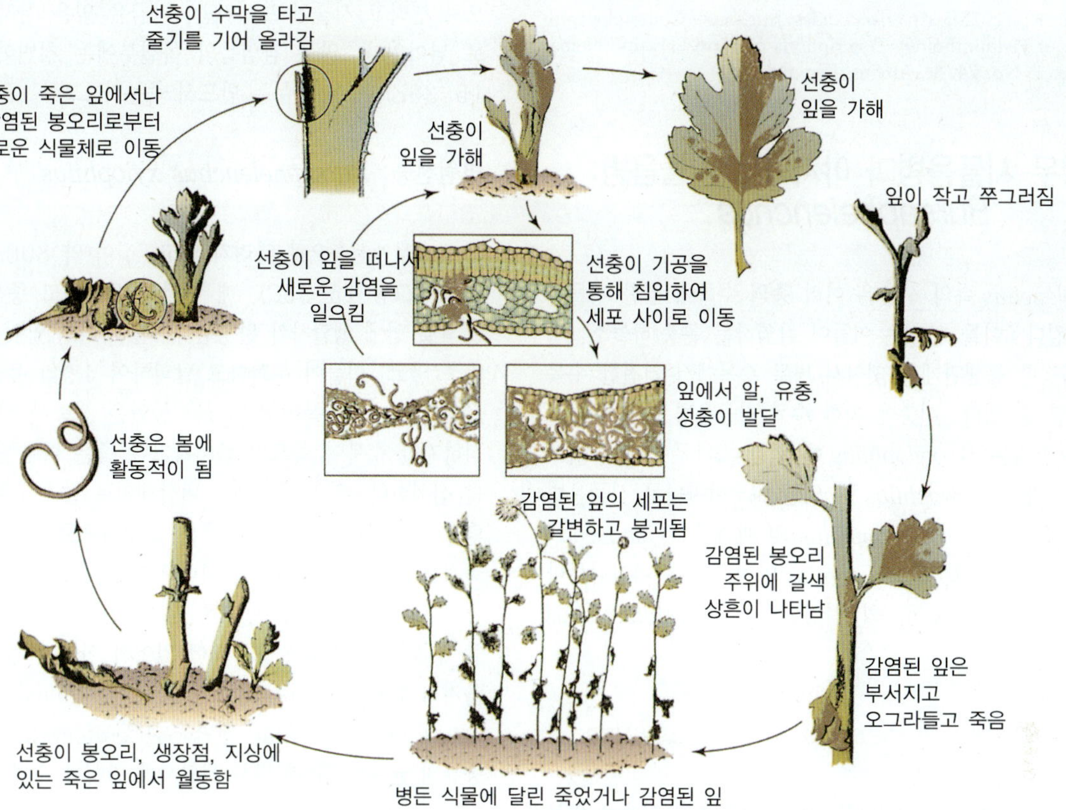

그림 15-34 국화잎선충 *Aphelenchoides ritzemabosi*의 병환.

이 된다. 생활사는 약 2주 안에 완성된다. 잎선충은 죽은 잎이나 감염된 조직의 봉오리의 비늘눈 사이에서 성충으로 월동한다.

봄이 되어 선충은 활동적으로 되어서 근처에 있는 식물 기관의 표피세포를 외부기생적으로 섭식한다. 그러므로 감염된 봉오리 근처의 줄기 부위, 엽병, 잎 등은 선충에 의해 죽은 세포로 이루어진 갈색의 상흔이 나타난다. 선충은 세포를 직접 죽일 뿐만 아니라 분비물을 분비하여 마디사이를 짧게 만들어 식물체를 더부룩하게 보이게 하며, 신초를 갈변시키거나 자라지 못하게 하고, 잎을 비뚤어지게 만든다.

선충은 비가 오거나 다습한 날씨에 줄기가 수막으로 덮이면 줄기 위로 헤엄쳐 올라가서 새로 건전한 식물체를 가해한다. 이들이 잎에 도달하면 기공을 통해 침입한다 (그림 15-34). 잎 세포 사이에 선충이 존재하고 있으면 세포가 갈색으로 변하고 세포가 파괴되며 중엽에 큰 내강이 생기게 된다. 감염 초기에는 유관속초 때문에 선충과 선충에 의해 형성되는 괴저의 확산이 엽맥에 의해 차단되지만, 감염이 진전되면 이 세포들조차 허물어져서 선충과 잎의 괴저현상이 엽맥을 넘어 잎 전체로 퍼져나간다. 심하게 감염된 잎은 땅에 떨어진다.

방제

잎선충을 방제하기 위해서도 여러 가지 위생사항을 지키는 것이 아주 중요하다. 잎과 줄기는 선충의 이동을 막기 위하여 특히 실내에서는 건조하게 유지되어야 한다. 삽수는 길고 활력이 있는 가지의 상부에서만 취해야 한다. 감염되었을 가능성이 있는 휴면 삽수와 접수는 50℃의 온탕에 5분간 또는 44℃의 온탕에 30분간 처리해야 한다. 식물체를 적절한 살선충제로 분무하거나 관주하면 좋은 방제효과를 거둘 수 있다.

참고문헌

Franc, G. D., *et al.* (1996). Nematode angular leaf spot of dry beans in Wyoming. *Plant Dis.* **80**, 476–477.

French, N., and Barraglough, R. M. (1964). Observations on eelworm on chrysanthemum stools. *Plant Pathol.* **13**, 32–37.

Hesling, J. J., and Wallace, H. R. (1961). Observations on the biology of chrysanthemum eelworm *Aphelenchoides ritzemabosi* (Schwartz) Steiner in florist's chrysanthemum. I. Spread of eelworm infestation. *Annu. Appl. Biol.* **49**, 195–203, 204–209.

Siddiqi, M. R. (1974). *Aphelenchoides ritzemabosi.* Commonwealth Institute of Helminthology Descriptions of Plant-Parasitic Nematodes, Set 1, No. 32. St. Albans, England.

Siddiqi, M. R. (1975). *Aphelenchoides fragariae*. Commonwealth Institute of Helminthology Descriptions of Plant-Parasitic Nematodes, Set 1, No. 74. St. Albans, England.

소나무 시들음병과 야자나무 시들음병: *Bursaphelenchus*

Bursaphelenchus 속의 선충은 여러 종의 수목에 심한 시들음병을 일으킨다. 이들 선충은 이들이 감염하는 곤충(하늘소, 바구미)과 특정한 공생관계를 맺어서 병든 수목에서 건전한 수목으로 전반할 수 있다. 선충에 의한 수목 시들음병 중에서 가장 중요한 두 가지는 *B. xylophilus* 에 의한 소나무 시들음병(그림 15-35)과 *B. cocophilus* 에 의한 코코야자나무 시들음병(그림 15-36)인데, *B. xylophilus* 의 매개충은 *Monochamus* 속의 하늘소이고, *B. cocophilus* 의 매개충은 야자나무바구미 *Rhynchophorus* sp.와 사탕수수바구미 *Metamasius* sp.이다.

소나무재선충: *Bursaphelenchus xylophilus*

소나무 시들음병(pine wilt)은 1900년대 초기 이래로 일본에서 발생한 것으로 알려져 왔다. 이 병은 중국에서 국부적으로 발생하며 1979년부터는 미국의 대부분 지역과, 캐나다의 여러 지역 및 멕시코 등에 분포하고 있다. 이 선충은 정도 차이는 있지만 28종 이상의 소나무와 다른 여러 침엽수를 가해하며, 특히 구주소나무(*Pinus sylvestris*)에서 가장 피해가 심하다. 소나무 시들음병은 소나무와 다른 산림수목에 치명적인 병이다. 소나무 시들음병은 일본의 여러 지역에서 소나무에 아주 심한 피해를 일으켜 왔다. 미국에서는 넓은 지역에 분포하나 아직까지 중요한 문제는 되지 않지만, 소나무재선충은 나무를 전부 또는 일부를 죽이는 능력이 있고 곤충에 의해 죽은 소나무에서 건전한 소나무로 옮겨질 수 있기 때문에 잠재적인 위협의 대상이 되고 있다. 또한 이 때문에 북미지역에서 유럽으로의 임산물 수출이 엄격히 금지되어 있어서 미국 경제에 영향을 주는 중요한 선충이다.

병징

감염된 가지나 나무 전체의 잎이 갑자기 회녹색으로 변하고 나무에 상처가 생겨도 송진이 흘러내리지 않는다. 그런 다음 잎의 색깔이 황록색으로 변하며 처음에는 일부가 나중에는 모든 침엽이 갈색으로 변한다 (그림 15-35A, 15-35B). 이 병징을 보인 지 4~6주 안에 나무 또는 가지의 잎이 완전히 갈색으로 변하고 시들어 보이지만, 가끔은 잎은 쳐지지 않고 그대로 남아있다. 많은 감염목의 목질부에는 청변이 심하며(그림 15-35E), 병든 나무는 반드시 죽는다 (그림 15-35B).

병원선충: *Bursaphelenchus xylophilus*

소나무재선충으로 알려져 있고, 길이 약 800㎛에 직경 22㎛이며(그림 15-35C), 매우 빨리 생장하고 증식하여 여름에는 4일 안에 생활사가 완성된다. 한 마리의 암컷은 약 80개의 알을 낳고, 이들이 부화하고 탈피하여 4령의 유충세대를 거쳐 성충이 된다. 수목이 살아있는 동안은 선충이 식물 세포를 섭식하지만 수목이 죽으면 죽어가거나 죽은 나무를 침입한 균류를 섭식한다. 감염 후기에는 비산세대로 알려진 형태가 다른 3령유충이 나타난다. 이 유충은 특징적으로 많은 양의 양분을 축적하고 두꺼운 큐티클을 지니고 있으며 탈피하여 4령 전반유충이 되는데, 이 선충은 특히 매개충인 하늘소의 호흡기관에서 잘 생존할 수 있도록 적응되어 있어서 이들이 건전한 수목으로 옮겨지게 된다. *Bursaphelenchus xylophilus*는 식균성이므로 *Alternaria*, *Fusarium*, 청변균류(*Ceratocystis* spp.) 등 여러 종류의 균류를 섭식하면서 생활사를 완성할 수 있다.

병의 진전

소나무재선충은 감염되어 죽은 나무의 목질부 안에서 월동하는데, 이 목질부 안에는 솔수염하늘소(*Monochamus alternatus*)와 같은 하늘소 유충도 존재한다. 이른 봄에 하늘소 유충은 목질부 안에 번데기가 될 장소로 조그마한 굴(번데기방)을 판다. 선충의 3령유충이 그 주위에 모여들어 탈피하고 4령유충인 침입유충이 된다. 봄의 중순이나 늦은 봄에 하늘소 번데기에서 하늘소 성충이 나오는데, 이때 많은 침입유충(선충)이 하늘소로 들어가 호흡계의 기관(氣管)을 어느 정도 가득 채운다(그림 15-35D). 하늘소 성충은 한 마리당 평균 15,000~20,000마리 가량의 4령 침입유충를 몸에 지니고 목질부를 뚫고 나와 건전한 수목의 즙액이 많은 나무 가지의 끝부분으로 날아가서 그곳에서 수주일간 후식한다. 하늘소가 수피를 벗기고 후식하면서 형성층 조직에 도달하면(그림 15-35F) 선충의 4령 침입유충은 하늘소의 몸에서 나와 상처를 통하여 소나무로 들어간다. 식물체 내로 일단 침입한 4령 침입유충은 마지막 탈피를 하여 성충이 되며, 그 후에 생식을 한다. 선충은 수지관(resin canal)으로 이동하여 안쪽의 상피세포를 섭식하면 이 세포뿐만 아니라 이를 둘러싸고 있는 유세포도 죽게 된다. 선충은 수지관을 통해 물관과 피층 안으로 빠르게 이동하고 그곳에서 빨리 증식하여서 수주일 안에 기주식물 안에서 밀도가 상당

그림 15-35 소나무재선충과 선충의 피해 및 매개충. 선충에 의한 병으로 갈변하고 시들어 죽은 한 그루 소나무(A 왼쪽)와 산중턱의 소나무 숲(B). (C) 소나무재선충 *Bursaphelenchus xylophilus*. (D) 매개충인 하늘소 *Monochamus* sp.의 기관 안에 있는 소나무재선충의 4령 비산유충. (E) 죽은 소나무 줄기와 가지에 발생하여 소나무재선충의 섭식에 이용되는 청변균. (F) 소나무재선충의 매개충인 *Monochamus* sp.로 소나무 가지를 후식하며 새로운 감염을 시작하는 4령 비산유충을 소나무에 옮김. [사진제공: (A) R.P. Esser, (B) J.J. Witcosky, (C,F) D.R. Bergdahl, (D) E. Kondo, Saga Univ., Japan, (E) L.D. Dwinell, USDA.]

히 증가하게 된다.

수지관이 파괴되면 감염 후 약 10일 안에 상처에서 수지가 전혀 흘러나오지 않게 되고, 그 후 약 3주일 이후에는 잎에서 증산이 급격히 감소되며 이어 완전히 멈추는데, 이때 잎의 색깔이 엷어지고 갑자기 시드는 증상을 보인다. 선충밀도는 감염 약 한 달 후인 나무가 죽은 직후에 최고 수준에 이른다. 병의 후반기에 나무 상태가 나빠짐에 따라 목재 내 선충 밀도도 감소하는데, 도리어 비산세대인 3령유충의 비율은 점차 증가하게 된다.

그러는 동안 *Bursaphelenchus xylophilus*의 매개충인 하늘소(*Monochamus* sp.)의 성충은 약 한달 동안 소나무의 어린 가지에서 후식한 후에 스트레스를 받거나 죽은 소나무를 찾아 수피 아래에 알을 낳는데, 소나무재선충에 감염되어 병징을 보이거나 죽어가는 나무가 좋은 산란장소에 포함된다. 하늘소의 1령유충과 2령유충은 수피 밑에서 섭식하지만, 3령유충은 목질부 안으로 들어가서 4령유충이 되어 월동한다. 이른 봄에 하늘소 4령유충이 목질부 안에 굴을 파고 그 안에서 번데기가 되는데, 그 주위에 있는 선충의 모든 3령유충을 유인한다. 선충의 3령유충은 탈피하여 4령 침입유충이 되고 하늘소가 성충으로 번데기에서 나오자마자 하늘소 성충에 감염하면서 한 생활사가 마무리되고 하늘소와 선충은 새로운 소나무를 찾아간다.

온대지역에서 일차적으로 소나무재선충이 아닌 여러 종류의 병이나 곤충에 의해 스트레스를 받은 소나무가 소나무재선충에 의해 가해를 받게 되더라도 이러한 전형적인 시들음 증상은 대체로 잘 나타나지 않는다.

방제

매개충인 하늘소의 방제를 위하여 살충제 처리와 선충과 하늘소의 유충의 서식처 제거를 위해 병들어 죽거나 죽어가는 소나무를 조기 제거하여 소각하는 방법이 주요 방제법으로 적용된다. 그러나 이 두 방법 모두 탁월한 효과는 없고 실제적으로 제한된 지역에서 사용이 가능하며 아주 넓은 삼림지역에서는 두 방법 모두 사용이 힘들다. 녹음수로 식재되어 있는 병든 감수성 소나무는 저항성 소나무나 다른 종류의 수목으로 대체해야 한다.

야자나무재선충: *Bursaphelenchus cocophilus*

코코야자나무의 시들음병은 멕시코에서 브라질에 이르는 미대륙의 열대지역 그리고 카리브해 남부의 여러 섬에서 발생한다. 이 병은 일반적으로 3~10년생의 어린 야자나무에서 가장 빠르게 발달하며, 감염된 나무는 3개월 안에 죽는다. 이 선충은 10~15%의 어린 코코야자나무에서 피해가 발생하며 크고 작은 기름야자나무와 대추야자나무에서도 마찬가지의 피해가 흔히 있을 정도로 심한 병을 일으킬 수 있다. 이 선충에 심하게 만연된 지역에서는 60% 정도의 어린 코코야자나무의 손실이 기록된 바 있다.

병징

처음에는 감염 부위에서 가장 가까이에 있는 오래된 잎이 끝에서 안쪽 아래로 누렇게 되고 나중에는 갈색으로 변한다 (그림 15-36A, 15-36B). 죽어가거나 죽은 잎들이 흔히 줄기 근처에 찢어져서 걸려 있다. 황화 및 갈변 현상은 점차 어린잎으로 진행되고 마침내 우듬지 전체가 죽는다 (그림 15-36B). 꽃은 시들고 열매는 어린 것 큰 것 할 것 없이 미성숙한 채로 일찍 떨어진다. 감염된 줄기의 횡단면에는 3~5mm 너비의 주황색에서 갈색의 테(red ring)가 줄기 바깥에서 5cm 정도 안쪽에 나타난다 (그림 15-36C). 어린 3~10년생 나무가 감염되면 수개월 안에 죽고, 20년 이상의 오래된 나무도 처음에는 잎이 작아지는 병징을 보이고 해가 지날수록 잎의 크기와 수가 줄어들고, 꽃이 제대로 발육하지 못하여 결실을 맺지 못하므로 수익이 없어지고, 결국에는 나무가 죽는다.

병원선충: *Bursaphelenchus* (구=*Rhadinaphelenchus*) *cocophilus*

병원선충은 길이가 약 1mm, 너비가 약 15㎛이다 (그림 15-36D). 산란부터 시작해서 알, 모든 세대의 유충과 성충 단계를 감염된 야자나무에서 볼 수 있으며 생활사는 9~10일 안에 완성된다. *Bursaphelenchus cocophilus*는 미국야자나무바구미(*Rhynchophorus palmarum*)(그림 15-36E)와 사탕수수바구미(*Metamasius* sp.)에 의해 주로 전반되는데, 다른 바구미에 의해서도 전반이 가능하다. 바구미 유충이 선충에 감염된 야자나무 조직을 섭식할 때 수십만 마리의 3령유충을 삼키는데, 그 중에 일부인 수백 마리의 바구미만 탈피하여 다음 단계의 유충이 되고 또한 성충이 되는 동안 내외부에서 생존한다. 그리하여 바구미 암컷이 썩은 야자나무에서 나오면서 그 중 일부가 선충의 3령유충을 몸에 지니고 나오는 것이다. 암컷 바구미는 선충에 감염된 수목에 유인되지만 건전한 수목이나 상처를 입은 수목에도 알을 낳는데, 야자나무재선충의 전반은 잎의 기저부나 마디 사이의 상처 부위에 산란할 때이다. 이렇게 전반된 선충은 생활사를 반복적으로 수행하여 증식하면서 줄기, 엽병, 뿌리의 기본유조직 세포 사이로 퍼져나가 그 세포를 파괴하여 내강을 만들며 오렌지색에서 붉은색의 변색을 일으키고, 건조하고 조각조각 벗겨지기 쉬운 병든 조직으로 변화시킨다. 잎의 기저부와 엽병으로 변색이 진전된다. 선충은 체

그림 15-36 야자나무재선충 *Bursaphelenchus cocophilus*의 감염에 의해 아랫잎의 황화, 위축 및 괴사 증상을 보이는 어린 야자나무(A)와 완전히 성숙한 야자나무(B). (C) 병든 야자나무 줄기의 횡단면으로 선충이 섭식하고 이동하는 부위인 붉은테(red ring). (D) 야자나무재선충. (E) 야자나무재선충의 주된 매개충인 미국야자나무바구미, *Rhynchophorus palmarum*. [사진제공: (A,B) D.W. Dickson, (C-E) R.M. Giblin-Davis.]

관과 물관조직은 침입하지 않지만 붉은테(red ring) 안쪽에 있는 물관에는 양분이나 수분의 상승 이동을 막는 전충체가 형성된다. 일반적으로 외부병징이 보이기 전에 내부병징이 먼저 발달한다. 선충의 밀도는 병든 수목에서 처음에는 신속히 증가하지만, 그러나 그 후에는 처음에는 천천히, 나중에는 급속하게 감소한다. 그러다가 감염 3~5개월 후에는 병든 야자나무의 분해된 줄기조직이나 감염으로 죽은 나무에는 더 이상 살아있는 야자나무재선충이나 알을 찾아볼 수 없다. 그러나 선충은 새로 감염시킨 수목과 잠깐 동안 매개충 안에서 생존한다. 일반적으로 시들음병은 새로운 수목으로의 전염이 느린 편이다.

방제

시들음병의 방제는 어렵다. 감염된 수목 안에 존재하는 선충과 매개충의 밀도를 감소시키기 위하여 침투성 살충제와 살선충제를 처리하거나, 또는 제초제로 고사시키거나 선충이 생존하지 못하도록 벌채해야 한다. 실험적으로 살충제를 넣은 곤충유인 트랩을 사용하기도 하는데, 이 트랩에 감염된 야자나무의 조직에서 유래된 유인물질이나 또는 합성 페로몬을 넣어서 선충을 매개하는 바구미를 유인하여 바구미와 선충을 한꺼번에 죽이는 방법이다.

참고문헌

Dwinell, L. D. (1997). The pinewood nematode: Regulation and mitigation. *Annu. Rev. Phytopathol.* **35**, 153–166.

Giblin-Davis, R. M. (1994). Red ring disease. *In* "Compendium of Tropical Fruit Diseases" (R. C. Ploetz *et al.*, eds.), pp. 30–32. APS Press, St. Paul, MN.

Griffith, R. (1987). Red ring disease of coconut palm. *Plant Dis.* **71**, 193–196.

Griffith, R. (1992). Red ring disease of coconuts. *In* "Plant Diseases of International Importance" (U. S. Singh *et al.*, eds.), Vol. 4, pp. 258–276. Prentice-Hall, Englewood Cliffs, NJ.

Halik, S, and Bergdahl, D. R. (1994). Long-term survival of *Bursaphelenchus xylophilus* in living *Pinus sylvestris* in an established plantation. *Eur. J. Forest Pathol.* **34**, 357–363.

Ichihara, Y., Fukuda, K., and Suzuki, K. (2000). Early symptom development and histological changes associated with migration of *Bursaphelenchus xylophilus* in seedling tissues of *Pinus thunbergii. Plant Dis.* **84**, 675–680.

Kondo, E., *et al.* (1982). Pine wilt diseases: Nematological, entomological, and biochemical investigations. *Univ. Mo. Columbia Agric. Exp. Stn. Bull.* **SR282**, 1–56.

Mamiya, Y. (1983). Pathology of the pine wilt disease caused by *Bursaphelenchus xylophilus. Annu. Rev. Phytopathol.* **21**, 201–220.

Rutherford, T. A., Mamiya, Y., and Webster, J. M. (1990). Nematode-induced pine wilt disease: Factors influencing its occurrence and distribution. *For. Sci.* **36**, 145–155.

Tarès, S., *et al.* (1994). Use of species-specific satellite DNA from *Bursaphelenchus xylophilus* as a diagnostic probe. *Phytopathology* **84**, 294–298.

Wingfield, M. J. (1987). "Pathogenicity of the Pine Wood Nematode." Symposium Series. APS Press, St. Paul, MN.

제 16 장

편모충류원생동물에 의한 식물병

서론

원생동물계, 유글레나문, Kinetoplastida목, Trypanosomatidae 과에 속하는 trypanosomatid 계통의 특정 편모충류(그림 16-1)들이 식물에 기생한다는 것은 1900년대 초부터 알려져 왔다. 편모충류 연구자들은 이들이 기주식물에 병을 일으킨다는 사실을 여러 번 언급하였으며, 몇 가지 식물병이 바로 이들 편모충에 의해 일어난다는 것을 뒷받침할 수 있는 증거를 제시하기도 하였다. 그러나 이 기생체들을 순수분리하지 못하고 건전한 식물체에 접종하여 다시 병을 일으키지

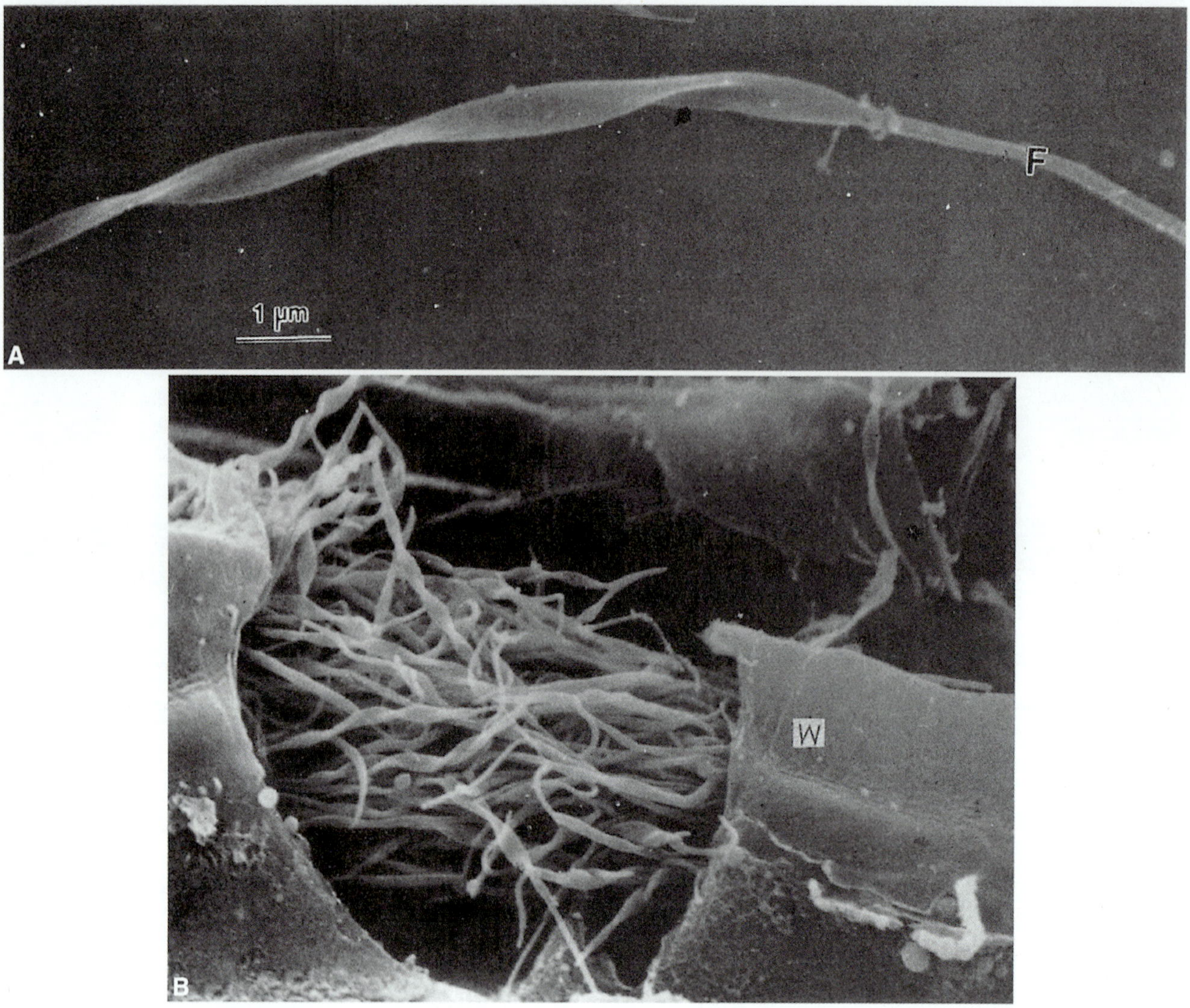

그림 16-1 (A) 뿌리오갈(empty root)병에 걸린 카사바나무의 유액에서 분리된 편모충 *Phytomonas francai*개체. F, 편모. (B) 급성시들음병에 걸린 기름야자나무의 체관에서 관찰된 *Phytomonas* 속 편모충 군집. W, 세포벽. [사진제공: (A) E.W. Kitajima; (B) W. de Sousa.]

도 못하여 코흐의 원칙을 충족시킬 수 없는 까닭에 아직도 완전한 식물병원체로서 인정받지 못하고 있다. 하지만 파이토플라스마와 몇 가지 유관속국재성 세균은 편모충류와 마찬가지로 코흐의 원칙을 충족시키지 못함에도 불구하고 이 기생체들의 병원성은 널리 인정받고 있다. 편모충류의 병원성을 뒷받침하는 증거들 역시 파이토플라스마나 유관속국재성 세균에 대한 증거들에 비하여 결코 뒤떨어지지 않으므로, 어떤 편모충들은 식물병원체일 가능성이 있다고 인정하는 것이 타당할 것이며 이들에 대하여 과거보다도 많은 주의를 기울여야 할 것이다.

원생동물은 대부분 단세포이며 현미경으로나 관찰할 수 있는 동물로서 일반적으로 운동성이 있고, 전형적인 핵을 가지고 있다. 이들은 하나씩 따로 떨어져 살거나 집단을 이루어 살며, 자유생활을 하거나 공생 또는 기생하기도 한다. 일부 원생동물은 세균이나 효모, 조류, 또는 다른 원생동물에 의지해서 살아가며, 또 일부는 그 주변의 물질을 분해하여 부생적으로 살아가고 일부는 식물처럼 광합성을 하면서 살기도 한다. 원생동물은 편모나 위족, 또는 세포 자체의 운동으로 움직인다.

지금까지 원생동물 가운데 편모충류만이 식물병과 관련이 있는 것으로 알려져 있는데, 왜 다른 강의 원생동물들은 식물에 기생하지 않는지에 대한 충분한 이유를 현재로서는 알 수 없다. 편모충은 그들의 일생 중 특정 단계, 또는 모든 단계에서 나타나는 하나 이상의 길고 가느다란 편모가 특징이다. 이들은 대부분 부생생활을 하며 어떤 것은 광합성 기능을 하는 엽록소 등의 색소체를 가지고 있으나, 일부는 인간과 여러 동물에 기생하여 매우 심각한 병을 일으키는 것도 있다. 사람에 기생하는 편모충류 중 가장 잘 알려진 것은 아프리카에서 수면병(sleeping sickness)을 일으키는 혈액 기생체인 *Trypanosoma*인데, 체체파리에 의해 전염된다.

식물 Trypanosomatid류의 명명법

식물에서 편모충이 처음 발견된 것은 Lafont가 1909년 Mauritius에서 대극과에 속하는 *Euphorbia* (대극속)의 유액을 함유한 세포(유관)에 편모충이 기생한다는 사실을 보고한 것이다. 이를 사람과 동물에 기생하는 원생동물과 구분하기 위하여 *Phytomonas*라는 새로운 속을 만들어 분류하게 되었고, Lafont에 의해 발견된 것은 *P. davidi*로 명명되었다. 그 후로 *Phytomonas*의 몇 가지 다른 종도 박주가리과(*P. elmassiani*가 박주가리에서), 뽕나무과(*P. bancrofti*가 무화과에서), 꼭두서니과(*P. leptovasorum*이 커피나무에서), 대극과(*P. francai*가 카사바나무에서)에 속하는 기주식물로부터 보고되었으며, 아직 명명되지 않은 종이 코코야자나무 및 기름야자나무(그림 1-3, 16-1), 생강과의 관상식물인 홍화월도(*Alpinia purpurata*) 등에서 보고되었다. 모든 식물병원 편모충은 분류학적으로 Kinetoplastida 목, Trypanosomatidae과에 속한다. 그러나 최근 토마토 등의 과실에서 발견된 것들은 trypanosomatid 계통이기는 하지만 모두 *Phytomonas*에 속하지는 않는 것으로 보인다.

식물 Trypanosomatid류의 분류

*Phytomonas*의 여러 종은 아직 분류학적으로 잘 정립되지 않았다. *Phytomonas* 속은 식물과 곤충을 모두 기주로 하여 두 기주를 번갈아 기생하며 생활사를 완성하는 promastigote trypanosomatid 계통의 편모충들을 포함한다. 비유액성 식물인 코코야자나무, 기름야자나무, 홍화월도, 커피나무 등의 체관(그림 16-3, 16-5)에 서식하는 *Phytomonas* 원생동물들은 확실히 병원성이 있으나, 유액성 식물의 유관에 사는 다른 종류들은 카사바나무에 뿌리오갈병(empty root) 및 쇠락증상을 일으키는 *P. francai*(그림 16-8C)를 제외하고는 병원성이 없는 것으로 여겨지고 있다. 그 외 trypanosomatid 계통의 편모충 중에서 일부 *Phytomonas* 류와 일부 *Phytomonas*에 속하지 않는 것들은 여러 식물의 종자와 과실에만 피해를 준다. 식물병원성 파이토모나스들은 기주식물의 체관에 서식하는 점 이외에도 서로 상당히 가까운 연관성을 보여주고 있으나 과실의 유관에 서식하는 부류와는 여러 가지 다른 특징을 보이는데, 그 차이점은 혈청학적 연관성, 동위효소의 종류, 제한효소 처리시 핵산의 분열양상, kinetoplastid DNA의 크기, 5S rRNA 유전자 반복배열, 반복바이러스 dsRNA 및 입자의 존재 여부 등이다. 이들 이외에도 코코야자나무, 기름야자나무, 홍화월도 등으로부터의 29개 trypanosomatid 분리주에 대한 spliced leader RNA유전자배열 비교는 다음 사실을 알려준다. (i) trypanosomatid의 spliced leader RNA유전자 서열은 유관국재성 또는 열매감염성 분리주들과 구별된다. (ii) 모든 체관국재성 분리주들의 유전자 서열은 매우 비슷하다. (iii) 그럼에도 불구하고 체관국재성 분리주들은 두 집단으로 나뉜다. (iv) 체관국재성 분리주의 두 집단 중 하나는 다시 두 작은 집단으로 나뉘는데, 하나는 코코야자나무에서 분리한 것뿐이며, 다른 하나는 야자나 홍화월도로부터 분리한 것이다. 또한 모든 파이토모나스는 특수 영양배지에서 배양이 가능하나 체관에 기생하는 파이토모나스는 곤충세포가 포함된 배지에서 여러 차례 계대배양한 후에야 세포가 포함되지 않은 배지에서 배양할 수 있다.

식물 Trypanosomatid류의 병원성

유액성 식물에서 편모충을 연구하는 사람들은 대부분의 편모충이 식물에 기생함에도 불구하고 식물체는 병들지 않으므로 이들은 기주식물에 대하여 병원성을 가지고 있지 않다고 여기고 있다. 그러나 일부 보고에 따르면 어떤 편모충에 감염된 유액성 식물에서는 분명한 병징이 나타나 이들이 병원성이 있다고 여겨진다. 카사바나무 뿌리오갈병이 바로 이 경우로서 뿌리의 유관에 있는 편모충에 의해 뿌리 조직의 발달이 저해되고 일반적으로 카사바나무가 누렇게 된다.

비유액성 기주인 커피나무, 코코야자나무, 기름야자나무, 홍화월도 등은 병원성 파이토모나스에 감염되면 특징적인 내부 및 외부 병징을 나타내는 등, 병이 매우 심하며 경제적 손실도 크다. 편모충에 의한 병이 확실한 것은 커피나무 체관괴사병(phloem necrosis)과 코코야자나무 hartrot병, 그리고 기름야자나무의 급성시들음(또는 marchitez sorpresiva)병이며, 현재까지 이 세 가지 병은 현재까지 모두 남미에서만 발생이 보고되어 있다. 편모충은 카브리해의 그레나다섬에서 홍화월도 시들음병을 일으킨다.

편모충이 식물에 병을 일으키는 기작은 잘 알려져 있지 않다. 병을 일으키는 대부분의 편모충은 체관에 존재하므로 광합성산물이 뿌리로 이동하는 것을 방해하여 병을 일으킨다고 생각된다. 유관에 서식하는 파이토모나스는 펙틴과 셀룰로스를 분해하는 효소를 생성하는데, 이들 효소는 다른 종류의 파이토모나스에서는 아직 연구된 바 없다. 과실에 기생하는 파이토모나스류는 과실에 국부적 피해를 주는데, 이는 아마도 다른 균류나 세균 등과 동시에 감염되어 일어나는 것으로 보인다.

식물 Trypanosomatid 역학 및 방제

자연 상태에서 파이토모나스원생동물들은 뿌리 접목이나 곤충에 의해 전염되는 것으로 보인다. 이들 매개충은 Pentatomidae, *Lygaeidae* 및 *Coreidae* 과에 속하는 것들로, 한 예로 Pentatomidae 과의 Lincus (그림 16-6D) 및 Ochlerus의 몇몇 종은 코코야자나무 hartrot병과 기름야자나무 급성시들음병을 일으키는 trypanosomatid 계통 편모충을 전염시킨다고 알려져 있지만, 아직까지 홍화월도 시들음병을 전염시키는 매개충은 밝혀지지 않았다. 앞에서 언급한 바와 같이 체관 서식종들은 유관 서식종들과 구분되므로 야자나 커피 재배지에 자라고 있는 유액성 잡초들은 야자나무 및 커피나무를 침범하는 파이토모나스의 전염원이 되는 것으로 보이지는 않는다. 그러나 파이토모나스에 저항성이거나 병징이 없이 감염되어 있는 야생야자나무로부터 경작 중인 야자나무에 전염되는지는 잘 알려져 있지 않다.

편모충 원생동물에 의한 식물병의 방제에는 무병묘 생산과 병든 식물와의 격리 등이 실용적이다. 매개충 구제는 유용하거나 실용적일 수도 있고 아닐 수도 있다.

체관국재성 Trypanosomatid에 의한 식물병

Trypanosomatid 에 의하여 발생하는 주요 식물병들이다. 몇 가지 공통된 특징을 가지고 있다. 커피나무 체관괴사병은 남미의 북부 지역에 광범위하게 발생하고 있었으나 지금은 발생정도를 확인할 수 없다. 코코야자나무 hartrot병과 기름야자나무 급성시들음병 등은 페루 북부의 리마지역, 브라질, 트리니다드, 온두라스지역에서 자라는 야자나무류에서 발생한다.

커피나무 체관괴사병

커피나무 체관괴사병(phloem necrosis)은 수리남, 영국령 기아나에서 발생하고 있으며, 브라질과 산살바도르, 콜롬비아에서도 발생이 의심되고 있다. 이 병은 *Coffea liberica*와 *C. arabica*를 비롯한 여러 종의 커피나무를 침해한다. 감염된 잎은 누렇게 되어 떨어지는데, 이러한 증상이 점차 심해지면 가지 끝의 어린잎들만 남는다. 뿌리가 말라죽음에 따라 나무의 상태는 더 나빠지고 결국 나무가 죽는다 (그림 16-2A). 건조기가 시작할 무렵에는 때로 나무가 3~6주 안에 시들어 죽는다 (그림 16-2B). 나무 내부를 보면 뿌리와 줄기는 형성층 세포가 여러 번 분열하여 목부 바로 옆에 무질서한 모양의 작고 짧은 체관들이 만들어져 있는 것을 볼 수 있다 (그림 16-2C, 16-2D). 이 단계에서 뿌리와 줄기의 수피는 목질부에 단단하게 달라붙어 있어서 쉽게 떨어지지 않는다.

병원체인 *Phytomonas leptovasorum*은 trypanosomatid 계통의 편모충이다. 병징이 처음 나타날 때는 불과 몇 마리의 편모충이 체관에서 발견되는데, 이들은 방추형이고 길이 14~18㎛에 너비 1.0~1.2㎛로서 큰 편이다 (그림 16-3A, 16-3B). 형성층 세포의 연속적인 분열과 비정상적인 체관의 형성이 뚜렷해짐에 따라 많은 잎이 누래지고 떨어지며, 편모충의 개체수가 많아지고 홀쭉해져서 길이 4~14㎛에 너비 0.3~1.0㎛로 된다 (그림 16-3C). 가장 오래된 체관에는 leishmania형이라고 불리는 길이가 짧은(2.0~3.0㎛) 편모충도 나타난다. 형성층 세포의 연속적인 분열로 유관속 주위에 여러 층의 다발이 생기는데, 이는 뿌리로부터 땅 위 2m까지 이르며 나무가 거의 죽었을 때에는 가지의 아직 살아있는 조직에만 크기가 작은(3~4×0.1~0.2㎛) '스파게티형' 편모충들이 매우 많이 존재하며, 이전에 존재하였던 조직은 텅 빈다.

편모충은 뿌리부터 줄기까지 존재하며, 이들은 체관을 통해 아래위로 이동하고 체판을 통해 옆의 건전한 체관으로 이동하는 것으로 생각되고 있다. 이들은 또한 아직 감염되지 않은 아래쪽의 뿌리로도 이동하는 것으로 여겨진다. 이들은 기주의 다중분열한 조직 바깥으로는 존재하지 않는 것으로 알려져 있다.

이 병은 뿌리 접목에 의해 전염되지만, 어린 가지나 잎을 접목해서는 전염되지 않는다. 감염된 식물의 뿌리를 건전한 식물에 접목한 뒤 몇 주 안에 건전하였던 뿌리에서도 편모충을 찾을 수 있으며, 4~5개월 후에는 외부 병징이 나타나기 시작하고 나무가 곧 죽는다. 이 병은 자연 상태에서 한 나무에서 다른 나무로 옮겨지며, 때로는 병든 나무를 제거한 자리에 건전한 나무를 옮겨 심어도 감염되기도 한다. 매개충은 한 종 이상

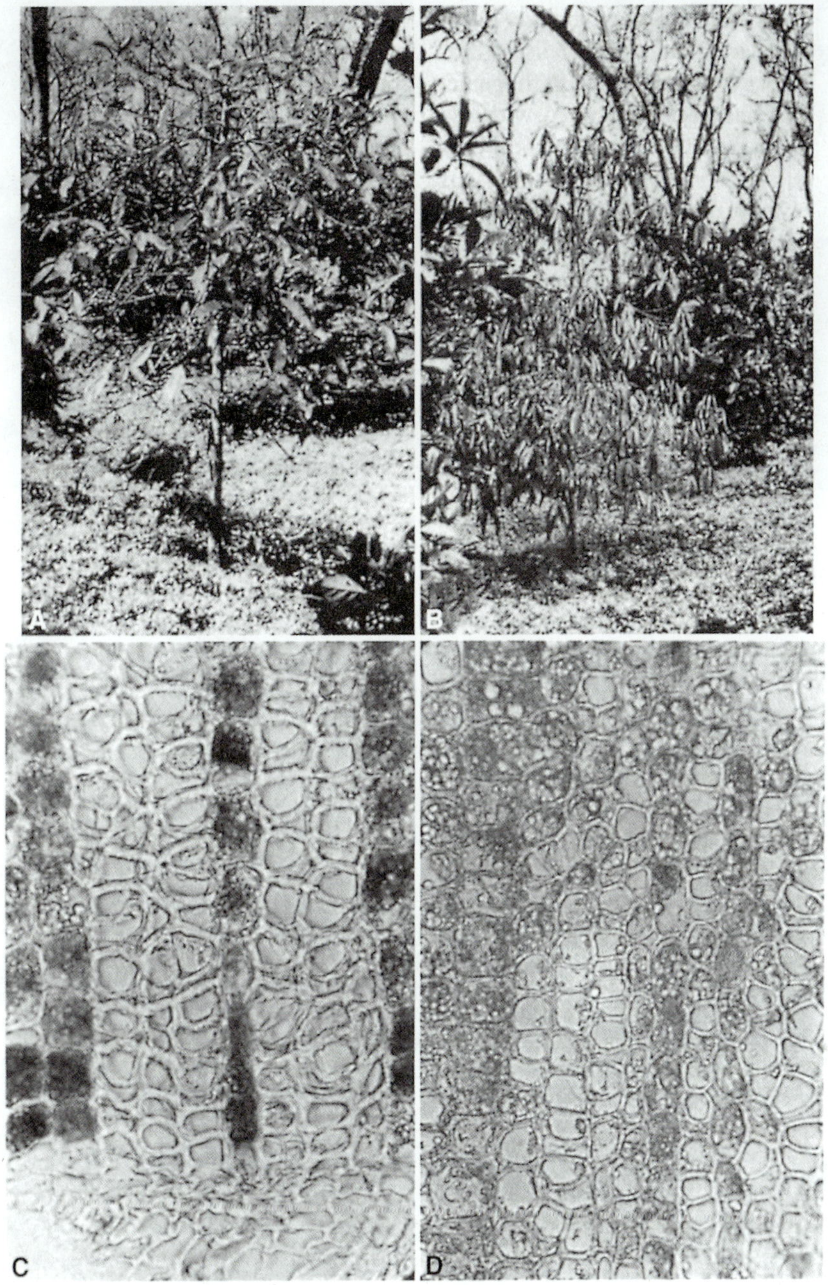

그림 16-2 편모충 *Phytomonas leptovasorum*에 의한 커피나무(*Coffea liberica*)의 시들음병. (A) 우기에 감염된 나무의 모습. 잎이 누렇게 변하고 많이 떨어졌지만, 심한 시들음은 나타나지 않는다. (B) 건기가 시작될 때 감염된 나무의 모습. 갑작스런 시들음이 나타난다. (C) 편모충의 영향을 받아서 시든 커피나무의 비정상적인 체관의 횡단면. (D) 커피나무의 건전한 체관의 횡단면. C와 D, 700배. [사진제공: J.H. van Emden.]

의 *Lincus*속 곤충으로 알려져 있다 (그림 16-6D).

최근에 trypanosomatid에 의해 발병하는 커피나무 시들음병은 이제 어느 지역에서든 찾아보기 힘들다. 1900년 초부터 1970년 무렵까지 병이 발생하였던 수리남에서는 거의 완전히 커피나무 재배를 포기하였다. 더구나 남미 및 중미의 주요 커피생산국에서 재배되고 있는 새로운 품종은 커피나무 시들음병

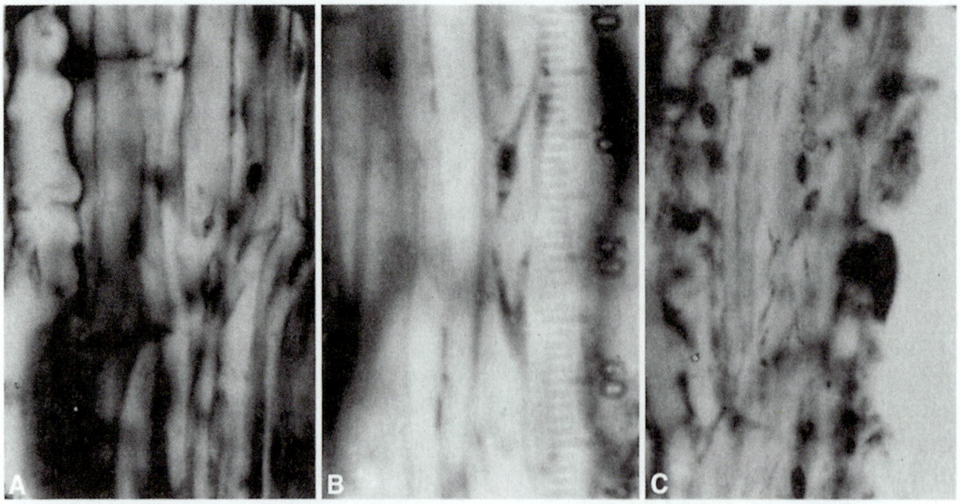

그림 16-3 커피나무 체관괴사병과 관련이 있는 편모충. (A) 병든 커피나무(*Coffea liberica*) 유관속 내의 원생동물 개체. (B) 커피나무(*C. liberica*) 유관속의 편모충. 이 중의 하나는 분열하고 있는 중임. (C) 병이 진전된 커피나무의 유관속에 있는 길고 홀쭉한 편모충. 1,000배. [사진제공: J.H. van Emden.]

에 뚜렷한 저항성을 나타낸다.

코코야자나무 hartrot병

코코야자나무 hartrot병은 1906년 수리남에서 처음으로 발견되었으며, 때로는 치사누렁 또는 bronze-leaf wilt라고 불린다. 현재 이 병은 콜롬비아와 에쿠아도르에서도 나타나며, 트리니다드에서는 Cedros wilt라고도 불린다. 병징(그림 16-4)은 오래된 잎의 끝이 갈변되는데 (그림 16-4A), 이 증상은 곧 어린잎에서도 나타난다 (그림 16-4B~16-4D). 병든 나무의 미성숙 과실들은 떨어져 버리며(그림 16-4G) 새로 핀 꽃은 검게 변색된다 (그림 16-4E, 16-4F). 이 시점에서 뿌리 끝이 썩기 시작하며 오래된 잎의 엽병이 부러지고 싹은 괴사된다. 나중에는 정단부위가 썩어 고약한 냄새를 풍긴다. 이 병에 걸린 나무는 외부 병징이 나타난 지 수개월 내에 죽는다.

파이토모나스에 속하는 편모충은 hartrot병에 걸린 코코야자나무의 어린잎과 꽃의 다 자란 체관에서 관찰할 수 있으며, 병이 진전되면 다 자란 체관의 10~100%에 편모충이 존재하며 많은 체관부가 체관의 길이방향으로 존재하고 있는 이들 때문에 막힌다 (그림 16-5). 이들은 길이가 약 12~18㎛에 너비는 1.0~2.5㎛이다. 병의 진전은 체관내 편모충의 개체수 및 다른 부분으로의 확산에 정비례한다.

이 병을 일으키는 원생동물은 *Lincus* 및 *Ochlerus*속 매개충에 의해 전염된다. 이 병은 매우 빠르게 퍼지는데, 예를 들면, 트리니다드의 Cedros 지역에서는 3년 동안 약 15,000그루의 코코야자나무가 이 병에 의해 죽었다.

기름야자나무 급성시들음(marchitez sopresiva)병

기름야자나무 급성시들음병은 1960년대 콜롬비아에서 처음 보고된 이래 남미 북부의 넓은 지역에 널리 발생하고 있다. 이 병은 기름야자나무 재배지에서 빠르게 번지며 초기발생한 몇 그루로부터 짧은 시간 안에 많은 야자나무를 죽이는 심각한 피해를 초래하고 있다 (그림 16-6A). 병징은 아래쪽 잎 끝이 갈변하기 시작하여 곧 위쪽의 잎도 갈변하며 나중에는 회백색 잿빛이 된다 (그림 16-6A, 16-6B). 그 동안 뿌리 끝도 죽기 시작하여 뿌리 조직 전체가 부패한다. 결과적으로 식물생장은 감소하고 과실은 변색하여 썩거나 떨어지며 몇 주 내로 모든 잎이 회백색 잿빛으로 마르며 나무 전체가 죽는다 (그림 16-6B, 16-6C). 파이토모나스는 감염된 식물의 뿌리(그림 16-5), 잎 및 꽃의 체관 내에 상당한 범위에 걸쳐 나타난다. 이 병원체 역시 *Lincus*(그림 16-6) 및 *Ochlerus*속 매개충에 의해 잘 전염된다. 살충제를 살포하여 원생동물의 매개충을 방제하는 것이 급성시들음병을 방제하는 데 다소 효과적이다.

그림 16-4 편모충에 의한 코코야자나무 hartrot병. (A) hartrot병에 의하여 나무의 밑부분으로부터 잎누렁의 중간단계를 보이고 있는 말레이왜생야자. (B) hartrot병이 진전되면서 누렁보다는 갈변증상을 보임. (C) 교잡야자나무의 코코야자나무 hartrot병의 중후반 단계. (D) 키 큰 야자나무 품종의 hartrot병 후기 단계. 부러진 잎과 손상된 싹에 주목할 것. (E) 말레이야자나무의 화서가 전개되지 못하고 병의 초기 증상 중 하나인 말단부 괴사를 보이고 있다. (F) 말단부 괴사를 보이고 있는 화기. (G) 병에 걸린 4년생 실론왜생야자나무. 또 다른 초기 병징인 땅에 떨어진 열매에 주목할 것. [사진제공: (A-D) M. Dollet, (E-G) W.G. van Solbbe.]

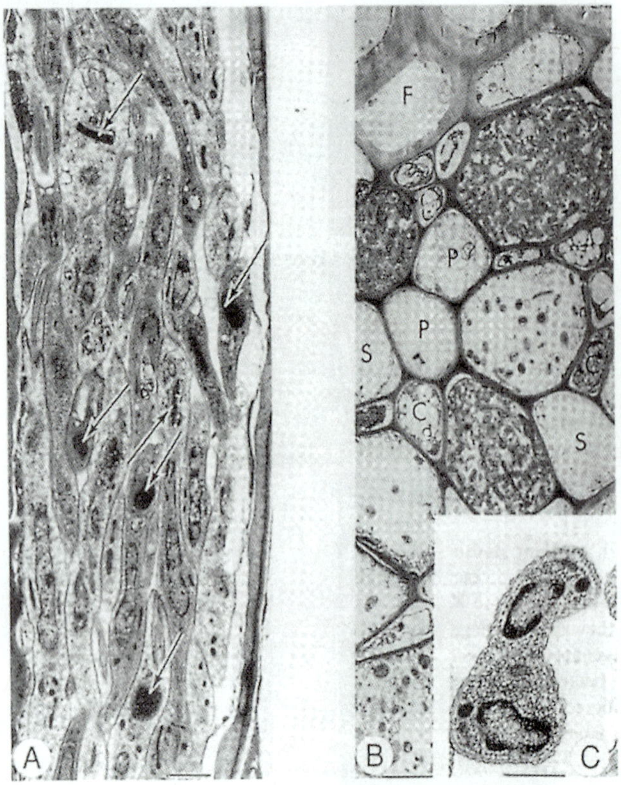

그림 16-5 Hartrot병에 걸린 코코야자나무의 어린 화기의 체관에 들어있는 *Phytomonas* 편모충류. 원생동물로 가득 찬 체관의 종단면(A)과 횡단면(B) 그리고 분열하고 있는 편모충의 횡단면(C). A에 있는 화살표는 동원핵(kinetoplast)의 DNA부분을 나타냄. 크기막대=1㎛. F, 체관섬유; P, 체관유세포; C, 동반세포; S, 편모충이 없는 체관. [사진제공: M.V. Parthasarathy.]

홍화월도 시들음 및 부패병

생강과의 관상식물인 홍화월도(그림 16-7A)는 시들음과 더불어 심한 경우에는 부패로 이어지는 체관국재성 trypanosomatid 원생동물에 감염되는 것으로 알려졌다 (그림 16-7). 이 병은 카브리해의 그레나다섬에서 발생하였다. 병원체는 베네수엘라와 콜롬비아에서 발생하는 야자나무 체관국재성 trypanosomatid와 몇 가지 점에서 유사하지만, 매개충은 아직까지 밝혀지지 않았다. 홍화월도는 베네수엘라와 콜롬비아지역의 기름야자나무 재배지 근처에서 자라기 때문에 감염된 기름야자나무로부터 홍화월도로 trypanosomatid가 전염된 것으로 추정되며, 홍화월도 재배를 확장하려는 농부에 의하여 전염된 식물이 그레나다지역으로 도입된 것으로 보고 있다.

유관국재성 Trypanosomatid에 의한 식물병

카사바나무 뿌리오갈병

유액성 식물의 유액에 사는 trypanosomatid는 거의 전 세계적으로 약 9과의 식물에서 발견되었다. 유액 trypanosomatid는 *Lincus*속, *Ochlerus*속 및 다른 종류들의 penatomid곤충에 의하여 식물 사이에 전염된다.

유즙성 식물들은 감염되어도 일반적으로 병징을 보이지 않지만 카사바나무 뿌리오갈병(empty root)의 경우에는 병징이 나타난다. 카사바나무 뿌리오갈병은 브라질의 Espirito Santo 지방에서 카사바나무(*Manihot esculenta*)의 일부 품종에 발생하는 것으로 관찰되었다. 감염된 식물의 뿌리 조직은 발달이 나쁘고 뿌리 자체는 작고 홀쭉해지며 내부에 전분이 거의 축적되지 않는다. 감염된 식물의 지상부는 보통 황화 및 위축 증상을 나타낸다 (그림 16-8). 이 병은 접목에 의해 전염되며, 자연상태에서는 앞서 언급한 매개충들에 의해 매우 빠르게 퍼지는 것으로 여겨진다. 감염된 식물의 유관에서는 파이토모나스로 보이는 원생동물들이 많이 관찰되지만(그림 16-8) 체관에는 존재하지 않는다. 감염된 식물의 상처에서 나오는 유액에서 *Phytomonas* 속 원생동물의 특징적인 형태를 광학현미경으로 관찰할 수 있다. 그러나 아직까지 원생동물이 뿌리오갈병의 병원체라고 확신하는 단계까지 이르지는 못하였다.

과실 및 종자감염 Trypanosomatid에 의한 식물병

과실 trypanosomatid 병

Trypanosomatid는 남아공, 스페인 및 브라질에서 토마토에 병을 일으키는 것으로 알려져 있으나 그리 중요하지는 않다. *Herpetomonas, Leptomonas, Phytomonas* 등 4속의 *trypanosomatid*가 토마토에서 분리되었으나 아직까지도 이들을 *Phytomonas serpens*라 부르고 있다. 이들 모두 실험실에서 배양가능하다. 또한 모든 과실은 과실을 가해하는 모든 곤충류에 의하여 trypanosomatid에 오염될 수 있다.

Trypanosomatid에 의한 과실병과 종자병 중에서 종자병은 감염점 근처에서 발견되는데, 감염은 주로 매개충에 의하여 일어난다. 병든 식물은 부분적으로 황화증상이 나타나고 기형이 되며, trypanosomatid는 매개충에 의하여 상처가 생긴 부분에서 증식한다. 곤충의 피해를 입은 열매만이 감염된다. 그러나 체관국재성 trypanosomatid에 의한 전신감염과는 달리 감염은 부분적이며, 과실이 감염되었어도 식물체는 trypanosomatid에 감염되지 않은 채로 남아있다.

그림 16-6 (A) 북부콜롬비아의 5년생 기름야자나무의 급성시들음 또는 Marchitez sopresiva 증상. (B) 안데스산맥 동쪽에 재배되고 있는 2년생 기름야자나무조림지의 Marchitez. (C) 급성시들음을 보이는 안데스산맥 동쪽 야노스(Llanos)지역의 18년생 야자나무. (D) 체관국재성 trypanosomatid의 가장 일반적인 매개충인 *Lincus* 성충. [사진제공: (A-C) M. Dollet, (D) R. Desmier De Chenon, M. Dollet.]

그림 16-7 (A) 그레나다섬 노지에서 자라는 홍화월도의 건전주와 trypanosomatid 감염주. (B) trypanosomatid병이 아래에서 위로 진전되는 것을 보여주는 경미하게 감염된 식물체(왼쪽)와 심하게 감염된 식물체(오른쪽). [사진제공: M. Dollet.]

그림 16-7 (A) 뿌리오갈병에 걸려 누렁 및 위축 증상을 보이는 카사바나무의 지상부. (B) 두 개의 건전 카사바 뿌리 가운데 위로 이 병에 걸린 작고 쓸모없는 카사바 뿌리를 볼 수 있다. (C) 뿌리오갈병에 감염된 카사바나무의 유관에 들어있는 *Phytomonas francai*의 주사전자현미경 사진. [사진제공: E.W. Kitajima.]

참고문헌

Dollet, M. (1984). Plant diseases caused by flagellated protozoa (*Phytomonas*). *Annu. Rev. Phytopathol.* **22**, 115–132.

Dollet, M., *et al.* (2000). 5 S ribosomal RNA gene repeat sequences define at least eight groups of plant trypanosomatids (*Phytomonas* spp.): Phloem restricted pathogens form a distinct section. *J. Eukaryot. Microbiol.* **47**, 569–574.

Dollet, M. (2001). Phloem-restricted trypanosomatids form a clearly characterized monophyletic group among trypanosomatids isolated from plants. *Int. J. Parasitol.* **31**, 459–467.

Dollet, M., Sturm, N. R., and Campbell, D. A. (2001). The spliced leader RNA gene array in phloem-restricted plant trypanosomatids (*Phytomonas*) partitions into two major groupings: Epidemiological implications. *Parasitology* **122**, 289–287.

Gargani, D., *et al.* (1992). In vitro cultivation of *Phytomonas* from latex and phloem-restricted *Phytomonas. Oleagineaux* **47**, 596.

Harvey, R. D., and Lee, S. B. (1943). Flagellates of laticiferous plants. *Plant Physiol.* **18**, 633–655.

Kitajima, E. W., Vainstein, M. H., and Silveira, J. S. M. (1986). Flagellate protozoon associated with poor development of the root system of cassava in the Espirito Santo state of Brazil. *Phytopathology* **76**, 638–642.

Lafont, A. (1909). Sur la presence d'un parasite de la classe des flagelles dans le latex de *l'Euphorbia pilulifera. C. R. Soc. Biol.* **66**, 1011–1013.

Louise, C., Dollet, M., and Mariau, D. (1986). Research into hartrot of the coconut, a disease caused by *Phytomonas* (*Trypanosomatidae*), and into its vector *Lincus* sp. (Pentatomidae) in Guiana. *Oleagineux* **41**, 437–449.

Marche, S., *et al.* (1993). RNA virus-like particles in pathogenic plant trypanosomatids. *Mol. Biochem. Parasitol.* **57**, 261–268.

McCoy, R. E., and Martinez-Lopez, G. (1982). *Phytomonas staheli* associated with coconut and oil palm diseases in Colombia. *Plant Dis.* **66**, 675–677.

Parthasarathy, M. V., van Slobbe, W. G., and Soudant, C. (1976). Trypanosomatid flagellate in the phloem of diseased coconut palms. *Science* **192**, 1346–1348.

Sanchez Moreno, M., *et al.* (1995). Isolation, *in vitro* culture, ultrastructure study, and characterization by lectin-agglutinating tests of *Phytomonas* isolates from tomatoes (*Lycopersicon escolentum*) and cherimoyas (*Anona cherimolia*) in southeastern Spain. *Parasitol Res.* **81**, 575–581.

Stahel, G. (1933). Zur Kenntnis der Siebrohren-krankheit (Phloemnekrose) des Kaffeebaumes in Surinam. III. *Phytopathol. Z.* **6**, 335–357.

Thomas, D. L., McCoy, R. E., Norris, R. C., and Espinoza, A. S. (1979). Electron microscopy of flagellated protozoa associated with marchitez sopresiva disease of African oil palm in Ecuador. *Phytopathology* **69**, 222–226.

van Emden, J. H. (1962). On flagellates associated with a wilt of *Coffea liberica. Meded. Landbouwhogesch. Opzoekingsstn. Staat Gent* **27**, 776–784.

Vermeulen, H. (1963). A wilt of *Coffea liberica* in Surinam and its association with a flagellate, *Phytomonas leptovasorum. J. Protozool.* **10**, 216–222.

Vermeulen, H. (1968). Investigations into the cause of the phloem necrosis disease of *Coffea liberica* in Surinam, South America. *Neth. J. Plant Pathol.* **74**, 202–218.

Vickerman, K., and Dollet, M. (1992). Report on the second *Phytomonas* workshop. Santa Marta, Colombia, 5–8 February 1992. *Oleagineux* **47**, 593–595.

Waters, H. (1978). A wilt disease of coconuts from Trinidad, associated with *Phytomonas* sp., a sieve tube-restricted protozoan flagellate. *Annu. Appl. Biol.* **90**, 293–302.

용어해설

Abiotic (비생물적, 비생물성; 非生物的, 非生物性) 살아있지 않은, 또는 무생물에 의해 발생되는. 예: 비생물적 병해.

Acervulus (분생포자층; 分生胞子層) 표피조직 아래에서 짧고 밀생한 분생포자경 위에 분생포자를 형성하는 접시모양의 무성 자실체.

Acquired resistance (획득저항성; 獲得抵抗性) 미생물을 접종하거나 화학물질을 처리한 후에 활성화되는 식물체의 병 저항성.

Active defense (능동방어; 能動防禦) 병원체에 의한 공격 후에 식물체에서 유도되는 방어.

Aecium (녹포자기; 녹胞子器) 녹병균에서 녹포자를 형성하는 컵 모양의 자실체.

Aerobic (호기성; 好氣性) 산소가 존재하는 상태에서 일어나는 과정 또는 그 상태에서 생존하는 미생물.

Aflatoxin (아플라톡신) *Aspergillus flavus* 등 균류에 의해 생성되는 균독소.

Agar (한천; 寒天) 미생물을 배양하고 연구하는 배양배지의 조제에 사용되며, 해초에서 추출하는 젤라틴 같은 물질.

Agroterrorism (농업테러; 農業테러) 농장이나 시장에 있는 채소, 우유, 육류와 같은 농산물에 인체병원균을 오염시킴으로써 소비자들이 농산물을 구매하지 못하도록 위협하는 테러행위. 또한 테러리스트들이 식량 생산이 감소되도록 식물병원균을 살포함으로써 발생할 미래 식량의 부족으로 사람들을 위협하는 테러행위.

Alarm signal (경고신호; 警告信號) 감염에 의해 기주식물이 생성하는 화합물로서 기주세포의 단백질과 유전자로 전달되어 병원체를 억제하는 물질을 생성하도록 함.

Allele (대립유전자; 對立遺傳子) 염색체의 동일한 위치에 존재하는 유전자가 2개 이상의 다른 형태로 존재할 때 그 중 하나의 유전자.

Allozyme (알로자임) 고유 유전자의 대립유전자에 의해 생성되지만 특성이 약간 바뀐 효소.

Alternate host (중간기주; 中間寄主) 기생성균류(예: 녹병균)가 생활사를 완성하기 위해서 교대하여 기생하는 두 종류의 식물 중 한 종류의 식물.

Anaerobic (혐기성; 嫌氣性) 산소가 존재하지 않는 상태에서 일어나는 과정 또는 그 상태에서 생존하는 미생물.

Anamorph (불완전세대; 不完全世代) 균류의 불완전세대 또는 무성세대.

Anastomosis (균사융합; 菌絲融合) 균사끼리 융합하여 유전물질이 서로 교환되는 현상.

Antheridium (장정기, 조정기; 藏精器, 造精器) 일부 균류에서 볼 수 있는 웅성생식기관.

Anthracnose (탄저병; 炭疽病) 분생포자층에 무성포자를 형성하는 균류에 의해 잎, 줄기, 열매 등이 검게 괴사하는 병.

Antibiotic (항생물질; 抗生物質) 미생물이 생성하여 다른 미생물의 생장을 억제하거나 죽이는 화학물질.

Antibody (항체; 抗體) 주입된 외부 항원에 반응하여 온혈동물에서 생성되며 항원에 특이적으로 반응하는 단백질.

Antigen (항원; 抗原) 일반적으로 단백질이며, 온혈동물에 주입했을 때 항체가 생성되도록 하는 물질.

Antiserum (항혈청; 抗血淸) 항체가 들어있는 온혈동물의 혈청.

Apoplast (아포플라스트) 세포간 액상 용질을 함유하고 세포벽과 물관부의 통도세포를 구성하는 세포 원형질막의 바깥 부위.

Apotopsis (아포톱시스, 세포자연사; 細胞自然死) 동물에서 고도로 조절되고 에너지에 의존하는 과정을 포함하는 흔한 형태의 세포괴사(식물에서는 아주 드물다). 핵내 염색질의 응집으로 세포 전체가 위축되면서 단편화하여 세포가 죽는 현상.

Apothecium (자낭반; 子囊盤) 일부 자낭균류에서 형성되는 벌어진 컵 또는 접시 모양의 자낭과.

Appressorium (부착기; 附着器) 균류가 기주식물에 부착하거나 침입하기 쉽도록 균류의 균사나 발아관의 끝부분이 부풀어 오른 것.

Arbuscule (수지상체; 樹枝狀體) 균근균이 식물 뿌리 내에 형성하는 분지된 나뭇가지 모양의 흡기.

Area under the disease progress curve (AUDPC) (병진전곡선면적; 病進展曲線面積) 전염병의 진행을 그린 선 아래에 있는 그래프의 면적.

Ascocarp (자낭과; 子囊果) 자낭을 형성하는 자낭균류의 자실체.

Ascogenous hypha (자낭형성균사; 子囊形成菌絲) 수정된 자낭기에서 자라나와 자낭을 형성하는 균사.

Ascogonium (조낭기; 造囊器) 자낭균의 자성 배우자낭 또는 생식기관.

Ascomycetes (자낭균류; 子囊菌類) 유성포자인 자낭포자를 자낭 내에 형성하는 균류 집단.

Ascospore (자낭포자; 子囊胞子) 유성생식에 의해 자낭 내에 형성되는 포자.

Ascostroma (자낭자좌; 子囊子座) 내강 속에 자낭을 형성하는 자낭균류의 자낭과 또는 생식구조체.

Ascus (자낭; 子囊) 감수분열에 의해서 형성된 보통 8개의 자낭포자를 가진 주머니처럼 생긴 균사세포.

Asexual reproduction (무성생식; 無性生殖) 배우자끼리의 융합 또는 감수분열을 하지 않는 증식의 유형.

Attacin 그람음성세균의 외피막 단백질의 합성을 저해하는 항미생물 단백질.

Attenuation (약독; 弱毒) 병원체에서 병원력의 부분적 또는 완전한 손실.

Autoecious fungus (동종기생균; 同種寄生菌) 동일한 기주에서 모든 생활사를 완성하는 기생성균류.

Auxotroph (영양요구체; 營養要求體) 첨가해주면 생장을 현저하게 촉진시키는 물질이 부분적으로 또는 완전하게 결핍된 생물체. (필수 영양원의 생합성을 할 수 없어 외부적으로 영양원을 공급해주어야 하는 변이된 생물체)

Avirulence (비병원력; 非病原力) 병원체가 유전적 저항성을 갖지 않는 식물 품종을 감염시킬 수 없음. (기주의 저항성과 상호작용하여 저항성/감수성을 결정하는 데 관여된 병원균의 비병원력 요인)

Avirulent (병원력이 없는; 病原力이 없는) 병원성이 없는, 병원력이 없는.

Avr gene (Avr 유전자) 비병원력을 암호화하는 유전자.

Avr protein (Avr 단백질) *Avr* 유전자에 의해 암호화된 단백질. 방어반응의 elicitor로 작용함.

Bacillus (바실러스) 내생포자를 형성하는 막대 모양의 그람양성세균.

Bactericide (살세균제; 殺細菌劑) 세균을 죽이는 화학물질.

Bacteriocin (박테리오신) 세균의 특정 균주가 만들며, 동일종 또는 유사종의 다른 균주에 대해 살세균활성이 있는 단백질성의 물질.

Bacteriophage (박테리오파지) 세균에 감염하여 일반적으로 죽이는 바이러스.

Bacteriostatic (정세균; 靜細菌) 세균을 죽이지는 않으면서 증식을 막는 화학물질 또는 물리적 요인.

Base (염기; 鹽基) 세포나 바이러스 핵산의 퓨린 또는 피리미딘 부분에 사용되는 알칼리성의 질소유기화합물.

Basidiomycetes (담자균류; 擔子菌類) 담자기에 유성포자인 담자포자를 형성하는 균류 집단.

Basidiospore (담자포자; 擔子胞子) 유성생식에 의해 담자기에 형성되는 포자.

Basidium (담자기; 擔子器) 담자포자가 형성되는 곤봉 모양의 구조체.

Bioassay (생물검정; 生物檢定) 시험생물을 사용하여 병원체의 상대적인 감염성 또는 물질의 독성을 검사하는 것.

Biofilm (생물막; 生物膜) 한가지 종 이상의 세균과 균류가 묻혀있는 다당류 기질. 세균과 균류의 부착, 정착 및 기주 침입에서 역할을 함.

Bioinformatics (생물정보학; 生物情報學) 생물 유전체의 생물학적 염기서열을 결정한 데이터를 축적하여 유전자 기능, 단백질과 RNA 구조, 유전자 조절, 유전체 구성 등을 예측하며 대량의 생물적 정보를 처리하기 위한 알고리즘 개발의 연구와 관련된 학문분야.

Biological control (생물적 방제; 生物的 防除) 다른 생물체에 의해서 병원체 집단을 전체적 또는 부분적으로 저해시키거나 파괴시키는 방제.

Biotechnology (생물공학; 生物工學) 유전적으로 변형된 생물이나 현대기술을 사용하는 공정 또는 산업적인 생산을 위하여 생물을 사용하는 공정.

Bioterrorism (생물테러; 生物테러) 테러리스트들이 인체병원성 미생물들을 사람에게 접촉되거나 감염되도록 살포하거나 살포 위협을 가함으로써 군중들을 위협하고 억압하는 것.

Biotic (생물적, 생물성; 生物的, 生物性) 살아있는; 생물과 관련이 있는 또는 생물에 의해 발생하는.

Biotroph (활물영양체; 活物營養體) 반드시 살아있는 생물체에서만 생존하고 증식하는 생물.

Biotype (생물형; 生物型) 종이나 레이스의 하위그룹으로서 일반적으로 한 가지 또는 소수의 새로운 특성에 의해 구분.

Blight (마름, 마름병) 잎, 꽃, 줄기가 일반적으로 급속하게 고사하는 병.

Blotch (무늬, 얼룩병) 잎, 신초, 줄기에 크고 불규칙한 점무늬가 형성되는 병.

Breeding (육종; 育種) 생식을 조절하여 식물이나 동물에서 어떤 형질을 개선하는 방법.

Budding (눈접; 芽接) 1. 모식물체로부터의 눈을 대목에 삽입하여 식물체를 영양번식시키는 방법. 2. (출아법; 出芽法) 단세포 미생물에서 모세포로부터 딸세포가 형성되는 무성번식법.

Bunt (비린깜부기병) *Tilletia*균에 의한 밀의 병해로서 밀알이 비린내 나는 깜부기 포자로 채워짐.

Callus (유합조직; 癒合組織) 1. 상처난 식물조직에서 자라나온 막이 얇고 분화되지 않은 세포덩어리. 2. (캘러스) 식물조직을 영양배지에서 배양하여 만들어진 막이 얇고 분화되지 않은 세포덩어리.

Canker (궤양, 궤양병; 潰瘍, 潰瘍病) 식물체의 줄기와 가지에 형성되는 괴저 병반.

Capsid (단백질껍질; 蛋白質껍질) 바이러스에서 핵산을 둘러싸고 있는 관 또는 밀폐된 공 모양의 단백질로 만들어진 껍질.

Capsule (캡슐) 일부 세균을 둘러싸고 있는 비교적 두꺼운 점질다당류의 층.

Carbohydrate (탄수화물; 炭水化物) 탄소, 수소, 산소로 구성되어 있으며 수소와 산소가 물에서처럼 2:1의 비율로 되어 있는 화합물.

Cecropin 세균 세포막에 구멍을 뚫거나 용해시키는 항미생물적 세포용해 단백질.

Cellulase (셀룰로스분해효소; 셀룰로스分解酵素) 셀룰로스를 분해하는 효소. 셀룰로스의 β-1,4 글리코사이드 결합을 가수분해하여 셀로비오스로 만드는 효소.

Cellulose (셀룰로스) 수백 개의 포도당 분자가 연쇄상으로 연결되어 있고 주로 식물체의 세포벽을 구성하고 있는 다당류.

Chaperon protein (chaperon 단백질; chaperon 蛋白質) 일반적으로 다른 단백질의 3차적 구조형성을 유지하거나 조절하는 단백질. 제Ⅲ형 분비기구를 통하여 방출되는 동안에 다른 단백질과 접촉하는 것을 방해하기 위하여 "effector" 단백질에 부착된 단백질 분자.

Chemotherapy (화학요법; 化學療法) 식물이 흡수하여 체내로 이행되는 화학물질을 이용한 식물병 방제.

Chitin (카이틴) 곤충, 갑각류, 절지류, 균류, 일부 조류의 단단한 외벽을 형성하는 물질로서, N-acetyl-D-glucosamine에서 유래한 질소함유 탄수화물복합체.

Chlamydospore (후벽포자; 厚壁胞子) 균류 균사세포의 변형에 의해 형성되며 두꺼운 세포벽을 가진 무성포자.

Chlorosis (퇴록; 退綠) 엽록소가 형성되지 않거나 파괴되어 정상적인 녹색 조직이 누렇게 변하는 현상.

Chronic symptoms (만성병징; 慢性病徵) 오랜 시간에 걸쳐서 나타나는 병징.

Circulative virus (순환형 바이러스; 循環型바이러스) 매개충의 입을 통하여 획득되고 체내에 축적되며 조직을 통과한 후 다시 매개충의 입을 통하여 식물체로 유입되는 바이러스.

Cistron (시스트론) 특정 단백질을 암호화하는 핵산(DNA 또는 RNA)의 특정 부위에 있는 뉴클레오타이드의 염기서열.

Cleistothecium (자낭구, 폐쇄자낭각; 子囊球, 閉鎖子囊殼) 완전히 폐쇄된 자낭과.

Clone (클론) 한 개체로부터 무성적으로 생산되어 유전적으로 동일한 개체들의 집단.

Cloning (클로닝) 유전공학기술을 이용하여 세균이나 바이러스 내로 넣었을 때 생성되는 DNA분자의 집단으로서, 완전한 한 분자의 DNA로부터 만들어지며, 때로는 plasmid도 포함.

Coding (암호화; 暗號化) 특정 단백질을 합성할 때 RNA의 어떤 부위에 있는 뉴클레오타이드의 염기서열이 아미노산의 염기서열을 결정하는 과정.

Codon (코돈) 3개의 인접한 뉴클레오타이드로 구성되며 특정 아미노산을 암호화하는 암호화단위.

Comparative genomics (비교유전체학; 比較遺傳體學) 전체 유전체 수준에서 속, 종, 계통간 완전한 유전체 염기서열 및 그 정보를 비교하는 학문분야.

Complementary DNA (cDNA) (상보적 DNA) RNA 주형으로부터 역전사효소에 의해 합성되는 DNA.

Conidiophore (분생포자경; 分生胞子梗) 한 개 이상의 분생포자를 형성하는 특별히 분화된 균사.

Conidium (분생포자; 分生胞子) 분생포자경 끝에 형성된 무성적 균류 포자.

Conjugation (접합; 接合) 두 배우자의 융합 등을 포함하는 유성생식 과정. 또한 세균에서는 세포와 세포의 직접 접촉에 의해 유전물질이 공여세포에서 수용세포로 전해지는 현상.

Constitutive 기질의 존재여부에 관계없이 세포 내에 농도가 일정하게 유지되는 물질로서 대개 효소임.

Cork (코르크) 수분과 가스가 통과할 수 없는 외부의 2차 조직. 흔히 상처나 감염에 반응하여 형성.

Cross protection (교차보호; 交叉保護) 한 계통의 바이러스에서, 약독계통의 바이러스에 감염된 식물조직이 강독계통에 의한 감염으로부터 보호되는 현상.

Culture (배양; 培養) 준비된 영양물질에서 미생물이나 식물조직을 인위적으로 키우는 것; 이러한 영양물질 상에서 유지되는 미생물의 균총이나 식물세포.

Cuticle (큐티클; 角皮) 표피세포의 외벽 위에 주로 왁스와 큐틴으로 구성된 얇은 층.

Cutin (큐틴) 큐티클의 내부층을 구성하는 왁스 같은 물질.

Cyst (피낭체; 被囊體 / 시스트) 세포벽으로 둘러싸인 피낭화된 유주포자(균류); 선충에서는 알을 담고 있는 *Heterodera*속과 *Globodera*속의 죽은 암컷 성충의 잔해.

Cytokinin (사이토키닌) 세포분열을 조절하는 식물생장조절물질의 집단.

Cytoplasmic resistance (세포질저항성; 細胞質抵抗性) 세포질에 존재하는 유전물질에 의해 조절되는 저항성.

Dalton (달톤) 수소원자의 원자무게와 동일한 중량단위.

Damping-off (모잘록병; 立枯病) 유묘의 땅가부위가 파괴되어 쓰러지는 병.

Defence activator (방어 activator; 防禦 activator) 식물체에 살포, 주입, 관주 등으로 처리했을 때 몇 가지 병원체에 대하여 전신획득저항성을 유도하는 합성 화학물질.

Defensin 대부분의 식물종의 원형질막에 존재하는 시스테인이 풍부한 미생물적 펩타이드 집단으로 다른 병원체에 대하여 저항성을 나타내게 하는 방어와 관련이 있는 물질.

Denatured protein (변성단백질; 變性蛋白質) 물리, 화학적 처리에 의해서 성질이 변한 단백질.

Density-gradient centrifugation (밀도구배원심분리; 密度勾配遠心分離) 입자가 밀도에 따라 층으로 분리되는 원심분리 방법.

Dieback (마름, 마름병) 신초, 가지, 뿌리의 끝부분부터 시작되어 급격하게 말라죽는 병.

Dikaryotic (2핵상태; 2核狀態) 일반적으로 담자균류에서 한 세포 내에 유전적으로 화합성이 있는 2개의 핵을 지닌 균사체 또는 포자.

Disease (병; 病) 병원체나 환경요인의 계속적인 자극에 의한 기주세포와 조직의 기능 이상으로 결국 병징으로 발달되는 현상.

Disease cycle (병환; 病環) 병원체의 발달단계와 병이 기주에 미치는 영향 등을 포함하여 병 발달과정의 연속.

Disinfectant (소독제; 消毒劑) 식물체, 기관, 조직 등이 병에 감염되지 않도록 하는 물리 또는 화학적 물질.

Disinfestant (소독제; 消毒劑) 환경 내에 존재하는 병원체 또는 식물체나 식물기관의 표면에 존재하는 병원체가 식물을 감염하기 전에 죽이거나 불활성화시키는 약제.

Downy mildew (노균병; 露菌病) 노균병균과에 속하는 균류에 의해서 잎 뒷면, 줄기, 열매 등에 이슬처럼 포자낭경과 포자가 형성되는 식물병.

Ectoparasite (외부기생체; 外部寄生體) 외부에서 기주의 양분을 섭취하는 기생체.

"Effector" protein (effector 단백질; effector 蛋白質) 세균의 비병원성유전자에 의해 암호화되고 식물체로 분비되어 식물의 저항성 유전자 단백질과 상호작용하는 단백질.

Egg (알; 卵) 자성 배우자. 선충에서는 접합체 또는 유충을 포함하는 생활사의 첫 단계.

Elicitor 병원체에 의해 형성되며 기주의 반응을 유도하는 물질.

ELISA (효소결합항체법; 酵素結合抗體法) 유색 화합물을 만드는 효소와 연결된 항체를 사용하는 혈청학적 검사법.

Enation (돌기, 엽상돌기; 突起, 葉狀突起) 바이러스 감염에 의해 야기되는 조직의 기형 또는 과대생장.

Endoparasite (내부기생체; 內部寄生體) 기주 내로 침입하여 양분을 섭취하는 기생체.

Enzyme (효소; 酵素) 살아있는 세포에 의해 형성되어 특정 유기반응을 촉매하는 단백질.

Epidemic (전염병, 대발생; 傳染病, 大發生) 집단에서 병의

증가. 보통 병해가 널리 퍼지고 심하게 발생.

Epidemic rate (전염속도; 傳染速度) 식물 군락에서 단위시간당 병해의 증가량.

Epidemiology (역학; 疫學) 전염성병의 격발과 전파에 영향을 미치는 요인에 대하여 연구하는 학문분야.

Epidermis (표피; 表皮) 식물체의 모든 부위에 나타나는 세포의 외피층.

Epiphytically (식물표면서식; 植物表面棲息) 감염을 일으키지 않고 식물체 또는 식물체 기관의 표면에 존재하는 것.

Epiphytotic (식물전염병; 植物傳染病) 식물병이 넓은 면적에 파괴적으로 발생. 전염병.

Eradicant (제거제; 除去劑) 병원체가 최초로 발생한 곳에서 병원체를 제거하는 화학물질.

Eradication (제거; 除去) 병이 발생한 후에 병원체를 없애거나 병원체를 옮기는 식물체를 없애는 것에 의한 식물병의 방제.

Expressed sequence tag (EST) mRNA의 profile을 제공해주고 세포집단에서 발현되는 수많은 유전자를 클로닝할 수 있도록 해주는 분자지표.

Etiology of disease (병원학; 病原學) 병의 원인을 찾아내고 연구하는 것.

Facultative parasite (임의기생체; 任意寄生體) 대부분 부생생활을 영위하지만 기생체로서의 능력을 가진 미생물.

Fermentation (발효; 醱酵) 산소가 없는 상태에서의 유기물질 산화.

Fertilization (수정; 受精) 2개의 핵이 융합하여 염색체의 수가 2배로 되는 것.

Filamentous (사상의; 絲狀의) 실 모양의, 섬유 모양의.

Fission (이분법; 二分法) 한 세포가 둘로 나누어지는 무성생식.

Fitness (적응도; 適應度) 병원체가 생존하고 증식하는 능력.

Flagellin (플라젤린) 편모를 구성하는 기본이 되는 단백질

Flagellum (편모; 鞭毛) 세균 또는 유주포자에 달려있는 말총 모양의 구조로서 이동기관으로 작용. Cilium이라고도 불림.

Forma specialis (f. sp.) (분화형; 分化型) 한 속 또는 종에 속하는 기주식물만 감염하는 병원균의 레이스 또는 생물분화형 집단.

Free-living (자유생활; 自由生活) 머물러 살지 않고 자유롭게 생활하는 미생물의, 또는 기주 바깥의 토양에서 생활하는 병원체의.

Fructification (포자형성; 胞子形成) 균류에 의한 포자나 자실체의 형성.

Fruiting body (자실체; 子實體) 균류가 포자형성을 위해 만든 복잡한 구조체.

Fumigant (훈증제; 燻蒸劑) 토양이나 일정한 지역의 다양한 병원체를 소독하기 위하여 사용되는 독성가스 또는 휘발성물질.

Fumigation (훈증; 燻蒸) 일정한 지역이나 토양을 소독하기 위하여 훈증제를 처리하는 것.

Functional genomics (기능유전체학; 機能遺傳體學) 식물, 병원체 또는 두 가지 모두에 속하는 유전자나 유전자군의 기능과 상호작용에 대해 집중적으로 연구하는 학문분야.

Fungicide (살균제; 殺菌劑) 균류에 독성이 있는 화합물.

Fungigation (살균제관수; 殺菌劑灌水) 관수를 통하여 잎이나 뿌리에 살균제를 처리하는 것.

Fungistatic (정균; 靜菌) 균류를 죽이지는 않으며 생장을 억제하는.

Gall (혹) 병원체의 감염에 따른 식물체 일부분의 팽창 또는 과대생장.

Gametangium (배우자낭; 配偶子囊) 배우자 또는 배우자로 작용하는 핵을 지닌 세포.

Gamete (배우자; 配偶子) 배우자낭 속에 있는 암수의 증식세포 또는 핵.

Gene (유전자; 遺傳子) 하나 이상의 유전적 특징을 결정하거나 조절하는 염색체의 한 부분으로 유전물질의 최소기능단위.

Gene cloning (유전자 클로닝; 遺傳子클로닝) 개별 유전자 염기서열의 분리와 증식가능한 세균 내로의 삽입에 의한 복제시키는 방법.

Gene flow (유전자확산; 遺傳子擴散) 한 집단에서 지리적으로 격리된 다른 집단으로 유전자들이 이동하는 과정.

Gene for gene (유전자대유전자; 遺傳子對遺傳子) 병원체에 있는 비병원성유전자에 대응하는 저항성 유전자가 기주에 존재하며 상호인식에 의해 저항성이 결정된다는 개념.

Gene knockout (유전자제거; 遺傳子除去) 형질전환 또는 돌연변이에 의해 표적 유전자를 붕괴시키고 그 결과 생긴 돌연변이체의 표현형을 평가함으로써 유전자의 기능을 밝히는 것.

Gene silencing (유전자발현억제; 遺傳子發顯抑制) 특정 단백질의 생성을 조정하지 못하도록 표적 유전자의 활동을 방해하거나 억제시키는 것.

Genetically modified organism (GMO) (유전자변형생물; 遺傳子變形生物) 유전적으로 변형된 생물.

Genetic drift (유전적 부동; 遺傳的浮動) 한 집단 내의 개체

들에서 임의적인 영향(돌연변이 등)이 발생하여 차세대에 다양한 유전적 특징이 살아남도록 영향을 미치는 것.

Genetic engineering (유전공학; 遺傳工學) 인위적으로 다양한 절차(변형, 원형질융합 등)에 의해 세포의 유전적 조성을 변경하는 것.

Genetic load or drag 생물체에게 적응을 위해 생긴 변이(병원력 등)에 대한 유전자가 자손에게 누적되어 과도하게 축적되는 것.

Genome sequencing (유전체염기서열결정; 遺傳體鹽基序列決定) 생물체의 전체 DNA를 구성하는 수백만개의 뉴클레오타이드 모두를 순서대로 해석하는 것.

Genomics (유전체학; 遺傳體學) 생물체에서 전체 유전체의 분석을 집중적으로 연구하는 학문분야. 유전체의 구조와 그 유전체를 구성하는 유전자의 염기배열결정에 관한 연구를 하는 분자생물학 분야.

Genotype (유전형; 遺傳型) 생물체의 유전적 조성.

Genotype flow (유전형유입; 遺傳型流入) 한 집단에서 다른 집단으로 무성적으로만 증식하는 미생물의 전체 유전자형이 이동하는 것.

Germ theory (미생물병원설; 微生物病原說) 감염성 전염병과 접촉성 전염병은 미생물에 의해 일어난다는 설.

Germ tube (발아관; 發芽管) 발아하는 균류 포자에 의해 형성되는 초기 생장 균사체.

Gibberellin (지베렐린) 다양한 기능을 지닌 식물생장조절물질 집단. 식물의 다양한 생리현상의 발현과 제어에 큰 역할을 하여 식물화학조절제로 이용되는 식물호르몬.

G-protein (G-단백질; G-蛋白質) 활성화된 수용체 위치의 정밀 인식 또는 상호작용과 관련된 단백질의 GTPase superfamily의 부분. GTP결합 단백질군의 하나로서 세포 내에 2차전달자를 생산할 때 정보전달, 증폭인자로 작용하는 단백질.

Grafting (접목; 接木) 다른 식물체의 눈이나 접수를 이식하여 식물체를 번식시키는 방법. 또한 살아있는 연합체로 만들기 위하여 두 식물체의 절단면을 붙여서 번식시키는 방법.

Growth regulator (생장조절물질; 生長調節物質) 식물세포의 신장, 분열, 활성화 등을 조절하는 물질.

Gum (검물질; 검物質) 상처나 감염에 반응하여 세포에 의해서 형성되는 복잡한 다당물질.

Gummosis (검물질생성; 검物質生成) 식물조직에 의한 또는 식물조직 내에서의 검물질 생성.

Guttation (일액현상; 溢液現象) 식물체, 특히 잎의 가장자리를 따라 물이 누출되는 현상.

Habitat (서식상, 서식지; 棲息相, 棲息地) 생물이 발생하는 자연적인 장소, 그 장소에 서식하는 생물의 구성.

Haploid (반수체; 半數體) 핵이 하나의 완전한 염색체 세트를 가진 세포 또는 생물. 반수의 염색체수를 가진 세포 또는 개체. 상동염색체 각 쌍의 한쪽만을 가진 개체 또는 세포.

Harpins, or pilins 제Ⅲ형 단백질 분비기구를 만드는데 사용되는 *hrp*(과민성반응과 병원성)유전자들에 의해 암호화되는 단백질로 과민성반응을 유도함

Haustorium (흡기; 吸器) 기주세포 내로 주입되어 물질 흡수기관으로 작용하는 균사의 돌출 부분.

Hectare (ha) 2.5에이커(10,117m^2)에 상당하는 면적.

Hemibiotrophic (반활물영양체; 半活物營養體) 생활사의 일부를 다른 생물체에서 기생체로 살고 나머지 생활사를 부생체로 사는 생물.

Herbaceous plant (초본식물; 草本植物) 목본조직을 형성하지 않는 고등식물.

Hermaphrodite (자웅동체; 雌雄同體) 기능적인 암, 수 생식구조를 모두 가지고 있는 개체.

Heteroecious (이종기생; 異種寄生) 자신의 일생을 완성하기 위하여 다른 2종류의 기주를 필요로 하는. 특히 녹병균에서 흔함.

Heterokaryosis (이핵현상; 異核現象) 균사가 하나의 세포 내에 유전적으로 다른 2개의 핵을 지닌 상태 또는 현상.

Heteroploid (이수체; 異數體) 정상적인 n 또는 2n보다 많거나 적은 수의 염색체가 들어있는 핵을 가진 세포, 조직, 또는 생물.

Heterothallic fungus (이체성균; 異體性菌) 화합성이 있는 암, 수 배우자를 생리학적으로 별개인 균사체에 형성하는 균류.

Homothallic fungus (동체성균; 同體性菌) 화합성이 있는 암, 수 배우자를 동일한 균사체에 형성하는 균류.

Hormone (호르몬) 옥신(auxins) 등을 포함하는 식물생장조절물질. 식물체의 내분비선으로부터 분비되어 체내기관의 생리적 기능을 조절하는 물질의 총칭.

Horizontal resistance (수평저항성; 水平抵抗性) 병원균의 모든 레이스에 대하여 동일하게 효과를 나타나는 부분저항성.

Host (기주; 寄主) 기생체가 침입하여 양분을 얻는 식물체.

Host range (기주범위; 寄主範圍) 기생체가 가해할 수 있는 다양한 종류의 기주식물의 범위.

Hyaline (투명한; 透明한) 무색의, 투명한.

Hybrid (잡종; 雜種) 한 가지 이상의 유전적 특징이 상이한

두 개체간의 자손

Hybridization (교잡; 交雜) 한 가지 이상의 유전적 특징이 상이한 두 개체의 교배.

Hybridoma (혼성세포; 混性細胞) 단클론항체를 증식하여 생산할 수 있는 비장세포와 암세포의 융합에 의하여 형성되는 잡종동물세포.

Hydathode (수공; 水孔) 잎의 내부로부터 잎의 가장자리 표면으로 수분을 배출시키는 한 개 이상의 열린 부위를 가진 구조.

Hydrolysis (가수분해; 加水分解) 물을 첨가하여 화합물을 효소작용으로 분해.

Hyperparasite (중복기생체; 重複寄生體) 다른 기생체에 기생하는 기생체.

Hyperplasia (이상증식; 異常增殖) 과도한 세포분열에 의한 식물체의 과대생장.

Hypersensitivity (과민성; 過敏性) 병원체에 대한 식물조직의 과잉반응. 감염된 세포가 신속히 사멸하여 절대기생체가 번져나가는 것을 막음.

Hypertrophy (이상비대; 異常肥大) 비정상적인 세포생장에 의한 식물체의 과대생장.

Hypha (균사; 菌絲) 균사체의 분지된 가지 하나.

Hypovirulence (저병원성; 低病原性) 이동 가능한 dsRNA가 존재함으로써 병원균의 병원성이 감소.

Immune (면역의; 免疫의) 특정 병원체에 의해서는 감염되지 않는.

Immunity (면역; 免疫) 면역성이 있는 상태.

Imperfect fungus (불완전균; 不完全菌) 유성포자를 형성하는 것이 알려져 있지 않은 균류. deuteromycete 또는 mitosporic fungus로도 알려짐.

Imperfect stage (불완전세대; 不完全世代) 균류 생활사 중 유성포자가 형성되지 않는 부분; anamorph stage.

Inclusion bodies (봉입체; 封入體) 바이러스에 감염된 식물의 세포 내에 바이러스로 구성되거나 바이러스에 의해 형성된, 현미경으로 관찰가능한 결정 또는 무정형의 구조물.

Incubation period (잠복기; 潛伏期) 병원체가 기주에 침입하는 시점부터 병징이 최초로 나타나는 시점까지의 기간.

Indexing (검정; 檢定) 식물체가 바이러스 또는 물관- 또는 체관감염 국재성 세균에 감염되었는지 결정하는 방법으로서, 검사하려는 식물체의 눈, 접수, 즙액 등을 바이러스 또는 다른 병원체에 민감한 한 종이상의 지표식물에 옮김.

Indicator (지표식물; 指標植物) 어떤 바이러스 또는 환경요인에 반응하여 특징 병징을 나타내는 식물로서 이러한 요인들의 검출과 동정에 이용.

Induced systemic resistance (유도전신저항성; 誘導全身抵抗性) 비병원성 근권정착 세균의 특정 계통에 의해 일어나는 식물체의 전신저항성. 신호를 주기위해 자스몬산과 ethylene 등을 필요로 함.

Inducible or induced (유도할 수 있는, 유도된; 誘導할 수 있는, 誘導된) 다른 화합물(흔히 기질 또는 inducer라고 불리는 구조적으로 관련된 화합물)에 의해 생성이 촉진되는 물질, 보통은 효소.

Infection (감염; 感染) 기주식물에 기생체의 정착. 감수체에 침입한 병원체가 그 안에 정착하여 기생관계가 성립된 상태.

Infectious disease (전염성병; 傳染性病) 병든 식물에서 건전한 식물로 퍼질 수 있는 병원체에 의한 병.

Infested (만연된; 蔓延된) 한 지역 또는 포장에 수많은 곤충, 응애, 선충 등이 있는. 또한 식물체 표면, 토양, 컨테이너, 도구 등에 세균, 균류 등이 존재하는.

Injectsome 그람양성세균에서 ExPortal로 구성된 복합체. ExPortal은 일반적인 분비기관(Sec), 단백질 분비를 위한 Sec 경로, pore-forming cytolysin을 조직화하고, 기주 세포속으로 신호전달 단백질을 삽입하는 기능을 하는 세포소기관.

Injury (상해; 傷害) 동물, 물리적, 또는 화학적 재료에 의한 식물의 피해.

Inoculate (접종하다; 接種하다) 병원체를 기주식물 또는 식물기관에 가져가 접촉시키다.

Inoculation (접종; 接種) 병원체가 기주에 도달하여 옮겨짐.

Inoculum (전염원; 傳染源) 감염을 일으키는 병원체나 병원체의 부분. 기주와 접촉하기 위하여 옮겨가는 각 병원체 개체의 부분.

Integrated control (종합적 방제; 綜合的防除) 적은 비용으로 환경에 피해를 적게 입히고 최대한의 방제효과를 얻기 위하여 모든 가능한 방제방법을 사용하여 작물의 병해충을 방제하려는 접근.

Integrated pest management (종합적 병해충관리; 綜合的病害蟲管理) 효과적인 비용으로 환경에 최소한의 피해를 입히는 다양한 관리방법을 사용하여 병원체, 해충, 잡초를 작물의 경제적 피해수준 이하로 관리하는 시도.

Intercalary (중간의; 中間의) 균사 정단부가 아니고 균사 중간에 형성되는.

Intercellular (세포 사이의; 細胞間의) 세포와 세포 사이의.

Intracellular (세포 내의; 細胞內의) 세포 내 또는 세포를 통

하여.

Intron (인트론) premessenger RNA에 존재하는 단백질을 암호화하지 않는 70~140 뉴클레오타이드 단편으로서 exon 사이에 존재하고 mRNA processing하는 동안에 splicing된다.

Invasion (침입; 侵入) 기주 속으로 병원체의 전파.

In vitro (배양기에서의; 培養基에서의) 배양기에서. 기주 밖에서.

In vivo (생체에서의; 生體에서의) 기주 내에서.

Isolate (분리주, 균주; 分離株, 菌株) 단포자 또는 배양 그리고 계대배양체. 또한 다른 시기에 채집된 병원체를 나타내는데 사용.

Isolation (분리; 分離) 기주로부터 병원체를 분리하여 영양배지에서 배양.

Isozymes (동위효소; 同位酵素) 동일한 효소반응을 수행하나 최적 활성을 나타내기 위해서는 다른 조건(pH, 온도 등)을 요구하는 효소의 다른 형태.

Juvenile (유충; 幼蟲) 선충의 생육단계 중 배와 성충 사이의 단계; 미성숙 선충.

Kilobase (킬로베이스; kb) 외가닥 RNA 또는 DNA에서 연결되어 있는 염기(뉴클레오타이드) 1,000개.

Kinase (인산화효소; 燐酸化酵素) 표적 단백질을 인산화시켜 활성화시키는 단백질 효소. ATP 등의 뉴클레오타이드 3인산의 말단인산을 다른 화합물로 전이하는 반응을 촉매하는 효소의 총칭.

Latent infection (잠재감염; 潛在感染) 기주가 병원체에 감염되었으나 병징을 나타내지 않는 상태.

Latent virus (잠재바이러스; 潛在바이러스) 기주 내에서 병징발달을 시키지 않는 바이러스.

Leaf spot (점무늬병; 斑點病) 잎에 제한적으로 발생되는 점무늬.

Lectin (렉틴) 특정 탄수화물에 결합하는 일련의 식물 단백질.

Lenticel (피목; 皮目) 아랫부분에 해면세포가 있는 목본식물의 줄기에 있는 열린 부분으로서 식물체와 대기 사이의 가스교환이 이루어짐.

Leucine-rich repeats (LRR) 단백질에 여러 개의 leucine을 함유하는 아미노산의 반복되는 단편.

Life cycle (생활사; 生活史) 생명체의 동일한 단계의 출현과 소멸 사이에 일어나는 생물의 생장과 발달단계.

Lipids (지질; 脂質) 글리세린과 지방산으로 구성된 물질.

Local lesion (국부병반; 局部病斑) 바이러스의 기계적 접종에 의해 잎에 국지적으로 형성되는 점무늬.

LRR protein (LRR 단백질; LRR 蛋白質) leucine-rich repeat를 함유하는 단백질.

Macroscopic (육안의; 肉眼의) 확대경이나 현미경의 도움 없이 맨눈으로 볼 수 있는.

Malignant (악성의; 惡性의) 자발적으로 분열하고 확장하는 세포나 조직에 사용되는, 즉 생장이 그 위에서 생장하는 생물체에 의해서 더 이상 조절되지 않는.

Masked symptom (은폐병징; 隱蔽病徵) 어떤 환경조건에서는 나타나지 않으나 기주가 특정 광과 온도조건에 노출되었을 때에는 나타나는 바이러스 감염식물체의 병징.

Mechanical inoculation (기계적 접종; 機械的接種) 바이러스에 감염된 식물체의 즙액을 건전한 식물체에 옮기는 방법에 의하여 바이러스를 식물체에 접종하는 것.

Meiospore (감수분열포자; 減數分裂胞子) 감수분열을 통해 형성된 포자, 유성포자.

Melanin (멜라닌) 일부 균류의 세포벽에서 발견되며 병원성에 필요한 암갈색내지 검은색 화합물.

Messenger RNA (mRNA) (전령 RNA; 傳令RNA) 특정 단백질을 암호화하는 리보뉴클레오타이드 배열.

Metabolism (대사; 代謝) 세포나 생물체가 살아있는 물질과 구조성분을 만들기 위하여 또는 특별한 기능을 수행하기 위하여 세포물질을 단순물질로 분해하기 위하여 영양물질을 사용하는 과정.

Microarray analysis 생물 시료로부터 얻은 형광표식 핵산을 외가닥 cDNA 염기서열에 대규모로 교잡을 시키고 어떤 처리 동안에 동시에 수천개의 유전자의 발현정도를 연구하기 위하여 사용하는 분자적 방법.

Micrometer (㎛) (마이크로미터) 1 mm의 1/1,000에 해당하는 길이 단위.

Microscopic (현미경적; 顯微鏡的) 대단히 작은; 현미경을 사용해야만 관찰할 수 있는.

Middle lamella (중벽, 중엽; 中壁, 中葉) 인접한 세포 사이의 벽을 접착시키는 층; 일반적으로 펙틴질로 구성되어 있으나, 목본조직에서는 펙틴 대신에 리그닌으로 구성되어 있음.

Migratory (이주성의; 移住性의) 식물체에서 식물체로 이동하는.

Mildew (노균병 또는 흰가루병) 균류의 균사와 포자가 기주식물의 외부에서 생장하면서 흰색으로 나타나는 균류 병해.

Millimeter (mm) (밀리미터) 1cm의 1/10에 해당하는 길이 단위 또는 1인치의 0.03937.

Mitosporic fungi (체세포분열균류; 體細胞分裂菌類) 체세포

분열을 통해서만 포자를 생산하는 균류(imperfect fungi 또는 deuteromycetes).

Mold (곰팡이) 습기차거나 부후된 물질 또는 식물체의 표면에 솜털 모양으로 많이 자라는 곰팡이.

Molecular marker (분자표지; 分子標識) DNA의 유사도를 다른 미생물의 DNA와 비교하기 위하여 사용될 수 있는 DNA 단편의 분자적 특징.

Molt (탈피; 脫皮) 선충이나 곤충에서 큐티클의 허물벗기 또는 벗어버림.

Monoclonal antibody (단클론항체; 單클론抗體) 병원체나 단백질의 항원결정기 중의 하나와만 반응하는 한 클론의 림프톨 세포에서 형성되는 동일한 항체.

Monocyclic (단주기성; 單週期性) 한 생장기간 동안 한 번의 생활사를 가진.

Mosaic (모자이크, 모자이크병) 바이러스병 때문에 식물체에 나타난 정상적인 색깔과 연한 녹색, 노란색 등이 혼합된 점무늬의 병징.

Mottle (얼룩) 명암부분이 뚜렷하지 않은 불규칙한 모습.

Movement protein (이동단백질; 移動蛋白質) 식물이나 매개체에 의한 바이러스 이동을 쉽게 하는 한 개 이상의 바이러스 단백질.

Mummy (미라) 말라서 쭈그러진 열매.

Mutant (돌연변이체; 突然變異體) 돌연변이에 의해서 새로운 유전적 성질을 지닌 개체.

Mutation (돌연변이; 突然變異) 유전자나 염색체에 우연한 변화가 생긴 결과 개체 내에 새로운 특성이 갑작스럽게 나타남.

Mycelium (균사체; 菌絲體) 균류의 몸체를 구성하는 균사 또는 균사 덩어리.

Mycoplasmalike organism (마이코플라스마유사체; 마이코플라스마類似體) 병든 식물의 체관 또는 사부유세포에서 발견되며 병을 일으키는 원인으로 생각되는 미생물; 아직 인공배지에서 배양되지 않는 점을 제외하고는 모든 점에서 마이코플라스마와 유사. 현재는 파이토플라스마 또는 스파이로플라스마로 불림.

Mycoplasma (마이코플라스마) 세포벽이 없으며 다양한 모양을 가진 원핵미생물.

Mycorrhiza (균근; 菌根) 균류와 식물체 뿌리 간의 공생관계.

Mycotoxicosis (균독소중독증; 菌毒素中毒症) 균독소를 생성하는 균류에 오염된 사료와 식품을 섭취함으로써 발생하는 동물과 사람의 병 또는 중독증상.

Mycotoxin (균독소; 菌毒素) 오염된 종자, 사료, 또는 식품에서 균류가 생성하는 독성물질. 이 물질을 섭취한 동물이나 사람에게 다양한 발병률로 병을 일으키거나 죽일 수도 있음.

Nanometer (㎚) (나노미터) 1 ㎛의 1/1,000에 해당하는 길이 단위.

Necrotic (괴저; 壞疽) 죽거나 변색된.

Necrotroph (사물영양체; 死物營養體) 죽은 생물 조직에서만 양분을 얻는 미생물.

Nectarthode (꿀샘, 밀선; 蜜腺) 꿀이 흘러나오는 꽃 밑부분의 열린 부분.

Nematicide (살선충제; 殺線蟲劑) 선충을 죽이거나 억제하는 화학물질 또는 물리적 재료.

Nematode (선충; 線蟲) 물 속이나 토양 내에서 부생적으로 생활하거나 식물 또는 동물에 기생체로 생활하며 현미경으로 관찰가능한 벌레 모양의 동물.

Nonhost resistance (비기주저항성; 非寄主抵抗性) 식물체 내에 병원체가 필요한 것이 없거나 병원체와 화합하지 않는 물질이 식물체 내에 존재하여 식물체가 병원체의 기주가 되지 않기 때문에 병원체가 식물체를 감염시킬 수 없는 것.

Noninfectious disease (비전염성병; 非傳染性病) 비생물적 요인, 즉 병원체가 아닌 환경요인에 의해 발생하는 병.

Nuclear-binding site (NBSI) 단백질이 핵에 부착되고 핵 내에서 단백질이 활성화되도록 도와주는 표면아미노산 배열을 가진 단백질.

Nucleic acid (핵산; 核酸) 당(5탄당), 인, 피리미딘 및 퓨린 등의 염기를 가진 산성물질. 핵산은 생물체의 유전적 성질을 결정.

Nucleoprotein (핵단백질; 核蛋白質) 핵산과 단백질로 구성된 바이러스 입자를 일컬음.

Nucleoside (뉴클레오사이드) 한 개의 핵산 내에 당과 염기 분자의 연결.

Nucleotide (뉴클레오타이드) 염기(퓨린 또는 피리미딘), 당과 인산염으로 구성된 뉴클레오사이드의 인산에스터 결합으로 RNA와 DNA를 구성하는 묶음.

Obligate parasite (절대기생체; 絶對寄生體) 자연 상태에서 살아있는 생물체 내외에서만 생장하고 증식하는 기생체.

Ontogenic resistance (개체발생저항성; 個體發生抵抗性) 병원체에 대한 식물체의 저항성 정도가 식물체의 나이와 생육단계에 따라 변하는 저항성.

Oogonium (장란기; 藏卵器) 하나 이상의 배우자를 지니고 있는 난균류의 자성 배우자낭.

Oomycete (난균류; 卵菌類) 난포자를 형성하는 균류 같은 색조류. 수생균.

Oospore (난포자; 卵胞子) 형태적으로 다른 2개의 배우자낭(장란기, 장정기)의 결합에 의해 형성되는 유성포자.

Operon (오페론) 단위체로 조절되고 전사되는 기능적으로 관련된 유전자의 묶음.

Osmosis (삼투; 滲透) 선택성 투과막을 통하여 고농도로부터 저농도로의 용매 확산.

Ostiole (머릿구멍; 孔口) 자낭각과 분생포자각으로부터 포자가 빠져나오는 구멍처럼 생긴 열린 부분.

Ovary (난소; 卵巢) 알을 형성하여 지니고 있는 자성 생식구조체.

Oxidative phosphorylation (산화적 인산화; 酸化的燐酸化) 호흡의 산화반응에 의해 방출되는 에너지를 이용하여 고에너지의 ATP결합을 형성하는 과정.

Ozone (O_3) (오존) 정상 농도보다 높은 상태에서 식물체에 피해를 입히는 불안정한(계속적으로 반응하려는) 상태의 산소.

Papilla (방어돌기; 防禦突起) 균류의 공격을 받은 식물세포에서 내부에 있는 세포벽이 솟아나온 돌기로서 감염에 대항하는 작용기작이 있음.

Paraphysis (측사; 側絲) 균류의 자실체 내에 존재하는 불임성 균사.

Parasexualism (준유성생식; 準有性生殖) 균류 이핵세포 내에서 일어나는 유전형질의 재조합 기작.

Parasite (기생체; 寄生體) 살아있는 다른 생물체(기주) 내외에 살면서 양분을 얻는 생물체.

Parenchyma (유조직; 柔組織) 세포간극이 많으며 벽이 얇은 세포로 구성된 조직.

Pathogen (병원체, 병원균; 病原體, 病原菌) 병을 일으키는 실체로서 주로 미생물.

Pathogenicity (병원성; 病原性) 병을 일으키는 병원체의 능력.

Pathogenicity factor (병원성인자; 病原性因子) 병원성유전자에 의해 생성되며 병의 발생 및 진전에서 모든 결정적인 단계에 관여하는 인자.

Pathogenicity gene (병원성유전자; 病原性遺傳子) 병원체가 병을 일으키는데 필수적인 유전자.

Pathovar (병원형; 病原型) 세균에서 일정 속이나 종에 속하는 식물체만 감염시킬 수 있는 세균의 아종 또는 균주 집단.

Pectin (펙틴) 식물체의 중벽과 1차세포벽에 있는 갈락투론산의 메틸화된 중합체.

Pectinase (펙틴분해효소; 펙틴分解酵素) 펙틴을 분해하는 효소.

Penetration (침입; 侵入) 병원균에 의한 기주의 1차 진입.

Perfect stage (완전세대; 完全世代) 균류의 생활사에서 유성세대. teleomorph.

Periplasm (주변질; 周邊質) 세균에서 원형질막과 세포벽 사이의 영역.

Perithecium (자낭각; 子囊殼) 자낭각균綱의 자낭과로서 둥글거나 플라스크 모양이며 머릿구멍이 존재함.

Phage (파지, 세균바이러스) 세균을 가해하는 바이러스로서 박테리오파지로 불림.

Phenolic (페놀성의) 한 개 이상의 페놀고리를 가진 화합물에 사용.

Phenotype (표현형; 表現型) 생물체의 외부로 나타나는 가시적인 모습.

Phloem (체관부; 篩管部) 체관, 반세포, 사부유세포, 그리고 사부섬유로 구성된 양분 통도조직.

Phyllody (엽화; 葉化) 어린 가지와 꽃 대신에 잎이 과도하게 형성되는 것.

Phytoalexin (파이토알렉신) 기주식물 세포의 과민반응 조직이 기생체와 접촉할 때 생성하는 물질로서 균류의 발달을 억제.

Phytoanticipin 감염전에 식물 세포에 존재하며 감염을 저해하는 항미생물 화합물.

Phytopathogenic (식물병원성; 植物病原性) 식물체에 병을 일으킬 수 있는 미생물의 성질.

Phytoplasmas (파이토플라스마) 스파이로플라스마가 인공배지 상에서 배양가능한 것과는 대조적으로 배양배지 상에서 아직 배양되지 않으며 식물체를 감염시키는 몰리큐트.

Phytotoxic (식물에 독성인; 植物에 毒性인) 식물체에 독성이 있는.

Plant pathogenesis-related protein (PR protein) (발병관련단백질; PR蛋白質) 접종 후 몇 분 또는 몇 시간 내에 세포 내에서 생성되는 다른 화학적 성질을 지닌 단백질 그룹. 모든 단백질이 병원체에 다소 독성이 있음.

plantibody (식물항체; 植物抗體) 식물을 감염하는 병원체(주로 바이러스)를 주사한 쥐의 혈청생산 유전자를 형질전환시킨 식물체에서 생산되는 항체.

Plasmalemma (원형질막; 原形質膜) 세포벽에 인접한 원형질체의 외부에 있는 세포막.

Plasmid (플라스미드) 생존하는 데 요구되는 것은 아니지만 일부 균류나 세균의 세포에 존재하는 염색체 이외의 자가 복제하는 원형 DNA.

Plasmodesma (복수형=plasmodesmata) (원형질연락사; 原形質連絡絲) 두 원형질체를 분리하는 세포벽을 가로질러 두 원형질체를 연결하는 가느다란 원형질의 줄.

Plasmodium (변형체; 變形體) 많은 핵을 지니고 있는 점질의 원형질 덩어리.

Plasmolysis (원형질분리; 原形質分離) 원형질체에서 수분이 빠져나가 세포벽으로부터 세포질의 이탈.

Plerome (플레롬) 피층 안쪽의 식물조직.

Polyclonal antibody (다클론항체; 多클론抗體) 많은 항원 결정기를 가진 병원체나 단백질을 주사한 동물의 혈청에 존재하는 항체의 혼합.

Polycyclic (다주기성의; 多週期性의) 1년에 여러 번의 생활사(병환)를 완성하는.

Polyetic (다년성의; 多年性의) 생활사 또는 병환을 완성하기 위하여 수년이 필요한.

Polygenic (다수유전자의; 多數遺傳子의) 여러 유전자에 의해서 조절되는.

Polyhedron (다면체; 多面體) 많은 면을 가진 구형 입자 또는 결정.

Polymerase (중합효소; 重合酵素) 하나 하나의 작은 분자들을 연쇄상의 분자(DNA, RNA)로 묶어주는 효소.

Polymerase chain reaction (중합효소연쇄반응; 重合酵素連鎖反應) primer(DNA의 작은 조각)가 있는 DNA의 절편을 거의 무한하게 증폭(증식)시키는 기술.

Polysaccharide (다당류; 多糖類) 여러 개의 단당류로 구성된 큰 유기물 분자. 단당류가 글리코사이드 결합으로 중합한 고분자화합물의 총칭.

Polysome (= polyribosome) (폴리솜) 전령 RNA에 결합된 리보솜 덩어리.

Population genetics (집단유전; 集團遺傳) 집단에서 유전적 변이에 대하여 기술하고 정량화하며 집단에 영향을 미치는 진화과정에 관한 결론을 도출하기 위하여 유전적 변이를 활용하는 것.

Precipitin (침강; 沈降) 항원과 항혈청이 반응하여 가시적으로 가라 앉는 현상.

Primary infection (1차감염; 一次感染) 월동 또는 월하한 병원체에 의한 식물체의 최초 감염.

Primary inoculum (1차전염원; 一次傳染源) 월동 또는 월하한 병원체, 또는 1차감염을 일으키는 포자.

Probe (프로브) 교잡에 의한 상보적 가닥이 존재하는 지를 탐색하는 데 사용되는 방사성 핵산.

Programmed cell death 생물의 특정 세포의 사멸. 사멸의 시작과 실행은 그 생물에 의해 조절.

Prokaryote (원핵생물; 原核生物) 세균이나 몰리큐트처럼 유전물질이 막으로 둘러싸인 핵 내에 들어있지 않은 미생물.

Promoter 전사를 시작하기 위하여 RNA중합효소에 의해 인식되는 DNA 상의 특정부분.

Promycelium (전균사; 前菌絲) 겨울포자에 의해 형성되는 짧은 균사; 담자기.

Propagative virus (증식형 바이러스; 增殖型바이러스) 매개충 내에서 증식하는 바이러스.

Propagule (번식체; 繁殖體) 포자나 세균 세포처럼 생물체를 전반시키고 증식시키는 생물체의 일부분.

Proteasome (단백질분해효소복합체; 蛋白質分解酵素複合體) 핵과 세포질에서 대부분의 단백질 분해를 수행하는 엄청나게 큰 단백질 복합체. 진핵생물에 보편적으로 존재하는 거대 단백질 분해효소의 일종.

Protectant (보호제; 保護劑) 병원체의 감염으로부터 생물체를 보호하는 물질.

Protein kinase (단백질 인산화효소; 蛋白質燐酸化酵素) input signal의 크기에 대하여 활성과 상응하는 세포반응의 증가에 비례하여 반응함으로써 신호전달과 amplifier로 작용하는 단백질. APT를 인산공여체로 하여 그 r-인산기를 단백질에 존재하는 특정 세린 또는 트레오닌의 수산기로 전이시키는 반응을 촉매하는 효소의 총칭.

Protein subunit (난백질 소난위체; 蛋白質小單位體) 바이러스 단백질 껍질의 구조적, 화학적 단위체인 작은 단백질 분자.

Proteome (단백질체; 蛋白質體) 생물체에 의해 생성되거나 어떤 발육조건 또는 환경조건에서 생성되는 전체 단백질.

Proteomics (단백질체학; 蛋白質體學) 생물체에 의해 생성되는 단백질의 본체와 기능을 연구하는 학문분야.

Protoplast (원형질체; 原形質體) 세포벽이 제거된 식물세포. 단세포로 구성된 생명단위; 내부에 세포막, 세포질, 핵, 다른 세포소기관들이 존재.

Protozoa (원생동물; 原生動物) 원생동물계 또는 원생생물계의 원생동물문에 속하는 생물. 식물병원체 중에는 끈적균류, 무사마귀병균류, 편모충류 등이 포함됨.

Pseudofungi (유사균류; 類似菌類) 끈적균류, 무사마귀병균류, 난균류 등에 대한 총칭. 이들은 1990년경까지 균류로 분류되었으나, 지금은 끈적균류와 무사마귀병균류는 원생생물계(Protista)로 분류되고 난균류는 색조류계(Chromista)로 분류됨. 그러나 모두 병꼴균류, 접합균류, 자낭균류, 담자균류 등의 진정균류와 같이 계속 연구됨.

Pseudothecium (위자낭각; 僞子囊殼) 자낭이 균사체 자좌 내의 소방(강실)에서 직접 형성되는 소방자낭균綱(자낭포자좌를 형성하는 자낭균류)의 자낭과. 자낭포자좌(ascostroma)라고도 불림.

Purification (순화, 정제; 純化, 精製) 다른 세포성분이 없이 순수한 형태로 바이러스 입자를 분리하여 농축하는 조작.

Pustule (표피융기, 表皮隆起) 포자가 아랫부분에서 형성되어 밖으로 밀고 나올 때 표피에 작은 털 모양으로 솟아오르듯 만들어지는 것.

Pycnidium (분생포자각, 병자각; 分生胞子殼, 柄子殼) 내부에 분생포자경이 일렬로 형성되어 분생포자가 형성되는 구형 또는 플라스크 모양의 무성 자실체.

Pycniospore (녹병포자; 녹柄胞子) 녹병정자(spermatium)라고도 불림. 녹병포자기(녹병정자기) 내에 형성되는 포자.

Pycnium (녹병포자기; 녹柄胞子器) 녹병정자기(spermagonium)라고도 불림. 일부 담자균류에서 정자와 수정균사를 지님.

Quarantine (검역; 檢疫) 병해충의 전반을 막기 위한 식물 수출입의 규제.

Quorum sensing (밀도신호감지; 密度信號感知) 세균 또는 포자의 행위와 병원성이 서식하는 환경에서 어떤 신호분자의 농도를 감지함으로써 어떤 밀도에 도달하는 세포에 의존하는 것.

Race (레이스) 한 종 내에 유전적으로, 지리적으로 독특한 교배집단; 또한 정해진 품종의 식물체를 감염시키는 병원균의 집단.

Reactive oxygen radical (반응산소 라디칼; 反應酸素라디칼) 저항성 세포가 병원체와 접촉하는 즉시 반응하여 다양한 세포물질을 병원체에 유해한 물질로 산화시키는, 산소분자보다 훨씬 더 반응성인 산소 상태.

Recognition factor (인식인자; 認識因子) 병원체(또는 기주)에 의해서 인식될 수 있는 기주(또는 병원체)의 특정 수용체 분자 또는 구조.

Resistance (저항성; 抵抗性) 병원체의 영향 또는 피해요인을 완전히 또는 어느 정도 배제시키거나 극복할 수 있는 생물체의 능력.

Resistant (저항성인; 抵抗性인) 주어진 병원체의 발달을 억제하는 성질을 지닌. 거의 또는 전혀 감염되지 않는.

Resting spore (휴면포자; 休眠胞子) 세포벽이 두꺼운 유성포자 또는 무성포자로서 극단적인 온도와 습도에도 저항성이며 형성된 후 일정기간이 지난 후에만 발아함.

Restriction enzyme (제한효소; 制限酵素) 세균으로부터 분리된 효소의 그룹으로서 아주 특정적인 지점에서 DNA의 내부결합을 끊음.

Reverse transcription (역전사; 逆轉寫) RNA로부터 DNA의 복사. RNA 의존성 DNA 중합효소에 의한 RNA를 주형으로 하는 DNA 합성반응.

Rhizoid (가근; 假根) 기질을 향하여 뿌리처럼 자라는 짧고 얇은 균사.

Rhizosphere (근권; 根圈) 살아있는 뿌리 근처의 토양.

Ribonuclease (RNase) (리보핵산분해효소; 리보核酸分解酵素) RNA를 분해하는 효소.

Ribonucleic acid (RNA) (리보핵산; 리보核酸) 단백질 합성에 관여하는 핵산; 또한 식물 바이러스의 가장 일반적인 핵산(유전물질).

Ribosome (리보솜) 단백질 합성에 관여하는 세포 내 소기관.

Rickettsiae (리케치아) 모든 점에서 세균과 유사하나 살아있는 기주세포에서만 증식할 수 있는 미생물; 기생 또는 공생함.

Ringspot (가락지무늬) 바이러스에 의하여 중간에 녹색을 띠고 바깥부분에 둥근 황화 고리무늬가 나타나는 병징.

Rosette (로제트) 짧게 다발로 된 식물체의 생장.

Rot (썩음, 썩음병; 腐敗, 腐敗病) 균류 또는 세균의 감염에 의한 다즙성 식물 조직의 무름, 변색, 분해.

Russet (코르크화) 코르크 형성으로 인하여 과실 표면이 갈색으로 거칠거칠하게 되는 현상.

Rust (녹병; 녹病) 녹병균目(녹병균류)의 하나에 의해 식물체에 녹이 형성된 것처럼 나타나는 병해.

Sanitation (위생; 衛生) 감염된 식물체의 제거 및 소각, 도구, 장비, 손 등의 소독.

Saprophyte (부생균; 腐生菌) 죽은 유기물을 영양원으로 이용하는 생물.

Scab (더뎅이, 더뎅이병) 식물 기관의 표면에 거칠고 껍질 같은 병환부 또는 그러한 병.

Scion (접수; 接穗) 접목에서 다른 식물체에 삽입하는 가지나 신초의 일부분.

Sclerotium (균핵; 菌核) 기주식물과 함께 또는 기주식물없이 존재하며 불리한 환경조건에서도 생존할 수 있는 검은색의 단단한 표면을 가진 균사 덩어리.

Scorch (잎가마름) 감염 또는 불리한 환경조건에 의해서 잎의 가장자리가 탄 것처럼 마르는 증상.

Secondary infection (2차감염; 二次感染) 1차 또는 연속적인 감염의 결과에 따라 나타나는 전염원에 의한 감염;

2차전염원에 의한 감염.

Secondary inoculum (2차전염원; 二次傳染源) 같은 생장기 동안 일어나는 감염에 의해 형성되는 전염원.

Secretome 생물체에 의해 분비되는 전체 단백질 또는 어떤 조건에서 분비되는 일련의 단백질.

Sedentary (고착성의; 固着性의) 한 장소에 머무는; 고정적인.

Selection (도태, 선발; 淘汰, 選拔) 특정 환경에 가장 적합한 변이체 집단은 빈도가 증가하는 반면에 덜 적합한 변이체 집단은 감소하는 과정.

Septate (격벽이 있는) 횡단벽이 있는.

Septum (격벽; 隔壁) 균사 내 또는 포자 내에 있는 횡단벽.

Serology (혈청학; 血清學) 항원물질 또는 항원물질을 지니고 있는 미생물의 검출과 동정을 위하여 항원항체반응의 특이성을 이용하는 방법.

Serum (혈청; 血清) 응집 후에 남는 혈액의 맑은 물 같은 부분.

Sexual (유성의; 有性의) 감수분열이 일어나는 곳에서 참여하는 또는 핵의 융합에 의해 형성되는.

Shock symptom (쇼크병징; 쇼크病徵) 바이러스에 감염된 후 첫 번째 생장에서 형성되는 심한 괴저 병징으로 급성병징이라고도 불림.

Shot-hole (구멍, 구멍병) 병든 잎의 아주 작은 부분이 떨어져 나가 작은 구멍이 생기는 병징.

Sieve plate (체판; 篩板) 2개의 체관 사이를 연결하는 구멍이 뚫린 벽면.

Sieve tube (체관; 篩管) 체관세포들이 연결되어 긴 관 모양으로 된 것으로 이곳을 통하여 영양물질이 운반.

Sign (표징; 標徵) 기주식물 위에 나타나는 병원체, 병원체의 일부, 또는 병원체의 산물.

Signaling gene (신호유전자; 信號遺傳子) 환경의 변화에 반응하여 그 생물체의 유전자의 발현을 변경시키는 signaling cascade를 일으키는 유전자.

Signaling pathway (신호경로; 信號經路) 세포 신호의 전달에 관여하는 일련의 화합물. 신호에는 흔히 연속하여 작용하는 몇 가지 protein kinase를 포함.

Signal molecule (신호분자; 信號分子) 병원체의 감염에 반응하여 신호를 식물체나 세포의 다른 부위에 있는 단백질이나 유전자에 전달하고 이들을 활성화시켜 방어작용을 일으키는 기주분자.

Signal transduction (신호전달; 信號傳達) 세포가 신호에 대한 반응을 구축하고 운반하는 수단. 신호에는 일반적으로 세포내 Ca와 protein kinase를 포함.

Slime molds (끈적균류; 粘菌類) 이전에 균류로 분류되었으나 지금은 끈적균綱의 원생동물로 분류되는 유사균류; 이들 유사균류에 의해서 땅가에 자라는 식물체의 표면에 발생하는 병해.

Smut (깜부기병) 깜부기병균(깜부기병균目)에 의한 병; 검은 가루 모양의 포자덩어리가 특징적이며, 때로 비린내도 남.

Soft rot (무름, 무름병; 軟腐, 軟腐病) 다육질 과실, 채소 또는 관상식물의 조직이 병원균의 효소에 의해 물러지며 썩음.

Soil inhabitant (토양서식균; 土壤棲息菌) 토양 내에서 무한정 부생균으로 생존가능한 미생물.

Soil solarization (태양열 토양소독; 太陽熱土壤消毒) 토양을 투명한 비닐로 덮어서 태양열이 토양온도를 병원균이 죽을 정도로 상승시킴으로써 토양 내의 병원균을 감소시키거나 제거시키려는 시도.

Soil transient (토양체류균; 土壤滯留菌) 짧은 기간 동안 토양 내에서 생존할 수 있는 기생성 미생물.

Somaclonal variation (체세포변이; 體細胞變異) 조직배양에 의해 하나의 모식물체, 잎 등으로부터 발생되는 클론의 변이.

Somatic hybridization (체세포교잡; 體細胞交雜) 상이한 유전적 조성을 지닌 두개의 원형질체 융합에 의한 교잡세포의 생산.

Sooty mold (그을음병) 진딧물, 가루깍지벌레, 깍지벌레, 가루이 등의 곤충이 분비하는 달콤한 분비물에서 생장하는 균류의 검은 균사에 의해 잎이나 열매가 검게 뒤덮이는 병.

Sorus (포자낭군; 胞子囊群) 특히 녹병균과 깜부기병균에 있는 치밀한 포자집단이나 포자형성구조체.

Spermagonium (옛이름= pycnium) (정자기, 녹병정자기; 精子器, 녹病精子器) 내부에 배우자 또는 배우자낭을 형성하는 녹병균의 자실체.

Spermatium (옛이름= pycniospore) (정자, 녹병정자; 精子, 녹病精子) 녹병균의 웅성 배우자 또는 배우자낭.

Spiroplasma (스파이로플라스마) 병든 식물체의 체관 내에 존재하며 세포벽이 없는 다형성의 미생물. 흔히 배양중 나선상이며 마이코플라스마의 일종으로 여겨짐.

Sporangiophore (포자낭경; 胞子囊梗) 한 개 이상의 포자낭을 형성하는 특별히 분화된 균사.

Sporangiospore (포자낭포자; 胞子囊胞子) 포자낭에 형성되는 비운동성의 무성포자.

Sporangium (포자낭; 胞子囊) 무성포자를 담고 있는 용기 또는 주머니로 어떤 경우에는 하나의 포자로 작용함.

Spore (포자; 胞子) 한 개 또는 여러 개의 세포로 구성된 균류의 증식단위; 기능적으로 녹색식물의 종자에 해당함.

Sporidium (소생자; 小生子) 녹병균과 깜부기병균의 담자포자.

Sporodochium (분생포자좌; 分生胞子座) 균사덩어리와 함께 엉켜있는 분생포자경 집단으로 구성된 포자형성 구조.

Sporophore (포자경; 胞子梗) 포자를 달고 있는 균사 또는 포자형성 구조.

Sporulate (포자형성; 胞子形成) 포자를 형성하는.

Stem-pitting 식물체의 줄기가 눌려 패인 듯한 바이러스 병징.

Sterigma (소병; 小柄) 담자기에 가늘게 돌출하여 담자포자를 지탱하는 부분.

Sterile fungi (무포자균류; 無胞子菌類) 어떤 종류의 포자도 형성하지 않는 균류 그룹.

Sterilization (멸균; 滅菌) 열이나 화학물질로 토양, 용기 등에 있는 병원체와 다른 살아있는 생물을 제거.

Strain (계통, 균주; 系統, 菌株) 순수배양에서 분리된 한 균의 자손; 균주. 또한 비슷한 균주의 그룹; 레이스. 식물바이러스에서 한 그룹의 바이러스 분리주는 항원의 대부분을 공통으로 지님.

Stroma (자좌; 子座) 내부 또는 외부에서 포자가 형성되는 치밀한 균사체 구조.

Stylet (구침; 口針) 선충과 일부 곤충이 양분섭취에 이용하는, 길고 가늘며 속이 비어있는 구조.

Stylet-borne (구침전반; 口針傳搬) 매개충의 구침을 통해 전반되는 바이러스; 비순환형 바이러스.

Substrate (기질; 基質) 미생물이 생장을 위하여 섭취하는 재료 또는 물질. 또한 효소에 의해 변화하는 물질.

Suppressive soils (발병억제토양; 發病抑制土壤) 토양 내에 병원균의 길항미생물이 존재하기 때문에 병이 억제되는 토양.

Suscept (감수체, 감수성 식물; 感受體, 感受性植物) 병원체에 의해 가해 받을 수 있는 식물; 기주식물.

Susceptible (감수성의) 병에 저항성을 나타내는 유전적인 능력이 없거나 병원체에 의해 가해받는; 면역이 아닌.

Susceptibility (감수성; 感受性) 식물체가 병원체의 영향 또는 다른 피해 요인에 저항성을 나타내는 능력의 결핍. 기주식물체에 나타나는 병에 걸리기 쉬운 성질.

Symbiosis (공생; 共生) 두 종류 또는 그 이상의 다른 종류의 생물체간의 상호 유익한 관계.

Symptom (병징; 病徵) 병의 결과로서 식물체 내부와 외부에 나타나는 반응 또는 식물체의 변화.

Symptomless carrier (보독체; 保毒體) 병원체(보통 바이러스)에 감염되었지만 뚜렷한 병징을 나타내지 않는 식물.

Syncytium (거대세포; 巨大細胞) 하나의 세포벽에 둘러싸인 다핵의 커다란 원형질 덩어리.

Synergism (상승작용; 上昇作用) 한 기주에 두 병원체가 동시에 기생하는 것으로 병징이나 미치는 영향이 각 병원체가 단독으로 작용할 때 나타나는 영향을 합친 것보다 동시에 작용할 때 더 크게 나타나는 것.

Systemic (전신성; 全身性) 병원체나 화학물질이 식물체 내부를 통하여 퍼지는.

Systemic acquired resistance (전신획득저항성; 全身獲得抵抗性) 살리실산과 병원성관련 단백질 수준을 증가시키는 괴사병원체에 1차감염 후에 전신적으로 활성화되는 저항성.

Teleomorph (완전세대; 完全世代) 균류에서 유성세대 또는 완전세대.

Teliospore (겨울포자; 冬胞子) 녹병균이나 깜부기병균에서 두꺼운 세포벽을 가진 휴면포자, 즉 유성포자.

Telium (겨울포자퇴; 冬胞子堆) 녹병균의 겨울포자가 형성되는 포자형성 구조체.

Tissue (조직; 組織) 특별한 기능을 수행하는 비슷한 구조의 세포집단.

Tolerance (내성; 耐性) 죽거나 심한 피해 또는 작물의 손실 없이 병해의 영향을 견디는 식물체의 능력. 또한 식용가능한 식물체 부위의 법률로 정해진 독성물질의 잔류허용량.

Toxicity (독성; 毒性) 피해를 일으키는 화합물의 능력.

Toxin (독소; 毒素) 미생물에 의해서 생산되어 식물이나 동물에 독성을 나타내는 화합물.

Transcription (전사; 轉寫) DNA로부터 RNA 중합효소에 의해 RNA가 생성되는 과정. 또한 바이러스 RNA가 상보적 RNA로 복사되는 것.

Transduction (형질도입; 形質導入) 박테리오파지에 의해 유전물질이 한 세균으로부터 다른 세균으로 옮겨지는 것.

Transfer RNA (운반 RNA, tRNA; 運搬RNA) mRNA에 의해 정해진 순서대로 아미노산을 리보솜에 옮기는 RNA.

Transformation (형질전환; 形質轉換) 외래 유전물질의 흡수와 발현을 통한 세포의 변화.

Transgenic (transformed) plant (형질전환 식물체; 形質轉換植物體) 유전공학기법에 의해 다른 식물체 또는 생물체로부터 유전자가 도입되어 발현됨에 의해 예상된 화합물이나 기능을 수행하는 형질이 전환된 식물체.

Translation (번역, 해독; 飜譯, 解讀) mRNA의 단백질로의 복사. 단백질을 생합성할 때 mRNA의 염기배열을 해독하여 그 정보에 대응하는 아미노산을 골라내어 펩타이드 사슬을 형성해가는 과정.

Translocation (전이, 이동; 轉移, 移動) 식물체 내에서 영양분이나 바이러스의 이동.

Transmission (전염; 傳染) 한 식물체에서 다른 식물체로 바이러스 또는 다른 병원체의 이동 또는 전파.

Transpiration (증산; 蒸散) 식물체 내의 수증기가 잎이나 다른 지상부의 표면으로부터 소실되는 현상.

Transposable element (전위요소; 轉位要素) 유전체 내에서 이동할 수 있으며 염색체의 다른 부위에 삽입할 수 있는 염색체 DNA조각.

Tumor (암종; 癌腫) 증식이 조절되지 않는 과대생장된 조직.

Tylosis (전충; 塡充) 유세포의 원형질체가 인접한 물관 또는 헛물관으로 과대생장해 가는 현상.

Ubiquitin 식물체에서 발견되며 단백질 분해에 관여하는 작은 단백질.

Ubiquitination 한 개 이상의 ubiquitin 분자가 분해될 예정인 단백질에 부착되거나 분해될 단백질분해효소복합체(proteasome)로 운반되는 것.

Uredium (여름포자퇴; 夏胞子堆) 여름포자가 형성되는 녹병균의 포자형성 구조체.

Variability (변이성; 變異性) 한 세대에서 다른 세대로 특성을 변화시키는 생물의 특성 또는 능력.

Vascular (유관속; 維管束) 통도조직으로 구성된 식물체 조직; 또는 식물체의 통도조직 내에서 생장하는 병원체를 일컫는 용어.

Vector (벡터, 매개체, 매개충, 매개절지동물; 媒介體, 媒介蟲, 媒介節肢動物) 병원체를 이동시킬 수 있는 동물. 유전공학에서 벡터(cloning vehicle)는 외래의 DNA조각을 기주세포로 도입시키는데 사용하는 플라스미드 또는 바이러스 같은 자가복제 DNA분자.

Vegetative (영양체의; 營養體의) 무성의; 체세포적인.

Vegetative incompatibility (체세포 비친화성; 體細胞非親和性) 어떤 균류의 동일한 종에 속하는 계통들의 균사끼리 융합하여 균사융합 형성에 실패하는 것.

Vertical resistance (수직저항성; 垂直抵抗性) 병원균의 일부 레이스에는 완전한 저항성을 나타내나 다른 레이스에는 감수성을 나타내는 저항성.

Vesicle (구낭; 球囊) 유주포자낭에 의해 형성되며 유주포자가 방출되거나 분화되는 풍선처럼 생긴 구조체.

Vessel (물관; 導管) 수분과 무기양분을 이동시키는 기능을 하는 물관요소.

Virescent (녹록화; 濃綠化) 엽록체가 발달되어 녹색이 되는 정상적으로 흰색 또는 착색되는 현상.

Virion (비리온) 바이러스 입자.

Viroid (바이로이드) 식물세포를 감염하여 스스로 복제하고 병을 일으킬 수 있는 크기가 작고 분자량이 작은 RNA. 단백질이 없이 RNA로만 된 작은 핵산으로 지금까지 알려진 가장 작은 병원체.

Virulence (병원력; 病原力) 병원체의 병원성 정도.

Virulence factor (병원력 인자; 病原力因子) 병의 유도와 진전에 도움이 되지만 필수적이지는 않은 병원력 유전자에 의해 암호화되는 인자.

Virulence gene (병원력 유전자; 病原力遺傳子) 병원체가 한 개 또는 소수의 관련 기주에만 병원력이 증대되도록 발현시키는 유전자.

Virulent (병원력이 있는) 피해가 심한 병을 일으킬 수 있는; 강한 병원성이 있는.

Viruliferous (보독성의; 保毒性의) 바이러스를 몸에 지니고 전반시킬 수 있는 매개충.

Virus (바이러스) 핵산과 단백질로 구성된 초현미경적 절대기생체.

Virusoid (바이러소이드) 일부 구형 RNA바이러스 내에 존재하는 초미니 원형 RNA조각.

Xylem (물관부; 導管部) 헛물관, 물관, 목부유세포, 목부섬유(목재) 등으로 구성된 물이 이동하는 식물체 조직.

Wilt (시들음; 萎凋) 식물체에서 수분의 부족으로 팽압을 잃어 식물체의 부분이 늘어지는 현상.

Witches' broom (빗자루병, 빗자루 증상) 목본식물의 가지가 밀생하여 빗자루 모양으로 생장하거나 총생하는 증상.

Yellows (누렁병) 기주식물이 황화되거나 위축되는 식물병.

Zoosporangium (유주포자낭; 游走胞子囊) 유주포자를 담고 있거나 형성하는 포자낭.

Zoospore (유주포자; 游走胞子) 물 속에서 편모를 가지고 이동할 수 있는 포자.

Zygospore (접합포자; 接合胞子) 접합균류에서 형태적으로 유사한 두 배우자의 접합으로 형성된 유성포자 또는 휴면포자.

Zygote (접합체; 接合體) 두 배우자의 접합에 의해 형성된 배수체 세포.

찾아보기(영문)

찾아보기(국문)

바